Taschenbuch der Technischen Akustik

Springer
*Berlin
Heidelberg
New York
Hongkong
London
Mailand
Paris
Tokio*

Gerhard Müller · Michael Möser (Hrsg.)

Taschenbuch der Technischen Akustik

Dritte, erweiterte und überarbeitete Auflage

Mit 559 Abbildungen und 119 Tabellen

Springer

Professor Dr. GERHARD MÜLLER
Müller-BBM GmbH
Robert-Koch-Str. 11
82152 Planegg

Professor Dr.-Ing. MICHAEL MÖSER
Technische Universität Berlin
Institut für Technische Akustik
Einsteinufer 25
10587 Berlin

ISBN 3-540-41242-5 Springer-Verlag Berlin Heidelberg New York
ISBN 3-540-06780-9 1. Aufl. Springer-Verlag Berlin Heidelberg New York
ISBN 3-540-54473-9 2. Aufl. Springer-Verlag Berlin Heidelberg New York

Bibliografische Information der Deutschen Bibliothek
Die Deutsche Bibliothek verzeichnet diese Publikation in der Deutschen Nationalbibliografie;
detaillierte bibliografische Daten sind im Internet über <http://dnb.ddb.de> abrufbar

Dieses Werk ist urheberrechtlich geschützt. Die dadurch begründeten Rechte, insbesondere die der Übersetzung, des Nachdrucks, des Vortrags, der Entnahme von Abbildungen und Tabellen, der Funksendung, der Mikroverfilmung oder der Vervielfältigung auf anderen Wegen und der Speicherung in Datenverarbeitungsanlagen, bleiben, auch bei nur auszugsweiser Verwertung, vorbehalten. Eine Vervielfältigung dieses Werkes oder von Teilen dieses Werkes ist auch im Einzelfall nur in den Grenzen der gesetzlichen Bestimmungen des Urheberrechtsgesetzes der Bundesrepublik Deutschland vom 9. September 1965 in der jeweils geltenden Fassung zulässig. Sie ist grundsätzlich vergütungspflichtig. Zuwiderhandlungen unterliegen den Strafbestimmungen des Urheberrechtsgesetzes.

Springer-Verlag ist ein Unternehmen von Springer Science+Business Media

springer.de

© Springer-Verlag Berlin Heidelberg 1975, 1994, 2004
Printed in Germany

Die Wiedergabe von Gebrauchsnamen, Handelsnamen, Warenbezeichnungen usw. in diesem Buch berechtigt auch ohne besondere Kennzeichnung nicht zu der Annahme, dass solche Namen im Sinne der Warenzeichen- und Markenschutzgesetzgebung als frei zu betrachten wären und daher von jedermann benutzt werden dürften.

Sollte in diesem Werk direkt oder indirekt auf Gesetze, Vorschriften oder Richtlinien (z. B. DIN, VDI, VDE) Bezug genommen oder aus ihnen zitiert worden sein, so kann der Verlag keine Gewähr für Richtigkeit, Vollständigkeit oder Aktualität übernehmen. Es empfiehlt sich, gegebenenfalls für die eigenen Arbeiten die vollständigen Vorschriften oder Richtlinien in der jeweils gültigen Fassung hinzuzuziehen.

Einbandgestaltung: Medio AG, Berlin
Satz: Fotosatz-Service Köhler GmbH, Würzburg

Gedruckt auf säurefreiem Papier   68/3020UW - 5 4 3 2 1 0

Vorwort zur dritten Auflage

Den Zielen und Absichten ihrer Vorgänger fühlen sich auch die Herausgeber der dritten Auflage verpflichtet. Sie können nur den Dank an die Autoren der diesmal sehr gründlichen Überarbeitung und Neufassungen nachdrücklich unterstreichen.

Berlin und München, im Oktober 2003　　　　　　　　　　　　　　　　　M. Möser und G. Müller

Aus dem Vorwort zur zweiten Auflage

Das Taschenbuch der Technischen Akustik soll einen breiten Interessentenkreis in schalltechnischen Fragen rasch und zuverlässig informieren. Es wendet sich nicht nur an Spezialisten und Studenten der Technischen Akustik, sondern auch an Ingenieure aller Fachrichtungen, die z.B. im Maschinen- und Anlagenbau, Verkehrs- und Bauwesen, mit Fragen der Lärmminderung befasst sind.

Wegen der wachsenden Bedeutung des Umweltschutzes behandeln zahlreiche Beiträge die Entstehung, Übertragung, Dämmung, Messung und Bewertung von Luft- und Körperschall; zugleich werden die elektroakustischen, raumakustischen und hörphysiologischen Fragen ausführlich dargestellt.

Ebenso wie bei der ersten Auflage wurde Wert darauf gelegt, neben den Grundlagen der Technischen Akustik und ihrer Teilgebiete eine möglichst große Anzahl von Materialdaten, Erfahrungswerten, wichtigen Messergebnissen, erprobten Näherungsformeln, gebräuchlichen Richtwerten usw. aufzunehmen. Auf diese Weise soll erreicht werden, dass der Leser dem Buch die allgemeinen Zusammenhänge entnehmen kann und zugleich – ohne zeitraubendes Literaturstudium – diejenigen Daten findet, die er zur Lösung praktischer Probleme braucht. Es wurde eine möglichst einheitliche Terminologie sowie die durchgehende Anwendung der genormten Formelzeichen und der internationalen Einheiten angestrebt. Die Einteilung des Stoffes ist ähnlich wie in der ersten Auflage. Es wurden jedoch alle Beiträge auf den neuesten Stand gebracht.

Der Dank der Herausgeber gilt vor allem den Autoren, die sich neben ihrer beruflichen Arbeit der mühsamen Aufgaben unterzogen haben, ihre Spezialgebiete in möglichst umfassender, doch gedrängter Form darzustellen.

Die Herausgeber hoffen, dass sich das Taschenbuch der Technischen Akustik bei der täglichen Arbeit als eine nützliche Hilfe erweist.

Berlin und München, im Januar 1994　　　　　　　　　　　　　　M. Heckl　　　H. A. Müller

Inhaltsverzeichnis

1	Grundlagen	1
	G. MÜLLER und M. MÖSER	
1.1	Einleitung	1
1.2	Messgrößen und Pegel	1
1.3	Systemtheoretische Grundlagen	2
1.3.1	Beschreibung durch die Impulsantwort	2
1.3.2	Reine Töne (Zeitkonvention)	3
1.3.3	Beschreibung durch die Übertragungsfunktion	3
1.4	Grundgleichungen der Schallausbreitung in Gasen	4
1.5	Schallenergie und Leistungstransport in Gasen	7
1.6	Schallabstrahlung	7
1.6.1	Kompakte Quellen	7
1.6.2	Abstrahlung von Ebenen	8
1.6.3	Allgemeines Abstrahlproblem	10
1.7	Grundgleichung der Schallausbreitung in Festkörpern	11
1.8	Wellentypen in Festkörpern mit Berandungen	14
1.8.1	Raum- und Oberflächenwellen	14
1.8.2	Rayleigh-Welle	14
1.8.3	Dicke Platten, horizontal geschichtete Kontinua	15
1.8.4	Dünne Platten und dünne Balken	16
1.8.5	Dehn-, Torsions-, Scher- und Seilwellen	18
1.9	Anregung von Körperschall	18
1.9.1	Impedanzen unendlich ausgedehnter Systeme	19
1.9.2	Anregung begrenzter Systeme	19
1.9.3	Wellenimpedanzen	22
1.10	Dämpfung	22
1.11	Reziprozitätsprinzip	22
	Literatur	23

2	Akustische Messtechnik	25
	M. VORLÄNDER	
2.1	Einleitung	25
2.2	Mikrofone und Lautsprecher	25
2.2.1	Kondensator-Messmikrofone	26
2.2.2	Schnellemessung	27
2.2.3	Körperschallaufnehmer	29
2.2.4	Kalibrierung von Mikrofonen	31
2.2.5	Intensitätssonden	33
2.2.6	Lautsprecher	34
2.3	Schallpegelmessung und -bewertung	36
2.3.1	Zeitkonstanten	36
2.3.2	Frequenzbewertung	37
2.3.3	Präzisionsklassen	38
2.3.4	Bandpassfilter	38
2.4	FFT-Analyse	40
2.4.1	Digitalisierung von Messsignalen	40
2.4.2	Diskrete Fourier Transformation (DFT)	41
2.4.3	Fast Fourier Transformation (FFT)	41
2.4.4	Mögliche Messfehler	41
2.4.5	Zoom-FFT	42
2.4.6	Fortgeschrittene Signalanalyse	43
2.5	Messung von Übertragungsfunktionen und Impulsantworten	44
2.5.1	Zwei-Kanal-FFT-Technik	45
2.5.2	Time-stretched Pulse	46
2.5.3	Korrelationsverfahren	46
2.5.4	Maximalfolgen	46
2.5.5	Fehlerquellen der digitalen Messverfahren	49
2.6	Messräume	50
2.6.1	Reflexionsfreier Raum	50
2.6.2	Hallraum	52
2.7	Anwendungsbeispiele	53

2.7.1	Absorptionsgrad und Impedanz	53
2.7.2	Modalanalyse	55
2.7.3	Reziproke Messung der Schallabstrahlung	55
	Literatur	57

3	Numerische Methoden B. A. T. PETERSSON	59
3.1	Einleitung	59
3.2	Diskretisierung von Differentialgleichungen	60
3.3	Integralgleichungen	64
3.4	Statistisches Verfahren	67
3.5	Asymptotische Methoden	76
	Literatur	79

4	Schallwirkungen beim Menschen C. MASCHKE und U. WIDMANN	81
4.1	Physiologische Aspekte	81
4.1.1	Ohr	81
4.1.2	Hörbahn	82
4.2	Wahrnehmung	84
4.2.1	Allgemeingültige psychoakustische Ansätze	84
4.2.2	Spezifische psychologische Ansätze	90
4.2.3	Lokalisation	90
4.3	Gesundheitliche Beeinträchtigungen durch Lärm	91
4.3.1	Aurale Beeinträchtigungen	91
4.3.2	Extraaurale Beeinträchtigungen	92
4.3.3	Belästigung	96
4.3.4	Herz-Kreislauf-Krankheiten	97
4.4	Nichtakustische Einflussgrößen (Moderatoren)	97
	Literatur	99

5	Beurteilung von Schallimmissionen – Vorschriften – Normen – Richtlinien D. GOTTLOB und B. VOGELSANG	103
5.1	Einleitung	103
5.2	Beurteilungsgrundlagen	103
5.2.1	Momentane Schallstärke	103
5.2.2	Akustische Kenngrößen für einzelne Schallereignisse	105
5.2.3	Akustische Kenngrößen für kontinuierliche und intermittierende Schallimmissionen	105
5.2.4	Perzentilpegel	106
5.2.5	Mittlerer Maximalpegel	106
5.2.6	Beurteilungspegel	106
5.2.7	Kennzeichnungszeit	108
5.2.8	Immissionswerte	108
5.2.9	Ermittlung der Schallbelastung	109
5.2.10	Qualitätssicherung	109
5.3	Spezielle Beurteilungsverfahren	109
5.3.1	Lautstärkepegel, Lautheit	110
5.3.2	Berechnete Lautheit nach Zwicker	110
5.3.3	Perceived Noise Level nach Kryter	111
5.3.4	Noise-Rating-Kurven	112
5.3.5	Frequenzbewertungskurven	112
5.3.6	Sprachverständlichkeit	114
5.3.7	Beurteilung tieffrequenten Schalls im Immissionsschutz	118
5.3.8	Beurteilung tonhaltiger Schalle nach DIN 45681	119
5.4	Quellenbezogene Beurteilungsverfahren	120
5.4.1	Straßenverkehr	120
5.4.2	Schienenverkehr	126
5.4.3	Luftverkehr	128
5.4.4	Industrie-, Gewerbe- und Freizeitanlagen	131
5.4.5	Arbeitsplatz	135
5.4.6	Haustechnische Anlagen	138
5.5	Gebietsbezogene Beurteilung von Schallimmissionen	139
5.5.1	Lärmminderungsplanung	139
5.5.2	Gebietsbezogene Beurteilung hinsichtlich der Belästigung	144
	Literatur	144

6	Beurteilung von Geräuschemissionen G. HÜBNER und E. SCHORER	149
6.1	Grundlagen und Normung der Geräuschemissionsmessung	149
6.1.1	Kennzeichnende physikalische Größen	149
6.1.2	Die Messung der Kenngrößen	157
6.2	Messung von Geräuschemissionen in situ	172
6.2.1	Praktische Aspekte bei der Anwendung vorhandener Messverfahren	173
6.2.2	In-situ-Messung der Geräuschemission von Einzelschallquellen	179
6.2.3	Messung der Geräuschemission ausgedehnter Schallquellen	183
	Literatur	188

7	Schallausbreitung im Freien ... 193	
	L. SCHREIBER	
7.1	Vorbemerkungen 193
7.2	Verlustlose Schallausbreitung .. 194
7.2.1	Unbegrenztes Schallfeld 194
7.2.2	Schallquelle über dem Boden, Reflexion 194
7.2.3	Abschirmung durch Hindernisse 196
7.2.4	Diffuse Streuung 197
7.3	Zusatzdämpfung durch Absorption (Dissipation) der Luft 197
7.4	Einfluss von Bodenbeschaffenheit, Bewuchs und Bebauung auf die Schallausbreitung 199
7.4.1	Zusatzdämpfung bei Schallausbreitung über Boden und Bewuchs 199
7.4.2	Zusatzdämpfung bei Schallausbreitung durch Bewuchs hindurch 199
7.4.3	Zusatzdämpfung durch Bebauung 200
7.5	Einfluss von Inhomogenitäten der Luft 200
7.5.1	Windgeschwindigkeitsgradient . 200
7.5.2	Temperaturgradient 201
7.5.3	Turbulenz 202
7.6	Schallimmissionsberechnung .. 202
7.6.1	Vorbemerkung 202
7.6.2	Berechnung nach DIN ISO 9613-2 202
7.6.3	Einschränkungen 203
	Literatur 204

8	Schallausbreitung in Gebäuden . 207
	K. GÖSELE und E. SCHRÖDER
8.1	Luftschalldämmung 207
8.1.1	Kennzeichnung 207
8.1.2	Messung 209
8.1.3	Verhalten einschaliger Bauteile . 209
8.1.4	Verhalten doppelschaliger Bauteile 212
8.1.5	Schall-Längsleitung im Massivbau 218
8.1.6	Undichtigkeiten 223
8.2	Trittschalldämmung 226
8.2.1	Messung und Kennzeichnung von Decken 226
8.2.2	Kennzeichnung von Deckenauflagen 228
8.2.3	Verhalten von Decken ohne Auflagen 229
8.2.4	Verhalten von Gehbelägen ... 231
8.2.5	Verhalten von schwimmenden Estrichen 232
8.2.6	Verhalten üblicher Massivdecken mit schwimmenden Estrichen .. 233
8.2.7	Berechnung der Trittschallübertragung 234
8.3	Schallschutz bei Holzhäusern .. 234
8.3.1	Allgemeines 234
8.3.2	Schall-Längsleitung 234
8.3.3	Schalldämmung von Holzbalkendecken 236
8.3.4	Berechnung 239
8.4	Haustechnische Anlagen 240
8.4.1	Wasserinstallationen 240
8.4.2	Aufzugsanlagen 243
	Literatur 244

9	Schallabsorber 247
	H. V. FUCHS und M. MÖSER
9.1	Einleitung 247
9.2	Schallabsorption für Lärmschutz und Raumakustik 247
9.3	Passive Absorber 251
9.3.1	Faserige Materialien 252
9.3.2	Offenporige Schaumstoffe ... 254
9.3.3	Geblähte Baustoffe 255
9.4	Reaktive Absorber im Schallfeld 255
9.5	Plattenresonatoren 259
9.5.1	Folienabsorber 260
9.5.2	Plattenschwinger 262
9.5.3	Verbundplatten-Resonatoren .. 264
9.6	Helmholtz-Resonatoren 269
9.6.1	Lochflächenabsorber 270
9.6.2	Schlitzförmige Absorber 271
9.6.3	Membranabsorber 272
9.7	Interferenzdämpfer 278
9.7.1	$\lambda/4$-Resonatoren 278
9.7.2	$\lambda/2$-Resonatoren 280
9.7.3	Rohrschalldämpfer 280
9.8	Aktive Resonatoren 281
9.9	Mikroperforierte Absorber ... 284
9.9.1	Mikroperforierte Platten 287
9.9.2	Mikroperforierte Folien 290
9.9.3	Mikroperforierte Flächengebilde 292
9.10	Hochintegrierte Absorber ... 293
9.10.1	Breitband-Kompaktabsorber . 295
9.10.2	Reflexionsarme Raumauskleidungen 297
9.10.3	Schalldämpfende Schornsteininnenzüge 298
9.11	Schlussbemerkungen 300
	Literatur 302

10	Körperschalldämmung und -dämpfung	305
	M. HECKL† und J. NUTSCH†	
10.1	Einleitung	305
10.2	Isolation bei tiefen Frequenzen (elastische Lagerung)	305
10.2.1	Abstimmfrequenz	306
10.2.2	Ausführung elastischer Lagerungen	307
10.2.3	Dämmwirkung einer elastischen Lagerung	313
10.3	Körperschalldämmung	315
10.3.1	Entfernungsabnahme	315
10.3.2	Materialwechsel, Querschnittssprünge und Umlenkungen	316
10.4	Körperschalldämpfung	316
10.4.1	Verlustfaktor von verschiedenen Materialien und Konstruktionen	319
10.4.2	Kombinationen von Materialien mit großen und kleinen Verlustfaktoren	320
10.4.3	Dämpfung an Kontaktflächen	323
10.4.4	Kombination von Dämmung und Dämpfung	324
10.5	Abstrahlung von Körperschall	326
10.6	Charakterisierung der Emissionsstärke von Körperschallquellen	328
	Literatur	328
11	Raumakustik	331
	H. KUTTRUFF und E. MOMMERTZ	
11.1	Grundtatsachen der Schallausbreitung in Räumen	331
11.1.1	Vorbemerkung	331
11.1.2	Wellentheorie der Raumakustik	332
11.1.3	Geometrische Raumakustik	333
11.1.4	Nachhall und stationäre Energiedichte in Räumen mit diffusem Schallfeld	336
11.2	Zur subjektiven Wirkung räumlicher Schallfelder	338
11.2.1	Einzelne Rückwürfe	339
11.2.2	Rückwurffolgen	340
11.2.3	Nachhall	344
11.3	Entwurfsmethoden der Raumakustik	345
11.3.1	Zeichnerische Konstruktion von Schallstrahlen	345
11.3.2	Berechnung der Nachhallzeit	345
11.3.3	Computersimulation der Schallübertragung	347
11.3.4	Untersuchungen an physikalischen Modellen	351
11.3.5	Auralisation	352
11.4	Grundsätze raumakustischer Planung	352
11.4.1	Allgemeine Hinweise	352
11.4.2	Räume für Sprachdarbietungen	353
11.4.3	Konzertsäle	355
11.4.4	Opernhäuser	356
11.4.5	Mehrzwecksäle und Räume mit veränderlicher Nachhallzeit	357
11.4.6	Kirchen	358
11.4.7	Räume mit elektroakustischem Nutzungsschwerpunkt	359
11.4.8	Arbeitsräume und weitere Raumgruppen	359
11.5	Raumakustische Messungen	360
	Literatur	362
12	Schalldämpfer	367
	U. KURZE und E. RIEDEL	
12.1	Übersicht	367
12.1.1	Anwendungsbereiche	367
12.1.2	Bauformen	368
12.1.3	Anforderungen und Merkmale	369
12.2	Wirkprinzipien	372
12.2.1	Pulsationsabbau durch Drosselschalldämpfer	372
12.2.2	Absorption in feinporigen oder -faserigen Strukturen	373
12.2.3	Absorption durch Nichtlinearitäten	374
12.2.4	Reflexion	374
12.2.5	Regeneration von Schall	375
12.3	Auslegungskenngrößen und -grundsätze	376
12.3.1	Primäre Kenngrößen	376
12.3.2	Weitere betriebliche Anforderungen	378
12.3.3	Leitlinien für wirtschaftliche Konstruktionen	379
12.4	Erfahrungswerte	380
12.4.1	Kulissenschalldämpfer	380
12.4.2	Kanalauskleidungen	382
12.4.3	Ausblaseschalldämpfer	384
12.5	Berechnungsverfahren	384
12.5.1	Dämpfung	384
12.5.2	Druckverminderung	393
12.5.3	Strömungsrauschen	397
12.6	Messverfahren	398
12.6.1	Regelwerke	398
12.6.2	Labormessungen	398
12.6.3	Feldmessungen	399
	Literatur	400

13	Aktive Beeinflussung von Schall und Schwingungen ...... 401 J. Scheuren		14.6.1	Druckempfänger 455
			14.6.2	Druckgradientenempfänger ... 456
			14.6.3	Interferenzempfänger 456
13.1	Einleitung 401		14.6.4	Wandlertypen 457
13.2	Anmerkungen zur historisch technischen Entwicklung 402			Literatur 458
13.3	Struktur der allgemeinen Problemstellung 403		15	Schallquellen .... 459 U. Kurze
13.4	Grundsätzliche Betrachtungen zur Wirkungsweise aktiver Systeme . 406		15.1	Schallentstehung 459
13.4.1	Vorgehensweise bei der Auslegung aktiver Systeme 407		15.1.1	Breitbandige Geräusche 459
			15.1.2	Schmalbandige Geräusche ... 463
13.4.2	Quellnachbildung 408		15.2	Quellterm und innere Impedanz/ Admittanz 465
13.4.3	Aktive Beeinflussung der Wellenausbreitung 410		15.2.1	Modell zur linearen Akustik ... 465
13.4.4	Aktive Beeinflussung abge- schlossener Bereiche 418		15.2.2	Leistungsanpassung 466
			15.2.3	Luftschall in Kanälen 467
13.4.5	Aktive Kompensation der Schallabstrahlung 423		15.2.4	Rollgeräusche 467
			15.2.5	Zahnräder 468
13.4.6	Stabilisierung selbsterregter Systeme 425		15.3	Maßnahmen zur Geräusch- minderung 469
13.4.7	Energie- und Leistungs- betrachtungen 427		15.3.1	Minderung des Quellterms ... 469
			15.3.2	Änderung der Impedanz 472
13.5	Aktive Klanggestaltung 428		15.3.3	Abkopplung, Verstimmung und Bedämpfung von Resonatoren . 472
13.6	Aspekte der Signalverarbeitung . 430			
13.7	Elektromechanische Wandler als Stellglieder 433			Literatur 473
13.8	Weitere Anwendungen 434			
13.9	Zusammenfassung und Ausblick 435		16	Straßenverkehrslärm ..... 475 L. Schreiber
	Literatur 436			
			16.1	Bedeutung des Straßenverkehrs als Lärmquelle 475
14	Beschallungstechnik ...... 441 H. Frisch		16.2	Das einzelne Fahrzeug als Schallquelle 476
14.1	Einleitung 441		16.2.1	Antriebsgeräusche 476
14.2	Verstärkungsanlagen für Sprache und Musik 441		16.2.2	Rollgeräusch 476
			16.2.3	Windgeräusche 476
14.2.1	Verstärkungsanlagen in Räumen 442		16.2.4	Grenzwerte für die Schall- emission von Kraftfahrzeugen . 477
14.2.2	Verstärkungsanlagen im Freien . 444			
14.3	Anlagen zur Simulation raum- akustischer Gegebenheiten ... 446		16.3	Straßenverkehr als Schallquelle . 478
			16.3.1	Maße und Grenzwerte für die Stärke der Schallimmission durch Straßenverkehr 478
14.3.1	Nachhallzeitverlängerung ... 446			
14.3.2	Raumakustikmanipulation ... 446			
14.4	Lautsprecher 447		16.3.2	Berechnung des Beurteilungs- pegels von Straßenverkehrs- geräuschen 478
14.4.1	Elektromechanische Wandler- arten 447			
			16.4	Messung von Straßenverkehrs- geräuschen 480
14.4.2	Richtcharakteristik eines Konustreibers 448			
			16.5	Vorschriften zum Schutz gegen Straßenverkehrslärm ... 480
14.4.3	Tieftonlautsprecher 448			
14.4.4	Mittel-Hochton-Lautsprecher .. 448			
14.5	Kopplung von Lautsprechern .. 450		16.6	Maßnahmen zum Schutz gegen Verkehrslärm 481
14.5.1	Spezielle Arrays 452			
14.6	Mikrofone 455			Literatur 482

17	Geräusche und Erschütterungen aus dem Schienenverkehr .... 483 R.G. Wettschureck, G. Hauck, R.J. Diehl und L. Willenbrink		17.5.4	Körperschall und Erschütterungen 574 Literatur 575
17.1	Einleitung 483		18	Fluglärm .... 585 J. Delfs, W. Dobrzynski, H. Heller, U. Isermann, U. Michel, W. Splettstösser und F. Obermeier
17.2	Luftschall bei Eisenbahnen ... 484			
17.2.1	Begriffsbestimmungen 484			
17.2.2	Schallemissionen 494			
17.2.3	Schallimmissionen 512		18.1	Schallemission 585
17.2.4	Wirkung und Bewertung von Schienenverkehrsgeräuschen .. 523		18.1.1	Flugzeuge mit Strahltriebwerken 585
17.2.5	Gesetzliche Regelungen 526		18.1.2	Propellerantriebe 595
17.2.6	Geräuschmessungen an Schienenfahrzeugen 527		18.1.3	Hubschrauber 602
			18.1.4	Umströmungsgeräusch von Flächenflugzeugen 611
17.3	Körperschall, Erschütterungen bei Eisenbahnen 528			
17.3.1	Allgemeines, Begriffsbestimmungen 528		18.2	Schallimmission 617
			18.2.1	Einzelgeräusche 617
17.3.2	Körperschallentstehung 530		18.2.2	Abhängigkeit der Kenngrößen des Einzelgeräusches vom Vorbeiflugabstand und von der Fluggeschwindigkeit 618
17.3.3	Körperschallausbreitung im Boden 537			
17.3.4	Körperschalleinleitung in Gebäude und Körperschallausbreitung im Inneren von Gebäuden . 538		18.2.3	Fluglärmberechnungsverfahren . 618
			18.3	Fluglärmbewertung 621
			18.4	Überschallknall 622
17.3.5	Sekundärer Luftschall in Gebäuden 539		18.4.1	Definition und Beschreibung .. 622
			18.4.2	Erläuterungen der den Überschallknall beschreibenden Größen .. 624
17.3.6	Beurteilung von Körperschall, Erschütterungen und sekundärem Luftschall 542			
			18.4.3	Knallteppich 624
17.3.7	Schutzmaßnahmen im Bereich der Körperschallentstehung ... 544		18.4.4	Wirkung des Überschallknalls auf den Menschen 627
17.3.8	Schutzmaßnahmen im Bereich der Körperschallausbreitung im Boden 555		18.4.5	Wirkung des Überschallknalls auf Tiere 628
			18.4.6	Wirkung des Überschallknalls auf Bauwerke und auf den Erdboden 628
17.3.9	Schutzmaßnahmen an Gebäuden 556			
17.3.10	Prognose von Körperschall- und Erschütterungsimmissionen 557		18.4.7	Bibliographien .... 629 Literatur 629
17.4	Luftschall und Körperschall, Erschütterungen bei Nahverkehrsbahnen 559			
			19	Baulärm .... 639 A. Böhm, O.T. Strachotta und V. Irmer
17.4.1	Allgemeines 559			
17.4.2	Besonderheiten bei Nahverkehrsbahnen gegenüber Eisenbahnen . 560		19.1	Einleitung 639
			19.2	Geräuschimmissionen 640
17.4.3	Spezielle Körperschallminderungsmaßnahmen für den innerstädtischen Bereich von Straßenbahnen 561		19.2.1	Geräuschimmissionen am Arbeitsplatz 640
			19.2.2	Geräuschimmissionen in der Umgebung von Baustellen ... 640
17.5	Simulationsmodelle zur Prognose von Luftschall und Körperschall/ Erschütterungen von Bahnen .. 565		19.3	Geräuschemissionen von im Freien betriebenen Geräten, Maschinen und Baustellen ... 644
17.5.1	Überblick 565			
17.5.2	Rollgeräusche 565			
17.5.3	Innengeräusche und Aggregatgeräusche 572		19.3.1	EU-Richtlinie zur Begrenzung der Geräuschemissionen 644

19.3.2	Inhalt der EU-Richtlinie zur Begrenzung der Geräuschemissionen 645	21	Strömungsgeräusche . . . . . 683 B. STÜBER, K. R. FRITZ, C.-C. HANTSCHK, S. HEIM,	
19.3.3	Auswirkungen auf die Hersteller und Verbraucher 650		H. NÜRNBERGER, E. SCHORER und D. VORTMEYER	
19.3.4	Derzeitige und zukünftige Benutzervorteile für lärmarme Geräte und Maschinen 650	21.1	Schallentstehung durch Strömungen 683	
19.3.5	Schallleistungspegel von Geräten und Baumaschinen – relative Spektren 654	21.1.1	Quellterme 683	
		21.1.2	Kavitation 685	
		21.1.3	Angeströmte Kreiszylinder . . . 692	
19.4	Geräuschbegrenzung und Schallschutzmaßnahmen 654	21.1.4	Turbulenter Freistrahl 696	
		21.1.5	Turbulente Grenzschicht 699	
19.4.1	Beschwerden über unzureichende Geräuschbegrenzung und Schallschutzmaßnahmen 654	21.2	Rohrleitungen (Kanäle) 700	
		21.2.1	Schallabstrahlung in die Rohrleitung 700	
19.4.2	Schalltechnische Planung, Einrichtung und Räumung von Baustellen 654	21.2.2	Innerer Schallleistungspegel und Schalldruckpegel 701	
		21.2.3	Schallleistung gasgefüllter Rohrleitungen 701	
19.4.3	Geräuschminderung an im Freien betriebenen Maschinen, Geräten und Baustellen . . . . 655 Literatur 657	21.2.4	Schallleistung flüssigkeitsgefüllter Rohre 701	
		21.2.5	Schallpegelabnahme in gasgefüllten Rohrleitungen 702	
		21.2.6	Schallpegelabnahme auf Rohrleitungen bei Körperschallanregung 703	
20	Städtebaulicher Schallschutz . . 661 M. JÄCKER-CÜPPERS			
		21.2.7	Schalldämmung gasgefüllter Rohrleitungen 703	
20.1	Einleitung 661	21.2.8	Abstrahlgrade 705	
20.2	Beeinträchtigungen durch Lärm im Wohnumfeld 661	21.2.9	Schalldämmende Ummantelungen kreisförmiger Rohre 706	
20.3	Grundsätze des städtebaulichen Lärmschutzes 663	21.3	Ventilatoren (Gebläse) 706	
		21.3.1	Kennzeichnung 706	
20.3.1	Lärmwirkungen und Ziele des städtebaulichen Lärmschutzes . . 663	21.3.2	Schallentstehung 707	
20.3.2	Prinzipielle Konfliktfälle im städtebaulichen Lärmschutz . . . 664	21.3.3	Näherungsweise Berechnung der Schallabstrahlung 709	
20.3.3	Methodik des städtebaulichen Lärmschutzes 665	21.3.4	Geräuschminderung 713	
		21.4	Verdichter 715	
20.3.4	Prinzipien, Instrumente, Maßnahmen und Akteure der Lärmbekämpfung 668	21.4.1	Schallentstehung 715	
		21.4.2	Näherungsweise Berechnung der Schallabstrahlung 716	
20.4	Rechtsgrundlagen des städtebaulichen Lärmschutzes 669	21.4.3	Geräuschminderung 716	
20.5	Maßnahmen 673	21.5	Pumpen 716	
20.5.1	Verkehrsvermeidung 673	21.5.1	Schallentstehung 717	
20.5.2	Maßnahmen zur Verlagerung auf emissionsarme Quellen 675	21.5.2	Näherungsweise Berechnung der Schallabstrahlung 720	
20.5.3	Vermindern der Emissionen . . . 676	21.5.3	Geräuschminderung 721	
20.5.4	Maßnahmen auf dem Ausbreitungsweg 678	21.6	Elektromotoren 723	
		21.7	Windenergieanlagen (WEA) . . 724	
20.5.5	Maßnahmen am Immissionsort . 679 Literatur 680	21.7.1	Bauformen und Betrieb 724	
		21.7.2	Schallentstehung 724	
		21.7.3	Näherungsweise Berechnung der Schallabstrahlung 725	

21.7.4	Geräuschminderung	725
21.7.5	Messung und Beurteilung der Geräusche	726
21.8	Verwirbelte Ausströmung und Umströmung	726
21.8.1	Schallentstehung	726
21.8.2	Näherungsweise Berechnung der Schallabstrahlung	727
21.8.3	Geräuschminderung	728
21.9	Armaturen (Ventile)	728
21.9.1	Schallentstehung	728
21.9.2	Näherungsweise Berechnung der Schallabstrahlung	730
21.9.3	Geräuschminderung	732
21.10	Wassergeräusche in Kühltürmen	732
21.11	Pneumatische Feststoff-Transportleitungen	733
21.11.1	Niederdruck-Förderanlagen	733
21.11.2	Hochdruck-Förderanlagen	734
21.12	Industrielle Brenner	736
21.12.1	Näherungsweise Berechnung der Schallabstrahlung	736
21.12.2	Geräuschminderung	737
21.13	Selbsterregte Schwingungen in Feuerungen	738
21.13.1	Entstehungsmechanismus	738
21.13.2	Berechnung	739
21.13.3	Gegenmaßnahmen	740
	Literatur	742
22	Ultraschall H. KUTTRUFF	751
22.1	Einleitung	751
22.2	Ausbreitung und Abstrahlung	751
22.2.1	Dämpfung	751
22.2.2	Reflexion und Brechung	752
22.2.3	Abgestrahltes Schallfeld	753
22.3	Erzeugung von Ultraschall	754
22.4	Nachweis und Empfang	756
22.5	Kleinsignalanwendungen	757
22.5.1	Impulsechoverfahren	757
22.5.2	Zerstörungsfreie Materialprüfung	758
22.5.3	Medizinische Diagnostik	759
22.5.4	Weitere Anwendungen	760
22.6	Wirkungen und Anwendungen von Leistungsultraschall	761
22.6.1	Kavitation	761
22.6.2	Ultraschallreinigung	761
22.6.3	Verbindungstechnik	762
22.6.4	Bohren und Schneiden	763
22.6.5	Vernebelung von Flüssigkeiten	764
22.6.6	Medizinische Therapie	765
	Literatur	765
23	Erschütterungen J. GUGGENBERGER und G. MÜLLER	767
23.1	Allgemeines, Begriffsbestimmung	767
23.2	Anhaltswerte und Grenzwerte zur Beurteilung von Erschütterungen	767
23.2.1	Einwirkung von Erschütterungen auf den Menschen	767
23.2.2	Einwirkung von Erschütterungen auf Gebäude	772
23.2.3	Einwirkung von Erschütterungen auf empfindliche Anlagen und Vorgänge	773
23.3	Erschütterungsquellen und Isoliermaßnahmen	775
23.3.1	Allgemeines	775
23.3.2	Maschinen	775
23.3.3	Erschütterungen bei Bauarbeiten	780
23.3.4	Sprengungen	782
23.3.5	Straßenverkehr	783
23.3.6	Menscheninduzierte Schwingungen	784
23.4	Übertragung von Erschütterungen und Erschütterungsschutz	788
23.4.1	Anregung und Übertragung von Erschütterungen im Erdreich	788
23.4.2	Einleitung von Erschütterungen in Gebäude	790
23.4.3	Übertragung von Erschütterungen innerhalb von Gebäuden	792
23.4.4	Erschütterungsreduzierende Maßnahmen an Gebäuden	792
23.4.5	Isoliermaßnahmen an empfindlichen Geräten	796
	Literatur	798
Sachverzeichnis		803

Mitarbeiterverzeichnis

Böhm, Achim, Dipl.-Ing., 85757 Karlsfeld

Delfs, Jan, Prof. Dr.-Ing., Institut für Entwurfsaerodynamik der Deutschen Forschungsanstalt für Luft- und Raumfahrt (DLR), Braunschweig

Diehl, Rolf, Dr.-Ing., Müller-BBM GmbH, München

Dobrzynski, Werner, Dr.-Ing., Institut für Entwurfsaerodynamik der Deutschen Forschungsanstalt für Luft- und Raumfahrt (DLR), Braunschweig

Frisch, Harald, Dipl.-Ing., Müller-BBM GmbH, München

Fritz, Klaus, Dr.-Ing., Müller-BBM GmbH, München

Fuchs, Helmut, Prof. Dr.-Ing., Fraunhofer Institut für Bauphysik, Technische Akustik, Stuttgart

Gösele, Karl, Prof. Dr.-Ing., 71549 Auenwald

Gottlob, Dieter, Dr. rer. nat., Umweltbundesamt, Berlin

Guggenberger, Johannes, Dipl.-Ing., Müller-BBM GmbH, München

Hantschk, Carl-Christian, Dr.-Ing., Müller-BBM GmbH, München

Hauck, Günther, Dipl.-Phys., 82110 Germering

Heim, Stefan, Müller BBM GmbH, München

Heller, Hanno, Dr.-Ing., Institut für Entwurfsaerodynamik der Deutschen Forschungsanstalt für Luft- und Raumfahrt (DLR), Braunschweig

Hübner, Gerhard, Prof. Dr. rer. nat., Universität Stuttgart, ITSM

Irmer, Volker, Dr., Umweltbundesamt, Berlin

Isermann, Ullrich, Dr. rer. nat., Institut für Strömungsmechanik der Deutschen Forschungsanstalt für Luft- und Raumfahrt (DLR), Göttingen

Jäcker-Cüppers, Michael, Dipl.-Ing., Umweltbundesamt, Berlin

Kurze, Ulrich, Dr.-Ing., Müller-BBM GmbH, München

Kuttruff, Heinrich, Prof. Dr. rer. nat., Institut für Technische Akustik der Rheinisch-Westfälischen Technischen Hochschule Aachen

Maschke, Christian, Privatdozent Dr.-Ing., Institut für Technische Akustik der Technischen Universität Berlin

Michel, Ulf, Dr.-Ing., Institut für Antriebstechnik der Deutschen Forschungsanstalt für Luft- und Raumfahrt (DLR), Berlin

Mommertz, Eckard, Dr.-Ing., Müller-BBM GmbH, München

Möser, Michael, Prof. Dr.-Ing., Institut für Technische Akustik der Technischen Universität Berlin

Müller, Gerhard, Prof. (apl.) Dr.-Ing., Müller-BBM GmbH, München

NÜRNBERGER, HERBERT, Müller BBM GmbH, München

OBERMEIER, FRANK, Prof. Dr. rer. nat., Technische Universität Bergakademie Freiberg

PETERSSON, BJÖRN A.T., Prof. Dr., Institut für Technische Akustik der Technischen Universität Berlin

RIEDEL, ENNO, Dr.-Ing., BBM GERB Akustik GmbH, München

SCHEUREN, JOACHIM, Dr.-Ing., Müller-BBM GmbH, München

SCHORER, EDWIN, Dr.-Ing., Müller-BBM GmbH, München

SCHREIBER, LUDWIG, Prof. Dr.-Ing, Müller-BBM GmbH, München

SCHRÖDER, ELMAR, Dipl.-Phys., Müller-BBM GmbH, München

SPLETTSTÖSSER, WOLF, Dr.-Ing., Institut für Entwurfsaerodynamik der Deutschen Forschungsanstalt für Luft- und Raumfahrt (DLR), Braunschweig

STRACHOTTA, OLAF TOBIAS, Dipl.-Ing., Technischer Überwachungsverein Hannover/Sachsen-Anhalt e. V., Hannover

STÜBER, BURKHARD, Dr.-Ing., Müller-BBM GmbH, München

VOGELSANG, BERTHOLD, Dr.-Ing., Niedersächsisches Landesamt für Ökologie, Hannover

VORLÄNDER, MICHAEL, Prof. Dr. rer. nat., Institut für Technische Akustik der Rheinisch-Westfälischen Technischen Hochschule Aachen

VORTMEYER, DIETER, Prof. Dr. rer. nat., 80638 München

WETTSCHURECK, RÜDIGER, Dr.-Ing., Getzner Werkstoffe GmbH, Grünwald

WIDMANN, ULRICH, Dr.-Ing., AUDI AG, Ingolstadt

WILLENBRINK, LUDGER, Dipl.-Phys., Deutsche Bahn AG Forschungs- und Technologiezentrum, München

Formelverzeichnis

A	äquivalente Absorptionsfläche (Schluckfläche), Hilfsgröße
B	Biegesteife, magnetische Induktion, Hilfsgröße
C	Kapazität
D_d	Pegeldifferenz
D_d	Durchgangsdämm-Maß
D_e	Einfügungsdämm-Maß
$D_{\Delta x}$	Kanaldämpfung pro Kanalabschnitt Δx
D_h	Kanaldämpfung auf einer Länge $\Delta x = h$
D_I	Richtungsmaß
E	Elastizitätsmodul
F	Kraft
F_i	Komponenten einer Kraft ($i = 1, 2, 3$)
G	Schubmodul
G_1	Wandadmittanz einer Kanalauskleidung
$H_n^{(2)}$	Hankelfunktion zweiter Art
I	Schallintensität, elektrischer Strom
Im	Imaginärteil einer komplexen Zahl
J_0, J_1	Besselfunktion nullter bzw. erster Ordnung
K	Kompressionsmodul oder Konstante
K_{eff}	effektiver Kompressionsmodul eines porösen Absorbers
L	Pegel
L_A	A-bewerteter Pegel
L_I	Intensitätspegel re 10^{-12} W/m^2
L_P	Schalldruckpegel re $2 \cdot 10^{-5}$ Nm^{-2}
L_v	Schnellepegel re $5 \cdot 10^{-8}$ W
L_P oder L_W	Schallleistungspegel re 10^{-12} W
L_{PA} oder L_{WA}	A-bewerteter Schallleistungspegel
L_{PN}	perceived noise level
L_r	Beurteilungspegel
ΔL	Pegeldifferenz
L_{eq}	äquivalenter Dauerschallpegel
L_m	Mittelungspegel
M	Moment oder Machzahl
N	Drehzahl oder Anzahl der Resonanzen oder Anzahl der Messreihen
ΔN	Anzahl der Eigenmoden in einem bestimmten Frequenzbereich
O	absorbierend verkleideter Teil eines Kanalumfangs
P	Schallleistung
P_e	elektrische Leistung

P_L		Luftleistung (Förderleistung) eines Ventilators
P_N		Nennleistung einer Maschine
P_x		Wirkleistung durch den Kanalquerschnitt am Ort x
Q		Güte eines Resonators
R		Radius oder Schalldämmzahl oder elektrischer Widerstand oder Reflexionsfaktor
$R_s = rd$		Strömungswiderstand
Re		Reynoldszahl, Realteil einer komplexen Zahl
S		Fläche
St		Strouhalzahl
T		Periodendauer oder Temperatur oder Nachhallzeit
U		Strömungsgeschwindigkeit, elektrische Spannung
V		Volumen
W		Energie, Hilfsgröße
$Z = F/v$		mechanische Impedanz (Punktimpedanz)
$Z'' = p/v$		akustische Impedanz
$Z_0 = \varrho_0 c_0$		Wellenwiderstand in freier Luft
Z_a		Wellenwiderstand eines sehr großen porösen Absorbers
Z_h		spezifische akustische Impedanz einer Resonatormündung
Z_l		Wandimpedanz einer Kanalauskleidung
a		Radius oder Beschleunigung
a_{eff}		effektiver Porenradius
b		Breite oder Hilfsgröße
c		Schallausbreitungsgeschwindigkeit (Phasengeschwindigkeit)
$c_g = d\omega/dk$		Gruppengeschwindigkeit
c_0		Schallgeschwindigkeit im ungestörten Medium
c_L		Longitudinalwellengeschwindigkeit
c_B		Biegewellengeschwindigkeit
c_a		Phasengeschwindigkeit in einem porösen Absorber
c_1		isotherme Schallgeschwindigkeit
c_{ph}		Phasengeschwindigkeit in einem Kanal
d		Dicke oder Abstand oder Durchmesser
f		Frequenz
f_0		Resonanzfrequenz
f_g		Grenzfrequenz
f_s		Schwellenfachfrequenz
g		Gravitationskonstante
h		Dicke einer Platte oder Folie oder Höhe oder Abstand
$j = \sqrt{-1}$		
$k = 2\pi/\lambda = \omega/c$		Wellenzahl
k_0		Wellenzahl für ebene Wellen im ungestörten Medium
k_B		Biegewellenzahl
l		Länge
l_w		Wandabstand eines Absorbers
Δl		Mündungskorrektur
m		Masse
m'		Masse pro Längeneinheit
m''		Masse pro Flächeneinheit
n		ganze Zahl
p		Schalldruck
p_s		statischer Druck
Δp_s		statische Druckdifferenz
q		Schallfluss oder Halbierungsparameter bei ungleichförmigen Geräuschen
r		Radius oder Realteil der akustischen Impedanz
r_d		dynamischer spezifischer Strömungswiderstand

s	Federsteife
s'	Steife pro Längeneinheit
s''	Steife pro Flächeneinheit
t	Zeit
v	Schallschnelle
v_h	Schnelle in der Mündungsebene eines Resonators
w	Winkelgeschwindigkeit oder Energiedichte
x, y, z oder x_i	kartesische Koordinaten ($i = 1, 2, 3$)
r, φ, z	Zylinderkoordinaten
r, φ, ϑ	Kugelkoordinaten
α	Absorptionsgrad (Schluckgrad) oder Hilfsgröße
β	Hilfsgröße
γ	Hilfsgröße
δ	Grenzschichtdicke
ε	Hilfsgröße
η	Verlustfaktor oder Wirkungsgrad einer Maschine
ϑ	Winkel
ξ	Ausschlag, Zusammendrückung einer Feder
ζ	akustischer Wirkungsgrad
κ	Verhältnis der spezifischen Wärmen, Adiabatenexponent
λ	Wellenlänge
λ_0	Wellenlänge im ungestörten Medium
λ_k	Wellenlänge im Kanal
μ	Poissonszahl oder Hilfsgröße
ν	kinematische Zähigkeit
$\pi = 3{,}141592654\ldots$	
ϱ	Dichte
ϱ_0	Dichte im ungestörten Medium
ϱ_{eff}	effektive Dichte in einem porösen Absorber
σ	Abstrahlgrad
τ	Transmissionsgrad (Verhältnis von durchgelassener und auffallender Schallleistung) oder Hilfsgröße
χ	Strukturfaktor
φ_n	Eigenfunktion
$\omega = 2\pi f$	Kreisfrequenz
Γ	Ausbreitungskonstante ($\Gamma = \Gamma' + j\Gamma''$)
Θ	Flächenträgheitsmoment
Ξ	Strömungswiderstand
Φ	magnetischer Fluss oder Hilfsgröße
Ω	normierte Frequenz oder Hilfsgröße
$\tilde{a}$	Effektivwert von a
$\bar{a}$	Mittelwert von a
$\mathbf{a}$	der Vektorcharakter von a wird betont
$\underline{a}$	es wird speziell darauf hingewiesen, dass a komplex ist
$\hat{a}$	Scheitelwert von a

Grundlagen

G. Müller und M. Möser

1.1 Einleitung

Unter Schall versteht man mechanische Schwingungen im Hörbereich (etwa 16 Hz bis 16 kHz). Falls die Schwingungen in Luft erfolgen, spricht man von Luftschall, bei Flüssigkeitsschwingungen von Flüssigkeitsschall (z.B. Wasserschall) und bei festen Körpern von Körperschall.

Literatur über Grundlagen der Technischen Akustik findet man z.B. in [1.1–1.17].

1.2 Messgrößen und Pegel

Im Luftschall werden fast ausschließlich Schalldrücke mit Hilfe von Mikrofonen (s. Kap. 2) gemessen. Übergeordnete Messmethoden (z.B. die Intensitätsmesstechnik, Kap. 2) stützen sich lediglich auf mehrere Mikrofone ab. Bei Körperschall werden die Oberflächenbewegungen durch ihre Auslenkungen ξ, ihre Schnelle $v = \partial \xi/\partial t$ oder ihre Beschleunigung $b = \partial v/\partial t$ bestimmt.

Wegen des Weber-Fechner-Gesetzes, nach dem die menschliche Wahrnehmung proportional zum Logarithmus des Reizes ist, gibt man meist nicht die physikalischen Größen selbst, sondern die aus ihnen gebildeten Pegel an. Der Schalldruckpegel L_p ist definiert zu

$$L_p = 10 \lg \frac{p_{\text{eff}}^2}{p_0^2} = 20 \lg \frac{p_{\text{eff}}}{p_0} \qquad (1.1)$$

mit dem Effektivwert p_{eff} des Schalldruck-Zeitverlaufs

$$p_{\text{eff}}^2 = \frac{1}{T} \int_0^T p^2(t)\, dt \qquad (1.2)$$

und dem international genormten Bezugsschalldruck $p_0 = 2 \cdot 10^{-5}$ N/m². Vom Menschen werden etwa Schalldrücke zwischen $p_{\text{eff}} = p_0$ (Hörschwelle) und $p_{\text{eff}} = 200$ N/m² (Schmerzgrenze) wahrgenommen. Der atmosphärische Druck beträgt etwa 10^5 N/m²; die Schalldrücke sind also vergleichsweise außerordentlich klein. In Pegeln ausgedrückt umfasst der Hörbereich etwa $0 < L < 140$ dB; die Angabe der Pseudoeinheit „Dezibel" weist auf das Bildungsgesetz (1.1) hin. 1 dB entspricht der Unterschiedsschwelle der Wahrnehmung, 10 dB werden etwa als Lautstärkeverdopplung wahrgenommen.

Die feldbeschreibenden Größen Schallschnelle v, Intensität I und Leistung P (s. Abschn. 1.4 und 1.5) werden ebenfalls durch Pegel ausgedrückt. Dabei werden diese so definiert, dass sich im Fall ebener fortschreitender Wellen mit $v = p/\varrho_0 c$ und $I = p_{\text{eff}}^2/\varrho_0 c$ für alle Pegel gleiche Zahlenwerte ergeben (Kennimpedanz von Luft $\varrho_0 c = 400$ kg/s/m², mit I ist der zeitliche Mittelwert genannt).

$$L_v = 10 \lg \frac{v_{\text{eff}}^2}{v_0^2}, \qquad (1.3)$$

$$L_I = 10 \lg \frac{I}{I_0} \qquad (1.4)$$

und

$$L_P = 10 \lg \frac{P}{P_0} \qquad (1.5)$$

mit $v_0 = p_0/\varrho_0 c = 5 \cdot 10^{-8}$ m/s, $I_0 = p_0^2/\varrho_0 c = 10^{-12}$ W/m² und $P_0 = I_0 \cdot 1$ m² $= 10^{-12}$ W. Wie erwähnt, ist für ebene fortschreitende Wellen $L_p = L_v = L_I = L_P$ (L_P gibt den Pegel der durch die Fläche von 1 m² fließenden Leistung an).

Wenn mehrere inkohärente Schallsignale (inkohärent = nicht zusammenhängend, also Signale unterschiedlicher Frequenzzusammensetzung wie die Signale verschiedener Kraftfahrzeuge, zweier Rauschquellen etc.) mit bekannten Teilpegeln zu einem Gesamtpegel zusammengefasst werden, muss man zunächst mit Hilfe des Umkehrgesetzes von Gl. (1.1) auf die Teil-Effektivwerte zum Quadrat zurückrechnen.

$$\frac{p_{\text{eff}}^2}{p_0^2} = 10^{L_p/10} \qquad (1.6)$$

Weil sich das Quadrat des Gesamteffektivwertes aus der Summe der Teil-Effektivwertquadrate ergibt, gilt für den Gesamtpegel

$$L_{\text{ges}} = 10 \lg \left\{ \sum_{i=1}^{N} 10^{L_i/10} \right\} \qquad (1.7)$$

(L_i Teilpegel, N ihre Anzahl). Gleichung (1.7) besagt unter anderem, dass das Hinzufügen einer inkohärenten Quelle gleichen Einzelpegels eine Pegelzunahme um 3 dB bewirkt, dass drei gleiche Terzpegel einen um 4,8 dB höheren Oktavpegel ergeben und dass der Fremdgeräuschabstand von 6 dB einen Messfehler von 1 dB nach sich zieht.

1.3 Systemtheoretische Grundlagen

Akustische Übertrager und schwingfähige Strukturen lassen sich durch eine „Ursache-Wirkungs-Kette" beschreiben, die auch als „System" bezeichnet wird: durch eine Anregung $x(t)$ (im Folgenden meist als „Eingangssignal" bezeichnet) werden Schwingungsfelder erzeugt, die (z.B. an einem fest gewählten Ort) in einer beobachtbaren Schwingungsgröße $y(t)$ (dem „Ausgangssignal") resultieren. Beispiele sind die Eingangsspannung $x(t)$ eines Lautsprechers in einer beliebigen akustischen Umsetzung und die Ausgangsspannung $y(t)$ eines Beobachtungsmikrofons oder Kraft-Zeit-Verläufe $x(t)$, die Strukturen wie Stäbe, Platten, Bauwerke etc. zu einer Schwingantwort $y(t)$ an einem beliebigen Beobachtungsort anregen. Literatur über die Grundlagen der Systemtheorie findet man z.B. in [1.18, 1.19].

Bei hinreichend kleinen Amplituden verhalten sich akustische Übertrager *linear*; für Luftschallausbreitung ist das z.B. unterhalb 130 dB fast immer der Fall. Unter dem Begriff „linear" versteht man, dass das Prinzip der ungestörten Überlagerung (das Superpositionsprinzip) angewendet werden darf. Wenn der Operator L die durch ein System bewerkstelligte Verformung des Eingangssignals darstellt,

$$y(t) = L\{x(t)\}, \qquad (1.8)$$

dann gilt für lineare Übertrager also

$$L\{a_1 x_1(t) + a_2 x_2(t)\} = a_1 L\{x_1(t)\} + a_2 L\{x_2(t)\} \qquad (1.9)$$

(a_1, a_2 Konstante, x_1, x_2 beliebige Signale).

Zusätzlich heißen Systeme *zeitinvariant*, wenn sich ihre Reaktion $y(t)$ nach verzögerter Wiederholung des Eingangssignals ebenfalls nur durch eine Zeitverschiebung ergibt,

$$y(t-\tau) = L\{x(t-\tau)\}. \qquad (1.10)$$

Lineare zeitinvariante Übertrager lassen sich besonders einfach durch ihre Impulsantwort $h(t)$ und/oder durch ihre Übertragungsfunktion $H(\omega)$ beschreiben; lässt man eine der beiden Voraussetzungen fallen, erweist sich die Beschreibung sehr rasch als sehr komplex. Die (allgemein keineswegs selbstverständliche) Annahme des Superpositionsprinzips und der unveränderlichen Umgebungsbedingungen kann in den meisten Fällen vorausgesetzt werden, gegebenenfalls müssen Versuche durchgeführt werden.

1.3.1 Beschreibung durch die Impulsantwort

Die einfache mathematische Tatsache, dass sich Signale durch einen „Delta-Kamm" (mit infinitesimal kleinem Kamm-Zinken-Abstand)

$$x(t) = \int_{-\infty}^{\infty} x(\tau)\, \delta(t-\tau)\, d\tau \qquad (1.11)$$

darstellen lassen ($\delta(t)$, Diracsche Delta-Funktion mit $\delta(t \neq 0) = 0$ und $\int_{-\infty}^{\infty} \delta(t)\, dt = 1$), ergibt bereits die Beschreibung des Systems L durch seine Impulsantwort. Wendet man den Operator L auf Gl. (1.11) an, so erhält man

$$y(t) = L\left\{ \int_{-\infty}^{\infty} x(\tau)\, \delta(t-\tau)\, d\tau \right\}$$

$$= \int_{-\infty}^{\infty} x(\tau)\, L\{\delta(t-\tau)\}\, d\tau = \int_{-\infty}^{\infty} x(\tau)\, h(t-\tau)\, d\tau, \qquad (1.12)$$

worin

$$h(t) = L\{\delta(t)\} \quad (1.13)$$

die Impulsantwort des Übertragers bedeutet.

Das Integral ganz rechts in Gl. (1.12) wird „Faltungsintegral" genannt. Die damit beschriebene Operation auf Eingang $x(t)$ und Impulsantwort $h(t)$, deren Ergebnis im Ausgang $y(t)$ besteht, heißt „Faltung", kurz $y(t) = x(t) \cdot h(t)$ geschrieben. Es gilt $x(t) \cdot h(t) = h(t) \cdot x(t)$. Eine unmittelbare Anwendung der Faltung findet man in der Raumakustik (s. Kap. 11).

1.3.2 Reine Töne (Zeitkonvention)

Besteht die zeitliche Struktur von Schall- und Schwingungsfeldern (und elektrischen Größen etc.) in reinen Tönen mit harmonischem Zeitverlauf (cos ωt), so beschreibt man die vorkommenden Signale am einfachsten durch ihre komplexe Amplitude $\underline{f}$, die mit dem reellwertigen Zeitverlauf $f(t)$ durch „Realteilbildung" verknüpft ist:

$$f(t) = \mathrm{Re}\{\underline{f}\,\mathrm{e}^{\mathrm{j}\omega t}\}\,. \quad (1.14)$$

Dabei können f und $\underline{f}$ beliebige, auch ortsabhängige physikalische Quantitäten bedeuten (Druck, Schnelle, elektrische oder mechanische Spannung etc.). Die komplexe Amplitude $\underline{f}$ wird auch „Zeiger" genannt. Gleichung (1.14) erlaubt die Rückabbildung der beschreibenden komplexen Zahl $\underline{f}$ auf die reelle beobachtbare Wirklichkeit f. Die komplexe Schreibweise nutzt die Tatsache, dass in einem komplexen Symbol zwei Informationen (Betrag und Phase) zusammengefasst sind. Der Hauptvorteil bei der Verwendung von Zeigern besteht in der sehr einfachen Rechentechnik; z.B. lässt sich die Summe zweier komplexer Zeiger weit einfacher übersehen als die Summe der zwei von ihnen beschriebenen Wechselvorgänge unterschiedlicher Amplituden und Phasen.

Für lineare, zeitinvariante Systeme erhält man für reine Töne mit der komplexen Amplitude $\underline{x}$ am Eingang nach Gl. (1.12)

$$y(t) = \mathrm{Re}\left\{\underline{x}\int_{-\infty}^{\infty} \mathrm{e}^{\mathrm{j}\omega\tau} h(t-\tau)\,\mathrm{d}\tau\right\}$$

$$= \mathrm{Re}\left\{\underline{x}\,\mathrm{e}^{\mathrm{j}\omega t}\int_{-\infty}^{\infty} \mathrm{e}^{-\mathrm{j}\omega u} h(u)\,\mathrm{d}u\right\}$$

$$= \mathrm{Re}\{\underline{x}\,\underline{H}(\omega)\,\mathrm{e}^{\mathrm{j}\omega t}\}\,. \quad (1.15)$$

Bei linearen zeitinvarianten Übertragern gilt das Invarianzprinzip: besteht das Eingangssignal in einem rein harmonischen Ton, dann ist auch das Ausgangssignal stets ein Ton gleicher Frequenz mit veränderter Amplitude und Phase. Für reine Töne ist das Übertragungsproblem damit auf die komplexwertige „Verstärkung" $\underline{H}(\omega)$ zurückgeführt: weil sich die Signalform auf Eingangs- und Ausgangsseite quasi „herauskürzt", genügt die Angabe von Amplituden- und Phasenveränderung durch das System.

Im Folgenden wird die Kenntlichmachung komplexer Werte durch Unterstreichen weggelassen, wenn Verwechslungen ausgeschlossen sind.

1.3.3 Beschreibung durch die Übertragungsfunktion

Für beliebige nichtharmonische Eingangssignale $x(t)$ ist wegen des genannten Invarianzprinzips (und wegen der Linearität) das Übertragungsproblem ebenfalls gelöst, wenn Signale durch eine Summe von reinen Tönen dargestellt werden können. Weil der Frequenzabstand zweier Bestandteile zur Erfassung auch des allgemeinsten Falles infinitesimal klein sein muss, geht die Signaldarstellung durch Summation in die Integration

$$f(t) = \frac{1}{2\pi}\int_{-\infty}^{\infty} F(\omega)\,\mathrm{e}^{\mathrm{j}\omega t}\,\mathrm{d}\omega = F^{-1}\{F(\omega)\}$$

$$(1.16)$$

über (der Vorfaktor $1/(2\pi)$ entsteht, weil eine Frequenzintegration $\mathrm{d}f = \mathrm{d}\omega/(2\pi)$ beabsichtigt ist). Wie man sieht, sind auch negative Frequenzen ω in der rein mathematischen Definition zugelassen. $F(\omega)$ heißt komplexwertige Amplitudendichte mit der Dimension Dim $[F]$ = Dim $[f]$/Hz (Dim Dimension von []). Reellwertige $f(t)$ sind in Gl. (1.16) mit der Zusatzbedingung $F(-\omega) = F^*(\omega)$ (* konjugiert komplex) enthalten.

Die Amplitudendichte $F(\omega)$ wird durch

$$F(\omega) = \int_{-\infty}^{\infty} f(t)\,\mathrm{e}^{-\mathrm{j}\omega t}\,\mathrm{d}t = F\{(\omega)\} \quad (1.17)$$

aus dem Signal $f(t)$ bestimmt.

Gleichung (1.17) wird auch Fourier-Transformation genannt, Gl. (1.16) stellt die Rücktransformationsvorschriften dar (zur Theorie der Fourier-Transformation s. [1.20, 1.21]). $F(\omega)$ heißt auch „Fourier-Transformierte" von $f(t)$. Die Operatoren-Kurzschreibweise ist in Gl. (1.16) und (1.17) jeweils mit angegeben. Die Fourier-Transformation ist umkehrbar eindeutig. Ähnlich wie bei der Darstellung von gegebenen Funktionen in einer Funktionenreihe wird bei der Fourier-Transformation keine neue Information gewonnen, es wird lediglich eine bereits vorhandene Information in einer anderen Form dargestellt. Der Grund für den mathematischen Aufwand besteht darin, dass die „neue Form" $F(\omega)$ eine einfache Behandlung von linearen zeitinvarianten Systemen erlaubt: die Übertragung muss durch Angabe der komplexwertigen Verstärkung „pro Frequenz" vollständig beschreibbar sein. In der Tat erhält man aus der auf Gl. (1.12) angewandten Fourier-Transformation

$$Y(\omega) = H(\omega) X(\omega), \quad (1.18)$$

worin $X(\omega)$ und $Y(\omega)$ die Transformierten von Eingangs- und Ausgangssignal sind; $H(\omega)$ ist die so genannte Übertragungsfunktion und mit der Fourier-transformierten Impulsantwort

$$H(\omega) = F\{h(t)\} \quad (1.19)$$

identisch. Weil $H(\omega)$ und $h(t)$ jeweils vollständige Beschreibungen ein- und desselben Systems bilden, können sie nicht voneinander unabhängig sein; sie müssen im Gegenteil auseinander berechnet werden können, wie Gl. (1.19) angibt. Gleichung (1.18) führt das Übertragungsproblem auf die Multiplikation komplexwertiger Frequenzgänge zurück.

Die in den Gln. (1.12) und (1.18) ausgedrückte Tatsache, dass der Faltung im Zeitbereich die Multiplikation im Frequenzbereich entspricht,

$$F^{-1}\{X(\omega)H(\omega)\} = \int_{-\infty}^{\infty} x(\tau)\, h(t-\tau)\, d\tau, \quad (1.20)$$

heißt „Faltungssatz".

Wegen der prinzipiellen Vertauschbarkeit von Frequenz f und Zeit t in Gl. (1.16) und (1.17) ist auch der Faltungssatz umkehrbar: die Multiplikation von zwei Zeitverläufen entspricht der Faltung der Spektren:

$$F\{x(t) \times g(t)\} = \frac{1}{2\pi} \int_{-\infty}^{\infty} X(\upsilon) \cdot G(\omega - \upsilon)\, d\upsilon. \quad (1.21)$$

Aus Gl. (1.20) und (1.21) lassen sich noch einige andere Eigenschaften von Signalen und ihren Transformierten herleiten (Energie-Satz, Parseval-Theorem und Korrelationsfunktionen). In der Akustik stellt nicht nur die Transformation von Zeitverläufen, sondern auch die von Ortsverläufen ein wertvolles Hilfsmittel dar (s. Abschn. 1.6.2, 1.8.3 und 1.9.3).

1.4 Grundgleichungen der Schallausbreitung in Gasen

Der physikalische Zustand eines gasförmigen Kontinuums wird bekanntlich durch seine Dichte ϱ_G, seine Temperatur T_G und durch den Druck p_G beschrieben. Schallereignisse bestehen in (sehr) kleinen, zeitlich und örtlich verteilten Änderungen der Ruhegrößen; es ist also

$$p_G = p_0 + p(x, y, z, t), \quad (1.22)$$

$$\varrho_G = \varrho_0 + \varrho(x, y, z, t) \quad (1.23)$$

und

$$T_G = T_0 + T(x, y, z, t), \quad (1.24)$$

worin p_0, ϱ_0 und T_0 Druck, Dichte und Temperatur im Medium ohne Beschallung darstellen. p, ϱ und T bezeichnen Schalldruck, Schalldichte und Schalltemperatur, die den Ruhegrößen überlagert sind.

Die Zustandsgrößen p_G, ϱ_G und T_G sind durch die Boyle-Mariottsche Gleichung (für ideale Gase)

$$p_G = R \frac{\varrho_G T_G}{M_{mol}} \quad (1.25)$$

miteinander verknüpft. Hierin ist $R = 8{,}314$ Nm/K die allgemeine Gaskonstante und M_{mol} die molare Masse des betreffenden Gases („Molekülgewicht in Gramm").

Die (langsame) Wärmeleitung im Gas lässt sich praktisch immer vernachlässigen; eine Ausnahme bildet nur der Temperaturausgleich an der Berandung dünner Kanäle. Schallereignisse unterliegen daher der adiabatischen Zustandsänderung

$$\frac{p_G}{p_0} = \left(\frac{\varrho_G}{\varrho_0}\right)^\chi, \quad (1.26)$$

worin $\chi = c_p/c_v$ das Verhältnis der spezifischen Wärmen bei konstantem Druck, c_p, und bei konstantem Volumen, c_v, beschreibt. Für zweiatomige Gase (wie Luft) ist $\chi = 1{,}4$, für einatomige Gase gilt $\chi = 1{,}67$.

Wie schon ausgeführt, sind die „Schallgrößen" p, ϱ und T in den Gln. (1.22) bis (1.24) normalerweise außerordentlich klein, verglichen mit den statischen Größen p_0, ϱ_0 und T_0. Glieder höherer Ordnung und Produkte von Feldgrößen p, ϱ und T spielen deshalb in Gl. (1.25) und (1.26) nur bei den allerhöchsten Amplituden jenseits der Schmerzempfindung eine Rolle; deswegen kann man praktisch immer Gl. (1.25) und (1.26) durch ihre linearisierten Formen

$$\frac{p}{p_0} = \frac{\varrho}{\varrho_0} + \frac{T}{T_0} \qquad (1.27)$$

und

$$\varrho = p/c^2 \qquad (1.28)$$

mit

$$c^2 = \chi \frac{p_0}{\varrho_0} = \frac{\chi R T_0}{M_{mol}} \qquad (1.29)$$

ersetzen.

Die wichtigste Schlussfolgerung aus Gl. (1.27) und (1.28) ist, dass Schalldruck p, Schalldichte ϱ und Schalltemperatur T gleiche zeitliche und örtliche Signalformen besitzen; sie unterscheiden sich nur durch Skalierungskonstante. Meist wird zur Schallfeldbeschreibung der Schalldruck benutzt, weil er der Messung mit Mikrofonen leicht zugänglich ist.

Die Dichteänderungen ϱ sind Resultat der örtlich *unterschiedlichen* Auslenkungen ξ der Aufpunkte im elastischen Kontinuum aus Gas oder Fluid. Auf Grund der Massenerhaltung gilt im eindimensionalen Fall

$$\varrho = -\varrho_0 \, \partial\xi/\partial x \, , \qquad (1.30)$$

der Dichtezuwachs ϱ entsteht einfach durch dynamisches „lineares Zusammenpacken" des Materials. Andererseits liegt nach Newton die Ursache für die Auslenkung ξ in den auf die verteilte Gasmasse wirkenden Kräften. Auf einen gasgefüllten (und infinitesimal kleinen) Würfel angewandt, ergibt das Newtonsche Trägheitsgesetz für verteilte Kontinua im eindimensionalen Fall

$$\varrho_0 \frac{\partial^2 \xi}{\partial t^2} = \varrho_0 \frac{\partial v}{\partial t} = -\frac{\partial p}{\partial x} \qquad (1.31)$$

(v Schallschnelle). Zusammen mit der in Gl. (1.27) genannten Tatsache, dass Schalldruck p und Schalldichte ϱ in einem konstanten orts- und zeitunabhängigen Verhältnis stehen, beschreiben Gl. (1.30) und (1.31) bereits das Wellenphänomen:

eliminiert man ξ in der auf Gl. (1.31) angewandten Ortsableitung mit Hilfe der zweiten Zeitableitung von Gl. (1.30) und drückt schließlich noch die Schalldichte ϱ nach Gl. (1.28) durch den Schalldruck p aus, so erhält man die eindimensionale Wellengleichung

$$\frac{\partial^2 p}{\partial t^2} = c^2 \frac{\partial^2 p}{\partial x^2} \, . \qquad (1.32)$$

Wie der Name sagt, bestehen ihre Lösungen aus Wellenfunktionen der allgemeinen Form

$$p = f(t \pm x/c) \, . \qquad (1.33)$$

Schallsignale breiten sich also aus, ohne ihre Signalgestalt zu ändern (nichtdispersive Wellenausbreitung). Die Funktion f besteht dabei in einer beliebigen, vom Sender hergestellten Signalform. Das Vorzeichen „−" im Argument beschreibt in positive x-Richtung laufende Wellen; für „+" handelt es sich um Ausbreitung in negative x-Richtung.

Wie man sieht, gibt c die Geschwindigkeit an, mit der sich die Welle fortpflanzt. c wird als Ausbreitungsgeschwindigkeit oder Wellengeschwindigkeit bezeichnet. Nach Gl. (1.29) hängt die Wellengeschwindigkeit nur vom Material und der absoluten Temperatur ab (nicht aber z. B. vom statischen Luftdruck).

Zum Beispiel ergibt sich aus M_{mol} (Luft) = 0,75 M_{mol} (N_2) + 0,25 M_{mol} (O_2) = 28,8 g die Zahlenwertgleichung c(Luft) = 20,1 $\sqrt{T/K}$ m/s und demnach c = 343 m/s für T = 293,2 K (entsprechend 20 °C).

Für Wasserstoff ergibt sich mit M_{Mol} (H_2) = 2 g ein c (H_2, 20 °C) = 1310 m/s und für Kohlendioxyd ist M_{mol} (CO_2) = 44 g und c (CO_2, 20 °C) = 278,5 m/s. Allgemein verfügen Schwergase über eine kleinere Ausbreitungsgeschwindigkeit als Leichtgase. Andere Wellengeschwindigkeiten können der Literatur entnommen werden [1.22, 1.23 für die Ausbreitung in Seewasser].

Wenn das Schallfeld nur aus einem einzelnen der beiden in Gl. (1.33) genannten Lösungsbausteine besteht, dann handelt es sich um ebene *fortschreitende* Wellen (aktives Feld). Sind die beiden Bausteine gleichermaßen vertreten, spricht man von *stehenden* Wellen (reaktives Feld). Im Fall von ebenen fortschreitenden Wellen zeigt Gl. (1.31), dass Schalldruck und Schallschnelle in einem festen Verhältnis stehen:

$$p(x, t) = \varrho_0 c \, v(x, t) \, . \qquad (1.34)$$

1.4 Grundgleichungen der Schallausbreitung in Gasen

Tabelle 1.1 Einige Schallgeschwindigkeiten in Gasen und Flüssigkeiten (bei 20 °C)

Stoff	c in m/s	ϱ in kg/m³
Luft	344	1,21
Wasserstoff	1332	0,084
Helium	1005	0,167
Stickstoff	346	1,17
Sauerstoff	326	1,34
Kohlendioxyd	268	1,85
Wasser (dest.)	1492	1000

In Analogie zu elektrischen Größen nennt man $\varrho_0 c$ den Wellenwiderstand (oder die Kennimpedanz) des Mediums. Der Hauptnutzen von Gl. (1.34) besteht darin, dass die Schallschnelle direkt aus der Druckmessung an einem Ort hervorgeht; diese Vereinfachung wird bei der Leistungsmessung im Freifeld („Hüllflächenverfahren", s. Kap. 6) ausgenutzt. Außerdem erkennt man, dass die in Gl. (1.33) offen gebliebene Signalform f bei fortschreitenden Wellen mit dem Schnelle-Zeit-Verlauf der Schallquelle übereinstimmt; es ist $p(x, t) = p_0 c\, v(t - x/c)$ mit $v(t)$ als Schnelle der in $x = 0$ befindlichen Membran.

Für reine Töne mit der gegebenen Kreisfrequenz ω geht Gl. (1.33) über in

$$p = p \pm \cos(\omega(t \pm x/c)) = p \pm \cos(\omega t \pm kx). \quad (1.35)$$

Ebenso wie in ω die zeitliche Periode T mit $\omega = 2\pi/T$ enthalten ist, muss in der Wellenzahl k die örtliche Periode λ beinhaltet sein:

$$k = \frac{\omega}{c} = \frac{2\pi f}{c} = \frac{2\pi}{\lambda}. \quad (1.36)$$

Die örtliche Periodenlänge $\lambda = c/f$ wird als „Wellenlänge" bezeichnet.

Der in der Technischen Akustik vor allem interessierende Hörbereich des Menschen umfasst grob Frequenzen von 16 Hz bis 16 kHz und demnach Luftschallwellenlängen λ von etwa 20 m > λ > 0,02 m. In der dreidimensionalen Betrachtung gehen die Grundgleichungen (1.30) und (1.31) der Schallausbreitung über in

$$\operatorname{div} \boldsymbol{v} = \frac{\partial v_x}{\partial x} + \frac{\partial v_y}{\partial y} + \frac{\partial v_z}{\partial z} = -\frac{1}{\varrho_0 c^2} \frac{\partial p}{\partial t} \quad (1.37)$$

und

$$\varrho_0 \frac{\partial \boldsymbol{v}}{\partial t} = -\operatorname{grad} p = -\left(\boldsymbol{e}_x \frac{\partial p}{\partial x} + \boldsymbol{e}_y \frac{\partial p}{\partial y} + \boldsymbol{e}_z \frac{\partial p}{\partial z}\right), \quad (1.38)$$

wobei die allgemeinen Vektordifferentialoperatoren (div und grad) jeweils noch im kartesischen Koordinatensystem ausgeschrieben worden sind ($\boldsymbol{e}_x$, $\boldsymbol{e}_y$, $\boldsymbol{e}_z$ Einheitsvektoren). Ineinander eingesetzt, ergeben Gl. (1.16) und (1.17) die dreidimensionale Wellengleichung

$$\Delta p = \frac{\partial^2 p}{\partial x^2} + \frac{\partial^2 p}{\partial y^2} + \frac{\partial^2 p}{\partial z^2} = \frac{1}{c^2} \frac{\partial^2 p}{\partial t^2} \quad (1.39)$$

(Δ ist der in der zweiten Form kartesisch ausgeschriebene Laplace-Operator).

Wenn man in Gl. (1.39) zu reinen Tönen übergeht und die Wellenzahl $k = \omega/c$ noch durch die Wellenlänge $k = 2\pi/\lambda$ ausdrückt, dann erkennt man, dass nur dimensionslose Koordinaten x/λ, y/λ und z/λ vorkommen.

Man kann also Modellversuche durchführen. Dazu werden alle Dimensionen im Modellmaßstab verkleinert und die Frequenz um den Modellmaßstab erhöht. Ein Problem stellt dabei allerdings die in Gl. (1.39) noch nicht enthaltene frequenzveränderliche Absorption (speziell auch an Begrenzungsflächen) dar (s. auch Kap. 11 zu Modellversuchen in der Raumakustik). Die oben angegebenen Gleichungen gelten für ruhendes Medium. Bei strömendem Fluid muss noch die Konvektion („Mitnahme") berücksichtigt werden.

Für eine orts- und zeitunabhängige Strömung in x-Richtung mit der Geschwindigkeit U_0 wird aus den Zeitableitungen in Gl. (1.21) bis (1.39) jeweils das vollständige Differential

$$\frac{\partial}{\partial t} \to \frac{d}{dt} = \frac{\partial}{\partial t} + U_0 \frac{\partial}{\partial x}; \quad (1.40)$$

bei eindimensionalen Wellenleitern gehen die Grundlösungen (1.33) mit Strömung über in

$$p = f\left(t \mp \frac{x}{c \pm U_0}\right). \quad (1.41)$$

Die Schallausbreitungsgeschwindigkeit (gegenüber dem ruhenden Koordinatenursprung) erhöht sich bei mit der Strömung laufender Welle um die Strömungsgeschwindigkeit, sie verringert sich entsprechend bei entgegengesetzter Ausbreitungsrichtung.

1.5 Schallenergie und Leistungstransport in Gasen

Weil Schallvorgänge in elastischen Verdichtungen und in Bewegungen von Gasmassen bestehen, sind sie Träger von potentieller (Kompressions-) Energie und von kinetischer Energie. Die Energiedichte w ist demnach aus den zwei Anteilen

$$w = \frac{1}{2}\frac{p^2}{\varrho_0 c^2} + \frac{1}{2}\varrho_0 |v|^2 \qquad (1.42)$$

zusammengesetzt ($|v|^2$ bedeutet das Quadrat des Betrages des Vektors v). Die in einem Volumen V momentan gespeicherte Energie ergibt sich aus

$$E = \iiint w \, dV. \qquad (1.43)$$

Der Energietransport vollzieht sich einfach durch „Mitlaufen mit der Welle"; z.B. ist für ebene fortschreitende Wellen $w = p^2(x,t)/\varrho_0 c^2 = p^2(t \mp x/c)/\varrho_0 c^2$ (s. Gl. (1.42)).

Vor allem für stationäre Quellen „im Dauerbetrieb" werden die Energietransportvorgänge meist nicht durch die Energiedichte w, sondern durch bequemer handhabbare Leistungsgrößen beschrieben. Die durch eine gedachte Kontrollfläche S hindurchtretende Leistung P ergibt sich aus

$$P = \iint I_n \, dS, \qquad (1.44)$$

worin I_n die auf der Fläche S senkrecht stehende Normalkomponente der sogenannten Schallintensität I bedeutet. Die Intensität besteht dabei im Produkt aus Schalldruck und Schallschnelle

$$I = pv, \qquad (1.45)$$

sie gibt die pro Flächeneinheit fließende Leistung an (die Einheit von I ist W/m²). Die eigentliche Definition von I ist in Gl. (1.44) gegeben, der Energieerhaltungssatz liefert den Zusammenhang

$$\frac{\partial w}{\partial t} = -\text{div}\, I = -\left(\frac{\partial I_x}{\partial x} + \frac{\partial I_y}{\partial y} + \frac{\partial I_z}{\partial z}\right) \qquad (1.46)$$

zwischen Energiedichte und Intensität. Gleichung (1.45) bildet deshalb keine Definition; sie ist vielmehr eine Schlussfolgerung aus Gl. (1.46) nach Einsetzen der Grundgleichungen (1.37) und (1.38) in w nach Gl. (1.42).

Naturgemäß unterliegen die Energiegrößen ebenso wie die Schallfeldgrößen selbst zeitlichen Änderungen. Praktisch werden deshalb Leistungsbegriffe vor allem bei stationär betriebenen Quellen und dann als zeitliche Mittelwerte angewendet. Meist beschränkt man sich (ähnlich wie auch bei Glühlampen) auf die Angabe der mittleren abgestrahlten Leistung $\overline{P}$ einer Quelle. Wenn man Freifeldbedingungen (s. Abschn. 1.6.2) voraussetzt und eine um die Quelle gelegte Hüllfläche in N Teilfläche S_i mit den Teilintensitäten $\overline{I}_i$ zerlegt, dann ist die abgestrahlte Leistung $\overline{P}$

$$\overline{P} = \sum_{i=1}^{N} \overline{I}_i S_i, \qquad (1.47)$$

worin die Teilintensitäten

$$\overline{I}_i = \frac{p_{i,\text{eff}}^2}{\varrho_0 c} \qquad (1.48)$$

direkt aus der Messung von Schalldruck-Effektivwerten errechnet werden können. Die von einer Quelle abgegebene Leistung bildet eine wichtige Kenngröße, aus der sich oft der von der Quelle in einer (bekannten) akustischen Umgebung (z.B. ein Raum mit bekannter Nachhallzeit, s. Kap. 11) erzeugte Schalldruckpegel errechnen oder abschätzen lässt.

1.6 Schallabstrahlung

1.6.1 Kompakte Quellen

Einige, auch technisch wichtige Schallquellen lassen sich durch den von ihnen „geförderten" zeitlich veränderlichen Volumenfluss Q (= Volumen/Zeiteinheit) charakterisieren. Beispiele dafür sind der Kraftfahrzeugauspuff, kleine Explosionen (Feuerwerkskörper), Überdruckventile und der kleine tieffrequente Lautsprecher in einer Box oder Schallwand (also mit verhindertem Massekurzschluss zwischen Vorder- und Rückseite, für den $Q = 0$ wäre). Solange die relevanten Strahlerabmessungen verglichen mit der Wellenlänge klein sind, können solche einseitig verdrängenden Strahler gedanklich durch eine kleine „atmende Kugel" (eine auf ihrer Oberfläche gleichmäßig sich ausdehnende und wieder zusammenziehende Kugel) mit gleichem Volumenfluss Q ersetzt werden.

Der Volumenfluß Q ergibt sich aus

$$Q = \int_S v \, dS \qquad (1.49)$$

mit S Strahloberfläche. Für die atmende Kugel (und damit auch für die realen Strahler, die sie ersetzt) gilt

$$p = \frac{\varrho_0}{4\pi r} \frac{\partial Q(t - r/c)}{\partial t}. \quad (1.50)$$

Hierin ist r der Abstand zwischen Quellmittelpunkt und Messpunkt. Eine praktisch wichtige Schlussfolgerung aus Gl. (1.50) ist, dass allmähliche Volumenflussänderungen leise, plötzliche dagegen laut sind. Das Einsetzen der retardierten Zeit drückt die endliche Laufzeit aus. Interessant ist noch, dass der Schalldruck zur Beschleunigung der Strahlerfläche proportional ist. An der für reine Töne (oder für die Fourier-Transformierten) nochmals notierten Gl. (1.50)

$$p = \frac{j\omega \varrho_0}{4\pi r} Q\, e^{-jkr} \quad (1.51)$$

sieht man, dass die Schallabstrahlung deshalb hochfrequente Schnelleanteile von Natur aus anhebt, eine Tatsache, die für die Abstrahlung von Lautsprechern erheblich ist. Volumenflussquellen werden oft auch als Monopole bezeichnet.

Eine weitere praktisch interessierende Quelle ist der Dipol, der allgemein das Schallfeld von kleinen, als Ganzes hin- und herbewegten Körpern beschreibt. Ein typischer Dipol ist eine kleine Kugel (Radius a) mit der radialen Schnelle $v_r = v_0 \cos\vartheta$; sie erzeugt den Schalldruck

$$p(r, \vartheta) = -\frac{\omega^2 2\pi a^3 \varrho_0}{4\pi rc} v_0 \cos\vartheta \left(1 + \frac{1}{jkr}\right) e^{-jkr}. \quad (1.52)$$

Eine genauere Betrachtung zeigt, dass $2\pi a^3$ als Summe des verdrängten Volumens V_k (hier $V_k = 4\pi a^3/3$) und des hydrodynamisch mitbewegten Volumens V_H (hier $V_H = 2\pi a^3/3$) aufgefasst werden kann. Beliebige, kleine, mit v_0 als Ganzes bewegte Körper erzeugen deshalb allgemeiner das Schallfeld

$$p(r, \vartheta) = -\frac{\omega^2 (V_H + V_k) \varrho_0}{4\pi rc}$$
$$\cdot v_0 \cos\vartheta \left(1 + \frac{1}{jkr}\right) e^{-jkr}. \quad (1.53)$$

Bei Bewegung einer dünnen Scheibe (Radius a, Dicke h, $h \ll a$) in Achsrichtung ist z.B. $V_H = 8a^3/3$.

Die Folge von „mathematischen" Quellentypen, die letztlich durch Kombination von Monopolquellen unterschiedlicher Vorzeichen entstehen, lässt sich noch fortsetzen. Von praktischem Interesse ist nur noch die Quadrupolquelle (Kombination zweier gegenphasiger Dipole), die in der Strömungsakustik eine Rolle spielt (s. zu diesem Gebiet z.B. [1.24, 1.25] sowie Kap. 21).

1.6.2 Abstrahlung von Ebenen

Die Schallabstrahlung von ebenen Flächen spielt eine große Rolle, weil die Sachverhalte vergleichsweise leicht zu durchschauen und die prinzipiellen Erkenntnisse gut übertragbar sind (weiterführende Literatur in [1.26–1.29]). Auch kommt die Abstrahlung von ebenen Flächen (wie Wänden, Decken) in der Technischen Akustik oft vor.

Tatsächlich geht aus der einfachsten Betrachtung, der Abstrahlung von einer Struktur mit wellenförmiger Schnelle, durch Superposition die ganze Vielfalt der Abstrahlvorgänge bereits hervor.

Für eine zur Strahlerebene senkrechte Schwingschnelle (s. auch Abb. 1.1)

$$v = v_0 e^{-jk_Q x} \quad (1.54)$$

($k_Q = 2\pi/\lambda_Q$ Strahlerwellenzahl, λ_Q Strahlerwellenlänge), wie sie zum Beispiel durch ein schwingendes Blech hervorgerufen werden könnte (dann wäre λ_Q die Biegewellenlänge), erhält man das Schallfeld

$$p = \frac{k}{k_z} \varrho_0 c v_0 e^{-jk_z z} e^{-jk_Q x}, \quad (1.55)$$

worin die Wellenzahl k_z in der auf der Strahlerebene senkrecht stehenden z-Richtung wegen der Wellengleichung (1.39) durch

$$k_z^2 = k^2 - k_Q^2 \quad (1.56)$$

gegeben ist ($k = \omega/c$ Wellenzahl der Luft). Die Wurzel wird so gezogen, dass sich physikalisch sinnvolle Resultate ergeben.

Man erkennt auf den ersten Blick die folgenden Effekte:

– Strahler mit Wellenlängen λ_Q, die größer als die Luftschallwellenlänge λ sind ($\lambda_Q > \lambda$), führen zu einer unter dem Spuranpassungswinkel

$$\sin \vartheta_{sp} = \frac{\lambda}{\lambda_Q} \quad (1.57)$$

schräg abgestrahlten Welle (Abb. 1.1).

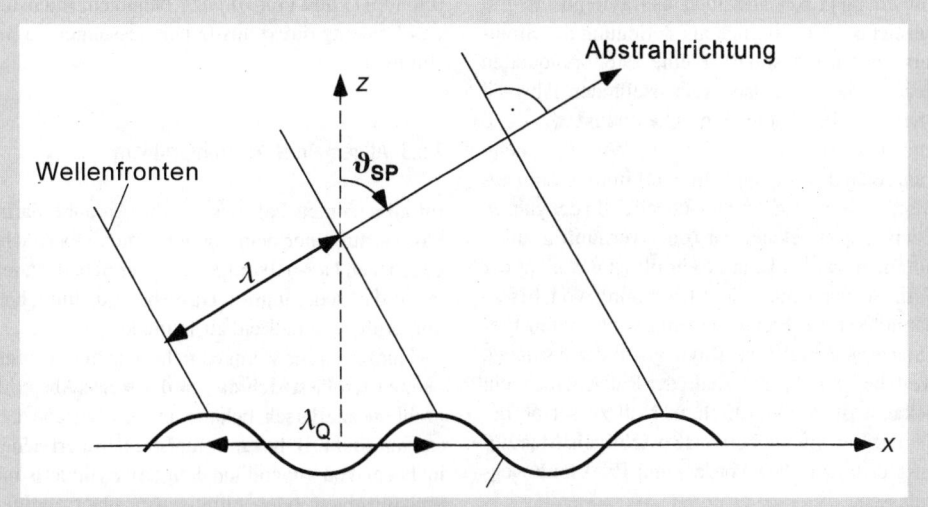

Abb. 1.1 Abstrahlung von Ebenen

- Kurzwellige Strahler $\lambda_Q < \lambda$ mit rein imaginärer Wellenzahl k_z dagegen bauen ein auf die Nähe des Schwingers begrenztes Nahfeld auf. Im zeitlichen Mittel findet keine Leistungsabgabe statt. Die Tatsache des in größeren Abständen von der Strahlerebene außerhalb des Nahfeldes nicht mehr vorhandenen Schallfeldes lässt sich als vollständigen Massenkurzschluss benachbarter Strahlerbezirke mit entgegengesetztem Vorzeichen („Strahler-Wellen-Berg und Wellen-Tal") deuten.

Diese sehr fundamentalen Überlegungen finden sich in fast allen folgenden Aussagen wieder. Geht man von der Beschreibung beliebiger Strahlerschnellen zur (zweifach) örtlichen Fouriertransformierten Schnelle

$$V(k_1, k_2) = \int_{-\infty}^{\infty} \int_{-\infty}^{\infty} v(x, y)\, e^{-jk_1 x}\, e^{-jk_2 y}\, dx\, dy \quad (1.58)$$

über, so erhält man auf gleichem Wege für die Transformierte des Druckes

$$P(k_1, k_2) = \frac{k}{k_z} \varrho_0 c V(k_1, k_2)\, e^{-jk_z z} \quad (1.59)$$

mit

$$k_z^2 = k^2 - k_1^2 - k_2^2. \quad (1.60)$$

Der Schalldruck ergibt sich dann durch Rücktransformation zu

$$p(x, y, z) = \frac{1}{4\pi^2} \int_{-\infty}^{\infty} \int_{-\infty}^{\infty} P(k_1, k_2)\, e^{jk_1 x} e^{jk_2 y}\, dk_1 dk_2. \quad (1.61)$$

In den Gln. (1.58) bis (1.61) wird der Strahler gedanklich in Wellenkomponenten zerlegt, die je nach ihrer Wellenzahl $k_Q^2 = k_1^2 + k_2^2$ entweder zu einer schräg laufenden Abstrahlung ebener Wellen führen oder für $k_Q > k$ in größerer Entfernung erheblich abgeklungen sind. Die Beschreibung Gl. (1.60) bis (1.61) des Schallfeldes eröffnet auch die Möglichkeit zur akustischen Holographie [1.29, 1.30]. Beispielsweise kann man in einer Ebene den Schalldruck nach Betrag und Phase messen und daraus auf den Strahler $V(k_1, k_2)$ bzw. $v(x, y)$ zurückrechnen, auch lässt sich aus der Messung der Schalldruck in jeder anderen Ebene z berechnen.

Das Schallfeld lässt sich auch ohne den „Umweg" über die Fourier-Transformation der Ortsverläufe ausrechnen, wenn man Gl. (1.59) in (1.61) einsetzt und den Faltungssatz (1.20) ausnutzt. Auf diesem Wege erhält man

$$p(x, y, z) = \frac{j\omega\varrho_0}{2\pi} \int_{-\infty}^{\infty} \int_{-\infty}^{\infty} v(x_Q, y_Q)$$

$$\cdot \frac{e^{-jk\sqrt{(x-x_Q)^2 + (y-y_Q)^2 + z^2}}}{\sqrt{(x-x_Q)^2 + (y-y_Q) + z^2}} dx_Q\, dy_Q. \quad (1.62)$$

Gleichung (1.62) wird auch als Rayleigh-Integral bezeichnet. Es lässt sich als Zerlegung des Strahlers in (infinitesimal) kleine Monopolquellen deuten, der Wurzelausdruck stellt den Abstand zwischen dem „aktuellen" Quellpunkt x_Q, y_Q, 0 und dem Aufpunkt x, y, z dar. Wie man sieht, kann man das Rayleigh-Integral immer dann anwenden, wenn die Strahlerschnelle v in der ganzen Ebene $z = 0$ bekannt ist (oder vernünftig angenommen werden kann). Sehr oft ist das nicht der Fall. So kann man die Abstrahlung von Eisenbahnrädern im Freien (jedenfalls bei tiefen Frequenzen) nicht auf das Rayleigh-Integral stützen, weil die Schnelle außerhalb der Radscheibe nicht bekannt ist. Sie künstlich zu Null zu setzen bedeutet, den möglicherweise wichtigen Massenausgleich zwischen Vorder- und Rückseite wegzulassen.

Oft interessiert nur das Schallfeld in großen Entfernungen. Wenn die größte Strahlerabmessung mit l bezeichnet wird (z.B. sei v außerhalb eines Kreises mit dem Durchmesser l gleich Null), dann ist das Fernfeld durch die drei Bedingungen $r/l \gg 1$, $r/\lambda \gg 1$ und $r/l \gg l/\lambda$ festgelegt. Die erste Bedingung ist rein geometrisch, die zweite und die dritte Bedingung geben die untere und die obere Frequenzgrenze an, in der noch Fernfeldbedingungen vorliegen. Wenn man diese voraussetzt, dann kann man das Rayleigh-Integral durch die einfache Beziehung

$$p(r, \vartheta, \varphi) = \frac{j \omega \varrho_0}{2\pi} \frac{e^{-jkR}}{R} V$$

$$(k_1 = -k \sin \vartheta \cos \varphi, \qquad (1.63)$$
$$k_2 = -k \sin \vartheta \sin \varphi)$$

annähern (in üblicher Weise zählt ϑ zur z-Achse und φ zur x-Achse, R ist der Abstand zum Strahler-Mittelpunkt). Die Richtcharakteristik wird demnach direkt durch den „sichtbaren Ausschnitt" $k_1^2 + k_2^2 < k^2$ aus der Fourier-transformierten Strahlerschnelle bestimmt. Berechnet man nach Gl. 1.38 die aus Gl. 1.63 folgende Radialkomponente der Schnelle, v_r, so erkennt man, dass Druck und Schnelle v_r im Fernfeld im konstanten, frequenz- und winkelunabhängigen Verhältnis ϱc stehen:

$$p(R, \vartheta, \varphi) = \varrho_0 c \, v_r(R, \vartheta, \varphi) \,. \qquad (1.64)$$

Im Fernfeld ist die Impedanz also stets gleich der Kennimpedanz des Mediums; lokal am festen Ort verhält sich das Schallfeld wie eine ebene Welle. Diese Tatsache kann man wie erwähnt (Gl. (1.47) und (1.48)) dazu benutzen, Intensität und Leistung direkt aus Druckmessungen zu bestimmen.

1.6.3 Allgemeines Abstrahlproblem

Im allgemeinen Fall besteht die Aufgabe darin, aus der auf einer beliebig geformten Oberfläche gegebenen Normalkomponente der Schallschnelle auf das in der ganzen Umgebung dadurch hervorgerufene Schallfeld zu schließen.

Nur für einige wenige, recht spezielle Körpergeometrien lässt sich das so definierte Abstrahlproblem analytisch behandeln. Analytische Lösungen sind z.B. bekannt für Strahleroberflächen in Form von (unendlich langen) Zylindern mit kreisförmigen oder elliptischen Querschnitten und für Kugeloberflächen. Ausführliche Darstellungen von Rechenwegen und Ergebnissen enthalten u.a. [1.31 – 1.33]. Stellvertretend sei hier nur der einfachste Fall der ebenen (zweidimensionalen, von der axialen z-Richtung unabhängigen) Abstrahlung Kreiszylinder (Radius a) angedeutet, für den auch noch Symmetrie $p(\varphi) = p(-\varphi)$ angenommen wird. Unter diesen Voraussetzungen gilt für die Schallabstrahlung ins Freie

$$p(r, \varphi) = -j \varrho c \sum_{n=0}^{\infty} v_n \frac{H_n^{(2)}(kr)}{H_n^{(2)'}(ka)} \cos n\varphi$$
$$(1.65)$$

($H_n^{(2)'}$ Hankelfunktion zweiter Art der Ordnung n, s. [34]; das Hochkomma bezeichnet die Ableitung nach dem Argument), worin die Koeffizienten v_n durch die Entwicklung der Schnellevorgabe $V(\varphi)$ auf der Zylinderfläche $r = a$ nach $\cos n\varphi$ entstehen:

$$v_n = \frac{1}{\pi} \int_0^{2\pi} v(\varphi) \cos n\varphi \, d\varphi, n \neq 0 \qquad (1.66\,\text{a})$$

$$v_0 = \frac{1}{2\pi} \int_0^{2\pi} v(\varphi) \, d\varphi \,. \qquad (1.66\,\text{b})$$

Für die pro Längeneinheit der z-Richtung abgestrahlte Leistung gilt

$$P = \sum_{n=0}^{\infty} |V_n|^2 \sigma_n \qquad (1.67)$$

mit

$$\sigma_n = \frac{2}{ka \pi H_n^{(2)'}(ka)} \,. \qquad (1.68)$$

Die wichtigsten Aussagen, Interpretationen und Schlussfolgerungen lassen sich wie folgt zusammenfassen:

- Das Schallfeld setzt sich aus Moden (wie man die Summanden in Gl. (1.65) nennt) zusammen. Die Ordnungszahl n der Mode gibt die Anzahl der Strahlerwellenlängen auf dem Zylinderumfang $2\pi a$ an; die modale Strahlerwellenlänge λ_n beträgt $\lambda_n = 2\pi a/n$.
- Die abgestrahlte Leistung besteht aus der Summe der modalen Leistungen (damit ist die Leistung bezeichnet, die von einer Mode ohne Vorhandensein aller anderen Moden abgestrahlt wird). Wie man an den modalen Abstrahlgraden in Abb. 1.2 erkennt, ist auch hier die Abstrahlung hoch ($\sigma \cong 1$) für langwellige Strahlermoden $\lambda_n > \lambda$ (entsprechend $2\pi a/\lambda > n$) und gering (σ klein) im kurzwelligen Modenbereich $\lambda_n < \lambda$. Im Unterschied zum Fall ebener Strahler ist hier jedoch der Massekurzschluss wegen der gekrümmten Oberfläche nicht ganz vollständig, so dass eine kleine Schallabstrahlung auch im kurzwelligen Strahlerbereich übrig bleibt.

Ähnliche Sachverhalte wie bei den Zylindern lassen sich auch für die Abstrahlung von Kugeloberflächen angeben.

In der Praxis interessiert sehr oft die Schallabstrahlung von beliebig geformten, hochkomplexen Oberflächen (wie Motoren, Maschinen, Fahrzeugen u. v. m.), die nur mit numerischen Methoden berechnet werden kann. Kapitel 3 behandelt die einschlägigen Verfahren. Eine grundsätzliche, bei allen Verfahren auftretende Schwierigkeit lässt sich jedoch bereits aus den hier genannten Sachverhalten ableiten. Sie beruht auf der einfachen Tatsache, dass es schwingende Oberflächen ohne Schallabstrahlung gibt: kleine langwellige Mess- und Beobachtungsfehler bei eigentlich kurzwelligen, nichtstrahlenden Schnelleverläufen können zu einer numerisch berechneten Abstrahlung führen, die viel größer ist als tatsächlich vorhanden.

1.7 Grundgleichung der Schallausbreitung in Festkörpern

Wie bei Gasen bestehen Schallereignisse in Festkörpern in sehr kleinen, zeitlich und örtlich verteilten Änderungen ζ der Ruhegrößen ζ_0

$$\zeta_G = \zeta_0 + \zeta(x, y, z, t) . \qquad (1.69)$$

Dabei handelt es sich um Veränderungen von Temperatur, Dichte, Spannungen und Lage. Die

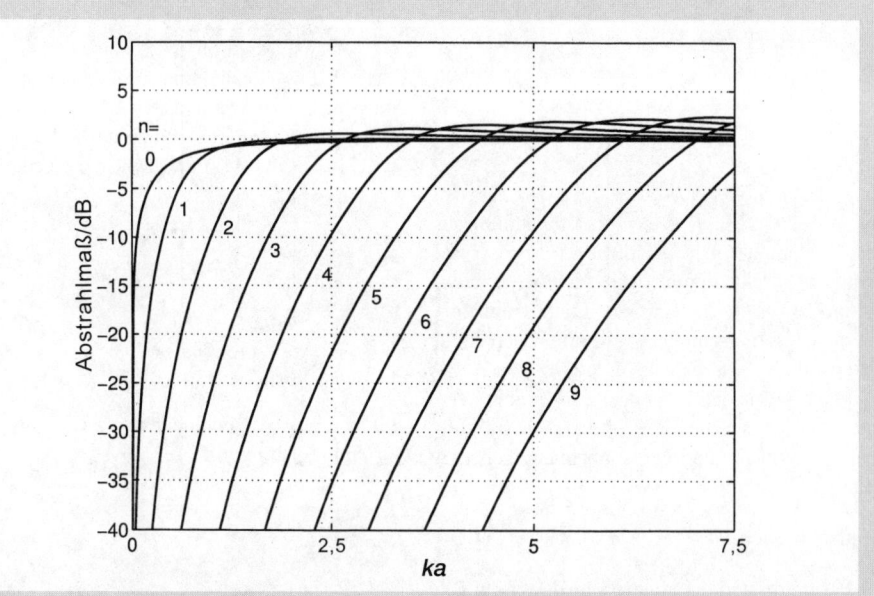

Abb. 1.2 Modale Abstrahlgrade für die Schallabstrahlung eines Kreiszylinders mit dem Radius a in Abhängigkeit der Anzahl n der Strahlerwellenlängen auf dem Zylinderumfang

in der Regel am einfachsten messbaren Größen sind die Lage sowie die Spannungen. Sie werden für praktische Beschreibungen des Körperschalls herangezogen.

In der Regel kann bei einer Berechnung des Körperschalls das Superpositionsprinzip angesetzt werden. Bei akustischen Fragestellungen gilt aufgrund der in der Regel kleinen Amplituden in guter Näherung ein lineares Materialgesetz.

Die dynamischen Grundgleichungen für das Kontinuum ergeben sich aus den nach den drei Koordinatenrichtungen gebildeten Gleichgewichtsbeziehungen für kartesische Koordinaten zu (vgl. Abb. 1.3)

$$\frac{\partial \sigma_x}{\partial x} + \frac{\partial \tau_{xy}}{\partial y} + \frac{\partial \tau_{xz}}{\partial z} + K_z = \varrho \frac{\partial^2 \zeta_x}{\partial t^2},$$

$$\frac{\partial \sigma_y}{\partial y} + \frac{\partial \tau_{yx}}{\partial x} + \frac{\partial \tau_{yz}}{\partial z} + K_y = \varrho \frac{\partial^2 \zeta_y}{\partial t^2}, \quad (1.70)$$

$$\frac{\partial \sigma_z}{\partial z} + \frac{\partial \tau_{zx}}{\partial x} + \frac{\partial \tau_{zy}}{\partial y} + K_z = \varrho \frac{\partial^2 \zeta_z}{\partial t^2}.$$

Diese Beziehungen besagen, dass sämtliche an einem infinitesimal kleinen Ausschnitt des Kontinuums am Schnitt j in Richtung i angreifende Schubspannungen τ_{ij} und Longitudinalspannungen σ_i zusammen mit den von außen angreifenden Volumenlasten K_i^i mit der aus dem Produkt von Materialdichte ϱ und den Beschleunigungen $\partial^2 \zeta_i/\partial t^2$ resultierenden Trägheitskräften $\varrho \cdot \partial^2 \zeta_i/\partial t^2$ im Gleichgewicht stehen.

Die Spannungen innerhalb des Kontinuums sind stets mit Dehnungen verbunden. Dehnungen entstehen immer dann, wenn über das System hinweg Veränderungen in den Verschiebungsgrößen vorliegen. Im Fall kleiner Verformungen, die in der praktischen Betrachtung von Körperschall in aller Regel vorausgesetzt werden, ergeben sich die Longitudinal- bzw. Schubdehnungen ε_i bzw. γ_{ij} aus den Verschiebungen ζ_i zu

$$\varepsilon_x = \frac{\partial \zeta_x}{\partial x} ; \varepsilon_y = \frac{\partial \zeta_y}{\partial y} ; \varepsilon_z = \frac{\partial \zeta_z}{\partial z}.$$

$$\gamma_{xy} = \frac{\partial \zeta_x}{\partial y} + \frac{\partial \zeta_y}{\partial x} ; \gamma_{xz} = \frac{\partial \zeta_x}{\partial z} + \frac{\partial \zeta_z}{\partial x} ; \quad (1.71)$$

$$\gamma_{yz} = \frac{\partial \zeta_y}{\partial z} + \frac{\partial \zeta_z}{\partial y}.$$

Die Spannungen stehen mit den Dehnungen über die Materialeigenschaften im Zusammenhang.

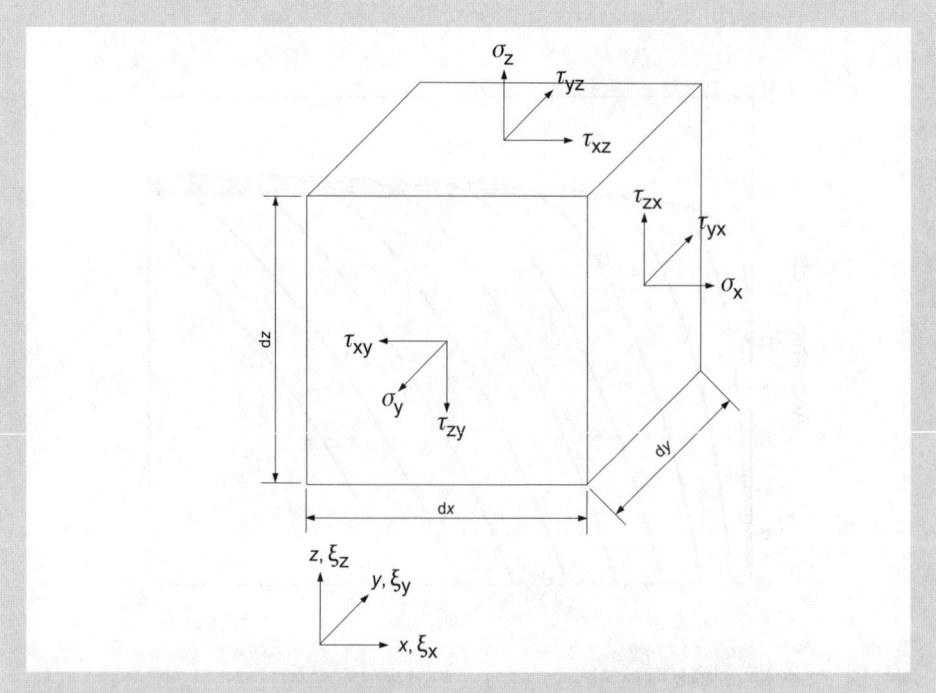

Abb. 1.3 Gleichgewicht an einem infinitesimal kleinen Ausschnitt des Kontinuums

Für typische Anwendungen im Körperschall wird als Materialgesetz das Hookesche Gesetz für das linear-elastische isotrope Kontinuum angesetzt.

$$\sigma_x = 2G \left[\varepsilon_x + \frac{\mu}{1 - 2\mu} (\varepsilon_x + \varepsilon_y + \varepsilon_z) \right],$$

$$\sigma_y = 2G \left[\varepsilon_y + \frac{\mu}{1 - 2\mu} (\varepsilon_x + \varepsilon_y + \varepsilon_z) \right],$$

$$\sigma_z = 2G \left[\varepsilon_z + \frac{\mu}{1 - 2\mu} (\varepsilon_x + \varepsilon_y + \varepsilon_z) \right]; \quad (1.72)$$

$$\tau_{xy} = \tau_{yx} = G\gamma_{xy}; \ \tau_{xz} = \tau_{zx} = G\gamma_{xz};$$
$$\tau_{yz} = \tau_{zy} = G\gamma_{yz}.$$

Hierin enthalten sind der Schubmodul G und die Poissonsche Zahl (oder Querkontraktionszahl) μ.

Bei der Darstellung der in den Gln. (1.70) bis (1.72) dargestellten Zusammenhänge in tensorieller Schreibweise kann eine einfache Umrechnung auf andere Koordinatensysteme (z.B. Kugel- oder Zylinderkoordinaten erfolgen).

Führt man die Gln. (1.70) bis (1.72) zusammen, so ergibt sich die Grundgleichung (Lamésche Gleichung) des isotropen elastischen Kontinuums unter Vernachlässigung von außen einwirkender Volumenkräfte K_i zu

$$G \left(\Delta \boldsymbol{\zeta} + \frac{1}{1 - 2\mu} \operatorname{grad} \operatorname{div} \boldsymbol{\zeta} \right) = \varrho \frac{\partial^2 \boldsymbol{\zeta}}{\partial t^2}. \quad (1.73)$$

Die allgemeinen Vektordifferentialoperatoren (div und grad) sind für kartesische Koordinaten in Gl. (1.37) und (1.38) angegeben.

Die Lamésche Gleichung kann durch Anwendung des Satzes von Helmholtz in einen quellen- und einen wirbelfreien Anteil aufgeteilt werden. Die Grundgleichung für den wirbelfreien Anteil Φ lautet

$$G \frac{2 - 2\mu}{1 - 2\mu} \cdot \Delta \Phi = \varrho \frac{\partial^2 \Phi}{\partial t^2} \quad \text{mit} \quad \Phi = \operatorname{div} \boldsymbol{\zeta}, (1.74)$$

für die des quellenfreien Anteils $\boldsymbol{\psi}$ gilt

$$G \Delta \boldsymbol{\psi} = \varrho \cdot \frac{\partial^2 \boldsymbol{\psi}}{\partial t^2} \quad \text{mit} \quad \boldsymbol{\psi} = \frac{1}{2} \operatorname{rot} \boldsymbol{\zeta}. \quad (1.75)$$

Der Skalar Φ beschreibt die Dilatation, d.h. die Veränderung des Volumens, der Vektor $\boldsymbol{\psi}$ die Rotation, d.h. den Vektor der Winkelverdrehung.

Die bestimmende Gleichung für die Dilatation (1.74) entspricht im Aufbau der dreidimensionalen Wellengleichung (1.39) für gasförmige Körper. Die zugehörige Schallgeschwindigkeit, die Longitudinalwellengeschwindigkeit c_L, wird über Schubmodul G und Querkontraktionszahl μ oder häufig auch über den Kompressionsmodul E_s angegeben. Sie lautet

$$c_L = \sqrt{\frac{G}{\varrho} \frac{2 - 2\mu}{1 - 2\mu}} = \sqrt{\frac{E_s}{\varrho}} \quad (1.76)$$

mit

$$G = \frac{E_s (1 - 2\mu)}{2 - 2\mu}. \quad (1.77)$$

Die bestimmende Gleichung für $\boldsymbol{\psi}$ (1.75) führt analog zur Transversalwellengeschwindigkeit c_T:

$$c_T = \sqrt{\frac{G}{\varrho}}. \quad (1.78)$$

Bei reinen Longitudinalwellen (auch als Kompressions- oder Dilatationswellen bezeichnet) bewegen sich die Festkörperteilchen entsprechend den Schallwellen in Gasen in Ausbreitungsrichtung der Welle. Die Schallenergie und der Leistungstransport können daher analog zum Schall in Gasen und Flüssigkeiten hergeleitet werden (vgl. Abschn. 1.5). Longitudinalwellen sind in der Regel nur dann von Interesse, wenn der untersuchte Körper verglichen mit der Wellenlänge sehr groß ist.

Bei reinen Transversalwellen (auch als Scherwellen-, Rotations- oder Distorsionswellen bezeichnet) erfolgt eine Schubdeformation, d.h. eine „Gestaltänderung", aber keine Volumenveränderung. Der Leistungsfluss je Fläche kann analog zur Longitudinalwelle ermittelt werden, wenn man in Gl. (1.48) den Schalldruck durch die im senkrecht zur Ausbreitungsrichtung stehenden Schnitt auftretende Schubspannung τ ersetzt und auf die Transversalwellengeschwindigkeit c_T bezieht.

Der Übergang von Festkörpern auf Gase und Flüssigkeiten kann über Gl. (1.77) veranschaulicht werden. Für Gase und Flüssigkeiten nimmt die Poissonzahl μ Werte von 0,5 an. Damit verschwindet die Schubsteife G. Schubkräfte können nicht mehr übertragen werden. Die Wellengeschwindigkeit c_T der Transversalwellen wird damit zu Null (Gl. 1.78). Das Schallfeld in Gasen und Flüssigkeiten ist somit ausschließlich über Longitudinalwellen, das in Festkörpern mit Schubsteife sowohl über Longitudinal- als auch über Transversal-(Distorsions)wellen bestimmt. Eine gute Übersicht über die im Folgenden beschriebenen Phänomene gibt [1.35].

1.8 Wellentypen in Festkörpern mit Berandungen

1.8.1 Raum- und Oberflächenwellen

In einem elastisch isotropen, homogenen Raum ergeben sich sämtliche Schwingungsformen als Überlagerung aus Longitudinal- und Transversalwellen, sowie – wie bei Luftschall – aus Nahfeldern in der Nähe von Berandungen, Inhomogenitäten und Quellen, deren Einfluss mit dem Abstand rasch abnimmt.

Die mit dem rechtwinklig zur Ausbreitungsebene gemessenen Abstand abklingenden, sich aber entlang einer Oberfläche ausbreitenden Nahfelder werden auch als Oberflächenwellen bezeichnet. Die sich räumlich ausbreitenden Longitudinal- und Transversalwellen werden dagegen Raumwellen genannt. Während die Raumwellen von einer Oberfläche aus räumlich in das Kontinuum abstrahlen und sich dreidimensional ausbreiten, haben Oberflächenwellen ein exponentielles Abklingverhalten mit der Tiefe. Sie breiten sich also parallel zur Oberfläche und somit zweidimensional aus. Aus diesem Grund nimmt die Körperschallintensität, die dem Quadrat der Schwingschnelle proportional ist, bei annähernd punktförmigen Anregungen einer Oberfläche aufgrund der geometrischen Ausbreitungsdämpfung folgendermaßen ab:

- bei punktförmigen Quellen an der Oberfläche und Ausbreitung über Raumwellen mit dem Quadrat des Abstands von der Quelle,
- bei punktförmigen Quellen an der Oberfläche und Ausbreitung über Oberflächenwellen mit der ersten Potenz des Abstands von der Quelle,
- bei linienförmigen Quellen an der Oberfläche und Ausbreitung über Raumwellen mit der ersten Potenz des Abstands von der Quelle;
- bei linienförmigen Quellen an der Oberfläche und Ausbreitung über Oberflächenwellen liegt keine geometrische Ausbreitungsdämpfung vor.

Die Aufteilung der eingetragenen Leistung auf Raum- und Oberflächenwellen hängt von den Wellenzahlen der Anregung ab.

Bei punktförmiger Anregung eines ungeschichteten Halbraums beträgt die energetische Aufteilung auf die einzelnen Wellen [1.36]

- Longitudinalraumwelle   7%,
- Transversalraumwelle   28%,
- Oberflächenwellen   67%.

Bei typischen Strukturen der Technischen Akustik weist das Kontinuum freie oder gehaltene Oberflächen und häufig auch Schichtungen auf. Die Kombinationen von wirbelfreien Anteilen Φ, Gl. (1.74), und quellenfreien Anteilen Ψ, Gl. (1.75), sowie die Charakteristik ihrer Lösung (Nahfeld oder Welle) ergeben sich aus den Rand- und Übergangsbedingungen (s. auch Kap. 23).

Für praktische Untersuchungen können ferner vereinfachte Grundgleichungen wie die Bestimmungsgleichungen von Stäben, Platten oder Balken herangezogen werden, die einfacher als die Laméschen Gleichung zu handhaben sind. In diesen Gleichungen werden immer Verschiebungsansätze eingeführt – in der Regel senkrecht zur Achse oder Ebene der Struktur –, die für bestimmte Geometrien und Wellenlängen eine gute Näherung darstellen.

1.8.2 Rayleigh-Welle

Die Lösung der Laméschen Gleichung unter Ansatz einer spannungsfreien, nicht gehaltenen Oberfläche beschreibt eine freie Schwingung, da keine äußeren Lasten das System anregen. Derartige so genannte „homogene Lösungen" entsprechen bei begrenzten Strukturen den Eigenschwingungen (auch als Resonanzschwingungen bezeichnet). Diese weisen eine hohe Anregbarkeit auf. Für den elastisch isotropen Halbraum ist die homogene Lösung durch die Rayleigh-Welle beschrieben. Nachdem sie besonders gut anregbar ist und als Oberflächenwelle eine geringe geometrische Ausbreitungsdämpfung hat, spielt sie in der Praxis besonders bei bodendynamischen Untersuchungen eine herausragende Rolle.

Die Rayleigh-Welle kann über ihre – von der Poisson-Zahl abhängige – Kombination aus wirbel- und quellenfreien Anteilen beschrieben werden. Als Oberflächenwelle nimmt sie von der freien Oberfläche in das Innere des Halbraumes exponentiell [1.35, 1.37] ab. In Abhängigkeit der Poisson-Zahl beträgt ihre Ausbreitungsgeschwindigkeit c_R etwa $0{,}87 \ldots 0{,}96$ der Transversalwellengeschwindigkeit c_T.

Näherungsweise gilt [1.35]

$$c_R \approx c_T \frac{0{,}874 + 1{,}12\,\mu}{1+\mu}. \qquad (1.79)$$

Für Poisson-Zahlen typischer Materialien ist sie im Abstand einer Wellenlänge von der Oberfläche auf ca. 20 bis 30% abgeklungen.

Tabelle 1.2 Wellengeschwindigkeiten bei rechnerischer Näherung über das elastisch isotrope Kontinuum (Normalbedingungen, ca. 20 °C)

Material	Longitudinalwellengeschwindigkeit	Transversalwellengeschwindigkeit	Rayleigh-Wellengeschwindigkeit
Aluminium	6450	3100	2900
Blei	2100	730	700
Stahl	6000	3100	2900
Stahlbeton	3400–3700	1500–2000	1400–1800

Die Teilchen an der Oberfläche durchlaufen bei Durchgang der Rayleigh-Welle eine senkrecht stehende Ellipse. Die Verschiebung in horizontaler Richtung beträgt – je nach Poisson-Zahl – ca. 50 bis 80 % der Vertikalverschiebung.

In Tabelle 1.2 sind typische Longitudinal-, Transversal- und Rayleigh-Wellengeschwindigkeiten für einige Materialien angegeben.

1.8.3 Dicke Platten, horizontal geschichtete Kontinua

In der Praxis sind häufig parallel berandete Strukturen zu untersuchen (z. B. Platten, geschichteter Boden).

Für horizontal geschichtete Kontinua und auch für dicke Plattenstrukturen (Plattendicke $h > \lambda/6$) ist der Körperschall über die Lamésche Gleichung (1.73) und die daraus folgenden Gln. (1.74) und (1.75) zu berechnen. Hier kann die Zahl der Freiheitsgrade nicht über Näherungsansätze – wie es bei Platten oder Balken der Fall ist (s. Abschn. 1.8.4) – reduziert werden. Zur Lösung können entweder Referenzfälle (s. Kap. 23), numerische Verfahren (s. Kap. 3) oder Integraltransformationen herangezogen werden.

So kann z. B. unter Ansatz einer dreifachen Fourier-Transformation (kartesische Koordinaten) oder analog einer zweifachen Fourier-Transformation und einer Hankel-Transformation (Zylinderkoordinaten) für horizontal geschichtete Festkörper sowohl der quellen- als auch der wirbelfreie Zustand (Vektor- als auch Skalarpotential) mit Hilfe einfacher Gleichungssysteme der linearen Algebra ermittelt werden [1.36, 1.38]. Die Fourier-Transformationen bzw. Hankel-Transformation erfolgen dabei entlang der beiden die Schichtgrenzen beschreibenden Koordinaten und der Zeit. Zur Ermittlung der Lösungen der wirbel- bzw. quellenfreien Verschiebungsfelder werden die Rand- und Übergangsbedingungen hinsichtlich Spannungs- und Verschiebungsgrößen ausgewertet.

Ein Vorteil dieses Lösungsansatzes liegt darin, dass es häufig nicht erforderlich ist, die Rücktransformationen durchzuführen, da die Ergebnisse im Bildraum der Integraltransformation anschaulich Raum- oder Oberflächenwellen zugeordnet werden können: im Bildraum gehen z. B. die Ortkoordinaten x_i in Wellenzahlen $k_{xi} = 2\pi/\lambda_i$ und die Zeitkoordinate t in die Kreisfrequenz $2\pi f$ über.

Für den im Folgenden zur Anschauung herangezogenen zweidimensionalen Fall folgt aus der Wellenlänge λ_x und der Frequenz die entlang der Koordinate x auftretende „Spurgeschwindigkeit" c_x, auch Phasengeschwindigkeit genannt, zu

$$c_x = \lambda_x \cdot f. \qquad (1.80)$$

– Ist die an der Oberfläche resultierende Spurgeschwindigkeit c_x größer als die zugehörige Longitudinalwellengeschwindigkeit c_L bzw. Transversalwellengeschwindigkeit c_T, so ist der zugehörige wirbel- bzw. quellenfreie Anteil des Bewegungszustands im Kontinuum eine Raumwelle. Diese verläuft unter dem Winkel ϑ_L bzw. ϑ_T zur Flächennormalen (vgl. Abb. 1.1) mit

$$\sin \vartheta_T = \frac{c_T}{c_X},$$
$$\sin \vartheta_L = \frac{c_L}{c_X}. \qquad (1.81)$$

– Ist die an der Oberfläche resultierende Spurgeschwindigkeit c_x kleiner als die zugehörige Longitudinalwellengeschwindigkeit c_L bzw. Transversalwellengeschwindigkeit c_T, so ist der zugehörige wirbel- bzw. quellenfreie Anteil des Bewegungszustands im Kontinuum eine Oberflächenwelle mit folgendem Abklingverhalten der Spannungen bzw. Schnellen mit dem Abstand z von der Oberfläche:

$$A_L(z) = A_L(z=0) \cdot e^{-2\pi f \sqrt{\frac{1}{c_L^2} - \frac{1}{c_x^2}}},$$

$$A_T(z) = A_T(z=0) \cdot e^{-2\pi f \sqrt{\frac{1}{c_T^2} - \frac{1}{c_x^2}}}.$$
(1.82)

Ortsfeste pulsierende Belastungen können als Überlagerung zweier an der „Spur" entgegengesetzt laufender Belastungszustände dargestellt werden.

Abbildung 1.4 zeigt für die freie Wellenausbreitung in Platten den Zusammenhang zwischen der auf die Transversalwellengeschwindigkeit c_T bezogenen Phasengeschwindigkeit c_x (Spurgeschwindigkeit) und der auf die Wellenlänge der Transversalwelle bezogenen Plattendicke h [1.39]. Der Index der einzelnen Kurven in diesem Dispersionsdiagramm gibt – anschaulich gesprochen – die Anzahl der „Nulldurchgänge" des wirbel- bzw. quellenfreien Anteils (L bzw. T) über die Plattenhöhe an. Für sehr große Plattenhöhen nähert sich die Phasengeschwindigkeit der Geschwindigkeit der Rayleigh-Welle an. Für gegenüber den Wellenlängen sehr kleine Plattenhöhen sind T_0 und L_0 die einzigen Lösungen. Sie sind der Biegewelle und der Longitudinalwelle zuzuordnen, beides Wellentypen, bei denen der Verformungsverlauf senkrecht zur Platte über einen einfachen Näherungsansatz abgebildet werden kann (vgl. Abschn. 1.8.4). Wie beim ungeschichteten Halbraum sind auch hier die so genannten Wellenimpedanzen ein gutes und anschauliches Hilfsmittel zur Beschreibung der Anregbarkeit. Auf sie wird in Abschn. 1.9.3 näher eingegangen.

1.8.4 Dünne Platten und dünne Balken

Bei den in der Praxis häufig vorkommenden „dünnen" Platten und Balken wird die Verschiebung über die Dicke der Struktur mit Hilfe des Ansatzes der „eben bleibenden Querschnitte" angenähert. Ferner wird davon ausgegangen, dass die Querschnitte auch im verformten Zustand senkrecht auf der zur Ruhelage verschobenen Balkenachse bzw. Plattenebene stehen. Während bei dicken Platten Differentialgleichungen mit Ableitungen nach drei Raumrichtungen gelöst werden müssen, entfällt unter Verwendung dieses Ansatzes die Ableitung senkrecht zur Platten- oder Balkenebene. Die Wellenausbreitung über die

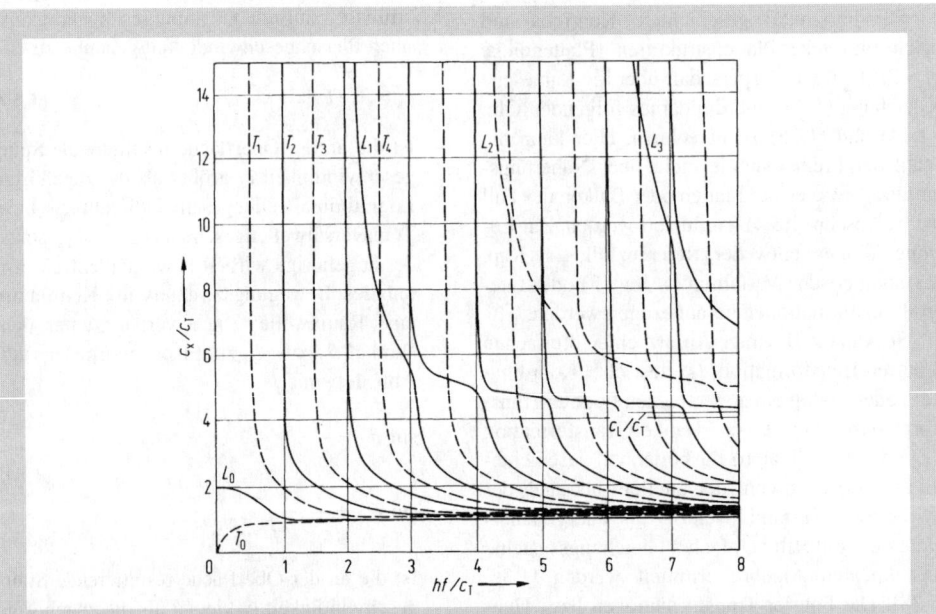

Abb. 1.4 Normierte Phasengeschwindigkeiten c_x der Plattenwellen in einer homogenen ebenen Platte der Dicke h, Transversalwellengeschwindigkeit c_T und Poisson-Zahl 0,47 (nach [1.39])

Plattendicke kann bei gegenüber der Plattenhöhe großen Wellenlängen vernachlässigt werden.

Es ergeben sich einfach handzuhabende Differentialgleichungen 4. Ordnung für die in der x,y-Ebene gespannte Platte:

$$B'' \left(\frac{\partial^4}{\partial x^4} + 2 \frac{\partial^4}{\partial x^2 \partial y^2} + \frac{\partial^4}{\partial y^4} \right) \zeta + m'' \frac{\partial^2 \zeta}{\partial t^2} = p$$

$$\text{mit } B'' = \frac{Eh^3}{12(1-\mu^2)} \quad (1.83)$$

mit der senkrecht auf der Platte stehenden Verschiebungsgröße $\zeta(x,y)$, der Plattendicke h und dem Elastizitätsmodul E.

Für einen Balken der Breite b, der auch als Sonderfall einer Platte mit in y-Richtung konstanden Verschiebungen betrachtet werden kann, ergibt sich

$$B' \frac{\partial^4 \zeta}{\partial x^4} + m' \frac{\partial^2 \zeta}{\partial t^2} = F' \quad \text{mit } B' = \frac{Ebh^3}{12} \, . \quad (1.84)$$

In beiden Gleichungen ist mit B'' bzw. B' die Biegesteifigkeit der Platte bzw. des Balkens beschrieben, mit p bzw. F' die anregende flächen- bzw. längenbezogene Wechselkraft und mit m'' bzw. m' die flächen- bzw. längenbezogene Masse.

Führt man einen Wellenansatz in die Differentialgleichung ein, so ergibt sich die Biegewellengeschwindigkeit zu

$$\text{Balken} \quad c_B = \sqrt[4]{\omega^2 \, B'/m'} \, , \quad (1.85)$$

$$\text{Platte} \quad c_B = \sqrt[4]{\omega^2 \, B''/m''} \, . \quad (1.86)$$

Aus Gl. (1.85) folgt näherungsweise die Biegewellenlänge zu

$$\lambda_B = 1{,}35 \cdot \sqrt{\frac{h \cdot c_L}{f}} \quad (1.87)$$

mit der Longitudinalwellengeschwindigkeit c_L und der Frequenz f.

Die Gültigkeit der Annahme des ebenbleibenden Querschnitts kann etwa bis zu der in Gl. (1.88) angegebenen Grenze der Biegewellenlänge bzw. der anregenden Frequenz angesetzt werden.

$$\lambda_B > 6 \cdot h \quad \text{bzw.} \quad f < \sqrt{\frac{E}{\varrho}} \cdot \frac{1}{20 \cdot h} \, . \quad (1.88)$$

In Abb. 1.5 sind gerechnete Biegewellengeschwindigkeiten für verschiedene Materialien und Plattendicken angegeben. Die Gültigkeitsgrenze (1.88) ist mit eingetragen.

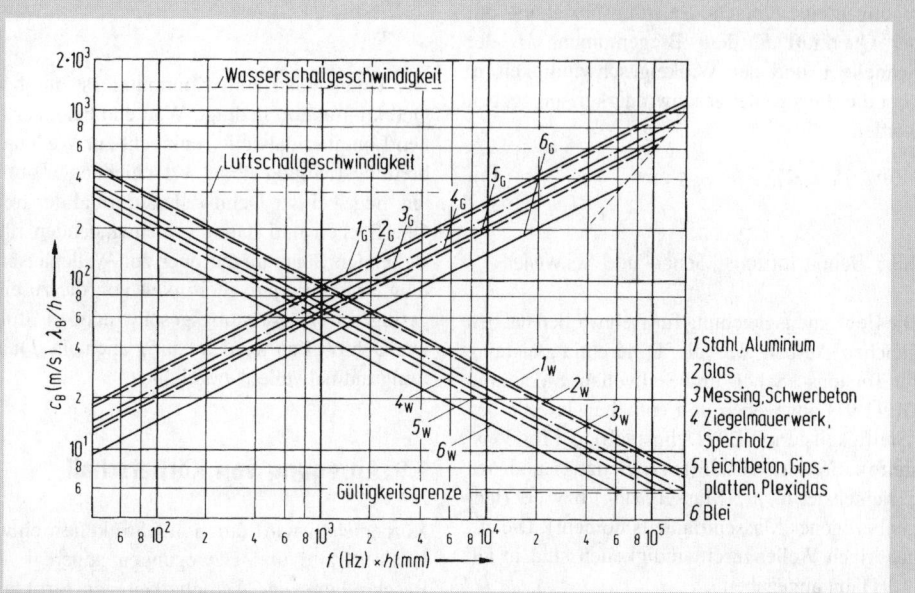

Abb. 1.5 Biegewellengeschwindigkeit c_B (Kurven G) und Biegewellenlänge λ_B (Kurven W) von homogenen Platten aus verschiedenen Materialien

Der in Gl. (1.88) angesetzte Gültigkeitsbereich kann etwas erweitert werden, wenn die Schubverformung des Balkens sowie die Rotationsträgheit pro Balkenlänge berücksichtigt wird. Es wird dann ein ebener aber nicht mehr zwingend zur Plattenebene bzw. Balkenachse senkrecht stehender Querschnitt angesetzt. Balken, bei denen neben der Biegesteifigkeit die Schubsteifigkeit und neben der Masse auch die Rotationsträgheit betrachtet wird, werden über gekoppelte Differentialgleichungen beschrieben. Näherungsweise ergibt sich folgendes Verhältnis zwischen anregender Frequenz und Wellenlänge [1.40]:

$$c_{B_K} \approx \frac{c_B}{\sqrt[4]{1 + i^2 \cdot \frac{4\pi^2}{\lambda^2} \cdot \left(1 + \frac{E}{G}\right)}}. \quad (1.89)$$

Eine strenge Lösung der gegenüber der Biegewellengeschwindigkeit reduzierten Wellengeschwindigkeit c_{B_K} ist nicht möglich. Unter Kenntnis der Wellenlänge λ kann mit Gl. (1.89) abgeschätzt werden, inwieweit der Einfluss des Rotationsträgheitsmoments (der über das Quadrat des Trägheitsradius i mit $i^2 = $ (*Flächenträgheitsmoment I*)/(*Querschnittsfläche S*) eingeht) und der Schubsteifigkeit (die über den Schubmodul G eingeht) vernachlässigbar ist. Aufgrund der Frequenzabhängigkeit der Ausbreitungsgeschwindigkeit kann nur für sinusförmige Anregungen eine einfache Leistungsbeziehung mit der Querkraft F, dem Biegemoment M, der Schnelle v und der Winkelgeschwindigkeit ω über die Biegewellengeschwindigkeit angegeben werden:

$$P = \overline{Fv} + \overline{M\omega} = 2 \cdot c_B S \cdot W''. \quad (1.90)$$

1.8.5 Dehn-, Torsions-, Scher- und Seilwellen

Die Bewegungsgleichung für Dehnwellen hat den gleichen Aufbau wie die Differentialgleichung für Torsions-, Scher- und Seilwellen. Sie sind in Gl. (1.91) angegeben und enthalten jeweils den „Steifigkeitsterm" ES (Dehnsteife), T (Torsionssteife), GS (Schubsteife), H (Seilzug) und den „Trägheitsterm" m' (Massenbelag) bzw. Θ (längenbezogenes Massenträgheitsmoment). Die zugehörigen Wellengeschwindigkeiten sind in Gl. (1.91) mit angegeben.

Dehnwelle $\quad ES \dfrac{\partial^2 \zeta}{\partial x^2} - m' \dfrac{\partial^2 \zeta}{\partial t^2} = F'$, $c_D = \sqrt{\dfrac{E}{\varrho}}$;

Torsionswelle $\quad T \dfrac{\partial^2 \varphi}{\partial x^2} - \Theta \dfrac{\partial^2 \varphi}{\partial t^2} = m\varphi$, $c_\Theta = \sqrt{\dfrac{T}{\Theta}}$;

Scherwelle $\quad GS \dfrac{\partial^2 \zeta}{\partial x^2} - m' \dfrac{\partial^2 \zeta}{\partial t^2} = F'$, $c_T = \sqrt{\dfrac{G}{\varrho}}$;

Seilwelle $\quad H \dfrac{\partial^2 \zeta}{\partial x^2} - m' \dfrac{\partial^2 \zeta}{\partial t^2} = F'$, $c_S = \sqrt{\dfrac{H}{m'}}$,

(1.91)

Membran $\quad N \left(\dfrac{\partial^2 \zeta}{\partial x^2} + \dfrac{\partial^2 \zeta}{\partial y^2} \right) - m'' \dfrac{\partial^2 \zeta}{\partial t^2} = p.$

(1.92)

Der Leistungstransport ergibt sich bei sehr großen Systemen zu

$P = $ Trägheitsterm $\cdot$ Wellengeschwindigkeit

$$\cdot \frac{\partial \text{Verschiebung}}{\partial t}. \quad (1.93)$$

Die Ausbreitungsgeschwindigkeit c_D unterscheidet sich von der longitudinalen Wellengeschwindigkeit c_L beim Balken um den Faktor

$$\frac{c_{D_{Balken}}}{c_L} = \sqrt{\frac{(1-2\mu) \cdot (1+\mu)}{1-\mu}} \quad (1.94)$$

und bei der Platte um

$$\frac{c_{D_{Platte}}}{c_L} = \sqrt{1 - \mu^2}. \quad (1.95)$$

Der Unterschied zum Kontinuum ist durch die Querkontraktion bedingt. Während bei einer reinen Longitudinalwelle senkrecht zur Wellenausbreitungsrichtung keine Verschiebungen auftreten, liegt bei der Dehnwelle aufgrund der freien Oberflächen und damit verschwindenden rückstellenden Spannungen quer zur Wellenausbreitung eine geringere Steifigkeit vor, die zu einer geringeren Ausbreitungsgeschwindigkeit führt. Die Dehnwellen werden häufig auch als „Quasi-Longitudinalwellen" bezeichnet.

1.9 Anregung von Körperschall

Körperschall wird durch auf Strukturen einwirkende Kräfte und Bewegungen angeregt. Zur Beschreibung der Anregbarkeit von Strukturen dient die Eingangsimpedanz, die entweder als Kraft-, Momenten- oder Wellenimpedanz angegeben werden kann. Sie beschreibt das Verhältnis der Amplitude der anregenden Kraft $\hat{F}$ bzw. des Moments $\hat{M}$ zur daraus resultierenden Schnelle $\hat{v}$ bzw. Winkelgeschwindigkeit $\hat{\omega}$ am Anregungspunkt. In der Praxis werden typischerweise Punktimpedanzen angesetzt:

$$Z_\mathrm{F} = \frac{\hat{F}}{\hat{v}}, \quad Z_\mathrm{M} = \frac{\hat{M}}{\hat{\omega}}. \qquad (1.96)$$

Dies ist zulässig, sofern die Abmessungen der Krafteinleitungsflächen kleiner als etwa ein Zehntel der Wellenlängen sind.

Die Admittanz ist der Kehrwert der Impedanz.

1.9.1 Impedanzen unendlich ausgedehnter Systeme

Die Impedanzen unendlich ausgedehnter Systeme sind wichtige Kenngrößen zur Bestimmung der in Systeme eingetragenen Leistungen. Unter der Annahme von mit der anregenden Kraft nicht korrelierten reflektierten Wellen stellt die mit dieser Impedanz berechnete Leistung eine gute Schätzung auch für begrenzte Systeme – besonders bei Rauschanregung – dar. In der statistischen Energieanalyse (Kap. 3) wird dies häufig berücksichtigt. Ausgewählte Impedanzen sind im Kap. 10 und in [1.35] zu finden. Hinweise findet man auch in [1.41–1.43].

1.9.2 Anregung begrenzter Systeme

Bei begrenzten Systemen werden an den Berandungen die auftretenden Wellen reflektiert. Es entsteht schließlich ein Wellenfeld mit ortsfesten Maxima und Minima, also „stehende Wellen".

Das Schall- bzw. Schwingungsfeld beliebiger Systeme kann anschaulich über die Überlagerung von Eigenfunktionen (Moden $\varphi_n(x,y,z)$), multipliziert mit ihren Beteiligungsfaktoren γ_n, dargestellt werden:

$$p(x,y,z) = \sum_{i=1}^{\infty} \gamma_n \cdot \varphi_n(x,y,z),$$

$$v(x,y,z) = \sum_{i=1}^{\infty} \gamma_n \cdot \boldsymbol{\varphi}_n(x,y,z), \qquad (1.97)$$

$$\gamma_n = \frac{A_n^*}{m_n^*(2\pi f)^2} \cdot \frac{1}{\left[1 - \left(\frac{f}{f_n}\right)^2\right] + j\eta \frac{f}{f_n}}. \qquad (1.98)$$

Jede Eigenfunktion weist eine Eigenfrequenz auf. Ohne äußere Last und unter Vernachlässigung der Dämpfung schwingt das System in seinen Eigenformen mit den zugehörigen Eigenfrequenzen.

Die modalen Beteiligungsfaktoren γ_n können anschaulich über äquivalente Einmassenschwinger mit einer modalen Steife (diese ergibt sich aus der modalen Masse m_n^*, multipliziert mit der Eigenkreisfrequenz[2]), der Eigenfrequenz f_n der ungedämpften Struktur, der modalen Anregung A_n^* und dem Verlustfaktor η berechnet werden. Die modale Anregung A_n^* hängt von der Lage der anregenden Kraft zu den einzelnen Moden, insbesondere vom Verhältnis der anregenden Wellenzahlen zur Wellenzahl der jeweiligen Eigenform, ab. Für Frequenzen deutlich unterhalb der Eigenfrequenz bestimmt der Steifeterm (modale Steife) das dynamische Verhalten, für Frequenzen deutlich oberhalb der Eigenfrequenz der Masseterm (modale Masse). Für Anregefrequenzen im Resonanzbereich liegt ein dämpfungsbestimmtes Verhalten vor.

Nur für einfache Geometrien können Eigenfrequenzen und Eigenfunktionen angegeben werden. Für komplizierte Geometrien sind diese mit Hilfe einer Finite-Elemente-Berechnung zu ermitteln (vgl. Kap. 3).

Die Eigenfunktionen bei flächenhaften Körpern (Membranen, Platten usw.) haben eine unmittelbare anschauliche Bedeutung, da ihre Nullstellen die Knotenlinien der Chladnischen Klangfiguren bilden. Für Untersuchungen im höheren Frequenzbereich und insbesondere bei einer Anregung mit Frequenzgemischen, also Rauschen, ist eine genaue Kenntnis der Eigenfunktionen und Eigenfrequenzen nicht erforderlich. Man geht dann in der Regel davon aus, dass die von den Rändern reflektierten Wellen mit der Anregung unkorreliert sind und somit keine Arbeit leisten und die eingetragene Arbeit über das Dämpfungsverhalten der in Resonanz angeregten Eigenformen „abgebaut" wird. In solchen Fällen (dämpfungsbestimmtes Verhalten) interessiert es meist nur, wie viele Eigenmoden in einem bestimmten Frequenzband in der Nähe ihrer Resonanz schwingen und wie hoch die Dämpfung dieser Moden ist (s. auch Kap. 3). Die Berechnung der exakten Lage der Eigenfrequenzen ist aufgrund der Unwägbarkeiten in den Eingangsgrößen bei numerischen Berechnungen in aller Regel nicht möglich, so dass bei rechnerischen Vorhersagen des Körperschalls unter schmalbandiger Anregung – insbesondere bei schwach be-

Tabelle 1.3 Eigenfunktionen und Eigenfrequenzen geometrisch einfacher Formen

1. Eindimensionale Wellenausbreitung (z.B. luftgefüllte Rohre)
1.1 Rohr mit starren seitlichen Wänden (Schalldruck):

$\Delta N = l\Delta\omega/(c\pi)$;

bei beidseitig hartem Abschluss:

$\varphi_n = \cos(n\pi x/l)$; $\omega_n = n\pi c/l$;

bei beidseitig weichem Abschluss:

$\varphi_n = \sin(n\pi x/l)$; $\omega_n = n\pi c/l$;

ein weicher und ein harter Abschluss:

$\varphi_n = \cos(n\pi x/l + \pi/2)$; $\omega_n = (n - 1/2)\pi c/l$.

1.2 Rohr mit weichen seitlichen Wänden (z.B. wassergefüllte, weiche Rohre). In diesem Fall ist eine ebene Wellenausbreitung in Achsrichtung nicht möglich.

1.3 Saitenschwingungen:

$\Delta N = l\Delta\omega \sqrt{m'/T}/\pi$;

beidseitig eingespannt:

$\varphi_n = \sin(n\pi x/l)$; $\omega_n = n\pi \sqrt{T/m'}/l$.

1.4 Longitudinalwellen auf Stäben:

$\Delta N = l\Delta\omega \sqrt{\varrho/E}/\pi$;

beidseitig frei:

$\varphi_n = \cos(n\pi x/l)$; $\omega_n = n\pi \sqrt{E/\varrho}/l$.

1.5 Biegewellen auf Stäben:

$\Delta N = l\Delta\omega \sqrt[4]{m'/\omega^2 B'}/2\pi$;

beide Enden eingespannt:

$\varphi_n = \cosh(\beta_n x/l) - \cos(\beta_n x/l) - \dfrac{\cos\beta_n - \cosh\beta_n}{\sin\beta_n - \sinh\beta_n}[\sinh(\beta_n x/l) - \sin(\beta_n x/l)]$;

$\beta_1 = 1{,}506\,\pi$; $\beta_2 = 2{,}5\,\pi$; $\beta_n = (n + 1/2)\,\pi$; $\omega_n = \sqrt{B'/m'}(\beta_n/l)^2$;

beide Enden frei: Wie oben; es wird lediglich cos durch − cos und sin durch − sin ersetzt;
beide Enden unterstützt (momentenfrei gelagert):

$\varphi_n = \sin(\beta'_n x/l)$; $\beta'_n = n\pi$; $\omega_n = \sqrt{B'/m'}(\beta_n/l)^2$;

ein Ende eingespannt, ein Ende frei:

$\varphi_n = \cosh(\beta_n x/l) - \cos(\beta_n x/l) - \dfrac{\sinh\beta_n - \sin\beta_n}{\cosh\beta_n + \cos\beta_n}[\sinh(\beta_n x/l) - \sin(\beta_n x/l)]$;

$\beta_1 = 0{,}597\,\pi$; $\beta_2 = 1{,}494\,\pi$; $\beta_3 = 2{,}5\,\pi$; $\beta_4 = (n - 1/2)\,\pi$; $\omega_n = \sqrt{B'/m'}(\beta_n/l)^2$.

1.6 Kreisring:

$\varphi_n = \cos n\psi$; $\omega_0 = \sqrt{E/\varrho}/a$; $\omega_n = \sqrt{E/\varrho} \cdot \dfrac{h}{\sqrt{12}a^2} \sqrt{\dfrac{n^2(n^2-1)^2}{n^2+1}}$.

2. Zweidimensionale Wellenausbreitung
2.1 Flachraum (luftgefüllt) mit starren Wänden:

$\Delta N = S\omega\Delta\omega/(2\pi c^2)$,

rechteckig:

$\varphi_n = \cos\dfrac{n_1\pi x}{l_1} \cos\dfrac{n_2\pi y}{l_2}$; $\omega_n = \pi c \sqrt{\left(\dfrac{n_1}{l_1}\right)^2 + \left(\dfrac{n_2}{l_2}\right)^2}$;

rund:

$\varphi_n = \cos n\psi\, J_n(\omega_n r/c)$; $\omega_n = \pi c\gamma_{n,\nu}/a$;

$\gamma_{1,0} = 0{,}586$; $\gamma_{2,0} = 0{,}972$; $\gamma_{0,1} = 1{,}22$; $\gamma_{3,0} = 1{,}34$; $\gamma_{4,0} = 1{,}693$; $\gamma_{1,1} = 1{,}697$.

Tabelle 1.3 (Fortsetzung)

2.2 Membran ringsum eingespannt:

$$\Delta N = S\varrho h\omega \, \Delta\omega/(2\pi T');$$

rechteckig:

$$\varphi_n = \sin\frac{n_1\pi x}{l_1} \sin\frac{n_2\pi y}{l_2}; \quad \omega_n = \pi\sqrt{T'/\varrho h}\sqrt{\left(\frac{n_1}{l_1}\right)^2 + \left(\frac{n_2}{l_2}\right)^2};$$

rund:

$$\varphi_n = J_n(\pi\gamma'_{n,\nu} r/a) \cos n\psi; \quad \omega_n = \pi\sqrt{T'/\varrho h}\,\gamma'_{n,\nu}/a;$$

$$\gamma'_{0,1} = 0{,}765; \quad \gamma'_{1,1} = 1{,}22; \quad \gamma'_{2,1} = 1{,}635; \quad \gamma'_{0,2} = 1{,}757; \quad \gamma'_{n,\nu} \approx \frac{n}{2} + \nu - \frac{1}{4}.$$

2.3 Biegewellen auf Platten:

$$\Delta N = \sqrt{\varrho h/BS}\,\Delta\omega/(4\pi);$$

rechteckig, an allen Seiten momentenfrei gelagert:

$$\varphi_n = \sin\frac{n_1\pi x}{l_1} \sin\frac{n_2\pi y}{l_2}; \quad \omega_n = \pi^2\sqrt{B/\varrho h}\left[\left(\frac{n_1}{l_1}\right)^2 + \left(\frac{n_2}{l_2}\right)^2\right];$$

rund, ringsum eingespannt:

$$\varphi_n = \left[J_n\left(\pi\gamma''_{n,\nu}\frac{r}{a}\right) - \frac{J_n(\pi\gamma''_{n,\nu})}{J_n(j\pi\gamma''_{n,\nu})}J_n\left(j\pi\gamma_{n,\nu}\frac{r}{a}\right)\right]\cos n\psi;$$

$$\omega_n = \pi^2\sqrt{B/\varrho h}\,\gamma''^{2}_{n,\nu}/a^2;$$

$$\gamma''_{0,1} = 1{,}015; \quad \gamma''_{1,1} = 1{,}468; \quad \gamma''_{2,1} = 1{,}879; \quad \gamma''_{0,2} = 2{,}007; \quad \gamma''_{n,\nu} \approx \nu + n/2.$$

2.4 Kreiszylinder:

$$\Delta N \approx 1{,}25\sqrt[4]{\varrho^3/E^3}\sqrt{\omega a^3}\,l\Delta\omega/h \quad \text{für } \omega < \sqrt{E/\varrho}/a;$$

$$\Delta N = \sqrt{3\varrho/E}\,la\Delta\omega/h \quad \text{für } \omega > \sqrt{E/\varrho}/a;$$

ab den Enden momentenfrei gelagert:

$$\varphi_n = \cos(n_1\psi)\sin(n_2\pi x/l);$$

$$\omega_n^2 = \frac{E(1-\mu^2)(n_2\pi a/l)^4}{\varrho a^2[(n_2\pi a/l)^2 + n_1^2]^2} + \frac{Eh^2}{12a^4\varrho}\left\{[(n_2\pi a/l)^2 + n_1^2]^2 - \frac{n_1^2(4-\mu) - 2 - \mu}{2(1-\mu)}\right\}.$$

3. Dreidimensionale Wellenausbreitung

3.1 Luft- oder flüssigkeitsgefüllter Raum:

$$\Delta N = V\omega^2\,\Delta\omega/(2\pi^2 c^3);$$

rechteckig mit starren Wänden:

$$\varphi_n = \cos\frac{n_1\pi x}{l_1}\cos\frac{n_2\pi y}{l_2}\cos\frac{n_3\pi z}{l_3}; \quad \omega_n = \pi c\sqrt{\left(\frac{n_1}{l_1}\right)^2 + \left(\frac{n_2}{l_2}\right)^2 + \left(\frac{n_3}{l_3}\right)^2};$$

rechteckig mit weichen Wänden:

$$\varphi_n = \sin\frac{n_1\pi x}{l_1}\sin\frac{n_2\pi y}{l_2}\sin\frac{n_3\pi z}{l_3}; \quad \omega_n = \pi c\sqrt{\left(\frac{n_1}{l_1}\right)^2 + \left(\frac{n_2}{l_2}\right)^2 + \left(\frac{n_3}{l_3}\right)^2};$$

zylinderförmig mit starren Wänden:

$$\varphi_n = J_n(\omega_n r/c)\cos n\psi \cos\frac{n_3\pi z}{l_3}; \quad \omega_n = \pi c\sqrt{\left(\frac{\gamma_{n\nu}}{a}\right)^2 + \left(\frac{n_3}{l_3}\right)^2};$$

Bemerkung: l_1, l_2, l_3 Kantenlängen, a Radius, ψ Winkel, T Saitenspannung, m' Masse pro Länge, V Volumen, B' Biegesteife eines Balkens, T' Membranspannung, h Dicke bzw. Wandstärke, B Biegesteife einer Platte. Bei eindimensionaler Wellenausbreitung $n = 1, 2, 3$, sonst $n = 0, 1, 2, 3$, μ Poissonzahl, ΔN Anzahl der Eigenmoden im Frequenzbereich $\Delta\omega$.

dämpften Strukturen – erhebliche Streuungen der berechneten Antwortgrößen zu erwarten sind.

In Tabelle 1.3 sind Eigenfunktionen und Eigenformen für ideale Strukturen angegeben [1.35, 1.44].

Mit ΔN ist die Gesamtzahl der Moden bis zur Frequenz ω bezeichnet. Bei den zwei- und dreidimensionalen Strukturen kann diese Zahl für höhere Frequenzen in sehr guter Näherung auch für beliebig berandete Strukturen verwendet werden.

Zugehörige Impedanzen sind in Kap. 10 sowie in [1.35] zu finden.

1.9.3 Wellenimpedanzen

Mit der Wellenimpedanz wird das Verhältnis der Amplitude eines anregenden, örtlich und zeitlich sinusförmig verteilten Drucks (bzw. Druckdifferenz) zur Schnelle der angeregten Struktur bezeichnet.

$$Z(k,\omega) = \frac{\hat{p}(k,\omega)}{\hat{v}(k,\omega)}. \qquad (1.99)$$

$\hat{p}(k,\omega)$ und $\hat{v}(k,\omega)$ beschreiben den Druck (Druckdifferenz bzw. die Schnelle) im Bildraum der Fourier-Transformation bezüglich Ort und Zeit.

Für die üblichen Bewegungsgleichungen (1.74, 1.75, 1.83, 1.84, 1.91, 1.92) sind diese Größen leicht zu bestimmen, da die Ableitungen nach den Ortskoordinaten über Multiplikationen mit den Wellenzahlen k und die Ableitung nach der Zeitkoordinate in eine Multiplikation mit der Kreisfrequenz ω überführt werden.

Für die Biegewelle oder Dehnwelle lauten sie beispielsweise

$$Z_\mathrm{P} = \frac{B'k^4}{j\omega} + j\omega m', \qquad (1.100)$$

$$Z_\mathrm{D} = \frac{ESk^4}{j\omega} j\omega m'. \qquad (1.101)$$

Berücksichtigt man, dass in ein- oder zweidimensionale Fourier-Transformationen Belastungsverläufe abgebildet werden können (Wellenzahlspektrum), so kann mit den heute am Rechner vorhandenen numerischen Integrationsroutinen (inverse Fourier-Transformation) in einfacher Form über die Wellenimpedanzen die Antwort berechnet werden. Die Schallabstrahlung schwingender Strukturen kann ebenfalls über Betrachtungen im Bildraum der Integraltransformationen beschrieben werden [1.45] (vgl. Kap. 23).

1.10 Dämpfung

Als Dämpfung wird die Umwandlung von Schallenergie in Wärme bezeichnet. Sie wird sowohl durch Wärmeleitungsvorgänge und Viskosität (so genannte klassische Absorption) als auch durch innermolekulare Relaxationsvorgänge verursacht. Bei sehr hohen Amplituden, wie sie nur in der Nähe extrem starker Schallquellen oder beim Überschallknall vorkommen, treten außerdem noch nichtlineare Vorgänge auf, die zur Verzerrung in der Wellenform und damit zu stärkerer Dämpfung führen. Bei Schall in Gasen und Flüssigkeiten spielt die Dämpfung eine wichtige Rolle, wenn die Ausbreitung über eine weite Strecke erfolgt oder wenn sich Körper mit extrem großer Oberfläche im „Schallweg" befinden. Die Ausbreitungsdämpfung wird in Kap. 7, die Schallabsorption in Kap. 9 behandelt.

Bei Körperschall geschieht die Dämpfung durch Temperaturausgleichsvorgänge durch molekulare und interkristalline Versetzungsvorgänge [1.46, 1.47] und bei zusammengesetzten Strukturen auch durch Reibung der einzelnen Teile aneinander, s. auch Kap. 10.

1.11 Reziprozitätsprinzip

Die beschriebenen Bewegungsgleichungen sind in den Ortsvariablen symmetrisch. Dies gilt unter der Voraussetzung, dass das Medium in Ruhe ist und – abgesehen von kleinen Schwingungen – die Begrenzungsflächen ortsfest sind. Dies ist in der Akustik in der Regel dann der Fall, solange keine Strömungsvorgänge zu beachten sind. Auch im Fall bewegter Lasten, die mit Hilfe mitbewegter Koordinatensysteme untersucht werden, sind die Ortsvariablen nicht mehr symmetrisch. In diesen Fällen sind die beschreibenden Differentialgleichungen nicht mehr selbstadjungiert.

Mitunter vorkommende unsymmetrische Differentialgleichungen, z. B. für die Bewegung von Zylinderschalen oder für die Schallausbreitung in porösen Stoffen, stellen Näherungsbeziehungen dar, deren Unsymmetrie durch Vereinfachungen entstand [1.35].

Liegen symmetrische Vorgänge vor, so kann das Reziprozitätsgesetz angewandt werden. Es besagt: Wenn eine am Ort A angreifende Kraft F am Ort B die Schnelle v_{1A} erzeugt, dann erzeugt dieselbe Kraft, wenn sie am Ort B angreift, an der Stelle A die Schnelle $v_{1A} = v_{1B}$.

Werden also Anrege- und Empfangsort vertauscht, so bleibt das Verhältnis von anregender Kraft zur gemessener Schnelle gleich. Die Richtungen, in denen in einem Fall die Kraft wirkt und im anderen Fall die Schnelle gemessen wird, müssen dabei übereinstimmen. Das Reziprozitätsprinzip kann auf das Feldgrößenpaar Kraft/Schnelle (bei gleicher Richtung) und auf andere Feldgrößenpaare, deren Produkt eine Energie oder Leistung ergeben, angewandt werden (z. B. Druck-/Volumenfluss oder Moment-/Winkelgeschwindigkeit).

Reziprozitätsbeziehungen lassen sich zur Kalibrierung und zur indirekten Ermittlung von Schallfeldgrößen benutzen (vgl. Kap. 2).

Literatur

1.1 Lord Rayleigh (1943) The theory of sound. Dover, New York, 18
1.2 Morse PM, Ingard U (1968) Theoretical acoustics. McGraw-Hill, New York
1.3 Meyer E, Neumann EG (Neubearbeitung 1979) Physikalische und Technische Akustik. Vieweg, Braunschweig
1.4 Dowling A, Fowes-Williams JE (1983) Sound and sources of sound. Horwood, Chichester
1.5 Kinsler LE, Frey R (1962) Fundamentals of acoustics. Wiley, New York
1.6 Kurtze G (1964) Physik und Technik der Lärmbekämpfung. Braun, Karlsruhe
1.7 Pierce AD (1981) Acoustics, An introduction to its physical principles and application. McGraw-Hill, New York
1.8 Skudrzyk E (1954) Die Grundlagen der Akustik. Springer, Wien
1.9 Schirmer W (Hrsg.) (1989) Lärmbekämpfung. Tribüne, Berlin
1.10 Fasold W, Kraak W, Schirmer W (1984) Taschenbuch Akustik, Teil 1. 2. Aufl. VEB Technik, Berlin
1.11 Beranek LL (ed.) (1971) Noise and vibration control. McGraw-Hill, New York
1.12 Landau LD, Lifschitz EM (1966) Lehrbuch der theoretischen Physik, Bd. VI: Hydromechanik. Akademieverlag, Berlin
1.13 Rschevkin SN (1963) The theory of sound. Pergamon Press, Oxford (England)
1.14 Cremer L, Hubert M (1985) Vorlesungen der Technischen Akustik. 3. Aufl. Springer, Berlin
1.15 White RG, Walker JG (eds.) (1982) Noise and vibration. Horwood (New York: Wiley), Chichester
1.16 Beranek LL (1993) Acoustics. Acoustical Society of America, New York
1.17 Filippi P, Haboult D (1999) Acoustics – Basic physics, theory and methods. Academic Press, London
1.18 Unbehauen R (1993) Systemtheorie. Oldenbourg, München
1.19 Lüke HD (1979) Signalübertragung. Springer, Berlin
1.20 Papoulis A (1962) The Fourier-integral and its applications. McGraw-Hill, New York
1.21 Bracewell R (1978) The Fourier-transform and its applications. McGraw-Hill, New York
1.22 Beranek LL (1993) Acoustical measurements. Acoustical Society of America, New York
1.23 Tolstoy I, Clay SS (1966) Ocean acoustics. McGraw-Hill, New York
1.24 Lighthill MJ (1952) On sound generated aerodynamically. I: General theory. Proc. Roy. Soc. A 211 (1952) 564–587
1.25 Lighthill MJ (1954) On sound generated aerodynamically. II: Turbulences as a source of sound. Proc. Roy. Soc. A 222 (1954) 1–32
1.26 Heckl M (1977) Abstrahlung von ebenen Schallquellen. ACOUSTICA 37 (1977). 155–166
1.27 Stenzel H, Bronze O (1958) Leitfaden zur Berechnung von Schallvorgängen. Springer, Berlin
1.28 Cremer L, Heckl M (1996) Körperschall. Springer, Berlin
1.29 Möser M (1988) Analyse und Synthese akustischer Spektren. Springer, Berlin
1.30 Williams EC (1999) Fourier acoustics. Sound radiation and nearfield acoustical holography. Academic Press, London
1.31 Morse P, Ingard U (1968) Theoretical acoustics. McGraw-Hill, New York
1.32 Sauer R, Szabó I (1968–1970) Mathematische Hilfsmittel des Ingenieurs. Teile I, II, III und IV. Springer, Berlin
1.33 Moon P, Spencer DE (1971) Field theory handbook. Springer, New York
1.34 Abramowitz M, Stegun IA (1965) Handbook of mathematical functions. Dover, New York
1.35 Cremer L, Heckl M (1995) Körperschall. Springer, Berlin
1.36 Miller GF, Pursey H (1954) The field and radiation impedance of mechanical radiators on the surface of a semi-infinite isotropic solid. Proc. Roy. Soc. London, A (1954) 223, 521–541
1.37 Studer J, Koller MG (1997) Bodendynamik. Springer, Berlin
1.38 Wolf JP (1985) Dynamic soil structure interaction. Prentice Hall, Englewood Cliffs, N.J. (USA)
1.39 Naake HJ, Tamm K (1958) Sound propagation in plates and rods of rubber-elastic materials. Acustica 8 (1958) 54–76

1.40 Grundmann H, Knittel G (Hrsg.) (1983) Einführung in die Baudynamik. Mitteilungen aus dem Inst. für Bauingenierwesen, TU München

1.41 Beitz W, Küttner K-H (1986) Dubbel – Taschenbuch für den Maschinenbau. 15. Aufl. Springer, Berlin

1.42 Junger M, Feit D (1986) Sound, structures and their interaction. 2. edn. MIT Press, Cambridge, MA (USA)

1.43 Heckl M (1969) Körperschallanregung von elastischen Strukturen durch benachbarte Schallquellen. Acustica 21 (1969) 149–161

1.44 Blevins RD (1979) Formulas for natural frequency and mode shape. Van Nostrand Reinhold, New York

1.45 Heckl M (1987) Schallabstrahlung in Medien mit Kompressibilität und Schubsteife bei Anregung durch ebene Strahler bzw. Zylinderstrahler. Acustica 64 (1987) 229–261

1.46 Mason WP (ed.) (1966) Physical acoustics. Vol. II, Part B 8, 9, Vol. II, Part A. Academic Press, New York

1.47 Junger M, Feit D (1986) Sound, structures and their interaction. 2 edn. MIT Press, Cambridge, MA (USA)

Akustik – Audiotechnik

- Müller BBM GmbH, München
- Systemtheoretische Grundlagen
- Schallfeldformen (Diffusfeld)
- Schallfeldgrößen: Schallintensität / Schalldruck / Schallschnelle / Geometrie
- Messmikrofon / Messlautsprecher
- Digitale Entzerrung // Akustikbausteine
- Nahfeld / Fernfeld // Lautsprecherakustik
- Fouriertransformation: DFT, FFT,
- Wahrnehmung: Hörereignis
- Sensorische Wohlklang: // Raummoden
    Rauhigkeit / Schärfe /
    Klanghaftigkeit / Lautheit ●
- Acoustica: ⇒ Unibibliothek ? / Bauphysik
- Theoretische Physik: Hydromechanik
- Akustische Gestaltung von Räumen: Flies / Schallabsorber / Nachhallzeiten / Resonator Schalldämpfer / → gezielte Absorption / Absorptionscharakteristik / passiv, Interferenz

Überweisungen

HERZLICH WILLKOMMEN BEIM SW

Konto-Nr. Eberhar
880206

Überweisung
Entgegennahme am 2

Begünstigter:	Stadtkasse Esslinger
Begünstigter-Konto:	900423
Begünstigter-Bank:	KR SPK ESSLING
Betrag:	EUR 15,00
Verwendungszweck:	Referenz Nr. 505.44

Wichtiger Hinweis: Dieser Ausdruck ist nicht rechtsverbindlich!

— Lärmschutz und Raumakustik

Akustische Messtechnik

M. Vorländer

2.1 Einleitung

Akustische Messungen sind selbstverständliche Bestandteile von akustischen Untersuchungen, sei es in der Forschung oder in der schalltechnischen Praxis. Sie dienen als wesentliches Mittel zur Analyse von akustischen Problemstellungen oder als Referenz für theoretische und numerische Ansätze. Akustische Messungen in der schalltechnischen Praxis sind oft „schwierig" (immerhin gab es eine frühe Fassung einer bauakustischen DIN-Norm, in der vor der bedenkenlosen Verwendung der Messergebnisse gewarnt wurde, jedenfalls dann, wenn die Ergebnisse nicht von Akustikexperten interpretiert würden). Dementsprechend darf man auch nicht erwarten, dass Messergebnisse absolut reproduzierbar sind. Typische Abweichungen bei Wiederholungsmessungen liegen im Bereich von 1 Dezibel, was meistens akzeptabel ist. Sie werden durch Änderungen im Schallfeld selbst oder in der Messapparatur hervorgerufen. Diese Größenordnung der Messunsicherheit kann aber nur erfüllt werden, wenn gewisse Anforderungen an die apparativen Elemente der Messkette gestellt, und die akustischen Bedingungen genau eingehalten werden, unter denen das verwendete Messverfahren aufgestellt wurde.

Grundsätzlich lässt sich fast jede akustische Messapparatur in einen Sende- und einen Empfangsteil unterteilen. Der Empfangsteil besteht meistens aus einem „Schallpegelmesser" oder „Analysator", der entweder einen Summen-Schallpegel in Dezibel ermittelt und anzeigt oder eine frequenzabhängige Analyse durchführt und ein „Spektrum" oder eine „Impulsantwort" ausgibt. Ebenfalls wichtig sind Messräume und Laborapparaturen, welche die Erzeugung verschiedener idealisierter Schallfeldformen erlauben. In diesem Kapitel werden die Elemente von akustischen Messinstrumenten erläutert, ferner die wichtigsten Messgrößen, verschiedene Techniken der Signalverarbeitung und -analyse sowie einige Beispiele.

2.2 Mikrofone und Lautsprecher

Mikrofone sind fast immer Teil einer akustischen Messapparatur. Sie gestatten eine Umsetzung akustischer Größen (normalerweise des Schalldrucks) in elektrische Signale, die dann mit analogen oder digitalen Verfahren angezeigt, gespeichert und ausgewertet werden können. Als Mikrofon im weiteren Sinne könnte man jeden elektromechanischen oder elektroakustischen Schallempfänger bezeichnen; Wasserschallempfänger werden jedoch als Hydrofone und Körperschallempfänger als Schwingungsaufnehmer oder Beschleunigungsaufnehmer bezeichnet.

Mikrofone für Luftschall enthalten eine leicht bewegliche Membran, die von den auftreffenden Schallwellen in Schwingungen versetzt wird. Diese wiederum werden durch eine elektromechanische Kraftfeldwirkung in elektrische Schwingungen gewandelt. Dabei wird im Allgemeinen möglichst weitgehende Linearität und Frequenzunabhängigkeit angestrebt.

Welcher Schallfeldgröße das elektrische Ausgangssignal entspricht, hängt von der Art der elektromechanischen Umsetzung, vom mechanischen Verhalten sowie davon ab, ob die Druckschwankungen der Schallwelle nur auf eine oder auf beide Seiten der Membran einwirken. Im ersteren Fall ist die auf die Membran wirkende Kraft dem Schalldruck, im zweiten der

Normalkomponente des Schalldruckgradienten proportional.

Die Empfindlichkeit eines Druckmikrofons kennzeichnet man durch die erzeugte Leerlaufspannung, bezogen auf die Schalldruckamplitude am Mikrofon. Jedes in ein Schallfeld eingebrachte Mikrofon verzerrt dieses Feld, und zwar um so mehr, je größer das Mikrofon im Vergleich zur Schallwellenlänge ist. Man unterscheidet demzufolge mehrere Arten der Empfindlichkeit: die Druckkammerempfindlichkeit sowie die Freifeld- und Diffusfeldempfindlichkeit, wobei sich letztere auf den Schalldruck im unverzerrten Schallfeld beziehen. Die Frequenzgänge von Druck- und Diffusfeldempfindlichkeit differieren nur geringfügig, wohingegen die Freifeldempfindlichkeit bei hohen Frequenzen (> 10 kHz) wegen Bündelungseffekten um einige Dezibel höher liegt.

2.2.1 Kondensator-Messmikrofone

Kondensatormikrofone gehorchen dem Prinzip des „elektrostatischen Wandlers", das im Folgenden kurz erläutert werden soll. Das Kondensatormikrofon ist ein passiver elektrostatischer Wandler, in welchem ein Plattenkondensator aus einer beweglichen Membran und einer starren Gegenelektrode verwendet wird. Der Zusammenhang zwischen der mechanischen Kraft und der elektrischen Spannung ist zwar zunächst nicht linear, da sich zwei geladene Leiterplatten mit einer Kraft anziehen, die quadratisch mit der Spannung anwächst. Daher wird eine konstante Polarisationsspannung U_0 (typischerweise 200 V) über einen großen Widerstand R (> 10 GΩ) an den Kondensator gelegt, die somit eine konstante Ladung erzeugt. Eine durch den Wechsel-Schalldruck verursachte Modulation des Plattenabstandes bewirkt dann eine Kapazitätsänderung und eine (sehr kleine) Wechselspannung U, die sich der Gleichspannung überlagert. Bei nicht zu großen Amplituden ist der Zusammenhang von Schalldruck und Spannung in sehr guter Näherung linear. Dies ist bei den heute verwendeten Mikrofonen bis zu höchsten Schalldruckpegeln (bis etwa 140 dB) hinreichend erfüllt.

Die Membran besteht typischerweise aus hochreinem Nickel und ist nur einige wenige μm dick. Ein Gehäusedurchmesser von 1,27 cm ($1/2$-Zoll) ist typisch für heute benutzte Standard-Messmikrofone. Der Abstand zwischen Membran und Gegenelektrode beträgt etwa 20 μm. Die Kapazität dieser Anordnung beträgt etwa 20–30 pF. Darüber hinaus gibt es Typen mit 1-, $1/4$- oder $1/8$-Zoll Durchmesser. Andere Abmessungen findet man natürlich bei Studiomikrofonen oder Miniaturmikrofonen. Für alle Bauarten gilt, dass als eigentliches Mikrofon nur die Mikrofonkapsel anzusehen ist. Wegen des sehr hohen Innenwiderstandes der Kondensator-Widerstand-Kombination muss jedoch in unmittelbarer Nähe der Kapsel ein Vorverstärker mit einem sehr hohen Eingangswiderstand (10–100 GΩ) als Impedanzwandler angeordnet werden. Daher wird auch oft die Kapsel-Vorverstärker-Kombination als „Mikrofon" bezeichnet.

Anhand eines einfachen elektroakustischen Ersatzschaltbildes lässt sich der Übertragungsfaktor eines Kondensatormikrofones in erster Näherung berechnen. Die wesentlichen Elemente lassen sich dabei auf der elektrischen Seite auf den Widerstand und die Kapazität und auf der mechanischen Seite auf die Nachgiebigkeit der Membraneinspannung und des Luftvolumens

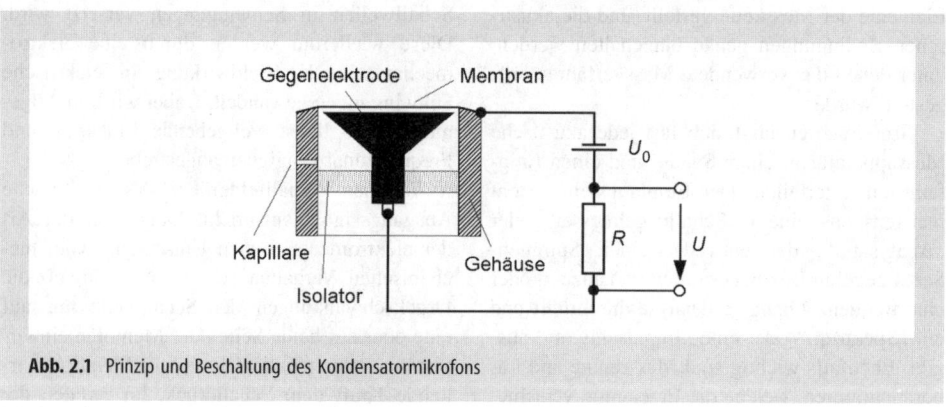

Abb. 2.1 Prinzip und Beschaltung des Kondensatormikrofons

hinter der Membran reduzieren. Eine wichtige Maßnahme bei der Mikrofonkonstruktion ist die Optimierung der Nachgiebigkeit und der Dämpfung (Reibungsverluste) durch Lochung der Gegenelektrode.

Es ergibt sich im nutzbaren Frequenzbereich (bei $1/2''$-Mikrofonen von ca. 2 Hz bis 22 kHz) folgender Zusammenhang zwischen der Leerlauf-Empfangsspannung $U_{I=0}$ und dem Eingangs-Schalldruck p:

$$\frac{U_{I=0}}{p} = nS \frac{U_0}{d} \qquad (2.1)$$

mit n gesamte Nachgiebigkeit (Membranspannung und Luftvolumen hinter der Membran), U_0 Polarisationsspannung, S Membranfläche und d Abstand Membran – Gegenelektrode. Der Übertragungsbereich wird nach unten durch eine elektrische und eine mechanische Hochpasswirkung begrenzt, verursacht durch den Vorwiderstand R und durch Kapillarbohrungen im Gehäuse, die den Ausgleich des statischen Luftdruckes vor und hinter der Membran ausgleichen sollen. Nach oben wird der Übertragungsbereich von der mechanischen Resonanz begrenzt. Die Empfindlichkeit liegt bei Messmikrofonen typischerweise zwischen 10 und 50 mV/Pa, was auch oft in der Form −40 dB bis −26 dB re 1 V/Pa angegeben wird.

Die am einfachsten allgemein beschreibbare Art von Mikrofonen besitzt eine frequenz- und richtungsunabhängige Empfindlichkeit. Man spricht dann auch von einem „Kugelmikrofon". Als Messmikrofone werden sie in Frequenzbereichen genutzt, in welchen die Mikrofonmembran sehr klein gegenüber der Schallwellenlänge ist.

Für $1/2$-Zoll-Mikrofone ist diese einfache Betrachtungsweise bis etwa 2 kHz erfüllt. Oberhalb dieser Frequenzgrenze verfälscht Beugung am Mikrofon den Schalldruck. Die Gesamt-Auslenkung der Membran wird durch eine Integration über die Membran-Flächenelemente bestimmt, die von der einfallenden Schallwelle mit unterschiedlichen Phasen getroffen werden. Daher kommt es zu winkelabhängigen Empfindlichkeiten, die mit Hilfe einer Richtcharakteristik beschrieben werden können. Dieses Verhalten ist bei Mikrofonkalibrierungen vor allem bei höheren Frequenzen zu berücksichtigen und für die Angabe der Empfindlichkeit muss demnach die Art des Schallfeldes vorausgesetzt werden.

Auf die von außen angelegte Spannung U_0 kann man verzichten, wenn man zwischen die beiden Elektroden ein Dielektrikum mit einer permanenten Polarisation, einen so genannten „Elektreten" bringt, der dann ein dauerndes elektrisches Gleichfeld aufrechterhält. Mit Elektretfolien lassen sich Miniaturmikrofone mit Abmessungen von wenigen Millimetern herstellen.

2.2.2 Schnellemessung

Zwar ist der Schalldruck in der angewandten Akustik die wichtigere der beiden Schallfeldgrößen. Doch für Untersuchungen der physikalischen Details von Schallfeldern ist die Messung der Schnelle erforderlich, insbesondere für Betrachtungen von Feldimpedanzen, von gekoppelten Schwingungs-Abstrahlungsproblemen (Abstrahlgrade) und, vor allem, für die Messung der Schallintensität (s. Abschn. 2.2.5).

Zur Messung der Schnelle kommen Gradientenmikrofone in Frage, des Weiteren Kombinationen mehrerer Druckmikrofone (ebenfalls zur Bestimmung des Druckgradienten, auch vektoriell) sowie direkte Schnellesensoren.

Tabelle 2.1 Technische Daten einiger Mikrofone

Typ	Durchmesser mm	Übertragungsfaktor 10^{-3} V/Pa	Frequenzbereich Hz	Dynamikbereich dB(A) re $2 \cdot 10^{-5}$ Pa
Kondensator $1/8''$	3,2	1	6,5…140k	55…168
Kondensator $1/4''$	6,4	4	4…100k	36…164
Kondensator $1/2''$	12,7	12,5	4…100k	36…164
Kondensator $1''$	23,8	50	2,6…18k	11…146
Dauerpol. $1/2''$	12,7	50	4…16k	15…146
Elektrodyn.	33	2	20…20k	10…150

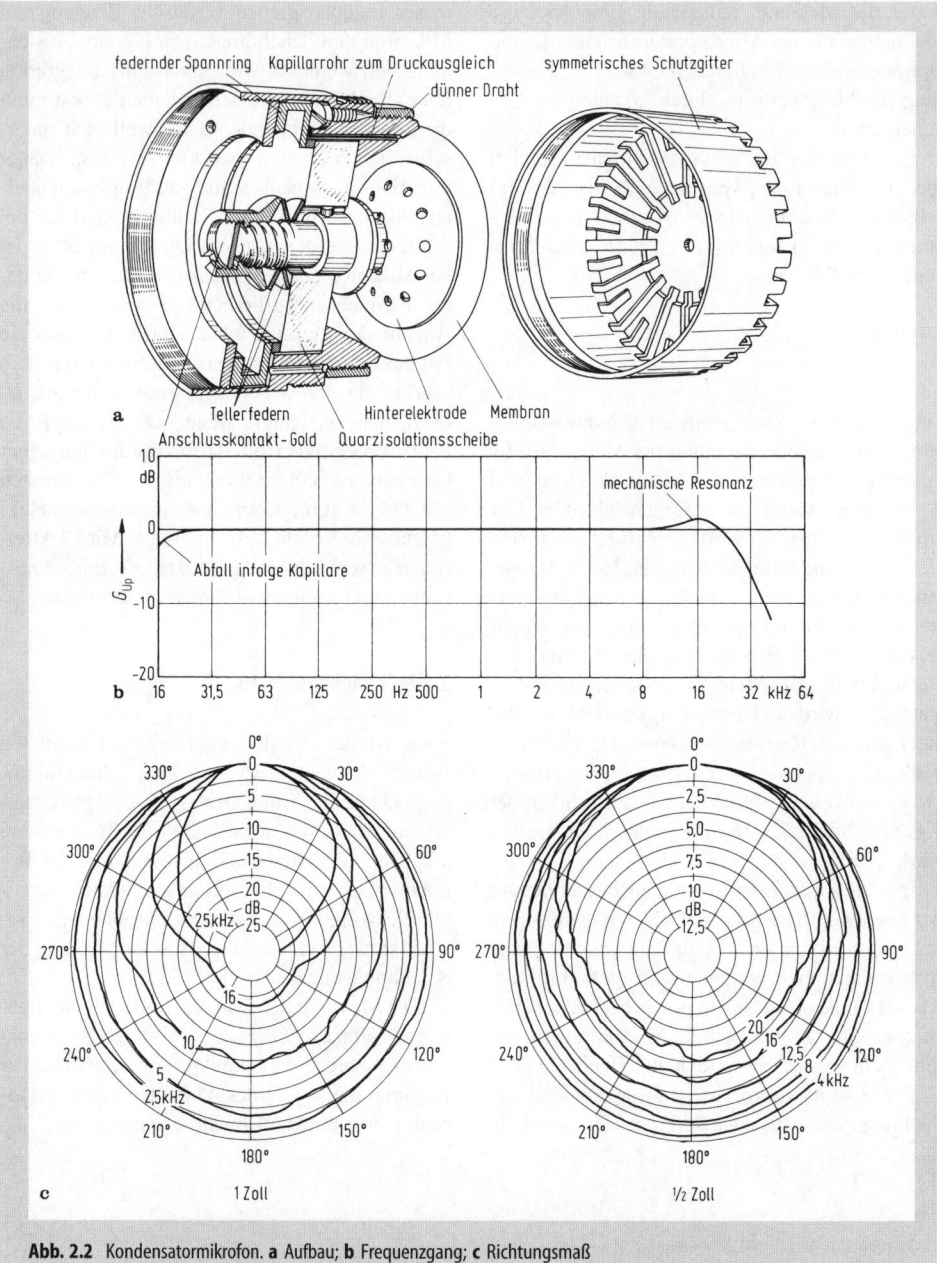

Abb. 2.2 Kondensatormikrofon. **a** Aufbau; **b** Frequenzgang; **c** Richtungsmaß

Praxistaugliche direkte Schnellesensoren gibt es in Form von Hitzdraht-Anemometern [2.1]. Diese Art von Temperatursensoren werden als Platinwiderstände in Form sehr dünner Drähte ausgeführt, die bei einer Betriebstemperatur von 200–400 °C ihre Wärmeenergie an die umgebende Luft abgeben. Bei Vorhandensein einer schallbedingten lokalen Luftströmung ändert sich die Temperaturverteilung asymmetrisch. Verwendet man zwei nah beieinander liegende Drähte, so erzeugt die Temperaturdifferenz eine Widerstands- und Spannungsdifferenz zwischen den Drähten, die auf die Schallschnelle zurückgeführt werden kann. Messbereiche von 100 nm/s bis 0,1 m/s sind erzielbar.

Abb. 2.3 Rasterelektronenmikroskop-Aufnahme eines Schnellesensors (Microflown [2.1]) nach dem Prinzip des Hitzdraht-Anemometers. Die Breite der Drähte (aus Aluminium) beträgt 80 μm

2.2.3 Körperschallaufnehmer

Unter Körperschallaufnehmern versteht man Empfänger zur Messung von Schwingungen fester Körper und Strukturen. Sie sollten fest auf der zu untersuchenden Oberfläche befestigt sein. Im Prinzip stellen sie einen mechanischen Resonator dar, bestehend aus einer Masse m, einer Feder mit der Nachgiebigkeit n und einem die unvermeidlichen Verluste darstellenden Reibungswiderstand w.

Sei x die Schwingungsamplitude der Unterlage und x' die Schwingungsamplitude der Masse m, dann besagt das Kräftegleichgewicht

$$m\frac{d^2 x'}{dt^2} + w\frac{d}{dt}(x'-x) + \frac{x'-x}{n} = 0 \qquad (2.2)$$

oder, wenn man die Relativamplitude $\xi = x-x'$ einführt und harmonische Schwingungen voraussetzt,

$$\left(-m\omega^2 + j\omega w + \frac{1}{n}\right)\xi = -m\omega^2 x. \qquad (2.3)$$

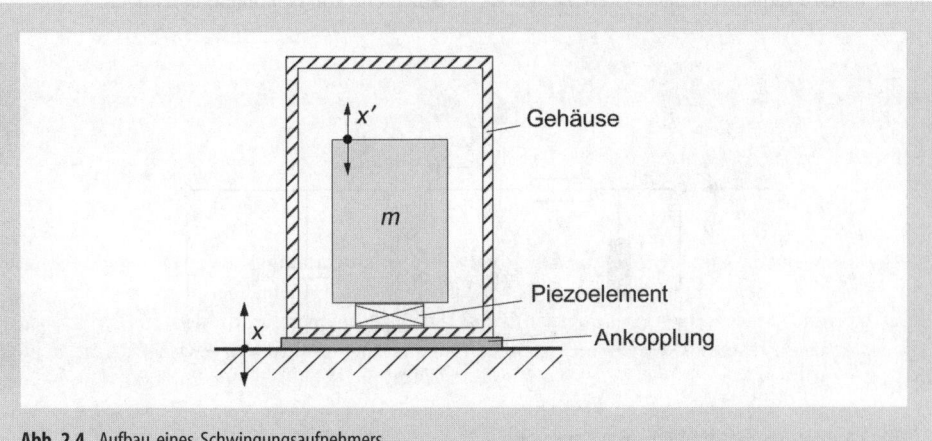

Abb. 2.4 Aufbau eines Schwingungsaufnehmers

Diese Gleichung beschreibt ein einfaches mechanisches Resonanzsystem aus Masse, Feder und Verlustwiderstand mit der Resonanz(kreis)frequenz ω_0.

Verwendet man hochabgestimmte Körperschallempfänger, für die

$$\omega_0 = \frac{1}{\sqrt{mn}} \gg \omega \qquad (2.4)$$

ist, dann bestimmt die Federnachgiebigkeit die Impedanz des Resonators und es wird

$$\xi = -mn\omega^2 x = -\left(\frac{\omega}{\omega_0}\right)^2 x, \qquad (2.5)$$

d.h., die Relativamplitude ξ ist der Beschleunigung $\omega^2 x$ der Unterlage proportional.

Wesentlich ist das Verhältnis der Massenimpedanz ωm des Beschleunigungsaufnehmers zur Impedanz des Messobjektes. Im Falle kleiner Impedanzen, d.h. leichter oder weicher Bauteile, sind klare Grenzen in der Masse und dessen Befestigung des Aufnehmers zu beachten. Die maximal zulässige Aufnehmermasse M kann immerhin abgeschätzt werden durch

$$M < 0{,}36 \ \sqrt{10^{\Delta L/10}-1} \ \varrho c_L h^2 / f. \qquad (2.6)$$

wobei c_L, ϱ und h Longitudinalwellenschwindigkeit, Dichte und Dicke des Messobjektes und ΔL der zulässige Pegelfehler sind. Je nach Art der Ankopplung muss man die Verbindung von Aufnehmer und Messoberfläche als ein weiteres Federelement auffassen. Messungen bei hohen Frequenzen erfordern eine sehr steife Verbindung, evtl. durch Verschraubung. Sofern man nur an tiefen Frequenzen interessiert ist, genügen Verbindungen mit Klebwachs oder mit Taststiften.

Die Auslenkungen und damit die Beschleunigungen von schwingenden Oberflächen können extrem unterschiedlich sein, beispielsweise bei einem dünnen Verkleidungs- oder Karosserieblech im Vergleich zu einer Massivwand in Gebäuden. Die Empfindlichkeiten, die Massen, die Ankopplungsarten und die interessierenden Frequenzbereiche sind daher auf den Einzelfall anzupassen, was allerdings angesichts einer breiten Palette der angebotenen Beschleunigungsaufnehmer kein Problem darstellt.

Eine besonders elegante, allerdings apparativ aufwendige Methode besteht in der Verwendung optischer Verfahren, z. B. von Laser-Vibrometern. Laser-Doppler-Vibrometer beruhen auf dem Prinzip des Mach-Zender-Interferometers, bei welchem nicht nur die Interferenzerscheinungen, sondern auch der Doppler-Effekt ausgewertet werden. Somit lassen sich extrem kleine Abstände sehr genau messen. Wird ein Laserstrahl an einem bewegten Objekt gestreut, so ist die Reflexion gegenüber dem einfallenden Strahl in der Phase und in der Frequenz verschoben. Das Problem ist nun, die im Vergleich zur Frequenz des Laserlichtes geringe Frequenzverschiebung zu messen. Ein Referenzstrahl wird auf elektrischem Wege mit dem durch das Messobjekt in der Frequenz verschobenen Signalstrahl überlagert und mit einem Fotodetektor gemessen. Es ist somit prinzipiell möglich, Schwingungsamplituden aufzulösen, die kleiner sind als die Wellenlänge des verwendeten Lichtes. Beispielsweise ist es gelungen, mit dieser Methode die Schwingungen von Mikrofonmembranen oder des Trommelfells zu messen, obwohl die Auslenkungsamplituden nur Bruchteile von Nanometern betragen.

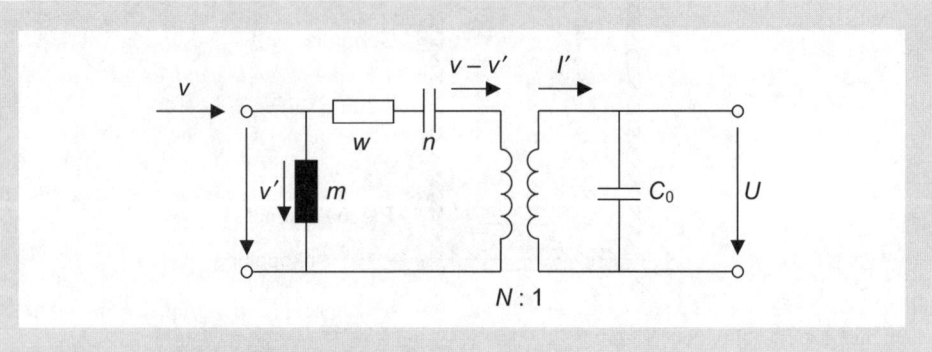

Abb. 2.5 Ersatzschaltbild eines Schwingungsaufnehmers

2.2.4 Kalibrierung von Mikrofonen

In der Alltagspraxis ist das übliche Verfahren zur Kalibrierung der Messkette die Verwendung von so genannten „Pistonfonen" oder Schallkalibratoren (s. Abschn. 2.2.4.1). Fast jeder, der in der schalltechnischen Praxis mit einem Messmikrofon arbeiten möchte, wird zunächst einen Schallkalibrator benutzen, und sei es nur, um festzustellen, dass das Mikrofon in Ordnung ist. Um dies ohne Bedenken tun zu können, muss der Benutzer sicher davon ausgehen können, dass der Kalibrator seinen Zweck erfüllt. Dazu bedarf es seitens des Messgeräteherstellers weiterer Vorkehrungen bzw. Absicherungen gegen Messfehler, die in Zusammenarbeit mit den Eichämtern und letztlich mit der Physikalisch-Technischen Bundesanstalt (PTB) getroffen werden müssen. Man spricht dann von einer „Rückführung auf ein Primärnormal" und, noch weitergehend, von einer absoluten Primärkalibrierung.

Die Kalibrierung eines elektroakustischen Schallempfängers kann grundsätzlich auf vier Arten erfolgen: 1. durch Vergleich mit einer berechenbaren mechanischen (oder optischen) Wirkung des Schallfeldes, 2. indem man den Empfänger einem berechenbaren Schallfeld aussetzt (s. Abschn. 2.2.4.1), 3. durch Vergleich mit einem Referenzmikrofon (s. Abschn. 2.2.4.2) oder 4. durch Ausnutzung der Reziprozitätsbeziehungen (s. Abschn. 2.2.4.3).

Darüber hinaus gibt es ein sehr einfaches Verfahren zur relativen Kalibrierung und zur Produktionskontrolle, nämlich das „Eichgitter"-Verfahren. Ein Eichgitter ist eine Platte mit einem Adapterring, welche von vorn auf einem Mikrofon (ohne Schutzgitter) befestigt wird und bei Anlegen einer Wechselspannung die Membran durch eine quasi-elektrostatische Kraft anregt. Die am Mikrofonausgang gemessene Empfangsspannung ist ungefähr gleich derjenigen Spannung (bis auf einen konstanten Faktor), die bei Beschallung in einer Druckkammer auftreten würde; sie entspricht also in guter Näherung dem „Druckkammer-Übertragungsfaktor" (s. u.).

2.2.4.1 Schallkalibratoren

Ein berechenbares Schallfeld lässt sich am leichtesten in einer schallharten Kammer („Druckkammer") herstellen, in der ein Kolben mit bekannter Amplitude schwingt (Schallkalibrator,

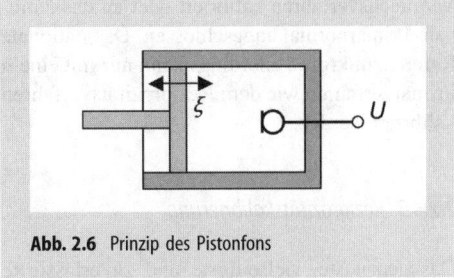

Abb. 2.6 Prinzip des Pistonfons

Pistonfon). Bei einer Auslenkungsamplitude $\hat{\xi}$ erzeugt er in der Kammer die Druckamplitude

$$\hat{p} = \frac{\varrho_0 c^2}{V_0} S\hat{\xi}. \tag{2.7}$$

Dabei ist vorausgesetzt, dass alle Abmessungen klein im Vergleich zur jeweiligen Wellenlänge sind und dass die Kammerwände völlig schallhart sind. V_0 ist das Kammervolumen und S die Kolbenfläche. Damit ergibt sich die Mikrofonempfindlichkeit zu

$$M = \frac{\hat{U}}{\hat{p}} = \frac{V_0}{\varrho_0 c^2 S} \cdot \frac{\hat{U}}{\hat{\xi}}. \tag{2.8}$$

2.2.4.2 Vergleichsverfahren

Vergleichsverfahren sind meistens sehr einfach in der Durchführung. Man beschallt nacheinander ein Referenzmikrofon und das zu prüfende Mikrofon und erhält unmittelbar die Differenz der beiden Übertragungsmaße. Mit Kenntnis des absoluten Übertragungsfaktors des Referenzmikrofones kann man leicht das gewünschte Ergebnis erhalten. Man muss also ein Referenzmikrofon oder „Normalmikrofon" zur Verfügung haben, welches mit einem Präzisionsverfahren absolut kalibriert wurde oder welches über die Weitergabe der Schalldruckeinheit mittelbar an ein Primärnormal angeschlossen wurde.

Vergleichsverfahren werden meistens von Eichbehörden angewandt, die Schallpegelmesser und Messmikrofone für Prüfinstitute oder andere Stellen eichen. Diese Messungen beziehen sich auf Schallfelder in Druckkammern (z. B. für Kopfhörer-Kuppler zur Eichung von Audiometern) oder auf das freie Schallfeld für Eichungen von Schallpegelmessern für den Immissionsschutz und den baulichen Schallschutz. Die Messnormalien der Eichbehörden werden in der Physikalisch-Technischen Bundesanstalt mit

Vergleichsverfahren kalibriert oder an das nationale Primärnormal angeschlossen. Das nationale Referenzmikrofon allerdings kann nur mit einem Primärverfahren wie dem Reziprozitätsverfahren kalibriert werden.

2.2.4.3 Reziprozitätskalibrierung

Das genaueste, vielseitigste und zuverlässigste Kalibrierverfahren ist das *Reziprozitätsverfahren*. Es wird in mehreren Stufen ausgeführt. Grundlage der Reziprozitätskalibrierung ist die Umkehrbarkeit des Wandlerprinzips, wobei die Reziprozitätsbeziehungen für elektroakustische Vierpole zu Grunde gelegt werden. Dies gilt insbesondere für den elektrostatischen und den elektrodynamischen Wandler.

$$\left(\frac{p}{I}\right)_{Q=0} = \left(\frac{U}{Q}\right)_{I=0},$$
$$\left(\frac{U}{p}\right)_{I=0} = -\left(\frac{Q}{I}\right)_{p=0}; \quad (2.9)$$

Q Volumenschnelle oder „Schallfluss" in m³/s. Besonders wichtig ist die zweite Gleichung, welche die Übertragungsfaktoren des Mikrofons im Sende- und Empfangsfall verknüpft (alle Größen sind im Allgemeinen frequenzabhängig und komplex, z. B. $U = \underline{U}(f)$):

$$M = \frac{U_{I=0}}{p} = -\frac{Q_{p=0}}{I}. \quad (2.10)$$

Man beachte jedoch, dass die Empfangsempfindlichkeit (Übertragungsfaktor M) für den Schallsender nicht in gleicher Weise definiert ist wie die so genannte „Sendeempfindlichkeit". Diese bezieht sich nicht auf die Volumenschnelle der Membran, sondern auf den Schalldruck im Fernfeld und enthält daher die funktionalen Zusammenhänge der Abstrahlung (Greensche Funktion).

Eine weitere Grundgröße der Reziprozitätskalibrierung ist die elektrische Transferimpedanz Z_{ij} eines aus zwei Mikrofonen (i und j) und einer akustischen Strecke bestehenden Systems. Dabei werden das Mikrofon i als Sender und das Mikrofon j als Empfänger betrieben. U_j ist die Leerlauf-Empfangsspannung und I_i der Sendestrom. Definitionsgemäß ist

$$Z_{ij} = \frac{U_j}{I_i}. \quad (2.11)$$

Die elektrische Transferimpedanz lässt sich durch die zwei Übertragungsfaktoren M_i und M_j, die ja unabhängig von der Betriebsrichtung sind, sowie durch die akustische Transferimpedanz Z_{ak} ausdrücken. Es gilt dann

$$Z_{ij} = \frac{U_j}{I_i} = M_i \cdot Z_{ak} \cdot M_j. \quad (2.12)$$

Mit Hilfe dieser Gleichung lässt sich also aus einer Messung der elektrischen Transferimpedanz das Produkt zweier Übertragungsfaktoren bestimmen, wenn die akustische Transferimpedanz (Greensche Funktion) bekannt ist. Sie enthält zwei Unbekannte (M_i und M_j). Zwei Messungen unter Vertauschung von Sender und Empfänger, d.h. zwei Lösungen der Gl. (2.11) sind aufgrund der Reziprozität $Z_{ij} = Z_{ji}$ redundant. Falls aber Messungen an drei Mikrofonen i, j und k jeweils paarweise durchgeführt werden, können die drei gesuchten Mikrofon-Übertragungsfaktoren M_i, M_j und M_k gewonnen werden mittels

$$M_i = \sqrt{\frac{1}{Z_{ak}} \frac{Z_{ij} Z_{ik}}{Z_{jk}}} \quad (2.13)$$

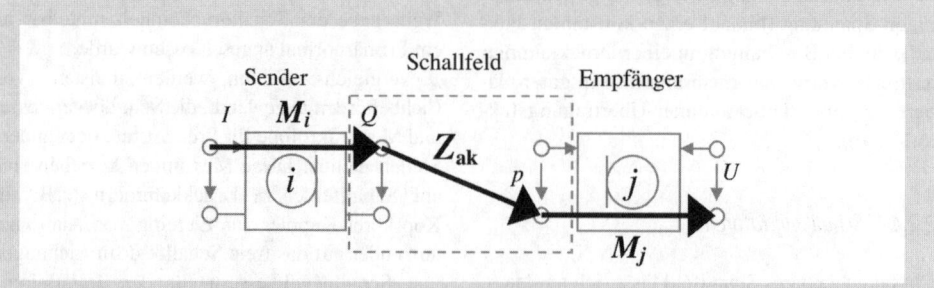

Abb. 2.7 Ersatzschaltung aus elektrischen und akustischen Vierpolen einer Kopplung zweier Mikrofone bei der Reziprozitätskalibrierung und Definition der Transferimpedanz: $Z_{ij} = M_i Z_{ak} M_j$

sowie aus zwei weiteren Gleichungen mit zyklischer Vertauschung von i, j, k.

Für Freifeld- und Diffusfeldbedingungen ist die akustische Transferimpedanz leicht berechenbar, aber die Signal-Rauschverhältnisse sind aufgrund der sehr kleinen Sendepegel ungünstig und verursachen große Schwierigkeiten.

Die genaueste aller akustischen Messungen ist die Druckkammer-Reziprozitätskalibrierung.

Die Druckkammer sei als klein gegenüber der Wellenlänge angenommen. In dieser einfachen Betrachtungsweise verhält sich das geschlossene Luftvolumen V_0 der Kammer akustisch wie eine Feder:

$$Z_{\text{ak}|\text{Druckkammer}} = \frac{\kappa p_0}{j\omega V_0}. \tag{2.14}$$

Weiterhin gibt es bei Präzisionsmessungen zahlreiche thermodynamische Korrekturgrößen sowie Erweiterungen der Gl. (2.14) hinsichtlich der äquivalenten Volumina der Mikrofonmembranen und höherer Moden ebener Wellen in zylindrischen Druckkammern, die dann als Wellenleiter aufgefasst werden.

2.2.5 Intensitätssonden

Die Schallintensität ist eine wichtige Größe zur Beurteilung und Lokalisation von Schallquellen und Schallabsorbern sowie zur Erfassung physikalischer Schallfeldparameter. Sie kann Aufschluss über den vorliegenden Wellentyp geben sowie über Art und Weise des Energieflusses. Darüber hinaus kann sie zur Bestimmung der Schallleistung von Quellen dienen, wenn die Intensität über eine geschlossene Fläche um die Quelle integriert wird.

Intensitätssonden müssen sowohl eine Messung des Schalldruckes p als auch der Schallschnelle v erlauben. Das erreicht man entweder in Form einer „pu-Sonde" durch ein Kondensatormikrofon (p) gekoppelt mit einem Schnellesesor (v) nach dem Ultraschall-Doppler-Prinzip (z. B. [2.2]) oder mit einem Strömungssensor (s. Abschn. 2.2.2). Viel gebräuchlicher in der Praxis ist allerdings eine sog. „pp-Sonde", die aus zwei Druck-Kondensator-Mikrofonen besteht. Diese werden entweder gegenüber (face-to-face) oder nebeneinander (side-by-side) angeordnet. Der durch die Sonde ermittelte Schalldruck ist

$$p(t) = \frac{p_1(t) + p_2(t)}{2}. \tag{2.15}$$

Zur Bestimmung der Schallschnelle ersetzt man in der Kräftegleichung

$$\text{grad}\, p + \varrho \frac{\partial v}{\partial t} = 0 \tag{2.16}$$

den Differentialquotienten durch den Differenzenquotienten (in x-Richtung)

$$\frac{\Delta p}{\Delta x} + \varrho \frac{\Delta v}{\Delta t} = 0 \tag{2.17}$$

und kann somit die Komponente der Schallschnelle in x-Richtung ausdrücken durch

$$v(t) = -\frac{1}{\varrho} \int_{-\infty}^{t} \frac{p_2(\tau) - p_1(\tau)}{\Delta x}\, d\tau. \tag{2.18}$$

Daraus ergibt sich für die Komponente der Wirk-Schallintensität (in Richtung des Druck-Gradienten)

$$I_r = \overline{p(t)v(t)} = \frac{1}{2\varrho \Delta x} \frac{1}{T} \int_0^T [p_1(t) + p_2(t)] \int_0^t [p_1(\tau) - p_2(\tau)]\, d\tau\, dt \tag{2.19}$$

mit T Mittelungsdauer (s. Abschn. 2.3.1). Der gleiche Sachverhalt lässt sich durch Fourier-Transformation in den Frequenzbereich auch mit Hilfe des Imaginärteiles ($\Im$) des Kreuzleistungsspektrums K_{12} ausdrücken (s. Abschn. 2.4.6):

$$I_r = -\frac{1}{\omega \varrho \Delta x} \Im\{K_{12}(f)\}. \tag{2.20}$$

Die Bestimmung der Schallschnelle mit Schnellesensor oder mit einem Mikrofonpaar erfasst zunächst lediglich eine Richtungskomponente (Normalrichtung der Intensitätssonde). Falls auch die Richtung der Intensität ermittelt werden soll, bieten sich räumliche Intensitätssonden an, z. B. in Form einer Anordnung aus mehreren Mikrofonpaaren, die orthogonal zueinander stehen oder Multimikrofonanordnungen in regelmäßigen Polyedern [2.3].

Jedoch gilt hier wie bei Intensitätssonden generell, dass komplexere Sonden meistens größere Fehler hinsichtlich der Ortsauflösung und des Bezuges auf das akustische Zentrum haben, da Druck und Schnelle prinzipbedingt nicht an demselben Punkt gemessen werden können. Konstruktion und Kalibrierung von Schallintensitätssonden sind besonders sorgfältig durchzuführen, da die relativen Empfindlichkeits- oder Phasenfehler der Wandler oder Wandlerpaare unmittelbar in den Druckgradienten oder in K_{12} und damit in das Messergebnis eingehen.

Ein rein reaktives Schallfeld bietet beispielsweise eine Möglichkeit zur Beurteilung der Qualität von Intensitätssonden, denn der Energietransport und damit die Wirkintensität sollten den Wert Null besitzen. Dies trifft z. B. auf eine stehende Welle zu. Bedingt durch die relative Phasenverschiebung von Druck und Schnelle um $\pi/2$ ist die instantane Intensität $p(t) \cdot v(t)$ proportional zu $\sin(\omega t) \cdot \cos(\omega t) \propto \sin(2\omega t)$, also im zeitlichen Mittel über eine Periode gleich Null. An diesem Beispiel wird jedoch deutlich, dass die Phase zwischen Druck und Schnelle sehr präzise bestimmt werden muss. Die relative Phase resultiert letztlich aus der Differenzmessung in der pp-Sonde oder in der Phasendifferenz zwischen Druckmikrofon und Schnellesensor, weswegen hohe Ansprüche an die Mikrofonpaare und an die analogen Eingangsstufen, evtl. auch an die Eingangsfilter des Analysators, gestellt werden müssen. Phasenfehler treten bei pp-Sonden besonders dann in Erscheinung, wenn der Druckgradient sehr klein ist, der Mikrofonabstand also im Vergleich zur Wellenlänge zu klein ist. Zur Kontrolle der Intensitätssonden und des Analysators (typischerweise ein Echtzeitanalysator, welcher zur Lösung von Gl. (2.19) oder (2.20) verwendet wird) stehen spezielle Kalibratoren und ein Satz von Feld-Indikatoren zur Verfügung [2.4], die u. a. Aufschluss über die kleinste messbare Schallintensität (apparativ bedingte residuale Intensität) geben.

2.2.6 Lautsprecher

Der klassische Messlautsprecher basiert auf dem Prinzip des dynamischen Lautsprechers. Ein dynamischer Lautsprecher besteht aus einer trichterförmigen Membran, deren Zentrum mit einer zylindrischen „Schwingspule" verbunden ist. Diese taucht in den Ringspalt eines Topfmagneten ein, in dem ein radiales, möglichst homogenes Magnetfeld mit einer Induktionsflussdichte von einigen Vs/m^2 herrscht und der aus einem hartmagnetischen Ferrit oder aus Alnico hergestellt ist. Der (Ohmsche) Widerstand der Schwingspule beträgt einige Ohm; bei höheren Frequenzen macht sich auch ihre Induktivität bemerkbar. Sie kann durch einen im Luftspalt fest eingebauten Kupferring reduziert werden, der gleichzeitig die mechanische Resonanz dämpft.

Die beweglichen Teile des Lautsprechers (Membran, Schwingspule) müssen federnd gelagert sein. Das geschieht durch die im Schwingspulenbereich angebrachte Zentrierspinne oder Zentriermembran sowie durch die weiche Einspannung der Membran an ihrem äußeren Rand. Die Membran wird oft aus einem Material hoher innerer Dämpfung und geringer Dichte hergestellt, um die bei höheren Frequenzen auftretenden Biegeresonanzen zu unterdrücken. Das traditionelle Material ist Papier, doch werden mitunter auch Kunststoffe oder Leichtmetalle verwendet.

Das Einschwingverhalten des dynamischen Lautsprechers ist wegen der relativ großen Masse

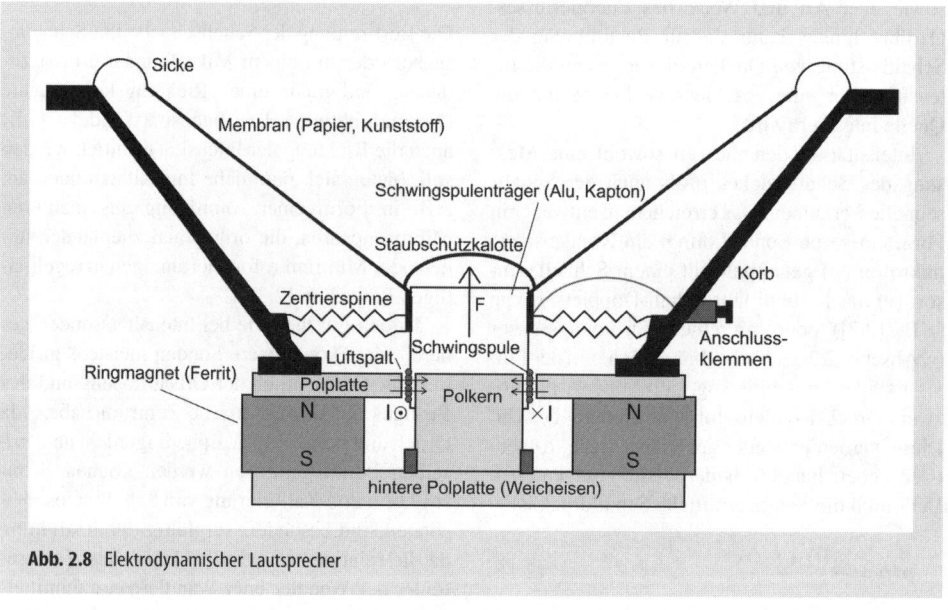

Abb. 2.8 Elektrodynamischer Lautsprecher

der bewegten Teile und der Systemresonanz nicht allzu gut und begrenzt daher die Möglichkeit zur Erzeugung kurzer Impulse (Messtechnik!). Es kann durch eine geeignete Bedämpfung (niedriger Innenwiderstand des Verstärkers) verbessert werden. Jedoch bieten die heutigen Methoden der digitalen Signalverarbeitung die Möglichkeit, in einem weiten Frequenzbereich praktisch alle linearen Verzerrungen des Lautsprechers durch inverse Filterung zu beseitigen. Gerade wegen der sehr mächtigen Werkzeuge und Hardware der digitalen Entzerrung ist der größte Augenmerk bei der Lautsprecherentwicklung auf eine optimale Abstrahlcharakteristik zu richten.

Die nichtlinearen Verzerrungen des dynamischen Lautsprechers entstehen im Wesentlichen durch die nichtlineare Steifigkeit der Membranaufhängung, Inhomogenitäten des Magnetfeldes sowie durch den Dopplereffekt. Da sie verhältnismäßig gering sind, ist der dynamische Lautsprecher heute der am Weitesten verbreitete Lautsprechertyp.

Zur Verbesserung der Schallabstrahlung bei tiefen Frequenzen baut man Lautsprecher in geschlossene Gehäuse ein, was eine Erhöhung der Systemresonanz zur Folge hat. Die Systemresonanz begrenzt den Übertragungsbereich zu tiefen Frequenzen. Wichtig ist daher eine Abstimmung des Gehäusevolumens auf den verwendeten Lautsprechertyp. Das Richtverhalten und Abstandsverhalten kann in guter Näherung aus der Abstrahlung einer Kolbenmembran in einer großen Schallwand abgeleitet werden und auch für Lautsprecherboxen angewendet werden. Jedoch wirkt die Beugung von Schall an den Kanten des Gehäuses als zusätzlicher verzerrender Faktor für den Schalldruck im Fernfeld.

2.2.6.1 Spezielle Messlautsprecher

Bei vielen akustischen Messungen möchte man entweder eine ebene Welle gut annähern oder eine spezielle Form der Schallabstrahlung simulieren. Ebene Wellen sind mit herkömmlichen Lautsprecherboxen näherungsweise erzielbar, geht man nur genügend weit ins Fernfeld und betrachtet lediglich einen kleinen Raumbereich um die Mittelachse. Viel besser gelingt dies allerdings bei kleinen Membranflächen S, da der Fernfeldabstand

$$r_F \approx \frac{S}{\lambda} = \frac{Sf}{c} \qquad (2.21)$$

sehr klein ist, und bei Koaxial-Lautsprechern, deren Systeme eine gemeinsame Achse einnehmen. Derartige Systeme bündeln den Schall zwar prinzipbedingt, jedoch ist die Wellenfront aufgrund der Symmetrie näherungsweise eben und innerhalb der Hauptabstrahlrichtung im Pegel etwa konstant (zahlreiche Messnormen gehen von quasi ebenen Wellen, wobei p und v in Phase sind, ab einem Abstand von 2 m aus).

Spezielle Richtwirkungen sind bei der Nachbildung von Sängern oder Sprechern notwendig, z. B. bei der Messung von Sprechgarnituren, Kommunikationseinrichtungen oder Lavalier-Mikrofonen (Ansteckmikrofonen). Hier bieten sich Lautsprecher an, die den Schall aus einer Mundöffnung über einen Beugungskörper abstrahlen, der dem menschlichen Körper nachgebildet ist (künstlicher Sprecher, künstlicher Sänger).

Möchte man explizit keine Bündelung, sondern eine möglichst ungerichtete Abstrahlung erzielen, müssen ebenfalls besondere konstruktive Maßnahmen ergriffen werden. Falls die gesamten Abmessungen des Lautsprechers nicht mehr klein im Vergleich zur Wellenlänge sind, kann eine richtungsunabhängige Abstrahlung immerhin näherungsweise durch spezielle Kugel-Sym-

Abb. 2.9 Dodekaeder-Messlautsprecher

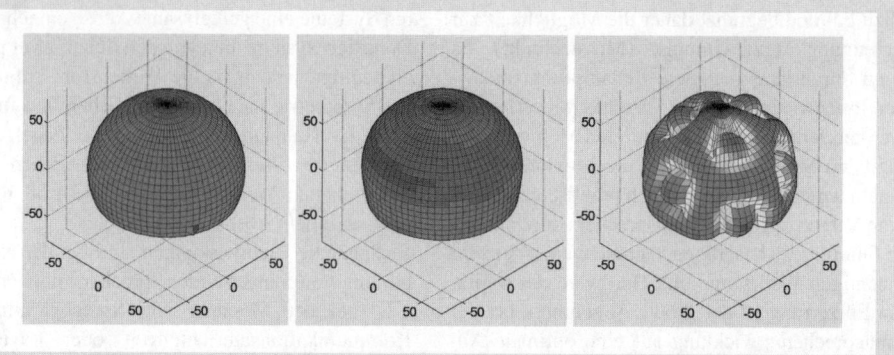

Abb. 2.10 Richtmaß eines Dodekaeder-Messlautsprechers. Terzanalyse bei Mittenfrequenzen 100 Hz, 1 kHz und 10 kHz (von links nach rechts)

metrien erreicht werden. Dazu bieten sich Gehäuseformen basierend auf regelmäßigen Polyedern an (Tetraeder, Würfel, Dodekaeder, Ikosaeder mit entsprechend 4, 6, 12 oder 20 Lautsprechern), wobei die Dodekaeder am weitesten verbreitet sind.

Die Darstellung von monofrequenten Richtcharakteristiken von Dodekaedern in Form von Richtdiagrammen ist allerdings schwierig zu interpretieren, da die messtechnischen Anwendungen eher breitbandige Signale erfordern. Daher ist es sinnvoll, dreidimensionale Darstellungen des richtungsabhängig abgestrahlten Schalldruckpegels als gemitteltes Frequenzspektrum zu verwenden.

2.3 Schallpegelmessung und -bewertung

Grundsätzlich lässt sich fast jede akustische Messapparatur in einen Sende- und einen Empfangsteil unterteilen. Der Empfangsteil besteht meistens aus einem *Schallpegelmesser* oder „Analysator", der entweder einen Summen-Schallpegel in Dezibel ermittelt und anzeigt oder eine frequenzabhängige Analyse durchführt und ein „Spektrum" ausgibt.

Die hier zu betrachtende Grundgröße ist der Schalldruckpegel (s. Kap. 1)

$$L = 20 \log\left(\frac{\tilde{p}}{p_0}\right); \quad p_0 = 2 \cdot 10^{-5} \text{ N/m}^2; \quad (2.22)$$

$\tilde{p}$ ist der über eine bestimmte Mittelungsdauer T_m nach

$$\tilde{p} = \sqrt{\frac{1}{T_m} \int_0^{T_m} p^2(t)\, dt} \quad (2.23)$$

gebildete Effektivwert eines Schalldruck-Zeitverlaufs $p(t)$, z.B.

$$p(t) = \hat{p} \sin \omega t, \quad \tilde{p} = \frac{\hat{p}}{\sqrt{2}}. \quad (2.24)$$

Entsprechend des Bildungsgesetzes des Effektivwertes findet man im englischen Sprachgebrauch auch die Bezeichnung „r m s" root mean square.

2.3.1 Zeitkonstanten

Da nicht allgemein von periodischen Signalen und eindeutig zu definierender Mittelungsdauer ausgegangen werden kann, müssen spezielle Zeitkonstanten gewählt werden. Die Dauer der Mittelwertbildung T_m hängt entscheidend davon ab, ob das Zeitsignal $p(t)$ eher impulshaltig oder eher stationär ist. Man hat in internationalen Normen vereinbart, dass die Zeitkonstanten 125 ms (FAST) oder 1 s (SLOW) verwendet werden sollen. SLOW hat den Vorteil, dass die Schallpegelanzeige nicht schnell schwankt und daher leicht abzulesen ist. Allerdings werden eventuell zu messende Impulsspitzen stark geglättet. Neben FAST und SLOW gibt es noch andere (auch unsymmetrische) Zeitbewertungen.

Wichtig ist ferner eine Größe, die es erlaubt, eine Art „Schalldosis" zu bestimmen, den so genannten „äquivalenten Dauerschallpegel" L_{eq}.

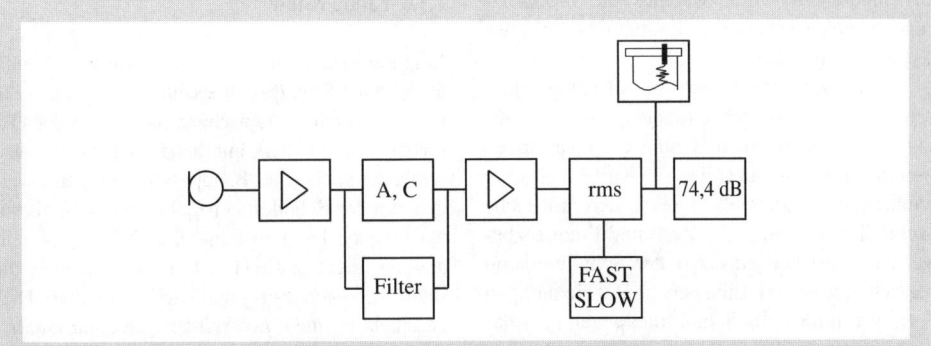

Abb. 2.11 Komponenten eines Schallpegelmessers. Von links nach rechts: Mikrofon, Vorverstärker, A, C oder Bandpassfilter, Verstärker, Effektivwertglied (Zeitkonstanten), Anzeige oder Pegelschreiber

Die Mittelungszeit kann in diesem Fall einige Sekunden, aber auch einige Stunden betragen, um die insgesamt einwirkende Schallenergie zu beschreiben. Dies wird bei Lärmbelastungen in der Arbeitswelt (8 Stunden) oder im Immissionsschutz angewendet (über Tag- und Nachtperioden).

2.3.2 Frequenzbewertung

Eine zweite wesentliche Bewertung ist die Frequenzbewertung. Hierbei wird versucht, der Tatsache Rechnung zu tragen, dass das menschliche Gehör nicht bei allen Frequenzen gleich empfindlich ist. Historisch hat sich die so genannte „A-Bewertung" mit der Angabe des dB(A) durchgesetzt. Diese bedeutet, dass im Schallpegelmesser ein spezielles genormtes Bandpassfil-

Tabelle 2.2 Tabelle der Normfrequenzen und der A-Bewertung

Nennfrequenz in Hz	Exakte Frequenz (Basis 10) in Hz	A-Bewertung	Nennfrequenz in Hz	Exakte Frequenz (Basis 10) in Hz	A-Bewertung
10	10,00	−70,4	500	501,2	−3,2
12,5	12,59	−63,4	630	631,0	−1,9
16	15,85	−56,7	800	794,3	−0,8
20	19,95	−50,5	1000	1000	0,0
25	25,12	−44,7	1250	1259	+0,6
31,5	31,62	−39,4	1600	1585	+1,0
40	39,81	−34,6	2000	1995	+1,2
50	50,12	−30,2	2500	2512	+1,3
63	63,10	−26,2	3150	3162	+1,2
80	79,43	−22,5	4000	3981	+1,0
100	100,0	−19,1	5000	5012	+0,5
125	125,9	−16,1	6300	6310	−0,1
160	158,5	−13,4	8000	7943	−1,1
200	199,5	−10,9	10000	10000	−2,5
250	251,2	−8,6	12500	12590	−4,3
315	316,2	−6,6	16000	15850	−6,6
400	398,1	−4,8	20000	19950	−9,3

ter eingeschleift wird, welches die Frequenzkurve gleicher subjektiver Lautheit L_N bei etwa 20 phon nachbilden soll.

Die verwendeten Filter sind allerdings stark vereinfacht, um sie mit einfachen Mitteln realisieren zu können. Auch B- und C-Bewertungen sind in Gebrauch. Sie sollen die Kurven gleicher Lautheit im „lauteren" Bereich der Hörfläche nachbilden. Die Wahl der Zeit- und Frequenzbewertung wird bei jeder Art der Schallmessung speziell gehandhabt. Eine genaue Bezeichnung in Form von Indices am Schalldruckpegel muss daher beachtet werden, z. B. L_{AF}, $L_{A,eq}$ oder L_{CS}.

2.3.3 Präzisionsklassen

Die für die Messung absoluter Schalldruckpegel verwendbaren Schallpegelmesser müssen zahlreiche Anforderungen erfüllen. Dies wird vor Einführung des Messinstrumentes in der Praxis in einer Bauartprüfung oder Bauartzulassung überprüft. Dabei werden sowohl akustische als auch elektrische Prüfungen am Gerät durchgeführt (international nach der Norm IEC 60651). Ziel dieser Geräteüberwachung ist eine jederzeit richtige und verlässliche Anzeige des Schallpegels, unabhängig von Umgebungsbedingungen wie Temperatur oder Feuchte, und die genaue Beschreibung der Handhabung im Schallfeld (Richtcharakteristik, Kalibrierung mit Pistonfon etc.). Die elektrische Prüfung beinhaltet unter anderem eine Anregung des Effektivwert-Detektors mit verschiedenen Signalformen, um die korrekte Implementierung der Zeit- und der Frequenzbewertung zu überprüfen.

Je nach Ergebnis dieser Geräteprüfung wird der Schallpegelmesser in Klasse 0, 1, 2 oder 3 eingestuft (s. Tabelle 2.3).

2.3.4 Bandpassfilter

Eine modernere, aber auch wesentlich aufwendigere Art der Schallpegelmessung ist die Analyse in Frequenzbändern (typischerweise Terz- oder Oktavbänder). Ein herkömmlicher Schallpegelmesser kann mittels eines Bandpassfilters ergänzt werden, um den Schalldruckpegel in einem bestimmten Frequenzband zu ermitteln. Falls das Schallereignis nicht stationär ist, müssen jedoch die Bandfilter gleichzeitig und parallel arbeiten. Dies geschieht in einem *Echtzeit-Frequenzanalysator*.

Terzfilter sind auf einer logarithmischen Frequenzachse folgendermaßen definiert (hier exemplarisch für die Basis 2):

$$\begin{aligned} f_o &= 2^{1/3} \cdot f_u , \\ \Delta f &= f_o - f_u = f_u(2^{1/3} - 1) , \\ f_m &= \sqrt{f_u \cdot f_o} , \\ f_{m+1} &= 2^{1/3} f_m . \end{aligned} \quad (2.25)$$

Mit f_u und f_o als untere und obere Eckfrequenz und f_m, f_{m+1} Mittenfrequenzen der Bänder m und $m+1$.

Für Oktavfilter gilt entsprechend

$$\begin{aligned} f_o &= 2 f_u , \\ \Delta f &= f_o - f_u = f_u , \\ f_m &= \sqrt{f_u \cdot f_o} = \sqrt{2 f_u} , \\ f_{m+1} &= f_m \cdot 2 . \end{aligned} \quad (2.26)$$

Wurden früher Terz- und Oktavfilter analog meistens mittels analoger Butterworth-Filter realisiert, so gibt es heute praktisch nur noch Lösungen mit Digitalfiltern. Meistens verwendet man sog. IIR-Filter-Typen (infinite impulse response, IIR), die z.B. auch als eine digitale Nachbildung der Butterworth-Filter dimensioniert werden können. Die Realisierung für Echtzeit-Anwendungen, d.h. instantane Filterung quasi ohne Rechenzeitverzögerung, ist allerdings nur mit speziellen Signalpro-

Tabelle 2.3 Präzisionsklassen für Schallpegelmesser

Klasse	Anwendung	Fehlergrenze
0	Laboratorium, Bezugsnormal	± 0,4 dB
1	Laboratorium, Felduntersuchung	± 0,7 dB
2	allgemeine Felduntersuchung	± 1,0 dB
3	Orientierungsmessung	± 1,5 dB

zessoren möglich. Bei dieser Technik kann ein leistungsfähiger Signalprozessor viele Bandpassfilter sequentiell in Echtzeit (z.B. für eine Anzeige in FAST alle 125 ms) nachbilden.

Eine Optimierung der Filter erreicht man als Kompromiss zwischen der Flankensteilheit im Frequenzbereich und dem zeitlichen Ein- bzw. Ausschwingverhalten. Auch für den Begriff der Terz- und Oktavfilter gibt es internationale Vereinbarungen [2.5], die genaue Verläufe der Filterkurve für den Durchlass- und den Sperrbereich mit engen Toleranzen festlegen (ebenfalls mit einer Klasseneinteilung). Besondere Anforderungen gibt es natürlich noch hinsichtlich Echtzeitanwendungen, wobei die verschiedenen Ein- und Ausschwingzeiten sowie die Gruppenlaufzeiten der einzelnen Bandpässe untereinander beachtet werden müssen.

Im Fall einer schnellen Messung von Spektren, die evtl. selbst stochastischen Charakter besitzen (z.B. Frequenzkurven von Räumen oder anderer Systeme mit hoher Modendichte), sind Rauschsignale vorteilhaft. Sie ermöglichen eine direkte breitbandige Anregung des Systems (z.B. Raum, Trennwand, Schalldämpfer etc.) und eine unmittelbare Erfassung des bandgefilterten Spektrums. Das allgemeinste Rauschsignal wird „weißes Rauschen" genannt. Es enthält alle Frequenzen mit gleicher Stärke. Gebräuchlich ist auch das sog. „rosa Rauschen", welches mit zunehmender Frequenz mit 3 dB/Oktav abfällt. Es wird verwendet, wenn überwiegend tieffrequente Schallanteile gemessen und dabei z.B. die Hochtöner von Messlautsprechern nicht überlastet werden sollen. Aufgrund des Anstieges des Energieinhaltes von Bandfiltern mit zunehmender Frequenz (Terz, Oktav) mit 3 dB/Oktav ergibt sich, dass ein rosa Rauschen auf einem Echtzeit-Terzanalysator einen horizontalen Verlauf besitzt, während ein weißes Rauschen mit 3 dB/Oktav ansteigt. Der gemessene Schalldruckpegel ist aufgrund des stochastischen Verhaltens des Rauschens Schwankungen unterworfen. Um eine ausreichende Genauigkeit zu erhalten, muss die Integrationszeit T_m für den äquivalenten Dauerschallpegel L_{eq} geeignet gewählt werden. Der Zusammenhang zwischen der Standardabweichung des Pegels und der Messdauer wird dabei abgeschätzt durch (B Bandbreite des Filters in Hz)

$$\sigma_L = \frac{4{,}34}{\sqrt{B \cdot T_m}} \, \text{dB} \, . \tag{2.27}$$

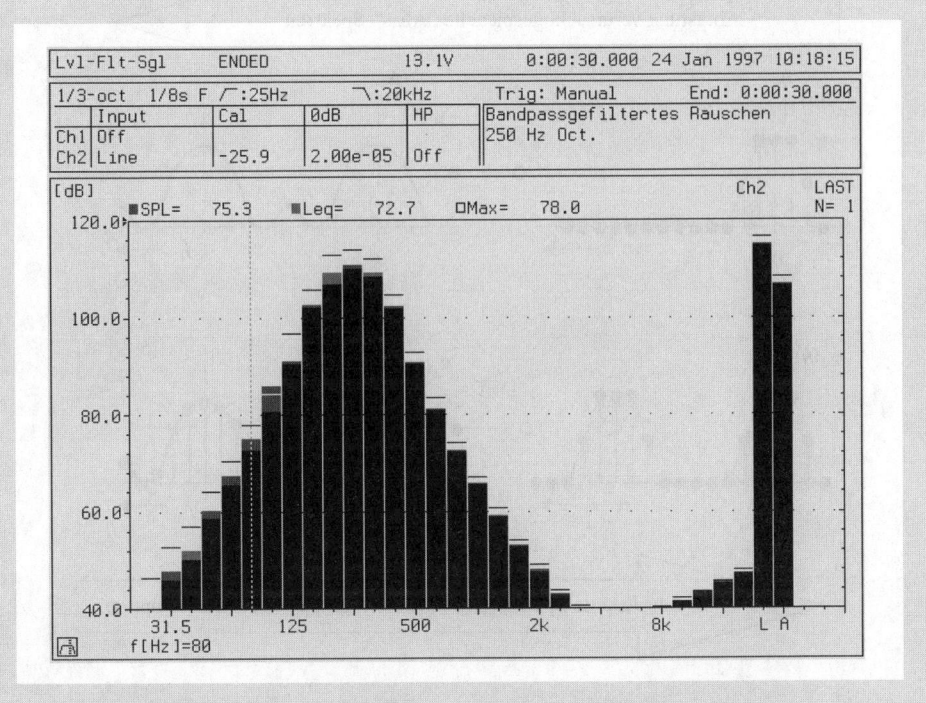

Abb. 2.12 Anzeige eines Echtzeit-Terzanalysators

2.4 FFT-Analyse

2.4.1 Digitalisierung von Messsignalen

Um rechnerisch auswertbare Signale zu erhalten, müssen die vom Mikrofon aufgenommenen und als analoge Spannung vorliegenden Signale digitalisiert werden. Dies geschieht mittels eines Analog/Digital-Umsetzers. Die Feinheit der Diskretisierung hängt von der verwendeten Zeit- und Amplitudenauflösung ab. Typisch für Signale im Hörbereich sind Abtastraten von 44,1 kHz oder 48 kHz bei einer Auflösung von 16 bit (diskretisiert in Stufen von −32768 bis +32767). Umfasst das zu messende Schallereignis eine extrem große Dynamik, so lassen sich auch Varianten realisieren, die effektiv 20 bit Auflösung oder mehr erlauben, so dass ohne Verstärkungsumschaltung über 120 dB zwischen dem Quantisierungsrauschen und der Vollaussteuerung abgedeckt werden können.

Wie schnell die Abtastung erfolgen muss, hängt davon ab, welche Frequenzanteile im Signal enthalten sind. Falls die Abtastgeschwindigkeit nicht ausreicht, die schnellen Schwankungen eines Signals in genügend kurzen Abständen zu erfassen, kommt es zu Abtastfehlern, die sich im Frequenzbereich als Überlapp von Anteilen gespiegelter Spektren bemerkbar machen (Aliasing). Zur Vermeidung von Aliasing benutzt man Tiefpassfilter, die den auswertbaren Frequenzbereich auf höchstens die Hälfte der Abtastfrequenz begrenzen (Nyquist-Theorem). Unter Berücksichtigung der Diskretisierung in Zeit und Amplitude stellen dann die Abtastwerte ein hinreichend genaues Bild des analogen Signals dar. Alle weiteren Maßnahmen der Filterung, Analyse, Verstärkung, Speicherung, etc. können nun durch mathematische Funktionen durchgeführt werden, wodurch erheblich größere und flexiblere Möglichkeiten der Signalverarbeitung gegeben sind (Digitalfilter, Digitalspeicher, CD, DAT usw.).

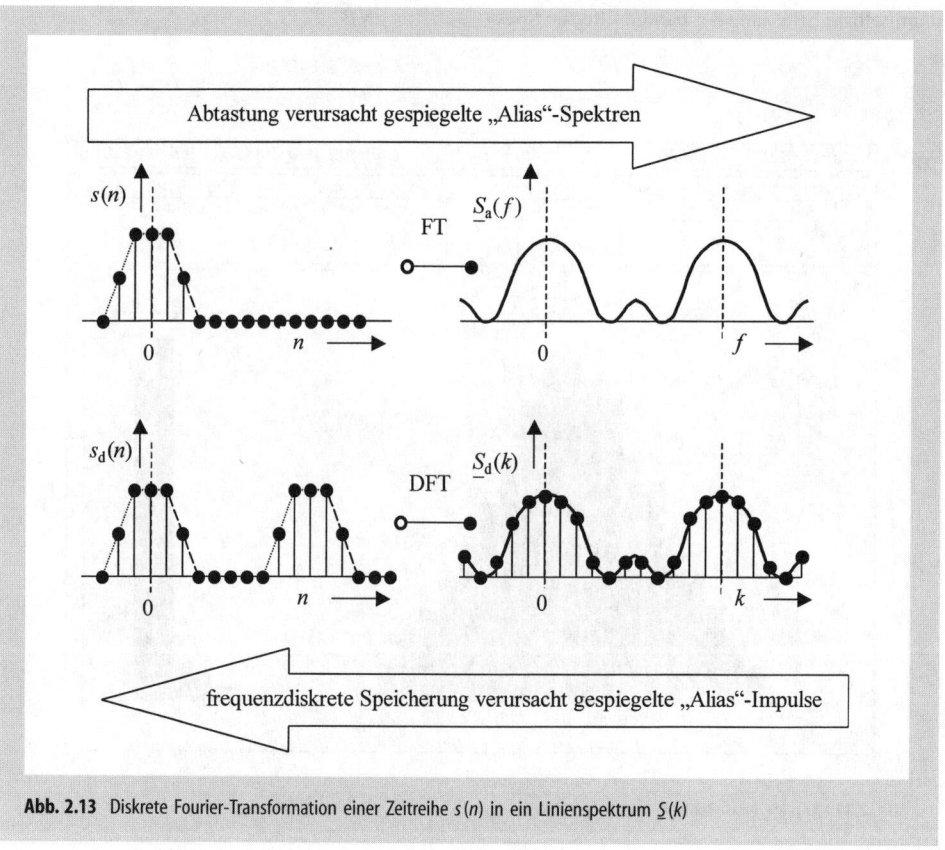

Abb. 2.13 Diskrete Fourier-Transformation einer Zeitreihe $s(n)$ in ein Linienspektrum $\underline{S}(k)$

2.4.2 Diskrete Fourier Transformation (DFT)

Nun ist für die Messtechnik an akustischen Systemen ein sehr wichtiges Werkzeug in der Frequenzanalyse zu sehen. Setzt man abgetastete Funktionen voraus, so stellt sich die Frage nach einem effizienten Algorithmus zur Fourier-Transformation dieser Zahlenfolge. Zuerst einmal muss berücksichtigt werden, dass die Abtastwerte zeitdiskret sind, d.h., das durch Fourier-Transformation erhaltene (kontinuierliche) Spektrum ist periodisch (s.o.).

Entscheidende Voraussetzung für eine numerische Berechnung des Spektrums ist jedoch auch dessen Diskretisierung, da man im Digitalspeicher nur endlich viele Frequenzen auswerten kann. Man ist also an die Berechnung eines Linienspektrums gebunden. Linienspektren besitzen aber nur *periodische* Signale, womit nun neben der Abtastung die zweite wesentliche Voraussetzung feststeht: man muss beachten, dass sich numerisch ermittelte (Linien-) Spektren streng auf periodische Signale beziehen.

Die Berechnungsvorschrift für die diskrete Fouriertransformation DFT lautet dann:

$$\underline{S}(k) = \sum_{n=1}^{N-1} s(n) e^{-j2\pi nk/N} \; ; \; k = 0, 1, \ldots, N-1 \,. \tag{2.28}$$

Zur Lösung der Gl. (2.28) sind N^2 (komplexe) Multiplikationen auszuführen.

2.4.3 Fast Fourier Transformation (FFT)

Eine besonders leistungsfähige Variante der DFT ist aus Rechenzeitgründen die schnelle Fourier-Transformation, die so genannte „Fast Fourier Transformation" (FFT). Sie ist keine Näherung, sondern eine numerisch exakte Lösung der Gl. (2.28). Sie lässt sich allerdings nur auf $N = 2^m$ (4, 8, 16, 32, 64 usw.) Abtastwerte anwenden. Grund für die Beschleunigung der Berechnung ist die Reduzierung der Rechenschritte auf einen Bruchteil. Stellt man nämlich die Vorschrift nach Gl. (2.28) als Gleichungssystem und als Matrixoperation (Beispiel für $N = 4$)

$$\begin{pmatrix} S(0) \\ S(1) \\ S(2) \\ S(3) \end{pmatrix} = \begin{pmatrix} W^0 & W^0 & W^0 & W^0 \\ W^0 & W^1 & W^2 & W^3 \\ W^0 & W^2 & W^4 & W^6 \\ W^0 & W^3 & W^6 & W^9 \end{pmatrix} \begin{pmatrix} s(0) \\ s(1) \\ s(2) \\ s(3) \end{pmatrix} \tag{2.29}$$

dar, so kann durch Vertauschen der Zeilen der Matrix W (die im Prinzip lediglich die komplexen Exponentialterme, d.h. die Phasen $2\pi k/N$ zur Potenz n enthält) eine Form hoher Symmetrie erreicht werden, in der quadratische Blöcke der Größe 2×2, 4×4, 8×8 usw. von „Nullen" auftreten. Die Vertauschung besteht in einem Umsortieren der Zeitsequenz $s(n)$ in einen Spaltenvektor $x_1(n)$ („bit reversal", s. Gl. 2.30) und des Spektrumvektors $x_2(k)$ in das endgültige Resultat $S(k)$. Das resultierende Gleichungssystem erfordert dann im Beispiel nur noch die Lösung einer sparsen Matrix gemäß

$$\begin{pmatrix} S(0) \\ S(1) \\ S(2) \\ S(3) \end{pmatrix} = \begin{pmatrix} x_2(0) \\ x_2(1) \\ x_2(2) \\ x_2(3) \end{pmatrix} = \begin{pmatrix} 1 & W^0 & 0 & 0 \\ 1 & W^2 & 0 & 0 \\ 0 & 0 & 1 & W^1 \\ 0 & 0 & 1 & W^3 \end{pmatrix} \begin{pmatrix} x_1(0) \\ x_1(1) \\ x_1(2) \\ x_1(3) \end{pmatrix}$$

(2.30)

mit z.B. $x_2(0) = x_1(0) + W^0 x_1(1)$ und $x_2(1) = x_1(0) + W^2 x_1(1)$. Letztere Operationen lassen sich sehr anschaulich in Form eines Butterfly-Algorithmus darstellen, wobei die Rechenvorschrift bedeutet, dass jeweils nur Zahlenpaare $(x_1(0), x_1(1))$ in Zahlenpaare $(x_2(0), x_2(1))$ überführt werden und andere Vektorelemente je Butterfly-Stufe keine Rolle spielen. Die Lösung von Gl. (2.30) einer $m \times m$-Matrix lässt sich dann als eine kaskadierte m-stufige Butterfly-Rechnung durchführen. Die Anzahl der Rechenoperationen fällt dadurch von N^2 auf $N \, \text{ld}(N/2)$; z.B. für $N = 4096$ von 16777216 auf 45056, also um den Faktor 372. Des Weiteren gibt es Möglichkeiten zur Beschleunigung des Verfahrens und Speicherstrategien, die auf der Tatsache beruhen, dass man reelle Zeitsignale in komplexe Spektren überführt.

2.4.4 Mögliche Messfehler

Unter den gegebenen Randbedingungen sind verschiedene Fehlerquellen bei der Anwendung der FFT möglich. Oft wird nämlich vergessen, dass die FFT als diskrete Fourier-Transformation nur auf periodische Signale bezogen werden kann. Wenn also ein ohnehin periodisches Signal (z.B. ein Sinus- oder ein Dreiecksignal) ausgewertet werden soll, muss selbstverständlich die Blocklänge einer glatten Anzahl von Perioden entsprechen, damit das zugehörige Linienspektrum unverzerrt berechnet werden kann. Endet das Signal „an der falschen Stelle", so ist die (gedankliche) periodische Fortsetzung unstetig und das Spektrum bezieht sich auf das (falsche) fortgesetzte Signal mit der Unstetigkeitstelle (Leakage-Effekt). Zudem ist nicht gesichert, ja sogar eher unwahrscheinlich, dass die Grundfrequenz des Signals überhaupt durch eine Linie des Spektrums repräsentiert wird (s. Abb. 2.14).

Falls jedoch die FFT-Blocklänge genau einer glatten Anzahl von Perioden entspricht, tritt der Fehler nicht auf. Im Allgemeinen kann durch Abtastratenwandlung das gewünschte Auswerteintervall glatter Periodenzahl auf eine FFT-Blocklänge abgebildet werden.

Ein weiteres, allerdings nicht so exaktes Verfahren zur Verringerung dieser Fehler ist die Fenstertechnik. Ein „Fenster" in diesem Sinne ist eine Zeitfunktion mit Anstieg und Abfallflanke, mit welcher das auszuwertende Signal multipliziert wird. Dies entspricht einer Faltung des Signalspektrums mit dem Spektrum der Fensterfunktion. Durch das Fenster werden die eventuellen Unstetigkeiten an den Grenzen des Auswertebereichs mit geringerem Gewicht berücksichtigt. Das schlechthin optimale Fenster kann man nicht benennen. Die durch das Fenster aufgeprägten Verzerrungen im Spektrum können entweder als zulässige Verzerrungen von Flankensteilheiten oder als zulässige Nebenmaxima beurteilt werden. Als Kompromiss verwendet wird häufig das so genannte „Hanning-Fenster".

$$w(n) = 2\sin^2\left(\frac{n}{N}\pi\right) \tag{2.31}$$

2.4.5 Zoom-FFT

Falls ein breitbandiges Spektrum mit großer Feinstruktur untersucht werden soll, bietet sich die Zoom-FFT an, um bestimmte Bereiche in der Frequenzauflösung zu spreizen und detaillierter auswerten zu können. Das Verfahren basiert auf der Erzielung einer Verschiebung des besonders interessierenden Frequenzbandes f_u bis f_o symmetrisch in den Nullpunkt der Frequenzachse und Analyse lediglich des „gezoomten" Bereiches mit voller Linienanzahl. Die Verschiebung erzielt man durch eine Multiplikation des (reellen) Signals mit einem

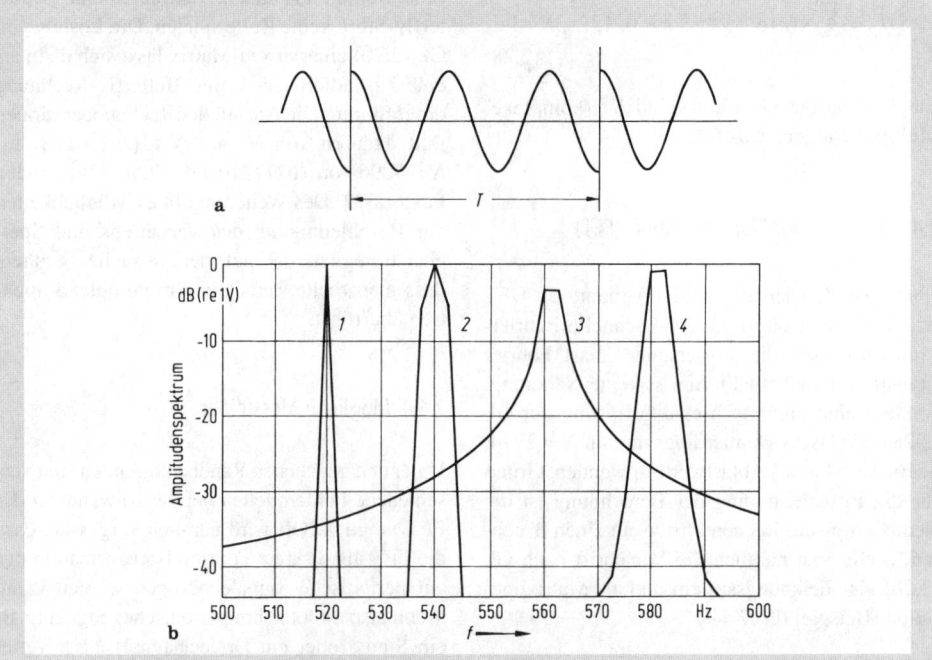

Abb. 2.14 a Periodisierte Form eines Tones, dessen Periodendauer nicht ganzzahlig im Beobachtungsfenster enthalten ist; **b** Ausschnitte aus der Einhüllenden seines Linienspektrums reiner Töne der Amplitude 1 V, Auflösung $\Delta f = 2{,}5$ Hz. 1) und 2) Signalfrequenz fällt mit einer Frequenzlinie zusammen, ausgewertet mit 1) Rechteckfenster, 2) Hanning-Fenster; 3) und 4) Signalfrequenz in der Mitte zwischen zwei Frequenzlinien, ausgewertet mit 3) Rechteckfenster, 4) Hanning-Fenster

komplexen Phasenvektor $\exp(-j\pi(f_u + f_o)t)$ und einer Tiefpassfilterung. Man beachte, dass die notwendige Abtastrate deutlich reduziert werden kann, da nur noch die Linienanzahl (Bandbreite) zwischen f_u und f_o mit dem Nyquist-Theorem im Einklang stehen muss. Die grundsätzliche Forderung, dass der Linienabstand gleich der reziproken Analysedauer ist, ist damit allerdings nicht außer Kraft gesetzt. Die Messung dauert also genauso lang wie eine herkömmliche Messung mit voller Linienanzahl des Spektrums.

2.4.6 Fortgeschrittene Signalanalyse

Die Analyse mit Hilfe von FFT-Analysatoren kann zahlreiche Signalparameter aufdecken und erlaubt somit unter anderem, Zusammenhänge, Ähnlichkeiten oder Separationen von Teilsignalen zu ermitteln. Dabei wird nicht unbedingt „nur" eine Fourier-Transformation ausgeführt, sondern die Signaltheorie liefert einige sehr interessante Erkenntnisse, die über die Anwendung der FFT und weiterführende Operationen gewonnen werden können. Als ein Beispiel sei hier nur die Cepstral-Analyse genannt, die zur Bestimmung von Periodizitäten im Spektrum, also zur Analyse von Oberschwingungen (Obertönen) herangezogen werden kann und daher in der musikalischen Akustik, in der Maschinendiagnose und in der Sprachverarbeitung eine Rolle spielt. Das so genannte „Cepstrum" ist definiert als das Leistungsspektrum des (dekadischen) logarithmischen Leistungsspektrums:

$$C_s(\tau) = |\mathbf{F}\{\log[|S(f)|^2]\}|^2 \qquad (2.32)$$

mit

$$S(f) = \mathbf{F}\{s(t)\} ; \qquad (2.33)$$

die Variable τ des Cepstrums wird „Quefrency" genannt. Mit $\mathbf{F}$ wird hier formal eine Fourier-Transformation (z.B. mit FFT) bezeichnet.

Beispiele für die Anwendung von Korrelationsanalysen sind Berechnungen der „Ähnlichkeit" oder „Kohärenz" zweier Signale (Kreuzkorrelation) oder Detektionen von Periodizitäten in Signalen (Autokorrelation). Das so genannte „Korrelationsintegral" über eine Messdauer T

$$k_{xy}(\tau) = \int_{-T/2}^{T/2} x(t) y(t+\tau) \, dt \qquad (2.34)$$

lässt sich nämlich im FFT-Analysator durch Fourier-Transformation überführen in

$$K_{xy}(f) = X^*(f) \cdot Y(f) , \qquad (2.35)$$

wobei die Frequenzfunktionen K, X und Y jeweils die Fourier-Transformierten der Zeitfunktionen k, x und y sind (zwischen $-T/2$ und $T/2$). Grundsätzlich berechnet man mit Gl. (2.34) das Integral des konstruktiven „Überlapps", d.h. derjenigen Signalanteile, die beiden Funktionen gemeinsam sind, in Abhängigkeit der relativen Verschiebung.

$k_{xx}(\tau)$ heißt „Autokorrelationsfunktion"; für $\tau = 0$ wird $k_{xx}(\tau)$ maximal. Falls für gewisse Verschiebungen wieder Werte nahe dem Maximum auftreten (in energienormierter Schreibweise = 1), ist das Signal periodisch (s. auch Abschn. 2.5.4). Stochastische Signale sind in sich unkorreliert und zeichnen sich daher durch sehr kleine Werte der Autokorrelationsfunktion (abgesehen von der Stelle $\tau = 0$) aus.

Mit der Messung zweier Zeitsignale, eines vor und eines hinter einer gewissen Übertragungsstrecke (z.B. einer akustischen Leitung, einer Körperschall-Übertragungsstrecke, einer Luftschall-Übertragungsstrecke zwischen zwei Punkten in einem Raum oder auch zwischen zwei Räumen), deren komplexe Spektren mittels eines FFT-Analysators berechnet werden, lassen sich aus dem Kreuzleistungsspektrum $K_{xy}(f)$ die Eigenschaften der Übertragungsstrecke (in Form der komplexen stationären Übertragungsfunktion $\underline{H}(f)$, s. Abschn. 2.5) laufend (d.h. kontinuierlich)) ermitteln, obwohl die Signale evtl. stochastischer Natur sind:

$$\underline{H}(f) = \frac{\underline{Y}(f)}{\underline{X}(f)} = \frac{\underline{Y}(f)}{\underline{X}(f)} \cdot \frac{\underline{X}^*(f)}{\underline{X}^*(f)} = \frac{K_{xy}(f)}{K_{xx}(f)}. \qquad (2.36)$$

Diese Art der Messtechnik ist sehr effektiv, wenn man stationäre Zufallsprozesse betrachtet, z.B. also Signale, die aus einer aerodynamischen Lärmquelle oder einem anderen primären stochastischen Schallerzeugungsprozess stammen. In Messaufgaben, bei denen das Anregungssignal explizit erst erzeugt werden muss, sei auf die in Abschn. 2.5 beschriebenen deterministischen periodischen Signale und die damit verbundenen Verfahren verwiesen.

2.5 Messung von Übertragungsfunktionen und Impulsantworten

Speziell an die Messsituation angepasste periodische Signale, deren Generierung, Speicherung und D/A-Umsetzung sind in PC-gestützten Messsystemen heute kein Problem mehr. Sie bieten eine größere Flexibilität, eine bessere Aussteuerung und damit eine größere Messgenauigkeit als Methoden, die auf stochastischen Signalen und der Auswertung von Kreuzleistungsspektren basieren. Bei allen Messungen, die eine explizite Generierung und Beeinflussung des Sendesignals erlauben, sind daher folgende Zusammenhänge von großem Interesse.

In Abb. 2.15 wird das Messobjekt als „lineares zeitinvariantes (linear time invariant, LTI) System" behandelt. Als ein einfaches Beispiel für eine Messung an einem akustischen LTI-System stelle man sich eine Übertragungsstrecke in einem Rohr vor, mit zwei Messpositionen, und zwar vor und hinter einem Schalldämpfer. Allgemeiner gesagt, handelt es sich typischerweise um eine Schallübertragung von einer Mikrofonposition an einem „Sendepunkt" zu einer Mikrofonposition an einem „Empfangspunkt". Die elektrische, akustische, elektroakustische oder vibroakustische Strecke zwischen den Punkten ist das LTI-System.

Die LTI-Voraussetzung ist die wichtigste Grundlage aller hier behandelten digitalen Messverfahren (im Übrigen auch die Grundlage der Anwendbarkeit der Fourier-Analyse, Abschn. 2.4). Auswirkungen von Verletzungen dieser Bedingungen werden zusammengefasst in Abschn. 2.5.5 diskutiert. Linearität bedeutet z. B., dass die Systemeigenschaften invariant gegenüber Änderungen des Eingangspegels sind. Zeitinvarianz bedeutet, dass sich das System zeitlich konstant verhält.

Ebenfalls im Bild ersichtlich ist die logische Kette von signaltheoretischen Operationen im Zeit- und Frequenzbereich, die jeweils über die Fourier-Transformation eindeutig gekoppelt sind.

Der Signalweg, formuliert im Zeitbereich, liest sich

$$s'(t) = s(t) * h(t) = \int_{-\infty}^{\infty} s(\tau) h(t - \tau) \, d\tau . \quad (2.37)$$

Das Gleiche, formuliert im Frequenzbereich, bedeutet

$$\underline{S}'(f) = \underline{S}(f) \cdot \underline{H}(f) . \quad (2.38)$$

Während die zentrale Gleichung zur Bestimmung der Systemeigenschaften im Frequenzbereich (s. Abschn. 2.5.1)

$$\underline{H}(f) = \frac{\underline{S}'(f)}{\underline{S}(f)} = \underline{S}'(f) \cdot \frac{1}{\underline{S}(f)} \quad (2.39)$$

lautet, kann man das Gleiche im Zeitbereich durch eine „Entfaltung" ausdrücken:

$$h(t) = s'(t) * s^{-1}(t) , \quad (2.40)$$

mit $s^{-1}(t)$ als Signal mit dem inversen Spektrum $1/\underline{S}(f)$. $s^{-1}(t)$ wird üblicherweise „Matched Filter" oder „Transversalfilter" genannt (s. Abschn. 2.5.2).

Anmerkung: In diesem Kapitel werden die Signaltransformationen und die Signalverarbeitung aus Gründen der besseren Lesbarkeit in kontinuierlicher Form beschrieben. In digitalen Messinstrumenten sind die Signale selbstverständlich in digitalisierter, d. h. in diskreter Form gespeichert (vgl. Gl. 2.28).

Falls $\underline{S}(f)$ ein „weißes" Spektrum besitzt, so gilt auch

$$s^{-1}(t) = s(-t) \quad (2.41)$$

und man kann Gl. (2.40) in

$$h(t) = s'(t) * s(-t) = s'(t) \otimes s(t) \quad (2.42)$$
$$= \int_{-\infty}^{\infty} s'(\tau) s(t + \tau) \, d\tau .$$

umformen, was bedeutet, dass man $h(t)$ auch durch eine Kreuzkorrelation von $s(t)$ und $s'(t)$ erhalten kann (s. Abschn. 2.5.3).

Offenbar sind die Gln. (2.39), (2.40) und (2.42) absolut äquivalent, solange man breitbandige und

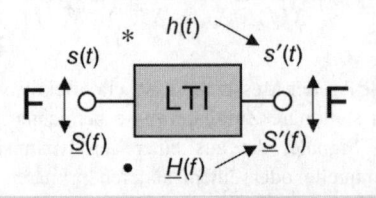

Abb. 2.15 Signalweg über lineare zeitinvariante (LTI-) Systeme. Das Eingangssignal $s(t)$ bzw $\underline{S}(f)$ und das Ausgangssignal $s'(t)$ bzw $\underline{S}'(f)$ sind über die Systemantwort auf einen Dirac-Stoß (Impulsantwort $h(t)$) bzw. über die Systemantwort auf stationäre reine Töne (stationäre Übertragungsfunktion $\underline{H}(f)$) verknüpft, und zwar im Zeitbereich durch eine Faltung (oberer Pfad) und im Frequenzbereich durch eine Multiplikation (unterer Pfad)

im Betrag „weiße", d. h. etwa frequenzkonstante Signale verwendet. Unterschiede sind jedoch im Phasengang der Anregungsspektren und den daraus resultierenden Zeitverläufen gegeben, was teilweise erheblichen Einfluss auf die Aussteuerbarkeit von Endstufen oder Lautsprecher hat. Man bedenke nur, dass z. B. ein gleitender Sinuston und ein Dirac-Stoß gleiche Betragsspektren besitzen können, dass aber die Maximalamplituden dieser Signale bei gleichem Energieinhalt natürlich drastisch unterschiedlich sind.

Wichtig anzumerken ist, dass die digitale Repräsentierung der Signale und Spektren weitere Konsequenzen hat, die beachtet werden müssen. Wesentlich dabei ist die endliche Länge T_{rep} des (deterministischen) Anregungssignals und dessen eventuelle Periodizität, die zum Zwecke der kohärenten Mittelung ausgenutzt werden kann. Falls ein periodisches Signal vorliegt, besteht dessen Spektrum aus einer Reihe frequenzdiskreter Linien (Linienspektrum) mit einem Linienabstand

$$\Delta f = \frac{1}{T_{rep}}. \tag{2.43}$$

Aufgrund der Periodizität des Signals entspricht die Anregung des LTI-Systems einer Multiplikation der System-Übertragungsfunktion mit einem Linienspektrum. Demzufolge können Aussagen nur an diesen genau festgelegten Frequenzlinien gemacht werden. Die Ergebnisse enthalten jedoch nicht etwa über Frequenzintervalle (z. B. zwischen zwei Linien) gemittelte Werte, sondern die „wahren" Messwerte bei diesen Frequenzen und entsprechen systemtheoretisch genau den Ergebnissen aus Messungen mit reinen Tönen und Schmalbandfiltern mit extrem hoher Güte. Deterministische periodische Signale sind daher streng von stochastischen oder pseudo-stochastischen nichtperiodischen Rauschsignalen zu unterscheiden.

Um sicherzustellen, dass das zu messende akustische System eingeschwungen ist, so dass alle eventuellen Moden hinreichend angeregt werden, müssen die Linien genügend dicht liegen. Man kann den gleichen Sachverhalt auch dadurch ausdrücken, dass die Signaldauer genügend lang sein muss, d. h. so lang, wie das System braucht, um ein- oder auszuschwingen. In der Raumakustik beispielsweise ist dies erreicht, wenn

$$T_{rep} \geq T \tag{2.44}$$

mit der Nachhallzeit T. Ein anderes Beispiel ist die Messung von Resonanzsystemen 2. Ordnung der Güte $Q = 2{,}2/T$. Gleichung (2.44) beschreibt dann die Tatsache, dass sich innerhalb der Halbwertsbreite der Mode mindestens zwei Frequenzlinien befinden.

Bei der kohärenten Mittelung über mehrere Signalperioden nutzt man aus, dass sich die Signalanteile phasenrichtig überlagern, wohingegen unkorrelierte Störgeräusche sich inkohärent überlagern. Man gewinnt somit bei N Mittelungen

$$\Delta_{av} = 10 \lg N \text{ dB} \tag{2.45}$$

an Signal-Rauschabstand.

2.5.1 Zwei-Kanal-FFT-Technik

Die Messung und die nachfolgende Signalverarbeitung werden unmittelbar im Frequenzbereich formuliert und durchgeführt (dies gilt im Übrigen auch für die in Abschn. 2.4.6 beschriebene Messung von Übertragungsfunktionen mit Zwei-Kanal-FFT-Analysator mit Hilfe der Kreuzleistungsspektren). Eingangs- und Ausgangssignal werden simultan gemessen, mit FFT-Verfahren

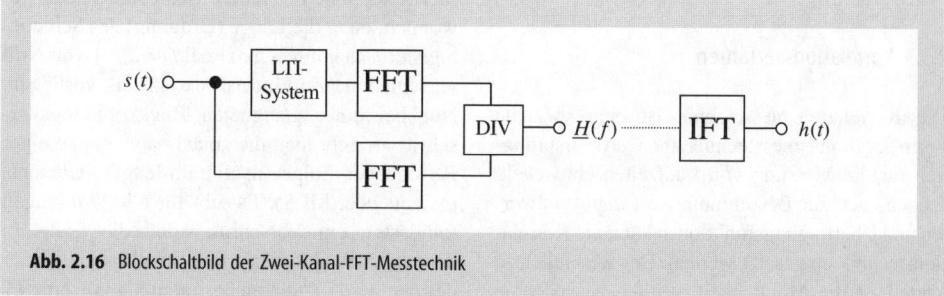

Abb. 2.16 Blockschaltbild der Zwei-Kanal-FFT-Messtechnik

transformiert und einer komplexen Division unterzogen, Gl. (2.39). Eine wichtige Voraussetzung ist eine hinreichende Breitbandigkeit, d. h., das Anregungssignal darf keine „Nullen" im Spektrum aufweisen, da sonst die Division unmöglich wäre. Jedwedes Signal der Länge 2^m kann verwendet werden, wobei sich aus Gründen der optimalen Aussteuerung gleitende Sinussignale (sweeps, chirps) oder deterministisches Rauschen bewährt haben [2.6].

Nach Durchführung der Spektrumsdivison kann die Impulsantwort, falls erforderlich, über eine inverse Fourier-Transformation ermittelt werden.

$$h(t) = \mathbf{F}^{-1}\{\underline{H}(\omega)\} = \int_{-\infty}^{\infty} \underline{H}(\omega) e^{j\omega t} \, d\omega. \quad (2.46)$$

2.5.2 Time-stretched Pulse

Diese Art der Anregungssignale und der Signalverarbeitung basiert auf dem Ansatz der „Matched Filter" oder „Transversalfilter", Gl. (2.40). Die meistens verwendeten Signale $s(t)$ ähneln einem „Sweep" oder „Chirp" [2.7].

Das Matched Filter wird einfach aus der rückwärtsgelesenen Signalsequenz ermittelt:

$$s^{-1}(t) = s(T_{\text{Rep}} - t) \,. \quad (2.47)$$

Ein großer Vorteil dieser Technik ist, dass das Problem der zu kurzen Signalperioden-Sequenzen im Zusammenhang mit extrem langen zu messenden Impulsantworten umgangen werden kann. Dabei wird die (im Vergleich zur Ein- und Ausschwingzeit des Systems eigentlich zu kurze) Sequenz nur einmal ausgesendet, während das Empfangssignal über einen theoretisch beliebig langen Zeitraum aufgezeichnet wird. Dies entspricht einer Anregung mit dem kurzen Signal und nachfolgenden „Nullen" zur Auffüllung der Blocklänge der Empfangssequenz.

2.5.3 Korrelationsverfahren

Die Korrelationsmesstechnik ist eine spezielle Form der Impulsmesstechnik und wurde ursprünglich für die Messung von Laufzeiten entwickelt. Jedoch auch zur Bestimmung von Impulsantworten und Übertragungsfunktionen kann die Korrelationstechnik eingesetzt werden. Der wesentlichste Vorteil ist die Möglichkeit, zeitlich ausgedehnte Signale zu verwenden und dennoch eine Impulsantwort zu erhalten. Dadurch werden Anforderungen an maximale Amplituden enorm herabgesetzt. Die Impulsdarstellung der Messergebnisse erfolgt nämlich nicht durch direkte Anregung, sondern durch nachträgliche Signalverarbeitung.

Bei direkter Impulsanregung nähert man mit dem Anregungssignal einen Dirac-Stoß $\delta(t)$ an und misst somit empfangsseitig unmittelbar die System-Impulsantwort $h(t)$:

$$s'(t) = \int_{-\infty}^{\infty} h(t') \delta(t - t') \, dt' \approx h(t) \,. \quad (2.48)$$

Das Faltungsintegral der Korrelationsmesstechnik lautet dagegen

$$\Phi_{s'}(t) = \int_{-\infty}^{\infty} h(t') \Phi_{ss}(t - t') \, dt' \approx h(t) \,. \quad (2.49)$$

Es enthält statt des Anregungssignals $s(t)$ dessen Autokorrelationsfunktion $\Phi_{ss}(t)$ und die Kreuzkorrelationsfunktion $\Phi_{ss'}(t)$ des Empfangssignals $s'(t)$ mit dem Anregungssignal. Es muss also nicht das Anregungssignal selbst einem Dirac-Stoß möglichst nahekommen, sondern lediglich dessen Autokorrelationsfunktion. Dies führt zu erheblich günstigeren Bedingungen für die Aussteuerung des Systems und für das resultierende S/N-Verhältnis. Als Preis für diese Erleichterung muss die Kreuzkorrelation $\Phi_{ss'}(t)$ des Empfangssignals gemessen oder berechnet werden.

2.5.4 Maximalfolgen

Ein wichtiger Vertreter der Korrelationssignale sind Maximalfolgen [2.8]. Es handelt sich dabei um periodische binäre pseudostochastische Rauschsignale mit einer Autokorrelationsfunktion, die einer Dirac-Stoß-Folge sehr nahe kommt. Sie werden aus einem deterministischen (exakt reproduzierbaren) Prozess mit Hilfe eines rückgekoppelten binären Schieberegisters gewonnen. Ist m die Länge (Ordnung) des Schieberegisters, so können maximal $L = 2^m - 1$ von Null verschiedene Zustände des Registers vorliegen. Nur bei einer geeigneten Rückkopplungsvorschrift erreicht man die „maximale" Länge einer Periode der Folge (maximum-length sequence, m-sequence, MLS). Es gibt für alle Ordnungen mindestens eine Vorschrift, welche dies leistet. In der praktischen Realisierung einer bipolaren Sendefolge wird „1" einem positiven Signalwert $+U_0$

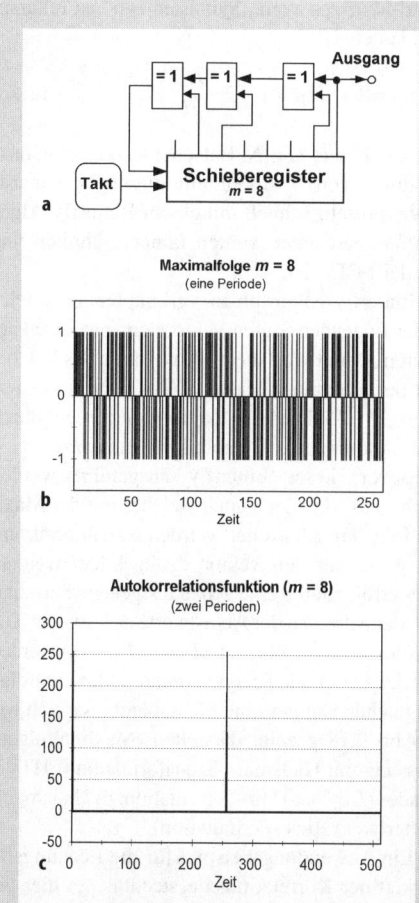

Abb. 2.17 a Erzeugung einer Maximalfolge mit einem Schieberegister (Beispiel: Folge der Ordnung 8 mit einer Sequenzlänge von 255); **b** eine Periode der Maximalfolge; **c** zwei Perioden der Autokorrelationsfunktion

zugeordnet und „0" dem entsprechenden negativen Wert gleicher Amplitude $-U_0$.

Maximalfolgengeneratoren werden schon recht lange in handelsüblichen Frequenzanalysatoren als Ersatz für frühere analoge Rauschgeneratoren eingesetzt. Die Folgenlänge wird dann so groß gewählt (typischerweise $m > 30$, $L > 10^9$), dass die Periodizität des Signals sich nicht störend bemerkbar macht. Die wirklich hervorstechenden Vorteile der Maximalfolgenmesstechnik, nämlich deren fast ideal Dirac-Stoß-förmige Autokorrelationsfunktion, werden dabei allerdings nicht ausgenutzt.

Regt man ein LTI-System mit einer stationären Maximalfolge $s_{\text{Max}}(t)$ an, so entsteht empfangsseitig zunächst das Faltungsprodukt $s_{\text{Max}}(t) * h(t)$. Dieses Signal wird synchron mit dem Takt Δt des Schieberegisters abgetastet. Die Kreuzkorrelation mit dem Anregungssignal (s. Gl. 2.42) erfolgt rechnerisch durch Faltung mit dessen zeitinversem Signal $s_{\text{Max}}(-t)$:

$$s_{\text{Max}}(t) * h(t) * s_{\text{Max}}(-t) = s_{\text{Max}}(t)$$
$$* s_{\text{Max}}(-t) * h(t) = \Phi_{\text{Max}}(t) * h(t) \quad (2.50)$$
$$\approx \delta(t - iL\Delta t) * h(t)$$

mit $i = 0, \pm 1, \pm 2, \ldots$ als Zählparameter einer Dirac-Stoß-Folge der Periode $L\Delta t$.

Die Autokorrelationsfunktion einer stationären, periodisch wiederholten Maximalfolge ist eine Folge von Einzelstößen der Höhe L mit einem sehr kleinen negativen Offset von -1 und mit der gleichen Periode wie die Maximalfolge (im Beispiel in Abb. 2.17 $L = 255$). Jeder Einzelstoß enthält praktisch die gleiche Energie wie die gesamte Maximalfolge innerhalb einer Periode.

Erhöhungen des Signal-Rauschabstandes können durch Mittelungen über N Perioden erzielt werden. Da Maximalfolgen streng periodisch sind, addieren sich dabei die Amplituden der Nutzsignale, während sich die Störsignale, sofern sie nicht mit der Maximalfolge korreliert sind, energetisch (inkohärent) akkumulieren. Somit erhöht sich der Signal-Rauschabstand gemäß Gl. (2.45).

Bis zu dem bisher Gesagten weisen Maximalfolgen keine wesentlich anderen Vorteile auf als ähnliche deterministische und periodische Signale mit glattem Amplitudenspektrum und geringem Crest-Faktor (Verhältnis von Spitzenwert zu Effektivwert), die in den Abschnitten 2.5.1 bis 2.5.3 beschrieben wurden. Was gerade die Maximalfolgen für die Impulsmesstechnik so interessant macht, ist ein mit ihnen eng verknüpfter schneller Kreuzkorrelationsalgorithmus im Zeitbereich. Zur rechnerischen Kreuzkorrelation stehen im Allgemeinen zwei Algorithmen zur Verfügung, nämlich die diskrete oder die FFT-Faltung. Bei gegebener Blocklänge N erfordert eine diskrete Faltung N^2 und eine FFT-Faltung „nur" $N (4 \text{ ld } N + 1)$ Multiplikationen komplexer Zahlen. Da die Perioden $L = 2^m - 1$ von Maximalfolgen jedoch immer um genau einen Abtastwert kürzer sind als die FFT-Blocklängen $N = 2^m$, müssten zur FFT-Faltung umständliche Verfahren zur Abtastratenwandlung eingesetzt werden, damit das Ergebnis nicht durch Fehler verfälscht wird. Eine sehr viel schnellere Methode zur Faltung und Korrelation im Zeitbereich ist jedoch die *schnelle Hadamard-Transformation* (FHT), die wie die FFT auf einem „Butterfly"-Algorithmus basiert und lediglich $m\,2^m$ Additionen und Subtraktionen erfordert. Sie bedeutet einen Zeitgewinn in einer Größenordnung um den Faktor 10 gegenüber FFT-basierten Algorithmen.

2.5.4.1 Hadamard-Transformation

Grundlage der FHT ist die Darstellung des Korrelationsintegrales (Gl. 2.42) als Matrixoperation der Multiplikation eines Vektors mit einer „Hadamard"-Matrix:

$$h = \frac{1}{L+1} P_2 H (P_1 s') . \qquad (2.51)$$

Der Vektor s' enthält die Abtastwerte der gemessenen Sequenz und der Vektor h die zu ermittelnde Impulsantwort. Die Vektoren P_1 und P_2 enthalten Permutationsregeln (s. u.). Eine Hadamard-Matrix H ist eng mit Maximalfolgen verwandt. Schreibt man eine bipolare Maximalfolge in rechts zyklisch vertauschten Zeilen untereinander, so entsteht eine Matrix, die durch Permutieren der Spalten in eine Hadamard-Matrix verwandelt werden kann. Hadamard-Matrizen haben interessante Eigenschaften, d. h., sie enthalten ein einfaches Grundmuster, welches in allen Vergrößerungsstufen wiederkehrt (Selbstähnlichkeit). Die Bildungsvorschrift von Hadamard-Matrizen vom „Sylvester-Typ" ist rekursiv und lautet

$$H_1 = 1, \quad H_{2n} = \begin{pmatrix} H_n & H_n \\ H_n & -H_n \end{pmatrix} \qquad (2.52)$$

mit $n = 2^m$ und $m \in N$. Entscheidend ist nun, dass Produkte von Vektoren mit diesen Hadamard-Matrizen sehr schnell mit einem Butterfly-Algorithmus berechnet werden können, ähnlich wie bei der FFT.

Butterfly-Algorithmen verknüpfen in aufeinander folgenden Stufen Vektorelemente jeweils in Paaren. Damit wird die Multiplikation des Vektors mit der Hadamard-Matrix (HP_1s'), die normalerweise $2^m(2^m-1)$ Multiplikationen erfordert, durch $m\,2^m$ Additionen und Subtraktionen ersetzt.

Bevor dieser Butterfly ausgeführt werden kann, muss das Zeitsignal, welches mit der Maximalfolge kreuzkorreliert werden soll, in bestimmter Weise auf den Vektor s' abgebildet werden. Dies erfolgt durch eine genau festgelegte Permutation der Adressen der Abtastwerte des Signals. Die Permutationsvorschriften (P_1 und P_2, s. o.) werden aus der zu Grunde gelegten binären Maximalfolge hergeleitet. Der gesamte Messablauf lässt sich wie in Abb. 2.18 gezeigt darstellen (Maximalfolgenmessung mit Hadamard-Transformation (FHT) 3. Grades ($L = 7$). a) Hin-Permutation, b) Hadamard-Butterfly, c) Rück-Permutation).

Ein Anwendungsbeispiel für die Leistungsfähigkeit der Korrelationsmesstechnik sei hier die

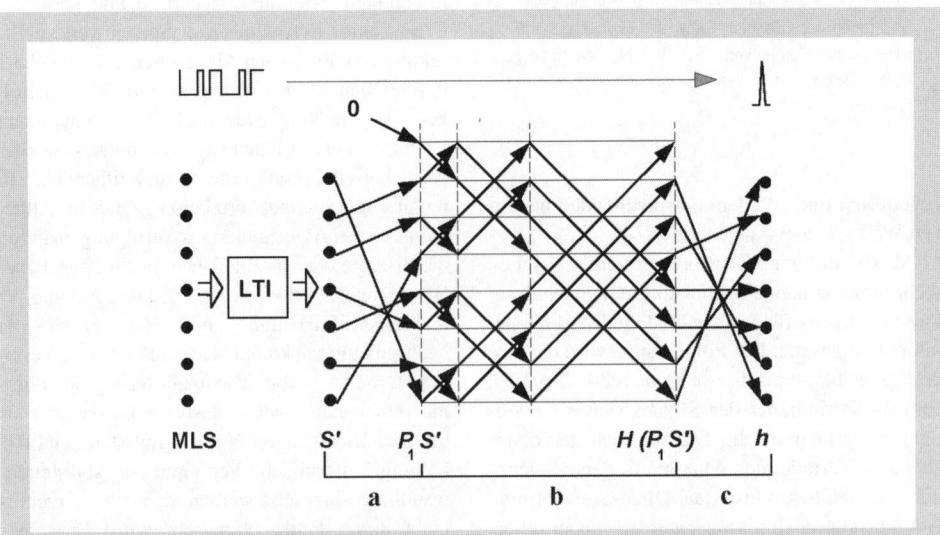

Abb. 2.18 Hadamard-Transformation einer gemessenen Sequenz $s'(n)$. **a** Permutation der Abtastwerte; **b** Hadamard-Butterfly; **c** Rück-Permutation in die endgültige Zeitreihenfolge der Impulsantwort $h(n)$

Messung von Raumimpulsantworten (Nachhallmessung). Die Eigenschaft der Impulskompression durch die Hadamard-Transformation und ferner die Möglichkeit, über mehrere Perioden zu mitteln, erlaubt Messungen mit sehr kleinem Sendepegel (z. B. mit unhörbaren Signalen) in Anwesenheit von Publikum während einer Aufführung. Bei zunehmender Mittelungsdauer und zunehmendem S/N-Verhältnis wird dabei das Zeitintervall, welches zur Auswertung raumakustischer Kenngrößen herangezogen werden kann, immer größer.

Ein weiterer Vorteil der Maximalfolgen-Hadamard-Transformation ist die sehr einfache Möglichkeit zur gezielten Färbung des Anregungssignals. Das kann sinnvoll sein, um die Aussteuerung frequenzabhängig zu optimieren (z. B. Minimierung des Crest-Faktors des Ausgangssignals) oder um Komponenten der Messkette implizit zu entzerren. Da die Faltungsoperation und die Kreuzkorrelation sich nur um eine zeitliche Spiegelung des Signals unterscheiden, kann man eine Faltung einer Maximalfolge $m(t)$ mit einer Filterstoßantwort $f(t)$ (lineare Filterung) auch durch eine Kreuzkorrelation ausdrücken:

$$m'(-t) = \underbrace{m(-t) * f(-t)}_{\text{(Faltung)}} = \underbrace{m(t) \otimes f(-t)}_{\text{(Korrelation)}} = \underbrace{\text{FHT}[f(-t)]}_{\text{(FHT)}}.$$

(2.53)

Die zeitinverse gefilterte Maximalfolge $m'(-t)$ ist also einfach die Hadamard-Transformierte der zeitinversen Filterstoßantwort $f(-t)$. Man muss demnach lediglich die gewünschte Filterstoßantwort messen oder synthetisieren, diese zeitinvertieren, Hadamard-transformieren und nochmals zeitinvertieren, um die vorverzerrte Maximalfolge zu erhalten. Eine normale Hadamard-Transformation dieser vorverzerrten Folge liefert dann nicht die übliche Maximalfolgen-Autokorrelationsfunktion (Dirac-Stoßfolge), sondern unmittelbar die zugrundegelegte Filterstoßantwort $f(t)$:

2.5.5 Fehlerquellen der digitalen Messverfahren

Eine wichtige Voraussetzung für die Anwendbarkeit der Kreuzspektrums-, FFT- und Korrelationsmesstechnik als Alternative für die Verwendung impulsartiger Signale ist die Gültigkeit der LTI-Bedingungen. Falls also entweder Nichtlinearitäten eine Rolle spielen oder das System

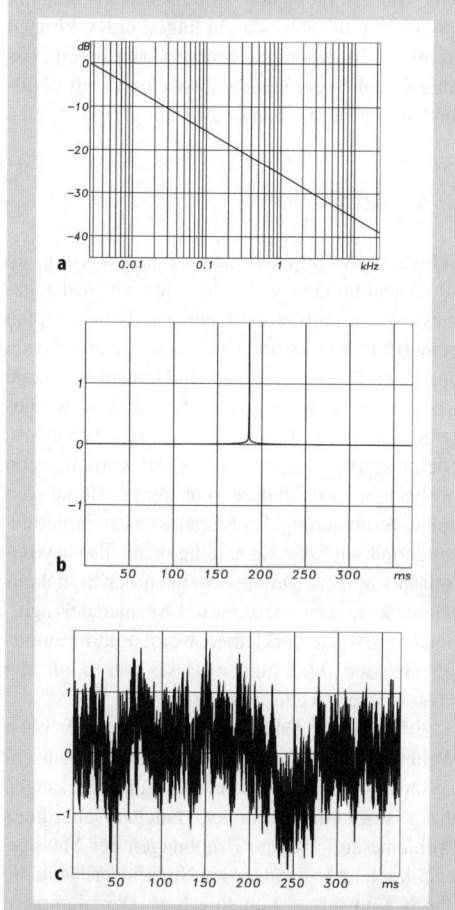

Abb. 2.19 a „Wunsch"-Spektrum des Filters $F(f)$; **b** zugehörige Impulsantwort des Filters; **c** zugehörige Maximalfolge mit Färbung durch das gewählte Filter. Beispiel: „Rosa-Filter" (lineare Tiefpassfunktion 1. Ordnung, −3 dB/Oktav)

nicht zeitinvariant ist, treten Messfehler auf. Das gilt sowohl für das zu messende System als auch für die Messapparatur.

2.5.5.1 Störgeräusche

Da Störgeräusche normalerweise nicht mit dem Anregsignal korreliert sind, werden sowohl impulsartige Störungen als auch monofrequente oder breitbandige stochastische Störungen nach der Kreuzkorrelation über die gesamte Messdauer verschmiert; sie treten in der gemessenen Impulsantwort nur mit ihrer mittleren Leistung in Erscheinung. Da zur Vermeidung des Time-Aliasing die zu messende Impulsantwort ohnehin innerhalb einer Periode abklingen muss, können Bereiche, in denen das Störgeräusch bereits das Messsignal überwiegt, gelöscht bzw. mit „Nullen" aufgefüllt werden (s. Abschn. 2.4.4).

2.5.5.2 Nichtlinearitäten

Schwache Nichtlinearitäten können meistens in Kauf genommen werden, da sie sich in der gemessenen Impulsantwort nur als Rauschteppich bemerkbar machen und kaum von Störgeräuschen unterschieden werden können. Dementsprechend werden sie in der Signalanalyse wie Störgeräusche mit Hilfe der Fenstertechnik behandelt. Nichtlinearitäten können detektiert werden, wenn beobachtet wird, ob durch kohärente Mittelungen keine Verbesserung des Signal-Rauschverhältnisses erzielt wird, der Dynamikgewinn also asymptotisch stagniert. Durch Absenken der Signalamplitude kann dann meistens das Ausmaß der nichtlinearen Effekte verkleinert werden und mit entsprechenden Mittelungen lässt sich dann die Messdynamik weiter verbessern.

Erfahrungen haben gezeigt, dass sich ohne Weiteres mit allen o. g. Verfahren Signal-Rauschabstände von über 70 dB erreichen lassen. Liegen die Anforderungen höher, tauchen allerdings Probleme auf. Weitere Erhöhungen der Messdynamik scheitern dann an den Nichtlinearitäten, die durch Endstufen, Lautsprecher oder Sample& Hold-Bausteinen und AD-Wandler verursacht werden. Bei geschickter Wahl des Anregungssignals und optimaler Anpassung an das zu messende System können diese Nachteile begrenzt werden. Hier kommt es also auf Signale mit günstigem Crest-Faktor (Verhältnis Spitzenwert zu Effektivwert) an. Es unterscheiden sich Maximalfolgen zunächst von allen anderen Signalen, da sie einen Crest-Faktor von 0 dB besitzen, Sweeps oder Chirps beispielsweise dagegen einen Crest-Faktor von 3 dB. Unter extremen Anforderungen (S/N über 70 dB) sind die Maximalfolgen aber dennoch nicht die beste Wahl, da ihr theoretischer Crest-Faktor aufgrund von Tiefpassbegrenzungen der digitalen Messkette nicht zu Tage tritt und statt dessen an den Rechteckflanken Überschwinger von bis zu 8 dB entstehen. Entsprechend sollte daher die Signalamplitude verringert werden. Sweeps oder ähnliche Signale behalten auch in der technischen Realisierung im Wesentlichen ihren Crest-Faktor von 3 dB und „überholen" somit die Maximalfolgen.

2.5.5.3 Zeitvarianzen

Sehr schwierig zu detektieren sind Einflüsse von Zeitvarianzen, da sie nicht nur scheinbare Störgeräusche vortäuschen, sondern den Signalverlauf fast unmerklich verzerren. Dazu sind grundsätzlich zwei Arten von Zeitvarianzen zu unterscheiden: a) schnelle Schwankungen, die sich innerhalb einer Messperiode bemerkbar machen, und b) eher langsame Effekte, die nur bei längeren Mittelungen eine Rolle spielen. In beiden Fällen liegt der Grund für die Messfehler in einem Phasenversatz verschiedener Messsequenzen, wobei sowohl die kohärente Mittelung als auch die FFT und die Kreuzkorrelation gestört werden.

Immerhin kann man durch einige einfache Regeln den Störeinfluss von Zeitvarianzen verhindern, z.B. wenn gewährleistet wird, dass bei einer Nachhall-Zeitmessung mit kleinem Pegel und langer Mittelungszeit die maximale Temperaturdrift in Grad Celsius im Raum

$$\Delta\vartheta|_{\text{Messdauer}} < \frac{300}{fT} \qquad (2.54)$$

gewährleistet ist (T Nachhallzeit, f Terz- oder Oktav-Mittenfrequenz). Ähnliche Faustregeln gelten für den Einfluss von Wind.

2.6 Messräume

Bezogen auf verschiedene Anwendungen akustischer Mess- und Prüftechnik, gibt es eine Reihe von festgelegten Prüfapparaturen und akustischen Messräumen. Akustische Messverfahren werden einerseits für die Forschung eingesetzt, wobei sowohl medizinische und biologische Untersuchungen als auch technische Entwicklungen im Vordergrund stehen können. Andererseits gibt es zahlreiche Prüfverfahren (z.B. für die akustische Materialprüfung), bei denen die Ermittlung eines akustischen Kennwertes im Vordergrund steht. Die akustischen Apparaturen oder Räume dienen in jedem Fall der Herstellung von wohldefinierten Bedingungen der akustischen Umgebung.

2.6.1 Reflexionsfreier Raum

Kugelwellen sollen sich möglichst ungestört sowie ohne Reflexionen und Beugung ausbreiten (s. Kap. 1). Der dafür verwendete Messraum

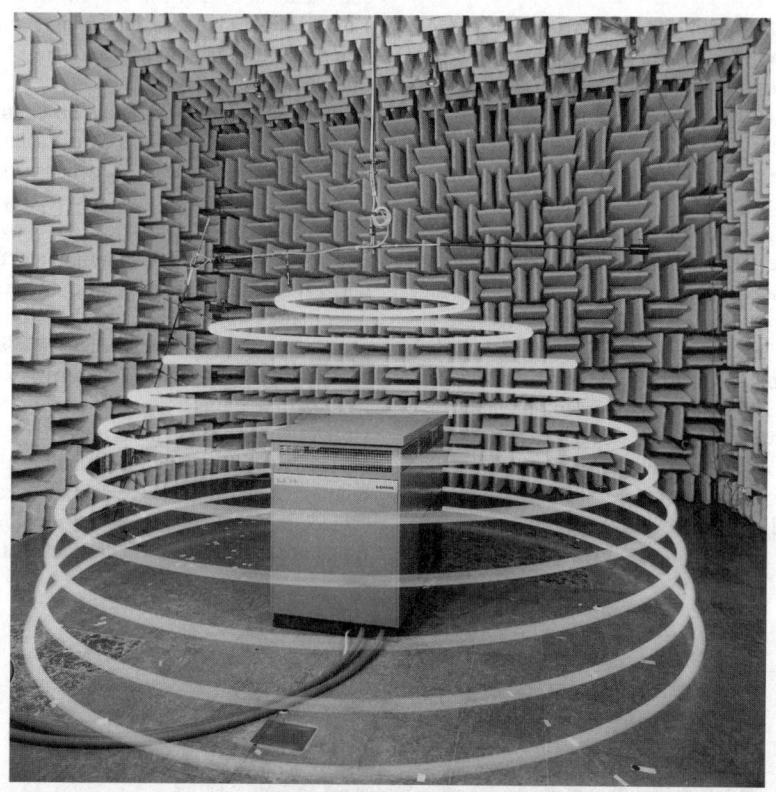

Abb. 2.20 Reflexionsfreier Halbraum (PTB Braunschweig). Beispiel eines Hüllflächenverfahrens zur Messung der Schallleistung einer Wärmepumpe. Die Mikrofonpfade der Hüllflächenabtastung sind durch bewegte Glühlämpchen und eine Langzeitbelichtung sichtbar gemacht worden

heißt daher *reflexionsfreier Raum* oder *schalltoter Raum*.

Seine Wände müssen den Schall zu 99,9 % absorbieren, um für die Reflexionen eine Dämpfung von 30 dB zu erreichen [2.9]. Diese Anforderung erfüllt man durch Auskleidung der Wände mit porösem Material in Keilform, welches mit oder ohne dahinterliegendem Luftraum vor die Wände montiert wird. Je nach Keilabmessungen kann die gewünschte Absorption oberhalb von 50 Hz erzielt werden. Der Boden kann entweder ebenso behandelt werden (man „begeht" den Raum dann auf einem Netz) oder er wird schallhart belassen (Halb-Freifeldraum).

Reflexionsfreie Räume sollen neben guten Freifeldbedingungen auch eine gute Störgeräuschdämmung haben. Daher sind aufwendigere Lösungen stets mit einer schwingungsisolierten Fundamentierung versehen; der Raum steht sozusagen auf Federn. Aufgrund einer tief abgestimmten Resonanzfrequenz aus der Raummasse und der Nachgiebigkeit der Federn (typischerweise < 10 Hz) gelangen dann Schwingungen aus dem umgebenden Baukörper oder von außerhalb des Gebäudes nicht in den reflexionsfreien Raum.

Die Qualifikation eines schalltoten Raumes überprüft man durch Nachmessen der Freifeldausbreitung, d. h. des $1/r$-Gesetzes unter Verwendung von Sinustönen verschiedener Frequenz. Eine etwaige Welligkeit der $1/r$-Kurve deutet auf eine nicht hinreichende Absorption und somit auf Raummoden hin.

Anwendungsfälle für reflexionsfreie Räume sind alle „Freifeld"-Messungen an Lautsprechern, Mikrofonen, Hörgeräten, Lärmquellen usw. Es können Frequenzgang, Richtcharakteristik und auch die abgestrahlte Leistung ermittelt werden.

2.6.2 Hallraum

Diffusfeldbedingungen findet man nach den Ausführungen in Kap. 11 in geschlossenen Räumen. Idealvoraussetzungen sind aufgrund der quasi statistischen Überlagerung von Wandreflexionen (oder, wenn man die Betrachtungsweise im Frequenzbereich vorzieht, von Eigenschwingungen) normalerweise nicht gegeben. Jedoch können die Voraussetzungen für diffuse Schallfelder, d.h. homogene und isotrope Energieverteilung im Raum, gut angenähert werden, wenn die Wände des Raumes möglichst wenig Schallenergie absorbieren und die Absorption auf den Wandflächen gleichverteilt ist. Als weitere Maßnahmen zur Schallmischung werden unregelmäßige Raumformen und Diffusoren eingesetzt.

Praktisch das Gegenteil des reflexionsfreien Raumes ist der *Hallraum*. Seine Wände sollen den Schall möglichst hundertprozentig reflektieren. Dies gelingt aufgrund der Unvollkommenheit des Mediums Luft an der Grenzschicht vor der Wand nur bis auf eine Restabsorption von ca. 1 bis 2%, auch bei sehr schweren und lackierten Wänden. Bei höheren Frequenzen ist ohnehin die Luftabsorption dominant.

Zur Verbesserung der Schallmischung werden die Wände des Hallraumes oft mit schallstreuenden Strukturen gestaltet oder man hängt in den Raum einzelne (feste oder rotierende) Diffusorenelemente.

Die Nachhallzeit im Hallraum liegt daher frequenzabhängig von über 10 s bei tiefen Frequenzen bis immerhin noch 1 s bei höheren Frequenzen. Anwendungsbereiche für Hallräume sind Messungen des Absorptionsgrades von Materialien, der Schallleistung sowie von Diffusfeld-Übertragungsmaßen von Wandlern.

Zur Feststellung der Qualifikation eines Hallraumes (Nachweis der Qualität) können verschiedene theoretische und experimentelle Prüfungen durchgeführt werden. Zunächst kann die

Abb. 2.21 Hallraum (PTB Braunschweig) mit Maßnahmen zur Erhöhung der Schalldiffusität. **a** Strukturen auf den Wänden; **b** rotierender Diffusor in der Raummitte

untere Grenzfrequenz f_{gr} des Hallraumes bestimmt werden nach (V Raumvolumen in m³, T Nachhallzeit in s)

$$f_{gr} \approx 2000 \sqrt{\frac{T}{V}} \text{ Hz} . \qquad (2.55)$$

Unterhalb der Grenzfrequenz kann man nicht von Bedingungen eines diffusen Schallfeldes ausgehen, da die Modendichte zu klein ist und deutliche räumliche Schwankungen der Energiedichte zu verzeichnen sind. Eine wichtige Maßnahme zur Verbesserung der Schallfeldbedingungen besteht im Einbringen von Absorptionsverlusten (Dämpfung der Moden) und einer damit verbundenen größeren Überlappung der Moden.

Doch auch trotz scheinbar idealer Diffusfeldbedingungen muss bei Messungen in Hallräumen stets über die Ergebnisse mehrerer Quell- und Mikrofonpositionen gemittelt werden, da eine perfekte Homogenität des Schallfeldes nicht vorliegt. Eignungstests für Hallräume beziehen sich dann weniger auf die Raumgeometrie als auf eine Auswahl von Quell- und Mikrofonpositionen, die Schalldruckpegel liefern, welche möglichst wenig um den Mittelwert schwanken. Dabei ist zu beachten, dass Messungen in Hallräumen sich normalerweise auf breitbandige inkohärente Signale in Frequenzbändern beziehen und Mittelwerte $\langle L \rangle$ über einzelne Diffusfeld-Schalldruckpegel L_i energetisch zu berechnen sind, d. h.

$$\langle L \rangle = 10 \log \frac{1}{N} \sum_{i=1}^{N} 10^{L_i/10} \text{ dB} . \qquad (2.56)$$

Darüber hinaus wird das Schallfeld im Hallraum im Fall von Absorptionsgradmessungen (s. Kap. 11) durch den Prüfling gestört, da die Verhältnisse gleichmäßiger Absorption an den Raumflächen nicht mehr gegeben sind. Es ist dann in besonderem Maße Wert auf die Auswahl geeigneter Positionen und Mittelungsverfahren zu legen.

2.7 Anwendungsbeispiele

2.7.1 Absorptionsgrad und Impedanz

Zur Messung akustischer Impedanzen oder Reflexionsfaktoren von Materialien kann prinzipiell jede Methode verwendet werden, bei der hin- und rücklaufende Wellen separiert werden. Demgemäß sind Impulsmessverfahren grundsätzlich geeignet, jedenfalls unter bestimmten Voraussetzungen (Näherung ebener Wellen, nicht zu flache Einfallswinkel, glatte Oberflächen bzw. homogene Impedanzbelegung, genügende Zeitdifferenz zwischen Direktschall (1), Reflexion (2) und Störreflexionen (3) etc. (siehe Abb. 2.22).

Eine Art der Auswertung erfordert eine Subtraktion des Direktschalls (Teilbild c), der vorab in einer Freifeldmessung ermittelt werden muss, eine zeitliche Fensterung (gestrichelte Linie) und eine Fourier-Transformation des verbleibenden Reflexionsanteils (2), welche direkt den Frequenzgang des komplexen Reflexionsfaktors ergibt.

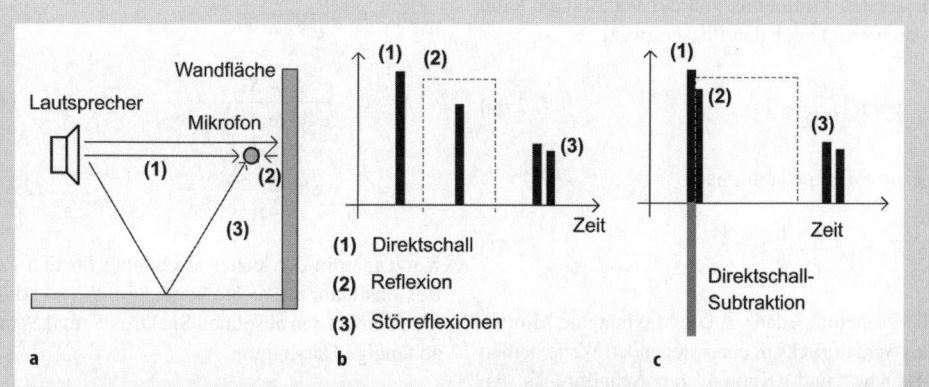

Abb. 2.22 In-situ-Messverfahren von Wandimpedanzen und Reflexionsfaktoren. **a** Messaufbau mit Reflexionspfaden; **b** Impulsantwort dieser Anordnung; **c** Impulsantwort bei Anordnung des Mikrofons direkt vor der Oberfläche mit Fensterung und Direktschall-Subtraktion. Die Zeitfunktion der dann verbleibenden Reflexion (2) führt durch Fourier-Transformation unmittelbar zum Reflexionsfaktor $\underline{R}(f)$

Jedoch sind für die Erzielung korrekter Ergebnisse die o.g. Voraussetzungen zu beachten. Falls eine oder gar mehrere dieser Bedingungen nicht wenigstens näherungsweise erfüllt sind, sollte man dieses Verfahren nicht einsetzen. Dennoch ist es die Grundlage für ein standardisiertes Messverfahren der Schallabsorption und Schalldämmung von Lärmschutzwänden an Verkehrswegen und von Straßenbelägen. Um den doch sehr vereinfachenden Charakter der Messnorm klarzustellen, werden die Ergebnisse nicht als Reflexionsfaktor oder Impedanz, sondern mit dem Begriff „Reflection Loss" bezeichnet.

2.7.1.1 Klassische Methode (Kundtsches Rohr)

Für den Betrag des Schalldrucks längs der Rohrachse gilt

$$|p(x)| = \hat{p}\sqrt{1 + |R|^2 + 2|R|\cos(2kx + \gamma)}. \tag{2.57}$$

Durch Ausmessen der stehenden Welle kann man

$$|p|_{max} = \hat{p}(1 + |R|) \quad \text{und} \quad |p|_{min} = \hat{p}(1 - |R|) \tag{2.58}$$

ermitteln und damit

$$|R| = \frac{|p|_{max} - |p|_{min}}{|p|_{max} + |p|_{min}}. \tag{2.59}$$

Bezeichnet man mit $d_{min} = |x_{min}|$ die Entfernung des ersten Minimums von der Wand, dann kann man hiermit auch den Phasensprung

$$\gamma = \pi\left(\frac{d_{min}}{\lambda/4} - 1\right) \tag{2.60}$$

bestimmen und somit nach

$$Z = \varrho_0 c \frac{1+R}{1-R} \tag{2.61}$$

die Probenimpedanz Z. Die Maxima und Minima des Schalldrucks in einer stehenden Welle heißen „Bäuche" und „Knoten" des Schalldrucks. An den Stellen, an denen die Schalldruckamplitude ein Maximum hat, hat die Amplitude der Schallschnelle ein Minimum und umgekehrt.

Vielfach interessiert man sich bei der Reflexion nur für die Schwächung der Intensität und kennzeichnet sie durch den Absorptionsgrad

$$\alpha = \frac{\text{nicht wiederkehrende Intensität}}{\text{einfallende Intensität}} \tag{2.62}$$
$$= 1 - |R|^2.$$

2.7.1.2 Zwei-Mikrofon-Methode

Mit der „Zwei-Mikrofon-Methode" oder „Übertragungsfunktionsmethode" können Impedanzen und Reflexionsfaktoren auch breitbandig und daher viel schneller bestimmt werden. Allerdings ist der apparative Aufwand etwas größer und die Signalauswertung erfordert eine Frequenzanalyse. Man geht bei dieser Methode davon aus, dass sich hin- und rücklaufende Welle $S_h(f)$ und $S_r(f)$ in der Übertragungsfunktion zwischen zwei Punkten 1 und 2 im Rohr wiederfinden und der Reflexionsfaktor separiert werden kann. Für die gemessenen breitbandigen Signalspektren $S_1(f)$ und $S_2(f)$ gilt nämlich

$$S_1 = e^{jkl}S_h + e^{-jkl}S_r, \tag{2.63}$$

$$S_2 = e^{jkl}e^{jks}S_h + e^{-jkl}e^{-jks}S_r, \tag{2.64}$$

wenn mit l der Abstand zwischen der Probe und dem nächsten Mikrofon und mit s der Abstand zwischen den Mikrofonen bezeichnet wird. Durch Auflösen dieser Gleichungen lassen sich die Amplituden und damit der Reflexionsfaktor berechnen:

$$S_h = e^{-jkl}\frac{S_2 - e^{-jks}S_1}{e^{jks} - e^{-jks}}, \tag{2.65}$$

$$S_r = e^{jkl}\frac{e^{jks}S_1 - S_2}{e^{jks} - e^{-jks}}, \tag{2.66}$$

$$R = \frac{S_r}{S_h} = e^{j2kl}\frac{e^{jks}S_1 - S_2}{S_2 - e^{-jks}S_1}. \tag{2.67}$$

Kürzt man in der letzten Gleichung für den Reflexionsfaktor die rechte Seite durch S_1, so erhält man die von den absoluten Spektren S_1 und S_2 unabhängige Darstellung

$$R = e^{j2kl}\frac{e^{jks} - H_{12}}{H_{12} - e^{-jks}}, \tag{2.68}$$

die nur noch die komplexe Übertragungsfunktion $H_{12} = S_2/S_1$ enthält.

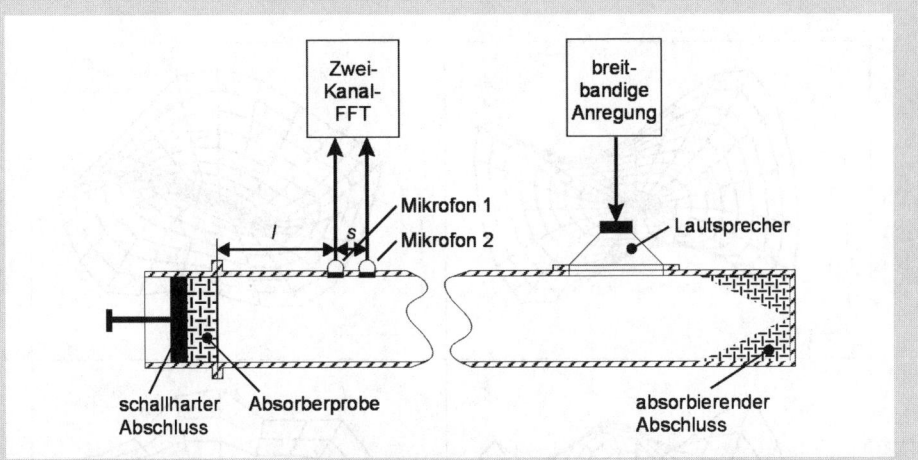

Abb. 2.23 Impedanzrohr für das „Zwei-Mikrofon-Verfahren" zur Messung von Impedanzen und Reflexionsfaktoren von Materialproben oder anderen akustischen Abschlussimpedanzen

Anforderungen an das Messrohr und an die Messapparatur sind genau festgelegt. Die Messunsicherheit ist sehr klein (einige wenige Prozent), sofern der Einbau der Probe sorgfältig vorgenommen wird.

2.7.2 Modalanalyse

Eine Messmethode mit umfangreichem, detailliertem Informationsgehalt ist die Modalanalyse. Auch hierbei werden Übertragungsfunktionen gemessen, und zwar von einem Bezugsanregepunkt zu zahlreichen anderen gitterförmig angeordneten Punkten auf Strukturen oder in Räumen. Ein solches Gitter muss anhand der Geometrie des Messobjektes vorgegeben und anhand der höchsten zu messenden Frequenz genügend fein diskretisiert werden. Man setzt als obere Grenze der Abstände zwischen Messpunkten etwa $\lambda/6$ an. Die Übertragungsfunktionen können in Einzelmessungen von Schalldruck, Beschleunigung oder Auslenkung ermittelt werden. Nach der Messung beginnt eine computergestützte Auswertung der Messergebnisse hinsichtlich der im Raum und Frequenz spezifischen modalen Eigenschaften. Eigenfrequenzen und die Dämpfungen der Eigenschwingungen sind prägnante Merkmale des Systems, die in einem geeigneten Modell, bestehend aus einer Reihe von Resonatoren, beschrieben werden können. Diejenigen Parameter des Ersatzmodells zu finden, die eine optimale Annäherung an die tatsächlichen Messdaten liefern, ist die eigentliche Aufgabe der Modalanalyse.

Eine Korrelation der gemessenen Spitzen mit der räumlichen Schwingungsform auf dem Gitter führt schließlich zu der Möglichkeit, die Eigenschwingungen bei jeder Frequenz räumlich darstellen und animieren zu können. Mit dieser Methode können schwingende Systeme analysiert und gezielt verbessert werden.

2.7.3 Reziproke Messung der Schallabstrahlung

Die Messung von Übertragungsfunktionen (Greensche Funktionen $G(v_n|p_1)$) von gekoppelten Körperschall-Luftschall-Problemen ist eine zentrale Aufgabe der Lärmbekämpfung. Diese Art der Übertragungsfunktionen ist definiert als das Verhältnis des an einem Aufpunkt gemessenen Schalldrucks zur eingeprägten Schnelle eines schwingenden Objektes. Es handelt sich jedoch bei Objekten der schalltechnischen Praxis normalerweise nicht um mathematisch einfach beschreibbare Körper, so dass Berechnungsverfahren bis auf numerische Verfahren (FEM, BEM etc.) praktisch nicht in Frage kommen. Ohne auf die Problematik und die theoretischen Voraussetzungen hier näher einzugehen, soll doch verdeutlicht werden, dass zwei Messmethoden zum gleichen Ziel führen können, wenn die Reziprozität zwischen Schallab-

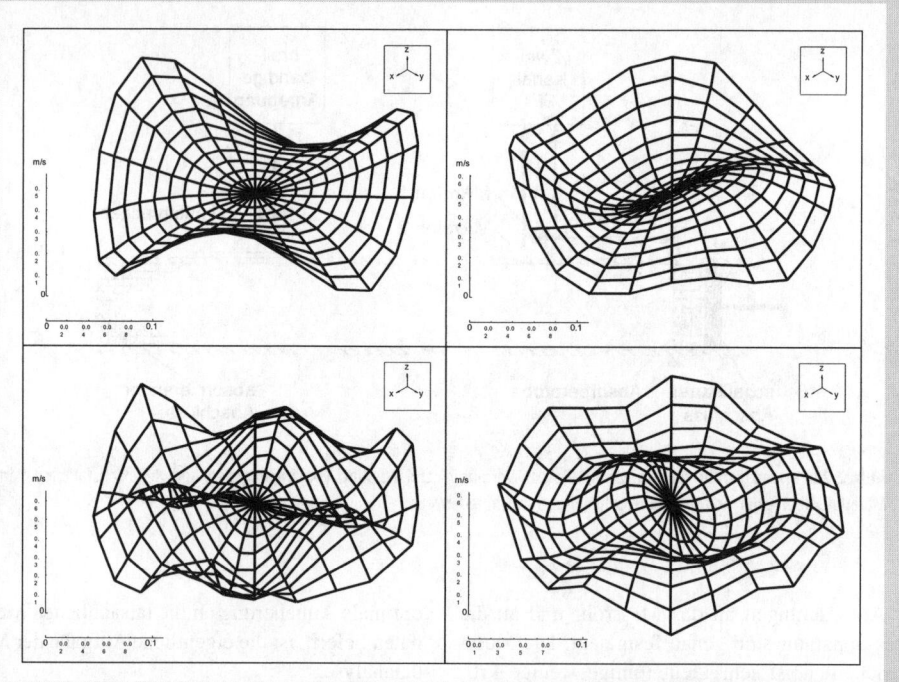

Abb. 2.24 Darstellung (Animation) von Schwingungsformen einer Kreismembran durch Messung von Schwingungsschnelle und -auslenkung auf einem Raster und anschließende Verarbeitung durch Modalanalyse (vier Eigenfrequenzen)

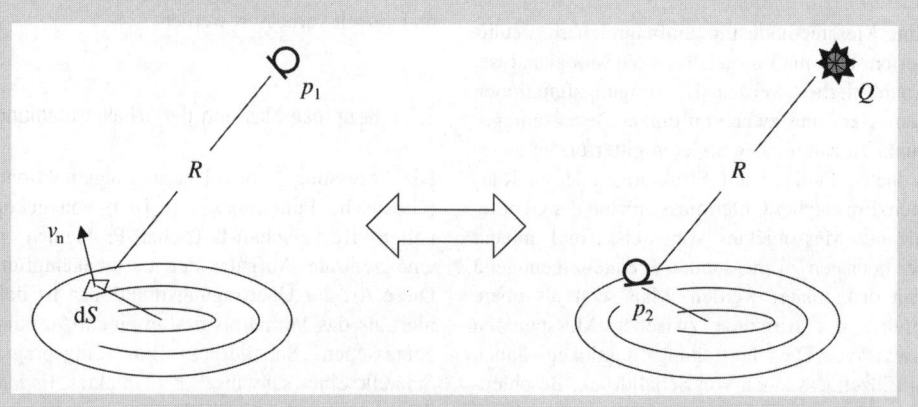

Abb. 2.25 Reziprozitätsprinzip: Äquivalenz der Schallabstrahlung (links) und des Schallempfangs (rechts). Die Übertragungsfunktion über den Abstand R wird als Greensche Funktion oder als akustische Transferimpedanz interpretiert

strahlung und Schallempfang ausgenutzt wird [2.10] (s. Abb. 2.25 und Abschn. 2.2.4.3).

$$\frac{p_1}{v_n \mathrm{d}S} = \mathrm{j}\omega\varrho_0 G(v_n|p_1) = \frac{p_2}{Q}. \quad (2.69)$$

Eine Teilfläche dS des abstrahlenden Körpers wird dabei als Punktschallquelle auf einem sonst starren Körper aufgefasst. Die gesuchte Übertragungsfunktion zwischen der Normalkomponente der Schnelle auf dS und dem Schalldruck am Aufpunkt ist identisch mit der Übertragungsfunktion zwischen der Volumenschnelle einer Volumen(fluss)quelle am Aufpunkt und dem Schalldruck unmittelbar vor dem starr fixierten Flächenelement. Hat man dieses Problem für ein Flächenelement im Prinzip gelöst, so besteht der Rest der Aufgabe in der Superposition aller Teilflächenbeiträge zur Gesamtabstrahlung. Es versteht sich von selbst, dass die Übertragungsfunktionen komplex sind und dass alle modernen digitalen Messmethoden mit FFT-, Matched-Filter- oder Korrelationsverfahren hier eingesetzt werden können.

Die Tatsache, dass man „in beiden Richtungen" messen kann, bietet enorme Vorteile, besonders dann, wenn die Schnelle auf den Teilflächen mit optischen Sensoren oder mit Beschleunigungsaufnehmern nicht erfasst werden kann, z. B. bei der Schallabstrahlung von Aggregaten oder Maschinen unter widrigen Bedingungen der Temperatur, der Feuchte oder bei Vorhandensein aggressiver Gase, bei denen Beschleunigungsaufnehmer nicht eingesetzt werden können, wohl aber piezokeramische Druckaufnehmer. Ein anderes Beispiel ist die Schallabstrahlung von Reifen. Die Messung oder das „Scannen" des Schalldruckes in der Nähe des Reifens ist wesentlich einfacher realisierbar als die Messung der Normalschnelle auf der Reifenfläche.

Literatur

2.1 De Bree H-E (2003) An Overview of Microflown Technologies. Acta Acustica united with Acustica 89, 163
2.2 Bjor O-H (1982) Schnellemikrofon für Intensitätsmessungen. FASE/DAGA 82 – Fortschritte der Akustik, Göttingen, 629
2.3 Kuttruff H, Schmitz A (1994) Measurement of sound intensity by means of multi-microphone probes. Acustica 80, 388
2.4 IEC 61043 (1993) Electroacoustics – Instruments for the measurement of sound intensity – Measurements with pairs of pressure sensing microphones
2.5 IEC 61260 (1995) Electroacoustics – Octave-band and fractional-octave-band filters
2.6 Müller S, Massarani P (2001) Transfer-function measurement with sweeps. J. Audio Eng. Soc. 49, 443
2.7 Aoshima N (1980) Computer-generated pulse signal applied for sound measurement. J. Acoust. Soc. Am. 69, 179
2.8 Rife D, Vanderkooy J (1989) Transfer-function measurement with maximum-length sequences. J. Audio Eng. Soc. 37, 419
2.9 Mechel FP (1998) Schallabsorber, Band III. S. Hirzel Verlag, Stuttgart, Kap. 4
2.10 Fahy FJ (1995) The vibro-acoustic reciprocity principle and applications to noise control. Acustica 81, 544

3 Numerische Methoden

B. A. T. PETERSSON

3.1 Einleitung

Numerische Akustik – ein kummervolles Konzept! Es ist nicht eine Frage von Supercomputern, vielmehr besteht die Aufgabe darin, das Wissen über diesen Zweig der klassischen Physik – die Akustik – in quantitative Resultate zu übersetzen.

Die klassische Akustik hatte – seit den Tagen von Galileo Galilei und früher – recht idealisierte Systeme zum Gegenstand, konnte aber andererseits mit beachtlichen Erkenntnissen durch das analytische Studium von Differential- und Integralgleichungen aufwarten. Mit – wie es scheint – immer größerem Wachstum an Geschwindigkeit und Speicherplatz moderner Computer ist die Behandlung komplexer und vollständig realistischer Systeme auch in einem akustischen Sinn fast selbstverständlich und unvermeidlich. Einerseits ist das recht natürlich, weil Lärm – der unerwünschte Schall – immer vorhanden ist. Andererseits stellt sich von einem mehr konstruktiven und vielleicht wichtigeren Standpunkt aus die Frage, was man mit – oder gegen – Schall tun kann. Der größere Realismus und die Detailtreue der behandelten Systeme soll dabei nicht in ein möglicherweise zu Unrecht bestehendes Vertrauen in die Ergebnisse münden. Die alte Wahrheit „steckt man Unsinn hinein, kommt auch Unsinn heraus" ist im computerisierten Zeitalter bei der numerischen Analyse in der Vibro-Akustik noch wichtiger geworden.

Deshalb muss die Wahl des Berechnungswerkzeuges und der Methodik sorgfältig vorgenommen werden, es kann nicht nur einfach das scheinbar nächstliegende oder beliebteste oder üblichste Schema in Frage kommen. Das Werkzeug oder die Methodik muss so gewählt werden, dass der Problemstellung auch ohne große numerische Belastungen wirklich Rechnung getragen wird. Das Werkzeug oder die Methodik muss so gewählt werden, dass sie auch auf die gesuchten Größen abzielen. Wenn beispielsweise der Schalldruck im örtlichen Mittel eines viele Resonanzen enthaltenden Raumes gesucht wird, dann ist eine Odyssee mit Finiten Elementen vielleicht nicht das richtige Transportmittel. Wenn man an den Spannungen in der Verbindung zwischen zwei Stäben innerhalb eines Fachwerkes in der Nähe einer „verdächtigen" Resonanzfrequenz interessiert ist, dann wird – ähnlich – ein asymptotisches oder eines auf statistischer Grundlage basierendes Verfahren vermutlich das Ziel verfehlen. Bei der Wahl des Werkzeuges bildet deshalb die auf das Pre-Processing angewandte Zeit normalerweise eine sehr gute Investition, bei der zumindest klargestellt wird, worin das Hauptziel besteht – in einem qualitativen oder in einem quantitativen Resultat.

Dieses Kapitel zielt auf einen Überblick einiger vorhandener numerischer Werkzeuge ab. „Einiger" stellt klar, dass es buchstäblich unmöglich ist, in nur einem Kapitel die ganze Flora der numerischen Schemata aufzunehmen, die in der Literatur vorgeschlagen worden sind und die sich als womöglich nützlich erwiesen haben; das ist auch gar nicht wünschenswert. Dieses Kapitel muss daher als erster Einstieg betrachtet werden.

In der Flora der numerischen Werkzeuge bilden vier Grundprinzipien die Kategorien:

– Diskretisierung von Differentialgleichungen,
– Diskretisierung von Randwertproblemen und Integralgleichungen,
– statistische Formulierungen und
– asymptotische Formulierungen.

Innerhalb jeder Kategorie gibt es gewiss eine Myriade von Versionen und Hybriden, aber es liegt außerhalb des hier zur Verfügung stehenden Rahmens, diese aufzulisten oder zu beschreiben. Im Gegenteil wird hier versucht, die Grundlagen jeder Kategorie zu nennen und jede durch eine erfolgreiche Anwendung zu veranschaulichen.

3.2 Diskretisierung von Differentialgleichungen

Für lineare Schall- und Schwingungsprobleme – also für Situationen mit moderaten Amplituden – gilt das Superpositionsprinzip. Die meisten in der Praxis auftretenden vibro-akustischen Fragestellungen können deshalb mit linearen Differential- oder Integralgleichungen beschrieben werden. Der Schritt von einer Beschreibung durch kontinuierliche Funktionen zu einer Diskretisierung ist nicht eben groß. Das Resultat einer solchen Transkription ist eine große Anzahl linearer algebraischer Gleichungen. Die hoch entwickelte Lineare Algebra kann darauf losgelassen werden.

Obwohl das ursprüngliche Ziel der Finite-Elemente-Methode (FEM) in statischen Belastungsberechnungen elastischer Strukturen besteht, besitzt sie doch alle Eigenschaften, die zur Lösung auch von Schall- und Schwingungsproblemen erforderlich sind. Die Basis für die FE-Methode bildet das Prinzip der Energievariation, das in der Literatur oft als Hamiltonsches Prinzip bezeichnet wird.

In einem ersten Schritt wird die Analyse eines Fluidvolumens V mit schallharten Rändern betrachtet, so dass Energie weder in das Volumen hinein noch aus ihm heraus fließen kann. Dem Hamilton-Prinzip folgend, lautet die zu minimierende Funktion

$$L = U - T = \frac{1}{2}\iiint_V \varrho c^2 (\operatorname{div}\boldsymbol{\xi})^2 \, dV \\ - \frac{1}{2}\iiint_V \varrho \left(\frac{\partial \boldsymbol{\xi}}{\partial t}\right)^2 dV, \quad (3.1)$$

worin U die potentielle und T die kinetische Energie bedeutet. Weiter ist ϱ die Dichte des Fluids und c dessen Wellengeschwindigkeit, $\boldsymbol{\xi}$ stellt den Auslenkungsvektor dar. Gleichung (3.1) kann auch durch den Schalldruck ausgedrückt werden:

$$L = \frac{1}{2}\iiint_V \left(\frac{p^2}{\varrho c^2} - \frac{(\operatorname{grad} p^2)}{\varrho \omega^2}\right) dV. \quad (3.2)$$

Man beachte, dass in den Gleichungen (3.1) und (3.2) keine Einschränkungen hinsichtlich konstanter Dichte ϱ oder Schallgeschwindigkeit c enthalten sind, sie können im Gegenteil ortsabhängige Größen sein. Für eine Frequenz kann das Volumen V in viele Teilvolumina V_n zerlegt werden, der dabei zu minimierende Ausdruck führt auf

$$L = \sum_{n=1}^{N} \int_{V_n} \left[\frac{p_n^2}{2\varrho c^2} - \frac{(\operatorname{grad} p_n)^2}{2\varrho \omega^2}\right] dV_n. \quad (3.3)$$

Hierin beschreiben die Größen p_n den Druck in den Elementen V_n. Viele verschiedene „Rezepte" zur Zerlegung des Volumens in Teile sind untersucht worden: rechteckige, tetraederförmige, keilförmige und krummlinige. In den meisten Fällen hängt die Wahl von der geometrischen Beschaffenheit des Problems ab, aber auch der persönliche Geschmack des Anwenders spielt durchaus eine Rolle. Die Standard-Werke über FEM von Zienkiewicz [3.1] und Bathe [3.2] (s. auch [3.3] und [3.4]) bilden ausgezeichnete Quellen für die Auswahl von Elementgeometrien, aber auch die Handbücher kommerzieller Software behandeln diesen Gegenstand üblicherweise. Nach Elementwahl und Zerlegung des Volumens enthält der diskretisierte Raum eine große Anzahl von Kopplungspunkten, in welchen, für diesen Fall, der Schalldruck kontinuierlich gemacht werden muss. Dies geschieht mit Hilfe der *Knotenwerte* P_v (Abb. 3.1). Zwischen ihnen und der kontinuierlichen Druckverteilung, $p_n(x, y, z)$, kann innerhalb des Elementes n der Zusammenhang

$$p_n(x, y, z) = \sum_v a_{nv}(x, y, z) P_v \quad (3.4)$$

geformt werden. Die in Gl. (3.4) enthaltenen, $a_{nv}(x, y, z)$, heißen *Shape-Funktionen* und lassen sich als Interpolationsbasis innerhalb des Volumenelementes V_n auffassen.

Obwohl die Summation in Gl. (3.4) über alle Knoten v, ausgeführt wird, sind nur einige wenige Terme von Null verschieden, da $a_{nv}(x, y, z)$ außerhalb des Elementes n gleich Null ist. Die von Null verschiedenen $a_{nv}(x, y, z)$ beziehen sich auf Werte innerhalb oder an der Begrenzungsfläche des Elementes. Die Shape-Funktionen müssen deshalb so gewählt werden, dass die Knotenwerte P_v gleich dem physikalischen Druck p in den Punkten (x_v, y_v, z_v) sind.

In der Standard-Software werden verschiedene Shape-Funktionen benutzt, die Variationsbreite reicht von linearen Ansätzen bis hin zu Sinus-

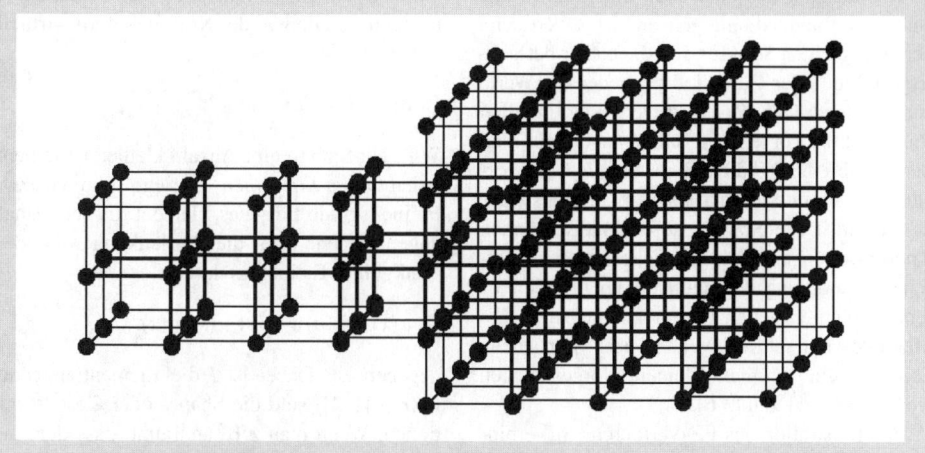

Abb. 3.1 FE-Gitter für eine Grenzfläche zwischen zwei Ventilationskanälen mit verschiedenen Querschnittsflächen

Summen. Außerdem hängt die Gestalt-Funktion auch von der Größe des Volumenelementes V_n ab, weil niedrigdimensionale Funktionen nur ein kleines Raumgebiet vernünftig approximieren können, während hochdimensionale ein großes Gebiet überdecken. Typisch müssen sechs Elemente pro Wellenlänge verwendet werden und es muss sichergestellt sein, dass deren Abmessungen klein, sind verglichen mit jeder anderen Dimension des Problems, z. B. dem Quellgebiet. Darüber hinaus müssen die Elemente so gewählt werden, dass die Bedingungen an Unstetigkeiten korrekt beschrieben sind. Ein weithin bekanntes Beispiel dafür besteht im Biegewellenfeld an einer Unstetigkeit: um das Kräftegleichgewicht korrekt zu beschreiben, muss die Shape-Funktion mindestens von dritter Ordnung sein, weil $F \propto \partial^3 \xi / \partial x^3$. Wann immer eine „exakte" Lösung für einen Teilraumbereich existiert, wird dieser als *Substruktur* mit einem einzelnen Element abgetrennt. Das ist z. B. der Fall für einen Kanal im Bereich der ebenen Welle. Die FE-Prozedur beinhaltet diese erweiterten Substrukturen.

Wenn Gl. (3.4) in die diskrete Version der zu minimierenden Funktion eingesetzt wird, so folgt

$$L = \frac{1}{2\varrho} \sum_n \left\{ \frac{1}{c^2} \int_{v_n} \left[\sum_v P_v a_{n_v}(x,y,z) \right]^2 dV_n \right. \\ \left. - \frac{1}{\omega^2} \int_{v_n} \left[\sum_v P_v \operatorname{grad} a_{n_v}(x,y,z) \right]^2 dV_n \right\}. \quad (3.5)$$

Der Übersichtlichkeit halber wird im Folgenden die Wahl des Elementtyps und der inhärenten Gestaltfunktion weggelassen.

Mit der Funktion L – dem Lagrange-Funktional –, noch durch eine endliche Anzahl von Knotenwerten P_v ausgedrückt, besteht der nächste Schritt des Verfahrens in der Minimierung von Gl. (3.5). Das ist gleichbedeutend mit der Suche nach, $\partial L / \partial P_v = 0$ für alle Knotenpunkte v. Auf diesem Weg ergibt sich folgendes lineares Gleichungssystem, das aus den Lagrange-Gleichungen besteht

$$\sum_n \sum_{v'} P_{v'} \left\{ \frac{1}{c^2} \int_{v_n} a_{nv} a_{nv'} dV_n \right. \\ \left. - \frac{1}{\omega^2} \int_{v_n} \operatorname{grad} a_{nv} \operatorname{grad} a_{nv'} dV_n \right\} = 0,$$

worin die Knotendrücke P_v die Unbekannten darstellen. Üblicherweise ist das Gleichungssystem in eine Matrixform übertragen. Die dabei entstehende Koeffizientenmatrix ist stets schwach besetzt, so dass die Lösung selbst bei einer mehrere tausend betragenden Anzahl von Unbekannten relativ leicht gewonnen werden kann.

Das geschilderte Verfahren kann ohne Schwierigkeiten auf enthaltene Schallquellen und Senken und damit auf den Fall mit Energiezufuhr bzw. Energieabfluss erweitert werden. Dem Lagrange-Funktional in Gl. (3.1) wird dazu lediglich die äußere Arbeit,

$$W = -\int_S p \xi \, dS,$$

hinzugefügt. W beschreibt die Energie, die durch eine Fläche S mit der bekannten Auslenkung ξ dem Fluid zugeführt oder entzogen wird.

Die meisten Probleme der Ingenieurspraxis enthalten Randbedingungen an der Oberfläche der untersuchten Struktur. Für die bisher betrachteten Fluide oder Gase sind entweder die Werte der Knotendrücke P_v in einigen oder in allen Randpunkten vorgegeben. Öfter noch sieht man die Ortsableitung – die Schallschnelle – als vorgegeben an und drückt diese näherungsweise durch die Differenz an aufeinanderfolgenden Knotenwerten aus. Die spezielle Sommerfeldtsche Ausstrahlungsbedingung, die bei großen offenen Volumen gelten muss, lässt sich mit FE-Methoden nur sehr schwer meistern. Für solche Fälle ist ein infinites Element vorgeschlagen worden, s. [3.5] und [3.6].

Zur Illustration des FE-Verfahrens in Verbindung mit Schwingungsproblemen sei die axiale Schwingung eines Stabes (Abb. 3.2) betrachtet. Das Hamiltonsche Prinzip verlangt, dass

$$\int_{t_1}^{t_1} \{\delta(T - U) + \delta W\}\, dt = 0,\qquad (3.6)$$

worin U und T wieder die potentielle und die kinetische Energie bezeichnen und W die äußere Arbeit, die z. B. durch eine Kraft eingeleitet wird. Das Symbol δ steht für die Variation erster Ordnung, die für die meisten praktischen Anwendungen auf die oben geschilderte Minimierung des Integranden führt. Sei u diesmal die x-gerichtete Auslenkung des Stabquerschnittes, dann gilt für die kinetische Energie,

$$T = \frac{1}{2}\int_0^L \varrho S \left(\frac{\partial u}{\partial t}\right)^2 dx$$

und für die potentielle Energie

$$U = \frac{1}{2}\int_0^L ES \left(\frac{\partial u}{\partial x}\right)^2 dx,$$

worin E den Elastizitätsmodul des Materials repräsentiert. Die von der Kraft gelieferte virtuelle Arbeit δW ist

$$\delta W = F \delta u (x = L).$$

Wird der Stab in eine Anzahl kleinerer Elemente – den *finiten Elementen* – zerlegt, so gibt es zwei Freiheitsgrade für jedes Element. Es sei deshalb angenommen, dass die Auslenkung an jedem Punkt eines Elementes durch

$$u(x) = u(0)w_1(x) + u(l)w_2(x) \qquad (3.7)$$

gegeben ist. Dabei ist l die Elementlänge und $w_r(r \in [1,2])$ sind die Shape- oder Gestaltfunktionen. Wenn man z. B. annimmt, dass der Auslenkungsverlauf im Element durch den Geradenansatz der Form

$$w(x) = a_0 + a_1 x$$

beschrieben werden kann und bemerkt aus Gl. (3.7), dass $w_1(0) = w_2(l) = 1$ und $w_1(l) = w_2(0) = 0$ sein müssen, dann folgt einfach, dass

$$w_1(x) = 1 - x/l, \quad w_2(x) = x/l.$$

Das bedeutet, dass jeder Freiheitsgrad eine Einheitswichtung an seinem Knotenpunkt erhält. Daraus folgt die Auslenkung eines beliebigen Stabelementes und damit ergibt sich für die kinetische Energie des Elementes e

$$T_e = \frac{1}{2}\varrho S \int_0^l \left(\frac{du(x)}{dt}\right)^2 dx$$

$$= \frac{1}{2}\varrho S \int_0^l \left(\frac{du(0)}{dt}w_1(x) + \frac{du(l)}{dt}w_2(x)\right)^2 dx.$$

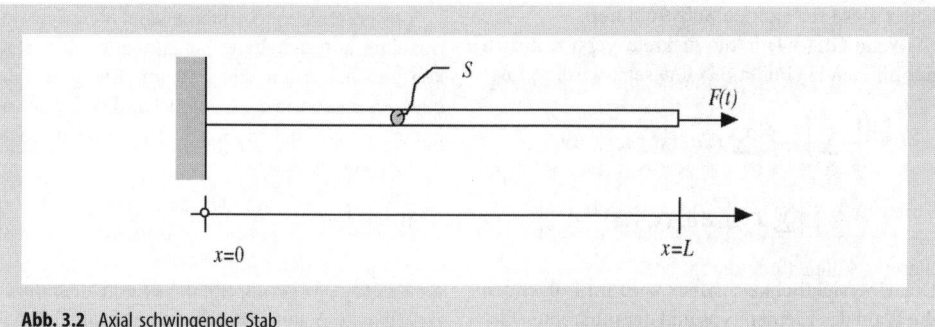

Abb. 3.2 Axial schwingender Stab

Ähnlich findet man für die potentielle Energie

$$U_e = \frac{1}{2} ES \int_0^l u'(x)^2 \, dx$$

$$= \frac{1}{2} ES \int_0^l (u(0)\,w'_1(x) + u(l)\,w'_2(x))^2 \, dx \,,$$

worin das Hochkomma die Ortsableitung bedeutet. Obwohl im Beispiel des Stabes keine höheren Ableitungen als Freiheitsgrade vorkommen, muss man beachten, dass allgemeine Shape-Funktionen für stetige Übergänge an allen Knoten in all den Ableitungen sorgen müssen, deren Ordnung um eins kleiner ist als die höchste Ordnung im Ausdruck für die Energie.

Mit den Ausdrücken für die Energien eines Elementes erhält man die Systemenergie oder direkt das Lagrange-Funktional einfach durch eine Summation, wie in Gl. (3.5) gezeigt. Durch Einsetzen der Elementenergien in Gl. (3.6), ausgedrückt durch eine Reihe von unabhängigen Freiheitsgraden, z. B. q_i, und deren zeitliche Ableitung $\dot{q}_i$ (die Knotenwerte), ergeben sich die Lagrangeschen-Gleichungen zu

$$\frac{d}{dt}\left(\frac{\partial T}{\partial \dot{q}_i}\right) + \frac{\partial D}{\partial \dot{q}_i} + \frac{\partial U}{\partial q_i} = f_i \,. \qquad (3.8)$$

Hierin ist D eine dissipative Funktion, die Energieverluste durch innere nichtkonservative Kräfte enthält, und f_i repräsentiert die verallgemeinerten Kräfte, die als Arbeit pro Auslenkung q_i definiert sind. Für den q_i-ten Freiheitsgrad ist die momentane Verlustrate

$$D_i = D\,\dot{q}_i^2 \,.$$

Zur Vorbereitung der Berechnungen werden die in der FE enthaltenen Gleichungen gewöhnlich in eine Matrix geschrieben. Für den Stab können die Freiheitsgrade eines Elementes als Spaltenvektor

$$\{q\}_e^T = \{u(o)\ u(l)\}$$

ausgedrückt werden. Das bedeutet, dass aus Gl. (3.7)

$$u(x) = \{W\}^T \{q\}_e$$

wird, worin $\{W\}^T = \{w_1\ w_2\}$ der Spaltenvektor der Knotengewichtsfaktoren ist. Die Elementenergien können nun durch

$$T_e = \frac{1}{2}\,\{\dot{q}\}_e^T [M]_e \{\dot{q}\}_e$$

geschrieben werden, wobei die „Massen"-Matrix für das Element gegeben ist durch

$$[M]_e = \varrho S \int_0^l \{W\}^T \{W\}\,dx$$

und

$$U_e = \frac{1}{2}\,\{q\}_e^T [K]_e \{q\}_e \,,$$

wobei die „Steifigkeits"-Matrix als

$$[K]_e = ES \int_0^l \frac{\partial^2}{\partial x^2}\{W\}^T \frac{\partial^2}{\partial x^2}\{W\}\,dx$$

definiert ist.

Mit den oft einfachen Ausdrücken für die Shape-Funktionen kann man die Integrationen für die Massen- und Steifigkeitsmatrizen leicht ausrechnen. Es sei angemerkt, dass die Bezeichnungen Massen- und Steifigkeitsmatrix nur teilweise richtig sind, weil sämtliche Elemente die angemessenen physikalischen Dimensionen aufweisen.

Bei den Randbedingungen müssen nur solche explizit befriedigt werden, deren Ableitungen höchstens eine Ordnung niedriger sind als die höchste Ordnung in den Ausdrücken für die Energie. Dies geschieht einfach durch Beseitigung der Gewichtsfaktoren, die diese nicht erfüllen.

Im Beispiel des Stabes sind die Randbedingungen im Ursprung automatisch erfüllt. Auch die von Kräften oder Kraftverteilungen geleistete Arbeit muss berücksichtigt werden. Das geschieht durch Integration einer beliebigen Kraftverteilung nach Multiplikation mit der Auslenkung über die Elemente, also

$$f_e = \int_0^l F(x)\,w(x)\,dx = \int_0^l F(x)\{W\}_e^T \{q\}_e\,dx \,.$$

Eine beliebige Dissipation kann in gleicher Weise eingeführt werden, dabei muss jedoch ein Modell für den Dissipations-Mechanismus gewählt werden, s. [3.7] und [3.8].

Sind die Element-Matrizen einmal entwickelt, so erhält man die System-Matrizen durch Summation, wie oben für den akustischen Fall beschrieben. In der Matrix-Formulierung bedeutet das die Einführung einer Topologie-Matrix, die die Freiheitsgrade der Elemente mit denen des globalen Systems verbindet. Weil jedes Stabelement nur zwei Freiheitsgrade besitzt, hat die Topologie-Matrix die Form

$$[\psi]_e = \begin{bmatrix} \dots & 0 & 1 & 0 & 0 & \dots \\ \dots & 0 & 0 & 1 & 0 & \dots \end{bmatrix},$$

so dass die Auslenkungen der Elemente $\{q\}_e = [\psi]_e \{q_i\}$.

Mit dieser Einführung erhält man die kinetische Energie aus

$$T = \frac{1}{2} \{\dot{q}_i\}^T [M] \{\dot{q}_i\},$$

wobei die Massenmatrix so modifiziert wird, dass sie die Topologie enthält:

$$[M] = \sum_{e=1}^{N} [\psi]_e^T [M]_e [\psi]_e.$$

Analog wird die potentielle Energie durch

$$U = \frac{1}{2} \{q_i\}^T [K] \{q_i\}$$

ausgedrückt mit der globalen Steifigkeitsmatrix

$$[K] = \sum_{e=1}^{N} [\psi]_e^T [K]_e [\psi]_e.$$

Sowohl für die Massen- als auch für die Steifigkeitsmatrix muss die Summation natürlich über alle N Elemente erstreckt werden.

Wenn angenommen wird, dass der dissipative Mechanismus durch ein lineares viskoses Modell beschrieben werden kann, dann resultiert die Anwendung der Lagrangeschen Gleichung in den 2N gekoppelten Bewegungsgleichungen

$$[M]\{\ddot{q}_i\} + [C]\{\dot{q}_i\} + [K]\{q_i\} = \{f_i\},$$

für welche es zahlreiche Berechnungsroutinen gibt, s. [3.9–3.11].

Als Illustration für die Anwendung der FE-Methode im vibro-akustischen Bereich wird hier die Mobilität ($Y = \dot{u}/F$) eines vergleichsweise „exotischen" Schiffspumpensockels verwendet. Um einen Vergleich mit in-situ-Messungen möglich zu machen, ist das FE-Modell an eine unendliche Platte gekoppelt, die das Schiffsdeck simuliert. Abbildung 3.4 zeigt den Betrag der gewöhnlichen Mobilität Y_z ebenso wie den einer Kreuz-Transfer-Mobilität Y_x vom Anregepunkt zur zweiten Empfangsposition entlang einer Achse senkrecht zum Netz. Wie man sieht, wird die Signatur der Messkurven getroffen, wobei jedoch die Resonanzen und Antiresonanzen übertrieben werden. Eine solche Überschätzung, die oft vor-

kommt, hängt vor allem mit den Schwierigkeiten bei der Einschätzung von Verlusten zusammen.

3.3 Integralgleichungen

Für lineare Abstrahl-, Streu- und Beugungsprobleme etabliert die Kirchhoff-Helmholtz-Integralgleichung eine allgemeine Beschreibung eines Schallfeldes im offenen oder abgeschlossenen Raum mit enthaltenen Schallquellen. Wenn man sich auf harmonische Vorgänge beschränkt, dann lautet die Gleichung für den Schalldruck

$$p(\mathbf{r}) = \frac{1}{4\pi} \int_V Q \frac{e^{jk|\mathbf{r}-\mathbf{r}_Q|}}{|\mathbf{r}-\mathbf{r}_Q|} dV$$

$$- \frac{j\omega\rho}{4\pi} \int_S v_{S_v} \mathbf{n} \frac{e^{jk|\mathbf{r}-\mathbf{r}_{S_v}|}}{|\mathbf{r}-\mathbf{r}_{S_v}|} dS \qquad (3.9)$$

$$+ \frac{1}{4\pi} \int_S p_{S_v} \frac{\partial}{\partial n} \frac{e^{jk|\mathbf{r}-\mathbf{r}_{S_v}|}}{|\mathbf{r}-\mathbf{r}_{S_v}|} dS$$

für den Aufpunkt $\mathbf{r}$ im Raum. In dieser Gleichung repräsentiert Q die Quellstärke einer Quelle mit der Position $\mathbf{r}_Q$, die akustisch transparent sein muss. v_S ist die Schallschnelle an der Oberfläche S mit der Flächennormalen $\mathbf{n}$ und p_S ist der dort herrschende Schalldruck.

Bei Abstrahlproblemen wird meist die Oberflächenschnelle als vorgegeben betrachtet oder sie wird getrennt berechnet. Unbekannt und zu bestimmen sind die Drücke auf der Oberfläche und in jedem Raumpunkt. Für Streuprobleme nimmt man die Quellstärke Q oder die Amplitude der einfallenden Welle und die Oberflächeneigenschaften des Streukörpers als bekannt an. Auch hier bildet der Schalldruck-Ortsverlauf die gesuchte Größe. Die Oberflächeneigenschaften des Streukörpers werden meist durch eine lokal wirksame Impedanz modelliert. Es wird also vorausgesetzt, dass im Inneren oder auf der Oberfläche des Streukörpers Querkopplungen entfallen. Spielen solche Querkopplungen andererseits eine Rolle, so wächst die Komplexität des Problems signifikant an.

Unabhängig von der Art des Problems führt die numerische Prozedur zur Lösung der Integralgleichung auf die Diskretisierung der Oberfläche in Elemente wie bei der FE-Analyse. Der Unterschied zu letzterer besteht jedoch darin, dass der gasgefüllte Raum hier in einem einzelnen kontinuierlichen (nichtdiskreten) Subsystem bestehen bleibt. Sowohl „innere" als auch „äußere" Prob-

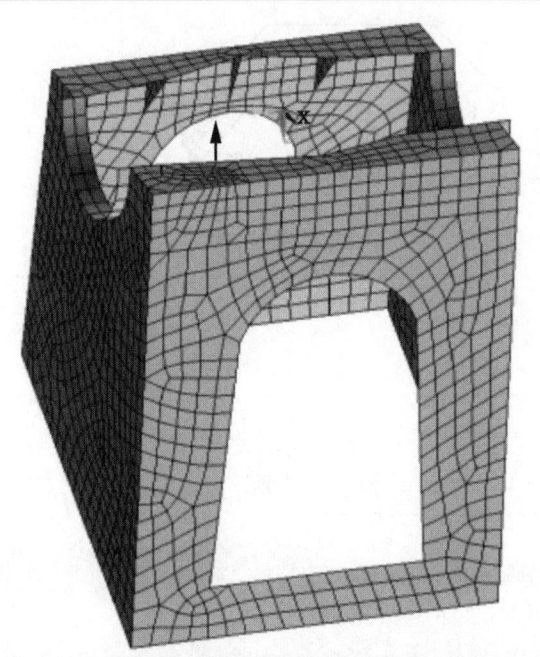

Abb. 3.3 Schiffspumpensockel mit überlagerten FE-Gittern. Der Anregungspunkt liegt auf dem nahesten Flansch. Die zweite Antwortposition auf der Innenseite des Seitenstücks gegenüber ist mit einem X markiert. Nach [3.12]

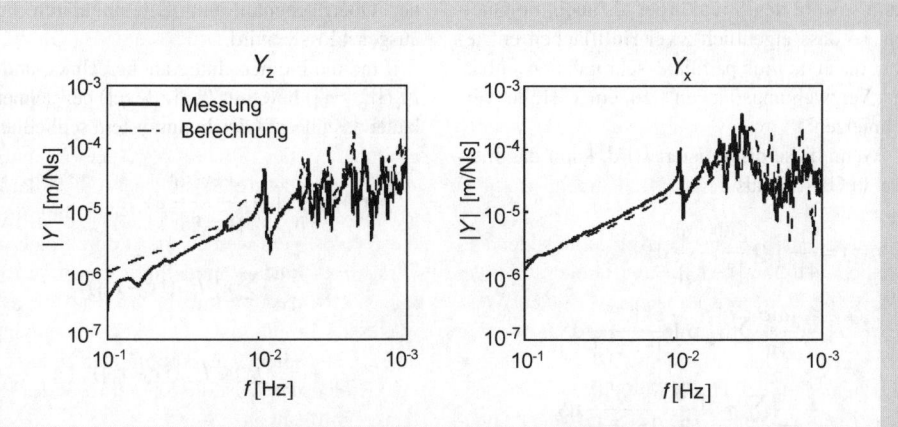

Abb. 3.4 Vergleich zwischen berechneten und gemessenen Punkt- (Y_x) und Kreuzübertragungs- (Y_z) Mobilitäten für den Schiffspumpensockel. Messergebnis (——) und FE-Berechnung (- - -). Nach [3.12]

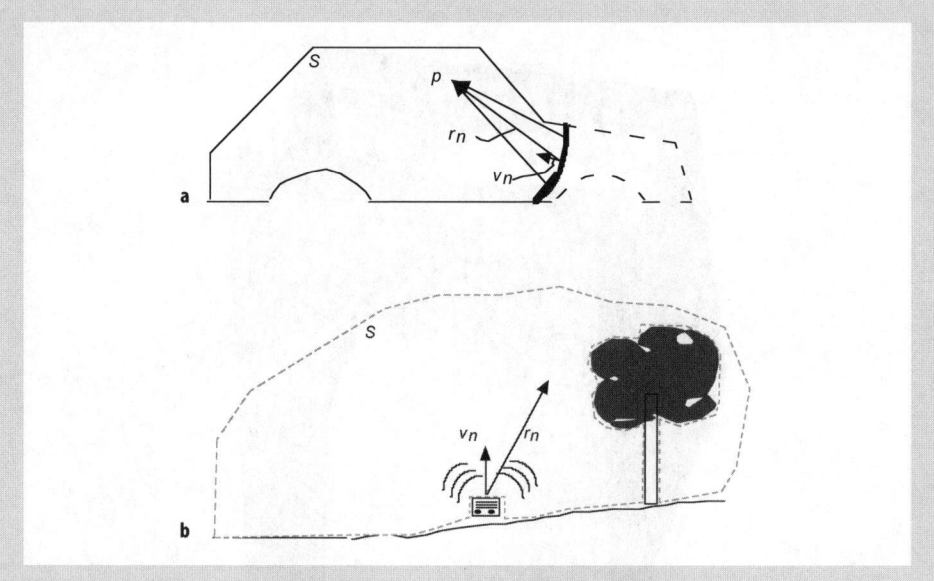

Abb. 3.5 a Innere und **b** äußere Strahlungsprobleme

leme werden auf gleiche Weise mit einer geschlossenen Hüllfläche behandelt, obwohl die Bedingungen am äußeren Teil andere sind (Abb. 3.5).

Auch wenn Beugung und Streuung betrachtet werden, muss der untersuchte Raumbereich von einer geschlossene Hüllfläche umgeben sein. Wie in Abb. 3.6 dargestellt, umschließt die Hüllfläche dann sowohl den Streukörper als auch die Quellen, so dass eigentlich zwei Hüllflächen entstehen, die erst durch parallele, sehr nah benachbarte „Verzweigungsflächen" zu einer Hülle verschmelzen.

Wenn diese diskretisiert wird, kann das Integral in Gl. (3.9) als

$$p(\mathbf{r}) = \frac{1}{4\pi} \int_v Q \frac{e^{jk|\mathbf{r}-\mathbf{r}_Q|}}{|\mathbf{r}-\mathbf{r}_Q|} dV$$

$$- \frac{j\omega\varrho}{4\pi} \sum_v \mathbf{v}_{S_v} \mathbf{n} \int_{S_v} \frac{e^{jk|\mathbf{r}-\mathbf{r}_{S_v}|}}{|\mathbf{r}-\mathbf{r}_{S_v}|} dS_v$$

$$+ \frac{1}{4\pi} \sum_v p_{S_v} \int_{S_v} \frac{\partial}{\partial n} \frac{e^{jk|\mathbf{r}-\mathbf{r}_{S_v}|}}{|\mathbf{r}-\mathbf{r}_{S_v}|} dS_v$$

umgeschrieben werden. Die Flächenintegrale sind hier durch eine Summe von Teilintegralen über Flächenelemente – Boundary Elements [3.19] – approximiert worden, wobei die Feldgrößen innerhalb der sehr klein gedachten Teilflächen näherungsweise als konstant angesehen werden.

Die verbleibenden Teilintegrale über Greensche Funktionen oder deren Normalableitungen bereiten keine Schwierigkeiten für von der Hüllfläche entfernte Aufpunkte. Für $\mathbf{r} \to \mathbf{r}_{S_v}$ tritt jedoch eine Singularität auf. In diesem Fall muss der so genannte Hauptwert des Integrals benutzt werden. Das bedeutet, dass ein beliebig kleiner Oberflächenteil um den singulären Punkt ausgeschlossen wird.

Sind die Element-Integrale berechnet, und mit $I^v_{\varrho v}(|r_\varrho - r_v|)$ bzw. mit $I^p_{\varrho v}(|r_\varrho - r_v|)$ bezeichnet, so lautet das lineare Gleichungssystem schließlich

$$p(\mathbf{r}_\varrho) = \frac{1}{4\pi} \int_v Q \frac{e^{jk|\mathbf{r}_\varrho-\mathbf{r}_Q|}}{|\mathbf{r}_\varrho-\mathbf{r}_Q|} dV$$

$$- \frac{j\omega\varrho}{4\pi} \sum_v v^\perp_{S_v} I^v_{\varrho v}(|\mathbf{r}_\varrho - \mathbf{r}_v|)$$

$$+ \frac{1}{4\pi} \sum_v p_{S_v} I^p_{\varrho v}(|\mathbf{r}_\varrho - \mathbf{r}_v|).$$

Dieser Ausdruck wird nun zweimal benutzt, einmal, um den unbekannten Oberflächendruck p_S zu berechnen, und danach zur Berechnung des Druckes in einem beliebigen, entfernten Punkt aus den dann bekannten Größen an der Oberfläche. Im ersten Schritt ist ϱ gleich v, und der daraus resultierende Druck wird in der entsprechenden Summe im zweiten Schritt eingesetzt.

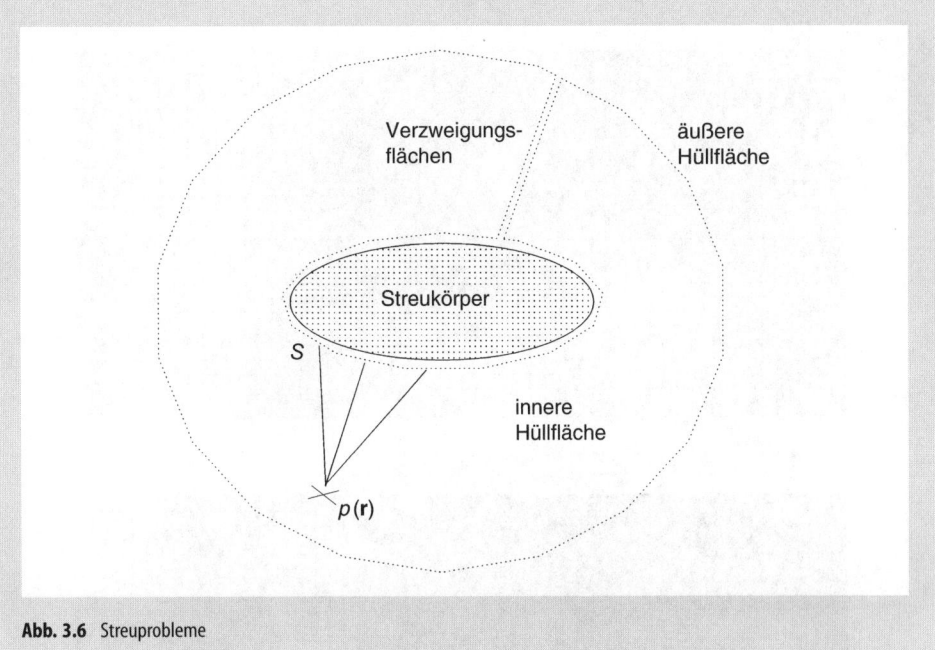

Abb. 3.6 Streuprobleme

Für den Fall, dass strahlende oder streuende Körper Abmessungen aufweisen, die größer als die Wellenlänge sind, muss die Prozedur modifiziert werden. Der Grund dafür besteht im Auftreten einer anderen Singularität bei Annäherung der Frequenz an die Eigenfrequenzen des Strahlers oder Streukörpers. Zwei prinzipielle Modifikationen sind vorgeschlagen und in kommerzieller Software implementiert worden. Die erste Modifikation [3.14] nimmt bei „Außenraumproblemen" einige Punkte mit verschwindendem Druck im Körperinneren mit hinzu. Dadurch entsteht ein überbestimmtes Gleichungssystem, das im Sinne kleinster quadratischer Fehler gelöst wird [3.15]. Solange die Extrapunkte nicht auf Knotenlinien des Strahlers oder Streukörpers liegen, erhält man eindeutige Ergebnisse. Alternativ [3.16] kann Gl. (3.9) und ihre Normalenableitung – der Druckgradient in Normalenrichtung – kombiniert werden. Wie in [3.17] geschildert, entstehen allerdings starke Singularitäten bei den Ableitungen der Greenschen Funktion.

Für die meisten BEM-Programme (Boundary Element Method [3.18]) braucht die Schnelle-Verteilung auf einem Teilelement nicht konstant zu sein, sondern sie kann durch Funktionen höherer Ordnung beschrieben werden, wie bei der FE-Analyse. Weiter aber sind – im Gegensatz zur FEM – die Matrizen bei der BEM zwar kleiner, bei weitem jedoch nicht schwach besetzt.

Für praktische Anwendungen, bei denen Fluid-Struktur-Interaktion wichtig ist, erlauben einige Programme eine völlig gekoppelte Analyse, s. [3.18]. Alternativ kann die FE-Analyse für den Strukturteil mit der BE-Methode für den Fluidteil kombiniert werden [3.19], [3.20]. Abbildung 3.7 präsentiert einige Resultate einer solchen gekoppelten FE-BE-Analyse für die Schallübertragung durch Öffnungen. Hier ist ein BEM-Ansatz für den Sende- und Empfangsraum gemacht worden, während die kanalähnliche Öffnung mit FEM behandelt wird.

Wie man im mittleren Teil des Bildes sehen kann, wird ab etwa 750 Hz eine stehende Welle im Kanal erzeugt. Unterhalb dieser Resonanz strahlt die Öffnung wie ein Monopol in schallharter Wand, oberhalb ist die ausgeformte Richtwirkung zu erkennen.

3.4 Statistisches Verfahren

Dieser Abschnitt leitet ein Rahmenwerk für die Behandlung komplex aufgebauter Strukturen und Fluide ein. Das vorgestellte Rahmenwerk – die Statistische Energie-Analyse, kurz SEA – ist in

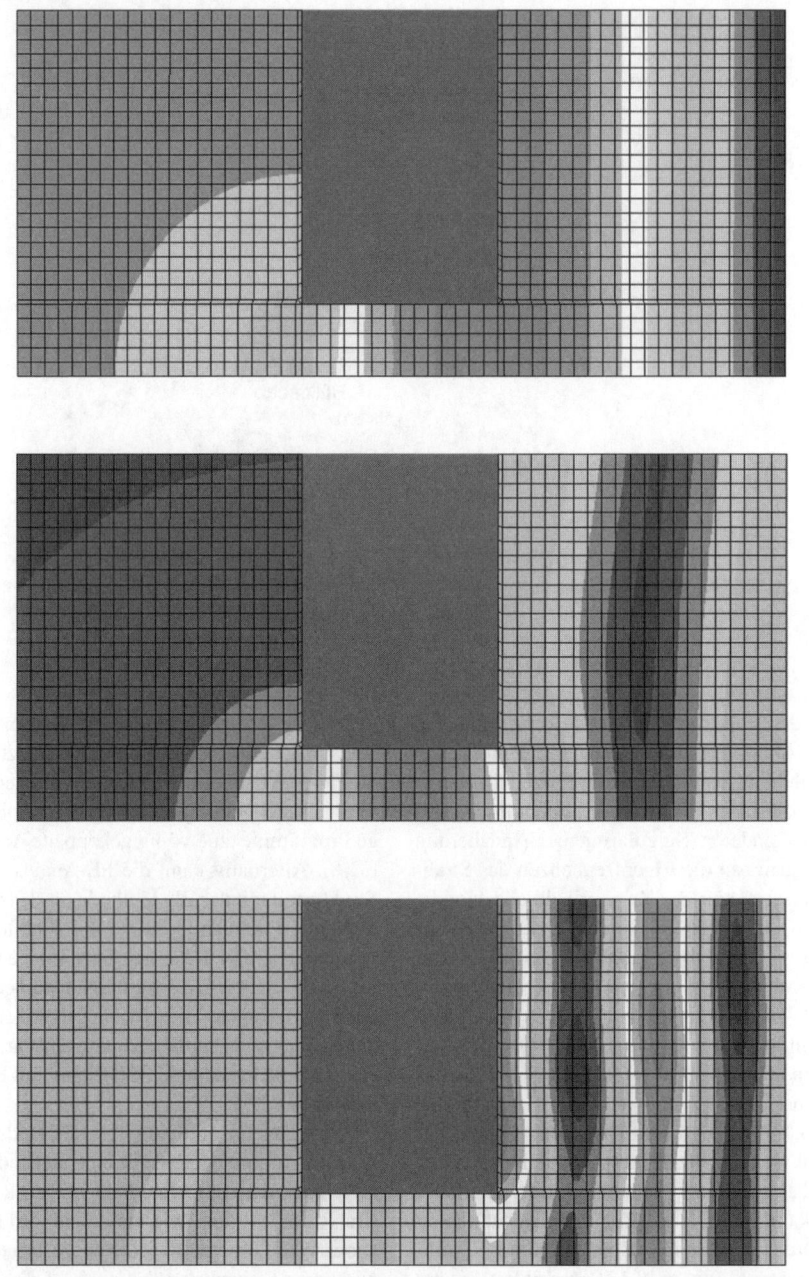

Abb. 3.7 Schalltransmission (Druckfeld) durch eine zylindrische Öffnung in einer dicken, starren Wand. Aus Symmetriegründen ist nur die obere Hälfte der Mittelebene dargestellt. Einfallender Schall von rechts. Oben 500 Hz, Mitte 750 Hz und unten 3000 Hz. Nach [3.21]

den 60er-Jahren entwickelt worden, größtenteils zur Handhabung und Klärung strukturakustischer Probleme im Zusammenhang mit der Raumfahrt. Seither ist dieser Formalismus erfolgreich in vielen anderen Problemfeldern wie bei Schiffen, Bauwerken, Flugzeugen und Fahrzeugen eingesetzt worden.

Der vielleicht bekannteste Text über die SEA ist der von Lyon [3.22], der folgende Erklärung zu jedem Wort im Namen gibt:

„*Statistical* emphasizes that the systems being studied are presumed to be drawn from statistical populations having known distributions of their dynamical parameters. *Energy* denotes the primary variable of interest. Other dynamic variables such as displacement pressure etc., are found from energy of vibrations. The term *Analysis* is used to emphasize that SEA is a framework of study rather than a particular technique."

Die statistische Philosophie in der SEA muss also als eine Zusammenfassung von mehreren Methoden oder Wegen zur Behandlung akustischer Fragestellungen gesehen werden, wobei akustisches Grundlagenwissen auch bei Routineanwendungen nicht außer Acht gelassen werden darf.

Neben dem genannten Werk oder seiner späteren Ausgabe [3.23] sei auf einige andere Arbeiten verwiesen, die entweder auf die Verwendung von SEA in der Ingenieurspraxis [3.24] abzielen oder die vor allem die Grenzen und Einschränkungen des Verfahrens behandeln [3.25]. Eine recht umfassende Diskussion über die SEA wird in [3.26] mit Anwendungen vor allem bei Schiffen geführt.

Das angemessene Anwendungsfeld für SEA ist das hochfrequente Verhalten komplexer Strukturen. Gewöhnlich enthält die Analyse Kopplungen zwischen zwei oder mehreren „leicht" identifizierbaren, dabei aber möglicherweise komplexen Strukturen und/oder fluidgefüllten Räumen. „Hochfrequent" verweist dabei auf den Frequenzbereich mit hoher Eigenfrequenzdichte der Teilstrukturen.

Natürlich ist die Frage erlaubt, warum ein statistisches Verfahren für die dynamische Betrachtung von Systemen eingesetzt wird, die normalerweise als recht deterministisch angesehen werden. Die Antwort liegt in den vielen Schwierigkeiten, die in der Anwendung von numerischen oder semi-analytischen Methoden auf komplexe Systeme mit hoher Eigenfrequenzdichte enthalten sind. Darunter sind

- Unsicherheiten in den Eingangsdaten (z. B. in den Randbedingungen),
- unbekannte Anregung (z. B. ist der Anregepunkt unbekannt oder nicht genau definiert) und
- Herstellungsunterschiede (z. B. müssen zwei Fahrzeuge der gleichen Baureihe nicht notwendigerweise auch identisch sein).

Weil oft Vorausberechnungen in einem möglichst frühen Entwurfsstadium beabsichtigt sind, in dem gewisse Einzelheiten der Struktur- und Fluidteile noch offen oder unvollständig definiert bleiben, sind einfache, „makroskospische" Analysen berechtigt. Einer der Vorteile der SEA ist dabei die Repräsentation dieser Teile, für die die Details der Ausformung keine Rolle spielen. Die Subsysteme werden durch ihre übergreifende Geometrie und Materialeigenschaften beschrieben, woraus die Kenngrößen des dynamischen Verhaltens wie die *mittlere modale Dichte*

$$n(\omega) = \lim_{\Delta\omega \to 0} \frac{N(\omega + \Delta\omega) - N(\omega)}{\Delta\omega},$$

wobei $N(\omega)$ hier die Anzahl der Eigenfrequenzen bis zur Kreisfrequenz ω ist, oder die *mittlere modale Dämpfung*

$$\eta = \frac{W_d}{2\pi V},$$

wobei W_d die Verlustenergie während einer Periode und V der Maximalwert der potentiellen Energie in dieser Periode ist, bestimmt werden, welche auf den *mittleren modalen Energien* und Dateien der *mittleren Kopplung* basieren. Die Kopplung zwischen Teilstrukturen und/oder fluidgefüllten Raumteilen – allgemein den Subsystemen – führt zu Energieflüssen zwischen ihnen, damit ein Energiegleichgewicht in Anwesenheit von Dissipation aufrecht erhalten werden kann. Die interessierenden dynamischen Feldgrößen werden umgekehrt aus den gespeicherten Energien bestimmt und bestehen deshalb in quadratischen, räumlichen und zeitlichen Mittelwerten.

Der augenfälligste Nachteil der SEA besteht darin, dass die Energiegrößen der Subsysteme statistische Schätzwerte für die „wahren" Größen bilden und deshalb eine gewisse Unsicherheit enthalten. Letztere ist meistens bei hohen Frequenzen weniger ausgeprägt, weil hier die Eigenfrequenzdichten aller Subsysteme groß sind. Das bedeutet, dass es eine praktische Anwendungsgrenze bei tiefen Frequenzen gibt, auch wenn ei-

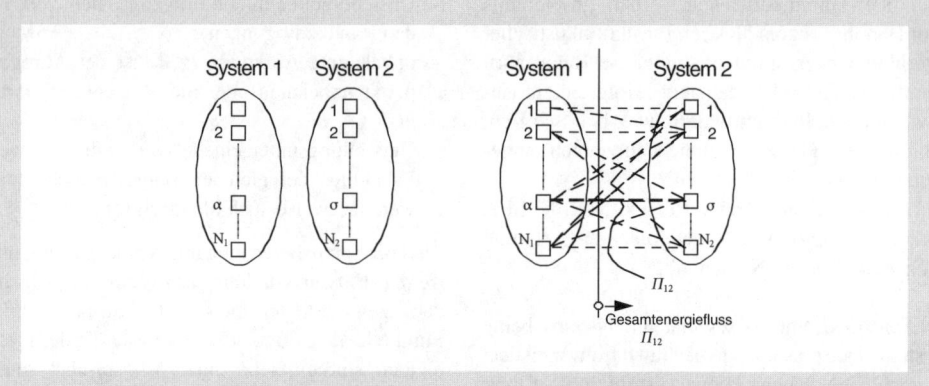

Abb. 3.8 Illustration der Interaktion und Kopplung zwischen multimodalen Systemen. Nach [3.22]

gentlich keine Einschränkungen vorhanden sind, solange die Subsysteme Resonanzen aufweisen.

In der SEA werden die Subsysteme als endlich große, lineare, elastische Strukturen oder Fluid-Hohlräume angenommen, die durch ihre ungekoppelten Eigenfrequenzen und Eigenformen (Moden) und den Verlusten beschrieben werden können. Es wird angenommen, dass jede Eigenfunktion durch einen einfachen Resonator – ein Feder-Masse-System – modelliert werden kann, und dass die Interaktion zwischen zwei multimodalen Subsystemen durch die Kopplung zwischen zwei Resonator-Familien dargestellt werden kann (Abb. 3.8).

In diesem Abschnitt wird nicht der Versuch gemacht, alle der SEA zu Grunde liegenden Überlegungen und Voraussetzungen vollständig zu schildern. Jedoch sollen die notwendigsten Grundlagen des Verfahrens für die Arbeit mit der SEA genannt werden.

Bei der SEA wird das untersuchte komplexe System in eine Anzahl von Subsystemen zerlegt. Einige davon können direkt durch Quellen angeregt sein, andere werden indirekt durch die verschiedenen Kopplungsstellen oder Kopplungsflächen erregt. Deshalb besteht eine Grundfrage der SEA darin, wie diese Zerlegung vorgenommen wird. Die Aufteilung kann intuitiv an Grenzen der verschiedenen Struktur- bzw. Fluid-Mitglieder gemacht werden. Auf jeden Fall muss beachtet werden, dass verschiedene Wellenarten in den Subsystemen vorkommen können, die zu unterschiedlichen Modengruppen führen. Daraus folgt, dass zusätzlich zu der genannten Unterteilung auch noch nach Modengruppen zerlegt werden muss. Ein reales Strukturelement kann deshalb seine Beschreibung durch zwei oder mehr Subsysteme erfordern; z. B. stellt das eine davon den „Biegewellen-Energie-Speicher", das zweite den Speicher von Longitudinal-Wellen-Energie dar.

Das Zusammenspiel zweier einfacher Resonatoren, die als linear und als linear, nichtdissipativ gekoppelt angenommen werden (keine Verluste entlang den Verbindungen), bildet das Basismodell der SEA, von dem einige wichtige Theoreme abgeleitet werden können. Eine Zusammenfassung beginnt mit der Grundgleichung

$$\Pi'_{21} = B(E_1 - E_2) \,. \qquad (3.10)$$

Mit Hilfe der gekoppelten Systeme kann diese Gleichung interpretiert werden. Wenn E_1 und E_2 die Energien der beiden Subsysteme repräsentieren, dann gibt Gl. (3.10) den Netto-Energiefluss Π'_{21} an, der dazwischen fließt. B ist dabei eine Funktion der Kopplungsstärke, die einzig von den Eigenschaften der Subsysteme und eventueller Kopplungselemente abhängt. Die wichtigsten Anmerkungen zu Gl. (3.10) sind:

- Der Energiefluss ist proportional zu den aktuell gespeicherten Energien in den Subsystemen.
- Die Kopplung oder Proportionalität ist positiv definit und symmetrisch in den System-Parametern. Das System ist deshalb reziprok. Die Energie fließt vom Subsystem mit der höheren Energie in das der niedrigen Energie.
- Wenn nur ein Subsystem direkt angeregt wird, dann kann kein anderes indirekt angeregtes Subsystem eine größere Energie besitzen.

Die Analogie zur Thermodynamik ist naheliegend. Die Vorstellung eines Energieflusses zwischen heißen und kalten einander berührenden Körpern könnte hilfreich sein, allerdings sollte die Analogie nicht zu wörtlich genommen werden.

Man betrachte noch einmal das Modell in Abb. 3.8. Die grundlegenden Annahmen eines solchen Kopplungsproblems mit der SEA seien aus [3.22] zitiert:

1. Each mode is assumed to have a natural frequency $\omega_{i\alpha}$ that is uniformly probable over the frequency interval $\Delta\omega$. This means that each subsystem is a member of a population of systems that are generally physically similar, but different enough to have randomly distributed parameters. The assumption is based on the fact that nominally identical structures or acoustical spaces will have uncertainties in modal parameter, particularly at higher frequencies.
2. We assume that every mode in a subsystem is equally energetic and that its amplitudes

$$Y_{i\alpha}(t) = \int \varrho_i y_i \psi_{i\alpha} \, dx_i / M_i$$

are incoherent, that is,

$$\langle Y_{i\alpha} Y_{i\beta} \rangle_t = \delta_{\alpha\beta} \langle Y_{i\alpha}^2 \rangle \, .$$

This assumption requires that we select mode groups for which this should be approximately correct, at least, and is an important guide to proper SEA modeling. It also implies that the excitation functions L_i are drawn from random populations of functions that have certain similarities (such as equal frequency and wave number spectra) but are individually incoherent."

(Für die oben genannten Gleichungen sind folgende Notationen verwendet worden:

ϱ_i Dichteverteilung im Subsystem i,
y_i physikalische Antwortgröße im Subsystem i,
$\psi_{i\alpha}$ Eigenfunktion zur α-ten Eigenfrequenz im Subsystem i,
x_i lokales Koordinatensystem für Subsystem i,
M_i Gesamtmasse des Subsystems i,
$Y_{i\alpha}$ modale Antwortgröße (verallgemeinerte Antwort) für Mode α im Subsystem i,
$\langle \, \rangle_t$ bedeutet den zeitlichen Mittelwert,
δ Kronecker-Symbol).

Von den genannten Voraussetzungen ausgehend, kann der Energiefluss von System 1 nach System 2 in Abb. 3.8 in Analogie zu Gl. (3.10) abgeleitet werden, wenn Mittelwerte für die vielen unterschiedlichen Kopplungsparameter $B_{\sigma\alpha}$ für B eingesetzt werden und die Energien E_1 und E_2 durch die mittleren modalen Energien E_1^m und E_2^m ersetzt werden:

$$\Pi'_{21} = \langle B_{\sigma\alpha} \rangle N_1 N_2 (E_1^m - E_2^m) \, . \tag{3.11}$$

Hier bezeichnet $\langle B_{\sigma\alpha} \rangle$ die mittlere modale Kopplung und N_1, N_2 stellen die Anzahl der Moden in den Subsystemen dar.

Die mittleren modalen Energien sind definiert zu

$$E_i^m = \frac{E_i^{tot}}{n(f) \Delta f} \, , \tag{3.12}$$

worin $n(f)$ die mittlere modale Dichte und E_i^{tot} die vibro-akustische Gesamtenergie des Subsystems i ist.

Von einem speziellen Subsystem aus gesehen, erscheint der Energiefluss wie ein Verlustmechanismus. Deswegen kann der Formalismus an Hand von Kopplungsverlustfaktoren

$$\eta_{21} = \langle B_{\sigma\alpha} \rangle N_2 / \omega \tag{3.13a}$$

entwickelt werden. Gleichung (3.13a) besagt, dass die Verluste für System 1 zur Anzahl der Moden in System 2 also zur Anzahl der dort zugänglichen Energiespeicher, proportional sind. Wegen der Reziprozität des Gesamtsystems hätte man ebenso gut

$$\eta_{12} = \langle B_{\sigma\alpha} \rangle N_1 / \omega \tag{3.13b}$$

definieren können. Aus den Gln. (3.13a) und (3.13b) folgt die Reziprozitätsrelation

$$\eta_{12} N_2 = \eta_{21} N_1 \, . \tag{3.14}$$

Einsetzen von Gl. (3.13a) in Gl. (3.11) ergibt

$$\Pi'_{21} = \omega \eta_{21} N_1 (E_1^m - E_2^m) \, , \tag{3.15}$$

worin ausgesagt wird, dass der Energiefluss aus dem Subsystem mit höherer modaler Energie zu dem mit niedrigerer wandert.

Gleichung (3.15) konstituiert das Fundament für jede SEA Berechnung. Das Diagramm in Abb. 3.9 symbolisiert die allgemeine Situation, in welcher Gl. (3.15) angewendet wird.

Das Diagramm in Abb. 3.9 enthält bereits die Tatsache, dass nicht nur ein Fluss zwischen den beiden Subsystemen auftritt, sondern auch unabhängige Zuflüsse und Abflüsse für jedes Subsystem vorhanden sein können. Die gesuchten mittleren Energiegrößen werden deshalb der Lösung

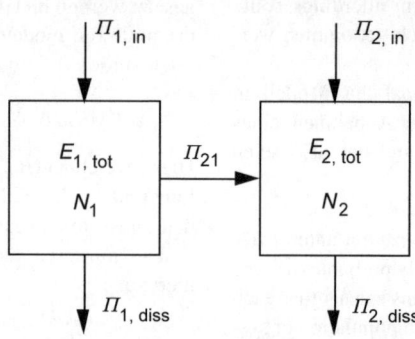

Abb. 3.9 Illustration der Energieflüsse zu, von und zwischen zwei gekoppelten Subsystemen

eines inhomogenen, linearen Gleichungssystems entnommen.

Mehrere Fragen entstehen vor und während einer Unterteilung eines realen Systems in verschiedene gekoppelte Subsysteme. Eine grundlegende Eigenschaft für ein Subsystem ist, dass seine Antwort durch resonante Moden bestimmt werden kann. Die SEA kann deshalb für ein System oder Subsystem unterhalb seiner tiefsten Resonanzfrequenz nicht verwendet werden. Jedoch ist Kopplung via nichtresonanter Elemente gestattet.

Die Quelle der Eingangsleistung und die Gruppen der Eigenfunktionen, zu denen sie gekoppelt sind, müssen identifiziert werden. Darüber hinaus müssen die Eigenfunktionen mit „Ähnlichkeiten" zu Gruppen zusammengefasst und durch eigene Subsysteme repräsentiert werden. Wie gesagt bedeutet das oft, dass ein physikalischer Teil des Systems durch mehrere Subsysteme dargestellt werden muss.

Den Verbindungen zwischen den Subsystemen müssen die richtigen Kopplungsverlustfaktoren zugeordnet werden. Sehr oft stimmen die gewählten Verbindungen mit den geometrischen Grenzen der physikalischen Teile überein, obwohl das nicht allgemein erforderlich ist.

Eine ausführliche Diskussion der für die SEA-Modellierung erforderlichen Erwägungen und Betrachtungen gibt [3.25]. Außerdem kann man dort wertvolle Hinweise auf die praktische Vorgehensweise bei der Darstellung eines physikalischen Objektes durch ein SEA Modell finden.

Die *mittlere modale Dichte* kann normalerweise in guter Näherung an die einfacheren Strukturen wie Platten, Balken und Zylinder usw. angelehnt werden. Entsprechende Formeln findet man z. B. in [3.22] und [3.27]. Es muss darauf hingewiesen werden, dass die Modendichten der komplexeren Struktur und ihrer Vereinfachung erst bei hohen Frequenzen konvergieren, bei tiefen und mittleren Frequenzen können Unterschiede vorhanden sein. Bei tiefen Frequenzen mit kleiner Modendichte können Schätzwerte durch Messungen verbessert werden, wenn ein Prototyp zur Verfügung steht. Untersuchungsmethoden sind in [3.23] skizziert.

Setzt man die mittlere modale Dichte in Gl. (3.14) ein, so lautet die Reziprozitätsrelation

$$\eta_{21} n_1 = \eta_{12} n_2$$

und die Gleichung für den Energiefluss wird zu

$$\Pi'_{21} = \omega \eta_{21} \Delta \omega \left(n_1 E_1^m - n_2 \frac{\eta_{12}}{\eta_{21}} E_2^m \right).$$

Zusätzlich zum Kopplungsenergiefluss zwischen Subsystemen muss auch der Energiefluss aus dem System heraus – die *Dissipation* – in Betracht gezogen werden. Diese Verluste können aus inneren Verlusten (Umwandlung in Wärme), Strahlungsverlusten oder aus der Abgabe an im Modell unberücksichtigt gebliebenen Subsysteme bestehen. Die Dissipation wird für Subsystem i durch den inneren Verlustfaktor, η_{ii}, beschrieben.

Leider existieren bis heute keine brauchbaren Verfahren zur Vorausberechnung der Dissipation. Innere Verlustfaktoren müssen daher entweder an Erfahrungswerte angelehnt oder gemessen werden. Obwohl Theorien für verschiedene Verlustmechanismen existieren, sind sie doch nur unter recht speziellen und restriktiven Voraussetzungen anwendbar. Darüber hinaus können zwar Erfahrungswerte gewiss die richtige Größenordnung erfassen, Einzelheiten wie Frequenzgänge der Verlustfaktoren sind jedoch nur schwer vorhersehbar. Aus diesem Grund sind Messungen oftmals erforderlich. Beispiele einiger Experimentaltechniken sind in [3.27] und [3.28] beschrieben.

Wie oben bereits erwähnt, erfolgt die Beschreibung der *Kopplungen* mittels Kopplungsverlustfaktoren. Diese können oft theoretisch abgeschätzt werden, wobei Verwandtschaften zwischen den Verbindungen von unendlich ausgedehnten Subsystemen und einem statistischen Ensemble endlich großer Subsysteme ausgenutzt werden können [3.23].

Im Prinzip lassen sich drei Verbindungstypen voneinander unterscheiden:

- Fluidhohlraum zu Fluidhohlraum (z.B. über eine Trennwand),
- Strukturelement zu Fluidhohlraum (z.B. Platte und Hohlraum) und
- Strukturelement zu Strukturelement (z.B. Wand und Decke).

Für den ersten Typ kann unter Verwendung des Transmissionsgrades,

$$\eta_{21} = \frac{\tau c_1 S}{8\pi f V_1}, \quad (3.16)$$

hergeleitet werden, worin c_1 die Longitudinalwellengeschwindigkeit des Fluids, S die Fläche des Trennelements und V_1 das Volumen des Senderaumes bezeichnen.

Der zweite Kopplungstyp steht in Zusammenhang mit dem Realteil der Impedanz Z, die der Struktur vom Fluid aus entgegengesetzt wird. Das führt auf den Kopplungsverlustfaktor

$$\eta_{fs} = \frac{\text{Re}[Z]}{\omega M_s}, \quad (3.17)$$

in dem die Fluidimpedanz mit der Massenimpedanz der Struktur verglichen wird.

Für den speziellen Fall einer einfachen Oberflächenkopplung wird aus Gl. (3.17),

$$\eta_{fs} = \frac{2\varrho c_f \sigma}{\omega m}. \quad (3.18)$$

Hierin ist der Strukturabstrahlgrad, σ, eingeführt worden. m bedeutet die flächenbezogene Strukturmasse und ϱ die Dichte des Fluids.

Theoretische Formeln für die Eingangsimpedanz (oft als Strahlungsimpedanz bezeichnet) und den Abstrahlgrad sind für eine ganze Anzahl spezieller Strukturen für Kontakt mit Luft oder Wasser abgeleitet worden und können entsprechend der Literatur entnommen werden.

Der dritte Typ des Kopplungsverlustfaktors kann auf verschiedene Weise bestimmt werden. Am besten bezieht man sich auf die spezielle Verbindung, aber oft wird das unendliche System verwendet, welches noch mit den aktuellen Strukturelementen verbunden ist.

Die häufigsten Kopplungsarten sind punktförmig (Kontaktfläche mit Abmessungen kleiner als die Wellenlänge der bestimmenden Wellenart), linien- oder streifenförmig (eindimensionale Kopplung) und flächenhaft. Für punktförmige Kopplung können die Eingangsimpedanzen der Strukturelemente benutzt werden, wobei z.B. [3.27] eine Zusammenstellung enthält.

Bei Linien- oder Streifenverbindungen können die Kopplungsverlustfaktoren aus den Transmissionsgraden des entsprechenden unendlichen Systems bestimmt werden [3.27]. Dabei ist der Kopplungsverlustfaktor durch

$$\eta_{21} = \frac{c_{g1} L}{2\omega S_1} \tau_{21} \quad (3.19)$$

gegeben, worin τ_{21} den Transmissionsgrad von Element 1 nach Element 2, c_{g1} die Gruppengeschwindigkeit in Element 1 (die hier eingeführte Gruppengeschwindigkeit gibt die Geschwindigkeit an, mit der sich die Energie ausbreitet; sie unterscheidet sich bei dispersiven Wellen von der Phasengeschwindigkeit), S_1 die Fläche von Subsystem 1 und L die Kopplungslänge bedeuten. Man beachte, dass die Reziprozitätsrelation für senkrechten Einfall, $\tau_{12} = \tau_{21}$, für zufällige Einfallsrichtung durch

$$k_1 \tau_{21} = k_2 \tau_{21}$$

ersetzt werden muss, wobei k_1 und k_2 die Wellenzahlen in den beiden Strukturelementen darstellen. Die Kopplung von beispielsweise Platten über Oberflächen ist schwieriger zu behandeln. Theoretische Studien über Wellen in geschichteten Medien beschreiben die Eigenschaften dieser Kopplungsklasse. Es würde zu weit führen, auf diese hier einzugehen. In der kommerziellen Software sind die Verbindungen meist katalogisiert und die entsprechenden Kopplungsverlustfaktoren zusammengestellt.

Die Wellen oder – in der SEA-Philosophie – die Energieflüsse stammen natürlich von einer oder mehreren externen Quellen ab. Vom SEA-

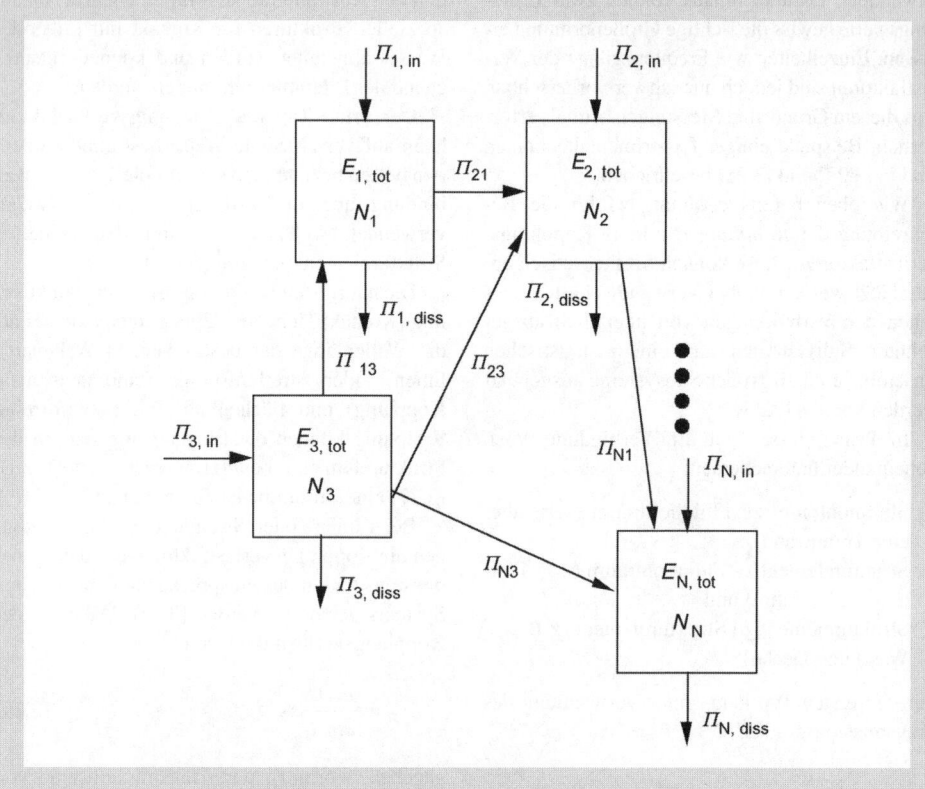

Abb. 3.10 Blockdiagramm eines SEA-Modells mit mehreren Subsystemen. Nach [3.22]

Standpunkt aus kann man deshalb die Eingangsleistung als vorgegeben betrachten, obwohl nicht alle Fragen der Übertragung völlig geklärt sind.

Das grundlegende Energiegleichgewicht (3.15) gilt für zwei gekoppelte, multi-modale Systeme unter den getroffenen Voraussetzungen. Natürlich benötigt man fast immer weit mehr als zwei Subsysteme. Das Blockdiagramm in Abb. 3.10 erläutert die generelle Situation. Wie man sieht, hat man im Allgemeinen viele externe Quellen ebenso wie Dissipation in allen Subsystemen. Intuitiv scheint eine einfache Verallgemeinerung der zwei Subsysteme in N Subsysteme möglich zu sein. Der letzte Fall wird dann durch ein Gleichungssystem N-ter Ordnung beschrieben. In der Tat existieren auch keine formalen Schwierigkeiten, jedoch muss eine physikalische Implikation beachtet werden. Sie wird durch das System in Abb. 3.11 verdeutlicht. Im zuvor diskutierten Fall zweier Subsysteme, z.B. die beiden horizontal verbundenen Platten in Abb. 3.11 unter Ausschluss der vertikalen Platte, können keine Zweifel darüber bestehen, was unter dem Kopplungsverlustfaktor zu verstehen ist. Erst beim Drei-Platten-System entsteht die Frage: Soll der Rest des Systems als ebenfalls angekoppelt oder als entkoppelt betrachtet werden, wenn eine spezifische Verbindung untersucht wird? Offensichtlich entstehen unterschiedliche Kopplungsverlustfaktoren für die L-Verbindung, je nachdem, ob die horizontale Platte aus einem oder aus zwei Elementen besteht (s. auch Gl. (3.19), wobei S_1 entweder die Fläche eines oder zweier Plattenelemente darstellt). Man kann also nur dann direkt vom Fall mit zwei Subsystemen auf den mit N Subsystemen schließen, wenn alle Kopplungsverlustfaktoren aller Verbindungen klein sind. Dies ist gleichbedeutend mit der Forderung schwacher Kopplung zwischen den Subsystemen. Daraus folgt, dass die Existenz eines weiteren Subsystemnachbarn die Eigenschaften der Eigenfunktionen eines Subsystems (in einem statistischen Sinn) nicht wesentlich verändern darf.

Nur auf den ersten Blick erscheint die erwähnte Einschränkung drastisch zu sein. Vergleiche zwischen SEA-Vorausberechnungen und Ex-

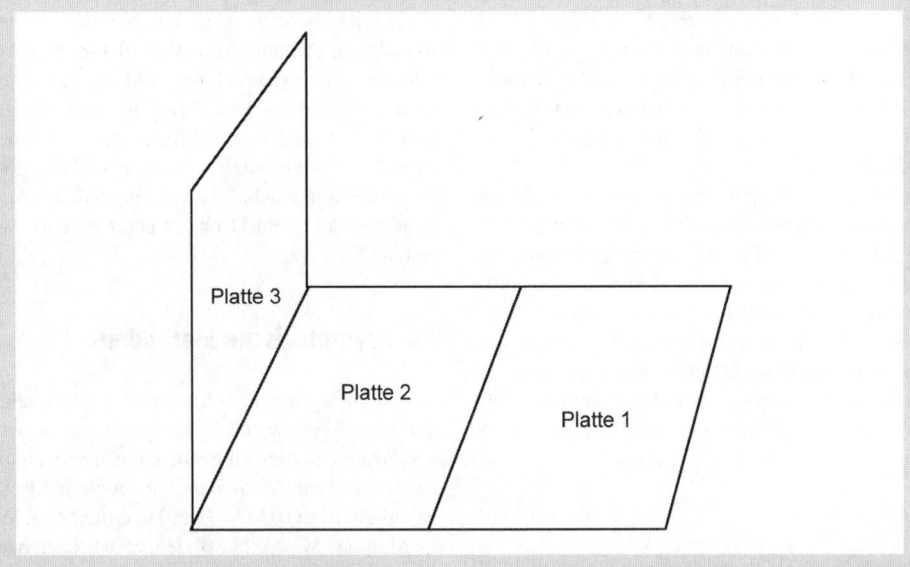

Abb. 3.11 Ein Drei-Platten-Elementsystem. Nach [3.26]

perimenten zeigen aber, dass die Voraussetzung schwacher Kopplung keine großen Fehler ergibt, wenn die Komplexität des Systems hoch ist. Statistisch gesehen ist dieses Ergebnis akzeptabel, weil sich bei großen, komplexen Systemen die Interaktion zwischen den Subsystemen stets randomisieren wird.

Vielleicht ist hier ein Hinweis auf den in der Literatur manchmal missverstandenen Begriff der schwachen Kopplung angebracht. Manchmal wird schwache Kopplung mit der Bedingung,

$$\eta_{ij} \ll \eta_{ii},$$

gleichgesetzt, die einfach besagt, dass die inneren Verluste größer als die Kopplungsverluste des Subsystems sein sollen. Offensichtlich unterscheidet sich diese Forderung sehr stark von derjenigen, in welchen die Moden eines Subsystems durch die Anwesenheit eines Nachbarsubsystems nur wenig beeinflusst werden sollen.

Für den speziellen Fall zwei gleicher Platten gibt es ja auch keinen Grund, diese nicht als ein einziges Subsystem aufzufassen. Gerade die geschilderten Überlegungen zur schwachen Kopplung weisen nochmals eindringlich darauf hin, dass die sachgerechte Anwendung der SEA Grundlagenwissen in der Strukturakustik ebenso wie eine klare Vorstellung der verschiedenen Voraussetzungen unbedingt erfordert.

Auf der Grundlage, dass die Voraussetzung schwacher Kopplung hinreichend gut erfüllt ist, wird die Verallgemeinerung der Gleichung für das Energiegleichgewicht zu

$$\begin{Bmatrix} \Pi_1^{\text{in}} \\ \Pi_2^{\text{in}} \\ \vdots \\ \Pi_N^{\text{in}} \end{Bmatrix} = \omega \begin{bmatrix} n_1\eta_1^{\text{tot}} & -n_1\eta_{12} & \cdots & -n_N\eta_{iN} \\ -n_1\eta_{21} & -n_2\eta_2^{\text{tot}} & & \vdots \\ \vdots & & \ddots & \\ -n_1\eta_{N1} & \cdots & \cdots & -n_N\eta_{NN}^{\text{tot}} \end{bmatrix}$$

$$\times \begin{Bmatrix} E_1^{\text{m}} \\ E_1^{\text{m}} \\ \vdots \\ E_N^{\text{m}} \end{Bmatrix} \Delta\omega \qquad (3.20)$$

wobei η_i^{tot} alle Verlustarten eines Subsystems beinhaltet. Das heißt,

$$\eta_i^{\text{tot}} = \eta_{ii} + \sum_j^N \eta_{ji}$$

beschreibt den Gesamtfluss aus dem i-ten Subsystem heraus.

Die Verlustfaktor-Matrix ist symmetrisch und positiv definit ($\{x\}^{\text{T}}[A]\{x\} > 0; \forall \{x\}$). Das bedeutet, dass Gl. (3.20) mit Standard-Computerroutinen gelöst werden kann. Wenn zusätzlich eine gewisse Systematik bei der Nummerierung der Subsysteme eingehalten wird, erhält man meist eine Matrix mit Bandstruktur (die Elemente bilden Cluster um die Hauptdiagonale), wodurch die numerische Behandlung erheblich vereinfacht wird.

Aus Gl. (3.20) erhält man eine Anzahl von mittleren modalen Energien. Durch Multiplikation mit der aktuellen Modenanzahl im interessierenden Frequenzband lässt sich die Gesamtenergie in diesem Subsystem abschätzen.

Der räumliche quadratische Mittelwert der Antwort eines Strukturelementes ist proportional zur kinetischen Energie. Mit den Notationen dieses Kapitels können deshalb die gesuchten Schätzwerte für die Antworten als

$$\langle \tilde{v}i^2 \rangle = E_i/M_i \qquad (3.21)$$

geschrieben werden, worin M_i die Gesamtmasse des i-ten Subsystems ist. Ähnlich sind für fluidgefüllte Räume oder Subsysteme die räumlichen quadratischen Mittelwerte des Schalldrucks durch

$$\langle \tilde{p}_i^2 \rangle = \frac{E_i \varrho_i c_i^2}{V_i} \qquad (3.22)$$

gegeben. Die Gl. (3.21) und (3.22) zeigen, dass man keine Information über das Antwortfeld innerhalb eines Subsystems erhält. Hingegen werden die Antwortverteilungen unter den Subsystemen bestimmt. Es ist ebenfalls sehr wichtig, die Erläuterung des oben erklärten Namens SEA im Hinterkopf zu behalten, wenn Resultate interpretiert werden. Vorhersagen aus den Gln. (3.21) und (3.22) bilden nur statistische Schätzwerte mit unvermeidlicher Varianz und nicht etwa exakte Ergebnisse einer Berechnung anhand eines wohldefinierten physikalischen Systems. Unter diesem Aspekt hat sich die SEA in den meisten Bereichen des Schall- und Schwingungsschutzes als sehr potent erwiesen.

Abbildung 3.12 stellt ein maßstabgerechtes Modell der Achternsektion eines Schiffes dar. Obwohl kommerziell erhältliche SEA-Pakete ausgefeilte grafische Oberflächen für die Subsystemerzeugung enthalten, ist ein maßstäbliches Modell von großem Wert für die Übersichtlichkeit, insbesondere wenn das SEA-Modell wächst und die physikalischen Elemente an einem oder mehreren SEA-Subsystemen partizipieren. Insbesondere sorgen Markierungen für einen Überblick.

Die Berechnungen, die auf diesem SEA-Modell beruhen, werden mit den Ergebnissen von Messungen am Originalschiff für einen bestimmten Schiffsabschnitt (Abb. 3.13) verglichen. Abbildung 3.14 stellt gemessene und gerechnete Schnellepegeldifferenzen zwischen zwei Schotts, verbunden durch eine T-Sektion, gegenüber und in Abb. 3.15 ist ein ähnlicher Vergleich für durch ein Deck getrennte Schotts dargestellt.

3.5 Asymptotische Methoden

Anstatt ein System als Mitglied einer Population ähnlicher Systeme anzusehen und eine statistische Argumentation zu benutzen, nähern sich die asymptotischen Methoden wie Asymptotische Modal-Analyse (AMA) [3.29] und die Mean Value Method (MVM) [3.30] dem akustischen oder dynamischen Verhalten eines Systems vom multiresonanten Bereich aus. Dabei ist ein Bereich der Helmholtz-Zahl angesprochen, in dem deterministische Verfahren wie die FEM Mühe haben.

Bei der asymptotischen Modalanalyse bildet die modale Zerlegung des dynamischen Verhaltens eines Subsystems die Grundlage für die Analyse. Darüber hinaus wird für die externe Anregung angenommen, dass sie aus vielen zufällig verteilten Punktkräften oder Punktquellen besteht. Dabei ist es gleichgültig, ob es sich um ein direkt oder ein indirekt angeregtes Subsystem handelt, weil die Anregung für eine große Modenanzahl zu örtlicher Inkohärenz tendiert. Die zweite Ingredienz zur AMA ist die Approximation der modalen Summen durch Integrale. Im Prinzip liefert die AMA deshalb dieselbe örtlich gemittelte Antwort wie die SEA. Als Methode ist die AMA unvollständig, weil es an einer Methodik zur Kopplung der Akustik oder Dynamik verschiedener Subsysteme mangelt. Sie kann daher keinen Einblick in das Verhalten eines kompletten Systems geben.

Auch bei der Mean Value Method besteht der Ausgangspunkt in der modalen Zerlegung des dynamischen Verhaltens. Die implizierte Summation wird hierbei jedoch durch ein Integral ersetzt. Aus diesem Integral wird der Antwort-Mittelwert berechnet, der gleich der Antwort des unendlichen Systems ist, das dem endlichen System entspricht. Es zeigt sich, dass die Antwort des unendlichen Systems gleich dem geometrischen Mittel aus aufeinanderfolgenden Reso-

Abb. 3.12 Maßstabsmodell einer Achternsektion eines Schiffes für die Vorbereitung der SEA-Subsystemgenerierung. Nach [3.26]

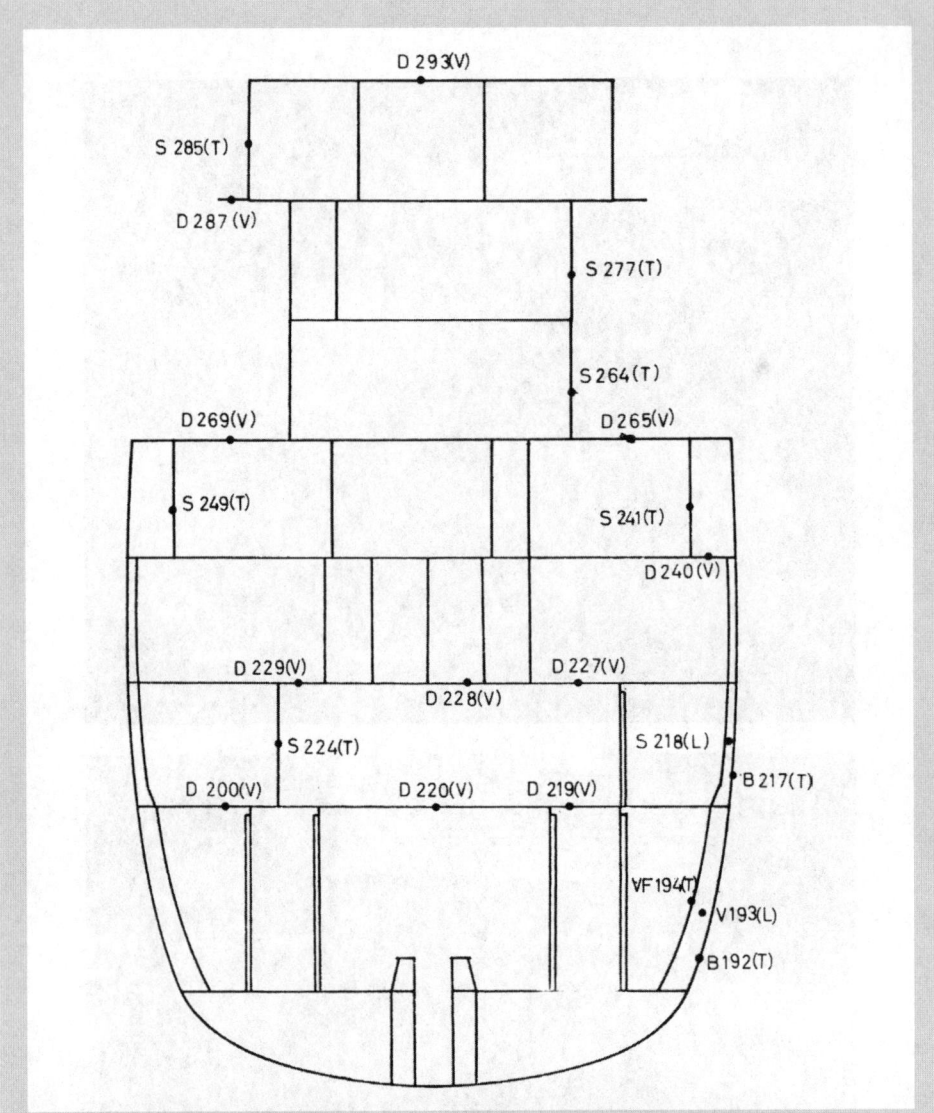

Abb. 3.13 Spantensektion eines Küstenfrachters. Dargestellt sind die in den Messungen benutzten Subsysteme. Nach [3.26]

nanzmaxima und Antiresonanzminima ist. Deshalb bildet das geometrische Mittel nicht nur eine hochfrequente Asymptote, sondern gibt auch bei niedrigen und mittleren Frequenzen insbesondere bei größeren inneren Verlusten den Wert an, welchem sich die Antwort annähert.

Die MVM beinhaltet ferner obere und untere Einhüllende der Antwort und etabliert daher die Bandbreite für die Antwort-Abweichungen, s. auch [3.31]. Wie die AMA ist die MVM nicht vollständig, weil sie keine Methodik zur Kopplung von Subsystemen enthält, sondern lediglich das asymptotische Verhalten eines Subsystems betrachtet. Erweiterungen [3.32] sind untersucht worden, wobei die potentiellen Möglichkeiten hervorgehoben worden sind; aber soweit existiert jedoch keine generelle Methodik.

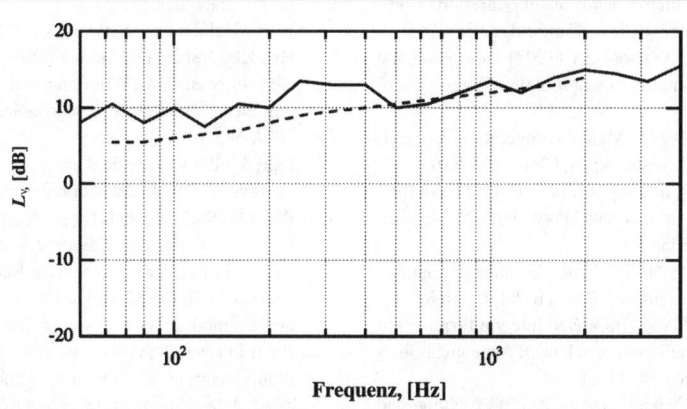

Abb. 3.14 Terzband-Schnellepegeldifferenzen zwischen Schotts 264 und 277 auf zweiten bzw. dritten Poopdecks. Nach [3.26]

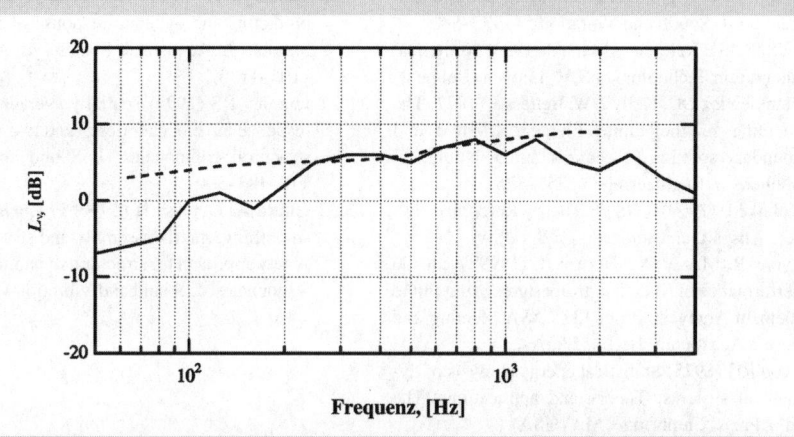

Abb. 3.15 Terzband-Schnellepegeldifferenzen zwischen Schott 241 und 264 auf ersten bzw. zweiten Poopdecks. Nach [3.26]

Literatur

3.1 Zienkiewicz OC (1977) The Finite Element Method. 3rd edn. MacGraw-Hill, London

3.2 Bathe K-J, Wilson EL (1976) Numerical methods in Finite Element Method Analysis. Prentice-Hall, Englewood Cliffs, NJ (USA)

3.3 Bathe K-J (1982) Finite Element procedures in engineering analysis. Prentice-Hall, Englewood Cliffs, NJ (USA)

3.4 Huebner KH (1975) The Finite Element Method for engineers. Wiley, New York

3.5 Lysmer J, Kuhlemeyer RL (1969) Finite dynamic model for infinite media. Proc. ASCE 95, 859–876

3.6 Bettess P (1980) More on Finite Elements. Int. J. Numerical Methods in Engineering 15, 1613–1626

3.7 Lazan B (1968) Damping of materials and members in structural mechanics. Pergamon Press, New York

3.8 Nashif AD, Jones DIG, Henderson JP (1985) Vibration damping. Wiley, New York

3.9 Bishop RED, Gladwell GML, Michaelson S (1965) The matrix analysis of vibration. Cambridge University Press, Cambridge (England)

3.10 Gourlay AR, Watson GA (1973) Computational methods for matrix eigenproblems. Wiley, Chichester (GB)

3.11 Jennings A (1977) Matrix computation for engineers and scientists. Wiley, Chichester (GB)

3.12 Vermeulen R, de Jong C (2001) Hybrid modelling of machine foundations. Proc. Inter-Noise, Den Haag (Niederlande)

3.13 Brebbia CA (1978) The Boundary Element Method for engineers. Pentech Press, London

3.14 Schenk HA (1968) Improved integral formulation of acoustic radiation problem. J. Acoustical Society of America 44, 41–58

3.15 Press WH, Flannery BP et al. (1986) Numerical recipes. Cambridge University Press, Cambridge (England)

3.16 Burton AJ, Miller GF (1971) The application of integral equation methods to the numerical solution of some exterior boundary-value problems. Proc. Royal Society A323, 201–210

3.17 Filippi PT (1977) Layer potentials an acoustic diffraction. J. Sound and Vibration 54, 473–500

3.18 SYSNOISE Reference Manual (1993) Numerical Integration Technologies N.V., Leuven (Belgien)

3.19 Zienkiewicz OC, Kelly DW, Bettess P (1977) The coupling of the Finite Element Method and boundary solution procedures. Int. J. Numerical Methods in Engineering 11, 355–375

3.20 Kohnke P (1999) ANSYS Theory Reference. 11th edn. Ansys Inc., Canonsburg, PA (USA)

3.21 Lyons R, Macey PC, Homer JL (1999) Acoustic performance of finite length apertures using Finite Element Analysis. Proc. 137th ASA Meeting and Forum Acusticum, Berlin, 5ApAA 3

3.22 Lyon RH (1975) Statistical energy analysis of dynamical systems: Theory and applications. The MIT Press, Cambridge, MA (USA)

3.23 Lyon RH, DeJong RG (1995) Theory and application of statistical energy analysis. 2nd edn. Butterworth-Heinemann, Newton, MA (USA)

3.24 Hsu KH, Nefske DJ, Akay A (eds) (1987) Statistical energy analysis. Winter Annual Meeting of the American Society of Mechanical Engineers, NCA-Vol 3

3.25 Fahy F (1974) Statistical energy analysis: A critical review. Shock and Vibration Digest 6, 14–33

3.26 Plunt J (1980) Methods for predicting noise levels in ships. Chalmers University of Technology, Dept. of Engineering Acoustics, Report 80-07

3.27 Cremer L, Heckl M, Ungar EE (1988) Structure-borne sound. 2nd edn. Springer, Berlin

3.28 Plunt J (1991) The power injection method for vibration daming determination of body panels with applied damping treatments and trim. Proc. 1991 Noise & Vibration Conference, SAE technical paper series 911085, P224, 417–425

3.29 Dowell EH, Kubota Y (1985) Asymptotic modal analysis and statistical energy analysis of dynamical systems. Trans. ASME, J. Applied Mechanics 52, 53–68

3.30 Skudrzyk E (1980) The mean-value method of predicting the dynamic response of complex vibrators. J. Acoustical Society of America 67, 1105–1135

3.31 Langley RS (1994) Spatially averaged frequency response envelopes for one- and two-dimensional structural components. J. Sound and Vibration 178, 483–500

3.32 Girard A, Defosse H (1990) Frequency response smoothing, matrix assembly and structural paths: A new approach for structural dynamics up to high frequencies. J. Sound and Vibration 137, 53–68

4 Schallwirkungen beim Menschen

C. Maschke und U. Widmann

4.1 Physiologische Aspekte

4.1.1 Ohr

Das Ohr wird anatomisch in Außenohr, Mittelohr und Innenohr unterteilt. Das Außenohr umfasst die Ohrmuschel und den Gehörgang. Eine dünne Membran, die Trommelfell genannt wird, trennt das Außenohr vom Mittelohr.

Das Mittelohr ist ein luftgefüllter Hohlraum (Paukenhöhle), in dem sich zur Schallleitung drei Gehörknöchelchen (Hammer, Amboss, Steigbügel) befinden. Der Luftdruck im Mittelohr muss an die Luftdruckveränderungen im Außenraum angepasst werden können. Deshalb besteht eine schlauchartige Verbindung (Eustachsche Röhre) zum Rachenraum. Beispielsweise beim Schlucken oder Gähnen findet so ein Druckausgleich statt. Der Hammergriff ist mit dem Trommelfell

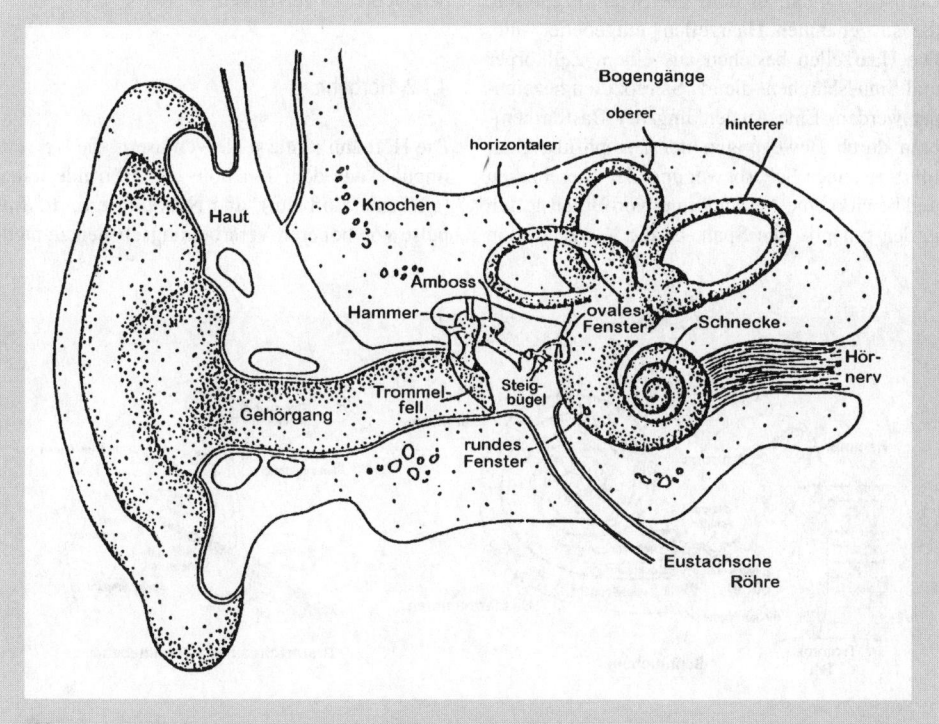

Abb. 4.1 Anatomie des Außen-, Mittel- und Innenohres (Quelle: Lindsay 1977)

verwachsen und überträgt die Schallschwingungen des Trommelfells auf Amboss und Steigbügel, der wiederum mit dem ovalen Fenster (Innenohr) verwachsen ist. An den Gehörknöchelchen setzen zwei Muskeln an, die als Trommelfellspannmuskel bzw. Steigbügelmuskel bezeichnet werden. Sie können über den akustischen Reflex eine Verminderung der Schallleitung bewirken.

Bewegungen des ovalen Fensters werden auf die Lymphflüssigkeit des Innenohres (Cochlea) übertragen. Das Innenohr ist in 2,5 Windungen schneckenförmig aufgewickelt und in drei Bereiche (Scalen) unterteilt. Die Scala vestibuli, die Scala tympani und die Scala media werden durch die Basilarmembran bzw. die Reissnersche Membran voneinander getrennt. Die Scala media ist mit Endolymphe gefüllt. Die beiden anderen Scalen, die an der Spitze der Schnecke ineinander übergehen (Helicotrema), enthalten Perilymphe. In der Perilymphe sind überwiegend Natriumionen vorhanden, in der Endolymphe dagegen Kaliumionen. Diese unterschiedliche Ionenkonzentration dient als „Batterie" für die in den Schallrezeptoren stattfindenden bioelektrischen Vorgänge.

Auf der Basilarmembran befindet sich das Cortische Organ, in dem die Schallrezeptoren, die so genannten Haarzellen, eingebettet sind. Die Haarzellen bestehen aus einem Zellkörper und Sinneshärchen, die als Stereozilien bezeichnet werden. Eine Auslenkung der Basilarmembran durch Bewegungen der Lymphflüssigkeit führt zu einer Scherbewegung der Stereozilien und bewirkt eine Ausschüttung von Botenstoffen in den synaptischen Spalt. Ist die Konzentration von Botenstoffen ausreichend, so werden bioelektrische Impulse (Aktionspotentiale) in der angrenzenden Nervenzelle ausgelöst. Die Anzahl der pro Zeiteinheit in der Hörbahn ausgelösten Aktionspotentiale kodiert die Lautstärkewahrnehmung (z. B. [Zwislocki 1969]).

Aufgrund der Dämpfungseigenschaften der Basilarmembran haben die Wellenbewegungen im Innenohr ihr Maximum an unterschiedlichen Orten der Basilarmembran, und zwar abhängig von der Frequenz des Schallereignisses. Durch hohe Frequenzen ausgelöste Wanderwellen steilen sich bereits in der Nähe des ovalen Fensters auf. Die Maxima tiefer Frequenzen liegen in der Nähe der Schneckenspitze. Aufgrund dieser Frequenz-Orts-Transformation ist das Gehör in der Lage, Tonhöhen zu entschlüsseln [Békésy 1960].

Die mechanischen Eigenschaften der Basilarmembran reichen jedoch nicht aus, die hohe Frequenzauflösung des Hörens zu erklären. Es ist nach heutigem Kenntnisstand von aktiven Prozessen in der Cochlea auszugehen. Untersuchungen von Brownell (1986) zeigten, dass die äußeren Haarzellen die Fähigkeit besitzen, Kontraktionen im kHz-Bereich durchzuführen und so die Auslenkung der Basilarmembran auf einem kleinen Gebiet zu verstärken.

4.1.2 Hörbahn

Die Hörbahn umfasst Nervenfasern, die Nervenimpulse aus dem Innenohr zur Hörrinde leiten (afferente Hörbahn), und Nervenfasern, die Impulse von höheren Verarbeitungsebenen an nied-

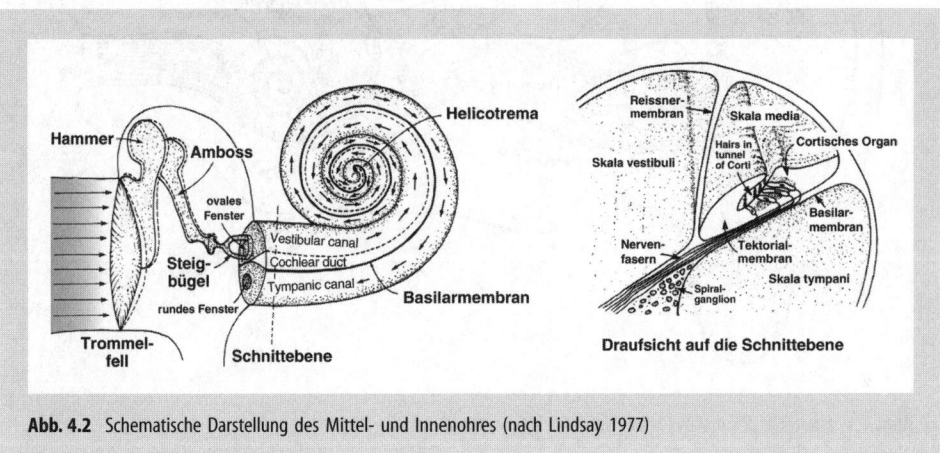

Abb. 4.2 Schematische Darstellung des Mittel- und Innenohres (nach Lindsay 1977)

rigere Verarbeitungsebenen und zurück an das Innenohr senden (efferente Hörbahn).

Für die extraaurale Wirkung von Schall ist die afferente Hörbahn von besonderer Bedeutung. Von dieser afferenten Hörbahn zweigen auf verschiedenen Verarbeitungsebenen Nervenfasern ab und stellen direkte Verbindungen mit anderen Funktionssystemen her. Dies ist der direkte Weg der Schallaktivierung.

Die afferente Hörbahn ist stark vereinfacht mit ihren Verarbeitungsebenen und den Übergängen zu anderen Funktionssystemen in Abb. 4.3 dargestellt.

Die erste Verarbeitungsstation nach dem Innenohr (1) sind die Nuclei cochlearis (2) (Hörkerne). Hier teilt sich die Hörbahn und führt zu unterschiedlichen Arealen.

Ein Strang führt zur lateralen Olive (3). Der Hauptstrang führt zu der Olive, die dem erregten Ohr gegenüberliegt (kontralaterale Seite). Ein dritter Strang verlässt die Hörbahn und endet in der Formatio reticularis. Bei ihr handelt es sich um eine Zellformation, die sich vom Rückenmark bis in das Mittelhirn erstreckt. Über die Formatio reticularis wird der Aktivierungszustand bzw. der Schlaf-Wach-Rhythmus gesteuert.

Über die seitliche Schleifenbahn (Lemniscus lateralis) führt die Hörbahn weiter zur Vierhügelregion (4). In diesem Bereich findet die Frequenz- und Intensitätsauflösung statt. Es wird der Hörereignisort (Lokalisation) gebildet und es können Reflexe ausgelöst werden. Die Hörrinde (6) ist letzte Station der afferenten Hörbahn. Sie wird über den mittleren Kniekörper (5) erreicht und ist für die bewusste Wahrnehmung, das Hörereignis, verantwortlich.

Im Bereich des mittleren Kniekörpers bestehen direkte Abzweigungen von der Hörbahn zum Mandelkern (Amygdala) und zum Hypothalamus. Der Mandelkern zeichnet sich durch eine außergewöhnliche Lernfähigkeit hinsichtlich aversiver Schallreize aus (Furchtzentrum). Er kann sich bei häufig wiederholter Reizung so verändern, dass der gesamte Organismus sensibler auf aversive Geräusche reagiert [Spreng 2000]. Im Endstadium liegt dann ein sehr schnelles und grobes Verarbeitungsmuster vor, welches auf bekannte akustische Reize (z. B. Flugzeugschalle) mit direktem Zugriff auf vegetative und hormonelle Funktionseinheiten sowie auf emotionale Bereiche reagiert (Konditionierung). Es ist hinzuzufügen, dass dieses derart gebahnte Verarbeitungsmuster auch während des Schlafs nahezu voll aktiv ist.

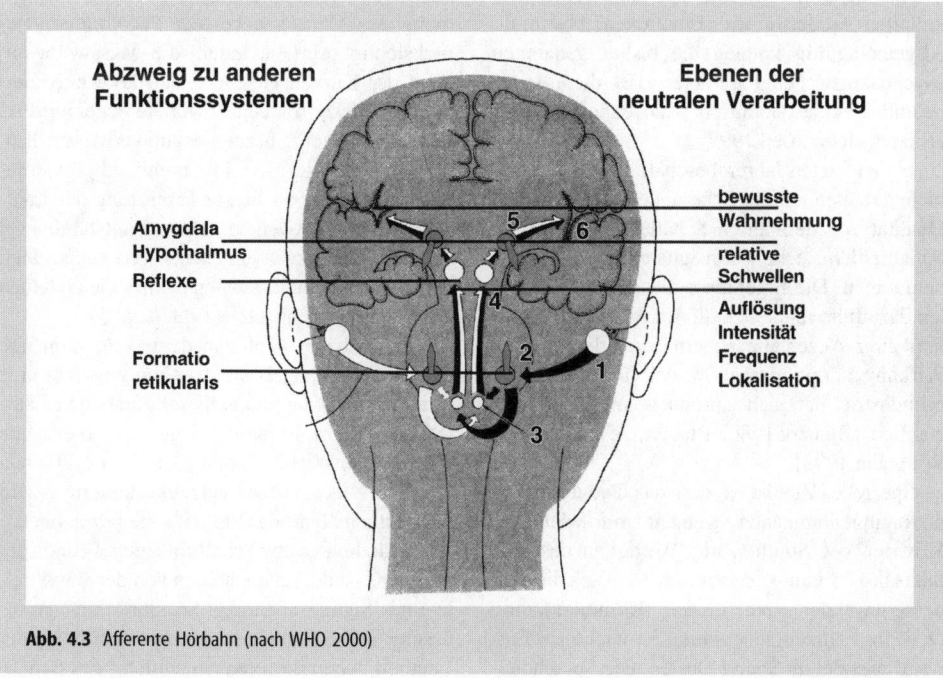

Abb. 4.3 Afferente Hörbahn (nach WHO 2000)

4.2 Wahrnehmung

Die akustische Wahrnehmung ist die spezifische Wirkung eines Schallereignisses, die auch als Hörereignis bezeichnet wird. Sie lässt sich in verschiedene Wahrnehmungskomponenten (Dimensionen) aufteilen, vergleichbar etwa mit der Aufteilung der Geschmackswahrnehmung in bitter, süß, salzig und sauer.

Gut erforscht sind die dominanten Wahrnehmungskomponenten Tonhöhe und Lautheit [Zwicker & Fastl 1990], die ein Hörereignis aber nicht vollständig beschreiben. Komponenten der Hörwahrnehmung, die nicht durch Tonhöhe und Lautheit erfasst werden, wurden in der Vergangenheit oft unter dem Begriff der Klangfarbe zusammengefasst [Letowski 1992; Schouten 1968; Benedini 1979]. Heute werden weitere psychoakustische Wahrnehmungsgrößen wie Schärfe [Aures 1985b; v. Bismarck 1974], Rauhigkeit [Fastl 1977; Aures 1985c] und Schwankungsstärke [Zwicker & Fastl 1990] definiert. Diese Hörempfindungen können vom Gehör unabhängig voneinander beurteilt werden. Es wurden Funktionsmodelle erarbeitet, mit denen die jeweilige Hauptwahrnehmungskomponente allgemeingültig aus den physikalischen Kenngrößen des Schallereignisses abgeleitet werden kann.

Die Wahrnehmung wird aber zu einem nicht unerheblichen Teil durch die situativen Gegebenheiten und durch die mit den Geräuschen verknüpften Assoziationen (Emotionen) bestimmt. Allgemeingültig können die bisher genannten psychoakustischen Parameter z.B. die „Angenehmheit" eines Geräusches nur unbefriedigend erklären [Johannsen 1997].

In den letzten Jahren beschäftigten sich daher viele Arbeiten mit der Erfassung der akustischen Qualität von definierten Schallereignissen bzw. Schallfeldern, z.B. Warnsignalen bzw. Autoinnenräumen. Die Ergebnisse dieser Arbeiten sollen dazu führen, die Schallimmissionen hinsichtlich ihrer Akzeptanz zu erhöhen oder in ihrer Wirkung zu optimieren. Speziell in der Automobilindustrie hat sich „product sound quality" etabliert [Blauert 1986; Blauert, Jekosch 1997; Widmann 1998].

Spezielles Ziel ist es, dass das Geräusch vom unvoreingenommenen Kunden mit wichtigen Kriterien wie Solidität und Wertigkeit des Produkts in Verbindung gebracht wird. Auch die Verbesserung der sprachlichen Kommunikation (z.B. im Fahrzeuginnenraum) ist wichtiges Entwicklungsziel im Sound-Design. Die Sprachqualität hängt im Wesentlichen von Pegel und Spektrum der Sprache und der Störgeräusche ab. Aber auch die Artikulation, das Hörvermögen, Blickkontakt zwischen Sprecher und Zuhörer oder Halligkeit des Raumes spielen eine Rolle.

4.2.1 Allgemeingültige psychoakustische Ansätze

Die in diesem Abschnitt beschriebenen Wahrnehmungsgrößen sind durch eine Wahrnehmungsfunktion eindeutig mit einer oder mehreren Reizgrößen verbunden. Sie gehen, mit Ausnahme der Dichte, auf Arbeiten der „Münchner Schule" um Zwicker und Fastl [Zwicker 1982; Zwicker & Fastl 1990] zurück und wurden aus Hörversuchen ermittelt. Vertiefende Darstellungen findet der interessierte Leser z.B. in [Aures 1985a, b, c; v. Bismarck 1974a, b; Heldmann 1994; Terhardt 1981, 1998].

4.2.1.1 Lautstärke

Die Wahrnehmung der Lautstärke hängt vom Schalldruckpegel, von der Frequenz, von der Bandbreite des Schallereignisses und von Verdeckungseffekten ab.

Für Töne oder schmalbandige Geräusche kann die frequenzabhängige Lautstärkewahrnehmung des Menschen bei der Pegelbildung berücksichtigt werden, indem die Messwerte anhand der Kurven gleicher Lautstärke korrigiert werden. Dieser frequenzbewertete Pegel wird als Lautstärkepegel L_s bezeichnet und erhält die Einheit phon (DIN 1318). Für breitbandige Geräusche sind Hörversuche zur Ermittlung des Lautstärkepegels notwendig. Dem Lautstärkepegel wird im Hörversuch ein Zahlenwert zugeordnet, der mit dem Schalldruckpegel eines gleich lauten 1-kHz-Tones identisch ist (vgl. Kap. 5).

Oberhalb von 40 phon bedeutet eine Zunahme des Lautstärkepegels um 10 phon ungefähr eine Verdoppelung der subjektiv empfundenen Lautstärke. Werden 40 phon = 1 gesetzt, so erhalten 50 phon den Wert 2, 60 phon den Wert 4, 70 phon den Wert 8 usw. Diese Lautstärkeskalierung wird als Lautheit N mit der Einheit sone bezeichnet.

Zusätzlich zum Schalldruckpegel und der Frequenz ist die Lautheit auch von der Bandbreite eines Signals abhängig. So führt eine Vergrößerung der Bandbreite zu einer Erhöhung der Lautheit, wenn der Frequenzumfang des Schall-

Tabelle 4.1 Reizgrößen und Wahrnehmungsgrößen. In der linken Spalte sind dominante physikalische Parameter (Reizgrößen), in der rechten Spalte die psychoakustischen Komponenten der Wahrnehmung aufgelistet, (vorgeschlagene) Einheiten sind in eckigen Klammern vermerkt.

Dominante Reizgrößen	Wahrnehmungsgrößen
Schalldruckpegel [dB]	Lautheit [sone]
	Lautstärkepegel [phon]
Frequenz [Hz]	Tonheit [Bark]
	Verhältnistonhöhe [mel]
Modulationsgrad [%]	Rauhigkeit [asper]
Modulationsfrequenz [Hz]	
Frequenz [Hz]	Schärfe [acum]
Modulationsgrad [%]	Schwankungsstärke [vacil]
Modulationsfrequenz [Hz]	
Spektrale Komponenten [dB]	Ausgeprägtheit der Tonhöhe
	Klanghaftigkeit [dB]
Impulsdauer [s]	subjektive Dauer
	Impulshaftigkeit [IU]
Schalldruckpegel [dB]	Dichte [dasy]
Frequenz [Hz]	

ereignisses die Frequenzgruppenbreite überschreitet. Die Frequenzgruppenbreiten (Δf_G) können oberhalb von 500 Hz relativ gut durch Terzbänder angenähert werden.

Ein Ton oder ein Geräusch kann durch ein zweites Schallereignis in seiner Lautheit vermindert werden (Drosselung) oder es wird nur noch das lautere Schallereignis wahrgenommen (Verdeckung). Um die Abhängigkeiten der Verdeckung zu untersuchen, bedient man sich der Messung der Mithörschwelle. Die Mithörschwelle gibt denjenigen Schalldruckpegel des Testschalles (meist ein Sinuston) an, den dieser haben muss, damit er neben dem Störschall gerade noch

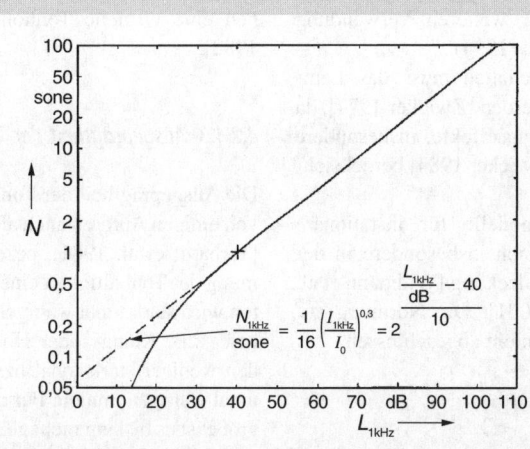

Abb. 4.4 Lautheitsfunktion für einen 1-kHz-Ton (durchgezogene Linie). Oberhalb von 40 dB entspricht eine Erhöhung von 10 dB einer Verdoppelung der empfundenen Lautstärke. Unterhalb von 40 dB genügen niedrigere Schallpegeldifferenzen zur Verdoppelung der Lautstärkewahrnehmung (Quelle: Zwicker 1982, S. 81)

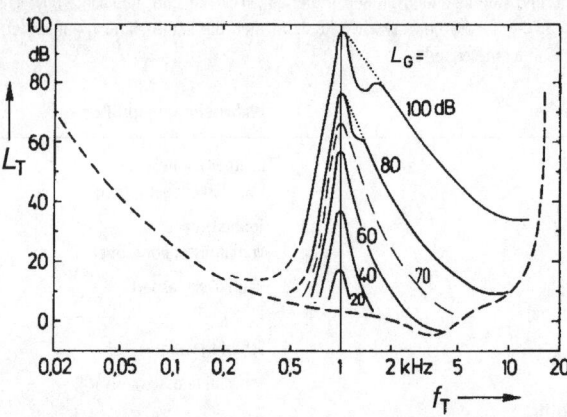

Abb. 4.5 Mithörschwelle (MHS) von Sinustönen, verdeckt durch Schmalbandrauschen unterschiedlichen Pegels L_G bei 1 kHz-Mittenfrequenz. Die Mithörschwellen steigen von tiefen Frequenzen her kommend steiler an, als sie nach hohen Frequenzen hin abfallen. Nach höheren Frequenzen hin zeigt sich die pegelabhängige „nichtlineare Auffächerung" der oberen Flanke (Quelle: Zwicker 1982, S. 41).

wahrgenommen werden kann, d.h. gerade noch mitgehört wird.

Soll die Lautheit eines Schallereignisses aus den physikalischen Kenngrößen bestimmt werden, so müssen Frequenzgruppenbildung, Verdeckung und Drosselung berücksichtigt werden. Ein Verfahren, das die Funktionsweise des menschlichen Gehörs für stationäre Geräusche umfassend berücksichtigt, ist die Berechnung der Lautheit nach Zwicker. Eine aktuelle Version der Lautheitsberechnung enthält DIN 45631 für PCs. Ein C-source-Code zur weiteren Verwendung findet sich bei Widmann (1994).

Bei instationären Schallen muss das Lautheitsmodell erweitert werden [Zwicker 1977], da hier zeitliche Verdeckungseffekte, insbesondere die Nachverdeckung [Zwicker 1984] berücksichtigt werden müssen.

Aktuelle Lautheitsmodelle für instationäre Schalle unterscheiden sich insbesondere in der Simulation der Nachverdeckung [Widmann et al. 1998; Fastl, Schmid 2001]. Die Normung auf diesem Gebiet ist noch nicht abgeschlossen.

4.2.1.2 Tonhöhe

Die Tonhöhenwahrnehmung von Sinustönen ist neben dem Pegel im Wesentlichen von der Frequenz abhängig. Durch Experimente mit reinen Tönen kann folgende Wahrnehmungsfunktion ermittelt werden (Abb. 4.6). Für einen 125-Hz-Ton wird die Verhältnistonhöhe H mit 125 mel definiert.

Bis ca. 1 kHz wird eine Verdoppelung der Frequenz als Verdoppelung der Tonhöhe empfunden. Darüber sind größere Frequenzsprünge notwendig, um eine Tonheitsverdoppelung zu bewirken.

Ein interessantes Phänomen stellt die so genannte virtuelle Tonhöhe dar. Diese entsteht dadurch, dass das Gehör bei komplexen Schallen aus den vielfach vorhandenen Spektraltonhöhen eine virtuelle Tonhöhe ermittelt [Zwicker 1982].

4.2.1.3 Ausgeprägtheit der Tonhöhe

Die Ausgeprägtheit der Tonhöhe (pitch strength), von einigen Autoren auch als Tonalität bezeichnet [Terhardt et al. 1981], bezeichnet die Wahrnehmung der Tonhaltigkeit eines Schalles. Ein Sinuston wird stark tonal wahrgenommen. Andere Signale, z.B. Klänge oder Hochpassrauschen, werden weniger stark tonal bzw. nur noch schwach tonal wahrgenommen. Für diese Wahrnehmungsgröße ist es bislang nicht gelungen, ein allgemeingültiges Funktionsmodell zu formulieren. Lediglich für einfache Schalle gibt es Vorschriften zur Bestimmung der Tonhaltigkeit von Geräuschen (DIN 45681). Aus diesem Grund wurde der Tonhaltigkeit bisher keine Einheit zugewiesen.

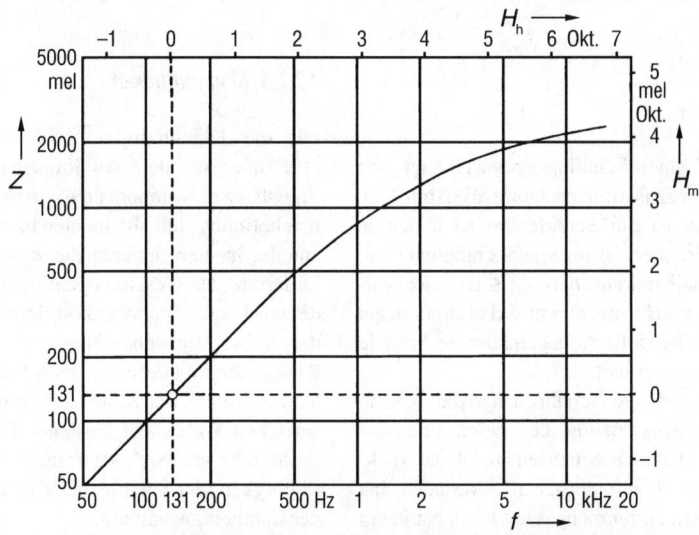

Abb. 4.6 Tonhöhenwahrnehmungsfunktion (Quelle: Zwicker 1982, S. 58), Aufgetragen ist hier die Funktion, die zu einer Frequenz f_1 (Abszisse) die Frequenz des Tones $f_{1/2}$ (Ordinate) angibt, welcher die doppelte Tonhöhenwahrnehmung hervorruft. Die gestrichelt eingetragene Kurve entspricht der Verhältnistonhöhe H in mel.

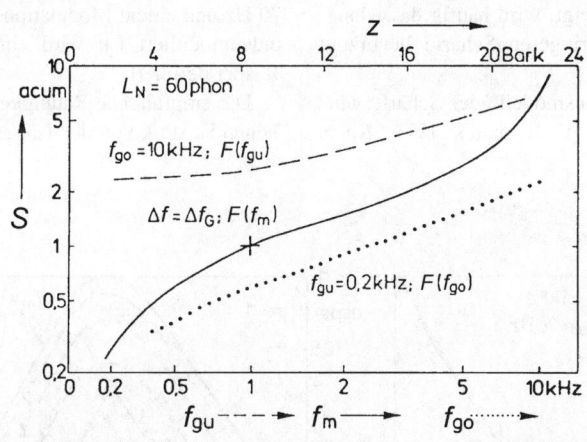

Abb. 4.7 Die Schärfe von Schmalbandrauschen (durchgezogen), Tiefpassrauschen (punktiert) und Hochpassrauschen (gestrichelt) als Funktion der Mittenfrequenz f_m, der oberen Grenzfrequenz f_{go} bzw. der unteren Grenzfrequenz f_{gu} (Quelle: Zwicker 1982, S. 84)

Im Allgemeinen kann die Ausgeprägtheit komplexer Schalle nur aus Hörversuchen abgeleitet werden.

4.2.1.4 Schärfe

Die Schärfe eines Schallereignisses hängt von seiner Frequenzzusammensetzung ab (Abb. 4.7). Grundsätzlich ist die Schärfe um so höher, je mehr hohe Frequenzen im Signal enthalten sind. Einem Schmalbandrauschen ($\Delta f \leq \Delta f_g$) der Mittenfrequenz 1 kHz mit einem Schalldruckpegel von 60 dB wird definitionsgemäß eine Schärfe von 1 acum zugeordnet.

Für breitbandigere Schalle hängt die Schärfe von der Bandbegrenzung bei tiefen und insbesondere bei hohen Frequenzen ab. Ob das Spektrum einen kontinuierlichen Verlauf hat oder aus Linien zusammengesetzt wird, hat kaum einen Einfluss auf die Schärfe. Aus den Ergebnissen kann abgeleitet werden, dass der Faktor, der am meisten zur Schärfe beiträgt, die Verteilung der spektralen Hüllkurve eines Schalles ist.

Besonders interessante Anwendungsmöglichkeiten der Schärfe ergeben sich im Sound-Design dadurch, dass es möglich ist, durch Zumischen tieffrequenter Schallanteile die Schärfe von Schallen zu erniedrigen. Obwohl dadurch die Lautheit etwas ansteigt, wird häufig das Klangbild wegen der geringeren Schärfe bevorzugt [Widmann 1998].

Mehrere Funktionsmodelle der Schärfe wurden vorgeschlagen [v. Bismarck 1974; Aures 1984; Zwicker, Fastl 1990] und sind heute in modernen Simulationssystemen verfügbar.

4.2.1.5 Klanghaftigkeit

Für die Klanghaftigkeit werden nach Aures (1985 a, c) aus dem Amplitudenspektrum eines Signals zwei Komponenten extrahiert. In dem einen befinden sich alle tonalen bzw. Schmalbandanteile, in dem anderen die Rauschanteile. Die Differenz des Gesamtpegels beider Spektren in dB wird nach Tonhöhenkorrektur und Korrektur der Verdeckungsphänomene als Maß für die Klanghaftigkeit definiert. Es soll ein Zusammenhang zwischen der Klanghaftigkeit und dem sensorischen Wohlklang bestehen. Der sensorische Wohlklang setzt sich nach Aures (1985c) aus der Rauhigkeit, der Schärfe, der Klanghaftigkeit und der Lautheit zusammen.

4.2.1.6 Rauhigkeit

Die Rauhigkeit ist eine Wahrnehmungskomponente, die insbesondere bei frequenz- und bei amplitudenmodulierten Schallen hervortritt.

Für einen 1-kHz-Ton mit einem Pegel von 60 dB, der mit einer Modulationsfrequenz von 70 Hz und einem Modulationsgrad von 1 amplitudenmoduliert ist, wird eine Rauhigkeit von 1 asper definiert.

Die empfundene Rauhigkeit von modulierten Tönen ist stark von der Trägerfrequenz, der Mo-

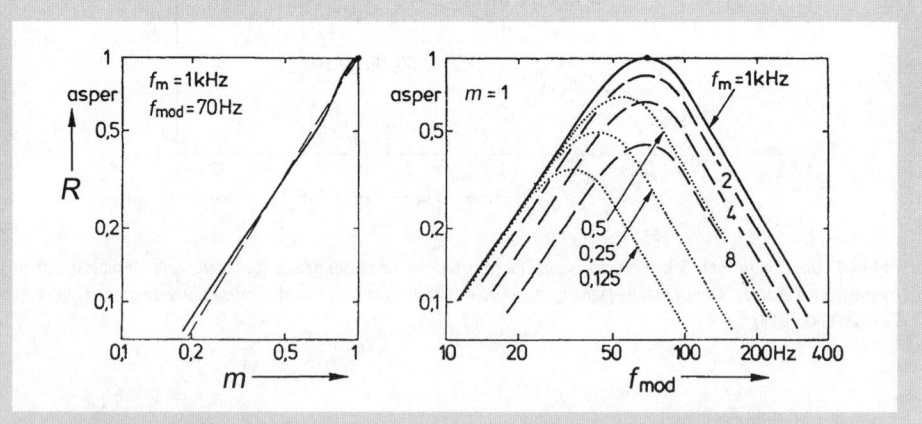

Abb. 4.8 Rauhigkeit R (Quelle: Zwicker 1982, S. 107). Rauhigkeit eines harmonisch amplitudenmodulierten Tones in Abhängigkeit vom Modulationsgrad m und der Modulationsfrequenz f_{mod}. Die Mittenfrequenz f_m ist hier Parameter

dulationsfrequenz und dem Modulationsgrad abhängig (s. Abb. 4.8). Die Abhängigkeit vom Schalldruckpegel ist weniger stark ausgeprägt. Erst eine Erhöhung des Schalldruckpegels um ca. 40 dB bewirkt eine Verdoppelung der Rauhigkeit. Bei Frequenzmodulationen treten höhere Rauhigkeitswahrnehmungen auf als bei der Amplitudenmodulation.

4.2.1.7 Schwankungsstärke

Bei Schallsignalen mit zeitlich schwankender Hüllkurve, z. B. amplituden- oder frequenzmodulierte Schalle, bei denen die Modulationsfrequenz maximal 20 Hz beträgt, wird keine Rauhigkeit des Schalls wahrgenommen, sondern eine Fluktuation. Einem 1-kHz-Ton mit einem Schalldruckpegel von 60 dB, der mit einem Modulationsgrad von 1 und einer Modulationsfrequenz von 4 Hz amplitudenmoduliert wird, wird daher eine Schwankungsstärke von 1 vacil zugeordnet [Zwicker, Fastl 1990]. Bei einer Modulationsfrequenz von 4 Hz ergibt sich sowohl für die Amplitudenmodulation als auch für die Frequenzmodulation die maximale Schwankungsstärke (s. Abb. 4.9).

Die Hörempfindung Schwankungsstärke ist insbesondere im Hinblick auf die Lästigkeit von Schallen von Bedeutung. Sie ist in Alarmsignalen besonders ausgeprägt, die zusätzlich laut, scharf und tonal sein sollten.

Bei modulierten Schallen ergeben sich wegen der zeitlichen Verdeckungseffekte Mithörschwellen-Periodenmuster. Die Modulationstiefe des Mithörschwellen-Periodenmusters spielt bei der Erklärung von Hörempfindungen, wie Schwankungsstärke und Rauhigkeit (s. Absch. 4.2.1.6), eine zentrale Rolle [Fastl 1977; Fastl 1982; Widmann, Fastl 1998].

Mithörschwellen-Periodenmuster sind in der Praxis besonders wichtig, weil wegen der nichtlinearen Auffächerung der oberen Verdeckungsflanke sich periodische Änderungen tieffrequenter Schallanteile insbesondere bei mittleren und hohen Frequenzen auswirken. Damit können tieffrequente Schalle als Störschalle (z. B. Sprache) periodisch modulieren und die sprachliche Kommunikation stören. Weitere Anwendungsbeispiele sind die Geräusche, die bei bestimmten Fahrgeschwindigkeiten und Öffnungswinkeln des Schiebedachs oder der Fenster von Pkw auftreten können („Wummern").

4.2.1.8 Weitere psychoakustische Wahrnehmungsgrößen

In einer Untersuchung von Heldmann (1994) wird die psychoakustische Wahrnehmungsgröße Im-

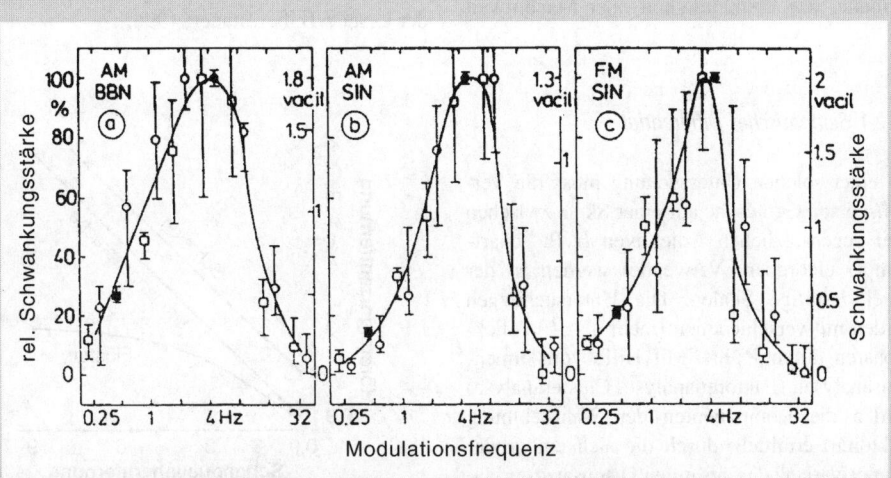

Abb. 4.9 Die Schwankungsstärke eines amplitudenmodulierten Breitbandrauschens (**a**), eines amplitudenmodulierten Tones (**b**) und eines frequenzmodulierten Tones (**c**) in Abhängigkeit von der Modulationsfrequenz. Die Ordinaten sind unterschiedlich skaliert. Für Frequenzmodulationen ergeben sich höhere Schwankungsstärken (Quelle: Zwicker & Fastl 1990, S. 223)

pulshaftigkeit definiert. Als Einheit wird IU (impetus unit) vorgeschlagen. 1 IU wird einem 1-kHz-Tonpuls mit der Impulsdauer von 20 ms und einem Impulspegel von 73 dB zugeordnet, dessen zeitliche Änderung der Einhüllenden gausförmig auf einer Zeitskala von 3,5 ms verläuft.

Die Dichte wurde von Guirao und Stevens als psychoakustische Wahrnehmungsgröße definiert [Guski 1996]. Sie ermittelten sowohl für die Frequenz als auch für den Schalldruckpegel einen positiven Zusammenhang zur Dichte. Als Einheit wurde das griechische Wort für Dichte „dasy" vorgeschlagen. Ein l-kHz-Ton mit einem Schalldruckpegel von 40 dB hat nach dieser Arbeit eine Dichte von 1 dasy. Für diese Wahrnehmungsgröße existiert noch kein anerkanntes Berechnungsverfahren.

4.2.2 Spezifische psychologische Ansätze

Eine Möglichkeit, Wahrnehmungsdimensionen in definierten Situationen zu erforschen, eröffnen psychologisch orientierte Ansätze. Hier steht neben Grundlagenforschung die „product sound quality" im Vordergrund, wie sie z.B. in letzter Zeit in Arbeiten von Kuwano et al. (1994, 1997) und Namba et al. (1993) verfolgt wurde. Als Untersuchungsmethode wird häufig ein „semantisches Differential" eingesetzt [Hashimoto 1996; Kuwano et al. 1994; Takao et al. 1994]. Die Ergebnisse liegen dann in Form von Geräuschattributen wie Erstklassigkeit oder Mächtigkeit vor.

4.2.2.1 Semantisches Differential

Bei einer solchen Untersuchung muss die Versuchsperson Geräusche auf einer Skala zwischen zwei gegensätzlichen Adjektiven (z.B. scharf-stumpf) einordnen. Verwendet werden in der Regel 7-stufige Skalen. Die Untersuchungen werden mit verschiedenen (mehr als 10) Adjektivpaaren durchgeführt. Mit Hilfe von Dimensionsanalysen (Faktorenanalyse, Clusteranalyse) werden die Komponenten der Wahrnehmung (Faktoren) ermittelt, durch die sich ein großer Teil der Varianz des gesamten Datensatzes erklären lässt.

Eine grundsätzliche Schwierigkeit dieser Methode besteht darin, die gefundenen Faktoren mit den Reizparametern der Geräusche zu verbinden.

Untersuchungen der Wahrnehmung von Geräuschen mit dem semantischen Differential erfolgten bereits im Jahre 1958 durch Solomon. In den letzten Jahren beschäftigten sich viele Arbeiten mit der Erfassung der akustischen Qualität von einzelnen Schallereignissen bzw. Schallfeldern, z.B. mit Warnsignale oder dem Autoinnenraum.

4.2.3 Lokalisation

Das Gehör ist in der Lage, einem Hörereignis einen „Entstehungsort" (Hörereignisort) zuzuordnen (Lokalisation). Im Allgemeinen wird die Richtungsinformation aus den Pegel- und Frequenzunterschieden der Schalldruckverteilungen am linken und rechten Ohr abgeleitet. Bei der Lokalisation wird im Wesentlichen zwischen drei Arten unterschieden:

– Richtungshören in der Horizontalebene,
– Richtungshören in der Medianebene,
– Lokalisation des Hörereignisortes sowie Lokalisationsunschärfe; Entfernungshören.

Bei dem Entfernungshören ist die Vertrautheit mit dem Schallereignis von großer Bedeutung. Bei Sprache entspricht die Hörereignisentfernung recht gut der Schallquellenentfernung. Bei ungewohnter Sprechweise (z.B. Flüstern) ergeben sich bereits wesentliche Abweichungen. Eine vertiefende Darstellung der Lokalisation findet der Leser z.B. bei Blauert 1996.

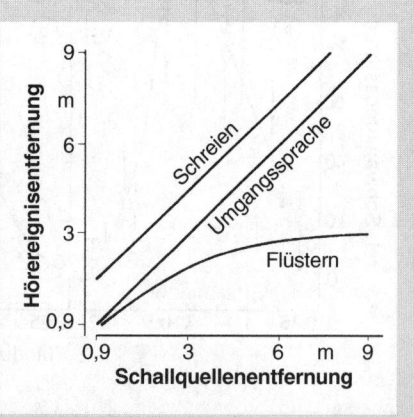

Abb. 4.10 Lokalisation zwischen Hörereignisentfernung und Schallquellenentfernung bei unterschiedlichen Sprechweisen

Verschmelzen zwei Schallereignisse zu einem Hörereignis, dann wird der Hörereignisort durch den Schall bestimmt, der als erster das Ohr erreicht hat. Cremer bezeichnete diesen Effekt als „Gesetz der ersten Wellenfront" [Cremer 1948]. Ohne diese Eigenschaft des Gehörs wäre die akustische Orientierung in Räumen kaum möglich.

4.3 Gesundheitliche Beeinträchtigungen durch Lärm

Hohe Schalldruckpegel können das Gehör schädigen und zu riskanten neuro-vegetativen Reaktionsmustern führen. Lärm ist aber nicht einfach ein physikalischer Reiz, sondern auch ein individuelles Erlebnis. Eine unzureichende Bewältigung kann ebenfalls zu inadäquaten Reaktionsmustern und schließlich zu Regulationsstörungen führen. Regulationsstörungen sind als adverse Effekte einzustufen, als Übergangsstadium von Gesundheit zur Krankheit.

Die Einbeziehung des individuellen Erlebens berücksichtigt die Tatsache, dass der Mensch eine biopsychosoziale Einheit darstellt [von Uexküll 1990]. Folglich sind gesundheitliche Beeinträchtigungen nicht nur organisch nachweisbare Schäden, sondern auch funktionelle Störungen der psychischen und biologischen Prozesse, die nicht voneinander getrennt werden können. Beeinträchtigungen der psychobiologischen Regulation äußern sich nicht selten als somatoforme Störungen [Hecht et al. 1998]. Darunter wird das Reflektieren von Störungen geistig-seelischer Prozesse (z. B. Überforderungen, chronische Lärmwirkungen, unterdrückte Emotionen, Dauerärger, häufiges Aufregen, soziale und Zeitkonflikte, Hilflosigkeit, Ausweglosigkeit, sich nicht gegen Einflüsse wehren können usw.) in körperlichen Beschwerden (z. B. Kopfschmerzen, Rückenschmerzen, Erschöpfung, Verdauungsstörungen, Herz-Kreislaufstörungen, Asthma, Hautkrankheiten, Impotenz) verstanden.

4.3.1 Aurale Beeinträchtigungen

Neben dem Hörschaden gehören Kommunikationsstörung und Ohrgeräusche zu den markanten lärmbedingten Beeinträchtigungen des Gehörs.

Infolge einer Beschallung mit genügend hoher Intensität liegt im Innenohr des Menschen ein gesteigerter, schwer zu kompensierender Stoffwechsel vor. Führen eine zu hohe Schallintensität oder eine zu lange Einwirkdauer zu einer unphysiologischen Stoffwechsellage, treten Ermüdungserscheinungen an den Haarzellen auf (vgl. Abschn. 4.1), die zeitweilige oder bleibende Schäden hinterlassen können. Infolge einer Beschallung lässt sich demzufolge, abhängig von ihrer Intensität und Dauer, eine verminderte Empfindlichkeit der Schallrezeptoren in Form einer zeitweiligen Anhebung der Hörschwelle messen. Die Differenz zwischen der vor und nach der Schallexposition gemessenen Hörschwellenpegel wird als TTS (Temporary Threshold Shift) bezeichnet.

Eine Abnahme der Hörfähigkeit mit dem Alter wird als altersbedingter Hörverlust bezeichnet und medizinisch mit dem Ausdruck Presbyacusis belegt. Der altersbedingte Hörverlust ist ein allmählicher Prozess, der in den westlichen Industriestaaten mit einem Alter von etwa 30 Jahren beginnt.

4.3.1.1 Kommunikationsstörung

Die Sprachverständlichkeit ist ein sehr empfindlicher Indikator für die Störwirkung von Lärm. Das Ausmaß, in dem Kommunikationsschall durch Störschall verdeckt wird, wird durch spezielle Messverfahren wie den Artikulationsindex oder den Störgeräuschpegel LNA erfasst. Die Störung hängt nicht nur von der Pegeldifferenz und den Frequenzspektren der beiden Schalle ab, sondern auch von der Deutlichkeit der Artikulation, dem Informationsgehalt des Textes und dem Vorverständnis des Hörers, der Möglichkeit von Sichtkontakt und den akustischen Verhältnissen des umgebenden Raumes [Lazarus et al. 1985]. Kinder und Personen mit Hörstörungen werden in ihrer Sprachverständlichkeit weit eher gestört als Normalhörende [UBA 1990]. Bei breitbandigen Umweltgeräuschen ist die Sprachverständlichkeit praktisch nicht beeinträchtigt, wenn der Störgeräuschpegel mindestens 10 dB(A) unter dem Sprachpegel liegt [UBA 1990].

4.3.1.2 Hörschaden (Lärmschwerhörigkeit)

Durch andauernde oder häufige Schalleinwirkung hoher Intensität kann sich eine nicht mehr reversible Verschiebung der Hörschwelle (Hörverlust, Noise Induced Permanent Threshold Shift: NIPTS) ausbilden. Der Hörverlust wird als Pegeldifferenz zwischen der Hörschwelle des geschädigten Ohres und der Normalhörschwelle ermittelt (vgl. DIN 45620 und DIN 45630-2). Überschreitet ein Hörverlust für ausgewählte Frequenzen einen vorgegebenen Wert, so wird der Hörverlust als Hörschaden oder Lärmschwerhörigkeit bezeichnet [VDI 2058-2; BG 1991]. Die VDI 2058 definiert einen Hörschaden als audiometrisch nachweisbaren Hörverlust im Innenohr, sofern bei 3000 Hz eine Hörminderung von 40 dB überschritten wird.

Die Lärmschwerhörigkeit führt in Deutschland noch immer die Liste der häufigsten anerkannten Berufskrankheiten an. Neben dem Arbeitslärm ist aber heute der Freizeitlärm, mit einer Gehörgefährdung durch Walkman-Benutzung und Diskothekenbesuche zu beachten. So lassen die Schallpegel in Diskotheken und beim Hören tragbarer Musikabspielgeräte sowie die Nutzungsdauern von jungen Erwachsenen erwarten, dass nach 10 Jahren bei ca. 10% der heutigen Jugendlichen ein musikbedingter Hörverlust von mindestens 10 dB(A) auftreten wird [Zenner 1999]. Da z. B. bei 40-jährigen Männern bereits von einem altersbedingten Hörverlust von ebenfalls etwa 10 dB auszugehen ist, sind bei 10% der 40-Jährigen Hörverluste von 20 dB und mehr zu erwarten, die in dieser Größenordnung die Kommunikation deutlich beeinträchtigen.

Außer dem sich allmählich aufbauenden lärmbedingten Hörverlust kann auch eine kurzfristige Überlastung des Gehörs durch extrem hohe Schallintensitäten zu einem Hörverlust führen. Hier sind insbesondere Spielzeugpistolen und Schreckschusswaffen sowie Feuerwerkskörper zu nennen. Die Spitzenpegel liegen zum Teil weit über der Schädigungsschwelle für einmalige Ereignisse von $L_{peak} = 140$ dB.

Ein vermindertes Hörvermögen muss als starkes soziales Handikap eingestuft werden. Schwierigkeiten bei der Sprachverständlichkeit sind zuerst in lauter Umgebung (Selbstbedienungsrestaurants, Feste, laute Veranstaltungen) festzustellen, später treten Schwierigkeiten auch während Gottesdiensten, Theateraufführungen und öffentlichen Sitzungen auf. Eine reduzierte Hörfähigkeit kann teilweise durch ein Ablesen der Mundbewegungen kompensiert werden, ohne dass es dem Gehörgeschädigten bewusst wird.

Hörverluste treten aber nicht nur durch eine übermäßige Geräuschbelastung auf. In diesem Zusammenhang sind z.B. Krankheiten, ototoxische Drogen, erbliche Faktoren und Entzündungen des Mittelohres im Kindesalter zu nennen.

4.3.1.3 Tinnitus (Ohrgeräusche)

Viele Menschen leiden unter Tinnitus, d.h. unter Ohrgeräuschen, die z.T. als außerordentlich störend empfunden werden. Nach zwei Untersuchungen des amerikanischen National Center for Health Statistics tritt in den USA der Tinnitus bei 32% der Bevölkerung auf, bei 2% der Bevölkerung ist er stark ausgeprägt. Aus England gibt es ähnliche Daten [de Camp 1989]. Tinnitus kann im bisher gesunden Gehör nach einer akustischen Überbeanspruchung häufig in Verbindung mit einem Hörsturz auftreten und ist in der Regel ein Zeichen für einen zumindest vorübergehenden Hörverlust. Die Ursachen für den Tinnitus sind noch nicht eindeutig erforscht, die Erklärungen reichen „von mangelhafter Durchblutung" und Schädigung der Haarzellen im Innenohr bis zu Störungen in höheren Zentren der Hörbahn [Feldmann 1971]. Tinnitus tritt verstärkt bei Stress auf.

Üblicherweise werden durchblutungsfördernde Medikamente gegeben, die jedoch meist keinerlei oder nur einen kurzzeitigen Erfolg haben [de Camp 1989]. In den letzten Jahren gibt es verstärkt Versuch den Tinnitus mit psychophysiologischen Methoden zu beeinflussen. Auch wird versucht, mit zeitweiligen „Maskern" (z.B. über Ohrhörer angebotenes Rauschen) den Wahrnehmungsprozess zu desensibilisieren.

4.3.2 Extraaurale Beeinträchtigungen

Parallel zur spezifischen Schallwirkung der Wahrnehmung kann Schall eine unspezifische Aktivierung des Organismus verursachen. Zunächst erfolgen diese Prozesse mit dem Ziel, die Anpassung des Organismus an veränderte Situationen zu gewährleisten. Als Folge werden vegetative Reaktionen im Bereich des peripheren Kreislaufsystems wie z.B. Abnahmen des galvanischen Hautwiderstands, der Hauttemperatur und der Fingerpulsamplitude oder Änderungen der Herzschlagfrequenz beobachtet [Neus et al. 1980; Jansen et al. 1980; Rebentisch et al. 1994] sowie erhöhte Konzentrationen der Stresshormone wie Adrenalin und Cortisol in Körperflüssigkeiten gemessen.

Das pathogenetische Konzept, das Lärmeinwirkungen mit Gesundheitsgefahren verbindet, lehnt sich an bekannte Stressmodelle an. Es ist medizinisch zwischen Eustress und Disstress zu unterscheiden. Eustress ist ein leistungs- und gesundheitsfördernder Stress, Disstress eine Abart

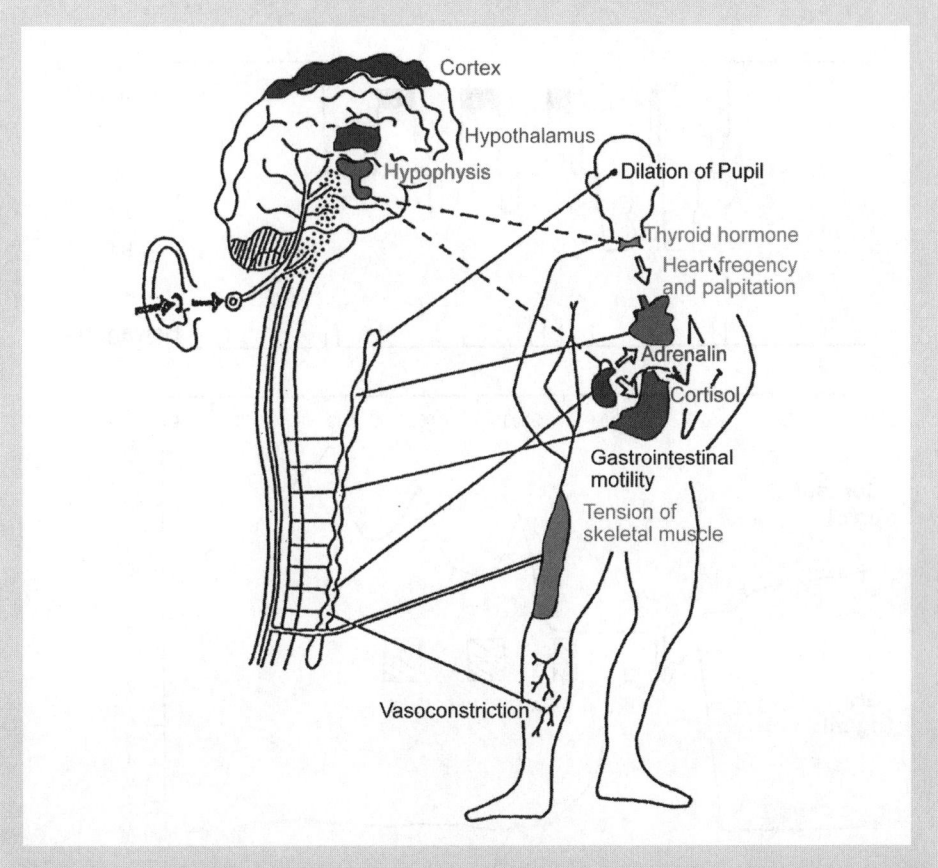

Abb. 4.11 Extraaurale Reaktionslinien (Quelle: nach Jansen 1992)

des Stress mit pathologischen Erscheinungsbildern. Eustress ist in der Regel zeitweilig. Bei langfristiger Belastung oder immer wiederkehrender kurzfristiger psychobiologischer Übersteuerung (Disstress) können funktionale Störungen auftreten. Folglich ist nicht von einer spezifischen extraauralen Lärmkrankheit auszugehen. Lärm wirkt als Stressor und begünstigt Krankheiten, die durch Stress mitverursacht werden. Das können Herz-Kreislaufkrankheiten aber auch psychische Störungen (Neurosen) sein.

4.3.2.1 Schlaf, Schlafstörungen und deren Konsequenzen

Schlaf ist kein Zustand genereller motorischer, sensorischer, vegetativer und psychischer Ruhe, sondern besitzt eine komplexe Dynamik. Die charakteristischen Merkmale des menschlichen Schlafs sind Periodik, Dynamik, veränderte Motorik und Sensorik sowie eine veränderte Bewusstseinslage. Durch die Aufzeichnung des Elektroenzephalogramms (EEG), des Elektromyogramms (EMG) und des Elektrookulogramms (EOG) ist es möglich, den Schlaf in vier NON-REM-Schlafstadien und den REM-Schlaf (benannt nach den schnellen Augenbewegungen „rapid eye movements" in diesem Schlafstadium) einzuteilen. Der Anteil der einzelnen Schlafstadien am Gesamtschlaf ist weitgehend altersspezifisch. Von bis zu 60 % REM-Schlafanteil im Neugeborenenalter verbleiben dem Erwachsenen etwa 20 %.

Die Zeitspanne vom Einschlafen bis zum REM-Schlaf wird als REM-Latenz bezeichnet, die Intervalle zwischen den REM-Phasen als Schlafzyklen.

In Abb. 4.12 ist das Schlafzyklogramm eines jungen gesunden Schläfers und der nächtliche

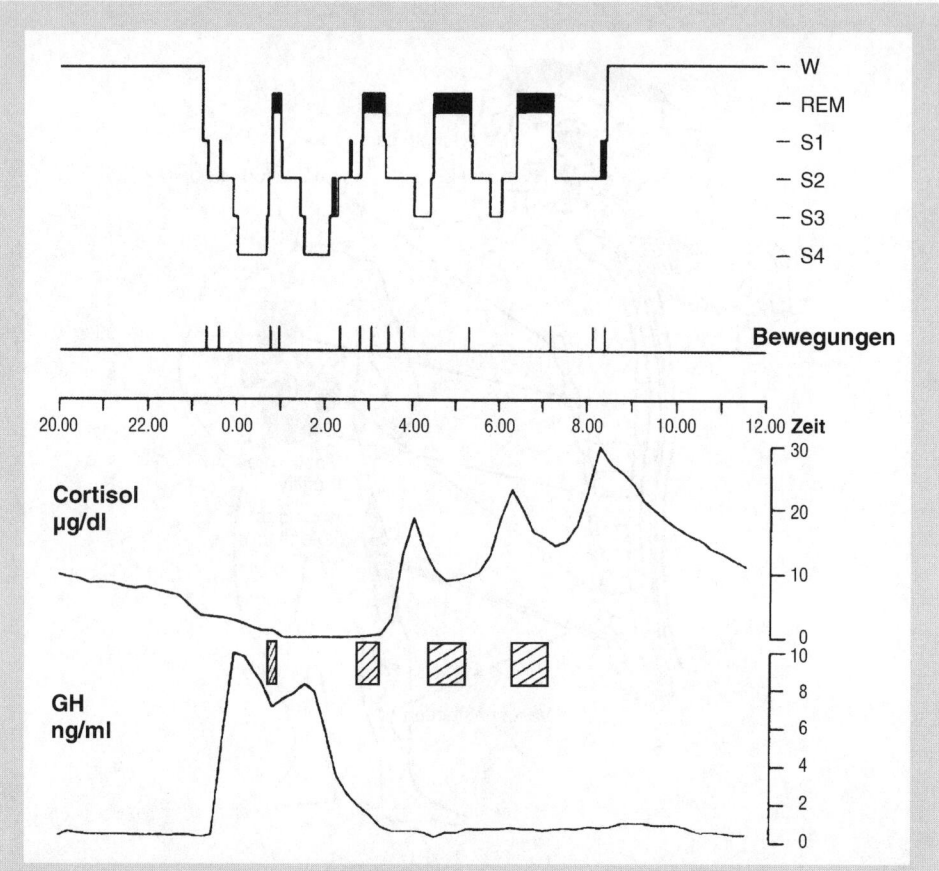

Abb. 4.12 Typisches Schlafzyklogramm eines jungen, gesunden Schläfers und nächtlicher Verlauf der Plasma-Cortisol-Konzentration sowie der Wachstumshormone. Die gestrichelten Kästchen kennzeichnen die REM-Schlafzeiten (Quelle: Born 2000)

Verlauf der Plasma-Cortisol-Konzentration und der Wachstumshormone dargestellt.

Die für die Erholung des Menschen wichtigsten Stadien sind Stadium III & IV des NON-REM-Schlafes (Deltaschlaf) und der REM-Schlaf. Der Deltaschlaf (tiefer Schlaf) ist für die körperliche Erholung ursächlich, der REM-Schlaf (Traumschlaf) für die geistig-emotionale Erholung sowie für die kontinuierliche Vervollkommnung des individuellen Verhältnisprogramms, indem der Transfer vom Kurz- ins Langzeitgedächtnis stattfindet.

Neben der biologischen ist auch die psychische Komponente des Schlafs zu beachten. Jegliche Störung des Nachtschlafs wird von den Menschen als etwas Unangenehmes, als ein Eingriff in ihre Intimsphäre bewertet. Das Erwachen während des Nachtschlafs wird subjektiv als unangenehm erlebt und ruft negative emotionale Zustände hervor.

Auswirkungen von Lärm auf den Schlaf

Schlafstörungen werden in Beschwerden als besonders schwerwiegend beklagt. Die durch Lärm hervorgerufenen Störungen lassen sich anhand ihrer zeitlichen Folge in Primär- und Sekundärreaktionen unterscheiden.

Zu den Primärreaktionen gehören kurzfristige Änderungen im EEG (Nullreaktionen), Verflachung der momentanen Schlaftiefe (Stadienwechsel) bis hin zu Aufwachreaktionen, Veränderungen der Schlafstadienverteilung, Verlängerungen der Latenzzeiten (insbesondere der Einschlaflatenz), Verkürzung der Gesamtschlafzeit, Zunahme (Dauer) der Zeiten hoher Muskelanspannung (Körperbewegungen), aber auch vegetative Reaktionen wie Änderungen der Atemfrequenz, Änderungen der Hormonausschüttung, Änderungen der peripheren Durchblutung.

Sekundärreaktionen sind reversible Beeinträchtigungen des Allgemeinzustandes nach dem Erwachen. Zu ihnen gehören die Beeinträchtigung der physischen und der psychischen Verfassung, des Schlaferlebens, des Wohlbefindens, der Leistung und der Konzentration.

Die Beeinträchtigung des Schlafes durch Schall ist mit Veränderungen physiologischer Größen verbunden. Die Empfindlichkeit der Indikatorsysteme fällt in der Reihenfolge EEG, vegetativ-hormonelles System (Herzfrequenz, periphere Durchblutung, Hormonsekretion) und motorisches Verhalten ab. Wiederholte oder andauernde Schallreize im Schlaf bewirken eine Aktivierung des Nervensystems, die sich im EEG bei intermittierenden Geräuschen als fragmentierter Schlafverlauf (Zerstörung der Schlafzyklen) bzw. bei quasi kontinuierlichen Geräuschen als oberflächlicher Schlaf zeigt. Beide Geräuscharten führen zu einer Verkürzung der Tiefschlafzeiten (Stadien III & IV) der REM-Phasen und einer Störung der Schlafperiodik. Neben den zentralnervösen Erregungsprozessen ist die veränderte Ausschüttung von Aktivierungshormonen ein markantes Charakteristikum von Schlafstörungen. Stressorientierte Verkehrslärmuntersuchungen [Maschke 1992; Maschke et al. 1995; Braun 1998; Ising et al. 2001] legen nahe, dass die nächtliche Cortisolausscheidung durch Verkehrslärm gestört wird. Gleichzeitig sind das Schlaferleben und die morgendliche Befindlichkeit der Versuchspersonen verschlechtert.

Die schallbedingte Aktivierung kann bis hin zum Erwachen führen. Abgesehen von physikalischen Besonderheiten der Störschalle – insbesondere Diskontinuität –, ist deren Informationsgehalt für den Schläfer bedeutsam. Die Alarmfunktion des Gehörsinnes kann auch bei sehr leisen Geräuschen zum Erwachen führen, wenn im Geräusch eine unvertraute oder gar auf Gefahr hindeutende Information enthalten ist (vgl. Abschn. 4.3.3). Umgekehrt kann Gewöhnung an chronisch vertraute Geräusche soweit führen, dass ein unerwartetes Ausbleiben zum Erwachen führt (z. B. Ausfallen planmäßiger seltener Zugvorbeifahrten). Bei weniger ungewöhnlichen Geräuschen tritt ein wesentlicher Anstieg der Anzahl der Aufgeweckten erst oberhalb von 40 dB(A) auf. Bemerkenswert hohe Schallpegel von 90 dB (A) und mehr können besonders von Kindern überschlafen werden. Die Weckwirkung ist nicht nur von der Höhe des Schallpegels abhängig, sondern auch von dessen Abstand zum jeweiligen Grundgeräuschpegel.

Grundsätzlich muss die häufige Störung physiologisch programmierter Funktionsabläufe als gesundheitlich bedenklich gelten. Dies gilt auch für die Aufwachreaktionen. Lärmbedingte Wachphasen müssen als abnormal und langfristig als Gesundheitsrisiko beurteilt werden. Andererseits ist eine grobe Störung physiologischer Funktionsabläufe bereits unterhalb der Aufwachschwelle zu verzeichnen. Es ist daher wenig sinnvoll, allein aus einer mittleren experimentellen Weckschwelle einen hygienischen Grenzwert für den Schutz des Schlafes abzuleiten.

Nach den Empfehlungen der World Health Organization [WHO 2000], soll ein äquivalenter Dauerschallpegel nachts von $L_{eq\,innen}$ = 30 dB (A) und Maximalpegel von $L_{max\,innen}$ = 45 dB (A) nicht überschritten werden, um Schlafstörungen zu vermeiden. Vergleichbare Empfehlungen sind auch dem interdisziplinären Arbeitskreis für Lärmwirkungsfragen beim Umweltbundesamt [UBA 1982] zu entnehmen. Ein nächtlicher äquivalenter Dauerschallpegel von 30 dB(A) am Ohr des Schläfers und Maximalpegel unter 40 dB(A) sind nach Ansicht des Arbeitskreises geeignet, Schlafstörungen weitgehend zu vermeiden. Diese Richtwerte schützen nicht nur einen „Durchschnittsmenschen" vor lärmbedingten Schlafstörungen, sondern garantieren eine nächtliche Umweltqualität, die auch den lärmempfindlicheren Mitgliedern der Gesellschaft Rechnung trägt.

Leistungsstörungen gehören zu den häufig genannten und als erheblich beklagten Lärmwirkungen. Grundsätzlich können alle mentalen Leistungen und solche körperlichen Tätigkeiten, die einer besonderen geistigen Kontrolle bedürfen, bereits durch Mittelungspegel ab 45 dB(A) beeinträchtigt werden [Sust 1987]. Die Beeinträchtigung wird durch jede Art von Auffälligkeit des Schallreizes verstärkt, durch intermittierenden, unvorhersehbaren Lärm, unregelmäßige Pegelschwankungen, hochfrequente Anteile oder besondere Ton- und Informationshaltigkeit des Schallereignisses (z. B. Sprache).

4.3.2.2 Konzentrations- und Leistungsbeeinträchtigungen

In vielen Belastungssituationen wird die lärmbedingte Leistungseinbuße durch einen erhöhten

Aufwand, z.B. zusätzliche Konzentrationsanstrengungen, kompensiert, so dass vorübergehend sogar Leistungssteigerungen auftreten können. Zahlreiche Untersuchungen belegen aber eine Nachwirkung des Lärms über den Belastungszeitraum hinaus, die sich in Form erhöhter Ermüdung oder herabgesetzter Konzentrationsfähigkeit und Belastbarkeit zeigen kann [UBA 1983].

4.3.3 Belästigung

Lärm ist für den Menschen nicht nur die Einwirkung eines physikalischen Reizes, sondern ein Erlebnis. Das Lärmerlebnis und die dabei ablaufenden veränderten Funktionen können sich als Belästigung nachhaltig in das Gedächtnis der Menschen einprägen. Belästigung bezeichnet daher den Ausdruck negativ bewerteter Emotionen auf bestimmte Einwirkungen aus dem äußeren und inneren Milieu des Menschen. Belästigung drückt sich z.B. durch Unwohlsein, Angst, Bedrohung, Ärger, Ungewissheit, eingeschränktes Freiheitserleben, Erregbarkeit oder Wehrlosigkeit aus.

In das Belästigungsurteil (engl.: annoyance, auch mit Lästigkeit, Störung, Plage, Verdruss, Ärger übersetzbar) gehen sowohl schallbezogene Variablen (Mediatoren, Stimulusvariable) ein als auch auf das exponierte Individuum bzw. die exponierte Gruppe bezogene Variablen, die als Moderatoren bezeichnet werden (vgl. Kap. 4.5). Als bewusster Wahrnehmungsprozess zeigt sich die Belästigung auch als Veränderung im vegetativen und hormonellen Regulationsprozess [Cannon 1928; Simonow 1975; Felker et al. 1998]. Lang anhaltende starke Belästigung ist als Gesundheitsrisiko einzustufen.

Funktionale Beziehungen zwischen Belästigung (annoyance) und Lärmbelastung (exposure) wurden international wiederholt untersucht und sind z.B. von Miedema (1993) in einer Meta-Analyse zusammengefasst worden. Er untersuchte sowohl Transportlärm (Flug-, Straßen-, Eisenbahnverkehr) als auch stationäre Quellen (Industrie, Rangierbahnhöfe, Schießstände). Die ermittelten Dosis-Wirkungsbeziehungen sind Abb. 4.13 zu entnehmen.

Immissionswerte, die aus solchen Dosis-Wirkungsbeziehungen gewonnen werden, unter-

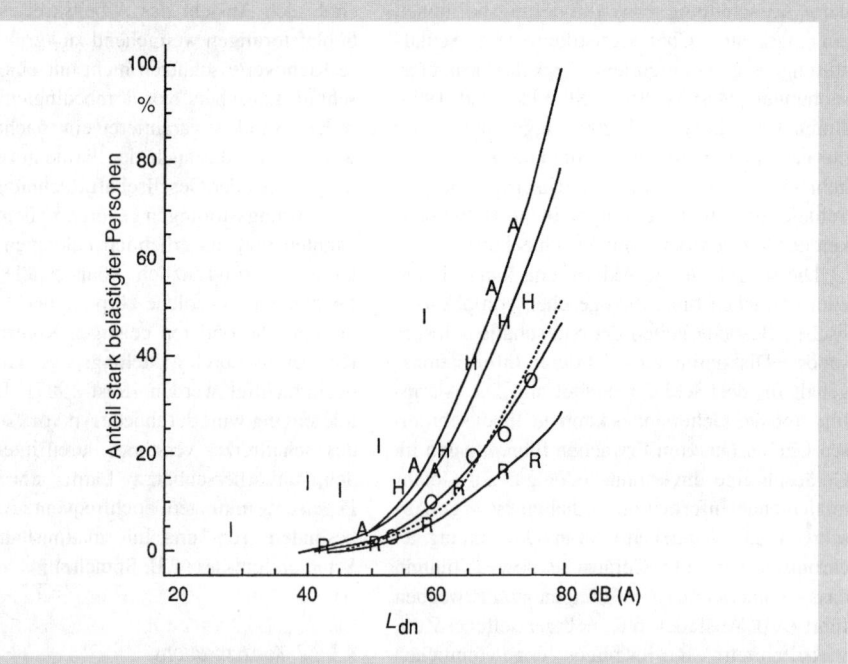

Abb. 4.13 Prozentsatz stark belästigter Personen in Abhängigkeit von L_{dn}: Punkte, die mit durchgezogenen Kurven verbunden sind, entstammen der vorliegenden Studie (A aircraft, H highway, O other road traffic, R railway, I impulse sources). Die Synthese-Kurve von Schultz (1978) ist gepunktet (Quelle: nach Miedema 1993)

scheiden sich grundsätzlich von den umweltmedizinischen bzw. -hygienischen Schwellen- und Grenzwerten für nicht sinnesvermittelte Umweltfaktoren. Während die Schadstoffhygiene mit Hilfe von No Observable Adverse Effect Level (NOAEL), Acceptable Daily Intake (ADI), Maximal zulässige Immissionskonzentration (MIK) und ähnlichen dosisbezogenen Beurteilungsgrößen „Nullrisiken" und damit biologische Individualakzeptanz zu schaffen versucht, bleibt die Lärmvorsorge auf die statistische Auswertung von Belästigungsurteilen beschränkt. Das Schutzziel besteht in der sinnvollen Minimierung der Zahl der Belästigten bzw. der Belästigungsintensität [Schuschke et al. 2001].

Im Allgemeinen wird der Bereich von 10–15% stark Gestörter als nominale Schwelle für eine lärmbedingte Belästigung angesehen, da der Anteil der besonders Empfindlichen in der Bevölkerung ebenfalls zwischen 10 und 15% liegt [Griefahn 1985].

Das Deutsche Bundesimmissionsschutzgesetz definiert die Belästigung als „schädliche Umwelteinwirkung", sofern sie „erheblich" ist. Bei dem Versuch, umweltpsychologische Kriterien zur „Erheblichkeit" von Belästigungen zu entwickeln, wurden von Verkehrslärm betroffene Anwohner nach ihren Vorstellungen über „Erheblichkeit" befragt, wobei eine Belästigungssituation als erheblich eingestuft wurde, wenn der Prozentsatz Belästigter 25% oder mehr betrug. In ähnlicher Größenordnung liegt der Vorschlag von Hörmann (1974), bei einem Prozentanteil „stark Gestörter" von mehr als 25% „sofortige Schutzmaßnahmen", von 10 bis 25% „stark Gestörter" „langfristige Gegenmaßnahmen", bis 10% „stark Gestörter" hingegen keine Immissionsschutzmaßnahmen einzuleiten.

4.3.4 Herz-Kreislauf-Krankheiten

Über zentralnervöse Prozesse beeinflusst der Lärm entweder direkt oder indirekt über das subjektive Erleben (Störung, Belästigung) das neuroendokrine System. Als Folge werden Stoffwechselvorgänge beeinflusst und die Regelung lebenswichtiger Körperfunktionen. Zu nennen sind z.B. der Blutdruck, die Herztätigkeit, die Blutfette (Cholesterin, Triglyzeride, freie Fettsäuren), der Blutzuckerspiegel und hämostatische Faktoren (z.B. Fibrinogen), die die Fließeigenschaften des Blutes beeinflussen (Plasma-Viskosität) [Friedmann et al. 1974]. Da es sich dabei um klassische (endogene) Risikofaktoren für Herz-Kreislaufkrankheiten handelt, wird Lärm als (exogener) Risikofaktor für die Entwicklung von Bluthochdruck und Herzkrankheiten einschließlich Arteriosklerose und Herzinfarkt angesehen [VDI 2058-2 1988].

Nach vorliegenden Untersuchungen ist zu befürchten, dass das relative Risiko für Herzkrankheiten bei Personen aus Wohngebieten mit Verkehrslärmimmissionspegeln von tagsüber mehr als 65 dB(A) erhöht ist, und zwar in einer Größenordnung von ca. 20 bis 30% [Ising et al. 1998]. Dieser Einschätzung schließt sich auch der Rat von Sachverständigen für Umweltfragen in seinem Sondergutachten „Umwelt und Gesundheit – Risiken richtig einschätzen" an, in dem er einen Tagesimmissionspegel von 65 dB(A) als Schwellenwert für mögliche lärmbedingte Infarktrisiken ansieht.

4.4 Nichtakustische Einflussgrößen (Moderatoren)

Da Lärm ein psychophysikalischer Reiz ist, können Lärmwirkungen nicht allein durch die Intensität des Geräusches, d.h. durch Schallpegel, erklärt werden. Bevölkerungsuntersuchungen zeigen, dass z.B. maximal ein Drittel der Varianz von Belästigungsurteilen unter Feldbedingungen durch den äquivalenten Dauerschallpegel erklärt werden kann [Guski 1987]. Ein Zugewinn der Prädiktion individueller Belästigungsreaktionen bei Verwendung psychoakustisch motivierter Geräuschindikatoren wurde in komplexen akustischen Situationen beispielsweise nach Schallschutzmaßnahmen oder in alpinen Regionen nachgewiesen [Lercher et al. 1998].

Mit dem Konzept von „non acoustical factors" können die individuellen Unterschiede weiter aufgeklärt werden. Die Lärmforschung geht heute davon aus, dass situative, personale und soziale Faktoren die Wirkung der akustischen Belastung beeinflussen, ohne selbst wesentlich durch die akustische Belastung beeinflusst zu werden.

Zu den wichtigsten situativen Moderatorvariablen gehört der (Tages-)Zeitpunkt der akustischen Belastung. Ergebnisse internationaler Felduntersuchungen zeigen, dass Anwohner von Lärmquellen Ruhe vor allem in der Nacht, in den späten Abendstunden und am Wochenende (v.a. sonntags) wünschen, und die Lästigkeit einer Lärmquelle steigt, wenn sie nicht nur tagsüber, sondern auch abends und nachts aktiv ist. So

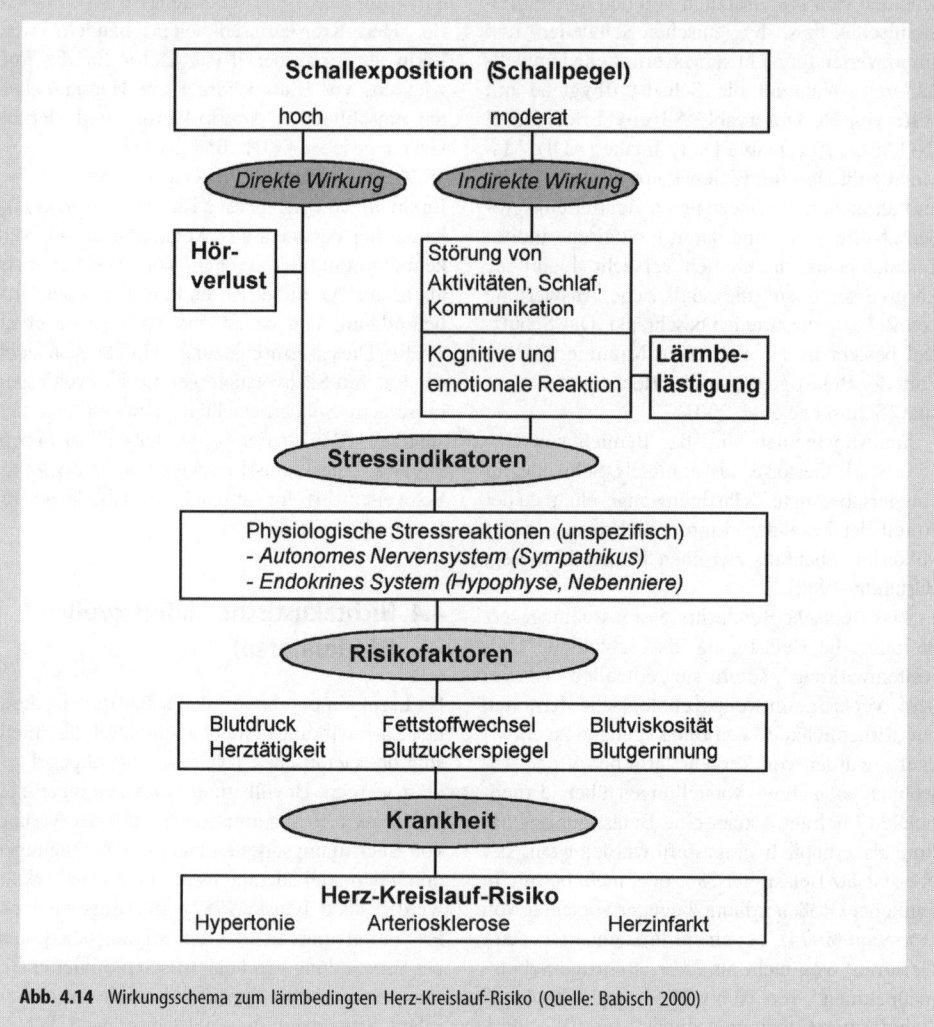

Abb. 4.14 Wirkungsschema zum lärmbedingten Herz-Kreislauf-Risiko (Quelle: Babisch 2000)

zieht Fields (1985) aus einer großen US-amerikanischen Untersuchung den Schluss, dass ein 24-Stunden-Tag grob in vier unterschiedlich sensible Perioden eingeteilt werden sollte: die Nacht (0 bis 5 Uhr), den Tag (9–16 Uhr) und zwei Übergangsperioden. Er begründet diese Einteilung vor allem durch die unterschiedlichen Tätigkeitsintentionen der Betroffenen zu verschiedenen Tageszeiten. Zu ähnlichen Ergebnissen kommen auch Hecht et al. (1999). Sie verarbeiteten die in den letzten 35 Jahren publizierten Tagesverläufe verschiedener Körperfunktionen und kommen zu dem Schluss, dass der Organismus besonders in der Nacht und in der Übergangszeit zwischen Tag und Nacht empfindlich auf Lärm reagiert.

Zu den wichtigsten personalen Moderatorvariablen gehört der Grad der individuellen Lärmempfindlichkeit. Schon McKennell (1963) konnte zeigen, dass Personen, die sich selbst als lärmempfindlich bezeichnen, deutlich stärker auf Fluglärm reagieren als Personen, die sich selbst als weniger lärmempfindlich bezeichnen.

Dagegen zeigen demographische Variablen wie Alter, Geschlecht, Ausbildung und Hausbesitz in der Regel keinen systematischen Einfluss auf die Auswirkungen von Lärm. Allenfalls bei Veränderungen der Lärmbelastung werden geringe Effekte berichtet [Hatfield et al. 1998a].

Auch wenn personale und soziale Faktoren selten exakt voneinander getrennt werden können, schlägt Guski (1998a, b) vor, solchen Faktoren besondere Beachtung zu widmen, die sozialen Charakter haben, d.h. ganze Gruppen von Menschen betreffen. Diese Faktoren spielen bei der Ausbildung von Belästigungsreaktionen eine zentrale Rolle. Zu ihnen gehören vor allem

- die generelle Bewertung einer Lärmquelle,
- Vertrauen in die für Lärm und Lärmschutz Verantwortlichen,
- die Geschichte der Lärmexposition und
- Erwartungen der Anwohner.

Diesen Faktoren sollte bei Lärmminderungsmaßnahmen bzw. bei Neubau oder Erweiterung von lärmintensiven Anlagen (z.B. Flughäfen) große Bedeutung beigemessen werden. Sie müssen positiv gestaltet werden. So erzeugt z.B. ein Misstrauen lärmbetroffener Bürger gegenüber verantwortlichen Behörden bzw. Institutionen auch Misstrauen gegen geplante (durchgeführte) Lärmschutzmaßnahmen. Unabhängig vom physikalischen Erfolg der Schutzmaßnahmen kann die Belästigung weiter auf einem hohen Niveau bestehen bleiben. Die Erhöhung der Akzeptanz einer Lärmquelle ersetzt aber keine schalltechnischen oder Lenkungsmaßnahmen.

Literatur

Aures W (1985a) Der sensorische Wohlklang als Funktion psychoakustischer Empfindungsgrößen. Acustica 58, 282–290

Aures W (1985b) Ein Berechnungsverfahren der Rauhigkeit. Acustica 58, 268–281

Aures W (1985c) Berechnungsverfahren für den sensorischen Wohlklang beliebiger Schallsignale. Acustica 59, 130–141

Babisch (2000): Gesundheitliche Wirkungen von Umweltlärm. Lärmbekämpfung 47(3), 95–102

Barkhausen H (1927) Ein neuer Schallpegelmesser für die Praxis. VDI-Z. 71, 1471–1474

v. Békésy G (1960) Experiments in hearing. McGraw-Hill, New York

Benedini K (1979) Ein Funktionsschema zur Beschreibung von Klangfarbenunterschieden. Biol. Cybernetics 34, 111–117

BG (1991): Empfehlungen des Hauptverbandes der gewerblichen Berufsgenossenschaften für die Begutachtung der beruflichen Lärmschwerhörigkeit – Königsteiner Merkblatt. 3. Aufl. Schriftenreihe des Hauptverbandes der gewerblichen Berufsgenossenschaften, Sankt Augustin

v. Bismarck G (1974a) Sharpness as an attribute of the timbre of steady sounds. Acustica 30. 5, 159–172

v. Bismarck G (1974b) Timbre of steady sounds: A factorial investigation of its verbal attributes. Acustica 30. 5, 146–159

Blauert J (1986) Cognitive and aesthetic aspects of noise engineering. Proc. Inter-Noise '86, Vol. I, 5–14

Blauert J (1996) Spatial hearing. The psychophysics of human sound localisation. MIT Press, Cambridge MA (USA)

Blauert J, Jekosch U (1997) Sound quality evaluation – a multi-layered problem. Acustica-Acta Acustica 87

Born J, Fehm HL (2000) The neuroendocrine recovery function of sleep. Noise & Health 7, 25–37

Braun C (1998) Nächtlicher Straßenverkehrslärm und Stresshormonausscheidung beim Menschen. Dissertation, Humboldt-Universität Berlin

Brownell WE (1986) Outer hair cell motility and cochlear frequency selectivity. In: Moore BCJ, Patterson RD (eds.): Auditory frequency selectivity. Plenum Press, New York

Cannon WB (1928) Neural organisation of emotional expression. In: Mirchinson C (eds) Feeling and emotions. Worcester (USA)

Cremer L (1948) Die wissenschaftlichen Grundlagen der Raumakustik. Bd. 1. Hirzel-Verlag, Stuttgart

De Camp U (1989) Beeinflussung des Tinnitus durch psychologische Methoden. Dissertation, TU-Berlin

DIN 1318 (09-1970) Lautstärkepegel; Begriffe, Messverfahren. Beuth, Berlin

DIN 45620 (1981). Audiometer – Begriffe, Anforderungen, Prüfung. Beuth, Berlin

DIN 45630-2 (09-1967). Grundlagen der Schallmessung; Normalkurven gleicher Lautstärkepegel. Beuth, Berlin

DIN 45631 Berechnung der Lautheit und des Lautstärkepegels aus dem Geräuschspektrum, Verfahren nach E. Zwicker. Beuth, Berlin

DIN 45681 (01-1992): Bestimmung der Tonhaltigkeit von Geräuschen und Ermittlung eines Tonzuschlages für die Beurteilung von Geräuschimmisionen. Beuth, Berlin

Fastl H (1977) Roughness and temporal masking patterns of sinusoidally amplitude-modulated broadband noise. Psychophysics and Physiology of Hearing, ed. by E.F. Evans, J.P. Wilson (Academic, London), 403–414

Fastl H (1982) Fluctuation strength and temporal masking patterns of amplitude modulated broadband noise. Hearing Research 8, 59–69

Fastl H (1982) Beschreibung dynamischer Hörempfindungen anhand von Mithörschwellen-Mustern. Hochschulverlag, Freiburg

Fastl H (1991) Beurteilung und Messung der wahrgenommenen äquivalenten Dauerlautheit. Z Lärmbekämpfung 38, 98–103

Fastl H (1997) Gehörbezogene Geräuschbeurteilung. Fortschritte der Akustik, DAGA '97, Kiel, 57–64

Fastl H, Schmid W (1997) On the accuracy of loudness analysis systems. Proc. Inter-Noise '97, Vol. II, 981–986

Fastl H, Schmid W (1998) Vergleich von Lautheits-Zeitmustern verschiedener Lautheits-Analysesysteme. Fortschritte der Akustik, DAGA '98

Fastl H, Widmann U (1993) Kalibriersignale für Meßsysteme zur Nachbildung von Lautheit, Schärfe, Schwankungsstärke und Rauhigkeit. Fortschritte der Akustik, DAGA '93

Fastl H, Widmann U et al. (1991) Zur Lärmminderung durch Geschwindigkeitsbeschränkungen. Fortschritte der Akustik, DAGA '91, DPG-GmbH, Bad Honnef, 751–754

Feldmann H (1971) Homolateral and contralateral masking of tinitus by noisebands and by pur tones. Audiology 10, 138–144

Felker B, Hubbard JR (1998) Influence of mental stress on the endocrine system. In: Hubbard JR, Workman EA, (eds.) Handbook of stress medicine – An organ system approach. CRC Press, 69–86

Fields JM (1985) The timing of noise-sensitive activities in residential areas. Nasa Contractor Report 177937. Hampton, VA (USA)

Friedman M, Rosenman RH (1974) Type A behavior and your heart. Alfred A Knopf Inc., New York

Griefahn B (1985) Schlafverhalten und Geräusche. Enke Verlag, Stuttgart

Guski R (1996) Psycholigical methods for evaluating sound quality and assessing acoustic information. Acta Acustica 83, 765–774

Guski R (1998a) Psychological determinants of train noise annoyance. Euro-Noise 98, 1, 573–576.

Guski R (1998b) Fluglärmwirkungen – auch eine Sache des Vertrauens. Fortschritte der Akustik, DAGA '98, 28–29

Guski R (1987) Lärm: Wirkungen unerwünschter Geräusche. Hans Huber, Stuttgart

Hashimoto T (1994) Die japanische Forschung zur Bewertung von Innengeräuschen im Pkw. Z Lärmbekämpfung 41, 69–71

Hatfield J, Job RFS et al. (1998a) Demographic variables may have a greater modifying effect on reaction to noise when noise exposure changes. Noise-Effects '98, 7th Int. Congress on Noise as a Public Health Problem, 2, 527–530

Hecht K, Balzer H-W, Rosenkranz J (1998) Neue Regulationsdiagnostik zum objektiven Nachweis psychosomatischer Prämorbidität und Morbidität (sogenannte Modekrankheiten). Thüringisches Ärzteblatt 8

Hecht K, Maschke C et al. (1999) Lärmmedizinisches Gutachten DA-Erweiterung Hamburg. Institut für Stressforschung (ISF), Berlin

Heldmann K (1994) Wahrnehmung, gehörgerechte Analyse und Merkmalsextraktion technischer Schalle. Dissertation, TU-München

Hörmann H (1974) Der Begriff der Anpassung in der Lärmforschung. Psychol. Beiträge 16, 152–167

Interdisziplinärer Arbeitskreis für Lärmwirkungsfragen beim Umweltbundesamt (1982) Beeinträchtigung des Schlafes durch Lärm. Z Lärmbekämpfung 29, 13–16

Interdisziplinärer Arbeitskreis für Lärmwirkungsfragen beim Umweltbundesamt (1983) Wirkungen von Lärm auf die Arbeiteffektivität. Z Lärmbekämpfung 30, 1–3

Interdisziplinärer Arbeitskreis für Lärmwirkungsfragen beim Umweltbundesamt (1985) Beeinträchtigung der Kommunikation durch Lärm. Z Lärmbekämpfung 32, 95–99

Ising H, Ising M (2001) Stressreaktionen von Kindern durch LKW-Lärm. Umweltmedizinischer Informationsdienst 1

Ising H, Babisch W, Kruppa B (1998) Ergebnisse epidemiologischer Forschung im Bereich Lärm. In: Gesundheitsrisiken durch Lärm. Tagungsband zum Symposium, Bonn 1998, 35–49. Bundesministerium für Umwelt, Naturschutz und Reaktorsicherheit (Hrsg.), Bonn

Jansen G (1992) Auswirkungen von Lärm auf den Menschen. VGB Kraftwerkstechnik 72 (1) 60–64

Jansen G, Klosterkötter W (1980) Lärm und Lärmwirkungen. Ein Beitrag zur Klärung von Begriffen. Bundesminister des Innern (Hrsg.), Bonn

Johannsen K (1997) Zusammenhangsanalyse zwischen physikalischen Merkmalen und Hauptkomponenten der Beurteilungsattribute von Umweltgeräuschen. Dissertation, TU-Berlin

Kuwano S, Namba S (1978) On the loudness of road traffic noise of longer duration (20 min) in relation to instantanous judgement. J. Acoust. Soc. Am. 64, 127–128

Kuwano S, Namba S et al. (1997) Evaluation of the impression of danger signals – comparison between Japanese and German subjects. In: Results of the 7th Oldenburg Symposium on Psychological Acoustics, 115–128

Kuwano S, Namba S, Hato T (1994) Psychologische Bewertung von Lärm in Personenwagen; Analyse nach Nationalität, Alter und Geschlecht. Z Lärmbekämpfung 41, 78–83

Lazarus H, Lazarus-Mainka G, Schubeius M (1985) Sprachliche Kommunikation unter Lärm. Kiehl Verlag, Ludwigshafen

Lercher P, Widmann U (1998) Der Beitrag verschiedener Akustik-Indikatoren für eine erweiterte Belästigungsanalyse in einer komplexen akustischen Situation nach Lärmschutzmaßnahmen. In: Fortschritte der Akustik, DAGA '98, Zürich

Letowski T (1992) Timbre, tone color and sound quality: Concepts and Definitions. Archives of Acoustics, 17–30

Lindsay PH, Norman DA (1977) Human information processing 2nd ed. Academic Press, New York

Maschke C, Breinl S et al. (1992) Der Einfluß von Nachtfluglärm auf den Schlaf und die Katecholaminausscheidung. Bundesgesundheitsblatt 35, 119–122

Maschke C, Arndt D et al. (Hrsg.) (1995) Nachtfluglärmwirkungen auf Anwohner. Schriftenreihe des Vereins für Wasser-, Boden- und Lufthygiene 96, 1–140

McKennell AC (1963) Aircraft noise annoyance around Heathrow airport. London: Her Majesty's Stationary Office

Miedema HME (1993) Response functions for environmental noise in residential areas. Nederlands Instituut voor Praeventieve Gezondheidszorg TNO, NIPG-Publikatienummer 92.021, Leiden (Niederlande)

Namba S, Kuwano S, Koyasu M (1993) The measurement of temporal stream of hearing by continous judgements – In the case of the evaluation of helicopter noise. J. Acoust. Soc. Jpn. (E) 14. 5, 341–352

Neus H, Schirmer G et al. (1980) Zur Reaktion der Fingerpulsamplitude auf Belärmung. Int. Arch. Occup. Environ. Health 47, 9–19

Rebentisch E, Lange-Asschenfeld H, Ising H (1984) Gesundheitsgefahren durch Lärm. Kenntnisstand der Wirkungen von Arbeitslärm, Umweltlärm und lauter Musik. BGA-Schriften 1/94. MMV Medizin Verlag München, München

Schauten JF (1968) The perception of timbre. Reports of the 6th ICA Tokyo, 35–40

Schick A (1990) Schallbewertung. Springer, Berlin

Schuschke G, Maschke C (2001) Lärm als Umweltfaktor. In: Dott, Merk et al. (Hrsg.) Lehrbuch der Umweltmedizin. Wissenschaftliche Verlagsgesellschaft mbH, Stuttgart

Schulz TJ (1978) Synthesis of social surveys on noise annoyance. JASA 64, 377–405

Simonov PW (1975) Widerspiegelungstheorie und Psychophysiologie der Emotionen. Verlag Volk und Gesundheit, Berlin

Solomon L (1958) Semantic approach to the perception of complex sounds. J. Acoust. Soc. Am. 30, 421–425

Spreng M (2000) Central nervous system activation by noise. Noise & Health 2000 (7) 49–57

Sust C (1987) Geräusche mittlerer Intensität – Bestandsaufnahme ihrer Auswirkungen. Schriftenreihe der Bundesanstalt für Arbeitsschutz, Dortmund, Fb 497. Wirtschaftsverlag NRW, Bremerhaven

Takao H, Hashimoto T (1994) Die subjektive Bewertung der Innengeräusche im fahrenden Auto – Auswahl der Adjektivpaare zur Klangbewertung mit dem semantischen Differential. Z Lärmbekämpfung 41, 72–77

Terhardt E (1998) Akustische Kommunikation – Grundlagen mit Hörbeispielen. Springer, Berlin

Terhardt E, Stoll G (1981) Skalierung des Wohlklangs (der sensorischen Konsonanz) von 17 Umweltschallen und Untersuchung der beteiligten Hörparameter. Acustica 48, 247–253

VDI 2058 Blatt 2 (1988) Beurteilung von Lärm hinsichtlich Gehörgefährdung. Verein Deutscher Ingenieure, Düsseldorf

v. Uexküll T (1990) Über die Notwendigkeit einer Reform des Medizinstudiums. Berliner Ärzte 27/7, 11–17

WHO 2000 (2000) Noise and health. Regional Office for Europe, World Health Organization (WHO)

WHO Ottawa (1986) Charta zur Gesundheitsförderung. In: Abelin T, Brzezinski ZJ (eds.): Measurement in health promotion and protection. Kopenhagen (WHO Regional Publications) European Series No 22, 653–658

Widmann U (1992) Ein Modell der psychoakustischen Lästigkeit von Schallen und seine Anwendung in der Praxis der Lärmbeurteilung. Dissertation, TU München

Widmann U (1994) Krach gemessen – Gehörbezogene Geräuschbewertung. Heise Verlag, Hannover

Widmann U (1998) Aurally adequate evaluation of sounds. In: Proc. Euro-Noise '98, Vol. I, 29–46

Widmann U, Fastl H (1998) Calculating roughness using time-varying specific loudness spectra. In: Proc. Noise Con '98, Ypsilanti (USA)

Widmann U, Lippold R, Fastl H (1998) Ein Computerprogramm zur Simulation der Nachverdeckung für Anwendungen in akustischen Meßsystemen. In: Fortschritte der Akustik, DAGA '98, Zürich

Zenner HP, Struwe V et al. (1999) Gehörschäden durch Freizeitlärm. HNO 47, 236–248

Zwicker E (1960) Ein Verfahren zur Berechnung der Lautstärke. Acustica 10, 304–308

Zwicker E (1978) Procedure for calculating loudness of temporally variable sounds. J. Acoust. Soc. Am. 62, 675– 682. Erratum: J. Acoust. Soc. Am. 63, 283 (1978)

Zwicker E (1982) Psychoakustik. Springer, Berlin

Zwicker E (1984) Dependence of post-masking on masker duration and its temporal effects in loudness. J. Acoust. Soc. Am. 75, 219–223

Zwicker E, Fastl H (1990) Psychoacoustics. Springer, Berlin

Zwicker E, Fastl H et al. (1991) Program for calculating loudness according to DIN 45631 (ISO 532B). J. Acoust. Jpn (E) 12, 39–42

Zwislocki JI (1969) Temporal summation of loudness: An analysis. J. Acoust. Soc. of Am. 46, 431

Beurteilung von Schallimmissionen – Vorschriften – Normen – Richtlinien

D. GOTTLOB und B. VOGELSANG

5.1 Einleitung

Schall gehört zu unserer natürlichen Umwelt. Er dient uns zur Orientierung in unserem Umfeld, zur Erkennung von Gefahren und zur Kontrolle von Tätigkeiten. Besonders wichtig ist Schall als Träger von Sprache, die ein entscheidendes Mittel zur Entfaltung der Persönlichkeit und zur Auseinandersetzung mit der sozialen Umwelt ist [5.64].

Schall wird zu Lärm, wenn er Menschen beeinträchtigt. Wichtige Aspekte sind Minderung der Hörfähigkeit, Belästigungen sowie Kommunikations- und Rekreationsstörungen [5.9, 5.70].

Das Ausmaß der Beeinträchtigungen hängt nicht nur von den akustischen Schalleigenschaften ab, sondern auch von einer Vielzahl weiterer Faktoren. Hierzu zählen z.B. situative Merkmale wie der Ort und Zeitpunkt der Schalleinwirkungen, individuell-subjektive Faktoren wie die körperliche und seelische Verfassung der Betroffenen sowie die Gewöhnung oder Sensibilisierung. Die nichtakustischen Faktoren können die individuellen Reaktionen auf Lärm stärker beeinflussen als die akustischen [5.81].

Bei der Beurteilung von Schallimmissionen geht es darum, das Ausmaß der Lärmwirkungen mit Hilfe objektivierbarer Einflussfaktoren zu schätzen und Aussagen zu treffen, ob angestrebte Schutzziele wie die Vermeidung erheblicher Belästigungen oder die Gewährleistung einer guten Sprachverständlichkeit erreicht werden.

In der Vergangenheit sind viele Mess- und Beurteilungsverfahren entwickelt worden, die – mehr oder weniger gut belegt – zu einer Optimierung der Vorhersage von Lärmwirkungen führen sollen.

Da eine derartige Verfahrensvielfalt aufgrund der begrenzten Aussagekraft akustischer Messgrößen für die Schätzung von Lärmwirkungen nicht begründet und im Hinblick auf die internationale Harmonisierung nicht zweckmäßig ist, hat man sich in der nationalen und internationalen Normung auf ein einheitliches Konzept für die Beurteilung von Schallimmissionen im Immissions- und Arbeitsschutz verständigt.

Dieses – in Abschn. 5.2 beschriebene Konzept – wird in vielen Ländern beim Schutz vor Verkehrs- und Industrielärm eingesetzt [5.51]. In Deutschland liegt es inzwischen den meisten Lärmschutzregelungen (Abschn. 5.4 und 5.5) zu Grunde. Auch die Europäische Union hat es – nach einer neuerlichen Überprüfung durch eine Expertengruppe [5.45] – im Rahmen seiner neuen Lärmschutzpolitik übernommen (s. Abschn. 5.5) [5.67, 5.104]. Bei der Überarbeitung der internationalen Normenreihe ISO 1996 stützt man sich ebenfalls auf dieses Konzept.

In bestimmten Fällen kommen aber auch andere Beurteilungsverfahren zum Einsatz, die in Abschn. 5.3 näher erläutert werden.

5.2 Beurteilungsgrundlagen

5.2.1 Momentane Schallstärke

Zur Beschreibung der Schallstärke wird der Schalldruckpegel $L_p(t)$ gebildet:

$$L_p(t) = 10 \cdot \log \left[\int_0^\infty \frac{p^2(t-t') e^{\frac{-t'}{\tau}}}{p_0^2} dt' \right] \text{ dB} \quad (5.1)$$

($p(t)$ Schalldruck, $p_0 = 20$ µPa Bezugsschalldruck, τ Zeitkonstante der Zeitbewertung).

Die Messwerte werden in Dezibel (dB) angegeben. Der Bezugsschalldruck p_0 entspricht etwa dem kleinsten wahrnehmbaren Schalldruck (Hörschwelle) normal hörender Menschen im Frequenzbereich um 2000 Hz. Die Schmerzschwelle (Fühlschwelle) liegt bei einem Schalldruck von ca. 20 Pa. Durch die Einführung des Schalldruckpegels lässt sich der Schalldruckbereich von sechs Zehnerpotenzen, in dem das Ohr den Schall verarbeiten kann, mit Zahlen zwischen 0 und 120 beschreiben.

Im direkten Vergleich zweier Schalle ist ein Pegelunterschied von ca. 1 dB wahrnehmbar, ein Pegelunterschied von 3 dB sehr gut wahrnehmbar [5.128]. Eine Änderung um 3 dB entspricht einer Halbierung oder Verdopplung der Schallintensität. Ein Pegelunterschied von 10 dB entspricht bei Pegeln über 40 dB subjektiv einer Halbierung oder Verdopplung des Lautheitsempfindens (s. Abschn. 5.3.1).

Die Empfindlichkeit des menschlichen Gehörs ist frequenzabhängig (s. Kurven gleicher Lautstärkepegel in Abb. 5.1). Bei gleichem Schalldruckpegel werden tiefe und hohe Töne leiser wahrgenommen als Töne mit mittleren Frequenzen um 1000 Hz. Diese Frequenzabhängigkeit ist bei niedrigen Schalldruckpegeln besonders ausgeprägt und nimmt mit wachsendem Pegel ab (s. Abschn. 5.3.1).

Diese Gehöreigenschaft wird bei der Schallbeurteilung durch eine Frequenzbewertung berücksichtigt. Von den verschiedenen genormten Bewertungen (s. Abschn. 5.3.5) nimmt die A-Bewertung, die die Gehörempfindlichkeit bei niedrigen Pegeln vereinfacht nachbildet, für die Beurteilung im Immissions- und Arbeitsschutz national und international eine Vorrangstellung ein. Für viele breitbandige Schalle besteht ein enger Zusammenhang zwischen den A-bewerteten Schalldruckpegeln und der Lautheitsempfindung. Dagegen werden schmalbandige Schalle im Vergleich zu breitbandigen bei gleichem A-bewerteten Schalldruckpegel als deutlich leiser empfunden [5.128].

Der gemessene Schalldruckpegel $L_p(t)$ hängt auch von den dynamischen Eigenschaften des Schallpegelmessers ab (Zeitkonstante τ in Gl. (5.1)). International sind die Zeitbewertungen S („Langsam", „SLOW"), F („Schnell", „FAST") sowie I („Impuls") genormt (DIN EN 60651). Zur Messung des Spitzenwertes eines Schallsignals wird die Zeitbewertung „Spitze" („PEAK") genannt. Die Zeitkonstanten sind in Tabelle 5.1 wiedergegeben.

Die Zeitbewertungen S, F und I sollten ursprünglich unterschiedliche Messwerte ergeben,

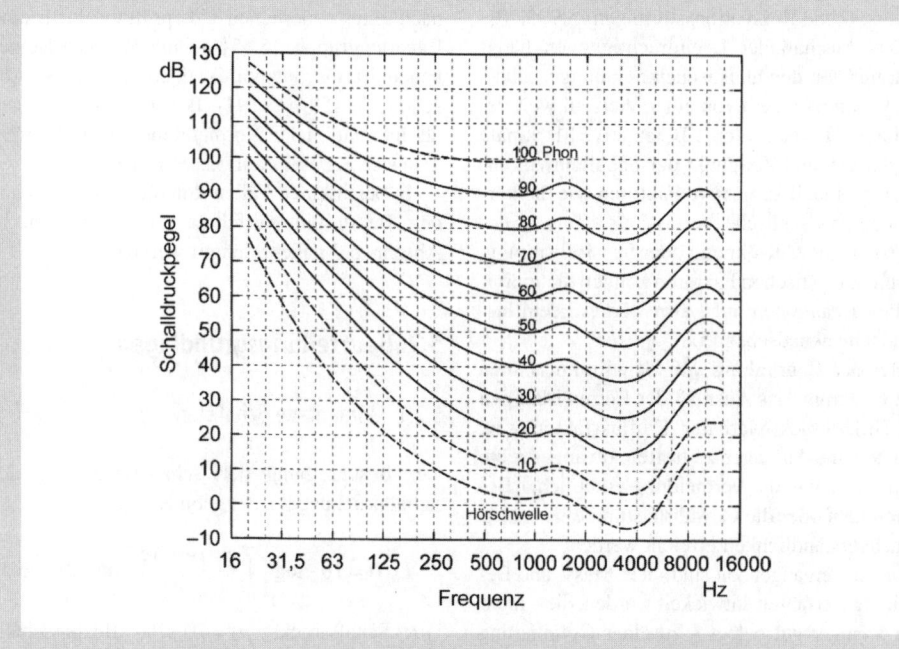

Abb. 5.1 Kurven gleicher Lautstärkepegel und Hörschwelle für Sinustöne im freien Schallfeld bei binauralem Hören und frontalem Schalleinfall nach ISO 226

Tabelle 5.1 Zeitkonstanten der Zeitbewertungen

Zeitbewertung	Bezeichnung	Anstiegskonstante ms	Abklingkonstante ms
Langsam (SLOW)	S	1000	1000
Schnell (FAST)	F	125	125
Impuls (IMPULSE)	I	35	1500
Spitzenwert PEAK	Peak	ca. 0,05	
Taktmaximal	FT	125	5000/3000[a]

[a] Beim Taktmaximal-Verfahren wird keine exponentielle, sondern eine rechteckige Abklingfunktion verwendet.

die die besondere Störwirkung unterschiedlicher Schallsignale widerspiegeln. So war die Zeitbewertung I für die Messung impulshaltiger Schalle vorgesehen. Heute betrachtet man die Zeitbewertungen lediglich als Konventionen, deren Anwendungen den jeweiligen Regelwerken zu entnehmen sind. Bei der Weiterentwicklung der internationalen Schallpegelmesser-Normen (IEC 61672) haben die Festlegungen zur Zeitbewertung I nur noch informativen Charakter.

Im Bereich der deutschen Normung wird als weitere Zeitbewertung das so genannte Taktmaximalpegel-Verfahren (DIN 45645-1) verwendet (Pegelbezeichnung L_{pFT}). Bei diesem Verfahren wird das Schallsignal in gleichlange Zeitintervalle (Takte) eingeteilt. In jedem Takt ist der Taktmaximalpegel $L_{pFT}(t)$ gleich dem Maximalwert des Schalldruckpegels $L_{pF}(t)$. Die Taktzeit beträgt im Immissionsschutz 5 s und im Arbeitsschutz 3 s.

Da die Momentanwerte des Schalldruckpegels $L_p(t)$ von der verwendeten Frequenz- und Zeitbewertung abhängen, müssen diese stets angegeben werden, z. B. $L_{pAF}(t)$, $L_{pCS}(t)$.

5.2.2 Akustische Kenngrößen für einzelne Schallereignisse

Zur Beschreibung einzelner Schallereignisse, wie einer Pkw- oder Zug-Vorbeifahrt oder eines Einzelschusses, werden in ISO 1996-1 vorzugsweise der Maximalpegel L_{pAFmax} und der Schallexpositionspegel $L_{pAE,T0}$ herangezogen.

5.2.2.1 Maximalpegel

Der Maximalpegel L_{pmax} ist der höchste am Immissionsort ermittelte Wert des zeit- und frequenzbewerteten Schalldruckpegels $L_p(t)$ während der Dauer des Schallereignisses. Die verwendeten Bewertungen müssen immer mit angegeben werden, z. B. L_{pAFmax}.

5.2.2.2 Schallexpositionspegel

Der Schallexpositionspegel $L_{pAE,T0}$ eines Schallereignisses entspricht dem Pegel eines Rechteckimpulses von 1 s Dauer, der die gleiche Schallexposition enthält wie das Schallereignis.

$$L_{pAE,T0} = 10 \cdot \log \left[\frac{1}{T_0 \cdot p_0^2} \int_0^T p_A^2(t) \, dt \right] \text{dB} \quad (5.2)$$

($p_A(t)$ A-bewerteter Schalldruck, $p_0 = 2 \cdot 10^{-5}$ Pa Bezugsschalldruck, $T_0 = 1$ s Bezugszeit, T Integrationszeit).

Die Integrationszeit ist so lang zu wählen, dass die pegelbestimmenden Anteile des Schallereignisses erfasst werden. Dies ist z. B. sichergestellt, wenn über das Zeitintervall, in dem der Pegel weniger als 10 dB unter dem Maximalpegel liegt, integriert wird. Die Integrationszeit darf aber auch nicht zu lang gewählt werden, weil der Fehler durch gleichzeitig einwirkende Fremdgeräusche mit der Integrationszeit wächst.

Der $L_{pAE,T0}$-Wert für Schallereignisse mit einer Dauer deutlich unter 1 s (z. B. Schüsse) ist kleiner als der L_{pAFmax}-Wert. Bei einer Dauer des Schallereignisses deutlich über 1 s (z. B. bei Überflügen) ist es umgekehrt.

5.2.3 Akustische Kenngrößen für kontinuierliche und intermittierende Schallimmissionen

Bei den meisten Schallimmissionen ist der Schalldruckpegelverlauf $L_p(t)$ nicht konstant, sondern zeitlich veränderlich. Zur Beschreibung dieser Schalle wird international vorzugsweise der zeitliche Mittelwert L_{peq} nach Gl. (5.3), der sogenannte *äquivalente Dauerschallpegel*, benutzt. Dieser Mittelwert wird in einigen deutschen Regelwerken auch als *Mittelungspegel L_{pm}* bezeichnet.

$$L_{peq} = 10 \cdot \log\left[\frac{1}{T}\int_0^T \frac{p^2(t)}{p_0^2}\,\mathrm{d}t\right]\mathrm{dB} \qquad (5.3)$$

($p(t)$ Schalldruck, T Mittelungszeit).

In den äquivalenten Dauerschallpegel gehen alle Schallanteile gemäß ihrer Stärke, Dauer und Häufigkeit ein.

Bei der Festlegung dieser Kenngröße haben neben einer hohen Korrelation mit Lärmwirkungen auch praktische Aspekte wie Einfachheit der Verfahren und Geräte, einheitliche Anwendbarkeit sowie Prognosefähigkeit der Immissionen aus Emissionspegeln der Quellen eine Rolle gespielt.

Werden bei der Ermittlung von L_{peq} zeitbewertete Signale verwendet, so ist grundsätzlich zwischen L_{pSeq}, L_{pFeq}, L_{pIeq} und L_{pFTeq} zu unterscheiden. Sind die Mittelungszeiten groß im Vergleich zu den Zeitkonstanten, so gilt

$$L_{pFeq} \approx L_{pSeq} \approx L_{peq}. \qquad (5.4)$$

Gleiche äquivalente Dauerschallpegel können sich bei ganz unterschiedlichen Zeitstrukturen ergeben. Deshalb werden bei der Beurteilung häufig weitere Pegelgrößen herangezogen, um ggf. detailliertere Aussagen über die zu erwartenden Lärmwirkungen treffen zu können.

5.2.4 Perzentilpegel

Zusatzinformationen können aus den Perzentilpegeln L_n gewonnen werden. L_n ist der Pegelwert eines Schallsignals $L_{pAF}(t)$, der in n % des betrachteten Zeitintervalls T (Messzeit, Mittelungszeit) überschritten wird. Gebräuchliche Werte sind $L_{pAF1,T}$ zur Charakterisierung kurzzeitig auftretender hoher Pegel sowie $L_{pAF95,T}$ als Pegel des Hintergrundgeräusches [5.122].

5.2.5 Mittlerer Maximalpegel

Bei Schallimmissionen, die aus Einzelereignissen bestehen (z.B. Schienenverkehr, Luftverkehr, Schießen), wird zusätzlich zum äquivalenten Dauerschallpegel L_{pAeq} vielfach der mittlere Maximalpegel der Einzelereignisse verwendet:

$$L_{pAFmax,m} = 10 \cdot \log\left[\frac{1}{N}\sum_{i=1}^{N} 10^{0,1 L_{pAFmax,i}}\right]\mathrm{dB} \qquad (5.5)$$

($L_{pAFmax,i}$ AF-bewerteter Maximalpegel des i-ten Einzelereignisses, N Anzahl der Einzelereignisse).

Die Bewertungen A und F sind hier beispielhaft angegeben.

5.2.6 Beurteilungspegel

Angaben über die Schallstärke reichen in der Regel für eine wirkungsbezogene Beurteilung nicht aus. Es müssen weitere Einflussgrößen, die nicht mit der Schallstärke zusammenhängen, beachtet werden. Dies geschieht durch die Bildung des Beurteilungspegels, mit dessen Hilfe in den meisten Regelwerken die Beurteilung – z.B. durch den Vergleich mit Immissionsgrenz- oder -richtwerten – vorgenommen wird. Der Beurteilungspegel L_r dient zur Kennzeichnung der Schallimmission während der Beurteilungszeit T_r. Die Beurteilungszeiten unterscheiden sich für verschiedene Anwendungsbereiche; sie sind in den einzelnen Regelwerken festgelegt.

Im Immissionsschutz wird in Deutschland in der Regel für den Tag (6–22 Uhr) eine Beurteilungszeit T_r von 16 Stunden und für die Nacht (22–6 Uhr) eine Beurteilungszeit T_r von 8 Stunden oder 1 Stunde (ungünstigste volle Stunde) zu Grunde gelegt. International spielt auch eine Beurteilungszeit von 24 Stunden eine wichtige Rolle (s. die Kenngrößen L_{den} in der Europäischen Umgebungslärm-Richtlinie [5.104] oder L_{dn} in amerikanischen Vorschriften [5.5]).

Im Arbeitsschutz gilt in der Regel eine Beurteilungszeit T_r von 8 Stunden für den Arbeitstag [5.31].

Der Beurteilungspegel L_r setzt sich zusammen aus dem A-bewerteten äquivalenten Dauerschallpegel L_{pAeq} für die Beurteilungszeit T_r sowie Zu- und Abschlägen K_i, mit denen weitere Einflussfaktoren berücksichtigt werden:

$$L_r = L_{pAeq} + \sum K_i. \qquad (5.6)$$

Folgende Zu- und Abschläge kommen in der nationalen und internationalen Normung zur Anwendung

K_I Zuschlag für Impulshaltigkeit/auffällige Pegeländerungen,

K_Ton Zuschlag für Tonhaltigkeit,
K_Inf Zuschlag für Informationshaltigkeit,
K_R Zuschlag für Einwirkungen während bestimmter Zeiten,
K_S Zu- oder Abschlag für bestimmte Schallquellenarten oder Situationen,
K_met Zu- oder Abschläge zur Berücksichtigung unterschiedlicher meteorologischer Schallausbreitungsbedingungen.

Welche Faktoren in die Beurteilung einzubeziehen sind, geht aus den anzuwendenden Regelwerken hervor. In einigen Vorschriften werden Beurteilungsfaktoren wie der Einwirkungsort durch die Staffelung der Immissionsgrenz- oder -richtwerte berücksichtigt.

Zuschlag K_I für Impulshaltigkeit

Nach DIN 45645 werden unter Impulsen Schalle von kurzer Dauer verstanden, deren Pegel nach dem subjektiven Eindruck schnell und kurzzeitig ansteigen. Schalleinwirkungen, die Impulse und auffällige Pegeländerungen enthalten, haben – wie zahlreiche Studien belegen [5.11, 5.13] – bei gleichem äquivalenten Dauerschallpegel eine höhere Störwirkung als gleichförmige Schalleinwirkungen. Sie sind von besonderer biologischer Relevanz, weil die menschlichen Sinne auf Reizänderungen sehr stark reagieren. Impulsschalle stören vor allem die Rekreation und die Konzentration.

Der Zuschlag für Impulshaltigkeit beträgt nach DIN 45645-1 (Immissionsschutz)

$$K_\text{I} = L_\text{pAFTeq} - L_\text{pAFeq} \qquad (5.7)$$

und nach DIN 45645-2 (Arbeitsschutz)

$$K_\text{I} = L_\text{pAIeq} - L_\text{pAFeq} \,. \qquad (5.8)$$

Wenn K_I nicht größer als 2 dB ist, kann auf den Zuschlag für Impulshaltigkeit verzichtet werden.

Zu den Festlegungen in rechtlichen Regelungen s. Abschn. 5.4.2 und 5.4.4.

In der internationalen Norm ISO 1996-1 werden die in Tabelle 5.2 dargestellten informellen Empfehlungen für den Zuschlag für Impulshaltigkeit gegeben.

Zuschlag K_Ton für Tonhaltigkeit

Die erhöhte Störwirkung tonhaltiger Schalle im Vergleich zu breitbandigen Schallen gleichen äquivalenten Dauerschallpegels hat sich in zahlreichen Experimenten gezeigt [5.85].

Der Zuschlag für Tonhaltigkeit K_Ton wird nach DIN 45645 nach dem Höreindruck ermittelt. Wenn sich aus dem zu beurteilenden Schall mindestens ein Einzelton deutlich hörbar heraushebt, ist je nach Auffälligkeit ein Zuschlag von 3 oder 6 dB anzuwenden. Sofern erforderlich, kann auch das Verfahren zur objektiven Erfassung der Tonhaltigkeit und zur Ermittlung des Tonzuschlages nach DIN 45681 zur Anwendung kommen (s. Abschn. 5.3.8).

Die informellen Empfehlungen zur Beurteilung der Tonhaltigkeit nach ISO 1996-1 sind in Tabelle 5.2 wiedergegeben.

Zuschlag K_Inf für Informationshaltigkeit

Schalleinwirkungen gelten als besonders lästig, wenn sie unerwünschte Informationen vermitteln und bewusst oder unbewusst den Mithörern besondere Aufmerksamkeit abverlangen (z.B. bei Lautsprecherdurchsagen und Musikwiedergaben) [5.55]. Je nach Verständlichkeit und Auffälligkeit wird für die erhöhte Störwirkung ein Lästigkeitszuschlag von 3 oder 6 dB vergeben.

Zuschlag K_R für Einwirkungen während bestimmter Zeiten

Schalleinwirkungen haben eine erhöhte Störwirkung, wenn sie in Zeiten der Ruhe und Erholung (z. B. nachts, morgens, abends oder an Wochen-

Tabelle 5.2 Zu- und Abschläge nach ISO 1996-1

Typ	Spezifikation	Pegelkorrektur
Quelle	Straße	0 dB
	Schiene[a]	−3…−6 dB
	Luft	+3…+6 dB
	Industrie[b]	0 dB
Schallmerkmal[d]	Hochenergieimpulse	[c]
	stark impulshaltig	12 dB
	normal impulshaltig	5 dB
	tonhaltig	3…6 dB
Einwirkungszeit	Abend	5 dB
	Nacht	10 dB
	Wochenende tags	5 dB

[a] bis 250 km/h.
[b] Texthinweis, dass umfassende Erhebungen noch fehlen, aus einigen Ländern aber Ergebnisse vorliegen, die einen Zuschlag erforderlich machen.
[c] Beurteilungseinzelereignis-Pegel:
$L_\text{prCE,T0} = 2\, L_\text{pCE,T0} - 93$ dB für $L_\text{pCE,T0} \geq 100$ dB,
$L_\text{prCE,T0} = 1{,}18\, L_\text{pCE,T0} - 11$ dB für $L_\text{pCE,T0} < 100$ dB.
[d] Der Zuschlag wird nur vergeben, wenn das Merkmal im Gesamtgeräusch wahrnehmbar ist.

enden) auftreten [5.55, 5.57]. Nach DIN 45645-1 wird die Zeit von 6 bis 7 Uhr sowie von 19 bis 22 Uhr zu den Ruhezeiten gerechnet, sonn- und feiertags auch die Zeit von 7 bis 19 Uhr. Der Zuschlag für Schalleinwirkungen in dieser Zeit beträgt 6 dB. Die erhöhte Störwirkung nächtlicher Schallimmissionen wird in der Regel durch getrennte Immissionswerte berücksichtigt.

Nach ISO 1996-1 werden die in Tabelle 5.2 dargestellten Zuschläge empfohlen.

In Anlehnung an diese Empfehlung wird der 24-Stunden-Beurteilungspegel L_{den} (Day-Evening-Night) in der Umgebungslärmrichtlinie der EU [5.104] wie folgt gebildet:

$$L_{den} = 10 \cdot \log \frac{1}{24} \qquad (5.9)$$

$$\left[12 \cdot 10^{\frac{L_T}{10\,dB}} + 4 \cdot 10^{\frac{L_A + 5\,dB}{10\,dB}} + 8 \cdot 10^{\frac{L_N + 10\,dB}{10\,dB}} \right] dB.$$

L_T äquivalenter Dauerschallpegel während der Tagesstunden (7–19 Uhr),

L_A äquivalenter Dauerschallpegel während der Abendstunden (19–23 Uhr),

L_N äquivalenter Dauerschallpegel während der Nachtstunden (23–7 Uhr).

Zu- oder Abschlag K_S für bestimmte Schallquellenarten oder Situationen

Manche Schallquellenarten sind bei gleichem äquivalenten Dauerschallpegel erfahrungsgemäß mehr oder weniger belästigend als andere, auch gibt es bestimmte Situationen, in denen weitere Auffälligkeitsmerkmale und damit erhöhte Störwirkungen zu berücksichtigen sind, z.B. bei Verkehrslärm in der Nähe von Ampeln. Deshalb wird in einigen nationalen Vorschriften ein Zu- oder Abschlag K_S berücksichtigt (Näheres s. Abschn. 5.4.1.1).

In ISO 1996-1 werden die in Tabelle 5.2 dargestellten informellen Empfehlungen zur Berücksichtigung der unterschiedlichen Störwirkung verschiedener Schallquellenarten gegeben.

Zu- oder Abschlag K_{met} zur Berücksichtigung unterschiedlicher meteorologischer Schallausbreitungsbedingungen

Die Größe K_{met} beschreibt die Schallpegeldifferenz, die bei Schalleinwirkungen von stationären Schallquellen aufgrund unterschiedlicher Schallausbreitungsbedingungen entstehen. In der Praxis ist die Differenz zwischen den Immissionen bei schallausbreitungsgünstigen Bedingungen und den Immissionen im Jahresmittel von besonderer Bedeutung. Hinweise zur Ermittlung von K_{met} sind in DIN ISO 9613-2 und ISO 1996-2 wiedergeben (s. auch Abschn. 5.4.4).

5.2.7 Kennzeichnungszeit

Für die Beurteilung von Schallimmissionen ist auch die Zeit von großer Bedeutung, für die die Beurteilungskenngrößen die Schallsituation kennzeichnend beschreiben sollen: die Kennzeichnungszeit. Typische Beispiele aus dem Immissionsschutz sind die Tage eines vorgegebenen Prognosejahres, alle Tage, an denen eine schallausbreitungsgünstige Situation zwischen dem Ort der Schallquelle und dem Immissionsort herrscht, oder die Tage, an denen ein bestimmter Betriebszustand der Schallquelle vorherrscht. Im Arbeitsschutz umfasst die Kennzeichnungszeit in der Regel die Arbeitstage. Die Kennzeichnungszeit kann aber auch nur wenige Tage umfassen, z.B. wenn die Schallimmissionen bei bestimmten Veranstaltungen (Jahrmärkte, Sportveranstaltungen) beurteilt werden sollen (VDI 3723 Blatt 1).

5.2.8 Immissionswerte

Der Beurteilungspegel wird zum Vergleich mit Immissionswerten herangezogen, die im Hinblick auf ein bestimmtes Schutzziel festgelegt sind. Schutzziel kann im Immissionsschutz z.B. die Vermeidung erheblicher Belästigungen oder im Arbeitsschutz die Verhinderung von Gehörschäden sein.

Je nach rechtlicher Verbindlichkeit oder wissenschaftlichem Erkenntnisstand werden die Immissionswerte als Grenz-, Richt- oder Anhaltswerte bezeichnet [5.54].

Grenzwerte liegen insbesondere dann vor, wenn bei ihrem Überschreiten unmittelbar bestimmte Rechtsfolgen eintreten, z.B., wenn wie im Gesetz zum Schutz gegen Fluglärm (Abschn. 5.4.3.2), Erstattungsansprüche oder Baubeschränkungen entstehen [5.49].

Mit *Richtwerten* lässt sich im Regelfall entscheiden, ob das vorgegebene Schutzziel erreicht oder verletzt ist. Treten im Einzelfall aber Besonderheiten auf, so können zur Erreichung des Schutzzieles Richtwertüberschreitungen zulässig oder Richtwertunterschreitungen notwendig sein. Die im Beiblatt 1 zu DIN 18005 genannten „Orientierungswerte" haben den Charakter von Richtwerten (zur Erläuterung der abweichenden Bezeichnung s. Abschn. 5.4.1.4).

Durch den Begriff *Anhaltswert* wird zum Ausdruck gebracht, dass es sich um einen Beurteilungsvorschlag handelt, zu dessen umfassender Absicherung noch weitere Erfahrungen gesammelt werden müssen.

Beurteilungsverfahren und Immissionswerte bilden stets eine Einheit. Die Einhaltung des Schutzzieles kann nur überprüft werden, wenn

- die in den jeweiligen Regelwerken genannten Messgrößen
- für eine definierte Kennzeichnungszeit
- mit den vorgeschriebenen Messverfahren
- am maßgeblichen Immissionsort erhoben und
- die Beurteilungsgrößen (z. B. Beurteilungspegel)
- nach dem angegebenen Auswerteverfahren

ermittelt werden.

5.2.9 Ermittlung der Schallbelastung

Die Ermittlung der Schallbelastung kann rechnerisch oder messtechnisch erfolgen. Rechenverfahren werden nicht nur für die Prognose, sondern auch bei großflächigen Darstellungen der Belastungssituation, z. B. im Rahmen von Schallimmissionsplänen [5.35] eingesetzt. Auch wenn in der Kennzeichnungszeit große Schwankungen der Schallemissions- und Schallausbreitungsbedingungen zu erwarten sind, erweisen sie sich vielfach gegenüber den Messverfahren als vorteilhaft, weil repräsentative Kennwerte messtechnisch oft nur mit erheblichem Aufwand zu erhalten sind.

Bei messtechnischen Erhebungen werden in den neueren Regelwerken Schallpegelmesser gefordert, die die Anforderungen nach DIN EN 60651 bzw. DIN EN 60804 erfüllen. Darüber hinaus sollten für besondere Messaufgaben (z. B. Ermittlung von L_{pAFmax}-Werten, Taktmaximalpegel-Verfahren, Pegelhäufigkeitsverteilung) die Zusatzanforderungen nach DIN 45657 eingehalten werden. Es sei darauf verwiesen, dass die internationale Norm für die Anforderungen an Schallpegelmesser inzwischen überarbeitet wurde (s. IEC 61672-1).

Die Messzeit und Messdauer sind so zu wählen, dass die kennzeichnende Schallbelastung erfasst wird. Hierbei sind vor allem die Art der Schallsignale, ihr zeitlicher Verlauf, die Stärke der Fremdgeräusche und die Schallausbreitungsbedingungen zu beachten. Unter Fremdgeräuschen werden die Schalleinwirkungen am Messort verstanden, die unabhängig von den zu beurteilenden auftreten (zur Berücksichtigung der Fremdgeräusche bei der Messung s. [5.58, 5.82, 5.122]).

In größeren Abständen von der Schallquelle können aufgrund unterschiedlicher Schallausbreitungsbedingungen bei verschiedenen Wetterlagen stark variierende Pegel am Immissionsort auftreten. Die Unterschiede können in 1000 m Entfernung durchaus 20 bis 30 dB betragen. Reproduzierbare Ergebnisse erhält man am ehesten, wenn die Messungen bei schallausbreitungsgünstigen Wetterbedingungen (leichter Mitwind von der Schallquelle zum Immissionsort oder Inversionswetterlage) durchgeführt werden. Daher werden diese Messbedingungen bevorzugt. Sie liefern in der Regel die höchsten Immissionspegel.

Hinweise für die Planung und Durchführung von Messungen zur Gewinnung repräsentativer Belastungswerte finden sich in VDI 3723 Blatt 1 und 2. In diesen Richtlinien sowie in DIN 45645-2 werden auch Verfahren zur Ermittlung der Aussagesicherheit von Messergebnissen und zur Vorgehensweise beim Vergleich der Messergebnisse mit Immissionswerten beschrieben.

5.2.10 Qualitätssicherung

Sowohl für die Darstellung der Ergebnisse durch Prognose als auch der durch Messungen gewonnenen Ergebnisse ist die Angabe einer Qualität erforderlich. In neueren Vorschriften ist dies vorgeschrieben [5.111]. Ein wesentliches quantitatives Merkmal der Qualität ist die – durch die Anwendung des Ermittlungsverfahrens – bedingte Ergebnisunsicherheit. Das Messergebnis ist lediglich eine Näherung oder ein Schätzwert des Wertes der Messgröße. Daher ist eine Angabe der Messunsicherheit dieses Schätzwertes erforderlich [5.38, 5.43]. Ohne die Angaben zur Ergebnisunsicherheit kann keine abgesicherte Entscheidung gefällt werden.

5.3 Spezielle Beurteilungsverfahren

In Abschn. 5.2 werden die Grundlagen der heute in deutschen Regelwerken überwiegend eingesetzten Beurteilungsverfahren beschrieben. Die Anwendung für einzelne Schallquellenarten werden in Abschn. 5.4 dargestellt. In bestimmten Fällen kommen aber auch andere Beurteilungsverfahren zum Einsatz, die im Folgenden näher erläutert werden.

5.3.1 Lautstärkepegel, Lautheit

Wie in Abschn. 5.2 erläutert, hängt der A-bewertete Schalldruckpegel nur näherungsweise mit der Stärke der subjektiven Wahrnehmung eines Schalls zusammen. Ein Maß für die wahrgenommene Lautstärke ist der so genannte Lautstärkepegel L_N. Er wird in Phon angegeben. Nach DIN 1318 hat ein Schall den Lautstärkepegel n Phon, wenn er von einem normalhörenden Beobachter als gleich laut beurteilt wird wie ein reiner Ton der Frequenz 1 kHz und dem Schalldruckpegel n dB, der als ebene fortschreitende Schallwelle von vorn auf den Beobachter trifft. In Abb. 5.1 sind die Kurven gleicher Lautstärkepegel und die Hörschwelle für Sinustöne dargestellt. Sie sind international [5.71, 5.72] genormt und zeigen, dass das Gehör im Bereich von 2 bis 5 kHz am empfindlichsten ist. Zu höheren und tieferen Frequenzen hin nimmt die Empfindlichkeit ab.

Im Bereich oberhalb von etwa 200 Hz verlaufen die Kurven näherungsweise parallel zur Hörschwelle. Sie sind praktisch zu höheren Pegeln verschoben. Bei Frequenzen unterhalb von 200 Hz sind sie dagegen zusammengedrängt. Die Pegeldifferenz zwischen der 100-Phon-Kurve und der 20-Phon-Kurve, die bei 1000 Hz definitionsgemäß den Wert 80 dB hat, beträgt bei 50 Hz nur noch 60 dB.

Mit Hilfe des Lautstärkepegels lässt sich für zwei Schalle angeben, ob sie gleich oder unterschiedlich laut empfunden werden. Wie stark ein Unterschied empfunden wird, lässt sich aus den Zahlenangaben nicht direkt sagen. Hierzu eignet sich eine andere Größe, die so genannte Lautheit N, wesentlich besser. Sie wird durch fortlaufende Verdopplung und Halbierung der Lautstärkeempfindung im Vergleich zu einem Standardschall (Verhältnislautstärke) ermittelt [5.128]. Die Lautheit N wird in Sone angegeben. Die Sone-Skala ist so normiert, dass einem Schall mit dem Lautstärkepegel 40 Phon die Lautheit 1 Sone zugeordnet wird. Der Zusammenhang zwischen Lautstärkepegel L_N und Lautheit N ist in zahlreichen Experimenten untersucht worden. Im Mittel ergibt sich die in Abb. 5.2 gezeigte Kurve [5.27, 5.48]. Für $N > 1$ gilt

$$N = 2^{0,1(L_N/dB - 40)} \text{ Sone} \quad (5.10)$$

bzw.

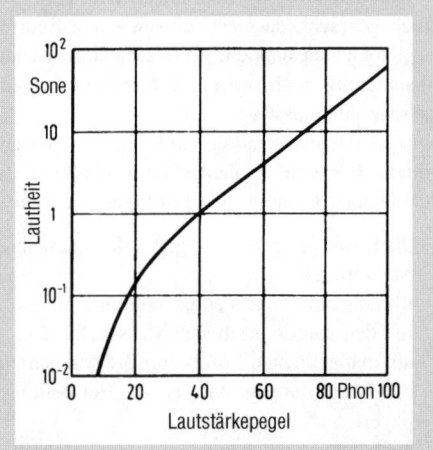

Abb. 5.2 Zusammenhang zwischen Lautstärkepegel und Lautheit

$$L_N = 40 + 33{,}2 \log (N/\text{Sone}) . \quad (5.11)$$

Für $N < 1$ gilt

$$L_N = 40 \, (N/\text{Sone} + 0{,}0005)^{0,35} . \quad (5.12)$$

Im Bereich von 40 bis 120 Phon werden Schalle als halb bzw. doppelt so laut empfunden, wenn sich ihre Lautstärkepegel um 10 Phon unterscheiden. Bei 25 Phon ist hierzu nur noch eine Änderung um ca. 5 Phon erforderlich.

5.3.2 Berechnete Lautheit nach Zwicker

Das oben beschriebene Verfahren zur Ermittlung des Lautstärkepegels und der Lautheit ist für die Praxis zu aufwändig. Daher sind Verfahren entwickelt worden, mit deren Hilfe der berechnete Lautstärkepegel L_{NG} bzw. die berechnete Lautheit N_G aus dem Schallspektrum in guter Näherung ermittelt werden können [5.48, 5.85, 5.99, 5.113, 5.127]. Das Verfahren nach Zwicker [5.128] berücksichtigt am umfassendsten die Funktionsweise des menschlichen Gehörs bei der Lautstärkewahrnehmung. Hierzu zählt z. B., dass das Gehör Schall in 24 so genannten Frequenzgruppen analysiert. Diese Analysefilter haben bis zu einer Mittenfrequenz von 500 Hz eine konstante Bandbreite von 100 Hz. Bei höheren Frequenzen beträgt die Bandbreite ca. 20 % der Mittenfrequenz. Weiterhin berücksichtigt das Zwicker-Verfahren, dass schmalbandiger Schall auch benachbarte Frequenzgruppen mit anregt (Flankenlautheit), und zwar zu höheren Frequenzen hin stärker als zu niedrigeren Frequenzen.

Das Verfahren ist in ISO 532 genormt. In DIN 45631 ist es in überarbeiteter Fassung veröffentlicht worden. Bei der Ermittlung der Lautheit N_G geht man von gemessenen Terzpegeln aus. Diese werden zu Frequenzgruppenpegeln zusammengefasst, aus denen unter Berücksichtigung der Kurven gleicher Lautstärkepegel und der Flankenlautheiten mit Hilfe grafischer Methoden oder eines Rechenprogramms die Gesamtlautheit bestimmt wird. Dabei wird unterschieden, ob ein freies oder ein diffuses Schallfeld (N_{GF} oder N_{GD}) vorliegt. Die Gesamtlautheit wird nach Gl. (5.11) in den berechneten Lautstärkepegel L_{NGF} oder L_{NGD} umgerechnet. DIN 45631 enthält keine Spezifikationen für die Ermittlung des Terzspektrums, daher ist das dort beschriebene Verfahren nur für gleichförmige, quasistationäre Schalle anwendbar.

Inzwischen werden Lautheitsmessgeräte auf dem Markt angeboten. Diese Geräte bestimmen die Terzspektren fortlaufend und ermitteln unter Berücksichtigung nichtlinearer Nachverdeckungseffekte [5.47] die zeitabhängige Lautheit. Die Entwicklung handlicher Lautheitsmessgeräte hat zu der Forderung geführt, die Lautheit als Basisgröße für die Schallbeurteilungsverfahren zu wählen, weil sie in engerem Zusammenhang mit der wahrgenommenen Schallstärke stehe als der A-bewertete Schalldruckpegel. Einer Einführung steht allerdings entgegen, dass der Zusammenhang zwischen Lautheit und den verschiedenen Lärmwirkungen (z. B. Gehörgefährdung, Belästigung der Wohnbevölkerung) nicht ausreichend erforscht ist. So ist unklar, ob aus der Lautheit abgeleitete Kenngrößen der Schallbelastung zu einer Verbesserung der Beurteilung führen. Beispielsweise sind bei gleichem Schalldruckpegel Schalleinwirkungen mit einem deutlich hervortretenden Einzelton zwar leiser als Breitbandschall, sie werden aber erfahrungsgemäß als lästiger empfunden. Weiterhin sind noch keine technischen Regelwerke für Messgeräte sowie Mess-, Beurteilungs- und Prognoseverfahren für die Lautheit entwickelt worden.

5.3.3 Perceived Noise Level nach Kryter

Als Alternative zum Lautstärkepegel wurde von Kryter [5.85] der Perceived Noise Level L_{PN} entwickelt. L_{PN} und daraus abgeleitete Beurteilungsgrößen sind heute für die Beurteilung von Fluglärm von großer Bedeutung.

Die Ermittlung des Perceived Noise Level eines Schalls erfolgt wie beim Lautstärkepegel durch subjektiven Vergleich mit einem Standardschall, der aus einem Oktavbandrauschen mit der Mittenfrequenz 1000 Hz besteht und als ebene Welle von vorn auf den Beobachter einwirkt. Der Perceived Noise Level L_{PN} ist der Pegel des Standardschalls, bei dem dieser gleich „lärmig" (lästig) wie der Vergleichsschall empfunden wird. Zur Vermeidung von Missverständnissen wird L_{PN} in dB(PN) angegeben.

Für die Praxis ist ein Berechnungsverfahren erarbeitet worden, mit dessen Hilfe L_{PN} aus dem Terzspektrum des Schalls bestimmt werden kann [5.66]. Man geht dabei von den experimentell ermittelten Kurven gleicher Lärmigkeit aus (Abb. 5.3), deren Parameter die Lärmigkeit PN („Perceived Noisiness") mit der Einheit „noy" ist. Jedem gemessenen Terzpegel wird anhand der Kurven in Abb. 5.3 ein noy-Wert zugeordnet.

Der Summenwert wird nach Gl. (5.13) bestimmt:

$$PN = n_{max} + 0{,}15 \left(\sum_{i=1}^{M} n_i - n_{max} \right). \quad (5.13)$$

wobei n_{max} der größte der n_i-Werte und M die Zahl der Terzbänder ist. PN wird nach Gl. (5.14), die wie Gl. (5.11) aufgebaut ist, in L_{PN} transformiert.

$$L_{PN} = 40 + 33{,}2 \log PN \text{ dB(PN)}. \quad (5.14)$$

Bei hervortretenden Einzeltönen sind Tonkorrekturen anzubringen. Sie hängen erstens von der Frequenz und zweitens von der Differenz zwischen dem zugehörigen Terzschallpegel und einem geglätteten (tonbereinigten) Schallspektrum ab und können bis zu 6,7 dB betragen. Für den tonkorrigierten „Perceived Noise Level" L_{TPN} ergibt sich

$$L_{TPN} = L_{PN} + \Delta L_{Ton}. \quad (5.15)$$

Für die Charakterisierung einzelner Überflüge werden zwei aus L_{PN} abgeleitete Größen verwendet:

a) der maximale Perceived Noise Level L_{PNmax}
   Hierzu werden für den Überflug die L_{PN}-Werte aus Terzspektren für Zeitintervalle von höchstens 0,5 s fortlaufend ermittelt und es wird deren Maximum bestimmt. Erfahrungsgemäß ist L_{PNmax} je nach Spektrum um 9 bis 14 dB größer als der maximale AF-bewertete Schalldruckpegel L_{pAFmax} während des Überfluges.

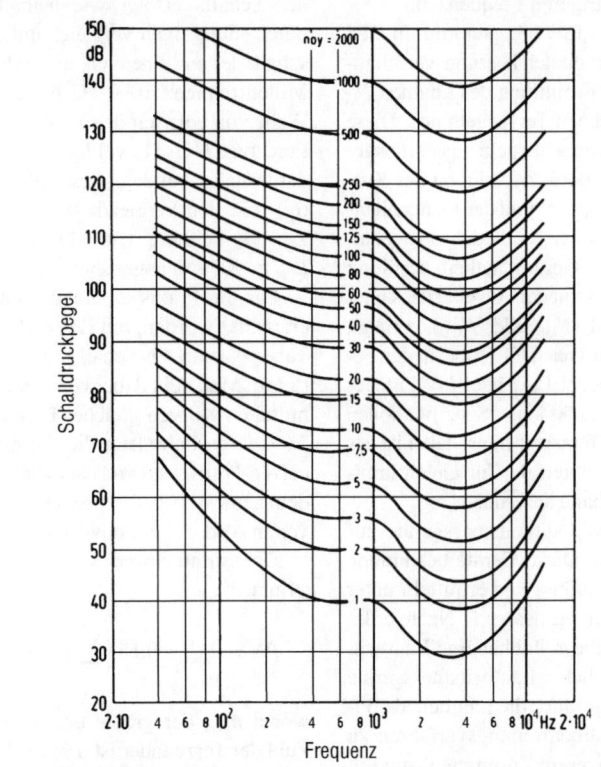

Abb. 5.3 Kurven gleicher Lärmigkeit nach [5.85]

b) der effektive Perceived Noise Level L_{EPN}

$$L_{EPN} = 10 \log \left[\frac{1}{T_0} \int_{t_1}^{t_2} 10^{0,1 L_{TPN}/dB} \right] dB \quad (5.16)$$

($T_0 = 10$ s Bezugszeit).

In der Praxis werden t_1 und t_2 so gewählt, dass das Zeitintervall, in dem L_{TPNmax} um weniger als 10 dB(PN) unterschritten ist, ganz erfasst wird.

Die Größe L_{EPN} wird in Deutschland bei der Festsetzung von Grenzwerten für die Emission von Flugzeugen in den Lärmschutzanforderungen für Luftfahrzeuge [5.16] verwendet.

5.3.4 Noise-Rating-Kurven

Für die Schallbeurteilung mit Hilfe von Noise-Rating-Kurven wird das Oktavspektrum herangezogen. Die Oktavpegel werden in das Grenzkurven-Diagramm nach Abb. 5.4 eingetragen. Der NR-Wert der Kurven entspricht dem Wert bei 1000 Hz. Der Schall wird durch den NR-Wert der niedrigsten Kurve gekennzeichnet, die von dem zu beurteilenden Spektrum noch nicht überschritten wird, wobei ggf. zwischen den dargestellten Kurven zu interpolieren ist.

Der Nachteil dieses und vergleichbarer Bewertungsverfahren [5.110] besteht darin, dass der Verlauf des Restspektrums, das den akustischen Eindruck wesentlich mitprägt, bei der Bewertung unberücksichtigt bleibt.

In Deutschland werden die Noise-Rating-Kurven nur noch gelegentlich bei der Beurteilung von Störgeräuschen durch raumlufttechnische Anlagen (s. Abschn. 5.4.6) eingesetzt.

5.3.5 Frequenzbewertungskurven

In nationalen und internationalen Normen sind für Schallmessungen verschiedene Frequenzbe-

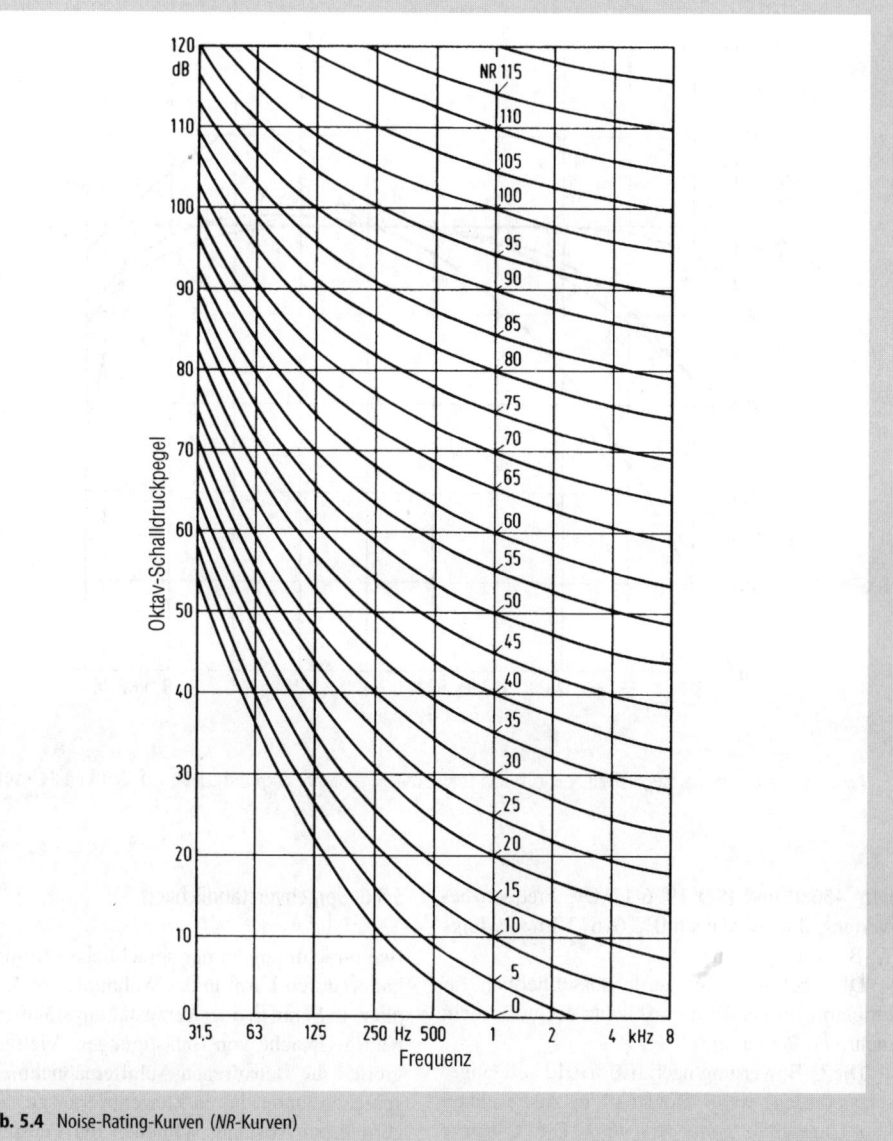

Abb. 5.4 Noise-Rating-Kurven (*NR*-Kurven)

wertungskurven festgelegt worden. Für den Hörschall (16 bis 16000 Hz) sind dies neben der A-Kurve die B-, C-, D- und U-Kurve. Ihre Frequenzverläufe sind in Abb. 5.5 dargestellt. Daneben spricht man von der Frequenzbewertung „lin" („linear"), wenn das Übertragungsmaß der Schallpegelmessgeräte im interessierenden Frequenzbereich frequenzunabhängig ist.

Die A-, B-, und C-Bewertung nach DIN EN 60651 unterscheiden sich vor allem durch ihr Verhalten bei tiefen Frequenzen. Sie stellen Annäherungen an die frequenzabhängige Empfindlichkeit des Gehörs bei verschiedenen Lautstärkepegeln dar (s. Abb. 5.1):

A-Bewertung   40-Phon-Kurve,
B-Bewertung   80-Phon-Kurve,
C-Bewertung   100-Phon-Kurve.

Bei der Schallbeurteilung im Immissions- und Arbeitsschutz wird heute in der Regel die A-Bewertung verwendet. Die B-Bewertung hat keine praktische Bedeutung mehr (vgl. IEC 61672-1). Die C-Bewertung findet Anwendung z. B. bei der Beurteilung tieffrequenter Schallimmissionen (s.

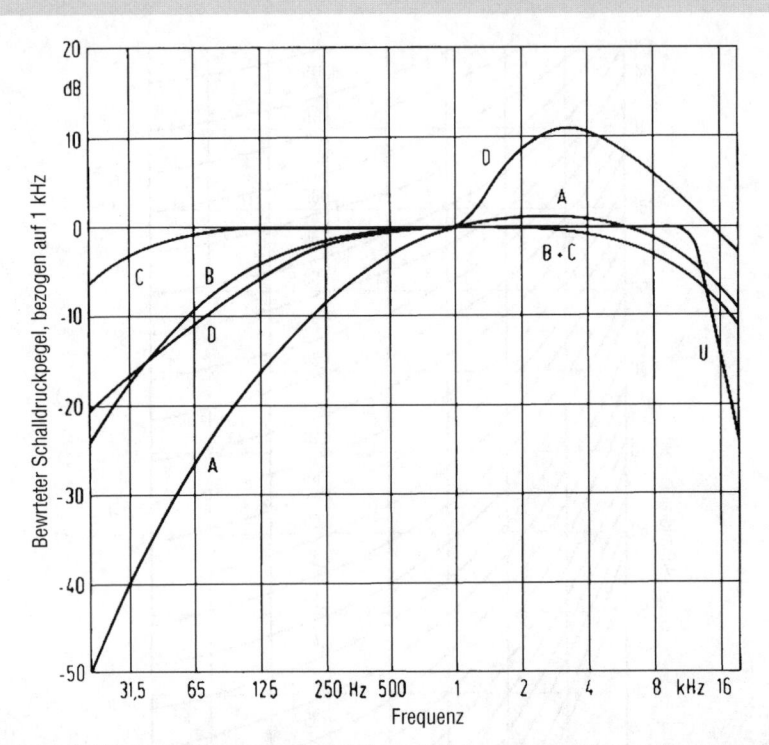

Abb. 5.5 Frequenzbewertungskurven A, B, C, D und U für Schallpegelmesser nach DIN 60651, ISO 3891 und IEC 61012

DIN 45680 und ISO 1996-1). Die Frequenzbewertung „lin" wird nach IEC 61672-1 neuerdings „Z-Bewertung" genannt.

Die D-Bewertung wurde ausschließlich für Fluglärm verwendet und ist heute ebenfalls nicht mehr von Bedeutung.

Die U-Bewertung nach IEC 61012 soll eingesetzt werden, wenn Hörschall in Anwesenheit von Ultraschall gemessen wird. Die U-Kurve entspricht einem Tiefpassfilter, mit dem die Frequenzanteile oberhalb von 20 kHz stark gedämpft werden. Hierdurch wird verhindert, dass Frequenzanteile im Ultraschallbereich bei der Anwendung der A-Bewertung dem Hörfrequenzbereich zugeordnet werden.

Eine Frequenzbewertungskurve für den Infraschallbereich (2 bis 16 Hz) ist in ISO 7196 genormt (Abb. 5.6). Sie wird in einigen europäischen Ländern im Rahmen der Beurteilung des tieffrequenten Schalls eingesetzt [5.79, 5.123].

5.3.6 Sprachverständlichkeit

Beeinträchtigungen der sprachlichen Kommunikation durch Lärm in der Wohnung, am Arbeitsplatz, in Schulen oder Veranstaltungsräumen sind häufig Ursache von Belästigungen. Vielfach ergreifen die Betroffenen Abhilfemaßnahmen: sie sprechen lauter, hören konzentrierter zu, verringern ihren Abstand, schließen die Fenster u.ä. Auch die Notwendigkeit, derartige Maßnahmen ergreifen zu müssen, trägt zur Belästigung bei.

Beeinträchtigungen der Kommunikation treten auf, wenn die Sprache durch Störgeräusche überdeckt wird. Wie stark die Beeinträchtigung ist, hängt vor allem vom Pegel und Spektrum der Sprache und des Störschalls ab. Aber auch andere Faktoren, wie Sprachverhalten (Artikulation), Hörvermögen, Blickkontakt zwischen Sprecher und Hörer sowie Sprachkompetenz spielen eine Rolle.

Zur Messung der Sprachverständlichkeit wird der Prozentsatz richtig erkannter Silben, Wörter oder Sätze herangezogen. Da die Ergebnisse von

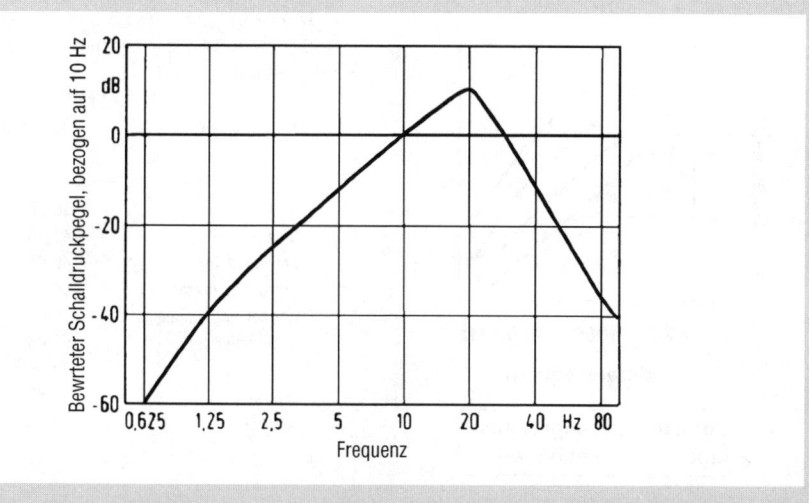

Abb. 5.6 Frequenzbewertungskurve für Infraschall nach ISO 7196

Sprachverständlichkeitstests auch von Art und Umfang des eingesetzten Sprachmaterials abhängen, sind spezielle Testmaterialien entwickelt worden [5.26, 5.92]. Für Zahlwörter und Einsilber liegen Bezugskurven der Silbenverständlichkeit (SV) in Abhängigkeit von dem mit der Zeitbewertung I ermittelten Sprachpegel L_{SI} vor. Sie sind in Abb. 5.7 wiedergegeben. Eine näherungsweise Beziehung zwischen Satzverständlichkeit und Silbenverständlichkeit ist in Abb. 5.8 dargestellt.

Die Ermittlung der Sprachverständlichkeit durch Tests ist sehr aufwändig. Daher sind Messverfahren entwickelt worden, mit denen man aus den physikalischen Parametern der Sprache und der Störschalle die Sprachverständlichkeit recht zuverlässig vorhersagen kann. Mit diesen Verfahren schätzt man, wie stark das Sprachspektrum durch das Störschallspektrum überdeckt wird. Dazu wird für die wichtigsten – für die Spracherkennung notwendigen – Frequenzbänder die Schallpegeldifferenz zwischen dem Sprachsignal und dem Störschall ermittelt. Aus der mittleren frequenzgewichteten Schallpegeldifferenz wird das Maß für die Sprachverständlichkeit gewonnen.

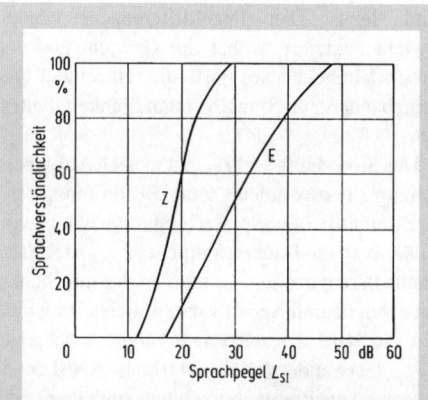

Abb. 5.7 Verständlichkeit von Zahlwörtern (Z) und deutschen Einsilbern (E) in Abhängigkeit vom I-bewerteten Sprachpegel L_{pSI} (Bezugskurven nach DIN 45626)

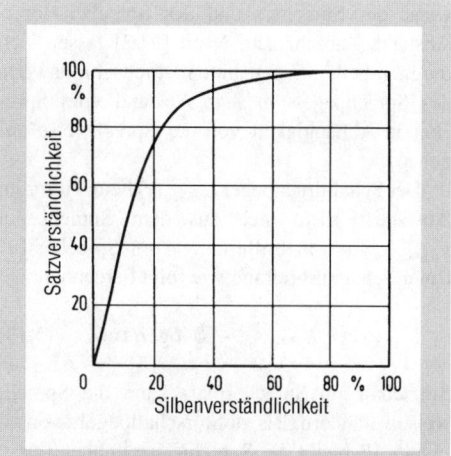

Abb. 5.8 Zusammenhang zwischen Satzverständlichkeit und Silbenverständlichkeit nach [5.12]

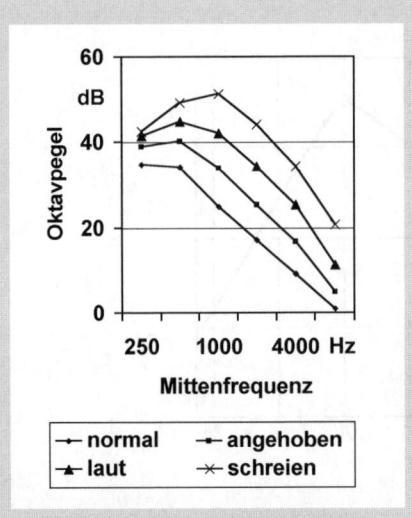

Abb. 5.9 Sprachoktavspektrum in Abhängigkeit vom Sprachaufwand nach ANSI S3.5-1997

Tabelle 5.3 Sprachpegel L_{pSAeq} in 1 m vor dem Sprecher für verschiedene Sprechweisen, (p) in privater Umgebung

Sprechweise	Sprachpegel $L_{pSAeq,1m}$
flüstern	36 dB
leise	42 dB
entspannt (p)	48 dB
entspannt, normal (p)	54 dB
normal, angehoben (p)	60 dB
angehoben	66 dB
laut	72 dB
sehr laut	78 dB
schreien	84 dB

Das Sprachsignal am Ort des Hörers kann messtechnisch oder rechnerisch bestimmt werden. Führt man Messungen durch, so werden die äquivalenten Dauerschallpegel $L_{peq,i}$ in den untersuchten Frequenzbändern gemessen. Ist nur der A-bewertete äquivalente Dauerschallpegel L_{pSAeq} der Sprache bekannt, so lassen sich die Frequenzbandpegel anhand eines typischen Sprachspektrums bestimmen, das vom Sprachaufwand abhängt (Abb. 5.9 nach ANSI S3.5-1997).

Liegen keine Messergebnisse vor, so lassen sich die Sprachpegel auch anhand der Sprechweise des Sprechers und des Sprecher-Hörer-Abstandes abschätzen. Nach [5.92] lassen sich die in Tabelle 5.3 genannten Durchschnittswerte des Sprachpegels in 1 m Abstand vom Sprecher in Abhängigkeit von der Sprechweise angeben.

Der Schalldruckpegel $L_{pSAeq}(r)$ beim Hörer im Abstand r lässt sich aus dem Sprachpegel $L_{pSAeq,1m}$ in 1 m Entfernung vom Sprecher bei freier Schallausbreitung wie folgt berechnen:

$$L_{pSAeq}(r) = L_{pSAeq,1m} - 20 \log(r/1\text{m}) \:. \quad (5.17)$$

Störschall am Sprecherplatz kann die Sprechweise verändern. Bis zu Störschallpegeln von 40 bis 45 dB bleibt die Sprechweise unbeeinflusst. Darüber steigt der Sprachpegel nach [5.101] um ca. 0,5 bis 0,7 dB, wenn der Störschallpegel um 1 dB ansteigt (Lombard-Effekt).

Artikulationsindex (AI), Kommunikationsstörungsindex (SII)

Das Konzept des Artikulationsindex AI ist in der amerikanischen Norm ANSI S3.5-1969 veröffentlicht. Die Weiterentwicklung zum Kommunikationsstörungsindex (SII Speech Interference Index) ist in der überarbeiteten Norm von 1997 beschrieben [5.4]. SII kann Werte zwischen 0 und 1 annehmen. Je größer SII ist, umso besser ist die Sprachverständlichkeit. SII wird aus den Differenzen des Sprachspitzenpegels L_{pSi} und des Störschallpegels L_{pNi} in den relevanten Terz-, Oktav- oder Frequenzgruppenbändern ermittelt. Dabei wird angenommen, dass der Sprachspitzenpegel um 15 dB über dem äquivalenten Dauerschallpegel der Sprache L_{pSieq} im i-ten Frequenzband liegt. Die Pegeldifferenzen werden gewichtet addiert, wobei die Gewichtsfaktoren berücksichtigen, wie stark die einzelnen Frequenzbänder zur Sprachverständlichkeit beitragen.

Der Störschallpegel L_{pNi} ist je nach Aufgabenstellung auszuwählen. Zur Bestimmung der durchschnittlichen Sprachverständlichkeit wird der äquivalente Dauerschallpegel L_{pNieq} des Störschalls herangezogen. Ist man an der mit Sicherheit erreichbaren Sprachverständlichkeit interessiert, so wird der maximale Störgeräuschpegel L_{pNimax} verwendet (DIN 33410). In ANSI S3.5-1997 sind weiterhin Vorschläge enthalten, wie die Vorhersage der Sprachverständlichkeit bei Schallübertragung in Räumen (Nachhall), bei Kommunikationssystemen oder bei Minderungen der Hörfähigkeit verbessert werden kann. In Abb. 5.10 ist der mittlere Zusammenhang zwi-

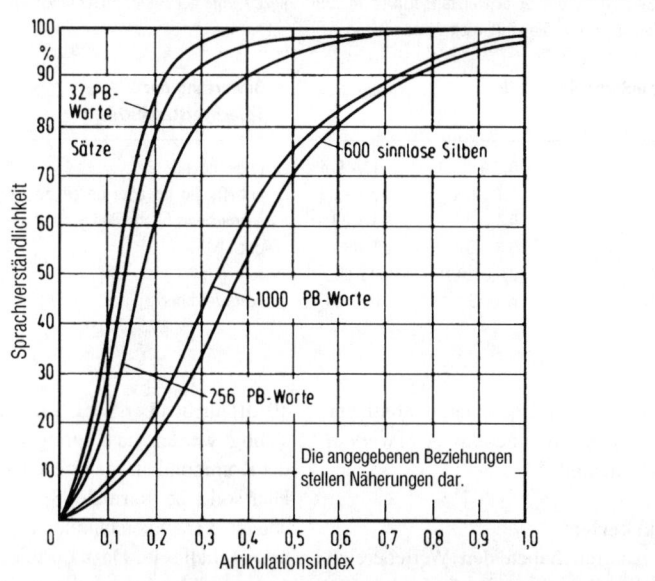

Abb. 5.10 Zusammenhang zwischen Sprachverständlichkeit und Artikulationsindex nach ANSI S3.5-1969

schen der Sprachverständlichkeit und dem Artikulationsindex angegeben. Ergänzend sind Ergebnisse für deutsche Wörter bzw. Sätze eingetragen. Die Standardabweichung der Vorhersage der Sprachverständlichkeit durch den AI beträgt im Allgemeinen 5 % [5.92].

Sprachübertragungsindex (STI)
Ein weiteres messtechnisch aufwändiges Verfahren zur Ermittlung der Sprachverständlichkeit wurde von Steeneken und Houtgast [5.60] entwickelt, es ist in IEC 60268-16 genormt. Bei diesem Verfahren wird die Sprachverständlichkeit anhand der so genannten Modulationsübertragungsfunktion bestimmt. Diese gibt an, in welchem Maße die Modulationen der Sprache bei der Schallübertragung vom Sprecher zum Hörer oder durch Störschall verloren gehen. Änderungen des STI von 0,03 sind gerade wahrnehmbar. Das Verfahren wird vor allem bei der Bestimmung der Sprachverständlichkeit in Räumen bzw. beim Einsatz elektroakustischer Übertragungssysteme eingesetzt.

Deutlichkeitsmaß C_{50} für Sprache
Das Deutlichkeitsmaß C_{50} nach DIN EN ISO 3382 wird zur Beurteilung der Verständlichkeit der Sprache oder auch des Gesanges herangezogen. Es wird im Allgemeinen im Frequenzbereich zwischen 350 Hz und 6,4 kHz (4 Oktaven) ermittelt.

$$C_{50} = 10 \cdot \log \left(\frac{\int_0^{50\,\text{ms}} p^2(t)\,dt}{\int_{50\,\text{ms}}^{\infty} p^2(t)\,dt} \right) \text{dB} \quad (5.18)$$

($p(t)$ Impulsantwort für den Übertragungsweg Sender – Empfänger).

In C_{50} wird die Energie des Direktschalls und der frühen Reflexionen („nützlicher" Schall) ins Verhältnis zur Energie der späten Reflexionen gesetzt. Nach DIN 18041 (Entwurf) ist eine gute Sprachverständlichkeit im Allgemeinen gewährleistet, wenn C_{50} mindestens 0 dB beträgt.

A-bewerteter Sprachschalldruckpegel
Bei vielen breitbandigen Störschallen lässt sich die Sprachverständlichkeit auch aus der Differenz L_{pSNA} (Signal-Rausch-Abstand) des A-bewerteten Sprachschallpegels L_{pSA} und des Störschallpegels L_{pNA} bestimmen.

Näherungsweise gilt

$$AI = (L_{pSNA} + 12\,\text{dB})/30\,\text{dB} . \quad (5.19)$$

Tabelle 5.4 Bewertung der Sprachverständlichkeit in Abhängigkeit von der Silbenverständlichkeit, dem Kommunikationsstörungsindex *SII* bzw. Signal-Rausch-Abstand L_{pSNA}

Silbenverständlichkeit	SII	L_{pSNA}	Bewertung der Sprachverständlichkeit
0%...10%	0...0,1	−12/−9 dB	ungenügend
10%...40%	0,1...0,3	−9/−3 dB	unbefriedigend, aber für einige Zwecke annehmbar
40%...75%	0,3...0,5	−3/3 dB	ausreichend bis befriedigend
75%...90%	0,5...0,65	3/9 dB	gut
90%...95%	0,65...0,75	9/15 dB	sehr gut
95%...100%	> 0,75	15/18 dB	ausgezeichnet

Dieser Schätzwert ist umso genauer, je ähnlicher sich das Sprachspektrum und das A-bewertete Störschallspektrum sind.

Beurteilungskriterien

Verschiedene Autoren haben den Wertebereich der physikalischen Parameter für die Vorhersage der Sprachverständlichkeit bestimmten Qualitätsprädikaten zugeordnet. Nach [5.92] lassen sich die Angaben vereinfacht – wie in Tabelle 5.4 angegeben – zusammenfassen.

Die dargestellten Zusammenhänge gelten nur für normal hörende erwachsene Personen. Bei Kindern und Personen mit Hörstörungen sind zur Erreichung der angegebenen Wortverständlichkeit größere Signal-Rausch-Abstände erforderlich.

Zur Ableitung von Richtwerten für Störschallpegel, bei deren Einhaltung eine bestimmte Qualität der Sprachverständlichkeit gewährleistet ist, sind Vorgaben über

- die erwünschte Qualität der Sprachverständlichkeit,
- die situationsbedingte angemessene Sprechweise und
- die maximalen Entfernungen zwischen Hörer und Sprecher

zu treffen. Gegebenfalls kann auch die Häufigkeit der sprachlichen Kommunikation durch eine geeignete Auswahl der physikalischen Parameter berücksichtigt werden.

Nach Auffassung des Interdisziplinären Arbeitskreises für Lärmwirkungsfragen beim Umweltbundesamt [5.64] sollte im Wohnbereich eine gute Sprachverständlichkeit auch bei entspannter Unterhaltung über Entfernungen von mehr als 1 m gegeben sein (s. auch [5.121]). Dies wird erreicht, wenn der Störschallpegel L_{pNAeq} (äquivalenter Dauerschallpegel während der Kommunikation) 40 dB nicht übersteigt. Im Freien kann berücksichtigt werden, dass geringere Erwartungen bzgl. der Kommunikation bestehen als im Innenbereich. Hier sollte bei normaler Sprechweise eine ausreichende Sprachverständlichkeit über mehrere Meter möglich sein. Dazu dürfen die Störschallpegel L_{pNAeq} während der Kommunikation 50 dB nicht übersteigen. Bei Dauerstörschallen mit einem äquivalenten Dauerschallpegel über 65 dB werden die Kommunikationsbedingungen als nicht mehr akzeptabel angesehen.

5.3.7 Beurteilung tieffrequenten Schalls im Immissionsschutz

Schall, dessen Hauptfrequenzanteile im Frequenzbereich unter 90 Hz liegen, werden als tieffrequent bezeichnet; nach DIN 45680 gilt als messtechnisches Kriterium, dass die Differenz der Schallpegel $L_{pCFeq} - L_{pAFeq}$ oder $L_{pCFmax} - L_{pAFmax} > 20$ dB ist.

Untersuchungen haben gezeigt, dass tieffrequenter Schall anders wahrgenommen wird als Schall bei mittleren und hohen Frequenzen. Die Hörschwelle steigt von 28 dB bei 80 Hz auf 95 dB bei 10 Hz steil an und die Lautheit erhöht sich mit zunehmendem Schalldruckpegel stärker als bei höheren Frequenzen. Unterhalb von ca. 50 Hz ist die Tonhöhenempfindung nur sehr schwach ausgeprägt. Der Schall wird dann als Pulsationen und Fluktuationen wahrgenommen, vielfach verbunden mit einem Dröhn- und Druckgefühl. Tieffrequenter Schall ist oft von Sekundäreffekten (z.B. Anregung von Sekundärschall, spürbare mechanische Schwingungen von Gegenständen) begleitet [5.86].

Tieffrequenter Dauerschall im Wohnbereich führt häufig zu Klagen und Beschwerden, auch wenn die Immissionsrichtwerte der eingeführten Regelwerke (s. Abschn. 5.4.4) eingehalten sind [5.91].

In DIN 45680 ist daher ein eigenes Verfahren zur Messung und Bewertung tieffrequenter Schallimmissionen beschrieben. Da aufgrund von Resonanzphänomenen innerhalb von Räumen Pegelerhöhungen auftreten können, sollen Messungen stets innerhalb der Wohnräume an der lautesten Stelle, wo sich Menschen aufhalten, durchgeführt werden. Erweist sich der Schall als tieffrequent, so soll sein Terzspektrum ($L_{pTerz,eq}$ und $L_{pTerz,Fmax}$) im Frequenzbereich von 10 bis 80 Hz ermittelt werden. Aus $L_{pTerz,eq}$ wird unter Berücksichtigung der Einwirkdauer in der Beurteilungszeit der Terz-Beurteilungspegel $L_{pTerz,r}$ berechnet. Terz-Beurteilungspegel $L_{pTerz,r}$ und $L_{pTerz,Fmax}$ werden mit den zugehörigen Hörschwellenpegeln L_{HS} (Tabelle 5.5) verglichen.

Für gewerbliche Anlagen sind im Beiblatt zu DIN 45680 Richtwerte zum Schutz vor erheblichen Belästigungen angegeben. Sie sind nach der Frequenz und der Einwirkzeit gestaffelt und geben an, um wie viele dB die Hörschwellenpegel höchstens überschritten werden dürfen. Die Richtwerte für tieffrequente Schalle mit deutlich hervortretendem Einzelton sind in Tabelle 5.6 wiedergeben.

5.3.8 Beurteilung tonhaltiger Schalle nach DIN 45681

Tonhaltige Schalle werden nach DIN 45645 in der Regel nach dem Höreindruck beurteilt (s. Abschn. 5.2.6). In DIN 45681 wird ein Verfahren zur objektiven Messung der Tonhaltigkeit und zur Bestimmung des Zuschlages für Tonhaltigkeit dargestellt.

Bei diesem Verfahren werden durch eine Schmalbandanalyse zum einen der Tonpegel L_{Ton} und zum andern der Pegel L_G des verdeckenden Schalls in der Frequenzgruppe um den Ton ermittelt. Die Differenz dieser Pegel wird mit der Mithörschwelle von Tönen im Frequenzbandrauschen verglichen. Diese liegt für niedrige Frequenzen (20 bis 200 Hz) bei etwa –2 dB und sinkt mit zunehmender Frequenz bis 20 kHz auf –6 dB. Aus der Überschreitung ΔL der Mithörschwelle wird nach Tabelle 5.7 der Zuschlag für Tonhaltigkeit bestimmt.

Das Verfahren ist für Tonfrequenzen über 100 Hz anwendbar und eignet sich insbesondere für automatisch arbeitende Messstationen.

Tabelle 5.5 Hörschwellenpegel L_{HS} in Abhängigkeit von der Terzmittenfrequenz nach DIN 45680

Termitenfrequenz	Pegel L_{HS}
10 Hz	95 dB
12,5 Hz	87 dB
16 Hz	79 dB
20 Hz	71 dB
25 Hz	63 dB
31,5 Hz	55,5 dB
40 Hz	48 dB
50 Hz	40,5 dB
63 Hz	33,5 dB
80 Hz	28 dB

Tabelle 5.6 Richtwerte für die Beurteilung tieffrequenter Schallimmissionen (mit messtechnisch deutlich hervortretendem Einzelton) nach dem Beiblatt zu DIN 45680 (maximal zulässige Überschreitung des Hörschwellenpegels in dB)

	Frequenz			
	10...63 Hz	80 Hz	10...63 Hz	80 Hz
	$L_{pTerzeq} - L_{HS}$		$L_{pTerzFmax} - L_{HS}$	
Tagesstunden an Werktagen	5 dB	10 dB	15 dB	20 dB
Tagesstunden an Sonn- und Feiertagen sowie Nachtstunden	0 dB	5 dB	10 dB	15 dB

Tabelle 5.7 Bestimmung des Zuschlages für Tonhaltigkeit aus der Differenz ΔL des Tonpegels zum Pegel der Tonhaltigkeitsschwelle nach DIN 45681

ΔL	Zuschlag für Tonhaltigkeit K_{Ton}
$\Delta L \leq 0$ dB	0 dB
0 dB $< \Delta L \leq 2$ dB	1 dB
2 dB $< \Delta L \leq 4$ dB	2 dB
4 dB $< \Delta L \leq 6$ dB	3 dB
6 dB $< \Delta L \leq 9$ dB	4 dB
9 dB $< \Delta L \leq 12$ dB	5 dB
12 dB $< \Delta L$	6 dB

Tabelle 5.8 Zuschlag K_S in dB für erhöhte Störwirkung von lichtzeichengeregelten Kreuzungen und Einmündungen nach [5.112]

Abstand des Immissionsortes vom nächsten Schnittpunkt der Achse von sich kreuzenden oder zusammentreffenden Fahrstreifen	Zuschlag K_S
bis 40 m	3 dB
über 40 m bis 70 m	2 dB
über 70 m bis 100 m	1 dB
über 100 m	0 dB

5.4 Quellenbezogene Beurteilungsverfahren

5.4.1 Straßenverkehr

5.4.1.1 Beurteilungsgrößen

Mit dem Erlass der Verkehrslärmschutz-Verordnung [5.112] ist ein verbindliches Verfahren für die Beurteilung von Straßenverkehrsgeräuschen beim Neubau und wesentlichen Änderungen von Straßen festgelegt worden. Als Beurteilungsgrößen dienen der Beurteilungspegel $L_{r,T}$ für die Tagesstunden (6 bis 22 Uhr) und $L_{r,N}$ für die Nachtstunden (22 bis 6 Uhr).

Der Beurteilungspegel setzt sich zusammen aus dem äquivalenten Dauerschallpegel L_{pAeq} in der Beurteilungszeit und einem situationsbezogenen Zuschlag K_S zur Berücksichtigung der erhöhten Störwirkung von lichtzeichengeregelten Kreuzungen und Einmündungen nach Tabelle 5.8.

$$L_r = L_{pAeq} + K_S. \qquad (5.20)$$

Diese Beurteilungsgrößen werden auch für die städtebauliche Planung an Straßen, bei der Lärmsanierung sowie bei der Planung von Schallschutzmaßnahmen an Gebäuden herangezogen.

Bei der Bemessung von Schallschutzmaßnahmen kann zusätzlich der mittlere Maximalpegel der Straßenverkehrsgeräusche von Bedeutung sein. Als Kenngröße dient der Perzentilpegel $L_{pAF1,T0}$.

Bei der Beurteilung geht man von rechnerisch ermittelten Belastungen aus (s. Abschn. 5.4.1.2). Sind aufgrund einer besonderen Aufgabenstellung Messungen auszuführen, sollten diese nach DIN 45462 vorgenommen werden (s. Abschn. 5.4.1.3).

5.4.1.2 Rechnerische Ermittlung der Belastung

Rechenverfahren zur Ermittlung der Straßenverkehrsgeräusche sind in den Richtlinien für den Lärmschutz an Straßen-RLS-90 [5.107] dargestellt.

Der äquivalente Dauerschallpegel L_{pAeq} am Immissionsort hängt von der Schallemission der Straße und von den Schallausbreitungsbedingungen ab. Die Stärke der Schallemission der Straße wird unter Berücksichtigung der Parameter Verkehrsstärke, Lkw-Anteil, zulässige Höchstgeschwindigkeit, Art der Straßenoberfläche und Steigung des Verkehrsweges berechnet.

Bei den Schallausbreitungsbedingungen werden der Abstand zwischen dem Emissions- und dem Immissionsort, die mittlere Höhe des Schallstrahles von der Quelle zum Immissionsort über dem Boden sowie Pegeländerungen durch Luftabsorption, Boden- und Meteorologiedämpfung oder durch topografische Gegebenheiten und bauliche Maßnahmen (z.B. Lärmschutzwälle und -wände) berücksichtigt. Die ermittelten Beurteilungspegel gelten für schallausbreitungsgünstige Bedingungen (leichter Mitwind mit ca. 3 m/s oder Temperaturinversion).

Die für die Schallemission maßgeblichen Kraftverkehrszahlen werden aus einem Jahresmittelwert ermittelt.

Der Beurteilungspegel wird so bestimmt, dass die ggf. auftretende Reflexion am Gebäude (z.B. bei Fassaden, die der Straße zugekehrt sind) unberücksichtigt bleibt. Er entspricht dem Pegel am maßgeblichen Immissionsort bei einem sich frei ausbreitenden Schallfeld (Freifeldpegel).

5.4.1.3 Messung von Straßenverkehrsgeräuschen

Das Verfahren zur Messung von Straßenverkehrsgeräuschen ist in DIN 45642 beschrieben. Die maßgebliche Größe ist der äquivalente Dauerschallpegel L_{pAeq} der Verkehrsgeräusche.

Messort und Messzeit richten sich nach der jeweiligen Aufgabenstellung. Der Freifeldpegel kann bei bebauten Straßenrändern näherungsweise 0,5 m außen vor der Mitte eines geöffneten Fensters, ggf. auch in Baulücken, bestimmt werden. Bei Messungen vor der Hauswand – wie in der Norm empfohlen – muss der Einfluss der Reflexion am Gebäude korrigiert werden (s. [5.21]), um den Freifeldpegel zu erhalten.

Die Messdauern richten sich nach der Verkehrsstärke. Bei dichtem Verkehr (mehr als 400 Kfz/h mit einem Lkw-Anteil bis 10%) ist eine Messdauer von 5 min im Allgemeinen bereits ausreichend. Bei schwachen Verkehr, z. B. nachts oder auf ruhigen Wohnstraßen, sollte die Messdauer mindestens 30 min betragen.

Messungen nach DIN 45642 können Ergebnisse liefern, die deutlich von den berechneten Werten abweichen, wenn die den Rechnungen zu Grunde liegenden Randbedingungen, z. B. Jahresdurchschnittswerte für die Verkehrsstärke und den Lkw-Anteil oder die Geschwindigkeit, nicht berücksichtigt werden. Daher müssen die Messergebnisse ggf. nach den Vorgaben der RLS-90 umgerechnet werden.

5.4.1.4 Städtebauliche Planung an Straßen

Für die Beurteilung von Umweltgeräuschen bei der städtebaulichen Planung stellt DIN 18005-1 die wichtigste Grundlage dar.

Das Beiblatt 1 zu DIN 18005-1 enthält die in Tabelle 5.9 angegebenen Orientierungswerte für einzuhaltende Beurteilungspegel außen. Sie sind nach Baugebieten entsprechend der Baunutzungsverordnung [5.6] und nach Einwirkungen tags und nachts gegliedert. Die Beurteilungspegel für verschiedene Schallquellenarten (Verkehr, Industrie und Gewerbe, Freizeiteinrichtungen) sollen wegen der unterschiedlichen Einstellung der Betroffenen zu den verschiedenen Schallquellenarten jeweils für sich allein mit den Orientierungswerten verglichen und nicht addiert werden. Innerhalb der Schallquellenarten werden die Immissionen verschiedener Schallquellen jedoch zusammengefasst. Die Orientierungswerte dienen der angemessenen Berücksichtigung des Schallschutzes in der städtebaulichen Planung und gelten als eine sachverständige Konkretisierung der Schallschutzziele.

Die Orientierungswerte für Wohngebiete bieten einen weitreichenden Schutz vor negativen Auswirkungen des Lärms. Nach Ergebnissen der Lärmwirkungsforschung ist oberhalb dieser Werte zunehmend mit Beeinträchtigungen des psychischen und sozialen Wohlbefindens zu rechnen [5.10, 5.65]. Bei nächtlichen Beurteilungspegeln über 45 dB ist selbst bei nur teilweise geöffneten Fenstern häufig ein ungestörter Schlaf nicht möglich.

Daher sollten die Orientierungswerte, wo immer es möglich ist, unterschritten werden, zum Schutz besonders schutzbedürftiger Nutzungen, aber auch zur Erhaltung und Schaffung besonders ruhiger Wohnlagen.

Die Orientierungswerte sind aber keine Grenzwerte, die streng einzuhalten sind. In vorbelasteten Bereichen, insbesondere bei bestehenden Verkehrswegen, können die Orientierungswerte bei Überwiegen anderer in der städtebaulichen Planung zu berücksichtigender Belange überschritten werden.

In diesen Fällen soll möglichst ein Ausgleich durch andere geeignete Maßnahmen (z. B. geeignete Gebäudeanordnung, bauliche Schallschutzmaßnahmen, s. Abschn. 5.4.1.6) geschaffen werden.

5.4.1.5 Lärmschutz an Straßen

Für den Neubau und die wesentliche Änderung von öffentlichen Straßen sind in der Verkehrslärmschutz-Verordnung [5.112] Immissionsgrenzwerte festgelegt worden, die am maßgeblichen Immissionsort nicht überschritten werden dürfen. Dieser liegt vor Gebäuden mit zu schützenden Räumen in der Höhe ihrer Geschossdecke (0,2 m über der Fensteroberkante). Bei Außenwohnbereichen (Balkone, Loggien, Terrassen u. ä.) liegt der maßgebliche Immissionsort 2 m über der Mitte der als Außenwohnbereich genutzten Fläche.

Eine wesentliche Änderung liegt vor, wenn

– eine Straße um einen oder mehrere Fahrstreifen für den Kraftverkehr erweitert wird;

- durch einen erheblichen baulichen Eingriff der von dem zu ändernden Verkehrsweg ausgehende Verkehrslärm um mindestens 3 dB oder auf mindestens 70 dB am Tag bzw. mindestens 60 dB in der Nacht erhöht wird;
- der Beurteilungspegel des von dem zu ändernden Verkehrsweg ausgehenden Verkehrslärms von mindestens 70 dB am Tag oder 60 dB in der Nacht durch einen erheblichen baulichen Eingriff erhöht wird. Dies gilt nicht in Gewerbegebieten.

Die Immissionsgrenzwerte nach Tabelle 5.10 dienen dem Schutz der Nachbarschaft vor schädlichen Umwelteinwirkungen. Die Ermittlung der Schallbelastung erfolgt anhand der RLS-90 [5.107].

Die Immissionsgrenzwerte sind entsprechend den Beurteilungszeiten nach der Tageszeit und der Lage der Immissionsorte in einem Baugebiet entsprechend der Baunutzungsverordnung [5.6] gestaffelt.

Die Zuordnung richtet sich nach den Festsetzungen in den Bebauungsplänen. Gebiete, für die keine Festsetzungen bestehen, sind entsprechend der Schutzwürdigkeit zu beurteilen. Erholungsgebiete fallen nicht unter den juristischen Begriff „Nachbarschaft" [5.59], entsprechend sind in der Verordnung für diese Gebiete keine Schutzmaßnahmen vorgesehen.

Werden beim Neubau oder der wesentlichen Änderung von öffentlichen Straßen die Immissionsgrenzwerte nach Tabelle 5.10 überschritten, regelt die Verkehrswege-Schallschutzmaßnahmenverordnung [5.124] die Art und den Umfang der Schallschutzmaßnahmen (s. Abschn. 5.4.1.6).

Eine umfassende Regelung zum Lärmschutz an bestehenden Straßen gibt es bislang nicht. Für Bundesfernstraßen in der Baulast des Bundes liegen die Richtlinien des Bundesministers für Verkehr [5.15] vor. Danach kommen Lärmsanierungsmaßnahmen – in der Regel Schallschutzmaßnahmen an den betroffenen Gebäuden – in Betracht, wenn am maßgeblichen Immissionsort der nach RLS-90 berechnete Beurteilungspegel die in Tabelle 5.11 dargestellten Immissionsgrenzwerte überschreitet. Einige Bundesländer wenden diese Werte auch für Landesstraßen an.

5.4.1.6 Baulicher Schallschutz

Anforderungen

Wenn durch planerische, verkehrsrechtliche und bauliche Maßnahmen an der Straße (z. B. Schallschutzwände -wälle) keine günstige Umfeldsituation geschaffen werden kann, sollte sichergestellt werden, dass zumindest das Leben inner-

Tabelle 5.9 Schalltechnische Orientierungswerte für die städtebauliche Planung nach Beiblatt 1 zu DIN 18005-1

Immissionsort	Orientierungswert	
	tags	nachts
a) reine Wohngebiete (WR), Wochenendhausgebiete, Ferienhausgebiete	50 dB	40(35)[a] dB
b) allgemeine Wohngebiete (WA), Kleinsiedlungsgebiete (WS) und Campingplatzgebiete	55 dB	45 (40)[a] dB
c) Friedhöfe, Kleingartenanlagen, Parkanlagen	55 dB	55 dB
d) besondere Wohngebiete (WB)	60 dB	45 (40)[a]
e) Dorfgebiete (MD), Mischgebiete (MI)	60 dB	50 (45)[a]
f) Kerngebiete (MK), Gewerbegebiete (GE)	65 dB	55 (50)[a]
g) bei sonstigen Sondergebieten, soweit sie schutzbedürftig sind, je nach Nutzungsart	45…65 dB	35…65 dB
h) Industriegebiete (GI)	keine Werte angegeben[b]	keine Werte angegeben[b]

[a] Bei zwei angegebenen Nachtwerten soll der niedrigere für Industrie-, Gewerbe- und Freizeitlärm sowie für Schall von vergleichbaren öffentlichen Betrieben gelten.
[b] s. aber Abschn. 3.5.2 in DIN 18005-1.

Tabelle 5.10 Immissionsgrenzwerte für den Neubau und die wesentliche Änderung von öffentlichen Straßen und Schienenwegen nach der 16. BImSchV [5.112]

Immissionsort	Immissionsgrenzwert	
	tags	nachts
Krankenhäuser, Schulen, Kurheime, Altenheime	57 dB	47 dB
reine und allgemeine Wohngebiete, Kleinsiedlungsgebiete	59 dB	49 dB
Kern-, Dorf-, Mischgebiete	64 dB	54 dB
Gewerbegebiete	69 dB	59 dB

Tabelle 5.11 Immissionsgrenzwerte für Lärmschutz an bestehenden Bundesfernstraßen nach VLärmSchR97 [5.15]

Immissionsort	Immissionsgrenzwert	
	tags	nachts
Krankenhäuser, Schulen, Kurheime, Altenheime, reine und allgemeine Wohngebiete, Kleinsiedlungsgebiete	70 dB	60 dB
Kern-, Dorf-, Mischgebiete	72 dB	62 dB
Gewerbegebiete	75 dB	65 dB

halb der Wohnung frei von erheblichen Belästigungen durch Lärm von außen ist. Hierzu müssen vor allem Beeinträchtigungen der Kommunikation und des Schlafes vermieden werden. Dies ist in der Regel erreicht, wenn die durch den Straßenverkehr in der Wohnung verursachten Schallpegel während der Kommunikationssituationen 40 dB (L_{pAeq}) und beim Schlaf 30 dB (L_{pAeq}) bzw. 40 dB (L_{pAFmax}) nicht überschreiten [5.18, 5.65].

Gleichung (5.21) gibt an, wie das erforderliche bewertete Schalldämm-Maß $R'_{w,ges}$ der Umfassungsbauteile von Räumen aus dem maßgeblichen Außenschallpegel L_a und dem angestrebten Innenpegel L_i nach VDI 2719 ermittelt wird.

$$R'_{w,ges} = L_a - L_i + 10 \cdot \log \frac{S_g}{A} + K + W \, ; \quad (5.21)$$

L_a maßgeblicher A-bewerteter Außenschallpegel vor der Außenfläche;
L_i A-bewerteter Innenschallpegel, der im Raum nicht überschritten werden sollte;
S_g vom Raum aus gesehene gesamte Außenfläche in m² (Summe aller Teilflächen);
A äquivalente Absorptionsfläche des Raumes in m² ($A = 0{,}8 \times$ Gesamtgrundfläche);
K Korrektursummand, der sich aus dem Spektrum des Außengeräusches und der Frequenzabhängigkeit der Schalldämm-Maße von Fenstern ergibt;
W Winkelkorrektur (im Allgemeinen zu vernachlässigen).

Der maßgebliche Außenlärmpegel L_a wird nach Gl. (5.22) aus dem Freifeldpegel $L_{r,T}$ oder $L_{r,N}$ (s. Abschn. 5.4.1.2) bestimmt, z. B.

$$L_a = L_{r,T} + 3 \text{ dB} \, . \quad (5.22)$$

Der Korrektursummand von 3 dB berücksichtigt pauschal, dass die Dämmwirkung von Bauteilen bei Schall von Linienschallquellen bei in der Praxis üblichen Schalleinfallsrichtungen geringer ausfällt als bei Prüfmessungen im diffusen Schallfeld [5.84].

Verkehrslärm-Schallschutzmaßnahmenverordnung (24. BImSchV)
Nach der 24. BImSchV [5.125] ist die Schalldämmung von Umfassungsbauteilen so zu ver-

bessern, dass die gesamte Außenfläche des Raumes das nach Gl. (5.21) bestimmte erforderliche bewertete Schalldämm-Maß $R'_{w,ges}$ nicht unterschreitet. Die Berechnung erfolgt in Anlehnung an die VDI 2719. In Tabelle 5.12 sind für verschiedene Raumnutzungen die bei der Bestimmung des Schalldämm-Maßes maßgeblichen Beurteilungszeiten und die Innenpegel zusammengestellt.

In Tabelle 5.13 sind die einzusetzenden Werte des Korrektursummanden K aus Gl. (5.21) zusammengestellt.

DIN 4109

In DIN 4109 sind Mindestanforderungen an die Luftschalldämmung von Außenbauteilen festgelegt mit dem Ziel, Menschen in Aufenthaltsräumen vor unzumutbaren Belästigungen zu schützen. Durch die bauaufsichtliche Einführung dieser Norm in einigen Bundesländern sind diese Anforderungen bei Neubauvorhaben verbindlich. Die erforderlichen Schalldämmwerte richten sich allein nach der Geräuschbelastung in den Tagesstunden von 6 bis 22 Uhr.

Der maßgebliche Außenschallpegel L_a nach Gl. (5.22) wird in der Regel anhand eines Nomogrammes für einige straßentypische Situationen

Tabelle 5.12 Maßgebliche Beurteilungspegel und Innenschallpegel in Abhängigkeit von der Raumnutzung für die Ermittlung des erforderlichen bewerteten Schalldämmmaßes nach der Verkehrslärm-Schallschutzmaßnahmenverordnung [5.125]

Raumart	Maßgebliche Beurteilungszeit	Innenschallpegel
Räume, die überwiegend zum Schlafen benutzt werden	Nacht (22 – 6 Uhr)	30 dB
Wohnräume	Tag (6 – 22 Uhr)	40 dB
Behandlungs- und Untersuchungsräume in Arztpraxen, Operationsräume, wissenschaftliche Arbeitsräume, Leseräume in Bibliotheken, Unterrichtsräume	Tag (6 – 22 Uhr)	40 dB
Konferenz- und Vortragsräume, Büroräume, allgemeine Laborräume	Tag (6 – 22 Uhr)	45 dB
Großraumbüros, Schalterräume, Druckerräume von DV-Anlagen, soweit dort ständige Arbeitsplätze vorhanden sind	Tag (6 – 22 Uhr)	50 dB
sonstige Räume, die zum nicht nur vorübergehenden Aufenthalt von Menschen bestimmt sind	entsprechend der Schutzbedürftigkeit der jeweiligen Nutzung festzusetzen	

Tabelle 5.13 Korrektursummanden zur Berücksichtigung der unterschiedlichen Spektren verschiedener Verkehrslärmquellenarten im Hinblick auf die Dämmwirkung von Außenbauteilen nach [5.125]

Verkehrsquellenart	Korrektursummand K
innerstädtische Straßen	6 dB
Straßen im Außerortsbereich	3 dB
Schienenwege von Eisenbahnen allgemein	0 dB
Schienenwege von Eisenbahnen, bei denen in der Beurteilungszeit mehr als 60% der Züge klotzgebremste Güterzüge sind, sowie Verkehrswege der Magnetschwebebahnen	2 dB
Schienenwege von Eisenbahnen, auf denen in erheblichem Umfang Güterzüge gebildet oder zerlegt werden	4 dB
Schienenwege von Straßenbahnen nach § 4 PBefG	3 dB

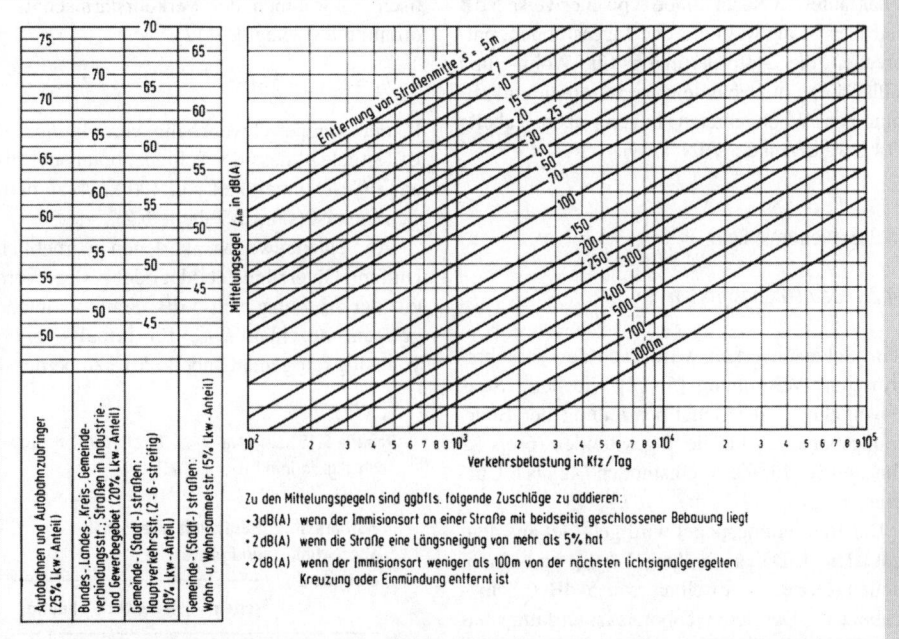

Abb. 5.11 Nomogramm für die Ermittlung des maßgeblichen Außenlärmpegels vor Hausfassaden für typische Straßenverkehrssituationen unter Berücksichtigung des Zuschlages von 3 dB nach Gl. (5.22)

(Abb. 5.11) oder anhand der DIN 18005-1 bestimmt. In besonderen Fällen kann L_a auch messtechnisch nach DIN 45642 ermittelt werden. Hierbei muss von der bei der Messung vorliegenden Verkehrsbelastung auf die durchschnittliche Verkehrsstärke und -zusammensetzung (Jahresmittelwert unter Berücksichtigung der künftigen Verkehrsentwicklung (5 bis 10 Jahre)) sowie die zulässige Höchstgeschwindigkeit umgerechnet werden. Gegebenenfalls müssen die Zuschläge nach Gl. (5.20) und (5.22) addiert werden, wenn der Messort in der Nähe von lichtzeichengeregelten Kreuzungen oder Einmündungen liegt und der Freifeldpegel gemessen wird. Bei starken Pegelschwankungen ($L_{pAF1,T} - L_{pAeq} > 10$ dB) kann zur Berücksichtigung der erhöhten Störwirkung statt L_r die Kenngröße $L_{pAF1,T} - 10$ dB in Gl. (5.22) zu Grunde gelegt werden.

Bei der Überlagerung der Immissionen mehrerer (gleich- oder verschiedenartiger) Quellen berechnet sich der maßgebliche Außenlärmpegel nach

$$L_{a,\text{res}} = 10 \cdot \log \left(\sum_{i=1}^{N} 10^{0,1 L_{a,i}/\text{dB}} \right) \text{dB} \qquad (5.23)$$

($L_{a,i}$ maßgebliche Außenlärmpegel der i-ten Quelle, N Anzahl der zu berücksichtigenden Quellen).

Die Anforderungen der DIN 4109 für Straßenverkehrslärm sind so bemessen, dass die äquivalenten Dauerschallpegel während der Tagesstunden in Aufenthaltsräumen in Wohnungen, Unterrichtsräumen u. ä. in der Regel 35 dB nicht überschreiten. Da die Belastung an Straßen in der Nacht in der Regel um mehr als 5 dB zurückgeht, liegen dann die Innenwerte unter den genannten Kriterien zur Vermeidung von Schlafstörungen.

In Büroräumen sind die Anforderungen nach DIN 4109 um 5 dB schwächer, in Bettenräumen in Krankenanstalten und Sanatorien 5 dB schärfer als in Aufenthaltsräumen von Wohnungen.

VDI 2719

In der VDI 2719 sind Anhaltswerte L_i für Innenschallpegel (äquivalenter Dauerschallpegel L_{pAeq}, mittlere Maximalpegel $L_{pAFmax,m}$), die nicht überschritten werden sollten, genannt (Tabelle 5.14). Sie sind nach Nutzungszweck und -zeit der zu schützenden Räume sowie nach der Lage der Gebäude in Baugebieten gestaffelt. Da der äquivalente Dauerschallpegel L_{pAeq} des Straßenverkehrs in der lautesten Nachtstunde typischerweise 5 dB niedriger ist als während der Tagesstunden, entsprechen die Anforderungen für Wohn- und Schlafräume in Gebäuden, die in reinen und allgemeinen Wohngebieten liegen, nach Tabelle 5.14 etwa denen der DIN 4109.

5.4.2 Schienenverkehr

5.4.2.1 Beurteilungsgrößen

Beim Schienenverkehr wird nach der Verkehrslärmschutz-Verordnung [5.112] wie beim Straßenverkehr bei der Schallbeurteilung der Beurteilungspegel $L_{r,T}$ für die Tagesstunden (6 bis 22 Uhr) und $L_{r,N}$ für die Nachtstunden (22 bis 6 Uhr) herangezogen.

Der Beurteilungspegel wird gebildet aus dem äquivalenten Dauerschallpegel L_{pAeq} und einem quellenbezogenen Abschlag von 5 dB („Schienenbonus"). Der Schienenbonus ist wirkungsmäßig begründet. In mehreren Studien hat sich gezeigt, dass bei gleichem äquivalenten Dauerschallpegel L_{pAeq} die allgemeine Störwirkung von Schienenverkehrsgeräuschen geringer ist als die von Straßenverkehrsgeräuschen (z. B. [5.46, 5.98]). Die Höhe des Schienenbonus wurde politisch im Rahmen der Verkehrslärmschutz-Verordnung festgelegt [5.112].

$$L_r = L_{pAeq} - 5 \text{ dB} . \tag{5.24}$$

In der Magnetschwebebahn-Verordnung [5.94] ist festgelegt, dass der Schienenbonus nur bis zu einer Geschwindigkeit von 300 km/h zu berücksichtigen ist (s. auch Tabelle 5.2).

An Schienenwegen, auf denen in erheblichem Umfang Güterzüge gebildet oder zerlegt werden, gilt der Abschlag von 5 dB nicht. Vielmehr ist ggf. ein Zuschlag $K_{I/Ton}$ für Impuls- und/oder Tonhaltigkeit gemäß Tabelle 5.15 zu berücksich-

Tabelle 5.15 Zuschlag $K_{I/Ton}$ für Impuls- und/oder Tonhaltigkeit in dB nach [5.108]

Hörbarkeit aller Schallereignisse	Häufigkeit aller Schallereignisse		
	selten	gelegentlich	häufig
schwach	0 dB	2 dB	4 dB
deutlich	2 dB	4 dB	6 dB
stark	4 dB	6 dB	8 dB

Tabelle 5.14 Anhaltswerte für Innenschallpegel für von außen in Aufenthaltsräume eindringenden Schall nach VDI 2719

Raumart	äquivalenter Dauerschallpegel L_{pAeq} [a]	mittler Maximalpegel $L_{pAFmax,m}$
Schlafräume nachts[b]		
in reinen und allgemeinen Wohngebieten, Krankenhaus- und Kurgebieten	25…30 dB	35…40 dB
in allen übrigen Gebieten	30…35 dB	40…45 dB
Wohnräume tagsüber		
in reinen und allgemeinen Wohngebieten, Krankenhaus- und Kurgebieten	30…35 dB	40…45 dB
in allen übrigen Gebieten	35…40 dB	45…50 dB
Kommunikations- und Arbeitsräume tagsüber		
Unterrichtsräume, ruhebedürftige Einzelbüros, wissenschaftliche Arbeitsräume, Bibliotheken, Konferenz- und Vortragsräume, Arztpraxen, Operationsräume, Kirchen, Aulen	30…40 dB	40…50 dB
Büros für mehrere Personen	35…45 dB	45…55 dB
Großraumbüros, Gaststätten, Schalterräume, Läden	40…50 dB	50…60 dB

[a] Für Fluglärm äquivalenter Dauerschallpegel $L_{eq(4)}$ nach Fluglärmgesetz (s. Abschn. 5.4.3.3).
[b] Hierbei ist von der lautesten Nachtstunde zwischen 22 und 6 Uhr auszugehen.

tigen. Bei der Höhe des Zuschlages ist die Hörbarkeit und die Häufigkeit impuls- und tonhaltiger Schallereignisse nach dem subjektiven Eindruck zu Grunde zu legen.

$$L_r = L_{pAeq} + K_{l/Ton} \text{ dB} . \qquad (5.25)$$

Für die Bemessung von Schallschutzmaßnahmen an Gebäuden kann auch der mittlere Maximalpegel $L_{pAFmax,m}$ des Schienenverkehrslärms von Bedeutung sein. Dieser ist messtechnisch zu bestimmen.

Bei der Beurteilung geht man in der Regel von rechnerisch ermittelten Belastungen aus (s. Abschn. 5.4.2.2).

Sind aufgrund einer besonderen Aufgabenstellung Messungen auszuführen, sollten diese nach DIN 45462 vorgenommen werden. Es gelten weitgehend dieselben Empfehlungen wie bei Straßenverkehrslärm (s. Abschn. 5.4.1.3). Die Messgröße ist der Einzelereignispegel während einer Zugvorbeifahrt. Die Messdauer ist so zu wählen, dass sich der Pegel während der Zugvorbeifahrt aus dem Fremdgeräusch um mindestens 5 dB heraushebt. Je Gleis ist eine Mindestzahl, z.B. 20 bei Güterzügen, an Zugvorbeifahrten festgelegt. Unter Berücksichtigung der Verkehrsstärke jeder Zugart wird der äquivalente Dauerschallpegel berechnet. Bei Vorwissen über die zugartabhängige Gleisbelegung kann auf die Messung einzelner Zugarten verzichtet werden, wenn von ihnen nur ein irrelevanter Beitrag zum äquivalenten Dauerschallpegel zu erwarten ist.

5.4.2.2 Rechnerische Ermittlung der Belastung

Rechenverfahren zur Ermittlung der Schienenverkehrsgeräusche sind ausführlich in der Richtlinie „Schall 03" [5.109] dargestellt.

Der äquivalente Dauerschallpegel L_{pAeq} am Immissionsort hängt erstens von der Schallemission des Schienenweges und zweitens von den Schallausbreitungsbedingungen ab. Die Stärke der Schallemission des Schienenweges wird in der Schall 03 unter Berücksichtigung der Parameter Zugzahlen, -arten, -längen, -geschwindigkeiten, Anteil scheibengebremster Fahrzeuge sowie Fahrbahntyp berechnet.

Die Schallausbreitungsbedingungen werden wie beim Straßenverkehrslärm (s. Abschn. 5.4.1.2) berücksichtigt. Auch der maßgebliche Immissionsort ist gleich. Bei der Berechnung werden die durchschnittlichen Verkehrszahlen (Jahresmittelwerte) zu Grunde gelegt.

Die Ermittlung der Schallbelastung in der Umgebung von Güter- und Umschlagbahnhöfen erfolgt anhand der Richtlinie „Akustik 04" [5.108].

5.4.2.3 Städtebauliche Planung an Schienenwegen

DIN 18005-1 stellt auch für die Beurteilung von Schienenverkehrslärm im Rahmen der städtebaulichen Planung die wichtigsten Grundlagen bereit. Die Aussagen in Abschn. 5.4.1.4 gelten für Schienenverkehrslärm entsprechend.

5.4.2.4 Lärmschutz an Schienenwegen

Die Verkehrslärmschutz-Verordnung [5.112] hat für den Neubau oder die wesentliche Änderung von öffentlichen Schienenwegen der Eisenbahnen und Straßenbahnen dieselben Immissionsgrenzwerte (s. Tabelle 5.10) festgelegt wie für Straßen. Die Besonderheiten des Schienenverkehrs werden durch den Schienenbonus nach Gl. (5.24) berücksichtigt. Die Ermittlung der Schallbelastung erfolgt anhand der Schall 03 bzw. Akustik 04. Änderungen von Schienenwegen gelten als wesentlich, wenn

– ein Schienenweg um ein oder mehrere durchgehende Gleise baulich erweitert wird,
– durch einen erheblichen baulichen Eingriff der Beurteilungspegel des von dem zu ändernden Verkehrsweg ausgehenden Verkehrslärms um mindestens 3 dB oder auf mindestens 70 dB am Tage oder mindestens 60 dB in der Nacht erhöht wird,
– der Beurteilungspegel des von dem zu ändernden Verkehrsweg ausgehenden Verkehrslärms von mindestens 70 dB am Tage oder 60 dB in der Nacht durch einen erheblichen baulichen Eingriff erhöht wird. Dies gilt nicht in Gewerbegebieten.

Für Lärmminderungsmaßnahmen an bestehenden Schienenwegen des Bundes hat die Bundesregierung ein Sanierungsprogramm aufgelegt, für das jährlich ca. 50 Mio. € bereitstehen (Stand 2003). Für das Programm gelten die Sanierungswerte nach Tabelle 5.11.

5.4.2.5 Baulicher Schallschutz

Verkehrslärm-Schallschutzmaßnahmenverordnung (24. BImSchV)

Ergeben sich beim Neubau oder der wesentlichen Änderung von Schienenwegen Richtwertüberschreitungen der Verkehrslärmschutz-Verordnung [5.112], so regelt die Verkehrswege-Schallschutzmaßnahmen-Verordnung [5.125] – analog zum Straßenverkehrslärm – die Art und den Umfang der Schallschutzmaßnahmen. Daher gelten die Aussagen in Abschn. 5.4.1.6 entsprechend. Zu beachten ist, dass bei der Ermittlung des maßgeblichen Außenschallpegel (s. Gl. (5.22)) der Schienenbonus zur Anwendung kommt. Weiterhin gelten die Korrektursummanden K nach Tabelle 5.13.

DIN 4109

Bei der Ermittlung der Mindestanforderungen an die Luftschalldämmung von Außenbauteilen nach DIN 4109 wird der maßgebliche Außenlärmpegel L_a für die Tagesstunden (6 bis 22 Uhr) in der Regel rechnerisch nach DIN 18005-1 bestimmt.

In besonderen Fällen können die Schallbelastungen auch nach DIN 45642 gemessen werden. Die dabei gewonnenen Ergebnisse sind auf die durchschnittliche Verkehrsstärke und -zusammensetzung (Jahresmittelwert) unter Berücksichtigung der künftigen Verkehrsentwicklung (5 bis 10 Jahre) umzurechnen.

Mit Hilfe der Mindestanforderungen an den baulichen Schallschutz nach DIN 4109 lassen sich gemäß Gl. (5.21) die äquivalenten Dauerschallpegel innen näherungsweise schätzen. Sie liegen während der Tagesstunden in Wohnungen, Unterrichtsräumen u. ä. in der Regel nicht höher als 35 dB. Der mittlere Maximalpegel $L_{pAFmax,m}$ kann nach DIN 4109 zur Kennzeichnung einer erhöhten Störwirkung herangezogen werden, wenn mindestens 30 repräsentative Schallereignisse in den Tagesstunden den äquivalenten Dauerschallpegel um 15 dB überschreiten und die Differenz zwischen dem mittleren Maximalpegel und dem äquivalenten Dauerschallpegel größer als 15 dB ist. Dann ist statt L_r die Kenngröße ($L_{pAFmax,m}$ − 20 dB) bei der Ermittlung des maßgeblichen Außenlärmpegels zu Grunde zu legen.

VDI 2719

Die Anhaltswerte nach VDI 2719 (s. Tabelle 5.14) gelten unabhängig von der Schallquellenart. Im Vergleich zur DIN 4109 können sich höhere Anforderungen an den baulichen Schallschutz ergeben.

5.4.3 Luftverkehr

5.4.3.1 Beurteilungsgrößen

Für die Beurteilung von Fluglärm gibt es in den deutschen Regelwerken kein einheitliches Verfahren.

Im Anwendungsbereich des Gesetzes zum Schutz gegen Fluglärm (FLärmG) [5.49] ist der dort definierte äquivalente Dauerschallpegel $L_{peq(4)}$ (s. Gl. (5.26)) maßgeblich. Er dient zur Berechnung der Lärmschutzbereiche in der Umgebung von Verkehrsflughäfen, die dem Fluglinienverkehr angeschlossen sind, und Militärflugplätzen mit Strahlflugzeugbetrieb.

Bei Planungsaufgaben im Rahmen der Leitlinien zur Beurteilung von Fluglärm in der Umgebung von Flugplätzen, die in den Anwendungsbereich des FLärmG fallen [5.89], oder von Landeplätzen [5.90] wenden die Immissionsschutzbehörden der Bundesländer als Beurteilungsgrößen die äquivalenten Dauerschallpegel $L_{pAeq,T}$ für die Tageszeit (6 bis 22 Uhr) und $L_{pAeq,N}$ für die Nachtzeit (22 bis 6 Uhr) an. Diese Größen werden auch bei der Aufstellung von Schallimmissionsplänen nach DIN 45682 eingesetzt.

Im Rahmen von luftrechtlichen Genehmigungs- bzw. Planfeststellungsverfahren [5.93] werden häufig zusätzlich zu den äquivalenten Dauerschallpegeln $L_{peq(4)}$ und L_{pAeq} aus Maximalpegeln abgeleitete Kriterien, z. B. NAT-Kriterien (Number Above Threshold), zur Fluglärmbeurteilung verwendet. Ein NAT-Kriterium legt die zulässige Häufigkeit von Schallereignissen mit Maximalpegeln über einem bestimmten Schwellenwert fest [5.80, 5.96].

Bei der messtechnischen Ermittlung der Fluglärmbelastung werden nach DIN 45643 die Beurteilungspegel $L_{r,T}$ bzw. $L_{r,N}$ für Tageszeit (6 bis 22 Uhr) und die Nachtzeit (22 bis 6 Uhr) bestimmt.

Für die Ermittlung des erforderlichen baulichen Schallschutzes können auch die mittleren Maximalpegel $L_{pAFmax,m}$ der Überflüge von Bedeutung sein.

Die Harmonisierung der Fluglärmbeurteilungsverfahren steht nicht nur national, sondern auch international noch aus. Viele Länder haben ihr eigenes Beurteilungsverfahren mit unterschiedlichen Basisgrößen, z.B. L_{pAFmax}, $L_{pAE,T0}$ oder L_{EPN}, unterschiedlichen Äquivalenzparametern (s. Abschn. 5.4.3.2) und unterschiedlichen Zuschlägen für Einwirkungen während bestimmter Zeiten [5.51]. In Deutschland wird eine Harmonisierung im Rahmen der Novelle des Gesetzes zum Schutz gegen Fluglärm erwartet. Europaweit werden die Beurteilungsgrößen der europäischen Umgebungslärmrichtlinie [5.104] mittelfristig auch im Rahmen der Genehmigungs- und Zulassungsverfahren in den Mitgliedstaaten an Bedeutung gewinnen.

5.4.3.2 Rechnerische Ermittlung der Fluglärmbelastung

Gesetz zum Schutz gegen Fluglärm

Der äquivalente Dauerschallpegel $L_{peq(4)}$ nach dem FLärmG [5.49] ist nach Gl. (5.26) definiert:

$$L_{peq(4)} = 13{,}3 \cdot \log\left[\frac{1}{T_r} \sum_i t_i \cdot g_i \cdot 10^{L_{pi}/13{,}3\ dB}\right] dB \quad (5.26)$$

Hierin ist

t_i Vorbeiflugdauer (Zeitraum, in dem der Schalldruckpegel, der um 10 dB unter dem höchsten Schalldruckpegel L_i für den Vorbeiflug liegt, überschritten wird (10 dB-down-time)),

L_{pi} A-bewerteter Maximalpegel des i-ten Vorbeiflugs am Immissionsort (eine Zeitbewertung ist im FLärmG nicht explizit genannt, sondern in den tabellierten Schalldruckpegeln der AzB implizit enthalten),

T_r Beurteilungszeit (180 Tage – die sechs verkehrsreichsten Monate des Jahres),

g_i Bewertungsfaktoren für Tag- und Nachtflüge
   a) $g_i = 1{,}5$ für Tagflüge (6–22 Uhr),
      $g_i = 0$ für Nachtflüge (22–6 Uhr),
   b) $g_i = 1$ für Tagflüge (6–22 Uhr),
      $g_i = 5$ für Nachtflüge (22–6 Uhr).

Die Summation erstreckt sich über alle Vorbeiflüge in der Beurteilungszeit. Für jeden Immissionsort werden zwei Werte von $L_{peq(4)}$ mit den Bewertungsfaktoren nach a) bzw. b) bestimmt. Der jeweils größere der beiden Werte ist maßgeblich. Die Berechnung nach a) ergibt die Schallbelastung während der Tagesstunden von 6 bis 22 Uhr mit einer Beurteilungszeit von 16 Stunden ($g_i = 1{,}5$). Im Fall b) wird die Belastung für alle 24 Tagesstunden ermittelt. Nachtflüge werden stärker gewichtet, wobei $g_i = 5 = 10^{9{,}3/13{,}3}$ einem Pegelzuschlag von ca. 10 dB zum Maximalpegel entspricht.

In Gl. (5.26) ist die Halbierung der Einwirkzeit einer Pegelminderung von 4 dB äquivalent (Äquivalentparameter $q = 4$). Darin unterscheidet sich der äquivalente Dauerschallpegel $L_{peq(4)}$ vom *energie*äquivalenten Dauerschallpegel L_{peq} nach Gl. (5.3), bei dem q den Wert 3 hat. Die Werte für $L_{peq(4)}$ und L_{peq} können nicht ineinander umgerechnet werden. Erfahrungswerte über die Differenz dieser beiden Größen bei verschiedenen Flugverkehrsbedingungen sind in [5.97] angegeben.

Die Berechnung von Lärmschutzbereichen erfolgt auf der Basis einer Verkehrsprognose für die sechs verkehrsreichsten Monate im Prognosejahr (in der Regel zehn Jahre im voraus). Das Rechenverfahren ist ausführlich in der Anleitung zur Berechnung von Lärmschutzbereichen (AzB) [5.3] dargestellt. Die Lärmschutzbereiche werden durch Rechtsverordnung festgesetzt.

Leitlinien des Länderausschusses für Immissionsschutz und DIN 45682

Der äquivalente Dauerschallpegel L_{pAeq} gemäß den Leitlinien des Länderausschusses für Immissionsschutz [5.89, 5.90] und DIN 45682 wird in Anlehnung an Gl. (5.26) mit folgenden Abweichungen berechnet:

Äquivalenzparameter: $q = 3$,
Vorbeiflugdauer: $t_{eff} = 0{,}5\ t_i$ (nach DIN 45643-1),
Beurteilungszeit: Tagesstunden (6 – 22 Uhr),
   Nachtstunden (22 – 6 Uhr),
Kennzeichnungszeiten: z.B. alle Werktage (Montag bis Freitag) oder alle Sonn- und Feiertage innerhalb der sechs verkehrsreichsten Monate.

Während die Leitlinie für Flughäfen auf die derzeit gültigen Flugzeugklassendaten der AzB zurückgreift, werden bei der Landeplatz-Fluglärmleitlinie [5.90] zusätzliche neue Klassendaten insbesondere für Propellerflugzeuge verwendet.

Abweichend von den im Prognosejahr (in der Regel Bezugsjahr plus 10 Jahre) zu erwartenden Flugbewegungen kann im Rahmen der Aufstellung von Raumordnungs- und Bauleitplänen auch der wirtschaftlich und politisch gewollte Ausbauzustand des Flugplatzes der Berechnung zu Grunde gelegt werden.

DIN 45684 (Landeplätze)
Bei der Berechnung von Fluglärmbelastungen an Landeplätzen beschreibt DIN 45684 einen methodisch anderen Weg als die vorgenannten Regelungen. Das Verfahren der AzB greift auf tabellierte Schalldruckpegel als Funktion der Triebwerksleistung und des Abstandes Flugroute-Immissionsort (so genannte N(oise)P(ower)D(istance)-Kurven) zurück und geht von der Annahme aus, dass der Schalldruckpegel am Immissionsort in erster Näherung von der kürzesten Entfernung zum Luftfahrzeug abhängt. Dagegen werden in DIN 45684 die Schallemissionen der Luftfahrzeuge durch einen Pegel der längenbezogenen Schallleistung im Raum abgebildet und anschließend mit Hilfe des Teilstückverfahrens die Schalldruckpegel am Immissionsort berechnet. Durch diese Methode können z. B. Unstetigkeiten im Verlauf von Lärmkonturen [5.69] vermieden oder Abschirmungen im Nahbereich der Flugplätze berücksichtigt werden.

5.4.3.3 Messtechnische Ermittlung der Fluglärmbelastung

Das Verfahren zur Messung und Beurteilung von Fluglärmbelastung ist in DIN 45643 beschrieben. Messgrößen sind im Allgemeinen der Maximalpegel L_{pASmax} jedes Flugereignisses sowie die Zeitspanne t_{10}, während der der Schalldruckpegel $L_{pAS}(t)$ um nicht mehr als 10 dB unter L_{pASmax} liegt (10-dB-down-time). Der Messort soll möglichst über einem ebenen reflektierenden Boden in großem Abstand von anderen reflektierenden Flächen gewählt werden.

Mit Hilfe dieser Messgrößen wird der äquivalente Dauerschallpegel L_{pAeq} nach Gl. (5.27) bestimmt. Sie stellt eine Näherung an Gl. (5.3) dar, bei der der tatsächliche zeitliche Verlauf der Schallintensität durch einen dreieckförmigen angenähert wird.

$$L_{pAeq} = 10 \cdot \log \left[\frac{1}{T} \sum_i 0{,}5 \cdot t_{10,i} \cdot 10^{0{,}1 L_{pASmax,i}/dB} \right] dB \quad (5.27)$$

mit

T Mittelungsdauer,
$t_{10,i}$ 10-dB-down-time des i-ten Schallereignisses,
$L_{pASmax,i}$ Maximalpegel des i-ten Schallereignisses.

Nach DIN 45684-2 können Messungen zur Bestimmung der Immissionen von Luftfahrzeugen durchgeführt werden, wenn Berechnungen nach DIN 45684-1 mangels geeigneter Kenndaten von Luftfahrzeugen nicht möglich sind oder besondere Gegebenheiten wesentliche Unterschiede zwischen Berechnung und Messung erwarten lassen.

Für die Beurteilung wird der Beurteilungspegel L_r herangezogen. Er setzt sich zusammen aus dem äquivalenten Dauerschallpegel L_{pAeq} in der Beurteilungszeit T_r und ggf. den Zuschlägen K_I für Impulshaltigkeit, K_{Ton} für Tonhaltigkeit und K_R für Flugereignisse, die in die Ruhezeiten fallen. Diese Zuschläge werden zweckmäßigerweise direkt zu $L_{pASmax,i}$ addiert:

$$L_r = 10 \cdot \log \left[\frac{1}{T_r} \sum_i t_{10,i} \cdot 10^{0{,}1(L_{pASmax,i} + K_{I,i} + K_{Ton,i} + K_{R,i})/dB} \right] dB \quad (5.28)$$

T_r Beurteilungszeit a) für den Tag (6–22 Uhr): 16 h, b) für die Nacht (22–6 Uhr): 8 h oder 1 h (lauteste Stunde),
$K_{I,i}$ Zuschlag für Impulshaltigkeit: $L_{pAIeq,t10,i} - L_{pAeq,t10,i}$,
$K_{Ton,i}$ Zuschlag für Tonhaltigkeit: 3 oder 6 dB,
$K_{R,i}$ Zuschlag für Einwirkungen während der Ruhezeiten: 6 dB, Ruhezeiten: 6–7 Uhr und 19–22 Uhr.

Für Einwirkungen an Sonn- und Feiertagen sind ggf. besondere Immissionsrichtwerte zu berücksichtigen.

Nach DIN 45643-1 sind für Immissionen von Strahlflugzeugen in der Regel keine Zuschläge K_I und K_{Ton} erforderlich.

5.4.3.4 Städtebauliche Planung und baulicher Schallschutz

Der Lärmschutzbereich eines Flugplatzes nach dem FLärmG [5.49] umfasst das Gebiet, in dem $L_{peq(4)}$ größer als 67 dB ist. Er gliedert sich in zwei Schutzzonen, deren Grenze durch einen $L_{peq(4)}$-Wert von 75 dB bestimmt ist.

Im gesamten Lärmschutzbereich dürfen Krankenhäuser, Altenheime, Schulen und ähnlich schutzbedürftige Einrichtungen grundsätzlich nicht errichtet werden.

In Schutzzone 1 ($L_{peq(4)} > 75$ dB) dürfen darüber hinaus Wohnungen grundsätzlich nicht errichtet werden. Für bestehende Wohnungen hat der Eigentümer Ansprüche auf Erstattungen von Aufwändungen für bauliche Schallschutzmaßnahmen. Das bewertete Gesamtbauschalldämm-Maß R'_{wges} der Umfassungsbauteile von Aufenthaltsräumen muss mindestens 50 dB betragen [5.124]. In Schutzzone 2 dürfen Wohnungen nur errichtet werden, wenn R'_{wges} mindestens einen Wert von 45 dB hat.

Zusätzlich zu den Schutzzonen nach dem FluglärmG wird vom Länderausschuss für Immissionsschutz für Planungszwecke die Ausweisung eines Siedlungsbeschränkungsbereichs empfohlen [5.89]. Dieser Bereich wird durch eine 60-dB-Isophone begrenzt, die unter Berücksichtigung des „wirtschaftlich und politisch angestrebten Endausbauzustandes" auf Basis der gültigen AzB-Flugzeugklassendaten [5.3] und der Anwendung der so genannten 100%/100%-Regelung ermittelt wird. Bei dieser Regelung wird die Fluglärmbelastung für jede Betriebsrichtung des Flugplatzes getrennt berechnet und jedem Immissionsort der höchste Belastungswert zugeordnet. Dargestellt werden Kurven aller Orte mit gleichem Schallpegel („Umhüllende").

Für Landeplätze umfasst nach der Landeplatz-Fluglärmleitlinie die Planungszone der Siedlungsbeschränkung das Gebiet mit einem prognostizierten äquivalenten Dauerschallpegel von mehr als 55 dB [5.90].

Für die städtebauliche Planung in Bereichen, die vom Fluglärm betroffen sind, aber nicht dem FluglärmG unterliegen, kann die Belastung nach der Landeplatz-Fluglärmleitlinie [5.90] oder nach DIN 45684 prognostiziert werden und anhand der Orientierungswerte nach Tabelle 5.9 beurteilt werden (s. Abschn. 5.4.1.4).

Für die außerhalb der Schutzzonen nach dem FLärmG gelegenen Bereiche (ausgenommen militärische Tiefflugebiete) werden in DIN 4109 Mindestanforderungen an die Luftschalldämmung von Außenbauteilen festgelegt. Sofern keine berechneten Werte aufgrund landesrechtlicher Vorschriften vorliegen, soll zur Bestimmung des maßgeblichen Außenlärmpegels L_a der mittlere Maximalpegel der Vorbeiflüge repräsentativ ermittelt werden. Ergibt sich, dass in der Beurteilungszeit (6 bis 22 Uhr) der Wert von 82 dB häufiger als 20-mal oder mehr als durchschnittlich einmal pro Stunde überschritten ist, so ist für L_a die Kenngröße ($L_{pAFmax} - 20$ dB) zu Grunde zu legen. In diesen Fällen führen die Mindestanforderungen an den baulichen Schallschutz der DIN 4109 dazu, dass der mittlere Maximalpegel in Wohn-, Schlaf- und Unterrichtsräumen auf höchstens etwa 55 dB beschränkt wird (s. Abschn. 5.4.2.5).

Wendet man in diesen Bereichen die Anhaltswerte nach VDI 2719 (s. Tabelle 5.14) an, so ergeben sich in der Regel deutlich schärfere Anforderungen an den baulichen Schallschutz.

5.4.4 Industrie-, Gewerbe- und Freizeitanlagen

5.4.4.1 Beurteilungsgrößen

Grundlage für die Erfassung und Beurteilung von Schallimmissionen, die von Industrie-, Gewerbe- und Freizeitanlagen ausgehen, ist die Technische Anleitung zum Schutz gegen Lärm – TA Lärm [5.111]. Sie gilt für Anlagen, die als genehmigungsbedürftige oder nicht genehmigungsbedürftige Anlagen den Anforderungen des Zweiten Teils des Bundes-Immissionsschutzgesetzes (BImSchG) [5.50] unterliegen [5.7, 5.53, 5.56, 5.83].

Aus dem Anwendungsbereich der TA-Lärm sind ausgenommen:

– Schießplätze, auf denen mit Waffen ab Kaliber 20 mm geschossen wird,
– Tagebaue und Seehafen-Umschlaganlagen,
– nicht genehmigungsbedürftige landwirtschaftliche Anlagen,
– Anlagen für soziale Zwecke,
– Sportanlagen, sonstige Freizeitanlagen, Baustellen.

Sie sind ausgenommen, weil sie nach anderen Vorschriften beurteilt werden (Sportanlagen – 18. BImSchV [5.1]; sonstige Freizeitanlagen – Ländererlasse gestützt auf die Freizeitlärm-Richtlinie des Länderausschusses für Immissionsschutz [5.88]; Baustellen – AVV Baulärm [5.2]) oder weil das Beurteilungsverfahren der TA Lärm regelmäßig keine zutreffende Einschätzung der Zumutbarkeit der Schalleinwirkungen liefert (z. B. Schießplätze für großkalibrige Waffen im Hinblick auf die Frequenzbewertung, Seehafen-Umschlagsanlagen im Hinblick auf die besondere Problematik des Schutzes der Nachtruhe und der Ruhezeiten an Sonntagen).

Gleichwohl kann bei Anlagen, für die keine besonderen Regelwerke vorliegen, eine Vorgehensweise in Anlehnung an die TA Lärm im Einzelfall angemessene Beurteilungsergebnisse liefern.

Die Grundlage der Beurteilung bilden einerseits die Beurteilungspegel $L_{r,T}$ für die Tagstunden und $L_{r,N}$ für die Nachtstunden, andererseits die Maximalpegel L_{pAFmax} einzelner Schallereignisse. Die Beurteilungspegel und -zeiten sind in den genannten Regelwerken (Tabellen 5.16 bis

Tabelle 5.16 Beurteilungspegel für Anlagengeräusche nach TA Lärm [5.111]

Beurteilungsgrößen der TA Lärm

Beurteilungszeit	tags	(6–22 Uhr) 16 h
	nachts	(22–6 Uhr)[a] 1 h
Messwertart	äquivalenter Dauerschallpegel L_{pAeq}	Beurteilung der Schallimmissionen
	Maximalpegel L_{pAFmax}	Beurteilung von Geräuschspitzen
	Schallereignispegel L_{pAE} (geschätzt als $L_{pAFmax}-9$ dB)	Beurteilung von Schießgeräuschen
	Taktmaximal-Mittelungspegel L_{pAFTeq}	Zuschlag für Impulshaltigkeit
	Perzentilpegel $L_{pAF95,T}$	Prüfung auf ständig vorherrschende Fremdgeräusche
Zuschläge	Impulshaltigkeit	$L_{pAFTeq}-L_{pAeq}$
		16 dB bei Schießgeräuschen (VDI 3745 Blatt 1)
	Tonhaltigkeit	3 oder 6 dB je nach Auffälligkeit
	Tageszeiten mit erhöhter Empfindlichkeit	an Werktagen
	6 dB in den Teilzeiten	6–7 Uhr und 20–22 Uhr
		an Sonn- und Feiertagen
		6–9 Uhr, 13–15 Uhr, 20–22 Uhr
Richtwerte	nach Tabelle 5.19	

[a] Die Nachtzeit kann, falls erforderlich bis zu einer Stunde verschoben werden, wenn eine achtstündige Nachtruhe der Nachbarn sichergestellt ist.

5.18) unterschiedlich definiert. In der Regel werden für Genehmigungsverfahren die Schallbelastungen prognostiziert, während in Beschwerde- und Überwachungsfällen von den messtechnisch ermittelten Schallimmissionen ausgegangen wird.

5.4.4.2 Rechnerische Ermittlung der Belastung

In der TA Lärm werden Verfahren für eine überschlägige und eine detaillierte Prognose der Schallbelastungen angegeben. Bei der überschlägigen Prognose wird eine schallausbreitungsgünstige Wetterlage zu Grunde gelegt und nur die geometrische Schalldämpfung berücksichtigt. Diese Prognose ist ausreichend, wenn die berechneten Schallpegel zu keiner Überschreitung der Immissionsrichtwerte führen.

Die detaillierte Prognose kann sowohl anhand von Oktavpegeln als auch von A-bewerteten Schallpegeln durchgeführt werden. Die Emissionsdaten sollen möglichst als Schallleistungspegel nach einem Messverfahren der Genauigkeitsklasse 1 oder 2 bestimmt werden, wie sie z. B. in der Normenreihe ISO 3740 bis 3747 (für Maschinen) oder in ISO 8297 (für Industrieanlagen) beschrieben sind. Bei der Schallausbreitung sind Dämpfungen aufgrund der geometrischen Ausbreitung, der Luftabsorption, des Bodeneffektes und ggf. von Abschirmungen sowie verschiedener anderer Effekte (Bewuchs, Industriegelände, bebautes Gelände) sowie die Pegelerhöhungen durch Reflexionen nach DIN ISO 9613-2 zu ermitteln. Weiterhin ist die meteorologische Korrektur K_{met} nach dieser Norm zu berücksichtigen, so dass die langfristig auftretenden Belastungen beurteilt werden.

Der maßgebliche Immissionsort der TA-Lärm liegt

a) bei bebauten Flächen 0,5 m außerhalb vor der Mitte des geöffneten Fensters des vom Geräusch am stärksten betroffenen schutzbedürftigen Raumes nach DIN 4109,
b) bei überbaubaren Flächen in 3 m Abstand vom Grundstücksrand und 4 m über dem Boden,
c) bei mit der Anlage baulich verbundenen schutzbedürftigen Räumen, bei Körperschallübertragung sowie bei der Einwirkung tieffrequenter Schalle in dem am stärksten betroffenen schutzbedürftigen Raum an den bevorzugten Aufenthaltsorten der Menschen.

Tabelle 5.17 Beurteilungspegel für Sportanlagengeräusche nach der Sportanlagen-Lärmschutzverordnung [5.1]

Beurteilungsgrößen der Sportanlagen-Lärmschutzverordnung		
Beurteilungszeit	an Werktagen/tags	außerhalb der Ruhezeiten (8–20 Uhr) 12 h innerhalb der Ruhezeiten (6–8 Uhr bzw. 20–22 Uhr) 2 h
	an Sonn- und Feiertagen/tags	außerhalb der Ruhezeiten (9–13 Uhr und 15–20 Uhr) 9 h innerhalb der Ruhezeiten (7–9 Uhr, 13–15 Uhr, 20–22 Uhr) 2 h
	an Werktagen/nachts	(22 – 6 Uhr)[a] ungünstige 1 h
	an Sonn- und Feiertagen/nachts	(22 – 7 Uhr) ungünstige 1 h
Messwertart	äquivalenter Dauerschallpegel L_{pAeq}	Beurteilung der Schallimmissionen[a]
	Maximalpegel L_{pAFmax}	Beurteilung von Schallspitzen/ggf. Zuschlag für Impulshaltigkeit
	Taktmaximal-Mittelungspegel L_{pAFTeq}	Zuschlag für Impulshaltigkeit
	Perzentilpegel $L_{pAF95,T}$	Prüfung auf ständig vorherrschende Fremdgeräusche
Zuschläge	Impulshaltigkeit und/oder auffällige Pegeländerungen bei technischen Geräuschen	wenn $n \leq 1$ $$10 \cdot \log \left(1 + \frac{n}{12} \cdot 10^{0,1(L_{pAFmax,m} - L_{pAeq})/dB}\right),$$ wenn $n > 1$ $L_{pAFTeq} - L_{pAeq}$, n mittlere Anzahl der Impulse pro Minute
	Ton- und Informationshaltigkeit	jeweils 3 oder 6 dB je nach Auffälligkeit[b,c]
Richtwerte	nach Tabelle 5.20	

Bemerkung:
Besondere Regelungen bestehen
- für bestimmte Anlagen, die auch der Sportausbildung dienen, für Anlagen, die an Sonn- und Feiertagen maximal vier Stunden genutzt werden, hinsichtlich der mittäglichen Ruhezeit,
- für Verkehrsgeräusche auf öffentlichen Verkehrsflächen durch das der Anlage zuzuordnende Verkehrsaufkommen,
- bei bestehenden Sportanlagen und bei seltenen Ereignissen oder Veranstaltungen (an höchstens 18 Kalendertagen) hinsichtlich Betriebszeitfestsetzungen durch die zuständige Behörde.
[a] Bei bestehenden Anlagen sind 3 dB abzuziehen.
[b] Die Zuschläge für Ton- und Informationshaltigkeit dürfen zusammen maximal 6 dB betragen.
[c] Der Zuschlag für Informationshaltigkeit ist in der Regel nur bei Lautsprecherdurchsagen und Musikwiedergaben anzuwenden.

5.4.4.3 Messtechnische Ermittlung der Belastung

Bei der messtechnischen Ermittlung der Belastung ist die Messzeit so zu wählen, dass das Anlagengeräusch kennzeichnend erfasst wird. Diese Regelung kann bei Betrieben mit stark schwankenden Emissionen und bei Entfernungen zum Immissionsort von mehr als 100 bis 200 m zu Beurteilungsproblemen führen, weil große Messwertunterschiede auftreten können. Es soll daher erstens von der bestimmungsgemäßen Betriebsart der Anlage, die in ihrem Einwirkungsbereich die höchsten Beurteilungspegel erzeugt, ausgegangen werden, zweitens sollen die Messungen bei schallausbreitungsgünstigen Bedingungen (s. Abschn. 5.2.9) durchgeführt werden. Die ermittelten Beurteilungspegel sind nach Berücksichtigung einer meteorologischen Korrektur K_{met} als Langzeitbeurteilungspegel anzusehen.

Tabelle 5.18 Beurteilungspegel für Baulärm nach der AVV Baulärm [5.2]

Beurteilungsgrößen der AVV Baulärm

Beurteilungszeit	tags	(7 – 20 Uhr) 13 h
	nachts	(20 – 7 Uhr) 11 h
Messwertart	Taktmaximal-Mittelungspegel L_{pAFTeq}[a]	Beurteilung der Schallimmissionen
Zuschläge	Impulshaltigkeit	bereits in L_{pAFTeq} enthalten
	Tonhaltigkeit	bis zu 5 dB je nach Auffälligkeit
Abschläge	Betriebsdauer	
	tags bis 2,5 h	10 dB
	nachts bis 2 h	
	tags über 2,5 bis 8 h	5 dB
	nachts über 2 bis 6 h	
	tags über 8 h	0 dB
	nachts über 6 h	
Richtwerte	analog Tabelle 5.19	

[a] Wenn die Taktmaximalpegel um weniger als 10 dB schwanken, dürfen sie auch arithmetisch gemittelt werden.
Bemerkung:
In der AVV Baulärm wird auch ein Verfahren zur Berechnung der Schallimmissionen aus Emissionsdaten einzelner Baumaschinen beschrieben.

Für die Festlegung der Messzeiten und -dauern ist es zweckmäßig, sich über die Betriebsabläufe und die damit verbundenen Emissionen zu informieren, ggf. müssen mehrere Messungen an verschiedenen Tagen, unter Berücksichtigung z. B. von DIN 45645-1 oder VDI 3723 Blatt 1, durchgeführt werden.

Durch die Überlagerung unterschiedlichster Schallquellen kommt der Geräuschtrennung zunehmende Bedeutung zu. Praktikable Varianten sind das An- oder Abschalten der zu beurteilenden Anlage, die Ausnutzung einer bekannten Variabilität der zu beurteilenden Anlage, z. B. Mit- und Gegenwindbedingungen, oder eine bekannte Variabilität des Fremdgeräusches, z. B. Tagesgang des Straßenverkehrslärms [5.58]. Statistikgestützte Verfahren haben den Vorteil, dass sie auf dem direkten Wege gestatten, die Unsicherheiten beim Messen zu quantifizieren.

Die wichtigste Messgröße ist der Schalldruckpegel $L_{pAF}(t)$. In einigen Vorschriften, z. B. TA Lärm, ist bei Impulshaltigkeit zusätzlich $L_{pAFT}(t)$ zu ermitteln. Bei Tonhaltigkeit kann bzw. bei der Einwirkung tieffrequenten Schalls muss nach TA Lärm das Messverfahren nach DIN 45681 bzw. DIN 45680 eingesetzt werden (vgl. Abschn. 5.3.7 und 5.3.8).

Neuere Vorschläge zur Berücksichtigung der Aussagesicherheit der Messwerte bei der Beurteilung sind in VDI 3723 Blatt 2 sowie [5.95, 5.102, 5.103] dargestellt.

5.4.4.4 Städtebauliche Planung

Für die Beurteilung von Industrie- und Gewerbelärm bei der städtebaulichen Planung geht man nach DIN 18005-1 bei vorhandenen Anlagen in der Regel von messtechnisch ermittelten Belastungen aus. Bei der Ausweisung neuer Industrie- und Gewerbegebiete sind in dieser Norm Verfahren zur Abschätzung der zu erwartenden Immissionen beschrieben.

5.4.4.5 Errichtung und Betrieb von Anlagen

Für die Beurteilung von Industrie- und Gewerbelärm sind in der TA Lärm Immissionsrichtwerte für den Beurteilungspegel sowie für Maximalpegel einzelner Schallereignisse genannt. Sie sind nach Einwirkungsorten entsprechend der baulichen Nutzung ihrer Umgebung sowie nach Tag und Nacht unterteilt (Tabelle 5.19). Somit wer-

Tabelle 5.19 Immissionsrichtwerte für maßgebliche Immissionsorte nach TA Lärm [5.111]

Immissionsrichtwerte der TA Lärm

	Gebiete		Immissionsrichtwerte
außerhalb der Gebäude[a]	a) in Industriegebieten	tags	70 dB
		nachts	70 dB
	b) in Gewerbegebieten	tags	65 dB
		nachts	50 dB
	c) in Kerngebieten, Dorfgebieten und Mischgebieten	tags	60 dB
		nachts	45 dB
	d) in allgemeinen Wohngebieten und Kleinsiedlungsgebieten	tags	55 dB
		nachts	40 dB
	e) in reinen Wohngebieten	tags	50 dB
		nachts	35 dB
	f) in Kurgebieten, für Krankenhäuser und Pflegeanstalten	tags	45 dB
		nachts	35 dB
innerhalb von Gebäuden[b]	Gebiete a) bis f)	tags	35 dB
		nachts	25 dB

[a] Einzelne kurzzeitige Geräuschspitzen dürfen die Immissionsrichtwerte am Tage um nicht mehr als 30 dB und in der Nacht um nicht mehr als 20 dB überschreiten.
[b] Einzelne kurzzeitige Geräuschspitzen dürfen die Immissionsrichtwerte um nicht mehr als 10 dB überschreiten.

den auch die Einflüsse der Ortsüblichkeit und des Zeitpunktes des Auftretens berücksichtigt. In der TA Lärm werden für die Zuordnung der Einwirkungsorte folgende Grundsätze genannt:

Sind in einem Bebauungsplan Bauflächen und Baugebiete ausgewiesen, so muss bei der Zuordnung von diesen ausgegangen werden. Fehlt ein Bebauungsplan, so ist die Einstufung nach der tatsächlichen baulichen Nutzung vorzunehmen. Eine vorhersehbare Änderung der baulichen Nutzung ist dabei zu berücksichtigen.

Die Immissionsrichtwerte (IRW) dienen dem Schutz vor schädlichen Umwelteinwirkungen, wobei das Vermeiden erheblicher Belästigungen im Vordergrund steht. Bei der Überschreitung der IRW ist im Allgemeinen davon auszugehen, dass schädliche Umwelteinwirkungen vorliegen.

Die Immissionsrichtwerte gelten für die Gesamteinwirkung (Kumulation) aller Anlagengeräusche, für die die TA Lärm gilt. Im Regelfall ist der Beurteilungspegel für die Gesamtbelastung, die von allen Anlagen ausgeht, bei der Beurteilung heranzuziehen. Das Kumulationsprinzip ist allerdings aus rechtlichen, fachlichen und verfahrensökonomischen Gründen nur eingeschränkt realisiert worden [5.8].

Die Immissionsrichtwerte nach der Sportanlagen-Lärmschutzverordnung [5.1] sind in Tabelle 5.20 dargestellt.

5.4.4.6 Baulicher Schallschutz

Bei der Ermittlung des erforderlichen Schallschutzes von Außenbauteilen nach DIN 4109 wird im Regelfall als maßgeblicher Außenschallpegel der in der TA Lärm für die jeweilige Gebietskategorie angegebene Immissionsrichtwert tags eingesetzt. Wenn die Immissionsrichtwerte überschritten sind, ist der nach TA Lärm ermittelte Beurteilungspegel zu Grunde zu legen.

5.4.5 Arbeitsplatz

5.4.5.1 Beurteilungsgrößen

Die Beurteilung der Schallimmissionen am Arbeitsplatz wird anhand des Beurteilungspegels L_r vorgenommen. Die Beurteilungszeit beträgt 8 Stunden. L_r setzt sich zusammen aus dem äquivalenten Dauerschallpegel L_{pAeq} und ggf. den Zu-

Tabelle 5.20 Immissionsrichtwerte für maßgebliche Immissionsorte nach der Sportanlagen-Lärmschutzverordnung [5.1]

Immissionsrichtwerte der Sportanlagen-Lärmschutzverordnung

	Gebiete		Immissionsrichtwerte
außerhalb der Gebäude[a]	b) in Gewerbegebieten	tags	außerhalb der Ruhezeiten 65 dB innerhalb der Ruhezeiten 60 dB
		nachts	50 dB
	c) in Kerngebieten, Dorfgebieten und Mischgebieten	tags	außerhalb der Ruhezeiten 60 dB innerhalb der Ruhezeiten 55 dB (A)
		nachts	45 dB
	d) in allgemeinen Wohngebieten und Kleinsiedlungsgebieten	tags	außerhalb der Ruhezeiten 55 dB innerhalb der Ruhezeiten 50 dB
		nachts	40 dB
	e) in reinen Wohngebieten	tags	außerhalb der Ruhezeiten 50 dB innerhalb der Ruhezeiten 45 dB
		nachts	35 dB
	f) in Kurgebieten, für Krankenhäuser und Pflegeanstalten	tags	außerhalb der Ruhezeiten 45 dB innerhalb der Ruhezeiten 45 dB (A)
		nachts	35 dB
innerhalb von Gebäuden[b]	Gebiete a) bis f)	tags	35 dB
		nachts	25 dB

[a] Die Immissionsrichtwerte gelten für die Gesamteinwirkung aller Sportanlagen. Einzelwerte von $L_{pAFT}(t)$ sollen den Immissionsrichtwert tags um nicht mehr als 30 dB, nachts um nicht mehr als 20 dB überschreiten.
[b] Einzelne kurzzeitige Geräuschspitzen sollen den Immissionsrichtwert um nicht mehr als 10 dB überschreiten.

schlägen für Impulshaltigkeit K_I und Tonhaltigkeit K_{Ton}. Bei erheblichen Schwankungen der täglichen Lärmexposition darf der Beurteilungspegel nach [5.116] auch als wöchentlicher Mittelwert L_{rw} der einzelnen Tageswerte nach Gl. (5.29) ermittelt werden:

$$L_{rw} = 10 \log \left[\frac{1}{5} \sum_{i=1}^{5} 10^{0,1 L_{r,i}/dB} \right] dB . \quad (5.29)$$

$L_{r,i}$ Beurteilungspegel des i-ten Arbeitstages der Woche.

Für die Beurteilung der Schallimmissionen im Hinblick auf die Gehörgefährdung wird auch der Spitzenpegel L_{Zpeak} (s. Abschn. 5.3.5) herangezogen. Bei der Beurteilung geht man von messtechnisch ermittelten Belastungen aus.

5.4.5.2 Messung der Schallimmissionen

Das Verfahren zur Ermittlung der Schallbelastung am Arbeitsplatz ist in DIN 45645-2 beschrieben. Die Messung wird in der Regel ortsbezogen durchgeführt. Für die Beurteilung der Schallbelastung im Hinblick auf eine Gehörgefährdung kann die Messung bei wechselnden Arbeitsorten auch personenbezogen erfolgen. Bei der Messung sind die Schalleinwirkungen vom Arbeitsplatz und aus der Umgebung zu berücksichtigen. Der durch eigene Gespräche oder durch Kommunikationssignale (z. B. Telefon) entstehende Schall wird, sofern nicht die Gehörgefährdung zu beurteilen ist, nicht erfasst.

Der Messort soll am jeweiligen Arbeitsplatz in Kopfhöhe (-nähe) gewählt werden. Die Messzeit und -dauer sind so festzulegen, dass die kennzeichnenden Schallimmissionen ermittelt werden. Hierzu empfiehlt es sich, zur Verkürzung der Messdauer Informationen über die verschiedenen Betriebsphasen mit ihren unterschiedlichen Emissionen einzuholen und gezielte Messungen durchzuführen. Bei stochastischen, stark schwankenden Geräuschen können auch Stichprobenmessungen, die ggf. während mehrerer Arbeitsschichten durchgeführt werden, sinnvoll sein (Einzelheiten zur Auswertung s. DIN 45645-2).

Messgrößen können $L_{pAF}(t)$, $L_{pAS}(t)$, $L_{pAI}(t)$ oder $L_{pAFT}(t)$ sein. Der Beurteilungspegel L_r wird aus den äquivalenten Dauerschallpegeln L_{pAeq} und ggf. den Zuschlägen K_I für Impuls- und K_{Ton} für Tonhaltigkeit gebildet. Die Beurteilungszeit T_r für eine Arbeitsschicht beträgt acht Stunden, auch wenn diese länger oder kürzer dauert.

Die Zuschläge für Impulshaltigkeit K_I und Tonhaltigkeit K_{Ton} werden nach DIN 45645-2 (Abschn. 5.2.6) bestimmt. Bei der Beurteilung der Gehörschädlichkeit ist die Berücksichtigung des Zuschlages für Impulshaltigkeit umstritten. Nach VDI 2058 Blatt 2 soll ein Zuschlag angewandt werden. Dagegen sieht die Unfallverhütungsvorschrift Lärm (UVV Lärm) [5.116] den Zuschlag nur in bestimmten Fällen vor.

Obwohl sich ein erhöhtes Risiko für das Gehör durch Geräusche mit deutlich hervortretenden Einzeltönen nach dem derzeitigen Kenntnisstand nicht ausschließen lässt, wird bei der Beurteilung der Gehörschädlichkeit kein Zuschlag für Tonhaltigkeit angewandt.

5.4.5.3 Beurteilung der Schallimmissionen

Schallimmissionen am Arbeitsplatz können zu Beeinträchtigungen des Hörvermögens, des Wohlbefindens, der Arbeitssicherheit und der Arbeitseffektivität führen. Daher sind zum Schutz der Betroffenen in § 15 der Arbeitsstätten-Verordnung [5.44] folgende Anforderungen festgelegt:

a) In Arbeitsräumen ist der Schallpegel so niedrig zu halten, wie es nach der Art des Betriebes möglich ist. Der Beurteilungspegel am Arbeitsplatz in Arbeitsräumen darf auch unter Berücksichtigung des von außen einwirkenden Schalls höchstens betragen:
 – bei überwiegend geistigen Tätigkeiten 55 dB,
 – bei einfachen oder überwiegend mechanisierten Bürotätigkeiten und vergleichbaren Tätigkeiten 70 dB,
 – bei allen sonstigen Tätigkeiten 85 dB, soweit dieser Beurteilungspegel nach der betrieblich möglichen Lärmminderung zumutbarerweise nicht einzuhalten ist, darf er um bis zu 5 dB überschritten werden.
b) In Pausen-, Bereitschafts-, Liege- und Sanitätsräumen darf der Beurteilungspegel höchstens 55 dB betragen.

Nach dem Inkrafttreten der europäischen Richtlinie 2003/10/EG [5.105] müssen die Regelungen der Arbeitsstätten-Verordnung angepasst werden. Nach dieser Richtlinie dürfen die Beurteilungspegel (unter Berücksichtigung der dämmenden Wirkung des persönlichen Gehörschutzes) einen Grenzwert von 87 dB nicht überschreiten. Ab einem Beurteilungspegel von 80 dB muss der Arbeitgeber persönlichen Gehörschutz zur Verfügung stellen, ab 85 dB muss dieser Gehörschutz getragen werden.

In VDI 2058 Blatt 3 werden den genannten Grenzwerten Tätigkeitsmerkmale zugeordnet sowie beispielhaft Tätigkeiten als Orientierungshilfe aufgeführt.

In VDI 2058 Blatt 3 wird bereits darauf hingewiesen, dass für Tätigkeiten mit besonders hohen geistigen Anforderungen und Kommunikation über größere Entfernungen ein Beurteilungspegel von 55 dB zu hoch sein kann. Daher werden in verschiedenen Regelwerken z. B. für von außen eindringenden Schall oder für Schall aus lüftungstechnischen Anlagen deutlich höhere Anforderungen gestellt (s. Tabelle 5.23).

Der Grenzwert von 85 dB dient zur Vermeidung von Gesundheitsbeeinträchtigungen. Diese können als Schädigung des Innenohres (Lärmschwerhörigkeit) oder auf Grund vegetativer Reaktionen (z.B. Veränderung der Atemrate, Durchblutungsstörungen) auftreten [5.117].

Unter Lärmschwerhörigkeit werden nach VDI 2058 Blatt 2 durch Lärm verursachte Gehörschäden verstanden, bei denen der Hörverlust (Verschiebung der Ton-Hörschwelle) bei 3000 Hz 40 dB überschreitet. Die Gefahr der Entstehung einer Lärmschwerhörigkeit besteht bei Schallbelastungen mit Beurteilungspegeln ab 85 dB. Im Bereich von 85 bis 89 dB ist nur bei lang andauernder Belastung mit einer Lärmschwerhörigkeit zu rechnen (85 dB: > 15 Jahre; 87 dB: >10 Jahre bei ursprünglich ohrgesunden Personen). Bei Beurteilungspegeln von 90 dB und mehr nimmt die Schädigungsgefahr deutlich zu (90 dB: > 6 Jahre).

In ISO 1999 ist ein mathematisches Modell zur Berechnung der Wahrscheinlichkeit des Hörverlustes für lärmexponierte Personengruppen beschrieben. Bleibende Hörminderungen als Vorstufe von Gehörschäden im Sinne von VDI 2058 Blatt 2 können auch bei Beurteilungspegeln unter 85 dB hervorgerufen werden. Nach VDI 3722 Blatt 1 können bei Beurteilungspegeln unter 75 dB (Beurteilungszeit 24 h) lärmbedingte Gehörschäden mit großer Wahrscheinlichkeit ausgeschlossen werden.

Bei der Schätzung der Gehörgefährdung ist vorausgesetzt, dass sich das Gehör in der arbeitsfreien Zeit täglich ausreichend erholen kann. In dieser Zeit sollte der A-bewertete Schalldruckpegel 70 dB nicht überschreiten und die Erholungszeit täglich mindestens 10 Stunden betragen.

Schallbelastungen in der Freizeit, die das Risiko eines Gehörschadens noch erhöhen können (z. B. laute Musik, Schießgeräusche, laute Heimwerkerarbeiten [5.14, 5.126]) sollten daher gering gehalten werden.

Akute Gehörschäden können auch durch Einzelschallereignisse ausgelöst werden. Nach [5.105, 5.106] sollen daher deren Schalldruckpegel L_{Zpeak} 140 dB unterschreiten. Diese Grenze wird im Allgemeinen eingehalten, wenn L_{pAImax} 130 dB nicht überschreitet (UVV Lärm [5.116]).

5.4.6 Haustechnische Anlagen

5.4.6.1 Beurteilungsgrößen

Die Beurteilung von Schallimmissionen, die von haustechnischen Anlagen ausgehen, wird in der Regel anhand des maximalen Schalldruckpegels L_{pAFmax} vorgenommen. Bei lüftungstechnischen Anlagen werden auch Oktavschalldruckpegel verwendet und mit Hilfe der Noise-Rating-Kurven (s. Abschn. 5.3.4) beurteilt.

5.4.6.2 Anforderungen an haustechnische Anlagen

Mindestanforderungen nach DIN 4109

In DIN 4109 sind Anforderungen an den Schallschutz festgelegt mit dem Ziel, Menschen in Aufenthaltsräumen vor unzumutbaren Belästigungen durch Schallübertragung zu schützen. In Tabelle 5.21 sind die Anforderungen für schutzbedürftige Räume bei Schallimmissionen aus haustechnischen Anlagen wiedergegeben. Sie sind nach Anlagengruppen und der Schutzbedürftigkeit der Räume gestaffelt. Sie gelten für Schalle in fremden Wohnungen. Die Schalldruckpegel werden nach DIN 52219 ermittelt. Bei der Beurteilung bleiben die Nutzergeräusche unberücksichtigt.

Erhöhte Anforderungen für Wohnungen nach DIN 4109-10

In DIN 4109-10 sind schalltechnische Kriterien für die Beurteilung von Wohnungen beschrieben. Es werden drei Schallschutzstufen (SSt) definiert, für die Kennwerte für verschiedene Schallquellenarten sowie die subjektive Beurteilung der Immissionen angegeben werden. Die Anforderungen der Schallschutzstufe I entsprechen den Mindestanforderungen von DIN 4109 (Vermeidung unzumutbarer Belästigungen bei rücksichtsvoller Verhaltensweise der Nutzer).

Bei Einhaltung der Anforderungen der Schallschutzstufe II finden die Bewohner im Allgemei-

Tabelle 5.21 Werte für die zulässigen Schalldruckpegel (in fremden Wohnungen) in schutzbedürftigen Räumen für Schall aus haustechnischen Anlagen nach DIN 4109

Schallquelle	Wohn- und Schlafräume	Unterrichts- und Arbeitsräume
		L_{pAFmax}
Wasserinstallationen (Wasserversorgungs- und Abwasseranlagen gemeinsam)	≤ 30 dB[a]	≤ 35 dB[a]
sonstige haustechnische Anlagen	≤ 30 dB[b]	≤ 35 dB[b,c]

[a] Einzelne kurzzeitige Spitzen, die beim Betätigen der Armaturen und Geräte nach Tabelle 6 in DIN 4109 (Öffnen, Schließen, Umstellen, Unterbrechen u. ä.) entstehen, sind z. Z. nicht zu berücksichtigen.
[b] Bei lüftungstechnischen Anlagen sind um 5 dB höhere Werte zulässig, sofern es sich um Dauerschall ohne auffällige Einzeltöne handelt.
[c] Nach VDI 2569 können in Mehrpersonenbüros für lüftungstechnische Anlagen Werte bis zu 45 dB zugelassen werden, wenn dies zur Verdeckung informationshaltigen Schalls (z. B. Sprache) wünschenswert ist (s. Abschn. 5.3.6).

nen Ruhe, die Schallschutzstufe III gewährt im hohen Maße Ruhe.

Kenngröße ist der AF-bewertete Maximalpegel L_{pAFmax}. Die Kennwerte für Immissionen aus haustechnischen Anlagen sind in Tabelle 5.22 wiedergegeben.

5.4.6.3 Anforderungen an raumlüftungstechnische Anlagen

In VDI 2081 Blatt 1 sind Richtwerte für Schallimmissionen, die von einer RLT-Anlage durch Luft- oder Körperschallübertragung in die angeschlossenen Räume übertragen werden, angegeben (Tabelle 5.23). Sie beziehen sich auf den Maximalpegel L_{pAFmax} und sind nach der Raumart und dem Maß der Anforderungen (hoch – niedrig) gestaffelt. Wenn der Schall tonhaltig ist, wird empfohlen, mindestens 3 dB schärfere Richtwerte anzuwenden.

Die Richtlinie verweist darauf, dass die Beurteilung mitunter nicht anhand des A-bewerteten Maximalpegels vorgenommen wird, sondern mit Hilfe von Oktavpegeln, die mit den *NR*- und *NC*-Kurven bewertet werden (s. Abschn. 5.3.4). Dies gilt vor allem für Rundfunk und Fernsehstudios sowie Konzertsäle. Dabei ist zu beachten, dass die von RLT-Anlagen verursachten Schallimmissionen bei der *NR*- und *NC*-Bewertung im Mittel um 5 dB niedrigere Pegelwerte aufweisen als der zugehörige A-Schalldruckpegel. In Räumen mit hohen Eigen- oder Fremdgeräuschen können ggf. niedrigere Anforderungen gestellt werden. Die Lüftungsgeräusche sollen allerdings um ca. 10 dB unter den Eigen- oder Fremdgeräuschen liegen.

5.5 Gebietsbezogene Beurteilung von Schallimmissionen

5.5.1 Lärmminderungsplanung

5.5.1.1 Regelungen gemäß Bundes-Immissionsschutzgesetz (BImSchG)

Nach § 47a BImSchG [5.50] sind die Gemeinden oder die nach Landesrecht zuständigen Behörden verpflichtet,

– in Gebieten, in denen schädliche Umwelteinwirkungen durch Geräusche vorliegen oder zu erwarten sind, die Schallbelastung zu erfassen und ihre Auswirkungen auf die Umwelt festzustellen,
– für Wohngebiete oder andere schutzwürdige Gebiete Lärmminderungspläne aufzustellen, wenn in den Gebieten nicht nur vorübergehend schädliche Umwelteinwirkungen durch Geräusche hervorgerufen werden oder zu erwarten sind und die Beseitigung oder Verminderung der schädlichen Umwelteinwirkungen ein abgestimmtes Vorgehen gegen verschiedenartige Lärmquellen erfordert.

Tabelle 5.22 Kennwerte für Schallschutzstufen (SSt) in Einfamilienhäusern und in fremden Wohnungen bei Doppel-, Reihen- und Mehrfamilienhäusern: Haustechnische Anlagen (nach DIN 4109-10)

Schallquelle	Nutzung	Schallschutzstufen L_{pAFmax}		
		SSt I	SSt II	SSt III
Wasserinstallation (Wasserversorgungs- und Abwasseranlagen gemeinsam)[b]	Mehrfamilienhaus	30 dB[a]	24 dB	24 dB
	Doppel-/Reihenhaus	30 dB[a]	24 dB	22 dB
sonstige haustechnische Anlagen	Mehrfamilienhaus	30 dB	27 dB	24 dB
	Doppel-/Reihenhaus	30 dB	25 dB	22 dB

[a] Einzelne kurzzeitige Spitzen, die beim Betätigen der Armaturen und Geräte nach Tabelle 6 in DIN 4109 (Öffnen, Schließen, Umstellen, Unterbrechen u.ä.) entstehen, sind nicht zu berücksichtigen.
[b] Wenn Abwassergeräusche gesondert (ohne die zugehörigen Armaturen) auftreten, sind wegen der erhöhten Lästigkeit dieser Geräusche 5 dB niedrigere Werte einzuhalten.

Tabelle 5.23 Richtwerte für Schallpegel der RLT-Anlagen und mittlere Nachhallzeiten nach VDI 2081 Blatt 1 (Auszug)

Raumart	Beispiel	Äquivalenter Dauerschallpegel L_{pAeq} Anforderungen		Mittlere Nachhallzeit
		hoch	niedrig	
Arbeitsräume	Einzelbüro	35 dB	40 dB	0,5 s
	Großraumbüro	45 dB	50 dB	0,5 s
Versammlungsräume	Konzertsaal	25 dB	30 dB	1,5 s
	Konferenzraum	35 dB	40 dB	1,0 s
Wohnräume	Hotelzimmer	30 dB	35 dB	1,0 s
Sozialräume	Ruheraum	30 dB	35 dB	0,5 s
Unterrichtsräume	Klassenraum	35 dB	40 dB	1,0 s
	Hörsaal	35 dB	40 dB	1,0 s
Krankenhaus gemäß DIN 1946-4	Bettenzimmer	30 dB	30 dB	1,0 s
	Untersuchungsraum	40 dB	40 dB	2,0 s
Räume mit Publikumsverkehr	Museen	35 dB	40 dB	1,5 s
	Gaststätten	40 dB	55 dB	1,0 s
Sportstätten	Sporthallen	45 dB	50 dB	1,5 s
	Schwimmbäder	45 dB	50 dB	2,0 s
sonstige Räume	Fernsehstudio	25 dB	30 dB	0,5 s
	EDV-Raum	45 dB	60 dB	1,5 s

Lärmminderungspläne [5.115] sollen Angaben enthalten über

- die festgestellten und zu erwartenden Schallbelastungen,
- deren Quellen und
- die vorgesehenen Maßnahmen zur Lärmminderung oder Verhinderung des weiteren Anstiegs der Schallbelastung.

Der Länderausschuss für Immissionsschutz (LAI) hat eine Musterverwaltungsvorschrift [5.87] zur Durchführung des § 47 a BImSchG herausgegeben. Danach sind der Lärmminderungsplanung folgende Analysen voranzustellen:

- Berechnung von Schallimmissionsplänen (SIP),
- Aufstellung von Immissionsempfindlichkeitsplänen (I-Plan) für schützenswerte Gebietsnutzungen,
- Ermittlung von Konfliktplänen durch Verschneidung von SIP und I-Plan,
- Ermittlung des Handlungsbedarfs zur Aufstellung von Lärmminderungsplänen.

Schallimmissionspläne (SIP)

In den Schallimmissionsplänen wird die Belastung der untersuchten Gemeinde oder Stadt flächenhaft meist farbig dargestellt. Die Darstellung erfolgt getrennt nach Schallquellenarten und den Einwirkzeiten tags (6 bis 22 Uhr) oder nachts (22 bis 6 Uhr). Die Belastung wird durch den Beurteilungspegel nach den jeweiligen Vorschriften für die Lärmquellen (Tabelle 5.24) beschrieben und mit Klassenbreiten von typischerweise 5 dB dargestellt. DIN 45682 stellt ein standardisiertes Verfahren zur Erstellung von Schallimmissionsplänen bereit. Verschiedene Softwarehersteller bieten EDV-Programme zur Berechnung und Darstellung von Schallimmissionsplänen nach dieser Norm an.

Immissionsempfindlichkeitspläne

Im Immissionsempfindlichkeitsplan werden Gebiete, die dem Wohnen dienen, sowie sonstige schutzwürdige Gebiete entsprechend ihrer Empfindlichkeit dargestellt. Bei Gebieten, die dem Wohnen dienen, werden folgende Kategorien nach der BauNVO [5.6] angewandt:

- Kleinsiedlungsgebiete,
- reine, allgemeine oder besondere Wohngebiete,
- Misch-, Dorf- oder Kerngebiete,
- sonstige schutzwürdigen Gebiete wie Krankenhäuser, Kurgebiete u. ä.

In den genannten Gebieten liegen schädliche Umwelteinwirkungen im Sinne von § 47a BImSchG vor, wenn die Immissionswerte nach Tabelle 5.24 bei Anwendung der genannten Beurteilungsvorschriften überschritten sind.

Für nicht aufgeführte Gebiete ist die Beurteilung entsprechend der Bedürftigkeit im Einzelfall festzulegen.

Konfliktpläne
Konfliktpläne entstehen durch die Überlagerung der Schallimmissionspläne und der Immissionsempfindlichkeitspläne. Gebiete, in denen die Immissionswerte nach Tabelle 5.24 überschritten sind, werden als Konfliktgebiete mit Angabe der Höhe der Überschreitung gekennzeichnet. Auch Gebiete, in denen die Immissionswerte um bis zu 5 dB unterschritten werden, sind darzustellen (s. Lärmminderungspläne).

Konfliktpläne werden zum einen für die verschiedenen Lärmquellen und Einwirkzeiten getrennt erstellt, zum andern in einem Gesamtkonfliktplan durch Überlagerung zusammengefasst.

Lärmminderungspläne
Für Konfliktgebiete sowie Gebiete, in denen für mindestens zwei Lärmquellen die Immissionswerte um bis zu 5 dB unterschritten werden, sind Lärmminderungspläne aufzustellen. Dafür werden zunächst Untersuchungen über die Möglich-

Tabelle 5.24 Immissionswerte für schädliche Umwelteinwirkungen im Sinne von § 47a BImSchG für verschiedene Schallquellen in Anlehnung an [5.87]

Immissionswerte				
Gebietsart	Straßen-, Schienenverkehr[a]	Luftverkehr[b]	Industrie, Gewerbe[c], militärische Anlagen[c], Wasserverkehr[d], Freizeitanlagen[e]	Sportanlagen[f]
	Tag/Nacht		Tag/Nacht	Tag außerhalb/ innerhalb der Ruhezeit/Nacht
Dorf, Kern, Mischgebiete	64/54 dB	(*)	60/45 dB	60/55/45 dB
allgemeine Wohngebiete	59/49 dB	(*)	55/40 dB	55/50/40 dB
reine Wohngebiete, Kleinsiedlungsgebiete	59/49 dB	(*)	50/35 dB	50/45/35 dB
Kurgebiete, Gebiete mit Krankenhäusern, Pflegeanstalten, Altenheimen usw.	57/47 dB	(*)	45/35 dB	45/45/35 dB

[a] Immissionsgrenzwerte nach der Verkehrslärmschutz-Verordnung (16. BImSchV) [5.112].
[b] Hinweis: landesrechtliche Vorschriften wie Landesentwicklungspläne sind zu beachten. (*) Lärmschutzbereiche, Siedlungsbeschränkungsbereiche und/oder Planungszonen der Siedlungsbeschränkung können nachrichtlich übernommen werden.
[c] Immissionsrichtwert nach TA Lärm [5.111].
[d] Orientierungswert nach DIN 18005-1, Beiblatt 1.
[e] Beurteilungspegel nach LAI-Freizeitlärm-Richtlinie [5.88] bzw. landesrechtlichen Vorschriften.
[f] Immissionsrichtwerte nach der Sportanlagenlärmschutz-Verordnung (18. BImSchV) [5.1].

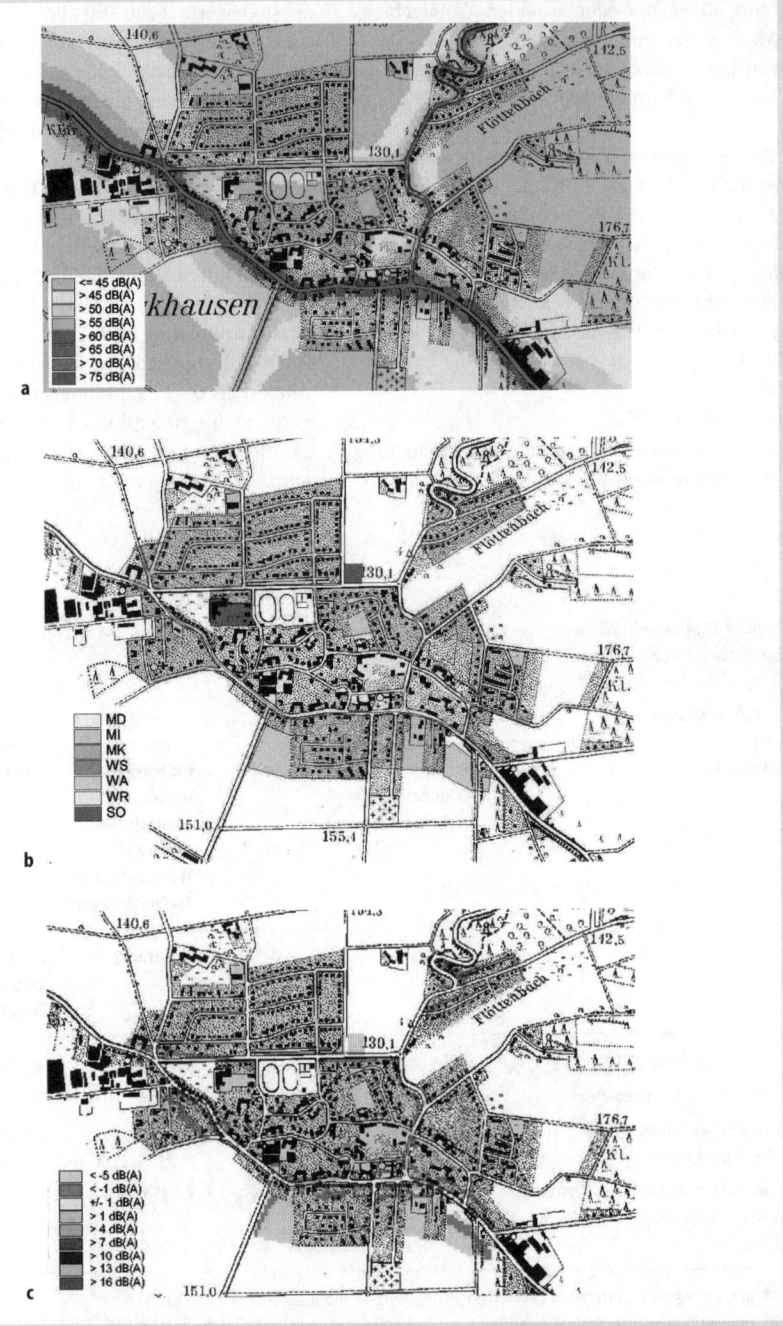

Abb. 5.12 Beispiele unterschiedlicher Planarten im Rahmen der Lärmminderungsplanung. **a** Schallimmissionsplan (Straßenverkehr); **b** Immissionsempfindlichkeitsplan; **c** Konfliktplan (Straßenverkehr)

keiten, Durchsetzbarkeit, Kosten und Wirksamkeit von Lärmminderungsmaßnahmen durchgeführt. Der Lärmminderungsplan fasst die Ergebnisse dieser Untersuchungen zusammen und nennt die vorgesehenen Schutzmaßnahmen, die verantwortlichen Stellen, die zeitliche Abwicklung der Maßnahmen und die zu erwartende Entlastung.

Die Dringlichkeit der Durchführung für die einzelnen Konfliktgebiete wird von der Gemeinde in Abstimmung mit den Fachbehörden festgelegt. Wichtige Abwägungskriterien können z. B. die Mehrfachbelastung von Gebieten aus verschiedenen Richtungen in den einzelnen Wohnbereichen oder die Anzahl der Betroffenen sein.

Beispiele derartiger Pläne sind in Abb. 5.12 wiedergegeben.

5.5.1.2 Europäische Regelung (Richtlinie 2002/49/EG)

Mit der Umgebungslärmrichtlinie [5.104] hat die Europäische Union erstmals eine Regelung zu Schallimmissionen getroffen. Frühere Regelungen dienten zur Begrenzung der Schallemissionen von Fahr- und Flugzeugen sowie Maschinen und Geräten [5.68]. Ähnlich wie das BImSchG zielt die Richtlinie darauf ab, schädliche Umwelteinwirkungen durch Umgebungslärm zu vermeiden und zu vermindern. Dazu werden die Mitgliedstaaten verpflichtet, für bestimmte Gebiete und Schallquellen in einem vorgegebenen Zeitrahmen (Tabelle 5.25)

- strategische Lärmkarten zu erstellen,
- die Öffentlichkeit über die Schallbelastungen und die damit verbundenen Wirkungen zu informieren,
- Aktionspläne aufzustellen, wenn bestimmte von den einzelnen Mitgliedstaaten in eigener Verantwortung festgelegte Kriterien zur Vermeidung schädlicher Umwelteinwirkungen oder zum Schutz und Erhalt ruhiger Gebiete nicht erfüllt sind, und
- die EU-Kommission über die Schallbelastung und die Betroffenheit der Bevölkerung in ihrem Hoheitsgebiet zu informieren.

Unter strategischen Lärmkarten werden nicht nur „klassische Schallimmissionspläne" verstanden, sondern auch tabellarische Angaben (z.B. zu Überschreitungen relevanter Grenz- und Richtwerte, die geschätzte Zahl der betroffenen Personen oder Gebäude).

Zur Beschreibung der Schallbelastungen werden die Kenngrößen L_{den} und L_N (s. Gl. (5.9)) – ermittelt für eine Höhe von 4 m und Freifeldbedingungen – herangezogen. Um klimatischen und kulturellen Unterschieden Rechnung zu tragen, ist es den Mitgliedstaaten freigestellt, ein bis zwei Stunden der Zeiten mit erhöhter Schutzbedürftigkeit von den Abendstunden auf die Tages- und/oder Nachtstunden zu übertragen. Als Kennzeichnungszeit gilt ein hinsichtlich der Schallemissions- und -ausbreitungsbedingungen durchschnittliches Jahr.

Die Schallbelastungen werden grundsätzlich rechnerisch ermittelt. Bis zum Vorliegen gemeinsamer europäischer Verfahren können die natio-

Tabelle 5.25 Zeitplan für die Erarbeitung von Lärmkarten und Aktionsplänen für verschiedene Gebiete

Gebiet	Lärmkarten bis	Aktionspläne bis
Ballungsräume		
> 250.000 Einwohner	30.06.2007	18.06.2008
> 100.000 Einwohner	30.06.2012	18.06.2013
Umgebung von Hauptverkehrsstraßen		
> 6 Mio. Kfz pro Jahr	30.06.2007	18.06.2008
> 3 Mio. Kfz pro Jahr	30.06.2012	18.06.2013
Umgebung von Haupteisenbahnstrecken		
> 60.000 Züge pro Jahr	30.06.2007	18.06.2008
> 30.000 Züge pro Jahr	30.06.2012	18.06.2013
Umgebung von Großflughäfen		
> 50.000 Bewegungen pro Jahr	30.06.2007	18.06.2008

nalen Prognoseverfahren – ggf. im Hinblick auf die Definition der neuen Kenngrößen L_{den} und L_N modifiziert – eingesetzt werden; alternativ können auch von der EU empfohlene vorläufige Berechnungsmethoden („Interimsverfahren") zur Anwendung kommen [5.68].

5.5.2 Gebietsbezogene Beurteilung hinsichtlich der Belästigung

In Ergänzung zur gebietsbezogenen Darstellung der Schallimmissionen und einer Beurteilung mit Hilfe der Zahl betroffener Personen, die Belastungen oberhalb quellenspezifischer Immissionsgrenz(richt)werte ausgesetzt sind, sind Verfahren mit unterschiedlichen Ansätzen entwickelt worden [5.17, 5.52, 5.57, 5.114], die die Belästigung der betroffenen Wohnbevölkerung als Beurteilungskenngröße verwenden. Sie werden vor allem bei der schalltechnischen Bewertung von Plänen und Programmen sowie beim Vergleich von Planungsalternativen herangezogen. Diese Verfahren sind wissenschaftlich nicht unumstritten [5.100] und bieten z.Z. eher pragmatische Lösungsansätze für eine gebietesbezogene, quellenübergreifende Beurteilung.

Die Zahl der stark Belästigten wird anhand der energetischen Summe der Beurteilungspegel für die einzelnen Schallquellenarten berechnet. Hierbei werden die Pegelkorrekturen nach Tabelle 5.2 angewandt.

Literatur

5.1 Achtzehnte Verordnung zur Durchführung des Bundes-Immissionsschutzgesetzes (Sportanlagen-Lärmschutzverordnung – 18. BImSchV) vom 18.07.1991. BGBl. I Nr. 45 vom 26.07.1991 S 1588–1596, zuletzt geändert am 07.08.1991 durch Berichtigung der Achtzehnten Verordnung zur Durchführung des Bundes-Immissionsschutzgesetzes, BGBl. I Nr. 50 vom 23.08.1991, 1790

5.2 Allgemeine Verwaltungsvorschrift zum Schutz gegen Baulärm – Geräuschimmissionen vom 19.08.1970. Beilage zum Bundesanzeiger Nr. 160 vom 01.09.1970

5.3 Anleitung zur Berechnung von Lärmschutzbereichen an zivilen und militärischen Flugplätzen nach dem Gesetz zum Schutz gegen Fluglärm vom 30.03.1971 (AzB). GMBl vom 10.03.1975, 162–227

5.4 ANSI S3.5 (1969) Methods for the calculation of the articulation index. American National Standards Institute, New York

ANSI S3.5 (1997) American National Standard methods for calculation of the speech intelligibility index. American National Standards Institute, New York

5.5 ANSI S 12.9 (1988) Quantities and procedures for description and measurement of environmental sound, Part 1. Acoust. Soc. Am., New York

5.6 Baunutzungsverordnung (BauNVO) in der Fassung der Bekanntmachung vom 23.01.1990. BGBl. I Nr. 3 vom 26.01.1990 S 132, zuletzt geändert am 22.04.1993 durch Artikel 3 des Gesetzes zur Erleichterung von Investitionen und der Ausweisung und Bereitstellung von Wohnbauland (Investitionserleichterungs- und Wohnbaulandgesetz). BGBl. I Nr. 16 vom 28.04.1993, 466

5.7 Beckert C, Chotjewitz I (2000) TA Lärm. Schmidt, Berlin

5.8 Begründung zum Entwurf der Sechsten Allgemeinen Verwaltungsvorschrift zum Bundes-Immissionsschutzgesetz (Technische Anleitung zum Schutz gegen den Lärm – TA Lärm) vom 19.03.1998. Bundesrat-Drucksache 254/98 vom 19.03.1998

5.9 Berglund B, Lindvall T (1995) Community noise. Archives of the center for sensory research. Volume 2, Issue 1. Stockholm University and Karolinska Institute

5.10 Berglund B, Lindvall T et al. (2000) Guidelines for community noise. Ministry of the Environment, Singapur

5.11 Berry BF, Bisping R (1988) CEC joint project on impulse noise: Physical quantification methods. Proc. 5th Int. Congr. on noise as a public health problem, Stockholm, 153–158

5.12 Brosze O, Schmidt KO, Schmoldt A (1962) Der Gewinn an Verständlichkeit beim „Fernsehsprechen". Nachrichtentechnische Zeitschrift 15, 351

5.13 Buchta E, Vos J (1998) A field survey on the annoyance caused by sounds from fire arms and road traffic. J Acoust Soc Am 104, 2890–2902

5.14 Bundesärztekammer (1999) Stellungnahme des Wissenschaftlichen Beirates: Gehörschäden durch Freizeitlärm in der Freizeit. Deutsches Ärzteblatt 96, 836–839

5.15 Bundesminister für Verkehr (1997) Richtlinien für den Verkehrslärmschutz an Bundesfernstraßen in der Baulast des Bundes (VLärmSchR). Verkehrsblatt, 434–452

5.16 Bundesministerium für Verkehr, Bau und Wohnungswesen (2000) Bekanntmachung der Neufassung der Lärmschutzanforderungen für Luftfahrzeuge vom 06.04.2000. BMVBW, Bonn

5.17 Delta Acoustics & Vibration (1995) Metrics for environmental noise in Europe. Danish comments on INRETS Report LEN 9420. Report AV 837/95, Delta, Lyngby

5.18 Der Rat der Sachverständigen für Umweltfragen (1999) Sondergutachten „Umwelt und Gesundheit, Risiken richtig einschätzen". Metzler Poeschel, Reutlingen

5.19 DIN 1318: Lautstärkepegel. Begriffe, Meßverfahren (1970)

5.20 DIN 1946-4: Raumlufttechnik – Teil 4: Raumlufttechnische Anlagen in Krankenhäusern (VDI-Lüftungsregeln) (1999)

5.21 DIN 4109: Schallschutz im Hochbau, Anforderungen und Nachweise (1989), Änderung A1 (2001)

5.22 DIN 4109-10 Entwurf: Schallschutz im Hochbau – Teil 10: Vorschläge für einen erhöhten Schallschutz von Wohnungen (2000)

5.23 DIN 18005-1: Schallschutz im Städtebau – Berechnungsverfahren (2002)
Beiblatt 1 zu DIN 18005-1: Schalltechnische Orientierungswerte für die städtebauliche Planung (1987)

5.24 DIN 18041 Entwurf: Hörsamkeit in kleinen und mittleren Räumen (2003)

5.25 DIN 33410: Sprachverständigung in Arbeitsstätten unter Einwirkung von Störgeräuschen. Begriffe, Zusammenhänge (1981)

5.26 DIN 45621-1: Sprache für Gehörprüfung – Teil 1: Ein- und mehrsilbige Wörter (1995)

5.27 DIN 45630-1: Grundlagen der Schallmessung. Physikalische und subjektive Größen von Schall (1971)

5.28 DIN 45631: Berechnung des Lautstärkepegels und der Lautheit aus dem Geräuschspektrum. Verfahren nach E. Zwicker (1991)

5.29 DIN 45642 Entwurf: Messung von Verkehrsgeräuschen (1997)

5.30 DIN 45643-1: Messung und Beurteilung von Flugzeuggeräuschen. Teil 1: Meß- und Kenngrößen (1984)
DIN 45643-3: Messung und Beurteilung von Flugzeuggeräuschen. Teil 3: Ermittlung des Beurteilungspegels für Fluglärmimmissionen (1984)

5.31 DIN 45645-1: Ermittlung von Beurteilungspegeln aus Messungen, Geräuschimmissionen in der Nachbarschaft (1996)
DIN 45645-2: Ermittlung von Beurteilungspegeln aus Messungen, Geräuschimmissionen am Arbeitsplatz (1997)

5.32 DIN 45657: Schallpegelmesser – Zusatzanforderungen für besondere Messaufgaben (1997)

5.33 DIN 45680: Messung und Bewertung tieffrequenter Geräuschimmissionen in der Nachbarschaft (1997)
Beiblatt 1 zu DIN 45680: Hinweise zur Beurteilung bei gewerblichen Anlagen (1997)

5.34 DIN 45681 Entwurf: Bestimmung der Tonhaltigkeit von Geräuschen und Ermittlung eines Tonzuschlages für die Beurteilung von Geräuschimmissionen (2002)

5.35 DIN 45682: Schallimmissionspläne (2002)

5.36 DIN 45684-1 Entwurf: Ermittlung von Fluggeräuschimmissionen an Landeplätzen, Teil 1: Berechnungsverfahren (2003)
DIN 45684-2 Entwurf: Ermittlung von Fluggeräuschimmissionen an Landeplätzen, Teil 2: Messverfahren (2001)

5.37 DIN 52219: Bauakustische Prüfungen; Messung von Geräuschen der Wasserinstallationen in Gebäuden (1993)

5.38 DIN 55350-13: Begriffe der Qualitätssicherung und Statistik; Begriffe zur Genauigkeit von Ermittlungsverfahren und Ermittlungsergebnissen (1987)

5.39 DIN EN 60651: Schallpegelmesser (IEC 651: 1979 + A1:1993) (1994); A2 (2000)

5.40 DIN EN 60804: Integrierende mittelwertbildende Schallpegelmesser (IEC 804: 2000) (2002)

5.41 DIN EN ISO 3382: Messung der Nachhallzeit von Räumen mit Hinweis auf andere akustische Parameter (ISO 3382:1997) (2000)

5.42 DIN ISO 9613-2: Dämpfung des Schalls bei der Ausbreitung im Freien, Teil 2: Allgemeines Berechnungsverfahren (ISO 9613-2: 1996) (1999)

5.43 DIN V ENV 13005 Vornorm: Leitfaden zur Angabe der Unsicherheit beim Messen; Deutsche Fassung ENV 13005 (1999)

5.44 Dreizehnte Verordnung über Arbeitsstätten (ArbstättV) vom 20. März 1975, BGBl I, S 729/III 7108

5.45 EU Future Noise Policy – Working Group 1 on noise indicators (1999) Position paper on EU noise indicators. Commission of the European Communities, DG XI, Brüssel

5.46 EU Future Noise Policy – Working Group 2 „Dose//Effect" (2002) Position paper on dose response relationships between transportation noise and annoyance. Office Official Publications of the European Communities, Luxemburg

5.47 Fastl H (1988) Gehörbezogene Lärmmeßverfahren. In: Fortschritte der Akustik, DAGA'88, 111–124

5.48 Fletcher H, Munson WA (1933) Loudness, its definition, measurement and calculation. J. Acoust. Soc. Amer. 5, 82–108

5.49 Gesetz zum Schutz gegen Fluglärm vom 30. März 1971. Bundesgesetzblatt I 1971, 282–287

5.50 Gesetz zum Schutz vor schädlichen Umwelteinwirkungen durch Luftverunreinigungen, Geräusche, Erschütterungen und ähnliche Vorgänge (BImSchG) in der Fassung der Bekanntmachung vom 14. Mai 1990. BGBl. I Nr. 23 vom 22.05.1990, 880, zuletzt geändert am 29. Oktober 2001 durch Artikel 49 der Siebenten Zuständigkeitsanpassungs-Verordnung. BGBl. I Nr. 55 vom 06.11.2001, 2785

5.51 Gottlob D (1995) Regulations for community noise. Noise News International 3, 223–236

5.52 Gottlob D (1998) Belästigungsuntersuchungen als Entscheidungshilfe für die Festsetzung von

Immissionsrichtwerten. In: Fortschritte der Akustik – DAGA 98, 78–79

5.53 Gottlob D (2001) Beurteilung von Geräuschimmissionen. In: Kalmbach S (Hrsg.) Immissionsschutzrecht und Luftreinhaltung – Fachdatenbank. UBMedia

5.54 Gottlob D, Ising H (2000) Ableitung von Grenzwerten (Umweltstandards) – Lärm. In: Wichmann HE, Schlipköter HW, Fülgraff G (Hrsg.) Handbuch der Umweltmedizin. ecomed, Landsberg, 19. Ergänzungslieferung

5.55 Guski R, Probst W (1989) Störwirkungen von Sportgeräuschen im Vergleich zu Störwirkungen von Gewerbe- und Arbeitsgeräuschen. Forschungsbericht 10501317/02, Umweltbundesamt, Berlin

5.56 Hansmann K (2000) TA Lärm. Beck, München

5.57 Health Council of the Netherlands (1997) Assessing noise exposure for public health purposes. Publication No 1997/23E, Health Council of the Netherlands, Rijswijk

5.58 Heiß A, Krapf KG, Müller D (1998) Qualitätssicherung von Schallimmissionsmessungen; Trennung von Quellgeräusch und Fremdgeräusch durch Anwendung der Perzentilvertrauensbereiche – mit praktischen Beispielen. In: Schalltechnik '98 TA Lärm, VDI-Berichte S 1386, VDI, Düsseldorf, 81–96

5.59 Hölder ML (1990) Die Verordnung zum Schutz vor Verkehrslärm. In: Koch, HJ (Hrsg.): Schutz vor Lärm. Nomos, Baden-Baden

5.60 Houtgast T, Steeneken HJM (1985) The MTF concept in room acoustics and its use for estimating speech intelligibility in auditoria. J Acoust Soc Amer 77, 1069–1077

5.61 IEC 61012: Filters for the measurement of audible sound in the presence of ultrasound (1990)

5.62 IEC 60268-16: Sound system equipment – Objective rating of speech intelligibility by speech transmission index (1998)

5.63 IEC 61672-1: Electroacustics, Sound level meters – Part 1: Specifications (2002) DIN EN 61672-1: Elektroakustik – Schallpegelmesser, Teil 1: Anforderungen (2003)

5.64 Interdisziplinärer Arbeitskreis für Lärmwirkungsfragen beim Umweltbundesamt (1985) Die Beeinträchtigung der Kommunikation durch Lärm. Z. f. Lärmbekämpfung 32, 95–99

5.65 Interdisziplinärer Arbeitskreis für Lärmwirkungsfragen beim Umweltbundesamt (1990) Belästigung durch Lärm: Psychische und körperliche Wirkungen. Z. f. Lärmbekämpfung 37, 1–6

5.66 International Civil Aviation Organisation (1993) Convention on International Civil Aviation, Volume I – Aircraft noise, Annex 16 (Environmental Protection). 3rd ed

5.67 Irmer VKP (1999) Harmonisierung der Lärmschutzpolitik in Europa. Z. f. Lärmbekämpfung 46, 195–202

5.68 Irmer VKP (2002) Die EG-Richtlinie zur Bewertung und Bekämpfung von Umgebungslärm. Z. f. Lärmbekämpfung 49, 176–181

5.69 Isermann U, Schmid R (1999) Bewertung und Berechnung von Fluglärm. Abschlußbericht L-2/96-50144/96 im Auftrag des Bundesministeriums für Verkehr, Bonn

5.70 Ising H, Kruppa B, Babisch W, Gottlob D, Guski R, Maschke C, Spreng M (2001) Lärm. In Wichmann HE, Schlipköter HW, Fülgraff G (Hrsg) Handbuch der Umweltmedizin. ecomed, Landsberg, 22. Ergänzungslieferung

5.71 ISO 226 (Entwurf): Akustik, Normalkurven gleicher Lautstärke (ISO/FDis 2003) (2001)

5.72 ISO 387-7: Reference zero for the calibration of audiometric equipment, Part 7: Reference threshold of hearing under free-field and diffuse field conditions (1996)

5.73 ISO 532: Acoustics – Methods for calculating loudness levels (1975)

5.74 ISO 1996-1: Description, measurement and assessment of environmental noise, Part 1: Basic quantities and assessment procedures (2003) ISO/CD 1996-2 Dis: Description, measurement and assessment of environmental noise, Part 2: Determination of environmental noise levels. ISO (2003)

5.75 ISO 1999: Determination of occupational noise exposure and estimation of noise-induced hearing impairment (1990)

5.76 ISO 3740: Determination of sound power levels of noise sources (1980)

5.77 ISO 7196: Acoustics – Frequency-weighting characteristics for infrasound measurements (1995)

5.78 ISO 8297: Bestimmung des Schalleistungspegels von Mehr-Quellen-Industrieanlagen für Zwecke der Berechnung von Schalldruckpegeln in der Umgebung (1994)

5.79 Jakobsen J (1998) Measurement and assessment of environmental low frequency noise and infrasound. Internoise '98, Christchurch

5.80 Jansen G, Linnemeier A, Nitzsche M (1995) Methodenkritische Überlegungen und Empfehlungen zur Bewertung von Nachtfluglärm. Z. f. Lärmbekämpfung 42, 91–106

5.81 Job RFS (1988) Community response to noise: a review of factors influencing the relationship between noise exposure and reaction. J. Acoust. Soc. Am. 83, 991–1001

5.82 Kötter J (1997) Eine Methode zur Trennung von Geräuschquellen mit Hilfe von Kenngrößen aus Pegelverteilungen. Z. f. Lärmbekämpfung 44, 76–84

5.83 Kötter J, Kühner D (2000) TA Lärm '98. Immissionsschutz Nr. 2, 54–63

5.84 Kötz WD (1996) Zur Berechnung des „maßgeblichen Außenlärmpegels" nach DIN 4109 – Ein klärendes Wort zum „3 dB Zuschlag". Z. f. Lärmbekämpfung 43, 41–44

5.85 Kryter KD (1985) Effects of noise on man. Academic Press, New York, 2nd ed.

5.86 Kubicek E (1989) Vorkommen, Messung, Wirkung und Bewertung von extrem tieffrequentem Schall einschließlich Infraschall in der kommunalen Wohnumwelt. Dissertation, TH Zwickau

5.87 Länderausschuss für Immissionsschutz (1992) Musterverwaltungsvorschrift zur Durchführung des § 47 a BImSchG. Düsseldorf

5.88 Länderausschuss für Immissionsschutz (1995) Musterverwaltungsvorschrift zur Ermittlung, Beurteilung und Verminderung von Geräuschimmissionen, Anhang B Freizeit-Richtlinie. Verabschiedet in der 88. Sitzung des Länderausschusses für Immissionsschutz vom 2.–4. Mai 1995 in Weimar

5.89 Länderausschuss für Immissionsschutz (1997) Leitlinie zur Beurteilung von Fluglärm durch die Immissionsschutzbehörden der Länder. Fassung vom 14.05.1997

5.90 Länderausschuss für Immissionsschutz (1997) Leitlinie zur Ermittlung und Beurteilung der Fluglärmimmissionen in der Umgebung von Landeplätzen durch die Immissionsschutzbehörden der Länder. Fassung vom 14.05.1997

5.91 Landesanstalt für Umweltschutz (2002) Untersuchung des Brummtonphänomens, Ergebnis der durchgeführten Messungen. LfU, Karlsruhe

5.92 Lazarus H, Lazarus-Mainka G, Schubeius M (1985) Sprachliche Kommunikation unter Lärm. Kiehl, Ludwigshafen

5.93 Luftverkehrsgesetz (LuftVG) i.d.F. der Bekanntmachung vom 27.03.1999. BGBl I 550

5.94 Magnetschwebebahn-Lärmschutzverordnung vom 23. September 1997 BGBl I Nr 64 vom 25.09.1997, 2329

5.95 Martinez SC (2000) Qualität von Immissionsprognosen nach TA Lärm. Z. f. Lärmbekämpfung 47, 39–44

5.96 Maschke C, Hecht, K, Wolf U (2001) Nächtliches Erwachen durch Fluglärm. Bundesgesundheitsblatt 44, 1001–1010

5.97 Matschat K, Müller EA (1984) Vergleich nationaler und internationaler Flugbewertungsverfahren – Aufstellung von Näherungsbeziehungen zwischen den Bewertungsmaßen. Texte 7/84. Umweltbundesamt, Berlin

5.98 Möhler U, Liepert M et al. (2000) Vergleichende Untersuchung über die Lärmwirkung bei Straßen- und Schienenverkehrs. Z. f. Lärmbekämpfung 47, 144–151

5.99 Niese H (1965) Eine Methode zur Bestimmung der Lautstärke beliebiger Geräusche. Acustica 15, 117–126

5.100 Ortscheid J, Wende H (2001) Lärmwirkungen und Lärmsummation. Z. f. Lärmbekämpfung 48, 75–76

5.101 Pearson KS, Bennett RL, Fidell S (1977) Speech levels in various noise environments. EPA 600/1-77-025. Environmental Protection Agency, Washington, D.C.

5.102 Piorr D (2001) Zum Nachweis der Einhaltung von Geräuschimmissionswerten mittels Prognose. Z. f. Lärmbekämpfung 48, 172–175

5.103 Probst W, Donner U (2002) Die Unsicherheit des Beurteilungspegels bei der Immissionsprognose. Z. f. Lärmbekämpfung 49, 86-90

5.104 Richtlinie 2002/49/EG des Europäischen Parlaments und des Rates vom 25.06.2002 über die Bewertung und Bekämpfung von Umgebungslärm. ABl EG L 189 vom 18.07.2002, 12

5.105 Richtlinie 2003/10/EG des Europäischen Parlaments und des Rates vom 06.02.2003 über Mindestvorschriften zum Schutz von Sicherheit und Gesundheit der Arbeitnehmer vor der Gefährdung durch physikalische Einwirkungen (Lärm) (17. Einzelrichtlinie im Sinne des Artikels 16 Absatz 1 der Richtlinie 89/391/EWG). Amtsblatt EG Nr. L 42/38 vom 15.02.2003

5.106 Richtlinie 86/1888/EWG der Europäischen Gemeinschaft über den Schutz der Arbeitnehmer gegen Gefährdung durch Lärm am Arbeitsplatz vom 12.05.1986, Amtsblatt EG Nr. L 137, 28, geändert durch 98/24/EG vom 07.04.1998, ABl EG Nr. L131, 11

5.107 Richtlinien für den Lärmschutz an Straßen – RLS 90 (1990) ABl des Bundesministers für Verkehr, Nr. 7 vom 14.04.1990, lfd. Nr. 79

5.108 Richtlinie für schalltechnische Untersuchungen bei der Planung von Rangier- und Umschlagbahnhöfen – Akustik 04, Ausgabe 1990. Amtsblatt der Deutschen Bundesbahn 1990/134

5.109 Richtlinie zur Berechnung der Schallimmissionen von Schienenwegen – Schall 03, Ausgabe 1990. Amtsblatt der deutschen Bundesbahn 1990/133

5.110 Schomer PD, Bradley JS (2000) A test of proposed revisions to room noise criteria curves. Noise Control Eng J 48, 124–129

5.111 Sechste Allgemeine Verwaltungsvorschrift zum Bundes-Immissionsschutzgesetz (TA Lärm) vom 26.08.1998. GMBl. Nr. 26 vom 28.08.1998, 503

5.112 Sechzehnte Verordnung zur Durchführung des Bundes-Immissionsschutzgesetzes (Verkehrslärmschutzverordnung – 16. BImSchV) vom 12.06.1990. BGBl Teil I 1990, 1036–1048

5.113 Stevens SS (1961) Procedure of calculating loudness: Mark VI. J Acoust. Soc. Am. 33, 1577–1585

5.114 Tegeder K (2001) Summation von Schallpegeln verschiedener Geräuscharten. Z. f. Lärmbekämpfung 28, 72–74

5.115 Umweltbundesamt (Hrsg.) (1994) Handbuch Lärmminderungspläne. Berichte 7/94. Schmidt, Berlin

5.116 Unfallverhütungsvorschrift: Lärm (VGB 121) (1990). Carl-Heymanns, Köln

5.117 VDI 2058 Blatt 2: Beurteilung von Lärm hinsichtlich Gehörgefährdung (1988)
VDI 2058 Blatt 3: Beurteilung von Lärm am Arbeitsplatz unter Berücksichtigung unterschiedlicher Tätigkeiten (1997)

5.118 VDI 2081 Blatt 1: Geräuscherzeugung und Lärmminderung in Raumlufttechnischen Anlagen (2001)

5.119 VDI 2569: Schallschutz und akustische Gestaltung im Büro (1990)

5.120 VDI 2719: Schalldämmung von Fenstern und deren Zusatzeinrichtungen (1987)

5.121 VDI 3722 Blatt 1: Wirkungen von Verkehrslärm (1988)

5.122 VDI 3723 Blatt 1: Anwendung statistischer Methoden bei der Kennzeichnung schwankender Geräuschimmissionen (1993)
VDI 3723 Blatt 2 (Entwurf): Kennzeichnung von Geräuschimmissionen, Erläuterung von Begriffen zur Beurteilung von Arbeitslärm in der Nachbarschaft (1995)

5.123 Vercammen MLS (1989) Setting limits for low frequency noise. Proc. 5th Int. Conf. on low frequency noise and vibration, Oxford

5.124 Verordnung über bauliche Schallschutzanforderungen nach dem Gesetz zum Schutz gegen Fluglärm (SchallschutzVO) vom 05.04.1974. Bundesgesetzblatt I 1974, 903–904

5.125 Vierundzwanzigste Verordnung zur Durchführung des Bundes-Immissionsschutzgesetzes (Verkehrslärm-Schutzmaßnahmenverordnung – 24. BImSchV) vom 04.02.1997. BGBl. I Nr. 8 vom 12.02.1997 172; ber. BGBl. I Nr. 33 vom 02.06.1997 1253, zuletzt geändert am 23.09.1997 durch Artikel 3 der Magnetschwebebahnverordnung. BGBl. I Nr. 64 vom 25.09.1997, 2329

5.126 Zenner HP, Struwe V et al. (1999) Gehörschäden durch Freizeitlärm. HNO 47, 236–248

5.127 Zwicker E (1960) Verfahren zur Berechnung der Lautstärke. Acustica 10, 304–308

5.128 Zwicker E (1982) Psychoakustik. Springer, Berlin

Beurteilung von Geräuschemissionen

G. Hübner und E. Schorer

6.1 Grundlagen und Normung der Geräuschemissionsmessung

Der akustische Wirkungsgrad geräuscherzeugender Maschinen liegt im Allgemeinen in der Größenordnung von 10^{-9} bis 10^{-5}. Selbst sehr leistungsstarke Maschinen erzeugen damit häufig nur Schallleistungen von einigen Watt. Schallleistungen von wenigen Watt führen aber in Maschinennähe bereits zu unerträglichen Lautstärken von über 100 phon. Die objektive Beurteilung der Lärmerzeugung von Maschinen (*Geräuschemission*) ist deshalb auf Geräuschgrößen ausgerichtet, die auch bei der Beurteilung der Lärmempfindung des Menschen (*Geräuschimmission*) Verwendung finden (vgl. Kap. 5).

6.1.1 Kennzeichnende physikalische Größen

6.1.1.1 Einleitung

Die Geräuschemission von Maschinen und Geräten, zusammenfassend kurz als Maschinen oder aus messtechnischen Gesichtspunkten als kompakte Schallquellen bezeichnet, wird hauptsächlich nach der pro Zeiteinheit insgesamt in den Raum abgestrahlten Schallenergie beurteilt. Die Schallleistung wird nach empfindungsorientierten Kriterien bewertet und als Pegel angegeben. Hauptbeurteilungsgröße für die Geräuschemission von Maschinen ist der *A-bewertete Schallleistungspegel*.

Die Schallleistung einer Maschine ist von den akustischen Eigenschaften des Maschinenaufstellraumes praktisch unabhängig und damit eine „maschineneigene" Kenngröße. Der früher häufig zur Kennzeichnung von Maschinengeräuschen ebenfalls verwendete *Schalldruck*pegel hängt dagegen im Allgemeinen vom gewählten Messabstand und von den akustischen Eigenschaften des Aufstellungsraumes wesentlich mit ab.

Zur Lösung bestimmter Aufgaben (siehe unten) ist die Kenntnis des A-Schallleistungspegels notwendig, aber nicht immer hinreichend. Eine oder mehrere der folgenden Ergänzungsangaben sind u. U. erforderlich:

1) Die Verteilung der Schallleistung über der Frequenz (Oktav-, Terz- oder Schmalbandspektrum).
2) Der Zeitverlauf bei stark schwankenden Schallemissionen. Hierbei können die zeitlichen Maxima und Minima sowie deren Zeitdauer von Interesse sein.
3) Die Verteilung der abgestrahlten Schallleistung über die verschiedenen Raumwinkel durch Angabe einer „Richtcharakteristik". Diese Ergänzung ist von Interesse, falls die Schallabstrahlung einer Maschine räumlich sehr ungleichmäßig ist.

Angaben über Schwankungen im zeitlichen Verlauf oder bei der räumlichen Verteilung der Geräuschemission ergänzen sinnvoll die Kennzeichnung durch die Schallleistung, die ihrer physikalischen Natur nach ein zeitlicher und räumlicher Mittelwert ist.

Bei Kenntnis des A-bewerteten Schallleistungspegels von Maschinen, u. U. ergänzt durch die oben genannten Zusatzangaben, können folgende Aufgaben gelöst werden:

a) Der Vergleich der Geräuschemission von Maschinen gleicher Art und Größe,
b) der Vergleich der Geräuschemission von Maschinen unterschiedlicher Art und Größe,

c) die Prüfung auf Einhaltung von Emissionsgrenzwerten,
d) die (angenäherte) Bestimmung von Schalldruckpegeln in einer gegebenen Entfernung und Umgebung, in der die Maschine aufgestellt werden soll,
e) das Zusammenwirken der Geräusche mehrerer Maschinen in einem Aggregat oder das Zusammenwirken mehrerer unabhängiger Maschinen oder Maschinenaggregate in einer gegebenen Umgebung (Addition der Einzelschallleistungen),
f) die Bestimmung des von einer oder mehreren Maschinen erzeugten und durch Kapseln, Wände, Decken, Fenster usw. übertragenen Geräusches,
g) die Entwicklung leiserer Maschinen und Maschinenaggregate.

Für einige Gruppen von technischen Schallquellen werden alternativ zum Schallleistungspegel auch noch Schalldruckpegelangaben verwendet, z.B. der Emissionsschalldruckpegel an den Bedienerplätzen von Maschinen (vgl. Abschn. 6.1.1.5) sowie bei Fahrzeugen, Verkehrswegen und sehr großen (also nicht kompakten) Schallquellen des Anlagenbaus (vgl. Abschn. 6.1.1.6). Die für diese Schallquellen gemäß Normen für genau festgelegte Messbedingungen, einschließlich der bei der Messung einzustellenden Betriebs- und Aufstellbedingungen, sich ergebenden Schalldruckpegelwerte können, wie auch der Schallleistungspegel, als Garantiewerte vereinbart, deklariert und verifiziert werden. Eine Umrechnung dieser Schalldruckpegelwerte auf andere Abstände, also für eine davon ausgehende Immissionsbeurteilung, sowie die Bestimmung der Zusammenwirkens mehrerer Quellen ist im Gegensatz zur Schallleistung für diese Größen nicht oder nur näherungsweise möglich. Das Ergebnis einer Schalldruckpegelmessung auf einer einzelnen Konturlinie, die die Schallquelle umfährt, oder der Schalldruckpegelwert an einem einzelnen Messpunkt, stellt zusammen mit einer zugehörigen geometrischen Information einen räumlich sektoralen Teil der Quellen-Schallleistung dar. Mit dieser Aussage wird deutlich, dass über Schalldruckpegel, die außerhalb dieses Sektors liegen, keine vertrauenswürdigen Aussagen getroffen werden können.

6.1.1.2 Schallleistung, Schallleistungspegel, A-Schallleistungspegel, Band-Schallleistungspegel

Die Schallleistung P einer Maschine ist die Schallenergie pro Zeiteinheit, die von der Maschine unter festgelegten Betriebs- und Aufstellbedingungen in den gesamten umgebenden Luftraum abgestrahlt wird.

Der Schallleistungspegel L_W ist die logarithmierte Verhältnisgröße

$$L_W = 10 \lg \frac{P}{P_0} \text{ dB} \qquad (6.1)$$

mit der international festgelegten Bezugsgröße $P_0 = 1 \text{ pW} = 10^{-12} \text{ W}$.

Die Gesamtschallleistung einer Maschine versteht sich im Allgemeinen für die Gesamtheit aller Frequenzkomponenten im Bereich des Hörens von 16 Hz bis 16 kHz. Zur Anpassung an die Gehörempfindung des Menschen wird das Frequenzgemisch einer sog. A-Bewertung unterworfen (s. Abschnitt 2.3.2). Das Ergebnis dieser Bewertung führt zur A-bewerteten Gesamtschallleistung P_A.

Der Pegel L_{WA} der A-bewerteten Schallleistung P_A ist unter festgelegten Betriebs- und Aufstellbedingungen das wichtigste Maß für das von der Maschine an die umgebende Luft insgesamt abgestrahlte Geräusch. Dieser Pegel wird kurz als A-Schallleistungspegel bezeichnet:

$$L_{WA} = 10 \lg \frac{P_A}{P_0} \text{ dB(A)} . \qquad (6.2)$$

Die (unbewertete) Schallleistung einer Maschine kann auch in Frequenzbändern betrachtet werden (Bandschallleistungspegel). Üblich sind Angaben der Schallleistungspegel in Oktav- oder Terzbandbreite. Für diese Pegel wird ebenfalls die Bezugsgröße 1 pW verwendet.

6.1.1.2.1 Darstellung der Schallleistung einer Geräuschquelle unter Freifeldbedingungen

Für die Schallleistung unter Freifeldbedingungen benötigt man Schallfeldgrößen auf einer Fläche, welche die Geräuschquelle vollständig umhüllt. Für diese als Hüllfläche oder Messfläche bezeichnete Fläche (s. Abb. 6.1) gilt

$$P = \oint_S \overline{p v} \cdot \mathrm{d}S = \oint_S I_n \cdot \mathrm{d}S . \qquad (6.3)$$

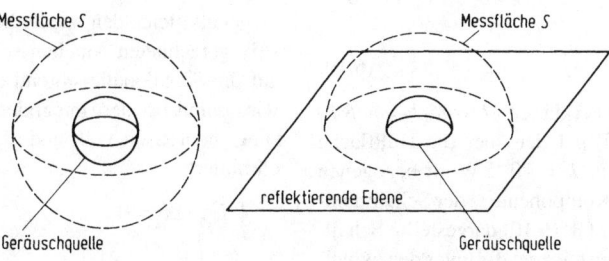

Abb. 6.1 Beispiele für Messflächen beim Hüllflächenmessverfahren. **a** für die allseitig frei abstrahlende Geräuschquelle; **b** für die Geräuschquelle auf einer reflektierenden Ebene

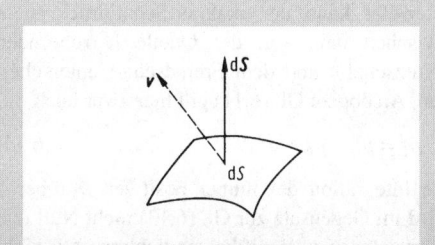

Abb. 6.2 Schallleistungsfluss durch ein Flächenelement: Schnelle **v** und Flächenelement d**S**

Dabei ist p der momentane Schalldruck und v die momentane Schallschnelle an einem Punkt der Hüllfläche S; dS ist ein gerichtetes Flächenelement der Hüllfläche. $v \cdot dS$ stellt als Skalarprodukt zweier Vektoren eine Projektion des Schnellevektors auf die Flächennormale der Hüllfläche dar (Abb. 6.2). Die Überstreichung des Integranden bedeutet eine zeitliche Mittelung. Das Produkt $\overline{pv}$ bezeichnet man als *Schallintensität*

$$I = \overline{pv} \qquad (6.4)$$

und I_n ist dann die in dS-Richtung weisende Komponente dieses Vektors. I_n beschreibt damit die pro Zeiteinheit und je Flächeneinheit senkrecht durch dS hindurchtretende Schallenergie.

Wird die Hüllfläche in einem hinreichend großen Abstand (s. Abschn. 6.1.2.2.2) von der Geräuschquellenoberfläche angeordnet, so kann man

$$\oint_S \overline{pv} \cdot dS \approx \oint_S \frac{1}{\rho c} \overline{p^2}\, dS \qquad (6.5)$$

setzen.

Nach Umrechnung auf Pegelgrößen erhält man:

$$L_W = \overline{L}_p + L_S + K_0 . \qquad (6.6)$$

Dabei ist $\overline{L}_p$ der Pegel des über die Hüllfläche und die Zeit gemittelten und auf $p_0^2 = (2 \cdot 10^{-5})^2 \cdot \text{Pa}^2$ bezogenen Schalldruckquadrat, der sog. *Messflächenschalldruckpegel*,

$$L_S = 10 \lg S/S_0 \text{ dB} \qquad (6.7)$$

mit $S_0 = 1$ m^2 ist das *Flächenmaß* und

$$K_0 = -10 \lg \rho c/(\rho c)_0 \text{ dB}$$

ist eine Korrektur, die berücksichtigt, dass die tatsächliche Schallkennimpedanz der Luft etwas vom Bezugswert $(\rho c)_0 = 400$ Ns/m^3 verschieden sein kann. Die durch die Gln. (6.3), (6.5) und (6.6) dargestellte Schallleistung ist die unter den aktuellen meteorologischen Bedingungen – dem am Messort vorliegenden ρc – erzeugte Geräuschemission.

Für Luft der Temperatur Θ (in °C) und beim Druck B (in kPa) gilt

$$K_0 = -10 \lg \left[\frac{423}{400} \sqrt{\frac{273}{273+\Theta}} \cdot \frac{B}{101{,}325} \right]. \qquad (6.8)$$

Atmosphärischer Druck und Temperatur führen demnach im üblichen Klimabereich zu Korrekturen von $K_0 \leq 1$ dB; hinsichtlich der Fehler, die durch die Annahme $\overline{pv} \approx \overline{p^2}/\rho c$ entstehen, s. Abschnitt 6.1.2.2.2.

Für den approximierten A-bewerteten Schallleistungspegel L_{WA} gilt im Freifeld die zu Gl. (6.6) analoge Beziehung, wobei $\overline{L}_{pA}$ der Pegel des über die Zeit und die Hüllfläche gemittelten A-bewerteten Schalldruckquadrates bezogen auf obiges p_0^2 ist

$$L_{WA} = \overline{L}_{pA} + L_S + K_0 . \qquad (6.9)$$

Die Umrechnung der Schallleistungsdarstellung nach Gl. (6.3) auf Pegelgrößen ergibt analog zu Gl. (6.6)

$$L_W = \overline{L}_I + L_S \,. \tag{6.10}$$

Neben dem bereits erklärten *Messflächenmaß L_S* ist dabei $\overline{L}_I$ der Pegel der über die Hüllfläche gemittelten und auf $I_0 = 10^{-12}$ W/m^2 bezogenen flächennormalen Komponente I_n der Schallintensität. Auch der mit Gl. (6.10) dargestellte Schallleistungspegel kennzeichnet die unter den aktuellen meteorologischen Bedingungen von der Schallquelle erzeugte Emission (weiteres hierzu s. Abschn. 6.1.2.2.6).

6.1.1.2.2 Darstellung der Schallleistung einer Geräuschquelle unter angenäherten Freifeldbedingungen und bei Anwesenheit von Fremdgeräuschen

Bei Geräuschemissionsmessungen in der Praxis erlaubt die Umgebung häufig nicht die freie Ausbreitung des Schalls und auch signifikante Störgeräusche lassen sich oft nicht vermeiden. Wir betrachten deshalb Darstellungen der Schallleistung von Geräuschquellen, die auch unter weniger idealen Umgebungsbedingungen, als in Abschn. 6.1.1.2.1 vorausgesetzt, angewendet werden können.

Wirkt von außen auf die Hüllfläche der zu messenden Schallquelle eine Fremdschallquelle ein (Abb. 6.3), so setzt sich die auf der Hüllfläche angetroffene Schallintensitätskomponente $I_{n,\Sigma}$ zusammen aus

$$I_{n,\Sigma} = I_{n,Q} + I_{n,F} + I_{n,w} \,, \tag{6.11}$$

wobei $I_{n,Q}$ die von der zu beurteilenden Schallquelle und $I_{n,F}$ die vom Fremdschall verursachten Intensitätsanteile sind. Das $I_{n,w}$, der Wechselwirkungsterm, verschwindet, sofern das Geräusch der Schallquelle und der Fremdschall nicht miteinander korreliert sind. Wir werden dies im Folgenden voraussetzen. Integriert man nun das $I_{n,\Sigma}$ der Gl. (6.11) über die Hüllfläche S, so erhält man unter der vorgenannten Annahme

$$\oint_S I_{n,\Sigma} \cdot \mathrm{d}S = \oint_S I_{n,Q} \cdot \mathrm{d}S = P \,, \tag{6.12}$$

also die gesuchte Schallleistung der Quelle. Das Integral über $I_{n,F}$ verschwindet nämlich nach dem Energiesatz, solange Schallabsorption im Inneren des von S umschlossenen Gebietes ausgeschlossen werden kann. Der von außen insgesamt einströmende Fremdschall, beschrieben durch negative I_n-Komponenten, muss in seinem Energiegehalt gleich den wieder heraustretenden, positiv gerechneten Anteilen sein. Der von außen auf die Schallquelle störend einwirkende Schall wird damit bei der (integralen) Hüllflächenmessung theoretisch vollständig und „automatisch" eliminiert,

$$\oint_S I_{n,F} \cdot \mathrm{d}S = 0 \,, \tag{6.13}$$

Fremdschallkorrekturen werden also überflüssig.

Die Näherungsdarstellung der Schallleistung mit Hilfe des Schalldruckes (Gln. (6.5), (6.6), (9.9)) leistet diese Kompensation nicht. Im Gegensatz zur vektoriellen, also positive und negative Komponenten unterscheidenden Schallintensität kann der skalare Schalldruck nicht zwischen dem von der Quelle herrührenden „Nutzschall" und dem Fremdschall unterscheiden. Analog zu Gl. (6.11) gilt hier zwar auch

$$\tilde{p}_\Sigma^2 = \tilde{p}_Q^2 + \tilde{p}_F^2 + \tilde{p}_w^2 \,, \tag{6.14}$$

die Integration der immer positiven $\tilde{p}_F^2$ über S wird im Gegensatz zur Gl. (6.13) nicht Null und führt solange zu signifikanten Fehlern, falls nicht

$$\tilde{p}_F^2 \ll \tilde{p}_Q^2 \tag{6.15}$$

ist. Die auf Schalldrücken beruhenden Schallleistungsbestimmungen erfordern deshalb auch eine Begrenzung des Fremdschallpegels relativ zu dem des Nutzschalls (weiteres s. Abschn. 6.1.2).

In Umgebungssituationen, die man bei der Aufstellung von Maschinen, Geräten, … in der Praxis häufig antrifft, setzt sich der „Fremdschall", also unser $I_{n,F}$ bzw. $\tilde{p}_F^2$, im Allgemeinen aus zwei ihrer Natur nach verschiedenen Anteilen zusammen. Fremdschall im engeren Sinne kann von einer einzelnen direkt einstrahlenden, „nicht zum Messgegenstand" gehörenden Schallquelle (Abb. 6.3), wie z.B. einer angekuppelten Maschine, aber auch von mehreren „fremden" Schallquellen, die *diffus* auf die Messfläche einwirken und schließlich auch durch *Reflexionen* von in der Nähe befindlichen Wänden, Decken oder anderen Objekten verursacht werden:

$$I_{n,F} = I_{n,D} + I_{n,dif} \tag{6.16}$$

Gleichung (6.13), die „automatische" integrale Fremdschallunterdrückung, gilt grundsätzlich für jeden dieser Anteile. Bei Reflexionen (Spiegelquellen) muss allerdings noch vorausgesetzt werden, dass es sich um breitbandige Frequenzgemische handelt, weil nur dann der Wechselwir-

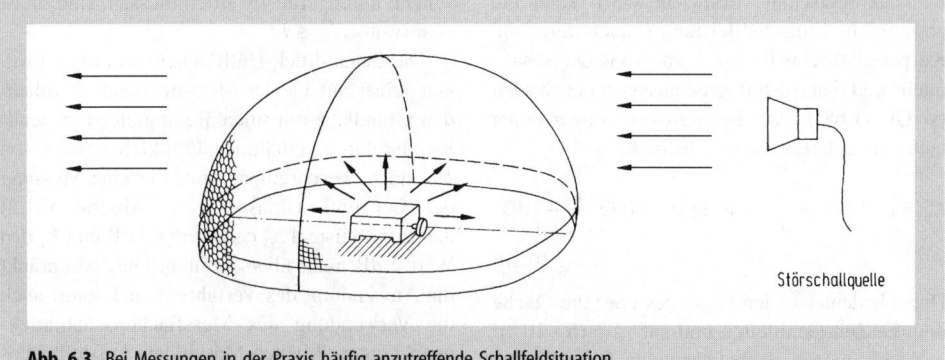

Abb. 6.3 Bei Messungen in der Praxis häufig anzutreffende Schallfeldsituation

kungsterm $I_{n,w}$ genügend klein wird. Ein diffuser Schallanteil wird darüber hinaus bereits am einzelnen Messpunkt allein durch eine hinreichende Zeitmittelung unterdrückt (lokale Fremdschallunterdrückung):

$$I_{n,dif} = \frac{1}{T} \int_0^T (p \cdot v_n)_{dif} \cdot dt = 0 \ . \qquad (6.17)$$

Bei der Anwendung des Intensitäts-Hüllflächenverfahrens braucht also theoretisch – für stationäre Geräusche und bei Abwesenheit von Schallabsorption im Messflächeninneren – auf inkohärente Fremdgeräusche jeglicher Art keine Rücksicht genommen werden. Solche Geräuschanteile – raumakustisch oder durch Fremdschallquellen verursacht – werden durch das Verfahren kompensiert. Man kann also die Schallleistung von Maschinen und Geräten unter den häufig gut zu erfüllenden, genannten Voraussetzungen auch am eigentlichen Betriebsort bestimmen. Ideale Messumgebungen, wie spezielle akustische Messräume, die bei dem Schalldruckverfahren wünschenswert sind, erübrigen sich bei der Intensitätsmesstechnik.

6.1.1.2.3 Darstellung der Schallleistung einer Geräuschquelle unter Hallraumbedingungen

Im Hallfeld errechnet sich der Schallleistungspegel nach:

$$L_W = L_m + \left[10 \lg\left(\frac{A}{1\,\text{m}^2}\right) - 6 + K_0 + K_{01} + K_{02}\right] \text{dB} \ ; \qquad (6.18)$$

dabei ist L_m der über die Zeit und das Hallraumvolumen *gemittelte Schalldruckpegel* und A die sog. Schallschluckfläche (s. Kap. 9 und Kap. 11). K_0 bestimmt sich auch hier nach Gl. (6.8). Für den sog. *„Waterhouse-Term"* K_{01} gilt

$$K_{01} = 10 \lg\left(1 + \frac{S_R c}{8 V f_m}\right), \text{ ferner } K_{02} = -4{,}34 \cdot \frac{A}{S_R} \ . \qquad (6.19)$$

Hierin bedeuten S_R die Oberfläche und V das Volumen des Hallraumes, f_m die Mittenfrequenz des betrachteten Frequenzbandes und c die Schallgeschwindigkeit in der Hallraumluft während der Messung.

Durch den Waterhouse-Term wird der Tatsache Rechnung getragen, dass sich in der Nähe der Quelle und in der Nähe der Wände das Hallfeld unvollständig ausbildet. Diese Gebiete müssen deshalb bei einer Messung von der räumlichen Mittelung ausgeschlossen werden. Die stets positive Korrektur K_{01} erreicht für übliche Hallräume Werte bis zu etwa 2 dB im Bereich der meist interessierenden Frequenzen.

Die Schallabsorptionsfläche A und auch die Korrektur K_{01} ändern sich im Allgemeinen mit der Frequenz, aus diesem Grund verstehen sich Gln. (6.18) und (6.19) für die jeweiligen Frequenzbänder. Der A-Schallleistungspegel berechnet sich aus einzelnen Bandschallleistungspegeln nach Anbringung der A-Bewertung und leistungsmäßiger Addition (s. z. B. DIN 45635, Teil 1, Anhang F und G).

6.1.1.2.4 Darstellung der Schallleistung einer Geräuschquelle durch Körperschallgrößen

Unter der Voraussetzung, dass das Geräusch einer Schallquelle durch Abstrahlung von Oberflächenkörperschall verursacht wird, kann die abgestrahlte Luftschalleistung P auch durch die Körperschallschnelle, die Abmessung der Schallquelle und den Abstrahlgrad ausgedrückt werden (s. Gl. (1.68)). Auf Pegelgrößen umgerechnet lautet der entsprechende Ausdruck:

$$L_W = \bar{L}_v + \left[10 \lg \frac{S_1}{\text{m}^2} + 10 \lg \sigma + 10 \lg \frac{\rho c}{(\rho c)_0}\right] \text{dB}. \quad (6.20)$$

Dabei bedeutet $\bar{L}_v$ den Pegel des über die Fläche und die Zeit gemittelten und auf $v_0^2 = (5 \cdot 10^{-8})^2$ m²/s² bezogenen flächennormalen Schnellequadrates (s. Gl. (1.3)); S_1 ist die Oberfläche des Strahlers und σ der für technische Schallquellen allerdings meist unbekannte Abstrahlgrad.

Setzt man in Gl. (6.20) für den Abstrahlgrad den Wert $\sigma = 1$ ein, so erhält man für die von einem bestimmten schwingenden Konstruktionselement der Fläche S_1 abgestrahlte Schallleistung die häufig geltende Abschätzung einer oberen Grenze der abgestrahlten Luftschalleistung,

$$L_W \leq \bar{L}_v + 10 \lg \frac{S_1}{\text{m}^2} \text{dB} + 10 \lg \frac{\rho c}{400 \frac{\text{Ns}}{\text{m}^3}}, \quad (6.21)$$

die bei der Ursachenfindung der Lärmerzeugung einer komplexen, Luft- und Körperschall abstrahlenden Maschine nützlich sein kann.

6.1.1.3 Messflächen-Schalldruckpegel, Messflächenmaß

Der Messflächenschalldruckpegel wird durch Schallfeldgrößen ausgedrückt, die unter Freifeldbedingungen von der Geräuschquelle aufgebaut werden. Messflächenschalldruckpegel und Messflächenmaß sind in Abschn. 6.1.1.2.1 bereits erklärt.

Unter weniger idealen Messumgebungen (s. Abschn. 6.1.1.2.2) ergibt sich der Messflächenschalldruckpegel aus dem Pegel des über Hüllfläche und Zeit gemittelten *gemessenen* Schalldruckquadrates $\bar{L}'_p$ mit Korrekturen K_1 und K_2, durch die das Störgeräusch und die raumbedingten Reflexionen („Umgebungskorrektur") berücksichtigt werden:

$$\bar{L}_p = \bar{L}'_p - K_1 - K_2. \quad (6.22)$$

Die Korrekturen K_1, K_2, zu deren Bestimmung zusätzliche, in Normen (s. z.B. DIN 45635, Teil 1, sowie Abschn. 6.1.2.2.2) beschriebene Messungen durchgeführt werden müssen, sind meist positiv, also $\bar{L}_p \leq \bar{L}'_p$.

Das Schalldruck-Hüllflächenverfahren ist wegen seiner auf idealer Messumgebung beruhenden Grundlage nur unter Bedingungen anwendbar, die durch verhältnismäßig kleine Werte von K_1 und K_2 beschreibbar sind. Für eine Messung der Genauigkeitsklasse 2 (s. Abschn. 6.1.2) darf zum Beispiel K_1 den Wert 1,3 dB und K_2 den Wert 2 dB nicht überschreiten. Dies beschränkt die Anwendung des Verfahrens und somit auch die Verwendung des Messflächenschalldruckpegels unter üblichen Maschinen-Aufstellbedingungen. In der Praxis liegen häufig raumakustische Einflüsse vor, denen im 1-m-Messabstand K_2-Werte im Bereich von 2 dB bis 5 dB zugeordnet sind. Unter derartigen Bedingungen muss man sich mit einer größeren Messunsicherheit zufrieden geben oder das Schallintensitätsverfahren anwenden.

Der Messflächenschalldruckpegel $\bar{L}_{pA}$ zusammen mit dem zugehörigen Messflächenmaß L_S kennzeichnen die Geräuschemission einer Geräuschquelle unter meteorologischen Bedingungen, bei denen $K_0 \approx 0$ ist, gleichwertig wie der angenäherte Schallleistungspegel. Denn aus Gl. (6.6) oder (6.9) folgt mit $K_0 \approx 0$ unmittelbar:

$$L_{WA} = \bar{L}_{pA} + L_S. \quad (6.23)$$

Für die Bestimmung des Messflächenschalldruckpegels wird eine Messfläche gewählt, die der Maschinenoberfläche in einem festen Abstand, dem sog. Messabstand, in einer einfachen geometrischen Form (Quader, Halbkugel oder Kugel) folgt, wobei einzelne Maschinenbauteile, die nicht wesentlich zur Schallabstrahlung beitragen, unberücksichtigt bleiben. Die Messfläche endet an schallreflektierenden Begrenzungsflächen des Aufstellortes, meist am Fußboden, oder ist in sich geschlossen (Abb. 6.1 und 6.5). Der Messabstand von 1 m wird bevorzugt verwendet.

6.1.1.4 Ergänzende Kennzeichnung stark zeitlich oder örtlich schwankender Geräuschemissionen

Die Geräuschemission einer Maschine ist durch den Schallleistungspegel allein meist nicht genügend beschrieben, sofern das Maschinengeräusch

a) größere zeitliche Schwankungen oder
b) größere örtliche Schwankungen im Freifeld auf der Messfläche zeigt.

Bei der Kennzeichnung von zeitlichen Schwankungen eines Maschinengeräusches unterscheidet man zweckmäßigerweise zwischen sehr kurzzeitigen oder impulshaltigen Schwankungen (z. B. Stanzen, Büromaschinen usw.) und länger anhaltenden Pegelstufen mit mehr oder weniger plötzlichen Übergängen (intermittierender Betrieb z. B. bei einigen Bau- und Haushaltsmaschinen). Im ersten Fall (Abb. 6.4a und 6.4b) hängt die Anzeige eines Schallpegelmessers wesentlich von dessen Anzeigeträgheit ab. Man sollte daher sowohl mit der Anzeige „langsam" als auch mit der Anzeige „Impuls" messen (s. Abschn. 2.3.1), um neben dem zeitlichen Mittelwert auch die Impulshaltigkeit beurteilen zu können. Im zweiten Fall empfiehlt es sich, zu jedem Teilabschnitt des Arbeitszyklus der Maschine getrennt einen zugeordneten Intervallschallleistungspegel zu ermitteln und zusammen mit den zugehörigen Zeitdauern als Kenngröße auszuweisen (Abb. 6.4c).

Solange in keinem der Intervalle das Geräusch impulsartig ist, hängt das Anzeigeergebnis des Schallpegelmessers für die Teilintervalle mit einer Dauer von mehr als 1 s nicht von der Wahl der Betriebsart des Schallpegelmessers ab.

Für eine Immissionsbeurteilung kann ferner eine den gesamten Arbeitszyklus kennzeichnende Einzahlangabe gefragt sein. Diese ist aus den Intervallschallleistungen durch ein geeignetes Mittelungsverfahren zu bestimmen.

Werden unter Freifeldbedingungen auf einer Hüllfläche Unterschiede zwischen größten und kleinsten Schalldruckpegeln von mehr als 10 dB angetroffen, so bezeichnet man die Schallabstrahlung der Geräuschquelle als gerichtet. Bei Aufstellung der gleichen Geräuschquelle unter Hallfeldbedingungen wird diese Richtwirkung durch die zahlreichen Raumreflexionen praktisch beseitigt und ist deshalb im Hallraum auch grundsätzlich nicht messbar. Aber auch die unter Freifeldbedingungen ermittelten Richtcharakteristiken einer Maschine haben für eine Beurteilung am Ort der üblichen Maschinenaufstellung wegen der dort meist vorhandenen Schallreflexionen im Allgemeinen wenig Relevanz, wenn man von sehr ausgeprägten Richtverhältnissen in Kombination mit kleinen Abständen absieht.

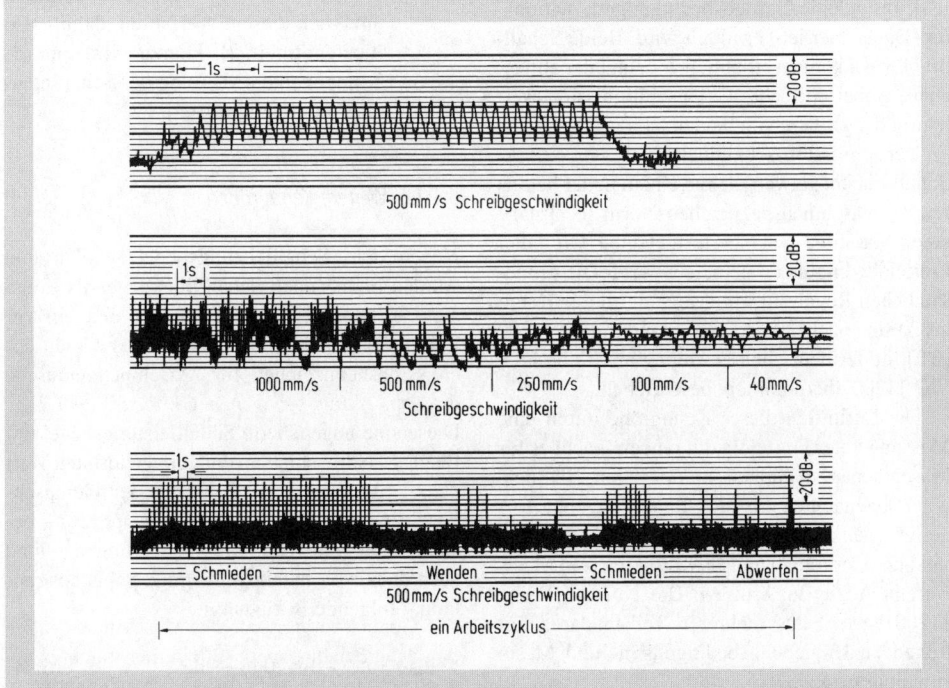

Abb. 6.4 Zeitlich schwankende Geräuschemissionen. **a** impulshaltiges Geräusch einer Schnellstanze; **b** Registrierung des gleichen impulshaltigen Geräusches mit verschiedenen Anzeigeträgheiten (verschiedene Schreibgeschwindigkeiten eines Pegelschreiber); **c** Intervall-Geräuschemission während eines Arbeitszyklus

Ausgeprägt gerichtet wird der Schall meistens bei langgestreckten Maschinenaggregaten abgestrahlt, die aus verschiedenartigen Einzelmaschinen zusammengesetzt sind. Ein weiteres bekanntes Beispiel für eine gerichtete Schallabstrahlung ist die „Tonsäule" bei höheren Frequenzen.

6.1.1.5 Emissionsschalldruckpegel

Falls es in Maschinennähe Arbeitsplätze in einer festen Anordnung zur Maschine gibt, z.B. sogenannte Bedienerplätze, ist es unter Freifeldbedingungen sinnvoll, an diesen Arbeitsplätzen Schalldruckpegelmessungen durchzuführen. Die so bestimmten Schalldruckpegelwerte werden zusammen mit der Beschreibung des Messortes als ergänzendes Kennzeichen für die Geräuschemission einer Maschine ausgewiesen und nach DIN 45635, Teil 1 als *„arbeitsplatzbezogener Emissionswert"* bezeichnet. Diese Größe darf nicht mit dem Schalldruckpegel verwechselt werden, der unter tatsächlichen Arbeitsverhältnissen in diesem Platz als Geräusch*immission* bestimmt wird (s. Kap. 5). Der „arbeitsplatzbezogene Emissionswert" ist ein künstlicher Wert, der unter den genannten Bedingungen (Freifeld; festgelegte Betriebsbedingungen; stationärer (Dauer-)betrieb) ermittelt wird. Beide Schalldruckpegel können erheblich voneinander abweichen, wobei der echte Geräuschimmissionswert häufig der größere von beiden ist.

Der Emissionsschallduckpegel ist ein A-Schalldruckpegelwert, der an einem in der betreffenden maschinenspezifischen Norm [6.1] nahe einer Maschine genauer festgelegten Ort unter Freifeldbedingungen gemessen wird. Die grundsätzlichen Regeln für die Messung dieser Kenngröße sind nach dem neusten Stand in ISO 11200 [6.2], in der deutschen Normung als Reihe DIN ISO 11200 übernommen, beschrieben.

Die Definition dieser Kenngröße durch eine Messung unter Freifeldbedingungen macht es für Maschinenaufstellungen in normalen Räumen, unter sogenannten „in situ"-Bedingungen, erforderlich, den Raum- und Fremdschalleinfluss zusätzlich zu ermitteln und als Korrektur vom Messwert in Abzug zu bringen. Die Normen Reihe 11200 besteht aus mehreren Teilstandards mit folgenden Umgebungsbedingungen- und Messsituationsangaben:

11200: Allgemeine Richtlinien für die Anwendung der weiteren Standards der Serie [6.2].

11201: Eine Präzisionsmethode, die eine Messung in einem reflexionsarmen Raum erfordert. Korrekturen sind damit nicht erforderlich [6.2].

11202: Eine „Survey"-Methode, bei der auf einfache Weise die notwendigen Korrekturen für die Messung unter „in situ"-Bedingungen bestimmt werden [6.2].

11203: Eine Methode, bei der die gefragte Kenngröße aus dem A-Schallleistungspegel der Schallquelle durch Ermitteln in der durch den Abschnitt gelegten Messfläche ermittelt wird. Die Messunsicherheit ist für dieses Verfahren identisch mit der des grundgelegten Schallleistungswertes [6.2].

11204: Eine Methode, bei der in Weiterführung der Anweisungen des Standards 11202 ein genaueres, aber auch erheblich aufwendigeres Verfahren zur Ermittlung der Umgebungskorrekturen beschrieben wird [6.2].

11205: Zur Elimination der umgebungsbedingten Störeinflüsse wird an Stelle des verfälschten Schalldrucks am vorgeschriebenen Messort der Betrag des Schallintensitätsvektors verwendet. Korrekturen sind bei diesem Verfahren damit also nicht nötig [6.2]. Hierzu wird eine 3-Komponenten-Messung der Schallintensität durchgeführt [6.3].

6.1.1.6 Weitere Kenngrößen

Neben dem Schallleistungspegel wurden und werden immer noch Schalldruckpegel als Emissions-Kenngrößen verwendet. So sind ein zur Zeit gelegentlich noch verwendetes Geräuschemissionskennzeichen für Maschinengeräusche die sog. *radius-bezogenen Geräuschpegel* L_{Rm}. Diese sind angenäherte Schallleistungspegel mit Bezugsschallleistungen, die vom genormten Wert $P_0 = 1$ pW abweichen. Zwischen den Geräuschpegeln L_{Rm} und dem Schallleistungspegel L_W besteht unter günstigen Messbedingungen – und auch da nur für halbkugelförmige Schallabstrahlung – folgende Beziehung:

$$L_{Rm} = L_W - 8 - 20 \lg \frac{R}{m} \text{ dB} . \quad (6.24)$$

Dabei ist R der vorgegebene Bezugsradius. Der Zahlenwert des 1-m-, 3-m- und 10-m-Geräuschpegels einer bestimmten Schallquelle ist damit immer kleiner als der Zahlenwert des genormten Schallleistungspegels L_W für dieselbe Quelle.

Freifeld-Emissionspegel L_{AFmE} werden zur Kennzeichnung der Schallemission von Fahrzeugen verwendet, z. B. Vorbeifahrpegel von Schienenfahrzeugen in 25 m oder 7,5 m Abstand von Gleismitte (vgl. [6.17] und Kap. 17) oder Pegel bei beschleunigter Vorbeifahrt von Kraftfahrzeugen in 7,5 m Abstand von Fahrspurmitte (vgl. Kap. 16). Bei Baumaschinen und Baufahrzeugen wird dagegen heute nur noch der Schallleistungspegel benutzt, s. Kap. 19.

Der Emissionspegel $L_{m,E}$ dient als Ausgangsgröße zur Berechnung der Schallimmission von Straßen. Er ist der A-bewertete äquivalente Dauerschallpegel in 25 m Abstand von einer Fahrstreifenachse in 4 m Höhe, vgl. Kap. 16.

Der „Meter-Pegel" $L_{A,1m}$ wird immer noch zur Spezifizierung von Liefergarantien im Anlagenbau verwendet. Ursprünglich gemeint ist der A-bewertete Messflächen-Schalldruckpegel in 1 m Abstand von der Kontur eines Aggregates, d. h. der störpegel- und raumrückwirkungskorrigierte Messwert, der bei einem Einzelaggregat genauso eindeutig ist wie der Schallleistungspegel, von dem er sich zahlenmäßig ja nur durch das Messflächenmaß unterscheidet. In der Praxis wird jedoch gelegentlich mangels genauer akustischer Kenntnisse z. B. ein Meter-Pegel von 85 dB(A) für die Aggregate einer Prozessanlage in der Absicht gefordert, damit einen vom Arbeitsschutz geforderten Schalldruckpegel ≤ 85 dB(A) in der gesamten Anlage sicherzustellen. Da hier sowohl die Pegeladdition mehrerer Schallquellen als auch die Schallreflexionen in einem nicht freien Schallfeld außer Acht gelassen wird, ist das Planungsziel in aller Regel nicht erreichbar und die „Schallspezifizierung" ist die Ursache für langwierige Nachbesserungen und Streitigkeiten zwischen Lieferanten und Betreiber.

Die Einhaltung maximal zulässiger Schallpegel an den Arbeitsplätzen in Industrieanlagen ist heute als Mindestanforderung anzusehen, da die zulässigen Schallpegel in der bewohnten Nachbarschaft von Industrieanlagen in der Regel deutlich höhere Anforderungen an den Schallschutz stellen. Die entsprechende Planung zur Einhaltung dieser Anforderungen gelingt nur durch die Spezifizierung zulässiger Schallleistungspegel für die Einzelschallquellen, der Meter-Pegel ist hierfür gänzlich ungeeignet und sollte daher überhaupt nicht mehr verwendet werden.

Die Tonhaltigkeit eines Maschinengeräusches wird häufig als ein weiteres, ergänzendes Kriterium für die akustische Güte einer Maschine verwendet. Dieser Beurteilung wird im allgemeinen das Schalldruckspektrum in Terz- oder Oktavbänder zugrunde gelegt. Ein Maß für die Tonhaltigkeit eines Geräusches ist der herausragende Pegelwert eines Bandes gegenüber den Pegelwerten der benachbarten Bänder, Pegelerhöhungen eines einzelnen Bandes von mehr als 5 dB im Terzbereich für Frequenzen über 300 Hz können als ein sicheres Zeichen für das Vorhandensein eines deutlich wahrnehmbaren Tones gelten. Ein Verfahren zur objektiven Ermittlung des Tonzuschlags von Geräuschen, basierend auf einer Schmalbandanalyse, ist in DIN 45681 genormt [6.5].

Die Richtwirkung der Schallabstrahlung einer Geräuschquelle wird durch den bereits erwähnten Unterschied ΔL zwischen größtem und kleinstem Schalldruckpegelwert gekennzeichnet, der auf der Messfläche unter Freifeldbedingungen angetroffen wird.

Schließlich kann auch jedem Messpunkt i auf der dann meist kugelförmig angenommenen Hüllfläche ein *Richtmaß* D_i zugeordnet werden:

$$D_i = L_{pi} - \bar{L}_p . \qquad (6.25)$$

Dabei ist $\bar{L}_p$ der Messflächenschalldruckpegel und L_{pi} der im i-ten Messpunkt auf der gleichen Messfläche bestimmte Schalldruckpegel.

6.1.2 Die Messung der Kenngrößen

6.1.2.1 Einleitung

Messungen zur Kennzeichnung der Geräuschemission von Maschinen bezwecken hauptsächlich die Bestimmung des *Schallleistungspegels*. Einige weitere Kennzeichnungen fallen dabei meist von selbst mit ab. Es gibt vier Verfahren zur Bestimmung der Schallleistung, welche Luftschallgrößen der Schallquelle verwenden:

a) Das *Hüllflächenschalldruckverfahren*. Die Schalldruckpegelmessungen werden unter exakten oder angenäherten Freifeldbedingungen ausgeführt (s. Abschn. 6.1.2.2.2);
b) das *Hüllflächen-Schallintensitätsverfahren*. Intensitätsmessungen können unter (fast) beliebigen Umgebungsbedingungen – an üblichen Maschinen/Geräteaufstellungen, aber auch unter Freifeld- und Hallfeldbedingungen – ausgeführt werden (s. Abschn. 6.1.2.2.5);
c) das *Hallraumverfahren*. Die Messungen werden in einem Hallraum ausgeführt (s. Abschn. 6.1.2.2.3);

d) das *Vergleichsverfahren*. Zur Messung wird eine geeichte Prüfschallquelle benötigt. Für die akustische Qualität des Aufstellraumes sind im Gegensatz zu den beiden zuvor genannten Schalldruckverfahren keine besonderen Bedingungen zu erfüllen. Wohl aber kann seine Anwendung an zu hohen Störgeräuschpegeln scheitern (s. Abschn. 6.1.2.2.4).

Die Verfahren sind in nationalen und internationalen Normen[1] (s. Literatur) beschrieben und bestehen aus zwei Gruppen von Festlegungen:

a) Festlegungen[1], die gleichermaßen für alle (stationären) Maschinen gelten und in denen die allgemeine akustische Vergehensweise beschrieben wird („Rahmenmessvorschriften"). Hierzu gehören Festlegungen über
1. die Begriffe,
2. die Qualifikation der Messumgebung,
3. die Mikrofon- und Quellenanordnung,
4. die Eigenschaften der verwendeten akustischen Messgeräte,
5. die Auswertung der Messergebnisse zur Berechnung der Schallleistungspegel und weiterer Kenngrößen,
6. die Abfassung des Messprotokolls

b) Festlegungen[1], welche nur eine spezielle Maschinenart betreffen und ergänzend zu den unter a) genannten Festlegungen gelten („Branchenmessvorschriften"). Diese Ergänzungen präzisieren einige allgemeiner gehaltene Bestimmungen von a) und berücksichtigen dabei insbesondere die spezifische Geräuschabstrahlung der speziellen Maschinengattung. Zu diesen Festlegungen gehören:
1. die genaue Abgrenzung der zu untersuchenden Geräuschquelle (Maschine/Gerät),
2. die Aufstellung der Maschine,
3. die Betriebsbedingungen der Maschine,
4. die Auswahl des oder der Grundmessverfahren,
5. die Gestalt der Messfläche beim Hüllflächenmessverfahren und der Hinweis auf eine u. U. ergänzend erforderliche Kennzeichnung des Zeitverlaufes, der Tonhaltigkeit usw.,
6. die Definition eines Arbeitsplatzes für die Bestimmung des Emissionsschalldruckpegels (zu speziellen Normen dieser Art wird auf [6.4] verwiesen).

6.1.2.2 Rahmenmessvorschriften

6.1.2.2.1 Allgemeines

Als Schalldruck-Rahmenmessvorschrift für Maschinenkenngrößen gibt es in der deutschen Normung die DIN 45635, Teil 1 [6.6], die das Schalldruck-Hüllflächenverfahren behandelt. Im Anhang dieses Blattes (Abschnitt B.2.1) sind auch einige Hinweise zum Vergleichsverfahren gegeben (Hallraumverfahren siehe ebenfalls [6.6]).

Die internationale Normung in ISO hat einen Satz von Schalldruck-Rahmendokumenten [6.7] und eine Schallintensitäts-Messvorschriftenserie [6.8] zur Bestimmung der Schallleistung von Quellen herausgegeben.

Die Schalldruck-Rahmenmessvorschriften der ISO lassen sich in ein Schema einordnen, dessen eine Achse der Güte der Schallleistungsbestimmung und dessen andere Achse die Qualität der Messumgebung darstellt. s. Tabelle 6.1.

Nicht alle Kombinationen von Ergebnisgüte und Umgebungsqualität sind in Tabelle 6.1 durch Messvorschriften belegt. Bei einem nur ungenau erfassbaren Umgebungseinfluss hat es z. B. wenig Sinn, die Feldgrößen sehr genau messen oder Messgeräte besonders hoher Güte verwenden zu wollen.

Die Güte der Schallleistungsbestimmung ist in den ISO-Dokumenten in drei Klassen: „Precision", „Engineering", „Survey", entsprechend neuerdings der „Klasse" 1, 2 oder 3, unterteilt. Diesen Klassen sind verschiedene, in den Dokumenten angegebene Standardabweichungen, die bei Einhaltung aller dort festgelegten Messbedingungen als Messunsicherheiten vom Resultatwert nicht überschritten werden, zugeordnet.

Bestimmte Eigenschaften der Geräuschquelle oder des zu messenden Geräusches, wie seine Impulshaltigkeit oder Tonalität, oder der Wunsch nach Messung einiger Zusatzinformationen, wie des Emissionsschalldruckpegels oder der Richtwirkung der Schallabstrahlung, schließen die Verwendung bestimmter Umgebungen und damit auch bestimmter Messvorschriften von vornherein aus. Tabelle 6.2 gibt eine Übersicht über Kriterien, nach denen für bestimmte Gegebenheiten geeignete Messdokumente ausgesucht werden können.

---

[1] Geräuschmessnormen unterliegen einer ständigen Anpassung an den Erkenntnisstand und werden deshalb im Abschnitt „Literatur" nur mit Kennziffern und Titel, ohne Zeitpunkt ihres Erscheinungsdatums zitiert. Der jeweils aktuelle Text ist über das Deutsche Institut für Normung (DIN) zu erhalten [6.1], [6.4].

Tabelle 6.1 ISO Schalldruck-Rahmendokumente für die Geräusch-Emissions-Messung

Umgebung				
	Allseitig reflektionsarmer Laborraum (anechoic)			ISO 3745
	Freifeld über reflektierender Ebene (semi-anechoic)	ISO 3746	ISO 3744	ISO 3745
	Großer Raum oder das Freie	ISO 3746	ISO 3744	
	Schwer erfassbare Umgebung	ISO 3746		
	Spezieller Hallraum		ISO 3743	
	Labor-Hallraum			ISO 3741 / ISO 3742
		Kontroll-Klasse (Survey) Genauigkeitsklasse 3	Betriebsklasse (Engineering) Genauigkeitsklasse 2	Präzisionsklasse (Precision/ Laboratory) Genauigkeitsklasse 1

6.1.2.2.2 Die Hüllflächen-Schalldruck-Messung unter angenäherten Freifeldbedingungen[2, 3]

Der Schallleistungspegel L_W einer Geräuschquelle wird unter Freifeldbedingungen nach der Schalldruck-Hüllflächenmethode entsprechend Gl. (6.6) im wesentlichen aus Messflächenschalldruckpegel $\bar{L}_p$ und Messflächenmaß L_S ermittelt:

$$L_W = \bar{L}_p + L_S + K_0 \quad (6.26)$$

$$\bar{L}_p = \bar{L}_p' - K_1 - K_2 \quad (6.27)$$

Dabei ist $\bar{L}_p'$ der Pegel des energetischen Mittels (s. Gl. (6.28), (6.29)) der gemessenen (nicht korrigierten) Schalldrücke. Die Korrektur $K_1 + K_2 = K$ wird durch Tests ermittelt, die auch darüber entscheiden, ob das Schallfeld in der Nähe der Messfläche überhaupt den Bedingungen eines (angenäherten) Freifeldes wie auch eines hinreichenden Störpegelabstandes genügt.

Der *Messflächenschalldruckpegel* $\bar{L}_p$ wird als korrigiertes Mittel von mehreren A-bewerteten oder Bandschalldruckpegelwerten L_{pi}' gebildet, die zu einer festgelegten Anordnung von N Mikrofonpositionen bzw. Messpfaden bestimmt werden. Die Mikrofone überdecken die Hüllfläche gleichmäßig und vollständig, sofern nicht eine Symmetrie des Schallfeldes es erlaubt, nur einen Teil der Hüllfläche auszumessen.

Die Zahl N der Mikrofonpositionen gilt als ausreichend, falls die Differenz zwischen größtem und kleinstem Schalldruckpegel L_{pi}' in dB kleiner als N ist; andernfalls muss für eine Klasse-2-Messung die Zahl der Mikrofonpositionen erhöht werden.

Die Messfläche folgt der Maschinenoberfläche in einem festen Abstand, dem sog. Messabstand in einer einfachen geometrischen Form (Quader, Halbkugel oder Kugel), wobei einzelne Maschinenbauteile, die nicht wesentlich zur Schallabstrahlung beitragen, unberücksichtigt bleiben. Der Messabstand von 1 m wird bevorzugt verwendet (Abb. 6.5).

Falls zu jeder Mikrofonposition der gleiche Flächenanteil S_1 gehört, berechnet sich $\bar{L}_{pi}'$ aus den Einzelschalldrücken L_{pi}' nach

$$\bar{L}_p' = 10 \lg \left\{ \frac{1}{N} \sum_{i=1}^{N} 10^{0,1 L_{pi}'} \right\} \text{ dB}, \quad (6.28)$$

---

[2] Zugehörige Normen und Standards siehe [6.4], [6.7].
[3] Die wichtigsten Bedingungen, für die eine gute Annäherung an die Schallleistung erreicht wird, sind:
  a) die Messfläche S muss mehr als 0,25 m von der Maschinenoberfläche angeordnet und
  b) die Messpunkte müssen gleichmäßig und mit einer hinreichend großen Anzahl auf der gesamten Messfläche verteilt angenommen sein.

Die zweite Bedingung wird insbesondere von einigen älteren Messvorschriften zur Ermittlung von „Geräuschpegeln" nicht erfüllt, bei denen die Messpunkte nur entlang eines einzigen Messpfades angeordnet sind.

Tabelle 6.2 Zusammenhang von Schalldruckmessverfahren mit Messgröße und Umgebungsanforderungen

	Hüllflächen-Verfahren	Hallraum-Verfahren	Messung mit Vergleichsschallquelle
Bestimmbare Größen	Messflächen-Schalldruckpegel, Messflächenmaß, Schallleistungspegel als A-bewertete (Ein-Wert-Angabe) und als Spektrum der Bandpegel verschiedener Bandbreiten, Richtmaß arbeitsplatzbezogener Emissionswert	Schallleistungspegel als Spektrum der Bandpegel verschiedener Bandbreiten; A-bewerteter Gesamtpegel durch Rechnung aus Bandpegeln	Schallleistungspegel wie beim Hallraumverfahren Messflächen-Schalldruckpegel und Messflächenmaß im reflektionsarmen Raum wie beim Hüllflächenverfahren
Nicht bestimmbare Größen		Messflächen-Schalldruckpegel, Messflächenmaß, Richtmaß (örtliche Verteilung der Schallabstrahlung) zeitliche Max./Min.-Werte bei stark schwankenden Geräuschen, arbeitsplatzbezogener Emissionswert	In halligen Räumen: wie Hallraumverfahren, sonst: wie bei Hüllflächenmethode, Arbeitsplatz bezogener Emissionswert
Zulässige Geräuscharten	Alle Arten von Geräuschen, auch impuls- und tonhaltige	Vorzugsweise stationäres Rauschen, tonhaltige Geräusche mit höherem Messaufwand	In halligen Räumen: wie Hallraumverfahren; sonst: wie bei Hüllflächenmethode
Nicht zulässige Geräuscharten		Impulshaltige Geräusche, tonhaltige Geräusche mit kleinerem Messaufwand	In Halligen Räumen: wie Hallraumverfahren; sonst: wie bei Hüllflächenmethode
Umgebungsanforderungen	Im Bereich der Messfläche „freies" Schallfeld. Erfüllung spezieller Kriterien. Realisiert durch: 1. allseitig reflektionsarme Räume 2. Reflektionsarme Räume mit reflektierendem Boden oder 3. sehr großer Maschinenaufstellungsraum und mit niedrigen Fremdgeräuschpegeln	Im Bereich der Messvolumen muss ein Hallfeld vorliegen. Erfüllung spezieller Kriterien. Realisiert durch: genormten „Hallraum" (meist Raumvolumen > 200 m³, vorgeschriebener Bereich für die Schallabsorptionsgerade in Abhängigkeit von der Frequenz, usw.)	Keine Einschränkungen, außer nicht zu hohe Fremdgeräuschpegel relativ zu dem am Messort von der Vergleichsschallquelle erreichbaren Schalldruckpegeln
Beschränkungen, die den Abmessungen der Quelle auferlegt sind	Im Freien: keine, in reflektionsarmen Räumen: Volumen der Quelle $F \leq 1\%$ Volumen des Raumes	Volumen der Quelle $F \leq 0,5$ bis 1% Volumen des Hallraumes	Bei Quellen mit Abmessungen >2 m, höherer Aufwand durch mehrere Vergleichsschallquellen-Positionen

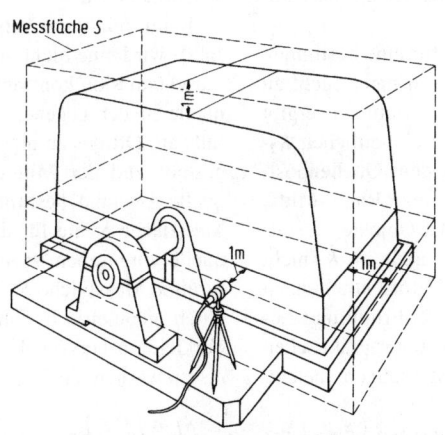

Abb. 6.5 Messfläche für Geräuschmessung an einer Maschine

andernfalls ist

$$\bar{L}'_p = 10 \lg \left\{ \frac{1}{S} \sum_{i=1}^{N} S_i \cdot 10^{0,1 L'_{pi}} \right\} \text{dB} . \quad (6.29)$$

Ist die Differenz zwischen dem auf der Hüllfläche gemessenen kleinsten und größten Schalldruckpegel L'_{pi} kleiner als 5 dB, so kann für eine Klasse-2-Messung die einfache arithmetische Mittelung [6.6] benutzt werden.

Die zur Bildung des Messflächenschalldruckpegels außerdem erforderliche Mittelung über die Zeit wird häufig bereits vollständig bei der Ablesung der Schalldruckpegel L'_{pi} durchgeführt. Allgemein ist die Messung des Schalldruckpegels in Betriebsart „langsam" vorgeschrieben. Bei zeitlich stark schwankender oder impulshaltiger Geräuschemission sind ergänzende Zusatzmessungen auszuführen. Der Schalldruckpegelmesser hat den in [6.10] angegebenen Anforderungen zu genügen.

Das *Messflächenmaß* L_S wird nach Gl. (6.7) aus dem nach bekannten oder festgelegten Rechenvorschriften bestimmten Flächeninhalt der Messfläche S bestimmt. Die „*Fremdgeräuschkorrektur*" K_1 berechnet sich aus

$$K_1 = -10 \lg (1 - 10^{-0,1 \cdot \Delta L}) , \quad (6.30)$$

wobei $\Delta L = \bar{L}'_p - \bar{L}''_p$ die Differenz zwischen den Mittelwertpegeln von Schalldrücken ist, die für Maschinengeräusch mit Fremdgeräusch ($\bar{L}'_p$) und Fremdgeräusch allein ($\bar{L}''_p$) auf der Messfläche gemessen werden. Für die Klasse-2-Messung sind nur Werte $K_1 \leq 1,3$ dB zulässig.

Die „*Umgebungskorrektur*"[4] K_2 kann nach einem von drei festgelegten Verfahren[5] ermittelt werden (s. [6.6], [6.7]):

a) durch einen „absoluten Vergleichstest", für den eine in ihrer Schallleistung geeichte Prüfschallquelle (auch Bezugsschallquelle genannt) benötigt wird (vgl. auch DIN 45635, Teil 1, Anhang B.2.1);

b) durch einen „relativen Vergleichstest", für den eine (nicht geeichte) kleine Prüfschallquelle benötigt wird;

c) über eine Bestimmung der äquivalenten Schallabsorptionsflächen des Messraumes durch Abschätzen oder durch einen „Nachhalltest", für den eine Nachhallmessung im Maschinenaufstellungsraum durchgeführt werden muss (vgl. DIN 45635, Teil 1, Anhang B.2.2 [6.6], [6.7], [6.8]). Zulässige Umgebungen eines angenäherten Freifeldes für eine Klasse-2-Messung erfordern $K_{2A} \leq 2$ dB.

Das unter c) genannte Verfahren ist nur in geschlossenen Räumen anwendbar, die Verfahren a) und b) auch im Freien.

Der nach diesem Test für eine bestimmte Messfläche in der gegebenen Umgebung erhalte-

---

[4] Wird auch als „Raumrückwirkung" bezeichnet.
[5] Über Untersuchungen, auf denen diese Verfahren beruhen, siehe [6.8].

ne Zahlenwert von K_2 entscheidet auch darüber, ob das Schallfeld am Ort der Messfläche als „hinreichend frei" qualifiziert ist.

Die drei Verfahren führen für eine bestimmte Schallquellen/Raumkonstellation meist nicht zu gleichen K_2-Werten [6.8]. Das Verfahren c) ergibt einen für den gesamten Raum einheitlichen K_2-Wert, wodurch die für verschiedene Quellenpositionen im gleichen Raum (Position: Raum-Mitte, Wandnähe, nahe reflektierender Objekte, ...) tatsächlich vorhandenen Unterschiede im K_2 nicht berücksichtigt werden. In Veröffentlichungen [6.8] wird die Problematik der K_2-Ermittlung theoretisch und, durch zahlreiche unter praktischen Bedingungen ausgeführte Messungen belegt, eingehend diskutiert.

Zum absoluten Vergleichstest wird die kleine Prüfschallquelle, deren Eigenschaften festgelegt sind ([6.6], [6.7]), am Ort der zu messenden Schallquelle aufgestellt. In dieser Umgebung wird dann der „scheinbare Schallleistungspegel" der Prüfschallquelle nach dem Hüllflächenverfahren für die Messfläche bestimmt, die für die Messung an der eigentliche Schallquelle vorgesehen ist.

Die Umgebungskorrektur ist dann

$$K_2 = \bar{L}'_p + 10 \lg \frac{S}{m^2} - L_{WE}, \quad (6.31)$$

wobei ($\bar{L}'_p$) der Pegel des (energetischen) Mittelwertes der (unkorreliert) gemessenen Schalldruckquadrate nach Gln. (6.28), (6.29) und L_{WE} der (geeichte) Schallleistungspegel der Prüfschallquelle ist.

Beim relativen Vergleichstest ([6.6], [6.7], [6.8]) wird eine nicht geeichte, aber in ihrer Geräuschemission konstante und kleine Prüfschallquelle in der gegebenen Messumgebung ebenfalls am Ort der zu messenden Schallquelle aufgestellt und der Mittelwert $\bar{L}'_p$ der Prüfschallquelle zweimal bestimmt. Einmal ($\bar{L}'_p$) für die Messfläche S, die für die eigentliche Geräuschquelle vorgesehen ist, und das zweite Mal ($\bar{L}'_{p1}$) für eine Messfläche S, die aus der Messfläche S durch geometrisch ähnliches Vergrößern oder Verkleinern hervorgeht. Aus diesen Messergebnissen werden die Pegeldifferenz

$$\Delta L = \bar{L}'_{p1} - \bar{L}'_p \quad (6.32)$$

und das Flächenverhältnis S_1/S gebildet. Man kann nun zeigen [6.8], dass die Korrektur K_2 für eine durch Umgebungseinflüsse „gestörte" Schallfeldstruktur einer Geräuschquelle durch die beiden Parameter ΔL und S_1/S bestimmt ist.

Für ein „halbhalliges Feld" (s. Abb. 6.6), wie dieses in nicht weitgehend leeren, etwa kubischen Räumen angetroffen wird, deren Absorption hauptsächlich an den Raumbegrenzungsflächen lokalisiert ist, gilt zum Beispiel [6.8]:

$$K_2 = 10 \lg \frac{S_1/S - 1}{1 - M} - 10 \lg S_1/S \text{ mit } M = 10^{0,1 \cdot \Delta L}. \quad (6.33)$$

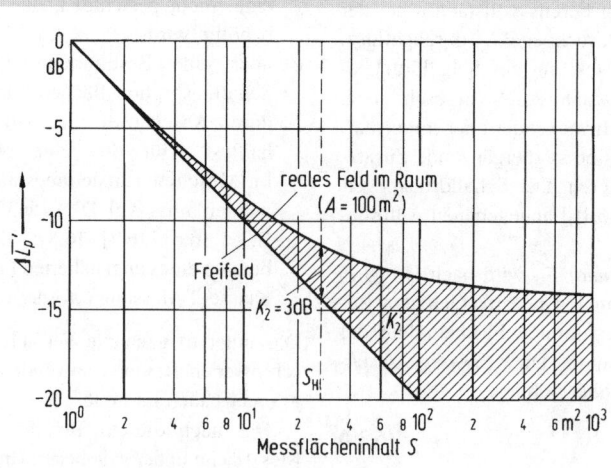

Abb. 6.6 Umgebungskorrektur K_2 für halbhalliges Schallfeld mit Absorptionsfläche A = 100 m², $\overline{\Delta L'_p} = f(S)$: Messflächen-Schalldruckpegel in Abhängigkeit vom Messflächeninhalt S, S_H: Hallfläche

Darstellungen dieser zweiparametrigen Kurvenscharen in Normen [6.7] erleichtern die K_2-Bestimmung. Für Schallfeldstrukturen nicht „halbhalliger" Art, wie z. B. für die in der Praxis meist angetroffenen Felder konstanten Schallpegelabfalls je Abstandsverdopplung, findet man zusammen mit einer allgemeinen Diskussion über dieses sogenannte „Zweiflächenverfahren" weitere Gleichungen für K_2 in [6.8].

Beim *Nachhalltest* braucht die eigentliche Schallquelle nicht demontiert zu werden. Mit dem allerdings nur in geschlossenen Räumen durchführbaren Test wird zunächst die Schluckfläche des Messraumes A bestimmt (Kap. 11).

Wird ein Schallfeld von „halbhalliger" Struktur angenommen, so ergibt sich [6.6], [6.7], [6.8] (Abb. 6.7)

$$K_2 = 10 \lg \left\{ 1 + \frac{4S}{A} \right\} \text{dB} \; . \qquad (6.34)$$

Dabei ist S die für die eigentliche Schallquelle vorgesehene Messfläche. Hinsichtlich des Zusammenhangs zwischen Korrektur und Güteklasse siehe [6.7] und Tabelle 6.3.

Die Korrekturen K_2 hängen im allgemeinen für einen üblichen Maschinenaufstellungsraum von der Frequenz ab. Sie sind deshalb für alle

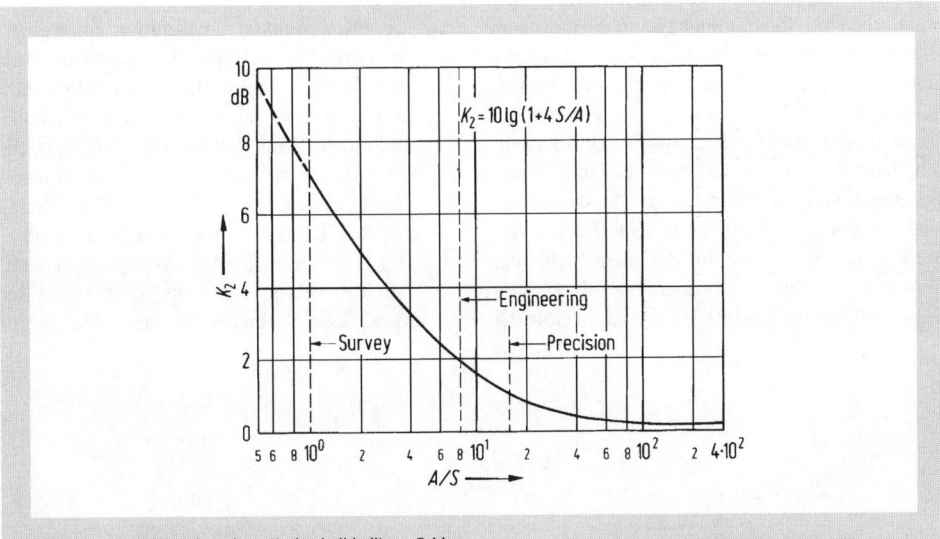

Abb. 6.7 Umgebungskorrektur K_2 des halbhalligen Feldes

Tabelle 6.3 Qualifikation nach ISO

Güte-Klasse	Qualifikation		
Präzisions-Klasse (Genauigkeitsklasse 1) „Precision/Laboratory"	für das allseitig freie Feld („anechoic")	$K_2 \leq 1$ dB	$K_1 \leq 1{,}3$ dB
	für das Freifeld über der reflektierenden Ebene („semi-anechoic")	$K_2 \leq 1{,}5$ dB	$K_1 \leq 1{,}3$ dB
Betriebs-Klasse (Genauigkeitsklasse 2) „Engineering"	angenähertes Freifeld über der reflektierenden Ebene	$K_{2A} \leq 2$ dB	$K_{1A} \leq 1{,}3$ dB
Kontroll-Klasse (Genauigkeitsklasse 3) „Survey"		$K_{2A} \leq 7$ dB	$K_{1A} \leq 3$ dB

Mittenfrequenzen des interessierenden Frequenzbereiches zu ermitteln und den Werten der Tabelle 6.3 gegenüber zu stellen.

Die Freifeldqualifikation versteht sich grundsätzlich nur für einen bestimmten Teil des Schallfeldes der Quelle, nämlich den in unmittelbarer Nähe einer angenommenen Messfläche S gelegenen Feldausschnitt. Kann die Qualifikation für eine bestimmte Messfläche in einer gegebenen Umgebung nicht erreicht werden, so ist es durchaus möglich, in der gleichen Messumgebung durch die Wahl einer geänderten, näher an der Quelle liegenden neuen Messfläche die Qualifikation zu erfüllen.

Güte der Schallleistungsbestimmung. Unter praktischen Messbedingungen kann die nach dem Hüllflächenverfahren gemäß Gl. (6.26) ermittelte Schallleistung einer Geräuschquelle die „wahre" Schallleistung Gl. (6.3) mehr oder weniger gut approximieren. Der Fehler zwischen Hüllflächenschallleistung und wahrer Schallleistung hängt wesentlich von der Wahl einiger Messparameter wie Messabstand, Gestalt der Messfläche, Anordnung der Mikrofone auf der Messfläche, der Umgebungsqualität und dem Fremdgeräuschpegel ab. Über die Korrelation zwischen Güte der Schallleistungsbestimmung und Messbedingungen wurden verschiedene Untersuchungen [6.8] durchgeführt, die auch eine Grundlage für die zum Schalldruck-Hüllflächenverfahren in ISO niedergelegten Messvorschriften [6.7] sind.

Die Analyse des Fehlers bei der Schallleistungsbestimmung nach dem Schalldruckhüllflächenverfahren stellt sich danach wie folgt dar [6.10]: Der Gesamtfehler Δ_{tot} wird zweckmäßigerweise in vier Teilfehler zerlegt:

$$\Delta_{tot} = \Delta_1 \cdot \Delta_2 \cdot \Delta_3 \cdot \Delta_4 . \qquad (6.35)$$

Jeder Teilfehler Δ_i hängt unmittelbar mit einem oder mehreren der oben genannten Messparameter zusammen:

Δ_1, der „*Nahfeldfehler*", beschreibt den Fehler, der durch Verwendung der approximativen Beziehung (6.5) entsteht. Dieser Fehler setzt sich zusammen aus einem Impedanzfehler und einem Winkelfehler. Der Impedanzfehler (Abb. 6.8a) entsteht im Wesentlichen durch den möglichen Unterschied des Betrages der Schnellevektors v gegenüber $p/\rho c$. Der Winkelfehler (Abb. 6.8b) ergibt sich, falls der Vektor v nicht in jedem Punkt der Messfläche senkrecht zu dieser Fläche ge-

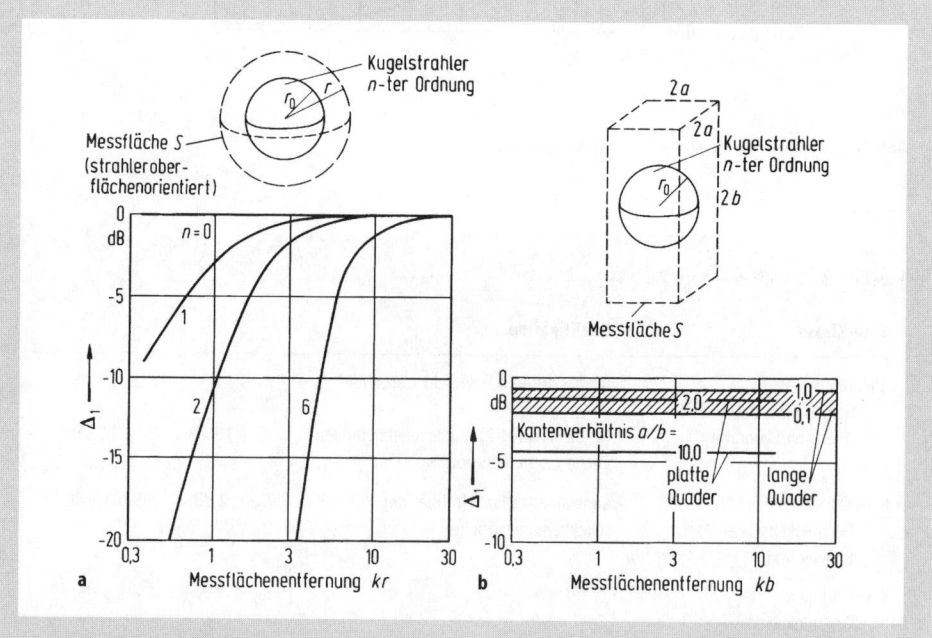

Abb. 6.8 Nahfeldfehler Δ_1: **a** Impedanzfehler für Messflächen, die der Strahleroberfläche folgen; **b** Winkelfehler für Messflächen, die der Strahleroberfläche nicht folgen

richtet ist [6.8]. Der Fehler Δ_1 wird durch Messabstand und Gestalt der Messfläche beeinflusst.

Δ_2, der „*Endlichkeitsfehler*", erfasst den Einfluss der begrenzten Zahl gemessener Schalldruckwerte auf der Messfläche sowie deren u. U. ungünstige Positionswahl gegenüber der unendlichen Zahl von Messwerten, wie sie das Integral fordert.

Δ_3, der eigentliche „*Messfehler*", erfasst die Schwankungen, die durch Geräte, Beobachter und nicht erfasste meteorologische Bedingungen verursacht werden.

Δ_4, der „*Umgebungseinflussfehler*", wird von den unerwünschten Reflektionen und Absorptionen der Raumbegrenzungsflächen oder anderen reflektierenden Objekten des Raumes verursacht, die durch eine „Umgebungskorrektur" K_2 und die Fremdgeräuschkorrektur K_1 nicht oder nicht vollständig erfassbar sind.

Resultate theoretischer und experimenteller Untersuchungen zu dieser Frage [6.8] sind:

a) Die nach dem Schalldruck-Hüllflächenverfahren ermittelte (theoretische) Schallleistung

$$P_H = \frac{1}{\rho c} \oint \overline{p^2} \cdot dS \qquad (6.36)$$

ist im Allgemeinen größer oder gleich der (theoretischen) wahren Schallleistung P nach Gl. (6.3).

b) Die einhüllende Messfläche sollte der Kontur der Schallquelle im konstanten Abstand (konstanter Messabstand d) folgen, um den Fehler Δ_1 zu minimieren.

c) Für einen Kugelstrahler 0-ter Ordnung („atmende Kugel") gibt es für beliebig kleinen Messabstand keinen Unterschied zwischen wahrer Schallleistung P nach Gl. (6.3) und der angenäherten Schallleistung P_H, sofern als Hüllfläche eine konzentrische Kugelfläche gewählt wird (Abb. 6.8a).

d) Die Differenzen zwischen den Pegeln von P_H und P bleiben meistens unter 5 dB, falls der interessierende Frequenzbereich nicht unter 100 Hz und der Messabstand nicht kleiner als 0,25 m gewählt wird und die Maschine keine extreme Richtcharakteristik besitzt. Für eine Vielzahl von Maschinen/Geräten beträgt dieser Unterschied ca. 2 dB(A). Nach neueren Untersuchungen von Hübner und Gerlach [6.8] sind aber auch Nahfeldfehler möglich, die in normalen Messabständen deutlich höher liegen.

e) Kleine und mittelgroße Maschinen haben häufig eine Richtcharakteristik, die vergleichbar mit der eines Kugelstrahlers 0-ter bis 1. Ordnung ist, also zwischen einem Monopol und einem Dipol liegt.

f) Bei hohen Frequenzen ($f > 4$ kHz) hängt die Messunsicherheit in der Schallleistungsbestimmung mehr vom Mikrofondurchmesser ab als von den sonst variierten Messbedingungen. Mikrofone mit einem Durchmesser von höchstens 13 mm ($^1/_2''$) sind zu empfehlen.

g) Der Umgebungseinflussfehler ist meist gleich oder kleiner als 1 dB und kann im Allgemeinen vernachlässigt werden, sofern $A/S > 10$ ist. Im anderen Falle muss eine Umgebungskorrektur K_2 bestimmt werden.

6.1.2.2.3 Die Messung unter Hallfeldbedingungen (Hallraumverfahren)

Der Schallleistungspegel L_W einer Geräuschquelle wird unter Hallfeldbedingungen aus dem Pegel des räumlich/zeitlichen Schalldruckmittels L_{pm}, der äquivalenten Absorptionsfläche A des Messraumes („Hallraum") und den Korrekturen K_0 und K_{01} bestimmt (s. Gl. (6.18)):

Ersetzt man in dieser Gleichung die Absorptionsfläche durch das Hallraumvolumen V und die Nachhallzeit T und setzt Gl. (6.8) und (6.19) ein, so folgt bei Vernachlässigung des Temperatureinflusses:

$$L_W = L_{pm} + \left[-10 \lg \frac{T}{s} + 10 \lg \frac{V}{m^3} \right.$$
$$+ 10 \lg \left(1 + \frac{S_R c}{8 V f_m}\right) - 4{,}34 \frac{A}{S_R} \qquad (6.37)$$
$$\left. - 10 \lg \frac{B}{101{,}325 \text{ kPa}} \right] \text{ dB}.$$

Dabei wird der Pegel des räumlich/zeitlichen Schalldruckmittels L_{pm} mit Hilfe von Gl. (6.28) bestimmt. Die einzelnen Schalldruckpegel L_{pi} ergeben sich beim Hallraumverfahren aus Messungen, die entweder an diskret im Hallraum verteilten Mikrofonpositionen oder längs eines automatisch durchfahrenen Pfades (meist einer Spiral- oder Kreisbahn) in diesem Raum ausgeführt werden.

Die Zahl der Mikrofonpositionen, wie auch der Durchmesser der Abtastbahn, hängen wesentlich ab von

a) der Qualität des Hallraumes,
b) der spektralen Verteilung des Geräusches der zu messenden Quelle (tonale Geräusche erfor-

dern meist einen höheren Messaufwand als breitbandige Geräusche),

c) der gewünschten Güte der Schallleistungsbestimmung.

Für bestimmte Kombinationen dieser drei Parameter ist es erforderlich, das Mittel L_{pm} nicht nur über Messdaten verschiedener Mikrofonpositionen des Hallfeldes zu bilden, das von einer bestimmten Position der zu untersuchenden Schallquelle im Messraum aufgebaut wird, vielmehr ist L_{pm} auch für mehrere, verschiedene Quellenpositionen N_S zu bestimmen und ein energetischer Mittelwert zu bilden.

Der enge Zusammenhang zwischen Hallraumqualität, spektraler Verteilung des Quellengeräusches und verlangter Resultatgüte führte[6] in der Normung zu einem Test, durch den gleichzeitig der Messraum qualifiziert und die notwendige Zahl der Mikrofonpositionen für das speziell zu untersuchende Geräusch ermittelt wird. Die Güten der Schallleistungsbestimmung sind dabei von vornherein für die beiden Anforderungen Genauigkeitsklasse 1, „Precision" [6.7] und Genauigkeitsklasse 2, „Engineering" [6.7] getrennt festgelegt.

Test für Präzisionsmethode (Genauigkeitsklasse 1). Zu einer festen Position der zu untersuchenden Schallquelle werden im vorliegenden Hallraum die Schalldruckpegel L_{pi} an 6 verschiedenen Mikrofonpositionen ermittelt und für jedes interessierende Frequenzband die Standardabweichung

$$s = \sqrt{\frac{1}{5}\sum_{i=1}^{6}(L_{pi} - \overline{L}_p)^2} \qquad (6.38)$$

gegen das arithmetische Mittel $\overline{L}_p = \frac{1}{6}\sum_{i=1}^{6} L_{pi}$ berechnet.

Theoretisch führt ein diskreter Ton für das zugehörige Frequenzband zu einer Standardabweichung von 5,57 dB [6.11]. Breitbandige Geräusche führen zu kleineren Standardabweichungen. Die ISO-Normen [6.7] unterscheiden drei Wertebereiche für s und klassieren danach den Geräuschcharakter:

Bereich I: $s \leq 1,5$ dB: „breitbandiges Geräusch",
Bereich II: $1,5$ dB $< s \leq 3$ dB: „Geräusch mit schmalbandigen Komponenten",
Bereich III: $s > 3$ dB: „Geräusch mit tonalen Komponenten".

---

[6] Über Untersuchungen, auf denen diese Testverfahren beruhen, siehe [6.12].

Diese Unterscheidung schließt die Qualität des Messraumes mit ein. Es ist deshalb durchaus möglich, dass die gleiche Geräuschquelle in verschiedenen Hallräumen unterschiedlich klassiert wird. Die bessere Qualität eines Hallraumes – gegenüber einem zweiten bezogen auf das Geräusch der betrachteten Quelle – drückt sich in einer niedrigeren Bereichsnummer aus. Allgemein ist derjenige Hallraum „besser", der im Bereich der schmalbandigen Komponenten des Quellengeräuschs die dichtere „Modenüberlappung" mit größerer Modendämpfung besitzt. Eine gewisse Mindestdämpfung des Hallraumes ist deshalb erwünscht (weiteres siehe unten). Das Hallfeld eines bestimmten Messraumes kann für die gleiche Geräuschquelle durch Verwendung von Rührflügeln im oben beschriebenen Sinne „verbessert" werden. Besonders für Geräusche mit „tonalen Komponenten" ist es zweckmäßiger, ein solches Rührwerk einzusetzen und dadurch einen günstigeren Bereich anzustreben, als den sonst für Bereich III sehr hohen Messaufwand zu betreiben (Einzelheiten zu den Rührflügeln s. [6.12]).

Für Hallfelder der Qualifikation „Bereich I" genügt zur Bestimmung von L_{pm} eine Quellenposition und 3 Mikrofonpositionen.

Für Hallfelder der Qualifikation „Bereich II" werden je nach Bandmittenfrequenz $N = 3$ bis 16 Mikrofonpositionen [6.7] und eine Zahl von Quellenpositionen N_S erforderlich, die sich aus der Gleichung

$$N_s \geq \frac{K°}{2}\left\{0{,}79\left(\frac{T}{A}\right)\left(\frac{1000}{f_m}\right)^2 + \frac{1}{N}\right\} \qquad (6.39)$$

berechnen. Neben den bereits erklärten Symbolen ist $K°$ eine ebenfalls im ISO-Standard [6.7] genauer angegebene Konstante mit Werten zwischen 5 und 25.

Für Hallfelder der Qualifikation „Bereich III" muss die Zahl der Mikrofonpositionen N und Quellenpositionen N_S gegenüber denen des Bereichs II mindestens verdoppelt werden.

An Stelle einer Anordnung mit N diskreten Mikrofonen kann die kontinuierliche Abtastung eines Messpfades der Länge

$$l = N \cdot \frac{\lambda_m}{2} \qquad (6.40)$$

gewählt werden. Dabei ist λ_m die zur Bandmittenfrequenz f_m gehörige Luftschallwellenlänge.

Hallraummessung nach Genauigkeitsklasse 2. Die Schallleistungsbestimmung nach der Betriebsmethode („Engineering") wird gemäß ISO

3743 [6.7] in einem speziell hergerichteten Hallraum ausgeführt. Sein Volumen soll in etwa bei 70 m³ liegen und seine Nachhallzeit soll zwischen 500 Hz und 8 kHz etwa konstant und mit einer vorgegebenen Toleranz gleich

$$T = K_T \cdot T_N \qquad (6.41)$$

sein. Dabei ist

$$K_T = 1 + \frac{257}{f_m \cdot V^{1/3}} \quad \text{und} \quad 0{,}5\,\text{s} \leq T_N \leq 1{,}0\,\text{s} \qquad (6.42)$$

mit f_m als Bandmittenfrequenz und V als Raumvolumen in m³. Ein Vorteil dieses Verfahrens ist es, dass hierbei im Allgemeinen der A-Schallleistungspegel unter Hallfeldbedingungen über die direkt abgelesenen A-Schalldruckpegel – also ohne über die Bandpegel gehen zu müssen – bestimmt werden kann.

Als einmaliger Eignungstest des Raumes wird die Schallleistung einer bestimmten Geräuschquelle sowohl im betrachteten Messraum als auch nach der Präzisionsmethode in einem hierfür qualifizierten Hallraum ermittelt. Die Differenz beider Schallleistungspegel darf je nach Frequenzband 3 bis 5 dB nicht überschreiten. Ähnlich wie beim Präzisionsverfahren zuvor beschrieben, wird auch hier die notwendige Zahl der Quellen- und Mikrofonpositionen aus zuvor bestimmten Standardabweichungen ermittelt.

Güte der Schallleistungsbestimmung nach dem Hallraumverfahren und allgemeine Messbedingungen. Die ISO-Hallraum-Messvorschriften [6.7] kennzeichnen die Güte der Schallleistungsbestimmung durch Standardabweichungen, die von den Schallleistungspegel-Werten einer Schallquelle höchstens erwartet werden können, wenn der Schallleistungspegel der gleichen Quelle mehrmalig nach den Messvorschriften unter Ausschöpfung aller zulässigen Messparameterbandbreiten, z. B. in verschiedenen, aber qualifizierten Hallräumen, d.h. unter Vergleichsbedingungen [6.13] bestimmt wird.

Für die Präzisionsmethode liegen die in der Vorschrift angegebenen Standardabweichungen je nach Frequenzband zwischen 1,0 bis 1,5 dB; für die Ingenieurmethode zwischen 1,5 dB und 5,0 dB.

Die Vorschriften geben eine Reihe von Hinweisen über wichtige Messbedingungen, die zu den in Abschnitt 6.1.2.2.3 bisher mitgeteilten hinzukommen und im folgenden kurz zusammengefasst werden. Sie gelten für die Präzisionsmethode und mit geringen Änderungen auch für die Ingenieurmethode:

a) nur stationäre, nicht impulshaltige Geräusche können im Hallraum gemessen werden,
b) das zulässige Volumen der zu messenden Geräuschquelle darf 1 % des Hallraumvolumens nicht überschreiten,
c) das Mindestvolumen V_{min} des Hallraumes hängt von der tiefsten zu messenden Frequenz f_{min} ab. Für = 100 Hz und höher darf V_{min} = 200 m³, für f_{min} = 200 Hz und höher darf V_{min} = 70 m³ nicht überschritten werden,
d) es werden bestimmte Kantenverhältnisse für quaderförmige Messräume empfohlen, die Schallabsorption des Messraumes darf nicht zu groß, aber auch nicht zu klein sein. Ein mittlerer Absorptionsgrad zwischen 6 % und 16 % wird empfohlen,
e) der Pegelabstand des Fremdgeräusches zum Nutzpegel sollte in jedem interessierenden Frequenzband mindestens 6 dB, möglichst 12 dB betragen,
f) die Messgeräte sollten den Anforderungen der IEC-Publikation 651 [6.9] genügen.

6.1.2.2.4 Die Messung mit Hilfe einer Vergleichsschallquelle

Zur Bestimmung der Schallleistung einer Geräuschquelle mit dem Vergleichsschallquellenverfahren wird – im Gegensatz zur „absoluten" Messung im freien Feld oder Hallraum – kein Raumqualifikationstest benötigt, und das Vergleichsverfahren kann theoretisch in jeder Umgebung angewandt werden [6.7].

Eine Vergleichsschallquelle soll folgende Eigenschaften haben [6.14]:

a) Eine ausschließlich breitbandige Geräuschemission,
b) Keine ausgeprägte Richtwirkung besitzen ($D_i \leq 3$ dB),
c) Ein zeitlich konstantes Geräusch emittieren, Änderungen im Pegel höchstens ± 0,5 dB sind zulässig,
d) Klein in den Abmessungen sein, keine größere Abmessung als 0,5 m besitzen,
e) Die Geräuschemission sollte möglichst hoch sein,
f) Eine von einem anerkannten Institut durchgeführte Eichung der abgestrahlten Schallleistung in Frequenzbändern nach der Präzisionsmethode muss vorhanden sein.

Bei der Messung wird die zu messende Geräuschquelle von ihrem Standort entfernt, und stattdessen die Vergleichsschallquelle mit dem Leistungspegel L_{Wv} am gleichen Ort aufgestellt und in Betrieb genommen. Auf der Messfläche S, die für die Bestimmung der Schallleistung der eigentlichen Schallquelle nach dem Hüllflächenverfahren vorgesehen ist, wird dann der Pegel des Schalldruckquadrat-Mittelwertes $\bar{L}'_{pv}$ der Vergleichsschallquelle bestimmt. Dieser Schalldruckpegel $\bar{L}'_{pv}$ ist nach Gl. (6.30) vom Fremdgeräusch zu bereinigen, ohne dass auch eine Umgebungskorrektur vorzunehmen ist.

Danach wird die eigentliche Schallquelle wieder auf ihrem ursprünglichen Platz montiert, in Betrieb gesetzt und auf der gleichen Messfläche S und an den gleichen Messpunkten der nun ebenfalls nur vom Fremdgeräusch bereinigte Messflächenschalldruckpegel $\bar{L}'_p$ dieser Schallquelle ermittelt. Der gesuchte Schallleistungspegel L_W ist dann:

$$L_W = L_{Wv} + \bar{L}'_p - \bar{L}'_{pv}. \qquad (6.43)$$

Da die spektrale Verteilung des Geräusches der Vergleichsschallquelle und die der zu untersuchenden Schallquelle im Allgemeinen verschieden sind und da auch die Umgebung meistens einen frequenzabhängigen Einfluss ausübt, versteht sich Gl. (6.43) nur für einzelne Frequenzbänder, im Allgemeinen von Oktav- oder Terzbreite.

Falls die zu messende Geräuschquelle nicht von ihrem Aufstellungsplatz entfernt werden kann, wird die Vergleichsschallquelle entweder an einem „äquivalenten" Ort in der unmittelbaren Messumgebung der eigentlichen Quelle oder nahe dieser Geräuschquelle („Juxtapositionsmethode" [6.7]) aufgestellt. In beiden Fällen ist die Schallleistung der Geräuschquelle nur näherungsweise bestimmbar. Bei größeren Maschinen (größte Abmessung > 2 m) sind die Messungen für mehrere Positionen der Vergleichsschallquelle auszuführen [6.7].

6.1.2.2.5 Die Schallintensitätsmessung

Die Schallleistung einer Geräuschquelle wird nach ISO 9614 [6.8] mit Hilfe der Schallintensitätsmesstechnik grundsätzlich in gleicher Weise wie beim Freifeld-Schalldruckverfahren durch Messungen ermittelt, die auf einer die Schallquelle einhüllenden Messfläche (Abschn. 6.1.1.2.1; Abb. 6.1) ausgeführt werden. An Stelle der Feldgröße $\dfrac{1}{\rho c}\tilde{p}^2$ tritt hier lediglich $I_n = \overline{p \cdot v_n^t}$, die flächennormale Komponente der Schallintensität (Gl. (6.4)). Die Grundlage dieses Verfahrens ist Gl. (6.3) bzw. die dieser Gleichung zugeordneten Pegelbeziehung

$$L_W = \bar{L}_{In} + L_S. \qquad (6.44)$$

Dabei ist $\bar{L}_{In}$ der Pegel der über die Messfläche S gemittelten I_n-Werte und L_S das bereits im Abschn. 6.2.2.1 definierte Messflächenmaß. Auch das durch Gl. (6.44) dargestellte ist die von der Schallquelle unter den bei der Messung vorliegenden meteorologischen Bedingungen abgestrahlte Schallleistung.

Die Vorteile der Schallintensitätsmesstechnik gegenüber dem Schalldruckverfahren bestehen in folgender Hinsicht:

a) Gleichung (6.44) liefert einen genaueren Wert für L_W als Gl. (6.6). Durch die Schallintensitätsmessung wird der Nahfeldfehler (vgl. Abschn. 6.1.2.2.2) vollständig vermieden.

b) Störeinflüsse wie umgebungsbedingte Schallreflexion und Schall von anderen, nicht zum Messgegenstand gehörenden inkohärenten Schallquellen, soweit diese stationäre sind, werden weitgehend durch die Messung selbst kompensiert. Das Schallintensitätsverfahren ist damit grundsätzlich nicht auf bestimmte (ideale) Schallfeldstrukturen wie (angenähertes) Freifeld oder Hallfeld beschränkt. Das Verfahren umfasst diese Idealfälle, füllt die zwischen diesen bestehende Lücke (Abb. 6.9) und hat so einen gegenüber den Schalldruckverfahren wesentlich größeren Anwendungsbereich. Es erlaubt aber dann insbesondere die Messung unter praktischen Umgebungsbedingungen, also in normalen Räumen, in denen Maschinen und/oder Geräte ihre vorgesehene Aufstellung finden und betrieben werden.

Die Handhabung des Schallintensitätsverfahrens wie auch die an die Schallintensitätsmessgeräte zu stellenden Mindestanforderungen sind durch Messnormen festgelegt (ISO 9614 [6.8]), in denen es – wie bei den Schalldruckmessverfahren – hauptsächlich darum geht, zu gewährleisten, dass bestimmte Messunsicherheiten nicht überschritten werden. Die Messnormen bestehen deshalb in ihren wesentlichen Festlegungen aus Regeln für die Ermittlung der zur Absicherung bestimmter Messunsicherheitsklassen erforderlichen *Mess-*

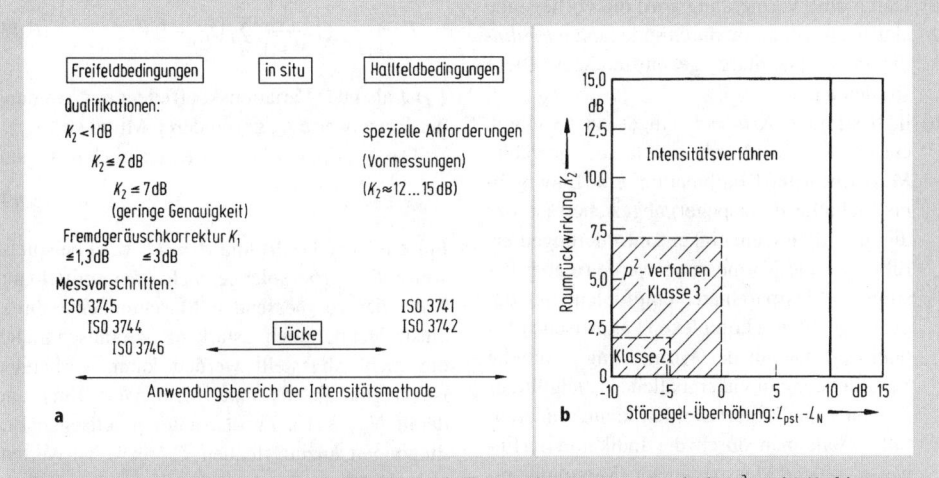

Abb. 6.9 Anwendungsbereich von Messverfahren zur Schallleistungsbestimmung. **a** Vergleiche p^2- und I_n-Verfahren, **b** Anwendungsbereiche von p^2- und I_n-Hüllflächenverfahren

parameter, wie Anzahl N der Messpunkte bei der diskreten Anordnung, Messabstand d, Gerätedynamik, …

Der sehr weite Anwendungsbereich des Schallintensitätsverfahrens legt der Messaufgabe sehr unterschiedliche akustische Situationen zugrunde, die dann dementsprechend eine sehr verschiedene Messparameter-Auswahl zur Folge haben. Diese Anpassung der Messparameter an die aktuelle akustische Situation erfolgt nach einem Vorschlag von Hübner [6.15] in folgenden zwei Stufen (Abb. 6.10):

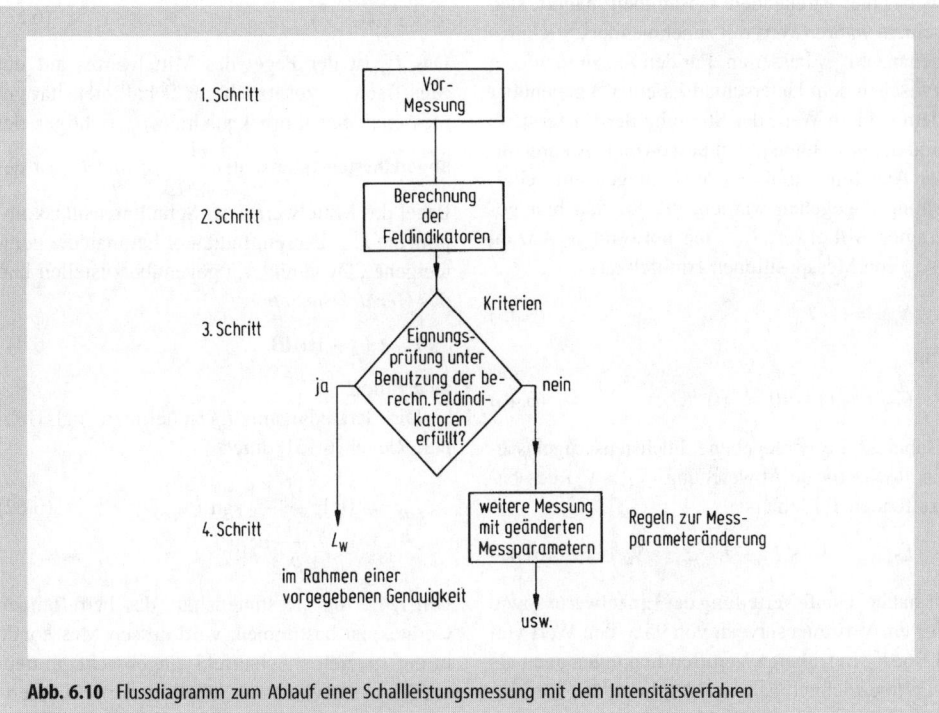

Abb. 6.10 Flussdiagramm zum Ablauf einer Schallleistungsmessung mit dem Intensitätsverfahren

a) Durch eine Vormessung wird die vorliegende akustische Situation durch sogenannte *Feldindikatoren* quantitativ gekennzeichnet. Diese werden dann
b) in bestimmte *Kriterien* eingesetzt, wodurch entschieden wird, ob durch die gewählte Messparameter-Kombination ein Endergebnis (Schallleistungspegel) abgesichert ist, das die gestellten Genauigkeitsanforderungen erfüllt. Für die Vormessung werden dabei bestimmte Messparameter empfohlen, mit denen in nicht zu „komplexen" akustischen Situationen die mit der Vormessung ermittelte Schallleistung in vielen Fällen als endgültiges Ergebnis qualifiziert werden kann. Anderenfalls erhält man durch die Indikatoren Hinweise, welche Messparameter (Messpunktanzahl, Messabstand, ...) in welchem Sinne für die zu wiederholende Messung zu ändern sind (Abb. 6.10).

Eine genaue Beschreibung des Messvorgangs findet man in ISO 9614 [6.8]. Die Begründung des gesamten Verfahrens, die Herleitung und Erprobung von Indikatoren und Kriterien findet man in mehreren Veröffentlichungen ausführlicher beschrieben [6.15].

Die zwei im Allgemeinen wichtigsten Prüfkriterien sollen kurz erläutert werden. Der Mittelwert einer streuenden Gesamtheit nähert sich seinem wahren Wert mit zunehmender „Stichprobenanzahl" N besser an. Für den Zusammenhang zwischen dem Unterschied („Fehler") gegenüber dem wahren Wert, der Streuung der Einzelwerte und der gewählten „Stichprobenzahl" N kann unter Annahme zufälliger Verteilungen eine Gleichung angegeben werden, die für den hier gefragten Mittelwert $\bar{L}_{In}$ eine notwendige Anzahl N_{min} von Messpositionen ermittelt aus

$$N_{min} = C \cdot F_4^2 \tag{6.45}$$

mit

$$C = t^{*2} \cdot (1 - 10^{-0.1 \cdot \nabla_1})^{-2} . \tag{6.46}$$

Dabei ist die vorgegebene, höchstens zugelassene stochastische Abweichung ($\nabla_1 > \nabla_2$) des betreffenden Teilfehlers:

$$\bar{L}_{In,mess} - \nabla_1 \leq L_{In} \leq \bar{L}_{In,mess} + \nabla_2 . \tag{6.47}$$

t^* hat bei Gauß-Verteilung der Einzelwerte sowie für ein Vertrauensniveau von 95 % den Wert von 1.96. F_4, in früheren Veröffentlichungen auch als $v_N(I)$ bezeichnet, ist einer der durch die Vormessung bestimmten Feldindikatoren:

$$F_4 = \frac{1}{|\bar{I}_n|} \sqrt{\frac{1}{N-1} \sum_{j=1}^{N} (I_{n,j} - \bar{I}_n)^2} . \tag{6.48}$$

F_4 ist also der Variationskoeffizient der Streuung der Einzelwerte $I_{n,j}$ gegen deren Mittelwert $\bar{I}_n$.

Das Messpunkt-Anzahl-Kriterium lautet dann:

$$N \geq N_{min} . \tag{6.49}$$

Für ein $\nabla_1 = 3.0$ dB und $t^* = 2.0$ wird beispielsweise $C = 16$. Solange nicht in unmittelbarer Nähe der zu messenden Maschine eine direkt einstrahlende noch „stärkere" Geräuschquelle, die nicht abgestellt werden kann, vorhanden ist, liegen die F_4 unter dem Wert Eins und damit $N_{min} \leq 16$. Zu den unter praktischen Bedingungen anzutreffenden F_4- bzw. v_N-Werten: siehe [6.15].

Eine wichtige weitere Prüfung bezieht sich auf die Messgerätequalität, deren Eigenschaften zunächst in einer IEC-Publikation allgemein definiert und als Mindestanforderung festgelegt sind. Damit ist allerdings noch keineswegs gesichert, dass ein die IEC-Vorschrift erfüllendes Gerät auch für die aktuelle Messaufgabe geeignet ist. Um dies zu prüfen, wird in ISO 9614 ein weiterer Feldindikator F_2 eingeführt und im Rahmen der Vormessung als relevanter Kennwert der aktuellen akustischen Situation bestimmt:

$$F_2 = \bar{L}_p - \bar{L}_{In} . \tag{6.50}$$

Das $\bar{L}_p$ ist der Pegel des Mittelwertes auf der Messfläche – zusätzlich zur Schallintensität gemessenen Schalldruckquadrate $\tilde{p}_j^2$, richtiger der angenäherten Intensitäten $\frac{1}{\rho c} \cdot \tilde{p}_j^2$ und $\bar{L}_{In}$ ist der Pegel des Mittelwertes der Schallintensitätskomponente $I_{n,j}$. Diesem Indikator hat man die geräteeigene „Dynamik" L_D gegenüberzustellen und das *Gerätekriterium*

$$L_D \geq F_2 + 10 \text{ dB} \tag{6.51}$$

zu erfüllen.

Die Gerätedynamik L_D ist definiert (vgl. Hübner, Rieger [6.15]) durch

$$L_D = -10 \lg \frac{|\bar{I}_{n,res}|}{\frac{1}{\rho c} \tilde{p}^2} \operatorname{sgn} \bar{I}_{n,res} . \tag{6.52}$$

Um $\bar{I}_{n,res}$, die „Restintensität" des betreffenden Gerätes, zu bestimmen, wird dessen Messsonde in ein spezielles Schallfeld eingebracht, in dem am Messort bei einem Schalldruckeffektivwertquadrat $\tilde{p}^2 \neq 0$ die Schallintensität I_n verschwindet. Eine solche Feldeigenschaft hat z.B.[7] ein ideales Hallfeld, in dem die Schallintensität am einzelnen Messpunkt Null ist (vgl. Gl. (6.17)), obwohl dort hohe Schalldruckpegel vorliegen. L_D ist damit ein Maß für die Fähigkeit des I-Messgerätes, einen durch $\tilde{p}^2$ beschriebenen (unerwünschten) Schall unterdrücken zu können. L_D wird mit Hilfe eines Kalibrators ermittelt, in dessen Innern die gewünschte Feldstruktur: $I_n = 0$; $\tilde{p}^2 \neq 0$ erzeugt ist.

6.1.2.2.6 Vergleichbare Geräuschemissionswerte

Die in den Abschnitten 6.1.1 und 6.1.2 definierten Schallleistungen stellen die unter den am Messort vorliegenden meteorologischen Bedingungen (statischer Luftdruck B_1 und Temperatur Θ_1) von der Schallquelle abgestrahlte Schallenergie pro Zeiteinheit P_1, dar. Wird die Schallquelle nochmals unter veränderten meteorologischen Bedingungen, B_2 und Θ_2, betrachtet, so weicht die so ermittelte Schallleistung P_2 systematisch von P_1 um einen Betrag ΔP ab. Ein Vergleich der Schallleistungen, die unter derart verschiedenen Bedingungen, z.B. einmal auf Meereshöhe, das andere mal in einer Hochlage gemessen wurden, ist deshalb nur im Rahmen von ΔP möglich.

Für bestimmte Schallerzeugungsmechanismen kann ΔP formelmäßig dargestellt und somit P_1 und P_2 zu einer vergleichbaren „normierten" Schallleistung P_{nor} korrigiert werden [6.16]. Diese wurde international in ISO der Bedingung $B_0 = 1{,}0132 \cdot 10^5$ Pa, $\Theta_0 = 23\,°C$ zugeordnet, was einem $\rho c = 411\,\dfrac{Ns}{m^3}$ entspricht.

Für Quellen, deren Luftschall (überwiegend) durch Körperschallabstrahlung erzeugt wird, bestimmt sich [6.16] die abgestrahlte Schallleistung im Bereich von Luftschallwellenlängen, die deutlich kleiner als die Maschinenabmessungen sind, zu

$$P \sim (\rho c)^\kappa \qquad (6.53)$$

mit $\kappa = 1$. Daraus ergibt sich eine Korrektur

$$\Delta P = 10\,\lg \frac{\rho c}{411\,\frac{Ns}{m^3}} = -10\,\lg \frac{B}{B_0} + 5\,\lg \frac{\Theta}{\Theta_0}\,\text{dB}\,. \qquad (6.54)$$

Für überwiegend aerodynamisch generierte Geräuschquellen (Lüfter, schnelllaufende Rotoren) liegen für κ empirische Ergebnisse vor [6.16]. Da Maschinen-Luftschall häufig durch verschiedene, gleichzeitig wirkende Mechanismen verursacht wird, hat man sich international auf eine „mittlere" Korrektur [6.7], gültig für einen nicht zu weiten Parameterbereich $(\Theta; B)$ festgelegt, der durch

$$\Delta P = -15\,\lg \frac{\rho c}{411\,\frac{Ns}{m^3}}\,\text{dB} \qquad (6.55)$$

gegeben ist.

6.1.2.3 Messvorschriften für spezielle Maschinenarten und Fahrzeuge – ergänzende Festlegungen über Betriebs- und Aufstellungsbedingungen

Die modernen Geräuschmessvorschriften für spezielle Maschinenarten bauen auf den unter 6.1.2.2 erläuterten allgemeinen Rahmenmessvorschriften auf. Sie übernehmen die Bestimmungen dieser Rahmenverfahren und ergänzen sie, soweit erforderlich. Durch die Übernahme wesentlicher Aussagen der Rahmenmessvorschriften in die speziellen Geräuschmessvorschriften soll gesichert werden, dass die Messergebnisse auch von Geräuschquellen unterschiedlicher Art miteinander verglichen werden können.

Die zulässigen und meist notwendigen Ergänzungen der Rahmenmessvorschriften beziehen sich auf:

a) die genaue Abgrenzung der zu untersuchenden Geräuschquelle (Maschine),
b) die Betriebsbedingungen der Maschine,
c) die Aufstellung der Geräuschquelle,
d) die Auswahl des oder der Grund-(Rahmen)-Messverfahren,
e) die Gestalt der Messfläche beim Hüllflächenverfahren und die Notwendigkeit auf Hinweise über den Zeitverlauf der Geräuschemission, der Tonhaltigkeit usw.

Nach diesen Gesichtspunkten stehen in Deutschland als „zweiziffrige" Folgeblätter zu DIN 45635 Messvorschriften z.B. für folgende Maschinenarten zur Verfügung:

rotierende elektrische Maschinen,
Verbrennungsmotoren,
Verdichter,
Transformatoren und Drosseln,

---

[7] Die für diesen Test erforderliche Schallfeldstruktur ist im Allgemeinen durch einen verschwindenden Phasengradienten des Schalldrucks gekennzeichnet.

Baumaschinen,
elektrische Schaltgeräte,
Warmlufterzeuger,
Büromaschinen,
Turbosätze,
Industrieöfen,
Luftkühler,
Rasenmäher,
Haushaltsgeräte,
pneumatische Werkzeuge und Maschinen,
Werkzeugmaschinen,
Leuchten und Entladungslampen,
Flüssigkeitspumpen,
elektrische Werkzeuge.

Entsprechende maschinenspezifische Messstandards sind auch übernational als ISO- und EN-Vorschriften erschienen. Interessiert irgendeine dieser speziellen Messstandards, so wird empfohlen sich über den Internet-Link [6.4] des Deutschen Instituts der Normung (DIN) die jeweils aktuelle Version der betreffenden Norm zu beschaffen.

6.2 Messung von Geräuschemissionen in situ

Schalltechnische Messungen an größeren Maschinen und Anlagen werden meistens am betriebsmäßigen Aufstellort oder in Maschinenprüffeldern und nicht in akustischen Spezialräumen durchgeführt. Solche Messungen sind in aller Regel durch akustisch weniger ideale Umgebungsbedingungen beeinträchtigt, wie durch schlecht kontrollierbare, unerwünschte Schallreflexionen am Messort, hohe Störpegel und/oder variable meteorologische Bedingungen. Zahlreiche Gründe können aber trotzdem diese sog. „in situ"-Messungen als wünschenswert oder allein möglich erscheinen lassen.

Bei der schalltechnischen Abnahme einer neuen oder modifizierten Maschine ist die Messung am endgültigen Aufstellort vorzuziehen, falls die Einbausituation und Anbindung der Maschine in die umgebenden Anlagen, die am Betriebsort vorhanden ist, sich beim Hersteller nicht oder nur sehr aufwendig realisieren lässt, wenn also z.B. im Prüffeld des Maschinenherstellers die Maschine wegen des provisorischen Aufbaus dort weniger „fest" an das Fundament angekoppelt ist als beim endgültigen Aufbau. Auch die erforderliche Betriebsbelastung kann unter Umständen beim Maschinenhersteller nicht eingestellt werden. Schließlich kann durch Wechselwirkung mehrerer, im endgültigen Betrieb miteinander gekoppelter Maschinen eine neue Geräuschemission entstehen, die nicht gleich der Summe der Emissionen der Einzelmaschinen ist.

Eine häufige Aufgabenstellung im Rahmen der Planung von Schallminderungsmaßnahmen ist die schalltechnische Analyse einer größeren Anlage, bei der die Schallleistungspegel der Einzelaggregate bei laufendem Betrieb der Gesamtanlage ermittelt werden müssen. Hier ist die in-situ-Situation durch die Aufgabe vorgegeben, und zwar sehr oft unter der Randbedingung, dass die Einstellung besonderer Betriebszustände, die die Messung erleichtern würden (z.B. Abstellung starker Störschallquellen oder Dauerbetrieb des sonst intermittierend oder bedarfsgesteuert laufenden Aggregates, das zu vermessen ist) nicht möglich ist.

Vor der schalltechnischen Vermessung eines Aggregates, das Teil einer größeren Systems ist, müssen der Betriebszustand und die Betriebsdauer des Aggregates zweifelsfrei festgestellt werden. Dies erfordert – außer der betreffenden Information durch den Betreiber – in der Regel das Verständnis des in der Anlage ablaufenden technischen Prozesses, zumindest in dem Umfang, dass die Rolle des fraglichen Aggregates im Prozess eindeutig bekannt ist. Nur mit diesem Verständnis ist es z.B. möglich, die Schallemission einer Maschine bei einem anderen Lastzustand einzuschätzen, als er bei der Messung angetroffen wurde.

Hat man infolge eines hohen Störpegels eine eingeschränkte Messgenauigkeit zu erwarten, so kann man mehrere Messverfahren für eine Schallquelle verwenden, z.B. außer der Hüllflächenmessung an einem Ventilator zusätzlich eine Luftschallmessung am Lüftungsgitter des Ventilator-Antriebsmotors und eine Körperschallmessung auf Konsole und Spiralgehäuse des Ventilators, um die Schallleistungsbeiträge dieser Teilschallquellen für sich zu ermitteln und so die Plausibilität des Gesamt-Messergebnisses überprüfen zu können.

Bei Schallquellen mit schwankendem Betriebsgeräusch oder Intervallbetrieb ist Abschn. 6.1.1.4 zu beachten. Müssen sehr kurzzeitige Schallereignisse – insbesondere solche, die nicht beliebig reproduziert werden können – erfasst und ausgewertet werden, empfiehlt sich die Aufzeichnung der Messsignale auf einem (vorzugsweise digitalen) Speichermedium mit anschließender Auswertung im Labor.

6.2.1 Praktische Aspekte bei der Anwendung vorhandener Messverfahren

6.2.1.1 Luftschallmessung mit Kugelmikrofon

Das Standard-Messmikrofon ist ein $^1/_2$-Zoll-Kondensatormikrofon mit Freifeldentzerrung in Niederfrequenzschaltung und einer Empfindlichkeit von 50 mV/Pa, mit dem heute alle Schallpegelmesser der Klasse 1 ausgerüstet sind, vgl. Kap. 2. Es ist ein Druckempfänger mit kugelförmiger Empfangscharakteristik. Neben dem klassischen Kondensator-Mikrofontyp, der zum Betrieb eine Polarisationsspannung benötigt, sind heute auch vorpolarisierte Mikrofonkapseln weit verbreitet, die keine Polarisationsspannung benötigen. 1-Zoll-Mikrofone werden zur Messung sehr niedriger Schallpegel < 30 dB benutzt, wenn ein möglichst niedriges Mikrofon-Eigenrauschen erforderlich ist. Für Messungen bei extrem hohen Frequenzen (Ultraschall bis 200 kHz) oder Schallpegeln (bis 180 dB) werden $^1/_4$- oder $^1/_8$-Zoll-Mikrofone benötigt.

Mikrofone für Schallpegelmessungen nach DIN EN 60651 [6.18] müssen einen ebenen Frequenzgang bei Beschallung von vorne im freien Schallfeld aufweisen. Dies wird durch die so genannte Freifeldentzerrung der Mikrofonkapsel erreicht, die durch entsprechende Wahl der Lochung in der Gegenelektrode der Mikrofonkapsel (vgl. Kap. 2, Abb. 2.2a) eine frequenzproportionale Dämpfung der Mikrofonmembran bewirkt. Diese Dämpfung kompensiert – zusätzlich zur mechanischen Membranresonanz – denjenigen Pegelanstieg, der durch die Störung des Schallfelds („Druckstau") durch die Mikrofonmembran selbst bei Wellenlängen in der Größenordnung des Mikrofondurchmessers entsteht. Bei Beschallung von der Seite oder von hinten entfällt dieser Pegelanstieg, die Freifeldkompensation der Mikrofonkapsel macht sich in diesem Fall durch einen Abfall des Frequenzgangs zu hohen Frequenzen hin bemerkbar, d. h. das Mikrofon hat deshalb hier keine kugelförmige Empfangscharakteristik mehr, sondern eine bevorzugte Schallaufnahme von vorne, s. Kap. 2, Abb. 2.2c. Bei einem $^1/_2$-Zoll-Mikrofon setzt die Freifeldentzerrung jedoch erst bei Frequenzen > 2 kHz ein, die maximale Dämpfung für rückwärts einfallenden Schall ist typabhängig, bleibt aber in der Regel kleiner 10 dB bei 20 kHz; sie ist im Prüfprotokoll jeder Mikrofonkapsel als Differenz zwischen Freifeld-Frequenzgang und Eichgitter-Frequenzgang dokumentiert. Bei der Messung von Schallquellen mit sehr hochfrequentem Spektrum muss die gerichtete Schallaufnahme des Freifeldmikrofons beachtet werden, um richtungsbedingte Messfehler zu vermeiden. Für Messungen bei allseitigem Schalleinfall, z. B. im Hallraum, sind diffusfeld-entzerrte Mikrofonkapseln erhältlich.

Die Querempfindlichkeit von Kondensatormikrofonen gegen allgegenwärtige Umwelteinflüsse wie z. B. Temperaturdifferenzen, Erschütterungen und vor allem Magnetfelder ist bauartbedingt sehr gering, so sind z. B. Schallmessungen in sehr starken Magnetfeldern wie etwa an Kernspin-Tomographen mit einem Kondensatormikrofon problemlos durchführbar. Allerdings ist der sehr hochohmige Eingang des Mikrofon-Vorverstärkers im Prinzip ein sehr empfindlicher Empfänger für elektrische Streufelder, der durch die direkt aufgeschraubte Mikrofonkapsel aber i. Allg. ausreichend abgeschirmt ist. Bei Schallmessungen in sehr starken elektrischen Wechselfeldern wie z. B. in der Nähe von Elektroschmelzöfen oder in und an großen elektrischen Maschinen empfiehlt es sich jedoch, zusätzlich zur Schallmessung den elektrostatisch verursachten Störpegel zu messen, indem man an der Messposition anstelle der Mikrofonkapsel eine Mikrofon-Ersatzkapazität auf den Vorverstärker schraubt und so die elektrische Störfestigkeit der gesamten Messkette überprüft.

Dämpfungsglieder, die aus einem kapazitiven Spannungsteiler bestehen und zwischen Mikrofonkapsel und Vorverstärker geschraubt werden, sind für die Polarisations-Gleichspannung undurchlässig und funktionieren daher nur zusammen mit vorpolarisierten Mikrofonkapseln. Außerdem ist zu beachten, das solche Dämpfungsglieder nur die Aussteuerbarkeit des Schallpegelmessers, nicht aber die des Mikrofons erhöhen können, d. h. der maximal zulässige Schallpegel der Mikrofonkapsel bestimmt auf jeden Fall den höchsten messbaren Schalldruckpegel.

Zur Reduzierung von Turbulenzgeräuschen durch Luftströmung am Mikrofon sind Messungen im Freien oder z. B. in der Nähe von Luftströmungen, z. B. an Ansaug- oder Ausblasöffnungen, immer mit einem Windschutz durchzuführen. Der übliche, aus einem geeigneten offenporigen Schaumstoff bestehende Windball hat einen Durchmesser von 100 mm und verursacht eine vernachlässigbar geringe Zusatzdämpfung, s. Abb. 6.12.

Wetterfeste (outdoor-)Mikrofone zum Einsatz in Dauermessstationen unterscheiden sich von üblichen ¹/₂-Zoll-Messmikrofonen durch eine Regenschutzkappe, die von oben eindringendes Wasser seitlich an der Kapsel vorbei ableitet, sowie einen verstärkten Windschutz mit Vogelabweisern. Außerdem weisen sie in der Regel eine Fernkalibrier-Einrichtung, eine elektrische Heizung für Kapsel und Vorverstärker und einen Leitungstreiber zur verlustarmen Übertragung der Mess-Signale über die erforderliche Distanz auf. Wetterfeste Mikrofone sind entweder für Schalleinfall von oben (Fluglärm-Anwendung) oder seitlichen Schalleinfall (sonstige Umweltmessungen) entzerrt.

Die Messung der Schallemission von Windenergieanlagen (WEA) gemäß DIN EN 61400-11 [21.185] erfordert die ebenerdige Einrichtung des Messmikrofons auf einer schallharten Platte vorgeschriebener Größe (Grenzflächenmikrofon) mit einem speziellen halbkugelförmigen Schaumstoff-Windschirm. Ein zweiter Windschirm, bestehend z. B. aus einem halbkugelförmigen Drahtrahmen mit Schaumstofflage, wird benötigt, um bei hohen Windgeschwindigkeiten genügend Störabstand bei tiefen Frequenzen zu erhalten; in diesem Fall muss der Frequenzgang des Systems dokumentiert werden.

6.2.1.2 Luftschallmessung mit Richtmikrofonen

Richtmikrofone nehmen Schall bevorzugt von vorne auf und ermöglichen daher im freien Schallfeld eine Verbesserung des Störgeräuschabstands, wenn Nutz- und Störschallquelle aus unterschiedlichen Richtungen auf einen Messort einwirken. Für schalltechnische Messungen bei großen Messabständen nutzbare Richtmikrofone müssen eine möglichst hohe Richtwirkung aufweisen. Bewährt haben sich z. B. die Rohr-Richtmikrofone MKH 815 bzw. MKH 816 der Fa. Sennheiser Electronic GmbH & Co. KG, Wedemark. Diese bestehen aus einem Druckgradientenempfänger mit Kondensatorwandler in Hochfrequenzschaltung, dem ein Interferenz-Richtrohr vorgeschaltet ist [6.19]. Die für Tonaufnahmen aus großen Aufnahmeabständen bei Funk und Fernsehen entwickelten Mikrofone haben eine keulenförmige Richtcharakteristik, s. Abb. 6.11, die Stromversorgung erfolgt mittels Phantom- oder Tonaderspeisung über das Mikrofonkabel.

Wie Abb. 6.11 zu entnehmen ist, ist die Richtwirkung frequenzabhängig, der frontale Öffnungswinkel für einen Pegelabfall auf −3 dB beträgt in der 8 kHz-Oktave ± 15° und steigt zu tiefen Frequenzen hin stetig bis auf ± 60° bei 125 Hz Oktavmittenfrequenz an. Die Dämpfung für von rückwärts (180 ± 30°) einfallenden Schall beträgt 25 dB in der 8 kHz-Oktave, 20 dB zwischen 4 kHz und 500 Hz Oktavmittenfrequenz und fällt dann bis auf 5 dB in der 63 Hz-Oktave ab.

Das Übertragungsmaß eines Rohr-Richtmikrofons ist in der Regel nicht frequenzunabhängig, die Empfindlichkeit fällt zu tiefen Frequenzen hin ab. Daher müssen Schallpegelmessungen mit Richtmikrofon bei der Auswertung frequenzgang-korrigiert werden, die Korrektur wird terz- oder oktavweise durch gleichzeitige Messung eines Prüfrauschens mit dem Richtmikrofon und einem kalibrierten Mikrofon mit Kugelcharakteristik im freien Schallfeld ermittelt. Die Richtmikrofon-Frequenzgangkorrektur ist die Differenz der Anzeigen von Kugelmikrofon und Richtmikrofon, sie muss für jedes Richtmikrofon individuell ermittelt werden.

Prinzipbedingt sind Rohr-Richtmikrofone recht windempfindlich und können im Freien praktisch nur mit Windschutz eingesetzt werden. Ein für Reportagen im Freien vorgesehener Korbwindschutz – ohne oder mit fellartigem Überzug aus langhaarigem Polyestervlies („Pudel") ist sehr wirksam, jedoch wegen seiner Unhandlichkeit und der relativ hohen Zusatzdämpfung bei hohen Frequenzen für Schallpegelmessungen in der Regel nicht brauchbar, s. Abb. 6.12. Besser geeignet ist ein über das Richtrohr des Mikrofons gezogener Schaumstoff-Windschutz mit geringer Zusatzdämpfung. Bei der Bestimmung der Frequenzkorrektur des Richtmikrofons muss der Windschutz miteinbezogen werden.

Richtmikrofone lassen sich z. B. zur besseren Quellentrennung bei der Messung der Schallemission einzelner Aggregate in Freianlagen und bei Schallimmissionsmessungen einsetzen, wobei zur Plausibilitätskontrolle parallel eine Messung mit dem Kugelmikrofon durchgeführt werden kann. Insbesondere die in den Abschnitten 6.2.3.1 und 6.2.3.2 beschriebenen Messverfahren zur Ermittlung der Schallemission ausgedehnter Schallquellen bedingen in der Praxis infolge der meist unmittelbaren Nachbarschaft von Störschallquellen den Einsatz eines Richtmikrofons.

Für Dauermessungen im Freien sind Richtmikrofone jedoch infolge fehlender Wetter- und Temperaturfestigkeit nicht geeignet.

Zur Ortung der Einzelschallquellen z. B. eines Kraftfahrzeugs (Rollgeräusch, Antriebsgeräusch,

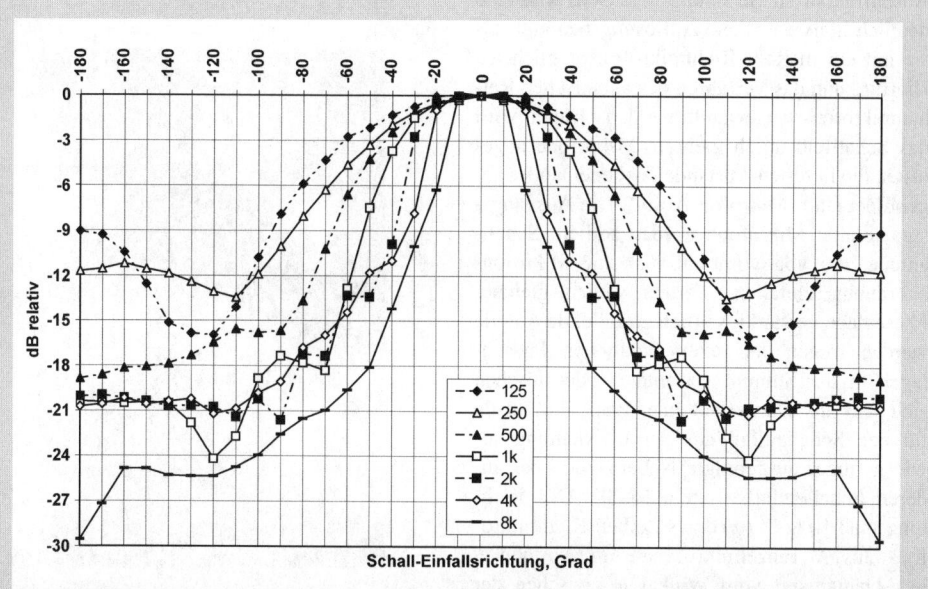

Abb. 6.11 Richtwirkungs-Diagramm des Richtmikrofons MKH 816 der Fa. Sennheiser electronic, gemessen mit Breitbandrauschen. 0° entspricht dem Schalleinfall von vorne, die Richtwirkung ist rotationssymmetrisch (Keule)

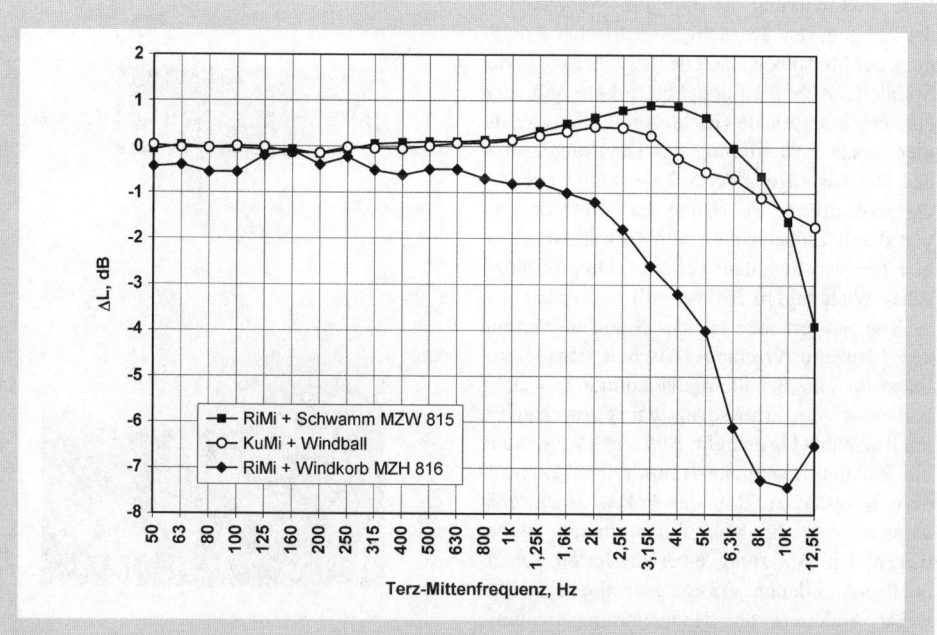

Abb. 6.12 Änderung des von einem $^1/_2$-Zoll-Kondensatormikrofon mit Kugelcharakteristik (KuMi) bzw. einem Richtmikrofon MKH 816 angezeigten Schallpegels durch Verwendung eines Windschutzes, gemessen mit Terz-Rauschen

Auspuffgeräusch, Strömungsgeräusch) wird eine deutlich höhere örtliche Auflösung benötigt, als sie mit einem Rohr-Richtmikrofon möglich ist. Hierfür kann das Verfahren des akustischen Reihenmikrofons angewandt werden. Dabei wird das Schallfeld durch mehrere Mikrofone abgetastet, die in festen Abständen nebeneinander angeordnet sind (Mikrofon-Array). Die Ausgangssignale aller Mikrofone werden addiert. Schallanteile, die von vorne normal zur Mikrofonanordnung einfallen, werden wegen gleicher Phasenlage verstärkt, seitlich einfallende Anteile werden wegen der unterschiedlichen Phasenlagen in der Summe vermindert oder löschen sich ganz aus. Dies ergibt eine Haupt-Richtkeule für den Schalleinfall aus der 0°-Richtung sowie geringer ausgeprägte Nebenkeulen bei anderen Schalleinfallswinkeln [6.20]. Das Richtungsmaß $10 \lg \Gamma^2 (\varphi)$ eines Reihen-Richtmikrofons aus N Einzelmikrofonen im Abstand d in Abhängigkeit vom Winkel φ zwischen der Schalleinfallsrichtung und der Array-Normalen ist gegeben durch:

$$10 \lg \Gamma^2(\varphi) = 10 \lg \left(\frac{\sin(N \pi d \sin(\varphi)/\lambda)}{N \sin(\pi d \sin(\varphi)/\lambda)} \right)^2. \tag{6.56}$$

Eine Richtwirkung ist nur für Wellenlängen $\lambda > 2d$ gegeben. Je nach geometrischer Anordnung der Mikrofone als Zeile bzw. als Kreuz oder Spirale (s. Abb. 6.13 und Abb. 6.14) ergibt sich eine eindimensionale (Richtebene) oder zweidimensionale Fokussierung des Übertragungsmaßes. Die Ausprägung der Nebenkeulen kann über die geometrische Verteilung der Mikrofone sowie durch Einbeziehung von Gewichtsfunktionen bei der Signalauswertung (Dolph-Chebyschev-Wichtung, [6.20]) beeinflusst werden.

Kompensiert man bei der Signalauswertung den Laufzeitunterschied zwischen den Mikrofonen für eine Schalleinfallsrichtung $\varphi \neq 0$, so verhält sich das Array so, als wäre es mechanisch um den Winkel φ gedreht. Auf diese Weise kann die Richtung maximaler Empfindlichkeit rechnerisch verändert, d.h. der Fokus geschwenkt werden, ohne die Mikrofonanordnung zu bewegen. Die Abtastung einer ortsfesten Schallquellen-Anordnung erfolgt nun durch schrittweise Änderung der Hauptempfangsrichtung. Bei der Messung bewegter Schallquellen, z.B. eines passierenden Fahrzeugs, kann dieses Verfahren zur „Verfolgung" der Schallquelle benutzt werden, um eine längere Mittelungszeit zu erreichen [6.21].

Abb. 6.13 Reihen-Richtmikrofon in senkrechter Linearanordnung im Einsatz bei der Messung passierender Schienenfahrzeuge

Abb. 6.14 Reihen-Richtmikrofon in Kreuz-Anordnung

6.2.1.3 Schalldruckmessung mit Druckmesszellen

Messungen des Schalldruckpegels in Rohrleitungen und Behältern, die unter hohem Druck stehen oder ein von Luft verschiedenes Medium führen und daher nicht geöffnet werden dürfen, können mit üblichen Mikrofonen nicht gemessen werden. Bis zu statischen Drücken von 200 bar und Temperaturen von 200 °C (mit flüssigkeitsgekühlten Adaptern auch höher) können solche Messungen mit piezoelektrischen Druckaufnehmern durchgeführt werden, wenn es möglich ist, zuvor die hierfür benötigte Gewindebohrung in die Rohrwand einzubringen. Nachteilig ist die relativ geringe Empfindlichkeit solcher Druckaufnehmer, in der Regel können nur Schalldruckpegel > 100 dB gemessen werden.

Die wandbündige Position des Druckaufnehmers erfordert eine Korrektur des Messergebnisses, da für die Schallleistungsbestimmung im Rohr der mittlere Schalldruckpegel über den Rohrquerschnitt zu ermitteln ist. Der Schallleistungspegel L_{Wi} im Rohr berechnet sich gemäß Abschnitt 21.2.2., wobei neben der dort angegebenen Beziehung die Korrektur K_d im Fall der wandbündigen Schalldruckmessung gemäß [6.22] auch wie folgt abgeschätzt werden kann:

$$K_d = 0 \quad \text{für } k_o a < 1{,}5$$

$$K_d = -7 \lg\left(\frac{2k_o a}{\sqrt{3}} - \frac{1}{k_o a}\right) \quad \text{für } k_o a \geq 1{,}5, \tag{6.57}$$

wobei $k_o = 2\pi f/c$, die Wellenzahl des Mediums im Rohr, und a der Radius des Rohres ist. Derart berechnete Korrekturwerte für luftgefüllte Rohre bei Umgebungstemperatur sind in Tabelle 6.4 enthalten.

Bei tiefen Frequenzen, solange der Rohrdurchmesser klein gegen die Wellenlänge ist ($k_o a < 1{,}5$), stimmen die Messungen mit den wandbündig eingebauten Aufnehmern unter Berücksichtigung der Reflexion am Ende des Rohres weitgehend mit den Vergleichsmessungen im Hallraum überein. Für $k_o a \geq 1{,}5$ ergibt sich unter Berücksichtigung der empfohlenen Korrektur zwischen den Messungen mit den wandbündig eingebauten Aufnehmern und den Vergleichsmessungen im Hallraum für ein Rohr mit Nennweite 400 mm (frontale Beschallung des Kanals) eine Differenz der Schallleistungspegel von maximal ± 3 dB.

6.2.1.4 Körperschallmessung

6.2.1.4.1 Beschleunigungsmessung

Der bei weitem am häufigsten eingesetzte und in einer Vielzahl spezieller Ausführungen erhältliche Typ von Beschleunigungsaufnehmer benutzt ein piezoelektrisches Wandlerelement, das zwischen einer seismischen Masse und der Aufnehmerbasis montiert ist, s. Abb. 2.4. Die Wechselkraft, die bei Schwingungseinwirkung von der seismischen Masse auf das Wandlerelement ausgeübt wird, führt infolge des piezoelektrischen Effektes zu einer Ladungsverschiebung, die an den Ausgangsklemmen abgegriffen werden kann. Piezoelektrische Beschleunigungsaufnehmer sind daher Ladungsquellen, ihr Ausgangssignal muss

Tabelle 6.4 Korrekturwerte in dB für die Ermittlung des mittleren Schalldruckpegels in luftgefüllten ($t = 20$ °C) Rohren aus der Messung mit wandbündig eingebauten Druckaufnehmern in Abhängigkeit von der Oktavmittenfrequenz und der Rohr-Nennweite

Nennweite	63 Hz	125 Hz	250 Hz	500 Hz	1000 Hz	2000 Hz	4000 Hz	8000 Hz
DN 100	0	0	0	0	0	−1,4	−4,2	−6,4
DN 200	0	0	0	0	−1,4	−4,2	−6,4	−8,6
DN 300	0	0	0	0	−3,1	−5,5	−7,7	−9,8
DN 400	0	0	0	−1,4	−4,2	−6,4	−8,6	−10,7
DN 500	0	0	0	−2,4	−4,9	−7,1	−9,3	−11,4
DN 600	0	0	0	−3,1	−5,5	−7,7	−9,8	−11,9
DN 800	0	0	0	−4,2	−6,4	−8,6	−10,7	−12,8
DN 1000	0	0	0	−4,9	−7,1	−9,3	−11,4	−13,5

mit einem so genannten Ladungsverstärker konditioniert werden, ehe es einer weiteren Signalverarbeitung zugeführt werden kann [6.23].

Der je Beschleunigungsaufnehmer erforderliche Ladungsverstärker führt insbesondere bei Vielkanalmessungen zu einem oft aufwändigen und unübersichtlichen Messaufbau. Daher sind neben den konventionellen Ladungstypen heute Beschleunigungsaufnehmer mit eingebautem Ladungsverstärker gebräuchlich, der mittels eines konstanten Gleichstroms über die Signalleitung gespeist wird. Solche Aufnehmer können direkt an Messgeräte mit einer entsprechenden eingebauten Speisung angeschlossen werden.

Ein seismischer Beschleunigungsaufnehmer besteht aus einem hochabgestimmten Feder-Masse-System, dessen Eigenresonanz f_{res} – abhängig von der Aufnehmergröße – in der Regel weit oberhalb 10 kHz liegt. Der nutzbare Frequenzbereich endet bei ca. $0{,}3\,f_{res}$, wenn man eine Amplitudenabweichung des linearen Frequenzgangs von 10 % zulässt. Die Befestigung des Aufnehmers auf dem Messobjekt stellt ein weiteres Feder-Masse-System dar, das die Eigenfrequenz der Gesamtanordnung zu tieferen Frequenzen hin verschiebt, s. Abb. 6.15. Die Befestigungsmethode muss daher der Messaufgabe entsprechend gewählt werden.

Für die Messung tieffrequenter Schwingungen bis etwa 1 kHz an Messpunkten, an denen gleichzeitig sehr große hochfrequente Beschleunigungen vorliegen, wie z. B. an den Radsatzlagern von Schienenfahrzeugen, kann der Beschleunigungsaufnehmer auf ein mechanisches Tiefpassfilter montiert werden. Dies ist ein zwischen Struktur und Aufnehmer einzubringender Schraubsockel mit einer elastischen Trennlage, der den Durchgang störender hochfrequenter Schwingungen reduziert, um eine Übersteuerung des Aufnehmers und der nachfolgenden Elektronik zu vermeiden [6.23].

Besonders bei Messungen an leichten oder weichen Strukturen ist die Rückwirkung der Aufnehmermasse auf die schwingende Struktur zu beachten. Der Messfehler ΔL infolge der Bedämpfung der Struktur durch die Aufnehmermasse lässt sich nach Umstellung von Gl. (2.6) abschätzen zu:

$$\Delta L = 10\,\lg\left(1 + \frac{(2\pi f \cdot M)^2}{(2{,}3 \cdot c_L \cdot \rho \cdot h^2)^2}\right) \quad (6.58)$$

mit f Frequenz, Hz
       M Aufnehmermasse in kg
       c_L Longitudinalwellengeschwindigkeit im Plattenmaterial, m/s
       ρ Plattendichte, kg/m³
       h Plattendicke, m

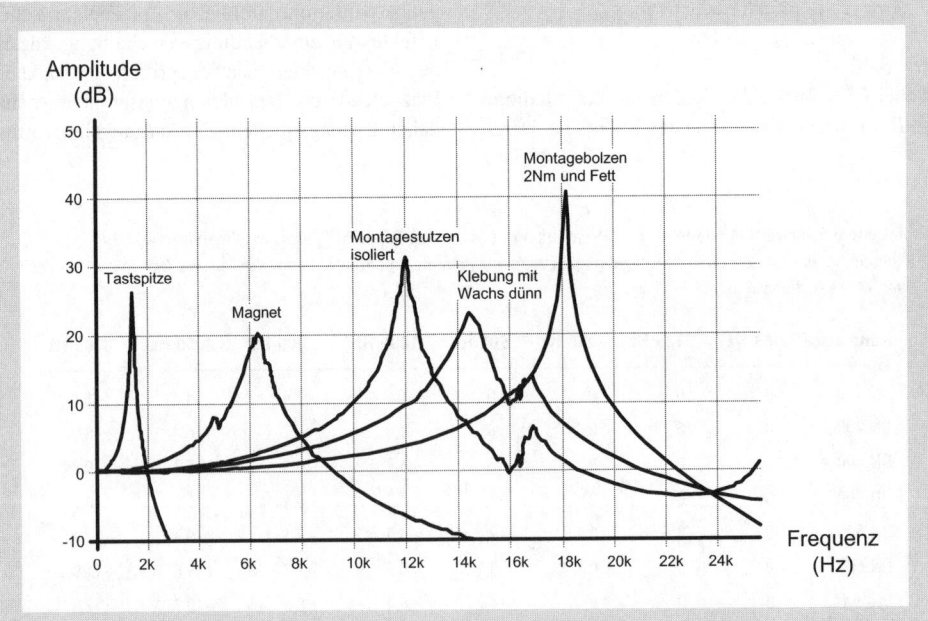

Abb. 6.15 Abhängigkeit der Resonanzfrequenz des Beschleunigungsaufnehmers vom Typ B&K 4370 von der Befestigungsart (nach Unterlagen von Brüel & Kjaer)

Nicht für jede Messaufgabe steht ein Aufnehmer mit genügend kleiner Masse zur Verfügung; in diesem Fall ist eine frequenzabhängige Korrektur der Messergebnisse nach obiger Beziehung um bis zu 6 dB möglich.

Infolge der erforderlichen festen Verbindung nimmt der Beschleunigungsaufnehmer schnell die Temperatur der zu untersuchenden Struktur an; bei Schwingungsmessungen an sehr kalten oder sehr heißen Teilen ist daher der zulässige Betriebstemperaturbereich des Aufnehmers zu beachten. Bedingt durch temperaturabhängige Parameteränderungen liegt die spezifizierte tiefste Einsatztemperatur üblicher Beschleunigungsaufnehmer meist bei etwa −70 °C. Die obere Einsatztemperatur ist bei konventionellen Ladungstypen durch das Piezo-Wandlermaterial gegeben und liegt üblicherweise bei ca. 250 °C; bei höheren Temperaturen tritt eine irreversible Empfindlichkeitsänderung der Piezoelemente ein. Messungen an sehr heißen Strukturen erfordern den Einsatz wasser- oder luftgekühlter Montageadapter [6.23], spezielle Hochtemperatur-Aufnehmer sind für Einsatztemperaturen bis zu 400 °C erhältlich.

Bei Beschleunigungsaufnehmern mit eingebauten Ladungsverstärkern wird die obere Einsatztemperatur nicht durch das Piezo-Sensorelement, sondern durch die elektronischen Halbleiter-Bauteile begrenzt und liegt bei etwa 125 °C.

Die Querempfindlichkeit von piezoelektrischen Beschleunigungsaufnehmern gegenüber Störgrößen wie z. B. magnetischen Feldern, radioaktiver Strahlung, Feuchtigkeit oder hohen Schallpegeln ist meist im Datenblatt des Aufnehmers spezifiziert und in der Regel so klein, dass in üblichen technischen Messumgebungen keine Verfälschung des Messergebnisses erfolgt. Vor Messungen unter extremen Störeinwirkungen (z. B. im Einflussbereich radioaktiver Strahler oder sehr starker Magnetfelder) sollte jedoch der zu erwartende Störeinfluss anhand der spezifizierten Querempfindlichkeit und damit die kleinste messbare Beschleunigung sowie der verbleibende Dynamikbereich abgeschätzt werden.

6.2.1.4.2 Berührungslose Bewegungs-Messverfahren

Laser-Vibrometer ermöglichen eine berührungslose und damit vollkommen rückwirkungsfreie Schwingungsmessung, vgl. auch Abschn. 2.2.3. Messungen an z. B. glühenden oder unter hoher elektrischer Spannung stehenden Teilen können mit einem Laser-Vibrometer gefahrlos und einfach durchgeführt werden. Im Gegensatz zu einem Beschleunigungsaufnehmer messen Laser-Vibrometer jedoch prinzipbedingt keine absolute Bewegungsgröße, sondern die Schnelledifferenz zwischen der Position der Laserlichtquelle und dem Messobjekt, d. h. dem Messergebnis ist nicht zu entnehmen, ob sich das Vibrometer oder das Messobjekt bewegt hat. Dies stellt in der Praxis keine Einschränkung dar, solange der Vibrometer-Messkopf auf einer ruhenden Basis (Fundament, Laborfußboden) aufgestellt werden kann, erfordert aber z. B. bei Messungen auf Fahrzeugen sorgfältige Beachtung. Gegebenenfalls kann durch eine zusätzliche Beschleunigungsmessung mit einem Aufnehmer auf der Montagefläche des Vibrometers und phasenrichtige Überlagerung der Ausgangssignale von Vibrometer und Beschleunigungsaufnehmer die Eigenbewegung des Vibrometers in Messrichtung kompensiert werden.

6.2.2 In-situ-Messung der Geräuschemission von Einzelschallquellen

6.2.2.1 Maschinen

Das mit der *Schallintensitätsmessung* arbeitende Hüllflächenverfahren nach ISO 9614 (s. Abschn. 6.1.2.2.5) ist, wie zuvor erläutert und in Abb. 6.9 verdeutlicht, für eine Bestimmung der Schallleistung von Maschinen unter den hierfür üblichen Umgebungsbedingungen fast immer anwendbar und dies auch mit meist ausreichender Genauigkeit.

Das *Hüllflächen-Schalldruckverfahren* erfordert dagegen unter in-situ-Bedingungen die Ermittlung der Korrekturterme K_1 und K_2 (s. Abschn. 6.1.2.2.2), deren Zahlenwert insbesondere auch darüber entscheidet, ob die Schallleistungsermittlung durch Schalldruckmessungen unter den am Messort bestehenden akustischen Gegebenheiten überhaupt im Rahmen akzeptierbarer Messunsicherheiten möglich ist (s. Abb. 6.9). Viele Maschinenaufstellungsräume haben akustische „Raumrückwirkungen", die im 1-m-Meßabstand zu K_2-Werten zwischen 2 und 5 dB(A) führen, sodass allein schon aus der Sicht des K_2-Kriteriums die Klasse-2-Messung (Engineering) entfällt und Ergebnisse erzielt werden können, die nur der recht ungenauen Klasse 3 entsprechen. Ist der Störpegel relativ zum Geräusch der zu messenden Maschine hoch (K_1-Kriterium: s. Abschn. 6.1.2.2.2), so kann sich die Schalldruckmessung selbst nach der Genauigkeitsklasse 3 verbieten.

Hat man K_1- und K_2-Werte erhalten, die nur wenig oberhalb der genannten Grenzen liegen, so ist eine – unter Umständen hinreichende – Herabsetzung möglich durch:

a) Verkleinerung der Messfläche S, d. h. durch Wahl kleinerer Messabstände (aber $d \geq 0{,}25$ m),
b) Vergrößerung der Absorptionsfläche des Messraumes,
c) Abschirmung (Teil-)Kapselung der Störquellen, sofern diese nicht sogar gänzlich außer Betrieb gesetzt werden können.

Die Bereinigung der Messresultate um die durch Reflexionen und Fremdgeräusche verursachten Einflüsse ist ein Grundsatz der Schallleistungs-Bestimmung. Sie dient aber auch einer klaren Trennung zwischen der vom Maschinenhersteller zu verantwortenden Maschinengeräusch-Emission und Einflüssen, die in die Kompetenz derer fallen, die für die akustische Gestaltung der Maschinen-Umgebung wie für die Akustik der Maschinenaufstellungsräume zuständig sind.

6.2.2.2 Messung an Öffnungen und Schornsteinen sowie an und in Rohrleitungen und Kanälen

Geräuschmessungen mit dem Kugelmikrofon an Öffnungen ohne oder mit nur geringer Luftströmungsgeschwindigkeit können außer mittels

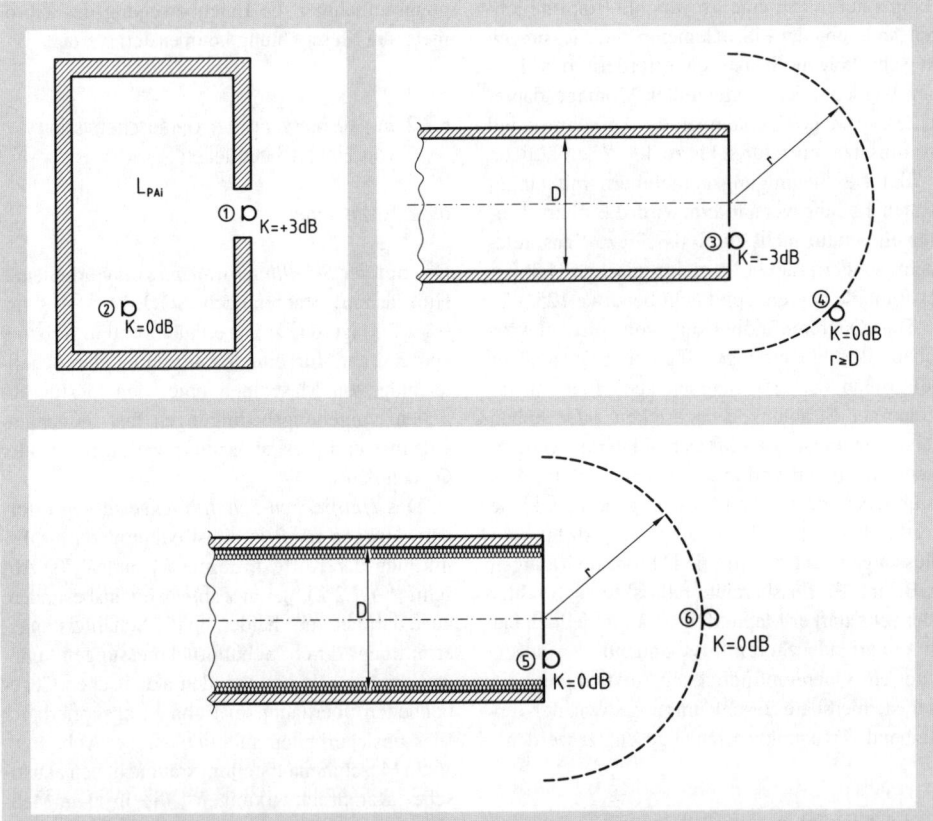

Abb. 6.16 Schallfeldbedingte Korrekturen bei der Messung mit dem Kugelmikrofon. **a** Bestimmung des diffusen Innenschallpegels L_{pAi} eines Raumes durch Messung im Raum (2) oder im halbdiffusen Schallfeld (1) einer Öffnung in der Raumbegrenzungsfläche. **b** Bestimmung des Schallleistungspegels einer Rohröffnung ins Freie über Schallpegelmessung im freien Schallfeld (4) auf einer Hüllfläche ($S_4 = 2\pi r^2$ mit $r \geq D$) bzw. im halbdiffusen Schallfeld in der Öffnungsfläche (3) ($S_3 = D^2\pi/4$). **c** Bestimmung des Schallleistungspegels der Öffnung eines schallabsorbierend ausgekleideten Rohrs über Schallpegelmessung im freien Schallfeld (6) auf einer Hüllfläche ($S_6 = 2\pi r^2$ mit $r \geq D$) bzw. im freien Schallfeld in der Öffnungsfläche (5) ($S_5 = D^2\pi/4$)

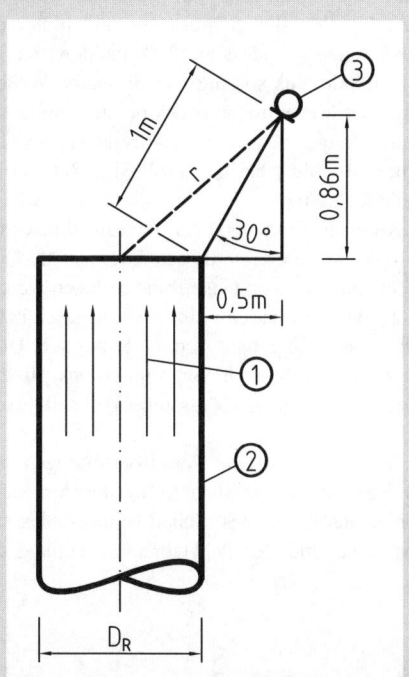

Abb. 6.17 „Q-Punkt" des Messmikrofons (3) zur Messung der Schallemission von Abgasrohren (2) o. ä. außerhalb der Gasströmung (1). Der Radius r der Messfläche wird in Abhängigkeit vom Rohrdurchmesser D_R nach Gl. (6.59) berechnet

$$r = \sqrt{\left(\frac{D_R}{2} + 0{,}5\right)^2 + 0{,}74}\ . \quad (6.59)$$

Die Schallemission von Schornstein-Mündungen ist wegen der eingeschränkten Zugänglichkeit selten durch eine direkte Messung bestimmbar. Sie kann nach dem in VDI 3733, Anhang D [6.24] beschriebenen Verfahren aus dem im Kaminfuß – z. B. durch Messung mit einer Heißgassonde gemäß Abb. 6.18 – ermittelten Schallleistungspegel berechnet werden.

Der Schallleistungspegel L_{Wi} im Inneren eines Kanals oder Rohrs berechnet sich allgemein aus dem mittleren Schalldruckpegel über den Kanalquerschnitt $\bar{L}$, der Querschnittsfläche S in m², der Schallkennimpedanz des Strömungsmediums und ggf. einer Korrekturgröße K_d gemäß Gl. (21.38). Die Korrektur K_d zur Berücksichtigung höherer Moden im Rohr hängt von der jeweiligen benutzten Messtechnik ab, s. auch Abschnitt 6.2.1.3.

Um den Schallleistungspegel in einem Rohr messtechnisch zu ermitteln, kann mit einem Mikrofon der Schalldruck im Rohr gemessen werden, wenn die Rohrleitung luftgefüllt und fast drucklos ist, nicht oder nur mit geringer Geschwindigkeit (ca. < 5 m/s) durchströmt wird und die Temperatur im Rohr eine solche Messung zulässt. Für die Messung muss eine Öffnung (Messstutzen o. ä.) von mindestens Mikrofon-Durchmesser in der Rohrwand vorhanden sein, durch die das Mikrofon ins Innere gebracht werden kann. Die verbleibende Öffnungsfläche ist während der Messung mit einem Tuch o. ä. abzudichten, um evtl. Strömungsgeräusche durch ein- oder austretende Luft zu vermeiden.

Bei durchströmten Kanälen entstehen am Mikrofon turbulente Druckschwankungen (Pseudoschall), die das Messergebnis erheblich verfälschen können. Um diese turbulenten Druckschwankungen zu reduzieren, kann das Messmikrofon mit einem als Turbulenzschirm ausgebildeten Mikrofonvorsatz (Friedrich-Sonde) ausgerüstet werden [6.25]. Er besteht aus einem 540 mm langen Metallrohr mit 13 mm Innendurchmesser, das seitlich einen 400 mm langen und 1 mm breiten Schlitz aufweist, der mit einem aus 4 Lagen Metallgewebe bestehenden Strömungswiderstand ($Z = 1\rho c \ldots 3\rho c$) ausgefüllt ist. Die Sonde einschließlich Mikrofon wird vollständig in den Kanal eingebracht, wozu bei in-situ-Messungen eine Öffnung von ca. 100 mm Durchmesser in der Rohrwand sowie eine Halterung zur Ausrichtung der Sonde im Rohr von außen erforderlich ist. Messstrecken in Prüfständen

Hüllflächenmessung auch unmittelbar in der Öffnungsfläche durchgeführt werden, wenn die Störpegelsituation dies erfordert; in diesem Fall sind Schallfeld-Korrekturwerte gemäß Abb. 6.16 anzubringen.

Bei der Messung der Schallemission von Abgasöffnungen muss das Messmikrofon aus der Gasströmung gehalten werden, um eine Beeinflussung durch Störschall infolge Turbulenz am Mikrofon zu vermeiden. Für Abgasrohre von Fahrzeugen wird häufig der so genannte „Q-Punkt" als Standard-Messposition spezifiziert [6.17], s. Abb. 6.17. Das Mikrofon wird 0,86 m oberhalb der Mündung und seitlich 0,5 m neben der Rohrwand gehalten, was einer Entfernung von 1 m zwischen Mündungsrand und Mikrofon entspricht, s. Abb. 6.17.

Zur Berechnung der Schallleistungspegel der Abgasmündung aus dieser Messung wird in der Regel die Halbkugel-Oberfläche $2\pi r^2$ benötigt, der Radius r berechnet sich in Abhängigkeit vom Durchmesser D_R des Abgasrohrs zu:

besitzen in der Regel eingebaute Sondenhalterungen. Nach vorne (in Richtung zur Schallquelle) endet die Friedrich-Sonde in einen Nasenkonus, das hintere Ende nimmt ein $^1/_2$-Zoll-Mikrofon mit Vorverstärker auf. Dieser in DIN EN 25136 [6.26] empfohlene Mikrofonvorsatz kann in Messkanälen im Durchmesserbereich $0{,}15\text{ m} \leq D_R \leq 2{,}0\text{ m}$ bei Strömungsgeschwindigkeiten bis zu 30 m/s angewendet werden. Die mit dem Mikrofonvorsatz aufgenommenen Schalldruckpegel L_{pi} sind mit der kombinierten Frequenzgangkorrektur

$$C = C_1 + C_2 + C_3 + C_4 \qquad (6.60)$$

zu verrechnen. Hierbei bedeuten im Einzelnen:

C_1 Freifeldkorrektur des Mikrofons in dB.
C_2 Frequenzgangkorrektur des Mikrofonvorsatzes in dB.
C_3 Strömungsgeschwindigkeits-Frequenzgangkorrektur in dB.
C_4 Modal-Frequenzgangkorrektur in dB.

Das Übertragungsmaß C_2 des Mikrofonvorsatzes ist gemäß DIN EN 25136 experimentell entsprechend dem bei den Richtmikrofonen erläuterten Verfahren zu ermitteln, vgl. 6.2.1.2. Für die Bestimmung der übrigen Korrekturwerte sei auf die Norm [6.26] verwiesen.

Die Hauptanwendung der Friedrich-Sonde ist die Geräuschmessungen an Ventilatoren, wobei die Grenzen des Verfahrens – Strömungsgeschwindigkeiten ≤ 30 m/s und Rohrdurchmesser ≥ 150 mm die Anwendbarkeit einschränken. Diesen Nachteil vermeidet die Wandschlitzsonde nach einem Vorschlag von M. Hubert [6.27], bei der sich das Mikrofon einschließlich Vorsatzrohr außerhalb der durchströmten Rohrleitung befindet, wodurch eine Versperrung des Strömungsquerschnitts und die damit verbundene Störung des Strom- und Schallfeldes vermieden wird. Auch beim Einsatz der Hubert-Sonde müssen, wie bei der Friedrich-Sonde, Frequenzgang-Korrekturen durchgeführt werden. Ein wesentlicher Nachteil der Hubert-Sonde ist jedoch der erforderliche Schlitz 400 × 1 mm in der Rohrwand, welche die Einsetzbarkeit der Hubert-Sonde praktisch auf fest eingerichtete Prüfstände beschränkt.

Sowohl mit der Friedrich-Sonde als auch mit der Hubert-Sonde können normgerechte Messungen nur in Kanälen mit Kreisquerschnitt durchgeführt werden, die aus mindestens 4 mm dicke Stahlblech bzw. einem anderen Material entsprechenden Flächengewichts und Steife bestehen, damit die Innenwände ausreichend schallhart sind. Der Messkanal muss vor und hinter der Mess-Sonde mindestens 4 Kanaldurchmesser bzw. mindestens so lang wie die halbe Wellenlänge der Mittenfrequenz des tiefsten interessierenden Frequenzbandes sein und einen reflexionsarmen Abschluss besitzen (zulässige Reflexionsgrade s. [6.26]).

Kurzzeit-Messungen in nahezu drucklosen Heißgaskanälen wie z. B. den Abgaskanälen und Abhitzekesseln von Gasturbinenanlagen werden durch die Verwendung einer wärmegeschützten Mikrofonsonde gemäß Abb. 6.18 möglich. Hierbei muss ein Stutzen von mindestens 50 mm Durchmesser an der Messstelle vorhanden sein [6.28].

Die Schallemission von Rohrleitungen und Kanälen wird aus der inneren Schallleistung unter Berücksichtigung des Schalldämm-Maßes der Rohrwand und der Pegelabnahme entlang der

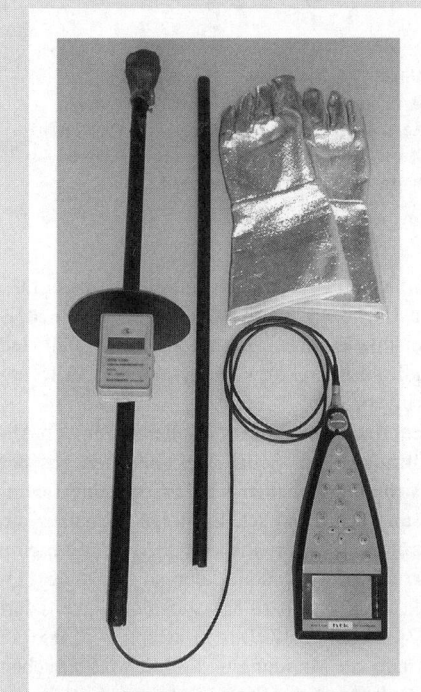

Abb. 6.18 Die Heißgas-Sonde (mit Hitzeschild, integriertem Thermometer und Verlängerungsrohr) ist mit einem serienmäßigen $^1/_2$-Zoll-Messmikrofon bestückt und ermöglicht kurzzeitige Messungen in Abgaskanälen o. ä. mit hohen Gastemperaturen bis ca. 600 °C

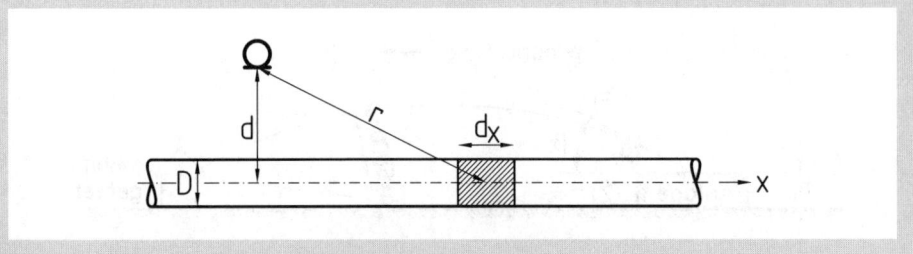

Abb. 6.19 Kugelmikrofon-Messung an einer Feststoff-Transportleitung

Rohrleitung ermittelt, vgl. Kap. 21.2 und VDI 3733, Anhang B [6.24]. Einen Sonderfall stellt die Schallemission pneumatischer Feststoff-Transportleitungen (s. Abschn. 21.11) dar, die auf die Stoßvorgänge zwischen den Feststoffpartikeln und der Rohrwand zurückgeht. Eine solche Rohrleitung stellt eine Linienschallquelle aus zahlreichen inkohärenten Einzelschallquellen dar. Abbildung 6.19 zeigt die Situation bei der Schallmessung an einer solchen Leitung mit dem Kugelmikrofon.

Mit P' = Schallleistung pro Längeneinheit der Feststoff-Transportleitung ist $P'dx$ die Schallleistung des Rohrstücks der Länge dx. Der mit einem Kugelmikrofon an einer unendlich langen Leitung gemessene Schalldruck beträgt:

$$p^2 = \int_{-\infty}^{+\infty} \frac{P'dx}{4\pi r^2} = \frac{P'}{4\pi} \int_{-\infty}^{+\infty} \frac{dx}{d^2 + x^2} . \quad (6.61)$$

Durch Auswertung des Integrals und anschließende Logarithmierung erhält man für den längenbezogenen Schallleistungspegel der Feststoff-Transportleitung die einfache Beziehung:

$$L'_W = L_p + 10 \lg 2\pi d - 2 \; dB/m . \quad (6.62)$$

Dies gilt unter der Voraussetzung, dass der betrachtete Leitungsabschnitt sehr viel länger als der Messabstand ist und keine Schallreflexion am Boden auftritt; der Messabstand soll in der Praxis etwa zu 2-mal Rohrdurchmesser D gewählt werden.

6.2.3 Messung der Geräuschemission ausgedehnter Schallquellen

Die Messung der durch eine Industrieanlage bzw. durch eine Teilanlage eines Industriebetriebes in den angrenzenden Wohngebieten hervorgerufenen Schalldruckpegel bereitet oft erhebliche Schwierigkeiten und ist in vielen Fällen überhaupt nicht möglich, weil Anlagengeräusche und Fremdgeräusche nicht zu trennen sind. Die Fremdgeräusche können dabei durch Straßenverkehr, durch andere Betriebe oder auch durch andere Teilanlagen des gleichen Werkes hervorgerufen werden. Diese Schwierigkeit kann dadurch umgangen werden, dass zunächst die Schallemission der Anlage ermittelt wird und hieraus über eine Schallausbreitungsrechnung die Schallimmission berechnet wird, s. Kap. 7.

Die Schallleistung einer Industrieanlage könnte theoretisch genauso wie bei einzelnen Maschinen unter Verwendung des Hüllflächenverfahrens ermittelt werden: Um die Anlage wird eine gedachte Hüllfläche gelegt und auf dieser in vielen, gleichmäßig verteilten Punkten der Schalldruckpegel gemessen. Der Messaufwand wäre dabei sehr groß, insbesondere wegen der Messpunkte über der Anlage.

Man hat daher Messverfahren entwickelt, die die Bestimmung des immissionswirksamen Schallleistungspegels großflächiger Industrieanlagen bei reduziertem Messaufwand erlauben. Zwei dieser Verfahren – das Fenster-Verfahren und das Rundum-Verfahren – basieren auf der Überlegung, dass für die Schallimmission in der weiteren Umgebung der Anlage nur die annähernd horizontal bis leicht schräg nach oben abgestrahlte Schallleistung von Bedeutung ist. Man kann sich deshalb auf Messpunkte am Rande der Anlage beschränken und auf Messpunkte über der Anlage verzichten. Die Schallausbreitungsverhältnisse zwischen Industrieanlage und Immissionsort bei Mitwindbedingungen sind in Abb. 6.20 schematisch dargestellt.

Unter der Annahme eines mittleren, höhenunabhängigen Windgeschwindigkeitsgradienten von $7 \; s^{-1}$ beschreiben die Schallstrahlen Kreisbahnen mit einem Krümmungsradius von $a = 5000$ m. Der Erhebungswinkel β, unter dem der am Immissionsort ankommende Schallstrahl die Indus-

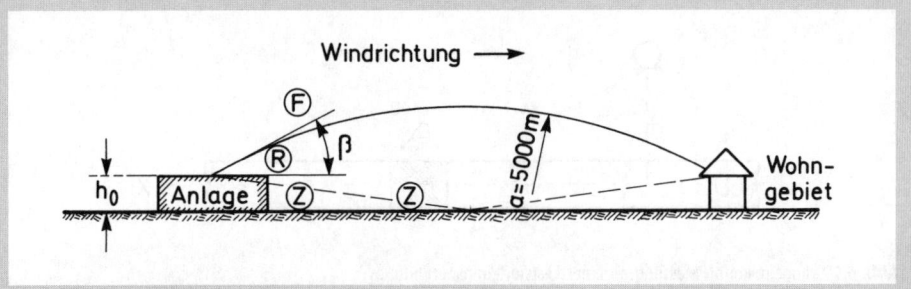

Abb. 6.20 Schallabstrahlung einer Industrieanlage bei Mitwindbedingungen; Mikrofonpositionen bei der „Zaunmessung" (Z) und den Messmethoden Rundum-Verfahren (R) und Fenster-Verfahren (F)

trieanlage verlässt, kann aus der mittleren Anlagenhöhe, der Höhe des Immissionsortes über Anlagenniveau und dem Abstand zwischen Anlage und Immissionsort berechnet werden und beträgt üblicherweise zwischen 2 und 10 Grad.

In Abb. 6.20 sind typische Mikrofonpositionen für verschiedene Messverfahren eingezeichnet. Bei einer „Zaunmessung" ist der Messort in der Regel bodennah, der Abstand zur Anlage unbestimmt (Abb. 6.20, Messpunkte „Z"). Das Fensterverfahren verwendet typischerweise Messorte mit größerem Abstand zur Anlage und größeren Höhen als die Rundum-Methode (Abb. 6.20, Messpunkte „F" und „R").

Die hier als „Zaunmessung" bezeichnete Meßmethode ist kein festgelegtes Verfahren mit definierten Durchführungsregeln, sondern beschreibt die gelegentlich praktizierte Vorgehensweise, das Hüllflächenverfahren zur Bestimmung des Schallleistungspegels einzelner Maschinen in stark vereinfachter Form auf größere Anlagen zu übertragen: An wenigen oder auch nur einem leicht zugänglichen, (d.h. bodennahen) Messpunkt auf einer gedachten Hüllfläche um die Anlage wird mit dem Handschallpegelmesser der Schalldruckpegel gemessen, die Messpunkthöhe beträgt hierbei üblicherweise ca. 1,2 m. Der Schallleistungspegel der Anlage wird als Summe des gemessenen Schalldruckpegels und des Messflächenmaßes der gedachten Hüllfläche berechnet. Die Bezeichnung „Zaunmessung" rührt von dem gelegentlich bestehenden Wunsch her, solche Messungen am Werkszaun von Industrie-Betrieben durchführen zu können und von dem Messergebnis auf die Schallimmission einer Teilanlage oder gar des ganzen Betriebes in der bewohnten Nachbarschaft zu schließen. Der Werkszaun ist als Messort deshalb von besonderem Interesse, weil hier – von öffentlichem Gelände aus – jederzeit auch ohne Wissen und Zustimmung des Anlagenbetreibers Messungen durchgeführt werden können.

Da der Verlauf des Werkszauns in Bezug auf die Anlagen allgemeingültig nicht festgelegt ist, können sehr unterschiedliche Messpositionen und verschiedene Fehlereinflüsse vorliegen. Bei anlagennahen Messpositionen kann häufig die für die Schallimmission wesentliche Schallabstrahlung der oberen Anlagenteile gar nicht erfasst werden, da der bodennahe Messort sich im Schallschatten der Anlage selbst befindet. Eine über diese Messung ermittelte Schallleistung wäre möglicherweise erheblich geringer als die tatsächlich vorhandene. Andererseits können bei anlagennahen Messungen auch Messfehler mit positivem Vorzeichen entstehen, wenn sich wesentliche Einzelschallquellen in der Nähe des Messortes befinden.

Aber auch anlagenferne bodennahe Zaunmesspunkte sind zur Beurteilung der Schallimmission von Anlagen eines Betriebes nicht geeignet, da in der Regel gravierende Fehlereinflüsse vorliegen. Zum einen werden infolge der geringen Messhöhe nur die sich in Bodennähe ausbreitenden Schallanteile der zu beurteilenden Anlagen erfasst, deren Pegelabnahme mit der Entfernung größer ist als die der immissionswirksamen höherliegenden Schallanteile, zum anderen kann der Störschallanteil durch Straßenverkehr bzw. andere Anlagen an diesen Messorten bereits sehr hoch sein. Daher sind Zaunmesspunkte i. Allg. allenfalls für orientierende Messungen verwendbar. Für eine Bestimmung des immissionsrelevanten Schallleistungspegels einer Anlage sind Zaunmessungen nicht geeignet [6.29].

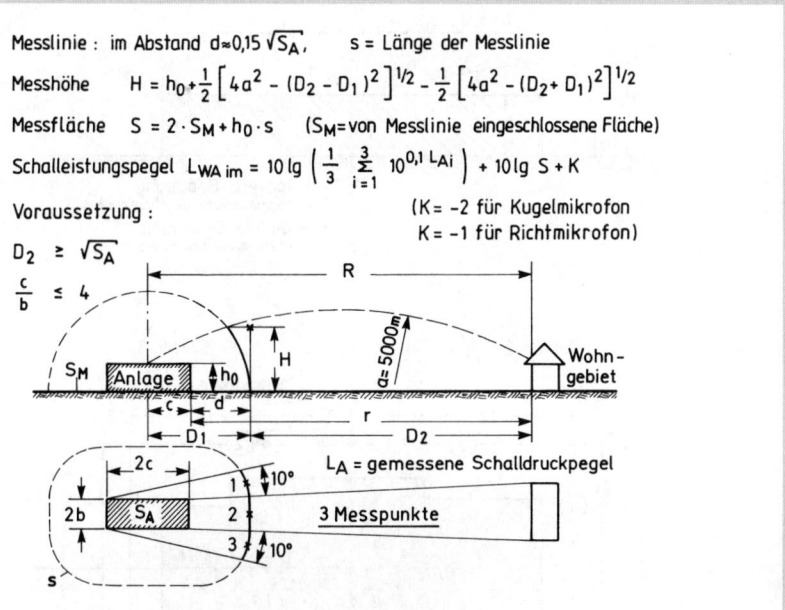

Abb. 6.21 Fenster-Messverfahren

6.2.3.1 Fenster-Methode

Abbildung 6.21 gibt einen Überblick über das Fensterverfahren, das auf einen Vorschlag von Meurers [6.30] zurückgeht. Das Prinzip des Verfahrens besteht darin, nur diejenigen Teile der Schallabstrahlung durch Messung zu erfassen, die ein gedachtes „Fenster" in der Hüllfläche um die Anlage in Richtung zum Immissionsort durchdringen. Der Schalldruckpegel wird an drei Punkten im Fenster gemessen und die Ergebnisse energetisch gemittelt. Der Messabstand vom Anlagenrand soll etwa 15 % der mittleren Anlagenausdehnung betragen.

Die einzuhaltende Messhöhe H ist außer von der Längenausdehnung und der mittleren Bebauungshöhe h_0 der Anlage auch von der Entfernung D_2 zwischen Messort und Immissionsort abhängig. Daraus folgt, dass zur Berücksichtigung mehrerer Immissionsorte, die unterschiedlich weit von der Anlage entfernt sind, mehrere Messungen mit verschiedenen Mikrofonhöhen durchgeführt werden müssen.

Die Messfläche S entspricht der doppelten von der Messlinie s eingeschlossenen Fläche S_M zuzüglich der Mantelfläche $h_0 \cdot s$. Der immissionswirksame Schallleistungspegel ergibt sich als Summe des energetischen Mittelwertes der drei gemessenen Schalldruckpegel, des Messflächenmaßes und einer Korrekturgröße K zur Korrektur des geometrischen Nahfeldfehlers ($K = -2$ dB bei Kugelmikrofonmessung) bzw. des Nahfeldfehlers und der Richtwirkung eines Mikrofons ($K = -2 + 1 = -1$ dB bei Richtmikrofonmessung). Eine Korrektur des infolge der Luftabsorption eintretenden (geringen) Messfehlers ist nicht vorgesehen. Voraussetzung für die Anwendbarkeit des Fensterverfahrens ist eine im Verhältnis zur Anlagengröße große Entfernung zum Immissionsort und ein nicht zu großes Verhältnis von Länge und Breite der Anlagengrundfläche ($c/b \leq 4$).

Die Auswertung der Messung ist mit einem relativ geringen Rechenaufwand verbunden und kann auch ohne Computerunterstützung durchgeführt werden.

Ein wesentlicher Nachteil der Fenster-Methode ist die Abhängigkeit des Messorts vom jeweiligen Immissionsort, d.h. für jeden Immissionsort ist eine eigene Messung mit entsprechender Messhöhe und Messabstand erforderlich; überdies ergeben sich bei großen Anlagen unpraktikabel große Messabstände und Messhöhen. Aus diesen Gründen wird die Fenster-Methode prak-

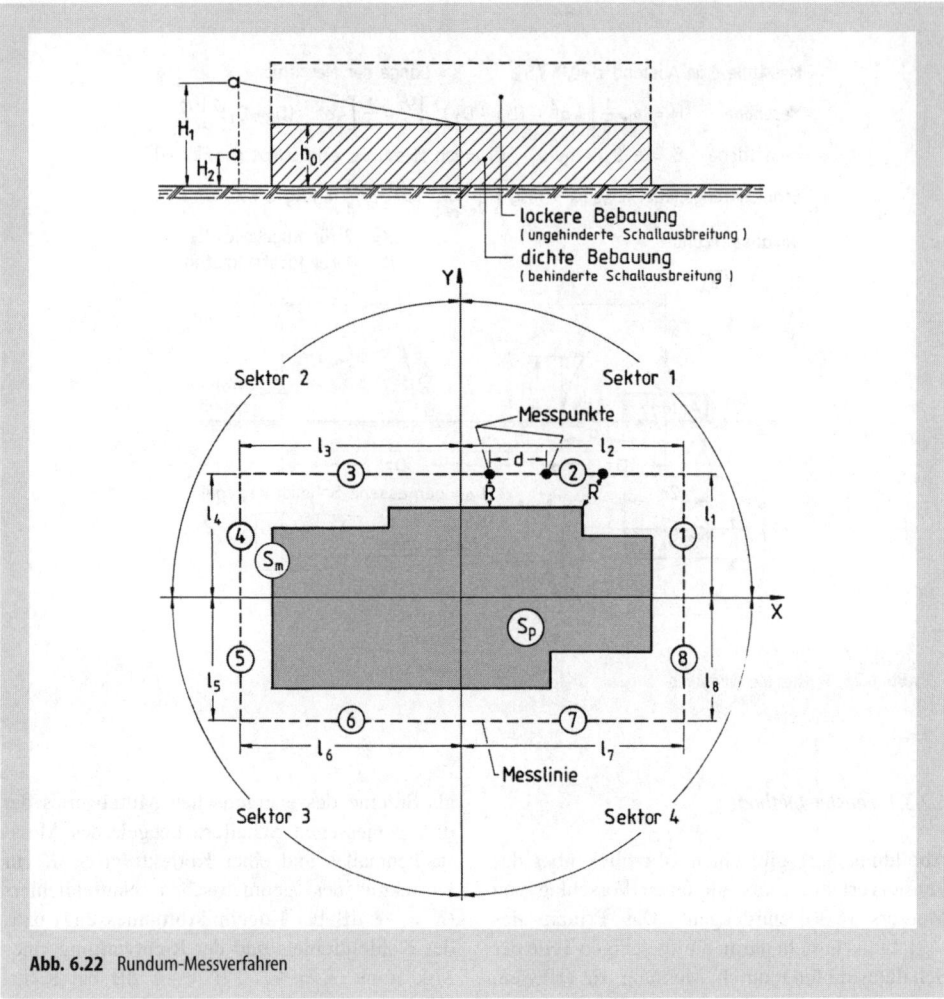

Abb. 6.22 Rundum-Messverfahren

tisch kaum verwendet, sondern die wesentlich universellere Rundum-Methode bevorzugt.

6.2.3.2 Rundum-Methode

Abbildung 6.22 zeigt die Verhältnisse beim Rundum-Messverfahren nach Stüber und Fritz [6.31]. Der Messpfad um die Anlage wird so gewählt, dass der mittlere Abstand $\bar{R}$ zwischen Anlagengrenze und Messpfad ca. 5 % der mittleren Anlagenausdehnung, mindestens aber 5 m beträgt. Auf dem Messpfad werden nun Messpunkte im Abstand d festgelegt, wobei

$$d \leq 2\bar{R} \quad (6.63)$$

gelten soll. Die Messhöhe H_1 soll zu

$$H_1 = h_0 + 0{,}025\sqrt{S_m} \quad (6.64)$$

gewählt werden, h_0 ist die charakteristische, mittlere Bebauungshöhe der Anlage und S_m die vom Messpfad eingeschlossene Grundfläche.

Die Messhöhe ist unabhängig von der Entfernung zum Immissionsort. Bei extrem hohen Anlagen kann zur Erhöhung der Messgenauigkeit eine zweite Mikrofonhöhe H_2 gewählt werden. Wenn die Anlage Geräuschquellen enthält, die besonders hoch über der charakteristischen Höhe der Anlage liegen, so dass sie nicht durch die Messung entlang des Messpfades erfasst werden können, sind die Schallleistungspegel dieser Geräuschquellen mit einem geeigneten Verfahren gesondert zu erfassen und dem Endergebnis der Rundum-Messung zuzuschlagen. Die Messung der Schalldruckpegel erfolgt üblicherweise mit Hilfe eines horizontal in die Anlage zeigenden Richtmikrofons, das mit Hilfe eines fahrbaren

Abb. 6.23 Bestimmung des immissionswirksamen Schallleistungspegels einer petrochemischen Anlage mit Hilfe der Rundum-Methode

Stativs entlang des Messpfads von Messpunkt zu Messpunkt verschoben wird, s. Abb. 6.23. Messung und Auswertung erfolgen in Oktavbandbreite.

Der immissionswirksame Oktav-Schallleistungspegel der Anlage wird bestimmt zu

$$L_W = \bar{L}_p + \Delta L_S + \Delta L_F + \Delta L_M + \Delta L_\alpha \quad (6.65)$$

mit $\bar{L}_p$ energetischer Mittelwert aller auf dem Messpfad gemessenen Schalldruckpegel, in dB
ΔL_S Messflächenmaß
ΔL_F Nahfeldkorrekturmaß
ΔL_M Mikrofon-Korrektur
ΔL_α Luftabsorptionsmaß

Die einzelnen Korrekturmaße sind wie folgt zu berechnen:

$$\Delta L_S = 10 \lg \left(\frac{2S_m + h_0 l}{S_0} \right) \text{dB} . \quad (6.66)$$

Hierin ist l die Gesamtlänge des Messpfades in m und S_0 die Bezugsfläche 1 m².

$$\Delta L_F = \lg \frac{\bar{R}}{4\sqrt{S_p}} \text{dB} \quad (6.67)$$

mit der Anlagenfläche S_p.

ΔL_M: Die Mikrofon-Korrektur beträgt 0 dB für ein Mikrofon mit Kugelcharakteristik. Bei einem Richtmikrofon ist die frequenzabhängig Korrektur gemäß 6.2.1.2 einzusetzen.

$$\Delta L_\alpha = 0{,}5 \; \alpha \sqrt{S_m} \text{dB} . \quad (6.68)$$

Typische Werte des Luftabsorptionsgrades α siehe Kap. 7.3.

Der A-bewertete Gesamt-Schallleistungspegel der Anlage L_{WA} ist durch Summation der Oktavbänder nach folgender Gleichung zu berechnen:

$$L_{WA} = 10 \lg \left(\sum 10^{0{,}1(L_{Wj} + C_j)} \right) \text{dB} . \quad (6.69)$$

Dabei ist C_j der Korrekturwert für die A-Bewertung für das j-te Oktavband.

Eine rationelle Auswertung von Messungen nach der Rundum-Methode wird durch Computerunterstützung möglich. Durch separate Auswertung der auf den einzelnen Teilmesslinien 1 bis 8 (vgl. Abb. 6.22) gemessenen Schalldruckpegel kann außer dem immissionswirksamen Schallleistungspegel auch eine evtl. vorhandene horizontale Richtwirkung der Anlage ermittelt werden, und zwar in Form eines Richtwirkungsmaßes für jeden der Sektoren 1 bis 4.

Das Rundum-Verfahren ist ein universell verwendbares Messverfahren für Anlagen mit einer horizontalen Ausdehnung von 10 m bis ca. 300 m. Sowohl vom Anlagengrundriss als auch von der Richtung und Entfernung der Immissionsorte her gibt es keine Einschränkungen für die Verwendbarkeit des Verfahrens. Die Untersuchung der erzielbaren Genauigkeit in [6.31] ergibt, dass die Mitwind-Mittelungspegel in der Nachbarschaft von Industrieanlagen mit vielen Einzelschallquellen aus der mit der Rundum-Methode bestimmten Schallemission mit einer Genauigkeit von ± 2 dB(A) berechnet werden können. Eine größere Messunsicherheit besteht – ebenso wie beim Fensterverfahren – bei Anlagen mit wenigen Schallquellen und stark ausgeprägter horizontaler Richtcharakteristik. Die Anwendung der Rundum-Methode bedingt ein zeitlich konstantes Anlagengeräusch.

Die Rundum-Methode ist ein in DIN ISO 8297 genormtes [6.32] Messverfahren der Genauigkeitsklasse 2.

6.2.3.3 Näherungsverfahren

Bei sehr leisen Freianlagen in Raffinerien und petrochemischen Werken können Messungen außerhalb der Anlage zur Bestimmung des immissionswirksamen Schallleistungspegels (z.B. durch die Rundum-Methode) u.U. nicht möglich sein, weil dort Fremdgeräusche von benachbarten Anlagen pegelbestimmend sind. In diesem Fall kann der immissionswirksame A-bewertete Schallleistungspegel der Freianlage näherungsweise aus dem mittleren A-Schalldruckpegel in der Anlage ermittelt werden.

$$L_{WA} = \bar{L}_{pA} - 9 + 10 \lg \left(\frac{S_p + 2h_0 U}{S_0} \right) \text{dB} \quad (6.70)$$

mit

$\bar{L}_{pA}$ mittlerer A-Schalldruckpegel in der Anlage; beginnend an der Baugrenze der Anlage werden an gleichmäßig über die Anlagenfläche S_p verteilten Punkten in ca. 1,5 m Höhe über dem Boden und in einem Raster von 5 bis 10 m die A-Schalldruckpegel gemessen. Der Abstand zu pegelbestimmenden Einzelschallquellen muss stets größer als 2 m sein. Auf Bühnen und in ganz oder teilweise geschlossenen Gebäuden wird grundsätzlich nicht gemessen. $\bar{L}_{pA}$ ist der energetische Mittelwert aller Messwerte.

S_p Anlagenfläche in m^2; als Anlagenfläche wird die bebaute Fläche einer Produktionsanlage oder einer Nebenanlage einschließlich Erschließungsflächen (Wege, Zwischenlagerflächen und Rohrtrassen) in der Anlage, jedoch ohne Randflächen definiert (vgl. Abb. 6.22).

S_0 Bezugsfläche 1 m^2.

h_0 charakteristische Höhe der Anlage in m, vgl. Abschn. 6.2.3.2.

U Anlagenumfang in m, d.h. Länge der Grenzlinie um die Anlagefläche S_p.

Die Schallleistungspegel pegelbestimmender Einzelschallquellen, die oberhalb der dichten Bebauung liegen, sind gesondert zu ermitteln und dem aus dem mittleren A-Schalldruckpegel ermittelten Schallleistungspegel der Anlage zuzuschlagen.

Gemäß einer Untersuchung an 21 verschiedenen Anlagen [6.33] lässt sich mit dem oben beschriebenen Verfahren der immissionswirksame Schallleistungspegel typischer Produktions- und Nebenanlagen von Raffinerien und petrochemischen Anlagen mit einer Genauigkeit von ± 3 dB(A) (95% Vertrauensbereich) ermitteln.

Literatur

6.1 Normen und Richtlinien unterliegen einer ständigen Anpassung an den Erkenntnisstand und werden deshalb unter Hinweis auf [6.4] nur mit Kennziffern und Titel, nicht mit Erscheinungsdatum zitiert.

6.2 DIN EN ISO 11200; Akustik – Geräuschabstrahlung von Maschinen und Geräten – Leitlinien zur Anwendung der Grundnormen zur Bestimmung von Emissionsschalldruckpegeln am Arbeitsplatz und an anderen festgelegten Orten; Deutsche Fassung EN ISO 11200

DIN EN ISO 11201; Akustik – Geräuschabstrahlung von Maschinen und Geräten – Messung von Emissions-Schalldruckpegeln am Arbeitsplatz und an anderen festgelegten Orten; Verfahren der Genauigkeitsklasse 2 für ein im Wesentlichen freies Schallfeld über einer reflektierenden Ebene Deutsche Fassung EN ISO 11201

DIN EN ISO 11202; Akustik – Geräuschabstrahlung von Maschinen und Geräten – Messung von Emissions-Schalldruckpegeln am Arbeitsplatz

und anderen festgelegten Orten; Verfahren der Genauigkeitsklasse 3 für Messungen unter Einsatzbedingungen;
Deutsche Fassung EN ISO 11202

DIN EN ISO 11203; Akustik – Geräuschabstrahlung von Maschinen und Geräten – Bestimmung von Emissions-Schalldruckpegeln am Arbeitsplatz und anderen festgelegten Orten aus dem Schallleistungspegel
Deutsche Fassung EN ISO 11203

DIN EN ISO 11204; Akustik – Geräuschabstrahlung von Maschinen und Geräten – Messung von Emissions-Schalldruckpegeln am Arbeitsplatz und anderen festgelegten Orten; Verfahren mit Umgebungskorrekturen
Deutsche Fassung EN ISO 11204

DIN EN ISO 11205, Akustik Geräuschabstrahlung von Maschinen und Geräte-Messung von Emissions-Schalldruckpegeln am Arbeitsplatz-Schallintensitätsverfahren

6.3 Hübner, G. ; Gerlach, A.: Determination of emission sound pressure levels using three-component sound intensity measurements. Proceedings of EuroNoise, München, 1998, S 807–812

6.4 Verzeichnis der Normen und Richtlinien für Akustik, Lärmminderung und Schwingungstechnik Herausgeber DIN, ISBN 3-410-14760-8, Auflage 05, Ausgabe 2000-04 ferner: Internet http://www.din.de

6.5 DIN 45681; Bestimmung der Tonhaltigkeit von Geräuschen und Ermittlung eines Tonzuschlages für die Beurteilung von Geräuschimmisionen

6.6 DIN 45635-1; Geräuschmessung an Maschinen; Luftschallemission, Hüllflächen-Verfahren; Rahmenverfahren für 3 Genauigkeitsklassen

DIN 45635 Teil 2 (ISO 3741, = ISO 3742 – 1988): Geräuschmessung an Maschinen; Luftschallemission, Hallraum-Verfahren; Rahmenmessverfahren (Genauigkeitsklasse 1)

DIN 45635 Teil 3: Geräuschmessung an Maschinen; Luftschallmessung, Sonder-Hallraum-Verfahren, Rahmen-Messverfahren (Genauigkeitsklasse 2)

DIN 45635 Teil 8 (= ISO/TR 7849): Geräuschmessung an Maschinen; Luftschallemission, Körperschallmessung; Rahmenverfahren. Determination of airborne noise emitted by machines; measurement of structure borne noise, basic requirements

6.7 ISO 3740: Acoustics – Determination of sound power levels of noise sources – Guidelines for the use of basic standards and for the preparation of noise test codes

ISO 3741: Acoustics – Determination of sound power levels of noise sources – precision methods for sources in reverberation rooms

ISO 3743: Acoustics – Determination of sound power levels of noise sources – Engineering methods for special reverberation test rooms

ISO 3744: Acoustics – Determination of sound power levels of noise sources – Engineering methods for free-field conditions over a reflecting plane

ISO 3745: Acoustics – Determination of sound power levels of noise sources – Precision methods for anechoic and semi anechoic rooms

ISO 3746: Acoustics – Determination of sound power levels of noise sources – Survey method

ISO 3747: Acoustics – Determination of sound power levels of noise sources – Survey Method using a reference sound source

6.8 DIN EN ISO 9614-1; Akustik – Bestimmung der Schallleistungspegel von Geräuschquellen aus Schallintensitätsmessungen – Teil 1: Messungen an diskreten Punkten;
Deutsche Fassung EN ISO 9614-1

DIN EN ISO 9614-2; Akustik – Bestimmung der Schallleistungspegel von Geräuschquellen aus Schallintensitätsmessungen – Teil 2: Messung mit kontinuierlicher Abtastung
Deutsche Fassung EN ISO 9614-2

DIN EN ISO 9614-3 Akustik – Bestimmung der Schallleistungspegel von Geräuschquellen aus Schallintensitätsmessungen – Teil 3: Präzisionsklasse für kontinuierliche Abtastung

Hübner G (1972) Zur Kennzeichnung und Messung der Geräusch-Emission von Maschinen – Neue nationale und internationale Entwicklungen. Akustik und Schwingungstechnik (DAGA) Stuttgart 1972. Berlin: VDE

Hübner G (1979) Analyse der Unsicherheiten bei der Bestimmung der Schallleistung von Maschinen unter besonderer Berücksichtigung von Umgebungseinflüssen realer Räume („in situ-Messungen"). VDI-Ber. Nr. 335, 31–41

Hübner G (1972) Sound power determination of machines in situ. Inter-Noise 72 Proc., Institutes of Noise Control Engineering, USA

Hübner G (1973) Qualifications procedures for free field conditions for sound power determination of sound sources. Inter-Noise 73, Technical University of Denmark, Copenhagen

Hübner G (1977) Qualification procedures for free field conditions for sound power determination of the appropriate environmental correction. Acoust. Soc. America, JASA, Vol. 61, No. 2, 456–464

Hübner G (1973) Analysis of errors in measuring machine noise under free field conditions. J. Acoust. Soc. Amer. 54, 967–977

Rieger W (1988) Praktische Erfahrungen mit der Schallintensitätsmessmethode bei der Schallleistungsbestimmung stationärer Schallquellen (Maschinen, Geräte, Rohrleitungen). Schalltechnik 88, Baden-Baden, VDI-Ber. 678, 35–37

Hübner G (1988) The use of sound field indicators for the measurement of the sound intensity determined sound power. Inter noise 89 Proc. Newport Beach, Calif., USA, pp 1015–1020

Hübner G (1990) Geräuschmessverfahren – Gegenwärtiger Stand – Rückblick und Aussicht. VDI-Ber. 798, 27–47

Hübner, G (1990) Feldindikator zur Beurteilung hinreichender Messgerätedynamik bei der Schallintensitätsmessung von Schallleistungen, insbesondere im Feld eines direkt einstrahlenden Störschalls. Fortschritte der Akustik, DAGA'90. Wien, 943–946

Hübner G (1987) Anwendung statistischer Verfahren bei der Beschreibung der Messunsicherheit genormter Verfahren zur Schallleistungsbestimmung von Maschinen. VDI-Fachtagung „Lärm und Statistik", Köln, VDI-Berichte 648, 57–83

Hübner G, Wu J, Messner J (1996) Ringversuch zur Bestimmung des Schallleistungspegels BAU – Forschungsbericht Fb 376

Hübner G, Gerlach A (1999) Schallleistungsbestimmung mit der DFEM. Schriftenreihe der Bundesanstalt für Arbeitsschutz und Arbeitsmedizin. Fb 846. Dortmund/Berlin. ISBN 3-89701-364-9

6.9 IEC 651: Sound Level Meters
IEC 804: Integrating-averaging sound level meters. Amendment No. 1
E DIN 45657: Schallpegelmesser; Zusatzanforderungen für besondere Messaufgaben Sound Level Meters; additional requirements for special measuring tasks
DIN IEC 804 (= IEC 804–1985): Integrierende mittelwertbildende Schallpegelmesser
IEC 942: Sound calibrators
DIN IEC 942 (= IEC 942): Schallkalibratoren
DIN 45655: Integrierende mittelwertbildende Schallpegelmesser; siehe ferner [6.1], [6.4]

6.10 Hübner G (1973) Analysis of errors in the measurement of machine noise. Journal of the Acoustical Society of America (JASA), Vol. 54, No. 4, 967–977

6.11 Schroeder MR (1954) Eigenfrequenzstatistik und Anregungsstatistik in Räumen. Acoustica 4, 456–468
Schroeder MR, Kuttruff KH (1962) On frequency response curves in rooms. Comparison of experimental, theoretical and Monte Carlo results for the average frequency spacing between maxima. J. Acoust. Soc. Amer. 34, 76–80
Schroeder MR (1969) Effects of frequency and space averaging in the transmission response of multimode media. J. Acoust. Soc. Amer. 46, 277–283

6.12 Ebbing CE (1968) Experimental evaluation of moving sound diffusors for reverberation rooms. Paper presentes at the 76th meeting of the Acustical Society of America
Tichy J (1979) The effect of rotating vanes on the sound field in reverberation chambers, Paper presented at the 80th Meeting of the Acoustical Society of America, Houston
Tichy J, Baade PK (1974) The effect of rotating diffusors and sampling techniques on sound pressure averaging in reverberation rooms. J. Acoust. Soc. Amer. 56: 137–143
Lang WW (1971) Determination of sound power emitted by small noise sources in reverberant rooms. Proc. 7th ICA, Budapest, paper 19 N 1
Maling GC (1971) Guidelines for determination of average sound power radiated by discrete frequency sources in a reverberant room. Proc. 7th ICA, Budapes, paper 19 N 2
Pedersen OJ, Jensen JO (1971) Measurement of sound power levels in a small room with special sound absorption properties. Proc. 7th ICA, Budapest, paper 20 A 5
Ebbing CE, Maling GC (1973) Reverberation room qualification for determination of sound power of sources of discrete frequency sound. J. Acoust. Soc. Amer. 54, 935–949 (dort auch weitere Beiträge)

6.13 DIN/ISO 5725: Präzision von Prüfverfahren – Bestimmung von Wiederholbarkeit und Vergleichbarkeit durch Ringversuche
DIN EN ISO 4871; Akustik – Angabe und Nachprüfung von Geräuschemissionswerten von Maschinen und Geräten
Deutsche Fassung EN ISO 4871

6.14 DIS 6926-2: Acoustics – Determination of sound power levels of noise sources – Requirements for the performance and calibration of reference sound sources

6.15 Hübner G (1884) Grundlagen der Intensitäts-Messmethode und Untersuchungen zum Anwendungsbereich in der Praxis der Geräuschemissionsermittlung. VDI-Ber. 526, Düsseldorf: VDI-Verlag. (Beitrag zur VDI-Fachtagung „Schallintensität", Baden-Baden), 1–47
Hübner G (1984) Development of requirement for an intensity measurement code determining sound power level of machine under (worst) in situ conditions. Proceeding of the Inter Noise 84 Congress, Honolulu, USA, pp 1093–1098
Hübner G (1985) Recent developments of sound power determination for machines by using sound intensity measurements – A survey of procedure and accuracy aspects. Inter Noise 85, München, Proc. Pp. 57–68
Hübner G (1985) Recent developments of requirements for an intensity measurement code determining sound power levels of machines. 2e congrès international sur l'intensimetrie acoustique, Senlis (France), Setember, Recueil de conferences, 307–318
Hübner G (1987) Sound Intensity measurement method – Errors in determining the sound power levels of machines and its correlation with sound field indicators. Inter Noise 87, Peking, Proc. Pp. 1227–1230

Hübner G, Rieger W (1988) Schallintensitätsmessverfahren zur Schallleistungsbestimmung in der Praxis. Schriftreihe der Bundesanstalt für Arbeitsschutz – Forschung – Fb 550, Wirtschaftsverlag NW. Verlag für neue Wissenschaft, Postfach 101110, 2850 Bremerhaven 1; Dortmund Rieger, W.: Praktische Erfahrungen mit der Schallintensitätsmessmethode bei der Schallleistungsbestimmung stationärer Schallquellen (Maschinen, Geräte, Rohrleitungen). Schalltechnik 88, Baden-Baden, 1988, VDI-Ber. 678, S. 35–37

Hübner G (1990) Geräuschmessverfahren – Gegenwärtiger Stand – Rückblick und Aussicht. VDI-Ber. 798, März S 27–47

Hübner G (1988) Sound Power Determination of machines using sound intensity measurements – Reduction of number of measurement positions in cases of „Hot Areas" Inter Noise 88 Proc., Avignon, Frankreich pp 1113–1116

Hübner G, Wittstock V (1999) Sound power determination using sound intensity scanning procedure – An investigation to check the adequacy of sound field indicators and criteria limiting the measurement uncertainty. Conference Proceedings on CD-ROM, 137th Meeting of the Acoustical Society of America and the 2nd Convention of the European Acoustics Association: Forum Acusticum integrating the 25th German Acoustics DAGA Conference, Berlin, March 14–19

Hübner G, Gao-Sollinger Y (1996) Schallleistungsbestimmung durch kontinuierliche Messflächenabtastung. BAU – Forschungsbericht Fb 732

6.16 Hübner G (1978) Experimentelle Untersuchungen zur Abhängigkeit der Schallleistung aerodynamischer Schallquellen von den Gaseigenschaften. Fortschritte der Akustik; Kongressbericht DAGA 1978, Bochum, Berlin: VDE 359–365

Hübner G, Wittstock V (2001) Investigations on the sound power of aerodynamic sound sources in function of static pressure. Proc. of InterNoise, CDROM, Den Haag

Hübner G (2000) Untersuchungen zum Einfluss meteorologischer Bedingungen auf die Schallleistung Technische Schallquellen. 26. Jahrestagung Für Akustik DAGA'00, Fortschritte der Akustik (DAGA'00), Oldenburg, S 436–437

6.17 DIN EN ISO 3095, Bahnanwendungen, Messung der Geräuschemission von spurgebundenen Fahrzeugen

6.18 DIN EN 60651, Schallpegelmesser

6.19 Tamm K, Kurtze G (1954) Ein neuartiges Mikrofon großer Richtungsselektivität. Acustica Vol. 4 469–470

6.20 Möser M (1988) Analyse und Synthese akustischer Spektren, Springer Verlag

6.21 Barsikow B, King III WF (1988) On removing the doppler frequency shift from array measurements of railway noise. Journal of Sound and Vibration 120(1) 190–196

6.22 Sebald A (1988) Schallleistungsmessung in kreisförmigen Strömungskanälen mit wandbündig eingebauten Aufnehmern, Diplomarbeit FH München, Fachbereich 03 Maschinenbau

6.23 Serridge M, Licht TR (1987) Piezoelectric accelerometer and vibration preamplifier handbook. Brüel & Kjaer

6.24 VDI 3733, Geräusche bei Rohrleitungen

6.25 Friedrich J (1967) Ein quasischall-unempfindliches Mikrofon für Geräuschmessungen in turbulenten Luftströmungen. Rundfunk- und fernsehtechnisches Zentralamt, Technische Mitteilungen Nr.11

6.26 DIN EN 25136, Akustik; Bestimmung der von Ventilatoren in Kanäle abgestrahlten Schallleistung; Kanalverfahren (ISO 5136); Deutsche Fassung EN 25136

6.27 Bommes L (1979) Minderung des Drehklanglärms bei einem Radialventilator kleiner Schnellläufigkeit, Forschungsbericht Nr. 2895 des Landes NRW, Westdeutscher Verlag

6.28 Böhm A, Danner J, Gilg J und Goldemund K (1996) Stand der Lärmbekämpfungstechnik bei Gasturbinen, Forschungsbericht 10503102/11, VGB PowerTech Essen

6.29 Schorer E (1991) Vom Schalleistungspegel einer Anlage zur Geräuschimmission in der Wohnnachbarschaft – Vor- und Nachteile der Rundum-Methode, des Zaun- oder des Fensterverfahrens. VDI-Berichte Nr. 900, 125–142

6.30 Meurers H (1975) Vorschläge zur Prognose mit Nachweismöglichkeiten über die Einhaltung vorgegebener Immissions-Anforderungen durch Kontrollen im Emissionsbereich (Kurzfassung). Chemie-Ing.-Technik, 47. Jahrg. Nr 15, 641

6.31 Stüber B, Fritz K (1986) Ermittlung der Schallleistung großflächiger Industrieanlagen (Rundum-Messverfahren). UBA-Forschungsbericht 10502607

6.32 DIN ISO 8297, Bestimmung der Schallleistungspegel von Mehr-Quellen-Industrieanlagen für die Abschätzung von Schalldruckpegeln in der Umgebung. Verfahren der Genauigkeitsklasse 2

6.33 Stüber B, Lang F (1983) Bestimmung des immissionswirksamen A-Schallleistungspegels einer Freianlage durch Schallmessungen innerhalb der Anlage. DGMK Projekt 308, DGMK Hamburg

7 Schallausbreitung im Freien

L. Schreiber

7.1 Vorbemerkungen

Der von einer Schallquelle im Freien in einem Punkt ihrer Umgebung („Immissionsort", „Empfänger") erzeugte Schalldruckpegel hängt von den Eigenschaften der Schallquelle (Schallleistungsspektrum, Richtcharakteristik), der Geometrie des Schallfeldes (Lage von Immissionsort und Schallquelle zueinander, zum Boden und zu Gegenständen im Schallfeld), von Bodeneinflüssen und von den Witterungsbedingungen ab.

Für einfache Modellfälle ist die Schallausbreitung schon vielfach mit Hilfe numerischer Methoden untersucht worden, wie sie in Kap. 3 behandelt werden (s. z.B. [7.1]). Für Schallimmissionsprognosen finden diese Verfahren wegen des hohen Rechenaufwandes bisher kaum Anwendung, zumal man es vielfach – z.B. bei Industrie- und Verkehrsanlagen – mit sehr vielen Schallquellen zu tun hat und sich die Randbedingungen nur sehr ungenau beschreiben lassen. Außerdem unterliegen Windstärke, Windrichtung, Temperatur, Luftfeuchte und Luftdruck, Turbulenz und Bewuchs örtlich und zeitlich unregelmäßigen Schwankungen. Deshalb lassen sich über die von einer Schallquelle zu erwartenden Schallimmissionen ohnehin nur statistische Aussagen machen, wobei die Streuung umso größer ist, je größer der Abstand zwischen Schallquelle und Empfänger ist. Hierfür haben sich relativ einfache Rechenverfahren bewährt, die aus der Kombination von Messerfahrungen mit idealisierenden Modellvorstellungen entstanden sind.

Im Folgenden werden zunächst alle die Schallausbreitung bestimmenden Einflüsse beschrieben. Anschließend wird gezeigt, wie ihr Zusammenwirken bei Schallimmissionsberechnungen berücksichtigt wird. Dabei wird – soweit nicht im Einzelnen besonders vermerkt – von folgenden vereinfachenden Voraussetzungen ausgegangen:

a) *Linearität:* Die nichtlinearen Glieder der Wellengleichung (1.32) können vernachlässigt werden. Diese Voraussetzung ist – mit Ausnahme in der näheren Umgebung extrem starker Schallquellen – immer erfüllt.

b) *Annähernd ebene Schallwellen:* Schalldruck p und Schallschnelle v einer Welle sind durch die Gleichung

$$p(t) = \varrho c v(t) \tag{7.1}$$

miteinander verknüpft (ϱc ist der Wellenwiderstand der Luft). Diese Voraussetzung ist, wenn v die Schnellekomponente in Ausbreitungsrichtung ist, nur im Nahfeld einer Schallquelle nicht erfüllt (s. Abschn. 1.4).

c) *Inkohärenz:* Wo nicht besonders erwähnt, wird vorausgesetzt, dass bei Überlagerung mehrerer Schallwellen i mit den effektiven Schalldrücken p_i der resultierende effektive Schalldruck

$$p_{\text{res}} = (\sum p_i^2)^{1/2} \tag{7.2}$$

und somit der resultierende Schalldruckpegel

$$L_{\text{res}} = 10 \lg \sum 10^{0,1 L_i} \tag{7.3}$$

ist. Diese Voraussetzung ist bei breitbandigen Geräuschen und im zeitlichen Mittel fast immer erfüllt.

d) *Dauergeräusche:* Es wird von Leistungsbetrachtungen und von zeitlichen Mittelwerten des Schalldruckquadrates ausgegangen. Die daraus abgeleiteten Zusammenhänge gelten deshalb nur für stationäre Zustände und nicht für einmalige kurze Schallereignisse (Impulse). Für Schallquellen mit zeitlich schwankenden Schallleistungspegeln und zeitlich unregelmäßig verteilten Impulsen (z. B. Schießlärm) gelten sie im zeitlichen Mittel.

e) *Punktschallquellen:* Die folgenden Betrachtungen beschränken sich zunächst auf Punktschallquellen. Als solche können hier alle Schallquellen angesehen werden, deren Ausdehnungen klein im Verhältnis zum Abstand Schallquelle – Immissionsort sind. (Ausgedehnte Schallquellen werden stets als aus Punktschallquellen zusammengesetzt angenommen.)

7.2 Verlustlose Schallausbreitung

Mit zunehmendem Abstand von einer Schallquelle verteilt sich die von ihr abgestrahlte Schallleistung P im Freien auf eine zunehmend größere Fläche S. Bei ungehinderter Schallausbreitung senkrecht zu S nimmt die Schallintensität

$$I = dP/dS \qquad (7.4)$$

und somit auch der Schalldruckpegel in einem verlustlosen Medium mit der Entfernung von der Quelle stetig ab.

7.2.1 Unbegrenztes Schallfeld

Eine Schallquelle im Koordinatenursprung erzeugt in einem verlustlosen, homogenen Medium in einem Aufpunkt mit den Kugelkoordinaten d, φ, ϑ das Schalldruckquadrat

$$p^2(d, \varphi, \vartheta) = \frac{\varrho c \, \partial P(\varphi, \vartheta)}{d^2 \partial \Omega}. \qquad (7.5)$$

Darin ist $\partial P(\varphi, \vartheta)/\partial \Omega$ die in die Richtung φ, ϑ je Raumwinkeleinheit abgestrahlte Schallleistung, wobei die von der Schallquelle insgesamt abgestrahlte Schallleistung

$$P = \int_0^{4\pi} \frac{\partial P}{\partial \Omega} \, d\Omega \qquad (7.6)$$

ist. Bei einer ungerichteten Schallquelle ist das Schalldruckquadrat im Abstand d dann

$$p^2(d) = P \varrho c / 4\pi d^2 \qquad (7.7)$$

und der Schalldruckpegel

$$L_\mathrm{p}(d) = L_\mathrm{P} - \left(20 \lg \frac{d}{d_0} + 11\right) \mathrm{dB} \qquad (7.8)$$

mit $d_0 = 1$ m und L_P Schallleistungspegel der Quelle.

Die Differenz

$$A_\mathrm{div} = \left(20 \lg \frac{d}{d_0} + 11\right) \mathrm{dB} \qquad (7.9)$$

zwischen Schallleistungspegel und Schalldruckpegel kann Abb. 7.1 entnommen werden. Zur Unterscheidung von zusätzlichen Dämpfungen (Pegelabnahmen) durch Verluste bei der Schallausbreitung nennt man sie „Dämpfung aufgrund geometrischer Ausbreitung" (DIN ISO 9613-2 [7.2]), „geometrisch bedingte Pegelabnahme", oder „Pegelabnahme durch Divergenz".

Bei einer gerichteten Schallquelle ist in Gl. (7.7) und (7.8) – statt der insgesamt abgestrahlten – die Schallleistung

$$P_{\varphi, \vartheta} = 4\pi \, \frac{\partial P(\varphi, \vartheta)}{\partial \Omega} \qquad (7.10)$$

einzusetzen. Das ist die Leistung einer ungerichteten Quelle, die in der Richtung (φ, ϑ) den gleichen Schalldruck erzeugt wie die gerichtete.

Im Folgenden werden zunächst nur ungerichtete Quellen betrachtet.

7.2.2 Schallquelle über dem Boden, Reflexion

Befindet sich eine Schallquelle Q mit der Schallleistung P über ebenem Boden mit dem Schallabsorptionsgrad α_B und dem Reflexionsgrad $\varrho_\mathrm{B} = 1 - \alpha_\mathrm{B}$, so trifft am Immissionsort E neben dem direkten Schall der vom Boden reflektierte Schall ein, der von einer „Spiegelschallquelle" Q' mit der Schallleistung $\varrho_\mathrm{B} P$ zu kommen scheint (Abb. 7.2). Der Schalldruckpegel erhöht sich dadurch entsprechend.

Wenn die Höhe der Schallquelle über dem Boden klein im Verhältnis zum Abstand ist, rechnet man, als ob sich die Schallquelle am Boden befände, weil Original- und Spiegelschallquelle annähernd gleich weit vom Empfänger entfernt sind. Dabei wird vorausgesetzt, dass $\varrho \approx 1$ ist. Die Schallleistung wird dann nur in den oberen Halbraum abgestrahlt, und der Schalldruckpegel ist 3 dB höher als nach Gl. (7.8). Allerdings kann man Originalschallquelle und Spiegelschall-

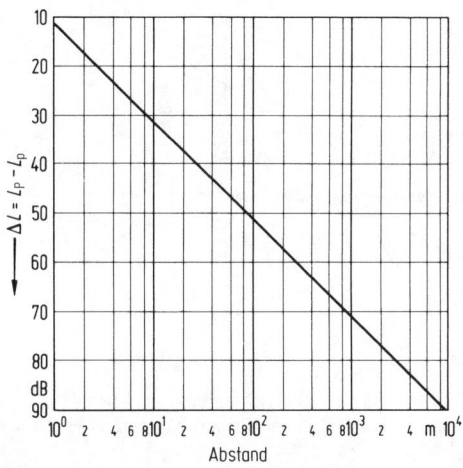

Abb. 7.1 Unterschied zwischen Schallleistungspegel L_P und Schalldruckpegel L_p einer ungerichteten Schallquelle als Funktion des Abstandes bei verlustloser Schallausbreitung. Bei Abstrahlung nur in den oberen Halbraum (Schallquelle am Boden) verringern sich die Werte um 3 dB

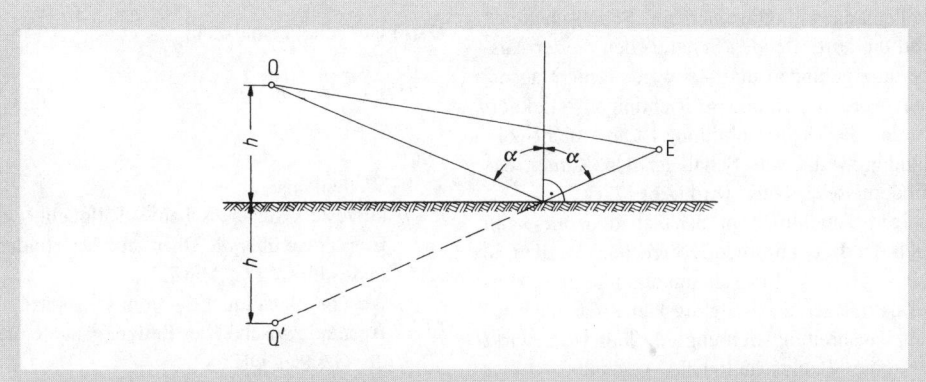

Abb. 7.2 Spiegelung einer Schallquelle am Boden oder an einer anderen (ebenen) Fläche

quelle bei tiefen Frequenzen nicht mehr als inkohärent ansehen (s. Abschn. 7.4.1).

Die Schallpegelerhöhung durch Reflexion muss auch berücksichtigt werden, wenn sich andere Flächen (Mauern, Gebäude, große Gegenstände) in der Nähe von Schallquelle oder Empfänger befinden. Dabei kann man mit geometrischer Spiegelung (specular reflection) rechnen, wenn die reflektierenden Flächen und ihre Krümmungsradien groß im Verhältnis zur Wellenlänge sind.

In dem Beispiel Abb. 7.3 befindet sich hinter dem Empfänger noch eine Hauswand. In der Hauswand spiegeln sich sowohl die Originalschallquelle Q als auch die erste Spiegelschallquelle Q'. Das Schalldruckquadrat am Immissionsort verdoppelt sich dadurch gegenüber dem Beispiel in Abb. 7.2, der Schalldruckpegel also um weitere (rund) 3 dB.

Die Schallpegelerhöhung durch Reflexion ist vor allem dann von wesentlicher Bedeutung, wenn Schall in einen Schallschatten (s. Abschn. 7.2.3) reflektiert wird, d.h. in einen Bereich, in den kein direkter Schall von der Schallquelle gelangt.

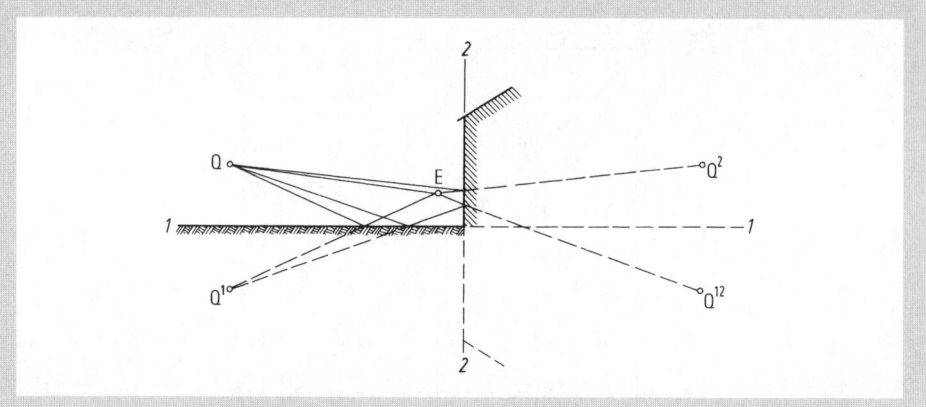

Abb. 7.3 In der Hauswand (Ebene) hinter dem Empfänger spiegeln sich sowohl die Originalschallquelle Q als auch die Spiegelschallquelle Q^1. Der Schallpegel beim Empfänger erhöht sich dadurch gegenüber Abb. 7.2 um weitere 3 dB.

7.2.3 Abschirmung durch Hindernisse

Hinter einem schallundurchlässigen Hindernis (Mauer, Wall, Häuserzeile, Berg), das groß zur Wellenlänge ist, bildet sich ein „Schallschatten", weil die auftreffenden Schallwellen an der Ausbreitung gehindert und – soweit sie nicht absorbiert werden – in andere Richtungen reflektiert werden. Die Schattenbildung ist aber nicht vollständig, weil etwas Schall an den Kanten des Hindernisses gebeugt wird (Abb. 7.4).

Der Schalldruck in der Schattenzone kann nach der Beugungstheorie berechnet werden, s. z. B. [7.3, 7.4]. Ein schallundurchlässiges Hindernis mit gerader Beugungskante, das quer zur Schallausbreitungsrichtung sehr lang ist, bewirkt für eine Punktschallquelle gegenüber freier Schallausbreitung beim Empfänger eine Pegelminderung um das Abschirmmaß

$$D_z = \left(20 \lg \frac{\sqrt{2\pi N}}{\tan(h)\sqrt{2\pi N}} + 5\right) \text{dB}. \quad (7.11)$$

Darin ist N die Fresnel-Zahl

$$N = \pm \frac{2}{\lambda}(a + b - d) \quad (7.12)$$

mit
λ Wellenlänge,
$a + b$ kürzester Weg zwischen Schallquelle und Empfänger über die Oberkante des Hindernisses hinweg (s. Abb 7.5),
d Abstand Schallquelle – Immissionsort,
h Abstand zwischen der Beugungskante und der Geraden QE.

Gleichung (7.11) gilt für $N \geq -0{,}2$.

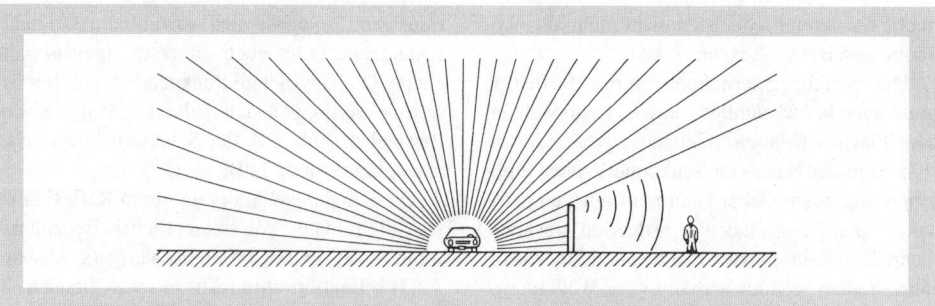

Abb. 7.4 Hinter einem schallundurchlässigen Hindernis bildet sich ein Schallschatten, in den nur um seine Kanten gebeugter Schall gelangt

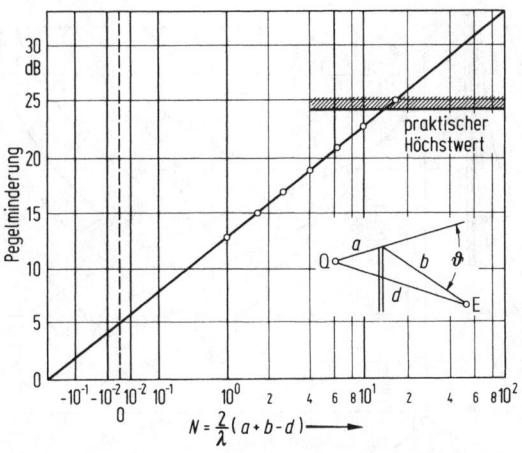

Abb. 7.5 Pegelminderung gegenüber freier Schallausbreitung als Funktion der Fresnel-Zahl N für ein senkrecht zur Verbindungslinie Schallquelle – Empfänger langes Hindernis (nach Maekawa [7.5])

Wenn die Gerade Schallquelle – Empfänger vom Hindernis nicht geschnitten wird (d. h., wenn man vom Immissionsort aus die Schallquelle noch sehen kann), ist in Gl. (7.12) das negative Vorzeichen einzusetzen.

Für kleine Fresnel-Zahlen etwas hiervon abweichende Werte ergibt Abb. 7.5 von Maekawa, die aus Messergebnissen abgeleitet ist [7.5].

In der Praxis beobachtet man bei kleinen Schattenwinkeln (ϑ in Abb. 7.5) häufig starke Abweichungen von den nach Gl. (7.11) oder aus Abb. 7.5 ermittelten Werten, die auf den Einfluss von Wetter und Boden zurückzuführen sind.

Durch schallabsorbierende Aufsätze kann das Abschirmmaß von Schallschutzwänden im Schallschatten nahe der Beugungskante etwas erhöht werden [7.7–7.9]. Feldmessungen an Schallschutzwänden mit solchen Aufsätzen lassen aber nahe der Schattengrenze und in Abständen über etwa 50 m Pegelminderungen um höchstens 1 dB erwarten [7.10, 7.11].

7.2.4 Diffuse Streuung

Von kleinen Hindernissen, die noch nicht zu einer ausgeprägten Schattenbildung führen, wird die auftreffende Schallleistung diffus, d. h. in alle Richtungen gestreut.

Befinden sich zwischen Schallquelle und Empfänger viele solcher Hindernisse – z. B. Bewuchs (s. Abschn. 7.4.2) oder Maschinen und Rohrleitungen einer petrochemischen Anlage –, so bewirkt diese Streuung eine zusätzliche Pegelminderung (Zusatzdämpfung) [7.12]. Auch in der Luft kann durch Inhomogenitäten diffuse Streuung auftreten, die bei freier Schallausbreitung eine zusätzliche Pegelminderung bewirken kann, wenn aber dadurch Schallenergie in Schattenzonen gelangt, auch eine Pegelerhöhung.

7.3 Zusatzdämpfung durch Absorption (Dissipation) der Luft

Durch die Wärmeleitfähigkeit und Viskosität der Luft treten bei der Schallausbreitung Verluste auf, die unter dem Begriff „klassische Absorption" zusammengefasst werden [7.13]. Diese Verluste sind aber gering gegenüber der „molekularen Absorption", die auf Relaxationsprozesse der Moleküle in der Luft zurückzuführen ist.

Die Pegelabnahme durch Dissipation ist der durchlaufenen Wegstrecke proportional. Sie ist von der relativen Feuchte und sehr stark von der Frequenz abhängig (s. Abb. 7.6). Bei Frequenzen unter 100 Hz ist sie praktisch vernachlässigbar. Analytische Ausdrücke zur Berechnung der Dämpfungskonstante (Zusatzdämpfung je Weglängeneinheit) findet man in [7.14].

Für die Schallausbreitung der Geräusche von Flugzeugen in der Luft rechnet die Luftfahrt-

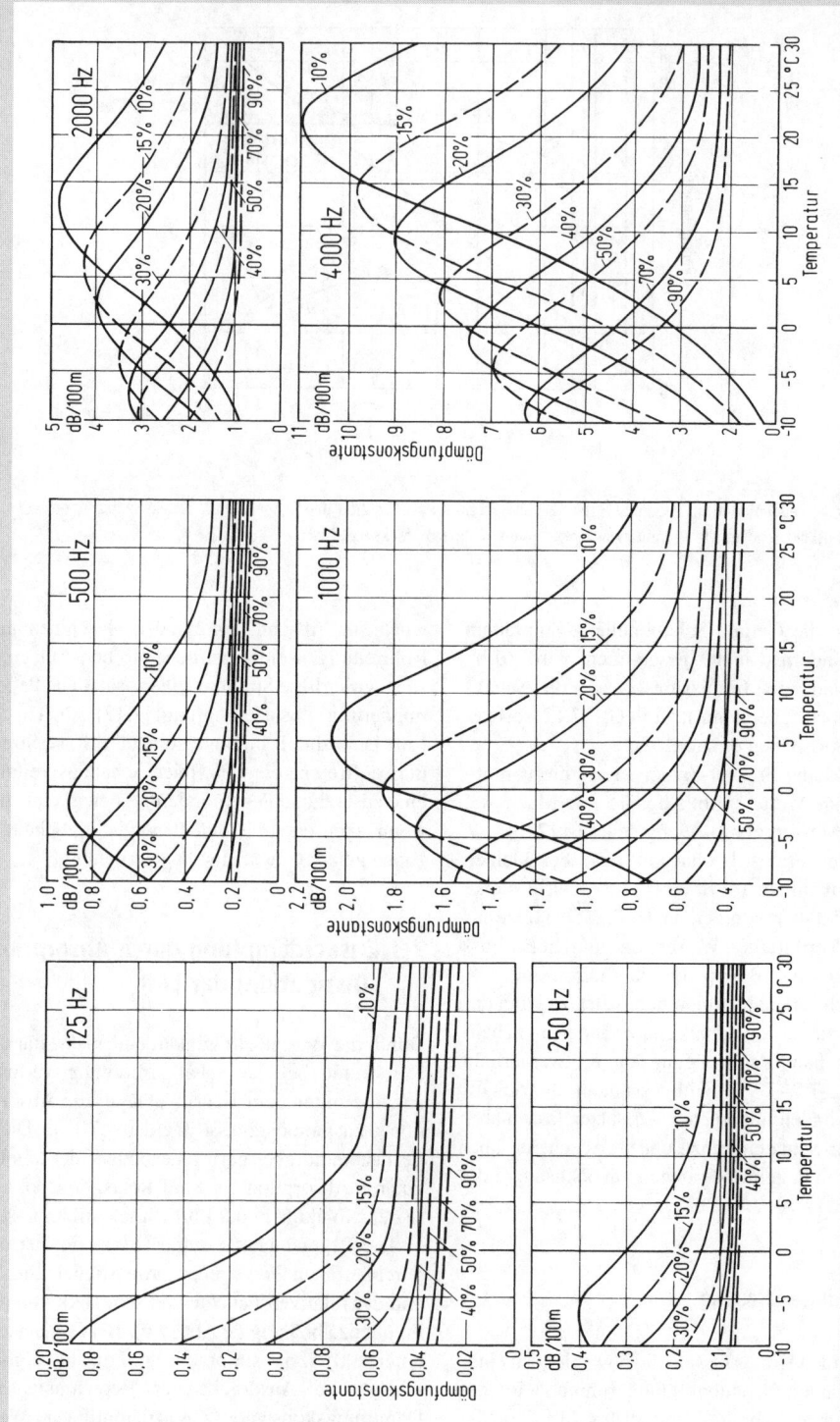

Abb. 7.6 Dämpfungskonstante der Luft als Funktion der Temperatur für sechs verschiedene Frequenzen. Parameter: relative Feuchte (aus [7.6])

industrie mit etwas höheren Werten [7.15], die aus Feldmessungen abgeleitet sind.

Der Einfluss von Nebel, Regen und Schneefall auf die Schallausbreitung ist unerheblich. Nur für extrem dichten (künstlichen) Nebel zeigten Laborversuche eine spürbare Zusatzdämpfung [7.16], während Feldmessungen keine statistisch signifikante Zusatzdämpfung ergaben [7.17, 7.18]. Wenn die Hörreichweite von Schallquellen bei Nebel oder einer Schneedecke manchmal größer als sonst ist, dürfte das auf einen niedrigeren Grundgeräuschpegel zurückzuführen sein.

7.4 Einfluss von Bodenbeschaffenheit, Bewuchs und Bebauung auf die Schallausbreitung

Bei der Schallausbreitung in Bodennähe macht sich eine Reihe von Einflüssen bemerkbar, die alle zu einer mehr oder weniger starken Dämpfung zusätzlich zur Luftabsorption führen. Diese Zusatzdämpfung ist nicht dem Abstand zwischen Quelle und Empfänger proportional.

7.4.1 Zusatzdämpfung bei Schallausbreitung über Boden und Bewuchs

Befindet sich eine Schallquelle über dem Boden, so interferiert beim Empfänger der vom Boden reflektierte mit dem direkten Schall (s. Abb. 7.2). Wenn der Wegunterschied zwischen beiden gering ist, kann man Original- und Spiegelschallquelle nicht mehr als inkohärent ansehen und der Phasenunterschied zwischen beiden spielt eine Rolle. Bei sehr tiefen Frequenzen addieren sich dann die beiden Schalldrücke phasenrichtig und der Schalldruckpegel ist bis 3 dB höher als bei Inkohärenz. Bei höheren Frequenzen tritt dagegen bei sehr flachem Schalleinfall bei der Reflexion eine Phasendrehung auf. Dadurch kann der reflektierte Schall den direkten in einem bestimmten Frequenzbereich, statt ihn zu verstärken, fast völlig auslöschen. Die Lage dieses Frequenzbereichs hängt von den Höhen von Schallquelle und Immissionsort über dem Boden, vom Abstand zwischen beiden und von Bodenbeschaffenheit und Bewuchs ab [7.19–7.24]. Abbildung 7.7 zeigt diese Erscheinung am Beispiel einer Messung, die B. Stüber über Sandboden durchgeführt hat.

In größeren Abständen von der Schallquelle ist der vom Boden reflektierte Strahl durch Absorption und Streuung so stark geschwächt, dass man mit einer konstanten Zusatzdämpfung von 3 dB gegenüber dem Schallpegel rechnen kann, der sich bei Annahme kugelförmiger Schallausbreitung ergibt.

7.4.2 Zusatzdämpfung bei Schallausbreitung durch Bewuchs hindurch

Bei der Ausbreitung durch Bewuchs (Wald, Buschwerk) hindurch wird Schall vielfach gestreut. Ein Teil der gestreuten Schallenergie geht durch Absorption am Boden oder im Laub oder dadurch verloren, dass sie zum Himmel gestreut wird. Deshalb ist die Zusatzdämpfung bei Schallausbreitung im Wald größer als im Freien. Nahe der Quelle kann sich allerdings der Schallpegel durch Reflexion sogar etwas erhöhen (s. Abb. 7.8).

Die Angaben in der Literatur über die Zusatzdämpfung bei Schallausbreitung durch Bewuchs streuen sehr stark [7.25–7.30]. Die Zusatzdämpfung ist aber geringer, als gemeinhin angenommen wird, und um eine deutlich spürbare Pegelminderung (mindestens 5 dB) zu erreichen, sind

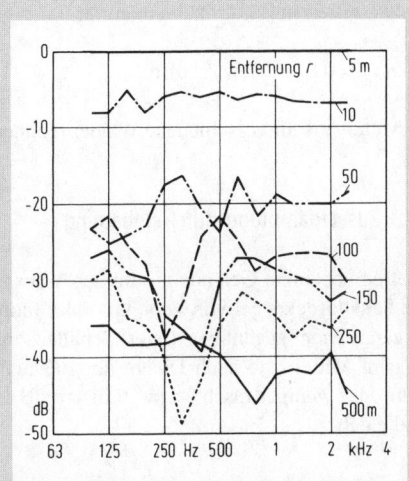

Abb. 7.7 Von B. Stüber über Sandboden in Windrichtung gemessene Pegelabnahme gegenüber 5 m Abstand von der Quelle für Abstände bis 500 m; Schallquelle (Lautsprecher) und Mikrophon 5 m über dem Boden

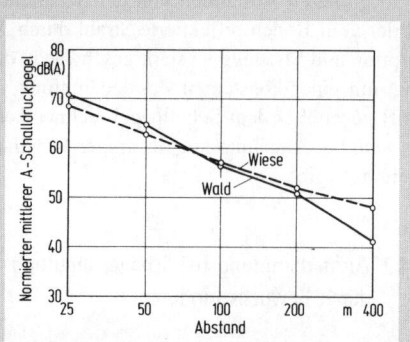

Abb. 7.8 Auf gleiche Fahrzeugdichte normierter energieäquivalenter Dauerschallpegel (Mittelungspegel) als Funktion des Abstandes von Autobahnen (Mittelwerte aus einer größeren Anzahl von Messungen) in der Ebene in offenem Gelände (Wiese) und in Wald (Hochwald, wenig Unterholz); Mikrofonhöhe 4 m

sehr (mindestens 50 m) tiefe Bepflanzungen mit dichter Belaubung notwendig. Während der blattlosen Zeit ist die Pegelminderung durch Laubwald minimal. Da bei der Zusatzdämpfung im Wald die Streuung eine wesentliche Rolle spielt, ist es sicher nicht ganz richtig, mit einer dem Laufweg proportionalen Dämpfung zu rechnen. Trotzdem geben die meisten Autoren eine Dämpfungskonstante in dB/m an. Nach Hoover ([7.28], zitiert in [7.31]) kann man mit

$$\alpha_{\text{Wald}} = 0{,}01 \cdot (f/\text{Hz})^{1/3} \, \text{dB m}^{-1} \qquad (7.13)$$

als Mittelwert für verschiedene Wälder rechnen.

7.4.3 Zusatzdämpfung durch Bebauung

In offen bebautem Gelände nimmt der A-bewertete Schalldruckpegel von Verkehrs- oder Industriegeräuschen gegenüber freier Schallausbreitung im Mittel – je nach Dichte der Bebauung mehr oder weniger rasch – um 10 bis 15 dB zusätzlich ab.

7.5 Einfluss von Inhomogenitäten der Luft

In großen Abständen von einer Schallquelle können die gemessenen Schallpegel wesentlich nach unten, gelegentlich auch etwas nach oben von denen abweichen, die man auf Grund der geometrischen Pegelabnahme, der Dissipation in der Luft und der Abschattung oder Bodenabsorption erwarten würde. Das ist darauf zurückzuführen, dass die Luft kein homogenes, unbewegtes Medium ist.

7.5.1 Windgeschwindigkeitsgradient

Den stärksten Einfluss auf die Schallausbreitung im Freien hat erfahrungsgemäß die Windrichtung. Die allgemeine Erfahrung zeigt, dass sich Schall mit dem Wind weiter ausbreitet als gegen den Wind.

Das ist darauf zurückzuführen, dass die Luftbewegung am Boden durch Reibung und Hindernisse abgebremst wird und die Windgeschwindigkeit deshalb mit der Höhe über dem Boden zunimmt. Da sich die Schallausbreitungsgeschwindigkeit relativ zum Boden aus der Schallgeschwindigkeit in der unbewegten Luft und der Luftgeschwindigkeit zusammensetzt, breiten sich die Schallwellen bei Schallausbreitung mit dem Wind mit zunehmender Höhe schneller, bei Ausbreitung gegen den Wind langsamer aus. Dadurch werden die Schallstrahlen mit dem Wind zum Boden hin, gegen den Wind vom Boden weg gebrochen, wie in Abb. 7.9 übertrieben dargestellt. Durch die Brechung zum Boden hin können die Zusatzdämpfung durch Bewuchs und Bebauung und die Abschattung durch Hindernisse teilweise oder ganz aufgehoben werden.

Entgegen dem Wind bildet sich dagegen eine Schattenzone aus (Abb. 7.9), in die überhaupt kein direkter Schall gelangt. Bei konstantem Windgeschwindigkeitsgradienten $c' = \text{d}c/\text{d}z$ (z ist die Höhe über dem Boden) bilden die Schallstrahlen Kettenlinien [7.32], die durch Kreisbögen mit dem Radius

$$R \approx \frac{c_0}{c' \cos \varphi} \qquad (7.14)$$

angenähert werden können. Darin ist φ der Winkel zwischen der Richtung Schallquelle – Immissionsort und der Richtung, aus der der Wind kommt. Für einen Windgeschwindigkeitsgradienten von $0{,}1 \, \text{m s}^{-1}$ pro m Höhendifferenz ergibt sich beispielsweise ein Krümmungsradius von etwa 3,4 km. Der Abstand x_s der Schattengrenze für einen Empfänger in der Höhe z_E von einer Schallquelle in der Höhe z_S

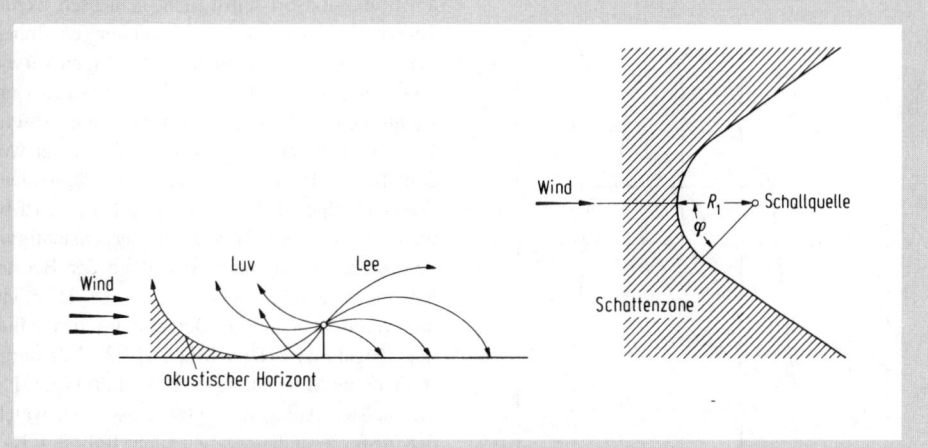

Abb. 7.9 Brechung der Schallstrahlen und Schattenbildung durch Zunahme der Windgeschwindigkeit mit der Höhe (Windgeschwindigkeitsgradient)

ist ungefähr

$$x_s = \sqrt{\frac{2c_0}{c'\cos\varphi}} (\sqrt{z_E} + \sqrt{z_S}) \qquad (7.15)$$

Für einen Empfänger in 5 m Höhe beginnt die Schattenzone einer ebenfalls 5 m über dem Boden befindlichen Schallquelle bei einem Windgeschwindigkeitsgradienten von 0,1 ms^{-1} pro m in etwa 370 m Abstand von der Schallquelle. Die Schattengrenze ist im Allgemeinen nicht scharf. Es gibt eine Übergangszone, in der die Zusatzdämpfung mit dem Abstand je nach Winkel zur Windrichtung mehr oder weniger rasch abnimmt. In der Schattenzone kann die Zusatzdämpfung über 30 dB betragen.

Der Windgeschwindigkeitsgradient ist im Allgemeinen höhenabhängig. Abbildung 7.10 zeigt einige typische Verläufe.

7.5.2 Temperaturgradient

Da die Schallgeschwindigkeit der Wurzel aus der absoluten Temperatur proportional ist, wird die Schallausbreitung auch durch Temperaturschichtungen beeinflusst. In klaren Nächten, in denen sich der Boden durch Strahlung abkühlt, tritt häufig Temperaturinversion auf: die Temperatur – und somit auch die Schallgeschwindigkeit – nimmt mit der Höhe zu und die Schallwellen werden – wie bei Schallausbreitung mit dem Wind – zum Boden hin gebrochen. Tagsüber, wenn der Boden durch Sonneneinstrahlung aufgeheizt wird, nimmt die Temperatur über dem Boden mit der Höhe ab, die Schallstrahlen werden nach oben gebrochen und um die Schallquelle bildet sich eine (bei Windstille) kreisförmige Schattengrenze. Unabhängig von der Ausbreitungsrichtung gelangen also von einer gewissen Entfernung ab keine Schallstrahlen mehr zum Boden. Abbildung 7.11 zeigt zwei typische

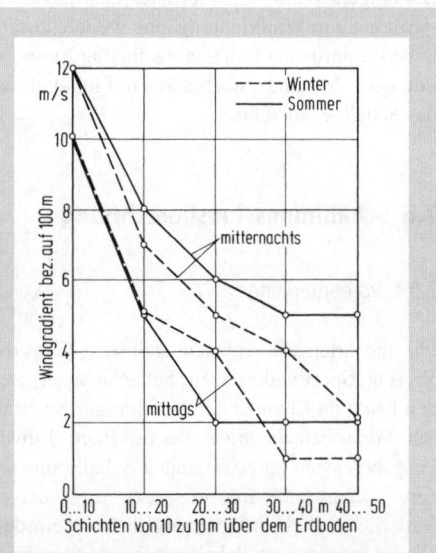

Abb. 7.10 Durchschnittliche Abnahme des Windgeschwindigkeitsgradienten mit der Höhe [7.18]

7.5 Einfluss von Inhomogenitäten der Luft

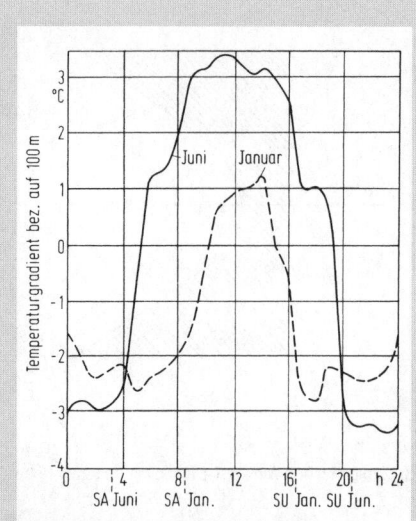

Abb. 7.11 Mittlerer Tagesverlauf des Temperaturgradienten für die Schicht 7 bis 17 m über dem Boden für die Monate Juni und Januar [7.18]

Tagesverläufe des Temperaturgradienten in Bodennähe.

7.5.3 Turbulenz

Bei böigem Wind – also turbulenter Atmosphäre – tritt auch in Windrichtung eine weitere zusätzliche Dämpfung auf, die unregelmäßig ist und zu mit dem Abstand zunehmenden Fluktuationen des Schallpegels führt.

7.6 Schallimmissionsberechnung

7.6.1 Vorbemerkung

Für alle Arten von Anlagen (Industrie, Gewerbe, Verkehr, Sport und Freizeit, Schießanlagen) werden heute im Rahmen der Genehmigungsverfahren Vorausberechnungen der in ihren Einwirkungsbereichen zu erwartenden Schallimmissionen („Schallimmissionsprognosen") und der erforderlichen Schallschutzmaßnahmen gefordert. Häufig müssen auch Schallimmissionsmessungen ganz oder teilweise durch Berechnungen ersetzt werden, weil die Geräusche von einer Anlage am Immissionsort wegen zu lauter Fremdgeräusche am Immissionsort selbst nicht gemessen werden können. Damit bei diesen Berechnungen einheitlich verfahren wird, sind in einschlägigen Verwaltungsvorschriften [7.33–7.35], Normen und Richtlinien [7.2, 7.36, 7.37] (s. auch Abschn. 16.3.2) entsprechende Verfahren festgelegt worden. In der Regel ist zunächst der äquivalente Dauerschallpegel (Mittelungspegel) $L_{eq,T}$, zu berechnen, aus dem dann unter Berücksichtigung verschiedener Zu- oder Abschläge der Beurteilungspegel gebildet wird (s. Kap. 6). Hier wird nur vereinfachend die Berechnung des Mittelungspegels nach DIN ISO 1613-2 [7.2] dargestellt, deren Anwendung in der TA Lärm [7.33] für die meisten Anlagen vorgeschrieben ist, welche den Anforderungen des Zweiten Teils des Bundes-Immissionsschutzgesetzes [7.38] unterliegen.

7.6.2 Berechnung nach DIN ISO 9613-2

Schallquellen, deren Abmessungen klein im Verhältnis zum Abstand d vom Immissionsort sind, werden für die Berechnung als Punktschallquellen behandelt. Größere Schallquellen werden in ausreichend kleine Teilschallquellen unterteilt. (Man beachte, dass der Abstand d stets auf den Mittelpunkt der (Teil-)Schallquelle zu beziehen ist.)

Die Berechnung erfolgt in Oktaven.

Der in einem Aufpunkt auftretende äquivalente Dauerschalldruckpegel bei Mitwind, $L_{AT}(DW)$ wird für jede Punktschallquelle und ihre Spiegelschallquellen nach

$$L_{AT}(DW) = L_W + D_c - A \qquad (7.16)$$

berechnet. Darin ist

L_W Oktavband-Schallleistungspegel der Quelle,
$D_c = D_I + D_\Omega$ Richtwirkungskorrektur,
A Oktavbanddämpfung bei der Ausbreitung von der Quelle zum Immissionsort („Dämpfungsterm").

Das *Richtwirkungsmaß* D_I gibt an, um wie viele dB der Schalldruckpegel der Quelle bei freier Ausbreitung in der Richtung zum Immissionsort höher ist als der einer ungerichteten Schallquelle mit gleicher Schallleistung. (Gerichtet strahlen beispielsweise Eisenbahnzüge und Kaminöffnungen ab.) D_I ist eine Funktion der Abstrahlrichtung und der Frequenz. Bei einer ungerichtet abstrahlenden Schallquelle ist es für alle Richtungen 0 dB. Bei der Mehrzahl der Quellen erfolgt aber die Abstrahlung wenig gerichtet und D_I wird gleich 0 dB gesetzt.

Das *Raumwinkelmaß* $D_\Omega = 10 \lg(4\pi/\Omega)$ dB wird berücksichtigt, wenn eine an sich ungerichtete Schallquelle durch ihre Lage nicht in alle Richtungen (4π) sondern nur in den Raumwinkel Ω strahlt. Befindet sie sich beispielsweise am Boden, so ist $\Omega = 2\pi$ und $D_\Omega = 3$ dB (Regelfall). Befindet sie sich außerdem vor einer Wand, ist $D_\Omega = 6$ dB.

Der *Dämpfungsterm A* setzt sich aus mehreren Dämpfungen zusammen:

$$A = A_{div} + A_{atm} + A_{gr} + A_{bar} + A_{misc}. \quad (7.17)$$

Dabei ist

- $A_{div} = \left(20 \lg \dfrac{d}{m^2} + 11\right)$ dB, (geometrische Ausbreitung).
- $A_{atm} = \alpha d/1000$, (Luftabsorption) mit α Absorptionskoeffizient der Luft in dB/km.
- $A_{gr} = 4{,}8 - (2h_m/d) [17 + (300\,m/d)] \geq 0$ dB (Bodeneffekt) mit h_m mittlere Höhe des Schallausbreitungsweges über dem Boden. Der so berechnete Wert gilt, wenn nur der A-Schallpegel berechnet werden soll und wenn der Schall sich über (überwiegend) porösem Boden ausbreitet und kein reiner Ton ist. (Sonst ist A_{gr} für jede Oktave getrennt nach einem aufwendigeren Verfahren zu berechnen, das in der Norm beschrieben ist. Darin ist dann die Reflexion am Boden in dem so berechneten Wert für A_{gr} schon berücksichtigt und D_Ω wird gleich Null gesetzt.)
- $A_{bar} = D_z - A_{gr} \geq 0$ dB (Abschirmung);

hierin ist bei Beugung über nur eine Schirmkante das *Abschirmmaß*

$$D_z = 10 \lg [3 + (C_2/\lambda) z K_{met}] < 20 \text{ dB} \quad (7.18)$$

mit $C_2 = 20$ oder (nur, wenn die Bodenreflexionen gesondert durch Spiegelschallquellen berücksichtigt werden) $C_2 = 40$, und der *Schirmwert*

$$z = [(d_{ss} + d_{sr})^2 + a^2]^{1/2} - d \quad (7.19)$$

mit
d_{ss} Abstand Quelle – Beugungskante
d_{sr} Abstand Beugungskante – Aufpunkt
a Abstandskomponente Quelle – Aufpunkt parallel zur Schirmkante und

$$K_{met} = \exp[-(1/2000)\sqrt{d_{ss}d_{sr}d/2z}] \text{ für } z > 0 \quad (7.20)$$

ein Korrekturfaktor für meteorologische Einflüsse.

- A_{misc} (zusätzliche Dämpfungsarten);

hierzu enthält die Norm Angaben zur Berechnung der Zusatzdämpfungen durch Bewuchs, Industriegelände und bebautes Gelände.

Der (über mehrere Monate oder ein Jahr – also unterschiedliche Wetterbedingungen – gemittelte) Langzeitmittelungspegel $L_{AT}(MW)$ wird aus dem Dauerschalldruckpegel bei Mitwind nach

$$L_{AT}(MW) = L_{AT}(DW) + C_{met} \quad (7.21)$$

berechnet. Die meteorologische Korrektur C_{met} wird bis zum Anstand $d_p = 10\,[(h_r + h_s)/1\,m]$ gleich Null gesetzt. Sonst ist sie

$$C_{met} = C_0[1 - 10(h_r + h_s)/d_p] \text{ dB}. \quad (7.22)$$

Darin sind h_r, h_s die Höhen von Aufpunkt und Quelle, d_p der Horizontalabstand zwischen Quelle und Empfänger und C_0 eine Konstante, deren Wert von den örtlichen Behörden festgesetzt oder aus der örtlichen Ausbreitungsklassenstatistik [7.39] berechnet werden kann. In der Mehrzahl der Fälle kann man mit 2 dB am Tage und 3 dB in der Nacht rechnen.

7.6.3 Einschränkungen

Als geschätzte Genauigkeit der für $L_{AT}(MW)$ für Breitbandgeräusche berechneten Werte wird für Situationen ohne Reflexionen und Abschirmung nur für mittlere Strahlhöhen $h_m = h_r + h_s)/2$ zwischen 5 und 30 m ± 1 dB, sonst ± 3 dB angegeben. Eine obere Abstandsgrenze für die Gültigkeit wird nicht angegeben. Für Abstände deutlich über 1 km liegen relativ wenige Erfahrungen vor.

Die Norm gilt nicht für Fluglärm und Druckwellen durch Sprengungen. Für letztere liegen Ergebnisse von Messungen der Schallausbreitung in bewaldetem Gelände und über Wasser über Entfernungen bis 10 km vor [7.40]. Danach nimmt der Schallpegel zwischen 1 und 10 km mit jeder Abstandsverdoppelung um etwa 15 dB, über Wasserflächen dagegen nur um etwa 5 dB ab. Über Wasserflächen ist wegen der Mehrfachreflexionen an der Oberfläche bei Wind- und Temperaturinversion bei allen Geräuschen mit höheren als den so berechneten Pegeln zu rechnen.

Literatur

7.1 Attenborough K et. al. (1995) Benchmark cases for outdoor sound propagation models. J. Acoustic. Soc. Amer. 97/1, 173–191

7.2 DIN ISO 9613-2 (1999-10) Akustik – Dämpfung des Schalls bei der Ausbreitung im Freien. Teil 2: Allgemeines Berechnungsverfahren (ISO 9613-2: 1996)

7.3 Redfearn SW (1940) Some acoustical source-observer problems. Phil. Mag. 30, 223–236

7.4 Kurze UJ, Anderson GS (1971) Sound attenuation by barriers. Applied Acoustics 4, 56–74

7.5 Maekawa Z (1965) Noise reduction by screens. Kongressbericht 5. Int. Kongress für Akustik. Lüttich (Belgien) F 13

7.6 Harris CM (1966) Absorption of air versus humidity and temperature. J. Acoust. Amer. Soc. 40, 148–159

7.7 Möser M, Volz R (1999) Improvement of sound barriers using head pieces with finite impedance. J. Acoust. Soc. Amer. 106/6, 3049–3060

7.8 Ohkubo T, Fujiwara K (1999) Efficiency of a noise barrier with an acoustically soft cylindrical edge for practical use. J. Acoust. Soc. Amer. 105/6, 3326–3335

7.9 Volz R, Möser M (2000) Aufsätze für Schallschirme – Messungen an einer Lärmschutzwand und Aufsätze für Schallschirme – verschieden abgestimmte Resonatoren. Fortschritte der Akustik DAGA 2000, 444–447

7.10 Ullrich S (1998) Vorschläge und Versuche zur Steigerung der Minderungswirkung einfacher Lärmschutzwände – eine Literaturauswertung. Straße + Autobahn 7/98, S 347–354

7.11 Beckenbauer T et al. (2000) Schalltechnische Erprobung der Vorrichtung „Noise Transducer" für Schallschutzwände an Straßen. Müller-BBM Bericht Nr. 38828/16 vom 27.11.2000, im Auftrag der Obersten Baubehörde im Bayerischen Staatsministerium des Innern, München, und des Bayerischen Landesamtes für Umweltschutz, Augsburg

7.12 Jovicic S (1971) Untersuchungen zur Vorausberechnung des Schallpegels in Betriebsgebäuden. Durchgeführt im Auftrag des Ministers für Arbeit, Gesundheit und Soziales des Landes Nordrhein-Westfalen. Müller-BBM GmbH, Bericht Nr. 2151, München

7.13 Cremer L (1950) Die wissenschaftlichen Grundlagen der Raumakustik. Bd. III: Wellentheoretische Raumakustik. Hirzel, Leipzig

7.14 ISO 9613-1 (1993) Acoustics – Attenuation of sound during propagation outdoors. Part 1: Calculation of the absorption of sound by the atmosphere

7.15 Aerospace recommended practice ARP 866 A: Standard values for atmospheric absorption as a function of temperature and humidity for use in evaluating aircraft flyover noise. Society of automotive engineers Inc, Warrendale PA, 1964-08-31, revised 1975-15-03

7.16 Knudsen VO (1946) The propagation of sound in the atmosphere – Attenuation and fluctuation. J. Acoust. Soc. Amer. 18, 90–96

7.17 Wiener FM (1961) Sound propagation over ocean waters in fog. J. Acoust. Soc. Amer. 33, 1200–1205

7.18 Sieg H (1940) Über die Schallausbreitung im Freien und ihre Abhängigkeit von den Wetterbedingungen. ENT 17, 193–208

7.19 Parkin PH, Scholes WE (1965) The horizontal propagation of sound from a jet engine close to ground, at Radlett. J Sound Vib. 1, 1–13

7.20 Parkin PH, Scholes WE (1965) The horizontal propagation of sound from a jet engine close to ground, at Hatfield. J Sound Vib. 2, 353–374

7.21 Ingard U (1969) On sound transmission anomalies in the atmosphere. J. Acoust. Soc. Amer. 45, 1038–1039

7.22 Ingard U (1953) A review of the influence of meteorological conditions on sound propagation. J. Acoust. Soc. Amer. 25, 405–411

7.23 Attenborough K (1988) Review of ground effects on outdoor sound propagation from continuous broad band sources. Applied Acoustics 24, 289–319

7.24 Attenborough K (1999) A comparison of engineering models for prediction of ground effects 237th Meeting of the Acoustical Society of America and the 2nd Convention of European Acoustics Associations, Berlin, March 14–19, 1999, Collected Papers

7.25 Eyring CF (1946) Jungle acoustics. J. Acoust. Soc. Amer. 18, 257–270

7.26 Embleton TFW (1963) Sound propagation in homogeneous deciduous and evergreen woods. J. Acoust. Soc. Amer. 35, 1119–1125

7.27 Dneproskaya IA, Jofe V, Levitas FI (1963) On the attenuation of sound as it propagates through the air. Soviet Phys.-Acoustics 8, 235–239

7.28 Hoover RM (1961) Tree zones as barriers for the control of noise due to aircraft operations. Bolt, Beranek and Newman Inc. Rep. 844, Cambridge (MA.), zitiert in [23]

7.29 Aylor D (1972) Noise reduction by vegetation and ground. J. Acoust. Soc. Amer. 51, 197–205

7.30 Wiener FM, Keast DN (1959) Experimental study of the propagation of sound over ground. J. Acoust. Soc. Amer. 724–733

7.31 Beranek LL (1971) (ed.) Noise and vibration control (Chapter 7: Sound propagation outdoors). McGraw-Hill, New York

7.32 Tedrick RX (1962) Determination of zones subject to meteorological focussing. Kongressber. 4. Int. Kongress für Akustik (012), Kopenhagen

7.33 Sechste Allgemeine Verwaltungsvorschrift zum Bundes-Immissionsschutzgesetz (Technische Anleitung zum Schutz gegen Lärm – TA Lärm) vom 26. August 1998, GMBl Nr. 26 vom 1998, 503

7.34 Sechzehnte Verordnung zur Durchführung des Bundes-Immissionsschutzgesetzes (Verkehrslärmschutzverordnung – 16. BImSchV) vom 12. Juni 1990; BGBl. I (1990): S 1036–1052

7.35 Anleitung zur Berechnung von Lärmschutzbereichen an zivilen und militärischen Flugplätzen nach dem Gesetz zum Schutz gegen Fluglärm vom 30. März 1971 (AzB); Bekanntmachung des Bundesministers des Innern vom 27.02.1975, Gemeinsames Ministerialblatt verschiedener Bundesministerien Nr. 8 vom 10. März 1975

7.36 Der Bundesminister für Verkehr, Abteilung Straßenbau: Richtlinien für den Lärmschutz an Straßen (RLS90), Ausgabe 1990, Forschungsgesellschaft für Straßen- und Verkehrswesen, Köln

7.37 Richtlinie zur Berechnung der Schallimmissionen von Schienenwegen (Information Akustik 03) Ausgabe 1990. Deutsche Bundesbahn, Bundesbahn-Zentralamt München

7.38 Gesetz zum Schutz vor schädlichen Umwelteinwirkungen durch Luftverunreinigungen, Geräusche, Erschütterungen und ähnliche Vorgänge (Bundes-Immissionsschutzgesetz – BImSchG) vom 15. März 1974 in der Fassung von 14. Mai 1990

7.39 Manier G (1975) Ausbreitungsklassen und Temperaturgradienten. Meteorologische Rundschau 28, 6–11

7.40 Schomer PD (2001) A statistical description of blast sound propagation. Noise Control Engineering J. 49, No. 2, 79–87

Schallausbreitung in Gebäuden

K. Gösele und E. Schröder

Der Schallschutz zwischen verschiedenen Räumen innerhalb eines Gebäudes oder gegen außen ist ein sehr komplexes Problem. In erster Linie ist die Luftschalldämmung der Decken, Wände, Türen und Fenster von Bedeutung. Außerdem muss die Körperschalldämmung vor allem bei Decken ausreichend sein, wobei man speziell von der Trittschalldämmung spricht. Schließlich müssen die haustechnischen Anlagen genügend leise sein.

Diese drei Hauptprobleme werden im Folgenden behandelt.

8.1 Luftschalldämmung

8.1.1 Kennzeichnung

Unter der Luftschalldämmung eines Bauteils versteht man seine Eigenschaft zu verhindern, dass auf das Bauteil einfallende Luftschallenergie in den Nachbarraum übertragen wird. Die Luftschalldämmung zwischen zwei Räumen hängt in der Regel von der Ausbildung des Trennbauteils (Trennwand, -decke usw.) zwischen beiden ab. Die Güte der Dämmwirkung des Trennbauteils wird durch das Schalldämm-Maß R gekennzeichnet, das folgendermaßen definiert ist:

$$R = -10 \lg \frac{W_2}{W_1}. \qquad (8.1)$$

Dabei ist W_1 die auf das Trennbauteil einfallende, W_2 die von der Rückseite dieses Trennbauteils in den Nachbarraum abgestrahlte Schallleistung.

Sofern die Schallübertragung nicht allein über das Trennbauteil erfolgt, sondern zum Teil auch über Nebenwege – wie dies in Gebäuden die Regel ist –, wird das Bau-Schalldämm-Maß R' verwendet [8.56, 8.72]. Der Apostroph soll ausdrücken, dass die Schallübertragung nicht unbedingt allein über das Trennbauteil selbst, sondern auch über flankierende Bauteile und andere Nebenwege erfolgt:

$$R' = -10 \lg \frac{W_{\text{tot}}}{W_1}. \qquad (8.2)$$

W_{tot} ist die gesamte in den Nachbarraum abgestrahlte Schallleistung, die sich aus der übertragenen Schallleistung sowohl des Trennbauteils W_2 als auch der flankierenden Bauteile und möglicher anderer Übertragungswege (z. B. Lüftungskanäle) zusammensetzt.

Wendet man diese Definition auf die Schallübertragung zwischen zwei Räumen über ein Trennbauteil an, dann gilt unter der Annahme diffuser Schallfelder die Beziehung

$$R' = L_1 - L_2 + 10 \lg S_s/A \text{ dB}, \qquad (8.3)$$

wobei L_1 Schalldruckpegel im Senderaum, L_2 Schalldruckpegel im Empfangsraum, S_s Fläche des Trennbauteils, A äquivalente Schallabsorptionsfläche des Empfangsraumes.

Für grobe Abschätzungen kann für Wände und Decken bei möblierten Räumen der Ausdruck $10 \lg S_s/A$ näherungsweise gleich Null gesetzt werden.

In manchen Fällen ist es nicht möglich oder nicht zweckmäßig, die Definition (8.3) anzuwenden. Es ist nicht möglich, wenn die den Schall aufnehmende und die den Schall abstrahlende Fläche keine gemeinsame Fläche eines Trennbauteils bilden, wie es z. B. bei versetzten Räumen der Fall ist. Dann verwendet man zur

Kennzeichnung die sog. Norm-Schallpegeldifferenz

$$D_n = L_1 - L_2 + 10 \lg A_0/A \text{ dB} . \qquad (8.4)$$

D_n ist, wie der Name sagt, eine Schallpegeldifferenz, die jedoch durch den Bezug auf eine bestimmte Schallabsorptionsfläche A_0 des Empfangsraumes von Zufälligkeiten der Raumausstattung frei ist.

Die Bezugs-Schallabsorptionsfläche A_0 wird in der Regel zu 10 m² gewählt [8.56]. Dieser Wert entspricht näherungsweise der Schallabsorptionsfläche eines möblierten, kleineren Wohnraumes.

Es kann jedoch auch zweckmäßig sein, im Einzelfall – etwa bei einer großen Halle – einen den speziellen Verhältnissen besser entsprechenden anderen Wert A_0 zu verwenden, der dann angegeben werden muss.

Die Norm-Schallpegeldifferenz wird auch bei Messungen im Prüfstand von kleinen Bauteilen (Fläche < 1 m²) wie Frischluftöffnungen, Schalldämmlüfter, Rolladenkästen etc. angegeben und als Element-Normschallpegeldifferenz $D_{n,e}$ bezeichnet [8.62]. Weiterhin findet sie Anwendung zur Beschreibung der Schallübertragung von Raum zu Raum über flankierende Bauteile [8.69–8.71], z.B. über abgehängte Unterdecken [8.61], Doppel- und Hohlraumböden [8.64].

Das Schalldämm-Maß und die Norm-Schallpegeldifferenz sind unabhängig von der Messrichtung, d.h. unabhängig davon, welcher Raum als Sende- oder Empfangsraum gewählt wird.

Eine weitere Größe zur Kennzeichnung der Schalldämmung zwischen Räumen ist die Standard-Schallpegeldifferenz

$$D_{n,T} = L_1 - L_2 + 10 \lg \frac{T}{T_0} \text{ dB} , \qquad (8.5)$$

wobei für Wohnräume die gemessene Nachhallzeit T auf eine Bezugs-Nachhallzeit im Empfangsraum von $T_0 = 0{,}5$ s bezogen wird. Dabei wird davon ausgegangen, dass in möblierten Wohnräumen eine nahezu volumen- und frequenzunabhängige Nachhallzeit von 0,5 s vorliegt. Wenn die Volumina von Sende- und Empfangsraum unterschiedlich sind, ist die Standard-Schallpegeldifferenz von der Richtung der Schallübertragung abhängig, wobei in der Regel der Raum mit dem größeren Volumen als Senderaum gewählt wird.

Das Schalldämm-Maß ist von der Frequenz abhängig. Zur einfachen Kennzeichnung werden

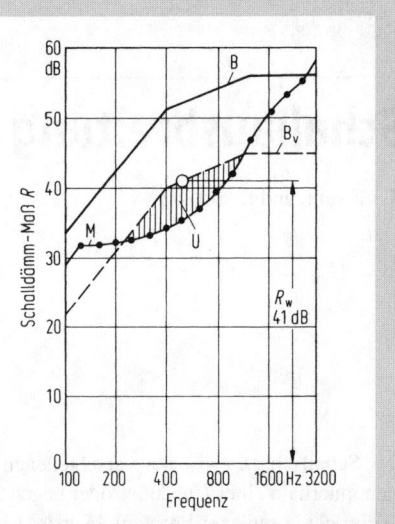

Abb. 8.1 Zur Definition des bewerteten Schalldämm-Maßes R_w bzw. R'_w. B Bezugskurve, B_v verschobene Bezugskurve, M Messwerte, U Unterschreitung von M gegen B_v

folgende Einzahlangaben verwendet, bei denen über den Frequenzbereich 100 Hz bis 3150 Hz gemittelt wird:

- *bewertetes Schalldämm-Maß* R_w bzw. R'_w (Vergleich mit einer Bewertungskurve) [8.65],
- *Luftschallschutzmaß (LSM)* nach DIN 4109, Blatt 2, Ausgabe 1962 bzw. nach DIN 52210, Blatt 4, 1975, ($R'_w = LSM + 52$ dB),
- *mittleres Schalldämm-Maß* $\bar{R}$ *oder* R_m (lineare Mittelung über den genannten Frequenzbereich, wenn R über einer logarithmischen Frequenzskala aufgetragen ist).

Von den drei genannten Maßen wird nur noch das bewertete Schalldämm-Maß R_w verwendet. Zur Ermittlung der Einzahlangabe wird eine Bezugskurve B gegenüber den Messwerten so lange in 1-dB-Schritten verschoben, wie die Summe der negativen Abweichungen gegenüber der verschobenen Bezugskurve B_v in den einzelnen Terzbändern so groß wie möglich, jedoch nicht größer als 32 dB ist (s. Abb. 8.1). Der R-Wert dieser verschobenen Bezugskurve B_v bei 500 Hz stellt dann das bewertete Schalldämm-Maß R_w dar; s. auch [8.1, 8.65].

Dieses zunächst etwas willkürlich erscheinende Verfahren berücksichtigt die unterschied-

Tabelle 8.1 Spektrum-Anpassungswerte für verschiedene Geräuschquellen [8.65]

Geräuschspektrum	Vergleichbare Geräuschquelle	Spektrum-Anpassungswert
A-bewertetes rosa Rauschen	Wohnaktivitäten Kinderspielen Schienenverkehr mit mittlerer und hoher Geschwindigkeit Autobahnverkehr < 80 km·h^{-1} Düsenflugzeug in kleinem Abstand Betriebe, die überwiegend mittel- und hochfrequenten Lärm abstrahlen	C
Städtisches Verkehrslärmspektrum	Städtischer Straßenverkehr Schienenverkehr mit geringer Geschwindigkeit Propellerflugzeug Düsenflugzeug in großem Abstand Discomusik Betriebe, die überwiegend tief- und mittelfrequenten Lärm abstrahlen	C_{tr}

liche Empfindlichkeit des menschlichen Gehörs für verschiedene Frequenzen entsprechend der A-Bewertung und das Geräuschspektrum typischer Wohngeräusche im Frequenzbereich von 100 bis 3150 Hz [8.2].

Neuerdings werden noch zwei weitere Geräuschspektren, die repräsentativ für bestimmte Geräuscharten sind, zur Bildung einer Einzahlangabe für die Schalldämmung verwendet. Das erlaubt eine Beurteilung der Schalldämmung z.B. eines Bauteils gegenüber unterschiedlichen Geräuscharten (z.B. Verkehrsgeräusche, Musik). Die Kennzeichnung der Schalldämmung bezüglich dieser Geräuscharten erfolgt mit einem so genannten Spektrum-Anpassungswert, der zum bewerteten Schalldämm-Maß zu addieren ist und z.B. wie folgt angegeben wird: $R'_w(C; C_{tr}) = 42$ $(0; -5)$ dB.

Es kann auch ein erweiterter Frequenzbereich bis 50 Hz und/oder bis 5000 Hz berücksichtigt werden, der als Index am Spektrum-Anpassungswert anzugeben ist (z.B. $C_{100-5000}$).

8.1.2 Messung

Die Messung kann im Prüfstand oder in ausgeführten Gebäuden erfolgen, wobei entsprechend den Beziehungen (8.3 bis 8.5) in einem der beiden Räume Luftschall erzeugt wird und die Schallpegel L_1 und L_2 meist in Terzbändern gemessen werden. In den gleichen Frequenzbändern werden auch die Nachhallzeiten T (in s) bestimmt und daraus unter Annahme eines diffusen Schallfeldes die äquivalenten Absorptionsflächen $A = 0,16$ V/T (V ist das Volumen des Empfangsraumes in m^3) ermittelt. Als Sendeschall kann breitbandiges Rauschen, terz- oder oktavbandbreites Rauschen verwendet werden. In Gebäuden wird im Frequenzbereich von 100 bis 3150 Hz, in Prüfständen von 100 bis 5000 Hz gemessen. Eine Erweiterung auf den Frequenzbereich von 50 bis 5000 Hz kann zusätzliche Informationen bringen.

Näheres ist aus der Normenreihe ISO 140 [8.53–8.64] zu entnehmen. Ein vereinfachtes Messverfahren, das in Räumen bis zu 150 m^3 für orientierende Messungen angewendet werden kann und bei dem in Oktavbändern gemessen wird, ist in [8.68] beschrieben.

8.1.3 Verhalten einschaliger Bauteile

8.1.3.1 Grundsätzliches Verhalten

Bei offenporigen Wänden, z.B. aus unverputztem Bimsbeton, kann die Schallübertragung über die engen Luftkanäle innerhalb der Wand erfolgen. Die Schalldämmung ist dann durch den Strömungswiderstand des Wandmaterials bestimmt. Die Schalldämmung ist meist sehr klein. Durch eine luftdichte, auf die Wand aufgebrachte Schicht, z.B. einen Putz, kann dieser Übertragungsweg unterdrückt werden. Dabei reicht es, wenn nur auf einer der beiden Wandseiten eine solche Dichtung aufgebracht wird. Bei luftdichter Wand wird diese zu Biegeschwingungen angeregt, die ihrerseits wieder zu einer Schallabstrahlung in den Nachbarraum führen.

Der Verlauf der Schalldämmung von homogenen Platten in Abhängigkeit von der Frequenz kann übersichtlich dargestellt werden, wenn man das Schalldämm-Maß R über Frequenz mal Dicke der Wand aufträgt. Es sind dabei drei Gebiete (s. Abb. 8.2) zu unterscheiden:

Gebiet A:

Bei tiefen Frequenzen ist im Wesentlichen nur die flächenbezogene Masse m'' der Platte für R maßgeblich. Das Schalldämm-Maß R ergibt sich dabei rechnerisch nach Heckl [8.3] zu

$$R = \left(20 \lg \frac{\pi f m''}{\varrho c} - 3\right) \text{dB} \; ; \tag{8.6}$$

(ϱ Dichte der Luft, c Schallgeschwindigkeit in Luft).

Gebiet B:

In einem zweiten Gebiet tritt eine resonanzartige Verschlechterung der Schalldämmung auf, wobei sich ein Minimum in der Nähe der Spuranpassungsfrequenz (Koinzidenzgrenzfrequenz), kurz Grenzfrequenz f_c, ergibt, die sich folgendermaßen nach L. Cremer [8.4] berechnet:

$$f_c = \frac{c^2}{2\pi} \sqrt{\frac{m''}{B'}} \; , \tag{8.7}$$

$$f_c \approx \frac{6{,}4 \cdot 10^4}{h} \sqrt{\frac{\varrho_P}{E}} \text{Hz} \; , \tag{8.8}$$

dabei ist B' die Biegesteifigkeit (je Breiteneinheit) der Platte (in Nm), h die Dicke der Platte (in m), ϱ_P die Dichte des Plattenmaterials (in kg · m^{-3}) und E der Elastizitätsmodul (in N · m^{-2}).

Die Tiefe des Minimums hängt vor allem von dem Verhältnis l/λ_c ab (l Abmessung der Platte, λ_c Wellenlänge des Luftschalls bei der Grenzfrequenz), außerdem von der Materialdämpfung der Platte. Für dicke Platten ist l/λ_c relativ klein. Dabei entartet das ausgeprägte Minimum zu einem nahezu ebenen Verlauf; s. Abb. 8.5 und [8.5, 8.6].

Gebiet C:

Das dritte Gebiet verläuft oberhalb der Grenzfrequenz geradlinig mit einer Steigung von 25 dB je Frequenzdekade. Das Schalldämm-Maß errechnet sich nach Heckl [8.3] in guter Übereinstimmung mit praktischen Ergebnissen [8.7] zu

$$R = \left(20 \lg \frac{\pi f m''}{\varrho c} + 10 \lg \frac{2\eta}{\pi} \frac{f}{f_c}\right) \text{dB} \; . \tag{8.9}$$

Die Schalldämmung ist dabei auch von dem Gesamtverlustfaktor η der Platte abhängig: je höher η, desto höher das Schalldämm-Maß. Der Gesamtverlustfaktor setzt sich aus der Energieableitung an den Einspannstellen (Ableitungsverlustfaktor), der Materialdämpfung (innerer Verlustfaktor) und der Strahlungsdämpfung (Strahlungsverlustfaktor) zusammen.

Für das Schalldämmverhalten ist somit von entscheidender Bedeutung, in welchem Bereich die Grenzfrequenz liegt. Ihre Werte sind für verschiedene Platten und Wände aus Abb. 8.3 zu entnehmen. Man versucht, sie möglichst an die obere Frequenzgrenze oder, wenn dies nicht möglich ist, an die untere Grenze zu schieben. Wesentlicher Parameter für die Grenzfrequenz ist dabei die Dicke des Bauteils. Aber auch durch die Wahl eines Materials, bei dem das Verhältnis ϱ_P/E groß (Gummi, Bleiblech) oder klein (Glas, Stahlblech) ist, kann bei gleicher Dicke die Grenzfrequenz beeinflusst werden.

8.1.3.2 Verhalten ausgeführter Wände

Das bewertete Schalldämm-Maß R'_w von einschaligen monolithischen Wänden ist in Abhängigkeit von der flächenbezogenen Masse m'' in Abb. 8.4 dargestellt. Trotz des Einflusses des Elastizitätsmoduls ergibt sich R_w für übliche Bau-

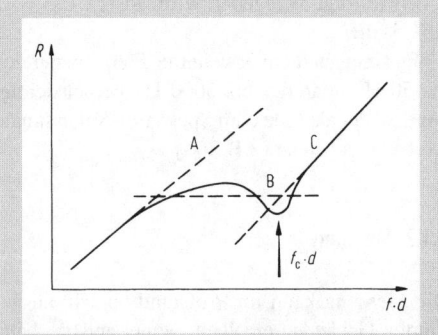

Abb. 8.2 Verschiedene Bereiche A, B, C beim Verlauf des Schalldämm-Maßes R in Abhängigkeit von Frequenz × Dicke der Platte

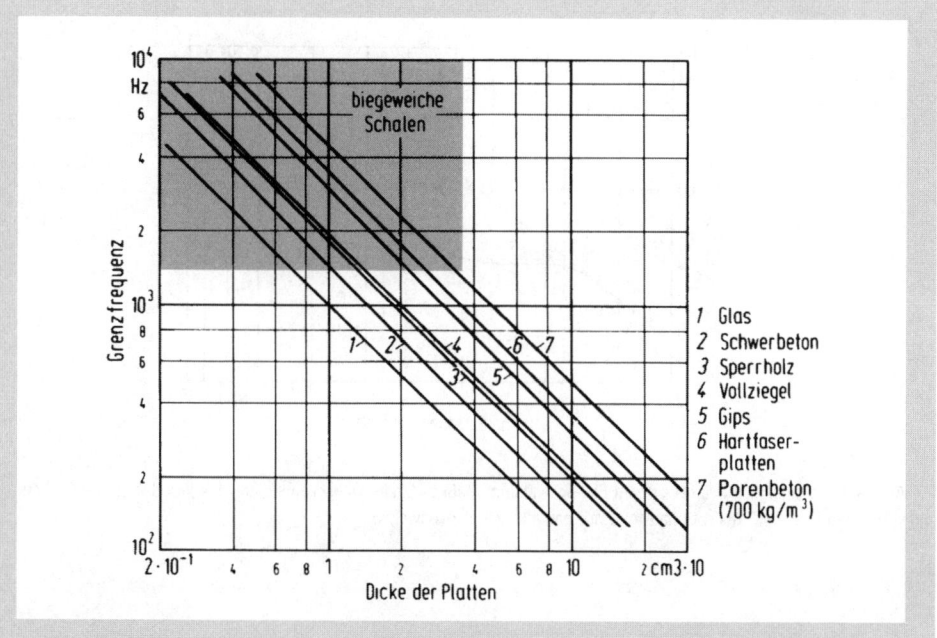

Abb. 8.3 Grenzfrequenz für Platten aus verschiedenen Materialien, abhängig von der Plattendicke

stoffe als nur abhängig von der flächenbezogenen Masse, weil das Verhältnis E/ϱ_P in (8.8) für die meisten Baumaterialien sehr ähnlich ist.

Lediglich extrem biegeweiche Stoffe (Gummi, Bleiblech) oder biegesteife Stoffe (Holz) weichen davon ab [8.5]. Infolge dieses beherrschenden Einflusses der flächenbezogenen Masse auf R_w spricht man von einem „Massegesetz" für einschalige Platten, das erstmalig von R. Berger [8.8] ausgesprochen worden ist.

Die Frequenzabhängigkeit von R' für annähernd homogene Wände mit einer flächenbezogenen Masse über 30 kg · m^{-2} ist in Abb. 8.5 dargestellt. Bei tiefen Frequenzen ist R' kaum von der Frequenz abhängig [8.5, 8.6], um dann oberhalb der Grenzfrequenz mit 25 dB je Frequenzdekade zuzunehmen.

Von dieser beschriebenen Gesetzmäßigkeit gibt es eine Reihe von Abweichungen.

Größere Hohlräume in Wänden und Decken können dazu führen, dass Resonanzen der sich bildenden Schalenstücke auftreten und die Schalldämmung verschlechtern. Näheres siehe [8.5]. Das „Massegesetz" ist deshalb in solchen Fällen nur beschränkt gültig.

Kleinere Hohlräume können bei schalltechnisch ungünstiger Lochanordnung (Löcher gegeneinander versetzt) zu einer starken Verringerung des E-Moduls der Wand senkrecht zu ihrer Fläche führen und damit zu störenden Dickenresonanzen der Wand mit einer Abnahme des Schalldämm-Maßes bis zu etwa 10 dB und mehr [8.9, 8.10]. Bei höheren Frequenzen können die einzelnen Begrenzungsstücke der Hohlräume Resonanzen aufweisen, die nach M. Heckl [8.11] zu Verschlechterungen der Dämmung führen.

Leichtbetone, vor allem Porenbeton, weisen für die Schalldämmung günstige Materialeigenschaften auf, die zu einer um etwa 2 bis 4 dB erhöhten Luftschalldämmung führen, verglichen mit gleich schweren Wänden aus anderen Baumaterialien.

Mehrschichtige Wände, vor allem solche mit Verkleidungen auf Materialien mittlerer Steifigkeit (Hartschaumplatten, Holzwolle-Leichtbauplatten), können sich weit ungünstiger verhalten, als ihrer flächenbezogenen Masse entspricht. Ein Beispiel ist in Abb. 8.6 dargestellt. Dieser zunächst überraschende Effekt ist auf Resonanzerscheinungen der Außenschichten (Massen) und der Zwischenschicht (Federung) zusammen mit der eigentlichen Wand (Masse) zurückzuführen.

An sich handelt es sich um mehrschalige Wände nach Abschnitt 8.1.4, die jedoch ungünstig dimensioniert sind.

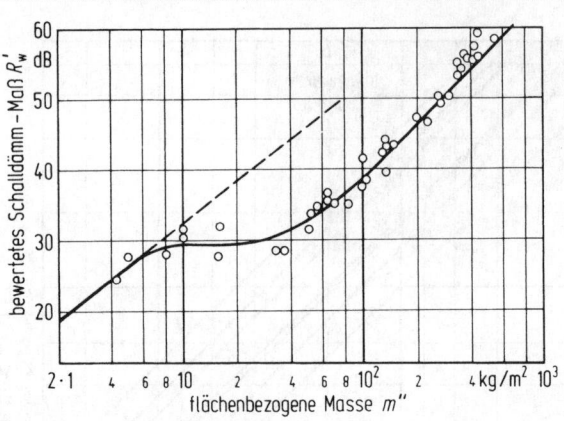

Abb. 8.4 Abhängigkeit des bewerteten Bau-Schalldämm-Maßes R'_w, einschaliger monolithischer Wände von der flächenbezogenen Masse m'' üblicher Baustoffe mit bauüblichen Flankenwegen

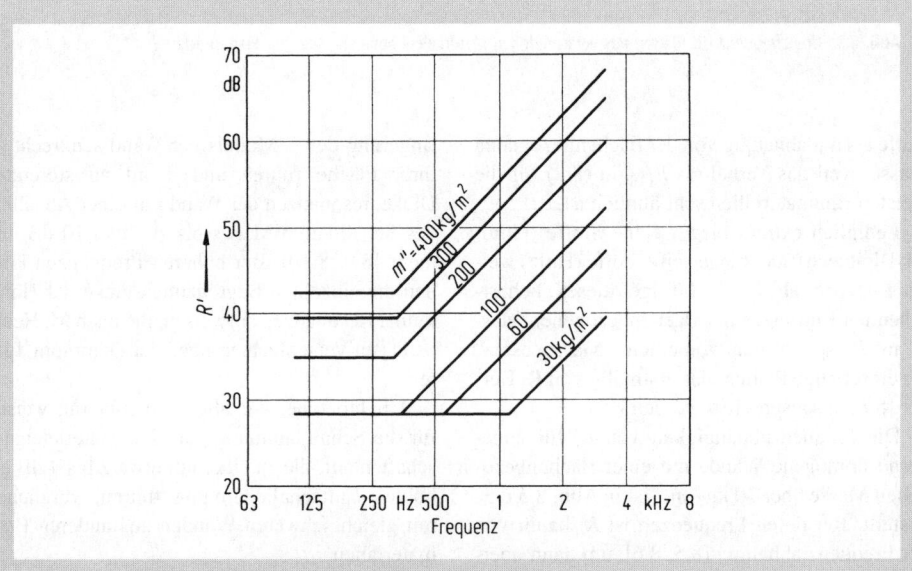

Abb. 8.5 Idealisierter Frequenzverlauf des Bau-Schalldämm-Maßes R' von homogenen Einfachwänden

8.1.4 Verhalten doppelschaliger Bauteile

8.1.4.1 Grundsätzliches Verhalten

Unter doppelschaligen Bauteilen im akustischen Sinn versteht man zwei massive Schalen, die über eine weichfedernde Zwischenschicht, in der Regel eine Luftschicht, voneinander getrennt sind. Das Verhalten eines solchen Bauteils lässt sich näherungsweise durch das in Abb. 8.7 dargestellte Schwingungssystem verstehen, bei dem zwei Massen über eine Feder verbunden sind.

Der grundsätzliche Verlauf des Schalldämm-Maßes R, abhängig von der Frequenz, ist in Abb. 8.7 dargestellt und zum Vergleich dazu die Schalldämmung von nur einer Schale. Bei tiefen Frequenzen ergibt sich trotz doppelschaligem Aufbau mit Zwischenschicht keine Verbesserung

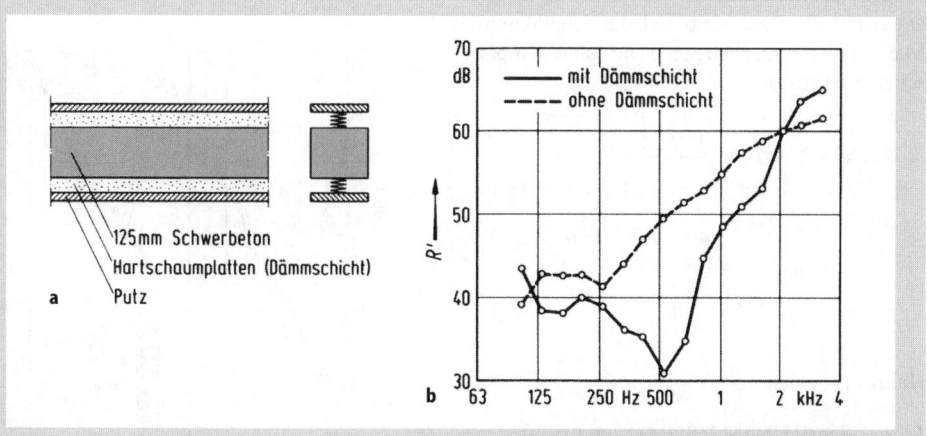

Abb. 8.6 Verschlechterung der Schalldämmung von einschaligen Wänden durch Putz auf Dämmschichten mittlerer Steifigkeit (Resonanzeffekt)

der Dämmung. Bei der Resonanzfrequenz f_R tritt eine erhebliche Verschlechterung der Schalldämmung gegenüber der gleich schweren Einfachwand auf, wobei sich f_R nach dem in Abb. 8.7 dargestellten Masse-Feder-Modell folgendermaßen ergibt:[1]

– wenn die Schalen über eine Zwischenschicht miteinander vollflächig verbunden sind

$$f_R \approx 190 \sqrt{\frac{s''}{m''}} \text{ Hz},\qquad(8.10)$$

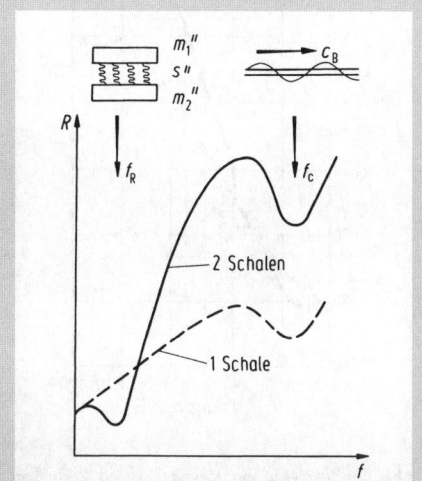

Abb. 8.7 Grundsätzlicher Verlauf der Schalldämmung R einer zweischaligen Wand aus dünnen Schalen, abhängig von der Frequenz f

– für Luft als Zwischenschicht (mit schallabsorbierender Füllung, s. Abschn. 8.1.4.2)

$$f_R \approx 190 \sqrt{\frac{0{,}11}{d \cdot m''}} \text{ Hz} \approx \frac{65}{\sqrt{d \cdot m''}} \text{ Hz}.\quad(8.11)$$

Dabei bedeuten $m'' = m_1'' \cdot m_2''/(m_1'' + m_2'')$, wobei m_1'' und m_2'' die flächenbezogenen Massen der beiden Schalen sind (in kg · m^{-2}), d die Dicke der Luftschicht (in m) und s'' die dynamische Steifigkeit der Zwischenschicht (in MN · m^{-3}) ist.

Oberhalb f_R nimmt die Dämmung stark mit der Frequenz zu; rechnerisch ist die Zunahme ΔR gegenüber dem Schalldämm-Maß eines einschaligen Bauteils

$$\Delta R = 40 \lg (f/f_R) \text{ dB};\quad f > f_R.\quad(8.12)$$

Diese Verbesserung – berechnet nach dem stark idealisierten Modell nach Abb. 8.7 – gilt jedoch nur in einem beschränkten Frequenzbereich. Bei hohen Frequenzen prägt sich die Spuranpassungsfrequenz f_c der Schalen stark aus und führt zu einem relativen Dämmungsminimum. Außerdem nimmt bei hohen Frequenzen ($f > c/(4d)$) die Steifigkeit der Luftschicht zu, wodurch der Anstieg der Schalldämmung begrenzt wird.

Diese Einflüsse kann man berücksichtigen, wenn man das der Rechnung zugrunde gelegte

---

[1] Die Resonanzfrequenz f_R ergibt sich aus einem modifizierten Masse-Feder-Modell zur Berechnung der Schalldämmung zweischaliger Bauteile [8.12]. Die in Gl. (8.10) und (8.11) angegebenen Beziehungen gelten für dünne, biegeweiche Schalen.

Modell den tatsächlichen Verhältnissen besser angepasst [8.12]. Dann ergibt sich das Schalldämm-Maß R einer zweischaligen Wand (ohne Körperschallbrücken) zu

$$R = R_1 + R_2 + 20 \lg \frac{4\pi f \cdot d}{c} \qquad (8.13)$$

für $f > f_R$ und $f < \dfrac{c}{4d}$.

$$R = R_1 + R_2 + 6 \text{ dB} \quad \text{für} \quad f > \frac{c}{4d}. \qquad (8.14)$$

Hierbei bedeuten

R_1, R_2 Schalldämm-Maß der ersten bzw. der zweiten Schale,
c Schallgeschwindigkeit in Luft,
d Schalenabstand in m.

Dabei ist vorausgesetzt, dass der Wandhohlraum mit einem Strömungswiderstand z. B. durch Einlegen von Mineralwolle bedämpft ist. Die Übereinstimmung zwischen Rechnung und Messung bei untersuchten Doppelwänden ist in der Regel befriedigend; s. Abb. 8.8 für eine Wand mit biegeweichen Wandschalen und Abb. 8.9 für eine doppelschalige Haustrennwand mit biegesteifen Schalen. Im letztgenannten Fall gibt es oberhalb 500 Hz Abweichungen, die durch (geringe) Schallbrücken bedingt sind. Auch bei tiefen Frequenzen können manchmal Abweichungen auftreten, die auf die Übereinstimmung der Plattenresonanzen der beiden Wandschalen zurückzuführen sind. Einen ungefähren rechnerischen Überblick über die Schalldämmung zweischaliger Wände mit gedämpftem Hohlraum und ohne Schallbrücken ergibt Abb. 8.10.

8.1.4.2 Ausbildung der Zwischenschicht

Zur Berechnung der Resonanzfrequenz f_R muss neben der flächenbezogenen Masse der Schalen die dynamische Steifigkeit s'' der Zwischenschicht bekannt sein.

Bei Verbindung der Schalen über eine Zwischenschicht ist die dynamische Steifigkeit der Zwischenschicht zur Berechnung zu verwenden. Werte üblicher Dämmstoffe sind in Tabelle 8.6 angegeben. Dabei spielt es eine Rolle, ob die Dämmschicht beidseitig oder nur auf einer Seite an die Schalen angeklebt ist (Einfluss der Kontaktsteifigkeit).

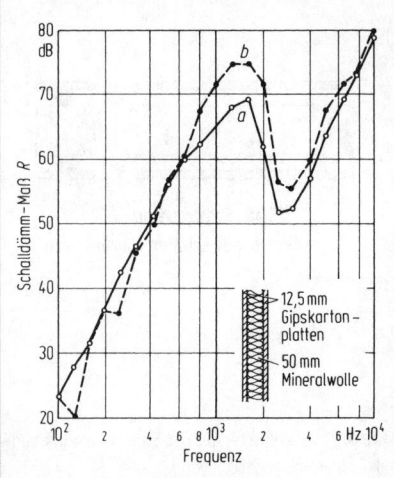

Abb. 8.8 Vergleich von Messung a und Rechnung b bei einer Doppelwand aus biegeweichen Wandschalen im Prüfstand (ohne Schallnebenwege)

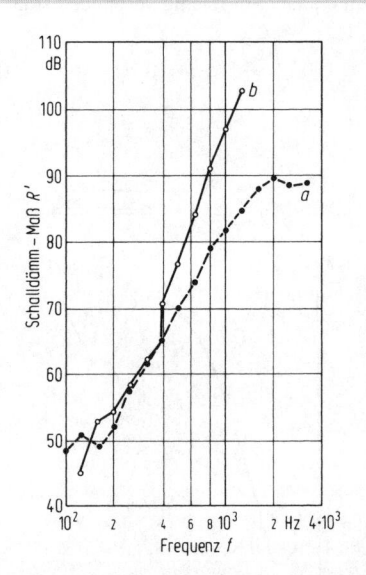

Abb. 8.9 Vergleich von Messung a und Rechnung b bei einer doppelschaligen Haustrennwand aus biegesteifen Schalen am Bau. Wandschalen: 175 mm Porenbeton, Schalenabstand: 40 mm (mit Mineralfaserplatten)

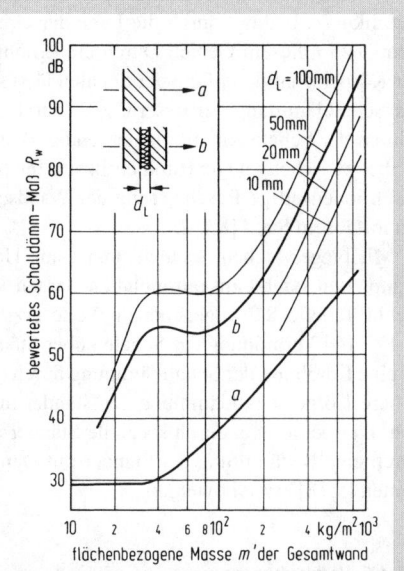

Abb. 8.10 Übersicht über das zu erreichende bewertete Schalldämm-Maß R_w zweischaliger Wände (mit getrennten Schalen), abhängig von der flächenbezogenen Masse m'' der Gesamtwand und dem Schalenabstand d_L

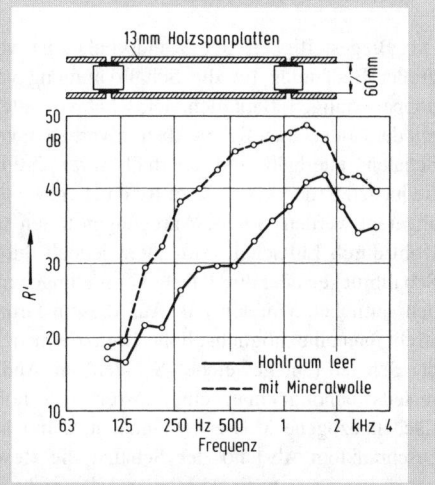

Abb. 8.11 Beispiel für die Verbesserung der Schalldämmung R' einer doppelschaligen Wand durch Einbringen eines „Strömungswiderstandes" in den Hohlraum

Bei weitem die wichtigste Zwischenschicht für doppelschalige Bauteile ist Luft ohne feste Verbindung der Schalen über eine Dämmschicht. Sie ergibt die geringstmögliche Steifigkeit s''_L, sofern im Hohlraum ein Material mit einem längenbezogenen Strömungswiderstand von mindestens $r = 5$ kPa · s · m^{-2} vorhanden ist, meist realisiert in Form einer Mineralfaser- oder offenzelligen Schaumstoffschicht. Dann ergibt sich $s'' = s''_L$ zu

$$s''_L = \frac{0{,}11}{d} \text{ MN} \cdot \text{m}^{-3}, \qquad (8.15)$$

wobei d (in m) die Dicke der Luftschicht ist. Ohne einen Strömungswiderstand im Lufthohlraum ergibt sich eine wesentlich höhere Steifigkeit der Luftschicht aufgrund der Ausbildung von wenig bedämpften Hohlraumresonanzen; s. Abb. 8.11. Dieser Mangel einer ungedämpften Luftschicht lässt sich zum Teil nach Meyer [8.13] durch eine sog. Randdämpfung (Anbringen eines offenporigen Materials am Rande des Hohlraums) mildern, jedoch nicht völlig beseitigen [8.14].

8.1.4.3 Schallbrücken

Aus praktischen Gründen sind in vielen Fällen feste Verbindungen zwischen den Schalen eines Bauteils nötig. Sie wirken als Schallbrücken und vermindern die Schalldämmung eines Bauteils bei höheren Frequenzen. Die Verbindungen sind um so schädlicher, je biegesteifer die Schalen sind, d. h. je tiefer ihre Grenzfrequenz liegt. Dies kann so weit gehen, dass sich derartige doppelschalige Bauteile, z. B. aus 50 bis 100 mm dicken Gips-, Bims- oder Porenbetonplatten, mit mehreren Schallbrücken ungünstiger verhalten als ein gleich schweres einschaliges Bauteil. Bei dünnen, biegeweichen Platten mit relativ hoher Grenzfrequenz ist dagegen der Einfluss von Schallbrücken geringer. Einzelne punktförmige Verbindungen sind nach Heckl [8.15] wesentlich weniger störend als linienförmige Verbindungen. Außerdem hängt es von der Steifigkeit der Verbindung ab, wie störend diese wirkt. Je enger die verbindenden Ständer einer doppelschaligen Wand liegen, um so ungünstiger ist dies in akustischer Hinsicht. Abstände unter 600 mm sollte man nicht wählen.

8.1.4.4 Bedeutung von biegeweichen Schalen

Die Biegesteifigkeit der Wandschalen ist von großer Bedeutung für die Schalldämmung von doppelschaligen Bauteilen. Dies hat vor allem mit dem unterschiedlichen Abstrahlverhalten von Schalen unterhalb und oberhalb ihrer Grenzfrequenz zu tun, wenn sie zu freien Biegewellen angeregt werden. Solche Anregungen treten sowohl durch Luftschall, vor allem jedoch durch Schallbrücken oder durch feste Verbindungen mit den seitlichen Wänden auf. Aus diesem Grund strebt man eine möglichst hohe Grenzfrequenz f_c der Schalen („biegeweiche" Schalen) an. Andererseits benötigt man eine ausreichend hohe flächenbezogene Masse der Schalen, damit bei beschränktem Abstand der Schalen die Resonanzfrequenz f_R nach Abschn. 8.1.4.1 nicht zu hoch ist. Beide Bedingungen kann man dadurch erfüllen, dass man die Schalen innenseitig mit einem Material beschwert (Abb. 8.12), das eine ausreichende Erhöhung der flächenbezogenen Masse und *keine* nennenswerte Erhöhung der Biegesteifigkeit ergibt. Versuche haben gezeigt, dass es sehr vorteilhaft ist, wenn das Material außerdem eine hohe Materialdämpfung aufweist. Verwendet werden in der Praxis: Aufkleben von einzelnen Plattenstücken aus Ziegeln, Beton, von Stahl- und Bleiblech und von schweren Kunststoffschichten.

Die Verwendung von zwei dünnen Platten ist günstiger als einer dicken Platte, da die zwei dünnen Platten bei gleicher Gesamtmasse eine höhere Grenzfrequenz aufweisen.

8.1.4.5 Praktisch ausgeführte Doppelwände

Doppelwände aus biegesteifen Schalen, die selbsttragend sind (z. B. aus 60 bis 100 mm dicken Platten aus Gips, Porenbeton u. ä.), haben bewertete Schalldämm-Maße zwischen 47 und 50 dB. Mitten im interessierenden Frequenzgebiet haben sie eine Einsattelung in der Schalldämmkurve, bedingt durch die Lage der Grenzfrequenz in diesem Gebiet. Durch die Erhöhung der Körperschalldämpfung der Schalen lässt sich die Schalldämmung verbessern, z. B. durch Anschluss der Schalen an die flankierenden Bauteile über zwischengelegte Bitumenfilzstreifen oder durch innenseitige Beschwerung der Wandschalen mit losem Sand [8.16].

Mit biegeweichen Schalen, meist aus Holzspanplatten oder Gipskartonplatten, lassen sich die in Tabelle 8.2 angegebenen Werte erzielen [8.17]. Bei Verbindung der Schalen über Ständer ist eine Erhöhung der Schalldämmung durch eine höhere Körperschalldämmung der Ständer möglich. Dies kann u. a. durch spezielle Ständer und durch eine Bedämpfung der Ständer mit Dämmplatten [8.18] erreicht werden.

8.1.4.6 Verkleidungen

Häufig ergibt sich die Aufgabe, die Luftschalldämmung vorhandener massiver Wände zu verbessern. Dies ist durch sog. Vorsatzschalen möglich, d. h. leichten, biegeweichen Schalen (z. B. Holzspanplatten, Gipskartonplatten, Putz), die über eine mindestens etwa 50 mm tiefe Unterkonstruktion an der Wand befestigt werden. Die erreichbare Verbesserung wird mit zunehmender flächenbezogener Masse der massiven Wand geringer. Typische Werte für das Luftschallverbesserungsmaß ΔR_w mit verschiedenen Unterkonstruktion sind in Tabelle 8.3 angegeben.

Die Verbesserung bei Unterkonstruktionen mit Verbindungen zur Wand sind meist geringer als bei frei stehenden Unterkonstruktionen oder Verbundplatten, die nur punktuell an der Wand befestigt werden. Beispiele sind in Abb. 8.13 dargestellt. Messwerte verschiedener Verkleidungen sind in [8.19] enthalten.

Am Bau wird die erreichbare Verbesserung durch Vorsatzschalen aufgrund der Schallüber-

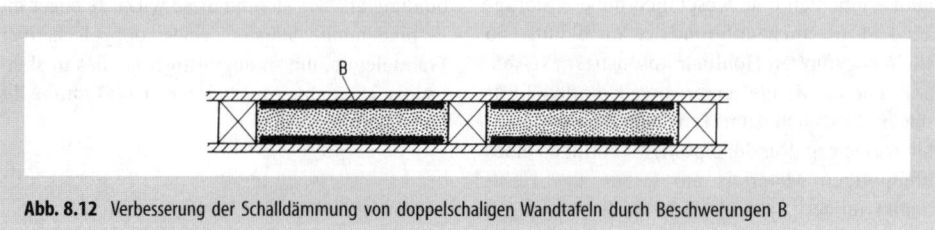

Abb. 8.12 Verbesserung der Schalldämmung von doppelschaligen Wandtafeln durch Beschwerungen B

Tabelle 8.2 Luftschalldämmung von doppelschaligen Wänden aus biegeweichen Schalen

Wandaufbau Schalen	Verbindung zwischen den Schalen	Schalen-abstand mm	Wanddicke mm	m'' je Schale $kg \cdot m^{-2}$	Bewertetes Schalldämm-Maß R_w^a dB
Holzspanplatten, Gipskartonplatten	über Holzstiele	60...80	80...100	ca. 8,5	37...39
Gipskartonplatten, 1 Lage je Schale	über gemeinsame Blechständer CW 50×0,6	50	75	8,5	39
Gipskartonplatten, 1 Lage je Schale	über gemeinsame Blechständer CW 100×0,6	100	125	8,5	41
Gipskartonplatten, 2 Lagen je Schale	über gemeinsame Blechständer CW 50×0,6	50	100	17	46
Gipskartonplatten, 2 Lagen je Schale	keine (getrennte Ständer CW 50×0,6)	105	155	17	58

[a] R_w ohne Berücksichtigung der Schallnebenwege z.B. durch flankierende Bauteile.

Tabelle 8.3 Beispiele für Vorsatzschalen und typische Luftschallverbesserungsmaße ΔR_w

Verkleidung aus 2 Lagen mit je ca. $m'' = 7\,kg \cdot m^{-2}$	Luftschallverbesserungsmaß ΔR_w	
Unterkonstruktion mit mindestens 50 mm Tiefe und Hohlraumbedämpfung	leichte Massivwände ca. $m'' = 120\,kg \cdot m^{-2}$	schwere Massivwände ca. $m'' = 400\,kg \cdot m^{-2}$
vor der Wand frei stehende Ständerwerke aus Holzleisten oder Metallprofilen	18 dB	12 dB
Verbundplatten aus weich federnder Dämmschicht (z.B. Mineralfaserplatten), die an der Wand angeklebt werden	16 dB	11 dB
Mindestwerte für frei stehende Vorsatzschalen mit einer Resonanzfrequenz von $f_0 \le 80$ Hz nach [8.72]	16 dB	7 dB

tragung über flankierende Bauteile oft auf weit geringere Werte als in Tabelle 8.3 begrenzt (s. Abschn. 8.1.5).

8.1.4.7 Fenster

Im Zusammenhang mit ein- und zweischaligen Wänden müssen auch noch Fenster erwähnt werden. Für sie gelten zwar auch die beschriebenen Grundgesetze wie für andere Trennelemente; allerdings stellen besonders bei hochschalldämmenden Fenstern Undichtigkeiten (s. Abschn. 8.1.6) ein großes Problem dar. Typische bewertete Schalldämm-Maße von funktionsfähigen Fenstern sind:

gekipptes Fenster	$R_w = 10...12$ dB,
alte Fenster, ohne Dichtung in den Fälzen	$R_w = 20...28$ dB,
Einfachfenster mit normalem Isolierglas	$R_w = 32...34$ dB,
Einfachfenster mit schwerem Isolierglas	$R_w = 38...40$ dB,
Einfachfenster mit hochschalldämmenden Isolierglasverbundscheiben	$R_w = 44...47$ dB,

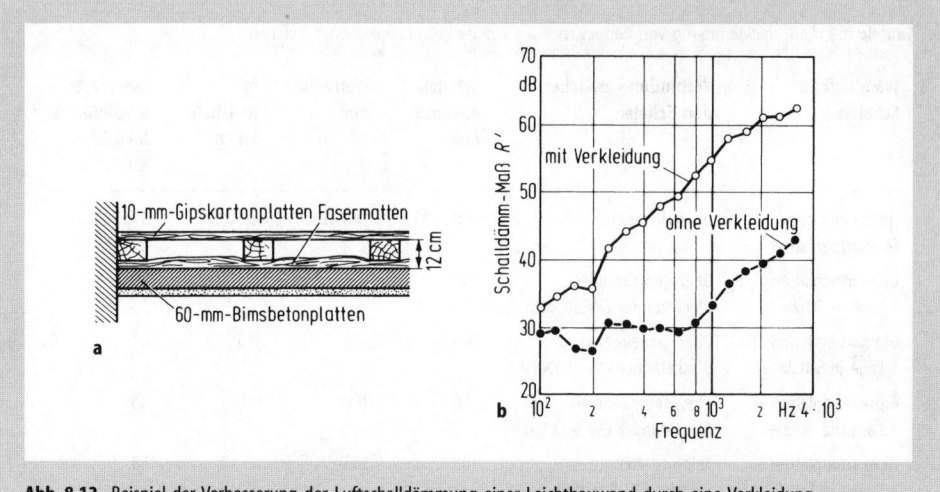

Abb. 8.13 Beispiel der Verbesserung der Luftschalldämmung einer Leichtbauwand durch eine Verkleidung

Verbundfenster in Normal-ausführung $R_w = 37\ldots40$ dB,

Verbundfenster in hoch-schalldämmender Ausführung $R_w = 45$ dB,

Kastenfenster je nach Verglasung und Rahmen $R_w = 45\ldots60$ dB.

Bei hochschalldämmenden Fenstern ($R_w > 45$ dB) wird unter Umständen mehr Schall über den Rahmen als über die Scheiben übertragen. In solchen Fällen ist eine körperschallmäßige Trennung des Rahmens erforderlich. Rechenwerte der Luftschalldämmung von Fenstern sind in [8.51] zu finden.

Mit Doppelfassaden lassen sich je nach Größe der Zu- und Abluftöffnungen und absorbierender Auskleidung des Fassadenzwischenraumes folgende Verbesserungen der Schalldämmung durch die äußere Fassade erreichen:

bei geschlossenen Fenstern der inneren Fassade $\Delta R_w = 3\ldots11$ dB,

bei gekippten Fenstern der inneren Fassade $\Delta R_w = 6\ldots14$ dB.

8.1.5 Schall-Längsleitung im Massivbau

Mit geeignet aufgebauten zweischaligen Trennwänden oder -decken kann man im Laboratorium sehr hohe Schalldämm-Maße erhalten (z. B. $R_w = $ 65 bis 75 dB). Am Bau lassen sich diese Werte bei Reihenhäusern mit doppelschaligen Haustrennwänden mit einer über die ganze Haustiefe verlaufenden Trennfuge, so dass eine vollständige Trennung der Haushälften vorliegt, erreichen. In üblichen Bauten mit durchgehenden, flankierenden Wänden und Decken werden diese hohen Schalldämm-Maße nicht erreicht, weil neben der Übertragung über die Trennfläche zwischen beiden Räumen auch eine Übertragung über die flankierenden Bauteile erfolgt, s. Abb. 8.14. Diese Bauteile werden im „lauten" Raum zu Biegeschwingungen angeregt; diese Schwingungen werden meist mit geringer Schwächung – zwischen etwa 3 und 20 dB – zu dem flankierenden Bauteil des Nachbarraumes, rechts oder links, oben oder unten, weitergeleitet. Diese Übertragung begrenzt das in üblichen Massivbauten zwischen benachbarten Räumen erreichbare Schalldämm-Maß auf Werte zwischen etwa $R'_w = 50$ bis 57 dB, in ungünstigen Fällen auch auf geringere Werte; Näheres s. [8.21].

Zur Beschreibung der Schallübertragung über die einzelnen Übertragungswege nach Abb. 8.14 lässt sich für jeden Übertragungsweg ij (z. B. Ff) ein Flankendämm-Maß R_{ij} (z. B. R_{Ff}) definieren:

$$R_{ij} = -10 \lg \left(\frac{W_{ij}}{W_1} \right). \qquad (8.16)$$

Das Flankendämm-Maß R_{Ff} z. B. ist das Verhältnis der auf das trennende Bauteil mit der Bezugsfläche S_s treffenden Schallleistung W_1 zu der – aufgrund des auf das Bauteil F im Senderaum auftreffenden Schalls – im Empfangsraum vom Bauteil f abgestrahlten Schallleistung W_{Ff}. Im Flankendämm-Maß wird die abgestrahlte Schall-

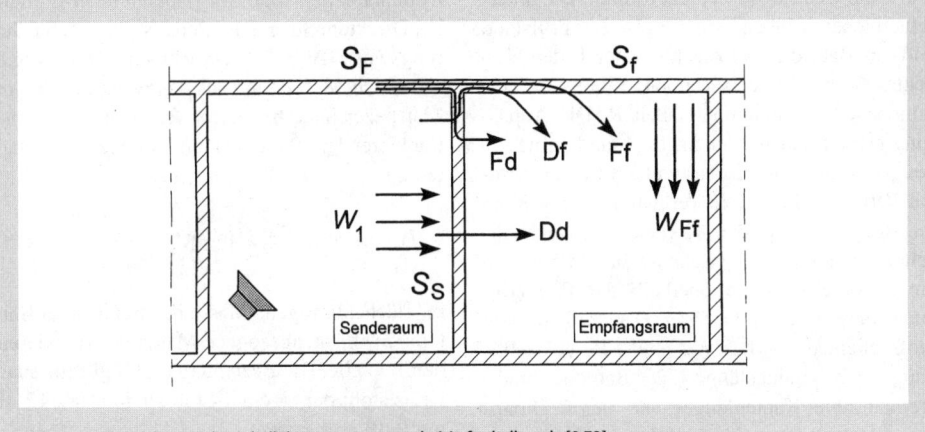

Abb. 8.14 Bezeichnung der Schallübertragungswege bei Luftschall nach [8.72]

leistung W_{ij} in das Verhältnis zu der auf die Bezugsfläche S_s des trennenden Bauteils treffenden Schallleistung W_1 gesetzt, um den Beitrag der einzelnen Übertragungswege zur Gesamtübertragung angeben zu können.

Die gesamte in den Empfangsraum abgestrahlte Schallleistung W_{tot} ergibt sich aus der Summe der abgestrahlten Schallleistungen der n flankierenden Bauteile (Wege Df, Ff) und des trennenden Bauteils (Wege Dd, Fd). Mit der Definition des Bau-Schalldämm-Maßes R' (8.3) ergibt sich hieraus

$$R' = -10 \lg \left(10^{\frac{R_{Dd}}{10}} + \sum_{F=1}^{n} 10^{\frac{R_{Fd}}{10}} + \sum_{f=1}^{n} 10^{\frac{R_{Df}}{10}} + \sum_{F=f=1}^{n} 10^{\frac{R_{Ff}}{10}} \right), \quad (8.17)$$

wobei R_{Dd} das Schalldämm-Maß für die Direktübertragung ist.

Für zwei benachbarte Räume mit in der Regel vier flankierenden Wänden bzw. Decken ergeben sich demnach 13 Übertragungswege.

Die beschriebene Vorgehensweise zur Berechnung von R' entspricht dem Rechenmodell für die Körperschallübertragung nach DIN EN ISO 12354-1 [8.72]. Darin wird ein detailliertes Modell vorgestellt, bei dem die Berechnung nach Gl. (8.17) frequenzabhängig durchgeführt wird, und ein vereinfachtes Modell, bei dem in Gl. (8.17) Einzahlangaben, d.h. die bewerteten Schalldämm-Maße bzw. Flankendämm-Maße, verwendet werden.

8.1.5.1 Ermittlung der Flankendämm-Maße

Das Flankendämm-Maß für den Übertragungsweg ij kann nach [8.72] in allgemeiner Form für eine beliebige Stoßstelle und unterschiedliche Wände im Sende- und Empfangsraum wie folgt ermittelt werden:

$$R_{ij} = \frac{R_i}{2} + \Delta R_i + \frac{R_j}{2} + \Delta R_j + \bar{D}_{v,ij} + 10 \lg \left(\frac{S_S}{\sqrt{S_i S_j}} \right), \quad (8.18)$$

wobei

R_i Schalldämm-Maß des angeregten Bauteils i im Senderaum,

R_j Schalldämm-Maß des abstrahlenden Bauteils j im Empfangsraum,

$\Delta R_i, \Delta R_j$ Luftschallverbesserungsmaß durch Vorsatzkonstruktionen für das Bauteil i bzw. j (s. Abschn. 8.1.4.6),

$\bar{D}_{v,ij}$ richtungsgemittelte Schnellepegeldifferenz an der Stoßstelle zwischen den Bauteilen i und j,

S_s Fläche des trennenden Bauteils,

S_i, S_j Fläche des Bauteils i bzw. j.

R_i und R_j sind die Schalldämm-Maße bei Direktdurchgang des Schalls. Die richtungsgemittelte Schnellepegeldifferenz $\bar{D}_{v,ij}$ beschreibt die Abnahme der Biegeschwingungen beim Überschreiten der Stoßstelle zwischen Bauteil i und Bauteil j.

Die akustischen Daten sollten hauptsächlich aus Prüfstandsmessungen herrühren, wobei auch rechnerische Abschätzungen möglich sind. Die Daten R_i, R_j und $\bar{D}_{v,ij}$ sind vor Einsetzen auf

Werte am Bau (in situ) zu überführen. Die unterschiedlichen Einbaubedingungen im Prüfstand und am Bau, die hauptsächlich durch den Verlustfaktor beschrieben werden, führen zu verschiedenen Schalldämm-Maßen R. Die Anpassung erfolgt anhand der im Prüfstand gemessenen (oder angenommenen) und am Bau erwarteten Verlustfaktoren. Die Verlustfaktoren werden messtechnisch aus den Körperschall-Nachhallzeiten ermittelt. Für massive Bauteile hat sich diese Vorgehensweise oberhalb der Grenzfrequenz bewährt [8.7]. Der Wert $\bar{D}_{v,ij}$ wird aus dem Stoßstellendämm-Maß K_{ij} unter Berücksichtigung der Kopplungslänge l_{ij} der Bauteile i und j (gemeinsame Kantenlänge) und deren Dämpfungseigenschaften (Verlustfaktoren) in situ ermittelt.

Die Ausbildung der Stoßstelle hat großen Einfluss auf das Flankendämm-Maß. Dabei spielt es z. B. eine Rolle, ob es sich um einen Kreuz- oder T-Stoß handelt, ob die Verbindung starr oder über eine weiche Zwischenschicht erfolgt und welches Massenverhältnis zwischen den Bauteilen besteht. Für eine Reihe von Bauteilen sind Stoßstellendämm-Maße in [8.72] angegeben.

Es ist versucht worden, den hier verwendeten Ansatz zur Bestimmung der Schall-Längsdämmung bei Holztafelwänden u. ä. anzuwenden. Dies musste scheitern, weil der für massive Bauteile verwendete Ansatz dafür völlig untauglich ist (Einfluss des Abstrahleffekts, keine biegesteife Verbindung, zwei- statt einschalige Bauteile).

8.1.5.2 Vereinfachte Ermittlung der Flankendämm-Maße

Die beschriebene detaillierte Rechnung zur Bestimmung des Bau-Schalldämm-Maßes aus der Direktschalldämmung und den Flankendämm-Maßen kann bei Betrachtung der im Massivbau tatsächlich vorliegenden Verhältnisse wesentlich vereinfacht werden, wie nachfolgend gezeigt wird.

Im Massivbau kann eine näherungsweise Berechnung des Flankendämm-Maßes R_{Ff} (auch R_L) nach Gl. (8.18) erfolgen, in dem angenommen wird, dass die Bauteile im Sende- und Empfangsraum gleich sind und die Fläche des trennenden Bauteils gleich der Fläche jedes flankierenden Bauteils ist [8.21]:

$$R_{Ff} \approx R_f + \bar{D}_{v,Ff}, \qquad (8.19)$$

R_f Schalldämm-Maß des flankierenden Bauteils bei Direktdurchgang des Schalls (lässt sich näherungsweise Abb. 8.5 entnehmen); $\bar{D}_{v,Ff}$, ergibt sich nach [8.21] (dort als Verzweigungsdämm-Maß bezeichnet) bei starrer Verbindung zwischen flankierenden Bauteilen und trennendem Bauteil zu

$$\bar{D}_{v,Ff} = 20 \lg \frac{m_t''}{m_f''} + 12 \text{ dB}, \qquad (8.20)$$

m_t'' flächenbezogene Masse des trennenden Bauteils; m_f'' flächenbezogene Masse der flankierenden Bauteile. Die Beziehung (8.20) gilt für einen Kreuzstoß; bei einem T-Stoß sind anstatt 12 dB nur 9 dB anzusetzen.

D_v ist nahezu unabhängig von der Frequenz. Deshalb ist es möglich, die Beziehung (8.19) unmittelbar auf die bewerteten Schalldämm-Maße $R_{Ff,w}$ bzw. $R_{f,w}$ anzuwenden, was die Rechnung sehr vereinfacht.

Die Flankendämm-Maße R_{Fd}, R_{Df} und R_{Ff} sind näherungsweise gleich groß.

Hieraus lässt sich ableiten, welche Verbesserung der Schalldämmung bei einer einseitig mit einer Vorsatzschale versehenen Wand durch eine Vorsatzschale auf der zweiten Seite erreicht werden kann. Da durch die zweite Vorsatzschale R_{Df} wegfällt, das etwa gleich groß wie R_{Ff} ist, wird das Schalldämm-Maß R_w' günstigenfalls um 3 dB verbessert. Dasselbe gilt für die unterseitige Verkleidung von Decken, die einen schwimmenden Estrich aufweisen (Abb. 8.15).

8.1.5.3 Einfluss der flächenbezogenen Masse der flankierenden Wände

Das Flankendämm-Maß in Massivbauten mit starren Stoßstellen hängt von zwei Größen ab: von der flächenbezogenen Masse der flankierenden Wände und von der der Trenndecke bzw. Trennwand. Allgemein ist die Meinung verbreitet, dass für ein hohes Flankendämm-Maß vor allem die Masse der Längswand möglichst groß sein müsse. Die Rechnung zeigt jedoch, dass dies nicht der Fall ist. In Abb. 8.16 ist nach der Rechnung nach Gl. (8.20) und (8.21) diese Abhängigkeit dargestellt. Sie nimmt zwischen $m_f'' = 100 \text{ kg} \cdot \text{m}^{-2}$ und $400 \text{ kg} \cdot \text{m}^{-2}$, dem im Bauwesen in Frage kommenden Bereich, nur um 3 dB zu. Dieser überraschend geringe Einfluss rührt daher, dass bei leichten Längswänden zwar die Schwingungen dieser Wand sehr groß sind,

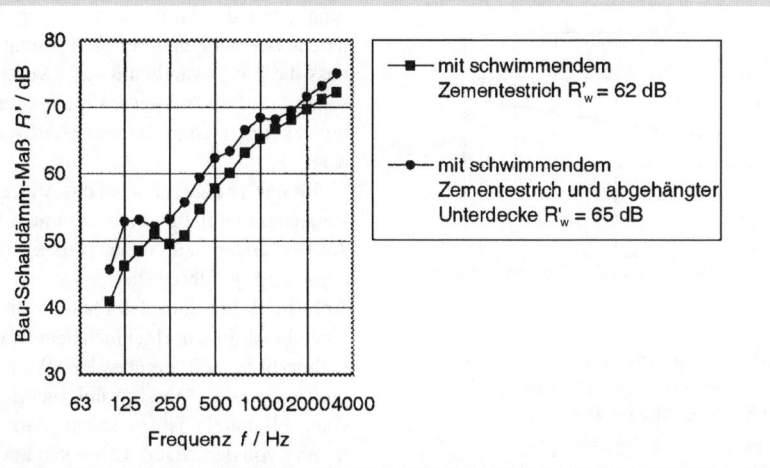

Abb. 8.15 Einfluss einer biegeweichen Unterdecke auf das Schalldämm-Maß einer Massivdecke mit schwimmendem Estrich im Deckenprüfstand mit Flankenwegen

dafür jedoch – bei gleicher Trenndecke – die Schnellepegeldifferenz an der Stoßstelle D_v größer als bei einer schwereren Längswand ist. Die beiden gegenläufigen Einflüsse führen dazu, dass die Längsdämmung nur wenig von m_f'' abhängt. Dagegen wirkt sich die flächenbezogene Masse m_t'' der Trenndecke viel stärker aus. Bei der obigen Variation im Verhältnis 1:4 würde sich ein Unterschied von $R_{Ff,w}$ von 12 dB ergeben. Daraus folgt für massive Bauten mit biegesteifer Verbindung der Bauteile untereinander: nicht die flankierenden Bauteile, im Wesentlichen die Wände, sollte man schwer machen, sondern die trennenden Bauteile, somit die Decken und Wohnungstrennwände.

8.1.5.4 Vereinfachte Ermittlung von R_w'

Man kann das Ergebnis des vorigen Abschnittes auf die etwas vergröbernde Formel bringen: Die flankierenden Wände einer Decke mit schwimmendem Estrich verschlechtern durch ihr *Vorhandensein* die Luftschalldämmung der Decke etwa um 15 bis 20 dB. Die Größe der Verschlechterung wird jedoch durch m_f'' nur wenig beeinflusst. Wegen dieses geringen Einflusses der flächenbezogenen Masse m_f'' kann die Berechnung von R_w' sehr vereinfacht vorgenommen werden. Man kann eine lineare Mittelung über die Werte m_f'' der flankierenden Bauteile zu einem Wert $m_{f,\text{Mittel}}''$ vornehmen:

$$m_{f,\text{Mittel}}'' = \frac{\sum_{i=1}^{n} m_{f,i}''}{n} \quad (8.21)$$

$m_{f,i}''$ flächenbezogene Masse der einzelnen flankierenden Bauteile (z. B. $n = 4$ Wände).

Für diesen Wert $m_{f,\text{Mittel}}''$ wird dann unter Verwendung der Vereinfachungen zur Berechnung der Flankendämm-Maße nach Abschn. 5.1.5.2 $R_{Ff,w}$ gültig für alle vier Wände bestimmt. Diese Rechenweise ist in DIN 4109, Beiblatt 1 [8.50] verwendet worden. An rund 50 am Bau untersuchten Decken und Trennwänden sind diese Rechenwerte mit Messwerten verglichen worden, wobei sich die in Abb. 8.17 dargestellten Abweichungen ergeben haben. Daraus ist zweierlei abzuleiten:

– die Rechenwerte zeigen keine systematischen Abweichungen gegenüber den Messwerten,
– die Abweichungen sind in Anbetracht der extrem einfachen Rechnung und der Messungenauigkeiten am Bau voll befriedigend.

8.1.5.5 Sonderfälle

Die obige Rechnung bezieht sich auf den Fall, dass Wände und Decken massiv ausgeführt und biegesteif miteinander verbunden sind. Das traf

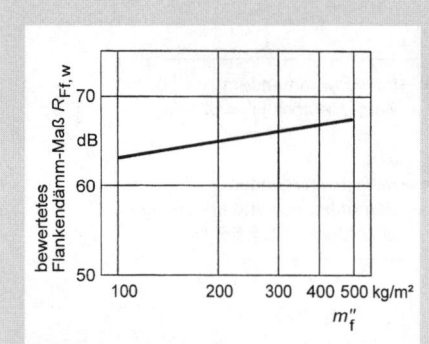

Abb. 8.16 Geringe Abhängigkeit des Flankendämm-Maßes $R_{Ff,w}$ von der flächenbezogenen Masse m''_f der Längswand bei massiven Bauten

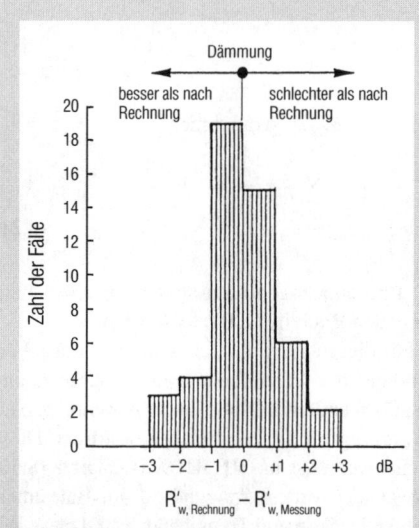

Abb. 8.17 Häufigkeitsverteilung der Abweichung des bewerteten Schalldämm-Maßes R'_w zwischen Rechnung nach DIN 4109, Beiblatt 1 [8.50] und den Messungen am Bau (Messwerte von Lang, Eisenberg, Schulze und Gösele)

auf die Bauarten in der Vergangenheit auch weitgehend zu. In den letzten Jahrzehnten sind – vor allem bei Außenwänden – andere Lösungen verwendet worden. Der eine Fall ist, dass massive Wohnungstrennwände nur noch lose – mit dem so genannten stumpfen Stoß – an die Außenwände anschließen, wodurch die biegesteife Verbindung wegfällt. Dies führt zu einer wesentlich geringeren Längsdämmung in horizontaler Richtung, über die Trennwand hinweg. Eine schon länger bekannte andere Abweichung liegt darin, dass die Längswände mit einer Verkleidung versehen sind, die mitten im interessierenden Frequenzbereich eine Resonanz aufweist; s. Abb. 8.18.

Im letzten Jahrzehnt hat das Auftreten von Resonanzen innerhalb von bestimmten Lochziegel-Außenwänden zu einer verringerten Längsdämmung geführt. Dies zeigt ein Beispiel in Abb. 8.19, bei dem das Flankendämm-Maß R_{Ff} einer bestimmten Hochlochziegelwand mit den rechnerisch sich ergebenden Werten für eine gleichschwere Massivwand verglichen wird. Ganz allgemein ist zu sagen, dass die Längsleitung von derartigen Außenwänden aus den genannten Gründen heute für das erreichbare Schalldämm-Maß R'_w weitgehend bestimmend ist. Auch in diesen Sonderfällen kann eine sehr einfache zusätzliche Rechnung angewandt werden.

8.1.5.6 Verbesserungsmöglichkeiten

a) Erhöhung der flächenbezogenen Masse der flankierenden Wände

Die obigen Ausführungen haben gezeigt, dass eine gewisse Erhöhung der flächenbezogenen Masse der Wände – außer der Wohnungstrennwand – keine wesentliche Verbesserung der Längsdämmung bringt. Wenn man durch Masse etwas erreichen will, dann muss man dies bei den Trennwänden und Trenndecken tun. Dort lässt sich z.B. bei einer Vergrößerung der Deckendicke von 150 auf 300 mm eine Erhöhung der maximal erreichbaren Dämmung von $R'_w = 55$ dB auf 61 dB erreichen.

b) Verkleidung der flankierenden Wände

Eine andere Möglichkeit besteht in der Anbringung von Verkleidungen an den flankierenden Wänden. Ein Beispiel ist in Abb. 8.18 gezeigt. Allerdings hat auch diese Maßnahme eine Grenze, weil die Verkleidung in der Nähe ihrer Resonanzfrequenz unwirksam wird, ja sogar bei der Resonanz verschlechternd wirken kann. Das Hauptargument gegen derartige Verkleidungen ist der große wirtschaftliche Aufwand, wobei die entstehende geringere Wohnfläche vor allem stört.

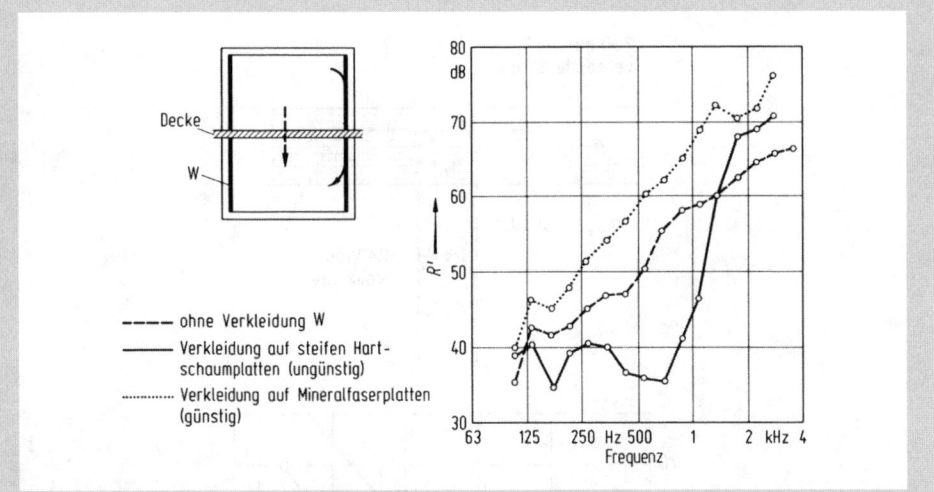

Abb. 8.18 Einfluss einer geeigneten und einer ungeeigneten Wandverkleidung auf die Schalllängsdämmung (Schalldämmung zwischen zwei übereinander liegenden Räumen mit Massivdecke mit schwimmendem Estrich)

c) Körperschalldämpfung

Ein weiterer Weg, der bisher in Neubauten noch nicht beschritten worden ist, wäre eine stärkere Körperschalldämpfung durch Zusatzmaßnahmen innerhalb der Wände. Wie wirksam dies wäre, ist in Abb. 8.35 bei sehr alten Holzfachwerkwänden gezeigt, wo bei einer flächenbezogenen Masse von etwa 150 bis 200 kg · m^{-2} durch Reibung zwischen einzelnen Teilen der Füllung eine Verbesserung von R_L von etwa 15 bis 25 dB aufgetreten ist.

Für den Hausbau würden wesentlich geringere Verbesserungen von etwa 10 dB ausreichen, die mit nicht zu großem Aufwand an Neubauten erreichbar erscheinen. Das ist bei leichten Wänden mit kleinerem Aufwand erreichbar als bei schweren Wänden.

8.1.6 Undichtigkeiten

Bei bestimmten Bauteilen wie Türen und Fenstern, aber auch bei Bauarten, bei denen z. B. die Wände aus einzelnen demontierbaren Tafeln aufgebaut werden, wird die Luftschalldämmung entscheidend durch die Schallübertragung über Fugen und andere Undichtigkeiten bestimmt. Darüber gibt es noch wenige quantitative Unterlagen.

8.1.6.1 Einfache Schlitze

Im Folgenden wird die Schalldämmung von Fugen dadurch gekennzeichnet, dass dasjenige Schalldämm-Maß R_{ST} einer (gedachten) Wand mit Fuge angegeben wird, bei der auf 1 m² Wand eine Fuge von 1 m Länge kommt, wobei die Wandfläche selbst eine sehr hohe Dämmung habe. Genügend unterhalb der Resonanzfrequenz f_{RS} des Schlitzes gilt dann nach Gomperts [8.25]

$$R_{ST} = [20 \lg l/b + 10 \lg f/f_0 - 3] \text{ dB} . \quad (8.22)$$

Benennungen s. Abb. 8.20; $f_0 = 100$ Hz.

Die Schalldämmung ist somit um so besser, je tiefer der Schlitz ist (höherer Massenwiderstand). Andererseits zeigt jeder Schlitz sehr störende Durchlassresonanzen, sobald die Länge (einschließlich der sog. Mündungskorrektur) gleich $\lambda/2, \lambda$ usw. ist; s. Abb. 8.20 für $f > 0,5 f_{RS}$. Diese bei höheren Frequenzen auftretende geringe Schalldämmung ist um so stärker ausgeprägt und fällt um so mehr in den interessierenden Frequenzbereich, je tiefer der Schlitz ist [8.26]. Die Durchlassresonanzen sind häufig die Ursache für die geringe Schalldämmung undichter Fenster und Türen.

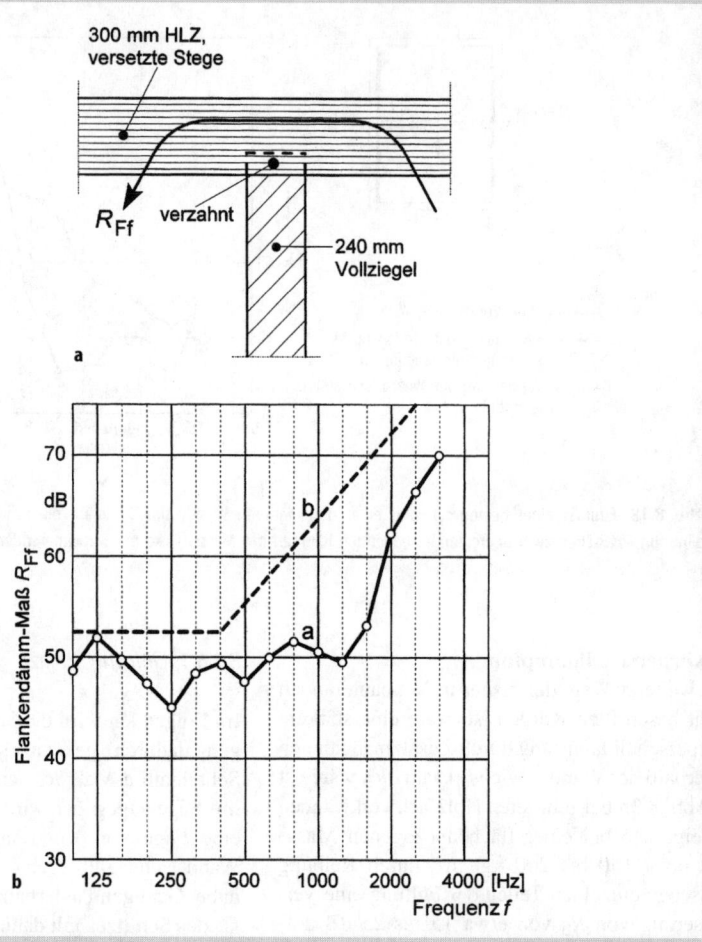

Abb. 8.19 Verringertes Flankendämm-Maß R_{Ff} einer Außenwand aus Hochlochziegeln mit gegeneinander versetzten Stegen nach Messungen von GSA Limburg [8.24]. **a** 300 mm Hochlochziegel; **b** rechnerisch für eine gleichschwere Massivwand (ohne Hohlräume) zu erwarten

8.1.6.2 Dichtungsstoffe

Für die Dichtung von Spalten werden entweder sog. Lippendichtungen oder Schaumstoffstreifen verwendet. Bei geringen Anpresskräften verhalten sich die erstgenannten Dichtungen günstiger. Sie haben jedoch den Nachteil, dass sich die einzelnen Unebenheiten der Dichtungsfläche nur unvollkommen anpassen können.

Schaumstoffstreifen weisen nur dann eine wesentliche Dichtungswirkung auf, wenn der längenbezogene Strömungswiderstand r (nach DIN EN 29053 [8.75]) genügend groß ist. Das Schalldämm-Maß R_{ST} des Schlitzes ergibt sich für Frequenzen unterhalb der Resonanzfrequenz f_{RS} zu

$$R_{ST} = \left[20 \lg \frac{lr}{br_0} + 10 \lg \frac{f}{f_0} - 1 \right] \text{dB} . \quad (8.23)$$

Bezugswert $r_0 = 10$ Pa · s · m^{-1}.

Übliche offenporige Schaumstoffe haben, solange sie nicht sehr stark zusammengedrückt sind, nur sehr geringe Strömungswiderstände (unter 100 Pa · s · m^{-1}). Sobald sie stark gepresst werden, steigt ihre Dämmung stark an (Abb. 8.21).

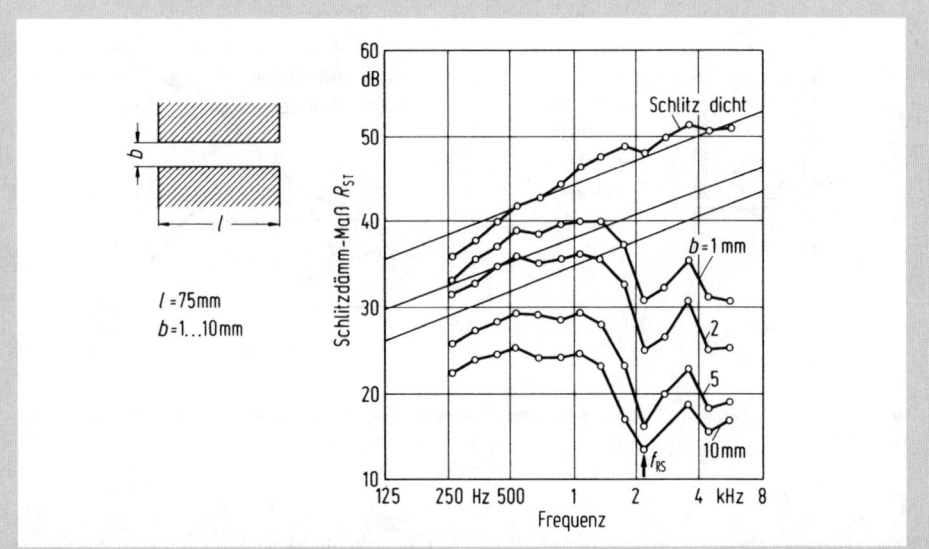

Abb. 8.20 Schalldämmung von Schlitzen verschiedener Breite b. Länge des Schlitzes 1 m

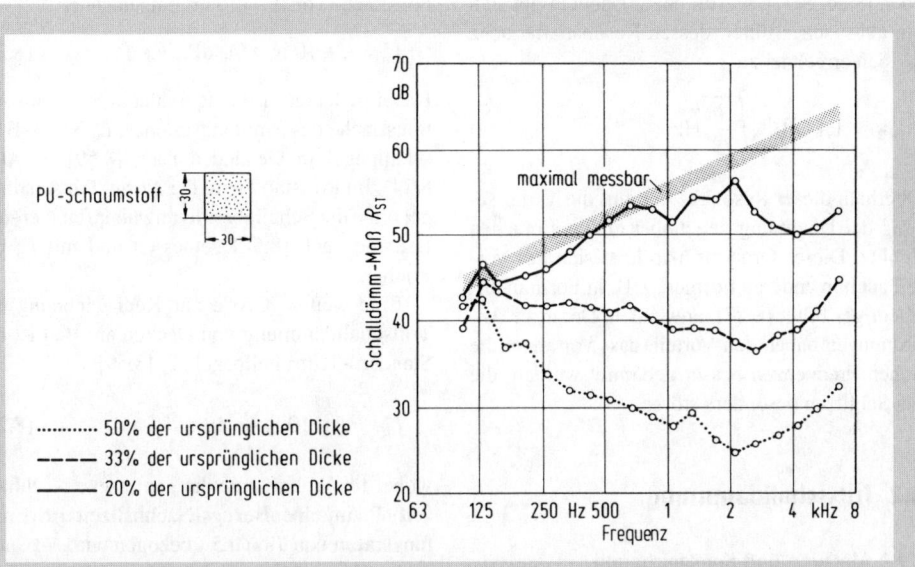

Abb. 8.21 Schlitz-Schalldämm-Maß einer mit einem offenporigen Schaumstoff gedichteten Fuge, abhängig von der Kompression des Schaumstoffes

8.1 Luftschalldämmung

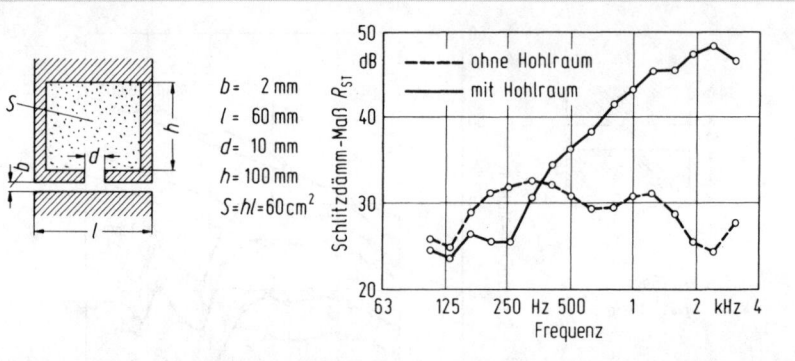

Abb. 8.22 Einfluss eines an die Fuge angeschlossenen Hohlraumes H auf das Schlitzdämm-Maß R_{ST} einer 2 mm breiten Fuge

8.1.6.3 Akustische Filter

Eine gute akustische Dämmung bei noch vorhandenen offenen Schlitzen lässt sich durch die Ankopplung von Hohlräumen an den Schlitz erreichen [8.26, 8.27]; s. Abb. 8.22. Dabei ergibt sich ein akustisches Filter, dessen Resonanzfrequenz f_{R1} sich errechnet zu

$$f_{R1} = 1{,}1 \cdot 10^4 \sqrt{\frac{b}{lS}} \text{ Hz} . \tag{8.24}$$

Oberhalb dieser Resonanz beginnt die Verbesserung der Dämmung gegenüber einem einfachen Schlitz. Dieses Grundprinzip lässt sich mit Vorteil auch in anderen Formen, z. B. in Form mehrgliedriger Filter [8.27], anwenden. Derartige Anordnungen haben den Vorteil, dass vor allem die hohen Frequenzen besser gedämmt werden, die bei Schlitzen besonders stören.

8.2 Trittschalldämmung

8.2.1 Messung und Kennzeichnung von Decken

In Wohnbauten, Hotels, Krankenhäusern u. a. sind die Geräusche beim Begehen von Decken, beim Rücken von Stühlen, beim Betrieb von Küchengeräten u. ä. oft störend. Dies beruht darauf, dass Massivdecken (ohne besondere Maßnahmen) durch geringe Wechselkräfte schon zu starken Biegeschwingungen angeregt werden. Zur Messung der Trittschallübertragung wird die zu prüfende Decke mit einem genormten, meist elektrisch betriebenen Hammerwerk (s. Abb. 8.23) angeregt. Gemessen wird der Schallpegel L je Terz, der sich im darunterliegenden Raum ergibt. Er wird auf einen Raum mit einer genormten Bezugs-Absorptionsfläche von $A_0 = 10$ m² umgerechnet:

$$L'_n = L + 10 \lg A/A_0 \text{ dB} . \tag{8.25}$$

Dabei bedeuten A die äquivalente Schallabsorptionsfläche des Empfangsraumes, L'_n Norm-Trittschallpegel in Gebäuden nach [8.59] (s. Abb. 8.24). Im Prüfstand wird der Norm-Trittschallpegel ohne die Schallübertragung über flankierende Bauteile nach [8.58] gemessen und mit L_n bezeichnet.

Eine weitere Größe zur Kennzeichnung der Trittschalldämmung von Decken am Bau ist der Standard-Trittschallpegel L_{nT} [8.59]:

$$L_{nT} = L - 10 \lg \frac{T}{T_0} \text{ dB} . \tag{8.26}$$

wobei für Wohnräume die gemessene Nachhallzeit T auf eine Bezugs-Nachhallzeit im Empfangsraum von $T_0 = 0{,}5$ s bezogen wird.

Der Verlauf von L'_n bzw. L_n in Abhängigkeit von der Frequenz wird in einem Diagramm eingetragen[2]. Zur Gewinnung einer Einzahlangabe wird die Bezugskurve B (Abb. 8.24) verwendet, die so lange in vertikaler Richtung verschoben wird, bis die Summe der Überschreitung Ü

---

[2] Bei Messungen mit einer zusätzlichen Übertragung des Trittschallpegels über die seitlichen Wände, wie meist in ausgeführten Gebäuden, wird L_n mit einem Beistrich versehen.

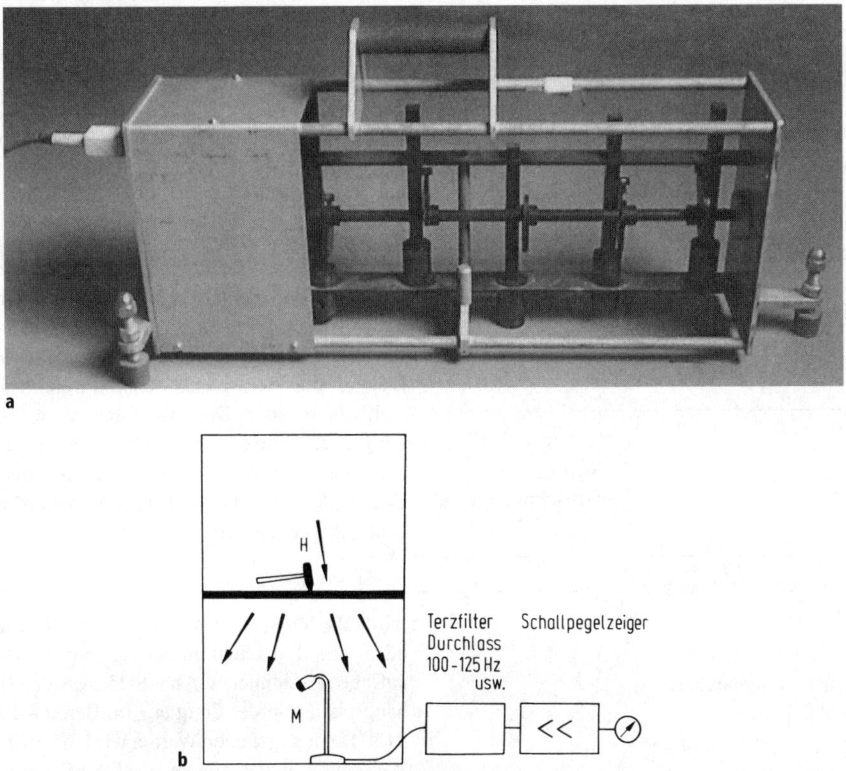

Abb. 8.23 Norm-Hammerwerk zur Bestimmung des Trittschallschutzes von Decken und Messanordnung

gegenüber der verschobenen Bezugskurve B_v in den einzelnen Terzbändern so groß wie möglich, aber nicht größer als 32 dB ist. Der Norm-Trittschallpegel der verschobenen Bezugskurve bei 500 Hz wird dann als Einzahlangabe verwendet und als „bewerteter Norm-Trittschallpegel $L'_{n,w}$" bezeichnet. Früher wurde nach einem im Prinzip gleichen Verfahren nach DIN 4109 (Ausgabe 1962) das sog. Trittschallschutzmaß TSM verwendet ($L'_{n,w}$ = 63 dB – TSM)).

Die Anregung einer Decke mit dem Norm-Hammerwerk, welches mit seinen Stahlhämmern impulsartige Schläge erzeugen soll, entspricht dem Geräusch auf die Decke fallender harter Gegenstände, einem Klopfgeräusch. Das beim Begehen einer Decke erzeugte Geräusch ist meist tieffrequenter, weil die Federung des Schuhwerks wie ein (mäßig) federnder Gehbelag wirkt, wobei bei einem solchen Belag die höheren Frequenzen vermindert werden; s. 8.2.4. Um die mit dem Norm-Hammerwerk auf einer Decke gemes-

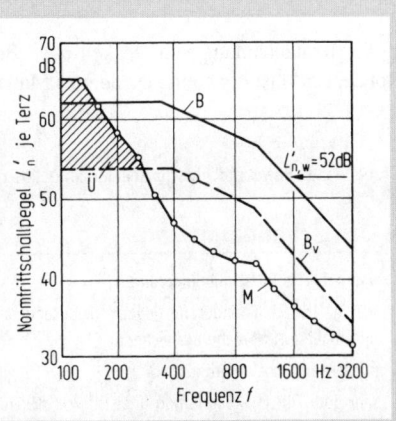

Abb. 8.24 Darstellung des Norm-Trittschallpegels einer Decke und Bestimmung des „bewerteten Norm-Trittschallpegels $L'_{n,w}$" durch Verschiebung der Bezugskurve B nach B_v. M Messwerte; Ü Überschreitung von M gegen B_v

senen Pegel hinsichtlich der Anregung durch Gehgeräusche zu beurteilen, wurde der Spektrum-Anpassungswert C_I eingeführt [8.66]. Die Summe von C_I und dem bewerteten Norm-Trittschallpegel $L'_{n,w}$ ist proportional zum unbewerteten linearen Trittschallpegel[3]. Er kann zusätzlich zum bewerteten Norm-Trittschallpegel angegeben werden, z. B. $L'_{n,w}$ (C_I) = 53 (−3) dB. C_I liegt für wirkungsvolle Deckenauflagen auf Massivdecken bei 0 dB, für Decken mit tieffrequenten Spitzen wie Holzbalkendecken bei positiven Werten (bis 2 dB) und für Rohbetondecken bei negativen Werten (bis −14 dB).

Als Beispiele für sich ergebende Werte seien die folgenden genannt:

	Bewerteter Norm-Trittschallpegel $L'_{n,w}$ in dB
übliche massive Rohdecken (ohne Belag)	73...83
nach DIN 4109 [8.50] bei Mehrfamilienhäusern maximal zulässig	53
nach E DIN 4109-10 [8.52] bei Mehrfamilienhäusern erhöhter Schallschutz	46
nach E DIN 4109-10 [8.52] bei Mehrfamilienhäusern, sehr hoher Schallschutz	39

Für die Kennzeichnung von Decken ohne Belag („Rohdecken") ist noch ein gesondertes Maß eingeführt worden, das die „Verbesserungsfähigkeit" einer Decke durch einen Belag berücksichtigt. Von zwei Decken, die denselben bewerteten Norm-Trittschallpegel als Rohdecke besitzen, kann sich die eine nach Auflegen desselben Belages günstiger verhalten als die andere. Dies wird bei dem „äquivalenten bewerteten Norm-Trittschallpegel" $L_{n,eq,0,w}$ nach [8.66] berücksichtigt.

8.2.2 Kennzeichnung von Deckenauflagen

Der Trittschallschutz von Massivdecken wird vor allem durch geeignete Deckenauflagen verbessert, das sind sog. schwimmende Estriche, Doppel- und Hohlraumböden und weichfedernde Gehbeläge. Ihre Dämmwirkung wird in Abhängigkeit von der Frequenz dadurch gekennzeichnet, dass der Norm-Trittschallpegel einer Decke *ohne* (L_{n0}) und *mit* (L_n) dem zu prüfenden Belag gemessen wird. Der Unterschied

$$\Delta L = L_{n0} - L_n \qquad (8.27)$$

wird als Verbesserung der Trittschalldämmung oder als Trittschallminderung einer Deckenauflage bezeichnet; s. Abb. 8.25. Aus den in Abhängigkeit von der Frequenz im Bereich 100 bis 3150 Hz angegebenen Werten wird in bestimmter Weise eine Einzahlangabe nach [8.66] berechnet, die als bewertete Trittschallminderung ΔL_w bezeichnet wird (früher mit VM – Verbesserungsmaß). Es stellt die Verringerung des bewerteten Norm-Trittschallpegels einer bestimmten, in [8.66] zahlenmäßig angegebenen Decke dar, wenn die zu beurteilende Deckenauflage aufgelegt wird. Der Bereich üblicher Deckenauflagen erstreckt sich über folgende Werte:

Tabelle 8.4 Bewertete Trittschallminderung üblicher Deckenauflagen

	Bewertete Trittschallminderung ΔL_w
unerhebliche Trittschallminderung	0...10 dB
mäßige Trittschallminderung (jedoch für besonders gute Rohdecken und mäßige Ansprüche ausreichend)	10...18 dB
mittlere Trittschallminderung	19...23 dB
sehr gute Trittschallminderung (meist durch dickere Teppichbeläge und schwimmende Estriche erreichbar)	24...35 dB

---

[3] Untersuchungen haben gezeigt, dass bei Gehgeräuschen der unbewertete lineare Trittschallpegel des Norm-Hammerwerks eher dem A-bewerteten Summenpegel des Gehgeräusches entspricht als der bewertete Norm-Trittschallpegel. $L'_{n,w} + C_I$ kann daher als Maß für die Trittschalldämmung von Gehgeräuschen betrachtet werden.

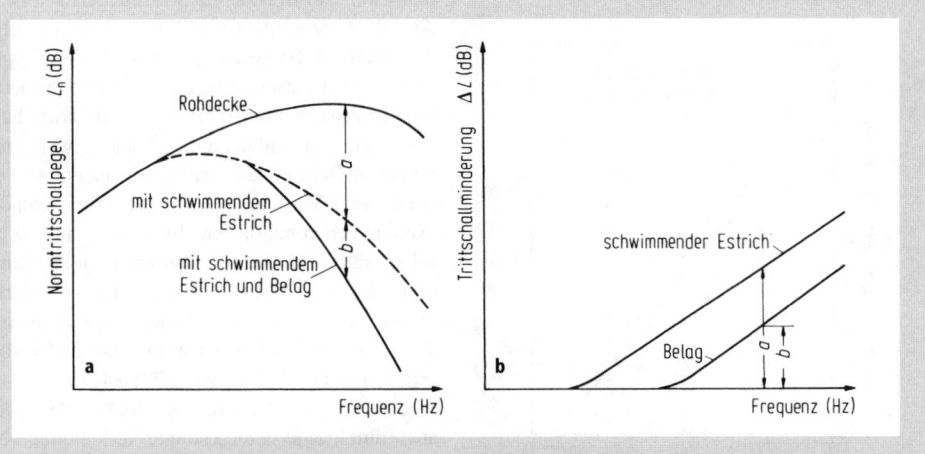

Abb. 8.25 Zur Definition der Trittschallminderung ΔL von Gehbelägen, schwimmenden Estrichen u. ä.

Aus dem äquivalenten bewerteten Norm-Trittschallpegel von Rohdecken – s. Abschn. 8.2.1 und 8.2.3 sowie Abb. 8.27 – und der bewerteten Trittschallminderung ΔL_w einer Deckenauflage lässt sich der bewertete Norm-Trittschallpegel $L'_\mathrm{n,w}$ einer fertigen Decke ausreichend genau durch Subtraktion berechnen:

$$L'_\mathrm{n,w} = L_\mathrm{n,eq,0,w} - \Delta L_\mathrm{w} \,. \tag{8.28}$$

Näheres ist [8.28] zu entnehmen.

Auch für die Trittschallminderung kann ein Spektrum-Anpassungswert $C_\mathrm{I,\Delta}$ angegeben werden. Eine Einzahlangabe ΔL_lin für die Trittschallminderung des unbewerteten linearen Trittschallpegels kann wie folgt berechnet werden:

$$\Delta L_\mathrm{lin} = \Delta L_\mathrm{w} + C_\mathrm{I,\Delta} \; [8.66].$$

8.2.3 Verhalten von Decken ohne Auflagen

Das Trittschallverhalten von einschaligen, homogenen Deckenplatten ist von H. und L. Cremer [8.29] rechnerisch behandelt worden. Danach nimmt der Norm-Trittschallpegel L_n mit der Frequenz um 5 dB je Frequenzdekade zu. Eine Verdoppelung der Deckendicke ergibt eine Verminderung von L_n um rund 10 dB. In Abb. 8.26 sind entsprechende Werte eingetragen.

Sowohl homogene als auch nichthomogene einschalige Massivdecken folgen auch bezüglich des Trittschallschutzes näherungsweise einem „Massegesetz", das in Abb. 8.27 dargestellt ist, wobei der äquivalente bewertete Norm-Trittschallpegel $L_\mathrm{n,eq,0,w}$ in Abhängigkeit von der flächenbezogenen Masse der Decke aufgetragen ist.

Aus diesem Verhalten darf jedoch nicht geschlossen werden, dass die flächenbezogene Masse der Decke allein die maßgeblich bestimmende Größe für ihren Trittschallschutz sei. In gleichem Maße ist die Biegesteifigkeit von Bedeutung. Solange man dasselbe Material für die Decken benutzt, nämlich Normalbeton, kann die leicht bestimmbare Masse als kennzeichnende Größe verwendet werden. Es gibt jedoch zwei Fälle, wo diese Vereinfachung nicht mehr gilt: bei Kassettendecken mit ausgeprägten Rippen und bei Decken aus einem viel leichteren Material als Nor-

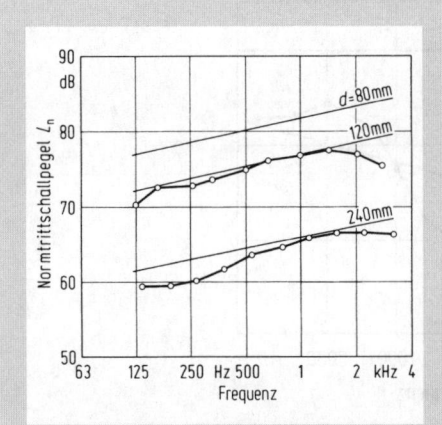

Abb. 8.26 Norm-Trittschallpegel von Stahlbetonplattendecken, abhängig von ihrer Dicke

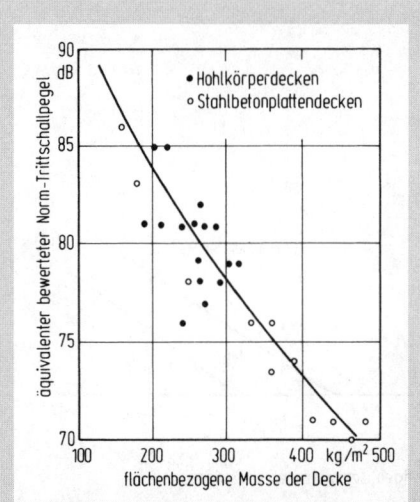

Abb. 8.27 Äquivalent bewerteter Norm-Trittschallpegel massiver einschaliger Rohdecken, abhängig von ihrer flächenbezogenen Masse

malbeton. Ein Beispiel für Kassettendecken ist in Abb. 8.28 gezeigt, wo eine Kassettendecke infolge der erhöhten Biegesteifigkeit durch die Rippen eine bei den entscheidenden tiefen und mittleren Frequenzen um rund 10 dB verringerte Trittschallübertragung gegenüber einer gleich schweren homogenen Deckenplatte ergibt. Die andere Abweichung vom Massengesetz tritt bei Porenbetondecken und auch bei dicken Holzplatten auf, die infolge ihrer kleineren Rohdichte und damit größeren Dicke gegenüber einer gleich schweren Decke aus Normalbeton einen geringeren Norm-Trittschallpegel in Übereinstimmung mit der Theorie von H. und L. Cremer [8.29] haben.

Der Trittschallschutz von Decken lässt sich auch durch eine untergehängte Verkleidung verbessern. Diese Verbesserung ist jedoch begrenzt, weil neben der Direktübertragung auch eine Übertragung der Deckenschwingungen auf die seitlichen Wände – sofern diese massiv sind – erfolgt; s. Abb. 8.29. Dadurch wird der Norm-Trittschallpegel durch Verkleidungen günstigstenfalls

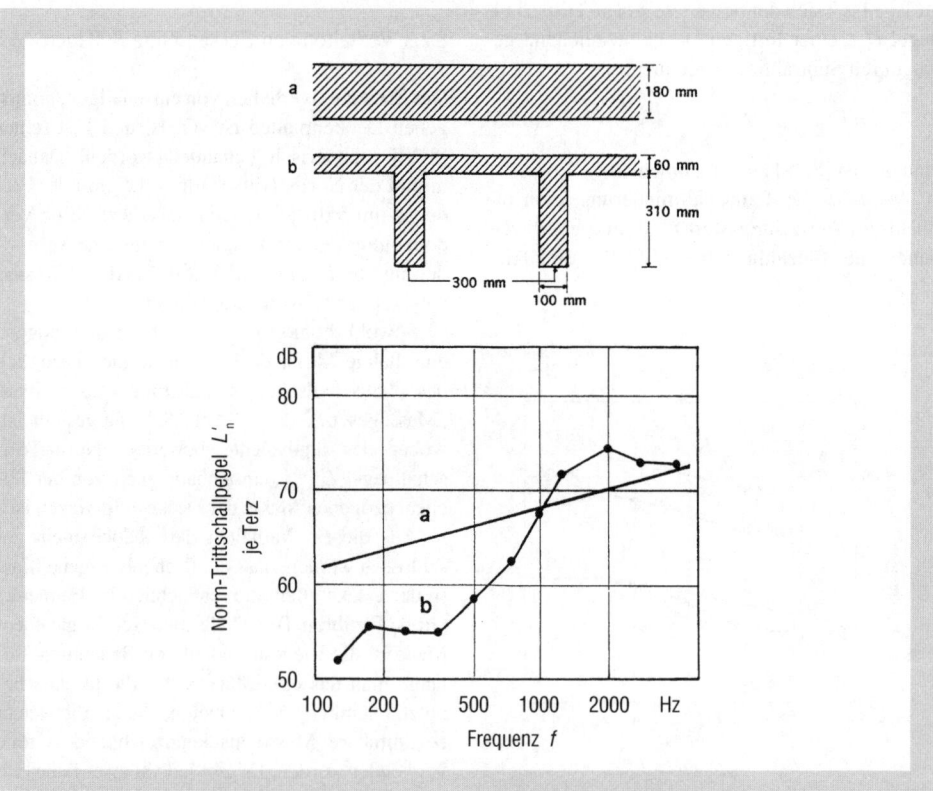

Abb. 8.28 Beispiel für das günstigere Trittschall-Verhalten einer mit Rippen (in Kassetten-Anordnung) versteiften Massivdecke b gegenüber einer gleichschweren Plattendecke a ohne Rippen

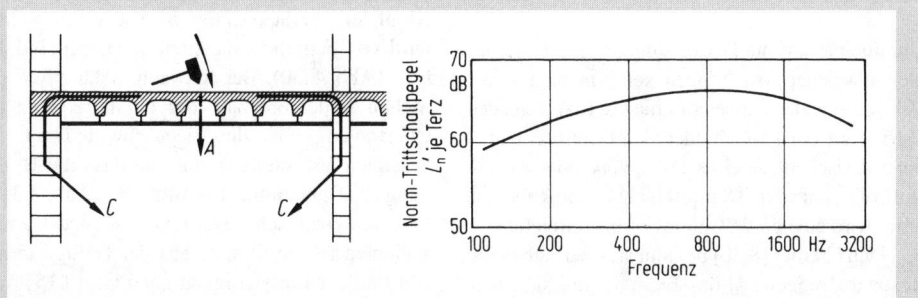

Abb. 8.29 Günstigstenfalls erreichbare Norm-Trittschallpegel durch eine unterseitige Verkleidung von Massivdecken (in Bauten mit massiven Wänden)

auf die in Abb. 8.29 dargestellten Werte vermindert. Die Erfahrung zeigt, dass sich bei massiven Wänden derartige unterseitige Deckenverkleidungen nur für leichte Massivdecken eignen.

In modernen Verwaltungs-, Hochschulbauten u. ä. verlaufen die leichten Wände (aus biegeweichen Schalen) *nicht* bis zur Massivdecke, sondern nur bis zur unterseitigen Deckenverkleidung. Dort tritt die in Abb. 8.29 dargestellte Wirkungsbeschränkung nicht auf. Verkleidungen erbringen dort, richtig ausgeführt (luftdicht, mit Mineralwolle o. ä. im Hohlraum) erhebliche Verbesserungen des Trittschallschutzes, so dass sie einen schwimmenden Estrich auf der Oberseite der Decke weitgehend ersetzen können.

8.2.4 Verhalten von Gehbelägen

Gehbeläge wirken trittschalldämmend auf Grund der Federungswirkung des Belages, wobei die Feder zwischen der Masse des stoßenden Hammers (bzw. Fußes) und der Decke angeordnet ist. Je geringer die wirksame dynamische Steifigkeit des Belages ist, um so besser ist die Dämmwirkung, s. H. und L. Cremer [8.29]. Übliche Gehbeläge wie Linoleum, Kunststoffbeläge und Parkett haben eine geringfügige Dämmwirkung. Sie kann jedoch durch eine wenige mm dicke Unterlage (aus Kork, Schaumstoff, Filz o. ä.) wesentlich verbessert werden. Besonders wirksam sind Teppichbeläge. Bewertete Trittschallminderungen verschiedener Gehbeläge sind in Tabelle 8.5 angegeben.

Tabelle 8.5 Bewertete Trittschallminderung gebräuchlicher Fußbodenausführungen

Fußbodenaufbau	ΔL_w in dB
Gehbeläge	
Linoleum, PVC-Beläge ohne Unterlage	3…7
Linoleum auf 2 mm Korkment	15
Laminatboden auf 7 mm Holzweichfaserplatte	18
PVC-Belag mit 3 mm Filz	15…19
Nadelfilzbelag	18…22
Teppich, dickere Ausführung	25…35
Schwimmende Zementestriche	
auf Wellpappe	18
auf Hartschaumplatten, steif	etwa 18
auf Hartschaumplatten, weich	etwa 25
auf Mineralfaserplatten	27…33
Hohlraumböden (mehrschichtiger Aufbau)	
ohne Belag	10…15
ohne Belag mit Trittschallentkopplung der Stützen	20…31
mit Teppich	21…28
Doppelböden	
ohne Belag	12…18
mit Teppich	25…29

8.2.5 Verhalten von schwimmenden Estrichen

Unmittelbar auf die Decke aufgebrachte Estriche, gleich welcher Art, bringen keine nennenswerte Vebesserung des Trittschallschutzes. Erst wenn der Estrich auf einer weichfedernden Dämmschicht – unter Zwischenlage einer Dachpappe oder Kunststofffolie auf der Dämmschicht – aufgebracht wird, wird eine große Dämmwirkung erreicht.

Nach Cremer [8.30] beginnt sie oberhalb einer Resonanzfrequenz f_0 des Estrichs, die sich folgendermaßen errechnet:

$$f_0 = 160 \sqrt{\frac{s''}{m_e''}} \text{ Hz} \qquad (8.29)$$

mit s'' dynamische Steifigkeit der Dämmschicht (in MN · m^{-3}), m_e'' flächenbezogene Masse des Estrichs (in kg · m^{-2}).

Die Trittschallminderung ΔL ergibt sich dann nach [8.30] zu

$$\Delta L = 40 \lg f/f_0 . \qquad (8.30)$$

Die Beziehung (8.30) wurde von L. Cremer für einen unendlich ausgedehnten Estrich abgeleitet, bei dem nur die Übertragung in der Nähe der Klopfstelle berücksichtigt wird. Diese Annahme wird von Estrichen, die stark bedämpft sind, erfüllt (Abb. 8.30). Bei schwach bedämpften Estrichen findet oberhalb der Grenzfrequenz die Übertragung über die Biegeschwingungen der gesamten Estrichplatte statt, so dass die Beziehung (8.30) nicht mehr erfüllt wird (Abb. 8.31).

Die dynamische Steifigkeit s'' der Dämmschichten ist die Summe aus der Gefügesteifigkeit und der Luftsteifigkeit nach Gl. (8.15), wobei vorausgesetzt ist, dass die Dämmschicht aus einem Material mit genügend hohem Strömungswiderstand besteht.

Eine Übersicht über die dynamische Steifigkeit üblicher Dämmstoffe ist in Tabelle 8.6 gegeben. Der Zusammenhang zwischen der dynamischen Steifigkeit s'' der Dämmschicht und der bewerteten Trittschallminderung ΔL_w für übliche schwimmende Estriche ist in Abb. 8.32 dargestellt.

Feste Verbindungen zwischen einem schwimmenden Estrich und der Rohdecke sowie den seitlichen Wänden – sog. Schallbrücken – verschlechtern die Dämmwirkung sehr. Dies mögen

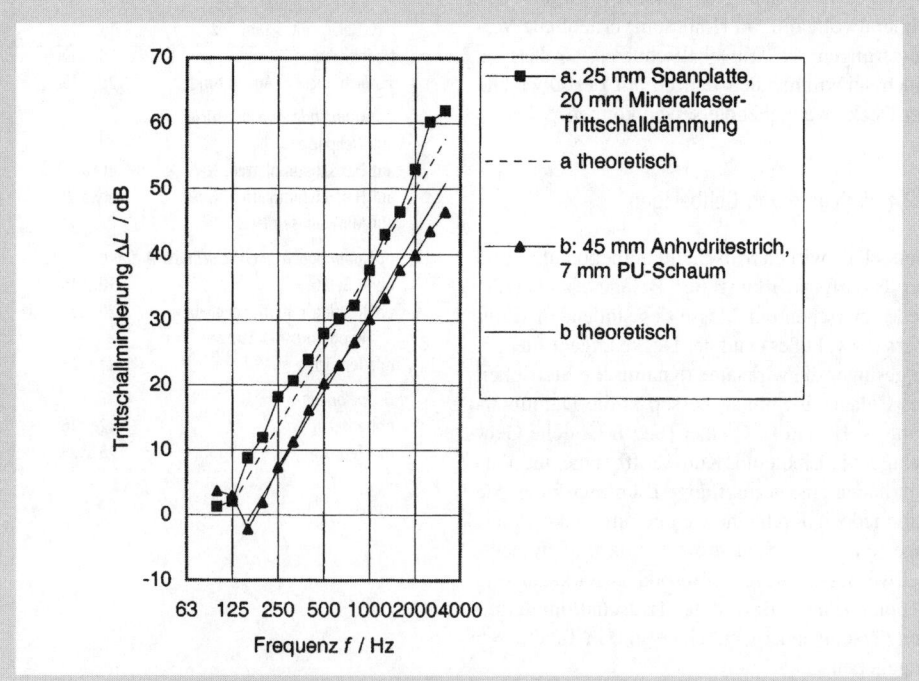

Abb. 8.30 Trittschallminderung ΔL durch einen schwimmenden Trockenestrich und einen schwimmenden Anhydritestrich auf dünner Trittschalldämmschicht

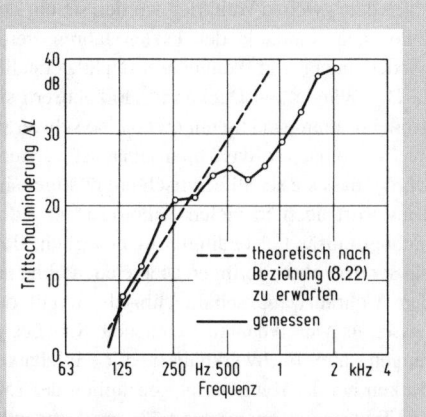

Abb. 8.31 Trittschallminderung ΔL durch schwimmende Estriche (35 mm Zementestrich auf 15 mm Mineralfaserplatten)

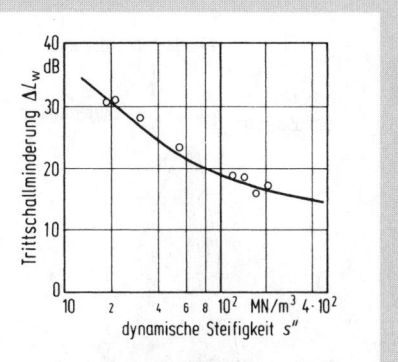

Abb. 8.32 Zusammenhang zwischen der bewerteten Trittschallminderung ΔL_w eines schwimmenden Estrichs und der dynamischen Steifigkeit der Dämmschicht

Tabelle 8.6 Dynamische Steifigkeit von Dämmschichten (Werte gemittelt und gerundet)

Dämmstoff	Dicke mm	Dynamische Steifigkeit s'' MN · m^{-3}
Mineralfaserplatten	10	20
Mineralfaserplatten	20	10
Kokosfasermatten	12	40
Korkschrotmatten	7	150
Polystyrol-Hartschaumplatten, je nach Hersteller	15	10...200
Holzwolle-Leichtbauplatten	25	200
Korkplatten	10	500
Sandschüttung	25	300

folgende Zahlenwerte eines Messbeispiels zeigen:

	Bewerteter Norm-Trittschallpegel
ohne Schallbrücke	52 dB
1 Schallbrücke	63 dB
10 Schallbrücken	70 dB
Decke ohne Estrich	80 dB

Die Wirkung von Schallbrücken kann nach Cremer [8.31] berechnet werden. Die Ergebnisse von Messungen stimmen mit der Rechnung gut überein [8.32]. Schallbrücken zwischen Estrich und Rohdecke wirken sich stärker aus als solche zwischen einem Estrich und den Wänden. Die letztgenannten verschlechtern die Dämmung vor allem bei hohen Frequenzen.

Dieser Mangel kann, wenn er rechtzeitig bemerkt wird, durch das Unterlegen einer dünnen Dämmschicht, z.B. einer Filzpappe, unter den Gehbelag behoben werden.

8.2.6 Verhalten üblicher Massivdecken mit schwimmenden Estrichen

Über das Trittschallverhalten von Massivdecken in Mehrfamilienhäusern, die in den meisten Fällen mit schwimmenden Estrichen versehen sind, gibt eine Häufigkeitsverteilung über den bewerteten Norm-Trittschallpegel in Abb. 8.33 Aufschluss. Als bei einem Neubau „normal" und dem Durchschnitt entsprechend kann ein bewerteter Norm-Trittschallpegel von etwa 48 dB angenommen werden.

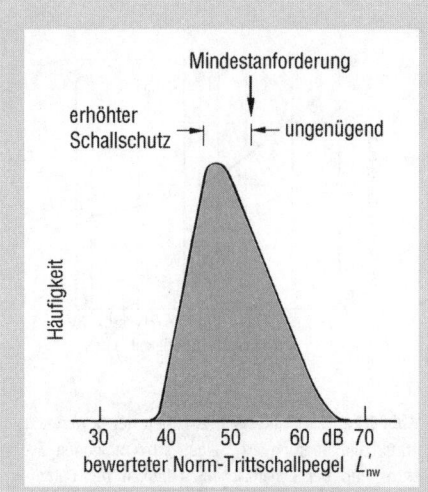

Abb. 8.33 Ungefähre Häufigkeitsverteilung des bewerteten Norm-Trittschallpegels $L'_{n,w}$ bei neuen Wohnraumdecken, meist mit Teppichbelag. Anforderungen nach DIN 4109 [8.50]

8.2.7 Berechnung der Trittschallübertragung

Die Trittschallübertragung zwischen Räumen kann mit ausreichender Genauigkeit nach Beiblatt 1 zu DIN 4109 [8.50] berechnet werden. Abweichungen am Bau sind in der Regel auf Ausführungsmängel, insbesondere Schallbrücken, zurückzuführen.

In ähnlicher Vorgehensweise wie in Abschn. 8.1.5 für die Luftschalldämmung beschrieben, wurde im Rahmen der Europäischen Normung auch ein Verfahren zur Berechnung der Trittschalldämmung zwischen Räumen mit einem allgemein gültigen Ansatz entwickelt; DIN EN ISO 12354-2 [8.73]. Dabei wird wiederum die direkte Trittschallübertragung über das angeregte Bauteil und die Trittschallübertragung über die einzelnen flankierenden Bauteile betrachtet. Zur Zeit sind jedoch noch nicht ausreichend genaue Eingabedaten vorhanden und die Validierung des Vorhersagemodells ist noch nicht abgeschlossen.

8.3 Schallschutz bei Holzhäusern

8.3.1 Allgemeines

Holzbalkendecken spielten vor mehr als 100 Jahren die beherrschende Rolle in Wohnhäusern. Nach dem zweiten Weltkrieg wurden sie nur noch selten angewandt. In den letzten Jahren werden wieder zunehmend Wohnhäuser in Holz erstellt.

Die Wände und Decken in Holzhäusern sind größenordnungsmäßig nur etwa $^1/_5$ so schwer wie im Massivbau, so dass man zunächst verstehen würde, dass sie schalltechnisch ungünstiger sind. Dies trifft auch in vielen Fällen zu, ist jedoch nicht grundsätzlich bedingt. Es ist möglich, Holzhäuser trotz ihrer geringen Masse auch ohne großen Mehraufwand schalltechnisch so gut oder besser als Massivbauten zu machen. So ist es gelungen, alte Fachwerkhäuser mit Holzbalkendecken bei der Renovierung bezüglich des Luft- und Trittschallschutzes mit mäßigem Aufwand so zu verbessern, dass der Schallschutz wesentlich höher war als in einem Massivbau (Decken: $R'_w = 69$ dB, $L'_{n,w} = 43$ dB).

8.3.2 Schall-Längsleitung

Im Massivbau bestimmt allein die Längsleitung der Wände, wie groß die Luftschalldämmung ist, sofern die Trenndecken oder -wände mit einer Vorsatzschale – z.B. einem schwimmenden Estrich bei Decken – versehen sind.

Bei Holztafelwänden, die heute vor allem verwendet werden, ist die Längsleitung in vertikaler Richtung wesentlich geringer als bei einer massiven Wand; s. Abb. 8.34. Die Ursache liegt einmal in der sehr geringen Abstrahlung biegeweicher Schalen, zum anderen in der Stoßstellendämmung an den Deckenbalken. Ganz anders sind die Verhältnisse in horizontaler Richtung, wo die Längsdämmung um ungefähr 15 dB geringer ist (s. Kurve c in Abb. 8.34), weil dort die Deckenbalken nicht direkt in den Übertragungsweg eingeschaltet sind (s. Abb. 8.35). Bei Außen- und Flurwänden sind nur die wesentlich leichteren Wandpfosten wirksam. Das führt dazu, dass in horizontaler Richtung auch bei schalltechnisch günstigen Trennwänden keine höheren Werte von R'_w als 43 bis 45 dB erreichbar sind. Die $R_{L,w}$-Werte verschiedener Wand- und Deckenschalen sind in DIN 4109, Beiblatt 1 [8.50] angegeben.

Die Wände alter Bauten sind meist als Fachwerkwände ausgebildet, wobei die Hohlräume mit Lehm oder Steinen, später dann mit Ziegeln ausgefüllt worden waren. Sie stellen im Prinzip eine Massivwand dar, wobei bei den späteren Ausführungen die relativ geringen Massen solcher Wände zu niedrigen $R_{L,w}$-Werten führten (s. Kurve a in Abb. 8.36), etwa in Übereinstimmung

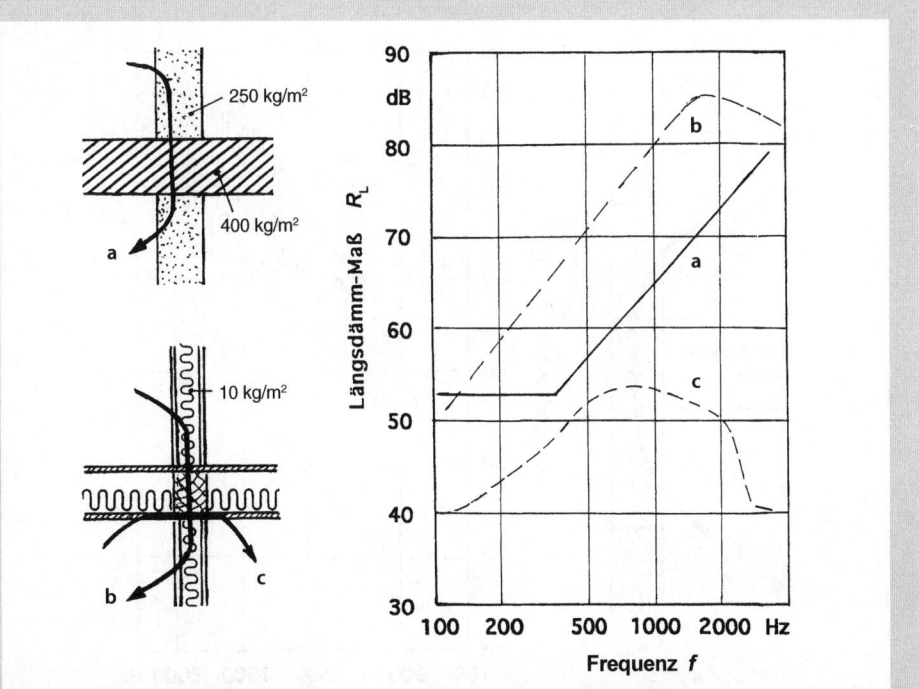

Abb. 8.34 Längsdämm-Maß R_L von Holztafelwänden und einer Massivwand. a Massivwand, 250 kg m^{-2}; b Holztafelwand, in vertikaler Richtung; c Holztafelwand, in horizontaler Richtung

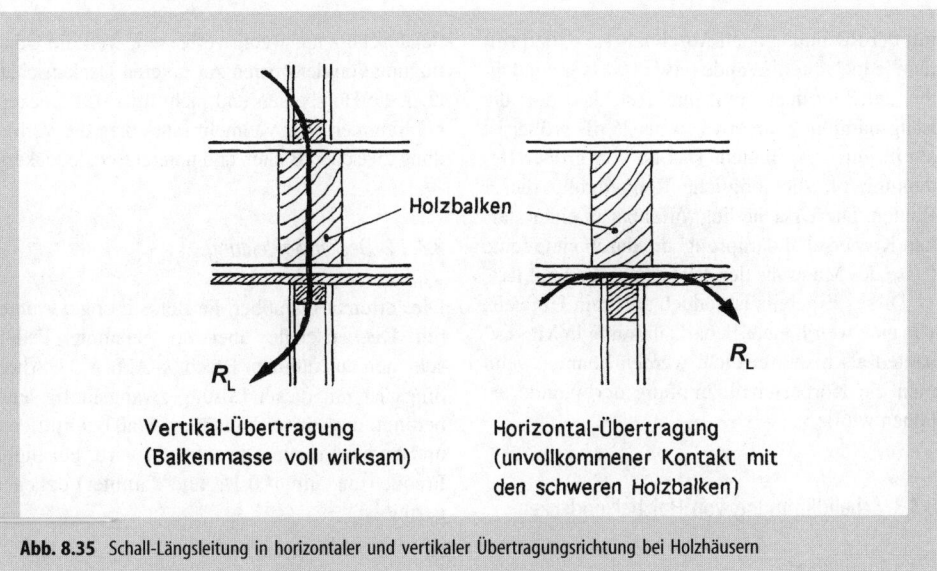

Abb. 8.35 Schall-Längsleitung in horizontaler und vertikaler Übertragungsrichtung bei Holzhäusern

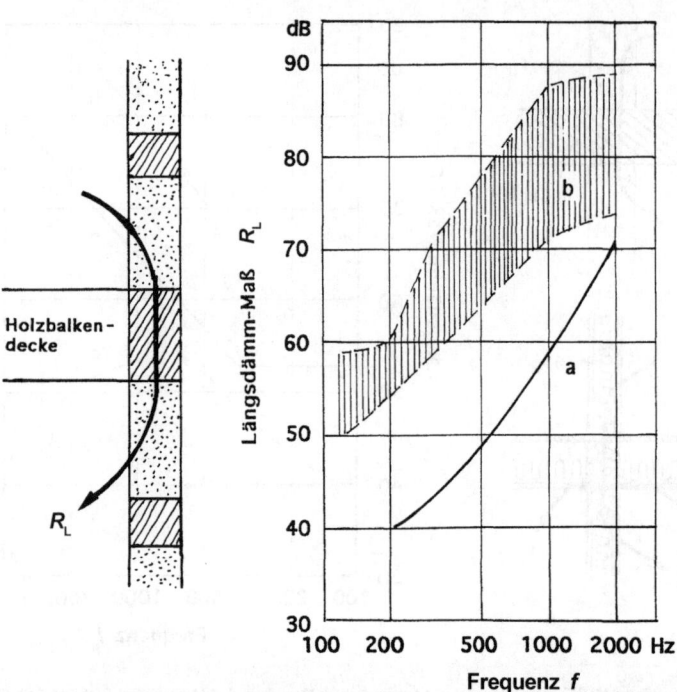

Abb. 8.36 Längsdämm-Maß R_L von Fachwerkwänden. a mit Mauersteinen ausgefugt, Alter ca. 70 Jahre; b mit verschiedenem Füllmaterial, Alter mehr als 100 Jahre (Streubereich bei 5 verschiedenen Bauten)

mit der Rechnung nach Abschn. 8.1.5. Überprüft man jedoch ältere Wände (etwa 100 Jahre und älter) am Bau, dann stellt man fest, dass dort die Längsdämmung um etwa 15 bis 25 dB größer ist als in jüngeren Bauten. Das ist von großer Bedeutung für die mögliche Renovierung dieser Bauten. Die Ursache liegt offenbar in einer starken Körperschalldämpfung, die durch viele feine Risse des Materials der Ausfachung bedingt ist.

Dieses Ergebnis ist jedoch auch ein Hinweis, wie eine weit höhere Schalldämmung in Massivbauten als bisher erreicht werden könnte, wenn man die Körperschalldämpfung der Wände erhöhen würde.

8.3.3 Schalldämmung von Holzbalkendecken

8.3.3.1 Füllungen

Man weiß schon seit langem, dass die teilweise Füllung des Deckenhohlraumes z. B. mit schwerem Schüttgut in einem so genannten Einschub den Schallschutz nur wenig verbessert, weil die Übertragung von der oberen zur unteren Deckenschale über die Holzbalken und nicht über den Deckenhohlraum erfolgt. Vielmehr muss man die Verbindung zwischen Balken und unterer Schale lockern.

8.3.3.2 Deckenverkleidung

Dies erreicht man über die Befestigung der unteren Deckenschale über so genannte Federschienen aus dünnem Blech; s. Abb. 8.37. Allerdings ist mit dieser Lösung zwangsläufig auch bedingt, dass das Schalldämm-Maß bei mittleren und hohen Frequenzen sehr gut wird, bei tiefen Frequenzen (um 100 Hz und darunter) dagegen gering ist.

8.3.3.3 Fußböden

Man hat bisher versucht, bei Holzbalkendecken zur Verbesserung des Schallschutzes ebenfalls

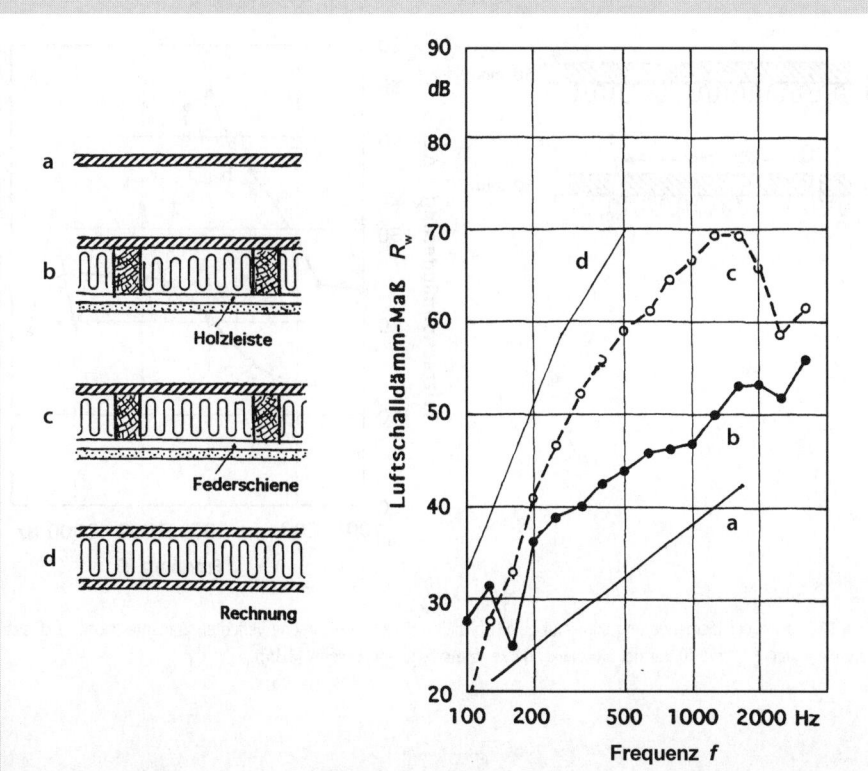

Abb. 8.37 Luftschalldämmung von Holzbalkendecken mit einer Verkleidung aus Gipskartonplatten (12,5 kg m^{-2}). a ohne Verkleidung; b über Holzleisten befestigt; c über Federschienen befestigt; d ohne Verbindung zwischen den Schalen (Rechnung)

schwimmende Estriche oder ebenfalls auf Mineralwolle verlegte Holzspanplatten zu verwenden. Dies war nicht voll befriedigend, weil die Dämmverbesserung nur etwa halb so groß war wie bei Massivdecken. Die Ursache ist in [8.33] näher behandelt. Vor allem liegt die Resonanzfrequenz des Systems Estrich – Dämmschicht – Rohdecke etwa um den Faktor 3 höher als bei Massivdecken mit denselben Estrichen, bedingt durch die geringere Masse der oberen Schale der Holzbalkendecke, so dass die Estriche bei den entscheidenden tiefen Frequenzen praktisch nur durch ihre Massenerhöhung wirken.

Ein neuer Weg [8.34] zur Verbesserung der Trittschalldämmung gerade bei tiefen Frequenzen besteht darin, dass man den Estrich in einzelne Plattenelemente auflöst; s. Abb. 8.38 nach E. Veres [8.35]. Dadurch erreicht man, dass unterhalb der 1. Plattenresonanz die ganze Masse des Elements konphas schwingt, im Gegensatz zur raumgroßen Estrichplatte, wo infolge von Biegeresonanzen die Masse nur noch zu einem kleinen Teil wirksam ist. Bei höheren Frequenzen – oberhalb 600 Hz – weist auch das Plattenelement Resonanzen auf und verhält sich etwa so wie der raumgroße Estrich, was jedoch wenig stört, weil dort die federnde Dämmschicht gut wirksam ist. Für die praktische Anwendung müssen die Elemente mit großflächigen Platten abgedeckt werden.

Eine nähere Betrachtung zeigt, dass man die Elemente zur Vermeidung der ersten Eigenresonanz bei tiefen Frequenzen möglichst biegesteif machen sollte [8.34]. Dass die Biegesteifigkeit von großer Bedeutung ist, wird in Abb. 8.39 gezeigt, wo zwei gleich schwere Elemente, das eine durch Sandwich-Ausbildung (b) sehr biegesteif, in ihrer Dämmwirkung verglichen werden.

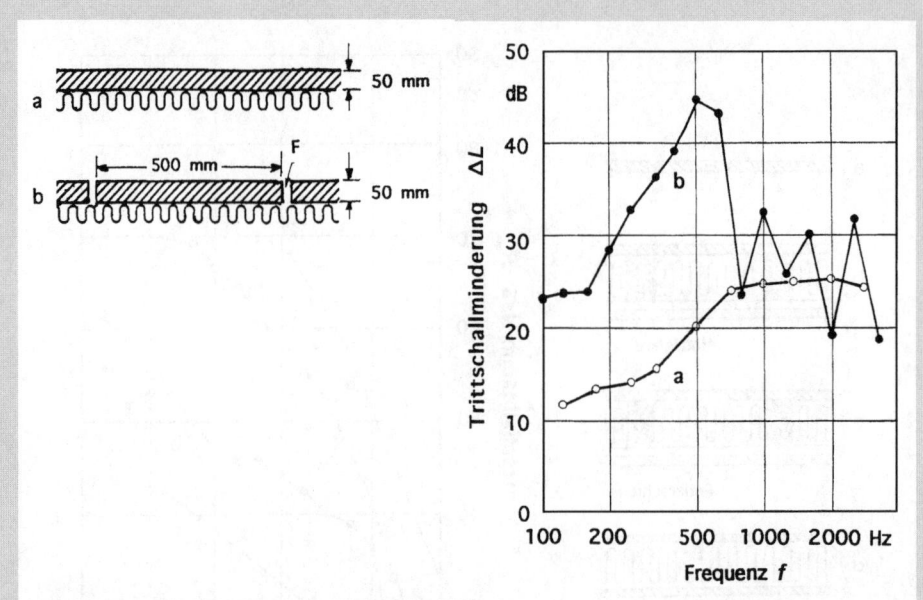

Abb. 8.38 Vorteil der Elementierung eines auf einer Holzbalkendecke schwimmend verlegten Zementestrichs durch sich kreuzende Fugen F (Kurve b) auf der Holzbalkendecke (Messwerte von E. Veres [8.35])

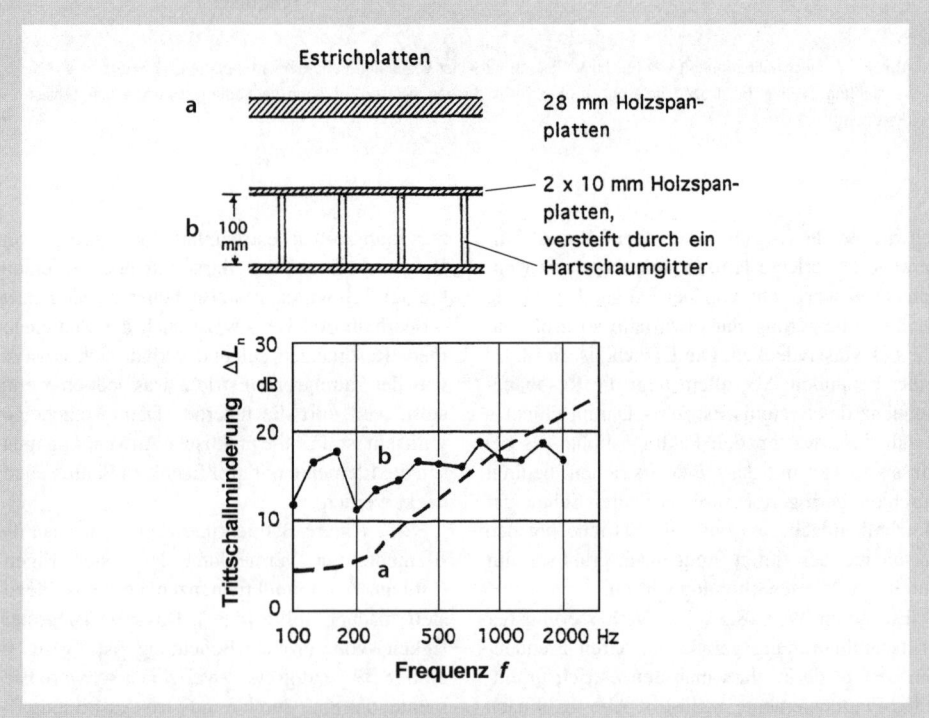

Abb. 8.39 Einfluss der Biegesteifigkeit des Estrichs auf die Trittschalldämmung von zwei etwa gleich schweren Trockenestrichplatten bei den entscheidenden tiefen Frequenzen (unter beiden Platten 30 mm Mineralfaserplatten)

8.3.3.4 Beschweren der Rohdecke

Ein anderer Weg, die Decken bei tiefen Frequenzen zu verbessern, besteht darin, die Oberseite der Rohdecke biegeweich zu beschweren, z.B. mittels einzelner, durch Fugen getrennte Steine oder durch Schüttungen; s. [8.36]. Die dadurch erreichbare Verbesserung der Trittschalldämmung ist in Abb. 8.40 für zwei Fälle dargestellt. Die Verbesserung ist erheblich und entspricht etwa der rechnerischen Erhöhung der Masse der oberen Schale der Rohdecke. Zusätzlich können noch gewisse Körperschall-Dämpfungseffekte hinzukommen.

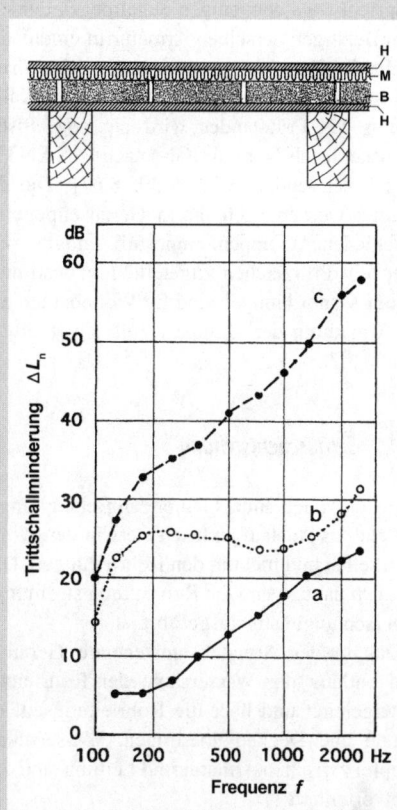

Abb. 8.40 Trittschallminderung ΔL von Trockenestrichen ohne und mit einer zusätzlichen Beschwerung B der Holzbalkendecke H (M Mineralwolle). a ohne Beschwerung; b mit 30 mm Sand, ca. 45 kg · m^{-2}; c mit 60 mm Beton-Pflastersteinen (ca. 140 kg · m^{-2}) in Kaltbitumen verlegt

8.3.4 Berechnung

8.3.4.1 Trittschalldämmung

Sie kann wie im Massivbau erfolgen, indem man den Norm-Trittschallpegel aus den Werten der Rohdecke und der Dämmung durch den Fußboden mittels Subtraktion bestimmt; Näheres s. [8.36]. Diese Rechnung kann vereinfacht mit den Werten des bewerteten Norm-Trittschallpegels und des bewerteten Verbesserungsmaßes durch den Estrich vorgenommen werden [8.36, 8.37], wobei allerdings statt einer Massivdecke eine bestimmte Holzbalkendecke als Bezugsdecke verwendet wird. Bei den zugrunde gelegten Werten muss allerdings bei Maßnahmen an der Rohdecke die Trittschallübertragung über die Wände berücksichtigt werden.

8.3.4.2 Luftschalldämmung

Man könnte zwar die Rechnung nach Abschn. 8.1.4.1 für die alleinige Übertragung über den Lufthohlraum zwischen den Schalen vornehmen (s. Kurve d in Abb. 8.37), die außerdem vorhandene Übertragung über die Verbindung über Balken, Federschienen u. ä. ist jedoch nicht oder sehr umständlich rechnerisch fassbar. Es hat sich bei praktisch ausgeführten Decken gezeigt, dass erstaunlicherweise ein eindeutiger Zusammenhang zwischen dem bewerteten Luftschalldämm-Maß R'_w und dem bewerteten Norm-Trittschallpegel $L'_{n,w}$ besteht; s. Abb. 8.41. Dieser Zusammenhang ist durch zahlreiche Messungen am Bau für Holztafeldecken von F. Holtz [8.37] gut bestätigt worden. Das ist erstaunlich, da im Massivbau kein derartiger Zusammenhang besteht. Dieses unterschiedliche Verhalten hängt damit zusammen, dass beim Massivbau die Luftschalldämmung durch die Längsleitung bestimmt wird, im Holzbau dagegen durch die Deckenübertragung. Nur bei relativ hohen Dämmwerten (etwa $R'_w = 60$ dB) spielt auch die Längsleitung eine Rolle. Man hat somit im Holzbau zur Zeit nur die Möglichkeit, die Trittschalldämmung aufgrund von bekannten Einzelwerten der Rohdecke und des Fußbodenaufbaus zu bestimmen; daraus kann auch das bewertete Luftschalldämm-Maß R'_w nach Abb. 8.41 berechnet werden. Allerdings ist dieser Weg auf Holzbalkendecken und Holztafelwände beschränkt, die jedoch weit überwiegend verwendet werden.

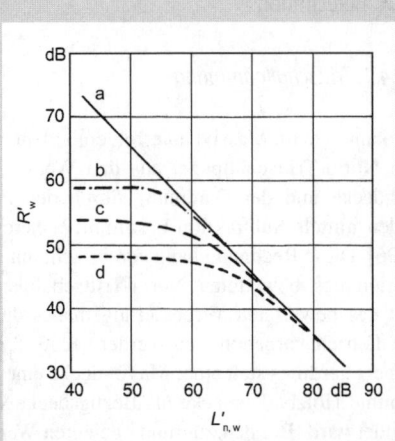

Abb. 8.41 Zusammenhang zwischen dem bewerteten Norm-Trittschallpegel $L'_{n,w}$ (ohne Gehbelag) und dem bewerteten Luftschalldämm-Maß R'_w bei Holzbalkendecken am Bau. a ohne Längsleitung der Wände; b bei Holzhäusern mit zweischaligen Holztafelwänden; c bei massiven Wänden $m''_L = 350 \text{ kg} \cdot \text{m}^{-2}$; d bei massiven Wänden $m''_L = 250 \text{ kg} \cdot \text{m}^{-2}$

8.4 Haustechnische Anlagen

Haustechnische Anlagen sind Wasserinstallationen (Wasserversorgungs- und Abwasseranlagen), Aufzugs-, Heizungs-, Müllabwurf-, Garagenanlagen etc. Nachfolgend werden die Geräusche von Wasserinstallationen und Aufzugsanlagen behandelt.

8.4.1 Wasserinstallationen

8.4.1.1 Kennzeichnung der Armaturengeräusche

Es ist zwischen Messungen im Bau und der Messung von Armaturen, Wasserschalldämpfern und anderen Dämpfungselementen im Laboratorium zu unterscheiden.

Bei Messungen im Bau wird nach DIN 52219 verfahren, wobei der A-bewertete Schallpegel beim Betätigen einer Armatur im nächstbenachbarten fremden Wohnraum gemessen und umgerechnet auf eine Bezugs-Absorptionsfläche von 10 m² angegeben wird.

Im Laboratorium kann in einem Installationsgeräusch-Prüfstand nach DIN EN ISO 3822 [8.67] vor allem das Geräuschverhalten von Armaturen nach einem genormten Verfahren bestimmt werden. Das Ergebnis wird als sog. Armaturengeräuschpegel L_{ap} in dB(A) angegeben. Er entspricht etwa demjenigen Schallpegel, der sich beim Betätigen derselben Armatur in einem ausgeführten Bau unter bestimmten Grundrissbedingungen ergeben würde [8.38]. Zur Kalibrierung des Prüfstandes wird ein sog. Installationsgeräusch-Normal (IGN) nach DIN EN ISO 3822-1 verwendet [8.38, 8.39, 8.67]. Die Armaturen werden nach ihrem Geräuschpegel in verschiedene Gruppen eingestuft und es wird ihnen ein Prüfzeichen zugeteilt. Für bestimmte Grundrissanordnungen sind für Wohnbauten u. ä. nur Armaturen der Gruppe I zulässig [8.50]; s. Tabelle 8.7.

Tabelle 8.7 Einstufung von Armaturen nach ihrem Geräuschverhalten

Prüfzeichen	Armaturengeräuschpegel
keines	> 30 dB(A)
II	21…30 dB(A)
I	≤ 20 dB(A)

8.4.1.2 Geräuschentstehung

Entgegen vielen anders lautenden Behauptungen entsteht das Auslaufgeräusch stets in den Armaturen selbst und nicht in den Rohrleitungen. Dies gilt auch dann, wenn die Rohrleitung strömungstechnisch ungünstig ausgeführt ist.

Das in der Armatur entstehende Geräusch wird entlang der Wassersäule der Rohrleitung weitergeleitet und über die Rohrleitung auf die Wände und Decken übertragen. Wasserschalldämpfer zwischen Armatur und Leitung sind deshalb vorteilhaft.

Die Geräusche in der Armatur entstehen in erster Linie in der starken Querschnittseinengung am Ventilsitz; s. Abb. 8.42. Untersuchungen [8.40] haben ergeben, dass durch einen größeren Durchmesser des Ventilsitzes das Geräusch sehr stark abnimmt, so dass es mit genügend großem Sitzdurchmesser (z. B. 20 mm statt nur 8 mm) möglich wäre, nahezu geräuschlose Armaturen zu bauen. Zur Unterdrückung von Kavitation und zur Begrenzung des Wasserdurchflusses ist es nö-

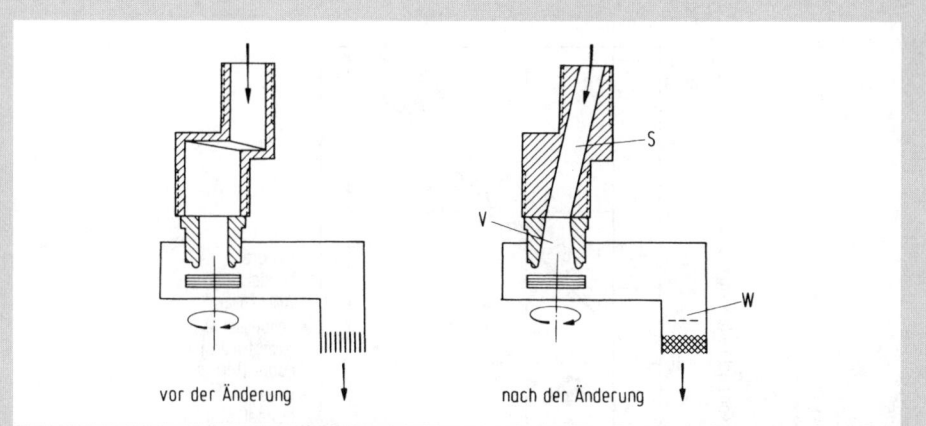

Abb. 8.42 Verbesserungsmaßnahmen an einer Wasserauslaufarmatur, die zu einer Geräuschminderung von etwa 20 dB(A) bei gleichem Durchfluss geführt haben. V Ventilsitzdurchmesser größer, W Strömungswiderstand am Auslauf größer und geräuscharm ausgeführt, S sog. S-Anschluss an Leitung strömungsgünstig ausgeführt

tig, am Ausgang der Armatur einen Strömungswiderstand einzubauen, der geräuscharm sein muss. Wirksam sind einfache perforierte Bleche oder Röhrchen [8.40].

Das Geräusch der Armaturen ist von dem maximal möglichen Durchfluss abhängig; s. Abb. 8.43. Das Geräusch wächst um 12 dB(A) bei Verdopplung des Durchflusses.

Das Geräuschproblem bei Armaturen erscheint für die konventionellen Armaturen heute gelöst. Moderne Mischarmaturen verhalten sich etwas ungünstiger. Vor allem treten wegen der dort möglichen schnelleren Öffnungs- und Schließvorgänge damit verbundene Geräuschspitzen auf. Im Übrigen stören heute vor allem auch Plätscher- und Abwassergeräusche, die nichts mit den Armaturen zu tun haben.

8.4.1.3 Rohrisolierung

Eine weitere Möglichkeit, die Ausbreitung der Armaturengeräusche zu vermindern, besteht in der körperschallisolierten Befestigung der Rohrleitungen. Dazu gibt es verschiedene Formen der Schellenisolierung, die bei der Prüfung im Laboratorium Dämmwerte zwischen 5 und 15 dB(A) ergeben. Bei der praktischen Anwendung sind jedoch bisher keine oder nur geringe Erfolge festgestellt worden. Die Misserfolge beruhen nach [8.41] auf anderen nicht beachteten festen Verbindungen zwischen Rohrleitung und Wand, vor allem über die Armaturen. Werden diese Verbindungen zwischen Armatur und Wand vermieden, ist eine Verbesserung um 10 bis 15 dB(A) erreichbar [8.41].

8.4.1.4 Körperschallübertragung im Gebäude

Man hat sich früher berechtigterweise nahezu ausschließlich um die Geräuschminderung durch entsprechende Armaturen gekümmert, jedoch verhältnismäßig wenig um die Frage der Weiterleitung der Geräusche innerhalb der Gebäudestruktur. Dies hatte auch damit zu tun, dass man ursprünglich annahm, dass die Weiterleitung über die Rohrleitungen und nicht über die Gebäudestruktur ins nächste Geschoss erfolge. Eingehende Messungen in Bauten [8.42] haben jedoch gezeigt, dass dies in heutigen Bauten nicht der Fall ist, vermutlich infolge eines Schalldämm-Effekts, bedingt durch die zahlreichen Rohrabzweigungen.

Unabhängig von diesen Erkenntnissen hatte man in der Bundesrepublik Deutschland bisher nur eine einzige bautechnische Vorschrift bezüglich der Installationsgeräusche gemacht: diejenigen Wände, an denen Rohrleitungen und Armaturen befestigt werden, sollten nach DIN 4109 [8.50] mindestens 220 kg · m^{-2} schwer sein. Diese Maßnahme ist sehr wirksam für die in horizontaler Richtung angrenzenden Wohnräume, dort wird es leiser. Eingehende Untersuchungen [8.43] zeigten jedoch, dass es für die darunter liegenden Geschosse kaum von Bedeutung ist, ob

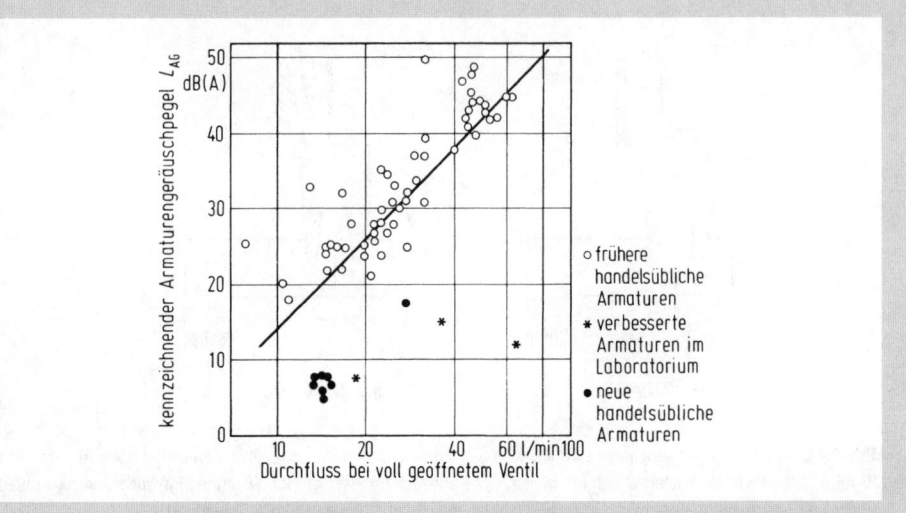

Abb. 8.43 Abhängigkeit des Geräusches von Armaturen vom maximalen Wasserdurchfluss durch die Armatur

die Wände schwerer oder leichter sind. Dies hängt wie bei der Luftschallübertragung entlang der Wände damit zusammen, dass auch hier die Stoßstellendämmung zwischen Wand und Decke kleiner wird, wenn die Wand schwerer ist. Erstaunlicherweise ist es so, dass die Körperschallanregung einer Wand auf einer Massivdecke etwa denselben Luftschallpegel in einem schräg darunter liegenden Raum ergibt, wie wenn man die massive Rohdecke unmittelbar anregen würde. Damit ist verständlich, warum Wasserleitungsgeräusche so störend wirken. Es ist so, als ob die Rohdecke über der unteren Wohnung direkt angeregt würde.

Eine verringerte Übertragung in der Gebäudestruktur kann man erreichen, wenn man die Installationswand selbst relativ leicht macht, sie in der Nähe der Anregestelle jedoch beschwert [8.44]. In Abb. 8.44 ist an einem Beispiel (Modellversuch) gezeigt, wie stark die Körperschallübertragung an die Decke verringert wird, wenn die Anregestelle schwerer ausgebildet wird als die übrige Wand. Dies wurde dadurch erreicht, dass an der Anregestelle schwerere Steine verwendet worden sind als bei der übrigen Wand. Die Verbesserung beruht darauf, dass man den Eingangswiderstand der Wand wesentlich erhöht hat, ohne dass die Stoßstellendämmung zur Decke hin verringert worden ist.

Mit dieser Auswirkung einer Beschwerung der Anregestelle ist auch zu erklären, dass die Installationsgeräusche im darunter liegenden Ge-

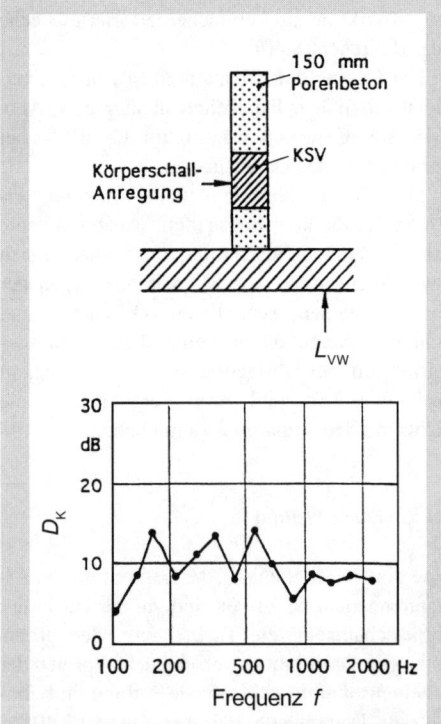

Abb. 8.44 Dämmwirkung D_K einer inhomogen aufgebauten Installationswand (schwere KSV-Steine an Anregestelle und leichte Porenbetonsteine für den übrigen Teil der Wand). Modellversuch, Werte auf Großausführung umgerechnet

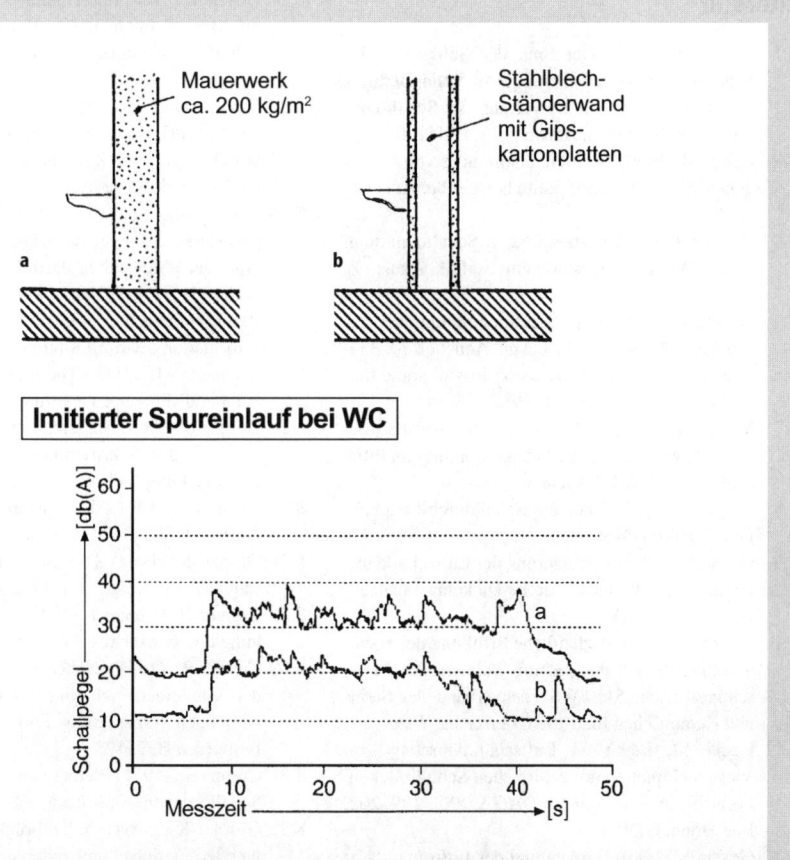

Abb. 8.45 Installationsgeräusche im Raum schräg unter dem Bad bei imitiertem Spureinlauf. **a** wandhängendes WC an massiver Wand; **b** wandhängendes WC an leichter Gipskartonständerwand

schoss um etwa 10 dB(A) kleiner werden, wenn die Installationswand als leichte Ständerwand mit Gipskartonplatten ausgeführt wird und nicht als übliche etwa 220 kg · m^{-2} schwere Mauerwerkswand; s. Abb. 8.45. Der Unterschied ist dadurch bedingt, dass bei der Ständerwand die leichte Schale durch das Waschbecken oder die WC-Schüssel an der Anregestelle relativ betrachtet wesentlich mehr beschwert wird als bei der gemauerten Wand.

Zusammenfassend ist zu sagen, dass die Körperschallanregung und -übertragung bei Installationswänden und die Weiterleitung des Körperschalls erstaunlicherweise bisher zu wenig beachtet worden sind und dass es dort noch erhebliche neue Möglichkeiten der Verbesserung gibt.

8.4.2 Aufzugsanlagen

Bei Aufzügen können störende Geräusche in angrenzenden Räumen vor allem durch eine Körperschalleinleitung der Aufzugsmaschine, durch das Schließen der Türen sowie eine Luftschallübertragung aus dem Maschinenraum oder Schacht auftreten. Aufzugsmaschinen werden daher körperschallgedämmt gelagert. Türen können geräuscharm, z.B. durch Sanftanlauf, ausgeführt werden. Zur Verringerung der Luftschallübertragung sind bauliche Maßnahmen notwendig. Bei massiver Bauweise müssen je nach Situation die Schachtwände und Wände des Maschinenraumes mit hohen flächenbezogenen Massen ausgeführt werden. Hinweise zum Schallschutz sind in den VDI-Richtlinien für Aufzugsanlagen mit Triebwerksraum [8.76] und ohne Triebwerksraum [8.77] zu finden.

Literatur

8.1 Cremer L (1961) Der Sinn der Sollkurven. In: Schallschutz von Bauteilen. Ernst u. Sohn, Berlin, 1

8.2 Gösele K (1965) Zur Bewertung der Schalldämmung von Bauteilen. Acustica 15, 264–270

8.3 Heckl M (1960) Die Schalldämmung von homogenen Einfachwänden endlicher Größe. Acustica 10, 98–108

8.4 Cremer L (1942) Theorie der Schalldämmung dünner Wände bei schrägem Einfall. Akust. Z. 81–104

8.5 Gösele K (1968) Zur Luftschalldämmung von einschaligen Wänden und Decken. Acustica 20, 334

8.6 Watters G (1959) Transmission-loss of some masonry walls. J. Acoust. 31, 898

8.7 Meier A (2000) Die Bedeutung des Verlustfaktors bei der Bestimmung der Schalldämmung im Prüfstand. Diss. RWTH Aachen

8.8 Berger R (1911) Über die Schalldurchlässigkeit. Diss. TH München

8.9 Gösele K (1990) Verringerung der Luftschalldämmung von Wänden durch Dickenresonanzen. Bauphysik 12, 187

8.10 Lang J (1985) Wirtschaftliche Erfüllung des normgerechten Schallschutzes im Wohnungsbau. Forschungsbericht 5160/WS Fachverband der Stein- und Keramischen Industrie Österreichs, Wien

8.11 Heckl M, Lewit M Luftschalldämmung von Vielschichtplatten mit zahlreichen Schallbrücken. Fortschritte der Akustik-DAGA '90, 199–202. Bad Honnef, DPG

8.12 Gösele K (1980) Berechnung der Luftschalldämmung von doppelschaligen Bauteilen. Acustica 45, 208

8.13 Meyer E (1935) Die Mehrfachwand als akustischmechanische Drosselkette. ENT 12, 393

8.14 Gösele K (1977) Einfluß der Hohlraumdämpfung auf die Schalldämmung von doppelschaligen Wänden. Acustica 38, 159

8.15 Heckl M (1959) Untersuchungen über die Luftschalldämmung von Doppelwänden mit Schallbrücken. Congress-Report III of the IIIrd ICA-Congress, 1010

8.16 Gösele K, Gösele U (1969) Schalldämmende Doppelwände aus biegesteifen Schalen. FBW-Blätter 1967. Folge 1. Betonstein-Zeitung 35, Nr. 5, 29617

8.17 Scholl W, Brandstetter D (2000) Neue Schalldämmwerte bei Gipskartonplatten-Metallständerwänden. Bauphysik 22, 101

8.18 Gösele K, Kurz R (2001) Zur Schalldämmung von GK-Ständerwänden, 1. Wirkung der Hohlraumdämpfung. DAGA

8.19 Veres E, Schmidt R, Mechel FP (1987) Zum Schallschutz von Vorsatzschalen. Bauphysik 44

8.20 Gösele K (1968) Untersuchungen zur Schall-Längsleitung. In Heft 56 der Schriftenreihe „Berichte aus der Bauforschung", 23

8.21 Gösele K (1984) Berechnung der Schalldämmung in Massivbauten unter Berücksichtigung der Schall-Längsleitung. Bauphysik 6, 79–84 und 121–126

8.22 Schuhmacher R (1990) Zur Längsdämmung leichter Außenwände. wksb 45

8.23 Gösele K (1990) Zur Längsleitung über leichte Außenwände. Bauphysik 12, 145

8.24 GSA Limburg (1993) Schall-Längsdämmung porosierter Außenmauerwerke in Abhängigkeit von der Stoßstellen-Ausbildung. Forschungsbericht B I 5 – 80188-13 für das Bundesamt für Raumordnung und Städtebau, Kopien durch das Informationszentrum Raum und Bau, Stuttgart

8.25 Gomperts MC (1964) The sound insulation of circular and slit-shaped apertures. Acustica 14, 1–16

8.26 Gösele K (1969) Schalldämmung von Türen. In: Heft 63 der Schriftenreihe „Berichte aus der Bauforschung", 11

8.27 Olson HF (1941) Tone guard. J. Acoust. Soc. Amer. 12, 374–377

8.28 Gösele K (1964) Die Beurteilung des Schallschutzes von Rohdecken. Ges.-Ing 85, 261

8.29 Cremer H, Cremer L (1948) Theorie der Entstehung des Trittschalls. Frequenz 1, 61

8.30 Cremer L (1952) Näherungsweise Berechnung der von einem schwimmenden Estrich zu erwartenden Verbesserung. Fortschr. und Forsch. im Bauwesen H. 2, 123

8.31 Cremer L (1954) Berechnung der Wirkung von Schallbrücken. Acustica 4, 273

8.32 Gösele K (1964) Schallbrücken bei schwimmenden Estrichen und anderen schwimmend verlegten Belägen. Heft 35 der Schriftenreihe „Berichte aus der Bauforschung" 23

8.33 Gösele K (1999) Warum schwimmende Estriche auf Holzbalkendecken schalltechnisch nur halb so wirksam sind. Bauphysik 21, 49

8.34 Gösele K (2000) Hochschalldämmende Trockenestriche. Bauphysik 22, 19

8.35 Veres E (1992) Entwicklung von Holzbalkendecken mit hoher Trittschalldämmung. Forschungsbericht des Fraunhofer-Instituts für Bauphysik B-BA 17

8.36 Gösele K (1979) Verfahren zur Vorausbestimmung des Trittschallschutzes von Holzbalkendecken. Holz als Roh- und Werkstoff 37, 213–220

8.37 Holtz F et al. (1999) Optimierung der Trittschalleigenschaften von Holzbalkendecken zum Einsatz im mehrgeschossigen Holzhausbau. Abschlussbericht vom 13.01.1999

8.38 Gösele K (1967) Voigtsberger CA Zur Messung des Geräuschverhaltens von Armaturen im Laboratorium. Heizung – Lüftung – Haustechnik 18, 230

8.39 Schneider P (1967) Eine Bezugsarmatur und deren Anwendung zur Messung und Bewertung von Installationsgeräuschen. Sanitär- und Heizungstechnik 32, 7

8.40 Gösele K (1970) Voigtsberger CA Grundlagen zur Geräuschminderung bei Wasserauslaufarmaturen. Ges.-Ing. 91, 108–117

8.41 Gösele K, Voigtsberger CA (1975) Verminderung von Installationsgeräuschen durch körperschallisolierte Rohrleitungen. HLN

8.42 Gösele K (1980) Voigtsberger CA Der Einfluß der Bauart und der Grundrißgestaltung auf das entstehende Installationsgeräusch in Bauten. Ges. Ing. 101, 79

8.43 Gösele K (1995) Engel V Körperschalldämmung von Sanitärräumen. Bauforschung in der Praxis 11

8.44 Gösele K (1998) Schalldämmende Installationswände. Neue Wege zur Verringerung der Installationsgeräusche. Fraunhofer IRB-Verlag, in „Bauphysik", Festschrift zum 80. Geburtstag von Karl Gertis

Normen und Richtlinien

8.50 DIN 4109: Schallschutz im Hochbau: Anforderungen und Nachweise. Beiblatt 1: Ausführungsbeispiele und Rechenverfahren (1989)

8.51 DIN 4109 Beiblatt 1/A1: Ausführungsbeispiele und Rechenverfahren, Änderung A1 (2001 E)

8.52 DIN 4109: – Teil 10: Vorschläge für einen erhöhten Schallschutz von Wohnungen (2000 E)

8.53 DIN EN ISO 140-1: Akustik – Messung der Schalldämmung in Gebäuden und von Bauteilen – Teil 1: Anforderungen an Prüfstände mit unterdrückter Flankenübertragung (1998)

8.54 DIN EN 20140-2: – Teil 2: Angaben von Genauigkeitsanforderungen (1993)

8.55 DIN EN 20140-3: – Teil 3: Messung der Luftschalldämmung von Bauteilen in Prüfständen (1995)

8.56 DIN EN ISO 140-4: – Teil 4: Messung der Luftschalldämmung zwischen Räumen (1998)

8.57 DIN EN ISO 140-5: – Teil 5: Messung der Luftschalldämmung von Fassadenelementen und Fassaden in Gebäuden (1998)

8.58 DIN EN ISO 140-6: – Teil 6: Messung der Trittschalldämmung von Decken in Prüfständen (1998)

8.59 DIN EN ISO 140-7: – Teil 7: Messung der Trittschalldämmung von Decken in Gebäuden (1998)

8.60 DIN EN ISO 140-8: – Teil 8: Messung der Trittschallminderung durch eine Deckenauflage auf einer massiven Bezugsdecke in Prüfständen (1998)

8.61 DIN EN 20140-9: – Teil 9: Raum-zu-Raum-Messung der Luftschalldämmung von Unterdecken mit darüberliegendem Hohlraum im Prüfstand (1993)

8.62 DIN EN 20140-10: – Teil 10: Messung der Luftschalldämmung kleiner Bauteile in Prüfständen (1992)

8.63 DIN EN ISO 140-11: – Teil 11: Messung der Trittschallminderung durch Deckenauflagen auf einer genormten Holzbalkendecke im Prüfstand (2001 E)

8.64 DIN EN ISO 140-12: – Teil 12: Messung der Luft- und Trittschalldämmung durch einen Doppel- oder Hohlraumboden zwischen benachbarten Räumen im Prüfstand (2000)

8.65 DIN EN ISO 717-1: Bewertung der Schalldämmung in Gebäuden und von Bauteilen. Teil 1: Luftschalldämmung (1997)

8.66 DIN EN ISO 717-2: – Teil 2: Trittschalldämmung (1997)

8.67 DIN EN ISO 3822-1: Akustik: Prüfung des Geräuschverhaltens von Armaturen und Geräten der Wasserinstallation im Laboratorium. Teil 1: Messverfahren (1999)

8.68 DIN EN ISO 10052: Akustik: Messung der Luftschalldämmung und Trittschalldämmung und des Schalls von haustechnischen Anlagen in Gebäuden, Kurzverfahren (2001 E)

8.69 DIN EN ISO 10848-1: Akustik – Messung der Flankenübertragung von Luftschall und Trittschall zwischen benachbarten Räumen in Prüfständen – Teil 1: Rahmendokument (2003 E)

8.70 DIN EN ISO 10848-2: – Teil 2: Anwendung auf leichte Bauteile, wenn die Verbindung geringen Einfluss hat (2003 E)

8.71 DIN EN ISO 10848-3: – Teil 3: Anwendung auf leichte Bauteile, wenn die Verbindung wesentlichen Einfluss hat (2003 E)

8.72 DIN EN 12354-1: Bauakustik – Berechnung der akustischen Eigenschaften von Gebäuden aus den Bauteileigenschaften – Teil 1: Luftschalldämmung zwischen Räumen (2000)

8.73 DIN EN 12354-2: – Teil 2: Trittschalldämmung zwischen Räumen (2000)

8.74 DIN EN 29052: Akustik – Bestimmung der dynamischen Steifigkeit – Teil 1: Materialien, die unter schwimmenden Estrichen in Wohngebäuden verwendet werden (1992)

8.75 DIN EN 29053: Akustik – Bestimmung des Strömungswiderstandes (1993)

8.76 VDI 2566 Blatt 1: Schallschutz bei Aufzugsanlagen mit Triebwerksraum (2001)

8.77 VDI 2566 Blatt 2: Schallschutz bei Aufzugsanlagen ohne Triebwerksraum (2001 E)

Schallabsorber

H. V. Fuchs und M. Möser

9.1 Einleitung

Schallabsorption bezeichnet die Umwandlung von Schallenergie in Wärme. Sie wird z. B. zur akustischen Gestaltung von Räumen benutzt. So soll der von Maschinen und Anlagen emittierte Lärm nur geschwächt an den Arbeitsplätzen ankommen; für Zuhörerräume wie Hör- und Konzertsaal sollen gewisse Nachhallzeiten eingestellt werden. Solche Entwurfsziele werden durch absorbierende Wandkonstruktionen mit definierten, dem Zweck angepassten Absorptionseigenschaften realisiert. Schallabsorber spielen aber auch in Kapselungen, Kanälen und Abschirmungen eine wichtige Rolle, um die Schallimmission in die Nachbarschaft lärmintensiver Bereiche zu verhindern.

Dieses Kapitel dient der Erläuterung nicht nur der bekannten passiven und reaktiven schalldämpfenden Materialien und Bauteile und ihrer Wirkungsmechanismen. Vielmehr wird die Vielfalt heute verfügbarer Möglichkeiten für den Schallschutz und die raumakustische Gestaltung aufgeblättert; dazu zählen u. a. absorbierende geschlossene, geschlitzte und mikroperforierte Platten aus unterschiedlichen Materialien.

Herkömmliche Schalldämpfer und Schallabsorber aus faserigen oder porösen Materialien sind zwar unverzichtbar zur Bedämpfung hochfrequenter Anteile der verschiedensten Schallquellen. In der täglichen Praxis der Lärmbekämpfung und Raumakustik liegt das eigentliche Problem aber oft bei tiefen Frequenzen, die wegen der dazu notwendigen Bautiefe von passiven Absorbern nur schlecht erreichbar sind; die folgenden Abschnitte nehmen stets auf diese Schwierigkeit Bezug und bieten dazu auch neuartige Problemlösungen an.

Getreu dem Anspruch dieses Taschenbuchs wird dabei weniger auf theoretische Ausführlichkeit geachtet; stattdessen steht die praktische Anwendung im Vordergrund. Die Auslegung, Dimensionierung und Anbringung der geschilderten Schallabsorber wird jeweils in Beispielen konkreter Umsetzungsprojekte verdeutlicht. Eine etwas ausführlichere Darstellung des Standes der Technik bei Absorbern für den aktuellen praktischen Bedarf findet sich in einer Serie von Publikationen [9.1], die aus den Vorbereitungen zu diesem Beitrag hervorgegangen sind.

9.2 Schallabsorption für Lärmschutz und Raumakustik

Luftschall findet auf vielen Wegen zum Ohr des Hörers. Trifft eine Schallwelle mit der Schallleistung P_i, dem Schalldruck p_i, der Schallschnelle v_i und Frequenz f auf ein gegenüber ihrer Wellenlänge sehr großes Hindernis, so wird sie teilweise reflektiert (P_r), u. U. auch gebeugt und gestreut, durchgelassen (P_t), als Körperschall fortgeleitet (P_f), aber auch absorbiert (P_a). Die auftreffende Leistung P_i teilt sich auf in (s. auch Abb. 9.1)

$$P_i = P_r + P_t + P_f + P_a. \quad (9.1)$$

Handelt es sich bei dem Hindernis z. B. um eine Wand (oder Decke), deren flächenbezogene Masse m''_W groß gegenüber der in der auftreffenden Welle mitbewegten flächenbezogenen Luftmasse m''_A ist,

$$m''_W \gg m''_A = \frac{1}{\omega}\frac{p_i}{v_i} = \frac{1}{\omega}Z_0 = \frac{\varrho_0 \lambda}{2\pi}, \quad (9.2)$$

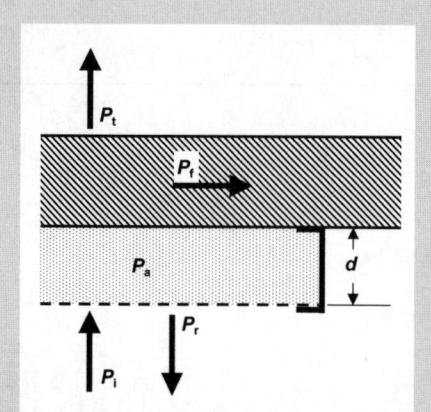

Abb. 9.1 Weg der Leistung einer Schallwelle, die auf ein bsorbierendes Hindernis trifft

mit dem Wellenwiderstand

$$Z_0 = \varrho_0 c_0 = 408 \text{ Pa s m}^{-1} \qquad (9.3)$$
$$(\text{bei } 20\,°C \text{ und } 10^5 \text{ Pa}),$$

der Kreisfrequenz $\omega = 2\pi f$, der Dichte $\varrho_0 = 1{,}2$ kg m^{-3} und der Schallgeschwindigkeit $c_0 = 340$ m s^{-1} der Luft, so wird nur ein kleiner Teil der Schallleistung durchgelassen oder fortgeleitet. Der größte Teil wird zur Quelle oder in den Raum zurückgeworfen, es sei denn, dass vor, an oder auch in der Wand ein absorbierendes Material oder Bauteil eingebaut wurde, das einen wesentlichen Teil von P_i unmittelbar nach dem Auftreffen „schluckt", d.h. in Wärme umwandelt.

Will man einen solchen Absorber quantifizieren, so kann man hinsichtlich seiner Wirksamkeit für die Sendeseite P_t und P_f zu P_a gegebenenfalls hinzurechnen:

$$\alpha = \frac{P_a + P_t + P_f}{P_i} = \frac{P_i - P_r}{P_i} = 1 - \varrho. \qquad (9.4)$$

Der Absorptionsgrad α kann also, ebenso wie der Reflexionsgrad ϱ, Werte zwischen nahe 0 und nahe 1 annehmen. Letzterer lässt sich auch durch das Verhältnis der Amplituden des Schalldruckes der reflektierten (p_r) und der auftreffenden Welle, den i. Allg. komplexen Reflexionsfaktor r, ausdrücken:

$$\varrho = \frac{P_r}{P_i} = \frac{p_r^2}{p_i^2} = |r|^2 = 1 - \alpha. \qquad (9.5)$$

Nach [9.2, Kap. 2–4] kann man r aus der ebenfalls komplexen Wandimpedanz W ableiten, die

den Wandaufbau akustisch vollständig beschreibt. Für senkrechten Schalleinfall gilt mit Druck und Schnelle p_W und v_W vor der Wand (W' Realteil, W'' Imaginärteil von W):

$$W = \frac{p_W}{v_W} = W' + jW''; \qquad (9.6)$$

$$r = \frac{W - \varrho_0 c_0}{W + \varrho_0 c_0}; \qquad (9.7)$$

$$\alpha = 1 - |r|^2 = \frac{4W'\varrho_0 c_0}{(W' + \varrho_0 c_0)^2 + W''^2}. \qquad (9.8)$$

Man bezeichnet Gl. (9.8) als „Anpassungsgesetz": die Absorption wird am größten, wenn der Imaginärteil der Impedanz verschwindet. Sie erreicht den Maximalwert 1 aber nur, wenn der Realteil der Impedanz gleich $\varrho_0 c_0$ ist. Bei jeder „Fehlanpassung" mit teilweiser Reflexion ($\varrho < 1$) ist das Feld vor dem Reflektor aus einer in x-Richtung fortschreitenden und einer rückläufigen Welle

$$\begin{aligned} p &= p_0 e^{-jkx} + rp_0 e^{jkx} \\ &= (1-r)p_0 e^{-jkx} + rp_0(e^{-jkx} + e^{jkx}) \end{aligned} \qquad (9.9)$$

mit der Wellenzahl $k = \omega c_0^{-1}$ zusammengesetzt. Für Anpassung mit $r = 0$ tritt nur die fortschreitende Welle mit konstantem Pegel-Ortsverlauf auf; für Totalreflexion $r = 1$ besteht das Feld aus einer stehenden Welle, deren Pegel örtlich stark schwankt. Allgemein bildet deshalb die Pegeldifferenz $\Delta L = L_{\max} - L_{\min}$ ein Maß für den Absorptionsgrad, s. [9.3] und Tabelle 9.1. Die Extremwerte für α ergeben sich zum einen bei glatt verputztem oder gefliestem Mauerwerk ($\alpha \cong 0{,}01$) und zum anderen bei einer besonders ausgestatteten Wandauskleidung reflexionsarmer Räume ($\alpha \cong 0{,}99$). Die meisten im Bau vorkommenden schallabsorbierenden Materialien und Bauteile mit

Tabelle 9.1 Pegeldifferenz ΔL in einer ebenen stehenden Welle vor einem mehr oder weniger absorbierenden Hindernis [9.3, S. 459] und zugehöriger Absorptionsgrad α sowie Reflexionsfaktor $|r|$

α	ΔL [dB]	$|r|$
0,99	2	0,11
0,60	13	0,63
0,20	25	0,89
0,01	50	0,99

der Fläche S_i summieren sich mit α_i-Werten zwischen 0,2 und 0,6 bis über 0,8, wie sie Schluckgrad-Tabellen z.B. in [9.4–9.6] zu entnehmen sind, zur äquivalenten Absorptionsfläche des Raumes. Daneben tragen Möbel, Einrichtungsgegenstände und Akustikmodule, die als Einzelelemente von der Decke abgehängt werden oder auf dem Boden stehen, sowie Personen (A_j) zur resultierenden Absorptionsfläche des Raumes bei:

$$A_s = \sum_i \alpha_i S_i \, ; \; A_E = \sum_j A_j \, . \qquad (9.10)$$

Man kann mindestens sieben Anwendungsbereiche definieren, in denen die Schallabsorption von zentraler praktischer Bedeutung ist:

(1) Vor schwach absorbierenden Begrenzungsflächen ($\alpha < 0,2$) ist das Schallfeld gemäß Gl. (9.9) und Tabelle 9.1 stark ortsabhängig; das erschwert die Ortung von Schallquellen und beeinträchtigt die Klarheit von Musik sowie die Verständlichkeit von Sprache. In solchen Fällen hilft neben der Veränderung der architektonischen Struktur (z.B. Schrägstellung von Fenstern oder Wänden) und Anbringung vorgesetzter oder abgehängter Reflektoren oder Diffusoren eben nur Auslöschung der schädlichen Reflexion durch gezielte Absorption.

(2) Wenn dagegen in einem Theater oder einer Kirche mit großem Volumen V [m³] die Nachhallzeit

$$T = 0{,}163 \, \frac{V}{A} \qquad (9.11)$$

wegen zu geringer äquivalenter Absorptionsfläche A [m³] nach Gl. (9.10),

$$A = A_S + A_E + 4Vm, \qquad (9.12)$$

zu groß ist, so leidet die Sprachverständlichkeit. Da die Absorption durch Einrichtung und Publikum (A_E) weitgehend vorgegeben wird, muss sich der Raumakustiker um geeignete Flächen S_i für seine Zwecke bemühen. Weil die Dämpfung auf den Wegen der Schallwellen zwischen zwei Reflexionen (m) zu tiefen Frequenzen hin stark abnimmt (Tabelle 9.2), liegt der Bedarf für große wie für kleine Räume vor allem bei Absorbern für tiefe, seltener für mittlere und hohe Frequenzen, die auch von den diversen Einbauten und Personen stärker geschluckt werden.

(3) In Versammlungsarenen, Besprechungsräumen und Mehrpersonenbüros, Restaurants, Klassenzimmern, Kassenhallen usw., wo viele Menschen gleichzeitig ihre Stimme erheben, kann die Unterhaltung problematisch werden, wenn A nicht groß genug ist. Dies kann man aus dem Hallradius r_H [m] ablesen [9.7], der mit

$$r_H = 0{,}14 \, \sqrt{A \, \frac{\nu P_1}{P_{\text{ges}}}} \qquad (9.13)$$

den Abstand von der Quelle angibt, bei dem der Schallpegel des Direktschallfeldes gerade dem des aus Vielfachreflexionen sich ergebenden Diffusfeldes entspricht. Man kann zwar die Bedingungen für einen einzelnen Redner (P_1), sich verständlich zu machen, dadurch etwas verbessern, dass man ihn nicht inmitten des Raumes frei sprechen lässt ($\nu = 1$), sondern vor einer großen reflektierenden Wand ($\nu = 2$), in einer Kante ($\nu = 4$) oder gar in einer Ecke ($\nu = 8$) des Raumes aufstellt. Ähnliche Verbesserungen erreicht man bekanntlich mit Lautsprechern mit einem hohen Bündelungsmaß ν, die auf bestimmte Raumbereiche, auf die es bei der Beschallung besonders ankommt, ausgerichtet werden [9.7].

Es scheint nach Gl. (9.13) zwar so, dass mit der Anzahl der sich gleichzeitig artikulierenden Personen (P_{ges}) auch die von ihnen mitgebrachte Absorptionsfläche (A) gleichzeitig proportional zunimmt. Die Erfahrung lehrt aber, dass man sein Gegenüber immer schlechter versteht, je mehr Personen sich versammeln und unterhalten, weil die Teilnehmer Absorption nur für Frequenzen

Tabelle 9.2 Dämpfungskonstante m bei der Schallausbreitung in Räumen (bei 20°C und 50% Luftfeuchte) und Absorptionskoeffizient α_a im Freien (bei 10°C und 70%) sowie akustische Grenzschichtdicke α bei 20°C in Luft

f [Hz]	< 250	500	1k	2k	4k	8k
m [10^{-3} m^{-1}]	< 0,08	0,25	0,75	2,5	7,5	25
α_a [dB km^{-1}]	< 1	2	4	8	20	50
δ [µm]	> 95	67	47	34	24	17

oberhalb etwa 250 Hz mitbringen. Wenn aber die tiefen Frequenzen unbedämpft bleiben und die Nachhallzeit hier stark ansteigt, füllt ein „Dröhnen" den Raum, welches durch eine Art „Maskierung" die für die Verständigung so wichtigen höheren Frequenzanteile verdeckt [9.8, 9.9]. Dies wiederum führt dazu, dass alle Redner zum lauteren Sprechen neigen, wodurch sich die Kommunikation weiter verschlechtert. Um diesem Problem zu begegnen, müssen (insbesondere in kleineren Räumen) spezielle Tiefenabsorber für Frequenzen bis 63 Hz herunter zum Einsatz kommen, wie zahlreiche raumakustische Sanierungsmaßnahmen – oft zur Überraschung der Nutzer – nachgewiesen haben [9.10, 9.11].

(4) In kleinen bis mittelgroßen Räumen zum Ensemble-Musizieren oder Musikproben und Unterrichten tritt sowohl für die Musiker untereinander wie für den Dirigenten oder den Lehrer ein ähnliches Kommunikationsproblem auf. Mangelnde tieffrequente Absorption bewirkt u.a., dass die für das Ensemble-Spiel wichtigen Bassinstrumente nicht klar durchzuhören sind. Unter den in Orchestergräben und Probensälen vorherrschenden raumakustischen Bedingungen funktioniert das gegenseitige Hören so schlecht, dass die Musiker sich lauter als dem Gesamtergebnis zuträglich artikulieren (müssen). Dass man mit geeigneten Schallabsorbern auch an diesen hochwertigen Arbeitsplätzen viel erreichen kann, zeigen erfolgreiche Verbesserungsmaßnahmen wie diejenigen in [9.12].

(5) Bei Schallquellen mit konstant vorgegebenem Schallleistungspegel L_W lässt sich der mittlere Schalldruck-Pegel $\bar{L}$ durch den Einbau von schallabsorbierenden Einbauten und Verkleidungen senken:

$$\bar{L} = L_W - 10 \lg A + 6 \text{ dB} . \tag{9.14}$$

Dabei ist es in diesem Fall natürlich wichtig, dass das Absorptionsspektrum (A) möglichst gut an das der jeweiligen Quelle(n) (L_W) angepasst ist. Innerhalb des Hallradius nach Gl. (9.13) sind die raumakustischen Maßnahmen allerdings wirkungslos. Trotzdem betreffen die meisten Investitionen solche Maßnahmen, bei denen gemäß

$$\Delta \bar{L} = -10 \lg \frac{A_2}{A_1} \tag{9.15}$$

eine Verdopplung von A nur eine Absenkung des Raumpegels um gerade einmal 3 dB bewirkt und z.B. Arbeitsplätze in der Nähe lauter Maschinen davon kaum profitieren.

(6) Der über die Außenwand ins Gebäudeinnere übertragene Pegel L_i beträgt

$$L_i = L_e - R + 10 \lg S - 10 \lg A \tag{9.16}$$

mit L_e Außenpegel, R Schalldämmmaß und S Fläche des Bauteiles sowie A Absorptionsfläche des Empfangsraumes. Große Flächen S mit kleinem Schalldämmmaß R (z.B. Fenster und Glasfassaden) führen zu höheren Innenpegeln L_i. Das große bewertete Dämmmaß von mehrschaligen Konstruktionen wird oft mit einem Dämmungseinbruch unter 100 Hz erkauft. Deshalb tritt bei geschlossenen Fenstern typischerweise der tieffrequente Teil des Verkehrslärms, des Lärms von Diskotheken oder auch von industriellen Abluftanlagen als eigentliche Störung in Erscheinung. Auch relativ leichte biegeweiche Schalen, wie sie hier und da im Hochbau wie im Maschinenbau vorkommen, verlieren nach dem Massegesetz [9.13],

$$R = 20 \lg m''_W + 20 \lg f - 45 \text{ dB} , \tag{9.17}$$

zu den tiefen Frequenzen hin um 6 dB pro Oktave an der sonst nur durch ihre flächenbezogene Masse m''_W [kg m^{-2}] bestimmten Dämmung.

(7) Die geltenden Anforderungen, Richtlinien und Messvorschriften, die Emission, Transmission und Immission von Schall in Gebäuden betreffend, schenken dem Frequenzbereich unter 100 Hz generell noch wenig Beachtung. Bei der Auslegung von Schalldämpfern für Lüftungskanäle hingegen ist es seit langem selbstverständlich, ihre Wirksamkeit dem jeweils durch die Anlage, z.B. ihre Strömungsmaschine, vorgegebenen Emissionsspektrum $L_{W,e}$ anzupassen. Dabei wird allerdings oft bei hohen Frequenzen übertrieben. Bei der Ausbreitung über große Entfernungen s [m] bleiben nämlich gemäß

$$L_i = L_{W,e} + 10 \lg v - 20 \lg s - \sum_i D_i - 11 \text{ dB} \tag{9.18}$$

mit dem Umgebungseinfluss (v) wie in Fall (3) im Immissionspegel L_i wiederum nicht selten vor allem die tieffrequenten Geräuschanteile übrig, weil alle Dämpfungseinflüsse auf dem Ausbreitungsweg s und eventuell vorhandene Abschirmungen (D_i) grundsätzlich bei hohen Frequenzen höhere Werte erreichen als bei tiefen. Die Absorption z.B. bei der Schallausbreitung im Freien,

$$D_a = \alpha_a s , \tag{9.19}$$

beträgt nach Tabelle 9.2 oberhalb 2,5 kHz bereits mehr als 10 dB/km, ist aber unterhalb 250 Hz vernachlässigbar. Die Einfügungsdämpfung D_e der regelmäßig in die Kanäle oder Schornsteine einzubauenden Dämpfer verlangt daher von den darin eingesetzten Absorbern sehr häufig einen möglichst hohen Absorptionsgrad gerade bei den tiefen Frequenzen, um nach Piening (Abschn. 9.10.3) gemäß

$$D_e = 1,5\, \alpha \frac{U}{S}\, l \ [\text{dB}] \tag{9.20}$$

weit unterhalb der „Durchstrahlungs"-Frequenz [9.14] bei vorgegebener Länge l [m] sowie absorbierender Berandung U [m] und freiem Querschnitt S [m²] des Schalldämpferaufbaus wirksam werden zu können.

9.3 Passive Absorber

Die nach Anwendungsbreite und Marktvolumen weitaus größte und wichtigste Gruppe von Schallabsorbern folgt dem Prinzip, den Schallwellen bei ihrem Auftreffen nach Gl. (9.8) möglichst einen Widerstand W in der Nähe der Anpassung $W = \varrho_0 c_0$ entgegenzusetzen. Das Absorbermaterial aus Fasern oder offenzelligen Schäumen selbst ist nach [9.15] zunächst durch seine Wellenimpedanz

$$W_\alpha = \varrho_0 c_0 \frac{\sqrt{\chi}}{\sigma} \sqrt{1 - j\frac{\sigma \Xi}{\omega \varrho_0 \chi}} \tag{9.21}$$

und durch seine komplexe Wellenzahl

$$k_\alpha = \frac{\omega}{c_0} \sqrt{\chi} \sqrt{1 - j\frac{\sigma \Xi}{\omega \varrho_0 \chi}} \tag{9.22}$$

charakterisiert. Die Parameter in den Gln. (9.21) und (9.22) sind:

- Porosität σ mit dem akustisch wirksamen Luftvolumen im Absorber (V_L) und dem Gesamtvolumen des Absorbers (V_A)

$$\sigma = \frac{V_L}{V_A} < 1, \tag{9.23}$$

- Strukturfaktor χ mit dem an der Kompression (V_K) bzw. Beschleunigung (V_B) beteiligten Luftvolumen,

$$\chi = \frac{V_K}{V_B} \geq 1, \tag{9.24}$$

- längenbezogener Strömungswiderstand Ξ mit dem Druckabfall Δp bei gleichmäßigem Durchströmen einer Absorberschicht der Dicke Δx mit der Geschwindigkeit v

$$\Xi = \frac{\Delta p}{v\, \Delta x}. \tag{9.25}$$

Bei sehr großen Schichtdicken ist die Wandimpedanz W gleich der Wellenimpedanz W_α des porösen Mediums. Für kleine Strömungswiderstände oder hohe Frequenzen vereinfachen sich in diesem Fall die Gln. (9.21) und (9.8) zu

$$\Xi \ll \omega \varrho_0 \rightarrow W = \varrho_0 c_0 \frac{\sqrt{\chi}}{\sigma};$$

$$\alpha = \frac{4}{2 + \dfrac{\sigma}{\sqrt{\chi}} + \dfrac{\sqrt{\chi}}{\sigma}}. \tag{9.26}$$

Für Fasermaterialien mit nur wenig von 1 abweichenden Größen σ und χ, wie sie üblicherweise für akustische Zwecke eingesetzt werden, nähert sich W also dem Wert $\varrho_0 c_0$ und α dem Wert 1 („Anpassung"). Eine ebene Schallwelle würde in diesem Grenzfall exponentiell mit dem Laufweg im Material abklingen, der Pegel fällt nach [9.16] in Ausbreitungsrichtung x wie die Gerade

$$L(x) = L(0) - \frac{4,35\,\sigma}{\sqrt{\chi}}\, \frac{\Xi x}{\varrho_0 c_0}. \tag{9.27}$$

Für sehr große Schichtdicken käme es nur auf die Anpassung zwischen Material und Luft an. Dafür würde es genügen, Ξ nur möglichst klein zu machen, für 100 Hz nach Gl. (9.26) z. B. weit unter 750 Pa s m^{-2}. Tatsächlich kommen für die Lärmbekämpfung und Raumakustik überwiegend Materialien mit weit größerem spezifischem Strömungswiderstand $\Xi > 7500$ Pa s m^{-2} in Betracht.

Bei endlichen Schichtdicken soll der Schall nun einerseits möglichst ungehindert in den Absorber eindringen können, Ξ darf deshalb nicht zu groß gemacht werden. Damit die Welle aber auf ihrem zweifachen Weg durch den Absorber auch hinreichend starken Reibungsverlusten ausgesetzt wird, sollte Ξ andererseits genügend groß sein. Für die Bauteilkenngröße Strömungswiderstand (Ξ im Produkt mit der Schichtdicke d bzw. dieser Wert bezogen auf den Kennwiderstand $\varrho_0 c_0$) hat sich generell der Bereich

$$800 < \Xi d < 2400\ \text{Pa s m}^{-1} \quad \text{bzw.}$$

$$2 < \varepsilon = \frac{\Xi d}{\varrho_0 c_0}\, \frac{\sigma}{\sqrt{\chi}} < 6 \tag{9.28}$$

als „optimal" herausgestellt. Das „Anpassungsverhältnis" ε ist in Abb. 9.2 als Funktion von Ξ mit d als Parameter und $\sigma \approx \chi \approx 1$ nach [9.14] dargestellt. Die etwas schematisierte und normierte Darstellung in Abb. 9.3 zeigt, dass für Schichtdicken $d \ll \lambda$ dann trotzdem noch keine hohen Absorptionsgrade α erreicht werden können. Bei $d \geq \lambda/8$ kann man

$$\alpha \geq 80\% \quad \text{für} \quad d \geq \frac{42{,}5}{f} 10^3 \text{ [mm]} \quad (9.29)$$

erwarten, aber erst für $d > \lambda/4$ wird $> 0{,}9$.

Diese äußerst einfache Dimensionierungsvorschrift für praktisch alle homogenen porösen/faserigen Materialien als Schallabsorber oder -dämpfer suggeriert eine geradezu universelle Einsetzbarkeit. Man beachte aber, dass zur Absorption bei 100 Hz mit $d = 500$ mm das optimale Ξ nach Abb. 9.2 zwischen 1600 und 4800 Pa s m^{-2}, also wiederum unterhalb des Strömungswiderstandes üblicher Absorptionsmaterialien, liegt. Derart lockeres Material wäre selbst im Bereich der Raumakustik, gut geschützt und verpackt, nicht verwendbar. Trotz dieser Einschränkung für die praktische Realisierung kann man die durchgezogenen Kurven in Abb. 9.3 als Referenzkurven für passive Absorber bei statistischem bzw. die strichpunktierten bei senkrechtem Schalleinfall zum Vergleich heranziehen, auch wenn es sich um ganz andere Materialien und Konstruktionen, aber gleicher Bautiefe handelt.

9.3.1 Faserige Materialien

Die hier zunächst beschriebenen Absorber, vorzugsweise und überwiegend aus künstlichen Mineralfasern hergestellt, bezeichnet man als *passiv*, weil sie – trotz ihres in der Regel sehr niedrigen Raumgewichtes $\varrho_A \geq 60$ kg/m^3 – von Schallwellen praktisch nicht zum Mitschwingen angeregt werden. Ihre Strukturen – so zerbrechlich und empfindlich sie gegenüber mechanischer Beanspruchung auch sein mögen – sind i. Allg. schwer genug, um von beliebigen Luftschallfeldern im Hörbereich nicht mitbewegt zu werden. Man kann hier zusammenfassen, dass insbesondere faserige Materialien mit einer Schichtdicke von 50 bis 100 mm geradezu ideale Schallabsorber für den Frequenzbereich oberhalb etwa 500 bzw. 250 Hz darstellen. In diesem Frequenzbereich lässt sich die jeweils erforderliche Absorption nach den Gln. (9.10) bis (9.15) einfach abschätzen. Um im kHz-Bereich kräftig absorbieren zu können, reichen auch ein dicht gewebter Teppich oder eine Stofftapete von 5 bis

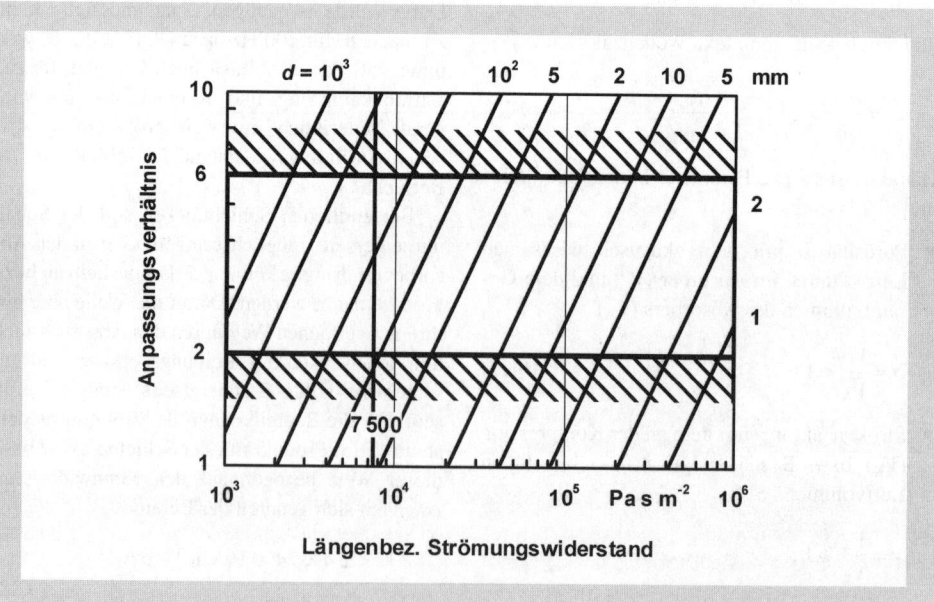

Abb. 9.2 Anpassungsverhältnis ε als Funktion des Strömungswiderstandes Ξ für verschiedene Schichtdicken d [9.13]

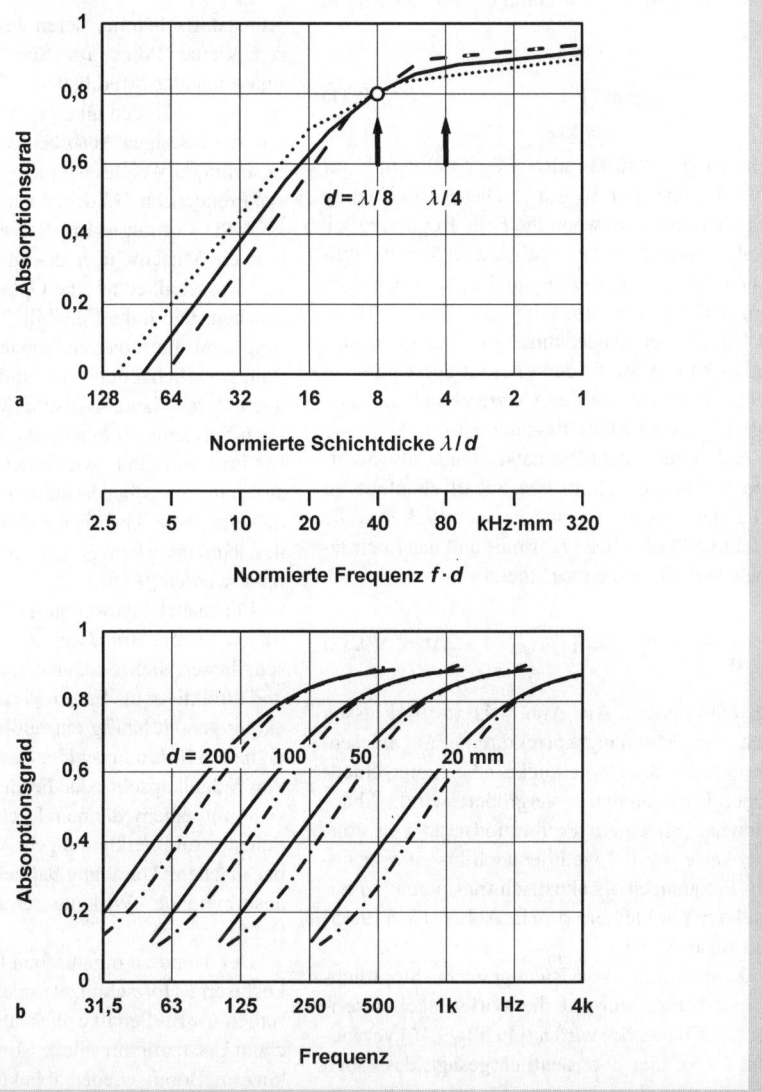

Abb. 9.3 Auslegungshinweise für poröse/faserige Absorber mit optimalem Anpassungsverhältnis $\varepsilon = 2$ (---) bis 6 (····) für diffusen (—) bzw. senkrechten (–·–) Schalleinfall

10 mm Dicke aus, allerdings mit einem Strömungswiderstand von – am besten – mehr als 10^5 Pa s m^{-2}.

Für alle faserigen Absorber gilt, dass ein sie gegen Abrieb schützendes, entsprechend dichtes Faservlies dem optimalen Strömungswiderstand nach Gl. (9.28) angepasst sein muss. Strömungswiderstände verschiedener gebräuchlicher Stoffe finden sich z. B. in Tabelle 4.2 von [9.4]. Eine als Rieselschutz häufig vor dem Absorber angeordnete Folie darf, um den Schalleintritt nicht wesentlich zu behindern, gegenüber der in der Welle mitbewegten Luftmasse nach Gl. (9.2) nicht zu schwer (m_F'' Flächenmasse) bzw. dick (t Dicke) sein:

$$m_F'' = \varrho_F t \ll m_A'' = \frac{\varrho_0 c_0}{2\pi} \frac{1}{f} \,. \qquad (9.30)$$

Damit der Transmissionsgrad der Folie $\tau_F = P_t/P_i$ noch mindestens 80% beträgt, sollte nach [9.3, 9.5]

$$m''_F \leq \frac{90}{f} \ [\text{kg m}^{-2}] \qquad (9.31)$$

sein, für $f > 250$ Hz also $m''_F < 360$ g m^{-2}, für 2500 Hz aber nur 36 g m^{-2}. Diese Abschätzung gilt allerdings nur, wenn die Folie frei beweglich bleibt, also nicht (wie allgemein üblich) zwischen der Absorberfüllung und einem Lochblech eingezwängt wird (s. Abb. 6.17 und 6.18 in [9.15]). Einer Abdeckung aus einem widerstandsfähigen Stoff oder Vlies ist der Vorzug zu geben, insbesondere wenn letzteres auf eine faserige Platte oder Matte kaschiert ist.

Soll eine Lochplattenabdeckung als Sicht- und Berührungsschutz den Schall ebenfalls zu 80% durchlassen, so müssen nach [9.3, 9.5] die effektive Plattendicke t_{eff} [mm] und das Lochflächen-Verhältnis σ entsprechend

$$\frac{t_{\text{eff}}}{\sigma} \leq \frac{75}{f} 10^3 \ [\text{mm}] \ ; \quad t_{\text{eff}} = t + 2\Delta t \qquad (9.32)$$

gewählt werden. Aus Abb. 4.11 in [9.4] lassen sich die Mündungskorrekturen $2\Delta t$ ablesen, um welche die Plattendicke t bei unterschiedlicher Lochgeometrie vergrößert wirkt. Abdeckungen mit einem Perforationsgrad von üblicherweise $\sigma > 0{,}3$ sind dennoch bis zu sehr hohen Frequenzen als akustisch transparent zu betrachten. Für kleinere σ siehe Abb. 6.16 in [9.15] und Abschn. 9.6.2.

Zum Einfluss von Raumgewicht, Stopfdichte und Temperatur auf die Wirksamkeit faseriger Schallabsorber wird auf [9.14–9.16] verwiesen. Es sei hier aber deutlich gesagt, dass auch detailliertere Berechnungen für faserige Schichten mit den verschiedensten Abdeckungen wegen der i. Allg. recht großen Streuungen aller Materialdaten immer nur eine grobe Abschätzung darstellen und bei der Planung regelmäßig Prüfergebnisse im Kundtschen Rohr für senkrechten bzw. im Hallraum für statistischen Schalleinfall für die auf dem Markt in sehr großer Vielfalt erhältlichen Faserabsorber zu Grunde gelegt werden müssen. In [9.1, Teil 1] wurde ausgeführt, wie poröse/faserige Materialien Schall absorbieren, wenn ihr Strömungswiderstand nicht optimal demjenigen der Luft angepasst ist (s. dort Abb. 5 u. 6).

9.3.2 Offenporige Schaumstoffe

Kunststoffschäume, deren feine Skelettstrukturen kleine Poren im Sub-Millimeter-Bereich untereinander offen halten, wirken in erster Näherung gemäß den Gln. (9.21) bis (9.29) ähnlich wie die faserigen Absorber gemäß Abb. 9.3. Bei bestimmten Weichschäumen kann man bei tieferen Frequenzen, bei denen nach Gl. (9.2) auch erhebliche Luftmassen in Bewegung gesetzt werden, ein Mitschwingen des Materials beobachten und für schalltechnische Optimierungen nutzbar machen. Die hohe Flexibilität, leichte Verarbeitung und Formbarkeit sowie haltbare Verbindungsmöglichkeiten mit anderen Materialien, auch durch dauerelastische Verklebungen, machen Schäume zu einem wichtigen Schallabsorber im Lärmschutz wie in der Raumakustik. Als strömungsgünstig geschnittene Formteile können diese porösen Absorber z. B. den Leitblechen in den Umlenkecken großer Luftführungen angepasst werden [9.18].

Für manche Anwendungen in der Raumakustik, wo es die Brandschutzanforderungen zulassen, lassen sich Schäume handlicher, flexibler und attraktiver als Fasern verarbeiten. Als Abdeckung genügt häufig ein reißfestes Tuch mit geeignetem Strömungswiderstand. Auf dem Boden von Schallkapseln oder Freifeld-Räumen lassen sich mit einem dünnen Lochblech abgedeckte Schaumstoff-Verkleidungen [9.19] sogar begehbar machen. Abbildung 9.4 zeigt als Beispiel die absorbierende Wirkung eines Gipsschaumes [9.20].

Der Trend zu organischen (z. B. Seegras, Kokosfasern, Holzschnitzel) oder tierischen Materialien (z. B. Schafswolle) als umweltfreundlichem Ersatz für künstliche Mineralfasern ist nach kurzem Boom wieder abgeklungen. Man kann aber festhalten, dass auch weiterhin alle porösen oder faserigen Stoffe mit in etwa optimalem Strömungswiderstand nach Gl. (9.28) als Dämpfungsmaterial in Frage kommen. So kann man z. B. eine verschmutzungsempfindliche Mineralfaserfüllung in einer Schalldämpferkulisse zunächst mit geeignetem Vlies oder Folie abdecken und davor eine dünnere (weil viel teurere) Schicht aus Edelstahlwolle hinter Lochblech anbringen. Eine derart verkleidete Kulisse lässt sich leichter z. B. mit Druckluft oder Wasserstrahl rückstandsfrei von Ablagerungen aus dem Fluid reinigen. Es ist jedenfalls nicht notwendig, die Porengröße, Spandicke oder Faserstärke, wie bei Mineralfasern üblich, im µm-Bereich zu suchen

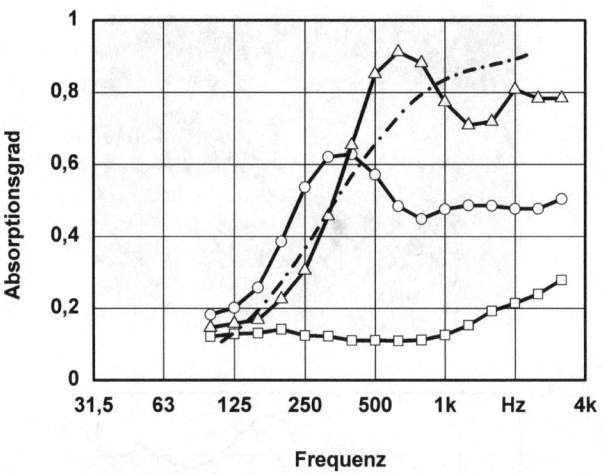

Abb. 9.4 Absorptionsgrad α bei senkrechtem Schalleinfall eines ca. 50 mm dicken Gipsschaumes nach [9.18] mit einer Rohdichte von 120 kg m^{-3} unbehandelt (□) sowie unterschiedlich „genadelt" (○, △). Zum Vergleich: poröser/faseriger Absorber gleicher Dicke nach Abb. 9.3 (—·—)

[9.17, Tabelle 19.7], wenn man mit diesen diversen fein strukturierten Materialien neben der Schalldämpfung nicht gleichzeitig die Wärmedämmung optimieren möchte. Schließlich liegt die Dicke der akustischen (Zähigkeits-)Grenzschicht an einem ebenen Hindernis,

$$\delta = \sqrt{\frac{\eta}{\varrho_0 \omega}} = \frac{1500}{\sqrt{f}} \, [\mu m] \, , \qquad (9.33)$$

mit der dynamischen Zähigkeit von Luft $\eta = 0{,}018$ kg m^{-1} s^{-1} bei 20 °C bei mittleren und tiefen Frequenzen f [Hz] auch nur im Sub-Millimeter-Bereich (s. Tabelle 9.2).

9.3.3 Geblähte Baustoffe

Zu den unabsichtlichen Dämpfungseffekten im Bau gehören Kanten, Spalte, Nischen und Hohlräume, auch wenn sie anderen Zwecken dienen sollen, z. B. der Erhöhung der Diffusität von Schallfeldern. Lüftungs- und andere haustechnische Installationen können so erheblichen Einfluss auf die raumakustische Planung haben. Es gibt aber auch eine Reihe von Bauteilen an Wänden und Decken, die neben statischen auch schallabsorbierende Aufgaben gezielt übernehmen können. Dazu gehören z. B. Bauteile aus Blähton, Porenbeton und besonders geformte Loch- oder Hohlblocksteine. Wenn die darin vorgegebene Porosität nicht durch dichte Putze oder Abdeckungen verschlossen wird, kann man auch in inhomogenem porösen Material selbst bei einem nach Gl. (9.28) keinesfalls optimalen Strömungswiderstand $\varXi d$ für $d \cong \lambda/4$ einen Absorptionsgrad α nahe 1 erwarten. Allerdings tritt, wie in [9.1, Teil 1, Abb. 12] dargestellt, z. B. für ein haufwerksförmiges Lavagestein mit $\chi \cong 4$ und einer Schallgeschwindigkeit im Material von $c \cong 170$ m s^{-1} für $d = 120$ mm bei etwa 800 Hz entsprechend $d \cong \lambda/2$ ein Dämpfungseinbruch in Erscheinung und erst bei $d \cong 3\lambda/4$ ein zweites Maximum. Wenn man aber als Ausgangsmaterial einen durch und durch offenporig und genügend fein strukturierten Glasschaum zum Einsatz bringt [9.21], dann kann man, wie Abb. 9.5 zeigt, bei einiger Optimierung eine Absorptionscharakteristik vergleichbar mit derjenigen einer Mineralwolleschicht erreichen.

9.4 Reaktive Absorber im Schallfeld

Entsprechend ihrer im Markt bisher dominierenden Präsenz nehmen passive Absorber in allen zitierten Standarddarstellungen von Schallabsorbern und -dämpfern den weitaus größten Raum ein, auch weil ihre Wirkungsweise, Auslegung

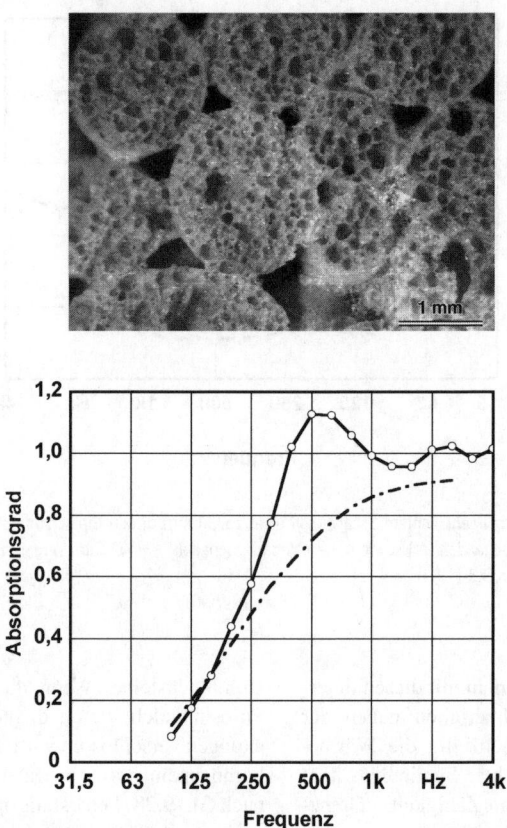

Abb. 9.5 Mikroskopische Schnittdarstellung und im Hallraum gemessener Absorptionsgrad α eines nach [9.19] gesinterten Glasschaumes mit einer Rohdichte von 260 kg m^{-3} und einer Dicke von 50 mm. Zum Vergleich: poröser/faseriger Absorber gleicher Dicke bei diffusem Schalleinfall nach Abb. 9.3 (–·–)

und Anwendung relativ einfach zu beschreiben sind. Der vorliegende Abschnitt dient dagegen der Schilderung von reaktiven Absorbern, welche auftreffende Schallwellen nach Abb. 9.1 und Gl. (9.4) nicht nur schlucken, sondern auch mit dem anliegenden Schallfeld in Wechselwirkung treten.

Am deutlichsten kommt diese Reaktion bei der Bedämpfung der Eigenresonanzen von Räumen zum Ausdruck, die mindestens in einer Dimension kleiner als etwa 5 m sind. Im Frequenzbereich zwischen 200 und 50 Hz, gegebenenfalls bis 31 Hz herunter, prägen stehende Wellen („Moden") ähnlich denen im eindimensionalen Fall (s. den Text nach Gl. (9.9) und Tabelle 9.1) ihr Schallfeld. Abbildung 9.6 zeigt für einen quasi unbedämpften 5 × 4 × 3 m großen Quaderraum in einer zwischen zwei diagonal gegenüber liegenden Ecken gemessenen Übertragungsfunktion kaum mehr als zehn stark hervortretende Resonanzen entsprechend [9.2, Kap. 11] bei

$$f_{n_x, n_y, n_z} = \frac{c_0}{2} \sqrt{\left(\frac{n_x}{l_x}\right)^2 + \left(\frac{n_y}{l_y}\right)^2 + \left(\frac{n_z}{l_z}\right)^2} \ ;$$

$$n_x, n_y, n_z = 0, 1, 2, \ldots \quad (9.34)$$

Die räumliche Pegelverteilung in einer Ebene 1,3 m über dem Boden für die 1,1,0-Mode bei 55 Hz zeigt maximale Differenzen $\Delta L > 30$ dB zwischen der Mitte und den vier Kanten des Raumes. Wenn man seine unvermeidbare Wandabsorption bei jeder einzelnen Mode n aus ihrer

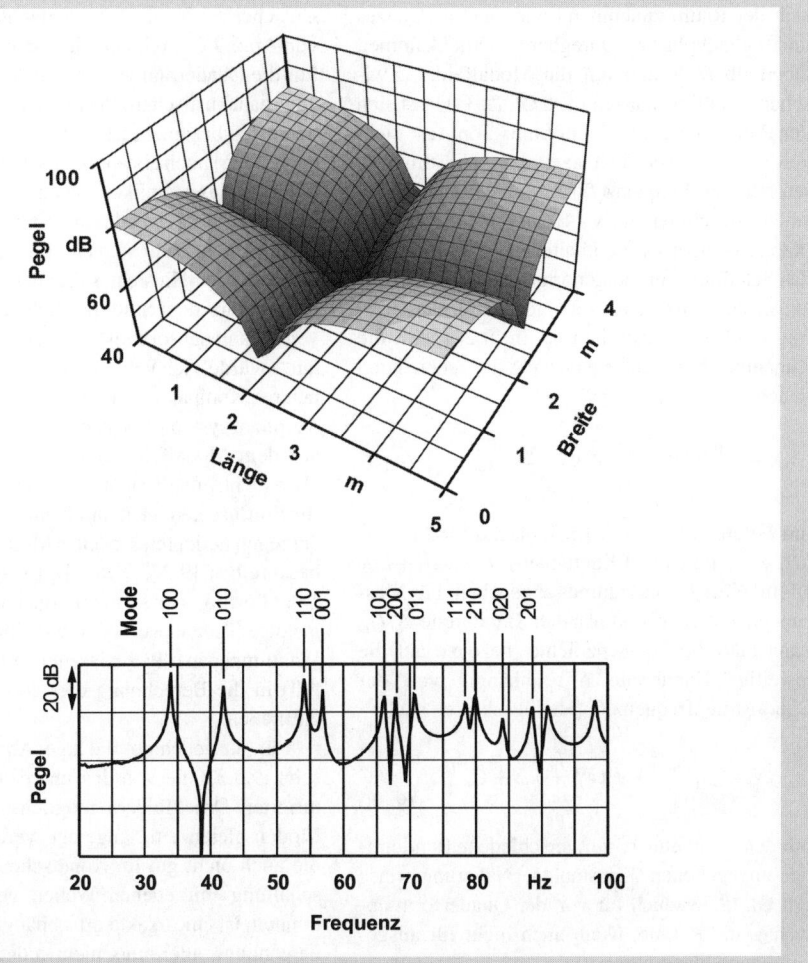

Abb. 9.6 Berechnete Schallpegelverteilung der Mode 1,1,0 bei $f = 55$ Hz über dem Boden (oben) und „über Eck" gemessene Übertragungsfunktion (unten) in einem ungedämpften Quaderraum ($V = 60$ m^3) [9.21]

Nachklingzeit (für 60 dB) T_n [s] nach [9.2, Kap. 9] als

$$\delta_n = \frac{6{,}91}{T_n} \qquad (9.35)$$

(z. B. aus Messungen wie in [9.20] beschrieben) in der Rechnung berücksichtigt, lässt sich das Schallfeld in diesem Referenzraum für zahlreiche Untersuchungen bei sehr tiefen Frequenzen in guter Übereinstimmung mit Messungen bestimmen. Aber jeder schallhart belassene Raum, auch völlig unsymmetrische Schallkapseln für laute Maschinen, Fahrgasträume von Kfz, Studios für die Aufnahme und Bearbeitung von Audioproduktionen und Hallräume zum Messen des Absorptionsgrades von Bauteilen sowie der Leistung von Schallquellen, ja sogar „Freifeld"-Räume zeigen bei tiefen Frequenzen ein ganz ähnliches Verhalten [9.22]: der Raum dröhnt, alle darin wirksamen Quellen werden selektiv verstärkt bzw. in ihrem Klang und Abstrahlverhalten stark beeinflusst; akustische Messungen sind nur mit besonderen Vorkehrungen möglich, die in [9.23] eingehender beschrieben wurden.

Für einen Quaderraum mit $l_x > l_y > l_z$ bzw. einen Würfel ergibt sich die tiefste Resonanz bei

$$f_1 = \frac{c_0}{2 l_x} \quad \text{bzw.} \quad f_1 = \frac{c_0}{2\sqrt[3]{V}}. \qquad (9.36)$$

Unterhalb dieser unteren Grenzfrequenz verhält sich der Raum zunehmend wie eine als Ganzes und gleichphasig anregbare Druckkammer. Oberhalb f_1 dominieren die Modalfelder. Zwischen zwei Resonanzen nach Gl. (9.34) lässt sich der Raum, auch mit einem Sinus-Ton, fast nicht anregen. Ab einer nicht so eindeutig bestimmbaren höheren Frequenz f_s rücken die Resonanzen so eng zusammen, dass z. B. innerhalb einer Terz bereits mehr als 20 enthalten sind und deshalb das Schallfeld für die genormten raum- und bauakustischen Messungen als genügend gleichförmig ("diffus") anzusehen ist. In [9.24] wird die Zunahme der Eigenfrequenzen N zwischen 0 und f nach

$$N = \frac{4\pi}{3c_0^3} f^3 V + \frac{\pi}{4c_0^2} f^2 S + \frac{1}{8c_0} f L \qquad (9.37)$$

mit Volumen $V = l_x l_y l_z$ [m³], Fläche $S = 2 (l_x l_y + l_x l_z + l_y l_z)$ [m³] und Kantenlänge $L = 4 (l_x + l_y + l_z)$ [m] eines Quaderraumes angegeben. Für Messungen mit relativ konstanter Bandbreite $\Delta f / f_m$ kann man die Frequenzdichte (bezogen auf die jeweilige Bandbreite Δf) abhängig von der Band-Mittenfrequenz f_m [Hz] abschätzen nach

$$\Delta N = C_3 \left(\frac{f_m}{c_0}\right)^3 V + C_2 \left(\frac{f_m}{c_0}\right)^2 S + C_1 \frac{f_m}{c_0} L \qquad (9.38)$$

mit den in Tabelle 9.3 für verschiedene Bandbreiten angegebenen Konstanten. Näherungsweise gilt Gl. (9.38) auch für von der Quaderform abweichende Räume, wenn auch nicht für ausgesprochene Flachräume.

Die zweite Grenzfrequenz f_s, oberhalb welcher ein Diffusfeld angenommen werden darf, wird nach [9.25] bzw. [9.26] etwas unterschiedlich angegeben,

$$f_s = \frac{3c_0}{\sqrt[3]{V}} \quad \text{bzw.} \quad f_s = \frac{2c_0}{\sqrt[3]{V}}. \qquad (9.39)$$

Tabelle 9.3 Konstanten zur Berechnung der Anzahl der Eigenfrequenzen eines Raumes innerhalb einer vorgegebenen Bandbreite nach Gl. (9.38)

$\Delta f/f_m$		C_3	C_2	C_1
$1/\sqrt{2}$	(Oktave)	8,89	1,11	0,087
$1/\sqrt[3]{2}$	(Terz)	2,96	0,37	0,029
$1/\sqrt[12]{2}$	(Halbton)	0,74	0,09	0,007

Diese auch in [9.7, Kap. 2.5, S. 261] anklingende Unsicherheit ist in der vereinfachten Darstellung von Abb. 9.7 durch den Graubereich angedeutet. Für die Quaderräume, auf welche sich die gängigen bauakustischen Prüfungen im Labor ausnahmslos beziehen, ist selbst die Grenzfrequenz nach [9.25] noch als optimistisch einzustufen. Erfahrene Messtechniker trauen ihren Messungen im 300 m³ großen Hallraum oft bereits ab 200 Hz abwärts nicht mehr so recht. Eine Unterdrückung der in vieler Hinsicht störenden Raum-Moden, z. B. mit aus dem Studiobereich bekannten passiven „Kantenabsorbern", so genannten „Bassfallen", würde viel Volumen beanspruchen. Geeignetere „Kompaktabsorber", die mit Hilfe eigener Resonanzsysteme Schallenergie, insbesondere aus dem Modalfeld, „absaugen" sollen, wirken aber nicht nur dissipativ, sondern auch reaktiv. Ihr Einfluss lässt sich durch ein dem Quellenfeld entgegen gerichtetes zweites Modalfeld im Raum beschreiben [9.27, 9.28]. Dazu müssen die genaue Position der sinnvoll konzentriert anzuordnenden Tiefenabsorber sowie ihre (komplexe) Wandimpedanz W (bei senkrechtem Schalleinfall) in die Berechnung des Gesamtschallfeldes einfließen.

Für ausgedehnte flächige Absorber (s. Abschn. 9.5.3), die von den unterschiedlich strukturierten Druckfeldern möglichst vieler Raum-Moden gleichzeitig angeregt werden sollen und die auch nicht gut im Kundtschen Rohr bei Beschallung mit ebenen Wellen getestet werden können, ist eine exakte ortsabhängige Schallfeldberechnung allerdings nicht möglich und meist auch nicht nötig. Man muss aber bei allen Resonanzabsorbern beachten, dass sie nicht nur die Pegel, sondern auch die Struktur der Schallfelder in ihrer Nähe beeinflussen und, z. B. nebeneinander angeordnet, miteinander in Wechselwirkung treten können.

Bei der Entwicklung spezieller Tiefenabsorber und zum Vergleich der Wirksamkeit ihrer verschiedenen Bauformen hat sich ein Messverfahren im Raum nach Abb. 9.6 für den Bereich sehr geringer Eigenfrequenzdichte ($\Delta N < 5$ pro Terz) gut bewährt. Dazu misst man, ähnlich wie in einer „Hallkammer" nach [9.2, Kap. 11, S. 258], die bereits zur Bestimmung der Modendämpfung in Gl. (9.35) eingeführte Nachklingzeit an sorgfältig der Modenstruktur angepassten Messpunkten [9.1, Teil 2, Abb. 3] mit Sinus-Anregung einmal ohne ($T_{n,0}$) und zum anderen mit ($T_{n,m}$) dem Prüfling an ausgewählten Positionen in den Ecken und Kanten des Raumes. Man kann dann,

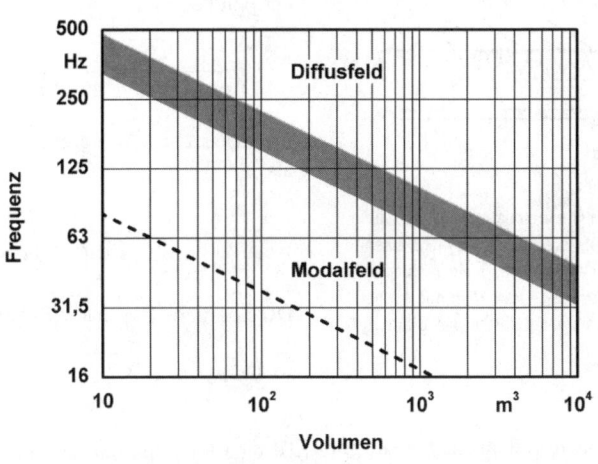

Abb. 9.7 Frequenzbereiche für ein vorwiegend modales bzw. diffuses Schallfeld in einem würfelförmigen Raum in Abhängigkeit vom Volumen. ■ Übergangsbereich, siehe Gl. (9.39); --- erste Eigenresonanz des Raumes, siehe Gl. (9.34)

in Analogie zum Hallraum-Verfahren [9.26], mit dem Volumen V [m³] und der Fläche des Absorbers S_α [m²] einen „effektiven" Absorptionsgrad

$$\alpha_e = 0{,}163 \frac{V}{S_\alpha}\left(\frac{1}{T_{n,m}} - \frac{1}{T_{n,0}}\right) \qquad (9.40)$$

ermitteln. Man muss sich nur klar sein über die in [9.1, Teil 1, Abschn. 5] beschriebenen Grenzen dieses Verfahrens.

Für den zweiten Bereich mit $5 < \Delta N < 20$ pro Terz kann zeitsparend mit Terzrauschen aus einer Ecke heraus angeregt und in anderen Ecken das Abklingen (T_n) aller Eigenfrequenzen des jeweiligen Frequenzbandes gemessen werden. Für den dritten Bereich mit $\Delta N > 20$ pro Terz kann man schließlich die α_s-Messung in enger Anlehnung an DIN EN 20354 durchführen. Dabei hat sich in zahlreichen Untersuchungen bestätigt, dass eine gewisse Grunddämpfung des Mess- oder Hallraumes in mindestens zwei seiner unteren Ecken die Wiederholgenauigkeit und Reproduzierbarkeit in anderen Räumen für Frequenzen mindestens bis 200 Hz hinauf deutlich verbessert [9.23]. Es sei aber nochmals betont, dass in dem für die Raumakustik wie für die Lärmbekämpfung so wichtigen Frequenzbereich, wo Absorber mit dem Schallfeld unvermeidbar reagieren, ein wie auch immer gemessenes $\alpha(f)$ eine nur mit entsprechender Erfahrung nutzbare Kennzeichnung darstellt. Noch mehr, als bei den eigentlich nur für höhere Frequenzen entwickelten Normverfahren schon, gilt für die tiefen, dass man Produktvergleiche nur bei sehr engen Vorgaben hinsichtlich der Prüfräume und der Anordnung des Prüflings darin sinnvoll anstellen kann.

9.5 Plattenresonatoren

Abschnitt 9.3.1 hat sich bereits – im Zusammenhang mit der als Rieselschutz üblichen Abdeckung von Faserabsorbern – mit Folien als vorgesetzte luftundurchlässige Schichten beschäftigt. Dort sollte die Masse nach Gl. (9.31) eine gewisse Grenze nicht überschreiten, um den Schalleintritt in das poröse Material als dem eigentlichen Absorber möglichst wenig zu behindern. In Abschn. 9.2 wird beschrieben, wie mit nur teilweiser, z. B. streifenförmiger, massefreier Abdeckung eines hinter den so gebildeten Eintrittsschlitzen dicht gepackten porösen oder faserigen Materials sehr breitbandig wirksame Absorber für mittlere Frequenzen geschaffen werden können. Der vorliegende Abschnitt beschäftigt sich mit reaktiven Absorbern mit schallundurchlässigen Schichten, deren flächenbezogene Masse m'' nicht klein, sondern groß gegenüber der in der auftreffenden Welle mitbewegten Luftmasse nach Gl. (9.2) ist. Eine solche Masse kann mit dem Schallfeld nur reagieren, wenn sie

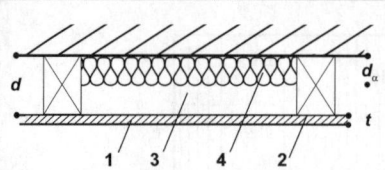

Abb. 9.8 Klassischer Plattenresonator bestehend aus *1* einer geschlossenen Schicht der Masse m'', *2* einem als starr angenommenen Rahmen, *3* einem rundum geschlossenen Luftkissen der Dicke d [mm], *4* einer locker eingelegten Dämpfungsschicht der Dicke d_α [mm]

als Teil eines Resonanzsystems anregbar gemacht wird. Dies geschieht am einfachsten durch eine Platte, die im Abstand d zu einer schallharten Rückwand auf einer Unterkonstruktion befestigt wird (Abb. 9.8). Im Inneren des durch eine Plattenbewegung komprimierbaren Luftraumes sollte eine dünnere Schicht (d_α) aus einem faserigen oder offenporigen Dämpfungsmaterial mit einem Strömungswiderstand Ξd_α, der im optimalen Fall wieder Werten nach Gl. (9.28) entspricht [9.24], so eingebaut werden, dass sie nach Möglichkeit die Platte nicht berührt und deren Schwingungen daher nicht direkt behindern, sondern nur indirekt bedämpfen kann.

9.5.1 Folienabsorber

Wenn die schwere Schicht 1 in Abb. 9.8 selbst keine Steifigkeit aufzuweisen hat, trifft die nach Abb. 9.1 auffallende Schallwelle auf die Wandimpedanz gemäß Gl. (9.6)

$$W = r + W_m + W_s;$$
$$W_m = j\omega m'' = j\omega \varrho_t t \quad (9.41)$$

mit der etwas schwer zu quantifizierenden Reibung r [Pa s m^{-1}], nach [9.15] näherungsweise $r = \Xi d_\alpha /3$, sowie der flächenbezogenen Masse m'' [kg m^{-2}] der Platte mit der Dicke t [mm]. Für Luftkissen, deren Dicke d klein gegenüber $\lambda/4$ ist, reduziert sich deren Impedanz auf ihre flächenbezogene Federsteife s'' [Pa m^{-1}]:

$$W_s = -j\varrho_0 c_0 \cot \frac{\omega d}{c_0} \cong -j\frac{\varrho_0 c_0}{\omega d} = -j\frac{s''}{\omega}. \quad (9.42)$$

Die stärkste Reaktion zeigt dieser Resonator, wenn der Imaginärteil von W verschwindet. Dies ist bei der Resonanzfrequenz f_R [Hz] mit d [mm] der Fall bei

$$f_R = \frac{1}{2\pi}\sqrt{\frac{s''}{m''}} \cong \frac{c_0}{2\pi}\sqrt{\frac{\varrho_0}{m''d}} \cong \frac{1900}{\sqrt{m''d}} \quad (9.43)$$

Damit lässt sich W, normiert auf $\varrho_0 c_0$, schreiben als

$$\frac{W}{\varrho_0 c_0} = \frac{r}{\varrho_0 c_0} + \frac{\sqrt{m''s''}}{\varrho_0 c_0}\left(\frac{f}{f_R} - \frac{f_R}{f}\right) = r' + jZ'_R F. \quad (9.44)$$

Der normierte Resonator-Kennwiderstand

$$Z'_R = \frac{Z_R}{\varrho_0 c_0} = \frac{\sqrt{m''s''}}{\varrho_0 c_0} = \sqrt{\frac{m''}{\varrho_0 d}} \quad (9.45)$$

ist eine Funktion nur der Größe der Masse und der Feder des Resonators und er bestimmt nach Gl. (9.8),

$$\alpha = \frac{4r'}{(r'+1)^2 + (Z'_R F)^2} = \frac{\alpha_{max}}{1 + \left(\frac{Z'_R}{r'+1}F\right)^2}; \quad (9.46)$$

$$F = \frac{f}{f_R} - \frac{f_R}{f},$$

im Produkt mit der Frequenzverstimmung F den Absorptionsgrad α bei senkrechtem Schalleinfall. Man erkennt an Gl. (9.46) dreierlei:

– Der maximal mögliche Absorptionsgrad $\alpha_R = 1$ kann nur mit optimaler Dämpfung ($r' = 1$ bzw. $r = \varrho_0 c_0$) bei der Resonanzfrequenz erreicht werden ($F = 0$ bzw. $f = f_R$).
– Unabhängig vom Wert der Absorption bei Resonanz α_R (f_R) klingt α zu beiden Seiten von f_R mit wachsendem $|F|$ um so stärker ab, je kleiner der Reibungswiderstand r' ist.
– Während sich der r'-Einfluss auf die Bandbreite nur etwa um einen Faktor 5 ändern lässt ($r' \cong 0{,}2$ gegenüber $r' \cong 1$), stellt der im Produkt mit F auftretende Kennwiderstand Z'_R einen Einstellparameter für die mit einem solchen reaktiven Absorber erreichbare Breitbandigkeit dar, der um Größenordnungen variieren kann. Dieser Sachverhalt wird in Abb. 9.9 über einer mit der Resonanzfrequenz f_R normierten Frequenzskala dargestellt.

Die optimale Auslegung eines Masse-Feder-Systems erfolgt vor allem durch Wahl des Kennwiderstandes Z'_R. Die für breitbandige Absorption wichtigste Auslegungsregel besteht demnach darin, sowohl m'' als auch s'' – unabhängig vom jeweiligen f_R – möglichst klein zu wählen. Es bestätigt sich

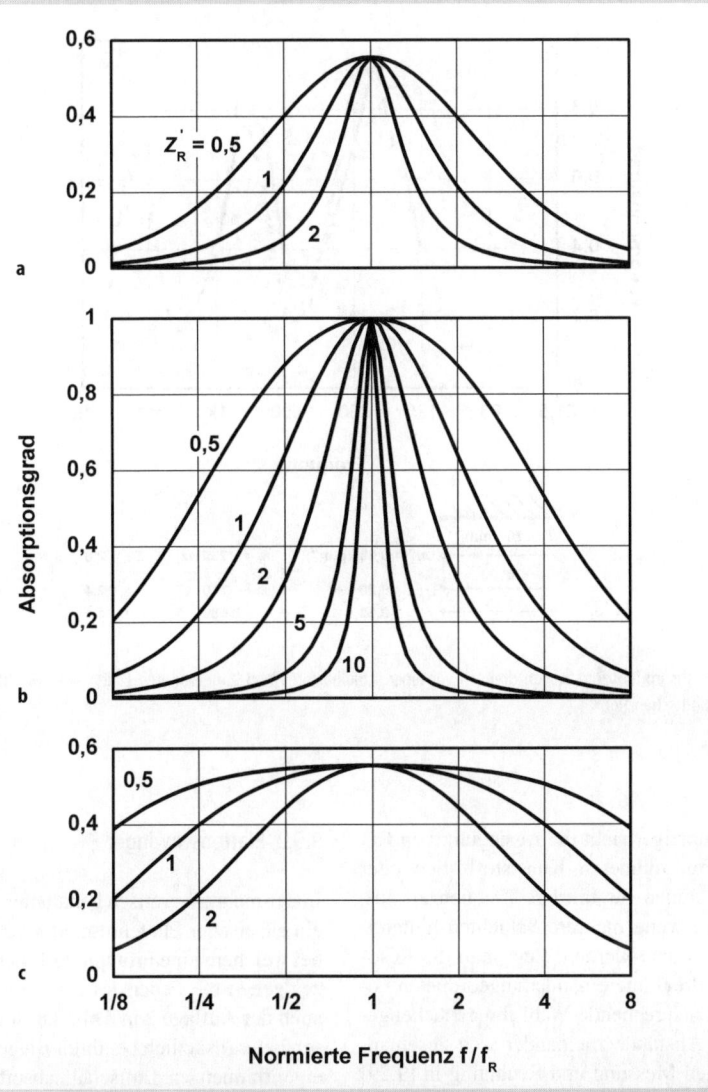

Abb. 9.9 Absorptionsgrad α eines einfachen Feder/Masse-Schwingers in Abhängigkeit von der Frequenz f und dem normierten Kennwiderstand Z'_R. **a** schwach bedämpft, ($r' = 0{,}2$); **b** optimal bedämpft ($r' = 1$); **c** stark bedämpft ($r' = 5$)

damit, dass Tiefenabsorber nicht allein durch große Massen zu bewerkstelligen sind. Nicht nur aus akustischer Sicht sollte nach [9.4] der Wandabstand weder zu groß noch zu klein gegenüber den zu dämpfenden Wellenlängen λ sein:

$$\frac{3400}{f} = \frac{\lambda}{100} < d < \frac{\lambda}{12} = \frac{28}{f} 10^3 \text{ [mm]} . \quad (9.47)$$

Große Bautiefen d sind generell bei Wandverkleidungen unerwünscht; man muss deshalb danach trachten, über möglichst kleine Massen m'' zu kleinen Werten für Z'_R zu kommen. Dagegen spricht aber bei diesem Resonator seine zentrale Auslegungsregel Gl. (9.43), weshalb auch die konventionellen Tiefenabsorber nach diesem Prinzip stets nur relativ schmalbandig wirken bzw. nur α-Werte unter 0,5 erreichen, s. [9.6, Tafel 7.1] für die üblichen Sperrholz-, Holzspan- und Gipskartonplatten mit bzw. ohne Hinterfüllung des Hohlraumes.

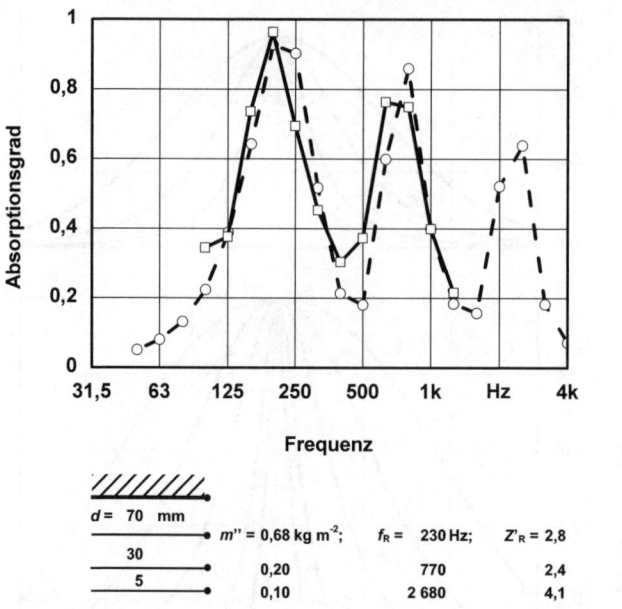

Abb. 9.10 Absorptionsgrad α von dreifach vor einer schallharten Wand angeordneten Folien, --- Rechnung, — Messung im Kundtschen Rohr

Etwas günstiger sieht die Auslegung von Resonatoren mit dünneren Kunststofffolien oder Metallmembranen für mittlere Frequenzen aus, insbesondere wenn mehrere Schichten hintereinander angeordnet werden. Legt man die Resonanzen von drei hintereinander angeordneten Folien durch entsprechende Wahl ihrer Flächengewichte und Abstände zueinander weit auseinander, so zeigen Messung und Rechnung in [9.29] deutlich getrennte α-Maxima (Abb. 9.10). Liegen die Resonanzen enger beisammen, so erscheint die Absorption der geschichteten Anordnung etwas gespreizt. Abbildung 9.11 zeigt einen Absorber, der zwischen 200 und etwas oberhalb 2000 Hz gut 60% absorbiert.

In [9.1, Teil 1] wurde über einen nach Kiesewetter [9.31] entwickelten Folienabsorber aus tiefgezogenen Becherstrukturen berichtet, der etwa die in Abb. 9.11 dargestellte Absorption erreichte. Inzwischen wurde dieses Produkt aber durch die hier in Abschn. 9.9.2 beschriebenen mikroperforierten Folien ersetzt, die mit ihren glatten, ebenen Flächen der architektonischen Gestaltung entgegen kommen.

9.5.2 Plattenschwinger

In der mehr theoretisch gehaltenen Literatur wird ein elastischer Plattenresonator behandelt [9.16], bei welchem eine Frontplatte 1 nicht nur als Ganzes gegen die Feder des Luftkissens 3 und u.U. auch der Auflage 2 in Abb. 9.8, sondern stattdessen bzw. zusätzlich bei ihren Biegeschwingungseigenfrequenzen Luftschall absorbieren soll. In [9.29] wird dem mit parallel geschalteten Impedanzen nach [9.31, 9.32]

$$W_{mn} = \frac{B'B_{mn}\delta_{mn}}{\omega L^4} + j\left[\omega m'' A_{mn} - \frac{B'B_{mn}}{\omega L^4}\right];$$
$$m, n = 1, 3, 5 \ldots \qquad (9.48)$$

einer quadratisch angenommenen Platte der Kantenlänge L und der Dicke t sowie flächenbezogenen Masse m'' und Biegesteife B',

$$B' = \frac{Et^3}{12(1-\mu^2)}, \qquad (9.49)$$

mit dem Elastizitätsmodul E und der Poissonzahl μ (z. B. 0,3 für Stahl) nachgegangen. Die Kon-

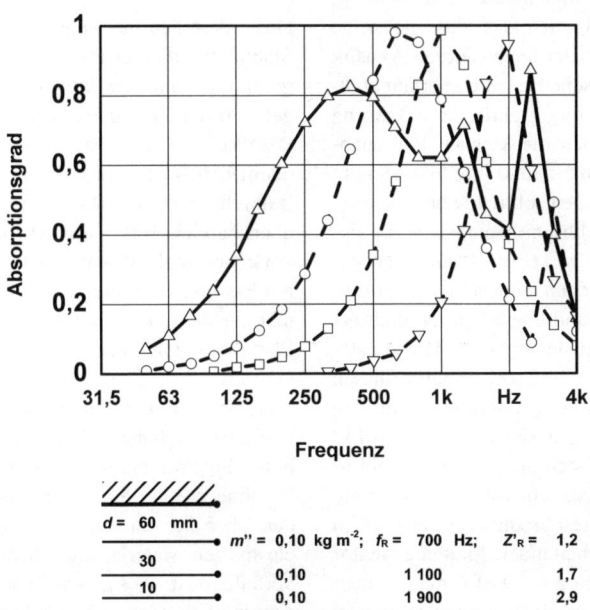

Abb. 9.11 Berechneter Absorptionsgrad α von Folien vor harter Wand bei senkrechtem Schalleinfall [9.28]; - - - einfache Anordnung, — dreifache Anordnung

stanten A_{mn} und B_{mn} wurden dabei [9.32] (vgl. Tabelle 9.4) für frei aufliegende (dickere) bzw. fest eingespannte (dünnere) Platten entnommen, die entsprechenden Verlustfaktoren in [9.29] aus zahlreichen Modellmessungen im Kundtschen Rohr an $L = 0{,}2$ m großen Platten empirisch zu $\delta_{11} = 0{,}3$ und $\delta_{13} = \delta_{31} = \delta_{33} = 0{,}1$ ermittelt. Um eine näherungsweise Übereinstimmung mit der Rechnung zu erreichen, musste also die Grundmode (wohlgemerkt *ohne* jedes Dämpfungsmaterial an der Platte oder im Hohlraum) stärker gedämpft als alle höheren Moden angenommen werden.

Die in [9.27] der experimentell und theoretisch aus

$$W = W_{mn} - j\,\frac{\varrho_0 c_0^2}{\omega d}\,;$$

$$f_{mn} = \frac{c_0}{2\pi}\sqrt{\frac{\varrho_0}{m''d}\left(\frac{1}{A_{mn}} + \frac{B'd}{\varrho_0 c_0^2 L^4}\frac{B_{mn}}{A_{mn}}\right)} \quad (9.50)$$

gefundenen Eigenfrequenzen stimmen bei den kleinen ($L = 0{,}2$ m) untersuchten Testobjekten zwar auch für mehrschichtige Anordnungen aus Aluminium bis $t = 0{,}8$ mm recht gut überein. Bei $d = 30\ldots 50$ mm dicken Luftzwischenräumen

Tabelle 9.4 Bei der Berechnung der Eigenfrequenzen nach Gl. (9.50) von am Rande aufliegenden quadratischen Platten auftretende Konstanten [9.30]

Auflage	A_{11}	$A_{13} = A_{31}$	A_{33}	B_{11}	$B_{13} = B_{31}$	B_{33}
fest	2,02	10,8	57,1	2640	$1{,}9\cdot 10^5$	$2{,}8\cdot 10^6$
frei	1,52	13,7	123	592	$1{,}3\cdot 10^5$	$3{,}9\cdot 10^6$

bleiben sie aber, alle noch weit oberhalb 125 Hz, so weit auseinander und derart schmalbandig, dass man daraus folgern muss, dass derartige Plattenresonatoren in der angewandten Akustik so keine große praktische Bedeutung erlangt hätten. Dies bestätigt die praktische Erfahrung in [9.4, 9.6], dass man die kleinste Plattenabmessung nicht unter 0,5 m und ihre Fläche nicht kleiner als 0,4 m² wählen sollte, um bei geeigneter Dämpfung im Hohlraum wenigstens die Feder-Masse-Resonanz nutzen zu können, so gut dies eben bei einer festen Einspannung der einzelnen Paneele am Rand überhaupt möglich ist. Selbst dann gilt die Auslegung dieser Resonanzabsorber wegen einer Vielzahl von Einflüssen von der Art der Befestigung zwischen 1 und 2 in Abb. 9.8 noch als stets unsicher und es wird in [9.4, 9.6] empfohlen, sich im konkreten Fall immer auf Messergebnisse abzustützen. Zu einem anderen, zu viel tieferen Frequenzen reichenden und breitbandiger arbeitenden Plattenresonator kann man aber gelangen, wenn man seinen Aufbau in einigen wesentlichen Merkmalen verändert.

9.5.3 Verbundplatten-Resonatoren

Diese bestehen aus einer 0,5 bis 3 mm dicken Stahlplatte, die auf ihrer ganzen Fläche und am gesamten Rand frei schwingfähig und anregbar gelagert wird. Für derart schwere Platten ($5 < m''$ < 25 kg m^{-2}), wie man sie sich nach Gl. (9.43) oder (9.50) schon vorstellen muss, wenn man bei Bautiefen von nur $50 < d < 100$ mm in den Frequenzbereich $100 > f > 50$ (oder gar darunter) vorstoßen will, ist ohne Weiteres klar, dass man mit lockerer Dämpfung im Hohlraum ohne Kontakt zur Platte keine optimale Bedämpfung aller Plattenschwingungen nach Gl. (9.46) und Abb. 9.19 erreichen kann. Ausgehend von dem dicht gestopften Folienabsorber in [9.2, Abb. 61] kann man aber vermuten, dass auch ein inniger Verbund der Frontplatte (mit sehr geringer innerer Reibung wie bei Stahl) mit einem eng anliegenden, aber die Schwingungen nicht behindernden elastischen Material mit hoher innerer Reibung vorteilhaft ist. Dies geschieht am Besten dadurch, dass man die Platte ganzflächig auf einer Elastomerschicht „schwimmen" lässt.

Wenn letztere nach Abb. 9.12 z.B. aus einer Weichschaumplatte 2 besteht (wie in Abschn. 9.3.2 beschrieben), die in etwa die Abmessungen der Frontplatte 1 oder sogar (wie bei der Anwen-

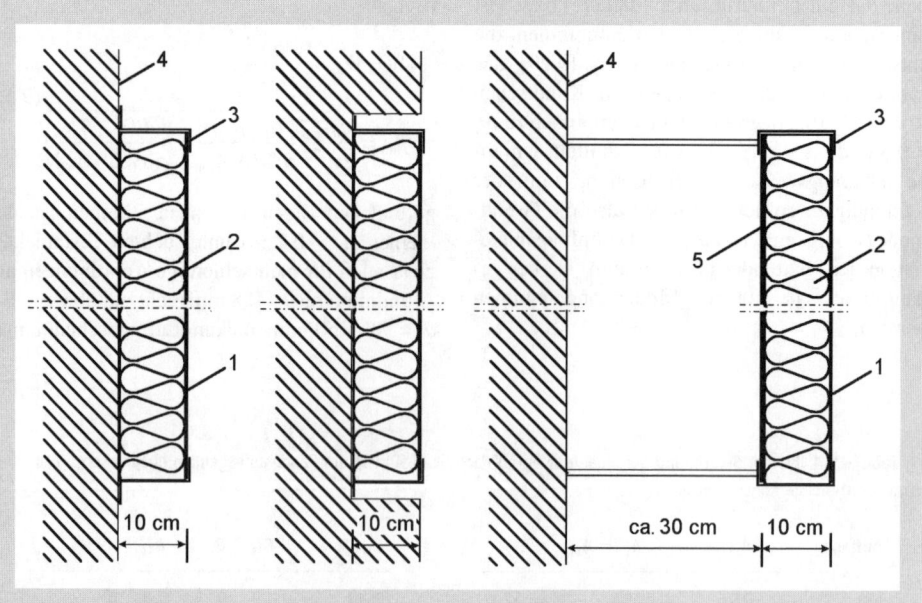

Abb. 9.12 Verbundplatten-Resonator VPR (schematisch): *1* frei schwingende Platte (z.B. 0,5 bis 3 mm Stahl), *2* poröse Dämpfungsschicht, *3* Befestigungswinkel, *4* Rohbauteil, *5* Rückenplatte (z.B. 2 bis 3 mm Stahl)

dung in Abschn. 9.10.2 beschrieben) etwas größere besitzt, so können beide Schichten im Verbund vor einer schallharten Rückwand 5 (oder auch mit einer entsprechenden zweiten schweren Schale 1' als Baffle) vom dieses Flächengebilde umgebenden Schallfeld zu sehr vielfältigen, aber stets stark gedämpften Schwingungen angeregt werden.

Ein solcher sehr universell einsetzbarer Akustikbaustein verwirklicht als erstes den Masse-Feder-Resonator nach Abschn. 9.5.1. Da eine hochdämpfende Platte 2 das Luftkissen ersetzt hat, entfällt für die meisten Anwendungen der schalltechnische Bedarf für zusätzliche Kassettierungen, Unterkonstruktionen oder Rahmen. Die Resonanzfrequenz dieses Verbundsystems,

$$f_d = \frac{c_d}{2\pi}\sqrt{\frac{\varrho_d}{\varrho_t t d}} = f_R \sqrt{\frac{E_d}{E_0}} \quad (9.51)$$

verschiebt sich dennoch u.U. nur unwesentlich gegenüber f_R in Gl. (9.43), wenn die Dehnwellengeschwindigkeit c_d in der dämpfenden Platte etwa im gleichen Maße gegenüber c_0 verkleinert wie $\sqrt{\varrho_d}$ gegenüber $\sqrt{\varrho_0}$ vergrößert wird oder, anders gesagt, wenn der Elastizitätsmodul der Dämpfungsschicht nur wenig von $E_0 = 0{,}14 \cdot 10^6$ Pa (für Luft bei 20°C) abweicht (z.B. für Weichschaum: $0{,}1 \cdot 10^6 < E < 0{,}8 \cdot 10^6$ Pa). Gegenüber Anordnungen wie in Abb. 9.8 kann die Verbundplatte freier in allen ihr selbst eigenen Moden schwingen, wenn die Dämpfungsschicht 2 diese Schwingungen, etwa wie ein „Antidröhn"-Belag, nur ebenfalls ungehindert mitmacht und dabei bestimmungsgemäß dämpft.

Die mathematische Beschreibung der freien Plattenschwingungen („Chladny-Figuren") endlicher Ausdehnung ist nicht trivial, s. [9.33–9.37]. Da es aber um ein Modell für einen Breitbandabsorber geht, soll die Abschätzung der Resonanzfrequenzen für die aufgestützte Rechteckplatte hier genügen:

$$f_{m_x, m_y} = \frac{\pi}{2}\sqrt{\frac{B'}{m''}}\left[\left(\frac{m_x}{L_x}\right)^2 + \left(\frac{m_y}{L_y}\right)^2\right]$$

$$= 0{,}45\, c_t t \left[\left(\frac{m_x}{L_x}\right)^2 + \left(\frac{m_y}{L_y}\right)^2\right]; \quad (9.52)$$

$$m_x, m_y = 1, 2, 3 \ldots.$$

Für eine $t = 2$ mm dicke $L_x = 1{,}5$ m $\times L_y = 1$ m große Platte aus Stahl mit einer Dehnwellengeschwindigkeit $c \cong 5100$ m s^{-1} läge die tiefste Eigenfrequenz etwa bei $f_{1,1} = 6{,}6$ Hz, also weit unter der Feder-Masse-Frequenz nach Gl. (9.42) von $f_R = 48$ Hz für $d = 100$ mm. Die Anzahl der Eigenfrequenzen in einem bestimmten Frequenzband Δf steigt nach [9.38] gemäß

$$\Delta N = 1{,}75\,\frac{S_\alpha}{c_t t}\Delta f\,; \quad S_\alpha = L_x L_y \quad (9.53)$$

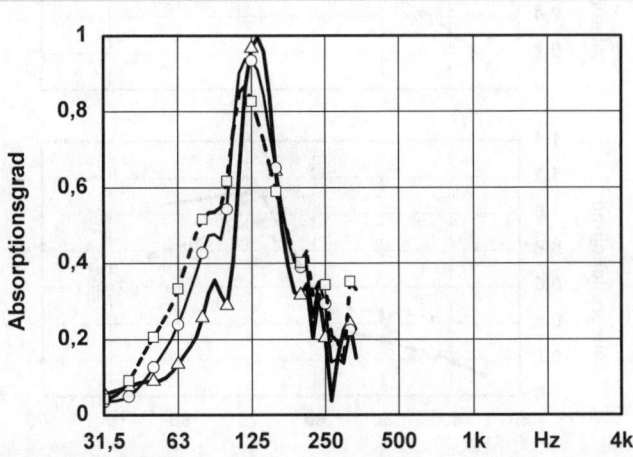

Abb. 9.13 Absorptionsgrad α, gemessen im Kundtschen Rohr, einer ca. 1,70 × 0,65 m großen, 0,2 mm dicken Edelstahlplatte als fest schließender „Deckel" auf einer $d = 100$ mm tiefen starren „Wanne", teilweise gefüllt mit Mineralfasern ($\varrho = 50$ kg m^{-3} ; $\Xi = 2{,}18 \cdot 10^4$ Pa s m^{-2}) unterschiedlicher Dicke gemäß Abb. 9.8, --- $d_\alpha \cong 88$, — $d_\alpha \cong 50$, — $d_\alpha = 0$ mm

im Gegensatz zu den Raumresonanzen nach Gl. (9.38) mit der Mittenfrequenz nicht an. Trotzdem ergeben sich für das obige Beispiel in der 50-Hz-Oktave bereits neun, in der 100-Hz-Oktave sogar 18 Eigenfrequenzen. Dies ist in jedem Fall genug, um für jede der Raum-Moden nach Abschn. 9.4 eine Plattenresonanz zur Dämpfung bereit zu halten.

Abbildung 9.13 zeigt zunächst die Absorption eines konventionellen Plattenresonators nach Abschn. 9.5.2 bestehend aus einer $t = 0{,}2$ mm dicken Edelstahlplatte vor einem $d = 100$ mm tiefen Hohlraum. Seine Resonanzfrequenz $f_R \cong 150$ Hz nach Gl. (9.43) verschiebt sich erwartungsgemäß nur wenig, seine Absorption steigt aber merklich bei tiefen Frequenzen an, wenn im Hohlraum ein nach Gl. (9.28) optimaler Strömungswiderstand $\Xi d = 1090$ bzw. 1740 Pa s m^{-1} eingebracht wird.

In [9.1, Teil 2, Abb. 10 bis 12] sind Absorptionsgradmessungen an Verbundplatten-Resonatoren VPR dargestellt, die auf den $1{,}7 \times 0{,}65$ m großen Querschnitt eines Impedanzkanals mit einem Randspalt von 5 bis 20 mm zugeschnitten wurden. Der Anregung mit ebenen Wellen im

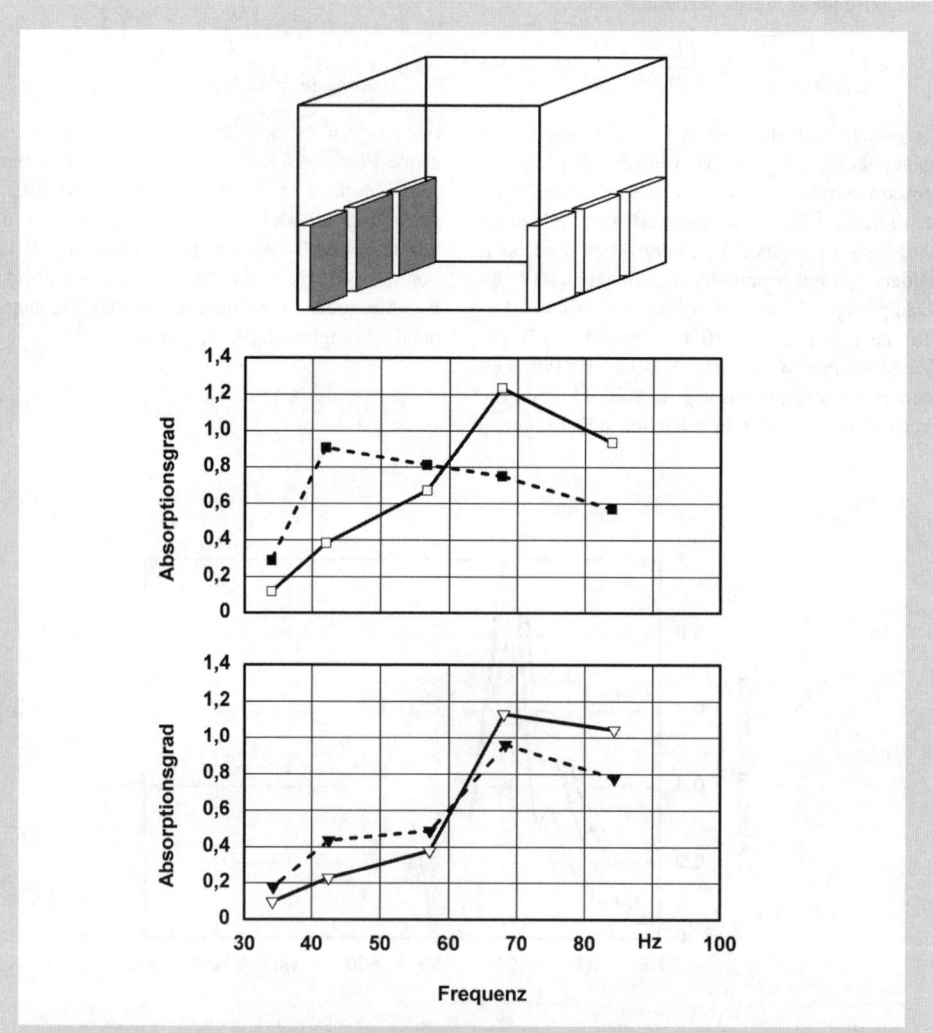

Abb. 9.14 Effektiver Absorptionsgrad α_e nach [9.20], gemessen bei den niedrigsten axialen Moden und entsprechender Ausrichtung von sechs Verbundplatten-Resonatoren mit $d = 100$ mm: □ $L_x = 1{,}5$ m; $L_y = 1{,}0$ m; $t = 1{,}0$ mm; ▽ $L_x = 1{,}0$ m; $L_y = 0{,}75$ m; $t = 1{,}0$ mm; ■ $L_x = 1{,}5$ m; $L_y = 1{,}0$ m; $t = 2{,}5$ mm; ▼ $L_x = 1{,}0$ m; $L_y = 0{,}75$ m; $t = 2{,}5$ mm

Kundtschen Rohr ähnelt die nach Abb. 9.14 mit sechs jeweils 1,5 m × 1 m großen Resonatoren mit offenen Rändern an den insgesamt sechs sich paarweise parallel gegenüber stehenden Begrenzungsflächen eines Quaderraumes, wenn man den effektiven Absorptionsgrad nach Gl. (9.40) bei den jeweiligen Axialmoden senkrecht zu den Absorberflächen bestimmt. Die Ergebnisse für 1 bzw. 2,5 mm dicke, 1,5 m² große Stahlplatten zeigen zwei breite Dämpfungsmaxima zwischen 30 und 90 Hz, die – so gut es eben bei nur fünf Eigenfrequenzen geht – die nach Gl. (9.51) erwartete Verschiebung von f_d von etwa 80 nach 50 Hz näherungsweise bestätigt. Die 0,75 m² großen Verbundplatten zeigen diese Verschiebung zu tieferen Frequenzen nicht so deutlich, weswegen für praktische Anwendungen i. Allg. $S_\alpha > 1\,m^2$ gewählt wird.

Diese Laborergebnisse für VPR-Module zeigen deutlich die in Abschn. 9.4 aufgeführten Eigenheiten von Tiefenabsorbern in kleinen Räumen, mit denen man in der Praxis umgehen muss. Sie erlauben trotzdem, die geometrischen und Materialeinflüsse eines Absorbers zu quantifizieren und unterschiedliche Produkte miteinander zu vergleichen. Man kommt aber auf längere Sicht bei der Umsetzung neuer Absorbertechnologien nicht umhin, auch Hallraummessungen zu ihrer Kennzeichnung heranzuziehen. Dazu werden die Prüflinge wie üblich und in Abb. 9.15 illustriert auf einer Fläche von ca. 12 m² des Hallraumbodens ausgebreitet. Die in Abschn. 9.4 diskutierte Problematik macht es aber erforderlich, den Messraum zunächst für Frequenzen unter 100 Hz zu qualifizieren. Da die übliche Schrägstellung von gegenüberliegenden Begrenzungsflächen ebenso wie die Anbringung zusätzlicher Diffusoren nachweislich keinen wesentlichen Beitrag zur Vergleichmäßigung des Schallfeldes bei tiefen Frequenzen liefern, bleibt nur eine geeignete Bedämpfung der Raum-Moden, so wie dies in [9.23] dargelegt ist.

Für die Messung des Absorptionsgrades haben sich für Schallleistungs- und Schalldämmungs-Messungen in Hallräumen jeweils drei VPR-Module mit den Abmessungen 1,5 × 1,0 × 0,1 m mit 1 bzw. 2,5 mm dicken Verbundplatten im rundum geschlossenen Rahmen in zwei unteren Ecken ei-

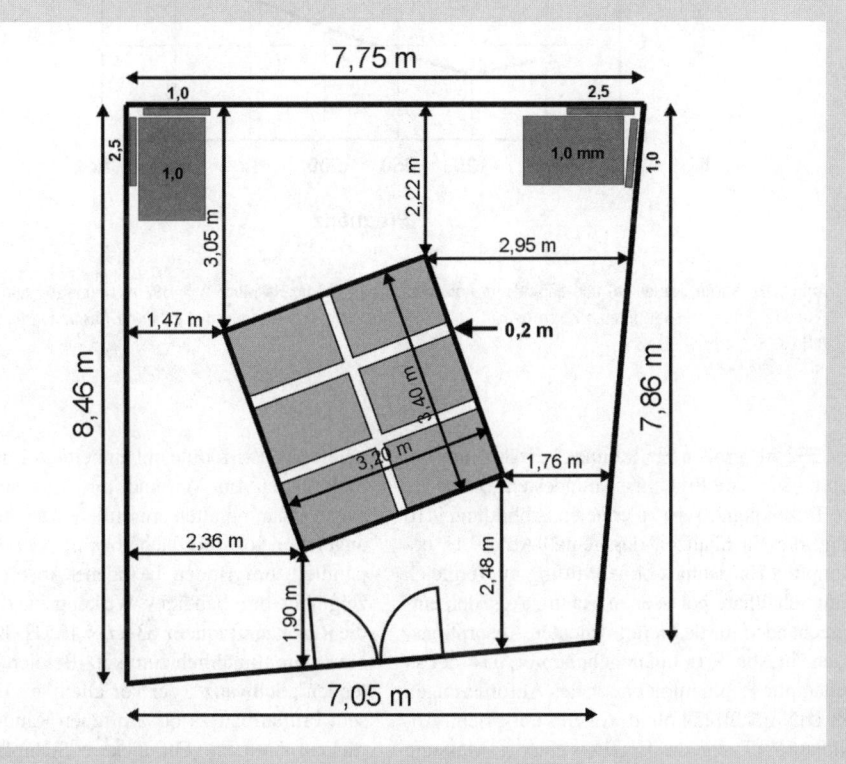

Abb. 9.15 Messung des Absorptionsgrades im durch sechs VPR in zwei unteren Ecken bedämpften Hallraum

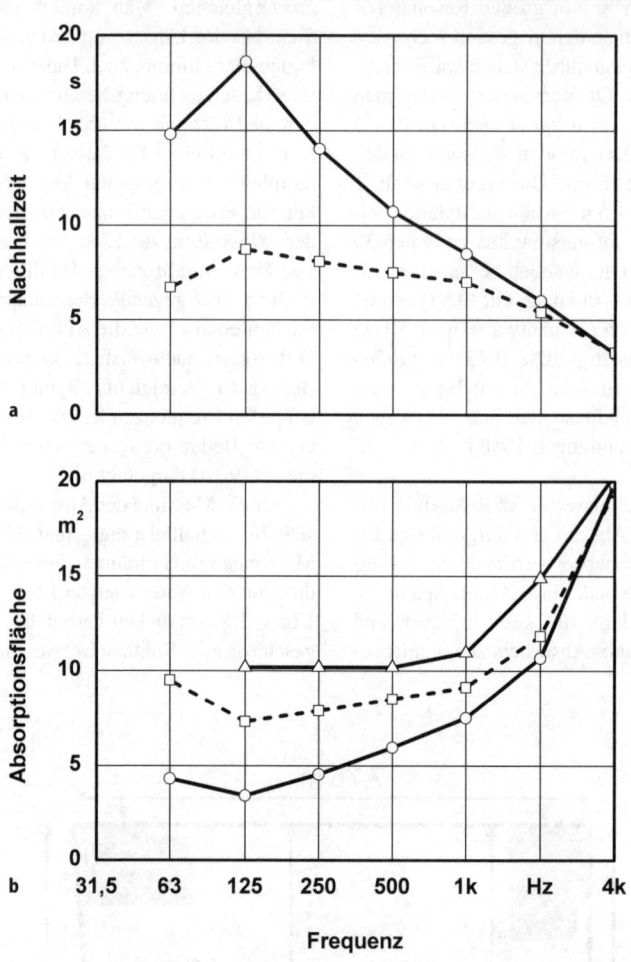

Abb. 9.16 Nachhallzeiten (**a**) und äquivalente Absorptionsfläche (**b**) im Hallraum ($V = 392$ m^3) ohne (○) und mit (□) Grunddämpfung in zwei unteren Ecken gemäß Abb. 9.15. Zum Vergleich (△): maximal zulässige Absorptionsfläche nach DIN EN 20354 bzw. ISO 354

nes 392 m^3 großen Hallraumes bewährt, um gut reproduzierbare Ergebnisse mindestens bis 63 Hz (in Terzen gemessen) zu erzielen. Abbildung 9.16 zeigt die Nachhallzeit des gemäß Abb. 9.15 bedämpften Hallraumes ohne Prüfling im Vergleich zum schallhart belassenen Raum. Aus der entsprechenden mittleren äquivalenten Absorptionsfläche in Abb. 9.16 unten geht hervor, dass der so bedämpfte Raum immer noch den Anforderungen der DIN EN 20254 ohne weiteres entspricht. Abbildung 9.17 zeigt das Ergebnis einer α_s-Messung mit einem 0,1 m hohen schallharten Rahmen, der gemäß Abb. 9.15 sechs im Abstand von 0,2 m aus-

gelegte VPR-Module mit einheitlich 1 mm dicken Stahlplatten im Verbund mit 100 mm dicken Weichschaumplatten umschließt. Der auf die grau angelegte Absorberfläche $6 \times S_\alpha$ nach Gl. (9.53) parallel zum Boden bezogene Absorptionsgrad zeigt ein breitbandiges Wirkungsmaximum um die Resonanzfrequenz $63 < f_d < 125$ Hz herum und einen nur allmählich zum kHz-Bereich hin abfallenden „Schwanz", der vor allem auf die in diesem Prüfaufbau zu 60 % offenen Randspalte zurückzuführen ist. Für dickere Stahlplatten verschiebt sich das Maximum andeutungsweise auch im Hallraum, der aber unter 63 Hz, auch in diesem

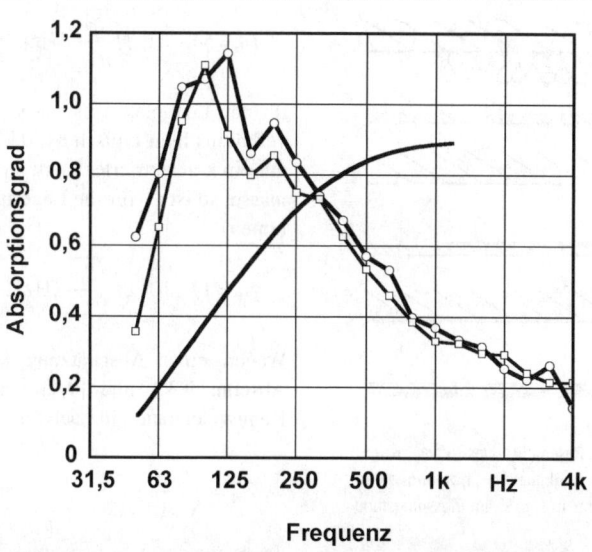

Abb. 9.17 Absorptionsgrad α von sechs VPR-Modulen (1.5 × 1 × 0,1 m, 1 mm Stahl), gemessen im Hallraum nach Abb. 9.15 und bezogen auf $S_\alpha = 9$ m² Absorberfläche. Zum Vergleich: poröser/faseriger Absorber gleicher Dicke nach Abb. 9.3 —; □ Melaminharzschaum, ○ Polyesterfaser

bedämpften Zustand, für α-Messungen nicht mehr taugt.

Umsetzungs- und Anwendungsbeispiele dieses inzwischen ziemlich universell in der Raumakustik verwendeten Schallabsorbers finden sich in [9.39–9.41]. Da der VPR mit seiner glatten, z.B. lackierten oder pulverbeschichteten Oberfläche dem architektonischen Design und den Nutzeransprüchen häufig entgegenkommt, haben sich Module auch schon als Pinwand, Tafel, Projektionsfläche oder Spiegel vielfach nützlich gemacht und ihren nur geringen Raumbedarf gerechtfertigt [9.42]. Wegen ihrer kleinen Bautiefe lassen sich VPR auch hinter akustisch transparenten Vorsatzschalen, Unterdecken und Hohlraumböden „verstecken" [9.43]. Damit können Tiefenschlucker in einer robusten, praktikablen Bauart für die vielfältigen Problemfälle der Raum- und Bauakustik nach Abschn. 9.2 (6) zum Einsatz kommen.

9.6 Helmholtz-Resonatoren

In Abschn. 9.3.1 ist das Verhalten von Loch- oder Schlitzplatten als vorgesetzte schalldurchlässige Schichten für den Sicht- und Berührungsschutz diskutiert worden. Dort sollten die effektive Plattendicke t_{eff} und das Lochflächenverhältnis σ nach Gl. (9.32) bestimmte Grenzen nicht über- bzw. unterschreiten, um den Schalleintritt in das poröse Material als dem eigentlichen Absorber möglichst wenig zu behindern.

Hier interessieren reaktive Absorber, bei denen die Masse in den Löchern oder Schlitzen von unterschiedlich perforierten Platten oder Membranen nicht klein gegenüber der in der auf die Löcher treffenden Welle mitbewegten Luftmasse nach Gl. (9.2) ist. Eine solche u. U. durch die den Löchern benachbarte Luft zusätzlich beschwerte Masse kann mit dem Schallfeld, ähnlich wie beim Plattenresonator, nur reagieren, wenn sie als Teil eines Resonanzsystems anregbar gemacht wird. Dies geschieht am einfachsten durch eine geeignet perforierte Platte im Abstand d zu einer schallharten Rückwand (Abb. 9.18), die auf einer Unterkonstruktion aufliegt und das so gebildete Luftkissen akustisch schließt. Anders als beim Plattenresonator (Abb. 9.8), kann man die Dämpfung dieses Schwingsystems „Luft in Luft" – auch nach herkömmlicher Vorstellung – nicht nur durch eine lockere Füllung des Hohlraumes mit Dämpfungsmaterial, son-

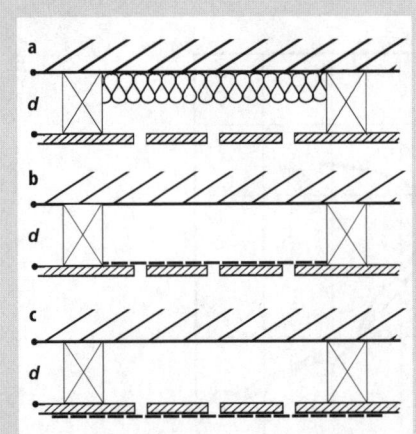

Abb. 9.18 Helmholtz-Resonator klassischer Bauart mit **a** Dämpfung im Hohlraum, **b** Strömungswiderstand hinter der Lochplatte, **c** Strömungswiderstand vor der Lochplatte

dern sogar viel effizienter durch Aufspannen eines nach Gl. (9.28) optimalen Strömungswiderstands unmittelbar vor oder hinter den Löchern in Form z. B. eines Faservlieses oder Tuches bewerkstelligen.

9.6.1 Lochflächenabsorber

Die akustische Beschreibung von Lochflächenabsorbern kann ebenfalls mit den Gln. (9.43) bis (9.46) vorgenommen werden, wenn dabei r' den mit $\varrho_0 c_0$ dimensionslos gemachten Strömungswiderstand ($r' = \Xi d / \varrho_0 c_0$ bei bekanntem längenspezifischem Widerstand Ξ) bedeutet und unter m'' die auf die Absorberfläche S_A transformierte akustischen Masse m''_H (S_H gesamte Lochfläche in der Platte)

$$m''_H = \frac{\varrho_0 t_{\text{eff}}}{\sigma} \quad \text{mit} \quad \sigma = \frac{S_H}{S_A} \qquad (9.54)$$

verstanden wird. Nach Gln. (9.41) und (9.42) ergibt sich die Resonanzfrequenz:

$$f_H = \frac{c_0}{2\pi} \sqrt{\frac{\sigma}{d t_{\text{eff}}}} = \frac{c_0}{2\pi} \sqrt{\frac{S_H}{d S_A t_{\text{eff}}}}$$
$$= \frac{c_0}{2\pi} \sqrt{\frac{S_H}{V t_{\text{eff}}}} \qquad (9.55)$$

oder mit d; t_{eff} [mm], S_H; S_A [cm^2] und V [cm^3] die

Zahlenwertgleichung:

$$f_H = 54 \cdot 10^3 \sqrt{\frac{\sigma}{d t_{\text{eff}}}} \; [\text{Hz}] \qquad (9.56)$$

für den Lochplattenresonator. Das Lochflächenverhältnis liegt typisch bei $0{,}02 < \sigma < 0{,}2$. Führt nur ein konzentriertes Loch S_H die bewegte Luftmasse, so ist (V für die Lagerung wirksames Volumen)

$$f_H = 17 \cdot 10^3 \sqrt{\frac{S_H}{V t_{\text{eff}}}} \; [\text{Hz}] \; . \qquad (9.57)$$

Wegen einer Abschätzung von t_{eff} wird auf Abschn. 9.3.1 und [9.4] verwiesen. Für den Kennwiderstand gilt nach Gl. (9.45)

$$Z'_H = \sqrt{\frac{t_{\text{eff}}}{d \sigma}} \; . \qquad (9.58)$$

Ähnlich wie schon beim Plattenresonator führen also auch beim Helmholtz-Resonator nur große Bautiefen (d) zu tiefen Frequenzen und kleinen Z'_H, sehr kleine Löcher und dicke Platten aber zu nur schmalbandig wirksamen Tiefenschluckern, selbst bei optimaler Dämpfung $r' = 1$. Man sollte daher auch bei diesem Hohlkammerresonator versuchen, weitere Schwingungsformen anzukoppeln, die seine Absorptionscharakteristik verbreitern können (auch die Überlegungen in [9.6, S. 141] gehen in diese Richtung). In [9.29] wird eine Vielfalt von Lochplattenresonatoren unter Einbeziehung der Platten- und Hohlraumresonanzen, mit und ohne Kassettierung, in sehr guter Übereinstimmung zwischen Theorie und Messung untersucht. Dabei wird deutlich, dass bei einer Bautiefe von 50 mm die Bandbreite der Absorption auch bei mittleren Frequenzen stets gering bleibt, solange die Resonanzen weit auseinander liegen. Legt man sie dagegen eng zusammen, so dominiert stets nur einer der Mechanismen, s. [9.29, Abbildungen 4 bis 7]. Wenn man aber die Helmholtz- und die ersten Plattenresonanzen (f_H nach Gl. (9.56) und f_{11}, f_{13} nach Gl. (9.50)) optimal etwa jeweils eine Oktave höher auslegt, behindern sie sich nicht gegenseitig [9.27, Abb. 8]. Allerdings muss ausreichende Dämpfung dann helfen, die einzelnen Maxima zu einem breitbandigen Absorptionsspektrum zu „verschmelzen".

In [9.7, Abb. 41, S. 296] wird ein Überblick über die in der Praxis üblichen Lochgeometrien in relativ dicken und daher in der Regel nicht zu Schwingungen anregbaren Holz- oder Gipskartonplatten gegeben, wobei der Lochanteil zwischen 2 und 30 %, die in den Löchern schwingende Luftmasse nach Gl. (9.54) zwischen 30 und 330 g m^{-2} und die Resonanzfrequenz nach Gl. (9.56) zwischen 420 und 1460 Hz variieren können. Im Hallraum gemessene Absorptionsspektren sind in [9.6, Tafel 7.2] zu finden. Beispiel 9.7.2.4 zeigt die Schwierigkeit, mit dieser Art von Helmholtz-Resonatoren den Frequenzbereich unter 250 Hz abzudecken. Selbst mit einer Bautiefe von 240 mm fällt die Absorption unter 200 Hz steil ab. Als Mittenschlucker haben sich Lochplattenabsorber aber in der raumakustischen Gestaltung durchgesetzt. Im Folgenden sei ein Auslegungs- und Optimierungsverfahren für eine spezielle Klasse von besonders breitbandigen Schlitzabsorbern beschrieben.

9.6.2 Schlitzförmige Absorber

Die Auslegung konventioneller Helmholtz- und Lochflächenabsorber erfolgt in der Regel nach den Gln. (9.54) bis (9.57) mit dem meistens experimentell bestätigten Resultat relativ schmalbandig wirksamer Resonanzabsorber. Wenn man aber einen breitbandigen Mittenschlucker flächen- oder raumsparend optimieren will, so lohnt sich eine etwas genauere Betrachtung der in Abschn. 9.6.1 beschriebenen Wirkungsmechanismen und Bestandteile dieses Hohlkammerresonators. Zu seiner Optimierung stellt sich, ähnlich wie beim Verbundplatten-Resonator in Abschn. 9.5.3, eine innige Verknüpfung der Luftschwingung in den Schlitzen mit einem unmittelbar dahinter angeordneten voluminösen, porösen oder faserigen Strömungswiderstand als vorteilhaft heraus. Außerdem gewinnt die Verteilung der Schlitze innerhalb der Absorberfläche S_A nicht nur hinsichtlich der Mündungs-Korrektur als Teil von t_{eff} nach Gl. (9.32) an Bedeutung. Schließlich können Eigenfrequenzen des zwischen dem Schlitzflächengebilde und der schallharten Rückwand geformten Raumes eine wichtige Rolle in einem verbreiterten Resonanzbereich spielen.

Wenn man das Verhältnis von Schlitzbreite b und Schlitzabstand a nicht nur, wie in [9.2, 9.4, 9.5, 9.15] geschehen, als Perforationsgrad $\sigma = b/a$ in der Auslegung berücksichtigt, sondern als geometrische Einstellparameter jeden für sich in die Berechnung einführt, ergeben sich neue Möglichkeiten zur Optimierung. Zur Erläuterung des Funktionsmodells schlitzförmiger Absorber las-

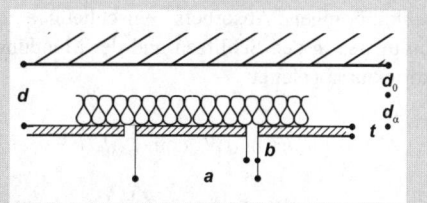

Abb. 9.19 Prinzipieller Aufbau schlitzförmiger Absorber mit parallelen Schlitzen

sen sich zunächst in Abb. 9.19 die geometrischen (Schlitzgebilde) und Materialkenngrößen (Absorberschicht) erkennen. Die Luftmasse in den Schlitzen einschließlich der jeweils zugehörigen Mündungskorrektur [9.4] (hier allerdings nur einseitig auf der Vorderseite) ergibt sich ähnlich wie bei Helmholtz-Resonatoren nach Abschn. 9.6.1 aus:

$$m''_s = t_s \varrho_0 \quad \text{mit} \quad t_s = t + \Delta t . \qquad (9.59)$$

Für die Impedanz der Absorberschicht (Dicke d) gilt mit Bezug auf die freie Schlitzfläche zunächst nach [9.15]:

$$W_A = \sigma W_A \coth \Gamma_A d_\alpha . \qquad (9.60)$$

Der Wellenwiderstand W_A und die Ausbreitungskonstante Γ_A der Absorberschicht lassen sich nach [9.17] mit

$$W_A = \varrho_0 c_0 \sqrt{(E + 0{,}86) - j \frac{0{,}11}{E}} ; \qquad (9.61)$$

$$\Gamma_A = \frac{2\pi f}{c_0} \sqrt{(E - 1{,}24) + j \frac{0{,}22}{E}}$$

und

$$E = \frac{\varrho_0 f}{\varXi} \qquad (9.62)$$

für $\varXi > 7500$ Pa s m^{-2} ausreichend genau abschätzen. Bei offenzelligem Melaminharzschaum mit nachweislichen Skelettschwingungen erweist sich die Einbeziehung des Raumgewichtes ϱ_α in Gestalt einer Zusatzmasse als sinnvoll:

$$E = \frac{\varrho_0 f}{\varXi} - j \frac{\varrho_0}{2\pi \varrho_\alpha} . \qquad (9.63)$$

Unter der Annahme, dass sich das Schallfeld im Absorber wie hinter einem Beugungsgitter ausbildet, wird in [9.44] die Wandimpedanz des schlitzförmigen Absorbers einschließlich der Luftmasse in den Schlitzen und der Mündungskorrektur abgeleitet:

$$W_S = \frac{1}{\sigma}\left(j\omega m''_s + \sigma W_A \coth \Gamma_A d_\alpha + \frac{a^2}{b\pi^3} W_A \Gamma_A \left(\sin \pi \frac{b}{a}\right)^{\frac{3}{2}}\right). \quad (9.64)$$

Einerseits entsteht durch die Verknüpfung der federartigen Wandimpedanz der Absorberschicht mit der Luftmasse in den Schlitzen wieder ein Resonanzsystem. Andererseits erhöhen sich aber die wirksame Federwirkung und Dämpfung der Absorberschicht, siehe den 3. Summanden in Gl. (9.64). Dies begründet die im Vergleich zu bedämpften oder unbedämpften Helmholtz-Resonatoren gleicher Bautiefe deutlich tiefere Resonanzfrequenz und größere Bandbreite schlitzförmiger Absorber.

Abbildung 9.20 zeigt den nach Gln. (9.8) und (9.64) berechneten und im Kundtschen Rohr gemessenen Absorptionsgrad für einen Absorber mit stark unterschiedlicher Schlitzgeometrie, aber immer etwa gleichem Perforationsgrad $\sigma \cong$ 0,02. In Abb. 9.22 wird ein Schlitzabsorber mit ó $\sigma \cong 0{,}02$ verglichen mit zwei konventionellen Helmholtz-Resonatoren mit optimaler Dämpfung, zum einen mit nur einem zentralen Schlitz, zum anderen mit nur einem zentralen Loch mit jeweils gleichem $\sigma = 0{,}02$ sowie mit dem porösen Absorber allein.

Hinsichtlich ihrer praktischen Anwendung zeichnen sich die neuartigen Schlitzabsorber also durch hohe und breitbandige Absorption vorwiegend im mittleren Frequenzbereich aus. Sie ermöglichen die Einsparung von Bautiefe und stellen keine besonderen Ansprüche an die Gestalt und Befestigung der streifenförmigen Abdeckungen. Dadurch ergeben sich vielfältige neue Oberflächenstrukturen. Die Verschiebung des Wirkungsmaximums eines passiven Absorbers gemäß Abb. 9.21 um fast 2 Oktaven zu tieferen Frequenzen durch nichts als eine fast beliebige Teilabdeckung kommt einem aktuellen Bedarf entgegen, wie er in Abschn. 9.2 beschrieben wurde. Die Abdeckung zwischen den Schlitzen wurde bislang als schallhart angenommen, so dass weder Biegeschwingungen auftreten noch die Bewegungen der Abdeckung die Absorberschicht zusätzlich komprimieren können. Es ergeben sich aber auch Möglichkeiten zur Kombination mit anderen Resonanzprinzipien, z.B. mit biegeweichen Folien vor einer Absorberschicht nach Abschn. 9.5.1 oder biegesteifen Platten nach Abschn. 9.5.3. Abbildung 9.22 zeigt z.B. den Absorptionsgrad bei diffusem Schalleinfall für einen mit Stahlblechplatten kachelartig ausgelegten Schlitzabsorber unterschiedlicher Formatierung. Bei größeren Schlitzabständen a tritt das Maximum bei der Feder/Masse-Resonanz, wie nach Gl. (9.43) bzw. (9.51) erwartet, bei etwa 100 Hz deutlich in Erscheinung.

Der Absorptionsgrad ergibt sich zum einen aus der Impedanz eines einfachen Masse-Feder-Systems

$$W_P = \frac{1}{1-\sigma}(j\omega m''_P + W_A \coth \Gamma_A d_A) \quad (9.65)$$

mit der flächenbezogenen Masse m''_P der Schwingplatte. Dabei wird die Schallausbreitung hinter der Platte in der homogenen Absorberschicht mit relativ hohem Strömungswiderstand $\Xi \cong 10$ kPa s m^{-2} bei den relativ großen Schlitzabständen $a = 1250$ mm vernachlässigt. Die Parallelschaltung mit W_S nach Gl. (9.64) ergibt nach [9.29] die resultierende Impedanz

$$W_{res} = \frac{W_P W_S}{W_P + W_S}, \quad (9.66)$$

welche den Wirkungsbereich einer porösen oder faserigen Schicht (s. Abschn. 9.3) nochmals auf eindrucksvolle Weise zu tiefen Frequenzen zu verschieben erlaubt (s. Abb. 9.23).

9.6.3 Membran-Absorber

Für bestimmte Anwendungen verbietet sich der Einsatz von faserigem, aber auch von porösem Dämpfungsmaterial wie Kunststoff-Weichschaum aus gesundheitlichen, hygienischen, Brandschutz- oder Haltbarkeitsgründen. Bei raumlufttechnischen Anlagen z.B. in Krankenhäusern, Altenheimen und Produktionsstätten mit ausgesprochenen Reinraumbedingungen und für prozesslufttechnische Anlagen z.B. mit stark verschmutzenden oder aggressiven Fluiden in den Strömungskanälen oder Schornsteinen haben sich Schalldämpfermodule ganz aus Aluminium oder Edelstahl bewährt, die rundum gegenüber der Strömung hermetisch abgeschlossen sind. Ihre bemerkenswerte Steifigkeit und Resistenz verdanken diese Membranabsorber-Module einer aus dem Leichtbau entlehnten Wabenstruktur, über welche zwei relativ dünne (0,05 < t < 1 mm)

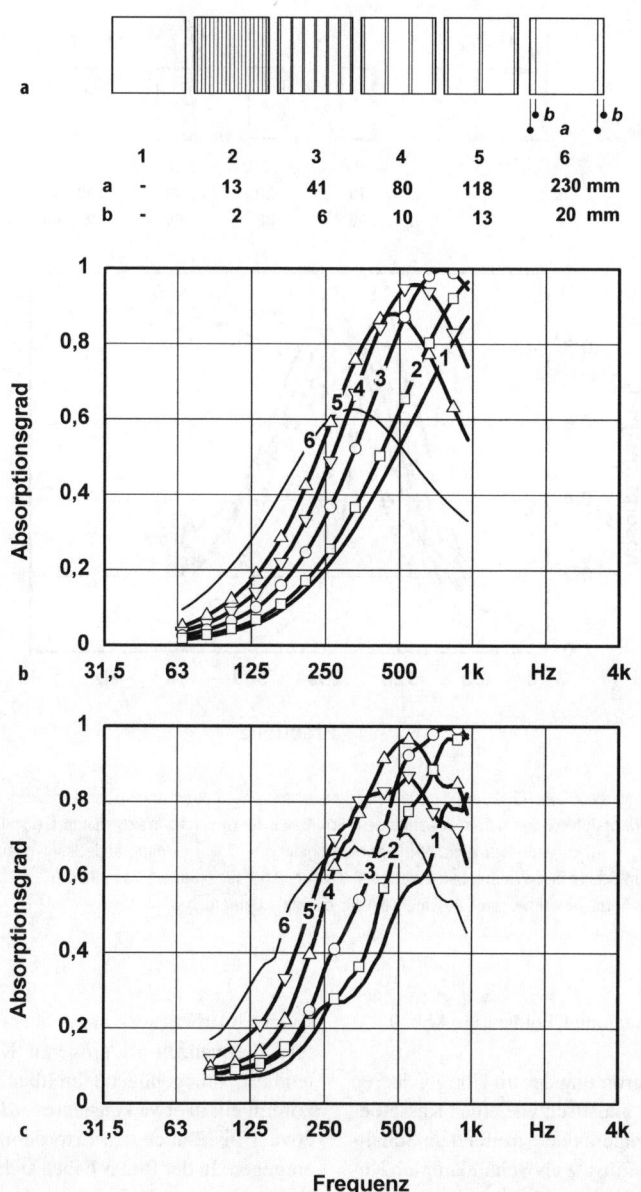

Abb. 9.20 Absorptionsgrad α für schlitzförmige Abdeckungen (1 mm Stahlblech) mit unterschiedlichen Schlitzbreiten b und -abständen a, aber etwa gleichem Perforationsgrad vor 50 mm offenzelligem Melaminharz-Weichschaum. ($\varrho_d \cong 10$ kg m^{-3}; $\Xi \cong 10$ kPa s m^{-2}). **a** Unterschiedliche Abdeckungen (Draufsicht); **b** Rechnung; **c** Messung (im Kundtschen Rohr 250 mm × 250 mm)

9.6 Helmholtz-Resonatoren

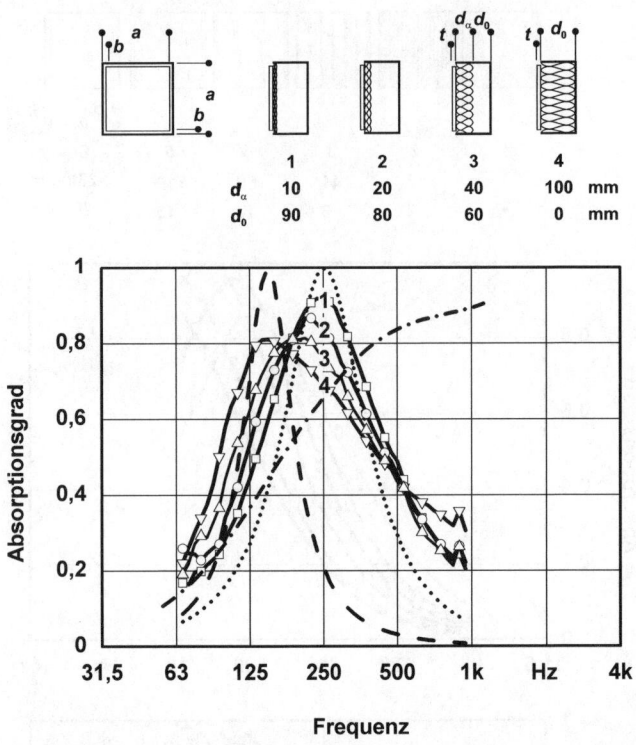

Abb. 9.21 Im Kundtschen Rohr (200 mm × 200 mm) gemessener Absorptionsgrad α, schlitzförmiger Absorber aus 199 × 199 × 1 mm Stahlblech mit 1 mm umlaufendem Schlitz vor Melaminharz-Weichschaum ($\varrho_d \cong$ 10 kg m^{-3}; $\Xi \cong$ 10 kPa s m^{-2}; $d = d_\alpha =$ 10 cm) mit stets gleichem Perforationsgrad $\sigma \cong$ 2 %; –·– ohne Abdeckung, gemäß [9.1, Bild 4], ···· mit *einem* 4-mm-Schlitz in der Mitte, berechnet nach Abschn. 9.6.1 für optimale Dämpfung ($r' =$ 1), – – mit *einem* 32-mm-Loch in der Mitte, berechnet nach Abschn. 9.6.1 für optimale Dämpfung ($r' =$ 1)

Platten eben ein- oder auch beidseitig (Abb. 9.23) aufgespannt sind.

Die starke Unterteilung des im Übrigen leeren Hohlraumes wirkt akustisch wie eine „Kassettierung", die bei schrägem oder streifendem Schalleinfall (z. B. beim Einsatz als Schalldämpfer-Kulisse) die Längsausbreitung des Schalls im Hohlraum verhindert. Wenn die Stege quer zur Ausbreitungsrichtung einen Abstand

$$e \leq \frac{\lambda}{8} = \frac{42{,}5}{f} 10^3 \; [\text{mm}] \qquad (9.67)$$

mit f [Hz] aufweisen, dann reagiert auch dieser faserfreie Absorber stets „lokal" [9.2], d.h. mit einer Wandimpedanz W nach Gl. (9.6). Da der Membran-Absorber zwar für maximale Absorption mit einem Bruchteil der Bautiefe d eines passiven Absorbers auskommt, aber dennoch für tiefere Frequenzen zu größeren Kammertiefen d tendiert, um genügend breitbandig zu bleiben, kommt ein in etwa konstantes e/d-Verhältnis von etwa 1 bis 2 auch den Erfordernissen der Statik entgegen. In der Praxis haben sich würfelförmige Kammern mit z. B. $L_x L_y d = d^3 = V \cong$ 1000 cm^3 für maximale Absorption bei 250 Hz durchgesetzt.

Pro Hohlkammer hält die innen möglichst weich auf dem Raster aufliegende Lochmembran ein Loch oder einen Schlitz zur Ausbildung eines Helmholtz-Resonators bereit. Loch- und Kammergröße sind, näherungsweise nach Gl. (9.56), so aufeinander abzustimmen, dass sie die *untere* Grenze des Wirkungsbereichs, etwa analog Gl. (9.29) für passive Absorber, markiert. Dabei kommt bei runden Löchern, die kaum kleiner als

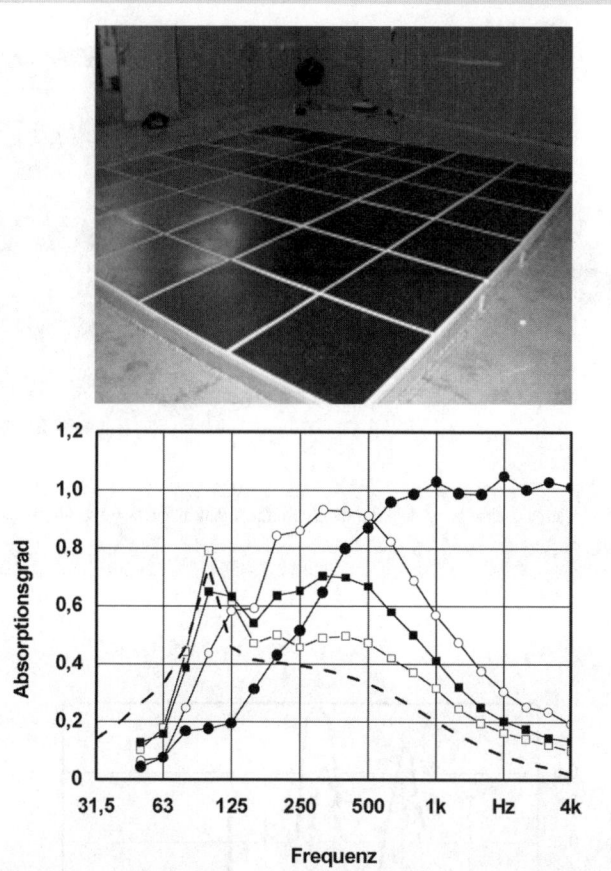

Abb. 9.22 Auslegung und Absorptionsgrad α eines Schlitzabsorbers mit schwingfähig gelagerter Abdeckung (1 mm Stahl), gemessen im nach [9.2, Abschn. 9.6.4] bedämpften Hallraum; ● Messung ohne Abdeckung, $d = d_\alpha = 50$ mm, ○ Messung mit 312 mm × 312 mm großen Abdeckungen, $b = 15$ mm, ■ Messung mit 625 mm × 625 mm großen Abdeckungen, $b = 28$ mm (s. Foto), □ Messung mit 1250 mm × 1250 mm großen Abdeckungen, $b = 50$ mm, --- Rechnung für 1250 mm × 1250 mm große Abdeckungen, $b = 50$ mm

5 mm sind, und der zum Lochdurchmesser d_H meist kleinen Membranstärke t der Mündungskorrektur $2 \Delta t \cong 0{,}85\, d_H$ nach Abschn. 9.3.1 und [9.4] besondere Bedeutung zu. Für $V = 1000$ cm^3; $d_H = 10$ mm, $S_H = 0{,}78$ cm^2; $t = 0{,}2$ mm, $t_\text{eff} = 8{,}7$ mm erhält man z.B. nach Gl. (9.56) $f_H \cong 160$ Hz und nach Gl. (9.58) etwa $Z'_H \cong 3{,}3$. Diese Parameter lassen nach Abb. 9.9 bei nicht zu geringer Dämpfung bereits einen recht breitbandigen Absorber erwarten.

Für die ungelochte Aluminiummembran ergäbe sich nach Gl. (9.43) die erste Plattenresonanz näherungsweise bei $f_R = 258$ Hz. Tatsächlich wird aber die Kompression des Luftkissens beim Helmholtz-Resonator durch die Ausweichbewegung der doch etwas nachgiebigen Membran und beim Plattenresonator durch die Ausweichbewegung des Luftpfropfens im Loch geringfügig erhöht. In [9.45] wird der Frage dieser Kopplung beider Resonanz-Mechanismen experimentell und theoretisch nachgegangen. Abbildung 9.24 zeigt für den oben beschriebenen Membran-Absorber (noch ohne Deckmembran) in recht guter Übereinstimmung mit einer detaillierteren Rechnung (unter Einbeziehung auch der Randeinflüsse an der Lochmembran), dass im Membranabsorber zwei Hauptmaxima das Absorptionsspektrum dominieren können: f_H bei ca. 125 Hz und

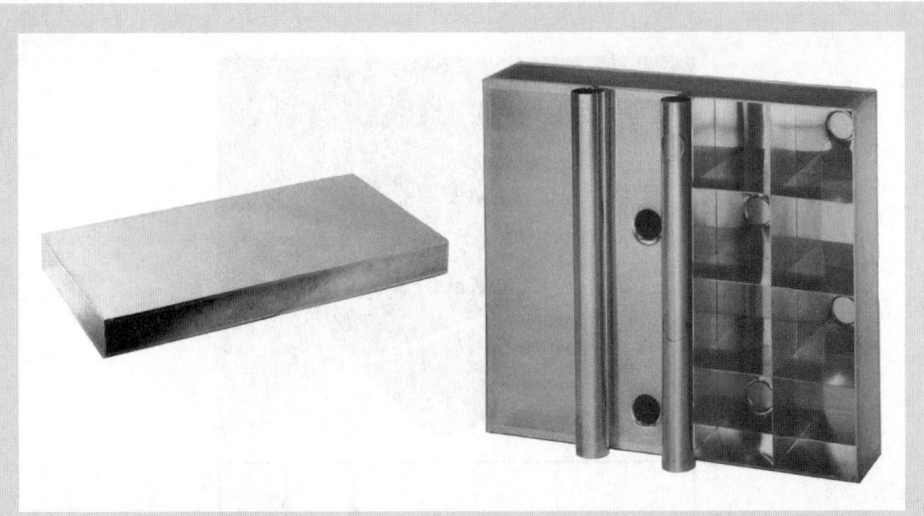

Abb. 9.23 Modell eines beidseitig absorbierenden Membran-Absorbers (links) mit teilweise abgewickelten Loch- und Deckmembranen (rechts)

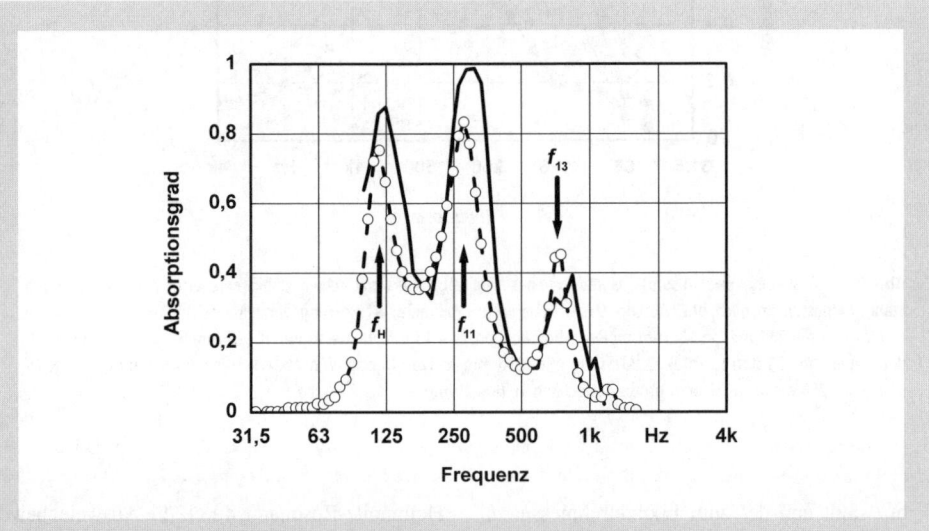

Abb. 9.24 Absorptionsgrad α eines Helmholtz-Resonators (ohne Deckmembran) für senkrechten Schalleinfall; — Messung, ○ Rechnung

f_{11} bei ca. 270 Hz. Ein Nebenmaximum ist bei f_{13} 650 ≅ Hz zu erkennen.

Ein Rohrschalldämpfer, aus einem Polygon von Membran-Absorber-Streifen zusammengesetzt, zeigt in Abb. 9.25 eine ähnliche Charakteristik, auch als Einfügungsdämpfung nach DIN 45 646 gemessen. Wenn man die Löcher der Lochmembran zuklebt, bleibt nur ein in seiner Dämpfung stark reduzierter Plattenresonator übrig. Wenn man eine Deckmembran unmittelbar vor der Lochmembran anordnet, ohne dass beide sich berühren, so verschiebt sich das nicht immer derart breitbandige Absorptionsmaximum zu etwas tieferen Frequenzen. Offenbar koppelt sich die zusätzliche Masse in das komplexe Schwingsystem mit ein. Höhere Moden der Lochmem-

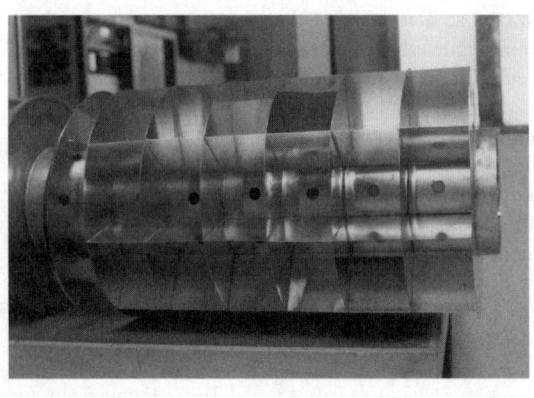

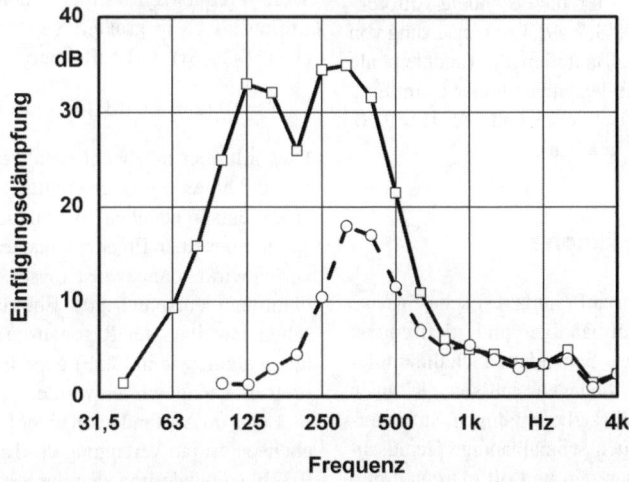

Abb. 9.25 Ansicht (ohne Mantel) und Einfügungsdämpfung D_e (ohne Deckmembran) eines aus Membran-Absorbern zusammengesetzten Rohrschalldämpfers; □ Löcher offen; ○ Löcher zu

bran verschwinden allerdings dann meistens. Wenn man die Deckmembran auf weichen Moosgummi-Streifen bettet, kann sie auch bei hohen Frequenzen eine deutliche Verbesserung der Absorption bringen, wie in [9.45] gezeigt wurde. Dass auch die Deckmembran Schwingungen ähnlich wie der Verbundplatten-Resonator (Abschn. 9.5.3) ausführen kann, zeigen Fotos von „Staub-Figuren" einer f_{15}-Mode in [9.46].

Es ist zwar ein charakteristisches Merkmal des Membran-Absorbers, dass er funktioniert, auch wenn die Deckmembran in geringem Abstand vor den Löchern angebracht wird und so den schwingenden Luftpfropfen stark verformt. Die dadurch erzwungenen Schwingungen im engen Spalt zwischen Loch- und Deckmembran mit entsprechend vergrößerter Wandreibung, wie sie etwa bei der Dämpfung von Biegewellen in zweischaligen Bauteilen [9.47] wirksam werden, können hier keine entscheidende Rolle spielen, weil der Membran-Absorber auch mit größerem Spalt und auch ganz ohne Deckmembran gut funktioniert.

Es ist bekannt, dass bereits bei konventionell aufgebauten Helmholtz-Resonatoren ein Teil der Dämpfung durch scharfe Kanten an den Löchern hervorgerufen werden kann. Dieser Effekt kann bei den bisher nicht verwendeten, extrem dünnen Membranen eine noch größere Rolle spielen, weil die Luftteilchen am Lochrand eine 180°-Umlenkung anstatt einer oder zweier 90°-Umlenkungen bei dickeren Platten durchlaufen müssen.

Die instationäre Strömung im Bereich dieser Diskontinuitäten löst sich selbst bei den relativ kleinen Schallschnellen ab, so dass freie Scherschichten mit großen Energieverlusten entstehen können. Der Schneideneffekt wird dann besonders dramatisch, wenn die Dicke der Membran in die Größenordnung der Teilchenauslenkung im Loch kommt. Das ist bei starker Anregung (Pegel um 100 dB) und Resonanzüberhöhung (um ca. 20 dB) ohne weiteres möglich. Damit würde ein „nichtlinearer" Dämpfungsmechanismus erklärbar, der bereits bei anregenden Schallpegeln einsetzt, für die normalerweise noch die Gesetze der linearen Akustik gelten. Dieser neuartige Tiefschlucker konnte sich vielfältig als Schalldämpfer für besondere Anforderungen bewähren [9.48, 9.49]. Die Umsetzung von Membran-Absorber-Bauteilen als Wandelemente in Schallkapseln mit besonders hoher Dämpfung und Dämmung zwischen 25 und 125 Hz [9.50, 9.51] steht dagegen noch aus.

9.7 Interferenzdämpfer

Bisher wurden mehr auf raumakustische Zwecke zugeschnittene breitbandige und tieffrequent wirksame Absorber behandelt. Schalldämpfer und Kapselungen dagegen müssen, je nach Schallquelle und Einsatzbedingungen, auf unterschiedliche, u. U. auch schmalbandige Geräuschspektren abstimmbar sein und oft extremen mechanischen, chemischen und thermischen Belastungen dauerhaft standhalten. Hier haben sich z. B. Hohlkammerresonatoren unterschiedlicher Bauart mit Wandungen aus hochwertigen Stählen (auch als Membran-Absorber nach Abschn. 9.6.3) bewährt. Ihre Wirkung in Kanälen (auch ohne Einsatz von Dämpfungsmaterial) verdanken sie aber verschiedenen Interferenzmechanismen, die eine Reflexion der Schallenergie zur Quelle hervorrufen. Weil diese aber schmalbandig wirken, müssen in der Regel mehrere solche Interferenz-Schalldämpfer miteinander kombiniert werden.

9.7.1 $\lambda/4$-Resonatoren

Die Wirkungsweise von reinen Reflexionsdämpfern lässt sich bereits an einem einfachen Querschnittssprung in einem Rohr nach Abb. 9.26a darstellen [9.52, Kap. 3.25]. Wenn beide Flächen S_1 und S_2 klein gegenüber der Wellenlänge sind und man in Gl. (9.4) P_a und P_f Null setzt, so ergibt sich aus Gln. (9.4) bis (9.6) mit

$$W = \varrho_0 c_0 m \; ; \quad r = \frac{m-1}{m+1} \; ; \quad m = \frac{S_1}{S_2} \quad (9.68)$$

und dem Wellenwiderstand $\varrho_0 c_0$ des Mediums ein Reflexionsgrad oder Schalldämm-Maß gemäß

$$\varrho = 1 - \frac{P_t}{P_i} \; ; \quad \frac{P_i}{P_t} = \frac{1}{1-\varrho} \; ,$$

$$R = 10 \lg \frac{P_i}{P_t} = 10 \lg \frac{1}{1-r^2} = 10 \lg \frac{(m+1)^2}{4m} \, . \quad (9.69)$$

Tiefe Frequenzen werden demnach z. B. von Luftauslässen in großen Wand- und Deckenflächen ($S_2 \gg S_1$) stark reflektiert:

$$R = 10 \lg m - 6 \text{ dB} \quad \text{für} \quad m \gg 1 \, . \quad (9.70)$$

Dies gilt aber nur bei ebener Wellenausbreitung vor und hinter der Querschnittserweiterung (oder einer entsprechenden -verengung). Wenn der Raum mit seinen Eigenresonanzen auf den Kanal zurückwirkt, dann weist diese Art von Schalldämmung entsprechende Einbrüche und (zwischen jeweils zwei Resonanzen) auch Überhöhungen auf, wie in [9.53] experimentell und theoretisch nachgewiesen wurde.

Folgt im Abstand l von einer Erweiterung eine ebenso abrupte Verengung des Kanals nach Abb. 9.27b, so wiederholt sich die Reflexion dort, nur mit umgekehrtem Vorzeichen, mit dem Ergebnis [9.52]:

$$R = 10 \lg \left[1 + \left(\frac{m^2-1}{2m} \right) \sin 2\pi \frac{1}{\lambda} \right)^2 \right] \quad (9.71)$$

mit Dämmungs-Maxima von

$$R_{\max} \cong 10 \lg m - 6 \text{ dB} \quad \text{für} \quad m \gg 1 \quad (9.72)$$

bei den Frequenzen

$$f_n = \frac{c_0}{4l}(2n-1) \; ; \quad n = 1, 2, 3 \ldots \quad (9.73)$$

Ein solcher $\lambda/4$-Resonator wurde in [9.54] als Wasserschalldämpfer mit $m = 20$ untersucht (Abb. 9.27).

Nur selten kommen aber derartige „Expansionskammern" in Kanal- oder Rohrsystemen zum praktischen Einsatz. Eher haben sich „Stichleitungen" gemäß Abb. 9.27c, die mit einem Querschnitt vergleichbar dem des Hauptkanals

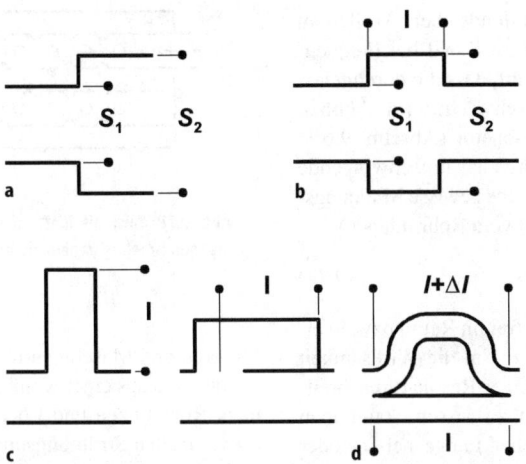

Abb. 9.26 Prinzipien reaktiver Interferenzschalldämpfer. **a** Einfacher Querschnittssprung; **b** Expansionskammer; **c** Abzweigresonatoren; **d** Umwegleitung

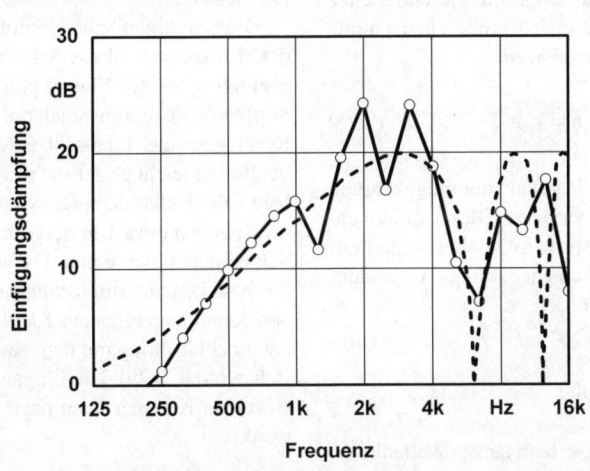

Abb. 9.27 Einfügungsdämpfung D_e einer schallharten Expansionskammer in einer Wasserleitung mit $m = 20$, $l = 125$ mm; ○ gemessen im Wasserschalllabor [9.54], --- berechnet nach Gl. (9.71)

an diesen angeschlossen werden, als so genannte Abzweigresonatoren bewährt. Bei diesen überlagern sich hin- und rücklaufende ebene Wellen im Abzweig mit derjenigen im Kanal bei Frequenzen gemäß Gl. (9.73) derart, dass die durchgelassene Welle (P_t) stark geschwächt wird. Ähnlich wie beim Helmholtz-Resonator (Abschn. 9.6.1) bewirkt die an den Rohrenden mitschwingende Luftmasse in der Länge l eine gewisse Mündungskorrektur in Abhängigkeit vom Rohrradius r,

$$\Delta l \cong 0{,}6\,r \text{ bzw. } 0{,}85\,r\,, \tag{9.74}$$

je nachdem, ob das Rohr frei im Raum bzw. in einer großen Wand mündet. Um die Wirksamkeit dieser Art von Hohlkammer-Resonatoren breitbandig wirksam werden zu lassen, kann man Kammern unterschiedlicher Länge neben- oder hintereinander anordnen und ihre Wände mit etwas Dämpfungsmaterial absorbierend gestalten.

9.7.2 λ/2-Resonatoren

Das in Abschnitt 9.7.1 beschriebene Interferenzprinzip lässt sich auch mit „Umwegleitungen" nach Abb. 9.27d realisieren, die die einfallende Schallwelle (P_i) über gleich große Querschnitte aufspaltet und bei Frequenzen

$$f_n = \frac{c_0}{2\,l}(2n-1)\,;\ n = 1, 2, 3\,\ldots \tag{9.75}$$

der fortgeleiteten Welle gerade mit umgekehrtem Vorzeichen wieder überlagert. Dieses eindimensionale Auslöschungsprinzip ist aber wegen des damit verbundenen mechanischen Aufwandes selten verwirklicht worden.

9.7.3 Rohrschalldämpfer

Hohlkammern, die innerhalb langer Wellenleiter, wie in Abschn. 9.7.1 und 9.7.2 beschrieben, eingesetzt werden, aber klein gegenüber der Wellenlänge bleiben, können die Schallübertragung nicht beeinflussen. Wenn sie aber über kurze Rohrstutzen zwischen einer pulsierenden Quelle, z.B. einer Kolbenpumpe oder einem Verbrennungsmotor und einem Rohrsystem eingebaut werden, können sie als „Puffervolumen" oberhalb einer oft nicht sehr stark ausgeprägten Feder/Masse-Resonanz sehr wirkungsvoll dämpfen [9.24, 9.55]. Die Entwicklung komplexer reaktiver Hohlkammer-Schalldämpfer, die auf laute

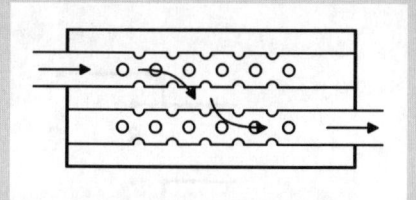

Abb. 9.28 Auspuff-„Topf" im Abgasstrang eines Verbrennungsmotors (schematisch)

Motoren und Maschinen individuell abgestimmt werden und aus einer Kombination von Hohlräumen, Rohrstutzen und Lochflächengebilden mit oft vielfachen Strömungsumlenkungen, etwa gemäß Abb. 9.28, in Wechselwirkung mit der Quelle und dem angekoppelten Rohrsystem arbeiten, ist inzwischen zu einem Spezialgebiet der Akustik geworden. Mit linearen und nichtlinearen Theorien sowie numerischen Methoden können zahlreiche geometrische Parameter, Strömungs- und Temperatureffekte zur Optimierung der Dämpfung aufeinander abgestimmt werden [9.56, 9.57].

Die neuartigen Schalldämpfer nach [9.58] für den Einsatz an Abgas-Schornsteinen kommen ebenfalls ohne den Einsatz poröser oder faseriger Stoffe als Dämpfungsmaterial aus, sind in der Regel ganz aus Edelstahl gefertigt und können bei Bedarf leicht gesäubert werden. Diese reinigbaren Rohrschalldämpfer werden bis zu Durchmessern von etwa 1 m hergestellt und mit einem Schwerpunkt bei tiefen Frequenzen ausgelegt. Sie bestehen aus ringförmig um den luftführenden Kanal angeordneten Kammern, die über einen Lochblechring mit dem Kanal in Verbindung stehen (Abb. 9.29). Die Eingangsimpedanz einer einzelnen Kammer kann nach [9.56] angegeben werden als

$$W_R = \frac{\varrho_0\,\omega^2}{n_x\,\pi\,c_0} + \tag{9.76}$$

$$j\left(\frac{\omega\varrho_0\,t_{\text{eff}}}{n_x\,S_h} - \frac{\varrho_0\,c_0}{S_c\left(\tan\dfrac{\omega}{c_0}L_a + \tan\dfrac{\omega}{c_0}L_b\right)}\right)$$

mit der Anzahl der Löcher n_x im Lochblechring, den Kammerteillängen L_a und L_b, der Kammerstirnfläche $S_c = \pi r_a^2 - \pi r_i^2$, Dicke des Lochblechs t, Lochradius r, Lochfläche $S_h = \pi r^2$ und der aufgrund der beidseitig mitschwingenden Medium-

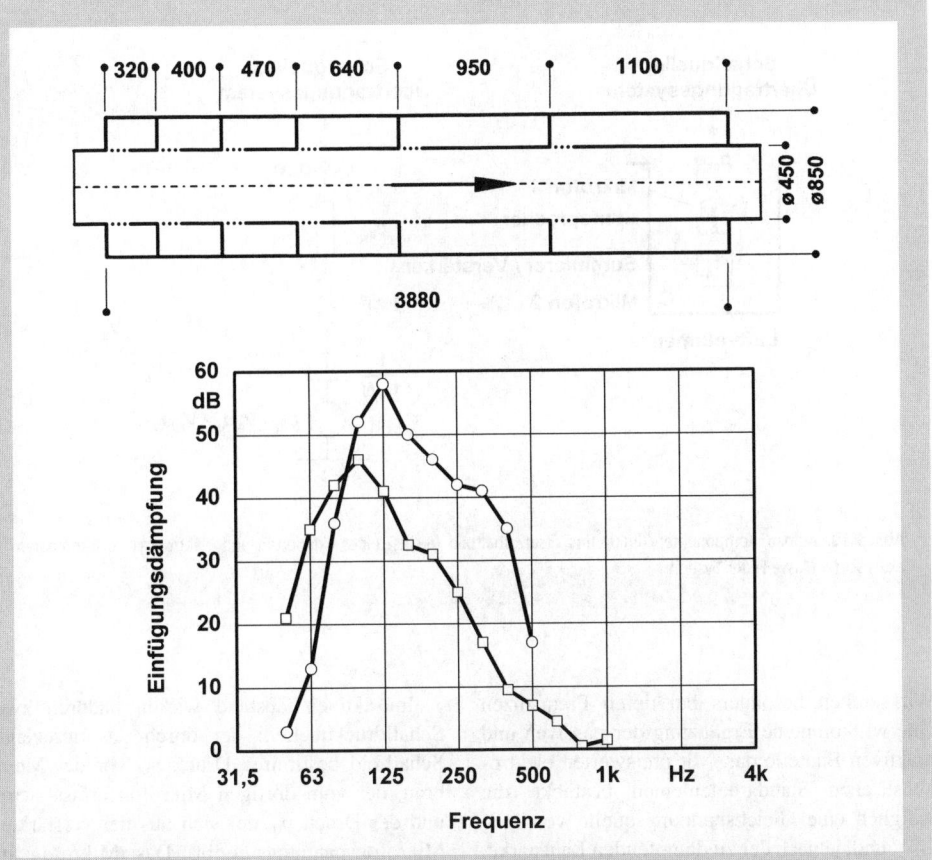

Abb. 9.29 Längsschnitt sowie Einfügungsdämpfung D_e eines Rohr-Schalldämpfers mit sechs Kammern: □ im Prüfstand gemessen (20 °C); ○ Rechnung für 180 °C

masse wirksamen Länge $t_{eff} = t + 1{,}7\,r$. Darin gibt der erste Ausdruck die Reibung der Luft in den Löchern wieder, der zweite die Masse der in den Löchern mitschwingenden Luft und der dritte die Nachgiebigkeit des in der Kammer eingeschlossenen Luftvolumens. Der Schalldämpfer wirkt bei langgestreckten Kammern im Wesentlichen als $\lambda/4$-Resonator mit den Kammerteillängen L_a und L_b.

Der Schalldämpfer nach Abb. 9.30 fand Einsatz im Kamin eines Heizkraftwerkes mit Kohlestaubverbrennung [9.58]. Über einen 40 m hohen Kamin mit einem Durchmesser von 450 mm werden dort die Verbrennungsabgase, die nach Filterstufen noch mit Reststäuben versehen sind, bei einer Abgastemperatur von 180 °C und 10 m s^{-1} Strömungsgeschwindigkeit abgeleitet. Zur Einhaltung der Anforderungen war für die Oktaven von 63–250 Hz eine zusätzliche Dämpfung von bis zu 30 dB notwendig. Der Betreiber kann im Rahmen der Anlagenwartung eine jährliche Reinigung der Lochbleche und Kammern mit einem einfachen Hochdruck-Dampfreiniger durchführen.

9.8 Aktive Resonatoren

Die in Abschn. 9.5 bis 9.7 beschriebenen Schwingsysteme, bestehend aus konzentrierten akustischen Elementen (Masse, Feder, Reibung) und modalen Komponenten (biegesteife Platte, Wellenleiter, Hohlkammer), lassen sich durch die Integration elektromechanischer Aktivatoren in ihrer schalldämpfenden Wirkung erweitern und steigern. Einige dieser neuartigen aktiven – oder besser: aktivierten – Schallabsorber stellen wegen ihrer kompakten Bauweise und hohen

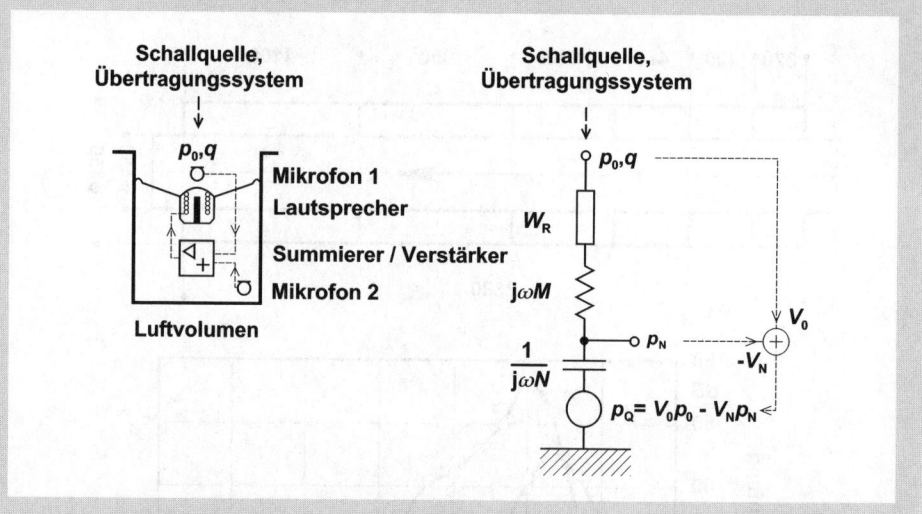

Abb. 9.30 Aufbau, Komponenten (links) und Ersatzschaltbild (rechts) eines aktivierten und elektronisch abstimmbaren akustischen Masse-Feder-Systems

Wirksamkeit besonders bei tiefen Frequenzen eine willkommene Ergänzung der passiven und reaktiven Bauteile dar. Mit preiswerten elektroakustischen Standardelementen bestückt, die lediglich eine Gleichspannungsquelle von z. B. 24 V und, je nach der zu dämpfenden Lautstärke, kaum mehr als 8 W elektrische Leistung verlangen, haben aktive Resonatoren als Serienprodukte bereits praktische Bedeutung im technischen Schallschutz erlangt, z. B. integriert in Raumklimageräten [9.59] und Absauganlagen [9.60]. In [9.1, Teil 4] findet sich eine kurzgefasste Übersicht über den aktuellen Stand dieser Entwicklungen.

Gegenüber konventionellen aktiven, auch als „Antischall" bezeichneten Schallschutzmaßnahmen zeichnen sich die aktiven Resonatoren durch eine preiswerte, robuste Bauweise ohne den für eine aktive Schallfeldbeeinflussung erforderlichen Hardware- und Softwareaufwand aus. Abbildung 9.30 zeigt z. B. eine Ausführung, basierend auf einem Masse-Feder-System in der Form eines Konus-Lautsprechers, dessen Spule von einem Verstärker gespeist wird, welcher die Signale zweier Mikrofone empfängt. Das eine erfasst den Schalldruck vor der Lautsprechermembran. Seine Spannung wird mit derjenigen des zweiten Mikrofons verknüpft, welches den Schalldruck im Rückvolumen hinter der Membran erfasst.

Im aktiven Zustand wirken dadurch zwei Schalldruckquellen: der durch das anregende Schallfeld bestimmte Druck p_M vor der Membran, der vom dortigen Mikrofon erfasst wird, und der Druck p_0, der sich aus der verstärkten Mikrofonspannung ergibt. Das Mikrofon im Rückvolumen erfasst den Druck p_N, der separat verstärkt in die Generierung von p_0 einfließt. Nach den Rechenregeln für derartige Schaltungen, die in [9.61] umfassend dargestellt sind, folgt die Impedanz der aktiven Kassette:

$$W = \frac{1}{1+V_0}\left(r + j\omega M + \frac{1-V_N}{j\omega N}\right) \qquad (9.77)$$

mit der Reibung r, Masse M und Nachgiebigkeit N des passiven Systems. Die neuen Möglichkeiten zur Abstimmung seiner Impedanz auf das jeweilige Spektrum durch die separat einstellbaren Verstärkungen V_0 und V_N lassen sich anhand der Gl. (9.77) diskutieren: mit Hilfe von V_0 kann der in Abschn. 9.5.1 definierte Kennwiderstand des Resonators aktiv beeinflusst werden. Eine Verkleinerung der Impedanz wirkt sich im vorgegebenen Resonanzbereich vorteilhaft auf die Absorption aus. Dies zeigt die fett ausgezogene Kurve in Abb. 9.31 im Vergleich zur dünnen. Mit der Verstärkung V_N wird dagegen die wirksame Nachgiebigkeit des Rückvolumens und damit die Resonanzfrequenz des Masse-Feder-Systems ak-

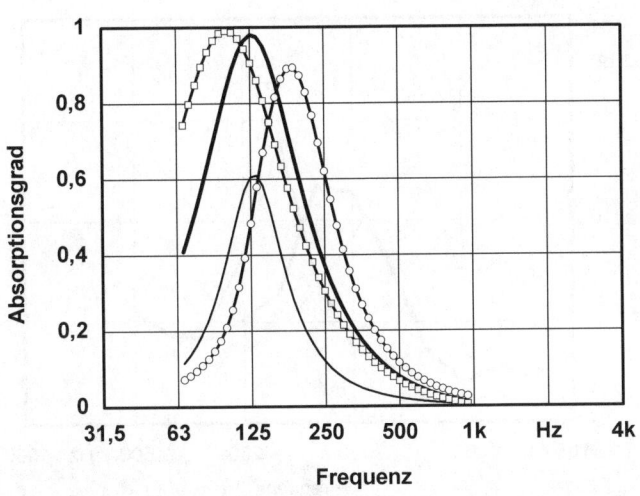

Abb. 9.31 Absorptionsgrad α des Masse-Feder-Systems nach Abb. 9.30, berechnet für senkrechten Schalleinfall nach [9.1, Teil 4]; — ohne Verstärkung, passiv; o mit Verstärkung (V_0, V_N negativ); — mit Verstärkung (V_0); □ mit Verstärkung (V_0, V_N positiv)

tiv einstellbar. Auch dies zeigt Abb. 9.31 für einen positiven bzw. negativen Wert von V_N in sehr guter Übereinstimmung mit Messungen im Kundtschen Rohr, vgl. [9.1, Teil 4, Abb. 9.8a]. Wenn man die Einfügungsdämpfung einer 25 × 25 × 16 cm großen Schalldämpferkassette, seitlich an einen 25 × 25 cm großen Rechteckkanal angeflanscht, bestimmt [9.60], wird die praktische Bedeutung einer solchen Variabilität deutlich (Abb. 9.32).

Natürlich begrenzt die elektroakustische Stabilität des Regelkreises die einstellbare Verstärkung. Auch die angekoppelten Kanalelemente können die Wirksamkeit der aktiven Resonatoren beeinflussen. Gegenüber Kassetten mit nur einer Rückführung [9.59] lässt sich diejenige in Abb. 9.30 aber – ohne Austausch der mechanischen Komponenten – mit ihrem Wirkungsmaximum leicht um eine Oktave beliebig verschieben. Besonders attraktiv erscheint dabei eine automatische Abstimmung nach dem jeweiligen Betriebszustand der Schallquelle mit Hilfe der Signale einfacher Stellglieder oder z. B. Drehzahlmesser.

In [9.1, Teil 4] wird auch bereits ein Abzweigresonator nach Abschn. 9.7.1 für den Einsatz als Schalldämpfer an Heizkesseln beschrieben [9.62]. Hier schließt eine nur mit *einem* Sensor ausgestattete aktive Kassette den $\lambda/4$-Wellenleiter ab. Die Beschreibung seiner vorderseitigen Impedanz bei zunächst rückseitig schallhartem Abschluss erfolgt für den unbedämpften Fall nach Gl. (9.42). Bei den daraus ableitbaren Resonanzfrequenzen nach Gl. (9.73) verschwindet der Imaginärteil der Impedanz, so dass zumindest diese Voraussetzung für hohe Absorptions- bzw. Dämpfungswirkung erfüllt ist. Für den allgemeinen Fall einer beliebigen rückseitigen Abschlussimpedanz W_L der Hohlkammer gilt für die vorderseitige Impedanz [9.63]:

$$W_0 = \frac{W_L \cos\frac{\omega L}{c_0} + j\varrho_0 c_0 \sin\frac{\omega L}{c_0}}{j\frac{W_L}{\varrho_0 c_0}\sin\frac{\omega L}{c_0} + \cos\frac{\omega L}{c_0}}. \quad (9.78)$$

Der Übergang zu Gl. (9.42) ist für sehr hohe Impedanzen (schallharter Abschluss) leicht nachzuvollziehen. Um nun die aktiven Abzweigresonatoren zu beschreiben, ist in Gl. (9.78) für W_L die Impedanz des aktiven Masse-Feder-Systems nach Gl. (9.77) einzusetzen. Das Ergebnis für einen beidseitig an ein Modell eines Absorbers angeflanschten Prototyp zeigt Abb. 9.33. Durch die Aktivierung (V_0) wird die Grundfrequenz dieses Abzweigresonators von 250 nach 63 Hz verscho-

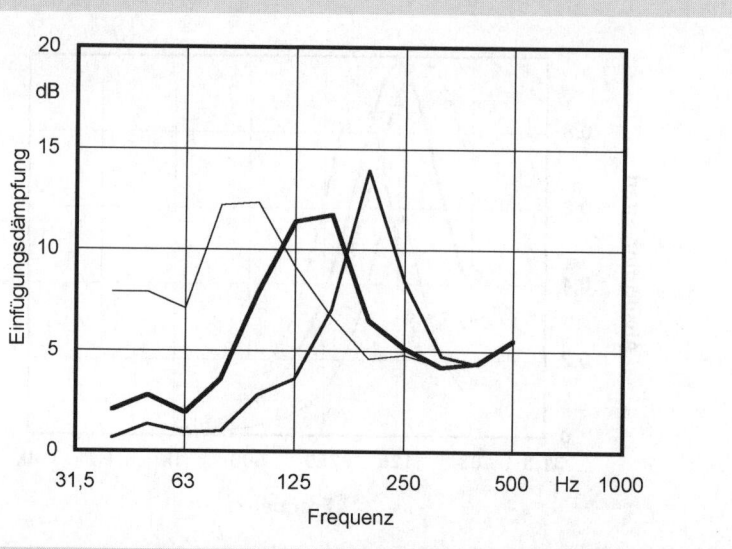

Abb. 9.32 Einfügungsdämpfung D_e, gemessen an einem 25 cm × 25 cm-Rechteckkanal, eines aktiven Masse-Feder-Resonators nach Abb. 9.30 mit Verstärkung; — nur V_0; — V_0, V_N negativ; — V_0, V_N positiv

ben. Letztere spart hier also erheblich an der notwendigen Baulänge ein. Allgemein bestätigt sich ein weiteres Mal die Eignung aktiver Komponenten zur Entwicklung besonders kompakt bauender Tiefenschlucker. Ihr praktischer Einsatz muss nicht auf Masse-Feder- und $\lambda/4$-Systeme beschränkt bleiben.

9.9 Mikroperforierte Absorber

In den vorausgegangenen Abschnitten wurde ein Überblick gegeben über alle klassischen Materialien für und Bauformen von Schallabsorbern. Noch bestehen diese überwiegend aus den verschiedensten faserigen oder porösen Stoffen, die sich Luftschallwellen gegenüber passiv verhalten (Abschn. 9.3). Andererseits rücken heute diverse Resonatoren immer mehr in den Vordergrund, die mit dem sie anregenden Schallfeld auf sehr unterschiedliche Weise interagieren (Abschn. 9.4 bis 9.8). Ob letztere nun materiell mit Platten, Folien oder Membranen (Abschn. 9.5 und 9.8) oder nur mit unterschiedlich ausgeformten Luftvolumina (Abschn. 9.6 und 9.7) zum Mitschwingen veranlasst werden: auch ihre Wirksamkeit kann in den meisten Fällen durch das Anbringen bzw. Einbringen einer kleineren oder größeren Menge akustischen Dämpfungsmaterials aktiviert

bzw. optimiert werden. Vor 25 Jahren konnte G. Kurtze [9.64] nachweisen, dass man Decken- oder Wandverkleidungen mit möglichst dicken passiven Schichten nach Abschn. 9.3 und Abb. 9.34a hinter Lochplatten mit mindestens 15% Lochanteil einfach und wirtschaftlich durch ähnlich perforierte Blechkassetten, Holz- oder Gipskartonplatten mit einer viel dünneren vorder- oder rückseitigen Vlies- bzw. Stoffbespannung ersetzen kann (s. Abb. 9.34b).

Abbildung 9.35 zeigt, wie sich bei einer Vliesbespannung mit unterschiedlichem Strömungswiderstand bei $d \cong \lambda/4$ ein breites Absorptions-Maximum einstellt, bei $d \cong \lambda/2$ zwar ein relatives Minimum bleibt, aber für $d \cong \lambda/8$ beim Anbringen eines optimalen Strömungswiderstandes $\alpha \cong$ 80% etwa wie bei einem homogenen passiven Absorber nach Abb. 9.3 und Gl. (9.28) erreichbar sind. Wenn also der Abstand d nur groß genug ist, lassen sich so Schallabsorber insbesondere für raumakustische Zwecke bauen, die auch zu tieferen Frequenzen sehr breitbandig realisierbar sind. Allerdings bleibt das gewohnte Loch- oder Schlitzbild des konventionellen Sicht- und Abriebschutzes für konventionelle poröse bzw. faserige Absorber auch dann andeutungsweise erhalten, wenn das Vlies zum Raum hin angebracht wird, weil eine gewisse Durchströmung und damit Verschmutzung der Lochabdeckungen auf

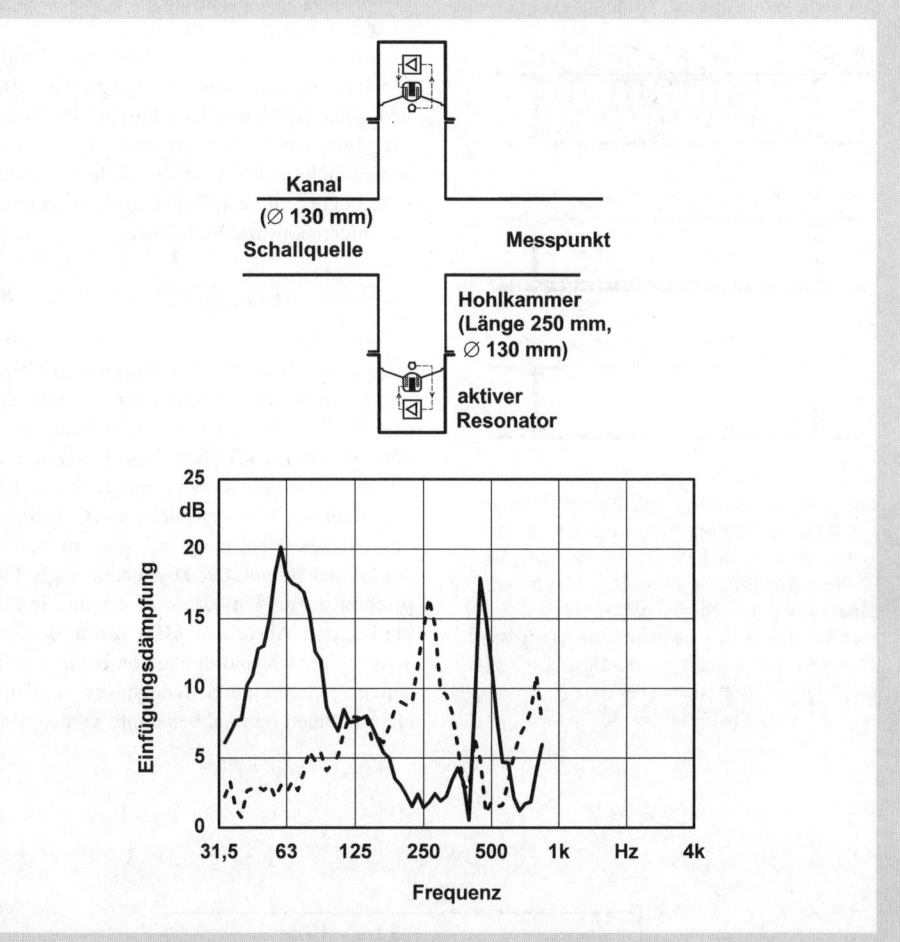

Abb. 9.33 Einfügungsdämpfung D_e, gemessen an einem 13 cm $\varnothing$ Abgasrohr eines aktiven $\lambda/4$-Abzweigresonator-Paares ohne (- - -) und mit Verstärkung V_0 (—).

Dauer fast unvermeidlich ist, selbst wenn man auf dem vorderseitigen Vlies noch einen „Akustik"-Putz aufträgt.

In ästhetischer wie ergonomischer und hygienischer Hinsicht hat D.-Y. Maa [9.65] mit seiner Idee für einen mikroperforierten Plattenabsorber nicht nur die Entwicklung völlig neuartiger Akustikbausteine angestoßen, die ganz ohne den Einsatz poröser oder faseriger Dämpfungsmaterialien auskommen (s. Abb. 9.34c). Da sich ihre akustische Wirksamkeit fast unabhängig von der Wahl des Plattenmaterials exakt einstellen lässt, ermöglichen mikroperforierte Absorber erstmals auch optisch transparente oder transluzente Schallabsorber z. B. aus Acrylglas, Polycarbonat, PVC oder ETFE [9.66, 9.67].

In allen inzwischen schon sehr vielfältig in der Praxis erprobten Varianten schwingt die Luft in vielen nebeneinander angeordneten Löchern (a, b) oder Schlitzen als Masse zusammen mit der Luft im Zwischenraum (d) zu einer in der Regel schallharten Rückwand gemäß Abb. 9.36a als Feder nach Art eines Helmholtz-Resonators nach Abschn. 9.6. Gegenüber konventionellen Lochflächenabsorbern nach Abschn. 9.6.1 und den in Abschn. 9.6.2 vorgestellten Schlitzresonatoren [9.44] wird in mikroperforierten Absorbern allerdings nur ein verhältnismäßig kleines Lochflächenverhältnis σ (bevorzugt in der Größenordnung von 1 %) gewählt. Vor allem wird aber die kleinste Abmessung der Löcher oder Schlitze ($2r_0$) stets so klein gemacht, dass sie in die Größenordnung der akustischen Grenzschicht gerät, s. Abb. 9.36 b und Gl. (9.33).

Bei allen porösen Schallabsorbern, in denen Luftschwingungen durch Reibung bedämpft werden sollen, spielt das Verhältnis aus Porenabmessung quer zur Schwingungsrichtung und Grenzschichtdicke δ eine wichtige Rolle. Für zylindrische Löcher mit dem Radius r_0 [mm] liefert z. B. das dimensionslose Verhältnis

$$x = \frac{r_0}{\delta} = 0{,}65\, r_0 \sqrt{f} \qquad (9.79)$$

mit f [Hz] eine qualitative Aussage darüber, wie wirkungsvoll die Wandhaftung die Schwingungen in den Löchern bedämpfen kann. In konventionellen Lochflächen-Absorbern mit $2 < r_0 < 25$ mm bleibt die Reibung mit $10 < x < 500$ so lange gering, wie man nicht durch Anbringung zusätzlichen Dämpfungsmaterials in der Nähe der Löcher für additive Dissipation sorgt. Für typische Lochgrößen $0{,}05 < r_0 < 5$ mm in mikroperforierten Absorbern MPA bleibt r_0 dagegen stets in der Größenordnung von δ; die durch Resonanz verstärkten Schwingungen in den Löchern können optimal bedämpft werden. Für of-

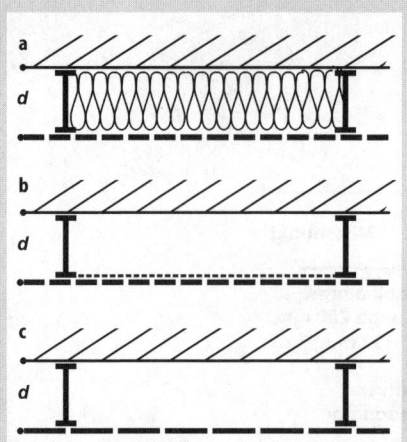

Abb. 9.34 Raumakustische Verkleidungen für Wände und Decken. **a** Perforierte Platten mit mehr als 15% Lochanteil; Hohlraum zumindest teilweise mit porösem/faserigem Dämpfungsmaterial gefüllt; **b** Lochplatte wie **a**, aber mit einem porösen/faserigen Strömungswiderstand dünn bespannt; **c** mikroperforierte Platte oder Folie mit ca. 1% Lochanteil – ohne jegliche Dämpfung hinter oder vor der Platte

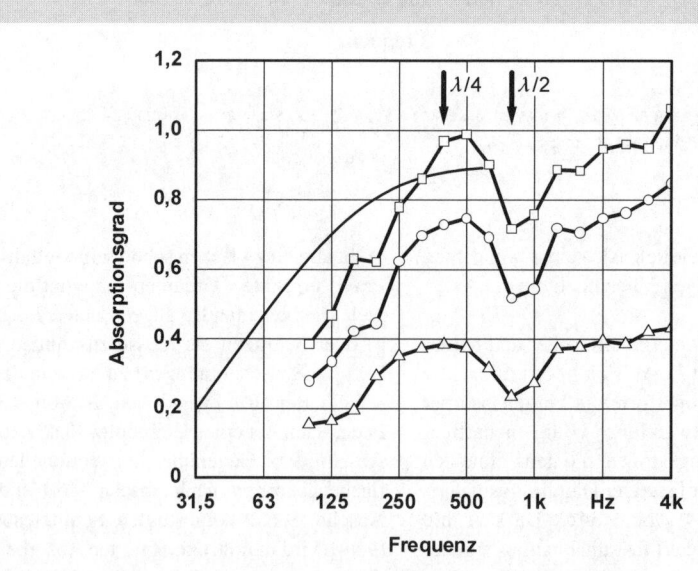

Abb. 9.35 Im Hallraum gemessener Absorptionsgrad α einer Lochblech-Kassettendecke nach Abb. 9.34a und b mit $d = 200$ mm und — poröser/faseriger Absorber gleicher Dicke d, nach Abb. 9.3; □ 7 mm Vliesauflage (1 kg m^{-2}); ○ 5 mm Vliesauflage (0,5 kg m^{-2}); △ 0,6 mm Vliesbespannung

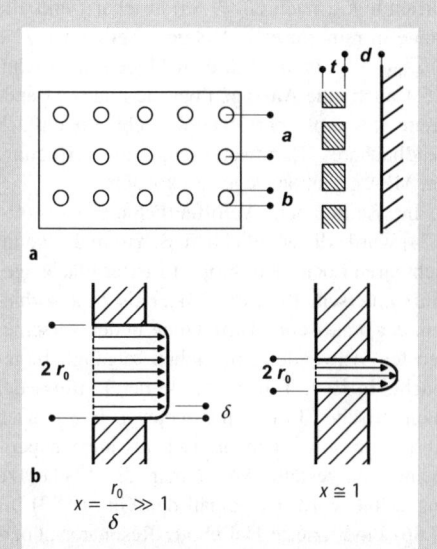

Abb. 9.36 Zum Prinzip der mikroperforierten Absorber (MPA): **a** Draufsicht und Schnitt (schematisch); **b** Schnelleverteilung der Schwingungen in großen (links) und kleinen (rechts) Löchern oder Schlitzen

fenporige Schäume empfehlen sich ebenfalls Porengrößen zwischen 0,1 und 0,5 mm, um hohe innere Reibung auch ohne Resonanzeffekte erreichen zu können. Wenn man dasselbe Modell der Reibung in engen Kanälen auf die üblichen künstlichen Mineralfasern überträgt, so wie es im Rayleigh-Modell [9.2, S. 235] allgemein üblich ist, so ergeben sich aus mittleren Faserdurchmessern nach [9.18, Tab. 19.7] von 4 bis 15 μm zwar stark vom optimalen Wert $x \cong 1$ abweichende Reibungsparameter. Tatsächlich lässt sich durch Vergleich der Theorie des Rayleigh-Modells mit Messungen an realen Faserabsorbern aber ein effektiver Porenradius zwischen 65 und 125 μm bestimmen [9.17]. Damit ergeben sich interessanterweise ungefähr wieder die Werte $0{,}5 < x < 5$, ganz ähnlich wie beim MPA.

Man kann also die Mikroperforation je nach anvisiertem Frequenzbereich so einrichten, dass das Verhältnis x für r_0 im Submillimeter-Bereich nicht viel von 1 abweicht. Mit entsprechend feiner Perforation (r_0) kann man die Reibung für die Schwingungen in den Löchern auch für höhere Frequenzen gerade so einstellen, dass es zur optimalen Bedämpfung des Resonators keines zusätzlichen Dämpfungsmaterials vor, in oder hinter den Löchern oder gar im Hohlraum dahinter bedarf. Mit der „inhärenten" Reibung und der vollständig durch die geometrischen Parameter definierten Wirkungsweise lassen sich mikroperforierte Absorber exakt aus den Auslegungsparametern berechnen und genau auf das vorgegebene Schallspektrum auslegen.

Bei gut wärmeleitenden Platten aus Metall oder Glas lassen sich in einer thermischen Grenzschicht, die von gleicher Größenordnung wie die akustische ist [9.7, S. 79] zusätzliche Verluste durch Wärmeableitung identifizieren. Bei sonst gleicher geometrischer Auslegung sollten also z. B. mikroperforierte Absorber aus Glas eine etwas größere inhärente Absorption aufweisen als solche aus Acrylglas. In ungefährer Übereinstimmung mit anderen Autoren (z. B. [9.2]) führt Maa für den Fall, dass es sich bei der Platte um ein wärmeleitendes Material (z. B. Metall, Glas oder Keramik) handelt, im Grenzschichtparameter x zur dynamischen Viskosität η noch zusätzliche Verluste mit dem Wert 0,024 g m^{-1} s^{-1} ein, so dass

$$x = 0{,}42\, r_0\, \sqrt{f} \qquad (9.80)$$

Gl. (9.79) für mikroperforierte Bauteile mit guter Wärmeleitung ersetzt.

9.9.1 Mikroperforierte Platten

Die Theorie der MPA und ihre lange Vorgeschichte, die bis in die 40er-Jahre des vorigen Jahrhunderts zurückreicht und bei welcher K. A. Velizhanina eine wichtige Rolle gespielt hat, wird ausführlich in [9.68] beschrieben. Hier soll die Wandimpedanz einer mikroperforierten Anordnung nach Abb. 9.36 gemäß Gl. (9.6), auf den Kennwiderstand der Luft bezogen,

$$W = r' + j\left(\omega m' - \operatorname{ctg}\frac{\omega d}{c_0}\right) \qquad (9.81)$$

in der Näherung von Maa [9.65] für zylindrische Löcher zur Beschreibung der MPA herangezogen werden.

Gegenüber dem einfachen Feder-Masse-System, wie es in Abschn. 9.5.1 und 9.6.1 schon als Modell für Resonanzabsorber mit konzentrierten Elementen ($d \ll \lambda$) behandelt wurde, beschreibt der cot $\omega d/c_0$ in Gl. (9.81) die Tatsache, dass für die hier angestrebten relativ breitbandig wirksamen MPA der Hohlraum zwischen Lochplatte und Wand für höhere Frequenzen genau genommen einen Hohlkammerresonator darstellt. Für $d = \lambda/4$ würde dieser bei nicht zu großen Werten der flächenbezogenen, mit $\varrho_0 c_0$ normierten Masse der in den Löchern schwingfähigen Luft m' ein entsprechend r' gedämpftes Schwingungsmaximum zulassen. Andererseits wird $\cot \omega d/c_0$ für $d = \lambda/2$ unendlich groß, so dass bei der entsprechenden Frequenz ebenso wie bei ganzzahligen Vielfachen derselben kein Mitschwingen und daher, im Rahmen dieses Modells, auch keine Absorption möglich ist. Da nur für sehr kleine Frequenzen

$$\operatorname{ctg} \frac{\omega d}{c_0} \cong \frac{c_0}{\omega d} \qquad (9.82)$$

gilt, tendiert die Frequenz des Absorptionsmaximums gegenüber einer wie auch immer gearteten Grobabschätzung nach Gl. (9.55) zu etwas niedrigeren Frequenzen. Der Hauptunterschied zum konventionellen Helmholtz-Resonator steckt aber natürlich in der (über den Grenzschichtparameter x) stark frequenzabhängigen Form von r' und m' in Gl. (9.81)

$$m' = \frac{t}{c_0 \sigma} K_{\mathrm{m}};$$
$$K_{\mathrm{m}} = 1 + (9 + 0{,}5\, x^2)^{-1/2} + 1{,}7\, r_0 t^{-1};$$

$$r' = \frac{8\eta}{\varrho_0 c_0} \frac{t}{\sigma r_0^2} K_{\mathrm{r}} \cong 0{,}34\,(0{,}78) \cdot 10^{-3}\, \frac{t}{\sigma r_0^2} K_{\mathrm{r}};$$
$$K_{\mathrm{r}} = (1 + 0{,}031\, x^2)^{1/2} + 0{,}35\, x\, r_0 t^{-1} \qquad (9.84)$$

wobei der jeweils letzte Summand in den für MPA charakteristischen Multiplikatoren K_{m} und K_{r} unschwer als spezielle „Mündungs-Korrekturen" zu erkennen sind, die – wie beim klassischen Helmholtz-Resonator – mit dem Verhältnis r_0/t die mitschwingende Masse erhöht, aber bei kleinen Löchern (r_0 [mm]) und dicken Platten (t [mm]) an Bedeutung verliert.

Mit der Näherung (9.84) ohne (bzw. mit) Verluste(n) durch Wärmeleitung in r' kann man die mikroperforierten Absorber in Analogie zum einfachen Feder-Masse-System nach Abschn. 9.6.1 hinsichtlich ihrer Haupt-Resonanzfrequenz

$$f_{\mathrm{MPA}} = 54 \cdot 10^3 \sqrt{\frac{\sigma}{d\, t\, K_{\mathrm{m}}}} \;\; [\mathrm{Hz}] \qquad (9.85)$$

und ihres normierten Kennwiderstandes

$$Z'_{\mathrm{MPA}} = \sqrt{\frac{t\, K_{\mathrm{m}}}{d\, \sigma}} \;\; [-] \qquad (9.86)$$

charakterisieren, wenn man nur den, wiederum über x nach Gl. (9.79) bzw. (9.80) vom Frequenzbereich der Auslegung abhängigen Korrekturfaktor K_{m}, nach Gl. (9.83) abschätzt und alle Maße in mm einsetzt. Aus dem Verhältnis $(r' + 1)/Z'_{\mathrm{MPA}}$ folgt dann nach dem Modell in Abschn. 9.5.1 auch eine Aussage über die relative Bandbreite des Absorbers. Damit steht ein einfach handhabbares Handwerkszeug zur Verfügung, um MPA gezielt auslegen zu können.

In zahlreichen Veröffentlichungen [9.69–9.74] wurde die Möglichkeit, Schall in den kaum sichtbaren Löchern mikroperforierter Flächengebilde unterschiedlichsten Materials zu absorbieren, der praktischen Umsetzung in den verschiedensten Anwendungsbereichen zugänglich gemacht. In [9.1, Teil 5] wurde der Einfluss der geometrischen Einstellparameter a, b, d, t nach Abb. 9.36 sowohl theoretisch als auch experimentell dargestellt. Wenn man die Löcher zu eng wählt, wird der gemäß den Gln. (9.83) bis (9.86) modifizierte Helmholtz-Resonator „überdämpft". Macht man sie andererseits zu groß, so muss man wieder mit additivem Dämpfungsmaterial, z. B. einem Vlies, für die zur optimalen Absorption nötige Reibung sorgen.

Beim Übergang vom senkrechten zum schrägen oder diffusen Schalleinfall verschiebt sich nach [9.65] gemäß

$$\alpha = \frac{4 r' \cos \theta}{(r' \cos \theta + 1)^2 + \left(\omega m' \cos \theta - \cot \dfrac{\omega d \cos \theta}{c_0} \right)^2} \qquad (9.87)$$

für $\theta > 0$ das Absorptionsmaximum zu etwas höheren Frequenzen und fällt etwas niedriger aus. Weil aber nicht nur r' effektiv kleiner wird, sondern auch Z'_{MPA}, nimmt die relative Bandbreite im Diffusfeld etwas zu. Während die Übereinstimmung zwischen Rechnung und Messung bei senkrechtem Einfall immer als gut zu bezeichnen ist ($< 5\%$ Unterschied in α (0)), stellt man bei Messungen im Hallraum nicht selten fest, dass die theoretischen Werte, insbesondere bei höheren Frequenzen, etwas überschritten werden. Man liegt also hier mit der Abschätzung nach Maa in der Regel auf der sicheren Seite. Dies kann aber beim Einsatz von mikroperforierten Absorbern unter streifendem Schalleinfall, z. B. als Resonatoren in Kulissenschalldämpfern, wieder anders sein, wenn man den Hohlraum hinter der Lochplatte nicht kassettiert. Durch eine zum Raum hin konvex gewölbte Ausführung, wie er in [9.68, Abb. 11] dargestellt ist, lässt sich die Bandbreite der Wirksamkeit weiter steigern, so dass es möglich ist, über mehr als zwei Oktaven mehr als 50 % der auftreffenden Schallenergie zu schlucken.

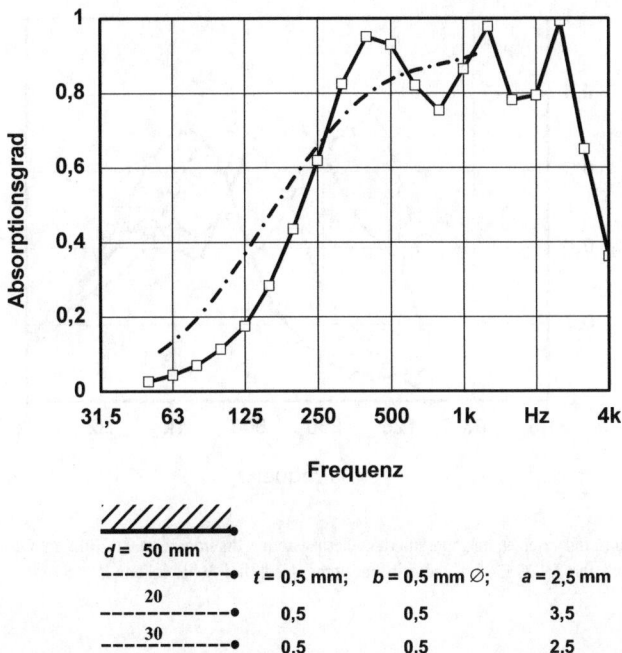

Abb. 9.37 Absorptionsgrad α eines dreilagigen MPA-Aufbaues aus Aluminium, berechnet für senkrechten Schalleinfall [9.29]. Zum Vergleich: poröser/faseriger Absorber gleicher Dicke nach Abb. 9.3 (–·–·–)

Wenn die Bandbreite eines einlagigen mikroperforierten Absorbers nicht ausreicht, kann man auch zwei oder drei mikroperforierte Platten hintereinander mit vorzugsweise wachsendem Abstand zueinander so anordnen, dass die höheren Frequenzanteile vor allem in der vorderen und die tieferen vor allem in den nachgeordneten Platten absorbiert werden. Abbildung 9.37 zeigt so ein Auslegungsbeispiel mit einer Bandbreite von 4 Oktaven [9.29].

Wie dies schon bei der Behandlung von Plattenresonatoren nach Abschn. 9.5 diskutiert wurde, kann man natürlich auch durch Anordnung unterschiedlich abgestimmter Module (z. B. Holzpaneele mit variierendem Abstand) nebeneinander auch mit mikroperforierten Absorbern zu sehr breitbandigen Schallschluckern gelangen. Wenn man z. B. bei einer Ausführung als mikroperforierter Blechkassetten-Unterdecke die Abhängehöhe d variiert, dann lässt sich auch dadurch eine gewisse Breitbandigkeit erzielen. Abbildung 9.38 zeigt diesen Einfluss für $t = 0,5$ mm dicke Stahlbleche mit 0,5 mm großen Löchern und einem Perforationsgrad von weniger als 1%.

Weiter oben wurde schon darauf hingewiesen, dass die effektive Masse der Luft in den Löchern dem Perforationsgrad σ umgekehrt proportional ist, vgl. Gl. (9.83). Will man aber nur über kleine Werte σ und große Werte t zu tiefen Frequenzen hin auslegen, so kann man zwar gemäß Gl. (9.84) auch gleichzeitig r' erhöhen. Die Bandbreite wird aber dennoch begrenzt, weil nach Gl. (9.86) Z''_{MPA} dann ebenfalls zunimmt. Abschließend soll auf eine noch wichtigere Begrenzung dieser an sich naheliegenden Vorgehensweise hingewiesen werden: Wenn m' in den Löchern in die Größenordnung der flächenbezogenen Plattenmasse $m''/\varrho_0 c_0$ kommt oder sogar größer als diese wird, lässt sich der so ausgelegte Absorber nicht anregen. Wenn das Massenverhältnis

$$\frac{m'}{m''/\varrho_0 c_0} = \frac{\varrho_0 K_{\text{m}}}{\varrho \sigma} < 1 \qquad (9.88)$$

mit der Dichte ϱ des mit σ mikroperforierten Flächengebildes viel größer als 1 wird, so verhält sich dieses u. U. wie ein Plattenresonator nach Abschn. 9.5.2.

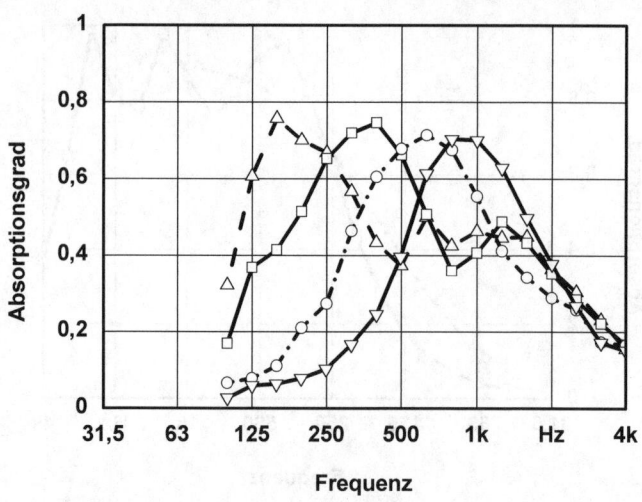

Abb. 9.38 Absorptionsgrad α einer mikroperforierten Blechkassetten-Unterdecke mit $t = 0{,}5$ mm, $b = 0{,}5$ mm, $a = 5$ mm, gemessen nach DIN EN 20354 im Hallraum bei unterschiedlicher Abhängehöhe $d = 50$ ($\triangledown$), 100 (○), 200 (□), 400 ($\triangle$) mm

9.9.2 Mikroperforierte Folien

Die Entwicklung einer Familie von sehr unterschiedlich mikroperforierten Akustikelementen begann nach ersten Bohrversuchen an Prototypen aus Aluminium 1993 mit dem Schneiden von Löchern und Schlitzen in Acrylglas mittels eines entsprechend programmierten Einstrahllasers. Danach wurde das Bohren in Kunststoffen mit einer Mehrspindelmaschine produktiv. Stahlbleche dünner als 1 mm ließen sich bald darauf mit Stanzwerkzeugen zu Deckenkassetten mikroperforieren. Für die Anwendung von dünnen Blech- und Kunststoffteilen für den Schallschutz an Kraftfahrzeugen haben es inzwischen auch spezielle Schlitzverfahren mit anschließendem Walzprozess bis zur Serienreife gebracht.

Kunststofffolien lassen sich am Besten über mit heißen Nadeln bestückte Walzen mikroperforieren, wobei die Löcher mit $d \cong t$ für eine optimale Auslegung recht zahlreich sein müssen (ca. 250 000/m^2). Da in einem solchen „Flächengebilde" mit einem Perforationsgrad von 1 % die Hohlraumresonanzen entsprechend dem cot-Term in Gl. (9.81) offenbar gut angeregt werden, kann man das „Kopf"-Maximum des MPA gemäß Abb. 9.39 mit wachsendem d weit zu tiefen Frequenzen verschieben und trotzdem einen relativ hohen „Rücken" bei mittleren und langen „Schwanz" bei hohen Frequenzen erhalten. Die daraus resultierende Breitbandigkeit dieses speziellen Helmholz-Resonators, dessen ungedämpfter Hohlraum über ein mikroperforiertes Flächengebilde für auftreffende Schallwellen anregbar gemacht wird, erinnert an diejenige des Schlitzresonators in Abschn. 9.6.2, wenn dessen Hohlraum möglichst prall mit Dämpfungsmaterial gefüllt wird. Zu derart tiefen Frequenzen kann man mit so dünnen Folien allerdings wegen der Bedingung (9.88) nur gelangen, in dem man diese z. B. durch ein weitmaschiges Stützgerüst in Form bringt und so am Mitschwingen hindert. Wenn man aber, wie in [9.71] ausführlich beschrieben, auf den Frequenzbereich zwischen 250 und 4000 Hz abzielt, wie er etwa in „Spaßbädern" oder „Flaschen-Kellern" dominiert, so bietet eine zweilagige MPA-Variante gemäß Abb. 9.40 die passende Absorption, wie das Ergebnis einer entsprechenden Schallschutzmaßnahme im Dachbereich eines Bades mit einer Halbierung der Nachhallzeit deutlich macht.

Transparente MPA-Folien empfehlen sich natürlich besonders als Bespannungen und Rollos vor Glasfenstern und -fassaden [9.75], wenn die Vorsatzschale aus Acrylglas [9.30, 9.43, 9.66–9.68] wegen ihres höheren Preises nicht in Frage

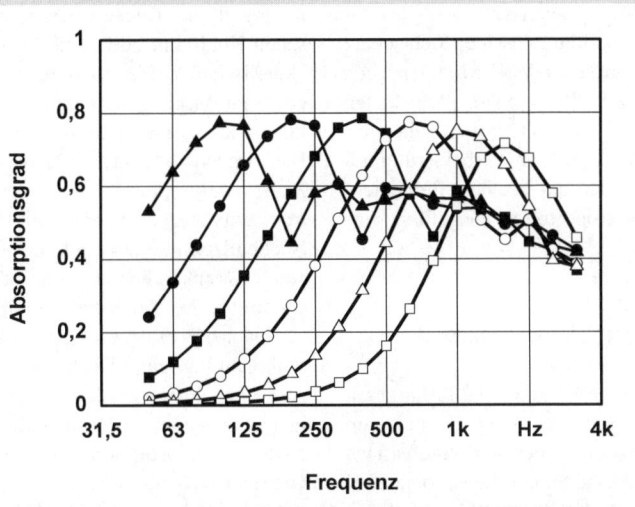

Abb. 9.39 Absorptionsgrad α (für senkrechten Schalleinfall, ohne Wärmeleitung), berechnet nach Abschn. 9.9.1 für Lochdurchmesser $b = 0{,}2$ mm, Lochabstand $a = 2$ mm, Folienstärke $t = 0{,}2$ mm bei Abständen $d = 25$ (□), 50 (○), 100 (△), 200 (■), 400 (●), 800 (▲) mm

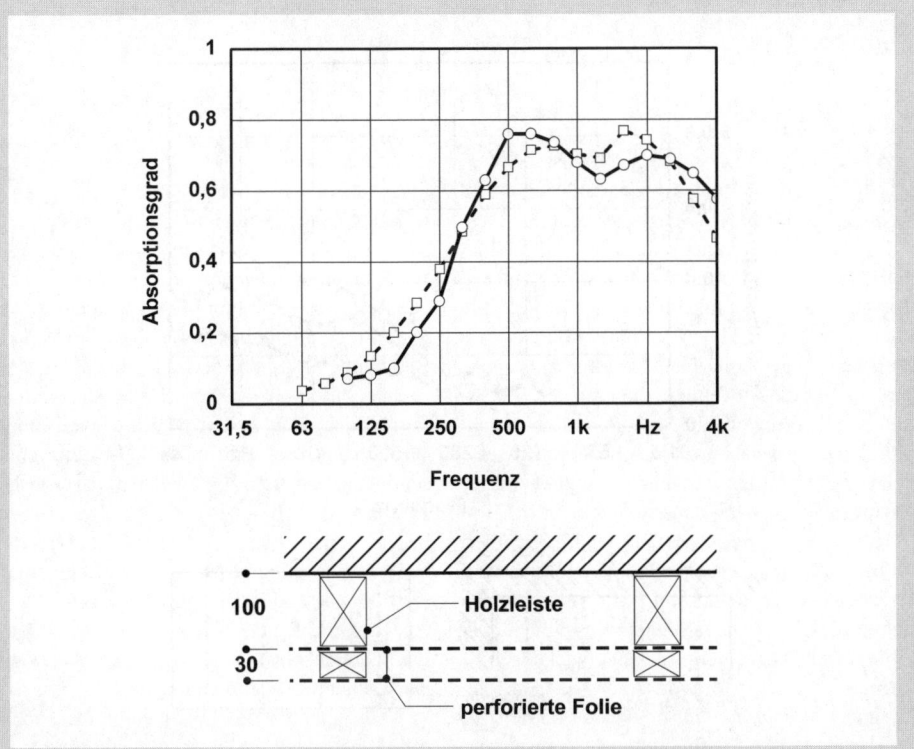

Abb. 9.40 Absorptionsgrad α zweilagiger mikroperforierter Folienabsorber im Abstand von $d = 100$ und 130 mm: ○ Messung, □ Rechnung für diffusen Schalleinfall

9.9 Mikroperforierte Absorber

kommt. Transluzente, bedruckte oder gezielt eingefärbte MPA-Folien eignen sich auch als für tiefe Frequenzen schalldurchlässiger Sichtschutz vor dahinter angeordneten VPR-Modulen nach Abschn. 9.5.3, s. z. B. [9.41]. Vor allem bieten aber „Spanndecken" aus PVC-Folien sehr vielfältige neue Möglichkeiten zur Verbesserung des Lärmschutzes und der akustischen Behaglichkeit, wenn diese mikroperforiert ausgeführt werden.

9.9.3 Mikroperforierte Flächengebilde

Bei allen in Abschn. 9.9.1 und 9.9.2 diskutierten mikroperforierten Bauteilen ging es stets um Luft-in-Luft-Resonatoren, deren Bautiefe nach Gln. (9.85) und (9.82) nicht nur die Resonanzfrequenzen, sondern nach Gln. (9.86) und (9.46) auch die Bandbreite ihres Wirkungsmaximums mitbestimmt. Die akustisch aktivierten Folien bewähren sich aber in großen Werkhallen, Atrien und Auditorien auch dann als Mitten- und Höhenschlucker, wenn sie nicht mit einer schallharten Wand oder Decke einen rundum abgeschlossenen Hohlraum bilden. Es ist bekannt, dass die „klassischen" MPA zu tieferen Frequenzen hin etwas an Wirkung verlieren, wenn besagtes Luftkissen akustisch nicht richtig geschlossen ist. Dass irgendwie waagerecht oder schräg frei im Raum aufgespannte mikroperforierte Folien trotzdem über zwei bis drei Oktaven hin die Nachhallzeit in einer Halle bei 1000 Hz von 3,6 auf 2,1 s senken konnten, war daher zunächst unerwartet [9.75]. Auch wenn mikroperforierte ebene Flächengebilde einfach parallel zueinander senkrecht von einer Decke oder auch Zwischendecke abgehängt werden, zeigen sie zu höheren Frequenzen hin im Diffusfeld eine bemerkenswerte Schallabsorption, die natürlich wiederum von allen geometrischen Parametern dieser Anordnung stark beeinflusst wird (Abb. 9.41). Sie fällt aber in jedem Fall höher aus als für eine gleiche Anordnung aus Vlies oder Stoff [9.73].

Man kann auch für eine erhebliche zusätzliche Absorption im Raum sorgen, indem man z. B.

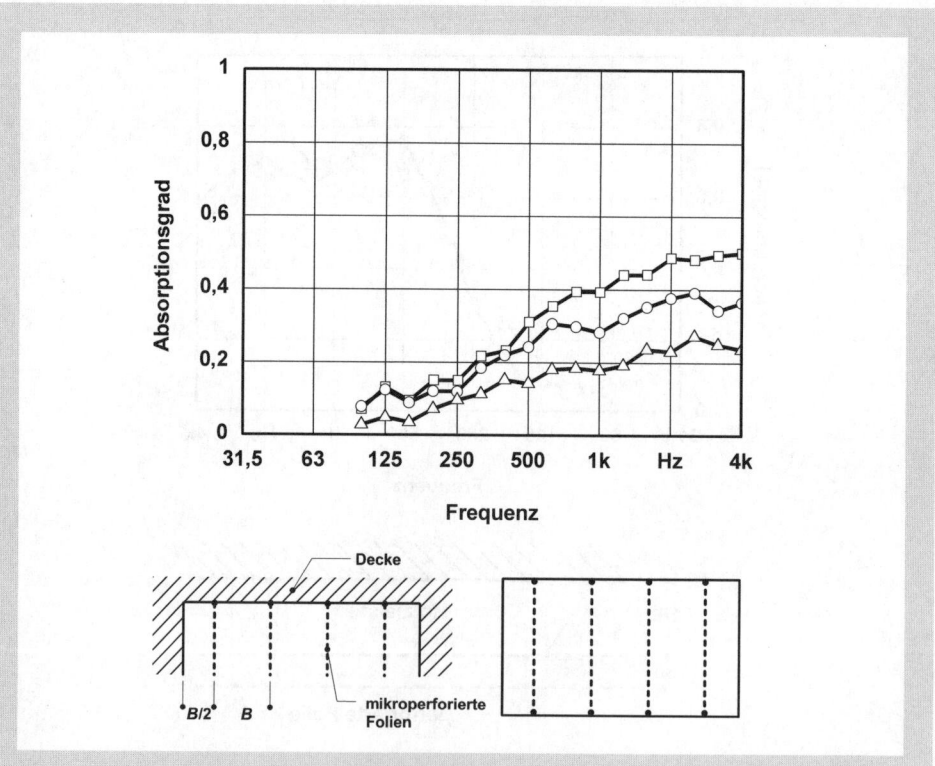

Abb. 9.41 Absorptionsgrad α für diffusen Schalleinfall auf parallel frei aufgespannte oder abgehängte mikroperforierte Folien vor schallharter Fläche, im Rahmen gemessen bei $B =$ 170 (□), 330 (○), 525 (△) mm

großflächig frei verlegte Lüftungskanäle mit einer Mikroperforation versieht [9.76]. Wenn die Löcher bei einem gewissen Überdruck im Kanal durchströmt werden, was im Hinblick auf die Belüftung des Raumes nicht unerwünscht sein muss, so erhöht sich diese Absorption sogar noch etwas. Außerdem kann der mit der Strömung im Inneren des Kanals, z. B. vom Ventilator her, mitgeführte Lärm bei mittleren und tiefen Frequenzen um einige dB pro m gedämpft werden. Bei den äußeren wie den inneren Dämpfungsmechanismen wirkt offenbar die ruhende oder auch bewegte Luft im Kanal als konzentrisch komprimierbares Luftkissen, ähnlich wie in Abschn. 9.6 beschrieben, indem im einen Fall die von außen auftreffenden, im anderen die innen näherungsweise eben fortschreitenden Wellen diesen nochmals wesentlich modifizierten Helmholtz-Resonator zum Mitschwingen und damit zum Absorbieren anregen.

Schließlich kann man mit mikroperforierten Blechen oder Folien nicht nur Kanäle oder andere Hohlkörper bauen und versuchen, möglichst viel Schall in ihrer Hülle zu schlucken. Es erscheint auch vorteilhaft, derartige flächige und räumliche Gebilde nach Art von Schalldämpfern, die konventionell mit porösem/faserigem Material nach Abschn. 9.3 arbeiten, stattdessen mit einem wiederum mikroperforierten Flächengebilde zu „füllen". Anstelle von sehr eng beieinander angeordneten Poren und Fasern im μm-Bereich lassen sich durch u. U. extrem dünne mikroperforierte Folien, die in den Hohlraum hinein gefaltet, gerollt oder „geknüllt" werden, Löcher oder Kanäle in kleinerer aber immer noch ausreichender Zahl in einer mehr oder weniger gleichmäßigen Verteilung zwischen Teilkammern unterschiedlicher Größe „aufspannen".

Durch und durch mikroperforierte Schalldämpfer, wie sie in Abb. 9.42 schematisch dargestellt sind, könnten Vorteile bieten: die großen innen wie außen zusammenhängenden mikroperforierten Flächengebilde (z. B. aus Edelstahl) können harte Stöße und anhaltende Vibrationen besser auffangen und aushalten als unzusammenhängende, relativ spröde Mineralfasern oder Hartschäume nach Abschn. 9.3. Ihre fast geschlossenen glatten Oberflächen verschmutzen außerdem weniger und lassen Flüssigkeiten abtropfen. Abbildung 9.42 zeigt den an zwei Prototypen mit 100 mm Bautiefe im Kundtschen Rohr gemessenen Absorptionsgrad.

9.10 Hochintegrierte Absorber

Die vorausgegangenen Abschnitte gaben einen aktuellen Überblick über die verschiedenen Wirkungsweisen und Bauarten altbekannter, aber auch einiger neuartiger marktgerechter Luftschallabsorber. Dabei stand die Erläuterung der im Einzelnen sehr unterschiedlichen physikalischen Dämpfungsmechanismen ordnend im Vordergrund. In der Praxis der Lärmbekämpfung und bei der raumakustischen Gestaltung besteht aber oft die Aufgabe darin, z. B. einen bestimmten bewerteten Schallpegel, etwa nach Gl. (9.18), bzw. eine wünschenswerte Nachhallcharakteristik, etwa nach Gl. (9.11), sicher einzuhalten bzw. exakt einzustellen.

Es kommt dann darauf an, mit einer möglichst wirksamen und kostengünstigen Auswahl oder einer optimalen Kombination von geeigneten Absorbern das gesteckte oder vorgegebene Ziel unter den jeweiligen Einbau- und Betriebs- bzw. Nutzungsbedingungen zu erreichen. Je breiter die Palette ist, aus der sich ein erfahrener Berater oder Planer bedienen kann, um so besser wird er den an ihn gestellten Erwartungen gerecht. Bei der Fülle des Angebots auch innovativer Absorber-Typen kann er allerdings nicht in jedem Anwendungsfall einfach auf Katalogwerte der Hersteller bauen. Für die so wichtigen tiefen Frequenzen ist das in [9.23] vorgeschlagene Messverfahren mit einem bedämpften Hallraum zwar noch in der Diskussion. Die anstehenden Probleme können aber nicht auf die Verabschiedung entsprechender Normen warten. Die neuen Technologien werden sich auch ohne aktualisierte Prüfverfahren durchsetzen, wenn sie sich nur in der Praxis bewähren.

Um beispielsweise die Geräusche eines 3-MW-Ventilators eines Kfz-Windkanals in der Messstrecke zu eliminieren, ist es nach [9.77] nicht sehr sinnvoll, die Luft auf konventionelle Weise durch enge, mit Fasern gestopfte Schalldämpferpakete zu pressen. Stattdessen kann man die mittleren und hohen Frequenzanteile in verhauteten Schaumprofilen dämpfen [9.18], die in die Umlenkvorrichtungen auch strömungsmechanisch sinnvoll integriert werden (s. Abschn. 9.3.2). Die tiefen Frequenzen lassen sich ebenfalls ohne wesentlichen Druckverlust in Membran-Absorbern nach Abschn. 9.6.3 schlucken, die gemäß Abb. 9.43 mit ihren glatten metallischen Oberflächen die Strömung an den Wänden und Zwischenwänden der beiden 180°-Umlenkungen optimal um die vier Ecken herumführen.

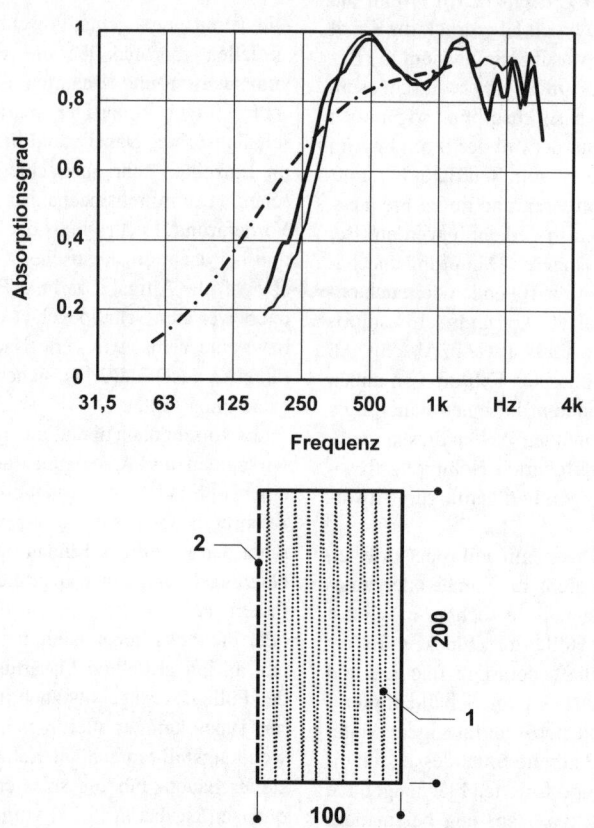

Abb. 9.42 Absorptionsgrad α, gemessen bei senkrechtem Schalleinfall, auf eine Schalldämpferpackung aus ca. 20 Lagen mikroperforierter Folie *1* mit Lochblech-Abdeckung *2* regelmäßig wie skizziert (—) bzw. unregelmäßig gefaltet (—). Zum Vergleich: poröser/faseriger Absorber gleicher Dicke nach Abb. 9.3 (–·–)

Seit Abschluss dieses Pilotprojektes gehören Umlenkschalldämpfer in dieser und ähnlicher Bauart zur Standardempfehlung bei Schalldämpferauslegungen, um gegenüber Gl. (9.20) einen kräftigen „Umlenk-Bonus" von bis zu 15 dB zu nutzen [9.78].

Will man z. B. eine denkmalgeschützte Industriehalle mit viel Glas und Stuck zu einem Großraumbüro oder Mehrzweckraum umrüsten, so kann man, wie in [9.43] modellhaft gezeigt wird, im aufgeständerten Unterboden, hinter einer Projektionsfläche, aber auch auf den zu erhaltenden Kranschienen, ja sogar vor den großen Fenstern geeignete Schallabsorber unauffällig anbringen (Abb. 9.44). Man muss sich dazu nur von der klassischen 20 bis 100 mm dicken Fasermatte hinter einer, wie gewohnt, auffällig perforierten Abdeckung als Akustikverkleidung der Wände lösen. Wenn man Architekten, Bauherren und Nutzern erklärt, dass die notwendige Raumdämpfung bei rechtzeitiger Planung in die nicht tragenden Bauteile und Einrichtungsgegenstände förmlich integriert oder ihr selbst die Gestalt von nützlichen, harten Bauelementen gegeben werden kann, dann lassen sich bestehende Aversionen gegenüber Akustikmaßnahmen in stahlharter und glasklarer Umgebung vielleicht abbauen.

Aber erst wenn man den gesamten Hörbereich des Menschen von unter 50 Hz bis weit in den kHz-Bereich hinein an ein und derselben Begrenzungsfläche mit geringer Bautiefe bei entsprechendem Bedarf praktisch vollständig absorbieren kann (s. Abschn. 9.10.1), werden sich manche Zweifler von der Bedeutung der Akustik für an-

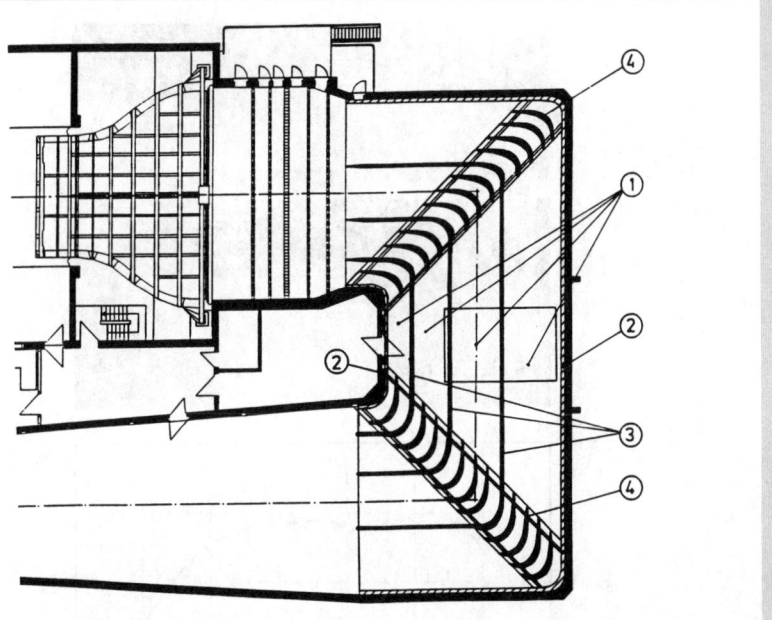

Abb. 9.43 Umlenkschalldämpfer in den Ecken eines Fahrzeug-Windkanals nach [9.18, 9.77]: *1* Aufteilung der Luftführung in ungleiche Kanäle mit gleicher Einfügungsdämpfung und gleichen Druckverlusten, *2* Wandverkleidung aus Membran-Absorbern, *3* Kulissen mit „Rücken-an-Rücken"-Anordnung von Membran-Absorbern, *4* Umlenkschaufeln mit profilierter und absorbierender Schaumstoff-Beschichtung

spruchsvolle Arbeits- und Aufenthaltsräume überzeugen lassen. Mit ebenen Kompaktabsorbern, welche Tiefenabsorber nach Abschn. 9.5.3 mit Höhenabsorbern nach Abschn. 9.3.2 hintereinander auf engstem Raum konzentrieren, lassen sich sogar reflexionsarme Räume für akustische Präzisionsmessungen an technischen Schallquellen ausgestaltet (s. Abschn. 9.10.2). Besonders erfolgreich am Markt ist seit 1996 auch ein neuartiges Lärmminderungskonzept [9.49], das die an lauten Abgasanlagen üblicherweise *vor* dem Schornstein in separaten Gehäusen aufwändig zu installierenden Schalldämpfer durch eine *in* den Schornstein integrierte Verkleidung aus Edelstahl-Paneelen zur Dämpfung der hier meistens dominierenden tiefen Frequenzanteile ersetzt, s. Abschn. 9.10.3.

9.10.1 Breitband-Kompaktabsorber

Abbildung 9.18 zeigt bereits einen sehr breitbandig ausgelegten Tiefenschlucker, welcher die freien Schwingungen einer „schwimmend" verlegten Stahlplatte mit der Dämpfung einer am Rande offenen Weichschaumplatte kombiniert. Bereits bei diesem Verbundplatten-Resonator spielte die möglichst elastische Verbindung zwischen schwingender Platte und dämpfender Schicht eine wichtige Rolle. Wenn gemäß Abb. 9.45 eine zweite poröse Schicht auf ähnliche Weise vor der Stahlplatte angebracht wird, dann entfaltet letztere nicht nur die in Abschn. 9.3.2 beschriebene Absorption bei höheren Frequenzen. Mit einer Dicke von 150 mm maximiert sie, wie nach Gl. (9.28) zu erwarten, den Absorptionsgrad oberhalb 250 Hz. Wie Fig. 9.46 verdeutlicht, wird in Hallraummessungen bei tieferen Frequenzen die Absorption des Resonators aber ebenfalls stark angehoben. Offenbar erreicht bei dieser Konfiguration, in der die Platte allseitig weich eingebettet frei schwingen kann, das Dämpfungspotenzial dieses kombiniert reaktivpassiven Breitband-Kompaktabsorbers BKA ein Optimum.

Dabei geht es hier nicht so sehr um die absolute Höhe der Messwerte. Man kann α-Werte größer als 1 bei höheren Frequenzen bekanntlich

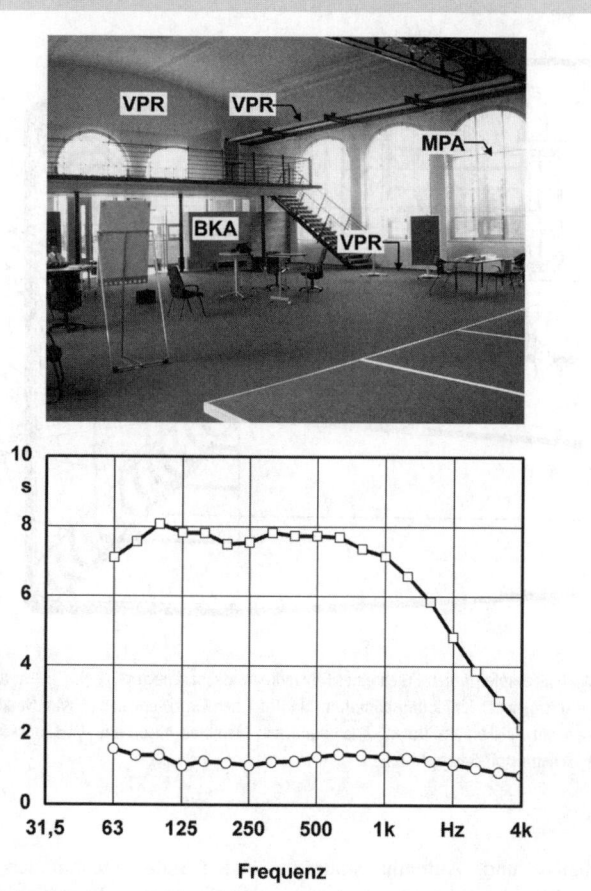

Abb. 9.44 Akustisches Design (mit unauffällig installierten ALFA-Modulen) und Nachhallzeiten T in einer als Schulungszentrum umgebauten denkmalgeschützten Fabrikhalle [9.92]; □ Ursprungszustand, ○ Endzustand

mit der üblichen Anordnung von Diffusoren im Hallraum, dem Einfluss von Beugungseffekten am Rande des Prüfkörpers, aber auch mit der nach Norm vorgeschriebenen Verwendung der Sabineschen Formel erklären

$$\alpha_s = 0{,}163 \frac{V}{S_x}\left(\frac{1}{T_m} - \frac{1}{T_o}\right) \qquad (9.89)$$

mit dem Hallraum-Volumen V [m³], der Prüffläche S_x [m²] und den Nachhallzeiten mit bzw. ohne Prüfling T_m bzw. T_o [s]. Im Gegensatz zu im Kundtschen Rohr bei senkrechtem Schalleinfall oder bei unter einem anderen Winkel einfallenden Schallwellen gemessenen Absorptionsgraden, die den Wert 1 nicht überschreiten, sollte man sich nach [9.7, Kap. 2.5, S. 273] deshalb

nicht über α_s-Werte bis ca. 1,2 wundern. Die Ergebnisse in Abb. 9.46 zeigen jedenfalls, dass man mit einem nur 250 mm dicken BKA mit 1 mm starker Stahlplatte offenbar den gesamten praktisch interessierenden Hörbereich abdecken kann. Der Einfluss von noch dickeren Platten (bis 2,5 mm) lässt sich allerdings auch in derart konditionierten Hallräumen nicht mehr so eindeutig quantifizieren wie durch Messung der Nachklingzeiten bei den Eigenresonanzen des Raumes (vgl. Abschn. 9.4 und 9.5.3).

Im zur Zeit wohl leisesten Windkanal [9.79] wurden BKA einerseits als Wandauskleidung am Kollektor und andererseits als beidseitig wirksamer Schalldämpfer in den Umlenkeinrichtungen (hier in Kombination mit An- und Abströmkappen aus offenporigem Weichschaum) integriert, siehe

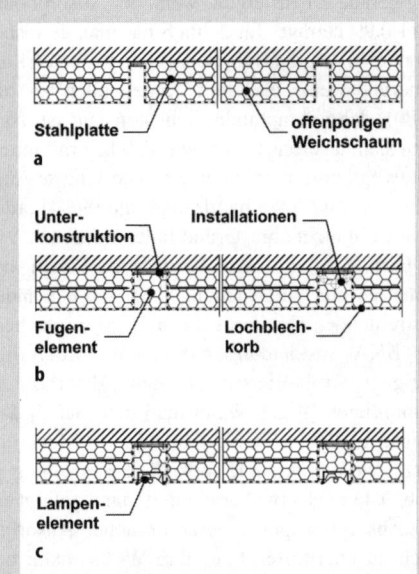

Abb. 9.45 Breitband-Kompaktabsorber mit 1 bis 2,5 mm dicker Stahlplatte, eingebettet zwischen 10 bzw. 15 cm dicken offenporigen Weichschaum-Platten mit **a** offenen Fugen, **b** Passstücken für Leitungen, Kanäle usw., **c** integrierten Leuchtkörpern

Abb. 9.47. Einige raumakustische Anwendungen der BKA werden z. B. in [9.43] beschrieben.

9.10.2 Reflexionsarme Raumauskleidungen

Die in Abschn. 9.5.3 und 9.10.1 beschriebenen Verbundplatten-Resonatoren und Breitband-Kompaktabsorber wurden zwar ursprünglich für die Gestaltung von Schallfeldern in hochwertigen Abhörräumen von professionellen Audio- und Videostudios [9.39], aber auch als Hilfsmittel zur Schaffung einer geeigneten raumakustischen Umgebung für die Mehrkanalwiedergabe bei anspruchsvollen Musikliebhabern [9.42] entwickelt. Angesichts ihrer in Abb. 9.46 dargestellten Absorptionseigenschaften lag es aber nahe, auf dieser Basis eine neuartige reflexionsarme Auskleidung für akustische Mess- und Prüfräume zu schaffen [9.80].

Bei tiefen Frequenzen, für welche reflexionsarme Räume nicht mehr sehr groß gegenüber der Wellenlänge sind, bildet sich, wie in Abschn. 9.4 beschrieben, ein ungleichförmiges Schallfeld aus. Die neuartige BKA-Auskleidung trägt diesem Umstand Rechnung, indem sie, anders als bei der konventionellen Auskleidung mit Keilabsorbern und entgegen einer Forderung in DIN 45635, die rückseitigen Resonatoren *nicht* gleichmäßig auf alle Begrenzungsflächen verteilt, sondern diejenigen mit den dicksten Ble-

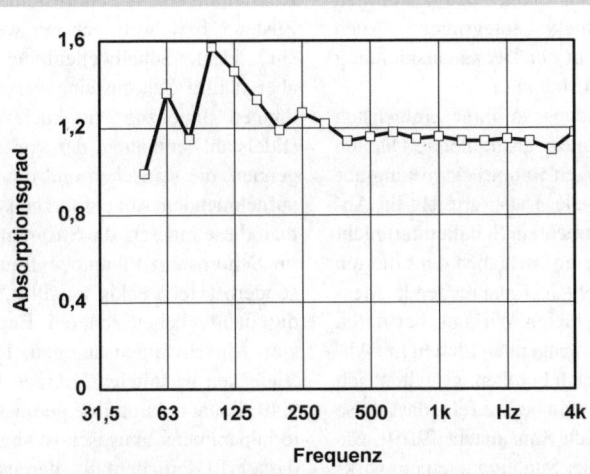

Abb. 9.46 Absorptionsgrad α von sechs BKA-Modulen mit 1 mm dicker Stahlplatte, gemessen im Hallraum nach Abb. 9.15, bezogen auf $S_\alpha \cong 11\ m^2$

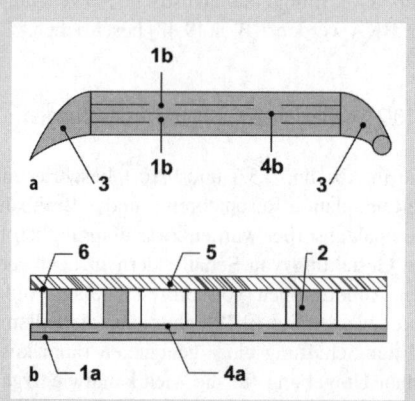

Abb. 9.47 Integration von BKA-Modulen in die Wand-Verkleidungen **a** und Kulissen-Schalldämpfer **b** in einem Aeroakustik-Windkanal eines Kfz-Herstellers [9.79]: *1a* 300 mm dicke BKA-Module, *1b* 250 mm dicke BKA-Module, *2* Schaumstoff-Schotts zur Bedämpfung des Hohlraums, *3* Schaumstoff-Profile zur Optimierunder Strömungsführung und Einfügungsdämpfung, *4a* 3 mm dicke Stahlplatte, *4b* 2 mm dicke Stahlplatte, *5* Betonwand bzw. -decke

chen bevorzugt in den Raumkanten platziert. Von hier können sie die Raummoden am wirksamsten bedämpfen. Bereichsweise, z. B. vor Türen, kann man die schweren Schwingbleche auch ganz fortlassen. Zwischen den stets mit Abstand montierten BKA-Modulen, deren bevorzugte Größe über 1 m^2 sein sollte, lassen sich Kanäle und Leitungen sowie andere Installationen zur jeweiligen Raumnutzung geschickt integrieren. Auch Leuchten lassen sich in der Deckenauskleidung versenken (s. Abb. 9.45b und c).

Die BKA-Auskleidung in ihrer einfachsten Form führt für breitbandig abstrahlende Quellen zu einer äußerst geringen Raumrückwirkung auf das Direktfeld der Quelle. Dabei erreicht ihr Absorptionsgrad bei senkrechtem Schalleinfall nicht unbedingt die von älteren Ausgaben der zitierten Normen geforderten 99 %. Entsprechende Messungen an Absorbern, deren Wirkung bei tiefen Frequenzen auf mitschwingenden Platten mit Abmessungen im m-Bereich beruhen, gestalten sich schwierig. Auch kann man bezweifeln, dass diese Forderung grundsätzlich Sinn macht [9.79]. Sie ist offensichtlich von der Situation in einem wirklich ebenen Wellenfeld (wie in einem Kundtschen Rohr) abgeleitet, in dessen aus hin- und rücklaufender Welle resultierendem Stehwellenfeld sich gemäß Gl. (9.8) und Tabelle 9.1 eine Welligkeit von gerade ±1 dB ergibt, wenn der Absorptionsgrad 0.99 beträgt. Tatsächlich hat man es insbesondere in den stets möglichst klein gebauten RaR näherungsweise eher mit Kugelwellen zu tun [9.80], deren Amplitude nicht konstant ist, sondern sich näherungsweise wie $-20 \lg r$ mit ihrem Laufweg kontinuierlich ändert. Die jüngste Ausgabe von ISO 3745 hat deshalb die 99 %-Forderung wohl nicht ohne Grund fallen gelassen.

Dennoch kann es in besonderen Fällen, bei denen es um Untersuchungen an schmalbandig abstrahlenden Quellen geht, u. U. Sinn machen, die BKA-Auskleidung mit einem vorderseitig geeignet strukturierten porösen Absorber zu kombinieren [9.82]. Wenn man dem Schall den Eintritt in die poröse Schicht z. B. aus Melaminharzschaum durch eine spezielle Formgebung in Abb. 9.48 noch etwas erleichtert, dann gelingt es, die Absorptionsgrade herkömmlicher Absorber noch zu übertreffen bzw. ihre Wirksamkeit bei hohen wie tiefen Frequenzen mit deutlich geringerer Bautiefe zu erreichen. Dies gelingt dadurch, dass die neuartigen asymmetrisch strukturierten Absorber nicht nur passiv gemäß Abschn. 9.3 absorbieren, sondern wegen ihrer spezifischen Materialdaten auch vorteilhaft mit dem Schallfeld reagieren. Eine ausführlichere Darstellung der neuartigen Auskleidungen für Freifeldräume [9.81] erscheint in diesem Verlag.

9.10.3 Schalldämpfende Schornsteininnenzüge

Rohrleitungen und Schornsteine stellen im neuen Zustand, bzw. wenn sie nur wenig verschmutzt sind, ideale Schallwellenleiter dar. Es werden aber häufig Schornsteine verwendet, die einen dünnen „Innenzug" aus hochwertigem Material (Edelstahl) enthalten, der von einem außen liegenden, die statischen und dynamischen Lasten aufnehmenden Außenrohr gehalten wird. Wenn man diese inneren, die Strömung und den Schall im Schornstein führenden Bauteile nicht rund, sondern (viel-) eckig ausführt, kann der Schall die dann ebenen inneren Begrenzungsflächen zum Mitschwingen anregen. Die in Form von Vielecken gestalteten Eckigen Innenzüge (Abb. 9.49) können durch ihre geometrischen und Materialparameter akustisch so abgestimmt werden, dass erforderlichenfalls bereits im Oktavband 31,5 Hz beginnend eine breitbandige und dem Frequenzspektrum der Lärmquelle (Ventilator) angepasste Einfügungsdämpfung erzielt wird. Aus den im 0,65 × 1,7 m großen Impedanzkanal

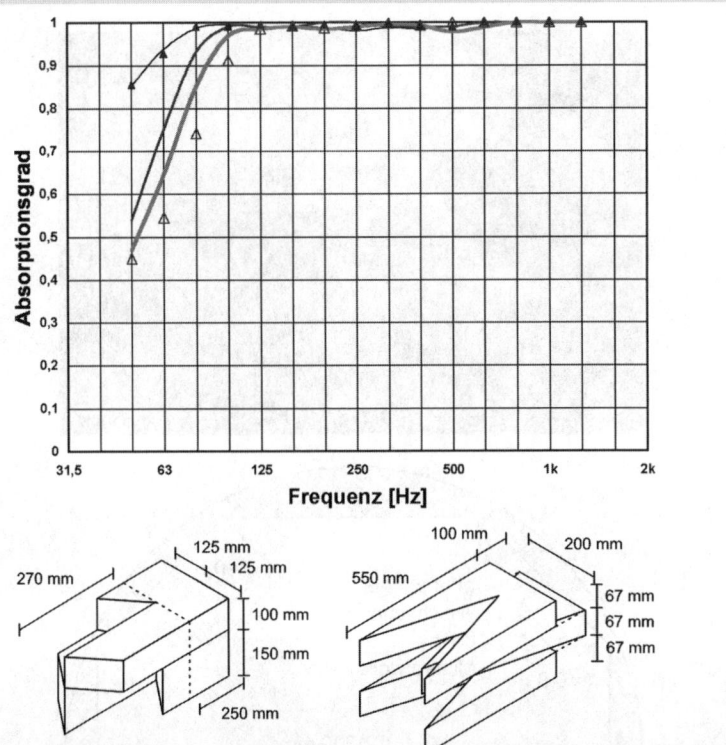

Abb. 9.48 Absorptionsgrad α verschieden strukturierter poröser bzw. faseriger Schallabsorber, gemessen im Kundt'schen Rohr mit 200 × 200 mm Querschnitt; ASA (Skizze links): 520 (—), 650 (—), 780 mm (—); Keile (Skizze rechts): 680 (△); 1075 mm (▲)

im Frequenzbereich von 30 bis 300 Hz gewonnenen α-Werten kann man mit der Pieningschen Formel (9.20) die zu erwartende Dämpfung ungefähr abschätzen. Inzwischen kann die Auslegung der Innenzüge mit Hilfe eines Computerprogramms schnell und einfach vorgenommen werden. Der Absorptionsgrad der einzelnen Plattenresonatoren wird aus den Impedanzen ihrer Eigenschwingungen (s. Gl. (9.48)) berechnet:

$$W_P = \frac{1}{\sum_m \sum_n \frac{1}{W_{mn}}}; \quad m, n = 1,3,5 \ldots \quad (9.90)$$

Eine Transferimpedanz W_T berücksichtigt die Wirkung des Luftvolumens entsprechend Gl. (9.42) und die Impedanz des Abschlusses hinter dem Luftvolumen [9.31]. Wellenwiderstand, Dicke des Absorbers und Ausbreitungskonstante im Absorber werden wie in Gl. (9.60) berücksichtigt. Mit $W = W_P + W_T$ berechnet sich der Absorptionsgrad α bei senkrechtem Schalleinfall dann wie in Gl. (9.8) angegeben.

Die Prinzipskizze in Abb. 9.49 zeigt eine auf 50 bis 200 Hz abgestimmte Anordnung eines Eckigen Innenzuges aus je $n = 2$ Platten mit 0,8 und 1 mm Dicke und aus $n = 4$ Platten mit 0,6 mm Blechstärke. Mit Hilfe einer an den Eckigen Innenzug der Länge l angepassten Pieningschen Formel kann so eine Dämpfung D abgeschätzt werden nach

$$D = \frac{1{,}5\,l}{S} \sum n_i \alpha_i U_i; \quad i = 1,2,3 \ldots \quad (9.91)$$

Abbildung 9.50 zeigt die gemessenen Dämpfungsmaße eines Schornsteines mit integriertem Schalldämpfer [9.85]. Im Foto, das bei der Montage entstand, erkennt man unten den leicht abgewinkelten, ebenfalls eckigen Anschlussteil des Schornsteines. Für diese vor allem bei 63 und 125 Hz relativ hohe Dämpfung wurde die gesam-

9.10 Hochintegrierte Absorber

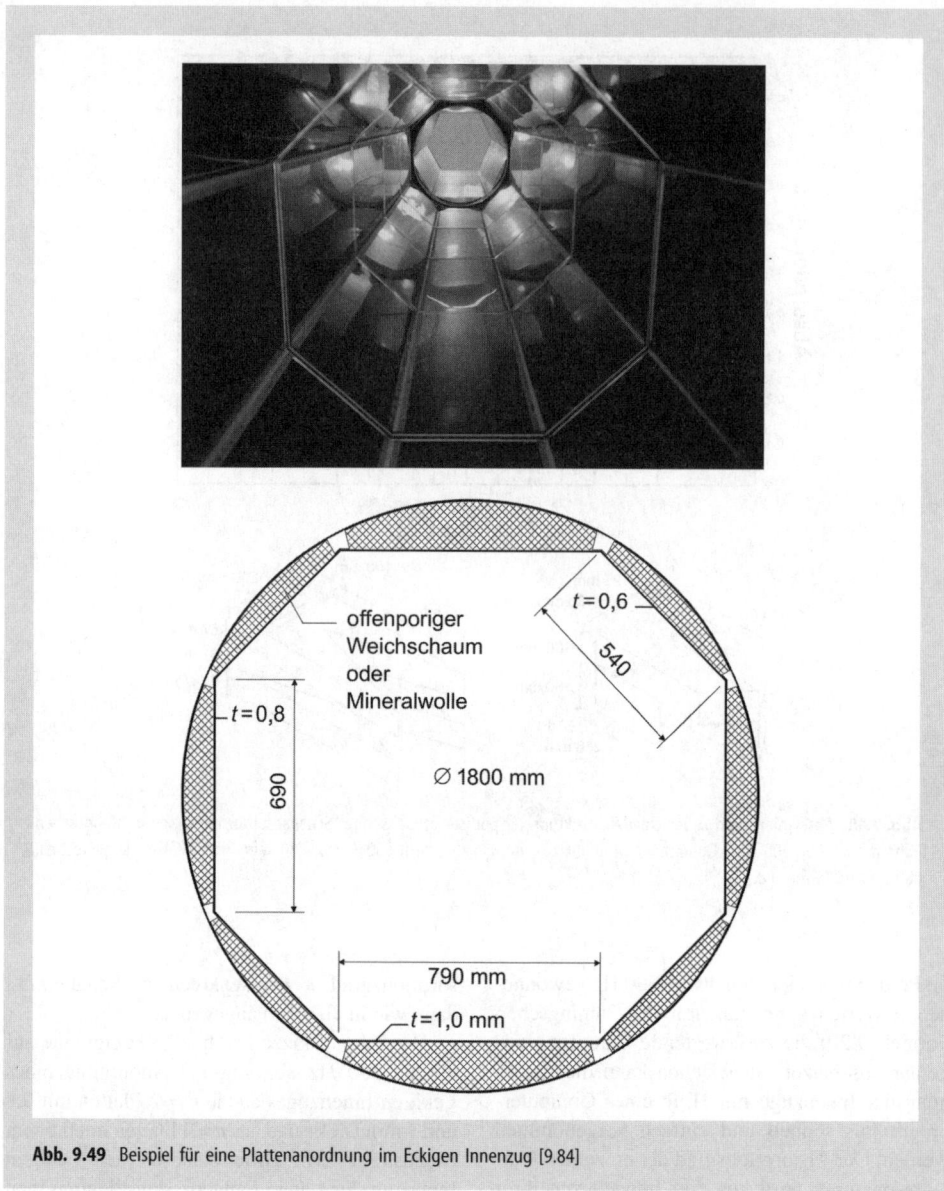

Abb. 9.49 Beispiel für eine Plattenanordnung im Eckigen Innenzug [9.84]

te zur Verfügung stehende Schornsteinlänge von 31 m genutzt. Bei 1,6 m innerem und 1,8 m äußerem Durchmesser sind auf jeweils 20 m Länge die Eckigen Innenzüge und zusätzlich auf 11 m Länge poröse Absorber eingebaut. Die Schalldämpfer werden zwei- bis dreimal pro Jahr mit Wasserstrahl über Inspektionsluken gereinigt. Weil sie fast druckverlustfrei arbeiten, spart der Betreiber gegenüber der alten Ausführung mit Kulissenschalldämpfern etwa 30 000 € pro Jahr an Energiekosten [9.49].

9.11 Schlussbemerkungen

Dieses Kapitel versucht, einen aktuellen Überblick über Materialien und Bauteile zu geben, die es dem beratenden und planenden Ingenieur ermöglichen, Lärmschutz und Raumakustik nach dem Stand der Technik zu gestalten. Dabei wird ein Schwerpunkt auf die Schalldämpfung bei tiefen Frequenzen und den Einsatz abriebfester Absorber mit glatten, möglichst geschlossenen Oberflächen gelegt. Etwa 70 % des Beitrags be-

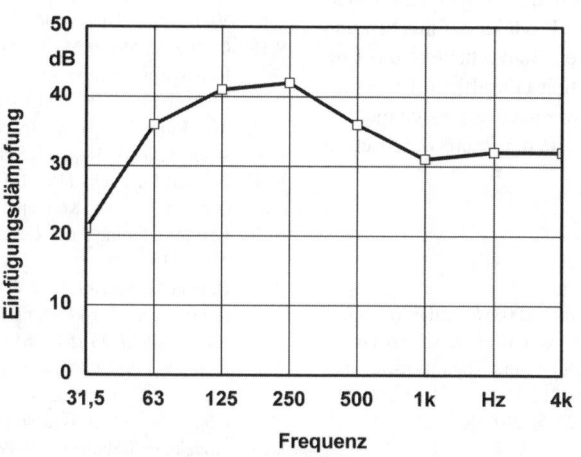

Abb. 9.50 Einfügungsdämpfung D_e und Montage des ersten (5 m langen) Schornsteins mit Eckigem Innenzug [9.85]

handeln neuartige Werkzeuge und Hilfsmittel zur Lösung akuter Probleme der technischen Akustik. Zum größten Teil sind diese das Ergebnis langjähriger Forschungs- und Entwicklungsarbeit einer Gruppe von Wissenschaftlern, Ingenieuren und Technikern am Fraunhofer-Institut für Bauphysik in Stuttgart.

An dieser zusammenfassenden Darstellung haben P. Brandstätt, D. Eckoldt, P. Leistner und X. Zha einen wesentlichen Anteil. Ihnen sei an dieser Stelle für ihre fortwährende Unterstützung bei diesem wie bei so vielen anderen Projekten, auch stellvertretend für ihre Arbeitsgruppen, gedankt. Um Grafik und Text in dieser wie in zahlreichen Veröffentlichungen für Fachzeitschriften haben sich unter anderen besonders K.-H. Bay und H. Habermann verdient gemacht. Dank gilt auch den zahlreichen industriellen Lizenz- und

Entwicklungspartnern, die es den Forschern ermöglichten, aus Ideen und Prototypen auf direktem Weg vermarktbare Produkte zu machen und diese in repräsentativen Bauvorhaben zum Einsatz zu bringen. Von ihrer tatkräftigen Unterstützung wird abhängen, wie nachhaltig sich die dargestellten Innovationen in der Praxis durchsetzen werden.

Literatur

9.1 Fuchs HV et al. (2002; 2003) Schallabsorber und Schalldämpfer. Innovatorium für Maßnahmen zur Lärmbekämpfung und Raumakustik; Teil 1-6. Bauphysik 24(2) 102–113; 24(4) 218–227; 24(5): 286–295; 24(6) 361–367; 25(2) 80–88; 25(5) ...

9.2 Cremer L, Müller HA (1974) Die wissenschaftlichen Grundlagen der Raumakustik. Bd. II. Hirzel, Stuttgart

9.3 Tennhardt HP (1984) Messung von Nachhallzeit, Schallabsorptionsgrad und von Materialkennwerten poröser Absorber. In: Fasold W, Kraak W, Schirmer W (Hrsg) Taschenbuch der Akustik, Kap. 4.4. Verlag Technik, Berlin

9.4 Fasold W, Veres E (1998) Schallschutz und Raumakustik in der Praxis. Verlag für Bauwesen, Berlin

9.5 Kuttruff H (1994) Raumakustik. In: Heckl M, Müller HA (Hrsg) Taschenbuch der Technischen Akustik, Kap. 23. Springer, Berlin

9.6 Fasold W, Sonntag E, Winkler H (1987) Bau- und Raumakustik. Verlag für Bauwesen, Berlin

9.7 Cremer L, Müller HA (1978) Die wissenschaftlichen Grundlagen der Raumakustik, Bd. I. Hirzel, Stuttgart

9.8 Zwicker E (1982) Psychoakustik. Springer, Berlin

9.9 Slawin II (1960) Industrielärm und seine Bekämpfung. Verlag Technik, Berlin

9.10 Fuchs HV, Zha X et al. (2001) Creating low-noise environments in communication rooms. Appl. Acoust. 62, 1375–1396

9.11 Fuchs HV (1999) Raumakustische Gestaltung von Büroarbeitsplätzen. In: Frenzel H (Hrsg.) Handbuch für Büro-Arbeitsplätze, Kap. II-5.6 Ecomed, Landsberg

9.12 Zha X, Fuchs HV, Drotleff H (2002) Improving the acoustic working conditions for musicians in small spaces. Appl. Acoust. 63(2) 203–221

9.13 Lotze E (1996) Luftschalldämmung. In: Schirmer W (Hrsg) Technischer Lärmschutz, Kap. 5. VDI-Verlag, Düsseldorf

9.14 Frommhold W (1996) Absorptionsschalldämpfer. In: Schirmer W (Hrsg) Technischer Lärmschutz, Kap. 9. VDI-Verlag, Düsseldorf

9.15 Lotze E (1996) Luftschallabsorption. In: Schirmer W (Hrsg) Technischer Lärmschutz, Kap. 6. VDI-Verlag, Düsseldorf

9.16 Cremer L, Möser M (2003) Technische Akustik, Kap. 6 Springer, Berlin

9.17 Mechel FP (1994) Schallabsorption. In: Heckl M, Müller HA (Hrsg) Taschenbuch der Technischen Akustik, Kap. 19. Springer, Berlin

9.18 Eckoldt D, Fuchs HV (1995) Schalldämpfer in der Ecke – ein Konzept zur wirtschaftlichen Lärmminderung in Luftkanälen. Bauphysik 17(4) 115–119

9.19 Babuke G, Fuchs HV et al. (1998) Kompakte reflexionsarme Auskleidung für kleine Meßräume. Bauphysik 20(5) 157–165

9.20 König N (1993) Schaumgips oder Gipsschaum? Eigenschaften und Einsatzmöglichkeiten eines neuen Baustoffes. Bauphysik 15(2) 33–36

9.21 Gödeke H, Babuke G (1999) Anwendungsorientierte Baustoffentwicklung am Beispiel eines neuen Glasschaumes. Bauphysik 21(5) 236–238

9.22 Zha X, Fuchs HV, Späh M (1996) Messung des effektiven Absorptionsgrades in kleinen Räumen. Rundfunktechn. Mitt. 40(3) 77–83

9.23 Fuchs HV, Späh M et al. (1998) Akustische Gestaltung kleiner Räume bei tiefen Frequenzen. Bauphysik 20(6) 181–190

9.24 Bies DA, Hansen CH (1996) Engineering noise control. E&FN Spon, London

9.25 Morse PM, Ingard KU (1968) Theoretical Acoustics. McGraw-Hill, New York

9.26 DIN 52 212 Bestimmung des Absorptionsgrades im Hallraum (1961)

9.27 Cummings A (1992) The effects of a resonator array on the sound field in a cavity. J. Sound Vib. 154(1) 25–44

9.28 Fuchs HV, Leistner P et al. (1998) Gestaltung tieffrequenter Schallfelder in kleinen Räumen. In: Hauser G (Hrsg) Bauphysik-Berichte aus Forschung und Praxis. IRB-Verlag, Stuttgart, 481–502

9.29 Zhou X, Heinz R, Fuchs HV (1998) Zur Berechnung geschichteter Platten- und Lochplatten-Resonatoren. Bauphysik 20(3) 87–95

9.30 Fuchs HV, Zha X (1994) Transparente Vorsatzschalen als Schallabsorber im Plenarsaal des Bundestages. Bauphysik 16(3) 69–80

9.31 Kiesewetter N (1980) Schallabsorption durch Platten-Resonanzen. Gesundheitsingenieur 101 (1) 57-62

9.32 Ford RD, McCormick MA (1969) Panel sound absorbers. J. Sound Vib. 10(3) 411–423

9.33 Chladni EEF (1787) Entdeckungen über die Theorie des Klanges. Leipzig

9.34 Lord Rayleigh (1877) Theory of sound. London

9.35 Ritz W (1909) Theorie der Transversalschwingungen einer quadratischen Platte mit freien Rändern. Annalen der Physik 28, 737–786

9.36 Cremer L (1981) Physik der Geige. Hirzel, Stuttgart

9.37 Hurlebaus S, Gaul L, Wang JTS (2001) An exact series solution for calculating the eigenfrequencies of orthotropic plates with completely free boundary. J. Sound Vib. 244(5) 747–759

9.38 Schirmer W (1996) Schwingungen und Schallabstrahlung von festen Körpern. In: Schirmer W (Hrsg) Technischer Lärmschutz, Kap. 4. VDI-Verlag, Düsseldorf

9.39 Zha X, Fuchs HV, Hunecke J (1996) Raum- und bauakustische Gestaltung eines Mehrkanal-Abhörraumes. Rundfunktechn. Mitt. 40(2) 49–57

9.40 Fuchs HV, Zha X (1999) Bessere Kommunikation durch „transparente" Raumakustik. Gesundheitsingenieur 120(4): 159–168

9.41 Zha X, Drotleff H, Nocke C (2000) Raumakustische Verbesserungen im Probensaal der Staatstheater Stuttgart. Bauphysik 22(4): 232–239

9.42 Fuchs HV, Zha X, Schneider W (1997) Zur Akustik in Büro- und Konferenzräumen. Bauphysik 19(4) 105–112

9.43 Drotleff H, Zha X, Scherer W (2000) Gelungene Akustik für denkmalgeschützte Räume. Das bauzentrum 48(10) 96–98

9.44 Leistner P, Fuchs HV (2001) Schlitzförmige Schallabsorber. Bauphysik 23(6) 333–337

9.45 Fuchs HV, Frommhold W, Sheng S (1992) Akustische Eigenschaften von Membran-Absorbern. Gesundheitsingenieur 113(4) 205–213

9.46 Hunecke J, Zhou X (1992) Resonanz- und Dämpfungsmechanismen in Membran-Absorbern. In: VDI Berichte 938. VDI-Verlag, Düsseldorf, 187–196

9.47 Trochidis A (1982) Körperschalldämpfung mittels Gas- oder Flüssigkeitsschichten. Acustica 51(4) 201–212

9.48 Fuchs HV, Ackermann U, Neemann W (1992) Neuartige Membran-Schalldämpfer an Vakuumanlagen von Papiermaschinen. Das Papier 46(5) 219–231

9.49 Eckoldt D, Fuchs HV, Rogge D (2000) Erfahrungen mit neuartigen, reinigbaren Schalldämpfern. Heizung Lüftung/Klima Haustechnik 51 (3) 58–68

9.50 Fuchs HV, Ackermann U, Fischer HM (1990) Membran-Bauteile für den technischen Schallschutz. Z. Lärmbekämpf. 37(4) 91–100

9.51 Vér IL (1992) Enclosures and wrappings. In: Beranek LL, Vér IL (eds.) Noise and vibration control engineering. Chap. 13. Wiley, New York

9.52 Kurtze G, Schmidt H, Westphal W (1975) Physik und Technik der Lärmbekämpfung. G. Braun, Karlsruhe

9.53 Teige K, Brandstätt P, Frommhold W (1996) Zur akustischen Anregung kleiner Räume durch Luftauslässe. Z. Lärmbekämpf. 43(3) 74–83

9.54 Fuchs HV, Voigtsberger, CA (1980) Schalldämpfer in Wasserleitungen. Z. Wärmeschutz, Kälteschutz, Schallschutz, Brandschutz, Sonderausgabe, 46–80

9.55 Fücker P (1979) Reflexionsschalldämpfung mittels Reihenresonator. In: Schirmer W (Hrsg.) Lärmbekämpfung, Kap. 13. Tribüne, Berlin

9.56 Munjal M (1987) Acoustics of ducts and mufflers. Wiley, New York

9.57 Galaitsis AG, Vér IL (1992) Passive silencers and lined ducts. In: : Beranek LL, Vér IL (eds.) Noise and vibration control engineering. Chap. 10. Wiley, New York

9.58 Fuchs HV, Eckoldt D, Hemsing J (1999) Alternative Schallabsorber für den industriellen Einsatz; Akustiker suchen nach faserfreien Schalldämpfern. VGB Kraftwerkstechnik 79(3) 76–78.

9.59 Leistner P, Meneghin G, Sklenak B (2000) Aktive Schalldämpfer für Raumklimageräte. Heizung Lüftung/Klima Haustechnik 51(7) 42–45

9.60 Leistner P, Castor F (2000) Aktive Schalldämpfer für Absauganlagen. Luft- und Kältetechnik 36(8) 366–368

9.61 Lenk A (1977) Elektromechanische Systeme. Systeme mit konzentrierten Parametern, Bd. I. Verlag Technik, Berlin

9.62 Leistner P, Fuchs HV, Fischer G (2001) Alternative Lösungen für den Schallschutz an Heizkesseln. IKZ-Haustechnik 56(23) 38–42

9.63 Krüger J, Leistner P (1998) Wirksamkeit und Stabilität eines neuartigen aktiven Schalldämpfers. Acustica 84(4) 658–667

9.64 Kurtze G (1977) Wirtschaftliche Gestaltung von Schallschluckdecken. VDI-Zeitschrift 119(24) 1193–1197

9.65 Maa D-Y (1975) Theory and design of microperforated panel sound absorbing constructions. Scientia Sinica 18(1) 55–71 (chinesisch)

9.66 Fuchs HV, Zha X (1993) Transparente Schallabsorber verbessern die Raumakustik des gläsernen Plenarsaals im Bundestag. Glasforum 43(6) 37–42

9.67 Diverse Autoren (1999) Akustisches Design bei optischer Transparenz (CD-ROM). Fraunhofer IBP, Stuttgart

9.68 Fuchs HV, Zha X (1995) Einsatz mikro-perforierter Platten als Schallabsorber mit inhärenter Dämpfung. Acustica 81(2) 107–116

9.69 Maa D-Y (1987) Microperforated panel wideband absorbers. Noise Control Engin. J. 29, 77–84

9.70 Fuchs HV, Häusler C, Zha X (1997) Kleine Löcher, große Wirkung. Trockenbau Akustik 14(8) 34–37

9.71 Fuchs HV, Zha X et al. (1998) Die Welle, Gütersloh: Überzeugende Lärmminderung in einem Freizeitbad. Archiv des Badewesens 51(11) 542–549

9.72 Fuchs HV (2000) Helmholtz resonators revisited. Acustica 86(3) 581–583

9.73 Fuchs HV, Zha X, Zhou X (1996) Raumakustisches Design für eine Glaskabine. Glasverarbeitung 3(6) 40–43

9.74 Fuchs HV, Zha X et al. (2001) Raum-Akustik mit System. Glasverarbeitung 8(3) 59–64

9.75 Fuchs HV, Drotleff H, Wenski H (2002) Mikroperforierte Folien als Schallabsorber für große Räume. Technik am Bau 10, 67–71

9.76 Hettler S (2001) Mikroperforierte Luftkanäle. Diplomarbeit am Fraunhofer IBP, Stuttgart

9.77 Potthoff J, Essers U et al. (1994) Der neue Aeroakustik-Fahrzeugwindkanal der Universität Stuttgart. Automobiltechn. Z. 96(7/8) 438–447

9.78 Eckoldt D (1995) Neuartiger Umlenk-Schalldämpfer auf dem Dach. Luft- und Kältetechnik 31(4) 188–189

9.79 Brandstätt P, Fuchs HV, Roller M (2001) New absorbers and silencers for wind tunnels and acoustic test cells. Soc. Autom. Engin. SAE Paper 2001-01-1493

9.80 Zha X, Fuchs HV, Späh M (1998) Ein neues Konzept für akustische Freifeldräume. Rundfunktechn. Mitt. 42(3) 81–91

9.81 Eckoldt D, Fuchs HV, Frommhold W (1994) Alternative Schallabsorber für reflexionsarme Meßräume. Z. Lärmbekämpf. 41(6) 162–170

9.82 Fuchs et al. (2003) Das neue Volkswagen Akustik-Zentrum in Wolfsburg. Teil 1: Prüfstände; Teil 2: Reflexionsarme Raumauskleidungen. Automobiltechn. Z. 105, (3) 250–260; (4) 372–382

9.83 Fuchs HV, Zha X, Babuke G (2003) Schallabsorber und Schalldämpfer. Innovative Akustik-Prüfstände. Springer, Berlin

9.84 Eckoldt D, Hemsing J (1997) Kamin mit eckigem Innenzug als integralem Schalldämpfer. Z. Lärmbekämpf. 44(4) 115–117

9.85 Eckoldt D, Fuchs HV (1999) Erfahrungen mit in den Schornstein integrierten Schalldämpfern. Z. Lärmbekämpf. 46(6) 214

10 Körperschalldämmung und -dämpfung

M. Heckl † und J. Nutsch †

in Memoriam B. Stüber

10.1 Einleitung

Es gehört zu den wichtigen Aufgaben der Schalltechnik, die Einleitung von Körperschall in eine Konstruktion und seine Ausbreitung weitgehend zu verhindern; außerdem soll der Übergang von Körperschall in Luftschall (Abstrahlung) so niedrig wie möglich gehalten werden. Dazu gibt es mehrere Möglichkeiten:

a) Verringerung der anregenden Kräfte, Momente, Drücke, Bewegungen und dgl.; Minderung der hochfrequenten Körperschallanteile durch Vermeidung plötzlicher Wechsel; Vermeidung von Selbsterregung bei Stick-slip-Vorgängen oder dgl.; Reduzierung von freien Spielen, losen Teilen (Klappern) etc.
b) Körperschalldämmung, d.h. Reflexion des Körperschalls an bestimmten Stellen durch Verwendung elastischer Zwischenschichten (Federelemente), durch Wechsel des Mediums oder der Abmessung, durch Sperrmassen oder andere Diskontinuitäten.
c) Vergrößerung der Entfernung, d.h. Ausnutzung der Tatsache, dass sich mit wachsender Entfernung von der Quelle die vorhandene Energie auf ein größeres Gebiet verteilt, also zu kleineren Energiedichten führt.
d) Körperschalldämpfung, d.h. Umwandlung der Körperschallenergie in Wärme, z.B. durch Verwendung gedämpfter Materialien oder durch Reibung an Kontaktflächen usw.
e) Verringerung der Abstrahlung, z.B. durch Verkleinerung der strahlenden Flächen oder durch Verminderung des Abstrahlgrades.

Selbstverständlich werden in der Praxis die verschiedenen Möglichkeiten miteinander kombiniert, um ein optimales Ergebnis zu liefern.

Da Körperschall in einem begrenzten Festkörper meist aus einer komplizierten Kombination verschiedener Wellentypen besteht (Abschn. 1.8), ist es schwierig, das Problem der Körperschalldämmung und -dämpfung für den allgemeinen Fall darzustellen. Aus diesem Grunde werden im Folgenden nur einige wichtige Spezialfälle betrachtet.

Bei „kompakten" Körpern, z.B. Maschinen, und bei tiefen Frequenzen sind die Abmessungen der interessierenden Körper meist wesentlich kleiner als die Wellenlängen, das bedeutet, dass man die einzelnen Körper entweder als starre Massen oder als masselose Federn betrachten kann.

Bei stabförmigen oder flächenhaften Körpern ist ebenfalls eine Vereinfachung möglich, da in mindestens einer Dimension die Abmessungen kleiner sind als die Wellenlängen. In diesem Fall kann man annehmen, dass die Biegewellen entscheidend sind und dass andere Wellentypen nur in Ausnahmefällen berücksichtigt werden müssen.

Lediglich bei sehr hohen Frequenzen – insbesondere im Ultraschallbereich – ist es notwendig, alle verschiedenen Wellentypen zu betrachten; dieser Fall soll jedoch im Folgenden nicht behandelt werden (es sei stattdessen auf die zusammenfassende Literatur [10.1–10.4] verwiesen).

10.2 Isolation bei tiefen Frequenzen (elastische Lagerung)

Eines der wichtigsten Elemente zur Körperschallisolation ist die elastische Lagerung. Sie besteht aus Federelementen (Gummi- oder Metallfedern, weichen Korkplatten, Schaumstoffplatten usw.), auf die entweder das anregende System (Maschine oder dergleichen) oder das vor Körperschall zu

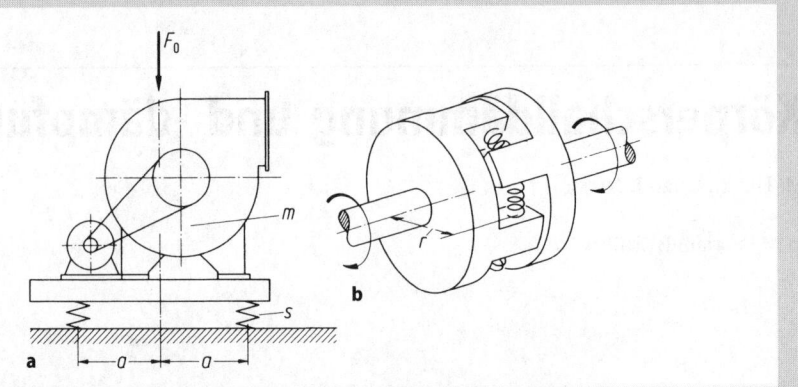

Abb. 10.1 Beispiele elastischer Lagerung. **a** Abfederung von translatorischen Bewegungen; **b** Abfederung von rotatorischen Bewegungen

schützende Gerät gestellt ist (Abb. 10.1). Bei einer solchen Anordnung bewirkt die Federung oberhalb einer „Abstimmfrequenz" f_0 eine Verringerung der anregenden Kraft, die allerdings mit einer Verstärkung im Resonanzbereich erkauft wird. Auf Schlaggeräusche angewandt, bedeutet dieses Frequenzverhalten, dass zwar der Gesamtimpuls pro Schlag vollständig über die Lagerung übertragen wird, dass aber die zeitliche Änderung der Kraft unterhalb der Lagerung umso weniger abrupt, also „weicher" erfolgt, je tiefer die Abstimmungsfrequenz ist. Erstes Ziel der Dimensionierung einer elastischen Lagerung ist es, durch geeignete Wahl der Federelemente die Frequenz f_0 unterhalb des interessierenden Frequenzbereichs zu legen. Die zweite Aufgabe besteht dann darin, durch geeignete Materialwahl eine möglichst hohe Dämmung zu erzielen und insbesondere Einbrüche in der Dämmkurve zu vermeiden [10.5–10.8].

10.2.1 Abstimmfrequenz

Entscheidende Parameter für die körperschalldämmende Wirkung einer elastischen Lagerung sind die Steife s der verwendeten Federn und die wirksame Masse m des elastisch gelagerten Systems. Aus diesen beiden Größen ergibt sich die Abstimmfrequenz eines einfachen Masse-Feder-Systems (Abb. 10.1, Abb. 10.7).

$$f_0 = \frac{1}{2\pi} \sqrt{s/m} \text{ Hz} . \quad (10.1\,\text{a})$$

Je tiefer die Abstimmfrequenz, desto besser ist die Körperschallisolation. Bei Drehbewegungen (Abb. 10.1, rechts) gilt statt Gl. (10.1 a)

$$f_0 = \frac{1}{2\pi} \sqrt{s_r/\Theta} \text{ Hz} . \quad (10.1\,\text{b})$$

In diesen Gleichungen sind s die Summe der Steifen der Federelemente in N/m, m die wirksame Masse in kg, s_r die Drehsteife in Nm/rad und Θ das Trägheitsmoment in kg m².

Für flächige elastische Schichten gilt

$$f_0 = \frac{1}{2\pi} \sqrt{s''/m''} \text{ Hz} , \quad (10.2)$$

wobei s'' in N/m³ und m'' in kg/m² einzusetzen ist. Wenn das zu isolierende Aggregat unmittelbar auf den Federn steht und wenn die gesamte Aggregatmasse an der Bewegung teilnimmt (also dynamische Masse = Masse des Aggregates, s. Abschn. 10.2.2.2), dann besteht folgende einfache Beziehung zwischen der Abstimmfrequenz und der statischen Einfederung der Federelemente ξ (s. Abb. 10.2):

$$f_0 = 5/\sqrt{\xi/\text{cm}} \text{ Hz} . \quad (10.3)$$

Da die Körperschalldämmung von einfachen elastischen Lagerungen manchmal nicht ausreicht, werden bei sehr lauten Aggregaten in der Nähe von Wohnungen oder Arbeitsräumen auch doppelt elastische Lagerungen (10.3 und 10.7b) verwendet. Derartige Lagerungen haben zwei Abstimmungsfrequenzen, die sich nach

$$f_{I,II}^2 = \frac{1}{2} [(f_1^2 + f_2^2 + f_3^2) \pm \sqrt{(f_1^2 + f_2^2 + f_3^2)^2 - 4f_1^2 f_2^2}] \quad (10.4)$$

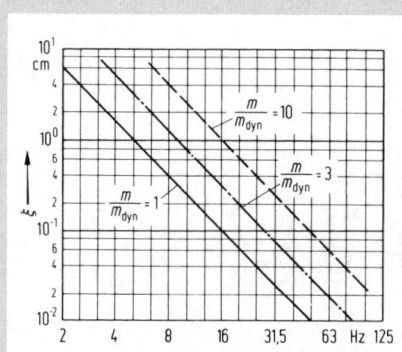

Abb. 10.2 Zusammenhang zwischen statischer Einfederung und Abstimmfrequenz bei verschiedenen Verhältnissen der gesamten abgefederten Masse m zur dynamisch wirksamen Masse m_{dyn}

errechnen. Die zu Gl. (10.4) gehörenden Benennungen und Diagramme für die obere Abstimmfrequenz f_I und die untere Abstimmfrequenz f_{II} enthält Abb. 10.3.

10.2.2 Ausführung elastischer Lagerungen

10.2.2.1 Federsteife

Bei der Ermittlung der Federsteife s geht man sehr häufig davon aus, dass bei den Federelementen einer elastischen Lagerung Proportionalität von Spannung und Dehnung gegeben ist, dass also die Federsteife

$$s = F/\xi \tag{10.5}$$

eine von der Belastung unabhängige Konstante ist (F Belastung, ξ Zusammendrückung). Im Spezialfall der homogenen Federelemente aus einem Material mit dem E-Modul E, der Fläche S und der Dicke d, bei dem

$$s = ES/d, \tag{10.5a}$$

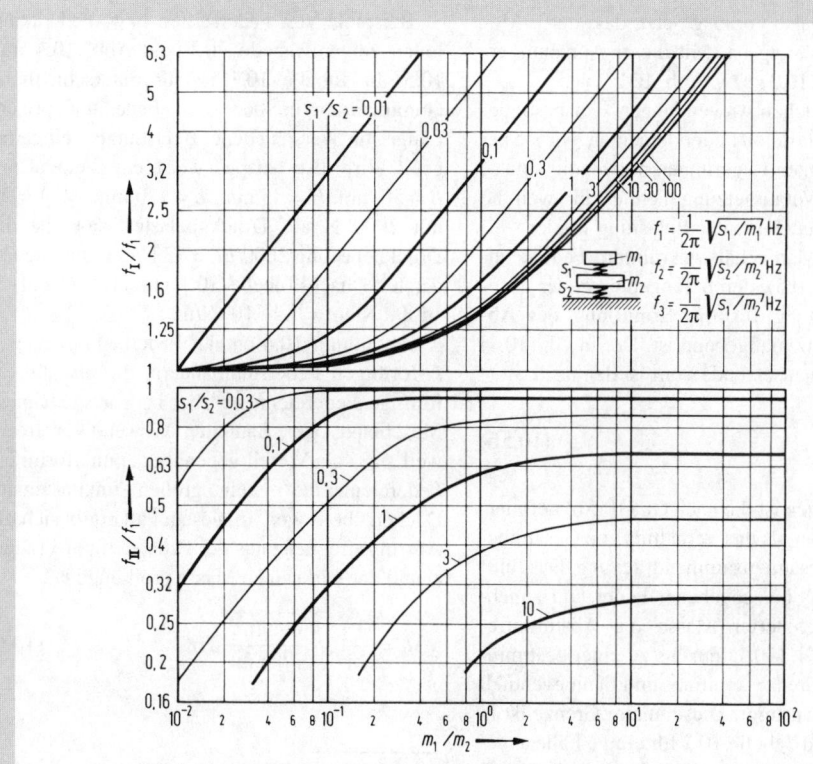

Abb. 10.3 Diagramm zur Ermittlung der Abstimmfrequenzen von doppelt elastischen Lagerungen

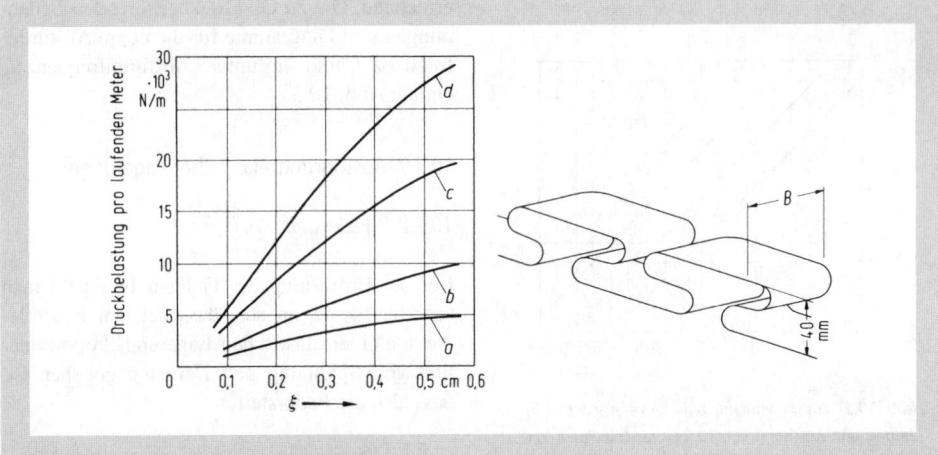

Abb. 10.4. Federkennlinien von Ω-Stahlfederbändern

Kurve	a	b	c	d	
Breite B	3	3	10	10	cm
Nennbelastung	5	10	20	30	kN/m
kleinste Abstimmfrequenz	7	7	7	7	Hz
Steife im linearen Bereich	100	200	400	600	N/cm²

beträgt, wird also vorausgesetzt, dass der E-Modul lastunabhängig ist. Mit dieser Annahme ergibt sich Gl. (10.3) bzw. Abb. 10.2.

Bei zahlreichen Anwendungen – insbesondere bei hochbelasteten Federelementen, wie sie bei tiefabgestimmten Lagerungen notwendig sind –, ist die obige Voraussetzung nicht erfüllt, weil die Federn mit zunehmender Belastung immer steifer werden. Man erhält gekrümmte Federkennlinien (Abb. 10.5), deren Tangente bei der gegebenen Belastung für die Ermittlung der Abstimmfrequenz maßgebend ist. Der in Gl. (10.1) und (10.2) einzusetzende Wert ist demnach

$$s = \frac{\Delta F}{\Delta \xi}. \tag{10.5b}$$

Im Allgemeinen ist die nach Gl. (10.5b) definierte Steife größer als das Verhältnis von Gesamtbelastung zu Gesamtzusammendrückung. Das führt oft dazu, dass bei gegebener Feder und zunehmender abgefederter Masse die Abstimmfrequenz nach Gl. (10.1) nur bis zu einer bestimmten unteren Grenze abnimmt und dann eventuell auch wieder ansteigt. Diese untere Grenze ist in Abb. 10.4 und Tabelle 10.2 für einige Fälle angegeben. (Für Gummimetallelemente liegt sie bei Druckbelastung bei etwa 5 Hz und bei Schubbelastung bei etwa 3 Hz.)

Beispiele von Federsteifen bzw. Federkennlinien zeigen Tabelle 10.1 und Abb. 10.4 und 10.5. In Tabelle 10.1 ist für unterschiedliche Gummihärten (in Shore A) die Federsteife pro cm Länge für verschiedene Belastungen eingetragen.[1] Wird also beispielsweise ein Element mit $B = 50$ mm, $H = 45$ mm, $L = 120$ mm, Sh A = 55 mit 2000 N auf Druck belastet, dann ist die Druckbelastung $2000/BL = 33$ N/cm² und die Federsteife nach Tabelle 10.1 eta 1160 (L/cm) $\approx$ 14000 N/cm = $1.4 \cdot 10^6$ N/m.

Abbildung 10.4 enthält Federkennlinien von Ω-förmigen Federstahlbändern, die als „linienförmige Federelemente" bei lang ausgedehnten Maschinen oder Bauteilen verwendet werden, weil sie – als Vorteil gegenüber „punktförmigen Federelementen" – keine großen Punktlasten auf Decken übertragen. In diesem Fall ergibt sich die Abstimmfrequenz aus der Federsteife pro Länge s' und der wirksamen Masse pro Länge m'.

$$f_0 = \frac{1}{2\pi}\sqrt{\frac{s'/\text{Nm}^{-2}}{m'/\text{kg m}^{-1}}}\ \text{Hz}. \tag{10.6}$$

---

[1] Höhere Belastungen als in der Tabelle angegeben sollten bei Gummimetallelementen nicht gewählt werden.

Tabelle 10.1 Federsteifen und Abstimmfrequenzen von Gummimetallelementen unter Belastung

Abmessungen in mm			Härte Sh A	Druckbelastung in N/cm²				
B	H	h		10	20	30	40	50
50	45	25	40	640 (18)	680 (13)	700 (11)	720 (9)	720 (8)
50	45	25	55	1150 (24)	1160 (17)	1160 (14)	1160 (12)	1200 (11)
50	45	25	65	1640 (29)	1660 (21)	1660 (17)	1800 (15)	1900 (14)
50	70	50	40	240 (11)	240 7,5)	240 (6)	240 (5,5)	240 (5)
50	70	50	55	380 (14)	400 (10)	400 (8)	400 (7)	420 (6,5)
50	70	50	65	600 (17,5)	600 (12)	600 (10)	600 (8,5)	640 (8)
100	60	30	40	2000 (22,5)	2000 (16)	2000 (13)	2000 (11)	2000 (10)
100	60	30	55	2600 (30)	2700 (21,5)	2700 (18)	2700 (15)	2800 (14)
100	60	30	65	5200 (36)	5400 (26)	5400 (21,5)	5500 (19,5)	5800 (17)

Abmessungen in mm			Härte Sh A	Druckbelastung in N/cm²		
B	H	h		5	10	20
50	45	25	40	80 (9)	–	–
50	45	25	55	150 (12,5)	70 (6)	60 (4)
50	45	25	65	220 (15)	150 (8,5)	120 (5,5)
50	70	50	40	30 (5,5)	24 (3,5)	–
50	70	50	55	55 (7,5)	50 (5)	35 (3)
50	70	50	65	90 (9,5)	80 (6,5)	70 (4)
100	60	30	40	200 (10)	170 (6,5)	140 (4)
100	60	30	55	350 (13)	320 (9)	300 (6)
100	60	30	65	520 (16)	520 (11,5)	520 (8)

Bemerkung: Die Werte ohne Klammern sind die Federsteifen in N/cm² pro cm Länge. Die Werte in Klammern sind die Abstimmfrequenzen in Hz, wenn die angegebene Druck- bzw. Schubbelastung nur auf das Gewicht des isolierten Aggregates zurückzuführen ist.

Abbildung 10.5 zeigt Federkennlinien von flächigen Lagerungen, wie sie unter Fundamentplatten verwendet werden. Weitere Daten über Steifen enthalten die Tabellen 10.3 und 21.6. In beiden Fällen handelt es sich um die Werte im linearen Bereich. In Tabelle 10.3 sind sie als Federsteife pro Flächeneinheit[2] – also E-Modul/Dicke – und in Tabelle 10.2 als E-Modul angegeben. Werte für Vollgummi sind in Tabelle 10.2 nicht enthalten, weil bei Vollplatten aus Gummi (also Platten ohne Löcher, Rippen, Noppen usw.) die Nachgiebigkeit hauptsächlich dadurch zustande kommt, dass bei Druckbeanspruchung das Material seitlich ausweicht, d. h., der E-Modul hängt von einem Formfaktor ab (Abb. 10.6a).

---

[2] Diese Größe wurde gewählt, weil bei den angegebenen Proben die Steife nicht immer umgekehrt proportional der Dicke ist.

Erwähnenswert im Zusammenhang mit Steifigkeit ist noch die sog. Kontaktsteife, wenn zwei nicht ebene Körper sich berühren. Zwar hängt in diesem Fall die Einfederung nach einem linearen Gesetz von der wirkenden Kraft ab (weil mit wachsender Einfederung die Kontaktfläche wächst), aber man kann auch hier nach Gl. (10.5b) eine inkrementale Steife ermitteln. Sie ist nach [10.9–10.10] durch

$$s = (6R^* E^{*2})^{1/3} F_{\text{con}}^{1/3} = 2aE^*, \qquad (10.6\text{a})$$

$$\frac{1}{R^*} = \frac{1}{R_1} + \frac{1}{R_2}; \quad \frac{1}{E^*} = \frac{1-\mu_1^2}{E_1} + \frac{1-\mu_2^2}{E_2}$$

gegeben. Dabei sind R_1, R_2 die Krümmungsradien der beiden Körper im Kontaktgebiet; einer der beiden Radien kann auch unendlich sein. E_1, E_2, μ_1, μ_2 sind die Elastizitätsmoduln und Querkontraktionszahlen. a ist der Radius der Kontakt-

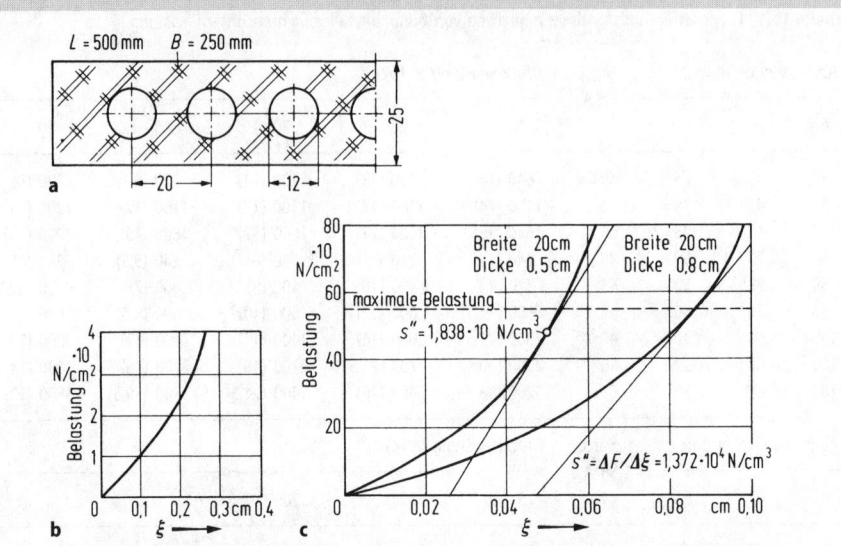

Abb. 10.5 Federkennlinien von flächigen Lagerungen. **a**, **b** gelochte Gummiplatte; **c** ungelochte Gummiplatte

Tabelle 10.2 E-Modul, maximal zulässige Belastung und tiefste Abstimmfrequenz (bei einer Dicke von ca. 3 bis 6 cm) einiger Materialien

	E-Modul N/mm^2	Maximale Belastung N/mm^2	f_0 Hz
Mineralfaserplatten	0,15...0,4	0,01	20
Kokosfaserplatten	0,25...0,5	0,01	20
Platten aus Schaumstoffkugeln	0,3...0,6		
geschlossenporiger Schaumstoff	0,45...0,7		
Styropor	0,3...3,0	0,01	
expandiertes Polystyrol	5,0...24,0	0,05...0,25	10...25
PUR-Elastomer[a] G	0,18...0,36	0,01	17
PUR-Elastomer R	0,35...0,75	0,025	12
PUR-Elastomer L	0,35...1,1	0,05	12
PUR-Elastomer M	1,0...2,0	0,10	12
PUR-Elastomer P	2,2...3,6	0,20	12
PUR-Elastomer V	4,5...6,5	0,40	12
Gummischrotplatten, 6010 BA	0,35...1,7	0,05	22
Gummischrotplatten, 6010 SH	1,0...2,5	0,1	18
Weichfaserplatten	10,0	0,01	20
Holzwolle-Leichtbauplatten	6,0...17,0		
Korkplatten, weich	10,0	0,05	20
Korkplatten, mittel	15,0	0,25	20
Korkplatten, hart	30,0	1,0	20
unbewehrte Elastomerlager[b]	50,0	2,4...5,0	<8

[a] Sylomer.
[b] Formfaktor 2 (s. Abb. 10.6a).

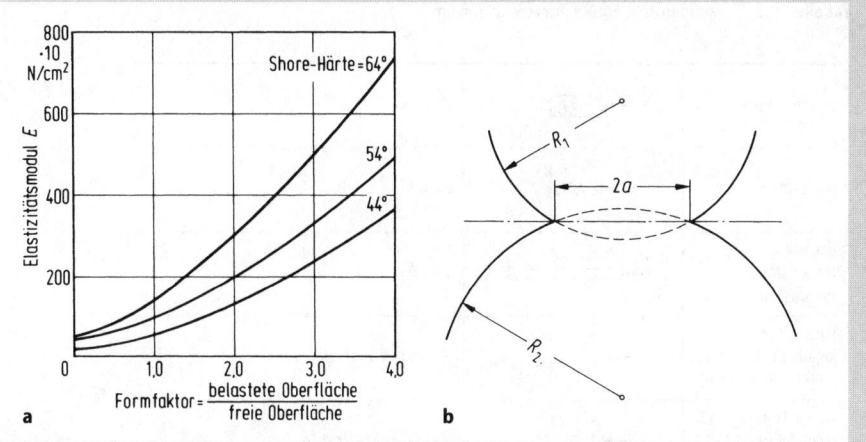

Abb. 10.6 a Zusammenhang zwischen Formfaktor und E-Modul bei Vollgummi; b Benennungen für Kontaktsteife nach Gl. (10.6a)

fläche und F_{con} die auf den Kontakt wirkende Gleichkraft (Abb. 10.6b).

Beim Einbau elastischer Lagerungen ist zu beachten, dass die einzelnen Elemente möglichst gleichmäßig belastet werden, d.h. in gleichen Abständen von den Schwerachsen angeordnet werden. Soll die Wirksamkeit der Lagerung einer Maschine nicht aufgehoben werden, so müssen auch alle Anschlüsse wie Rohrleitungen, Wellen usw. aufgetrennt werden und elastische Zwischenstücke erhalten. Diese Forderung zu erfüllen, ist bei tiefabgestimmten Lagerungen oft nicht einfach. Es ist zu bedenken, dass zu einer Abstimmfrequenz von 5 Hz eine Einfederung von 1 cm gehört, so dass eine Wechselkraft von 10% des Maschinengewichts zu einer Wechselbewegung von etwa 1 mm führt. Falls die Abstimmfrequenz in der Nähe der anregenden Frequenz liegt, also im sog. Resonanzfall, kann die Wechselbewegung auch wesentlich höher sein. Es ist nicht einfach, solche Amplituden, die eventuell durch Hebelwirkung noch vergrößert werden, bei Rohranschlüssen, Wellenkupplungen usw. zu beherrschen.

10.2.2.2 Dynamische Masse

Den bisherigen Betrachtungen liegt die Voraussetzung (insbesondere Gl. (10.1)) zugrunde, dass es sich bei den elastisch aufgestellten Aggregaten um starre Massen handelt, bei denen – abgesehen von Drehbewegungen – jeder Punkt dieselbe Amplitude hat. Bei kompakten Maschinen – z.B. bei den meisten Motoren und Werkzeugmaschinen – dürfte diese Voraussetzung bei den hier interessierenden tiefen Frequenzen erfüllt sein; d.h., m ist mit der Masse der Maschine identisch. Es gibt aber auch zahlreiche Konstruktionen, bei denen zwar große statische Kräfte auf die Federelemente wirken (und sie eventuell versteifen), aber nur eine relativ kleine Masse unmittelbar an den Federn für die Abstimmfrequenz maßgebend ist. Beispielsweise ruhen Aufzugsanlagen mit ihrem ganzen Gewicht, einschließlich Fahrkorb und Gegengewicht, auf den Federelementen; für die Wirkung der Lagerung ist jedoch nur die unmittelbar über den Federn befindliche Masse des Motors maßgebend. Ähnlich ist es bei elastischen Schienenlagerungen (Abb. 10.8), bei denen zwar die Federelemente unter den Schienen durch die gesamte Masse des Zuges zusammengedrückt werden – wegen der weichen Federn zwischen Drehgestell und Wagen –, jedoch für die Abstimmfrequenz nur die Masse des Drehgestells und eines Schienenstückes maßgebend ist. Auch bei sehr langen Anlagen (z.B. abgefederte große Balken bzw. Platten, Kranbahnen, große Druckereimaschinen oder ganze Gebäude, die auf Federn stehen) ist die für die Abstimmfrequenz entscheidende Masse wesentlich kleiner als die Gesamtmasse, weil weiter entfernte Punkte (Abstand mehr als eine halbe Wellenlänge) von den Bewegungsamplituden der Federelemente praktisch „entkoppelt" sind.

Tabelle 10.3 Zusammenstellung von Impedanzformeln

System	Formel
starre Masse	$Z = j\omega m$
masselose Feder	$Z = s/j\omega$
unendlich langer Stab, longitudinal	$Z = S\sqrt{E\varrho}$
kurzer Stab, longitudinal, starre Einspannung	$Z = -jS\sqrt{E\varrho}\,\cot(\sqrt{\varrho/E}\,\omega l)$
kurzer Stab, longitudinal, ohne Einspannung	$Z = jS\sqrt{E\varrho}\,\tan(\sqrt{\varrho/E}\,\omega l)$
unendlich langer Stab, Biegung	$Z = 2\varrho S c_B(1+j)$
unendlich langer Stab, Biegung	$Z = \frac{1}{2}\varrho S c_B(1+j)$
kurzer Stab, Biegung	$Z = \dfrac{Bk_B^3}{j\omega}\,\dfrac{1+\cosh k_B l\,\cos k_B l}{\sin k_B l\,\cosh k_B l - \sinh k_B l\,\cos k_B l}$
unendlich große Platte, Biegung	$Z = 8\sqrt{D\varrho h} = 4h^2\sqrt{E\varrho/3}$
endliche Platte	$Z = \dfrac{\varrho h S_P}{4j\omega}\left\{\sum_n \dfrac{\varphi_n^2(x_0,y_0)}{\omega_n^2(1+j\eta_n)-\omega^2}\right\}^{-1}$
unendlich große Platte "inplane" Bewegung	$\dfrac{1}{Z} = \dfrac{\omega(3-\mu)}{16 h G} + j\dfrac{\omega}{8\pi h G}\left[(1-\mu)\ln\dfrac{2c_L}{\omega a} + 2\ln\dfrac{2c_S}{\omega a}\right]$
elastischer Halbraum	$\dfrac{1}{Z} \approx 0{,}19\,(1-\mu)\,\dfrac{\omega^2}{G\sqrt{G/\varrho}} + j\dfrac{1-\mu}{\pi}\dfrac{\omega}{G a}$
Faustformel	$|Z| \approx \omega m_\lambda$

Bemerkung: Dimension der Impedanz Ns/m = kg/s. S Balkenquerschnitt, S_P Plattenfläche, E E-Modul (bei verlustbehafteten Medien komplex, s. Gl. (10.13)), B Biegesteife eines Stabes, D Biegesteife einer Platte, h Plattendicke, $k_B = \omega/c_B = (\omega^2 \varrho S/B)^{1/4}$, G Schubmodul, μ Querkontraktionszahl, c_L Dehnwellengeschwindigkeit, c_S Schubwellengeschwindigkeit, a Radius der angeregten Fläche ($a \ll \lambda$), η Verlustfaktor, $\varphi_n(x_0, y_0)$ Wert der Eigenfunktion an der Anregestelle, ω_n Eigenfrequenz s. Tabelle 1.3; m_λ Masse innerhalb eines Gebietes, das sich in einer Entfernung von weniger als $\lambda/3$ von der Anregestelle befindet. Dabei ist λ die kürzeste angeregte Wellenlänge (meist Biegewelle). Es wird auch vorausgesetzt, dass die lokale Elastizität (repräsentiert durch den Imaginärteil der Formel) für den elastischen Halbraum unberücksichtigt bleiben kann.

Man kann zwar auch in solchen Fällen Gl. (10.1) noch benutzen, wenn man eine „dynamisch wirksame Masse" m_{dyn} einführt, also nur den Massenanteil berücksichtigt, der dieselben Bewegungsamplituden hat wie die Oberseite der Federn. Es ist jedoch sehr schwer, diesen Massenanteil – dessen Größe noch dazu frequenzabhängig ist – qualitativ anzugeben, so dass man sich begnügen muss festzustellen, dass häufig m_{dyn} wesentlich kleiner ist als die auf den Federn ruhende Masse und dass die aus der maximal zulässigen Belastung sich ergebende untere Grenze für die Abstimmfrequenz (Abb. 10.4 und Tabelle 10.2) um den Faktor $\sqrt{m/m_{dyn}}$ erhöht wird. Für den Fall, dass die Impedanz der Struktur oberhalb der Feder bekannt ist, kann man die dynamische Masse (außer bei Federn) nach der Beziehung

$$m_{dyn} \approx |Z_m|/\omega \qquad (10.6b)$$

abschätzen. Impedanzformeln siehe Tabelle 10.3.

10.2.2.3 Spezielle Lagerungen

Bei der elastischen Lagerung von Systemen, die Drehbewegungen durchführen, also insbesondere bei elastischen Wellenkupplungen, gilt sinngemäß dasselbe wie für Masse–Feder-Systeme; allerdings bereitet die Ermittlung von s_r und Θ oft Schwierigkeiten, weil in der Praxis meist sehr starke statische Vorlasten (z. B. durch das übertragene Moment) auftreten und weil nur selten brauchbare Daten über das dynamische Verhalten drehelastischer Federn (elastische Wellenkupplung) vorliegen. Noch komplizierter wird die Ermittlung der Abstimmfrequenzen, wenn mehrere Bewegungsarten berücksichtigt werden müssen (z. B. Vertikalbewegung überlagert von Horizontal- und Drehbewegungen). In solchen Fällen errechnen sich die Abstimmfrequenzen aus dem Verschwinden einer Determinante, deren Koeffizienten am ehesten nach der Methode der finiten Elemente bestimmt werden.

Eine interessante, besonders im Fahrzeugbau benutzte Variante der elastischen Lagerung sind selbstregelnde Lagerungen, die auf hydraulischer oder pneumatischer Basis arbeiten. Das Prinzip dabei ist, die Steife einer Feder (also etwa den Druck in einem Luftbalg) so zu regeln, dass Gegenkräfte hervorgerufen werden, die entweder die Bewegungsamplituden oder die übertragenen Wechselkräfte möglichst gering halten (s. Abschn. 13).

10.2.3 Dämmwirkung einer elastischen Lagerung

Zur Charakterisierung der Wirkung einer elastischen Lagerung werden verschiedene Größen benutzt. Am einfachsten zu messen ist die Pegeldifferenz ΔL_K; man erhält sie dadurch, dass man Terz- oder Oktavanalysen des Körperschalls oberhalb und unterhalb der Federn vornimmt und die Differenz bildet. Für den Benutzer am interessantesten ist meist die Einfügungsdämmung ΔL_E, d. h. die Minderung des ursprünglichen Körperschallpegels durch den Einbau von Federn. Als dritte Größe dient – insbesondere bei theoretischen Überlegungen – das Verhältnis der oberhalb und unterhalb der elastischen Lagerung wirkenden Kräfte, also F_0/F_1 bzw. $10 \lg (F_0^2/F_1^2)$. Alle drei Größen haben ihre Berechtigung; sie dürfen aber nicht verwechselt werden, da sie bei derselben Lagerung zahlenmäßig nicht gleich sind (Abb. 10.8).

Versucht man, die einzelnen Größen zu berechnen, dann empfiehlt es sich, mit sinusförmigen Vorgängen zu rechnen – also eine spektrale Zerlegung aller Feldgrößen vorzunehmen; außerdem ist es notwendig, den Begriff der Punktimpedanz einzuführen [10.11]. Man versteht darunter das Verhältnis von anregender Wechselkraft F zu erzeugter Schnelle v am Anregeort, also[3] (s. Gl. (1.21))

$$Z = F/v . \qquad (10.7)$$

F und v stellen hier die komplexen Amplituden (Zeiger) bei rein sinusförmiger Anregung dar. Daher ist auch Z meist komplex und fast immer frequenzabhängig. Für einige Fälle ist Z in Tabelle 10.3 angegeben [10.11, 10.22, 10.34].

Falls man die an einem Masse–Feder-System auftretenden Wechselkräfte und Schnellen mit Hilfe der Impedanzen miteinander in Beziehung bringt, ergibt sich mit den in Abb. 10.7 links angegebenen Benennungen

$$F_0 - F_1 = Z_m v_0; \ (v_0 - v_1) Z_F = F_1 ;$$
$$F_1 = Z_1 v_1 . \qquad (10.8)$$

Mit den Impedanzformel für Massen und Federn folgt daraus

$$\Delta L_K = 10 \lg v_0^2/v_1^2 \text{ dB} = 10 \lg |1 + Z_1/Z_F|^2$$
$$\text{dB} = 10 \lg |1 + j\omega Z_1/s|^2 \text{ dB}, \qquad (10.8a)$$

---

[3] Analog kann man für Drehschwingungen aus dem anregenden Moment und der Winkelgeschwindigkeit eine Momentenimpedanz definieren (Gl. (1.21)).

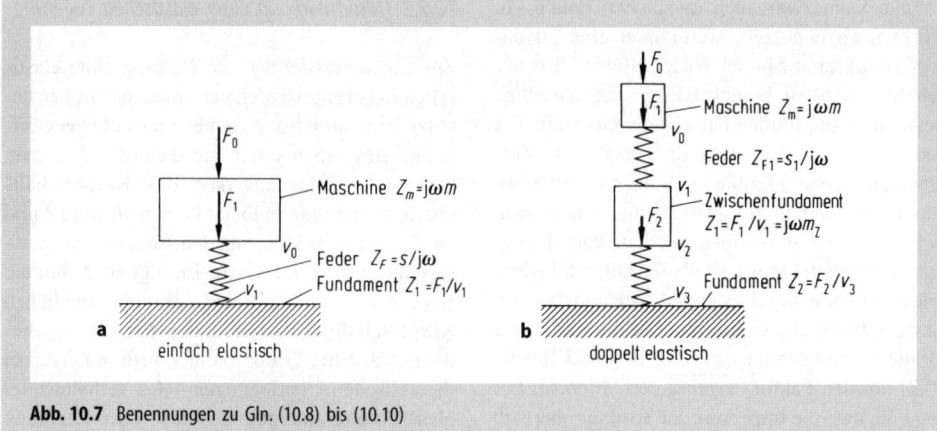

Abb. 10.7 Benennungen zu Gln. (10.8) bis (10.10)

$$\Delta L_E = 10 \lg \left| 1 + \frac{Z_1 Z_m}{Z_F(Z_1 + Z_m)} \right|^2 \text{dB} \quad (10.8\,\text{b})$$

$$= 10 \lg \left| 1 - \frac{\omega^2 m}{s} \frac{Z_1}{Z_1 + j\omega m} \right|^2 \text{dB},$$

$$10 \lg F_0^2/F_1^2 \text{ dB} = 10 \lg \left| 1 + \frac{Z_m}{Z_F} + \frac{Z_m}{Z_1} \right|^2 \text{ dB}$$

$$= 10 \lg \left| 1 - \frac{\omega^2 m}{s} + \frac{j\omega m}{Z_1} \right|^2 \text{ dB}. \quad (10.8\,\text{c})$$

Die Gleichungen zeigen, dass zwischen den einzelnen Größen eventuell beträchtliche Unterschiede bestehen. Das ist besonders dann der Fall (s. Abb. 10.8), wenn $|Z_1| \gg |Z_m|$; d.h., wenn es sich um eine leichte Maschine auf einem schweren Fundament handelt. Bei einer derartigen Anordnung hat die Lagerung zwar eine gewisse Dämmwirkung, aber gleichzeitig kann – wegen der weniger starken Ankopplung – die Maschine über den Federn stärker schwingen und so ein größeres ΔL_K bewirken.

Im eingebauten Zustand kann man einen brauchbaren Anhaltswert für die Einfügungsdämmung ΔL_E dadurch erhalten, dass man erst über der Feder anregt und die Pegeldifferenz ΔL_K misst, dann am Fundament anregt und die Pegeldifferenz in der „falschen" Richtung misst; die Einfügungsdämmung ist dann etwa gleich der kleineren der beiden Pegeldifferenzen (für jedes Frequenzband).

Wie die Gleichungen und die Bilder zeigen, muss die Federsteife die beiden Bedingungen $s/\omega \ll |Z_m|$ und $s/\omega \ll |Z_1|$ erfüllen; d.h. das Federelement muss wesentlich weicher sein als die abgefederte Maschine, es muss aber auch wesentlich weicher sein als die Unterkonstruktion.

Darüber hinaus sollte ein federndes Element auch eine möglichst geringe Masse haben; denn es lässt sich zeigen, dass oberhalb der ersten (inneren) Federresonanz, die etwa bei

$$f_K = \pi f_0 = \sqrt{m/m_F} \text{ Hz} \quad (10.9)$$

liegt, Einbrüche in der Dämmkurve auftreten. In dieser Gleichung ist m_F die gesamte Masse der verwendeten Federn; f_0 ist durch Gl. (10.1a) gegeben. Die Dämmungsverschlechterung durch die inneren Federresonanzen, die bei Stahlfedern häufig schon ab 100 Hz einsetzt, kann man klein halten, indem man die Dämpfung der Federn erhöht. Die Verwendung von Gummifedern oder die Dämpfung von Stahlfedern durch Entdröhnschichten ist im Körperschallbereich günstiger als die Verwendung eines den Federn parallel geschalteten, auf viskose Verluste beruhenden Dämpfers.

Bei doppelt elastischen Lagerungen kann man ähnliche Überlegungen anstellen wie bei einfach elastischen. Man muss lediglich Gl. (10.8) durch

$$\begin{array}{l} F_0 - F_1 = Z_m v_0; \ (v_0 - v_1) Z_{F1} = F_1; \\ F_1 = Z_1 v_1; \ v_2 = A v_1; \\ (v_2 - v_3) Z_{F2} = F_2; \ F_2 = Z_2 v_3 \end{array} \quad (10.10)$$

ersetzen. Benennungen s. Abb. 10.7 b. A repräsentiert die Amplitudenänderung innerhalb des Zwischenfundaments. Meist ist $A \approx 1$.

Bei Anwendung von Gl. (10.10) erhält man Pegeldifferenzen und Einfügungsdämmungen, die bei tiefen Frequenzen mehr oder weniger deutlich den Einfluss der beiden Resonanzen (s. Gl. (10.4) und Abb. 10.3) zeigen. Bei hohen Frequenzen haben doppelt elastische Lagerungen eine sehr hohe Dämmung, die meist von Nebenwegen (Leitungen

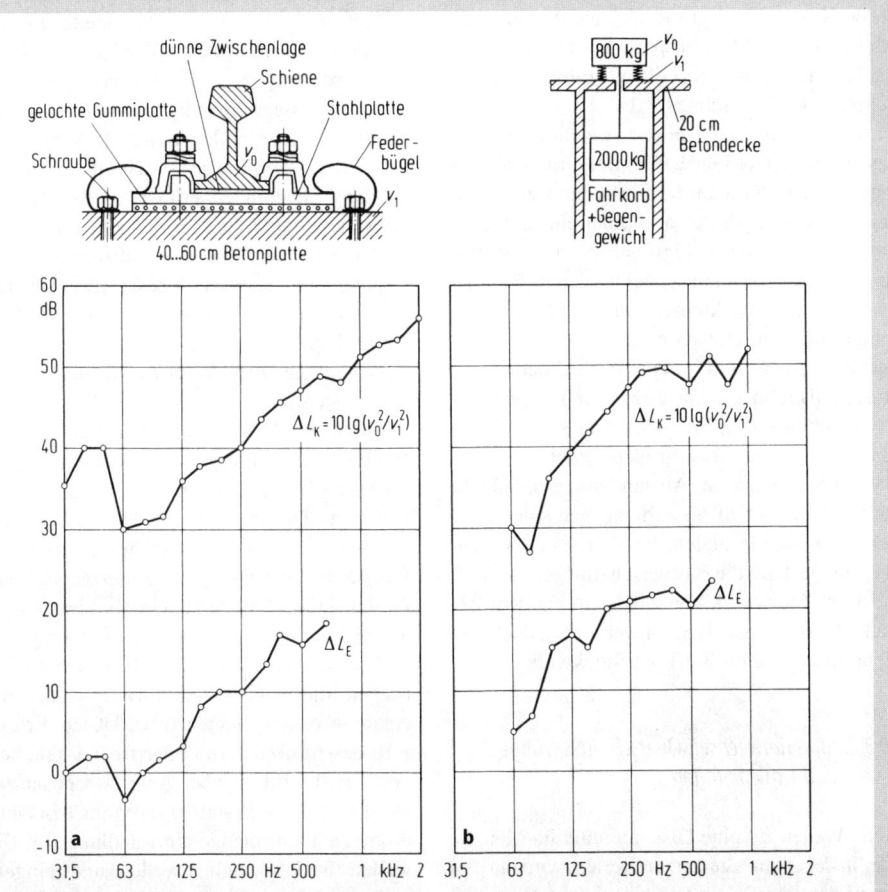

Abb. 10.8 Messergebnisse an elastischen Lagerungen. **a** Pegeldifferenz ΔL_K und Einfügungsdämmung ΔL_E bei einer elastisch gelagerten U-Bahnschiene; Anregung durch vorüberfahrenden Zug; **b** Pegeldifferenz ΔL_K und Einfügungsdämmung ΔL_E bei einer elastisch gelagerten Aufzugmaschine; Anregung durch normalen Aufzugsbetrieb

etc.) oder durch die Luftschallübertragung begrenzt ist.

10.3 Körperschalldämmung

10.3.1 Entfernungsabnahme

Ähnlich wie bei Luftschallproblemen kann man auch bei Körperschallproblemen die Übertragung dadurch verringern, dass man die Entfernung zwischen Sender und Empfänger möglichst groß wählt. Sieht man einmal von Dämpfung durch Energieumwandlung in Wärme ab (s. Abschn. 10.4), dann nutzt man dabei einfach die Tatsache aus, dass mit größer werdender Entfernung die Energie sich auf ein immer größer werdendes Gebiet verteilt und somit die Energiedichte kleiner wird („Energieverdünnung").

Auf eindimensionale Gebilde (lange Balken, Rohrleitungen usw.) angewandt, ergibt sich aus diesen Überlegungen, dass Körperschall fast nicht mit der Entfernung abnimmt, wenn nicht Energieableitung an Befestigungspunkten usw. erfolgt (tatsächlich wird über elastisch gelagerte Rohrleitungen Körperschall fast unverringert über lange Strecken übertragen).

Bei großen zweidimensionalen Gebilden (große Platten oder flächenhafte Gitter) ist, abgesehen von einem sehr begrenzten Nahfeld, die Körperschallabnahme umgekehrt proportional dem Umfang einer „Hülllinie" und führt damit auf eine Abnahme um 3 dB pro Entfernungsverdopplung.

Bei großen dreidimensionalen Gebilden (sehr große Körper oder große Gebäude) erfolgt die Abnahme umgekehrt proportional mit der „Hüllfläche" und damit mit 6 dB pro Entfernungsverdopplung (vgl. Abschn. 1.8.1).

Man erkennt aus diesen Abnahmegesetzen, dass man zu falschen Schlussfolgerungen kommen kann, wenn man die Entfernungsabhängigkeit in dB/m angibt, also implizit eine exponentielle Abnahme der Feldgrößen voraussetzt. Beispielsweise kann man in verdichtetem Erdreich in der Nähe einer kleinen Quelle (Rüttler, Maschine mit Unwucht usw.) auch bei tiefen Frequenzen (unter 200 Hz) eine Pegelabnahme von einigen dB/m messen, während im gleichen Erdreich und im selben Frequenzbereich die Abnahme in der Nähe einer großen Quelle (z.B. U-Bahn) oder in großem Abstand von einer Quelle auf weniger als 1 dB/m zurückgehen kann. Ähnlich ist es bei Gebäuden, bei denen in der Nähe der Anregestelle die Körperschallpegel um 4 bis 6 dB pro Stockwerk abnahmen, in einigem Abstand (nach 3 bis 4 Stockwerken) jedoch nur mehr um etwa 2 bis 3 dB pro Stockwerk.

10.3.2 Materialwechsel, Querschnittssprünge und Umlenkungen

Wenn Wellen auf eine Diskontinuität im Material oder in den Abmessungen auftreffen, wird ein Teil ihrer Energie reflektiert und damit die Weiterleitung etwas verringert. Dieser Vorgang wurde speziell für Longitudinal- und Biegewellen auf Platten und Stäben eingehend untersucht [10.11] und es wurden die verschiedenen Transmissionsfaktoren und Transmissionsgrade berechnet. Diese Größen sind folgendermaßen definiert:

Transmissionsfaktor

$$T = v_2/v_{1+}, \qquad (10.11)$$

Transmissionsgrad

$$\tau = P_2/P_1 = |m'_2 c_3 v_2^2/(m'_1 c_1 v_{1+}^2)| \qquad (10.11\,a)$$
$$= |T^2| \frac{m'_2 c_2}{m'_1 c_1}.$$

Das Dämm-Maß ist $R = 10 \lg (1/\tau)$ dB, die Pegeldifferenz zu beiden Seiten der Diskontinuität

$$\Delta L = 10 \lg \frac{v_1^2}{v_2^2} \mathrm{dB} \approx \qquad (10.11\,b)$$
$$R + \left[10 \lg \frac{\varrho_2 S_2 c_2}{\varrho_1 S_1 c_1} + 10 \lg (2 - \tau) \right] \mathrm{dB}.$$

Dabei bedeuten P_1, v_{1+} die auf die Diskontinuität auftreffende Leistung bzw. Schnelle, P_2, v_2 die entsprechenden Größen hinter der Diskontinuität; m'_1, c_1 bzw. m'_2, c_2 sind Masse pro Längeneinheit und Gruppengeschwindigkeit vor bzw. hinter der Stoßstelle. Eine stillschweigende Voraussetzung bei diesen Definitionen ist, dass die weitere Ausbreitung ungehindert erfolgt, so dass hinter der Diskontinuitätsstelle keine rücklaufenden Wellen vorhanden sind. Dieser Fall, also etwa die Übertragung in ein endlich großes, schwach gedämpftes Stab- oder Plattenstück, wird in Abschn. 10.4.4 behandelt. Für die wichtigsten bekannten Fälle sind die Formeln für τ in Tabelle 10.4 angegeben oder in Abb. 10.9 dargestellt.

Wenn ein Stab oder eine Platte von einer elastischen Schicht unterbrochen oder durch eine Zusatzmasse[4] belastet wird, sind zwei sehr nahe benachbarte Diskontinuitätsstellen vorhanden, deren Wirkung erst von einer bestimmten unteren Frequenzgrenze $f < f_u$ an einsetzt. Aus diesem Grund sind in Tabelle 10.4 sowohl Formeln für f_u als auch für den Transmissionsgrad τ angegeben. Bei den Formeln für τ handelt es sich um Näherungen, die gewisse interessante, jedoch nur in engen Frequenzbereichen wirksame Effekte – z.B. das Auftreten von Sperrfrequenzen, bei denen $\tau = 0$ wird – außer Acht lassen; außerdem wurde auch die bei allen unsymmetrischen Anordnungen auftretende Umwandlung von Biegewellen in Longitudinalwellen und umgekehrt nicht berücksichtigt. In Bezug auf diese Phänomene wird auf die entsprechende Literatur [10.11] verwiesen.

10.4 Körperschalldämpfung

Da Schallenergie, die in Wärme umgewandelt wurde, sicher nicht mehr gehört werden kann, besteht eine sehr wirksame und weit verbreitete Methode der Körperschallminderung in der gezielten Körperschalldämpfung; d.h., man versucht durch geeignete Materialien und Konstruktionen, die Körperschallenergie möglichst nahe an der Quelle in Wärme umzuwandeln. Das geschieht dadurch, dass man von vornherein verlustbehaftete Mate-

---

[4] Wenn Zusatzmassen (Sperrmassen) nachträglich angebracht werden, ist streng darauf zu achten, dass sie starr befestigt sind. Empfehlenswert sind Schweiß- oder gute Klebeverbindungen, während Schraubverbindungen für hohe Frequenzen meist nicht genügend starr sind.

Tabelle 10.4 Transmissionsgrade für Longitudinal- und Biegewellen

a Longitudinalwellen Querschnittssprung	$P_1; v_{1+} \rightarrow \quad v_2; P_2$ $\leftarrow v_{1-}$ $v_1 = v_{1+} + v_{1-}$	$\tau = 4[\sigma^{1/2} + \sigma^{-1/2}]^{-2}$
Materialwechsel		$\tau = 4\left[\left(\dfrac{E_1\varrho_1}{E_2\varrho_2}\right)^{1/2} + \left(\dfrac{E_1\varrho_1}{E_2\varrho_2}\right)^{-1/2}\right]^{-2}$
elastische Zwischenlage	$\rightarrow \quad \blacksquare^{\,s}$	$\tau = [1 + (f/f_u)^2]^{-1}$; mit $f_u = \dfrac{1}{\pi}\dfrac{s}{S_1\sqrt{E_1\varrho_1}}$
Sperrmasse	$\rightarrow \quad \mid^{\,m}$	$\tau = [1 + (f/f_u)^2]^{-1}$; mit $f_u = \dfrac{1}{\pi}\dfrac{S_1\sqrt{E_1\varrho_1}}{m}$
b Biegewellen Querschnittssprung	$\downarrow$	$\tau = \left[\dfrac{\sigma^{-5/4} + \sigma^{-3/4} + \sigma^{3/4} + \sigma^{5/4}}{\frac{1}{2}\sigma^{-2} + \sigma^{-1/2} + 1 + \sigma^{1/2} + \frac{1}{2}\sigma^{2}}\right]^2$
Materialwechsel	$\downarrow$	$\tau = \left[\dfrac{2\sqrt{\varkappa\psi}\,(1+\varkappa)(1+\psi)}{\varkappa(1+\psi)^2 + 2\psi(1+\varkappa^2)}\right]^2$
Ecke	$\downarrow\,\llcorner$	$\tau \approx 2[\sigma^{-5/4} + \sigma^{5/4}]^{-2}$
Kreuzung	$\downarrow \uparrow^{\tau_{12}}\!\!\rightarrow \tau_{13}$	$\tau_{12} = \dfrac{1}{2}[\sigma^{-5/4} + \sigma^{5/4}]^{-2}$ $\tau_{13} = \dfrac{1}{2}[1 + 2\sigma^{5/2} + \sigma^5]^{-1}$
Verzweigung	$\downarrow \uparrow^{\tau_{12}}\!\!\rightarrow \tau_{13}$	$\tau_{12} = [\sqrt{2}\,\sigma^{-5/4} + \sigma^{5/4}/\sqrt{2}]^{-2}$ $\tau_{13} = [2 + 2\sigma^{5/2} + \frac{1}{2}\sigma^5]^{-1}$
elastische Zwischenlage	$\downarrow\;\blacksquare\;l_F$	$\tau = [1 + (f/f_u)^3]^{-1}$ mit $f_u = \left(\dfrac{G_F^2}{1{,}8\pi^2\varrho_1\sqrt{E_1\varrho_1}\,h_1 l_F^2}\right)^{1/3}$ $= \left(\dfrac{G_F^2}{2\pi^3\varrho_1\sqrt{E_1\varrho_1}\,K_1 l_F^2}\right)^{1/3}$
Sperrmassen	$\downarrow\;\mid$	$\tau \approx 1$ für $f < 0{,}5 f_s$ $\tau \approx [1 + f/f_u]^{-1}$ für $f > 2 f_s$ $f_s = \dfrac{1}{2\pi}\dfrac{K_1}{K^2}\sqrt{\dfrac{E_1}{\varrho_1}}$; $f_u = \dfrac{2\varrho_1 S_1^2 K_1\sqrt{E_1\varrho_1}}{\pi m^2}$

Bemerkung: Bei Platten $\sigma = h_2/h_1$; bei Stäben $\sigma = S_2/S_1$; $E_1, E_2, \varrho_1, \varrho_2, h_1, h_2, S_1, S_2, K_1, K_2, c_1, c_2$ bedeuten E-Modul, Dichte, Dicke, Querschnittsfläche, Trägheitsradius, Gruppengeschwindigkeit zu beiden Seiten der Stoßstelle (bei Platten $K_1 = h_1/\sqrt{12}$), s Steife der Zwischenschicht, m Masse der Sperrmasse; G_F Schubmodell der Zwischenschicht; l_F Länge der Zwischenschicht; K Trägheitsradius der Sperrmasse;

$$\varkappa = \sqrt[4]{\dfrac{\varrho_2 E_1 K_1^2}{\varrho_1 E_1 K_2^2}}\,;\quad \psi\,\dfrac{K_2 S_2}{K_1 S_1} = \sqrt{\dfrac{E_2\varrho_2}{E_1\varrho_1}}\,.$$

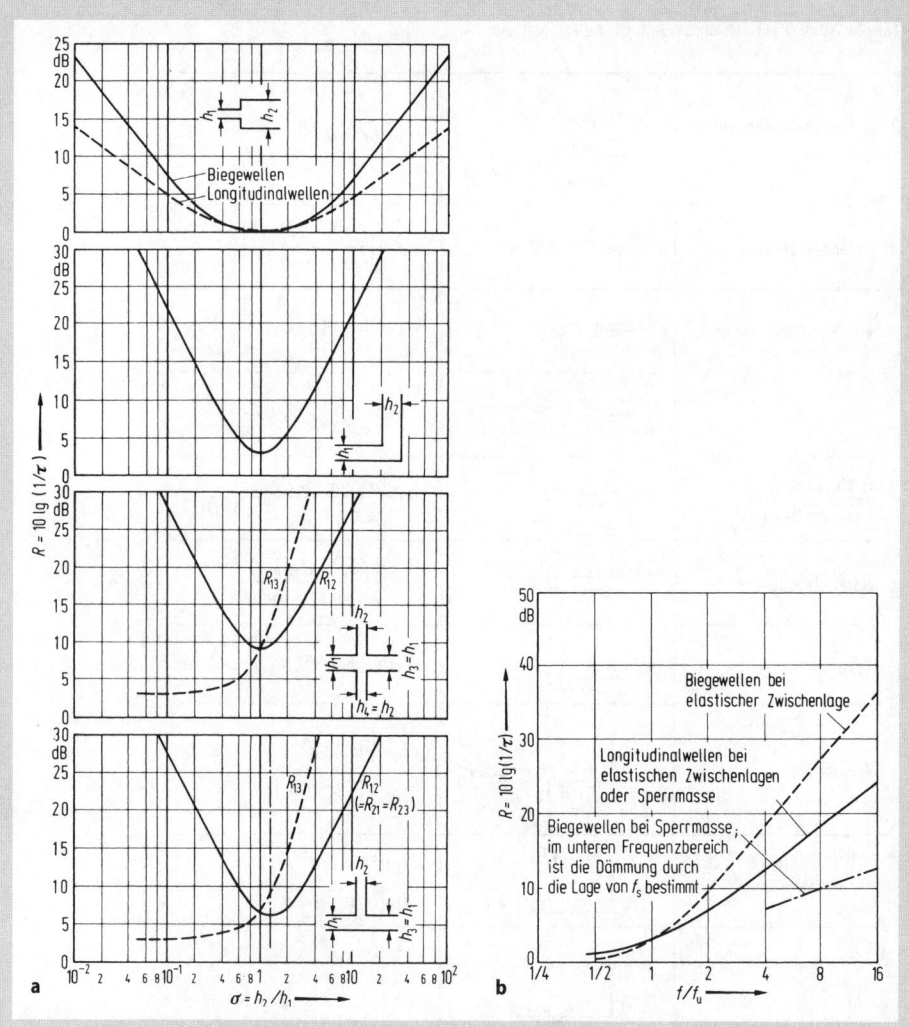

Abb. 10.9 a Körperschalldämmung bei sehr langen Stabkombinationen aus gleichem Material; oben: Longitudinal- und Biegewellen; im übrigen nur Biegewellen; b Körperschalldämmung durch elastische Zwischenlagen und Sperrmassen bei langen Stäben, f_u s. Tabelle 10.4

rialien mit einer gewissen inneren Dämpfung verwendet oder dadurch, dass man die Reibung an Kontaktflächen ausnutzt oder schließlich dadurch, dass man Konstruktionen aus schwach dämpfenden Materialien (Metalle) zusätzlich mit stark dämpfenden Stoffen (Hochpolymere, Sand) versieht. In allen Fällen ist – solange es sich um lineare Vorgänge handelt – die geeignete Größe zur Charakterisierung der Körperschalldämpfung der Verlustfaktor η, der als

$$\eta = \frac{W_v}{2\pi W_r} \qquad (10.12)$$

definiert ist. Dabei ist W_v die pro Schwingung verloren gegangene Energie und W_r die wieder gewonnene Energie ($\eta > 1$ ist also möglich). Bei einer Reihe von Stoffen ist der Verlustfaktor ziemlich unabhängig von der Frequenz, Temperatur und Art der Wellenausbreitung; es gibt aber auch Stoffe, bei denen das nicht der Fall ist.

Für theoretische Untersuchungen liegt die Bedeutung des Verlustfaktors darin, dass er sich als Imaginärteil des Moduls deuten lässt; d.h., wenn man in bekannten Formeln oder Gleichungen den E-Modul, den Schubmodul oder die

Tabelle 10.5 Zusammenhang zwischen Verlustfaktor und anderen Dämpfungsgrößen

Halbwertsbreite von einzelnen Resonanzen	$\Delta f = \eta f$
Nachhallzeit	$T = 2{,}2/(\eta f)$
log. Dekrement	$\Lambda = \eta \pi$
Lehrsches Dämpfungsmaß (Verlustzahl)	$\theta = \eta/2$
Phasenwinkel zwischen Spannung und Dehnung	$\varphi = \arctan \eta$
Resonanzgüte	$Q = 1/\eta$
Pegelabnahme von Longitudinalwellen auf sehr langen Stäben	$D = 27{,}2\eta/\lambda_L$ (dB/m)
Pegelabnahme von Biegewellen auf sehr langen Stäben	$D = 13{,}6\eta/\lambda_B$ (dB/m)
mittleres Schnellequadrat eines endlichen Systems (Platte, Hohlzylinder usw.), wenn die Anregung breitbandig über mehrere Resonanzen erfolgt	$v_{\text{eff}}^2 = \dfrac{P}{\omega m \eta}$

Bemerkung: λ_L Longitudinalwellenlänge in m; λ_B Biegewellenlänge in m; P eingespeiste Körperschallleistung; m Gesamtmasse des Systems.

Biegesteife durch

$$\underline{E} = E(1 + j\eta); \quad \underline{G} = G(1 + j\eta); \\ \underline{B} = B(1 + j\eta) \qquad (10.13)$$

ersetzt und nur mit periodischen Vorgängen der Zeitabhängigkeit $e^{j\omega t}$ rechnet, hat man die Dämpfung bereits berücksichtigt. Durch solche Rechnungen ergeben sich auch die Zusammenhänge zwischen dem Verlustfaktor und verschiedenen Messgrößen, wie sie in Tabelle 10.5 zusammengestellt sind.

10.4.1 Verlustfaktor von verschiedenen Materialien und Konstruktionen

In Tabelle 10.6 sind neben anderen wichtigen mechanischen Daten auch die Verlustfaktoren verschiedener Materialien angegeben. Es handelt sich dabei um solche Stoffe, bei denen der Verlustfaktor im Rahmen des normalerweise interessierenden Bereiches (20 Hz bis 10 kHz; $-30\,°C$ bis $+100\,°C$) einigermaßen konstant ist (Ausnahme: Asphalt). Bei der Benutzung der angegebenen Werte ist jedoch zu beachten, dass die dazugehörigen Messungen an homogenen Proben unter Laborbedingungen, also ohne Energieableitung nach außen, vorgenommen wurden. Außerdem bleiben die Unterschiede durch Gefügeänderung, die den Verlustfaktor zu einer wichtigen Messgröße in der Materialforschung machen, unberücksichtigt. In der Praxis sind alle Konstruktionen aus mehreren Teilen zusammengesetzt und irgendwo befestigt, so dass stets Reibung an Kontaktflächen oder Energieableitung nach außen vorhanden ist. Dadurch treten immer – abgesehen von Glocken, Gongs usw. – Verluste auf, die bewirken, dass der Verlustfaktor kaum weniger als 10^{-3} beträgt. Für praktische Konstruktionen kann man mit folgenden Richtwerten für die Verlustfaktoren rechnen, wobei angenommen ist, dass keine besonderen zusätzlichen Dämpfungsmaßnahmen (z.B. Entdröhnung, Sandschüttung usw.) getroffen wurden:

a) Gebäude aus Beton oder Ziegelmauerwerk: $\eta \approx 10^{-2}$, frequenzunabhängig;
b) Metallkonstruktionen aus wenigen dicken Teilen (z.B. Schiffsaußenhaut):

$\eta \approx 3 \cdot 10^{-3}$ für $f < 500$ Hz,
$\eta \approx 10^{-3}$ für $f > 1000$ Hz;

c) Metallkonstruktionen aus vielen dicken oder wenigen dünnen Einzelteilen (z.B. Motor, Auto):

$\eta \approx 10^{-2}$.

d) Metallkonstruktionen aus vielen dünnen Teilen (kleine, komplizierte Maschinen):

$\eta \approx 5 \cdot 10^{-2}$ für $f < 500$ Hz,
$\eta \approx 10^{-2}$ für $f > 1000$ Hz.

Neben den Metallen und Baustoffen sind für die Praxis auch hochpolymere Kunststoffe von großer Bedeutung. Typisch für diese Stoffe ist, dass der Verlustfaktor sehr stark von der Temperatur und auch von der Frequenz abhängt. Ein Beispiel [10.12] hierfür zeigt Abb. 10.10. Man kann in

Tabelle 10.6 Mechanische Daten einiger Stoffe bei Normalbedingungen

Stoff	Dichte kg/m^3	E-Modul kN/mm^2	Schubmodul kN/mm^2	Poisson-Zahl	Longitudinalwellengeschwindigkeit m/s	Verlustfaktor
Aluminium	2700	72	27	0,34	5200	$<10^{-4}$
Asphalt	1800…2300	7,7…21			1900…3200	0,05…0,3
Blei	11300	17	6	0,43	1250	$10^{-3}…10^{-2}$
Eisen (Stahl)	7800	200	77	0,31	5100	$\approx 10^{-4}$
Faserdämmstoff (Gefüge)	50…150	–	–	–	80…300	$\approx 0,1$
Glas	2500	60			4900	$\approx 10^{-3}$
Holz	400…800	1…5			2000…3000	$\approx 10^{-2}$
Kupfer	8900	125	45	0,35	3700	$\approx 2 \cdot 10^{-3}$
Leichtbeton	1300	3,8			1800	$\approx 10^{-2}$
Messing	8500	95	36	0,33	3200	$<10^{-3}$
Nickel	8900	205	77	0,3	4800	$<10^{-3}$
Plexiglas	1150	5,6			2000	$\approx 2 \cdot 10^{-2}$
Sand	1300…1800	–		–	100…300	0,05…0,2
Schwerbeton	2300	26			3500	$4…8 \cdot 10^{-3}$
$$gel	1900…1100	≈ 26			2500…3000	$\approx 10^{-2}$
Zink	7100	13	5	0,33	1350	$<10^{-3}$
Zinn	7300	4,4	1,6	0,39	780	$\approx 10^{-3}$

Bemerkung: 1 kN/mm^2 = 10^9 N/m^2.

den Kurven bei niedrigen Temperaturen und hohen Frequenzen einen „eingefrorenen Zustand" mit Verlustfaktoren unter 10^{-1} erkennen. Für die Körperschalldämpfung interessanter ist der Übergangsbereich, in dem sich der E-Modul schnell ändert und der Verlustfaktor ziemlich groß ist. Der daran anschließende Verflüssigungsbereich ist für Körperschallanwendungen unwichtig.

Es wäre natürlich erwünscht, über einen möglichst breiten Temperaturbereich einen großen Verlustfaktor zu haben, aber leider zeigt sich [10.13], dass z. B. bei Mischstoffen die Temperaturbandbreite umso kleiner ist, je höher der maximale Verlustfaktor ist. Ein im Prinzip ähnliches Verhalten zeigen auch spezielle Legierungen, die u. U. den für Metalle sehr hohen Verlustfaktor $\eta \approx 10^{-2}$ erreichen können.

10.4.2 Kombinationen von Materialien mit großen und kleinen Verlustfaktoren

Stoffe mit guten Festigkeitseigenschaften (z. B. Metalle) haben meist eine geringe Dämpfung und Stoffe mit hoher Dämpfung (z. B. Hochpolymere im Übergangsbereich) haben oft nicht die erforderliche Festigkeit. Also empfiehlt es sich, beide Arten von Materialien zu kombinieren. In der Praxis bedeutet das, dass man Metallplatten, -rohre, -stäbe usw. entweder vor der Weiterverarbeitung (z. B. als Verbundbleche) oder nach der Verarbeitung (z. B. durch nachträgliche Entdröhnung) mit stark dämpfenden Kunststoffschichten versieht. Dabei ist es natürlich notwendig, nicht nur ein Material mit möglichst hohem Verlustfaktor zu verwenden, es muss auch dafür gesorgt werden, dass möglichst viel Körperschallenergie in das dämpfende Material eingeleitet wird. Beispielsweise nützt es wenig, das dämpfende Material dort anzubringen, wo die Bewegungsamplituden klein sind, oder ein Material mit sehr hohem Verlustfaktor dort anzubringen, wo die Bewegungsamplituden klein sind oder ein Material mit sehr hohem Verlustfaktor zu benutzen, das jedoch wegen seines kleinen E-Moduls kaum Körperschallenergie aufnehmen kann.

Während es bei komplizierteren Gebilden (gewölbte oder gerippte Platten usw.) noch nicht

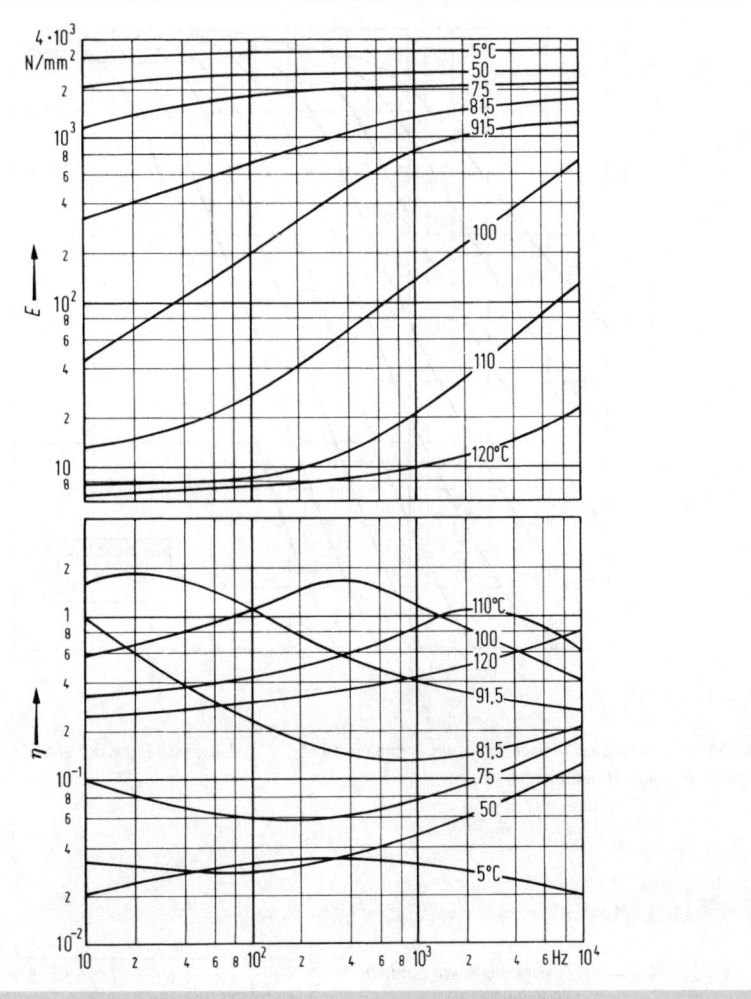

Abb. 10.10 E-Modul und Verlustfaktor von Polyvinylchlorid (Einfriertemperatur etwa 25 °C)

möglich ist, die Verluste der Kombination aus tragender Konstruktion und dämpfendem Material zu berechnen, sind bei homogenen, ebenen Platten und Stäben die Verhältnisse weitgehend geklärt [10.14–10.18]. Für einseitige Beläge und Biegewellenausbreitung kann der Verlustfaktor Abb. 10.11 entnommen werden (gültig für $f < \sqrt{\varrho_1/E_1} E_2/(4\varrho_2 d_1)$). Die wesentliche Erkenntnis aus dem Diagramm ist, dass das Produkt $E_2 \eta_2$ möglichst groß sein soll und dass die Wirkung etwa mit dem Quadrat des Dickenverhältnisses wächst. Es empfiehlt sich also, steife, dicke, verlustbehaftete Beläge zu verwenden. Typische Daten für ein gut entdröhntes Blech[5] sind $E_2/E_1 \approx 3 \cdot 10^{-3}$; $E_2 \eta_2 \approx 10^3$ N/mm²; $d_2 = 2 d_1$; $\eta \approx 0{,}08$.

Bei Verbundblechen (Sandwich) (Abb. 10.12) ist die Ermittlung des Verlustfaktors etwas kompliziert. Mit den in Abb. 10.12 angegebenen Benennungen gilt

$$\eta = \eta_2 \frac{YX}{1 + (2+Y)X + (1+Y)(1+\eta_2^2)X^2}, \quad (10.14)$$

---

[5] Für die bei dünnen entdröhnten Blechen (oder Verbundblechen) ziemlich unwichtigen Longitudinalwellen ist der Verlustfaktor um den Faktor 10 bis 100 kleiner als für Biegewellen.

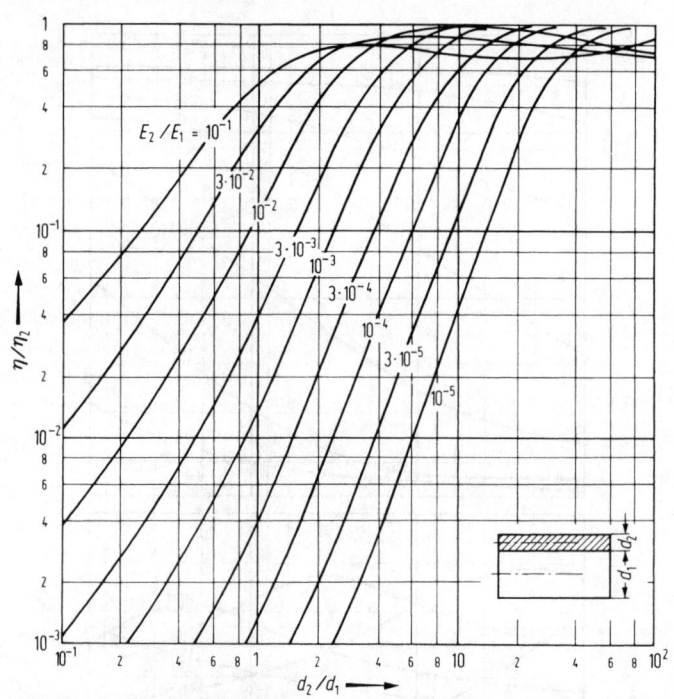

Abb. 10.11 Verlustfaktor η einer Platte mit Entdröhnbelag. E_1, d_1 E-Modul und Dicke der Platte; E_2, η_2, d_2 E-Modul (Realteil), Verlustfaktor und Dicke des Belags

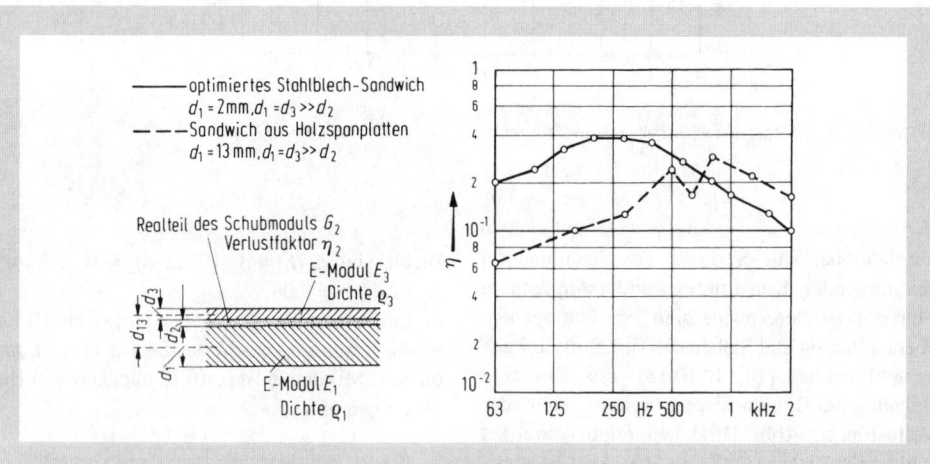

Abb. 10.12 Aufbau eines Verbundbleches (Sandwich) und Messbeispiele

wobei

$$\frac{1}{Y} = \frac{E_1 d_1^3 + E_3 d_3^3}{12 d_{13}^2} \left(\frac{1}{E_1 d_1} + \frac{1}{E_3 d_3} \right); \quad (10.15)$$

$$X = \frac{G_2}{k^2 d_2} \left(\frac{1}{E_1 d_1} + \frac{1}{E_3 d_3} \right),$$

$$k^2 = \omega \sqrt{\frac{12(\varrho_1 d_1 + \varrho_3 d_3)}{(E_1 d_1^3 + E_3 d_3^3)(1 + XY/(1+X))}}.$$

Das wesentliche Merkmal dieser Formeln ist, dass sie einen frequenzabhängigen Verlustfaktor mit einem sehr breiten Maximum ergeben.

Da in Gl. (10.15) X von k^2 und k^2 von X abhängen, benutzt man zur Berechnung meist ein Iterationsverfahren, bei dem man mit $X = 0$ startet und 2 bis 5 Durchläufe macht.

Es sei noch erwähnt, das man für $d_1 > d_3$ den Verlustfaktor über den nach Gl. (10.15) gegebenen Wert bei tiefen Frequenzen noch etwas erhöhen kann, indem man das Gegenblech in Abständen von ca. 20 cm durchschneidet (Details s. [10.29, 10.30]).

10.4.3 Dämpfung an Kontaktflächen

Bei der Dämpfung an Kontaktflächen (Fügestellen und dgl.) empfiehlt es sich, zwischen folgenden Verlustmechanismen zu unterscheiden

a) Gas-Pumping

Es tritt auf, wenn sich zwei sehr nah benachbarte Flächen senkrecht zueinander bewegen. Bei diesem Vorgang wird die Luft oder das Gas, das sich zwischen den Fügestellen befindet, in tangentialer Richtung mit einer Geschwindigkeit von der Größenordnung $v\lambda/d$ hin und her bewegt (v Relativgeschwindigkeit der Kontaktflächen, λ Wellenlänge der Schwingung, d Abstand der Kontaktflächen). Bei dieser tangentialen Strömung treten viskose Verluste auf, die eine Körperschalldämpfung bewirken. Gas-Pumping findet man hauptsächlich bei dünnen Blechen (z. B. Doppelbleche). Für den Verlustfaktor gilt etwa [10.19, 10.21]

$$\eta \approx \frac{\omega \varrho}{m''} \sqrt{2v/\omega} (\lambda/2\pi d)^2; \quad (10.16)$$

m'' Masse pro Fläche des dickeren Blechs; ϱ, v Dichte und kinetmatische Viskosität des Zwischenmaterials. Der Wurzelausdruck ergibt die akustische Grenzschichtdicke.

b) Trockene Reibung, Mikroslip

Wenn sich zwei Kontaktflächen berühren und sich gegeneinander tangential bewegen, tritt trockene Reibung auf. Bei den kleinen Bewegungsamplituden, die bei Körperschall insbesondere bei den höheren Frequenzen vorherrschen, tritt dabei der sog. Mikroslip [10.23] auf. Dabei wird das Innere der vielen kleinen Kontaktzonen, die eine Fügestelle ausmachen, elastisch verformt, während an den Rändern der Zonen Reibung stattfindet. Aus diesem Grund stellt man im Körperschallbereich bei Strukturen, die sich tangential zueinander bewegen, normalerweise fest, dass sich die Fügestelle ähnlich wie eine lineare, verlustbehaftete Schubfeder $\underline{s} = s(1 + j\eta)$ verhält [10.24], s. Abb. 10.13.

Erst bei großen Amplituden, wie sie eventuell bei tiefen Frequenzen vorkommen, bewegen sich die beiden Teile einer Fügestelle insgesamt gegeneinander und führen zu nichtlinearer Coulombscher Reibung [10.26, 10.27].

c) Schmierfilmreibung

Befindet sich in einer Fügestelle ein Schmierfilm aus Öl, Fett oder dgl., liegen im Prinzip dieselben Verhältnisse vor wie bei Verbundblechen, s. Abschn. 10.4.2. Der einzige Unterschied ist, dass man statt des komplexen Schubmoduls den Ansatz $\underline{G}_2 = j\omega v_2 \varrho_2$ machen muss. v_2, ϱ_2 kinematische Zähigkeit und Dichte des Zwischenmaterials. Das führt auf

$$\eta = \frac{YX_v}{1 + (1+Y)X_v^2} \quad \text{mit} \quad (10.17)$$

$$X_v = \frac{\omega v_2 \varrho_2}{k^2 d_2} \left(\frac{1}{E_1 d_1} + \frac{1}{E_3 d_3} \right).$$

d) Schüttungen etc.

Grenzt eine schwingende Struktur an ein körniges (Sandschüttung), faseriges oder anderweitig stark verlustbehaftetes Medium, dann wird der Körperschall von der schwingenden Struktur in das Medium „abgestrahlt" und dort in Wärme umgewandelt. Der dabei erzielte Verlustfaktor ist etwa

$$\eta \approx \frac{\varrho_s d_s \, \text{Im}\{A\}}{m'' + \varrho_s d_s \, \text{Re}\{A\}};$$

$$A = \frac{c_s}{\omega d_s} \tan \frac{\omega d_s}{c_s}. \quad (10.18)$$

Dabei ist m'' die Masse pro Fläche der bedämpften Platte; ϱ_s, d_s sind Dichte und Dicke

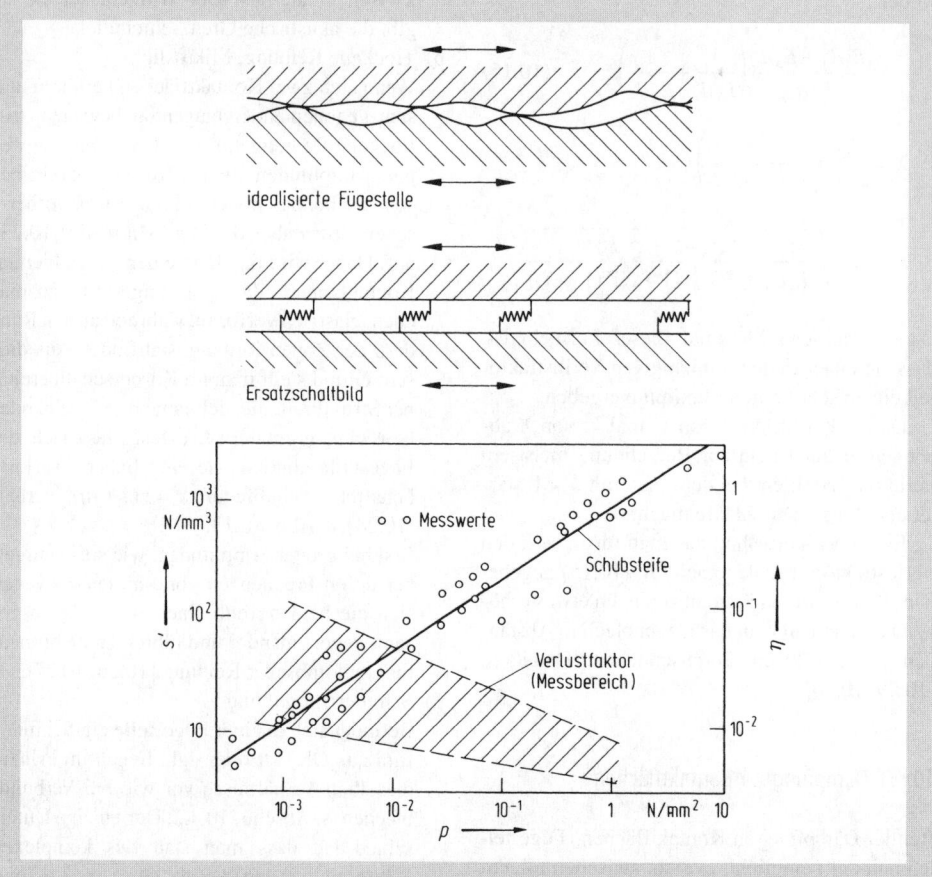

Abb. 10.13 Schubsteife pro Flächeneinheit und Verlustfaktor der Schubsteife von trockenen Fügestellen in Abhängigkeit vom Anpressdruck

der Schüttung; $\underline{c}_s = c_s (1 + j\eta_s)$ ist die komplexe Schallgeschwindigkeit in der Schüttung. Gleichung (10.18) gilt nicht nur für Schüttungen, sondern auch für andere dicke Dämpfungsschichten, vorausgesetzt, dass der nach Gl. (10.18) berechnete Verlustfaktor höher ist als der nach Abb. 10.11 ermittelte [10.28].

10.4.4 Kombination von Dämmung und Dämpfung

10.4.4.1 Körperschallpegelminderung durch Zusatzdämpfung

Sehr häufig interessiert die Frage, welche Verbesserung durch eine zusätzliche Dämpfungsmaßnahme erzielt wird. Bei der Antwort auf diese Frage sind verschiedene Fälle zu unterscheiden.

a) Wenn ein Körper nur mit reinen Tönen oder Klängen angeregt wird und wenn die anregenden Frequenzen mit Resonanzfrequenzen übereinstimmen, dann bewirkt – bei gleicher Anregung – eine Erhöhung des Verlustfaktors von η_v auf den Wert η_n eine Körperschallpegelminderung um

$$\Delta L \approx 20 \lg (\eta_n/\eta_v) \text{ dB} . \quad (10.19)$$

b) In der Praxis ist die reine Resonanzanregung sehr selten. Wesentlich häufiger ist die Anregung mit breitbandigen Frequenzgemischen (Geräuschen). Liegt im anregenden Frequenzbereich keine Resonanzfrequenz (z.B. bei kleinen dicken Platten und tiefen Frequenzen), dann lässt sich durch eine zusätzliche Dämpfung keine Verbesserung erzielen, weil die Körperschallpegel nur von der Masse oder der Steife, aber nicht von der Dämpfung bestimmt sind. Liegen dagegen (das ist der Normalfall) eine oder mehrere Resonanzfrequenzen im anregenden Frequenzbereich, dann werden bei den Resonanzen die Pegel auch um den oben angegebenen Wert verringert, da aber gleichzeitig die Resonanzkurven breiter werden, ist die Körperschallpegelminderung im Frequenzmittel

$$\Delta L \approx 10 \lg (\eta_n/\eta_v) \text{ dB} . \qquad (10.19\text{a})$$

Bei kontinuierlicher Anregung (Rauschen) wird die Pegelminderung als Verringerung der Lautstärke, bei impulsförmiger Anregung (einzelne Schläge) mehr als Verringerung der Geräuschdauer empfunden. Die durch zusätzliche Dämpfung in der Praxis erreichbare Pegelminderung liegt bei 5 bis 10 dB. Es kann dabei wegen des veränderten Abstrahlverhaltens (Abschn. 10.5) vorkommen, dass die Körperschallpegelminderung kleiner ist als die Luftschallpegelminderung.

c) Wenn eine Platte (oder Balken, Rohr usw.) so groß ist, dass die Anzahl der Wellenlängen, die auf die Platte passen, multipliziert mit dem Verlustfaktor η_n größer als 0,2 ist, dann gilt die obige Betrachtung nicht immer, weil dann keine Resonanzen wahrnehmbar sind. Die Platte verhält sich dann vielmehr so, als ob sie unendlich groß wäre; d. h., bei lokalisierter Anregung ergibt sich gegenüber der ungedämpften Platte eine zusätzliche Pegelabnahme mit der Entfernung, die aus Tabelle 10.5 ersichtlich ist.

10.4.4.2 Körperschallminderung durch Kombination von Dämmung und Dämpfung, Statistische Energie Analyse (SEA)

Eine der wirksamsten Methoden der Lärmminderung besteht darin, Dämmung und Dämpfung zu kombinieren. Auf Körperschallprobleme angewandt bedeutet das, dass man in einigem Abstand von der Quelle eine Dämmungsmaßnahme (elastische Zwischenlage, Umlenkung usw.) anbringt und gleichzeitig das Gebiet, in dem durch Mehrfachreflexionen die Energiedichte am größten ist, mit zusätzlichen Dämpfungsmaßnahmen versieht. Es wird also die Körperschallenergie auf ein begrenztes Gebiet konzentriert und dort so effektiv wie möglich in Wärme umgewandelt.

Da in der Praxis Biegewellen auf Stäben sehr wichtig sind, seien an diesem Beispiel die ent-

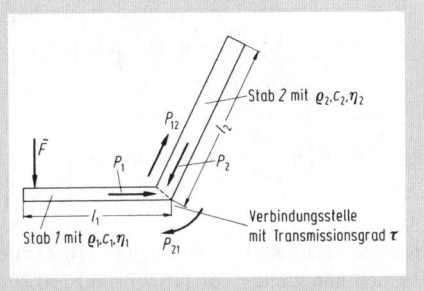

Abb. 10.14 Benennungen zu Gl. (10.20) und (10.21)

sprechenden Gleichungen angegeben. Wie Abb. 10.14 zeigt, soll es sich um zwei endliche Stäbe handeln, für die man im stationären Fall folgende Leistungsbilanz aufstellen kann [10.31–10.34]:

$$\begin{aligned} P + P_{21} &= P_{v1} + P_{12}, \\ 0 + P_{12} &= P_{v2} + P_{21}. \end{aligned} \qquad (10.20)$$

Dabei ist P die von außen eingespeiste Leistung[6], P_{v1} bzw. P_{v2} sind die in den beiden Stäben in Wärme umgesetzten Leistungen, P_1 bzw. P_2 sind die auf die Verbindungsstelle auftreffenden und P_{12} bzw. P_{21} die in beiden Richtungen übertragenen Leistungen.

Es sei vorausgesetzt, dass man mit „statistischen" Verhältnissen rechnen kann; d. h., es werden stets Frequenzbänder betrachtet, innerhalb derer sich wenigstens 4 Eigenfrequenzen der beiden Stäbe befinden, außerdem sollen die Schnellepegel auf den Stäben von Punkt zu Punkt nicht allzuschwer schwanken und es dürfen die Stäbe nicht genau gleich lang sein. Unter diesen Voraussetzungen gilt

$$\begin{aligned} P_{12} &= \tau P_1; & P_{21} &= \tau P_2; \\ P_{v1} &= \varrho_1 S_1 l_1 \omega \eta_1 \tilde{v}_1^2; & P_{v2} &= \varrho_2 S_2 l_2 \omega \eta_2 \tilde{v}_2^2; \\ P_1 &= \varrho_1 S_1 c_1 \tilde{v}_1^2; & P_2 &= \varrho_2 S_2 c_2 \tilde{v}_2^2 \end{aligned} \qquad (10.20\text{a})$$

und damit

$$\frac{\tilde{v}_2^2}{\tilde{v}_1^2} = \frac{\varrho_1 c_1 S_1}{\varrho_2 c_2 S_2} \frac{1}{1 + \omega l_2 \eta_2/\tau c_2} = \frac{m_1 \Delta N_2}{m_2 \Delta N_1} \frac{1}{1 + \eta_2/\eta_{21}}, \qquad (10.21)$$

---

[6] Wenn die Anregung durch eine äußere Punktkraft $\tilde{F}$ (Effektivwert) erfolgt und breitbandig ist, dann gilt unter den hier gemachten Voraussetzungen
$$P = \tilde{F}^2 \text{ Re}\{1/Z\},$$
(s. Tabelle 10.3).

$$\tilde{v}_2^2 = \frac{P}{\varrho_2 S_2 l_2 \omega \left[\eta_1 \frac{l_1 c_2}{l_2 c_1} + \eta_2 (1 + \omega l_1 \eta_1/\tau c_1) \right]}$$

$$= \frac{P}{m_2 \omega \left[\eta_1 \frac{\Delta N_1}{\Delta N_2} + \eta_2 (1 + \eta_1/\eta_{12}) \right]} \quad (10.21\,\mathrm{a})$$

Die erste Form der Gl. (10.21) und (10.21a) ergibt sich unmittelbar aus (10.20) und (10.20a), die zweite Form ist eine Verallgemeinerung, die man unter Anwendung des Reziprozitätsprinzips oder der *Statistical Energy Analysis* (SEA) [10.31–10.34] erhält und die für beliebige Kombinationen von ein-, zwei- oder dreidimensionalen Systemen (Stäbe, Platten, Räume) gültig ist. Es bedeuten m_1, m_2 die gesamte Masse des jeweiligen Systems und ΔN_1, ΔN_2 die Anzahl der Eigenmoden im angeregten Frequenzband (s. Tabelle 1.3). Die Größen η_{21} (bzw. η_{12}) beschreiben die Leistungsübertragung von System 2 auf 1 (bzw. umgekehrt). Falls der Transmissionsgrad und die Gruppengeschwindigkeiten c_g bekannt sind, gilt [10.34]

in zwei Dimensionen

$$\eta_{21} = \frac{c_{g2} L \tau}{\pi \omega S_2}; \quad \eta_{12} = \frac{c_{g1} L \tau}{\pi \omega S_1},$$

in drei Dimensionen

$$\eta_{21} = \frac{c_{g2} S \tau}{4 \omega V_2}, \quad \eta_{12} = \frac{c_{g1} S \tau}{4 \omega V_1} \quad (10.22)$$

(S Trennfläche zwischen den Volumina V_1 und V_2; L Länge der Trennlinie zwischen den Flächen S_1 und S_2).

Eine der wichtigsten Schlussfolgerungen aus Gl. (10.21) und (10.21a) besteht darin, dass eine Dämm-Maßnahme nur dann wirksam ist, wenn eine entsprechende Dämpfung vorhanden ist. Man sieht aus Gl. (10.21), dass die Körperschallpegeldifferenz sehr stark von η_2/η_{21} bzw. η_2/τ, also vom Verhältnis von gedämpfter zu abgeleiteter Leistung, abhängt und dass für $\eta_{21} > \eta_2$, also etwa

$$\tau > \eta_2 \lambda_2 \omega / c_2$$

die Dämmung nicht zum Tragen kommt. In ähnlicher Weise zeigt Gl. (10.21a), dass nicht der Transmissionsgrad allein, sondern das Verhältnis η_1/τ ausschlaggebend ist; geringe Schnellepegel werden nur dann erzielt, wenn die Dämmung gut

($\tau \ll 1$) und die Dämpfung hoch ist. Da bei Körperschallproblemen oft die Dämpfung nicht besonders hoch ist (Querschnittswechsel usw.), ist der Fall $\eta_{21} > \eta_2$ durchaus möglich. In diesem Fall, d.h. bei starker Kopplung und geringer Dämpfung, wird aus Gl. (10.21) die einfache Beziehung

$$\frac{\tilde{v}_2^2}{\tilde{v}_1^2} \approx \frac{m_1 \Delta N_2}{m_2 \Delta N_1}. \quad (10.23)$$

Bei Anwendung auf praktische Beispiele zeigt sich, dass eine stark gekoppelte, leichte Platte durchaus höhere Schnellepegel haben kann als die unmittelbar angeregte schwere Platte; außerdem ist praktisch interessant, dass Gl. (10.23) zumindest eine obere Grenze für $\tilde{v}_2^2$ liefert.

10.5 Abstrahlung von Körperschall

Abgesehen von der nur bei extrem hohen Pegeln gefährlichen Materialermüdung wären Körperschallprobleme für die Lärmbekämpfung ziemlich unwichtig, wenn Körperschall nicht abgestrahlt würde. Die Abstrahlung von einfachen Körpern wurde bereits in Abschn. 1.6. Dabei wurde auch der Abstrahlgrad σ eingeführt, Gl. (1.67).

Bei Luftschall unter Raumtemperatur wird daraus [10.11] unter Verwendung des Leistungspegels L_P (re 10^{-12} W) und des mittleren Schnellepegels L_v (re $5 \cdot 10^{-8}$ m/s)

$$10 \lg \sigma \, \mathrm{dB} = L_P - L_v - 10 \lg \left(\frac{S}{\mathrm{m}^2} \right) \mathrm{dB}. \quad (10.24)$$

Bei kompakten Körpern (Motoren, Getriebe und Pumpen mit dickem Gehäuse, nicht jedoch Maschinen mit leichten Verkleidungen) mit den mittleren Abmessungen l ist im Frequenzbereich $k_0 l > 3$ oder $l > \lambda_0/2$ der Abstrahlgrad $\sigma \approx 1$; bei tieferen Frequenzen ist $\sigma < (k_0 l)^2/8$.

Bei plattenförmigen Körpern sind die Verhältnisse etwas komplizierter, weil die Abstrahlung sehr stark von λ_B/λ_0 (λ_B ist die Biegewellenlänge, λ_0 die Wellenlänge im umgebenden Medium), von der Art der Anregung, von der Randeinspannung und dem Vorhandensein von Diskontinuitäten abhängt.

Da Biegewellenlänge und Schallwellenlänge verschiedene Frequenzabhängigkeiten haben, entspricht der Stelle $\lambda_B = \lambda_0$ eine bestimmte *Grenzfre-*

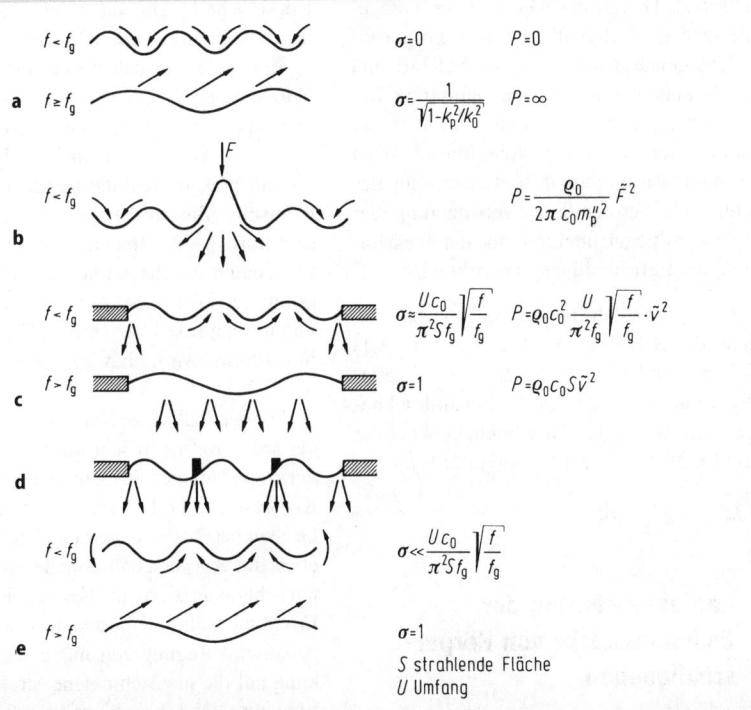

Abb. 10.15 Abstrahlung von Platten. **a** unendlich große Platte; **b** punktförmig angeregte große Platte (mit Dämpfung); **c** eingespannte Platte; **d** Platte mit Versteifung, wie **c** jedoch ist U der Umfang der Teilflächen S zwischen den Versteifungen bzw. dem Rand; **e** freie Platte. $k_p = 2\pi/\lambda_B$ Biegewellenzahl, m_p'' Plattenmasse pro Fläche

quenz f_g, die bereits in Abschn. 8.1.3 (Abb. 8.3) behandelt wurde. Bei Abstrahlung im Wasser ist f_g etwa um den Faktor 18 höher als in Luft.

Für die Abschätzung der Abstrahlung von Biegewellen unterhalb der Grenzfrequenz kann man von der im Prinzip richtigen, aber etwas vereinfachenden Vorstellung ausgehen, dass unmittelbar vor der Platte die Luft nicht komprimiert wird, sondern zwischen Wellenberg und Wellental hin- und hergeschoben wird (hydrodynamischer Kurzschluss). Dabei wird in der Nähe der Platte ein Schalldruck erzeugt, der sehr schnell mit dem Abstand von der Platte abnimmt; es wird jedoch, da keine Kompression der Luft erfolgt, keine Schallleistung (Fernfeld) abgestrahlt. Als Quellen der Schallleistung verbleiben also diejenigen Gebiete am Rande, an der Anregestelle und eventuell an Diskontinuitäten, bei denen kein „Nachbar" für den hydrodynamischen Kurzschluss zur Verfügung steht. Einige praktische interessante Schlussfolgerungen sind:

a) Bei vorgegebener mittlerer Schnelle ergeben zusätzliche Versteifungen unterhalb der Grenzfrequenz eine stärkere Abstrahlung. Das ist darauf zurückzuführen, dass die Länge U des wirksamen Umfangs aus dem Umfang der einzelnen Teilflächen, also aus dem Plattenumfang und der doppelten Länge der Versteifungen, besteht.

b) Eine am Rand eingespannte Platte strahlt im Allgemeinen etwas mehr Schall ab als eine frei schwingende Platte, bei der ein zusätzlicher Kurzschluss zwischen Vorder- und Rückseite möglich ist. Den Extremfall des Kurzschlusses zwischen Vorder- und Rückseite hat man bei Lochplatten, die auch tatsächlich sehr wenig Schall abstrahlen.

c) Bei der Abstrahlung von punktförmig angeregten, endlichen Platten wird – im Bereich $f < f_g$ – Schallleistung sowohl von der Anregestelle als auch von den Rändern abgestrahlt; s. Abb. 10.15. Die von den Rändern ausgehende Schallleistung ist proportional dem mittleren

Schnellequadrat der Platte; sie sinkt also mit wachsender Dämpfung. Die von der Anregestelle ausgehende Schallleistung ist proportional dem Quadrat der anregenden Kraft und damit fast unabhängig von der Dämpfung. Bei wachsender Dämpfung bleibt also stets die Strahlung von der Anregestelle übrig; das ist der Grund, warum durch Zusatzdämpfung des öfteren eine beträchtliche Verringerung der Körperschallpegel, aber nur eine mäßige Minderung der Luftschallpegel bewirkt wird.

Da für $f > f_g$ der Abstrahlgrad fast konstant ist, kann man das Schalldämm-Maß R (s. Gl. (8.1) von dicken Wänden auch durch eine Schnellemessung ermitteln. Wenn L_{p1} der Schalldruckpegel im Senderaum und L_{v2} der Schnellepegel der Wand im Empfangsraum ist, dann gilt für $f > f_g$

$$R = L_{p1} - L_{v2} - 6 \text{ dB} .$$

10.6 Charakterisierung der Emissionsstärke von Körperschallquellen

Die im letzten Abschnitt behandelte statistische Energieanalyse (SEA) legt es nahe, die Anregung einer Struktur durch eine äußere Quelle mit Hilfe der übertragenen Leistung zu charakterisieren. Für Luftschallprobleme ist die entsprechende Charakterisierung der Emissionsstärke allgemein üblich, weil sich herausgestellt hat, dass Luftschallleistung bzw. Leistungspegel von der Umgebung einer Quelle ziemlich unabhängig sind und deswegen die Emission gut beschreiben, s. Kap. 5. Beim Körperschall liegen die Verhältnisse etwas komplizierter, denn die Leistungsübertragung erfolgt in verschiedenen Medien und mit Hilfe verschiedener Wellenarten, die verschiedene Wellenwiderstände haben.

Eine häufig angewandte Methode zur Charakterisierung von Körperschallquellen besteht darin, die interessierende Quelle auf möglichst weiche Federn zu stellen und an den Fußpunkten der Quelle die Körperschallschnelle und eventuell auch die Winkelgeschwindigkeiten zu messen. Wird die Körperschallquelle auf eine sehr weiche elastische Lagerung gestellt, dann reicht die Kenntnis der gemessenen Schnelle v aus, um die Kraft $F = vs/j\omega$ und daraus weitere Größen, z. B. die übertragene Schallleistung, zu berechnen. Allerdings muss man beachten, dass diese Vorgehensweise nur dann zulässig ist, wenn die Federsteife s so klein ist, dass die Bewegung der Körperschallquelle an deren Fußpunkten nicht durch das Fundament behindert wird.

Ein anderer, auch relativ einfach zu behandelnder Grenzfall liegt dann vor, wenn eine leichte Körperschallquelle eine schwere Struktur anregt (z. B. Waschmaschine auf Betondecke). In diesem Fall, in dem die Impedanz (oder die dynamische Masse) der Quelle wesentlich kleiner sein muss als die Impedanz der schweren Struktur, genügt es, die wirkenden Wechselkräfte zu ermitteln. Dies kann durch direkte Messungen, durch reziproke Verfahren [10.35] oder durch Substitutionsverfahren geschehen; Einzelheiten s. [10.36].

Für den Fall, dass die Impedanz der Quelle weder sehr groß noch sehr klein ist, verglichen mit der Impedanz der Struktur, kann die Stärke einer Körperschallquelle nicht mit weniger als zwei Größen beschrieben werden. Eine dieser Größen, etwa die Körperschallschnelle an den Fußpunkten, charakterisiert im Wesentlichen die (aktive) Erregung, während die andere, etwa die Impedanz bei einer Anregung von außen, die (passive) Wirkung auf die angeschlossene Struktur beschreibt. Eine mögliche Kombination von zwei solchen Größen stellen die in [10.37] vorgeschlagenen Quelldeskriptoren (source descriptor) und Kopplungsfunktionen (coupling function) dar.

Ein weiterer Vorschlag besteht darin, Körperschallleistungen nach einer Art Hallraumverfahren (s. Kap. 2) zu bestimmen. Dabei stellt eine große Platte einen Hallraum dar und die Leistung ergibt sich aus Gl. (10.22, 10.20a), wobei $P_{21} = P_{12} = 0$ zu setzen ist. Dieses Verfahren ist relativ einfach. Der Nachteil ist, dass die Ergebnisse nur auf solche Strukturen übertragbar sind, die etwa dieselbe Eingangsimpedanz haben wie die „Hallplatte".

Es bedarf vermutlich noch einiger Untersuchungen, bis ein einfaches, robustes und doch einigermaßen zuverlässiges Verfahren zur Charakterisierung der Körperschallemission gefunden ist, das allgemein akzeptiert wird.

Literatur

10.1 Achenbach JD (1973) Wave propagation in elastic solids. North-Holland, Amsterdam
10.2 Beltzer AI (1988) Acoustics of solids. Springer, Berlin
10.3 Auld BA (1973) Acoustics fields and waves in solids. Vol I u. II. John Wiley, New York
10.4 Mason PM (ed.) (1966) Physical acoustics. Vol. I–III. Academic Press, New York

10.5 Rausch E (1959) Maschinenfundamente und andere dynamisch beanspruchte Baukonstruktionen. VDI-Verlag, Düsseldorf; Ergänzungsband 1968

10.6 Harris CM, Crede DE (eds.) (1961) Shock and vibration handbook. Vol. 2, sect. 30–35. McGraw-Hill, New York

10.7 Hartz H (1937) Schwingungstechnische Gestaltungen von Maschinengründungen. Werner Genest, Berlin

10.8 (1979) Handbook of noise and vibration control. Sect. 3b, 3c, 4th edn. Trade and Technical Press, Morden, Surrey (England), 586–652

10.9 Hertz H (1882) Über die Berührung fester, elastische Körper. J. reine angew. Math. 92, 156–171

10.10 Johnson KL (1985) Contact mechanics. Cambridge 93, 220

10.11 Cremer L, Heckl M (1995) Körperschall, Springer, Berlin

10.12 Becker GW, Oberst H (1956) Über das dynamische Verhalten linearer, vernetzter und gefüllter Kunststoffe. Kolloid Z. 148, 6–16

10.13 Linhardt F, Oberst H (1961) Über die Temperaturabhängigkeit schwingungsdämpfender Kunststoffe. Acustica 11, 255–264

10.14 Oberst H (1952) Über die Dämpfung der Biegeschwingungen dünner Bleche durch festhaftende Beläge. Acustica 2, 181–194

10.15 Kerwin EM (1961) Dmaping of flexural waves in plates by spaced damping treatments having spaces of finite stiffness. Proc. 3rd ICA Congress. Elsevier, 412–415

10.16 Ross D, Ungar EE, Kerwin EM (1959) Damping of plate flexural vibrations by means of viscoelastic lamina. In: Ruzicke JE (ed.) Structural damping. Amer. Soc. Mech. Engineers

10.17 Kurtze G (1959) Bending wave propagation in multilayer plates. J. Acoust. Soc. Amer. 31, 1181–1201

10.18 Tartakovskii BD, Rybak SA (1962) On vibration of layered plates with losses. 4th ICA Congress, Kopenhagen, Paper P 43

10.19 Maidanik G (1960) Energy dissipation associaated with gas pumping at structural joints. J. Acoust. Soc. Amer. 40, 1064–1072

10.20 Trochidis A (1982) Körperschalldämpfung mittels Gas oder Flüssigkeitsschichten. Acustica 51, 201–212

10.21 Möser M (1980) Körperschalldämpfung durch Reibung in der zwischen zwei Platten befindlichen Luftschicht. Acustica 46, 210–217

10.22 Ljunggren S (1984) Generation of waves in an elastic plate by a torsional moment and horizontal force. J. Sound Vib. 93, 161–187

10.23 Mindlin RD, Dersiewicz M (1953) Elastic spheres in contact under oblique forces. Trans. ASME, Ser. E, J. Appl. Mech. 20, 327–335

10.24 Schober U (1990) Untersuchung der Körperschalldämpfung durch Fügestellen in Motoren. DAGA 90. DPG, Bad Honnef, 349–352

10.25 Petuelli G (1983) Theoretische und experimentelle Bestimmung der Steifigkeits- und Dämpfungseigenschaften normalbelasteter Fügestellen. Diss. RWTH Aachen

10.26 Schierling R (1984) Reibungsdämpfung in Konstruktionsfugen betrachtet an verschraubten Balkensystemen. Diss. TH Darmstadt

10.27 Gaul L (1981) Zur Dämmung und Dämpfung von Biegewellen an Fügestellen. Ing. Arch. 51, 101–110

10.28 Albrecht A, Möser M (1989) Die dämpfende Wirkung dicker Entdröhnschichten auf Platten. Z. Lärmbekämpfung 36, 73–79

10.29 Parfitt GG (1962) The effect of cuts in damping tapes. 4th ICA Congress, Kopenhagen, Paper P 21

10.30 Zeinetdinova RU, Naumkina NI, Tartakovskii BD (1978) Effectivness of a vibartion-absorbing coating with a cut constraining layer. Soviet Physics, Acoustics 24, 347–348

10.31 Lyon RH, Maidanik G (1962) Power flow between linearly coupled oscillators. J. Acoust. Soc. Amer., 623–639

10.32 Scharton TO, Lyon RH (1968) Power flow and energy sharing in random vibration. J. Acoust. Soc. Amer. 43, 1332–1343

10.33 Cremer L, Heckl M, Ungar ED (1973) Structureborne sound. Kap. V, 8. Springer, Berlin

10.34 Wöhle W (1984) Statistische Energieanalyse der Schalltransmission. Abschn. 1.10. In: Fasold/Kraak/Schirmer (Hrsg.) Taschenbuch Akustik. VEB Verlag Technik Berlin

10.35 Heckl M (1985) Anwendungen des Satzes von der wechselseitigen Energie. Acustica 58, 111–117

10.36 ten Wolde T, Gadefelt GR (1987) Development of standard measurement methods for structureborne sound emission. Noise Control Eng. J 28, 5–14

10.37 Mondot JM, Petersson B (1987) Characterization of structure-borne sound sources: The source descriptor and the coupling function. J. Sound Vib. 114, 507–518

11 Raumakustik

H. Kuttruff und E. Mommertz

Die traditionelle Aufgabe der Raumakustik besteht darin, die Bedingungen zu schaffen oder zu formulieren, die in einem Raum eine möglichst gute akustische Übertragung von einer Schallquelle zu einem Zuhörer gewährleisten. Die Objekte der Raumakustik sind somit insbesondere Versammlungsräume aller Art wie Hör- und Vortragssäle, Sitzungsräume, Theater, Konzertsäle oder Kirchen. Schon jetzt sei darauf hingewiesen, dass diese Bedingungen wesentlich davon abhängen, ob es sich bei den zu übertragenden Schallsignalen um Sprache oder Musik handelt; im einen Fall ist eine möglichst gute Sprachverständlichkeit das Kriterium für die Qualität der Übertragung, im anderen dagegen hängt der Erfolg raumakustischer Bemühungen von der Erreichung anderer, weniger leicht quantifizierbarer Gegebenheiten ab, nicht zuletzt auch von den Hörgewohnheiten der Zuhörer. Jedenfalls gibt es die schlechthin „gute Akustik" eines Raumes nicht.

In neuerer Zeit tritt eine weitere, bislang stark vernachlässigte Aufgabe der Raumakustik mehr und mehr in den Vordergrund: die Beurteilung der Lärmausbreitung in Arbeitsräumen (Fabrikhallen, Büros u. dgl.). Dieser Entwicklung liegt die Erkenntnis zugrunde, dass der Lärmpegel an einem Arbeitsplatz nur zum Teil von den Eigenschaften der Lärmquelle (Schallleistung und deren spektrale Zusammensetzung, Richtwirkung) abhängt, zum anderen Teil aber von der raumakustischen Beschaffenheit des betreffenden Raumes.

11.1 Grundtatsachen der Schallausbreitung in Räumen

11.1.1 Vorbemerkung

Eine umfassende, exakte und alle Einzelheiten berücksichtigende Darstellung der Ausbreitung von Schall in geschlossenen Räumen ist – von einfachen Sonderfällen abgesehen – nicht möglich. Das hat mehrere Gründe: zum einen haben die praktisch vorkommenden Räume so komplizierte Formen und so vielfältige Wandgestaltungen, dass schon ihre mathematisch-physikalische Beschreibung sehr umständlich, wenn nicht gar hoffnungslos kompliziert ist. Zum anderen setzt sich das Schallfeld bereits in einem sehr einfachen Raum aus äußerst zahlreichen Komponenten zusammen, die alle einzeln berechnet werden müssten.

Zudem wäre mit einer physikalisch vollständigen Beschreibung des Schallfelds noch nichts Entscheidendes gewonnen. Aussagen über die Hörsamkeit oder die „Akustik" eines Raumes sind nämlich nur möglich, wenn wir auch wissen und berücksichtigen, wie Schallfelder von so komplizierter räumlicher und zeitlicher Struktur von unserem Gehör wahrgenommen und in subjektive Eindrücke umgesetzt werden. Wenngleich unsere Kenntnisse auf diesem Gebiet heute noch recht lückenhaft sind, so weiß man doch, dass der Zuhörer keineswegs alle Einzelheiten der Schallübertragung „hören" kann, sondern dass ein bestimmter Höreindruck von einer Kombination objektiver Sachverhalte erzeugt wird.

Es ist daher nicht etwa nur ein Notbehelf, sondern entspricht durchaus der Funktionsweise unseres Gehörs, wenn bei der quantitativen Beurteilung der Hörsamkeit eines Raumes auf die vollständige Charakterisierung des Schallfelds verzichtet wird zugunsten einer mehr pauschalisierenden Betrachtungsweise, bei der bestimmte Kombinationen oder Mittelwerte von Schallfelddaten im Vordergrund stehen. Demgemäß besteht eine wichtige Aufgabe der Raumakustik darin, objektive Schallfeldparameter zu definieren, die in möglichst eindeutiger Weise klassifizierbaren und gegeneinander abgrenzbaren Höreindrücken entsprechen.

Dennoch ist eine gewisse Vorstellung von den physikalischen Grundtatsachen der Schallausbreitung in Räumen unerlässlich, wenn man die Probleme der Raumakustik mehr als nur oberflächlich verstehen will. Diese Vorstellung soll in den nachstehenden Abschnitten vermittelt werden.

11.1.2 Wellentheorie der Raumakustik

Das Schallfeld in einem Raum gehorcht der Wellengleichung Gl. (1.39). Aus diesen Gleichungen, insbesondere aus der letzteren, ergibt sich, dass der Schalldruck in einem geschlossenen Raum durch eine Summe von Eigenfunktionen nach Gl. (1.47) dargestellt werden kann, wobei sowohl die Eigenfunktionen als auch die i. Allg. komplexen Eigenfrequenzen durch die Randbedingungen an den Raumbegrenzungen bestimmt sind. Für einige geometrisch einfache Raumformen sind die Eigenfunktionen und die Eigenfrequenzen in Tabelle 1.3 angegeben. Diese Tabelle enthält auch eine für beliebige Raumformen gültige Formel für die Dichte der Eigenfrequenzen auf der Frequenzachse. Durch Integration ergibt sich daraus die Gesamtzahl der Eigenfrequenzen zwischen den Frequenzen 0 und f zu

$$N_\mathrm{E} \approx \frac{4\pi}{3}\left(\frac{f}{c}\right)^3 V. \qquad (11.1)$$

Dabei ist V das Raumvolumen in m³.

Die Eigenfrequenzen treten nur bei relativ niedrigen Frequenzen getrennt in Erscheinung. Mit steigender Frequenz wächst ihre Dichte längs der Frequenzachse quadratisch an, so dass sich die ihnen zugeordneten Resonanzkurven mehr und mehr überlagern. Die Bedingung für praktisch vollständige Überlappung lautet [11.1]

$$\frac{Vf^2}{T} > 4 \cdot 10^6 \left(\frac{\mathrm{m}}{\mathrm{s}}\right)^3 \qquad (11.2)$$

T ist die in Abschn. 11.1.4 definierte Nachhallzeit des Raumes in Sekunden.

Die entsprechende Grenzfrequenz

$$f_\mathrm{s} = 2000 \sqrt{\frac{T}{V}} \qquad (11.3)$$

wird oft als „Großraumfrequenz" oder als „Schroeder-Frequenz" bezeichnet (f_s in Hz). Die Zahl der unter f_s liegenden, d. h. der überhaupt einigermaßen trennbaren Eigenfrequenzen beträgt nach Gl. (11.1) und (11.3)

$$N_\mathrm{E}(f < f_\mathrm{s}) = 850 \sqrt{\frac{T^3}{V}} \qquad (11.4)$$

(in den Gln. (11.3) und (11.4) ist T in s, V in m³ und f in Hz auszudrücken).

Oberhalb der Schroeder-Frequenz ändert sich der Schalldruck bei einer Variation der Schallfrequenz oder des Empfangsorts in quasi-stochastischer Weise. Die Beträge $\tilde{p}$ des Schalldrucks sind örtlich und über der Frequenz Rayleigh-verteilt, d. h.,

$$W(\tilde{p})\,\mathrm{d}\tilde{p} = \frac{1}{\sigma_\mathrm{p}^2} \exp(-\tilde{p}^2/2\sigma_\mathrm{p}^2)\,\tilde{p}\,\mathrm{d}\tilde{p} \qquad (11.5)$$

ist die Wahrscheinlichkeit dafür, dass bei einer bestimmten Frequenz und an einem bestimmten Ort ein Schalldruckbetrag $\tilde{p}$ mit der Unschärfe $\mathrm{d}\tilde{p}$ auftritt (σ_p quadratische Standardabweichung des Schalldruckbetrags vom Mittelwert). Ihre Verteilungsdichte ist in Abb. 11.1 dargestellt.

Diesem Sachverhalt, der auch messtechnisch von Bedeutung ist, entsprechen die regellosen Schwankungen, die der Betrag der Frequenz-

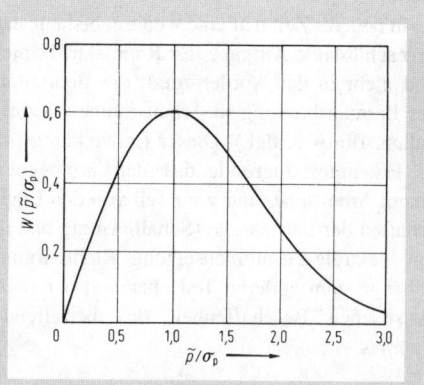

Abb. 11.1 Verteilung des auf σ_p bezogenen Schalldruckbetrags in einem Raum (räumlich oder bezüglich verschiedener Frequenzen)

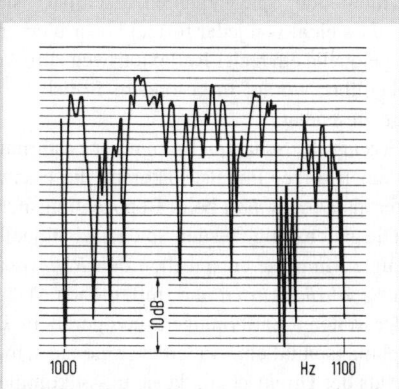

Abb. 11.2 Ausschnitt aus einer Raumfrequenzkurve von 1000 bis 1100 Hz, gemessen in einem kleinen Hörsaal

Übertragungsfunktion („*Frequenzkurve*") eines Raumes aufweist (Abb. 11.2). Sie spiegeln das wechselnde Zusammenwirken zahlreicher Eigenschwingungen wider, die sich je nach ihren gegenseitigen, mehr oder weniger zufälligen Phasenbeziehungen verstärken oder schwächen. Die mittlere Schwankungsweite einer solchen Frequenzkurve beträgt etwa 10 dB, der Abstand benachbarter Maxima ist im Mittel [11.1]:

$$\langle \Delta f \rangle \approx 4/T. \tag{11.6}$$

Wird zu einem Zeitpunkt $t = 0$ eine bis dahin in Betrieb befindliche Schallquelle abgeschaltet, so stellt sich das nachklingende Schallfeld ebenfalls als eine Summe von Eigenschwingungen bei den Eigenfrequenzen $f_n = \omega_n/2\pi$ und mit den Dämpfungskonstanten δ_n dar:

$$p(t) = \sum_n B_n \exp[j(\omega_n t - \varphi_n) - \delta_n t] \text{ für } t > 0. \tag{11.7}$$

Die Koeffizienten B_n und die Phasenwinkel φ_n hängen von der Art und Lage der Schallquelle, vom Beobachtungspunkt und dem Spektrum des anregenden Schallsignals ab. Dieses Nachklingen wird als *Nachhall* bezeichnet und ist von zentraler Bedeutung in der Raumakustik.

Häufig sind die Dämpfungskonstanten so einheitlich, dass sie ohne großen Fehler durch ihren Mittelwert δ ersetzt werden können; die Schallenergiedichte w klingt dann nach einem einfachen Exponentialgesetz ab:

$$w(t) = w_0 e^{-2\delta t} \text{ für } t > 0. \tag{11.8}$$

Die Gültigkeit der Gln. (11.5) bis (11.8) setzt allerdings voraus, dass der Beobachtungspunkt hinreichend weit von der Schallquelle entfernt ist, so dass der Beitrag des Direktschalls zum Gesamtschalldruck vernachlässigt werden kann (s. Abschn. 11.1.4).

11.1.3 Geometrische Raumakustik

Eine anschaulichere Beschreibung räumlicher Schallfelder stellt statt der Schallwelle den Schallstrahl in den Mittelpunkt der Betrachtungen, der als verschwindend schmaler Ausschnitt aus einer Kugelwelle verstanden werden kann. Demgemäß ändert sich die Schallintensität längs eines Schallstrahls umgekehrt proportional zum Quadrat der Entfernung von seinem Ausgangspunkt. Wie in der geometrischen Optik ist auch in der Akustik der Begriff des Strahls nur sinnvoll, wenn die betrachteten Bereiche (Entfernungen, Abmessungen reflektierender Flächen usw.) groß im Vergleich zu den vorkommenden Wellenlängen sind. Da es in der Raumakustik keine inhomogenen Medien gibt, ist die Ausbreitung aller Schallstrahlen gerade. Eine merkliche Brechung von Schallstrahlen tritt nicht auf, Beugungserscheinungen aller Art werden vernachlässigt.

Die in der Raumakustik hauptsächlich auftretenden Schallarten (Sprache, Musik, Geräusche) haben fast immer ein sehr breites, meist auch ein zeitlich schnell wechselndes Spektrum. Überlagern sich in einem Punkt zwei oder mehrere Schallstrahlen, die ja i. Allg. unterschiedliche Laufwege zurückgelegt haben, so können die auf ihnen übertragenen Schallsignale als inkohärent angesehen werden, d.h., alle Phasendifferenzen können außer Betracht bleiben und die in dem betreffenden Punkt vorliegende Energiedichte ist die Summe der Energiedichten der einzelnen Komponenten (Energieaddition). Die geometrische Raumakustik beschränkt sich demgemäß auf die Energieausbreitung in einem Raum.

11.1.3.1 Schallreflexion an ebenen Flächen, Spiegelschallquellen

Fällt ein Schallstrahl auf eine glatte („spiegelnde") Fläche, dann kann die Richtung des reflektierten Strahls nach dem Reflexionsgesetz berechnet oder konstruiert werden. Besonders einfach gestaltet sich diese Konstruktion, wenn die Reflexionsfläche eben ist (Abb. 11.3). Der Schallstrahl scheint dann nach seiner Reflexion von einer Sekundär-

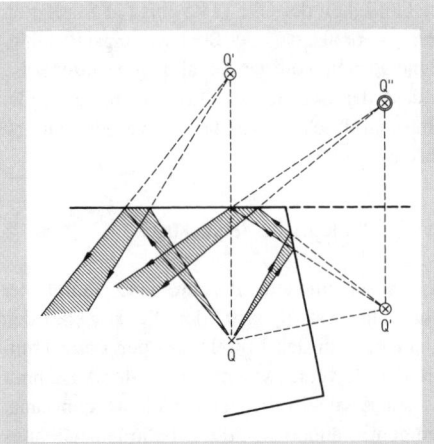

Abb. 11.3 Spiegelschallquellen erster und zweiter Ordnung

schallquelle Q' herzukommen, die bezüglich der reflektierenden Fläche spiegelbildlich zur Originalschallquelle Q liegt. Die i. Allg. unvollkommene Reflexion wird dadurch berücksichtigt, dass die Intensität des reflektierten Strahls um den „Reflexionsgrad" $\varrho = 1 - \alpha$ gegenüber der des einfallenden verringert wird, wobei α den Absorptionsgrad der Wand bezeichnet. Falls der Absorptionsgrad als winkelunabhängig angenommen werden darf, läuft dies auf eine entsprechend verringerte Schallleistung der Spiegelschallquelle hinaus.

Sind mehrere Reflexionswände vorhanden, also insbesondere bei einem geschlossenen Raum, so muß für jede von ihnen eine solche Spiegelquelle konstruiert werden. Des Weiteren muss jede der so erhaltenen Spiegelquellen erster Ordnung an den jeweils anderen Wänden gespiegelt werden, wodurch Spiegelschallquellen zweiter Ordnung, bei Fortsetzung des Verfahrens Spiegelquellen immer höherer Ordnung entstehen, die immer entfernter vom Raumzentrum liegen. Die Gesamtheit aller Spiegelschallquellen ersetzt den Raum gewissermaßen; die Energiedichte in einem Raumpunkt kann im Prinzip durch Addition der Beiträge aller Spiegelquellen ermittelt werden. Die Gesamtzahl n_k der Spiegelschallquellen bis zur k-ten Ordnung einschließlich ist gegeben durch

$$n_k \approx N \frac{(N-1)^k}{N-2}. \tag{11.9}$$

wenn der Raum von N ebenen Wänden umschlossen ist. Dabei ist allerdings zu beachten, dass von einem bestimmten Beobachtungspunkt aus nicht alle Spiegelquellen „sichtbar" sind, d. h., dass nicht von jeder formal konstruierbaren Spiegelquelle ein realer Reflexionsweg zum Aufpunkt führt, worauf insbesondere Borish [11.2] hingewiesen hat.

Erzeugt die Schallquelle zu einer bestimmten Zeit einen kurzen Impuls, so kommt dieser etwas später als *Direktschall* beim Beobachtungspunkt an. Die gleichzeitig von den Spiegelschallquellen erzeugten Impulse entsprechen den *Reflexionen* oder *Schallrückwürfen* und treffen nach Maßgabe der weiteren Entfernungen verzögert beim Beobachtungspunkt ein. Außerdem sind sie schwächer als der Direktschall, da sie unvollkommene Wandreflexionen erleiden und ihre Intensitäten umgekehrt proportional mit dem Quadrat des Laufwegs abnehmen. In Abb. 11.4 sind die Rückwürfe als senkrechte Striche über ihrer Verzögerungszeit gegenüber dem Direktschall dargestellt; ihre Längen entsprechen dem jeweiligen Schalldruck- oder Intensitätspegel. Mit wachsender Verzögerungszeit folgen die Rückwürfe immer dichter aufeinander und werden zugleich immer schwächer. Das in Abb. 11.4 dargestellte Diagramm kann als stark schematisierte „Energieimpulsantwort" der betrachteten Übertragungsstrecke aufgefasst werden und ist natürlich auch für die Übertragung beliebiger Schallsignale maßgebend. (Reale, auf den Schalldruck bezogene Impulsantworten sind in den Abb. 11.14a und 11.20 dargestellt.)

Im Allgemeinen sind die Spiegelschallquellen mehr oder weniger unregelmäßig im Raum verteilt. Bei geometrisch einfachen Räumen kann man indessen für ihre Lagen und Stärken ein Bildungsgesetz angeben. Ein Beispiel hierfür ist der zwischen zwei parallelen Ebenen liegende unendliche Flachraum, der als Modell für viele Arbeitsräume (z. B. flache Fabrikhallen) angesehen werden kann. Hier liegen alle Spiegelquellen auf einer Senkrechten zu den Wandebenen (Abb. 11.5).

Unter der Annahme, dass sowohl die allseitig abstrahlende Originalschallquelle Q mit der Schallleistung P als auch der Empfangspunkt E in der Mitte zwischen Decke und Fußboden liegen und dass beide Reflexionsflächen den gleichen winkelunabhängigen Absorptionsgrad α haben, ist die Energiedichte im Empfangspunkt

$$w = \frac{P}{4\pi c}\left[\frac{1}{r^2} + 2\sum_{n=1}^{\infty}\frac{(1-\alpha)^n}{r^2 + n^2 h^2}\right] \tag{11.10}$$

(r Abstand zwischen Sender und Empfänger, h Raumhöhe).

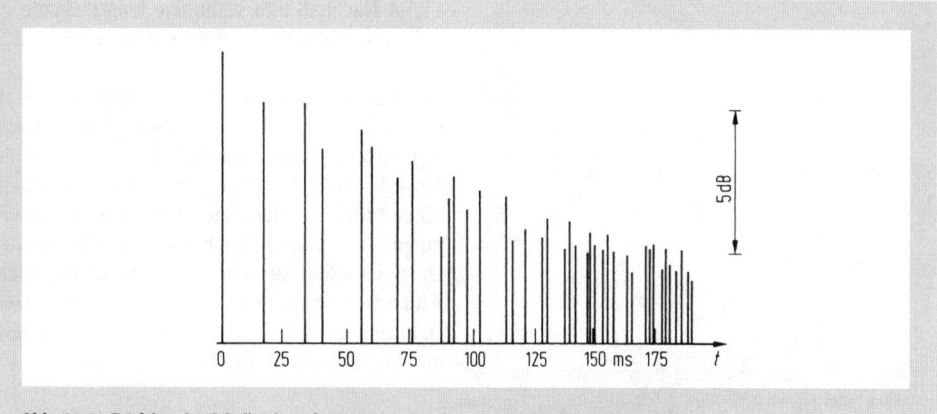

Abb. 11.4 Zeitfolge der Schallrückwürfe in einem von ebenen Wänden begrenzten Raum

Ebenfalls sehr übersichtlich sind die Spiegelschallquellen bei einem Quaderraum angeordnet; hier bilden sie ein regelmäßiges räumliches Gitter (Abb. 11.6). Hier wie schon beim Flachraum gibt es keine „unsichtbaren" oder *virtuellen* Spiegelschallquellen.

11.1.3.2 Schallausbreitung in Räumen mit diffus reflektierenden Wänden

Vielfach sind Wände von Räumen mit regelmäßig oder unregelmäßig angeordneten Vorsprüngen oder Vertiefungen versehen, deren Abmessungen mit der Schallwellenlänge vergleichbar sind und die den auftreffenden Schall nicht in eine bestimmte Richtung zurückwerfen, sondern mehr oder weniger in alle Richtungen zerstreuen. Man spricht dann von *diffuser Reflexion*. Im Grenzfall völlig diffuser Reflexion, die gewissermaßen das Gegenstück zur Reflexion an einer spiegelnden Wand bildet, ist die Intensität des gestreuten Schalls dem Kosinus des Ausfallswinkels proportional (*Lambertsches Gesetz*). Obwohl dieser Fall wie der einer spiegelnden Wand eine Idealisierung darstellt, nähert er die tatsächlich vorliegenden Reflexionsverhältnisse oft sehr gut an.

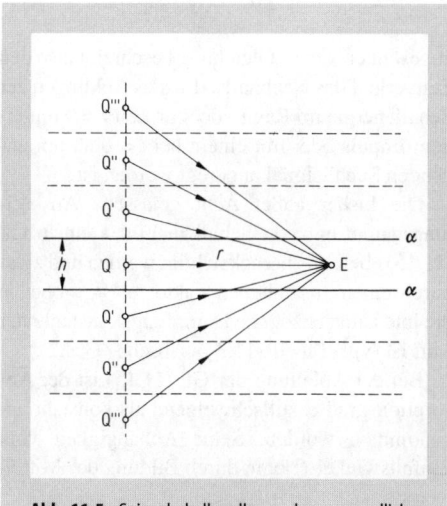

Abb. 11.5 Spiegelschallquellen des unendlichen Flachraums bei mittiger Lage der Schallquelle

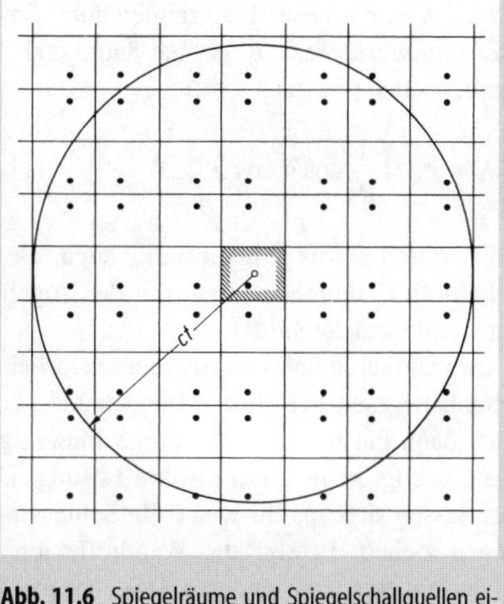

Abb. 11.6 Spiegelräume und Spiegelschallquellen eines Rechteckraums. Beim Quaderraum ist das Schallquellenmuster räumlich ergänzt zu denken

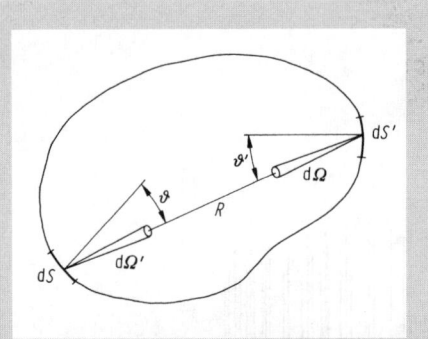

Abb. 11.7 Energieausbreitung in einem Raum mit diffus reflektierenden Wänden

11.1.4 Nachhall und stationäre Energiedichte in Räumen mit diffusem Schallfeld

Die Beschreibung der Schallausbreitung in einem Raum gestaltet sich besonders einfach, wenn man voraussetzen darf, dass in ihm ein *diffuses Schallfeld* herrscht, d. h., dass im statistischen Mittel in jedem Raumpunkt aus allen Richtungen sekundlich gleich viel Energie eintrifft. Dann verschwindet überall die Schallintensität. Außerdem ist die Energiedichte w örtlich konstant und auf jedes Wandelement fällt pro Zeit- und Flächeneinheit die Energie

$$B = \frac{c}{4} w .\qquad(11.13)$$

Es liegt auf der Hand, dass das Konzept der Schallstrahlen in diesem Fall versagt, was aber die Anwendung geometrisch-akustischer Methoden nicht ausschließt. So ist leicht einzusehen, dass die Schallenergie, die sekundlich auf ein Flächenelement dS der Wand einfällt, sich aus dem direkten Beitrag der Schallquelle und aus den Zustrahlungen aller anderen Wandelemente dS' zusammensetzt (Abb. 11.7). Bezieht man diese Energie auf die Flächeneinheit, so gilt demnach [11.3]

$$B(\mathbf{r}, t) = \iint (\mathbf{r}') B\left(\mathbf{r}', t - \frac{R}{c}\right) K(\mathbf{r}, \mathbf{r}') \, \mathrm{d}S' + B_\mathrm{d}(R, t)),\qquad(11.11)$$

wobei R den Abstand zwischen den bei $\mathbf{r}$ und $\mathbf{r}'$ gelegenen Wandelementen dS und dS' bezeichnet; ϱ ist wie früher der Reflexionsgrad. Der „Kern" $K(\mathbf{r}, \mathbf{r}')$ dieser Integralgleichung für die „Bestrahlungsdichte" B ist bei Gültigkeit des Lambertschen Gesetzes

$$K(\mathbf{r}, \mathbf{r}') = \frac{1}{R^2} \cos\vartheta \cos\vartheta' ,\qquad(11.12)$$

wobei ϑ und ϑ' die Winkel bezeichnen, die der von $\mathbf{r}$ nach $\mathbf{r}'$ führende Strahl mit den zugehörigen Wandnormalen bildet.

Im stationären Fall verschwindet natürlich die Zeitabhängigkeit der Bestrahlungsdichte [11.4]. Auch dann hat indessen die obige Integralgleichung i. Allg. keine geschlossene Lösung. Dennoch lassen sich aus ihr wertvolle Schlussfolgerungen ziehen. Erfolgt die Wandreflexion nur teilweise diffus, zum anderen Teil aber geometrisch, dann kann man die hier beschriebene Methode durch das Spiegelquellenmodell nach Abschn. 11.1.3.1 ergänzen [11.5].

Mit dieser Beziehung kann man leicht ableiten, dass in einem Raum mit diffusem Schallfeld jeder Schallstrahl im Mittel $\bar{n}$-mal an einer Wand reflektiert wird mit

$$\bar{n} = \frac{cS}{4V} .\qquad(11.14)$$

Darin ist S die gesamte Wandfläche.

Da die längs des Strahles transportierte Energie sich bei jeder Reflexion um den Bruchteil $\varrho = 1 - \alpha$ vermindert, ist die Gesamtenergie im Raum nach der Zeit t auf

$$E(t) = E_0 (1 - \alpha)^{\bar{n}t} = \qquad(11.15)$$
$$E_0 \exp\left[\frac{cSt}{4V} \ln(1 - \alpha)\right] \quad \text{für } t > 0$$

abgesunken. Diese Gleichung beschreibt also den Zeitverlauf des Nachhalls, d. h. das Abklingen der Schallenergie im Raum, der zur Zeit $t = 0$ mit einem Impuls oder mit einem bei $t = 0$ abrupt endenden Schallsignal angeregt worden ist.

Die bisher außer Acht gelassene Ausbreitungsdämpfung von Schall in Luft kann in Gl. (11.15) ebenfalls berücksichtigt werden und zwar durch einen zusätzlichen Faktor e^{-mct}, wobei m die intensitätsbezogene Dämpfungskonstante der Luft ist (vgl. Tabelle 11.3 in Abschn. 11.3.2).

Bei der Ableitung der Gl. (11.15) ist der Absorptionsgrad α stillschweigend als konstant angenommen worden. Seine Abhängigkeit vom Einfallswinkel ϑ kann durch Bildung des Mittelwerts

$$\alpha' = 2 \int_0^{\pi/2} \alpha(\vartheta) \sin\vartheta \cos\vartheta \, \mathrm{d}\vartheta \qquad(11.16)$$

berücksichtigt werden. Die Mittelung über verschiedene Teilflächen S_i mit unterschiedlichen Absorptionsgraden α_i erfolgt nach der Formel

$$\bar{\alpha} = \frac{1}{S} \sum_i S_i \alpha_i. \qquad (11.17)$$

Die Summe

$$A = \sum_i \alpha_i S_i. \qquad (11.18)$$

wird als *Absorptionsfläche oder äquivalente Absorptionsfläche* des Raumes bezeichnet.

Unter der Nachhallzeit T versteht man die Zeit, in der die Energiedichte auf den millionsten Teil ihres Anfangswerts, der Schalldruckpegel also um 60 dB abgefallen ist (s. Abb. 11.8).

Aus Gl. (11.15) ergibt sich nach Einbeziehung des Dämpfungsfaktors e^{-mct} und nach Einsetzen des Wertes der Schallgeschwindigkeit in Luft unter Normalbedingungen

$$T = \left(0{,}163 \, \frac{\text{s}}{\text{m}}\right) \frac{V}{4mV - S \cdot \ln(1 - \bar{\alpha})}. \qquad (11.19)$$

Diese Beziehung wird, zusammen mit der Mittelungsvorschrift der Gl. (11.17), meist als Eyringsche Nachhallformel bezeichnet. Ist der mittlere Absorptionsgrad $\bar{\alpha}$ klein gegen 1, so geht sie über in die einfachere Sabinesche Nachhallformel

$$\begin{aligned}T &= \left(0{,}163 \, \frac{\text{s}}{\text{m}}\right) \frac{V}{S\bar{\alpha} + 4mV} \\ &= \left(0{,}163 \, \frac{\text{s}}{\text{m}}\right) \frac{V}{A + 4mV}.\end{aligned} \qquad (11.20)$$

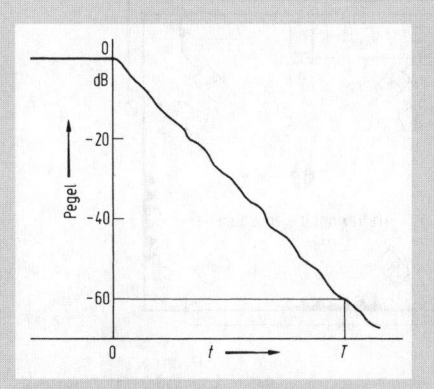

Abb. 11.8 Zur Definition der Nachhallzeit T

Diese Form wird in der Praxis fast ausschließlich benutzt, vielfach sogar unter Vernachlässigung des Gliedes $4mV$.

Gibt eine Schallquelle in einem Raum die zeitlich konstante Leistung P ab, so stellt sich ein stationärer Zustand ein, der durch die Gleichheit der zugeführten Energie und der an den Wänden absorbierten Energie gekennzeichnet ist, beides auf die Zeiteinheit bezogen. Der letztere Energieanteil kann mit Gl. (11.13) durch die stationäre Energiedichte w_s ausgedrückt werden, so dass sich für die letztere unmittelbar

$$w_s = \frac{4P}{\bar{\alpha} c S} \quad \text{für } \bar{\alpha} \ll 1 \qquad (11.21)$$

ergibt; das entsprechende zeitlich gemittelte Schalldruckquadrat ist mit Z_0 als dem Wellenwiderstand der Luft

$$\langle p^2 \rangle = \frac{4 Z_0 P}{S \bar{\alpha}}. \qquad (11.22)$$

Energiedichte und Schalldruck sind demnach örtlich konstant, abgesehen von gewissen Abweichungen, die von der hier zugrundegelegten statistischen Theorie nicht wiedergegeben werden. Diese sind nach Abschn. 11.1.2 einmal durch statistisch wechselnde Phasen zwischen den Eigenschwingungen des Raumes bedingt [11.6], zum anderen erzwingen reflektierende Raumwände in ihrer Nähe starre Phasenbeziehungen zwischen einfallenden und reflektierten Wellen, die entsprechende Interferenzerscheinungen zur Folge haben [11.7].

Die Gln. (11.21) und (11.22) geben die tatsächlichen Verhältnisse meist weniger genau wieder als die sich auf den Nachhall beziehenden Formeln (11.15), (11.19) oder (11.20), da gerade die isolierten ersten Rückwürfe, die noch keineswegs einer statistischen Behandlung zugänglich sind, einen starken Beitrag zu w_s leisten. Beim Nachhallverlauf machen sie dagegen nur dessen ersten Anfang aus und werden gegebenenfalls außer Acht gelassen.

Der durch Gl. (11.21) gegebenen Energiedichte des vom Raum erzeugten Sekundärfeldes (Hallfeld) überlagert sich das Direktschallfeld der Schallquelle, das bei Kugelwellenabstrahlung mit der Energiedichte

$$w_d = \frac{P}{4\pi c r^2} \qquad (11.23)$$

verknüpft ist. In einem bestimmten Abstand, dem

Hallabstand oder *Hallradius*

$$r_h = 0{,}057\sqrt{V/T},$$

(r_h in m, V in m³), sind beide Energiedichten gleich groß. Bei gerichteter Schallabstrahlung ist der Hallabstand in der Hauptabstrahlrichtung um einen Faktor $\sqrt{\gamma}$ größer als nach Gl. (11.24). Dabei ist γ der *Gewinn* oder der *Richtfaktor* der Schallquelle, d.h. das Verhältnis der Maximalintensität I_{max} zur mittleren Strahlungsintensität in einem bestimmten Abstand r:

$$\gamma = 4\pi r^2 \frac{I_{max}}{P}. \qquad (11.25)$$

Unter Benutzung des Hallabstands lässt sich die gesamte Energiedichte w darstellen durch

$$w = w_d\left(1 + \frac{r^2}{r_d^2}\right). \qquad (11.26)$$

11.2 Zur subjektiven Wirkung räumlicher Schallfelder

Wie schon in Abschn. 11.1.1 bemerkt, erlaubt allein die Kenntnis des Schallfelds in einem Versammlungsraum noch keine Rückschlüsse auf dessen raumakustische Qualitäten. Hierzu bedarf es vielmehr zusätzlicher Erkenntnisse darüber, wie die von den Raumbegrenzungsflächen erzeugten Schallreflexionen einzeln oder gemeinsam die Wahrnehmung der von der Schallquelle erzeugten Schallsignale durch den Zuhörer beeinflussen.

Solche Erkenntnisse können durch systematische psychoakustische Versuche mit synthetischen Schallfeldern gewonnen werden, deren Zusammensetzung schnell verändert werden kann [11.8, 11.9]. Eine Anlage zur Erzeugung solcher Schallfelder ist in Abb. 11.9 schematisch dargestellt. Der Direktschall wird dabei von einem oder mehreren frontalen Lautsprechern erzeugt, Reflexionen (Rückwürfe) werden aus beliebig vorgebbaren Richtungen von zusätzlichen entsprechend angeordneten Lautsprechern erzeugt, denen einstellbare Verzögerungs- und Dämpfungsglieder vorgeschaltet sind. Der Nachhall wird durch Verhallung des Originalsignals mit einem Hallraum oder einem elektronischen Hallgerät erzeugt und inkohärent aus mehreren Richtungen abgestrahlt.

Ein anderer Weg zur Bestimmung der subjektiven Wirkung komplexer Schallfelder beruht auf dem Vergleich von Höreindrücken aus unterschiedlichen existierenden oder rechnerisch simulierten (s. Abschn. 11.3.3) Sälen. Die Anwendung der *Faktorenanalyse* gestattet dabei die Trennung einzelner Wahrnehmungskategorien und in gewissen Grenzen auch ihre Zuordnung zu objektiven Schallfeldeigenschaften in den jeweiligen Räumen [11.10, 11.11].

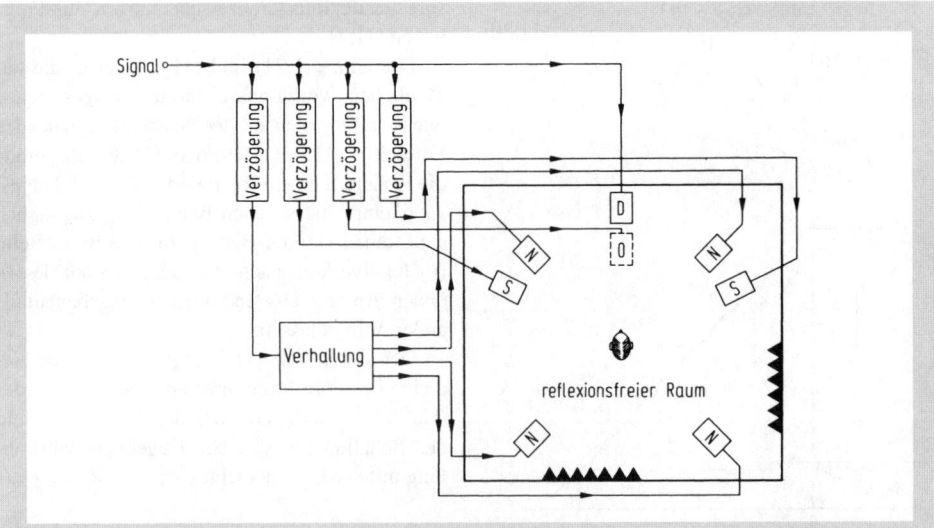

Abb. 11.9 Anlage zur Erzeugung synthetischer Schallfelder im reflexionsarmen Raum, schematisch. D Direktschall, O Deckenreflexion, S Seitenwandreflexion, N Nachhall

11.2.1 Einzelne Rückwürfe

Damit ein Rückwurf neben dem Direktschall überhaupt wahrgenommen wird, muss er eine gewisse Mindeststärke haben. Dieser als *absolute Wahrnehmbarkeitsschwelle* bezeichnete Wert hängt von seiner Verzögerung gegenüber dem Direktschall, von der Richtung, aus der er beim Zuhörer eintrifft, und von der Art des Schallsignals ab. Für Richtungsgleichheit zwischen Direktschall und Rückwurf zeigt Abb. 11.10 das Ergebnis entsprechender Untersuchungen. Demnach ist unser Gehör bei Sprache für Rückwürfe wesentlich empfindlicher als bei Musik, mit zunehmender Verzögerungszeit fällt die Schwelle ab. Bezüglich weiterer Ergebnisse sei auf die Literatur verwiesen [11.12–11.15]. Hier sei lediglich erwähnt, dass Rückwürfe aus seitlicher Richtung leichter wahrgenommen werden als frontal oder von oben einfallende. Die Unterschiedsschwelle für Rückwürfe, d.h. die minimale Pegeldifferenz, die zu einer Änderung des Höreindrucks führt, liegt in günstigen Fällen bei 1,5 dB nach beiden Seiten, bei sehr hohen oder sehr niedrigen Rückwurfpegeln ist sie größer [11.9].

Bei Richtungsgleichheit mit dem Direktschall macht sich ein wenig verzögerter und relativ schwacher Rückwurf – wenn überhaupt – durch eine Erhöhung der Lautstärke bemerkbar. Trifft er dagegen aus einer seitlichen Richtung auf den Zuhörer, so bewirkt er außerdem eine scheinbare Vergrößerung der Schallquelle, und dies um so mehr, je näher der Winkel zwischen beiden Schalleinfallsrichtungen bei 90° liegt. In all diesen Fällen gilt das *Gesetz der ersten Wellenfront* [11.16], demzufolge die Schallquelle aus der Richtung gehört wird, aus welcher der Direktschall eintrifft.

Hinreichend starke und lang verzögerte Rückwürfe nimmt man als *Echos* wahr, d.h. als i. Allg. störende Wiederholungen des direkten Schallsignals. Abbildung 11.11 zeigt für Sprachsignale und als Funktion der Verzögerungszeit den Prozentsatz von Zuhörern, die sich durch den Rückwurf gestört fühlen [11.17]. Überraschend ist dabei die geringe Zunahme dieses Prozentsatzes bei Erhöhung des auf den Direktschall bezogenen Rückwurfpegels von 0 dB auf +10 dB. Dieser als *Haas-Effekt* bekannte Sachverhalt ist auch für die Planung von Beschallungsanlagen bedeutungsvoll (vgl. Kap. 14) und ist in Abb. 11.12 noch einmal anders dargestellt, nämlich als der relative Rückwurfpegel, dessen Überschreitung bei der Mehrzahl der Zuhörer zu einer Echostörung führt [11.18]. Bei Richtungsungleichheit mit dem Direktschall kann die Störung auch darin bestehen, dass der Schall für den Zuhörer nicht mehr aus der Richtung der Originalschallquelle, d.h. aus der Richtung des Direktschalls, herzukommen scheint. – Gegenüber musikalischen Schallsignalen erweist sich übrigens die Echoempfindlichkeit unseres Gehörs wieder als geringer als gegenüber Sprache [11.19].

Die Überlagerung eines auf direktem Weg zum Zuhörer gelangenden Schallsignals mit sei-

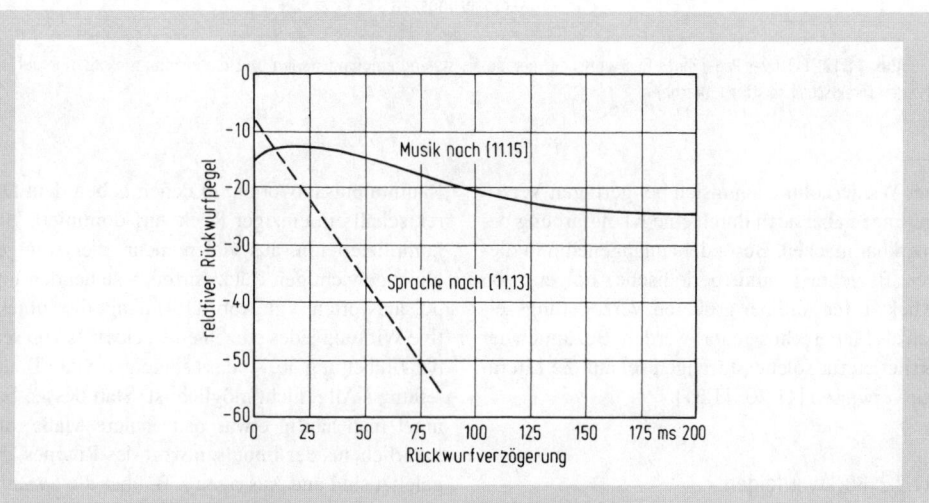

Abb. 11.10 Absolute Wahrnehmbarkeitsschwelle eines Einzelrückwurfs als Funktion der Verzögerungszeit bei Richtungsgleichheit von Direktschall und Rückwurf

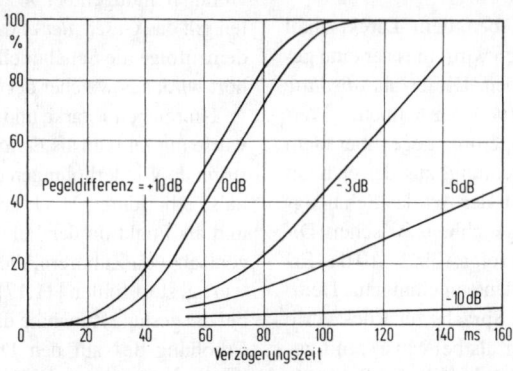

Abb. 11.11 Prozentsatz von Zuhörern, die sich von einem Rückwurf gestört fühlen, als Funktion der Verzögerung. Das Signal ist Sprache mit einer Sprechgeschwindigkeit von 5,3 Silben pro Sekunde. Die Zahlen geben die Pegeldifferenzen zwischen Rückwurf und Direktschall in dB an

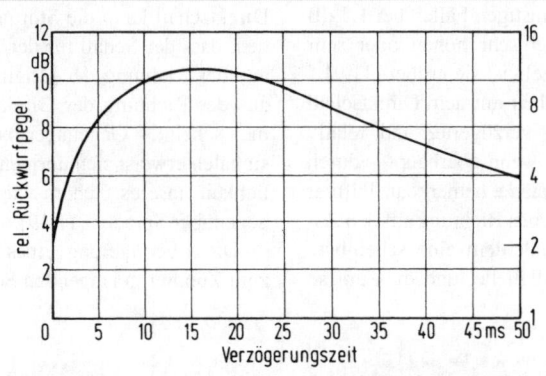

Abb. 11.12 Relativer Pegel eines Rückwurfs, der gerade als störend empfunden wird bzw. die Richtungslokalisation auf den Direktschall zerstört (Sprache)

ner Wiederholung kann sich bei geringen Verzögerungen aber auch durch eine Klangfärbung bemerkbar machen. Besonders unangenehm in dieser Beziehung sind periodische Folgen von Rückwürfen, die bei größeren Verzögerungszeiten als Flatterechos gehört werden. Bezüglich der Kriterien für solche Störungen sei auf die Literatur verwiesen [11.20, 11.21].

11.2.2 Rückwurffolgen

Die im vorstehenden Abschnitt beschriebenen Sachverhalte eignen sich für die Beurteilung von Raumimpulsantworten, in denen neben dem Direktschall ein einziger Rückwurf dominiert. Bei komplizierteren, aus vielen mehr oder weniger gleichgewichtigen Rückwürfen bestehenden Impulsantworten (vgl. Abb. 11.4) hängt die subjektive Wirkung jedes einzelnen Rückwurfs von seiner Einbettung ab, so dass seine getrennte Beurteilung i. Allg. nicht möglich ist. Statt dessen benutzt man häufig etwas pauschalere Maße, die natürlich aus der Impulsantwort des Raumes abgeleitet sind und Aussagen z. B. über die *Sprachverständlichkeit* oder die *Durchsichtigkeit* von Musik, bei Berücksichtigung der Schalleinfallsrichtungen auch über die subjektive *Räumlichkeit* des betreffenden Schallfelds erlauben. Auch Kriterien für das Auftreten störender Echos können einer gemessenen oder berechneten Impulsantwort entnommen werden.

11.2.2.1 Stärkemaß

Ein erstes Kriterium, nämlich das Stärkemaß G, soll einen Anhaltspunkt dafür liefern, wie laut eine Schallquelle oder Darbietung in einem Raum gehört wird. Definiert wird sie durch die in der Impulsantwort enthaltene Energie

$$G = 10 \cdot \lg\left\{\int_0^\infty [g(t)]^2 dt \Big/ \int_0^\infty [g_{10}(t)]^2 dt\right\}. \quad (11.27)$$

Die Funktion $g_{10}(t)$ im Nennerintegral, das der Normierung auf die Schallquellenleistung dient, bezeichnet die in 10 m von der gleichen Schallquelle im Freifeld gemessene Impulsantwort.

11.2.2.2 Sprachverständlichkeit und Durchsichtigkeit

Die nachstehend beschriebenen Kriterien beruhen zumeist auf der vielfach bestätigten Erfahrung, dass mäßig verzögerte Rückwürfe im Wesentlichen den Direktschall unterstützen, also die Schallübertragung verbessern und somit „nützlich" sind. Obwohl der Übergang zwischen nützlichen und „schädlichen" Rückwürfen fließend ist, kennzeichnet man ihn oft durch eine scharfe Grenze der Laufzeitverzögerung. Demgemäß sind der nützliche und der eher störende Teil der in einer Impulsantwort enthaltenen Energie

$$E_N = \int_0^{t_0} [g(t)]^2 dt \quad (11.28)$$

und

$$E_S = \int_{t_0}^\infty [g(t)]^2 dt \quad (11.29)$$

Dabei ist $g(t)$ die bei $t = 0$ mit dem Direktschall einsetzende Impulsantwort der akustischen Übertragungsstrecke, also der Schalldruckverlauf, der sich am Beobachtungspunkt nach Anregung des Raums mit einem Impuls verschwindender Dauer einstellt. Auf dieser Grundlage wurde von Thiele [11.22] die *Deutlichkeit*

$$D_{50} = \frac{E_N}{E_N + E_S} \quad (11.30)$$

mit $t_0 = 50$ ms zur Kennzeichnung der Sprachverständlichkeit eingeführt; übersteigt sie den Wert 0,5, so kann mit einer Silbenverständlichkeit von über 90 % gerechnet werden. Das *Klarheitsmaß* nach Reichardt, Abdel Alim und Schmidt [11.23]

$$C = 10 \lg\left(\frac{E_N}{E_S}\right) dB \quad (11.31)$$

mit $t_0 = 80$ ms (in der Literatur oft mit C_{80} bezeichnet) soll demgegenüber die *Durchsichtigkeit* von Musikdarbietungen charakterisieren: Werte im Bereich von -3 dB bis 0 dB werden als günstig angesehen.

Lochner und Burger [11.24] haben als erste eine fließende Zeitgrenze zwischen nützlichen und schädlichen Rückwürfen benutzt. Erst recht gilt dies für die von Kürer [11.25] eingeführte *Schwerpunktszeit*

$$t_S = \frac{\int_0^\infty [g(t)]^2 t\, dt}{\int_0^\infty [g(t)]^2 dt}. \quad (11.32)$$

Niedere Werte der Schwerpunktszeit lassen eine hohe Sprachverständlichkeit bzw. Durchsichtigkeit bei Musikdarbietungen erwarten.

Weniger deutlich ist der Zusammenhang mit der zeitlichen Abfolge der Rückwürfe, d. h. der Impulsantwort bei der von Houtgast und Steeneken [11.26] herangezogenen *Modulations-Übertragungsfunktion* (*Modulation Transfer Function*, MTF). Sie ist wie folgt definiert: eine Schallquelle strahle eine sinusförmig modulierte Leistung

$$P(t) = P_0 (1 + \cos \Omega t) \quad (23.33)$$

in den Raum ab. Der Nachhall des Raums sowie eventuell vorhandene Störgeräusche bewirken eine Abflachung der am Beobachtungsort auftretenden Intensitätsschwankungen um einen Faktor m (und außerdem eine Verzögerung um eine Zeit t_0):

$$I(t) = I_0\{1 + m \cos[\Omega(t - t_0)]\}. \quad (23.34)$$

Dieser von der Modulationsfrequenz Ω, aber auch von der Art des Schallsignals abhängige Faktor ist die Modulations-Übertragungsfunktion. Für weißes Rauschen als Anregungssignal kann sie direkt aus der Impulsantwort bestimmt werden [11.27]:

$$m(\Omega) = \left|\int_0^\infty [g(t)]^2 e^{j\Omega t} dt \Big/ \int_0^\infty [g(t)]^2 dt\right|. \quad (11.35)$$

Aus der Modulations-Übertragungsfunktion wird durch eine relativ komplizierte Auswertung ein Einzahlkriterium, der *Speech Transmission Index* (*STI*), gewonnen, der hervorragend mit der Sprachverständlichkeit korreliert. Von praktischer Bedeutung ist insbesondere der mit einem abgekürzten Auswerteverfahren ermittelte *Rapid Speech Transmission Index* (*RASTI*), der in Abschn. 11.5 näher beschrieben wird.

11.2.2.3 Räumlichkeitseindruck

Wie bereits in Abschn. 11.2.1 bemerkt, trägt ein wenig verzögerter Rückwurf um so mehr zu dem vor allem bei Konzertsälen wichtigen subjektiven Räumlichkeitseindruck bei, je seitlicher seine Einfallsrichtung in Bezug auf den nach dem Direktschall ausgerichteten Kopf des Zuhörers ist. Nach Barron [11.28], dem die ersten systematischen Untersuchungen zu diesem Fragenkomplex zu verdanken sind, gilt dies nicht nur für einen einzelnen Rückwurf, sondern für alle Reflexionen, deren Verzögerung gegenüber dem Direktschall zwischen 5 ms und 80 ms liegt. Demgemäß kann der durch

$$LFC = \frac{\int_{5\,\text{ms}}^{80\,\text{ms}} [g(t)]^2 \cos\theta \, dt}{\int_0^{80\,\text{ms}} [g(t)]^2 dt} \qquad (11.36)$$

definierte *Seitenschallgrad* zur Kennzeichnung des mit dem betreffenden Schallfeld verbundenen Räumlichkeitseindrucks herangezogen werden. Darin wird die Einfallsrichtung eines bestimmten Energieanteils durch den Winkel θ charakterisiert, den sie mit einer beide Ohren verbindenden Achse (s. Abb. 11.13) bildet. Bei einer alternativen Definition des Seitenschallgrads, der als *LF* bezeichnet wird, steht im Zähler der Gl. (11.36) das Quadrat der Kosinusfunktion als Zugeständnis an die messtechnischen Möglichkeiten.

Maßgebend für den subjektiven Räumlichkeitseindruck ist offenbar der Umstand, dass seitlich einfallende Rückwürfe an beiden Ohren unterschiedliche Schallsignale hervorrufen. Die Unterschiedlichkeit kann durch eine Kurzzeit-Kreuzkorrelationsfunktion charakterisiert werden:

$$\varphi_{\text{rl}} = \frac{\int_0^{t_0} g_{\text{r}}(t) g_{\text{l}}(t+\tau) \, dt}{\left[\int_0^{t_0} [g_{\text{r}}(t)]^2 dt \int_0^{t_0} [g_{\text{l}}(t)]^2 dt\right]^{1/2}} \qquad (11.37)$$

mit $t_0 = 100$ ms. Hier sind $g_{\text{r}}(t)$ und $g_{\text{l}}(t)$ die an beiden Ohren des Zuhörers auftretenden Impulsantworten. Das Maximum dieser Funktion im Intervall $|\tau| < 1$ ms wird als *interaurale Kohärenz* (*Interaural Cross Correlation, IACC*) [11.29] bezeichnet; je kleiner es ist, umso räumlicher wirkt das betreffende Schallfeld. Neben dieser Größe werden gelegentlich abweichend definierte Versionen des *IACC* benutzt.

Neuerdings neigt man zu der Auffassung, dass der Räumlichkeitseindruck mindestens aus zwei Komponenten besteht, nämlich aus der „scheinbaren Quellenbreite" (*Apparent Source Width*, *ASW*), die durch die oben genannten Maße gekennzeichnet wird, und der „Einhüllung" (*Listener Envelopment*) [11.30]. Nach Bradley und Soulodre [11.31] wird Letztere am Besten durch den relativen Seitenschallanteil in den späteren Teilen der Impulsantwort charakterisiert:

$$LG_{80}^\infty = 10 \log_{10} \left[\frac{\int_{80\,\text{ms}}^\infty [g(t)\cos\theta]^2 dt}{\int_0^\infty [g_{10}(t)]^2 dt} \right]. \qquad (11.38)$$

Darin ist g_{10} die in reflexionsfreier Umgebung in 10 m Abstand von der gleichen Schallquelle gemessene Impulsantwort.

11.2.2.4 Echostörungen

Das Auftreten von störenden Echos kann sehr gut mit Hilfe des von Dietsch und Kraak [11.32] angegebenen *Echokriteriums* erkannt werden. Es wird auf folgende Weise aus der Energie-Impuls-

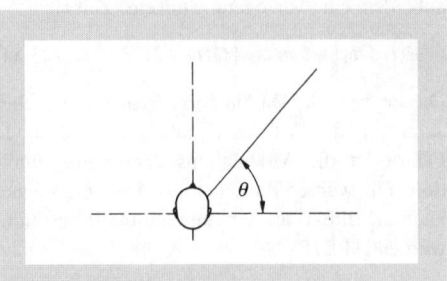

Abb. 11.13 Zur Definition des „Seitenschallanteils"

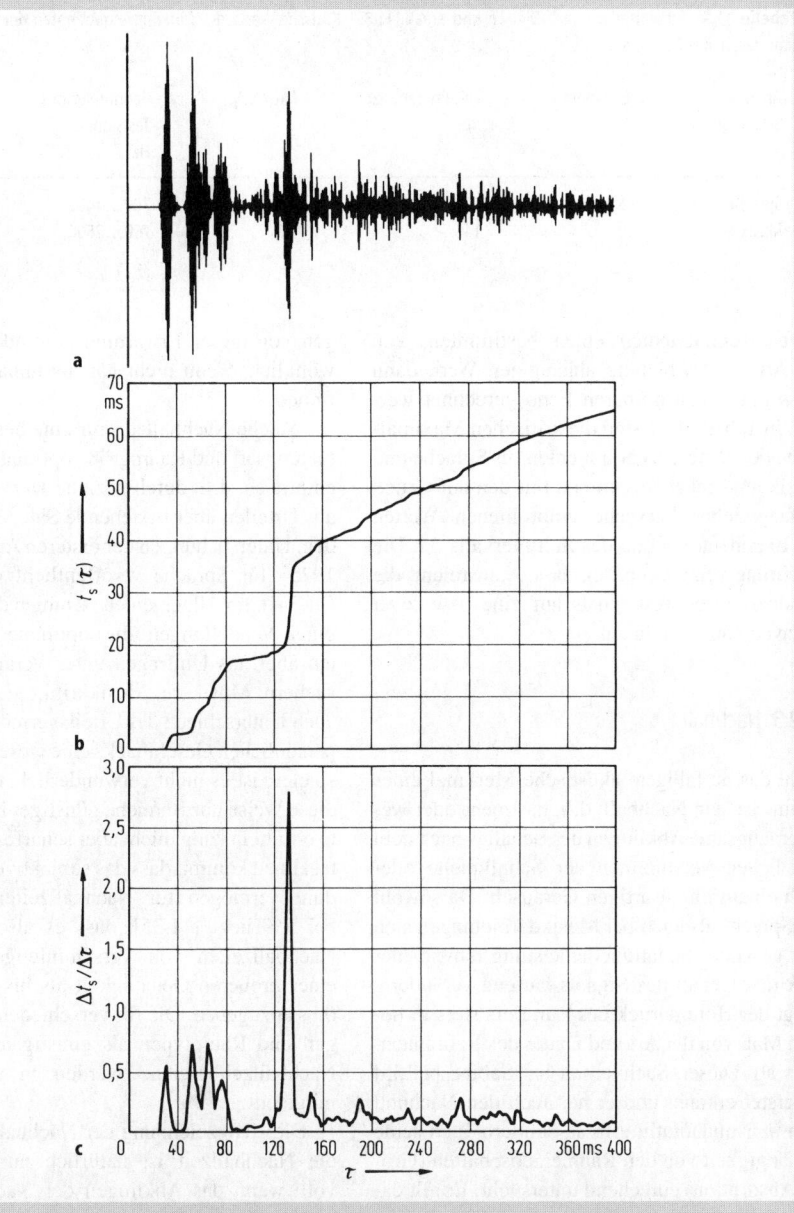

Abb. 11.14 Zum Echokriterium nach Dietsch und Kraak. **a** Gemessene Impulsantwort, Dauer des Ausschnitts 400 ms; **b** Aufbaufunktion der Schwerpunktszeit für $n = 2$; **c** laufender Differenzenquotient mit $\Delta t = 5$ ms

antwort gewonnen: zunächst wird die „Aufbaufunktion der Schwerpunktszeit"

$$t_S(\tau) = \frac{\int\limits_0^\tau |g(t)|^n \, t \, dt}{\int\limits_0^\tau |g(t)|^n dt} \qquad (11.39)$$

gebildet, bezüglich des Exponenten n s. Tabelle 11.1. (Für $n = 2$ und $\tau = \infty$ liefert diese Formel die durch Gl. (11.32) definierte Schwerpunktszeit.) Von dieser Funktion wird der laufende Differenzenquotient $\Delta t_s / \Delta \tau$ gebildet. In Abb. 11.14 sind diese Schritte an Hand eines Messbeispiels veranschaulicht. Überschreitet das Maximum des

Tabelle 11.1 Echokriterium nach Dietsch und Kraak [11.32]. Kritische Werte des Differenzenquotienten der Aufbaufunktion der Schwerpunktszeit

Art des Schallsignals	Exponent n	Zeitdifferenz Δt ms	$(\Delta t_s/\Delta \tau)_{kr}$	Bandbreite des Testsignals Hz
Sprache	2/3	9	1,0	700…1400
Musik	1	14	1,8	700…2800

Differenzenquotienten einen bestimmten, von der Art der Darbietung abhängigen Wert, dann muss mit einem hörbaren Echo gerechnet werden. In Tabelle 11.1 sind die kritischen Maximalwerte des Differenzenquotienten für Sprache und Musik angegeben zusammen mit den auf Grund umfangreicher Versuche empfohlenen Werten des Exponenten n und des Zeitintervalls $\Delta \tau$. Die Erfahrung zeigt weiterhin, dass es ausreicht, die Bandbreite des Testsignals auf eine bzw. zwei Oktaven einzuschränken.

11.2.3 Nachhall

Wohl das auffälligste akustische Merkmal eines Raums ist sein Nachhall, d. h. das mehr oder weniger langsame Abklingen des Schalles nach dem plötzlichen Verstummen der Schallquelle oder nach einem impulsartigen Geräusch. Da sowohl bei Sprach- als auch bei Musikdarbietungen sich die gesamte Schallquellenleistung sowie der spektrale Gehalt des Signals laufend verändern, hängt der Höreindruck des Zuhörers stets in hohem Maß von der Art und Dauer des Raumnachhalls ab. Diesen Sachverhalt hat Sabine [11.33] als erster erkannt und er hat auch den Nachhall nicht nur quantitativ erfasst, sondern auch seine Abhängigkeit von den Raumeigenschaften (Größe, Absorption) eingehend untersucht. Er gilt daher zu Recht als Pionier der modernen Raumakustik.

Ob der Nachhall eines Raums, für den die in Abschn. 11.1.4 angegebenen Gesetzmäßigkeiten gelten, sich günstig oder ungünstig auf die Hörsamkeit eines Raumes auswirkt, hängt vor allem von seiner Dauer, von der Frequenzabhängigkeit der Nachhallzeit und von der Art der Darbietung ab. Auch die Größe eines Raumes spielt eine gewisse Rolle, da man unbewusst in einem großen Raum eine längere Nachhallzeit erwartet als in einem kleinen und sehr erhebliche Abweichungen von dieser Erwartung zumindest als ungewöhnlich, wenn nicht gar als unnatürlich empfindet.

Welche Nachhallzeit für eine bestimmte Darbietungsart und Raumgröße optimal ist, kann nur empirisch, d. h. durch gezielte Hörversuche oder aus Urteilen über bestehende Säle, ermittelt werden. Untersuchungen der ersteren Art sind bereits 1925 für Sprache veröffentlicht worden (vgl. [11.34]). Im Allgemeinen stammen die heute gängigen Vorstellungen über optimale Nachhallzeiten aber aus Umfragen unter Veranstaltungsbesuchern, Musikern, Musikkritikern usw. Da hier auch Unterschiede des Urteilsvermögens und des persönlichen Geschmacks eine wesentliche Rolle spielen, ist es nicht verwunderlich, dass man auf diese Weise nur Bereiche günstiger Nachhallwerte ermitteln kann, nicht aber scharfe Optimalwerte. Hinzu kommt, dass das subjektive Unterscheidungsvermögen für Nachhallzeiten bestenfalls bei 5 % liegt [11.35], dass es also sinnlos ist, Nachhallzeiten von Versammlungsräumen mit einer größeren Genauigkeit als bis auf 0,05 bis 0,1 s anzugeben. Die für verschiedene Darbietungen und Raumtypen als günstig anzusehenden Nachhallzeitbereiche werden in Abschn. 11.4 mitgeteilt.

Die Kennzeichnung der Nachhalldauer durch die Nachhallzeit ist natürlich nur dann sinnvoll, wenn das Abklingen der Nachhallenergie wenigstens annähernd exponentiell erfolgt, s. Gl. (11.15). In allen anderen Fällen ist es nach Atal, Schroeder und Sessler [11.36] die anfängliche Abklinggeschwindigkeit, die bei fortlaufender Sprache oder Musik den Nachhalleindruck des Zuhörers bestimmt. Diese Einsicht hat zur Einführung der *frühen Nachhallzeit (Early Decay Time, EDT)* durch Jordan [11.37] geführt: Man versteht hierunter die sechsfache Zeit, in welcher der Nachhallpegel unmittelbar nach Abschalten der Schallquelle um 10 dB abfällt.

11.3 Entwurfsmethoden der Raumakustik

Ziel jedes raumakustischen Entwurfs ist es, sich an Hand vorliegender Pläne oder anderweitig gegebener Raumdaten eine Vorstellung über die akustischen Eigenschaften (Gleichmäßigkeit der Schallversorgung, Nachhallzeit usw.) des geplanten Raumes zu verschaffen, mögliche Gefahren schon in einem frühen Planungsstadium zu erkennen und geeignete Maßnahmen zu ihrer Vermeidung zu entwickeln. Dafür können verschiedene, im Folgenden zu beschreibende Planungswerkzeuge eingesetzt werden.

11.3.1 Zeichnerische Konstruktion von Schallstrahlen

Eine erste Übersicht über die zu erwartende Schallversorgung, aber auch über mögliche Echogefahren, kann man sich durch einfache geometrisch-akustische Überlegungen, insbesondere durch die zeichnerische Konstruktion von Schallwegen im Raum, verschaffen.

Am einfachsten gestaltet sich die Strahlenkonstruktion, wenn der Raum von ebenen, geometrisch reflektierenden Flächen begrenzt ist, da man dann mit Hilfe von Spiegelschallquellen (s. Abschn. 11.1.3.1) für jeden gegebenen Empfangsort alle einfachen Schallrückwürfe von denjenigen Wänden ermitteln kann, die senkrecht zur Schnittebene liegen. Für mehrfache Reflexionen verliert diese Methode allerdings ihre Anschaulichkeit, bei gekrümmten Wandflächen versagt sie völlig; hier muss für jeden einzelnen Schallstrahl das Einfallslot an der Auftreffstelle bestimmt werden.

Ist r_i die Gesamtlänge eines von der Schallquelle zum Empfänger führenden Strahls und r_0 die Länge der kürzesten Verbindungslinie zwischen beiden Punkten, dann ist die Verzögerung des betreffenden Rückwurfs gegenüber dem Direktschall durch

$$t_i = (r_i - r_0)/c \qquad (11.40)$$

gegeben, während der Pegelunterschied zwischen beiden mindestens

$$\Delta L = 20 \lg (r_i/r_0) \qquad (11.41)$$

ist. Letztere Formel, die nur die geometrische Schwächung durch Kugelwellenausbreitung berücksichtigt, gilt nur für die Reflexion an ebenen und glatten Flächen.

Bei komplizierteren Raumformen kann die zeichnerische Konstruktion von Schallwegen sehr umständlich werden, da dann die Methoden der darstellenden Geometrie angewandt werden müssen. In diesen Fällen ist die Untersuchung der Schallübertragung an Hand ähnlicher Raummodelle (Abschn. 11.3.4) oder die rechnerische Simulation der Schallübertragung (Abschn. 11.3.3) vorzuziehen. Dasselbe gilt, wenn man sich nicht nur für die ersten Schallrückwürfe interessiert, sondern ein vollständigeres Bild der Schallversorgung anstrebt.

11.3.2 Berechnung der Nachhallzeit

Entsprechend ihrer zentralen Bedeutung empfiehlt es sich, die Nachhallzeit schon für den ersten Entwurf eines Raumes für verschiedene Frequenzbereiche vorauszuberechnen und die Berechnung laufend dem Planungsfortschritt anzupassen. Hierfür dürfte die Genauigkeit der Sabineschen Nachhallformel nach Gl. (11.20) i. Allg. ausreichen, obwohl diese grundsätzlich etwas zu lange Nachhallzeiten liefert.

Die Berechnungen erfolgen zumeist für Oktavbereiche mit den Mittenfrequenzen von 125 bis 4000 Hz. Geometrische Eingabedaten wie das Raumvolumen und die Inhalte der einzelnen Raumbegrenzungsflächen werden aus Architektenplänen ermittelt. Die Schallabsorptionsgrade der einzelnen Oberflächen können publizierten Tabellenwerken (z. B. [11.38–11.40]), gegebenenfalls auch den Prüfzeugnissen der Hersteller von Schallabsorptionsmaterialien entnommen werden. Richtwerte für die Absorptionsgrade typischer Wandmaterialien finden sich in Tabelle 11.2. Einzelne absorbierende Körper werden über ihre äquivalente Absorptionsfläche berücksichtigt, die der gesamten Absorptionsfläche des Raumes zugeschlagen werden (s. Gl. (11.18)). Die Luftabsorption braucht nur für größere Räume und höhere Frequenzen berücksichtigt zu werden; Werte der Dämpfungskonstanten m für verschiedene Luftfeuchtigkeiten sind in Tabelle 11.3 aufgeführt.

Einen erheblichen Unsicherheitsfaktor stellt die Schallabsorption einzelner Personen oder von mehr oder weniger geschlossenen Zuhörerflächen in Versammlungsräumen dar, da sie von der Bekleidung, der Dichte und der Anordnung der Sitzplätze sowie vom Anstieg der Publikumsflä-

Tabelle 11.2 Schallabsorptionsgrade einiger Wand- oder Deckenmaterialien (orientierende Planungswerte)

Material	Frequenz in Hz					
	125	250	500	1000	2000	4000
Beton, Kalkzementputz, Naturstein	0,02	0,02	0,03	0,04	0,05	0,05
Dielen, Parkett hohl liegend	0,10	0,08	0,06	0,05	0,05	0,05
Linoleumbelag auf Filzschicht	0,02	0,05	0,10	0,15	0,07	0,05
Teppichboden, ca. 5 mm dick	0,03	0,04	0,06	0,20	0,30	0,40
Fenster, Tür	0,12	0,08	0,06	0,05	0,05	0,05
Gipskartonwand (50 mm Ständer, doppelt beplankt)	0,25	0,11	0,07	0,06	0,06	0,06
8 mm Sperrholzplatte, Wandabstand 60 mm, hinterlegt mit 30 mm Mineralfaser	0,50	0,15	0,07	0,05	0,05	0,05
9,5 mm Gipskartonplatten, Lochflächenanteil ca. 15 %, Wandabstand 60 mm, hinterlegt mit 30 mm Mineralfaser	0,40	0,95	0,90	0,70	0,65	0,65
0,5 mm Metallpaneele, gelocht, Lochflächenanteil 15 %, Wandabstand 60 mm, hinterlegt mit 30 mm Mineralfaser	0,45	0,70	0,75	0,85	0,8	0,60
20 mm gepresste mineralische Dämmplatten, vlies- und farbkaschiert, Deckenabstand 300 mm	0,50	0,70	0,74	0,90	0,93	0,85
geschlossen sitzendes Publikum	0,50	0,70	0,85	0,95	0,95	0,90

Tabelle 11.3 Intensitätsbezogene Dämpfungskonstante m (in 10^{-3} m^{-1}) von Luft bei Normalbedingungen (nach Bass et al. [11.41])

Relative Luftfeuchtigkeit in %	Frequenz in Hz					
	500	1000	2000	4000	6000	8000
40	0,60	1,07	2,58	8,40	17,71	30,00
50	0,63	1,08	2,28	6,84	14,26	24,29
60	0,64	1,11	2,14	5,91	12,08	20,52
70	0,64	1,15	2,08	5,32	10,62	17,91

che abhängt. Die in der letzten Zeile der Tabelle 11.2 angegebenen Absorptionsgrade werden von Cremer und Müller [11.42] als mittlere Planungswerte empfohlen; bei wichtigen Projekten mag es empfehlenswert sein, die Absorption der vorgesehenen Bestuhlung mit und ohne Personen im Hallraum zu messen, etwa nach der von Kath und Kuhl [11.43] angegebenen Methode. Als Alternative können auch die von Beranek und Hidaka (s. u.) durch Nachhallmessungen in zahlreichen Konzertsälen und Opernhäusern bestimmten Absorptionsgrade herangezogen werden, die in Tabelle 11.5 aufgeführt sind und auch für andere Versammlungssäle benutzt werden können. Dabei wird die absorbierende Wirkung der den Gängen zugewandten Flächen dadurch berücksichtigt, dass als Fläche eines zusammenhängenden Publikumsbereichs dessen Projektionsfläche, vermehrt um 0,5 m × U eingesetzt wird (U Umfang des Bereichs).

Die Schallabsorption von Einzelpersonen wird durch deren Absorptionsfläche berücksichtigt. Einige Anhaltswerte sind in Tabelle 11.4 aufgeführt.

Häufig ist im frühen Planungsstadium zwar das gestalterische Konzept bekannt, während die

Tabelle 11.4 Äquivalente Absorptionsflächen von Einzelpersonen

	Absorptionsfläche in m² bei					
	125 Hz	250 Hz	500 Hz	1000 Hz	2000 Hz	4000 Hz
Stehende Einzelperson[a]	0,15	0,25	0,60	0,95	1,15	1,15
Sitzende Einzelperson[a]	0,15	0,25	0,55	0,80	0,90	0,90
Orchestermusiker mit Instrument[b]	0,60	0,95	1,05	1,10	1,10	1,10

[a] nach [11.40], [b] nach [11.43].

Tabelle 11.5 Absorptionsgrade unbesetzter und besetzter Publikumsflächen sowie der Restflächen, bestimmt aus Nachhallmessungen in Konzertsälen (nach Beranek und Hidaka [11.44])

		Frequenz					
		125 Hz	250 Hz	500 Hz	1000 Hz	2000 Hz	4000 Hz
Bestuhlung stark gepolstert	unbesetzt	0,70	0,76	0,81	0,84	0,84	0,81
	besetzt	0,72	0,80	0,86	0,89	0,90	0,90
Bestuhlung mäßig gepolstert	unbesetzt	0,54	0,62	0,68	0,70	0,68	0,66
	besetzt	0,62	0,72	0,80	0,83	0,84	0,85
Bestuhlung leicht gepolstert	unbesetzt	0,36	0,47	0,57	0,62	0,62	0,60
	besetzt	0,51	0,64	0,75	0,80	0,82	0,83
Restabsorption in Sälen, die mit Holz (Dicke < 3 cm) oder anderen dünnen Materialien verkleidet sind		0,16	0,13	0,10	0,09	0,08	0,08
Restabsorption in Sälen mit massiven Wänden oder schweren Verkleidungen		0,12	0,10	0,08	0,08	0,08	0,08

zu verwendenden Wandmaterialien noch nicht festliegen. Hier empfiehlt es sich, die zu erwartenden Nachhallzeiten zunächst auf der Grundlage von Erfahrungswerten abzuschätzen. Hierfür eignet sich ein von Beranek und Hidaka [11.44] angegebenes Verfahren, das zumindest auf Konzertsäle und vergleichbare Räume anwendbar ist. Bei ihm werden nur zwei Arten von Begrenzungsflächen unterschieden: die vom Publikum eingenommene Fläche S_p, bei welcher der Einfluss der Berandung wie oben beschrieben berücksichtigt wird, und die Gesamtheit aller anderen Flächen („Residual Area") mit dem Inhalt S_r. Die zugehörigen Absorptionsgrade α_p und α_r sind in der Tabelle 11.5 wiedergegeben. Mit ihnen berechnet sich die Nachhallzeit auf Grund der Gl. (11.20) (mit $m = 0$) gemäß

$$T = \left(0{,}163 \, \frac{\text{s}}{\text{m}}\right) \frac{V}{S_p \alpha_p + S_r \alpha_r} \, . \tag{11.42}$$

Besondere Verhältnisse können bei Räumen entstehen, bei denen ein oder mehrere Raumbereiche abgetrennt sind, die relativ schwach an den Hauptraum angekoppelt sind (Bühnenhäuser in Theatern, Sitzplätze unter Rängen, Kirchen mit mehreren Schiffen usw.) [11.42]. Über die wichtigsten Fälle orientiert Tabelle 11.6. Dabei ist vorausgesetzt, dass sich nur in einem der Teilräume, dem „Senderaum", eine Schallquelle befindet.

11.3.3 Computersimulation der Schallübertragung

Sehr flexibel und vielseitig gestaltet sich heutzutage die Computersimulation der Schallausbreitung in Räumen. Mit ihr können vorab raumakustische Kriterien ermittelt und die Schallübertragung in nicht existierenden Räume „aura-

Tabelle 11.6 Gekoppelte Räume

	Zuhörer befindet sich im	
	Senderaum	daran angekoppelten Raum
Der Senderaum hat die längere Nachhallzeit.	Der angekoppelte Raum macht sich nur durch erhöhte Absorption bemerkbar, die Koppelöffnung ist als völlig absorbierend anzusehen.	Der Nachhall wird aus der Koppelöffnung gehört. Für die Nachhallzeit sind die akustischen Verhältnisse des Senderaumes maßgebend.
Der angekoppelte Raum hat die längere Nachhallzeit.	Bei plötzlichem Aussetzen der Schallerregung wird u. U. aus der Koppelöffnung ein „Sondernachhall" gehört.	keine Besonderheiten

lisiert", d.h. hörbar gemacht werden (s. Abschn. 11.3.5). Entsprechende raumakustische Simulationsprogramme sind mittlerweile auch kommerziell erhältlich. Jedoch ist zu beachten, dass realistische Prognosen sowohl geeignete Rechenalgorithmen als auch die ausreichende Erfahrung des Anwenders im Umgang mit diesen Hilfsmitteln erfordern. Dies zeigten u. a. zwei internationale Ringvergleiche zu raumakustischen Simulationsprogrammen [11.45, 11.46].

Vor diesem Hintergrund werden im Folgenden einige Grundlagen zur raumakustischen Simulation beschrieben. Dabei wird lediglich auf geometrisch-akustische Verfahren eingegangen und nicht auf die numerische Lösung der Wellengleichung, z. B. mit Hilfe von Randelemente-Verfahren. Diese ist derzeit schon allein aus Rechenzeitgründen auf kleine Räume und/oder tiefe Frequenzen beschränkt.

11.3.3.1 Raummodellierung

Ausgangspunkt für die raumakustische Simulation ist ein digitalisiertes Raummodell. Eventuell vom Architekten erstellte dreidimensionale CAD-Pläne sind in der Regel wenig geeignet, da sie u. a. über zu viele für die akustischen Berechnungen hinderliche Detailinformationen verfügen. So dienen die Architektenpläne zumeist nur als Vorlage für ein unter akustischen Gesichtspunkten zu erstellendes Raummodell. In ihm werden die einzelnen Oberflächen in der Regel über ebene, durch Polygone begrenzte Flächen beschrieben, aber auch die unmittelbare Berücksichtigung gekrümmter Flächen ist möglich [11.47]. Des Weiteren werden in der Simulation die räumliche Lage und Ausrichtung sowie die akustischen Eigenschaften (frequenzabhängige Richtcharakteristik) des Senders und der Empfänger analytisch oder anhand von gemessenen Daten beschrieben. Abbildung 11.15 zeigt zur Veranschaulichung ein unter akustischen Gesichtspunkten erstelltes Computermodell.

Als nächstes müssen den Raumbegrenzungsflächen akustische Eigenschaften zugewiesen werden. Im Rahmen der geometrischen Betrachtungen erfolgt dies in erster Linie über den frequenzabhängigen Absorptionsgrad, der Literatur- oder Herstellerangaben entnommen werden kann. Des Weiteren ist zu beachten, dass lediglich „glatte" Oberflächen den Schall rein geometrisch reflektieren. Enthalten die Flächen dagegen Unregelmäßigkeiten wie Falten, Vorsprünge u. dgl., die nicht sehr groß oder sehr klein im Verhältnis zu den interessierenden Wellenlängenbereichen sind, was meist der Fall ist, so muss auch das Streuverhalten der Wände zumindest näherungsweise einbezogen werden. Dies kann quantitativ durch Angabe des Streugrads geschehen, d. h. des Verhältnisses von nicht geometrisch zu insgesamt reflektierter Energie. Für den Streugrad existieren noch keine Datentabellen oder einfache Rechenvorschriften, es gibt jedoch neu entwickelte Verfahren, mit denen der frequenzabhängige Streugrad gemessen werden kann [11.48].

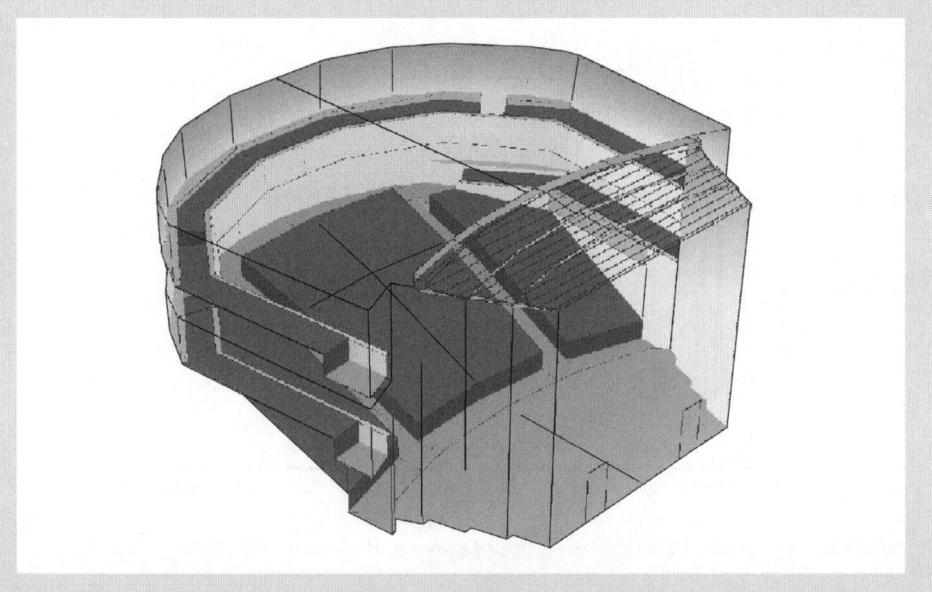

Abb. 11.15 Computermodell eines Musiksaals ($V = 2200$ m^3) für die raumakustische Simulation

11.3.3.2 Strahlverfolgung

Dient die Simulation ausschließlich der Prognose der raumakustischen Energiekriterien wie der Nachhallzeit, dem Stärkemaß oder anderer Energiegrößen, so kann dies mit Hilfe einer rechnerischen Strahlverfolgung, des sog. „Ray-Tracing" erfolgen [11.49–11.52].

Beim Ray-Tracing lässt man gedanklich von einer Schallquelle zahlreiche Schallteilchen ausgehen, die sich strahlenförmig ausbreiten. Die Richtcharakteristik des Senders kann gegebenenfalls über die Teilchendichte oder die Teilchenenergie berücksichtigt werden. Jedes Teilchen wird nun rechnerisch auf seinem Weg durch den Raum verfolgt. Trifft es auf eine Wand, so wird es an ihr entweder geometrisch oder diffus reflektiert. Um dies zu entscheiden, wird eine Zufallszahl zwischen 0 und 1 gezogen. Ist diese kleiner als der Streugrad, so wird das Teilchen diffus gestreut. Die neue Flugrichtung kann wiederum durch zwei Zufallszahlen bestimmt werden, deren Verteilung der Streucharakteristik der Wand, z. B. dem Lambertschen Gesetz, entspricht.

Die Ergebnisse werden mit Hilfe vorher festgelegter Zählflächen oder Zählkörper gesammelt: wenn immer ein Teilchen einen solchen Zähler trifft, wird seine Ankunftszeit, seine Energie, im Bedarfsfall auch seine Herkunftsrichtung registriert und abgespeichert. Nach Abarbeitung aller Teilchen werden die Ergebnisse nach Ankunftszeiten klassiert. Auf diese Weise erhält man für jeden Zähler eine zeitliche Energieverteilung, die eine Annäherung an die Energie-Impulsantwort (Abb. 11.16) darstellt.

Durch eine entsprechende Zusammenfassung und Verarbeitung der Zählergebnisse können auch bestimmte Kenngrößen des Raumes berechnet werden wie die in Abschn. 11.2.2 erläuterten Maße Deutlichkeit, Schwerpunktszeit, Stärkemaß oder Klarheitsmaß, ebenso die Nachhallzeiten (z. B. *EDT*, T_{20}). Werden auch die Herkunftsrichtungen der Schallteilchen berücksichtigt, so kann auch der nach Gl. (11.36) definierte Seitenschallanteil oder der durch Gl. (11.37) definierte *IACC* ermittelt werden.

Aufgrund der frequenzabhängigen Streueigenschaften der Wandflächen ist es erforderlich, für die verschiedenen Frequenzbereiche unterschiedliche Rechenläufe durchzuführen.

Voraussetzung für realistische Ergebnisse ist die angemessene Berücksichtigung der frequenzabhängigen Streuung der Wände. Ist dies der Fall, so können mit dem Schallteilchenverfahren auch ungleichmäßige und ortsabhängige Nachhallverläufe, z. B. mit durchhängenden Nachhall-

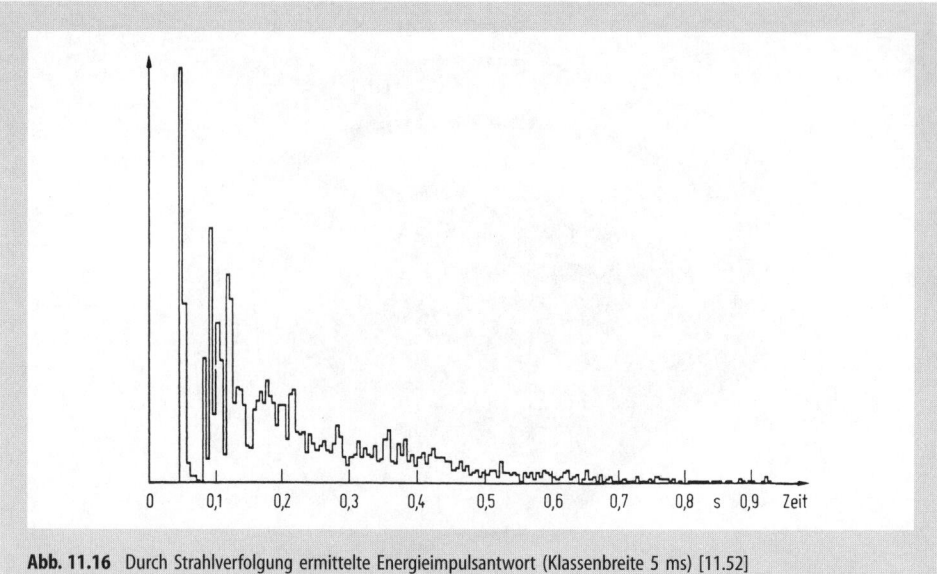

Abb. 11.16 Durch Strahlverfolgung ermittelte Energieimpulsantwort (Klassenbreite 5 ms) [11.52]

kurven, bestimmt werden. Des Weiteren eignet sich das Verfahren auch zur Ermittlung der Lärmausbreitung in Fabrikhallen, indem zusätzlich die Streuung an Einrichtungsgegenständen und Maschinen modelliert wird [11.53].

11.3.3.3 Ermittlung von Spiegelquellen

Wie beschrieben, liefert das Schallteilchenverfahren lediglich eine Wahrscheinlichkeitsverteilung des Energie-Zeitverlaufs an festgelegten Raumpositionen bei impulsförmiger Anregung. Die Ergebnisse sind folglich keine schalldruckbezogenen Impulsantworten, wie sie zur Auralisation benötigt werden (s. Abschn. 11.3.5). In dieser Hinsicht wäre eine Simulation der Raumübertragung auf der Grundlage des in Abschnitt 11.1.3.1 eingeführten Spiegelquellenmodells zweckmäßiger. Dieses erfordert allerdings zunächst unvertretbar lange Rechenzeiten, es sei denn man beschränkt sich auf Rechteckräume [11.54]. In allen anderen Fällen ist eine aufwändige Ermittlung der wenigen „sichtbaren" Spiegelquellen erforderlich (vgl. Abschn. 11.1.3.1). Man kann sie umgehen, indem von vornherein nur die sichtbaren Spiegelquellen durch eine abgekürzte, der eigentlichen Schallfeldberechnung vorausgehende Strahlverfolgung ermittelt werden [11.55, 11.56]. Zu diesem Zweck werden ebenfalls Schallteilchen im Raum verfolgt, wobei jedoch nur geometrische Reflexionen

berücksichtigt werden. Trifft ein Schallteilchen auf einen Zähler, so befindet sich eine potentielle Spiegelschallquelle auf der Achse des eintreffenden Schallstrahls und in der Entfernung, die dem Laufweg des Teilchens entspricht (s. Abb.11.17). Da in der Regel mehrere Teilchen ein und dieselbe Wandsequenz treffen, muss zudem überprüft werden, ob die Spiegelquelle bereits vorher gefunden wurde.

Die Impulsantwort für eine Sende-Empfänger-Kombination erhält man schließlich durch Überlagerung der Beiträge aller gültigen Spiegelquellen unter Berücksichtigung der Laufzeiten, der durch die Entfernung und durch Reflexions-

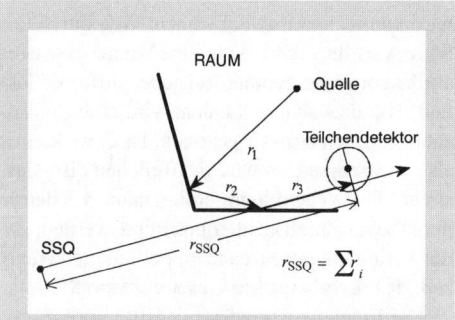

Abb. 11.17 Zur Ermittlung von Spiegelschallquellen über eine Strahlverfolgung

verluste bedingten Energieabnahme und gegebenenfalls der Richtcharakteristik von Sender und/oder Empfänger.

Prinzipiell lassen sich auch winkelabhängige Reflexionsfaktoren nach Betrag und Phase berücksichtigen, die jedoch selten bekannt sind. Zumeist wird deshalb vereinfachend mit einer aus dem Absorptionsgrad abgeleiteten druckbezogenen Größe gearbeitet. Dies ist zumeist gerechtfertigt, da die genauen Phasendrehungen der Reflexionen für die subjektive Wahrnehmung in der Regel nicht maßgeblich sind und zudem die Abhängigkeiten vom Einfallswinkel gering sind. Es gibt jedoch auch Ausnahmen, bei denen sowohl die Winkelabhängigkeit als auch die Phasenlage eine wichtige Rolle spielen. Hierzu zählt die Situation, bei der sich der Direktschall oder auch frühe seitliche Reflexionen streifend über große Publikumsbereiche ausbreiten. Dabei tritt eine Pegelminderung auf, die – wie auch neuere Untersuchungen bestätigen – in erster Näherung als Interferenz des unbeeinflussten Direktschalls und einer gegenphasigen Reflexion vom Publikum interpretiert werden kann [11.57].

11.3.3.4 Kombinierte Verfahren

Im Gegensatz zum reinen Strahlverfolgungsverfahren lassen sich über Spiegelquellen unmittelbar schalldruckbezogene Raumimpulsantworten ermitteln. Dies erfolgt jedoch unter Berücksichtigung ausschließlich geometrisch gespiegelter Übertragungswege, die allein für realistische Simulationsergebnisse nicht ausreichen. Aus diesem Grund werden heute zumeist kombinierte Verfahren eingesetzt. Eine geeignete Vorgehensweise besteht darin, im Zuge der Berechnung der Spiegelquellen bei jeder Reflexion die gestreute Energie zu extrahieren. Auf den getroffenen Wänden können dann Sekundärquellen generiert werden, von denen wiederum Schallstrahlen ausgesendet werden. Entsprechende Realisierungen, mit denen sich auch schalldruckbezogene Raumimpulsantworten berechnen lassen, werden z.B. in [11.58–11.60] beschrieben. Zum Teil besteht eine Verwandtschaft zur numerischen Lösung der Integralgleichung nach Gl. 11.11 [11.3, 11.61, 11.62], die in Anlehnung an optische Simulationsmethoden auch als „Radiosity" bezeichnet wird.

11.3.4 Untersuchungen an physikalischen Modellen

Im Gegensatz zur Computersimulation werden Untersuchungen an physikalischen Modellen schon seit langer Zeit durchgeführt, um Aussagen über die Schallübertragung zu erhalten. So erfolgten bereits Ende des 19. Jahrhunderts Untersuchungen an zweidimensionalen Raumschnitten mit Wellen auf Wasseroberflächen und später durch schlierenoptische Verfahren (s. [11.42]).

Des Weiteren wird ausgenutzt, dass die Reflexionsgesetze für Schall und Licht in gewissen Grenzen ähnlich sind. Unterschiedliche Wandeigenschaften werden im einfachsten Fall dadurch nachgebildet, dass reflektierende Flächen verspiegelt und absorbierende Flächen mattschwarz gestrichen werden. Die stationäre Energieverteilung, z.B. in den Publikumsbereichen, kann fotografisch erfasst werden. Einzelne Schallübertragungswege können mit Hilfe eines Laserstrahls sichtbar gemacht werden.

Die technische Entwicklung der akustischen Messtechnik und der digitalen Signalverarbeitung macht es heute auch möglich, raumakustische Modellversuche mit Schallwellen mit hoher Genauigkeit vorzunehmen. Dabei ist zu beachten, dass sich die Ähnlichkeit des Modells nicht nur auf seine Geometrie, sondern auch auf seine akustischen Eigenschaften beziehen muss. Das bedeutet, dass die Schallwellenlängen im Modell um den gleichen Maßstab (z.B. 1:20) reduziert werden müssen wie alle anderen Linearabmessungen. (Die Modellfrequenzen werden gegenüber den Originalfrequenzen entsprechend erhöht.) Des Weiteren müssen die Absorptionsgrade aller Wandmaterialien und der Publikumsnachbildung bei den Modellfrequenzen mit den Absorptionsgraden der realen Raumwände bei den Originalfrequenzen übereinstimmen. Entsprechendes gilt für die Luftdämpfung, was wegen ihrer komplizierten Frequenzabhängigkeit besonders problematisch ist. Auch die Modellschallquellen müssen hinsichtlich ihrer Bandbreite und Richtwirkung den Originalquellen entsprechen. Für weitere Einzelheiten siehe z.B. [11.63, 11.64].

Beschränkt man sich bei Modellmessungen auf nicht zu hohe Frequenzen bis etwa 30 kHz – auf diese Weise lässt sich bei einem Modellmaßstab von 1:20 immerhin noch die 1 kHz-Oktave auswerten –, so vereinfacht sich die Anwendung. Werden Konzertsäle untersucht, bei denen man es vornehmlich mit reflektierenden Oberflächen und dem absorbierenden Publikum zu tun hat, gestaltet sich auch die Nachbildung der Raumbegrenzungsflächen vergleichsweise einfach.

Der Vorteil von Modellmessungen gegenüber Computerberechnungen besteht darin, dass Beugungseffekte bei entsprechender maßstäblicher Modellierung der Oberflächen richtig abgebildet werden. So lassen sich gemessene Impulsantworten auch gut auf die Feinstruktur der Reflexionen untersuchen, insbesondere im Anfangsbereich. Aber auch für modellhafte Untersuchungen bestimmter Effekte wie die Auswirkungen angekoppelter Räume eignen sich Messungen im verkleinerten Maßstab. Für genauere Nachhallprognosen sind Modellmessungen aus o. g. Gründen aber weniger zuverlässig.

11.3.5 Auralisation

Die zu erwartenden Hörverhältnisse in einem Raum lassen sich auch direkt demonstrieren. Diesem Ziel dient die sog. „Auralisation". Ausgangspunkt sind zumeist binaurale Raumimpulsantworten, die die Empfangscharakteristik des menschlichen Ohres beinhalten und die, mit einem nachhallfreien Eingangssignal gefaltet, dem Zuhörer in geeigneter Form dargeboten werden.

Die binaurale Raumimpulsantwort kann z.B. in einem geometrisch und akustisch ähnlichen Raummodell mittels eines Miniaturkunstkopfs gemessen werden [11.65]. Bei der binauralen Raumsimulation (z.B. [11.66, 11.67]) wird sie dadurch erhalten, dass der Direktschall und jeder Rückwurf mit der seiner Einfallsrichtung entsprechenden Außenohr-Impulsantwort gefaltet wird, und zwar separat für jedes Ohr. Die Außenohr-Impulsantworten werden zuvor für diskrete Richtungen an Kunstköpfen oder individuellen Personen gemessen.

Die Bearbeitung z.B. eines nachhallfrei aufgenommenen Musiksignals, d.h. seine Faltung mit der binauralen Impulsantwort, kann heute durch Verwendung leistungsfähiger Signalprozessoren in Echtzeit erfolgen. Zur Darbietung der Ergebnisse können entweder Kopfhörer oder Lautsprecher verwendet werden, im letzten Fall unter Anwendung einer Übersprechkompensation in reflexionsarmer Umgebung [11.68].

Einen guten Überblick zu der Thematik vermitteln Kleiner et al. [11.69] und Møller [11.70].

11.4 Grundsätze raumakustischer Planung

Die für einen Raum anzustrebenden raumakustischen Verhältnisse hängen wesentlich von seinem Verwendungszweck ab. So steht in Veranstaltungsräumen für Musik zumeist ein längeres Nachklingen und ein guter akustischer Räumlichkeitseindruck im Vordergrund, während es in Vortragsräumen, Sprechtheatern usw. auf eine gute Sprachverständlichkeit ankommt.

Folglich ist der erste Schritt zu einer erfolgreichen raumakustischen Planung die Abstimmung der vorgesehenen Nutzungen mit dem Bauherrn, den Nutzern und den Architekten. Dabei stellt sich nicht selten heraus, dass ein Raum sowohl für unterschiedlichste Arten von Musik als auch für Sprache geeignet sein muss. Hier gilt es entweder ein entsprechend den Nutzungsschwerpunkten angemessenen Kompromiss zu finden oder man versucht die akustischen Eigenschaften der jeweiligen Veranstaltungsart durch variable akustische Maßnahmen mechanischer oder elektroakustischer Art (s. Abschn. 11.4.5) anzupassen.

Im Folgenden werden zunächst einige allgemeine, im Wesentlichen für alle Versammlungsräume zutreffende akustischen Anforderungen genannt. Des Weiteren werden spezielle für einige Raumgruppen bzw. Raumnutzungen anzustrebende raumakustische Forderungen beschrieben und prinzipielle Maßnahmen zu ihrer Erreichung skizziert. In Abschn. 11.4.8 wird gesondert auf Arbeitsräume und andere Räume eingegangen, die nicht für akustische Darbietungen gedacht sind, sondern in denen die Geräuschminderung im Vordergrund steht.

11.4.1 Allgemeine Hinweise

11.4.1.1 Störgeräuschpegel

Voraussetzung für eine gute sprachliche Kommunikation, einen ungetrübten Musikgenuss oder ungestörte Tonaufnahmen ist ein ausreichend niedriger Störgeräuschpegel. Dieser setzt sich zumeist aus Außengeräuschen, Geräuschen aus benachbarten Raumbereichen oder aus haustechnischen Anlagen zusammen. Deren Betrachtung ist Gegenstand der bauakustischen Planung (s. Kap. 8) bzw. der schalltechnischen Auslegung der entsprechenden Anlagen. Aus raumakustischer Sicht gilt es jedoch, dem Verwendungszweck des Raumes angemessene, maximal zulässige Störgeräuschpegel festzulegen. So sollte in Konzertsälen und Opernhäusern der Hintergrund-Störgeräuschpegel in der Regel 25 dB(A) nicht übersteigen; in Besprechungszimmern, Klassenräumen oder Hörsälen ist ein Wert von 35 dB(A) anzustreben. Zusätzlich kann es für störgeräuschempfindliche Räume wie Tonstudios, Konzertsäle und Theater notwendig sein, auch Anforderungen an die spektrale Zusammensetzung des Störgeräuschs zu stellen (siehe z. B. [11.113]).

11.4.1.2 Publikumsanordnung

Die Stärke des Direktschalls hängt in erster Linie von der Entfernung des Platzes von der Schallquelle ab, woraus sich Konsequenzen für die Grundrissgestaltung ableiten lassen. Die diesbezüglichen akustischen Anforderungen sind meist gut vereinbar mit visuellen Aspekten. Soll beispielsweise das Mienenspiel erkennbar sein (Theater), so sollte die Entfernung zur Bühnenvorderkante maximal etwa 24 m betragen; größere Bewegungen sind noch bei Entfernungen bis 32 m erkennbar (Oper).

Weiterhin ist in großen Sälen zu berücksichtigen, dass Schall, der sich annähernd parallel über den Köpfen der Zuhörer ausbreitet eine erhebliche frequenzabhängige Zusatzdämpfung erfährt [11.71–11.73]. Dieser Effekt lässt sich erheblich vermindern, indem die Sitzreihen ansteigend angeordnet werden. Besonders vorteilhaft ist es, diesen Anstieg stetig oder abschnittsweise zunehmen zu lassen, und zwar so, dass der Einfallswinkel auf das Publikum über die ganze Zuhörerfläche nur wenig variiert. Dies wird erreicht, indem die Sitzreihenüberhöhung dem Verlauf einer logarithmischen Spirale nahe kommt [11.42].

11.4.1.3 Raumvolumen und Raumform

Das erforderliche Raumvolumen hängt maßgeblich von der angestrebten Nachhallzeit und der Anzahl der geplanten Besucherplätze ab. Aus diesem Grund können je nach Raumnutzung Orientierungswerte für das anzustrebende Volumen pro Zuhörerplatz angegeben werden. Diese sog. Volumenkennzahlen sind in Tabelle 11.7 für einige Raumfunktionen zusammengestellt. Im Hinblick auf eine geringe Abhängigkeit der Nachhallzeit vom Besetzungszustand sollte zu-

Tabelle 11.7 Orientierungswerte für anzustrebende Volumenkennzahlen in Abhängigkeit von der Raumnutzung

Raumart oder -nutzung	Volumenkennzahl m^3/Platz
Hörsäle, Schauspielhäuser, Kongresssäle	4…6
Mehrzwecksäle für Sprache und Musik	4…7
Opernhäuser	6…8
Kammermusiksäle	6…10
Konzertsäle für sinfonische Musik	8…12
Kirchen	10…15
Orchesterproberäume	30…50

dem insbesondere in Veranstaltungsräumen die Schallabsorption der Bestuhlung mit und ohne Personen nur wenig variieren.

Hinsichtlich der Raumform lässt sich für unterschiedliche Raumnutzungen zwar auf bewährte Geometrien zurückgreifen, eine optimale Raumform gibt es jedoch nicht. Zumindest müssen die nutzungsabhängigen Anforderungen an die Lenkung nützlicher bzw. zur Vermeidung schädlicher Reflexionen berücksichtigt werden. In jedem Fall sollten Echos, Flatterechos und Schallfokussierungen im Quellen- oder Empfängerbereich vermieden werden. Diesbezüglich sind zueinander parallele Wände, kreiszylindrische Grundrisse usw. in der Regel von Nachteil. Durch sekundäre Maßnahmen im Bereich der maßgeblichen Oberflächen (Streuung, gezielte Schalllenkung, ggf. Absorption) kann diesen störenden Effekten zumindest entgegengewirkt werden. Zu bedenken ist dabei, dass solche Maßnahmen selten im gesamten Frequenzbereich gleich gut wirksam sind.

11.4.2 Räume für Sprachdarbietungen

Die Anforderungen eines nur für sprachliche Darbietungen bestimmten Raumes (Unterrichts- oder Sitzungsraum, Vortrags- oder Hörsaal, Kongresssaal, Schauspielhaus usw.) lassen sich im Wesentlichen auf die Forderung nach einer guten Sprachverständlichkeit reduzieren. Diese setzt eine ausreichende Lautstärke des Sprechers, eine ungehinderte Direktschallausbreitung und eine hohe Rückwurfenergie innerhalb der ersten 50 ms (Laufwegdifferenz ≤ 17 m) nach Eintreffen des Direktschalls bei vergleichsweiser kurzer Nachhallzeit voraus.

Diese Bedingungen widersprechen sich teilweise, da bei fehlendem Nachhall auch keine frühen Schallreflexionen auftreten können. Zudem werden stark gedämpfte Räume für den Sprecher meist als unnatürlich empfunden. Orientierungswerte für anzustrebende Nachhallzeiten in Sprachräumen in Abhängigkeit vom Raumvolumen sind in Abb. 11.18 für den mittleren Frequenzbereich gezeigt. In Räumen, in denen vornehmlich mit elektroakustischer Beschallung gearbeitet wird oder häufig audiovisuelle Medien eingesetzt werden, sind tendenziell Nachhallzeiten am unteren Ende des gezeigten Toleranzbereichs anzustreben. Zu tiefen Frequenzen hin sollten die Nachhallzeiten eher noch etwas kürzer sein, da sonst die für die Sprachverständlichkeit wichtigen höheren Komponenten des Sprachspektrums verdeckt werden können.

Um die angestrebten Nachhallzeiten zu erreichen, sind Raumvolumina von etwa 5 m³ pro Person günstig. Bei größeren Volumenkennzahlen werden umfangreichere schallabsorbierende Maßnahmen notwendig. Dies sollte in größeren Sprachräumen (z.B. Schauspielhäuser) aufgrund der damit verbundenen Reduzierung der Lautstärke vermieden werden.

Für Räume der hier besprochenen Art ist eine ausreichende Stärke des Direktschalls besonders wichtig, was nach dem Obengesagten durch ansteigende Sitzreihen sichergestellt werden kann.

Starke erste Reflexionen, die den Direktschall wirksam unterstützen, werden durch schallharte Wand- oder Deckenbereiche erzeugt, besonders in der Nähe der Schallquelle. Hierzu gehören beispielsweise die Rückwand und die Seitenwände von Podien oder der ganze Proszeniumsbereich von Theatern. In besonderen Fällen bietet sich auch die Verwendung von Reflektoren an, die über dem Schallquellenbereich aufgehängt werden. Große Bedeutung hat diesbezüglich auch eine günstige Gestaltung der Decke. Die zur Nachhallgestaltung erforderlichen schallabsorbierenden Verkleidungen sollten so angeordnet werden, dass sie gleichzeitig lang verzögerte Reflexionen vermeiden. Sie werden also vorzugsweise im hinteren Raumbereich sowie im seitlichen, wandnahen Deckenbereich vorgesehen.

Für Unterrichtsräume in Schulen, Hochschulen sowie für Seminarräume, aber auch für Besprechungsräume o.ä. gelten im Wesentlichen die genannten Hinweise. In Klassenzimmern, insbesondere in Grundschulen, Vorschulen oder Gruppenräumen in Kindergärten, sind sogar nach neueren Forschungsergebnissen noch geringere Nachhallzeiten von unter 0,5 s in Verbindung mit ausreichend niedrigen Störgeräuschpegeln anzustreben (z.B. [11.74]). Häufig weisen diese Räume Volumina von weniger als 300 m³ und eine Länge von unter 10 m auf. Aufgrund der geringen Entfernung zwischen Sprecher und Hörer kann auf Maßnahmen zur gezielten Schalllenkung zu-

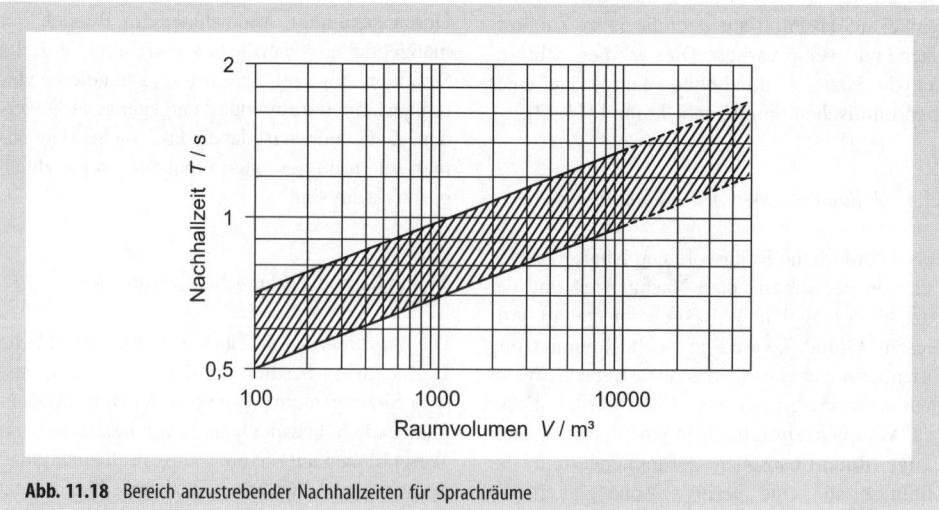

Abb. 11.18 Bereich anzustrebender Nachhallzeiten für Sprachräume

meist verzichtet werden. Jedoch sollte eine einseitige Anordnung absorbierender Oberflächen – z.B. in Form einer vollflächig absorbierenden Decke – in Verbindung mit zueinander parallelen, ebenen und schallharten Oberflächen vermieden werden, da in diesem Fall die periodischen Reflexionsfolgen besonders stark als Flatterecho in Erscheinung treten können.

11.4.3 Konzertsäle

Für einen Konzertsaal kommt es nicht darauf an, dass der Zuhörer die zeitliche Struktur der dargebotenen Musik in allen Einzelheiten verfolgen kann, vielmehr ist eine gewisse zeitliche Verschmelzung aufeinanderfolgender Töne und Klänge unerlässlich. Entsprechendes gilt für die räumliche Auflösung der Schallereignisse: Dass ein Orchester eine beachtliche räumliche Ausdehnung hat und die einzelnen Instrumentengruppen sich an verschiedenen Stellen des Podiums befinden, ist zwar unvermeidlich, soll vom Zuhörer aber nicht eigentlich „gehört" werden. Die akustischen Eigenschaften des Konzertsaals und auch die Gestaltung des Podiums müssen also eine gewisse zeitliche und räumliche Vermischung der Schalle bewirken.

Hierzu gehört in erster Linie eine hinreichend lange Nachhallzeit, die bei anerkannt guten Sälen für sinfonische Musik im Bereich von etwa 1,7 s bis 2,1 s liegt (s. auch Tab. 11.8). Der oft vorhandene Anstieg nach tiefen Frequenzen wird von manchen Autoren für einen „warmen" Klang der Musik verantwortlich gemacht, sein Fehlen braucht aber kein Nachteil zu sein.

Erreichen lassen sich die genannten Nachhallzeiten mit Volumenkennzahlen von etwa 10 m^3/Person, sofern abgesehen von der Bestuhlung keine absorbierenden Oberflächen vorhanden sind.

Für die erwähnte Durchmischung der einzelnen Klänge ist aber nicht nur eine hinreichend lange Nachhallzeit des Saals wichtig, sondern auch die Gestaltung der Raumbegrenzungsflächen. So dürfen die das Orchester umfassenden Seitenwände wie auch die Decke über dem Podium die Schallenergie nicht nur auf die Zuhörerschaft lenken, sondern müssen einen Teil davon in den Podiumsbereich zurückwerfen. Dies kommt dem gegenseitigen Kontakt unter den Musikern zu Gute, solange die Reflexionen nicht zu lang verzögert sind [11.82]. Auf Grund zahlreicher empirischer Befunde ergibt sich, dass die Deckenhöhe über dem Podium 10 m nicht überschreiten sollte [11.83].

Allgemein spielt die gezielte Lenkung des Schalls durch reflektierende Flächen für einen Konzertsaal eine viel geringere Rolle als in den in Abschnitt 11.4.2 behandelten Räumen. Im Sinne der angestrebten Schalldurchmischung haben sich hier mäßig diffus reflektierende Decken wie beispielsweise Kassettendecken bewährt. Auch den in älteren Sälen vorhandenen plastischen Verzierungen, Statuetten, Pfeilervorlagen o. ä. wird oft eine günstige Wirkung zugeschrieben.

Tabelle 11.8 Nachhallzeiten einiger Konzertsäle mit Publikum

Konzertsaal	Volumen m^3	Anzahl der Sitzplätze	Jahr der Eröffnung (Wiedereröffnung)	Nachhallzeit in s			Quelle
				125 Hz	500 Hz	2000 Hz	
Großer Musikvereinssaal, Wien	14 600	2000	1870	2,1	1,9	1,5	[11.75]
Liederhalle Stuttgart	16 000	2000	1956		1,6	1,7	[11.76]
Chiang Kai Shek Memorial, Taipeh	16 700	2077	1987	1,95	2,0	1,9	[11.77]
Symphony Hall, Boston	18 800	2630	1900	1,95	1,85	1,65	[11.78]
Concertgebauw, Amsterdam	19 000	2200	1887	2,2	2,05	1,8	[11.78]
Konzerthaus Athen	19 000	2000	1992	1,9	1,9	1,7	[11.79]
Neues Gewandhaus, Leipzig	21 000	1900	1884(1981)	1,95	2	1,9	[11.80]
Philharmonie, Berlin	24 500	2230	1963	2,4	1,95	1,9	[11.81]
Carnegie Hall, New York	24 250	2800	1891	2,3	1,8	1,6	[11.78]
Konzertsaal „De Doelen", Rotterdam	27 000	2220	1979	2,3	2,1	2,2	[11.42]

Des Weiteren ist der schon in Abschnitt 11.2.2.3 behandelte subjektive Räumlichkeitseindruck, der durch wenig verzögerte Schallrückwürfe aus seitlichen Richtungen erzeugt wird, von großer Bedeutung für die Hörsamkeit eines Konzertsaals [11.84, 11.85]. Für deren Entstehung spielen naturgemäß die Seitenwände des Saales eine entscheidende Rolle. Man kann davon ausgehen, dass die langgestreckte Form traditioneller Konzertsäle mit ihren geringen Breiten (18 bis 26 m) auch in dieser Hinsicht die Vorstellungen vieler Konzertbesucher und Musiker von einer guten Konzertsaalakustik geprägt haben.

Damit soll nicht gesagt sein, dass Konzertsäle mit einem ganz anderen Grundriss akustisch schlechter sind, wie beispielsweise die Berliner Philharmonie, das Gewandhaus in Leipzig oder auch das Konzerthaus in Athen zeigen. In diesen Sälen wurden zwischen den höhengestaffelten Publikumsbereichen gezielt Reflexionsflächen geschaffen, die frühe Schallreflexionen aus seitlichen Richtungen auf die Zuhörer lenken.

Die Anforderungen an Säle für Kammermusik sind grundsätzlich ähnlich wie die für sinfonische Musik. Aufgrund kleinerer Ensembles und somit geringerer Schallquellenleistung sollte hier jedoch das Raumvolumen maximal etwa 8000 m^3 betragen. Auch die anzustrebenden Nachhallzeiten liegen mit etwa 1,4 bis 1,7 s etwas niedriger.

Im Gegensatz zu o.g. Aufführungsräumen sind Orchesterproberäume in der Regel wesentlich kleiner. Um einer zu hohen Lautstärke entgegenzuwirken, sollten Probenräume ein Volumen von mindestens etwa 30 m^3/Musiker aufweisen und eine geringere Nachhallzeit haben. Zudem kommen kurze Nachhallzeiten dem kritischen Hören bei der Probe entgegen. Da hier die Wünsche sehr unterschiedlich ausfallen und auch vom Können der Musizierenden abhängen, empfehlen sich in Proberäumen zusätzlich zu festen absorbierenden, reflektierenden und schallstreuenden Oberflächen auch variable akustische Maßnahmen.

11.4.4 Opernhäuser

Die Hörsamkeit eines Opernhauses sollte im Idealfall eine hervorragende Sprachverständlichkeit und zugleich den vollen und ausgewogenen Musikklang gewährleisten, den man von guten Konzertsälen kennt. Leider lassen sich schon von der Nachhallzeit her beide Forderungen nicht miteinander vereinbaren. Praktisch bedeutet dies, dass die Nachhallzeiten mehr dem einen oder anderen Gesichtspunkt entgegenkommen.

Einen Überblick über die Nachhallzeiten einiger Opernhäuser bietet Tabelle 11.9. Sie zeigt, dass ältere Opernhäuser bei mittleren Frequenzen eine Nachhallzeit um 1 s oder weniger haben, also relativ nachhallarm sind. Dafür ursächlich war vermutlich das Bestreben, möglichst viele Zuschauer in einem Raum gegebener Größe unterzubringen; außerdem kam die gute Sprachverständlichkeit den früher herrschenden Stil-

Tabelle 11.9 Nachhallzeiten einiger Opernhäuser mit Publikum

Opernhaus	Volumen m^3	Anzahl der Sitzplätze	Jahr der Eröffnung (Wiedereröffnung)	Nachhallzeit in s			Quelle
				125 Hz	500 Hz	2000 Hz	
Staatsoper Unter den Linden, Berlin	7000	1490	1956	1,2	1,0	1,0	[11.86]
La Scala, Mailand	10000	2290/400	1778 (1946)	1,5	1,2	0,9	[11.87]
Festspielhaus Bayreuth	11000	1800	1876	1,9	1,5	1,3	[11.75]
Deutsche Oper, Berlin	11000	1900	1962	1,7	1,5	1,2	[11.88]
Nationaltheater, Taipeh	11200	1522	1987	1,5	1,4	1,3	[11.77]
Staatsoper, Wien	11600	1658/560	1869 (1955)	1,7	1,5	1,2	[11.75]
Semperoper, Dresden	12500	1290	1878 (1985)	1,9	1,7	1,5	[11.89]
Neues Festspielhaus, Salzburg	14000		1960	1,7	1,5	1,5	[11.75]
Festspielhaus Baden-Baden	19600	2300	1998	2,2	1,8	1,7	[11.90]
Metropolitan Opera, New York	30500	3800	1966	2,2	1,7	1,7	[11.91]

richtungen, vielleicht auch dem Unterhaltungsbedürfnis der Besucher entgegen. Modernere und neue Opernhäuser zeigen dagegen einen deutlichen Trend nach längeren Nachhallzeiten; möglicherweise wird von dem heutigen Opernbesucher mehr Wert auf einen vollen Musikklang gelegt als auf die Verständlichkeit der Texte, die dem Kenner ohnehin geläufig sind.

Jedenfalls ist bei einem Opernhaus der ungehinderten Ausbreitung des Direktschalls mehr Aufmerksamkeit zu schenken als bei einem Konzertsaal, zumal eine akustisch vorteilhafte Anordnung der Zuschauersitze auch eine gute Sichtverbindung zur Bühne sicherstellt. Dagegen spielt hier die Versorgung mit seitlichen Schallrückwürfen eher eine untergeordnete Rolle, da das Orchester in einem mehr oder weniger versenkten Orchestergraben untergebracht ist, so dass nur wenig Schall an den Seitenwänden des Zuschauerraums reflektiert wird. Wichtige Reflexionsflächen sind dagegen die Seitenwände und die Decke des Proszeniums, die möglichst parallel zur Längsachse des Zuschauerraums bzw. nahezu horizontal liegen sollen. Die Decke des Zuschauerraums ist für die Schallversorgung besonders der Ränge von großer Bedeutung. Dagegen ist der an sich ebenfalls wichtige Bühnenbereich der akustischen Planung weitgehend entzogen.

Abschließend sei noch darauf hingewiesen, dass in Musicaltheatern zwar prinzipiell ähnliche Anforderungen gelten, jedoch elektroakustische Hilfsmittel und Effekte von viel größerer Bedeutung sind. Dies erfordert in der Regel niedrigere Nachhallzeiten als bei modernen Opernhäusern üblich.

11.4.5 Mehrzwecksäle und Räume mit veränderlicher Nachhallzeit

Vielfach soll ein Versammlungsraum für verschiedene Arten von Darbietungen genutzt werden, da er z.B. durch Theater- oder Konzertaufführungen allein nicht ausgelastet werden kann. In diesen Fällen muss hinsichtlich der Nachhallzeit ein Kompromiss geschlossen werden zwischen den relativ langen Werten, wie sie für musikalische Darbietungen wünschenswert wären, und den für eine gute Sprachverständlichkeit erforderlichen kürzeren Nachhallzeiten. Er kann z.B. darin bestehen, dass die mittelfrequente Nachhallzeit an die untere Grenze des für Musikaufführungen günstigen Wertebereichs gelegt wird und dass man durch Schaffung kräftiger Rückwürfe geringer Laufzeitverzögerung, durch tieffrequent abgestimmte Resonanzabsorber (z.B. Holzverkleidungen), besonders aber durch eine sorgfältig geplante, auf die raumakustische Situation abgestimmte Beschallungsanlage für die notwendige Sprachverständlichkeit bei Reden, Vorträgen und dergleichen sorgt. Des Weiteren ist insbesondere in diesen Räumen eine Bestuhlung vorteilhaft, deren Schallabsorption mit und ohne Personen nur wenig variiert. Die Zugeständnisse an die Erfordernisse der Sprachübertragung bestehen dann in einer höheren Durchsichtigkeit des Schallbilds sowie einer kürzeren Nachhallzeit bei tiefen Frequenzen, als man sie für einen reinen Konzertsaal vorsehen würde.

Solche letztlich wenig befriedigenden Kompromisse kann man grundsätzlich mit Maßnahmen vermeiden, die eine relativ schnelle Änderung der Nachhallzeit erlauben und damit deren Anpassung an den jeweiligen Verwendungszweck des Raumes. Hierzu gehören drehbare, aufklappbare Wand- oder Deckenelemente, verdeckbare bzw. einrollbare Absorptionsanordnungen oder hallige Raumbereiche, die an den Hauptraum angekoppelt werden können. Sie alle sind allerdings nur dann von Nutzen, wenn eine sachgerechte Bedienung sichergestellt werden kann. Dies ist einer der Gründe, weshalb solche Vorrichtungen vorwiegend in Ton- und Fernsehstudios oder Musikproberäumen angewandt werden. Dort erweisen sie sich auch als recht wirksam, da sich in solchen Räumen in der Regel nicht allzu viele Personen aufhalten. Dagegen ist die erreichbare Nachhalländerung bei großen, mit Publikum besetzten Räumen meist nicht sehr groß, da hier die Absorption des Publikums stets den Hauptteil der gesamten Absorptionsfläche bildet.

Eine moderne Alternative zur der Nachhalländerung durch variable Absorptionsflächen besteht darin, die Nachhallzeit durch geeignete elektroakustische Anlagen zu verlängern. In diesem Fall wird die „natürliche" Nachhallzeit des Saales so gewählt, dass sie sprachlichen Darbietungen angemessen ist; durch die Anlage kann sie im Bedarfsfall auf einen für musikalische Zwecke ausreichenden oder sogar optimalen Wert angehoben werden.

Vielleicht der nächstliegende Weg ist der, das Schallsignal mit schallquellennahen Mikrophonen aufzunehmen (s. Abb. 11.19) und es akustisch oder elektronisch zu „verhallen". Im ersten Fall wird es über Lautsprecher in einem separaten

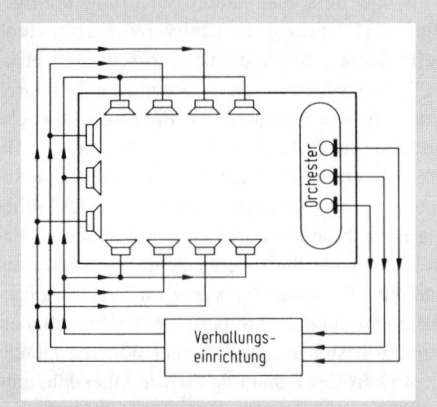

Abb. 11.19 Elektroakustische Nachhallverlängerung durch Verhallung

Hilfsraum abgespielt, der die gewünschte längere Nachhallzeit hat, und in ihm erneut aufgenommen [11.92]. Wesentlich einfacher und flexibler sind rein elektronisch arbeitende Hallgeräte, die eine Kombination von rückgekoppelten Verzögerungsgliedern enthalten. In jedem Fall muss die Verhallungseinrichtung mehrere Ausgänge haben, die untereinander inkohärente, verhallte Signale liefern. Diese werden dann von Lautsprechern im Saal abgestrahlt; durch geeignete Verzögerungen muss weiter dafür gesorgt werden, dass das Lautsprechersignal an keinem Platz früher eintrifft als der Direktschall.

Andere Systeme zur elektroakustischen Nachhallverlängerung nutzen die sonst unerwünschte akustische Rückkopplung aus. Um Klangverfärbungen zu unterdrücken, benötigt man allerdings zahlreiche elektroakustische Übertragungswege, die entweder unabhängig voneinander arbeiten oder akustisch miteinander verkoppelt sind. So arbeitet das ursprünglich zur Verbesserung der akustischen Gegebenheiten in der Royal Festival Hall in London verwendete Assisted Resonance System [11.93] mit bis zu 200 getrennten Kanälen, bestehend aus Mikrophon, Lautsprecher sowie einem schmalbandig auf unterschiedliche Frequenzen abgestimmten akustischen Resonator. Demgegenüber überdeckt bei dem von Franssen [11.94] angegebenen Vielkanalsystem (Multi Channel Reverberation, MCR) jeder Kanal den vollen Frequenzbereich, was eine sorgfältige Entzerrung notwendig macht. In jedem Fall ist die eingestellte Verstärkung kritisch; ist sie zu klein, dann findet keine merkliche Nachhallverlängerung statt, ist sie zu groß, dann ist die Gefahr von Instabilität gegeben.

Bei einem System ganz anderer Art, dem Acoustic Control System (ACS) von Berkhout [11.95, 11.96], werden zum natürlichen Reflexionsmuster künstliche Spiegelquellen niedriger und höherer Ordnung eines gewünschten, vorab simulierten Saales hinzugefügt. Dabei werden die von zahlreichen Mikrophonen aufgenommenen Signale in einem Prozessor so verarbeitet, dass sie bei Abstrahlung von geeignet verteilten Lautsprechern im existierenden Saal Wellenfronten erzeugen, die etwa denen des gewünschten Saals entsprechen. In Verbindung mit speziellen Lautsprecher-Anordnungen kann das System auch zur Verbesserungen der akustischen Gegebenheiten auf dem Podium verwendet werden. Des Weiteren lässt sich eine Verlängerung der Nachhallzeit durch gezielte Rückkopplung erreichen. Verfärbungen sollen vermieden werden, indem die Übertragungsfunktionen zwischen Mikrophon und Lautsprecher zeitvariant gestaltet werden. Letzteres ist auch bei dem von Griesinger entwickelten LARES [11.97] der Fall. Dieses System verwendet wenige Mikrophone, jedoch eine Vielzahl von Lautsprechern und kommt z. B. auch in kleinen Musikprobenräumen zum Einsatz.

Zusammenfassend lässt sich anführen, dass Systeme zur aktiven Beeinflussung der Raumakustik schon vielfach mit Erfolg eingesetzt wurden, und es ist zu erwarten, dass in Zukunft ihre Akzeptanz weiter steigen wird. Für einen weiterreichenden Überblick sei z. B. auf Kleiner und Svensson [11.98] verwiesen.

11.4.6 Kirchen

Besonders unvereinbar sind die akustischen Anforderungen, die an Kirchen zu stellen sind: einerseits verlangt auch hier die Forderung nach einer guten Verständlichkeit des gesprochenen Worts eine kurze Nachhallzeit, während für Orgelmusik in großen Kirchen Nachhallzeiten von 3 bis 4 s wünschenswert wären. Bei vielen älteren Kirchen wird die Aufgabe des Akustikers, nämlich eine ausreichende Sprachverständlichkeit auch bei geringerem Besuch sicherzustellen, dadurch erschwert, dass sie dem Denkmalschutz unterliegen, was die Anwendung üblicher akustischer Maßnahmen ausschließt. Bei modernen Kirchen kann mitunter durch die Verwendung absorbierend hinterlegter Lochsteine an Wänden, gegebenenfalls auch durch entsprechend ausgeführte Holzverkleidungen eine gewisse Nachhallregulierung erreicht werden. Sie sollte aber nie zu weit gehen; erfahrungsgemäß erwartet der Kirchenbesucher unbewusst eine gewisse Halligkeit des Kirchenraums. Besonders hilfreich sind zudem schallquellennahe Reflexionsflächen sowie eine sorgfältig geplante Beschallungsanlage. Weitergehende allgemeine Regeln können hier nicht gegeben werden, da die raumakustischen Maßnahmen im einzelnen zu sehr von der Art des Gottesdienstes und den architektonischen Gegebenheiten abhängen (siehe z.B. auch [11.99, 11.100]).

11.4.7 Räume mit elektroakustischem Nutzungsschwerpunkt

In nahezu jedem Veranstaltungs- oder Kommunikationsraum ist zur Verbesserung der Sprachübertragung oder auch zum Einspielen elektroakustischer Effekte eine Beschallungsanlage installiert. Hat die Beschallungsanlage in erster Linie eine unterstützende Funktion, so muss die elektroakustische Planung maßgeblich auf die raumakustische Situation abgestimmt werden. Heutzutage steht jedoch in zahlreichen Räumen die elektroakustische Darbietung bzw. Wiedergabe von Sprache oder Musik im Vordergrund. Dies betrifft beispielsweise große Veranstaltungsräume wie Kongress- oder Plenarsäle, Arenen für Rockkonzerte und Sportveranstaltungen, Kinos, Studios für elektronische Musik, Abhörräume bis hin zum Wohnzimmer des HiFi-Enthusiasten. Hier ist es Aufgabe der Raumakustik, eine möglichst unverfälschte Klangqualität bei Lautsprecherbeschallung zu begünstigen, was insbesondere angemessen niedrige Nachhallzeiten erfordert. Auch sollten störende Reflexionen durch eine aufeinander abgestimmte elektroakustische und raumakustische Planung vermieden werden. Die individuellen Anforderungen weichen aufgrund der verschiedenen Nutzungen und Raumgrößen erheblich voneinander ab.

Besonders niedrige Nachhallzeiten werden in modernen Kinos angestrebt, die beispielsweise zum Erreichen des sog. THX-Standards für Räume um 2000 m^3 im Bereich von 0,4 bis 0,6 s liegen sollen. Dies erfordert neben einer schallabsorbierenden Polsterbestuhlung und Teppichboden umfangreiche schallabsorbierende Maßnahmen an Wänden und Decke.

Besondere Ansprüche an die raumakustische Situation für Lautsprecherbeschallung werden zudem an Regieräume in Aufnahmestudios oder an andere Abhörräume, z.B. für Produktentwicklung und Geräuschdesign, gestellt. Zwar hängen auch hier die anzustrebenden raumakustischen Verhältnisse vom genauen Verwendungszweck, der Raumgröße und dem Darbietungsformat ab. Verallgemeinernd lässt sich jedoch anführen, dass Raumvolumina unter 40 m^3 vermieden werden sollten und dass bei einer Größe bis etwa 300 m^3 im gesamten Frequenzbereich Nachhallzeiten von etwa 0,3 bis 0,4 s angestrebt werden. Die Räume sollten symmetrisch in Bezug auf die Abhörrichtung sein und Proportionen aufweisen, die bei tiefen Frequenzen ein Zusammenfallen von Eigenfrequenzen verhindern. Zur Verbesserung der Reflexionsstruktur sind neben geeigneten breitbandig absorbierenden Maßnahmen schallstreuende Verkleidungen von besonderer Bedeutung. Reflexionen von den kaum zu vermeidenden glatten, reflektierenden Flächen (z.B. Regiefenster) sollten nicht unmittelbar zu den Hörerplätzen gelangen (z.B. [11.101]).

11.4.8 Arbeitsräume und weitere Raumgruppen

Hierunter fallen z.B. Werkhallen, Betriebsräume oder Büroräume. Auch wenn die akustischen Anforderungen an derartige Räume im Detail recht verschieden sein können, so zielen raumakustische Maßnahmen zumeist auf eine Behinderung der Schallübertragung und damit Reduzierung des Pegels von Geräuschen ab, die durch Maschinen, Geräte und/oder Menschen verursacht werden. Gleichzeitig soll in der Regel eine ausreichende Sprachverständlichkeit über kurze Entfernungen gewährleistet sein.

In den hier betrachteten Räumen sind häufig keine Diffusfeldbedingungen gegeben, da das Verhältnis von zwei der drei Raumproportionen größer als etwa drei ist (Lang- oder Flachraum), die Absorption einseitig verteilt oder der Raum sehr stark bedämpft ist. Aus diesem Grund ist bei der Prognose und Interpretation einer Nachhallzeit, auch in Hinblick auf die erreichbare Pegelminderung, Vorsicht geboten. In größeren Räumen mit einer Grundfläche ab etwa 200 m^2 und nicht näherungsweise diffusem Schallfeld können genauere Aussagen aus der sog. Schallausbreitungskurve abgeleitet werden. Diese gibt den Pegelverlauf in Abhängigkeit vom Abstand von einer Geräuschquelle an. Sie kann in fertiggestellten Räumen gemessen oder vorab mittels Näherungsrechnungen oder Computersimulationen prognostiziert werden (z. B. [11.102, 11.53]). Aus der Schallausbreitungskurve lassen sich geeignete Kenndaten, z. B. die mittlere Pegelabnahme je Abstandsverdopplung DL_2, berechnen. Werte von $DL_2 > 4$ dB im Mittelbereich (Abstand von der Quelle 5 bis 16 m) kennzeichnen in der Regel günstige raumakustische Bedingungen (siehe z. B. [11.103, 11.104]).

Als bauliche Maßnahmen kommen insbesondere absorbierende Deckensysteme, z. B. flächig oder als Absorberkulissen, in Frage. Zuweilen werden auch absorbierende Maßnahmen im Bereich der Wände erforderlich. Günstig wirken sich des Weiteren Einrichtungsgegenstände aus, die die direkte Schallübertragung behindern bzw. als Streukörper wirken. In Verbindung mit absorbierenden Deckensystemen sind auch Abschirmwände hilfreich, die möglichst nahe am lauten bzw. zu schützenden Bereich aufgestellt werden sollten. Ihre Wirksamkeit hängt jedoch maßgeblich von den Aufstellungsbedingungen ab. Absorbierende Schirmwände werden in Verbindung mit schallschluckenden Decken auch in Mehrpersonenbüros, Call-Centern, Schalterhallen von Banken oder offenen Beratungsbereichen verwendet, in denen eine gewisse Abschirmung gegenüber benachbarten Arbeitsplätzen verlangt wird. In diesem Zusammenhang sei auch auf die verdeckende und somit positive Wirkung von nicht informationshaltigen Geräuschen (z. B. durch Lüftung, EDV-Geräte, von Lautsprechern abgestrahltes farbiges Rauschen) hingewiesen. Diese sollten somit einerseits nicht zu niedrig, andererseits aber auch nicht unakzeptabel hoch sein.

Des Weiteren sei noch kurz auf weitere Raumgruppen eingegangen, die zwar nicht unmittelbar zu Arbeitsräumen gehören, in denen jedoch absorbierende Maßnahmen zur Vermeidung einer übermäßigen Halligkeit sinnvoll oder sogar erforderlich sind.

Hierzu zählen z. B. Bahnhofshallen, Abfertigungsbereiche auf Flughäfen, Eingangshallen, Flure, Treppenhäuser und im besonderen Maße Kantinen oder auch Pausenhallen in Schulen. In diesen Räumen wird der maßgebliche Geräuschpegel häufig von den anwesenden Personen selber verursacht. Dabei ist zu berücksichtigen, dass in halliger und damit geräuschbelasteter Umgebung der Stimmaufwand reflektorisch angehoben wird (Lombard-Effekt, siehe z. B. [11.105]). Von einer angemessenen Raumbedämpfung z. B. durch schallabsorbierende Deckensysteme kann somit auch eine erhebliche Reduzierung der Schallquellenleistung erwartet werden.

In diesem Zusammenhang seien auch Turnhallen und Schwimmbäder genannt. Um die Geräuschentwicklung zu reduzieren und eine ausreichende Sprachverständlichkeit sicher zu stellen, sollten die Nachhallzeiten unter etwa 1,8 s liegen. Zumeist werden in diesen Räumen weite Deckenbereiche absorbierend gestaltet. Flatterechos können vermieden werden, indem darüber hinaus auch Teile der Wände akustisch wirksam verkleidet werden. Bei Turnhallen müssen häufig auch Anforderungen an andere Nutzungen, wie Vorträge oder Musikdarbietungen, berücksichtigt werden.

11.5 Raumakustische Messungen

Raumakustische Messungen sind unerlässlich für die objektive Überprüfung und Dokumentation der akustischen Verhältnisse in fertiggestellten Räumen oder Sälen. Auch vor dem Umbau oder der Sanierung eines Raumes ist es zweckmäßig, die akustischen Gegebenheiten durch entsprechende Messungen festzuhalten. Auf diese Weise erhält man eine genaue Planungsgrundlage, welche die Dimensionierung raumakustischer Maßnahmen erleichtert und später einen objektiven Vergleich ermöglicht.

Die wichtigste raumakustische Messgröße ist die Nachhallzeit. Vielfach kann man sich auf ihre Ermittlung im unbesetzten Raum beschränken; die Absorption des Publikums kann dann rechnerisch berücksichtigt werden. Da die Nachhallzeit bei einigermaßen normalen Raumformen nicht merklich von der Messposition abhängt, genügt es, sich bei dieser Messung auf wenige Messpunkte zu beschränken, deren Abstand von der Schallquelle mindestens gleich dem zweifachen Hallradius nach Gl. (11.24) sein soll. Auch kommt es hier nicht auf eine völlig allseitige Abstrahlung der Messschallquelle an.

Diese Feststellungen gelten nicht für die „frühe Nachhallzeit" (EDT) (vgl. Abschn. 11.2.3) und erst recht nicht für die in Abschn. 11.2.2 aufgeführten Maße für die Sprachverständlichkeit, die Durchsichtigkeit und den Räumlichkeitseindruck. Diese Größen hängen in hohem Maß von der zeitlichen, teilweise auch von der richtungsmäßigen Verteilung der frühen Schallrückwürfe ab, ändern sich also von Platz zu Platz. (Aus diesem Grund eignen sich gerade diese Maße für die Kennzeichnung der fast immer unterschiedlichen Hörverhältnisse an verschiedenen Plätzen oder Platzgruppen.) Zur Vermeidung aufstellungsbedingter Zufälligkeiten müssen Schallquellen mit möglichst ungerichteter Abstrahlung verwendet werden.

Bei allen raumakustischen Messungen wird der Raum mit einem Prüfsignal angeregt und seine „Antwort" mit einem Messmikrophon aufgenommen. Da es sich bei ihnen um Relativmessungen handelt, ist die Verwendung standardisierter Quellen und geeichter Mikrophone nicht erforderlich. Letztere haben in der Regel eine kugelförmige Richtcharakteristik, es sei denn, die zu ermittelen Kenngrößen verlangen auch eine Richtungsinformation. Die Erzeugung und Auswertung der Signale erfolgt heute zumeist mit einem Echtzeitanalysator oder einem PC. Im letztgenannten Fall werden die vom Messmikrophon aufgenommenen Signale nach geeigneter Vorverstärkung über einen Analog-Digitalwandler dem Digitalrechner zugeführt.

Für die Messung der Nachhallzeit wird meist Rauschen als Messsignal verwendet, das den Raum zunächst stationär anregt und zu einem bestimmten Zeitpunkt abrupt abgeschaltet wird. Für orientierende Messungen kann die Raumanregung auch durch einen Pistolenschuss erfolgen. Die Frequenzabhängigkeit des Nachhalls wird dadurch bestimmt, dass die Signale empfangsseitig, vielfach auch sendeseitig, oktav- oder terzgefiltert werden mit Mittenfrequenzen zwischen 125 und 4000 Hz. Bei Anregung mit Rauschen müssen wegen des stochastischen Signalcharakters für jeden Messpunkt mindestens drei unabhängige Messungen vorgenommen werden, deren Ergebnisse energetisch gemittelt werden. Alternativ kann man nach Schroeder [11.106] den exakten Mittelwert oder den Erwartungswert $\langle \bar{E}(t) \rangle$ all dieser Nachhallverläufe durch Rückwärtsintegration der quadrierten Impulsantwort bestimmen:

$$\langle \bar{E}(t) \rangle = \int_{t}^{\infty} [g(t)]^2 \, dt. \tag{11.43}$$

Dieses Verfahren erlaubt daher eine besonders genaue Bestimmung der Nachhallzeit, wofür man den Pegelbereich zwischen −5 dB und −35 dB (bzw. −25 dB) heranzieht, bezogen auf den stationären Pegel. Die entsprechenden Ergebnisse kennzeichnet man durch T_{30} (bzw. T_{20}). Die beschriebene Methode empfiehlt sich insbesondere, wenn man auch an der *EDT* nach Abschn. 11.2.3 interessiert ist. Die Obergrenze ∞ in Gl. (11.43) muss natürlich durch eine maximale Integrationszeit ersetzt werden, deren Wert so hoch ist, dass die Nachhallkurve einerseits nicht zu früh abgeschnitten wird, andererseits aber auch nicht so hoch, dass über zu viele Störanteile integriert wird. Bezüglich weiterer Einzelheiten, z.B. auch zur Messung bei sehr kurzen Nachhallzeiten, sei auf die DIN EN ISO 3382 [11.107] verwiesen.

Alle weiteren, in Abschn. 11.2.2 beschriebenen Kennwerte werden aus Raumimpulsantworten ermittelt, so dass ihre Messung auf die Ermittlung der Impulsantwort einer bestimmten Übertragungsstrecke im Raum hinausläuft. Definitionsgemäß erhält man sie durch Anregung des Raums mit einem kurzen Impuls, dessen Dauer deutlich kleiner sein muss als der Kehrwert der

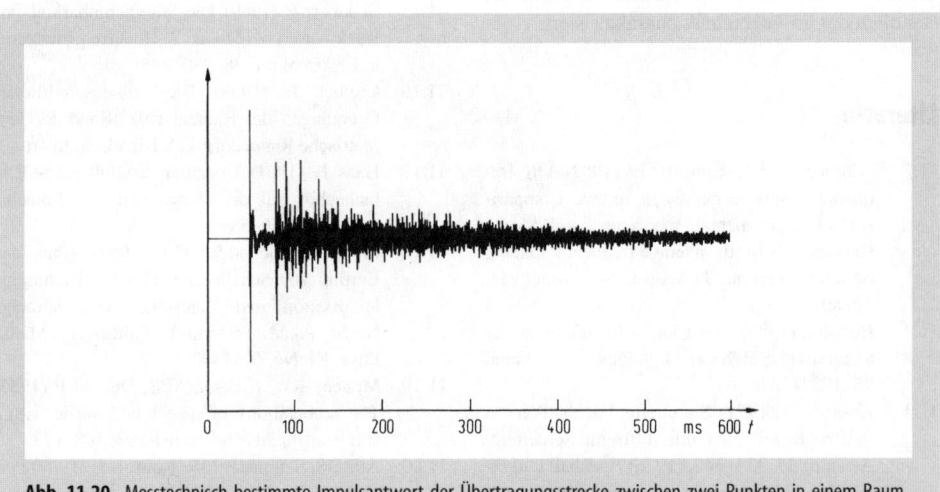

Abb. 11.20 Messtechnisch bestimmte Impulsantwort der Übertragungsstrecke zwischen zwei Punkten in einem Raum

höchsten interessierenden Frequenz. Für eine solche Direktmessung ist der Störabstand allerdings oft unzureichend. Man umgeht diese Schwierigkeit durch Verwendung von Anregungssignalen (Maximalfolgen [11.108, 11.109], oder sog. „Sweeps" [11.110, 11.111]), die sich auf Grund ihrer besonderen Autokorrelationseigenschaften aus dem Ergebnis eliminieren lassen, so dass dieses die gesuchte Impulsantwort darstellt (s. Abb. 11.20). Diese Methoden erlauben sogar Messungen in besetzten Sälen. Soll aus der Messung die interaurale Kohärenz (d.h. der $IACC$) nach Gl. (11.37) bestimmt werden, so ist als Empfänger ein Kunstkopf zu verwenden. Das gleiche gilt, wenn die Impulsantwort als Grundlage einer Auralisation benutzt werden soll. Für die Ermittlung des Seitenschallgrads (s. Abschn. 11.2.2.3) ist ein Gradientenmikrophon oder ein Mikrophonpaar [11.112] zu verwenden, ähnlich wie bei Intensitätsmessungen (s. Abschn. 2.2.5).

Schließlich sei noch erwähnt, dass der sehr aussagekräftige Speech Transmission Index (s. Abschn. 11.2.2.2) auch durch direkte Messung der vollständigen Modulations-Übertragungsfunktion (MTF) bestimmt werden kann. Da diese Messung sehr zeitaufwändig ist, haben Houtgast und Steeneken [11.26] ein abgekürztes Messverfahren entwickelt, bei dem die Werte der MTF in den Oktavbändern um 500 Hz und um 2000 Hz für vier bzw. fünf Modulationsfrequenzen zwischen 0,7 und 11,2 Hz automatisch gemessen werden. Aus den Ergebnissen wird nach einer bestimmten Rechenvorschrift der Rapid Speech Transmission Index ($RASTI$) bestimmt, der die sowohl durch die Akustik des Raumes als auch durch Störgeräusche beeinflusste Sprachverständlichkeit ausgezeichnet charakterisiert.

Literatur

11.1 Schroeder MR, Kuttruff H (1962) On frequency response curves in rooms. Comparison of experimental, theoretical and Monte Carlo results for the average frequency spacing between maxima. J. Acoust. Soc. Amer. 34, 76–80

11.2 Borish S (1985) Extension of the image model to arbitrary polyhedra. J. Acoust. Soc. Amer. 75, 1827–1836

11.3 Kuttruff H (1971) Simulierte Nachhallkurven in Rechteckräumen mit diffusem Schallfeld. Acustica 25, 333–342; (1976) Nachhall und effektive Absorption in Räumen mit diffuser Wandreflexion. Acustica 35, 141–153

11.4 Carroll MM, Miles RN (1978) Steady-state sound in an enclosure with diffusely reflecting boundary. J. Acoust. Soc. Amer. 64: 1425–1436

11.5 Korany N, Blauert J, Abdel Alim O (2001) Acoustic simulation of rooms with boundaries of partially specular reflectivity. Appl. Acoustics 62, 875–887

11.6 Andres HG (1965/66) Über ein Gesetz der räumlichen Zufallsschwankung von Rauschpegeln in Räumen und seine Anwendung auf Schalleistungsmessungen. Acustica 16, 279–294

11.7 Waterhouse RV (1955) Interference patterns in reverberant sound fields. J. Acoust. Soc. Amer. 27, 247–258

11.8 Meyer E, Burgtorf W, Damaske P (1965) Eine Apparatur zur elektroakustischen Nachbildung von Schallfeldern. Acustica 15, 339–344

11.9 Reichardt W, Schmidt W (1967) Die Wahrnehmbarkeit von Veränderungen von Schallfeldparametern bei der Darbietung von Musik. Acustica 18, 274–282

11.10 Schroeder MR, Gottlob D, Siebrasse KF (1974) Comparative study of European concert halls: Correlation of subjective preference with geometry and acoustic parameters. J. Acoust. Soc. Amer. 56, 1195–1201

11.11 Gottlob D, Siebrasse F, Schroeder MR (1975) Fortschr. d. Akustik – DAGA '75. Physik-Verlag, Weinheim

11.12 Burgtorf W (1961) Untersuchungen zur Wahrnehmbarkeit verzögerter Schallsignale. Acustica 11, 97–111

11.13 Seraphim H-P (1961) Über die Wahrnehmbarkeit mehrerer Rückwürfe von Sprachschall. Acustica 11, 80–91

11.14 Burgtorf W, Oehlschlägel HK (1964) Untersuchungen über die richtungsabhängige Wahrnehmbarkeit verzögerter Schallsignale. Acustica 14, 254–266

11.15 Schubert P (1969) Die Wahrnehmbarkeit von Rückwürfen bei Musik. Z. Hochfrequenztechn. u. Elektroakust. 78, 230–245

11.16 Cremer L (1948) Die wissenschaftlichen Grundlagen der Raumakustik. Band 1: Geometrische Raumakustik, S Hirzel, Stuttgart

11.17 Haas H (1951) Über den Einfluß eines Einfachechos auf die Hörsamkeit von Sprache. Acustica 1, 49–58

11.18 Meyer E, Schodder GR (1952) Über den Einfluß von Schallrückwürfen auf Richtungslokalisation und Lautstärke von Sprache. Nachr. Akad. Wissensch. Göttingen, Math.-Phys. Kl. No. 6, 31–42

11.19 Muncey RW, Nickson AFB, Dubout P (1953) The acceptability of speech and music with a single artificial echo. Acustica 3, 168–173

11.20 Atal BS, Schroeder MR, Kuttruff H (1962) Perception of coloration in filtered gaussian noise. Short time spectral analysis of the ear. Proc. 4th

11.20 Intern. Congr. Acoustics, Copenhagen, Paper H 31
11.21 Bilsen FA (1967/68) Thresholds of perception pitch. Conclusions concerning coloration in room acoustics and correlation in the hearing organ. Acustica 19, 27–31
11.22 Thiele R (1953) Richtungsverteilung und Zeitfolge der Schallrückwürfe in Räumen. Acustica 3, 291–302
11.23 Reichardt W, Abdel Alim O, Schmidt W (1974) Abhängigkeit der Grenzen zwischen brauchbarer und unbrauchbarer Durchsichtigkeit von der Art des Musikmotives, der Nachhallzeit und der Nachhalleinsatzzeit. Appl. Acoustics 7, 243–264
11.24 Lochner JPA, Burger JF (1961) Optimum reverberation time for speech rooms based on hearing characteristics. Acustica 11, 195–200
11.25 Kürer R (1969) Zur Gewinnung von Einzahlkriterien bei Impulsmessungen in der Raumakustik. Acustica 21, 370–372
11.26 Houtgast T, Steeneken HJM (1973) The modulation transfer function in room acoustics as a predictor of speech intelligibility. Acustica 28, 66–73; (1984) A multi-language Evaluation of the RASTI-method for estimation speech intelligibility in auditoria. Acustica 54, 185–199
11.27 Schroeder MR (1981) Modulation transfer functions: Definition and measurement. Acustica 49, 179–182
11.28 Barron M (1974) The effects of early reflections on subjective acoustical quality in concert halls. PhD-Thesis, University of Southampton
11.29 Damaske P, Ando Y (1972) Interaural crosscorrelation for multichannel loudspeaker reproduction. Acustica 27, 232–238
11.30 Morimoto M, Maekawa Z (1989) Auditory spaciousness and envelopment. 13th Intern. Congr. Acoustics, Belgrad, 215–218
11.31 Bradley JS, Soulodre GA (1995) Objective measures of listener envelopment. J. Acoust. Soc. Amer. 98: 2590–2597
11.32 Dietsch L, Kraak W (1986) Ein objektives Kriterium zur Erfassung von Echostörungen bei Musik- und Sprachdarbietungen. Acustica 60, 205–216
11.33 Sabine WC (1922) Collected Papers on acoustics. Harvard Univ. Press, Cambridge
11.34 Knudsen VO (1929) The hearing of speech in auditoriums. J. Acoust. Soc. Amer. 1, 56–82
11.35 Seraphim H-P (1958) Untersuchungen über die Unterschiedsschwelle exponentiellen Abklingens von Rauschbandimpulsen. Acustica 8, 280–284
11.36 Atal BS, Schroeder MR, Sessler GM (1965) Subjective reverberation time and its relation to sound decay. Proc. 5th Intern. Congr. Acoustics, Liege, Paper G 32

11.37 Jordan VL (1970) Acoustical criteria for auditoriums and their relation to model techniques. J. Acoust. Soc. Amer. 47, 408–412
11.38 Deutscher Normenausschuß (1968) Schallabsorptionstabelle. Beuth, Berlin
11.39 Schmidt H (1989) Schalltechnisches Taschenbuch (4. Aufl.) VDI-Verlag, Düsseldorf, S. 421–425
11.40 Fasold W, Veres E (1998) Schallschutz und Raumakustik in der Praxis, Verlag für Bauwesen, Berlin
11.41 Bass HE, Sutherland LC et al. (1995) Atmospheric absorption of sound: Further developments, J. Acoust. Soc. Am. 97, 680–683
11.42 Cremer L, Müller HA (1978) Die wissenschaftlichen Grundlagen der Raumakustik. S Hirzel, Stuttgart
11.43 Kath U, Kuhl W (1965) Messungen zur Schallabsorption von Polsterstühlen mit und ohne Personen. Acustica 15, 127–131
11.44 Beranek L, Hidaka, T (1998) Sound absorption in concert halls by seats, occupied and unoccupied, and the hall's interior surfaces. J. Acoust. Soc. Am. 104 (6), 3169–3177.
11.45 Vorländer M (1995) International round robin on room acoustics computer simulations. Proc. 15th Int. Congr. Acoustics, Trondheim, 689– 692
11.46 Bork I (2000) A comparison of room simulation software – the 2nd round robin on room acoustical computer simulation. Acustica/acta acustica, 943–956
11.47 Mommertz E, Müller K (1995) Berücksichtigung gekrümmter Wandflächen im raumakustischen Schallteilchenverfahren. Fortschr. d. Akustik – DAGA '95, DPG-GmbH, Bad Honnef
11.48 Vorländer M, Mommertz E (2000) Definition and measurement of random-incidence scattering coefficient. Applied Acoustics 60, 187–199
11.49 Schroeder MR, Atal BS, Bird C (1962) Digital computers in room acoustics. Proc. 4th Int. Congr. Acoustics, Copenhagen, Paper M 21
11.50 Krokstad A, Strøm S, Sørsdal, S (1968) Calculating the acoustical room response by the use of a ray tracing technique. J. Sound Vibr. 8, 118–124; (1983) Fifteen years experience with computerized ray tracing. Applied Acoustics 16, 291–312
11.51 Stephenson U (1985) Eine Schallteilchen-Simulation zur Berechnung der für die Hörsamkeit in Konzertsälen maßgebenden Parameter. Acustica 59, 1–20
11.52 Vorländer M (1988) Ein Strahlverfolgungs-Verfahren zur Berechnung von Schallfeldern in Räumen. Acustica 65, 148–148
11.53 Ondet AM, Barbry JL (1988) Modelling of sound propagation in fitted workshops using ray tracing. J. Acoust. Soc. Am. 87, 787–796

11.54 Allen SP, Berkley DA (1979) Image method for efficiently simulating small-room acoustics. J. Acoust. Soc. Amer. 65, 943–950

11.55 Vian SP, Van Maercke D (1986) Calculation of the room impulse response using a ray-tracing method. Proc. 12th Int. Congr. Acoustics, Vancouver, 74–78

11.56 Vorländer M (1989) Simulation of the transient and steady-state sound propagation in rooms using a new combined ray-tracing/image-source algorithm. J. Acoust. Soc. Amer. 86, 172–178

11.57 Mommertz E (1995) Untersuchung akustischer Wandeigenschaften und Modellierung der Schallrückwürfe in der binauralen Raumsimulation. Dissertation RWTH Aachen. Shaker Verlag, Aachen

11.58 Heinz R (1993) Binaurale Raumsimulation mit Hilfe eines kombinierten Verfahrens – Getrennte Simulation der geometrischen und diffusen Schallanteile. Acustica 79, 207–220.

11.59 Naylor GM (1993) Odeon – another hybrid room acoustical model. Applied Acoustics 38, 131–143

11.60 Dalenbäck B-IL (1996) Room acoustic prediction based on a unified treatment of diffuse and specular reflection. J. Soc. Acoust. Am 100, 899–909

11.61 Kuttruff H (2000) Room acoustics. 4th ed. E & FN Spon, London

11.62 Lewers T (1993) A combined beam tracing and radient exchange computer model of room acoustics. Applied Acoustics 38, 161–178

11.63 Brebeck P, Bücklein R et al. (1967) Akustisch ähnliche Modelle als Hilfsmittel für die Raumakustik. Acustica 18, 213–226

11.64 Tennhardt H-P (1984) Modellmeßverfahren für Balanceuntersuchungen bei Musikdarbietungen am Beispiel der Projektierung des Großen Saals im Neuen Gewandhaus Leipzig. Acustica 56, 126–135

11.65 Xiang N, Blauert J (1993) Binaural scale modelling for auralization and prediction of acoustics in auditoria. Applied Acoustics 38, 267–290

11.66 Martin J, Vian SP (1989) Binaural sound simulation of concert halls by a beam tracing method. Proc. 13th Int. Congr. Acoustics, Belgrad, 253–256

11.67 Kuttruff H, Vorländer M, Classen T (1990) Zur gehörmäßigen Beurteilung der „Akustik" von simulierten Räumen. Acustica 70, 230–231

11.68 Köring J, Schmitz A (1993) Simplifying cancellation of cross-talk for playback of head-related recordings in a two-speaker system. Acustica 79, 221–232

11.69 Kleiner M, Dalenbäck B-I, Svensson P (1993) Auralization – An overview. J. Audio Eng. Soc. 41, 861–875

11.70 Møller H (1992) Fundamentals of binaural technology. Applied Acoustics 36, 171–218

11.71 Meyer E, Kuttruff H, Schulte F (1965) Versuche zur Schallausbreitung über Publikum. Acustica 15, 175–182

11.72 Schultz TJ, Watters BG (1964) Propagation of sound across audience seating. J. Acoust. Soc. Amer. 36, 885–902

11.73 Mommertz E (1993) Einige Messungen zur streifenden Schallausbreitung über Publikum und Gestühl. Acustica 79, 42–52

11.74 Bradley JS, Reich RD, Norcross SG (1999) On the combined effects of signal-to-noise ratio and room acoustics on speech intelligibility. J. Acoust. Soc. Am. 106, 1820–1828

11.75 Bruckmeyer F (1962) Handbuch der Schalltechnik im Hochbau. Deuticke, Wien

11.76 Cremer L, Keidel L, Müller HA (1956) Die akustischen Eigenschaften des großen und des mittleren Saales der neuen Liederhalle in Stuttgart. Acustica 6, 466–474

11.77 Kuttruff H (1989) Acoustical design of the Chiang Kai Shek Cultural Centre in Taipei. Appl. Acoust. 27, 27–46

11.78 Beranek LL (1996) Concert and opera halls: How they sound. Acoust. Soc. Amer., Woodbury

11.79 Opitz U (1996) The Athens concert hall: A multipurpose hall for concert and opera events or a new solution? Akustisches Symposium, Turin

11.80 Fasold W (1982) Akustische Maßnahmen im Neuen Gewandhaus Leipzig. Bauforschg., Baupraxis H, 117

11.81 Cremer L (1964) Die raum- und bauakustischen Maßnahmen beim Wiederaufbau der Berliner Philharmonie. Schalltechn. 24, 1–11

11.82 Meyer J (1984) Zum Höreindruck des Musikers auf dem Konzertpodium. Fortschr. der Akustik – DAGA '84. DPG-GmbH, Bad Honnef, 81–92

11.83 Marshall AH, Gottlob D, Alrutz H (1978) Acoustical conditions prefered for ensemble. J. Acoust. Soc. Amer. 64, 1437–1442

11.84 Jordan VL (1969) Room acoustics and architectural acoustics development in recent years. Appl. Acoust. 2, 59–81; (1975) Auditoria acoustics: Development in recent years. Appl. Acoust. 8, 217–235

11.85 Barron, M (1993) Auditorium Acoustics and Architectural Design. E & FN Spon, London

11.86 Reichardt W (1961) Die Akustik des Zuschauerraums der Staatsoper Berlin, Unter den Linden. Z. Hochfrequenztech. u. Elektroakust. 70, 119

11.87 Furrer W, Lauber A (1972) Raum- und Bauakustik, Lärmabwehr. Birkhäuser, Basel, Stuttgart

11.88 Cremer L, Nutsch J, Zemke HJ (1962) Die akustischen Maßnahmen beim Wiederaufbau der deutschen Oper Berlin. Acustica 12, 428–432

11.89 Kraak W (1990) Persönliche Mitteilung

11.90 Müller KH (1998) Raumakustische Gestaltung des Festspielhauses Baden-Baden. Bericht zur 20. Tonmeistertagung, Karlsruhe, 79–88

11.91 Jordan VL (1980) Acoustical design of concert halls and theatres. Applied Science Publishers, London

11.92 Meyer E, Kuttruff H (1964) Zur Raumakustik einer großen Festhalle. Acustica 14, 138–147

11.93 Parkin PH, Morgan K (1970) "Assisted Resonance" in the Royal Festival Hall London: 1965–1969. J. Acoust. Soc Amer. 48, 1025–1035

11.94 Franssen, NV (1968) Sur l'amplification des champs acoustiques. Acustica 20, 315–323

11.95 Berkhout AJ (1988) A holographic approach to acoustic control. J. Audio Eng. Soc. 36, 977–995

11.96 Berkhout AJ, de Vries D, Vogel PJ (1993) Acoustic control by wavefield synthesis. J. Acoust. Soc. 93, 2764–2778

11.97 Griesinger D (1996) Beyond MLS – Occupied hall measurement with FFT techniques. 101st AES convention, preprint 4403

11.98 Kleiner M, Svensson P (1995) Review of active systems in room acoustics and electroacoustics. Proc. Active 95, Newport Beach, 39–54

11.99 Lottermoser W (1983) Orgeln, Kirchen und Akustik. Band 2. Bochinsky, Frankfurt/Main

11.100 Meyer J (2000) Zur Raumakustik in Johann Sebastian Bachs Kirchen. Bericht zur 21. Tonmeistertagung, Hannover. 1064–1077

11.101 Dickreiter M (2000) Handbuch der Tonstudiotechnik. 6. Aufl., KG Saur, München

11.102 Kuttruff H (1985) Stationäre Schallausbreitung in Flachräumen. Acustica 57, 62–70

11.103 Gruhl S, Kurze UJ (1996) Schallausbreitung und Schallschutz in Arbeitsstätten. In: W. Schirmer (Hrsg.): Technischer Lärmschutz. VDI-Verlag, Düsseldorf, 356–399

11.104 VDI 3760 (1996) Berechnung und Messung der Schallausbreitung in Arbeitsräumen. Beuth, Berlin

11.105 Lazarus H, Lazarus-Mainka G, Schubeius M (1985) Sprachliche Kommunikation unter Lärm. Kiehl, Ludwigshafen

11.106 Schroeder MR (1965) New method of measuring reverberation time. J. Acoust. Soc. Amer. 37, 409–412

11.107 DIN EN ISO 3382 (2000) Messung der Nachhallzeit von Räumen mit Hinweis auf andere akustische Parameter. Beuth, Berlin

11.108 Alrutz H, Schroeder MR (1983) A fast hadamard transform method for the evaluation of measurements using Pseudorandom test signals. Proc. 11th Int. Congr. Acoustics, Paris, Vol. 6, 235–238

11.109 Borish J, Angell JB (1983) An efficient algorithm for measuring the impulse response using pseudorandom noise. J. Audio Eng. Soc. 31, 478–487

11.110 Griesinger D (1995) Design and performance of multichannel time variant reverberation enhancement systems. Proc. Active 95, Newport Beach. 1203–1212

11.111 Müller S, Massarani P (2001) Transfer function measurement with sweeps. J. Audio Eng. Soc. 49, 443–471

11.112 Kleiner M (1989) A new way of measuring the lateral energy fraction. Applied Acoustics 27, 321–327

11.113 Akustische Information 1.11-1 (1995) Höchstzulässige Schalldruckpegel in Studios und Bearbeitungsräumen bei Hörfunk und Fernsehen. Institut für Rundfunktechnik, München

12

Schalldämpfer

U. Kurze und E. Riedel

12.1 Übersicht

12.1.1 Anwendungsbereiche

Großflächige Schalldämpfer (SD) werden an den Ansaug- und Ausblasöffnungen von großtechnischen Anlagen wie Bewetterungsanlagen des Bergbaus, Ansaugöffnungen von Kühltürmen (Abb. 12.1) oder Rauchgaskaminen von Kraftwerken eingesetzt, um die Nachbarschaft vor den Anlagengeräuschen zu schützen. Große Schalldämpfer werden auch für Lüftungsöffnungen von Räumen mit hohen Innengeräuschpegeln benötigt, z. B. für Fertigungshallen der Industrie oder Belüftungsschächte von U-Bahnen. Für eine Dämpfung in breiten Frequenzbereichen kommt es meistens darauf an, dass die Abmessungen einzelner Schalldämpferelemente in der Größenordnung einer Viertelwellenlänge des zu dämpfenden Schalls liegen. Deshalb bestehen große Schalldämpfer für Schall mit Wellenlängen von etwa 1 m aus sehr vielen Elementen.

Kleinere Schalldämpfer aus wenigen Elementen werden in Rohrleitungen und an deren freien

Abb. 12.1 Kühlturm am Kraftwerk mit Kulissenschalldämpfern (Quelle: BBM-Gerb Akustik)

Abb. 12.2 Rohrleitungsschalldämpfer mit Mittelkulisse (faserfrei)

Enden, an einzelnen Maschinen oder an Kapseln um Maschinen eingesetzt, die zur Kühlung, für Frischluft und Abluft oder für den Werkstofffluss mit Schall abstrahlenden Öffnungen versehen sind. Ein breiter Anwendungsbereich von Schalldämpfern betrifft raumlufttechnische (RLT-) Anlagen, bei denen Lüftungsgeräusche und die Geräuschübertragung von Raum zu Raum zu unterdrücken sind. Schließlich sind Schalldämpfer erforderlich, um die Entspannungsgeräusche von Gasen hinter Ventilen oder an pneumatisch arbeitenden Maschinen zu mindern.

12.1.2 Bauformen

Große Öffnungen und Kanäle an Gebäuden, Anlagen und Kapseln werden durch Schalldämpferelemente unterteilt.[1] Die Unterteilung in einer Richtung durch parallel angeordnete Kulissen mit Rechteckquerschnitt ergibt relativ schmale Spalte. Die Unterteilung in zwei orthogonalen Richtungen ergibt parallele Kanäle, die schalltechnisch gegenüber Spalten keine Besonderheiten aufweisen. Andere Möglichkeiten der Unterteilung großflächiger Kanäle [12.1] werden selten genutzt.

Kleinere und schmale Öffnungen an Maschinen, die ins Freie münden oder an Rohrleitungen angeschlossen sind (Abb. 12.2), sowie Verbindungen zwischen Räumen können mit Schalldämpfern in Form von absorbierend oder reaktiv berandeten Kanälen versehen werden (Abb. 12.3). Die akustische Wirksamkeit der Kanalauskleidung kann durch passive Bauelemente über Formgebung und Werkstoffe bestimmt oder auch aktiv mit elektromechanischen Wandlern erreicht werden. Zu unterscheiden ist zwischen Auskleidungen, deren Oberfläche für Strömung durchlässig oder undurchlässig ist. An Strömungsumlenkungen sind Schalldämpfer für hohe Frequenzen besonders wirksam (Abb. 12.4, Abb. 12.5).

---

[1] Weiterhin werden Konstruktionselemente zur Strömungsführung oder Filterung in solchen Öffnungen oder Kanälen schalldämpfend ausgelegt, die jedoch nicht vorrangig als Schalldämpfer konzipiert sind.

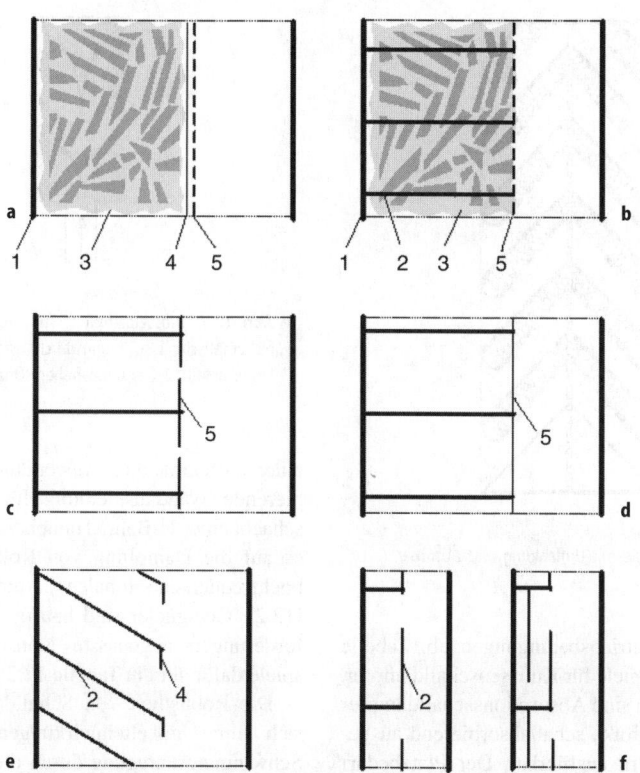

Abb. 12.3 Wandauskleidungen von Absorptions- und Reflexionsschalldämpfern (schematisch); *1* Schalldämpferwand oder Symmetrieebene, *2* Kassettierung, *3* Absorber aus porösem oder faserigem Werkstoff (z. B. PU-Schaum, Mineral-, Glas- oder Metallwolle), *4* Abdeckung aus Vlies, Folie, Drahtgewebe, Lochblech mit hoher Porosität, je nach betrieblicher Anforderung, *5* Deckschicht. **a** homogener Absorber; **b** kassettierte Auskleidung; **c** Helmholtz-Resonator mit Loch- und Schlitzabdeckung geringer Porosität; **d** Helmholtz-Resonator mit Folienabdeckung[2]; **e** $\lambda/4$-Resonator als schräger Abzweig; **f** $\lambda/4$-Resonator als abgewinkelter Abzweig (zwei Ausführungen mit einfacher und doppelter Abwinkelung)

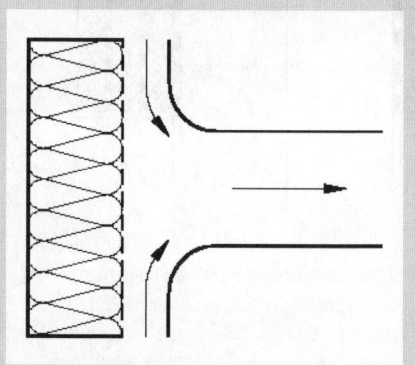

Abb. 12.4 Ansaugöffnung mit Schall absorbierender Umlenkeinrichtung

Als weitere Bauarten sind Drosselschalldämpfer zu nennen, die mit erheblichem Strömungswiderstand Ausströmvorgänge beeinflussen. Sie reichen von großen Bauformen für Gas- oder Dampfventile (Abb. 12.6) bis zu kleinen anschraubbaren Elementen für Pneumatikanlagen (Abb. 12.7).

12.1.3 Anforderungen und Merkmale

Die Auslegung von Schalldämpfern hängt maßgeblich vom Geräuschspektrum der Schallquelle

---

[2] Die Bezeichnung als Platte oder Membran trifft nicht die in der Regel allein mit der Masse verbundene Wirksamkeit der Abdeckung.

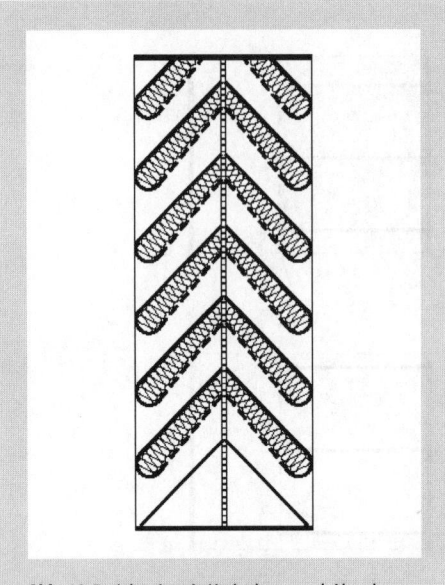

Abb. 12.5 Jalousie mit Umlenkung und Absorber

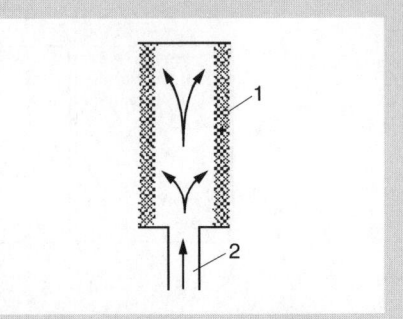

Abb. 12.7 Drosseldämpfer für Pneumatikanlagen (schematisch); 1 strömungsdurchlässiger Zylinder (z. B. Sintermetall), 2 Gas unter hohem Druck

und von den Betriebsbedingungen ab. Tabelle 12.1 enthält Beispiele für Kulissenschalldämpfer.

Grundsätzlich sind Absorptionsschalldämpfer in Kanälen als große, schallabsorbierend ausgekleidete Kammern ausführbar. Der Platzbedarf und die Kosten sind dabei aber hoch. Als Beispiel einer zweckmäßigen Anwendung ist die absorbierende Wandauskleidung für den Lüftungsschacht eines U-Bahn-Tunnels zu nennen, bei der es auf die Dämpfung von Rollgeräuschen mit hochfrequenten tonalen Anteilen ankommt [12.2]. Geeigneter sind häufig an spezielle Anforderungen angepasste Konstruktionen. Beispiele dafür sind in Tabelle 12.2 angegeben.

Die Robustheit von Schalldämpfern bezieht sich auf Umwelteinwirkungen und auf die Schwingungsanregung durch die Geräuschquelle. Sie betrifft die tragenden Bauteile und Ab-

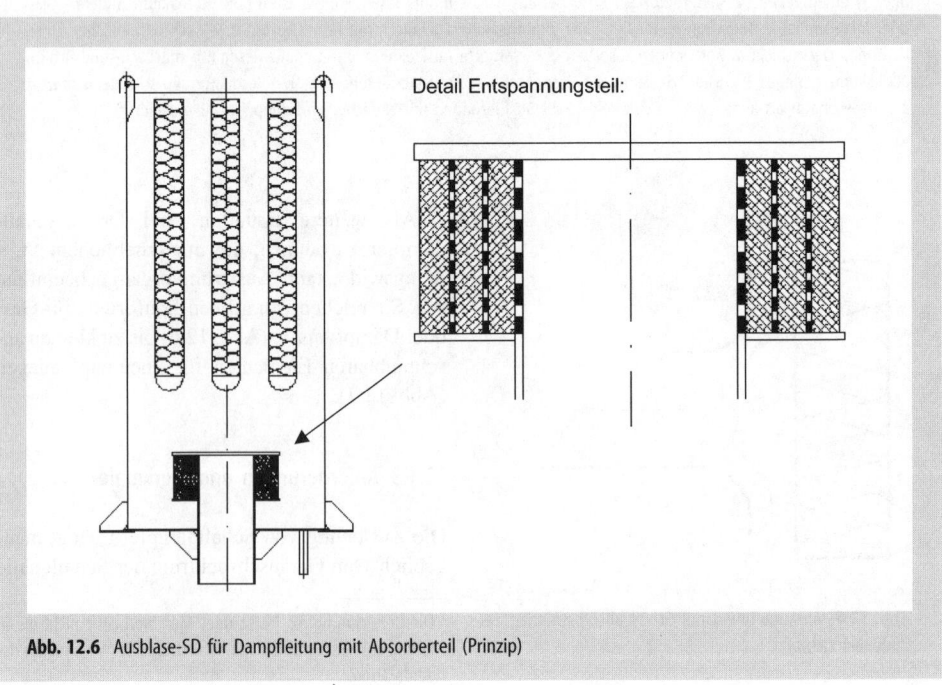

Abb. 12.6 Ausblase-SD für Dampfleitung mit Absorberteil (Prinzip)

Tabelle 12.1 Beispiele für Kulissenschalldämpfer

Beispiel	Spektrum	Betriebsbedingungen	Konstruktion
Bewetterungsanlage im Bergbau	tonale Ventilatorgeräusche	feuchtwarme Luft begünstigt Bewuchs mit Moos, Kulissen müssen zum Reinigen regelmäßig gezogen werden	sehr robust
Kühlturm	niederfrequente Ventilatorgeräusche, höherfrequente Wassergeräusche	der Witterung ausgesetzt (Wind, Niederschlag, UV-(Strahlung)	robust
RLT-Anlage	tonale Ventilatorgeräusche, Strömungsgeräusche von Einbauten	abriebfeste Oberflächen, Brandschutz- und Hygieneanforderungen	leicht
Abgasanlage, Rauchgaskanal	niederfrequente Verbrennungsgeräusche, Ventilatorgeräusche, Strömungsgeräusche von Einbauten	hohe Temperatur, aggressive Rauchgase, Verschmutzung, Reinigungs- oder Austauschmöglichkeit	robust
Absorberteil eines SD am Sicherheitsventil	hochfrequentes Strömungsgeräusch	der Witterung ausgesetzt (Wind, Niederschlag, UV-Strahlung)	sehr robust
Abluft von Produktionsanlagen (Papierfabrik, Reifen, Folien, Fasern)	Ventilatorgeräusche, Strömungsgeräusche, Anlagengeräusche	Verschmutzung	leicht
Leiser Windkanal (Fahrzeugprüfstand mit Umluftbetrieb)	Ventilatorgeräusche, Strömungsgeräusche von Umlenkungen	Strömungsumlenkung	robust

Tabelle 12.2 Beispiele für Absorptionsschalldämpfer ohne Kulissen

Beispiel	Spektrum	Betriebsbedingungen	Konstruktion
Absorbierende Platte vor Zuluftöffnung	breitbandig und tonal durch Ventilator	der Witterung ausgesetzt (Wind, Niederschlag, UV-Strahlung)	robust
Absorbierende Rohrauskleidung auf der Saugseite eines Verdichters	breitbandiges und tonales Strömungsgeräusch	Anforderungen durch Verschmutzung	auswechselbarer Absorbereinsatz

sorptionswerkstoffe in ihrer Struktur und Lage (s. Abschn. 12.3.2.1).

Anforderungen an faserfreie und gegen Verschmutzung unempfindliche Konstruktionen können durch Resonator- und Reflexionsschalldämpfer erfüllt werden. Ein spezielles Anwendungsgebiet besitzen Rohrleitungs-SD als robuste Schweißkonstruktionen für Kompressoren und Ventile.

Ein wichtiges Merkmal für die Auslegung von Schalldämpfern betrifft Nebenwege der Schallausbreitung. Wie in Abb. 12.8 schematisch dargestellt, ist extern insbesondere das Gehäuse eines Schalldämpfers als Wellenleiter für Körper-

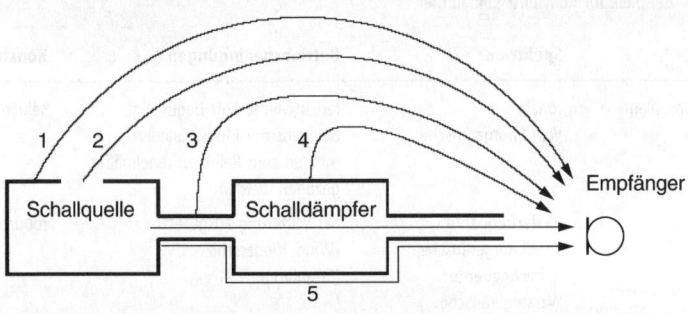

Abb. 12.8 Nebenwege der Schallausbreitung durch Abstrahlung von *1* Gehäuse der Schallquelle, *2* ungedämpfter Öffnung, *3* Kanalwänden vor Schalldämpfer, *4* Schalldämpfergehäuse und durch Körperschallleitung (*5*)

schall und Strahler für Luftschall zu berücksichtigen. Im Innern eines Schalldämpfers begrenzen unbedämpfte Kanäle und Spalte, z. B. Dehnfugen, sowie Körperschall die Wirksamkeit eines Schalldämpfers.

12.2 Wirkprinzipien

12.2.1 Pulsationsabbau durch Drosselschalldämpfer

Ist die Geräuscherzeugung wie bei einem Sicherheitsventil oder einem Hubkolbenmotor mit einem einmaligen oder periodischen Strömungsvorgang verbunden, so kommt es darauf an, die Pulsationen in der Strömung durch Ausgleichsvorgänge in einer Weise abzubauen, durch die eine Umsetzung in Geräusche möglichst vermieden wird. Dazu dienen Drosselschalldämpfer mit Volumina als Speicher potenzieller Energie und mit Strömungswiderständen an relativ großen Öffnungsflächen, an denen eine kleine mittlere Strömungsgeschwindigkeit nur wenig Geräusch erzeugt.

Im Bereich niedriger Frequenzen ist der Speicher durch seine Raumsteife s und die Öffnungsfläche durch den Strömungswiderstand r zu kennzeichnen. Ein Schalldämpfer muss für den Durchgang der Strömung als Tiefpassfilter mit niedriger Grenzfrequenz $s/(2\pi r)$ ausgelegt werden, der im Bereich geringer Nichtlinearitäten betrieben wird. Zu beachten ist die bereits beim Einströmen in das Volumen oder weiter stromauf erfolgende Geräuscherzeugung.

Beim Öffnen eines Sicherheitsventils wird der Hochdruck in einem folgenden Schalldämpfer stufenweise abgebaut. Die erste Stufe wird in der Regel zur überkritischen Entspannung mit einem Druckverhältnis $p_1/p_2 > 2$ ausgelegt. Schall von stromauf gelegenen Schallquellen wird an einer solchen Stufe vollständig reflektiert. Der Durchströmungsvorgang erzeugt jedoch starke Geräusche. Sie werden an weiteren Druckminderungsstufen, die z. B. in Verbindung mit größeren Flächen unterkritisch und damit leiser durchströmt werden, und – sofern erforderlich – durch folgende Absorptionsschalldämpfer verringert. Im Zusammenhang mit der Druckminderung in Gasen tritt stets eine Senkung der Temperatur mit der Gefahr der Eisbildung auf, die vermieden werden muss.

Abgasanlagen von Hubkolbenmotoren und andere Quellen von periodischen Pulsationen haben zwar nicht das Problem des hohen Druckabbaus, aber der Gaswechseldruck ist noch hoch genug, dass sich Druckfronten aufbauen können, weil die Schallgeschwindigkeit mit dem Momentanwert des Drucks zunimmt. Energie geht durch diese Nichtlinearität längs des Laufwegs in Rohrleitungen von niederfrequenten Druckschwankungen in höherfrequenten Schall über. In die Rohrleitung eingebaute Strömungswiderstände, etwa in Form von Katalysatoren, bewirken ein Tiefpassfilter. Anlagen, die nur einen geringen Gegendruck vertragen, können nicht mit einem Drosselschalldämpfer ausgestattet werden, dessen Funktionsweise auf einem Puffervolumen und einem Strömungswiderstand in der Gasleitung beruht. Sie benötigen Absorptions- oder Reflexionsschalldämpfer.

12.2.2 Absorption in feinporigen oder -faserigen Strukturen

Bei der Durchströmung von feinen Poren bewirkt die Zähigkeit des Gases einen Strömungswiderstand, der dem Porendurchmesser umgekehrt proportional ist. Ähnliches gilt für die Umströmung von feinen Fasern. Der Strömungswiderstand ist in nahezu gleicher Weise bei Gleich- und Wechselströmung wirksam. Er veranlasst die Umwandlung von kinetischer Energie in Wärme. Druckschwankungen, die mit Wechselströmungen verbunden sind, führen deshalb zur Erwärmung des Gases. Wird die Wärme nicht abgeführt, dann kann es, wie im Innern der schallabsorbierenden Auskleidung von Prüfräumen für extrem laute Anlagen beobachtet, zu Verkohlungen kommen.

Beispiel: Mit bloßer Hand spürt man in einem Schallfeld von 150 dB Schalldruckpegel nichts. Mineralwolle in der Hand wird nach kurzer Zeit heiß.

Feinfaserige Mineralwolle wird in erster Linie nach den Marktanforderungen der thermischen Isolation hergestellt. Mit einem längenbezogenen Strömungswiderstand von etwa 10 kNs/m^4 ist sie in einer Schichtdicke von knapp 0,1 m akustischen Anforderungen für eine hohe Absorption angepasst. Die optimale Auslegung von Industrieschalldämpfern für tiefe Frequenzen erfordert jedoch größere Schichtdicken. Sie sind mit den feinfaserigen Produkten im Strömungswiderstand zu hoch und in der mechanischen Festigkeit zu schwach. Verbesserungsmöglichkeiten bestehen mit dem Einsatz von gröberer Basaltwolle. Wegen des Eisenanteils neigt sie jedoch zur Oxidation und ist daher langzeitig mechanisch nicht so stabil wie Glasfaser.

Stabile feinporige Strukturen werden als Sintermetall für Filter hergestellt. Die Schichtdicken sind auf einige Millimeter und die Plattengrößen auf wenige Quadratdezimeter begrenzt. Auch sind die Werkstoffpreise derart, dass sie für Schallabsorber nur in Sonderfällen in Frage kommen.

Sonderkonstruktionen für mechanisch hochstabile Schallabsorber gibt es in der Form von Lochblechen als Trägermaterial mit aufgesinterten feinen Edelstahlfasern und von porösen Al-Platten, die mit einem gut kontrollierten Strömungswiderstand in der Größenordnung von 1000 Ns/m^3 verfügbar sind. Gewebe aus Naturfasern, Metall oder Kunststoffen sind in der Regel nicht feinfaserig genug, um einen geeigneten Strömungswiderstand zu besitzen, oder strukturell nicht fest genug, um ohne Trägermaterial auszukommen. In Absorptionsschalldämpfern werden außerhalb der Strömung Lochbleche als Träger für eine oder mehrere Lagen von solchen Geweben verwendet. Bei innigem Kontakt von Lochblech mit der Porosität σ und Gewebe mit dem Strömungswiderstand r erreicht der resultierende Strömungswiderstand den Wert r/σ^2. Diese Transformation zu größeren Werten ist bei der Auslegung zu beachten.

Neben der Zähigkeit der Luft liefert die Wärmeleitfähigkeit der Luft und des Absorberwerkstoffs einen kleinen Beitrag zur Dämpfung [3]. Nur adiabate Zustandsänderungen, wie sie in freien Schallfeldern auftreten, und isotherme Zustandsänderungen, die in sehr feinporigen Metallstrukturen stets anzunehmen sind, verlaufen verlustfrei. Im Zwischenbereich gibt es Relaxationsverluste durch zeitliche Versetzung zwischen Kompression und Temperaturänderung der Luft. Praktisch sind aber selbst in dicken Absorberschichten und bei tiefen Frequenzen, bei denen auch in größerem Abstand von einer Wand die Schallschnelle und damit der Reibungsanteil klein ist, die Relaxationsverluste nicht als Bemessungsgrundlage für Absorptionsschalldämpfer heranzuziehen.

Der seitliche Anschluss von Absorbern an strömungsführende Kanäle bewirkt einen Frequenzgang der Dämpfung, durch den ein relativ breites Frequenzband erfasst werden kann (Abb. 12.9). Gasschwingungen mit tiefen Frequenzen

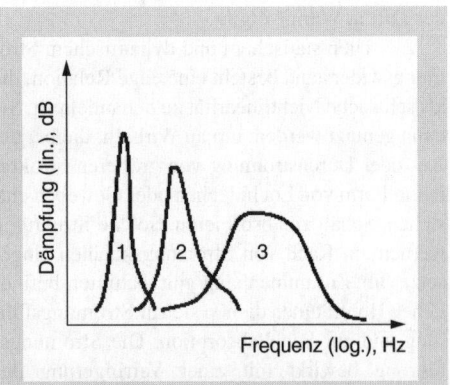

Abb. 12.9 Prinzipieller Frequenzgang der Dämpfung für Absorptionsschalldämpfer gleichen Volumens bei Wandauskleidung des Kanals mit *1* Helmholtz-Resonator, *2* Viertelwellenlängen-Resonator und *3* homogenem Absorber

treten ähnlich der mittleren Gasströmung mit geringem Druckverlust bzw. geringer Minderung des Schalldruckpegels durch einen solchen Kanal hindurch. Andererseits können sich im Kanal Schallwellen hoher Frequenz weitgehend unabhängig von der Wandauskleidung fast ungedämpft ausbreiten. Dies geschieht für achsparallele Schallstrahlen oberhalb einer Frequenz, bei der etwa zwei Wellenlängen zwischen gegenüberliegende Kanalwände passen. Im mittleren Frequenzbereich kann durch geeignete Anpassung der Wandauskleidung an das Schallfeld im Kanal eine hohe Absorptionsdämpfung erreicht werden.

Höchstwerte der Dämpfung durch Absorption sind mit hoher Dämpfung durch Reflexion am Anfang der Absorberstrecke verbunden und nicht über breite Frequenzbänder realisierbar. Derart gestaltete Schalldämpfer werden im Allgemeinen als Reflexionsschalldämpfer bezeichnet.

12.2.3 Absorption durch Nichtlinearitäten

Der Strömungswiderstand eines Lochblechs oder eines groben Gewebes zeigt einen Anteil, der proportional zur Strömungsgeschwindigkeit anwächst, und einen in Zuordnung zur Messvorschrift in DIN 52313 als akustischer Strömungswiderstand bezeichneten Anteil, der zu sehr kleinen Strömungsgeschwindigkeiten gehört. Letzterer ist der Zähigkeit der Luft in Wechselwirkung mit der Struktur zuzuordnen, ersterer dem hydraulischen Druckverlustbeiwert der Struktur, der sich aus der Umsetzung von kinetischer Energie in Wirbel und schließlich über die Zähigkeit der Luft in Wärme ergibt.

Zwischen statischem und dynamischem Strömungswiderstand besteht eine enge Relation, die als schwache Nichtlinearität zu behandeln ist. Sie kann genutzt werden, um an Wirbeln, die bei der An- oder Durchströmung von gröberen Strukturen in Form von Lochblechen oder Geweben entstehen, Schall zu absorbieren. Solche Strukturen werden am Rand von Strömungskanälen eingesetzt. Im Zusammenhang mit dahinter befindlichen Hohlräumen dienen sie zur Strömungsführung und zur Schallabsorption. Die Strömungsführung bewirkt mit einer Verringerung des Druckverlusts auch die Unterdrückung von breitbandigen Strömungsgeräuschen. Darüber hinaus können an Hohlraumresonatoren entstehende tonale Strömungsgeräusche durch einen Strömungswiderstand in der Anregungsfläche vermieden werden.

Als starke Nichtlinearität ist der Effekt der Dissipation an einer Stoßwellenfront anzusehen. Voraussetzung dafür ist die Ausbreitung von Schall in einem Rohr mit sehr großen Amplituden, für die die Aufsteilung von Wellen stärker als der Dämpfungseffekt ist. Die Größe der Dissipation in einer Stoßwelle wird allein durch die auf beiden Seiten der Stoßfront anzuwendenden Erhaltungssätze für Masse, Energie und Impuls bestimmt [12.4]. Der Effekt bietet damit keine besonderen Möglichkeiten zur Auslegung von Schalldämpfern.

12.2.4 Reflexion

Um Schall in Kanälen zur Quelle zurück zu reflektieren, muss sich die Wellenimpedanz des Kanals von der quellseitigen Wellenimpedanz möglichst stark unterscheiden. Dies kann unter zwei Bedingungen geschehen: entweder bewirkt ein erheblicher Querschnittssprung im Kanal eine Änderung der Schallschnelle oder der Schalldruck im Kanal bricht – passiv durch einen seitlich angeschlossenen Resonator oder aktiv durch eine gegenphasige Schallquelle – in einem Querschnitt weitgehend zusammen.

Grundsätzlich können Querschnittsverengungen schalltechnisch ebenso wirksam sein wie Querschnittserweiterungen. Querschnittsverengungen haben den Vorteil eines geringen Volumenbedarfs, sind aber strömungstechnisch von der begrenzten Bandbreite der erzielbaren Dämpfung her und hinsichtlich des Eigenrauschens nachteilig. Der Einsatz ist auf statisch hoch belastbare Quellen, hohe Schalldruckpegel oberhalb des Strömungsrauschens von Kanaleinbauten und kleine verfügbare Volumina beschränkt. Typische Anwendungen liegen bei Auspuffanlagen für Kraftfahrzeuge.

Mit Querschnittserweiterungen lassen sich auf Kosten eines großen Volumenbedarfs alle genannten Nachteile vermeiden. Nur wenn sich die Querschnittserweiterung in Schallausbreitungsrichtung über ein Vielfaches einer Halbwellenlänge erstreckt – und dann durch Transformation der Abschlussimpedanz an den Eingang die Erweiterung unwirksam wird –, bricht die Reflexionsdämpfung zusammen (Abb. 12.10). Im Bereich ungeradzahliger Vielfacher einer Viertelwellenlänge ist die Querschnittserweiterung besonders wirksam, weil dort etwa der Kehrwert der Abschlussimpedanz an den Eingang transformiert wird. Querschnittserweiterungen lassen

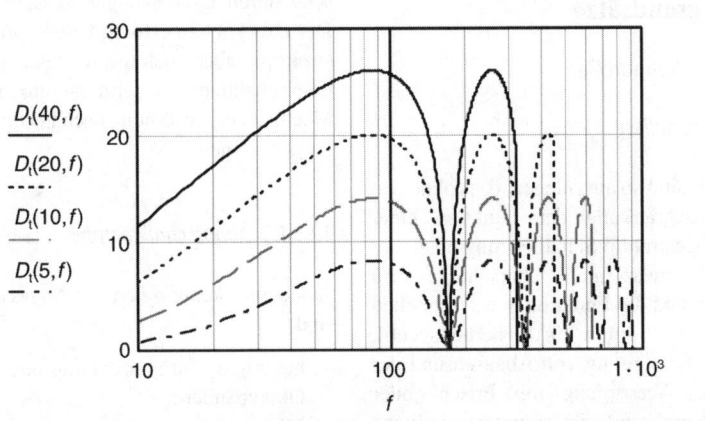

Abb. 12.10 Durchgangsdämpfungsmaß D_t in dB über der Frequenz f in Hz für einen 1 m langen Expansionsschalldämpfer in einer Leitung von 0,1 m Durchmesser (ohne Strömung, Schallgeschwindigkeit 340 m/s), dargestellt bis zur Grenze der eindimensionalen Leitungstheorie; Parameter: Flächenverhältnis S_2/S_1 der Erweiterung

sich mit etwas Absorption verbinden, um Einbrüche der Dämpfung zu verringern.

Vor einem Resonator ist der Schalldruck bei gegebener Schnelle in der Umgebung der Resonanzfrequenz besonders klein. Der Bereich ist räumlich beschränkt, zwar bei streifendem Schalleinfall längs der Kanalachse nicht so stark wie bei senkrechtem Schalleinfall, aber auch dort etwa auf eine halbe Wellenlänge begrenzt. Der Bereich ist auch spektral eingeschränkt. Je größer die wirksame Masse bei der Resonanzfrequenz, desto geringer ist die Frequenzbandbreite. Die kleinstmögliche Masse gehört zum Viertelwellenlängen-Resonator, der deshalb den größten Volumenbedarf hat. Mit solchen Resonatoren in der Wand eines Kanals, der zwischen symmetrischer Auskleidung nicht breiter als eine Wellenlänge ist, kann etwa über den Bereich von einer halben Oktave eine hohe Reflexionsdämpfung erreicht werden. Andere Resonatoren, die mit Einschnürungen einer Deckschicht durch Lochbleche, mit Abdeckungen von Hohlräumen durch mitschwingende Folien oder mit Kombinationen von beidem gebildet werden, sind prinzipiell nur in schmaleren Frequenzbändern wirksam (s. Abb. 12.9).

Die Bedämpfung von Resonatoren durch Füllung der Hohlräume mit Faserstoffen kann eine zusätzliche Absorptionsdämpfung bewirken, jedoch keine Verbesserung der Reflexionsdämpfung hinsichtlich Höhe und Bandbreite. Eine Bedämpfung kann auch an der schwingenden Masse durch Luftreibung an Lochrändern oder Reibung der Folie an einem Absorbermaterial erzielt werden. Solche Maßnahmen können weiterhin geeignet sein, um Flattergeräusche von mitschwingenden Abdeckungen zu vermeiden.

12.2.5 Regeneration von Schall

Die Wirksamkeit von Schalldämpfern kann durch Regeneration von Schall begrenzt sein. Zur Schallerzeugung kommt es insbesondere an Kanalverengungen, an denen Druckverluste der Strömung auftreten (s. Abschn. 12.5.2), und an Resonatoren, die von der Strömung angeregt werden können. Bei sehr hohen Schalldrücken kann es aber auch durch die Ausbildung von Stoßwellen zu einem Energieübergang von tieffrequentem Schall auf höhere Harmonische kommen. Kanalverengungen, in denen eine höhere Schallschnelle auftritt als in den angrenzenden weiten Kanälen, sind daran hauptsächlich beteiligt.

In Rohrleitungen mit hohen Schalldrücken kommt es in erster Linie auf die Dämpfung niederfrequenter Komponenten durch Querschnittserweiterungen oder Abzweige von Kanälen an, um dadurch die Ausbildung von Stoßwellen zu vermeiden. Die Abzweige dürfen nicht zu einer periodischen Wirbelablösung führen, die zur Anregung von Resonatoren führt.

12.3 Auslegungskenngrößen und -grundsätze

12.3.1 Primäre Kenngrößen

12.3.1.1 Funktionalität

Schalldämpfer sind so auszulegen, dass ohne wesentliche Einschränkung der Funktion einer Anlage die abgestrahlte Schallleistung einen bestimmten Grenzwert nicht überschreitet. Zu unterscheiden sind die Funktionen des schnellen Druckabbaus, z.B. durch ein Sicherheitsventil, der schnellen Entsorgung von Abgasen und der leistungsarmen Versorgung mit Frisch- oder Kühlluft. Entsprechend gibt es unterschiedliche Anforderungen an Drosselschalldämpfer, Abgasschalldämpfer mit mittleren bis geringen Druckverlusten und Ansaugschalldämpfern mit geringsten Druckverlusten. Unterschiedlich sind auch die schalltechnischen Anforderungen, die sich aus der Begrenzung der abgestrahlten Schallleistung ergeben. Drosselschalldämpfer ersetzen die ursprüngliche Geräuschquelle durch leisere Geräuschquellen. Abgasschalldämpfer werden an eine Geräuschquelle mit mehr oder weniger bekannter Schallleistung angeschlossen, während Schalldämpfer an Frisch- oder Kühlluftöffnungen gelegentlich durch Druckverluste erst eine Zwangsbelüftung erfordern und damit dann Ventilatorgeräusche verursachen, die bei der Auslegung der Schalldämpfer zusätzlich zu berücksichtigen sind.

12.3.1.2 Drosselschalldämpfer

Auslegungskenngrößen für Drosselschalldämpfer sind

– Druck der Leitung vor (p_v) und nach (p_1) einem Ventil,
– Mengenstrom,
– zulässiger A-Schallleistungspegel.

Für hohe Drücke und häufig auch für große Mengen sind mehrstufige Entspannungen erforderlich, wobei die erste Stufe überkritisch mit einem Druckverhältnis $p_1/p_2 > 2$ ausgelegt wird und die Geräuschentstehung bestimmt (s. Abschn. 15.5.2.1). Nachfolgende Stufen gehören zu erweiterten Querschnitten, an denen es durch Wirbelbildung zum allmählichen Druckabbau und zur Schallabsorption an Wirbeln kommt. Bei Bedarf wird ein Absorptionsschalldämpfer nachgeschaltet und der Anteil hochfrequenter Geräusche durch Umlenkungen zusätzlich bedämpft. Der Druckabbau erfordert eine sehr stabile Konstruktion, aber auch die Auslegung des Absorptionsschalldämpfers wird mit maximal zulässiger Machzahl der Strömung nach Festigkeitskriterien vorgenommen.

12.3.1.3 Abgasschalldämpfer

Auslegungskenngrößen für Abgasschalldämpfer sind

– benötigte Einfügungsdämpfung in Terz- oder Oktavbändern,
– Mengenstrom,
– zulässiger Druckverlust,
– Temperatur.

Der Schallleistungspegel der ungedämpften Anlage in Terz- oder Oktavbändern wird als bekannt angenommen. Der zulässige Schallleistungspegel der gedämpften Anlage, der sich aus der geforderten Einfügungsdämpfung ergibt, beschränkt die (temperaturabhängige) Mach-Zahl der Strömung im Schalldämpfer. Sie bestimmt mit dem Eigenrauschen den erreichbaren Höchstwert der Dämpfung. Legt man den Schalldämpfer so aus, dass das ursprüngliche Geräusch in kritischen Frequenzbändern durch große Länge oder besondere Kanaleinbauten um mehr als die benötigte Einfügungsdämpfung gesenkt wird, dann verbleibt das Eigenrauschen als maßgebliches Auslegungskriterium. Für kleinere Mengenströme und unkritische Druckverluste werden gelegentlich derartige Auslegungen mit runden Reflexionsschalldämpfern vorgenommen.

Unter Berücksichtigung der Anforderungen an einen zulässigen oder möglichst kleinen Druckverlust wird in der Regel der umgekehrte Weg beschritten und der Beitrag des Eigengeräuschs in kritischen Frequenzbändern auf einen Pegel etwa 10 dB unter dem zulässigen Schallleistungspegel begrenzt. Die Begrenzung des Druckverlusts erfordert größere freie Kanalquerschnitte. Ohne weitere Maßnahmen verringert sich dadurch die Dämpfung. Eine Verlängerung des Schalldämpfers wirkt sich nur auf den Bereich tiefer Frequenzen aus, in dem die Kanalweite kleiner als eine Wellenlänge ist. Bestehen Anforderungen an die Einfügungsdämpfung bei höheren Frequenzen, so ist eine Aufteilung in parallele Teilkanäle mit einer seitlichen Querschnittserweiterung vorzunehmen, die eine Auskleidung aller Teilkanäle mit Absorbern oder Resonatoren ermöglicht.

Mit der Temperatur nimmt die Schallgeschwindigkeit und damit auch die Schallwellenlänge bei gegebener Frequenz zu. Mit zunehmender Temperatur nimmt deshalb das Verhältnis von geometrischen Abmessungen zur Schallwellenlänge ab. Dadurch ist Dämpfung bei tiefen Frequenzen schwieriger und bei hohen Frequenzen etwas einfacher zu erreichen. Wichtig ist die Berücksichtigung der Temperatur bei der Abstimmung von Resonatoren und der Auswahl von Absorptionswerkstoffen. Aus gebundener Mineralfaser brennt schon bei etwa 250 °C der Binder heraus, so dass sie mechanisch instabil werden kann. Basaltwolle mit höherem Gehalt an Eisenoxid zerfällt bei Temperaturen über 500 °C zu Staub. Nur spezielle Basaltfaserprodukte sind im Temperaturbereich bis 750 °C stabil einsetzbar. Im Bereich noch höherer Temperaturen beständige Faserstoffe sind als kanzerogen eingestuft und werden deshalb in Absorptionsschalldämpfern in der Regel nicht verwendet.

Bei Abgasschalldämpfern muss auch die Wärmedehnung tragender Bauteile beachtet werden. Größere Spalte, in denen sich Schall parallel zum bedämpften Kanal ungedämpft ausbreiten kann, begrenzen die Schalldämpfung und sind deshalb durch geeignete Konstruktionen zu vermeiden. Zur Abschätzung der so bedingten Grenzdämpfung dient der zehnfache Logarithmus des Flächenverhältnisses von bedämpftem zu unbedämpftem Kanalquerschnitt.

12.3.1.4 Ansaugschalldämpfer

Bei Ansaugschalldämpfern oder anderen leistungskritischen Anwendungen von Schalldämpfern sind die Auslegungskenngrößen

- benötigte Einfügungsdämpfung in Terz- oder Oktavbändern und
- zulässiger Druckverlust.

Das Eigenrauschen dient in Einzelfällen als Kontrollgröße. Dämpfung und Druckverlust ändern sich gleichsinnig mit dem Querschnitt und der Länge von Schalldämpfern. Dies betrifft aber jeweils nur einen Teil der Wirkung. Der andere Teil wird durch akustische oder strömungstechnische Stoßstellen im Innern und an den Enden des Schalldämpfers bestimmt. Konstruktiv lässt sich der Umstand nutzen, dass in der Regel die Dämpfung vorwiegend durch Querschnitt und Länge beeinflusst wird, während der Druckverlust hauptsächlich an Stoßstellen auftritt.

12.3.1.5 Kulissenschalldämpfer

Bei reichlich bemessenem Kanalquerschnitt dient der zulässige Druckverlust als Ausgangsgröße für die Bestimmung des so genannten Ausstellungsverhältnisses mit einem Zentralkörper oder mehreren parallelen Kulissen. Dabei werden zunächst nur die Druckverluste an den Enden der Kanaleinbauten berücksichtigt. Sie lassen sich durch Kappen an der Anströmseite und Kegelstümpfe an der Abströmseite verringern. Dann wird die Spaltweite bzw. die Dicke von Kulissen nach akustischen Anforderungen und Kostengesichtspunkten gewählt. Für den Bereich tiefer bis mittlerer Frequenzen, in dem der Schallabsorptionsgrad etwa der Kulissendicke proportional ist und deshalb die Ausbreitungsdämpfung nahezu unabhängig von der Kulissendicke ist, sind aus Kostengründen dicke Kulissen vorzuziehen. Im Bereich hoher Frequenzen kann mit dünnen Kulissen der Durchstrahlungseffekt verringert werden. Das Versetzen von Kulissen und die Verwendung verschieden dicker Kulissen hintereinander liefert etwa gleich hohe Druckverluste, so dass die Wahl der Maßnahmen zur Vermeidung der Durchstrahlung im Wesentlichen nach Kostengesichtspunkten zu treffen ist. In Optimierungsprogrammen zur Schalldämpferauslegung werden schließlich alle Beiträge von Stoßstellen und Längsleitungen zur Einfügungsdämpfung und zum Druckverlust berücksichtigt und das Eigenrauschen kontrolliert.

Bei knapp bemessenem Kanalquerschnitt einer Größe, bei der die hochfrequente Durchstrahlung einen wichtigen Frequenzbereich betrifft, erfordert die Einfügung eines Schalldämpfers mit Kanaleinbauten eine Erweiterung mit strömungstechnisch gestalteten Übergangsstücken. Um Strömungsablösungen von der Wand und eine ungleichmäßige Beaufschlagung der Kanaleinbauten durch die Strömung zu vermeiden, werden an der Anströmseite Öffnungswinkel von höchstens 15° (bei Erweiterung in einer Dimension) oder 10° (bei Erweiterung in zwei Dimensionen) empfohlen. Die Abströmseite ist weniger kritisch. Bei kleineren Mengenströmen ist es möglich, einen Kreisquerschnitt des Kanals auch im Schalldämpfer beizubehalten. Dann ist die Außenwand vorzugsweise als schalldämpfender Mantel zu gestalten, für den ein großes Volumen zur Bedämpfung tiefer Frequenzen verfügbar gemacht werden kann. Als Einbauten kommen Rechteckkulissen oder ein runder Zentralkörper in Frage. Bei größeren Mengenströmen und bei rechteckigem Kanalquerschnitt werden ausschließlich Rechteckkulissen eingesetzt. Hinsichtlich des Druckverlustes können halbe Randkulissen Vorteile bieten. Aus Kostengründen werden sie in der Regel nicht verwendet.

Um weite Frequenzbereiche mit einheitlichen Kulissen zu beherrschen, werden Kulissen in Längsrichtung unterschiedlich und unsymmetrisch gestaltet. Beispielsweise werden halbe Längen unsymmetrisch mit Blech abgedeckt oder mit Kammern unterschiedlicher Bautiefe ausgeführt. Die Kulissen sollten symmetrisch eingesetzt werden, um den vollen Effekt der einzelnen Abschnitte wirksam werden zu lassen. Unsymmetrische Konfigurationen bieten in besonderen Fällen einen besser ausgeglichenen Frequenzgang der Dämpfung.

12.3.2 Weitere betriebliche Anforderungen

12.3.2.1 Mechanische Stabilität

Schalldämpfergehäuse und -unterteilungen sowie Flansche und Halterungen sind unter Berücksichtigung der Betriebsbedingungen in der Regel auf eine Lebensdauer von mindestens 5 Jahren auszulegen. In RLT-Anlagen genügen relativ leichte Blechkonstruktionen. Sind die Bauteile Strömungsgeschwindigkeiten von mehr als 20 m/s ausgesetzt, spielt die mechanische Stabilität eine zunehmende Rolle. Besondere Maßnahmen können zum Schutz vor Witterungseinflüssen, Säuren in Abgasen und elektrischen Potenzialdifferenzen getroffen werden. Dazu gehört die Auswahl spezieller Werkstoffe (z. B. Aluminium) und Deckschichten (z. B. Gummi).

Die Stabilität von Faserabsorbern kann bei geringen Anforderungen, wie sie in RLT-Anlagen auftreten, durch Kaschierung der Oberflächen mit Vlies-Abdeckung erreicht werden. Bei starker Belastung z. B. hinter Sicherheitsventilen für Dampfleitungen, in denen mit Strömungsgeschwindigkeiten von 30 bis 60 m/s und Temperaturen bis 600 °C zu rechnen ist oder bei Beschädigung der Oberfläche können große Mengen von Partikeln erodieren. Gelegentlich kommt es zu völliger Entleerung eines Absorptionselements. Davor schützen Lochblechabdeckungen, die noch mit feinem Drahtgewebe oder Glasnadelfilz hinterlegt werden.

12.3.2.2 Abriebfestigkeit von Absorbern

Schaumstoffe sind abriebfester als Faserabsorber, in Kunststoffausführung aber feuergefährdet. Sonderwerkstoffe – z. B. auf der Basis von Melaminharz oder Sintermetalle – sind darin günstiger, wenn auch teurer und nur in Sonderfällen anwendbar. Der Abrieb von Faserabsorbern kann durch Abdeckfolien und -vliese verringert und an der Ausbreitung gehindert werden.

Folien werden zur luftdichten Versiegelung verwendet. Sie müssen sehr leicht sein, um die Schalltransparenz für höhere Frequenzen nicht zu beeinträchtigen. Ein geringes Gewicht von höchstens 50 g/m^2 ist in der Regel nur mit Kunststofffolien zu erreichen. Deren Festigkeit und Temperaturgrenze ist zu beachten. Gelegentlich kommt es bei Ansaugschalldämpfern auch auf deren UV-Beständigkeit an. Soll eine Folie durch Lochblech vor mechanischen Beschädigungen geschützt werden, so muss darauf geachtet werden, dass sie nicht am Lochblech anliegt oder gar mit diesem verklebt. Sonst verringert sich die Schalltransparenz erheblich. Grundsätzlich ist zu bedenken, dass leichte Kunststofffolien im Anlagenbetrieb durch statische und dynamische Druckdifferenzen innerhalb und außerhalb von versiegelten Elementen reißen können. Die Überlegungen führen in kritischen Fällen zum Ausschluss von Faserabsorbern.

12.3.2.3 Brandschutz

In Bauvorschriften für RLT-Anlagen und insbesondere bei technischen Anlagen, in denen vom Luftstrom Ölnebel oder organische Substanzen wie Mehl oder Milchpulver mitgeführt werden, sind für Schalldämpfer „nicht brennbare" Werkstoffe vorgeschrieben. Damit sollen die Entstehung und Fortleitung von Bränden vermieden werden. Resonatorschalldämpfer ohne Absorptionsmaterial, aber auch Mineralfaser- und Melaminharzprodukte genügen den Brandschutzanforderungen. Darüber hinaus ist durch geeignete Formgebung und Anordnung von Schalldämpfern die Ansammlung brennbarer Substanzen konstruktiv auszuschließen.

12.3.2.4 Hygiene

In Krankenhäusern und in Betrieben der Lebensmitteltechnik bestehen hohe hygienische Anforderungen. Offenporige Absorber und offene Resonatoren, in denen sich lebensfähige Partikel (z. B. Bakterien) absetzen können und sich in einer Atmosphäre mit erhöhter Temperatur und Luftfeuchte bevorzugt vermehren, sind auszuschließen. Sofern nicht Absorber mit geschlossenzelligen Oberflächen eingesetzt werden, sind luftdichte Folien zur Abdeckung erforderlich. Die Oberflächen müssen zu reinigen sein, dazu robust und frei von schwer zugänglichen Schlitzen. Schalldämpferelemente sollten auswechselbar sein.

12.3.2.5 Schadstoffemission

Von Faserabsorbern können geringe Schadstoffemissionen ausgehen, die zwar bei üblichen RLT-Anlagen und dem Einsatz von Werkstoffen mit einem hohen Kanzerigonitätsindex oberhalb von 40 keine gesundheitliche Bedeutung haben, aber mit Anforderungen an Reinräume der Industrie nicht ohne weiteres verträglich sind. Hier genügt in der Regel die Abdeckung mit Folien.

12.3.2.6 Ablagerungen und Reinigungsfähigkeit

Im Gasstrom mitgeführte Partikel lagern sich im Schalldämpfer ab und können dessen Wirksamkeit verringern. Gefährdet sind in erster Linie offenporige und raue Oberflächen von Absorptionsschalldämpfern durch klebrige Partikel. Lochbleche und Drahtgewebe können sich durch backende Flugasche, feuchte Zellulosepartikel und Ähnliches schnell zusetzen. Ablagerungen auf Folien verringern die Schalltransparenz. In kritischen Anwendungsfällen haben sich Schalldämpferkulissen mit großflächigen Abzweigresonatoren bewährt, deren Mündungen nicht abgedeckt sind. Dadurch können sie größere Mengen von Partikeln aufnehmen, bevor die akustische Wirksamkeit nachlässt. Alternativ kommen besondere Folien in Betracht, an denen solche Partikel schlecht haften und sich deshalb nicht in dickeren Schichten ablagern oder leicht gelöst werden können.

Falls regelmäßig eine Reinigung oder ein Austausch von Schalldämpfern oder Kulissen als erforderlich anzusehen ist, muss dies in der Konstruktion berücksichtigt werden. Zur Reinigung werden Druckluft, Dampfstrahl, Bürsten und Lösungsmittel oder Dekontaminationsflüssigkeiten verwendet. Sie erfolgt entweder im eingebauten Zustand des Schalldämpfers oder an gezogenen Kulissen.

12.3.2.7 Anfahren und Herunterfahren von Anlagen

In technischen Anlagen kann es beim Anfahren und Herunterfahren zu Änderungen von Druck, Temperatur und Feuchte kommen, die zu Belastungen von Schalldämpfern führen. Luftdichte Folien um Absorber und Metallkonstruktionen müssen sich dehnen können. Niederschläge von Feuchtigkeit, die z. B. bei Taupunktsunterschreitungen auftreten, sollen sich nicht ansammeln sondern gezielt ablaufen können.

12.3.3 Leitlinien für wirtschaftliche Konstruktionen

In der Konstruktionsmethodik treten neben die Funktionsforderungen die Betriebsforderungen nach einer fertigungsgerechten, instandhaltungsgerechten, korrosionsgerechten, montagegerechten, sicherheitsgerechten und energiesparenden Lösung. Die Berücksichtigung und Abwägung dieser Forderungen schlägt sich bei Herstellungs- und Betriebskosten nieder. Wurde in der Vergangenheit besonders auf niedrige Herstellungskosten geachtet, so gewinnt nun die Erkenntnis zunehmend an Bedeutung, dass Betriebskosten in die Gesamtkalkulation einbezogen werden müssen. Beispielsweise kann eine Verringerung der Druckverluste an Schalldämpfern für ein Kraftwerk selbst bei nur geringer Steigerung des Wirkungsgrads zu Kosteneinsparungen führen, die weit über dem Anschaffungswert der Schalldämpfer liegen.

Bei Schalldämpfern ist der verfügbare Platz häufig von primärer Bedeutung. Er entscheidet über Druckverluste oder den Aufwand, um diese klein zu halten. Die bei tiefen Frequenzen benötigte Dämpfung bestimmt dabei weitgehend das erforderliche Volumen, während die Proportionen von Durchmesser und Länge, durch den Platz festgelegt werden. Abhängig von der Art des Schalldämpfers werden dessen Kosten durch seine Größe bestimmt. Mit den Betriebsanforderungen nimmt in der Regel das Gewicht und damit auch der Preis zu.

12.4 Erfahrungswerte

12.4.1 Kulissenschalldämpfer

12.4.1.1 Absorberkulissen

Abbildung 12.11 zeigt Prüfstandsergebnisse zur Einfügungsdämpfung von handelsüblichen SD-Kulissen. Die Dicke von 200 mm wird häufig gewählt, um im mittleren Frequenzbereich um 500 Hz eine hohe Dämpfung zu erreichen. Für ein breitbandiges Maximum der Dämpfung bei tieferen Frequenzen werden dickere Kulissen benötigt. Maßgeblich ist das Verhältnis von Kulissendicke zur Schallwellenlänge, deren Temperaturabhängigkeit in Abgasanlagen zu beachten ist.

Die Spaltweite zwischen den Kulissen richtet sich nach den zulässigen Druckverlusten. Je geringer die Spaltweite, desto weiter erstreckt sich das Dämpfungsmaximum nach hohen Frequenzen. Bei einer Spaltweite von 100 mm zwischen den Kulissen beginnt für Luft mit 20 °C oberhalb von 2000 Hz, wenn die Wellenlänge kleiner als die doppelte Spaltweite ist, der Bereich der Durchstrahlung, in dem die Kulissenoberfläche wenig Einfluss auf die Ausbreitungsdämpfung der Grundmode nimmt.

Die Dämpfungswerte gelten für eine homogene Füllung der Kulissen mit Mineralwolle, die einen längenbezogenen Strömungswiderstand von etwa 12 kNs/m^4 besitzt. Faserfreie Absorber aus Melamin-Harz werden häufig nicht homogen aufgebaut und zeigen dann einen etwas anderen Frequenzgang der Dämpfung. Mit Unterschieden ist auch bei PU-Schaumstoffen zu rechnen, weil das Skelettmaterial mitschwingt.

Wie der Vergleich der Messwerte in Abb. 12.11 zeigt, haben Lochblechabdeckungen des Absorbers, die bei höherer Beanspruchung durch die Strömung benötigt werden, wenig Einfluss auf die Dämpfung. Ähnliches gilt für Abdeckungen mit Vlies, Gewebe, Lochblech und Streckmetall, solange deren Strömungswiderstand unter 200 Ns/m^3 liegt. Sehr zu beachten sind dagegen Abdeckungen aus Kunststofffolien oder Glattblechen. Letztere werden gezielt zur Verbesserung der Dämpfung – nach Abb. 12.11 für den Frequenzbereich um 250 Hz – eingesetzt, allerdings auf Kosten der Dämpfung, bei höheren Frequenzen. Handelsüblich sind teilweise Abdeckungen des Absorbers mit Glattblech.

Rechteckkulissen werden zur Minderung der Druckverluste mit An- und Abströmblechen versehen. Bewährt haben sich insbesondere halbrunde Anströmkappen. Ähnliche oder trapezförmige Abströmkappen mit Keilwinkeln von mehr als 15° sind weniger wirksam.

Einfache mechanische Stabilität erhalten Absorberkulissen durch ein umlaufendes Blech, das am Rande gefalzt ist. Durch Lochbleche oder Streckmetall wird die Stabilität erheblich verbessert. Üblich sind verzinkte Stahlbleche, in Sonderfällen auch Aluminiumbleche und Edelstahlbleche. Zum erhöhten Schutz vor säurehalti-

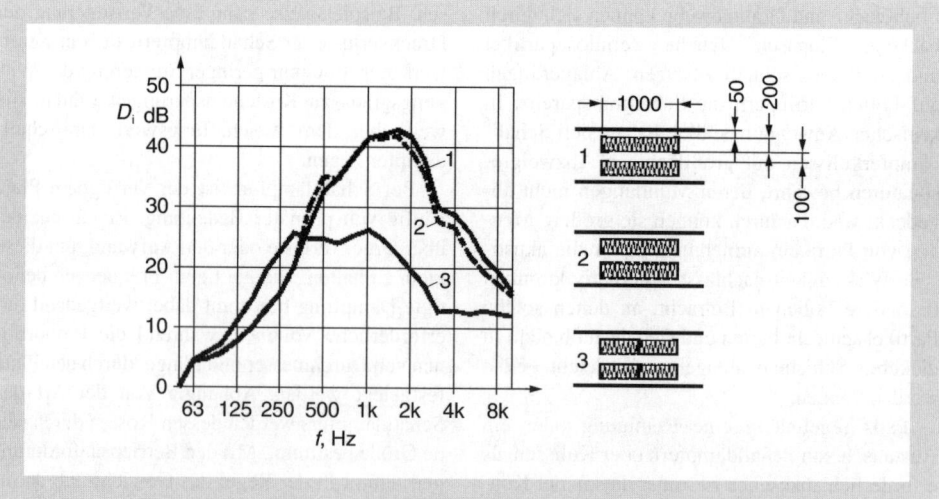

Abb. 12.11 Einfügungsdämpfung von handelsüblichen Absorberkulissen nach Prüfstandsmessungen; *1* ohne Abdeckung, *2* mit Lochblechabdeckung, *3* mit halber Glattblechabdeckung; Maße in mm

gem Kondensat werden Gummibeschichtungen verwendet. Längere Kulissen werden zur Erhöhung der Stabilität. durch Schottbleche unterteilt. Schalltechnisch beschränkt sich deren Einfluss auf den Bereich tiefer Frequenzen, in dem der Abstand der Bleche kleiner als eine halbe Wellenlänge ist. Ist der Abstand kleiner als die Kulissendicke, so verringert sich in diesem Frequenzbereich die Dämpfung.

Der Einbau von Kulissen erfolgt auf Befestigungsschienen mit Randdichtungselementen und Dehnfugen nach Herstellerangaben. Sie dienen der Realisierung von Prüfstandsergebnissen. Mit symmetrischer Anordnung von Oberflächen, bei der sich jeweils Absorber und Glattblechabdeckungen gegenüber stehen, werden schalltechnisch besonders enge Kanäle erzeugt, in denen die Ausbreitungsdämpfung für bestimmte Frequenzbänder besonders hoch ist. Mit antisymmetrischer Anordnung, wie sie in Abb. 12.11 angegeben ist, werden geringere Ausbreitungsdämpfungen über größere Längen wirksam. Damit lassen sich andere Anforderungen an den Frequenzgang der Einfügungsdämpfung erfüllen.

Im Anwendungsbereich von Absorberkulissen bei RLT-Anlagen und in Ansaugöffnungen mit geringen zulässigen Druckverlusten ist der Einfluss der Strömung auf die Schalldämpfung vernachlässigbar klein. Beachtlich wird er bei Strömungsgeschwindigkeiten von mehr als 20 m/s in Abgas- und Fortluftleitungen.

12.4.1.2 Resonatorkulissen

Abbildung 12.12 zeigt Prüfstandsergebnisse zur Einfügungsdämpfung eines „Tannenbaum"-Schalldämpfers, der mit Viertelwellenlängen-Resonatoren auf 630 Hz abgestimmt ist. Allein bei dieser Frequenz zeigt sich ein schmaler Bereich hoher Dämpfung, während sich unterhalb und oberhalb nur eine Stoßstellendämpfung abzeichnet. Die Spaltweite zwischen den Kulissen ist, wie in Abb. 12.12 an einem Beispiel gezeigt, kleiner als die Kulissendicke. Die Kammerbreite zwischen den Ästen des „Tannenbaums" ist etwa gleich der Kammertiefe. Ein Trennblech in der Mitte ist unverzichtbar. Für die Abstimmung auf tiefe Frequenzen werden die Äste des „Tannenbaums" zu lang. Die Viertelwellenlängen-Resonatoren müssen dann unter Verzicht auf Breitbandigkeit der Dämpfung durch Helmholtz-Resonatoren ersetzt werden. Mit offenen Koppelflächen gestaltete Heimholtz-Resonatoren können sich durch den Einfluss von Strömung und Ablagerungen verstimmen. Noch gefährdeter hinsichtlich Ablagerungen sind mit dünnen Folien abgedeckte Resonatoren. Mit besonderen Werkstoffen (Teflon) kann die Ablagerung von Partikeln verringert oder leicht beseitigt werden.

In horizontal verlaufenden Kanälen kann die mit geringeren Strömungsverlusten verbundene Anströmung eines „Tannenbaum"-Schalldämpfers nach Abb. 12.12 (Draufsicht) von rechts gewählt werden. Flugasche lagert sich dann am Boden der Kammern ab, ohne auch in beträchtlichen Mengen die Kammern zu verstopfen und akustisch unwirksam werden zu lassen. In vertikalen Kanälen sind die Kulissen so auszurichten, dass Staubablagerungen auf den Zweigen abrutschen können. Zur Verringerung der Strömungsverluste sind in diesem Fall Leitbleche unentbehrlich. Lochblech- oder Streckmetallabdeckungen der

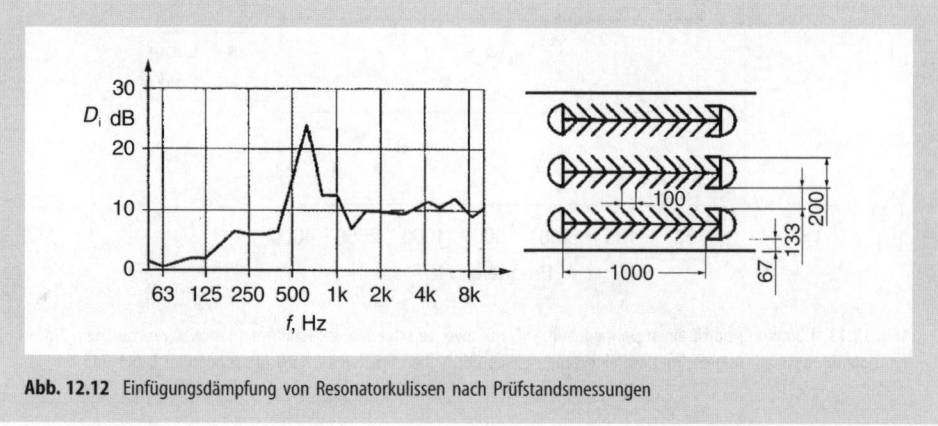

Abb. 12.12 Einfügungsdämpfung von Resonatorkulissen nach Prüfstandsmessungen

Kulissen setzen sich durch Staub schnell zu und können deshalb nicht verwendet werden.

Die Kulissenunterteilung durch Trennbleche in Kammern muss sorgfältig ausgeführt werden und bewirkt ein relativ hohes Gewicht. Entsprechend sind Tragekonstruktionen sehr stabil auszulegen. Der Einsatz in Rauchgaskanälen erfordert große Dehnfugen, die als Nebenwege die Wirksamkeit der Kulissen herabsetzen können. Werden solche Gesichtspunkte nicht hinreichend beachtet, kommt es zu Unterschieden zwischen Ergebnissen von Labor- und Feldmessungen, für die ein Beispiel in Abb. 12.13 dargestellt ist.

12.4.2 Kanalauskleidungen

12.4.2.1 Auskleidungen mit Absorbern

Die Auskleidung von Kanälen mit schallabsorbierendem Material gehört zum gesicherten Stand der Schallschutztechnik. Für runde, quadratische und rechteckige Kanalquerschnitte liegen Erfahrungswerte zur Einfügungsdämpfung und zum Druckverlust vor, die sich aus Rechenprogrammen und Laborwerten gut auf die Praxis übertragen lassen. Zu berücksichtigen ist das Mitschwingen der Rohrwände, das sich akustisch bei runden Rohrleitungen als Körperschall-Nebenweg einschränkend bemerkbar macht, während es bei eckigen Rohrleitungen zu Verbesserungen der tieffrequenten Ausbreitungsdämpfung und insgesamt zu Luftschall-Nebenwegen führt.

In geraden Kanälen nimmt die Schalldämpfung im Frequenzbereich oberhalb der Durchstrahlfrequenz, bei der etwa drei halbe Wellenlängen in den Durchmesser passen, erheblich ab. In abgewinkelten Kanälen haben sich absorbierende Auskleidungen im Bereich der Abwinkelung als sehr wirksam erwiesen, um insbesondere den Bereich hoher Frequenzen gut zu bedämpfen. Druckverluste sind hier als konstruktiv vorgegeben und nicht als Schalldämpfereigenschaft zu werten.

12.4.2.2 Auskleidung mit Resonatoren

Im Bereich tiefer Frequenzen, in dem die lichte Kanalweite kleiner als eine halbe Wellenlänge des Schalls ist, lässt sich mit einzelnen Resonatoren in der Wand eine recht gut prognostizierbare Dämpfung erreichen. Ein Beispiel ist in Abb. 12.14 angegeben. Ohne die Resonatoren treten im Spektrum des Ausströmgeräuschs tonale Anteile in den Terzbändern um 80 Hz und 160 Hz hervor. Nach Einfügung der auf diese Frequenzen abgestimmten Resonatoren verschwinden die Spitzen. Die berechnete Einfügungsdämpfung stimmt bei den Auslegungsfrequenzen befriedigend mit den Messwerten überein, während sich in Bereichen niedrigerer Pegel und bei höheren Frequenzen erwartungsgemäß größere Ab-

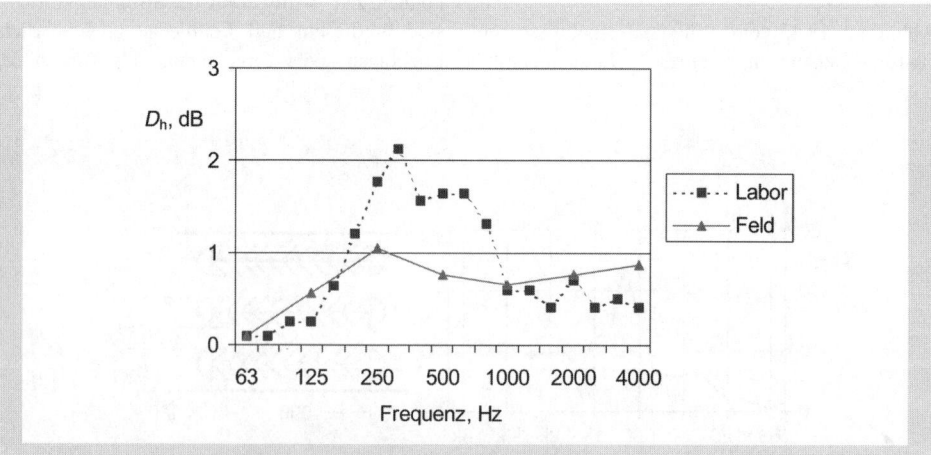

Abb. 12.13 Dämpfung durch einen „Tannenbaum"-SD mit zwei verschieden abgestimmten Resonatoren, aus dem Einfügungsdämpfungsmaß umgerechnet auf eine Länge gleich der halben Spaltweite, nach Messungen im Labor und im Einsatzfall

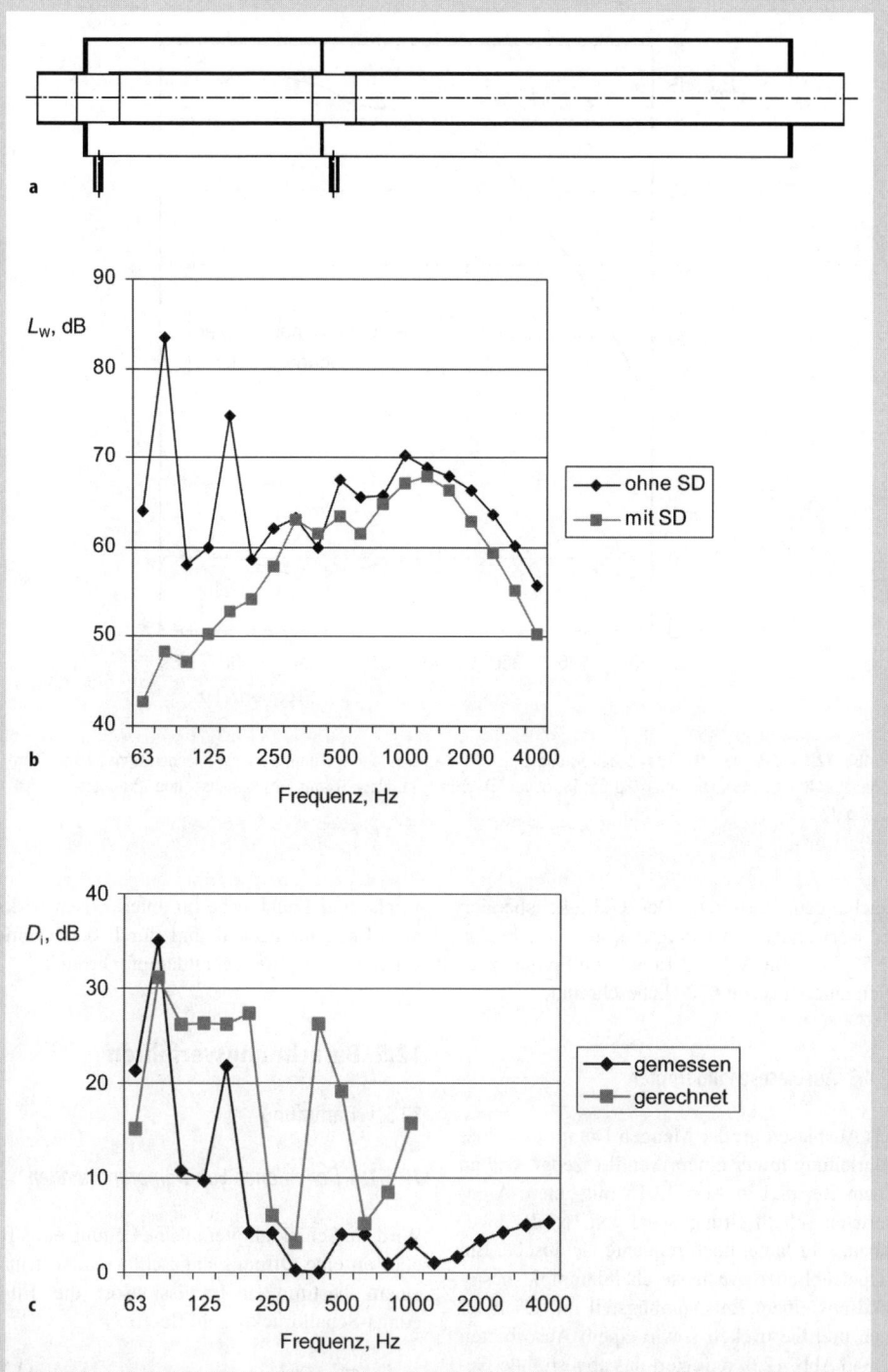

Abb. 12.14 Rohr (lichte Weite 132,5 mm) mit zwei angeschlossenen Resonatoren. **a** Prinzipskizze, **b** Pegel der durchtretenden Schallleistung ohne und mit Resonatoren, **c** Einfügungsdämpfungsmaß

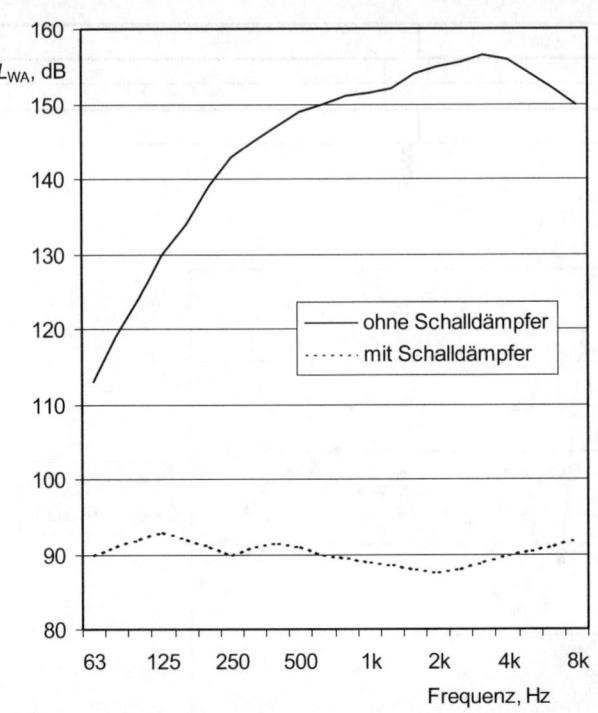

Abb. 12.15 A-bewerteter Oktav-Schallleistungspegel beim Ausblasen von Dampf ins Freie (Mengenstrom 50 kg/s, Temperatur 400 °C, Druck vor Ventil 180 bar, Druck vor SD 10 bar); Ausblase-SD mit Entspannungs- und Absorberteil gemäß Abb. 12.6

weichungen einstellen. Der Gültigkeitsbereich der verwendeten Leitungstheorie (s. Abschn. 12.5.1.3) ist für Abb. 12.14 auf den Frequenzbereich unterhalb von 630 Hz beschränkt.

12.4.3 Ausblaseschalldämpfer

Das Ausblasen großer Mengen Dampf aus einer Rohrleitung hinter einem Ventil erzeugt, wie an einem Beispiel in Abb. 12.15 mit einem A-bewerteten Schallleistungspegel von 165 dB angegeben, sehr laute, hochfrequente Geräusche. Ein handelsüblicher Ausblaseschalldämpfer, bestehend aus einem Entspannungsteil mit Lochblechen und Gestricken sowie einem Absorberteil gemäß Abb. 12.6, reduziert das abgestrahlte Geräusch auf ein etwa rosa Rauschen mit einem A-Schallleistungspegel von 104 dB. Die überkritische Entspannung an einem ersten Lochblech ersetzt die ursprüngliche Geräuscherzeugung am Ventil. Die hohe Pegelminderung wird durch Gestricke und Lochbleche im unterkritisch wirksamen Entspannungsteil und durch den nachfolgenden Absorptionsschalldämpfer erreicht.

12.5 Berechnungsverfahren

12.5.1 Dämpfung

12.5.1.1 Definitionen von Dämpfungsmaßen

Wird ein Schalldämpfer in eine Leitung eingefügt oder an eine Öffnung angeschlossen, so tritt an einem bestimmten Immissionsort die Einfügungs-Schalldruckpegeldifferenz

$$D_{ip} = L_{pII} - L_{pI} \tag{12.1}$$

auf. L_{pI} bezeichnet den Schalldruckpegel in einem Terz- oder Oktavband mit installiertem Schalldämpfer und L_{pII} denjenigen ohne Schalldämpfer [12.5]. Der Index i leitet sich aus dem englischen

„insertion" ab und der Index p steht für Schalldruck. In ISO 11 820 wird noch ein Index S für die Anschlussfläche des Schalldämpfers angehängt. Ist diese Fläche am Eintritt und Austritt nicht gleich, so kann streng genommen keine Einfügungsdämpfung angegeben werden. Ist kein bestimmter Immissionsort festgelegt, dann wird vorzugsweise das Einfügungsdämpfungsmaß

$$D_i = L_{W\,II} - L_{W\,I} \qquad (12.2)$$

angegeben. $L_{W\,I}$ bezeichnet den Pegel der durchtretenden Schallleistung in einem Terz- oder Oktavband mit installiertem Schalldämpfer und $L_{W\,II}$ denjenigen ohne Schalldämpfer. Die Schallleistungspegel sind durch Schalldruckmessungen auf einer Hüllfläche oder in einem angeschlossenen Hallraum zu bestimmen oder auch durch Intensitätsmessungen. Wiederum müssen Ein- und Austrittsflächen des Schalldämpfers gleich sein, um die Definition von Gl. (12.2) verwenden zu können. Im Gegensatz zur Einfügungs-Schalldruckpegeldifferenz geht beim Einfügungsdämpfungsmaß die Information über die Richtwirkung der Schallabstrahlung von einer Öffnung verloren.

Sind Ein- und Austrittsflächen eines Schalldämpfers in Größe und Anzahl nicht gleich, so kann der Schalldämpfer durch seine Durchgangs-Schalldruckpegeldifferenz

$$D_{tp} = \overline{L_{p1}} - \overline{L_{p2}} \qquad (12.3)$$

gekennzeichnet werden. $\overline{L_{p1}}$ bezeichnet den über die Eintrittsfläche gemittelten Schalldruckpegel in einem Terz- oder Oktavband vor dem Schalldämpfer und $\overline{L_{p2}}$ den über die Austrittsfläche gemittelten Schalldruckpegel. Auf ersteren wirken sich Einflüsse der Zuleitung und der Reflexion am Schalldämpfer aus, die in der Regel nur abgeschätzt werden können. Der Index t leitet sich aus dem englischen „transmission" ab. Zur weiteren Kennzeichnung dient das Durchgangsdämpfungsmaß, das ähnlich wie das Schalldämmmaß von Bauteilen definiert ist:

$$D_t = L_{W+} - L_{WI} . \qquad (12.4)$$

L_{WI} bezeichnet wiederum den Pegel der durchtretenden Schallleistung in einem Terz- oder Oktavband mit installiertem Schalldämpfer, L_{W+} bezeichnet den entsprechenden Pegel der Schallleistung, die auf den Schalldämpfer auftrifft. Eine Reflexion am Schalldämpfer ändert die einfallende Schallleistung nur bei einer weiteren Reflexion in der Zuleitung.

Allgemein ist das Einfügungsdämpfungsmaß eher durch Messungen und das Durchgangsdämpfungsmaß eher durch Berechnungen zu bestimmen. Für den Fall, dass Reflexionen in der Zuleitung und in der Leitung hinter dem Schalldämpfer vernachlässigt werden können und die Anschlussflächen gleich groß sind, ist das Einfügungsdämpfungsmaß etwa gleich dem Durchgangsdämpfungsmaß.

Ist bei einem Schalldämpfer die Rückwirkung vom Ausgang auf den Eingang gering – und dies trifft bei Absorptionsschalldämpfern im Allgemeinen zu –, so lässt sich die Einfügungsdämpfung auf eine Stoßstellendämpfung am Eintritt und Austritt und auf eine längenproportionale Ausbreitungsdämpfung aufteilen:

$$D_i = D_s + D_a l . \qquad (12.5)$$

D_s wird als Stoßstellendämpfungsmaß bezeichnet und D_a als Ausbreitungsdämpfungsmaß; l ist die Länge des Schalldämpfers. D_s hängt von der Schallfeldverteilung in der Zuleitung ab, die durch eine Anzahl ausbreitungsfähiger Moden bestimmt wird, sowie von der Fehlanpassung der niedrigsten Moden in der Zuleitung und im Schalldämpfer.

12.5.1.2 Einfache Abschätzungen

Nimmt man an, dass die in einem Schalldämpfer fließende Schallleistung sich in jedem Längenelement dz auf dessen äquivalente absorbierende Wandfläche $\alpha U dz$ und die Austrittsfläche S aufteilt, so ist die Abnahme der Schallleistung je Längenelement der fließenden Schallleistung über das Verhältnis $\alpha U/S$ proportional. Das führt auf eine exponentielle Abnahme der Schallleistung mit einem Ausbreitungsdämpfungsmaß nach der empirischen Pieningschen Formel [12.6]:

$$D_a \propto \frac{U}{S} \alpha. \qquad (12.6)$$

Dabei bezeichnet U die Länge des schallabsorbierenden Wandumfangs und α den Schallabsorptionsgrad. Die Beziehung kann nur als einfache Näherung angesehen werden, ist aber von richtungsweisender Bedeutung für Absorptionsschalldämpfer. Diese sollen auf einer möglichst großen Umfangslänge mit möglichst hoch absorbierendem Werkstoff ausgerüstet sein, wobei die zugehörige freie Querschnittsfläche S so klein wie möglich zu halten ist. Für Kanäle mit Kreisquerschnitt und allseitiger Absorption ist das Verhältnis $U/S = 2/r$ (r Radius). Für Kanäle mit Rechteckquerschnitt $B \times H$, deren Langseiten B absorbierend verkleidet sind, erreicht das Verhältnis im Grenzfall $H \ll B$ den Maximalwert $U/S = 2/H$. Die Berücksichtigung eines komplexen Ausbreitungskoeffizienten Γ, der den Verlauf des Schalldrucks p einer Grundmode längs der axialen Richtung z eines Schalldämpfers gemäß $p(z) \propto e^{-\Gamma z}$ beschreibt und im Realteil $\operatorname{Re}(\Gamma)$ mit dem Ausbreitungsdämpfungsmaß über $D_a = \operatorname{Re}(\Gamma) \cdot 8{,}7$ dB verknüpft ist, liefert aus einer vereinfachenden Schallflussbetrachtung die Beziehung [12.8]

$$\Gamma = jk \sqrt{1 + \frac{1}{jk} \frac{U}{S} \frac{\varrho c}{Z}}. \qquad (12.7)$$

Dabei bezeichnet jk den Ausbreitungskoeffizienten für eine ebene, ungedämpfte Welle mit der Wellenzahl k, Z die komplexe Impedanz einer lokal wirksamen Wand längs des Umfangs U und ϱc die Kennimpedanz ebener Wellen. Die Näherung gilt hauptsächlich für große Beträge von Z. Die Reihenentwicklung der Wurzel zeigt, dass es für eine hohe Ausbreitungsdämpfung auf einen relativ großen Realteil der Wandadmittanz $1/Z$ ankommt, der durch Resonatoren realisierbar ist.

Aber es gibt noch eine zweite Möglichkeit, um einen Realteil von Γ zu erzeugen. Wenn die Wandadmittanz reinen Massencharakter besitzt, liefert das Quadrat der imaginären Einheit unter der Wurzel eine negative Zahl. Solange der zweite Summand unter der Wurzel dem Betrag nach größer als 1 ist – und dies ist auf den Bereich tiefer Frequenzen und großer Wandadmittanzen beschränkt –, liefert die Wurzel aus einer negativen Zahl eine komplexe Zahl. Weil die mitschwingende Masse der Wand hier die Raumsteife der Luft im Kanal überkompensiert, fehlt der zur Wellenausbreitung erforderliche Speicher potentieller Energie. Damit ergibt sich ein positiver Realteil von Γ. In einem im Vergleich zur Wellenlänge engen Kanal bewirkt deshalb eine biegeschlaffe Wand eine Ausbreitungsdämpfung (auch ohne Schallabstrahlung von dieser Wand). Dies wirkt sich bei tiefen Frequenzen in Blechkanälen aus. Der Effekt kann aber auch in schmalen Frequenzbereichen oberhalb der Resonanzfrequenz von Viertelwellenlängen-Resonatoren, die ohne Schallabsorptionswerkstoff in die Kanalwand eingesetzt sind, ausgenutzt werden. Im Rahmen der Näherungsrechnung wird das Maximum der Dämpfung bei der Resonanzfrequenz allerdings überschätzt.

Weit unterhalb der Resonanzfrequenz und allgemein im Bereich tiefer Frequenzen bestimmt der Federungscharakter der Wand mit einer Admittanz $\varrho c/Z \approx jkd$, wobei d die Auskleidungsdicke einer lokal wirksamen Wand ist, einen Radikanden in Gl. (12.7), der nur vom Verhältnis des Gesamtquerschnitts von Kanal und Wandauskleidung zum freien Kanalquerschnitt abhängt. Mit der Wurzel aus diesem Verhältnis wird der ausgekleidete Kanal langsamer vom Schall durchlaufen als ein schallhart berandeter Kanal. Daraus ergibt sich ein Stoßstellendämpfungsmaß

$$D_s = 20 \lg \left(\frac{1}{2} \left| \sqrt{-j\Gamma/k} + \sqrt{jk/\Gamma} \right| \right) \text{ dB}. \quad (12.8)$$

das etwa halb so groß ist wie bei einer Querschnittsänderung von der Fläche S_1 auf die Fläche S_2, wie sie z. B. an den Enden eines Kulissenschalldämpfers auftritt [12.9]:

$$D_s = 20 \lg \left(\frac{1}{2} \left[\sqrt{\frac{S_1}{S_2}} + \sqrt{\frac{S_2}{S_1}} \right] \right) \text{ dB}. \quad (12.9)$$

Bei einem Flächenverhältnis $S_1/S_1 = 2$ erreicht der Wert nach Gl. (12.9) nur 0,5 dB und ist praktisch vernachlässigbar. Erst Mehrfachreflexionen oder größere Querschnittsänderungen führen zu nennenswerten Dämpfungen. Im Übrigen sind Stoßstellendämpfungen vorwiegend in den Fällen zu beachten, in denen Schall nicht als nahezu ebene Welle auf einen Absorptionsschalldämpfer auftrifft. Dazu gehören im Verhältnis zur Schallwellenlänge weite Kanäle mit Umlenkungen.

Zur Frage nach geeignetem Absorptionswerkstoff ist der Auswertung von Gl. (12.7) zu entnehmen, dass die Ausbreitungsdämpfung bei tiefen Frequenzen weit unterhalb der ersten Resonanz mit dem Strömungswiderstand leicht zunimmt, während sie in der Umgebung der Resonanz dem Strömungswiderstand umgekehrt proportional ist. Dazwischen liegt ein Frequenzbereich, in dem der Strömungswiderstand des Absorbers wenig Einfluss nimmt. In diesem Frequenzbereich liegt häufig der Grundton eines Ventilatordrehklangs, auf den der Schalldämpfer ausgelegt wird. Hier gilt näherungsweise für Kulissen der Dicke $2d$, die Spalten der Weite H bilden

$$D_a \approx 2{,}2 \, k \frac{2d}{H} \text{ dB}. \qquad (12.10)$$

Die Wirksamkeit von Kulissenschalldämpfern wird danach maßgeblich durch die (temperaturabhängige) Wellenzahl k, d.h. durch die Anzahl von Wellenlängen über die Länge des Schalldämpfers, und durch das Verhältnis von Kulissendicke zu Spaltweite bestimmt. Die Werkstoffwahl der Absorber erfolgt weitgehend nach Festigkeits-, Temperatur-, Hygiene-, Kosten- und anderen Anforderungen. Im Bereich von RLT-Anlagen genügen geringe Raumgewichte von Faserabsorbern mit etwa 30 kg/m³, die zu relativ niedrigen Strömungswiderständen führen, während für Abgasanlagen von Gasturbinen schwerere Faserabsorber mit mehr als 80 kg/m³ eingesetzt werden. Für solche schweren Faserabsorber wird bei der Viertelwellenlängenresonanz $kd \approx \pi/2$ nicht mehr gemäß Gl. (12.10) ein Höchstwert von 7 dB je Kanalweite H erreicht, sondern nur noch etwa 4 dB. Entsprechend reduzierte Dämpfungen gelten für die Umgebung dieser Resonanz.

Die einfachen Näherungen setzen eine enge Wechselwirkung des Schallfelds im Kanal mit der absorbierenden oder mitschwingenden Kanalwand voraus. Diese Voraussetzung gilt im Bereich höherer Frequenzen, in dem drei halbe Wellenlängen oder mehr zwischen gegenüberliegende Kanalwände passen, nicht mehr. Schall kann sich dann als Strahl längs der Kanalachse fast ungedämpft ausbreiten. Näherungsweise nimmt die Dämpfung der Grundmode oberhalb von $kH \approx 9$ mit $D_a \propto 1/f^2$ ab. Mit zunehmender Frequenz f treten jedoch auch zunehmend höhere Moden auf, die ein höheres Ausbreitungsdämpfungsmaß besitzen. Als Erfahrungswert für Kulissen mit dichten Absorbern dient

$$D_a H \approx \left(4 - 4{,}4 \lg\left(\frac{kH}{9}\right)\right) \text{dB} \qquad (12.11)$$

mit einem strahlengeometrisch bedingten Mindestwert der Dämpfung von $D_a l \approx 10 \lg (\pi l/2H)$ dB. Um die Schalldämpferfunktion bei höheren Frequenzen darüber hinaus zu erhöhen, muss der freie Strahl vermieden oder unterbrochen werden. Ersteres wird mit der Unterteilung durch engere Spaltweiten erreicht, letzteres durch Abwinkelungen des Kanals oder Versetzen von Kulissen. Der einfachen schalltechnischen Berechnung sind nur die engen Spalte zwischen geraden Kulissen zugänglich. Ihnen gilt aber auch das hauptsächliche Interesse, weil Abwinkelungen oder Versetzungen im Allgemeinen durch höhere Druckverluste strömungstechnisch nachteilig sind.

Der Einfluss der Strömung auf die Ausbreitungsdämpfung ist in guter Näherung durch die Verweilzeit eines Schallteilchens im Schalldämpfer abzuschätzen. Mit der Strömung nimmt die Verweilzeit um den Faktor $(1 - M)$ ab, wobei M die Machzahl ist, und gegen die Strömung mit negativem Vorzeichen der Machzahl entsprechend zu. Der Einfluss auf den Frequenzgang der Ausbreitungsdämpfung kann mit einer Verschiebung der Frequenzskala um die Faktoren $(1 \pm M)$ berücksichtigt werden. Bei hohen Frequenzen nimmt dann die Dämpfung mit der Strömung zu und bei tiefen ab. Darüber hinaus gehende Korrekturen für die Brechung des Schalls im Strömungsprofil [12.10], die dem Effekt der Verweildauer entgegen wirken, und für die Erhöhung des Strömungswiderstands der Absorberdeckschicht bleiben unberücksichtigt. Insgesamt sind Machzahlen $|M| < 0{,}05$ erfahrungsgemäß akustisch vernachlässigbar und Machzahlen $|M| > 0{,}15$ aus Gründen der Stabilität oder des Eigenrauschens für Absorptionsschalldämpfer unzulässig.

12.5.1.3 Leitungstheorie

Gute Näherungen ergeben sich für den Bereich enger Kanäle mit einer eindimensionalen Leitungstheorie. Sie berücksichtigt mit hin- und rücklaufenden Leitungswellen die Rückwirkung eines Kanalendes auf den Kanalanfang. Bei Absorptionsschalldämpfern mit hinreichender Länge kann wegen der Ausbreitungsdämpfung von einer Rückwirkung abgesehen werden, nicht aber bei Kanälen mit schallharten Berandungen.

Die ursprünglich im Bereich der Elektrotechnik insbesondere im Zusammenhang mit der Matrizenrechnung [12.11] entwickelte Leitungstheorie wird seit längerer Zeit auf Schalldämpfer angewendet [12.12] und hat heute ihren festen Platz in der Fachliteratur [12.13, 12.14]. Darin finden sich zahlreiche Arbeiten zu speziellen Komponenten von Kraftfahrzeugschalldämpfern, z.B. gelochte Rohre, die die nicht kompakte oder lokal wirksame Kopplung von Schallfeldern behandeln. Darauf wird hier jedoch nicht eingegangen.

Die Anwendung der Leitungstheorie auf die Schallausbreitung in Rohrleitungen oder Kanälen beruht auf den Voraussetzungen, dass

- die Summe der von einem Knoten ausgehenden Schallflüsse q Null ist und
- die Verteilung des Schalldrucks p über der Querschnittsfläche und auch an Querschnitts-

sprüngen der Rohrleitung hinreichend durch einen Wert beschrieben werden kann, der nur von der Längskoordinate z abhängt und dabei stetig ist.

Als Knoten ist ein Stützpunkt der Berechnung in einem Kanal mit kassettierter oder aus anderen Gründen lokal wirksamer Wand, ein Querschnittssprung oder die Verzweigung einer Rohrleitung anzusehen.

Im Rahmen der Leitungstheorie wird ein zylindrisches Rohr oder ein Kanalabschnitt mit schallharter Wand geometrisch nur durch seine Querschnittsfläche S und seine Länge l beschrieben. Das Rohr kann gerade oder gebogen sein. Sogar Abwinkelungen sind im Rahmen der Leitungstheorie erlaubt, solange sich der Querschnitt dadurch nicht wesentlich ändert.

Im Rohr hin- und rücklaufende Wellen mit der Wellenzahl k werden durch die Übertragungsmatrix T beschrieben:

$$T = \begin{pmatrix} \cos kl & j\dfrac{\varrho c}{S}\sin kl \\ j\dfrac{S}{\varrho c}\sin kl & \cos kl \end{pmatrix} \quad (12.12)$$

Sie verknüpft Schalldrücke p und -flüsse q auf der Eingangsseite 1 und der Ausgangsseite 2:

$$\begin{pmatrix} p_1 \\ q_1 \end{pmatrix} = T \begin{pmatrix} p_2 \\ q_2 \end{pmatrix}. \quad (12.13)$$

Die von der Schallquelle fort laufenden Schallflüsse werden positiv gezählt. Für die Determinante der T-Matrix gilt $|T| = 1$. Bei überlagerter Strömung mit der Machzahl M ist die Wellenzahl k durch

$$k_c = \frac{k}{1 - M^2} \quad (12.14)$$

zu ersetzen und die Elemente der T-Matrix lauten

$$\begin{pmatrix} T_{11} & T_{12} \\ T_{21} & T_{22} \end{pmatrix} = e^{-jM k_c l} \begin{pmatrix} \cos k_c l & j\dfrac{\varrho c}{S}\sin k_c l \\ j\dfrac{S}{\varrho c}\sin k_c l & \cos k_c l \end{pmatrix}. \quad (12.15)$$

In Reihe liegende Rohrleitungselemente werden durch das Produkt ihrer T-Matrizen beschrieben. Ist die Rohrleitung reflexionsfrei abgeschlossen, so errechnet sich das Durchgangsdämpfungsmaß einer Reihe von Elementen mit der Eintrittsfläche S_1 und der Austrittsfläche S_2 aus (s. z.B. Abb. 12.10):

$$D_t = \left[20 \lg \left| T_{11} + \frac{T_{12}S_2}{\varrho c} + \frac{T_{21}\varrho c}{S_1} + T_{22}\frac{S_2}{S_1} \right| \right. \\ \left. - 6 + 10 \lg \frac{S_1}{S_2} \right] \text{dB}. \quad (12.16)$$

Ist die Rohrleitung schalldämpfend berandet, so ist die Wellenzahl k durch Γ/j zu ersetzen, wobei der komplexe Ausbreitungskoeffizient Γ für eine lokal wirksame Berandung näherungsweise mit Gl. (12.7) zu berechnen ist.

Ein einzelner Abzweig von einer Rohrleitung, der in der z-Richtung schmal gegen eine Halbwellenlänge und am Ende schallhart abgeschlossen ist[3], kann als in Reihe liegendes Rohrleitungselement mit der Übertragungsmatrix

$$T = \begin{pmatrix} 1 & 0 \\ \dfrac{S^{(A)}}{Z} & 1 \end{pmatrix} \quad (12.17)$$

behandelt werden. Dabei bezeichnet $S^{(A)}/Z = T_{21}^{(A)}/T_{11}^{(A)}$ die mit der Fläche $S^{(A)}$ des Abzweigs multiplizierte Admittanz des Abzweigs, die sich aus den Elementen $T_{21}^{(A)}$ und $T_{11}^{(A)}$ der Übertragungsmatrix $T^{(A)}$ des Abzweigs berechnen lässt. Abzweige sind besonders wichtige Schalldämpferelemente, weil sich mit ihnen weitgehend ohne Behinderung der Strömung im Rohr akustische Reflexionsstellen bilden lassen. Zur gezielten Dämpfung in ausgewählten Frequenzbändern werden Abzweige als Resonatoren abgestimmt. Die Wechselwirkung von Rohrleitungsabschnitten mit verschiedenen Resonatoren ist allerdings unübersichtlich, und erfordert numerische Auswertungen.

Grundsätzlich sind Reflexionen auch durch Querschnittsverengungen erzielbar. Allerdings sind sie in Rohrleitungen kaum anwendbar, weil damit in der Regel nachteilige Strömungsverluste verbunden sind. Die T-Matrix einer Einschnürung mit der Fläche S ergibt sich unmittelbar aus Gl. [12.12]. An einer Blende, für die $k\, l \ll 1$ ist,

---

[3] Der Fall eines Abzweigs, der nicht schmal gegen eine Halbwellenlänge ist, kann als Querschnittserweiterung der Rohrleitung behandelt werden, solange der Querschnitt kleiner als eine Halbwellenlänge ist. In Längs- und Querabmessungen über eine Halbwellenlänge hinaus gehende Rohrleitungsabschnitte sind der Berechnung durch die Leitungstheorie nicht zugänglich. Dafür gibt es besondere Rechenverfahren, z.B. [12.15].

wird mit $T_{12} \approx j\varrho ckl/S = j\omega\varrho l/S$ ein Massepfropfen ϱlS wirksam. Bei Durchströmung der Blende bewirkt der Strömungsbeiwert einen dynamisch wirksamen Strömungswiderstand $\varrho cM \zeta/2$.[4] Der Blendendicke sind noch beidseitig Mündungskorrekturen Δl hinzuzufügen, mit denen nicht ausbreitungsfähige Moden durch eine mitschwingende Mediummasse berücksichtigt werden.

Die Mündungskorrektur kommt stets zur Länge l des engeren Rohres hinzu. Sie hängt von der Form und vom Querschnitt der Rohrleitung ab [12.16, 12.17]. Für Rohre mit kreisförmigem, quadratischem oder ähnlichem Querschnitt gilt näherungsweise ohne Strömung

$$\Delta l = \frac{\pi}{2} d(1 - 1{,}47\,\varepsilon^{0{,}5} + 0{,}47\,\varepsilon^{1{,}5}) \quad (12.18)$$
$$\text{mit } \varepsilon = \left(\frac{d}{b}\right)^2.$$

Dabei bezeichnet
d Durchmesser (oder U/π) des engeren Rohres,
b Durchmesser (oder U/π) des weiteren Rohres oder
   Abstand zwischen Löchern in einer Ebene.

Strömung verringert die Mündungskorrektur. Näherungsweise bleibt die Mündungskorrektur am Abzweig von einem strömungsführenden Rohr unberücksichtigt.

Eine besondere Art von Mündungskorrektur kann für rotationssymmetrische Abzweige von runden Rohrleitungen verwendet werden, um die Flächenerweiterung im Abzweig zu berücksichtigen. Um die erste Resonanz im Abzweig vom Innenradius r_i bis zum Außenradius $r_a < 5\,r_i$ zu bestimmen, kann näherungsweise mit der Viertelwellenlängenresonanz in einem Abzweigrohr mit konstantem Querschnitt und der Länge $r_a - r_i + \Delta l$ gerechnet werden, wobei

$$\Delta l = \frac{1}{2}\frac{(r_a - r_i)^2}{r_a + r_i} \quad (12.19)$$

ist. Dies ersetzt die aufwändigere Auswertung von Bessel-Funktionen.

---

[4] Bei tangentialer Anströmung eines Lochblechs, das zur Strömungsführung vor einem Abzweig eingesetzt ist, tritt ein Teil dieses Strömungswiderstands auf, der den Abzweig bedämpft. Dieser Einfluss der Strömung verdient mehr Beachtung als die Änderung der Ausbreitungsgeschwindigkeit des Schalls.

Die Leitungstheorie ist geeignet, um die Wirksamkeit von Rohrleitungsschalldämpfern zu berechnen, insbesondere von solchen ohne Absorptionsmaterial. Sie ist weiterhin geeignet zur Berechnung von Kulissenschalldämpfern mit Resonatoren in offener oder mit Abdeckungen versehener Bauweise.

12.5.1.4 Genauere Berechnungen für Absorptionsschalldämpfer

Ziele und Grenzen

Für die genauere Berechnung von Schalldämpfern sprechen

- die Erfahrung, dass einfache rechnerische Abschätzungen gelegentlich von Messergebnissen abweichen und damit Nachbesserungen der Ausführung oder zusätzliche Sicherheiten bei der Auslegung erfordern,
- die Vermutung, dass die einfachen Bauformen von Schalldämpfern analytische Lösungen der Wellengleichung ermöglichen, und
- die Zuversicht, dass auch kompliziertere Bauformen noch mit modernen numerischen Rechenverfahren beherrschbar sind.

Entsprechend wird von wissenschaftlicher Seite bis heute daran gearbeitet. Dagegen sprechen jedoch

- die Unsicherheit über Ausgangsdaten der Strömung und des zu dämpfenden Schalls in räumlicher und spektraler Verteilung und in Abhängigkeit von der Belastung der Schallquelle durch den Schalldämpfer,
- der hohe Rechenaufwand, der häufig in keinem Verhältnis zum praktischen Erfolg steht,
- die hohen Anforderungen an Werkstoffdaten, die nicht immer verfügbar sind und langzeitig durch Verschmutzung, Verschleiß, Setzungserscheinungen u.a. auch instabil sein mögen, sowie
- die unsicheren Modellbildungen für Strömungsgrenzschichten, Strömungsprofile, Inhomogenitäten, Versetzungen, Dehnfugen, Körperschall-Nebenwege und vieles andere.

Runde Schalldämpfer

Rechenergebnisse für Rechteckkanäle und Kulissenschalldämpfer sind verschiedentlich in der Literatur zu finden [12.2, 12.19, 12.20]. Hier sei nur der runde Schalldämpfer mit absorbierendem Kern und absorbierendem Mantel bei vernachlässigbarer Strömung als Beispiel für eine Bauform

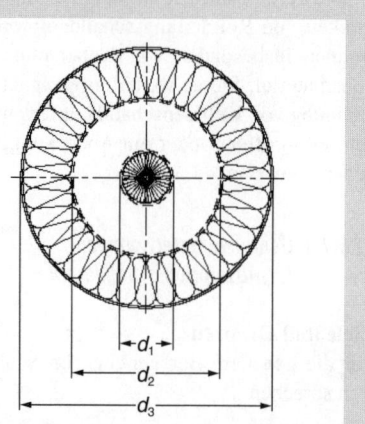

Abb. 12.16 Runder Schalldämpfer mit Axialsymmetrie

behandelt, die von der Praxis her relativ gut beherrschbar und damit auch mit befriedigender Sicherheit modellierbar ist (s. Abb. 12.16). Entsprechend der überwiegenden praktischen Bedeutung werden Faserabsorber angenommen. In Schaumstoffen wäre das Mitschwingen der Struktur zu berücksichtigen [12.21]. Auch beschränkt sich die Theorie auf zylindrische Kanäle und schließt Änderungen der Querschnittsfläche [12.22] aus.

Die linearen Schallfeldgleichungen ohne Strömungseinfluss berücksichtigen Trägheit und Reibung der Luft durch

$$j\omega\varrho' \boldsymbol{v} = -\operatorname{grad} p \tag{12.20}$$

und deren Kompression durch

$$\frac{j\omega}{K} p = -\operatorname{div} \boldsymbol{v}. \tag{12.21}$$

Dabei bezeichnet
p Schalldruck, in Pa,
$\boldsymbol{v}$ Vektor der Schallschnelle, in m/s,
ω Kreisfrequenz, in 1/s,
ϱ' komplexe Dichte, Realteil für Trägheit, Imaginärteil für Reibung, in kg/m³, und
K Kompressionsmodul, Realteil für isentrope Verdichtung, Imaginärteil für Relaxation, in Pa.

Bei anisotropem Werkstoff folgt aus Gl. (12.20)

$$j\omega\varrho'_w v_w = -\frac{\partial p}{\partial w}, \tag{12.22}$$

$$j\omega\varrho'_z v_z = -\frac{\partial p}{\partial z}. \tag{12.23}$$

Dabei bezeichnet w die radiale und z die axiale Zylinderkoordinate. In diesen Koordinaten liefert Gl. (12.21).

$$\frac{j\omega}{K} p = -\frac{1}{w}\frac{\partial(w\,v_w)}{\partial w} - \frac{\partial v_z}{\partial z}. \tag{12.24}$$

Mit den Gln. (12.22) und (12.23) folgt die Differentialgleichung für p:

$$\frac{j\omega}{K} p = \frac{1}{j\omega\varrho'_w}\left(\frac{\partial^2 p}{\partial w^2} + \frac{1}{w}\frac{\partial p}{\partial w}\right) + \frac{1}{j\omega\varrho'_z}\frac{\partial^2 p}{\partial z^2}. \tag{12.25}$$

Gesucht wird der Ausbreitungskoeffizient Γ der Grundmode in Axialrichtung gemäß dem Ansatz:

$$p(z) \propto e^{-\Gamma z} \tag{12.26}$$

Er wird bestimmt durch die Querverteilung des Schallfeldes, für die mit den Gln. (12.25) und (12.26) die Differentialgleichung

$$\frac{\partial^2 p}{\partial w^2} + \frac{1}{w}\frac{\partial p}{\partial w} + \left(\frac{\omega^2 \varrho'_w}{K} + \frac{\varrho'_w}{\varrho'_z}\Gamma^2\right) p = 0 \tag{12.27}$$

besteht. Sie besitzt die Lösung in Form von Bessel-Funktionen $J_0(\gamma w)$ und $Y_0(\gamma w)$ mit der Ausbreitungskonstante

$$\gamma = \sqrt{\frac{\omega^2 \varrho'_w}{K} + \frac{\varrho'_w}{\varrho'_z}\Gamma^2}. \tag{12.28}$$

Allgemein gilt der Ansatz für die radiale Druckabhängigkeit

$$p(w) = p_0 J_0(\gamma w) + q_0 Y_0(\gamma w) \tag{12.29}$$

und für die radiale Schnelleabhängigkeit nach Gl. (12.22)

$$v_w = -\frac{1}{j\omega\varrho'_w}\frac{\partial p}{\partial w}$$
$$= \frac{\gamma}{j\omega\varrho'_w}(p_0 J_1(\gamma w) + q_0 Y_1(\gamma w)) \tag{12.30}$$

Die Konstanten p_0 und q_0 ergeben sich aus Randbedingungen. Für den Schalldämpfer nach Abb. 12.16 gilt im Kernbereich 1

$$v_{w1}(0) = 0. \tag{12.31}$$

Da die Bessel-Funktion Y_1 im Zentrum eine Polstelle besitzt, muss $q_{10} = 0$ sein. Am äußeren Rand des Kerns verlaufen Druck und radiale Schnelle kontinuierlich:

$$p_1(w_1) = p_{10}J_0(\gamma_1 w_1) \quad (12.32)$$
$$= p_{20}J_0(\gamma_2 w_1) + q_{20}Y_0(\gamma_2 w_1)$$
$$= p_2(w_1),$$

$$v_1(w_1) = \frac{\gamma_1}{j\omega\varrho'_{w1}} p_{10}J_1(\gamma_1 w_1) \quad (12.33)$$
$$= \frac{\gamma_2}{j\omega\varrho_0}(p_{20}J_1(\gamma_2 w_1) + q_{20}Y_1(\gamma_2 w_1))$$
$$= v_2(w_1).$$

Ebenso gilt am inneren Rand der Hülle

$$p_2(w_2) = p_{20}J_0(\gamma_2 w_2) + q_{20}Y_0(\gamma_2 w_2)$$
$$= p_{30}J_0(\gamma_3 w_2) + q_{30}Y_0(\gamma_3 w_2)$$
$$= p_3(w_2). \quad (12.34)$$

$$v_2(w_2) = \frac{\gamma_2}{j w\varrho_0}(p_{20}J_1(\gamma_2 w_2) + q_{20}Y_1(\gamma_2 w_2))$$
$$= \frac{\gamma_3}{j\omega\varrho_0}(p_{30}J_1(\gamma_3 w_2) + q_{30}Y_1(\gamma_3 w_3))$$
$$= v_3(w_2). \quad (12.35)$$

Am äußeren Rand der Hülle ist die radiale Schnelle Null:

$$v_3(w_3) = \frac{\gamma_3}{j\omega\varrho'_{w2}}(p_{30}J_1(\gamma_3 w_3) \quad (12.36)$$
$$+ q_{30}Y_1(y_3 w_3)) = 0.$$

Daraus folgt das Verhältnis

$$\frac{q_{30}}{p_{30}} = -\frac{J_1(\gamma_3 w_3)}{Y_1(\gamma_3 w_3)}. \quad (12.37)$$

Am inneren und äußeren Rand des Luftspalts lassen sich Admittanzen G_1 und G_2 definieren:

$$G_1 = -\frac{v_1(w_1)}{p_1(w_1)} = -\frac{\gamma_1}{j\omega\varrho'_{w1}}\frac{J_1(\gamma_1 w_1)}{J_0(\gamma_1 w_1)}, \quad (12.38)$$

$$G_2 = \frac{v_3(w_2)}{p_3(w_2)} = \frac{\gamma_3}{j\omega\varrho'_{w2}} \quad (12.39)$$

$$\cdot \frac{J_1(\gamma_3 w_2) + \dfrac{q_{30}}{p_{30}} Y_1(\gamma_3 w_2)}{J_0(\gamma_3 w_2) + \dfrac{q_{30}}{p_{30}} Y_0(y_3 w_2)} = \frac{\gamma_3}{j\omega\varrho'_{w2}}$$

$$\cdot \frac{J_1(\gamma_3 w_2)Y_1(\gamma_3 w_3) - J_1(\gamma_3 w_3) Y_1(\gamma_3 w_2)}{J_0(\gamma_3 w_2) Y_1(\gamma_3 w_3) - J_1(\gamma_3 w_3)Y_0(\gamma_3 w_2)}.$$

Die Kehrwerte der Admittanzen können noch um Impedanzen dünner Deckschichten wie Lochbleche, Vliese und Folien ergänzt werden [12.18].

Die aus den Gln. (12.32) bis (12.35) verbleibenden Relationen liefern mit den Admittanzen nach Gl. (12.38) und Gl. (12.39) über das Verhältnis q_{20}/p_{20} die Eigenwertgleichung,

$$\frac{q_{20}}{p_{20}} = -\frac{G_1 J_0(\gamma_2 w_1) + \dfrac{\gamma_2}{j\omega\varrho_0} J_1(\gamma_2 w_1)}{G_1 Y_0(\gamma_2 w_1) + \dfrac{\gamma_2}{j\omega\varrho_0} Y_1(\gamma_2 w_1)} \quad (12.40)$$
$$= -\frac{G_2 J_0(\gamma_2 w_2) - \dfrac{\gamma_2}{j\omega\varrho_0} J_1(\gamma_2 w_2)}{G_2 Y_0(\gamma_2 w_2) - \dfrac{\gamma_2}{j\omega\varrho_0} Y_1(\gamma_2 w_2))}.$$

Es handelt sich um eine transzendente Gleichung für γ_2 oder Γ mit zahlreichen Lösungen für verschiedene Moden. Gesucht ist der Eigenwert Γ mit kleinstem Realteil. Eine explizite Lösung ist nicht angebbar.

Zur numerischen Auswertung kommen verschiedene Verfahren in Betracht. Übliche Nullstellen-Finder arbeiten mit geeigneten Anfangswerten für den Ausbreitungskoeffizienten $\Gamma = jk\,(\tau - j\sigma)$, die für die Grundmode im Bereich $\tau \approx 1$ und $0 < \sigma < 1$ liegen, und verwenden Sehnen- und Tangentenverfahren. Gibt es zwei Lösungen, die dicht beieinander liegen und im Frequenzgang des Dämpfungsmaßes zu sich kreuzenden Linien führen, wird der Kreuzungspunkt häufig nicht erkannt. Oberhalb einer Frequenz, bei der zwischen Kern und Hülle eine Halbwellenlänge passt, werden dann zu hohe Dämpfungen errechnet. Bekanntlich kann eine Nullstelle $\tau_0 - j\sigma_0$ aus der Suche ausgeschlossen werden, indem anstelle der Funktion $F(\tau, \sigma) = 0$ die Funktion $F(\tau, \sigma)/(\tau - \tau_0 - j(\sigma - \sigma_0)) = 0$ betrachtet wird. Bei einer Vielzahl von Moden mit wenig unterschiedlicher Dämpfung versagt das Verfahren jedoch, um die Mode mit geringster Dämpfung zu bestimmen. Um Schwierigkeiten bei der Lösung transzendenter Gleichungen wenigstens für den hauptsächlich interessierenden Bereich tiefer und mittlerer Frequenzen zu vermeiden, wurden Reihenentwicklungen für die Bessel-Funktionen ausgearbeitet [12.23].

Einige Sonderfälle sind von Interesse. Dazu gehören Schalldämpfer mit lokal wirksamer Auskleidung. In ihnen ist die wirksame axiale Dichte ϱ'_z sehr groß gegen die radiale Dichte p'_w, etwa durch Unterteilung der Auskleidung durch Bleche im Abstand von weniger als einer Viertelwellenlänge. Nach Gl. (12.28) werden die Ausbreitungskonstanten γ_1 und γ_3 dann unabhängig von Γ und damit von γ_2. Die in Gl. (12.40) implizit enthaltene Abhängigkeit der Admittanzen G_1 und G_2 von Γ entfällt.

Ein anderer Sonderfall betrifft den Schalldämpfer ohne Kern. Für $w_1 = 0$ wird die linke

12.5 Berechnungsverfahren

Seite von Gl. (12.40) Null und die transzendente Bestimmungsgleichung reduziert sich auf

$$G_2 = \frac{\gamma_2}{j\omega\rho_0} \frac{J_1(\gamma_2 w_2)}{J_0(\gamma_2 w_2)} \qquad (12.41)$$

$$= \frac{1}{j\omega\rho_0 w_2} \frac{(\gamma_2 w_2)^2}{2-} \frac{(\gamma_2 w_2)^2}{4-} \frac{(\gamma_2 w_2)^2}{6-} \ldots ,$$

wobei das Verhältnis der Bessel-Funktionen durch einen Kettenbruch angegeben ist. Durch Beschränkung des Kettenbruchs lassen sich für die lokal wirksame Auskleidung explizite Lösungen für γ_2 bzw. Γ angeben. Mechel [12.20] empfiehlt als bereits sehr genaue Lösung

$$\Gamma = jk\sqrt{1 - \frac{1}{(k w_2)^2} \frac{96 + 36j\beta \mp \sqrt{9216 + 2304 j\beta - 912 \beta^2}}{12 + j\beta}} . \qquad (12.42)$$

Dabei bezeichnet $\beta = G_2\rho_0\omega w_2$ eine normierte Admittanz und $k = \omega/c$ die Wellenzahl im Kanal. In den meisten Fällen gilt das Minuszeichen vor der inneren Wurzel. In einigen Fällen liefert das Pluszeichen den kleineren Realteil von Γ.

In Abb. 12.17 bis 12.19 sind Ergebnisse von Rechenbeispielen dargestellt. Abbildung 12.17 betrifft einen Rohrschalldämpfer mit 100 mm Kern-, 300 mm Hüllen- und 500 mm Außendurchmesser, dessen homogene Absorber mit einer dünnen Folie abgedeckt sind und an deren Oberflächen ein kleiner zusätzlicher Strömungswiderstand wirksam ist. Parameter ist der Strömungswiderstand des Absorbers. Im Frequenzbereich von 250 bis 900 Hz nimmt die Dämpfung mit zunehmendem Strömungswiderstand ab. Im Bereich des Dämpfungsmaximums um 1000 Hz kehren sich die Verhältnisse um[5]. Im Frequenzbereich oberhalb von 2000 Hz ist die berechnete Ausbreitungsdämpfung nahezu unabhängig vom Strömungswiderstand.

In Abb. 12.18 sind Rechenergebnisse für den Fall dargestellt, dass die Schalldämpferhülle schallhart und nur der Kern absorbierend ist. Bei homogenem Absorber mit geringem Strömungswiderstand zeigt sich ein vergleichsweise kleines Dämpfungsmaximum bei 1100 Hz. Bei kassettiertem Absorber ist das Dämpfungsmaximum ausgeprägter und erreicht ohne Deckschicht sehr

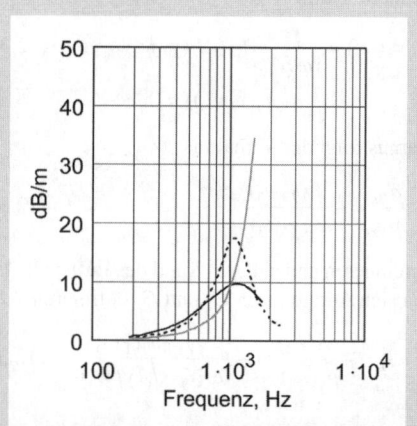

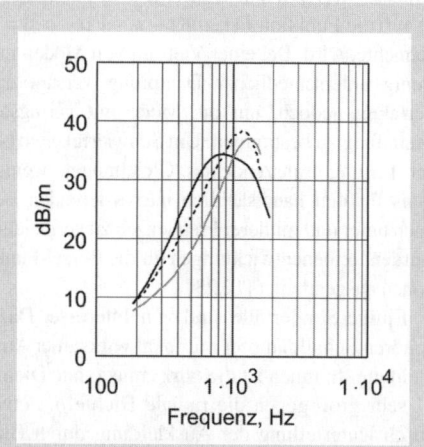

Abb. 12.17 Rechenwerte der Ausbreitungsdämpfung im runden Schalldämpfer mit $d_1 = 0,1$ m, $d_2 = 0,3$ m und $d_3 = 0,5$ m; Absorber abgedeckt mit Folie 50 g/m² und Strömungswiderstand 200 Ns/m³; Parameter ist der längenbezogene Strömungswiderstand des isotropen Absorbers (——) 10 kNs/m⁴, (······) 20 kNs/m⁴, (- - -) 40 kNs/m⁴

Abb. 12.18 Rechenwerte der Ausbreitungsdämpfung im runden Schalldämpfer mit schallharter Hülle $d_1 =$ 0,1 m, $d_2 = 0,3$ m und $d_3 = 0,3$ m; Absorber mit längenbezogenem Strömungswiderstand 10 kNs/m⁴, (——) isotrop, abgedeckt mit Folie 50 g/m² und Strömungswiderstand 200 Ns/m³, (······) axial unterteilt, abgedeckt mit Folie 50 g/m² und Strömungswiderstand 200 Nsm³, (- - -) axial unterteilt, ohne Abdeckung

---

[5] Die Rechenergebnisse gelten für die Grundmode im rotationssymmetrischen Schallfeld. Antisymmetrische Schallfelder können bei geringem Strömungswiderstand des Absorbers schwächer bedämpft sein.

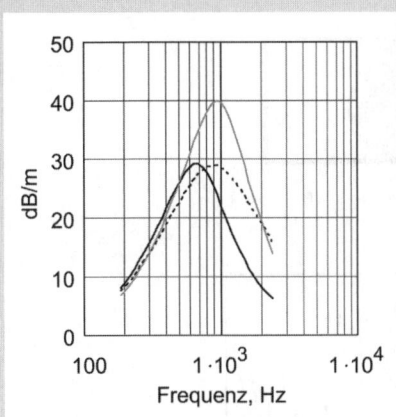

Abb. 12.19 Rechenwerte der Ausbreitungsdämpfung im runden Schalldämpfer ohne Absorberkern $d_1 = 0$ m, $d_2 = 0{,}3$ m und $d_3 = 0{,}5$ m; isotroper Absorber mit längenbezogenem Strömungswiderstand 10 kNs/m^4), (——) abdeckt mit Folie 50 g/m^2 und Strömungswiderstand 200 Ns/m^3, (·····) abgedeckt nur mit Strömungswiderstand 200 Ns/m^3, (- - -) ohne Abdeckung)

hohe Werte, die jedoch der Rechenunsicherheit unterliegen.

Rechenergebnisse zum Rohrschalldämpfer ohne Kern in Abb. 12.19 zeigen im Vergleich mit Abb. 12.17 und Abb. 12.18 die überwiegende Bedeutung der absorbierenden Hülle. Ohne Deckschichten werden die höchsten Dämpfungsmaxima erreicht. Bei hohen Frequenzen macht sich insbesondere die Folie nachteilig bemerkbar [12.18].

Kulissen mit isotropem Absorber

Die Theorie zeigt, dass für den Bereich mittlerer Frequenzen Absorptionswerkstoffe mit geringem Strömungswiderstand einzusetzen sind, um eine hohe Dämpfung zu erzielen. Dies gilt jedoch nur für symmetrisch beschallte Kulissen. Für Kulissenabsorber mit lockerem Absorber und ohne strömungsparallele Bleche können jedoch im Bereich mittlerer Frequenzen Dämpfungen auftreten, die – abhängig vom anregenden Schallfeld – erheblich von den Werten abweichen, die rechnerisch oder messtechnisch für symmetrische Konfigurationen bestimmt werden [12.25]. Meistens ist die zu messende Dämpfung unterhalb des rechnerischen Maximums für den symmetrischen Fall geringfügig höher und in der Umgebung des Maximums viel niedriger als die Rechenwerte.

Ein Rechenbeispiel ist in Abb. 12.20 angegeben. Im oberen Teil des Bildes ist die Ausbreitungsdämpfung je lichte Kanalweite h über der Frequenz aufgetragen, im unteren Teil im logarithmischen Maßstab und in normierter Form über der Helmholtz-Zahl, die mit der Kanalweite h und der Schallgeschwindigkeit c gebildet ist. Die symmetrische Grundmode existiert im gesamten Frequenzbereich. Eine unsymmetrische Anregung ist im Kanal der Weite $2(h + d)$ erst oberhalb der Frequenz $f_c = 0{,}5\, c/[2(h + d)]$ möglich und entsprechend in Abb. 12.20 angegeben. Der untere Bildteil lässt Extrapolationen nach Potenzgesetzen zu. Allerdings betrifft dies nur Bereiche geringer Ausbreitungsdämpfung, in denen höhere Moden in der Regel die größere Bedeutung besitzen. Für die Praxis ist die Darstellung des oberen Bildteils wichtiger. Am Fall der symmetrischen Anregung ist zu erkennen, dass ein geringer Strömungswiderstand des Absorbers bei tiefen Frequenzen zu relativ niedriger Dämpfung, bei mittleren Frequenzen zu relativ hoher Dämpfung und bei hohen Frequenzen wiederum zu relativ niedriger Dämpfung führt. Das Dämpfungsmaximum verschiebt sich mit zunehmendem Strömungswiderstand zu höheren Frequenzen und nimmt mit dem Strömungswiderstand einer Deckschicht deutlich ab[6]. Am Fall der antisymmetrischen Anregung ist zu erkennen, dass oberhalb der Frequenz f_c in einem weiten Frequenzbereich eine geringere Dämpfung auftritt als bei symmetrischer Anregung. Der Effekt ist beim Absorber mit geringem Strömungswiderstand ausgeprägt.

Praktisch ist über die Verteilung des einfallenden Schalls auf verschiedene Einfallsrichtungen oder Moden in weiten Kanälen wenig bekannt. Die vereinfachende Annahme einer gleichmäßigen Verteilung auf alle ausbreitungsfähigen Moden ist fraglich. Vielmehr ist für aerodynamische Geräuschquellen anzunehmen, dass die höchste ausbreitungsfähige Mode relativ stark angeregt wird. Die Unsicherheit über modale Verteilungen setzt der Qualität von Dämpfungsprognosen für Kulissen-SD mit lockeren Absorbern Grenzen. Häufig werden in der Praxis dichtere Absorber bevorzugt.

12.5.2 Druckverminderung

12.5.2.1 Entspannung über Lochbleche

Überkritische Entspannung

Die Durchflussmenge Q eines Gases in einem Rohr mit der Querschnittsfläche S wird durch die

---

[6] Eine Vielzahl von Rechenergebnissen für Absorber ohne Abdeckung enthält [12.19].

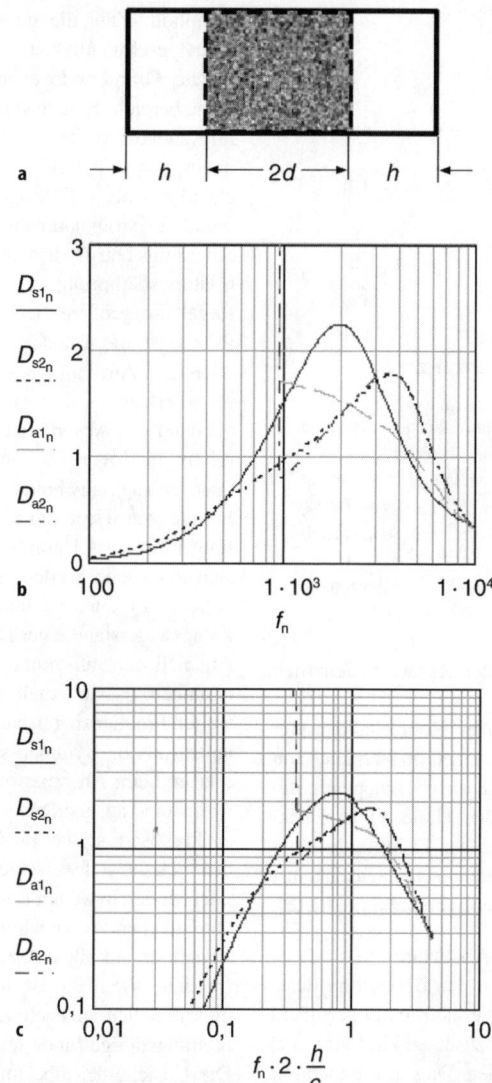

Abb. 12.20 Rechenwerte der Ausbreitungsdämpfung je lichte Kanalweite $h = 0{,}1$ m für eine Absorberkulisse der Dicke $2\,d = 0{,}08$ m mittig in einem schallharten Rechteckkanal der Weite $2\,(d + h)$ bei symmetrischem und antisymmetrischem Schallfeld in den lichten Kanälen. Das Medium ist ruhende Luft bei 400 °C; die Kulisse enthält isotropes Material mit einem längenbezogenen Strömungswiderstand von 10 kNs/m^4 (—— für symmetrische Anregung; - - - für unsymmetrische Anregung) bzw. 50 kNs/m^4 (····· für symmetrische Anregung, – – für unsymmetrische Anregung), das von einer Deckschicht mit dem Strömungswiderstand von 200 Ns/m^3 eingehüllt ist.

Dichte ϱ und die Strömungsgeschwindigkeit v bestimmt [S. 405, 12.4]:

$$Q = \varrho v S. \qquad (12.43)$$

Die maximale Geschwindigkeit bei stationärem Ausströmen ist die Schallgeschwindigkeit. Sie beträgt [12.4, S. 370]

$$v_1 = c_0 \sqrt{\frac{2}{\gamma + 1}}. \qquad (12.44)$$

Dabei bezeichnet γ das Verhältnis der spezifischen Wärmen und

$$c = \sqrt{\gamma R T} \qquad (12.45)$$

die Schallgeschwindigkeit bei der absoluten Temperatur T. R ist die Gaskonstante[7]. Der Index 0 bezieht sich auf einen Behälter vor dem Lochblech. Die erforderliche Lochfläche ergibt sich mit der allgemeinen Zustandsgleichung für ideale Gase,

$$\varrho = \frac{p}{RT}, \qquad (12.46)$$

und der Poissonschen Adiabatengleichung,

$$\frac{p_1}{p_0} = \left(\frac{\varrho_1}{\varrho_0}\right)^\gamma, \qquad (12.47)$$

aus Druck p_0 und Temperatur T_0 im Behälter sowie dem Druck p_1 am Austritt des Lochblechs, zu

$$S_1 \geq \frac{Q}{p_0} \sqrt{RT_0} \left(\frac{p_1}{p_0}\right)^{-\frac{1}{\gamma}} \left(\frac{\gamma + 1}{2\gamma}\right)^{\frac{1}{2}}. \qquad (12.48)$$

Durch das Ausströmen kann der Druck in den Löchern höchstens von p_0 auf den Wert

$$p_1 = p_* = p_0 \left(\frac{2}{\gamma + 1}\right)^{-\frac{\gamma}{\gamma - 1}} \qquad (12.49)$$

abfallen, d.h. für $\gamma = 1{,}4$ höchstens auf 53% von p_0. Daraus ergibt sich die gesuchte Fläche zu

$$S_1 \geq \frac{Q}{p_0} \sqrt{\frac{RT_0}{\gamma}} \left(\frac{\gamma + 1}{2}\right)^{\frac{\gamma+1}{2(\gamma-1)}}. \qquad (12.50)$$

Dieses Ergebnis stimmt für den Isentropenexponenten $\gamma = 1{,}4$ mit üblichen k_v-Wert-Berechnungen für $k_v = 5{,}17$ überein. Für kleinere Isentro-

---

[7] Für Wasserdampf $R = 461$ m^{2}s^{-2}K^{-1},
für Luft $R = 287$ m^2 s^{-2}K^{-1}.

penexponenten liegt er um bis zu 20% niedriger, für größere um bis zu 10% höher.

Bei einzelnen oder sich gegenseitig nicht beeinflussenden Löchern führt der Ausströmvorgang ins Freie zu starker Geräuscherzeugung mit einem Schallleistungspegel von etwa

$$L_\mathrm{W} = \left[93 + 10 \lg \frac{Qc^2}{1\,\mathrm{W}}\right]\mathrm{dB}. \qquad (12.51)$$

Unterkritische Entspannung

Eine weitere unterkritische Druckabnahme über ein Lochblech ist mit dem Druckverlustkoeffizienten ζ_n zu beschreiben:

$$\Delta p_\mathrm{n} = p_\mathrm{n} - p_{\mathrm{n}+1} = \zeta_\mathrm{n} \frac{\varrho_\mathrm{n}}{2} v_\mathrm{n}^2. \qquad (12.52)$$

Die Druckdifferenz ist mit der Machzahl v_n/c der Anströmgeschwindigkeit darstellbar:

$$\Delta p_\mathrm{n} = \zeta_\mathrm{n} \frac{\gamma}{2} \frac{v_\mathrm{n}^2}{c^2} p_\mathrm{n}. \qquad (12.53)$$

Der Druckverlustkoeffizient ζ_n ergibt sich aus der Geometrie des Lochblechs, insbesondere für scharfkantige Löcher aus dem Lochanteil σ mit $\zeta_\mathrm{n} = \zeta/\sigma^2$ und [12.27, S. 321]

$$\zeta = \left(\sqrt{\frac{1-\sigma}{2}} + 1 - \sigma\right)^2. \qquad (12.54)$$

Erreichbar sind Werte bis 2,9. Das bedeutet: mit einstufiger Entspannung kann eine wesentliche Druckminderung nur mit hohen Machzahlen in der Öffnung erreicht werden, womit eine zusätzliche Geräuscherzeugung verbunden ist.

Um die Geräuscherzeugung klein zu halten, muss eine kleine Machzahl $v_\mathrm{n}/(c\sigma)$ eingehalten werden. Die Begrenzung der Machzahl auf 0,2 liefert im Vergleich mit überkritischer Entspannung eine Schallpegelminderung der Geräuscherzeugung um etwa 40 dB. Bei einstufiger Entspannung mit höchster Machzahl 0,2 ist nach Gl. (12.57) jedoch eine Druckreduzierung um höchstens 8% erreichbar.

12.5.2.2 Entspannung über feine Poren

Sehr feine Perforationen oder Gestricke bewirken, dass die Geräuscherzeugung nicht mehr durch die Strömungsgeschwindigkeit in einzelnen Löchern bestimmt wird und infolge von Ausgleichsvorgängen die Schallleistung nur etwa mit der 4. Potenz der Strömungsgeschwindigkeit ansteigt.

Hinsichtlich des Druckverlustkoeffizienten kommt es auf die Reynolds-Zahl

$$\mathrm{Re} = \frac{v_a \delta}{\nu} \qquad (12.55)$$

an, wobei $v_a = v_1/\sigma$ die Anströmgeschwindigkeit, δ den Faserdurchmesser und ν die kinematische Zähigkeit bezeichnet. Für Reynolds-Zahlen $\mathrm{Re} \geq 400$, was z.B. für runde Drähte mit 0,28 mm Durchmesser zutrifft, die bei 10 bar und 275°C von Wasserdampf ($\nu = 5$ mm²/s) mit $v_a = 20$ m/s angeströmt werden (Re = 1120), errechnet sich der Druckverlustkoeffizient für Drahtgewebe, bezogen auf die Anströmgeschwindigkeit aus [12.27, S. 327]

$$\zeta_a = 1{,}3\,(1-\sigma) + \left(\frac{1}{\sigma}-1\right)^2. \qquad (12.56)$$

Mit geringen Porositäten werden sehr hohe Druckverlustkoeffizienten erreicht. Die Porosität einlagiger Gewebe errechnet sich aus dem Drahtdurchmesser δ und der Anzahl z' der Drähte je Längeneinheit:

$$\sigma = 1 - z'\,\delta. \qquad (12.57)$$

Für mehrlagige Drahtgewebe addieren sich die Druckverlustkoeffizienten zum Gesamtwert ζ_{ges}.

12.5.2.3 Druckverluste

Strömungsverluste eines Schalldämpfers werden durch den Gesamtdruckverlust-Koeffizienten

$$\zeta = \frac{\Delta p_t}{\frac{\varrho}{2} v_1^2} \qquad (12.58)$$

beschrieben. Dabei bezeichnet

Δp_t den Gesamtdruckverlust, in Pa,
ϱ die Gasdichte, in kg/m³, und
v_1 die mittlere Geschwindigkeit der Anströmung im Querschnitt mit der Fläche S_1 vor dem Schalldämpfer.

Der Bezug auf die mittlere Maximalgeschwindigkeit $v_{\max}$ im engsten Querschnitt des Schalldämpfers mit der Fläche $S_{\min}$ erfordert die Umrechnung

$$\Delta p_t = \zeta \frac{\varrho}{2} v_{\max}^2 \left(\frac{S_{\min}}{S_1}\right)^2. \qquad (12.59)$$

Zum Gesamtdruckverlust tragen Stoßstellen an den Enden und im Innern des Schalldämpfers sowie Reibungsverluste längs der von der Strömung benetzten Oberfläche bei. Letztere errechnen sich für RLT-Anlagen ähnlich wie die Dämpfung nach Gl. (12.6) aus

$$\zeta_f = 0{,}013\,\frac{U_f l}{S_f}\left(\frac{S_f}{S_1}\right). \qquad (12.60)$$

Dabei ist

0,013   ein Kennwert für die Rauhigkeit von handelsüblichen Stahlrohren, der auch für absorbierende Oberflächen von RLT-Schalldämpfern gilt[8],
U_f der benetzte Umfang (nicht nur der Schall absorbierende),
S_f die zugehörige Querschnittsfläche und
l die zugehörige Länge des Schalldämpfers.

Runde Rohrleitungsschalldämpfer ohne Kern liefern besonders kleine Reibungsverluste. Schalldämpfer mit rundem Kern und mit einer rechteckigen Mittelkulisse sind strömungstechnisch als gleichwertig zu betrachten, wenn das Verhältnis U_f/S_f gleich ist. Bereits eine sehr dünne Mittelkulisse bewirkt Strömungsverluste wie ein Kern mit 40% des freien Rohrdurchmessers. Schalltechnisch sind wegen des höheren Absorptionspotenzials runde Kerne günstiger. Konstruktiv besitzen Kulissen jedoch Vorteile.

Für Kulissenschalldämpfer mit Kulissen der Dicke $2d$ im Abstand $2h$ ist näherungsweise unter Vernachlässigung der Kanalwand

$$\zeta_f = 0{,}013\,\frac{l}{h}\left(1+\frac{d}{h}\right)^2. \qquad (12.61)$$

In Kammern unterteilte Kulissen ohne glatte Abdeckung, wie sie z.B. als „Tannenbaum"-Schalldämpfer eingesetzt werden, liefern je nach Strömungsrichtung und Form der Kammerabdeckung unterschiedliche Reibungsverluste, die praktisch nur aus Messungen zu bestimmen sind. In strömungsgünstiger Richtung ist der Faktor 0,013 realisierbar.

Stoßstellenverluste am Eintritt der Strömung hängen von der Querverteilung und dem Drall

---

[8] Für Lochblechabdeckungen ist nach Kurze/Donner [12.24] mit 0,02 zu rechnen. Für Kulissen in RLT-Anlagen ist nach VDI 2081 [12.26] der Kennwert im Mittel 0,016, der Exponent in Gl. (12.61) jedoch etwa 2,9.

der Strömung und von der Geometrie des Schalldämpfers ab. Für drallfreie, senkrechte Anströmung von Kulissen gilt [12.1]

$$\zeta_s = \left(\frac{d}{h}\right)^2 \left[0{,}5\,\zeta_1 \left(\frac{h}{d}+1\right) + \zeta_2\right]. \qquad (12.62)$$

Dabei bezeichnet

ζ_1 Formfaktor für die Anströmseite; bei Rechteckform[9] ζ_1, bei Halbrundprofil $\zeta_1 = 0{,}1$;
ζ_2 Formfaktor für die Abströmseite; bei Rechteckform $\zeta_2 = 1$, bei Halbrundprofil $\zeta_2 \approx 0{,}7$, bei flachem Keil kleiner.

Stoßstellenverluste durch aneinander gereihte Kulissen sind klein, auch wenn sich dazwischen Lücken in der Größenordnung der Spaltweite befinden. Beim Versetzen einer zweiten Reihe von Kulissen kommen aber noch große Stoßstellenverluste hinzu, die diejenigen einer einzelnen Reihe übertreffen.

Gesamtdruckverlustkoeffizienten für verschiedene Einbauten in Schalldämpfern, z. B. Funkenfänger oder konische Übergangstücke, finden sich in der Sammlung von Idel'Chik [12.27].

12.5.3 Strömungsrauschen

Nach Untersuchungen von Stüber [12.28] nimmt die Geräuscherzeugung an einstufigen Drosselstellen in einem weiten Bereich mit der dort auftretenden Druckdifferenz zu[10]. Für den Bereich kleiner Druckdifferenzen, der für Schalldämpfer von Interesse ist, ist die Schallleistung der 2,5ten Potenz des Druckverlustkoeffizienten und der 6. Potenz der Strömungsgeschwindigkeit proportional[11]. Das Spektrum des über eine Ausströmöffnung mit Durchmesser D ins Freie abgestrahlten Schalls ist breitbandig mit einem Maximum bei der Strouhal-Zahl $fD/v \approx 0{,}2$, die bei kleinen Machzahlen $M < 0{,}2$ für industrielle Schalldämpfer mit $D > 0{,}1$ m durchweg zu niedrigen Frequenzen $f < 140$ Hz gehört. Das Oktavbandspektrum eines turbulenten Freistrahls nimmt bei höheren Frequenzen etwa mit $1/f$ ab.

Ein Schalldämpfer ist als Drosselstelle insbesondere mit den Druckverlusten am Ende wirksam. Für die Abströmseite von Rechteckkulissen ist der Oktavschallleistungspegel nach Prüfstandsmessungen aus

$$L_{W,\,oct} = B + 10\,\lg\left(\frac{pcS}{W_0}M^6\right) dB + C_1 + C_2 \qquad (12.63)$$

abzuschätzen. Dabei bezeichnet

B eine Konstante (deren Abhängigkeit vom Druckverlustkoeffizienten noch nicht hinreichend gesichert ist), für Rechteckkulissen $B = 58$ dB,
p statischer Druck, in Pa,
c Schallgeschwindigkeit, in m/s,
S Spaltfläche zwischen den Kulissen, in m^2,
M Machzahl der Strömung im Spalt,
W_0 Bezugsschallleistung, 1 pW,
C_1 Korrektur für die Rückwirkung der Kanalwände bei tiefen Frequenzen, die der Reflexionsdämpfung am offenen Kanalende entspricht, in dB,
C_2 Korrektur für hohe Frequenzen, in dB, mit dem Erfahrungswert[12]

$$C_2 = -10\,\lg\left[1 + \left(\frac{f\delta}{v}\right)^2\right] dB \text{ und } \delta \approx 0{,}02 \text{ m.} \qquad (12.64)$$

Bei A-Bewertung des Spektrums wird die Korrektur C_1 für industrielle Schalldämpfer unbedeutend. Auf die Korrektur C_2 nehmen bereits kleine Formänderungen am Kulissenende deutlich Einfluss. Der A-bewertete Gesamt-Schallleistungspegel errechnet sich mit Gl. (12.63) und (12.64) für Umgebungsbedingungen und eine Fläche von 1 m^2 aus[13].

$$L_{WA} = \left(-23 + 67\,\lg\frac{v}{v_0}\right) dB. \qquad (12.65)$$

---

[9] Kurze/Donner [12.24] geben mit Bezug auf frühere Erfahrungswerte in VDI 2081 (1983) einen Wert $\zeta_1 = 1{,}2$ an. Im Bereich des Ausstellungsverhältnisses $0{,}3 < h/(d+h) < 0{,}6$ liegen neuere Messergebnisse für 100 bis 300 mm dicke, eckige RLT-Kulissen nach VDI 2081 (2001) zwischen $\zeta_1 = 1$ und 1,2.

[10] Für eine wesentliche Geräuscherzeugung in glatten Rohrleitungen, die in der Literatur gelegentlich genannt wird, gibt es weder messtechnische Nachweise noch physikalische Begründungen.

[11] VDI 2081 [12.26] enthält zum Strömungsgeräusch von Luftdurchlässen damit übereinstimmende Angaben.

[12] In VDI 2081 wird der Frequenzgang für das Strömungsgeräusch in geraden Luftleitungen asymptotisch mit $-26\,\lg f$ anstatt mit $-20\,\lg f$ angegeben. Dagegen rechnet Stüber [12.28] etwa mit $-12\,\lg f$.

[13] In VDI 2081 [12.26] wird die Beziehung $L_{WA} = (-25 + 70\,\lg v + 10\,\lg S)$ dB für das Strömungsgeräusch in geraden Luftleitungen angegeben. Im Bereich von 1 bis 22 m/s unterscheidet sie sich von Gl. (12.65) um höchstens 2 dB. Es muss sich danach um eine ähnliche Geräuschquelle handeln.

Dabei ist v die Strömungsgeschwindigkeit im Spalt und $v_0 = 1$ m/s. Bei höherer Temperatur nimmt der Schallleistungspegel mit $-25\lg(T/T_0)$ dB ab, wobei T die absolute Temperatur in K und $T_0 = 293$ K die Umgebungstemperatur bezeichnet.[14]

12.6 Messverfahren

12.6.1 Regelwerke

In ISO 7235 [12.29, 12.30] werden Messungen im Labor beschrieben, die zur Bestimmung der Einfügungsdämpfung von Schalldämpfern aller Art (außer Kraftfahrzeug-Schalldämpfern) und anderer Kanaleinbauten dienen. Diese Norm betrifft Messungen mit und ohne Strömung sowie die Bestimmung des Strömungsgeräuschs und des Druckverlusts. Ein spezielles Labormessverfahren, das insbesondere auf Messungen ohne Strömung an kleinen Rohrschalldämpfern ausgerichtet ist, ist in ISO 11691 [12.31] beschrieben und in der Neufassung von ISO 7235 [12.30] enthalten.

Für Messungen im Einsatzfall liegt mit ISO 11820 [12.5] ein Regelwerk vor, nach dem akustische und orientierende strömungstechnische Messungen an eingebauten Schalldämpfern durchgeführt werden können. Wichtig für die akustischen Messungen ist die Zuordnung des Einsatzfalls zu einem von 20 schematisierten Fällen, die in Tabelle 12.3 dargestellt sind. 16 Fälle beziehen sich mit Messungen vor und hinter dem Schalldämpfer in einem Kanal, in einem halligen Raum mit diffusem Schallfeld, in anderen Räumen ohne diffuses Schallfeld und im Freien auf die Bestimmung des Durchgangsdämpfungsmaßes. Vier weitere Fälle betreffen Messungen der Einfügungsdämpfung in solchen Schallfeldern mit und ohne Schalldämpfer. In der Norm werden für jeden Fall Auswerteverfahren angegeben, wie die gemessenen Schalldruckpegel, Nachhallzeiten und geometrischen Kenngrößen zu verknüpfen sind. Hinzu kommen Korrekturwerte K, die zur Berücksichtigung des speziellen Einsatzfalls abzuschätzen und zu vereinbaren sind. Sie sollen in der Regel dem Betrage nach kleiner als 3 dB sein.

12.6.2 Labormessungen

Schalldämpfermessungen im Labor zielen in erster Linie auf die Bestimmung eines Mindestwerts der Durchgangsdämpfung. Messungen des Druckverlusts und des Strömungsrauschens werden nur in Sonderfällen durchgeführt, für die keine ausreichenden Erfahrungen vorliegen. Die Durchgangsdämpfung wird durch geeignete Ausbildung der Sendeseite und des Kanalabschlusses über die Einfügungsdämpfung ermittelt. Der Mindestwert der Dämpfung gehört in engen Kanälen zur Anregung mit einer ebenen Schallwelle.

Auf der Sendeseite hat sich der Anschluss eines Lautsprechers an ein Rohr von 0,4 m Durchmesser bewährt, von dem im Frequenzbereich bis 500 Hz ausschließlich ebene Wellen übertragen werden. Zur Anpassung an eine abweichende Eintrittsfläche des Schalldämpfers dient ein Übergangsstück. Um Mehrfachreflexionen zwischen Schalldämpfer und Lautsprecher zu vermeiden, ist im Übertragungsweg des Schalls für eine Dämpfung zu sorgen, die das Nutzsignal jedoch nicht zu stark abschwächen soll. Dies kann in einfacher Weise durch den seitlichen Anschluss des Lautsprechers an den Strömungskanal erfolgen, da dieser gegenüber dem Ventilator für eine Messung des Strömungsrauschens gedämpft sein muss. Dem zu messenden Schalldämpfer kann auch ein kurzer Schalldämpfer mit gleicher Querschnittsgeometrie vorgeschaltet sein, der als Modenfilter im Bereich höherer Frequenzen dient.

Auf der Empfängerseite ist entweder ein reflexionsarmer Abschluss vorzusehen oder wenigstens sicher zu stellen, dass keine wesentlichen Verfälschungen des Messergebnisses durch Mehrfachreflexionen zwischen Schalldämpfer und Kanalabschluss auftreten. Bei Absorptionsschalldämpfern kann letzteres in der Regel angenommen werden, während bei Reflexionsschalldämpfern besondere Maßnahmen erforderlich sind. Messungen im Abschlusskanal sind praktisch nur ohne Strömung durchführbar. Vorzugsweise wird außerhalb des Abschlusskanals auf einer Hüllfläche oder in einem Hallraum gemessen. Ungeänderte Umgebungsbedingungen mit ausreichend niedrigem Fremdgeräuschpegel liefern aus Messungen mit dem Prüfling und mit einem Substitutionskanal problemlos die Einfügungsdämpfung. Schwierigkeiten ergeben sich nur bei Messungen mit Strömung durch das im Schalldämpfer entstehende Strömungsgeräusch.

---

[14] Üblicherweise werden Schalldämpfer so bemessen, dass ihr Strömungsgeräusch im Pegel deutlich unter dem Anlagengeräusch liegt. Deshalb sind nur wenige Erfahrungswerte aus der Praxis verfügbar. Die Gln. (12.63) bis (12.65) beziehen sich auf Prüfstandsergebnisse.

Tabelle 12.3 Allgemeines Schema zur Festlegung von Messungen des Durchgangs- oder Einfügungsdämpfungsmaßes von Schalldämpfern im Einsatzfall nach [12.5]

vor \ nach	Kanal	Raum, diffus	Raum, nicht diffus	Offener Bereich	
Kanal					↑ Durchgangsdämpfungsmaß
Raum, diffus					
Raum, nicht diffus					
Offener Bereich					↓
Jede Art von Kanal, Raum, Bereich					↕ Einfügungsdämpfungsmaß

⌢⌣ Hüllfläche
× Einzelpunkt
⌊⁻⁻⌋ Messpunkte auf der Quellseite

Anmerkung: Die Schallquelle ist stets links vom Schalldämpfer eingezeichnet. Die Strömungsrichtung ist wahlfrei.

Ein normgemäß einzuhaltender Störabstand von 10 dB zum Nutzsignal kann bei hochwirksamen Schalldämpfern sehr hohe Pegel des Sendesignals erfordern.

Die Bestimmung der Schallleistung des Strömungsgeräuschs ist insofern bedeutend schwieriger als die Messung der Einfügungsdämpfung ohne Strömung, als aufwändige Maßnahmen zur Dämpfung des Ventilatorgeräuschs, zur Strömungsführung hinter dem Prüfling, zur Korrektur für Endreflexionen am Kanalabschluss und für einen eventuellen Hallraumeinfluss getroffen werden müssen. Zwischen Ventilator und Prüfling sind hoch wirksame Schalldämpfer einzusetzen. Der Kanalquerschnitt hinter dem Prüfling muss deutlich größer als der freie Querschnitt des Prüflings sein.

Prüfstandsmessungen zum Druckverlust sind in ISO 7235 [12.29] ebenso wie Dämpfungsmessungen auf bestmögliche Reproduzierbarkeit hin spezifiziert. Das gelingt nur mit der Bestimmung von Mindestwerten. Während darin schalltechnisch in engen Kanälen Planungssicherheiten enthalten sind, gilt das für die Druckverluste gerade nicht.

12.6.3 Feldmessungen

Praktisch können sich im Anwendungsfall von Schalldämpfern eine Reihe von Ursachen auswirken, die nur bei sorgfältiger Planung und Ausführung zu vermeiden sind. Sie reichen von Schallnebenwegen über Gehäuse, Dehnfugen und Tragkonstruktionen bis zu ungleicher Strömungsverteilung, die zu erhöhtem Strömungsrauschen führt. In Ergänzung zu den Abnahmemessungen nach ISO 11820 [12.5] dienen Abtastungen des Pegelverlaufs in Richtung der Schallausbreitung als wichtigste Maßnahme zur Analyse von Fehlfunktionen. Quer zur Richtung der Schallausbreitung ist die Abtastung des Strömungsfeldes vor und hinter dem Schalldämpfer mit einem Prandtlschen Staurohr und angeschlossener Anzeige der Strömungsgeschwindigkeit aufschlussreich.

Literatur

12.1 DIN EN ISO 14163: Akustik – Leitlinien für den Schallschutz durch Schalldämpfer (1999)

12.2 Frommhold W (1996) Absorptionsschalldämpfer. In: Schirmer W (Hrsg.) Technischer Schallschutz. VDI-Verlag, Düsseldorf, Kapitel 9

12.3 Brennan MJ, To WM (2001) Acoustic properties of rigid-frame porous materials – An engineering perspective. Appl. Acoustics 62, 793–811

12.4 Landau LD, Lifschitz EM (1966) Lehrbuch der theoretischen Physik. Band VI: Hydrodynamik. Akademie-Verlag, Berlin, Kap. IX

12.5 EN ISO 11820: Akustik – Messungen an Schalldämpfern im Einsatzfall (1997)

12.6 Piening W (1937) VDI-Z. 81, 776 (zitiert in [12.7])

12.7 Cremer L (1940) Nachhallzeit und Dämpfungsmaß bei streifendem Einfall. Akustische Z. 5, H. 2, 57–76

12.8 Sivian LJ (1937) Sound propagation in ducts lined with absorbing materials. J. Acoust. Soc. Amer. 9, 135–140

12.9 Cremer L (1975) Vorlesungen über technische Akustik. Springer, Berlin, 147

12.10 Aurégan Y, Starobinski R, Pagneux V (2001) Influence of grazing flow and dissipation effects on the acoustic boundary conditions at a lined wall. J. Acoust. Soc. Amer. 109 (1) 59–64

12.11 Klein W (1957) Matrizen. In: Rint C (Hrsg.) Handbuch der Hochfrequenz- und Elektrotechnik. Band III. Verlag für Radio-Foto-Kinotechnik, Berlin, 134 ff.

12.12 Kurze U (1969) Schallausbreitung im Kanal mit periodischer Wandstruktur. Acustica 21, 74–85

12.13 Munjal M (1987) Acoustics of ducts and mufflers. John Wiley, New York

12.14 Galaitsis AG, Ver IL (1992) Passive silencers and lined ducts. In: Beranek LL, Ver IL (Hrsg.) Noise and vibration control engineering. John Wiley, New York, Kap. 10

12.15 Selamet A, Radavich PM (1997) The effect of length on the acoustic attenuation performance of concentric expansion chambers: an analytical, computational, and experimental investigation. J. Sound Vib. 201, 407–426

12.16 Mechel FP (1994) Schallabsorption. In: Heckl M, Müller HA (Hrsg.) Taschenbuch der Technischen Akustik. 2. Aufl. Springer, Berlin, Kap. 19

12.17 Aurégan Y, Debray A, Starobinski R (2001) Low frequency sound propagation in a coaxial cylindrical duct: application to sudden area expansions and to dissipative silencers. J. Sound Vib. 243 (3) 461–473

12.18 Munjal ML, Thawani PT (1997) Effect of protective layer on the performance of absorptive ducts. Noise Control Eng. J. 45 (1) 14–18

12.19 Wöhle W (1984) Schallausbreitung in absorbierend ausgekleideten Kanälen. In: Fasold W, Kraak W, Schirmer W (Hrsg.): Taschenbuch Akustik. Teil 1. VEB Verlag Technik, Berlin, Kap. 1.8

12.20 Mechel FP (1994) Schalldämpfer. In: Heckl M, Müller HA (Hrsg.): Taschenbuch der Technischen Akustik. 2. Aufl. Springer, Berlin, Kap. 20

12.21 Kang YJ, Jung IH (2001) Sound propagation in circular ducts lined with noise control foams. J. Sound Vib. 239 (2) 255–273

12.22 Aly ME, Badawy MTS (2001) Sound propagation in lined annular-variable area ducts using bulk-reacting liners. Appl. Acoustics 62, 769–778

12.23 Kirby R (2001) Simplified techiques for predicting the transmission loss of a circular dissipative silencer. J. Sound Vib. 243 (3) 403–426

12.24 Kurze UJ, Donner U (1989) Schalldämpfer für staubhaltige Luft. Schriftenreihe der Bundesanstalt für Arbeitsschutz – Forschung – Fb 574

12.25 Cummings A, Normaz N (1993) Accoustic attenuation in dissipative splitter silencers containing mean fluid flow. J. Sound Vib. 168 (2) 209–227

12.26 VDI 2081 Blatt 1: Geräuscherzeugung und Lärmminderung in raumlufttechnischen Anlagen. Beuth, Berlin (2001)

12.27 Idel'Chik IE (1994) Handbook of hydraulic resistance. 3rd ed. CRC Press

12.28 Stüber B, Mühle C, Fritz KR (1994) Strömungsgeräusche. In: Heckl M, Müller HA (Hrsg.): Taschenbuch der Technischen Akustik. 2. Aufl. Springer, Berlin, Kap. 9

12.29 ISO 7235: Acoustics – Measurement procedures for ducted silencers – Insertion loss, flow noise and total pressure loss (2002)

12.30 DIN EN ISO 7235 (Entw.): Akustik – Labormessungen an Schalldämpfern in Kanälen – Einfügungsdämpfungsmaß, Strömungsgeräusch und Gesamtdruckverlust (2001)

12.31 ISO 11691: Acoustics – Measurement of insertion loss of ducted silencers without flow – Laboratory survey method (1995)

Aktive Beeinflussung von Schall und Schwingungen

J. Scheuren

13.1 Einleitung

„Lärmminderung durch Antischall": mit dieser griffigen und bildhaften Lösung wurde in den letzten drei Jahrzehnten nicht nur die physikalische Existenz, sondern auch die vielversprechende, nutzbringende Anwendung eines Schallfeldes behauptet, dessen Beschaffenheit die zumindest teilweise „Vernichtung" eines anderen, störenden und also lärmenden Schallfeldes erlaubt. Diese Behauptung und die mit ihr in Aussicht gestellte Erweiterung des methodischen Werkzeugs der Akustikingenieure waren und sind hochwillkommen. Die wachsende Verlärmung des Lebens, vor allem in den hochtechnisierten Gesellschaften, ist dankbar für jede Möglichkeit, die zu einer geräuschärmeren Gestaltung unserer Umwelt beitragen kann.

Freilich ließ sich nicht alles, was behauptet und – mitunter auch leichtfertig – in Aussicht gestellt wurde, einlösen. Dennoch konnten bisherige Erfolge wie auch einige zu Recht fortbestehende Hoffnungen das Interesse am Einsatz und an der Fortentwicklung der Methode erhalten.

Die Möglichkeit der oben beschriebenen Beeinflussung von Wellenfeldern ist in dem sehr einfachen physikalischen Prinzip der Interferenz enthalten, das die teilweise bis vollständige Auslöschung gegenphasiger Feldanteile beschreibt. Für solche, durch bewusste elektronische Steuerung zur Methode erhobene Interferenz hat sich die Kennzeichnung „aktiv" eingebürgert.

Aktive Maßnahmen haben also die Veränderung mechanischer Feldgrößen (sog. Primärfeld) durch die Überlagerung von zusätzlich erzeugten kohärenten Sekundärfeldern zum Ziel, wobei zugleich unterstellt wird, dass diese Sekundärfelder von elektrisch angesteuerten Wandlern, den sog. Gegen- oder Sekundärquellen, erzeugt werden.

Dieser Ansatz ist keineswegs auf Schallfelder in Luft beschränkt. Er gilt vielmehr für beliebige Medien und somit neben Flüssigkeiten und Gasen auch für Körperschall- bzw. Schwingungsfelder in elastischen Strukturen. So können aktive Methoden außer einer unmittelbaren Luftschallkompensation beispielsweise auch die Abstrahlung solchen Schalls durch die Beeinflussung von Strukturschwingungen unterdrücken.

Die erfolgreiche Kompensation von Feldern eröffnet weitere, völlig neue Möglichkeiten, denn wenn es gelingt, vorgefundene Schall- und Schwingungsfelder negativ nachzubilden und somit auszulöschen, dann ist es auch möglich, beliebige, nicht vorgefundene Feldverteilungen nachzubilden und somit auch zu realisieren. Die Aufgabe besteht dann nicht mehr in der Auslöschung (Approximation eines verschwindenden Felds, des Nullfelds) allein, sondern allgemeiner in der Approximation einer beliebigen, auch von Null verschiedenen Feldverteilung. Aus aktiver Schallminderung wird somit aktive Schallfeldgestaltung, aus Geräuschminderung aktive Klangrealisierung, aktives Klangdesign, häufig auch ASD (Active Sound Design) genannt.

Die Faszination der aktiven Beeinflussung von Schall- und Schwingungsfeldern ist groß. Sie gründet sich nicht nur auf die konzeptionelle Eleganz der Methode, die in geeigneten Anwendungsfällen, etwa bei Schallfeldern in Kanälen oder kleinen Volumina, attraktive Lösungen erzielen konnte. Daneben besticht auch die neuartige Kombination der klassischen Disziplin Akustik/Schwingungstechnik mit den modernen und in rasanter Entwicklung befindlichen Bereichen der digitalen Elektronik und der integrierten elektromechanischen Wandler.

Aber der praktische Einsatz und damit der Erfolg technischer Lösungen hängt weniger von ihrer Eleganz als vielmehr von ihrer Robustheit (im Sinne von Stabilität und Zuverlässigkeit) und insbesondere von ihrer Wirtschaftlichkeit ab. Dem steht der benötigte elektronische und elektromechanische Aufwand nach wie vor häufig entgegen. Zusammen mit einer heillos überfrachteten und daher vollkommen unüberschaubaren Patentsituation, die das Ergebnis systematisch betriebener Schutzanmeldungen für nahezu alle vorstellbaren Lösungen ist, hat dies dazu geführt, dass die bisherigen, technisch sinnvoll umsetzbaren Anwendungen aktiver Methoden in der Praxis auf einige überschaubare Sonderfälle beschränkt bleiben und dass auch nur ein geringer Anteil der bisherigen Forschungsergebnisse eine Aussicht auf baldige Umsetzung in die Praxis bietet. Dennoch kann davon ausgegangen werden, dass die fortschreitende technische Entwicklung in Verbindung mit dem Auslaufen vieler Schutzrechte zu einer langsamen, aber stetigen Ausweitung der Einsatzgebiete aktiver Methoden führen wird.

Im Folgenden wird eine Übersicht über den derzeit erreichten Stand der Technik der aktiven Schall- und Schwingungsbeeinflussung gegeben. Neben einer Zusammenstellung der wichtigsten und aussichtsreichsten Anwendungsmöglichkeiten stehen dabei Erläuterungen grundlegender Mechanismen sowie Hinweise für die Vorgehensweise bei der Auslegung und beim Einsatz aktiver Methoden im Vordergrund. Technische Details, vor allem für die eingesetzte Signalverarbeitung, werden im Hinblick auf den schnellen Wandel, dem sie im Zuge technischer Entwicklung unterworfen sind, allenfalls grob skizziert. Für genauere Beschreibungen wird auf die umfangreiche Literatur, insbesondere auf die zahlreichen einführenden Bücher [13.1–13.6] und Übersichten [13.7–13.16], auf die Vortragsbände der seit 1991 regelmäßig veranstalteten Fachtagungen [13.17–13.24] sowie auf die in [13.25] und [13.26] zusammengestellte umfassende Literatur- und Patentübersicht verwiesen.

13.2 Anmerkungen zur historisch technischen Entwicklung

Die erste schriftliche Formulierung der Idee einer aktiven Lärmbekämpfung als „Lärmauslöschung

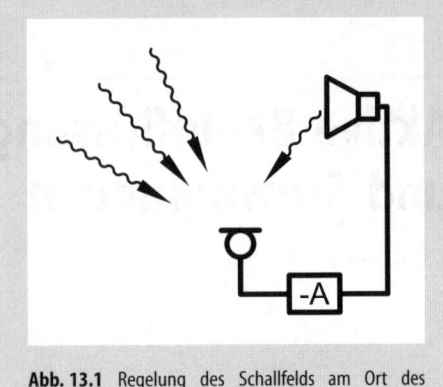

Abb. 13.1 Regelung des Schallfelds am Ort des Mikrofons

durch (elektromechanisch) gesteuerte Interferenz" [13.27] sind wohl die Patentschriften von P. Lueg aus den Jahren 1933 und 1934 [13.28–13.30]. Sie enthalten – neben anderem – auch die beiden Ansätze, die einige Jahrzehnte später die Schwerpunkte erster praktischer Bemühungen bildeten: die Regelung beliebiger Schallfelder in unmittelbarer Umgebung einer geeignet platzierten Sekundärquelle und die Beschränkung auf eindimensionale Wellenausbreitung.

Erste Ergebnisse für eine derartige Regelung wurden 1953 von Olson veröffentlicht. Er untersuchte Anordnungen, die im Wesentlichen auf den in Abb. 13.1 dargestellten einfachen Regelkreis zurückgeführt werden können [13.31, 13.32].

Die Ansteuerung eines Lautsprechers mit einem invertierend verstärkten Mikrofonsignal hat zum Ziel, Schwankungen des Schalldrucks am Ort des Mikrofons auszuregeln. Wegen der unterschiedlichen Ausbreitungsrichtungen des primären und des sekundären Schallfeldes ist der Bereich der Pegelminderung auf ein Gebiet um das Mikrofon herum begrenzt.

Die Proportionalität der Abmessungen dieses Gebiets zur Wellenlänge erhöht die Wirksamkeit der Gegenquelle bei tiefen Frequenzen. Dies ist eine wichtige Eigenschaft aller aktiven Maßnahmen. Sie hat weitere Gründe in den bei niedrigen Abtastfrequenzen leichter erfüllbaren Anforderungen an die Signalverarbeitung und in der Schwierigkeit, passive Methoden bei tiefen Frequenzen erfolgreich einzusetzen.

Als repräsentatives Ergebnis sei angeführt, dass Olson auf diese Weise Pegelminderungen von 10–20 dB über 1–3 Oktaven in Abständen von bis zu einem halben Meter und bei Mittenfrequenzen von etwa 60 Hz erzielte.

Die Begrenzung dieser Pegelminderung ist eine Folge der bei großen Verstärkungen auftretenden Instabilität. Dennoch wurde auch in späteren Jahren diese einfache Vorgehensweise mit einigem Erfolg in unterschiedlichen Anwendungen beibehalten. Leventhall et al. [13.33] haben durch Regelung des Schalldrucks in Kanälen eine auf Reflexion des einfallenden Wellenfeldes beruhende Schalldämmung von etwa 20 dB erzielt.

Obwohl Olson vielfältige Anwendungsmöglichkeiten der neuen Technik aufzeigen konnte, war der Weg zu praktischen Realisierungen noch weit. Dies lag an den damals begrenzten Möglichkeiten schneller Signalverarbeitung ebenso wie am kaum entwickelten theoretischen Verständnis der auftretenden Funktionsmechanismen. Die damit verbundene Unterschätzung der Schwierigkeiten, die typisch an der Zuversicht, bei Transformatoren relativ einfach zu Erfolgen zu kommen, verdeutlicht werden kann [13.34], führte zu einem vorübergehenden Rückgang der Aktivitäten.

Erst 10 bis 15 Jahre später erwachte in den 70er-Jahren das Interesse an den Möglichkeiten des aktiven Schallschutzes neu. Die vorläufige Beschränkung auf einfache, insbesondere eindimensionale Felder und die enorm verbesserten und weiter wachsenden Möglichkeiten der elektronischen Signalverarbeitung stellten ermutigende Erfolge in Aussicht.

So folgten den grundlegenden Untersuchungen von Swinbanks [13.35] sowie Jessel und Mitarbeitern [13.36] bald auch beachtliche experimentelle Ergebnisse. Dabei konnten monofrequente Pegelminderungen von bis zu 50 dB [13.37, 13.38] und breitbandig von 10 bis 15 dB erzielt werden [13.38, 13.39].

Eine vergleichbare Entwicklung vollzog sich – zunächst weitgehend unabhängig von der bisher beschriebenen – im Bereich der Schwingungstechnik. Auch hier gab es sehr frühe Ansätze, die Anregung von Strukturen durch mechanisch gesteuerte, gegenphasige Quellen zu verringern, wie sie etwa in [13.7] beschrieben werden. Nachdem Olson auch auf schwingungstechnische Anwendungen hingewiesen hatte, gelang es Rockwell und Lawther, die Biegeschwingungsmoden auf Stäben um bis zu 30 dB zu bedämpfen [13.40]. Ähnliche, überwiegend theoretische Untersuchungen wurden von Tartakowskij und Mitarbeitern durchgeführt [13.41].

Auch hier dauerte es jedoch weitere 10 Jahre, ehe die Aussicht auf die Realisierbarkeit praktischer Maßnahmen ein wachsendes Interesse nach sich zog. Dass dieses Interesse gleichermaßen den Bereichen Maschinenbau [13.42], Raumfahrttechnik [13.43] und Bauingenieurwesen [13.44] entsprang, sei hier nur beispielhaft durch die genannten Veröffentlichungen bzw. die in ihnen angegebene Literatur belegt.

Trotz der engen Verwandtschaft der Aufgabenstellung in Schwingungstechnik und Akustik haben die Entwicklungen in beiden Bereichen nur begrenzt aufeinander Bezug genommen. Das schon 1967 formulierte Ziel [13.45], Geräusche durch aktive Beeinflussung von Schwingungen der abstrahlenden Struktur zu vermindern, wurde erst sehr viel später Gegenstand gezielter Anstrengungen [13.18, 13.46, 13.47].

Etwa seit Beginn der 80er-Jahre wuchs das Interesse an der aktiven Schall- und Schwingungsbeeinflussung und somit auch die Auseinandersetzung mit deren Möglichkeiten sprunghaft an. In vielen, oft großangelegten und grundlagenbezogenen Forschungsvorhaben wie auch in zahlreichen anwendungsbezogenen Entwicklungsprojekten wurde die prinzipielle Realisierbarkeit des Ansatzes für nahezu alle, auch entlegene technische Anwendungsbereiche systematisch untersucht. Dabei steht dem häufig gelungenen Nachweis der prinzipiellen Praxistauglichkeit eine vergleichsweise geringe Zahl tatsächlich erfolgter praktischer Umsetzungen entgegen.

Wie schon in Abschn. 13.1 beschrieben, waren dafür neben einer verwirrenden Patentsituation oft Zweifel an der langfristigen Robustheit sowie die mit dem erforderlichen Aufwand an elektronischen und elektromechanischen Komponenten verbundenen Kosten verantwortlich. Gleichwohl darf die daraus resultierende Ernüchterung nicht darüber hinwegtäuschen, dass die aktive Beeinflussung mechanischer und akustischer Wellenfelder in geeigneten Anwendungsfällen wesentliche Vorteile bieten kann und deshalb auch technisch sinnvoll ist. Dies soll im weiteren Verlauf dieses Kapitels gezeigt werden.

13.3 Struktur der allgemeinen Problemstellung

Die Aufgabenstellung aktiver Lärmbekämpfung und Schwingungsabwehr kann allgemein in dem in Abb. 13.2 dargestellten Strukturdiagramm zusammengefasst werden. Es enthält zunächst eine

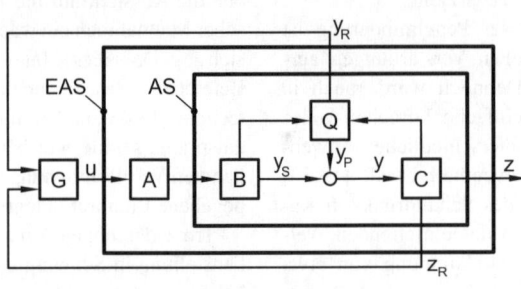

Abb. 13.2 Strukturdiagramm zur allgemeinen Problemstellung

Quelle Q, die nicht nur eine, sondern allgemein auch mehrere gleichzeitig wirksame Schallquellen repräsentieren kann. Q erzeugt die in y_P zusammengefassten Primärfeldgrößen, denen in den Interaktionspunkten die sekundären Feldgrößen y_S überlagert werden.

Die resultierenden Feldgrößen y breiten sich innerhalb des betrachteten mechanischen Systems aus und können dabei vielfältige Veränderungen erfahren. Diese sind in Abb. 13.2 im Block C zusammengefasst, an dessen Ausgang zunächst die Zielgrößen z das eigentliche Ziel der aktiven Maßnahme beschreiben. Sie sollen einen beliebig vorgegebenen Sollverlauf z_S möglichst gut approximieren.

Abhängig von Aufwand und Anwendung können durch die Wahl von z und z_S so unterschiedliche Entwurfsziele wie das Verschwinden einer Feld- oder Intensitätskomponente ($z = 0$) in einem Punkt, die möglichst gute Approximation eines oder mehrerer Geräuschspektren für bestimmte Frequenzen in vorgegebenen Punkten oder Bereichen, die Minimierung der mittleren Schall- oder Schwingungsenergie in einem vorgegebenen Bereich oder die Minimierung der abgestrahlten Schallleistung realisiert werden. Auch andere Charakteristika der betrachteten Geräusche, etwa eine möglichst gute Übereinstimmung tonaler Anteile oder das Erreichen vorgegebener psychoakustischer Parameter wie Lautheit und Rauhigkeit können über den Sollverlauf z_S der Zielgrößen z angestrebt werden.

Aus der vielfältigen Definition der Zielgrößen folgt unmittelbar, dass diese nicht immer einer direkten Messung zugänglich sind. Deshalb kann zur Beurteilung des tatsächlichen Verlaufs der Zielgrößen die Messung weiterer, in z nicht enthaltener Feldgrößen notwendig sein. Alle von der Signalverarbeitungseinheit G zur Erreichung des Ziels ausgewerteten Messgrößen sind in den rückgekoppelten Signalen z_R zusammengefasst.

Der dritte von C ausgehende Wirkungspfeil beschreibt etwaige Rückkopplungen des angefachten Feldes auf in Q wirkende Quellmechanismen. Dadurch wird vom Strukturdiagramm der Abb. 13.2 auch die Entstehung solcher Schall- und Schwingungsfelder erfasst, die auf einer rückgekoppelten, instabilen Wechselwirkung unterschiedlicher Mechanismen beruhen [13.11, 13.48].

Der von Q über C zurück nach Q geschlossene Rückkopplungskreis beschreibt insbesondere die Struktur und den Mechanismus einer mechanischen Selbsterregung, durch den viele Schwingungs- und Wellenfelder überhaupt erst angeregt werden. Durch Eingriffe in diesen Mechanismus, etwa durch eine zusätzliche, die Rückkopplung kompensierende Rückführung, können solche instabilen Schwingungen in ihrer Entstehung behindert und somit vermieden werden.

Von den verbleibenden Blöcken sind in A alle zur Erzeugung der Sekundärgrößen y_S erforderlichen elektromechanischen Wandler sowie in B etwaige mechanische Übertragungsstrecken zu den Interaktionspunkten zusammengefasst, während die Signalverarbeitungseinheit G die Stellgrößen u für die Ansteuerung der elektromechanischen Wandler bereitstellt.

Die zu ihrer Ermittlung verfügbaren Eingangsgrößen von G können hinsichtlich ihres Informationsgehalts unterschieden werden. Entsprechend Abb. 13.2 sind in y_R alle Signale zusammengefasst, die (a priori) Informationen über die Quellen bzw. die primären Feldgrößen y_P in den Interferenzpunkten zur Verfügung stellen. Sie werden deshalb häufig auch als Referenzsignale bezeichnet. Demgegenüber repräsentiert z_R solche Signale, die Rückschlüsse auf die Zielgrößen erlauben.

Neben den bisher beschriebenen Wirkungslinien ist in Abb. 13.2 noch die Rückwirkung des Sekundärfeldes auf die Quellen durch einen Pfeil von *B* nach *Q* berücksichtigt. Dadurch können nicht nur mögliche Änderungen des Primärfeldes durch das Sekundärfeld, sondern insbesondere die über *Q* mögliche Verfälschung der Primärfeldinformation y_R durch das Sekundärfeld beschrieben werden. Ohne geeignete Gegenmaßnahmen kann diese – neben falschen Sekundärfeldern – auch Instabilitäten durch Rückkopplung nach sich ziehen, wie sie im Zusammenhang mit Abb. 13.1 bereits erläutert wurden.

Typische Vorkehrungen gegen derartige Instabilitäten sind selektive Messungen, die den Einfluss des Sekundärfelds unterdrücken, etwa durch gerichtete Messungen oder die Charakterisierung des Primärfelds durch Körperschallgrößen, die vom sekundären Luftschall kaum beeinflusst werden. Darüber hinaus lassen sich Instabilitäten auch durch die im Abschnitt 13.6 erläuterte Rückkopplungskompensation vermeiden.

Das in Abb. 13.2 dargestellte Modell kann sehr vielfältige unterschiedliche Anordnungen beschreiben, was an einem Beispiel demonstriert werden soll. Falls *Q* einen Verbrennungsmotor darstellt, kann *z* wahlweise als die von einem Abgaskanal oder vom genannten Aggregat direkt abgestrahlte Schallleistung definiert sein. Auch die in ein Fundament eingeleitete Körperschallleistung kann eine sinnvolle Festlegung der Zielgröße *z* sein. Für die Ansteuerung der Gegenquellen können in y_R beispielsweise die Drehzahl sowie der Schalldruck im Abgaskanal vor der Sekundärquelle zusammengefasst sein. Je nach verwendeter Zielgröße kommen für z_R Größen wie Schalldruck im Abgaskanal hinter den Sekundärquellen, Schalldruck in ausgewählten Punkten des Fahrzeuginneren oder des umgebenden Raumes bzw. Feldgrößen im Fundament in Frage.

Sieht man von den Vorrichtungen zur Messung der Größen y_R, z und z_R ab, so beschreiben die Blöcke B, C und Q ausschließlich akustische (bzw. mechanische) Systeme, die deshalb auch in einem einzigen akustischen System **AS** (bzw. mechanischen System **MS**). zusammengefasst werden können. Durch Integration der in A enthaltenen elektromechanischen Wandler kann dieses System zu einem elektroakustischen System **EAS** (bzw. elektromechanischen System **EMS**) erweitert werden.

An diesem strukturellen Formalismus wird sehr anschaulich deutlich, wie die klassische Aufgabe jeder Lärm- und Schwingungsminderung, ausgewählte Zielgrößen *z* eines akustischen oder mechanischen Systems **AS** bzw. **MS** mit geeigneten (passiven) akustisch/mechanischen Maßnahmen zu beeinflussen, durch die gezielte Anwendung elektroakustischer (bzw. elektromechanischer) Wandler in die Aufgabe der aktiven Beeinflussung eines elektroakustischen (bzw. elektromechanischen) Systems **EAS** (bzw. **EMS**) überführt wird.

Die Blockstruktur von Abb. 13.2 und die durch die Systeme *A*, *B*, *C* und *Q* beschriebenen Funktionalitäten und Medien weisen die Problemstellung als allgemeine Steuerungs- und Regelungsaufgabe mit verteilten Parametern aus [13.4, 13.49–13.53]. Sie enthält einige einfache Standardformen der Signalverarbeitung sowie der Steuerungs- und Regelungstechnik als Sonderfälle.

In der Terminologie der letzteren repräsentiert y_P eine oder mehrere Störgrößen, die durch die in *A* enthaltenen Gegenquellen möglichst gut kompensiert werden sollen, so dass die in *z* zusammengefassten Zielgrößen minimal werden. Falls durch y_R hinreichende a priori-Kenntnisse über das Zeitverhalten von y_P vorliegen, kann die erforderliche Stellgröße *u* ausschließlich aus y_R abgeleitet werden. Dies führt auf eine in der Regelungstechnik mitunter auch als Störgrößenaufschaltung bezeichnete Steuerung.

Im Gegensatz dazu führt die Auswertung der Ziel- oder Regelgröße $z = y$ auf einen Standardregelkreis mit Störungen, in dem als Führungsgröße der Sollverlauf $y = 0$ vorgegeben werden kann.

Unabhängig vom Anwendungsfall sollte man beim Entwurf des Systems stets bestrebt sein, den durch y_R mess- und somit vorhersehbaren Einfluss von Störgrößen durch rückkopplungsfreie Steuerungen auszugleichen. Erst danach ist es sinnvoll, den nicht aussteuerbaren Komponenten der Regelgröße *y* durch Regler entgegenzuwirken [13.54].

Bei der Festlegung von Struktur und Parametern der Steuerung und des Reglers kann auf vielfältige Methoden der analogen und digitalen Regelungstechnik mit einer oder mehreren Regelgrößen sowie des Entwurfs von Signalverarbeitungssystemen zurückgegriffen werden, wie sie in [13.4] bzw. in der einschlägigen Literatur zur Systemtheorie, Regelungstechnik und digitalen Signalverarbeitung beschrieben sind.

13.4 Grundsätzliche Betrachtungen zur Wirkungsweise aktiver Systeme

Eine in weiten Grenzen beliebige Veränderung vorhandener Wellenfelder setzt zwangsläufig deren Kompensation voraus. Nur was kompensiert werden kann, kann durch andere, überlagerte Feldverteilungen ersetzt, zu diesen hin verändert werden. Deshalb basieren aktive Methoden, sieht man von unmittelbaren Eingriffen in Schallentstehungsmechanismen ab, auf der negativen Nachbildung mechanischer Schwingungs- und Wellenfelder. Dabei bedeutet Feldnachbildung allgemein die Approximation einer vorgegebenen primären Feldgröße $f_p(x,t)$ in Raum und Zeit, d.h. in einer unendlich großen Zahl von Raumpunkten $x = [x_1, x_2, x_3]^T$ und Zeitpunkten t, durch eine sekundäre Feldgröße $f_s(x,t)$.

Da die Erzeugung von $f_s(x,t)$ und somit diese Approximation nur mit endlichem Stellaufwand, d.h. mit einer endlichen Zahl von Stellgliedern bzw. beeinflussbarer Freiheitsgrade, möglich ist, kann die Forderung nach Gleichheit von f_p und f_s nicht für alle x und t, sondern nur für eine endliche Untermenge erfüllt werden.

Jede Feldverteilung kann in Abhängigkeit sehr unterschiedlicher Parameter beschrieben werden. Daher muss die Festlegung dieser Untermenge nicht unbedingt im Raum-/Zeitbereich erfolgen. Sie kann vielmehr auf eine beliebige parametrische Darstellung, etwa eine modale Zerlegung (Modaltransformation) oder die Superposition ebener Wellen (Fouriertransformation) gegründet werden. Die Nachbildung von Wellen ermöglicht die Beeinflussung ihrer Ausbreitung, während die Nachbildung modaler Amplituden unmittelbar auf die aktive Dämpfung der zugehörigen Schwingungsmoden zielt.

Das Ziel bei der Zugrundelegung einer geeigneten Feldbeschreibung, die relevante Feldinformation mit möglichst wenigen Parametern zu erfassen, entspricht direkt der wichtigen Forderung, die zugehörige Feldbeeinflussung durch möglichst wenige Wandler zu ermöglichen. Somit ergibt sich die Entscheidung für eine dieser Betrachtungsweisen aus der konkreten Aufgabenstellung. Solange nur wenige Moden einer Struktur zu einem störenden Geräusch beitragen, empfiehlt sich eine modale Betrachtungsweise sowie die Beschränkung der aktiven Maßnahme auf diese relevanten Moden. Im Gegensatz dazu ist es z.B. bei eindimensionalen Wellenfeldern ratsam, das Feld nur durch hin- und rücklaufende Wellen zu charakterisieren.

Da beide Ansätze das gleiche Feld beschreiben oder – bei endlicher Parameterzahl – approximieren, bedingen sie sich auch gegenseitig. So kann die unmittelbare Beeinflussung sich ausbreitender Wellen auch die Moden und somit die Resonanzen einer Struktur unterdrücken, wenn über mechanische Rückkopplungen geschlossene Ausbreitungswege unterbrochen werden, etwa durch Absorption einfallender Wellen [13.55]. Deshalb hat das Wellenausbreitungskonzept auch Einzug in die traditionell in Moden denkende Schwingungstechnik gehalten, wobei zunächst Anwendungen bei großen, leichten Raumstationen im Vordergrund standen [13.43, 13.56].

Neben der Konzentration auf Moden und ebene Wellen hat es weitere Versuche gegeben, die aktive Feldbeeinflussung theoretisch zu untermauern. Von ihnen seien hier die direkte Steuerung des Leistungsflusses [13.57] und die Steuerung aktiv realisierter Impedanzen [13.58] erwähnt. Impedanzsteuerungen haben den Vorteil, dass ihre Wirkung nur von der lokalen Impedanz des betrachteten Mediums abhängt. Dadurch entfällt die Notwendigkeit, die Wellenausbreitung in diesem Medium zu modellieren. Doch dieser Vorteil muss stets im Zusammenhang mit der Schwierigkeit gesehen werden, lokale Kriterien zu finden, die das globale Verhalten hinreichend beschreiben. Ein Beispiel, wie eine geschickt gewählte Anordnung hohe Dämpfungswerte eines aktiven Schalldämpfers auf die Minimierung der Wandimpedanz zurückführt, findet man in [13.59].

Eine direkte Verbindung zum globalen Verhalten bietet die gezielte Beeinflussung der Leistungsflüsse. Aufgrund der Abhängigkeit aller Leistungsflüsse, auch der primär zugeführten, von den sekundären Maßnahmen hat es sich jedoch als vorteilhaft erwiesen, Leistungsflüsse nur indirekt als Folge der Beeinflussung anderer Zielgrößen, etwa der Amplituden sich ausbreitender Wellen, zu steuern [13.60].

Im Folgenden wird versucht, im Hinblick auf die wichtigsten Konzepte der Modellierung und Überlagerung von Feldern eine systematische Unterstützung für die Auslegung aktiver Systeme zu geben.

13.4.1 Vorgehensweise bei der Auslegung aktiver Systeme

Da die aktive Beeinflussung von Schall- und Schwingungsfeldern auf der Überlagerung geeigneter Sekundärfelder beruht, besteht die wesentliche Aufgabe bei der Auslegung aktiver Systeme in der Festlegung von günstigen, d.h. möglichst wirkungsvollen Sekundärquellen und den zugehörigen Interaktionspunkten. Von der Art, der Zahl und dem Ort der sekundären Quellen hängt entscheidend ab, wie gut die vorgegebenen Sollverläufe der Zielgrößen z erreicht werden können oder, in der Sprache der Regelungstechnik, wie steuerbar das betrachtete System (EAS bzw. EMS) ist.

Dabei ist es naheliegend, die Beeinflussbarkeit der Zielfeldgrößen aus physikalischen Betrachtungen abzuleiten, etwa indem das primäre Feld systematisch auf dem Ausbreitungsweg von der Quelle bis hin zu den Zielpunkten analysiert und auf die Wirkung zusätzlich anregender Sekundärquellen hin untersucht wird.

Diese Vorgehensweise entspricht ganz dem bewährten Konzept der passiven Lärmbekämpfung, den Ausbreitungsweg des zu unterdrückenden Schalls von der Quelle bis zum Empfangsort auf eine optimal platzierte Maßnahme hin zu untersuchen und damit den beabsichtigten Immissionsschutz durch möglichst emissionsnahe Maßnahmen zu optimieren. Die folgenden Abschnitte werden daher exemplarisch untersuchen, wie, d.h. mit welchen Quellen, an welchen Orten und mit welcher Wirkung Schall und Schwingungen

- an der Quelle, dem Ort der Einleitung,
- im Verlauf der Ausbreitung des Feldes bzw. der Feldgrößen sowie schließlich
- in einem vorgegebenen Zielbereich

aktiv beeinflusst werden können.

Auch die Festlegung der Messkette, die die zu beeinflussenden Zielgrößen z sowie die zur Beeinflussung verfügbaren Signale z_R und y_R erfasst, entscheidet wesentlich über den Erfolg einer aktiven Maßnahme, wie gut das angestrebte Sollverhalten erfasst wird oder, in der Sprache der Regelungstechnik, wie beobachtbar das betrachtete System (EAS bzw. EMS) ist. Im Hinblick auf die Laufzeit, die die Signalverarbeitungseinheit G benötigt, um aus den verfügbaren Eingangssignalen y_R und z_R optimale und phasengenaue Steuersignale u zu errechnen, ist es wichtig, nicht nur geeignete, sondern auch rechtzeitige, d.h. mit dem nötigen Vorlauf verfügbare Signale y_R und z_R zu erfassen.

Daraus lässt sich eine Strategie für die Auslegung aktiver Systeme ableiten:

1. Formulierung des Ziels einer aktiven Maßnahme in Abhängigkeit einer endlichen Parameterschar. Als Parameter kommen beispielsweise die komplexen Amplituden von Wellen oder von Moden oder die ebenfalls komplexen Amplituden von Schalldrücken in vorgegebenen Punkten in Frage.
2. Festlegung derjenigen Quellanordnung (A), die nach Art und Lage am besten geeignet ist, das in 1. formulierte Ziel mit vertretbarem Aufwand zu erreichen.
3. Festlegung derjenigen Messvorrichtung (in C), die ebenfalls nach Art und Lage am besten geeignet ist, das in 1. formulierte Ziel rechtzeitig und mit vertretbarem Aufwand zu erfassen.
4. Festlegung der Struktur und der Parameter der Signalverarbeitungseinheit G, um die durch 1. bis 3. gegebenen Beeinflussungsmöglichkeiten optimal umzusetzen.

Der bewährte Grundsatz, Schall und Schwingungen nach Möglichkeit bereits an der Quelle zu unterdrücken, behält auch bei aktiven Methoden oft seine Gültigkeit. Dies gilt nicht nur für die Verhinderung der Energieeinleitung durch Reflexion oder Absorption an der Anregestelle. Auch die Entstehung des abgestrahlten Feldes kann durch aktive Methoden mitunter sehr wirkungsvoll unterbunden werden.

Insbesondere dann, wenn durch instabile Wechselwirkungen ermöglichte selbsterregte Grenzzyklen die Ursache eines Schall- oder Schwingungsfeldes sind, können einfache Maßnahmen Stabilität und somit die Unterdrückung des Entstehungsmechanismus bewirken.

Im Folgenden werden die wichtigsten physikalischen Konzepte der Schallbeeinflussung kurz erläutert. Sie haben wegen der einschränkenden idealisierten Annahmen nicht immer einen unmittelbaren Bezug zu praktisch realisierbaren Anordnungen. Dennoch vermitteln sie physikalische Einsichten, mit deren Hilfe der erforderliche Quellaufwand oder Frequenzbeschränkungen abgeschätzt werden können. Auch die interessante Frage, welches Schicksal die beteiligten Energien bzw. Leistungen erleiden, kann vor diesem Hintergrund beantwortet werden.

Wegen der großen Bedeutung, die die Kompensation von Feldern auch für die Approximation beliebiger anderer Feldverteilungen hat, steht die Feldkompensation im Vordergrund der folgenden Betrachtungen. Dies erscheint gerechtfertigt, weil die Approximation beliebiger Felder konzeptionell stets auf die Approximation eines verschwindenden Feldes zurückgeführt werden kann.

13.4.2 Quellnachbildung

Da sowohl die Beeinflussung mehrdimensionaler Wellenausbreitung als auch die Kompensation von Schwingungsfeldern mit hoher Modendichte einen großen, i.d.R. schwer realisierbaren Aufwand an Sensoren und Wandlern erfordern (vgl. 13.4.3 und 13.4.4), ist es nahe liegend, die phasenverkehrte Nachbildung des Feldes durch entsprechende Nachbildung der Quellen des Feldes zu versuchen.

Abbildung 13.3 veranschaulicht dies symbolisch anhand von primären (nach unten wirkenden, ↓) und sekundären (um 180° phasenverschobenen und deshalb nach oben wirkenden, ↑) Quellpfeilen, die etwa Lautsprecher in einem Raum oder auf eine Platte einwirkende Kräfte symbolisieren können.

Je kleiner der Abstand zwischen zwei negativ gleichen Quellen ist, um so mehr löschen sich die von ihnen hervorgerufenen Felder aus: die Quellen hindern sich gegenseitig an der Schallabstrahlung. Nennenswerte Feldabnahmen setzen demnach nicht nur einfach nachzubildende Quellen (möglichst ohne Richtwirkung) voraus. Auch der Abstand zwischen primärer und sekundärer Quelle muss kleiner als eine halbe Wellenlänge bleiben [13.1, 13.61]. Dies gilt nicht nur im Freifeld, sondern auch in abgeschlossenen Volumina bei hoher Modendichte [13.1].

In dem Maße, in dem eine Nachbildung der Quellen gelingt (z.B. in einem bestimmten Frequenzintervall) ist die Feldnachbildung und somit auch die Kompensation global, d.h. sie kann im gesamten betrachteten Raum gültig sein. Wie aus Abb. 13.3 ersichtlich ist, kann solch globale Kompensation auch mit lokal angeordneten Sensoren erreicht werden, denn die amplituden- und phasenrichtige Nachbildung von Quellen kann durch lokale Messungen gesteuert werden.

Die Behinderung der Abstrahlung ist mit Erfolg praktisch realisiert worden, etwa an der Austrittsöffnung des Abgasschachtes einer Gasturbine. An einer solchen wurde auch erstmals die zuverlässige Realisierbarkeit außerhalb von Laboren nachgewiesen [13.62, 13.63]. Durch ringförmige Anordnung von insgesamt 72 Basslautsprechern um die Austrittsöffnung herum gelang es, den Schalldruckpegel im Fernfeld zwischen 20 Hz und 50 Hz um mehr als 10 dB zu verringern (Abb. 13.4).

Darüber hinaus kann sie auch bei Körperschallproblemen erfolgreich eingesetzt werden,

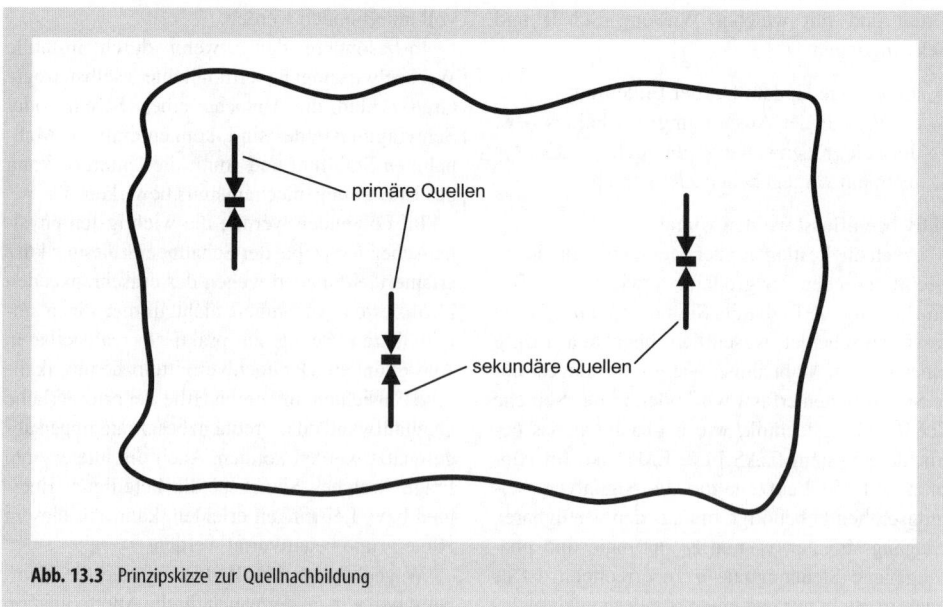

Abb. 13.3 Prinzipskizze zur Quellnachbildung

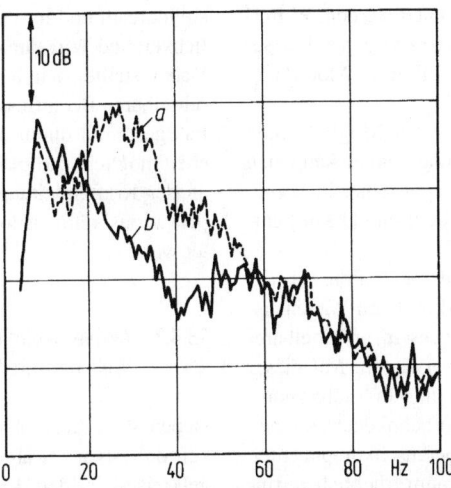

Abb. 13.4 Schalldruckpegel im Fernfeld des Abgasschachts einer Gasturbine ohne (a) und mit (b) Gegenquellen an der Austrittsöffnung [13.7]

indem eine zusätzlich aufgebrachte sekundäre Kraft die daneben befindliche ursprüngliche Kraft kompensiert. Dies ist insbesondere dann wirkungsvoll, wenn diese primäre Kraft als Punktkraft angesehen werden kann.

Für tiefe Frequenzen ist diese Forderung in der Regel an den Kopplungsstellen elastischer Lagerungen erfüllt. Durch geeignete Ansteuerung einer parallel zu den Federn aufgebrachten zweiten Kraft (Abb. 13.5) kann die über die Federn übertragene Kraft kompensiert werden. Die resultierend in das Fundament eingeleitete Kraft verschwindet dann und das zu entkoppelnde Aggregat schwingt frei und unbehindert.

Gegenüber alternativen Anbringungen der Kraftquellen [13.64] hat die in Abb. 13.5 skizzierte Anordnung den Vorteil, nur die dynamischen Kraftanteile aufbringen zu müssen, da der statische Anteil von der passiven Feder übernommen wird. Auch bei hohen Frequenzen bleibt die gute Dämmwirkung dieser Feder erhalten und so verbleibt für die Kraftquelle die Aufgabe, die schlechte Körperschalldämmung bei tieferen Frequenzen einschließlich des Bereichs der Masse/Feder-Resonanz zu verbessern. Bei geeigneter Ansteuerung des Kraftwandlers kann dies durch eine Verschiebung der resultierenden Resonanzfrequenz zu tieferen Frequenzen bei gleichzeitiger Verringerung der Resonanzüberhöhung erreicht werden [13.65].

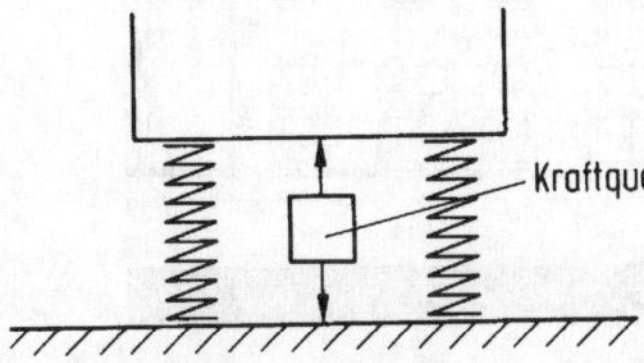

Auch bei harmonischer Anregung können wegen der Vorhersagbarkeit des Signalverlaufs Isolierwirkungen erzielt werden, die mit passiven Lagerungen vielfach unerreichbar sind. Ein eindrucksvolles Beispiel findet sich in Abschn. 13.6.

Aktive Schwingungsisolierungen, die häufig auch als aktive Lagerungen bezeichnet werden, bieten somit die begründete Aussicht, in speziellen, durch hohe Anforderungen gekennzeichneten Fällen unverzichtbares Werkzeug des Schwingungsingenieurs zu sein.

Anwendungen reichen von der schwingungsfreien Lagerung hochempfindlicher Arbeitsprozesse [13.65, 13.66], wo aktive Lagerungen schon heute häufig eingesetzt werden, bis zur verbesserten Lagerung von Motoren oder anderer schwin-

Abb. 13.5 Kompensation der Federkräfte durch eine parallel angeordnete Kraftquelle

gungserzeugender Aggregate. Auch das Bedienpersonal erschütterungsintensiver Arbeitsmaschinen kann so zusätzlich geschützt werden. Weitergehende Hinweise zu zwei vorübergehend in Serienfahrzeugen realisierten aktiven Motorlagerungen finden sich in [13.67].

Allgemeine Angaben zu den Möglichkeiten und zur Auslegung aktiver Lagerungen kann man [13.2, 13.3 und 13.6] sowie ggf. einer in Vorbereitung befindlichen VDI-Richtlinie [13.68] entnehmen.

Als konkretes Beispiel sei hier auf die Einwirkung zusätzlicher Sekundärkräfte am Wagenkasten eines ICE Reisezugwagens in unmittelbarer Nähe der Sekundärfedern verwiesen. Mit dieser aktiven Maßnahme konnten die von Radharmonischen auf bestimmten Fahrbahnkonstruktionen angeregten tieffrequenten Geräuschkomponenten bei etwa 90 Hz im Fahrgastraum erheblich verringert werden. Aus dem Vergleich der in Abb. 13.6 wiedergegebenen räumlichen Schalldruckverteilungen (Rollenprüfstand der Deutschen Bahn AG, $v = 200$ km/h) ist ersichtlich, dass diese Minderungen an bestimmten Plätzen bis zu 20 dB betrugen. Der Mittelwert über eine Gruppe von 6 Sitzen betrug bis zu 12 dB [13.69, 13.70].

Die Platzierung von geschichteten Piezoelementen innerhalb der Sekundärfedern war das Ergebnis einer systematischen Vorstudie, in der unterschiedliche aktive Konzepte im Drehgestellbereich und im Fahrgastraum auf ihre Tauglichkeit und Wirksamkeit hin untersucht wurden. Dabei stellte sich heraus, dass auch eine unmittelbare Beeinflussung des Schallfelds im Fahrgastraum durch dort angebrachte Lautsprecher möglich, die globale Kompensation durch an der Krafteinleitungsstelle angebrachte Kompensationskräfte jedoch insgesamt vorteilhafter war.

13.4.3 Aktive Beeinflussung der Wellenausbreitung

Neben Stabilitätsproblemen liegt eine Schwierigkeit des zuvor erwähnten einfachen Standardregelkreises in den Laufzeiten des sekundären Schallfeldes und des elektronischen Reglers. Deshalb liegt es nahe, die endliche Geschwindigkeit der Wellenausbreitung bzw. die zugeordnete Laufzeit des zu beeinflussenden primären Wellenfeldes auszunutzen. Sie erlaubt eine zeitliche Vorhersage, wenn die Feldgrößen vor Erreichen des Ortes der Überlagerung gemessen werden. Dann ist es möglich, die Laufzeit der sich ausbreitenden Welle zu nutzen, um den optimalen

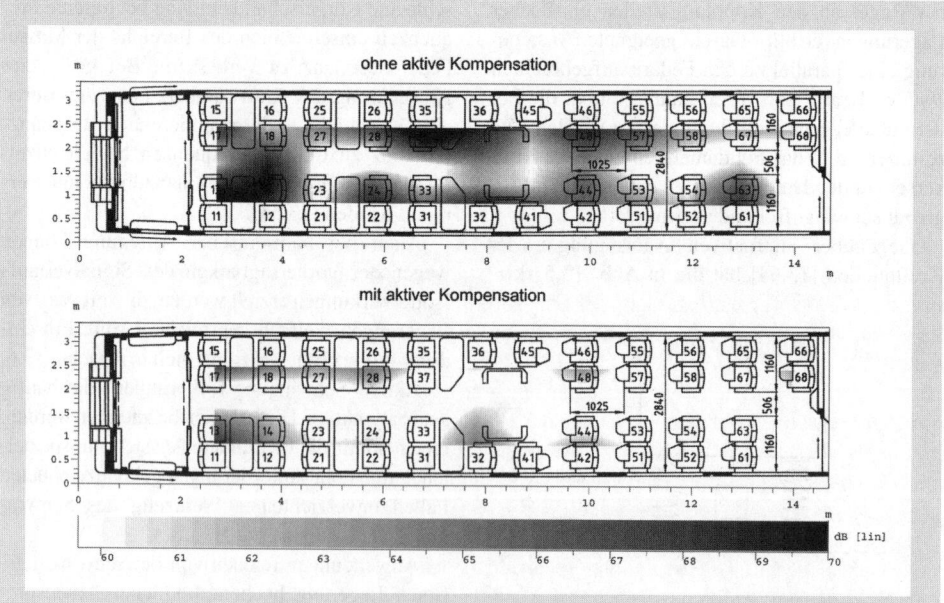

Abb. 13.6 Räumliche Schalldruckverteilung im Fahrgastraum eines ICE-Reisezugwagens ohne *(oben)* und mit *(unten)* aktiver Kraftkompensation an den Sekundärfedern des Drehgestells

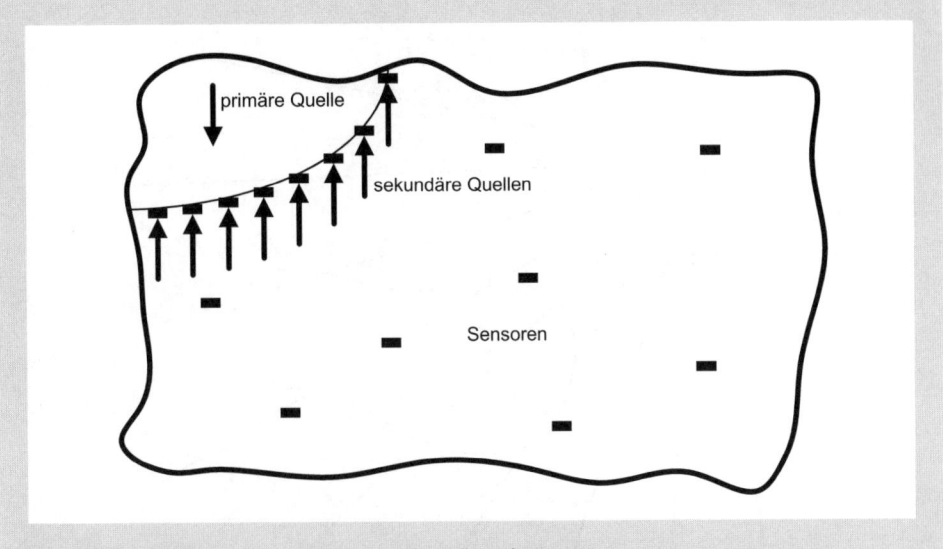

Abb. 13.7 Prinzipskizze zur aktiven Beeinflussung der Wellenausbreitung

Verlauf einer geeignet platzierten interferierenden Feldquelle zu bestimmen. Wie aus der Prinzipskizze von Abb. 13.7 ersichtlich ist, kann damit die Ausbreitung der Welle erheblich behindert und unter Umständen sogar völlig unterdrückt werden.

Die Möglichkeit, Feldgrößen aus ihren Werten auf einer davor liegenden Wellenfront abzuleiten, folgt aus dem Prinzip von Huygens. Dieses Prinzip in der Kirchhoff'schen Formulierung war auch der Ausgangspunkt grundlegender Überlegungen, die zuerst von Malyushinets [13.71] und Jessel [13.36] angestellt wurden.

Danach kann innerhalb eines durch eine geschlossene Fläche F begrenzten Volumens V das Feld beliebiger außerhalb V befindlicher Quellen Q stets auch durch flächenhaft auf F verteilte Ersatzquellen Q^* erzeugt werden. Für den Fall innerhalb V verschwindender Quellen ist dies in Abb. 13.8 und 13.9 dargestellt.

Dies aber ist – bis auf die Vorzeichenumkehr – das Ziel der aktiven Feldbeeinflussung: die Ermittlung von Quellverteilungen $-Q^*$, die ein gemäß Abb. 13.8 vorgegebenes Feld in einem Volumen V phasenverkehrt reproduzieren.

Diese Forderung ist nicht eindeutig, sie kann von verschiedenen Quellverteilungen erfüllt werden. Eine der dadurch möglichen Zusatzforderungen legt fest, dass die Quellen Q^* ein Feld erzeugen sollen, das – wie in Abb. 13.9 dargestellt – nicht nur ein gegebenes in V reproduziert, sondern darüber hinaus außerhalb V verschwindet.

Bei Luftschallfeldern bestehen die dazu erforderlichen Quellen aus einer über F kontinuierlich verteilten Monopol- und Dipoldichte und bewirken eine vollkommen rückwirkungsfreie Kompensation des Schallfeldes in V, bei der das Feld außerhalb V unverändert bleibt (Abb. 13.10).

Eine derart betriebene Anordnung stellt einen aktiven Absorber dar, bei dem das gesamte einfallende Primärfeld unverändert bleibt und von den Gegenquellen $-Q^*$ aufgefangen wird. Auch die vom ursprünglichen Primärfeld zu den Gegenquellen transportierte Leistung wird von diesen dem Feld entzogen und ggf. an anderer Stelle wieder zugeführt. Etwaige Leistungsabsorption innerhalb V wird nun von den Gegenquellen $-Q^*$ übernommen.

Anders als bei der in Abb. 13.10 skizzierten Anordnung, die nicht nur einfallende Leistung absorbiert, sondern auf Teilen der Fläche F auch selbst Leistung abgibt, um das Feld im Außenraum nicht zu verändern, könnte eine andere Quellverteilung dadurch gekennzeichnet sein, dass die Quellen $-Q^*$ auf F nur Leistung aufnehmen. Der Feldverlauf eines auf diese Weise erreichbaren aktiven Absorbers ist in Abb. 13.11 skizziert.

Hier sind die Energieverhältnisse etwas komplizierter und hängen sehr vom konkreten Einzelfall ab. Das von den Gegenquellen erzeugte Feld

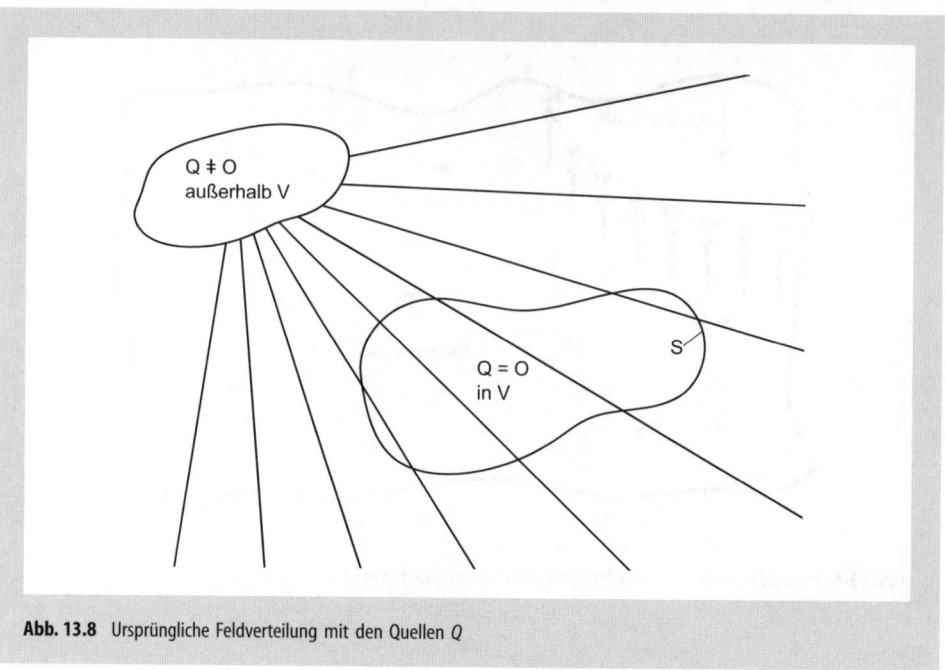

Abb. 13.8 Ursprüngliche Feldverteilung mit den Quellen Q

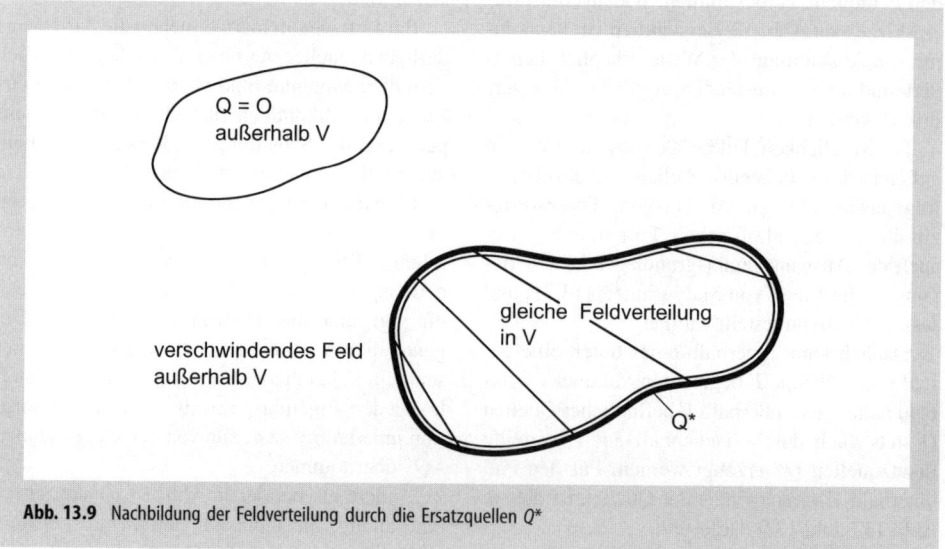

Abb. 13.9 Nachbildung der Feldverteilung durch die Ersatzquellen Q^*

wirkt auf die Primärquellen zurück und verändert somit deren Strahlungsumgebung. Einen Eindruck von den Möglichkeiten solcher Interaktion kann man an einfachen Beispielen gewinnen, wie sie etwa in [13.8, 13.55, 13.72, 13.73] ausgeführt sind.

Die Nachbildung des Feldes in V ist auch mit einfacheren Quellanordnungen möglich, doch dann nicht mehr mit zusätzlichen Forderungen an das Sekundärfeld außerhalb V. Die Kompensation ist nicht mehr rückwirkungsfrei, das Feld außerhalb V ändert sich und die Anordnung stellt einen aktiven Reflektor dar, an dem das einfallende Primärfeld gestreut wird (Abb. 13.12).

Die angestellten Überlegungen zeigen, dass sekundäre Quellverteilungen auf der Randfläche F, je nach Aufwand, primäre Wellenfelder durch

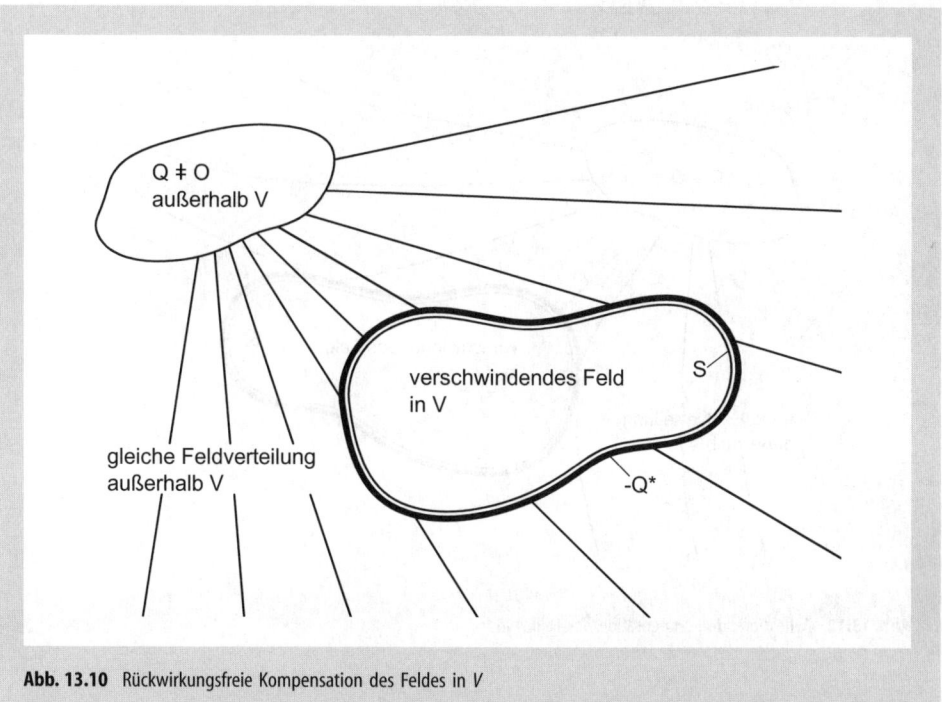

Abb. 13.10 Rückwirkungsfreie Kompensation des Feldes in V

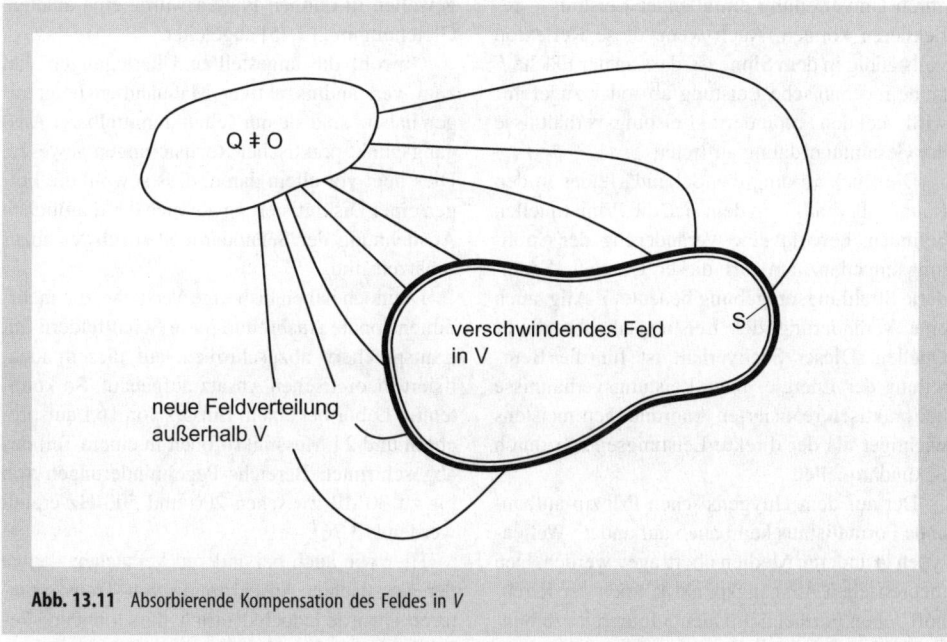

Abb. 13.11 Absorbierende Kompensation des Feldes in V

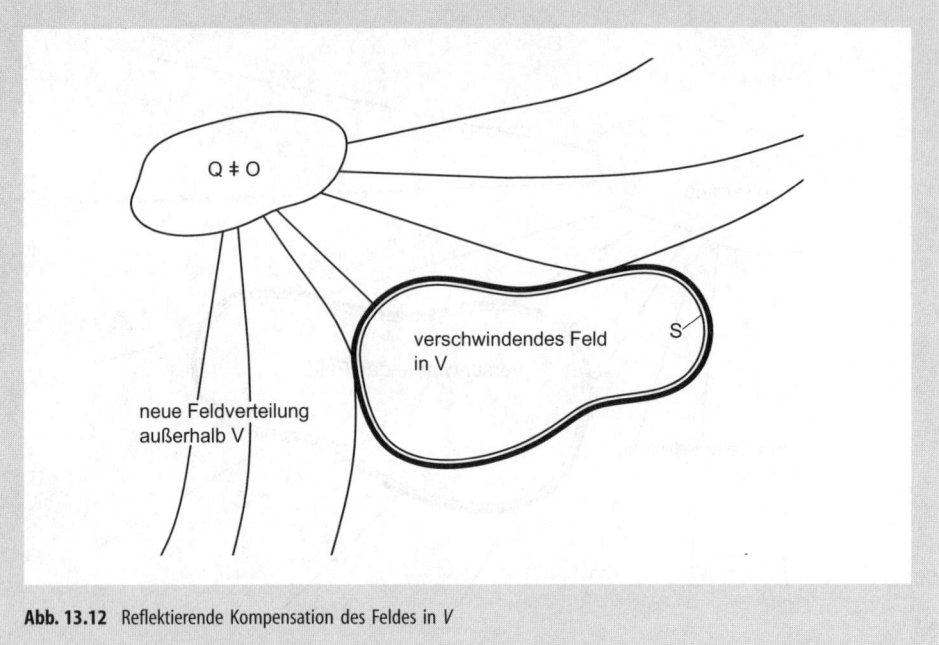

Abb. 13.12 Reflektierende Kompensation des Feldes in *V*

Entzug einfallender Leistung absorbieren oder – durch Umverteilung einfallender Leistung – reflektieren können. Auch wenn diese Reflexion vollständig in dem Sinne ist, dass an der Fläche *F* keine mechanische Leistung ab- oder zugeführt wird, können veränderte Leistungsverhältnisse der Gesamtanordnung auftreten.

Die Rückwirkung des Sekundärfeldes in den Raum außerhalb *V*, in dem sich die Primärquellen befinden, bewirkt eine Veränderung der Strahlungsimpedanz am Ort dieser Quellen. Veränderte Strahlungsumgebung bedeutet i. Allg. auch eine Veränderung der Leistungsabgabe dieser Quellen. Dieser Sachverhalt ist für die Beurteilung der Energie- bzw. Leistungsverhältnisse bei praktisch realisierten Anordnungen meistens wichtiger als der direkte Leistungsentzug durch Sekundärquellen.

Der auf dem Huygens'schen Prinzip aufbauende Formalismus kann auch auf andere Wellentypen in anderen Medien übertragen werden. Den theoretischen Ausgangspunkt können der Kirchhoff'schen Formel äquivalente Integralbeziehungen bilden, die für jedes durch selbstadjungierte Differentialoperatoren definierte Randwertproblem angegeben werden können. Für den allgemeinen Fall eines elastischen Festkörpers mit Schubdeformation finden sich solche Beziehungen in [13.74]. Für den im Zusammenhang mit akustischer Abstrahlung wichtigen Fall der Biegewellen in dünnen Platten wurde eine analoge Gleichung in [13.75] abgeleitet.

Obwohl die angestellten Überlegungen viel zum Verständnis aktiver Maßnahmen beigetragen haben, sind sie nur selten unmittelbarer Ausgangspunkt praktischer Realisierungen gewesen. Dies liegt vor allem daran, dass sowohl die Folgen einer Diskretisierung als auch der räumlichen Ausdehnung der Sekundärquellen schwer abzuschätzen sind.

Dennoch haben bisherige Versuche, die mehrdimensionale Ausbreitung von Schallfeldern mit Lautsprechern abzuschirmen, auf diesem idealisiert theoretischen Ansatz aufgebaut. So konnten im Labor bei einem Einsatz von 16 Lautsprechern und 24 Messmikrofonen in einem Teil des abgeschirmten Bereichs Pegelminderungen von bis zu 30 dB zwischen 200 und 500 Hz erzielt werden [13.76].

Hier wie auch bei anderen Versuchen – etwa der akustischen Abschirmung von Transformatoren – wurde jedoch deutlich, dass lohnende Pegelabnahmen in nennenswerten Gebieten einen sehr hohen Aufwand erfordern. So bleibt – trotz prinzipieller Funktionsnachweise – der praktische Einsatz aktiver Schallschirme bei mehrdimensionaler Wellenausbreitung aus heutiger Sicht nur schwer vorstellbar.

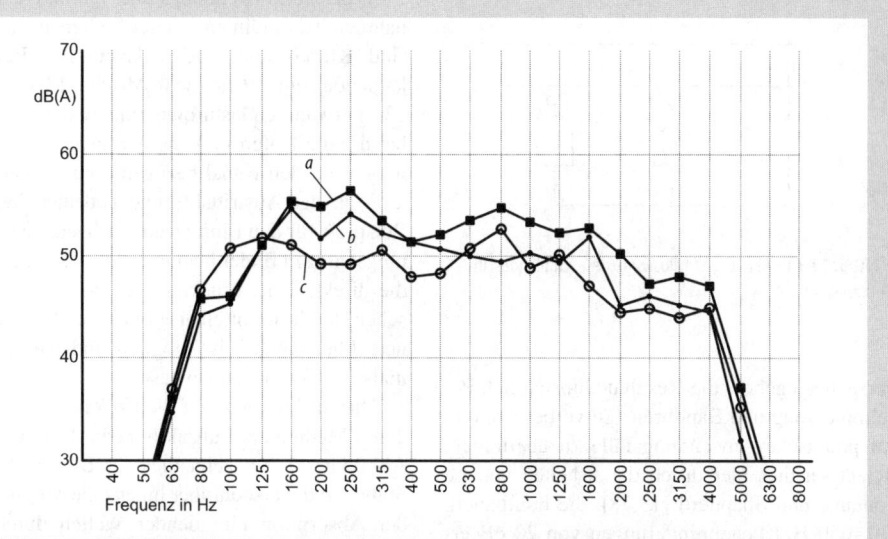

Abb. 13.13 Vergleich der Schalldruckpegel hinter einer Schallschutzwand ohne Aufsatz *(a)*, mit absorbierendem Abschluss *(b)* und mit aktiv realisiertem weichem Abschluss *(c)*, [13.77]

Eine Ausnahme bildet der in [13.77] beschriebene Ansatz, den Beugungswinkel von Schallschirmen durch aktive Realisierung einer optimalen Impedanz an der Schirmkante zu verringern und damit die Abschirmwirkung zu verbessern. Da bei der Beugung das lokale Kriterium Impedanz das globale Verhalten im Sinne der Aufgabenstellung hinreichend beschreibt, entfällt die Notwendigkeit, die Wellenausbreitung im betrachteten Raum zu modellieren.

Abbildung 13.13 zeigt für einen repräsentativen Messpunkt hinter einer Schallschutzwand, wie mit einem an der Oberkante aktiv realisierten, schallweichen Abschluss (Acoustical Soft Edge) der Schalldruckpegel für Frequenzen zwischen 200 und 600 Hz um 4 bis 8 dB verringert werden kann. Auch gegenüber der mit einem schallabsorbierenden Zylinder abgeschlossenen Schallwand ergeben sich noch Verbesserungen von 2–5 dB.

Die geltend gemachte Einschränkung der Beeinflussung mehrdimensionaler Wellenausbreitung gilt nicht für den eindimensionalen Sonderfall. Insbesondere dann, wenn unterhalb bestimmter Frequenzen nur eine endliche Anzahl von Wellentypen bzw. -moden ausbreitungsfähig ist, kann diese Ausbreitung mit begrenztem Aufwand wirkungsvoll beeinflusst werden.

Am einfachsten sind die Verhältnisse in Kanälen, wenn die betrachteten Frequenzen die unterste Grenzfrequenz nicht übersteigen. Dann sind nur ebene Wellen ausbreitungsfähig und es ist gleichgültig, wo der sie anregende Volumenfluss eingeleitet wird. Die an sich benötigten, über die Querschnittsfläche des Kanals verteilten Monopol- und Dipolquellen können wie in Abb. 13.14 durch unabhängig angesteuerte, in der Kanalwand montierte Lautsprecher ersetzt werden.

Die Approximation eines Dipolstrahlers durch zwei hintereinander angeordnete Monopolquellen bewirkt eine Begrenzung der realisierbaren Bandbreite. Swinbanks [13.35] zeigte auf, wie die Bandbreite durch zusätzliche Lautsprecher vergrößert werden kann.

Abbildung 13.14 enthält auch den Sonderfall nur eines Lautsprechers ($H_2 = 0$), der bei praktischen Realisierungen zunächst die häufigere Verbreitung gefunden hat. Der Lautsprecher L_1 wird dabei stets so betrieben, dass er das einfallende Wellenfeld reflektiert und somit den Kanal hinter L_1 feldfrei hält. In Analogie zu den Überlegungen zu Beginn dieses Abschnitts kann diese einen aktiven Reflektor darstellende Anordnung durch L_2 zu einem Absorber erweitert werden, wobei L_2 so angesteuert wird, dass die von L_1 reflektierte Welle absorbiert wird und sich nicht über L_2 hinaus ausbreitet [13.35, 13.61].

Nach dem experimentellen Nachweis der Realisierbarkeit dieser Ansätze [13.38] hat es viele

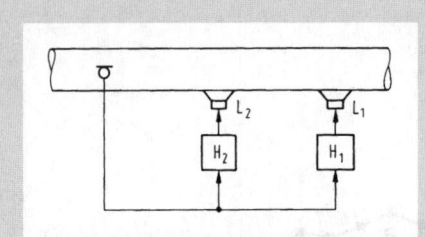

Abb. 13.14 Aktive Beeinflussung des Schallfeldes in Kanälen

Versuche gegeben, die Resultate hinsichtlich Pegelminderung und Bandbreite zu verbessern und auf praktische Anwendungsfälle zu übertragen. Belegt sei dies hier durch die Arbeiten von La Fontaine und Shepherd [13.78], die breitbandig (30–650 Hz) Pegelminderungen von 20 dB erzielen konnten. Roure [13.79] konnte durch Verwendung eines adaptiven Filters das in Abb. 13.15 wiedergegebene Ergebnis bei gleichzeitiger Strömung nachweisen.

Die Begrenzung der aktiv erreichten Schalldämmung bei tiefen Frequenzen ist eine Folge der turbulenten Druckschwankung am Eingangsmikrofon, während die Wirkung bei hohen Frequenzen durch höhere Moden eingeschränkt wird.

Neben einer Vergrößerung der Bandbreite kann die Erhöhung der Zahl der Lautsprecher zur Unterdrückung zusätzlicher Moden verwendet werden, was nicht nur Gegenstand von Laboruntersuchungen war, sondern auch schon in Industrieanlagen zum Einsatz gekommen ist [13.11].

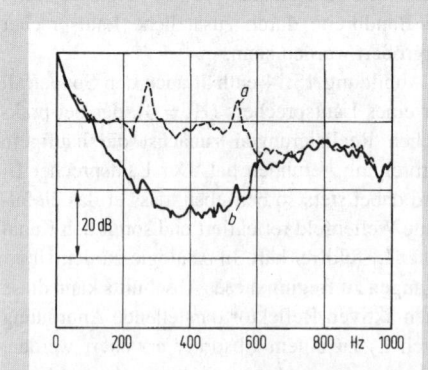

Abb. 13.15 Schalldruckpegel in einem durchströmten Kanal ohne *(a)* und mit *(b)* aktiv realisierter Dämmvorrichtung [13.79]

Typische Anwendungsfälle für aktive Maßnahmen bei eindimensionaler Wellenausbreitung sind Klima- und Abgasanlagen. Als Beispiel kann noch einmal auf die in Abschn. 13.4.2 (Abb. 13.4) erwähnte Gasturbine hingewiesen werden, bei der die Unterdrückung der äußeren Abstrahlung – auf den Kanal bezogen – eine Totalreflexion an der Austrittsöffnung bedeutet. Weitere Beispiele für den Einsatz aktiver Systeme in Lüftungsanlagen findet man in [13.80–13.82]. Auch die direkte Unterdrückung von Ventilatorgeräuschen durch unmittelbar an der Quelle angeordnete Lautsprecher ist möglich und wurde erstmals in [13.83] nachgewiesen.

Die Ausbreitung von Wellen kann auch in anderen Medien als Luft aktiv beeinflusst werden. Abbildung 13.16 zeigt dies für Biegewellen in Stäben und weist darüber hinaus die Möglichkeit der Absorption einfallender Wellen durch geeignet betriebene Sekundärquellen nach [13.61, 13.72]. Die dargestellte Abnahme des Reflexionsmaßes um 32 dB (im Mittel) wurde durch die Anbringung eines elektrodynamischen Schwingerregers am freien Ende des Stabes und negative Nachbildung des passiv reflektierten Primärfeldes erreicht. Dadurch gelang es, der Struktur 99,95 % der einfallenden mechanischen Leistung zu entziehen.

Dies verdeutlicht die in Abschn. 13.4 erwähnte Möglichkeit einer aktiven Bedämpfung von Strukturen mit resultierender multimodaler Resonanzunterdrückung. Der Ansatz hat einige Vorzüge gegenüber einer direkten Beeinflussung modaler Amplituden und kann somit bei strukturdynamischen Anwendungen vorteilhaft sein.

Eine praktische Anwendung, auf welche Weise die Unterdrückung der Übertragung mechanischer Schwingungen durch stabförmige Elemente benutzt werden kann, um das in Hubschrauberkabinen vom Getriebe verursachte dominante Geräusch wesentlich zu reduzieren, ist in [13.84] beschrieben.

Neben industriellen Abgasanlagen können auch die kleineren Abgas- und Ansauganlagen von Kraftfahrzeugen Gegenstand aktiver Maßnahmen sein [13.85–13.90]. Wie bei allen durchströmten Kanälen ließen sich so bei Abgasanlagen die mit passiven Maßnahmen stets verbundenen Druckverluste verringern, die zugehörige Leistung also einsparen oder anderweitig nutzen.

Da leistungsstarke Motoren hohe Schalldrücke in der Abgasanlage erzeugen, unterliegen die zu ihrer Kompensation einsetzbaren Wandler nicht nur hohen Temperatur-, sondern auch ho-

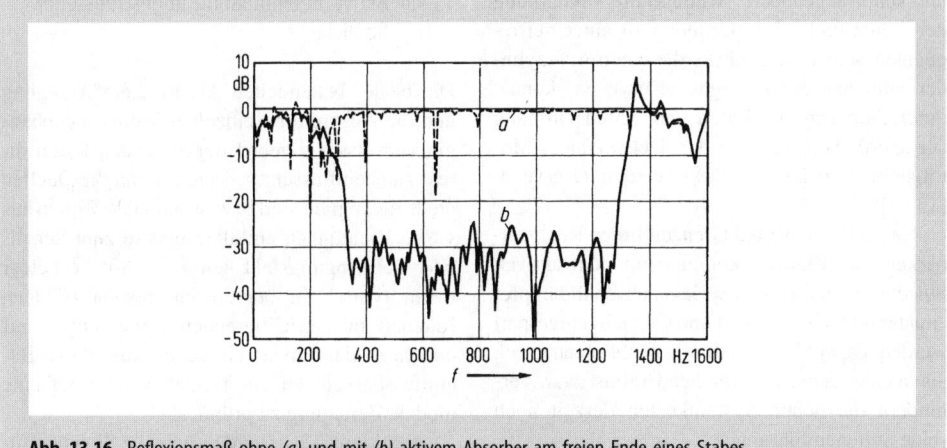

Abb. 13.16 Reflexionsmaß ohne *(a)* und mit *(b)* aktivem Absorber am freien Ende eines Stabes

hen Leistungsanforderungen. Deshalb sind neben Lautsprechern auch alternative Wandler (z. B. oszillierende Klappen [13.89]), die die Abgasströmung direkt modulieren, in Betracht gezogen worden. Es zeichnet sich jedoch ab, dass die nach geschickter Ankopplung über geeignet geführte, fahrtwindgekühlte Stichleitungen verwendbaren Lautsprecher wegen ihrer insgesamt größeren Flexibilität bevorzugt werden.

Abbildung 13.17 zeigt, dass ein zur Serientauglichkeit entwickelter aktiver Nachschalldämpfer (Kurve 2) die geräuschmindernde Wirkung des passiven Seriennachschalldämpfers (Kurve 1) übertrifft und dabei unterhalb 4000 U/min 6 bis 12 dB, oberhalb 4000 U/min 2 bis 6 dB Pegelminderung gegenüber dem System ohne Nachschalldämpfer (Kurve 5) erreicht [13.87].

Die verbleibenden Kurven 3 und 4 beschreiben zwei aktiv realisierte Klangvarianten, die sich in ihrem Charakter sowohl untereinander als auch von der beiden übrigen Varianten deutlich unterscheiden. Außer einer geringeren Bedämpfung der 3. Ordnung und einiger ihrer Vielfachen wurden zusätzliche Nebenordnungen eingespielt

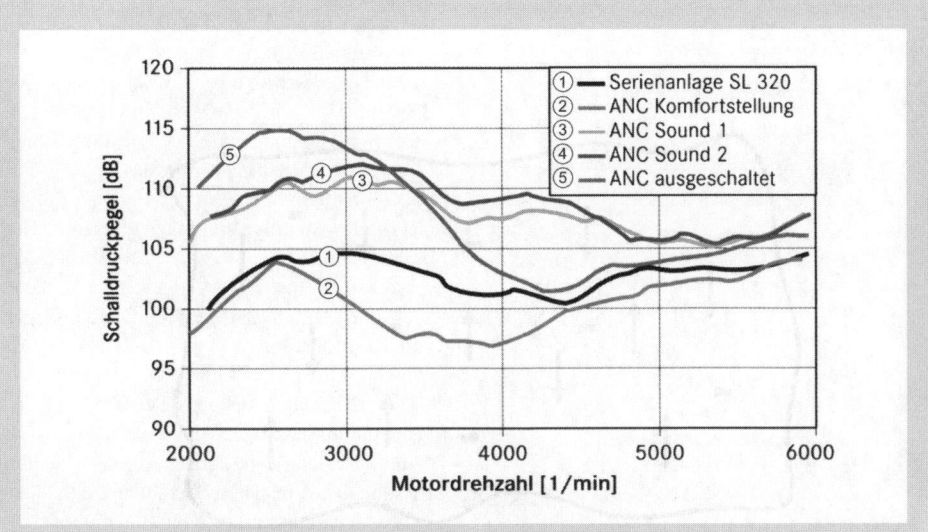

Abb. 13.17 Gesamtpegel des Abgasmündungsgeräuschs eines Pkw: Vergleich verschiedener Klangvarianten eines aktiven Nachschalldämpfers mit dem passiven Seriennachschalldämpfer [13.87]

und somit angehoben. Während die Verstärkung der 2,5ten und 3,5ten Ordnung zu einer tieffrequenten Schwebung führte, die einen Achtzylinder-ähnlichen Klang ergab (Kurve 3), konnte durch Anheben der 4,5ten und 7,5ten Ordnung der sportliche Charakter der Sechszylinder-Motorisierung weiter verstärkt werden (Kurve 4, [13.87]).

Neben der in weiten Grenzen freien Realisierbarkeit von Klängen konnten mit dem aktiven System gegenüber dem Seriennachschalldämpfer annähernd 50% Volumen und Gewicht eingespart werden. Obwohl das System sowohl mechanisch als auch akustisch hinreichend robust war, verhindern die hohen Systemkosten derzeit noch seine Serieneinführung.

Eine weitere Anwendung zur Beeinflussung der Wellenausbreitung könnte die aktive Behinderung der Schallausbreitung in flüssigkeitsgefüllten Rohren sein [13.91], zumal die gegenüber Luft größere Impedanz von Flüssigkeiten eine wirkungsvollere Anpassung der Wandler erwarten lässt.

Zum Abschluss sei noch auf ein Anwendungsgebiet mit vollkommen unterschiedlicher Zielsetzung hingewiesen. Die akustischen Eigenschaften eines Raumes hängen nicht zuletzt von den Reflexionseigenschaften seiner Wände ab. In [13.92] findet man Überlegungen, ob und wie diese durch aktive Elemente beeinflusst werden können.

13.4.4 Aktive Beeinflussung abgeschlossener Bereiche

Die bisher behandelten Ansätze, die Anregung und die Ausbreitung einzelner Wellen unabhängig vom das Zielgebiet definierenden Raum direkt zu beeinflussen, versagen, wenn die Quellen nicht zugänglich sind bzw. wenn viele Wellen aus vielen Richtungen einfallen und so zum Schall- oder Schwingungsfeld beitragen. Solche Felder treten typisch in begrenzten, resonanzfähigen Räumen mit reflektierenden Berandungen auf und es ist dann meist einfacher, ihre aktive Beeinflussbarkeit auf ein Teilgebiet oder auf eine modale Zerlegung zu gründen.

Abbildung 13.18 verdeutlicht die Situation für den Fall, dass die Wirkung mehrerer in einem Raum verteilter Quellen weder durch aktive Kompensation an der Einleitungsstelle noch durch aktive Abschirmung beeinflusst werden kann. Die einzig verbleibende Möglichkeit ist dann, die gewünschte Beeinflussung mit geeignet über den zugänglichen Raum verteilten Sekundärquellen zu erreichen.

Dabei kann unterschieden werden, ob die beabsichtigte Feldbeeinflussung im ganzen betrachteten Raum (globale Feldbeeinflussung) oder nur in einem Teilbereich desselben (lokale Feldbeeinflussung) angestrebt wird. Hierbei ist gleichgültig, ob als Raum ein abgeschlossenes Volumen (z.B. Kabine eines Flugzeugs) oder eine gegebene Struktur (z.B. Stab oder Platte) betrachtet wird.

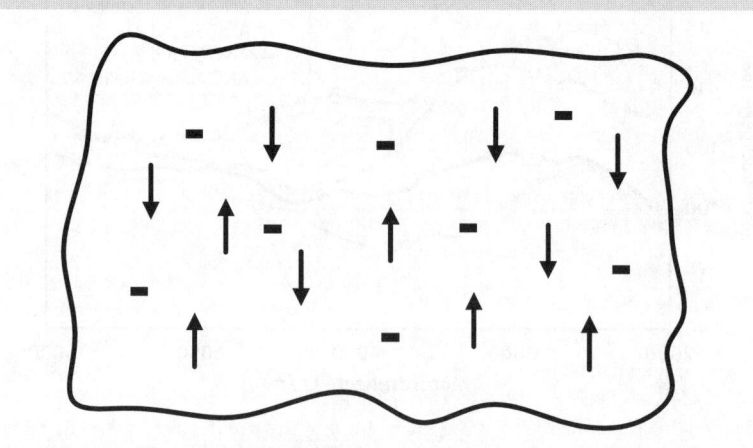

Abb. 13.18 Prinzipskizze zur globalen aktiven Beeinflussung abgeschlossener Bereiche

Legt man den ganzen Raum zugrunde, so bietet eine modale Beschreibung des betrachteten Feldes den Vorteil, mit den komplexen Amplituden der einzelnen Moden voneinander unabhängige Parameter zur Feldbeschreibung und Feldbeeinflussung bereitzustellen.

Die gezielte Unterdrückung und Veränderung einzelner modaler Amplituden setzt voraus, dass diese sowohl erfasst als auch angeregt werden können. An dem einfachen Beispiel, dass eine Mode in ihren Knotenlinien weder erfasst noch beeinflusst werden kann, erkennt man, dass die Forderung zunächst durch eine geeignete Wahl der Mess- und Quellpunkte erfüllt werden muss.

Bei der Festlegung der Anzahl der Mess- und Quellpunkte ist neben der Zahl der zu beeinflussenden Moden zu berücksichtigen, dass bereits eine einzelne Quelle stets alle Moden einer Struktur anregen kann. Jede beabsichtigte Unterdrückung der betrachteten Moden zieht somit in der Regel stets auch die unerwünschte Anregung anderer Moden nach sich.

Dieser in der angelsächsischen Literatur als „spillover" [13.6, 13.93] bezeichnete Umstand kann erfordern, dass die Zahl der Quellen die Zahl der zu steuernden Moden übersteigt, um die Nebenbedingung, ungewollte Moden nicht anzuregen, zu ermöglichen. Die gleiche modale Verwechslung ist auch bei der messtechnischen Erfassung möglich und bedarf ggf. auch dort geeigneter Vorkehrungen.

Bezieht man unerwünschte Moden in die Betrachtungen mit ein, so ist die Zahl der insgesamt betrachteten Moden i. Allg. gleich oder größer als die Zahl der durch die Wandler gegebenen Freiheitsgrade. Das derart überbestimmte Gleichungssystem und somit auch die zugehörige Steuerungsvorschrift haben eine eindeutige Lösung, wenn der mittlere quadratische Fehler der modalen Amplituden minimiert wird.

Als Sonderfall ist darin auch die Möglichkeit enthalten, Moden, die ohne gegenseitige Kopplung in klar getrennten Resonanzfrequenzen schwingen, mit nur einer Kraft zu beeinflussen, sofern diese mit dem erforderlichen Linienspektrum angesteuert wird [13.61].

Die modale Betrachtungsweise versagt als Grundlage aktiver Maßnahmen, wenn die Zahl der relevanten Moden oder ihre Dichte eine getrennte Betrachtung nicht mehr zulassen. Wie im freien Raum ist globale Feldkompensation dann nur über die Nachbildung bzw. Abschirmung der Quellen zu erreichen, ansonsten verbleibt die Begrenzung auf kleine Teilzonen in der Nähe eines oder mehrerer Messpunkte.

Dies führt unmittelbar auf den pragmatischen Ansatz, die mittlere Energie in den Messpunkten ohne modale Zerlegung direkt zu minimieren. In Schallfeldern bedeutet dies eine Reduktion des erfassbaren mittleren Schalldruckquadrats, während bei Strukturen über das mittlere Schnellequadrat auch eine Reduktion der abgestrahlten Schallleistung erreicht werden kann.

Die Anwendungsmöglichkeiten der beschriebenen Ansätze sind breit gestreut und konzentrieren sich im Bereich der Schwingungstechnik auf große Strukturen, deren dynamisches Verhalten trotz extremer Gewichtseinsparungen sichergestellt werden muss. Neben grundlegenden Untersuchungen [13.6, 13.44, 13.53] zur aktiven Versteifung ausgewählter Strukturen wie z.B. der Tragwerke von Flugzeugen [13.94], waren viele Arbeiten von der Aussicht motiviert, im Fall des Aufbaus von Weltraumstationen zum Einsatz zu kommen [13.6, 13.43, 13.56, 13.95, 13.96].

Zumindest dann, wenn die verwendeten Strukturelemente als homogene Kontinua modelliert werden können, weist das Wellenausbreitungskonzept gegenüber dem hier behandelten modalen Ansatz einige Vorzüge wie z.B. die lokale Begrenzung von Erfassung und Anregung oder die geringere Zahl von Freiheitsgraden auf [13.55, 13.97, 13.98].

Für Luftschallfelder in geschlossenen Räumen kann aus den oben angestellten Überlegungen gefolgert werden, dass sie um so einfacher beeinflusst werden können, je kleiner die betrachteten Räume im Verhältnis zur Wellenlänge sind. Denn da höhere Moden sich bei kleineren Abmessungen erst bei entsprechend höheren Frequenzen herausbilden, können aktive Maßnahmen sich abhängig von der höchsten betrachteten Frequenz auf wenige Moden beschränken. Wenn dann harmonische Zeitverläufe der betrachteten Feldgrößen eine gute Vorhersage ihres zukünftigen Zeitverlaufs erlauben, sind alle Voraussetzungen für eine wirkungsvolle aktive Feldbeeinflussung erfüllt [13.99].

Da Kopfhörer und Ohrschützer vor dem zu schützenden Ohr ein extrem kleines Volumen einschließen, in dem unterhalb von einigen kHz nur die Grundmode mit überall konstantem Schalldruck auftritt, haben sie sich schon früh für die Anwendung aktiver Maßnahmen angeboten. In den letzten 20 Jahren hat dies zu unterschiedlichen Serienentwicklungen geführt (z.B. [13.100]), die heute von verschiedenen Herstellern am Markt angeboten werden. Dabei wird unterschieden zwischen reinen Ohrschützern und schützenden Kopfhörern, bei denen die Schalldämmung gegen unerwünschte Außengeräusche für tiefe Frequenzen (typisch unterhalb 1 kHz) aktiv breitbandig verbessert wird, wodurch bei Kopfhörern eine wesentlich verbesserte Wahrnehmung des Nutzsignals, etwa Musik oder Funksprechkommunikation, erreicht wird.

Da für die aus der Umgebung einfallenden breitbandigen Geräusche keine zeitliche Vorhersage möglich ist, können diese Systeme nur mit einer rückgekoppelten Regelung arbeiten, deren Signallaufzeit (Totzeit) die obere Frequenzgrenze des aktiven Systems festlegt. Der benötigte, bei Kopfhörern ohnehin vorhandene Lautsprecher muss bei Ohrschützern zusätzlich vorgesehen werden und macht somit auch diese zu Kopfhörern. Zusätzlich muss ein Fehlermikrofon in den Kopfhörer integriert sein.

Abbildung 13.19 zeigt, wie die Schalldämmung eines für Flugzeugbesatzungen entwickelten Kopfhörers durch Zuschalten einer aktiven Geräuschunterdrückung unterhalb ca. 600 Hz um bis zu 35 dB verbessert werden kann.

Bei größeren Räumen sind die Verhältnisse etwas komplizierter, denn je größer das betrachtete Volumen ist, umso niedriger ist die Frequenz, bei der die Ortsabhängigkeit des Schallfeldes in Betracht gezogen werden muss. Für die auf Kompensation gestützte aktive Beeinflussung bedeutet dies, dass auch diese Ortsabhängigkeit in Betrag und Phase nachgebildet werden muss und deshalb in der Regel mehrere Lautsprecher benötigt werden. Deren Zahl muss folglich umso größer sein, je höher die obere Grenzfrequenz festgelegt ist.

Versuche, aktive Systeme zur Beeinflussung des Innengeräuschs von Kraftfahrzeugen einzusetzen, werden seit etwa 1980 angestellt und haben 10 Jahre später zu ersten erfolgreichen Demonstrationen geführt, z.B. [13.1, 13.102]. In der Folge hat sich herausgestellt, dass bei Personenfahrzeugen eine Ausstattung von 4 bis 6 Lautsprechern angemessen und gut beherrschbar ist und dass damit im tieffrequenten Bereich bis etwa 300 Hz eine globale Minderung oder Änderung das Schallfelds möglich ist, die auf allen Sitzen vergleichbar gut wahrgenommen werden kann, unabhängig von der jeweiligen Kopfposition ist und somit größere Kopfbewegungen zulässt.

Für motorbezogene Geräusche, die sich stets aus Vielfachen der halben Motorordnung zu-

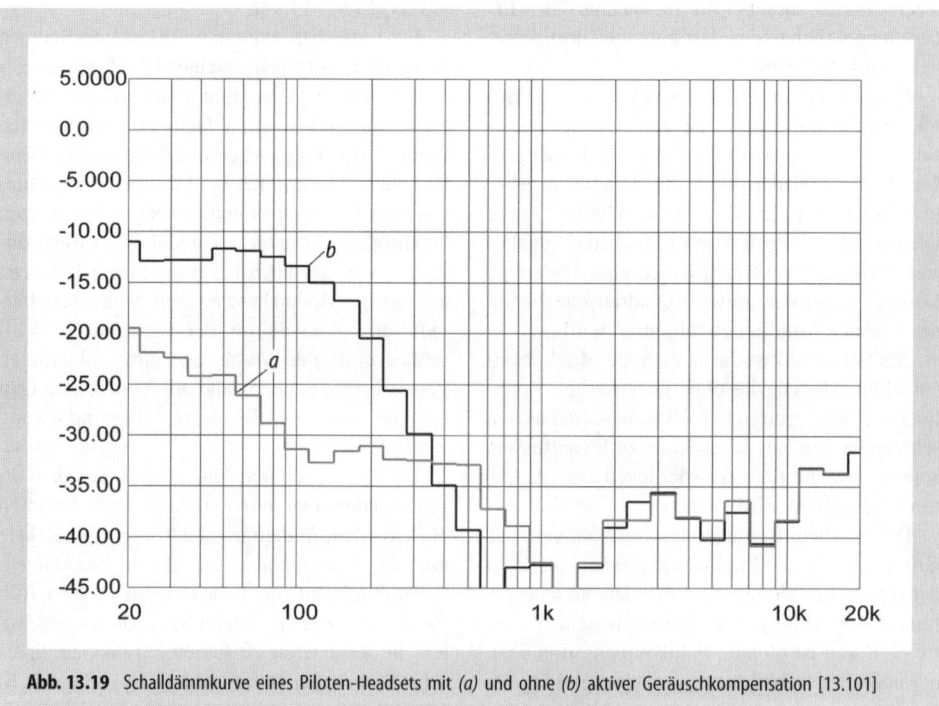

Abb. 13.19 Schalldämmkurve eines Piloten-Headsets mit *(a)* und ohne *(b)* aktiver Geräuschkompensation [13.101]

sammensetzen und deshalb ein harmonisches Spektrum aufweisen, kann wegen des sinusförmigen und damit gut vorhersehbaren Zeitverlaufs der einzelnen Geräuschkomponenten eine gute Kompensation und damit auch Klangmodifikation erreicht werden. Abbildung 13.20 zeigt die dazu typisch benötigten Komponenten und Eingangsgrößen.

Der erste und wichtigste Schritt bei der Auslegung eines solchen Systems besteht darin, herauszufinden, ob die Lautsprecher und Leistungsverstärker des serienmäßigen Audiosystems in der Lage sind, das benötigte Sekundärfeld aufzubauen (was bei den derzeit gebräuchlichen Systemen in der Regel der Fall ist) oder ob zusätzliche Sekundärquellen vorzusehen sind. Diese Lautsprecher werden mit Signalen angesteuert, die eine adaptive Signalverarbeitungseinheit aus der jeweiligen Drehzahl und dem Fehlersignal (Differenz von Ist- und Soll-Verlauf) errechnet. Dabei hat der in der Signalverarbeitungseinheit realisierte Algorithmus das Ziel, das Fehlersignal zu minimieren bzw. den im Zielsignal vorgegebenen Sollverlauf zu approximieren. Der dabei zugrunde gelegte Momentanwert des Schalldrucks im Wageninneren (Ist-Signal) wird typischerweise über sechs über den Dachbereich verteilte Mikrofone erfasst.

Der Soll-Verlauf (Zielsignal) ist für den Fall der reinen Geräuschunterdrückung identisch Null. Daraus ergibt sich, dass der Algorithmus der Signalverarbeitung mit dem mittleren quadratischen Fehler auch den Ist-Verlauf selbst zu minimieren trachtet. Durch Vorgabe anderer Zielsignale, die, um realistisch zu sein, i. Allg. aus einigen Betriebsparametern wie Drehzahl oder Last errechnet werden müssen, können neben der Geräuschminimierung auch andere Antriebsgeräusche im Wageninneren realisiert werden [13.16, 13.103].

Ein Beispiel für die mit dieser Anordnung erreichbare Geräuschunterdrückung gibt Abb. 13.21, welche zeigt, wie in einem Pkw mit Vierzylinder-Motor die zum Teil stark ausgeprägte zweite Motorordnung deutlich verringert und an den beiden Vordersitzen auf eine vergleichbare Amplitude geregelt werden konnte. Die dabei realisierten Pegelminderungen betragen bis zu 20 dB.

Der beschriebene Ansatz lässt sich bei entsprechender Erhöhung der Zahl der Lautsprecher und Mikrofone ohne weiteres auf größere Räume übertragen, insbesondere dann, wenn es sich um die Beeinflussung tonaler, d. h. sinusförmiger Geräuschkomponenten handelt. Dies gilt insbesondere für die teilweise hohen, von Turbo-Propellermotoren in Flugzeugkabinen verursachten Innengeräusche. Nach dem Nachweis der Realisierbarkeit aktiver Geräuschunterdrückung in Flugzeugen [13.104–13.106] sind solche Systeme seit einigen Jahren zur Serie entwickelt worden und auf dem Markt erhältlich [13.107].

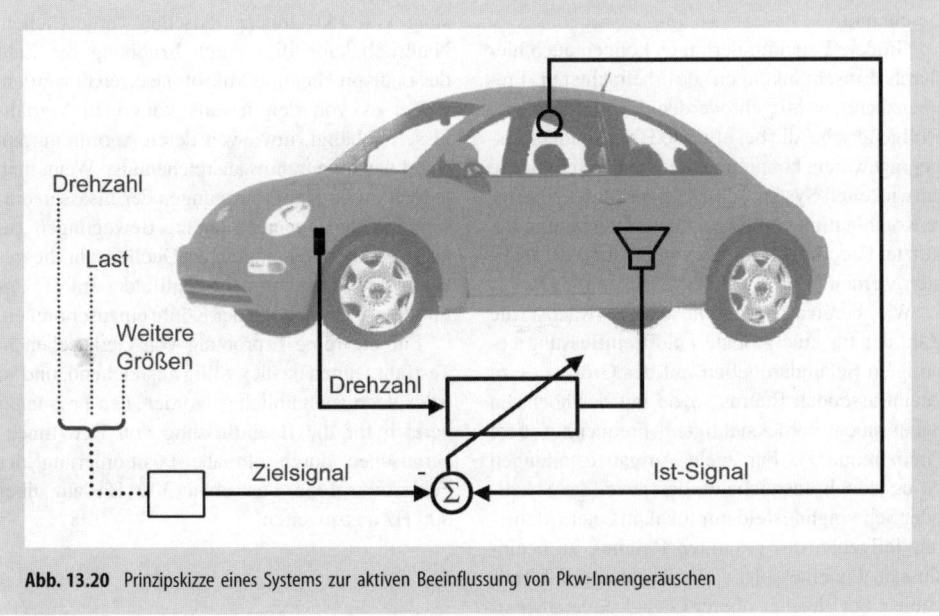

Abb. 13.20 Prinzipskizze eines Systems zur aktiven Beeinflussung von Pkw-Innengeräuschen

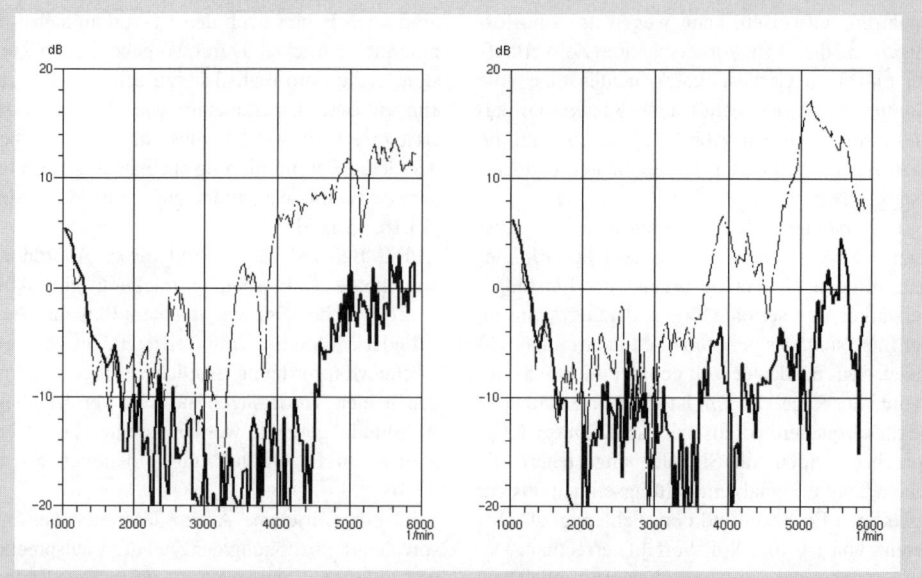

Abb. 13.21 Drehzahlabhängigkeit des von der zweiten Motorordnung hervorgerufenen Schalldrucks am Fahrer- *(links)* und Beifahrersitz *(rechts)* ohne *(obere Kurve)* und mit *(untere Kurve)* aktiver Geräuschunterdrückung (ANC)

Anders als bei den tonalen Antriebsgeräuschen besteht bei stochastischen Fahrgeräuschen die Schwierigkeit, kohärente Eingangssignale zu finden, die die zur Berechnung der Sekundärsignale benötigte Laufzeit zulassen. Die in praktischen Versuchen erzielten breitbandigen Pegelminderungen waren daher bisher auf etwa 5 dB beschränkt.

Größere Pegelminderungen können auch hier durch Einschränkungen des betrachteten Frequenzbereichs erreicht werden. Für tieffrequente Rollgeräusche, die bei etwa 40 Hz besonders ausgeprägt waren, konnten mit einem zur Serienreife entwickelten System, das eine geschickt gewählte Kombination von Regelung und Steuerung benutzte, Pegelminderungen von etwa 10 dB realisiert werden [13.67, 13.108].

Wie bereits festgestellt wurde, wächst die Zahl der für eine globale Feldbeeinflussung benötigten Sekundärquellen mit der Größe des zu beeinflussenden Raums sowie mit der höchsten dabei noch berücksichtigten Frequenz (obere Grenzfrequenz). Für viele Aufgabenstellungen ist es jedoch ausreichend, das jeweilige Schall- oder Schwingungsfeld nur lokal, in einem kleineren Teilgebiet des gesamten Raumes, zu beeinflussen. Da eine solche Beschränkung auf Teilgebiete bei gleicher oberer Grenzfrequenz weniger Sekundärquellen benötigt bzw. bei gleicher Anzahl von Quellen höhere Frequenzen zulässt, ist es lohnend, das zugrunde gelegte Raumgebiet entsprechend der Prinzipskizze in Abb. 13.22 einzugrenzen.

Das lässt sich am Beispiel der Erweiterung des Frequenzbereichs bei der aktiven Beeinflussung von Pkw-Innengeräuschen verdeutlichen. Natürlich kann dies durch Erhöhung der Zahl der Lautsprecher und Mikrofone erreicht werden, wobei es von den jeweils konkreten Verhältnissen abhängt, inwieweit deren Anordnung am Rand des Innenraums ausreichend ist. Wenn man jedoch große Kopfbewegungen der Insassen einschränkt und nur noch leichte Bewegungen zulässt, genügt es, bei gleicher Quellenzahl die gezielte Beeinflussung der Schallfelder auf die unmittelbare Umgebung der Köpfe einzuschränken.

Für die reine Erprobung von Geräuschen in Testfahrzeugen ist dies völlig ausreichend, und so ist es denn auch üblich geworden, den Frequenzbereich für die Beeinflussung von Pkw-Innengeräuschen durch ohrnahe Positionierung der Fehlermikrofone von etwa 300 Hz auf über 600 Hz auszuweiten.

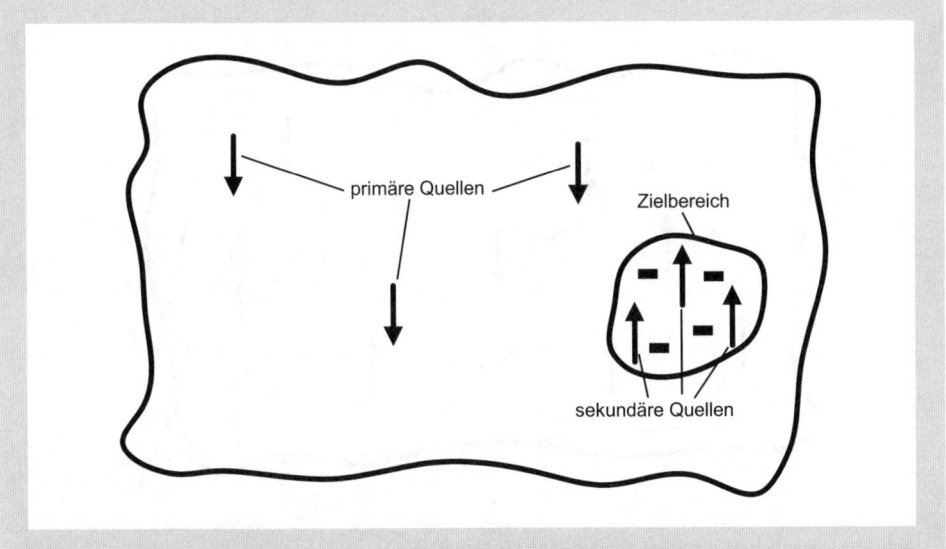

Abb. 13.22 Prinzipskizze zur lokalen aktiven Beeinflussung vorgegebener Teilbereiche

13.4.5 Aktive Kompensation der Schallabstrahlung

Viele Problemstellungen der technischen Lärmbekämpfung beschäftigen sich mit der Schallübertragung durch bzw. der Schallabstrahlung von schwingenden Strukturen. In diesen Fällen ist es nahe liegend, statt des abgestrahlten Schallfeldes die Abstrahlung selbst zu beeinflussen, wie dies in der Prinzipskizze von Abb. 13.23 verdeutlicht ist [13.2, 13.3].

Dabei sind grundsätzlich wieder zwei Lösungsansätze möglich: die Beeinflussung der schwingenden, das Medium anregenden Struktur und die Beeinflussung des Mediums, um die Einleitung der von der unverändert schwingenden Struktur abgegebenen Schallleistung zu verringern. Während der erste direkt auf das Schwingungsmuster der Struktur einwirkt, hat der zweite zum Ziel, die von der Struktur vorgefundene Strahlungsimpedanz so zu ändern, dass die insgesamt abgegebene Schallleistung verringert wird [13.109].

Dies kann nur durch unmittelbar an der strahlenden Struktur angeordnete Sekundärquellen erreicht werden, die zumindest näherungsweise den abstrahlungswirksamen Volumenfluss phasenverkehrt nachbilden und somit über einen hydrodynamischen Kurzschluss auffangen. Neben grundlegenden Überlegungen zur Realisierbarkeit dieses Konzepts mit diskreten [13.110] und verteilten (active skin, [13.111]) Quellen scheinen passiv absorbierende Materialien mit integrierten piezoelektrischen Wandlerelementen (acoustic foams, [13.109]) interessante Perspektiven zu eröffnen, deren effiziente praktische Anwendbarkeit derzeit freilich noch nicht endgültig abzusehen ist.

Die andere Möglichkeit besteht darin, über die strahlende Struktur Einfluss auf die Schallabstrahlung zu nehmen. Dies kann am einfachsten dadurch erreicht werden, dass die Schwingungen der strahlenden Struktur insgesamt reduziert werden, etwa durch Minimierung der dem mittleren Schnellequadrat proportionalen kinetischen Energie der Struktur. Mit dieser Definition ausschließlich strukturbezogener Zielgrößen ist die gesamte Aufgabenstellung auf die Struktur zurückgeführt und kann damit – strukturbezogen – entsprechend Abschn. 13.4.2 bis 13.4.4 systematisch analysiert werden.

Dies ist dann sinnvoll, wenn die Strukturschwingungen mit wenigen Quellen global beeinflusst werden können, etwa durch Nachbildung der in der Struktur wirksamen Körperschallquellen. Als Beispiel für diesen Ansatz sei noch einmal auf die in Abschn. 13.4.2 erwähnte Kompensation tieffrequenter Innengeräuschkomponenten in einem ICE-Reisezugwagen verwiesen, bei der die Kompensation der anregenden Kräfte an den Anregestellen eine signifikante Minderung des resultierenden Luftschalls ermöglichte.

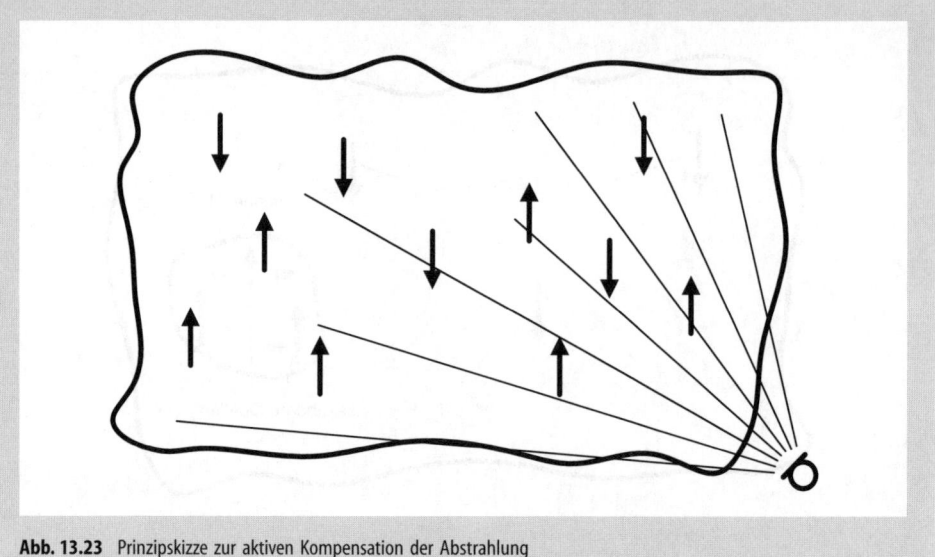

Abb. 13.23 Prinzipskizze zur aktiven Kompensation der Abstrahlung

Insbesondere dann, wenn solche vereinfachenden Beschränkungen des Sekundärquellenaufwands nicht möglich sind, lohnt es sich jedoch, die Strukturschwingungen entsprechend ihrer Abstrahleigenschaften zu unterscheiden. Vor allem im tieffrequenten Bereich, unterhalb der durch Spuranpassung an das umgebende Medium definierten Grenzfrequenz, kann der Abstrahlgrad einzelner Schwingungsformen sehr unterschiedlich sein. Die unmittelbare Definition abstrahlbezogener Zielgrößen führt deshalb unweigerlich zu einer Gewichtung der Schwingungsformen entsprechend ihrer im Abstrahlgrad enthaltenen Kopplung an das umgebende Medium.

Im Ergebnis werden nur noch die strahlungsrelevanten Schwingungsmoden beeinflusst. Daraus folgt unmittelbar, dass dieser Ansatz mit weniger Sekundärquellen auskommt als der zuvor beschriebene Ansatz, das mittlere Schnellequadrat der strahlenden Struktur zu minimieren. Dies gilt umso mehr, je weniger Moden zur Abstrahlung beitragen.

Da die aktive Maßnahme sich bei der beschriebenen Vorgehensweise ganz auf die strukturakustische Kopplung mit dem umgebenden Medium konzentriert, hat sich im Englischen die Bezeichnung „Active Structural Acoustic Control", kurz ASAC, eingebürgert.

Die Schwierigkeit dieses Ansatzes liegt in der Notwendigkeit, die strahlungsrelevanten Parameter durch geeignete Sensoren zu erfassen. In geeigneten Anwendungsfällen kann dies durch im abgestrahlten Feld angeordnete Mikrophone erreicht werden; aber dies ist nicht immer praktikabel. Deshalb ist es wünschenswert, die strahlungsrelevanten Parameter, z.B. die komplexe Amplitude einer gut abstrahlenden Mode, nur aus strukturbezogenen Messungen abzuleiten.

Da jeder Schwingungsmode eine charakteristische Wellenzahl zugeordnet ist, kann diese Ableitung grundsätzlich auf die messtechnische Ermittlung des Wellenzahlspektrums der strahlenden Schwingungsverteilung zurückgeführt werden, in deren Gleichanteil ($k = 0$) dann auch der für die Abstrahlung wichtige Gesamtvolumenfluss enthalten ist.

Eine ausführliche Darstellung dieser Zusammenhänge findet man in [13.2] und [13.3], eine aktuelle, zusammenfassende Übersicht in [13.109] und in der dort aufgeführten Literatur.

Als für diesen Abschnitt repräsentatives Anwendungsbeispiel sei noch einmal die aktive Beeinflussung der von Turbo-Propellermotoren in Flugzeugkabinen verursachten Innengeräusche betrachtet, die durch vom Propeller verursachte und auf den Flugzeugrumpf einwirkende Druckwellen angeregt werden. Anstelle der über die Kabine verteilten Lautsprecher kann dieses Schallfeld auch über auf den Rumpf einwirkende Kraftquellen vermindert werden.

Abbildung 13.24 zeigt das Ergebnis einer solchen serienmäßig in einem Flugzeug eingebauten

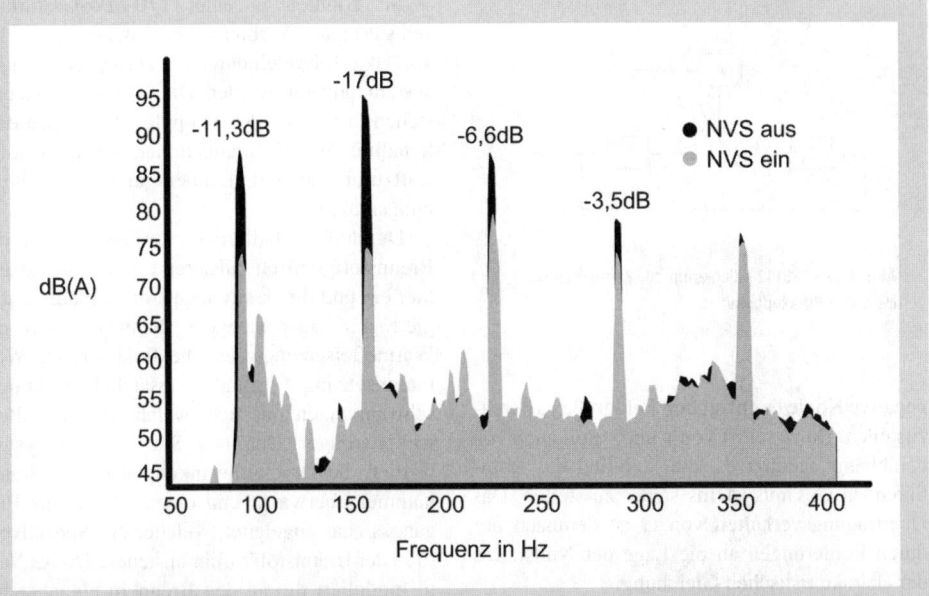

Abb. 13.24 Geräuschspektren in einem Turbo-Propeller-getriebenen Flugzeug ohne (NVS aus) und mit (NVS ein) aktiver Unterdrückung der Schallabstrahlung [13.112]

Maßnahme [13.112], bei der 42 auf die Vielfachen der Propellerblatt-Wiederholfrequenz (blade passage frequency, bpf) abgestimmte elektromagnetische Kraftquellen (active tuned vibration absorbers, ATVA) so auf die Struktur einwirken, dass der über 80 Mikrofone in der Kabine erfasste Schalldruck bei der Grundfrequenz und ihren ersten drei Harmonischen minimiert wird.

Wie dem in Tabelle 13.1 enthaltenen Vergleich aus einem anderen Flugzeug entnommen werden kann, erzielt das auf die Struktur einwirkende abstrahlungsunterdrückende System (ASAC) bei allen vier Frequenzen bessere Pegelminderungen als ein vergleichbares Lautsprecher-gestütztes System (ANC, [13.107, 13.109]).

Tabelle 13.1 Vergleich der Pegelminderungen (in dB) in einem Propeller-getriebenen Flugzeug [13.107]

	1 bpf	2 bpf	3 bpf	4 bpf
ASAC	10.5	7.6	4.4	3.0
ANC	8,0	6.6	3.6	0.4

13.4.6 Stabilisierung selbsterregter Systeme

Viele Schall- und Schwingungsfelder entstehen aus einer instabilen Wechselwirkung verschiedener, sich jedoch gegenseitig beeinflussender physikalischer Vorgänge. Die Vergrößerung einer Feldgröße zieht die Vergrößerung einer anderen, zweiten Größe nach sich, die ihrerseits wieder zu einem weiteren Anwachsen der ersteren führt, bis schließlich nichtlineare Beschränkungen einen stationären Grenzzyklus ermöglichen.

Typische Beispiele sind durch Umströmung verursachte Flatterschwingungen [13.113], die Wechseldruckanfachung in Kompressoren [13.114] oder aus dem Wechselspiel zwischen Verbrennung einerseits und Luft- bzw. Brennstoffzufuhr andererseits resultierende Schwingungen in Brennkammern [13.115–13.117].

Im dritten Abschnitt wurde darauf hingewiesen, dass die wechselseitige Anfachung im Strukturdiagramm durch rückgekoppelte Blöcke (Q und B in Abb. 13.2) beschrieben werden kann. Diese Darstellung führt unmittelbar auf ein nahe liegendes Konzept zur Stabilisierung: die Kompensation der instabilen Rückkopplung durch ein zusätzliches Übertragsglied G (Abb. 13.25).

Anders als bei den bisher betrachteten Feldnachbildungen hat G jetzt nicht die Aufgabe, eine

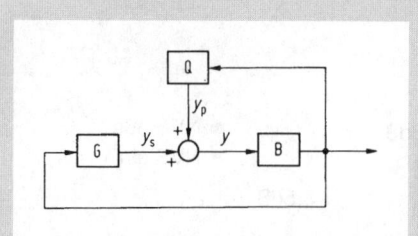

Abb. 13.25 Strukturdiagramm zur Kompensation der instabilen Rückkopplung

negative Kopie der primären Feldgröße y_P bereitzustellen. Da y_P selbst von y und somit auch von y_S abhängt, genügt es, die Stabilität des resultierenden Gesamtsystems sicher zu stellen. Das Übertragungsverhalten von G ist demnach nur durch Forderungen an die Lage der Nullstellen der charakteristischen Gleichung

$$B \cdot (Q + G) = 1 \qquad (13.1)$$

festlegt. Praktisch bedeutet dies, dass Amplitude und Phase der sekundären Feldgröße keine festen Werte annehmen, sondern nur innerhalb weiter Stabilitätsbereiche liegen müssen [13.11, 13.118]. Darüber hinaus werden durch den beschriebenen Eingriff in den Schallentstehungsmechanismus mit der Instabilität auch große Amplituden vermieden, so dass häufig nicht nur auf eine aufwändige Signalverarbeitung, sondern auch auf leistungsfähige Wandler verzichtet werden kann. Die sekundären Feldgrößen bleiben klein und können dennoch große Wirkung haben [13.119].

Die direkte Übertragbarkeit dieser einfachen Stabilisierungsmaßnahmen in die physikalische Realität kann zunächst aus der guten Übereinstimmung zwischen Rechnung und Experiment bei einfachen Systemen, etwa dem angeblasenen Helmholtz-Resonator [13.118] oder dem Rijke-Rohr [13.119], gefolgert werden.

Neben diesen vergleichsweise einfachen Systemen ist der beschriebene Ansatz auch für andere technische Problemstellungen, insbesondere im Bereich der Strömungsakustik, vielversprechend [13.11, 13.120]. Allerdings steigen die Anforderungen an Sensorik, Regler und Aktuatoren bei der aktiven Stabilisierung komplexer Prozesse und Systeme in der industriellen Praxis beträchtlich. Dennoch konnten auch hier mit der beschriebenen Methode in bedeutsamen technischen Systemen gute Erfolge erzielt werden.

So konnten in einer 170-MW-Gasturbine selbsterregte Verbrennungsschwingungen bei 433 Hz erfolgreich durch ein aktives Regelungssystem reduziert werden. Die Schwingungen entstehen durch eine Rückkopplung zwischen dem Schallfeld in der Brennkammer, der Brennstoff-/Luftzufuhr an den Brennern und der Verbrennungsreaktion.

Durch die Schalldruckschwankungen tritt das Brennstoffgemisch pulsierend in die Brennkammer ein und die derart angeströmte Flamme reagiert mit entsprechenden Schwankungen der Wärmefreisetzungsrate. Die fluktuierende Wärmefreisetzung bringt zusätzliche Druckschwankungen mit sich, welche das Schallfeld weiter anregen. Durch das Stabilisierungssystem werden die Druckschwankungen in der Brennkammer überwacht und einem Regler als Eingangssignal zugeleitet, welcher ein Spezialventil in der Brennstoffzufuhr ansteuert. Dieses Ventil moduliert die an den Brennern eingebrachte Brennstoffmenge genau so, dass die aus dem Selbsterregungskreislauf stammenden Pulsationen des einströmenden Brennstoff-Luftgemischs ausgeglichen werden [13.121].

Abbildung 13.26 zeigt die in der Brennkammer einer Gasturbine gemessenen Druckamplituden ohne und mit aktiver Regelung. Man erkennt, dass die bei 433 Hz auftretenden Brennkammerschwingungen um mehr als 80%, von ca. 210 mbar (177 dB) auf ca. 30 mbar (160 dB), reduziert werden konnten.

Ein weiteres Beispiel ist die aktive Beeinflussung tieffrequenter Druck- und Geschwindigkeitsschwankungen, die in Freistrahlwindkanälen vielfach ein großes Problem darstellen. Dieses sog. Windkanalpumpen entsteht durch die Ablösung von Wirbelstrukturen an der Düse, wobei diesem Ablöseprozess über einen Rückkopplungsmechanismus eine periodische Struktur aufgeprägt wird. Da sich als Folge des Windkanalpumpens eine Verfälschung sowohl akustischer als auch aerodynamischer Messungen ergibt, wurden in der Vergangenheit unterschiedliche Maßnahmen zur Minderung dieses Phänomens untersucht. Viele der entwickelten passiven Maßnahmen führen jedoch wiederum zur Erzeugung störender Geräusche und sind daher für die Anwendung in aeroakustischen Windkanälen nicht geeignet.

Demgegenüber konnte durch die Verwendung eines aktiven Regelungssystems eine deutliche Minderung des Windkanalpumpens erreicht werden, ohne dabei zusätzliche störende Geräusche

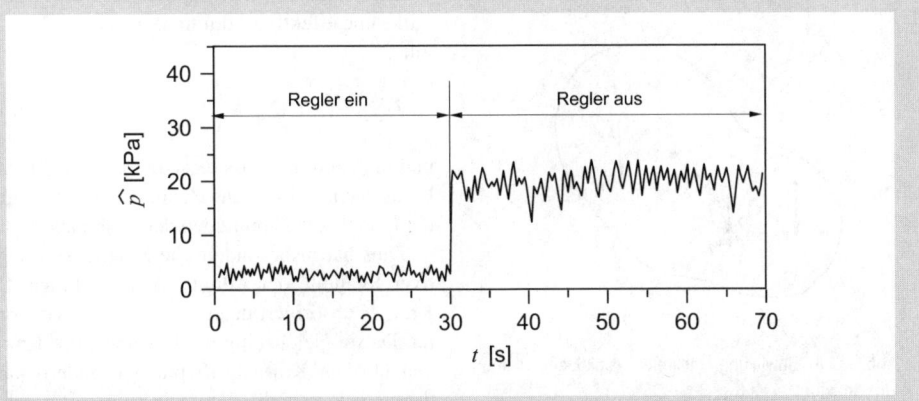

Abb. 13.26 Schalldruckamplituden in der Brennkammer einer Gasturbine (170 MW, ca. 17 bar statischer Brennkammerdruck) mit (0 bis 30 s) und ohne (30 bis 70 s) stabilisierende Regelung [13.121]

zu generieren. Das System basiert auf der geeigneten Ansteuerung von Lautsprechern innerhalb der Windkanalröhre, wobei die dadurch bewirkte Impedanzänderung zu einer Beeinflussung der Rückkopplung bei den Resonanzfrequenzen des Kanals führt.

In Abb. 13.27 ist ein in der Teststrecke gemessenes Schalldruckpegelspektrum im Normalzustand und mit eingeschalteter Regelung dargestellt. Bei der Resonanzfrequenz zeigt sich eine Verminderung des betriebseinschränkenden Schalldruckpegels um mehr als 20 dB durch den Einsatz des aktiven Systems (Active Resonance Control, ARC [13.122]).

13.4.7 Energie- und Leistungsbetrachtungen

Über die bei aktiven Methoden der Feldbeeinflussung auftretenden Energie- bzw. Leistungs-

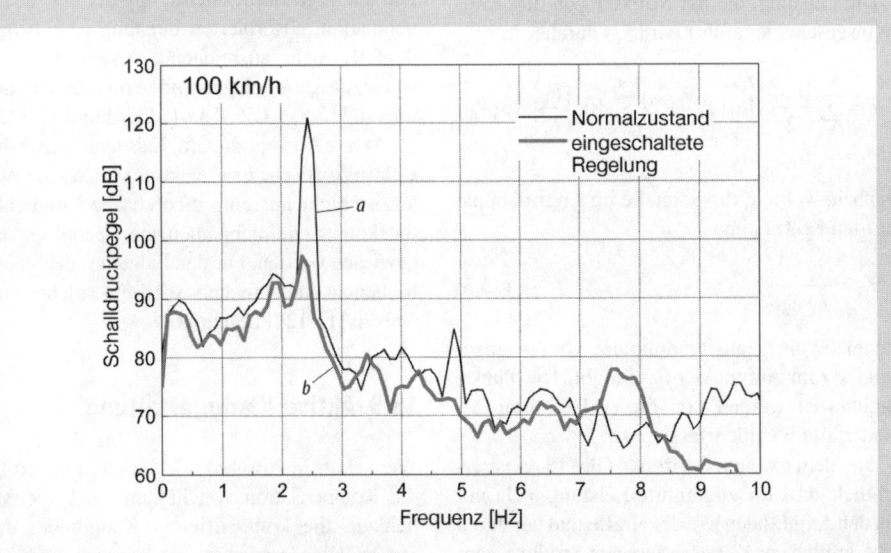

Abb. 13.27 Schalldruckpegelspektrum in der Teststrecke eines Windtunnels bei einer Strömungsgeschwindigkeit von 100 km/h im Normalzustand (a) und mit eingeschalteter Regelung (b) [13.122]

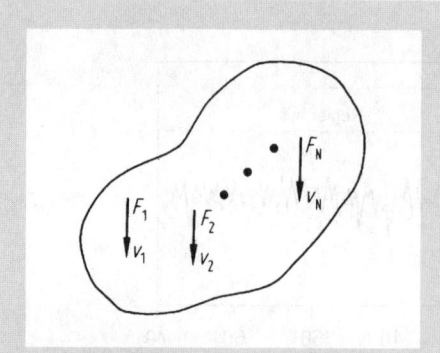

Abb. 13.28 Einwirkung mehrerer Punktkräfte auf eine Struktur

verhältnisse kann allgemeingültig wenig ausgesagt werden. Anders als bei erfolgreichen Eingriffen in Schallentstehungsmechanismen, wo mit den Feldgrößen auch die Leistungsabstrahlung verhindert wird, sind die Energieverhältnisse bei den auf Feldnachbildung ausgerichteten Maßnahmen unübersichtlich, da die lineare Superposition kohärenter Feldgrößen allgemein keine additive Überlagerung der zugehörigen quadratischen Leistungsgrößen bewirkt.

Dies sei im Folgenden kurz an dem in Abb. 13.28 skizzierten Beispiel verdeutlicht, in dem N Punktkräfte F_i, $1 < i \leq N$, an einer beliebigen Struktur angreifen.

Die Leistung, die der Struktur von den Kräften insgesamt zugeführt wird, ist durch

$$P = \sum_{i=1}^{N} \frac{|F_i|^2}{2} \left[\mathrm{Re}\{Y_{ii}\} + 2 \sum_{k=1}^{i-1} \mathrm{Re}\left\{\frac{F_k}{F_i}\right\} \mathrm{Re}\{Y_{ik}\} \right] \quad (13.2)$$

gegeben, wobei v_i die Schnelle im Angriffspunkt der i-ten Kraft F_i und

$$Y_{ik} = \frac{v_i}{F_k} \quad (13.3)$$

allgemein die Transferadmittanz vom Anregepunkt k zum Aufpunkt i beschreibt. Die Punktadmittanzen werden von dieser Definition als Sonderfall $i = k$ mit erfasst.

Aus dem zweiten Term der Gl. (13.4) ist ersichtlich, dass die zugeführte Leistung nicht nur von den Amplituden $|F_i|$ der Kräfte und der durch die Admittanzen Y_{ik} beschriebenen Struktur, sondern darüber hinaus von den Unterschieden in Betrag und Phase zwischen den Kräften abhängt. Diese Wechselwirkung wird besonders deutlich,

wenn man die am Angriffspunkt der i-ten Kraft F_i wirksame effektive Admittanz $Y_{i,\mathrm{eff}}$ betrachtet. Es gilt

$$Y_{i,\mathrm{eff}} = \frac{v_i}{F_i} = \sum_{k=1}^{N} Y_{ik} \frac{F_k}{F_i} \quad (13.4)$$

und man erkennt, dass diese die Leistungszufuhr bestimmende Größe entscheidend vom Verhältnis der komplexen Amplituden der Kräfte abhängt.

Dies hat insbesondere die Möglichkeit negativer Realteile der Admittanzen zur Folge. Die Kraft F_i absorbiert dann Leistung aus der Struktur. Da sie gleichzeitig die Eingangsimpedanz in den übrigen Kraftangriffspunkten ändert, kann daraus jedoch nicht allgemein gefolgert werden, dass dies die insgesamt eingeleitete bzw. gespeicherte Energie vermindert, denn die Absorption am Punkt i kann an eine erhöhte Leistungszufuhr in den übrigen Punkten gekoppelt sein.

Die angestellten Überlegungen verdeutlichen, dass die Wirkung von Sekundärquellen auf die energetischen Verhältnisse durch zwei Mechanismen erklärt werden kann: die Beeinflussung der Strahlungsimpedanz der Primärquelle sowie die Zufuhr bzw. Absorption von Leistung.

Deshalb muss die Beurteilung einer aktiven Maßnahme aufgrund lokaler Leistungsbilanzen entweder die Gesamtheit der Quellen im Auge behalten oder – wie beim aktiven Absorber in Abschn. 13.4.3 – die Rückwirkungsfreiheit der Sekundärquellanordnung voraussetzen dürfen. Die alleinige Berücksichtigung der von den Gegenquellen absorbierten Leistung ist i. Allg. jedenfalls nicht ausreichend. Anschauliche Beispiele, die dies belegen und verdeutlichen, findet man in [13.8, 13.55, 13.61, 13.73 und 13.123].

Aktive Absorption, d. h. Leistungsentzug durch elektroakustische bzw. elektromechanische Wandler, ist nicht nur eine theoretische Möglichkeit. Sie konnte vielmehr auch messtechnisch nachgewiesen werden. Für den Fall eines geeignet betriebenen Lautsprechers wird ein solcher Nachweis in [13.124] beschrieben.

13.5 Aktive Klanggestaltung

Wie schon in Abschn. 13.1 ausgeführt, eröffnet die Kompensation von Feldern auch die Möglichkeit, die kompensierten Klangbilder durch andere Klangeindrücke zu ersetzen und somit vorgefundene Klänge in weiten Grenzen frei zu verändern. Auch wenn Zweifel an der Akzeptanz „künstlicher", elektroakustischer Produktklangrealisierungen einer Einführung am Produkt ebenso im Wege stehen wie die heute damit noch verbundenen Kosten: als Werkzeug, als nützliches Hilfsmittel für die vorläufige Realisierung und Erprobung attributiver Geräusche, bietet die aktive Schallbeeinflussung weitgehende Möglichkeiten.

Eine zuverlässige Bewertung solcher Geräusche setzt ihre Wahrnehmung im multimodalen Gesamtkontext, bei dem andere mit dem Geräusch verbundene Sinneseindrücke hinzukommen, voraus. Da dies im Tonstudio nicht realisierbar ist, kommt der elektroakustischen Manipulation, der Veränderung vorgefundener Geräusche am Produkt, eine wachsende Bedeutung zu. Genau das vermag die aktive Klanggestaltung, das aktive Klang- oder Sounddesign (ASD) zu leisten. Dies soll im Folgenden am Beispiel von Pkw-Innengeräuschen kurz verdeutlicht werden.

Seit jeher bestimmt der Klang eines Fahrzeugs für seine Nutzer einen der wichtigsten und immer bewusster erlebten Eindrücke, der folgerichtig auch immer bewusster gestaltet wird. Gezielte Gestaltung setzt aber eine klare, das Ziel eindeutig vorgebende Spezifikation der jeweiligen Geräusche und Klänge voraus. Dazu können bekannte Klänge manipuliert, neue Klänge festgelegt, beide ggf. mittels psychoakustischer Kenngrößen analysiert und in Hörversuchen bewertet werden.

Weil aber Hörempfinden und Klangeindruck stark vom Fahrerlebnis beeinflusst werden, können die neuen Fahrzeugklänge im Labor nicht abschließend beurteilt werden. Deshalb setzt eine abschließende Bewertung von Schallen zwingend eine vergleichende „In-situ"-Erprobung im fahrenden Fahrzeug und somit die Verfügbarkeit entsprechender Prototypen voraus. Dies ist für unterschiedliche, mitunter fein abgestimmte Klangvarianten i.d.R. nur mit größtem Herstellungsaufwand möglich.

Mit der aktiven Gestaltung drehzahlbezogener Innengeräusche steht jedoch ein Entwicklungswerkzeug zur Verfügung, mit dem sich auch ohne exakte Erstellung oder Modifikation von Antriebskomponenten die von ihnen hervorgerufenen Geräusche authentisch variieren und somit einer subjektiv begründeten Erprobung und Spezifikation zuführen lassen. Auf diese Weise können unterschiedliche Klangvarianten ohne Prototypenbau unter dem Gesamteindruck des Fahrens bewertet und weiter entwickelt werden [13.125].

Abbildung 13.29 zeigt beispielhaft für das bereits in Abb. 13.21 betrachtete Fahrzeug anhand des Drehzahlverlaufs der dritten Motorordnung, wie der Klangcharakter des Vierzylinder-Motors

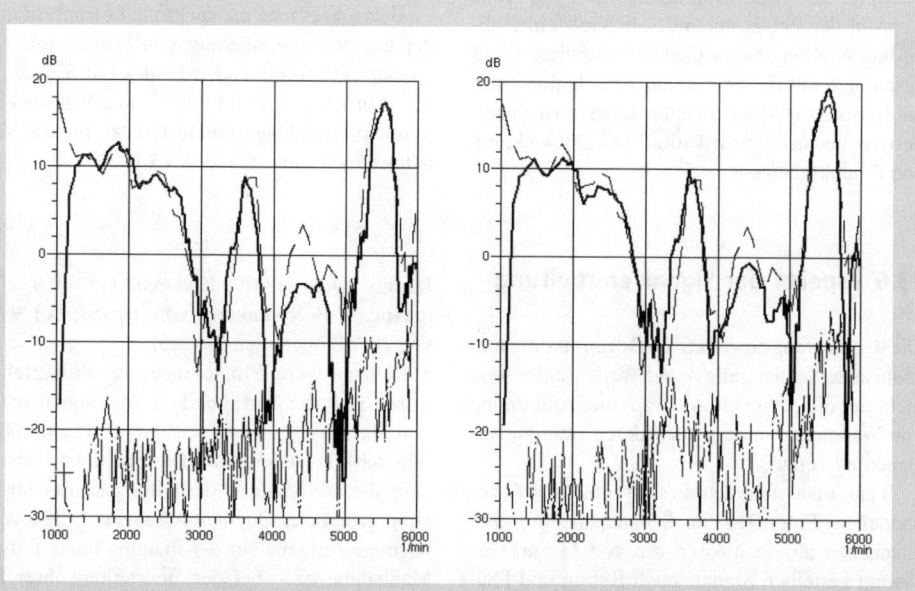

Abb. 13.29 Drehzahlabhängigkeit des von der dritten Motorordnung hervorgerufenen Schalldrucks am Fahrer- *(links)* und Beifahrersitz *(rechts)* ohne (untere, strichpunktierte Kurve) und mit (obere, durchgezogene Kurve) aktiver Klangveränderung (ASD). Die gestrichelte obere Kurve beschreibt den Sollverlauf mit ASD

verändert werden kann [13.103]. Man erkennt, wie die bei Sechszylinder-Motoren stark ausgeprägte dritte Motorordnung, die ohne die aktive Klangbeeinflussung ASD praktisch nicht vorhanden ist (strichpunktierte Linie), mit ASD einen vorgegebenen Sollverlauf (gestrichelte Linie) sehr gut approximiert. Aus dem Vergleich mit Abb. 13.21, welche die gleichzeitige Unterdrückung der zweiten Motorordnung dokumentiert, kann gefolgert werden, dass dem betrachteten Vierzylinder das Klangbild eines Sechszylinders zugeordnet werden kann.

Dies wird auch aus der in Abb. 13.30 wiedergegebenen Ordnungsanalyse eines anderen Fahrzeugs mit ASD deutlich. Auch hier sieht man, wie die Reduktion der zweiten Motorordnung im mittleren Bild die Voraussetzung für die im unteren Bild wiedergegebene zusätzliche Anregung der für Sechszylinder typischen 3., 6. und 9. Motorordnung schafft.

Auch das Außengeräusch von Kraftfahrzeugen kann aktiv verändert werden. Für Abgasanlagen war dies in Abb. 13.17 bereits gezeigt worden. Dass vergleichbare Ergebnisse auch für Ansaugsysteme von Motoren erzielt werden können, belegen die in [13.88] beschriebenen Realisierungen.

Neben messtechnischen Nachweisen belegen auch viele subjektive Urteile die Authentizität des aktiv erzeugten Motorklangs im Pkw. Auch wenn in der Praxis nur mit sehr viel feiner abgestuften Klangunterschieden gearbeitet wird: zusammen mit dieser Authentizität demonstriert das Beispiel die Möglichkeiten des aktiven Klangdesigns bei der Spezifikation und Entwicklung von Produktklängen.

13.6 Aspekte der Signalverarbeitung

Die Realisierung einer aktiven Beeinflussung mechanischer Schwingungs- und Wellenfelder setzt nicht nur die geeignete Auswahl und Anordnung von Wandlern, sondern auch deren richtige Ansteuerung voraus.

Sieht man von den in Abschn. 13.4.6 behandelten Eingriffen in Schallentstehungsmechanismen ab, so müssen die von G zur Verfügung gestellten Signale nach Betrag und Phase sehr genau mit ihren Sollwerten übereinstimmen, um nennenswerte Pegelminderungen durch Interferenz zu erzielen. Dies kann leicht an der Überlagerung zweier harmonischer Schwingungen gleicher Frequenz mit dem relativen Amplitudenfehler α und dem absoluten Phasenfehler δ nachgewiesen werden. Für die Pegelminderung gegenüber einer alleinigen Schwingung gilt

$$\Delta L = -10 \lg \left[\alpha^2 + 4(1+\alpha) \sin^2 \frac{\delta}{2} \right] \text{ dB} .$$
(13.5)

Daraus lässt sich ablesen, dass schon bei einem Amplitudenfehler von 10% ($\alpha = 0{,}1$) und einem Phasenfehler von $\delta = 10°$ die Pegelminderung ΔL nur noch 13,6 dB beträgt. Bei $\delta = 20°$ und gleichem α verbleiben nur noch 8,5 dB.

Dies und die Tatsache, dass große Phasenfehler sogar zu einer Pegelerhöhung führen können, verdeutlicht, wie wichtig die Realisierung einer guten Näherung der primären Feldgrößen ist. Die Güte dieser Näherung aber ist durch die in den Eingangssignalen y_R und z_R verfügbare Information über den Zeitverlauf der Primärfelder begrenzt.

Zur quantitativen Beschreibung dieser Information kann der stochastische Zusammenhang zwischen den Eingangs- und den Primärfeldgrößen y_P im Frequenzbereich herangezogen werden. Er ist durch die Kohärenzfunktion γ^2 gegeben und erlaubt die Angabe einer oberen Grenze der Pegelabnahme, die unabhängig von der Art der Signalaufbereitung nicht überschritten werden kann.

Bezeichnet man die spektrale Leistungsdichte des aus der Überlagerung von Primär- und Sekundärfeld resultierenden Feldes mit S_g und die des Primärfeldes allein mit S_p, so erhält man als minimal erreichbare untere Grenze für das Verhältnis von S_g und S_p [13.4, 13.126]

$$\frac{S_g}{S_p} = (1 - \gamma^2) .$$
(13.6)

Daraus kann bei 90% Kohärenz ($\gamma^2 = 0{,}9$) eine maximale Pegelsenkung von 10 dB, bei 99% von 20 dB abgelesen werden.

Nennenswerte Minderungen der Primärfelder setzen also die Verfügbarkeit von Signalen voraus, die mit den zu kompensierenden Feldgrößen sehr stark korreliert sind. Die Suche und Festlegung dieser Signale ist deshalb – nach der Auslegung geeigneter Quellanordnungen – die zweite wichtige Aufgabe bei der Planung einer aktiven Maßnahme bzw. bei der Beurteilung ihrer Erfolgsaussichten.

Quell- und Messanordnungen definieren zusammen mit den jeweiligen Wandlern, dem eigentlich mechanischen Teil der Anordnung und

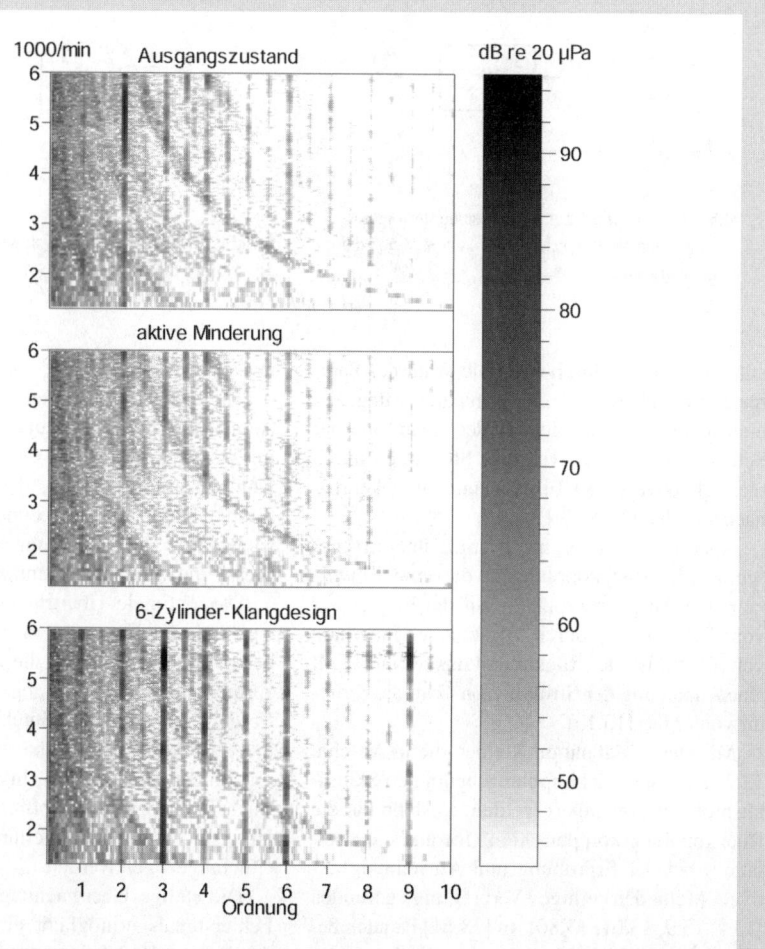

Abb. 13.30 Drehzahlabhängigkeit der Motorordnungen (Ordnungsanalyse) des Schalldrucks am Fahrersitz eines Pkw im Ausgangszustand (oben), mit aktiver Geräuschreduktion (ANC, Mitte) und mit aktiver Klangveränderung (ASD, unten)

etwaigen Komponenten zur Signalaufbereitung (z. B. Tiefpässe, Mess- und Leistungsverstärker) insgesamt ein globales System M, dessen Ein- und Ausgangssignale gemäß Abb. 13.31 mit der Signalverarbeitungseinheit G verbunden sind.

Die verbleibende Aufgabe besteht darin, G so festzulegen, dass die verfügbare Eingangsinformation in die hinsichtlich der Zielgrößen optimale Ansteuerung der installierten Wandler umgesetzt wird.

Die Lösung dieser Aufgabe muss in zwei Schritten erfolgen. Zunächst muss die Struktur von G, die die Beziehung zwischen Ein- und Ausgangsgrößen allgemein – etwa durch die Form bestimmter Gleichungen oder durch ein Strukturdiagramm – beschreibt, in Abhängigkeit einer dabei spezifizierten Zahl von Parametern festgelegt werden. Erst dann kann die konkrete Realisierung des günstigsten Übertragungsverhaltens zwischen den Ein- und Ausgangsgrößen von G durch Ermittlung der zugehörigen Parameterwerte in Angriff genommen werden.

Bei der Festlegung der Struktur von G, etwa bei der Nachbildung des Zusammenhangs zwischen Messgrößen und primären Feldgrößen oder bei der Berücksichtigung interner Rückkopplungen, können Kenntnisse der Struktur von M von großem Vorteil sein. Schlechte Strukturanpassung zwischen M und G begrenzt meist

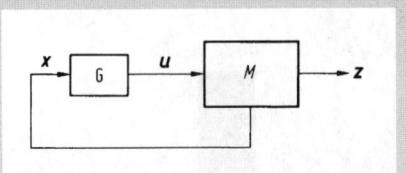

Abb. 13.31 Prinzipskizze zur Aufteilung des Gesamtsystems in ein elektromechanisches System M und die Signalverarbeitungseinheit G

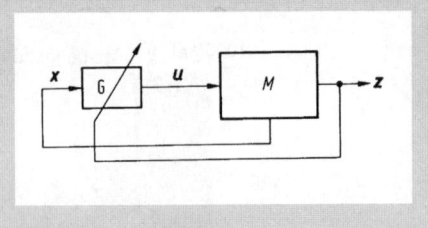

Abb. 13.32 Prinzipskizze mit einer adaptiven Signalverarbeitungseinheit

entscheidend die durch optimale Wahl der Parameter erreichbare Güte der Signalanpassung. Ein einleuchtendes Beispiel findet man in der Schwierigkeit, rekursive (IIR) Strukturen durch nichtrekursive (FIR) Filter – und umgekehrt – nachzubilden [13.127–13.129].

Aber auch die Kompensation über M geschlossener Rückkopplungen, die eine Einwirkung der Ausgangsgrößen u auf die Eingänge x von G bewirken, durch zusätzliche, innerhalb von G realisierte Rückkopplungszweige stellt eine Anpassung der Struktur von G an die Struktur von M dar [13.13].

Mit dieser Maßnahme können die in Abschn. 13.2 erwähnten rückkopplungsbedingten Stabilitätsprobleme verringert werden. Deshalb hat die Rückkopplungskompensation (feedback cancellation) bei der Erprobung und Anwendung aktiver Methoden einige Verbreitung gefunden [13.4, 13.9, 13.61, 13.80]. In [13.61] ist auch beschrieben, wie eine Identifikation des Vorwärts- und des Rückkopplungszweiges aus unterschiedlichen Ein-/Ausgangsmessungen im Frequenzbereich erfolgen kann, während [13.80] eine Möglichkeit der adaptiven Anpassung beider Zweige aufzeigt.

Die vielfältigen Möglichkeiten, Struktur und Parameter beim Entwurf der Signalverarbeitungseinheit festzulegen, können hier nicht ausführlich behandelt werden, zumal i. d. R. keine ausreichenden systematischen Verfahren zur Verfügung stehen. Stattdessen sollen nur einige wichtige Grundprinzipien und Begriffe erläutert werden. Für weitergehende Betrachtungen zum Systementwurf [13.4, 13.49, 13.54, 13.127–13.129] sowie zu konkreten Anwendungsfällen [13.1–13.5, 13.25] wird auf die Literatur verwiesen.

Die globalen Eigenschaften von M, insbesondere das Übertragungsverhalten sowie die Steuer- und Beobachtbarkeit [13.49, 13.51, 13.54] hängen nicht nur von der mechanischen bzw. akustischen Anordnung, sondern auch von der Anzahl und Lage der bereitgestellten Wandler ab. Berücksichtigt man darüber hinaus neben den im Zusammenhang mit Gl. (13.6) formulierten Kohärenzanforderungen, dass nur kausale Zusammenhänge zwischen x und u realisierbar sind, so leuchtet die Bedeutung geeignet gewählter Mess- und Quellpunkte unmittelbar ein.

Das optimale Übertragungsverhalten von G ist durch die Forderung nach der Minimierung bestimmter Feldgrößen, die in den Zielgrößen z zusammengefasst sind, gegeben. Dabei hat die Vorgabe quadratischer Gütekriterien den Vorteil, theoretisch gut handhabbar und praktisch leicht implementierbar zu sein. Insbesondere kann die Theorie der linearen Optimalfilter [13.130] zur Unterstützung und Beurteilung des Entwurfs von G herangezogen werden.

Die stetige Überwachung des verbleibenden Fehlersignals ermöglicht eine ebenfalls stetige Anpassung des Übertragungsverhaltens mit dem Ziel, den Fehler weiter zu verringern.

Dieser in Abb. 13.32 schematisch dargestellte Weg zu einem optimalen Übertragungsverhalten heißt Adaption, die zugehörigen Übertragungsglieder adaptive Filter. Sie haben in den letzten Jahren auch im Zusammenhang mit aktiven Methoden wachsende Verbreitung gefunden, da sie wegen ihrer laufenden, selbsttätigen Anpassung die Schwankungen wichtiger Systemparameter wie Temperatur, Drehzahl oder Strömungsgeschwindigkeit ausgleichen können.

Die Theorie der adaptiven Signalverarbeitung ist weit entwickelt und kann bei der Auslegung aktiver Systeme herangezogen werden. Umfassende Darstellungen finden sich in [13.131–13.134], typische Beispiele für die konkrete Ausgestaltung adaptiver Algorithmen in [13.4, 13.5] und [13.80]. Auch für die im Hinblick auf schnelle Adaptionsalgorithmen zunächst als kritisch eingestuften IIR-Filter lassen sich gut konver-

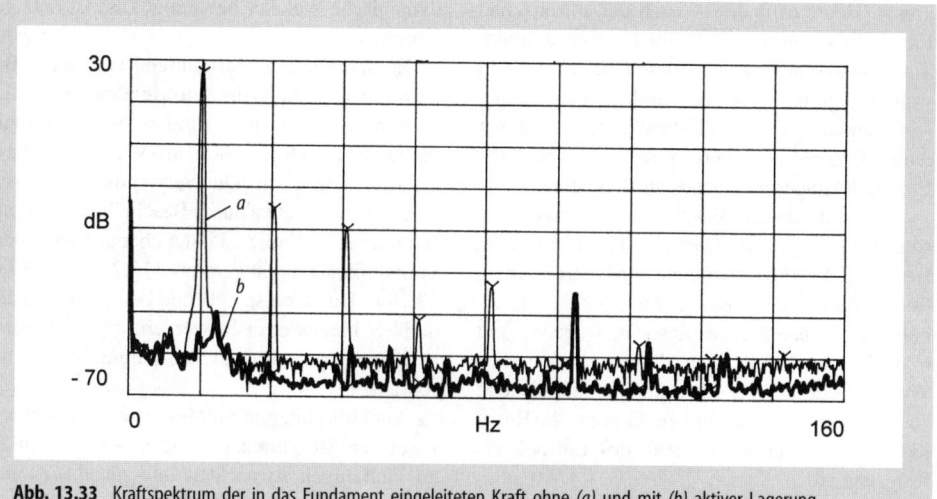

Abb. 13.33 Kraftspektrum der in das Fundament eingeleiteten Kraft ohne (a) und mit (b) aktiver Lagerung

gierende, echtzeitfähige Algorithmen angeben [13.80, 13.135].

Auswahl und Wirksamkeit solcher Rechenvorschriften hängen auch von den statistischen Eigenschaften der betrachteten Signale ab. Viele Schall- und Schwingungsquellen, so z.B. Drehbewegungen erzeugende Maschinen, liefern periodische Zeitverläufe, die eine gute Vorhersage des zukünftigen Verlaufs aufgrund des Verlaufs in der Vergangenheit erlauben. Mit Kenntnis der jeweiligen Drehzahl lassen sich daraus sehr effiziente, gut und schnell konvergierende Algorithmen ableiten, die zudem entsprechend einem zuerst in [13.131] formulierten Berechnungsvorschlag sehr kompakt umgesetzt werden können.

Die insbesondere bei einer Ein- und Ausgangsgröße zunächst intuitiv abgeleiteten Algorithmen können auch mehrdimensional als Verallgemeinerungen des LMS-Algorithmus mit gefilterter Eingangsgröße (filtered-x-algorithm) betrachtet werden, wodurch globale Konvergenz auch bei vielen Ein- und Ausgangsgrößen möglich wird [13.4, 13.5, 13.132].

Die hohen Pegelminderungen, die adaptive Algorithmen bei guter Vorhersagbarkeit möglich machen, können an einer im Labor aufgebauten aktiven Lagerung demonstriert werden. Wie in Abb. 13.5 schematisch dargestellt, waren an den vier Koppelpunkten eines Elektromotors auf einem Fundament parallel zu den passiven Federn vier elektrodynamische Schwingerreger angeordnet. Diese wurden so betrieben, dass die an den Koppelpunkten in das Fundament eingeleiteten (und als Fehlersignal gemessenen) Kräfte minimiert wurden.

Abbildung 13.33 zeigt das Ergebnis ohne und mit zugeschalteten Sekundärkräften [13.136]. Man erkennt, dass die adaptive Steuerung in der Lage ist, die von einer Unwucht herrührende Kraft vollständig, d.h. bis auf das Niveau des breitbandigen Rauschens, zu kompensieren. Die zugehörige Reduktion des Kraftpegels beträgt bei der Grundfrequenz 81,6 dB. Auch die acht weiteren Harmonischen des vom Elektromotor angeregten Linienspektrums werden entsprechend reduziert, während die mit dem Linienspektrum unkorrelierte Amplitude bei etwa 100 Hz unverändert bleibt.

Trotz aller Vorteile, die adaptiv ausgelegte Steuerungen bieten, hat der Wunsch nach einfachsten Grundelementen der Signalverarbeitung, aus denen dann komplexere Steuerungs- und Regelungsstrukturen aufgebaut werden können, ein neuerlich verstärktes Interesse an rückgekoppelten Regelkreisen geweckt. Beispiele, wie dieser Ansatz zur Unterdrückung von Schwingungen und Schallabstrahlung benutzt werden kann, finden sich in [13.137–13.139].

13.7 Elektromechanische Wandler als Stellglieder

Die Realisierbarkeit aktiver Maßnahmen war bis etwa 1980 in erster Linie durch die Möglichkeiten der elektronischen Signalverarbeitung begrenzt. Heute trifft dies – nach der stürmischen Entwicklung insbesondere im Bereich digitaler Signalprozessoren in den letzten 20 Jahren – in weit geringerem Maß zu. Stattdessen gewannen – im Einklang mit dieser Entwicklung – die durch die elektromechanischen Wandler verursachten Einschränkungen zusehends an Bedeutung.

Elektroakustische Wandler haben einen geringen Wirkungsgrad. Dies gilt insbesondere im Bereich tiefer Frequenzen, da der Übertragungsfrequenzgang geschlossener Lautsprecher unterhalb der mechanischen Resonanzfrequenz mit 6 dB/Oktave abfällt. Der daraus resultierende Wunsch nach tieferer Abstimmung führt jedoch zu vergrößertem Bauvolumen, da sonst die Resonanzfrequenz durch die Steife des Luftpolsters festgelegt ist.

In Anwendungen, die nur begrenzten Platz für Schallwandler zur Verfügung stellen, ist dies oft eine entscheidende Einschränkung. Deshalb bleibt die Bereitstellung leistungsfähigerer Wandler eine wesentliche Voraussetzung für den wachsenden Einsatz aktiver Methoden.

Auch die bei der direkten Beeinflussung von Körperschall benutzten Wandler können auf bewährte Prinzipien zurückgreifen. So wurde die Aufbringung von Kräften in praktischen Realisierungen häufig mit elektrodynamischen oder elektromagnetischen Schwingerregern verwirklicht.

Daneben können bei Körperschallanwendungen aber auch andere Wandlerprinzipien wirkungsvoll sein, die wegen zu geringer Auslenkung für die Anregung von Luftschall nicht in Frage kommen. Sowohl der piezoelektrische als auch der magnetostriktive Effekt ermöglicht die Aufbringung sehr großer Kräfte [13.140– 13.142]. Wegen der mit diesen Effekten verbundenen geringen Auslenkung ist der Einsatz jedoch auf Fälle begrenzt, in denen die Kraftangriffspunkte nur geringen Bewegungen ausgesetzt sind.

Dass diese Einschränkung in Einzelfällen umgangen werden kann, zeigt das anhand von Abb. 13.6 beschriebene Beispiel der aktiven Kompensation der Krafteinleitung am Drehgestell eines ICE-Reisezugwagens Die Kraft wurde von geschichteten piezoelektrischen Elementen, die gemeinsam mit der zur Abstützung notwendigen seismischen Masse innerhalb der Sekundärfedern angeordnet waren, frei am Wagenkasten aufgebracht. Trotz der Kombination von hohem Kraftpotential und kompakter Anordnung haben Linearitätsprobleme letztlich jedoch dazu geführt, dass bei einer Umsetzung des Konzepts elektro-dynamische Wandler bevorzugt zum Einsatz gekommen wären.

Bei flächenhaften Strukturen ist die aktive Beeinflussung nicht an die Aufbringung von Punktkräften gebunden. Insbesondere bei Stäben und Platten ist eine Integration von Wandlern in bzw. auf diesen möglich. Die Verwendung sog. verteilter Wandler, etwa durch Beschichtung mit piezokeramischen Folien, lässt nicht nur Biege- oder Longitudinalanregungen zu [13.2, 13.3, 13.6, 13.109]. Durch entsprechende Formgebung kann darüber hinaus erreicht werden, dass Erfassung und Anregung sich auf bestimmte Moden beschränken.

Auch die Integration elektrisch verformbarer Fasern in Strukturen gibt nach wie vor Anlass zu vielfältigen Aussichten und phantasievollen Hoffnungen, die in Begriffen wie „intelligente" oder „adaptive" Strukturen zum Ausdruck kommen. Trotz einiger experimenteller Realisierungsnachweise, denen bisher meist die getrennte Beeinflussung einzelner Moden und Wellentypen zugrunde lagen, können die praktischen Einsatzmöglichkeiten flächenhaft verteilter und in der Struktur integrierter Wandler derzeit noch nicht zuverlässig angegeben werden. Sollten solche Ansätze in der Zukunft zu einem praktisch einsetzbaren technischen Verfahren heranreifen, könnten sie freilich eine vielversprechende Ausgangsbasis für die aktive Verringerung der Abstrahlung und Schallübertragung von bzw. durch Strukturen bilden.

13.8 Weitere Anwendungen

Auch wenn diese Übersicht keinen Anspruch auf Vollständigkeit erhebt, sollen im Folgenden einige ergänzende Beispiele für die Anwendbarkeit aktiver Methoden gegeben werden, die das Bild der Möglichkeiten abrunden und bisher unberücksichtigt geblieben sind.

Schon früh in der Geschichte der aktiven Lärmbekämpfung wurde der Versuch unternommen, die Vorhersagbarkeit monofrequenter Schallfelder für eine wirkungsvolle Auslöschung auszunutzen. Als ideale technische Lärmquelle zur Erprobung der neuen Methode wurden damals Transformatoren mit ihrem diskreten Frequenzspektrum angesehen [13.34].

Aufgrund ihrer Abmessungen weisen Transformatoren jedoch eine recht komplizierte Abstrahlcharakteristik auf, die zudem lastabhängig ist und somit räumlich variable Sekundärfelder voraussetzt. Experimentelle Erfolge beschränkten sich daher auf abgegrenzte Raumbereiche [13.143, 13.144], bestimmte Raumwinkel [13.145] oder vereinfachte Modellstrahler [13.146].

Deshalb wurde die globale Kompensation des von Transformatoren abgestrahlten Schallfeldes durch sekundäre Schallquellen lange Zeit als zu aufwändig eingeschätzt, zumindest im Hinblick auf die dabei erreichbaren Pegelminderungen. Gleichwohl wird in [13.109] über ein System berichtet, bei dem die Grundfrequenz durch einen Lautsprecher und die höheren Harmonischen durch am Gehäuse angebrachte piezokeramische Aktuatoren erfolgreich kompensiert werden. Sinnvoll scheinen aktive Maßnahmen an Transformatoren auch als Ergänzung passiver Maßnahmen zu sein, etwa indem die bei passiven Abschirmungen unverzichtbaren Öffnungen mit aktiven Schalldämpfern versehen werden.

Anders als bei umhausten Transformatoren konnten für geöffnete Wohnungsfenster keine vergleichbaren Lösungen angeboten werden. Denn obwohl sich in den ersten Jahren der Beschäftigung mit aktiven Methoden einige Arbeiten intensiv mit dieser Frage beschäftigt haben, scheiterten sie an der Schwierigkeit, die einfallenden dreidimensionalen Schallfelder mit vertretbarem Aufwand nachzubilden.

Übersichtlicher sind die Verhältnisse, wenn die Schalldämmung zwischen zwei Räumen durch die Einwirkung auf trennende Strukturen verbessert werden soll. Entsprechende Untersuchungen für (geschlossene) Fenster finden sich in [13.147] und [13.148].

In der Schwingungstechnik werden auch solche Anwendungen dem Komplex aktiver Methoden zugeordnet, die ohnehin eine elektronische Regelung oder Steuerung benötigen: Magnetlager und leichte Robotgeräte. Aktive Magnetlager basieren auf dem geeignet geregelten Aufbringen magnetischer Kräfte zur Positionsregelung und werden wegen verminderter Reibungsverluste vor allem in rotierenden Systemen eingesetzt. Ihre Vorzüge sowie weitere Anwendungsmöglichkeiten und Realisierungsprobleme können [13.149] und der dort aufgeführten Literatur entnommen werden.

Die Entwicklung bei Robotgeräten hat wachsende Bewegungsgeschwindigkeiten von immer leichter werdenden Armen realisieren müssen. Deren Steuerung konnte sich daher nicht mehr auf die Positionierung allein beschränken, sondern musste in zunehmendem Maße die Dynamik der bewegten Struktur in Rechnung stellen bzw.

durch Berücksichtigung in den ablaufsteuernden Signalverläufen kompensieren.

Zum Abschluss sei noch auf Anwendungen hingewiesen, in denen nicht Schall- oder Schwingungsfeldgrößen selbst, sondern die dynamischen Eigenschaften beteiligter Elemente, etwa die Steife einer Feder, steuernd verändert werden. Typische Beispiele dieser Methode, die häufig als semi-aktiv bezeichnet wird, sind Stoßdämpfer und aktiv unterstützte dynamische Schwingungsdämpfer (Tilger [13.6]).

13.9 Zusammenfassung und Ausblick

Die Darstellung in diesem Kapitel hat versucht, den derzeitigen Stand der Technik bei aktiven Methoden der Schall- und Schwingungsbeeinflussung wiederzugeben. Der Schwerpunkt wurde dabei auf wesentliche physikalische Funktionsmechanismen gelegt, denn auch die Verbindung hochentwickelter Algorithmen mit leistungsfähigster Hardware lässt nur zu, was physikalisch möglich ist. Außerdem ist das Wissen um diese physikalischen Möglichkeiten der beste Ausgangspunkt für die systematische Ermittlung des aussichtsreichsten aktiven Lösungskonzepts.

Trotz dieser Hervorhebung des Grundsätzlichen sollten die zahlreichen Anwendungsbeispiele aber auch zeigen, wie weit die Methode heute dem Stadium praktisch unverbindlicher Laborversuche entwachsen ist.

Wie jede andere technische Methode auch, stellt die aktive Beeinflussung von Schall und Schwingungen ein generelles Verfahren dar, mit dem einige, aber bei weitem nicht alle Lärm- und Schwingungsprobleme gelöst werden können. Ausgelöst von mitunter allzu leichtfertigen Versprechungen haben einige dann unvermeidliche Enttäuschungen dazu beigetragen, dass aus Zuversicht vereinzelt Skepsis wurde.

Dennoch: die Erfolge sowie auch die bisherigen Teilerfolge rechtfertigen weitere Zuversicht. Wenn es gelingt, neben weiteren Entwicklungen bei schall- und schwingungserzeugenden Materialien und Konzepten sowie bei der Signalverarbeitungselektronik auch solche Regelungs- und Steuerungsansätze zu finden, die unabhängig von der Zahl der Ein- und Ausgänge zu insgesamt einfachen Anordnungen führen und diese sicher steuern können, sollte es möglich sein, die derzeitigen Kosten aktiver Systeme auf ein akzeptables Maß zu reduzieren. Damit wäre sicherlich eines der wesentlichen Hindernisse für eine verbreitetere Anwendung der Methode überwunden.

Vor diesem Hintergrund scheint es keine übertriebene Hoffnung zu sein, dass die in dieser faszinierenden Methode vergegenständlichte technische Utopie in einer wachsenden Zahl geeigneter Anwendungsfälle konkret werden kann und werden wird.

Literatur

13.1   Nelson PA, Elliott SJ (1992) Active Control of Sound. Academic Press, London
13.2   Fuller CR, Elliott SJ, Nelson PA (1996) Active Control of Vibration. Academic Press, London
13.3   Hansen CH, Snyder SD (1997) Active Control of Noise and Vibration. E&FN Sponn, London
13.4   Elliott SJ (2001) Signal Processing for Active Control. Academic Press, London
13.5   Kuo SM, Morgan DR (1996) Active Noise Control Systems – Algorithms and DSP Implementations. Wiley, New York
13.6   Preumont A (2002) Vibration Control of Active Structures – an Introduction. Kluwer Academic Publishers, Dordrecht
13.7   Swinbanks MA (1984) The active control of sound and vibration and some applications in industry. Proc Instn Mech Engrs, Vol 198A, Nr. 13, S 281–288
13.8   Ffowcs Williams JE (1984) Anti-sound (review lecture). Proceedings of the Royal Society London, Vol A395, S 63–88
13.9   Swinbanks MA (1985) Active noise and vibration control. Fortschritte der Akustik – DAGA 1985, Stuttgart, S 87–101, DPG-GmbH, Bad Honnef
13.10 Guicking D (1987) Zur Entwicklung der aktiven Schwingungs- und Lärmbekämpfung. Fortschritte der Akustik – DAGA 1987, Aachen, S 501–504, DPG-GmbH, Bad Honnef
13.11 Ffowcs Williams JE (1988) Active control of "noisy" systems. Proc. Inter-Noise 1988, Avignon, Vol 1, S 5–20
13.12 Guicking D (1989) Aktiver Lärmschutz – Erfolge, Probleme und Perspektiven. Fortschritte der Akustik – DAGA 1989, Duisburg, S 23–36, DPG-GmbH, Bad Honnef
13.13 Scheuren J (1990) Möglichkeiten der aktiven Lärmminderung und Schwingungsabwehr – eine Übersicht. In: „Aktive Beeinflussung der Ausbreitung von Biegewellen", Dissertation, TU Berlin
13.14 Scheuren J (1995) Aktive Lärm- und Schwingungsminderung. Plenarvortrag auf der 21. Deutschen Jahrestagung für Akustik, DAGA 1995, Saarbrücken. Fortschritte der Akustik – DAGA 1995, S 105–120, Deutsche Gesellschaft für Akustik, Oldenburg, 1995
13.15 Scheuren J (1998) Active Control of Structural Vibrations: General Considerations and New Results. Overview Lecture, Proceedings Inter-Noise 1998, Christchurch, New Zealand
13.16 Schirmacher R (2002) Von der aktiven Geräuschminderung zum Active Sound Design. Plenarvortrag auf der 28. Deutschen Jahrestagung für Akustik, DAGA 2002, Bochum. Fortschritte der Akustik – DAGA 2002, S 8–15, Deutsche Gesellschaft für Akustik, Oldenburg
13.17 Active Control of Sound and Vibration (1991) Proceedings of the International Symposium of the Acoustical Society of Japan, Tokio, April 1991
13.18 Rogers CA, Fuller CR (Hrsg) (1991) First Conference on Recent Advances in Active Control of Sound and Vibration, Blacksburg, VA, USA, Conference Proceedings, Technomic Publishing Company, Inc, 1991, Lancaster, Pennsylvania, USA
13.19 Burdisso RA (Hrsg) (1993) Second Conference on Recent Advances in Active Control of Sound and Vibration, Blacksburg, VA, USA. Conference Proceedings, Technomic Publishing Company, Inc, 1993, Lancaster, Pennsylvania, USA
13.20 Sommerfeldt S, Hamada H (Hrsg) (1995) Active 95, Proceedings of the International Symposium on Active Control of Sound and Vibration, New Port Beach, California, USA
13.21 Elliott S, Horvath G (Hrsg) (1997) Active 97, Proceedings of the International Symposium on Active Control of Sound and Vibration, Budapest, Ungarn
13.22 International Workshop on Active Noise and Vibration Control im Rahmen des Forum Acusticum 1999 in Berlin (1999) Kurzfassungen in Acustica/Acta Acustica, Vol 85, Supplement 1, Januar 1999. Vorträge auf CD: Collected Papers from the Joint Meeting Berlin 99
13.23 Douglas S (Hrsg) (1999) Active 99, Proceedings of the International Symposium on Active Control of Sound and Vibration, Fort Lauderdale, Florida, USA
13.24 Gardonio P, Rafaely B (Hrsg) (2002) Active 2002, Proceedings of the International Symposium on Active Control of Sound and Vibration, Institute of Sound and Vibration Research, University of Southampton, UK
13.25 Guicking D (2003) Guicking's Online Reference Bibliography on Active Noise and Vibration Control. GORBI, Version 1.1, 4th edition, CD ROM (E-mail: mail@guicking.de)
13.26 Guicking D (2001) Guicking's Online Patent Information on Active Noise and Vibration

13.27 Bschorr OF (1971) Lärmauslöschung durch gesteuerte Interferenz. Proc 7th Int Congr Acoust, Budapest, S 381–384

Control. GOPI, Version 1.1, CD ROM (E-mail: mail@guicking.de)

13.28 Lueg P (1933) Verfahren zur Dämpfung von Schallschwingungen. Deutsches Reichspatent Nr. 655508

13.29 Lueg P (1934) Process of silencing sound oscillations. US Patent Nr 2043416

13.30 Guicking D (1976/77) Paul Lueg – der Erfinder der aktiven Lärmbekämpfung. Acustica, Vol 36, S 287–293

13.31 Olson HF, May EG (1953) Electronic Sound Absorber. JASA, Vol 25, Nr 6, S 1130–1136

13.32 Olson HF (1956) Electronic Control of Noise, Vibration, and reverberation. JASA, Vol 28, Nr 5, S 966–972

13.33 Eghtesadi K, Hong WKW, Leventhall HG (1983) The tight-coupled monopole active attenuator in a duct. Noise Control Engineering Journal, Vol 19, Nr 1, S 16–20

13.34 Conover WB (1956) Fighting noise with noise. Noise Control, Vol 92, S 78–92

13.35 Swinbanks MA (1973) The active control of sound propagation in long ducts. JSV, Vol 27, Nr 3, S 411–436

13.36 Jessel MJM, Mangiante GA (1972) Active sound absorbers in an air duct. JSV, Vol 23, Nr 3, S 383–390

13.37 Canevet G, Mangiante G (1974) Absorption acoustique et anti-bruit à une dimension. Acustica, Vol 30, S 40–48

13.38 Poole JHB, Leventhall HG (1976) An experimental study of Swinbanks' method of active attenuation of sound in ducts. JSV, Vol 49, Nr 2, S 257–266

13.39 Poole JHB, Leventhall HG (1978) Active attenuation of noise in ducts. JSV, Vol 57, Nr 2, S 308– 309

13.40 Rockwell TH, Lawther JM (1964) Theoretical and experimental results on active vibration dampers. JASA, Vol 36, Nr 8, S 1507–1515

13.41 Knyazev AS, Tartakovskii BD (1965) Application of electromechanical feedback for the damping of flexural vibrations in rods. Soviet Physics-Acoustics, Vol 11, Nr 2, S 150–154

13.42 Porter B, Bradshaw A (1974) Synthesis of active dynamic controllers for vibratory systems. Journ Mech Eng Science, Vol 16, Nr 2, S 95–100

13.43 Balas MJ (1982) Trends in large space structure control theory: fondest hopes, wildest dreams. IEEE Transactions on automatic control, Vol 27, Nr 3, S 522–535

13.44 Leipholz H (Hrsg) (1979) Structural control. Proc Int IUTAM Symposium, Waterloo, Ontario

13.45 Knyazev AS, Tartakovskii BD (1967) Abatement of radiation from flexurally vibrating plates by means of active local vibration dampers. Soviet Physics-Acoustics, Vol 13, Nr 1, S 115–117

13.46 Cuschieri JM (1984) Active force control in machinery noise. Proc 2 Int Conf on Recent Advances in Struct Dynamics. University of Southampton, S 847–854

13.47 Fuller CR (1990) Active control of sound transmission/radiation from elastic plates by vibration inputs. JSV, Vol 136, Nr 1, S 1–15

13.48 Ffowcs Williams JE (1987) Active control of unsteady flow. Proc Inter-Noise, Peking, S 7–12

13.49 Föllinger O (1994) Regelungstechnik. 8. Aufl, Hüthig, Heidelberg

13.50 Franke D (1987) Systeme mit örtlich verteilten Parametern. Springer-Verlag, Berlin

13.51 Aström KJ, Wittenmark BJ (1990) Computer controlled systems, theory and design. 2nd edition, Prentice-Hall, Englewood Cliffs

13.52 Robinson AC (1971) A survey of optimal control of distributed parameter systems. Automatica, Vol 7, S 371–388

13.53 Kappel F, Kunisch K, Schappacher W (Hrsg) (1983) Control theory for distributed parameter systems and applications. Lecture notes in control and information sciences, Vol 54, Springer Verlag, Berlin

13.54 Isermann R (1987/1988) Digitale Regelsysteme I und II. 2. Aufl, Springer-Verlag, Berlin

13.55 Scheuren J (1990) Aktive Beeinflussung der Wellenausbreitung I: Theoretische Überlegungen zur aktiven Beeinflussung der Ausbreitung von Luft- und Körperschall. Acustica, Vol 71, S 243–256

13.56 Atluri SN, Amos AK (Hrsg) (1988) Large space structures: dynamics and control. Springer-Verlag, Berlin

13.57 Redman-White W, Nelson PA, Curtis ARD (1987) Experiments on the active control of flexural wave power flow. JSV, Vol 112, Nr 1, S 187–191

13.58 Guicking D, Melcher J, Wimmel R (1989) Active impedance control in mechanical structures. Acustica, Vol 69, S 39–52

13.59 Krüger J (2002) The calculation of activity absorbing silencers in rectangular ducts. Journal of Sound and Vibration. 257(5), S 887–902

13.60 Scheuren J (1990) Active attenuation of bending waves in beams. Proceedings of the Institute of Acoustics, Vol 12, Part 1, S 623–629

13.61 Scheuren J (1990) Aktive Beeinflussung der Ausbreitung von Biegewellen. Dissertation, TU Berlin

13.62 Ffowcs Williams JE (1981) The silent noise of a gas turbine. Spectrum, British science news, Nr 175/1, S 9–11

13.63 Swinbanks MA (1982) The active control of low frequency sound in a gas turbine compressor installation. Proc Inter-Noise, San Francisco, S 423–426

13.64 Smith RA, Chaplin GB (1983) The implications of synchronized cancellation for vibration. Proc Inter-Noise, Edinburgh, S 403–406

13.65 Schubert DW (1991) Characteristics of an active vibration isolation system using absolute velocity feedback and force actuation. Proceedings Active 91 [13.18], S 448–463

13.66 Heiland P (1994) Aktive Schwingungsisolierung. Konstruktion, Bd 46, H 10, S 353–358

13.67 Sano H, Yamashita T, Nakamura M (2002) Recent applications of active noise and vibration control to automobiles. Proceedings Active 2002 [13.24], S 29–42

13.68 VDI-Richtlinie: Aktive Schwingungsisolierung. In Vorbereitung

13.69 Schirmacher R, Hölzl G, Redmann M, Scheuren J (1997) Active Noise and Vibration Control for a High Speed Railcar: A Case Study. Proceedings of Active 97 in Budapest, Ungarn, S 557–564, Documenta Acustica of the European Acoustics Association, Lüttich, Belgien

13.70 Schirmacher R, Hölzl G, Scheuren J (1998) Untersuchung zur aktiven Minderung tieffrequenter Vibrationen am ICE1. Fortschritte der Akustik – DAGA 1998, S 210–211, Deutsche Gesellschaft für Akustik, Oldenburg

13.71 Zavadskaya MP, Popov AV, Egelski BL (1975) An approximate solution of the problem of active suppression of sound fields by the Malyuzhinets method. Soviet Physics Acoustics, Vol 21, Nr 6, S 541–544

13.72 Scheuren J (1990) Aktive Beeinflussung der Wellenausbreitung II: Realisierungsmöglichkeiten einer aktiven Beeinflussung der Ausbreitung von Biegewellen. Acustica, Vol 72, S 33–46

13.73 Scheuren J (1990) Aktive Reflexion von Biegewellen. Fortschr der Akustik – DAGA 1990, Wien, S 345–348, DPG-GmbH, Bad Honnef

13.74 Achenbach JD (1973) Wave propagation in elastic solids. North Holland, Amsterdam

13.75 Scheuren J (1984) Application of the method of integral equations to the vibration of plates. Proc 2. Int Conf on Recent Advances in Struct. Dynamics, Southampton, S 171–177

13.76 Piraux J, Mazzanti S (1985) Commande automatique d'un dispositif d'atténuation acoustique active dans l'espace. IUTAM-Symposium Aero- and Hydroacoustics, Comte-Bellot u. Ffowcs-Williams (Hrsg), Lyon/Frankreich

13.77 Ohnishi K et al. (1999) Development of the Noise Barrier using Active Controlled Acoustical Soft Edge. Proceedings Active 99 [13.23], S 595–606

13.78 LaFontaine RF, Shepherd IC (1983) An experimental study of a broadband active attenuator for cancellation of random noise in ducts. JSV, Vol 91, Nr 3, S 351–362

13.79 Roure A (1985) Self-adaptive broadband active sound control system. JSV, Vol 101, Nr 3, S 429–441

13.80 Eriksson LJ, Allie MC, Greiner RA (1987) The selection and application of an IIR adaptive filter for use in active sound attenuation. IEEE/ASSP, Vol 35, Nr 4, S 433–437

13.81 Eriksson LJ, Allie MC (1988) A practical system for active attenuation in ducts. Sound and Vibration, Nr 2, S 30–34

13.82 Pelton H, Wise S, Sims W (1994) Active HVAC Noise Control Systems Provide Acoustical Comfort. Sound and Vibration, S 14–18

13.83 Koopmann GH, Fox DJ, Neise W (1988) Active source cancellation of the blade tone fundamental and harmonics in centrifugal fans. JSV, Vol 126, Nr. 2, S 209–220

13.84 Babesel M, Maier R, Hoffmann F (2001) Reduction of interior noise in helicoptersby using active gearbox struts – results of flight tests. Proceedings of 27th European Rotorcraft Forum, Moskau

13.85 Zintel G, Lehringer F (1992) Aktive Pegelminderung des Auspuffgeräusches von Kraftfahrzeugen. Fortschritte der Akustik – DAGA 1992, S 921–924, Deutsche Gesellschaft für Akustik, Oldenburg

13.86 Pricken F (2000) Active Noise Cancellation in Future Air Intake Systems. SAE Paper Nr. 2000-01-0026

13.87 Heil B et al. (2001) Variable Gestaltung des Abgasmündungsgeräuschs am Beispiel eines V6-Motors. Motortechnische Zeitschrift (MTZ), Jahrg 62, Heft 10, S 786–794

13.88 Schirmacher R (2002) Active design of automotive engine sound. AES 112th convention, München

13.89 Fohr F et al. (2002) Active exhaust line for truck diesel engine. Proceedings Inter-Noise 2002, Dearborn, USA, Paper N 366

13.90 Applications of active noise and vibration control in vehicles. Noise & Vibration worldwide, S 11–15

13.91 Fuller C, Brevart B (1995) Active control of coupled wave propagation and associated power in fluid filled elastic long pipes. Proceedings Active 95 [13.20], S 3–14

13.92 Guicking D, Karcher K, Rollwage M (1985) Coherent active methods for applications in room acoustics. JASA, Vol 78, Nr 4, S 1426–1434

13.93 Meirovitch L (1988) Control of distributed structures. Large space structures [13.56], S 195–212

13.94 Meirovitch L, Silverberg LM (1984) Active vibration suppression of a cantilever wing. JSV, Vol 97, Nr 3, S 489–498

13.95 Balas MJ (1978) Active control of flexible systems. Journal of optimization theory and applications, Vol 25, Nr 3, S 415–436

13.96 Meirovitch L, Bennighof JK (1986) Modal control of travelling waves in flexible structures. JSV, Vol 111, Nr 1, S 131–144

13.97 Curtis A, Nelson P, Elliott S, Bullmore A (1987) Active suppression of acoustic resonance. JASA, Vol 81, Nr 3, S 624–631

13.98 Flotow AH v (1988) The acoustic limit of control of structural dynamics. Large space structures [13.56], S 213–237

13.99 Nelson PA, Curtis ARD, Elliott SJ, Bullmore AJ (1987) The active minimization of harmonic enclosed sound fields, I: Theory, II: A computer simulation, III: Experimental verification. JSV, Vol 117, Nr 1, S 1–58

13.100 Carme C (1988) Absorption acoustique active dans les cavités auditives. Acustica, Vol 66, Nr 5, S 233–246

13.101 Niehoff W, Sennheiser Fa (2003) Persönliche Mitteilung über das im Piloten-Headset HMEC 300 eingebaute System zur Geräuschunterdrückung

13.102 McDonald AM, Elliott SJ, Stokes MA. Active noise and vibration control within the automobile. veröffentlicht in [13.17], S 147–156

13.103 Scheuren J, Widmann U, Winkler J (1999) Active Noise Control and Sound Quality Design in Motor Vehicles. Proceedings of the 1999 SAE Noise and Vibration Conference, Traverse City, Michigan, USA, pp 1473–1479, SAE Paper 1999-01-1846

13.104 Bullmore AJ, Nelson PA, Elliott SJ (1990) Theoretical studies of the active control of propeller-induced cabin noise. JSV, Vol 140, Nr 2, S 191–217

13.105 Elliott SJ, Nelson PA, Stothers IM, Boucher CC (1990) In-flight experiments on the active control of propeller-induced cabin noise. JSV, Vol 140, Nr 2, S 219–238

13.106 Dorling CM et al (1999) A demonstration of active noise reduction in an aircraft cabin. JSV, Vol 128, Nr 2, S 358–360

13.107 Ross C, Purver M (1997) Active cabin noise control. Proceedings Active 97 [13.21], S XXXIX–XLVI

13.108 Sano H et al. (2001) Active control system for low-frequency road noise combined with an audio system. IEEE Transactions on Speech and Audio Processing, Vol 9, Nr 7, S 755–763

13.109 Fuller C (2002) Active Control of sound radiation from structures: progress and future directions. Proceedings Active 2002 [13.24], S 3–27

13.110 Deffayet C, Nelson P (1988) Active control of low frequency harmonic sound radiated by a finite panel. JASA, Vol 84, S 2192–2199

13.111 Johnson B, Fuller C (2000) Broadband control of plate radiation using a piezoelectric, double amplifier active skin and structural acoustic sensing. JASA, Vol 107, S 876–884

13.112 Ross C, Fa. Ultra Electronics (2003) Persönliche Mitteilung über das in einer Bombardier Q 400 eingebaute System zur Geräusch- und Schwingungsunterdrückung

13.113 Huang XY (1987) Active control of aerofoil flutter. AIAA Journal, Vol 25, S 1126–1132

13.114 Ffowcs Williams JE, Huang XY (1989) Active stabilization of compressor surge. Journal of Fluid Mechanics, Vol 204, S 245–262

13.115 Candel SM, Poinsot TJ (1988) Interactions between acoustics and combustion. Proc Institute of Acoustics, Vol 10, S 103–153

13.116 Dowling AP, Bloxsidge GJ, Langhorne PJ, Hooper N (1988) Active control of combustion instabilities. Proceedings of the Institute of Acoustics, Vol 10, S 873–875

13.117 Poinsot T et al. (1987) Suppression of combustion instabilities by active control. AIAA-Paper 87-1876

13.118 Möser M (1989) Aktive Kontrolle einfacher, selbsterreger Resonatoren. Acustica, Vol 69, S 175–184

13.119 Heckl M (1988) Active Control of the noise from a Rijke tube. JSV, Vol 124, S 117–133

13.120 Ffowcs Williams JE (1986) The aerodynamic potential of anti-sound. AIAA '86, 15th Congress of the International Council of the aeronautical sciences, ICAS-86-0.1, London

13.121 Seume J et al. (1998) Application of active combustion instability control to a heavy duty gas turbine. Trans. ASME, Journal of Engineering for Gas Turbines and Power, Vol 120 (4), S 721–726

13.122 Wicken G, Heesen W v, Wallmann S (2000) Wind tunnel pulsations and their active suppression. SAE Paper Nr 2000-01-0869

13.123 Ross CF, Yorke AV (1986) Energy flow in active control systems. Colloque Euromech 213 „Méthodes actives de controle du bruit et des vibrations", Marseille

13.124 Ford RD (1983) Where does the power go? Proc ICA 1983, Paris, Vol 8, S 277–280

13.125 Scheuren J, Schirmacher R, Hobelsberger J (2002) Active design of automotive engine sound. Proceedings Inter-Noise 2002, Dearborn, USA, Paper N629

13.126 Bendat JS, Piersol AG (1993) Engineering applications of correlation and spectral analysis. 2. Aufl, Wiley, New York

13.127 Oppenheim AV, Schafer RW (1975) Digital signal processing. Prentice Hall, Englewood Cliffs

13.128 Stearns SD (1999) Digitale Verarbeitung analoger Signale. 7. Aufl, Oldenbourg Verlag, München

13.129 Oppenheim AV, Schafer RW (1999) Zeitdiskrete Signalverarbeitung. 3. Aufl, Oldenbourg Verlag, München

13.130 Papoulis A (2002) Probability, random variables and stochastic processes. 4. Aufl, McGraw-Hill

13.131 Widrow B et al (1975) Adaptive noise cancelling: principles and applications. Proc IEEE, Vol 63, Nr 12, S 1692–1716

13.132 Widrow B, Stearns SD (1985) Adaptive signal processing. Prentice-Hall, Englewood Cliffs

13.133 Haykin S (2002) Adaptive filter theory. 4. Aufl, Prentice-Hall, Englewood Cliffs

13.134 Aström KJ, Wittenmark BJ (1994) Adaptive control. 2. Aufl, Addison-Wesley, Reading (Mass)

13.135 Schirmacher R (1995) Schnelle Algorithmen für adaptive IIR-Filter und ihre Anwendung in der aktiven Schallfeldbeeinflussung. Diss Göttingen

13.136 Scheuren J (1995) Experiments with Active Vibration Isolation. Proceedings of Active 95 in Newport Beach, California, S 79–88. Noise Control Foundation, Poughkeepsie, NY, USA

13.137 Petitjean B, Legrain L (1996) Feedback controllers for active vibration suppression. Journal of Structural Control, Vol 3, Nr 1–2, S 111–127

13.138 Elliott SJ, Gardonio P, Sors T, Brennan M (2002) Active vibroacoustic control with multiple local feedback loops. JASA, Vol 111 (2), S 908–915

13.139 Maury C, Gardonio P, Elliott SJ (2001) Active control of the flow-induced noise transmitted through a panel. AIAA Journal, Vol 39 (10), S 1860–1867

13.140 Janocha H (1992) Aktoren. Springer-Verlag, Berlin

13.141 Janocha H (Hrsg) (1999) Adaptronics and Smart Structures: Basics, Materials, Designs and Applications. Springer-Verlag, Berlin

13.142 Srinivasan A, McFarland M (2000) Smart Structures: Analysis and Design. Cambridge University Press

13.143 Ross CF (1978) Experiments on the active control of transformer noise. JSV, Vol 61, Nr 4, S 473–480

13.144 Berge T, Pettersen O, Soersdal S (1998) Active cancellation of transformer noise: field measurements. Applied acoustics, Vol 23, S 309–320

13.145 Hesselmann N (1978) Investigation of noise reduction on a 100 kVA transformer tank by means of active methods. Applied acoustics, Vol 11, S 27–34

13.146 Angevine OL (1981) Active acoustic attenuation of electric transformer noise. Proc. Inter-Noise 1981, Amsterdam, S 303–306

13.147 Jakob A, Möser M (2003) Active control of double-glazed windows I and II. Applied Acoustics, Vol 64, S 163–196

13.148 Jakob A, Möser M (2003) A modal model for actively controlled double-glazed windows. Acta Acustica, Vol 89, S 479–493

13.149 Gasch R, Nordmann N, Pfützner H (2002) Rotordynamik. 2. Aufl, Springer-Verlag, Berlin

Beschallungstechnik

H. Frisch

14.1 Einleitung

Die Beschallungstechnik umfasst eine Vielzahl von verschiedenen Anlagentypen, die sich je nach Aufgabenstellung zum Teil sehr stark in Technik und Erscheinungsbild voneinander unterscheiden.

So unterschiedlich der Anwendungszweck und die damit verknüpfte technische Ausführung dieser Anlagen sein mag, so haben sie doch ein gemeinsames Ziel: die durch eine Kette von elektronischen Geräten aufbereiteten elektrischen Signale über Lautsprecher in akustische Signale umzuwandeln und in einer dem Zweck entsprechenden Qualität wiederzugeben.

Die „entsprechende Qualität" reicht von „beinahe Telefon" bei Alarmierungsanlagen im Freien oder in akustisch ungünstigen Räumen bis „beinahe Original" bei modernen HiFi-Anlagen für das Wohnzimmer. Zwischen diesen beiden Extremen ist in der Beschallungstechnik so gut wie jede Qualitätsstufe realisierbar.

Wie überall geht auch bei den Beschallungsanlagen der Trend zur Perfektion, d. h. weg vom „Telefon" hin zum „Original". Dieser Trend wird auch vom immer anspruchsvoller werdenden Publikum forciert. Verwöhnt durch die heimische HiFi-Anlagen möchte man auch in großen Veranstaltungsräumen die gewohnte Klangqualität vorfinden.

14.2 Verstärkungsanlagen für Sprache und Musik

Anlagen zur Verstärkung von Sprache und Musik werden im Freien und in Räumen jeder Größe verwendet. Sie kommen überall dort zum Einsatz, wo es gilt, eine große Anzahl von Zuhörern auch über größere Entfernungen hinweg mit akustischen Informationen zu versorgen.

Der Grund, warum zwischen Anlagen für Verstärkung von Sprache und für Musik unterschieden wird, ist technischer und damit auch finanzieller Natur: für Sprachübertragung in guter Qualität ist bereits ein eingeschränkter Frequenzbereich von ca. 125 bis 4000 Hz ausreichend. Lautsprecher, die diesen Frequenzbereich linear wiedergeben können, sind wesentlich billiger in der Anschaffung als solche, die von 20 Hz bis 16 kHz oder gar bis 20 kHz arbeiten und für Musikübertragungsanlagen verwendet werden.

Abgesehen vom Frequenzgang der Anlagen, sind auch die zu erzielenden maximalen Schalldrucke für Sprache und Musik sehr unterschiedlich. Bei Musikübertragungen in guter Qualität werden etwa zehnfach höhere Spitzenschalldrucke als bei Sprachübertragung erzielt. Die dazu nötige Verstärkerleistung (und damit auch die Belastbarkeit der Lautsprecher) ist hierbei um den Faktor 100 größer, was wiederum die Kosten der Anlage stark erhöht.

Gute Verstärkungsanlagen für Sprache sind aus den eben erwähnten technischen Gründen nur sehr eingeschränkt für Musikwiedergabe geeignet. Deshalb sollten sie nur dort eingesetzt werden, wo von Anfang an feststeht, dass eine Musikübertragung in guter bis sehr guter Qualität nicht gefordert wird. Dies ist heutzutage meist nur noch in Kirchen der Fall, wo jedoch oftmals aufgrund der schwierigen raumakustischen Verhältnisse (lange Nachhallzeit, Gefahr von Echos durch sehr späte Reflexionen) auch für Sprachverstärkungsanlagen ein relativ hoher technischer Aufwand getrieben werden muss.

In den meisten anderen Fällen ist das Veranstaltungsspektrum so gestaltet, dass die Verstärkungsanlage Sprache und Musik in gleicher Qualität wiedergeben muss. Dies gilt in zunehmenden Maße auch für ehemals „reine" Sprachverstärkungs- bzw. Durchsageanlagen in Sportstätten. Der massive Einsatz von Werbedurchsagen kombiniert mit Musikeinblendungen bei Sportveranstaltungen jeglicher Art beschleunigt auch hier den Trend zur Installation von Verstärkungsanlagen, die auch für qualitativ hochwertige Musikübertragung geeignet sind.

Für die weitere Behandlung der Verstärkungsanlagen wird deshalb nicht mehr zwischen Sprachübertragung und Musikübertragung unterschieden.

14.2.1 Verstärkungsanlagen in Räumen

Bei der Projektierung einer Verstärkungsanlage ist die Einbeziehung der raumakustischen Daten unbedingt erforderlich. Ebenso sind architektonische und bautechnische Gesichtspunkte bei der Standortwahl der Lautsprecher zu berücksichtigen.

Während Architektur und Bautechnik hauptsächlich die Art der Lautsprecher beeinflussen (Größe, Gewicht etc.), bestimmt die Akustik des Raumes (Nachhallzeit, akustische Beschaffenheit der Raumbegrenzungsflächen) die Art des Beschallungssystems. Unter Beschallungssystem ist das Zusammenwirken von mehreren Lautsprechern in einem Raum zu verstehen, wobei die Lautsprecher zentral (an einem Punkt) oder dezentral (an vielen Punkten) im Raum platziert werden können.

14.2.1.1 Zentrale Beschallung

Abgesehen von sehr einfachen Anlagen für kleine Vortragsräume, wo ein einzelner Lautsprecher mit geeigneter Richtcharakteristik durchaus ausreichend sein kann, besteht eine zentrale Beschallungsanlage – ebenso wie die dezentrale – aus mehreren einzelnen Lautsprechern. Im Unterschied zur dezentralen Anlage sind diese Lautsprecher jedoch zu einer Einheit (Schallampel oder „Loudspeaker-Cluster") zusammengefasst und versorgen praktisch von einem Punkt im Raum aus die gesamte zu beschallende Fläche.

Die überwiegende Anzahl von zentralen Beschallungsanlagen finden überall dort Anwendung, wo die Raumform (Abstand von Lautsprecher und Zuhörer nicht zu groß), die Raumakustik (Nachhallzeit nicht zu lang) und die Architektur dies zulassen (Abb. 14.1).

Als eine Abart der reinen Zentralbeschallung ist die zentrale Beschallung mit zusätzlichen Stützlautsprechern sehr weit verbreitet. Sie wird in Räumen eingesetzt, in denen der Abstand vom Lautsprecher zum Zuhörer zu groß ist oder die ungehinderte Schallausbreitung zwischen Lautsprecher und Zuhörer nicht möglich ist (Abb. 14.2).

Die Stützlautsprecher sorgen in diesem Fall dafür, dass einerseits auf allen Plätzen annähernd derselbe Schalldruckpegel erreicht wird und andererseits auf den entfernten Plätzen des Raumes der Direktschallanteil des übertragenen Signals erhöht wird. Um eine akustische Ortung der Stützlautsprecher zu verhindern, müssen sie gegenüber dem Hauptlautsprecher mittels Laufzeitverzögerungsgeräten soweit verzögert werden, dass der Schall des Stützlautsprechers kurz nach dem Schall des Hauptlautsprechers beim Zuhörer eintrifft (Haas-Effekt) [14.1].

Zur einfachen Abschätzung der benötigten Laufzeitverzögerung gilt:

$$\Delta T = (SE - LE) \cdot 3 + x \tag{14.1}$$

mit

SE Abstand der zu ortenden Schallquelle vom Empfänger (Zuhörer) in m,
LE Abstand des zu verzögernden Lautsprechers vom Empfänger in m,
ΔT einzustellende Laufzeitverzögerung in ms,
$x =$ 10…20 ms.

14.2.1.2 Dezentrale Beschallung

Dezentrale Beschallungsanlagen spielen in der Klasse der Sprach- und Musikverstärkungsanlagen nur eine untergeordnete Rolle. Hauptanwendungsgebiet sind Sprachverstärkungsanlagen für Kirchen, für kleine bis mittlere Vortragssäle und für Mehrzweckräume.

Die Gründe für den Einsatz solcher Anlagen liegen in ihrer besonders guten Eignung für Räume mit sehr langen Nachhallzeiten (Kirchen) und in ihrer optischen Unauffälligkeit durch Verwendung einer Vielzahl kleiner, relativ leistungsschwacher Lautsprecher.

Als Anbringungsorte kommen die Seitenwände oder Stützsäulen sowie die Decke in Frage. Grundprinzip bei der Wahl des Anbringungsortes

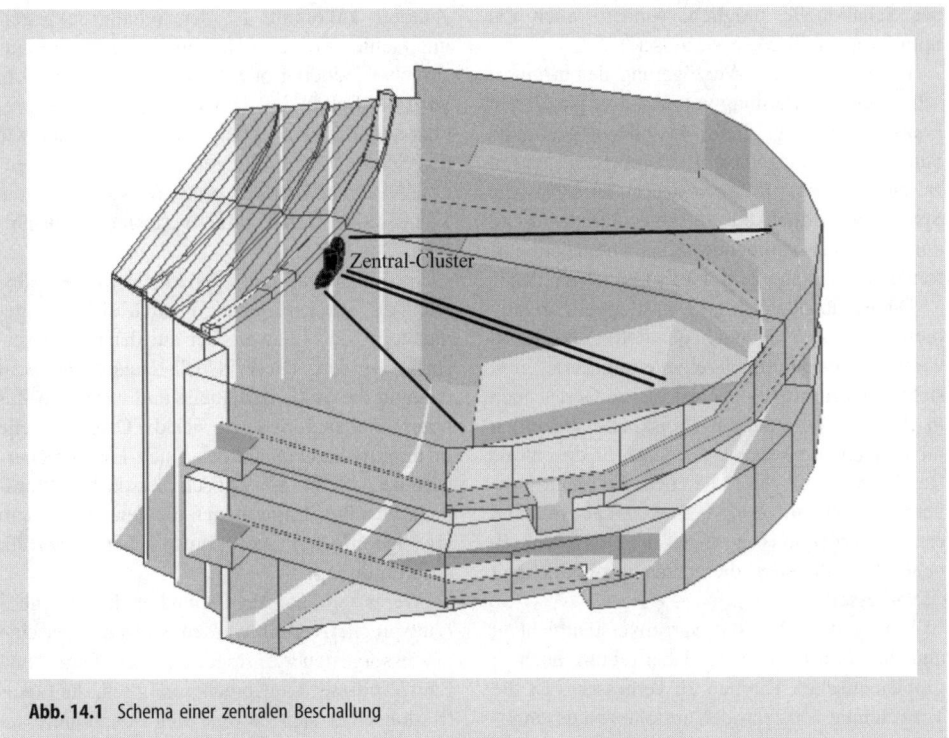

Abb. 14.1 Schema einer zentralen Beschallung

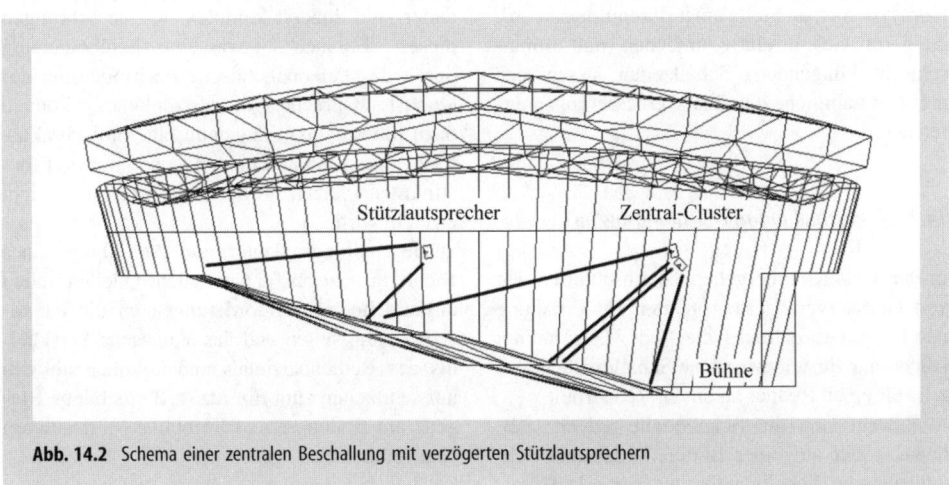

Abb. 14.2 Schema einer zentralen Beschallung mit verzögerten Stützlautsprechern

sollte sein, die Lautsprecher so nahe wie möglich an die Zuhörer heranzubringen. Somit wählt man für schmale, hohe Räume (Kirchen) die Seitenwände und für niedrige, weite Räume (Turnhallen, Kantinen etc.) die Decke.

Soll mit einem dezentralen Beschallungssystem die optisch-akustische Zuordnung (man hört den Schall aus der Richtung kommen, in der man auch die Schallquelle sieht) erhalten werden, so muss ein relativ hoher Aufwand getrieben werden. Jeder einzelne Lautsprecher des Systems muss entsprechend seinem Abstand zur Schallquelle mit einer individuellen Laufzeitverzögerung betrieben werden. Durch den Einsatz von Laufzeitverzögerungsgeräten in dezentralen Beschallungsanlagen wird nicht nur die Ortbarkeit

14.2 Verstärkungsanlagen für Sprache und Musik

der Schallquelle möglich, sondern auch die Sprachverständlichkeit verbessert.

Die elektronische Verzögerung der in unterschiedlicher Entfernung vom Zuhörer platzierten Lautsprecher sorgt dafür, dass der abgestrahlte Schall jedes einzelnen Lautsprechers nahezu zeitgleich beim Zuhörer ankommt. Ein die Sprachverständlichkeit verschlechterndes Echo durch „zu spät kommende" Schallanteile aus entfernteren Lautsprechern wird somit vermieden.

Da es auf dem Markt mittlerweile relativ preiswerte, aber dennoch qualitativ sehr hochwertige digitale Laufzeitverzögerungsgeräte gibt, steht dem Einsatz solcher hilfreichen Geräte auch in Anlagen der unteren Preisklasse eigentlich nichts mehr im Wege. Vor allem für dezentrale Beschallungsanlagen in Kirchen, die erfahrungsgemäß mit einem geringen finanziellen Aufwand erstellt werden müssen, bietet die Digitaltechnik neue Möglichkeiten, die Sprachverständlichkeit zu verbessern.

Eine andere Art, die Sprachverständlichkeit und die Natürlichkeit der Übertragung auch in problematischen Kirchen zu verbessern, ist die Verwendung von zentralen anstelle von dezentralen Anlagen. Durch den Einsatz von wenigen, zentral positionierten, qualitativ hochwertigen Hornsystemen an Stelle einer dezentralen Anordnung von vielen, relativ einfachen (und oftmals schlecht klingenden) Schallzeilen lassen sich meist erstaunliche Qualitätsverbesserungen erreichen.

14.2.1.3 Beschallung mit Richtungsbezug

In den beiden vorhergehenden Abschnitten war von Laufzeitverzögerungsgeräten zur Erhaltung des Richtungseindrucks die Rede. Dies gelingt jedoch nur für unbewegliche Schallquellen, also z.B. für einen Redner an einem Rednerpult.

Bewegt sich die Schallquelle jedoch, z.B. Schauspieler auf einer Bühne, so ist eine richtungsgetreue Schallverstärkung für alle Hörerplätze nur mit hohem technischen Aufwand möglich. Beschallungsanlagen nach dem Delta-Stereophonie-Verfahren ermöglichen die Lokalisation von sich bewegenden Schallquellen [14.2–14.6, 14.14, 14.15].

Wie in den vorhergehenden Abschnitten geschildert, ist für eine Lokalisation einer elektroakustisch verstärkten Schallquelle unbedingt erforderlich, dass der Schall der zu ortenden Quelle vor dem Schall des Lautsprechers beim Zuhörer ankommt. Ist der Schalldruckpegelunterschied zwischen der Quelle und dem Lautsprecher jedoch größer als ca. 8 bis 10 dB, d.h. wird der Schall aus dem verzögerten Lautsprecher ungefähr als doppelt so laut empfunden wie der Schall, der direkt von der (unverstärkten) Quelle beim Zuhörer eintrifft, so bricht die Lokalisation trotz Laufzeitverzögerung zusammen.

In diesem Fall muss bereits die Quelle selbst (Redner, Schauspieler etc.) durch einen so genannten Quell-Lautsprecher auf der Bühne verstärkt werden. Dieser Quell-Lautsprecher tritt dann an die Stelle der Quelle und wird vom Zuhörer lokalisiert. So lange sich die Originalquelle in unmittelbarer Nähe des Quell-Lautsprechers befindet, bleibt die optisch-akustische Zuordnung gewahrt. Entfernt sich die Quelle von dem ihr zugeordneten Quell-Lautsprecher, so zerfällt die Zuordnung.

Wenn nun auf der Bühne mehrere Quell-Lautsprecher verteilt werden, so ist es über eine prozessorgesteuerte Regelung von Pegel und Laufzeit dieser Lautsprecher möglich, die Lokalisation einer sich bewegenden Schallquelle zu erhalten [14.15]. Die dazu nötigen Pegel- und Laufzeitverhältnisse der Lautsprecher untereinander sind äußerst komplex. Kleine Störungen dieser „Balance", etwa eine Fehlbedienung durch das Personal, falsche Positionierung der Quell-Lautsprecher oder Ähnliches, können dazu führen, dass die gewünschte optisch-akustische Zuordnung nur teilweise, nur auf bestimmten Plätzen im Saal oder überhaupt nicht erreicht wird.

Beschallungsanlagen zur Abbildung eines Richtungsbezuges für bewegliche Quellen stellen deshalb höchste Anforderungen an die technischen Fähigkeiten und das akustische Verständnis des Bedienpersonals und kommen deshalb nur sehr selten zum Einsatz (z.B. Seebühne Bregenz am Bodensee und Seebühne Mörbisch am Neusiedlersee).

14.2.2 Verstärkungsanlagen im Freien

Das Anwendungsgebiet für Verstärkungsanlagen im Freien reicht von der Durchsageanlage auf dem Bahnsteig bis hin zur Musikübertragungsanlage für Open-Air-Rock-Konzerte.

Die wesentlichen Unterschiede zu den in Räumen installierten Anlagen ergeben sich aus dem Wegfall von reflektierenden Flächen, was zur Folge hat, dass nur der direkt vom Lautsprecher zum Zuhörer übertragene Schall zum Lautstärkeeindruck beiträgt. Des Weiteren müssen im Freigelände oftmals sehr viel größere Distanzen zwischen der Schallquelle und den Hörerplätzen überwunden werden. Beides bedeutet, dass Anlagen im Freien höhere Schalldrucke abstrahlen müssen als vergleichbare Anlagen in Räumen, um den gleichen Lautstärkeeindruck zu erzielen.

Dies wird im Allgemeinen durch den Einsatz von Lautsprechern mit sehr hohem Wirkungsgrad (10 % und mehr bei Frequenzen > 500 Hz) und starker Schallbündelung (z. B. Hornlautsprecher mit 40° horizontaler und 20° vertikaler Schallabstrahlung) sowie einer entsprechend hohen Zahl von Lautsprechern erreicht.

Durch das Aufeinanderstellen identischer Lautsprecher (Stacking) lässt sich der Schalldruck in Richtung der Hauptachse der „Stacks" um 6 dB je Verdopplung der Lautsprecheranzahl erhöhen. Dieser Effekt wird jedoch mit einer sehr ungleichmäßigen Schallabstrahlung (frequenz- und richtungsabhängige Pegeleinbrüche) außerhalb der Hauptabstrahlrichtung erkauft.

Bei der Beschallung von großen Freiflächen ist zusätzlich zur normalen Pegelabnahme mit zunehmendem Abstand zum Lautsprecher (6 dB Schalldruckpegelabnahme bei Abstandsverdopplung) noch mit einer witterungsbedingten Dämpfung sowie mit Störeinflüssen durch die Bodenbeschaffenheit zu rechnen. Näheres hierzu in Kap.7 „Schallausbreitung im Freien".

Aufgrund des fehlenden Diffusschalles (erzeugt von Schallreflexionen an Decken und Wänden im Raum) haben zentrale Anlagen im Freifeld prinzipiell weniger Schwierigkeiten, eine gute Sprachverständlichkeit zu erzielen als vergleichbare Anlagen in Räumen. Hauptkriterium für eine gute Sprachverständlichkeit im Freien ist das Verhältnis von Direktschall zu Störschall. Der beim Zuhörer eintreffende Direktschall sollte 15 bis 25 dB über dem A-bewerteten Pegel des Störgeräusches liegen [14.16].

Diese Forderung lässt sich mit modernen zentralen Beschallungsanlagen auch für große Entfernungen mit entsprechendem Aufwand erfüllen. Soll z. B. bei einem Störgeräuschpegel von 60 dB(A) in 180 m Entfernung von der zentralen Anlage ein Schalldruckpegel von 60 + 25 = 85 dB erzeugt werden, so muss ein Lautsprecher verwendet werden, der in 1 m Entfernung einen Schalldruckpegel von

$$85 + 20 \lg \frac{180 \text{ m}}{1 \text{ m}} = 130 \text{ dB} \qquad (14.2)$$

erzeugen kann (Einflüsse durch Bodenbeschaffenheit und Witterung vernachlässigt). Dies bedeutet jedoch auch, dass in 2 m Entfernung noch 130 – 6 = 124 dB, in 4 m Entfernung 118 dB usw. herrschen. Dies sind Werte, die zum Teil weit über den Grenzen für die Gefährdung des Gehörs liegen [14.16].

Bei Anlagen dieser Art sollte also stark darauf geachtet werden, dass das Publikum nicht zu nahe an diejenigen Lautsprecher heran kann, die für den weit entfernten Teil der zu beschallenden Fläche eingesetzt werden. Deshalb werden diese Lautsprecher meist sehr hoch über dem Publikum bzw. der Bühne platziert.

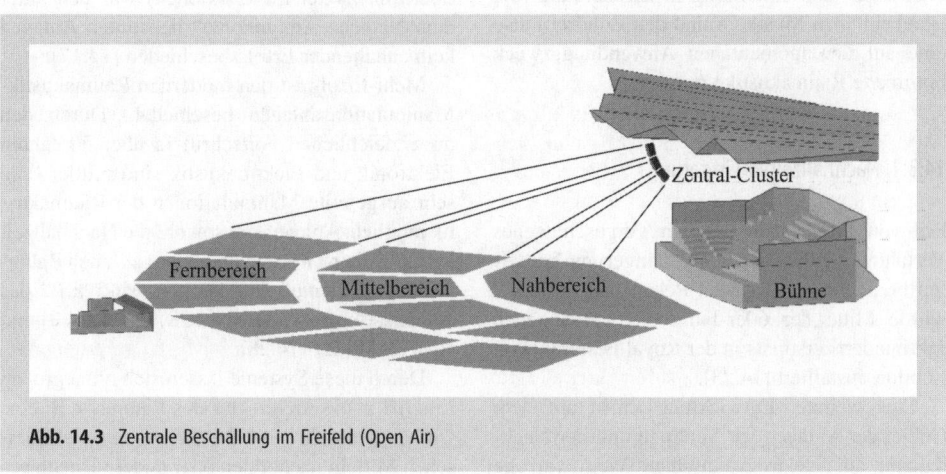

Abb. 14.3 Zentrale Beschallung im Freifeld (Open Air)

Zusammen mit der ausgeprägten Richtcharakteristik und einer exakten Ausrichtung dieser Lautsprecher auf die zu beschallenden Bereiche ist es möglich, auch in größerer Entfernung der zentralen Lautsprecheranordnung genügend hohe Schalldruckpegel zu erzeugen, ohne die Zuhörer im Nahbereich mit einem zu großen Pegel zu belästigen oder gar zu gefährden. Des Weiteren ist es möglich, bei sorgfältiger Wahl der Lautsprechertypen und deren Ausrichtung eine relativ gleichmäßige Schallpegelverteilung über die gesamte zu beschallende Fläche zu erreichen (Abb. 14.3).

Der eben erwähnte Schalldruckpegel von 85 dB in 180 m Entfernung ist natürlich für Open-Air-Konzerte in der Pop- und Rock-Branche viel zu gering. – Eine zentrale Beschallung mit laufzeitverzögerten Stützlautsprechern schafft Abhilfe.

14.3 Anlagen zur Simulation raumakustischer Gegebenheiten

Sinn und Zweck dieser Art von Anlagen ist es, die raumakustischen Verhältnisse eines Saales für die unterschiedlichen Veranstaltungsarten zu optimieren.

Hierbei darf es unter keinen Umständen möglich sein, die beteiligten Lautsprecher zu orten. Das Publikum und die Musiker dürfen zu keinem Zeitpunkt merken, oder auch nur das Gefühl haben, dass Lautsprecher „am Geschehen beteiligt sind".

Aus diesem Grund versehen gut funktionierende Simulationsanlagen quasi „unhörbar" ihren Dienst. Sie treten also nur als Unterstützung, aber keinesfalls als Verstärkung in Erscheinung. Sie „gaukeln" den Musikern und den Zuhörern also eine auf den momentanen Anwendungszweck optimierte Raumakustik vor.

14.3.1 Nachhallzeitverlängerung

Ein von Parkin und Morgan vorgeschlagenes Verfahren zur Nachhallzeitverlängerung bei tiefen Frequenzen („Assisted Resonance System") wurde Mitte der 60er-Jahre des vergangenen Jahrhunderts erstmals in der Royal Festival Hall, London, installiert [14.23].

Eine weiterer Entwicklungsschritt auf dem Gebiet der Anlagen zur Verlängerung der Nachhallzeit auf elektroakustischem Weg war die MCR-Anlage der Firma Philips (MCR Multi Channel Reverberation) Ende der 70er-Jahre des vergangenen Jahrhunderts [14.10–14.13].

Das elektronische Prinzip dieser Anlage ist die Rückkopplung. Hierbei wird über eine Vielzahl von im Raum angebrachten Mikrofonen und Lautsprechern sowie deren zugehörigen Filtern und Verstärkern eine Nachhallzeitverlängerung in geringen Grenzen erreicht. Das Problem hierbei ist eine zunehmende Verfärbung des Klangbildes bei Erhöhung der Nachhallzeitverlängerung [14.21, 14.22].

14.3.2 Raumakustikmanipulation

In vielen Mehrzwecksälen ist es jedoch nicht damit getan, die Nachhallzeit auf den gewünschten Wert einzustellen, um eine Veranstaltungsbreite von Theater bis Sinfoniekonzert zu realisieren.

Bei der Beurteilung der akustischen Qualität eines Raumes spielen das Vorhandensein von frühen Reflexionen sowie deren zeitliche und örtliche Anordnung eine große Rolle. Sie beeinflussen raumakustische Kriterien wie Klarheit, Deutlichkeit und Räumlichkeit, während der Verlauf der Nachhallzeit im Wesentlichen akustische Eindrücke wie Brillanz, Wärme und Klangfülle entstehen lässt.

Anlagen, die den Raumeindruck ändern, wurden bereits in den 50er-Jahren des vergangenen Jahrhunderts entwickelt und eingesetzt. Aufgrund der damals noch sehr unvollkommenen Technik (Magnettonaufzeichnung auf Endlosband und Wiedergabe über mehrere hintereinander angeordnete Wiedergabeköpfe zur Simulation von diskreten Reflexionen) war den unter dem Namen „Ambiphonie" bekannten Anlagen kein anhaltender Erfolg beschieden [14.17].

Mehr Erfolg ist den modernen Raumakustik-Manipulationsanlagen beschieden. Durch den unvergleichlichen Fortschritt in über 50 Jahren Elektronik und Elektroakustik sind mittlerweile sehr ausgefeilte Manipulationen der Raumakustik möglich. Anlagen die sowohl die Nachhallzeit in sehr weiten Grenzen verändern als auch Raumreflexionen simulieren können, sind z.B. das Akustik-Control-System (ACS) [14.8, 14.9] und LARES [14.25–14.28].

Durch diese Systeme lassen sich ohne großen Eingriff in die Architektur des Raumes z.B. eine Orchestermuschel auf der Bühne mit elektronischen Mitteln nachbilden oder andere Unzulänglichkeiten des Raumes, wie schlechter Räumlichkeitseindruck wegen fehlender Seitenwandreflexionen oder zu geringe Nachhallzeit, beheben.

14.4 Lautsprecher

In einem Beschallungssystem spielen die Lautsprecher als letztes Verbindungsglied zwischen Schallquelle und Zuhörer eine enorm wichtige Rolle.

Der Begriff „Lautsprecher" beschreibt im Allgemeinen eine sehr große Anzahl von unterschiedlichen Wandlern, die elektrische Energie in akustische Energie wandeln. Er wird aber auch für ein System aus zwei oder mehr Wandlern in einem gemeinsamen Gehäuse benutzt.

Um in diesem Abschnitt die Begriffe klar zu trennen, wird der Begriff „Treiber" für den einzelnen Wandler und „Lautsprecher" für ein System von Wandlern benutzt. Ein Lautsprecher besteht also aus einem oder mehreren Treibern, die in einem Gehäuse zu einer eigenständigen Einheit zusammengefasst oder mit einem Horn (Schalltrichter) einem speziellen Anwendungszweck angepasst sind.

14.4.1 Elektromechanische Wandlerarten

Es gibt eine Reihe sehr unterschiedlicher Mechanismen, um elektrische Energie in akustische zu wandeln. Neben dem Einsatz von dielektrischen Wandlern (Kondensatoren) und der gelegentlichen Verwendung von venturimodulierten Luftströmen und elektromagnetisch modulierten Gasplasmasystemen in HiFi-Lautsprechern der gehobenen Preisklasse herrschen bodenständige Wandlertypen in der Beschallungstechnik vor. Dies sind der piezoelektrische (Kristall) und der dynamische (elektromagnetische) Wandler. Von diesen ist letzterer bei weitem der verbreitetste.

14.4.1.1 Piezoelektrischer Wandler

Beim piezoelektrischen Wandler, der nur gelegentlich in Beschallungsanlagen eingesetzt wird, ist der im 19. Jahrhundert entdeckte Piezoeffekt angewandt. Pierre und Jaques Currier fanden heraus, dass durch die mechanische Deformation spezieller Kristalle es zu einer Ladungstrennung kommt, die an der Kristalloberfläche messbar ist.

Umgekehrt kann ein Piezokristall durch Anlegen einer elektrischen Spannung mechanisch deformiert werden. Diese Bewegung wird auf eine Membrane übertragen, die ihrerseits die Luft in Schwingung versetzt.

Piezoelektrische Wandler haben nur einen sehr geringen „Hub", d.h. ihre durch die angelegte Spannung erzwungene Ausdehnung ist stark begrenzt. Aus diesem Grund sind sie für die Wiedergabe von mittleren und tiefen Frequenzen praktisch nicht verwendbar. Für hohe Frequenzen (oberhalb etwa 5 kHz) bieten sie jedoch einen ziemlich hohen Wirkungsgrad bei sehr niedrigen Verzerrungen.

14.4.1.2 Dynamischer Wandler

In dem bei weitem überwiegendem Teil der Lautsprecher sowohl für hohe als auch für tiefe Frequenzen wird der dynamische Wandler eingesetzt.

Dieser Wandler benutzt einen elektromagnetischen Linearmotor zum Antrieb der Membranen. Hierbei ist ein zu einer Spule gewickelter Draht (Schwingspule) von einem durch einen Permanentmagneten erzeugtes Magnetfeld umgeben. Wird nun ein Gleichstrom durch die Spule geschickt, entsteht um die Spule ein zweites elektromagnetisches Feld. Die Polarität dieses Feldes ist abhängig von der Fließrichtung des Stromes durch die Spule. Das elektromagnetische Feld tritt in Wechselwirkung mit dem Magnetfeld des Permanentmagneten – auf die stromdurchflossene Spule beginnt eine Kraft zu wirken (Lorentz-Kraft).

Nimmt man nun den Permanentmagneten als unbeweglich und die Spule als freibeweglich an, so wird die Spule durch die auf sie wirkende Lorentz-Kraft bewegt. Wenn nun ein modulierter Wechselstrom angelegt wird, beginnt die Spule sich in Abhängigkeit der wechselnden Polarität des Stroms vor- und zurückzubewegen.

Abbildung 14.4 zeigt einen Schnitt durch einen dynamischen Treiber. Die Schwingspule (B) steckt frei beweglich in einem Luftspalt des Magneten (A). Sie ist auf einen zylindrischen Träger aus speziell behandeltem Papier oder Kunststoff aufgebracht und durch diesen Träger mit der Membran (C) verbunden. Die meist konusförmige Membran koppelt die Bewegung der Schwingspule an die umgebende Luft.

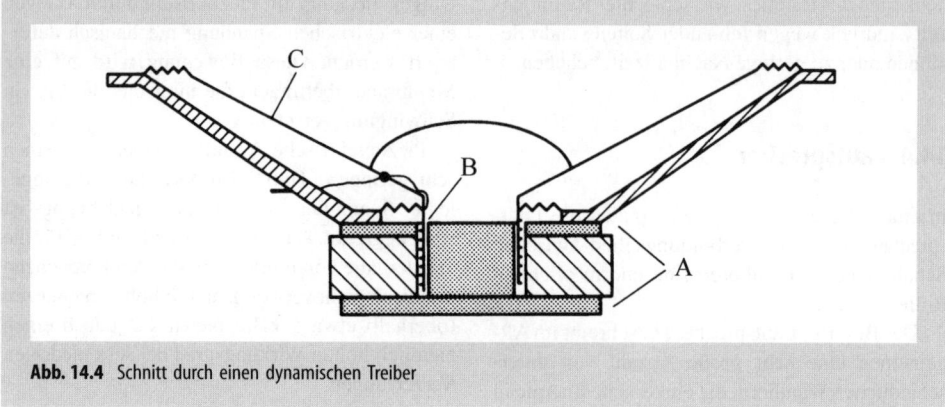

Abb. 14.4 Schnitt durch einen dynamischen Treiber

14.4.2 Richtcharakteristik eines Konustreibers

Die Richtcharakteristik eines Konustreibers ist abhängig von der abgestrahlten Frequenz. Die Abhängigkeit wird bestimmt durch das Verhältnis zwischen Konusdurchmesser und Wellenlänge λ der abgestrahlten Frequenz. Abbildung 14.5 zeigt einige Polardiagramme eines typischen Konustreibers bei unterschiedlichen Verhältnissen von Durchmesser zu Wellenlänge λ [14.20]. Bei tiefen Frequenzen ist die Wellenlänge groß gegenüber dem Konusdurchmesser, und der Treiber strahlt kugelförmig (Abb. 14.5 links oben). Mit steigender Frequenz verkürzt sich die Wellenlänge und der Konustreiber strahlt den Schall zunehmend gerichtet ab.

14.4.3 Tieftonlautsprecher

Um tiefe Frequenzen wirkungsvoll zu reproduzieren, muss ein großes Luftvolumen bewegt werden. Dies lässt sich durch eine große Membranauslenkung oder Membranfläche erreichen. Da piezoelektrische (und auch dielektrische) Wandler nur sehr geringe Auslenkungen zulassen, werden in Beschallungsanlagen als Tieftontreiber ausschließlich dynamische Treiber verwendet. Tieftontreiber sind normalerweise immer in ein Gehäuse eingebaut. Damit wird der bei tiefen Frequenzen auftretende akustische Kurzschluss eines frei aufgehängten Tieftontreibers verhindert. So entsteht ein so genannter „direkt strahlender" Lautsprecher. Ein direkt strahlendes System ist ein Lautsprecher, bei dem die Membran des Treibers direkt an die umgebende Luft gekoppelt ist.

Im Gegensatz dazu steht das zweite in Beschallungsanlagen häufig eingesetzte System des Tiefton-Horn-Lautsprechers. Tieftonhörner haben einen höheren Wirkungsgrad als „Direktstrahler" und weisen auch für tiefe Frequenzen eine gewisse Richtwirkung auf.

Vor den eigentlichen Treiber wird ein Trichter gesetzt, dessen Querschnittsfläche exponentiell mit der Länge wächst (Exponentialhorn) [14.24]. Die tiefste von einem Horn abstrahlbare Frequenz ist abhängig vom Membrandurchmesser des Treibers, der Querschnittsfläche in der Hornmündung und der Länge des Hornes. Für Tieftonhörner ergeben sich jedoch äußerst unpraktikable Längen von mehreren Metern. Deshalb werden in Beschallungsanlagen so genannte „gefaltete" Hörner für den Tieftonbereich eingesetzt. Abbildung 14.6 zeigt die Skizze eines gefalteten Horns im Schnitt und in der Frontansicht. Wie der Name andeutet, wird bei dieser Art Lautsprecher das eigentliche Horn in sich zusammengefaltet und damit die physikalische Ausdehnung des Lautsprechers drastisch reduziert.

14.4.4 Mittel-Hochton-Lautsprecher

In Beschallungsanlagen werden für den Mittel-Hochton-Bereich (ab ca. 800 Hz) fast ausschließlich Hornlautsprecher verwendet, da sie ebenso wie Tieftonhörner einen viel größeren Wirkungsgrad und eine besser kontrollierbare Richtwirkung haben als „direkt strahlende" Lautsprecher.

Als Treiber für Mittel-Hochton-Lautsprecher werden üblicherweise Druckkammertreiber eingesetzt. Abbildung 14.7 zeigt einen Schnitt durch einen gebräuchlichen Druckkammertreiber. Prin-

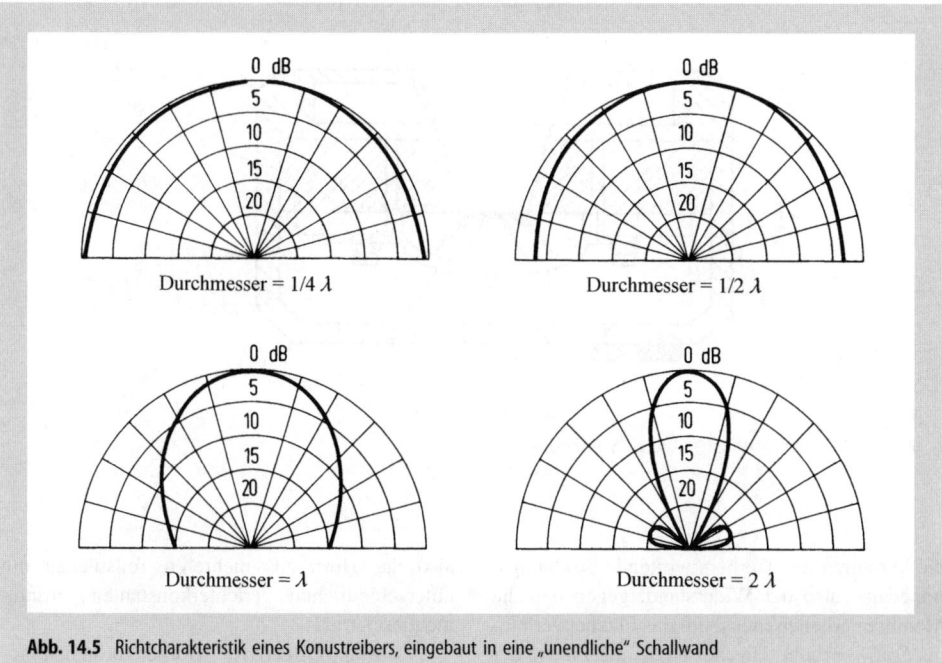

Abb. 14.5 Richtcharakteristik eines Konustreibers, eingebaut in eine „unendliche" Schallwand

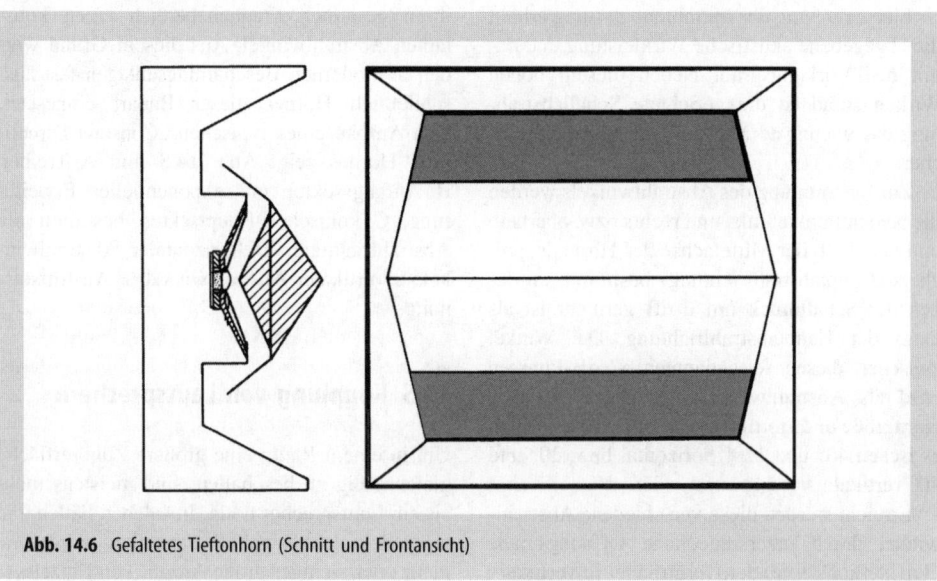

Abb. 14.6 Gefaltetes Tieftonhorn (Schnitt und Frontansicht)

zipiell arbeitet dieser Treiber wie der in Abschn. 14.4.1.2 beschriebene Wandler nach dem Prinzip des elektromagnetischen Linearmotors.

Die Schwingspule (A) taucht in den ringförmigen Luftspalt eines Permanentmagneten (B) und ist mit einer kalottenförmigen Membran (C) verbunden. Der Durchmesser dieser Membran liegt üblicherweise zwischen 2,5…5 cm (1″- bzw. 2″-Treiber). Phasenausgleichskeile (D) sorgen dafür, dass hochfrequente Schallwellen, die von unterschiedlichen Teilen der Membran kommen, im Trichterhals (E) phasenrichtig überlagert werden.

An den Trichterhals wird ein als Horn bezeichneter Trichter gekoppelt. Damit wird die auf

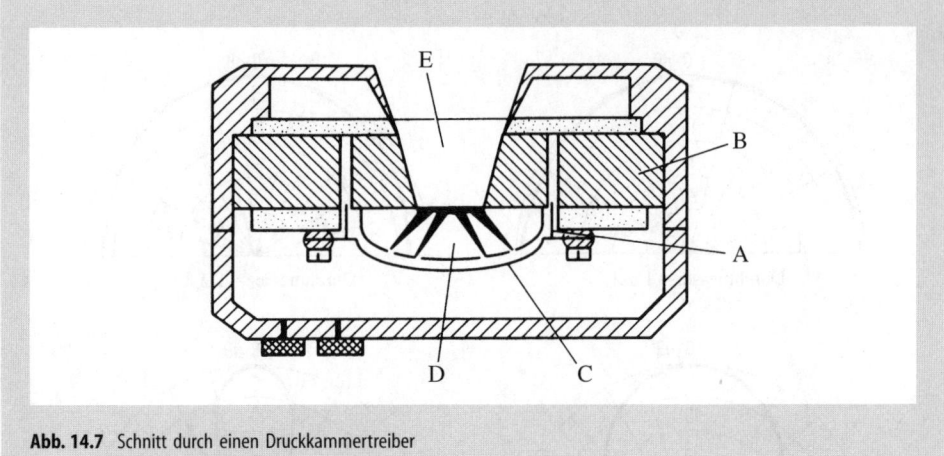

Abb. 14.7 Schnitt durch einen Druckkammertreiber

die Membran des Treibers wirkende Strahlungsimpedanz, also der Widerstand, gegen den die Membran arbeiten muss, um das Flächenverhältnis S_M/S_{TH} erhöht. Hierbei ist S_M die Fläche der Trichtermündung und S_{TH} die Fläche des Trichterhalses [14.16, 14.24].

Eine Erhöhung der Membranbelastung erhöht die abgegebene akustische Wirkleistung und damit den Wirkungsgrad. Neben diesem hohen Wirkungsgrad ist die gerichtete Schallabstrahlung das wichtigste Merkmal der Hornlautsprecher.

Zur Bestimmung des Abstrahlwinkels werden die beiden Punkte links und rechts bzw. oberhalb und unterhalb der Mittelachse des Hornlautsprechers (Hauptabstrahlrichtung) bestimmt, an denen der Schalldruck um 6 dB geringer ist als längs der Hauptabstrahlrichtung. Der Winkel zwischen diesen so genannten −6 dB-Punkten wird als Abstrahlwinkel bezeichnet. Je nach Horngröße und Hornform variieren diese Winkel zwischen 40° und 120° horizontal bzw. 20° und 40° vertikal.

Erreicht werden diese verschiedene Abstrahlwinkel durch unterschiedliche Öffnungsmaße (Trichterkonstante) der Horntrichter in vertikaler und horizontaler Richtung.

„Normale" Exponentialhörner, also Trichter, deren Querschnittsfläche exponentiell mit der Entfernung zum Trichterhals wächst, haben die unangenehme Eigenschaft, dass sich ihr Abstrahlwinkel mit steigender Frequenz stark verringert. Dieses so genannte „High Frequency Beaming" kann reduziert werden, wenn das Öffnungsmaß über die Trichterlänge variiert wird, also das Horn aus mehreren Teilstücken mit unterschiedlichen Trichterkonstanten zusammengesetzt ist.

„Constant-Directivity"-Hörner bestehen sowohl horizontal als auch vertikal aus mehreren solcher Teilstücke und besitzen fast über ihren gesamten Frequenzbereich einen konstanten Abstrahlwinkel. Aus diesem Grund werden in modernen Beschallungsanlagen fast ausschließlich Hörner dieser Bauart eingesetzt. Den Aufbau eines typischen „Constant-Directivity"-Hornes zeigt Abb. 14.8 mit: A Treiber. B Anfangssektor mit exponentieller Erweiterung. C konischer Hauptsektor, bestimmt die Abstrahlrichtung. D horizontaler Abstrahlwinkel. E vertikaler Abstrahlwinkel. F Austrittsöffnung.

14.5 Kopplung von Lautsprechern

Um in einem Raum eine größere Zuhörerfläche gleichmäßig zu beschallen, sind meistens mehr als ein Lautsprecher nötig. In solchen Fällen, die eigentlich den Regelfall darstellen, wird eine mehr oder weniger große Anzahl von Einzelsystemen zu Arrays oder Clustern zusammengefasst. Sobald jedoch mehr als eine akustische Quelle an der Schallabstrahlung beteiligt ist, kommt es teilweise zu recht schwer zu überblickenden Abstrahlverhältnissen.

Das Abstrahlverhalten einer Gruppe von Lautsprechern hängt in erster Linie vom Verhältnis der Wellenlänge zum Abstand der Lautsprechersysteme untereinander und zur Größe der schall-

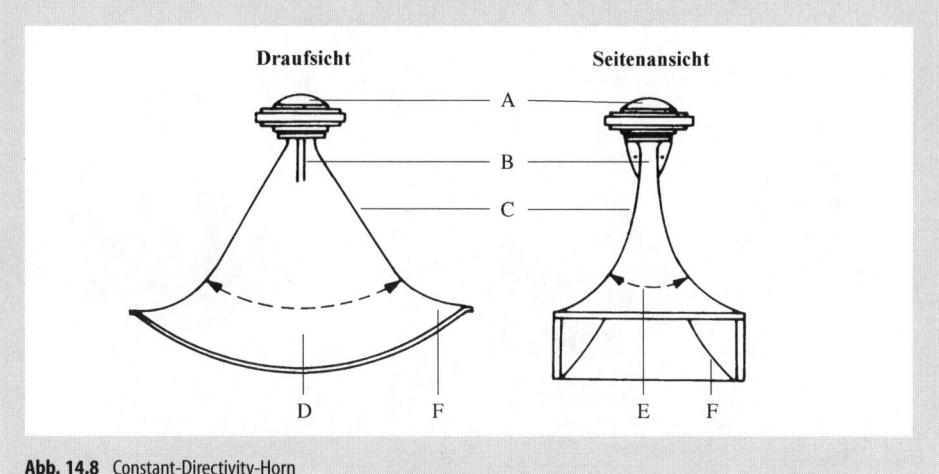

Abb. 14.8 Constant-Directivity-Horn

abstrahlenden Flächen (Membrangröße) ab. Hier ist zu berücksichtigen, dass die Wellenlängen des hörbaren Frequenzbereiches von 17 mm (20 kHz) bis 17 m (20 Hz) reichen.

So wie die Richtcharakteristik eines einzelnen Schallstrahlers von der Größe der abstrahlenden Fläche abhängt, ist auch das Zusammenspiel mehrerer Schallquellen vom Verhältnis der abgestrahlten Wellenlänge zum Abstand der Quellen untereinander abhängig.

Ist dieser Abstand deutlich kleiner als die halbe Wellenlänge, dann kommt es zu einer akustischen Kopplung der Einzelquellen. Hier arbeiten dann alle Einzelsysteme gemeinsam als eine Schallquelle.

Diese akustische Kopplung lässt sich besonders leicht bei Bass-Lautsprechern erzeugen, da in diesem Frequenzbereich der Abstand der Tieftöner des Arrays immer kleiner als die halbe Wellenlänge ist. Bei höheren Frequenzen ist der Abstand der einzelnen Mittel-/Hochtöner innerhalb des Arrays immer größer als die halbe Wellenlänge der abzustrahlenden Frequenzen. Eine akustische Kopplung kommt hier nicht zustande. Das Abstrahlverhalten ist dann geprägt von stark frequenzabhängigen Interferenzmustern.

Ein Array, das neben tiefen auch mittlere und hohe Frequenzen abstrahlen muss, besteht immer aus einer mehr oder weniger großen Anzahl von Tiefton-, Mittelton- und Hochtonsystemen (oder kombinierte Mittel/Hochtonsysteme). Die einzelnen Mittel-/Hochtonsysteme des Arrays sollten so angeordnet werden, dass jeder Raumbereich möglichst nur von einem System beschallt wird. Hierbei können für unterschiedlich weit entfernte Zuhörerflächen auch unterschiedliche Lautsprechertypen zum Einsatz kommen. Bereiche näher am Array werden mit breitabstrahlenden Lautsprechern versorgt, für weiter entfernte Bereiche werden eng bündelnde Systeme verwendet.

Bei tiefen Frequenzen kommt es, wie bereits erwähnt, immer zur akustischen Kopplung. Alle Tieftöner des Arrays arbeiten also gemeinsam als eine einzige Schallquelle. Für mittlere und hohe Frequenzen kommt es jedoch wegen der Interferenzbildung zu teilweise störenden Frequenzüberhöhungen oder -auslöschungen, da sich die einzelnen Versorgungsbereiche der Mittel-/Hochtöner in der Realität leider nicht scharf trennen lassen. Es gibt immer Überlappungsbereiche, in denen es dann zu diesen Überhöhungen und Auslöschungen kommt.

Zur Berechnung des Abstrahlverhaltens eines Arrays werden Simulationsprogramme verwendet, deren Basis die so genannten Balloon-Daten der Einzelsysteme sind. Die Balloon-Daten werden auf einem Kugelrasternetz um den Lautsprecher herum erfasst und stellen somit ein räumliches Abbild der Richtcharakteristik des Lautsprechers dar (Abb. 14.9).

Die Messdaten müssen im Fernfeld des Lautsprechers erfasst werden. Dort ändert sich die Form des Balloons nicht mehr mit wachsender Entfernung. Im Nahfeld dagegen ist die Richtcharakteristik abhängig vom Abstand zum akustischen Zentrum der Quelle. Die Grenze zwischen Nahfeld und Fernfeld ist wiederum abhän-

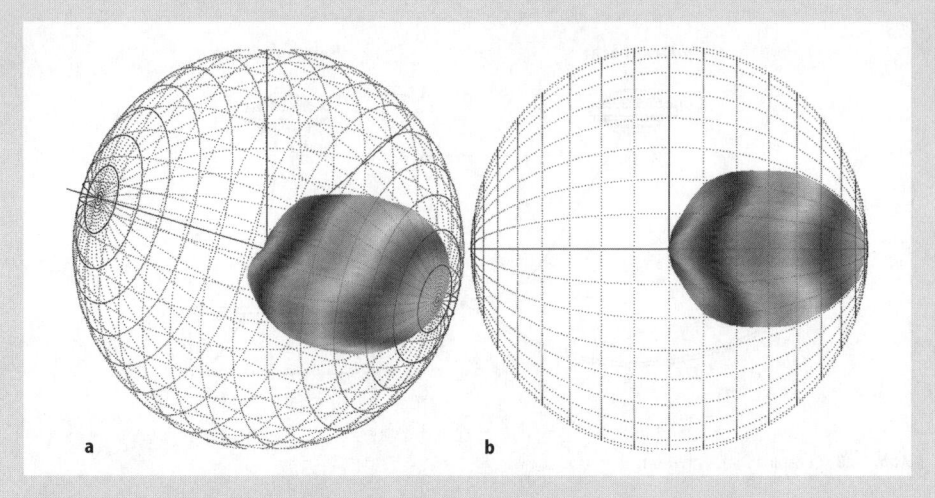

Abb. 14.9 Balloon-Darstellung der Richtcharakteristik eines Lautsprechers (**a** 3-D; **b** Vertikalschnitt)

gig von der Wellenlänge und der Größe der abstrahlenden Fläche. Das Fernfeld beginnt bei

$$r > \frac{L^2}{2\lambda} \tag{14.3}$$

mit

L größte Abmessung der Strahlerfläche in m,
λ Wellenlänge der abgestrahlten Frequenz in m.

Bei herkömmlichen Lautsprechersystemen befindet man sich aufgrund der physikalischen Gegebenheiten bezüglich Lautsprechergröße und Wellenlänge der abzustrahlenden Frequenz praktisch immer im Fernfeld. Wird jedoch aus vielen Einzelsystemen ein Array gebildet, so kann sich der Beginn des Fernfeldes unter Umständen sehr weit vom Mittelpunkt des Arrays entfernen.

14.5.1 Spezielle Arrays

14.5.1.1 Lautsprecherzeile

Die seit Jahrzehnten bekannte Lautsprecherzeile stellt die einfachste Form eines diskreten Line-Arrays dar. Hier sind alle Einzelquellen auf einer Linie angeordnet und parallel ausgerichtet. Das horizontale Abstrahlverhalten einer solchen Zeile wird bestimmt durch die Richtcharakteristik des Einzelsystems. In der vertikalen Ebene wird es durch die stark frequenzabhängige Interferenz der zeilenförmig angeordneten Systeme festgelegt. Deshalb weisen solche einfachen Lautsprecherzeilen oft eine extrem frequenzabhängige vertikale Richtcharakteristik mit unangenehmen Nebeneffekten wie richtungs- und frequenzabhängige Pegeleinbrüche und Pegelüberhöhungen (Nebenkeulen) auf [14.31–14.33].

Der Einsatz solcher einfachen Lautsprecherzeilen ist eigentlich nicht mehr zeitgemäß. Der zunehmende Einfluss der Digital- und Prozessortechnik in Beschallungssystemen beschert der alten Lautsprecherzeile jedoch eine Renaissance in neuem Gewand.

Steuert man jeden einzelnen Lautsprecher innerhalb einer Schallzeile mit eigener Filterung, Delay und Pegel an, so lässt sich eine bessere vertikale Richtcharakteristik mit wesentlich geringeren unerwünschten Nebeneffekten (Nebenmaxima) erreichen. Auch ein Schwenken der Richtkeule und sogar ein Aufteilen in mehrere unterschiedlich geneigte Richtkeulen innerhalb einer Lautsprecherzeile sind mit moderner Digitaltechnik möglich.

14.5.1.2 Linienquelle

Eine Linienquelle ist eine kontinuierliche, unendlich lange Schallquelle. Die von einer solchen idealen Linienquelle abgestrahlte Wellenfront ist zylinderförmig und behält diese Ausbreitungsform unabhängig von Frequenz und Entfernung bei.

Da aber reale Lautsprecher nicht unendlich lang sind, sondern eine endliche Länge besitzen, muss die Schallausbreitung eines realen Linien-

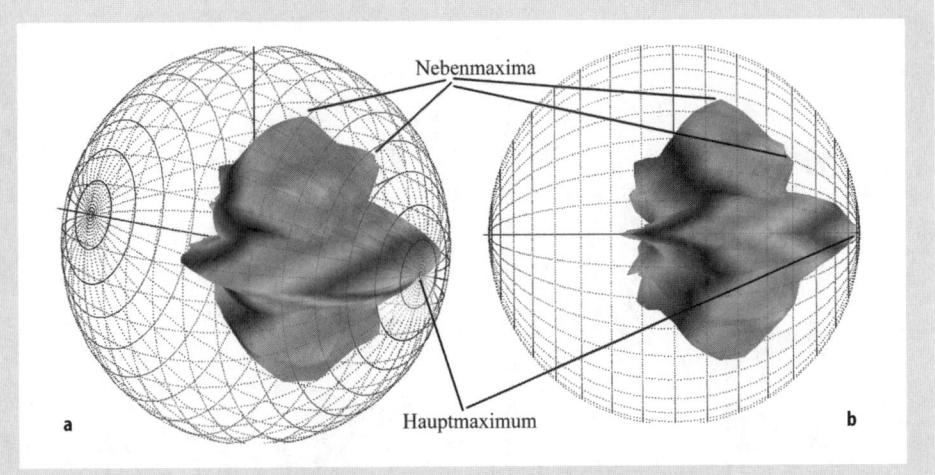

Abb. 14.10 Richtcharakteristik eines diskreten Line-Arrays mit erkennbaren Nebenmaxima (**a** 3-D; **b** Vertikalschnitt)

strahlers in ein Nahfeld und ein Fernfeld unterteilt werden. Wie bei einem „normalen" sphärisch abstrahlenden Lautsprecher auch, berechnet sich der Übergang von Nahfeld zu Fernfeld nach Gl. (14.3). Innerhalb des Nahfeldes breitet sich der Schall als Zylinderwelle aus, außerhalb nimmt die Welle eine sphärische Form an.

Damit aus aneinandergereihten Einzelsystemen ein Line-Array mit zylinderförmiger Schallabstrahlung entstehen kann, müssen die einzelnen Wandler eine kohärente (gleichphasig zusammenhängende) Wellenfront abstrahlen. Dies kann bei tiefen Frequenzen sehr einfach durch eine Aneinanderreihung normaler Tieftonlautsprecher erreicht werden. Für mittlere und hohe Frequenzen müssen jedoch spezielle Schallführungen (so genannte Waveguides) dafür sorgen, dass alle von der Membran des Wandlers abgestrahlten Schallanteile zeitgleich in einer ebenen Wellenfront aus diesem meist als Spalt geformten Waveguide austreten. Wenn es gelingt, dass diese ebene Welle sich über die gesamte Höhe des Lautsprechergehäuses ausbildet, so lässt sich durch Aufeinanderstellen mehrerer dieser Lautsprecher ein Line-Array bilden, das als echte Linienschallquelle agiert [14.29, 14.30]

Je nach Länge des Arrays ist das Nahfeld unterschiedlich ausgedehnt. Innerhalb des Nahfeldes breitet sich eine kohärente Wellenfront als Ausschnitt einer Zylinderwelle aus. Diese Welle besitzt eine sehr präzise Richtcharakteristik ohne seitliche Nebenmaxima, wie sie bei herkömmlichen, diskreten Line-Arrays auftreten.

Ein weiterer Vorteil ist, dass sich die Oberfläche einer Zylinderwelle nur in Abhängigkeit vom Abstand r zur Quelle vergrößert und nicht mit r^2 wie bei einer sphärischen Welle.

Hieraus resultiert die sehr vorteilhafte Eigenschaft der Linienquelle, dass der Schalldruckpegel bei Abstandsverdopplung nicht um 6 dB (wie bei konventionellen, sphärisch abstrahlenden Systemen), sondern nur um 3 dB abfällt.

Wie schon erwähnt, geht die zylindrische Wellenfront einer Linienquelle im Fernfeld über in eine sphärische Wellenform. Gemäß Gl. (14.3) geschieht dies z. B. für einen 2,7 m langen Linienstrahler bei $r > 21{,}5$ m für 1 kHz und bei $r > 2{,}15$ m für 100 Hz.

Im Fernfeld weitet sich die Zylinderwelle auf zu einer sphärischen Welle. Der −6-dB-Öffnungswinkel $BW_{-6\text{dB}}$ lässt sich nach Gl. (14.4) abschätzen:

$$BW_{-6\text{dB}} \approx 2\sin^{-1}\left(\frac{1{,}9\lambda}{L\pi}\right). \qquad (14.4)$$

Für das Beispiel einer 2,7 m langen Linienquelle wäre der vertikale Öffnungswinkel im Fernfeld für 1 kHz etwa 8,8°.

Auf Grund der beschriebenen Vorteile gegenüber konventionellen Lautsprechersystemen, wie sauber skalierbares Richtverhalten, weitgehendes Fehlen von Interferenzeffekten mit Auslöschungen und unerwünschten Nebenmaxima und nur 3 dB Pegelverlust bei Abstandsverdopplung, empfehlen sich moderne, als Linienschallquellen ar-

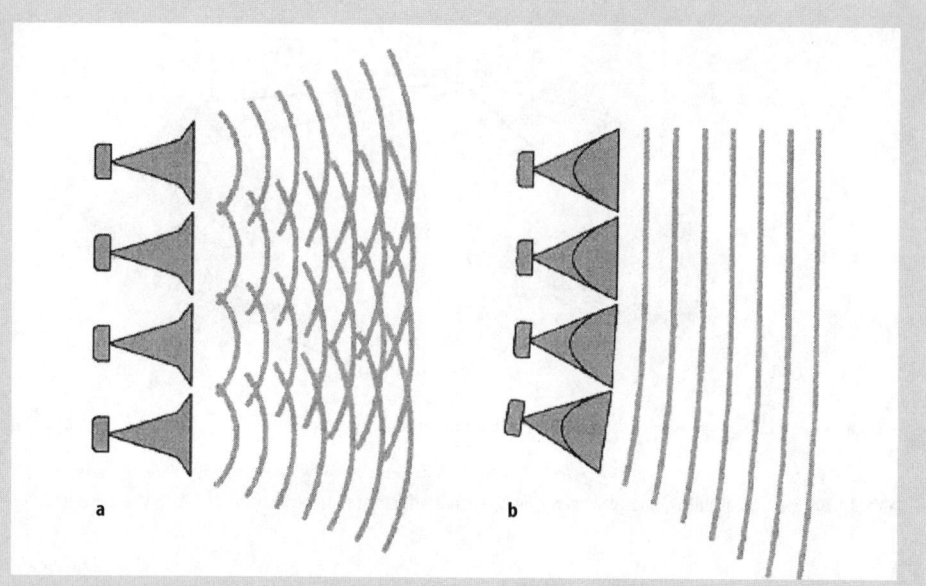

Abb. 14.11 a Diskretes Line-Array mit sphärischem Abstrahlverhalten der Einzelsysteme und Interferenzbildung; **b** Line-Array mit Waveguide, eine kohärente Wellenfront ohne Interferenz abstrahlend

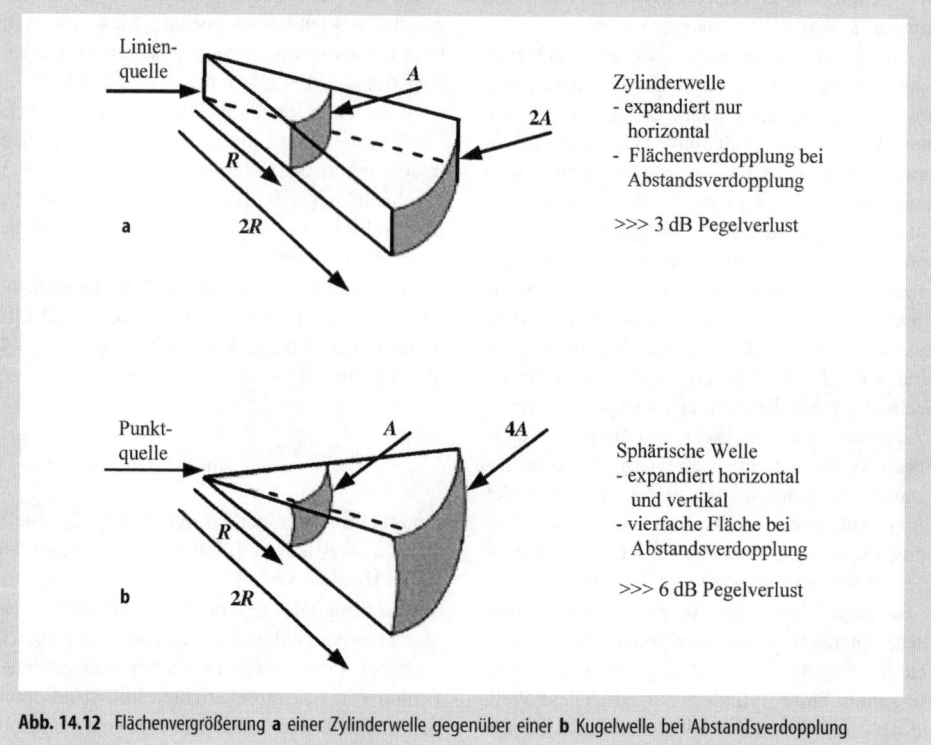

Abb. 14.12 Flächenvergrößerung **a** einer Zylinderwelle gegenüber einer **b** Kugelwelle bei Abstandsverdopplung

Abb. 14.13 Probebeschallung mit einem dVDOSC-System der Fa. L-acoustics in der Philharmonie im Gasteig, München

beitende Line-Array-Systeme als Problemlöser in anspruchsvollen Beschallungsanlagen. Oftmals kann man beim Einsatz solcher Systeme auf die Verwendung zusätzlicher Stützlautsprecher (Delay Lines) verzichten.

Für weitere Ausführungen zum Thema Lautsprecher und deren Verwendung in Beschallungsanlagen sei auf die umfangreiche Fachliteratur hingewiesen [14.7, 14.16, 14.17, 14.19, 14.20, 14.29, 14.30, 14.34].

14.6 Mikrofone

Am Beginn der elektroakustischen Übertragungskette steht das Mikrofon. Es soll winzigste Luftschwankungen (Schall) in eine diesen Schwankungen proportionale Wechselspannung wandeln. Je nach Anwendungszweck und Bauart weisen Mikrofone unterschiedliche akustische Eigenschaften auf. Eine der wichtigsten Mikrofoneigenschaften für den Einsatz in Beschallungsanlagen ist, neben dem Übertragungsmaß (Frequenzgang) die Richtcharakteristik.

Je nach Empfangsprinzip (Druck-, Druckgradient- oder Interferenzempfänger) werden diese beiden Eigenschaften unterschiedlich stark beeinflusst.

14.6.1 Druckempfänger

Wenn zur Erzeugung der Wechselspannung, die an der Mikrofonmembran anliegenden Druckschwankungen verwendet werden, so spricht man von einem Druckempfänger. Mikrofone nach diesem Empfangsprinzip weisen eine kugelförmige Richtcharakteristik auf. Bei hohen Frequenzen, wenn die Wellenlänge in der Größenordnung der Membrangröße des Mikrofones liegt, kommt es bei Druckempfängern zu einem Druckstaueffekt. Der Schalldruck in diesem Frequenzbereich kann sich nicht ungehindert ausgleichen. Er staut sich sozusagen vor der Membran. Diese frequenzabhängige Druckerhöhung bei senkrechtem Schalleinfall führt bei hohen Frequenzen zu einer Vergrößerung des Übertragungsmaßes gegenüber dem seitlichen Schalleinfall. Eine daraus resultierende wahrnehmbare Höhenbetonung muss durch eine entsprechende Entzerrung ausgeglichen werden.

Druckempfänger werden eingesetzt, wenn es darum geht, große Raumbereiche relativ verfärbungsfrei aufzunehmen. Zum Einsatz in Beschallungsanlagen sind sie nicht sehr gut geeignet, da sie auf Grund ihrer kugelförmigen Richtcharakteristik recht schnell zu Rückkopplungen neigen.

14.6.2 Druckgradientenempfänger

Mikrofone, bei denen die Membran durch die an ihr wirksame Schnelle angetrieben wird, nennt man Druckgradientenempfänger. Bei diesen Mikrofontypen ist die Membran von beiden Seiten für die Schallwelle zugänglich. Anders als beim bereits beschriebenen Druckempfänger besitzen sie eine mehr oder weniger ausgeprägte Richtwirkung (Niere, Superniere, Hyperniere, Acht). Diese unterschiedlichen Richtwirkungen werden durch die Beeinflussung der vor und hinter der Membran aufgenommenen Druckanteile erreicht (Abb. 14.14).

Wegen dieser möglichen Richtcharakteristiken sind Druckgradientenempfänger die in Beschallungsanlagen am häufigsten verwendeten Mikrofontypen. Bei geeigneter Wahl der Richtcharakteristik ist es möglich, die Rückkopplungsneigung einer Beschallungsanlage stark zu verringern.

Druckgradientenempfänger sind sehr empfindlich gegen Luftströmungen. Dies äußert sich besonders unangenehm im so genannten Nahbesprechungseffekt, eine starke Anhebung der tiefen Frequenzen bei geringem Abstand des Mikrofons zur Quelle. Oftmals wird dieser Effekt dazu benutzt, einer Stimme mehr „Substanz" zu verleihen. Er ist jedoch immer schädlich für die Sprachverständlichkeit. Abbildung 14.15 zeigt den Nahbesprechungseffekt anhand eines Mikrofonfrequenzganges in Abhängigkeit vom Besprechungsabstand. Um diesem Effekt entgegenzuwirken, sind diese Mikrofone häufig mit schaltbaren Filtern zur Unterdrückung der Tiefenanhebung ausgerüstet.

14.6.3 Interferenzempfänger

Um noch stärkere Richtwirkungen als die einer Hyperniere zu erzielen, werden Interferenzempfänger verwendet. Die verbreitetste Form dieser Mikrofonart ist das Rohrrichtmikrofon. Es besteht aus einem geschlitzten Rohr, an dessen einen Ende eine Druckgradientenkapsel sitzt. Die Schlitze des Rohres sind mit einem, in Richtung Kapsel zunehmenden Strömungswiderstand belegt. Durch diese Anordnung werden Schallwellen, die seitlich auf das Rohr treffen, durch Interferenz geschwächt und teilweise ganz ausgelöscht. Schall, der direkt von vorn auf das Rohr trifft, gelangt ohne nennenswerte Abschwächung auf die Membran. Die auf diese Weise erreichbare Richtwirkung ist abhängig von der Länge des Rohres.

Ein andere Art des Interferenzempfängers sind so genannte Mikrofonzeilen. Sie verwenden das von den diskreten Line-Arrays (Lautsprecherzeile) bekannten Interferenzprinzip übereinander angeordneter Wandler.

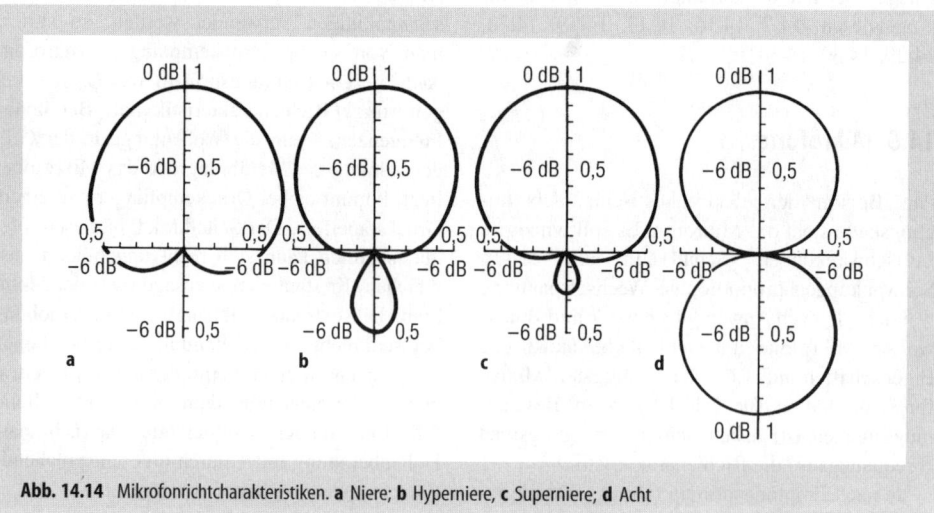

Abb. 14.14 Mikrofonrichtcharakteristiken. **a** Niere; **b** Hyperniere, **c** Superniere; **d** Acht

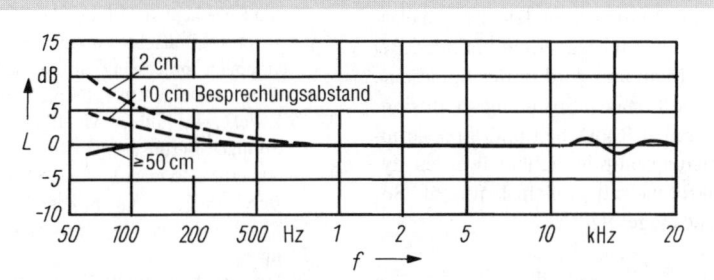

Abb. 14.15 Nahbesprechungseffekt bei unterschiedlichen Besprechungsabständen

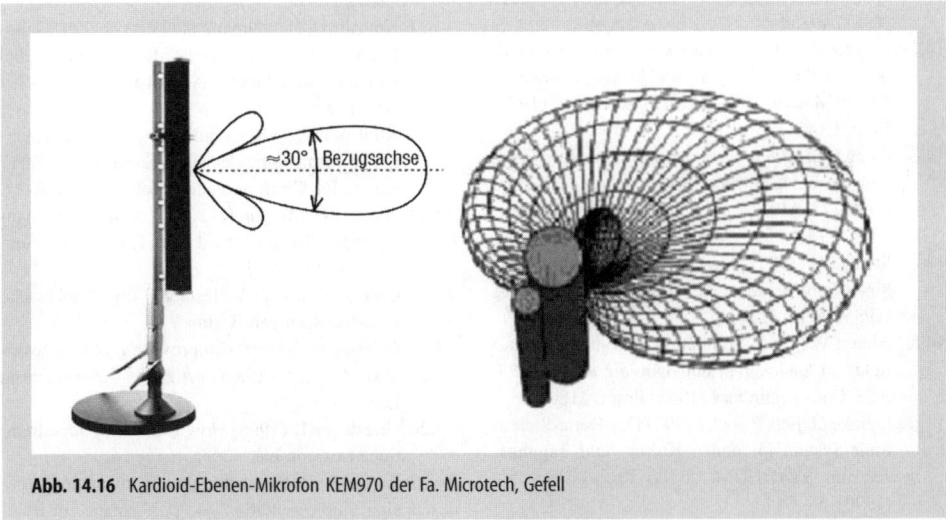

Abb. 14.16 Kardioid-Ebenen-Mikrofon KEM970 der Fa. Microtech, Gefell

Durch die sorgfältig abgestimmte Zusammenschaltung von Einzelmikrofonen entlang einer gemeinsamen Achse wird eine Anordnung gebildet, die eine für viele Anwendungen nützliche Richtungsverteilung der Aufnahmeempfindlichkeit besitzt. Die Richtwirkung lässt sich als flachgedrückte Niere beschreiben (Abb. 14.16).

14.6.4 Wandlertypen

Die beschriebenen Empfangsprinzipien (Druck-, Druckgradient- und Interferenzempfänger) lassen sich durch unterschiedliche Wandlerprinzipien realisieren. Die in der Beschallungstechnik zum Einsatz kommenden Wandler sind elektrostatische und elektrodynamische Wandler.

14.6.4.1 Elektrostatische Mikrofone

Vertreter dieses Wandlertyps sind Kondensatormikrofone. Hier führt die Abstandsänderung der beweglichen Elektrode (Mikrofonmembran) eines Kondensators zu einer Kapazitätsänderung und damit zu einer kapazitätsproportionalen (also schalldruckänderungsproportionalen) Ladespannung.

Kondensatormikrofone weisen einen großen Übertragungsbereich und ausgeglichenen Frequenzgang bei sehr hoher Impulstreue auf. Daher sind sie besonders gut für Studiozwecke geeignet.

14.6.4.2 Elektrodynamische Mikrofone

Hauptvertreter dieses Wandlerprinzips ist das Tauchspulmikrofon, auch dynamisches Mikrofon genannt. Bei diesem Mikrofon ist die Membran fest mit einer Spule verbunden, die sich elastisch zentriert in einem Magnetfeld befindet. Bei Bewegung der Membran wird in der Spule eine bewegungsproportionale Spannung induziert. Wegen ihrer großen Robustheit und ihrer geringen Übersteuerungsempfindlichkeit werden dynamische Mikrofone mit großem Erfolg als Solistenmikrofone eingesetzt.

Literatur

14.1 Haas H (1951) Über den Einfluß des Einfachechos auf Hörsamkeit von Sprache. Acustica (1951) 49–58
14.2 Freund A (1971) Akustikverbesserungsanlage der Seebühne in Bregenz und im Großen Kreml-Saal in Moskau. 7. JCA-Congr., Budapest (1971) Beitr. 19A5
14.3 Plenge G (1983) Sound reinforcement system with correct localisation image in a big congress centre. 73. AES-Conv., Eindhoven (1983) Prepr. 1980
14.4 Steinke G (1985) New developments with Delta Stereofony System. 77. AES-Conv., Hamburg (1985) Prepr. 2187
14.5 Ahnert W (1985) Simulation of complex soundfields in enclosures and open-air theatres. 77. AES-Conv., Hamburg (1985) Prepr. 2186
14.6 Steinke G, Fels P et al. (1990) Das Delta-Stereofonie-System im neuen Kultur- und Tagungszentrum STADEUM. Audio Professional 5/6 (1990). 58–64
14.7 Davis D, Davis C (1975) Sound system engineering. Howard W. Sams & Co. Indianapolis
14.8 Berkhout AJ (1988) A holographic approach to acoustic control. J. Audio Eng. Soc. 36, No. 12
14.9 Berkhout AJ, de Vries D et al. (1988) Experience with the Acoustical Control System „ACS". Sound Reinforcement Conference, Nashville, 5.–8.05.1988
14.10 Variable Akustik im Zuschauerraum – MCR. Philips Offprint
14.11 Franssen NV (1968) Sur l'amplification des champs acoustique. Acustica 20 (1968) 315
14.12 de Koning SH, Franssen NV (1969) Amplification of sound fields. 37. AES-Conv., New York (1969) Prepr. 697
14.13 de Koning SH, Keijser LC (1977) Multiple amplification of reverberation. 56. AES-Conv., Paris (1977) Prepr. 1208
14.14 Steinke G, Ahnert W et al. (1987) True directional sound system orientated to the original sound and diffuse sound structures – new applications of the Delta Stereofonie System (DSS). 82. AES-Conv., London (1987) Prepr. 2427

14.15 Ahnert W (1987) Problems of near-field sound reinforcement and of mobile sources in the operation of Delta Stereofonie System (DSS) and computer processing of the same. 82. AES-Conv., London (1987) Prepr. 2426
14.16 Zwicker E, Zollner M (1984) Elektroakustik. Springer, Berlin
14.17 Ahnert W, Reichardt W (1981) Grundlagen der Beschallungstechnik. S. Hirzel, Stuttgart
14.18 Zwicker E (1982) Psychoakustik. Springer, Berlin
14.19 Davis G, Jones R (1987) Yamaha sound reinforcement handbook, Hal Leonard Publishing. Milwaukee
14.20 Eargle J (1986) JBL Sound system design reference manual. JBL Professional Northridge, CA
14.21 Kuttruff H, Hesselmann H (1976/77) Zur Klangfärbung durch akustische Rückkopplung bei Lautsprecheranlagen. Acustica 36 (1976/77) 105–112
14.22 Kuhl W (1968) Notwendige Eigenfrequenzdichte zur Vermeidung der Klangfärbung von Nachhall. 6. Int. Conf. Acoustics, Tokyo (1968) E-2-8
14.23 Parkin PH, Morgan K (1965) „Assisted resonance" in the Royal Festival Hall, London. J. Sound Vib. 2 (1965) 74–85
14.24 Cremer L (1971) Vorlesungen über Technische Akustik. Springer, Berlin
14.25 Griesinger D (1991) Improving room acoustics through time-variant synthetic reverberation. Lexicon Inc
14.26 Griesinger D (1995) How loud is my reverberation? Lexicon Inc
14.27 Barbar S (1995) Further developments in the design, implementation and performance of time-variant acoustic enhancement systems. Lexicon Inc
14.28 Griesinger D (1996) Spaciousness and Envelopment in Musical acoustics. Lexicon Inc
14.29 Heil C, Urban M (1992) Soundfields Radiated by Multiple Sound Sources Arrays. 92. AES-Conv., Wien (1992) Prepr. 3269
14.30 Bauman P, Urban M, Heil C (2001) Wavefront Sculpture Technology. 111. AES-Conv., New York (2001) Prepr. 5488
14.31 Wolfe I, Malter L (1930) Directional Radiation of Sound. JASA 2, No. 2, 201
14.32 Olson HF (1957) Acoustical Engineering. Van Nostrand, Princeton, NJ
14.33 Beranek L (1954) Acoustics. McGraw Hill, New York
14.34 Goertz A (2001) Theoretische Grundlagen zur Anwendung von Line-Arrays in der modernen Beschallungstechnik. DAGA 2001, Hamburg

15 Schallquellen

U. Kurze

15.1 Schallentstehung

15.1.1 Breitbandige Geräusche

15.1.1.1 Strömungsgeräusche

Schall entsteht als mehr oder weniger breitbandiges Geräusch in Luft oder anderen Gasen (allgemein in Fluiden) durch (Abb. 15.1)

- pulsierende Strömung infolge zeitlicher Änderung des Volumenflusses,
- Wechselwirkung von Strömung mit festen Berandungen infolge von Wechselkräften,
- Wechselwirkung des Fluids mit bewegten Körpern, ebenfalls maßgeblich in Form von Wechselkräften, und
- Schubspannungen im strömenden Fluid.

In der freien Strömung sind nach der Theorie von Lighthill als Schallquellen Monopole, Dipole und Quadrupole zu unterscheiden [15.1]. Der Massenstrom allein ist für die Monopole ohne Bedeutung. Nur die zeitliche Änderung des Volumens, die durch den Massenstrom bestimmt wird, erzeugt Schall. Die spektrale Verteilung eines Freistrahls zeigt ein Maximum bei einer Strouhal-Zahl $fD/c \approx 0{,}1$, wobei f die Frequenz, D eine charakteristische Länge (z.B. den Düsendurchmesser) und c die Schallgeschwindigkeit im Strahl bezeichnet [15.2]. Von tiefen Frequenzen her steigt das Spektrum mit f^2 an, nach hohen fällt es mit $1/f^2$ ab.

Die Wechselwirkung zwischen Gasen und festen Körpern ist akustisch von größter praktischer Bedeutung, während diese Art der Schallerzeugung in Flüssigkeiten wegen anderer Schallquellen häufig zu vernachlässigen ist. Ein geringer Teil der Leistung, die zum Transport des Fluids oder zur Bewegung der festen Körper aufgewendet wird, führt zu erheblicher Schallleistung (Abb. 15.2). Im Bereich von Strömungs- oder Bewegungsgeschwindigkeiten U, die klein gegenüber der Schallgeschwindigkeit c sind, d.h. deren Machzahl $M = U/c \ll 1$ ist, nimmt die

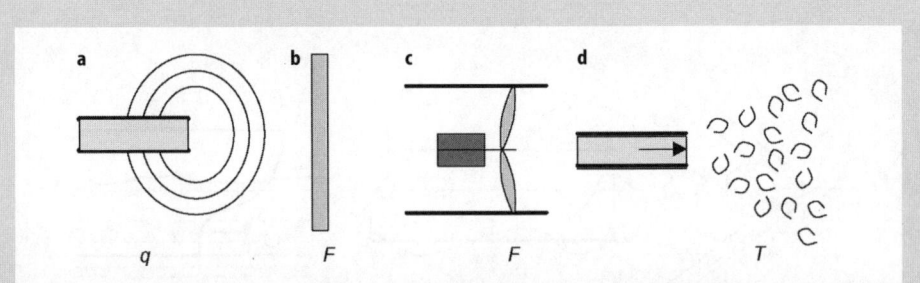

Abb. 15.1 Strömungsgeräusche. **a** pulsierende Ausströmung, gekennzeichnet durch den Schallfluss q; **b** und **c** Wechselwirkung des Fluids mit festen Körpern, gekennzeichnet durch Wechselkräfte F; **d** Freistrahl, gekennzeichnet durch den Lighthillschen Spannungstensor T

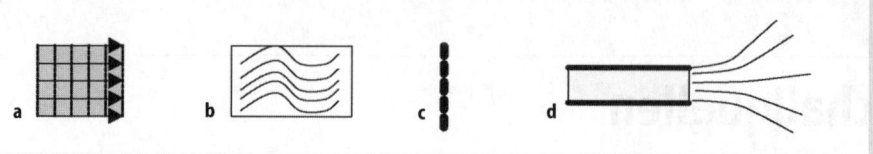

Abb. 15.2 Schallleistung W durch Wechselwirkung der Strömung mit festen Körpern steigt mit der Machzahl M der Strömung an. **a** in feinporigem Werkstoff mit $W \propto M^4$; **b** und **c** in groben Strukturen mit $W \propto M^{5\ldots 6}$; **d** im Freistrahl bei kleinen Machzahlen mit $W \propto M^{7\ldots 8}$

Schallleistung mit Potenzen der Geschwindigkeit zwischen 4 und 8 zu. Mit der niedrigsten Potenz ist bei kleinräumigen Ausgleichsvorgängen – z. B. in porösen Werkstoffen – zu rechnen. Die höchste Potenz tritt beim Freistrahl einer Ausströmung auf. Für Wechselkräfte liegt je nach Art der Berandung oder der festen Körper die Potenz bei 5 bis 6. Geschwindigkeiten oberhalb der Schallgeschwindigkeit führen zu Stoßwellen, die gesonderten Mechanismen unterliegen.

Die unstetige Einspeisung von Luftblasen in einen Perlator ist ein Beispiel für die effiziente Anregung von akustischen Monopolen, die schon bei kleinen Machzahlen der Strömung zu deutlich wahrnehmbaren Geräuschen führt. Größere Strukturen, die durch einen Strömungsbeiwert zu kennzeichnen sind, liefern die für Dipolstrahlung charakteristische stärkere Abhängigkeit von der Machzahl und werden damit erst bei höherer Strömungsgeschwindigkeit wirksam. Geräusche von Freistrahlen sind vor allem bei Raketen und Strahltriebwerken zu berücksichtigen. Im industriellen Bereich werden sie durch Schalldämpfer unterdrückt.

Knall- und schlagartige Geräusche treten in Fluiden auf, wenn (Abb. 15.3)

– ein Körper sich mit Überschallgeschwindigkeit bewegt, z. B. ein Flugzeug, ein Geschoss oder das Ende einer geschlagenen Peitsche,
– die plötzliche Entspannung einer Flüssigkeit durch ein Ventil in einer Rohrleitung zur Ausbildung hoher Schalldrücke (Wasserschlag) und im Zusammenhang mit der Aufsteilung von Wellenfronten zu N-Wellen in der Flüssigkeit führt, oder
– lokaler Unterdruck in einer Flüssigkeit zur Ausdehnung von Blasen und deren anschließendem Kollaps führt (Kavitation).

Hohe Spitzenwerte der Drücke, die mit solchen Geräuschen verbunden sind, führen zu starken Materialbeanspruchungen beteiligter Bauteile. Wasserleitungen und Propeller können Schaden nehmen.

Das spektrale Maximum eines Überschallknalls hängt, wie in Abb. 15.3 a skizziert, von der wirksamen Länge eines Flugkörpers ab. Ein Geschoss wird längs der Flugbahn langsamer. Deshalb ist die Stoßfront der Schallwelle zur Flugachse hin gekrümmt. Flugzeuge können Bahnkurven fliegen, die zu einer Fokussierung der Stoßfront und damit zu einem besonders starken Überschallknall führen.

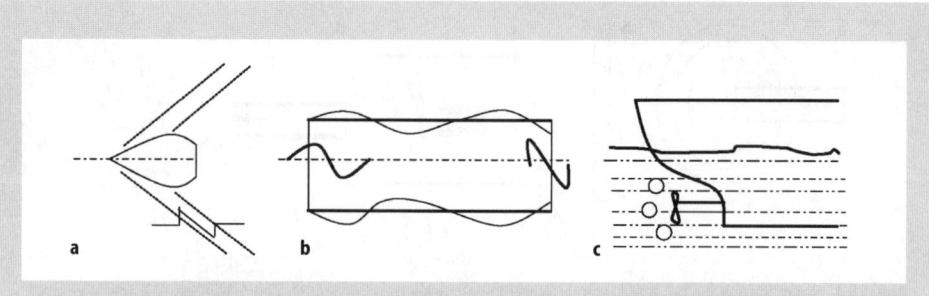

Abb. 15.3 Starke Schallquellen durch Wechselwirkung von Fluidschall mit Körpern. **a** überschallschneller Flugkörper; **b** Wasserschlag durch Aufsteilung von Wellenfronten in elastischen Rohrleitungen; **c** kavitierender Propeller

In einer Wasserleitung ist mit einer schnellen Longitudinalwelle zu rechnen, die zunächst über die Rohrleitung mit relativ kleiner Amplitude am Beobachter eintrifft [15.3, 15.11]. Danach trifft eine Welle mit größerer Amplitude ein, die durch den Fluiddruck zuerst als Dehnwelle in die Rohrwand geht, dort gemäß der Querkontraktion Longitudinal- und Biegewellen erzeugt, um dann wieder ins Wasser abzustrahlen. Die Ausbreitungsgeschwindigkeit dieser Welle ist wegen der Nachgiebigkeit der Rohrwand langsamer als die Schallgeschwindigkeit im freien Wasser.

Unter Kavitation versteht man allgemein das Zerreißen von Flüssigkeiten und die sich daraus ergebenden Effekte [15.4]. Sie tritt bei Energiezufuhr und Unterdruck auf. Akustische Kavitation ist mit starken Schwingungen von Körpern verbunden, durch die der lokale Druck in der Flüssigkeit kurzzeitig unter den Dampfdruck absinkt. Beim anschließenden Zusammenfallen einer Blase in der Nähe einer festen Wand bildet sich ein auf die Wand gerichteter Strahl aus, der die Oberfläche stark belastet. Dies kann zur Beschädigung führen oder auch zur Reinigung genutzt werden.

Schwächere Schallimpulse gehen vom Auftreffen von Flüssigkeitstropfen auf Oberflächen von Flüssigkeiten aus. Die Stärke des Geräuschs hängt von der Masse und Geschwindigkeit, also vom Impuls sowie von der Anzahl der Tropfen und vom Auftreffwinkel ab. Was als Wasserfall in der Natur bewundert wird, zählt im Zusammenhang mit einem Kühlturm zu Störungen der Nachbarschaft.

15.1.1.2 Körperschall

Ganz im Bereich des Körperschalls liegen Schallanregungen durch Wechselwirkung fester Körper. Dazu gehören (Abb. 15.4)

- wegerregte Schwingungen, wie sie beim Abrollen eines Eisenbahnrades auf einer Schiene durch Rauhigkeiten auf den Laufflächen auftreten, und
- impulserregte Schwingungen, etwa beim Zuschlagen einer Autotür oder beim Auftreffen von Granulat auf den Krümmer in einer Rohrleitung.

Rauhigkeiten von Eisenbahnrädern im kritischen Wellenlängenbereich von 10 mm bis 100 mm werden insbesondere durch Abrieb von Grauguss-Klotzbremsen in der Größenordnung von Mikrometer erzeugt. Wesentlich glatter sind Laufflächen, an denen Klotzbremsen mit Kunststoffsohlen angreifen, und Laufflächen von scheibengebremsten Rädern. Näherungsweise periodische Rauhigkeiten auf Schienen im gleichen Wellenlängenbereich werden als Riffeln bezeichnet. In erster Näherung ergeben sich resultierende Rauhigkeiten in Frequenzbändern aus der Summe der Rauhigkeitsquadrate von Rad und Schiene. Jedoch ist auch bei relativ rauen Radlaufflächen noch eine Verringerung der Schallerzeugung durch Schienenschleifen zu erreichen, was auf eine Korrelation der Rauhigkeiten hindeutet.

Von breitbandigen, krafterregten Schwingungen geht die Statistische Energie-Analyse (SEA) aus entsprechend der ursprünglichen Anwendung auf Raketenmotoren. Hierbei geht es jedoch um die Anregung einer Struktur durch Druckschwankungen in einem Fluid. Alle üblichen krafterregten Schwingungen durch feste Körper beziehen sich auf tonale oder schmalbandige Geräusche.

Ein Impuls $m\Delta v = F\Delta t$ ist sowohl durch die Geschwindigkeitsänderung Δv der beteiligten Massen m als auch durch die Einwirkzeit Δt der zwischen den Körpern wirkenden Kraft F zu beschreiben. Insofern nimmt die Beschreibung

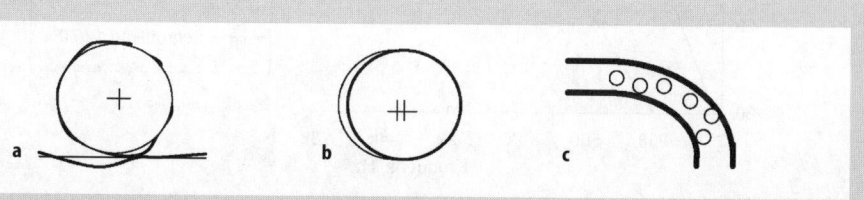

Abb. 15.4 Körperschall durch **a** Wegerregte Schwingungen rollender Räder auf rauen Schienen; **b** Krafterregte Schwingungen einer Welle durch Unwucht; **c** Impulserregte Schwingung einer Rohrleitung durch Granulat im Rohrkrümmer

durch Impulse eine Zwischenstellung zwischen kinematisch und Kraft erregten Schwingungen ein.

15.1.1.3 Chemische Reaktionen

Neben mechanischen Ursachen für die Anregung von Schall gibt es weitere Energiequellen. Dazu gehören insbesondere

- schnelle chemische Reaktionen, die explosionsartig ablaufen und dabei einen Druckimpuls und einen Volumenstrom erzeugen, z. B. beim Mündungsknall von Waffen, und
- langsamere chemische Reaktionen in Verbindung mit Strömung, die bei Verbrennungsvorgängen auftreten.

Explosionen werden durch den Maximaldruck beschrieben, der bei Freisetzung einer bestimmten Energie auftritt. Er nimmt für Punktquellen mit der 3. Potenz des reziproken Abstands ab, in dem sich die Schockwelle befindet [15.5]. Der anschließende Druckausgleich erfolgt mit einem Zeitverlauf ähnlich wie bei einem stark bedämpften Resonator, der wie bei einem platzenden Luftballon durch die äußere Massenbelastung der Quelle und die Steife des eingeschlossenen Volumens bestimmt wird. Entsprechend nehmen spektrale Anteile zu tiefen und hohen Frequenzen hin ab (Abb. 15.5).

Beim Mündungsknall von Handfeuerwaffen ist eine ausgeprägte Richtwirkung zu beobachten. Im Frequenzband um 1000 Hz, das häufig den A-bewerteten Schalldruckpegel bestimmt, ist typisch der Pegel in Schussrichtung etwa 6 dB höher und in rückwärtiger Richtung etwa 6 dB niedriger als querab. Da der Mündungsdurchmesser klein gegenüber der Schallwellenlänge ist, muss die Richtwirkung durch die Strömung bedingt sein. Reflexionen an Schießblenden und anderen Einrichtungen eines Schießstands verändern die Richtwirkung der Anlage.

Die Geräuscherzeugung von Brennern ist ebenfalls etwa proportional zur zugeführten Energie, d. h. hier zur Heizleistung, und hängt vom Drall der Strömung ab [15.6]. Das spektrale Maximum der breitbandigen Geräusche wird durch die Durchmesser von Düsen und Mischzonen bestimmt. Jedoch können Resonanzen in den Zuleitungen und im Brennraum erheblichen Einfluss auf den Verbrennungsvorgang und damit auch auf die Geräuscherzeugung nehmen.

15.1.1.4 Elektrische Entladungen

Elektrische Entladungen, in der Natur als Blitz, in der technischen Anwendung als Zündfunke beim E-Schweißen, aber auch als Dauergeräusch beim Ziehen einer Schweißnaht, führen zur Aufheizung der Luft oder des umgebenden Gases mit erheblicher Volumenänderung. Vom Blitz her ist die Entladungsstrecke als stark schwankend bekannt. Zur guten Reproduzierbarkeit bei Funkenknallern für akustische Modelluntersuchungen wird eine Vor-Ionisierung der Funkenstrecke vorgenommen. Schwankungen des Dauergeräuschs beim E-Schweißen können zur Kontrolle der Schweißgüte ausgewertet werden [15.6].

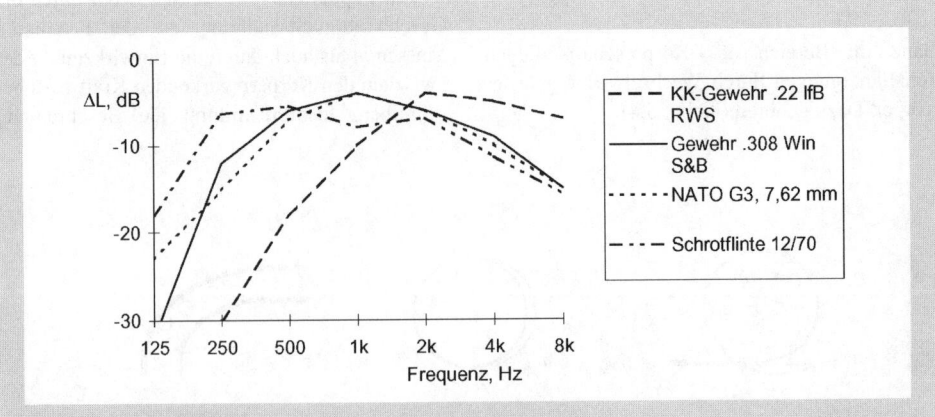

Abb. 15.5 A-bewertete Oktavbandpegel des Mündungsknalls von verschiedenen Langwaffen, bezogen auf den Gesamt-Schalldruckpegel

15.1.2 Schmalbandige Geräusche

15.1.2.1 Strömungsgeräusche

Schall entsteht als Ton oder Klang, wenn
- Volumenflüsse eines Fluids periodisch gesteuert werden, wie bei der menschlichen Stimme oder bei einer Sirene,
- Kräfte periodisch wirksam werden, z. B. zwischen Laufrad und Leitrad eines Ventilators, oder
- das Schallfeld selbst die Quelle regelt, insbesondere durch Anwesenheit eines Resonators, z. B. bei einer Orgelpfeife, die einen Luftstrom regelt, oder bei angeströmten Rohrleitungen, von denen die Wirbelablösung Raumresonanzen anregen kann.

Masse und Spannung der Stimmbänder bestimmen die Frequenz, mit der die Atemluft durch die Stimmritze tritt. Der Mund einschließlich Zunge und Lippen bilden das Volumen und die Öffnung eines Resonators, der die Formanten von Vokalen, d. h. die relative Stärke von Obertönen, prägt (Abb. 15.6).

In typisch 10 m breiten Rauchgaskanälen mit Wärmetauschern in Form von etwa $d = 12$ mm bis 25 mm dicken wassergefüllten Kunststoff-Rohrleitungen, zwischen denen eine Strömungsgeschwindigkeit von etwa $U = 7$ m/s auftritt, werden gelegentlich sehr intensive Brummtöne erzeugt (Abb. 15.7). Als Ursache ist die periodische Wirbelablösung bei einer Strouhal-Zahl $fd/U \approx 0{,}2$ anzusehen, die im Beispiel von Abb. 15.7 zu einer Frequenz $f = 100$ Hz führte. Etwa sechs halbe Wellenlängen passen bei dieser Frequenz in die Kanalbreite. Dass es sich tatsächlich um Querresonanzen im Kanal handelt, passt zu der Möglichkeit, den Brummton durch Schottbleche zu unterdrücken. Sichere Erkenntnisse über das Auftreten und die Vermeidung solcher Brummtöne liegen trotz vielfacher Untersuchungen für die Planung nicht vor, so dass gelegentlich aufwändige Nachrüstungen erforderlich sind [15.8].

15.1.2.2 Körperschall

In der Schwingungstechnik geht man weithin von krafterregten Schwingungen aus, die entweder
- durch Unwuchten umlaufender Massen,
- als wechselnde Reibungskräfte bei der Relativbewegung von Körpern oder
- infolge von Steifeschwankungen, z. B. beim Zahneingriff in Getrieben,

wirksam werden. Hinzu kommen periodische Anregungen durch Impulse, wie z. B. bei einer Kreissäge.

In allen diesen Fällen werden tonale oder schmalbandige Geräusche als Körperschall erzeugt und dann von den anschließenden Bauteilen als Luftschall abgestrahlt. Auch hier hängt die Stärke der Geräuscherzeugung von angeschlossenen Resonatoren ab.

Bei fester Drehzahl lassen sich Resonanzen mit umlaufenden Massen konstruktiv berücksichtigen und strikt vermeiden. Bei variabler Drehzahl müssen Resonanzbereiche schnell durchfahren werden. Gelingt dies nicht, z. B. mit einem Schiffsantrieb bei hohem Seegang, muss die Drehzahl – des Propellers – begrenzt werden.

Das klassische Modell für reiberregte Schwingungen ist in Abb. 15.8 dargestellt. Ein angetriebenes Band nimmt durch Reibkräfte eine Masse

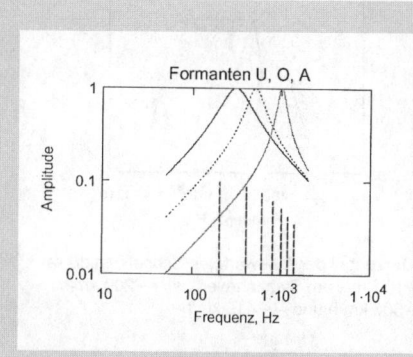

Abb. 15.6 Vokalbildung mit Teiltönen (senkrechte Linien) und Resonatoren (schematisch)

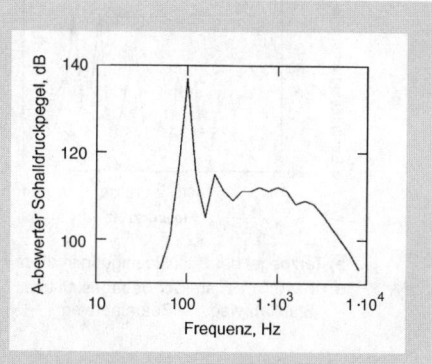

Abb. 15.7 Beispiel für einen Brummton im Wärmetauscher einer großen Wärmekraftanlage [15.8]

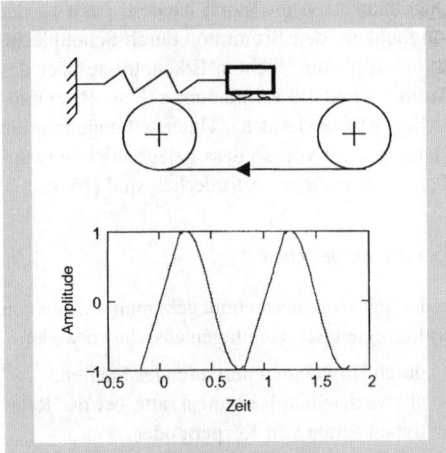

Abb. 15.8 Modell für reiberregte Schwingungen und Beispiel für den Zeitverlauf

mit, die durch eine Feder gehalten wird. Handelt es sich um eine geschwindigkeitsproportionale Reibkraft, so tritt keine Schwingung auf, sondern nur eine Auslenkung der Masse und der Feder. Bei trockener coulombscher Reibung wird jedoch die Masse im Haft-Gleit-Rhythmus bewegt. Der Mitnahmephase der Haftreibung folgt ein freies Ausschwingen im Gleiten. Wie Abb. 15.8 zeigt, unterscheidet sich die resultierende Zeitfunktion nur wenig von der reinen Sinusschwingung, die im Beispiel zu 60 % der Zeit wirksam ist. Deshalb schwingt die gestrichene Saite etwa mit der gleichen Frequenz wie die gezupfte Saite. Auch genauere Betrachtungen der Reibkennlinie mit einem stetigen Übergang von hoher Haftreibung zu niedrigerer Gleitreibung erlauben diesen Schluss [15.9].

Für die Schwingungen durch trockene Reibung gibt es zahlreiche technische Beispiele: Bremsenquietschen (hohe Federsteife), Rattern von Wischerblättern auf der trockenen Scheibe (niedrige Federsteife) u. a.

15.1.2.3 Elektromagnetische Wechselfelder

Die elektrische Energieversorgung führt mit Magnetostriktion bei Transformatoren zum Brummen, ist durch Corona-Effekt unter Hochspannungsleitungen wahrnehmbar und bestimmt mit der Nutteilung von Statorpaketen der Magnetschwebebahn deren wesentliche mechanische Fahrgeräusche.

Die Grundfrequenz des Trafobrummens ist die doppelte Netzfrequenz. Hinzu kommen bei weit gehender Werkstoffbeanspruchung mehrere Harmonische, die für den A-bewerteten Pegel des Geräuschs wichtig sind. Frequenzgesteuerte Antriebe moderner Bahnen erzeugen beim Anfahren besonders auffällige Klänge.

Die Magnetschwebebahn vom Typ Transrapid hat eine Periodizität des am Fahrweg befestigten Langstators von 0,258 m. Deshalb ist die Fahrgeschwindigkeit in km/h etwa gleich der Speisefrequenz in Hz. Ein Ton mit der Speisefrequenz ist am Fahrweg wahrnehmbar, wenn die Strecke eingeschaltet ist, und am Schwebegestell des Fahrzeugs deutlich messbar (Abb. 15.9).

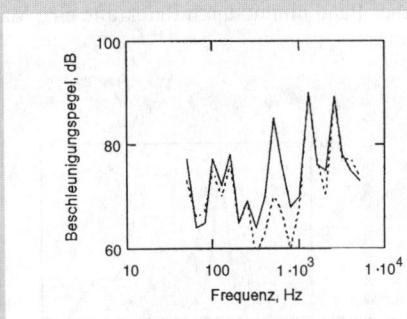
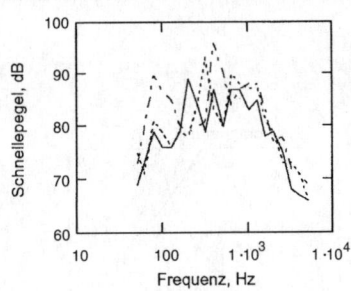

a) Terzpegel der Beschleunigung in dB re $3,14 \cdot 10^{-4}$ m/s² am Schwebegestell über — Stahlfahrweg, --- Betonfahrweg

b) Terzpegel der A-bewerteten Schnelle in dB re $5 \cdot 10^{-8}$ m/s am Stahlfahrweg bei — 200 km/h, --- 300 km/h und –·– 415 km/h

Abb. 15.9 Körperschall am Fahrzeug (links) bei etwa 400 km/h der Magnetschwebebahn TR 07 und am Fahrweg (rechts) bei verschiedenen Geschwindigkeiten

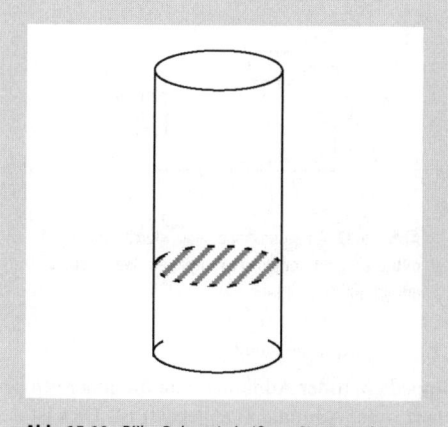

Abb. 15.10 Rijke-Rohr mit heißem Gitter in der unteren Hälfte

Durch den dreiphasigen Statorstrom und die entsprechende Nutteilung schwankt das Magnetfeld mit der dreifachen Frequenz. Sie zeigt sich mit zwei Harmonischen sehr ausgeprägt am Schwebegestell und nach Maßgabe der Fahrbahnimpedanz auch am Fahrweg.

15.1.2.4 Wärmequelle

Grundsätzlich kann auch eine stationäre Wärmequelle als Schallquelle wirksam werden, wie dies im Labor mit einem heißen Gitter in einem beidseitig offenen Rohr gezeigt wird (Abb. 15.10). Das Rohr schwingt in seiner Grundfrequenz, wenn das Rohr senkrecht steht und sich das Gitter in der unteren Hälfte befindet, nicht aber in der oberen Hälfte. Das Phänomen wurde von Lord Rayleigh dadurch erklärt, dass Energie dem Schallfeld in der Überdruckphase zugeführt werden muss, um die Schwingung anzufachen. Die Konvektion der aufgeheizten Luft wirkt in der Überdruckphase in gleicher Richtung wie die Auslenkung der Schallteilchen, sofern sich das Gitter in der unteren Rohrhälfte befindet.

15.2 Quellterm und innere Impedanz/Admittanz

15.2.1 Modell zur linearen Akustik

Viele Schallquellen lassen sich vereinfachend durch einen Quellterm in Form einer inneren Wechselkraft und einer inneren Impedanz oder in Form einer inneren Schnelle und einer inneren Admittanz darstellen. Beide Darstellungen sind gleichwertig, erlauben jedoch jeweils den übersichtlicheren Einschluss von Grenzfällen, in denen

– bei verschwindender innerer Impedanz (unendlich großer Admittanz) die innere Wechselkraft gleich der nach außen wirksamen Wechselkraft oder
– bei verschwindender innerer Admittanz (unendlich großer Impedanz) die innere Schnelle gleich der nach außen wirksamen Schnelle

ist. Im Allgemeinen sind die Impedanzen und Admittanzen komplex und werden durch Massenträgheiten, Reibungen und Federsteifen bestimmt. Sind die Kräfte oder Schnellen durch Vektoren darzustellen, so gehören dazu Matrizen der Impedanzen oder Admittanzen. Kräfte können auf Momente und Schnellen auf Winkelgeschwindigkeiten erweitert werden.

Aus Sicht der Schwingungstechnik werden häufig nur die an äußeren Anschlussstellen messbaren Kräfte und Schnellen (oder Beschleunigungen) angegeben. Die Betrachtung von Impedanzen gilt als entlehnt aus der Elektrotechnik. Impedanzbetrachtungen sind jedoch wesentlich und in voller Übereinstimmung mit den Grundregeln der linearen Akustik, nach denen alle betrachteten Schallfeldgrößen als klein gegenüber statischen Zustandsgrößen anzunehmen sind. Sie erlauben die Unterscheidung passiver Komponenten, deren Wirkung nicht von der jeweiligen Amplitude der Schwingungen abhängt, von aktiven Quellen, mit denen schwache Nichtlinearitäten eines Systems an einem bestimmten Arbeitspunkt beschrieben werden. Betrag und Phase oder Real- und Imaginärteil von Impedanzen können durch Fremderregung oder durch unterschiedliche Belastung der Schallquelle mit bekannten Impedanzen messtechnisch in Abhängigkeit von der Frequenz bestimmt werden. Die Stärke der aktiven Quellen kann proportional zur statischen Kraft, zur Strömungsgeschwindigkeit oder einer Potenz davon sein.

Das Impedanzkonzept ist uneingeschränkt auf kompakte Bauteile anzuwenden, deren Abmessungen kleiner als etwa eine Drittel Wellenlänge sind. Bei größeren Bauteilen ist die Federung der Krafteinleitungsstelle zu berücksichtigen. Sie hängt von der Größe der Fläche ab. So wird mit einem Impedanzhammer von einer ausgedehnten Struktur, etwa einer Wand, eine Federsteife bestimmt, die hauptsächlich von Form und Durchmesser des Hammerkopfes abhängt. Nur der bei tiefen Frequenzen relativ kleine Realteil der Impedanz, der die eingetragene Leistung bestimmt, ist unabhängig von der Hammerfläche zu ermitteln.

In der Elektrotechnik ist der Begriff der Impedanz durch den Quotienten von Spannung U und Strom I definiert. Nach der elektromechanischen Analogie II b (nach Reichardt [15.10]) entspricht die Schnelle v im Schallfeld der Spannung U und die Wechselkraft F dem Strom I. Dadurch tritt an die Stelle einer elektrischen Impedanz der Kehrwert einer mechanischen Impedanz, nämlich die Admittanz. Der Vorteil dieser Analogie ist die topologische Treue, bei der in Reihe und parallel angeordnete Elemente beim Übergang von der mechanischen in die elektrische Darstellung in der jeweiligen Anordnung verbleiben. Nach diesen Regeln sind die Ersatzbilder für Schnelle- und Kraftquellen in Abb. 15.11 zu verstehen.

Bei Abschalten der Schnellequelle wird der Kreis durch eine durchgehende Linie ersetzt und es verbleibt an den äußeren Anschlusspunkten nur die kleine Admittanz. Bei Abschalten der Kraftquelle entfällt der Zweig mit dem Doppelkreis und es verbleibt nur die kleine Impedanz.

Übertrager der Elektrotechnik dienen in mechanischen Ersatzbildern zur Verknüpfung von Kräften mit Momenten und Schnellen mit Winkelgeschwindigkeiten. Erweiterungen vom eindimensionalen Modell auf mehrere Dimensionen sind möglich aber nicht mehr anschaulich.

15.2.2 Leistungsanpassung

Eine Schallquelle kann dann maximale Leistung abgeben, wenn die Belastung durch eine äußere

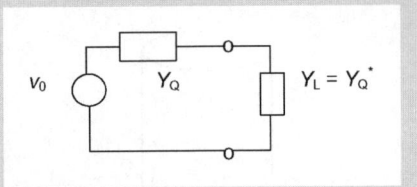

Abb. 15.12 Leistungsanpassung durch äußere Admittanz Y_L mit konjugiert komplexem Wert der Quelladmittanz Y_Q

Impedanz (oder Admittanz) an die innere Impedanz (oder Admittanz) angepasst ist. Dies ist der Fall, wenn die Impedanzen (Admittanzen) dem Betrag nach gleich und in der Phase entgegengesetzt sind.

Durch Wechselkräfte angeregter Luftschall ist mit einer sehr kleinen Quellimpedanz verbunden. Die Anregung fester Körper mit hoher Impedanz ist daher sehr klein gegenüber der Anregung der umgebenden Luft. Zur inneren Impedanz ist die der Luftmasse hinzuzurechnen, die die Schallquelle umgibt.

Durch überrollte Rauhigkeiten auf fester Grundlage angeregter Körperschall ist mit einer sehr hohen Quellimpedanz verbunden und wird durch schwere Räder sehr wirksam auch in den Boden eingespeist. Entsprechend störend kann die Warenanlieferung in einem Gebäude sein.

Bilden Quelle und Last ein Feder-Masse-System, bei dessen Resonanz die Imaginärteile der Impedanzen gleich und die Realteile klein sind, so stellt sich ebenfalls nahezu Leistungsanpassung ein. Etwa die Hälfte der verfügbaren Leistung wird nach außen abgegeben und führt dort zu erheblicher Schwingungs- oder Geräuschbelastung. Die andere Hälfte kann – allerdings

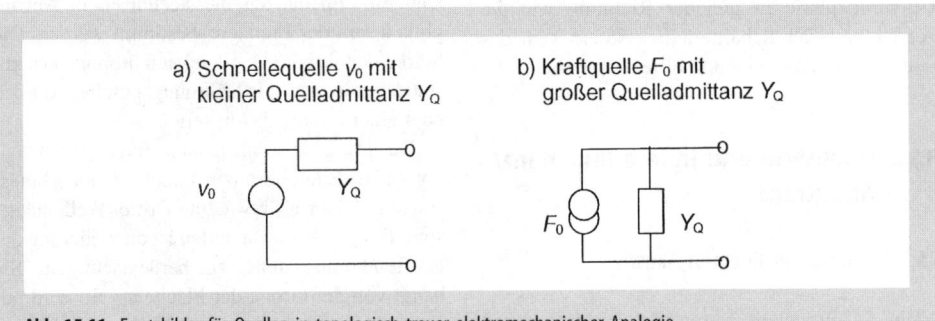

Abb. 15.11 Ersatzbilder für Quellen in topologisch treuer elektromechanischer Analogie

außerhalb des Bereichs der linearen Akustik – zu Schädigungen der Quelle führen.

15.2.3 Luftschall in Kanälen

Strahlt eine kleine Monopolquelle, die im freien Raum durch die reelle Admittanz ebener Schallwellen und die parallel wirkende Massenadmittanz einer Kugelwelle belastet wird, in einen Kanal, so besitzt jede Mode dicht oberhalb der Frequenz, bei der sie ausbreitungsfähig wird, eine Impedanz mit Federungscharakter. Wegen der gegenphasigen Imaginärteile von Quell- und Lastimpedanzen erfolgt in diesem Frequenzbereich – abhängig von der Position der Quelle im Kanal nahe einem Bauch oder einem Knoten der Mode – eine besonders starke Einstrahlung (Abb. 9.24). Der Anregung von Rohr- oder Kanalwänden, die eine hohe Impedanz besitzen, kommt in der Regel erst dann Bedeutung zu, wenn der Luftschall durch Schalldämpfer wesentlich verringert wird.

15.2.4 Rollgeräusche

15.2.4.1 Rad/Schiene

Als Modell für Schwingungen von Rad und Schiene infolge von Laufflächenrauhigkeiten dient das in der Dicke schwankende, inkompressible Band, das zwischen Rad und Schiene mit der Rollgeschwindigkeit durchgezogen wird. Es ist zusammen mit dem entsprechenden Admittanzmodell in Abb. 15.13 dargestellt.

Die Abbildung zeigt die topologische Treue. Hinzu kommt beim Admittanzmodell die äußere Verbindung mit Anknüpfung an einen festen Bezugspunkt, der allerdings für das dynamische Verhalten unbedeutend ist. Wesentlich sind die Aussagen, dass

– die gleiche Kraft (elektrisch der Strom) auf Rad und Schiene wirkt,
– die Bewegungen (elektrisch die Spannungsabfälle) sich im Verhältnis der Admittanzen aufteilen und
– ein resonanzfähiges System vorliegt, wenn die Schiene mit ihrer Bettungssteife und das Rad mit seiner Masse wirksam werden.

Man erkennt, dass eine sehr steife Kontaktfeder, die im Gültigkeitsbereich des Modells bei tiefen und mittleren Frequenzen eine sehr kleine Admittanz besitzt, in Reihe mit deutlich größeren Admittanzen von Rad und Schiene vernachlässigbar ist. Wichtiger sind i. d. R. andere Komponenten von Rädern und Fahrweg, die zu einer Detaillierung der Admittanzen genutzt werden können.

Diese Admittanzen sind allesamt klein gegenüber der Admittanz der umgebenden Luft und damit fehlangepasst. Weiterhin ist die Strahlungsadmittanz von Bauteilen mit Abmessungen, die klein gegenüber der Schallwellenlänge sind, relativ klein zur Admittanz der mitschwingenden Masse der Luft. Zur wesentlichen Schallabstrahlung in Luft kommt es erst bei Resonanzen der Körper und bei einer Schwingungsverteilung, die zur Belastung der abstrahlenden Fläche mit einer wesentlichen reellen Admittanz führt. Dies geschieht bei Radscheiben von Eisenbahnen vorwiegend im Frequenzbereich um 2 kHz, in dem Eigenfrequenzen zu Schwingungsformen gehören, für die große, gegenphasige Bereiche mehr als eine Viertelwellenlänge des Luftschalls auseinander liegen.

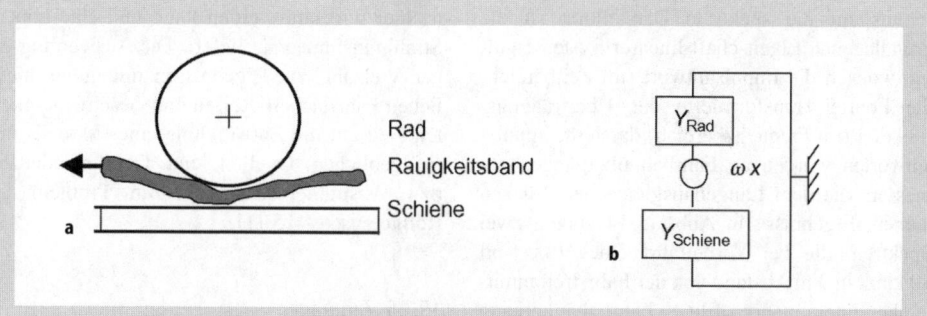

Abb. 15.13 Modell für Rad-Schiene-Schwingungen durch Rauhigkeiten der Laufflächen. **a** mechanisches Modell mit Rauhigkeitsband der Dicke x; **b** Admittanzmodell mit Schnellequelle ωx

15.2.4.2 Reifen/Fahrbahn

Wesentlich komplexer als bei Stahlrädern auf Stahlschienen ist die Geräuschanregung von Gummireifen auf Straßenbelägen. Wenigstens drei wichtige Mechanismen sind zu berücksichtigen:

- die Rauhigkeit der Fahrflächen, bei Rädern bedingt durch das Profil, bei Straßenbelägen durch die Textur; sie führt zur Körperschallanregung des Reifens und zur Abstrahlung von Luftschall im Wesentlichen aus dem Keil zwischen Radlauffläche und Straßenoberfläche;
- die mit dem Profil wechselnd wirksame Aufstandsfläche der Räder, die als parametrische Körperschallanregung des Reifens angesehen werden kann, und
- das sog. Air-pumping durch Verdrängen der Luft aus den Profilzwischenräumen, das unmittelbar zur Erzeugung von Luftschall führt.

Hinzu kommt bei glatten Reifen oder glattem Fahrweg ein schmatzendes Geräusch, wenn Adhäsionskräfte überwunden werden. Unterschiede zwischen der Schallabstrahlung in und gegen die Laufrichtung werden gelegentlich auf das Ausschnappen von Profilen zurückgeführt.

Ein Impedanzmodell ist für den Luftschall von besonderem Interesse. Durch Fahrflächen bedingte Körperschallanregungen des Reifens liefern eine Schnellequelle. Auf die Luftschallabstrahlung wirken die geometrischen Verhältnisse am Reifen parallel zur Luftschalladmittanz der Fahrbahn, die jedenfalls für offenporige Fahrbahnen nicht zu vernachlässigen ist. Im Zusammenhang mit Air-pumping werden häufig Hohlraumresonanzen im Reifenprofil diskutiert, deren Bedeutung jedoch noch nicht geklärt ist.

Vom Impedanzmodell her und dessen Zuschnitt auf die spektrale Darstellung ist die grundlegende Eigenschaft linearer Systeme gültig, wonach die Impulsantwort (im Zeitbereich) die Fourier-Transformierte der Übertragungsfunktion (im Frequenzbereich) darstellt. Impulsantworten wurden an Fahrbahnübergängen gemessen, die dem Längenausgleich bei Brücken dienen. Ergebnisse in Abb. 15.14 zeigen zwei Spektren, die bei Vorbeifahrt eines Pkw mit 80 km/h in 3 m Abstand von der Fahrstreifenmitte über einem mehrprofiligen Fahrbahnübergang und 25 m daneben als Schalldruckpegel L_{AFmax} gemessen wurden. Im wichtigen Frequenzbereich um 800 Hz sind die Spektren in der Verteilung ähnlich, jedoch im Pegel um mehr als 10 dB unterschiedlich. Die Dehnfuge regt danach in ähnlicher Weise wie die normale Straße – nur sehr viel stärker – den Reifen zu den Schwingungen an, die den A-bewerteten Schalldruckpegel bestimmen. Anstelle vieler kleiner Anregungen durch Rauhigkeiten der Fahrflächen tritt ein kräftiger Impuls. Effekte durch Air-pumping, die an Dehnfugen nicht zu erwarten sind, könnten den sehr ähnlichen Pegelverlauf im Frequenzbereich oberhalb von 1250 Hz begründen.

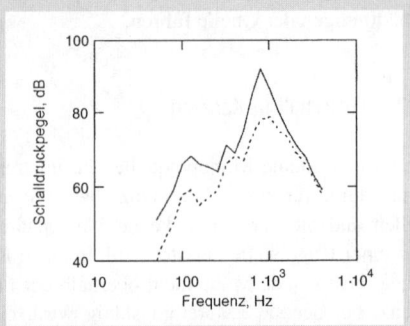

Abb. 15.14 A-bewertetes Terzspektrum des Schalldruckpegels L_{AFmax} in 3 m Abstand von der Fahrstreifenmitte bei Vorbeifahrt eines Pkw mit 80 km/h; —— oberhalb einer Dehnfuge, - - - 25 m seitlich an der Straße

Das Maximum der Schallabstrahlung im Frequenzbereich um 800 bis 1000 Hz erscheint dadurch verursacht zu sein, dass gegenphasige Schwingungen der Lauffläche von Reifen vor und hinter der Aufstandsfläche erst in diesem Frequenzbereichs nicht mehr zur Auslöschung führen und die Reifenbreite und der Reifendurchmesser groß genug sind, damit der keilförmige Raum zwischen Reifen und Fahrbahn als Schalltrichter wirksam werden kann und eine höhere Strahlungsimpedanz liefert. Die Auswertung einer Vielzahl von Ergebnissen mit unterschiedlichen Fahrflächen, Reifen und Geschwindigkeiten zielt auf die Entwicklung eines Modells mit maßgeblichen Quellen und Quellimpedanzen bzw. Abstrahleigenschaften zum Problem des Rollgeräuschs [15.11].

15.2.5 Zahnräder

Wesentliche Ursachen für die Geräuschentstehung bei Zahnrädern sind

- Zahnfehler (Oberflächenunebenheiten – wie beim Rollen – sowie Flankenformfehler und Teilungsfehler durch den Herstellungsvorgang) und
- Änderungen der wirksamen Zahnsteife beim Eingriff von n und $n+1$ Zähnen während des Kämmens.

Zur Beschreibung der Geräuschentstehung und Körperschallfortleitung bei einem Paar von geradverzahnten Stirnrädern kann das Ersatzbild von Abb. 15.15 herangezogen werden. Der Zahneingriff bewirkt Kräfte, die zu translatorischen Bewegungen der Zahnräder einschließlich Wellen und Lagern gemäß den translatorischen Admittanzen Y_t führen, und Momente, die Drehungen der Zahnräder einschließlich Wellen und Lagern gemäß den rotatorischen Admittanzen Y_r liefern. Die Kopplung der Bewegungen ist im Impedanzmodell durch ideale Transformatoren berücksichtigt.

Im Gegensatz zu Abb. 15.13, in der die Kontaktsteife vernachlässigt wurde, ist in Abb. 15.15 die mittlere Zahnsteife $s_=$ von zentraler Bedeutung. Sie ist maßgeblich für Resonanzen des Systems von Ritzel und Zahnrad. In der Regel werden Zahnradpaarungen weit unterhalb der Resonanzfrequenz betrieben. Nur bei extremen Übersetzungen kommt es zu Betriebspunkten oberhalb der Resonanzfrequenz. Sie selbst muss im Betrieb vermieden werden.

Als Geräuschquelle ist entsprechend dem Rollen in Abb. 15.13 der Zahnfehler x mit seiner spektralen Verteilung angegeben, die sich aus Wellenzahlen der Fehlerverteilung längs der Radumfänge und der Drehgeschwindigkeit ergibt. Weiterhin bewirkt eine Fourier-Komponente der Wechselsteife $s_\approx$ eine dynamische Auslenkung durch parametrische Erregung, die sich aus dem Produkt von relativer Zahnsteifeschwankung $s_\approx / s_=$ und mittlerer Zahnauslenkung darstellen lässt. Sie folgt aus den ersten Gliedern einer Taylor-Entwicklung für Kraft, Steife und Auslenkung, die im Rahmen der linearen Akustik allein zu berücksichtigen sind, und ist proportional zur übertragenen mittleren Kraft $F_=$ und umgekehrt proportional zum Quadrat der mittleren Zahnsteife.

Bei üblicher Evolventenverzahnung von Stirnrädern sind abwechselnd ein und zwei Zähne im Eingriff. Die relative Zahnsteifeschwankung kann durch Hoch- und Schrägverzahnung sehr klein werden, wenn dadurch näherungsweise ganzzahlige Überdeckungsgrade erreicht werden. Wegen der Lastabhängigkeit des Überdeckungsgrads ist das nicht immer möglich. Wenn Harmonische der Zahnsteifeschwankungen auf Resonanzen des Systems fallen, treten bereits weit unterhalb der Hauptresonanz so genannte Lastvergrößerungen und entsprechende Geräuscherhöhungen auf (Abb. 15.16).

15.3 Maßnahmen zur Geräuschminderung

15.3.1 Minderung des Quellterms

15.3.1.1 Strömungsgeräusche

Ansätze für konstruktive und betriebliche Maßnahmen für den Quellterm von Luftschall ergeben sich aus der Proportionalität zur Strömungs-

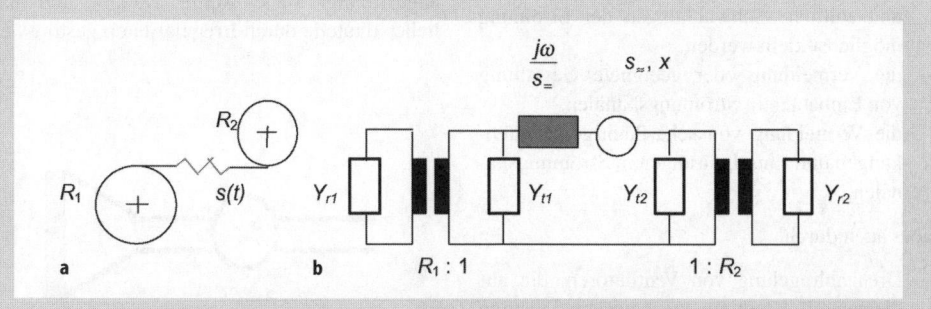

Abb. 15.15 Modell für die Schwingungsanregung beim Kämmen von zwei Stirnrädern mit den Wälzkreisdurchmessern R_1 und R_2. **a** mechanisches Modell mit zeitabhängiger Steife $s(t)$; **b** Admittanzmodell mit translatorischen Admittanzen Y_t und rotatorischen Admittanzen Y_r der Zahnräder einschließlich Wellen und Lagern, Admittanz der mittleren Zahnsteife $s_=$ sowie Quellen infolge Zahnsteifeschwankung $s_\approx$ und Zahnfehler x

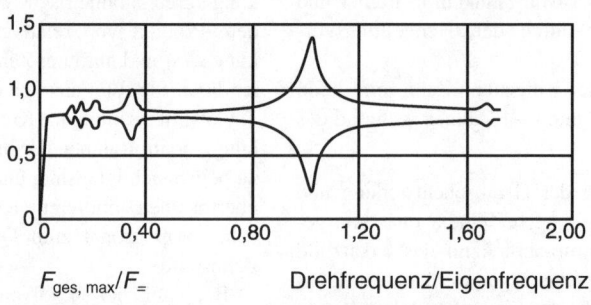

Abb. 15.16 Relative Lastvergrößerung bei Hochlauf von Stirnrädern eines einstufigen Getriebes, Rechenwerte nach Troeder et al. [15.12] für geringe Steifeänderungen im Verhältnis $s_{max}/s_{min} = 1{,}07$, Überdeckungsgrad 1,5 und Zahndämpfung $D = 0{,}03$

geschwindigkeit. Die mittlere Strömungsgeschwindigkeit oder der Mengenstrom sind dabei als konstruktive Vorgabe anzusehen. Deshalb kann es nur darauf ankommen, Maximalwerte der Strömung relativ zum Mittelwert zu verringern. Dies gelingt durch

- die Formgebung von Anströmkanälen, die z. B. über geeignete Einlaufdüsen zu einer gleichmäßigen Verteilung der Anströmung führen,
- die Formgebung von Ausströmkanälen oder deren Einbettung in einen Mantel, die mit einer breiteren Mischzone zur Verringerung von Strahllärm und weniger Geräuschen beim Auftreffen des Strahls auf feste Flächen führen,
- die Formgebung von Laufrädern in Ventilatoren, die die Flügel in radialer Richtung möglichst gleichmäßig belasten,
- die Formgebung und der Abstand von Leitapparaten für Ventilatoren, durch die räumliche und zeitliche Schwankungen der Strömung möglichst klein werden,
- die Vermeidung oder geeignete Gestaltung von Einbauten in Strömungskanälen,
- die Vermeidung von scharfkantigen Umlenkungen und Einschnürungen in Strömungskanälen,

aber auch durch

- Drehzahlregelung von Ventilatoren, die auf die jeweils benötigte mechanische Leistung abzustimmen ist und nicht auf einen möglichen Extremfall.

Bei Strahltriebwerken wurden erhebliche Geräuschminderungen durch hohe Mantelströme beobachtet – ein Nebeneffekt der Leistungssteigerung, der aber auch in anderen Gebieten, z. B. bei leisen Druckluftpistolen, Anwendung findet [15.13, 15.14]. Kreischgeräusche, die von dicht beieinander angeordneten Ventilen in Verzweigungen einer Dampfleitung ausgingen, konnten durch größere Abstände vermieden werden. Die Geräusche von einer Deckelverschließmaschine wurden maßgeblich durch ein Druckminderungsventil in einer engen Dampfleitung bestimmt (Abb. 15.17). Durch Einsetzen einer Sintermetallplatte mit geeignetem Strömungswiderstand in die große Dampfaustrittsfläche kommt es nur noch zu einem geringen Druckabfall über das Ventil. So konnte das A-bewertete Strömungsgeräusch um mehr als 25 dB verringert werden.

Um Karman-Wirbel und äolische Töne zu vermeiden, kann die periodische Wirbelablösung angeströmter Stäbe, Rohre, Kamine und ähnlicher Bauteile durch Irregularitäten gestört wer-

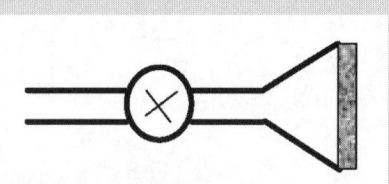

Abb. 15.17 Sintermetallplatte in der Dampfaustrittsfläche einer Deckelverschließmaschine zur Vermeidung von Ventilgeräuschen (schematisch) [15.14]

den. Dazu dienen z. B. ungleichmäßige Wendeln um diese Bauteile [15.13].

Drosselstellen in Rohrleitungen für Gase oder Dampf müssen nicht immer als Ventile regelbar sein. Mehrstufige Lochscheiben können den Druck allmählicher abbauen und dadurch die Entspannungsgeräusche mindern. In Flüssigkeitsleitungen kann mit ähnlichen Mitteln Kavitation vermieden werden [15.13].

15.3.1.2 Körperschall

An Körperschallquellen werden folgende Minderungsmaßnahmen ergriffen:

– Glättung der Oberflächen bis auf funktionsbedingte oder schalltechnisch nicht störende Welligkeiten im Bereich niedriger Wellenzahlen, gleichbedeutend mit einer zeitlichen Dehnung und örtlichen Abrundung von Übergängen, z. B. durch Schleifen von Eisenbahnschienen,
– Glättung des Kraftverlaufs zwischen bewegten Teilen bis auf funktionsbedingte oder schalltechnisch nicht störende Welligkeiten im Bereich niedriger Wellenzahlen, gleichbedeutend mit einer zeitlichen Dehnung und Herabsetzung von Kraftschwankungen, z. B. durch Schrägschnitte, Schrägverzahnungen, rhombische Plättchen auf den Lamellen von Fahrbahnübergängen, aber auch durch Schmierung, die den zeitlichen Verlauf von Reibkräften glättet oder ganz im viskosen Bereich belässt, sowie
– Minderung von Impulsen (Klappern, Rasseln) durch enge Bauteiltoleranzen, kleine Fallhöhen von Werkstücken und Dämpfung unerwünschter Bewegungen. Impulse lassen sich auch ganz vermeiden, wenn statt eines Hammers eine Biegevorrichtung eingesetzt werden kann, Nieten nicht geschlagen, sondern gedrückt werden oder Shredder mit langsam drehenden Walzen anstelle von Schnittwerkzeugen Anwendung finden.

15.3.1.3 Umlaufende Wellen

Als wichtiges Kriterium für die Erzeugung von Schwingungen wird von Cremer [15.15] der „gleichphasige Anschluss" von umlaufenden Wellen oder Schwingungen genannt. Entsprechend können Maßnahmen im Ausbreitungsweg, die allein eine Phasenverschiebung bewirken, nicht nur zur Minderung, sondern sogar zur Ausschaltung des Quellterms eingesetzt werden. Ob dies gelingt oder nur zu einer Verlagerung in ein anderes Frequenzband führt, hängt von der resultierenden Verstärkung im Rückkopplungskreis ab. Eine ausreichende, breitbandig wirksame Dämpfung ist in der Regel sicherer als eine Verstimmung.

Ein Beispiel dafür bietet die Unterdrückung von tieffrequentem Schall in einem umlaufenden Windtunnel. Wird der Schall durch den Ventilator auch nur schwach angeregt, so gibt es doch bestimmte Frequenzen, bei denen eine Welle nach einem Durchlauf durch den Tunnel gleichphasig an den Schall von vorangegangenen Durchläufen anschließt und sich damit verstärkt. Der Effekt ist auf den Frequenzbereich beschränkt, in dem sich ausschließlich eine etwa ebene Schallwelle im Tunnel ausbreiten kann, die Querabmessungen des Tunnels also kleiner als eine halbe Wellenlänge sind. Masse und Steife der Luft bestimmen zwei Freiheitsgrade eines schwingungsfähigen Systems, das Wellenausbreitung zulässt. Wird nun parallel zur Steife eine leichte mitschwingende Masse der Tunnelwand wirksam, so wird unterhalb der Resonanzfrequenz des Systems eher die Masse ausgelenkt, als dass die Luft komprimiert wird. Damit bestehen aber nicht mehr zwei gegenphasige Energiespeicher, die zur Ausbreitung der Longitudinalwelle erforderlich sind. Anstelle der Wellenausbreitung tritt ein exponenzielles Abklingen des Schalls längs des Tunnels auf. Dieser Effekt wird ausgenutzt, indem durch eine Reihe von Öffnungen in der Tunnelwand der tieffrequente Schall unterdrückt wird. Eine Abstrahlung von Schall durch die Öffnungen nach außen ist für den Effekt nicht erforderlich. Auch können die Öffnungen durch eine leichte Membran mit gleicher akustischer Impedanz ersetzt werden. Hier lassen sich Erfahrungen aus der Anwendung von Lüftungskanälen übertragen, die bekanntlich in Rechteckausführung mit dünnem Blech, das entsprechend seiner Massenimpedanz schwingt, bei tiefen Frequenzen zu einer Ausbreitungsdämpfung führen, während Schall sich in gemauerten Kanälen ungedämpft ausbreitet.

Ein ähnlicher Effekt ist in einer Wasserleitung beobachtet worden [15.16]. Üblicherweise sind Wasserleitungen rund und damit sehr steif. Sie leiten Schall gut weiter. Verwendet man jedoch eine rechteckige Wasserleitung, so tritt bei tiefen Frequenzen eine erhebliche Dämpfung auf. Wegen der hohen Steife von Wasser und der großen Wellenlänge des Wasserschalls wirkt der Effekt auch bei nicht sehr leichter Wand über einen großen Frequenzbereich.

Unterhalb des Frequenzbereichs, in dem die Schallausbreitung durch den Massencharakter einer Kanalwand gedämpft werden kann, liegt der Wirkungsbereich von Kompensatoren. Sie stellen für den Fluidschall einen Reflexionsdämpfer dar und mindern zugleich die Körperschallausbreitung über die Rohrwand.

15.3.1.4 Aktive Maßnahmen

Die aktive Herabsetzung der Quellstärke mit geregelten elektromechanischen Aktoren erfolgt durch gegenphasige Einspeisung einer Schnelle oder einer Kraft in unmittelbarer Nähe der Quelle. Im Fall einer Schnellequelle in Luft kann im Prinzip ein Lautsprecher verwendet werden, um aus einem Monopol einen Dipol zu machen, der dann sehr viel weniger Schall abstrahlt. Praktisch lassen sich große Schallflüsse, die mit Motoren oder Verdichtern verbunden sind, nicht mit Lautsprechern, sondern bestenfalls mit paarweise gegenphasig laufenden Maschinen kompensieren.

Die Behandlung einer Kraftquelle verlangt i. d. R. die Auftrennung des Kraftwegs und die Einspeisung einer Gegenkraft. Sie kann mit einem Piezoelement oder für größere Auslenkungen mit einem elektromagnetischen Wandler erzeugt werden. Mit besonderen Maßnahmen kann die Auftrennung des Kraftwegs vermieden werden. Dazu wird mit einer Zusatzmasse, auf der sich der Aktor abstützt, eine Krafteinleitung ermöglicht.

15.3.2 Änderung der Impedanz

Den angegebenen Beispielen ist zu entnehmen, dass die Schnittstelle zwischen Quell- und Lastimpedanz nicht immer eindeutig ist. Sie kann sehr nahe an einer Quelle angesetzt werden, bevor es zur Wellenausbreitung kommt, oder auch an der Verbindungsstelle mit anderen Bauteilen, so dass dann auch Körperschall dämmende oder Luftschall dämpfende Elemente zur Quelle hinzu zu rechnen sind. Dem Prinzip folgend, wonach Geräuschminderung möglichst nahe an der Quelle am wirksamsten ist, sei hier der Begriff der Quellimpedanz eher weit gefasst.

Zur Minderung von Luftschall, der von einer Quelle mit kleiner Impedanz ausgeht, dienen in erster Linie massive Wände oder steife Kapseln mit hoher Impedanz. Die Grenzen der Geräuschminderung werden i. d. R. durch Öffnungen für Wärmeabfuhr, Werkstofftransport und Zugriff oder auch durch Undichtigkeiten erreicht. Die Öffnungen müssen im Bedarfsfall mit Schalldämpfern und Dichtungen versehen sein.

Zur Minderung von Fluid- oder Körperschall werden schallweiche Elemente – d. h. Elemente mit kleiner Impedanz – eingesetzt. Sie liefern eine schlechte Anpassung an anschließende Elemente mit hoher Impedanz. Praktisch sind dies Kompensatoren und elastische Halterungen für Rohrleitungen sowie einfach und mehrfach (mit Sperrmassen versehene) elastische Lagerungen für Maschinen. Als Besonderheit ist die schallweiche Auskleidung von Pumpengehäusen zu nennen, die eigentlich dem Korrosionsschutz dient, aber wegen der Verringerung der wirksamen Quellimpedanz auch zu erheblicher Geräuschminderung führt.

Der Einsatz elastischer Lagerungen unter Maschinen ist immer mit einer Resonanz der Maschinenmasse und der Federsteife der Lagerung samt nachfolgender Bauteile verbunden. In der Regel ist der Betrieb der Maschine mit Schwingungen im Bereich der Resonanzfrequenz verbunden. Um unzulässige Resonanzüberhöhungen der Schwingungen zu vermeiden, werden Stahlfedern bedämpft oder die natürlichen Verluste von Gummifedern ausgenutzt.

Verfügt der Aufstellungsort einer Maschine als Kragbalken, dünne Decke oder Gerüst bereits über eine wesentliche Admittanz, so ist die Einfügung einer elastischen Lagerung wenig wirksam, wenn nicht die Fundamentimpedanz durch Versteifung, zusätzliche Abstützung oder Beschwerung erhöht wird. Im Anlagenbau können alle diese Maßnahmen i. d. R. angewendet werden. Im Fahrzeugbau, bei dem auf geringes Gewicht geachtet wird, sind nur Versteifungen möglich, die dann häufig nicht im gesamten interessierenden Frequenzbereich als kompakte Elemente wirken und deshalb zu Schwierigkeiten beim Schallschutz führen.

15.3.3 Abkopplung, Verstimmung und Bedämpfung von Resonatoren

Als Geräuschquellen treten gelegentlich Bauteile auf, die nicht notwendig mit der eigentlichen Quelle verbunden sind, z. B. die Instrumententafel an einem Kompressor [15.13] oder die Schallschutzwand auf einer Eisenbahnbrücke. Schallschutz kann in solchen Fällen durch räumliche Trennung oder Dämmung des Körperschalls erreicht werden.

Tonale Schallquellen, die durch Strömung angeregt werden, unterliegen häufig einschränkenden Bedingungen für die Geometrie eines Resonators, der Anströmrichtung und der Strömungsgeschwindigkeit. Dies ist vom Pfeifen auf einem Schlüssel bekannt. Pfeifgeräusche treten u. a. auch bei Werkzeugmaschinen mit Löchern nahe an rotierenden Messern auf. Die Abdeckung oder Verkleinerung der Löcher kann zur Abhilfe führen.

Sicherer und breitbandiger wirksam ist i. d. R. die Bedämpfung von Resonatoren. Die Dämpfung von Luftschall erfolgt durch Absorber, die in geringer Dicke im Hals oder an der Mündung von Resonatoren und in größerer Dicke im Bauch von Resonatoren oder an Wänden von Räumen einzusetzen sind. Zur Dämpfung von Körperschall genügt gelegentlich die Zähigkeit der Luft zwischen aufeinander liegenden oder dicht benachbarten Blechen. Wirksamer sind Kunststoffschichten [15.17].

Kreissägeblätter stellen Resonatoren hoher Güte dar, die bereits im Leerlauf durch die Luftströmung – noch stärker aber beim Sägen durch Körperschallimpulse – zum Kreischen angeregt werden. Die Geräuschemission steigt mit wachsender Schnittgeschwindigkeit an und stört deshalb besonders bei Holz- und Aluminiumbearbeitung. Versuche mit der Führung des Sägeblatts in einer Vorrichtung, die ähnlich wie Scheibenbremsen bei Fahrzeugen in einer Selbstregelung sehr eng am Blatt anliegt, haben gute Erfolge gebracht. Dem Stand der Technik entsprechen allerdings nur bedämpfte Verbund-Sägeblätter [15.13].

Literatur

15.1 Dowling AP, Williams JE (1983) Sound and sources of sound. Ellis Horwood
15.2 Powell A (1997) Aerodynamic and jet noise. In: Crocker MJ (ed.) Encyclopedia of Acoustics, Chapter 28, John Wiley & Sons
15.3 Tijsseling AS (1996) Fluid-structure interaction in liquid-filled pipe systems: a review. J. Fluids and Structures 10, 109–146
15.4 Lauterborn W (1997) Cavitation. In: Crocker MJ (ed.) Encyclopedia of Acoustics, Chapter 25, John Wiley & Sons
15.5 Raspet R (1997) Shock waves, blast waves, and sonic booms. In: Crocker MJ (ed.) Encyclopedia of Acoustics, Chapter 31, John Wiley & Sons
15.6 Cabelli A et al. (1987) Control of noise from an industrial gas fired burner. Noise Control Engineering Journal, Vol. 29, No. 2, 38–44
15.7 Prezelj J, Cudina M (2003) Noise as a signal for on-line estimation and monitoring of welding process. Acta Acustica united with Acustica 89, 280–286
15.8 Gilg J (1998) Akustische Resonanzen in Wärmetauschern. VGB-Workshop am 11.11.1998, Essen
15.9 Woodhouse J (2003) Bowed string simulation using a thermal friction model. Acta Acustica united with Acustica 89, 355–368
15.10 Reichardt W (1960) Grundlagen der Elektroakustik. 3. Aufl. Geest & Portig, Leipzig
15.11 Beckenbauer Th (2003) Reifen-Fahrbahngeräusche: Minderungspotenziale der Straßenoberfläche. Plenarvortrag DAGA 2003, Aachen
15.12 Troeder Ch, Peeken H, Diekhans G (1978) Schwingungsverhalten von Zahnradgetrieben. VDI-Berichte Nr. 320, 273–288
15.13 Ingemansson S (1994–1998) Noise Control – Principles and Practice. Noise News International. Vol. 2 (1994) No. 2, 107–115, No. 3, 185–193, No. 4, 243–249, Vol. 3 (1995) No. 1, 45–51, No. 2, 119–127, No. 3, 177–183, Vol. 4 (1996) No. 1, 39–45, Vol. 6 (1998) No. 3, 157–165, No. 4, 217–223
15.14 Kurze UJ (1987) Lärmminderung am Arbeitsplatz III – Beispielsammlung. Schriftenreihe der Bundesanstalt für Arbeitsschutz – Forschungsanwendung – Fa 14, Dortmund
15.15 Cremer L (1975) Vorlesungen über Technische Akustik. 2.Aufl. Springer, Berlin
15.16 Kurze UJ, Hofmann P (1997) Grenzen der Leitungstheorie für wassergefüllte Rohrleitungen. DAGA 97, 445–446
15.17 Schommer, A (1982) Lärmarm Konstruieren VI – Körperschalldämpfung durch Kunststoffschichten an Strukturen aus Stahl. Bundesanstalt für Arbeitsschutz und Unfallforschung, Forschungsbericht Nr. 312, Dortmund

Straßenverkehrslärm

L. Schreiber

16.1 Bedeutung des Straßenverkehrs als Lärmquelle

Der Straßenverkehr ist in Deutschland die Hauptursache von Lärmbeschwerden. Nach Mitteilung des Umweltbundesamtes fühlen sich mehr als zwei Drittel der Bevölkerung durch ihn belästigt, davon 22 % stark; 8 Millionen Bürger sind dadurch einem erhöhten Gesundheitsrisiko ausgesetzt (Beeinträchtigung des Herz-Kreislaufsystems).

Ein Lkw strahlt im Mittel ungefähr so viel Schallleistung ab wie sechs Pkw. Ein Pkw allein kann während der Fahrt so viel Schallleistung abstrahlen wie ein nach dem fortschrittlichsten Stand der Lärmbekämpfungstechnik gebautes Kraftwerk, das so viel Leistung umsetzt wie 1000 Lkw.

Bei ungehinderter Schallausbreitung überschreitet der Beurteilungspegel der Geräusche von einer stark befahrenen Autobahn nachts auf einem bis zu 6 km breiten Streifen den Wert, dessen Einhaltung nach dem Beiblatt zu DIN 18005-1 „Schallschutz im Städtebau" [16.1] in einem reinen Wohngebiet angestrebt werden soll, um die mit dessen Eigenart verbundene Erwartung auf angemessenen Schutz vor Lärmbelastungen zu erfüllen.

Trotz der erheblichen Herabsetzung der Schallemissions-Grenzwerte für Kraftfahrzeuge seit 1974 (s. Abb. 16.1) nimmt bisher die Belastung der Bevölkerung durch Verkehrslärm immer noch ständig zu. Das ist nicht nur auf die Zunahme des Verkehrs – insbesondere des Lastverkehrs – zurückzuführen, sondern auch darauf, dass die Geräuschemissions-Grenzwerte (s. Abschn. 16.2.4) praktisch nur durch die Antriebsgeräusche bestimmt werden, während im fließenden Verkehr bei Pkw die Rollgeräusche überwiegen. So zeigt Tabelle 16.1 für zwei Fahrgeschwindigkeiten den tatsächlichen Einfluss verschiedener Faktoren auf die Entwicklung der Schallemission von Pkw im fließenden Verkehr seit 1974.

Die zunehmende Bedeutung des Straßenverkehrs als Ursache von Lärmbelastungen findet ihren Niederschlag in einer zunehmenden Anzahl von Veröffentlichungen, Tagungen, Normen und Vorschriften zu diesem Thema. Hier kann nur eine kurze Übersicht gegeben werden.

In diesem Kapitel sind alle Pegel L A-bewertet. Auf den Index „A" oder den (nicht normgerechten, aber vielfach üblichen) Zusatz „(A)" zur Einheit dB wird deshalb verzichtet.

Tabelle 16.1 Einfluss verschiedener Faktoren auf die Entwicklung der Schallemission von Pkw im fließenden Verkehr im Zeitraum von 1974 bis 1999 (nach [16.2])

Einflussfaktor	Fahrgeschwindigkeit	
	50 km/h	100 km/h
leiserer Antrieb	−0,5 dB	0 dB
höherer Dieselfahrzeuganteil	+1 dB	0 dB
breitere Reifen	+1,5 dB	+1,5 dB
Einführung des 5-Gang-Getriebes	0 dB	−1 dB
Verringerung des c_w-Wertes	0 dB	−0,5 dB
Gesamt	+2,0 dB	0 dB

16.2 Das einzelne Fahrzeug als Schallquelle

Die von einem Kfz abgestrahlte Schallleistung hängt von seiner Art und Konstruktion, seinem Zustand, der Motordrehzahl und Fahrgeschwindigkeit sowie von der Beschaffenheit seiner Bereifung und der Fahrbahn ab. Zur Schallemission tragen die Antriebsgeräusche, das Rollgeräusch und aerodynamische Geräusche bei.

Die Antriebsgeräusche überwiegen nur bei schweren Nutzfahrzeugen stets [16.3]. Bei Pkw bestimmen sie die abgestrahlte Schallleistung nur beim Anfahren und Beschleunigen bei niedrigen Fahrgeschwindigkeiten, während bei unbeschleunigter niedertouriger Fahrweise schon im Innerortsbereich das Rollgeräusch überwiegt. Die Windgeräusche machen sich erst bei Fahrgeschwindigkeiten ab etwa 120 km/h bemerkbar.

16.2.1 Antriebsgeräusche

Hierunter werden alle Geräusche verstanden, die von Motor, Hilfsaggregaten, Kraftübertragung, Auspuff und Ansaugung ausgehen. Einzelheiten über die Schallentstehung bei Verbrennungsmotoren, Lüftern, Hydraulikanlagen und Getrieben allgemein findet man in Kap. 15, speziell für Kraftfahrzeuge in [16.4–16.6].

Die mechanisch erzeugten Geräusche werden auf dem Umweg über die Körperschallübertragung auch von Karosserieteilen abgestrahlt.

Zur Minderung der Antriebsgeräusche werden heute in allen Kraftfahrzeugen mit Verbrennungsmotoren Ansaug- und Abgasschalldämpfer eingebaut. Motoren und Getriebe werden elastisch aufgehängt, um die Körperschalleinleitung in die Karosserie zu mindern. Blechteile der Karosserie werden weitgehend entdröhnt – hauptsächlich zur Verringerung der Schallabstrahlung in das Innere.

16.2.2 Rollgeräusch

Das Rollgeräusch entsteht durch Wechselkräfte, die beim Abrollen des Reifens mit seinen Profilstollen auf der nie ganz glatten Fahrbahn entstehen, und durch die Verdrängung der Luft aus den Profilrillen. Das Rollgeräusch wird von den Reifen selbst und durch die verdrängte Luft abgestrahlt. Das Spektrum hat sein Maximum um 1000 Hz.

Die abgestrahlte Schallleistung hängt von Größe, Profil und Material (Verlustfaktor) der Reifen, von der Fahrbahnoberfläche und von der Fahrgeschwindigkeit ab. Sie nimmt mit der dritten bis vierten Potenz der Fahrgeschwindigkeit zu, der Schallleistungspegel mit jeder Verdoppelung um 9 bis 12 dB.

Grobstollige Schnee- und Matschreifen sind lauter als fein profilierte Sommerreifen. Reifen mit periodischer Teilung des Profils – insbesondere Lkw-Reifen – erzeugen auffällige Heultöne, die sonst auch auf Fahrbahnen mit periodischer Querriffelung entstehen. Moderne Pkw-Reifen haben deshalb eine „aperiodische" Profilteilung.

Je feiner die Profilierung des Reifens ist, umso stärker ist der Einfluss der Fahrbahnoberfläche. Am leisesten sind poroelastische Asphaltdecken, am lautesten grobe Pflasterdecken, die in Wohngebieten nicht verwendet werden sollten.

Weitere Einzelheiten über die Schallentstehung durch Wechselwirkungen zwischen Reifen und Fahrbahn enthält [16.7]. Dort ist auch die Wirkungsweise poroelastischer Fahrbahnen beschrieben. Die Ergebnisse einer umfangreichen messtechnischen Untersuchung des Einflusses der Fahrbahntextur auf das Reifen-Fahrbahn-Geräusch findet man in [16.8] und (ausführlicher) in [16.9].

Eine Schneedecke verringert die Fahrgeräusche spürbar. Nässe erhöht sie insbesondere bei glatten Schwarzasphaltdecken um bis zu 10 dB.

In engen, schnell befahrenen Kurven und bei scharfem Bremsen können unangenehme Quietschgeräusche entstehen.

Hersteller und Gesetzgeber bemühen sich um die Entwicklung geräuscharmer Reifen und Fahrbahnbeläge.

Leider werden die Erfolge dieser Bemühungen z. Z. durch die Verwendung von breiten (und deshalb lauteren) Reifen teilweise wieder zunichte gemacht (s. Tabelle 16.1), denn eine Verdoppelung der Reifenbreite bewirkt eine Erhöhung des Schallleistungspegels um etwa 6 dB [16.10].

16.2.3 Windgeräusche

Die Strömungs- oder Windgeräusche tragen nur bei Fahrgeschwindigkeiten über 120 km/h merklich zur abgestrahlten Schallleistung und auch zum Pegel im Fahrzeug bei. Sie entstehen durch Wirbelablösung. Ihre Schallleistung nimmt mit der fünften bis sechsten Potenz der Fahrgeschwindigkeit zu. Dabei handelt es sich um ein breitbandiges Rauschen. Bei periodischen Wirbelablösungen (z.B. an Dachgepäckständern) können auch unangenehme Heultöne entstehen. Man bemüht sich heute durch günstige Formgebung der Karosserie (z.B. glatt mit der Karosserie abschließende Fenster, entsprechende Formgebung der Rückspiegel) um eine Verringerung der Windgeräusche.

16.2.4 Grenzwerte für die Schallemission von Kraftfahrzeugen

Nach § 49 der Straßenverkehrs-Zulassungs-Ordnung (StVZO) [16.11] müssen Kraftfahrzeuge und ihre Anhänger so beschaffen sein, dass die Geräuschentwicklung das nach dem jeweiligen Stand der Technik unvermeidliche Maß nicht übersteigt. Die maximal zulässigen Geräuschpegel werden in Richtlinien der Europäischen Gemeinschaft festgelegt. Die Einhaltung dieser Grenzwerte ist Voraussetzung für die Erteilung der Allgemeinen Betriebserlaubnis. In Abb. 16.1 ist die Entwicklung der Emissionsgrenzwerte seit 1970 dargestellt.

Das Fahrgeräusch wird unter genau vorgeschriebenen Betriebsbedingungen (beschleunigte Vorbeifahrt mit Vollgas aus 50 km/h bzw. $^3/_4$ der Nenndrehzahl mit Vollgas) in 7,5 m Abstand von der Mitte der Fahrspur gemessen, das Standgeräusch in 7,0 m Abstand vom Umriss des Fahrzeugs bei stoßweiser Betätigung des Gasfußhebels.

Tabelle 16.2 Geräuschimmissionsgrenzwerte in dB für lärmarme Lastkraftwagen

Motorleistung	<75 kW	75...150 kW	>150 kW
Fahrgeräusch	77	78	79
Motorbremsgeräusch[a]	77	78	80
Druckluftgeräusch[a]	72	72	72
Rundumgeräusch[b]	77	78	80

[a] Sofern entsprechende Bremseinrichtungen vorhanden sind.
[b] Entfällt bei elektrischem Antrieb.

Die bei diesen – im normalen Fahrbetrieb nur selten vorkommenden – Betriebszuständen gemessenen Pegel werden fast nur durch die Antriebsgeräusche bestimmt, während (s.o.) bei Pkw bei unbeschleunigter Fahrt schon bei Stadtgeschwindigkeiten die Rollgeräusche überwiegen.

Als *lärmarm* gelten Kraftfahrzeuge, die den Vorschriften der Anlage XXI zu §49 Abs. 3 StVZO entsprechen. In Tabelle 16.2 sind die Geräuschgrenzwerte für lärmarme Lkw aufgeführt.

Für lärmarme und kraftstoffsparende Pkw-Reifen nach [16.12], deren Schallemission um 3 bis 5 dB unter der der gegenwärtig am deutschen Markt üblicherweise angebotenen Autoreifen

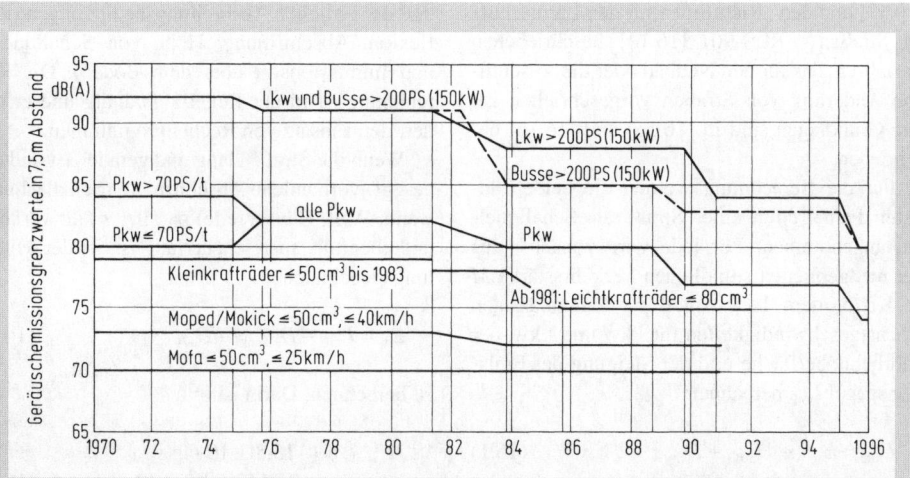

Abb. 16.1 Verschärfung der Geräuschimmissionsgrenzwerte nach StVZO für ausgewählte Fahrzeugkategorien (die abfallenden Flanken geben die Übergangszeiträume an)

liegt, vergibt das Umweltbundesamt das RAL-Umweltzeichen 89 „Blauer Engel" und empfiehlt Autofahrern, Reifenhändlern sowie Beschaffern von Industrie, Gewerbe und öffentlichem Dienst, beim Kauf von Reifen darauf zu achten. Bisher ist das Angebot allerdings begrenzt.

16.3 Straßenverkehr als Schallquelle

16.3.1 Maße und Grenzwerte für die Stärke der Schallimmission durch Straßenverkehr

Der Schallpegel der Geräusche von einer Straße oder Autobahn schwankt unregelmäßig. Die Stärke der Schallbelastung durch sie kann deshalb nur durch statistische Größen (z. B. Überschreitungspegel oder zeitliche Mittelwerte) beschrieben werden. In Deutschland wird sie, getrennt für die Beurteilungszeiträume Tag (6 bis 22 Uhr) und Nacht (22 bis 6 Uhr), durch den Beurteilungspegel gekennzeichnet, der mit den in Abschn. 16.4 genannten Orientierungswerten oder Immissionsgrenzwerten verglichen wird (s. auch Kap. 5). Er wird in der Regel berechnet.

16.3.2 Berechnung des Beurteilungspegels von Straßenverkehrsgeräuschen

Die Berechnung erfolgt – nach DIN 18005-1 [16.1] auch für die städtebauliche Planung – nach dem in der Verkehrlärmschutzverordnung [16.13] und den „Richtlinien für den Lärmschutz an Straßen" (RLS-90) [16.14] beschriebenen Verfahren, das für den Neubau oder die wesentliche Änderung von Straßen vorgeschrieben ist. Die Grundlagen sind in [16.15] und [16.16] beschrieben.

Für die Berechnung werden die beiden äußeren Fahrstreifen einer Straße als Schallquellen angenommen. Für jede wird zunächst aus der maßgeblichen stündlichen Verkehrsstärke M in Kfz/h, dem Lkw-Anteil p, den zulässigen Höchstgeschwindigkeiten für Pkw und Lkw, der Fahrbahnoberfläche und der Steigung der Emissionspegel L_{mE} berechnet:

$$L_{mE} = L_m^{(25)} + D_{StrO} + D_{Stg} \,. \qquad (16.1)$$

Das ist der äquivalente Dauerschallpegel in 25 m Abstand von der Fahrstreifenachse in 4 m Höhe. Er kennzeichnet die Stärke der Schallemission und ist die Ausgangsgröße für die Berechnung der Schallimmission. In Gl. (16.1) ist

$$L_m^{(25)} = 10 \cdot \lg\{598 \cdot n_{Pkw}[1 + (0{,}02 \cdot v_{Pkw})^3] \\ + 204 \cdot n_{Lkw} \cdot v_{Lkw}^{1,25}\} \text{ dB} \qquad (16.2)$$

der Mittelungspegel bei ungerieffeltem Gussasphalt und Steigungen oder Gefällen unter 5%, mit

n_{Pkw} Anzahl der im Mittel stündlich vorbeifahrenden Pkw,

v_{Pkw} Zahlenwert der zulässigen Höchstgeschwindigkeit für Pkw in km/h (mindestens 30, höchstens 130),

n_{Lkw} Anzahl der im Mittel stündlich vorbeifahrenden Lkw,

v_{Lkw} Zahlenwert der zulässigen Höchstgeschwindigkeit für Lkw in km/h (mindestens 30, höchstens 80),

D_{StrO} Korrektur für unterschiedliche Straßenoberflächen nach Tabelle 16.3, und

D_{Stg} Zuschlag für Steigungen und Gefälle g:
$D_{Stg} = (0{,}6|g| - 3)$ dB für $|g| > 5\%$,
$D_{Stg} = 0$ dB für $|g| \leq 5\%$.

Für die Berechnung der Schallimmission wird jeder Fahrstreifen in ausreichend kleine Teilstücke unterteilt, die für die Ausbreitungsrechnung als Punktschallquellen in 0,5 m Höhe über Fahrstreifenmitte angenommen werden. Die Ausbreitungsrechnung erfolgt nach dem in den RLS-90 genau beschriebenen Verfahren in Anlehnung an die Richtlinien VDI 2714 [16.17] und VDI 2720 [16.18] (inzwischen ersetzt durch DIN ISO 9613-2 [16.19]) unter Berücksichtigung des Abstands und der örtlichen Ausbreitungsbedingungen (Reflexion, Abschirmung, Höhe von Schallquelle und Immissionsort über dem Boden). Die Berechnung ist in der Regel aufwändig und erfordert den Einsatz von Rechenprogrammen.

Wenn die Straße „lang und gerade" ist und eine ggf. vorhandene Abschirmung (Schallschutzwand, Wall, Häuserzeile) parallel zu ihr verläuft und ebenfalls ausreichend lang ist, ist der Mittelungspegel nach

$$L_m = L_{mE} - D_{s,senkr} - D_K \qquad (16.3)$$

zu berechnen. Darin ist

$$D_{s,senkr} = (-15{,}8 + 10 \cdot \lg s_{senkr} \\ + 0{,}0142 \cdot s_{senkr}^{0,9}) \text{ dB} \qquad (16.4)$$

die Pegeländerung durch Abstand und Luftabsorption mit $s_{senkr} = \sqrt{s_{senkr,o}^2 + H^2}$. $s_{senkr,o}$ ist der

Tabelle 16.3 Korrektur D_{StrO} für unterschiedliche Straßenoberflächen

Straßenoberfläche	D_{StrO}[a] in dB bei zulässiger Höchstgeschwindigkeit von		
	30 km/h	40 km/h	≥ 50 km/h
nicht geriffelte Gussasphalte, Asphaltbetone oder Splittmastixasphalte	0	0	0
Betone oder geriffelte Gussasphalte	1,0	1,5	2,0
Pflaster mit ebener Oberfläche	2,0	2,5	3,0
sonstiges Pflaster	3,0	4,5	6,0

[a] Für lärmmindernde Straßenoberflächen, bei denen aufgrund neuer bautechnischer Entwicklungen eine dauerhafte Lärmminderung nachgewiesen ist, können auch andere Korrekturwerte D_{StrO} berücksichtigt werden, z. B. bei zulässigen Geschwindigkeiten über 60 km/h 3 dB für offenporige Asphalte.

horizontale Abstand des Immissionsortes von der Achse des Fahrstreifens, H seine Höhe über der Fahrbahn.

D_K ist der Zuschlag nach Tabelle 16.4 für die erhöhte Störwirkung von lichtzeichengeregelten Kreuzungen und Einmündungen bei Immissionsorten, die nicht mehr als 100 m vom nächsten Schnittpunkt von sich kreuzenden oder zusammentreffenden Fahrsteifen entfernt sind.

$$D_{BM,senkr} = 4,8 \exp\left[-\frac{h_m}{s_{senkr}}\left(8,5 + \frac{100}{s_{senkr}}\right)^{1,3}\right] \text{dB} \quad (16.5)$$

ist die Boden- und Meteorologiedämpfung mit h_m als mittlerem Abstand des Bodens von dem Quelle und Immissionsort verbindenden Strahl. Wenn eine Abschirmung vorhanden ist, wird $D_{BM,senkr} = 0$ gesetzt.

$$D_z = 7 \cdot \lg\left[5 + \left(\frac{70 + 0,25\, s_{senkr}}{1 + 0,2\, z_{senkr}}\right) z_{senkr} K^2_{w,senkr}\right] \text{dB} \quad (16.6)$$

ist (ggf.) die Pegelminderung durch Abschirmung.

Darin ist z_{senkr} der „Schirmwert", die Differenz zwischen der Länge des kürzesten Weges vom Fahrstreifen zum Immissionsort über die Beugungskante und dem Abstand zwischen Fahrstreifen und Immissionsort (Abb. 16.2), und $K_{w,senkr}$ die „Witterungskorrektur" zur Berücksichtigung der Strahlenkrümmung durch positive Gradienten von Temperatur und/oder Windgeschwindigkeit:

$$K_{w,senkr} = \exp\left(-\frac{1}{2000}\sqrt{\frac{A_{senkr} B_{senkr} s_{senkr}}{2 z_{senkr}}}\right) \quad (16.7)$$

Gleichung (16.6) gilt für den Fall, dass Fahrstreifen und Schirm vom dem Immissionsort nächsten Punkt nach beiden Seiten eine „Überstandslänge" $d_ü$ von mindestens

$$d_ü = \frac{34 + 3 D_{z,senkr}}{100 + s_{senkr}} \quad (16.8)$$

aufweisen.

Der Berechnung liegen ausbreitungsgünstige Witterungsbedingungen zugrunde. Deshalb ergeben Messungen in Abständen von über etwa

Tabelle 16.4 Zuschlag D_K in dB für erhöhte Störwirkung von lichtzeichengeregelten Kreuzungen und Einmündungen

Abstand des Immissionsortes vom nächsten Schnittpunkt der Achse von sich kreuzenden oder zusammentreffenden Fahrstreifen	D_K in dB
< 40 m	3
> 40 … 70 m	2
> 70 … 100 m	1
> 100 m	0

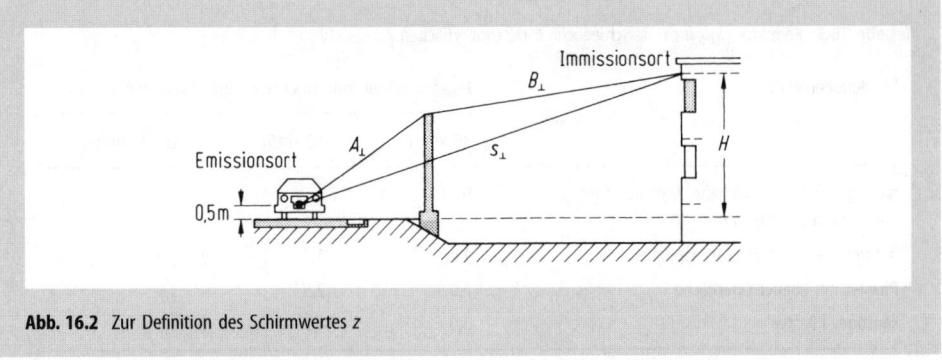

Abb. 16.2 Zur Definition des Schirmwertes z

100 m bei anderen Witterungsbedingungen häufig deutlich niedrigere Pegel. Der Beurteilung werden aber in der Regel die so berechneten Werte zugrunde gelegt.

16.4 Messung von Straßenverkehrsgeräuschen

Die Messung der Emission und Immission vom Verkehr auf einer Straße ist in DIN 45642 [16.20] genormt.

Danach werden zur Ermittlung des Emissionspegels eines Fahrstreifens in 7,5 m Abstand von seiner Achse in 1,2 m Höhe die Einzelereignispegel oder die Maximalpegel einer ausreichenden Anzahl von Vorbeifahrten und gleichzeitig die zugehörigen Geschwindigkeiten gemessen. Der Emissionspegel für eine gegebene Verkehrsstärke und einen gegebenen Lkw-Anteil wird dann daraus berechnet. Die Einzelmesswerte können zuvor auf eine gegebene Geschwindigkeit umgerechnet werden.

Der Mittelungspegel wird am Immissionsort unmittelbar gemessen. Gleichzeitig werden die vorbeifahrenden Pkw und Lkw gezählt und – ggf. für beide Fahrzeugarten getrennt – die mittlere Geschwindigkeit bestimmt. Damit kann der Mittelungspegel ggf. auf andere Verkehrsmengen und -zusammensetzungen sowie auf andere Fahrgeschwindigkeiten umgerechnet werden.

16.5 Vorschriften zum Schutz gegen Straßenverkehrslärm

Nach §50 BImSchG [16.21] sind bei raumbedeutsamen Planungen und Maßnahmen die für eine bestimmte Nutzung vorgesehenen Flächen einander so zuzuordnen, dass schädliche Umwelteinwirkungen auf die ausschließlich oder überwiegend dem Wohnen dienenden Gebiete sowie auf sonstige schutzbedürftige Gebiete soweit wie möglich vermieden werden.

Nach §41 BImSchG ist beim Bau oder der wesentlichen Änderung öffentlicher Straßen unbeschadet §50 sicherzustellen, dass durch sie keine schädlichen Umwelteinwirkungen durch Verkehrsgeräusche hervorgerufen werden können, die nach dem Stand der Technik vermeidbar sind, es sei denn, dass die Kosten der Schutzmaßnahmen außer Verhältnis zu dem angestrebten Schutzzweck stehen würden.

Nach Ermächtigung durch §43 BImSchG hat die Bundesregierung in der Verkehrslärmschutzverordnung [16.13] die in Tabelle 16.5 aufgeführten Immissionsgrenzwerte festgesetzt, bei deren Überschreitung nach §42 BImSchG der Eigentümer einer betroffenen baulichen Anlage gegen den Träger der Baulast einen Anspruch auf angemessene Entschädigung in Geld für

Tabelle 16.5 Immissionsgrenzwerte Tag/Nacht nach [16.13] für den Neubau oder die wesentliche Änderung von Straßen

Nutzung	Beurteilungspegel in dB
Krankenhäuser, Schulen, Kurheime und Altenheime	57/47
reine und allgemeine Wohngebiete, Kleinsiedlungsgebiete	59/49
Kern-, Dorf- und Mischgebiete	64/54
Gewerbegebiete	69/59

Schallschutzmaßnahmen an den baulichen Anlagen hat.

Bei der Aufstellung von Bauleitplänen soll darüber hinaus die Einhaltung der (niedrigeren) schalltechnischen Orientierungswerte für die städtebauliche Planung aus dem Beiblatt zu DIN 18005-1 angestrebt werden, um die mit der Eigenart des betreffenden Baugebiets oder der betreffenden Nutzung verbundene Erwartung auf angemessenen Schutz vor Lärmbelastungen zu erfüllen.

16.6 Maßnahmen zum Schutz gegen Verkehrslärm

Da der Minderung der Schallentstehung durch Maßnahmen an den Fahrzeugen selbst – besonders durch das Rollgeräusch der Pkw bei Fahrgeschwindigkeiten oberhalb von 40 bis 50 km/h – Grenzen gesetzt sind, beschränkt man sich heute im Wesentlichen darauf, angemessenen Schallschutz durch verkehrslenkende, planerische oder – als Notlösung – auch „passive" Schallschutzmaßnahmen an den Gebäuden zu erreichen.

Die Schallentstehung lässt sich durch Geschwindigkeitsbeschränkungen nur begrenzt verringern. Abbildung 16.3 zeigt, um wie viel dB sich der Emissionspegel (bei Gussasphalt) ändert, wenn die zulässige *Fahrgeschwindigkeit* von 100 km/h herauf- oder herabgesetzt wird. Dabei ist vorausgesetzt, dass sie für Lkw 80 km/h nicht übersteigt.

Hochwirksame offenporige Asphalte sind bis zu 7 dB leiser als die Referenzoberfläche nach RLS-90 (nicht geriffelte Gussasphalte, Asphaltbetone oder Splittmastixasphalte). In die Hohlräume der Deckschicht kann aber mit zunehmender Liegedauer Schmutz eintreten, was zu einem Nachlassen der geräuschmindernden Wirkung führt. Bei ausreichender Verkehrsdichte und Geschwindigkeit tritt ein Selbstreinigungseffekt besonders in den Rollspuren auf. Das Reinigen mit speziellen Geräten (Spülen im Druck-Saug-Verfahren) verzögert die Verschmutzung [16.22].

Durch eine Halbierung (Verdoppelung) der *Verkehrsmenge* verringert (erhöht) sich der Emissionspegel unter sonst gleichen Bedingungen um 3 dB. Wenn aus einer Wohnstraße 70% des Verkehrs herausgenommen und auf eine Hauptverkehrsstraße verlegt wird, bedeutet das für die Wohnstraße eine erhebliche Verbesserung, für die Hauptverkehrsstraße aber nur eine geringe Verschlechterung. Deshalb ist die Bündelung des Verkehrs ein wichtiger Grundsatz des Schallschutzes in der Planung.

Der Beurteilungspegel nimmt bei freier Schallausbreitung durch eine Verdoppelung des Ab-

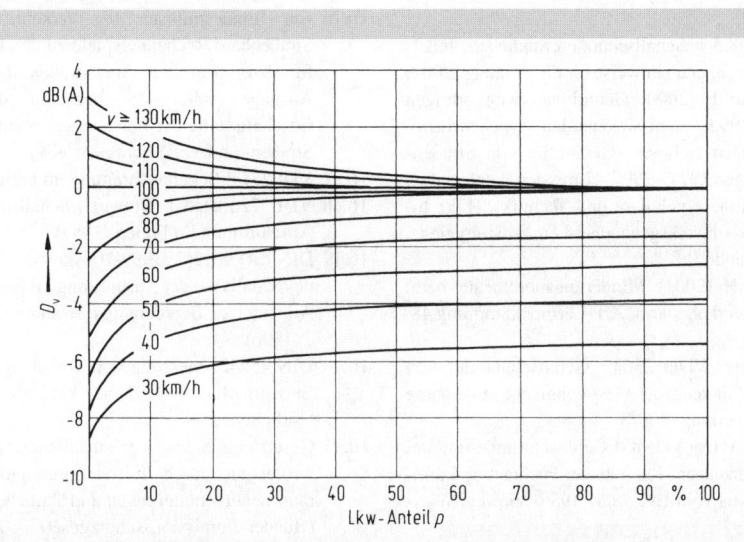

Abb. 16.3 Korrektur D_v nach [16.13] zur Umrechnung des Emissionspegels von einer zulässigen Höchstgeschwindigkeit von $v = 100$ km/h auf andere zulässige Höchstgeschwindigkeiten; gültig für Asphaltbeton und nicht geriffelten Gussasphalt

stands von der (Mitte) der Straße nur um etwa 4 dB ab. Ausreichende Schutzabstände lassen sich aber vielfach nicht einhalten. Am wirksamsten wird die Schallausbreitung durch Führung einer Straße im *Tunnel* oder durch *Einhausung* unterdrückt – eine Maßnahme, die aber nur in Ausnahmefällen in Betracht kommt.

Nicht so wirksam ist die *Abschirmung* der Straße durch eine Lärmschutzwand, einen Wall oder eine Böschungskante (bei Führung im Einschnitt). Solche Maßnahmen verringern den Beurteilungspegel nur für Immissionsorte, für die sie die Sichtverbindung auf die Straße auf eine ausreichende Länge (nach beiden Seiten ein Mehrfaches des Abstands vom Immissionsort) deutlich überragen und scheiden bei Stadtstraßen mit (hohen) Häusern nahe der Straße aus. Dort kann man durch eine hohe, selbst möglichst nicht schutzbedürftige, *geschlossene Randbebauung* das Gebiet dahinter abschirmen.

Bei der Randbebauung selbst vermeidet man Fenster von schutzbedürftigen Räumen zur Straße. Wo das nicht möglich ist, müssen die Räume durch *schalldämmende Fenster* (und Fassaden), Schlaf- und Kinderzimmer zusätzlich durch *schalldämmende Lüftungseinrichtungen* geschützt werden.

Literatur

16.1 DIN 18005-1: Schallschutz im Städtebau, Teil 1: Grundlagen und Hinweise für die Planung (2002)

16.2 de Graaf E (2000) Geluid van wegvortuigen 1974–1999 – emissiekentallen, typekeurigsresultaten en techniek (Geräusche von Straßenfahrzeugen 1974–1999 – Emissionskennzahlen, Typprüfungsergebnisse und Technik). Rijks Instituut voor Volksgesondheid en Milieuhygiene, Niederlande

16.3 Steven H (2001) Minderungspotenziale beim Straßenverkehrslärm. Z. f. Lärmbekämpfung 48, 87–91

16.4 Richtlinie VDI 2563: Geräuschanteile von Straßenfahrzeugen, Messtechnische Erfassung und Bewertung (1990)

16.5 Geib W (Hrsg.) (1988) Geräuschminderung bei Kraftfahrzeugen: Referate der Fachtagung Lärmminderung vom 1./2. März 1988. Vieweg, Wiesbaden

16.6 Klingenberg H (1988) Automobiltechnik; Band A: Akustik. Springer, Berlin

16.7 Beckenbauer T, Huschek S (1999) Entstehungsmechanismen des Reifen-Fahrbahn-Geräusches. Tagungsband zur VDI-Tagung Reifen, Fahrwerk, Fahrbahn, Hannover, VDI-Verlag, Düsseldorf

16.8 Beckenbauer T (2000) Akustische Eigenschaften von Fahrbahnoberflächen. Deutscher Straßen- und Verkehrskongress 2000

16.9 Beckenbauer T et al. (2000) Einfluss der Fahrbahntextur auf das Reifen-Fahrbahngeräusch. Müller-BBM Bericht Nr. 30615/160 vom 12.05.2000. Forschungsbericht FE-Nr. 03.293 R95M im Auftrag der Bundesanstalt für Straßenwesen, Bergisch Gladbach

16.10 Steven H (1988) Geräuschemissionen von Kraftfahrzeugen im Straßenverkehr – Ursachen, Einflussparameter und Minderungsmöglichkeiten. Fortschritte der Akustik – DAGA '88; Bad Honnef. DPG GmbH

16.11 Straßenverkehrs-Zulassungs-Ordnung (StVZO) in der Fassung vom 15.11.1974 (BGBl. 1, S. 3193, in der Fassung vom 29.09.1988 (BGBl. I, S. 1793), zuletzt geändert am 16.12.1988 (BGBl. 1, S. 2355)

16.12 RAL-ZU 89: Lärmarme und kraftstoffsparende Kraftfahrzeugreifen, Vergabegrundlagen

16.13 Sechzehnte Verordnung zur Durchführung des Bundes-Immissionsschutzgesetzes (Verkehrslärmschutzverordnung – 16. BImSchV) vom 12. Juni 1990. BGBl. I, S. 1036

16.14 Der Bundesminister für Verkehr, Abteilung Straßenbau: Richtlinien für den Lärmschutz an Straßen (RLS-90), Ausgabe 1990

11.15 Schreiber L (1984) Die akustischen Grundlagen des Entwurfs April 1982 zu DIN 18005 Schallschutz im Städtebau, Teil 1. Z. f. Lärmbekämpfung 31, 149–157

16.16 Der Bundesminister für Verkehr, Abteilung Straßenbau: Rechenbeispiele zu den Richtlinien für den Lärmschutz an Straßen RBLärm-92, Ausgabe 1992. Zu beziehen durch die Geschäftsstelle der Forschungsgemeinschaft für Straßen- und Verkehrswesen, Köln

16.17 VDI 2714: Schallausbreitung im Freien (1988)

16.18 VDI 2720 Blatt 1 (Entwurf) Schallschutz durch Abschirmung im Freien (1987)

16.19 DIN ISO 9613-2: 1999-10 Akustik – Dämpfung des Schalls bei der Ausbreitung im Freien. Teil 2: Allgemeines Berechnungsverfahren (ISO 9613-2: 1996)

16.20 DIN 45642: Messung von Verkehrsgeräuschen, Entwurf März 1997 (Norm kurz vor der Veröffentlichung)

16.21 Gesetz zum Schutz vor schädlichen Umwelteinwirkungen durch Luftverunreinigungen, Geräusche, Erschütterungen und ähnliche Vorgänge (Bundes-Immissionsschutzgesetz – BImSchG) vom 15.03.1975 (BGBl. 1, S. 1586) in der Fassung vom 14.05.1990 (BGBl. 1, S. 881)

16.22 Messung und Beurteilung von Reifen-Fahrbahngeräuschen. DFSG Entwurf Februar 2001

17 Geräusche und Erschütterungen aus dem Schienenverkehr[1]

R.G. Wettschureck, G. Hauck, R.J. Diehl und L. Willenbrink

17.1 Einleitung

Der seit den 60er-Jahren überfällige Beginn des Neubaus und Ausbaus von Eisenbahnstrecken fiel Ende der 70er-Jahre zeitlich zusammen mit einer zunehmenden Empfindlichkeit der Bevölkerung gegenüber Lärm, damals vor allem Straßenverkehrslärm. Die Empfindlichkeit ist seither ständig weiter gewachsen und hat die Gesetzgebung bezüglich Verkehrslärm (s. Abschn. 17.2.5) wesentlich beeinflusst. Alle Bauplanungen für Verkehrswege müssen auch gesicherte Aussagen über ihre Auswirkungen auf die Anlieger bezüglich Lärm enthalten.

Bei Schienenverkehrswegen wurde diese Aufgabe dadurch erleichtert, dass die damalige Deutsche Bundesbahn seit Mitte der 50er-Jahre in ihrer Versuchsanstalt München (heute: Deutsche Bahn AG, DB Systemtechnik München) eine Geräuschmessgruppe im Einsatz hat – damals gegründet und über zwei Jahrzehnte geleitet und geprägt von C. Stüber [17.204] –, welche alle Varianten des Schienenverkehrslärms untersucht hat, so dass die erforderlichen Erkenntnisse zu vielen Detailfragen vorlagen oder schnell erarbeitet werden konnten. Im Auftrag des Bundesministeriums für Verkehr entstanden so die Berechnungsvorschriften für Schallimmissionen aus dem Bahnbetrieb, die „Richtlinie für schalltechnische Untersuchungen bei der Planung von Rangier- und Umschlagbahnhöfen" [17.2] und die „Richtlinie zur Berechnung der Schallimmissionen von Schienenwegen – Schall 03" [17.196].

Die Lärmwirkungsforschung hatte schon damals ergeben, dass unterschiedliche Verkehrslärmarten (z.B. Straßen-, Schienen-, Fluglärm) bei gleichem Mittelungspegel unterschiedlich lästig empfunden werden [17.92]. Für die Berechnung der Schallimmissionen von Schienenwegen ist deshalb ein „Bonus" von 5 dB(A) zugunsten des Schienenverkehrslärms berücksichtigt [17.199]. Bei Berechnungen nach der „Richtlinie für schalltechnische Untersuchungen bei der Planung von Rangier- und Umschlagbahnhöfen" [17.2] werden für bestimmte Geräusche Pegelzuschläge für Ton- oder Impulshaltigkeit angebracht. Die Ergebnisse solcher Berechnungen sind also Beurteilungspegel nach [17.45]. Sie werden je nach Aufgabenstellung mit Grenz-, Richt- oder Orientierungswerten, beispielsweise nach [17.199], verglichen.

Auch zum Körperschall und zu Erschütterungen werden immer mehr Aussagen gefordert. Hier besteht noch erheblicher Forschungsbedarf, um diesbezügliche Prognosen sicherer zu machen. Außerdem gibt es hierzu, wie bereits in der 2. Auflage dieses Taschenbuches [17.236] festgestellt wurde, nach wie vor keine gesetzliche Regelung.

Die folgenden Ausführungen über Schienenverkehrslärm und Körperschall bzw. Erschütterungen infolge des Schienenverkehrs werden in vier Abschnitte unterteilt:

17.2 Luftschall bei Eisenbahnen nach Eisenbahn-Bau- und Betriebsordnung (EBO) [17.56],
17.3 Körperschall, Erschütterungen bei Eisenbahnen nach EBO [17.56],
17.4 Luftschall und Körperschall, Erschütterungen bei Nahverkehrsbahnen nach Straßenbahn-Bau- und Betriebsordnung (BOStrab) [17.18].

---

[1] Die Autoren danken allen Kolleginnen und Kollegen im Haus DB Systemtechnik München der Deutschen Bahn AG, Abteilung TZF 101 und TZF 103, sowie in diversen Ingenieurbüros und Instituten, die sie bei der Beschaffung von Unterlagen und der Erstellung des Manuskriptes tatkräftig unterstützt haben.

17.5 Simulationsmodelle zur Prognose von Luftschall und Körperschall/Erschütterungen von Bahnen.

17.2 Luftschall bei Eisenbahnen

Bahnen nach der Eisenbahn- Bau-und Betriebsordnung (EBO) [17.56] sind im Wesentlichen die bundeseigenen Eisenbahnen und Länderbahnen mit ähnlicher Betriebsart. Dazu gehören auch S-Bahnen und Hafenbahnen. Auch Eisenbahngesellschaften anderer Länder werden hier an geeigneten Stellen einbezogen.

17.2.1 Begriffsbestimmungen

Im Folgenden werden einige grundlegende Begriffe erläutert, die zur Charakterisierung der Geräuschsituation in der Umgebung von Schienenverkehrswegen oder allgemein von Bahnanlagen gebräuchlich sind. Bezüglich der allgemeinen Grundlagen der Akustik sei auf die einschlägige Literatur bzw. auf das entsprechende Kapitel des vorliegenden Taschenbuches verwiesen.

Mittelungspegel
Der Mittelungspegel L_m in dB(A) nach [17.44] dient allgemein zur Kennzeichnung der Stärke von Geräuschen mit zeitlich veränderlichen Schallpegeln. In seine Höhe gehen Stärke und Dauer jedes Schallereignisses während des Zeitraumes ein, über den gemittelt wird. Die folgenden Zahlenangaben sind meist

a) Mittelungspegel für die Zeit der Vorbeifahrt eines Zuges (Zuglänge geteilt durch Geschwindigkeit) oder einer Lok, auch mittlere Vorbeifahrpegel genannt, oder

b) Mittelungspegel für ein Ereignis pro Stunde $L_{m,1h}$, z.B. eine Zugvorbeifahrt einschließlich Annäherung und Entfernung, ein Pufferstoß beim Rangieren usw.

Nach neuester Normung wird zur akustischen Charakterisierung einer Zugvorbeifahrt der Vorbeifahrtexpositionspegel (*TEL*) bevorzugt [17.52].

Emissionspegel
Die Stärke der Schallemission einer Eisenbahnstrecke (Linienschallquelle) wird beschrieben durch den Emissionspegel $L_{m,E}$ in dB(A). Er ist der Mittelungspegel für den zu betrachtenden Zeitraum in 25 m Abstand von der Achse des betrachteten Gleises, in einer Höhe von 3,5 m über Schienenoberkante (SO), bei freier Schallausbreitung.

Bei punktförmigen Schallquellen wie Pufferstößen oder Gleisbremsen beim Rangierbetrieb ist es der Mittelungspegel in dB(A), den die Quelle bei ungerichteter Schallabstrahlung in 25 m Abstand von ihrer Mitte erzeugt.

Grundwert
Der Grundwert ist der Emissionspegel $L_{m,E}$ in dB(A) eines 100 m langen, 100 km/h schnellen und zu 100% aus Fahrzeugen mit Scheibenbremsen (einschließlich Lok) zusammengesetzten Zuges auf Schotteroberbau mit Holzschwellen, bei durchschnittlichem Zustand der Schienenfahrflächen, bezogen auf den Zeitraum einer Stunde [17.196]. Sein Zahlenwert beträgt 51 dB(A).

Beurteilungspegel
Der Beurteilungspegel L_r dient zur Kennzeichnung der auf ein Gebiet oder einen Punkt eines Gebietes einwirkenden Schallimmissionen. Er wird bestimmt aus den unter Berücksichtigung von fahrzeug- und fahrwegtypischen Besonderheiten ermittelten Emissionspegeln, den Ausbreitungsdämpfungen auf den jeweiligen Ausbreitungswegen und gegebenenfalls den Korrekturgrößen bezüglich bestimmter Lärmwirkungen bzw. Wirkungsunterschiede im Vergleich zu anderen Verkehrslärmarten (s. Abschn. 17.2.4 und 5.4.2.1).

17.2.2 Schallemissionen

Die Schallemissionen von Schienenfahrzeugen werden im Wesentlichen bestimmt durch das

– Rollgeräusch (Geschwindigkeitsbereich $50 < v < 350$ km/h),
– Maschinengeräusch (Geschwindigkeitsbereich $v < 60$ km/h),
– aerodynamische Geräusch (Geschwindigkeitsbereich $v > 350$ km/h [17.196], [17.199]).

Das Rollgeräusch wird hauptsächlich beeinflusst durch

a) die Fahrgeschwindigkeit,
b) die Zuglänge,
c) die Bremsbauart (Klotzbremse, Scheibenbremse), welche die Rauhigkeit der Radlauffläche beeinflusst,
d) Besonderheiten am Fahrzeug (z.B. schallabschirmende Radbremsscheiben),
e) den Fahrflächenzustand (Rauhigkeit von Schienen- und Radlaufflächen),

f) die Fahrbahneigenschaften (Schotteroberbau mit Holz-/Betonschwellen, „Feste Fahrbahn")[2]
g) Besonderheiten am Fahrweg (z. B. Brücken, Bahnübergänge usw.).

Gleiche Fahrgeschwindigkeit und gleichen Zustand der Schienenfahrflächen vorausgesetzt, sind z. B. Fahrzeuge mit Scheibenbremsen und elektronischem Gleitschutz wegen ihrer glatteren Radlaufflächen grundsätzlich leiser als solche mit Graugussbremsklötzen.

Hauptschallquellen für die Abstrahlung des Rollgeräusches sind Rad und Schiene. Das Rad strahlt im Wesentlichen im Frequenzbereich über 1000 Hz ab, die Schiene vor allem unter 1000 Hz. Dabei hat auch die Radbauart Einfluss auf die Schallabstrahlung.

Die Schallabstrahlung von Schienenverkehrswegen wird durch den Emissionspegel $L_{m,E}$ charakterisiert.

Für genauere Betrachtungen oder als Grundlage für die Erklärung von Geräuschentstehungs- und Abstrahlmechanismen werden zur Kennzeichnung der Schallemissionen von Schienenfahrzeugen bzw. von Schienenverkehrswegen Frequenzanalysen der Vorbeifahrgeräusche, vorzugsweise Terz-Analysen [17.46], in Sonderfällen – z. B. zur Ermittlung der exakten Frequenzlage von tonalen Geräuschkomponenten – auch Schmalband-Analysen benötigt.

Vorbeifahrpegel L_{mess}, die bei der Fahrgeschwindigkeit v_{mess} gemessen wurden, sind nach folgender Formel auf Vorbeifahrpegel L_v bei anderen Fahrgeschwindigkeiten v umzurechnen:

$$L_v = L_{mess} + k \cdot \lg\left(\frac{v}{v_{mess}}\right) \text{ dB}.$$

Dabei ist $k = 20$ bei der Berechnung von Mittelungspegeln, $k = 30$ bei der Berechnung mittlerer Vorbeifahrpegel. Die Werte für k basieren mit einer gewissen Streubreite auf umfangreichen Messungen an verschiedenen Schienenfahrzeugtypen in einem sehr großen Geschwindigkeitsbereich von etwa 30 km/h bis 300 km/h.

Die weitere Behandlung der vom Betrieb der Eisenbahnen ausgehenden Schallemissionen wird im Folgenden unterteilt in die Abschnitte

17.2.2.1 Fahrzeuge (klassische Schienenfahrzeuge und Magnetbahn),
17.2.2.2 Fahrweg (Schotteroberbau, schotterloser Oberbau, Brücken usw.),
17.2.2.3 großflächige Bahnanlagen (Rangier- und Umschlagbahnhöfe sowie sonstige Bahnanlagen, z. B. Personenbahnhöfe).

17.2.2.1 Fahrzeuge

Die Fahrzeuge werden eingeteilt in

a) *Triebfahrzeuge* wie E-Loks, Dieselloks, Triebköpfe von Hochgeschwindigkeitszügen wie dem InterCityExpress ICE 1 und ICE 2, Triebzüge (z. B. ICE 3 und S-Bahnzüge ET 420, ET 423 bis ET 426) sowie Diesel- und Elektro-Triebwagen;
b) *Reisezugwagen* (mit Klotz- oder Scheibenbremsen),
c) *Güterwagen* (verschiedene Bauarten, mit Klotzbremsen oder selten Scheibenbremsen).

Gesondert behandelt wird auch die

d) *Magnetbahn* (Transrapid 07, s. [17.142, 17.143]).

In Abb. 17.1 sind Bereiche des mittleren Vorbeifahrpegels eingetragen, die bei Vorbeifahrt von Schienenfahrzeugen der Deutschen Bahn in 25 m Entfernung von Gleismitte und 3,5 m über Schienenoberkante (SO) gemessen wurden (basierend auf [17.93]). Die Bremsbauart und die Fahrgeschwindigkeit der Fahrzeuge ist jeweils angegeben.

In Abb. 17.2 sind Mittelwerte der in gleicher Weise gemessenen Vorbeifahrpegel für eine Auswahl spurgeführter Schienenfahrzeuge aus unterschiedlichen Herkunftsländern in Abhängigkeit von der Fahrgeschwindigkeit dargestellt [17.93, 17.163].

Einen Vergleich der Terzspektren für die Hochgeschwindigkeitszüge ICE 1, TGV Lyon[3], TR 07 und X 2000 zeigt Abb. 17.3 [17.93].

Triebfahrzeug-Einzelheiten
Die Triebköpfe der Hochgeschwindigkeitszüge ICE 1 und ICE 2 sind im Vergleich zu älteren E-Loks mit Klotzbremsen leise, weil sie mit Scheibenbremsen ausgerüstet sind. Sie sind jedoch lauter als die Mittelwagen dieser ICE, da die Mittelwagen zusätzlich Radabsorber haben und die Triebköpfe außerdem Maschinengeräusche und bei Geschwindigkeiten ≥ 250 km/h auch aerodynamische Geräusche abstrahlen (s. Abb.

---

[2] Feste Fahrbahn ≙ schotterloser Oberbau verschiedener Bauarten, s. [17.168].

[3] TGV Train á Grande Vitesse (Hochgeschwindigkeitszug der französischen Staatsbahnen SNCF).

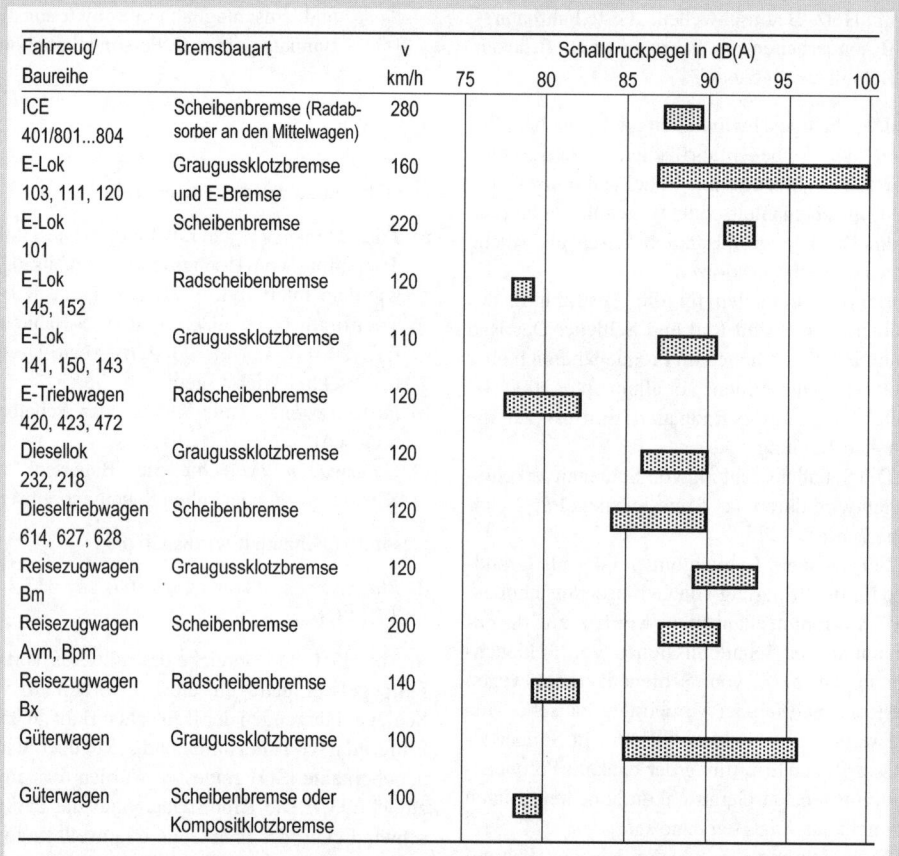

Abb. 17.1 Bereiche der mittleren Vorbeifahrpegel von Schienenfahrzeugen der Deutschen Bahn AG, gemessen 25 m seitlich (3,5 m über SO) der freien Strecke bei den angegebenen fahrzeugtypischen Fahrgeschwindigkeiten auf Schienenfahrflächen mit einer Riffeltiefe < 20 μm (s. Abb. 17.10)

17.4). Je nach den aerodynamischen Eigenschaften des Fahrzeugs können diese aerodynamischen Geräusche bei Geschwindigkeiten oberhalb von etwa 300 km/h mehr Schallenergie enthalten als das Rollgeräusch.

Ein besonderes aeroakustisches Problem bilden die Stromabnehmer bei Vorbeifahrt an Schallschutzwänden, weil sie als erhebliche aerodynamische Schallquelle deren auf Rollgeräusche berechnete Wirkung reduzieren. Mit Hilfe von Simulationsrechnungen und anschließender Validierung in einem sehr schnellen und leisen Windkanal wurden Formen entwickelt, die eine Verbesserung von etwa 12 dB(A), verglichen mit herkömmlichen Stromabnehmern, versprechen; allerdings müssen solche Stromabnehmer aktiv gesteuert werden, um die Andruckkräfte beherrschen zu können.

Räder mit Radabsorbern bewirken um etwa 4 dB(A) niedrigere Emissionspegel als solche ohne Radabsorber (gemessen 4 db(A) bis 6 dB(A) an Reisezugwagen der Deutschen Bahn). Daher werden Fahrzeuge mit zulässigen Geschwindigkeiten von $v > 100$ km/h und mit Radabsorbern nach [17.196] mit einer Korrektur von -4 dB zum Grundwert angesetzt.

Beim Vergleich des ICE 1 mit dem TGV-Atlantique (Abb. 17.2) ist zu beachten, dass beide zwar mit Scheibenbremsen ausgerüstet sind, jedoch bei ersterem an den Mittelwagen Radabsorber angebracht sind, während letzterer an den Triebköpfen noch zusätzliche Graugussbremsklötze besitzt, durch die die Radlaufflächen, je nach Einsatz dieser Zusatzbremsen, mehr oder weniger verrifelt sein können.

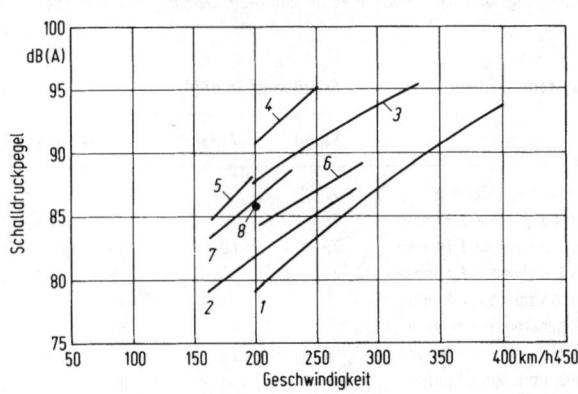

Abb. 17.2 Vorbeifahrpegel von Hochgeschwindigkeitszügen 25 m seitlich des Fahrweges in Abhängigkeit von der Zuggeschwindigkeit

Nr.	Zugtyp	Messhöhe über Fahrweg bzw. SO	Herkunftsland
1	Transrapid 07	−4,7 m	Deutschland
2[a]	Talgo-Pendular	3,5 m	Spanien
3	TGV-Atlantique	3,5 m	Frankreich
4	TGV Lyon	3,5 m	Frankreich
5[a]	IC/EC-Züge	3,5 m	Deutschland
6[a]	ICE	3,5 m	Deutschland
7	X2000	3,5 m	Schweden
8[b]	Shinkansen	?	Japan

[a] Auf Schotteroberbau der Deutschen Bahn. [b] Einzelmesswert.

Die Vorbeifahrpegel von Dieselloks und E-Loks mit verschiedenen Bremssystemen bei ihren maximalen Geschwindigkeiten mit Streubereichen zeigt Abb. 17.1. Die Tabelle 17.1 enthält für einige Loktypen die Schallpegel des Standgeräusches bei maximaler Leistung der Hilfsbetriebe (Lüfter usw.), des Anfahrgeräusches (Volllast) und des Vorbeifahrgeräusches, jeweils gemessen in 25 m Entfernung und 3,5 m über SO.

Einige Spektren dazu zeigen die Abb. 17.5 bis Abb. 17.7 [17.198].

Die zwar mit Grauguss-Klotzbremsen, aber auch mit starker elektrischer Bremse ausgerüsteten elektrischen Lokomotiven, z. B. der Baureihen 103, 111, 120 und 151, können vorübergehend um bis zu 10 dB(A) höhere Schallpegel bei der Vorbeifahrt abstrahlen, weil bei einer Not-Klotzbremsung aus hoher Geschwindigkeit Radriffeln entstehen, die aber durch den positiven Schlupf bei Beschleunigung bzw. den negativen beim elektrischen Bremsen im Laufe einiger Hundert Kilometer wieder weggeschliffen werden [17.241].

Der Versuch mit einer sehr aufwändigen, akustisch optimierten, jedoch für den Eisenbahnbetrieb untauglichen Verkleidung des gesamten Bereiches der Laufwerke an einer E-Lok der Baureihe 103 brachte nur eine Verringerung des Rollgeräusches um 2 dB(A) [17.15, 17.16]. Mit betriebstauglichen Verkleidungen wäre der Effekt deutlich kleiner. Solche Verkleidungen können nur zusammen mit niedrigen Schallschutzwänden hart am Rande des Lichtraumprofils eine deutliche Wirkung entfalten (s. auch die entsprechenden Versuche an Reisezug- und Güterwagen in den folgenden Abschnitten).

Bei Triebfahrzeugen mit Drehstromantriebstechnik, z. B. dem S-Bahntriebzug ET 423, stören häufig tonhaltige Innen- und Außengeräusche aus der Antriebselektronik. Hierbei werden aus dem Gleichstromzwischenkreis durch Kaskadenschaltungen die Drehstrom-Sinuswellen treppen-

Tabelle 17.1 Schallabstrahlung von Lokomotiven in 25 m seitlicher Entfernung (gemittelt über bis zu drei verschiedene Exemplare)

Loktyp Baureihe	Bremssystem	Schallpegel in dB(A)			Vorbeifahr-geschwindigkeit km/h
		Stand	Anfahrt	Vorbeifahrt	
101 [a]	Scheibenbremse, E-Bremse	77	–	91	220
103 [a]	Graugussklotzbremse, E-Bremse	76	79	84	150
111 [a]	Graugussklotzbremse, E-Bremse	77	80	86	140
120 [a]	Graugussklotzbremse, E-Bremse	79	83	89	200
143 [a]	Graugussklotzbremse, E-Bremse	75	75	84	120
145 [a]	Radscheibenbremse, E-Bremse	–	–	81	140
151 [a]	Graugussklotzbremse; E-Bremse	76	78	89	120
152 [a]	Radscheibenbremse, E-Bremse	–	–	80	140
218 [b]	Graugussklotzbremse	84	86	91	140
232 [b]	Graugussklotzbremse	–	86	88	120
290 [b]	Graugussklotzbremse	75	83	84	80

[a] Elektrische Lokomotiven. [b] Diesel-Lokomotiven.

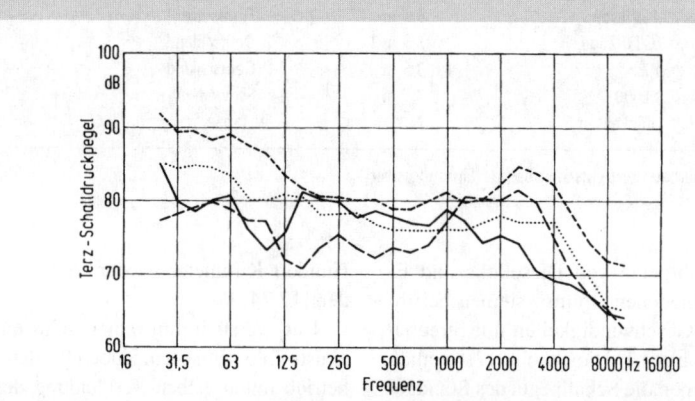

Abb. 17.3 Luftschall 25 m seitlich der freien Strecke bei Vorbeifahrt europäischer Hochgeschwindigkeitszüge

Symbol	Zugart	Messhöhe in m über Fahrweg bzw. SO	über Grund	Geschwindigkeit km/h	Summenpegel	
					dB(lin)	dB(A)
———	Magnetschwebebahn Transrapid 07	–4,7	3,5	305	92	86,5
--------	TGV-A[a]	3,5	4,0	305	99	92,5
....	ICE[b]	3,5	5,0	280	94	87,5
– – –	X2000[b]	3,5	5,0	220	92	89,5

[a] Fahrt auf Schotteroberbau mit Biblockschwellen der französischen Staatsbahn.
[b] Fahrt auf Schotteroberbau mit Monoblockschwellen der Deutschen Bahn.

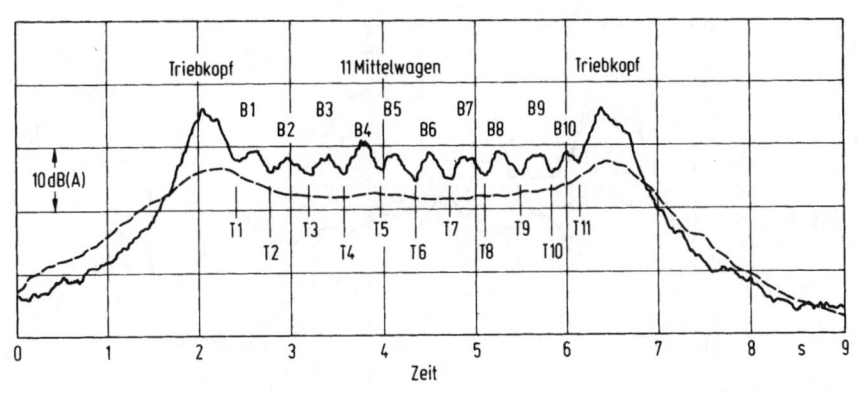

Abb. 17.4 Zeitverlauf des A-Schalldruckpegels in verschiedenen Entfernungen vom Gleis, bei Vorbeifahrt eines ICE1 mit einer Geschwindigkeit von 250 km/h. —— 7,5 m seitlich, 1,2 m über SO; --- 25 m seitlich, 3,5 m über SO; Triebköpfe ohne Radabsorber und mit aerodynamischem Geräusch der Stromabnehmer; B1 ... B10: „Pegelberge" = Vorbeifahrt von Drehgestellpaaren (Räder mit Radabsorbern); T1 ... T11: „Pegeltäler" = Vorbeifahrt von Wagenmittelteilen

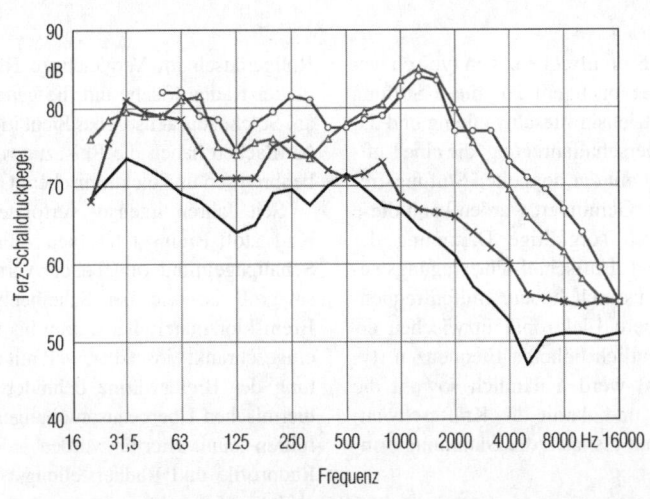

Abb. 17.5 Luftschall 25 m seitlich (3,5 m über SO) von Schnellfahr-E-Loks bei freier Schallausbreitung (gemittelt über jeweils 3 Loks): —— BR 103, Standgeräusch 82 dB(lin), 76 dB(A); x——x BR 103, Anfahrgeräusch 88 dB(lin), 79 dB(A); △——△ BR 103, Vorbeifahrgeräusch ($v = 150$ km/h) 93 dB(lin), 91 dB(A); o——o BR 101, Vorbeifahrgeräusch ($v = 220$ km/h) 93 dB(lin), 91 dB(A)

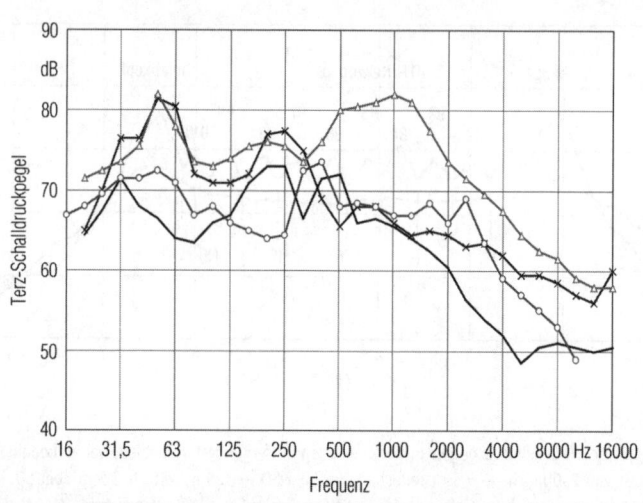

Abb. 17.6 Luftschall 25 m seitlich (3,5 m über SO) von Güterzug-E-Loks bei freier Schallausbreitung (gemittelt über 2 bis 3 Loks): ——— BR 151, Standgeräusch 82 dB(lin), 76 dB(A); x———x BR 151, Anfahrgeräusch 88 dB(lin), 78 dB(A); △———△ BR 151, Vorbeifahrgeräusch (v = 120 km/h), Graugussklotzbremse 91 dB(lin), 89 dB(A); o———o BR 152, Vorbeifahrgeräusch (v = 120 km/h, Kühlerlüfter Volllast), Radscheibenbremse 83 dB(lin), 78 dB(A)

förmig mit einer Stufenfrequenz von typisch wenigen Hundert Hz nachgebildet; diese Stufung führt zu einer Antriebskräfteschwankung und damit zu einer Körperschallanregung, die eine Luftschallabstrahlung mit der doppelten Stufungsfrequenz verursacht. Gemindert werden kann diese Erscheinung durch sorgfältige Dämmung der Körperschall- und Luftschall-Übertragungswege, besser jedoch durch höhere Stufenfrequenzen, wie sie neuere Elektronik inzwischen ermöglicht; mit deutlich höheren Frequenzen (typisch 2 Oktaven) werden nämlich sowohl die Stufungssprünge und damit die Kräfteschwankungen viel kleiner als auch die Dämmung prinzipiell einfacher.

Reisezugwagen-Einzelheiten

Gegenüber älteren Reisezugwagen mit Klotzbremsen ist das Rollgeräusch der heutigen Reisezugwagen mit Scheibenbremsen bei gleicher Fahrgeschwindigkeit und einwandfreien Schienenfahrflächen um etwa 9 dB(A) niedriger. Die Ursache hierfür wurde 1975 gefunden [17.241]: Durch die Einwirkung der Graugussbremsklötze auf die Radlauffläche entstehen auf dieser so genannte Radriffeln aus Bremsklotzmaterial mit einer Wellenlänge von ca. 2 cm bis 6 cm. Diese Radriffeln heben das Rollgeräusch im Vergleich zu Rädern mit ideal glatter Radlauffläche um die genannten 9 dB(A) an. Solche aus akustischer Sicht ideal glatten Radlaufflächen haben die Reisezugwagen mit Scheibenbremsen und elektronischem Gleitschutz.

Seit Jahren intensiv verfolgte Versuche mit Kunststoff-Bremsklotzsohlen führten zu einer Schallpegelminderung bei der Vorbeifahrt, die fast so groß ist wie bei Scheibenbremsen. Diese Bremsklotzmaterialien waren bis vor kurzem nur eingeschränkt einsetzbar, weil mit ihnen die Ableitung der Bremswärme behindert wird, was zu thermischen Überbeanspruchungen der Radreifen führen kann. Hierfür wurden jedoch angepasste Radprofile und Radherstellungsverfahren entwickelt.

Einige europäische Bahnen haben an ihren Reisezugwagen zusätzlich zur Scheibenbremse noch eine nur selten zum Einsatz kommende Klotzbremse (so genannter Putzklotz). Hierdurch wird die Radlauffläche im Einsatzfall jedoch genauso verriffelt wie mit den üblichen Klotzbremsen. Solche Wagen mit Scheibenbremsen strahlen daher oft ähnlich laute Rollgeräusche ab wie Wagen mit Graugussklotzbremsen.

In Abb. 17.8 sind u. a. die Spektren des Vorbeifahrgeräusches von Reisezugwagen mit Klotz-

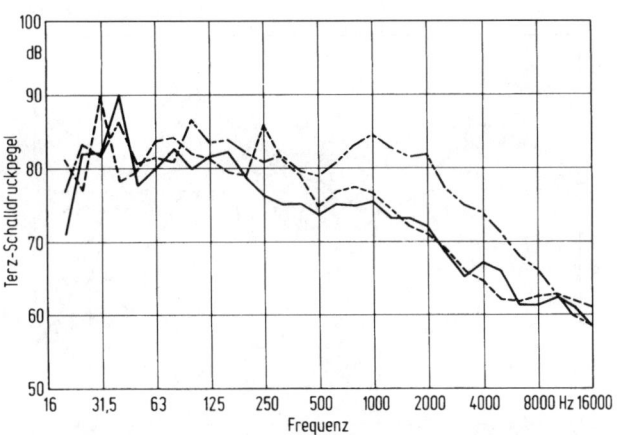

Abb. 17.7 Luftschall 25 m seitlich (3,5 m über SO) der Diesellok, Baureihe 218, bei freier Schallausbreitung (gemittelt über 3 Loks):): ——— Standgeräusch 94 dB(lin), 84 dB(A); ----- Anfahrgeräusch 95 dB(lin), 86 dB(A); —·—·— Vorbeifahrgeräusch 96 dB(lin), 92 dB(A); ($v = 140$ km/h)

bremsen bzw. mit Scheibenbremsen enthalten [17.88].

Die deutliche Pegelanhebung im Frequenzbereich 800 Hz bis 2500 Hz ist auf die Radriffeln zurückzuführen. Bei Halbierung der Fahrgeschwindigkeit verschiebt sich die Lage dieser Pegelanhebung um 1 Oktave nach unten.

Versuche mit Radblenden, welche die Radscheiben auf der Innen- und Außenseite abdecken, lediglich auf der Radnabe Kontakt mit dem Rad haben und nur die Radreifen frei sichtbar lassen, brachten je nach Ausführung (mit oder ohne Absorptionsmaterial im Zwischenraum) Pegelminderungen von 2 bis 4 dB(A) [17.15]. Dieses Ergebnis erzielte man an Fahrzeugen mit Klotzbremsen wie auch an Fahrzeugen mit Scheibenbremsen.

Die Pegelminderung um mehr als 3 dB(A) zeigt, dass mehr als 50 % der A-bewerteten Schallenergie von der Radscheibe abgestrahlt werden.

Aufwändige schallabsorbierende Verkleidungen der Drehgestelle von Reisezugwagen (akustisch optimal, aber für den Dauerbetrieb ungeeignet) [17.16] brachten eine Pegelminderung von nur etwa 2 dB(A).

Güterwagen-Einzelheiten

Die zahlreichen Güterwagentypen unterscheiden sich in ihrer Schallabstrahlung wegen unterschiedlicher Radbauformen, Laufwerke und Bremssysteme. Wegen der sehr rauhen Einsatzbedingungen für Güterwagen im internationalen Verkehr müssen sie und insbesondere ihre Laufwerke besonders robust und einfach aufgebaut sein. Die technisch anspruchsvolle Scheibenbremse kam deshalb bisher für solche Wagen in der Regel nicht in Frage, wird aber bei speziellen Hochgeschwindigkeits-Güterwagen mit Geschwindigkeiten bis zu 160 km/h eingesetzt. In Zukunft werden Kunststoff-Bremsklotzsohlen vermehrt angewendet werden, wodurch auch bei Güterwagen im Mittel die bei Reisezugwagen angegebene Schallpegelminderung um 9 dB(A) erwartet werden kann. Wegen des anderen Reibverhaltens dieser sogenannten „K-Sohlen" erfordern sie allerdings aufwändige mechanische Umstellarbeiten bei der Umrüstung und den Einsatz angepasster Räder. An der Entwicklung von einsatzfähigen Kunststoff-Bremsklotzsohlen mit einem Reibverhalten, welches dem der Grauguss-Klötze ähnelt, so genannte „LL-Sohlen", wird weiterhin gearbeitet.

Die Spannweite der Schallpegel des Vorbeifahrgeräusches von Güterwagen mit Graugussklotzbremsen in 25 m Entfernung (3,5 m über SO) reicht bei einer Geschwindigkeit von 80 km/h von 84 dB(A) bis etwa 90 dB(A). Die Pegelanhebung durch Radriffeln ist wegen der niedrigeren Fahrgeschwindigkeit zu mittleren Frequenzen hin verschoben (s. Abb. 17.8).

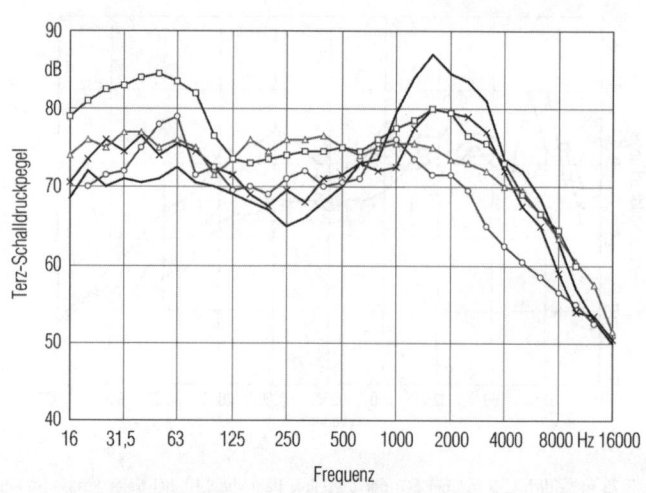

Abb. 17.8 Luftschall 25 m seitlich (3,5 m über SO) der freien Strecke bei Vorbeifahrt verschiedener Zugarten mit den jeweils typischen mittleren Geschwindigkeiten

Symbol	Zugart	gemittelte Zugzahl	$\bar{v}$ km/h	Summenpegel	
				dB(lin)	dB(A)
□——□	ICE1- und ICE2-Züge (Triebköpfe ohne, Mittelwagen mit Radabsorbern)	6	250	93,5	88
———	Reisezüge mit Graugussklotzbremsen	10	140	92	92,5
x——x	IC-Züge mit Scheibenbremsen, (inkl. Lok mit Graugussklotzbremsen)	10	160	88,5	87,5
△——△	Güterzüge mit Graugussklotzbremsen	28	100	89,5	85
○——○	S-Bahnen ET 420 und ET 472 mit Radscheibenbremsen	12	120	86	82,5

Versuche mit Schallschürzen an den Drehgestellen von Güterwagen brachten nur in Kombination mit niedrigen Schallschutzwänden hart am Rande des Lichtraumprofils (s. o. unter Triebfahrzeuge) eine deutliche Geräuschminderung.

Magnetbahn

Bei der seit über 25 Jahren ständig weiter entwickelten Magnetbahn ist bei den heute auf der Erprobungsstrecke im Emsland gefahrenen hohen Geschwindigkeiten über 400 km/h das aerodynamische Geräusch maßgebend. Pegel und Spektren des Vorbeifahrgeräusches der Magnetbahn „Transrapid 07" s. Abb. 17.2 und Abb. 17.3.

Weitere schalltechnische Daten zur Magnetbahn s. [17.11, 17.12].

17.2.2.2 Fahrweg

Oberbau

Bei den europäischen Bahnen wird noch immer weit überwiegend der so genannte Schotteroberbau eingesetzt. Bei diesem sind die Schienen über relativ steife Zwischenlagen (Federziffer ≥ 500 MN/m) von in der Regel ca. 6 mm Dicke auf Holz- oder Betonschwellen montiert und damit ziemlich steif angekoppelt. Dieser Gleisrost wird in ein Schotterbett von meist 30 cm Dicke unter Schwellenunterkante fest eingerüttelt (gestopft).

Seit 1996 werden in Deutschland, vor allem auf Strecken mit Fahrgeschwindigkeiten $v \geq$ 200 km/h, vermehrt schotterlose Oberbauformen, so genannte „Feste Fahrbahnen", eingebaut. Hierbei werden die Schienen mittels elastischer

Schienenbefestigungen auf oder in einem monolithischen Block aus zement- oder asphaltgebundenem Beton fixiert. Die Elastizität des Schotters wird durch die Elastizität der Zwischenplatten in den Schienenstützpunkten ersetzt (zum Aufbau verschiedener Fester Fahrbahnen s. [17.24]).

Bei den Bahnen werden verschiedene Schienentypen eingesetzt: bei der Deutschen Bahn z.B. für Nebenstrecken mit geringen Achslasten und niedrigen Fahrgeschwindigkeiten der Typ S 49 (49 kg/m), für Hauptstrecken die Typen S 54 (54 kg/m) und UIC 60 (60 kg/m). Die Schiene UIC 60 wird auf Neubaustrecken ausschließlich eingebaut [17.107].

Aus den Ergebnissen von Messungen seitlich einer großen Zahl von Eisenbahnstrecken kann man zunächst ableiten, dass der Einfluss der einzelnen Elemente der gebräuchlichen Oberbauarten auf den A-Schallpegel des Vorbeifahrgeräusches qualitativ etwa wie folgt beschrieben werden kann:

Schienentyp:	gering,
Schienenfahrfläche:	sehr groß (Riffelbildung!),
Schienenbefestigung bei Schotteroberbau:	eher gering[4],
Schienenbefestigung bei Fester Fahrbahn: (schotterloser Oberbau)	erheblich,
Schwellentyp:	eher gering[5],
Schotterbettqualität:	gering.

Grundlage für die Auslegung üblicher Oberbauformen waren naturgemäß Anforderungen von Seiten der Oberbautechnik, der Fahrsicherheit, des Fahrkomforts usw., nicht jedoch schalltechnische Gesichtspunkte.

Der Oberbau stellt jedoch in Verbindung mit dem Fahrzeug und dem Unterbau ein sehr komplexes Schwingungssystem dar, dessen Struktureigenschaften (u.a. Massen und Steifen) bezüglich der von einer Bahnstrecke ausgehenden Schallemissionen soweit wie möglich auch nach schalltechnischen Vorgaben aufeinander abgestimmt sein sollten.

Neuere, noch nicht abgeschlossene theoretische Untersuchungen lassen den Schluss zu, dass die Schallemissionen von Eisenbahnstrecken mit Schotteroberbau oder mit Festen Fahrbahnen durch schalltechnisch optimierte Auslegung der einzelnen Komponenten und deren gegenseitige Abstimmung positiv beeinflusst werden können (vgl. obige qualitative Beurteilung).

Bei Zugfahrten auf Festen Fahrbahnen herkömmlicher Bauart sind die Schallemissionen gegenüber denen bei Fahrten auf Schotteroberbau erhöht, weil die Schienen stärker schwingen können (weicherer Schienenstützpunkt, geringere an die Schienen gekoppelte Massen) und weil die Schallabsorption des Schotterbettes fehlt. Dieses Phänomen konnte durch die schallabsorbierende Gestaltung der Fahrbahnoberfläche weitgehend kompensiert werden. Schallabsorbierende Feste Fahrbahnen auf der Schnellfahrstrecke Hannover – Berlin weisen keine höheren Schallemissionswerte im Sinne der 16. BImSchV [17.199] auf als Betonschwellengleise im Schotterbett [17.147]. Die dafür nötigen Anforderungen an den Schallabsorptionsgrad sowie die geometrische Anordnung der Schall absorbierenden Bauelemente sind in [17.29] sowie im Anforderungskatalog der Deutschen Bahn zum Bau der Festen Fahrbahn [17.31] festgehalten. Danach muss im Hallraum der Schallabsorptionsgrad α im Frequenzbereich zwischen 400 Hz und 5 kHz mindestens 0,8 betragen. Dabei werden im Bereich um 600 Hz Abweichungen um 0,2 nach unten als akustisch unschädlich angesehen.

Obwohl die Schallemissionen bei den derzeitigen Bauarten der Festen Fahrbahn ohne schallabsorbierende Gestaltung der Fahrbahnoberfläche aus den vorstehend genannten Gründen gegenüber Schotteroberbau höher sind, werden beim Einbau dieser Oberbauart auf Brücken die Fahrbahnschwingungen u.a. wegen der Entkopplung von Schiene und Schwelle (Betontragplatte) durch die elastische Schienenbefestigung erheblich reduziert (Abb. 17.9). Dadurch ist auch das vom Brückenbauwerk abgestrahlte Geräusch in dem bei Brücken typischen Frequenzbereich von ca. 80 Hz bis 630 Hz deutlich reduziert. Dies zeigten die umfangreichen Untersuchungen zum Einbau einer Festen Fahrbahn der modifizierten Bauart „Rheda" auf einer Stahlbeton-Hohlkastenbrücke [17.231].

Unrunde Radlaufflächen und unebene (langwellige oder verriffelte) Schienenfahrflächen haben einen erheblichen Einfluss auf die Schallemission. Im Verlauf von mehreren Jahren (vereinzelt auch schneller) können auf den Schienen-

---

[4] Wenn die erforderliche Elastizität wie üblich hauptsächlich vom Schotterbett erbracht wird.
[5] Abhängig von der Struktur und der Masse der Schwelle.

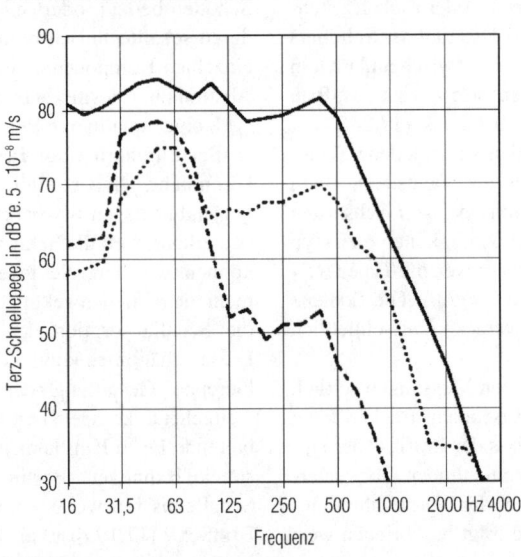

Abb. 17.9 Körperschall, gemessen an der Hohlkastendecke einer Stahlbeton-Hohlkastenbrücke bei Überfahrt eines Messgüterzuges auf verschiedenen Oberbauarten mit einer Geschwindigkeit von 80 km/h; ——— Schotteroberbau W54 B70 (vor Umbau); ·········· Feste Fahrbahn „Rheda modifiziert" (erste Umbaustufe); - - - - - Feste Fahrbahn „Rheda modifiziert", vollflächig elastisch gelagert (zweite Umbaustufe)

fahrflächen Riffeln entstehen. Die Wellenlängen der Schienenriffeln liegen zwischen etwa 2 cm und 10 cm, wobei sich immer Riffeln verschiedenster Wellenlängen überlagern. Innerhalb weniger Meter streuen die Amplituden der Riffeln häufig beträchtlich. Die durch die Riffeln verursachte Schallemission findet vorwiegend im Frequenzbereich zwischen 500 Hz und 3000 Hz statt (abhängig von der Wellenlänge und der Fahrgeschwindigkeit).

Die Zunahme der Schallemission mit zunehmender Riffeltiefe zeigt Abb. 17.10, und zwar getrennt für Reisezüge mit Grauguss-Klotzbremsen (Radriffeln) und für Reisezüge mit Scheibenbremsen (glatte Radlaufflächen). Wie zu erwarten, reagieren verriffelte Radlaufflächen auf zusätzliche Schienenriffeln deutlich schwächer als glatte Radlaufflächen.

Die Abb. 17.11 und Abb. 17.12 zeigen, wie sich hierbei die Spektren verändern: sowohl mit als auch ohne Radriffeln entsteht durch die Schienenriffeln bei der dort gefahrenen Geschwindigkeit ein breiter „Buckel" im Spektrum zwischen etwa 300 Hz und 3000 Hz. Wenn Radriffeln vorhanden sind, wirkt sich dieser jedoch im Summenpegel wesentlich schwächer aus, weil die kürzerwelligen Radriffeln allein bereits eine starke Pegelanhebung zwischen 800 Hz und 4000 Hz erzeugen (Abb. 17.12). Diese ist bei glatten Radlaufflächen wesentlich schwächer ausgeprägt (Abb. 17.11). In beiden Abbildungen zeigt die Abszisse zusätzlich zur Frequenz die sie verursachende Riffelwellenlänge.

Zur Beseitigung der Schienenriffeln durch spezielle Schienenschleifverfahren, die im Rahmen der „akustischen Gleispflege" zur Anwendung kommen, s. Abschn. Besonders überwachtes Gleis – BüG.

Beim Durchfahren enger Kurven tritt bei Radien von etwa 300 m und weniger bei bestimmten Witterungsbedingungen das so genannte Kurvenkreischen auf, was zu einer starken Pegelanhebung im Bereich hoher Frequenzen führt (Abb. 17.13). Gegenmaßnahmen hierzu sind in Abschn. 17.2.2.3 angegeben. Einzelheiten zur Entstehung des Kurvenkreischens (Stichwort „stick-slip-Effekt") s. [17.64, 17.169, 17.180].

Der schon angesprochene Unterschied bezüglich der Schallabstrahlung zwischen Fahrten auf Fester Fahrbahn und Fahrten auf Schotteroberbau soll nun anhand von Abb. 17.14 verdeutlicht werden (Ergebnisse aus [17.93]).

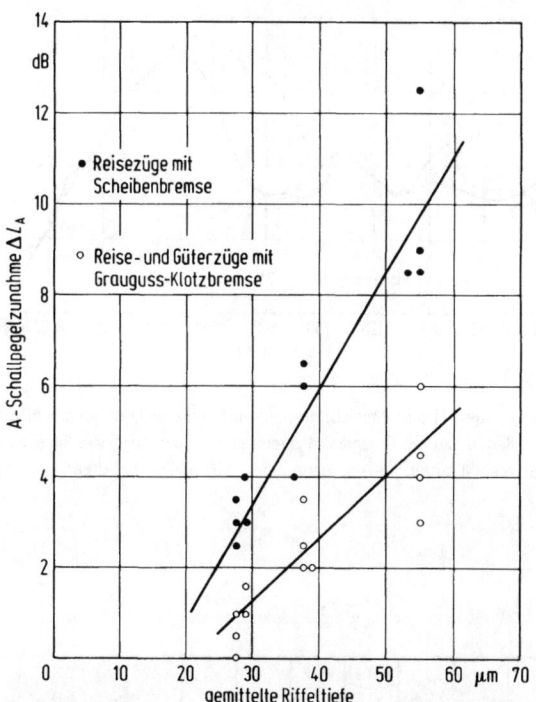

Abb. 17.10 Zunahme des A-Schallpegels vorbeifahrender Züge auf verriffeltem Gleis im Vergleich mit riffelfreiem Gleis in Abhängigkeit von der Riffeltiefe (Ergebnisse von Messungen 25 m seitlich der freien Strecke bei Vorbeifahrt verschiedener Zugarten mit unterschiedlichen Geschwindigkeiten)

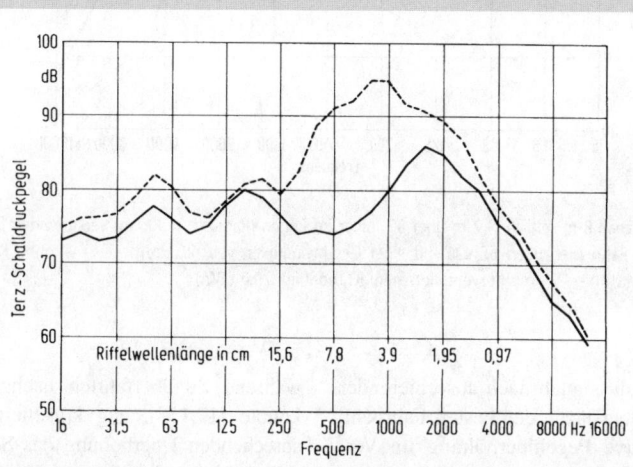

Abb. 17.11 Luftschall 7,5 m seitlich (1,5 m über SO) einer freien Strecke ohne und mit Schienenriffeln (Riffeltiefe bis 50 µm), bei Vorbeifahrt von Reisezügen mit Scheibenbremsen, mit Zuordnung von Riffelwellenlänge und Frequenz bei der Fahrgeschwindigkeit von 140 km/h. ——— ohne Riffeln: 93 dB(lin), 92,5 dB(A); ----- mit Riffeln: 102 dB(lin), 101,0 dB(A)

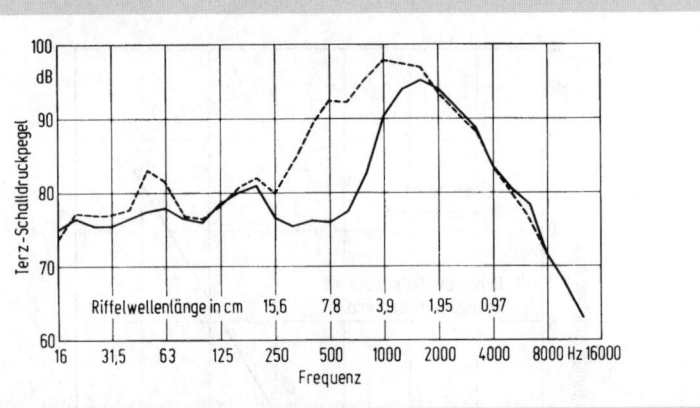

Abb. 17.12 Luftschall 7,5 m seitlich (1,5 m über SO) einer freien Strecke ohne und mit Schienenriffeln (Riffeltiefe bis 50 μm), bei Vorbeifahrt von Reisezügen mit Graugussklotzbremsen, mit Zuordnung von Riffelwellenlänge und Frequenz bei der Fahrgeschwindigkeit von 140 km/h. ──── ohne Riffeln: 101 dB(lin), 102 dB(A); ----- mit Riffeln: 105 dB(lin), 105 dB(A)

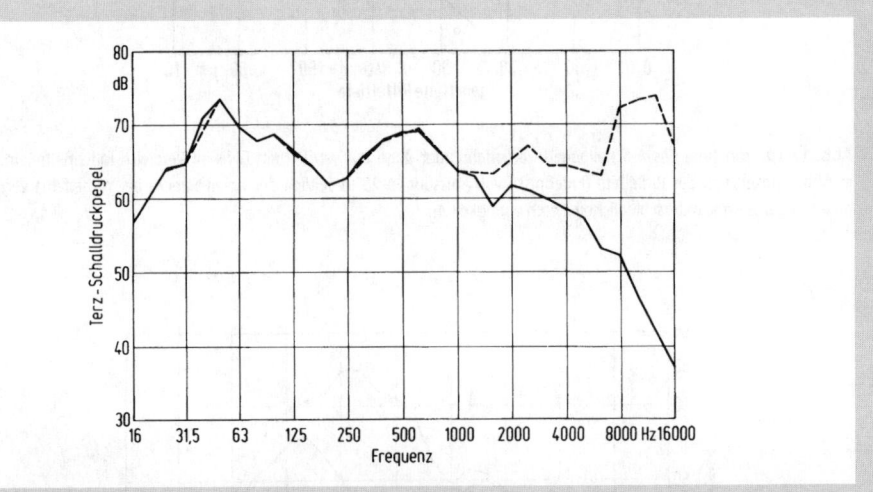

Abb. 17.13 Luftschall 8 m seitlich (1,2 m über SO) einer im Bogen (Radius $r = 300$ m) verlaufenden freien Strecke, bei Vorbeifahrt von S-Bahn-Triebzügen ET 420 mit einer Geschwindigkeit von 60 km/h. ──── ohne Kurvenquietschen: 80,5 dB(lin), 74,5 dB(A); ----- mit Kurvenquietschen: 83,0 dB(lin), 79,0 dB(A)

Man erkennt, dass auch nach absorbierender Gestaltung der Oberfläche der Festen Fahrbahn noch eine selektive Pegelüberhöhung im Vergleich zur Fahrt auf Schotteroberbau zu beobachten ist, wodurch im vorliegenden Fall der Geräuschpegel im Inneren des Reisezugwagens noch um ca. 3 dB(A) erhöht ist.

Diese selektive Pegelüberhöhung ist, wie durch Messungen des Körperschalls an der Schiene während Zugüberfahrten nachgewiesen werden konnte [17.158], eng korreliert mit einer entsprechenden Überhöhung des Schnellepegels an der Schiene der Festen Fahrbahn gegenüber dem an der Schiene des Schotteroberbaus (s. Abb. 17.15). Selbstverständlich wurden bei den Vergleichsmessungen die sonstigen, die Anregung aus dem Rad/Schiene-System beeinflussenden Randbedingungen, wie vor allem die Rauhigkeit

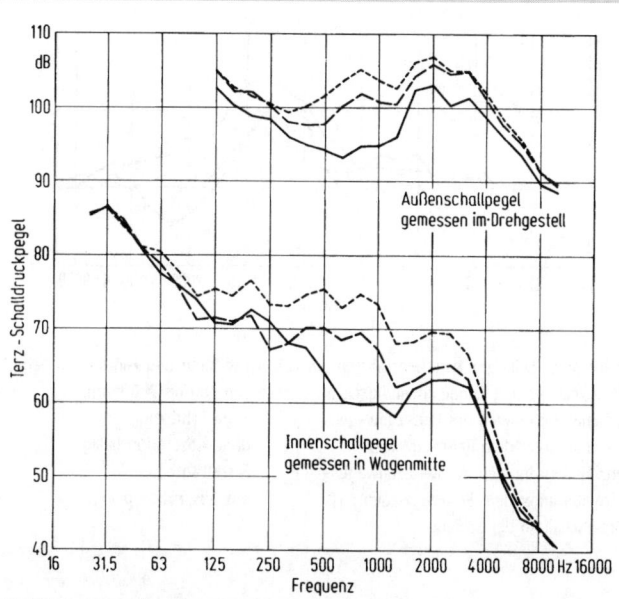

Abb. 17.14 Luftschall unterhalb (im Drehgestell) und im Innenraum (Großraum/Wagenmitte) eines Reisezugwagens der Baureihe Apmz 122 bei Fahrt über verschiedene Oberbauformen im Tunnel mit einer Geschwindigkeit von 200 km/h

Symbol	Oberbauart	Summenpegel		
		außen dB(A)	innen dB(lin)	dB(A)
————	Schotteroberbau W60 B70	111	91	73
- - - - - - - -	Feste Fahrbahn ohne Absorptionsbelag	115	92	81
- - - - -	Feste Fahrbahn mit Absorptionsbelag	114	91	76

der Rad- und Schienenfahrflächen, im Rahmen des technisch Möglichen konstant gehalten.

Zum Verständnis dieser Unterschiede ist das in Abb. 17.16 gezeigte Schnittbild einer typischen Schienenbefestigung bei Fester Fahrbahn hilfreich.

Diese unterscheidet sich in zwei wichtigen Charakteristika ganz wesentlich von der des Schotteroberbaues:

a) Die Dämpfung der elastischen Zwischenplatten (3 in Abb. 17.16), die bei Fester Fahrbahn an die Stelle des Schotters mit einem Verlustfaktor von $\eta \approx 1\ldots 2$ treten, ist mit $\eta \approx 0{,}1 \ldots 0{,}2$ sehr gering.

b) Die Masse der Grundplatten (2), die an die Stelle der Schwellen mit einer Masse von ca. 200 kg bis 300 kg treten, ist mit ca. 6 kg bis 10 kg vergleichsweise ebenfalls nur sehr gering. Weiterhin wirkt die durch den Schotter bedämpfte Schwelle im Bereich ihrer Resonanzfrequenzen als Körperschallabsorber für die Schiene.

Genauere Untersuchungen haben ergeben, dass die Feste Fahrbahn zusätzlich zu der schon in Abb. 17.15 dargestellten Pegelüberhöhung gegenüber Schotteroberbau eine weitere im Frequenzbereich um ca. 40 Hz bis 100 Hz aufweist, wobei hier unterschiedliche Steifigkeiten der Schienenbettung, d. h. vor allem der elastischen Zwischenplatten in den Schienenbefestigungen, von erheblichem Einfluss sind (Abb. 17.17).

Dies konnte auch mit Hilfe des Rad/Schiene-Impedanzmodells (RIM) [17.33] rechnerisch nachgewiesen werden (s. Abschn. 17.5, Abb. 17.86).

Entsprechend dem relativ großen Frequenzabstand der beiden Pegelüberhöhungen nach Abb. 17.17 lässt sich für beide Frequenzbereiche je ein vereinfachtes Modell, wie in Abb. 17.18 dargestellt, heranziehen.

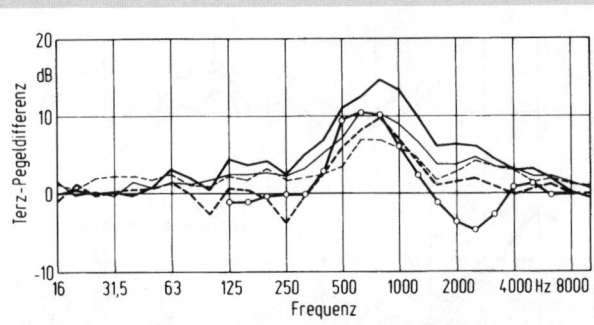

Abb. 17.15 Mittlere Terzpegel-Differenz zwischen Fahrten auf Fester Fahrbahn und Fahrten auf Schotteroberbau. Messungen im Tunnel mit jeweils gleicher Zuggeschwindigkeit im Bereich von 160 bis 280 km/h:

———	Luftschall im Inneren des Reisezugwagens	Feste Fahrbahn
———	Luftschall unter dem Reisezugwagen	ohne Absorptionsbelag
– – –	Luftschall im Inneren des Reisezugwagens	Feste Fahrbahn
- - - -	Luftschall unter dem Reisezugwagen	mit Absorptionsbelag
o——o	Körperschall an der Schiene	

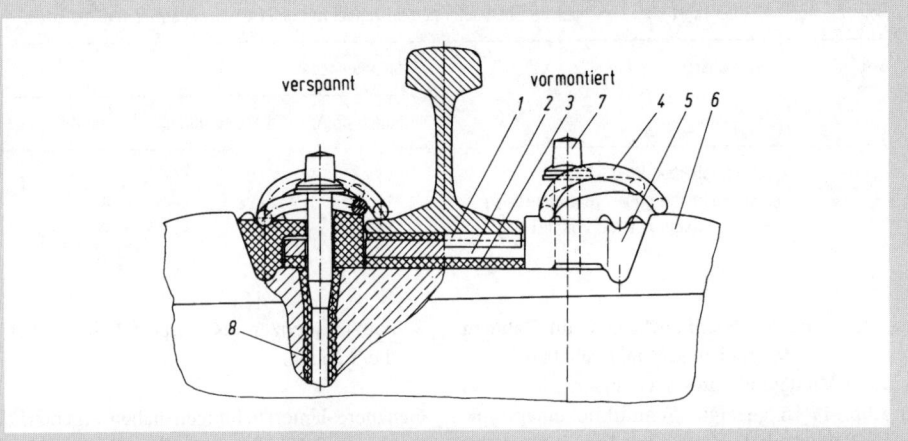

Abb. 17.16 Elastische höhen- und seitenverstellbare Schienenbefestigung für schotterlosen Oberbau (Feste Fahrbahn). Teil 1: Elastische Zwischenlage (Zwl), 2 bis 12 mm dick; Teil 2: Grundplatte zur Schienenbefestigung; Teil 3: elastische Zwischenplatte (Zwp), 10 mm dick; Teil 4: Spannklemme; Teil 5: Winkelführungsplatte; Teil 6: Betonschwelle, mit Betonsohle fest vergossen; Teil 7: Schwellenschraube; Teil 8: Schraubdübel

Bei tiefen Frequenzen kann die Wirkung der Massen von Schiene und Schwelle bzw. Grundplatte vernachlässigt werden. Die abgefederten Massen von Drehgestell und Wagenkasten mit Resonanzen im Frequenzbereich < 10 Hz können als entkoppelt angesehen werden.

Das Schwingungsmodell vereinfacht sich damit zu einem Einmassenschwinger, wie in Abb. 17.18 links dargestellt ist. Dieser besteht aus der Radsatzmasse m_R und der Kontaktfedersteife s_K in Reihe mit der Schienensteife s_{Sch}. Letztere setzt sich zusammen aus der Biegesteife der Schiene und der Reihenschaltung von Zwischenlagensteife s_1 und Bettungssteife s_2. Die Resonanzfrequenz des Systems ist die so genannte Rad/Schiene-Resonanz, bei der die Schwingschnellen von Rad und Schiene ein ausgeprägtes, stark dämpfungsabhängiges Maximum besitzen.

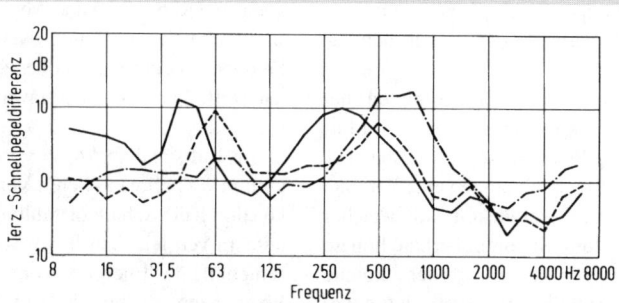

Abb. 17.17 Mittlere Differenz der Schienenschnelle-Terzpegel $\Delta L = L_{v1} - L_{v2}$ zwischen drei Tunnelausführungen der Festen Fahrbahn mit unterschiedlicher Zwischenplattensteife (L_{v1}) und dem jeweils angrenzenden Schotteroberbau außerhalb des Tunnels (L_{v2}). Gemittelt über verschiedene Zugarten und Fahrgeschwindigkeiten im Bereich von 60 km/h bis 280 km/h mit Einzeldifferenzen bei jeweils gleicher Geschwindigkeit. Federsteife der Zwischenplatten:
——— ca. 20 kN/mm; - - - - - ca. 70 kN/mm; – · – · – ca. 140 kN/mm

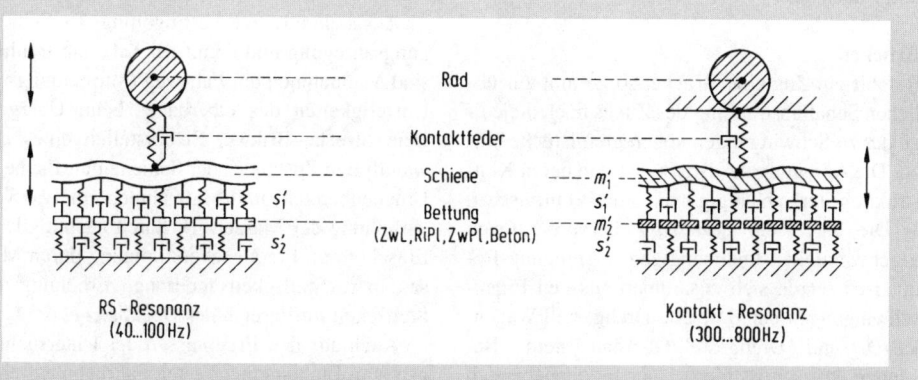

Abb. 17.18 Aus dem Rad/Schiene-Impedanzmodell (RIM) abgeleitete vereinfachte Modelle zur Deutung der Überhöhungsfrequenzen des Schienenpegels der Festen Fahrbahn (s. Abb. 17.86)

Es ist als gesichert anzusehen, dass die Pegelüberhöhung im Bereich der Rad/Schiene-Resonanz bezüglich Höhe und Frequenzlage wesentlich durch Dämpfung und Steife der Zwischenplatten der Schienenbefestigung auf Fester Fahrbahn beeinflusst wird.

Der rechte Bildteil in Abb. 17.18 beschreibt das System bei höheren Frequenzen. Die Massen von Schiene und Schwellen bzw. Grundplatten sind nicht mehr vernachlässigbar. Die Radimpedanz ist bei diesen Frequenzen im Vergleich zur Schienenimpedanz so groß, dass das Rad sozusagen einen starren Abschluss für die Kontaktfeder darstellt.

Das System entspricht jetzt einem Zweimassenschwinger und besitzt folglich zwei Eigenfrequenzen mit maximaler Schwingschnelle der Schiene.

Man bezeichnet diese Eigenfrequenzen auch als „Kontaktresonanzen" [17.70], 17.71]. Die relative Lage dieser beiden Resonanzen bei Fester Fahrbahn gegenüber denen bei Schotteroberbau ist für die sich ergebenden Pegelüberhöhungen von ausschlaggebender Bedeutung.

Von Einfluss sind im Bereich der Kontaktresonanz (zwischen ca. 300 Hz und 800 Hz) neben den unterschiedlichen Bettungssteifen bei Schotteroberbau und Fester Fahrbahn (Steife der

Zwischenplatten) auch die Unterschiede der an die Schiene angekoppelten Massen (s.o.) in Verbindung mit der Federsteife der dazwischen befindlichen Zwischenlagen.

Aus den beschriebenen Erkenntnissen hat man auf dem Wege von Untersuchungen im Labor sowie an einem Prüfaufbau im Maßstab 1:1 und mittels Simulationsrechnungen eine Variante der „Festen Fahrbahn" entwickelt, mit welcher die im Vergleich zum Schotteroberbau höhere Schallabstrahlung vermieden werden könnte [17.167]. Das Konzept dieser „Akustisch Innovativen Festen Fahrbahn (AIFF)" ist ein Gleisrost mit als Körperschallabsorber wirkenden, bedämpften und elastisch besohlten Schwellen auf einer Betontragplatte. Anhand der Ergebnisse der Simulationsrechnungen sowie der Laborversuche und der Versuche an einem Prototyp wurde die akustische Wirksamkeit und die Tauglichkeit zur Betriebserprobung nachgewiesen [17.167]. Diese Erprobung im Betriebsgleis steht allerdings noch aus.

Brücken

Befährt ein Zug eine Brücke, so kommt zur üblichen Schallabstrahlung des Zuges noch diejenige der zu Schwingungen angeregten Brücke hinzu. Die Anregung der Brücke ist von deren Konstruktion stark abhängig und somit beeinflussbar.

Die durch die *Fahrzeuge* hervorgerufenen geschwindigkeitsunabhängigen Anregungsfrequenzen setzen sich zusammen aus den Eigenschwingungen der Bereiche Drehgestell/Wagenkasten und Drehgestell/Oberbausystem. Besonders kritisch ist hierbei der Frequenzbereich zwischen 40 Hz und 100 Hz.

Die durch den *Fahrweg* hervorgerufenen Anregungsfrequenzen werden hauptsächlich durch die geschwindigkeitsabhängige „Schwellenfachfrequenz" f_s bestimmt[6]. Ausgehend vom üblichen Schwellenabstand (ca. 60 cm) liegt die Schwellenfachfrequenz für den Geschwindigkeitsbereich 50 km/h bis 300 km/h zwischen etwa 23 Hz und 140 Hz. Eine Übereinstimmung mit den o.g. geschwindigkeitsunabhängigen Frequenzkomponenten führt zu einer überhöhten Schwingungsanregung der Brücke. Deshalb sind diejenigen Fahrgeschwindigkeiten, die zu Schwellenfachfrequenzen im Bereich zwischen 40 Hz und 100 Hz führen, besonders kritisch im Hinblick auf die Schwingungsanregung der Brücke bei tiefen Frequenzen (Abb. 17.19 und Abb. 17.20). Besonders stark wird die Anregung, wenn die anregenden Frequenzen mit Eigenfrequenzen von Brückenteilen (z.B. Fahrbahn, Seitenwand) zusammenfallen.

Im Luftschallspektrum vorbeifahrender Züge kommt es beim Passieren von Brückenbauwerken durch die Schallabstrahlung der Brückenbauteile im Vergleich zur freien Strecke zu einer Verschiebung des Energieschwerpunktes nach tiefen Frequenzen (s. Abb. 17.21 im Vergleich z.B. mit Abb. 17.11).

Abbildung 17.21 zeigt Spektren der Geräusche, die in einem Abstand von 25 m seitlich von drei Brückentypen bei der Vorbeifahrt von Reisezügen mit Scheibenbremsen bei ähnlichen Fahrgeschwindigkeiten ermittelt wurden. Man erkennt, dass auch die Stahlbeton-Hohlkastenbrücke im Bereich um 60 Hz (Schwellenfachfrequenz) zu verstärkter Schallabstrahlung angeregt wird.

Ansatzpunkte zur Verringerung der Schwingungsanregung und damit der Schallabstrahlung sind Maßnahmen am Fahrweg (Vermeidung von Unstetigkeiten des Oberbaues beim Übergang freie Strecke–Brücke, Sicherstellen eines einwandfreien Zustandes der Schienenfahrfläche im Brückenbereich) und Maßnahmen am Tragwerk (Erhöhung der Masse z.B. durch nachträgliches Einschottern, Frequenzverstimmung durch Masse- bzw. Steifigkeitsänderung, Erhöhung der Steifigkeit im Bereich des Deckbleches).

Auch aus den Ergebnissen der Untersuchungen zum Einbau einer Festen Fahrbahn auf einer Stahlbeton-Hohlkastenbrücke [17.231] ergeben sich wertvolle Hinweise zur Reduzierung der Schwingungen einer Brückenstruktur.

Bei Beachtung einiger grundlegender Regeln ist es bereits in der Konstruktionsphase möglich, die Schallabstrahlung von Stahlbrücken zu beeinflussen [17.19]. So muss z.B. unbedingt darauf geachtet werden, dass die ersten Eigenfrequenzen der am meisten Schall abstrahlenden Brückenbauteile nicht im Bereich der Anregungsfrequenzen des Systems Fahrzeug/Oberbau zwischen 40 Hz und 100 Hz liegen. Nach Möglichkeit sollten sie sogar außerhalb des Frequenzbereiches zwischen 20 Hz bis 140 Hz liegen (Schwellenfachfrequenz). Außerdem ist durch günstige Verteilung der Steifen die Eingangsimpedanz der Fahrbahnplatte möglichst hoch auszulegen. Das Schwingungsverhalten des Deckbleches ist für die Weiterleitung der Schwin-

---

[6] f_s in Hz $= \dfrac{\text{Fahrgeschwindigkeit in km/h}}{3.6 \cdot \text{Schwellenabstand in m}}$

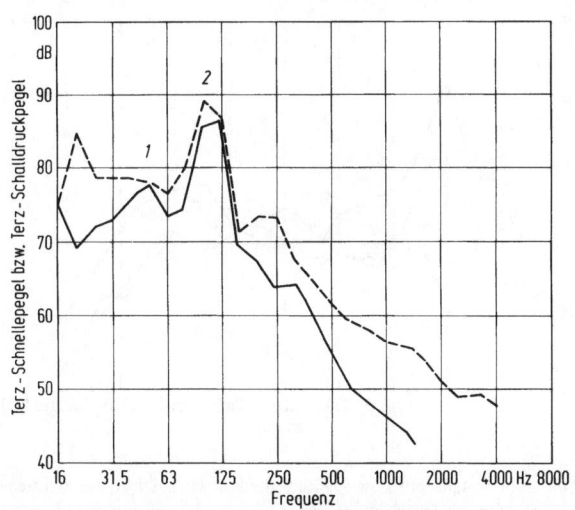

Abb. 17.19 Körperschall und Luftschall an einer Hohlkastenbrücke in Massivbauweise mit Schotterbett, bei Überfahrt eines ICE mit einer Geschwindigkeit von 260 km/h. ——— Schnellepegel-Terzspektrum, gemessen an der Hohlkasten-Seitenwand; ----- Schalldruckpegel-Terzspektrum, gemessen 1 m neben der Hohlkasten-Seitenwand; *1* Rad/Schiene-Resonanzfrequenz, *2* Schwellenfachfrequenz (120 Hz bei $v = 260$ km/h) und Eigenfrequenz der Seitenwand (≈ 100 Hz)

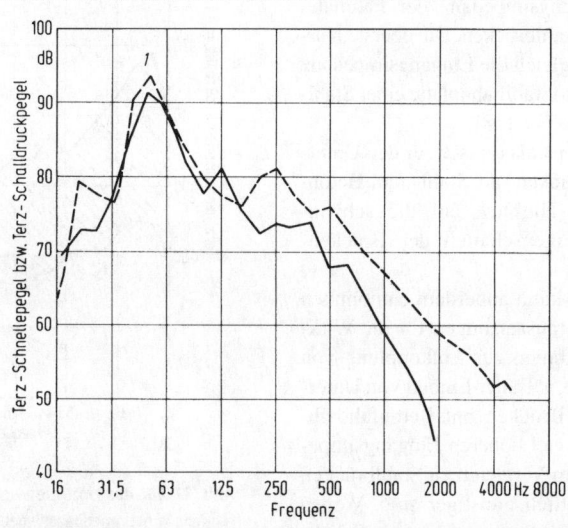

Abb. 17.20 Körperschall und Luftschall an einer Hohlkastenbrücke in Massivbauweise mit Schotterbett, bei Überfahrt eines Reisezuges mit Scheibenbremsen mit einer Geschwindigkeit von 120 km/h. ——— Schnellepegel-Terzspektrum, gemessen am Hohlkastenboden; ----- Schalldruckpegel-Terzspektrum, gemessen 2 m unterhalb des Hohlkastenbodens; *1* Rad/Schiene-Resonanzfrequenz und Schwellenfachfrequenz (56 Hz bei $v = 120$ km/h) und Eigenfrequenz des Hohlkastenbodens

17.2 Luftschall bei Eisenbahnen | 501

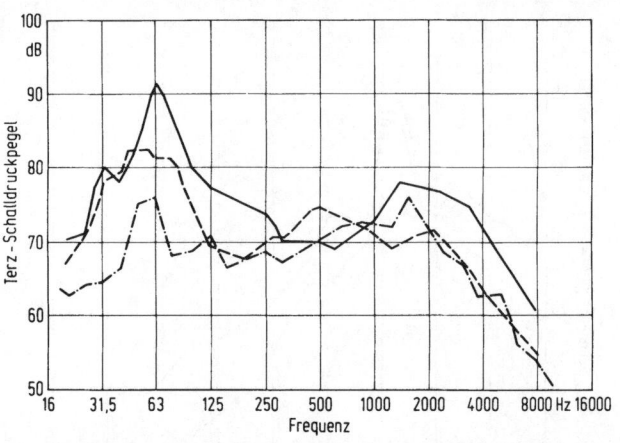

Abb. 17.21 Luftschall in einem Abstand von 25 m seitlich dreier Brücken verschiedener Konstruktionsart mit Schotterbett, bei Überfahrt von Reisezügen mit Scheibenbremsen mit einer Geschwindigkeit von ca. 130 km/h: ——— Stahl-Hohlkastenbrücke, Messhöhe 1,5 m über SO: 97 dB(lin), 87 dB(A); ----- Stahl-Fachwerkbrücke, Messhöhe 3,5 m über SO: 89 dB(lin), 80 dB(A); —·—·— Stahlbeton-Hohlkastenbrücke, Messhöhe 3,5 m über SO: 85 dB(lin), 82 dB(A)

gungsenergie an die übrigen Brückenbauteile entscheidend. Das bedeutet, dass grundsätzlich große Masse und Dämpfung sowie hohe Steifigkeit bzw. geringe Verformung anzustreben sind.

Abbildung 17.22 zeigt den mittleren Betrag der mechanischen Eingangsimpedanz der Fahrbahn von verschiedenen Stahlbrücken. Die oberste Kurve zeigt dazu im Vergleich die Eingangsimpedanz der 40 cm dicken Betonfahrbahnplatte einer Stahlbeton-Verbundbrücke [17.158].

Abbildung 17.22 ist als typisch für den Unterschied zwischen Brücken mit Stahl- und Betonfahrbahnplatten im Hinblick auf die schwingungstechnischen Eigenschaften der Brückenfahrbahn anzusehen.

Abbildung 17.22 kann außerdem entnommen werden, dass die Voraussetzungen für die Wirksamkeit von Maßnahmen zur Entkopplung von Oberbau und Brücke, z. B. der Einbau von Unterschottermatten, bei Brücken mit Betonfahrbahnen wegen der sehr viel höheren Eingangsimpedanz der Fahrbahn im Vergleich zu Stahlbrücken in der Regel wesentlich günstiger sind. Wegen der bereits ohne Maßnahmen niedrigeren Schallabstrahlung dieser Brücken führt die günstigere Wirkung trotzdem zu kleineren Minderungen des gesamten Vorbeifahrgeräusches als an Stahlbrücken.

Heute nicht mehr gebaute Stahlbrücken ohne Schotterbett, also direkt befahrene Brücken, sind

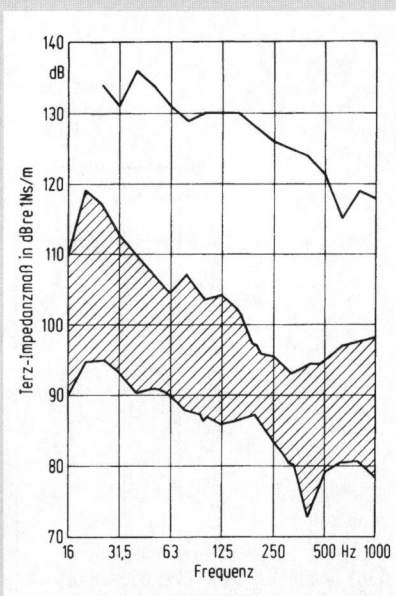

Abb. 17.22 Aus Einzelmesswerten von örtlich variierenden Punktimpedanzen gebildete Terz-Impedanzmaße des mittleren Betrages der Eingangsimpedanz von Fahrbahnen verschiedener Eisenbahnbrücken. ▬ Einzelergebnisse und Streubereich für 10 Stahlbrücken unterschiedlicher Konstruktionsarten; ——— Stahlbeton-Verbundbrücke (Doppel-T-Stahltragwerk mit einer 40 cm dicken Betonfahrbahnplatte)

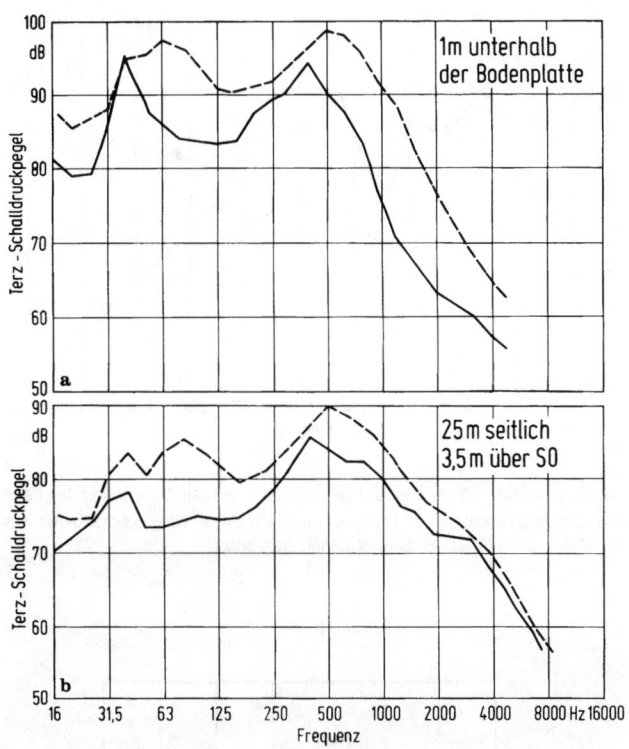

Abb. 17.23 Luftschall 1 m unterhalb der Bodenplatte (Teilbild a) und 25 m seitlich (3,5 m über SO) (Teilbild b) einer direkt befahrenen Stahl-Hohlkastenbrücke bei Überfahrt eines Güterzuges mit einer Geschwindigkeit von 85 km/h:
----- vor Einbau elastischer Schienenbefestigungen; ———— nach Einbau elastischer Schienenbefestigungen

Summenpegel	1 m unterhalb der Bodenplatte		25 m seitlich der Brücke	
	vor Einbau	nach Einbau	vor Einbau	nach Einbau
dB(lin)	108	101	88	84
dB(A)	102	94	84	79

die lautesten Brückentypen. Die von ihnen abgestrahlten Schallpegel liegen bis zu 15 dB(A) über denen der freien Strecke. Eine mögliche nachträgliche Maßnahme zur Reduzierung des von einer direkt befahrenen Brücke abgestrahlten Luftschalls ist der Einbau von elastischen Schienenbefestigungen (Abb. 17.23), der Einbau einer Sandwichbeschichtung bzw. die nachträgliche Verlegung des Gleises im Schotterbett (Abb. 17.24).

Eine ausführliche Darstellung der grundsätzlich möglichen Geräuschminderungsmaßnahmen an Eisenbahnbrücken, im Besonderen an Stahlbrücken, mit Angabe von Messergebnissen zu ausgeführten Objekten findet man in [17.89] und [17.230].

Neuere Erkenntnisse zur Entwicklung und zum Einsatz von elastischen Schienenbefestigungen als Maßnahme zur Minderung der Schallabstrahlung von Stahlbrücken ohne Schotterbett werden in [17.166] mitgeteilt. Über den erfolgreichen Einsatz von elastischen Schienenbefestigungen, die im Rahmen der Sanierung der Berliner Stadtbahn zur Minderung der Geräuschabstrahlung auf einer Stahlhilfsbrücke eingebaut wurden, wird in [17.234] berichtet. In diesem

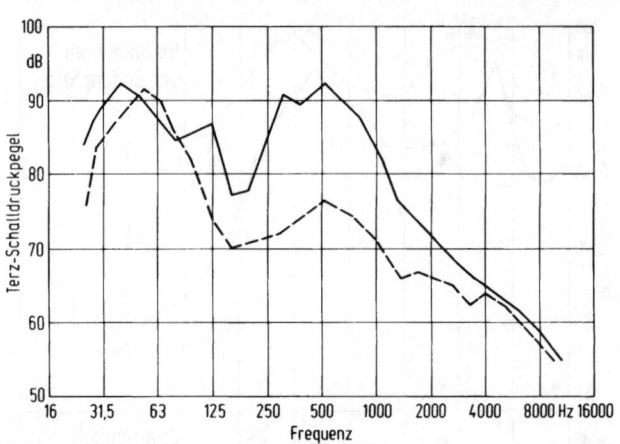

Abb. 17.24 Luftschall 25 m seitlich (3,5 m über SO) einer stählernen Vollwandträgerbrücke, bei Überfahrt einer Lok der Baureihe 141 mit einer Geschwindigkeit von 80 km/h, vor und nach Einbau eines Schotterbettes. —— ohne Schotterbett: 101 dB(lin), 94,5 dB(A); - - - - - mit Schotterbett: 96 dB(lin), 81,5 dB(A)

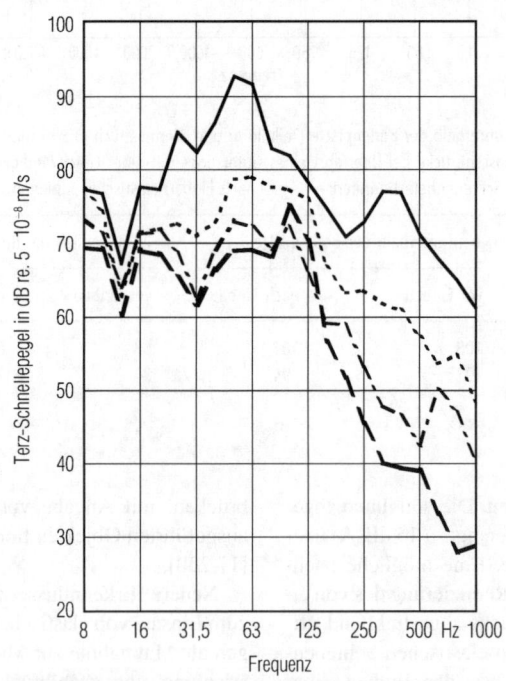

Abb. 17.25 Schnellepegel-Terzspektren, gemessen an der Fahrbahnplatte von drei Stahlbetonbrücken mit unterschiedlichen Oberbauausführungen bei Überfahrt von jeweils 5 ICE1-Zügen mit Geschwindigkeiten von 217 km/h $\leq v \leq$ 240 km/h. —— Brücke 1: Schotteroberbau (SOB) mit Zwischenlage Zw900; ········ Brücke 2: SOB + Zw900 + besohlte Schwelle „hart" (70 MN/m); —·—·— Brücke 2: SOB + Zw900 + besohlte Schwelle „weich" (30 MN/m); — — — Brücke 3: SOB + Zw900 + Unterschottermatte (Bettungsmodul $c = 0{,}10$ N/mm³ nach [17.27])

Beitrag werden auch Ergebnisse von Messungen der dynamischen Steifigkeit an einer der eingebauten Schienenbefestigungen des Typs Ioarg 314 [17.166] vorgestellt, die an einem Prüfstand gemäß der in Anlehnung an die ISO 10846-2 [17.54] erarbeiteten speziellen Messvorschrift für Schienenbefestigungen [17.60] durchgeführt worden waren. Die nach diesem Verfahren ermittelte dynamische Steifigkeit ist als physikalische Kenngröße für die schalltechnische Wirksamkeit einer zum Zwecke der Schwingungs- und Geräuschminderung eingesetzten Schienenbefestigung anzusehen. Sie kann z.B. im Rahmen von Prognoserechnungen mittels geeigneter Simulationsmodelle als maßgebliche physikalische Kenngröße zur Charakterisierung der elastischen Eigenschaften einer Schienenbefestigung eingesetzt werden (s. Abschn. 17.5).

Im Rahmen der Lärmsanierung an bestehenden stählernen Eisenbahnbrücken wurde erstmals die Wirkung elastischer Schwellenlager (so genannte besohlte Schwellen) im Hinblick auf die Minderung der Schallabstrahlung von Brücken untersucht. Ergebnisse von Simulationsrechnungen haben gezeigt, dass besohlte Schwellen mit einer akustisch optimierten Federschicht ähnlich wirken könnten wie Unterschottermatten.

Bei besohlten Schwellen ist die elastische Federschicht fest mit der Schwellenunterseite verbunden. Das elastische Material befindet sich also, im Gegensatz zur elastischen Schienenbefestigung, nicht unter der Schiene. Daher sind bei Verwendung besohlter Schwellen im Vergleich zum Schotteroberbau mit weichen Zwischenlagen geringere Schienenschwingungen und je nach Steifigkeit der Schwellenlager nur unwesentlich stärkere Schwingungen der Schwellen zu erwarten. Damit wäre keine signifikante Erhöhung des Rollgeräusches zu erwarten. Eine Lastverteilungsschicht bildet die unmittelbare Kontaktfläche zum Schotter. Sie bietet mechanischen Schutz für die Federschicht und verteilt die auftretenden Kräfte auf eine größere Fläche dieser Schicht.

Erste Übersichtsmessungen an drei Brücken mit sehr ähnlich aufgebauten Betonfahrbahnplatten, aber mit unterschiedlichen Oberbauarten, haben die Erkenntnisse aus Modellrechnungen bestätigt. Die Ergebnisse dieser Messungen sind in Abb. 17.25 dargestellt.

Danach ergibt sich folgendes Bild:

– besohlte Schwellen und Unterschottermatten können unter bestimmten Voraussetzungen annähernd gleichwertige Entkopplungsmaßnahmen sein[7],
– die akustische Wirkung der besohlten Schwelle liegt deutlich über der von elastischen Schienenbefestigungen.

Der Austausch der bisher verwendeten harten Zwischenlagen (z.B. Zw 668a) gegen weiche Zwischenlagen (wie im vorliegenden Fall Zw 900) ist keine geeignete Maßnahme zur nennenswerten Reduzierung der Schallabstrahlung von Brücken.

Obwohl auf den neueren Brücken die Gleise im Schotterbett liegen [Pegelminderung > 10 dB(A)], weisen auch Stahlbrücken mit Schotterbett im tieffrequenten Bereich beträchtliche Pegelanhebungen auf (s. Abb. 17.24).

Durch die Belegung der Brückenfahrbahn mit einer akustisch angepassten Unterschottermatte (USM) kann die Schallabstrahlung solcher Brücken nochmals wesentlich vermindert werden (Abb. 17.26). Auf den Einbau von Seitenmatten kann hierbei in der Regel verzichtet werden, weil die Schwingungseinleitung durch das Schotterbett in die Seitenwände sehr gering ist [17.3].

Die mit einer USM erzielbare Verminderung des in das Brückenbauwerk eingeleiteten Körperschalls, d.h. das Einfügungsdämmmaß der USM, kann rechnerisch mittels eines Modells des Systems Rad/Schiene/Schotterbett/USM/Fahrbahn bestimmt werden [17.158]. Auf diese Weise kann die USM für das jeweilige Brückenbauwerk durch Anpassung ihrer statischen und vor allem ihrer dynamischen Eigenschaften optimiert werden.

Die Anregung und die Schallabstrahlung der Brücke selbst wird bei Brücken mit Schotteroberbau durch hohe Anregungsfrequenzen (Radriffeln bei Zügen mit Klotzbremsen) nur wenig beeinflusst. Der Unterschied beträgt direkt unter der Brücke, wo das Rollgeräusch stark abgeschirmt ist, nur ca. 2 dB(A) (Abb. 17.27).

Durch Schallschutzwände auf Brücken (vor allem Stahlbrücken) wird das insgesamt abgestrahlte Geräusch weniger reduziert als an der

---

[7] Voraussetzung dafür ist vor allem, dass die Anforderungen an die zu erzielende Körperschallminderung nicht zu hoch sind und, wie im vorliegenden Fall der zu sanierenden Stahlbrücken, die Fahrbahnimpedanz vergleichsweise niedrig ist (s. Abb. 17.22), so dass akustisch optimierte Unterschottermatten nicht ihre volle Wirksamkeit erreichen können (s. auch Abb. 17.78: Unterschottermatten auf verdichtetem Planum einer oberirdischen Strecke).

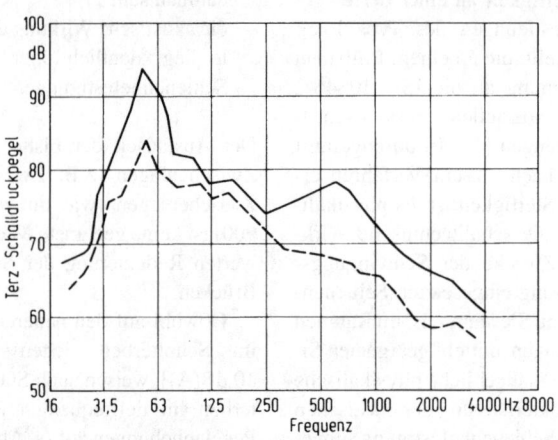

Abb. 17.26 Luftschall 25 m seitlich (3,5 m über SO) einer stählernen Vollwandträgerbrücke mit Schotterbett, bei Überfahrt einer Lok der Baureihe 110 mit einer Geschwindigkeit von 90 km/h, vor und nach dem Einbau einer Unterschottermatte (USM). ——— ohne USM: 96,5 dB(lin), 83 dB(A); ----- mit USM: 89 dB(lin), 75 dB(A)

freien Strecke, weil sie zwar das vom Zug selbst abgestrahlte Rollgeräusch wie üblich mindern, die Abstrahlung der Brückenbauteile jedoch nicht abschirmen. Deren tiefe Frequenzen werden nun sogar noch auffälliger (Abb. 17.28).

Verbundbrücken und Massivbrücken (stets mit Schotterbett) sind aus schalltechnischer Sicht und insbesondere bei Betrachtung der A-bewerteten Geräuschemissionen u. a. wegen ihrer (im Vergleich zu Stahlbrücken) höheren Eingangsimpedanz der Fahrbahn in den meisten Fällen mit solchen Stahlbrücken akustisch gleichwertig, welche zusätzlich zum Schotterbett mit einer optimierten USM ausgerüstet sind. Trotzdem könnte auch bei diesen Brückentypen in besonderen Fällen der Einbau einer USM notwendig werden, wenn nämlich bei sehr hohen Brücken die Wohnbebauung im näheren Brückenbereich liegt, so dass zwar das direkte Rollgeräusch der Züge stark abgeschirmt ist, nicht aber die tieffrequenten Brückengeräusche. Diesen Effekt (in allerdings extremer Messposition) zeigt Abb. 17.29.

In einer Messposition über SO ist der Effekt unterhalb von 80 Hz noch vorhanden, oberhalb wird er jedoch durch das direkt vom Zug abgestrahlte Rollgeräusch völlig überdeckt (Abb. 17.30). Der Effekt käme wieder teilweise zum Vorschein, wenn auf der Brücke eine Schallschutzwand die direkte Schallabstrahlung des Zuges (Rollgeräusch) vermindern würde.

Die akustische Wirksamkeit der USM, das Einfügungsdämmmaß, konnte im vorliegenden Fall in guter Übereinstimmung mit den Messergebnissen auch rechnerisch bestimmt werden [17.228].

Bahnübergänge
Schlechter Zustand der Schienenfahrflächen, verursacht durch Verunreinigungen (z. B. Splitt), die die Straßenfahrzeuge auf die Schienenfahrfläche bringen, sowie Reflexionen am Straßenbelag bewirken Erhöhungen des Vorbeifahrpegels von 6 dB(A) bis 11 dB(A) im Nahbereich von Bahnübergängen. In seitlichen Entfernungen > 100 m beeinflussen sie den Immissionspegel nicht mehr. Den Unterschied im Spektrum im Vergleich zur freien Strecke zeigt Abb. 17.31 (Ergebnisse aus [17.93]).

Tunnel
Bei Hochgeschwindigkeitsstrecken kann der so genannte „Tunnel Sonic Boom" auftreten. Er wird durch die Druckwelle, die vor dem Zug durch den Tunnel läuft, am anderen Ende hervorgerufen. Dieser dumpfe Knall wird vom Tunnelmund abgestrahlt.

Erzeugt wird die Stoßwelle durch die Einfahrt des Zuges in den Tunnel; sie ist abhängig von der Fahrgeschwindigkeit und Kopfform des Zuges, der Gestaltung der Tunnelmündung und

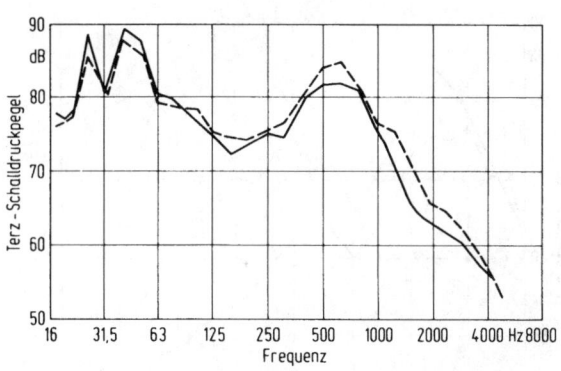

Abb. 17.27 Luftschall 1 m unterhalb der Bodenplatte einer stählernen Hohlkastenbrücke mit Schotterbett, bei Überfahrt eines Reisezuges mit Scheiben- bzw. Graugussklotzbremsen mit einer Geschwindigkeit von 90 km/h. —— Reisezug mit Scheibenbremsen: 95 dB(lin), 86 dB(A); - - - - - Reisezug mit Grauguss-Klotzbremsen: 95 dB(lin), 88 dB(A)

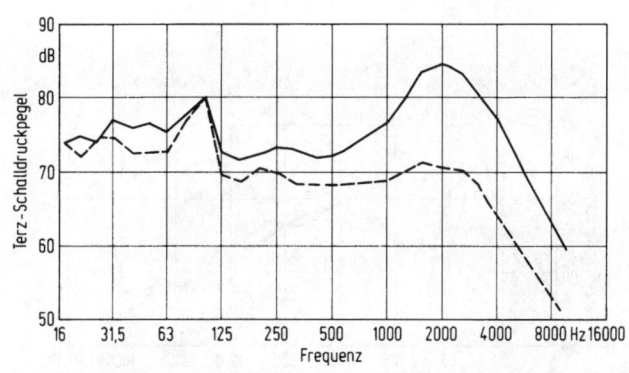

Abb. 17.28 Luftschall 25 m seitlich (3,5 m über SO) einer Hohlkastenbrücke in Massivbauweise mit Schotterbett, bei Überfahrt eines Reisezuges mit Scheibenbremsen mit einer Geschwindigkeit von 200 km/h, ohne und mit Schallschutzwand (SSW) von 2 m Höhe bezogen auf SO. —— Brücke ohne SSW: 92,5 dB(lin), 90 dB(A); - - - - - Brücke mit SSW: 86 dB(lin), 81 dB(A)

dem Tunnelquerschnitt. Charakteristisch für die Entstehung der Stoßwelle ist die Einfahrtzeit des Zuges, d. h. die Zeit, die vom ersten Eintauchen der Zugnase in den Tunnel bis zu dem Zeitpunkt vergeht, an dem sich der volle Zugquerschnitt im konstanten Querschnitt der Tunnelröhre befindet.

Um zum Sonic Boom zu führen, ist es jedoch erforderlich, dass die entstandene Stoßwelle während der Laufzeit im Tunnel „sich aufsteilt". Diese Aufsteilung entsteht durch die vom Druck abhängige Schallgeschwindigkeit, die dafür sorgt, dass sich die Anteile der Schallwelle im Bereich hohen Drucks schneller ausbreiten als die im Bereich niederen Drucks.

Voraussetzung für die Entstehung einer kritischen Aufsteilung ist eine Mindestlänge des Tunnels sowie eine geringe Absorption im Tunnel. So hat die Deutsche Bahn bei den bisher ausgeführten Tunneln im Gegensatz zu den Japan Railways (JR) keine Probleme mit Sonic Boom, da die Kombination aus Fahrgeschwindigkeit, Quer-

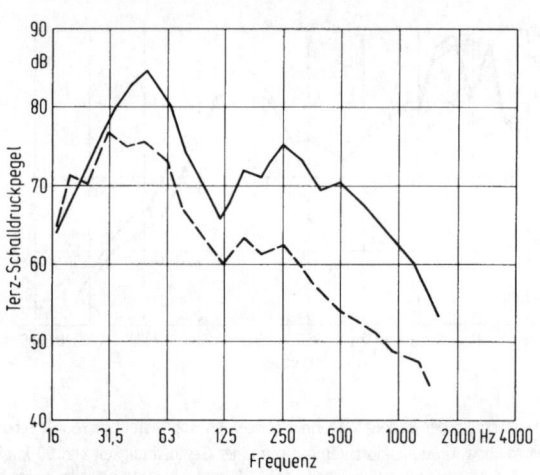

Abb. 17.29 Luftschall 1 m unterhalb der Fahrbahnplatte einer Stahlbeton-Verbundbrücke mit durchgehendem Schotterbett, bei Überfahrt eines S-Bahntriebzuges ET 420 mit einer Geschwindigkeit von 100 km/h, ohne und mit Unterschottermatten (USM). —— ohne USM: 90 dB(lin), 75 dB(A); - - - - - mit USM: 82 dB(lin), 62 dB(A)

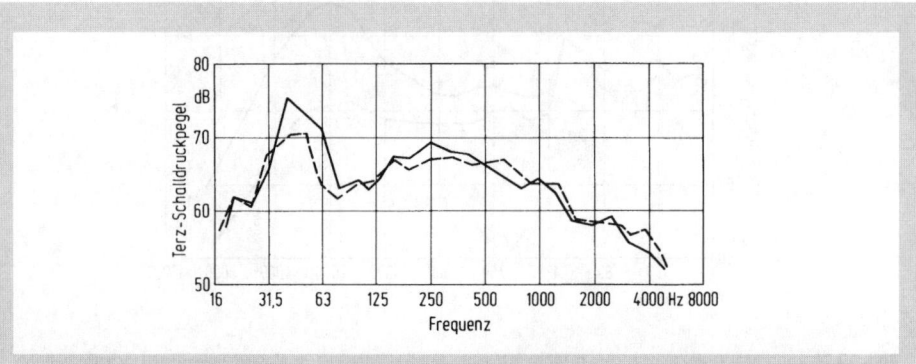

Abb. 17.30 Luftschall 25 m seitlich (3,5 m über SO) einer Stahlbeton-Verbundbrücke mit durchgehendem Schotterbett, bei Überfahrt eines S-Bahntriebzuges ET 420 mit einer Geschwindigkeit von 100 km/h, ohne und mit Unterschottermatten (USM). —— ohne USM: 81 dB(lin), 73,5 dB(A); - - - - - mit USM: 79 dB(lin), 73 dB(A)

schnittsverhältnissen (zweigleisige Tunnel mit abgeschrägten Mündungen) und Schotteroberbau unkritisch ist, während Feste Fahrbahnen und eingleisige Tunnel deutlich kritischer sind [17.93].

Besonders überwachtes Gleis
Die mit den Abb. 17.10 bis Abb. 17.12 dokumentierte Pegelanhebung durch Schienenriffeln kann durch Schleifen der Schienenfahrflächen wieder beseitigt werden, was zur Entwicklung des Verfahrens „Besonders überwachtes Gleis – BüG" geführt hat [17.103].

Weil ein Teil des Schienennetzes mehr oder weniger verriffelt ist, hat man im Zusammenhang mit der Erarbeitung der 16. BImSchV [17.199] und der darin als Anlage 2 enthaltenen Rechenvorschrift Schall 03 [17.196] bei der Festlegung des „Grundwertes" (s. Abschn. 17.2.1) einen durchschnittlichen Schienenzustand zugrunde gelegt. Dieser Grundwert wurde in der 16. BImSchV mit 51 dB(A) festgeschrieben.

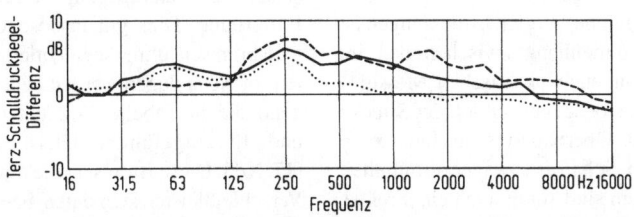

Abb. 17.31 Luftschall 25 m seitlich (3,5 m über SO) von Bahnübergängen im Vergleich mit freier Strecke (über jeweils ca. 10 Züge gemittelte Pegeldifferenzen aus Messungen von Vorbeifahrten verschiedener Zugarten, gemittelt über bis zu 7 Bahnübergänge): ——— Reisezüge mit Scheibenbremsen, ········ Reisezüge mit Graugussklotzbremsen: $v = $ 100 km/h bis 160 km/h; ----- S-Bahnen ET 420 mit Radscheibenbremsen: $v = $ 60 km/h bis 120 km/h

Anhand von vielen Messergebnissen wusste man jedoch, dass bei geschliffenen, einwandfreien Schienenfahrflächen Schallemissionspegel ermittelt werden, die um 3 dB(A), bei manchen Fahrzeugarten um bis zu 7 dB(A) unter dem Wert für durchschnittlichen Schienenzustand liegen.

Diese Tatsache war ausschlaggebend dafür, dass bereits im Jahr 1990 bei der Verabschiedung der 16. BImSchV in Anlage 2, Tabelle C dieser Verordnung beim Einfluss der Fahrbahnarten folgende Fußnote angebracht wurde: „Für Fahrbahnen, bei denen aufgrund besonderer Vorkehrungen eine weitergehende, dauerhafte Lärmminderung nachgewiesen ist, können die der Lärmminderung entsprechenden Korrekturwerte zusätzlich zu den Korrekturwerten D_{Fb} berücksichtigt werden."

In aufwändigen und langjährigen Versuchen wurden die Verfahren zum Schleifen der Schienenfahrflächen optimiert. Mit den folgenden Schleifverfahren, welche derzeit ausschließlich für das Schienenschleifen im Zusammenhang mit dem BüG zugelassen sind, wird eine besonders gute Fahrflächenqualität der Schienen erreicht:

1. Schleifen mit rotierenden Schleifscheiben und anschließendes Bandschleifen,
2. Fräsen bzw. Hobeln der Schienen und anschließendes Schleifen mit oszillierenden Rutschersteinen.

In umfangreichen Untersuchungen an mehreren Stellen im Streckennetz der Deutschen Bahn wurde nachgewiesen, dass die durch das *akustische Schleifen* erreichten Schallpegelminderungen von 6 dB(A) für Fahrzeuge mit Scheibenbremsen und von 3 dB(A) für Fahrzeuge mit Graugusss-Klotzbremsen mindestens 2 Jahre lang und häufig noch länger anhalten [17.93].

Nach rund zwölfjähriger Entwicklungsarbeit ist das *Verfahren BüG* am 16.03.1998 mit einem zusätzlichen Pegelabschlag von 3 dB(A) nach der Tabelle C der Anlage 2 zu § 3 der 16. BImSchV [17.199] mit einer Verfügung durch den Präsidenten des Eisenbahnbundesamtes für den Bereich der Deutschen Bahn zugelassen worden. Das Bundesverwaltungsgericht hat mit Urteil vom 15.03.2000 dieses Verfahren für rechtens erklärt.

Beim Ansatz des BüG kann im Zusammenhang mit dem Neubau, Ausbau und Umbau von Schienenwegen bei den im Rahmen von Planfeststellungsverfahren durchzuführenden schalltechnischen Berechnungen ein Abschlag von 3 dB in Ansatz gebracht werden, wenn die akustischen Eigenschaften der entsprechenden Gleisabschnitte nach festgelegten Bestimmungen regelmäßig mit einem speziell hierfür ausgerüsteten Messwagen – dem Schallmesswagen [17.76] – überwacht und bei Bedarf die Schienenfahrflächen nach einem der genannten Verfahren geschliffen werden.

Dieser Messwagen ist so konzipiert, dass das Rollgeräusch bei Fahrgeschwindigkeiten zwischen 80 km/h und 200 km/h in einem absorbierend ausgekleideten Abteil mit einem Mikrofon gemessen wird, das über einer Öffnung im Wagenboden direkt über dem Drehgestell positioniert ist. Die Messsignale werden über verschiedene Filter und elektronische Schaltungen (u. a. zur Gewährleistung der ständigen Kompensation des Geschwindigkeitseinflusses auf das Messergebnis) zu einem Prozessrechner geleitet und dort für die weitere Verwendung bzw. Veranschaulichung aufbereitet.

Durch umfangreiche Vergleichsmessungen ist der direkte Zusammenhang zwischen den im Messwagen gewonnenen akustischen Messgrößen und dem Emissionspegel seitlich der Strecke für die gängigen Oberbauarten nachgewiesen worden. Die vom Schallmesswagen ermittelten Pegelabweichungen sind somit auch ein direktes Maß für die an einem Immissionsort gegenüber dem Wert bei einwandfreien Schienenfahrflächen auftretenden Pegelabweichungen.

17.2.2.3 Großflächige Bahnanlagen

Rangierbahnhöfe

Rangierbahnhöfe (Rbf) sind eigenständige Zugbildungsanlagen mit großer flächenhafter Ausdehnung und vom üblichen Schienenverkehr abweichenden Schallquellen.

Rbf bestehen im Wesentlichen aus einer Einfahrgruppe zur Aufnahme der ankommenden Züge, einer Ablaufanlage und Richtungsgruppe zum Sortieren und Sammeln der Wagen und einer Ausfahrgruppe zur Aufnahme der fertigzustellenden Züge.

Insbesondere in der Ablaufanlage und in der Richtungsgruppe finden schallemittierende Vorgänge statt wie Auflaufstöße, Durchfahren von Gleisbremsen, Kurvenquietschen oder Hemmschuhaufläufe [17.100].

Nachstehend werden die Emissionspegel der wichtigsten Rbf-Schallquellen aufgelistet. Es handelt sich hierbei um A-bewertete Emissionspegel $L_{m,25,1}$, d.h. Mittelungspegel für eine Stunde, betrachtet in 25 m Abstand zur Schallquelle, bei einem Ereignis in der Stunde.

Jedem Ereignis ist hierbei eine Wagengruppe, bestehend aus zwei Wagen, zugrunde gelegt worden, entsprechend der durchschnittlichen Situation in solchen Anlagen.

Schallquellen entsprechend Nr. 5 bzw. 7 in Tabelle 17.2 treten in automatisierten Neuanlagen nicht mehr auf. Die Auflaufgeschwindigkeit der Wagen, die maßgeblich den Emissionspegel der Auflaufstöße und Hemmschuhaufläufe bestimmt, liegt bei Neuanlagen bei 1 m/s, bei Altanlagen dagegen bei 4 m/s. Die Abhängigkeit des Pegels der „Pufferstöße" von der Wagenaufstoßgeschwindigkeit zeigt Abb. 17.32.

Balkengleisbremsen als wesentliche Bestandteile automatisierter Rbf-Anlagen neigen je nach Bauart zu einer intensiven Schallabstrahlung im Frequenzbereich oberhalb 3 kHz („Bremsenkreischen") mit Schallpegeln bis 120 dB(A) in 7,5 m Entfernung. Dies gilt insbesondere für Balkengleisbremsen ohne segmentierte Verschleißleisten. In Neuanlagen werden heute jedoch vorwiegend die in Tabelle 17.2 unter Nr. 11, 12, 14 und 15 aufgeführten Gleisbremsen installiert [17.101]. Diese Bremsen, die mit speziallegierten Verschleißleistensegmenten bestückt sind (Abb. 17.33), führen nur noch selten zur Schallabstrahlung im höheren Frequenzbereich. Da die Entwicklung dieser schalloptimierten Bremsen noch nicht abgeschlossen ist, sind noch weitere Pegelreduzierungen zu erwarten.

Zu den heute noch relativ lästigen Schallquellen eines Rbf zählt das Kurvenquietschen, das beim Befahren enger Gleisbogen (Radius $R \leq 300$ m) bei gleichzeitigem Auftreten mehrerer noch nicht ganz geklärter Randbedingungen beobachtet wird. Unterschiedliche Maßnahmen zur Reduzierung bzw. Vermeidung dieser Geräuschemissionen wurden untersucht, mit dem Ergebnis, dass sich mit allen bisher getesteten Gegenmaßnahmen zwar eine Reduzierung der Quietschhäufigkeit und auch des Schallpegels beim Quietschen erreichen lässt, eine gänzliche Unterdrückung dieser höherfrequenten Schallab-

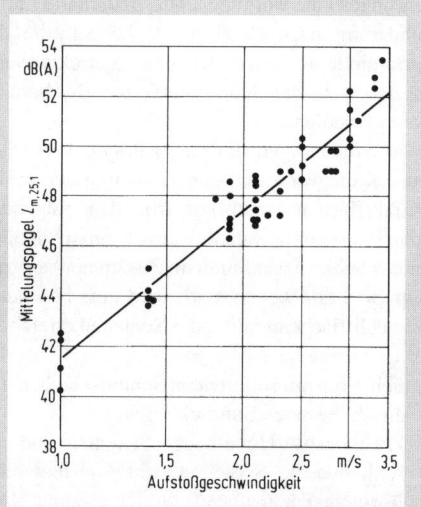

Abb. 17.32 Zusammenhang zwischen dem in einem Abstand von 25 m gemessenen, auf ein Ereignis pro Stunde bezogenen A-bewerteten Mittelungspegel $L_{m,25,1}$ von Rangier-Pufferaufstößen und der Aufstoßgeschwindigkeit

Tabelle 17.2 Emissionspegel $L_{m,25,1}$ von Rbf-Geräuschen in dB(A), festgelegt in [17.2]

Nr.	Schallquelle	Pegel	Besonderheit
1	Rangierfahrt	54	$v = 65$ km/h, $l = 100$ m
2	Anreißen/Abbremsen	56	-----
3	Abdrücken	45	$l = 170$ m
4	Auflaufstöße	45	$v = 1$ m/s
5	Auflaufstöße	58	$v = 4$ m/s
6	Hemmschuhaufläufe	54	$v = 2$ m/s
7	Hemmschuhaufläufe	61	$v = 4$ m/s
8	Kurvenquietschen [a]	60	Radius $R \leq 300$ m
9	Retarderbremse	56	Verzögerungsstrecke [b]
10	Retarderbremse	46	Beharrungsstrecke [b]
11	Balkengleisbremse zweiseitig	51	mit Segmentierung, schalloptimiert [b]
12	Balkengleisbremse zweiseitig	54	mit Segmentierung [b]
13	Balkengleisbremse zweiseitig	71	ohne Segmentierung [b]
14	Balkengleisbremse einseitig	58	mit Segmentierung [a, b]
15	Balkengleisbremse einseitig	51	mit Segmentierung, schalloptimiert [b]
26	Gummiwalkbremse einseitig	49	-----

[a] Entwicklung noch nicht abgeschlossen.
[b] Ein Wagendurchlauf.

strahlung (vgl. Abb. 17.13) jedoch nicht realisiert werden konnte.

Eine Maßnahme gegen das Kurvenquietschen ist die bleilegierte Schiene mit einem Pb-Gehalt von ca. 0,05 %. Aus Gründen der geringen Standfestigkeit ist diese Variante jedoch für den Einsatz im Rbf nicht geeignet. Versuche mit anderen Legierungen, die diese Einschränkung nicht zeigen, sind geplant.

Eine weitere Möglichkeit ist der Einsatz von kopfgehärteten Schienen bzw. eine Schmierung der Schienenfahrflächen mit einem speziellen Schmierverfahren. Letztere Untersuchungen fanden im Jahre 2000 im Rbf München statt und führten zu einem positiven Effekt.

Der Schallpegel des Quietschens konnte um etwa 4 dB(A) gesenkt werden und auch die Quietschhäufigkeit wurde verringert.

Umschlagbahnhöfe
Unter Umschlagbahnhöfen (Ubf) versteht man flächenhafte Bahnanlagen zur Horizontal- und Vertikalverladung von Ladungsgütern ohne Wechsel des Transportgefäßes (Großcontainer, Sattelanhänger, Lastkraftwagen (Lkw) und Sattelzüge).

Zu den wesentlichen Schallquellen eines Ubf zählen neben den Rangierfahrten mit den dazugehörigen, aus Abschn. 17.2.2.3, Rangierbahnhöfe bekannten Schallquellen die Containerkräne, die mobilen Umschlaggeräte (Seitenlader) und die Vorrichtungen zur Horizontalverladung im Zusammenhang mit der „Rollenden Landstraße".

In Tabelle 17.3 werden die Emissionspegel der wichtigsten Ubf-Schallquellen aufgelistet (A-bewertete Emissionspegel $L_{m,25,1}$).

Als Hauptgeräuschquelle beim Umladen von Großcontainern mit Containerkränen gelten neben den Fahrgeräuschen des Kranes die Geräusche der Laufkatze (Abb. 17.34). Die Geräusche des Kranes setzen sich zusammen aus Heb-, Dreh-, Fahr-, Senk- und Aufsetzgeräuschen. Die Geräuschquelle „Laufkatze" befindet sich, je nach Krantyp, bis zu 17 m über Geländeniveau.

Zu den heute auch in Ubf-Anlagen noch relativ lästigen Schallquellen zählt das Kurvenquietschen, das beim Befahren enger Gleisbogen (Radius $R \leq 300$ m) auftritt. Siehe hierzu die Ausführungen im vorherigen Abschnitt.

Sonstige Anlagen (Personenbahnhöfe usw.)
In Personenbahnhöfen kommen zum Rollgeräusch im Wesentlichen folgende Schallquellen hinzu:

a) Bremsgeräusche bei Zügen mit Graugussklotzbremsen,

Abb. 17.33 Balkengleisbremse (Richtungsgleisbremse, einseitig) mit segmentierten Verschleißleisten. **a** Gesamtansicht; **b** Detail mit eingezwängtem Güterwagenrad

b) Anfahrgeräusche und Standgeräusche (Lüfter, Leerlauf der Dieselmotoren) von Triebfahrzeugen,
c) Schienenstöße (u. a. Isolierstöße, Herzstücklücken),
d) Gepäckkarrenfahrten,
e) Türenschlagen,
f) Lautsprecheransagen.

Diese Quellen beeinflussen die Gesamtemission der Anlage. Die haltenden Züge haben niedrige Fahrgeschwindigkeiten und als Folge davon niedrige Rollgeräusche.

In [17.10] wird nachgewiesen, dass Berechnungen unter der Annahme, dass alle Züge mit unverminderter Geschwindigkeit im Bahnhofsbereich durchfahren und andere Schallquellen nicht auftreten, richtige, in der Tendenz eher zu große Mittelungspegel ergeben. Dies vereinfacht die Berechnung der Pegel im Bahnhofsbereich ganz wesentlich.

Andere Bahnhofsanlagen wie Güterbahnhöfe, Betriebswerke u. ä. sind bzgl. Schallabstrahlung in die Umgebung oft unkritisch, da sie häufig von großen, abschirmenden Hallen umgeben sind bzw. laute Arbeiten nur in den Hallen durchgeführt werden.

17.2.3 Schallimmissionen

17.2.3.1 Schallimmissionen an großflächigen Bahnanlagen

Aus dem Planfeststellungsrecht ergibt sich die Notwendigkeit einer Schallimmissionsberech-

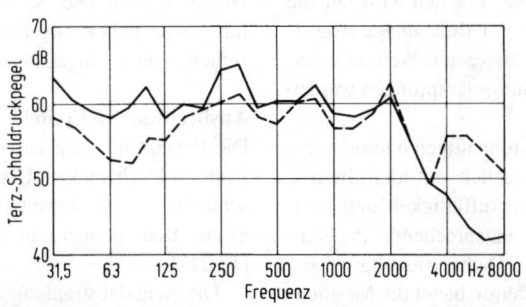

Abb. 17.34 Luftschall in 25 m Entfernung von einem Containerkran bei verschiedenen Betriebszuständen. ----- Fahrgeräusch; ——— Laufkatzengeräusch beim Heben/Senken

Tabelle 17.3 Emissionspegel $L_{m,25,1}$ von Ubf-Geräuschen in dB(A)

Nr.	Schallquelle	Pegel	Besonderheit
1	Containerkran Kranfahren	52	bezogen auf ein Lastspiel
2	Containerkran Katzfahren	47	bezogen auf ein Lastspiel Quellenhöhe = 15 m
3	Mobiles Umschlaggerät		
	Seitenlader, Bauart 1	60	400 s Ladespieldauer
	Seitenlader, Bauart 2	55	120 s Ladespieldauer
4	Horizontalverladung – Rollende Landstraße: Kopframpe für Verladung		
	Lkw anbringen/abbauen	50	2 x je Zug ansetzen
5	Auffahrt Lkw auf Wagen	43	1 x je Lkw ansetzen
6	Verkeilen der Lkw	53	1 x je Lkw ansetzen
7	Sattelauflieger mit Zugmaschine auffahren	57	1 x je Sattelauflieger
8	Anlassen der Lkw	57	1 x je Zug als Linienschallquelle ansetzen
9	Abfahrt der Lkw von den Wagen	52	1 x je Lkw ansetzen

nung bei Neu- bzw. Umbauplanungen großflächiger Bahnanlagen. Das hierfür gültige Berechnungsverfahren wird in Anlage 2 zu [17.199] vorgeschrieben. Die dort zitierte Richtlinie [17.2] enthält alle für eine Schallimmissionsberechnung notwendigen Angaben sowie eine Anleitung zum Abarbeiten der einzelnen Rechenschritte mittels EDV (s. auch [17.99]).

Höherfrequente Geräusche, wie sie in Rbf- und Ubf-Anlagen auftreten (z.B. Kurvenquietschen, Hemmschuhkreischen, Bremsenquietschen), erfahren bei der Schallausbreitung im Freifeld eine stärkere Pegelabnahme mit der Entfernung als niederfrequente Geräusche.

Bei der Abschirmungsberechnung für höherfrequente Schallquellen ergibt sich eine sehr gute Übereinstimmung mit der Praxis, wenn man in Anlehnung an Abschn. 17.2.3.2, Aktive Schallschutzmaßnahmen, in der dort genannten Gleichung für die Berechnung der Abschirmwirkung mit $120 \cdot z$ statt mit $60 \cdot z$ rechnet.

Auftretende Sonderfälle der Mehrfachbeugung werden mit dem Verfahren nach [17.2] berücksichtigt, ebenso der Einfluss von Reflexionen. Hinsichtlich der Berechnung der Pegelminderung innerhalb bebauter Flächen wird nur die Abschirmung durch die der Bahnanlage nächstliegende Gebäudereihe angesetzt. Weitere eventuell vorhandene Bebauungsdämpfungen werden vernachlässigt.

Bei Einwirkung von tonhaltigen und/oder impulshaltigen Geräuschquellen auf den Immissionsort können je nach Auffälligkeit und Häufigkeit des Geräusches entsprechende Pegelzuschläge bereits bei der Datenerfassung vorgesehen werden. Das Verfahren bietet die Möglichkeit, den Emissionspegel mit bis zu maximal 8 dB(A) zusätzlich zu beaufschlagen (s. auch Abschn. 17.2.4.2).

Der Schienenbonus (s. Abschn. 17.2.4.1) wird bei der Planung von Rangier- und Umschlagbahnhöfen nicht angesetzt, da die dort vorwiegend auftretenden Geräusche eine andere Zeitstruktur aufweisen als beim Zugverkehr der freien Strecke. An Rbf/Ubf vorbeifahrende oder ohne Halt durch solche Anlagen fahrende Züge dürfen dagegen mit einem Schienenbonus versehen werden.

17.2.3.2 Schallimmissionen an Strecken

In Anlage 2 der 16. BImSchV [17.199] wird für Schallimmissionsberechnungen bei Strecken auf dem Gebiet der Bundesrepublik Deutschland das Berechnungsverfahren der „Schall 03" [17.196] vorgeschrieben. Die „Schall 03" enthält alle hierfür erforderlichen Angaben, so dass hier auf Einzelheiten nicht eingegangen werden muss.

Ausbreitung im Freifeld

Die Pegelminderung auf dem Ausbreitungsweg kann stark schwanken. Ursachen sind z. B. unterschiedliche Bodenbewuchsarten und meteorologische Bedingungen auf dem Ausbreitungsweg [17.217].

Die Schallabstrahlung von Zügen ist bevorzugt nach der Seite gerichtet [17.126, 17.127].

Das Richtwirkungsmaß ist ungefähr durch die folgende Gleichung zu beschreiben:

$$D_I = 10 \cdot \lg(0{,}22 + 1{,}27 \cdot \sin^2 \delta);$$

δ ist der Winkel zwischen der Verbindungslinie Emissionsort-Immissionsort und der Gleisachse.

Typische Vorbeifahrpegel als Funktion der Zeit, gemessen in verschiedenen Entfernungen, zeigt Abb. 17.35 [17.241]. Man erkennt an den immer steiler werdenden Anstiegsflanken (bei abnehmenden seitlichen Entfernungen) den Einfluss des Richtwirkungsmaßes; ferner, dass mit zunehmender Entfernung immer längere Streckenabschnitte die Immission beeinflussen.

Das Spektrum der Fahrgeräusche von IC-Zügen in verschiedenen Entfernungen vom Gleis zeigt Abb. 17.36 (nach [17.88]).

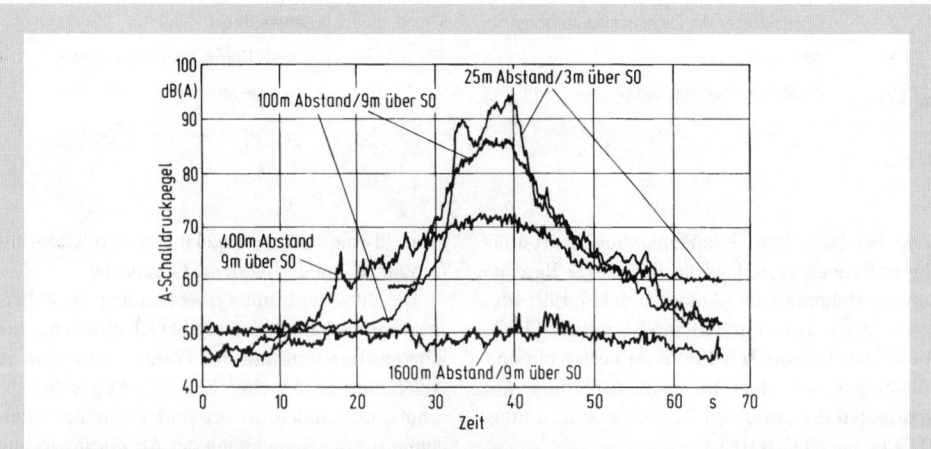

Abb. 17.35 Zeitverlauf des A-Schalldruckpegels in verschiedenen Entfernungen vom Gleis bei Vorbeifahrt eines Reisezuges, bestehend aus einer Lok der Baureihe 103 und 12 Wagen (gemischt mit Klotz- bzw. Scheibenbremsen), mit einer Geschwindigkeit von 140 km/h

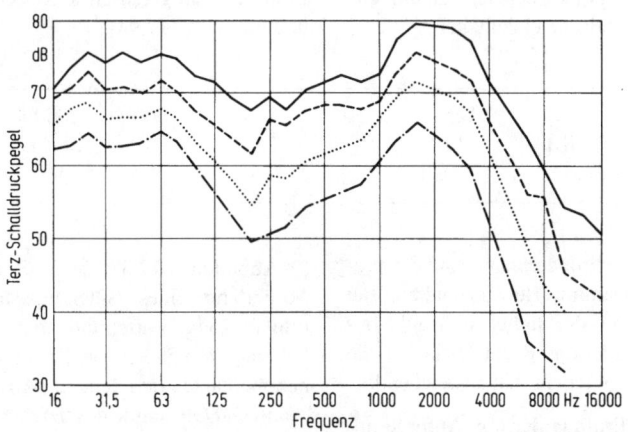

Abb. 17.36 Luftschall in verschiedenen Entfernungen seitlich der freien Strecke bei Vorbeifahrt von IC-Zügen mit der mittleren Geschwindigkeit von 160 km/h (Geländeoberkante 2 m unter Schienenoberkante SO)

Symbol	Messabstand von Gleismitte	Messhöhe über SO	Summenpegel	
			dB(lin)	dB(A)
———	25 m	0 m	88	87
- - - - -	50 m	1,6 m	84	82
··········	100 m	1,6 m	80	78
—·—·—	200 m	1,6 m	75	72

Aktive Schallschutzmaßnahmen

Wichtigste Elemente des aktiven[8] Schallschutzes an Schienenwegen oder allgemein an Bahnanlagen sind Schallschutzwände und Schallschutzwälle.

In [17.220] wird der „Schallschutz durch Abschirmung im Freien" ausführlich behandelt.

Wertvolle Hinweise zu allgemeinen Grundlagen findet man auch in [17.141], zur Abschirmung an Bahnanlagen im Besonderen in [17.124]. Bei der Ermittlung der Abschirmwirkung von Schallschutzwänden und -wällen ist die Frequenzabhängigkeit des Abschirmmaßes zu berücksichtigen. Dies ist insbesondere dort notwendig, wo mit höherfrequenten Schallquellen gerechnet werden muss (Abschn. 17.2.3.1).

Schallschutzwände

Schallschutzwände (SSW) werden aus unterschiedlichen Materialien hergestellt. Bei der Deutschen Bahn existieren Wände aus Beton, Kunststoff, Aluminium, Ziegelsteinen, Holz und aus Mischprodukten. Sie müssen den Anforderungen nach [17.30] entsprechen. Hier die wichtigsten Punkte:

a) SSW müssen bestimmten Windlasten standhalten.
b) Aus Sicherheitsgründen werden aus Metall hergestellte SSW geerdet.
c) Unter anderem aus Gründen der Sicherheit (für Bahnarbeiter, wegen aerodynamischen Drucks) und aus oberbautechnischer Sicht sind gemäß [17.30] auf Erdkörpern folgende Mindestabstände zwischen SSW und dem nächstliegenden Gleis (Gleismitte) einzuhalten:
  160 km/h < v < 300 km/h   3,80 m
  $v \leq$ 160 km/h   3,30 m
  reine S-Bahnstrecken   3,20 m
d) Bei Schallschutzwänden mit einer Schallpegelminderung bis zu 15 dB(A) sind folgende Mindestwerte des Schalldämmmaßes der SSW, bei allen Schallschutzwänden sind die

---

[8] Die Bezeichnung „aktiv" hat sich beim Schienenverkehr für quellnahe Sekundärmaßnahmen eingebürgert.

nachfolgend genannten Mindestwerte des Schallabsorptionsgrades der der Schallquelle zugewandten Wandseite einzuhalten:

Frequenz [Hz]	125	250	500	1000	2000	4000
Schalldämmmaß R [dB]	12	18	24	30	35	35
Schallabsorptionsgrad α_s	0,3	0,5	0,8	0,9	0,9	0,8

Bei höheren Schallminderungen sind entsprechend höhere Dämmwerte einzuhalten. Bei Betonwänden mit der üblichen Tragbetonschicht von mindestens 8 cm Dicke ist die Schalldämmung in jedem Fall ausreichend.

Die Verfahren zur Prüfung der o. g. Anforderungen sind ebenfalls in [17.30] angegeben.

Wie aus Abb. 17.37 zu ersehen ist, sind reflektierende Wände seitlich von Schienenwegen (wegen des dort geringen Abstandes zwischen Wagenwand und SSW) ungünstig, da sich hierbei durch Auftreten von Mehrfachreflexionen zwischen SSW und Zug die Wirkung der SSW wesentlich verschlechtern würde: eine Verminderung der Wirkung der Wand um ca. 3 dB(A) in üblichen Situationen (aber sogar bis zu 7 dB bei sehr großem Schirmwert z, s. Abb. 17.40) wurde nachgewiesen.

Schallpegelerhöhungen auf der gegenüberliegenden Seite der Schallschutzwand, verursacht durch Reflexionen an der Schallschutzwand, sind nicht zu befürchten, da diese Reflexionen vom vorbeifahrenden Zug selbst größtenteils abgeschirmt werden, wie durch Messungen nachgewiesen wurde. Reisezüge schirmen die Reflexionen ganz ab, Güterzüge teilweise.

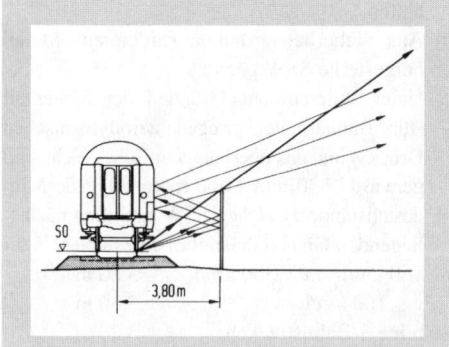

Abb. 17.37 Veranschaulichung des Einflusses von Mehrfachreflexionen auf die Schirmwirkung einer reflektierenden („schallharten") Schallschutzwand

Abbildung 17.38 zeigt das gemittelte Spektrum des Fahrgeräusches von Güterzügen ohne und mit SSW [17.93].

Abbildung 17.39 zeigt Pegelschriebe der Vorbeifahrt eines Güterzugs für Immissionsorte in 25 m Entfernung, mit und ohne SSW bei einer Wandhöhe von 2 m bezogen auf Schienenoberkante und einem Abstand zwischen Wand und Gleismitte des befahrenen Gleises von 4,5 m.

Die Pegelminderung ΔL durch eine SSW hängt vom Schirmwert z und der Überstandslänge ab. Die Ermittlung des z-Wertes ist in Abb. 17.40 dargestellt.

Die Abschirmwirkung ΔL ergibt sich vereinfacht nach der Beziehung

$$\Delta L = 10 \cdot \lg (3 + 60 \cdot z).$$

Durch die bei Schienenverkehrsgeräuschen vorhandene Richtwirkung ergeben sich an Schienenwegen geringere erforderliche Überstandslängen der SSW als an Straßen [17.124].

Zum exakten Berechnungsverfahren für die Abschirmwirkung von SSW siehe z. B. [17.196]. Auch für geringe negative z-Werte (die Wand reicht nicht bis an die Verbindungslinie Quelle-Immissionsort hinauf) ergibt sich noch eine messbare Wandwirkung (z. B. ca. 3 dB für $z = 0$).

Mit oben abgeknickten SSW kann die Beugungskante bei gleichem Wandabstand näher an das Gleis herangebracht und damit die Pegelminderung vergrößert werden. Dabei sind die in Abb. 17.41 angegebenen Mindestmaße einzuhalten.

Versuche mit „Interferenzwänden" oder mit Interferenzabsorbern, die auf übliche SSW aufgesetzt werden, zeigten bisher keine bemerkenswerte zusätzliche Wirkung.

„Niedrige SSW" haben eine Höhe von nur 0,75 m über Schienenoberkante. Dadurch können sie – ohne den Regellichtraum zu verletzen – wesentlich näher am Gleis errichtet werden.

Die einzige Möglichkeit zur Verbesserung der Wirkung von Schallschutzwänden, deren der Schallquelle zugewandte Seite absorbierend beschichtet ist, liegt – bei gleichbleibender Höhe

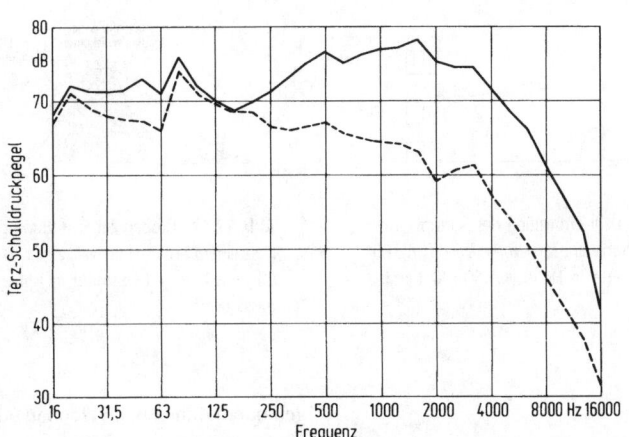

Abb. 17.38 Luftschall 25 m seitlich (3,5 m über SO) der freien Strecke ohne und mit Schallschutzwand (SSW) bei Vorbeifahrt von Güterzügen mit einer Geschwindigkeit von 85 bis 100 km/h. ——— ohne SSW: 88 dB(lin), 86 dB(A); - - - - - mit SSW ($h = 2{,}0$ m bezogen auf SO): 81 dB(lin), 74 dB(A)

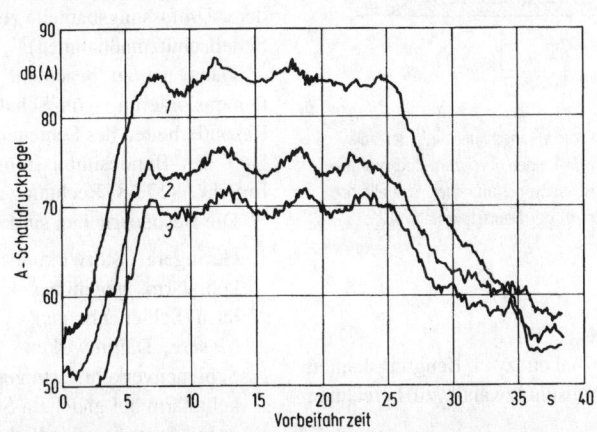

Abb. 17.39 Zeitverlauf des A-Schalldruckpegels 25 m seitlich einer freien Strecke ohne und mit Schallschutzwand (Wandhöhe $h = 2$ m bezogen auf SO) bei Vorbeifahrt eines Güterzuges mit einer Geschwindigkeit von 85 km/h. *1* ohne Schallschutzwand, Messhöhe 3,5 m über SO, *2* mit Schallschutzwand, Messhöhe 3,5 m über SO, *3* mit Schallschutzwand, Messhöhe 0,9 m *unter* SO

der SSW – in der schalltechnischen Optimierung der Beugungskante.

Hierzu haben einige Hersteller von Schallschutzwänden durch unterschiedliche Bauformen der Beugungskante verschiedene Möglichkeiten entwickelt, die auch von Seiten der Deutschen Bahn getestet wurden, allerdings immer ohne nennenswerten Erfolg.

In den letzten Jahren ist nun die Beeinflussung des Beugungsfeldes durch Impedanzbelegung an der Beugungskante eingehend untersucht worden [17.154, 17.155]. Darauf aufbauend wird derzeit von der Deutschen Bahn, DB Systemtechnik München ein praxisgerechter, auf typische Spektren von Zugvorbeifahrten eingestellter Schirmaufsatz entwickelt.

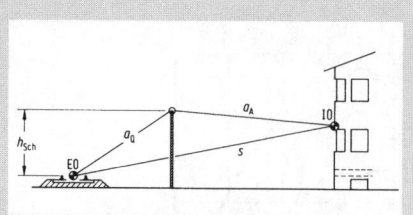

Abb. 17.40 Größen zur Ermittlung des Schirmwertes z an einer Schallschutzwand. $z = a_Q + a_A - s\,[m]$; EO Emissionsort (Gleismitte in Höhe von SO); IO Immissionsort

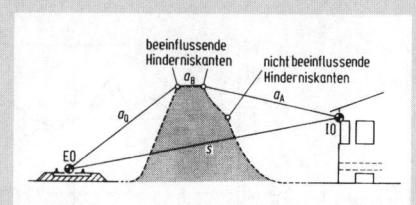

Abb. 17.42 Größen zur Ermittlung des Schirmwertes z an einem Schallschutzwall. $z = a_Q + a_B + a_A - s\,[m]$; EO Emissionsort (Gleismitte in Höhe von SO); IO Immissionsort

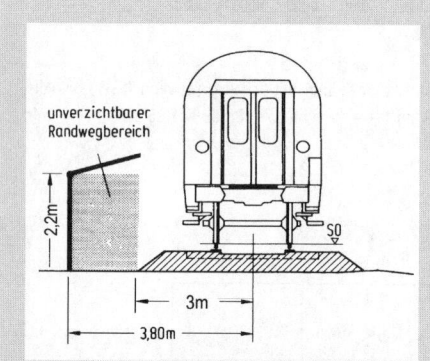

Abb. 17.41 Skizze zur Veranschaulichung der zulässigen Geometrie im Fall einer oben zum Zug hin abgewinkelten Schallschutzwand an einer Schnellfahrstrecke ($v \geq 160$ km/h) der Deutschen Bahn AG

Schallschutzwälle

Schallschutzwälle haben zwei Beugungskanten und sind wie Schallschutzwände zu berechnen (Abb. 17.42).

Ein möglichst dichter Pflanzenbewuchs der Böschung eines Schallschutzwalls begünstigt die Geräuschminderung durch Absorption.

Ragen Bäume über die Beugungskante, so können Reflexionen an Blättern und Ästen die Abschirmwirkung verringern.

Die Abschirmwirkung von Einschnitten ist ebenfalls nach [17.196] zu berechnen.

Bei der Vorbeifahrt eines Zuges an einer Stützmauer schirmt der Zug selbst die Reflexionen zur gegenüberliegenden Seite beträchtlich ab.

Passive Schallschutzmaßnahmen

Stehen dem Bau von Schallschutzwänden oder -wällen technische oder räumliche Gründe entgegen oder können beim Neubau oder wesentlichen Änderungen von Schienenwegen die nach der 16. Verordnung zur Durchführung des Bundes-Immissionsschutzgesetzes festgelegten Immissionsgrenzwerte nicht allein durch den Einsatz von aktiven Schallschutzmaßnahmen eingehalten werden, so ist Schallschutz unmittelbar am Immissionsort durch den Einbau von Schallschutzfenstern oder durch die Verbesserung anderer Umfassungsbauteile zu realisieren (passive Schallschutzmaßnahmen).

Dabei ist zu beachten, dass auch bei der Dimensionierung von Schallschutzfenstern den Besonderheiten des Schienenverkehrslärms nach § 43 des Bundesimmissionsschutzgesetzes (BImSchG) [17.68] Rechnung zu tragen ist.

Die Besonderheiten sind:

1. Geringere Störwirkung des Schienenverkehrslärms gegenüber dem Straßenverkehrslärm (Schienenbonus),
2. bessere Dämmwirkung von Fenstern bei Schienenverkehrslärm gegenüber Straßenverkehrslärm bei gleichem Schalldämmmaß aufgrund des unterschiedlichen Frequenzverlaufs der Geräuschspektren.

Zu Punkt 1:

Hierzu sind mehrere Studien [17.61, 17.62, 17.83, 17.111] durchgeführt worden. Der dabei ermittelte Lästigkeitsunterschied (Abb. 17.43) ist im Rechenverfahren nach [17.199] mit einem Abschlag von 5 dB festgeschrieben worden (s. Abschn. 17.2.4.1).

Im Bereich der Kommunikationsstörungen (Telefonieren, Fernsehen usw.) konnte ein vermeintlicher „Schienenmalus" in [17.62] anhand der „Fensterstellgewohnheiten" der befragten Bürger relativiert werden (s. auch [17.151]). Es stellte sich heraus, dass beim Straßenverkehrslärm mit

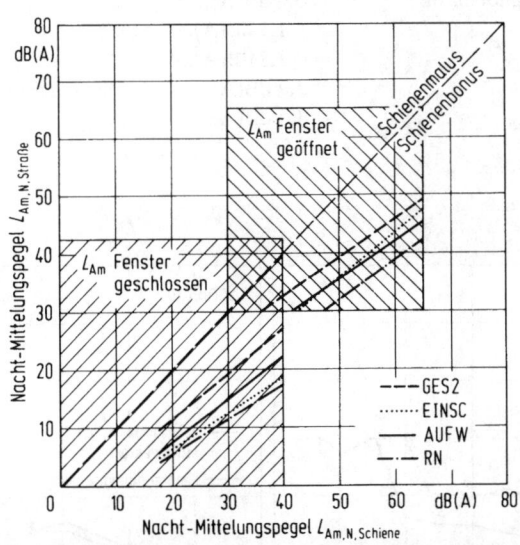

Abb. 17.43 Zusammenhang zwischen dem Nacht-Mittelungspegel von Straßen- und Schienenverkehrslärm bei gleicher Gestörtheit in Schlafräumen für ausgewählte Reaktionsvariable. GES2: allgemeine Belästigung durch Lärm, nachts; EINSC: Störung durch Lärm beim Einschlafen; AUFW: aufgeweckt werden durch Lärm; RN: Nachtstörungen allgemein (Mittelwert aus GES2, EINSC und AUFW)

zunehmendem Außenpegel ein großer Teil der Gestörten die Fenster schließt (ca. 80%), so dass dann – wegen der jetzt niedrigeren Innenpegel – die Kommunikationsstörungen wesentlich geringer sind. Beim Schienenverkehrslärm bleiben dagegen auch mit zunehmendem Außenpegel die Fenster überwiegend geöffnet (nur etwa 20% der Gestörten schließen hier die Fenster), so dass wegen der höheren Innenpegel die Kommunikationsstörungen größer sind (Abb. 17.44). Trotzdem ist die Störung hierdurch nicht so stark, dass deshalb vermehrt die Fenster geschlossen würden. Dieser Unterschied in den Fensterstellgewohnheiten ist auch in den neuen Studien (s. Abschn. 17.2.4.1, insbesondere in [17.137]) wieder festgestellt worden.

Zu Punkt 2:
Da das Schalldämmmaß eines Schallschutzfensters frequenzabhängig ist, hat das Spektrum des Außengeräusches Einfluss auf die Dämmwirkung des Fensters.
In Abb. 17.45 ist je ein mittleres Spektrum für außerhalb von Wohnräumen gemessene Schienen- bzw. Straßenverkehrsgeräusche dargestellt (obere Kurven). Nach Abzug des über Schallschutzfenster verschiedener Bauarten gemittelten Schalldämmaßes (gepunktete Kurve) ergeben sich die entsprechenden Spektren innerhalb von Wohnräumen mit dem jeweils dazugehörigen Innenschallpegel.

Man sieht, dass sich bei gleichem Mittelungspegel L_a (außen) in diesem Beispiel eine Differenz der Mittelungspegel L_i (innen) von 6 dB zugunsten des Schienenverkehrslärms ergibt.

Diese für Schienenverkehrsgeräusche bessere Dämmwirkung wird bei der Berechnung der erforderlichen Schalldämmung durch eine Korrektur (den so genannten E-Summanden nach [17.222]) berücksichtigt (s. die Formel weiter unten).

In einer Studie [17.14] wurde der E-Summand bei Schienenverkehrslärm in Abhängigkeit von der Schalldämmung der Fenster und der Entfernung von der Schallquelle ermittelt. Dabei wurde deutlich, dass der E-Summand von einer ganzen Reihe von Parametern beeinflusst wird, z.B. Fahrzeugart, Fahrgeschwindigkeit, Dämmkurve des Fensters, Entfernung Emissionsquelle – Immissionsort.

Unter Berücksichtigung dieser Einflüsse wurden in [17.14] für die einzelnen Zuggattungen folgende mittlere E-Summanden gefunden:

hochfrequenter Rangierbahnhofslärm: −1,3 dB(A),
tieffrequenter Rangierbahnhofslärm: 3,5 dB(A),
IC-Züge: −1,1 dB(A),
D-Züge: −1,8 dB(A),
G-Züge: 1,7 dB(A),
S-Bahn (ET 420): 1,5 dB(A).

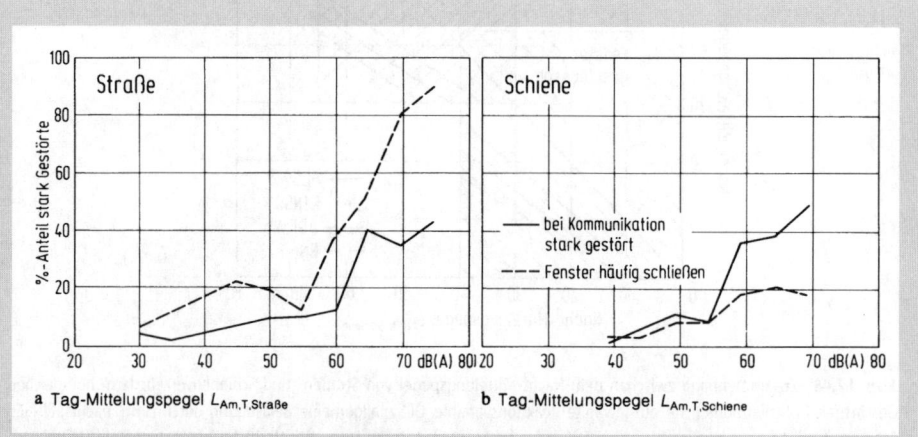

Abb. 17.44 Zusammenhang zwischen Kommunikationsstörungen bzw. der Fensterstellgewohnheit und dem Tag-Mittelungspegel für **a** Straßenverkehrslärm und **b** Schienenverkehrslärm

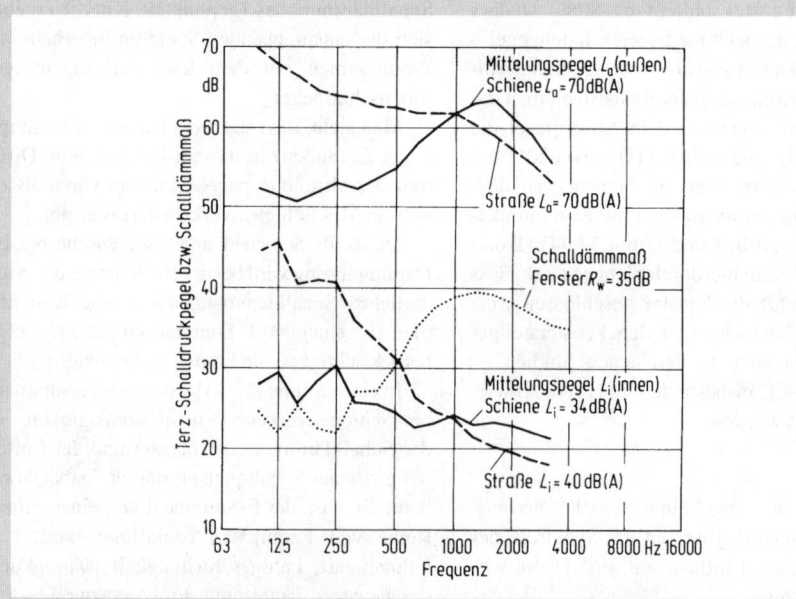

Abb. 17.45 Schalldruckpegel-Terzspektren von Schienen- und Straßenverkehrsgeräuschen außerhalb (gemessen) und innerhalb (gerechnet mittels angegebenem Schalldämmmaß eines Fensters) eines Wohnraumes für den bauakustischen Frequenzbereich

Auf der Basis u. a. dieser Untersuchungen werden in den unten beschriebenen Berechnungsverfahren nach [17.222] folgende mittlere E-Summanden angesetzt:

Schienenwege von Eisenbahnen
allgemein: 0 dB,

Schienenwege von Eisenbahnen, bei denen im Beurteilungszeitraum mehr als 60 % der Züge Güterzüge mit Graugussklotzbremsen sind, sowie Verkehrswege der Magnetschwebebahnen: 2 dB,

Schienenwege von Eisenbahnen, auf denen in erheblichem Umfang Güterzüge gebildet oder zerlegt werden: 4 dB.

Die Art und den Umfang der notwendigen Schallschutzmaßnahmen für schutzbedürftige Räume in baulichen Anlagen regelt die im Jahr 1997 durch den Gesetzgeber verabschiedete 24. BImSchV – Verkehrswege-Schallschutzmaßnahmenverordnung [17.222].

Die in dieser Verordnung enthaltene Berechnungsvorschrift schreibt vor, dass die Schalldämmung von vorhandenen Umfassungsbauteilen (z.B. Fenster, Rollladenkasten, Heizkörpernische, Dach, Wand) in den Räumen entsprechend ihrer Schutzbedürftigkeit so zu verbessern ist, dass die gesamte Außenfläche des Raumes das erforderliche bewertete Schalldämmmaß nach folgender Gleichung nicht unterschreitet:

$$R'_{w,res} = L_{r,T/N} + 10 \cdot \lg \frac{S_g}{A} - D + E$$

Darin bedeuten:
- $R'_{w,res}$ erforderliches bewertetes Schalldämmmaß der gesamten Außenfläche des Raumes in dB,
- $L_{r,T/N}$ Beurteilungspegel für den Tag (Index T) bzw. für die Nacht (Index N) in dB(A) nach den Anlagen 1 und 2 der Sechzehnten Verordnung zur Durchführung des Bundes-Immissionsschutzgesetzes vom 12. Juni 1990 (BGBl.I S.1036) [17.199],
- S_g vom Raum aus gesehene gesamte Außenfläche in m^2 (Summe aller Teilflächen),
- A äquivalente Absorptionsfläche des Raumes in m^2 ($A = 0{,}8 \cdot$ *Gesamtgrundfläche*),
- D Korrektursummand nach Tabelle 1 [17.222] in dB (zur Berücksichtigung der Raumnutzung),
- E Korrektursummand nach Tabelle 2 [17.222] in dB (ergibt sich aus dem Spektrum des Außengeräusches und der Frequenzabhängigkeit der Schalldämmmaße von Fenstern).

Weitere Einzelheiten siehe [17.222]. Um die in der 24. BImSchV festgelegten Anforderungen an den passiven Schallschutz zu erfüllen, darf das nach dieser Gleichung berechnete *vorhandene* Schalldämmmaß nicht kleiner sein als das *erforderliche* Schalldämmmaß für die gesamte Außenfläche. Ist diese Bedingung nicht erfüllt, müssen die Schalldämmmaße der Umfassungsbauteile entsprechend verbessert werden, wobei die Verbesserung gegenüber dem ursprünglichen Wert nach der 24. BImSchV mindestens 5 dB betragen muss.

Als Richtlinie für die Anwendung der 24. BImSchV bei Schienenverkehrslärm gibt [17.4] konkrete Handlungsanleitungen und praktische Hinweise zur Abwicklung von passiven Schallschutzmaßnahmen bei Schienenverkehrslärm im Bereich der Deutschen Bahn.

17.2.3.3 Fahrgeräusche in Fahrzeugen

Ein Teil des beim Rollen entstehenden Luftschalls trifft auf den Fußboden und den unteren Bereich der Seitenwände, bei Tunnelfahrt auch auf die Fenster, die Wände und das Dach, und regt diese Bauteile zu Körperschallschwingungen an, welche dann Luftschall auch nach innen abstrahlen. Ein weiterer Energieanteil wandert als Körperschall vom Rad über das Drehgestell zu den übrigen Fahrzeugteilen und wird von diesen als Luftschall unter anderem ebenfalls in die Fahrgasträume abgegeben.

Die folgenden Ausführungen werden unterteilt in Fahrgeräusche in Fahrzeugen für Reisende und in Führerständen der Triebfahrzeuge.

Für Reisende

Im Verlauf der zurückliegenden Jahrzehnte sind bei der Verringerung der Innenschallpegel wesentliche Verbesserungen erzielt worden. Vor allem durch die Einführung der Scheibenbremsen bei Reisezugwagen sind die Innenpegel (ähnlich wie die Außenpegel) stark zurückgegangen. International haben sich die Bahnen folgende Richtwerte in Reisezugwagen bei Fahrgeschwindigkeiten bis 160 km/h gesetzt:

in der 1. Klasse 65 dB(A),
in der 2. Klasse 68 dB(A).

Die Einhaltung dieser Werte wird heute auch für die Fahrzeuge des schnellen Reiseverkehrs (> 200 km/h) angestrebt. Tabelle 17.4 nennt die

Tabelle 17.4 Schallpegel im ICE 1 in dB(A)

Messort/Fahrgast-bereich	Geschwindigkeit in km/h	
	200	280
Über Drehgestell	66	70
In Wagenmitte	62	66

Innenpegel im ICE 1 bei Fahrt auf freier Strecke (Schotteroberbau) in dB(A).

In Großraumwagen sollten diese Werte nicht deutlich unterschritten werden, weil sonst die Gespräche auch entfernt sitzender Mitreisender durch die nun zu leisen Fahrgeräusche nicht mehr verdeckt werden und stören können.

Bei Fahrt im Tunnel erhöhen sich diese Werte wegen der guten Schalldämmung der Seitenwände, der Fenster und des Daches des auch für Tunnelfahrt konzipierten ICE nur um etwa 4 dB(A).

Bei älteren Reisezugwagen steigt der Innenpegel bei Fahrt im Tunnel wegen mangelhafter Isolierung des Dachbereichs wesentlich stärker an. Typische Spektren zeigt Abb. 17.46 (aus [17.93]).

Die Schallpegel an verschiedenen Stellen eines Reisezugwagens bei Fahrt im Tunnel und auf freier Strecke mit einer Geschwindigkeit von 250 km/h zeigt Abb. 17.47.

Danach herrscht unter dem Wagen bei 250 km/h im Drehgestellbereich ein Schallpegel von 120 dB sowohl auf freier Strecke als auch im Tunnel. Bei Fahrt auf freier Strecke nimmt dann der Schallpegel bis zur Mitte des Wagendachs über dem Drehgestell auf 96 dB ab, bis zur Wagendachmitte in Wagenmitte sogar auf 90 dB.

Die großen Pegelunterschiede außen/innen nach Abb. 17.47 erfordern sehr aufwändige Boden- und Wandkonstruktionen. Wegen des hohen

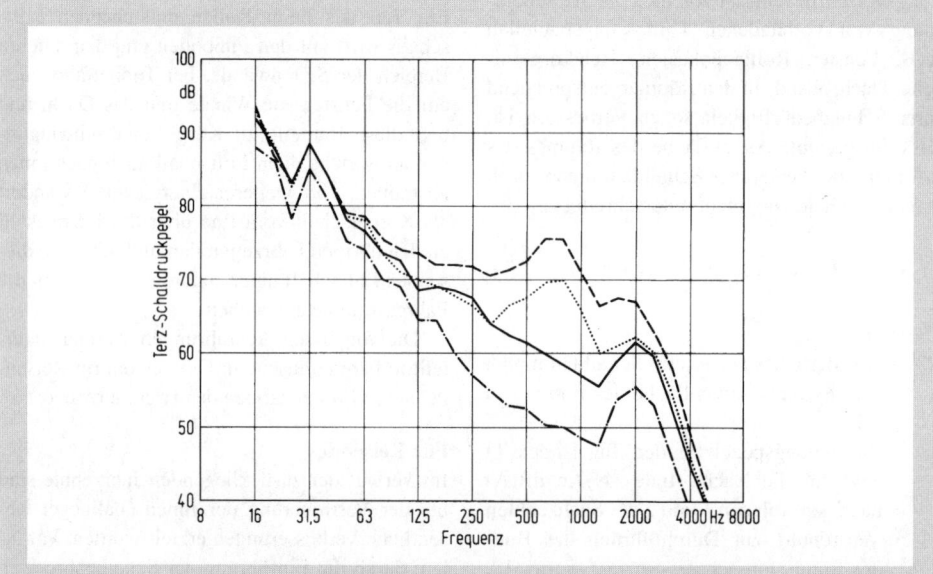

Abb. 17.46 Luftschall im Innenraum eines Reisezugwagens (Großraum in Wagenmitte) bei Fahrt auf verschiedenen Oberbauformen auf freier Strecke und im Tunnel mit einer Geschwindigkeit von 200 km/h

Symbol	Streckenabschnittt	Oberbauart	Summenpegel	
			dB(lin)	dB(A)
–·–·–	Freie Strecke	Schotteroberbau W60 B70	92	64
———	Tunnel	Schotteroberbau W60 B70	96	71
- - - -	Tunnel	Feste Fahrbahn, nicht absorbierend	97	81
········	Tunnel	Feste Fahrbahn, absorbierend	96	75

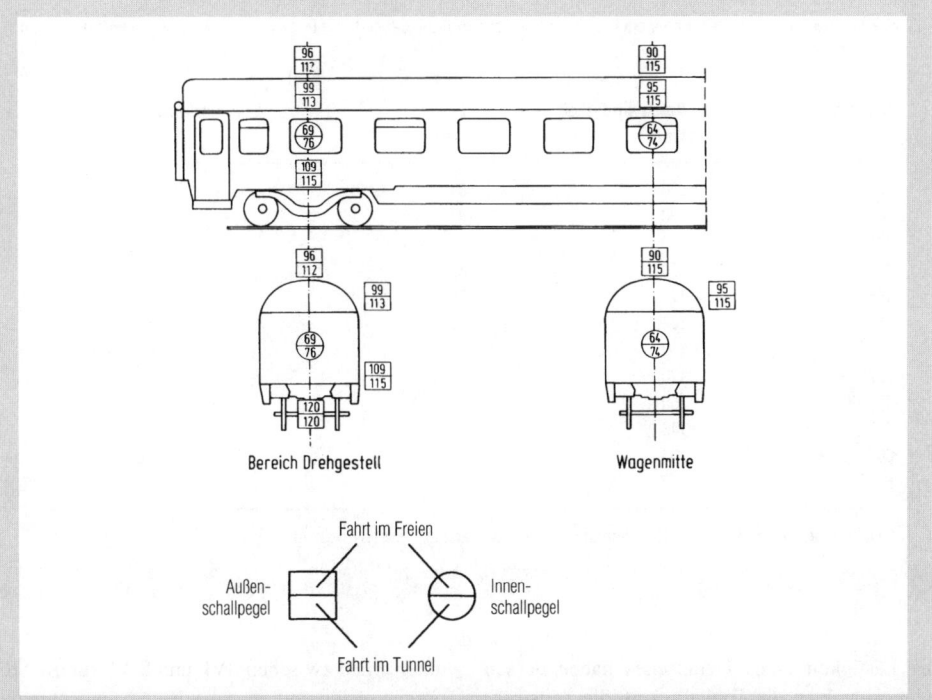

Abb. 17.47 Verteilung der A-Schalldruckpegel an der Außenhaut und im Inneren eines Reisezugwagens der Baureihe Avmz 207 bei Fahrt auf Schotteroberbau im Freien und im Tunnel mit einer Geschwindigkeit von 250 km/h

Anteils von Tunneln auf den Neubaustrecken werden für neue Reisezugwagen auch aufwändige Fenster- und Dachkonstruktionen eingesetzt (s. o.).

Für Personal
Nach Kodex 651 des Internationalen Eisenbahnverbands UIC [17.214] darf im Führerraum der äquivalente Dauerschallpegel L_{eq}, bezogen auf eine Messzeit von 30 Minuten, bei geschlossenen Türen und Fenstern, bei Geschwindigkeiten bis 300 km/h auf gut unterhaltenem Gleis einen Wert von 78 dB(A) nicht überschreiten, 75 dB(A) sind anzustreben. Im Tunnel liegen diese Grenzwerte um 5 dB(A) höher.

Diese Werte sind – insbesondere bei Dieselloks mit Pegeln von bis zu 120 dB(A) im Maschinenraum – nur mit sehr aufwändiger Schallisolation zwischen Maschinenraum und Führerstand und bei Geschwindigkeiten ≥ 200 km/h nur mit aerodynamisch richtiger Außengestaltung des Führerraumbereichs einzuhalten.

Einzelgeräusche wie Warnsignale können im Führerstand mit Schallpegeln von $L_A > 80$ dB(A) auftreten.

In den Führerständen der Triebfahrzeuge der Deutschen Bahn ist mit folgenden Beurteilungspegeln L_{ra} zu rechnen:

Diesellokomotiven: 75 ... 80 dB(A),
Dieseltriebzüge: 65 ... 75 dB(A),
Elektrische Lokomotiven: 70 ... 75 dB(A).

Führerstands-Innenpegel bei Volllastbetrieb und maximaler Fahrgeschwindigkeit bei Fahrt im Freien zeigt die Tabelle 17.5 [17.93].

Die Schallpegel wurden am Ohr des Lokführers gemessen. In den Führerständen der früher eingesetzten Dampflokomotiven konnten kurzzeitig Schallpegel bis 110 dB(A) und vereinzelt bis 120 dB(A) auftreten, was zu Beurteilungspegeln L_{ra} in diesen Fahrzeugen von etwa 90 dB(A) führen konnte.

17.2.4 Wirkung und Bewertung von Schienenverkehrsgeräuschen

Zweifellos können verschiedene Geräusche bei gleichem Mittelungspegel sich in ihrer Lästigkeit stark unterscheiden. Entscheidenden Einfluss auf

Tabelle 17.5 A-bewerteter Schallpegel L_A im Führerstand verschiedener Triebfahrzeuge bei Fahrt auf freier Strecke mit Schotteroberbau

Baureihe	Geschwindigkeit km/h	L_A dB(A)	Bemerkung
101[a]	220	81	-------
103[a]	160	81	-------
111[a]	120	74	-------
120[a]	160	82	-------
143[a]	120	74	-------
151[a]	100	78	-------
218[b]	130	80	-------
232[b]	120	78	-------
401 (ICE 1)[c]	250	79	-------
423 (S-Bahn)[c]	140	68	-------
605 (ICE-VT)[d]	200	71	73 dB(A) im Tunnel
644[d]	120	72	-------

[a] Elektrische Lokomotive, [b] Diesel-Lokomotive, [c] Elektro-Triebzug, [d] Diesel-Triebzug.

die Lästigkeit eines Geräusches haben dessen Klangcharakter, die Tonhaltigkeit, die Zeitstruktur des Einwirkens (Dauergeräusch oder Geräusch mit langen Pausen), Meinungen des Belästigten über den Geräuscherzeuger usw.

17.2.4.1 Schienenbonus

Als man beim Bundesminister für Verkehr im Jahre 1973 daran ging, Schallimmissionsgrenzwerte in Form von A-bewerteten Mittelungspegeln für Schienenverkehrslärm (SVL) und Straßenverkehrslärm (StVL) festzulegen (s. Abschn. 17.2.5), musste man sich mit der vergleichenden Bewertung der Lästigkeit dieser beiden Verkehrsgeräuscharten ausgiebig befassen, weil die Festlegung gleicher Zahlenwerte als Grenzwert für verschiedene Verkehrsgeräusche bedeutet hätte, dass man für die Geräusche verschiedener Verkehrssysteme unterschiedliche Lästigkeiten zulässt.

Zusätzlich zu damals bereits laufenden oder abgeschlossenen Studien im Inland und Ausland, die sich mit einer Ausnahme [17.83] nur am Rande mit diesen Fragen befassten, wurde deshalb eine solche Studie im Auftrag des Bundesministers für Verkehr ausgeführt [17.92].

Durch Befragung von über 1600 Bewohnern in SVL- und StVL-Gebieten bezüglich zahlreicher Störungsgrößen hat man den Lästigkeitsunterschied zwischen SVL und StVL für die Störungen nachts mit etwa 10 dB(A) zugunsten des SVL ermittelt (s. auch [17.153]). Über die Vorgehensweise und die Ergebnisse solcher Studien siehe [17.75].

Dieser mit +10 dB(A) für die Nachtzeit nachgewiesene Schienenbonus (s. auch [17.221]) wurde vom Gesetzgeber nur mit 5 dB(A) in die Verkehrslärmschutzverordnung [17.199] übernommen (s. Abschn. 17.2.5).

Als Gründe für die im Vergleich zum StVL wesentlich geringere Lästigkeit des SVL können vermutet werden:

a) die Geräuschpausen zwischen den einzelnen Schallereignissen (Zugvorbeifahrten),
b) das regelmäßige Auftreten der Geräusche (Fahrplan),
c) der immer gleiche Klangcharakter und Schallpegel bei einem bestimmten Anlieger,
d) die nicht von einem Individuum beeinflusste Lautstärke der Züge,
e) das gegenüber dem StVL andere Spektrum des SVL.

Zum letzten Punkt wurden in [17.111] Untersuchungen über die Unterschiede zwischen der C- und A-Bewertung verschiedener Verkehrsgeräusche ausgeführt, in welcher für Straße, Schiene und Luftverkehr die verschiedensten Verkehrssituationen durch zahlreiche Messungen an vielen Messpunkten erfasst worden sind. Die reinen Geräuscheinwirkzeiten der beim Schienenverkehr analysierten Schallereignisse lagen bei 23 Stunden, beim Straßenverkehr bei 41 Stunden. Die Studie zeigte, dass der StVL im Mittel einen wesentlich höheren Anteil der Schallenergie bei tiefen Frequenzen aufweist als der SVL, so dass allein aufgrund der A-Bewertung ein Schienenbonus von +5 dB(A) gerechtfertigt ist.

Da in jüngster Zeit der Schienenbonus insbesondere im Rahmen von Planfeststellungsverfahren und der damit verbundenen Öffentlichkeitsarbeit beim Neu- und Ausbau von Schienenverkehrswegen immer häufiger kritisiert und angezweifelt wurde, hat die Deutsche Bahn von 1996 bis 2001 ein umfangreiches Forschungsprogramm über die Lästigkeitswirkung von Schienenverkehrslärm unter Beteiligung des Bundesministers für Verkehr, des Umweltbundesamtes, des Eisenbahnbundesamtes, der Österreichischen Bundesbahnen u.a. initiiert. In den Untersuchungen sollte überprüft werden, ob der in [17.92] festgestellte Schienenbonus auch noch unter den heutigen geänderten Verkehrsbedingungen Gültigkeit besitzt.

In mehreren Feldstudien wurden auf der Basis von Befragungen betroffener Anlieger die Lästigkeitsunterschiede zwischen Schienen- und Straßenverkehr für den Nachtzeitraum (Aufweckstudie) [17.72], die Besonderheiten des Hochgeschwindigkeitsverkehrs [17.244], sowie die unterschiedliche Lärmwirkung von Güter- und Reisezügen [17.247] untersucht. So wurden u. a. Messungen und Befragungen zum Aufweckverhalten bei Probanden in StVL- und SVL-Gebieten bei gleichem Mittelungspegel durchgeführt, um lärmbedingte Unterschiede hinsichtlich der Aufweckreaktionen zuverlässig zu erfassen.

Ergebnisse aus Befragungen von 1600 Probanden innerhalb der Aufweckstudie führten zu mittleren Lästigkeitsunterschieden (SVL/StVL) von +13,6 dB(A) für „erfragte Schlafstörungen" und von +8 dB(A) für die „Gesamtgestörtheit nachts". Bei den Kommunikationsstörungen ergaben sich, auch unter Berücksichtigung der unterschiedlichen Fensterstellgewohnheiten, mittlere Lästigkeitsunterschiede von +3 dB(A) bis −8 dB(A) [17.137], wobei die „Gesamtgestörtheit tags" einen Wert von +3,4 dB(A) erreichte.

Im Bereich der Kommunikationsstörungen im Innenraum (Telefonieren, Fernsehen usw.) wurde der so genannte „Schienenmalus" [17.62] anhand der Fensterstellgewohnheiten der befragten Bürger weiter untersucht [17.137], nachdem festgestellt worden war, dass mit zunehmendem Außenpegel ein großer Teil der Befragten an der Strasse die Fenster schließt (> 50%), während an Schienenverkehrswegen nur etwa 10% der Betroffenen die Fenster geschlossen halten. Wegen der hieraus sich ergebenden unterschiedlich hohen Innenraumpegel an Schienen- und Straßenverkehrswegen wurde der in [17.62] ausgewiesene „Schienenmalus" erneut hinterfragt.

Das Ergebnis aus diesen aktuellen Lärmwirkungsuntersuchungen zeigt, dass bei vorwiegend geschlossener Fensterstellung an Schiene und Strasse der Lästigkeitsunterschied für Kommunikationsstörungen nicht zwangsläufig im Malusbereich liegen muss, sondern Werte von +3 dB(A) bis −8 dB(A) – je nach Pegelbereich – einnehmen kann.

Innerhalb der Studie zum Hochgeschwindigkeitsverkehr wurde ebenfalls aufgrund von Befragungen bei 315 Anliegern festgestellt, dass die Lärmstörungen durch die schnell fahrenden ICE-Züge tendenziell nicht stärker sind als die aus dem herkömmlichen Bahnverkehr [17.244].

Die durchgeführten Studien bestätigen weitgehend die Ergebnisse früherer Untersuchungen und zeigen, dass auch unter den geänderten Verkehrsbedingungen der Ansatz eines Schienenbonus in Höhe von +5 dB(A) weiterhin gerechtfertigt ist.

In anderen europäischen Ländern ist der Schienenbonus ebenfalls, jedoch in teilweise unterschiedlicher Höhe, festgelegt: Österreich +5 dB(A), Frankreich +3 dB(A), Niederlande +7 dB(A), Schweiz zwischen +5 dB(A) (bei hoher Streckenbelastung) bis +15 dB(A) (bei sehr geringer Streckenbelastung).

Zwischenzeitlich hat der Gesetzgeber in der im Jahr 1997 verabschiedeten Magnetschwebebahn-Lärmschutzverordnung [17.144] einen Schienenbonus von +5 dB(A) bis zu einer Fahrgeschwindigkeit von 300 km/h festgelegt.

17.2.4.2 Pegelzuschläge (Impuls-/Tonzuschlag)

Beim Befahren enger Gleisbögen können durch Längs- und Quergleitbewegungen der Räder auf den Schienen Quietschgeräusche im Frequenzbereich zwischen 2 kHz und 10 kHz auftreten.

Wirken tonhaltige und/oder impulshaltige Geräuschquellen auf den zu untersuchenden Immissionsort ein, ist der Emissionspegel bei der Berechnung um bestimmte Pegelzuschläge zu erhöhen [17.2], [17.196].

17.2.4.3 Wahrnehmung von Pegeldifferenzen bei Zugvorbeifahrten

Nach allgemeiner Auffassung werden Schallpegelreduzierungen bzw. -erhöhungen um 3 dB(A) als Veränderung der Geräuschbelastung gerade wahrgenommen. In von der TU München durchgeführten Untersuchungen wurden Versuchspersonen im Schalllabor in mehreren Versuchsreihen mit einem vorgegebenen Schienenverkehrsgeräusch eines vorbeifahrenden Güterzuges mit L_{AFmax} = 79 dB(A) beschallt, das bei Pausenlängen von 3 min und von 6 min um ± 3 dB und ± 10 dB elektrisch verändert wurde. Die durch andere Tätigkeiten abgelenkten Probanden sollten angeben, ob sie eine Veränderung des Schallpegels wahrnehmen [17.104, 17.105]. Durch die Ablenkung sollte die übliche Situation des Aufenthalts in Wohnungen an einer Eisenbahnstrecke nachgeahmt werden.

Die Untersuchungsergebnisse zeigen, dass eine Erhöhung bzw. eine Reduzierung des Schallpegels um 3 dB(A) von der Mehrzahl der Betroffenen *nicht* wahrgenommen wird (Abb. 17.48).

Sogar eine Pegelreduzierung von 10 dB wird in der Hälfte der Urteile nicht als solche erkannt! Dieses Ergebnis ist insbesondere bei der Planung von Schallschutzmaßnahmen (SSW) von großer Bedeutung, da die oftmals geforderte Erhöhung von Schallschutzwänden um einen oder zwei Meter mit einer zusätzlichen akustischen Wirkung in der Größenordnung von 3 dB(A) bis 5 dB(A) – wie die o. g. Ergebnisse zeigen – akustisch kaum wahrgenommen wird, optisch jedoch stark zusätzlich störend sein kann.

17.2.5 Gesetzliche Regelungen

Das im März 1974 für das Gebiet der Bundesrepublik Deutschland verkündete Bundesimmissionsschutzgesetz (BImSchG) [17.68] sah auch Regelungen bezüglich Schienenverkehrslärm vor: in § 38 ist festgelegt, dass die Emissionen von Schienenfahrzeugen bei bestimmungsgemäßem Betrieb bestimmte Grenzwerte nicht überschreiten dürfen.

In § 41 ist festgelegt, dass beim Bau oder der wesentlichen Änderung von Schienenwegen sicherzustellen ist, dass durch diese keine schädlichen Umwelteinwirkungen durch Verkehrsgeräusche hervorgerufen werden können, die nach dem Stand der Technik vermeidbar sind, sofern die Kosten der Schutzmaßnahmen nicht außer Verhältnis zum angestrebten Schutzzweck stehen.

Die zuständigen Ministerien werden ermächtigt, Schallemissionsgrenzwerte für Schienen-

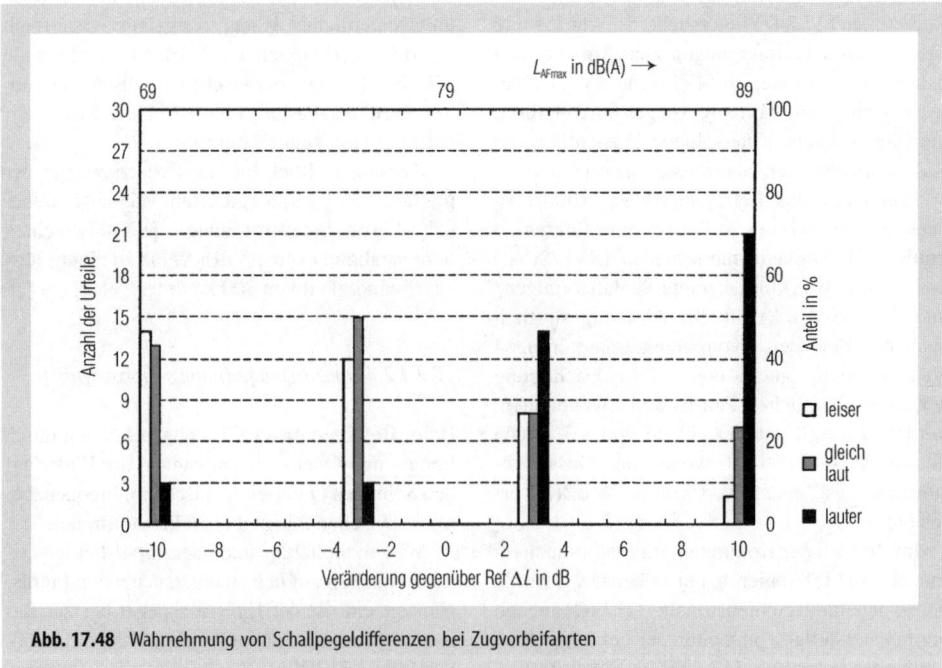

Abb. 17.48 Wahrnehmung von Schallpegeldifferenzen bei Zugvorbeifahrten

fahrzeuge und Grenzwerte für die Schallimmissionen an Straßen und Schienenwegen durch Rechtsverordnungen festzulegen.

Während der Verordnungsentwurf für Schallemissionsgrenzwerte damals im Dickicht der EG-Zuständigkeiten hängen blieb (für 2004 sind solche Werte jedoch zu erwarten), wurde ein Gesetzentwurf mit Immissionsgrenzwerten – Verkehrslärmschutzgesetz-Entwurf (E 80) – [17.223] vom Bundestag 1980 verabschiedet und vom Bundesrat wegen der hohen auf die Länder zukommenden Schallschutzkosten abgelehnt. Die im E 80 enthaltenen Grenzwerte sind jedoch weitgehend den ab 1980 laufenden Streckenplanungen zugrunde gelegt und auch in Gerichtsverfahren als so genannter „verfestigter Ausdruck einschlägigen Sachverstandes" anerkannt worden. 1989 begannen erneut Bestrebungen, den Sachverhalt des E 80 nun doch in einer Rechtsverordnung zu regeln. Dies geschah mit der „16. Verordnung zur Durchführung des Bundes-Immissionsschutzgesetzes" (Verkehrslärmschutzverordnung – 16. BImSchV) [17.199]. Gegenüber dem E 80 wurden die Grenzwerte um 3 dB(A) herabgesetzt. Außerdem wurde das Berechnungsverfahren derart verändert, dass es um 3 dB(A) bis 5 dB(A) höhere Rechenwerte liefert.

Insgesamt stellt also die 16. BImSchV gegenüber dem E 80 eine Verschärfung um 6 dB(A) bis 8 dB(A) dar, abgesehen von weiteren kleineren Verschärfungen (restriktivere Auslegung der Definition der „wesentlichen Änderung" usw.). Weil die nun erforderlichen Pegelreduzierungen von nicht selten 25 dB(A) mit aktiven Schallschutzmaßnahmen natürlich bei weitem nicht erreicht werden können, gewinnen die passiven Schallschutzmaßnahmen stark an Bedeutung. Deshalb wurde mit der Einführung der 24. Verordnung zur Durchführung des Bundes-Immissionsschutz-Gesetzes (Verkehrswege-Schallschutzmaßnahmen-Verordnung – 24. BImSchV) [17.222] im Jahr 1997 die einheitliche Abwicklung passiver Schallschutzmaßnahmen gesetzlich geregelt (s. auch Abschn. 17.2.3.2). Die Verordnung legt die Art und den Umfang von Schallschutzmaßnahmen für schutzbedürftige Räume in baulichen Anlagen auf der Grundlage eines entsprechenden Berechnungsverfahrens fest. Als Ergänzung zur 24. BImSchV steht die Richtlinie Akustik 23 [17.4], die insbesondere auf die Anwendung der 24. BImSchV und die praktische Abwicklung zur Dimensionierung von passiven Schallschutzmaßnahmen bei Schienenverkehrslärm im Bereich der Deutschen Bahn angewendet wird, zur Verfügung.

Aufgrund aktueller Entwicklungen wurde ebenfalls im Jahr 1997 die Lärmvorsorge beim Bau oder der wesentlichen Änderung von Verkehrswegen der Magnetschwebebahnen durch den Gesetzgeber mit der Magnetschwebebahn-Lärmschutzverordnung [17.144] geregelt. Das darin enthaltene Berechnungsverfahren geht bei der Emissionsbestimmung von einem mechanischen und einem aerodynamischen Geräuschanteil aus. Die Immissionsgrenzwerte wurden in Analogie zur 16. BImSchV [17.199] festgelegt. Der Schienenbonus in Höhe von +5 dB ist bis zu einer Geschwindigkeit von 300 km/h ebenfalls Bestandteil dieser Rechtsverordnung.

17.2.6 Geräuschmessungen an Schienenfahrzeugen

Geräuschmessungen in und an Schienenfahrzeugen sind in Regelwerken ausführlich beschrieben, [17.97, 17.98]. Von höchster Bedeutung für zuverlässige Messergebnisse ist hierbei ein genau definierter Zustand der Schienenfahrflächen und des Oberbaus im jeweiligen Messabschnitt. Messungen des Vorbeifahrgeräusches zum Vergleich zwischen verschiedenen Gleisabschnitten (z.B. mit/ohne seitliche Bebauung) zur Ermittlung der Bebauungsdämpfung, verschiedene Oberbauvarianten, verschiedene Streckenführungen (Einschnitt, Ebene, Damm), mit/ohne Schallschutzwand usw. erfordern zuverlässig den gleichen Zustand der Schienenfahrflächen in den zu vergleichenden Abschnitten, jeweils über eine Streckenlänge, von welcher aus der Schallpegel am Messpunkt beeinflusst wird. Diese Bedingung ist nur schwierig einzuhalten. Von der Deutschen Bahn werden bei der Planung solcher Messungen die Schienenfahrflächen der entsprechenden Gleisabschnitte geschliffen und somit der vergleichbare gute Zustand der Schienenfahrflächen hergestellt. Die Messungen sollten erst ca. 4 bis 8 Wochen nach dem Schleiftermin stattfinden, weil sich dann der so genannte Fahrspiegel der Schienenfahrflächen durch den Zugbetrieb gebildet und normalisiert hat.

Bestrebungen zur Lärmbekämpfung an der Quelle führten seinerzeit bei der Deutschen Bundesbahn zur Entwicklung eines neuen Messverfahrens zur Erfassung der akustischen Qualität der Schienenfahrflächen im Bereich von Wohnbebauungen mit einem speziell hierfür ausgerüsteten Messwagen [17.76] (s. Abschn. 17.2.2.2, Oberbau).

Zur Ortung und Erforschung der Schallquellen sind häufig Schallmessverfahren notwendig, die über die Normen [17.97, 17.98] hinausgehen. Ist die Schallquelle stationär, wie z. B. auf Prüfständen oder in Windkanälen, können die schallabstrahlenden Bereiche mit dem Verfahren der „räumlichen Umwandlung von Schallfeldern" [17.74] unter Verwendung von gitterförmigen Mikrofonanordnungen aus typisch 50 bis 100 Mikrofonen auf wenige Zentimeter genau geortet werden. Zur Ortung von Einzelschallquellen an vorbeifahrenden Zügen, wie Stromabnehmern, die bei Geschwindigkeiten ≥ 250 km/h aeroakustische Geräusche abstrahlen können (s. Abschn. 17.2.2.1), dienen so genannte Microphone-Arrays, die z. B. aus ebenfalls typisch 50 bis 100 quasistochastisch auf einer Spirale von 4 m Durchmesser oder auch in kreuzförmiger Anordnung montierten Mikrophonen bestehen. Mit diesen Arrays wird jeder Punkt – Auflösung je nach Frequenzbereich typisch wenige Dezimeter – des vorbeifahrenden Zugs eine für Terzanalysen ausreichende Zeit lang abgetastet und sein Beitrag zum Terzschallpegel bestimmt [17.165]. Auf diese Weise sind schon Einbuchtungen für Türgriffe oder für Trittstufen als bedeutende aeroakustische Schallquellen bei Geschwindigkeiten um 300 km/h entlarvt worden.

17.3 Körperschall, Erschütterungen bei Eisenbahnen

17.3.1 Allgemeines, Begriffsbestimmungen

Von fahrenden Zügen werden Schwingungen erzeugt, die über das Oberbausystem in den Untergrund eingeleitet werden und sich im umgebenden Boden ausbreiten. Dabei werden diese Schwingungen auch über die Fundamente auf benachbarte Gebäude übertragen, wodurch diese ihrerseits zu Schwingungen angeregt werden. Diese Schwingungen können bei entsprechender Größenordnung von Menschen in Gebäuden als spürbare Erschütterungen wahrgenommen werden.

Sie können aber auch von schwingenden Gebäudeteilen, in der Regel Decken und Wände, in die umgebende Luft abgestrahlt und als so genannter sekundärer Luftschall hörbar werden (Abb. 17.49).

Im Zuge des Neubaus, vor allem aber des Ausbaus von Eisenbahnstrecken, die durch dicht besiedelte Wohngebiete und häufig nur in geringem Abstand von bewohnten Gebäuden verlaufen, haben Probleme mit Erschütterungs- und Sekundärluftschall-Immissionen mehr und mehr an Bedeutung gewonnen.

Anstelle des Begriffes Erschütterungen wird synonym auch der Begriff Körperschall verwendet, obwohl dieser, wie mit der Bezeichnung „Schall" zum Ausdruck kommt, streng genommen für die Behandlung von Festkörperschwingungen im Bereich hörbarer Frequenzen ($f >$ 16 Hz) reserviert ist [17.22].[9]

Die wichtigste Größe zur Kennzeichnung von Erschütterungen/Körperschall ist der Schwingschnelle-/Körperschall-Schnellepegel oder kurz der Schnellepegel L_v:

$$L_v = 20 \cdot \lg \frac{v}{v_0} \text{ dB} .$$

Darin bedeuten
v Effektivwert der Schwingschnelle in m/s,
v_0 $5 \cdot 10^{-8}$ m/s (Bezugsschnelle).

Der Schnellepegel L_v wird sowohl zur körperschalltechnischen Kennzeichnung schwingender Strukturen, z. B. Boden, Gebäudefundament und -decke, als auch zur Beschreibung der Körperschallausbreitung und bei der messtechnischen oder rechnerischen Ermittlung der Wirksamkeit von Minderungsmaßnahmen verwendet (z. B. Einfügungsdämmmaß, Schnellepegeldifferenz).

Messgröße ist in der Regel die Schwingbeschleunigung, die mit Hilfe von piezoelektrischen Beschleunigungsaufnehmern mit einer dem jeweiligen Anwendungsfall angepassten Empfindlichkeit registriert wird.[10]

Schwingbeschleunigung a und Schwingschnelle v sind für periodische Vorgänge, die hier praktisch immer vorausgesetzt werden können,

---

[9] Nach [17.22] wird mit Körperschall das Gebiet der Physik bezeichnet, „...das sich mit der Erzeugung, Übertragung und Abstrahlung von – meist sehr kleinen – zeitlich wechselnden Bewegungen und Kräften in festen Körpern beschäftigt... „Dabei drückt die Bezeichnung Schall" bereits aus, dass das Hauptaugenmerk bei den höheren Frequenzen – also etwa im Bereich von 16 bis 16000 Hz – liegt. Schwingungen und Wellen bei tieferen Frequenzen fallen meist in das Gebiet der mechanischen Schwingungen oder der Erdbebenwellen.

[10] Es werden auch, insbesondere zur Erfassung sehr tieffrequenter Schwingungen, elektrodynamische Messaufnehmer, sog. Geophone, verwendet, mit denen die Schwingschnelle direkt gemessen wird.

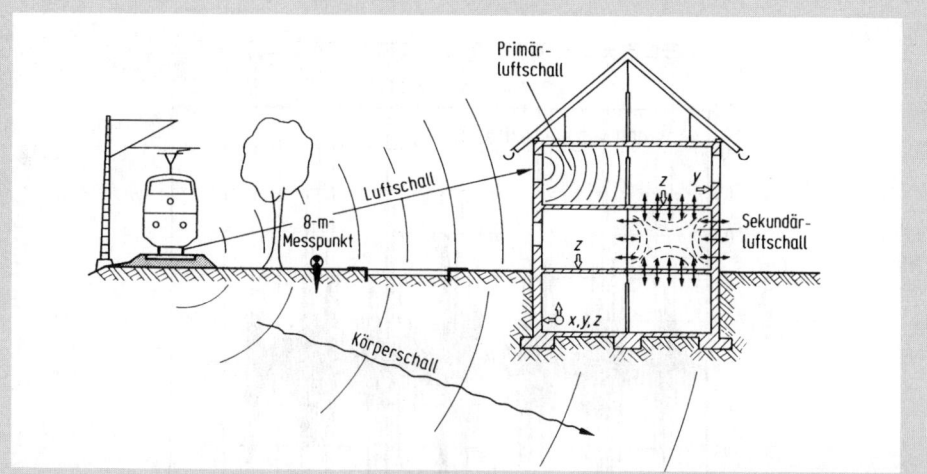

Abb. 17.49 Skizze zur Veranschaulichung der in der Nachbarschaft einer oberirdischen Eisenbahnstrecke verursachten Körperschall- und Luftschallimmissionen mit Lage typischer Messpunkte zur Ermittlung der Emission (8-m-Messpunkt) und der Immissionen: x, y, z = Schwingungsrichtungen, x parallel zur Gleisachse (horizontal), y senkrecht zur Gleisachse (horizontal), z senkrecht zur Erdoberfläche (vertikal)

bei Verwendung der Zeigerdarstellung wie folgt miteinander verknüpft (s. z. B. [17.149] oder Kap. 1.2):

$$|a| = \frac{dv}{dt} = \left|\frac{d(\hat{v} \cdot e^{j\omega t})}{dt}\right| = |j\omega \cdot v| = \omega \cdot |v|.$$

Die Differenziation nach der Zeit bzw. die Integration über die Zeit geht im Frequenzbereich über in die Multiplikation mit der bzw. die Division durch die Kreisfrequenz ω.

Für die Darstellung als Beschleunigungspegel

$$L_a = 20 \cdot \lg \frac{a}{a_o}\; dB$$

gilt inzwischen als Bezugsgröße $a_o = 10^{-6}$ m/s². Gebräuchlich waren bisher z. B. $a_o = 10^{-2}$ m/s² bzw. 10^{-4} m/s² bzw. 9,81 m/s² oder auch $a_o = \pi \cdot 10^{-4}$ m/s².

Letztere war in der Körperschalltechnik gebräuchlich, weil mit ihr das Beschleunigungsspektrum und das Schnellespektrum eines Schwingungsvorganges bei der Frequenz 1000 Hz den gleichen Wert annehmen.

Messungen zur Ermittlung der körperschalltechnischen Situation in der Umgebung von Schienenverkehrswegen sind nach [17.47–17.49] durchzuführen.

Nach [17.49] wird als Messort zur Kennzeichnung der Emission von oberirdischen Strecken vorzugsweise der „8-m-Messpunkt" eingerichtet (s. Abb. 17.49), d. h. ein Messort an der Erdoberfläche, 8 m seitlich der Gleisachse, auf einem in den Boden in seiner gesamten Länge von ca. 500 mm eingeschlagenen metallenen Erdpflock (in [17.48] auch Spieß genannt) mit in der Regel L- oder X-förmigem Querschnitt.

An unterirdischen Strecken haben sich zur Kennzeichnung der Emission aus praktischen Gründen (Zugänglichkeit usw.) vor allem Messorte an der Tunnelwand, etwa 1,6 m bis 2 m über SO bewährt, wobei darauf zu achten ist, dass u. U. Unterschiede bezüglich der „Hinterfütterung" der Tunnelschale an verschiedenen Tunnelquerschnitten beträchtlichen Einfluss auf die Körperschallpegel an der Tunnelwand haben können [17.49].

Messorte zur Kennzeichnung der Immissionen in benachbarten Gebäuden, z. B. an Fundamenten, an tragenden Bauteilen in Obergeschossen oder an Geschossdecken (s. Abb. 17.49) sind je nach Aufgabenstellung nach [17.48, 17.42 oder 17.43] einzurichten.

Beispiele für typische Ergebnisse einer Körperschallmessung in der Umgebung einer Eisenbahnstrecke zeigen die Abb. 17.50 bis Abb. 17.52, wobei im vorliegenden Fall der Messpunkt zur Kennzeichnung der Emission 3 m seitlich der Gleisachse eingerichtet war. Dadurch kann man in Abb. 17.50 an den Zeitabschnitten

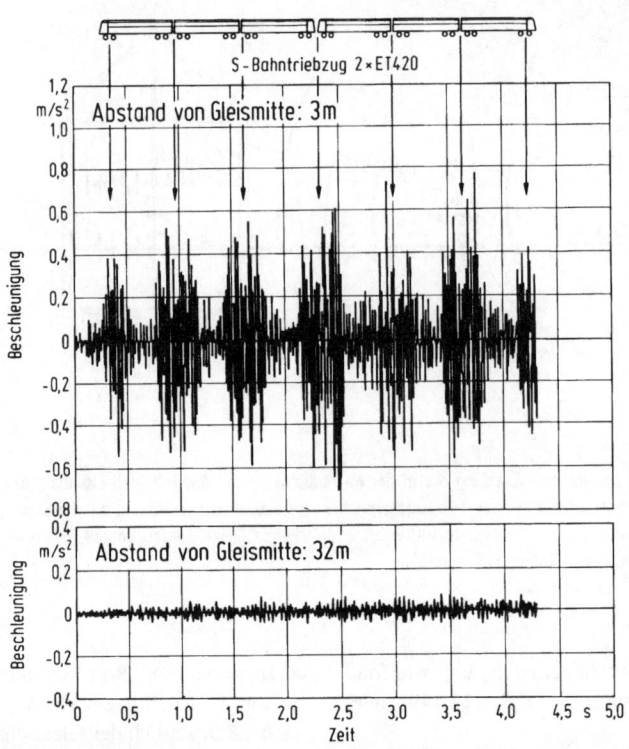

Abb. 17.50 Zeitverlauf des Spitzenwertes der Schwingbeschleunigung im Boden, gemessen auf einem Erdpflock im Nahbereich und in größerer Entfernung von einer oberirdischen Eisenbahnstrecke bei Vorbeifahrt des Triebzuges ET 420 auf Schotteroberbau mit einer Geschwindigkeit von 120 km/h, bei jeweils gleichem Ordinatenmaßstab

hohen bzw. niedrigen Spitzenwertes der Schwingbeschleunigung besonders deutlich die Vorbeifahrt von Drehgestellen (Radsätzen) bzw. Wagenmittelteilen erkennen.

17.3.2 Körperschallentstehung

Der Körperschall entsteht im Rad/Schiene(R/S)-Kontaktpunkt und pflanzt sich von dort in das Fahrzeug sowie in den Untergrund fort.

Die Anregung im R/S-Kontaktpunkt hat ihre Ursache vor allem in Unebenheiten der Schienen- und der Radlaufflächen. Diese Abweichungen von der idealen Form (ebene Schiene, rundes Rad) führen zu entsprechenden Kontaktkräften, die das gesamte R/S-System zu Schwingungen anregen (vgl. R/S-Modell in Abb. 17.18).

Die Formabweichungen haben zwei unterschiedliche Ursachen:

a) Sie rühren zum einen von den geometrischen Formabweichungen bei Rad und Schiene her, die sich als Welligkeit bzw. Rauhigkeit der Laufflächen äußern. Diese Art der Anregung wird *als Weg- oder Geschwindigkeitserregung* bezeichnet.

b) Sie rühren zum zweiten von örtlichen und damit zeitlichen Steifigkeitswechseln des Gleis-Oberbau-Systems beim Überrollvorgang her, die zu einer örtlich wechselnden statisch/dynamischen Einsenkung der Schienenlauffläche führen. Diese Form der Anregung wird als *parametrische Schwingungserregung* bezeichnet.

Steifeschwankungen treten periodisch im Schwellenabstand (Sekundärdurchbiegung) und stochastisch mit wechselnder Bettungssteife auf (Schotter auf Planum).

Auch die Hertzsche Kontaktsteife der R/S-Berührungsfläche ist als Systemparameter

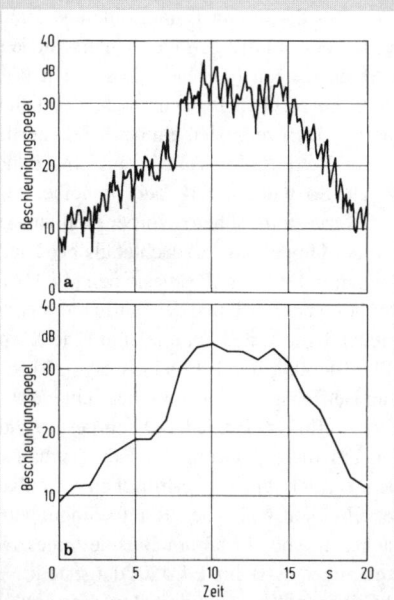

Abb. 17.51 Zeitverlauf des Beschleunigungspegels 20 lg a/a_0 in dB, gemessen auf einer Geschossdecke im 3. Obergeschoss eines ca. 35 m seitlich einer oberirdischen Eisenbahnstrecke gelegenen Wohnhauses, bei Vorbeifahrt des Triebzuges ET 420 auf Schotteroberbau mit einer Geschwindigkeit von 120 km/h. a Effektivwert der Schwingbeschleunigung in m/s², $a_0 = \pi \cdot 10^{-4}$ m/s² Bezugswert der Schwingbeschleunigung; Zeitkonstante bei der Effektivwertbildung: **a** $\tau = 0{,}125$ s („FAST"); **b** $\tau = 1{,}0$ s („SLOW")

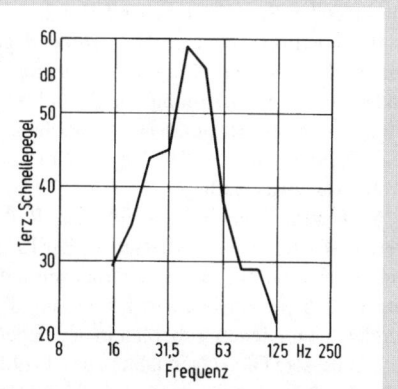

Abb. 17.52 Terzpegelspektrum der Körperschallbzw. Schwingschnelle 20 lg v/v_0 in dB, ermittelt aus einer Messung auf einer Geschossdecke im 3. OG eines ca. 35 m seitlich einer oberirdischen Eisenbahnstrecke gelegenen Wohnhauses, bei Vorbeifahrt eines Triebzuges ET 420 auf Schotteroberbau mit einer Geschwindigkeit von 120 km/h. v Effektivwert der Schwingungschnelle in m/s (Zeitbewertung „SLOW"); $v_0 = 5 \cdot 10^{-8}$ m/s (Bezugswert der Schwingschnelle)

Schwankungen unterworfen. Sie wird beeinflusst durch die R/S-Krümmungsradien in der Kontaktfläche (Wechsel bei Sinuslauf) und durch die statisch/dynamischen Kontaktkräfte. Letztere sind vor allem bei den Systemresonanzen (Fahrzeugresonanzen im Bereich weniger Hz, R/S-Resonanz im Bereich 50 Hz bis 100 Hz) starken Schwankungen unterworfen.

Eine weitere Art der Anregung besteht in der Schwingungsanregung durch Unwuchten des drehenden Rades. Hierbei handelt es sich um *Massenkrafterregung*.

Zur Körperschallentstehung beim Rad/Schiene-System wurde in den vergangenen Jahrzehnten eine Vielzahl von Arbeiten theoretischer und experimenteller Art durchgeführt, so dass das Wissen über die Grundlagen und die wichtigsten Entstehungsmechanismen in größerem Umfange als gesichert angesehen werden kann (s. z. B. [17.81, 17.82, 17.184, 17.185, 17.186 und 17.209]).

In der Praxis haben sich sowohl das Fahrzeug und der Oberbau, als auch der Untergrund und die Trassierung als maßgebliche Einflussgrößen bezüglich der Körperschallentstehung erwiesen.

Beim Fahrzeug sind es vor allem die Geschwindigkeit, die unabgefederte Radsatzmasse, das Wagenkastengewicht, der Drehgestell- und Achsabstand sowie Fehler an den Rädern (Unrundheiten, Flachstellen auf der Radlauffläche), die Einfluss auf die Körperschallentstehung haben.

Wichtige Oberbauparameter sind die Massen (Schiene, Schwelle, Schotter, Tragplatten usw.) und Steifigkeiten (Schotter, elastische Zwischenlagen) der am Schwingungsgeschehen beteiligten Oberbaukomponenten sowie Abweichungen von der glatten Schienenoberfläche (Wellen mit Wellenlängen > 8 cm, Weichen, Isolierstöße) und der Schwellen- bzw. Stützpunktabstand.

So führen „schwere" Oberbauarten zu geringerer Körperschallanregung. Der Einfluss der Schotterbettdicke auf die Körperschallanregung ist relativ gering [17.171]. Ebenso hat sich kein nennenswerter Unterschied in der Körperschallanregung zwischen Schotteroberbau und den derzeit üblichen „Festen Fahrbahnen" [17.168] im

Frequenzbereich < 80 Hz in der Umgebung unterirdischer Strecken ergeben [17.93].

Bei oberirdischen Strecken wurde dagegen festgestellt, dass die Körperschallanregung des Bodens in einer Entfernung von 20 m bis 70 m seitlich einer Strecke mit Fester Fahrbahn gegenüber einem anschließenden Abschnitt mit Schotteroberbau etwas niedriger war [17.179].

Nach Erkenntnissen von „British Rail Research" (BRR) ist die Verbesserung der Erschütterungssituation bei Festen Fahrbahnen auf geringere Schienenunebenheiten bzw. auf die im Vergleich zum Schotteroberbau in der Regel insgesamt bessere Gleislagequalität zurückzuführen [17.188]. Demgegenüber zeigen Erfahrungen aus Untersuchungen im Rahmen des vom „European Railway Research Institute" (ERRI, früher ORE) durchgeführten Projektes RENVIB II (Reduction of Groundborne Noise and Vibration from Railways), dass eine Betonplatte auf „weichem" Boden zu einer besseren Anpassung, d. h. erhöhter Schwingungseinleitung in den Untergrund, führt und somit u.U. aufgrund von Reflexionen an Schichtgrenzen in einiger Entfernung zu deutlich höheren Körperschallpegeln führen kann.

Der Unterhaltungszustand des Oberbaues, insbesondere die Güte des Schotterbettes und des Planums, hat insofern deutlichen Einfluss auf die Körperschallanregung, als guter Unterhaltungszustand zu niedrigen Emissionen führt.

Bei gleichen Fahrzeug- und Oberbaukomponenten kann die Körperschallanregung sehr unterschiedlich sein, je nachdem, ob eine Strecke oberirdisch in ebenem Gelände, auf einem Damm, im Einschnitt, gerade oder im Gleisbogen oder aber unterirdisch in einem Tunnel verläuft.

Felsiger Untergrund wird schwächer als weicher Boden angeregt, wobei zu beachten ist, dass die dominierenden spektralen Komponenten bei weichem Boden gegenüber felsigem Boden in der Regel bei niedrigeren Frequenzen liegen.

Die sich aus dem Zusammenwirken von Fahrzeug, Oberbau und Untergrund einstellenden Hauptanregefrequenzen liegen sowohl für den Schotteroberbau als auch für die Festen Fahrbahnen im Frequenzbereich zwischen 40 Hz und 80 Hz. Beim Schotteroberbau der Neubaustrecken in Deutschland liegen die Hauptanregefrequenzen wegen der sehr steifen Bettung im Bereich um 80 Hz bis 100 Hz.

Bei unterirdischen Streckenführungen konnte kein relevanter Einfluss der Tunnelbauform (Kreisquerschnitt, ovaler Querschnitt, Rechteckquerschnitt, ein- oder zweigleisig) nachgewiesen werden. Umfangreiche Messungen ließen einen Einfluss der Dicke von Tunnelsohle und Tunnelwand bei den relativ geringen Unterschieden in den Abmessungen (0,6 bis 1,2 m bei heutigen Tunneln an Neubaustrecken) nicht deutlich erkennen. Jedoch zeigt sich ein beträchtlicher Einfluss der Bettung des Tunnels im umgebenden Erdreich. So wurden z. B. bei Tunnelbettungen im Lockergestein höhere Körperschallanregungen in der Umgebung beobachtet als bei Tunnelbettungen in Fels oder Festgesteinen [17.114].

Im Folgenden soll nun der Einfluss einiger der vorstehend genannten Parameter auf die Körperschallentstehung durch Ergebnisse von Messungen an Betriebsgleisen veranschaulicht werden.

Der Einfluss verschiedener Fahrgeschwindigkeiten auf das Spektrum des Körperschalls im Boden seitlich einer oberirdischen Eisenbahnstrecke bei sonst gleichen Randbedingungen ist zunächst in Abb. 17.53 am Beispiel eines Nahverkehrzuges (S-Bahn, ET 420) dargestellt.

Abbildung 17.54 zeigt analog dazu die Verhältnisse an einer Fernverkehrsstrecke bei Vorbeifahrt des ICE 1 [17.93].

Wenngleich ein unmittelbarer Vergleich der beiden Abbildungen vermieden werden sollte, da die Messungen an verschiedenen Streckenabschnitten (Untergrund!) mit unterschiedlichen, für Nah- bzw. Fernverkehrsstrecken üblichen Oberbauarten[11] stattgefunden haben, so lässt sich dennoch anhand der dargestellten Ergebnisse der Einfluss der wichtigsten geschwindigkeitsabhängigen, zu einer periodischen Anregung führenden Parameter wie Schwellenabstand und Achsabstand bzw. Radumfang (im Fall von Unrundheiten) erläutern.

Nach der Formel

$$f_s = \frac{v}{3,6 \cdot s}$$

mit

f_s Frequenz in Hz,
v Geschwindigkeit in km/h,
s Schwellenabstand, Achsabstand bzw. Radumfang in m

kann die Frequenzlage der mit den genannten Parametern zusammenhängenden Maxima der Körperschallanregung errechnet werden.

Rechnet man mit den üblichen Werten von ca. 0,6 m für den Schwellenabstand und von ca. 2,5 bis 3 m für den Achsabstand bzw. den Radumfang, so ergibt sich, wie Abb. 17.53 und Abb.

---

[11] Siehe Fußnote zu Abb. 17.53.

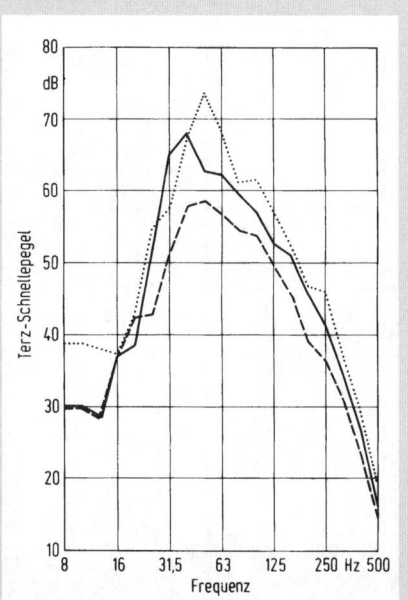

Abb. 17.53 Körperschall im Boden (auf Erdpflock) 8 m seitlich von Gleismitte einer oberirdischen Eisenbahnstrecke bei Vorbeifahrt des Triebzuges ET 420 mit verschiedenen Geschwindigkeiten auf Schotteroberbau der Bauart W54 B58[12]. ----- 40 km/h; ——— 80 km/h; ········ 120 km/h

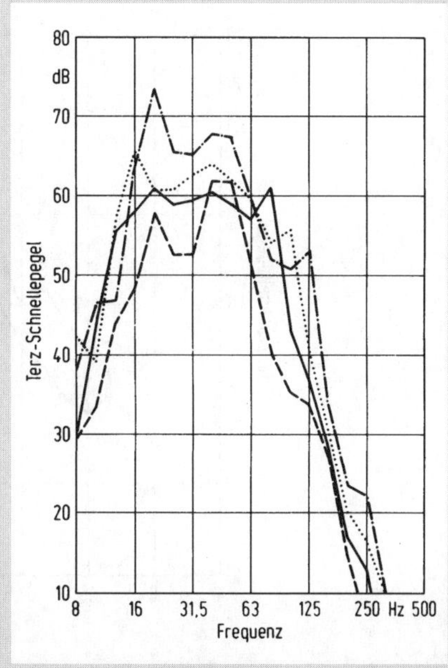

Abb. 17.54 Körperschall im Boden (auf Erdpflock) 8 m seitlich von Gleismitte einer oberirdischen Eisenbahnstrecke bei Vorbeifahrt des ICE 1 mit verschiedenen Geschwindigkeiten auf Schotteroberbau der Bauart W60 B70; ----- 100 km/h, ——— 160 km/h, ········ 200 km/h, —·—·— 250 km/h

17.54 beispielhaft erkennen lassen, dass im interessierenden Frequenzbereich von ca. 16 bis 125 Hz für Geschwindigkeiten unter etwa 100 km/h nur die „Schwellenabstandsfrequenz"[13] zum Tragen kommt, im Geschwindigkeitsbereich $100 < v < 200$ km/h sowohl die „Schwellenabstandsfrequenz" als auch die „Achsabstands (Raddreh)-Frequenz" zu beachten sind, während im Bereich über ca. 200 km/h im Wesentlichen nur letztere maßgeblich ist.

Immer dann, wenn geschwindigkeitsabhängige Anregungen in einem Frequenzbereich auftreten, in dem Resonanzen des Systems Fahrzeug/Oberbau liegen, wie vor allem die schon in Abschn. 17.2.2.2 näher beschriebene „Rad/Schiene-Resonanz", kommt es zu einer stark überhöhten Körperschallanregung. Dies soll anhand der in Abb. 17.55 und Abb. 17.56 dargestellten Ergebnisse von Messungen in zwei Abschnitten des gleichen Tunnelbauwerkes verdeutlicht werden (aus [17.93]), von denen einer mit üblichem Schotteroberbau (hier der Bauart K 60 H mit Holzschwellen) und der andere mit einem tiefabgestimmten, schotterlosen Oberbau ausgerüstet ist (auch „Masse-Feder-System" genannt[14], s. z. B. [17.32, 17.59]).

---

[12] Schema der Kennzeichnung von Oberbauarten, Beispiel: W 54 Zahl B 58 (Kurzform: W54 B58), d. h. (a) (b) Zahl (c). Es bedeuten: (a) Befestigungsart: W für Winkelführungsplatte mit Spannklemme, K für Rippenplatte mit Klemmplatte bzw. Spannklemme; (b) Schienentyp: 54 bzw. 60 für Schiene S54 bzw. UIC 60; Zahl Zahl der Schwellen je 1000 m Gleis, üblicherweise 1667 (wird meistens weggelassen); (c) Schwellentyp: B58/B70 für Betonschwellen, H für Holzschwelle; zu allgemeinen Grundlagen zur Oberbau- bzw. Bahntechnik s. z. B. [17.63].

[13] Es ist außerdem zu beachten, dass die 5. Harmonische der Raddrehfrequenz bei einem Radumfang von ungefähr 3 m sehr nahe bei der Schwellenabstandsfrequenz liegt; dies ist z. B. beim ICE der Fall.

[14] Zur Unterscheidung von anderen Oberbauformen ist diese Bezeichnung nicht sonderlich glücklich gewählt, da im Grunde genommen jede gebräuchliche Oberbauart, so auch Schotteroberbau, eine Art »Masse-Feder-System« darstellt. Sie wird dennoch auch hier verwendet, da sie in der einschlägigen Literatur eingeführt [17.132] und inzwischen weit verbreitet ist.

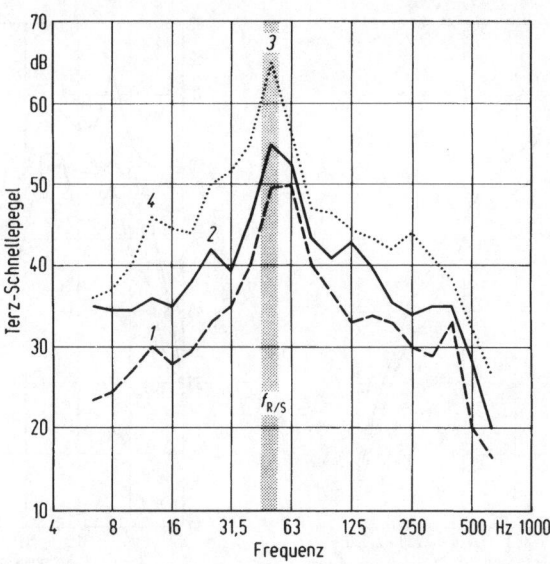

Abb. 17.55 Körperschall an der Tunnelwand eines zweigleisigen Rechtecktunnels bei Vorbeifahrt des Triebzuges ET 420 auf Schotteroberbau der Bauart K 60 H mit unterschiedlichen Geschwindigkeiten v: ----- $v = 30$ km/h: $f_{s,30} \approx 14$ Hz *1*, ——— $v = 60$ km/h: $f_{s,60} \approx 28$ Hz *2*, ········ $v = 120$ km/h: $f_{s,120} \approx 56$ Hz; $f_{R/S} \approx 55$ Hz *3*, $f_{a,120} \approx 13$ Hz *4*; f_s Schwellenfachfrequenz (mit Schwellenabstand $s = 0{,}6$ m), $f_{R/S}$ Rad/Schiene-Resonanzfrequenz, f_a Achsabstandsfrequenz (mit Achsabstand $a = 2{,}5$ m)

Man erkennt, dass im Fall des Schotteroberbaues, z. B. bei einer Geschwindigkeit von 120 km/h, die Schwellenabstandsfrequenz $f_{s,120}$ und die Rad/Schiene-Resonanzfrequenz $f_{R/S}$ im Terzband mit der Mittenfrequenz von 50 Hz liegen, wodurch der Schnellepegel bei dieser Frequenz besonders hoch ist (Abb. 17.55: (*3*)).

Beim „Masse-Feder-System" dagegen liegt die Rad/Schiene-Resonanzfrequenz $f_{R/S}$ bei ca. 12 Hz, d. h. um zwei Oktaven tiefer als beim Schotteroberbau und fällt hier bei der gleichen Geschwindigkeit von 120 km/h mit der Achsabstandsfrequenz $f_{a,120}$ zusammen (Abb. 17.56: (*4*)). Erst bei der um den Faktor 4 niedrigeren Geschwindigkeit von 30 km/h liegen Schwellenabstandsfrequenz $f_{s,30}$ und Rad/Schiene-Resonanzfrequenz $f_{R/S}$ wieder im gleichen Terzband mit der Mittenfrequenz von jetzt 12,5 Hz (Abb. 17.56: (*1*)).

Über die soeben beschriebenen geschwindigkeitsabhängigen Effekte hinaus zeigen die Abb. 17.55 und Abb. 17.56 sehr deutlich den Einfluss der Oberbauart auf die Körperschallentstehung. Es ist zu erkennen, dass die Frequenzlage der maximalen Körperschallanregung im Bereich der Rad/Schiene-Resonanzfrequenz $f_{R/S}$ einerseits, wie man erwarten muss, von der Fahrgeschwindigkeit unabhängig ist, andererseits jedoch sehr stark von der Ausbildung des Oberbaues abhängen kann. Als wesentliche Parameter sind hierbei die dynamisch wirksamen Massen (unabgefederte Radsatzmassen plus Anteile des Oberbaues) und die Federsteifigkeit des Oberbaues[15] anzusehen. Letztere ist bei den beiden hier verglichenen Oberbauarten um mehr als den Faktor 10 verschieden.

Im Übrigen sind die Abb. 17.55 und Abb. 17.56 als deutlicher Hinweis dafür anzusehen, dass die Anregung von Eigenfrequenzen des Tunnelbauwerkes nicht als Ursache für die maximalen Körperschallpegel an der Tunnelwand in Frage kommen kann, da sich beide Oberbauarten in

---

[15] Diese wird vielfach auch mit „Bettungssteife" bezeichnet. Dabei ist zu beachten, dass hiermit eigentlich nur die Steife von Schotterbett einschließlich Planum oder Betonunterbau gemeint ist (s. Abschn. 17.2, Abb. 17.18), während die Federsteifigkeit des Oberbaues auch die Biegesteife der Schiene und die Steife der Zwischenlagen (Zw) zwischen Schiene und Schwelle beinhaltet.

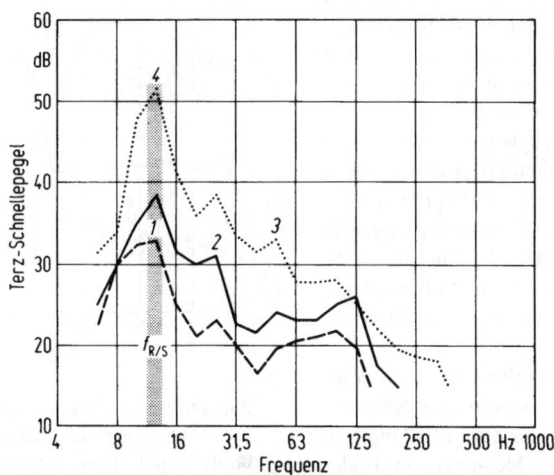

Abb. 17.56 Körperschall an der Tunnelwand eines zweigleisigen Rechtecktunnels bei Vorbeifahrt des Triebzuges ET 420 auf einem tiefabgestimmten schotterlosen Oberbau („Masse-Feder-System") mit unterschiedlichen Geschwindigkeiten v:
----- $v = 30$ km/h: $f_{s,30} \approx 14$ Hz 1, $f_{R/S} \approx 12$ Hz 1, ——— $v = 60$ km/h: $f_{s,60} \approx 28$ Hz 2, ········ $v = 120$ km/h: $f_{s,120} \approx 56$ Hz 3, $f_{R/S} \approx 12$ Hz 4, $f_{a,120} \approx 13$ Hz 4; f_s Stützpunktabstandsfrequenz (mit Abstand $s = 0,6$ m); $f_{R/S}$ Rad/Schiene-Resonanzfrequenz; f_a Achsabstandsfrequenz (mit Achsabstand $a = 2,5$ m)

zwei Tunnelabschnitten mit identischen Querschnittsabmessungen befinden.

Als Beispiel für den Einfluss des Zustandes der Schienenfahrfläche auf die Körperschallanregung soll Abb. 17.57 dienen [17.93].

Es ist die spektrale Zunahme des Schnellepegels an der Tunnelwand einer sehr stark befahrenen S-Bahnstrecke infolge des Auftretens von so genannten Schlupfwellen auf der Schienenfahrfläche dargestellt.

Schlupfwellen entstehen üblicherweise in engen Gleisbögen mit Radien von weniger als 500 m durch „Schlupf des Radsatzes infolge fehlender Radialstellung"[16]. Sie haben Wellenlängen von ca. 8 bis 25 cm und treten in der Regel auf der bogeninneren Schiene auf, sie können aber auch bei großen Wellentiefen (Größenordnung 0,5 mm) auf die bogenäußere Schiene übertragen werden.

Die Beseitigung der Schlupfwellen erfolgt durch das Schleifen der Schienenfahrflächen mit Hilfe so genannter Schienenschleifzüge (s. auch

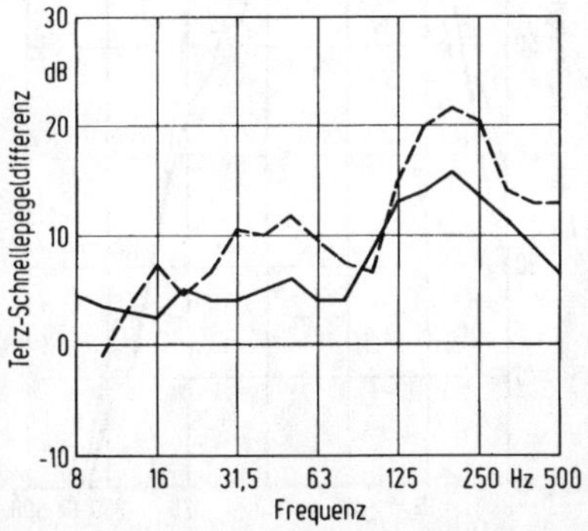

Abb. 17.57 Einfluss von Schlupfwellen mit einer Wellenlänge von ca. 8 cm bis 10 cm auf der bogeninneren Schiene eines im Bogen verlaufenden Gleises (Radius $r = 420$ m) on den Schnellepegel an der Tunnelwand bei Vorbeifahrt von Triebzügen ET 420 mit einer Geschwindigkeit von ca. 60 km/h; ——— Differenz vor/nach Schienenschleifen, ----- Differenz 15 Monate nach/unmittelbar nach Schienenschleifen

---

[16] Zitat aus: „Fortbildung im Oberbau, Fahrflächen – Unebenheiten (FfU) auf Schienen". Merkblatt des ehemaligen Bundesbahn-Zentralamtes (BZA) München, Dezernat 86.

Abschn. 17.2.2.2, BüG). Wie man Abb. 17.57 entnehmen kann, sind 15 Monate nach dem Schleifvorgang wieder Schlupfwellen mit sogar noch größerer Auswirkung auf den Körperschall an der Tunnelwand vorhanden. Im vorliegenden Fall hat dies im Vergleich zu glatten Schienenfahrflächen in dem bezüglich Erschütterungen relevanten Frequenzbereich bis etwa 125 Hz zu einer Pegelanhebung von ca. 10 dB geführt, während die Schnellepegel bei höheren Frequenzen von ca. 125 Hz bis 315 Hz, die hinsichtlich der Wahrnehmung von sekundärem Luftschall kritisch sein können, sogar um bis zu ca. 20 dB zugenommen haben.

Als Beispiel für den Einfluss der Trassierung auf die Körperschallemissionen von Bahnstrecken sind in Abb. 17.58 und Abb. 17.59 typische Körperschallspektren von Messungen im Boden bei Vorbeifahrt verschiedener Zugarten[17] mit ihren charakteristischen Fahrgeschwindigkeiten dargestellt, und zwar zum einen für Fahrten auf einem oberirdischen Streckenabschnitt der Neubaustrecke Würzburg-Fulda und zum anderen für Fahrten durch einen Tunnel mit niedriger Überdeckung im Bereich der Neubaustrecke Mannheim-Stuttgart, jeweils auf Schotteroberbau der Bauart W60 B70 [17.93].

Abbildung 17.58 kann als Ergänzung zu Abb. 17.53 und Abb. 17.54 im Hinblick auf typische Emissionsspektren von oberirdischen Strecken angesehen werden.

Abgesehen von den deutlichen Unterschieden zwischen den Spektren für oberirdische und unterirdische Streckenführung, die u. a. auf die wesentlich verschiedenen Ankopplungsverhältnisse zwischen Oberbau und Planum einerseits sowie Oberbau/Tunnelsohle und Boden andererseits zurückzuführen sind (Näheres hierzu s. [17.128]), soll auf die in Abb. 17.59 für Zugfahrten in Tunnelbauwerken charakteristischen Körperschallspektren hingewiesen werden, die generell in der Umgebung der oben definierten „Rad/Schiene-Resonanzfrequenz" $f_{R/S}$ ein ausgeprägtes, von der Fahrgeschwindigkeit unabhängiges Anregungsmaximum aufweisen.

Vergleicht man Abb. 17.59 mit Abb. 17.55, in der korrespondierende Körperschallspektren für

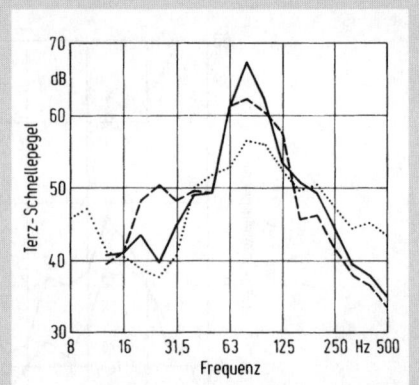

Abb. 17.59 Körperschall im Boden (auf Erdpflock) über einem zweigleisigen Rechtecktunnel mit ca. 2 m Überdeckung, 16 m seitlich der Verbindungslinie Tunnelwand/Erdoberfläche bei Durchfahrt verschiedener Zugarten auf Schotteroberbau der Bauart W60 B70 mit der jeweils typischen Zuggeschwindigkeit. ········ Güterzug, v = 100 km/h; ——— InterRegio, v = 200 km/h; ----- ICE, v = 250 km/h

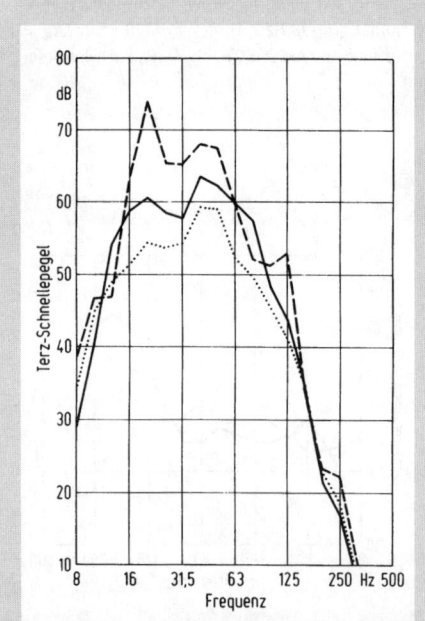

Abb. 17.58 Körperschall im Boden (auf Erdpflock) 8 m seitlich von Gleismitte einer oberirdischen Eisenbahnstrecke bei Vorbeifahrt verschiedener Zugarten auf Schotteroberbau der Bauart W60 B70 mit der jeweils typischen Geschwindigkeit. ········ Güterzug, v = 100 km/h; ——— FD-Zug, v = 160 km/h; ----- ICE, v = 250 km/h

---

[17] FD-Zug (qualifizierter Schnellzug) und InterRegio sind bezüglich des Wagenmaterials körperschalltechnisch als gleichwertig anzusehen.

Tunnelfahrten des S-Bahntriebzuges ET 420 dargestellt sind (dort allerdings an der Tunnelwand gemessen, was bezüglich der grundsätzlichen Zusammenhänge von untergeordneter Bedeutung ist), so fällt auf, dass dort der Bereich des Pegelmaximums bei ca. 50 Hz, also im Vergleich zu Abb. 17.59 bei einer um mindestens 2 Terzbänder niedrigeren Frequenz liegt.

Gründe hierfür sind vor allem die unterschiedlichen unabgefederten Radsatzmassen der verglichenen Zugarten – diese sind beim ET 420 besonders hoch und es sind alle Achsen angetrieben – *und* die Unterschiede bezüglich der Steifigkeit der Oberbauarten – diese ist, wie bereits angesprochen, auf den Neubaustrecken der Deutschen Bahn vergleichsweise sehr hoch. Unterschiede zwischen beiden Tunnelbauwerken sind jedoch weniger die Ursachen für den beobachteten Effekt.

17.3.3 Körperschallausbreitung im Boden

Der durch den Boden weitergeleitete Körperschall nimmt mit zunehmender Entfernung von der Körperschallquelle ab. Die Abnahme erfolgt nach bestimmten Gesetzmäßigkeiten und hängt von den an der Körperschallausbreitung beteiligten Wellenarten ab (Raumwellen, Oberflächenwellen oder Kombinationen daraus; s. [17.6, 17.41, 17.77 und 17.178]). Im Nahbereich von Bahnstrecken (< 8 m bei oberirdischer und < 15 m bis 20 m bei unterirdischer Streckenführung) konnten keine eindeutigen Gesetzmäßigkeiten nachgewiesen werden. Zusätzlich zur geometrischen Abnahme erfolgt eine Reduzierung des Körperschalls infolge der Materialdämpfung. Diese ist sehr stark von der Bodenart, der Schichtung und von der Höhe des Grundwasserspiegels abhängig. So hat z. B. Fels eine geringe und Moorboden eine hohe Ausbreitungsdämpfung.

Weitere Parameter, die die Körperschallausbreitung wesentlich beeinflussen können, sind Frost, Versorgungs- und Entsorgungsleitungen, die Eisenbahnstrecken kreuzen, sowie Stützmauern, betonierte Wege u. ä., die eine direkte Verbindung zwischen Emissions- und Immissionsort bilden. Bei unterirdischer Streckenführung können Injektionsschirme zwischen Tunnelbauwerken und Gebäuden Körperschallbrücken bilden.

Grundlagen zur Bodendynamik wie die Theorie der Wellenausbreitung (eindimensional, elastischer Halbraum usw.), dynamische Bodenkennziffern (Schubmodul, Dichte, Poissonzahl u. a.) sowie Feld- oder Laborversuche zu deren Ermittlung, findet man z. B. in [17.57, 17.77 und 17.205].

Ergebnisse der bislang umfangreichsten Studie zur Untersuchung der Körperschallausbreitung an Schienenverkehrswegen sind in [17.1] angegeben.

Eine Kurzfassung der vielfältigen Ergebnisse mit Hinweisen für deren Anwendung in der Praxis findet man in [17.86, 17.87].

Im Hinblick auf praktische Bemessungsregeln wurden mit den Daten aus [17.1] einfache lineare Regressionen des Zusammenhanges

$$L_v = L_0 + k \cdot 20 \lg(s/20)$$

berechnet (in [17.158], Kurzdarstellung s. [17.125]). Dabei gibt L_0 den Terz-Schnellepegel im Abstand $s = 20$ m von der Gleismitte an und k die frequenzabhängige Änderung des Pegels mit dem Abstand.

Der Abstand von 20 m ist nach [17.1] deshalb von besonderem praktischen Interesse, weil sich dort für verschiedene Böden gleiche Erschütterungsstärken ergeben können, indem z. B. eine starke Anregung mit einer großen Ausbreitungsdämpfung verbunden ist oder – wie im Fels – eine schwache Anregung mit einer geringen Ausbreitungsdämpfung einhergeht.

Da sich mit kaum unterschiedlichen Frequenzgängen von k erschütterungstechnische Ähnlichkeiten bei geologisch recht unterschiedlichen Böden ergaben (z. B. bindigkeitsarme Lockergesteine über weichem Festgestein, bindige und nicht bindige Lockergesteine sowie Festgesteine (Buntsandstein)) und außerdem Beobachtungen, nach denen die Pegelabnahme von der Zugart abhängt, auf besondere erklärbare Ausnahmen beschränkt waren, wurden schließlich alle Messgebiete und Zugarten zusammen ausgewertet. Das Ergebnis aus [17.125] ist in Abb. 17.60, bezogen auf die heute zur Charakterisierung von Emissionen an Bahnstrecken übliche Entfernung von 8 m zur Gleisachse, mit der Terz-Mittenfrequenz als Parameter angegeben (s. auch [17.87]).

Als weiteres Ergebnis einer zusammenfassenden Regressionsanalyse mit den Daten aus [17.1] ergaben sich die in Tabelle 17.6 angegebenen, über alle Messgebiete gemittelten und um die doppelte Reststandardabweichung 2σ erhöhten Terz-Schnellepegel L_0 in 20 m Abstand vom Gleis [17.158].

Diese Werte können zusammen mit den Anhaltswerten für die Pegelabnahme nach Abb.

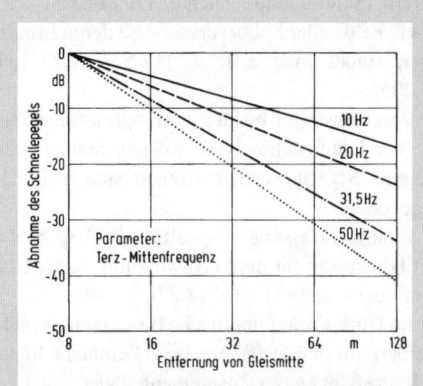

Abb. 17.60 Abnahme des Schnellepegels im Erdboden seitlich von Eisenbahnstrecken, bezogen auf eine Entfernung von 8 m (Mittelwert über Vorbeifahrten von S-Bahnen, Güterzügen und Reisezügen mit den jeweils typischen Zuggeschwindigkeiten sowie über mehrere Untersuchungsgebiete)

17.60 als Grundlage für vorsichtige und überschlägige Erschütterungsprognosen bei nicht näher bekanntem Untergrund verwendet werden (s. auch Abschn. 17.3.10).

Bei geringen Abständen der Wohnbebauung von Gleismitte (10 bis 20 m) muss u. U. bei anstehendem Fels, bei hochstehendem Grundwasser (Gebäudefundamente im Grundwasser) oder bei Schichten großer Dichte in geringen Tiefen damit gerechnet werden, dass die Körperschallpegel, insbesondere bei tiefen Frequenzen, nicht oder nur sehr wenig abnehmen.

17.3.4 Körperschalleinleitung in Gebäude und Körperschallausbreitung im Inneren von Gebäuden

Beim Übergang vom Erdboden in das Fundament eines Gebäudes erfährt der Körperschall zunächst eine Reduzierung. Diese ist in der Regel abhängig von der Fundamentart, der Fundament- und Gebäudemasse sowie der Bodenart, in der das Gebäude gegründet ist [17.7].

Bei der Ausbreitung des Körperschalls im Gebäude kommt es im Allgemeinen zu Erhöhungen infolge der Anregung von Eigenfrequenzen von Bauteilen, insbesondere von Deckenbauteilen. Die Pegelerhöhung in Deckenbauteilen ist stark von deren Konstruktion abhängig. Die entscheidenden Parameter sind Masse, Deckenspannweite, Biegesteifigkeit, Dämpfungsverhalten und Einspannbedingung der Decken.

Zu Problemen können Fußbodenaufbauten wie schwimmende Estriche führen, da diese Konstruktionen schwingfähige Systeme darstellen, deren Eigenfrequenzen oft im Bereich der Hauptanregefrequenzen des aus dem Schienenverkehr herrührenden Körperschalls liegen.

Die Höhe eines Bauwerkes ist für die Körperschallausbreitung in der Regel von untergeordneter Bedeutung [17.7].

Trotz der genannten und weiterer Einflüsse und der dadurch verursachten Unsicherheiten wurde in [17.158] der Versuch unternommen, durch geeignete Umrechnung und Normierung der Ergebnisse aus ca. 20 Messberichten verschiedener Messinstitute die Körperschall-Übertragung vom Erdboden ins Fundament und zu Geschossdecken in Form von mittleren Schnelle-

Tabelle 17.6 Mittlere Terz-Schnellepegel L_0 zuzüglich der doppelten Reststandardabweichung 2σ in 20 m Abstand von Gleismitte oberirdischer Bahnstrecken (Mittelwerte über 7 Messgebiete)

Terzmittenfrequenz Hz	ET 420 v = 120 km/h	$L_0 + 2\sigma$ in dB	
		IC-Züge v = 140 km/h	Güterzüge v = 80 km/h
10	63	67	66
12,5	66	70	68
20	62	65	62
31,5	64	65	66
50	67	65	64
100	49	49	48

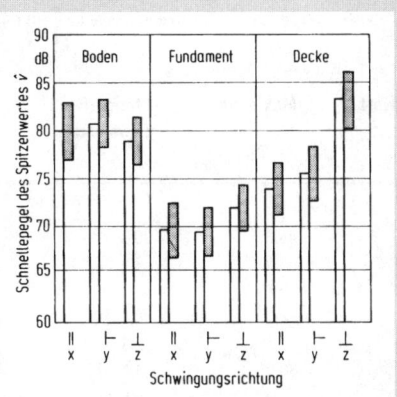

Abb. 17.61 Körperschall im Boden vor Gebäuden, in Gebäudefundamenten und auf Geschossdecken seitlich von Eisenbahnstrecken mit Mischbetrieb. Mittlere Schnellepegel des Spitzenwertes $20 \cdot \lg \hat{v}/v_0$ mit Standardabweichung, basierend auf mindestens 25 und maximal 130 Messwerten, bezogen auf eine Entfernung von 20 m zur Gleisachse; Bezugschnelle $v_0 = 5 \cdot 10^{-8}$ m/s. Schwingungsrichtung: x parallel zur Gleisachse (horizontal), y senkrecht zur Gleisachse (horizontal), z senkrecht zur Erdoberfläche (vertikal)

pegeln des Spitzenwertes mit Standardabweichung zu beschreiben.

Das Ergebnis ist in Abb. 17.61 getrennt für die drei (Standard-)Schwingungsrichtungen dargestellt.

Die Umrechnung auf gleiche Entfernung von 20 m zur Gleisachse erfolgte, soweit notwendig, entsprechend der in Abb. 17.60 angegebenen entfernungsbedingten Pegelabnahme.

Am Messort „Boden" liegen die Werte für die drei Schwingungsrichtungen nahe beieinander. Der höchste Wert ergab sich erwartungsgemäß am Messort „Decke" in z-Richtung.

Die Differenz zum mittleren Pegel im Boden (z-Richtung) beträgt ca. 4 dB. Werden jedoch die Pegel der drei Schwingungsrichtungen energetisch addiert, so beträgt die Differenz zwischen den Messorten „Boden" und „Decke" nahezu 0 dB (s. auch [17.87]).

Das bedeutet, dass man für überschlägige Abschätzungen zumindest tendenziell richtig liegt, wenn man den Summenpegel aus Messwerten in drei Schwingungsrichtungen im Boden, z. B. neben dem Ort eines zu errichtenden Gebäudes, als Wert des auf Geschossdecken in z-Richtung zu erwartenden Schnellepegels annimmt.

Ergebnisse von Untersuchungen, die im Besonderen das Resonanzverhalten von Betondecken und Holzbalkendecken zum Gegenstand hatten, sind in Tabelle 17.7 angegeben (Auswertung aus [17.14]).

Man erkennt, dass bei im Mittel gleicher Größenordnung der geometrischen Abmessungen die Resonanzfrequenz der Holzbalkendecken im Vergleich mit den Betondecken, wie zu erwarten war, im Mittel zwar niedriger liegt, dass aber das diesbezügliche Streuband für beide Deckenarten etwa die gleiche Bandbreite hat.

In Abb. 17.62 sind schließlich noch Ergebnisse neuerer Untersuchungen zur Körperschallübertragung Boden/Fundament und zu Deckenüberhöhungsfunktionen dargestellt, die auf Messungen an 135 Häusern mit Betondecken basieren [17.14].

Man erkennt zunächst anhand des Teilbilds b, dass die Differenz der Schnellepegel auf Geschossdecken gegenüber den Pegeln am Fundament im Resonanzbereich, also bei $f/f_0 = 1$, im Mittel hier sogar 20 dB beträgt, was einer mittleren Resonanzüberhöhung um den Faktor 10 entspricht. Der für den Summen-Schnellepegel auf Decken wichtige Frequenzbereich der Überhöhungsfunktion ist hier etwa 3 bis 4 Terzen breit.

Am Frequenzgang der Pegeldifferenz zwischen Fundament und Boden in Teilbild a von Abb. 17.62 fällt auf, dass dieser im Frequenzbereich, in dem im Mittel die Resonanzfrequenz der untersuchten Geschossdecken liegt, nämlich um 31,5 Hz, ein relatives Minimum aufweist (vgl. Tabelle 17.7, Teil a). Dies ist möglicherweise damit erklärbar, dass die Geschossdecken, quasi im Sinne eines „Resonanzabsorbers", dem Bauwerk (Fundament) in diesem Frequenzbereich Energie entziehen.

Die Ergebnisse in Abb. 17.62 sind prinzipiell auch auf Gebäude mit Holzbalkendecken übertragbar. Dabei ist allerdings zu berücksichtigen, dass in [17.14] z.T. wesentlich größere Streuungen der Übertragungsfunktionen, insbesondere für unterschiedliche Geschosshöhen, beobachtet wurden.

17.3.5 Sekundärer Luftschall in Gebäuden

Wie bereits in Abschn. 17.3.1 angesprochen, werden Bauwerksschwingungen auch von Raumbegrenzungsflächen (Wände und vor allem Geschossdecken) abgestrahlt und können als tieffrequenter Luftschall („Sekundärer Luftschall") wahrgenommen werden (s. Abb. 17.49).

Tabelle 17.7 Statistik der Abmessungen und Resonanzfrequenzen von Geschossdecken in Ein-/Mehrfamilienhäusern mit unterschiedlichem Abstand zu oberirdischen Eisenbahnstrecken

Messgröße ↓ Statist. Größe →	Minimum	Mittelwert	Maximum	Standard-abweichung
a) Betondecken (270 Decken in 135 Häusern)				
Abstand zum Gleis m	5,0	21,4	48,0	10,3
Deckenfläche m²	6,0	20,7	64,0	3,8
Deckenlänge m	3,0	5,2	10,7	1,3
Deckenbreite m	2,0	3,9	8,0	0,8
Seitenverhältnis (–)	1,0	1,3	2,7	0,3
Resonanzfrequenz Hz (Terz-Mittenfrequenz)	10,0	31,5	80,0[a]	1,6 (Terzen)
b) Holzbalkendecken (172 Decken in 86 Häusern)				
Abstand zum Gleis m	4,0	16,5	82,0	12,2
Deckenfläche m²	5,8	18,5	63,0	7,3
Deckenlänge m	2,4	4,9	9,0	1,2
Deckenbreite m	2,1	3,7	7,0	0,6
Seitenverhältnis (–)	1,0	1,3	2,4	0,3
Resonanzfrequenz Hz (Terz-Mittenfrequenz)	6,3	20,0	80,0[a]	2,3 (Terzen)

[a] Mit hoher Wahrscheinlichkeit nicht auf Resonanzen der Decken, sondern eher auf Resonanzen von Estrichen oder sonstigen Deckenaufbauten zurückzuführen.

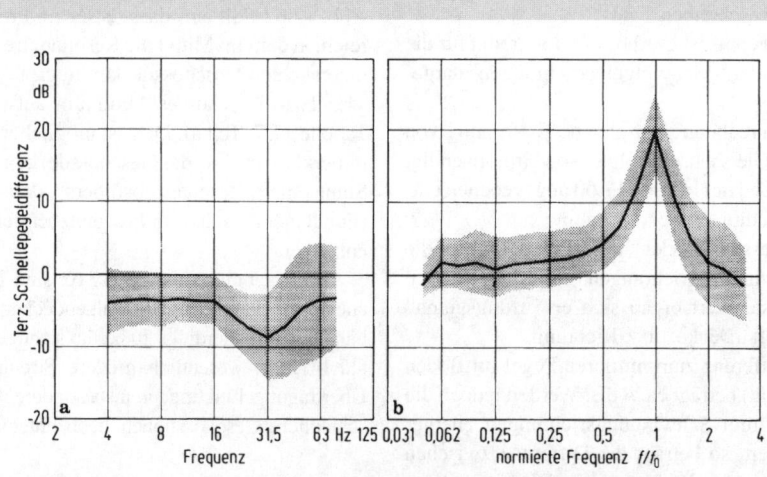

Abb. 17.62 Körperschallübertragung vom Boden ins Fundament und vom Fundament zu Geschossdecken. Mittelwerte und Standardabweichungen aus Messungen in 135 zwei- und dreigeschossigen Ein- bzw. Mehrfamilienhäusern mit Betondecken. **a** Terz-Schnellepegeldifferenz Fundament-Boden; **b** Terz-Schnellepegeldifferenz Decke-Fundament; Abszisse der Einzeldifferenzen normiert auf die Terz-Mittenfrequenz, in der die jeweilige Deckenresonanzfrequenz f_0 liegt

Die Höhe des sekundären Luftschalls wird zum einen von der Körperschallschnelle in den Raumbegrenzungsflächen und zum anderen auch von den Abstrahl- und Absorptionsverhältnissen im Raum bestimmt.

Bereits bei Bauwerksschwingungen, die deutlich unter der Spürbarkeitsschwelle des Menschen liegen [17.42, 17.216], können die dadurch verursachten Sekundär-Luftschall-Immissionen – abhängig von der Frequenzzusammensetzung der auftretenden Schwingungen – von Menschen in Gebäuden wahrgenommen werden.

Insbesondere der von unterirdischen Verkehrsanlagen wie S- und U-Bahnen verursachte Sekundär-Luftschall kann schon bei sehr niedrigen Pegeln störend sein, da das Zusammenwirken mit dem direkten Luftschall (Verdeckungseffekte usw.) aus dem Zugverkehr fehlt.

Abbildung 17.63 zeigt hierzu beispielhaft Ergebnisse von Messungen im Tunnel der Hamburger S-Bahn und im Keller eines benachbarten Gebäudes, anhand derer man den Körperschallübertragungsweg von der Schiene über die Tunnelwand bis zur Kellerwand des Gebäudes und schließlich bis hin zum Sekundär-Luftschall im Kellerraum verfolgen kann, dessen A-Schallpegel im vorliegenden Fall bei ca. 35 dB(A) liegt.

Dass in Abb. 17.63 das spektrale Maximum des sekundären Luftschalls nicht mit dem des Körperschalls in der Kellerwand zusammenfällt, ist nicht verwunderlich, wenn man berücksichtigt, dass der Sekundär-Luftschall vor allem durch die Abstrahlung von Geschossdecken bestimmt wird, die sowohl bezüglich Pegel als auch Frequenzlage des Schwingungsmaximums (Deckenresonanz) deutlich von den Wänden verschieden sein können (im

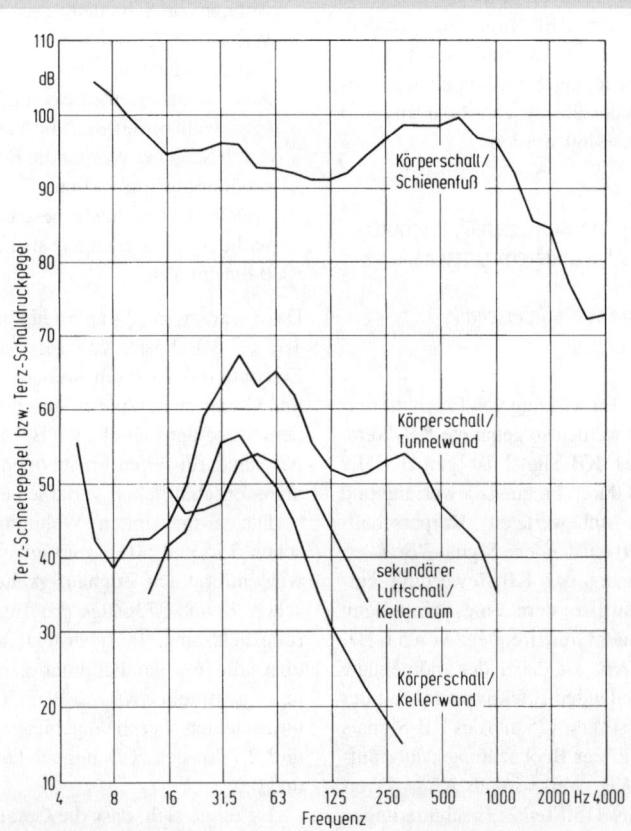

Abb. 17.63 Körperschall im Tunnel sowie Körperschall und sekundärer Luftschall im Keller eines ca. 10 m seitlich dieses Tunnels mit 3,5 m Überdeckung gelegenen Gebäudes bei Durchfahrt von Triebzügen ET 471 der Hamburger S-Bahn mit einer Geschwindigkeit von 60 km/h

vorliegenden Fall lag kein Messergebnis für einen Deckenmesspunkt vor).

Die Ermittlung des sekundären Luftschalls (Messung oder Berechnung) ist derzeit noch mit größeren Unsicherheiten behaftet. Im Hinblick auf ein anzustrebendes einheitliches Verfahren ist daher in absehbarer Zukunft durch gezielte Untersuchungen eine Weiterentwicklung zu erwarten, weshalb hier bezüglich der derzeit praktizierten Verfahren auf die einschlägige Literatur verwiesen wird [17.73, 17.115, 17.181, 17.224 und 17.240].

Neben dem sekundären Luftschall sind bei Körperschalleinwirkung auch weitere Sekundäreffekte wie hörbares Klappern von losen Türfüllungen, von Glasscheiben, von lockeren Beschlägen sowie Klirren von Gläsern etc. zu beobachten. Diese Effekte treten unter Umständen bereits bei Erschütterungen auf, die unter der Spürbarkeitsgrenze des Menschen liegen. Aufgrund der Auffälligkeit dieser Effekte können diese von betroffenen Personen als lästig empfunden werden. Sie können jedoch meist mit äußerst einfachen Mitteln (Festlegen lockerer Füllungen und Beschläge, Auseinanderrücken von Gläsern etc.) vermieden bzw. beseitigt werden.

17.3.6 Beurteilung von Körperschall, Erschütterungen und sekundärem Luftschall

17.3.6.1 Beurteilung von Körperschall und Erschütterungen

Zur Bewertung der Einwirkung von Erschütterungen auf Menschen werden so genannte KB-Werte herangezogen. Das KB-Signal ist gemäß DIN 45669 [17.47] das durch Frequenzbewertung und Normierung des unbewerteten Körperschall-Schnellesignals $v(t)$ entstandene Signal $KB(t)$.

Der Frequenzgang der KB-Bewertung entspricht näherungsweise dem eines einpoligen Hochpasses mit einer Grenzfrequenz von 5,6 Hz.

Der KB-Wert KB_F ist dabei der momentane Zahlenwert des gleitenden Effektivwertes mit der Zeitbewertung „Fast" ($\tau = 125$ ms) des KB-Signals $KB(t)$. Der während der Beobachtungsdauer aufgetretene höchste KB_F-Wert wird als KB_{Fmax}-Wert bezeichnet. Die DIN 4150 Teil 2 „Erschütterungen im Bauwesen, Einwirkungen auf Menschen in Gebäuden" [17.42] schlägt zur Beurteilung von Erschütterungen ein Taktmaximalverfahren vor. Dabei wird die Beobachtungszeit in Takte von 30 Sekunden Länge mit dem dazugehörigen Maximalwert KB_{Fmax} eingeteilt. Aus den Taktmaximalwerten wird dann unter Berücksichtigung der Einwirk- und Beurteilungszeiten die Beurteilungsschwingstärke KB_{FTr} gebildet und mit Anhaltswerten bzw. Beurteilungskriterien verglichen.

Es existiert derzeit keine gesetzliche Regelung, die ein Einhalten bestimmter Grenzwerte für Erschütterungseinwirkungen aus dem Schienenverkehr vorschreibt.

Üblicherweise wird daher zur Beurteilung der Erschütterungsimmissionen die DIN 4150, Teil 2 [17.42] hilfsweise herangezogen. Die darin angegebenen Anhaltswerte für Erschütterungen beruhen u.a. auf Ergebnissen eines Forschungsvorhabens zur Betroffenheit der Einwohner in Deutschland durch Erschütterungen aus dem Schienenverkehr, das vor allem folgende Fragen klären sollte:

– Welche Auswirkungen haben Erschütterungen aus dem Eisenbahnverkehr auf die Anwohner von Schienenwegen?
– Wie ist der Zusammenhang zwischen physikalischen Kennwerten der Belastung und dem Ausmaß der erlebten Beeinträchtigung?
– Inwieweit beeinflusst die Geräuschbelastung durch Schienenverkehr die Reaktionen auf Erschütterungsimmissionen?
– Welche Unterschiede bestehen zwischen Erschütterungswirkungen an Fernbahn- und S-Bahnstrecken?

Dazu wurden in 284 an Fernbahnstrecken und in 102 an S-Bahnstrecken gelegenen Wohnungen Erschütterungsmessungen nach DIN 4150 Teil 2 und Geräuschmessungen durchgeführt sowie auf dem Wege der mündlichen Befragung mittels eines standardisierten Fragebogens Daten zu sozialwissenschaftlichen Variablen erhoben.

Die ausgewählten Wohnungen lagen zwischen 5 m und 60 m vom jeweiligen Schienenweg entfernt. Die Zughäufigkeiten betrugen zwischen 92 und 373 Züge pro Tag. Die Erschütterungsbelastung (ausgedrückt als „energetisch über alle im Wohnzimmer gemessenen Ereignisse gemittelter KB_{Fmax}-Wert") variierte in den untersuchten Fernbahngebieten zwischen 0,02 und 2,7, in den S-Bahngebieten zwischen 0,02 und 0,9.

Es zeigte sich, dass die Geräusche vorbeifahrender Züge gegenüber den von diesen verursachten Erschütterungen durchwegs als stärker störend eingestuft werden. Außerdem ergab sich, dass neben der Höhe des KB-Wertes offenbar auch andere Faktoren die Belästigungsreaktionen mitbestimmen. So können z. B. gleiche KB-Werte auf verschiedenen Stufen der Geräuschbelastung zu unterschiedlicher Belästigungsreaktion führen [17.245, 17.246].

Die DIN 4150 Teil 2 [17.42] differenziert bei der Beurteilung der Erschütterungen aus dem Schienenverkehr zwischen Neu- und Ausbaustrecken. Für neu zu bauende Strecken gelten die darin angegebenen Anhaltswerte. Diese Norm nennt jedoch keine Anhaltswerte für bereits bestehende Bahnstrecken. Die momentane Regelung, die zwar keinen rechtsverbindlichen Charakter hat, fordert gemäß einem Urteil des Bayerischen Verwaltungsgerichtshofes [17.13], dass sich die vorhandene Vorbelastung aus dem Schienenverkehr durch das Hinzutreten neuer Immissionen nach dem Ausbau von Bahnstrecken nicht wesentlich erhöht. Zur Beurteilung einer zukünftigen Erschütterungssituation ist es daher von Bedeutung, welche Erhöhung einer Erschütterungseinwirkung deutlich wahrnehmbar ist.

In einer Laborstudie [17.194] wurde dieser Frage nachgegangen. Zu diesem Zweck wurde ein Versuchsraum aufgebaut, in dem Probanden eisenbahnspezifische Erschütterungssignale unterschiedlicher Intensität in realitätsnaher Umgebung miteinander vergleichen können. Zwanzig sitzenden Versuchspersonen wurden Kombinationen von insgesamt vier Stufen der Erschütterungsintensität ($KB_{Fmax} = 0,2 \ldots 1,6$) und drei Stufen des Innengeräuschpegels (30, 45 und 55 dB (A)) dargeboten. Mit der gewählten psychophysikalischen Untersuchungsmethode SDT (Signal Detection Theory) wird die Entdeckbarkeit von vorgegebenen Reizunterschieden ermittelt. Man fand heraus, dass zwei Reize noch nicht mit Sicherheit unterscheidbar sind, wenn der maximale Effektivwert (KB_{Fmax}) um bis zu 25 % differiert. Dabei zeigte sich kein eindeutiger Einfluss einer bestimmten Darbietungskombination.

In einer neueren Untersuchung [17.195] wurde die Anwendbarkeit des in der DIN 4150 Teil 2 vorgeschlagenen Taktmaximalverfahrens erforscht. Bei dieser Bewertungsmethode ist nur der höchste gemessene KB-Wert (KB_{Fmax}) im zeitlichen Erschütterungssignal von Bedeutung. Während einer Zugvorbeifahrt kurzzeitig auftretende Spitzenwerte bestimmen dabei letztlich die berechneten Erschütterungsimmissionen. Zugvorbeifahrten gleicher KB_{Fmax}-Werte, aber mit sehr unterschiedlichem Energiegehalt, werden nach dieser Methode gleich bewertet.

In dieser Untersuchung wurden 22 Probanden im Versuchsraum mit Paaren von Erschütterungssignalen (Körperschallschnellepegel, in z-Richtung), bestehend aus einem Referenzsignal mit ausgeprägtem Spitzenwert (6 dB über dem restlichen zeitlichen Verlauf) und einem Vergleichssignal (ohne auffällige Spitzen im zeitlichen Verlauf) von jeweils etwa 10 Sekunden Dauer bei ähnlichem Spektrum im zeitlichen Abstand von 3 Sekunden beaufschlagt. Es zeigte sich, dass die Reize dann als gleich wahrgenommen werden, wenn sie gleiche energieäquivalente KB-Werte aufweisen. Hingegen ergaben sich bei gleichem maximalen Effektivwert KB_{Fmax} nach DIN 4150 Teil 2 stark unterschiedliche Wirkungen. Nach diesen Ergebnissen ist offenkundig, dass der energieäquivalente KB-Wert wesentlich besser zur Charakterisierung der Wahrnehmungsstärke geeignet ist als der KB_{Fmax}-Wert.

17.3.6.2 Beurteilung von sekundärem Luftschall

Beim sekundären Luftschall handelt es sich um ein relativ tieffrequentes Verkehrsgeräusch, das infolge von Schwingungsanregung von Gebäuden durch Eisenbahnverkehr von allen Begrenzungsflächen eines Raumes abgestrahlt wird und das keine identifizierbare Schalleinfallsrichtung hat. Die Bestimmungen der 16. BImSchV (Verkehrslärmschutzverordnung) [17.199] sind jedoch hier nicht anwendbar, so dass derzeit keine gesetzlichen Regelungen über Grenzwerte hinsichtlich zumutbarer Einwirkungen aus sekundärem Luftschall bestehen.

Richtwerte für zumutbare Innenraumpegel ergeben sich aus der 24. BImSchV (Verkehrswege-Schallschutzmaßnahmenverordnung) [17.222] und der VDI 2719 „Schalldämmung von Fenstern und deren Zusatzeinrichtungen" [17.219].

Die in der VDI 2719 genannten Richtwerte gelten für direkt von außen in Räume eindringenden Schall und sind deshalb nur bedingt anwendbar. Aus den Vorschriften zum primären Luftschall könnte man bei einem erheblichen baulichen Eingriff in eine bestehende Bahnstrecke darüber hinaus einen Wert von 3 dB(A) als eine wesentliche Erhöhung des sekundären Luftschallpegels ableiten, die gegebenenfalls Ansprüche auf Schutzvorkehrungen begründet.

Hinweise zur Beurteilung von sekundärem Luftschall aus dem Eisenbahnbetrieb können auch der DIN 45680 „Messung und Bewertung tieffrequenter Geräuschimmissionen in der Nachbarschaft" [17.51] entnommen werden.

17.3.7 Schutzmaßnahmen im Bereich der Körperschallentstehung

17.3.7.1 Schutzmaßnahmen an unterirdischen Strecken

Eine wichtige Schutzmaßnahme genereller Art ist die regelmäßige Wartung des Oberbaues, wie das Schleifen der Schienen bei beginnender Verriffelung bzw. Wellenbildung, der Austausch von abgenützten Schienen und die Erneuerung oder Durcharbeitung des Schotterbetts.

Bei unterirdischen Schienenverkehrsanlagen existiert ein ausgereiftes und bewährtes Instrumentarium an Maßnahmen, das aufgrund der klar erfassbaren Randparameter in Tunnelbauwerken zum Teil auch rechnerisch gut abgesichert ist [17.17, 17.58, 17.59, 17.113, 17.227, 17.235 und [17.238].

So haben sich hauptsächlich im Nahverkehrsbereich, aber auch im Bereich des Fernverkehrs, der Einbau von Unterschottermatten und Masse-Feder-Systemen als wirksame Schutzmaßnahme zur Körperschallminderung bewährt.

Unterschottermatten (USM) sind elastische Matten aus verschiedenen Materialien, hauptsächlich auf Polyurethan- oder Kautschukbasis, die Tunnelbauwerk (bzw. Brückenbauwerk oder Planum) und Schotterbett vollflächig dauerelastisch voneinander trennen. Abbildung 17.64 zeigt den prinzipiellen Aufbau eines Schotteroberbaues mit USM am Beispiel eines Tunnelbauwerkes mit kreisförmigem Querschnitt.

In Abb. 17.65 sind typische Spektren des Körperschalls dargestellt, die anlässlich von Messungen an der Wand des Münchner S-Bahntunnels vor und nach Einbau einer USM ermittelt wurden [17.235].

Bei einer dynamischen Steife von ca. 0,04 N/mm^3 im maßgeblichen Frequenz- und Lastbereich hat die USM eine statische Steife von 0,02 N/mm^3 (auch „Bettungsmodul" genannt), entsprechend den durch Fahrgeschwindigkeit und Achslast bestimmten Vorgaben für S-Bahnbetrieb [17.27].

Nach [17.227] bzw. [17.238] kann das Einfügungsdämmmaß einer USM, die allein mit ihrer

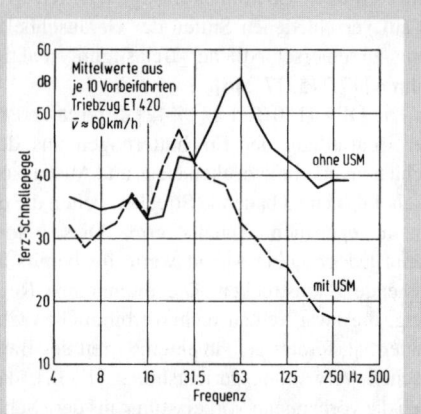

Abb. 17.65 Körperschall an der Tunnelwand eines eingleisigen S-Bahntunnels mit kreisförmigem Querschnitt bei Vorbeifahrt von Triebzügen ET 420 auf Schotteroberbau der Bauart K 54 H ohne und mit einer Unterschottermatte (USM) mit der dynamischen Steife $s'' \approx 0{,}04$ N/mm^3

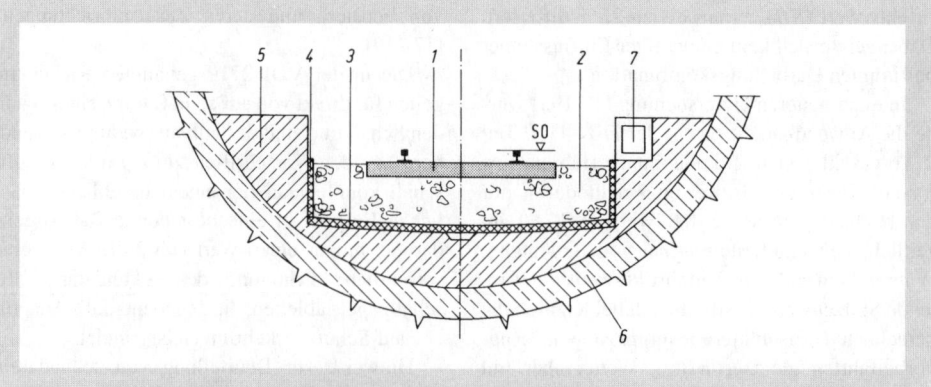

Abb. 17.64 Prinzipskizze eines Schotteroberbaues mit Unterschottermatte am Beispiel eines eingleisigen S-Bahntunnels mit kreisförmigem Tunnelquerschnitt. *1* Gleisrost, *2* Schotterbett, *3* Unterschottermatte (USM), *4* Seitenmatte, *5* Aufbeton (seitl. Fluchtweg), *6* Tunnelschale, *7* Kabelkanal

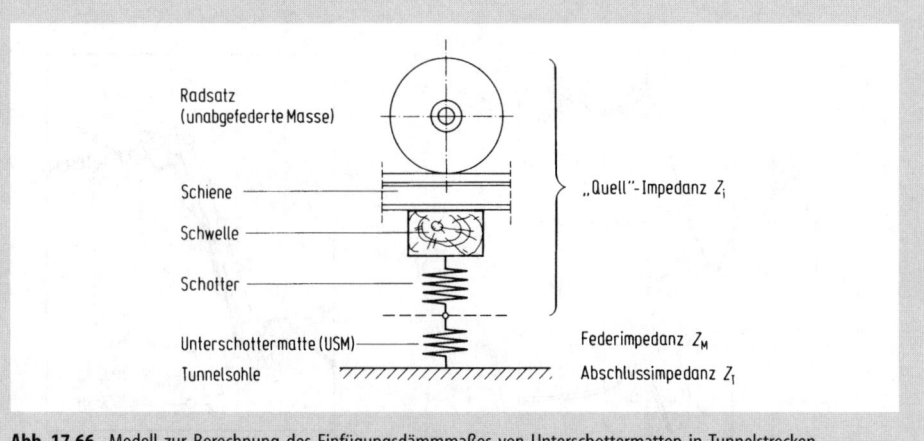

Abb. 17.66 Modell zur Berechnung des Einfügungsdämmmaßes von Unterschottermatten in Tunnelstrecken

Federsteife s_M wirksam wird, auf der Basis des in Abb. 17.66 dargestellten einfachen dynamischen Modells nach folgender Formel berechnet werden:

$$\Delta L_e = 20 \cdot \lg \left| 1 + \frac{j\omega/s_M}{1/Z_i + 1/Z_T} \right| \text{ dB} .$$

Darin bedeuten neben dem genannten s_M
Z_i die von der Oberseite der Matte zur Körperschallquelle hin wirksame Quellimpedanz,
Z_T die auf der Unterseite der Matte wirksame Abschlussimpedanz (Tunnelsohle),
ω die Kreisfrequenz und
j die imaginäre Einheit.

Z_T ist bei üblichen Tunnelsohlen groß im Vergleich zu Z_i und kann somit in der Gleichung für ΔL_e vernachlässigt werden [17.79, 17.128]. Die Federsteife der USM folgt aus der Beziehung

$$s_M = s_M'' \cdot S_w \cdot (1 + j d_M) .$$

Dabei ist s_M'' die dynamische Steife, d_M der Verlustfaktor der USM und S_w eine Wirkfläche, die aus dem wirksamen Lastkegel unter der Schwelle berechnet werden kann [17.238].

Für die Quelladmittanz $1/Z_i$ gilt näherungsweise die Beziehung

$$\frac{1}{Z_i} = \frac{j\omega}{s_s} \left[1 - \left(\frac{\omega_0}{\omega}\right)^2 \right] .$$

Darin ist s_s die Schottersteife und ω_0 eine Resonanzkreisfrequenz, die für üblichen Gleisrost und normales Schotterbett nach der Beziehung[18]

$$\omega_0 \approx \sqrt{\frac{s_s}{m}}$$

maßgeblich von der Schottersteife s_s und der unabgefederten Radsatzmasse m bestimmt ist.

Mit den genannten Beziehungen folgt somit für das Einfügungsdämmmaß einer USM

$$\Delta L_e = 20 \cdot \lg \left| 1 + \frac{s_s/s_M}{1 - \left(\frac{\omega_0}{\omega}\right)^2} \right| \text{ dB} .$$

In Abb. 17.67 ist in Teilbild a zunächst das gemessene Einfügungsdämmmaß für die im Münchner S-Bahntunnel eingebaute USM dargestellt, während Teilbild b das nach vorstehender Beziehung bei Zugrundelegung zweier verschiedener Eingangsimpedanzen der Tunnelsohle (Abschlussimpedanz Z_T) für diese USM gerechnete Einfügungsdämmmaß zeigt.

ΔL_e nimmt bei tiefen Frequenzen zunächst negative Werte an, erreicht bei

$$f_1 = f_0 \cdot \sqrt{\frac{s_M}{s_s}} = 65 \cdot \sqrt{\frac{55 \cdot 10^6}{5 \cdot 10^8}} \approx 22 \text{ Hz}$$

ein Minimum, wird bei $\sqrt{2} \cdot f_1 = 32$ Hz positiv, erreicht bei $f_0 = 65$ Hz ein Maximum und fällt auf einen konstanten Wert $20 \cdot \lg(1 + s_s/s_M) = 20$ dB ab.

Bei sehr tiefen Frequenzen stimmen Messergebnis und Rechenergebnis nicht mehr überein,

---

[18] Exakte Beziehung nach [17.238]:

$$\omega_0 = 1{,}7 \cdot \frac{(s_s/l)^{3/8} \cdot B^{1/8}}{m^{1/2}}$$

mit B Biegesteife der Schiene in N · m²
l Bezugslänge in m.

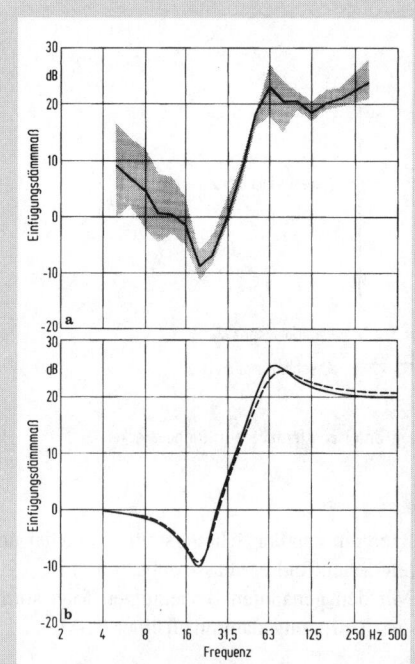

Abb. 17.67 Gemessenes und berechnetes Einfügungsdämmmaß einer Unterschottermatte (USM). **a** Messergebnis für die im Münchner S-Bahntunnel eingebaute USM; Mittelwert und Streubereich aus Messungen der Vorbeifahrt von Triebzügen ET 420 an 6 Tunnelwand-Messpunkten vor/nach Einbau der USM; **b** Rechenergebnis für die o.g. USM mit der Steife $s_M = 5{,}5 \cdot 10^7$ N/m · (1 + j0,2) unter einer Schotterschicht mit der Steife $s_S = 5 \cdot 10^8$ N/m · (1 + j0,5) und einer Radsatzmasse $m = 3000$ kg. Parameter: Abschlussimpedanz Z_T; —— elastischer Halbraum mit $s_T = 5 \cdot 10^9$ N/m; ------ 0,8 m dicke Betonplatte mit $Z_T = 10^7$ Ns/m

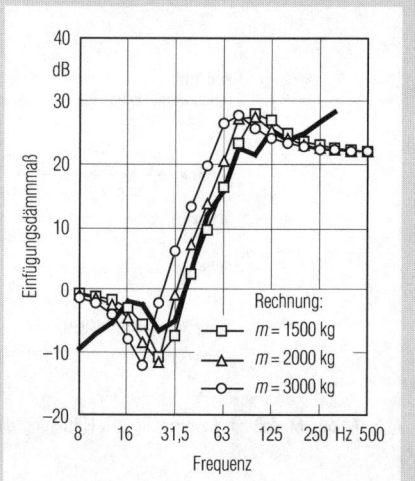

Abb. 17.68 Einfügungsdämmmaß einer im Tunnel Köln-Chorweiler eingebauten Unterschottermatte (USM) mit einem statischen Bettungsmodul $c = 0{,}03$ N/mm². ----- Messergebnis: Mittelwert für Zugvorbeifahrten auf Gleis 1 und Gleis 2. Rechenergebnis für Steife der USM $s_M = 4{,}8 \cdot 10^7$ N/m, Schottersteife $s_S = 5 \cdot 10^8$ N/m, Abschlussimpedanz Z_T näherungsweise unendlich (Tunnelsohle); Parameter: unabgefederte Radsatzmasse m

was u. a. daran liegt, dass einige wesentliche Voraussetzungen des einfachen Rechenmodells hier nicht mehr erfüllt sind.

Abbildung 17.67 macht im Übrigen auch deutlich, dass die Art der Modellierung der Abschlussimpedanz Z_T, d.h. der Eingangsimpedanz der Tunnelsohle (hier als elastischer Halbraum großer Steife und als unendliche Platte modelliert), praktisch keinen Einfluss auf das Rechenergebnis hat, solange diese groß genug ist, so dass die Abschlussadmittanz $1/Z_T$ gegen Null geht und in der obigen Formel gegenüber der Quelladmittanz $1/Z_i$ vernachlässigt werden kann.

Dieses Rechenmodell wurde in den vergangenen Jahren vielfach angewendet und ist in der Zwischenzeit bei einigen europäischen Bahnen und Verkehrsgesellschaften im Rahmen von Ausschreibungsverfahren im Hinblick auf die Prognose des Einfügungsdämmmaßes von Unterschottermatten zu einer Art Standard geworden.

Erfolgreiche Anwendungen aus jüngster Vergangenheit sind z. B. in [17.232] und [17.233] wiedergegeben. In Abb. 17.68 und Abb. 17.69 sind die wichtigsten Ergebnisse dazu dargestellt.

Die in Abb. 17.68 gezeigten Ergebnisse sind sehr gut geeignet, um auf eine Besonderheit einzugehen, die bei dem betroffenen Projekt im Tunnel Köln-Chorweiler zu berücksichtigen war.

Die Züge der Rhein/Ruhr-S-Bahn sind so genannte lokbespannte Wendezüge, bestehend aus einer schweren E-Lok der Baureihe 143 und mehreren Reisezugwagen. Gemäß den Anforderungen bezüglich Gebrauchstauglichkeit nach DB-TL [17.27] waren also die Unterschottermatten mit einem Bettungsmodul von 0,03 N/mm³ für die Vollbahnachslast der Lok von ca. 225 kN auszulegen. Anhand von Abb. 17.68 erkennt man nun aber, dass das gerechnete Einfügungsdämmmaß sehr gut mit dem gemessenen übereinstimmt, wenn mit der niedrigen unabgefederten

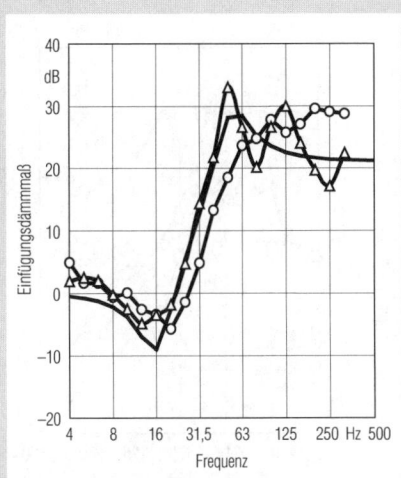

Abb. 17.69 Einfügungsdämmmaß einer im Nord-/Südtunnel der Berliner S-Bahn eingebauten Unterschottermatte (USM) mit einem statischen Bettungsmodul $c = 0{,}02$ N/mm². △——△ Messergebnis Gleis 2: Fahrtrichtung Nord; ○——○ Messergebnis Gleis 1: Fahrtrichtung Süd; —— Rechenergebnis mit Steife der USM $s_M = 3{,}4 \cdot 10^7$ N/m, Schottersteife $s_S = 3 \cdot 10^8$ N/m, unabgefederte Radsatzmasse $m = 3000$ kg, Abschlussimpedanz Z_T näherungsweise unendlich (Tunnelsohle)

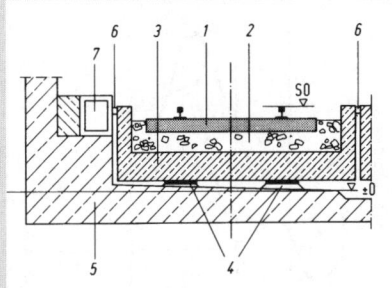

Abb. 17.70 Prinzipskizze eines als „Masse-Feder-System" ausgebildeten Oberbaues in Trogbauweise am Beispiel eines zweigleisigen S-Bahntunnels mit Rechteckquerschnitt. *1* Gleisrost, *2* Schotter bzw. Füllbeton, *3* Betontrog, *4* Elastomerlager mit Lagersockel, *5* Tunnelsohle, *6* Dauerelastisches Fugenband, *7* Kabelkanal

Radsatzmasse von 1500 kg gerechnet wird. Dieser Wert liegt erfahrungsgemäß bei den Reisezugwagen vor, während bei Lokomotiven und Triebzügen (z. B. der Baureihe ET 420) in der Regel mit ca. 3000 kg pro Achse zu rechnen ist. Somit ist also das Messergebnis so zu interpretieren, dass die Wirksamkeit der Unterschottermatte – bezüglich des Einflusses der dynamisch wirksamen, unabgefederten Radsatzmasse auf das Einfügungsdämmmaß [17.227] – von den leichteren Reisezugwagen und nicht von der schweren Lok bestimmt wird. Diese Dominanz der Reisezugwagen beim Einfügungsdämmmaß liegt nun im vorliegenden Fall hauptsächlich daran, dass bei der Auswertung der Messungen jeweils ein Mittelungspegel der gesamten Zugvorbeifahrt gebildet wurde, der zu ca. 87 % der Vorbeifahrzeit von den Wagen bestimmt wird (s. o. Wendezug der Rhein/Ruhr-S-Bahn, bestehend aus E-Lok plus fünf Reisezugwagen).

Wenn als Messzug z. B. mehrere gekoppelte Loks oder ein Triebzug ET 420 mit der höheren unabgefederten Radsatzmasse von ca. 3000 kg gefahren wäre, dann wäre nach den vorliegenden Erfahrungen im Hinblick auf den Vergleich von gemessenem und nach [17.227, 17.238] gerechnetem Einfügungsdämmmaß der Steilanstieg der gemessenen Kurven zu tieferen Frequenzen hin verschoben und würde mit der für 3000 kg gerechneten Kurve zusammenfallen.

Dieser Hinweis ist als Interpretationshilfe bei Verwendung der vorliegenden Ergebnisse im Zuge der Planung von Projekten mit ähnlicher Aufgabenstellung zu verstehen.

Zu dem in Abb. 17.69 dargestellten Ergebnis für eine Maßnahme in einem S-Bahntunnel in Berlin ist zu bemerken, dass bei diesem Projekt mit dem Einbau der Unterschottermatte (Bettungsmodul $c = 0{,}02$ N/mm³ nach [17.27]) in beiden Gleisen aus statischen Gründen auch die Abdeckplatte des Unterfahrungsbauwerkes über dem Gleis 2 erneuert wurde, die gleichzeitig als Fundament für die über dem Tunnel zu errichtenden Gebäude dient. Dadurch und eventuell auch durch unterschiedliche Einflüsse aus dem Oberbau sind die zu beobachtenden Unterschiede zwischen Zugfahrten auf beiden Gleisen hauptsächlich zu erklären.

Das Prinzip eines als „Masse-Feder-System" ausgebildeten Oberbaus in Trogbauweise ist in Abb. 17.70 dargestellt [17.32].

Danach ist ein Betontrog (Fertigteil- oder Ortbetonbauweise), in dem der Gleisrost entweder im Schotterbett liegt oder in Füllbeton[19] einbeto-

---

[19] Bei schotterlosen „Masse-Feder Systemen" ist in der Regel die Bauhöhe im Vergleich zur Prinzipskizze in Abb. 17.70 deutlich geringer.

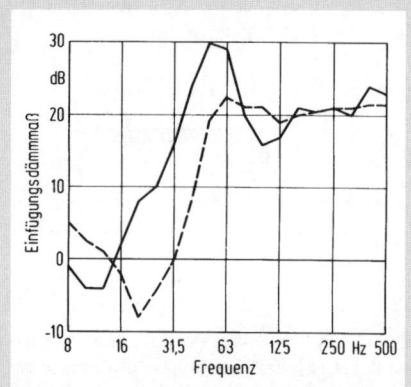

Abb. 17.71 Einfügungsdämmmaß einer Unterschottermatte (USM) und eines als „Masse-Feder-System" (MFS) ausgebildeten schotterlosen Oberbaues, jeweils gemessen an der Tunnelwand bei Überfahrt des Triebzuges ET 420. ----- USM: S-Bahntunnel München, —— MFS: Flughafentunnel Frankfurt/Main

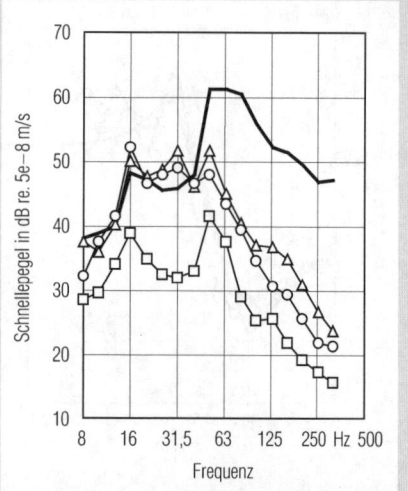

Abb. 17.72 Schnellepegel-Terzspektren, gemessen an der Tunnelwand des Tunnels Köln-Chorweiler während Vorbeifahrten der Rhein/Ruhr-S-Bahn, vor und nach Einbau eines schotterlosen Masse-Feder-Systems und zweier Unterschottermatten (USM) 1 und 2 mit gleichem statischen Bettungsmodul $c = 0{,}03$ N/mm, jedoch mit unterschiedlicher dynamischer Steifigkeit. —— Schotteroberbau vor dem Umbau: Mittelwert über 24 Messpunkte in beiden Gleisen, nach dem Umbau: Mittelwert über jeweils 6 Messpunkte je Umbauabschnitt. △——△ Schotteroberbau mit USM 1, ○——○ Schotteroberbau mit USM 2 (dynamisch weicher), □——□ schotterloses Masse-Feder-System mit Einzellagern; Abstimmfrequenz $f_0 = 11$ Hz

niert ist, über Elastomerlager (Einzellager oder streifenförmige Lager) auf der Tunnelsohle elastisch gelagert [17.58, 17.59].

Mit Oberbauformen dieser Bauart können je nach Anforderungen und konstruktiver Auslegung Abstimmfrequenzen um 10 Hz und darunter erreicht werden.

In Abb. 17.71 ist das Einfügungsdämmmaß des im Frankfurter Flughafentunnel eingebauten schotterlosen „Masse-Feder-Systems" dargestellt, dessen Abstimmfrequenz etwas unter 12 Hz liegt [17.93].

Zum Vergleich ist das Einfügungsdämmmaß der im Münchner S-Bahntunnel eingebauten USM angegeben, deren statische Federsteife, wie oben erwähnt wurde, den niedrigsten nach [17.27] für S-Bahnbetrieb zulässigen Wert von $c = 0{,}02$ N/mm³ hat (Abstimmfrequenz ca. 22 Hz).

Abbildung 17.71 zeigt, dass die Körperschalldämmung des Masse-Feder-Systems im erschütterungstechnisch kritischen Frequenzbereich von ca. 20 bis 63 Hz aufgrund der wesentlich tieferen Abstimmung beträchtlich größer ist, als sie mit Unterschottermatten unter Berücksichtigung der oberbautechnischen Vorgaben bezüglich der zulässigen Steifigkeit erreicht werden kann.

Dieser Gewinn ist der wesentlich tieferen Abstimmfrequenz des Masse-Feder-Systems zuzuschreiben. Da jedoch, wie Abb. 17.71 zeigt, das Einfügungsdämmmaß der beiden Oberbausysteme im Bereich höherer Frequenzen etwa gleich groß ist – das bedeutet, dass das Verhältnis der Schottersteife zur Steife der USM gleich groß sein muss wie das Verhältnis der Schottersteife zur Steife der Elastomerlager des Masse-Feder-Systems –, muss die niedrigere Abstimmfrequenz ausschließlich auf die wesentlich größere Masse je Meter Gleis des Masse-Feder-Systems zurückzuführen sein. Ein der Abb. 17.71 ähnliches Ergebnis findet man übrigens in [17.17] zu entsprechenden Untersuchungen in einem U-Bahntunnel.

Neuere Ergebnisse zur Wirksamkeit von meist schotterlosen Masse-Feder-Systemen mit diskreter oder vollflächiger Lagerung, die für Vollbahnnachslasten ausgelegt sind, findet man z. B. zu einem Tunnel in Deutschland in [17.232] und zu diversen Tunneln in Österreich und der Schweiz in [17.175, 17.176, 17.187 und 17.225].

In Abb. 17.72 ist die Wirksamkeit des im Tunnel Köln-Chorweiler eingebauten Masse-Feder-

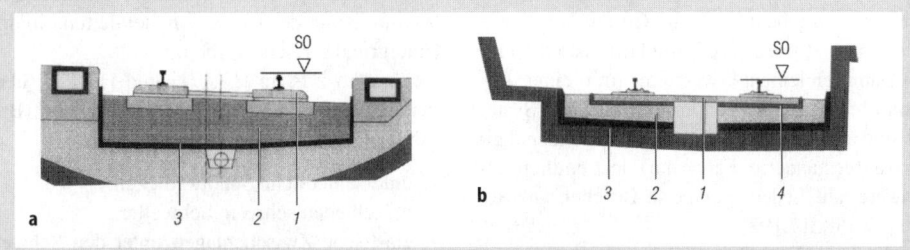

Abb. 17.73 Querschnitte zweier Bauarten eines „Leichten Masse-Feder-Systems" (LMFS) mit vollflächiger Lagerung bei der S-Bahn Zürich. a Bereich „First Church"; b Bereich „Shopville". *1* Biblockschwelle (a) bzw. Kunststoffschwelle (b), *2* bewehrte Betonplatte, *3* elastische Boden- und Seitenmatte aus zelligem PUR-Elastomer, *4* elastischer Schwellenschuh

Systems und zweier Unterschottermatten dargestellt, die im gleichen Tunnel in anderen Abschnitten eingebaut wurden [17.232]. Das Masse-Feder-System ist bei einem Gewicht der Gleistragplatte von ca. 4000 kg pro Meter Gleis mittels diskreter Lager aus zelligem PUR-Elastomer (Lagerabstand 1,5 m in Richtung der Gleisachse) auf eine Systemeigenfrequenz von 11 Hz abgestimmt. Beide Unterschottermatten sind mit einem statischen Bettungsmodul von $c = 0{,}03$ N/mm^3 entsprechend den durch Achslast und Fahrgeschwindigkeit bestimmten Vorgaben nach [17.27] ausgelegt. Sie haben jedoch gemäß den verschieden hohen schalltechnischen Anforderungen in den Einbauabschnitten eine unterschiedliche dynamische Steifigkeit.

Abbildung 17.72 zeigt sehr anschaulich, dass die erreichte Körperschallminderung von der Unterschottermatte 1 zur „dynamisch weicheren" Unterschottermatte 2 bis hin zum vergleichsweise aufwendigen, tief abgestimmten Masse-Feder-System im Einklang mit den Anforderungen bei der Projektplanung eine deutlich erkennbare Steigerung aufweist.

Über zwei Bauarten eines Masse-Feder-Systems mit vollflächiger Lagerung[20], das ebenfalls für Vollbahnachslasten ausgelegt ist und bei der Züricher S-Bahn eingebaut wurde, wird bereits in [17.191] berichtet. Eine ausführliche Darstellung dazu ist auch im Abschlussbericht zum Projekt RENVIB II [17.187] zu finden.

Abbildung 17.73 zeigt die Querschnitte dieser Bauarten, während in Abb. 17.74 deren gemessenes Einfügungsdämmmaß dargestellt ist.

Systeme dieser Art, die typischerweise eine Abstimmfrequenz von ca. 20 Hz haben, sind für Anwendungsfälle vorgesehen, bei denen die Anforderungen an das zu erzielende Einfügungsdämmmaß, im Gegensatz zu denen bei tief abgestimmten Systemen mit Abstimmfrequenzen von $f_0 \leq 10$ Hz, nicht extrem hoch sind.

Bisher wurden bei Verwendung von Einzellagern aus zelligem PUR-Elastomer niedrigste Abstimmfrequenzen von ca. 7,5 Hz realisiert (z. B. Zammer-Tunnel der Österreichischen Bundesbahnen [17.176, 17.187]); im angesprochenen Fall allerdings mit dem beachtlichen Gewicht der Gleistragplatte von ca. 10500 kg pro Meter Gleis.

Im Zuge des Neubaus der Schnellfahrstrecke Seoul–Pusan in Korea wurden im Bereich des

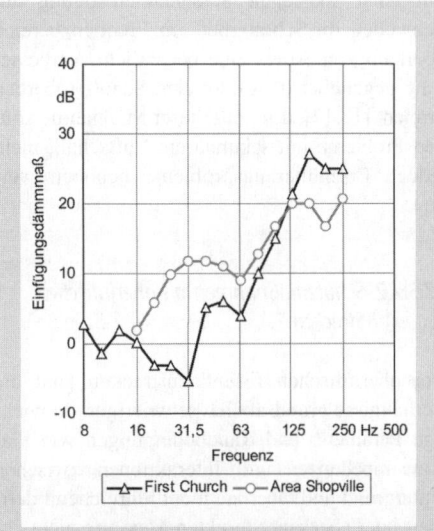

Abb. 17.74 Gemessenes Einfügungsdämmmaß zweier Bauarten eines „Leichten Masse-Feder-Systems" (LMFS) in einem Tunnel der S-Bahn Zürich

---

[20] Bei Straßenbahnen oder Stadtbahnen „Leichtes Masse-Feder-System" (LMFS) genannt. Im englischen Sprachraum als „Floating slab" und in der französischen Literatur als „Dalle flottante" bezeichnet (s. Abschn. 17.4).

Bahnhofs Chonan, dessen Betonrahmenkonstruktion ausgebaut und mit Geschäften sowie Büros genutzt werden soll, mit Hilfe von Stahlfeder/Dämpferelementen Systeme mit einer Abstimmfrequenz von 5 Hz projektiert. Diese Systeme sind aufgrund der konstruktiven Gegebenheiten (aufgeständerte Fahrbahn) letztendlich als schwere, auf Federn gelagerte Brücken anzusehen [17.188, 17.197].

Mit hochelastischen Schienenbefestigungen kann ebenfalls eine nennenswerte Minderung der Körperschallemissionen erreicht werden. Diese hängt jedoch wesentlich von der Federsteife der elastischen Elemente, z.B. Zwischenplatten (Zwp), und von der Einbauart ab (z.B. auf Betontragplatte wie bei Festen Fahrbahnen oder auf Schwellen im Schotterbett).

Abgesehen von einigen Versuchsstrecken mit Fester Fahrbahn kommen solche Schienenbefestigungen in neuerer Zeit vermehrt auf direkt befahrenen Stahlbrücken zur Minderung der von den Brücken abgestrahlten Geräusche zum Einsatz (s. Abschn. 17.2.2.2, Brücken).

Die hiermit erreichbaren Abstimmfrequenzen sind jedoch wegen der niedrigeren abgefederten Masse höher (typischerweise ≥ 30 Hz) als bei Systemen mit Unterschottermatten oder bei Masse-Feder-Systemen.

In unterirdischen Strecken findet man elastische Schienenbefestigungen hauptsächlich bei U-Bahnen und Stadtbahnen. Dort wurde z.B. mit einer speziellen Schienenbefestigung auf Schwellen im Schotterbett im Frequenzbereich oberhalb von 50 Hz eine beachtliche Verbesserung gegenüber dem normalen Schotteroberbau erreicht [17.17], d.h., mit dieser Maßnahme können Probleme mit sekundärem Luftschall, nicht jedoch Erschütterungsprobleme behoben werden.

17.3.7.2 Schutzmaßnahmen an oberirdischen Strecken

Bei oberirdischen Eisenbahnstrecken sind die Verhältnisse grundsätzlich schwieriger, da wichtige Parameter und Randbedingungen wie Planumsimpedanzen und Interaktionen zwischen Untergrund und Oberbau nicht hinreichend definiert oder aber einer direkten Messung nicht zugänglich sind.

Es kann jedoch z.B. durch Planumsverbesserungen und/oder den Einbau zusätzlicher Tragschichten unter dem Schotter, eventuell in Verbindung mit Unterschottermatten, auch hier eine Verminderung der Körperschalleinleitung in den Untergrund erreicht werden.

So wird z.B. in [17.171] und [17.173] über Versuche bei den Eisenbahnen in England (British Rail) berichtet, bei denen u.a.

- unterschiedliche Schotterdicken,
- verschieden schwere Schwellen,
- elastische Zwischenlagen unter den Schwellen (Schwellenlager),
- elastische Matten (heute Unterschottermatten genannt) zwischen Schotterbett und einer 50 mm dicken Sandschicht auf Planum untersucht wurden.

Bei den Schweizer Bahnen (SBB) wurden bereits in den 80er-Jahren ähnliche Versuche mit elastischen Matten auf Kiesplanum oder auf einer Betonplatte durchgeführt [17.243], dort allerdings im Bereich eines nach unten offenen Tunnels (ohne Tunnelsohle). Dabei ergab sich, dass weder die Variation der Schotterbettdicke von 25 bis 50 cm, noch die untersuchten Schwellentypen bedeutenden Einfluss auf den Körperschall seitlich der jeweiligen Versuchsstrecke hatten. Erhebliche Verbesserungen wurden dagegen sowohl mit besohlten Schwellen als auch mit Unterschottermatten erzielt.

Zu den Versuchen bei der British Rail wird jedoch in [17.171] berichtet, dass die elastischen Matten unter dem Schotter später zu Schwierigkeiten bei der Gleisunterhaltung geführt haben. Um derartige Probleme zu vermeiden, wurden bei ähnlichen Versuchen an einem deutschen Versuchsabschnitt in Altheim/Niederbayern[21] die in Abb. 17.75 dargestellten Maßnahmen realisiert [17.158, 17.65].

Der im Hinblick auf die Vermeidung der genannten Probleme wesentliche Teil der Oberbauarten besteht darin, dass zwischen Schotterbett und Unterschottermatte eine Schutzschicht aus Planumsschutzsand liegt, die eine Beschädigung der Matte, z.B. anlässlich von Oberbauwartungsarbeiten (Gleisstopfung oder Bettungsreinigung usw.), verhindert.

---

[21] Das Versuchsgleis liegt im Bereich eines aufgelassenen Bahnhofs, d.h., das Schotterbett hat auch nach Rückbau der ehemaligen Bahnsteige keine freie „Bettungsschulter", sondern ist quasi „eingekoffert". Die in Abb. 17.75 dargestellten Oberbauquerschnitte weichen daher, den praktischen Verhältnissen entsprechend, von der in [17.236, Bild 17.67] gewählten prinzipiellen Darstellung ab!

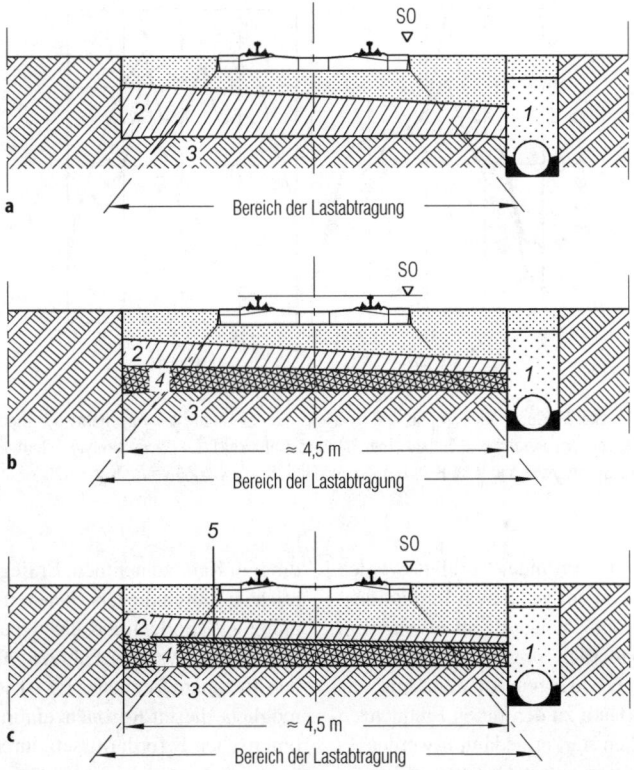

Abb. 17.75 Skizzen zum prinzipiellen Aufbau verschiedener Maßnahmen zur Minderung des Körperschalls seitlich einer oberirdischen Eisenbahnstrecke mit Tiefenentwässerung (*1*). a Schotteroberbau mit Planumsschutzschicht (*2*) auf verdichtetem Planum (*3*); b Schotteroberbau mit Planumsschutzschicht (*2*) und zementverfestigter Kiestragschicht (*4*) auf verdichtetem Planum (*3*); c Schotteroberbau mit Planumsschutzschicht (*2*), Unterschottermatte (*5*) und zementverfestigter Kiestragschicht (*4*) auf verdichtetem Planum (*3*)

Die Versuche fanden in einem Streckenabschnitt statt, in dem wegen der sehr schlechten Gleislage in Verbindung mit einer Oberbauerneuerung (Austausch von Gleisrost und Schotterbett) auch eine Planumsschutzschicht eingebaut wurde (s. Abb. 17.75, Teilbild (a)).

Zusätzlich wurde zum Zwecke der Verminderung des in den Untergrund eingeleiteten Körperschalls auf einer Länge von je 100 m im Bereich der Lastabtragung unter dem Gleis eine zementverfestigte Kiestragschicht ohne und mit Unterschottermatte eingebaut (s. Teilbilder (b) und (c) der Abb. 17.75). Die Matte, bestehend aus PUR-Elastomer, wies im interessierenden Frequenzbereich eine dynamische Steife von ca. 0,09 N/mm^3 auf und entsprach mit einem „Bettungsmodul" von 0,06 N/mm^3 den durch Streckengeschwindigkeit und Streckenbelastung (Achslast) vorgegebenen Grenzen nach [17.27].

Körperschallmessungen, die vor dem Umbau und ein Jahr nach dem Umbau an identischen Messpunkten 8 m seitlich der Gleisachse bei Vorbeifahrt eines Messzuges (Triebzug ET 420) durchgeführt wurden, ergaben zunächst für die Oberbauerneuerung mit Einbau einer Planumsschutzschicht die Ergebnisse nach Abb. 17.76.

Im Hinblick auf praktische Anwendungen ist dazu positiv anzumerken, dass die Körperschallpegel im Bereich tiefer Frequenzen unterhalb etwa 50 Hz durch den Umbau erheblich reduziert werden konnten.

Die Zunahme der Körperschallpegel im höherfrequenten Bereich zwischen etwa 50 Hz und 100 Hz, die mit einer durch den Umbau bewirkten

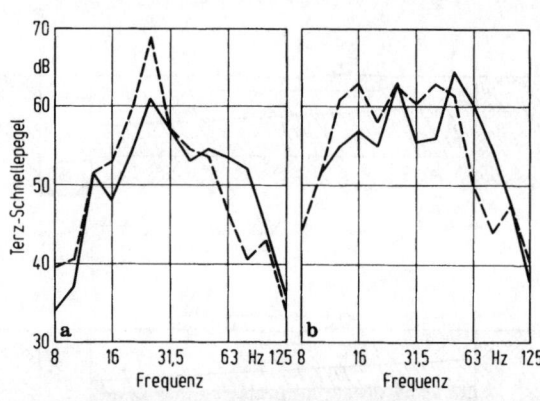

Abb. 17.76 Körperschall im Boden (auf Erdpflock) 8 m seitlich von Gleismitte bei Vorbeifahrt des Triebzuges ET 420 vor und 1 Jahr nach Oberbauerneuerung und Einbau einer Planumsschutzschicht. ----- vor Umbau, Schotteroberbau K49 B58; ——— nach Umbau, Schotteroberbau W54 B70; Zuggeschwindigkeit v: **a** $v = 60$ km/h; **b** $v = 120$ km/h

„Versteifung des Untergrundes" erklärt werden kann, wird sich an einem gedachten Immissionsort in einer Entfernung von z.B. 30 m bis 40 m deshalb nicht sonderlich ungünstig auswirken, weil die höheren Frequenzen auf dem Ausbreitungsweg im Vergleich zu den tiefen Frequenzen in der Regel deutlich stärker gedämpft werden.

Geht man nun von einem Oberbau mit guter Gleislage und gutem Zustand der Schienenfahrflächen aus, wie er nach dem Umbau gemäß Teilbild (a) in Abb. 17.75 vorgelegen hat, so interessiert weiter die Frage, inwieweit die von der Strecke ausgehenden Körperschallemissionen durch den zusätzlichen Einbau einer zementverfestigten Kiestragschicht ohne und mit der Unterschottermatte (USM) weiter vermindert werden können. Die Ergebnisse der Körperschallmessungen ein Jahr nach dem Umbau sind in Abb. 17.77 für den Oberbau ohne USM und in Abb. 17.78 für den Oberbau mit USM dargestellt.

Wie zu erkennen ist, haben die Körperschallpegel bei sehr tiefen Frequenzen weiter abgenommen, während die Pegel in dem bezüglich der Wahrnehmung von sekundärem Luftschall kritischen Frequenzbereich seitlich des Versuchsabschnittes ohne USM gleichzeitig um bis zu ca. 8 dB zugenommen haben.

Diese Verschlechterung konnte jedoch durch den Einbau der in diesem Frequenzbereich wirksamen USM fast vollständig abgebaut werden (s. Abb. 17.78).

Der Einbruch in der Pegeldifferenz der Abb. 17.78 bei 40 Hz ist physikalisch bzw. systembedingt in Kauf zu nehmen. Er liegt nämlich im Bereich der durch die Oberbausteife (Unterschottermatte + Schotter) und die dynamisch wirksame Masse des Systems Fahrzeug/Oberbau gegebenen Resonanzfrequenz. Es ist jedoch prinzipiell möglich, diesen Resonanzeinbruch, orientiert an praktischen Erfordernissen durch härtere, mögli-

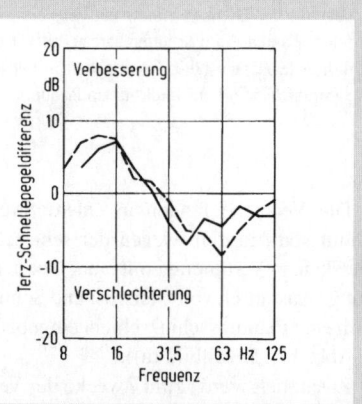

Abb. 17.77 Differenz der Terz-Schnellepegel im Boden (auf Erdpflock) 8 m seitlich von Gleismitte infolge des Einbaues einer zementverfestigten Kiestragschicht (Magerbeton B5, im Mittel ca. 30 cm dick) unter einem Schotteroberbau der Bauart W54 B70 mit Planumsschutzschicht. Ergebnisse von Messungen 1 Jahr nach dem Umbau bei Vorbeifahrt des Triebzuges ET 420 mit 60 km/h (-----) bzw. mit 120 km/h (———)

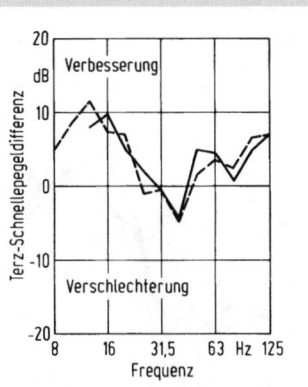

Abb. 17.78 Differenz der Terz-Schnellepegel im Boden (auf Erdpflock) 8 m seitlich von Gleismitte infolge des Einbaues einer zementverfestigten Kiestragschicht (Magerbeton B5, im Mittel ca. 30 cm dick) und einer Unterschottermatte (dynamische Steife $s'' \approx$ 0,09 N/mm^3) unter einem Schotteroberbau der Bauart W54 B70 mit Planumsschutzschicht. Ergebnisse von Messungen 1 Jahr nach dem Umbau bei Vorbeifahrt des Triebzuges ET 420 mit 60 km/h (-----) bzw. mit 120 km/h (——)

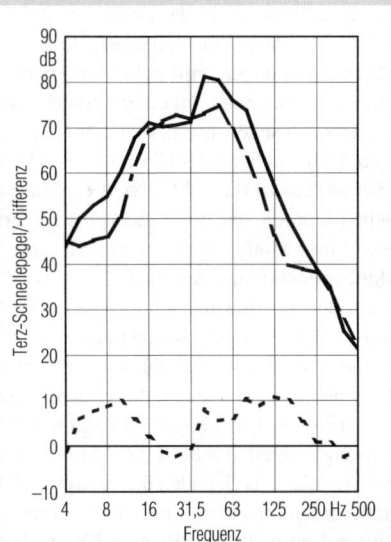

Abb. 17.79 Körperschall im Boden (auf Erdpflock) 8 m seitlich einer Versuchsstrecke mit elastischen Schwellenlagern bei Vorbeifahrt eines ICE 1 mit einer Geschwindigkeit von $v = 160$ km/h. —— Schotteroberbau W60 B70 (1); ---- Schotteroberbau W60 B70 mit elastischen Schwellenlagern (2); ----- Schnellepegel-Differenz (1) – (2): Verbesserung durch die elastischen Schwellenlager

cherweise in Zukunft auch weichere Abstimmung der Matte, innerhalb bestimmter Grenzen zu höheren oder tieferen Frequenzen hin zu verschieben.

Neuere nicht veröffentlichte Untersuchungen haben gezeigt, dass die Dicke der zementverfestigten Tragschicht (ZVT) bzw. einer Betontragplatte erheblichen Einfluss auf die Wirksamkeit einer derartigen Maßnahme hat. Für praktische Anwendungsfälle ist danach eine Dicke der ZVT von mindestens 0,6 m bzw. der Betontragplatte (unbewehrt) von mindestens 0,4 m zu empfehlen.

Inzwischen liegen zu weiteren Körperschall-Minderungsmaßnahmen an oberirdischen Strecken Ergebnisse vor. So wurden an einer Versuchsstrecke der Deutschen Bahn bei Waghäusel mit elastischen Schwellenlagern – besohlten Schwellen – deutliche Verbesserungen erzielt [17.14]. In einem speziellen Abschnitt dieser Versuchsstrecke, deren Ziel in erster Linie der oberbautechnische Test verschiedener Bauarten der Festen Fahrbahn war [17.25], wurden Betonschwellen des Typs B70, die an der Unterseite mit einem elastischen Schwellenlager aus PUR-Elastomer beklebt waren, in einen Schotteroberbau der Bauart W60 B70 eingebaut. Die statische Steifigkeit der 9 mm dicken Schwellenlager (6 mm Federschicht + 3 mm Lastverteilungsschicht) beträgt 0,08 N/mm^3. Sie wurde bei Lasteinleitung über die Normschotterplatte als Sekantenmodul im Lastbereich 0,02 N/mm^2 bis 0,16 N/mm^2 nach DIN 45673-1 [17.50] ermittelt.

Ein typisches Ergebnis von Messungen des Körperschalls an einem Messpunkt 8 m seitlich der Versuchsstrecke ist in Abb. 17.79 dargestellt.

Es ist zu erkennen, dass der Körperschall durch die besohlten Schwellen in bestimmten Frequenzbereichen um bis zu 10 dB reduziert wurde. Die mit dieser Maßnahme erzielbare Körperschallminderung ist, was generell für Maßnahmen am Oberbau gilt, abhängig von der zugelassenen Elastizität, im vorliegenden Fall der Steifigkeit der Schwellenbesohlung (d. h. von der zulässigen Schieneneinsenkung, die definiert wird durch die insgesamt zulässige Einsenkung der Schienen unter dem Radsatz) *und* von oberbautechnischen Parametern wie der Dicke des Schotterbetts, dem Vorhandensein und dem Verdichtungsgrad einer Planumsschutzschicht u. a. m.

Über den Einbau von besohlten Schwellen in einer Schnellfahrstrecke der Deutschen Bahn und die dabei in oberbautechnischer Hinsicht gemachten Erfahrungen wird in [17.161] berichtet.

Im Zusammenhang mit einer Versuchsstrecke der Österreichischen Bundesbahnen (ÖBB), die u. a. zur Untersuchung des Einflusses von besohlten Schwellen auf die Schlupfwellenbildung eingerichtet worden war, wird über positive Erfahrungen im Sinne einer Verminderung der Schlupfwellenbildung berichtet [17.112].

Zum Einbau von Unterschottermatten in oberirdischen Strecken liegen ebenfalls neuere Erkenntnisse sowie auch Ergebnisse zur Wirksamkeit zu einem Anwendungsfall bei den Österreichischen Bundesbahnen (ÖBB) vor. Im Rahmen des zweigleisigen Ausbaus der Arlbergzulaufstrecke wurden aus Gründen des Nachbarschaftsschutzes in einem ca. 450 m langen Streckenabschnitt auf verdichtetem Planum Unterschottermatten eingebaut [17.229, 17.237]. Der Verdichtungsgrad des Planums, zahlenmäßig beschrieben durch den im Verkehrswegebau üblichen E_{v2}-Modul [17.40], betrug hierbei $E_{v2} = 180$ MN/m^2.

In Abb. 17.80 ist die gemessene Wirksamkeit dieser Maßnahme dargestellt.

Außerdem ist in Abb. 17.80 das für die vorliegende Einbausituation nach [17.238] berechnete Einfügungsdämmmaß dargestellt. Dabei wurde in der obigen Formel zur Berechnung des Einfügungsdämmaßes für die Abschlussadmittanz $1/Z_T$ nun die im Vergleich zu den Einbauverhältnissen im Tunnel nicht mehr zu vernachlässigende Eingangsadmittanz des Planums eingesetzt. Dieses wird z. B. nach [17.128, 17.205] als elastischer Halbraum modelliert, wobei die (dynamische) Planumssteife auf der Basis des angegebenen E_{v2}-Moduls abgeschätzt wurde.

Zum Vergleich ist in Abb. 17.80 außerdem das Einfügungsdämmmaß angegeben, das beim Einbau der gleichen Matte in einem Tunnel mit sehr hoher Eingangsimpedanz Z_T der Tunnelsohle zu erwarten wäre (d. h. sehr kleine Abschlussadmittanz $1/Z_T$, die in obiger Formel zur Berechnung des Einfügungsdämmmaßes gegenüber der Quelladmittanz $1/Z_i$ vernachlässigt werden kann). Man erkennt anhand dieser Abbildung, dass sich der Einfluss des endlich steifen, selbst „federnden" Planums in einem mit zunehmender Frequenz abnehmendem Einfügungsdämmmaß bemerkbar macht.

An dieser Stelle soll noch auf Beobachtungen hingewiesen werden, die im Rahmen der neueren Versuche mit Unterschottermatten an oberirdi-

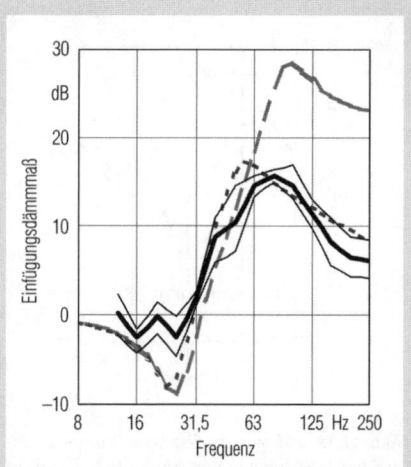

Abb. 17.80 Einfügungsdämmmaß einer auf verdichtetem Planum der oberirdischen Arlbergstrecke eingebauten Unterschottermatte (USM) mit einem statischen Bettungsmodul $c = 0{,}03$ N/mm^3; ▬ Messergebnis: Mittelwert und Streubereich. Rechnung für: Steife der USM $s_M = 3{,}8 \cdot 10^7$ N/m, Steife des Schotters $s_S = 4{,}7 \cdot 10^8$ N/m, ungefederte Radsatzmasse $m = 1600$ kg, ----- Abschlussimpedanz Z_T endlich (Verdichtungsgrad des Planums nach [40]: $E_{v2} = 180$ MN/m^2); – – – – Abschlussimpedanz Z_T näherungsweise unendlich (z. B. Tunnelsohle)

schen Strecken gemacht wurden und die gezeigt haben, dass die im Bf Altheim realisierte Lösung des Schotterbetts mit seitlicher Begrenzung [17.65] von genereller Bedeutung für die Realisierbarkeit derartiger Maßnahmen ist.

Der größte Teil des vorstehend besprochenen Einbauabschnitts an der Arlberg-Zulaufstrecke der ÖBB befindet sich im Bereich eines Haltepunkts, in dem das Schotterbett durch die seitlich angebrachten Bahnsteige, ähnlich der Lösung im Bf Altheim, eingespannt ist. In einem Teil am Ende des Abschnitts, außerhalb dieses Bereiches, in dem die begrenzende Wirkung der Bahnsteige fehlt, wurde die Beobachtung gemacht, dass die freie Bettungsschulter dazu neigt, seitlich wegzuwandern.

Auch bei den Schweizerischen Bundesbahnen (SBB) wurde im Zusammenhang mit dem Einbau von Unterschottermatten an der freien Strecke (in Dammlage) die Erfahrung gemacht, dass der Schotter ohne Maßnahmen zu dessen Abstützung dazu neigt seitlich „wegzufließen". Um dies zu verhindern, d. h. das Schotterbett zu stabilisieren, hat sich bei den SBB nach bisher dreieinhalb Betriebsjahren die seitliche Abstützung des Schotters mit Hilfe von vertikal angebrachten, durch Minipfähle gehaltenen „Betonbrettern" und die „Verklebung des Schotterrandes" bewährt [17.157, 17.188].

Eine weitere Konstruktionsvariante für Unterschottermatten an oberirdischen Strecken besteht im Einbau eines niedrigen Betontroges auf dem verdichteten Planum, in den die Matten eingelegt werden und womit das Schotterbett ebenfalls seitlich eingespannt und somit stabilisiert wird [17.162]. Die Bodenplatte des Betontroges ergibt außerdem eine beachtliche Abschlussimpedanz, so dass die dynamischen Eigenschaften der Unterschottermatte, vergleichbar der Situation beim Einbau auf einer Tunnelsohle, voll zur Wirkung kommen können.

Eine ausführliche Darstellung der bis zum Jahr 1997 erprobten Maßnahmen zur Minderung des von oberirdischen Vollbahnstrecken ausgehenden Körperschalls wurde im Rahmen des bereits im Abschn. 17.3.2 erwähnten Projektes RENVIB II erarbeitet [17.188]. Die daraus entnommene Abb. 17.81 zeigt zum Vergleich Bereiche von gemessenen Einfügungsdämmmaßen für verschiedene an oberirdischen Strecken realisierte Körperschall- bzw. Erschütterungsschutzmaßnahmen.

17.3.8 Schutzmaßnahmen im Bereich der Körperschallausbreitung im Boden

Für eine zusätzliche, über die entfernungsbedingte Abnahme hinausgehende Minderung des Kör-

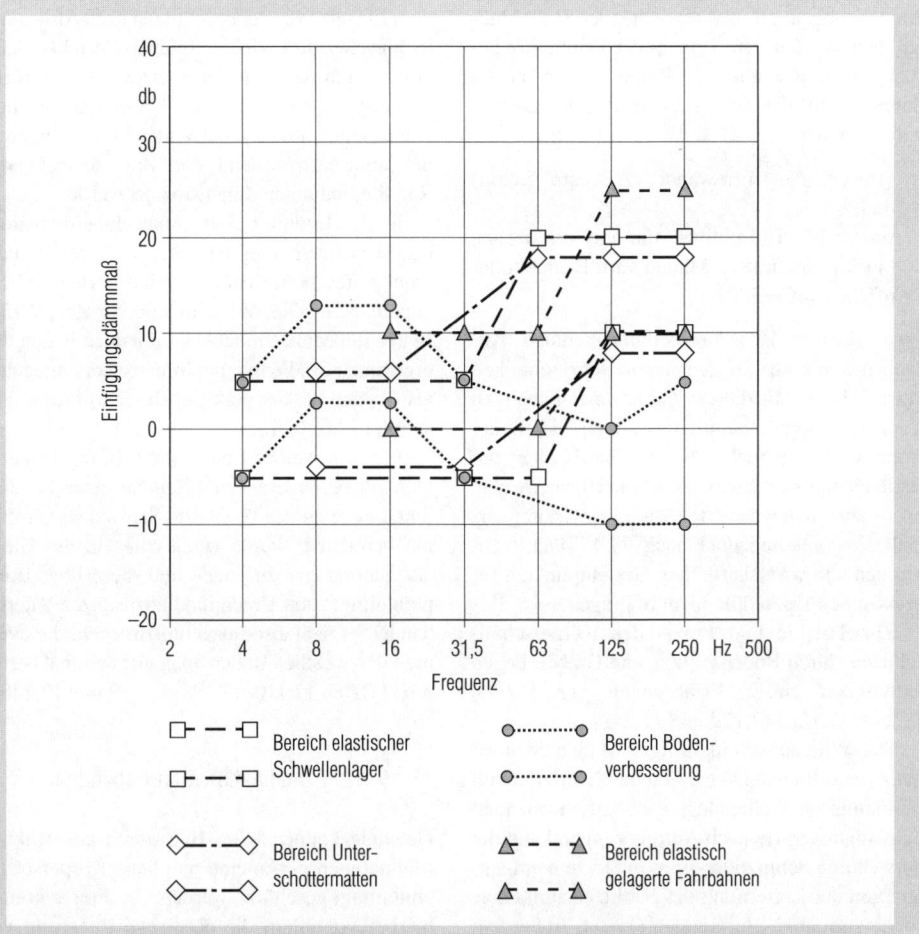

Abb. 17.81 Bereiche gemessener Einfügungsdämmmaße von Körperschallminderungsmaßnahmen an oberirdischen Eisenbahnstrecken nach [17.188]

perschalls auf dem Ausbreitungsweg seitlich von Bahnstrecken kommen im Wesentlichen zwei physikalisch unterschiedliche Prinzipien in Frage: zum einen die Körperschallminderung durch Absorption von Schwingungsenergie mittels geeigneter Absorber und zum anderen durch Reflexion bzw. Dämmung des Körperschalls an Unstetigkeiten (Impedanzsprüngen) im Ausbreitungsweg in Form von Schichten mit hoher spezifischer Masse oder mit niedriger dynamischer Steife, jeweils verglichen mit dem umgebenden Boden.

Versuche mit Schwingungsabsorbern (Betonklötze von ca. 1200 kg je lfd. Meter in verschiedenen Anordnungen) sowohl im Modellmaßstab als auch im Maßstab 1:1 an einem Gleis, über die in [17.172] berichtet wird, brachten keinen nennenswerten Erfolg, weshalb diese hier auch nur der Vollständigkeit wegen genannt werden.

Bedeutender und im Hinblick auf praktische Anwendungen erfolgversprechender sind Maßnahmen, die auf dem Prinzip der Dämmung beruhen. Hierzu wurde eine Reihe von Versuchen durchgeführt, die sich im Wesentlichen unterteilen lassen in

– schwere Abschirmwände (z.B. aus Beton) und
– senkrechte Erdschlitze, die mit elastischen (auch gasgefüllten) Matten verfüllt sind, oder offene (Luft-)Gräben.

Eine gewisse Zwischenstellung nehmen Abschirmwände aus so genannten Bohrlochreihen ein [17.177]. Mit diesen wurde unter günstigen Voraussetzungen, nämlich bei einer Tiefe der Bohrlöcher von mehr als dem Zweifachen der Wellenlänge der ungestörten Oberflächenwelle, zwar eine nennenswerte Abschirmwirkung erzielt, sie kommen jedoch nach [17.177] aus technischen und wirtschaftlichen Gesichtspunkten für praktische Einsatzfälle nicht in Frage.

Zur Theorie und Praxis des Körperschallschutzes durch Bodenschlitze und Gräben liegen inzwischen einige Erfahrungen vor [17.55, 17.145, 17.158, 17.172 und 17.242].

Die Wirksamkeit derartiger Maßnahmen ist ganz wesentlich abhängig von der Schlitztiefe im Verhältnis zur Wellenlänge der abzuschirmenden Schwingungen (je nach Anforderungen kann die notwendige Schlitztiefe 10 m bis 15 m betragen) und von der Entfernung des Schlitzes zum Gleis sowie zum abzuschirmenden Objekt. Außerdem spielen hierbei sowohl die Bodenbeschaffenheit als auch die Schichtung des Bodens eine bedeutende Rolle.

Mehr oder weniger übereinstimmend haben alle bisherigen Versuche ergeben, dass unmittelbar hinter der Abschirmmaßnahme (bis zu Entfernungen von ca. 8 m) durchaus eine zum Teil deutliche Minderung des Körperschalls erreicht wurde, während in einiger Entfernung von der Maßnahme kein nennenswerter Effekt erzielt wurde (z.B. infolge von Reflexion an tiefer liegenden Bodenschichten u.ä., s. [17.93, 17.145, 17.158]). Bodenschlitze bedürfen im Anwendungsfall einer sehr sorgfältigen, auf die jeweiligen geologischen, bahnspezifischen und sonstigen objektbezogenen Randbedingungen abgestimmten Dimensionierung.

Auf die Mitteilung von Details und von konkreten Ergebnissen zu durchgeführten Versuchen wird daher an dieser Stelle verzichtet.

Ausgehend vom derzeitigen Erkenntnisstand soll lediglich noch angemerkt werden, dass mit dem Einsatz von Bodenschlitzen nach Abwägung technischer und wirtschaftlicher Gesichtspunkte am ehesten dann eine nennenswerte Abschirmwirkung erzielt werden wird, wenn sie so dicht wie möglich am zu schützenden Objekt angeordnet und entsprechend den dort herrschenden Randbedingungen dimensioniert werden.

In der Literatur findet man außerdem noch den Vorschlag, unter dem Gleis oder dem Fundament eines betroffenen Gebäudes Betonblöcke einzubauen. Die Wirksamkeit dieser „WIBs" (wave impedance blocks) wird jedoch in den theoretischen Studien viel optimistischer angegeben als sie sich bei der praktischen Überprüfung einstellt [17.66, 17.188].

Für sehr weiche Böden, die z.B. in Skandinavien, insbesondere beim Neubau einer Schnellfahrstrecke an der Westküste Schwedens, Probleme bereiteten, wurde vorgeschlagen, die Gleise auf Betonträger zu bauen und diese über Bohrpfähle im festen Untergrund abzustützen. Hierbei handelt es sich also quasi um Brücken, die eventuell den weichen Boden noch nicht einmal berühren [17.109, 17.110, 17.138, 17.139 und 17.140].

17.3.9 Schutzmaßnahmen an Gebäuden

Gebäude können beim Bau durch konstruktive Maßnahmen gegen eine mögliche Körperschalleinleitung geschützt werden. In Frage kommt hierbei vor allem die elastische Lagerung von Gebäuden (s. z.B. [17.78, 17.164, 17.170, 17.226, 17.239]). Diese kommt in den typischen Ausführungsformen der punktförmigen (diskrete

Einzellager), streifenförmigen oder vollflächigen Lagerung bei Bauvorhaben in unmittelbarer Nachbarschaft von Eisenbahnstrecken vermehrt zur Anwendung [17.131, 17.248].

In den Gebäuden selbst kann durch körperschalltechnisch günstige Formgebung und Dimensionierung der Fundamente und der Bauteile dafür gesorgt werden, dass die Einleitung des Körperschalls reduziert wird. Besondere Aufmerksamkeit ist dabei den Deckenbauteilen und Fußbodenaufbauten zu widmen. So ist zum Beispiel darauf zu achten, dass die Eigenfrequenz von Decken und schwimmenden Estrichen möglichst nicht im Bereich des spektralen Maximums der Körperschallanregung aus dem Zugverkehr liegt [17.7].

Bestehende Gebäude können auch nachträglich elastisch gelagert werden, wenn sie die grundsätzliche Eignung dafür besitzen. Die Kosten für nachträgliche Maßnahmen sind jedoch in der Regel beträchtlich.

17.3.10 Prognose von Körperschall- und Erschütterungsimmissionen

Anders als auf dem Gebiet der Prognose von Luftschallimmissionen [17.2, 17.196] existiert für die Prognose von Körperschall- bzw. Erschütterungsimmissionen noch immer kein allgemein gültiges Verfahren. Dies liegt vor allem daran, dass für viele Randparameter, deren Kenntnis für die Prognose nötig ist (z.B. Ausbreitungsbedingungen im Boden, Körperschallübertragung im Gebäude etc.) keine allgemein gültigen Annahmen über die zugrunde zulegenden Parameter getroffen werden können. Diese können vielmehr mit ausreichender Sicherheit für jeden zu untersuchenden Immissionsort nur durch Messungen vor Ort ermittelt werden.

Ein heute übliches und von den meisten einschlägigen Ingenieurbüros angewandtes Verfahren zur Prognose von Erschütterungen aus dem Eisenbahnverkehr ist ein empirisches Rechenverfahren. Dieses Verfahren kombiniert vorhandene Randbedingungen, die im konkreten Anwendungsfall idealerweise durch Messungen ermittelt werden, mit Parametern, die in einer Vielzahl von Grundsatzuntersuchungen ermittelt wurden.

In der Vergangenheit hat es wiederholt Ansätze gegeben, Teilbereiche der Erschütterungsprognose mathematisch zu beschreiben [17.33]. Die Zuverlässigkeit solcher mathematischen Modelle ist jedoch sehr abhängig von der Kenntnis der in die Rechnung eingehenden Parameter.

Nachfolgend werden einige Parameter beschrieben, von deren Kenntnis bzw. Bestimmung die Genauigkeit von Erschütterungsprognosen sowohl bei Anwendung empirischer Methoden als auch im Fall mathematischer Methoden maßgeblich abhängt.

Prognose im Bereich der Körperschall- und Erschütterungsemission

Im Bereich der *Körperschall- bzw. Erschütterungsemission* sind im Wesentlichen die unter Abschn. 17.3.2 beschriebenen Parameter relevant. Neuere Untersuchungen haben jedoch gezeigt [17.174], dass der Aufbau des Gleisunterbaus (Planumsschutzschicht, Frostschutzschicht und Erdplanum) und dessen Ankopplung an den umgebenden Untergrund entscheidend für die Größe und die spektrale Verteilung der Erschütterungsemission sind. So genügt es nach [17.174] nicht, nur die Emissionsgröße in Abhängigkeit von Zugtyp und Geschwindigkeit zu ermitteln. Zusätzlich zu diesem so genannten Emissionsspektrum (bezogen auf den 8-m-Messpunkt) ist es aus Gründen der Übertragbarkeit auf andere Prognoseorte erforderlich, eine Kenngröße bzw. Korrekturgröße zu ermitteln, durch welche die örtlichen Besonderheiten z.B. der Planumsschutzschicht, der Frostschutzschicht sowie des Planums und deren Ankopplung an den umgebenden Untergrund beschrieben werden (Dicke, Verdichtungsgrad usw.).

Die wichtigsten Kenngrößen zur Beschreibung der Bodenbeschaffenheit sind die Dämpfung und der Schubmodul G bzw. die Ausbreitungsgeschwindigkeit c_R der Rayleigh-Welle.

Im Rahmen einer Pilotstudie [17.14] wurde der Einfluss des Schubmoduls des Bodens auf die Höhe des Emissionspegels untersucht. Die Ergebnisse dieser Studie zeigen, dass die Amplitude der Körperschallschnelle des Bodens (z-Richtung am 8-m-Messpunkt) in etwa umgekehrt proportional dem Schubmodul G bzw. dem Quadrat der Rayleigh-Wellengeschwindigkeit c_R^2 im Boden des Messortes ist.

Daraus kann man den folgenden frequenzunabhängigen Korrekturfaktor K_{Boden} als grobe Näherung zur Berücksichtigung der Bodensteifigkeit ableiten:

$$K_{\text{Boden}} = 20 \cdot \log \frac{G_{\text{Messort}}}{G_{\text{Prognoseort}}}$$

$$= 40 \cdot \log \frac{c_R(Messort)}{c_R(Prognoseort)}.$$

Die Ausbreitungsgeschwindigkeiten der Rayleigh-Wellen am Messort und am Prognoseort können ohne großen technischen Aufwand durch Messungen ermittelt werden.

Die Bestimmung des Einflusses der Bodenschichtung ist dagegen sehr aufwendig, da die Ermittlung der dazu notwendigen Parameter nur mit relativ großem technischen Aufwand (Bohrungen) möglich ist.

Durch Bodenschichtung treten resonanzartige Verstärkungen der Schwingungsamplituden auf, die von der Masse (mitschwingende Masse der Bodenschicht) und der Bodensteifigkeit (Schubmodul) abhängen. Nach [17.192] besitzt eine Bodenschicht mit der Mächtigkeit H^{22} und der Scherwellengeschwindigkeit v_s eine ausgeprägte Grenzfrequenz f_g, die nach folgender Formel berechnet werden kann:

$$f_g = \frac{v_s}{2 \cdot H}.$$

Unterhalb dieser Grenzfrequenz findet keine Erschütterungsausbreitung statt. Oberhalb der Frequenz f_g nähern sich die Amplituden in der Schicht rasch den Amplituden des homogenen elastischen Halbraumes an (weitere Einzelheiten hierzu s. [17.5] und [17.192]).

Es kann erwartet werden, dass die Treffsicherheit von Prognosen im Bereich der *Körperschall- bzw. Erschütterungsemission* bei Anwendung der vorstehend beschriebenen Abschätzungsformeln zukünftig deutlich erhöht werden kann (s. auch Abschn. 17.5.4).

Prognose im Bereich der Körperschall- und Erschütterungsausbreitung

Zur *Körperschall- bzw. Erschütterungsausbreitung* im Erdboden wurden bereits in den Jahren 1979/1980 umfangreiche Studien durchgeführt [17.1], deren zusammenfassendes Ergebnis nach [17.87, 17.125] in der Abb. 17.60 dargestellt ist. Als Ergebnis späterer Untersuchungen „Zur Entstehung und Ausbreitung von Schienenverkehrserschütterungen" [17.8] werden u. a. Formeln zu Amplituden-Abstandsgesetzen angegeben, die bei der Abschätzung der entfernungsbedingten Abnahme von Erschütterungen aus dem Schienenverkehr sehr hilfreich sein können. Dennoch müssen in nahezu allen praktischen Anwendungsfällen zur Erlangung einer hinreichenden Prognosesicherheit die Ausbreitungsbedingungen durch Messungen vor Ort ermittelt werden. Die Gründe dafür sind u. a.

- nicht erkennbare Störungen im Ausbreitungsweg wie Schichtungen im Erdboden, Felshorizonte, Moorlinsen u. ä.,
- nicht quantifizierbare Übertragungsbedingungen infolge von Stützmauern, Fundamentresten, Versorgungs- und Entsorgungsleitungen, Körperschallbrücken u. a. m.

Sehr oft lassen sich die Übertragungs- und Ausbreitungsbedingungen erst nach Fertigstellung bzw. Teilfertigstellung der Bauwerke mit ausreichender Genauigkeit bestimmen. So können z. B. die Ankopplungsbedingungen von Tunnelröhren an den umgebenden Erdboden und die Ausbreitungsbedingungen von Erschütterungen bei Tunnelbauwerken erst nach Fertigstellung des Tunnelbauwerks verlässlich bestimmt werden. Für die richtige Dimensionierung von ggf. erforderlichen Schutzmaßnahmen ist die möglichst genaue Kenntnis dieser Parameter jedoch maßgeblich.

Die Ermittlung der Übertragungs- und Ausbreitungsbedingungen kann in diesen Fällen sehr oft nur mit Hilfe künstlicher Anregung erfolgen. Bewährt haben sich hierbei Unwuchtschwingungserreger, hydraulische Schwingungserreger, Vibrationswalzen, Rüttelplatten und Impulsanregungen (s. [17.146, 17.193, 17.201]). Bei allen Arten der künstlichen Anregung besteht das Problem in der Übertragbarkeit der Anregungsgrößen auf die Verhältnisse bei Anregung durch Schienenverkehr.

Prognose im Bereich der Körperschall- und Erschütterungsimmission

Die größte Unsicherheit bei Körperschall- bzw. Erschütterungsprognosen ist im *Bereich der Immission* zu verzeichnen. Dies liegt daran, dass nahezu jedes Gebäude auf Erschütterungen aus dem Eisenbahnverkehr unterschiedlich reagieren kann.

Die Gründe hierfür sind vielfältig. Die Bauart und Masse des Fundamentes, die Ankopplung des Fundamentes an den Erdboden, die Stärke des Mauerwerkes, die Dicke und die Konstruktion der Decken und die Spannweite der Decken, die Anzahl der Geschosse spielen eine entscheidende Rolle und sogar die Möblierung der Zimmer hat Einfluss auf die Erschütterungsanregung der Geschossdecken. Auch im Bereich der Immission ist es in aller Regel erforderlich, die

---

[22] H = Schichtdicke an der dünnsten Stelle der Schicht, auch kritische Schichtdicke genannt (s. z. B. [17.146]).

Übertragungsverhältnisse zu messen, wobei auch hier eine künstliche Anregung des Gebäudes erforderlich bzw. sinnvoll ist, wenn die Anregung durch den Eisenbahnverkehr noch nicht vorhanden ist.

Im Rahmen einer Studie wurden in 21 Wohnhäusern unterschiedlicher Bauart die gebäudespezifischen Übertragungsfaktoren durch Bahnanregung und durch Fremdanregung (Flächenrüttler, Stampfer) spektral ermittelt und miteinander verglichen [17.193]. In Abb. 17.82 sind die aus dieser Untersuchung hervorgegangenen mittleren Übertragungsfaktoren bei Bahnanregung, bezogen auf Fremdanregung mit Standardabweichung als Funktion der Terzmittenfrequenz, dargestellt.

Man erkennt im Frequenzbereich oberhalb der 31,5 Hz-Terz spektrale Unterschiede derart, dass die bei Fremdanregung ermittelten Übertragungsfaktoren größer sind als bei Bahnanregung[23]. Mit der damit erstellten Prognose liegt man also auf der sicheren Seite.

Über praktische Erfahrungen mit der Prognose von Körperschall bzw. Erschütterungen an Eisenbahnstrecken wird z. B. in [17.202, 17.203, 17.215] berichtet.

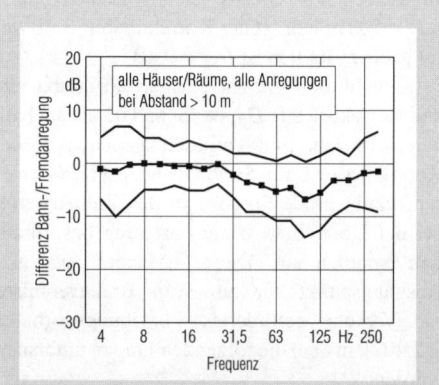

Abb. 17.82 Gebäudespezifische Übertragungsfunktion bei Bahnanregung bezogen auf Fremdanregung. Mittelwert ± Standardabweichung aus Messungen in 21 Häusern unterschiedlicher Bauart nach [17.193]

---

[23] Bei der Interpretation der Abb. 17.82 ist im Bereich unterhalb etwa 16 Hz zu berücksichtigen, dass hier die eingeleitete Schwingungsenergie bei der Fremdanregung nicht immer ausreicht, um die Gebäudestruktur hinreichend anzuregen, wodurch die Zuverlässigkeit der Messergebnisse in diesem Frequenzbereich eingeschränkt sein kann.

Weitere Hinweise für die Durchführung derartiger Prognosen findet man, ausgehend von der verfolgten Zielsetzung, den vorliegenden Planungsgrundlagen und Planungsdaten, außerdem in [17.146, 17.197] sowie in der DIN 4150 Teil 1 Erschütterungen im Bauwesen, Vorermittlung von Schwingungsgrößen [17.41] und in der VDI-Richtlinie 2716 Luft- und Körperschall bei Schienenbahnen des städtischen Nahverkehrs [17.218].

17.4 Luftschall und Körperschall, Erschütterungen bei Nahverkehrsbahnen

17.4.1 Allgemeines

Unter Nahverkehrsbahnen werden die in den Geltungsbereich der Straßenbahn-Bau- und Betriebsordnung (BOStrab) [17.18] fallenden Eisenbahnen verstanden. Das sind im Wesentlichen Straßenbahnen, Stadtbahnen und U-Bahnen.

Hinsichtlich der Entstehung, Ausbreitung und Bewertung des von diesen Bahnen erzeugten Luftschalls bzw. Körperschalls gelten im Großen und Ganzen die in diesem Kapitel bisher behandelten Aspekte. Dies geht auch aus dem in der DIN 18005 Teil 1 Schallschutz im Städtebau – Berechnungsverfahren [17.39] festgelegten Verfahren zur Prognose der Geräuschsituation in der Umgebung von Verkehrswegen hervor. Nach Abschn. 6.1.2 dieser Norm ist für Straßenbahnen und U-Bahnen dasselbe Verfahren der Geräuschprognose anzuwenden wie für Eisenbahnen, allerdings mit einer Korrektur ΔL_{Fi} zur Berücksichtigung der Zugart. Sie beträgt z. B. für Straßenbahnen + 3 dB(A) (s. Tabelle 5 in [17.39]). Dieser Wert entspricht dem nach Schall 03 [17.196] für Straßenbahnen *und* Stadtbahnen anzusetzenden Zuschlag D_{Fz}.

Neueste Untersuchungen des Umweltbundesamtes zu „Geräuschemissionen von Straßenbahnen" [17.69], auf die noch näher eingegangen wird, haben diesen Wert zwar auch bestätigt, es hat sich jedoch gezeigt, dass hier entsprechend dem Stand der Technik eine Differenzierung in Straßenbahn/Stadtbahn einerseits und Niederflurbahn andererseits notwendig ist (Einzelheiten hierzu s. Abschn. 17.4.2.2).

Eine umfassende Behandlung der wichtigsten verkehrstechnischen, wirtschaftlichen, umwelttechnischen u.a. Aspekte beim Nahverkehr ist unter dem Titel „Stadtbahnen in Deutschland" zu finden [17.200]. Dort werden unter dem Überbegriff „Stadtbahnen" allerdings alle Verkehrsträger des Öffentlichen Personennahverkehrs (ÖPNV) einbezogen, also U-Bahn, Straßenbahn und Stadtbahn *sowie auch* die Regionalbahnen und S-Bahnen. Darin enthalten ist auch ein Kapitel zu dem hier hauptsächlich interessierenden Gebiet „Schall- und Erschütterungsschutz".

In einer weiteren Neuerscheinung mit dem Titel „Schall- und Erschütterungsschutz im Schienenverkehr" [17.197] sind u.a. auch viele Beispiele zur „praxisorientierten Anwendung von Schall- und Erschütterungsschutzmaßnahmen" zusammengestellt.

Auch die bereits im Abschn. 17.3.10 im Hinblick auf die Prognose von Körperschall bzw. Erschütterungen und Minderungsmaßnahmen angeführte Arbeit [17.146] sei an dieser Stelle wegen der Vielfalt der dargestellten Grundlagen und praktischen Ergebnisse sowie wegen des umfangreichen Schrifttums nochmals gesondert genannt.

Außerdem soll noch auf folgende Arbeiten hingewiesen werden, die teils Übersichtscharakter haben oder aber Teilaspekte des Schall- und Erschütterungsschutzes beim Schienennahverkehr behandeln [17.67, 17.80, 17.91, 17.108, 17.118, 17.119, 17.123, 17.130, 17.135, 17.136, 17.152].

17.4.2 Besonderheiten bei Nahverkehrsbahnen gegenüber Eisenbahnen

Trotz der ausführlichen Behandlung der Thematik „Luftschall und Körperschall bei Nahverkehrsbahnen" in der vorstehend aufgeführten Literatur und der eingangs dieses Abschnitts angeführten grundsätzlichen Ähnlichkeit von Eisenbahnen nach EBO [17.56] und Nahverkehrsbahnen nach BOStrab [17.18], erscheint es doch angebracht, auch hier auf einige Besonderheiten einzugehen, die sich aus den speziellen verkehrstechnischen Randbedingungen und damit zusammenhängend auch hinsichtlich der technischen Möglichkeiten zur Realisierung von Körperschallminderungsmaßnahmen ergeben.

Bei Straßenbahnen sind dies insbesondere die durch die Trassierung im innerstädtischen Bereich sowie den gemischten Straßen- und Schienenverkehr vorgegebenen Randbedingungen.

17.4.2.1 Kurvenquietschen

Im innerstädtischen Bereich erfordert die Streckenführung bei Straßenbahnen im Vergleich mit Vollbahnen häufig sehr kleine Kurvenradien. Das bedeutet, dass das Auftreten des lästigen Kurvenquietschens begünstigt wird und oft ein beträchtliches Problem darstellt (s. auch Abschn. 17.2.2.3, Rangierbahnhöfe). Das Phänomen des Kurvenquietschens ist auf das Quergleiten der starr verbundenen Räder und die damit verbundene hochfrequente Haft-Gleit (stick-slip)-Bewegung zurückzuführen. Es kann durch Einzelradaufhängung, einachsige Laufwerke und Verwendung von lenkbaren Radsätzen weitgehend verhindert werden [17.20]. Als Sekundärmaßnahmen gegen das Kurvenquietschen wurden bisher die Körperschalldämpfung der Räder, das Besprühen der Schienen [17.182], [17.206] sowie auch die Körperschalldämpfung der Schiene mittels spezieller Schienenstegdämpfer angewandt [17.117].

In der Schall 03 [17.196] sind bei der Berechnung des Emissionspegels $L_{m,E}$ dann Korrekturwerte D_{Ra} zur Berücksichtigung des Kurvenquietschens vorgesehen (s. Tabelle 6 in [17.196]), wenn dieses auftritt. Danach ist unabhängig von der Zugart für Gleisbögen mit Radien $R < 300$ m in diesen Fällen ein Korrekturwert von 8 dB anzusetzen. Für Gleisbögen mit Radien 300 m $< R < 500$ m beträgt der Korrekturwert 3 dB und für größere Radien ist $D_{Ra} = 0$ dB.

Sowohl die *nicht* nach Zugart differenzierenden Korrekurwerte D_{Ra} der Schall 03 als auch die bereits im Jahr 1990 vorgeschlagenen speziellen Korrekturwerte für Straßenbahnen [17.84] weisen relativ große Sprünge in den Zahlenwerten bei der Über- bzw. Unterschreitung bestimmter Kurvenradien auf. Dieser „Mangel" war u.a. Ausgangspunkt für ein vom Bundesminister für Verkehr gefördertes Forschungsvorhaben [17.207], in dem die folgenden Fragen untersucht wurden:

– Welche funktionale Abhängigkeit besteht zwischen dem Korrekturwert D_{Ra} und dem Kurvenradius R?
– Wie kann das Auftreten von Kurvenquietschen objektiv ermittelt werden?
– Welche sonstigen Parameter (Klima, Schienen- und Fahrzeugzustand) beeinflussen das Kurvenquietschen?

Die wichtigsten Ergebnisse dieses Forschungsvorhabens sind in [17.116] mit Vorschlägen zur Bewertung des Kurvenquietschens beim Schienennahverkehr zusammengefasst. Danach wurde das Hauptziel der Untersuchungen – die Ermittlung von Korrekturwerten zur differenzierteren Erfassung des Kurvenquietschens im Rahmen von Geräuschprognosen bei Nahverkehrsbahnen – erreicht. Für eine Umsetzung der Ergebnisse in einer Richtlinie wie der Schall 03, wäre allerdings eine weitergehende statistische Absicherung der Ergebnisse erforderlich.

Weitere Ergebnisse zum Kurvenquietschen und Hinweise auf Abhilfemaßnahmen findet man z. B. in [17.120, 17.129].

17.4.2.2 Fahrweg- und Fahrzeugbesonderheiten

Infolge von Verschmutzung der Schienenfahrflächen durch Straßenstaub, Splitt oder dergleichen und damit auch der Radlaufflächen sowie aufgrund der sehr unterschiedlichen Gleisverlegearten (in Pflaster, in glatten Straßen, auf eigenem Gleiskörper, Rasengleis etc.) ist besonders bei Straßenbahnen mit einer großen Streuung der Schallemission zu rechnen.

Wegen der rauhen Radlaufflächen gelten für Straßenbahnen, obwohl diese heute generell nicht mehr mit Klotzbremsen ausgestattet werden, grundsätzlich die höheren Schallemissionspegel der Fahrzeuge mit Klotzbremsen nach Schall 03 [17.196].

Im Bereich des Herzstückes von Weichen mit Rillenschienen läuft das Fahrzeug bei Straßenbahnen, anders als im Regelfall bei Vollbahnen, meistens auf dem Spurkranz, was erhöhte Körperschall- und Luftschallemissionen zur Folge haben kann.

Die Emissionspegel von Zugfahrten im Bereich von Personenbahnhöfen sind nach Abschnitt 8.1 der Schall 03 vereinfachend wie für die freie Strecke zu berechnen, wobei im Bahnhofsbereich die Fahrgeschwindigkeit der jeweiligen Zugart nach Tabelle 2 in [17.196] anzusetzen ist. Pegelmindernde Abschirmungen durch Bahnsteigkanten u. ä. sowie pegelerhöhende Emissionen von Sekundärschallquellen (Lautsprecherdurchsagen, Fahrten von Gepäckkarren u. ä.) sind bei diesem Verfahren dann nicht mehr gesondert zu berücksichtigen (s. auch Abschn. 17.2.2.3 Sonstige Anlagen (Personenbahnhöfe usw.)). Der Anhaltswert der Fahrgeschwindigkeit nach Schall 03 beträgt bei Straßenbahnen 60 km/h. Dieser Wert hat sich in der Praxis für die Berechnung der Schallemission im Bereich von Straßenbahnhaltestellen offenbar als zu hoch erwiesen. Davon abweichend wird daher in der derzeitigen Beratungspraxis zur Berücksichtigung der besonderen Verhältnisse im Haltestellenbereich von Straßenbahnen in begründeten Fällen von der niedrigeren Fahrgeschwindigkeit $v = 30$ km/h ausgegangen.

Wie eingangs dieses Abschnitts angesprochen, wird im Folgenden auf die grundlegenden Untersuchungen des Umweltbundesamtes zu „Geräuschemissionen von Straßenbahnen" [17.69] näher eingegangen. Diese dienten dem Ziel zu überprüfen, inwieweit die auf ältere Messungen zurückgehenden Festlegungen in der Schall 03 [17.196] hinsichtlich der Emissionswerte von Straßenbahnen noch den heutigen Gegebenheiten entsprechen. Die sehr umfangreichen Messungen wurden bei 29 Verkehrsbetrieben in Deutschland (von insgesamt 56, die Straßenbahnen betreiben) unter Beteiligung von 17 verschiedenen Institutionen bzw. Ingenieurbüros durchgeführt. Auf der Basis der Messdaten wurde ein Vorschlag mit überarbeiteten Pegelzuschlägen D_{Fz} bzw. D_{Fb} für Fahrzeuge bzw. Fahrbahnen nach Schall 03 für den *Bereich der Straßenbahn* erarbeitet. Hierbei wurde bei der *Fahrzeugart*, entsprechend dem Stand der Technik, unterschieden in Straßenbahn/Stadtbahn und Niederflurbahn sowie bei der *Fahrbahnart* in Rasengleis mit tief liegendem und mit hoch liegendem Rasen. Dieser Vorschlag, der auch eine Gegenüberstellung der derzeit in der Schall 03 festgelegten Zuschläge beinhaltet, ist in Tabelle 17.8 wiedergegeben.

Als Resumée kann man der Tabelle entnehmen, dass die Geräuschsituation bei herkömmlichen Straßenbahnen bei nicht regelmäßig gepflegtem Rad/Schiene-System durch das Rechenverfahrens der Schall 03, mit Ausnahme des Betonschwellengleises, zum Teil deutlich unterschätzt wird, so dass eine Korrektur der betroffenen Werte im Rahmen einer künftigen Überarbeitung der Richtlinie angebracht erscheint.

17.4.3 Spezielle Körperschallminderungsmaßnahmen für den innerstädtischen Bereich von Straßenbahnen

Grundsätzlich sind die in Abschn. 17.3 behandelten Körperschallminderungsmaßnahmen auch auf Straßenbahnen, Stadtbahnen und U-Bahnen übertragbar. Hierbei sind jedoch die im Vergleich zu Vollbahnen durch niedrigere Achslasten und Fahrgeschwindigkeiten gekennzeichneten Rand-

Tabelle 17.8 Vorschlag von Zuschlägen zur Berücksichtigung der Fahrzeugart D_{Fz} und der Fahrbahnart D_{Fb} bei Straßenbahnen nach [17.69] und Vergleich mit den korrespondierenden Zuschlägen für Straßenbahnen nach Schall 03 [17.196]

Einflussart	Fahrzeugart/Fahrbahnart	Pegelzuschlag nach [17.69] in dB(A)	Pegelzuschlag nach Schall 03 in dB(A)
D_{Fz}	Straßenbahn, Stadtbahn	+3	+3
	Niederflurbahn	+1	+3
D_{Fb}	Holzschwellengleis	+2	0
	Betonschwellengleis	+2	+2
	Feste (eingedeckte) Fahrbahn	+7	+5
	Gleis mit tiefliegendem Rasen	+4	−2
	Gleis mit hochliegendem Rasen	0	−2

Zuschlag für regelmäßig gepflegtes Rad/Schiene-System −3 dB(A)

bedingungen zu beachten. Dies bedeutet, dass bei der üblicherweise vorgegebenen Grenze für die zulässige Schieneneinsenkung generell niedrigere Werte für die Steifigkeit der elastischen Oberbauelemente anzusetzen sind.

So ist z. B. für diese Zugart bei Unterschottermatten – bei Zugrundelegung der Vorschriften der DB-TL „Unterschottermatten" [17.27] – heute ein statischer Bettungsmodul von $c = 0,01$ N/mm^3 als Regelfall üblich. Bei Straßenbahnen werden wegen der besonders niedrigen Achslast teilweise noch niedrigere Werte zugelassen (zum Vergleich: $c = 0,02$ N/mm^3 bei S-Bahnen mit Triebzügen; $c = 0,03$ N/mm^3 bei lokbespannten S-Bahnen nach [17.27]).

Wegen des gemischten Verkehrs von Straßen- und Schienenfahrzeugen im innerstädtischen Bereich ergeben sich hier bei Straßenbahnen, wie eingangs bereits angesprochen, spezielle Anforderungen hinsichtlich konstruktiver Lösungen für Körperschallminderungsmaßnahmen.

Daraus sind im Wesentlichen zwei grundsätzlich unterschiedliche Bauformen entwickelt worden, die heute im Fall erhöhter Anforderungen bezüglich der angestrebten Körperschallminderung zur Anwendung kommen (s. [17.121, 17.122, 17.133, 17.134, 17.183, 17.189, 17.190, 17.197]).

Diese speziellen Maßnahmen für Straßenbahnen im innerstädtischen Bereich mit gemischtem Verkehr sind

– die kontinuierlich (hoch)elastische Schienenlagerung (KES),

– die elastisch gelagerte Gleistragplatte, das so genannte „Leichte Masse-Feder-System" (LMFS)[24].

17.4.3.1 Kontinuierlich (hoch)elastische Schienenlagerung

Beim Oberbausystem „KES" wird bewusst von (hoch)elastischer Lagerung gesprochen, weil es auch unter den Standardausführungen der Rillenschienenlagerung für Straßenbahnen kontinuierlich elastisch gelagerte Bauformen gibt, die jedoch nicht als Maßnahme im Sinne eines erhöhten Körperschallschutzes geeignet sind (s. z. B. [17.133, 17.134, 17.200]).

Wesentliches Merkmal der Systeme KES ist, im Gegensatz zur klassischen (Rillen)-Schienenlagerung mit diskreten Stützpunkten, die kontinuierliche Lagerung des Schienenfußes auf einem Elastomerband bzw. die kontinuierliche elastische Einbettung der gesamten Schiene. Ein wesentlicher Vorteil dieser Lagerung besteht aus akustischer Sicht in der Vermeidung der bei diskreter Lagerung auftretenden, im Spektrum sehr dominanten, der Fahrgeschwindigkeit proportionalen und dem Stützpunktabstand umgekehrt proportionalen „Stützpunktabstandsfrequenz" (im Abschn. 17.2 und 17.3 Schwellenfachfrequenz genannt).

---

[24] Hinsichtlich der nicht sonderlich glücklich gewählten, aber allgemein eingeführten Bezeichnung „Leichte Masse-Feder-System" sei auf die grundsätzlichen Anmerkungen zur Bezeichnung „Masse-Feder-System" im Abschn. 17.3.7, Fußnote 14 hingewiesen.

Wegen der geringen abgefederten Masse (Schiene) erfordern derartige Systeme zur Erzielung einer möglichst niedrigen Abstimmfrequenz, die Voraussetzung für hinreichende Körperschalldämmung ist, eine sehr weiche Lagerung mit der Folge sehr großer Schieneneinsenkungen von typischerweise 6 mm, in Extremfällen bis zu 10 mm (allerdings gepaart mit einer langen Biegelinie der Schiene, wodurch die Gefahr einer Überbeanspruchung der Schiene und damit eines Schienenbruchs begrenzt ist). Dies führt zu großen Relativbewegungen, wodurch sich im Hinblick auf die dauerhafte Gebrauchstauglichkeit derartiger Lösungen höchste Anforderungen an die konstruktive Ausbildung der dauerelastischen Fuge zwischen Schiene und Fahrbahn *und* dem Übergangsbereich zum Standardoberbau ergeben. Zur Spurhaltung und zur Vermeidung zu großer Schienenkopfauslenkungen, mit der Folge einer unzulässigen Spurerweiterung, werden bei einfacheren Konstruktionen elastisch ummantelte Spurstangen eingesetzt.

Bei den konstruktiv aufwendigeren Lösungen, z.B. entsprechend der Darstellung in Abb. 17.83, sind beide Schienen ohne spurführende Querverbindung in einem Längsprofil in selbstzentrierenden Elastomerpaketen kontinuierlich elastisch eingebettet (s. [17.133, 17.189, 17.190, 17.200]).

Bisher liegen nur in sehr begrenztem Umfang Ergebnisse von systematischen Messungen vor, so dass Angaben zur Wirksamkeit derartiger Oberbausysteme, wie auch in [17.133] festgestellt wird, noch nicht hinreichend abgesichert sind. Daher ist die verlässliche Angabe eines für Prognosezwecke verwendbaren Einfügungsdämmmaßes, wie dies z.B. bei Unterschottermatten inzwischen Standard ist (s. Abschn. 17.3.7), derzeit nicht möglich.

Im Hinblick auf Messergebnisse zu diesen Oberbausystemen und deren Interpretation wird daher auf die einschlägige Literatur verwiesen (s.. [17.133, 17.189, 17.190].

17.4.3.2 Leichtes Masse-Feder-System

Die aus akustischer und bautechnischer Sicht günstigste Lösung einer Körperschallminderungsmaßnahme für Straßenbahnen im innerstädtischen Bereich ist das Leichte Masse-Feder-System (LMFS). Das Prinzip eines LMFS, wie es z.B. im Streckennetz der Münchner Straßenbahn

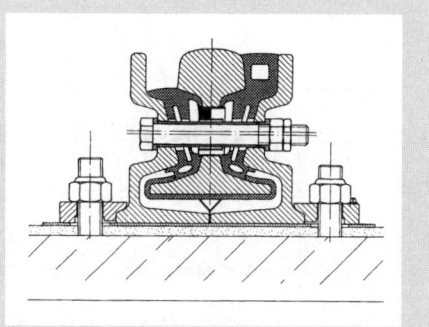

Abb. 17.83 Prinzip einer hoch elastischen kontinuierlichen Schienenlagerung (KES) in der Ausführung als Rillenschiene (aus [17.133])

eingebaut ist, zeigt Abb. 17.84 (s. auch Anhang zur DIN 45673-1 [17.50]).

Beim LMFS ist die gesamte Masse der Gleistragplatte inklusive Oberbau auf einer vollflächig ausgelegten Elastomermatte abgefedert, die üblicherweise sogar als „verlorene Schalung" beim Betonieren fungiert.

Die akustische Wirksamkeit dieser Lösung ist durch die Abstimmfrequenz des Systems bestimmt, die aus der dynamischen Steifigkeit der Elastomermatte und der abgefederten Masse des Systems, jeweils bezogen auf die Fläche je Meter Gleis, zu ermitteln ist. Das bedeutet, dass die Lagerung der Rillenschiene relativ steif ausgeführt werden kann. Daraus ergibt sich der Vorteil kleiner Schieneneinsenkungen (üblicherweise < 1 mm) und damit geringer Relativbewegungen zwischen Schiene und Fahrbahn. Die Gefahr von Fehlern bei der Bauausführung und in deren Folge ein die Wirksamkeit des Systems vermindernder „akustischer Kurzschluss" zwischen der abgefederten Gleistragplatte und dem Untergrund bzw. der benachbarten Fahrbahn ist bei dieser Konstruktion relativ gering. Voraussetzung dafür ist allerdings, dass die aus Boden- und Seitenmatte bestehende „elastische Wanne" vollständig und lückenlos geschlossen ist und die Fuge an der Oberkante der Seitenmatte fachgerecht ausgeführt sowie dauerelastisch vergossen wird.

Ein weiterer Vorteil dieses Systems besteht darin, dass die Gleistragplatte (s. Teil 7 in Abb. 17.84) nahezu jede der bei den verschiedenen Verkehrsbetrieben üblichen Oberbauformen aufnehmen kann (z.B. die diversen Varianten des Rahmen- und Querschwellengleises sowie auch Einzelstützpunkte). So werden z.B. in Frankreich

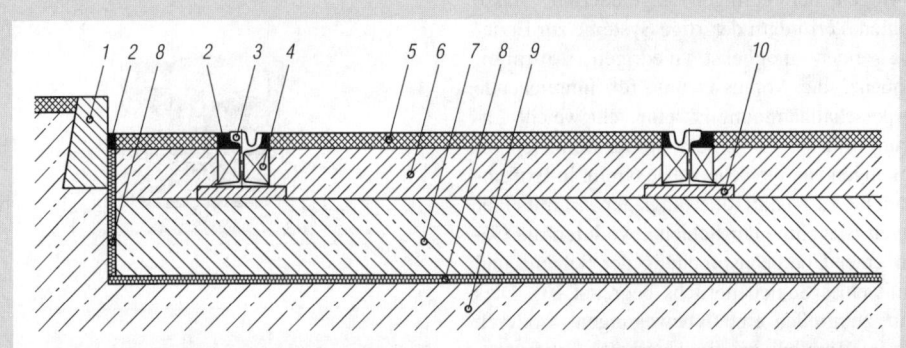

Abb. 17.84 Vollflächig elastisch gelagerte Gleistragplatte für Straßenbahnen, so genanntes Leichte Masse-Feder-System (LMFS). *1* Bordstein, *2* Elastischer Fugenverguss, *3* Rillenschiene, *4* Schienenkammerfüllelement, *5* Asphalt (alternativ Pflaster oder Beton), *6* Betonfüllung, *7* Gleistragplatte aus (bewehrtem) Beton, *8* elastische Boden- und Seitenmatte (z.B. zelliges PUR-Elastomer), *9* verfestigte untere Tragschicht, *10* Ausgleichsschicht (elastischer Schienenunterguss, kontinuierlich elastische Schienenlagerung – KES)

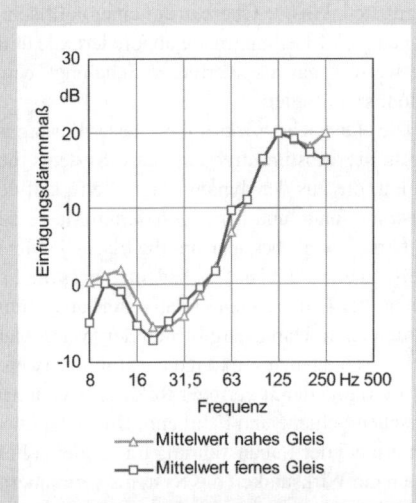

Abb. 17.85 Einfügungsdämmmaß des Leichten Masse-Feder-Systems (LMFS) der Straßenbahn München, Maximilianstraße. Ergebnisse von Messungen vor/nach Einbau des LMFS an identischen Messpunkten am seitlichen Fahrbahnrand des Straßenraumes, abhängig von den örtlichen Gegebenheiten an den 5 Messorten jeweils ca. 4 m bis 8,5 m vor den Gebäuden

und in der Schweiz (Grenoble, Nantes, Straßburg, Paris, Genf u.a) seit vielen Jahren LMFS eingebaut [17.21, 17.23], bei denen verschiedene Bauformen des dort üblichen Biblockschwellengleisrostes auf der Gleistragplatte montiert sind (prinzipiell ähnlich der in Teilbild a der Abb. 17.73 dargestellten Bauform).

Messergebnisse zur Wirksamkeit von LMFS bei Straßenbahnen, die z.B. für eine Prognose im Rahmen geplanter Projekte verwendet werden könnten, waren bisher nur für die in Frankreich eingebauten Systeme bekannt [17.21, 17.23] (Messergebnisse zu LMFS bei S-Bahnen s. [17.187] und [17.191] und Abb. 17.74).

Inzwischen liegen auch zu dem in Abb. 17.84 dargestellten LMFS Ergebnisse von Messungen vor, die an identischen Messpunkten vor und nach Einbau dieses Oberbaus bei der Münchner Straßenbahn durchgeführt wurden [17.159]. Aus diesen Ergebnissen wurde das in Abb. 17.85 dargestellte Einfügungsdämmmaß des LMFS, bezogen auf den Rillenschienenoberbau vor dem Umbau, ermittelt.

Man erkennt den erwarteten typischen Verlauf mit einer Abstimmfrequenz von ca. 20 Hz und Körperschallminderungen von ca. 9 dB bei 63 Hz und bis zu ca. 20 dB in dem bezüglich der Wahrnehmung von sekundärem Luftschall in Gebäuden relevanten Frequenzbereich.

17.5 Simulationsmodelle zur Prognose von Luftschall und Körperschall, Erschütterungen von Bahnen

17.5.1 Überblick

Wie allgemein in der Akustik, haben die Methoden der Prognosen und Modellrechnungen auch im Bereich der Akustik der Schienenbahnen an Bedeutung gewonnen. Die Anwendungsgebiete reichen von den (gesetzlich vorgeschriebenen) Verfahren, die im Rahmen von Planfeststellungsverfahren für neue Bahnstrecken durchgeführt werden, über die ingenieurmäßigen Prognosen im Rahmen der Fahrzeug- und Fahrwegkonstruktion bis zu den wissenschaftlichen Modellrechnungen von dann teilweise auch akademischem Charakter.

17.5.1.1 Empirische Verfahren

– Die Schall 03 [17.196] ist ein empirisches Verfahren zur Prognose des Luftschalls, das nach der 16. BImSchV [17.199] in Deutschland für die Planfeststellungsverfahren von Bahnstrecken gesetzlich vorgeschrieben ist (s. Abschn. 17.2.3.2). Bauformen von Fahrzeugen und Fahrweg sowie Betriebsbedingungen werden durch Pegelabschläge und Pegelzuschläge berücksichtigt, die durch Messungen abgesichert sind. Bei technischen Veränderungen wird das Verfahren auf seine Gültigkeit hin überprüft und gegebenenfalls ergänzt. Ähnliche Verfahren wie das deutsche Verfahren nach Schall 03 sind in anderen Ländern bzw. auch für den Straßenverkehr üblich (s. z.B. DIN 18005 [17.39] und Kap. 16 Straßenverkehrslärm).
– Im Bereich der Forschung haben sich Ansätze etabliert, bei denen – basierend auf gemessenen oder auch gerechneten Charakteristiken von Einzel-Schallquellen, die in einer Datenbank verwaltet werden – die Vorbeifahrpegel von ganzen Zügen berechnet werden können. Analoge Verfahren werden auch für die Fahrzeuginnengeräusche erfolgreich eingesetzt.
– Empirische Erschütterungsprognoseverfahren stützen sich auf eine Datenbasis vorhandener Messwerte für vergleichbare Randbedingungen (Geologie, Fahrwege, Fahrzeuge, Betrieb). Prognosen werden basierend auf der Datenbank sowie unter Einbeziehung evtl. vorhandener aktueller Messwerte und Erfahrungswerte für die Gebäude durchgeführt. Aufgrund der komplexeren Randbedingungen sind diese Prognosen wesentlich unschärfer als beim Luftschall.

17.5.1.2 Numerische und analytische Verfahren

– Verschiedene Luftschallmodelle mit Rauhigkeitsanregung wurden in den letzten Jahren entwickelt und mit gutem Erfolg für Studien von Rollgeräuschfragestellungen hinsichtlich der Fahrzeug- und Fahrwegoptimierung eingesetzt (z.B. Remington [17.184], [17.185], Springboard, TWINS [17.210, 17.211], RIM [17.35]). Es handelt sich dabei jeweils um Spezialsoftware, die für diesen Zweck entwickelt wurde.
– Für die Untersuchung spezieller Fragestellungen hinsichtlich der Aerodynamik, die bei höheren Geschwindigkeiten zu nennenswerten Beiträgen beim Vorbeifahrgeräusch eines Zuges führt, haben sich die allgemein verfügbaren CFD-Methoden bewährt (CFD = Computational Fluid Dynamics).
– Bekannt sind weiterhin spezielle analytische Ansätze für die Bearbeitung spezifischer Problemstellungen überwiegend aus dem akademischen Bereich für Erschütterungs-, Körperschall- und Luftschallprobleme. Hierzu liegt eine Vielzahl von Veröffentlichungen z.B. im JSVR, dem JASA oder auch der Acta Acustica vor.

Die numerischen und analytischen Verfahren werden überwiegend im Bereich Forschung und Entwicklung eingesetzt, da – wie in anderen Bereichen auch – Simulationen es ermöglichen, mit geringem Aufwand eine Vielzahl an Parameterkonstellationen durchzuspielen. Die aufgeführten Verfahren weisen jedoch neben der recht präzisen Beschreibung der physikalischen Phänomene einen so hohen Grad an Komplexität auf, dass sie für den allgemeinen planerischen Einsatz nicht geeignet erscheinen und in diesem Bereich die empirischen Modelle bevorzugt werden.

17.5.2 Rollgeräusche

17.5.2.1 Allgemeines

Das Rollgeräusch dominiert den Fahrgeschwindigkeitsbereich von 60 km/h bis ca. 300 km/h, aerodynamische Geräusche werden ab höheren

Geschwindigkeiten relevant, Aggregatgeräusche sind für die Innengeräusche, den Stillstand und bei geringen Fahrgeschwindigkeiten interessant (s. auch Abschn. 17.2.2). Die genauen Übergangsgeschwindigkeiten für die unterschiedlichen Geräuscharten hängen sehr stark von den Parametern der Fahrzeuge und des Fahrweges ab. In den folgenden Abschnitten werden die allgemeinen Eigenschaften der gebräuchlichen Rollgeräuschmodelle sowie das Problem der Modellparameterbestimmung und die Anwendung der Modelle beschrieben.

17.5.2.2 Rollgeräuschmodelle

Das Grundprinzip der Rollgeräuschmodelle wurde zuerst von Remington [17.184, 17.185] veröffentlicht. Die Modelle berücksichtigen in der Grundform die Interaktion eines Rades mit einer Schiene.

Sowohl das Fahrzeug als auch der Fahrweg werden als Impedanzen aufgebaut. Zur Anregung wird durch den Kontaktbereich zwischen Rad und Schiene des stehenden Systems ein Rauhigkeitsband durchgezogen (s. Abb. 17.86).

Die Rad/Schiene-Berührgeometrie wird durch ein Kontaktfilter zur Reduzierung der Anregung von Wellenlängen kürzer als die Kontaktfläche berücksichtigt. Zumeist wird dem Rollvorgang selbst nur eine untergeordnete Bedeutung eingeräumt. Die effektive anregende Rauhigkeit ergibt sich als energetische Summe der Anteile von Rad und Schiene.

Das Impedanzmodell des Fahrwegs wird durch Hintereinanderschaltung komplexer verlustbehafteter Federelemente realisiert: die Schiene als kontinuierlich gebetteter Balken, Zwischenlage und Schotter als Steifen, die Schwelle als Masse oder auch als komplexe Impedanz eines Balkens. Das Grundprinzip erlaubt es einfach, auch zusätzliche elastische Elemente wie Schwellensohlen u. ä. zu berücksichtigen.

Das Fahrzeug wird nur bezogen auf ein Rad berücksichtigt und im einfachsten Fall durch die Radmasse, mit modaler Erweiterung zur Abbildung der Radeigenfrequenzen, sowie die anteilige Drehgestell- und Wagenkastenmasse bei Einbeziehung von Primär- und Sekundärfeder und -dämpfer beschrieben.

Der Rechenablauf wird in Abb. 17.87 gezeigt: Bestimmung der Einzelimpedanzen von Rad, Schiene und Kontakt, Bestimmung der Schnellen auf den Einzelkomponenten durch Verknüpfung der Impedanzen und Beaufschlagen mit der kontaktgefilterten Rauhigkeit, Abstrahlung der Schnellen und Ermittlung der Schalldruckpegel an Mikrofonpositionen bzw. der abgestrahlten Schallleistung der Komponenten.

Abbildung 17.88 zeigt ein Beispiel berechneter Impedanzen für die Komponenten eines Schotteroberbaus.

Daran lässt sich auch sehr gut das prinzipielle Verhalten des Modells bzw. des Rad/Schiene-

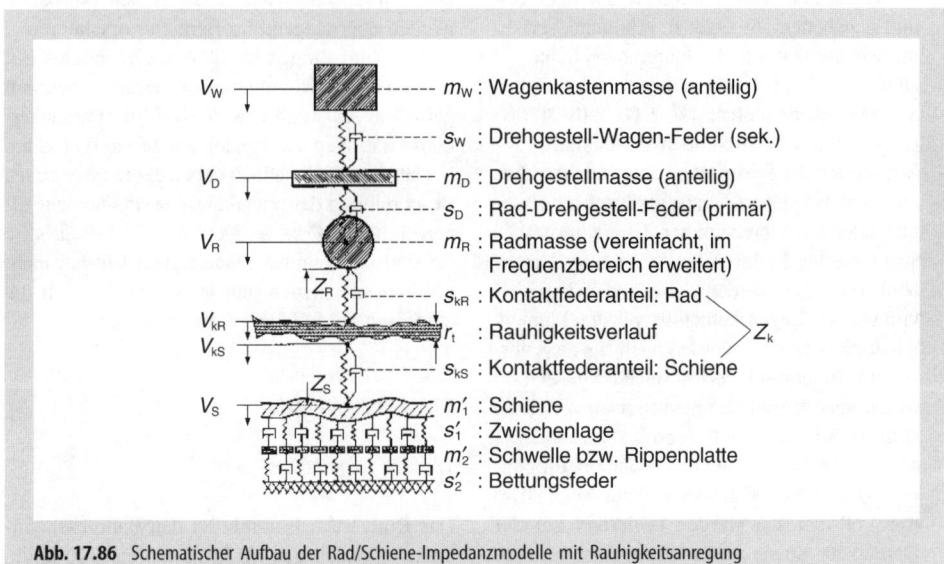

Abb. 17.86 Schematischer Aufbau der Rad/Schiene-Impedanzmodelle mit Rauhigkeitsanregung

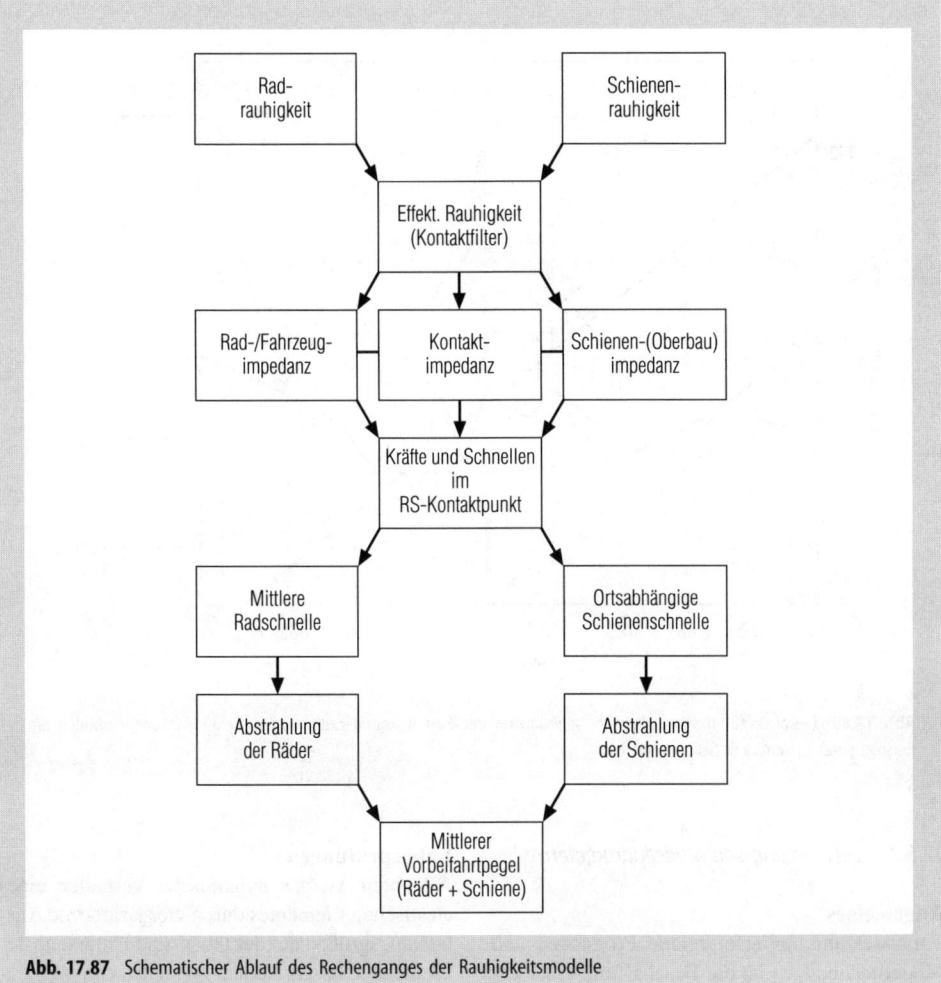

Abb. 17.87 Schematischer Ablauf des Rechenganges der Rauhigkeitsmodelle

Systems erläutern: niederfrequent stellt das Rad die Komponente mit der geringsten Steife dar, im mittleren Frequenzbereich die Schiene und für hohe Frequenzen der Kontakt. Das bedeutet, dass die Anregung jeweils den größten Bewegungsanteil in der jeweiligen weichsten Komponente erzielt. Über den Abstrahlgrad und die beteiligten Flächen wird dann bestimmt, wie groß der Luftschallanteil ist: niederfrequent ist das Rad und die Schiene ein schlechter Strahler, weswegen die Schwelle dominiert; im mittleren Frequenzbereich dominiert die Schiene, da sie gut abstrahlt und die größten Bewegungen erfährt; hochfrequent ist das Rad aufgrund seiner leichten Anregbarkeit – gepaart mit der entsprechenden Fläche und einer effektiven Abstrahlung – dominierend, obwohl ein Großteil der Bewegungsenergie in der Kontaktfeder verbleibt. Abbildung 17.89 zeigt ein Beispiel der Aufteilung der Schallanteile für die in Abb. 17.88 dargestellten Impedanzen.

Die Beschreibung zeigt auch schon eine der Stärken der Arbeit mit den Simulationsmodellen, die es ermöglichen, die Anteile der einzelnen Quellen zu studieren, wie es bei Messungen nur sehr schwer möglich ist.

Basierend auf diesem Ansatz, den Remington [17.184, 17.185] im Grundgedanken beschrieben hat, wurden verschiedene Implementierungen erstellt, auf die im Abschn. 17.5.2.4 Anwendung noch eingegangen wird.

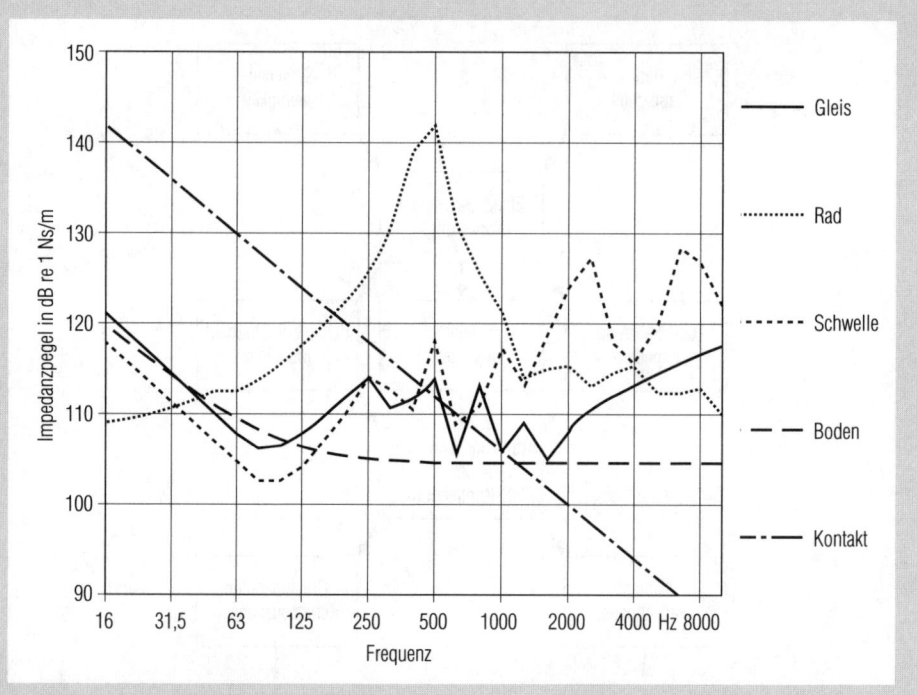

Abb. 17.88 Beispiele für die berechneten Impedanzen der Einzelkomponenten im Rad/Schiene-Impedanzmodell am Beispiel eines Systems mit Schotteroberbau

17.5.2.3 Bestimmung von Modellparametern

Allgemeines

Voraussetzung für erfolgreiche Prognosen und Modellrechnungen ist die Beschaffung einer geeigneten Datenbasis für die Modellparameter. Einfach zu bestimmen sind die geometrischen Abmessungen und die Massen der Bauteile.

Die Bestimmung der Parameter für die elastischen Elemente, d. h. deren komplexe Federsteifen, ist deutlich aufwändiger. Bewährt haben sich hier Labormessungen zur direkten Messung der Steifen im Prüfstand und Feldmessungen, bei denen die entsprechenden Parameter abgeleitet werden. Prüfstandsmessungen zur Bestimmung der dynamischen Federsteife werden in allgemeinen akustischen Normen [17.94–17.96], in spezielleren Normen für den Bahnbereich [17.50, 17.60] und auch in den Technischen Lieferbedingungen der Deutschen Bahn [17.26, 17.27] beschrieben.

Für die Bestimmung der anregenden Rauhigkeiten sind hochempfindliche Verfahren nötig, da bei gutem Fahrflächenzustand die Rauhigkeiten sich in der Größenordnung von 1 μm bewegen.

Laborprüfungen

Allgemein ist das dynamische Verhalten eines elastischen Elementes durch vier Kraft- und Auslenkungsgrößen auf der Ober- und Unterseite des Elementes beschreibbar. Anstelle von Auslenkungen können auch Schnellen oder Beschleunigungen betrachtet werden. Wenn es sich bei den zu betrachtenden Elementen um solche mit dominierendem Federcharakter handelt, ist die Übertragungssteife, als Verhältnis von Kraft am starren Ausgang zur Auslenkung am Eingang, ausreichend als charakteristische Größe.

Verfahren zur Messung dieser Transfersteife sind in der ISO 10846-1 [17.94] allgemein, im Speziellen für die direkte Methode in Teil 2 [17.95] und für die indirekte Methode in Teil 3 [17.96] beschrieben.

Voraussetzung einer solchen Messung ist der lineare Zusammenhang der zu messenden dynamischen Größen. Das bedeutet, dass die Amplituden kleiner „akustischer Bewegungen" um einen Arbeitspunkt linear mit den Amplituden der dynamischen Kräfte zunehmen. Der Arbeitspunkt wird im Allgemeinen durch eine statische Vorlast definiert.

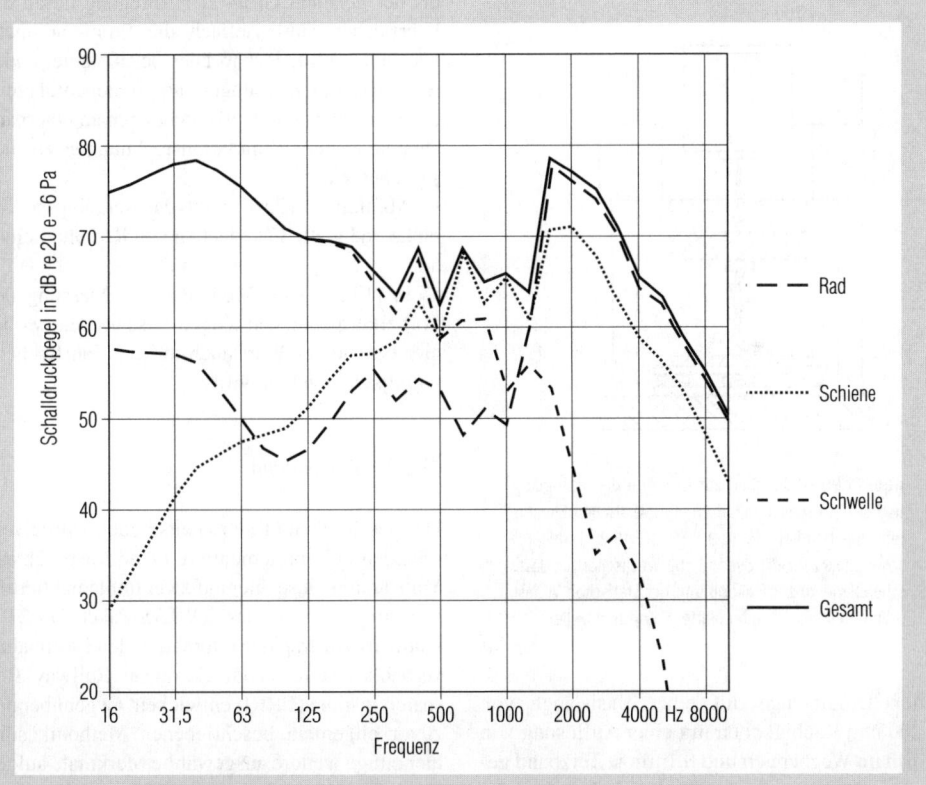

Abb. 17.89 Beispiele für die berechneten Anteile der Einzelkomponenten am Vorbeifahrtpegel für einen Reisezug bei einer Geschwindigkeit von 200 km/h

Abbildung 17.90 zeigt eine schematische Anordnung eines Prüfstandes zur Messung der Transfersteife nach der direkten Methode.

Der Prüfling, hier als Schienenbefestigung dargestellt, wird auf einer Bodenplatte befestigt, welche wiederum über Kraftmesszellen auf einem Maschinenfundament steht. Darüber ist ein Maschinenrahmen mit einer verfahrbaren Traverse angeordnet. In dieser Traverse befindet sich üblicherweise elastisch gelagert ein elektrodynamischer Shaker zur Aufbringung der dynamischen Kraft. Diese Kraft wird in eine Vorlasteinheit eingebracht, über die mit Federn die statische Vorlast kombiniert wird. Durch Verschieben der Traverse oberhalb der elastischen Elemente wird die statische Vorlast aufgebracht. Dieser werden die mit Hilfe des elektrodynamischen Shakers eingeleiteten hochfrequenten Wechselkräfte überlagert.

Im Idealzustand soll bei dem beschriebenen Messprinzip die Fundamentimpedanz unendlich groß sein. Dann tritt am unteren Ende des Federelementes keinerlei Bewegung auf. Aufgrund der real vorhandenen endlichen Impedanz und der Verformungen in den Piezokeramiken, die zur Kraftmessung dienen, sind Korrekturen der Bewegungen am unteren Ende des Federelementes erforderlich. Nach ISO 10846 ist mit einer Messunsicherheit von ca. ± 1,5 dB zu rechnen (knapp 20 %).

Von größter Bedeutung bei der Durchführung derartiger Steifemessungen ist die richtige Wahl der Randbedingungen wie statische Vorlast und Temperatur, da diese einen erheblichen Einfluss auf die Ergebnisse haben [17.34, 17.213].

Feldmessungen

Zur Bestimmung des Ausbreitungsverhaltens im Gleis und zur Überprüfung der Steifen werden Eingangs- und Übertragungsimpedanzen gemessen und geeignet ausgewertet.

Für die Messung der Schienenfahrflächenrauhigkeiten wurde für die Deutsche Bahn das hochpräzise Messgerät RM 1200E [17.85, 17.90] ent-

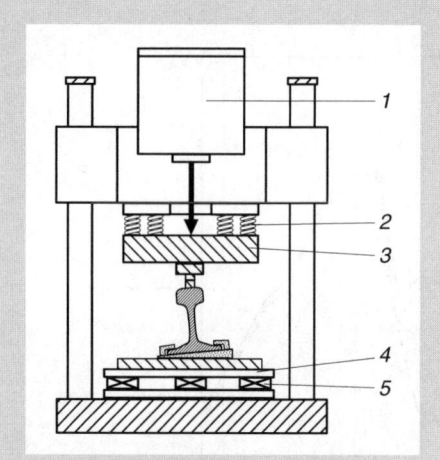

Abb. 17.90 Prüfaufbau zur Messung der vibro-akustischen Transfereigenschaften von elastischen Elementen: direkte Methode nach ISO 10846-2: *1* dynamischer Shaker für die dynamische Wechsellast, *2* elastische Elemente zur Einkopplung der statischen Vorlast, *3* Vorlasteinheit, *4* Bodenplatte, *5* Kraftmesszellen

wickelt, mit dem auf einer Basislänge von 1200 mm Rauhigkeiten mit einer Auflösung von 1 µm im Wegbereich und 0,1 µm je Terzband gemessen werden können. Derartige Fahrflächenmessungen sind unabdingbar für das Verständnis bei vielen Fragen der Bahnakustik: ohne Kenntnis der genauen Größe der Anregung durch die Fahrflächen sind vielfach die Probleme nicht oder nur schwer lösbar. Dies betrifft unter anderem Abnahmemessungen an Schienenfahrzeugen, vergleichende Untersuchungen an Oberbauelementen oder Simulationsrechnungen zu diesen Themen.

Abbildung 17.91 zeigt Messergebnisse für rauhe und glatte Fahrflächen von Rad und Schiene.

In [17.52] sind Methoden zur Messung der Vorbeifahrpegel von Zügen beschrieben, wobei hier besonderer Wert auch auf die Fahrflächenrauhigkeiten gelegt wird.

17.5.2.4 Anwendung

Das beschriebene Rauhigkeitsmodell wurde verschiedentlich implementiert. Ohne Anspruch auf Vollständigkeit sei hier auf zwei Implementierungen hingewiesen: das TWINS-Paket [17.210] wurde im Auftrag des Internationalen Eisenbahnverbandes (UIC) vom European Railway Research Institute (ERRI) entwickelt. Gegenüber der zuvor allgemein beschriebenen Methodik sind hier einige weitere ausgewählte Merkmale aufgelistet: Berücksichtigung von FE-Rechnungen zur Modellierung des Rades, Modell der Schiene zur Berücksichtigung von Querschnittsverformun-

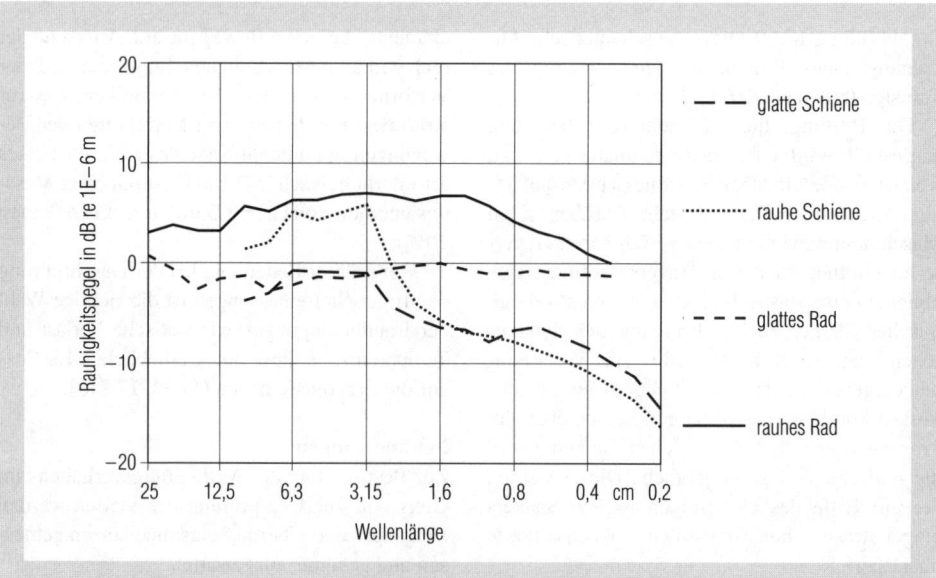

Abb. 17.91 Beispiele für Ergebnisse von Messungen der Fahrflächenrauhigkeit für glatte und rauhe, leicht verriffelte Schienenfahrflächen sowie für glatte und rauhe, aber unverriffelte Räder

gen und diskreten Stützpunkten, Erweiterungen zur besseren Abbildung des Kontaktes und der Bestimmung der effektiven Rauhigkeit aus Messdaten von Rad und Schiene.

Für die Deutsche Bahn wurde das Rad/ Schiene-Impedanzmodell RIM [17.35] entwickelt: dieses zeichnet sich durch seine Erweiterungen zur Bestimmung der Erschütterungsanregung und -ausbreitung aus (s. auch Abschn. 17.3).

Die Modelle wurden überwiegend im Rahmen von Forschungsarbeiten entwickelt, die sich mit der akustischen Optimierung des Rad/Schiene-Systems befassten. Aus den Arbeiten, die vom ERRI koordiniert wurden, sei hier besonders auf die von der Europäischen Kommission geförderten Projekte „Silent Freight" und „Silent Track" hingewiesen. Schwerpunkt dieser Projekte war die Optimierung der Fahrzeuge und des Fahrweges mittels optimierter Zwischenlagen, Radbauformen, Drehgestellschürzen und Schallschutzwänden [17.106].

Bei der Deutschen Bahn wurde an einer „Akustisch Innovativen Festen Fahrbahn" (AIFF) gearbeitet [17.33, 17.38, 17.167]. Diese Konstruktion hatte das Ziel, die positiven akustischen Eigenschaften des Schotteroberbaus in eine Feste Fahrbahn (FF) zu integrieren, um so die Nachteile der erhöhten Emissionen der FF auszugleichen. Es wurde eine bedämpfte Schwelle entwickelt, die – elastisch auf Schwellensohlen gelagert – als schwerer Körperschallabsorber die Schiene bedämpft. Abbildung 17.92 zeigt in komprimierter Form die Ergebnisse dieser Studie anhand der A-bewerteten Summenpegel der Zugvorbeifahrten, die für eine Geschwindigkeit von 200 km/h mit RIM berechnet wurden. Die Abbildung erlaubt auch den grundsätzlichen Zusammenhang zwischen Parametern der Oberbauelemente und dem abgestrahlten Schall zu studieren: der Radanteil bleibt relativ unbeeinflusst von der Oberbaukonstruktion, der Schienenanteil wird umso geringer, je steifer die Ankopplung an

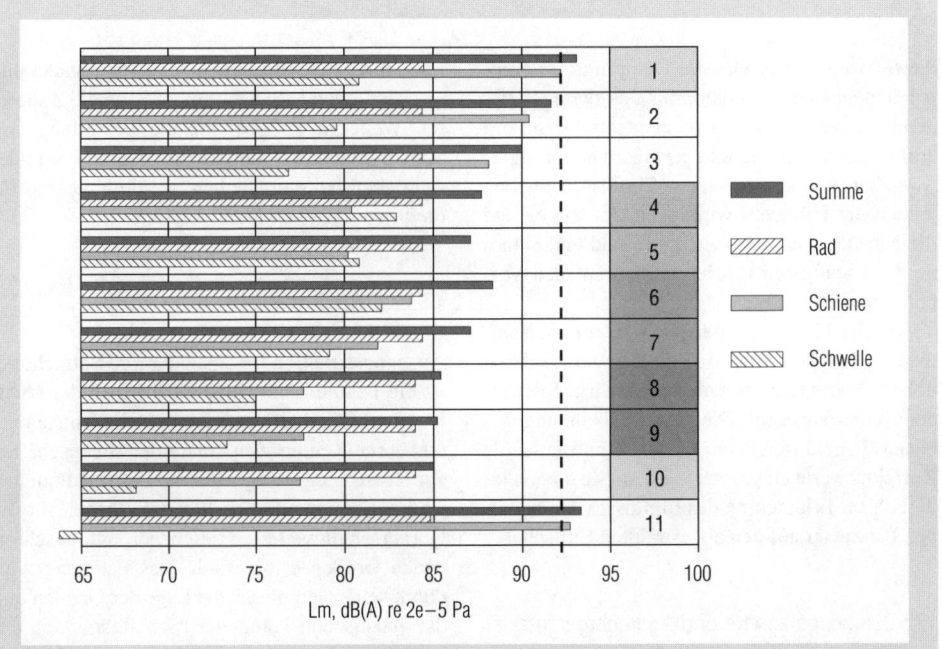

Abb. 17.92 Vergleich der Summe und der Anteile der Komponenten am A-bewerteten Vorbeifahrtpegel eines Reisezuges bei Fahrt auf verschiedenen Oberbauvarianten mit einer Geschwindigkeit von 200 km/h; *1* Feste Fahrbahn, *2* Feste Fahrbahn mit erhöhter Masse der Grundplatte, *3* Feste Fahrbahn mit einer Zwischenplatte (Zwp) hoher Dämpfung, *4* Feste Fahrbahn mit besohlten Bi-Blockschwellen, *5* Feste Fahrbahn mit besohlten Bi-Blockschwellen auf Sohlen mit erhöhter Dämpfung, *6* Feste Fahrbahn mit besohlter Monoblockschwelle, *7* Feste Fahrbahn mit Monoblockschwelle auf Sohle mit erhöhter Dämpfung, *8* Feste Fahrbahn mit Monoblockschwelle mit innerer Dämpfung auf Sohlen, *9* Feste Fahrbahn mit Monoblockschwelle mit innerer Dämpfung auf Sohle mit erhöhter Dämpfung, *10* Schotteroberbau auf steifem Planum, *11* Schotteroberbau mit sehr weichen Zwischenlagen (Zw)

Tabelle 17.9 Nach TWINS berechneter Einfluss der Oberbau- und Fahrzeugparameter auf die Schallabstrahlung von Schienenfahrzeugen (aus [17.148, 17.52, 17.53]), s. hierzu auch [17.212]

Modellparameter	Wert für minimalen Schallpegel	Wert für maximalen Schallpegel	A-bewertete Schallpegeldifferenz zwischen Parameter für minimalen und maximalen Wert
Schienenprofil	UIC54	UIC60	0,7 dB
Statische Steife der Zwischenlage	5000 MN/m	100 MN/m	5,9 dB
Verlustfaktor der Zwischenlage	0,5	0,1	2,6 dB
Schwellenbauart	Bi-Block-Schwelle	Holzschwelle	3,1 dB
Schwellenabstand	0,4 m	0,8 m	1,2 dB
Schottersteife	100 MN/m	30 MN/m	0,2 dB
Schotterverlustfaktor	2,0	0,5	0,2 dB
Lateraler Versatz der Rolllinie auf dem Rad	0 m	0,01 m	0,2 dB
Lateraler Versatz der Rolllinie auf der Schiene	0 m	0,01 m	1,3 dB
Radfahrflächenrauhigkeit	glatt	rau	8,5 dB
Fahrflächenrauhigkeit unverriffelter Schienen	glatt	rau	0,7…3,9 dB
Fahrgeschwindigkeit des Zuges	80 km/h	160 km/h	9,4 dB
Radlast	12500 kg	5000 kg	1,1 dB
Lufttemperatur	10 °C	30 °C	0,2 dB

die Schwelle, je größer die Dämpfung im Koppelelement und je bedämpfter das darunter liegende Element ist; der Schwellenanteil steigt mit erhöhter Ankopplung und geringer Dämpfung.

Neben den konstruktiven Einflüssen bleiben jedoch die Fahrgeschwindigkeit des Zuges und die Fahrflächenrauhigkeiten von Rad und Schiene die wichtigsten Einflussgrößen auf den Vorbeifahrpegel.

Tabelle 17.9 zeigt beispielhaft eine Zusammenstellung von Modellparametern sowie deren übliche Wertebereiche und die Auswirkungen auf den Vorbeifahrpegel. Die in der Tabelle angegebenen Pegeldifferenzen dürfen keinesfalls als Korrekturwerte eingesetzt werden. Sie dienen lediglich zur Erläuterung des Einflusses der einzelnen Parameter auf den abgestrahlten Luftschall.

17.5.3 Innengeräusche und Aggregatgeräusche

17.5.3.1 Lärmmanagement

Bei der Entwicklung von Fahrzeugen müssen Lastenheftwerte und gesetzliche Grenzwerte, soweit vorhanden, eingehalten werden.

Prognosen des Außengeräusches und des Innengeräusches erleichtern den Entwurfsprozess und erlauben die Aufstellung von Anforderungen für Schallleistungen von Aggregaten und erforderlichen Schalldämmmaßen an die Zulieferer. Weiterhin möglich ist die Ermittlung von Sensitivitäten zur optimierten Geräuschminderung eben bei den Quellen, die dominierend für die Situation sind [17.37, 17.150].

17.5.3.2 Rechenmodelle

Ausgangssituation für eine derartige Betrachtung ist die Bestandsaufnahme hinsichtlich der Quellen für Luftschall- und Körperschallentstehung und ihrer Kenngrößen sowie der Eigenschaften der Übertragungswege. Für die Luftschallquellen sind entsprechende Schallleistungspegel, für die Körperschallquellen Kräftepegel als beschreibende Größen erforderlich. Das Fahrzeug wird durch seine Geometrie, die Lage der Quellen und die akustischen Parameter (Schalldämmung der Innenraum-Begrenzungsflächen, Nachhallzeit im Innenraum, Körperschalldämpfung der Strukturelemente u. a.) seiner Konstruktion beschrieben. Basierend auf den Quellorten und den Struktureigenschaften in Fahrzeuglängsrichtung wird eine Segmentierung vorgenommen, für die der Luftschalleintrag durch Außenwände, Boden und Dach und die Segmentgrenzen sowie die Körperschalleinleitung in die Segmente und die an-

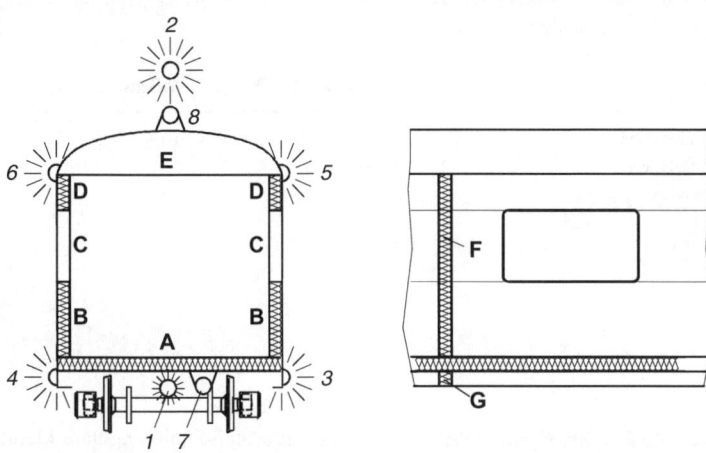

Abb. 17.93 Schematisiertes Modell für das Lärmmanagement; Fahrzeugstruktur sowie Körperschall- und Luftschallquellen: *1* Unterflurluftschallquelle, *2* obenliegende Luftschallquelle (z.B. Stromabnehmer), *3, 4* untenliegende seitliche Luftschallquellen (z.B. Lüfter), *5, 6* obenliegende seitliche Luftschallquellen (z.B. Klimaanlage), *7* Körperschallquelle unterflur, *8* Körperschallquelle auf dem Dach; A Fußboden, B Seitenwand unter dem Fenster, D Seitenwand über dem Fenster, C Fenster, E Dach, F Innenwand und G Schott unterflur

schließende Weiterleitung innerhalb der Segmente betrachtet wird.

Abbildung 17.93 zeigt schematisch einen vereinfachten Fahrzeugquerschnitt sowie ein Segment für das Modell mit einer Auflistung der zu berücksichtigenden Quellpositionen und der relevanten Strukturelemente.

In den Tabellen 17.10 und 17.11 ist exemplarisch für einen bestimmten Triebzug die Bewertung von Ergebnissen derartiger Simulationsrechnungen dargestellt. Man kann daraus erkennen, welche Quellen im Allgemeinen berücksichtigt werden sollten, und im speziellen Fall dieses Fahrzeuges, welche Quellen für die jeweilige Fahrsituation in diesem Fall von Bedeutung waren, und welche Übertragungselemente hier die Schwachstellen waren. Derartige Sensitivitätsanalysen sind Voraussetzung für eine wirtschaftliche Optimierung der Geräuschsituation im und um ein Fahrzeug.

Tabelle 17.10 Bedeutung des Einflusses der Parameter der Übertragungselemente auf den Innenschall am Beispiel eines bestimmten Triebzuges (die hier dargestellte Bewertung der Komponenten gilt nur für dieses Fahrzeug)

Übertragungselement	freie Strecke	Tunnel
Schalldämmung Boden	++++++	+++
Schalldämmung Außentüren	+	+++
Schalldämmung Außenwände	+	++
Schalldämmung Dach		+++
Nachhallzeit Führerstand	+++++	+++++
Nachhallzeit Fahrgastraum	++++++	++++++
Anschlussimpedanz Unterboden	+	+
Schalldämmung Faltenbalg	+++	+++
Dämpfung zwischen Boden und Wand	++++++	++++++

Tabelle 17.11 Bedeutung der Quellen für den Schall am Beispiel eines bestimmten Triebzuges (die hier dargestellte Bewertung der Quellen gilt nur für dieses Fahrzeug)

Schallquelle	Innenschall	Außenschall
Rollgeräusch Gleisanteil	+++++	+++
Rollgeräusch Radanteil	++++	++
Druckluftversorgung	+	+
Stromabnehmer	+	++
Antriebsmotoren	++	++++
Klimaanlage	+	
Körperschall Drehgestell	+++++	

17.5.3.3 Bestimmung von Modellparametern

Auch bei diesen Rechnungen ist die Qualität der Modellparameter entscheidend für die Güte der Prognosen. Basis sollten hier geeignete Datenbanken von Messdaten sein. Zu bestimmen sind hierfür die Schallleistungen der Komponenten, die Schalldämmungen der Bauelemente, die Eingangsimpedanzen und Verlustfaktoren der Strukturen. Für die Bestimmung der Parameter der Körperschallkoppelelemente (dynamische Federsteifen) gilt das schon bei den Rollgeräuschmodellen Gesagte (s. Abschn. 17.5.2.3).

In [17.53] werden Methoden zur Messung der Innengeräusche beschrieben; besondere Bedeutung haben hier auch die Fahrflächenrauhigkeiten als wichtige Randbedingung.

17.5.4 Körperschall und Erschütterungen

Im Bereich der Erschütterungen und des Körperschalls sind die Prognoserechnungen wesentlich komplexer als beim Luftschall. Ursachen sind z.B. die Inhomogenität des Bodens im Vergleich zur Luft und die Tatsache, dass mehrere verschiedene Wellentypen auftreten können. Die Inhomogenität des Bodens kann sowohl durch die Schichtung verschiedener Bodenarten als auch durch Störungen in eigentlich einheitlichem Gesteinstyp verursacht sein. Zu berücksichtigen sind allerdings nur solche Störungen, deren Abmessungen im Bereich der Größenordnung einer Wellenlänge und darüber liegen, da einzelne kleinere Einschlüsse (z.B. Findlinge u.ä.) von den sich im Boden ausbreitenden Wellen nicht „wahrgenommen" werden, da diese quasi über die Bodenbedingungen einer gesamten Wellenlänge integrieren und damit singuläre kleine Störstellen meist zu keiner Beeinflussung der Erschütterungsausbreitung führen. Ein weiteres Problem bei der Prognose von Erschütterungen ist die Ankopplung der Gebäude an den Boden sowie die Strukturen in den Gebäuden. So kann es ohne weiteres möglich sein, dass durch Verkettung ungünstiger Umstände eine deutliche Verstärkung der durch die Bahn im Boden angeregten Schwingungen stattfindet, z.B. wenn die Eigenresonanzen der Zimmerdecken oder schwimmender Estriche mit dem Bereich der bahntypischen Anregemaxima zusammenfallen.

Aufgrund der Bedeutung und der Komplexität wurde das Thema Schwingungen im Boden auch von der UIC als bedeutsam erkannt und im Rahmen von Projekten des ORE bzw. ERRI untersucht [17.173, 17.188]. Allgemein anerkannte Simulationsmodelle, wie für die Rollgeräuschentstehung bei Bahnen, sind derzeit im Bereich Erschütterungen nicht bekannt.

17.5.4.1 Empirische Modelle

Für die praktische Arbeit in der Planung werden derzeit überwiegend empirische Modelle eingesetzt [17.28, 17.158]. Diese basieren auf Messdaten für die Anregung sowie die Übertragung im Boden und die Ankopplung an die Gebäude sowie auf teilweise gerechneten Übertragungsfunktionen in den Gebäuden (s. Abschn. 17.3.10). Für ein neues Projekt ist daher immer abzuschätzen, inwieweit mit vorhandenen Daten eines vergleichbaren Projektes prognostiziert werden kann oder ob eine Messung erforderlich ist. Bei Neubauten an vorhandenen Strecken ist dies relativ unproblematisch, da hier entweder auf dem

Baugrund oder aber in vergleichbaren Häusern gemessen werden kann. Für Streckenneubauten ist dagegen mit einer größeren Unschärfe zu rechnen, da hier sowohl die Anregung als auch die Ausbreitung aus vergleichbaren Situationen ermittelt werden muss. Als Zielgrößen für Planungen werden die KB-Werte und der A-bewertete Sekundärluftschall in Abhängigkeit von den Eigenfrequenzen der Decken gerechnet.

17.5.4.2 Physikalische Modelle

Wie die im Rahmen des Projektes RENVIB II [17.188] durchgeführten Recherchen zeigten, gibt es eine Vielzahl von Ansätzen zur Berechnung der Ankopplung der Gleise an den Boden [17.9, 17.36, 17.160, 17.188], der Schwingungsausbreitung im Boden, der Ankopplung von Gebäuden an den Boden sowie der Ausbreitung in den Gebäuden. Die Komplexität der Modelle variiert sehr stark und damit natürlich auch die Genauigkeit der Rechnungen. Hauptproblem bei genauen Rechnungen sind jedoch weniger die physikalischen Modelle oder deren Ausführung, als vielmehr die Parameter derselben. Hier gilt das schon einmal bei den Rollgeräuschmodellen Gesagte zur Bestimmung der dynamischen Parameter des Oberbaus. Zusätzlich müssen jedoch noch die dynamischen Parameter für den Boden und seine Schichtungen bestimmt werden. Bisherige Erfahrungen zeigen, dass man sich am ehesten noch auf Klassifizierungen der Böden und das Nachschlagen der Parameter in einschlägigen Tabellenbüchern verlassen kann. Für den Baugrund bestimmte statische Kenngrößen sind ohne Kenntnis des Zusammenhanges mit dynamischen Bodengrößen für die Prognoserechnungen zumeist unbrauchbar [17.36, 17.208, 17.156]. Aufgrund der Unschärfe der den Boden beschreibenden Parameter ist es einfacher, Prognoserechnungen für die Einfügungsdämmung eines Systems bei einer bestimmten geologischen Situation durchzuführen, als Absolutwerte (z. B. des Schnellepegels) zu bestimmen. Zum Studium bzw. zur Planung von Maßnahmen zur Minderung von Körperschall bzw. Erschütterungen in Abhängigkeit von Fahrzeug-, Fahrweg- und Bodentypen ist dies auch völlig ausreichend und zielführend (s. Abschn. 17.3.7). Diese Vorgehensweise enthebt den Berechner bzw. Anwender auch der Notwendigkeit, eine in der Regel schwierig zu definierende Anregung für das Modell genau zu spezifizieren.

Literatur

17.1 „ARGE Schwingungsausbreitung" – Müller-BBM, IGI Niedermeyer, LGA Bayern (1980) Schwingungsausbreitung an Schienenverkehrswegen. Hauptstudie 1, Juli 1980 und Hauptstudie 2, Juli 1981, im Auftrag des Bundesbahn-Zentralamtes München

17.2 Akustik 04 (1990) Richtlinie für schalltechnische Untersuchungen bei der Planung von Rangier- und Umschlagbahnhöfen. Information Akustik 04 der Deutschen Bundesbahn, Ausgabe 1990

17.3 Akustik 22 (1990) Verringerung der Schallabstrahlung von Eisenbahnbrücken durch zusätzliche Maßnahmen. Information Akustik 22 der Deutschen Bundesbahn, Ausgabe Januar 1990

17.4 Akustik 23 (1990) Schalldämmung von Fenstern bei Schienenverkehrslärm. Information Akustik 23 der Deutschen Bundesbahn, Ausgabe 1990

17.5 Auersch L (1981) Wellenausbreitung durch eine Bodenschicht. Die Bautechnik 7, 229–236

17.6 Auersch L (1983) Ausbreitung von Erschütterungen durch den Boden. Forschungsbericht Nr. 92 der BAM, Berlin

17.7 Auersch L (1984) Durch Bodenerschütterungen angeregte Gebäudeschwingungen – Ergebnisse von Modellrechnungen. Forschungsbericht Nr. 108 der BAM, Berlin

17.8 Auersch L (1988) Zur Entstehung und Ausbreitung von Schienenverkehrserschütterungen. Theoretische Untersuchungen und Messungen am Hochgeschwindigkeitszug Intercity Experimental. Forschungsbericht Nr. 155 der BAM, Berlin

17.9 Auersch L (2001) Zur praxisorientierten Berechnung der Steifigkeit und Dämpfung von Fundamenten und Fahrwegen. Proc. D-A-CH-Tagung 2001, Innsbruck. Institut für Baustatik, Festigkeitslehre und Tragwerkslehre (Hrsg) der Leopold Franzens Universität Innsbruck, 225–232

17.10 Bahnhofstudie 2 (1986) Studie über die Schallemission von Bahnhöfen im Vergleich mit der freien Strecke (Bahnhofstudie 2). Forschungsvorhaben im Auftrag des Bundesministers für Verkehr und des Bundesbahn-Zentralamtes München; Müller-BBM GmbH, Planegg

17.11 Barsikow B (1989) Schallabstrahlung spurgebundener Hochgeschwindigkeitsfahrzeuge bis 500 km/h. Fortschritte der Akustik, DAGA '89, Duisburg, 607–610

17.12 Barsikow B, Müller H (1992) Entwurf einer Richtlinie zur Berechnung der Schall-Immission an Strecken der Magnetschnellbahn Transrapid in Anlehnung an die Richtlinie „Schall 03" der Deutschen Bundesbahn. Fortschritte der Akustik, DAGA '92, Berlin, 333–336

17.13 Bayer. Verw. GH (1995) Urteil des Bayerischen Verwaltungs-Gerichtshofes vom April 1995, Az. 20 A 93 400 80

17.14 Berichte des Planungsbüros Obermeyer (PBO), jetzt Obermeyer Planen + Beraten, München (nicht veröffentlicht) im Auftrag des früheren Bundesbahn-Zentralamtes München, Dezernat 103/103a bzw. der Deutschen Bahn AG, Forschungs-und Technologiezentrum München

17.15 BMFT-Bericht (1976) Abschlußbericht zum Forschungsvorhaben TV 7420 „Ermittlung und Erprobung von passiven Maßnahmen zur Verminderung von Schallemissionen bei hohen Geschwindigkeiten". Hrsg.: BMFT

17.16 BMFT-Bericht (1980) Technischer Schlussbericht zum Forschungsvorhaben TV 7630 „Passive Schallschutzmaßnahmen für das Rad/Schiene-System bei hohen Geschwindigkeiten". Hrsg.: BMFT

17.17 BMFT-Bericht (1982) Untersuchung verschiedener Oberbauformen in einem U-Bahntunnel im Hinblick auf Schall- und Erschütterungsemissionen. Bericht Nr. 8 der Berichtsreihe „Lärmminderung Schienennahverkehr" des BMFT, STUVA e.V., Köln

17.18 BOStrab (1987) Verordnung über den Bau und Betrieb der Straßenbahnen (Straßenbahn – Bau- und Betriebsordnung – BOStrab) vom 11.12.1987 (Bundesgesetzblatt 1987, Teil I, S. 2648)

17.19 Brückenstudie (1987) Untersuchungen zur Verringerung der Schallabstrahlung von stählernen Eisenbahnbrücken durch kontruktive Maßnahmen. Abschlußbericht zum Projekt 104 der Studiengesellschaft für Anwendungstechnik von Eisen und Stahl e.V., Düsseldorf

17.20 Bugarcic H, Thevis P, Breznowsky M, Lierske K (1986) Primärunterdrückung der Bogenlaufgeräusche durch alternative Radsatzstell- und steuermechanismen. Bericht des Instituts für Fahrzeugtechnik, Fachgebiet „Spurgebundene Fahrzeuge", TU Berlin

17.21 Chanel G (1995) Des performances qui évoluent au cours du temps. CSTB Magazine 84, 24–25

17.22 Cremer L, Heckl M (1995) Körperschall, Physikalische Grundlagen und Technische Anwendungen. 2. Aufl. Springer, Berlin

17.23 CSTB-Bericht (1991) Tramway 2eme Ligne: Mesure Acoustiques. Etude No. 2.90.162 des Centre Scientifique du Batiment (CSTB), Centre de Recherche de Grenoble, Etude faite à la demande de G.M.S.

17.24 Darr E, Fiebig W (1999) Feste Fahrbahn – Konstruktion, Bauarten, Systemvergleich Feste Fahrbahn – Schotteroberbau. Tetzlaff, Hamburg

17.25 Darr E, Schaaf B (1996) Betriebserprobung Feste Fahrbahn zwischen Mannheim und Karlsruhe. ETR 45 (12), 772–784

17.26 DB-TL 918 235 (1994) Technische Lieferbedingungen für Zwischenlagen der DB AG

17.27 DB-TL 918 071 (1988) Technische Lieferbedingungen für Unterschottermatten der DB AG

17.28 Deutsche Bahn AG (1996) Körperschall- und Erschütterungsschutz – Leitfaden für den Planer. München, Deutsche Bahn AG - FTZ 81

17.29 Deutsche Bahn AG (1997) Antrag auf Anerkennung des Nachweises der schalltechnischen Wirkung einer Schall absorbierenden Gestaltung der Oberfläche der Festen Fahrbahn

17.30 Deutsche Bahn AG (2000) Richtlinie 800.2001 der DB Netz: Netzinfrastruktur Technik Entwerfen; Lärmschutzanlagen an Eisenbahnstrecken

17.31 Deutsche Bahn AG (2001) Anforderungskatalog zum Bau der Festen Fahrbahn, 4. Aufl. Entwurf (2001)

17.32 Deutsche Bundesbahn (1983) Schutz gegen Körperschall und Erschütterungen bei unterirdisch geführten S-Bahnen. Information Körperschall/Erschütterungen 01 der Deutschen Bundesbahn

17.33 Diehl RJ, Görlich R, Hölzl G (1997) Acoustic optimization of railroad track using computer aided methods. In Proc. WCRR97 – World Congress Railroad Research, Florence 1997, Vol. E, 421–427

17.34 Diehl RJ, Hofmann P (2001) Bestimmung von Parametern elastischer Oberbauelemente. In: Tagungsband „Erfahrungsaustausch zum Einsatz von elastischen Komponenten im Eisenbahnoberbau". Brand bei Bludenz/Vorarlberg. Getzner Werkstoffe (Hrsg.), Bürs/Bludenz

17.35 Diehl RJ, Hölzl G (1998) Prediction of wheel/rail noise and vibration – validation of RIM. Proc. Euro-Noise 98, München, 271–276

17.36 Diehl RJ, Hölzl G, Beier M, Waubke H (2000) Prediction of railway induced ground vibration. Proc. Inter-Noise 2000, Nizza, 3721–3726

17.37 Diehl RJ, Müller GH (1998) An engineering model for the prediction of interior and exterior noise of railway vehicles. Proc. Euro-Noise ´98, München, 879–882

17.38 Diehl RJ, Nowack R, Hölzl G (2000) Solutions for acoustical problems with nonballasted track. J. Sound Vib. 231 (3) 899–906

17.39 DIN 18005: Schallschutz im Städtebau. Teil 1: Berechnungsverfahren (1987)

17.40 DIN 18134: Baugrund, Versuche und Versuchsgeräte – Plattendruckversuch (1992)

17.41 DIN 4150 Teil1: Erschütterungen im Bauwesen, Grundsätze. Vorermittlung und Messung von Schwingungsgrößen (2001)

17.42 DIN 4150 Teil 2: Erschütterungen im Bauwesen, Einwirkung auf Menschen in Gebäuden (1999)

17.43 DIN 4150 Teil 3: Erschütterungen im Bauwesen, Einwirkungen auf bauliche Anlagen (1999)

17.44 DIN 45641: Mittelung von Schallpegeln (1990)
17.45 DIN 45645 Teil 1: Einheitliche Ermittlung des Beurteilungspegels für Geräusch-Immissionen (1977)
17.46 DIN 45652: Terzfilter für elektroakustische Messungen (1964)
17.47 DIN 45669 Teil 1: Messung von Schwingungsimmissionen; Schwingungsmesser; Anforderungen, Prüfungen (1995)
17.48 DIN 45669 Teil 2: Messung von Schwingungsimmissionen; Meßverfahren (1995)
17.49 DIN 45672 Teil 1: Schwingungsmessungen in der Umgebung von Schienenverkehrswegen, Meßverfahren (1991)
17.50 DIN 45673-1: Mechanische Schwingungen. Elastische Elemente des Oberbaus von Schienenfahrwegen. Teil 1: Ermittlung statischer und dynamischer Kennwerte im Labor (2000)
17.51 DIN 45680: Messung und Beurteilung tieffrequenter Geräuschimmissionen in der Nachbarschaft (1997)
17.52 DIN EN ISO 3095-E: Messung der Geräuschemission von spurgebundenen Fahrzeugen, (Entwurf) (2001)
17.53 DIN EN ISO 3381-E: Geräuschmessung in spurgebundenen Fahrzeugen, (Entwurf) (2001)
17.54 DIN ISO 10846-2: Akustik und Schwingungstechnik – Laborverfahren zur Messung der vibro-akustischen Transfereigenschaften elastischer Elemente. Teil 2: Bestimmung der dynamischen Transfersteifigkeit elastischer Stützelemente für translatorische Schwingungen – Direktes Verfahren (1999)
17.55 Dolling HJ (1970) Die Abschirmung von Erschütterungen durch Bodenschlitze. Die Bautechnik 47 (H 5) 151–158 und (H 6) 193–204
17.56 EBO (1967) Eisenbahn- Bau- und Betriebsordnung vom 08.05.1967 (Bundesgesetzblatt 1967, Teil II, S. 1563)
17.57 Eibl J, Henseleit O, Schlüter F-H (1988) Baudynamik. In: Betonkalender 1988. Ernst & Sohn, Berlin
17.58 Eisenmann J (1985) Oberbauforschung – Oberbautechnik, Stand und Weiterentwicklung. ETR 34, 715–722
17.59 Eisenmann J, Deischl F (1986) Körperschalldämmung bei unterirdischen Bahnanlagen – Ausführungsbeispiele. Eisenbahningenieur 37, 101–110
17.60 ENV-Standard 13481-6, Draft (1999) Railway applications – Track performance requirements for fastening systems – Part 6: Special fastening systems for attenuation of vibration
17.61 Fensterstudie (1985) Die unterschiedliche Lästigkeit von Schienen- und Straßenverkehrslärm innerhalb und außerhalb von Wohngebäuden – „Fensterstudie". Planungsbüro Obermeyer, München
17.62 Fensterstudie/Ergänzungsstudie (1986) Kommunikationsstörungen durch Schienenverkehrslärm – „Ergänzungsstudie" (Ergänzende Auswertungen zur „Fensterstudie"). Planungsbüro Obermeyer, München
17.63 Fiedler J (1991) Grundlagen der Bahntechnik. Eisenbahnen, S-, U- und Straßenbahnen. 3. Aufl. Werner, Düsseldorf
17.64 Fingberg U (1990) Ein Modell für das Kurvenquietschen von Schienenfahrzeugen. Fortschritte VDI 140, Reihe 11, 1–96
17.65 Fischer G, Wettschureck RG, Hölzl G, Temple BP (1988) Reduction of railway vibration propagation by means of rigid layers and flexible ballast mats. Technical Document DT 212 zu Frage D 151 des ORE, Utrecht
17.66 Forchap E, Siemer T, Schmid G, Jessberge H (1994) Experiments to investigate the reduction of soil wave amplitudes using a built in block. In: Earthquake resistant construction and design. Savidis (ed.), Rotterdam
17.67 Fritz P, Eilmes H (1994) Planung der immissionsgerechten Gestaltung von Gleisoberbauten für Stadtbahnstrecken. Verkehr und Technik 47 (4) 129–142
17.68 Gesetz zum Schutz vor schädlichen Umwelteinwirkungen durch Luftverunreinigungen, Geräusche, Erschütterungen und ähnliche Vorgänge (Bundes-Immissionsschutzgesetz – BImSchG vom 15. März 1974, geändert am 14.5.1990, am 22.4.1993 und am 30.6.1994)
17.69 Giesler H-J (2000) Geräuschemissionen von Straßenbahnen. Deutschlandweite messtechnische Erhebung. Der Nahverkehr (4) 10–14
17.70 Grassie SL (1983) Comments on „Surface irregularities and variable mechanical properties as a cause of rail corrugation" von Kalker JJ. In: Rail Corrugation (Symposium, Berlin, Juni 1983), ILR-Bericht (56) 107–110
17.71 Grassie SL, Gregory RW, Harrison D, Johnson KL (1982) The dynamic response of railway track to high frequency vertical exitation. J. Mech. Eng. Science 24, 77–90
17.72 Griefahn B, Möhler U, Schuemer R (Hrsg) (1999) Vergleichende Untersuchung über die Lärmwirkung bei Straßen- und Schienenverkehr. Studiengemeinschaft Schienenverkehr, Hrsg.: FTZ München der DB AG
17.73 Grütz H-P, Said A (1992) Zur Ermittlung des sekundären Luftschalls aus oberirdischem Schienenverkehr. Fortschritte der Akustik, DAGA '92, Berlin, 353–356
17.74 Hald J (1989) STSF – a unique technique for scan-based near-field acoustic holography without restrictions on coherence. Brüel & Kjaer Technical Review (1)
17.75 Hauck G (1991) Lästigkeitsunterschied zwischen Geräuschen des Straßenverkehrs und des

Schienenverkehrs. Z. Lärmbekämpfung 38, 162–166

17.76 Hauck G, Onnich H, Prögler H (1997) Entwicklung eines Messwagens zur Erfassung der Fahrgeräuschanhebungen durch Schienenriffeln. ETR 46, 153–159

17.77 Haupt W (Hrsg.) (1986) Bodendynamik. Grundlagen und Anwendung. Vieweg, Braunschweig

17.78 Haupt W, Köhler W (1990) Gebäudeisolierung gegen U-Bahn-Erschütterungen. Bautechnik 67, 159–166

17.79 Heckl M (1981) Körperschallübertragung bei homogenen Platten beliebiger Dicke. Acustica 49, 183–191

17.80 Heckl M (1988) Maßnahmen zur Lärmminderung am Schienenverkehr. Internationales Symposium, Forschung und neue Technologien im Verkehr Bd. 3 (Öffentlicher Nahverkehr). TÜV Rheinland, Köln, 225–244

17.81 Heckl M (1990) Körperschallentstehung bei Schienenfahrzeugen. Fortschritte der Akustik, DAGA '90, Wien, 135–140

17.82 Heckl M, Feldmann J, Fischer HM, Munjal M (1980) Grundlegende Untersuchungen zur Körperschallentstehung beim Rad/Schienesystem, Teil 1 und Teil 2. BMFT-Vorhaben TV-7722/9, TU Berlin

17.83 Heimerl G, Holzmann E (1978) Ermittlung der Belästigung durch Verkehrslärm in Abhängigkeit von Verkehrsmittel und Verkehrsdichte in einem Ballungsgebiet. Forschungsarbeiten des Verkehrswissenschaftlichen Instituts der Universität Stuttgart, Bericht 13

17.84 Hendlmeier W (1990) Messung und Prognose von Schienenverkehrslärm unter Berücksichtigung des Kurvenquietschens. Z. Lärmbekämpfung 37, 166–169

17.85 Holm P (1999) Roughness measuring devices. In: Roughness Workshop, NSTO and Müller-BBM (ed.), Utrecht

17.86 Hölzl G (1982) Körperschall- bzw. Erschütterungsausbreitung an Schienenverkehrswegen. Ergebnisse des Forschungsvorhabens und praktische Anwendungen bei der DB. ETR 31, 881–887

17.87 Hölzl G, Fischer G (1985) Körperschall- bzw. Erschütterungsausbreitung an oberirdischen Schienenverkehrswegen. ETR 34, 469–477

17.88 Hölzl G, Hafner P (1980) Schienenverkehrsgeräusche und ihre Minderung durch Schallschutzwände. Z. Lärmbekämpfung 27, 92–99

17.89 Hölzl G, Nowack R (1996) Experience of German railways on noise emission of railway bridges. Proc. Workshop on noise emission of steel railway bridges, Rotterdam 1996. NS Technisch Onderzoek (ed.), Utrecht

17.90 Hölzl G, Redmann M, Holm P (1990) Entwicklung eines hochempfindlichen Schienenoberflächenmeßgerätes als Beitrag zu weiteren möglichen Lärmminderungsmaßnahmen im Schienenverkehr. ETR 39 (11) 685–689

17.91 Imelmann Chr (1994) Luft- und Körperschallprobleme beim Schienennahverkehr, Teil 1 und Teil 2. Verkehr und Technik 47 (1) 3–9 und (2) 43–48

17.92 Interdisziplinäre Feldstudie II über die Besonderheiten des Schienenverkehrslärms gegenüber dem Straßenverkehrslärm (1983). Forschungs-Nr. 70081/80 des Bundesministers für Verkehr, München/Bonn 1983. Planungsbüro Obermeyer (Hrsg.), München

17.93 Interne Berichte der Deutschen Bundesbahn, Versuchsanstalt (VersA) München im Auftrag des BZA München, Dezernat 103/103a, bzw. der Deutschen Bahn AG, Forschungs- und Technologiezentrum München

17.94 ISO 10846-1: Acoustics and vibration – Laboratory measurements of vibro-acoustic transfer properties of resilient elements. Part 1: Principles and guidelines (1997)

17.95 ISO 10846-2: Acoustics and vibration – Laboratory measurements of vibro-acoustic transfer properties of resilient elements. Part 2: Dynamic stiffness of elastic supports for translatory motion – Direct method (1997)

17.96 ISO 10846-3: Acoustics and vibration – Laboratory measurements of vibro-acoustic transfer properties of resilient elements. Part 3: Dynamic stiffness of elastic supports for translatory motion – Indirect method (1997)

17.97 ISO 3095-E: Acoustics – Measurement of noise emitted by railbound vehicles (1975)

17.98 ISO 3381-E: Acoustics – Measurement of noise inside railbound vehicles (1976)

17.99 Jäger K (1991) Schalltechnische Untersuchungen bei der Planung von Rangier- und Umschlagbahnhöfen; Berechnung nach Akustik 04 in der Neufassung von 1990. Z. Lärmbekämpfung 38, 144–150

17.100 Jäger K, Hauck G (1986) Neue Erkenntnisse und Berechnungsverfahren bei der Schallpegelermittlung im Umfeld großflächiger Rangieranlagen. Archiv für Eisenbahntechnik (AET) 4, 16–23

17.101 Jäger K, Möhler U (1991) Der Lärmschutz für den Rangierbahnhof München Nord. Rangiertechnik und Gleisanschlußtechnik (RT+GT) 51, 61–66

17.102 Jäger K, Onnich H (2000) Fortschritte und Besonderheiten bei der Reduzierung des Schienenverkehrslärms. Z. f. Lärmbekämpfung 47, 206–210

17.104 Jäger K, Schöpf F, Gottschling G, Fastl H, Möhler U (1996) Wahrnehmung von Pegeldifferenzen bei Vorbeifahrten von Güterzügen. Forschungsbericht der TU München im Auftrag der DB AG (ZBT 512), München

17.105 Jäger K, Schöpf F, Gottschling G, Fastl H, Möhler U (1997) Wahrnehmung von Pegeldifferenzen bei Vorbeifahrten von Güterzügen. Fortschritte der Akustik – DAGA '97, Kiel, 228–229

17.106 Jones R, Beier M, Johnes CJ, Maderböck M, Diehl RJ, Middleton C, Verheij J (2000) Shields and barriers. Proc. Inter-Noise 2000, Nizza, 667–672

17.107 Kaess G, Schultheiss H (1984) Der Oberbau der Neubaustrecken der Deutschen Bundesbahn. Eisenbahningenieur 35, 421–428

17.108 Kasten P, Krüger F (1994) Geräuschsituation bei neuen Schienenfahrzeugen des Stadtverkehrs. U-Bahnen, Stadtbahnen, Straßenbahnen. Eine Bestandsaufnahme aus den alten Bundesländern, Teil I und Teil II. Verkehr und Technik 47, (3) 83–90 und (4) 123–128

17.109 Kaynia AM (2001) Measurement and prediction of ground vibration from railway traffic. Proc. 15. International Conference on Soil Mechanics and Geotechnical Engineering, Istanbul

17.110 Kaynia AM, Madshus C, Zackrisson P (2000) Ground vibration from high-speed trains: prediction and countermeasure. Journal of Geotechnical and Geoenvironmental Engineering, ASCE 126 (6) 531–537.

17.111 Klosterkötter W, Gono F (1978) Bericht über Untersuchungen von Schienenverkehrs-, Flug- und Straßenverkehrslärm im Hinblick auf Differenzen ihrer A- und C-Schallpegel, Essen

17.112 Kopp E (2001) Erfahrungen mit harten und weichen Zwischenlagen und Schwellenbesohlungen unterschiedlicher Steifigkeit in ihren Auswirkungen auf die Schlupfwellenbildung. In: Tagungsband „Erfahrungsaustausch zum Einsatz von elastischen Komponenten im Eisenbahnoberbau". Brand bei Bludenz/Vorarlberg. Getzner Werkstoffe (Hrsg.), Bürs/Bludenz

17.113 Krüger F (1985) Minderung der Schwingungsabstrahlung von U-Bahntunneln durch hochelastische Gleisisolationssysteme unter verschiedenen Tunnelrandbedingungen. Bericht Nr. 17 der Berichtsreihe „Lärmminderung Schienennahverkehr" des BMFT, STUVA e.V. Köln und IBU Essen

17.114 Krüger F (1988) Parametereinfluß auf die Schwingungsemissionen an der Tunnelsohle. Verkehr und Technik 1988 (9)

17.115 Krüger F (1990) Verfahren zur Abschätzung des zu erwartenden sekundären Schalldruckpegels im Rohbaustadium von Tunnelstrecken. Fortschritte der Akustik, DAGA '90, Wien, 465–468

17.116 Krüger F (1995) Das Kurvenquietschen im Schienennahverkehr – Ermittlung von Korrekturgrößen zur Berücksichtigung in der Schall 03. Der Nahverkehr (7, 8) 62–65

17.117 Krüger F (1995) Kurvenquietschen und seine Minderung durch Schienendämpfungselemente. Grundlagen, Anordnungsoptimierung und vorbereitende Untersuchungen für einen Feldversuch. Verkehr und Technik 48 (9) 364–367

17.118 Krüger F (1996) Minderung von Straßenbahngeräuschen. Wirkungen von Schallminderungsmaßnahmen an Tatra-Straßenbahnen – Meßergebnisse und Empfehlungen. Der Nahverkehr 14 (6) 41–46

17.119 Krüger F (1997) Schallminderung bei Schienenfahrzeugen für den Regionalverkehr. Verkehr und Technik 50 (7) 327–330

17.120 Krüger F (1998) Statistische Erfassung von Kurvenquietschen bei Nahverkehrsbahnen. Z. Lärmbekämpfung 44 (6) 216–219

17.121 Krüger F (1999) Erprobung einer einfachen kontinuierlich elastischen Schienenlagerung auf einer Tunnelstrecke. Verkehr und Technik (7) 306–312

17.122 Krüger F (1999) Grundlagen zur Entwicklung einer kontinuierlichen elastischen Lagerung für den Schienennahverkehr, Teil 1 und Teil 2. Verkehr und Technik 52 (4) 142–148 und (5) 200–203

17.123 Krüger F (2000) Leiser Schienennahverkehr – Ergebnisse 16-jähriger Forschung zur Minderung von Schall und Erschütterungen. Der Nahverkehr (5) 36–44

17.124 Kurze UJ (1980) Abschirmung an Bahnanlagen. Acustica 44, 304–315

17.125 Kurze UJ (1982) Erschütterungen von Eisenbahnen. Forschritte der Akustik, FASE/DAGA '82, Göttingen, 329–332

17.126 Kurze UJ (1987) Long range barrier attenuation of railroad noise. Proc. Inter-Noise '87, 379–382

17.127 Kurze UJ, Donner U, Schreiber L (1982) Vergleich der Schallausbreitung von Schiene und Straße. Z. Lärmbekämpfung 29, 71–73

17.128 Kurze UJ, Wettschureck RG (1985) Erschütterungen in der Umgebung von flach liegenden Eisenbahntunneln im Vergleich mit freien Strecken. Acustica 58, 170–176

17.129 Lenz U (1993) Kurvenquietschgeräusche, Messung und Prognose – Minderungsmaßnahmen. Verkehr und Technik 46 (1) 9–13

17.130 Lenz U (1995) Luftschallimmissionen bei Stadtbahnanlagen des ÖPNV. Beurteilung und Prognose entsprechend den Festlegungen der Verkehrslärmschutzverordnung. Verkehr und Technik 48 (3) 75–84

17.131 Lenz U (1996) Körperschallisolierende Gebäudeabfederung. Bautechnik 73 (10) 701–710

17.132 Lenz U (1997) Masse-Feder-System – alt, bewährt und noch modern. Z. Lärmbekämpfung 44 (4) 113–114

17.133 Lenz U (1999) Schwingungsisolierende Rillenschienenlagerung bei Stadtbahnanlagen. Verkehr und Technik 52 (6) 266–271

17.134 Lenz U (2000) Immissionsgerechte Planung des Umbaus der Stadtbahnanlage in Frechen, Einsatz unterschiedlicher schwingungsisolierender Oberbauformen entsprechend der jeweiligen örtlichen Situation, Teil 1 und 2. Verkehr und Technik 2000 (2) 63–68 und (3) 93–96

17.135 Lenz U (2001) Immissionsgerechte Oberbauplanung für den Stadtbahntunnel Bensberg. Verkehr und Technik 2001 (9) 369–374

17.136 Lenz U, Waßmann R (2000) Ermittlung des Lärmminderungspotentials von Straßenbahnen durch Optimierung des Fahrweges, Ableitung von Bauempfehlungen. Fortschritte der Akustik – DAGA 2000, Oldenburg, 452–453

17.137 Liepert M, Möhler U, Schreckenberg D, Schuemer R (2000) Lästigkeitsunterschied von Straßen- und Schienenverkehrslärm im Innenraum. München, SGS

17.138 Madshus C (2001) Modelling, monitoring and controlling the behaviour of embankments under high speed train loads. In: Geotechnics for road, rail tracks and earth structures. Proc. 15. International Conference on Soil Mechanics and Geotechnical Engineering, Istanbul

17.139 Madshus C, Kaynia AM (2001) High-speed trains on soft ground: track-embankment-soil response and vibration generation. In: Krylov VV (ed.) Noise and vibrations from high speed trains. Telford, London, 314–346.

17.140 Madshus C, Kaynia, AM (2000) High-speed railway lines on soft ground: dynamic behaviour at critical train speed. J. Sound Vib. 231 (3) 689–701

17.141 Maekawa Z (1968) Noise reduction by screens. Applied Acoustics 1, 157–173

17.142 (1989) Magnetschwebebahn. Die neue Dimension des Reisens. MVP Versuchs- und Planungsgesellschaft für Magnetbahnsysteme, Transrapid International, Gesellschaft für Magnetbahnsysteme, Hestra, Darmstadt

17.143 (1992) Magnetschwebebahn. Die Fahrzeug- und Fahrwerktechnik Transrapid. Forschungsinformation Bahntechnik, ETR 41, 275–278

17.144 (1997) Magnetschwebebahn. Magnetschwebebahn – Lärmschutzverordnung, Bundesgesetzblatt, Jahrgang 1997, Teil 1-Nr. 76 vom 25. September 1997, Bonn, 2338–2344

17.145 Massarsch KR (1986) Isolation of vibrations in soil. Report Nr. 3/86 der FIT (Franki International Technology), Lüttich

17.146 Melke J (1995) Erschütterungen und Körperschall des landgebundenen Verkehrs. Prognose und Schutzmaßnahmen. Materialien Nr. 22 des Landesumweltamtes Nordrhein-Westfalen, Essen

17.147 Messberichte zu akustischen Untersuchungen an Schall absorbierenden Festen Fahrbahnen unter fachlicher Leitung des Forschungs- und Technologiezentrums der Deutschen Bahn AG, im Auftrag der DB Netz AG (1998 bis 2001, nicht veröffentlicht)

17.148 METARAIL (1999) Final Report: methodologies and actions for rail noise and vibration control.: for European Commision DG VII

17.149 Meyer E, Guicking D (1974) Schwingungslehre. Vieweg, Braunschweig

17.150 Meyer G, Broschart T (1998) Körperschallverhalten und akustische Prognose moderner Hochgeschwindigkeitszüge. ZEV + DET Glasers Annalen + DET Glasers Annalen 122 (9/10) 587–601

17.151 Möhler U (1987) Zum Einfluss der Fensterstellung auf die Lästigkeitswirkung von Verkehrslärm. Fortschritte der Akustik - DAGA '87, Aachen, 761–764

17.152 Möhler U, Prestele G, Giesler HJ, Hendlmeier W (1998) Schallemissionen von Schienennahverkehrsbahnen. Z. Lärmbekämpfung 45 (6) 209–215

17.153 Möhler U, Schuemer R, Knall V, Schuemer-Kohrs A (1986) Vergleich der Lästigkeit von Schienen- und Straßenverkehrslärm. Z. Lärmbekämpfung 33, 132–142

17.154 Möser M (1995) Die Wirkung von zylindrischen Aufsätzen an Schallschirmen. Acustica 81, 565–586

17.155 Möser M, Volz R (1999) Improvement of sound barriers using headpieces with finite acoustic impedance. J. Acoust. Soc. Am. 106 (6) 3049–3060

17.156 Müller GH, Diehl RJ, Dörle M (1998) Assessment of the insertion loss of mass spring systems for railway lines and methods for the prediction of noise and vibration quantities. Proc. Euro-Noise '98, München, Vol. I, 97–102

17.157 Müller R (2001) Die Erfahrungen der SBB mit Unterschottermatten zur sekundären Luftschall- und Erschütterungsminderung. In: Tagungsband „Erfahrungsaustausch zum Einsatz von elastischen Komponenten im Eisenbahnoberbau". Brand bei Bludenz/Vorarlberg. Getzner Werkstoffe (Hrsg.), Bürs/Bludenz

17.158 Müller-BBM-Berichte im Auftrag des früheren Bundesbahn-Zentralamtes München, Dezernat 103/103a und anderer Dienststellen der Deutschen Bundesbahn bzw. des Forschungs- und Technologiezentrums München der Deutschen Bahn AG (nicht veröffentlicht)

17.159 Müller-BBM-Bericht (2001) Erschütterungstechnische Untersuchungen zur Wirksamkeit von Leichten Masse-Feder-Systemen im Bereich der Straßenbahn München. Müller-BBM Bericht Nr. 42 599/2 vom 26.01.2001 im Auftrag von Getzner Werkstoffe GmbH

17.160 Müller-Boruttau FH, Ebersbach D, Breitsamter N (1998) Dynamische Fahrbahnmodelle für HGV-Strecken und Folgerungen für Komponenten. ETR 47 (11) 696–702

17.161 Müller-Boruttau FH, Kleinert U (2001) Betonschwellen mit elastischer Sohle. Erfahrungen und Erkenntnisse mit einem neuen Bauteil. ETR 50 (3) 90–98

17.162 Müller-Boruttau FH, Rosenthal V, Breitsamter N (2001) So trägt das Schotterbett Lasten ab – Messungen am Oberbau Systeme Grötz BSO/MK. ETR 50 (11) 658–667

17.163 (1972) Noise control on Shinkansen. Railway Gazette International, July 1973, 249–251

17.164 (1992) Comparison of vibration and structure-borne noise control efficiency for elastic systems. Noise and Vibration Worldwide, 21–24

17.165 Nordborg A (2000) Optimum array microphone configuration. Proc. Inter-Noise 2000, Nizza, 2474–2478

17.166 Nowack R (1998) Elastische Schienenbefestigungssysteme als schallmindernde Maßnahme bei Stahlbrücken ohne Schotterbett. ETR 47 (4) 215–222

17.167 Nowack R, Hölzl G, Diehl RJ, Bachmann H, Mohr W (1999) Die Akustische Innovative Feste Fahrbahn. ETR 48 (9) 571–582

17.168 Oberweiler G (1989) Die Feste Fahrbahn. Entwicklung und Beurteilung aus der Sicht des Anwenders. ETR 38, 119–124 (s. auch „Feste Fahrbahn" Edition ETR, Hestra, Darmstadt, 1997)

17.169 ORE C137 (1975) Geräuschbelästigung durch Bremsen und Befahren enger Gleisbogen. Grundlagen und erste Versuchsergebnisse. Bericht Nr. 2, Utrecht

17.170 ORE D 151 (1982) Schwingungen, die durch den Boden übertragen werden. Bericht Nr. 2: Bewertung der zur Zeit angewandten Erschütterungsschutzmaßnahmen, Utrecht

17.171 ORE D 151 (1986) Schwingungsschutzmaßnahmen auf der freien Strecke: Auswirkung zusätzlicher elastischer Bettung des Gleises. Bericht RP 10, Utrecht

17.172 ORE D 151 (1988) Schwingungsabsorber an der freien Strecke. Bericht Nr. 11, Utrecht

17.173 ORE D 151/D 151.1 (1989) Vibrations transmitted through the ground, Final report on a study of ground vibrations due to railways. ORE Report No. 12, Utrecht

17.174 Peters J, Prestele G (1999) Prediction of railway-induced vibrations by means of tranfer functions. In: Collected papers Joint Meeting (CD-ROM) – 137th ASA meeting, 2nd convention EAA, Forum Acusticum, DAGA 99, Berlin 99: 2PNSA_12

17.175 Pichler D, Mechtler R, Plank R (1997) Entwicklung eines neuartigen Masse-Feder-Systems zur Vibrationsminderung bei Eisenbahntunneln. Bauingenieur 72, 515–521

17.176 Pichler D, Zindler R (1999) Development of artificial elastomers and application to vibration attenuating measures for modern railway superstructures In: Constitutive models for rubber. Dormann & Muhr, Balkema, Rotterdam 257–266

17.177 Prange B, Huber G (1982) Abschirmung von Untergrunderschütterungen durch Bohrlochreihen. Abschlußbericht zum Forschungsvorhaben B I 5-800180-48 des Bundesministeriums für Raumordnung, Bauwesen und Städtebau, Karlsruhe

17.178 Prange B, Huber G, Triantafyllidis Th (1982) Dynamisches Rückwirkungsmodell des Gleisoberbaus: Feldmessung und analytisches Modell. Abschlußbericht zum Forschungsvorhaben TV 78150B des BMFT

17.179 Prange B, Vrettos Ch, Huber G, Tamborek A (1987) Erschütterungsabstrahlung der Festen Fahrbahn im Vergleich zum Schotteroberbau. 7. Technischer Bericht (Meilensteinbericht B7c) zum Forschungsvorhaben des BMFT TV8227 Teil B, Karlsruhe

17.180 Pratt TK, Williams R (1981) Non-linear analysis of stick-slip motion. J. Sound Vib. 74, 531–542

17.181 Proc. Conference »Low Frequency Noise and Hearing" (1980) Aalborg, Denmark

17.182 Raquet E (1986) Untersuchungen zur Schallminderung durch absorbergedämpfte Räder. Krupp Stahl AG, Essen

17.183 Reinauer R, Döbeli E (1998) Erschütterungs- und Körperschallminderung bei Trambahnen. Schweizer Ingenieur und Architekt 116 (25) 4–8

17.184 Remington PJ (1987) Wheel/rail rolling noise. I: Theoretical analysis. J. Acoust. Soc. Am. 81, 1805–1823

17.185 Remington PJ (1987) Wheel/rail rolling noise. II: Validation of the theory. J. Acoust. Soc. Am. 81, 1824–1832

17.186 Remington PJ, Rudd MJ, Vér IL, Ventres CS, Myles MM, Galeitis AG, Bender KE (1976) Wheel/rail noise. Part I to Part V. J. Sound and Vibration 46, 359–451

17.187 RENVIB II (1997) Phase 1 – „State of the art review". Task 4: Reduction measures for tunnel lines. Bericht von VCE-Vienna Consulting Engineers, Wien und Rutishauser Ingenieurbüro, Zürich, für ERRI – European Railway Research Institute, Utrecht

17.188 RENVIB II (1997) Phase 1 – „State of the art review". Task 5: Mitigation measures for surface railways. Müller-BBM Report No. 34 441/3, für ERRI – European Railway Research Institute, Utrecht

17.189 Rieger Th, Lenz U (1995) Immissionsmindernde Oberbauvarianten für Stadtbahnanlagen des ÖPNV – Versuchsstrecke Berliner Strasse/Gliesmaroder Strasse der Braunschweiger Verkehrs-AG. Verkehr und Technik 48 (5) 163–170

17.190 Rieger Th, Lenz U (1998) Immissionsmindernder Oberbau am Magnitorwall in Braunschweig. Verkehr und Technik 51 (11) 453–458

17.191 Rubi H-P, Hejda G, Rutishauser G, Kleiner P (1991) S-Bahn-Technik – Gleisoberbau und Körperschallschutzmaßnahmen. Schweizer Ingenieur und Architekt 109 (29) 701–706

17.192 Rücker W, Said S (1994) Erschütterungsübertragung zwischen U-Bahn-Tunneln und dicht benachbarten Gebäuden. Forschungsbericht Nr. 199 der BAM, Berlin

17.193 Said A, Fischer G, Hölzl G, Fleischer D (1997) Vergleich zwischen Bahn- und Fremdanregung bei der Ermittlung der gebäudespezifischen Übertragungsfunktionen. Fortschritte der Akustik, DAGA '97, Kiel, 268–270

17.194 Said A, Fleischer D, Fastl H, Grütz H-P, Hölzl G (2000) Laborversuche zur Ermittlung von Unterschiedsschwellen bei der Wahrnehmung von Erschütterungen aus dem Schienenverkehr. Fortschritte der Akustik – DAGA 2000, Oldenburg, 496–497

17.195 Said A, Fleischer D, Kilcher H, Fastl H, Grütz H-P (2001) Zur Bewertung von Erschütterungsimmissionen aus dem Schienenverkehr. Z. Lärmbekämpfung 48(6) 191–201

17.196 Schall 03 (1990) Richtlinie zur Berechnung der Schallimmissionen von Schienenwegen – Schall 03; Information Akustik 03 der Deutschen Bundesbahn

17.197 Krüger F et al. (2001) Schall- und Erschütterungsschutz im Schienenverkehr: Grundlagen der Schall- und Schwingungstechnik – praxisorientierte Anwendung von Schall- und Erschütterungsschutzmaßnahmen. Expert Verlag, Renningen-Malmsheim

17.198 (1976) Schallemission von Schienenfahrzeugen. Abschlußbericht zum Forschungsvorhaben F91 des Bundesministers für Verkehr

17.199 Sechzehnte Verordnung zur Durchführung des Bundes-Immissionsschutzgesetzes (Verkehrslärmschutzverordnung – 16. BImSchV) – 1990

17.200 (2000) Stadtbahnen in Deutschland: innovativ – flexibel – attraktiv = Light rail in Germany. VDV, Verband Deutscher Verkehrsunternehmen, VDV-Förderkreis e.V. (Hrsg.) Düsseldorf, Alba-Fachverlag

17.201 Steinhauser P (1994) VibroScan – A special seismic method for environmental vibration protection projects. Proc. 56th EAEG Meeting, Wien, 1052–1053

17.202 Steinhauser P (1996) Zur Treffsicherheit von Erschütterungs- und Körperschall-Immissionsprognosen beim österreichischen Bahntunnelbau. Österreichische Ingenieur- und Architekten-Zeitschrift (ÖIAZ) 141 (2) 46–50

17.203 Steinhauser P (1996) Zur Vorhersage und Beurteilung von Erschütterungs- und Körperschallimmisionen des Schienenverkehrs. Österreichische Ingenieur- und Architekten-Zeitschrift (ÖIAZ) 141 (1) 7–12

17.204 Stüber C (1975) Geräusche von Schienenfahrzeugen. In: Heckl M, Müller HA (Hrsg.) Taschenbuch der Technischen Akustik. Springer, Berlin

17.205 Studer J, Ziegler A (1986) Bodendynamik. Grundlagen, Kennziffern, Probleme. Springer, Berlin

17.206 Studt P (1986) Entwicklung von Reagenzien zur Reibungsbeeinflußung und Minderung des Verkehrslärms von Schienenfahrzeugen. BAM-Bericht Nr. 6 in der Reihe Schienennahverkehr. Berlin, BAM

17.207 STUVA-Bericht (1994) Kurvenquietschen im Nahverkehr – Schall 03 – Ermittlung von Korrekturwerten zur Berücksichtigung des pegelerhöhenden Kurvenquietschens in der Schall 03 beim Durchfahren enger Gleisbögen im Schienennahverkehr. FE-Vorhaben des Bundesministers für Verkehr, Forschungsbericht FE-Nr. 70 413/93, STUVA e.V., Köln

17.208 Temple BP, Block JR (1998) Practical experience of a model for groundborne noise and vibration from railways. Proc. Euro-Noise '98, München, 323–328

17.209 Thompson DJ (1991) Theoretical modelling of wheel-rail noise generation. Proc. Instn. Mech. Engrs., Part F. Journal of Rail and Rapid Transit 205, 137–149

17.210 Thompson DJ (1993) Wheel/rail noise generation, Parts I – V. J. Sound Vib. 161 (3) 387–482

17.211 Thompson DJ (2000) A review of the modelling of wheel/rail noise generation. J. Sound Vib. 231 (3) 519–536

17.212 Thompson DJ, Jones CJC (1999) The effects of rail support stiffness on railway rolling noise. In: Collected papers joint meeting (CD-ROM) – 137th ASA meeting, 2nd convention EAA, Forum Acusticum, DAGA 99 – Berlin99, 1PNSC_1

17.213 Thompson DJ, Verheij JW (1997) The dynamic behaviour of rail fasteners at high frequencies. Applied Acoustics 52 (1) 1–17

17.214 UIC (1994) Internationaler Eisenbahnverband, UIC-Kodex 651 VE „Gestaltung der Füherräume von Lokomotiven, Triebwagen, Triebwagenzügen und Steuerwagen"

17.215 Unterberger W, Steinhauser P (1997) Bekämpfung von Erschütterungen und sekundärem Luftschall zufolge Schienenverkehr. Z. Felsbau 15 (2) 88–96

17.216 VDI 2057 Blatt 3: Einwirkung mechanischer Schwingungen auf den Menschen, Beurteilung (1987)

17.217 VDI 2714: Schallausbreitung im Freien (1988)

17.218 VDI 2716: Luft- und Körperschall bei Schienenbahnen des städtischen Nahverkehrs (2001)

17.219 VDI 2719: Schalldämmung von Fenstern und deren Zusatzeinrichtungen (1987)

17.220 VDI 2720, Bl. 1 E: Schallschutz durch Abschirmung im Freien (Entwurf 1991)

17.221 VDI 3722, Blatt 1: Wirkungen von Verkehrsgeräuschen (1988)

17.222 Vierundzwanzigste Verordnung zur Durchführung des Bundes-Immissionsschutzgesetzes (Verkehrswege-Schallschutzmaßnahmenverordnung – 24. BimSchV) vom 4.2.1997, Bundesgesetzblatt Jahrgang 1997 Teil I Nr. 8

17.223 VLärmSchG-E (1980) Entwurf eines Gesetzes zum Schutz vor Verkehrslärm von Straßen und Schienenwegen – Verkehrslärmschutzgesetz – (VLärmSchG), Bundestagsdrucksache 8/3730 vom 28. 2. 1980

17.224 Volberg G (1980) Tieffrequenter Luftschall in Gebäuden. Fortschritte der Akustik, DAGA '80, München, 305–308

17.225 Wenzel H, Pichler D, Rutishauser G (1998) Reduktion von Lärm und Vibrationen durch Masse-Feder-Systeme für Hochleistungseisenbahnen. Schweizer Ingenieur- und Architektenverein, Dokumentation 0145, 123–131.

17.226 Westerberg G (1990) Körper- und Luftschallisolierung in zwei Stufen von Mehrfamilienhäusern mit „Eisenbahnverkehr im Keller". Fortschritte der Akustik, DAGA '90, Wien, 469–472

17.227 Wettschureck RG (1985) Ballast mats in tunnels – Analytical model and measurements. Proc. Inter-Noise 1985, München, 721–724

17.228 Wettschureck RG (1987) Unterschottermatten auf einer Eisenbahnbrücke in Stahlbeton-Verbundbauweise. Fortschritte der Akustik, DAGA '87, Aachen, 217–220

17.229 Wettschureck RG (1995) Körperschalldämmung im Eisenbahnoberbau mit zelligen PUR-Elastomeren. – Neuere Ergebnisse zu ausgewählten Anwendungen. Proc. Lärmschutz an Eisenbahnstrecken, Lärmsanierung und Vorsorgeplanung. Eine Herausforderung für den Lärmschutz an Schienenwegen in den Alpenländern. Univ. Innsbruck, Institut für Straßenbau und Verkehrsplanung, Innsbruck

17.230 Wettschureck RG (1996) Measures for reduction of the noise emission of railway bridges. Proc. Workshop on Noise Emission of Steel Railway Bridges, Rotterdam 1996. NS Technisch Onderzoek, Utrecht

17.231 Wettschureck RG, Altreuther B, Daiminger W, Nowack R (1996) Körperschallmindernde Maßnahmen beim Einbau einer Festen Fahrbahn auf einer Stahlbeton-Hohlkastenbrücke. ETR 45 (6) 371–379

17.232 Wettschureck RG, Breuer F, Tecklenburg M, Widmann H (1999) Installation of highly effective vibration mitigation measures in a railway tunnel in Cologne, Germany. Rail Engineering International (4) 12–16

17.233 Wettschureck RG, Daiminger W (2001) Installation of high-performance ballast mats in an urban railway tunnel in the city of Berlin. Proc. 4th European Conference on Noise Control, Euro-Noise 2001, Patras

17.234 Wettschureck RG, Diehl RJ (2000) The dynamic stiffness as an indicator of the effectiveness of a resilient rail fastening system applied as a noise mitigation measure: laboratory tests and field application. Rail Engineering International (4) 7–10

17.235 Wettschureck RG, Doberauer D (1985) Unterschottermatten im Münchner S-Bahntunnel Fortschritte der Akustik, DAGA '85, Stuttgart, 211–214

17.236 Wettschureck RG, Hauck G (1994) Geräusche und Erschütterungen aus dem Schienenverkehr. Kapitel 16 in: Heckl M, Müller HA (Hrsg.) Taschenbuch der Technischen Akustik, 2. Aufl. Springer, Berlin

17.237 Wettschureck RG, Heim M, Mühlbachler S (1997) Reduction of structure-borne noise emission from above-ground railway lines by means of ballast mats – Analytical model and measurements. Proc. Inter-Noise 97, Budapest, 577–580

17.238 Wettschureck RG, Kurze UJ (1985) Einfügungsdämmaß von Unterschottermatten. Acustica 58, 177–182

17.239 Wietlake KH (1985) Körperschallisolierte Gründung eines Wohnhauses oberhalb einer U-Bahn-Trasse. Bauingenieur 60, 235–238

17.240 Wietlake KH (1983) Beurteilung und Minderung tieffrequenter Geräusche. LIS-Berichte, H. 38, Essen

17.241 Willenbrink L (1979) Neuere Erkenntnisse zur Schallabstrahlung von Schienenfahrzeugen. ETR 28, 355–362

17.242 Woods RD (1967) The screening of elastic surface waves by trenches. Dissertation University of Michigan

17.243 Zach A, Rutishauser G (1989) Maßnahmen gegen Körperschall und Erschütterungen. Erfahrungen bei Projekten der SBB. Technical Document DT 217 zu Frage D151 des ORE, Utrecht

17.244 Zeichart K, Kilcher H, Hermann W, Hils T, Gawlik M (1999). Untersuchung zur Lästigkeit von Hochgeschwindigkeitszügen am Beispiel der Neu- und Ausbaustrecke Hannover-Göttingen. Studiengemeinschaft Schienenverkehr, FTZ München der DB AG

17.245 Zeichart K, Sinz A, Schuemer R, Schuemer-Kohrs A (1993) Erschütterungswirkungen aus dem Schienenverkehr. Bericht über ein interdisziplinäres Forschungsvorhaben im Auftrag des Umweltbundesamtes, Berlin und des Bundesbahn-Zentralamtes, München – Kurzfassung. Obermeyer Planen + Beraten, München

17.246 Zeichart K, Sinz A, Schuemer-Kohrs A, Schuemer R (1994) Erschütterungen durch Eisenbahnverkehr und ihre Wirkungen auf Anwohner. Teil 1: Zum Zusammenwirken von Erschütterungs- und Geräuschbelastung. Z. Lärmbekämpfung 41, 43–51. Teil 2: Überlegungen zu Immissionsrichtwerten für Erschütterungen durch Schienenverkehr. Z. Lärmbekämpfung 41, 104–111

17.247 Zeichart K, Sinz A, Schweiger M, Kilcher H, Hermann W (2001) Untersuchung zur Lästigkeit von Güter- und Reisezügen. Studiengemeinschaft Schienenverkehr, FTZ München der DB AG

17.248 Zindler R (2000) Der Einsatz von zelligen Elastomer-Werkstoffen für die Körperschalldämmung im Hoch- und Tiefbau. Veröffentlichungen der FH Stuttgart – Hochschule für Technik, Bd. 51 – Bauphysikertreffen 2000, 25–45

18

Fluglärm

J. Delfs, W. Dobrzynski, H. Heller, U. Isermann, U. Michel, W. Splettstösser und F. Obermeier

Die Flugzeugindustrie steht unter einem wachsenden gesellschaftlichen Druck, die Geräuschpegel ihrer Flugzeuge erheblich unter die bereits erreichten Werte zu senken. Dies ist nicht nur zur Kompensation des Einflusses eines weiter steigenden Luftverkehrs erforderlich, sondern wird auch zur Verbesserung der Lebensqualität in der Umgebung der Flughäfen erwartet. Dazu ist vor allem eine Minderung der Lärmemission erforderlich, die Thema des Abschn. 18.1 ist. Während beim Start die Triebwerksgeräusche (Abschn. 18.1.1 und 18.1.2) dominieren, spielen die Umströmungsgeräusche bei der Landung moderner Flugzeuge eine bedeutende Rolle (Abschn. 18.1.4). Hubschrauber stören wegen ihrer typischerweise niedrigeren Flughöhen und geringeren Fluggeschwindigkeiten und des von ihnen emittierten Knattergeräusches erheblich. Ihre Geräuschemission wird in Abschn. 18.1.3 behandelt. Raumordnungsplanung und Lärmschutzgesetzgebung erfordern im Zusammenhang mit Flughafenaus- und -neubauten die Vorhersage der Lärmbelastung im Flughafenbereich (Lärmimmission). Dieses Problem wird in Abschn. 18.2 behandelt. Das kontroverse Thema der Fluglärmbeurteilung ist Thema des Abschn. 18.3. Wenn ein Flugzeug mit Überschallgeschwindigkeit fliegt, wird es von einer Druckwelle begleitet, die von einem Beobachter am Boden als Knall registriert wird. Physik und Wirkungen des Überschallknalls werden in Abschn. 18.4 dargestellt.

18.1 Schallemission

18.1.1 Flugzeuge mit Strahltriebwerken

18.1.1.1 Überblick

Praktisch alle neuen Verkehrsflugzeuge werden von Strahltriebwerken angetrieben. Die ersten Strahltriebwerke waren sogenannte Einkreistriebwerke, auch Turbojets genannt (Abb. 18.1a). Die gesamte durch das Triebwerk geförderte Luft wird im Verdichter komprimiert, ist an der Wärmezufuhr in der Brennkammer beteiligt und wird in der Turbine entspannt, deren Leistung ausschließlich dem Antrieb des Verdichters dient. Hinter der letzten Turbinenstufe besitzt der noch sehr heiße Luftmassenstrom eine beträchtliche spezifische Energie, die zur Beschleunigung des Luftstroms in einer Düse auf sehr hohe Geschwindigkeiten genutzt wird. Akustisch bedeutsam sind die außerordentlich lauten Strahlgeräusche dieser Triebwerksart.

Alle heutigen Strahltriebwerke (auch diejenigen in Kampfflugzeugen) sind Zweikreistriebwerke (Nebenstromtriebwerke), heute meist Turbofans genannt. In ihnen wird der Luftmassenstrom hinter dem ersten Verdichter in zwei Teilströme aufgeteilt und nur ein Teil (der Primär- oder Hauptstrom) wird wie beschrieben weiter verdichtet, nimmt an der Verbrennung teil und treibt die Turbinen. Der übrige Teilstrom (der Sekundär- oder Nebenstrom) wird entweder in einer Ringdüse beschleunigt und umschließt als Sekundärfreistrahl den heißen Primärstrahl (Abb. 18.1c) oder aber der Sekundärstrom wird hinter der letzten Turbinenstufe wieder dem Primärstrom zugemischt (Abb. 18.1d). Mit einem Ne-

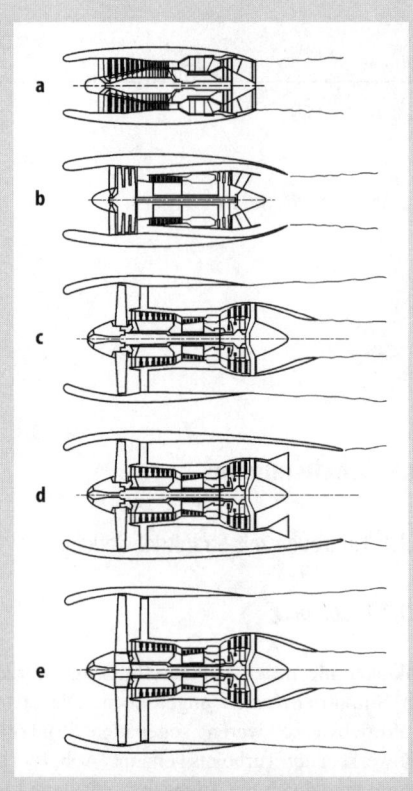

Abb. 18.1 a–e Querschnitte von Strahltriebwerken. **a** Einkreistriebwerk, **b–e** Nebenstromtriebwerke, **b** mit niedrigem Nebenstromverhältnis, **c** mit hohem Nebenstromverhältnis und zwei Düsen, **d** mit hohem Nebenstromverhältnis mit einer gemeinsamen Düse, **e** mit ultrahohem Nebenstromverhältnis und Untersetzungsgetriebe in der Nabe des Fans

benstromtriebwerk wird ein vorgegebener Schub im Vergleich mit einem Einstromtriebwerk mit größerem Massenstrom und kleinerer Strahlgeschwindigkeit erzielt. Bei militärischen Triebwerken für Kampfflugzeuge strömt der gemischte Luftstrom vor der Entspannung in der Düse noch durch einen Nachbrenner, der im kurzzeitigen Betrieb zur Erhöhung der Strahlgeschwindigkeit und damit des Schubes dient.

Das Verhältnis der Massenströme von Nebenstrom zu Hauptstrom wird als Nebenstromverhältnis μ bezeichnet. Bei den Nebenstromtriebwerken der ersten Generation (etwa ab 1960) lag dieses Verhältnis bei $\mu < 2$ (Abb. 18.1b), für den ersten Verdichter waren noch mehrere Stufen erforderlich. Bei den heutigen Nebenstromtriebwerken der zweiten Generation (etwa ab 1970) liegt das Verhältnis bei $\mu < 4\ldots7$ (Abb. 18.1c und 18.1d), bei einigen Triebwerken wird $\mu = 9$ erreicht. Der erste Verdichter, der Fan, besteht nur noch aus einer Stufe ohne Eintrittsleitrad. Der Übergang zu Nebenstromtriebwerken einer dritten Generation zeichnet sich mit Nebenstromverhältnissen $\mu > 10$ ab (Abb. 18.1e).

Die Schallquellen eines modernen Turbofans für Verkehrsflugzeuge sind in Abb. 18.2 gekennzeichnet. Beim Start, wenn die Triebwerke nahe ihrer Volllast arbeiten, wird das Geräusch vom Strahl und dem Fan dominiert, bei der Landung, bei der die Niederdruckwelle moderner Turbofan-Triebwerke mit etwa 50 % bis 60 % der maximalen Drehzahl arbeitet, spielen auch die Turbine, Brennkammer und mitunter auch der Verdichter eine Rolle. Auch die Düsenhinterkanten sind Geräuschquellen (s. 18.1.4).

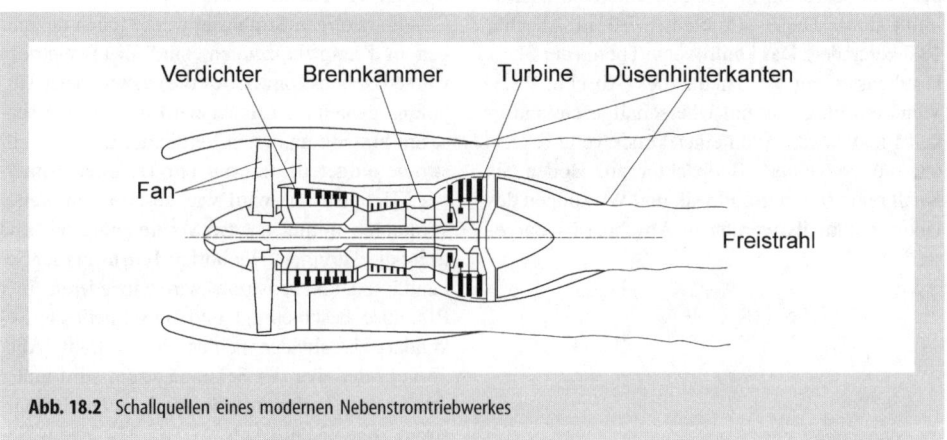

Abb. 18.2 Schallquellen eines modernen Nebenstromtriebwerkes

Mit der Geräuschentwicklung von Flugtriebwerken haben sich unzählige Autoren beschäftigt. Als Einführung sei das Buch von Smith [18.251] empfohlen, das eine Fülle von Literaturangaben enthält. Eine Zusammenstellung von Beiträgen vieler Experten zu Fragen des Fluglärms wurde von Hubbard [18.125, 18.126] herausgegeben.

18.1.1.2 Schallerzeugung durch den Triebwerksstrahl

Beim Triebwerkslärm denkt man zunächst an die Strahlgeräusche, die bei der turbulenten Vermischung des Freistrahls mit der umgebenden Luft entstehen und über die in Abschn. 21.1.4 berichtet wird. Das Strömungsfeld eines Unterschallfreistrahls mit konstanter Geschwindigkeit über dem Düsenquerschnitt ist dort in Abb. 21.20 beschrieben. Im düsennahen Bereich ist die Turbulenz kleinräumig, von dort werden die höheren Frequenzen des Strahllärmspektrums abgestrahlt. Mit zunehmendem Abstand von der Düse werden die turbulenten Strukturen größer und die Frequenz des abgestrahlten Schalls sinkt entsprechend. Die maximale Quellstärke liegt bei Unterschallfreistrahlen am Ende des Potenzialkerns (s. Abb. 21.20) bei etwa 6 Düsendurchmessern. Die Frequenz des Maximums im zur Seite und nach vorn abgestrahlten Schmalbandspektrum liegt bei 0,2 U/D bis 0,3 U/D, im Terzspektrum bei etwa 0,5 U/D bis 1,0 U/D (s. Abb. 18.3), wobei U die Strahlgeschwindigkeit und D der Düsendurchmesser ist. Bei heutigen Großtriebwerken liegt die Maximalfrequenz des Terzspektrums nur wenig über 100 Hz. Die Schallabstrahlung weist eine herzförmige Richtcharakteristik auf (Abb. 21.22), wobei die maximalen Pegel gewöhnlich unter Winkeln von 135° bis 150° relativ zum Triebwerkseinlauf auftreten. Das Minimum auf der Strahlachse ist auf die Beugung der Schallwellen bei der Ausbreitung durch den heißen und schnellen Triebwerksstrahl zurückzuführen [18.7]. Da die Beugungswirkung für lange Wellenlängen abnimmt, wird der Bereich um die Strahlachse von tiefen Frequenzen dominiert.

Das relative Terzspektrum ist bei einem stationären Freistrahl in einem großen Winkelbereich konstant [18.278, 18.279], in Strahlrichtung

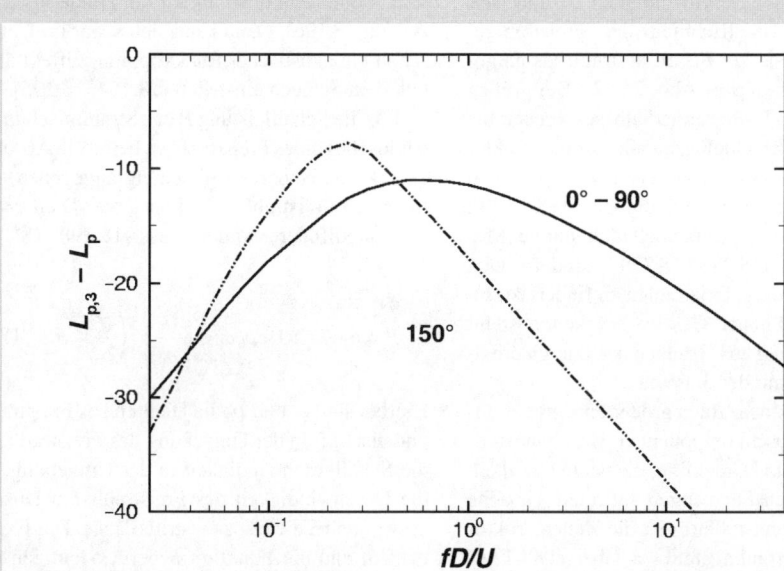

Abb. 18.3 Typisches Terzspektrum der Freistrahlgeräusche eines Unterschallfreistrahls [18.198] für den Winkelbereich 0° bis 90° und für 150° relativ zum Triebwerkseinlauf. Es ist die Differenz zwischen Terzpegel und Gesamtpegel als Funktion der Strouhalzahl fD/U aufgetragen. Für Winkel näher zur Strahlachse (→180°) sinkt die Frequenz des Pegelmaximums erheblich. Außerdem fällt das Spektrum mit steigender Frequenz steiler ab, wie das für den Winkel 150° gezeigt ist. Das Verhältnis der Gesamttemperaturen von Freistrahl und Umgebung ist 2

werden niedrigere Frequenzen beobachtet (s. Abb. 18.3). Bei einem fliegenden Flugzeug sind die beobachteten Frequenzen entsprechend der Fluggeschwindigkeit in Flugrichtung Dopplerverschoben.

Mit der akustischen Analogie [18.164, 18.165] kann ein ursächlicher Zusammenhang zwischen dem Schallfeld und dem turbulenten Strömungsfeld hergestellt werden. Hierbei wird aus den instationären Erhaltungssätzen für Masse und Impuls eine inhomogene Wellengleichung der Akustik hergeleitet, auf deren rechter Seite die akustischen Quellterme stehen. Die akustische Analogie wurde in zahlreichen Varianten untersucht (z.B. [18.53, 18.80, 18.168, 18.189, 18.206, 18.212, 18.218, 18.226]. Für detaillierte Information sei auf [18.81, 18.169, 18.227] verwiesen. Es gibt aber auch Autoren, die sich kritisch mit der akustischen Analogie beschäftigen; beispielsweise bemängelt Tam, dass die numerische Auswertung der Quellterme bei jeder Variante der akustischen Analogie zu anderen Quellverteilungen führt [18.269].

Die ersten auf der akustischen Analogie basierenden Arbeiten lieferten Quellterme mit Quadrupolcharakter und das wichtige Ergebnis, dass die Schallleistung eines Freistrahls proportional zur 8. Potenz der Geschwindigkeit ist und dass der Freistrahl in Richtung der Freistrahlgeschwindigkeit stärker Schall abstrahlt als entgegen dieser Richtung (s. Abb. 21.22). Bei großen Gradienten der Dichte innerhalb des Freistrahls wird ein zweiter Quellterm mit Dipolcharakter wichtig, bei dem die Schallleistung proportional der 6. Potenz der Geschwindigkeit ist [18.190], ein Ergebnis, das experimentell nicht nur bei Modellfreistrahlen [18.278, 18.279], sondern auch bei allen Triebwerksfreistrahlen zu finden ist. Im Grenzfall sehr hoher Geschwindigkeiten steigt die Schallleistung aus Gründen der Energieerhaltung nur noch mit der 3. Potenz.

Bei Strahl-Machzahlen größer eins gibt es zusätzliche Geräuschkomponenten, Breitbandstoßlärm, Screech und Crackling, die heute vor allem bei militärischen Flugzeugen auftreten. Ursache für den Breitbandstoßlärm ist die Zellenstruktur im mittleren Strömungsfeld von Überschall-Freistrahlen [18.202], die immer dann entsteht, wenn der Druck am Düsenende vom Druck in der Umgebung abweicht. Als Folge dieser Zellen ändern sich die mittleren und fluktuierenden Strömungsgrößen stark als Funktion des Abstandes von der Düse, was den Breitbandstoßlärm bewirkt. Charakteristisch für dieses Geräusch ist ein Buckel im Frequenzspektrum, dessen Frequenz von der Länge der Zellen und der Strömungsgeschwindigkeit abhängt und sich als Folge von Interferenzeffekten mit der Emissionsrichtung ändert und in Flugrichtung ein Minimum erreicht. Bei Flügen mit hoher Unterschall-Machzahl kann die Frequenz des in Richtung Düse abgestrahlten Breitbandstoßlärms so klein werden, dass sie mit Eigenfrequenzen von Strukturen im Düsenbereich übereinstimmt und dort zu schneller Materialermüdung führt. Screech tritt auf, wenn der in Düsenrichtung abgestrahlte Breitbandstoßlärm an der Düse Instabilitätswellen induziert und der gesamte Freistrahl mit der gleichen Frequenz schwingt [18.201, 18.268]. Die Screechfrequenz eines stationären Freistrahls ist konstant für alle Emissionsrichtungen. Die Zellenstruktur des Überschallfreistrahls und damit der Breitbandstoßlärm und Screech lassen sich durch Lavaldüsen mit verstellbarem Endquerschnitt stark verringern oder ganz vermeiden. Crackling ist eine besonders unangenehme Komponente des Mischungslärms von Freistrahlen mit hohen Überschallgeschwindigkeiten, die sich im Mikrofonsignal in plötzlich steil ansteigenden Signalflanken offenbart [18.85].

Eine besonders starke Schallemission ergibt sich, wenn der Freistrahl auf ein Hindernis trifft [18.72, 18.196]. Dann kann sich sogar im Unterschall ein akustischer Rückkopplungseffekt ähnlich dem Screech einstellen [18.154, 18.195].

Für die Schallleistung P des Strahlmischungsgeräusches eines Freistrahls ist bereits in Abschn. 21.1.4 eine Näherungsgleichung angegeben, die für einen Freistrahl nicht konstanter Dichte wie folgt modifiziert werden muss [18.198, 18.199, 18.297]:

$$P = 6{,}67 \cdot 10^{-5}\, \varrho_0 a_0^3 S \left(\frac{U_s}{a_0}\right)^8 \left(\frac{\varrho_s}{\varrho_0}\right)^\omega F. \quad (18.1)$$

Hierbei sind ϱ_s und ϱ_0 die Dichten des Freistrahls und der Luft in der Umgebung des Freistrahls, a_0 die Schallgeschwindigkeit in der Umgebung, U_s die Geschwindigkeit des Freistrahls am Düsenaustritt und S die Düsenaustrittsfläche. Der Exponent ω und die Funktion F berücksichtigen die Abweichung der Schallleistung vom U^8-Verhalten. Die Werte können Tabelle 18.1 entnommen werden.

Das Geräusch von Triebwerksstrahlen wird mit Gl. (18.1) etwas zu niedrig vorhergesagt. Ursache hierfür könnte die Strahllärmverstärkung durch Schallquellen im Innern des Triebwerks

Tabelle 18.1 Dichteexponent ω und Leistungsfaktor F zur Berechnung der Schallleistung eines Freistrahls [18.297]

$\log_{10} U_S/a_0$	ω	$\log_{10} F$
−0,45	−1,0	−0,13
−0,40	−0,9	−0,13
−0,35	−0,76	−0,13
−0,30	−0,58	−0,13
−0,25	−0,41	−0,13
−0,20	−0,22	−0,13
−0,15	0	−0,12
−0,10	0,22	−0,10
−0,05	0,5	0
0	0,77	0,1
0,05	1,07	0,21
0,10	1,39	0,32
0,15	1,74	0,41
0,20	1,95	0,43
0,25	2,0	0,41
0,30	2,0	0,31
0,35	2,0	0,14
0,40	2,0	0,14

sein [18.15]. Bei Koaxialstrahlen von Nebenstromtriebwerken setzt sich das Geräusch aus drei Bestandteilen zusammen: die düsennahe äußere Scherschicht des Sekundärstrahls bestimmt die hohen Frequenzen und der voll gemischte Strahl weit stromab hinter der Düse die tiefen Frequenzen; der mittlere Frequenzbereich wird von der Wechselwirkung zwischen beiden Strahlen dominiert [18.87, 18.88]. Weitere Werkzeuge für die Strahllärmprognose werden in [18.270, 18.277, 18.297] vorgestellt.

Der Einfluss der Fluggeschwindigkeit wird von den Triebwerksherstellern mit empirischen Methoden bestimmt [18.66]. Die Fluggeschwindigkeit reduziert die Schallabstrahlung nach hinten erheblich, zur Seite wesentlich weniger, nach vorn (in Flugrichtung) kaum. Nach vorn werden bei Triebwerken mitunter sogar höhere Pegel als im stationären Fall beobachtet [18.66, 18.259], obwohl dies bei einer Simulation des Fluggeschwindigkeitseinflusses an Modellfreistrahlen im Windkanal nicht nachgewiesen werden konnte [18.41]. Die starke Schallemission in Flugrichtung lässt sich auch mit der akustischen Analogie erklären [18.190]. Breitbandstoßlärm [18.1, 18.267], das Geräusch der Düsenhinterkante und interner Triebwerkslärm werden im Flug ebenfalls stark nach vorn verstärkt.

Wichtig für den Freistrahllärm von Flugtriebwerken sind auch Installationseinflüsse. So strahlt ein Freistrahl unter einer Tragfläche deutlich mehr Lärm ab als am Heck eines Flugzeuges [18.286, 18.288], was man mit einer Spiegelung der Schallwellen an der Unterseite der Tragflächen und bei ausgefahrenen Landeklappen mit einer Wechselwirkung der Freistrahlturbulenz mit den Klappenhinterkanten erklären kann.

Das wirksamste Mittel zur Senkung des Strahlmischungslärms ist nach Gl. (18.1) die Verringerung der Strahlgeschwindigkeit. Bei Nebenstromtriebwerken ist der spezifische Schub (Schub dividiert durch Massenstrom) der maßgebliche Wert. Während die Triebwerke des Überschallverkehrsflugzeugs Concorde beim Start im Nachbrennerbetrieb mit Strahlgeschwindigkeiten von etwa 900 m/s (ohne Nachbrenner mit etwa 600 m/s) arbeiten, liegen die spezifischen Startschübe bei den Triebwerken der ersten Generation von Nebenstromtriebwerken bei etwa 480 m/s und bei heutigen Triebwerken bei etwa 300 m/s [18.251]. Um bei einem Triebwerk mit kleinerem spezifischen Schub den gleichen Schub zu erreichen, muss der Massenstrom, also der Düsenquerschnitt, vergrößert werden. Die Schallleistung eines Freistrahles mit konstantem Schub ist damit proportional zur 4. (Dipolquellen) bis 6. Potenz (Quadrupolquellen) der Strahlgeschwindigkeit. Niedrigere Strahlgeschwindigkeit und größerer Düsendurchmesser führen zu einer geringeren Frequenz des emittierten Schalls, was sich günstig auf bewertete Pegel auswirkt, wie den international genormten Pegel PNL (Perceived Noise Level) oder den A-Pegel (s. Abschn. 18.2).

Während eine Verringerung der Strahlgeschwindigkeit nur für neue Triebwerksentwürfe in Frage kommt, gibt es auch Möglichkeiten zur nachträglichen Reduzierung der vom Düsenstrahl emittierten Schallleistung. Ein möglicher Weg ist eine Intensivierung der Mischungsvorgänge zwischen dem Freistrahl und der umgebenden Luft. Dies kann man beispielsweise durch Aufteilung der Düsenaustrittsfläche in viele Einzeldüsen oder durch blütenartige Düsenränder erreichen [18.90, 18.98]. Derartige Düsen sind bei einigen Strahltriebwerken (Abb. 18.1a und 18.1b) nachgerüstet worden und senkten vor allem den Breitbandstoßlärm und das Crackling [18.251]. Die Schubverluste sind allerdings so groß, dass diese Lösung für heutige Triebwerke nicht mehr in Frage kommt. Eine kürzlich entwickelte Variante mit lärmmindernder Wirkung ist

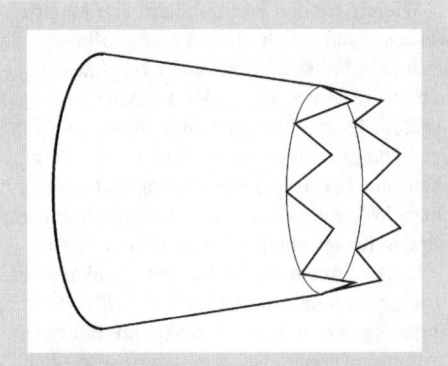

Abb. 18.4 Gezahnte Triebwerksdüse zur Strahllärmminderung

die Düse mit gezahnter Hinterkante (Abb. 18.4). Sie erzeugt Längswirbel in der Scherschicht des Strahles bei einem Schubverlust von weit unter 1 %. Im Experiment wurden Lärmminderungen um bis zu 3 dB (EPNL) festgestellt [18.235].

Bei Nebenstromtriebwerken gibt es die Bauformen mit getrennter (Abb. 18.1 c) oder gemeinsamer Düse (Abb. 18.1 d, Abb. 18.5). Triebwerke mit gemeinsamer Düse sind deutlich leiser, auch weil sich die beiden Teilstrahlen schon im Innern der Düse vermischen können, wodurch sich auch ein kleiner Schubgewinn erzielen lässt. Dieser Vermischungsprozess kann durch spezielle Mischer gefördert werden (Abb. 18.5).

18.1.1.3 Schallerzeugung durch Fan, Verdichter, Turbine und Brennkammer

Wie eingangs erwähnt, ist beim Start der Fan neben dem Freistrahl die wichtigste Geräuschquelle eines Flugtriebwerks, bei der Landung spielen auch die Turbine und der hinter dem Fan angeordnete Verdichter eine Rolle. Eine Übersicht über den Turbomaschinenlärm findet sich in [18.100, 18.251]. Bei tiefen Frequenzen bis etwa 800 Hz trägt auch die Brennkammer deutlich zur Schallemission während der Landung bei [18.176, 18.248, 18.251].

Die Verdichter von Flugtriebwerken unterscheiden sich von den in Kap. 21 behandelten Ventilatoren vor allem durch sehr viel höhere Blattspitzen-Machzahlen und Stufendruckverhältnisse, so werden Fans in heutigen Flugtriebwerken beim Start mit typischen Umfangs-Machzahlen von 1,4 betrieben. Wie beim Ventilator setzt sich das von einem Fan, einem Verdichter oder einer Turbine emittierte Frequenzspektrum aus einem breitbandigen Rauschen und einzelnen Tönen zusammen, wobei die Töne den

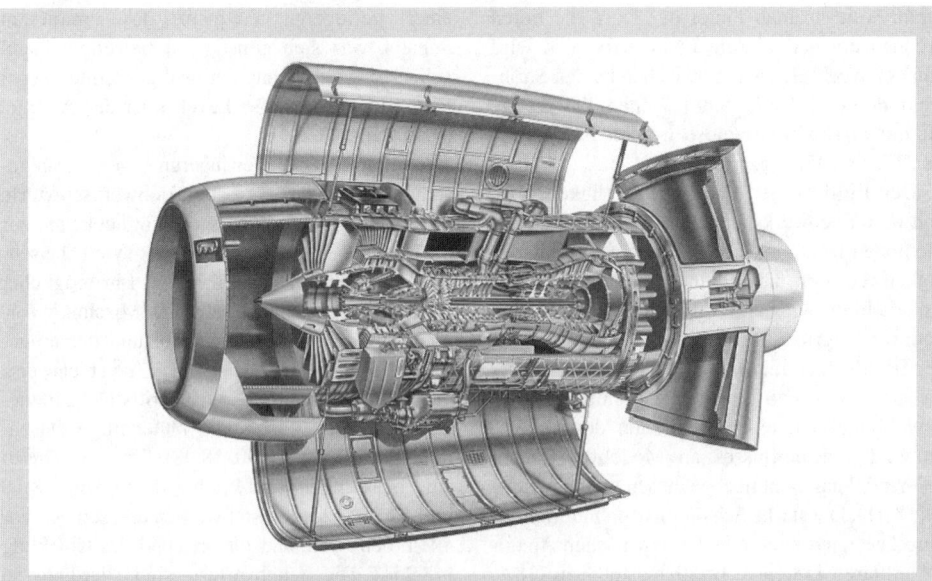

Abb. 18.5 Triebwerk BR710 von Rolls-Royce Deutschland mit internem Blütenmischer (am rechten Rand des aufgeschnittenen Teils zu sehen) zur Mischung von Haupt- und Nebenstrom

Gesamtschallpegel dominieren. Töne treten bei der Blattfolgefrequenz der Rotoren und ihren höheren Harmonischen auf. Sobald die Relativgeschwindigkeit der Strömung an der Blattspitze größer als die Schallgeschwindigkeit ist, treten Töne auch bei Vielfachen der Rotordrehfrequenz (Wellendrehzahl) auf und bilden das besonders lästige „Kreissägengeräusch" (buzz-saw noise) [18.185, 18.186, 18.251]. Töne bei Frequenzen unterhalb der Blattfolgefrequenz können auch bei langsam laufenden Rotoren auftreten. Dieses von rotierenden Instabilitäten an hochbelasteten Blattspitzen erzeugte Geräusch [18.151] wird von der Spaltströmung an den Blattspitzen hervorgerufen.

Für alle internen Lärmquellen spielt die Ausbreitungsfähigkeit der erzeugten Schallwellen in den anschließenden Strömungskanälen eine wichtige Rolle. Beispielsweise lässt sich das Schallfeld in kreiszylindrischen Strömungskanälen in axialsymmetrische und helikale Kanalmoden zerlegen, von denen sich nur ein Teil ausbreiten kann [18.71, 18.193, 18.281]. Für einen Kanal mit schallharter Wand (Radius R) ergibt sich für den Wechseldruck als Funktion der Position (x, r, θ) in Zylinderkoordinaten und der Zeit t:

$$p(x, r, \theta, t) = \sum_{m=-\infty}^{\infty} \sum_{m=0}^{\infty} P_{mn}^{\pm} J_m\left(\sigma_{mn} \frac{r}{R}\right)$$
$$\exp[i(\omega t - m\theta - k_{mn}^{\pm} x)] \quad (18.2)$$

$$k_{mn}^{\pm} = \frac{\omega/a}{1-M^2}\left[-M \pm \sqrt{1 - (1-M^2)\left(\frac{\sigma_{mn}}{\omega R/a}\right)^2}\right].$$

Hierin sind $P_{mn}^{\pm}$ freie Konstanten, J_m ist die Bessel-Funktion der ersten Art mit Ordnung m, σ_{mn} ist die n-te Nullstelle $J'_m(\sigma_{mn}) = 0$ der ersten Ableitung der Bessel-Funktion (die ersten 10 Nullstellen sind $\sigma_{00} = 0$; $\sigma_{10} = 1{,}841$; $\sigma_{20} = 3{,}054$; $\sigma_{01} = 3{,}832$; $\sigma_{30} = 4{,}201$; $\sigma_{40} = 5{,}318$; $\sigma_{11} = 5{,}331$; $\sigma_{50} = 6{,}416$; $\sigma_{21} = 6{,}706$; $\sigma_{02} = 7{,}016$), $\omega = 2\pi f$ ist die Kreisfrequenz, M ist die mit der Schallgeschwindigkeit a normierte, über dem Kanalquerschnitt als konstant angenommene Strömungsgeschwindigkeit mit $M > 0$, wenn die mittlere Strömungsgeschwindigkeit in positive x-Richtung weist. Der Parameter $k_{mn}^{\pm}$ ist die axiale Wellenzahl, die je nach M, σ_{mn}, ω reell oder komplex sein kann.

Für eine feste axiale Position x im Kanal gibt es für $m \neq 0$ umlaufende Wellen,

$$p \propto \exp[i(\omega t - m\theta)], \quad (18.3)$$

und für eine feste Position θ in Umfangsrichtung gibt es Wellen in x-Richtung,

$$p \propto \exp[i(\omega t - k_{mn}^{\pm} x)]. \quad (18.4)$$

Ausbreitungsfähig in x-Richtung sind die Wellen nur für reelles $k_{mn}^{\pm}$, also wenn der Radikand in der Wurzel obiger Gleichung für $k_{mn}^{\pm}$ positiv ist oder wenn das sogenannte Cut-off-Verhältnis

$$\beta_{mn} = \frac{\omega R/a}{\sqrt{(1-M^2)} \, \sigma_{mn}} > 1 \quad (18.5)$$

ist. Für positives $k_{mn}^{\pm}$ breiten sich diese Wellen in positiver x-Richtung aus, für negatives in negativer Richtung. Für $\beta_{mn} < 1$ (also kleine Frequenzen ω) ist $k_{mn}^{\pm}$ komplex und die Wellen klingen exponentiell ab, sie werden „cut-off" genannt. Mit solchen Wellen ist keine akustische Leistung verknüpft [18.70].

Mit den hinter Gl. (18.2) angegebenen Nullstellen σ_{mn} der Bessel-Funktion lassen sich die ersten 10 Grenzfrequenzen $f = \omega/2\pi$ berechnen, oberhalb derer die zugehörigen Radialmoden (m, n) in einem Rohr mit harter Wand und Radius R ausbreitungsfähig sind.

Im Grenzfall $\beta_{mn} = 1$ ergibt sich an der Wand (Radius R) für die mit der Schallgeschwindigkeit a normierte Phasengeschwindigkeit in Umfangsrichtung

$$\frac{U_{pu}}{a} = \frac{R}{a}\frac{\partial \theta}{\partial t} = \frac{\sqrt{(1-M^2)} \, \sigma_{mn}}{m}, \, m \neq 0. \quad (18.6)$$

Für die Mode $(m, n) = (1,0)$ ergibt sich $\sigma_{mn}/m = 1{,}841$. Für $n = 0$ und große m geht σ_{mn}/m asymptotisch gegen den Wert 1. Wellen mit langsameren Phasengeschwindigkeiten als in diesen Gleichungen definiert sind „cut-off". Wenn die Wellen beispielsweise von den konstanten Blattkräften eines ummantelten Rotors (oder Propellers) erzeugt werden, ist m gleich der Blattzahl und ganzzahligen Vielfachen davon. Aus obigen Gleichungen ergibt sich dann, dass im Gegensatz zum frei laufenden Propeller (s. Abschn. 18.1.2) kein Schall in das Fernfeld abgestrahlt wird, wenn die helikale Blattspitzen-Machzahl kleiner als die Schallgeschwindigkeit ist.

Die Zusammensetzung der ausbreitungsfähigen Moden der durch Rotor-Stator-Wechselwirkung entstehenden Töne wird maßgeblich durch die Zahl der Rotor- und Statorschaufeln bestimmt [18.281]. Durch diese Wechselwirkung können ausschließlich die folgenden Azimutalmoden m

erzeugt werden,

$$m = hB_r + sB_s,\qquad(18.7)$$

wobei B_r die Rotorblattzahl und B_s die Statorblattzahl ist. $h = 1$ beschreibt die Blattfolgefrequenz, $h = 2,3\ldots$ deren Harmonische und s ist eine beliebige positive oder negative ganze Zahl. Die Winkelgeschwindigkeiten der entstehenden Wechselwirkungsmoden sind gegeben durch

$$\frac{\partial\theta}{\partial t} = \frac{hB_r\Omega}{hB_r + sB_s},\qquad(18.8)$$

wobei Ω die Rotationsfrequenz (Wellendrehzahl) der Rotorwelle und $B_r\Omega$ die Blattfolgefrequenz des Rotors ist. Für jede dieser Moden m entscheidet das „cut-off"-Verhältnis (Gl. 18.5), ob sie bei der Frequenz $hB_r\Omega$ ausbreitungsfähig ist. Die Theorie über die Wechselwirkungen wurde für gegenläufige Rotoren [18.120] und auf mehrstufige Verdichter und Turbinen erweitert [18.67].

Wichtig für eine geräuscharme Auslegung ist, dass bei der Blattfolgefrequenz $B_r\Omega$ des Rotors keine ausbreitungsfähigen durch Rotor-Stator-Wechselwirkung entstehende Wellen auftreten. Dies wird in der Regel dann erreicht, wenn die Zahl B_s der Statorschaufeln etwas größer als die doppelte Rotorschaufelzahl B_r ist. Damit auch die zweifache Blattfolgefrequenz ($h = 2$) nicht ausbreitungsfähig (cut-off) ist, muss die Statorschaufelzahl etwas größer als die vierfache Rotorschaufelzahl sein. Das genaue Zahlenverhältnis hängt auch von der Strömungs-Machzahl, dem Nabenverhältnis (dem Verhältnis von Innenradius zu Außenradius bei einem Kanal mit Ringquerschnitt), der Wandimpedanz und der Ausbreitungsrichtung im Kanal ab. Auch die Drehrichtung helikaler Wellen nach Gl. (18.8) beeinflusst die Ausbreitungsfähigkeit durch einen Rotor. So können sich Wellen mit gleicher Drehrichtung wie der Rotor sehr viel besser durch den Rotor ausbreiten, als entgegendrehende Wellen [18.100].

Der Breitbandlärm spielt bereits bei heutigen Triebwerken eine große Rolle und wird mit weiteren Erfolgen bei der Senkung des tonalen Geräusches immer bedeutender. Die wichtigen Bestandteile sind das Hinterkantengeräusch an den stationären und rotierenden Schaufelgittern [18.4, 18.27, 18.30, 18.97] und das von der turbulenten Zuströmung an den Profilen erzeugte Geräusch [18.112, 18.177, 18.247]. Die Spaltströmung an der Blattspitze [18.151] ist eine weitere Quelle für Breitbandlärm. Das Statorgeräusch eines Fans wird vom turbulenten Nachlauf der Blattspitzen des Rotors dominiert und ist tieferfrequent als das Rotorgeräusch [18.191].

Für eine minimale Geräuschemission des Fans ist eine möglichst störungsarme Zuströmung erforderlich [18.2, 18.153, 18.251]. Aus diesem Grund gibt es keine zivilen Triebwerke mehr mit Eintrittsleitrad. Zur Verringerung des Rotor-Stator-Wechselwirkungslärms muss der Abstand des Stators zum Rotor möglichst groß gewählt werden, weil die für diesen Lärm ursächlichen Nachlaufdellen der Laufschaufeln mit zunehmendem Abstand kleiner werden. Bei mehrstufigen Verdichtern und Turbinen ist ein solcher Entwurf aus Platz- und Gewichtsgründen nicht möglich. Daher ist es besonders wichtig, auf die Nicht-Ausbreitungsfähigkeit der im Frequenzbereich unter etwa 5 kHz entstehenden Schallwellen zu achten. Höhere Frequenzen werden im Flug stark durch die Atmosphäre gedämpft.

Zur weiteren Verringerung des Rotor-Stator-Wechselwirkungslärms werden bei den neuesten Triebwerken die Leitschaufeln des Fans nicht nur in Strömungsrichtung, sondern auch in Umfangsrichtung geneigt. Hierdurch wird erreicht, dass die Nachlaufdellen der Rotorschaufeln die Leitschaufeln in radialer Richtung gleitend erreichen.

Eine sehr effektive Maßnahme zur Reduzierung des abgestrahlten Schalls von Verdichter und Fan besteht in der Auskleidung der Ein- und Auslasskanäle mit schallabsorbierenden Oberflächen [18.192, 18.251]. Solche Auskleidungen bestehen meist aus wabenartigen Hohlräumen, die mit einer porösen Abdeckung (Lochblech oder Drahtgeflecht) versehen sind, wobei die Eigenfrequenz der Auskleidung auf den wichtigsten Ton im Spektrum abgestimmt ist. Die Bandbreite der Absorptionswirkung ist relativ schmal. Verbreitet sind heute Auskleidungen mit Doppellagen, mit denen sich relativ breitbandige Wirkungen erzielen lassen. Es wurden auch schon Auskleidungen mit drei Lagen getestet [18.150], die einen noch breiteren Frequenzbereich abdecken.

Für die Prognose des Fan-, Verdichter- und Turbinenlärms werden heute empirische Verfahren verwendet [18.100, 18.251].

18.1.1.4 Lärmzulassung von Strahlflugzeugen

Jeder Verkehrsflugzeugtyp muss im Rahmen seiner Zulassung nachweisen, dass er bestimmte von der internationalen Zivilluftfahrtbehörde festgelegte Lärmgrenzwerte einhält [18.134]. Hierzu werden auf der Basis von Flugversuchen für die drei in Abb. 18.6 definierten Messstellen Geräuschpegel entsprechend einem vorgeschriebenen Verfahren bestimmt [18.134]. An der Messstelle „Seitenlinie" (sideline, lateral) auf einer Linie im Abstand von 450 m von der Mittellinie der Startbahn wird der maximale beim Start auftretende Geräuschpegel ermittelt, der vor allem von der Schallemission der Triebwerke dominiert wird. Dieser Maximalpegel tritt meist in einer Flughöhe von etwa 300 m auf. An der Messstelle „Überflug" (flyover) 6500 m nach dem Rollbeginn ist die Triebwerksleistung bereits reduziert. Der gemessene Geräuschpegel hängt sehr stark von der hier erreichten Überflughöhe ab, also von der Startrollstrecke und der Steigfähigkeit des Flugzeuges. Da sich bei diesen Flugleistungen zwei-, drei- und viermotorige Flugzeuge unterscheiden, gibt es von der Motorenzahl abhängige Grenzwerte. Die Landemessstelle (approach) liegt 2000 m vor der Landeschwelle der Landebahn. Bei einem Gleitpfad von 3 Grad ist die Überflughöhe an der Messstelle 120 m. Wegen der geringen Überflughöhe sind die bei der Landung gemessenen Geräuschpegel hoch, allerdings sind die hohen Pegel auf ein schmales Band unter dem Flugpfad beschränkt. Beim Start ist die mit hohen Pegeln beschallte Fläche wesentlich größer.

Die gemessenen Schallsignale unterliegen einem Bewertungsverfahren zur Ermittlung des „effective perceived noise level" (EPNL) [18.134]. Die zulässigen EPNL-Werte sind als Funktion der maximalen Startmasse der Flugzeuge definiert. Es ist üblich geworden, die drei Zertifizierungspegel zu einem kumulativen Lärmpegel zusammenzufassen, der in Abb. 18.7 für einige Flugzeugtypen dargestellt ist. Diese Abbildung enthält die ab 2006 zu erfüllenden Grenzwerte. Die EPNL-Werte werden aus den zeitlich sich ändernden Terzspektren eines gesamten Überfluges berechnet. Für jeden Flugzeugtyp gibt es in der Regel mehrere vom maximalen Startgewicht und vom eingebauten Triebwerkstyp abhängige Zertifizierungspegel. Am Beispiel der Familie A319/A320/A321 erkennt man, wie der Geräuschpegel eines Flugzeugtyps mit steigender Abflugmasse sehr viel steiler als der Grenzwert ansteigt. Bei der A321 und der 777 wird deutlich, wie stark der Geräuschpegel vom eingebauten Triebwerkstyp abhängen kann.

Zwei Beispiele für bei Landung und Start gemessene Terzspektren sind in Abb. 18.8 dargestellt. Das Startlärmspektrum wird hier vom Freistrahl mit einer Maximalfrequenz bei etwa 150 Hz dominiert und fällt, auch auf Grund der atmosphärischen Dämpfung wegen der größeren Flughöhe beim Start, bei hohen Frequenzen schnell ab. Dagegen ist der Landelärm sehr breit-

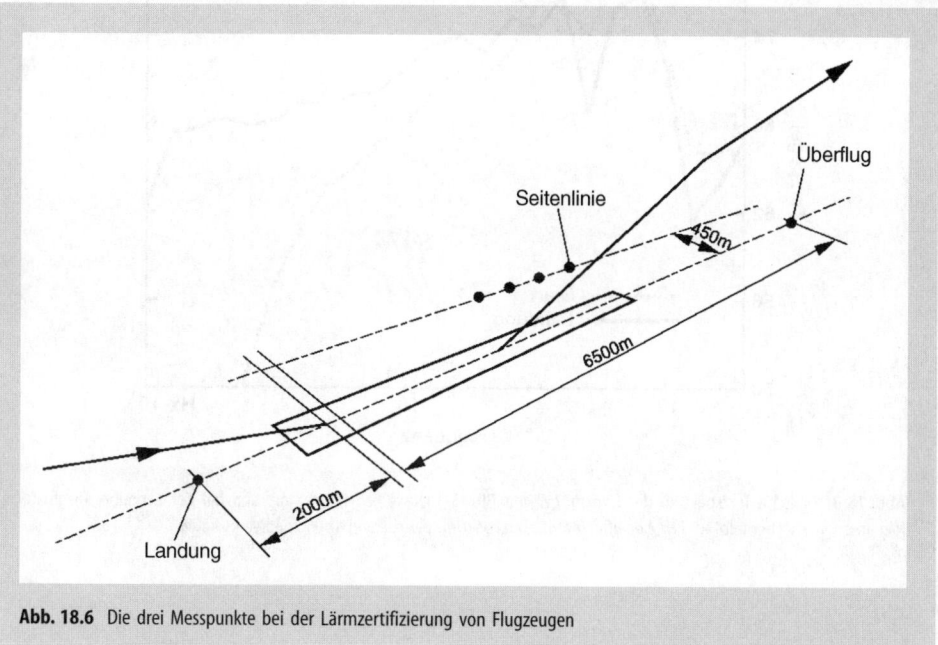

Abb. 18.6 Die drei Messpunkte bei der Lärmzertifizierung von Flugzeugen

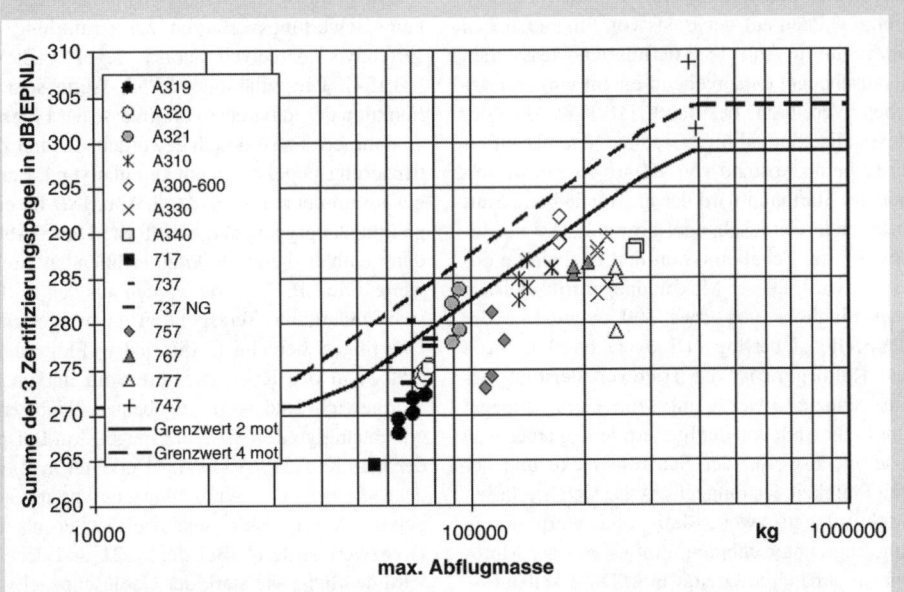

Abb. 18.7 Kumulativer Lärmpegel (Summe der drei Zertifizierungspegel) für Strahlverkehrsflugzeuge. Die Werte für einige Flugzeugtypen (Quelle: Internetadresse Luftfahrtbundesamt) sind mit den ab 2006 gültigen Grenzwerten für zwei- und viermotorige Flugzeuge verglichen. Die bis 2005 gültigen Grenzwerte liegen 10 dB höher

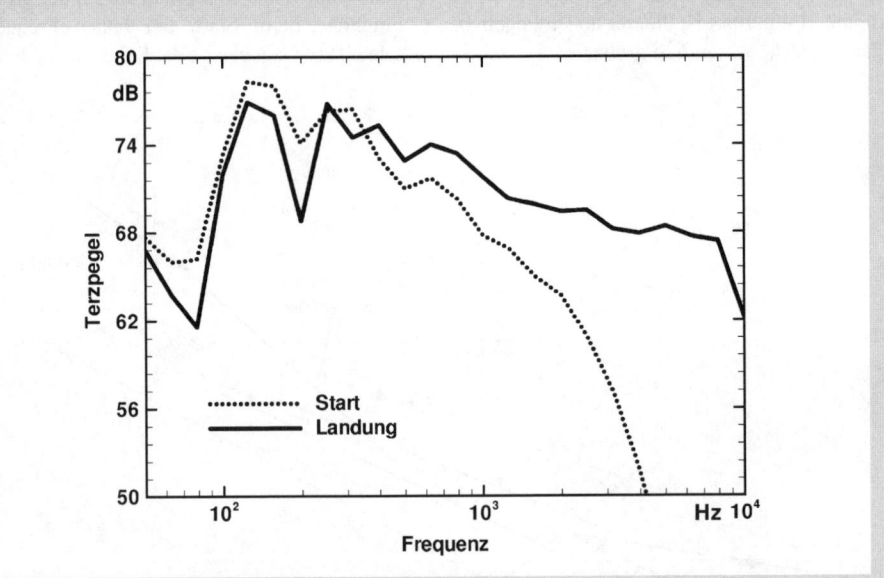

Abb. 18.8 Typische Terzspektren der Boeing 717 mit BR715-Triebwerken beim Start und bei der Landung. Die Blattfolgefrequenzen oberhalb 1,5 kHz beeinflussen die Terzspektren dieses modernen Triebwerks kaum

bandig. Die Pegelmaxima und -minima im Bereich 60 bis 500 Hz sind eine Folge der frequenz- und winkelabhängigen Bodenreflexionen, die mit der vorgeschriebenen Mikrofonhöhe von 1,2 m über dem Boden einhergehen.

18.1.2 Propellerantriebe

Flugzeuge der Allgemeinen Luftfahrt (Sport- und Geschäftsreiseflugzeuge) sind überwiegend mit Propellerantrieben ausgerüstet. Als Antriebsaggregate dienen dabei entweder Kolbenmotoren oder Turbostrahltriebwerke mit zusätzlichen Arbeitsturbinenstufen (PTL-Triebwerke). Gegenüber dem Strahltriebwerk besitzt der Propellerantrieb einen höheren Vortriebswirkungsgrad, da der Propellerschub durch einen großen Massenstrom bei vergleichsweise kleiner Abströmgeschwindigkeit erzielt wird.

18.1.2.1 Schallerzeugung durch den Propeller bei stationären Betriebsbedingungen

Das Propellergeräusch setzt sich zusammen aus einem breitbandigen Grundgeräusch und dem überlagerten Drehklang. Das Breitbandgeräusch wird durch Wechselwirkungen zwischen turbulenten Strömungsdruckschwankungen und dem (starren) Propellerblatt erzeugt. Die Intensität des Breitbandgeräusches (Dipolquelle senkrecht zur Blattsehne) steigt mit der 6. Potenz der lokalen Anströmungsgeschwindigkeit und wird, entsprechend der Blattstellung, vornehmlich in Richtung der Propellerachse abgestrahlt. Damit ist das Breitbandgeräusch für den maximalen Überfluggeräuschpegel eines Propellerflugzeugs meist ohne Bedeutung.

Der Drehklang besteht aus einem Grundton (Fundamentale oder Blattfolgefrequenz), entsprechend dem Produkt aus Drehfrequenz und Blattzahl, und seinen Harmonischen. Für Blattspitzen-Machzahlen unter 0,8 weist die Fundamentale den höchsten Schalldruckpegel auf, die der Harmonischen fallen mit höherer Ordnung gleichmäßig ab. Unregelmäßigkeiten in der azimutalen Blattanordnung, der Blattgeometrie oder der Leistungsverteilung führen aber zum Auftreten von Subharmonischen der Blattfolgefrequenz und Modulationen im Tonfrequenzspektrum.

Der Drehklang eines mit Unterschallblattspitzen-Machzahl betriebenen Propellers wird hervorgerufen durch zwei Mechanismen:

- die mit der Blattrotation periodische Verdrängung des Umgebungsmediums durch die endliche Blattdicke;
- die mit der Blattrotation periodische Veränderung der auf einen ortsfesten Beobachter gerichteten Komponente des am Blatt angreifenden Luftkraftvektors (Auftrieb und Widerstand).

Dem erstgenannten Verdrängungseffekt („Dickenlärm") kann als Ersatzschallquelle ein Monopol, der Wirkung der Blattkräfte („Belastungslärm") ein Dipol zugeordnet werden (s. auch Abschn. 18.1.3.2). Die wesentlichste Einflussgröße für beide Geräuschquellen ist die relative Anströmgeschwindigkeit für ein Propellersegment (radialer Schnitt). Damit sind im Wesentlichen die Blattdicke und die lokale Größe der Blattkräfte in der Nähe der Blattspitze (bei ca. 80 % Radius) für die Geräuschabstrahlung maßgebend. In diesem Sinn wird häufig als für die Geräuscherzeugung bedeutendster Betriebsparameter die helikale Blattspitzen-Machzahl M_H herangezogen. Mit wachsender Blattspitzen-Machzahl ergeben sich auf Grund der höheren Geschwindigkeit des Propellerblattes in Richtung auf den Beobachter (Doppler-Verstärkung) steilere Schalldruckgradienten und damit insbesondere größere Pegel der höheren Drehklangharmonischen (Abb. 18.9).

Für übliche Blattdicken von ca. 7 % (bezogen auf die Blattsehne bei einer Referenzposition von 75 % Radius) und bei mittlerer aerodynamischer Blattbelastung ist der Belastungslärm bis zu Blattspitzen-Machzahlen von etwa 0,6 bis 0,7 für die Geräuschabstrahlung maßgebend. Bei höheren Blattspitzen-Machzahlen dominiert dagegen die Dickenlärmabstrahlung. Während der Belastungslärm in der polaren Richtcharakteristik sowohl ein Maximum stromauf, aber insbesondere stromab der Rotationsebene aufweist, zeigt die Abstrahlcharakteristik des Dickenlärms ein ausgeprägtes Maximum nahe der Rotationsebene. Diese für einen Monopolstrahler erstaunlich erscheinende Richtwirkung der Abstrahlung beruht auf dem kinematischen Effekt der rotationsbedingten Relativbewegung zwischen Quelle (Blattelement) und Beobachter. Längs der Propellerachse treten dagegen (bei gerader, ungestörter Zuströmung) keine periodischen Schalldruckanteile auf, da diese mit der Relativbewegung des Propellerblattes zum Beobachter ursächlich verbunden sind: diese Relativbewegung verschwindet jedoch in Richtung der Propeller-

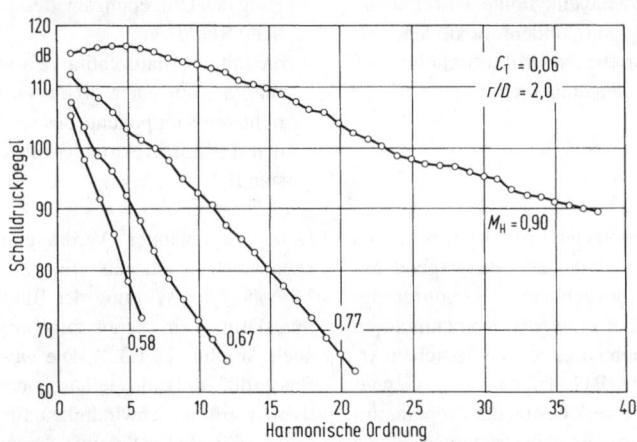

Abb. 18.9 Anstieg der Drehklangpegel mit wachsender helikaler Blattspitzen-Machzahl M_H bei konstanter Blattbelastung C_T, Messabstand r, Propellerdurchmesser D

achse. Diese Zusammenhänge sind ausführlich in [18.264] dargestellt.

Die heute verfügbaren Verfahren zur Berechnung des Propellergeräusches beschränken sich meist auf den Propellerdrehklang. Zur Zeit gibt es noch kein abgesichertes Verfahren zur Berechnung des Propellerbreitbandgeräusches insgesamt. Jedoch finden sich in der Literatur einige (meist halbempirische) Ansätze für die Berechnung einzelner Breitbandgeräuschkomponenten [18.2–18.4, 18.27, 18.95].

Die Verfahren zur Berechnung des Propellerdrehklangs basieren auf der akustischen Analogie, wie sie von Lighthill und Ffowcs-Williams entwickelt wurde [18.82, 18.164]. Ausgangspunkt ist die so genannte Ffowcs-Williams/Hawkings-Gleichung (18.22) [18.84]. Dies ist eine Integralgleichung für die Berechnung der Schallabstrahlung von bewegten Körpern, deren näherungsweise Lösung auf zweierlei Weise erfolgen kann: entweder im „Zeitbereich" [18.17, 18.74, 18.76, 18.79, 18.265] oder im „Frequenzbereich" [18.99, 18.110, 18.111, 18.217, 18.242] oder nach der asymptotischen Lösung [18.69, 18.210]. Letztere haben zwar den Vorteil, geschlossene Lösungen zu liefern, aus denen im Prinzip Parameterabhängigkeiten abgeleitet werden könnten; jedoch ist dies auf Grund der Komplexheit der Lösungen praktisch kaum möglich. Bei der Lösung im Zeitbereich wird die Schallabstrahlung eines Propellerblattes aus der Summe zeitgleich beim Beobachter eintreffender Schallanteile von einer auf der Blattoberfläche angenommenen (berechneten) Quellverteilung bestimmt. Aus dem somit erhaltenen Schalldruckzeitverlauf wird dann das Schalldruckpegelspektrum durch eine Fouriertransformation ermittelt. Eine detaillierte Beschreibung eines Rechenverfahrens im Zeitbereich für Propeller mit Unterschallblattspitzen-Machzahlen, wie es im US-amerikanischen „Aircraft Noise Prediction Program" (ANOPP) Eingang gefunden hat, findet sich in [18.298]. Der Rechengang ist hierbei in einzelne Blöcke unterteilt, insbesondere um zunächst eine Diskretisierung der Blattgeometrie vorzunehmen und dann die stationäre Blattdruckverteilung als Voraussetzung für die Bestimmung des Belastungslärms zu berechnen.

Zum Zweck einer ersten Geräuschabschätzung stehen aber auch empirische oder halbempirische Verfahren zur Verfügung, z. B. das Verfahren von Hamilton Standard [18.109], das in der SAE/AIR 1407 [18.253] oder in [18.56] dokumentierte Verfahren. Letzteres gründet sich auf einen Datensatz aus systematischen Propellerlärmrechnungen auf der Basis der Ffowcs-Williams/Hawkings-Gleichung (entsprechend dem ANOPP) für eine typische Blattgeometrie (Umrissform, Verwindung und insbesondere z. B. 7 % Blattdicke bei 75 % Radius) eines Flugzeugpropellers der Allgemeinen Luftfahrt und eine definierte Matrix von Auslegungs- und Betriebsparametern. Gestützt auf die aus der Theorie bekannten physikalischen Grundzusammenhänge der Propellerlärmabstrahlung können die Ergebnisse solcher Rechnungen in Form der maximalen A-bewerteten Gesamtschalldruckpegel empirisch approximiert und in Abhängigkeit von wenigen, im Allgemeinen leicht zugänglichen Auslegungs- und Betriebsgrößen dargestellt werden. Damit steht ein für die Praxis geeignetes Werkzeug zur schnellen Propellerlärmabschätzung zur Verfügung, das auch die verschiedenen Einflüsse der lärmrelevanten Propellerparameter aufzeigt. Da der maximale A-bewertete Gesamtschalldruckpegel in der Praxis am Häufigsten Anwendung findet, werden die so ermittelten Parametergleichungen zur Propellerlärmabschätzung hier angegeben, ohne dass auf den jeweiligen physikalischen Hintergrund einzelner Ansätze eingegangen werden kann.

Die folgenden Eingabeparameter werden benötigt:

Auslegungsparameter:
n Anzahl der Propeller
P_{max} [kW]   max. Motorleistung
N_{max} [min^{-1}]   max. Motordrehzahl
D [m]   Propellerdurchmesser
B Anzahl der Propellerblätter

Betriebsparameter:
N [min^{-1}]   Propellerdrehzahl
H [m]   Flughöhe
V [m/s]   Fluggeschwindigkeit

Umgebungsparameter:
T [K]   Umgebungstemperatur
p [Pa]   Umgebungsdruck

Zunächst werden hieraus die folgenden Einflussgrößen berechnet:

Leistungsaufnahme des Propellers im vorgegebenen Betriebszustand

$$P = [N/N_{max}] \cdot P_{max} ; \tag{18.9}$$

Schallgeschwindigkeit im Umgebungsmedium Luft

$$a_0 = \sqrt{\kappa \cdot R \cdot T} \tag{18.10}$$

mit dem Adiabatenexponenten $\kappa = 1{,}4$ und der Gaskonstanten $R = 287{,}1$ m^2/s^{2}K;

helikale Blattspitzen-Machzahl

$$M_H = \frac{\sqrt{U^2 \cdot V^2}}{a_0} \quad \text{mit } U = (\pi \cdot D \cdot N)/60; \tag{18.11}$$

Dichte der Umgebungsluft:

$$\varrho_0 = 1{,}252 + 1{,}250 \cdot 10^{-5} \cdot (p) - 0{,}0045 \cdot (T); \tag{18.12}$$

aerodynamische Blattbelastung für ein einzelnes Blatt

$$c_{P,B} = \frac{31006 \cdot P}{\varrho_0 \cdot U^3 \cdot D^2 \cdot B} . \tag{14.13}$$

Mit diesen Basisdaten werden die folgenden Pegelkorrekturen zur Berücksichtigung der Einflüsse einzelner Auslegungs- und Betriebsgrößen auf den A-bewerteten Pegel des Propellerdrehklangs berechnet. Die sich im Einzelnen ergebenden, von der Blattspitzen-Machzahl abhängigen Werte der verschiedenen Exponenten reflektieren dabei die jeweilige Relation zwischen Dicken- und Belastungslärmanteilen bezogen auf den <u>A-bewerteten</u> Gesamtgeräuschpegel:

Einfluss der Blattbelastung

$$\Delta L_1 = 10 \cdot \lg \left[\frac{c_{P,B}}{c_{P,B,ref}} \right]^{E_1} \tag{18.14}$$

mit $c_{P,B,ref} = 0{,}01$ und $E_1 = 2{,}36 - 1{,}25 \cdot M_H$;

Einfluss der Blattzahl

$$\Delta L_2 = 10 \cdot \lg \left[\frac{B}{B_{ref}} \right]^{E_2} \tag{18.15}$$

mit $B_{ref} = 2$ und für
$B = 2 : E_2 = 1{,}00$,
$B = 3 : E_2 = 0{,}98$,
$B = 4 : E_2 = 0{,}86 + 0{,}118 \cdot M_H$,
$B = 5 : E_2 = 0{,}36 + 0{,}706 \cdot M_H$,
$B = 6 : E_2 = 0{,}26 + 1{,}441 \cdot M_H$;

Einfluss der Propellerdrehzahl

$$\Delta L_3 = 10 \cdot \lg \left[\frac{N}{N_{ref}} \right]^{E_3} \tag{18.16}$$

mit $N_{ref} = 1000$ min^{-1} und
$E_3 = 3{,}39 - 1{,}75 \cdot M_H$;

Einfluss der Überflughöhe

$$\Delta L_4 = 10 \cdot \lg \left[\frac{D}{H} \right]^2 ; \tag{18.17}$$

Einfluss der helikalen Blattspitzen-Machzahl

$$\Delta L_5 = 10 \cdot \lg \left[\frac{M_H^{13,4}}{(1 - M_H)^{1,5}} \right] \tag{18.18}$$

für $M_H \leq 0{,}85$;

Korrektur für Steigflugbedingungen

$$\Delta L_6 = 3 \text{ dB} \tag{18.19}$$

($\Delta L_6 = 0$ dB für den horizontalen Überflug);

Einfluss der Anzahl der Propeller

$$\Delta L_7 = 10 \cdot \lg(n). \qquad (18.20)$$

Der bei einem Überflug am Erdboden („Bodenmessstelle") auftretende maximale A-bewertete Drehklangpegel ergibt sich dann näherungsweise (mit einer Genauigkeit von etwa ±2 dB) aus der Summe einer empirischen Konstanten und den oben berechneten Korrekturwerten gemäß:

$$L_A = 108{,}6 + \sum_{i=1}^{7} \Delta L_i. \qquad (18.21)$$

Der Geltungsbereich dieser Geräuschabschätzung ist beschränkt auf die folgenden Werte der Eingabeparameter:

maximale Antriebsleistung   40 bis 640 kW,
maximale Propellerdrehzahl 1500 bis 4000 min^{-1},
Propellerblattzahl   2 bis 6
Propellerdurchmesser   1,0 bis 3,0 m.

Weiterhin sind aus physikalischen Gründen nur Parameterkombinationen zulässig, die helikale Blattspitzen-Machzahlen (nach Gl. (18.11)) im Wertebereich zwischen $0{,}45 \leq M_H \leq 0{,}85$ ergeben. Es sei an dieser Stelle darauf hingewiesen, dass das Ergebnis der oben angegebenen Geräuschprognose eine Lärmuntergrenze darstellt, da im realen Fall das Gesamtgeräusch des Antriebssystems – bestehend aus Propeller und Motor – durch gegebenenfalls instationäre Betriebsbedingungen des Propellers und das Geräusch des Antriebsaggregats häufig höhere Pegel aufweisen wird.

Gemäß den angegebenen Einflussbeziehungen muss zur Minderung der Propellerdrehklangpegel in erster Linie die Blattspitzen-Machzahl gesenkt werden. Bei gleicher Drehzahl ist dies durch eine Reduktion des Propellerdurchmessers möglich, wobei zur Erhaltung des Vortriebs die Blattzahl vergrößert werden kann [18.57]. Die Blattgeometrie ist so zu wählen, dass das Maximum der radialen Blattlasten bei möglichst kleinen Werten des Propellerradius auftritt. Eine weitere Maßnahme zur Geräuschminderung ist die Reduktion der Blattdicke zur Absenkung des „Dickenlärms" bei hohen Betriebs-Machzahlen ($> 0{,}7$). Azimutal unsymmetrische Blattanordnungen führen in Folge von Interferenzwirkungen zwischen den Schalldrucksignalen der einzelnen Blätter zu einer Umverteilung der abgestrahlten Schallenergie sowohl spektral als auch bezüglich der Abstrahlrichtung. Hierdurch sind lokale Geräuschpegelminderungen erreichbar [18.55].

Bei Propellern, die für den Einsatz an Nahverkehrsflugzeugen für hohe Flug-Machzahlen (bis maximal 0,8) ausgelegt werden (so genannten Propfans mit meist 8 bis 12 Blättern), treten an den Blattspitzen Überschallgeschwindigkeiten auf. Sowohl zur Verringerung der hierdurch bedingten aerodynamischen Verluste als auch der entsprechend hohen Lärmabstrahlung werden säbelartig gekrümmte (gepfeilte) Blattkonfigurationen gewählt. Dieser Maßnahme liegt die Idee zu Grunde, die relative Phasenlage der von verschiedenen (radialen) Blattsegmenten am Beobachterort zeitgleich eintreffenden (und sich addierenden) Schalldrucksignale so zu staffeln, dass steile Schalldruckgradienten und damit die Pegel der höheren Drehklangharmonischen abgeschwächt werden.

18.1.2.2 Schallerzeugung durch den Propeller bei gestörter Zuströmung

Störungen im Propellerzustrom führen zum Auftreten von instationären Blattkräften und damit von Zusatzgeräuschen. Die Abstrahlrichtcharakteristik ist dann nicht mehr rotationssymmetrisch und die Abhängigkeit der Geräuschpegel von der Blattspitzen-Machzahl wird verändert. Der bisher behandelte Fall der ungestörten Zuströmung ist in der Praxis fast nie gegeben. Tatsächlich führt bereits eine nicht achsparallele Zuströmung zu instationären Blattkräften infolge sich zyklisch ändernder Blattanstellwinkel. Gleichzeitig liegt hier aber auch eine zyklische Änderung der helikalen Anström-Machzahl vor. Schräganströmungen ergeben sich nicht nur durch entsprechende Fehlstellungen der Propellerachse, sondern bei an den Tragflächen installierten Propellern auch unter dem Einfluss der mit dem Auftrieb verbundenen Zirkulation um die Tragfläche (Installationseffekt). Windkanalmessergebnisse und Rechnungen zum Einfluss der Schräganströmung auf die Schallabstrahlung sind in [18.54, 18.60, 18.92, 18.236] dokumentiert.

Zuströmstörungen ergeben sich auch im Standlauf. Rezirkulationseffekte führen hier zu einer Beaufschlagung der Blattspitzen mit hochturbulenter Luft aus dem Propellerabstrom. Aus diesem Grund treten im Standfall erheblich höhere Geräuschpegel auf als im Flug bei vergleichbarer Blattbelastung. Akustische Standmessungen an Propellern sind daher grundsätzlich ungeeignet zur Geräuschbewertung eines Propellertyps.

Größte Bedeutung für die Praxis haben jedoch Zuströmstörungen, wie sie bei Druckpropelleranordnungen auftreten [18.18, 18.20, 18.148, 18.266]. Hier arbeitet der Propeller entweder im Abstrom von Verstrebungen (Pylons), im Nachlauf der Tragfläche oder gar – wie bei Ultraleichtflugzeugen bisweilen realisiert – im Nachlauf des Flugzeugführers und seines Sitzes. Der letztgenannte Fall führt zu instationären Zuströmbedingungen, die auf theoretischem Wege kaum nachvollziehbar sind. Entsprechende Auswirkungen auf die Geräuschabstrahlung lassen sich daher am Besten durch Messungen an Originalkonfigurationen im Windkanal aufzeigen (Abb. 18.10) [18.45].

Demgegenüber können Zusatzgeräusche infolge instationärer Blattkräfte bei definierter Störung der Zuströmung berechnet werden, z. B. für Propelleranordnungen im Nachlauf einzelner Streben. Hierbei ist neben der absoluten Tiefe einer „Geschwindigkeitsdelle" die Stärke der zugehörigen Geschwindigkeitsgradienten für die Schalldruckpegel bei höheren Drehklangharmonischen maßgebend. Unter der Wirkung instationärer Blattkräfte weist die Geräuschcharakteristik insbesondere die folgenden Besonderheiten (gegenüber der bei ungestörter Zuströmung) auf:

– höhere Drehklangpegel im Wesentlichen bei höheren Harmonischen (der Pegel der Fundamentalen wird nur wenig beeinflusst, s. Abb. 18.10);
– verstärkte Schallabstrahlung in und gegen die Flugrichtung (Abb. 18.11);
– Schallpegelmaximum in Umfangsrichtung für die azimutale Position in Bewegungsrichtung des Blattes beim Durchqueren der Nachlaufdelle (Abb. 18.12);
– schwächerer Anstieg der Schallpegel mit der helikalen Blattspitzen-Machzahl.

Der letztgenannten Eigenschaft liegt die Tatsache zu Grunde, dass die Schallerzeugung durch instationäre Kraftwirkungen mit der Relativbewegung des Quellelements gegenüber dem Beobachter nicht ursächlich zusammenhängt, sondern hierdurch lediglich noch verstärkt wird.

Im Ergebnis bewirken Störungen in der Zuströmung bei niedrigen Blattspitzen-Machzahlen eine relativ starke Anhebung der Propellerdrehklangpegel, während mit steigender Machzahl die Zusatzgeräusche gegenüber der Geräuschabstrahlung des ungestört angeströmten Propellers zunehmend an Bedeutung verlieren.

Sind Zuströmstörungen unvermeidbar, so sollte zur Lärmminderung z. B. durch Vergrößerung des geometrischen Abstands zwischen Störkörper und Propellerdrehebene auf möglichst geringe Gradienten der axialen Zuströmgeschwindigkeit geachtet werden. Ist nur eine einseitige

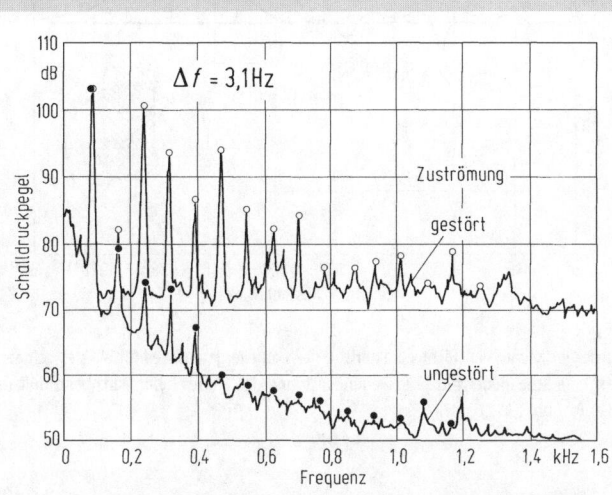

Abb. 18.10 Einfluss gestörter Zuströmung auf das Propellergeräuschspektrum (Drehklang und Breitbandgeräusch). Die angegebenen Schalldruckpegel beziehen sich auf eine helikale Blattspitzen-Machzahl von $M_H = 0{,}5$ und auf Bänder der Breite 3,1 Hz

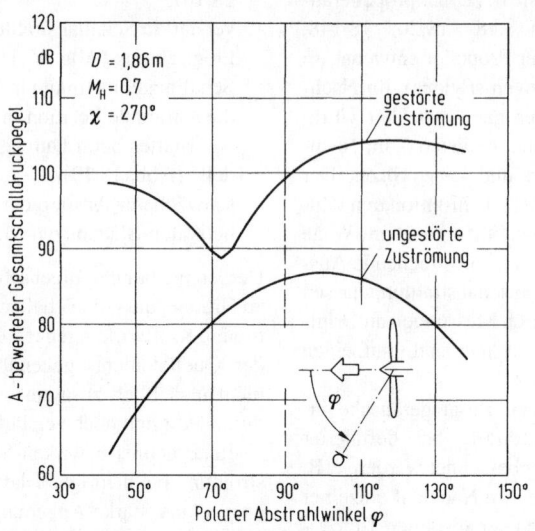

Abb. 18.11 Typische polare Richtcharakteristiken von Propellergeräuschen bei ungestörter und gestörter Zuströmung; χ azimutaler Abstrahlwinkel (s. Abb. 18.12)

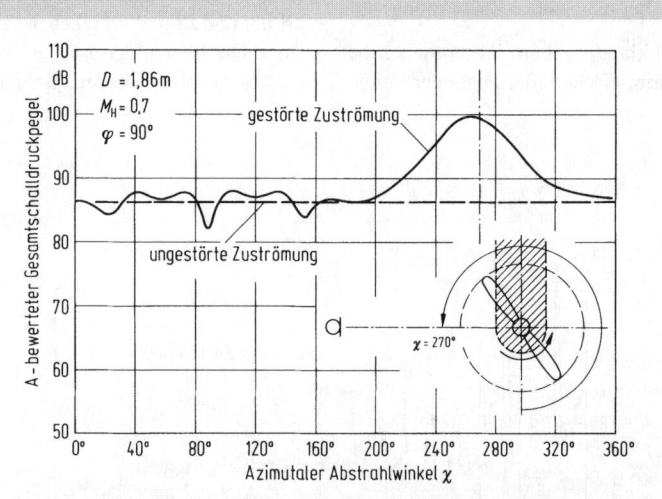

Abb. 18.12 Unsymmetrie der azimutalen Richtcharakteristik des Propellergeräusches für eine einseitige Zuströmstörung (Nachlaufdelle). Der maximale Schallpegel tritt in Bewegungsrichtung des Blattes beim Durchgang durch die Störung auf. φ polarer Abstrahlwinkel (s. Abb. 18.11)

Störung vorhanden (z. B. eine seitliche Triebwerkshalterung), so kann durch geeignete Wahl der Drehrichtung des Propellers vermieden werden, dass die Bewegungsrichtung des Blattes beim Durchgang durch die Störstelle (azimutales Schallpegelmaximum) mit der Abstrahlrichtung zusammenfällt, für die geringe Geräuschpegel gefordert werden. Weiterhin können im Zustrom liegende Verstrebungen zur Lärmminderung auch gekrümmt oder mit seitlichem Versatz zur Drehachse ausgeführt werden, so dass die Propellerblätter die zugehörige Nachlaufströmung schräg durchschneiden.

18.1.2.3 Schallerzeugung bei gegendrehenden Koaxialpropellern

Zur Ausnutzung der kinetischen Energie des Dralls im Abstrom eines einzelnen Propellers können auch zwei gegendrehende Propeller in Strömungsrichtung hintereinander koaxial angeordnet werden (Wirkungsgradverbesserung). Dadurch, dass bei derartigen gegenläufigen Systemen der stromab liegende (zweite) Rotor von den Strömungsstörungen des stromauf angeordneten (ersten) Rotors beaufschlagt wird, sind die hier dominierenden Schallerzeugungsmechanismen (und damit deren Abstrahlcharakteristiken) denen bei gestörter Zuströmung zu einem einzelnen Rotor/Propeller sehr ähnlich. Die Geräuschabstrahlung durch instationäre Kräfte am zweiten Rotor wird hier jedoch noch dadurch verstärkt, dass die Zuströmstörungen (definiert im rotierenden System des ersten Rotors) gegenüber dem zweiten Rotor mit der Summe der Drehgeschwindigkeiten von beiden Rotoren zur Wirkung kommen. Dies führt (aus der Sicht des zweiten Rotors) zu höheren zeitlichen Geschwindigkeitsgradienten der Blattnachlaufströmungen und damit zur Anhebung insbesondere höherfrequenter Drehklangpegel.

Maßnahmen zur Minderung der Geräuschabstrahlung zielen daher auf die Reduktion der aeroakustischen Wechselwirkungen zwischen den Rotoren ab. Möglich ist hierbei sowohl eine Vergrößerung des axialen Rotorabstands als auch die aerodynamische Entlastung des zweiten Rotors zur Verringerung der instationären Blattkräfte. Zu den – überwiegend experimentell – durchgeführten akustischen Untersuchungen von gegendrehenden Koaxialpropellern oder Propfans liegt eine große Zahl von Veröffentlichungen vor. Die folgenden Zitate können daher nur Hinweise für ein eingehendes Quellenstudium sein [18.143, 18.159–18.161, 18.231, 18.276, 18.287, 18.290, 18.291].

18.1.2.4 Propellergeräusch bei periodisch ungleichförmiger Drehbewegung

Bei Flugzeugen der Allgemeinen Luftfahrt werden überwiegend Kolbenmotoren als Antriebsaggregate verwendet, die – funktionsbedingt – eine periodisch ungleichförmige Drehgeschwindigkeit (Ungleichförmigkeitsgrade von bis zu 2%) aufweisen. In der Folge werden die Propellerblätter während eines Umlaufs periodisch beschleunigt und verzögert. Sowohl die aerodynamischen Blattkräfte als auch die Machzahl der Blattbewegung sind damit periodisch instationär, wodurch zusätzlicher Schall erzeugt wird [18.58, 18.293].

Besteht keine Koinzidenz zwischen der Blattfolgefrequenz oder einer ihrer Harmonischen und einer Motorordnung mit hoher Drehungleichförmigkeit, treten infolge der periodischen Propellerkinematik zusätzliche Drehklangharmonische im Propellergeräuschspektrum auf, deren Frequenzen sich aus der jeweiligen Summe der Harmonischen der Blattfolgefrequenz und der betrachteten Motorordnung ergeben (Abb. 18.13). Im Fall einer Koinzidenz (und dies ist bei 4- bzw. 6-Zylinder-Motoren und geraden Blattzahlen meist der Fall) ergeben sich Modulationen im Drehklangpegelspektrum. Unter der Wirkung ungleichförmiger Drehbewegung weist die zugehörige Richtcharakteristik des Propellergeräuschs insbesondere die folgenden Besonderheiten (gegenüber der bei gleichförmiger Drehbewegung) auf:

– verstärkte Schallabstrahlung in und gegen die Flugrichtung (ähnlich wie bei gestörter Zuströmung, wie dargestellt in Abb. 18.11);
– raumfeste azimutale Richtcharakteristik mit ausgeprägten Schalldruckmaxima und -minima;
– schwächerer Anstieg der Schallpegel mit der helikalen Blattspitzen-Machzahl.

Maßnahmen zur Minderung des Propellergeräusches durch ungleichförmige Drehbewegung sind die Installation von Tilgern an der Motorkurbelwelle oder von Drehschwingungsdämpfern zwischen Abtriebswelle und Propeller. Bei modernen Antriebsmotoren mit kleinem Hubraum, hoher Betriebsdrehzahl und nachgeschaltetem Untersetzungsgetriebe sind Drehungleich-

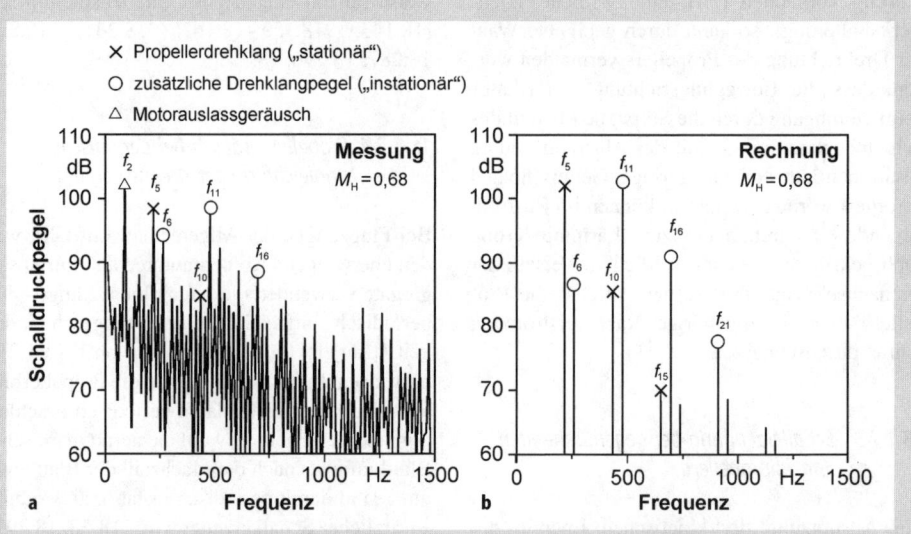

Abb. 18.13 Beispiel für die Auswirkungen ungleichförmiger Drehbewegung auf das Drehklangspektrum eines 5-Blatt-Propellers bei Antrieb durch einen 4-zyl. Kolbenmotor mit dominierender Drehungleichförmigkeit für die 6. Motorordnung. Die Frequenzindizes bezeichnen das Vielfache der Drehfrequenz. **a** Messung; **b** Rechnung nach FW-H-Gleichung mit harmonischem Störansatz für nur die 6. Motorordnung)

förmigkeiten an der Abtriebswelle meist ausreichend klein.

18.1.3 Hubschrauber

Haupt- und Heckrotor sind am Hubschrauber die dominierenden Schallquellen für den Außenlärm. Demgegenüber spielt der Lärm der Antriebseinheiten (Gasturbinen oder Kolbenmotoren) eine geringere Rolle. Auch lässt sich im Bedarfsfall der Lärm der Antriebseinheit noch eher mindern (da kapselbar), als derjenige der Rotoren, die naturgemäß in der freien Atmosphäre operieren. Ein Beispiel für das Schalldruckspektrum eines Hubschraubers im Fernfeld zeigt Abb. 18.14.

Zunächst werden die aeroakustischen Mechanismen der Rotorlärmentstehung und -abstrahlung sowie Möglichkeiten der Rotorlärmminderung behandelt. Das Kapitel wird abgeschlossen mit einer Darstellung der Rotorlärmberechnungsverfahren.

18.1.3.1 Rotorlärmentstehung und Minderungsmaßnahmen

In den letzten 20 Jahren ist das Verständnis der aeroakustischen Schallerzeugungs- und Abstrahlungsmechanismen am Hubschrauber erheblich vertieft worden. Neben theoretischen Untersuchungen mit modernen numerischen Verfahren spielen Flugversuche und Modellrotoruntersuchungen in aeroakustischen (reflexionsarmen) Windkanälen wie dem Deutsch-Niederländischen Windkanal (DNW) eine wesentliche Rolle [18.24, 18.238, 18.240].

Eine Klassifizierung des Rotorlärms ist in Tabelle 18.2 gegeben. Wie in der tabellarischen Darstellung gezeigt, umfasst der Rotordrehklang den „Dickenlärm" (Volumenverdrängung) und den „Belastungslärm" (Auftriebs- und Widerstandskräfte). Der Dickenlärm ist wichtig für den niedrigen Frequenzbereich, d. h. die Blattfolgefrequenz und die ersten wenigen Harmonischen, da deren Amplituden – wenn impulshafte Lärmerscheinungen nicht auftreten – sehr rasch abfallen. Bei niedrigen Blattspitzen-Machzahlen und geringer Blattbelastung kann das Linienspektrum dann von breitbandigen Lärmkomponenten überdeckt werden [18.33, 18.73, 18.93, 18.171].

Von größerer praktischer Bedeutung für die Lärmsignatur des Hubschrauberrotors sind jedoch *Impulslärmvorgänge* am Rotorblatt, die zum hubschraubercharakteristischen „Knattern" führen. Es sind dies der „Hochgeschwindigkeits-Impuls-

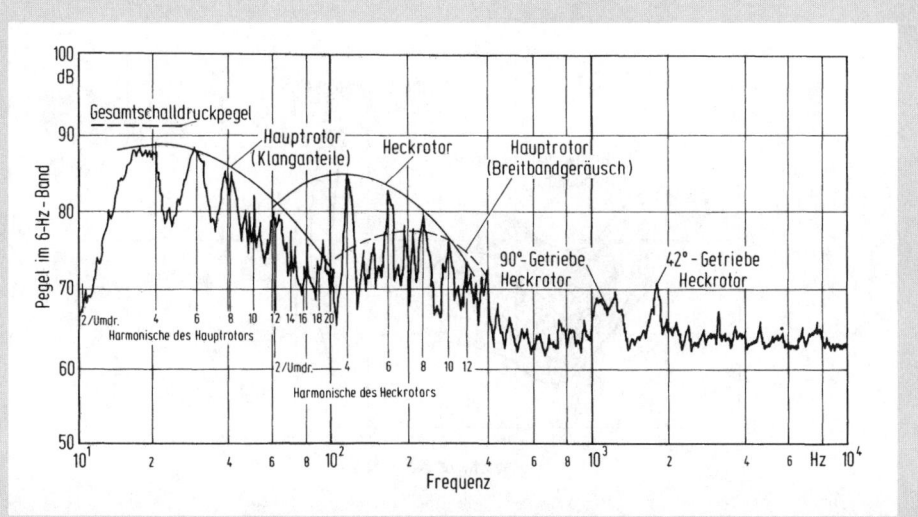

Abb. 18.14 Schallspektrum des Hubschraubers UH-1A. Rotorschub 27000 N, Blattspitzengeschwindigkeit 220 m/s, Messabstand $r = 60$ m

Tabelle 18.2 Klassifizierung des Rotorlärms

Physikalischer Mechanismus	Akustischer Quelltyp	Spektraler Charakter	Rotorspezifischer Lärmtyp
Volumenverdrängung	Dickenlärm	diskret-frequent	Drehklang
nichtlineare Effekte (bei hohen Blattspitzen-Machzahlen)	Lärm durch periodische Stoßablösung	diskret-frequent	HS-Impulslärm[a]
rotierende Blattkräfte	deterministischer Belastungslärm (statisch/azimutal)	diskret-frequent	Drehklang
Blatt/Wirbelinteraktion (vor allem bei Sinkflügen)	deterministischer Belastungslärm	diskret-frequent	BVI-Impulslärm[b]
turbulente Zuströmung Blatt/Nachlauf-Interferenz Blattumströmung/-ablösung	nichtdeterministischer Belastungslärm	stochastisch	Breitbandlärm

[a] Hochgeschwindigkeits-Impulslärm (High Speed Impulsive Noise).
[b] Blatt/Wirbelinteraktions-Impulslärm (Blade Vortex Interaction Impulsive Noise).

lärm" und der „Blatt/Wirbelinteraktions-Impulslärm". Wie in Abb. 18.15 – einem so genannten Flugzustands-Diagramm (Steig-/Sinkrate über Vorwärtsgeschwindigkeit) – dargestellt, tritt ersterer bei hohen Fluggeschwindigkeiten unabhängig vom Steig- bzw. Sinkwinkel auf, letzterer bevorzugt in bestimmten Sinkflugbereichen.

Bei Abwesenheit von Impulslärm und niedrigen Drehklanganteilen kann *Breitbandlärm* zur primären Quelle des Rotorlärms werden. Er hat unterschiedliche Ursachen: turbulente Zuströmung, Blatt-Nachlauf-Interaktion BWI (Blade Wake Interaction) und Blatteigengeräusch durch Interaktion des Blattprofils mit dessen Grenz-

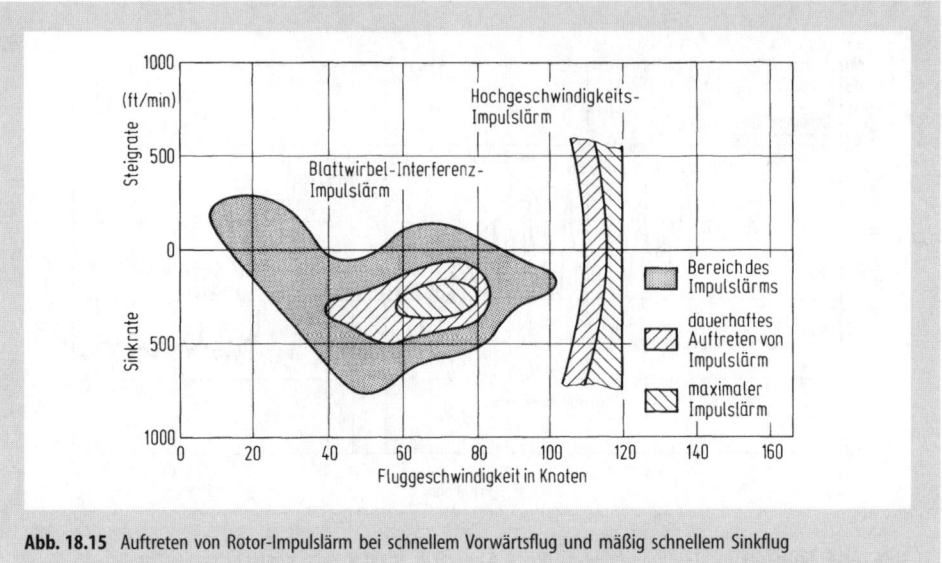

Abb. 18.15 Auftreten von Rotor-Impulslärm bei schnellem Vorwärtsflug und mäßig schnellem Sinkflug

schicht und dessen nahen Nachlauf. Allein hierbei sind fünf verschiedene Mechanismen bekannt, die auf Ablösung der turbulenten Grenzschicht an der Hinterkante, Wirbelbildung bei laminarer Grenzschicht an der Hinterkante, durch Strömungsablösung (stall), durch Wirbelablösung an einer stumpfen Hinterkante und Wirbelbildung an der Blattspitze basieren. Wesen und Bedeutung des Breitbandlärms sind in [18.32, 18.34, 18.35, 18.284] ausführlich behandelt.

Hochgeschwindigkeits-Impulslärm am Hauptrotor

Beim schnellen Vorwärtsflug ist das Rotorblatt auf der vorlaufenden Seite ($\psi \approx 90°$) während einer jeden Umdrehung den jeweils höchsten lokalen Anströmgeschwindigkeiten ausgesetzt. Die Kombination von Fluggeschwindigkeit und Blattspitzengeschwindigkeit kann beim schnellen Geradeausflug dazu führen, dass das Blatt fast mit Schallgeschwindigkeit angeströmt wird. Da ein Rotorblatt nicht unendlich dünn und zudem in Sehnenrichtung auf der Blattoberseite konvex gekrümmt ist, nimmt hier die Überströmungsgeschwindigkeit zu. Die Überströmungs-Machzahl M kann Werte über 1 annehmen, selbst wenn die eigentliche Anström-Machzahl M_{AT} des Blattes noch subsonisch ist. Das heißt, die Überströmung ist supersonisch, wenn auch nur für die sehr kurze Zeitspanne, während der das Blatt den vorlaufenden Drehbereich ($\psi \approx 60°\ldots 120°$) überstreicht. Im Strömungsbereich unmittelbar über der Blattoberfläche bildet sich dann ein aerodynamischer Verdichtungsstoß aus. Das plötzliche Auftreten des Stoßes am Blatt und seine Ausbreitung über die Blattspitze hinaus führt zu einem impulsartigen akustischen Signal. Aus dem Produkt von Blattzahl und Umdrehungszahl pro Sekunde ergibt sich die Grundfrequenz (Blattfolgefrequenz) des periodischen Impulslärmsignals (typischerweise 10 bis 30 Hz).

Dieser so genannte Hochgeschwindigkeits-Impulslärm (High-Speed (HS) Impulsive Noise) äußert sich in negativen Impulsen in der Schalldrucksignalform (Abb. 18.16), die bei Blattspitzen-Machzahlen über etwa 0,9 zu einem Sägezahnimpuls mit stoßartig ansteigender Flanke ausgebildet ist. Dies wird verursacht durch Ablösen (Delokalisation) des Verdichtungsstoßes im Überschallgebiet an der Blattspitze. Das Frequenzspektrum zeigt eine große Zahl von Harmonischen der Blattfolgefrequenz. Die Blattspitzen-Machzahl ist also der dominierende Parameter für Hochgeschwindigkeits-Impulslärm. Der Hochgeschwindigkeits-Impulslärm ist stark gebündelt und nach vorn gerichtet mit maximaler Intensität in der Rotorebene [18.23, 18.140, 18.219, 18.239, 18.240]. Alle Maßnahmen, die zu einer Verkleinerung des Überschallgebiets auf den Rotorblättern führen (z.B. Pfeilung, Dickenverringerung) tragen zu einer Minderung des HS-Lärms bei.

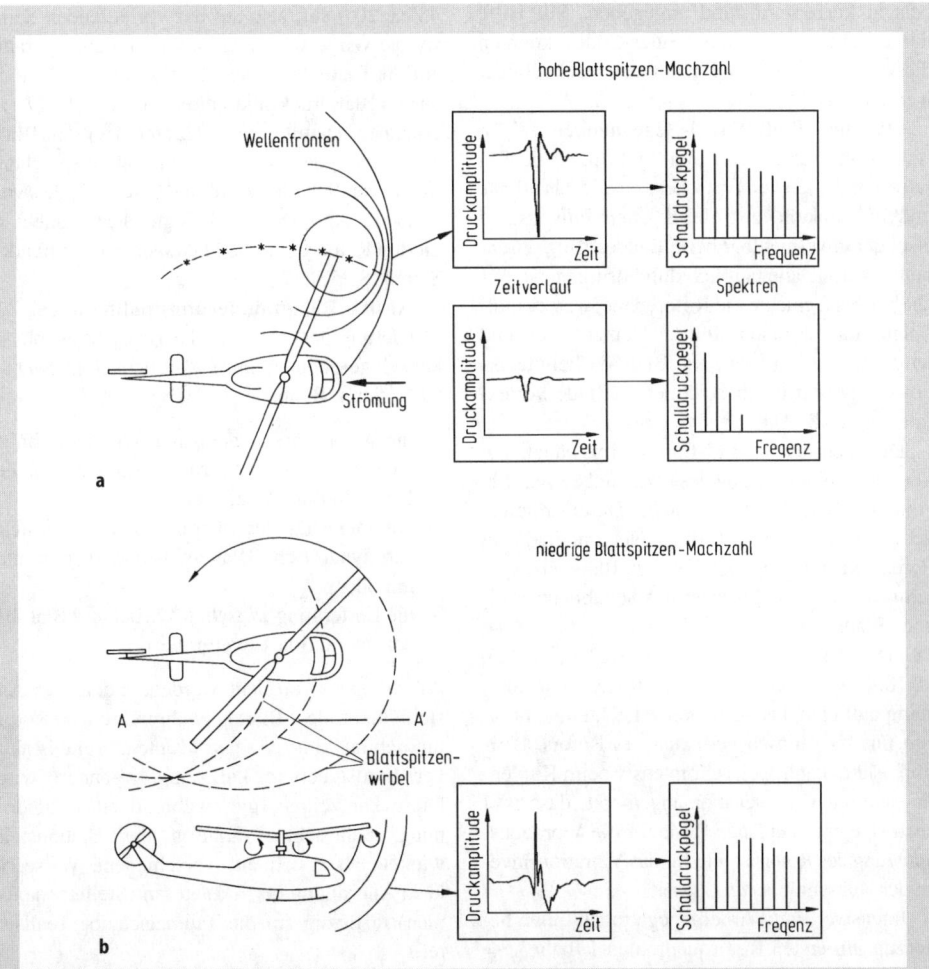

Abb. 18.16 Entstehungsmechanismus **a** des Hochgeschwindigkeits-Impulslärms mit typischem Drucksignal und Spektrum; sowie **b** des Blatt-Wirbelinteraktions-Impulslärms mit typischem Drucksignal und Spektrum

Blatt/Wirbelinteraktions-Impulslärm am Hauptrotor

Bewegt sich ein auftriebsbehaftetes Blatt durch die Luft, dann bildet sich – durch Umströmung der Blattspitze von der Druckseite (unten) zur Saugseite (oben) und durch Aufrollen der freien Wirbelschicht hinter dem Blatt – ein kräftiger Wirbel an der Blattspitze und schwimmt nach hinten ab. Während bei Flächenflugzeugen diese Flügelspitzenwirbel im Wesentlichen gerade nach hinten abschwimmen, ist die Bahn der Rotorblattspitzenwirbel etwa epizyklisch. Das führt dazu, dass unter bestimmten Voraussetzungen ein Blatt mit der Bahn eines von einem vorangegangen Blatt abgelösten Wirbels kollidiert. Dabei ergeben sich für jede Blatt-Wirbelinteraktion intensive lokale Geschwindigkeits- bzw. Druckänderungen, die sich in der Signalform als starke positive oder negative Impulse zeigen (Abb. 18.16). Im Frequenzspektrum äußert sich dies in einer beträchtlichen Pegelzunahme im mittelfrequenten Bereich (etwa 6. bis 40. Blattfolgeharmonische). Als physikalische Ursachen für die Entstehung von Druckdiskontinuitäten bei der aerodynamischen Interaktion eines Einzelwirbels mit einem feststehenden Blattprofil werden in [18.188] einmal der Zusammenbruch des Staudruckgebiets an der Profilnase und zum anderen das Ablösen eines Verdichtungsstoßes auf der Druckseite des Profils beim Passieren des Wir-

18.1 Schallemission

bels in kurzem Abstand angegeben. Mit Hilfe numerischer Simulation (Euler-Code) konnten diese aeroakustischen Phänomene nachgebildet werden (z. B. [18.12]).

Derartige Blatt/Wirbel-Begegnungen zeigen sich beim mäßig schnellen Sinkflug (mit Geschwindigkeiten von typischerweise 25 bis 50 m/s und Sinkwinkeln von 5° bis 8°), dem Flugzustand also, der unvermeidbar beim Landeanflug durchlaufen wird. Dann nämlich durchdringen zahlreiche Wirbelsegmente die Rotorebene, was zu multiplen Interaktionen führt. Dementsprechend wird diese Lärmform als Blatt/Wirbelinteraktions-Impulslärm bezeichnet (Blade/Vortex-Interaction (BVI) Impulsive Noise).

Die Intensität des BVI-Impulslärms hängt vom Verhältnis Flug- zu Sinkgeschwindigkeit ab, d. h. vom Flugbahnwinkel und von der Durchströmung der Rotorebene, also von deren Neigung und dem Fortschrittsgrad μ (gleich Flug- zu Blattspitzengeschwindigkeit), und wächst mit Schubbeiwert C_T und Blattspitzen-Machzahl M_{AT} [18.22, 18.94, 18.118, 18.119, 18.127, 18.178, 18.254, 18.255, 18.180]. Nur weil diese Interaktionen sehr kurzzeitig auftreten, haben sie keine nachteiligen Folgen für das Auftriebsverhalten des Rotors. BVI-Impulslärm kann auch sehr intensiv beim Kurvenflug auftreten. Es sei hier angemerkt, dass BVI auch eine entscheidende Rolle für die Vibrationsanregung des Rotors sowie für das Vibrationsniveau der Hubschrauberzelle spielt.

Intensive Blatt/Wirbelbegegnungen treten bevorzugt im ersten Rotorquadranten I (nahe $\psi =$ 45° ± 20°) auf, also auf der vorlaufenden Seite, wo die Wirbelsegmente im Wesentlichen parallel auf die Blattvorderkante treffen. Das ist deutlich an den Blattdruckfluktuationen in Abb. 18.17a zu erkennen. Damit ergibt sich eine über den Blattradius ausgedehnte Interaktion mit entsprechend intensiver Schallabstrahlung unterhalb der Vorlaufseite (Abb. 18.17b). Das gleiche geschieht im vierten Rotorquadranten IV an der rücklaufenden Seite [18.257].

Aktive Lärmminderungsmaßnahmen. Zur Minderung des BVI-Impulslärms gibt es, physikalisch gesehen, mehrere Möglichkeiten. So bietet es sich z. B. an,

- die Wirbelstärke des lokalen Wirbelabschnitts zu reduzieren, der stromabwärts mit einem Rotorblatt in Interaktion tritt,
- die Intensität der Interaktion durch örtliche aerodynamische Blattentlastung zu minimieren oder
- die Entfernung zwischen Wirbel und Blatt bei der Interaktion zu vergrößern.

All dies kann erreicht werden, indem der Anstellwinkel des Blattes während einer Rotorumdrehung „im richtigen Moment" mittels aktiver Blattsteuerung kurzzeitig verändert wird. Diese kurzzeitige (ggf. während einer Umdrehung mehrfache) Variation des Blattanstellwinkels lässt sich auf verschiedene Weise, je nach Anordnung der Aktuatoren (Stellmechanismen) in Bezug auf die Taumelscheibe, realisieren.

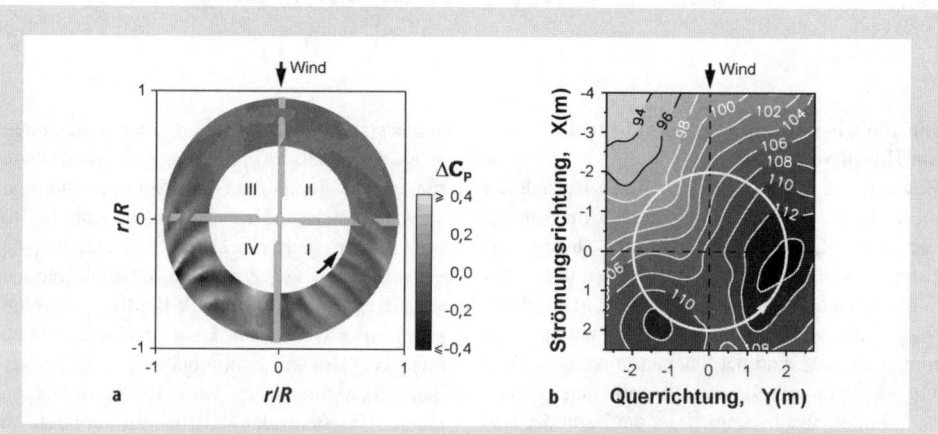

Abb. 18.17 a Blattdruckfluktuationen entlang der Blattvorderkante infolge von BVI und **b** band-pass gefiltertes (6.–40. Harmonische der Blattfolgefrequenz) Schalldruckpegelfeld (dB) unter dem Rotor mit Intensitätsmaxima unter der Vorlauf- und der Rücklaufseite (BVI-Lärm)

Bei der höherharmonischen Blattsteuerung (Higher Harmonic Control, HHC) befinden sich die Aktuatoren unterhalb der Taumelscheibe im rumpffesten System und die Blattverstellung erfolgt über den stationären Teil der Taumelscheibe, so dass alle Blätter gleichzeitig eine Anstellwinkeländerung erfahren, was hinsichtlich gleichzeitiger Minderung von Lärm und Vibrationen nicht immer vorteilhaft ist. Auch ist die Steuerfrequenz im drehenden System beschränkt auf $(B-1)\,\Omega$, $B\,\Omega$ und $(B+1)\,\Omega$ mit Blattzahl B und Rotordrehfrequenz Ω, d.h. für einen 4-Blattrotor auf $3\,\Omega$, $4\,\Omega$ und $5\,\Omega$. Minderung des BVI-Lärms (Schalldruckspitzen) bis zu 50% (6 dB) sind im Rahmen von Windkanal- und Flugversuchen erzielt worden, allerdings zu Lasten eines erhöhten Vibrationsniveaus [18.29, 18.256].

Vorteilhafter ist in dieser Hinsicht die individuelle Blattsteuerung (Individual Blade Control, IBC), die durch Aktuatoren oberhalb der Taumelscheibe im drehenden System realisiert werden kann. Sie erlaubt sowohl harmonische (typisch $2\,\Omega$ bis $10\,\Omega$) als auch nichtharmonische Blattanstellwinkeländerungen. Mit der IBC-Technik konnten in Windkanal- und Flugversuchen Lärm- und Vibrationsminderungen in gleicher Größenordnung wie bei HHC nachgewiesen werden. In Sonderheit ist es möglich, BVI-Lärm und Vibrationen gleichzeitig zu vermindern [18.141, 18.258].

Eine Übersicht mit zahlreichen Literaturhinweisen über den Stand der aktiven Rotorsteuerungstechnologie zur Minderung des BVI-Lärms ist in [18.295] gegeben. Dort wird auch über den Status von Forschungsarbeiten zur Realisierung neuartiger aktiver Blattsteuerungen (d.h. ohne Verwendung der Blattwurzelsteuerung) durch aerodynamisch wirksame Hinterkantenklappen oder durch kontrollierte Änderung der Blattgeometrie (z.B. der Blattverwindung) mit Hilfe von „intelligenten" Materialien berichtet.

Passive Lärmminderungsmaßnahmen. Versuche, eine Minderung des BVI-Lärms durch Modifikation der Blattspitzengeometrie zu erreichen, waren mit 1 bis 2 dB nur mäßig erfolgreich [18.28]. Signifikante Reduktionen von BVI-Lärm können nur durch eine aerodynamisch/aeroakustische Optimierung des gesamten Rotors einschließlich der Blattgeometrie erreicht werden. Durch die Wahl leistungsfähiger Blattprofile und Gestaltung des Blattgrundrisses nach Gesichtspunkten wie Reduzierung der Intensität des Blattspitzenwirbels durch Verlagerung des maximalen Auftriebs in Richtung Rotorzentrum und weitgehende Vermeidung von parallelen Blatt/Wirbel-Interaktionen durch entsprechende Formgebung der Blattvorderkante (z.B. Vorwärts-/Rückwärts-Pfeilung) konnten Lärmminderungen von 4 bis 7 dB(A) bei verbesserter Rotorleistung erzielt werden, verglichen mit einem Referenzrotor der Technologie der 90er-Jahre [18.220].

Lärmminderung durch optimierte Anflugverfahren. Flugversuche mit zahlreichen Bodenmikrofonen haben gezeigt, dass durch kontrollierte Mehrsegment-Anflugverfahren mit Änderung von Flug- und Sinkgeschwindigkeit ein erhebliches Lärmminderungspotenzial für den Landeanflug erschlossen werden kann. Durch geschickte Wahl von Geschwindigkeitsverringerung und Sinkrate (Flugbahnwinkel) gelingt es, die für den BVI-Lärm kritischen Flugzustände zu umgehen. Gegenüber einem 6°-Landeanflug mit konstanter Geschwindigkeit (Flugzustand bei der Lärmzertifikation) wurden Lärmminderungen bis zu 8 dB ermittelt [18.142]. Zur Durchführung solcher lärmarmen Multisegmentanflüge wird es zur Entlastung des Piloten notwendig sein, Flugführungshilfen bereitzustellen.

Heckrotorlärm

Die aeroakustischen Vorgänge am Heckrotor sind insofern besonders kompliziert, als er in den aerodynamischen Nachläufen von Rotorkopf und Hauptrotor (ggf. auch von Rumpfoberteil, dem „Cowling") operiert. Die Blattspitzengeschwindigkeiten liegen in der gleichen Größenordnung wie die des Hauptrotors. So führt beim schnellen Vorwärtsflug die Kombination von Fluggeschwindigkeit und Heckrotordrehgeschwindigkeit wiederum zu transsonischen Blattanströmgeschwindigkeiten im Bereich des vorlaufenden Blattes mit den beim Hauptrotor schon diskutierten aerodynamischen und akustischen Folgeerscheinungen, in Sonderheit was den Hochgeschwindigkeits-Impulslärm betrifft. Wahrscheinlich spielt auch vom Heckrotor selbst erzeugter Blatt/Wirbelinteraktions-Impulslärm eine wichtige Rolle; ein Nachweis hierfür steht jedoch noch aus. Das Auftreffen der o.g. aerodynamischen Nachläufe auf den Heckrotor kann zusätzlich noch zu Interaktionslärm führen, wenngleich die Einflüsse der stark gestörten Zuströmung noch nicht restlos geklärt sind; durch die aerodynamischen Interferenzerscheinungen wird eine Erhöhung des Heckrotorlärms vorausgesagt, während experimentelle Befunde zum Teil eine geringere Lärmabstrahlung ergaben.

Wegen der hohen Drehgeschwindigkeit ähnelt das Akustiksignal des Heckrotors durchaus dem eines schnell drehenden Flugzeugpropellers. Entsprechend seiner Anordnung am Hubschrauber strahlt der Heckrotor den aerodynamischen Belastungslärm (inklusive BVI-Lärm) in Flugrichtung nach vorn/unten beiderseits der Heckrotorebene ab, während der Dickenlärm bzw. der Hochgeschwindigkeits-Impulslärm in der Rotorebene (weit vorn) in Flugrichtung sein Maximum hat [18.89, 18.163, 18.179]. Im Steigflug dominiert für einen überflogenen Beobachter am Boden das akustische Heckrotorsignal die Gesamtschallabstrahlung. Bei diesem Flugzustand tritt praktisch kein Hauptrotor-Impulslärm auf und der (schallintensitätserhöhende) Schubbedarf des Heckrotors ist besonders hoch. Im Landeanflug hingegen, wo im Regelfall der BVI-Impulslärm des Hauptrotors überwiegt, wird der Heckrotorlärm übertönt und spielt dann keine Rolle.

Lärmminderungsmaßnahmen. Für den Heckrotor gibt es eine Reihe von Lärmminderungsmöglichkeiten, die hier ohne Anspruch auf Vollständigkeit aufgezählt, nicht aber näher erläutert werden:

- Absenkung der Blattspitzengeschwindigkeit,
- Verringerung der Blattbelastung durch Erhöhung der Blattzahl,
- Ummanteln des Heckrotors (z.B. Fenestron der Fa. Eurocopter),
- ungleichmäßige Verteilung der Blätter in Umfangsrichtung,
- Verwendung einer heckrotorlosen Konfiguration, wobei der erforderliche Schub durch seitliches Ausblasen und Ausnutzung des Coanda-Effekts am Heckausleger erzeugt wird (z.B. NOTAR des Hubschraubers MD500).

18.1.3.2 Berechnung des Rotorlärms

Zur Berechnung des Rotorlärms sind verschiedene Methoden entwickelt worden, die unter den Bezeichnungen

a) akustische Analogie,
b) Kirchhoff-Formulierungen,
c) Anwendung von CAA-Verfahren (Computational Aeroacoustics)

bekannt geworden sind. Hiervon ist die akustische Analogie die bisher am häufigsten angewandte Methode. Die hierbei möglichen Verfahrensweisen sind in Tabelle 18.3 schematisch dargestellt.

a) Methode der akustischen Analogie. Die theoretische Basis für die Rotorlärmberechnung ist eine Integralgleichung zur Beschreibung der Schallabstrahlung bewegter Quellflächen, bekannt als „Ffowcs-Williams und Hawkings (FWH)"-Gleichung [18.84]. Sie ist das Ergebnis einer speziellen Weiterentwicklung der Lighthillschen akustischen Analogie [18.82, 18.166]. Zur Lösung sind Informationen über die Blattoberflächendrücke und aerodynamische Nahfelddaten notwendig, die entweder aus Windkanalmessungen oder aus aerodynamischen Rechenverfahren zu beschaffen sind.

In der FWH-Gleichung

$$4\pi p'(\mathbf{x}, t) = \frac{\partial}{\partial t} \int_S \left[\frac{\varrho_0 V_n}{r|1 - M_r|} \right]_{\text{ret}} dS(\mathbf{y})$$
$$+ \frac{\partial}{\partial x_i} \int_S \left[\frac{P_{ij} n_j}{r|1 - M_r|} \right]_{\text{ret}} dS(\mathbf{y})$$
$$+ \frac{\partial^2}{\partial x_i \partial x_j} \int_V \left[\frac{T_{ij}}{r|1 - M_r|} \right]_{\text{ret}} dV(\mathbf{y})$$
(18.22)

Tabelle 18.3 Schematische Darstellung des Verfahrens der akustischen Analogie zur Berechnung des Rotorlärms (nach F. Farassat) Vorgabe: Rotor-Trimmwerte, Blattbewegung und -geometrie

Aerodynamische Theorie →	Aeroakustische Quellterme →	Akustische Theorie →	Ergebnis
z.B. • Navier-Stokes-Gleichungen • Euler-Gleichungen • „Full Potential"-Gleichungen • „Lifting Surface"-Theorie • „Thin Airfoil"-Theorie • „Lifting Line"-Theorie	• Berechnete Blattdrücke und Geschwindigkeitsverteilung bzw. instat. Blattkräfte alternativ: • Gemessene aerodynamische Daten	z.B. • „Ffowcs Williams und Hawkings"-Gleichung • Curle's Gleichung	• Schalldruckzeitverlauf • Frequenzspektrum

ist der Schalldruck p' zum Zeitpunkt t und am Beobachterort x eine Funktion von drei aeroakustischen Quelltypen, die zum „retardierten" Zeitpunkt ($t_{ret} = t - |x - y|/a_0$) vom Ort y abstrahlen; hier bedeuten r die Entfernung Quelle-Beobachter zur retardierten Zeit und M_r die Machzahlkomponente des Blattes in Beobachterrichtung; V_n ist die Normalgeschwindigkeitskomponente am Quellpunkt, P_{ij} der Spannungstensor und T_{ij} der „Lighthill-Tensor". Die Bewegung der Quellen wird jeweils durch den Doppler-Verstärkungsfaktor $1/(|1 - M_r|)$ berücksichtigt. Der erste der drei Quellterme auf der rechten Seite der FWH-Gl. (18.22) – ein Flächenintegral (Monopol) – steht für den so genannten *Dickenlärm* oder Volumenverdrängungslärm, der durch die plötzliche Verdrängung des Luftmediums infolge der Bewegung des Blattes entsteht. Der zweite Term (Dipol), ebenfalls ein Flächenintegral, beinhaltet den so genannten *Belastungslärm*, der durch die im Vorwärtsflug instationären aerodynamischen Kräfte am Rotorblatt (Auftrieb, Widerstand) generiert wird. Der dritte Term (Quadrupol), ein Volumenintegral, beinhaltet die *nichtlinearen Anteile* des gestörten Strömungsfeldes am Rotorblatt, ausgedrückt durch den Lighthill-Tensor

$$T_{ij} = \varrho u_i u_j + P_{ij} - a_0^2 \varrho \delta_{ij}. \quad (18.23)$$

Die Gleichung vereinfacht sich, wenn die Schallabstrahlung für einen Beobachter im akustischen Fernfeld betrachtet wird. Dann gilt

$$4\pi p'(x,t) = \frac{\partial}{\partial t} \int_S \left[\frac{\varrho_0 V_n}{r|1 - M_r|} \right]_{ret} dS(y)$$
$$+ \frac{1}{a_0} \frac{\partial}{\partial t} \int_S \left[\frac{P_r}{r|1 - M_r|} \right]_{ret} dS(y)$$
$$+ \frac{1}{a_0^2} \frac{\partial^2}{\partial t^2} \int_V \left[\frac{T_{rr}}{r|1 - M_r|} \right]_{ret} dV(y). \quad (18.24)$$

Jetzt können P_{ij} durch P_r (als der Blattdruckkraftkomponente in Richtung Beobachter) und T_{ij} durch T_{rr} (als der Komponente des Lighthill-Tensors ebenfalls in Richtung Beobachter) – entsprechend Abb. 18.18 – ersetzt werden; dabei ist a_0 die Schallgeschwindigkeit des ruhenden Mediums.

Für genauere Berechnungen, vor allem im Nahfeld, kommen zusätzliche Integralterme hinzu. Eine exakte Aufschlüsselung der Gleichung ist z. B. in [18.77] vorgenommen worden. Die Gleichung wird teils im „Zeitbereich", teils aber

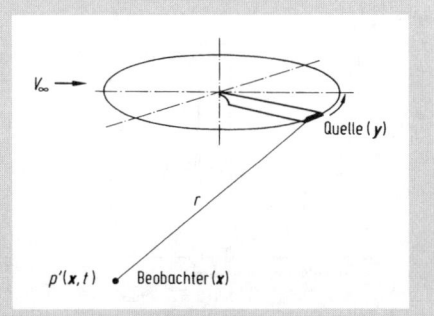

Abb. 18.18 Zur Schallerzeugung durch ein Rotorblatt (s. Text)

auch nach Umwandlung in Fourier-Reihen im „Frequenzbereich" benutzt. Die ersten bekannten Rotorlärmberechnungen in [18.171] beinhalten nur den Belastungslärmanteil. Weitere Anwendungen und Weiterentwicklungen auf der Basis der linearen Quellterme (Dickenlärm und Belastungslärm) finden sich in [18.73, 18.75, 18.170, 18.284]. Eine gut verständliche Einführung in die Aeroakustik und in Lighthills „akustische Analogie" sowie die Herleitung der FWH-Gleichung und ihrer Lösungsansätze für Windturbinenlärm (entsprechend einem Rotor im Schwebeflugfall) ist in [18.284] gegeben.

Da bei hohen Blattspitzen-Machzahlen (> ca. 0,85) die nichtlinearen Effekte nicht mehr vernachlässigt werden können, wurde für die Berechnung des HS-Impulslärms der komplexe nichtlineare Quadrupolterm teils durch spezielle Vereinfachungen [18.219, 18.239, 18.243], aber auch durch Integration des Volumenintegrals mit einbezogen [18.9, 18.26, 18.78, 18.129–18.131, 18.244]. Die Bedeutung der einzelnen Integrale für die Gesamtschalldrucksignalform eines typischen BVI- und eines HS-Impulslärmfalls für einen Zweiblattmodellrotor ist in Abb. 18.19 dargestellt. Beim BVI-Fall trägt der Belastungslärm und beim HS-Fall der Quadrupollärm wesentlich zur jeweiligen Schalldruckimpulsform bei [18.243]. Zum Vergleich ist auch jeweils das experimentelle Ergebnis gezeigt.

Eine Grundvoraussetzung zur numerischen Lösung der FWH-Gleichung ist die Kenntnis der meist hochgradig instationären Eingangsgrößen wie die absoluten Blattoberflächendrücke und die Geschwindigkeitsverteilung um das Blatt. Wegen des Fehlens geeigneter aerodynamischer Rechenverfahren für reale Flugbedingungen mit BVI (in den 90er-Jahren) wurden in einigen Fäl-

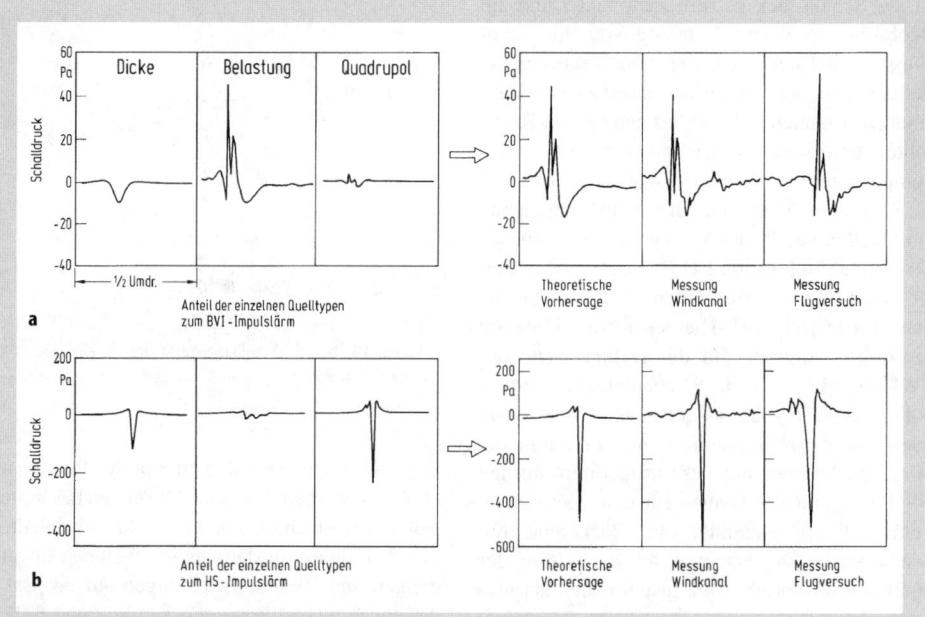

Abb. 18.19 Anteil der drei aeroakustischen Quelltypen Dickenlärm (Monopol), Belastungslärm (Dipol) und „Stoßlärm" (Quadrupol) an der Gesamt-Schalldruckwellenform im Vergleich mit Windkanalmodellmessungen (AH-1/OLS Rotor) und Messungen an der Großausführung im Flugversuch. **a** Blatt/Wirbelinteraktions-Impulslärm ($M_{AT} = 0{,}79$, $\mu = 0{,}194$, $C_T = 0{,}0054$); **b** Hochgeschwindigkeits-Impulslärm ($M_{AT} = 0{,}90$, $\mu = 0{,}33$, $C_T = 0{,}0054$)

len experimentelle Blattdruckdaten verwendet [18.149, 18.170, 18.194, 18.243].

Anfänglich wurden die aerodynamischen Eingangsgrößen für einfachere Bedingungen (Rotoren im Schwebeflug, Vorwärtsflug ohne Auftrieb) ermittelt. Zur Anwendung kamen verschiedene Methoden der „Computational Fluid Dynamics, CFD", die von der Potenzialgleichung „kleiner Störungen" über Euler-Gleichungen bis zur Anwendung der Navier-Stokes-Gleichungen reichen [18.8, 18.10, 18.12, 18.156, 18.221, 18.237], aber auch Singularitätenverfahren. Erste Versuche, auch Fälle mit Auftrieb und dem daraus resultierenden Problem der aerodynamischen Blatt/Wirbelinteraktion (BVI) zu berechnen, finden sich in [18.10, 18.12, 18.237]. Dabei zeigte sich, dass für eine akzeptable Voraussage des BVI-Lärms eine exakte Berechnung der zeitlich hochaufgelösten Blattdruckverteilungen (oder Luftkraftverteilungen) notwendige Voraussetzung ist (azimutale Auflösung $<0{,}5°$). Ein Vergleich unterschiedlicher aerodynamischer Methoden, angewandt auf den generischen Fall der exakt parallelen Blatt/Wirbelinteraktion, ist in [18.39] gegeben und zeigt im Vergleich zu Messergebnissen den gegenwärtigen Status der numerischen Simulation. Ist jedoch – wie beim realen Rotor – der Blattspitzenwirbel nicht vorgegeben, so ist ein genauer Rotornachlauf-Code (free wake code) mit Modellierung des Aufrollvorgangs notwendig, um die Wirbelposition, die BVI-Geometrie, insbesondere den Blatt/Wirbel-Abstand während der Interaktion, aber auch die Wirbelstärke und den Wirbelkerndurchmesser präzise zu berechnen. Bei der Modellierung ist die Bildung von Mehrfachwirbeln an einem Rotorblatt zu berücksichtigen [18.14, 18.36, 18.145, 18.285]. Mit den verfeinerten aeroakustischen Simulationsverfahren ist es dann möglich, die Wirksamkeit von Maßnahmen zur Minderung des BVI-Lärms durch aktive Rotorsteuerung (HHC, IBC, ABC) oder durch Optimierung der Blattgeometrie abzuschätzen [18.28, 18.220, 18.258].

b) Verfahren auf Basis der Kirchhoff-Formulierungen. Das Kirchhoff-Verfahren teilt das Strömungsgebiet in zwei Bereiche. Der innere, nichtlineare Bereich, der die Schallquelle(n) unmittelbar umgibt, wird mit Hilfe eines CFD-Feldverfahrens, z. B. des Euler-Verfahrens, berechnet.

Das äußere, lineare Schallausbreitungsgebiet wird dann mit linearen Methoden behandelt. Die Kirchhoff-Fläche bildet die äußere Berandung des nichtlinearen Bereichs und kann sowohl als eine feste als auch als eine mit dem Rotor rotierende Fläche definiert werden. Ausgangspunkt für die Berechnung des Fernfeldschalls sind die an der Kirchhoff-Fläche wirksamen zeitabhängigen Drücke [18.174, 18.223]. Neuere Untersuchungen [18.78] zeigten jedoch, dass die Lösungen, z.B. für den Hochgeschwindigkeits-Impulslärm wesentlich von der Wahl der Kirchhoff-Fläche abhängig sind. Insbesondere sollte die Durchdringung der Fläche durch Scherschichten und Blattspitzenwirbel vermieden werden. Das Verfahren ist also mit Vorsicht anzuwenden.

c) Anwendung von CAA-Verfahren (Computational Aeroacoustics). Die meisten der erwähnten CFD-Methoden können nicht nur zur Berechnung des transsonischen Geschwindigkeitsfelds in der Nähe des Rotorblattes sowie der Druckverteilung auf dem Blatt angewendet werden, sondern theoretisch auch zur Berechnung von diesen Größen an jedem Punkt im Fernfeld. Aerodynamik und Akustik werden somit simultan mit dem gleichen Formalismus ermittelt [18.8, 18.10, 18.12, 18.157]. Infolge der notwendigen hohen zeitlichen und räumlichen Auflösung des Rechengebietes sind der Berechnung des Schalldrucks im Fernfeld jedoch heute noch durch die begrenzte Verfügbarkeit von Speicherplatz und Rechenzeiten praktische Grenzen gesetzt. Über den Status der CAA-Verfahren wird in Abschn. 18.1.4.2 berichtet.

18.1.4 Umströmungsgeräusch von Flächenflugzeugen

Umströmungsgeräusche entstehen durch Wechselwirkung turbulenter Strömungen mit festen Berandungen. Dabei stellt das bei der turbulenten Überströmung einer „unendlich" großen Fläche erzeugte *Grenzschichtgeräusch* (Schallabstrahlung durch Wechselwirkung von turbulenten, hydrodynamischen Wechseldrücken mit der festen Berandung) eine untere Grenze dar, während sowohl bei der Abströmung von Flächenendkanten (Hinterkantengeräusch) oder beim Auftreffen turbulenter Strömungen auf Festkörpern ein wesentlich größerer Anteil der hydrodynamischen Wechseldrücke in ausbreitungsfähige Druckstörungen (Schallwellen) umgewandelt wird. Sinngemäß ist das Umströmungsgeräusch eines Flugzeugs (auch „Eigengeräusch" genannt) in seiner Landekonfiguration, also bei ausgefahrenen Fahrwerken und Hochauftriebsklappen, deutlich höher (ca. 10 dB) als das für ein Flugzeug in Reisekonfiguration.

Die analytische Bestimmung von Umströmungsgeräuschen ist nur für sehr einfache Geometrien/Strömungsformen möglich. Dies sind z.B. das Kantengeräusch von turbulent überströmten Platten [18.121] oder das Wirbelablösegeräusch umströmter Zylinder. Flugzeugfahrwerke und Hochauftriebsklappen stellen dagegen sehr komplexe Systeme dar, deren Umströmungsgeräusche einer Berechnung zur Zeit nicht zugänglich sind. Eine Gesamtdarstellung der Eigengeräuschproblematik findet sich in [18.43]. Mittelfristig können Verfahren zur Lärmvorhersage und -minderung für technische Anwendungen nur auf experimentellem Weg entwickelt werden. Zur Prognose der Umströmungsgeräusche von Verkehrsflugzeugen wird heute noch ein empirisches Verfahren aus dem Jahr 1977 [18.86, 18.200] verwendet, das nur eine grobe Abschätzung der Umströmungsgeräusche erlaubt, ohne die zur lärmarmen Gestaltung von Fahrwerks- oder Hochauftriebskomponenten erforderliche Differenzierung nach Einzelschallquellen.

18.1.4.1 Experimentelle Analyse der Strömungsschallquellen

Unter Einsatz moderner Messverfahren zur Schallquelllokalisation wurden in den vergangenen Jahren sowohl Überfluglärmmessungen [18.213, 28.214] als auch aeroakustische Quellstudien in Windkanälen [18.62, 18.108, 18.116, 18.211, 18.248, 18.262, 18.289] zur gezielten Analyse verschiedener Strömungsschallquellen durchgeführt. Dabei zeigte sich zunächst, dass sowohl Fahrwerkskonstruktionen als auch real ausgeführte Hochauftriebskomponenten heutiger Bauart zahlreiche Löcher und Hohlräume aufweisen, deren Überströmung zu erheblichen tonalen Geräuschen (Hohlraumschwingungen) führt. Lärmquellen dieser Art sind durch geeignete konstruktive Detailgestaltung vermeidbar. Darüber hinaus erzeugen Fahrwerke und Klappensysteme breitbandiges Umströmungsgeräusch, das im Folgenden betrachtet werden soll.

Flugzeugfahrwerke
Flugzeugfahrwerke setzen sich aus einer Vielzahl von Stützstreben, Gelenken, Achsen und Rä-

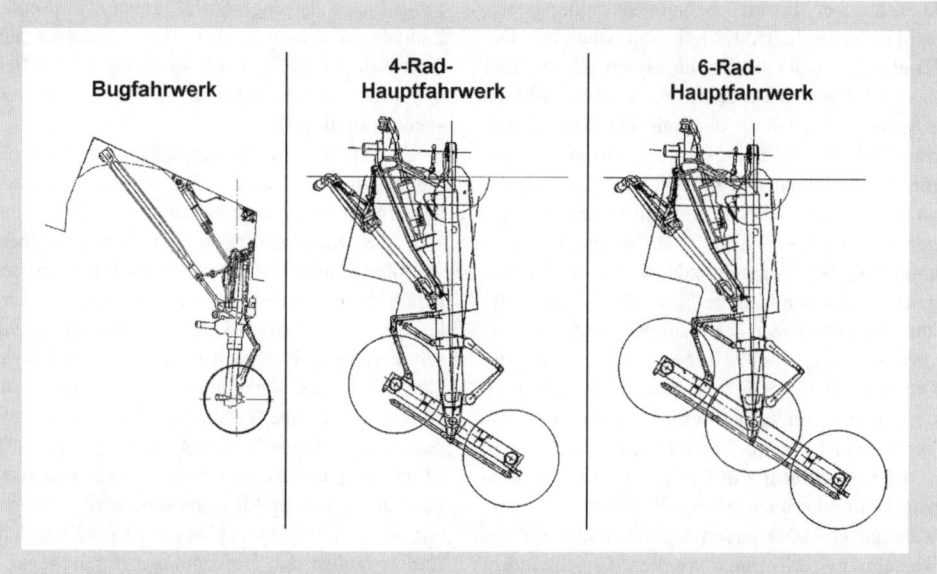

Abb. 18.20 Schematische Darstellung verschiedener Ausführungen von Flugzeugfahrwerken

dern zusammen. Neben der Geräuschentstehung durch Strömungsablösungen an diesen Einzelkomponenten entstehen Umströmungsgeräusche daher im Wesentlichen durch die Interaktion von turbulenten Nachlaufströmungen mit stromab angeordneten Fahrwerkskomponenten. Da Zweifel berechtigt sind, ob die Messung von Umströmungsgeräuschen an stark idealisierten Fahrwerksmodellen die spektrale Verteilung der Strömungsgeräuschpegel ausreichend genau wiedergeben kann, wurden aeroakustische Untersuchungen an verschiedenen Originalfahrwerken (Abb. 18.20) im Deutsch-Niederländischen Windkanal durchgeführt [18.61, 18.63].

Mit Hilfe verschiedener Techniken zur Schallquelllokalisation wurde gezeigt, dass die Umströmung eines Flugzeugfahrwerks heutiger Konstruktion ein Cluster von zahlreichen räumlich verteilten aerodynamischen Schallquellen erzeugt. Das ins Fernfeld abgestrahlte Umströmungsgeräusch weist ein breitbandiges Spektrum auf. Die spektrale Pegelverteilung kann in Abhängigkeit von der Strömungsgeschwindigkeit über einer Strouhal-Zahl dimensionslos dargestellt werden (Abb. 18.21), wobei in Ermangelung einer charakteristischen Quelldimension hier die Strouhal-Zahl mit dem Raddurchmesser gebildet wurde. Die Schalldruckquadrate steigen mit der 6. Potenz der Anströmgeschwindigkeit. Die Richtwirkung der Abstrahlung zeigt nur wenig ausgeprägte Pegelmaxima sowohl im vorderen Quadranten bei etwa 60° als auch im hinteren Quadranten bei etwa 140°. Nach Übertragung dieser Quellcharakteristik auf den Flugfall wird daher – infolge der konvektiven Verstärkung – die Abstrahlung gegen die Flugrichtung dominieren. Als wesentlichster Installationseffekt ist hier auch die Abhängigkeit der lokalen Strömungsgeschwindigkeit am Fahrwerk unter der Tragfläche zu beachten. Diese sinkt mit wachsendem Flugzeuganstellwinkel (Anstieg der Zirkulation) und bewirkt eine entsprechende Minderung des Fahrwerksgeräusches.

Die Summe dieser Erkenntnisse lässt darauf schließen, dass das Umströmungsgeräusch von komplexen Fahrwerksstrukturen als Ergebnis des Zusammenwirkens zahlreicher kompakter Dipolstrahler (Wellenlänge > Körperabmessung) mit unterschiedlicher räumlicher Orientierung verstanden werden kann. Ein erster Ansatz auf der Grundlage der vorhandenen Datenbasis, ein Lärmvorhersageverfahren zu entwickeln, das die Gesamtabstrahlung aus den Beiträgen generischer Fahrwerkskomponenten (Teilschallquellen) berechnet, ist in [18.252] beschrieben. Durch nachrüstbare „strömungsgünstige" Teilverkleidungen an einzelnen Baugruppen heutiger Fahrwerkskonfigurationen ist eine Lärmminderung von bis zu 3 bis 4 dB realisierbar.

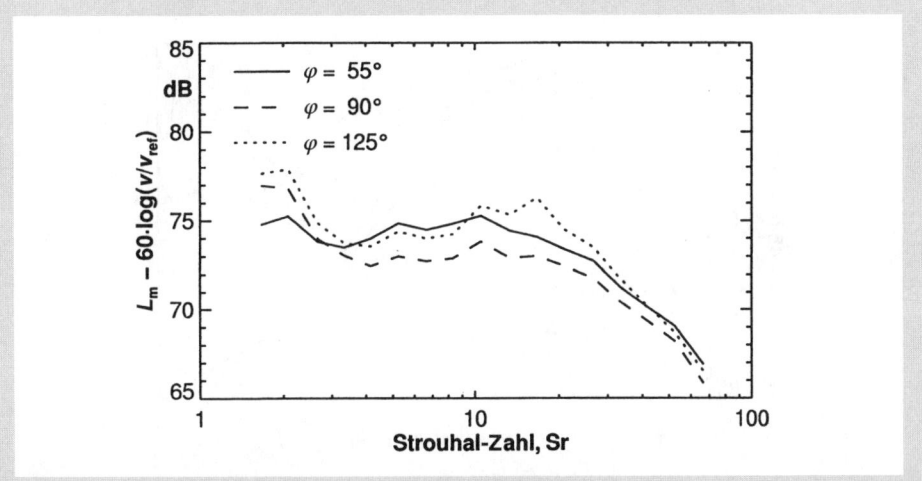

Abb. 18.21 Dimensionslose Darstellung typischer Terzpegelspektren des Umströmungsgeräusches von Flugzeugfahrwerken in Abhängigkeit vom Abstrahlwinkel (V_{ref} beliebige Referenzgeschwindigkeit)

Hochauftriebssysteme

Die Vorflügel und die Seitenkanten der Fowlerklappen sind (in der Reihenfolge der Priorität) die dominierenden Quellen von Umströmungsgeräuschen bei Hochauftriebssystemen [18.47, 18.64, 18.261]. Eine umfassende Theorie zum Verständnis der Schallentstehung und -abstrahlung sowohl vom Vorflügel als auch von Klappenseitenkanten existiert heute noch nicht.

An Vorflügeln vom Typ Handley-page entsteht im ausgefahrenen Zustand ein Rückseitenwirbel (Abb. 18.22) [18.233]. An der Grenzfläche zur benachbarten Spaltströmung bildet sich eine instabile freie Scherschicht aus, in der Strömungsinstabilitäten (Turbulenzballen) zur oberen Vorflügelhinterkante transportiert werden. Die Abströmung dieser hoch turbulenten Strömung von der Hinterkante erzeugt Endkantengeräusch, das mit der Intensität der turbulenten kinetischen Energie der Strömung und der 5. Potenz der Abströmgeschwindigkeit (Komponente wandtangential und senkrecht zur Hinterkante) ansteigt [18.121]. Das ins Fernfeld abgestrahlte Umströmungsgeräusch weist im Wesentlichen ein breitbandiges Spektrum auf. Die spektrale Pegelverteilung kann in Abhängigkeit von der Strömungsgeschwindigkeit V über einer Strouhal-Zahl $Sr = fl/V$ dimensionslos dargestellt werden (Abb. 18.23). Dabei wurde die Sehnenlänge l des Vorflügels als charakteristische Quelldimension zur Definition der Strouhal-Zahl herangezogen, da typische Dimensionen der Turbulenzstrukturen mit der geometrischen Ausdehnung des Rückseitenwirbels in Zusammenhang gebracht werden können [18.59, 18.64, 18.104, 18.211]. Im Rahmen verschiedener Modellexperimente wurden unterschiedliche Werte für den Exponenten des Geräuschanstiegs (Schalldruckquadrat) mit wachsender Geschwindigkeit ermittelt. Diese liegen meist zwischen 4,5 und 5,5. Die Ursachen für diese Unterschiede sind noch nicht endgültig geklärt. Jedoch kann vermutet werden, dass periodische Schwingungen des Rückseitenwirbels zu einer periodischen Modulation der mittleren Spaltströmung führen, was

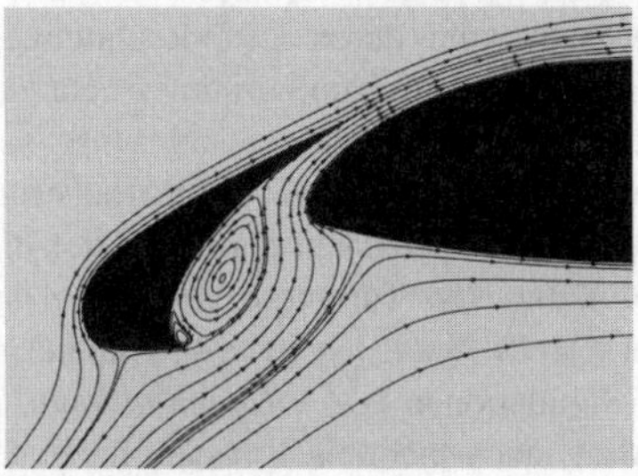

Abb. 18.22 Illustration des Strömungsfeldes im Bereich des Vorflügels nach [18.233]

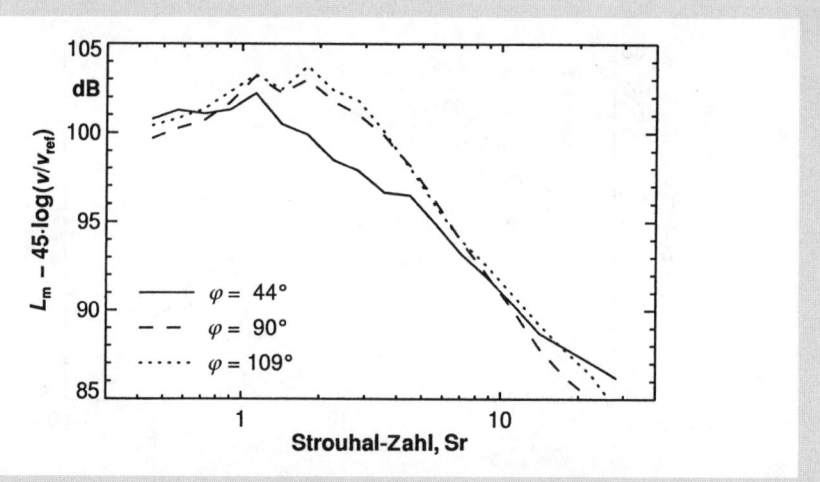

Abb. 18.23 Dimensionslose Darstellung typischer Terzpegelspektren des Umströmungsgeräusches eines Vorflügels vom Typ Handley-page in Abhängigkeit vom Abstrahlwinkel (V_{ref} beliebige Referenzgeschwindigkeit)

sich als Massenfluktuation (akustischer Monopol) darstellen und Werte kleiner als 5 für den Geschwindigkeitsexponenten erklären würde. Andererseits ist nicht in jedem Experiment die Dominanz des Vorflügelgeräusches sichergestellt, so dass in Kombination mit anderen Geräuschquellen (z. B. mit Dipolcharakteristik) der für den Kantenlärm theoretisch zu erwartende Exponent von 5 messtechnisch nicht immer nachgewiesen werden kann.

Das spektrale Maximum des Vorflügelgeräusches liegt bei Strouhal-Zahlen um Sr = 2 (bezogen auf die Sehnenlänge des Vorflügels), in einem Spektralbereich, in dem häufig auch tonale Geräuschphänomene auftreten. Ohne dass hierzu schon abgesicherte Nachweise vorlägen, können diese tonalen Komponenten auf die schon erwähnten periodischen Schwankungen der Wirbellage zurückgeführt werden [18.62, 18.230]. Die Abstrahlrichtcharakteristik des Vorflügelgeräusches weist ein Pegelmaximum im hinteren Quadranten bei etwa 130° auf (90° ≙ Abstrahlung senkrecht zur Flugrichtung). Bei Modellexperimenten werden häufig Tonphänomene bei Strouhal-Zahlen größer als 10 beobachtet, die jedoch in der Regel auf Strömungsinstabilitäten infolge geringer Reynolds-Zahlen zurückzuführen sind und in der Großausführung nicht auftreten.

Gegenüber dem Umströmungsgeräusch von Vorflügeln ist das von den Seitenkanten der Landeklappen ausgehende Strömungsgeräusch im höheren Frequenzbereich von Bedeutung (entsprechend einer mit der Klappensehne gebildeten Strouhal-Zahl größer 40). Bezogen auf eine Einheitsfläche, ist die Intensität von Seitenkantengeräuschen deutlich höher als das Umströmungsgeräusch vom Vorflügel. Letzteres hat jedoch als Integral über die Spannweite einer Tragfläche (Linienquelle) den größeren Anteil am Fernfeldschall.

Die an der Klappenseitenkante wirksamen Mechanismen der Schallentstehung sind noch nicht vollständig geklärt [18.113, 18.114, 18.122, 18.246]. Im Bereich der Seitenkante der Landeklappe bildet sich infolge der auftriebsbedingten Druckverteilung ein Randwirbel aus, der sich bei etwa 70% Profiltiefe von der Klappenoberfläche ablöst. Die den Wirbel umhüllende Fläche stellt eine freie Scherschicht dar, in der Strömungsinstabilitäten eingebettet sind und um die Wirbelachse rotieren. Die Ausbildung dieser Wirbelströmung ist sowohl durch CFD-Rechnungen als auch messtechnisch detailliert untersucht worden [18.222, 18.263]. Schall entsteht hier sowohl durch die Wechselwirkung der Wirbelströmung mit der Klappenoberfläche als auch durch die Beschleunigung von Turbulenz im Wirbel selbst. Dieser Quellvorgang ist in ersten numerischen CAA-Simulationen (*CAA Computational Aeroacoustics*) auch theoretisch nachvollzogen worden [18.65] (s. auch Abschn. 18.1.4.2). Die derzeit vorliegenden Ergebnisse von Schallmessungen deuten darauf hin, dass das gemittelte Schalldruckquadrat des Seitenkantengeräusches mit etwa der 6. Potenz der Strömungsgeschwindigkeit ansteigt. Die Richtcharakteristik der Abstrahlung ist frequenzabhängig und zeigt eine komplexe Verteilung unterschiedlicher Maxima in verschiedenen Richtungen [18.31, 18.106].

Durch die Installation von Endscheiben an der Seitenkante wurden Geräuschminderungen nachgewiesen [18.62, 18.105, 18.107, 18.232, 18.260], ohne dass der akustische Wirkungsmechanismus solcher Maßnahmen eindeutig geklärt werden konnte. Gleiches gilt für die Anwendung poröser Werkstoffe im Kantenbereich [18.19, 18.225].

18.1.4.2 Numerische Simulation von Umströmungsschallquellen

Etwa Mitte der 90er-Jahre hat die Entwicklung der CAA-Verfahren eingesetzt. Diese Verfahren dienen der numerischen Simulation des eigentlichen aeroakustischen *Quellvorgangs* und der *Schallfortpflanzung durch allgemein strömende Medien*. Die Schallberechnung basiert dabei nicht auf der Lösung einer akustischen Wellengleichung, sondern auf der Lösung der kontinuumsmechanischen Bilanzgleichungen. Ein Blick auf den Entstehungsmechanismus von Umströmungsgeräuschen zeigt, welche physikalischen Phänomene ein Quellsimulationsverfahren mindestens abbilden können muss. Der Quellprozess beim Umströmungsgeräusch besteht in der Umwandlung von hydrodynamischen (d.h. wirbelbedingten) Wechseldrücken in akustische (ausbreitungsfähige) Wechseldrücke, und zwar an abrupten Geometrieänderungen wie überströmten Hinter- Vorder- und Seitenkanten, Stufen, Spalten, Schlitzen etc. Bei einer CAA-Simulation des Quellvorgangs hat also die Dynamik der Wirbelfeldschwankungen ebenso Teil des Simulationsergebnisses zu sein wie die damit verbundene Schallentstehung an der umströmten Geometriekomponente. Im Vergleich ist bei einer Schallberechnung mittels inhomogener akustischer Wellengleichung dessen Quellterm (z.B. Lighthillscher Spannungstensor als Volumenquelle, Oberflächenwechseldrücke als Flächenquelle) samt aller ihn bestimmenden wirbeldynamischen Vorgänge an der schallerzeugenden Geometriekomponente vorher bekannt (z.B. durch Modellierung). Denn definitionsgemäß enthält die über eine akustische Wellengleichung beschriebene Bewegung des Mediums keine wirbeldynamischen (und entropische) Freiheitsgrade; sämtliche dieser liegen im Quellterm verborgen. Nur in besonders einfachen Fällen jedoch ist die Wirbeldynamik vorab hinreichend genau bekannt oder könnte einfach modelliert werden. Bei Rückkopplungsvorgängen wie selbsterregt schwingenden überströmten Hohlräumen ist der Wellengleichungsansatz zudem prinzipiell problematisch, weil hier die Wirbeldynamik und damit der Quellterm selbst von den Schallsignalen, d.h. der Lösung, abhängt.

Um in CAA-Verfahren einerseits die wirbeldynamischen Bewegungsfreiheitsgrade simulierbar zu machen und andererseits Strömungseffekte auf die Schallfortpflanzung zu erfassen, werden – ähnlich wie bei den Verfahren der numerischen Aerodynamik (CFD) – die Erhaltungsgleichungen für Masse (18.25), Impuls (18.26) und Energie (18.27), also

$$\frac{\partial \varrho}{\partial t} + \boldsymbol{v} \cdot \nabla \varrho + \varrho \nabla \cdot \boldsymbol{v} = 0 \,, \tag{18.25}$$

$$\varrho \frac{\partial \boldsymbol{v}}{\partial t} + \varrho \boldsymbol{v} \cdot \nabla \boldsymbol{v} + \nabla p = \nabla \cdot \boldsymbol{\tau} \,, \tag{18.26}$$

$$\frac{\partial p}{\partial t} + \boldsymbol{v} \cdot \nabla p + \kappa p \nabla \cdot \boldsymbol{v} = (\kappa - 1)\,(\boldsymbol{\tau} : \nabla \boldsymbol{v} - \nabla \cdot \boldsymbol{q}) \tag{18.27}$$

zur Bestimmung der Feldgrößen Dichte ϱ, Geschwindigkeit $\boldsymbol{v}$ und Druck p numerisch gelöst. In den Gleichungen bezeichnet κ den Isentropenexponent, $\boldsymbol{\tau}$ den viskosen Spannungstensor, $\boldsymbol{q}$ die Wärmestromdichte, ein Punkt eine einfache und ein Doppelpunkt eine zweifache Verjüngung (Skalarprodukt und doppeltes Skalarprodukt). Bei den CAA-Verfahren wird das Gebiet, das vom (strömenden) akustischen Medium eingenommen wird, mit einem Rechengitternetz belegt, an dessen Kreuzungs- oder Knotenpunkten die Feldgrößen repräsentiert sind (*Diskretisierung des Kontinuums*). Verschiedene Diskretisierungsschemata sind hierzu entwickelt worden [18.6, 18.40, 18.48, 18.162, 18.274, 18.275], von denen das auf Finite Differenzen beruhende sog. DRP-Verfahren (DRP Dispersion Relation Preserving) von Tam und Webb [18.275] bzw. Tam und Shen [18.274] eine weite Verbreitung erfahren hat. Besondere Bedeutung hat im Zusammenhang mit CAA-Simulationen darüber hinaus die hochgenaue Formulierung von *numerischen Randbedingungen* an Geometrien und an künstlichen Freifeldrändern des Rechengebiets, weil künstliche Reflexionen vermieden werden müssen [18.123, 18.271, 18.272]. Die bislang abgehaltenen drei „NASA CAA-Workshops on Benchmark Problems" [18.44, 18.115, 18.273] zeigen Genauigkeit und Effizienz verschiedener CAA-Verfahren im Vergleich.

Im Verlauf einer CAA-Simulation wird – beginnend mit einem Anfangszustand zur Zeit $t = t_0$ – die Feldgrößenverteilung Zeitschritt für Zeitschritt Δt mit Hilfe eines hochgenauen Zeitschrittschemas (z.B. Runge-Kutta Verfahren vierter Ordnung RK4 oder Derivate mit minimalem Dispersionsfehler [18.124]) vorangetrieben und liegt am Ende zu den Zeitpunkten $t_n = t_0 + n\Delta t$ vor. Bei aller konzeptionellen Ähnlichkeit zu den etablierten CFD-Verfahren zeichnen sich die numerischen Schemata der CAA-Verfahren durch zwei für die Aeroakustik wesentliche Merkmale aus:

a) *besondere Spektralgüte* (globale Approximation) und
b) *hohe Konsistenzordnung* (lokale Approximation).

Eine hohe Spektralgüte gewährleistet bei gegebener Auflösung eines Wellenvorgangs (Anzahl von Knotenpunkten pro Wellenlänge, engl.: PPW) eine bestmögliche Wiedergabe ihrer Wellendynamik. Eine hohe Konsistenzordnung (typisch ≥ 4 im Gegensatz zu 2 bei CFD) wird benötigt, um bei möglichst geringer Auflösung starke lokale Gradienten des Strömungsfelds adäquat darstellen zu können (Grenzschichten, Ablösegebiete etc.).

Auch mit derartigen Verfahren ist jedoch für technische Probleme (also i.d.R. für hohe Reynolds-Zahlen) an eine vollständige Lösung der Gln. (18.25) bis (18.27), d.h. unter räumlich-zeitlicher Auflösung aller Turbulenzskalen, auf absehbare Zeit nicht zu denken, weil Rechenspeicherbedarf und Rechenzeiten auch auf den größten derzeitigen Höchstleistungsrechnern um Größenordnungen zu hoch lägen. Daher werden CAA-Verfahren oft nur zur *Simulation der Störungen* $g'(t, x) = [\varrho', v', p']$ um ein zeitgemitteltes Strömungsfeld $g^0(x) = [\varrho^0, v^0, p^0]$ eingesetzt. Die stationäre Grundströmung $g^0(x)$ wird typischerweise aus einer CFD-Simulation gewonnen und enthält alle zeitgemittelten Effekte infolge Viskosität und – bei Verwendung eines geeigneten Turbulenzmodells – der turbulenten Scheinreibung. Die Strömungsgrößen $g(t, x) = g^0(x) + g'(t, x)$ werden als Grundströmung plus Störung in die Gln. (18.25) bis (18.27) eingesetzt, woraus ein nichtlineares Gleichungssystem für die Störungen entsteht.

Bei technischen Problemstellungen wie Umströmungsgeräusch ist die Anwesenheit von akustischen Grenzschichten sehr häufig von untergeordneter Bedeutung, so dass die viskosen Terme in den Störungssimulationsgleichungen vernachlässigt werden (reibungsfreie Stördynamik). Werden darüber hinaus in den Störungsgleichungen nur lineare Terme in den Störgrößen betrachtet, so wird von den *Linearisierten Euler-Gleichungen* (engl.: LEE) gesprochen. Die kinematischen Effekte der Grundströmung auf die Schallfortpflanzung werden dabei ebenso erfasst wie die Dynamik von linearen (d.h. schwachen) Wirbelstörungen (z.B. auch instabile Scherschichtwellen) und Rückkopplungsphänomene der Störungen auf sich selbst, sei es mit oder ohne Wandeinfluss. Die Mechanismen der Schallerzeugung an der Seitenkante einer Fowler-Klappe sind mit dieser Vorgehensweise (wenn auch reduziert auf einen generischen Fall) 1999 erstmals simuliert worden [18.65].

Da, wie erwähnt, die direkte numerische Vorhersage von technischen Umströmungsgeräuschen, bedingt durch die ungeheure Vielskaligkeit der Turbulenz, zur Zeit praktisch nicht realisierbar ist, muss auch bei CAA-Störsimulationen ein *Modell für die Störanregung* verwendet werden. Im Gegensatz zu aeroakustischen Quelltermen in Wellengleichungen, die im gesamten Quellgebiet unter Einbeziehung der vollständigen Wirbeldynamik modelliert werden müssen, wird hier nur die *Anregung* von Wirbelstörungen modelliert. Deren Dynamik und damit die Ursache für die Umströmungsschallerzeugung ist Teil der numerischen Berechnung. Verschiedene solcher Störanregungsmodelle sind entwickelt worden [18.11, 18.250]. Je nach Zweck einer CAA-Simulation genügt es oft, Wirbelstörungen außerhalb, d.h. stromauf des Quellgebiets in die Grundströmung g^0 einzubringen. Die Wirbelstörung wird durch die Grundströmung in das Quellgebiet getragen und erzeugt dort Schall infolge ihrer Wechselwirkung mit Strömungsgradienten und Geometrieänderungen [18.65, 18.101, 18.250, 18.292]. In Abgrenzung zu den technisch relevanten Umströmungsgeräuschquellen an abrupten Geometrieänderungen ist die Schallerzeugung in quasihomogenen subsonischen turbulenten Strömungen (z.B. freie Scherschichten, Freistrahl, freie Turbulenz, Turbulenz in anliegenden schwach gekrümmten Grenzschichten) einer Simulation mit linearisierten Gleichungen nicht zugänglich, weil das Turbulenzeigengeräusch nichtlinearer Dynamik folgt. Abbildung 18.24

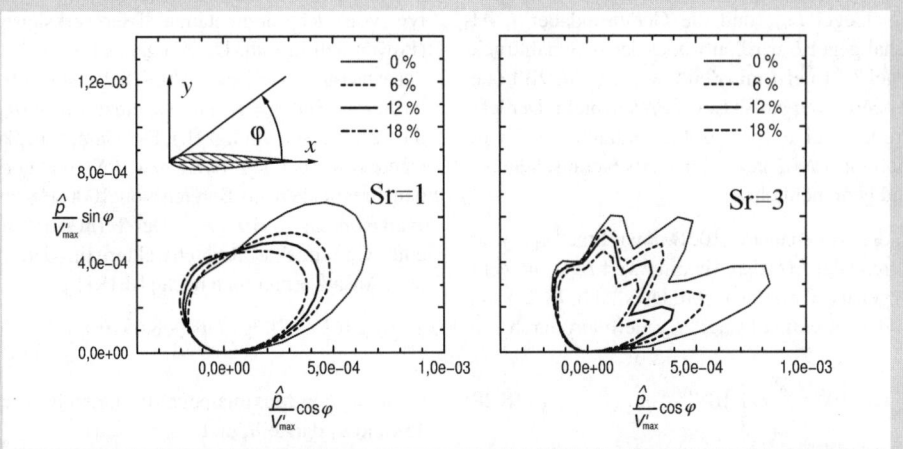

Abb. 18.24 Akustische Antwort von Profilen verschiedener Dicke bei frontaler Interaktion mit 3D-Testwirbel in Mach-0,5-Anströmung. Initiale Störgeschwindigkeitsverteilung $\mathbf{V}'/a_\infty = \varepsilon \cdot (x, -y, 0)^T \cdot \exp[-(x^2 + y^2 + z^2)/c^2 \cdot \ln 2]$ weit stromauf des Profils, $\varepsilon \ll 1$, $c = l/10$, l Profiltiefe. Schalldruck $\hat{p}(Sr)/|\mathbf{V}'_{max}|$ bezogen auf Freifeldimpedanz als Funktion der Strouhal-Zahl $Sr = f \cdot l/U_\infty$ mit f Frequenz, ausgewertet für Bandbreite $\Delta Sr = 0{,}2$

zeigt beispielhaft die simulierte 3D-Schallerzeugung an Profilen (Spannweitenrichtung z, Stromabrichtung x) verschiedener Dicke bei Interaktion mit einem stromauf der Profilvorderkante eingebrachten 3D-Testwirbel [18.101] (numerische Lösung der LEE). An virtuellen Mikrophonpositionen auf einem Kreis um die Profilnase in der Ebene $z = 0$ wird die akustische Antwort $p'(t)$ aufgenommen, Fourier-transformiert und frequenzweise verglichen. Die Simulation zeigt die Eigenschaft dicker Profile, Wirbelstörungen weniger effizient in Schall zu wandeln als dünne Profile. Dem kann entnommen werden, in welchem Maße dicke Profile bei gleicher turbulenter Zuströmung leiser sind als dünne Profile, vgl. auch [18.299]. Mit Hilfe der nichtlinearen Störungsgleichungen kann verifiziert werden, dass auch starke (z.B. 20-prozentige) Störungen der Anströmgeschwindigkeit das akustische Ergebnis beim Vorderkantenproblem nur geringfügig ändern. Im Zusammenhang mit der analytischen Untersuchung der Umströmungsgeräuscherzeugung an einer Hinterkante haben bereits Ffowcs-Williams u. Hall [18.83] auf die dominante Rolle der linearen Störanteile hingewiesen, vgl. auch die auf linearen Quelltermen beruhenden Berechnungen von [18.209]. Als eine der Einsatzmöglichkeiten der CAA bei der Berechnung aerodynamisch generierten Schalls dient der beispielhaft beschriebene „Wirbeltest" als Entwurfshilfe für Geometriekomponenten mit minimalem Umströmungsgeräusch.

18.2 Schallimmission

18.2.1 Einzelgeräusche

Fliegt ein Flugzeug an einem Immissionsort P vorbei, so hat dort der Schallpegel L als Funktion der Zeit t einen Verlauf, der schematisch in Abb. 18.25 dargestellt ist. $L(t)$ wird im Allgemeinen

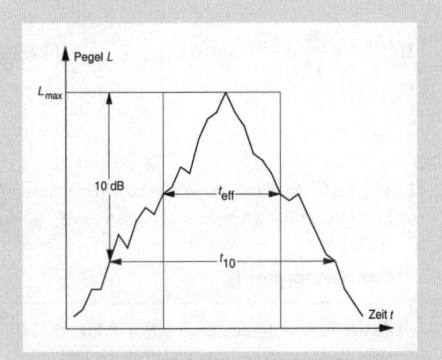

Abb. 18.25 Schallpegelverlauf $L(t)$ beim Vorbeiflug eines Flugzeugs (schematisch)

durch zwei Kenngrößen charakterisiert, den Maximalpegel L_{max} und die Geräuschdauer τ. Als Schallpegel L wird entweder der A-Schalldruckpegel L_A (meist mit Zeitbewertung *SLOW*) oder der Perceived Noise Level *PNL* benutzt. Der letztere kann eine Tonkorrektur enthalten und wird dann mit *PNLT* bezeichnet. Als Geräuschdauer τ sind gebräuchlich:

- die so genannte „10dB-down-time" t_{10}, während der $L(t)$ den Maximalwert L_{max} um weniger als 10 dB unterschreitet (s. Abb. 18.25), und
- die „effektive Dauer" t_{eff}, definiert durch

$$t_{eff} \cdot 10^{L_{max}/10} = \int_{-\infty}^{\infty} 10^{L(t)/10} \, dt \,. \quad (18.28)$$

In der Praxis wird ein endliches Integrationsintervall gewählt, z. B. das Intervall t_{10}. Nach ISO 3891 [18.138] und DIN 45643 [18.49] kann näherungsweise $t_{eff} = t_{10}/2$ gesetzt werden.

Die beiden Kenngrößen L_{max} und τ werden oft zu einem „Einzelereignispegel" L_E zusammengefasst:

$$L_E = L_{max} + k \cdot \lg(\tau/t_{ref}) \,. \quad (14.29)$$

Beispiele für gebräuchliche Einzelereignispegel finden sich in Tabelle 18.4.

18.2.2 Abhängigkeit der Kenngrößen des Einzelgeräusches vom Vorbeiflugabstand und von der Fluggeschwindigkeit

Einen Anhaltspunkt für die ungefähre Abhängigkeit der Kenngrößen L_{max} und τ vom Vorbeiflugabstand d (s. Abb. 18.26) und der Fluggeschwindigkeit V erhält man mit folgendem vereinfachten Ansatz:

$$10^{L(t)/10} = \frac{A}{r^2} e^{-2\alpha r} \cdot \sin^2\theta \,. \quad (14.30)$$

Die Konstante A hängt bei gegebenem Flugzeugtyp von der momentanen Triebwerksleistung (Power Setting) ab. Der Flugzeugabstand r und der Abstrahlwinkel θ (s. Abb. 18.26) sind zur retardierten Zeit $t' = t - r(t')/a_0$ einzusetzen (a_0 ist die Schallgeschwindigkeit). Die Dämpfungskonstante α hat bei den für L_A bzw. *PNL* maßgebenden Frequenzen im Bereich von 1000 Hz einen Wert von ca. $5 \cdot 10^{-4}$ m^{-1}. Der Term $\sin^2\theta$ stellt eine vereinfachte Richtcharakteristik dar. Aus dem Ansatz erhält man nach [18.181]:

$$L_{max} = L_1 - 20\lg(d/d_1) - 8{,}69\,\alpha(d - d_1) \,, \quad (18.31)$$

wobei L_1 den Maximalpegel für einen Referenzabstand d_1 darstellt, und

$$\left.\begin{array}{l} t_{10} = 2\sqrt{\sqrt{10}-1} \cdot d/V = 2{,}94\,d/V \\ t_{eff} = \dfrac{\pi}{2}\,d/V = 1{,}57\,d/V \end{array}\right\} \text{ für } \alpha d \ll 1. \quad (18.32)$$

$$\left.\begin{array}{l} t_{10} = 2\sqrt{\ln 10}\,\dfrac{1}{V}\sqrt{d/\alpha} = 3{,}03\,\dfrac{1}{V}\sqrt{d/\alpha} \\ t_{eff} = \sqrt{\pi}\,\dfrac{1}{V}\sqrt{d/\alpha} = 1{,}77\,\dfrac{1}{V}\sqrt{d/\alpha} \end{array}\right\} \text{ für } \alpha d \gg 1.$$

Den Gesamtverlauf von $t_{10}(d, V)$ kann man in guter Näherung durch die Formel

$$t_{10} = \frac{2{,}94}{\sqrt{1 + 0{,}939\,\alpha d}} \cdot \frac{d}{V} \quad (18.33)$$

darstellen. Die effektive Dauer t_{eff} bezieht sich auf das Integrationsintervall $(-\infty, \infty)$. Integriert man nur über die Zeitspanne t_{10}, so ergibt sich im Fall nicht zu großer Abstände $t_{10} = 2{,}04 \cdot t_{eff}$, womit die weiter oben angegebene Näherung $t_{eff} = t_{10}/2$ gut bestätigt wird.

18.2.3 Fluglärmberechnungsverfahren

Die Fluglärmimmission in der Umgebung von Flugplätzen kann zwar sowohl durch Messung

Tabelle 18.4 Verschiedene gebräuchliche Formen von Einzelereignispegeln L_E sowie die zugehörigen Parameterwerte nach Gl. (18.29). Der Single Event Exposure Level L_{AX} wird auch als Sound Exposure Level L_{AE} bezeichnet [18.139]

Einzelereignispegel L_E	k	L_{max}	τ	t_{ref}
Effective Perceived Noise Level *EPNL* [18.132, 18.138]	10	PNLT	t_{eff}	10 s
Single Event Exposure Level L_{AX} [18.49, 18.138]	10	L_{AS}	t_{eff}	1 s
Einzelereignispegel L_{AZ} [18.49]	13.3	L_{AS}	t_{10}	20 s

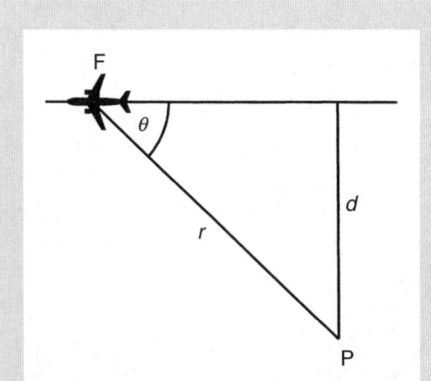

Abb. 18.26 Geradliniger Vorbeiflug eines Flugzeugs F am Beobachtungspunkt P im Abstand d

als auch durch Berechnung ermittelt werden, im Fall von prognostizierten Flugbetriebsszenarien (z. B. für Flugplatzneu- oder -ausbauten) kann jedoch nur auf die Berechnung zurückgegriffen werden. Zu diesem Zweck ist im In- und Ausland eine Reihe von Fluglärmberechnungsverfahren entwickelt worden, wie die in Deutschland verwendete „Anleitung zur Berechnung von Lärmschutzbereichen nach dem Gesetz zum Schutz gegen Fluglärm – AzB" [18.38] und das in den USA entwickelte Integrated Noise Model INM [18.91, 18.103].

Fluglärmberechnungsverfahren bestehen aus einer Berechnungsvorschrift und einer Datengrundlage. Letztere basiert in der Regel auf einer geeigneten Klassifizierung der am Luftverkehr teilnehmenden Flugzeugmuster und beinhaltet entsprechende akustische und flugbetriebliche Datensätze. Art und Umfang dieser Datenbasis werden durch die Art des Berechnungsverfahrens bestimmt. Weitere Grundlage für die Anwendung eines jeden Fluglärmberechnungsverfahrens ist eine Flugverkehrsanalyse, in der die Lage der Start- und Landebahnen sowie der An- und Abflugstrecken dargestellt ist und in der für jede Flugstrecke die Zahl der Flugbewegungen während des Bezugszeitraums, nach Flugzeuggruppen aufgeschlüsselt, angegeben ist. Bei den meisten der derzeit in der Praxis eingesetzten „konventionellen" Berechnungsverfahren besteht ein akustischer Datensatz aus Tabellen, in denen Maximal- und Effektivpegeldaten als Funktion des Vorbeiflugabstands d und der Triebwerksleistung P abgelegt sind („Noise-Power-Distance (NPD)-Data"). Ein flugbetrieblicher Datensatz besteht aus einer Annäherung der realen Flugbahn durch geradlinige Segmente, an deren Endpunkten Flughöhe und -geschwindigkeit sowie die Triebwerksleistung definiert sind (Abb. 18.27). Damit ist das geometrische Vertikalprofil der Flugbahn bestimmt. Der Verlauf in der Horizontalebene ergibt sich durch die Flugstreckenbeschreibung. Bei dieser wird der reale Verlauf der Strecke meist durch einzelne Segmente (Kreisbögen, Geraden) angenähert. Abweichungen vom idealen Streckenverlauf werden durch Zuordnung eines Flugkorridors berücksichtigt.

Anhand dieser Geometrie zwischen Flugzeug und Immissionsort werden dann durch eine Schallausbreitungsrechnung die maßgeblichen Immissionskenngrößen berechnet. Folgende Ausbreitungseffekte werden dabei von allen konventionellen Verfahren berücksichtigt:

a) geometrische Dämpfung für Ausbreitung von Kugelwellen,
b) atmosphärische Dämpfung (für standardisierte atmosphärische Bedingungen) und
c) Pegelminderung $E(d)$ für Boden-Boden-Schallausbreitung.

Die Schallabstrahlungscharakteristik eines Flugzeugs geht dabei implizit in die Pegelentfernungstabellen ein. Für Effektivpegel sind diese in der Regel auf einen idealisierten Vorbeiflug mit Referenzgeschwindigkeit auf einer unendlich langen, geradlinigen Flugbahn normiert. Geschwindigkeitseffekte sowie Effekte nur endlich langer Flugbahnsegmente werden durch Korrekturterme berücksichtigt.

Das AzB-Verfahren weicht von diesem Schema insofern ab, als Geräuschdauer t_{10} und Maximalpegel L_{max} separat ermittelt werden:

$$L_{max} = L(d) - c(\beta) \cdot E(d) + Z(\sigma), \quad (18.34)$$

$$t_{10} = \frac{a \cdot d}{V(\sigma) + d/b}. \quad (18.35)$$

Der Maximalpegel L_{max} errechnet sich aus flugzeuggruppenspezifischen Referenzschallspektren und beinhaltet die Effekte der geometrischen und atmosphärischen Dämpfung. Der Faktor $c(\beta)$ zur Bodendämpfung $E(d)$ hat für Höhenwinkel β zwischen Flugzeug und Immissionsort von mehr als 15° den Wert 0 und geht zwischen 15° und 0° linear mit $\sin \beta$ in den Wert 1 über. Änderungen in der Triebwerksleistung werden in der AzB über einen Zusatzpegel $Z(\sigma)$ modelliert, wobei σ die Bogenlänge längs der Flugbahnprojektion in die Horizontalebene ist (s. Abb. 18.27).

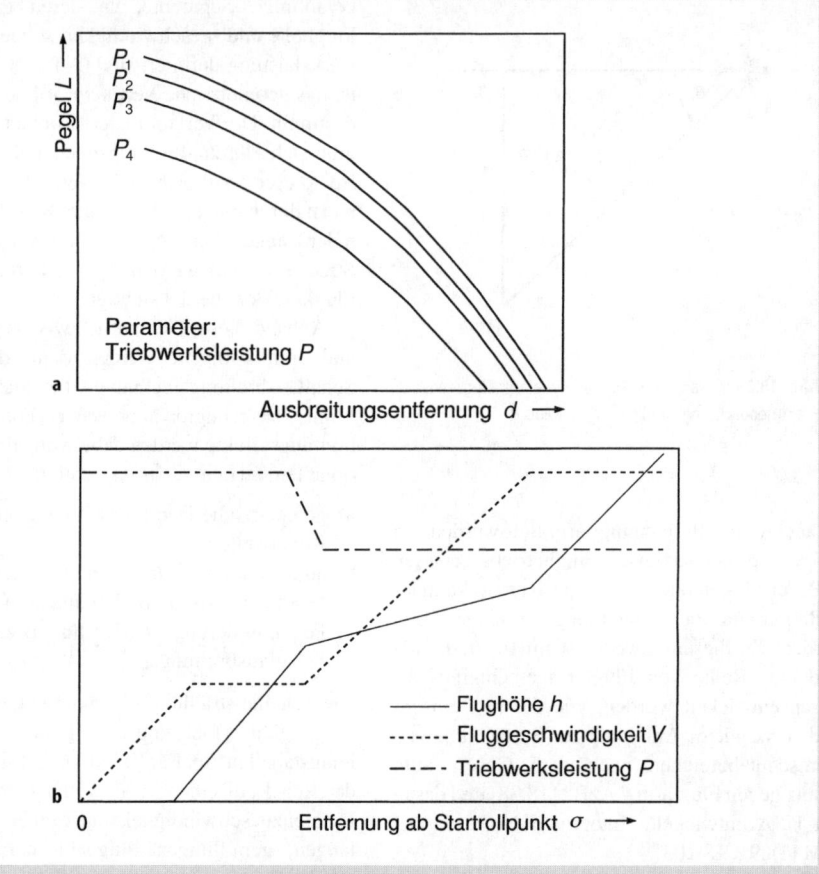

Abb. 18.27 Datengrundlagen für Fluglärmberechnungsverfahren: **a** Pegelentfernungskurven für unterschiedliche Triebwerksleistungen („NPD-Kurven"); **b** Flugleistungsdaten (Beispiel Abflug)

Die Koeffizienten a und b [in s] in Gl. (18.35) sind ebenfalls flugzeuggruppenspezifisch definiert (vgl. Abschn. 18.2.2).

Alle konventionellen Verfahren haben sich in der Praxis seit langen Jahren bewährt. Nichtsdestoweniger basieren sie auf einer Reihe von vereinfachenden Annahmen zur Modellierung der Flugbahn, der Schallabstrahlungscharakteristik und der Ausbreitungseffekte. Einen anderen Ansatz bieten hier Simulationsverfahren, die auf einer Diskretisierung der Flugbahn und einer exakteren Beschreibung der akustischen Eigenschaften des Flugzeugs basieren. Mit Simulationsverfahren kann am Immissionsort ein zeitlicher Schallpegelverlauf ermittelt werden, der bei sorgfältiger Wahl der Datenbasis einem gemessenen Verlauf weitestgehend entspricht. Aus diesem Zeitverlauf können dann die benötigten Immissionskenngrößen abgeleitet werden (s. Abb. 18.25). Derartige Verfahren haben sich – obwohl sie bereits existieren [18.135, 18.215] – in der Praxis bisher allerdings nicht in umfassendem Maße durchgesetzt. Dies ist insbesondere darauf zurückzuführen, dass die benötigten hochwertigen Eingabedaten nicht in vollem Umfang frei verfügbar sind. Weitere Informationen zur Fluglärmberechung finden sich in [18.136].

Derzeit bestehen auf internationaler Ebene Bestrebungen, Fluglärmberechnungsverfahren und die zugehörigen Datenbasen zu vereinheitlichen.

18.3 Fluglärmbewertung

Es wird neuerdings angestrebt, Lärm unterschiedlicher Herkunft hinsichtlich der Wirkung auf die im Immissionsgebiet lebenden Menschen einheitlich zu beurteilen (ISO [18.139], DIN [18.52], EU [18.42]). Dies gilt insbesondere dann, wenn Lärm unterschiedlicher Herkunft gleichzeitig auftritt und die Gesamtwirkung beurteilt werden soll. Da Lärm unterschiedlicher Art bei gleicher Lautstärke als unterschiedlich störend empfunden werden kann (z. B. „Schienenbonus" s. Abschn. 5.4.2.1 und 17.1) sind der Aussagekraft solcher universeller Beurteilungsmaße allerdings Grenzen gesetzt. Sie sind sinnvoll und notwendig als Grundlage für die städtebauliche Planung und dgl. (s. DIN 18005 [18.50]). Die Problematik der Überlagerung und gemeinsamen Beurteilung von Geräuschen unterschiedlicher Herkunft ist allerdings noch weitestgehend ungelöst.

Wegen des besonderen Charakters des Fluglärms ist seit langem eine Reihe speziell auf Fluglärm zugeschnittener Beurteilungsmaße in Gebrauch, die insbesondere dann Anwendung finden, wenn Fluglärm die dominierende Lärmquelle ist oder wenn aus rechtlichen oder planerischen Gründen der Fluglärm für sich allein zu bewerten ist.

Die weltweit gebräuchlichsten Beurteilungsmaße lassen sich in Form eines gewichteten äquivalenten Dauerschallpegels $L_{eq,gew}$ darstellen:

$$L_{eq,gew} = k \cdot \lg \left[\frac{t_{ref}}{T} \sum_{i=1}^{N} g_i \cdot 10^{L_{E,i}/k} \right] + C. \tag{18.36}$$

Die Summe wird über alle Vorbeifluggeräusche erstreckt, die während eines Bezugszeitraums der Länge T am Immissionsort auftreten. $L_{E,i}$ ist der Einzelereignispegel des i-ten Geräuschs, t_{ref} die in der Definition von L_E vorkommende Bezugsdauer (s. Abschn. 18.2.1) und g_i ist ein tageszeitabhängiger Gewichtsfaktor. Der „Äquivalenzparameter" k hat meistens den Wert 10 („energetische" Addition). C ist eine Normierungskonstante. Gebräuchliche Formen von gewichteten äquivalenten Dauerschallpegeln sind im Folgenden zusammengestellt (s. auch Tabelle 18.5):

a) Der äquivalente Dauerschallpegel $L_{eq(4)}$ nach dem Gesetz zum Schutz gegen Fluglärm [18.37] wird für zwei Fälle A und B mit unterschiedlichen Gewichtsfaktoren g_i berechnet (s. Tabelle 18.5). $L_{eq(4)}$ ist das Maximum der beiden Werte. Bezugszeitraum sind die 6 verkehrsreichsten Monate des Jahres.

b) Der Day-Night Average Sound Level L_{DN} [18.37] stellt das weltweit wohl gebräuchlichste Beurteilungsmaß für Fluglärm dar. Bezugszeitraum ist meist 1 Jahr.

c) Der Day-Evening-Night Sound Level L_{DEN} [18.133] stellt eine Erweiterung des L_{DN} dar. Er beaufschlagt Geräusche innerhalb der drei Abendstunden von 19 bis 22 Uhr mit einem Pegelmalus von 5 dB, was einem Gewichtsfaktor von 3,162 entspricht. Üblicherweise wird auf einen durchschnittlichen Tag normiert – der zugehörige Bezugszeitraum ist nicht explizit festgelegt.

d) Der auf dem tonkorrigierten Perceived Noise Level basierende Noise Exposure Forecast NEF [18.133] ist in Australien und z. T. noch in den USA gebräuchlich. Der Bezugszeitraum beträgt i. Allg. 1 Jahr.

Im Rahmen einer harmonisierten europäischen Lärmpolitik wird seitens der Kommission ein

Tabelle 18.5 Gebräuchliche gewichtete äquivalente Dauerschallpegel $L_{eq,gew}$ sowie die zugehörigen Parameter nach Gl. (18.36)

				g_i für die Tageszeit von			
$L_{eq,gew}$	$L_{E,i}$	k	C	6–7 Uhr	7–19 Uhr	19–22 Uhr	22–6 Uhr
$L_{eq(4)}$-A	L_{AZ}	13,3	0	1,5	1,5	1,5	0
$L_{eq(4)}$-B				1	1	1	5
L_{DN}	L_{AX}	10	0	10	1	1	10
L_{DEN}	L_{AX}	10	0	10	1	3,162	10
NEF	EPNL	10	−48,63	16,67	1	1	16,67

modifizierter Day-Evening-Night Sound Level L_{den} als harmonisiertes Beurteilungsmaß vorgeschlagen [18.42]. Er basiert – bei gleichen Gewichtsfaktoren – auf einer Aufteilung in 12 Tages-, 4 Abend- und 8 Nachtstunden. Die Verteilung dieser drei Zeitscheiben auf explizite Tageszeiten ist den Mitgliedsstaaten allerdings freigestellt.

Die Wahl des Äquivalenzparameters $k = 13{,}3$ im Fluglärmgesetz geht von der Annahme aus, dass eine Halbierung der Geräuschdauer oder der Geräuschhäufigkeit hinsichtlich der Störwirkung einer Abnahme des Maximalpegels um $q = 4$ dB äquivalent ist (q Halbierungsparameter). Diese Annahme stützt sich auf eine Laboruntersuchung von K. D. Kryter und K. S. Pearsons [18.158] (Pegel/Dauer-Äquivalenz) und eine Felduntersuchung von A. C. McKennell [18.187] (Pegel/Häufigkeits-Äquivalenz). International hat sich aber die energetische Mittelung ($k = 10$) durchgesetzt. Dies trifft in zunehmendem Maße auch auf die A-Bewertung zu. Zur genäherten Umrechnung verschiedener Fluglärmbeurteilungsmaße s. [18.136, 18.182].

Vielfach wird die Meinung vertreten, dass ein Beurteilungsmaß in der Art eines (gewichteten) äquivalenten Dauerschallpegels die Lärmsituation nicht mehr adäquat beschreibt, wenn die Geräuschhäufigkeit N/T niedrig ist. Ergebnisse der Lärmwirkungsforschung, die die Grundlage für ein entsprechend modifiziertes Beurteilungsverfahren abgeben könnten, sind nicht leicht zu gewinnen. Bisherige Ansätze (z. B. DIN 4109 [18.51], wo der mittlere Maximalpegel benutzt wird) sind mehr oder weniger ad hoc zu Stande gekommen. Ein modifiziertes Verfahren müsste der Bedingung genügen, dass das modifizierte Beurteilungsmaß bei zunehmender Geräuschhäufigkeit stetig in das unmodifizierte Maß übergeht.

Aufweckreaktionen stellen einen wesentlichen Aspekt der Störungen durch nächtlichen Fluglärm dar. Sie sind in der Regel mit Maximalpegeln korreliert – es ist daher fraglich, ob äquivalente Dauerschallpegel zur Beurteilung von nächtlichem Fluglärm geeignet sind. Aus diesem Grund wird in der Praxis oft auf Schwellenwert- oder NAT-Kriterien (NAT Number Above Threshold) zurückgegriffen. Diese sind durch die Anzahl der Überschreitungen eines Maximalpegelwerts während einer bestimmten Zeitperiode definiert. Ein in Deutschland gebräuchliches NAT-Kriterium wurde von Jansen [18.144] eingeführt.

18.4 Überschallknall

18.4.1 Definition und Beschreibung

Druckstörungen, die von einem Flugzeug im Flug erzeugt werden, breiten sich in alle Richtungen näherungsweise mit Schallgeschwindigkeit aus. Fliegt ein Flugzeug mit Überschallgeschwindigkeit, d. h. schneller als die Druckstörungen sich ausbreiten können, so beschränkt sich die von den Druckstörungen verursachte Strömung auf einen nahezu konischen Bereich, der vom Flugzeug mitgeführt wird. In linearer Näherung spricht man von einem Machkegel mit dem Machwinkel $\sin \alpha = M^{-1}$ und der Machzahl M. Die Machzahl ist der Quotient aus der Fluggeschwindigkeit und der Schallgeschwindigkeit der das Flugzeug umgebenden ruhenden Luft. Obige Überschallströmung besteht im Wesentlichen aus einem System von Kompressionswellen in der Nähe des Rumpf- und Flügelvorderteils sowie des Rumpf- und Flügelhinterteils und dazwischen liegenden Fächern von Expansionswellen. Mit wachsendem Abstand vom Flugzeug laufen die Kompressionswellen auf Grund nichtlinearer Effekte zusammen und führen am Beginn und am Ende des Wellensystems zu steilen Anstiegen des Drucks [18.216]. Derartige Druckanstiege werden als Verdichtungsstöße (Stoßwellen) bezeichnet. Das gesamte Wellensystem erstreckt sich im Allgemeinen bis zum Erdboden, wo es je nach Beschaffenheit desselben mehr oder weniger diffus reflektiert wird (vgl. Abb. 18.28 rechts oben). Das aus einfallenden und reflektierten Wellen bestehende Druckwellensystem wird als Überschallknall (sonic boom, sonic bang) wahrgenommen. Ein schematisierter Verlauf des Überdrucks Δp (die „Drucksignatur") eines solchen Knalls am Erdboden ist in Abb. 18.28 für konstante Fluggeschwindigkeit wiedergegeben.

Der Vorgang beginnt mit dem schnellen Anstieg des Drucks im vorderen Stoß während der Anstiegszeit τ, die vom Ansatzpunkt ($t = 0$) bis zu der Stelle gerechnet wird, an der $\Delta p = \Delta p_{max}$ ist (Ende des Stoßes). Danach folgt ein langsamer Abfall zu negativen Überdrucken hin bis zum Beginn des hinteren Stoßes, hinter dem der Überdruck im Allgemeinen schnell abklingt. Die Zeit Δt zwischen den Ansatzpunkten beider Stöße nennt man das Signaturintervall. Hauptsächlich infolge der Schwankungen der atmosphärischen Zustände treten in der Drucksignatur meist kleinere Schwankungen auf, auch können die Front-

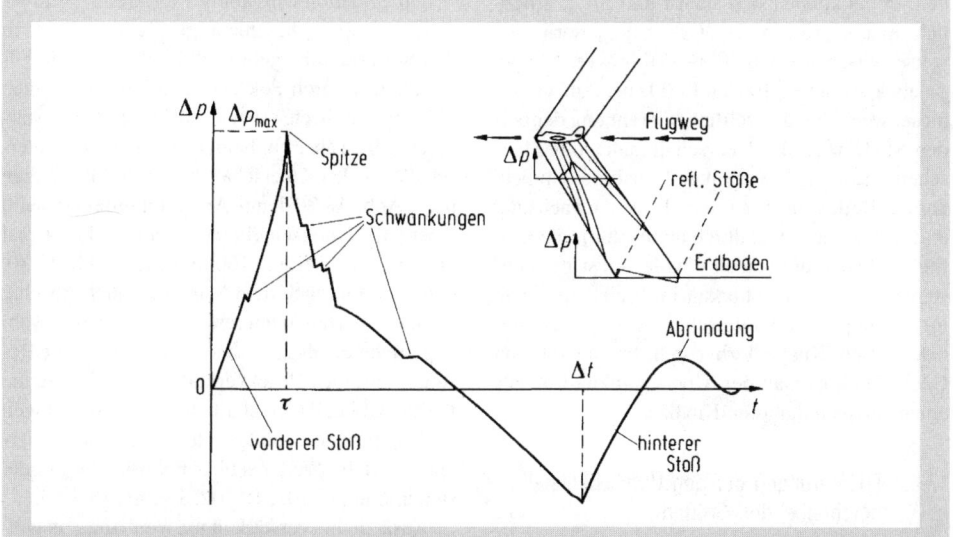

Abb. 18.28 Drucksignatur Δp eines Überschallknalls in Abhängigkeit von der Zeit t an einem Punkt auf dem Erdboden

und Heckstöße jeweils spitz oder abgerundet enden. Der ideale, d.h. nicht mit diesen Schwankungen versehene Druckverlauf wird wegen der Ähnlichkeit mit dem Buchstaben N oft auch als N-Welle bezeichnet. – Für eine zukünftige Generation von zivilen Überschallflugzeugen (USA) sollen durch geeignete Formgebungen des Flugkörpers die in Abb. 18.29 skizzierten (idealen) Druckverläufe angestrebt werden. Sie würden erlauben, entweder den maximalen Drucksprung Δp_{max} am Erdboden gegenüber dem einer gewöhnlichen N-Welle oder den Druckwert, der mit dem steilen Stoßanstieg verbunden ist, zu reduzieren. Der aerodynamische Widerstand solcher projektierter Flugzeuge wäre nach heutigem Kenntnisstand jedoch höher als der herkömmlicher Überschallflugzeuge [18.46].

Die Drucksignatur eines bei einem bestimmten Flug erzeugten Überschallknalls kann sich längs der Flugbahn sehr rasch ändern, z.B. können die Stöße auf einer Strecke von nur 100 m von der spitzen Form in die abgerundete überge-

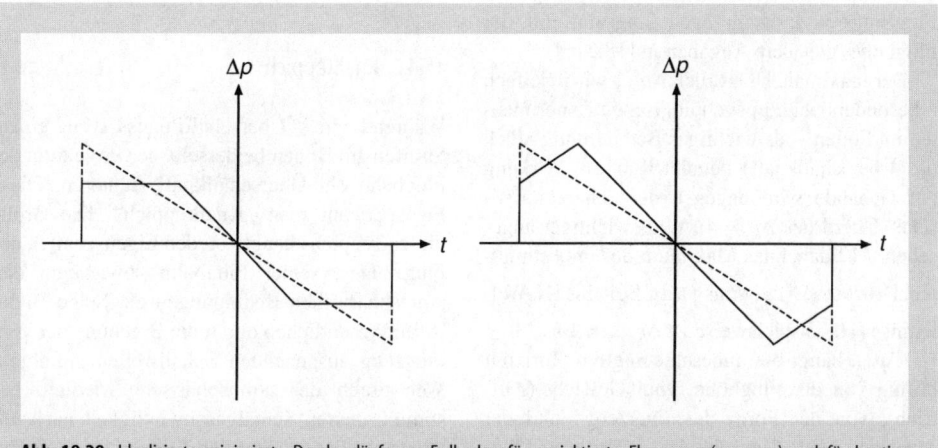

Abb. 18.29 Idealisierte minimierte Druckverläufe am Erdboden für projektierte Flugzeuge (———) und für heutige Flugzeuge (- - - - -)

18.4 Überschallknall

hen. Dabei können sich auch τ und Δp_{max} erheblich ändern [18.175, 18.300]. τ liegt normalerweise zwischen 1 und 30 ms (Mittelwert 10 ms), Δt etwa zwischen 100 und 400 ms. Auf Grund dieser weitgehenden zeitlichen Trennung der beiden Stöße wird der Überschallknall vom Menschen meist als Doppelknall wahrgenommen. Durch Reflexionen an der Bodenbewachsung und -bebauung sowie durch atmosphärische Einflüsse können die beiden Knalle selbst bei konstanter Fluggeschwindigkeit im Freien zu einem meist dumpfen Knall verschmelzen oder es können mehrere Knalle hörbar sein. Im Inneren von Gebäuden hört man den Überschallknall oft als einen einzigen dumpfen Knall.

18.4.2 Erläuterungen der den Überschallknall beschreibenden Größen

Die gemessenen Anstiegszeiten τ (s.o.) sind größer, als man auf Grund der Theorie des ebenen Verdichtungsstoßes unter Berücksichtigung von Reibung und Wärmeleitung erwartet. Eine Rolle spielen nach [18.167] Dichteanstiege der Luft und die Turbulenz in den unteren Schichten der Atmosphäre [18.175, 18.300, 18.301], die von den den Stoß bildenden Strahlen auf ihrem Wege nach unten durchlaufen werden. Hinzu kommen Fokussierungseffekte auf Grund der atmosphärischen Temperatur- und Windgeschwindigkeitsgradienten und auf Grund von Flugmanövern [18.102, 18.207, 18.283, 18.302] sowie Relaxationseffekten in der Atmosphäre (N_2 und O_2) [18.303], die ganz wesentlich durch den Wassergehalt in der Luft beeinflusst werden.

Δt wächst im Wesentlichen mit der Länge des Flugzeugs und, wenn auch langsam, mit der Flughöhe (genauere Angaben in [18.216]).

Der maximale Überdruck Δp_{max} wird vielfach – besonders bei hörpsychologischen Experimenten im Freien – als wichtiges Bestimmungsstück des Überschallknalls benutzt. Für die Wirkung auf Gebäude wird dagegen der „charakteristische" Überdruck $\Delta p_c = 4I/\Delta t$ als wichtiger angesehen. I ist dabei das Maximum des unbestimmten „Druckstoß"-Integrals $\int_0^t p\,dt$. Bei einer N-Welle mit $\tau = 0$ beispielsweise ist $\Delta p_{max} = \Delta p_c$.

Δp_{max} hängt bei unbeschleunigtem Horizontalflug von der Flughöhe, vom Gewicht (Auftrieb), von der Form des Flugzeugs und der Machzahl M ab. Typische Δp_{max}-Werte für Flugzeuge vom Typ der Concorde sind in Abb. 18.30 (mittlerer Teil) wiedergegeben.

Die Situation wird komplexer, wenn das Flugzeug geradlinig beschleunigt, Kurven dreht, in den Sturzflug übergeht usw. In allen diesen Fällen können durch Fokussierung Vergrößerungen von Δp_{max} auftreten, bei Zivilflugzeugen in stärkerem Maße aber nur beim Übergang vom Unterschall- in den Überschallflug. Bei Flugzeugen nach Abb. 18.30 kann Δp_{max} unmittelbar beim Übergang Unterschall-Überschall 2- bis 4-mal größer sein als einige 100 m weiter (Abb. 18.30, etwa 200 km nach dem Start, vgl. auch Abschn. 18.4.3). Zusätzlich interessant ist hier das sowohl experimentell als auch theoretisch gefundene Resultat, dass der Druckverlauf eines fokussierten Überschallknalls nicht mehr einen N-förmigen Verlauf aufweist, sondern eher einem modifizierten U gleicht. Weiteres über Fokussierung findet sich u.a. in [18.102, 18.207, 18.283, 18.302].

Zusätzliche Verstärkungen von Δp_{max} gegenüber dem Normalfall können durch Reflexionen an Bodenunebenheiten und Gebäuden eintreten, z.B. in dreidimensionalen Innenecken bis zum Faktor 4. Jedoch haben diese Erscheinungen nur lokale Bedeutung.

Einen genaueren Überblick über die Eigenschaften eines Überschallknalls liefert sein Energiespektrum. Für eine N-Welle mit endlicher Anstiegszeit ist es in Abb. 18.31 angegeben. Die Energie pro Hz hat danach ein Maximum bei der recht niedrigen Frequenz $0{,}55\,\Delta t^{-1}$, die für die Erregung von Gebäude- und Bodenschwingungen bedeutsam sein könnte. Die hochfrequente Energieverteilung wird wesentlich durch die Anstiegszeit τ mitbestimmt (Knick in der Umhüllenden des Energiespektrums). Diese Frequenzen spielen für die Lautstärke und den Schreckeffekt eine Rolle.

18.4.3 Knallteppich

Während eines Überschallfluges ist in einem Streifen am Boden beiderseits der Projektion der Flugbahn ein Überschallknall zu hören. Diese Fläche nennt man „Knallteppich". Die Größe dieses Teppichs hängt von den Eigenschaften des Flugzeuges, seiner Flugbahn sowie von den atmosphärischen Bedingungen ab. Seine Breite ist im Wesentlichen durch die Brechung der vom Flugzeug ausgehenden Schallwellen auf ihrem Weg durch das atmosphärische Medium bestimmt, dessen Schallgeschwindigkeit nach unten wegen der wachsenden Temperatur zunimmt. Die Schallwellen werden durch die Brechung so nach oben abgelenkt, dass sie in einem bestimm-

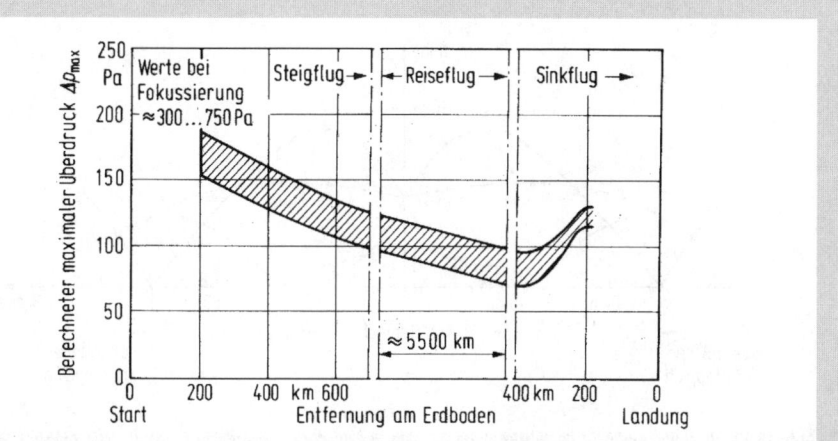

Abb. 18.30 Berechneter maximaler Überdruck Δp_{max} entlang der Projektion der Flugbahn für Flugzeuge vom Typ Concorde (untere Kurve) und der (projektierten, aber nicht gebauten) Boeing 2707-300 (obere Kurve mit max. Abfluggewicht von 341 t) nach [18.228] (für U.S. Standard Atmosphäre [18.282], ebenen Boden mit Reflexionsfaktor 2 und unter Vernachlässigung des Windeinflusses)

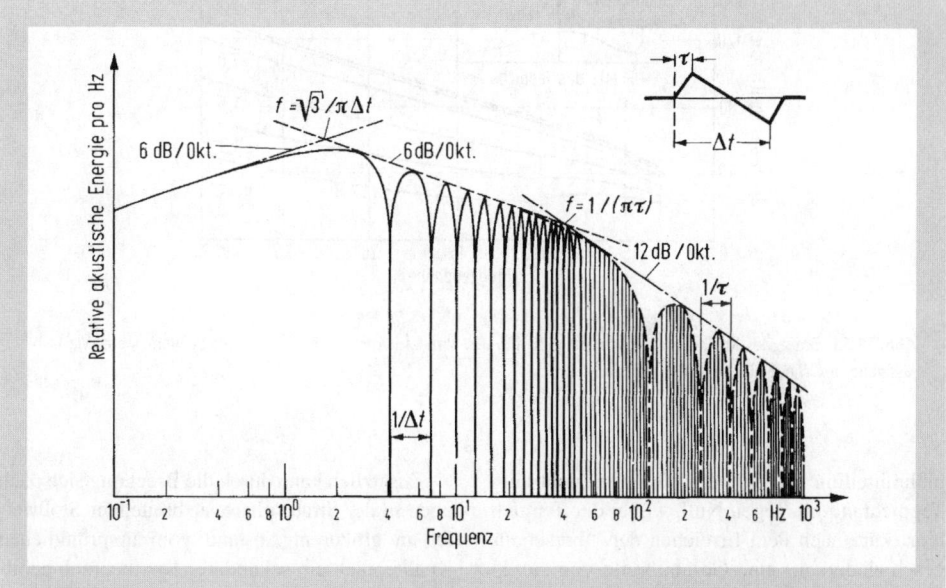

Abb. 18.31 Beispiel für die relative spektrale Energiedichte eines Überschallknalls, nach [18.146]; $\Delta t = 350$ ms, $\tau = 8$ ms

ten Abstand von der Projektion der Flugbahn nicht mehr den Boden erreichen. Dieser Abstand bildet die seitliche Begrenzung des Teppichs (Abb. 18.32, 18.33). Die Breite des Teppichs wächst mit der Flughöhe und der Geschwindigkeit des Flugzeugs. – Eine weitere Folge der Brechung ist es, dass ein in der Stratosphäre mit einer Machzahl $M \leq 1{,}15$ fliegendes Flugzeug am Boden keinen Überschallknall erzeugt.

Einen schematischen Überblick über einen Knallteppich bringt Abb. 18.34. Besonders hingewiesen sei auf den Bereich der Fokussierung. Dieser ist nach dem Start etwa hufeisenförmig. Die Dicke des Hufeisens beträgt auf der Tep-

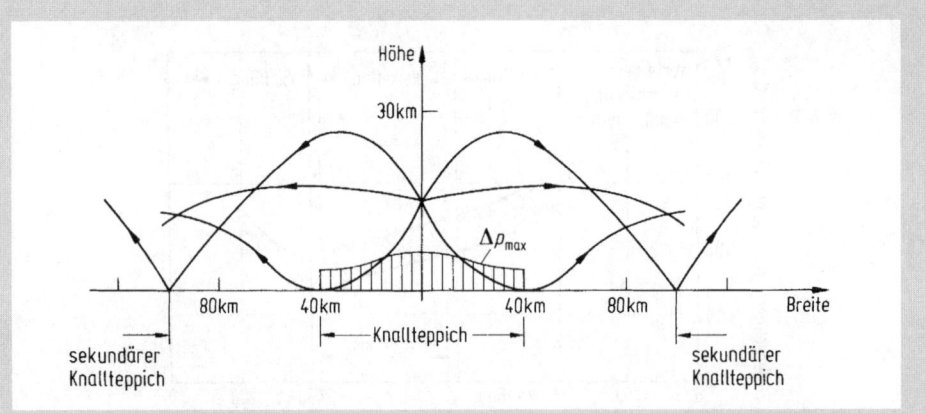

Abb. 18.32 Brechungseinflüsse der Atmosphäre auf den Verlauf der Schallstrahlen (geometrische Akustik), längs derer sich der Überschallknall ausbreitet

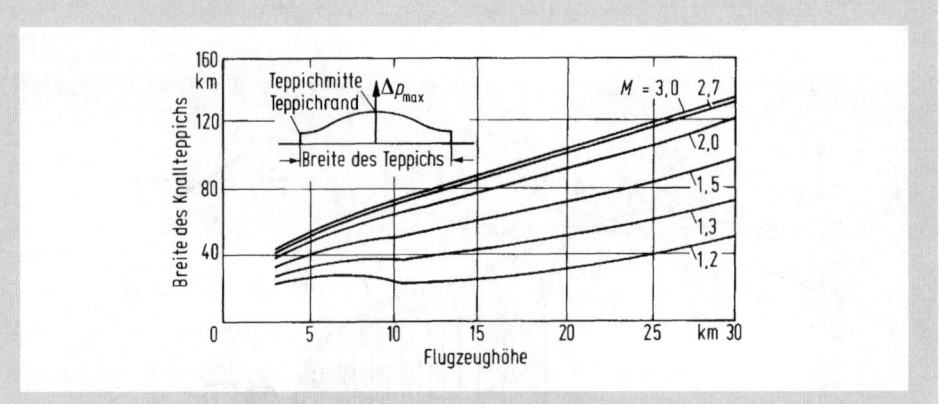

Abb. 18.33 Breite des Knallteppichs nach [18.152] (für U.S. Standard Atmosphäre [18.282] in Seehöhe unter Vernachlässigung des Windeinflusses), M = Machzahl

pichmittellinie nur 30 bis 100 m und geht zum Teppichrand hin gegen Null, wobei der Teppich hier (kurz nach dem Erreichen der Überschallgeschwindigkeit) eine Gesamtbreite von ca. 25 bis 35 km hat. Auf der Teppichmittellinie können die in Abb. 18.30 abzulesenden hohen Δp_{max}-Werte auftreten, zum Teppichrand hin ist Δp_{max} wesentlich kleiner, wobei neuere experimentelle Untersuchungen sogar darauf hindeuten, dass letztere Werte noch niedriger liegen [18.300]. Da die Lage des Hufeisens nicht genau festliegt – sie ist nach [18.228] bei Zivilflugzeugen um ca. ± 6 km unsicher –, ist trotz der Kleinheit der Hufeisenfläche dennoch ein großes Gebiet betroffen.

Zusätzlich kann durch die Brechung sich nach oben in der Stratosphäre ausbreitender Stoßwellen in größerem Abstand vom ursprünglichen Knallteppich ein sekundärer Knallteppich gebildet werden (Abb. 18.34). Die dort gemessenen Druckwerte liegen aber erheblich unter denen des ersteren. Dass sie zu einer wesentlichen Lärmbelastung führen, ist eher unwahrscheinlich.

Die Beschreibung und Messung der physikalischen Eigenschaften des Überschallknalls sollte nach der Norm ISO 2249 [18.137] geschehen.

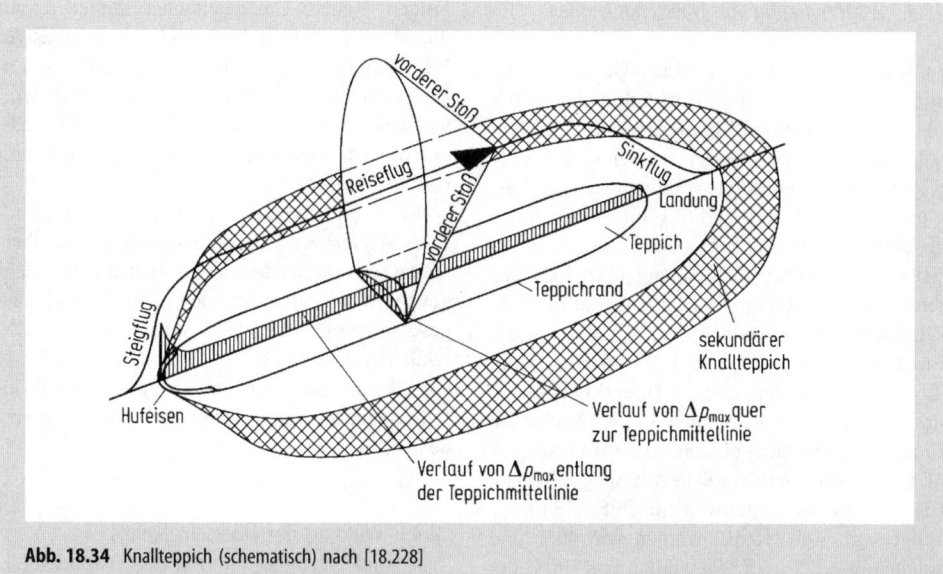

Abb. 18.34 Knallteppich (schematisch) nach [18.228]

18.4.4 Wirkung des Überschallknalls auf den Menschen

Auf Grund von vielerlei Erfahrung, insbesondere mit stärkeren Knallen bei Explosionen oder Artilleriefeuer in wenigen Metern Entfernung, ist es nach [18.228] sehr unwahrscheinlich, dass durch den von zivilen Überschallflugzeugen erzeugten Knall eine Gehörschädigung eintritt. Als starke Wirkungen müssen dagegen der Schreckeffekt und seine psychologischen und physiologischen Folgeerscheinungen (Beeinflussung von Atmung, Herzfunktion, Muskelspannung) angesehen werden.

18.4.4.1 Lautstärke des Überschallknalls

Zur Bestimmung der Lautstärke von Überschallknallen gibt es Berechnungsverfahren [18.16, 18.146, 18.296], die auf dem Energiespektrum des Überschallknalls basieren, aber nicht ganz übereinstimmende Ergebnisse liefern. In [18.184] wird als vereinfachte Abschätzung für die Lautstärke angegeben:

$$L = [79 + \lg(\Delta p_{max}/\text{Pa}) - 12{,}5 \lg(\tau/\text{ms})] \text{ phon.} \tag{18.37}$$

Aus dieser Abschätzungsformel liest man, dass die Lautstärke mit dem maximalen Überdruck wächst, mit der Anstiegszeit sinkt und vom Signaturintervall unabhängig ist. Neuere ergänzende Ergebnisse zur Abhängigkeit der subjektiv bewerteten Lautheit von Δp_{max}, τ und Δt werden in [18.197] angegeben. Die Beschreibung Gl. (18.37) ist allerdings mit Vorsicht anzuwenden, da Δp_{max} und τ oftmals nur ungenau zu bestimmen sind. Außerdem geht aus [18.147, 18.296] hervor, dass allein das Energiespektrum für die Lautstärke maßgeblich ist, während sich zeigen lässt, dass bei konstantem Energiespektrum aus der Drucksignatur entnommene τ-Werte erheblich variieren können, nämlich infolge der durch die turbulenten Schwankungen in der Atmosphäre bedingten Phasenänderungen der Fourier-Komponenten der Drucksignatur [18.208].

Die Beurteilung der Lautstärke von N-Wellen in Laboratoriumstests zeigte im Δp_{max}-Bereich von 40 bis 115 Pa gute Übereinstimmung mit der vorausberechneten Lautstärke [18.228]. Prinzipiell ist festzustellen, dass weiterhin nicht geklärt ist, welches Verfahren (Lautheit, perceived noise level, A-Schalldruckpegel) am Besten mit der Belästigung des Menschen durch Überschallknalle korreliert. In den USA werden z.Z. für Explosionen und Überschallknalle modifizierte C-Schalldruckpegel verwendet [18.304].

18.4.4.2 Störwirkung von Überschallknallen

Im Allgemeinen werden an einem Ort in einer bestimmten Zeit mehrere Überschallknalle zu hören sein, die zu einer Störwirkung auf den Menschen führen. Experimentell wurden solche Störwirkungen sowohl durch Vergleich mit der Störwirkung von Unterschallflugzeugen als auch absolut durch Beurteilungstests ermittelt. In der wohl bedeutsamsten Untersuchung [18.203] hörten Versuchspersonen Überschallknalle mit verschiedenen Werten von Δp_{max}. Sie mussten die Frage beantworten, ob sie 10 bis 15 Knalle pro Tag mit bestimmten Δp_{max} während der Tages- und Abendzeit (jedoch nicht in der Nacht) im Freien für akzeptabel hielten. Knalle mit Δp_{max} = 36 Pa wurden von 0 %, solche mit Δp_{max} = 100 Pa (dies ist eine Art Mittelwert für große Zivilflugzeuge, vgl. Abb. 18.30) wurden von 40 % und solche mit Δp_{max} = 172 Pa wurden von 100 % der Versuchspersonen als nicht akzeptabel beurteilt. Auch die im Jahre 1964 in Oklahoma City [18.117] mit im Wesentlichen acht Überschallknallen pro Tag in der Tageszeit angestellten Versuche ergaben – wenngleich mit niedrigerem Δp_{max} durchgeführt – ähnliche Beurteilungen hinsichtlich der Unannehmbarkeit [18.21]. Diese sowie weitere Resultate haben manche Staaten bewogen, gesetzliche Vorkehrungen zur Verhinderung ziviler Überschallflüge über ihrem Territorium zu treffen [18.173, 18.245]. Militärische Überschallflüge über Land sind in Deutschland mit gewissen Einschränkungen erlaubt, bei Flughöhen über 15000 m gibt es keine Beschränkungen [18.172].

Ansätze für die Berechnung der Störwirkung einer Folge von Knallen innerhalb einer bestimmten Zeit – etwa innerhalb eines Tages über eine längere Periode hinweg – werden in [18.183, 18.243] gegeben. Zur Frage der Beeinflussung des Schlafes durch Überschallknalle und der Schreckwirkung wird in [18.229, 18.234, 18.280] eingegangen. Eine epidemiologische Studie über die Langzeitwirkung von Überschallknallen militärischer Flugzeuge wird in [18.5] beschrieben.

18.4.5 Wirkung des Überschallknalls auf Tiere

Der Überschallknall verursacht bei Tieren vor allem Schreckreaktionen wie plötzliches Scheuwerden oder fluchtartiges Davonrennen – insbesondere bei Herden – mit den entsprechenden Folgen. Neuere Untersuchungen deuten darauf hin, dass aber auch Hörschäden bei intensiver Beschallung (Δp_{max} = 200 Pa, Δt = 200 ms, τ = 10 ms) nicht auszuschließen sind [18.224]. Weitere Ergebnisse können dem Überblick [18.228] und den Bibliographien [18.96, 18.204] entnommen werden.

Eine mögliche Lärmwirkung auf hörempfindliche Meerestiere, z. B. auf nahe der Meeresoberfläche schwimmende Wale, ist bisher nicht nachgewiesen, sie kann aber auch nicht gänzlich ausgeschlossen werden. Bekannt ist, dass für Machwinkel $\alpha > 13{,}3°$ ($M > 4{,}4$) Überschallknalle in das Wasser eindringen und mit zunehmender Tiefe frequenzabhängig exponentiell gedämpft werden [18.305].

18.4.6 Wirkung des Überschallknalls auf Bauwerke und auf den Erdboden

Die Wirkungen des Überschallknalls auf Bauwerke hängen außer von der Drucksignatur von den Eigenschaften der Bauwerke und ihrer Einzelteile ab. Unter Bezugnahme auf [18.155, 18.228] sei Folgendes gesagt: bei unbeschleunigten Horizontalflügen bisher bekannter Flugzeuge in vorgeschriebenen Flughöhen sind die Wirkungen auf tragende Bauteile vernachlässigbar klein. Bei Glasscheiben besteht für solche Scheiben, deren Festigkeit unter der Norm liegt oder die mit Vorspannung eingebaut wurden, ein gewisses Bruchrisiko. Als Auslösung für andere Schäden, z. B. für das Herausfallen des Verstrichs von Dächern, das Abfallen von Putz und dergleichen, kommt der Überschallknall nur für solche Teile in Betracht, die auch schon durch starken Wind gefährdet sind. Für gesunden Putz und Stuck sind keine Schäden zu befürchten. Gemessene Schwingungsbeschleunigungen an Gebäuden und Bauteilen zeigen an, dass Türenschlagen Beschleunigungen gleicher Größenordnung wie der Überschallknall hervorruft. Wenn Überschallknalle häufig und über Jahre hinweg auf ein Bauwerk einwirken, wird möglicherweise dessen Lebenszeit verkürzt. Hinsichtlich weiterer Ergebnisse sei auf die Literaturübersicht [18.205] verwiesen.

Einflüsse auf andere Flugzeuge – auch Segelflugzeuge – in der Luft und am Boden sind nicht zu erwarten, da diese für weit größere dynamische Belastungen als die durch einen Überschallknall bedingten ausgelegt sind. Dasselbe gilt für Schiffe.

Die durch Überschallknalle mit Δp_{max}-Werten von 24 bis 240 Pa [18.228] erzeugten Bodengeschwindigkeiten verschiedener Böden betragen $5 \cdot 10^{-5}$ bis $5 \cdot 10^{-4}$ m/s (Größenordnung der von einem gehenden Menschen von 90 kg Gewicht erzeugten Geschwindigkeit: 10^{-4} m/s). Die induzierten Geschwindigkeiten sind auf eine dünne Oberflächenschicht beschränkt und liegen im Durchschnitt zwei Größenordnungen unter dem Schwellenwert, der u.a. vom US Bureau of Mines für Sprengungen gesetzt ist. Nennenswerte Wirkungen sind daher kaum zu erwarten [18.13, 18.25]. Das Ingangsetzen einer Lawine konnte in Experimenten [18.228] durch 18 Überschallknalle mit Δp_{max} bis zu Werten von 500 Pa nicht beobachtet werden. Dennoch kann nicht ausgeschlossen werden, dass die Bewegung instabiler Terrain- oder Schneemassen durch einen Überschallknall ausgelöst werden kann.

18.4.7 Bibliographien

Die Bibliographie [18.128] enthält 519 Titel zu den Themen Überschallknallmessung, -berechnung, -ausbreitung und -simulation sowie Wirkung des Überschallknalls auf Menschen, Tiere, Gebäude und den Boden. Die Bibliographien [18.96, 18.204, 18.205] betreffen die Wirkungen des Überschallknalls auf Lebewesen und Gebäude.

Literatur

18.1 Ahuja KK, Tanna HK, Tester BJ (1979) Effects of simulated forward flight on jet noise, shock noise and internal noise. AIAA Paper 79-0615

18.2 Amiet RK (1975) Acoustic radiation from an airfoil in a turbulent stream. Journal of Sound & Vibration 41, 407–420

18.3 Amiet RK (1976) Noise due to turbulent flow past a trailing edge. Journal of Sound & Vibration 47, 387–393

18.4 Amiet RK (1978) Effect of incident surface pressure field on noise due to turbulent flow past a trailing edge. Journal of Sound & Vibration 57, 305–306

18.5 Anton-Guirgis H, Culver BD et al. (1986) Exploratory study of the potential effects of exposure to sonic boom on human health, Volume 2: Epidemiological study. Wyle Labs, El Segundo, California, Report AAMRL-TR-86-020-Vol-2

18.6 Atkins HL (1999) A high-order method using unstructured grids for the aeroacoustic analysis of realistic aircraft configurations. AIAA Paper No 99-1945

18.7 Atvars J, Schubert LK et al. (1965/1966) Refraction of sound by jet flow or jet temperature. University of Toronto, Institute for Aerospace Studies, TN 109 (1965) NASA CR-494

18.8 Baeder JD (1990) Euler solution to non-linear acoustics of non-lifting hovering rotor blades. Paper No II, 3.3, 16th European Rotorcraft Forum, Glasgow

18.9 Baeder JD (1994) The role and status of euler solvers in impulsive rotor noise computations. AGARD Symposium on Aerodynamics and Aeroacoustics of Rotorcraft, Berlin

18.10 Baeder JD, McCroskey WJ, Srinivasan GR (1986) Acoustic propagation using computational fluid dynamics. Proceedings 42nd Annual Forum of the American Helicopter Society, Volume 1. Washington DC, 551–562

18.11 Bailly C, Juvé D (1999) A stochastic approach to compute subsonic noise using linearized Euler's equations. AIAA-Paper No 99-1872

18.12 Ballmann, Kocaaydin (1990) Some aerodynamic mechanisms of impulsive noise during blade/vortex interaction. Paper No II 10, 16th European Rotorcraft Forum, Glasgow

18.13 Battis JC (1983) Seismo-acoustic effects of sonic booms on archaeological sites, Valentine military operations area. Air Force Geophysics Lab, Hanscom AFB, MA (USA), Report AFGL-TR-83-0304

18.14 Beaumier P, Spiegel P (1995) Validation of the ONERA aeroacoustic prediction methods for blade-vortex interaction using HART test results. 51st Annual Forum of the American Helicopter Society, Fort Worth, TX

18.15 Bechert D, Pfizenmaier E (1975) On the amplification of jet noise by a pure tone excitation. Journal of Sound & Vibration 43, 581–587

18.16 Bennett RL, Pearsons KS (1981) Handbook of aircraft noise metrics. NASA CR-3406

18.17 de Bernardis E, Tarica D (1992) Surface and volume quadrupoles in the prediction of propeller noise. DGLR/AIAA Paper No 92-02-0651992

18.18 Block PJW, Gentry Jr GL (1986) Directivity and trends of noise generated by a propeller in a wake. NASA TP-2609

18.19 Bohn A (1976) Edge noise attenuation by porous-edge extensions. AIAA-76-80

18.20 Borchers IU, Scholten R, Gehlhar B (1986) Experimental results of the noise radiation of propellers in non-uniform flows. AIAA-86-1928, Seattle, WA

18.21 Borsky PN (1965) Community reactions to sonic booms in the Oklahoma city area. USAF AMRL-TR-65-37

18.22 Boxwell DA, Schmitz FH (1982) Full-scale measurements of blade/vortex interaction noise. Journal of the American Helicopter Society 27, auch (1980) Preprint 8061, Proceedings

18.23 Boxwell DA, Schmitz FH et al. (1983) Model helicopter rotor high speed impulsive noise – measured acoustics and blade pressures. NASA TM-85850 and USAAVRADCOM Technical Report-83-A-14, 36th Annual Forum, American Helicopter Society

18.24 Boxwell DA, Schmitz FH et al. (1986) A comparison of the acoustic and aerodynamic measurements of a model rotor tested in two anechoic wind tunnels. Paper No 38, 12th European Rotorcraft Forum, Garmisch-Partenkirchen

18.25 Bradley J, Stephens RWB (1973) Seismic vibrations induced by Concorde sonic booms. Acustica 28, 191–192

18.26 Brentner K S (1997) An efficient and robus method for predicting helicopter rotor high-speed impulsive noise. Journal of Sound & Vibration 203 (1) 87–100

18.27 Brooks TF (1981) Trailing edge noise prediction using Amiet's method. Journal of Sound & Vibration 77, 437–439

18.28 Brooks TF (1993) Studies of blade-vortex interaction noise reduction by rotor blade modification. Proceedings Noise-Con 93, Noise Control in Aeroacoustics, Williamsburg, VA (USA)

18.29 Brooks TF, Booth ER (1993) The effects of higher harmonic control on blade-vortex interaction noise and vibration. Journal of the American Helicopter Society 35 (3)

18.30 Brooks TF, Hodgson TH (1981) Trailing edge noise prediction using measured surface pressures. Journal of Sound & Vibration 78, 69–117

18.31 Brooks T, Humphreys Jr W (2000) Flap edge aeroacoustic measurements. AIAA/CEAS-2000-1975

18.32 Brooks TF, Schlinker RH (1983) Progress in rotor broadband noise research. VERTICA 7, 287–307

18.33 Brooks TF, Jolly RJ, Marcolini MA (1988) Determination of noise source contributions using scaled model rotor acoustic data. NASA TP-2825

18.34 Brooks TF, Marcolini MA, Pope DS (1989) Main rotor broadband noise study in the DNW. Journal of the American Helicopter Society 34 (2), 3–12

18.35 Brooks TF, Pope DS, Marcolini MA (1989) Airfoil self noise prediction. NASA RP-1218

18.36 Brooks TF, Boyd DD et al. (1996) Aeroacoustic codes for rotor harmonic and BVI noise – CAMRAD.Mod1/HIRES. 2nd AIAA/CEAS Aeroacoustics Conference, State College, PA (USA)

18.37 Bund (1971) Gesetz zum Schutz gegen Fluglärm. Bundesgesetzblatt, Jahrgang 1971, Teil I, Nr 28, S 282–287, Bonn

18.38 Der Bundesminister des Innern (1975) Bekanntmachung vom 27.2.75, Durchführung des Gesetzes zum Schutz gegen Fluglärm, hier: Bekanntmachung der Datenerfassungssysteme für die Ermittlung von Lärmschutzbereichen an zivilen (DES) und militärischen Flugplätzen (DES-MIL) sowie einer Anleitung zur Berechnung (AzB). Gemäß Ministerialblatt 26, Ausgabe A, Nr 8, S 126–227, Bonn, 10.3.1975, Ergänzung der Anleitung zur Berechnung von Lärmschutzbereichen an zivilen und militärischen Flugplätzen – AzB vom 27. Februar 1975, U II 4-560 120/43, Bonn, 20.2.1984

18.39 Caradonna F et al. (2000) Methods for the prediction of blade-vortex-interaction noise. Journal of the American Helicopter Society 45(4) 303–317

18.40 Chang SC (1995) The method of space-time conservation element and solution element – a new approach for solving the Navier-Stokes and Euler-equations. Journal of Computational Physics 119, 295

18.41 Cocking BJ, Bryce WD (1975) Subsonic jet noise in flight based on some recent wind-tunnel tests. AIAA Paper 75-462

18.42 Commission of European Communities, Directorate General XI. Working Group on Noise Indicators (1999) Position Paper on EU noise indicators

18.43 Crighton D (1991) Airframe Noise. In: Hubbard HH (ed.) Aeroacoustics of flight vehicles: theory and practice, Volume 1: noise sources. NASA RP-1258, S 391–447

18.44 Dahl MD (Hrsg) (2000) Third computational aeroacoustics (CAA) workshop on benchmark problems. NASA CP 2000-209790

18.45 Dahlen H, Dobrzynski W, Heller H (1988) Aeroakustische Untersuchungen zum Lärm von Ultraleichtflugzeugen. DFVLR-FB 88-03

18.46 Darden CM, Powell CA et al. (1989) Status of sonic boom methodology and understanding. NASA CP-3027

18.47 Davy R et al. (1998) Airframe noise characteristics of a 1/11 scale airbus model. AIAA/CEAS-98-2335

18.48 Delfs J (2001) An overlapped grid technique for high resolution CAA schemes for complex geometries. AIAA-Paper No 2001-2199

18.49 DIN 45643: Messung und Beurteilung von Flugzeuggeräuschen (1984)

18.50 DIN 18005: Schallschutz im Städtebau, Teil 1 (1987)

18.51 DIN 4109: Schallschutz im Hochbau, Anforderungen und Nachweise (1989)

18.52 DIN 45645: Ermittlung von Beurteilungspegeln aus Messungen, Teil 1: Geräuschimmissionen in der Nachbarschaft (1996)

18.53 Doak PE (1998) Fluctuating total enthalpy as the basic generalized acoustic field. Theoretical and Computational Fluid Dynamics 10, 115–133

18.54 Dobrzynski W (1986) The effect on radiated noise of non-zero propeller rotational plane attitude. AIAA Paper 86-1926, Seattle, WA (USA)

18.55 Dobrzynski W (1993) Propeller noise reduction by means of unsymmetrical blade-spacing. Journal of Sound & Vibration 163(1) 123–136

18.56 Dobrzynski W (1994) Ermittlung von Emissionskennwerten für Schallimmissionsrechnungen an Landeplätzen. DLR-IB 129-94/17

18.57 Dobrzynski W, Gehlhar B (1993) Untersuchungen zur Propellerlärmminderung durch kleineren Durchmesser bei höherer Blattzahl. DLR-FB 93-48

18.58 Dobrzynski W, Gehlhar B (1997) The noise from piston engine driven propellers on general aviation airplanes. AIAA/CEAS Paper No 97-1708

18.59 Dobrzynski W, Pott-Pollenske M (2001) Slat noise source studies for farfield noise prediction. AIAA/CEAS Paper No 2001-2158

18.60 Dobrzynski W, Heller H et al. (1986) DFVLR/FAA propeller noise tests in the German-Dutch wind tunnel DNW. DFVLR-IB 129-86/3 or FAA Report No AEE 86-3

18.61 Dobrzynski W et al. (1997) Full scale noise testing on airbus landing gears in the German Dutch Wind Tunnel. AIAA/CEAS-97-1597

18.62 Dobrzynski W et al. (1998) Airframe noise studies on wings with deployed high-lift devices. AIAA/CEAS-98-2337

18.63 Dobrzynski W, Chow LC et al. (2000) A European study on landing gear airframe noise sources. AIAA/CEAS Paper No 2000-1971, Lahaina, HI (USA)

18.64 Dobrzynski W, Gehlhar B, Buchholz H (2000) Model- and full scale high-lift wing wind tunnel experiments dedicated to airframe noise reduction. 7th International Congress on Sound and Vibration, 4–7 Juli, Garmisch-Partenkirchen

18.65 Dong ThZ (1999) Direct numerical simulations of flap side edge noise. AIAA-Paper No 99-1803

18.66 Drevet P, Duponchel JP, Jacques JR (1977) The effect of flight on jet noise as observed on the Bertin Aérotrain. Journal of Sound & Vibration 54, 173–201

18.67 Enghardt L, Tapken U et al. (2001) Turbine blade/vane interaction noise: acoustic mode analysis using in-duct sensor rakes. AIAA-Paper 2001-2153

18.68 Enghardt L, Tapken U et al. (2002) Active control of fan noise from high-bypass ratio aeroengines: Experimental results. Erscheint in The Aeronautical Journal

18.69 Envia E (1992) An asymptotic theory of supersonic propeller noise. DGLR/AIAA Paper No 92-02-064

18.70 Eversman W (1971) Energy flow criteria for acoustic propagation in ducts with flow. Journal of Acoustic Society of America 49, 1717–1721

18.71 Eversman W (1991) Theoretical models for duct acoustic propagation and radiation. In: Hubbard H (ed.) Aeroacoustics of flight vehicles: Theory and practice: Volume 2: Noise control. NASA Reference Publication 1258, Volume 2, NASA, 101–163

18.72 Evertz E et al. (1976) Noise generation by interaction between subsonic jets and blown flaps. DLR-FB 76-20

18.73 Farassat F (1975) Theory of noise generation from moving bodies with an application to helicopter rotors. NASA TR R-451

18.74 Farassat F (1981) Linear acoustic formulas for calculation of rotating blade noise. AIAA Journal 19, 1122–1130

18.75 Farassat F (1982) Rotor noise prediction technology – Theoretical approach. NASA CP-2234

18.76 Farassat F (1983) The prediction of the noise of supersonic propellers in time domain – New theoretical results. AIAA Paper 83-0743, Atlanta, GA (USA)

18.77 Farassat F, Brentner KS (1987) The uses and abuses of the acoustic analogy in helicopter rotor noise prediction. Paper, AHS National Specialists' Meeting on Aerodynamics and Aeroacoustics, Arlington, TX (USA)

18.78 Farassat F, Brentner KS (1998) Supersonic quadrupole noise theory for high-speed helicopter noise. Journal of Sound & Vibration 218 (3) 481–500

18.79 Farassat F, Succi GP (1980) A review of propeller discrete frequency noise prediction technology with emphasis on two current methods for time domain calculations. Journal of Sound & Vibration 71, 399–419

18.80 Ffowcs-Williams JE (1963) Noise from turbulence convected at high speed. Transactions of the Royal Society A225, 469–503

18.81 Ffowcs-Williams JE (1969) Hydrodynamic noise. Annual Review of Fluid Mechanics (1) 197–222

18.82 Ffowcs-Williams JE (1984) Acoustic analogy. IMA Journal of Applied Mathematics 31, 113–124

18.83 Ffowcs-Williams JE, Hall LH (1970) Aerodynamic sound generation by turbulent flow in the vicinity of a scattering half plane. Journal of Fluid Mechanics 40, 657–670

18.84 Ffowcs-Williams JE, Hawkings DL (1969) Sound generation by turbulence and surfaces in arbitrary motion. Philosophical Transactions of the Royal Society London 264A, 321–342

18.85 Ffowcs-Williams JE, Simpson J, Virchis VJ (1975) Crackle – an annoying component of jet noise. Journal of Fluid Mechanics 71

18.86 Fink MR (1977) Airframe noise prediction method. FAA RD-77-29
18.87 Fisher MJ, Preston GA, Bryce WD (1998) A modelling of the noise from simple coaxial jets. Part I: With unheated primary flow. Journal of Sound & Vibration 209, 385–403
18.88 Fisher MJ, Preston GA, Bryce WD (1998) A modelling of the noise from simple coaxial jets. Part II: With heated primary flow. Journal of Sound & Vibration 209, 405–417
18.89 Fitzgerald J, Kohlhepp F (1988) Research investigation of helicopter main rotor/tail rotor interaction noise. NASA CR-4143
18.90 Fitz Simmons RD et al. (1980) Flight and wind tunnel test results of a mechanical jet noise suppressor nozzle. AIAA-80-0165
18.91 Fleming GG, Olmstead JR et al. (1997) Integrated noise model (INM). Version 5.1 Technical Manual, Department of Transportation, Federal Aviation Administration, Report No FAA-AEE-97-04
18.92 Frota J, Lempereur P, Roger M (1998) Computation of the noise of a subsonic propeller at an angle of attack. AIAA/CEAS Paper No 98-2282
18.93 George AR (1977) Helicopter noise state of the art. AIAA-Paper 77-1337, Atlanta, GA (USA)
18.94 George AR, Chang SB (1983) Noise due to blade/vortex interactions. Paper No A-83-39, Proceedings 39th Annual Forum, American Helicopter Society
18.95 George AR, Chou S-T (1984) Broadband rotor noise analysis. NASA CR-3797
18.96 Gladwin DN, Manci KM, Villella R (1988) Effects of aircraft noise and sonic booms on domestic animals and wildlife: Bibliographic abstracts. Air Force Engineering and Services Center, Tyndall AFB, FL, Report AFESC-TR-88-14
18.97 Glegg SAL, Jochault C (1997) Broadband self noise from a ducted fan. 3rd AIAA/CEAS Aeroacoustics Conference, Paper No 97-1612, Atlanta, GA (USA)
18.98 Gliebe PR, Brausch JF et al. (1991) Jet noise suppression. In: Hubbard H (ed.) Aeroacoustics of flight vehicles: Theory and practice. Volume 2: Noise control. NASA Reference Publication 1258, Volume 2, NASA, 207–269
18.99 Gounet H, Lewy S (1988) Prediction of propfan noise by a frequency-domain scheme. Journal of Aircraft 25, 428–435
18.100 Groeneweg JF, Sofrin TG et al. (1991) Turbomachinery noise. In: Hubbard H (ed.) Aeroacoustics of flight vehicles: Theory and practice. Volume 1: Noise sources. NASA Reference Publication 1258, Volume 1, NASA, 151–209
18.101 Grogger HA, Lummer M, Lauke Th (2001) Simulating the interaction of a three-dimensional vortex with airfoils using CAA. AIAA-Paper No AIAA-2001-2137

18.102 Guiraud JP (1969) Focalisation dans les ondes courtes non linéaires; application au bruit balistique de focalisation. AGARD Conference Proceedings No 42, Aircraft Engine Noise and Sonic Boom, Paper 12
18.103 Gulding JM, Olmstead JR, Fleming GG (1999) Integrated noise model (INM). Version 6.0 User's Guide. Department of Transportation, Federal Aviation Administration, Report No FAA-AEE-99-03
18.104 Guo YP (1997) A model for slat noise generation. AIAA/CEAS- 97-1647
18.105 Guo YP (1999) Modeling of noise reduction by flap side edge fences. NASA CR CRAD-9402-TR-5767
18.106 Guo YP (1999) Prediction of flap side edge noise. AIAA/CEAS-99-1804
18.107 Guo YP (2000) Modeling of noise reduction by flap side edge fences. AIAA/CEAS-2000-2065
18.108 Guo YP, Hardy BA et al. (1998) Noise characteristics of DC-10 aircraft high lift system. NASA CR CRAD-9310-TR-4893
18.109 Hamilton-Standard Inc (1971) Generalized propeller noise estimating procedure – Revision D. Windsor Locks, CT (USA)
18.110 Hanson DB (1980) Influence of propeller design parameters on farfield harmonic noise in forward flight. AIAA Journal 18, 1313–1319, see also AIAA Paper 79-0609-1979
18.111 Hanson DB (1983) Compressible helicoidal surface theory for propeller aerodynamics and noise. AIAA Journal 21, 881–889
18.112 Hanson DB (1999) Influence of lean and sweep on noise of cascades with turbulent inflow. AIAA-Paper 99-1863
18.113 Hardin JC (1980) Noise radiation from the side edge of flaps. AIAA Journal 18 (5) 549–552
18.114 Hardin JC, Martin JE (1996) Flap side-edge noise: Acoustic analysis of Sen's model. AIAA-96-1674
18.115 Hardin JC, Ristorcelli JR, Tam CKW (ed.) (1995) ICASE/LaRC Workshop on benchmark problems in computational aeroacoustics (CAA). NASA CP 3300
18.116 Hayes JA, Horne WC et al. (1997) Airframe noise characteristics of a 4.7% scale DC-10 model. AIAA/CEAS-97-1594
18.117 Hilton DA, Huckel V et al. (1964) Sonic boom exposures during FAA community-response studies over a 6-month period in the Oklahoma city area. NASA TN D-2539
18.118 Hoad DR (1980) Helicopter model scale results of blade/vortex interaction impulsive noise as affected by tip modification. Paper No 80-62, 36th Annual Forum, American Helicopter Society
18.119 Hoad DR (1987) Helicopter blade/vortex interaction locations: scale-model acoustics and free-wake analysis results. NASA TP-2658

18.120 Holste F, Neise W (1997) Noise source identification in a propfan model by means of acoustical near field measurements. Journal of Sound & Vibration 203(4) 641–665

18.121 Howe MS (1975) Contributions to the theory of aerodynamic sound, with application to excess jet noise and the theory of the flute. Journal of Fluid Mechanics 71, 625–673

18.122 Howe MS (1980) Aerodynamic sound generated by a slotted trailing edge. Proceedings Royal Society London, A373, 235–252

18.123 On absorbing boundary conditions for linearized Euler equations by a perfectly matched layer. Journal of Computational Physics 129, 201–219

18.124 Hu FQ, Hussaini MY, Manthey J (1995) Low-dissipation and -dispersion Runge-Kutta schemes for Computational Aeroacoustics. Journal of Computational Physics 124 (1) 177–191

18.125 Hubbard H (ed.) (1991) Aeroacoustics of flight vehicles: theory and practice: Volume 1: noise sources. NASA Reference Publication 1258, Volume 1, NASA

18.126 Hubbard H (ed.) (1991) Aeroacoustics of flight vehicles: theory and practice: Volume 2: noise control. NASA Reference Publication 1258, Volume 2, NASA

18.127 Hubbard JE, Leighton JE (1983) A comparison of model helicopter rotor primary and secondary blade/vortex interaction blade slap. AIAA 8th Aeroacoustics Conference, Paper AIAA-83-0723

18.128 Hubbard HH, Maglieri DJ, Stephens DG (1986) Sonic-boom research: selected bibliography with annotation. NASA TM-87685

18.129 Ianniello S (1999) An algorithm to integrate the FW-H equation on a supersonic rotating domain. AIAA Journal 37 (9) 1040–1047

18.130 Ianniello S (1999) Quadrupole noise predictions through the Ffowcs Williams-Hawkings equation. AIAA Journal 37 (9) 1048–1054

18.131 Ianniello S (2001) Acoustic analysis of high tip-speed rotating blades. Aerospace Science Technology 5, 179–192

18.132 International Civil Aviation Organization (ICAO) (1981) Environmental protection. Annex 16 to the Convention on International Civil Aviation, Volume 1, Aircraft noise, 1st edition

18.133 International Civil Aviation Organization (ICAO) (1988) Recommended method for computing noise contours around airports. ICAO Circular 205-AN/1/25

18.134 International Civil Aviation Organization (ICAO) (1988) International standards and recommended practices. Environmental protection. ICAO, ANNEX 16 to the Convention on International Civil Aviation. Volume I, 2nd edition

18.135 Isermann U (1988) Berechnung der Fluglärmimmission in der Umgebung von Verkehrsflughäfen mit Hilfe eines Simulationsverfahrens. MPI für Strömungsforschung, Bericht 7/1988, Göttingen

18.135 Isermann U, Schmid R (1999) Bewertung und Berechnung von Fluglärm. Im Auftrag des Bundesministeriums für Verkehr, FE-Bericht Nr L-2/96-50144/96, DLR Institut für Strömungsmechanik, Göttingen

18.137 International Standard ISO 2249-1973 (E) Acoustics description and measurement of physical properties of sonic booms (1973)

18.138 International Standard ISO 3891-1978 (E) Acoustics – procedure for describing aircraft noise heard on the ground (1978)

18.139 International Standard ISO Acoustics – description and measurement of environmental noise (1996). Part 1: Basic quantities and procedures (1982). Part 2: Acquisition of data pertinent to land use (1987). Part 3: Application to noise limits (1987)

18.140 Isom MP (1980) Acoustic shock waves generated by a transonic helicopter blade. Paper 63, 36th Annual National Forum of the American Helicopter Society

18.141 Jacklin SA, Blaas A et al. (1995) Reduction of helicopter BVI noise, vibration and power consumption through individual blade control. Proceedings 51st Annual Forum of the American Helicopter Society

18.142 Jacobs EW, Prillwitz RD et al. (1997) The development and flight test demonstration of noise abatement approach procedures for the Sikorsky S-76. AHS Technical Specialists Meeting for Rotorcraft Acoustics and Aerodynamics, Williamsburg, VA (USA)

18.143 Janardan BA, Gliebe PR (1989) Acoustic characteristics of counterrotating fans from model scale tests. AIAA Paper 89-1142, San Antonio, TX (USA)

18.144 Jansen G, Linnemeier A, Nitsche M (1995) Methodenkritische Überlegungen und Empfehlungen zur Bewertung von Nachtfluglärm. Zeitschrift für Lärmbekämpfung 42, 91–106

18.145 Johnson W (1995) A general free wake geometry calculation for wings and rotors. 51st Annual Forum of the American Helicopter Society, Forth Worth, TX (USA)

18.146 Johnson DR, Robinson DW (1967) The subjective evaluation of sonic bangs. Acustica 18, 241–258

18.147 Johnson DR, Robinson DW (1969) Procedure for calculating the loudness of sonic bangs. Acustica 21, 307–318

18.148 Jonkouski GJ, Home WC, Soderman PT (1983) The acoustic response of a propeller subjected to gusts incident from various inflow angles. AIAA-83-0692, Atlanta, GA (USA)

18.149 Joshi MC, Lin SR, Boxwell DA (1987) Prediction of blade/vortex interaction noise. Proceed-

ings 43rd Annual Forum, American Helicopter Society, 405–420
18.150 Julliard J, Antoine H, Riou G (2001) Development of a three degree of freedom liner. AIAA Paper 2001-2203
18.151 Kameier F, Neise W (1997) Rotating blade flow instability as a source of noise in axial turbomachines. Journal of Sound & Vibration 203, 833–853
18.152 Kane EJ, Palmer TY (1964) Meterological aspects of the sonic boom. FAA SPDS Report RD 64-180
18.153 Kellner A (1980) Experimentelle und theoretische Untersuchungen über den Einfluß inhomogener Geschwindigkeitsverteilung in der Zuströmung auf die Lärmerhöhung von Mantelschrauben. Dissertation RWTH Aachen
18.154 Klöppel V (1976) Schallabstrahlung durch akustische Rückkopplung bei rechtwinklig umgelenkten Luftstrahlen. Dissertation RWTH Aachen
18.155 Koch HW, Weber G (1970) Flugzeugknalle und ihre Wirkung auf Gebäude. Die Bautechnik 7, 238–244
18.156 Kroll N (1986) Comparison of the flow field of propellers and hovering rotors using Euler-equations. Paper 28, 12th European Rotorcraft Forum, Garmisch-Partenkirchen
18.157 Kroll N, Lohmann D, Schöne J (1987) Numerical methods for propeller aerodynamics and acoustics at DFVLR. 69th AGARD-Symposium on Gasturbine Components, Paris
18.158 Kryter KD, Pearsons KS (1963) Some effects of spectral content and duration on perceived noise level. Journal of Acoustic Society of America 35, 866–883
18.159 Laur MN, Squires RL, Nagel RT (1992) Forward rotor vortex location effects on counter rotating propeller noise. DGLR/AIAA Paper No 92-02-153
18.160 Laurence JH, Woodward RP (1989) Unsteady blade pressure measurements on a model counterrotation propeller. AIAA Paper 89-1144, San Antonio (USA)
18.161 Lavrich PL, Simonich JC, McCormick DC (1992) An assessment of wake structure behind forward swept and aft swept propfans at high loading. DGLR/AIAA Paper No 92-02-154
18.162 Lele SK (1992) Compact finite difference schemes with spectral-like resolution. Journal of Computational Physics 103, 16–42
18.163 Leverton JW (1980) Reduction of helicopter noise by use of a quiet tail rotor. Paper No 24, 6th European Rotorcraft Forum
18.164 Lighthill MJ (1952) On sound generated aerodynamically. Part I: General theory. Proceedings Royal Society (London) A 211, 564–587
18.165 Lighthill MJ (1954) On sound generated aerodynamically. Part II: Turbulence as a source of sound. Proceedings Royal Society (London) A 222, 1–32
18.166 Lighthill MJ (1954) On the sound generated aerodynamically. Proceedings of the Royal Society, Volume 211
18.167 Lilley GM (1969) The generation and propagation of shock waves leading to the sonic boom. Report in 5 parts on the sonic boom, prepared for the OECD Conference on Sonic Boom Research, Part 1
18.168 Lilley GM (1974) On the noise from jets. In: Noise mechanisms. AGARD-CP 131, 13.1–13.12
18.169 Lilley GM (1991) Jet noise classical theory and experiments. In: Hubbard H (ed.) Aeroacoustics of Flight Vehicles: Theory and practice. Volume 1: Noise sources. NASA Reference Publication 1258, Volume 1, NASA, 211–289
18.170 Lowson MV (1965) The sound field for singularities in motion. Proceedings of the Royal Society A 286, 559–572
18.171 Lowson MV, Ollerhead JB (1969) A theoretical study of helicopter noise. Journal of Sound & Vibration, 187–222
18.172 Luftfahrthandbuch Deutschland (1984) Überschallflüge militärischer Strahlflugzeuge. RAC-3-3-1
18.173 Luftverkehrs-Ordnung (1986) §11a, §11b
18.174 Lyrintzis AS (1994) Review, the use of Kirchhoff's method in computational aeroacoustics. Journal of Fluid Eng-T ASME 116, 665–676
18.175 Maglieri DJ (1967) Sonic boom flight research: some effects of airplane operations and the atmosphere on sonic boom signatures. NASA SP-147, 25–48
18.176 Mahan JR, Karchmer A (1991) Combustion and core noise. In: Hubbard H (ed.) Aeroacoustics of flight vehicles: Theory and practice. Volume 1: Noise sources. NASA Reference Publication 1258, Volume 1, NASA, 483–517
18.177 Mani R (1971) Noise due to interaction of inlet turbulence with isolated stators and rotors. Journal of Sound & Vibration 17, 251–260
18.178 Martin RM, Splettstoesser WR et al. (1998) Advancing side directivity and retreating side interactions of model rotor blade/vortex interaction noise. NASA TP 2784, AVSCOM TR 87-B3
18.179 Martin RM, Burley CL, Elliott JW (1989) Acoustic test of a model rotor and tail rotor. Results for the isolated rotors and combined configuration. NASA TM-101550
18.180 Martin RM, Marcolini MA et al. (1990) Wake geometry effects on rotor blade/vortex interaction noise directivity. NASA TP-3015
18.181 Matschat K, Müller E-A (1979) Effektivpegel und Geräuschdauer bei Flugzeugvorbeiflügen. Festschrift zum 100-jährigen Bestehen der Versuchs- und Forschungsanstalt Wien, Stadtbaudirektion Wien, 145–147

18.182 Matschat K, Müller E-A (1981) Vergleich nationaler und internationaler Fluglärmbewertungsverfahren. Aufstellung von Näherungsbeziehungen zwischen den Bewertungsmaßen. Umweltforschungsplan des Bundesministers des Innern, Forschungsbericht 81-10501307, UBA-FB 82-025, Umweltbundesamt Berlin

18.183 Matschat K, Müller E-A, Obermeier F (1970) On the assessment of the annoyance of a series of sonic boom exposures. Acustica 23, 49–50

18.184 May DN (1971) The loudness of sonic booms heard outdoors as simple functions of overpressure and rise time. Journal of Sound & Vibration 18, 31–43

18.185 McAlpine A, Fisher MJ (2000) On the prediction of 'buzz-saw' noise generated by an aeroengine. AIAA Paper 2000-2095

18.186 McAlpine A, Fisher MJ (2001) On the prediction of 'buzz-saw' noise generated in aero-engine inlet ducts. Erscheint in Journal of Sound & Vibration

18.187 McKennell AC (1963) Aircraft noise annoyance around London (Heathrow) airport. Central Office of Information, London, 337

18.188 Meier GEA, Lenth H-M, Löhr KF (1988) Sound generation flow interaction of vortices with an airfoil and a flat plate in transonic flow. Fluid Dynamics Research 3, 344–348

18.189 Michalke A (1977) On the effect of spatial source coherence on the radiation of jet noise. Journal of Sound & Vibration 55, 377–394

18.190 Michalke A, Michel U (1979) Prediction of jet noise in flight from static tests. Journal of Sound & Vibration 67, 341–367

18.191 Morin BL (1999) Broadband fan noise prediction system for gas turbine engines. AIAA-Paper 99-1889

18.192 Motsigner RE, Kraft RE (1991) Design and performance of duct acoustic treatment. In: Hubbard H (ed.) Aeroacoustics of flight vehicles: Theory and practice. Volume 2: Noise control. NASA Reference Publication 1258, Volume 2, NASA, 165–205

18.193 Munjal ML (1987) Acoustics of ducts and mufflers. John Wiley & Sons

18.194 Nakamura Y (1981) Prediction of blade/vortex interaction noise from measured blade pressure. Paper 32, 7th European Rotorcraft and Powered Lift Aircraft Forum, Garmisch-Partenkirchen

18.195 Neuwerth G (1972) (Deutscher Titel unbekannt) Deutsche Luft- und Raumfahrt, DLR-FB 72–72. Englische Übersetzung: (1974) Acoustic feedback of a subsonic and supersonic free jet which impinges on an obstacle. Royal Aircraft Establishment, Library Translation 1739

18.196 Neuwerth G (1982) Flowfield and noise of jet impingement on flaps and ground surface. AGARD-CP-308, 13.1–13.7

18.197 Niedzwieki A, Ribner HS (1978) Subjective loudness of N-wave sonic booms. Journal of the Acoustical Society of America (JASA) 64, 1617–1621

18.198 NN (1985) Gas turbine jet exhaust noise prediction. SAE ARP 876C

18.199 NN (1985) Gas turbine coaxial exhaust flow noise prediction. SAE AIR 1905

18.200 NN (1990) Airframe noise prediction. ESDU-pac A9023

18.201 Norum TD, Seiner JM (1982) Broadband shock noise from supersonic jets. AIAA Journal 20, 68–73

18.202 Norum TD, Seiner JM (1984) Measurement of mean static pressure and far-field acoustics of shock-containing jets. NASA TM 84521

18.203 National Sonic Boom Evaluation Office (1967) Sonic boom experiments at Edwards Air Force Base. Interim Report NSBEO-1-67

18.204 NTIS (National Technical Information Service Data Base) (1988) Aircraft sonic boom. „Biological effects". Jan 1970 – Mar 1988, Springfield, VA (USA)

18.205 NTIS (National Technical Information Service Data Base) (1988) Aircraft sonic boom. „Effects on buildings". Jan 1970 – Mar 1988, Springfield, VA (USA)

18.206 Obermeier F (1979) On a new representation of aeroacoustic source distribution. I. General theory. Acustica 42, 56–61

18.207 Obermeier F (1989) Ausbreitung schwacher Stoßwellen – Stoßfokussierung und Stoßreflexion. Zeitschrift für Flugwissenschaften, Weltraumforschung 13, 219–232

18.208 Obermeier F, Zimmermann G (1971) Das Streuverhalten eines Überschallknalles beim Durchgang durch eine turbulente Schicht. Proceedings 7th International Congress on Acoustics, Budapest, 457–460

18.209 Ostertag JSD, Guidati S et al. (2000) Prediction and measurement of airframe noise on a generic body. AIAA Paper No AIAA-2000-2063

18.210 Parry AB, Crighton DG (1989) Asymptotic theory of propeller noise. Part I: Subsonic single-rotation propeller. AIAA Journal 27, 1184–1990

18.211 Pérennès S et al. (1998) Aerodynamic noise of a two-dimensional wing with high-lift devices. AIAA/CEAS-98-2338

18.212 Phillips OM (1960) On the generation of sound by supersonic shear flows. Journal of Fluid Mechanics 9, 1–28

18.213 Piet JF et al. (1997) Airframe noise source localization using a microphone array. 3rd AIAA/CEAS-97-47

18.214 Piet J et al. (1999) Localization of acoustic source from a landing aircraft with a microphone array. AIAA/CEAS-99-1811

18.215 Pietrzko S, Hofmann RF (1988) Prediction of A-weighted aircraft noise based on measured directivity patterns. Applied Acoustics 23, 29–44

18.216 Plotkin KJ (1989) Review of sonic boom theory. AIAA Paper No 89-1105

18.217 Polacsec C, Spiegel P et al. (2000) Noise computation of high-speed propeller-driven aircraft. AIAA/CEAS Paper No 2000-2086

18.218 Powell A (1964) Theory of vortex sound. 36, 177–195

18.219 Prieur J (1987) Calculations of transonic rotor noise using a frequency domain formulation. 43rd AHS-Forum Proceedings, 469–479, St. Louis, MI (USA)

18.220 Prieur J, Splettstoesser WR (1999) ERATO- an ONERA-DLR cooperative programme on aeroacoustic rotor optimisation. Proceedings, 25th European Rotorcraft Forum, Rom

18.221 Purcell T (1989) A prediction of high-speed rotor noise. AIAA, 12th Aeroacoustics Conference, San Antonio, TX (USA)

18.222 Radezrsky RH, Singer BA, Khorrami MR (1998) Detailed measurements of a flap side-edge flow field. AIAA/CEAS-98-0700

18.223 Rahier G, Prieur J (1997) An efficient Kirchhoff integration method for rotor noise prediction starting indifferently from subsonically or supersonically rotating meshes. American Helicopter Society 53rd Annual Forum, Virginia Beach, VA, USA

18.224 Reinis S, Weiss DS et al. (1987) Long-term effects of simulated sonic booms on hearing in rhesus monkeys. Journal of Sound & Vibration 113, 355–363

18.225 Revell JD, Kuntz HL et al. (1997) Trailing-edge flap noise reduction by porous acoustic treatment. AIAA/CEAS-97-1646

18.226 Ribner HS (1959) New theory of jet-noise generation, directionality, and spectra. 31, 245–246

18.227 Ribner HS (1981) Perspectives in jet noise (Dryden lectureship in research). AIAA Paper 81-0428

18.228 Ribner HS, Balazard J et al. (1970) Report on the sonic boom phenomenon, the ranges of sonic boom values likely to be produced by planned SSTs and the effects of sonic boom on humans, property, animals and terrain. Sonic Boom Panel 2nd Meeting, Montreal, ICAO Doc 8894, SBP/II

18.229 Rice CG (1972) Sonic boom exposure effects II.2: Sleep effects. Journal of Sound & Vibration 20, 511–517

18.230 Roger M, Pérennès S (2000) Low-frequency noise sources in two-dimensional high-lift devices. AIAA/CEAS-2000-1972

18.231 Rose GE, Jeracki RJ (1989) Effect of reduced aft diameter and increased blade number on high-speed counter-rotation propeller performance. NASA TM-102077

18.232 Ross JC, Storms BL, Kumagai H (1995) Aircraft flyover noise reduction using lower-surface flap-tip fences. NASA CDTM-21006

18.233 Rudnik R, Ronzheimer A et al. (1996) Berechnung von 2- und 3-dimensionalen Hochauftriebskonfigurationen durch Lösung der Navier-Stokes-Gleichungen. DGLR-Jahrestagung, Dresden

18.234 Rylander R, Dancer A (1978) Startle reactions to simulated sonic booms: Influence of habituation, boom level and background noise. Journal of Sound & Vibration 61, 235–243

18.235 Saiyed HN, Mikkelsen KL, Bridges JE (2000) Acoustics and thrust of separate-flow exhaust nozzles with mixing devices for high-bypass-ratio engines. NASA/TM-2000-209948

18.236 Sarin SL, Donelly RP (1992) Angle of incidence effects on the far-field noise of an isolated propeller. DGLR/AIAA Paper No 92-02-050

18.237 Schaffar M, Haertig J, Gnemmi P (1990) Effect of non-rectangular blade tips on BVI noise for a two-bladed rotor. 16th European Rotorcraft Forum, Glasgow

18.238 Schmitz FH, Boxwell DA (1976) In-flight far-field measurement of helicopter impulsive noise. Journal of the American Helicopter Society 21(4)

18.239 Schmitz FH, Yu YH (1981) Transonic rotor noise – theoretical and experimental comparisons. Vertica 5, 55–74

18.240 Schmitz FH, Yu YH (1983) Helicopter impulsive noise: theoretical and experimental status. NASA TM-84390

18.241 Schmitz FH, Boxwell DA et al. (1984) Model rotor high speed impulsive noise: Full scale comparisons and parametric variations. VERTICA 8(4)

18.242 Schulten JBHM (1987) A spectral method for the computation of propeller acoustics. AIAA Paper 87-2674, Palo-Alto, CA (USA)

18.243 Schultz KJ, Splettstoesser W (1987) Measured and predicted impulsive noise directivity characteristics. Paper 1.2, 13th European Rotorcraft Forum, Arles

18.244 Schultz KJ, Lohmann D et al. (1994) Aeroacoustic calculations of helicopter rotors at DLR. AGARD Symposium on Aerodynamics and Aeroacoustics of Rotorcraft, Paper No 29, Berlin

18.245 Schwenk W (1976) Das Verbot von zivilen Flügen mit Überschallgeschwindigkeit für die Bundesrepublik Deutschland. Kampf dem Lärm 23, 57–61

18.246 Sen R (1996) Local dynamics and acoustics in a simple 2D model of airfoil lateral-edge noise. AIAA-96-1673

18.247 Sharland IJ (1964) Sources of noise in axial flow fans. Journal of Sound & Vibration 1, 302–322

18.248 Sijtsma P et al. (1999) Source location by phased array measurements in closed wind tunnel test sections. AIAA/CEAS-99-1814

18.248 Siller H, Arnold F, Michel U (2001) Investigation of aero-engine core-noise using a phased microphone array. AIAA Paper 2001-2269

18.250 Singer BA, Brentner KS et al. (1999) Simulation of acoustic scattering from a trailing edge. AIAA-Paper No 99-0231

18.251 Smith MJT (1989) Aircraft noise. Cambridge University Press, Cambridge

18.252 Smith M et al. (1998) Prediction method for aerodynamic noise from aircraft landing gear. AIAA/CEAS-98-2228

18.253 Society of Automotive Engineers Inc (1977) Prediction procedure for near-field and far-field propeller noise. SAE-AIR 1407

18.254 Splettstoesser WR, Schultz K-J et al. (1984) Helicopter model rotor-blade/vortex interaction impulsive noise: Scalability and parametric variations. Paper No 18, 10th European Rotorcraft Forum, Den Haag, auch NASA TM-86007

18.255 Splettstoesser W, Schultz K-J, Martin R (1987) Rotor blade/vortex interaction impulsive noise source identification and correlation with rotor wake predictions. AIAA-87-2744, AIAA 11th Aeroacoustics Conference, Palo Alto, CA (USA)

18.256 Splettstoesser WR, Schultz KJ et al. (1994) A higher harmonic control test in the DNW to reduce impulsive BVI noise. Journal of the American Helicopter Society 39(4)

18.257 Splettstoesser WR, Kube R et al. (1997) Key results from a higher harmonic control aeroacoustic rotor test (HART). Journal of the American Helicopter Society 42 (1)

18.258 Splettstoesser WR, Schultz KJ et al. (1998) The effect of individual blade pitch control on BVI noise – comparison of flight test and simulation results. Proceedings AC07, 24th European Rotorcraft Forum, Marseille

18.259 Stevens RCK, Bryce WD, Szewczyk VM (1983) Model and fullscale studies of the exhaustnoise from a bypass engine in flight. AIAA Paper 83-0751

18.260 Storms BL, Takahashi TT et al. (1996) Flap-tip treatments for the reduction of lift-generated noise. NASA CDTM-21006

18.261 Storms BL, Ross JC et al. (1998) An aeroacoustic study of an unswept wing with a three-dimensional high lift system. NASA/TM-1998-112222

18.262 Storms B et al. (1999) Aeroacoustic measurements of slat noise on a three-dimensional high-lift system. AIAA/CEAS-99-1957

18.263 Streett CL (1998) Numerical simulation of fluctuations leading to noise in a flap-edge flowfield. AIAA-98-0628

18.264 Stuff R (1982) Propellerlärm bei Unterschallblattspitzen-Machzahlen, Umfangskraft und Axialkraft. DFVLR-Mitteilung 82-17

18.265 Succi GP (1979) Design of quiet efficient propellers. SAE Paper 790584

18.266 Takallu MA, Block PJW (1987) Prediction of added noise due to the effect of unsteady flow on pusher propellers. AIAA 25th Aerospace Sciences Meeting, AIAA-87-0255, Reno, NV (USA)

18.267 Tam CKW (1991) Broadband shock-associated noise from supersonic jets in flight. Journal of Sound & Vibration 151, 55–71

18.268 Tam CKW (1995) Supersonic jet noise. Annual Review of Fluid Mechanics 27, 131–147

18.269 Tam CKW (2001) On the failure of the acoustic analogy to identify the correct noise sources. AIAA Paper 2001–2117

18.270 Tam CKW, Auriault L (1999) Jet mixing noise from fine scale turbulence. AIAA Journal 37, 145–153

18.271 Tam CKW, Dong Z (1994) Wall boundary conditions for high-order finite-difference schemes in computational aeroacoustics. Theoretical Computational Fluid Dynamics 6, 303–322

18.272 Tam CKW, Dong Z (1995) Radiation and outflow boundary conditions for direct computation of acoustic and flow disturbances in a nonuniform mean flow. AIAA Paper No 95-007

18.273 Tam CKW, Hardin JC (ed.) (1997) Second computational aeroacoustics (CAA) workshop on benchmark problems. NASA CP 3352

18.274 Tam CKW, Shen H (1993) Direct computation of nonlinear acoustic pulses using high-order finite difference schemes. AIAA Paper No 93-4325

18.275 Tam CKW, Webb JC (1993) Dispersion relation preserving finite difference schemes for computational acoustics. Journal of Computational Physics 107, 262–281

18.276 Tam CKW, Salikuddin M, Hanson DB (1988) Acoustic interference of counter-rotation propellers. Journal of Sound & Vibration 124, 357–366

18.277 Tam CKW, Golebiowski M, Seiner JM (1996) On the two components of turbulent mixing noise from supersonic jets. AIAA Paper 96-1716

18.278 Tanna HK (1977) An experimental study of jet noise. Part 1: Jet mixing noise. Journal of Sound & Vibration 50, 405–428

18.279 Tanna HK (1977) An experimental study of jet noise. Part 2: Shock associated noise. Journal of Sound & Vibration 50, 429–444

18.280 Thackray RI (1972) Sonic boom exposure effects II.3: Startle responses. Journal of Sound & Vibration 20, 519–526

18.281 Tyler JM, Sofrin TG (1962) Axial flow compressor noise studies. SAE Trans 70, 309–332

18.282 U.S. standard atmosphere (1962) Prepared under sponsorship of NASA, USAF, US Weather Bureau. Washington D.C.

18.283 Vallée J (1969) Etude expérimentale des focalisations de bangs soniques engendrés par le vol supersonique en accélération rectiligne ou en virage d'un avion Mirage IV à l'altitude de 11000 m. Opération Jéricho-Virage, Rapport d'études No 277, Centre d'essais en vol, annexe d'Istres

18.284 Wagner S, Bareiss R, Guidati G (1996) Wind turbine noise. Springer, Berlin

18.285 van der Wall B, Roth M (1997) Free-wake analysis on massively-parallel computers and validation with HART test data. 53rd Annual Forum, Virginia Beach, VA (USA)

18.286 Wang ME (1980) Wing effect on jet noise propagation. AIAA-Paper 80-1047

18.287 Watanabe T, Kawachi K (1987) Noise prediction of counter rotation propeller. AIAA Paper 87-2658, Palo Alto, CA (USA)

18.288 Way DJ, Turner BA (1980) Model tests demonstrating under-wing installation effects on engine exhaust noise. AIAA-Paper 80-1048

18.289 Wood T et al. (1999) Aeroacoustic predictions of a wing-flap configuration in three dimensions. AIAA/CEAS-99-1893

18.290 Woodward RP, Hughes CE (1990) Aeroacoustic effects of reduced aft tip speed at constant thrust for a model counterrotation turboprop at takeoff conditions. AIAA Paper 90-3933, Tallahassee, FL (USA)

18.291 Woodward RP, Loeffler IJ, Dittmar JH (1989) Measured far-field flight noise of a counterrotation turboprop at cruise conditions. NASA TM-101383

18.292 Yin J, Delfs J (2001) Sound generation from gust-airfoil interaction using CAA-chimera method. AIAA-Paper No 2001-2136

18.293 Yin JP, Ahmed SR, Dobrzynski W (1999) New acoustic and aerodynamic phenomena due to non-uniform rotation of propellers. Journal of Sound & Vibration 225(1), 171–187

18.294 Young RW (1989) Day-night average sound level (DNL) and sound exposure level (SEL) as efficient descriptors for noise compatibility planning. Internoise 89 Proceedings, 1289–1292

18.295 Yu YH, Gmelin B et al. (1997) Reduction of helicopter blade-vortex interaction noise by active rotor control technology. Progress in Aerospace Science 33, 647–687

18.296 Zepler EE, Harel JRP (1965) The loudness of sonic booms and other impulsive sounds. Journal of Sound & Vibration 2, 249–256

18.297 Zorumski WE (1982) Aircraft noise prediction program. Part I: Theoretical manual. NASA TM-83199

18.298 Zorumski WE, Weir DS (1986) Aircraft noise prediction program. Theoretical manual. Part 3: Propeller aerodynamics and noise. NASA TM-83199

18.299 Guidati G, Wagner S (1999) The influence of airfoil shape on gust-airfoil interaction noise in compressible flows. AIAA/CEAS Paper 99-1843

18.300 Lee RA, Downing JM (1996) Comparison of measured and predicted lateral distribution of sonic boom overpressures from United States Air Force sonic boom database. J. Acoust. Soc. Am. 99, 768–776

18.301 Lipkens B, Blackstock DT (1998) Model experiments to study sonic boom propagation through turbulence. Part I: General results. J. Acoust. Soc. Am. 103, 148–158

18.302 Downing JM et al. (1988) Controlled focused sonic booms from manoeuvring aircraft. J. Acoust. Soc. Am. 104, 112–121

18.303 Pierce AD, Kang J (1990) Molecular relaxation effects on sonic boom waveforms. Frontiers in nonlinear acoustics, Proceedings of the 12 ISNA, ed. MF Hamilton, DT

18.304 Schomer PD, Sias JW (1998) On spectral weightings to assess human response indoors to blast noise and sonic booms. Noise Control Eng. Journal 46, 57–71

18.305 Sparrow VW (1995) The effect of supersonic aircraft speed on the penetration of sonic boom into the ocean. J. Acoust. Soc. Am. 97, 159–162

19 Baulärm

A. Böhm, O. T. Strachotta und V. Irmer

19.1 Einleitung

Bauen ist als eine der sinnvolleren Tätigkeiten des Menschen durchaus etwas Positives. Mit der Zunahme der Weltbevölkerung (im Jahr 1950 ca. 2 Mrd. und im Jahr 2000 schon ca. 6 Mrd.) nehmen naturgemäß auch die Bautätigkeiten zu und damit auch die Zahl der Betroffenen durch Lärm und Erschütterungen.

Nun sind Baustellen aller Art im Gegensatz zu stationären Anlagen nur zeitlich begrenzt in Betrieb und gehören deshalb auch nicht zu den genehmigungspflichtigen Anlagen. Aber in den Beschwerdelisten der europäischen Verwaltungsbehörden liegen die Klagen über Lärm und Erschütterungen an dritter bis sechster Stelle. Vor allem in Ballungsgebieten ist die Überschreitung der Immissionsrichtwerte durch Baulärm besonders häufig, bei den im Baugewerbe Beschäftigten ist Lärmschwerhörigkeit immer noch Berufskrankheit Nr. 1 und von allen Renten, die für die Berufskrankheit Lärm gezahlt werden, entfallen ca. 25 % allein auf das Baugewerbe.

Eine Begrenzung der Lärmemissionen von Baustellen bleibt deshalb auch in Zukunft aktuell. Natürlich sind alle Beschränkungen der Geräuschemissionen von Baumaschinen und vor allem auch die zeitliche Einschränkung der Bautätigkeit für Bauherren und Baufirmen sehr lästig, oft teuer und mitunter zum jetzigen Zeitpunkt noch gar nicht realisierbar.

Umso mehr müssen die Bemühungen um leisere Baumaschinen und Bauverfahrenstechniken fortgesetzt werden. Vom Gesetzgeber ist zu wünschen, dass eine zügige Anpassung der Geräuschemissionskennwerte an den fortschreitenden Stand der Technik erfolgt.

Im Hinblick auf die Globalisierung und den grenzübergreifenden internationalen Baumaschinenmarkt wird eine Harmonisierung der Vorschriften und Gesetze immer wichtiger.

Praktische Erfahrungen zeigen, dass die Schallleistung, ausgehend von der Leistung der Maschinen und Aggregate, und die Anzahl der eingesetzten Bauarbeiter wichtige Kriterien für die zu erwartenden Beurteilungspegel im Nachbarschaftsbereich einer Baustelle darstellen, entscheidend sind aber die Handhabung bzw. Beherrschung der Technik und die handwerklichen Fertigkeiten der Beschäftigten beim Einsatz derselben. Der individuelle Faktor bei der handwerklichen Ausführung von Tätigkeiten auf der Baustelle stellt eine nicht zu unterschätzende Größe dar.

Deshalb sollten die Beschäftigten auf den Baustellen neben den technischen Fertigkeiten zur Handhabung der Gerätetechnik hinsichtlich zu erwartender Belästigungen der Anlieger auch über solche Kenntnisse verfügen, dass es einen wesentlichen Unterschied zwischen einer Baustelle auf der „grünen Wiese" und innerhalb der vorhandenen städtischen Bebauung gibt. Den ausführenden Bauarbeitern sind Hinweise über die Zusammenhänge „Entfernung der Lärmquelle zum Immissionsort" und „Einsatzdauer der lärmintensiven Gerätetechnik" während der Bautätigkeit zu vermitteln. Es wäre bedauerlich, wenn die „im Sinne des Standes der Technik" angestrebten Bemühungen zur Senkung der Schallleistung der auf einer Baustelle eingesetzten Maschinen und Geräte durch eine unrationelle und unsachgemäße Handhabung derselben „zunichte" gemacht werden [19.34, 19.35].

Eine einheitliche Geräuschemissionskennzeichnung von Baumaschinen und Baugeräten wurde in den EU-Staaten bereits geregelt und mit der so genannten „Outdoor Noise Directive" 2000/14/EG vom 03.07.2000 [19.16, 19.17] ist eine Angleichung der Rechtsvorschriften der EG-Mitgliedsstaaten für im Freien betriebene Geräte und Maschinen in Kraft getreten, die in besonderem Maße auch für Baumaschinen gilt.

Für Erschütterungen und Vibrationen stehen europaweit oder gar international gültige Regelungen noch aus. Zu diesem auch die Baustellen betreffenden Thema wird auf Kap. 23 verwiesen.

19.2 Geräuschimmissionen

Geräuschimmissionen durch Bautätigkeiten treten sowohl an den Arbeitsplätzen als auch in der (Wohn-) Nachbarschaft von Baustellen auf. Beide Bereiche werden durch unterschiedliche Regelungen (Grenzwerte, Messverfahren, Maßnahmen) auf unterschiedlichen Ebenen (europäisch/national) erfasst. Im Arbeitsplatzbereich existieren europäische Regelungen, die in nationales Recht umgesetzt und ergänzt wurden. Im Umweltbereich liegen bisher – da sich die europäischen Mitgliedstaaten hier auf das Subsidiaritätsprinzip berufen – keine entsprechenden europäischen Regelungen vor; die Mitgliedstaaten haben gegebenenfalls nationales Recht erlassen.

19.2.1 Geräuschimmissionen am Arbeitsplatz

Jährlich werden in Deutschland im gesamten gewerblichen Bereich etwa 1000 neue Fälle der Berufskrankheit „Lärm" anerkannt [19.1], davon sind nach Auskunft der Bundesanstalt für Arbeitsschutz und Arbeitsmedizin ca. 200 dem Baubereich zuzurechnen. Um die Gesundheit, die Sicherheit und die Arbeitsfähigkeit der Arbeitnehmer zu gewährleisten, muss der Lärm am Arbeitsplatz so niedrig wie möglich sein.

19.2.1.1 Rechtliche Regelungen

Um eine Situation zu gewährleisten, in der eine Gefährdung des Gehörs durch Lärm weitgehend vermieden wird, werden durch die Richtlinie des Rates 86/188/EWG vom 12.05.1986 über den Schutz der Arbeitnehmer gegen Gefährdungen durch Lärm am Arbeitsplatz [19.2] Anforderungen festgelegt, die eine hohe Lärmbelastung der Arbeitnehmer vermeiden sollen. Sie sind durch die Arbeitsstättenverordnung [19.3] und die UVV Lärm [19.4] in deutsches Recht umgesetzt. Diese rechtlichen Regelungen flankierend und ergänzend enthalten die DIN-Norm 45645 Teil 2 [19.5], die VDI-Richtlinien 2058 Blatt 2 und 3 [19.6, 19.7] und der ISO-Standard 1999 [19.8] entsprechende Festlegungen. Nähere Einzelheiten enthält Kap. 5.

Einige typische Beispiele für Messwerte an Arbeitsplätzen sind in Tabelle 19.1 angegeben. Die Werte der linken Spalte wurden in den Jahren 1970 bis 1980 gewonnen. In der rechten Spalte sind Messwerte an Baumaschinen aufgelistet, die das Umweltzeichen erhalten haben bzw. die Vergabekriterien erfüllen.

19.2.1.2 Minderungsmaßnahmen

Die Geräuschbelastung am Arbeitsplatz im Baubetrieb ist in den letzten Jahren erheblich zurückgegangen. Das liegt einerseits daran, dass für eine Reihe von Baumaschinen Emissionsgrenzwerte festgelegt worden sind, die das allgemeine Lärmniveau auf der Baustelle gesenkt haben. Das macht sich insbesondere bei Maschinen geringer Leistung bemerkbar, bei denen erhebliche Minderungen durch Maßnahmen an der Quelle erreicht worden sind. Andererseits sind die Fahrerkabinen akustisch und schwingungstechnisch stark verbessert worden, um den Bedienern einen höheren Komfort – auch im Sinne der Lärmbelästigung – zu gewährleisten. Zeitlich gemittelte Innengeräuschpegel von 70 dB(A) sind heute keine Seltenheit mehr. Derartig niedrige Werte sind allerdings nur bei Maschinen höherer Leistung zu erreichen, weil dann genügend Platz für die Anwendung optimaler Schallschutztechnik zur Verfügung steht.

19.2.2 Geräuschimmissionen in der Umgebung von Baustellen

In der Umgebung von Baustellen treten Lärmbelastungen auf, deren Besonderheit darin besteht, dass sie zwar im Allgemeinen nur vorübergehend sind (Wochen oder Monate), wegen der teilweise geringen Abstände Baustelle – Nachbarschaft jedoch sehr hoch sein können. Andererseits ist es nicht möglich, den Betrieb von Baustellen – wie etwa die Errichtung und den Betrieb genehmigungsbedürftiger Anlagen – wegen zu hoher Emissionen oder Immissionen zu verbieten. Der

Tabelle 19.1 Beurteilungspegel an Arbeitsplätzen von Geräten und Maschinen

Typ		Beurteilungspegel in dB(A)	
		1970 bis 1980 ohne besondere Maßnahmen	1990 bis 2002 mit Schallschutzmaßnahmen[a]
Bagger	16 bis 145 kW	86	70
Radlader	13 bis 155 kW	91	72
Walzenzug	32 bis 82 kW	89	–
Plattenstampfer	1,5 bis 6,6 kW	89	–
Selbstaufstellerkrane	3 bis 10 kW	70	69
Turmdrehkrane	10 bis 35 kW	75	65
Mobilkrane	120 bis 315 kW	85	71
Muldenkipper	25 bis 200 kW	90	81
Planierraupen	70 bis 150 kW	85	75
Grader	50 bis 150 kW	88	78
Hand-Hämmer (Masse)	18 bis 33 kg	97	89
Transportbeton-Mischer	7 bis 9 m^2	–	74

[a] In der geschlossenen Fahrerkabine bei eingeschalteter Lüftung gemessen.

Gesetzgeber kann somit für den Betrieb von Baustellen und die dadurch hervorgerufenen Geräuschbelastungen lediglich solche rechtliche Regelungen erlassen, die zum Ziele haben, die entstehenden Belastungen so gering wie möglich zu halten.

19.2.2.1 Immissionswerte in der Nachbarschaft, Deutschland

Baustellen werden in Deutschland als nicht genehmigungsbedürftige Anlagen im Sinne des Bundes-Immissionsschutzgesetzes (BImSchG) [19.9] angesehen. Sie unterliegen damit § 22 BImSchG und sind so zu errichten und zu betreiben, dass

– schädliche Umwelteinwirkungen verhindert werden, die nach dem Stand der Technik vermeidbar sind;
– die nach dem Stand der Technik unvermeidbaren schädlichen Umwelteinwirkungen auf ein Mindestmaß beschränkt werden.

Diese sehr generellen Anforderungen sind in der Allgemeinen Verwaltungsvorschrift (AVwV) zum Schutz gegen Baulärm (Immissionen) [19.10] konkretisiert. Die Verwaltungsvorschrift ist bei der Bewertung und Bekämpfung von Baulärm von den in den Bundesländern zuständigen Behörden zu beachten; sie legt einerseits zum Schutz der Nachbarschaft Immissionsrichtwerte in der Nachbarschaft von Baustellen fest, enthält andererseits Hinweise darauf, welche Maßnahmen die Behörde zur Vorsorge gegen schädliche Umwelteinwirkungen ergreifen kann, wenn diese Richtwerte überschritten werden.

Die Immissionsrichtwerte der AVwV entsprechen im Wesentlichen denen der TA Lärm [19.11]. Gegenüber der TA Lärm sind jedoch einige Besonderheiten anzumerken:

– Der Mittelungspegel (hier: Wirkpegel) wird als Taktmaximalpegel mit einer Taktzeit von 5 Sekunden ermittelt.
– Bei der Bestimmung des Beurteilungspegels aus dem Wirkpegel werden die Beurteilungszeiträume auf 13 Stunden tags (07:00 bis 20:00 Uhr) und 11 Stunden nachts (20:00 bis 07:00 Uhr) festgelegt.
– Bei der Bestimmung des Beurteilungspegels kann ein Lästigkeitszuschlag von bis zu 5 dB(A) berücksichtigt werden, wenn in dem Geräusch deutlich hörbare Töne hervortreten.
– Für den Tag existiert kein Maximalpegel-Kriterium.
– Verkürzte Arbeitszeiten werden bei der Beurteilung durch eine vereinfachte Regelung berücksichtigt.
– Die Richtwerte sollen nach Möglichkeit eingehalten werden. Allerdings sollen die Auf-

sichtsbehörden erst dann einschreiten, wenn der ermittelte Beurteilungspegel die Immissionsrichtwerte um mehr als 5 dB(A) überschreitet. Hiermit wird auf die nur vorübergehende Einwirkzeit von Baustellen reagiert. Ist dies der Fall, sollen Maßnahmen zur Minderung der Geräusche angeordnet werden.

Beispielhaft werden folgende Maßnahmen aufgeführt, die alle an der Quelle oder in ihrer Nähe ansetzen:

- Maßnahmen bei der Einrichtung der Baustelle,
- Maßnahmen an den Baumaschinen,
- Verwendung geräuscharmer Baumaschinen,
- Anwendung geräuscharmer Bauverfahren,
- Beschränkung der Betriebszeiten lautstarker Baumaschinen,
- Anleitung des Personals, die verhaltensbedingten Geräusche (Hammerschläge, Bretterwerfen, laute Zurufe etc.) zu minimieren.

Zur Beurteilung, ob Geräusche von Baumaschinen nach dem Stand der Technik vermeidbar sind, sollen im Hinblick auf die Geräuschemission fortschrittliche Maschinen derselben Bauart und vergleichbarer Leistung, die sich im Betrieb bewährt haben, herangezogen werden. Das entspricht im Wesentlichen der Definition des Standes der Technik des BImSchG.

Dieser wird unter anderem durch die Kriterien beschrieben, die Baumaschinen einhalten müssen, wenn Hersteller für sie ein Umweltzeichen [19.12] erlangen wollen.

Bei innerstädtischen Baustellen lässt es sich auch bei Anwendung von Baumaschinen nach dem Stand der Technik, von organisatorischen und anderen Maßnahmen häufig nicht vermeiden, dass die Immissionsrichtwerte der AVwV teilweise deutlich überschritten werden.

Zeitliche Einschränkungen und die Information der betroffenen Nachbarschaft können helfen, Konflikte zwischen den Parteien abzubauen.

19.2.2.2 Immissionswerte in der Nachbarschaft, Ausland

Das Spektrum der Vorgehensweise im Ausland wird im Folgenden anhand ausgewählter Länder aufgezeigt.

Österreich

Die Bekämpfung des Baulärms ist Sache der einzelnen österreichischen Bundesländer, die sehr unterschiedliche Lösungen gefunden haben. In Kärnten, Salzburg und Wien gibt es die allgemeine Vorschrift, dass Baulärm zu vermeiden ist (allerdings keine Grenz- oder Richtwerte), in Tirol und Oberösterreich sind Grenzwerte für die einzelnen Gebietskategorien festgelegt, in anderen Bundesländern gibt es keine entsprechenden Vorschriften.

Schweiz

In der Schweiz enthält eine Baulärmrichtlinie [19.13] Weisungen an die zuständigen Vollzugsbehörden. Danach müssen bei hohen und lang andauernden Belastungen durch Baulärm Maßnahmen ergriffen werden, die sich richten nach

- dem Abstand zwischen Baustelle und den nächstgelegenen lärmempfindlichen Räumen;
- der Tageszeit, während derer die Bauarbeiten ausgeführt werden;
- der Lärmempfindlichkeit der betroffenen Gebiete;
- der „lärmigen" Bauphase respektive der Dauer der lärmintensiven Bauarbeiten.

Die Maßnahmen werden dabei in die Maßnahmenstufen A, B und C eingeteilt, wie Tabelle 19.2 zeigt. Die Richtlinie ist zu komplex, um sie hier in allen Einzelheiten vorstellen zu können. Je nach Situation können zum Beispiel

- in Entfernungen über 300 m zur Nachbarschaft tagsüber beliebige Baumaschinen eingesetzt werden (keine Maßnahmen);
- in Entfernungen unter 300 m zur sehr lärmempfindlichen Nachbarschaft bei lärmintensiven Bauarbeiten (z.B. Rammen, Sägen) tagsüber nur dem neuesten Stand der Technik entsprechende Baumaschinen (z.B. solche mit dem deutschen Umweltzeichen) eingesetzt werden, auch wenn das zu wesentlichen Behinderungen des Bauablaufes führen sollte (Maßnamen der Stufe C).

Schweden

In Schweden gelten in der Nachbarschaft von Baustellen die in Tabelle 19.3 zusammengestellten Immissionsrichtwerte (Mittelungspegel).

Ist die Bauzeit geringer als ein Monat (6 Monate), können die Tag- und Abendwerte um bis zu 10 dB(A) (5 dB(A)) überschritten werden.

Dänemark

In Dänemark existiert keine rechtliche Regelung, die explizit den Baulärm behandelt. Allerdings können bei Beschwerden der Nachbarschaft

Tabelle 19.2 Anforderungen an die Maßnahmenstufen in der Schweiz

Maßnahmenstufe	Maßnahmen dürfen Bauarbeiten, lärmintensive Bauarbeiten und Bautransporte	Maschinen, Geräte und Transportfahrzeuge entsprechen
A	nicht behindern	der Normalausrüstung
B	behindern	dem anerkannten Stand der Technik[a]
C	wesentlich behindern	dem neuesten Stand der Technik[b]

[a] Richtet sich an den bestehenden EG-Richtlinien aus.
[b] Entspricht dem des deutschen Umweltzeichens.

Tabelle 19.3 Immissionsrichtwerte in der Nachbarschaft von Baustellen in Schweden

Gebiet	Immissionsrichtwerte in dB(A)		
	07:00 bis 18:00 Uhr	18:00 bis 22:00 Uhr (Sonnabend, Sonntag)	22:00 bis 07:00 Uhr
Wohngebiete, Krankenhäuser, Feriengebiete	60	50	45
Bürogebiete, andere Gebiete ohne laute Aktivitäten	70	65	–
Industriegebiete	75	70	70

Maßnahmen ergriffen werden; Anhaltswerte für nicht zumutbare Lärmbelastungen geben die rechtlichen Regelungen hinsichtlich Lärm von Industrie- und Gewerbeanlagen, die unter Berücksichtigung der Eigenheiten des Baulärms (zeitlich begrenzte Belastung) angewendet werden können.

Ungarn
In Ungarn legt die Verordnung 4/1984 des Gesundheitsministeriums in Anlage 4 die in Tabelle 19.4 zusammengestellten zulässigen durch Baustellen hervorgerufenen Mittelungspegel in der Wohnnachbarschaft fest.

Niederlande
In den Niederlanden existieren keine rechtlichen Regelungen zum von Baustellen hervorgerufenen Lärm in der Wohnnachbarschaft; entsprechende Regelungen können auf kommunaler Ebene erlassen worden sein.

Im Jahr 1981 hat die Regierung einen Runderlass veröffentlicht, der den Hinweis enthält, dass abends und nachts nicht gearbeitet werden sollte und dass in der Zeit von 07:00 bis 19:00 Uhr ein Mittelungspegel von 60 dB(A) nicht überschritten werden sollte.

Großbritannien
Es sind keine landesweit einheitlichen Immissionswerte für Baulärm in der Wohnnachbarschaft festgelegt. Es wird davon ausgegangen, dass Probleme des Baulärms besser auf lokaler oder kommunaler Ebene diskutiert und gelöst werden können. Deshalb wird es den Behörden vor Ort überlassen, im Einzelfall über zulässige Immissionswerte für den Baulärm in der Wohnnachbarschaft zu entscheiden. Der Bauausführende kann vor Baubeginn von der Behörde eine Einverständniserklärung zu den vorgesehenen Baumaßnahmen einholen. Nähere Einzelheiten zum Vorgehen und zu den Grundlagen des Baulärms enthält die Norm BS 5228 [19.14].

Hongkong
Während der Nachtzeit (19:00 bis 07:00 Uhr) und an gesetzlichen Feiertagen ganztägig müssen Bauarbeiten genehmigt werden. Die Genehmi-

Tabelle 19.4 Zulässige Immissionsrichtwerte in der Nachbarschaft von Baustellen in Ungarn

Gebietsart	Zulässige Mittelungspegel in dB(A) bei Bauarbeiten von					
	kürzer als 1 Monat		1 Monat bis 1 Jahr		länger als 1 Jahr	
	06:00 bis 22:00 Uhr	22:00 bis 06:00 Uhr	06:00 bis 22:00 Uhr	22:00 bis 06:00 Uhr	06:00 bis 22:00 Uhr	22:00 bis 06:00 Uhr
Feriengebiete, Krankenhausgebiete, Naturschutzgebiete	60	45	55	40	50	35
Wohngebiete mit lockerer Bebauung	65	50	60	45	55	40
Wohngebiete mit dichter Bebauung	70	55	65	50	60	45
Industriegebiete, Wohnungsblockbebauung	70	55	70	55	65	50

gung erteilt die zuständige Behörde (das Umweltschutzressort), die die entsprechenden Immissionswerte festlegt und deren Einhaltung überprüft. Während der übrigen Zeiten (werktags tagsüber) ist das Bauen in Hongkong aus Lärmsicht keinen Restriktionen unterworfen.

19.3 Geräuschemissionen von im Freien betriebenen Geräten, Maschinen und Baustellen

In den Jahren 1979 bis 1995 sind acht europäische Richtlinien zu den Geräuschemissionen verschiedener Baumaschinenarten erlassen worden. Diese Richtlinien enthielten die Verpflichtung, die Geräuschemissionen durch die von den Mitgliedstaaten benannten Stellen prüfen zu lassen, festgelegte Geräuschemissionsgrenzwerte einzuhalten und die Maschinen mit dem garantierten Schallleistungspegels L_{WA} in dB/1pW zu kennzeichnen.

Die Europäische Kommission hat in ihrem Grünbuch „Zukünftige Lärmschutzpolitik" [19.15] von 1996 angekündigt, dass sie eine EG-Richtlinie vorbereite, die die Geräuschemissionen einer großen Anzahl von Maschinen und Geräten für den Betrieb im Freien regeln werde und die existierenden EG-Richtlinien ablösen soll.

19.3.1 EG-Richtlinie zur Begrenzung der Geräuschemissionen

Am 03.07.2000 wurde die „Richtlinie 2000/14/EG des Europäischen Parlaments und des Rates vom 08.05.2000 zur Angleichung der Rechtsvorschriften der Mitgliedstaaten über umweltbelastende Geräuschemissionen von zur Verwendung im Freien vorgesehenen Geräten und Maschinen" (im Folgenden kurz „Outdoor Noise Directive" genannt) [19.16, 19.17] im Amtsblatt der Europäischen Union veröffentlicht und ist somit auf europäischer Ebene in Kraft getreten.

Ziele der Outdoor-Noise-Directive:
- Gewährleistung eines reibungslosen Funktionierens des Binnenmarktes,
- Harmonisierung der gemeinschaftlichen Rechtsvorschriften über Geräuschemissionsnormen von zur Verwendung im Freien vorgesehenen Geräten und Maschinen,
- Schutz der menschlichen Gesundheit und des menschlichen Wohles.

Maßnahmen, um diese Ziele in der EU zu erreichen:
- Harmonisierung der Geräuschemissionen durch Grenzwerte,
- Harmonisierung der Konformitätsbewertungsverfahren,
- Harmonisierung der Geräuschangaben auf den Geräten und Maschinen,

- Sammlung und Veröffentlichung von Daten über umweltbelastende Geräuschemissionen von in den freien Warenverkehr gebrachten Geräten und Maschinen.

Die Outdoor Noise Directive enthält Vorschriften über die in die Umwelt abgegebene Geräuschemission. Die in der EG-Maschinen-Richtlinie 98/37/EG [19.18] enthaltenen Vorschriften zur Geräuschemission am Arbeitsplatz bleiben unberührt. Auch die nationale Umsetzung dieser Vorschriften in deutsches Recht durch die Dritte Verordnung zum Gerätesicherheitsgesetz (Maschinenlärminformations-Verordnung – 3. GSGV) muss weiterhin befolgt werden [19.19].

Das bedeutet, dass der in der EG-Maschinen-Richtlinie verankerte Grundsatz weiter gilt, wonach Maschinen so zu konzipieren und zu bauen sind, dass Gefahren durch Lärmemissionen auf das niedrigste erreichbare Niveau gesenkt werden. Außerdem müssen die Angaben über den von der Maschine ausgehenden Luftschall am Arbeitsplatz in der Betriebsanleitung enthalten sein.

Wichtig ist weiterhin, dass bei Messungen nach der EG-Maschinen-Richtlinie und der Outdoor Noise Directive für gleiche Maschinen auch gleiche Betriebsbedingungen und gleichartige Messverfahren angewendet werden sollen.

Insofern haben die in der Outdoor Noise Directive festgelegten Messverfahren einen Einfluss auf die Messverfahren der EG-Maschinen-Richtlinie und somit auch auf die Ermittlung des Schalldruckpegels L_{pA} in dB/20 µPa am Arbeitsplatz der Bedienperson.

Eine Fortführung der derzeitig noch geltenden Kennzeichnungspflicht für den Schalldruckpegel am Arbeitsplatz ist auf freiwilliger Basis möglich und mit der benannten Stelle abzustimmen.

Dieser Wunsch der Industrie ist verständlich vor dem Hintergrund, dass ein möglichst geringer Schalldruckpegel, mit dem das Gerät oder die Maschine gekennzeichnet ist, ein Hinweis auf die Qualität des Produktes ist und somit auch zunehmend ein von der Baumaschinenindustrie bestätigtes deutliches Verkaufsargument darstellt (Benutzervorteil).

19.3.2 Inhalt der EG-Richtlinie zu Begrenzung der Geräuschemissionen

Die Vorschriften der Outdoor Noise Directive gelten, wenn die in ihr genannten Maschinen und Geräte in Europa in Verkehr gebracht oder erstmalig in Betrieb genommen werden. Unter Inverkehrbringen ist dabei die erstmalige entgeltliche oder unentgeltliche Bereitstellung eines Produktes auf dem EU-Gemeinschaftsmarkt für den Vertrieb oder die Benutzung im Gebiet der EU-Gemeinschaft zu verstehen. Die Inbetriebnahme erfolgt mit der erstmaligen Benutzung durch den Endbenutzer im Gebiet der EU-Gemeinschaft.

Wird ein Produkt erstmalig auf dem EU-Gemeinschaftsmarkt in den Verkehr gebracht und in Betrieb genommen, muss es allen anwendbaren, nach dem neuen Konzept verfassten Richtlinien entsprechen. Die Vorschriften gelten sowohl für Produkte, die innerhalb der EU als auch für solche, die außerhalb der EU (zum Beispiel in den USA oder Japan) hergestellt wurden. Die Vorschriften gelten nicht für Maschinen und Geräte, die bereits in Verkehr gebracht (zum Beispiel verkauft) sind oder sich bereits im Gebrauch befinden.

Sie gelten aber generell für alle außerhalb der Europäischen Union produzierten und dort eingesetzten Maschinen und Geräte, wenn diese erstmals in den EU-Gemeinschaftsmarkt als Gebrauchtmaschinen eingeführt werden sollen.

19.3.2.1 Grenzwert- und kennzeichnungspflichtige Geräte und Maschinen

Die Outdoor Noise Directive [19.16] deckt derzeit 63 Geräte- und Maschinenarten (37 Baumaschinenarten) ab, die für den überwiegenden Betrieb im Freien vorgesehen sind. Die Maschinen- und Gerätearten sind in abschließenden Listen aufgeführt und werden in der Outdoor Noise Directive definiert.

Die Tabellen 19.5 und 19.6 zeigen diese Geräte und Maschinen jeweils mit und ohne Grenzwert.

Alle Produkte müssen mit der CE-Konformitätskennzeichnung und einer Angabe über die vom Hersteller für die Gesamtheit der produzierten Geräte und Maschinen garantierten Geräuschemissionen gekennzeichnet werden. 22 dieser Geräte- und Maschinenarten (18 Baumaschinenarten) müssen zusätzlich Grenzwerte für den Schallleistungspegel L_{WA} in dB/1pW einhalten. Die Richtlinie legt Grenzwerte in zwei Stufen fest: die erste Stufe tritt am 03.06.2001, spätestens am 03.01.2002 in Kraft, die zweite Stufe mit um ca. 3 dB(A) niedrigeren Grenzwerten am 03.01.2006.

Tabelle 19.5 Maschinen mit festgelegten Grenzwerten gemäß [19.16]

Geräte-/Maschinentyp	Installierte Nutz-leistung/Elektrische Leistung P in kW Masse m in kg Schnittbreite L in cm	Zulässiger Schallleistungspegel L_{WA}/1pW in dB(A)	
		Stufe I ab 03.01.2002	Stufe II ab 03.01.2006
Verdichtungsmaschinen:	$P \leq 8$	108	105
Vibrationswalzen, Rüttel-	$8 < P \leq 70$	109	106
platten, Vibrationsstampfer	$P > 70$	$89 + 11 \lg P$	$86 + 11 \lg P$
Planiermaschinen auf Rädern, Mulden- fahrzeuge, Grader, Müllverdichter mit Ladeschaufel, Gegengewichtsstapler mit Verbrennungsmotor,	$P \leq 55$	104	101
Mobilkrane, Verdichtungsmaschinen (nichtvibrierende Walzen), Straßenfertiger, Hydraulikaggregate	$P > 55$	$85 + 11 \lg P$	$82 + 11 \lg P$
Planierraupen, Lader,	$P \leq 55$	106	103
Baggerlader	$P > 55$	$87 + 11 \lg P$	$84 + 11 \lg P$
Bagger, Bauaufzüge für den Materialtransport,	$P \leq 15$	96	93
Bauwinden, Motorhacken	$P > 15$	$83 + 11 \lg P$	$80 + 11 \lg P$
handgeführte Betonbrecher,	$m \leq 15$	107	105
Abbau-,	$15 > m \leq 30$	$94 + 11 \lg m$	$92 + 11 \lg m$
Aufbruch- und Spatenhämmer	$m > 30$	$96 + 11 \lg m$	$94 + 11 \lg m$
Turmdrehkrane	–	$98 + \lg P$	$96 + \lg P$
Schweiß-/Kraftstromerzeuger	–	$97 + \lg P_{el}$	$95 + \lg P_{el}$
Motorkompressoren	$P \leq 15$	99	97
	$P > 15$	$97 + 2 \lg P$	$95 + 2 \lg P$
Rasenmäher,	$L \leq 50$	96	94
Rasentrimmer,	$50 < L \leq 70$	100	98
Rasenkanten-	$70 < L \leq 120$	100	98
schneider	$L > 120$	105	103

19.3.2.2 Geräuschemissionsmessverfahren

Da der Geräuschemissionswert vom verwendeten Messverfahren abhängt, ist für jede Maschinen- und Geräteart ein Messverfahren festgelegt, das einerseits allgemeine Vorgaben für die Geräuschmessung (Geräuschemissionsgrundnormen mit Messpunktanzahl, Messabstände, Mittelungsverfahren, Messuntergrund usw.), andererseits die Betriebsbedingungen während der Messung enthält.

Die Geräuschemissionsgrundnorm der Outdoor Noise Directive ist die DIN EN ISO 3744 [19.20]. Zum Erreichen der erforderlichen Genauigkeit sind grundsätzlich mindestens folgende Kriterien zu beachten:

- Genauigkeitsklasse: 2
- Messumgebung: im Freien oder in Räumen
- Kriterium Eignung Messumgebung: $K_2 \leq 2$ dB
- Fremdgeräuschabstand: > 6 dB (möglichst > 15 dB)
- Anzahl der Messpunkte: ≥ 9
- Schallpegelmesssystem: Klasse 1 (IEC 6551/804)
- Messungenauigkeit von L_{WA} in dB/1pW: $\sigma_R \leq 1,5$ dB

Bezüglich der Bestimmung und Anwendung der Messungenauigkeit sowie der Ermittlung der erforderlichen statistischen Daten gemäß [19.23] wird auf Kap. 6 verwiesen.

Tabelle 19.6 Geräte und Maschinen, die der Kennzeichnungspflicht unterliegen gemäß [19.16]

Hubarbeitsbühnen mit Verbrennungsmotor
Freischneider
Bauaufzüge für den Materialtransport (mit Elektromotor)
Baustellenbandsägemaschinen
Baustellenkreissägemaschinen
tragbare Motorsägen
kombinierte Hochdruckspül- und Saugfahrzeuge
Verdichtungsmaschinen (nur Explosionsstampfer)
Beton- und Mörtelmischer
Bauwinden (mit Elektromotor)
Förder- und Spritzmaschinen für Beton und Mörtel
Förderbänder
Fahrzeugkühlaggregate
Bohrgeräte
Be- und Entladeaggregate auf Tank- oder Silofahrzeugen
Altglassammelbehälter
Grastrimmer/Graskantenschneider
Heckenscheren
Hochdruckspülfahrzeuge
Hochdruckwasserstrahlmaschinen
Hydraulikhämmer
Fugenschneider
Laubbläser
Laubsammler
Gegengewichtsstapler mit Verbrennungsmotor, Tragfähigkeit < 10 t
Müllrollbehälter
Straßenfertiger mit Hochverdichtungsbohle
Rammausrüstungen
Rohrleger
Pistenraupen
Kraftstromerzeuger > 400 kW
Kehrmaschinen
Müllsammelfahrzeuge
Straßenfräsen
Vertikutierer
Schredder/Zerkleinerer
Schneefräsen (selbstfahrend)
Saugfahrzeuge
Grabenfräser
Transportbetonmischer
Wasserpumpen (nicht für den Betrieb unter Wasser)

Die Mikrofonpositionen und Messpfade gemäß DIN EN ISO 3744 [19.5] für diverse Geräte und Maschinen, die in der Outdoor Noise Directive [19.16] genannt werden, zeigt Abb. 19.1.

Abbildung 19.2 zeigt beispielhaft die seit Jahren bewährte Anordnung der sechs Mikrofonpositionen nach ISO 6395 [19.21, 19.22], die speziell für Geräuschemissionsmessungen an Baumaschinen – beim Arbeitszyklus mit und ohne Fahrstrecke gemessen – Anwendung finden kann.

Festzuhalten bleibt, dass die Wahl des exakten Geräuschmessverfahrens mit der benannten Stelle abzustimmen ist. Diese Vorgehensweise ist auch Herstellern zu empfehlen, deren Produkte noch keinen Grenzwert haben und mit dem garantierten Grenzwert zu kennzeichnen sind. Unkorrekte Geräuschemissionsmessungen können dazu führen, dass die Zulassung zum freien Warenverkehr nicht mehr gegeben ist.

Wie in Abschn. 19.3.2.1 erläutert, ist die Fortführung der derzeit noch geltenden Kennzeichnungspflicht für den Schalldruckpegel am Arbeitsplatz auf freiwilliger Basis sehr empfehlenswert.

Generell sind dann die gleichen Kriterien für die Ermittlung des Schalldruckpegels am Arbeitsplatz anzuwenden wie bei der Ermittlung des Schallleistungspegels und der garantierten Werte für die CE-Kennzeichnung. Das Verfahren ist in die erforderliche CE-Konformitätsbewertung einzubeziehen und mit der benannten Stelle abzustimmen. Für die Ermittlung des Schalldruckpegels am Arbeitsplatz von Baumaschinen ist demzufolge die ISO 9396 [19.23] heranzuziehen.

19.3.2.3 EG-Konformitätsbewertungsverfahren

Die Hersteller müssen alle Geräte- und Maschinenarten einer EG-Konformitätsbewertung unterziehen. Alle Produkte, die keine Grenzwerte einhalten müssen, werden einer „internen Fertigungskontrolle" unterzogen. Der Hersteller kann die Geräuschemissionen durch eine Messung selbst ermitteln oder von anderen ermitteln lassen (Anhang V der Outdoor Noise Directive [19.16]).

Für alle Produkte, die Grenzwerte einhalten müssen, muss der Hersteller die Messungen von einer benannten Stelle auf Plausibilität prüfen lassen. Diese benannte Stelle soll das anhand der technischen Unterlagen tun, kann aber regelmäßig und in Zweifelsfällen auch selber Messungen durchführen. Die benannte Stelle überwacht da-

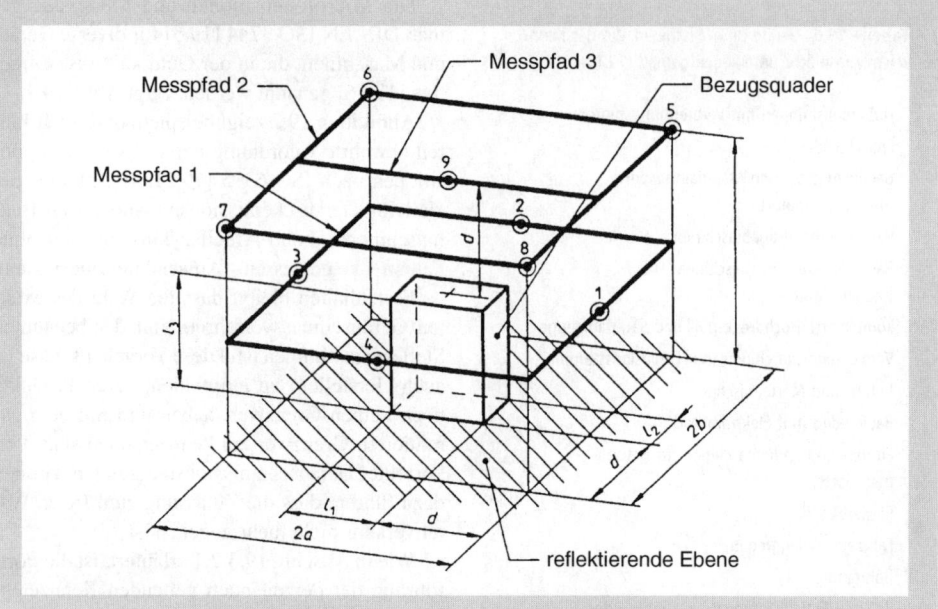

Abb. 19.1 Beispiel einer Messfläche und der Mikrofonpositionen nach ISO 3744:1995

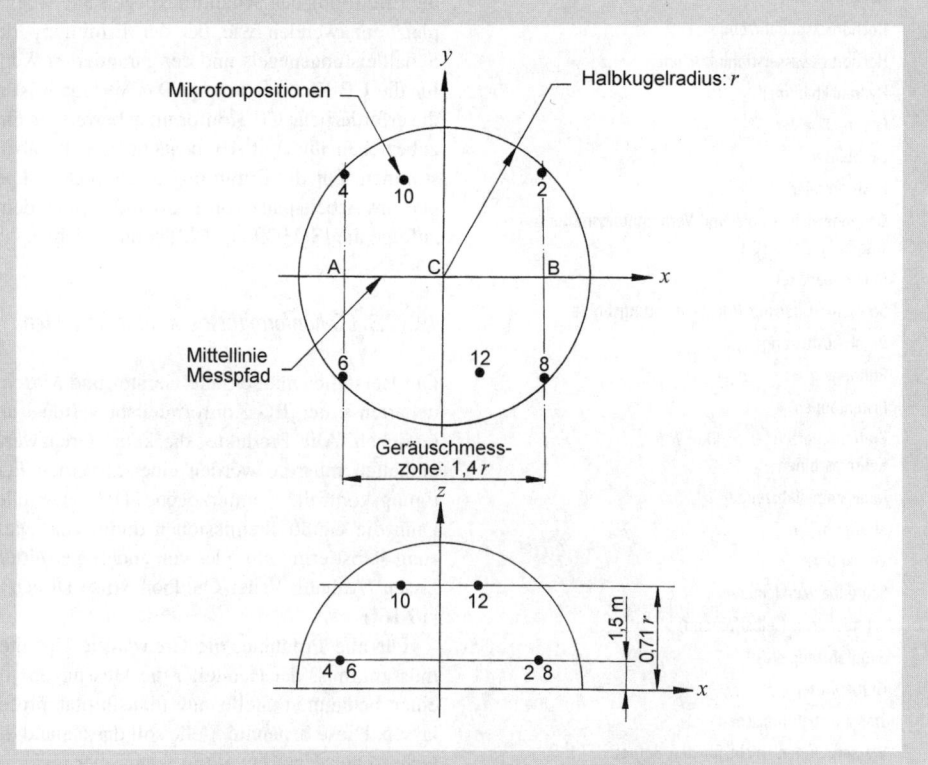

Abb. 19.2 Anordnung von Mikrofonen der halbkugelförmigen Messfläche mit Mikrofonpositionen

rüber hinaus die Einhaltung der Werte in der Produktion (Anhang VI).

Diese Art der Begutachtung durch die benannte Stelle kann entfallen, wenn Produkte einzeln abgenommen werden (Anhang VII) oder wenn der Hersteller ein umfassendes Qualitätssicherungssystem betreibt (Anhang VIII).

Unter Beachtung der Vorgehensweise in Anhang VI, VII und VIII dürfen die Produkte vom Hersteller in eigener Verantwortung gut sichtbar und dauerhaft haltbar mit dem CE-Zeichen gekennzeichnet werden, das durch die Angabe des garantierten Schallleistungspegels ergänzt wird (Abb. 19.3).

19.3.2.4 Statistische Verfahren zur Absicherung der Geräuschemissionsangaben

Ausführliche Aussagen zu diesem Verfahren sind in Kap. 6 enthalten. Der Hersteller muss auf der Grundlage der Geräuschmessungen abschätzen, welchen Wert er in der Serie unter Berücksichtigung der Produktstreuung und der Messungenauigkeiten garantieren kann.

Diese Werte müssen bei einer späteren Nachmessung durch die benannte Stelle oder andere staatliche Überwachungsstellen, die im Auftrag der Mitgliedstaaten Messungen durchführen, verifizierbar sein. Das bedeutet, dass der Hersteller seine Geräte so kennzeichnen muss, dass er bei einer Nachprüfung diese Werte mit hoher Wahrscheinlichkeit einhält.

Deshalb war es notwendig, dass die Mitgliedstaaten statistische Nachprüfverfahren festlegten und die Hersteller bei der Produktüberwachung international anerkannte und harmonisierte statistische Verfahren benutzen. Die anzuwendenden statistischen Verfahren sind nach allgemeinem Sach- und Rechtsverständnis folgerichtig die Normen DIN EN ISO 4871 [19.24] bzw. ISO 7574 (entspricht DIN EN 27574-1-4 [19.25]).

In Deutschland werden die statistischen Verfahren der DIN EN ISO 4871 [19.23] zur Anwendung gebracht.

Der Hersteller ist nach Artikel 16 der Outdoor Noise Directive [19.16] verpflichtet, jedem Produkt eine EG-Konformitätsbescheinigung gemäß Anhang II beizufügen, in der er versichert, dass das Produkt alle gesetzlichen Anforderungen erfüllt. Diese Bescheinigung muss in Bezug auf die Geräuschemissionen den an für diese Baureihe repräsentativen Maschinen und Geräten gemessenen Schallleistungspegel sowie den garantierten Schallleistungspegel enthalten.

19.3.2.5 Marktüberwachung in den EG-Staaten

Eine Kopie der EG-Konformitätsbescheinigung für jede Geräte- bzw. Maschinenart muss der Hersteller der zuständigen Behörde des EU-Staates, in dem er ansässig ist oder das Gerät oder die Maschine in Verkehr bringt, und der Europäischen Kommission übermitteln. Die ordnungsgemäße und richtige Ausstellung der EG-Konformitätsbescheinigung prüft die benannte Stelle bei der Begutachtung während der Produktion der entsprechenden Geräte und Maschinen.

Aufgrund dieser Meldungen und den damit übermittelten Daten werden zunehmend umfangreiche Listen entstehen, die zur Information des Marktes und der Behörden eingesetzt werden. Die zuständigen Behörden der Mitgliedstaaten haben so die Möglichkeit zu überprüfen, welche Geräte und Maschinen am freien Warenverkehr teilnehmen dürfen oder nicht.

Die Mitgliedstaaten werden verpflichtet, die Einhaltung der Vorschriften durch die Hersteller zu überwachen und dabei mit den anderen Mitgliedstaaten eng zusammen zu arbeiten. Das beinhaltet auch die Überprüfung der Grenzwerte und der garantierten Schallleistungspegel, die die Mitgliedstaaten selber vornehmen oder durch benannte Stellen vornehmen lassen.

Nur bei einer korrekten Vorgehensweise sichert sich der Hersteller die ungehinderte Teilnahme am freien Warenverkehr in der EU. Eine Unkorrektheit liegt z. B. vor, wenn die Kriterien zur Statistik nicht befolgt oder die Geräuschemissionsnorm DIN EN ISO 3744 [19.20] nicht beachtet wird.

Alle im Zusammenhang mit der Outdoor Noise Directive [19.16] stehenden Daten und

Abb. 19.3 CE-Konformitäts-Kennzeichnung – Muster

Unterlagen sind zehn Jahre beim Hersteller zu hinterlegen. Der Hersteller von Geräten und Maschinen, die zwar nicht der Grenzwertpflicht, aber der Kennzeichnung unterliegen, sollte hier die benannte Stelle als Dienstleister freiwillig zur Erhöhung seiner Rechtssicherheit einbeziehen.

Diese Aufbewahrungsfrist bedeutet aber auch, dass die zuständigen Behörden unkorrekt in den freien Warenverkehr verbrachte Geräte und Maschinen noch Jahre danach rückwirkend zwecks Nachbesserung aus dem Markt nehmen lassen können. Falls dies dem Hersteller oder seinem in der EU niedergelassenen Beauftragten nicht möglich ist, ist unter bestimmten Umständen mit einer Verhängung drastischer Bußgelder zur Abschöpfung unberechtigt erzielter Gewinne zu rechnen. Dies kann unabsehbare wirtschaftliche Folgen für den Hersteller haben.

Die Mitgliedstaaten dürfen das Inverkehrbringen oder die Inbetriebnahme von Produkten, die den Vorschriften der Outdoor Noise Directive entsprechen und die mit dem CE-Zeichen und der Angabe des garantierten Schallleistungspegels versehen sind und in den Warenverkehrsfreigabe-Listen enthalten sind, nicht untersagen, einschränken oder behindern.

19.3.3 Auswirkungen auf die Hersteller und Verbraucher

Hersteller von überwiegend zur Verwendung im Freien vorgesehenen Geräten und Maschinen müssen in Zukunft gemäß der Outdoor-Noise-Directive [19.16]

- anhand der Listen in Artikel 12 und 13 prüfen, ob der Maschinen- oder Gerätetyp unter diese EG-Richtlinie fällt;
- prüfen, ob der Geräte- und Maschinentyp zu kennzeichnen ist oder ob Grenzwerte einzuhalten sind;
- die Geräuschemission des Geräte- oder Maschinentyps durch Messungen gemäß Teil B ermitteln und (bei Typen mit Grenzwerten) eine benannte Stelle suchen und in Abhängigkeit von den gewünschten Verfahren (Anhang V, VI, VII und/oder VIII) einschalten;
- statistisch ermitteln, welchen Schallleistungspegel L_{WA} in dB/1pW sie für den Geräte- und Maschinentyp für die Serie garantieren können;
- jedes Produkt mit dem CE-Zeichen und der Angabe des garantierten Schallleistungspegels L_{WA} in dB/1pW gemäß Anhang IV versehen;
- jedem Produkt eine EG-Konformitätsbescheinigung mit den vorgeschriebenen Daten gemäß Anhang II beilegen;
- eine Kopie der EG-Konformitätsbescheinigung gemäß Artikel 16 für jede Maschinen- oder Geräteart an die zuständige nationale Stelle und an die Europäische Kommission senden;
- sich durch Produktionsüberwachung mit Hilfe statistischer Verfahren, z. B. nach DIN EN ISO 4871 [19.23], auf Überprüfungen der hergestellten Produkte durch die Mitgliedstaaten oder die benannten Stellen einstellen.

Für die Verbraucher bedeutet die neue Outdoor Noise Directive [19.16] eine Verbesserung der Information über die Geräuschemission von Maschinen und Geräten und somit mehr Transparenz auf dem Markt.

19.3.4 Derzeitige und zukünftige Benutzervorteile für lärmarme Geräte und Maschinen

Neben den in Abschn. 19.3.1 und 19.3.2 erläuterten Verfahren zur Begrenzung der Geräuschemissionen von zur Verwendung im Freien vorgesehenen Geräten und Maschinen können die Mitgliedstaaten allerdings die Verwendung dieser Produkte in Gebieten, die sie als lärmsensibel einstufen, beschränken. Sie können zum Beispiel für den Einsatz in Kur- und Krankenhausgebieten oder in Wohngebieten vorschreiben, dass nur Produkte eingesetzt werden, die wesentlich leiser sind als es die Outdoor Noise Directive verlangt. Diese Vorgehensweise ist erklärte Politik der europäischen Industriestaaten mit hoher Besiedlungsdichte. Nachfolgend werden beispielhaft für zwei Staaten diese Vorteile beschrieben.

Deutschland
Den Stand der Schallschutztechnik repräsentieren nachweislich die Geräte und Maschinen, die das deutsche Umweltzeichen „Blauer Engel" RAL UZ-53 tragen [19.10]. Um einheitliche Grundlagen zu schaffen, wurde folgende Vorgehensweise festgelegt:

- ein Prüfungsverfahren, in dem die Kriterien für die Zeichenvergabe entworfen werden (in diesem Verfahren werden das Umweltbundesamt der Bundesrepublik Deutschland sowie

Experten aus Wissenschaft, Wirtschaft, Verbänden und Behörden eingeschaltet);
- eine Jury, zusammengesetzt aus unabhängigen Persönlichkeiten des öffentlichen Lebens, die die Kriterien für die Zeichenvergabe beschließt;
- Hersteller, die bei jedem Maschinentyp, für den sie das Umweltzeichen einsetzen wollen, nachweisen müssen, dass sie die zugrunde gelegten Kriterien einhalten. Sie müssen sich in einem Vertrag mit dem RAL, Deutsches Institut für Gütesicherung und Kennzeichnung e. V., rechtsverbindlich verpflichten, mit dem Umweltzeichen nur für Produkte zu werben, die den strengen Kriterien der Jury Umweltzeichen entsprechen;
- die Kennzeichnung der Produkte, die die Kriterien für die Verleihung des Umweltzeichens erfüllen mit dem „Blauen Engel".

Abb. 19.4 Umweltzeichen RAL-ZU 53 „Blauer Engel"

Die Tabellen 19.7 und 19.8 zeigen die Zusammenstellung der Kriterien für die derzeitig regulierten Geräte- und Maschinentypen, für die das Umweltzeichen „Blauer Engel" verliehen werden kann.

Abbildung 19.4 zeigt das deutsche Umweltzeichen RAL UZ-53 für lärmarme Baumaschinen, das an Hersteller und deren Produkte vergeben wird, die den Stand der Schallschutztechnik in Europa auf ihrem Gebiet repräsentieren.

Dass der Einsatz umweltfreundlicher Betriebsmittel, Geräte und Maschinen nicht nur ideelle, sondern auch finanzielle Vorteile für den Benutzer bringen kann, zeigt das positive Beispiel Niederlande.

Niederlande

Hier gab es schon früher (bis 1990) die so genannte WIR-Umweltschutzprämie, dann seit 1991 mit VAMIL eine steuerliche Abschrei-

Tabelle 19.7 Anforderungen an Geräte und Maschinen zur Erlangung des Umweltzeichens RAL-UZ 53 – Stand der Schallschutztechnik

Geräte/Maschinen	Leistungs- klassen	Berechnung des zulässigen Schallleistungs- pegels L_{WA} in dB/1pW, Leistung P in kW	Basis-Schall- leistungs- pegel $L_{WA\,Basis}$ in dB/1pW	Maximaler Schallleistungs- pegel L_{WAmax} in dB/1pW
Kettenbetriebene Maschinen (außer Bagger)	alle	$L_{WA} = 80 + 11 \lg P$	99	101
Planiermaschinen, Lader, Baggerlader auf Rädern, Grader, Müllverdichter, Muldenfahrzeuge, Mobilkräne (auf Rädern, Raupen oder Gleisen)	alle	$L_{WA} = 79 + 11 \lg P$	97	101
Verdichtungsmaschinen (Vibrationswalzen)	alle	$L_{WA} = 82 + 11 \lg P$	97	101
Bagger	alle	$L_{WA} = 78 + 11 \lg P$	91	101

Tabelle 19.8 Anforderungen an Geräte und Maschinen zur Erlangung des Umweltzeichens RAL-UZ 53 – Stand der Schallschutztechnik

Geräte/Maschinen	Leistungsklassen	Schallleistungspegel L_{WA} in dB/1pW
Motorkompressor	Normalnenndurchsatz: Q in m³/min	
	$Q \leq 5$	88
	$5 < Q \leq 10$	89
	$10 < Q \leq 30$	91
	$Q > 30$	93
Kraftstromerzeuger	alle	91
Schweißstromerzeuger	alle	91
Kombinationsgeräte aus Kraft- und Schweißstromerzeuger	alle	91
Straßenfertiger	$Q < 300$ t/h	90[a] 100[b]
	$Q \geq 300$ t/h	94[a] 104[b]
Transportbetonmischer	Nenninhalt < 8 m³	98
	Nenninhalt ≥ 8 m³	100
Turmdrehkran:		
– Hubwerk	≤ 15 kW	86
	≥ 15 < 30 kW	88
	≥ 30 kW	90
– zugehörige Kraftmaschine getrennt	alle	91
– Einheit von Hubwerk und Kraftmaschine	alle	91
Betonpumpen	≤ 50 kW	99
	> 50 kW	101

[a] Messung des Schallleistungspegels bei Nennleistung mit eingeschalteter Bohlenheizung.
[b] Betrieb aller Aggregate (Tamper, Vibrator, Schnecke, Band) gleichzeitig mit 50%, ohne Material.

bungsmöglichkeit für Umweltinvestitionen und schließlich seit 1999 mit MIA einen Investitionsabzug für umweltfreundliche Investitionen.

Die für diese steuerlichen Vergünstigungen in Frage kommenden Investitionen sind in einer Umweltliste enthalten, die jedes Jahr aktualisiert wird und folgende Umweltabteilungen enthält:

1. Wasser, 2. Luft, 3. Boden, 4. Abfall, 5. Lärm, 6. Energie.

In Abteilung 5. Lärm sind in die Umweltliste für das Jahr 2002 die Baumaschinen Stromerzeuger, Kompressoren, Lader, Bagger, Pumpen, Häcksler, Gabelstapler, Mobilkrane und Hydraulikaggregate aufgenommen.

Die Prozedur zur Erlangung der Steuervorteile ist so einfach (eine Meldung an das Finanzamt genügt), dass sich die Summe der gemeldeten Umweltinvestitionen seit 1991 bis 2001 verzehnfacht hat und nun schon 1,1 Mrd. Euro (VAMIL) und 0,7 Mrd. Euro (MIA) beträgt.

„Beflügelt" durch die staatliche Förderung umweltfreundlicher Investitionen konnten in den letzten Jahren beispielsweise die Schallleistungspegel von Gabelstaplern im Mittel von 105 dB(A) auf 102 dB(A) gesenkt werden, so Kruithof und Werring [19.29]. Es wäre zu wünschen, dass die niederländische Umweltpolitik mit ihren steuerlichen Benutzervorteilen auch in anderen Ländern Nachahmer finden würde. Die steuerlichen Vorteile sowie die Anforderungen sind in der VAMIL zusammengestellt [19.30].

Tabelle 19.9 Schallleistungspegel L_{WA} (Anhaltswerte) und relative Schalldruckpegel ausgewählter Geräte, Maschinen sowie Arbeitsverfahren, gewonnen aus Geräuschemissionsmessungen auf Baustellen

Nr.	Geräte/Maschinen	L_{WA}	Relative Schalldruckpegel in dB für die Oktaven mit der Mittenfrequenz in Hz						
			63	125	250	500	1000	2000	4000
1	Verdichtungsmaschinen (Vibrationswalzen, Rüttelwerke)	100…108	−30	−19	−15	−7	−6	−5	−10
2	dto. (Plattenrüttler, Bodenstampfer)	100…115	−32	−24	−15	−7	−7	−6	−10
3	Planierraupe	105…115	−20	−15	−12	−9	−5	−6	−12
4	Radlader	95…115	−25	−16	−12	−7	−4	−7	−12
5	Straßenfertiger	100	−21	−7	−15	−7	−6	−7	−12
6	Bagger	110	−20	−15	−10	−7	−5	−7	−10
7	Betonbrecher, handgeführt	110	−37	−25	−19	−14	−10	−9	−5
8	Turmdrehkrane	95…103	−23	−15	−8	−6	−4	−10	−13
9	Schweißstrom- und Kraftstromerzeuger	95…105	−26	−19	−13	−8	−5	−8	−10
10	Kompressoren	92…102	−18	−8	−11	−8	−7	−8	−11
11	Kreissägemaschinen, Elektroantrieb	108…112	−40	−35	−27	−18	−9	−5	−4
12	Motorkettensägen, tragbar (Holzbrettschneiden)	105	−40	−16	−18	−6	−6	−7	−9
13	Beton- und Mörtelmischmaschinen	96…108	−18	−14	−8	−11	−9	−8	−11
14	Bohrgeräte	110…115	−30	−22	−14	−9	−4	−6	−10
15	Ankerbohrgerät (Schlagbohrer) in Fels	110	−40	−32	−24	−12	−6	−3	−7
16	Fugenschneider (Asphalt)	115	−40	−23	−17	−13	−8	−9	−5
17	Rammausrüstungen, Schlagrammen	123…134	−31	−26	−18	−11	−5	−4	−8
18	dto., Vibrationsrammen	125	−22	−17	−12	−7	−7	−8	−11
19	Transportbetonmischer	100	−17	−19	−13	−6	−4	−7	−13
20	Betonpumpen	105	−19	−18	−13	−7	−4	−7	−12
21	Betonrüttler (Tauchrüttler, Flaschenrüttler)	100…108	−46	−36	−15	−10	−12	−7	−7
22	Lkw für Zuschlagstoffe, Sattelzug	103…112	−20	−16	−9	−5	−5	−9	−18
23	Lkw, Kiesschüttgeräusch	115	−37	−32	−22	−21	−6	−4	−6
24	Brecher für Bauschuttzerkleinerung (mobil)	108…115	−23	−19	−11	−8	−4	−6	−12
25	Betonschneiden mit Wasserstrahlverfahren (Luftverdichter und Wasserstrahlgeräusche)	110…114	−30	−13	−15	−9	−6	−4	−11
26	Schalungsarbeiten mit Hämmern (Flexen, Lkw, Zurufe, Schalungsphase)	114…118	−23	−19	−13	−10	−7	−4	−7

19.3.5 Schallleistungspegel von Geräten und Baumaschinen – relative Spektren

Anhand der Ergebnisse verschiedener (insbesondere vom Umweltbundesamt geförderter) Forschungsvorhaben zum Stand der Schallschutztechnik von Baumaschinen sowie der Daten aufgrund der Geräuschemissionsmessungen im Zusammenhang mit den EWG-Baumusterprüfungen, die vor dem Inkrafttreten der Outdoor Noise Directive gesetzlich vorgeschrieben waren, sind in Tabelle 19.9 Schallleistungspegel L_{WA} in dB/ 1pW angegeben, die zur Prognose der Geräuschemissionen und -immissionen von Baustellen herangezogen werden können.

19.4 Geräuschbegrenzung und Schallschutzmaßnahmen

19.4.1 Beschwerden über unzureichende Geräuschbegrenzung und Schallschutzmaßnahmen

Bei Lärmschutzbehörden werden besonders häufig folgende Lärmstörungen gemeldet:

– Überschreitung der vereinbarten und behördlich festgelegten Betriebszeiten, insbesondere zu früher Beginn lärmintensiver Bautätigkeiten (z. B. 06:00 statt 07:00 Uhr).
– Einsatz von hand- und maschinengeführten Hämmern bei der Teilsanierung bewohnter Gebäude.
– Betrieb nicht lärmgeschützter Baustellenentwässerungspumpen während der Nachtzeit.
– Vorbeifahrt von Baustellenfahrzeugen vor den Nachbarhäusern.
– Betrieb von Abbruchmaschinen zur Zerkleinerung von Bauschutt (bedingt durch das neue Kreislaufwirtschaft-Abfallgesetz, soll Bauschutt nicht mehr auf Deponien gebracht, sondern vor Ort zerkleinert werden).

Bei berechtigten Klagen und Gesetzesverstößen kann es zu Zwangsmaßnahmen bis zur Stilllegung der Baustelle durch einstweilige Verfügung der Gerichte kommen. Außerdem können Bußgeldbescheide verhängt werden und in besonders schwerwiegenden Fällen Anzeigen wegen Körperverletzung erfolgen.

Um die Gefahr von Gesetzesverstößen auszuschließen und unnötigen Ärger mit den Nachbarn zu vermeiden, ist es wichtig, Baustellen auch unter schalltechnischen Gesichtspunkten zu planen und einzurichten.

19.4.2 Schalltechnische Planung, Einrichtung und Räumung von Baustellen

Insbesondere vor der Einrichtung von Großbaustellen, aber auch bei kleineren Baustellen in Ballungsgebieten wird von den Genehmigungsbehörden häufig der Nachweis ausreichenden Schallschutzes in Form einer Prognose verlangt [19.33, 19.34].

Der schalltechnische Berater steht dabei vor der Frage, welche Geräuschkennwerte (Emissionsrichtwerte, Schallleistungspegel, Stand der Schallschutztechnik, Firmenangaben oder eigene Messungen) er bei diesen Berechnungen zu Grunde legen soll.

Seit Inkrafttreten der sogenannten Outdoor Noise Directive [19.16] gibt es eine erweiterte Anzahl von Baumaschinen, für die seit dem 03.01.2002 zulässige Schallleistungspegel angegeben werden sowie eine umfangreiche Liste von Baumaschinen und Baugeräten, für die schalltechnische Kennzeichnungspflicht besteht.

Aber auch bei Verwendung von Baumaschinen mit den niedrigsten Emissionskennwerten oder bei Verwendung von lärmarmen, mit dem Umweltzeichen RAL-UZ53 „Blauer Engel" ausgezeichneten Baumaschinen ist noch nicht sichergestellt, dass die gebiets- und zeitbezogenen Richtwerte eingehalten werden können. Zur schalltechnischen Planung und Einrichtung und zum Betrieb von Baustellen gehören also auch weitere Faktoren wie

– Betriebszeitbegrenzung,
– Verwendung anderer geräuschärmerer Verfahren,
– Sekundärmaßnahmen wie Abschirmung, Kapselung und Schalldämpfereinbau,
– rechtzeitiges Erkennen drohender Konflikte und Planung entsprechender Gegenmaßnahmen,
– rechtzeitige Information der durch Lärm Betroffenen,
– schnelle Behandlung von Beschwerden der von Baulärm Betroffenen.

Für eine Lärmminderungsplanung (LMP) bei Baustellen sollten jedoch nicht nur die zu erwartenden Immissionen für den jeweiligen Bauablauf berechnet und entsprechende Lärmminderungsmaßnahmen angeordnet werden, sondern auch Kosten-/Nutzenanalysen für zusätzliche Schallschutzmaßnahmen durchgeführt werden, um nicht u. U. wirtschaftlich untragbare Kosten zu verursachen.

Die ausführliche VDI-Richtlinie 3758 „Schalltechnische Planung und Einrichtung von Baustellen", die bereits als Entwurf vorlag, ruhte leider zum Zeitpunkt der Buchveröffentlichung.

Im Auftrag des Umweltbundesamtes (UBA) wurde mit Ausgabe April 1996 ein *Standardleistungsbuch für das Bauwesen* für den Leistungsbereich Baulärm und Erschütterungen herausgegeben [19.26]. Darin werden umfassende Hinweise und Standardleistungsbeschreibungen zum Schutz gegen Baulärm und Erschütterungen angegeben.

Diese Fassung des LB 898 ist für die automatisierte Datenverarbeitung vorbereitet. Verbesserungs-, Ergänzungs- und Erweiterungsvorschläge werden laufend vom UBA Berlin entgegengenommen.

Für die Prognose des Lärms von Großbaustellen müssen generell folgende Aspekte beachtet werden:

– Bestimmung der zulässigen Schallimmissionspegel im Einwirkbereich der Baustelle in Zusammenarbeit mit den Genehmigungsbehörden; ggf. Definition kurzfristig möglicher Überschreitungen der z. B. nach AVV Baulärm zulässigen Geräuschpegel.
– Berechnung der zu erwartenden Geräuschemission von Baumaschinen und Arbeitsvorgängen.
– Berechnung und Beurteilung der zu erwartenden Schallimmissionen an den festgelegten Immissionsorten.
– Gegebenenfalls Festlegung der durchschnittlichen täglichen Betriebsdauer für die Tagzeit (07:00 bis 20:00 Uhr) und Nachtzeit (20:00 bis 07:00 Uhr) und Ermittlung der entsprechenden Zeitkorrekturen in dB(A).
– Berechnung der zu erwartenden Schallimmission durch Baustellenfahrzeuge auf öffentlichen Straßen.

Wenn die lärmbetroffenen Nachbarn einverstanden sind, ist es mitunter besser, die tägliche Betriebsdauer lärmintensiver Arbeiten nicht zu begrenzen, wenn dadurch die Gesamtdauer der Bautätigkeiten verkürzt werden kann.

Einen ganz anderen Weg bei der schalltechnischen Planung und Einrichtung von Baustellen geht die Schweiz mit der am 02.02.2000 in Kraft getretenen Baulärm-Richtlinie [19.13]. Danach sollen anstelle von Grenzwerten am Immissionsort konkrete Vorgaben für Schallschutzmaßnahmen ausgearbeitet werden. Als Grundlage für die Planung und Bauausführung soll eine Maßnahmenliste dienen. Diese Maßnahmen werden den jeweiligen Lärmemissionen der Baustelle, der Lärmempfindlichkeit der betroffenen Gebiete sowie der Baudauer angepasst [19.27].

Eine weitere Hilfe für die schalltechnische Planung von Baustellen wird die im Dezember 2001 als Entwurf vorgelegte VDI-Richtlinie 3765 [19.28]. „Kennzeichnende Geräuschemissionen typischer Arbeitsabläufe auf Baustellen, Ausgabe 2001 – 12" sein. Bei den in dieser Richtlinie genannten Geräuschkennwerten werden nicht nur die Geräuschanteile der eingesetzten Maschinen, sondern auch der Einfluss der zu bearbeitenden Materialien sowie verhaltensbedingte Geräuschemissionen berücksichtigt.

Eine überschlägige rechnerische Ermittlung der Immissionsschallpegel im Nahbereich der Wohnbebauung einer Baustelle erfordert zumindest die Kenntnis über die

– Anzahl und Einsatzzeiten der lärmintensivsten drei, höchstens fünf Baumaschinen, Werkzeuge und Geräte sowie
– Entfernungen derselben zum Immissionsort,

wobei die gegenwärtig zur Verfügung stehenden Unterlagen zur Festlegung des Faktors „Einsatzzeit" durch Beobachtungen an Baustellen weiter zu qualifizieren sind.

19.4.3 Geräuschminderung an im Freien betriebenen Maschinen, Geräten und Baustellen

In den letzten Jahren sind erfreulich viele schalltechnische Untersuchungen an Baumaschinen durchgeführt worden und anhand gezielter Messungen an Einzelkomponenten (z. T. mit Hilfe der Schallintensitätsmessungen) sind die pegelbestimmenden Schallquellen vieler Baumaschinen ausreichend bekannt.

Das UBA hat eine Reihe von Forschungsvorhaben zur Ermittlung des Standes der Schallschutztechnik gefördert. An Hochschulen und Universitäten, durch technische Überwachungsorganisationen und schalltechnische Beratungsbüros wurden gezielte Untersuchungen zur Pegelminderung an Einzelkomponenten durchgeführt. Verschiedene Baumaschinenhersteller haben von sich aus schalltechnische Untersu-

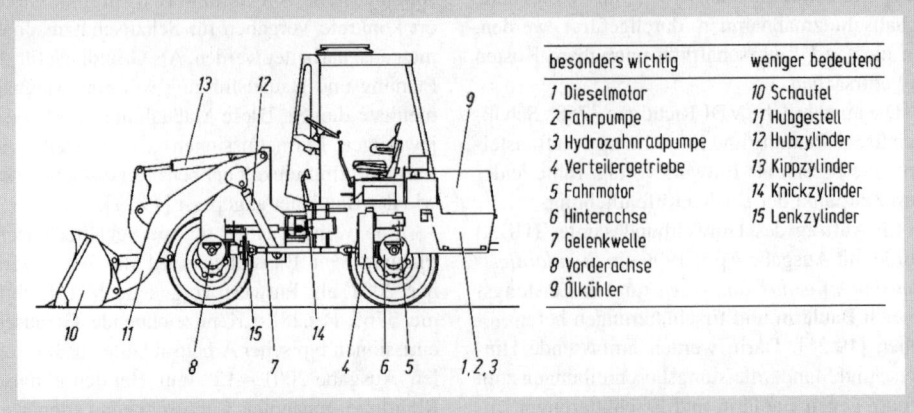

Abb. 19.5 Die wichtigsten Elemente des Laders, unterschieden nach ihrer Bedeutung für die Geräuschemission

chungen ihrer Maschinen in Auftrag gegeben, um die Geräuschemissionen reduzieren zu können und mit leiseren Maschinen Wettbewerbsvorteile zu erlangen [19.32].

Für die Zukunft kann also aus technischer Sicht mit einer weiteren Minderung der Geräuschbelästigung durch im Freien betriebene Maschinen, Geräte und Baustellen gerechnet werden, wenn vom Gesetzgeber zusätzlich noch Druck ausgeübt wird.

Mit der zunehmenden Mechanisierung der Bautätigkeiten kommen allerdings auch immer mehr z. T. bisher noch nicht untersuchte Baumaschinen und -geräte zum Einsatz, so dass die Geräuschminderung an Baumaschinen und Baustellen auch weiter ein aktuelles Thema bleiben wird.

Im Folgenden werden auszugsweise Beispiele für Schallschutzmaßnahmen an Baumaschinen und Baugeräten angegeben.

19.4.3.1 Radlader, Radlader mit Heckbagger, Bagger

Abbildung 19.5 zeigt die Hauptgeräuschquellen eines Radladers.

Beispiele für Schallschutzmaßnahmen:
1. Kapselung der Hauptgeräuschquellen (z. B. Motor, Pumpen, Getriebe) und/oder
2. lärmarme Ausführung der Aggregate,
3. Einsatz optimierter Abgasschalldämpfer,
4. Einsatz von Schalldämpfern beim Kühlerventilator, Ölkühler und Luftansaugfilter,
5. Körperschallisolierung und Kapselung aller Hydraulik- und Antriebskomponenten,
6. Endlagendämpfung an den Hydraulikzylindern,
7. Einsatz einer mechanisch getrennten, körperschallisoliert aufgesetzten Fahrerkabine zur erheblichen Reduzierung des Lärms am Bedienplatz.

19.4.3.2 Transportbetonmischer

Abbildung 19.6 zeigt die Hauptgeräuschquellen eines Transportbetonmischers (Fahrmischers).

Beispiele für Schallschutzmaßnahmen:
– Einsatz eines lärmarmen Fahrgestells,
– Einsatz einer lärmgeminderten Kraftübertragung durch optimierte Konstruktionen, Luft- und Körperschallisolierung,
– Verminderung der Schallabstrahlung der Mischtrommel durch optimierte Lager.

19.4.3.3 Rammen (Schlagrammen und Hydraulikrammen)

Mit Schallleistungspegeln von 125 ± 10 dB(A) gehören sie zu den lautesten Geräuschquellen auf Baustellen.

Eine Pegelminderung von ca. 5 dB(A) kann z. B. durch Einlegen von Teflon- oder Kunststoffscheiben in die Schlagfuge erreicht werden.

Schalldämmende, innen absorbierende Verkleidungen (Lärmschutztürme) können zu Pegelminderungen von 5 bis 8 dB(A) führen.

5 bis 15 dB(A) niedrigere Werte lassen sich durch Verwendung anderer Verfahren erreichen

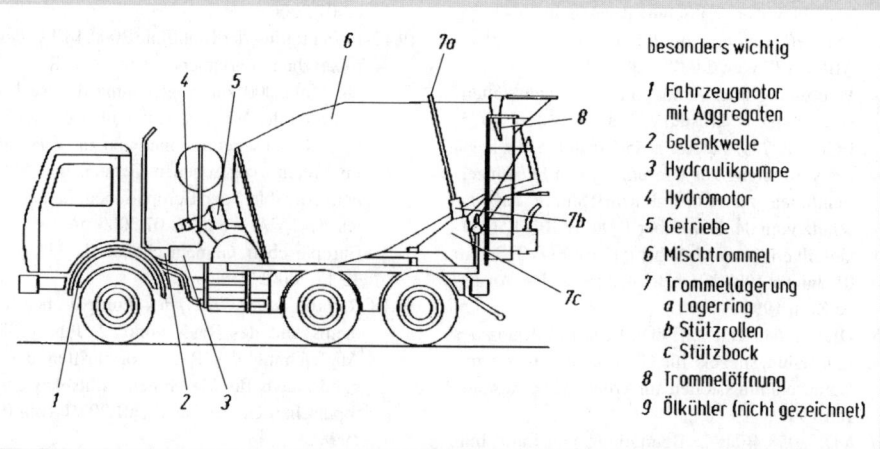

Abb. 19.6 Die wichtigsten Elemente des Fahrmischers, unterschieden nach ihrer Bedeutung für die Geräuschemission

wie
- Einvibrieren von Spundwandbohlen/Stahlträgern,
- Bohren statt Rammen und Vibrieren,
- Abstützen der Baugrube durch Bohrpfahlwände,
- Abstützen der Baugrube durch Schlitzwände,
- Einpressen von Spundwandbohlen.

19.4.3.4 Kreissägen

Beispiele für Schallschutzmaßnahmen sind
- Kapselung mittels Schallschutzhauben,
- Abschirmung durch absorbierende Stellwände,
- Verwendung von Sägeblättern mit niedriger Zahnhöhe und Diamanttechnik,
- Verwendung von Sägeblättern mit dämpfender Zwischenschicht (Sandwichblätter).

19.4.3.5 Sonstige Maßnahmen zur Geräuschminderung

- Geräte mit E-Motoren statt Verbrennungsmotoren verwenden.
- Wenn Verbrennungsmotoren solche in lärmarmer Ausführung (z.B. mit Wasserkühlung statt Luftkühlung) verwenden.
- Baustellenentwässerungspumpen bzw. Grundwasser-Absenkungspumpen, die auch nachts betrieben werden müssen, in geräuscharmer Ausführung verwenden und an immissionsortfernen oder -abgeschirmten Baustellenbereichen anordnen (auch wenn dazu längere Kabel und Schläuche erforderlich werden).
- Abbrucharbeiten bei lärmempfindlichen Baustellen nicht mit schlagenden Geräten (Presslufthammer), sondern mit Diamantschneideverfahren, durch hydraulisches Spalten oder mit hydraulischen Scheren (Betonbeißer) durchführen.
- Aufstellung selbsttragender Abschirmwände; sie ermöglichen eine Pegelreduktion von 3 bis 6 dB(A).

Weitere wertvolle Hinweise zu möglichen allgemeinen Schallschutzmaßnahmen an Baumaschinen geben Prickartz und Hecker in [19.31].

Das Umweltbundesamt in Berlin verfügt über die umfassendste Sammlung von Forschungsberichten zum Thema „Lärmarme Baumaschinen" aufgrund von Forschungsvorhaben, die aus Mitteln des Bundesministers für Umwelt, Naturschutz und Reaktorsicherheit im Namen der Bundesregierung finanziert wurden.

Geräuschemissionsdaten von lärmarmen Geräten und Maschinen sind u. a. in [19.36] zu finden.

Literatur

19.1 Sicherheit und Gesundheit bei der Arbeit 1999. Unfallverhütungsbericht Arbeit, Bundesministerium für Arbeit und Sozialordnung, Ausgabe 53105, Bonn 1999

19.2 Richtlinie des Rates 86/188/EWG vom 12. Mai 1986 über den Schutz der Arbeitnehmer gegen Gefährdungen durch Lärm am Arbeitsplatz, ABl. L 137 vom 24. 05. 1986, 28

19.3 Verordnung über Arbeitsstätten, Arbeitsstättenverordnung – ArbstättV vom 20. März 1975, BGBl. 1, 729, zuletzt geändert durch Artikel 4 der Verordnung zur Umsetzung von EG-Einzelrichtlinien zur EG-Rahmenrichtlinie Arbeitsschutz vom 04. Dezember 1996, BGBl. 1, 1841

19.4 Unfallverhütungsvorschrift: Lärm BGV B 3 vom 01. Januar 1997. Carl Heymanns-Verlag, Ausgabe Köln 1990

19.5 DIN 45 645 Teil 2: Einheitliche Ermittlung des Beurteilungspegels für Geräuschimmissionen – Geräuschimmissionen am Arbeitsplatz, Ausgabe Juli 1997

19.6 VDI 2058 Blatt 2: Beurteilung von Lärm hinsichtlich Gehörgefährdung, Ausgabe 1988

19.7 VDI 2058 Blatt 3: Beurteilung von Lärm am Arbeitsplatz unter Berücksichtigung unterschiedlicher Tätigkeiten, Ausgabe 1999

19.8 ISO 1999: Acoustics – Determination of occupational noise exposure and estimation of noise-induced hearing impairment, Edition 1990-01-00

19.9 Gesetz zum Schutz gegen schädliche Umwelteinwirkungen durch Luftverunreinigungen, Geräusche, Erschütterungen und ähnliche Vorgänge. Bundes-Immissionsschutzgesetz – BImSchG in der Fassung vom 14. Mai 1990, BGBl. 1, 880, zuletzt geändert am 27. Juli 2001, BGBl. 1, 1950

19.10 Allgemeine Verwaltungsvorschrift zum Schutz gegen Baulärm – Geräuschimmissionen vom 19. August 1970 (Beilage zum BAnz. Nr. 160 vom 01. September 1970)

19.11 Sechste Allgemeine Verwaltungsvorschrift zum Bundes-Immissionsschutzgesetz, Technische Anleitung zum Schutz gegen Lärm TALärm vom 26. August 1998, GMBl. 1998, Nr. 26, 503

19.12 Umweltzeichen, Produktanforderungen, Zeichenanwender und Produkte, RAL, Deutsches Institut für Gütesicherung und Kennzeichnung e.V., Ausgabe April 1999

19.13 Baulärmrichtlinie – Richtlinie über bauliche und betriebliche Maßnahmen zur Begrenzung des Baulärms. Bundesamt für Umwelt, Wald und Landschaft, 1999

19.14 BS 5228-1,2,3,4 und 5: Noise and vibration control on construction and open sites. Editions 1992-03-01, 1999-05-15, 1997-11-15

19.15 Grünbuch der Europäischen Kommission Zukünftige Lärmschutzpolitik. Brüssel, November 1996, KOM(96) 540 endg.

19.16 Richtlinie 2000/14/EG des Europäischen Parlaments und des Rates vom 08. Mai 2000 zur Angleichung der Rechtsvorschriften der Mitgliedstaaten über umweltbelastende Geräuschemissionen von zur Verwendung im Freien vorgesehenen Geräten und Maschinen. Amtsblatt der Europäischen Gemeinschaften L 162/1 vom 03.07.2000

19.17 Berichtigung der Richtlinie 2000/14/EG des Europäischen Parlaments und des Rates vom 08. Mai 2000 zur Angleichung der Rechtsvorschriften der Mitgliedstaaten über umweltbelastende Geräuschemissionen von zur Verwendung im Freien vorgesehenen Geräten und Maschinen. Amtsblatt der Europäischen Gemeinschaften L 162/1 vom 03.07.2000, Amtsblatt der Europäischen Gemeinschaften L 311/50 vom 12.12.2000

19.18 Richtlinie 98/37/EG des Europäischen Parlaments und des Rates vom 22. Juni 1998 zur Angleichung der Rechtsvorschriften der Mitgliedstaaten für Maschinen. Amtsblatt der Europäischen Gemeinschaften L207/1 vom 07.12.1998

19.19 Dritte Verordnung zum Gerätesicherheitsgesetz (Maschinenlärminformations-Verordnung – 3. GSGV) vom 18.01.1991 (BGBl. 1, Seite 146), letzte Änderung durch Artikel 2 Absatz 3 der Verordnung vom 12.05.1993 BGBl, 704

19.20 DIN EN ISO 3744: Akustik – Bestimmung der Schallleistungspegel von Geräuschquellen aus Schalldruckpegelmessungen, Hüllflächenverfahren der Genauigkeitsklasse 2 für ein im Wesentlichen freies Schallfeld über einer reflektierenden Ebene. Ausgabe November 1995

19.21 ISO 6395: Acoustics – Measurement of exterior noise emitted by earthmoving machinery at the operators position – Simulated work cycle test conditions. 1988-09

19.22 ISO 6395 AMD1: Geräuschemissionsmessung an Erdbewegungsmaschinen – Messbedingungen für den Fahrzyklus. Änderung 1, Ausgabe 1996-12

19.23 ISO 6396: Acoustics – Measurement of exterior noise emitted by earthmoving machinery – Dynamic test conditions. Edition 1992-10

19.24 DIN EN ISO 4871: Akustik – Angabe und Nachprüfung von Geräuschemissionswerten von Maschinen und Geräten. Ausgabe März 1997

19.25 DIN EN 27574 Teil 1 – 4: Akustik – Statistische Verfahren zur Festlegung und Nachprüfung angegebener (oder vorgegebener) Geräuschemissionswerte von Maschinen und Geräten, Ausgabe 1989-03

19.26 Standardleistungsbuch für das Bauwesen, Leistungsbereich: Schutz gegen Baulärm und Erschütterungen. Umweltbundesamt Berlin, Ausgabe April 1996

19.27 Meloni T, Fischer F (2000) Wenn Grenzwerte nicht greifen: Eine Lösung für Baulärm. DAGA 2000

19.28 VDI 3765: Kennzeichnende Geräuschemissionen typischer Arbeitsabläufe auf Baustellen. Ausgabe 2001-12

19.29 Steuerliche Vergünstigungen von Umweltinvestitionen. Information von P.J. Kruithof, F.J. Wering, Ministerie van Volkshuisvesting, Ruimtelijke-Ordening en Milieubeheer, Den Haag, Nederland, Ausgabe 2002-02

19.30 VAMIL-afschrijving, Milieu-investeringen, Ministerie van Volkshuisvesting, Ruimtelijke Ordening en Milieubeheer, Den Haag, Nederland, Milienlist 2001

19.31 Prickartz R, Hecker R (1991) Möglichkeiten der Lärmminderung an Baumaschinen I und II. VDI-Berichte 900, Tagungsband Schalltechnik '91, Düsseldorf

19.32 Goldemund K (2001) Messtechnisch ermittelte Schallleistungspegel einer Bohranlage. Und: Vorschläge zur Reduzierung der Geräuschemission der Bauer Maschinen GmbH. Müller-BBM GmbH (nicht veröffentlichter Bericht Nr. 51 600/1)

19.33 Bartl M, Gilg J (1997) Kraftwerk Niederaußem, Block K. Ermittlung der Geräuschimmission während der Baufeldvorbereitung sowie der Errichtung des neugeplanten Kraftwerkblockes. Müller-BBM GmbH (nicht veröffentlichter Bericht Nr. 32 532/13)

19.34 Neuhofer R, Wippermann R (2001) Schalltechnische Untersuchungen zur Ermittlung der Geräuschimmissionen während des Aufbaus des Umweltbundesamtes Dessau ausgehend vom Baustelleneinrichtungsplan für die 1. bis 8. Bauphase. Umweltbundesamt, Berlin

19.35 Neuhofer R (2002) Schalltechnische Untersuchungen, theoretische Überlegungen und Ansätze für die Ablage von Emissionsdaten für Baustellen. Umweltbundesamt, Berlin

19.36 VDI 3765 E: Kennzeichnende Geräuschemission typischer Arbeitsabläufe auf Baustellen. Ausgabe 2001-1

20 Städtebaulicher Schallschutz

M. Jäcker-Cüppers

20.1 Einleitung

Der Lärm gehört zu den gravierendsten Umweltbeeinträchtigungen im städtischen Wohnumfeld, der Straßenverkehr ist dabei die störendste Lärmquelle. Der Abbau dieser Beeinträchtigungen und die Vorsorge gegen neue Lärmbelastungen ist eine wichtige kommunale Aufgabe. Allerdings liegen viele potenzielle Lärmminderungsmaßnahmen außerhalb der kommunalen Zuständigkeit. Geräuschvorschriften für Quellen wie Kraftfahrzeuge oder im Freien betriebene Maschinen werden heute von der Europäischen Union erlassen. Immissionsgrenzwerte für neue oder wesentlich geänderte Verkehrswege sind bundesrechtlich festgelegt.

Wirksame kommunale Lärmbekämpfung ist deshalb mit den Vorgaben und Strategien von Akteuren in EU, Bund und Ländern abzustimmen. Wichtigstes Handlungsfeld im kommunalen Lärmschutz sind die hochbelasteten Verkehrswege. Zur Vermeidung von Gesundheitsrisiken durch Lärm sind hier kurzfristig Minderungen erforderlich, die in der Regel nur durch eine Kombination von Maßnahmen zu erreichen sind, die in die Zuständigkeit verschiedener Akteure fallen. Auch aus diesem Grund sind umfassende und abgestimmte Konzepte notwendig.

20.2 Beeinträchtigungen durch Lärm im Wohnumfeld

Jüngste Umfrageergebnisse zum Umweltbewusstsein in Deutschland aus dem Jahr 2000 zeigen, dass im Wohnumfeld der *Straßenverkehrslärm* neben den Autoabgasen als gravierendste Belästigung empfunden wird. Nur 37 % der Befragten geben an, nicht gestört oder belästigt zu werden, mindestens stark gestört und belästigt fühlen sich 17 %. Lärm von Nachbarn ist die zweitwichtigste Quelle, gefolgt vom Flugverkehrs-, Industrie- und Gewerbelärm sowie Schienenverkehrslärm [20.6].

Auch die ermittelten Lärmbelastungen der Bevölkerung in Deutschland zeigen die Dominanz des Straßenverkehrs. Die Abb. 20.2 und 20.3 zeigen die Belastung der Bevölkerung in den alten Bundesländern durch Straßen- und Schienenverkehrslärm in den Jahren 1999 bzw. 1997 (Mittelungspegel außen in dB(A)) [20.30].

Die Ergebnisse wurden mit einem Rechenmodell des Umweltbundesamtes gewonnen, das die Gesamtbelastung in Deutschland durch Hochrechnung von Belastungsdaten repräsentativer Gemeinden ermittelt. Das zu Beginn der 80er-Jahren entstandene Rechenmodell ist aus methodischen Gründen auf den Straßen-, Schienen, Bau- und Gewerbelärm in den alten Bundesländern beschränkt.

Eine Analyse der Daten zeigt, dass hohe Belastungen über 65 dB(A) tags zum größten Teil an innerstädtischen Hauptverkehrs- und Verkehrsstraßen (69 % der Hochbelasteten) auftreten, ein Viertel der Hochbelasteten wohnt an Nebenstraßen und 6 % an Bundesautobahnen [20.37].

Zahlreiche Kommunen haben die Lärmbelastung in ihrem Gemeindegebiet im Rahmen der Lärmminderungsplanung ermitteln lassen. Der Umweltatlas von Berlin z. B. zeigt, dass – auf der Basis von Verkehrszählungen von 1993 – im Straßennetz Belastungen bis zu 82 dB(A) am Tage und 73 dB(A) in der Nacht auftreten [20.26]. An Schienenwegen sind nächtliche Belastungen über 75 dB(A) keine Seltenheit. Der Vergleich dieser Zahlen mit den in Abschn. 20.3.1 genannten Ziel-

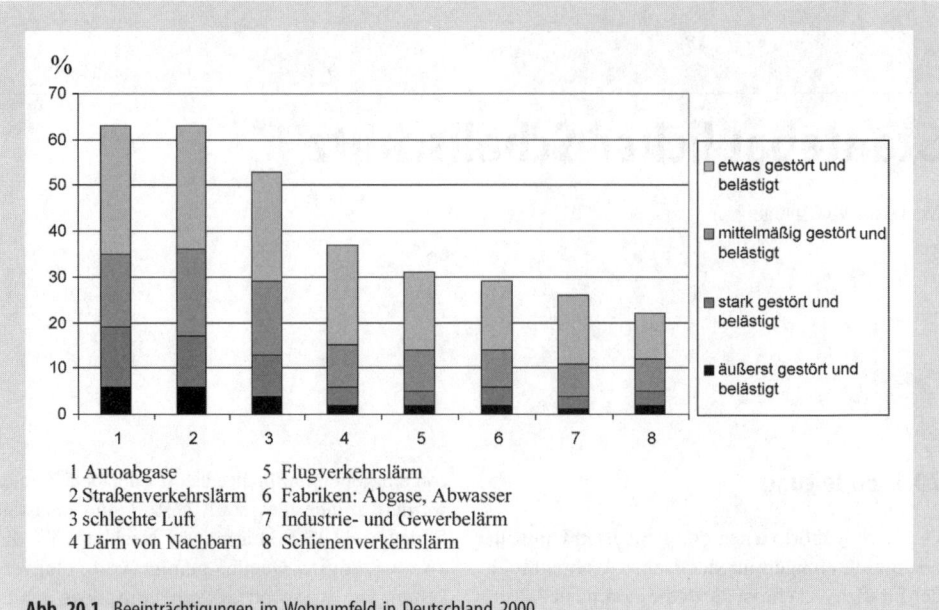

Abb. 20.1 Beeinträchtigungen im Wohnumfeld in Deutschland 2000

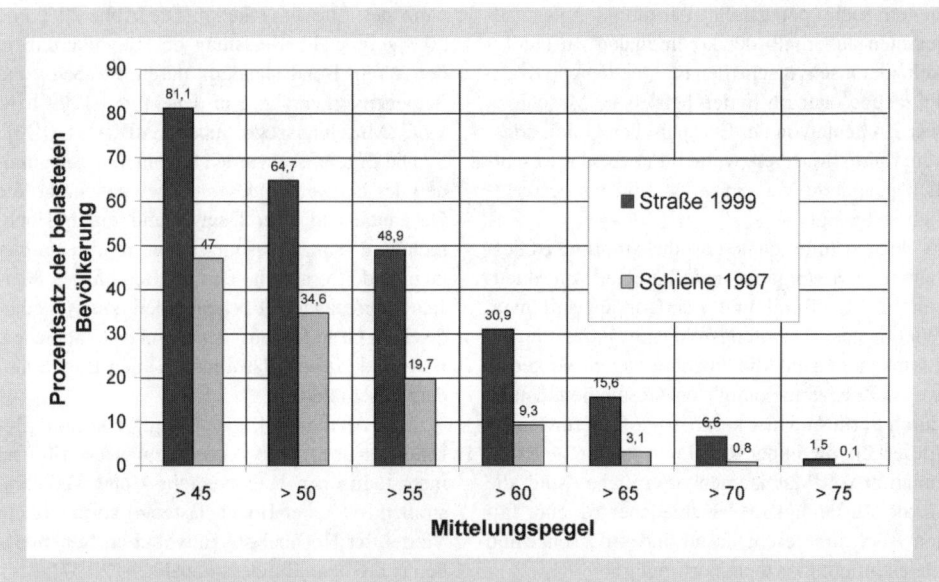

Abb. 20.2 Kumulierte Lärmbelastung durch Straßen- und Schienenverkehr in Deutschland tags

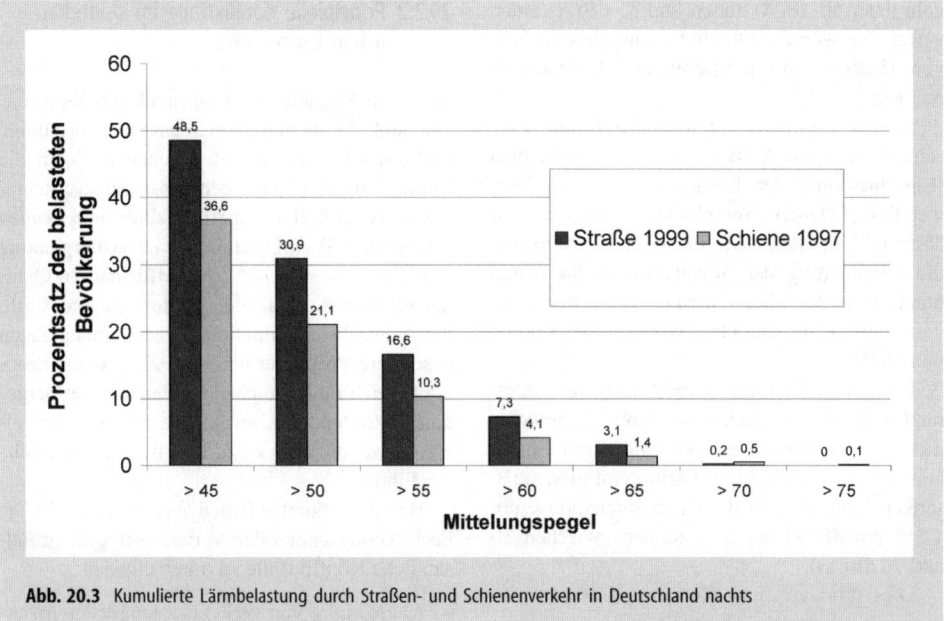

Abb. 20.3 Kumulierte Lärmbelastung durch Straßen- und Schienenverkehr in Deutschland nachts

werten der Lärmbekämpfung verdeutlicht das hohe Ausmaß notwendiger Pegelminderungen.

20.3 Grundsätze des städtebaulichen Lärmschutzes

20.3.1 Lärmwirkungen und Ziele des städtebaulichen Lärmschutzes

Folgen der Lärmbelastungen werden im Rahmen der Lärmwirkungsforschung ermittelt. Als Belastungskenngröße wird im Allgemeinen der Mittelungspegel gewählt, der außen vor den Wohnungen der Betroffenen herrscht. Zusätzliche Kenngrößen wie der Maximalwert kurzzeitiger Geräuschspitzen, z. B. bei der Vorbeifahrt von lauten Kraftfahrzeugen, sind insbesondere bei Schlafstörungen relevant.

Für die Belange des städtebaulichen Lärmschutzes werden gesundheitliche, psychische und soziale Wirkungen des Lärms unterschieden. Gesundheitliche[1] Wirkungen bestehen vor allem in der Erhöhung des Herzinfarktrisikos durch

---
[1] Folgt man dem Gesundheitsbegriff der WHO (Zustand völligen körperlichen, geistigen und sozialen Wohlbefindens), so sind auch psychische und soziale Lärmwirkungen gesundheitsrelevant.

Verkehrslärm. Epidemiologische Studien[2] zum Zusammenhang zwischen Straßenverkehrslärm und Herzinfarkt zeigen eine konsistente Tendenz zu Risikoerhöhungen bei Belastungen über 65 bis 70 dB(A) (Mittelungspegel L_m tags, außerhalb der Wohnungen). Bei Straßenverkehrslärmbelastungen tags oberhalb von $L_m = 65$ dB(A) ist eine Zunahme des Herzinfarktrisikos um ca. 20 % zu befürchten.

Schlafstörungen können ebenfalls gesundheitsgefährdende Ausmaße annehmen; sie bestehen in der Änderung der Schlaftiefe mit und ohne Aufwachen, dem Erschweren des Einschlafens, der Verkürzung der Tiefschlafzeit und in vegetativen Reaktionen (Hormonausschüttung etc.). Bei Mittelungspegeln unter 25 dB(A) in den Schlafräumen sind keine nennenswerten Störungen zu erwarten, bei Mittelungspegeln nicht über 30 dB(A) und bei Einzelpegeln nicht über 45 dB (A) können lärmbedingte Schlafstörungen weitgehend vermieden werden. Die zugeordneten Außenpegel sind etwa 15 dB(A) höher, wenn die Möglichkeit des Schlafens bei gekippten oder angelehnten Fenstern gefordert wird.

Psychische Wirkungen bestehen vor allem in der Beeinträchtigung der Erholung und Entspannung der Kommunikation sowie in Leistungsminderungen. Belästigungen können hier bei Pe-

---
[2] Siehe z. B. [20.39].

geln unter 50 dB(A) außen und 35 dB(A) innen vermieden werden. Oberhalb von Außenpegeln von 55 dB(A) ist mit erheblichen Störungen zu rechnen.

Soziale Lärmwirkungen sind z.B. die Einschränkung der Aktivitäten im Wohnbereich (Einschränkung der Kommunikation bei Notwendigkeit lauter Sprechweise, Verzicht auf Nutzung von Balkonen, Terrassen, Gärten) und die Veränderung der Sozialstruktur. So hatten bundesweit 2% aller Umzüge die Vermeidung von Lärm zum Ziel (1%-Wohnungsstichprobe von 1978).

Innerstädtischer Lärm trägt also zur Stadtrandsiedlung insbesondere von mobilen, einkommensstarken Haushalten bei. Miet- und Eigenheimpreise werden durch Lärm gemindert (z.B. sanken 1981 in Köln die Grundstückspreise um 1,5% pro dB(A) bei Belastungen zwischen 50 und 70 dB(A)).

Dies führt zu einer Konzentration von einkommensschwachen Haushalten in verlärmten Bereichen (s. [20.28]).

Auf der Grundlage dieser Ergebnisse der Lärmwirkungsforschung werden von verschiedenen Seiten die Zielwerte für den Lärmschutz im Städtebau vorgeschlagen [20.18, 20.30, 20.38].

Vorrang hat die Einhaltung der Zielwerte für den Außenpegel, da der Lärmschutz auch den Außenwohnbereich (Gärten, Terrassen, Balkone) umfassen soll und die Minderung des Außenlärms einen Beitrag zur Verbesserung der Aufenthaltsqualität auf städtischen Straßen und Plätzen leistet.

20.3.2 Prinzipielle Konfliktfälle im städtebaulichen Lärmschutz

Aus dem Vergleich von vorhandenen Belastungen und Zielwerten folgt, dass das vorrangige und am schwierigsten zu lösende Problem die Lärmminderung an hochbelasteten Verkehrswegen ist, d.h. die Sanierung einer *bestehenden* Situation, z.B. im Rahmen einer Überplanung (Fall *„Lärmsanierung"*). Auch für andere Quellen (Gewerbe, Freizeiteinrichtungen usw.) gilt, dass gewachsene Situationen und Gemengelagen besondere Probleme bereiten. Zu diesem Problembereich zählen auch die vielen nur vorübergehend auftretenden Konfliktfälle wie laute Einzelereignisse, die oftmals zu Beschwerden der Bürger führen.

Bei der städtebaulichen *Neuplanung* sind je nach Verursacher oder Veranlasser drei grundsätzliche Konfliktfälle zu unterscheiden:

– *Neuplanung* von verkehrserzeugenden Strukturen und von Emittenten wie Verkehrswegen oder Gewerbebetrieben in der Nachbarschaft bestehender sensibler Nutzungen wie Wohnungen (Fall *„Lärmvorsorge"*),
– *Neuplanungen* von sensibler Nutzung an bestehende Emittenten (Fall *„Heranrückende Wohnbebauung"*),
– *gemeinsame Neuplanung von Emittenten und sensibler Nutzung*.

Methodik, Zuständigkeiten, Rechtsgrundlagen und Maßnahmen sind für die insgesamt vier prinzipiellen Konfliktfälle zu unterscheiden. Im All-

Tabelle 20.1 Zielwerte für den Lärmschutz im Städtebau

Schutzziel	Zeit	L_{Am} in dB	Immissionsort	Kommentar
Gesundheit (Herzinfarktrisiko)	tags (nachts)	≤65 (≤55)		kurzfristiges Ziel UBA, SRU
Vermeidung von erheblichen Belästigungen	tags	<55	außen	UBA, WHO, SRU
Vermeidung von Belästigungen	tags	<50 <35	außen innen	langfristig, UBA, WHO
Vermeidung erheblicher Schlafstörungen	nachts	<45 <30 (L_{AFmax} ≤45)	außen innen innen	UBA, WHO
Vermeidung von Schlafstörungen	nachts	<40 <25	außen innen	langfristig, UBA, WHO

gemeinen werden die Ziele des Lärmschutzes bei der Bewertung von neuen verkehrserzeugenden Strukturen zu wenig beachtet. Städtebaulicher Lärmschutz muss deshalb integraler Bestandteil der Stadt- und Verkehrsplanung sein.

20.3.3 Methodik des städtebaulichen Lärmschutzes

Die Aufgabe des städtebaulichen Lärmschutzes umfasst die folgenden wesentlichen Teilschritte:

- Abgrenzung des Konflikt- oder Untersuchungsbereiches,
- Ermittlung der bestehenden oder prognostizierten Lärmbelastung für den Untersuchungsbereich,
- Bewertung der Belastungen an Hand von Grenz- oder Zielwerten,
- Analyse der Ursachen,
- Entwicklung des Maßnahmenkonzeptes und
- seine Umsetzung.

Die Lösung von Lärmkonflikten setzt die Teilnahme aller Beteiligten voraus, eine umfassende Einbeziehung der Betroffenen durch Öffentlichkeitsarbeit ist bei allen Handlungsschritten sicher zu stellen. Für eine effiziente und bürgerfreundliche Lärmminderungsplanung muss überdies ausreichend qualifiziertes kommunales Personal vorhanden sein.

20.3.3.1 Abgrenzung des Konflikt- oder Untersuchungsbereiches

Die Beeinträchtigung durch Lärm erscheint als lokales Problem, dem auch durch lokale Maßnahmen zu begegnen versucht wird. Die TA Lärm als Vorschrift für den Gewerbelärm [20.36] definiert z. B. als Einwirkungsbereich einer Anlage die Flächen, deren Belastung infolge der Anlage 10 dB(A) unter den Richtwerten bleiben. Eine tiefergehende Analyse der Lärmbelastungen zeigt aber, dass ihr oft auch weiträumige Ursachen zu Grunde liegen (lokale Verkehrsströme können z. B. relevante regionale, ja internationale Anteile haben). Manche Maßnahmen wie die räumliche Verlagerung unerwünschten Verkehrs führt anderorts zu Zusatzbelastungen. Deshalb sollte der Untersuchungsbereich insbesondere beim Verkehrslärm möglichst umfassend gewählt werden, mindestens aber das jeweilige Gemeindegebiet einschließen.

20.3.3.2 Ermittlung der bestehenden oder prognostizierten Lärmbelastung für den Untersuchungsbereich

Die Lärmbelastung wird für die einzelnen Schallquellen nach jeweils eigenen Regelwerken ermittelt. Diese legen Kenngrößen für die Belastung, Bezugszeiträume, Emissionsdaten und Ausbreitungsmodelle fest. In der Regel werden die Belastungen berechnet, weil damit auch Schallimmissions*prognosen* möglich sind. Einige Regelwerke enthalten aber auch Vorgaben für die Messung von Immissionen wie die TA Lärm [20.36]. Im Entwurf der DIN 45682 „Schallimmissionspläne" vom Juni 1997 sind die quellenbezogenen Regelwerke zusammengestellt und ergänzende Regelungen für die flächenhafte Darstellung der Immissionen getroffen worden. Die für den städtebaulichen Lärmschutz wichtigsten Regelwerke zur Ermittlung der Lärmbelastungen sind:

- DIN 18005 Teil 1: Schallschutz im Städtebau; Berechnungsverfahren [20.11]:
- Richtlinien für den Lärmschutz an Straßen; Ausgabe 1990 (RLS-90) [20.8];
- Richtlinie zur Berechnung der Schallimmissionen von Schienenwegen – Schall 03 – Ausgabe 1990 [20.9].

RLS-90 und Schall 03 haben einen besonderen Rechtscharakter, weil sie den Grenzwertvorschriften für den Bau und die wesentliche Änderung von Verkehrswegen (s. Kap. 20.4) zugeordnet sind.

In der RLS-90 werden vereinfachte durchschnittliche Verkehrssituationen zu Grunde gelegt, die nach der zulässigen Höchstgeschwindigkeit klassifiziert sind. Für die städtebauliche Lärmschutzplanung ist mitunter eine genauere Abbildung der verkehrlichen Situationen erforderlich (z. B. Lärmschutzmaßnahmen an einer zweispurigen vorfahrtberechtigten Hauptverkehrsstraße im Kernstadtbereich mit geringen Verkehrsstörungen und Busbetrieb). Dies kann mit dem PC-Programm CITAIR[3] behandelt werden.

Beim Neubau und der wesentlichen Änderung von Verkehrswegen und bei der Dimensionierung von Lärmschutzmaßnahmen sind jeweils die Ver-

---

[3] CITAIR: **C**omputergestütztes **I**nstrument zur Prognose der **A**uswirkung verkehrlicher Maßnahmen zur **I**mmissionsreduzierung, ist gegen eine Schutzgebühr beim Umweltbundesamt erhältlich. Es umfasst die Immissionen von Lärm und Luftschadstoffen.

kehrsmengen des Prognosezeitraums zu Grunde zu legen. Für Straßen beträgt dieser in der Regel 10 bis 20 Jahre[4], bei Schienenwegen ist von der Vollauslastung[5] einer Strecke auszugehen.

Die Europäische Union (EU) bereitet z. Z. eine Richtlinie des Rates und des Parlamentes vor, mit der die Erfassung, Bewertung und Minderung des Umgebungslärms in der EU harmonisiert werden soll [20.13]*. Dies wird langfristig auch erhebliche Auswirkungen auf die deutschen Berechnungsverfahren haben, da sie sich von den harmonisierten Regelwerken in den Kenngrößen, den Emissionsannahmen und im Ausbreitungsmodell unterscheiden. Der gemeinsame Standpunkt des Europäischen Rates sieht vor, dass die Belastung der europäischen Bevölkerung in so genannten „strategischen Lärmkarten" („Karten zur Gesamtbewertung der auf verschiedene Lärmquellen zurückzuführenden Lärmbelastung in einem bestimmten Gebiet oder für die Gesamtprognosen für ein solches Gebiet") für Ballungsräume, Hauptverkehrsstraßen, Haupteisenbahnlinien und Großflughäfen ermittelt wird. Der Zeitplan sieht folgende Schritte vor:

– *Stufe 1*: Spätestens fünf Jahre nach Inkrafttreten der Richtlinie sind strategische Lärmkarten zu erstellen für:
  – Ballungszentren mit mehr als 250 000 Bewohnern,
  – Straßen mit mehr als 6 000 000 Kraftfahrzeugen pro Jahr,
  – Schienenwege mit mehr als 60 000 Zügen pro Jahr,
  – Flughäfen mit mehr als 50 000 Bewegungen pro Jahr.
– *Stufe 2*: Spätestens zehn Jahre nach Inkrafttreten der Richtlinie sind strategische Lärmkarten zu erstellen für:
  – Ballungszentren mit mehr als 100 000 Bewohnern,
  – Straßen mit mehr als 3 000 000 Kraftfahrzeugen pro Jahr,
  – Schienenwege mit mehr als 30 000 Zügen pro Jahr.

(s. auch Kap. 20.4)

20.3.3.3 Bewertung der Belastungen an Hand von Grenz- oder Zielwerten

Die Belastungen sind mit den Grenz-, Ziel-, Richt- oder Orientierungswerten zu vergleichen. Diese Werte hängen in der Regel von der jeweiligen baulichen Nutzung ab, wie sie z. B. in Bebauungsplänen nach der Baunutzungsverordnung [20.33] ausgewiesen sind. Sie werden flächenhaft im so genannten Immissionsempfindlichkeitsplan, ihre Überschreitungen im Konfliktplan dargestellt [20.10].

Für die Bildung einer Prioritätenliste ist eine Gewichtung der Zielwertüberschreitungen mit der Zahl der betroffenen Personen sinnvoll.

20.3.3.4 Analyse der Ursachen

Einer zielgerichteten Minderung des Lärms muss zunächst die Analyse seiner Ursachen vorausgehen. Dies soll exemplarisch für den Straßenverkehr erläutert werden. Die Lärmbelastung in einer Straße z. B. hängt von folgenden Einflussgrößen ab:

– Art und Zahl der emittierenden Kraftfahrzeuge,
– Emissionen des Kraftfahrzeugverkehrs,
– Transmission der Emissionen zum Immissionsort.

Dies sei für die Art der Kfz und die Emissionen erläutert.

Art der emittierenden Kraftfahrzeuge
Bekanntlich bestimmen die lauten Fahrzeuge wie schwere Lkw schon bei relativ geringen Anteilen die Lärmbelastungen. Nach den Emissionsannahmen der RLS-90 [20.8] erzeugt ein Lkw über 2,8 t bei einer zulässigen Geschwindigkeit von 50 km/h eine Lärmbelastung, die 13,6 dB(A) über der eines Pkw liegt; 23 Pkw sind so laut wie ein Lkw. Damit wird der Mittelungspegel bereits ab einem Lkw-Anteil von 4,2 % von ihnen dominiert. Der Verringerung der Lkw-Anteile und der Minderung ihrer Emissionen kommt daher eine besondere Bedeutung zu[6].

Die *Emissionen des Kraftfahrzeugverkehrs* werden im Wesentlichen durch die zwei Teilschallquellen Antriebs- und Rollgeräusch be-

---

[4] Siehe die amtliche Begründung zu § 3 der 16. BImSchV [20.34] in der Bundesratsdrucksache 661/89, 37.

[5] Siehe [20.40].

* Mitte 2002 verabschiedet als Richtlinie 2002/49/EG.

[6] Nach den Annahmen der RLS-90 ([20.8], Tabelle 3) sind nur auf den Gemeindestraßen nachts die durchschnittlichen Lkw-Anteile mit 3 % niedriger.

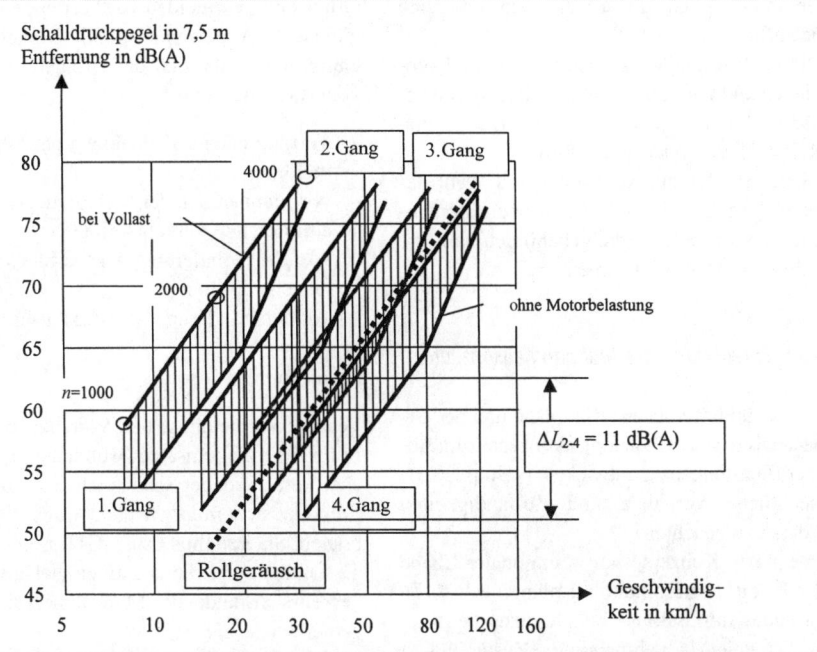

Abb. 20.4 Antriebs- und Rollgeräusche eines Pkw als Funktion der Geschwindigkeit und Gangwahl (n Drehzahl in min^{-1})

stimmt. Abbildung 20.4 zeigt für einen Pkw mit Benzinmotor (55 kW Nennleistung) den Schalldruckpegel und die prinzipiellen Parameter, die diese beiden Teilschallquellen bestimmen[7].

- Das Rollgeräusch steigt mit der Geschwindigkeit.
- Das Antriebsgeräusch steigt mit der Drehzahl und der Last des Motors. Drehzahl und Geschwindigkeit sind über die Übersetzungen der verschiedenen Gänge miteinander verknüpft.

Abbildung 20.4 zeigt, dass die Emissionen bei Vollast (z. B. beim Beschleunigen) bis zu 7 dB (A) über dem lastlosen Betrieb (Konstantfahrt mit geringen Fahrwiderständen) liegen kann. Diese beiden Betriebszustände müssen also unterschieden werden.

Eine konstante Fahrgeschwindigkeit kann in verschiedenen Gängen erreicht werden. Die Emissionsunterschiede im Fahrgeräusch sind sehr groß, bei 30 km/h z.B. sind die Emissionen im 2. Gang rund 11 dB(A) höher als im 4. Gang. Daher kommt der *Fahrweise* eine hohe Bedeutung bei der Lärmminderung zu.

Abbildung 20.4 zeigt schließlich auch das typische Verhältnis von Roll- und Antriebsgeräusch, das bei anderer technischer Auslegung natürlich hiervon abweichen kann. Bei üblichen Innerortgeschwindigkeiten zwischen 30 und 50 km/h überwiegt bei Konstantfahrten im 3. Gang bereits das *Rollgeräusch*.

Das Rollgeräusch wiederum wird durch die Interaktion von Fahrweg und Reifen erzeugt, sodass sich bei den Emissionen folgende wesentlichen Gestaltungsbereiche und Akteure ergeben:

- Die Fahrzeughersteller bestimmen durch die technische Auslegung die Emissionen des Antriebes.
- Der Gesetzgeber regelt durch Vorschriften die maximal zulässigen Emissionen der beteiligten Quellen.
- Reifenhersteller und Fahrbahnhersteller beeinflussen durch die technische Auslegung das Rollgeräusch.

---

[7] Nach [20.41].

- Die Fahrer können durch Gangwahl, Last und Geschwindigkeit die Emissionen erheblich beeinflussen.
- Die Fahrzeughalter (zu denen auch die Kommunen und kommunalen Verkehrsbetriebe gehören) können zudem leise Fahrzeuge und Reifen kaufen oder beschaffen.
- Durch Straßenraumgestaltung und Wahl der zulässigen Geschwindigkeit können Straßenbau- und Straßenverkehrsbehörden auf die Fahrweise Einfluss nehmen.

20.3.3.5 Entwicklung des Maßnahmenkonzeptes

Auf der Grundlage der Konfliktpläne und der Ursachenanalyse sind Maßnahmenkonzepte zum Abbau der Belastungen zu entwickeln (s. Kap. 20.5).

Rechtliche Vorgaben und Zuständigkeiten sind dabei zu beachten.

Integrierte Konzepte auf kommunaler Ebene sind z.B. die Lärmminderungspläne nach §47a des Bundes-Immissionsschutzgesetzes (s. Kap. 20.4). Da viele Maßnahmen in die Zuständigkeit nationaler oder europäischer Einrichtungen fallen, sind die kommunalen Lärmminderungspläne durch übergeordnete Konzepte zu ergänzen und zu unterstützen, wie beispielsweise Stufenpläne für die (weitere) Senkung der zulässigen Emissionen von Schallquellen.

Auf europäischer Ebene werden solche Lärmminderungspläne durch die Richtlinie zum Umgebungslärm [20.13] verbindlich vorgegeben. Die so genannten Aktionspläne sind jeweils ein Jahr nach den Fristen für die strategischen Lärmkarten vorzulegen (s. Abschn. 20.3.3.2), also spätestens in sechs bzw. elf Jahren nach Inkrafttreten der Richtlinie.

20.3.4 Prinzipien, Instrumente, Maßnahmen und Akteure der Lärmbekämpfung

Die vorrangige Minderung hochbelasteter Situationen lässt sich im Allgemeinen nur durch eine Kombination von *Maßnahmen* (konkrete Umsetzung von Aktionen zur Lärmminderung wie der Bau einer Lärmschutzwand) und *Instrumenten* (mit denen solche Maßnahmen veranlasst werden z.B. durch die Festlegung von Immissionsgrenzwerten) erreichen. Es ist sinnvoll, die potenziellen Maßnahmen und Instrumente nach Prioritäten, Verpflichtungsgrad und Zuständigkeiten zu strukturieren.

In der Umweltpolitik gilt der allgemeine Grundsatz „Vermeiden vor Vermindern vor Ausgleichen". Angewandt auf die Verkehrslärmbekämpfung ergibt sich dann folgende *Rangfolge* von Maßnahmen:

- Vorrang haben Maßnahmen der Verkehrsvermeidung
- vor Maßnahmen der Verlagerung auf weniger emittierende Verkehrsmittel,
- vor der Minderung der verbleibenden Geräuschemissionen,
- vor der Minderung auf dem Ausbreitungsweg und
- am Immissionsort.

Verkehrsvermeidung hat Vorrang, weil dieses Prinzip die gemeinsame Grundlage für das Erreichen verschiedener Schutzziele oder -bereiche ist (Verkehrssicherheit, Klima, Luft, Flächenverbrauch, Stadtqualität usw.). Es lassen sich Synergien nutzen und die negativen Nebenwirkungen verkehrsvermeidender Maßnahmen sind im Allgemeinen gering.

Auch bei Verlagerungen lassen sich Synergien nutzen (z.B. bezüglich Energieeinsparung und Lärm). Das Verlagerungsprinzip setzt allerdings die Identifikation von Verkehrsmitteln voraus, die – bezogen auf die Verkehrsleistungen – leiser sind.

Emissionsminderung als Maßnahme an der Quelle entspricht dem Verursacherprinzip. Sie kann zu Zielkonflikten führen (z.B. Energiemehrverbrauch durch Gewichtszuwachs bei Kapselmaßnahmen an Kraftfahrzeugen).

Maßnahmen auf dem Ausbreitungsweg schließlich sind oft nicht stadtverträglich, z.B. innerstädtische Lärmschutzwände, und Maßnahmen am Immissionsort wie Schallschutzfenster gewährleisten keinen Schutz der Außenwohnbereiche.

Diese für die Bekämpfung des Verkehrslärms entwickelten Prinzipien lassen sich sinngemäß auf andere Lärmquellen übertragen.

Bezüglich des *Verpflichtungsgrades* lassen sich folgende Instrumente unterscheiden:

- Festlegung von Grenzwerten für die Geräuschemissionen und -immissionen durch Gesetze, Verordnungen und Verwaltungsvorschriften (Ordnungsrecht),
- Verpflichtung zur Lärmminderung im Rahmen von gesetzlich vorgeschriebenen Abwägungen verschiedener Belange wie in der Bauleitplanung,

- gemäß dem Verursacherprinzip Anlastung der Kosten für die Lärmminderung als so genanntes marktwirtschaftliches Instrument,
- Bevorrechtigung und Bevorzugung von lärmarmen Produkten und Prozessen z. B. in der öffentlichen Beschaffung oder durch die Verbraucher,
- Instrumente, die auf Verhaltensänderung zielen z. B. Information, Erziehung, Kampagnen,
- staatliche Finanzierung von Lärmschutzmaßnahmen.

In der Regel wird das höchste und konkreteste Schutzniveau durch die ordnungsrechtliche Vorgabe von Grenzwerten für die Emissionen und Immissionen gewährleistet.

Maßnahmen und Instrumente der Lärmbekämpfung fallen in die Zuständigkeit verschiedener *Akteure* (vgl. auch Abschn. 20.3.3.4):

- staatliche Einrichtungen legen Grenzwerte für die Emissionen (Europäische Union) oder Immissionen fest (Bund) und setzen die Rahmenbedingungen für die qualitativen Vorgaben zur Lärmminderung. Bund und Länder beeinflussen durch Steuer- und Finanzpolitik die Kosten für die Lärmverursachung.
- Regionen und Kommunen steuern durch Planung die Zuordnung von Lärmquellen und sensibler Nutzung oder die Verkehrserzeugung. Sie sind für die lokale Lärmminderung zuständig.
- Verschiedene Verwaltungseinrichtungen steuern als Genehmigungsbehörden das Ausmaß der Lärmbelastung (Gewerbeaufsicht, Planfeststellungsbehörden).
- Die Straßenverkehrsbehörden sind zuständig für die Lärmminderung durch straßenverkehrsrechtliche Maßnahmen.
- Die Bürgerinnen und Bürger können durch Verhalten und Konsum Lärm erzeugen oder vermeiden.
- Die Hersteller legen die Geräuschemissionen ihrer Produkte fest.
- Polizei und Gerichte werden in den zahlreichen Konflikten infolge Beeinträchtigungen durch Lärm bemüht.

In konkreten Konflikten erschwert diese Vielfalt der Zuständigkeiten den Betroffenen den schnellen Weg zur Abhilfe. Kommunaler Lärmschutz kann diese Situation durch Einrichtung einer zentralen Anlaufstelle (Lärmtelephon) verbessern.

20.4 Rechtsgrundlagen des städtebaulichen Lärmschutzes

Für den städtebaulichen Lärmschutz relevant sind alle Gesetze, Verordnungen und Verwaltungsvorschriften, die die Verkehrserzeugung bzw. Vermeidung, die Verkehrsverlagerung, die Begrenzung der Emissionen und die Begrenzung der Immissionen regeln oder beeinflussen. Letztere sind dabei als *direkte* Vorgaben für die Emissionen und zum Immissionsschutz von besonderer Bedeutung. Von den verkehrsbezogenen Rechtsgrundlagen sei hier nur exemplarisch das Raumordnungsgesetz (ROG) [20.17] zitiert, das klare Vorgaben für die Verkehrsvermeidung und die Verlagerung auf weniger emittierende Verkehrsmittel macht.

So heißt es in §2 ROG:

(1) Die Grundsätze der Raumordnung sind im Sinne der Leitvorstellung einer *nachhaltigen* Raumentwicklung nach § 1 Abs. 2 anzuwenden.

(2) Grundsätze der Raumordnung sind: …
5. *Verdichtete* Räume sind als Wohn-, Produktions- und Dienstleistungsschwerpunkte zu sichern. Die Siedlungsentwicklung ist durch Ausrichtung auf ein integriertes Verkehrssystem und die Sicherung von Freiräumen zu steuern. Die *Attraktivität* des *öffentlichen Personennahverkehrs* ist durch Ausgestaltung von Verkehrsverbünden und die Schaffung leistungsfähiger Schnittstellen zu erhöhen. Grünbereiche sind als Elemente eines Freiraumverbundes zu sichern und zusammenzuführen. Umweltbelastungen sind abzubauen …

12. Eine gute Erreichbarkeit aller Teilräume untereinander durch Personen- und Güterverkehr ist sicherzustellen. Vor allem in verkehrlich hoch belasteten Räumen und Korridoren sind die Voraussetzungen zur *Verlagerung* von Verkehr auf *umweltverträglichere Verkehrsträger* wie Schiene und Wasserstraße zu verbessern. Die Siedlungsentwicklung ist durch Zuordnung und Mischung der unterschiedlichen Raumnutzungen so zu gestalten, dass die Verkehrsbelastung verringert und zusätzlicher *Verkehr vermieden* wird."

Unter den emissions- und immissionsbezogenen Regelungen ist das *Bundes-Immissionsschutzgesetz (BImSchG)* von 1974 [20.4] die wichtigste Rechtsnorm. Es regelt zusammen mit den zugehörigen Verordnungen oder Verwaltungsvorschriften

- den Lärmschutz bei der Errichtung und dem Betrieb von Anlagen (§ 4ff) mit der Festle-

gung von Immissionsrichtwerten in der Allgemeinen Verwaltungsvorschrift „Technische Anleitung zum Schutz gegen Lärm (TA Lärm) in der Novellierung von 1998 [20.36];
- die Geräuschgrenzwerte für Fahrzeuge (§ 38) zusammen mit der Straßenverkehrs-Zulassungs-Ordnung (StVZO), die die jeweiligen europäischen Vorschriften (Grenzwerte und Messverfahren) seit 1970 in nationales Recht umsetzt;
- den Lärmschutz bei Neubau- und wesentlichen (baulichen!) Änderungen von Verkehrswegen (Lärmvorsorge) (§§ 41–43) mit der Festlegung von Grenzwerten und Berechnungsvorschriften in der Verkehrslärmschutzverordnung (VLärmSchV) von 1990 [20.34]. Die VLärmSchV definiert die zulässigen *Außenpegel*[8] in Tabelle 20.2, deren Überschreitung beim Bau und der wesentlichen Änderung von Verkehrswegen zu vermeiden ist (§ 41 (1)), soweit die Kosten der Schutzmaßnahme nicht außer Verhältnis zu dem angestrebten Schutzzweck stehen würden (§ 41 (2)); dann kommen nur so genannte „passive" innenraumschützende Schutzmaßnahmen in Betracht, die nach der Verkehrswege-Schallschutzmaßnahmenverordnung von 1997 [20.35] dimensioniert werden.

Die VLärmSchV definiert auch, was eine wesentliche Änderung eines Verkehrsweges ist: diese setzt einen erheblichen baulichen Eingriff voraus, der eine Pegelerhöhung um 3 dB(A)[9] und mehr oder auf Pegel über 70 dB(A) tags/60 dB(A) nachts bewirkt. Die VLärmSchV legt zudem das jeweilige Berechnungsverfahren für Straßen und Schienenwege fest und definiert den Schienenbonus von 5 dB(A);
- die Lärmminderungsplanung durch die Gemeinden (§ 47a von 1990): danach haben die Gemeinden in Gebieten, in denen schädliche Umwelteinwirkungen durch Geräusche hervorgerufen werden oder zu erwarten sind, die Belastungen zu ermitteln und zu bewerten und gegebenenfalls ihre Reduzierung in Lärmminderungsplänen vorzugeben. Auch wenn § 47a keine Umsetzungsfristen enthält, ist er das z. Z. wichtigste Instrumentarium zur Lärm-

---

[8] Als Beurteilungspegel, d.h. Mittelungspegel korrigiert um lärmwirkungsbezogene Zu- oder Abschläge z. B. den Schienenbonus.
[9] Wegen der Rundungsregeln entspricht dies 2,1 dB(A) und mehr.

Tabelle 20.2 Grenz- und Richtwerte des Lärmschutzes an Verkehrswegen in Deutschland

	Vorsorge[a]		Sanierung[b, c]	
	tags	nachts	tags	nachts
Krankenhäuser und ähnliches	57	47	70	60
Wohngebiete	59	49	70	60
Mischgebiete	64	54	72	62
Gewerbegebiete	69	59	75	65

[a] Neue oder wesentlich geänderte Straßen- und Schienenwege nach der VLärmSchV.
[b] Straßen und Schienen in der Baulast des Bundes (nach Maßgabe vorhandener Mittel).
[c] Zielwerte des Umweltbundesamtes: 65/55 dB(A) tags/nachts für Wohngebiete.

sanierung in Deutschland. Ländervertreter des Immissionsschutzes haben mit einer Musterverwaltungsvorschrift [20.31] u. a. Richtwerte für den Tatbestand der schädlichen Umwelteinwirkungen durch Geräusche vorgeschlagen. Für Straßen und Schienenwege entsprechen diese den Grenzwerten der VLärmSchV (s. Tabelle 20.2);
- mit dem § 50 für die raumbedeutsamen Planungen, dass Nutzungsflächen so zuzuordnen sind, dass schädliche Umwelteinwirkungen vermieden werden.

Für die *Bauleitplanung* ist das Baugesetzbuch (BauGB, in der Fassung von 1997) die zentrale Rechtsnorm [20.2].

Die Bauleitplanung soll „eine nachhaltige städtebauliche Entwicklung und eine dem Wohl der Allgemeinheit entsprechende sozialgerechte Bodennutzung gewährleisten und dazu beitragen, eine menschenwürdige Umwelt zu sichern und die natürlichen Lebensgrundlagen zu schützen und zu entwickeln" (§ 1 BauGB). Die allgemeinen Anforderungen an gesunde Wohn- und Arbeitsverhältnisse und die Belange des Umweltschutzes sind zu berücksichtigen.

„Bei der Aufstellung der Bauleitpläne sind die *öffentlichen und privaten Belange* gegeneinander und untereinander gerecht abzuwägen" (§ 1 (6) BauGB).

In § 9 (Inhalt des Bebauungsplans) werden als Steuerungselemente u. a. die Art und das Maß der

Tabelle 20.3 Schalltechnische Orientierungswerte für die städtebauliche Planung

Baugebiete	Orientierungswerte in dB(A)	
	tags	nachts[a]
1. Reine Wohngebiete, Wochenendhausgebiete, Ferienhausgebiete,	50	40/35
2. Allgemeine Wohngebiete, Kleinsiedlungsgebiete, Campingplatzgebiete	55	45/40
3. Besondere Wohngebiete	60	45/40
4. Dorfgebiete und Mischgebiete	60	50/45
5. Kerngebiete und Gewerbegebiete	65	55/50
6. Sondergebiete, soweit sie schutzbedürftig sind, je nach Nutzungsart	45…65	35…65
7. Friedhöfe, Kleingartenanlagen, Parkanlagen	55	55

[a] Niedrigere Werte für Industrie-, Gewerbe- und Freizeitlärm.

baulichen Nutzung und der Festlegung die Flächen für besondere Anlagen und Vorkehrungen zum Schutz vor *schädlichen Umwelteinwirkungen* im Sinne des Bundes-Immissionsschutzgesetzes genannt.

Im Baugesetzbuch selbst sind keine Konkretisierungen zur Vermeidung schädlicher Umwelteinwirkungen durch Geräusche getroffen. Im Beiblatt 1 der Norm DIN 18005 „Schallschutz im Städtebau" vom Mai 1987 [20.12] werden die in Tabelle 20.3 genannten schalltechnischen Orientierungswerte für die städtebauliche Planung empfohlen. Die Orientierungswerte sind keine Grenzwerte, sie unterliegen der Abwägung mit anderen Belangen. „Ihre *Einhaltung* oder *Unterschreitung* ist wünschenswert, um die mit der Eigenart des betreffenden Baugebiets oder der betreffenden Baufläche verbundene Erwartung auf angemessenen Schutz vor Lärmbelastungen zu erfüllen".

Die Orientierungswerte haben vorrangig Bedeutung für die Planung von Neubaugebieten. Sie gelten nicht für die Zulassung von Einzelvorhaben nach den §§ 30 und 34 BauGB. Für den immissionsrechtlich besonders problematischen Fall eines neuen Wohnhauses als Lückenschluss an einer hochbelasteten Straße enthält das Beiblatt also keinen Richtwert. Allerdings gilt auch hier, dass „die Anforderungen an gesunde Wohn- und Arbeitsverhältnisse … gewahrt bleiben" müssen (§ 34(1) BauGB).

Die DIN 18005 ist nicht in allen Bundesländern eingeführt (z. B. nicht in Hamburg; hier hält man „derartig niedrige" Zielwerte in Ballungsgebieten für nicht realisierbar [20.3].) Es sollten in jedem Fall zwei Prinzipien beachtet werden:

– *gesundheitsgefährdende* Belastungen sind auszuschließen (s. Abschn. 20.3.1: Beurteilungspegel von 65/55 dB(A) tags/nachts);
– *ruhige Bereiche* für Wohn- und insbesondere Schlafräume sind durch quellenabgewandte Orientierung zu sichern. In [20.3] wird als Zielwert 49 dB(A) nachts (vgl. VLärmSchV) vorgeschlagen.

Die Straßenverkehrs-Ordnung (StVO) ermächtigt in § 45 die Straßenverkehrsbehörden zu Verkehrsbeschränkungen zum Schutz der Wohnbevölkerung vor Lärm und Abgasen[10]. Danach sind u. a. folgende Maßnahmen möglich:

– Geschwindigkeitsbeschränkungen wie in Tempo-30-Zonen (T30) oder Schrittgeschwindigkeit in verkehrsberuhigten Zonen (VBZ),
– Parkraumbewirtschaftung,
– Einrichtung von Fußgängerbereichen,
– Fahrverbote für bestimmte Zeiten und Fahrzeugkategorien.

Die Anwendung des § 45 STVO zum Lärmschutz sind 1981 durch Richtlinien des Verkehrsministeriums konkretisiert worden [20.7]. Danach kommt seine Anwendung insbesondere dann in Betracht, wenn in Wohngebieten Tages-/Nachtpegel von 70/60 dB(A) überschritten werden. Die

---

[10] § 45 STVO (1) Die Straßenverkehrsbehörden können die Benutzung bestimmter Straßen oder Straßenstrecken aus Gründen der Sicherheit oder Ordnung des Verkehrs *beschränken* oder *verbieten* und den Verkehr *umleiten*. Das gleiche Recht haben sie … 3. zum Schutz der Wohnbevölkerung vor *Lärm* und *Abgasen*".

Rechtsprechung[11] dazu hat aber klargestellt, dass derartige Maßnahmen nicht erst dann gerechtfertigt sind, wenn bestimmte (hohe) Pegel überschritten werden, sondern auch dann, wenn ortsunübliche Belastungen durch zumutbare Beschränkungen beseitigt werden können (z. B. das Verbot des Durchgangverkehrs in Erschließungsstraßen).

Richtlinie der Europäischen Union für den Umgebungslärm [20.13]

Diese Richtlinie wird zum ersten Mal für die Europäische Union Fristen für das Aufstellen strategischer Lärmkarten (s. Abschn. 20.3.3.2) und von Aktionsplänen (s. Abschn. 20.3.3.5) zur Minderung der Lärmbelastungen einführen; sie geht damit über die Vorgaben des §47a BImSchG hinaus.

Geräuschemissionsvorschriften der Europäischen Union

Bekanntlich fällt die Harmonisierung von Produktregelungen, zu denen auch Geräuschvorschriften gehören, in die Zuständigkeit der EU. In mehreren Richtlinien sind diese für

– Pkw, Lkw und Busse [20.21] seit 1970, Motorräder [20.22] seit 1978, mit der letzten Änderung der Geräuschgrenzwerte in [20.23] (Entwicklung der Grenzwerte s. [20.30]),
– Reifen von Straßenfahrzeugen [20.25] seit 2001 und
– im Freien betriebene Maschinen [20.24], 2000 aktualisiert,

festgelegt worden.

Geräuschvorschriften für Schienenfahrzeuge sind in Umsetzung und Vorbereitung[12].

---

[11] Zu §45 StVO Urteil des Bundesverwaltungsgerichtes vom 04.06.1986 (7C76.84) (NJV 1986, 2655 ff.) Leitsatz: „1. StVO § 45 Abs 1 S 2 Nr 3 gewährt Schutz vor STRASSENVERKEHRSLÄRM nicht nur dann, wenn dieser einen bestimmten Schallpegel überschreitet; es genügen Lärmeinwirkungen, die jenseits dessen liegen, was im konkreten Fall unter Berücksichtigung der Belange des VERKEHRS als ortsüblich hingenommen werden muss".

[12] Diese werden zunächst für so genannte interoperable, d. h. auf dem transeuropäischen Schienennetz verkehrende Schienenfahrzeuge festgelegt im Rahmen technischer Spezifikationen für die Interoperabilität festgelegt. Dezember 2002 sind als erste die Grenzwerte für Hochgeschwindigkeitszüge in Kraft getreten.

Die Wirksamkeit der Reifenvorschrift wird nach Einschätzungen des Umweltbundesamts allerdings nur sehr gering sein: die Grenzwerte werden schon heute von sehr vielen Reifentypen eingehalten, sie treten zudem für alle Reifen auf dem Markt erst am 01.10.2009 in Kraft.

Bewertung der rechtlichen Regelungen für den (Verkehrs)Lärm

Der Schutz vor Lärm, insbesondere Verkehrslärm, ist *nicht umfassend* geregelt:

– Die VLärmSchV gilt nur für den Neubau und wesentliche Änderungen von Straßen und Schienenwegen.
– Wesentliche Änderungen setzen erhebliche bauliche Eingriffe voraus. Pegelerhöhungen auf Grund veränderter Verkehrsmengen oder Geschwindigkeiten bleiben außer Betracht.
– Die auf den Außenwohnraum bezogenen Grenzwerte der VLärmSchV sind nicht zwingend einzuhalten (wenn die Kosten der aktiven Maßnahmen außer Verhältnis zum angestrebten Schutzzweck sind).
– §47a BImSchG sieht keine Fristen für die Umsetzung und keine Grenzwerte vor.
– §45 StVO unterliegt der Abwägung mit anderen Belangen (Gewährleisten des Verkehrs).
– Im Bauplanungsrecht ist ebenfalls eine Abwägung der Belange vorzunehmen; es fehlen Regelungen für Einzelvorhaben.
– In den Rechtsvorschriften werden die Quellen isoliert voneinander betrachtet. Erhöhte Schutzmaßnahmen für mehrfach oder „rundum" (d. h. mit hohen Immissionen an allen Fassaden der Wohnung) belastete Personen lassen sich somit nicht einfordern.
– Die Emissionsvorschriften der EU entsprechen nicht immer dem Stand der Technik der Lärmminderung.

Insbesondere an den seit längerem *bestehenden* hochbelasteten innerstädtischen Straßen und Schienenwegen fehlen konkrete Schutzbestimmungen (Problem der „Lärmsanierung"). Hier werden die Probleme allenfalls durch die Lärmsanierungsprogramme des Bundes für Bundesfernstraßen (seit 1978) und für Schienenwege des Bundes (seit 1999) gemildert. Die der Sanierung zu Grunde liegenden Grenzwerte (s. Tabelle 20.2) liegen aber über dem, was aus Gründen des Gesundheitsschutzes geboten zu sein scheint. Die Sanierungsprogramme sind zudem freiwillige Leistungen des Bundes je nach Lage des Haushaltes. Diese Situation wird schon seit längerem kritisiert[13], entsprechende politische Initiativen wurden aber bislang nicht umgesetzt.

20.5 Maßnahmen

Im Folgenden werden Maßnahmen zur Lärmminderung vorgestellt. Sie werden nach der in Abschn. 20.3.4 dargestellten Rangfolge der Maßnahmen gegliedert. Oft umfassen bestimmte Maßnahmenkonzepte allerdings mehrere Elemente. Das Konzept „Flächenhafte Verkehrsberuhigung" (s. Abschn. 20.5.3.2) z. B. zielt nicht nur auf lärmarme Fahrweisen, sondern möchte auch das Umsteigen auf emissionslose Verkehrsmittel (Zufußgehen, Fahrrad fahren) fördern. Die Lärmminderungsplanung nach §47a BImSchG sollte ein Konzept zur Abstimmung und Integration einer Vielzahl von Einzelmaßnahmen sein.

20.5.1 Verkehrsvermeidung

Verkehrsvermeidung meint genauer die *Vermeidung* des motorisierten *Verkehrs* (MV). Dies bedeutet im *weiteren* Sinne die Reduktion der *Fahrleistungen* (FL) des MV nach der folgenden Tautologie (vgl. [20.19] S. 434):

$$FL = \frac{FL}{VL} \frac{VL}{A} \frac{A}{N} N .$$

a) Minderung der Fahrleistungsintensität $\frac{FL}{VL}$,

b) Minderung der Transportintensität $\frac{VL}{A}$,

c) Minderung der Aktivitätsintensität $\frac{A}{N}$

mit VL Verkehrsleistung
     A Aktivitäten
     N Nutzen

a) heißt Erhöhung der Auslastung[14] der Fahrzeuge.

b) bedeutet die Verringern der *Verkehrsleistung* (VL) pro Aktivität, z.B. die Wege von und zur Arbeit (Verkehrsvermeidung im *engeren* Sinne durch verkehrsarme Siedlungs- und Nutzungsstrukturen).

c) schließlich bedeutet die Verminderung der Aktivitäten, die mit einem bestimmten Nutzen verknüpft ist (z.B. ein langer Urlaub statt mehrere Kurztrips).

Analoge Beziehungen lassen sich für den Güterverkehr angeben, wobei die Aktivitäten durch Gütereinheiten zu ersetzen sind. Reduktion der Gütermengenintensität nach c) wäre dann z.B. die Nutzung langlebiger Gebrauchsgüter statt von Wegwerfprodukten oder Leihen statt Kaufen.

Verkehrsvermeidung nach c) ist als Abkehr von einem material- und verkehrsintensiven Lebensstil eher eine allgemeine kulturelle Aufgabe, die aber auch auf kommunaler Ebene durch die Förderung eines Lebens ohne Auto unterstützt (z.B. durch autofreie Wohngebiete) werden kann.

Das *Wachstum* des motorisierten Verkehrs in Deutschland[15] von ca. 88 Mrd. Personenkilometern (Pkm) 1950 auf 954,4 Mrd. Pkm 1998 zeigt aber, wie wenig erfolgreich bisherige Strategien der Verkehrsvermeidung waren. In der Tat sind die Ursachen steigender Verkehrsleistung wie Wohlstand, Individualisierung der Lebensformen, Globalisierung, wirtschaftliche Konzentration etc. ungebrochen.

In [20.16] wird eine Fülle von Verkehrsvermeidungsstrategien beschrieben, hier sollen

---

[13] So der Rat von Sachverständigen für Umweltfragen in seinem Sondergutachten Umwelt und Gesundheit vom 31.08.1999 (Auszug aus der Kurzfassung [20.18]:) „Im Gegensatz zu Anlagen, die dem Bundes-Immissionsschutzgesetz unterliegen (§§17, 25 BImSchG), sehen die gesetzlichen Regelungen eine Sanierung bestehender Verkehrsanlagen nicht vor…. Dieser Rechtszustand, der den Lärmschutz fast völlig von fiskalischen Erwägungen abhängig macht, ist auch unter dem Vorzeichen knapper gewordener Haushaltsmittel auf Dauer nicht akzeptabel. Die Verweigerungshaltung der Fiskalpolitik entfernt sich nicht nur von den individuellen Präferenzen einer Vielzahl der Bürger. Vielmehr gebietet auch die Schutzpflicht aus Art. 2 Abs. 2 S. 1 GG ein angemessenes Vorgehen gegen Lärmbelastungen durch Altanlagen, jedenfalls soweit sie im Grenzbereich zur Gesundheitsgefährdung liegen, was bei langandauernden erheblichen Belästigungen im medizinischen Sinne zu erwarten ist. Da insbesondere sozial Schwächere von unzumutbarem Lärm betroffen sind, ist ein Abbau der Lärmbelastung auch ein Gebot des Sozialstaates."

[14] So fahren im Berufsverkehr durchschnittlich nur 1,1 Personen/Pkw, im ÖPNV beträgt die Auslastung nur 20%.

[15] ifo Institut, Verkehrskonjunktur 2000; BMV: Verkehr in Zahlen 1999; entsprechend *1950* 0,5 Wege und *1997* 3 Wege am Tag motorisiert, *1950* ca. 9076 km FL/Person, *1997* 15330.

exemplarisch einige wichtige Maßnahmenpakete behandelt werden.

Die *Wirkungen* von Maßnahmen zur Verkehrsvermeidung sind i. Allg. schwer quantifizierbar und relativ gering. Eine durchaus anspruchsvolle Minderung der Fahrleistungen um 50% bedeutet bekanntlich im Mittel eine Reduktion der Belastungen um nur 3 dB(A).

Beispiel für die Minderung der Intensität der Gütermengen nach c) durch *Leihen statt Kaufen*: Car-Sharing oder Autoteilen. Car-Sharing unterstützt einen Lebensstil, der ohne eigenes Auto auskommt. Ein Car-Sharing-Auto entspricht fünf bis acht privaten Pkw mit entsprechender Reduzierung von Gütermengentransporten in der Pkw-Produktion. Car-Sharer reduzieren ihre Pkw-Fahrleistung im Schnitt von 7000 auf 4000 km/Jahr (Privat-Pkw haben dagegen im Schnitt eine Fahrleistung von 12 700 km/Jahr). Car-Sharing-Betriebe mit dem Umweltzeichen verpflichten sich überdies, leise Fahrzeuge einzusetzen (der Typprüfwert der Kfz soll ≤ 71 dB(A) betragen, d. h. 3 dB(A) unter dem Grenzwert liegen; es sind lärmarme Reifen gemäß Umweltzeichen zu nutzen).

Verkehrsarme Siedlungsstrukturen nach b) oder die „Stadt der kurzen Wege" werden durch die Bauleitplanung mit den Instrumenten der Nutzungsmischung[16], Dezentralisation[17] und Verdichtung[18] gefördert. In [20.1] wird ferner empfohlen, Stadtquartiere mit hoher historisch-urbaner Qualität zu bewahren, mehr Wohnungen in den Innenstädten zu realisieren und Landschaft rund um die Stadt freizuhalten. Gutes Beispiel für eine „kompakte" Stadt ist Delft (92 000 Einwohner) in den Niederlanden; hier liegen 90% der Siedlungsfläche innerhalb eines Radius von 2,2 km um das Stadtzentrum, während gleich große Städte in Deutschland auf 3,0 (Tübingen) bis 5,0 km (Trier) kommen.

Bauliche Strukturen lassen sich nur langfristig verändern, deswegen ist der Erhalt oder Ausbau gemischter Nutzungsstrukturen auch durch andere Instrumente zu fördern, wie z. B. eine Wohnungspolitik, die Umzüge in die Nähe des Arbeitsplatzes erleichtert, die Dezentralisierung von Ämtern z. B. in Heidelberg, der Erhalt wohnungsnaher Versorgungen wie den Dorfladen durch eine entsprechende Gewerbepolitik usw.

Die Stadt der kurzen Wege erlaubt es idealerweise, die notwendigen Wege zu Fuß oder mit dem Rad zu machen. Immerhin sind heute 50% der Pkw-Wege kürzer als 5 km, sodass ein hohes Potenzial für die emissionsfreien Fortbewegungsarten besteht.

In der Regel sind die Grenz- und Richtwerte gebietsabhängig (s. Tabellen 20.2 und 20.3), Gebiete mit hoher Nutzungsmischung sind danach weniger geschützt als z. B. reine Wohngebiete. Dieses Dilemma zwischen Immissionsschutz und verkehrsvermeidender Nutzungsmischung ist begrenzt lösbar, so z. B. durch Ausweisung „Besonderer Wohngebiete", die hohe Nutzungsmischung erlauben und gleichzeitig anspruchsvolle Richtwerte für die Nacht aufweisen.

Ein wichtiges Instrument zur Verkehrsvermeidung ist die *Verteuerung des motorisierten Verkehrs* durch Anlasten/Internalisieren seiner „wahren" oder externen Kosten, zu denen auch die Lärmbelastung gehört[19].

Gestaltungsformen dieses Instruments sind
- die fahrleistungs*abhängige Mineralölsteuer*, erweitert um die *Ökosteuer*,
- die fahrleistungs*unabhängige Kraftfahrzeugsteuer*, mit der sich aber die spezifischen Emissionen eines Kfz berücksichtigen lassen,
- *Road Pricing* als kommunales Instrument zur Kostenanlastung bei Benutzung stark nachgefragter Straßen und als Feinsteuerung zur Entlastung überlasteter Bereiche (im Ausland durchgeführte Maßnahme (London, Singapur, Norwegen), in Deutschland im Rahmen von Modellvorhaben (Stuttgart) mit relativ geringen Effekten angewandt),
- die fahrleistungsbezogene *Schwerverkehrsabgabe*, in Deutschland für 2003 als Ersatz für die bislang fahrleistungsunabhängigen *Vignetten* geplant (in der Schweiz werden damit

---

[16] Durch Festlegen der Art der baulichen Nutzung nach Baunutzungsverordnung BauNVO.

[17] Durch Zuordnung der Nutzungen im Bebauungsplan.

[18] Durch Festlegen des Maßes der baulichen Nutzung (BauNVO §17) auch hier gilt, dass die zulässige Höhe der Geschossflächenzahl GFZ mit den Immissionsgrenzwerten steigt.

[19] Für die externen Kosten der Lärmbelastungen liegen verschiedene Schätzungen vor: a) das Umweltbundesamt beziffert sie für 1993 auf 10,4 Mrd. DM pro Jahr für die Straße und 4,5 Mrd. DM für die Schiene; b) INFRAS/IWW schätzen die Kosten für 1995 auf 5,69 Mrd. € für Pkw, 2,61 Mrd. € für Lkw, 0,404 Mrd. € für den Personentransport und 0,325 Mrd. € für den Gütertransport auf der Schiene (External Costs of Transport, März 2000).

Mittel für den Bau von Eisenbahntunneln und die Lärmsanierung an Schienenwegen langfristig finanziert),
- *Parkraumbewirtschaftung* als Maßnahme mit potenziell hoher Wirksamkeit.

Die Erhöhung der Entfernungspauschale für den Arbeitsweg seit dem 01.01.01 auf 0,80 DM/km ab dem 11. Kilometer für Kfz ist allerdings eher eine Förderung längerer Wege.

Die *fußgänger- und fahrradfreundliche Stadt* fördert den Umstieg auf die emissionslosen Verkehrsmittel durch

- die Erhöhung der Sicherheit (insbesondere durch die Reduktion der Geschwindigkeit des motorisierten Verkehrs),
- die Bevorrechtigung an Ampeln (zeitlich, örtlich),
- die Erhöhung der „Reisegeschwindigkeit" und des Komforts (durch direkte Wegführung, keine Unterführungen, ausreichende Flächen wie z.B. eigene Fahrradstraßen, abgesenkte Bürgersteigkanten usw.),
- sichere Abstellplätze,
- Öffentlichkeitsarbeit,
- das Zurverfügungstellen von Dienstfahrrädern und
- das persönliche Beispiel in Verwaltung und Politik.

Das Beispiel der Stadt *Münster* in Westfalen (270000 Einwohner) zeigt das Umsteigepotenzial (s. Tabelle 20.4). Danach wurde der Anteil der Fahrradfahrten an den Wegen innerhalb von 18 Jahren mehr als verdreifacht.

Mit *Verkehrsbeschränkungen durch straßenverkehrsrechtliche Maßnahmen* nach §45 StVO (s. Kap. 20.4) z.B. mit Sperrungen für den nicht ortsüblichen Verkehr (wie Durchgangsverkehr in Erschließungsstraßen) lassen sich die Verkehrsmengen lokal reduzieren. Dies ist aber erst dann ein Beitrag zur Verkehrsvermeidung, wenn der Verkehr nicht nur einfach verlagert wird. Die Sperrung der historischen Altstadt für den Autoverkehr in *Lübeck* (216000 Einwohner) von 10 bis 18 Uhr (mit Ausnahmen für Bewohner, Taxis und ÖPNV) hat lokal zu Pegelminderungen von 4 bis 6 dB(A) geführt.

20.5.2 Maßnahmen zur Verlagerung auf emissionsarme Quellen

Diese Maßnahmen haben die Anwendungsbereiche:

- Verlagerung des motorisierten Individualverkehrs (Pkw etc.) auf Busse und Bahnen des ÖPNV und des Regionalverkehrs,
- Verlagerung auf die *Schiene* im überörtlichen Verkehr (Güter, Personen),
- Verlagerung auf emissionsarme Kfz-Typen innerhalb einer Fahrzeugkategorie (z.B. durch Benutzervorteile).

Mit folgenden Maßnahmenelementen kann die Verlagerung gefördert werden:

- *Stadtentwicklung, Siedlungsplanung: ÖPNV-orientierte Stadt*: ÖPNV-Haltepunkte/Knoten und -linien als Kerne städtebaulicher Entwicklung;
- *Güterverkehrslogistik*: Verbrauchernahe Güterbahnhöfe, Güterverkehrszentren mit Bahnanschluss);
- *Preisinstrumente*: *Kostenverbesserung* des öffentlichen Verkehrs in Relation zu Pkw, Lkw (Umweltkarten, Bahncard, Job-Tickets usw.);
- *Förderung des Kombinierten Verkehrs*. Walk/Bike/Park and Ride, Straßen-/Schienengüterverkehr, Car-Sharing (Pkw- + ÖPNV-Nutzung), Radmitnahme im ÖPNV;
- *Bevorrechtigung des ÖPNV* bezüglich Flächen, z.B. Busspuren, Ampelschaltung;
- *Angebotsverbesserung ÖPNV* bezüglich Takt, Haltestellendichte, Service, Pünktlichkeit usw.;
- *Öffentlichkeitsarbeit*.

Das Beispiel der Stadt *Zürich* (385 000 Einwohner) zeigt das Umsteigepotenzial bei konsequenter Förderung und Bevorrechtigung des ÖPNV, gemessen mit dem Indikator der Verkehrsmittelwahl (% der Wege). Zürich hat von den europäischen Großstädten den geringsten Anteil an Pkw-Fahrten.

Tabelle 20.4 Verkehrsmittelwahl oder Modal Split in Münster (% der Wege) im Vergleich

	Fuß	Rad	ÖPNV	Pkw
Münster 1972	?	10	?	?
Münster 1990	27	34	5	34
BRD 1992	27	9	10	53
Niederlande 1991/1993		27		
Groningen 1990		39		

Tabelle 20.5 Verkehrsmittelwahl in Zürich (% der Wege) im Vergleich

	Fuß	Rad	ÖPNV	Pkw
Zürich 1989	25	4	42	29
Stuttgart 1989	29	5	23	35+8[a]
Essen 1996	27	5	15	42+11

[a] Erste Zahl: Pkw-Nutzung als Fahrer, zweite Zahl: als Mitfahrer.

Maßnahmen der Verkehrsverlagerung setzen den Nachweis von leiseren Alternativen voraus. In [20.32] werden die Umweltauswirkungen verschiedener Verkehrsträger – bezogen auf die *gleiche Verkehrsleistung* – ermittelt. Beim Lärm ist derzeit der Bus das leiseste Verkehrsmittel (mit 2 bis 4 dB(A) geringeren Belastungen als der Pkw); die im Straßenraum fahrende Straßenbahn erzeugt hingegen ca. 2 dB(A) höhere Belastungen als der Pkw, sie ist nur unter Anrechnung des Schienenbonus leiser als der Pkw.

20.5.3 Vermindern der Emissionen

Geräuschemissionen werden im Wesentlichen durch technische Maßnahmen an den Quellen und durch lärmarme Betriebsweisen gemindert. Für den Straßenverkehrslärm bedeutet dies technische Maßnahmen an den Fahrzeugen und – wegen sowie eine lärmarme Fahrweise.

20.5.3.1 Technische Maßnahmen

Technische Maßnahmen setzen sich in der Regel nicht von selbst durch (so werden nach *außen* leise Kfz wenig nachgefragt), sie müssen also durch andere Instrumente veranlasst werden.

Veranlassende Instrumente zur technischen Geräuschminderung sind:

– *Ordnungsrecht (verpflichtend)*, z.B. Geräuschvorschriften für Kraftfahrzeuge und ihre Komponenten, z.B. Immissionsvorschriften für neue Straßen (*Anreiz* für Einsatz leiserer Straßendecken), (s. Kap. 20.4);
– *Subventionen und Abgaben (freiwillig)*, z.B. finanzieller Anreiz zum Erwerb leiserer Kfz (Kfz-Steuer, vgl. Einführung des Katalysators);
– *Benutzervorteile für lärmarme Kfz (freiwillig)*, z.B. zeitliche und räumliche Ausnahmen von Fahrverboten;
– *Information über lärmarme Produkte*, z.B. durch Umweltzeichen („Blauer Engel") für solche Produkte;
– Bevorzugung leiserer Geräte und Fahrzeuge im Rahmen der *umweltfreundlichen Beschaffung* von Behörden;

Die letztgenannten Instrumente liegen auch im Zuständigkeitsbereich von Kommunen und sollen deshalb neben der Maßnahme „Ausbildung leiser Fahrwege" erläutert werden.

Benutzervorteile für lärmarme Kfz [20.14]

Benutzervorteile für lärmarme Kfz sind eine Maßnahme, die auch in Kommunen eingeführt worden ist. Die gebräuchlichste Gestaltung dieser Maßnahme ist die Befreiung lärmarmer Fahrzeuge von Fahrverboten nach §45 STVO (s. Kap. 20.4). In Deutschland ist diese Maßnahme zuerst unter dem Namen „Bad Reichenhaller Modell" eingeführt worden. Die dort schon seit 1954 gültigen Fahrverbote für Lkw wurden Oktober 1981 für „lärmarme Lkw" gelockert bzw. aufgehoben. Im November 1984 wurden mit der Definition des lärmarmen Kfz in der Anlage XXI der Straßenverkehrs-Zulassungs-Ordnung (StVZO) durch die Bundesregierung auch die formalen Voraussetzungen für derartige Förderstrategien geschaffen.

Im Dezember 1989 wurde ein Nachtfahrverbot (22 bis 5 Uhr) für Lkw mit Ausnahme von lärmarmen Versionen auf den Alpentransitstrecken in Österreich eingeführt, dessen wichtigstes Nebenergebnis ein stark anwachsendes Angebot an lärmarmen Lkw-Typen war. Im Rahmen eines Modellvorhabens des Umweltbundesamtes wurden schließlich in zwei Stufen 1991 und 1994 in mehreren Ortsteilen Heidelbergs Lkw-Lärmschutzzonen eingeführt (s. Abb. 20.5) (Lkw-Fahrverbote mit Ausnahme von lärmarmen Lkw von 11 bis 7 Uhr). Auch in Berlin wird dieses Instrument seit 1999 erprobt.

Die Wirkung dieser Maßnahme hängt vom jeweiligen Lkw-Anteil und vom Einführungsdatum ab. Die Geräuschgrenzwerte seit 1996 neu zugelassener Lkw unterscheiden sich nur noch geringfügig von den entsprechenden Grenzwerten des 1984 definierten lärmarmen Lkw. Immerhin hat diese Maßnahme wesentlich dazu beigetragen, dass der lärmarme Lkw zum „Normal-Lkw" geworden ist.

Die Länder Berlin und Baden-Württemberg haben die Anschaffung lärmarmer Lkw subventioniert.

Abb. 20.5 Verkehrsschild in Heidelberg für die Lkw-Lärmschutzzone der 2. Stufe

Information über lärmarme Produkte

Der Kauf oder Betrieb lärmarmer Produkte setzt die Kenntnis dieses Produktsegmentes voraus. Die wichtigste Kennzeichnung lärmarmer Produkte in Deutschland ist das Umweltzeichen. Am Beispiel der Kfz-Reifen soll die Bedeutung dieses Instruments erläutet werden. Das Umweltzeichen RAL – UZ 89 für lärmarme und kraftstoffsparende Kraftfahrzeugreifen von 1997 verlangt die Einhaltung des derzeit weltweit anspruchsvollsten Geräuschemissionspegels von 72 dB(A), dieser liegt bis zu 4 dB(A) unter den Grenzwerten der Richtlinie 2001/43/EG [20.25] (s. Kap. 20.4), bei Berücksichtigung unterschiedlicher Rundungsregeln sogar bis zu 6 dB(A). Wegen des geringeren Rollwiderstands kann man mit Umweltzeichen-Reifen zudem bis zu 5% Kraftstoff sparen. Gekennzeichnete lärmarme Produkte sollten im Rahmen der kommunalen Beschaffung bevorzugt werden. Hinweise auf diese Produkte sollten ebenfalls Teil der städtischen Öffentlichkeitsarbeit im Rahmen z.B. der Lärmminderungsplanung sein.

Bevorzugung leiserer Geräte und Fahrzeuge im Rahmen der umweltfreundlichen Beschaffung von Behörden

Im Rahmen städtischer Konzepte zur Lärmminderung ist es wichtig, dass die Gemeindeverwaltungen selbst mit gutem Beispiel vorangehen. Ein Betätigungsfeld ist die Beschaffung von Geräten und Fahrzeugen für die städtischen Einrichtungen. Hier sollten die Gemeinden den Empfehlungen des Handbuches „Umweltfreundliche Beschaffung" folgen [20.29]. Das Handbuch schlägt z.B. vor, dass die Geräuschemissionen von Pkw 5 dB(A) unter den Grenzwerten der EU liegen sollten (S. 177). Es sollten bevorzugt lärmarme Kommunalfahrzeuge (mit dem Umweltzeichen RAL – UZ 59 a und b) und Reifen (RAL – UZ 89) beschafft werden.

Ausbildung leiser Fahrwege

Für Plätze, Straßen und Schienenwege, die in der kommunalen Zuständigkeit liegen, können die Gemeinden die Emissionen (Rollgeräusche von Kfz und Schienenfahrzeugen) direkt beeinflussen. Bei der Gestaltung von Decken der Fahrbahnen und Plätzen sind folgende Regeln zu beachten:

– Die Verwendung von Pflaster kann zu deutlichen Pegelerhöhungen führen (bis zu 10 dB (A)). Ab Fahrgeschwindigkeiten von 20 km/h sollte daher lärmarmes Pflaster eingesetzt werden, z.B. Betonsteinpflaster, die nicht lauter als Asphaltdecken sind. Sie haben relativ große Formate, sollten ohne Fase und möglichst eben sein, eine gewisse Mikrorauhigkeit haben und diagonale Fugenanteile haben. Über 50 km/h sollte auf Pflaster verzichtet werden.
– Innerortsstraßen mit höherem Geschwindigkeitsniveau (mehr als 70 km/h) sollten Decken aus feinkörnigem offenporigem Asphalt (DA „Drainasphalt") bekommen, z.B. DA 0/8 (d.h. mit einem Größtkorndurchmesser nicht über 8 mm). Diese sind die zur Zeit leisesten Decken; durch die Offenporigkeit wird der hochfrequente aerodynamische Anteil des Rollgeräusches, das so genannte „Airpumping" gemindert. Gegenüber Gussasphalt betragen die Minderungen ca. 4 dB(A). Weitergehende Minderungen (bis zu zusätzlich 4 dB (A)) durch optimierte Drainasphalte erscheinen möglich[20]. Drainasphalte verlieren mit der Zeit ihre lärmmindernden Eigenschaften,

---

[20] S. [20.43].

da sich die Poren allmählich zusetzen. Sie müssen dann erneuert werden.
– Bedauerlicherweise hat sich das Konzept der Offenporigkeit auf langsamer befahrenen Innerortsstraßen nicht bewährt, hier verstopfen die Poren relativ rasch. Zur Zeit werden doppelschichtige Drainasphalte erprobt; der Nachweis einer dauerhaften Offenporigkeit steht aber noch aus. Deshalb sind hier zur Zeit feinkörnige geschlossene Decken wie Splittmastixasphalte (SMA 0/5, d.h. mit einem Größtkorndurchmesser von 5 mm) die leisesten Beläge.

20.5.3.2 Lärmarme Fahrweise

Aus Abb. 20.4 sind grundsätzlich die Potenziale einer lärmarmen Fahrweise ableitbar. Ihre Elemente sind im einzelnen

– eine niedertourige Fahrweise
– bei reduzierter Geschwindigkeit,
– dabei so früh wie möglich hochschalten, so spät wie möglich runterschalten sowie
– so sparsam wie möglich beschleunigen und bremsen.

Das Minderungspotenzial einer niedertourigen Fahrweise ist bezogen auf eine mittlere Fahrweise beim Beschleunigen im Vorbeifahrtpegel etwa 6 dB(A).

Die Senkung der Geschwindigkeit z.B. von 50 auf 30 km/h reduziert den Vorbeifahrtpegel um 5 bis 8 dB(A), je nachdem, ob gleichzeitig in einen niedrigeren Gang geschaltet wird oder nicht. Die Minderung des Mittelungspegels ist jeweils 2 dB(A) niedriger.

In der Praxis ist die Wirksamkeit geringer, da sie bei Geschwindigkeitsbeschränkungen vom Befolgungsgrad abhängt. So bewirkt nach der RLS-90 eine Senkung der zulässigen Geschwindigkeit von 50 auf 30 km/h eine Minderung des Mittelungspegels um nur 2 dB(A). Die Einführung von Tempo 30 sollte deshalb in der Regel durch geschwindigkeitsdämpfende Umgestaltung des Straßenraums und zusätzliche straßenverkehrsrechtliche Regelungen wie Rechts-vor-Links unterstützt werden. Die baulichen, verkehrsrechtlichen und öffentlichkeitswirksamen Maßnahmen sind unter der Bezeichnung „Verkehrsberuhigung" in die kommunale Verkehrspolitik eingegangen; sie wurden am intensivsten in dem Modellvorhaben „Flächenhafte Verkehrsberuhigung" erprobt und untersucht [20.5]. Danach ergeben sich die in Tabelle 20.6 angegebenen Minderungen durch Geschwindigkeitsdämpfung.

In [20.20] werden die baulichen Elemente zur Geschwindigkeitsdämpfung vorgestellt und bewertet.

20.5.4 Maßnahmen auf dem Ausbreitungsweg

Dieser Maßnahmentyp umfasst im Wesentlichen vier Elemente:

– die Vergrößerung des Abstandes zwischen Quelle und Empfänger, wozu auch die räumliche Verlagerung von Verkehrsströmen gehört,
– die Abschirmung der Quelle durch bauliche Maßnahmen,
– die Erhöhung der Schalldämpfung im Ausbreitungsraum und
– die Verhinderung von Reflexionen, insbesondere auf die quellenabgewandten Fassaden.

Tabelle 20.6 Lärmminderung durch Geschwindigkeitsdämpfung

	Lärmminderungen für Pkw im Vergleich zum Vorher-Zustand (Tempo 50) in dB(A)	
	Geräuschemission (Vorbeifahrtpegel)	Geräuschbelastung (Mittelungspegel)
Verkehrsberuhigter Bereich (Schrittgeschwindigkeit)	bis 6	bis 4
Tempo-30-Zone	bis 5	bis 3
Geschwindigkeitsdämpfung an Hauptverkehrsstraßen (Einhaltung Tempo 50)	bis 5	

20.5.4.1 Lärmminderung durch Abstandsvergrößerung

Bekanntlich wird der Schalldruckpegel auf dem Ausbreitungsweg durch Vergrößerung der Hüllfläche der Wellenfront gemindert („geometrische" Pegeländerung). Für Punktquellen beträgt die ideale Abnahme 6 dB(A), für Linienquellen 3 dB(A) pro Abstandsverdopplung. Der Schalldruckpegel wird zusätzlich durch Luftabsorption gemindert. Die Maßnahme wird vor allem in der Zuordnung von Emittenten und sensibler Nutzung nach § 50 BImSchG und in der Bauleitplanung umgesetzt. Dabei sollten die Emittenten möglichst zusammengefasst werden (Hauptverkehrsstraßen durch Gewerbegebiete) und die Nachbarschaft von Baunutzungen nach dem Grad der Emissionen oder Empfindlichkeiten abgestuft werden.

In innerstädtischen Gebieten ist der Einsatz dieser Maßnahme aus Platzgründen im Allgemeinen nur als Verlagerung von Verkehrsströmen umsetzbar. So wird vielfach die *Bündelung* von Verkehrsströmen auf hochbelasteten Trassen propagiert, weil einer deutlichen Entlastung in den Nebenstraßen nur geringe Zunahmen auf den Bündelungstrassen entsprechen[21]. Eine solche Vorgehensweise erschwert allerdings gerade die aus Gründen des Gesundheitsschutzes notwendige Lärmminderung an hochbelasteten innerstädtischen Verkehrswegen. Bündelungen sollten deshalb nur auf Verkehrswegen ohne sensible Randnutzung oder im Verbund mit Minderungsmaßnahmen durchgeführt werden.

Auch der Bau von Ortsumgehungen zur Entlastung von Ortsdurchfahrten gehört zu diesem Maßnahmentyp. Hier sind die Entlastungen an der Ortsdurchfahrt mit den neuen Belastungen an der Umgehungsstraße abzuwägen. Verbindliche Verfahren dafür gibt es nicht, empfohlen wird der Vergleich der wesentlich Gestörten für die verschiedenen Planungsfälle[22].

20.5.4.2 Abschirmungen

Gewerbliche Quellen lassen sich durch Kapselungen und Einhausungen, Verkehrswege durch Bauten, Lärmschutzwände und -wälle, Tunnel oder durch geometrische Querschnittsgestaltung (Lage im Einschnitt usw.) abschirmen. Die Wirkung von Abschirmungen an Verkehrswegen kann mit der RLS-90 bzw. der Schall 03 berechnet werden. Dem Einsatz von Wällen und Wänden sind ebenfalls innerstädtisch Grenzen gesetzt[23].

Insbesondere durch die geschlossenen Abschirmungen lassen sich hohe Pegelminderungen erreichen, sie sind in der Regel aber auch besonders kostspielig. Eine besondere Form des Tunnels ist die platzsparende Überbauung von Verkehrswegen wie die Autobahnüberbauung in Berlin an der Schlangenbader Straße.

20.5.4.3 Erhöhung der Schalldämpfung im Ausbreitungsraum

Die Verwendung absorbierender Auskleidungen oder Elemente im Ausbreitungsraum kann zur Lärmminderung beitragen. Wichtigster Anwendungsbereich ist die Verkleidung von Lärmschutzwänden mit (hoch) absorbierenden Materialien, um Reflexionen zu vermindern. Straßenbahnen können als so genanntes Rasengleis ausgebildet werden. Im Allgemeinen liegt aber die subjektiv empfundene Wirkung von absorbierenden Elementen wie Pflanzenbewuchs über ihren akustischen Effekten.

20.5.4.4 Vermeidung von Reflexionen

Bei der Planung offener Bauweisen ist darauf zu achten, dass quellenabgewandte Fassaden nicht durch Schall belastet werden, der von anderen Baukörpern reflektiert wird, da dies zu deutlichen Pegelerhöhungen führen kann.

20.5.5 Maßnahmen am Immissionsort

Diese Maßnahmen umfassen

– den eigentlichen baulichen Schallschutz durch Verbesserung der Gebäudedämmung,

---

[21] Wird von einer Nebenstraße mit einer Verkehrsmenge von 6000 Kfz/Tag 50 % auf eine Hauptverkehrsstraße mit 60 000 Kfz/Tag verlagert, so beträgt die Entlastung in der Nebenstraße durchschnittlich 3 dB(A), die Zusatzbelastung in der Hauptverkehrsstraße dagegen 0,2 dB(A).

[22] Die Zahl wesentlich Gestörter kann z. B. nach der VDI-Richtlinie 3722 „Wirkungen von Verkehrsgeräuschen" bestimmt werden, wenn die Lärmbelastungen der Anwohner bekannt sind.

[23] Hier ist eher eine Abschirmung durch Gebäude sinnvoll, z. B. durch solche gewerblicher Nutzung.

- die Orientierung der Nutzungen innerhalb der Wohngebäude und
- die abschirmende Ausbildung oder Nutzung von Gebäudeteilen.

Der **bauliche Schallschutz** hat auch die Aufgabe, gegen Quellen im eigenen Haus zu schützen, z. B. gegen Geräusche der Nachbarn oder von haustechnischen Anlagen.

Auf die Grenzen des baulichen Schallschutzes wurde bereits hingewiesen: der Außenwohnraum bleibt ungeschützt. Schallschutzfenster als vorrangiger Typ des baulichen Schallschutzes gegen Außengeräusche sind von hoher Wirksamkeit bei geringen Kosten. Sie werden deshalb sowohl beim Verkehrswegeneubau nach der Verkehrslärmschutzverordnung [20.34] als auch gleichrangig mit aktiven Maßnahmen bei der Lärmsanierung eingesetzt.

Die Dimensionierung des baulichen Schallschutzes an neu gebauten oder wesentlich geänderten Verkehrswegen hat nach [20.35] zu erfolgen; Hinweise für die Mindestanforderungen des baulichen Schallschutzes gegen Quellen innerhalb und außerhalb von Gebäuden gibt die DIN 4109 „Schallschutz im Hochbau". Sie wird ergänzt durch die VDI-Richtlinie 4100 „Schallschutz von Wohnungen", die verbesserte Schallschutzstufen definiert (s. auch [20.15]).

Lärmschutz durch Orientierung der Nutzungen [20.27] innerhalb von Wohngebäuden hat insbesondere zum Ziel, sensiblere Nutzungen wie Schlaf- und Wohnräume den quellenabgewandten Fassaden zuzuordnen. So lassen sich z. B. durch geschlossene Blockrandbebauung wie in Gründerzeitbauten Innenhöfe mit Immissionspegeln schaffen, die auch an hochbelasteten Straßen ein fast ungestörtes Schlafen ermöglichen (Minderungen von 30 bis 35 dB(A)).

Literatur

20.1 Apel D, Lehmbrock M et al. (1997) Kompakt, mobil, urban. Stadtentwicklungskonzepte zur Verkehrsvermeidung im internationalen Vergleich. DIFU Beiträge zur Stadtforschung 24, Deutsches Institut für Urbanistik, Berlin
20.2 Baugesetzbuch (BauGB) (1997) BGBl. I, 2141
20.3 Bönnighausen G (1995) Die Berücksichtigung des Lärms in der Bauleitplanung – Aufstellungsgrundsätze für Bebauungspläne. In: Lärmkontor GmbH Informations- und Beratungssystem Lärm (INFOSYS) 1997 (CD-Rom)
20.4 Bundes-Immissionsschutzgesetz (BImSchG) (1974) in der Fassung der Bekanntmachung vom 14. Mai 1990, BGBl. I 880
20.5 Bundesministerium für Raumordnung, Bauwesen und Städtebau (Hrsg.), Bundesministerium für Verkehr (Hrsg.), Bundesministerium für Umwelt, Naturschutz und Reaktorsicherheit (Hrsg.) (1992) Forschungsvorhaben Flächenhafte Verkehrsberuhigung, Folgerungen für die Praxis 2. Aufl., Bonn
20.6 Bundesministerium für Umwelt, Naturschutz und Reaktorsicherheit (BMU), Umweltbundesamt (UBA) (2000) Umweltbewusstsein in Deutschland 2000. Berlin
20.7 Bundesminister für Verkehr (1981) Vorläufige Richtlinien für straßenverkehrsrechtliche Maßnahmen zum Schutz der Bevölkerung vor Lärm (Lärmschutz-Richtlinien-StV) vom 06.11.1981. Verkehrsblatt 1981, 428 ff
20.8 Bundesminister für Verkehr (1990) Richtlinien für den Lärmschutz an Straßen (RLS-90)
20.9 Deutsche Bundesbahn – Bundesbahn-Zentralamt (1990) Information Akustik 03. Richtlinie zur Berechnung der Schallimmissionen von Schienenwegen – Schall 03
20.10 DIN 45682 (Entwurf), Schallimmissionspläne
20.11 DIN 18005 Teil 1: Schallschutz im Städtebau; Berechnungsverfahren (1987)
20.12 Beiblatt 1 zur DIN 18005 Teil 1: Schallschutz im Städtebau; Berechnungsverfahren. Schalltechnische Orientierungswerte für die städtebauliche Planung (1987)
20.13 Europäischer Rat (2001) Gemeinsamer Standpunkt des Rates vom 7. Juni 2001 im Hinblick auf den Erlass der Richtlinie des Europäischen Parlaments und des Rates über die Bewertung und die Bekämpfung von Umgebungslärm. Interinstitutionelles Dossier 2000/0194 (COD)
20.14 Jäcker M, Rogall H (1993) Benutzervorteile für lärmarme Lastkraftwagen – das Heidelberger Modell. Z. f. Lärmbekämpfung 40, 161 – 168
20.15 Kötz WD (2000) Vorbeugender Schallschutz im Wohnungsbau. Bundesbaublatt 12, 42 – 45
20.16 Prehn M, Schwedt B, Steger U (1977), Verkehrsvermeidung – aber wie? Verlag Paul Haupt, (UBA Bibl. Ra 40 1104)
20.17 Raumordnungsgesetz (ROG) (1997) BGBl. I, 208
20.18 Der Rat von Sachverständigen für Umweltfragen (1999) Pressemitteilung vom 31.08.1999 zum Sondergutachten 1999 „Umwelt und Gesundheit"
20.19 Der Rat von Sachverständigen für Umweltfragen (1994) Umweltgutachten 1994. Für eine dauerhaft-umweltgerechte Entwicklung
20.20 Richard J, Steven H (2000), Planungsempfehlungen für eine umweltentlastende Verkehrsberuhigung. Minderung von Lärm- und Schadstoffemissionen an Wohn- und Verkehrsstraßen UBA-Texte 52/2000. Berlin

20.21 Richtlinie 70/157/EWG des Rates vom 6. Februar 1970 zur Angleichung der Rechtsvorschriften der Mitgliedstaaten über den zulässigen Geräuschpegel und die Auspuffvorrichtung von Kraftfahrzeugen

20.22 Richtlinie 87/56/EWG des Rates vom 18. Dezember 1986 zur Änderung der Richtlinie 78/1015/EWG zur Angleichung der Rechtsvorschriften der Mitgliedstaaten über den zulässigen Geräuschpegel und die Auspuffanlagen von Krafträdern. Amtsblatt L 24 vom 27.01.1987

20.23 Richtlinie 92/97/EWG des Rates vom 10. November 1992 zur Änderung der Richtlinie 70/157/EWG zur Angleichung der Rechtsvorschriften der Mitgliedstaaten über den zulässigen Geräuschpegel und die Auspuffvorrichtung von Kraftfahrzeugen. Amtsblatt L 371 vom 19.12.1992, 0001–0031

20.24 Richtlinie 2000/14/EG des Europäischen Parlaments und des Rates vom 8. Mai 2000 zur Angleichung der Rechtsvorschriften der Mitgliedstaaten über umweltbelastende Geräuschemissionen von zur Verwendung im Freien vorgesehenen Geräten und Maschinen. Amtsblatt L 162 vom 3.07.2000

20.25 Richtlinie 2001/43/EG des Europäischen Parlaments und des Rates vom 27. Juni 2001 zur Änderung der Richtlinie 92/23/EWG des Rates über Reifen von Kraftfahrzeugen und Kraftfahrzeuganhängern und über ihre Montage. Amtsblatt L 211 vom 8.04.2001

20.26 Senatsverwaltung für Stadtentwicklung Berlin (2002) Digitaler Umweltatlas Berlin. http://www.stadtentwicklung.berlin.de/umwelt/umweltatlas/

20.27 Sonntag H (1984) Verkehrslärmschutz durch Gebäudeplanung. In: Klippel P et al. (1984) Straßenverkehrslärm – Immissionsermittlung und Planung von Schallschutz. expert verlag. Grafenau

20.28 Umweltbundesamt (1989) Lärmbekämpfung 88. Erich-Schmidt-Verlag, Berlin

20.29 Umweltbundesamt (Hrsg.) (1999) Handbuch Umweltfreundliche Beschaffung. 4. Aufl. Verlag Franz Vahlen, München

20.30 Umweltbundesamt (2000) Jahresbericht 1999. Berlin

20.31 Unterausschuss Lärmbekämpfung des Länderausschusses für Immissionsschutz (1992) Musterverwaltungsvorschrift zur Durchführung des § 47a BImSchG. Aufstellung von Lärmminderungsplänen

20.32 Verkehrsclub Deutschland (2001) Bus, Bahn und Pkw im Umweltvergleich. Bonn

20.33 Verordnung über die bauliche Nutzung der Grundstücke (1990) (Baunutzungsverordnung BauNVO). BGBl. I 132

20.34 Sechzehnte Verordnung zur Durchführung des Bundes-Immissionsschutzgesetzes (Verkehrslärmschutzverordnung – 16. BImSchV) vom 12. Juni1990. BGBl. I 1036

20.35 Vierundzwanzigste Verordnung zur Durchführung des Bundes-Immissionsschutzgesetzes (Verkehrswege-Schallschutzmaßnahmenverordnung- 4. BImSchV) vom 4. Februar 1997. BGBl. I 172

20.36 Sechste Allgemeine Verwaltungsvorschrift zum Bundes-Immissionsschutzgesetz. Technische Anleitung zum Schutz gegen Lärm – TA Lärm vom 26. August 1998. Gemeinsames Ministerialblatt 49. Jahrgang, Nr. 26, 503–515

20.37 Wende H, Ortscheid J et al (1998) Schritte zur Reduzierung gesundheitlicher Beeinträchtigungen durch Straßenverkehr: In: Bundesministerium für Umwelt, Naturschutz und Reaktorsicherheit (1998) Gesundheitsrisiken durch Lärm. Tagungsband zum Symposium, Bonn

20.38 WHO (1999) Executive summary of the guidelines for community noise. Genf

20.39 Ising H et al. (1997) Risikoerhöhung für Herzinfarkt durch chronischen Lärmstress. Z. f. Lärmbekämpfung 44, 1–7

20.40 Deutsche Reichsbahn und Deutsche Bundesbahn: Hinweise zur Handhabung der 16. BImSchV, Stand 06.09.1993

20.41 Kemper G, Steven H (1984) Geräuschemissionen von Personenwagen bei Tempo 30. Z. f. Lärmbekämpfung 31, 36–44

20.42 Huckestein B, Verron H (1995) Externe Effekte des Verkehrs in Deutschland. In: Mobilität um jeden Preis? 382. Seminar, 611. Fortbildungszentrum Gesundheits- und Umweltschutz, Berlin

20.43 Ullrich S (2001) Noise reduction potential of motorway pavements. International Workshop „Further noise reduction for motorised road vehicles". Umweltbundesamt, Berlin, 17./18. 09.2001

Strömungsgeräusche

B. Stüber, K. R. Fritz, C.-C. Hantschk, S. Heim, H. Nürnberger, E. Schorer und D. Vortmeyer

In diesem Kapitel werden Schallquellen behandelt, bei denen die Schallentstehung auf aerodynamische bzw. hydrodynamische Strömungsvorgänge zurückzuführen ist oder bei denen Strömungsvorgänge zumindest eine wesentliche Einflussgröße darstellen. Zunächst soll die Schallentstehung durch Strömungen an einigen typischen Beispielen erläutert werden.

21.1 Schallentstehung durch Strömungen

21.1.1 Quellterme

Aus der Lösung der Lighthillschen Gleichung ergibt sich, dass ein durch Unterschallströmungen erzeugtes Schallfeld aus einer Verteilung von Elementarstrahlern mit Monopol-, Dipol- und Quadrupolcharakter aufgebaut werden kann (s. erstes, zweites und drittes Integral in Gl. (18.22)).

Als **Monopolquellen** bezeichnet man solche, bei denen ein zeitlich veränderlicher Volumenfluss für die Schallentstehung verantwortlich ist; z. B. eine pulsierende Ausströmung oder eine zusammenfallende Kavitationsblase.

Bei **Dipolquellen** wird im Raummittel zu keiner Zeit Volumen zugeführt. Es sind jedoch Wechselkräfte vorhanden; z. B. an der Oberfläche angeströmter starrer Körper, verursacht durch die Wirbelablösung oder durch Ungleichmäßigkeiten der Anströmung.

Falls sich, wie das bei freien Wirbelpaaren oder freier Turbulenz der Fall ist, auch alle Wechselkräfte kompensieren, haben die Schallquellen **Quadrupolcharakter**.

Im Folgenden werden die Schallleistungen P verschiedener Schallquellen miteinander verglichen, und zwar atmende Kugel und atmender Zylinder sowie Quellen, die aus Punktkräften und Linienkräften bestehen. Die Länge l des atmenden Zylinders und der Linienkräfte sei groß zur Schallwellenlänge, d. h. $k_0 l \gg 1$. Dabei sind:

$q(t) = q_0 e^{i\omega t}$ Volumenfluss in m³/s,
$F(t) = F_0 e^{i\omega t}$ Kraft in N,
ω Kreisfrequenz in Hz,
t Zeit in s,
c Schallgeschwindigkeit im Strömungsfeld in m/s,
ϱ Dichte des Strömungsmediums in kg/m³,
$k_0 = \omega/c$ Wellenzahl,
l Zylinderlänge in m,
Δr Abstand zwischen den Punkt- bzw. den Linienkräften in m,
a Radius der atmenden Kugel bzw. des atmenden Zylinders.

Monopol
atmende Kugel mit $k_0 a \ll 1$ (3-dimensionale Quelle):

$$P = \frac{\varrho c}{8\pi} q_0^2 k_0^2 \qquad (21.1\mathrm{a})$$

atmende Kugel mit $k_0 a \gg 1$ (1-dimensionale Quelle):

$$P = \frac{\varrho c}{8\pi} q_0^2 k_0^2 \frac{1}{k_0^2 a^2} \qquad (21.1\mathrm{b})$$

atmender Zylinder mit $k_0 l \gg 1$ und $k_0 a \ll 1$ (2-dimensionale Quelle):

$$P = \frac{\varrho c}{8\pi} q_0^2 k_0^2 \frac{\pi}{k_0 l} \qquad (21.2\mathrm{a})$$

atmender Zylinder mit $k_0 \, l \gg 1$ und $k_0 \, a \gg 1$ (1-dimensionale Quelle):

$$P = \frac{\varrho c}{8\pi} q_0^2 k_0^2 \frac{\pi}{k_0 l} \frac{2}{\pi k_0 a} \tag{21.2b}$$

Dipol
Punktkraft (3-dimensionale Quelle):

$$P = \frac{1}{12\pi} \frac{F_0^2}{\varrho c} k_0^2 \tag{21.3}$$

Linienkraft mit $k_0 \, l \gg 1$ (2-dimensionale Quelle):

$$P = \frac{1}{12\pi} \frac{F_0^2}{\varrho c} k_0^2 \frac{3\pi}{2 k_0 l} \tag{21.4}$$

lateraler Quadrupol
parallele Punktkräfte mit $k_0 \, \Delta r \ll 1$ (3-dimensionale Quelle):

$$P = \frac{1}{60\pi} \frac{F_0^2}{\varrho c} (k_0 \Delta r)^2 k_0^2 \tag{21.5}$$

parallele Linienkräfte mit $k_0 \, \Delta r \ll 1$ und mit $k_0 \, l \gg 1$ (2-dimensionale Quelle):

$$P = \frac{1}{60\pi} \frac{F_0^2}{\varrho c} (k_0 \Delta r)^2 k_0^2 \frac{15\pi}{8 k_0 l} \tag{21.6}$$

Dimensionsbetrachtungen ergeben, dass für die Schallleistung P der drei verschiedenen Elementarquellen mit folgenden Geschwindigkeitsabhängigkeiten zu rechnen ist, wenn die das Geräuschverhalten kennzeichnende typische Kreisfrequenz ω (bzw. k_0) und die Geschwindigkeit u (z. B. typische Strömungsgeschwindigkeit) zueinander proportional sind, wenn die Quellen „kompakt" sind und wenn außerdem für den Volumenfluss und für die Kraft folgende Proportionalitäten gelten $q_0 \sim u$ und $F_0 \sim u^2$:

2-dimensionale Strömung:

$$P \sim \varrho c^3 \cdot M^{2m+1} \tag{21.7}$$

3-dimensionale Strömung:

$$P \sim \varrho c^3 \cdot M^{2m+2} \tag{21.8}$$

$m = 1$ *Volumenfluss (Monopol)*
$m = 2$ *Wechselkraft (Dipol)*
$m = 3$ *freie Wirbel (Quadrupol)*

Für die Machzahl gilt:

$$M = \frac{u}{c}. \tag{21.9}$$

Eine atmende Kugel und ein atmender Zylinder mit $k_0 \, a \gg 1$ (Gln. (21.1b) und (21.2b)) stellen eine 1-dimensionale Schallquelle dar mit $P \sim \varrho c^3 \cdot M^2$.

Die Beziehungen (21.1) bis (21.8) zeigen für Machzahlen $M \ll 1$:

- Die abgestrahlte Schallleistung wird hauptsächlich durch die Strömungsgeschwindigkeit bestimmt. Aus diesem Grund sind auch die wesentlichen Schallquellen in einem Strömungsfeld in der Regel in den Bereichen der höchsten Strömungsgeschwindigkeiten zu suchen.
- Die Abhängigkeit der abgestrahlten Schallleistung von der Strömungsgeschwindigkeit wächst mit zunehmender Ordnung m der Schallquellen. Dies ist auch der Grund dafür, dass in Wasser – mit meistens sehr geringer Machzahl – die direkte Schallabstrahlung von Quadrupolquellen praktisch ohne Bedeutung ist.
- Obwohl die Wechselgeschwindigkeiten im Nahfeld einer Schallquelle mit der Ordnung m der Quelle zunehmen, verringert sich die ins Fernfeld abgestrahlte Schallleistung.

Störkörper können ein Schallfeld ganz wesentlich beeinflussen. Dabei kommt es darauf an, ob sich der Störkörper im Nahfeld oder im Fernfeld der Schallquellen befindet. Störkörper im Fernfeld führen zu einer Streuung der abgestrahlten Schallleistung, ohne dabei deren Größe zu verändern. Im Gegensatz dazu können Störkörper im Nahfeld der Schallquellen eine Vergrößerung oder auch Verringerung der Schallabstrahlung zur Folge haben. Ein solches Verhalten kann nicht nur bei Resonanzgebilden in der Nähe der Quellen beobachtet werden, sondern auch bei Störkörpern, die starr und unbeweglich sind. Eine deutlich vermehrte Schallerzeugung durch eine Störung ist auf Quellen mit starkem Nahfeld beschränkt, besonders also auf aerodynamische oder hydrodynamische Schallquellen. Diese Störung ist dann die Ursache dafür, dass die im Nahfeld vorhandene Strömungsenergie in erhöhtem Maße in Schallenergie umgewandelt wird.

Die Wirkung eines Störkörpers wird in Abb. 21.1 deutlich. Ein starrer Kreiszylinder wird in die Nähe eines lateralen, zweidimensionalen Quadrupols gebracht, wodurch sich die abgestrahlte Schallleistung nennenswert erhöhen kann. Die Schallabstrahlung eines Monopols verändert sich dagegen nicht.

Im Hinblick auf die Geräuschminderung bedeuten die obigen Ausführungen:

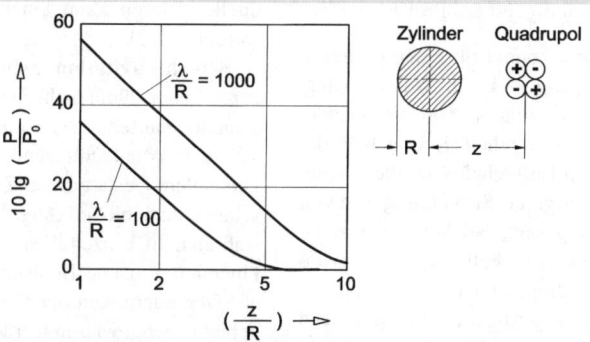

Abb. 21.1 Einfluss eines Kreiszylinders in der Nähe eines 2-dimensionalen, lateralen Quadrupols auf die abgestrahlte Schallleistung [21.100]. P Schallleistung mit Zylinder, P_0 Schallleistung ohne Zylinder, z Abstand zwischen der Achse des Zylinders und der punktförmigen Quadrupolquelle. R Zylinderradius, λ Schallwellenlänge

- verringere die Strömungsgeschwindigkeiten,
- bringe Bereiche mit gegenphasigen Bewegungen möglichst nahe zusammen, d.h. erhöhe die Ordnung m der Schallquelle,
- vermeide bei einer Schallquelle hoher Ordnung m (z.B. Quadrupolen) das Einbringen von Störkörpern (Abb. 21.1).

21.1.2 Kavitation

Sobald in einem Gebiet einer strömenden Flüssigkeit ein gewisser kritischer Druck, der etwa gleich dem Dampfdruck p_D ist, erreicht oder unterschritten wird, entstehen bei Anwesenheit von Keimen[1] mit Gas (Dampf) gefüllte Hohlräume. Man bezeichnet diese, für Flüssigkeiten typische Erscheinung mit **Kavitation**, genauer mit Strömungskavitation. Die Kavitationsblasen stürzen plötzlich wieder zusammen, wenn ihr Umgebungsdruck über den kritischen Druck ansteigt (Abb. 21.2). Hierbei entstehen örtlich sehr hohe Druckspitzen (bei starker Kavitation über 10^5 bar [21.2] Grund für Materialschäden), womit auch eine beträchtliche Geräuschentwicklung verbunden ist. Kavitation erzeugt meist ein recht charakteristisches prasselndes, breitbandiges Geräusch mit geringen tieffrequenten Anteilen. Umfangreiche Literaturzusammenstellungen zu diesem Thema findet man in [21.5, 21.6, 21.18, 21.29].

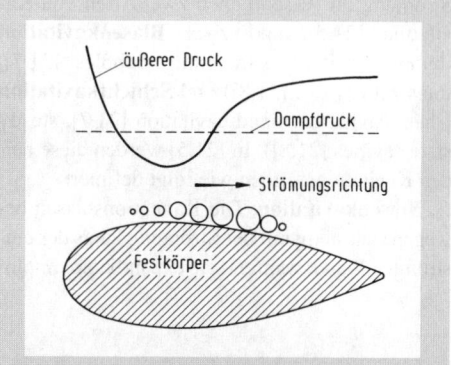

Abb. 21.2 Entstehung und Zusammenfallen von Kavitationsblasen an einem umströmten Profil [21.1, 21.13]

21.1.2.1 Kavitationseinsatz

Aus Abb. 21.3 geht hervor, dass sich die Schallabstrahlung im Falle eines angeströmten Profils um mehr als 40 dB erhöhen kann, wenn Kavitation einsetzt [21.3] (ähnliche Beobachtungen können auch bei anderen Strömungsvorgängen gemacht werden [21.4]). Die in Abb. 21.3 verwendete Kavitationszahl σ ist definiert durch

$$\sigma = \frac{p_s - p_D}{0{,}5 \, \varrho_0 \, u^2} \qquad (21.10)$$

p_s statischer Druck der ungestörten Strömung in Pa,
p_D Dampfdruck der Flüssigkeit in Pa,
ϱ_0 Dichte der ungestörten Flüssigkeit in kg/m³,

---

[1] Als Kavitationskeime kommen in Wasser vor allem die normalerweise immer vorhandenen Luftbläschen in Frage.

u typische Strömungsgeschwindigkeit (z.B. Anströmgeschwindigkeit des Profils) in m/s.

Der Kavitationseinsatzpunkt für einen bestimmten Strömungsvorgang, z.B. in Wasser, hängt nicht nur von der Kavitationszahl ab, sondern auch sehr stark vom Luftgehalt (Keimgehalt) des Wassers. Bei hohem Luftgehalt setzt die Kavitation schon bei niedrigeren Strömungsgeschwindigkeiten, genauer gesagt, bei höheren Kavitationszahlen ein. In diesem Fall steigt das Kavitationsgeräusch nur allmählich mit abnehmender Kavitationszahl. Bei geringem Luftgehalt setzt Kavitation etwas später ein, führt dann jedoch zu einem plötzlichen Geräuschanstieg.

21.1.2.2 Kavitationsformen

Man unterscheidet in stationärer, nicht abgelöster Strömung im Wesentlichen zwei Arten von Kavitation [21.5], und zwar **Blasenkavitation** (bubble cavitation, travelling bubbles [21.7], transient cavities [21.8]) und **Schichtkavitation** (sheet cavitation, fixed cavitation [21.7], steady state cavities [21.8]). In [21.5] werden diese beiden Kavitationsformen wie folgt definiert:

Blasenkavitation: Die Kavitationsblasen bewegen sich stetig mit der Strömung längs der umströmten Wand, während sie expandieren, implodieren und ausschwingen. Der Lebenslauf individueller Blasen kann kinematografisch verfolgt werden [21.9].

Schichtkavitation: Sehr viele kleine Blasen, deren Lebensläufe nicht zu verfolgen sind, bilden schicht-, haufen- oder streifenweise an der umströmten Wand anliegende Zweiphasengebiete. Die äußere Gestalt dieser Zweiphasengebiete erscheint dem bloßen Auge als im Wesentlichen stationär. In Einzelfällen konnten jedoch durch kinematografische Beobachtungen starke zeitliche Veränderungen der Gestalt der Kavitationsgebiete nachgewiesen werden [21.10–21.12].

Das Erscheinungsbild der Kavitation kann wesentlich beeinflusst sein durch Strömungsablösung und durch Turbulenz. Kavitation kann auch in den Kernen abgelöster Wirbel beobachtet werden (z.B. in den Spitzen- und Nabenwirbeln eines Schiffspropellers).

21.1.2.3 Theoretische Behandlung

Bei beginnender Kavitation oder bei geringem Keimgehalt hat man es hauptsächlich mit einzelnen, sich gegenseitig kaum beeinflussenden Kavitationsblasen zu tun (vgl. Abb. 21.4, Zustand 1 und 2).

Das zeitliche Verhalten des Volumens der einzelnen Blasen kann näherungsweise mit Hilfe der Rayleigh-Plessetschen Differenzialgleichung [21.13, 21.14, 21.16] ermittelt werden. Mit Kenntnis der Zeitabhängigkeit des Blasenvolumens $V(t)$ lässt sich der für Machzahlen $M \ll 1$ wesentliche Monopol-Term der Schallabstrahlung ermitteln [21.1, 21.15]. Für den Schalldruck p in der Entfernung r gilt:

$$p(r,t) = \frac{\varrho_0}{4\pi r} \frac{\partial^2}{\partial t^2} V(t-r/c_0) \qquad (21.11)$$

ϱ_0 Dichte der ungestörten Flüssigkeit in kg/m^3,
t Zeit in s,
c_0 Schallgeschwindigkeit in der ungestörten Flüssigkeit in m/s.

Bei voll ausgebildeter Kavitation findet man meistens regelrechte Blasenwolken mit vielen kleinen Blasen vor (vgl. Abb. 21.4, Zustand 4 und 5).

Wie Abb. 21.5 zeigt, nimmt die von einem Kavitationsgebiet abgestrahlte Schallleistung zunächst mit der Anzahl der Kavitationsblasen zu (einzelne Blasen) und nach Überschreiten eines Maximums ab (Blasenwolke). Aus diesem Ver-

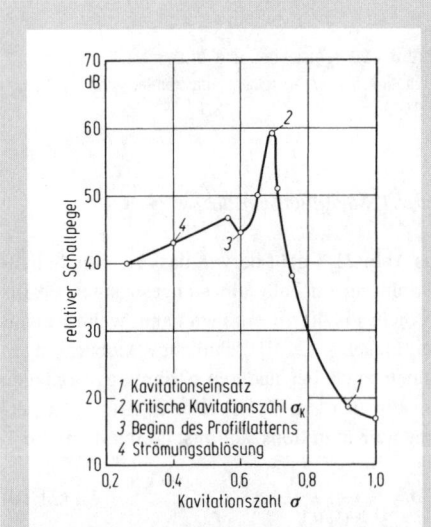

Abb. 21.3 Gesamtschallpegel eines angeströmten Profils bei einsetzender Kavitation nach [21.3], (zur Definition von σ vgl. Gl. (21.10))

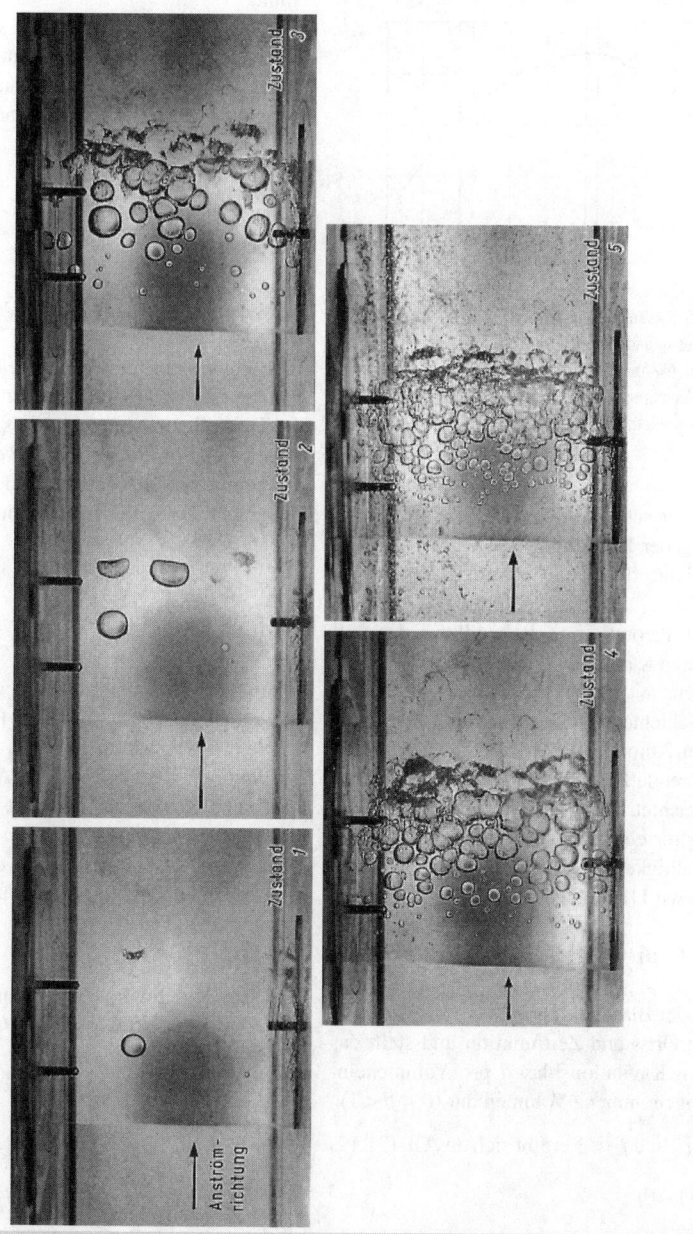

Abb. 21.4 Ausbildung der Kavitationswolke an einem angeströmten Profil bei fünf verschiedenen Keimgehalten der Anströmung und konstanter Kavitationszahl nach [21.3], (vgl. auch Abb. 21.5)

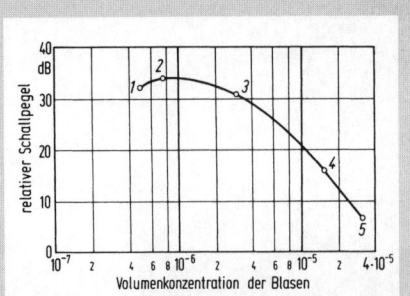

Abb. 21.5 Gesamtschallpegel des Kavitationsgeräusches eines angeströmten Profils in Abhängigkeit von der Volumenkonzentration der Blasen nach [21.3]. Die Blasenwolkenstrukturen der Zustände 1 bis 5 sind in Abb. 21.4 wiedergegeben

halten muss geschlossen werden, dass die Schallabstrahlung der Einzelblase stark durch die Lebensgeschichte der benachbarten Blasen beeinflusst wird.

Bei der theoretischen Behandlung der voll ausgebildeten Kavitation dürfte es kaum sinnvoll und meistens auch nicht mehr möglich sein, die Lebensgeschichte einzelner Blasen zu verfolgen. Von einigen Autoren [21.23–21.27] wird deshalb die kavitierende Flüssigkeit weiterhin als Kontinuum betrachtet. Damit behält die Lighthillsche Gleichung für eine Einphasenflüssigkeit weiterhin ihre Gültigkeit, wenn eine mittlere Dichte ϱ eingeführt wird [21.24, 21.25]:

$$\varrho = \varrho_0(1-\beta) - \beta\varrho_B \tag{21.12}$$

ϱ_B Dichte der Blasen in kg/m^3.

β ist eine Orts- und Zeitfunktion und stellt das von den Kavitationsblasen pro Volumeneinheit eingenommene Volumen dar ($0 < \beta < 1$).

Mit $\varrho_B \ll \varrho_0$ und $\beta \ll 1$ ergibt sich aus Gl. (21.12)

$$\varrho = \varrho_0(1-\beta)$$

oder

$$\frac{d\varrho}{dp} = \frac{d\varrho_0}{dp} - \varrho_0\frac{d\beta}{dp}$$

oder auch

$$\frac{1}{c^2} = \frac{1}{c_0^2} - \varrho_0\frac{d\beta}{dp}. \tag{21.13}$$

Dabei ist c_0 die Schallgeschwindigkeit in der ungestörten Flüssigkeit und c die mittlere lokale Schallgeschwindigkeit in der Zweiphasenströmung.

Aus Gl. (21.13) unter ausschließlicher Berücksichtigung und des wesentlichen Monopol-Terms folgt für den Schalldruck p in der Entfernung r von einem Kavitationsgebiet mit dem Volumen V:

$$p(r,t) = \frac{1}{4\pi}\int_V \frac{1}{r}\frac{\partial}{\partial t}\left[\left(\frac{1}{c_0^2} - \frac{1}{c^2}\right)\frac{\partial p}{\partial t}\right]dV$$

$$= \frac{\varrho_0}{4\pi}\int_V \frac{1}{r}\left[\frac{\partial^2\beta}{\partial t^2}\right]dV. \tag{21.14}$$

Die Funktionen in den eckigen Klammern […] sind zur Zeit $t - r/c_0$ zu nehmen.

Diese Beziehung zeigt, dass das Geräusch eines Kavitationsgebietes durch das Wachsen und Zusammenfallen von mehr oder weniger unabhängigen Dampfblasen (Monopolquellen) entsteht.

21.1.2.4 Kavitierende Düsen

Umfangreiche Schallmessungen wurden an kavitierenden Düsen durchgeführt [21.4, 21.55]. Die Düsenform wurde so gewählt, dass kein Druckminimum in der Düse auftritt (Abb. 21.6) und damit auch Kavitation innerhalb der Düse ausgeschlossen war (freie Kavitation).

In Abb. 21.7 ist die mit $\varrho_0 d^2 u^4/c_0$ normierte Wasserschallleistung P als Funktion von σ_k/σ aufgetragen. Dabei sind:

ϱ_0 Wasserdichte in kg/m^3,

c_0 Schallgeschwindigkeit in ungestörtem, nicht kavitierendem Wasser in m/s,

u Strömungsgeschwindigkeit an der engsten Stelle in der Düse in m/s,

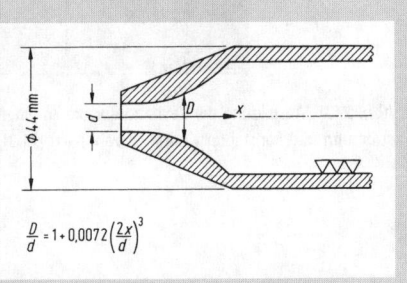

Abb. 21.6 Untersuchte Düsen ohne Druckminima nach [21.17]. $D/d = 1 + 0{,}0576 \cdot (x/d)^3$

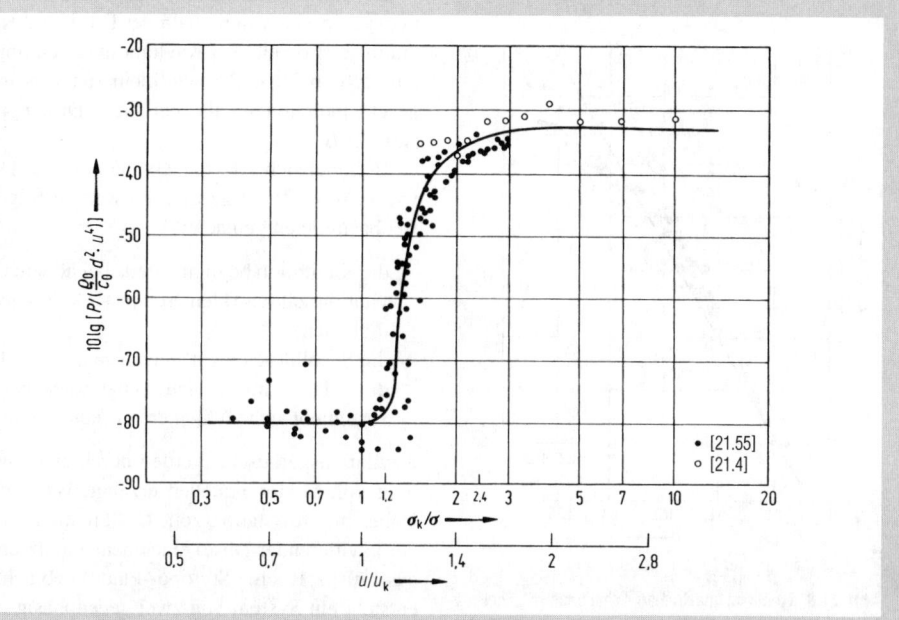

Abb. 21.7 Normierte gesamte Wasserschallleistung von wasserdurchströmten Düsen gemäß Abb. 21.6

u_k kritische Strömungsgeschwindigkeit, bei der die jeweilige Düse zu kavitieren beginnt in m/s,
d Düsendurchmesser (6,3 mm $\leq d \leq$ 38 mm) in m/s,
σ Kavitationszahl in Gl. (21.10),
σ_k kritische Kavitationszahl, bei der die jeweilige Düse zu kavitieren beginnt.

Bei den untersuchten Düsen liegt die kritische Kavitationszahl σ_k zwischen 0,3 und 0,7.

Für die Wasserschallleistung P der untersuchten Düsen gilt näherungsweise:

keine Kavitation

$$P = 10^{-8} \frac{\varrho_0}{c_0} d^2 u^4 \quad \text{für} \quad \sigma > 0{,}8 \sigma_k \qquad (21.15)$$

voll ausgebildete Kavitation

$$P = 5 \cdot 10^{-4} \frac{\varrho_0}{c_0} d^2 u^4 \quad \text{für} \quad 0 < \sigma < 0{,}4 \sigma_k \quad (21.16)$$

Der akustische Wirkungsgrad ξ ist das Verhältnis zwischen abgestrahlter Schallleistung P und umgesetzter Strömungsleistung P_F:

$$\xi = \frac{P}{P_F} \qquad (21.17)$$

mit

$$P_F = \frac{\varrho_0}{2} u^3 \frac{\pi}{4} d^2 \ . \qquad (21.18)$$

Mit den Gln. (21.15) und (21.16) folgt dann:

keine Kavitation

$$\xi = 2{,}5 \cdot 10^{-8} \frac{u}{c_0} \quad \text{für} \quad \sigma > 0{,}8 \sigma_k , \quad (21.19)$$

voll ausgebildete Kavitation

$$\xi = 1{,}3 \cdot 10^{-3} \frac{u}{c_0} \quad \text{für} \quad 0 < \sigma < 0{,}4 \sigma_k , \quad (21.20)$$

Der akustische Wirkungsgrad einer wasserdurchströmten Düse (gemäß Abb. 21.6) erhöht sich durch das Auftreten der Kavitation um einen Faktor > 30000 (45 dB).

Die bei Kavitation gemessenen Schallspektren sind breitbandig mit einem ausgeprägten Maximum [21.4, 21.19], und zwar näherungsweise bei der Frequenz:

$$f_m = 0{,}03 \cdot \frac{u}{d} 10^{5{,}5 \cdot \sigma} \quad \text{für} \quad 0 < \sigma < \sigma_k . \ (21.21)$$

Die Frequenz maximalen Pegels f_m verschiebt sich – im Einklang mit der Theorie [21.1] – mit

21.1 Schallentstehung durch Strömungen

Bei einfachen Lochdüsen beginnt das Kavitationsgebiet schon innerhalb der Düse, und Kavitation setzt bereits bei Kavitationszahlen um 3,0 ein, d. h. bei ca. 2,5fach kleineren Ausströmgeschwindigkeiten als bei den Düsen nach Abb. 21.6.

Befindet sich z. B. ein Zylinder vor der Düse, wie in Abb. 21.10 gezeigt, so werden folgende Beobachtungen gemacht:

- die Kavitation beginnt bereits bei höheren Kavitationszahlen (kleinere Ausströmgeschwindigkeiten),
- die Schalldruckpegel steigen stark an und
- das Maximum in den Schalldruckspektren verschiebt sich zu kleineren Frequenzen.

Kavitationsgeräusche werden durch eine Verteilung von Monopolquellen erzeugt. Wird in die Nähe einer Kavitationszone (z. B. in die Nähe einer kavitierender Düse) eine ebene Grenzschicht aus Luft (z. B. eine Styropor-Platte) gebracht, so entsteht ein System von zwei gegenphasig zueinander schwingenden Monopolsystemen. Bei geringem Abstand zwischen der Kavitationszone und der „akustisch weichen" Platte sowie bei großen Schallwellenlängen hat die Anordnung Dipol-Charakter mit einer verringerten Schallabstrahlung im unteren Frequenzbereich (s. Abb. 21.11). Die gemessene Pegelreduzierung deckt sich mit der theoretisch zu erwartenden.

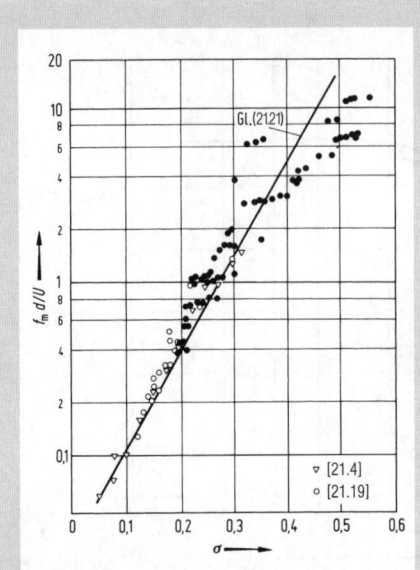

Abb. 21.8 Frequenz maximalen Schallpegels f_m bei kavitierenden Düsen. d Düsendurchmesser, u Strömungsgeschwindigkeit an der engsten Stelle der Düse

wachsender Ausströmgeschwindigkeit u zu niedrigeren Frequenzen hin (s. Abb. 21.8). Alle bei Kavitation ($\sigma < 0{,}8\,\sigma_k$) gemessenen, auf die gesamte Wasserschallleistung bezogenen Terz-Schallleistungsspektren liegen innerhalb des in Abb. 21.9 schraffierten Bereiches.

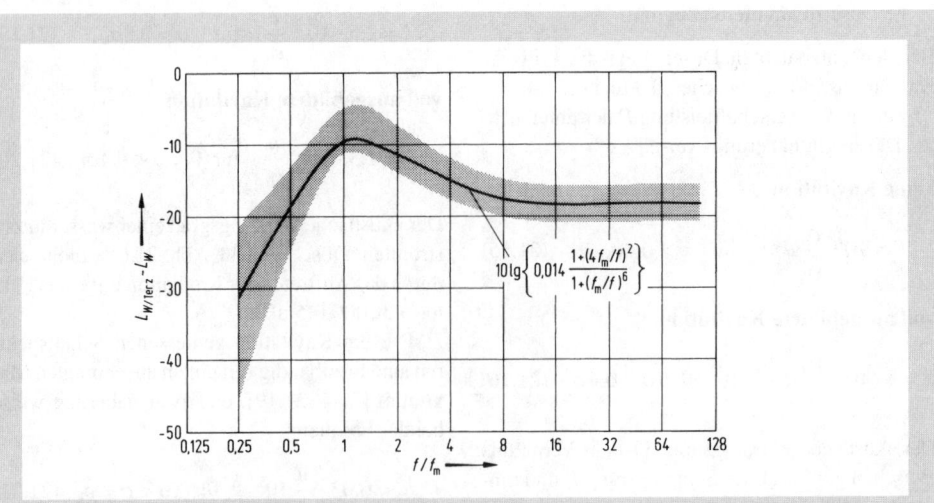

Abb. 21.9 Maximaler Streubereich aller Terz-Schallleistungsspektren an kavitierenden Düsen gemäß Abb. 21.6 für $\sigma < 0{,}8\,\sigma_k$. L_W Gesamt-Schallleistungspegel, $L_{W/\text{Terz}}$ Terz-Schallleistungspegel, f_m s. Gl. (21.21)

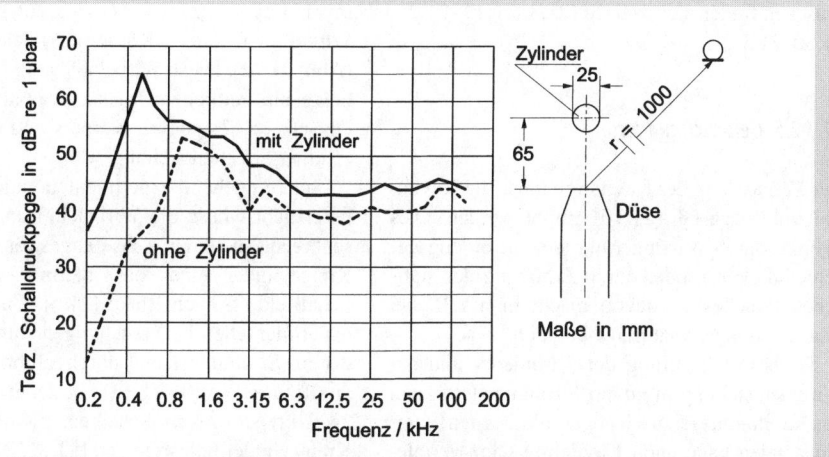

Abb. 21.10 Einfluss eines Zylinders auf den Wasserschallpegel einer kavitierenden wasserdurchströmten Düse gemäß Abb. 21.6. Düsendurchmesser $d = 14{,}1$ mm, Kavitationszahl (bezogen auf Ausströmgeschwindigkeit) $\sigma = 0{,}2$, Zylinderdurchmesser 25 mm, Messabstand $r = 1$ m

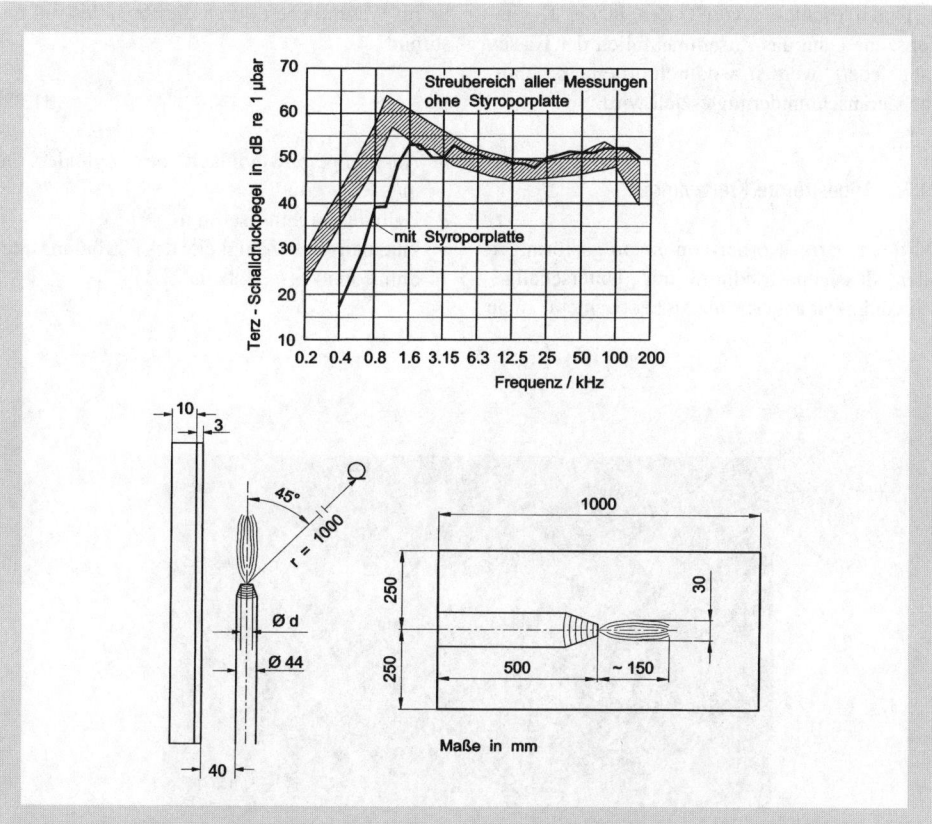

Abb. 21.11 Einfluss einer Styropor-Platte auf den Wasserschallpegel einer kavitierenden wasserdurchströmten Düse gemäß Abb. 21.6. Düsendurchmesser $d = 14{,}1$ mm, Kavitationszahl $\sigma = 0{,}2$, Messabstand $r = 1$ m

Weitere Messergebnisse von Kavitationsgeräuschen finden sich z. B. in [21.3, 21.20–21.22, 21.30, 21.31].

21.1.2.5 Geräuschminderung

Zur Vermeidung der Kavitation muss die Kavitationszahl nach Gl. (21.10) erhöht werden. Dies gelingt durch Verringerung der Strömungsgeschwindigkeit u oder durch Erhöhung des statischen Druckes p_s; davon macht man z. B. bei Wasserleitungsarmaturen Gebrauch.

Durch Verringerung der Turbulenz- und der Wirbelentstehung in einem Strömungsfeld kann das Kavitationsgeräusch abgesenkt werden; unter Umständen kann auch Kavitation ganz vermieden werden. Störkörper im Kavitationsgebiet sollten möglichst fern gehalten werden (Abb. 21.10).

„Weiche" Schichten in der Nähe eines Kavitationsgebietes können die Kavitationsgeräusche erheblich absenken (Abb. 21.11).

Durch Einblasen von Gasen in die Kavitationszone kann das Zusammenfallen der Blasen „abgefedert" werden, wodurch oft eine beachtliche Geräuschminderung erzielt wird.

21.1.3 Angeströmte Kreiszylinder

Wird ein starrer Körper von einem gasförmigen oder flüssigen Medium mit Unterschallgeschwindigkeit angeströmt, so beobachtet man ab einer für den betrachteten Vorgang charakteristischen Reynoldszahl (s. Gl. (21.22)), dass sich Wirbel von der Körperoberfläche ablösen (Abb. 21.12). Diese Wirbelablösung führt zu örtlichen und zeitlichen Druckschwankungen an der Oberfläche des starren Körpers und damit auch zu einer Schallentstehung.

Sehr eingehend experimentell und theoretisch untersucht wurde die Wirbelablösung an einem senkrecht zu seiner Achse angeströmten starren Kreiszylinder und das hiermit verbundene Schallfeld (s. auch Blake [21.6], Chap. 4). Die experimentellen Untersuchungen wurden entweder im Strömungskanal durchgeführt oder auch an Rotoren (Abb. 21.13), bestehend z. B. aus zwei kreisförmigen Scheiben, zwischen denen Kreiszylinder befestigt sind [21.32, 21.40].

21.1.3.1 Beschreibung des Strömungsfeldes

Die Form des Strömungsfeldes hinter einem senkrecht zur Achse angeströmten Kreiszylinder ist im Wesentlichen durch die Reynoldszahl bestimmt

$$\mathrm{Re} = \frac{u\,d}{\nu} \qquad (21.22)$$

u Anströmgeschwindigkeit des Zylinders in m/s,
d Zylinderdurchmesser in m,
ν kinematische Zähigkeit des Strömungsmediums in m²/s (s. Tabelle 21.1).

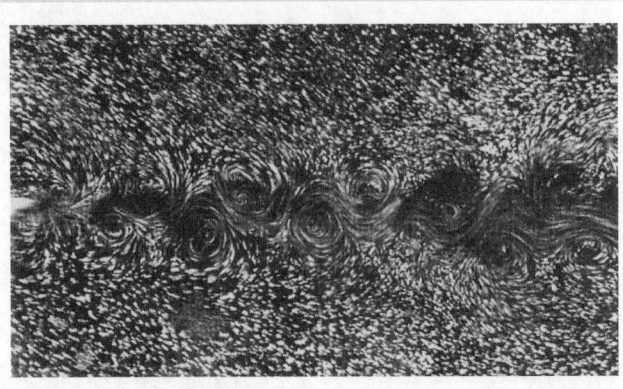

Abb. 21.12 Kármánsche Wirbelstraße aus [21.28]

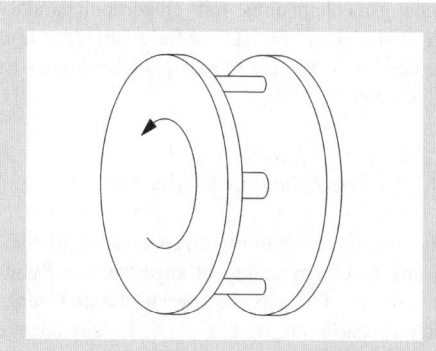

Abb. 21.13 Rotor mit angeströmten Kreiszylindern

Tabelle 21.1 Kinematische Zähigkeit ν für Luft und Wasser

Temperatur in °C	Kinematische Zähigkeit in 10^{-6} m²/s			
	0	20	40	60
Luft	13,2	15,1	16,9	18,9
Wasser	1,79	1,01	0,66	0,48

Auf Grund zahlreicher Untersuchungen [21.33–21.37] können folgende Formen des Strömungsfeldes unterschieden werden:

a) Im symmetrischen Bereich 4 < Re < 40 findet keine Wirbelablösung statt. Es wird lediglich ein stabiles Wirbelpaar gebildet, das sich jedoch nicht vom Zylinder ablöst und somit weder Wechselkräfte noch Schall erzeugt.
b) Im stabilen Bereich 40 < Re < 200 wird die Wirbelformation asymmetrisch. Die Wirbel werden regelmäßig abgelöst, bewegen sich stromabwärts und bilden eine „Kármánsche Wirbelstraße" (Abb. 21.12), die im weiteren Verlauf zerfällt bzw. in Turbulenz übergeht.
c) Im instabilen Bereich 400 < Re < 10^5 ist zwar die Grenzschicht des Zylinders noch laminar, aber die Wirbel sind schon bei der Ablösung von nieder- und hochfrequenten Störungen begleitet; d. h. die regelmäßige Ablösung der freien Einzelwirbel ist von turbulenten Geschwindigkeitsschwankungen überlagert, die im weiteren Verlauf zu einem schnellen Zerfall der Wirbel (Turbulenz) führen. Der Übergang von der mehr oder weniger regelmäßigen Wirbelstraße zur vollen Turbulenz erfolgt um so näher am Zylinder, je größer die Reynoldszahl ist.
d) Im überkritischen Bereich Re > $3 \cdot 10^5$ ist die Strömung bereits am Zylinder turbulent. Trotzdem konnten mehrere Autoren [21.37–21.39] noch eine periodische Wirbelablösung (bis Re = $8 \cdot 10^6$) beobachten.

Die für die einzelnen Bereiche angegebenen Reynoldszahlen gelten für laminare Anströmung. Ist bereits die ankommende Strömung etwas turbulent, so verschieben sich die vier Bereiche zu kleineren Reynoldszahlen [21.33]. Auch Oberflächenrauhigkeiten wirken sich ähnlich aus wie eine Erhöhung der Reynoldszahl [21.44].

21.1.3.2 Schallentstehung (Hiebtonbildung)

Der Hauptanteil der von angeströmten Kreiszylindern abgestrahlten Schallleistung entfällt auf den sog. „Hiebton", der darauf zurückzuführen ist, dass bei der alternierenden Wirbelablösung eine Wechselkraft senkrecht zur Strömungsrichtung mit der Frequenz der Wirbelablösung entsteht.

Das Auftreten dieser Wechselkraft kann folgendermaßen veranschaulicht werden (Abb. 21.14):

Die abwechselnd von jeder Seite des Zylinders abgelösten Wirbel führen einen Drehimpuls mit sich. Da die Anströmung keinen resultierenden Drehimpuls besitzt, ergibt sich aus dem Drehimpuls-Erhaltungssatz, dass die Ausbildung eines neuen Wirbels von einer Zirkulationsströmung um den Zylinder mit entgegengesetztem Drehimpuls begleitet sein muss. Werden also Wirbel mit alternierender Zirkulation, -2Γ und $+2\Gamma$ vom Zylinder abgelöst, so schwankt die Zirkulation um den Zylinder zwischen $+\Gamma$ und $-\Gamma$.

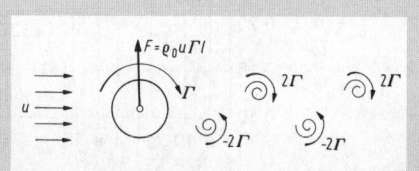

Abb. 21.14 Zum Auftreten einer auf einen angeströmten Zylinder wirkenden Wechselkraft senkrecht zur Strömungsrichtung

Nach der Kutta-Joukowskyschen Auftriebsformel ist damit aber eine auf den Zylinder wirkende, senkrecht zur Anströmgeschwindigkeit stehende Wechselkraft verknüpft, und zwar mit der Frequenz der Wirbelablösung.

Die Frequenz der Wirbelablösung und damit des Hiebtones ist durch die Strouhalbeziehung [21.41] gegeben:

$$f_{\text{Hieb}} = \text{St}\,\frac{u}{d}. \qquad (21.23)$$

Für $2 \cdot 10^2 < \text{Re} < 2 \cdot 10^5$ ist die Strouhalzahl St bei laminarer Anströmung relativ konstant (Abb. 21.15) und beträgt etwa 0,2.

Beim „Hiebton" handelt es sich eigentlich nicht um einen Ton, sondern um ein schmalbandiges Geräusch mit einer Bandbreite von mindestens einer Terz. Die Bandbreite des „Hiebtones" ist um so größer, je größer die Reynoldszahl und die Turbulenz der Anströmung sind. Außerdem macht sich bei den Rotoren (Abb. 21.13) außerhalb der Drehachse noch die Dopplerverbreiterung bemerkbar [21.32, 21.40].

Neben der periodischen Wirbelablösung treten Wechselkräfte (d.h. Schallabstrahlung mit Dipolcharakter) an umströmten Körpern auch dadurch auf, dass die ankommende Strömung nicht vollkommen laminar ist und daher kleine Änderungen des Strömungswiderstandes (Kraft parallel zur Strömungsrichtung) und des Auftriebs (Kraft senkrecht zur Strömungsrichtung) bewirkt. Schließlich muss auch noch ein Schallentstehungsmechanismus mit Quadrupolcharakter erwähnt werden, der auf die freie Turbulenz hinter dem umströmten Körper zurückzuführen ist (s. Abschn. 21.1.4).

21.1.3.3 Berechnung der Schallabstrahlung

Wie bereits ausgeführt, erzeugt die Wirbelablösung an einem senkrecht angeströmten Zylinder eine auf ihn wirkende Wechselkraft F senkrecht zur Strömungsrichtung. Die Kohärenzlänge der Wirbelablösung ist stark abhängig vom Aufbau der untersuchten Anordnung am Ende der Zylinder [21.32, 21.50]. Für die Anordnung in Abb. 21.16 dürfte aufgrund der Untersuchungen in [21.32] für

$1 < l/d < 10$, $\text{Re} < 10^5$ und
$M < 0{,}6$ ($M = u/c$ Machzahl)

die Wirbelablösung praktisch über die gesamte Zylinderlänge kohärent erfolgen (zweidimensionale Wirbelablösung) und damit die Amplitude und die Phase der Wechselkraft F näherungsweise konstant längs der gesamten Zylinderlänge l sein. Für diesen Fall ergibt sich für den Schalldruck p in großem Abstand r, senkrecht zur Zylinderachse:

$$p(r, \theta, t) = \frac{1}{4\pi r}\sin(\theta)\frac{\partial}{\partial r}F(t-r/c). \quad (21.24)$$

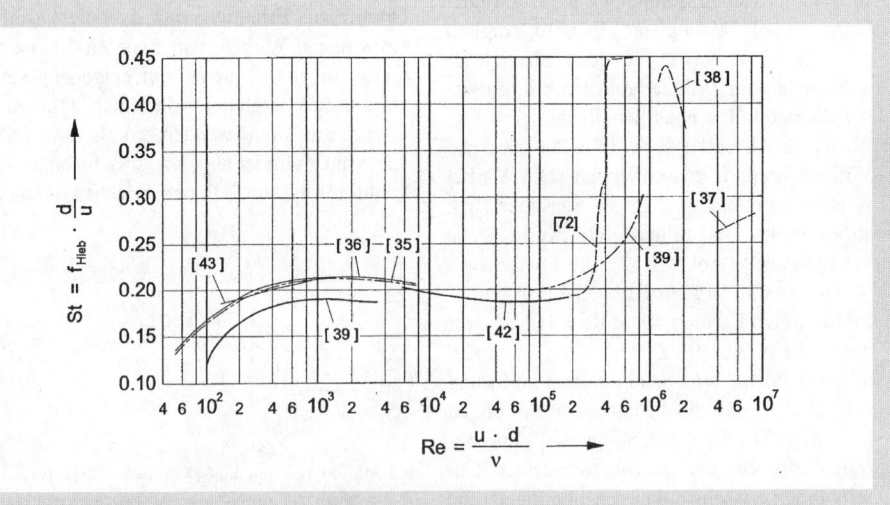

Abb. 21.15 Abhängigkeit der Strouhalzahl St von der Reynoldszahl Re [21.35–21.39, 21.42, 21.43, 21.72]

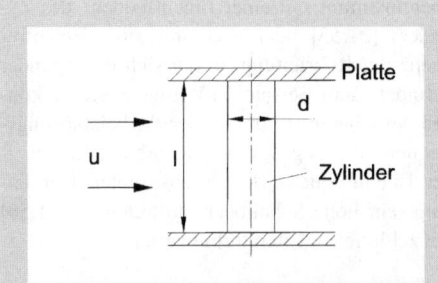

Abb. 21.16 Angeströmter starrer Zylinder beidseitig eingespannt

Dabei ist θ der Winkel zwischen der Anströmrichtung und der Verbindungslinie Zylinder zum Aufpunkt. Die Auftriebswechselkraft F wird häufig durch den Koeffizienten C_L ersetzt:

$$F(t) = C_L(t)\, l\, d\, \frac{1}{2}\, \varrho u^2 \,. \qquad (21.25)$$

Der quadratische zeitliche Mittelwert $\overline{C_L^2}$ wurde von mehreren Autoren [21.45–21.51, 21.53] im Strömungskanal gemessen (Abb. 21.17).

Der Streubereich nach [21.32] ergab sich indirekt aus der Schallabstrahlung. Wie man sieht, ist die Übereinstimmung mit den direkt gemessenen Werten von C_L gut; die einzige Ausnahme bilden die Messungen von Gerrard [21.47] bei kleinen Reynoldszahlen. Dieser Unterschied ist wohl darauf zurückzuführen, dass die Messungen von Gerrard bei einer sehr geringen Turbulenz der Anströmung gemacht wurden [21.33, 21.52–21.54]. Bei nicht zu geringer Turbulenz der Anströmung ergibt sich mit Abb. 21.17 näherungsweise:

$$\overline{C_L^2} \approx 0{,}01 + \frac{7{,}5 \cdot 10^{-6} \cdot \mathrm{Re}}{1 + 2 \cdot (10^{-5} \cdot \mathrm{Re})^3} \,. \qquad (21.26)$$

Die von einem angeströmten Kreiszylinder abgestrahlte Schallleistung P ist bei kohärenter Wirbelablösung gegeben durch:

$$P = \frac{\pi}{16}\, \varrho\, \mathrm{St}\, \overline{C_L^2}\, l d M^2 u^3 G(k_0 l) \,. \qquad (21.27)$$

Für die Funktion $G(k_0 l)$ gilt die Näherung:

$$G(k_0 l) \approx \begin{cases} \dfrac{2}{3\pi} k_0 l & \text{für} \quad k_0 l \leq \dfrac{3\pi}{2} \\ 1 & \text{für} \quad k_0 l > \dfrac{3\pi}{2} \end{cases} \,. \qquad (21.28)$$

Dabei ist $k_0 = 2\pi f_{\mathrm{Hieb}}/c$ die mit f_{Hieb} (nach Gl. (21.23)) gebildete Wellenzahl.

Die umgesetzte Strömungsleistung P_F für einen senkrecht angeströmten Kreiszylinder ist:

$$P_F = C_D \frac{1}{2} \varrho u^3 l d \,. \qquad (21.29)$$

$C_D \approx 1{,}1$ Widerstandsbeiwert eines angeströmten Zylinders (s. z. B. [21.6], Chap. 4).

Für den akustischen Wirkungsgrad ξ folgt mit den Gln. (21.17) und (21.26) bis (21.29):

$$10^{-3} \cdot M^2 < \xi < 2 \cdot 10^{-2} \cdot M^2 \quad \text{für} \quad 4 \cdot d/l < M. \qquad (21.30)$$

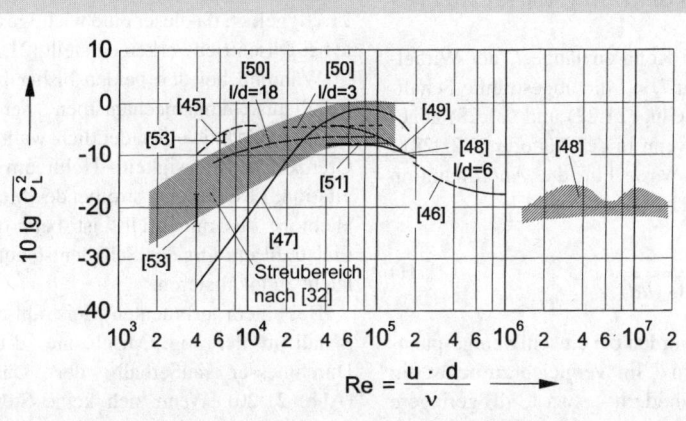

Abb. 21.17 Koeffizient C_L der auf den Zylinder wirkenden Auftriebswechselkraft in Abhängigkeit von der Reynoldszahl Re [21.32, 21.45–21.51, 21.53], (Quadratischer zeitlicher Mittelwert)

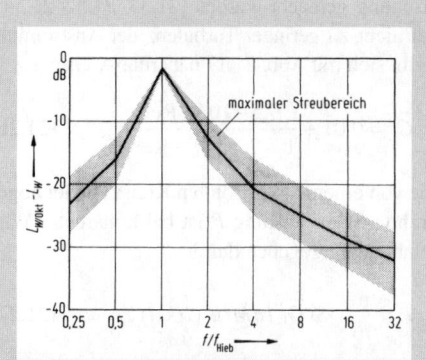

Abb. 21.18 Normiertes mittleres Oktav-Schallleistungsspektrum eines angeströmten Kreiszylinders nach [21.32]. $L_{W/Okt}$ Oktav-Schallleistungspegel, L_W Gesamt-Schallleistungspegel

Unter Verwendung der in [21.32] angegebenen Geräuschspektren ergibt sich näherungsweise für einen angeströmten Kreiszylinder bei kohärenter Wirbelablösung das in Abb. 21.18 dargestellte normierte Oktav-Schallleistungsspektrum.

Erfolgt die Anströmung des Zylinders nicht senkrecht zu seiner Achse, sondern schräg unter dem Winkel ϕ, so muss näherungsweise in den Beziehungen (21.23), (21.27) und (21.28) u durch $u \cos \phi$ ersetzt werden.

Ist die Wirbelablösung inkohärent, z. B. bei sehr großem Verhältnis l/d oder bei veränderter Zylindereinspannung [21.32, 21.50] oder bei schräger Anströmung des Zylinders, so ergibt sich im Frequenzbereich des Hiebtones und damit auch insgesamt eine geringere Schallabstrahlung, als nach den Gln. (21.27) und (21.28) zu erwarten wäre.

Bei bekannter Kohärenzlänge l_c der Wirbelablösung kann für $l_c < l$ die abgestrahlte Schallleistung mit den Gln. (21.27) und (21.28) abgeschätzt werden, wenn in der Näherung (21.28) l durch l_c ersetzt wird. Für die Anordnung in Abb. 21.16 gilt näherungsweise:

$$l_c = \frac{l}{\sqrt{1 + 0{,}01 \cdot (l/d)^2}} \ . \tag{21.31}$$

Für $4 < l/d < 10$ wurden bei einseitig eingespannten Kreiszylindern – im Vergleich zu beidseitig eingespannten Zylindern – etwa 13 dB geringere Schallpegel gemessen [21.32]. Abbildung 21.19 zeigt dies für den Rotor gemäß Abb. 21.13.

Eine erhöhte Schallabstrahlung kann dann auftreten, wenn die Frequenz des Hiebtones übereinstimmt mit einer Eigenfrequenz des Zylinders [21.53] oder auch mit einer Eigenfrequenz der Rohrleitung, in der sich der Zylinder befindet. Zum Beispiel in Wärmetauschern können bei Übereinstimmung der Wirbelablösungsfrequenz von angeströmten Rohrbündeln und einer Eigenfrequenz der durchströmten Rohrleitung sehr hohe Schallpegel auftreten (s. [21.56] mit zahlreichen Literaturhinweisen).

21.1.3.4 Geräuschminderung

Die Schallabstrahlung von angeströmten Kreiszylindern kann unter anderem durch folgende Maßnahmen abgesenkt werden:

– Verringerung der Anströmgeschwindigkeit (vgl. Gl. (21.27)),
– Vermeidung einer kohärenten Wirbelablösung, z. B. durch entsprechenden Aufbau der Anordnung an den Zylinderenden [21.32, 21.50], (Abb. 21.19) oder durch möglichst schräge Anströmung des Zylinders,
– Wahl einer strömungsgünstigeren Form des umströmten Körpers (Wirbelablösung setzt erst bei größerer Reynoldszahl Re ein, kleines C_L).

21.1.4 Turbulenter Freistrahl

Abgesehen vom Idealfall des tanzenden Wirbelpaares [21.57, 21.58] sind die Details der Schallentstehung durch freie Wirbel noch Gegenstand intensiver Untersuchungen. Das Hauptaugenmerk wird auf den turbulenten Freistrahl (Abb. 21.20) gelegt, da dieser eine wichtige Schallquelle bei Düsentriebwerken darstellt [21.59–21.64].

Während bei den beiden bisher behandelten Schallentstehungsmechanismen der Ort der Schallquelle mit einer deutlich wahrnehmbaren Grenzfläche (Flüssigkeit – Hohlraum bei der Kavitation; Festkörper – strömendes Medium beim Hiebton) zusammenfällt, ist beim turbulenten Freistrahl ein Ort der Schallentstehung weniger leicht zu lokalisieren.

Bei einem turbulenten Freistrahl entsteht der Schall in der sog. Mischzone, d.h. mehrere Durchmesser außerhalb der Düsenöffnung (Abb. 21.20). Wenn sich keine Störkörper im Potenzialkern und in der Mischzone befinden, ist das erzeugte Geräusch sehr breitbandig (Abb. 21.21) und hat eine ausgeprägte Richtcharakteristik (Abb. 21.22).

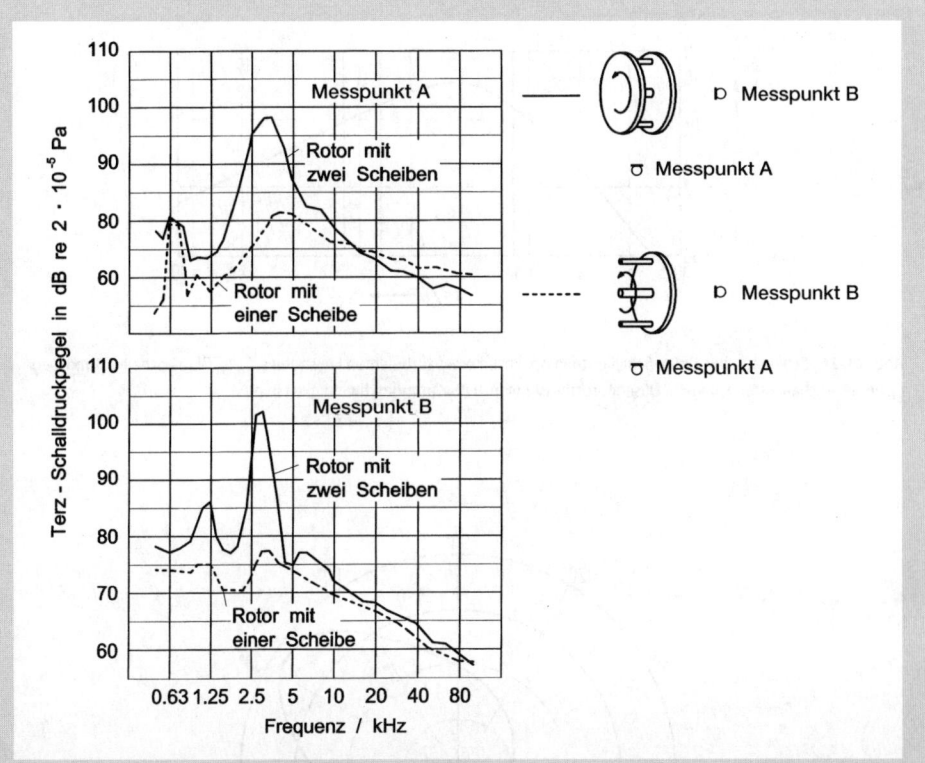

Abb. 21.19 Gemessene Terz-Schalldruckpegel für den Rotor mit zwei bzw. einer Scheibe. Durchmesser des Rotors: 200 mm, Durchmesser der beiden Zylinder: 5 mm, Länge der Zylinder: 28,5 mm, Geschwindigkeit der Zylinder: 105 m/s, Messentfernung von der Rotorachse: 0,5 m

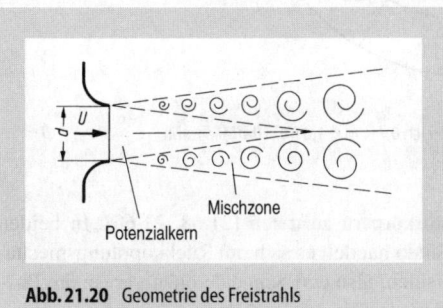

Abb. 21.20 Geometrie des Freistrahls

Im Bereich von $0,7 < M < 1,6$ wächst die Schallleistung P eines turbulenten Freistahls mit der achten Potenz der Anströmgeschwindigkeit [21.65]; im Bereich $M > 2$ wächst sie mit der dritten Potenz [21.66]. Näherungsweise gilt für die Schallleistung:

$$P = \begin{cases} 5 \cdot 10^{-5} \, \varrho \, S u^3 M^5 & \text{für } M \leq 1,82 \\ 10^{-3} \, \varrho \, S u^3 & \text{für } M > 1,82 \end{cases} \quad (21.32)$$

ϱ Dichte des Strömungsmediums am Düsenaustritt in kg/m³,
S Austrittsfläche der Düse in m²,
u Ausströmgeschwindigkeit in m/s,
c Schallgeschwindigkeit des Strömungsmediums in m/s,
$M = u/c$ Machzahl, s. Gl. (21.9).

Für den akustischen Wirkungsgrad ξ folgt mit den Gln. (21.17) und (21.32):

$$\xi = \frac{P}{0,5 \, \varrho u^3 S} = \begin{cases} 10^{-4} M^5 & \text{für } M \leq 1,82 \\ 2 \cdot 10^{-3} & \text{für } M > 1,82 \end{cases} \quad (21.33)$$

Im Bereich $M < 0,7$ werden die Freistrahlgeräusche (dreidimensionale Quadrupolquellen) sehr häufig von anderen Geräuschquellen verdeckt, insbesondere durch verwirbelte Ausströmung. Die Schallleistung der hierdurch entstehenden Geräusche steigt mit der sechsten Potenz der Ausströmgeschwindigkeit an. In solchen Fällen ist der Ort der Schallentstehung nicht die Mischzone, sondern die Ausströmöffnung (dreidimensionale Di-

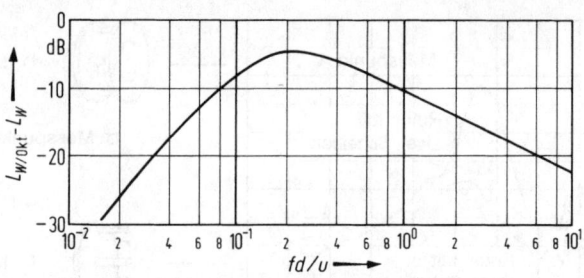

Abb. 21.21 Schematisches Oktav-Schallleistungsspektrum eines turbulenten Freistrahles. $L_{W/Okt}$ Oktav-Schallleistungspegel, L_W Gesamt-Schallleistungspegel, d Düsendurchmesser in m, u Ausströmgeschwindigkeit in m/s

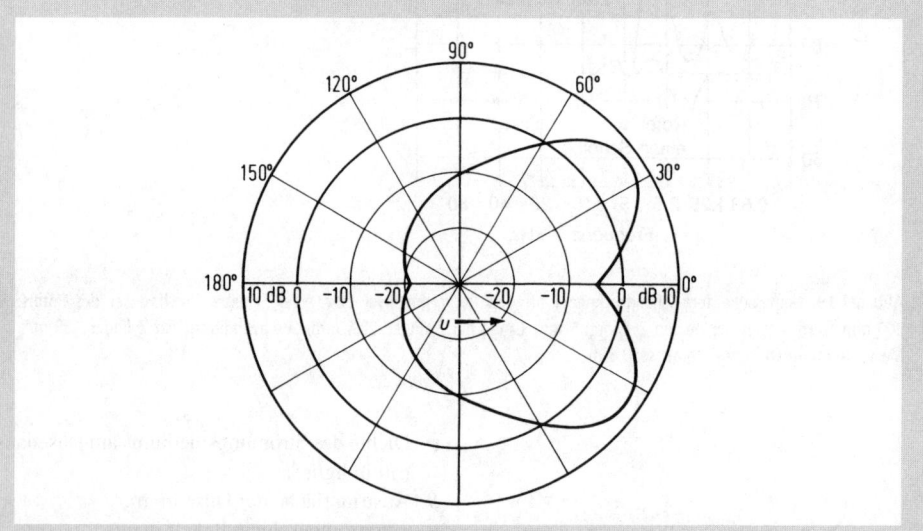

Abb. 21.22 Richtcharakteristik eines turbulenten Freistrahls im Bereich $0{,}7 < M < 1{,}6$ ($M = u/c$ Machzahl)

polquellen). Bei nicht zu großen Durchmessern d der Ausströmöffnung ($d < 200/u$, d in m, u in m/s) wird das Spektrum ziemlich gut durch Abb. 21.21 wiedergegeben.

Befindet sich ein Störkörper im Potenzialkern, treten meist ausgeprägte Einzeltöne auf, die die Schallleistung um 10 bis 20 dB erhöhen[2] [21.67]. Einzeltöne (screech tones) können bei Überschallstrahlen auch bei Abwesenheit von Störkörpern auftreten [21.68, 21.69]. In beiden Fällen handelt es sich um Rückkopplungsmechanismen, also den Schneidetönen verwandte Phänomene.

Trifft ein Freistrahl auf eine große, ebene Platte auf, dann ist die abgestrahlte Schallleistung etwas größer als bei ungestörtem Strahl. Wenn die Platte 5 Düsendurchmesser von der Ausströmöffnung entfernt ist, beträgt die Überhöhung etwa 5 dB, bei 10 Durchmessern nur etwa 2 dB, bei kleineren Plattenabständen kann wieder Tonbildung auftreten [21.236].

Die verschiedenen Methoden der Geräuschminderung bei Düsentriebwerken (Verwendung eines großen Bypassverhältnisses, Einbau von

---

[2] Sehr laute diskrete Töne beobachtet man auch, wenn ein Strahl in die Öffnung eines Hohlraumes bläst. Damit verbunden ist eine Temperaturerhöhung im Hohlraum, die manchmal gefährlich hohe Werte annimmt [21.126].

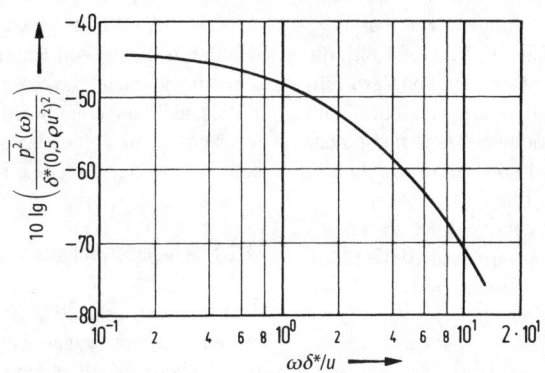

Abb. 21.23 Normiertes Spektrum des Wechseldruckes in einer turbulenten Grenzschicht, gemessen mit sehr kleinen Druckempfängern. $\overline{p^2}(\omega)$ Wechseldruckquadrat bei der Kreisfrequenz ω und einer Bandbreite von $2\pi \cdot 1$ Hz, $\delta^* \approx \delta/8$ Verdrängungsdicke

„corrugated nozzles") werden in den Abschnitten 18.1.1.2 und 18.1.1.3 kurz behandelt.

21.1.5 Turbulente Grenzschicht

Bei turbulenten Strömungen entlang einer Wand treten in der Grenzschicht hohe Wechseldrücke auf. Für die Grenzschichtdicke gilt:

$$\delta \approx 0{,}37 \cdot l \cdot \mathrm{Re}^{-0{,}2} \, . \qquad (21.34)$$

Dabei ist l die Lauflänge vom Anfang der Wand an, und Re ist die mit der Lauflänge l und der freien Strömungsgeschwindigkeit u gebildete Reynoldszahl (s. Gl. (21.22)). Die Wechseldrücke können mit einem kleinen, in die Wand eingebauten Druckempfänger gemessen werden [21.73–21.80]. Es ergeben sich dabei normierte Spektren mit dem in Abb. 21.23 dargestellten Verlauf. Der quadratische Mittelwert des Wechseldrucks über alle Frequenzen ist etwa

$$\overline{p^2} \approx \left(6 \cdot 10^{-3} \cdot \frac{1}{2} \varrho u^2\right)^2 \text{ bzw. } \overline{p^2} \approx (2\tau)^2 \, , \qquad (21.35)$$

wobei τ die örtliche Wandschubspannung ist.

Der Verlauf des Spektrums bei tiefen Frequenzen ist noch etwas umstritten, weil es sehr schwer ist, in diesem Bereich die Druckschwankungen von anderen Störeinflüssen zu trennen. Bei hohen Frequenzen hängt der gemessene Wechseldruck sehr stark von den Abmessungen des verwendeten Druckempfängers ab. Man kann sich die Druckschwankungen in der Grenzschicht dadurch entstanden denken, dass kleine „Turbulenzballen" (eddies), deren Dimensionen mit der Grenzschichtdicke vergleichbar sind, an der Wand entlang „rollen" (und von Zeit zu Zeit durch plötzliche „bursts" unterbrochen werden) [21.78, 21.79]. Die Bewegungsgeschwindigkeit beträgt etwa 60 bis 80 % der freien Strömungsgeschwindigkeit. Während der Bewegung zerfallen die Turbulenzballen und es werden ständig neue gebildet. Aus diesem Grunde nimmt der Korrelationskoeffizient zwischen zwei in Strömungsrichtung separierten Druckempfängern ziemlich schnell ab und erreicht bei einem Abstand von mehr als $20\,\delta$ bereits den Wert Null.

Da die Gebiete verschiedenen Drucks in einer Grenzschicht sehr nahe beieinander liegen – die Korrelationslänge ist stets klein verglichen mit der Schallwellenlänge – ist die direkte Schallabstrahlung von einer turbulenten Grenzschicht (etwa vor einer vollkommen starren Wand) in den meisten Fällen vernachlässigbar klein. Trotzdem können turbulente Grenzschichten indirekt zu einer beträchtlichen Schallabstrahlung führen, nämlich dann, wenn sie an eine sehr leichte Wand grenzen, die durch Wechseldrücke einfach in Bewegung versetzt werden kann. Die dabei auftretenden Bewegungen würden zwar bei unendlich großen homogenen Wänden eine ähnliche räumliche Struktur haben wie die Wanddruckschwankungen [21.81] und somit ebenfalls keinen Schall abstrahlen, aber bei allen Diskontinuitäten (Versteifungen, Kanten usw.) treten freie Wellen auf [21.70, 21.71, 21.82], die wesentlich mehr Schall abstrahlen und dazu führen, dass z. B. in einem Flugzeug (jedenfalls im vorderen Teil, wo der Triebwerkslärm nicht mehr stark ist) die Schallpegel vom Grenzschichtlärm bestimmt sind.

Auf die Geräuschentstehung durch turbulente Grenzschichten wird ausführlich in Blake [21.6, Chap. 8] eingegangen. Außerdem finden sich hier umfangreiche Literangaben.

21.2 Rohrleitungen (Kanäle)

Rohrleitungen gehören in vielen Industrieanlagen zu den wichtigsten Schallquellen. Die durch Strömung innerhalb der Rohrleitungen erzeugten Geräusche sind in der Regel ohne Bedeutung für die Schallabstrahlung der Rohrleitungen. Die Rohrleitungsgeräusche entstehen z. B. durch Gebläse, Verdichter, Regelventile und Pumpen, an denen die Rohrleitungen angeschlossen sind. Der erzeugte Gas- oder Flüssigkeitsschall (Fluidschall) breitet sich im Strömungsmedium innerhalb der Rohrleitung aus, regt die Rohrleitung zu Körperschallschwingungen an und wird dann zum Teil als Luftschall nach außen abgestrahlt. Daneben kann die Rohrleitung auch direkt durch Körperschallübertragung von der Schallquelle und durch das aerodynamische bzw. hydrodynamische Nahfeld hinter der Schallquelle angeregt werden. Beide Anregungsarten sind allerdings in der Praxis von untergeordneter Bedeutung.

Dieser Abschnitt beschäftigt sich mit der Schallabstrahlung von Rohrleitungen, die durch den eingeleiteten Gas- oder Flüssigkeitsschall (Fluidschall) angeregt werden. Mit Rohrleitungen werden im Folgenden sowohl kreisförmige Rohre als auch rechteckige Kanäle bezeichnet.

21.2.1 Schallabstrahlung in die Rohrleitung

Unterhalb den folgenden Grenzfrequenzen breiten sich in einem langen, geraden Rohr oder Kanal nur ebene Schallwellen (Schwingungsmoden nullter Ordnung) aus:

$$\text{kreisförmiges Rohr} \quad f_G = 0{,}58 \frac{c}{d_i}$$
$$\text{rechteckiger Kanal} \quad f_G = 0{,}5 \frac{c}{b} \tag{21.36}$$

c Schallgeschwindigkeit des Strömungsmediums innerhalb der Rohrleitung in m/s,
d_i Innendurchmesser des kreisförmigen Rohres in m,
b größte Seite des rechteckigen Kanals in m.

Oberhalb dieser Grenzfrequenzen erfolgt der Schalltransport innerhalb der Rohrleitung zusätzlich durch zahlreiche andere Wellenarten.

Vor allem im tieffrequenten Bereich, $f < f_G$, verhält sich eine Schallquelle im Freifeld und in einer Rohrleitung unterschiedlich. Abbildung 21.24 zeigt den Unterschied zwischen der Schallleistung P in einem kreisförmigen Rohr

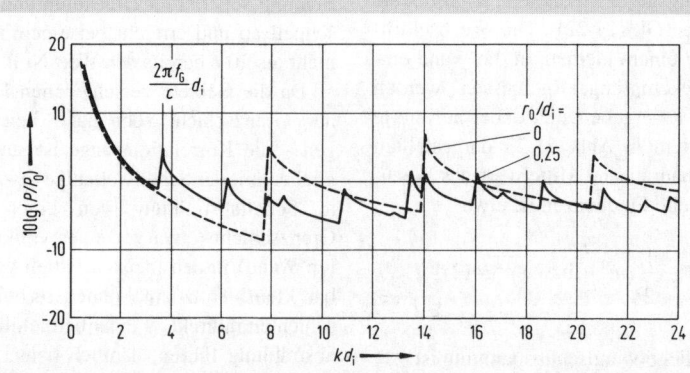

Abb. 21.24 Verhältnis der Schallleistung P im Kreisrohr zur Schallleistung P_0 im Freifeld, und zwar für einen Monopol und gemittelt über eine Bandbreite von $\Delta(k\,d_i) = 0{,}2$, $k = 2\pi f/c$ Wellenzahl, d_i Rohr-Innendurchmesser, r_0 Abstand des Monopols von der Rohrachse

und der Schallleistung P_0 im Freifeld, und zwar für eine Monopolquelle. In dieser Abbildung ist das Verhältnis P/P_0 aufgetragen über $k \cdot d_i$ ($k = 2\pi f/c$ Wellenzahl, f Frequenz, d_i Rohr-Innendurchmesser). Parameter ist der Abstand r_0 der Punktschallquelle von der Rohrachse.

Ein Monopol strahlt im Rohr im Bereich $k_0 \cdot d_i < 2$ eine deutlich höhere Schallleistung ab als im Freifeld, und zwar gilt etwa:

$$P/P_0 \approx 1 + (0{,}77\, f_G/f)^2. \qquad (21.37)$$

Diese Näherung gilt auch für Dipol- und Quadrupolquellen, wenn über alle Richtungslagen dieser Quellen im Rohr gemittelt wird.

21.2.2 Innerer Schallleistungspegel und Schalldruckpegel

Zwischen dem inneren Schallleistungspegel L_{Wi} (re 10^{-12} W) und dem Schalldruckpegel L_i (re $2 \cdot 10^{-5}$ Pa) innerhalb einer Rohrleitung gilt:

$$L_{Wi} \approx L_i + 10 \lg\left(\frac{\varrho_0\, c_0}{\varrho\, c}\right) + 10\lg(S) - K_d \qquad (21.38)$$

$\varrho_0\, c_0$ Kennimpedanz der Luft (≈ 410 Ns/m^3),
ϱ Dichte des Strömungsmediums in kg/m^3,
c Schallgeschwindigkeit im Strömungsmedium in m/s,
S Innenquerschnittsfläche der Rohrleitung in m^2.

Die Kenngröße K_d berücksichtigt, dass die verschiedenen Schallwellen oberhalb der Grenzfrequenz f_G nicht nur senkrecht durch die Rohrquerschnittsfläche treten. Wird der Schalldruckpegel L_i an der Rohrwand gemessen, so kann näherungsweise gesetzt werden [21.84]:

$$K_d = \begin{cases} 0 & \text{für } f \le 0{,}77 \cdot f_G \\ 3 \cdot 10 \lg [1 + \\ \quad + 0{,}1 \cdot (f/f_G)^{1,3}] & \text{für } f > 0{,}77 \cdot f_G \end{cases} \qquad (21.39)$$

21.2.3 Schallleistung gasgefüllter Rohrleitungen

An der Stelle $l = 0$ einer sehr langen gasgefüllten Rohrleitung wird die innere Schallleistung $P(0)$ eingespeist (z. B. durch ein Gebläse). Diese innere Schallleistung vermindert sich entlang der Rohrleitung mehr oder weniger stetig, und zwar bei gasdurchströmten Rohrleitungen hauptsächlich infolge der dissipativen Prozesse in dem strömenden Medium sowie der Schallabsorption an der Rohrwand. Ein geringerer Anteil der Schallleistung wird dadurch abgebaut, dass Schall in die Rohrwand übertragen wird und dann durch Luftschallabstrahlung in den Außenraum, durch Körperschallübertragung auf andere Bauteile und durch Dämpfung im Rohrmaterial verloren geht. Es gilt für die an der Stelle l durch die gasdurchströmte Rohrleitung hindurchgehende Schallleistung

$$P(l) = P(0)\exp\left(-(\alpha + \tau)\frac{U}{S}l\right) \qquad (21.40)$$

α Schallabsorptionskoeffizient des strömenden Mediums und der Rohrleitungswand,
τ Schalltransmissionsgrad des Rohres,
U Umfang der Rohrleitung in m,
S Innenquerschnittsfläche der Rohrleitung in m^2

und für die von der Rohrleitung an der Stelle l pro Längeneinheit nach außen abgestrahlte Schallleistung

$$\frac{dP_a(l)}{dl} = P(l)\,\tau\,\frac{U}{S}. \qquad (21.41)$$

Für eine hinreichend lange gasgefüllte Rohrleitung folgt für die insgesamt nach außen abgestrahlte Luftschallleistung

$$P_a = \frac{\tau}{\alpha + \tau} P(0). \qquad (21.42)$$

Auf den Schalltransmissionsgrad τ und den Schallabsorptionskoeffizienten α wird in Abschn. 21.2.7 und 21.2.5 eingegangen.

21.2.4 Schallleistung flüssigkeitsgefüllter Rohre

Bei einer flüssigkeitsgefüllten Rohrleitung besteht eine starke Kopplung zwischen dem Rohrinnenraum und der Rohrwand. Mit Hilfe der Statistischen Energie-Analyse (SEA) kann die von einer Rohrleitung nach außen abgestrahlte Luftschallleistung P_a aus der eingespeisten Flüssigkeitschallleistung P_e abgeschätzt werden:

$$P_a = \frac{\eta_{wa}}{\eta + \eta_{wa}} P_e. \qquad (21.42)$$

η_{wa} Kopplungsverlustfaktor zwischen der Rohrwand (w) und dem Außenraum (a),
η Verlustfaktor der Rohrwand durch dissipative Prozesse in der Rohrwand sowie durch Körperschallübertragung über die Rohrhalter auf die tragende Struktur und auf die mit der Rohrwand körperschallmäßig verbundenen Bauteile.

Hierbei wurde vorausgesetzt, dass die Rohrleitung hinreichend lang ist und mehrere Krümmer hat, an denen der Übergang von Flüssigkeitsschall in Körperschall möglichst leicht ist. η enthält weder die Verluste durch Schallabstrahlung von der Rohrwand in den Rohrinnenraum noch die in den Außenraum. Auf den Verlustfaktor η und den Kopplungsverlustfaktor η_{wa} wird in Abschn. 21.2.6 und 21.2.8 eingegangen.

21.2.5 Schallpegelabnahme in gasgefüllten Rohrleitungen

Mit den Gln. (19) und (20) in [21.88] kann die Schallpegelabnahme ΔL_L pro Längeneinheit infolge dissipativer Prozesse innerhalb gasgefüllter Rohrleitungen (mit glatter Innenwandung) berechnet werden, wenn Verluste durch Strömungseffekte vernachlässigt werden. Näherungsweise ergibt sich aus diesen Beziehungen für alle Gase nachstehende vereinfachte Zahlenwertgleichung [21.87]:

$$\Delta L_L \approx \frac{0{,}13}{\sqrt{S/1\text{ m}^2}} \sqrt{\frac{f/1\text{ Hz}}{p_s/1\text{ Pa}}} \sqrt[4]{\frac{T}{293}} \text{ dB/m} \qquad (21.44)$$

S Innenquerschnittsfläche der Rohrleitung in m^2,
T absolute Temperatur in K,
f Frequenz in Hz,
p_s Druck in der Rohrleitung in Pa.

In Abb. 21.25 sind gemessene Schallpegelabnahmen in kreisförmigen Rohren (bei Umgebungsbedingungen) den mit Gl. (21.44) berechneten Werten gegenübergestellt.

Die in Gl. (21.44) angegebenen Pegelabnahmen pro Längeneinheit gelten für gerade Rohrleitungen ohne Querschnittssprünge, Krümmer und Verzweigungen. Zur Abschätzung dieser Einflussgrößen können die Angaben in [21.88] verwendet werden. Die Pegelabnahme durch einen Rohrkrümmer ist sicher kleiner als 1 dB, solange die Schallwellenlänge größer als der Rohrinnendurchmesser ist (vgl. hierzu die Rohrleitungen 4 und 5 in Abb. 21.25).

Die turbulente Strömung in einer Rohrleitung bewirkt eine zusätzliche Schallpegelabnahme [21.83]. Diese lässt sich näherungsweise dadurch berücksichtigen, dass die rechte Seite von Gl. (21.44) multipliziert wird mit

$$(1 + 11 \cdot u/c) \qquad (21.45)$$

u mittlere Strömungsgeschwindgeschwindigkeit in der Rohrleitung in m/s,
c Schallgeschwindigkeit im Strömungsmedium in m/s.

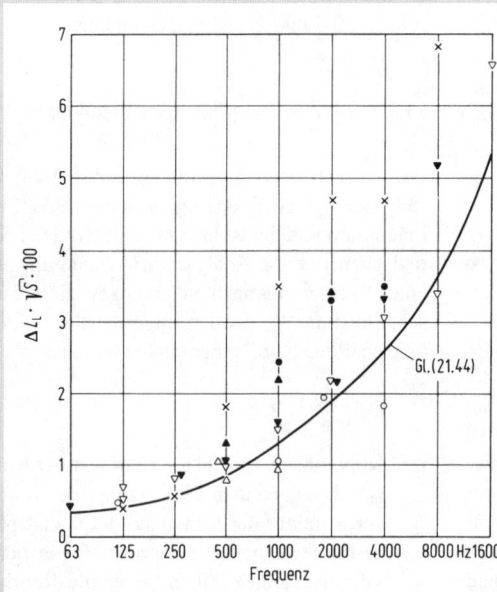

Symbol	Quelle	Nennweite in mm	Länge der Messstrecke in m
1 △	[85]	50	
2 ▲	[83]	75	
3 ×	[86]	220	
4 ▽		50	42 [1]
5 ▼		50	42 [2]
6 ○		200	91
7 ●		300	85

1) Rohrleiung ohne Krümmer
2) Rohrleitung wie Nr. 4, aber mit zehn 90°-Krümmer

Abb. 21.25 Schallpegelabnahme in kreisförmigen Rohren ohne Strömung, für Luft bei 1 bar und 20 °C [21.83, 21.85, 21.86]

Zwischen dem Schallabsorptionskoeffizienten α und der Schallpegelabnahme ΔL_L pro Längeneinheit (in dB/m) in einer gasgefüllten Rohrleitung besteht der Zusammenhang

$$\alpha = 0{,}065 \cdot \sqrt{S} \cdot \Delta L_L . \tag{21.46}$$

21.2.6 Schallpegelabnahme auf Rohrleitungen bei Körperschallanregung

In einer im Bau befindlichen petrochemischen Anlage wurden fünf nichtisolierte, luftgefüllte, kreisförmige Stahlrohre [21.89] an einem Ende mit einem Hammerwerk angeregt und die Abnahme der Oktav-Beschleunigungspegel längs der Rohrleitung ermittelt. Für die Oktaven mit den Mittenfrequenzen 125 bis 4000 Hz ergab sich eine mittlere frequenzunabhängige Körperschallpegelabnahme von:

$$\Delta L_k \approx 0{,}24 \text{ dB/m} . \tag{21.47}$$

Aufgrund dieser Ergebnisse (Oktaven 125 bis 4000 Hz) und ergänzender Prüfstandsmessungen (Oktaven 31,5 bis 8000 Hz) kann der gesamte Verlustfaktor η

- durch dissipative Prozesse in der Rohrwand sowie
- durch Körperschallübertragung auf die mit der Rohrwand körperschallmäßig verbundenen Bauteile

einer hinreichend langen Rohrleitung aus Stahl oder Aluminium angenähert werden durch:

$$\eta \approx \frac{0{,}02}{1 + 0{,}002 \cdot (f/1\,\text{Hz})} \tag{21.48}$$

f Frequenz in Hz.

Diese Näherung gilt für Rohrleitungen ohne besondere Dämpfungsmaßnahmen. Entscheidend für die Dämpfung einer Rohrleitung im unteren Frequenzbereich ist die Körperschallübertragung von der Rohrwand über die Rohrhalter auf die tragende Struktur.

21.2.7 Schalldämmung gasgefüllter Rohrleitungen

Nach einem Vorschlag in [21.90] wird als Definition des Schalldämmmaßes R_R für gasgefüllte Rohrleitungen die durch einen Rohrquerschnitt hindurchtretende Schallleistung P_i, bezogen auf die Innenquerschnittsfläche S, ins Verhältnis gesetzt zur nach außen abgestrahlten Schallleistung P_a, bezogen auf die abstrahlende Fläche $U \cdot l$ (U Umfang und l Länge der Rohrleitung):

$$R_R \approx 10 \lg\left(\frac{1}{\tau}\right) = 10 \lg\left(\frac{P_i}{P_a} \frac{Ul}{S}\right) \tag{21.49}$$

τ Schalltransmissionsgrad.

Die betrachtete Rohrleitung sei so kurz, dass keine Schallpegelabnahme in der Rohrleitung auftritt, und der Innenraum der Rohrleitung besitze einen schallabsorbierenden Abschluss.

21.2.7.1 Kreisförmige Rohre

Grundlegende experimentelle und theoretische Untersuchungen über die Schalldämmung von Zylinderschalen wurden von Cremer [21.91] und Heckl [21.92, 21.93] durchgeführt.

Abbildung 21.26 zeigt den typischen Frequenzverlauf des Schalldämmmaßes von kreisförmigen, gasgefüllten Rohren. Eine wichtige, das Schalldämmverhalten eines Rohres kennzeichnende Größe ist die sog. Ringdehnfrequenz:

$$f_R \approx \frac{c_L}{\pi\, d_i} \tag{21.50}$$

c_L Longitudinalwellengeschwindigkeit im Rohrmaterial in m/s,
d_i Innendurchmesser des Rohres in m.

So finden sich z. B. in [21.88, Tabelle 3] Angaben für die Longitudinalwellengeschwindigkeit verschiedener Werkstoffe.

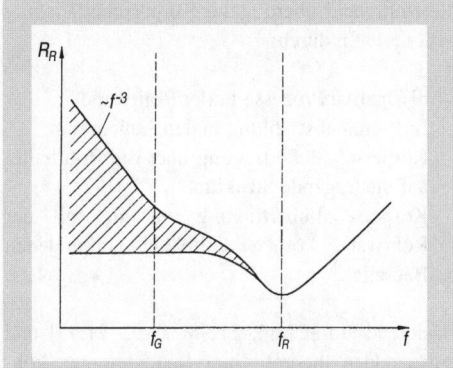

Abb. 21.26 Schalldämmmaß von kreisförmigen, gasgefüllten Rohren

In der Nähe der Ringdehnfrequenz ist das Schalldämmmaß klein. Im Frequenzbereich oberhalb der Ringdehnfrequenz verhält sich ein Rohr näherungsweise wie eine ebene Platte. Für Frequenzen kleiner als die Ringdehnfrequenz hängt die Schalldämmung eines kreisförmigen, gasgefüllten Rohres stark von der Art des Schallfeldes (genauer des Wechseldruckfeldes) innerhalb der Rohrleitung ab.

Unterhalb der Grenzfrequenz f_G (s. Gl. (21.36)) können sich in einem geraden und langen Rohr nur ebene Wellen ausbreiten, was theoretisch zu einem hohen Schalldämmmaß führt. Diese hohen Schalldämmmaße werden in der Praxis nicht erreicht, weil die Anregung der Rohrwand i. Allg. **nicht** durch die Schwingungsmoden 0-ter Ordnung (ebene Wellen) erfolgt, sondern durch höhere Moden, für die die Schalldämmung wesentlich kleiner ist. Die Moden höherer Ordnung treten auf in der Nähe der Schallquelle (Nahfeld) und in der Nähe von Unsymmetrien in der Rohrleitung (d.h. Rohrkrümmer, Rohrverzweigungen, Rohrverengungen usw.). In diesen Bereichen erfolgt demnach hauptsächlich die Anregung der Rohrwand. Gelingt es, die Körperschallübertragung von diesen Anregestellen auf die geraden Teile der Rohrleitung zu verhindern, können tatsächlich – wie in [21.95] gezeigt wird – im Frequenzbereich unterhalb der ersten Durchlassfrequenz f_G die theoretisch zu erwartenden hohen Schalldämmmaße annähernd erreicht werden. Besonders in diesem tieffrequenten Bereich $f < f_G$ führen also die Rohrkrümmer zu einer starken Verringerung der Schalldämmung kreisförmiger Rohre.

Im gesamten Frequenzbereich erhöht sich die Schalldämmung mit zunehmender Dämpfung der Rohrwandung. Die aus dem Rohrinnenraum auf die Rohrwand übertragene Körperschallleistung geht verloren durch:

– dissipative Prozesse in der Rohrwand,
– Luftschallabstrahlung in den Außenraum,
– Körperschallübertragung über die Rohrhalter auf die tragende Struktur,
– Körperschallübertragung auf die mit der Rohrwand körperschallmäßig verbundenen Bauteile.

Basierend auf [21.86, 21.88, 21.92–21.95] und ergänzenden theoretischen Betrachtungen können die Schalldämmmaße von gasdurchströmten, kreisförmigen Rohren mit nachstehender Beziehung grob abgeschätzt werden:

$$R_R \approx 9 + 10 \lg \left[\frac{\varrho_w c_L h}{\varrho c d_i} \cdot A(f) \right] \quad (21.51)$$

mit $A(f) = \left(\frac{f_R}{f}\right)^2 \dfrac{1}{1 + z \dfrac{d_i}{l} \dfrac{f_R}{f}}$ für $f < f_R$

$A(f) = \left(\dfrac{f}{f_R}\right)^2$ für $f \geq f_R$

ϱ_w Dichte des Rohrmaterials in kg/m^3,
h Wanddicke des Rohres in m,
c Schallgeschwindigkeit im Strömungsmedium in m/s,
ϱ Dichte des Strömungsmediums in kg/m^3,
f Frequenz in Hz,
z Anzahl der Rohrkrümmer,
l Rohrlänge in m.

Voraussetzungen für diese Näherung sind:

– die Schallanregung des Rohrinnenraumes erfolgt breitbandig,
– die Anregung der Rohrleitung durch das akustische Nahfeld der Schallquelle ist vernachlässigbar,
– die Rohrleitung ist nicht elastisch – d.h. nicht „weich" – gelagert und
– die Strömungsgeschwindigkeit ist kleiner als $1/3$ der Schallgeschwindigkeit.

Gleichung (21.51) stellt eine Näherung dar, die im Hinblick auf eine wünschenswerte Sicherheit bewusst an die untere Grenze der vorhandenen Messwerte gelegt wurde.

Im tieffrequenten Bereich sind die Schalldämmmaße von kreisförmigen Rohren deutlich größer als die von Rechteckkanälen bei gleichen Querschnittsflächen und Wanddicken.

21.2.7.2 Rechteckkanäle

Basierend auf [21.96] und ergänzenden experimentellen und theoretischen Untersuchungen lässt sich das Schalldämmmaß eines dünnwandigen, elastisch gelagerten Stahlkanals (ohne Versteifungen und ohne besondere Bedämpfung) mit folgender Beziehung grob abschätzen:

$$R_R \approx 22 + 10 \lg \left[\frac{\varrho_w h f}{\varrho c} \right] \quad \text{für } f \leq f_g/2 \quad (21.52)$$

ϱ_w Dichte des Kanalmaterials in kg/m^3,
h Wanddicke des Kanals in m,
c Schallgeschwindigkeit im Strömungsmedium in m/s,

ϱ Dichte des Strömungsmediums in kg/m³,
f Frequenz in Hz.

Dabei ist die Spuranpassungsfrequenz einer ebenen Platte mit der gleichen Dicke wie die Rohrleitung (Schallabstrahlung nach außen) gegeben durch:

$$f_g = \frac{c_0^2}{1{,}8\, c_L h} \tag{21.53}$$

c_0 Schallgeschwindigkeit der Außenluft in m/s,
c_L Longitudinalwellengeschwindigkeit im Kanalmaterial in m/s.

Wird nennenswert Körperschall von der Kanalwand auf andere Bauteile übertragen (Kanal ist nicht elastisch gelagert), so erhöht sich der Verlustfaktor der Kanalwand und damit auch sein Schalldämmmaß gemäß Gl. (21.52), und zwar vor allem im tieffrequenten Bereich.

21.2.8 Abstrahlgrade

Durch den Abstrahlgrad σ wird der Zusammenhang zwischen Körperschallschnelle und der nach außen abgestrahlten Schallleistung einer Rohrleitung hergestellt. Zwischen dem Abstrahlgrad σ einer Rohrleitung und dem Strahlungsverlustfaktor η_{wa} zwischen der Rohrleitungswand und dem Luftaußenraum gilt folgender Zusammenhang [Gl. (6.16) in 21.235]:

$$\eta_{wa} = \frac{\varrho_0 c_0 \sigma}{\varrho_w h \omega} \tag{21.54}$$

ϱ_0 Dichte des Mediums im Außenraum in kg/m³,
c_0 Schallgeschwindigkeit des Mediums im Außenraum in m/s,
ϱ_w Dichte der Rohrleitungswand in kg/m³,
h Wanddicke des Rohres in m,
ω Kreisfrequenz in Hz.

21.2.8.1 Kreisförmige Rohre

Nach einem Vorschlag von Heckl kann der Abstrahlgrad σ eines kreisförmigen Rohres bei Luftschallabstrahlung nach außen wie folgt abgeschätzt werden [21.90, 21.92, 21.94, 21.97, 21.98], wenn die Spuranpassungsfrequenz f_g (Gl. (21.53)) und die zweite Ringfrequenz f_2 des Rohres

$$f_2 = 0{,}49\, \frac{c_L h}{d_a^2} \tag{21.55}$$

sowie die Funktionen

$$G(f) = \left[1 + \frac{2}{\pi}\left(\frac{c_0}{\pi f d_a}\right)^3\right]^{-1}$$

$$X(f) = \frac{\lg(f/f_g)}{\lg(f_2/f_g)} \tag{21.56}$$

eingeführt werden (s. auch Abb. 21.27):

$$\sigma = \begin{cases} G(f) & \text{für } f \leq f_2 \\ G(f_2)^{X(f)} & \text{für } f_2 < f < f_g \\ 1 & \text{für } f \geq f_g \end{cases} \tag{21.57}$$

c_L Longitudinalwellengeschwindigkeit im Rohrmaterial in m/s,
d_a Rohraußendurchmesser in m.

Für Rohre mit $h/d_a > c_0/c_L$ wird $f_2 > f_g$; hier wird empfohlen, die für $f < f_2$ angegebene Beziehung für den gesamten Frequenzbereich zu verwenden.

Wenn $f_2 < f_g$ ist, müssen drei Frequenzbereiche unterschieden werden (Abb. 21.27):

– Unterhalb der Frequenz f_2 (Gl. (21.55)) werden auf einem Rohr nur Biegewellen angeregt [21.92]. In diesem Frequenzbereich verhält sich ein langes Rohr wie ein Zylinderstrahler 1. Ordnung, der Abstrahlgrad steigt mit der 3. Potenz der Frequenz an.

– Oberhalb der Frequenz f_2 steigt der Abstrahlgrad wesentlich langsamer mit der Frequenz an, und zwar – abhängig von dem jeweiligen Rohr – mit einer Potenz zwischen etwa 0,5 und 1,2.

– Nach Erreichen der Frequenz f_g (Gl. (21.53)) nimmt der Abstrahlgrad des Rohres etwa den Wert 1 an.

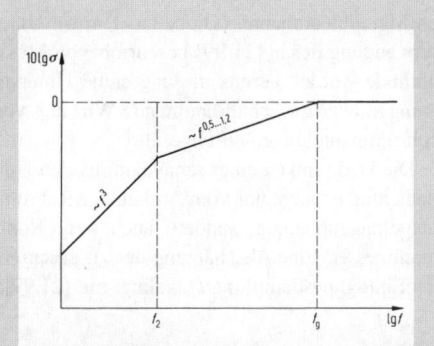

Abb. 21.27 Abstrahlmaß $10\lg(\sigma)$ von kreisförmigen Rohren für $f_2 < f_g$, f_g und f_2 s. Gln. (21.53) und (21.55)

Für $f_2 \geq f_g$ verhält sich ein Rohr im ganzen Frequenzbereich wie ein Zylinderstrahler 1. Ordnung.

Die Abstrahlmaße eines kreisförmigen Rohres bei Körperschallanregung unterscheiden sich nicht wesentlich von denen bei Luftschallanregung.

21.2.8.2 Rechteckige Kanäle

Basierend auf den Untersuchungen [21.96, 21.98] kann der Abstrahlgrad σ eines dünnwandigen, elastisch gelagerten Stahlkanals (ohne Versteifungen und ohne besondere Bedämpfung) bei Luftschallanregung aus dem Kanalinnern und bei Schallabstrahlung nach außen wie folgt abgeschätzt werden:

$$\sigma = \begin{cases} f/f_g & \text{für } f \leq f_g/4 \\ 1/4 & \text{für } f_g/4 < f < 0{,}8 f_g \\ 1 & \text{für } f \geq f_g \end{cases} \quad (21.58)$$

f_g Spuranpassungsfrequenz (s. Gl. (21.53)) einer ebenen Platte mit der gleichen Dicke wie der Kanal in m.

Bei **Körperschallanregung** eines Rechteckkanals ist das Abstrahlmaß kleiner als bei Luftschallanregung und ist außerdem sehr stark abhängig von der Art der Anregung.

21.2.9 Schalldämmende Ummantelungen kreisförmiger Rohre

Eine der wichtigsten Maßnahmen zur Verringerung der Schallabstrahlung von kreisförmigen Rohrleitungen sind schalldämmende Ummantelungen. Diese bestehen üblicherweise aus einem Faserdämmstoff, abgedeckt mit einem entdröhnten Metallblechmantel (Dicke ca. 1 mm). Unter Verwendung der in [21.99] beschriebenen Messmethode wurden bereits umfangreiche Untersuchungen über die schalldämmende Wirkung von Rohrummantelungen durchgeführt.

Die Wirksamkeit einer schalldämmenden Ummantelung ist nicht nur vom Aufbau der Rohrummantelung abhängig, sondern auch vom Rohrdurchmesser. Eine Abschätzung der zu erwartenden Einfügungsdämpfung D_e gelingt mit [21.99]:

$$D_e = \frac{40}{1 + 0{,}12/d_a} \lg\left(\frac{f}{2{,}2 f_0}\right) \text{ für } f > f_0$$

mit (21.59)

$$f_0 = \frac{60}{\sqrt{m'' h_F}}$$

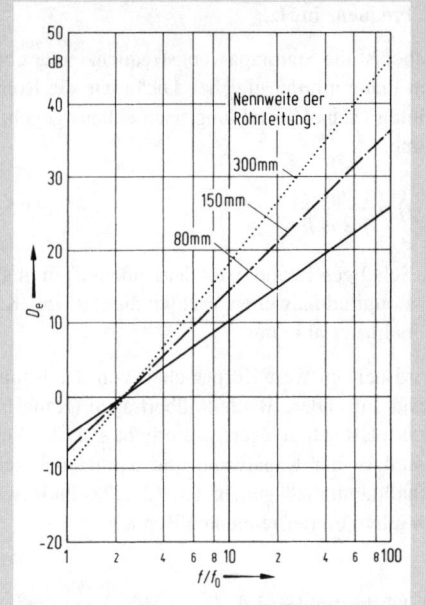

Abb. 21.28 Näherungsbeziehung für die Einfügungsdämpfung schalldämmender Ummantelungen

m'' Flächengewicht des Blechmantels in kg/m^2,
h_F Dicke der Faserdämmschicht in m,
d_a Rohraußendurchmesser in m,
f Frequenz in Hz.

Diese Beziehung gilt für Ummantelungen ohne metallische Abstandshalter.

Die Standardabweichung der Messwerte zu den durch die Näherungsbeziehung ermittelten Werten beträgt 4 dB. Abbildung 21.28 zeigt den Verlauf der Dämmkurven für Rohrummantelungen (der Dicke 100 mm) auf Rohrleitungen mit Nennweiten von 80, 150 und 300 mm.

21.3 Ventilatoren (Gebläse)

Die gebräuchlichsten Ventilatortypen sind Radialventilatoren und Axialventilatoren (Abb. 21.29); umfangreiche Literatur findet sich in [21.103].

21.3.1 Kennzeichnung

Ventilatoren werden üblicherweise durch ihr Kennfeld, das $\Delta p - \dot{V}$-Diagramm, gekennzeich-

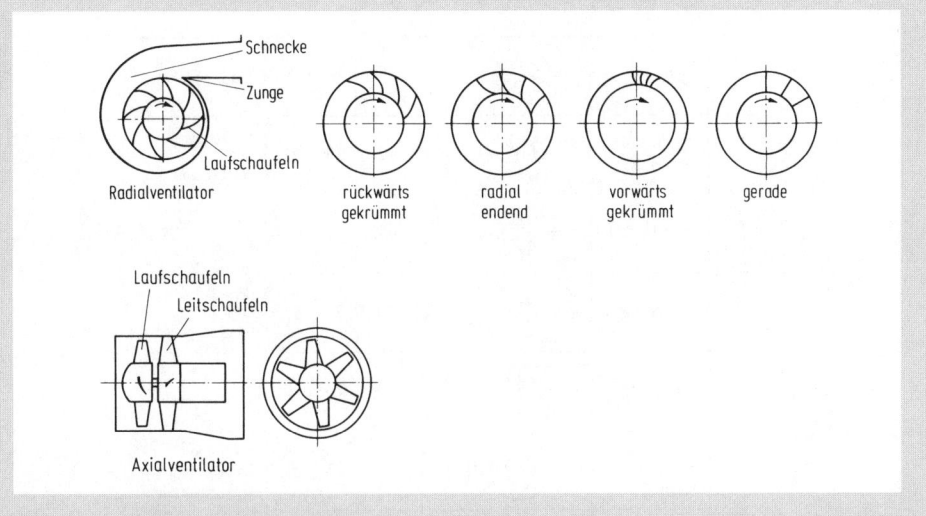

Abb. 2.29 Wesentliche Ventilatortypen

net. Dabei ist Δp (Pa) der Gesamtdruck (Förderdruck), d.h. die Druckdifferenz zwischen der Druck- und der Saugseite des Ventilators, und $\dot{V}$ (m³/s) das in der Zeiteinheit geförderte Volumen des Strömungsmediums. In diesem Diagramm werden die Funktionen $\Delta p(\dot{V})$ (Ventilatorkennlinien) angegeben, und zwar mit der Drehzahl des Ventilators als Parameter.

Die Förderleistung P_L(W) eines Ventilators ist gegeben durch

$$P_L = \Delta p \cdot \dot{V}. \qquad (21.60)$$

Sein Wirkungsgrad η ist definiert als Quotient aus Förderleistung P_L und aufgenommener Leistung P_e:

$$\eta = \frac{P_L}{P_e}. \qquad (21.61)$$

Der vom Ventilator erzeugte Förderdruck dient zur Überwindung der Druckverluste, die hervorgerufen werden durch die Einbauten, die Querschnittssprünge, die Umlenkungen usw. in den Rohrleitungen vor und hinter dem Ventilator. Ausführliche Angaben über die zu erwartenden Druckverluste in durchströmten Kanälen findet man z.B. in [21.102, 21.104]. In den häufigsten Fällen ist der Förderdruck proportional dem Quadrat der geförderten Luftmenge:

$$\Delta p = W \cdot \dot{V}^2. \qquad (21.62)$$

Dabei ist W der gesamte Widerstand des an den Ventilator angeschlossenen Leitungssystems.

Gleichung (21.62) wird auch als „Kennlinie des Leitungssystems" bezeichnet.

Zur weiteren Kennzeichnung der verschiedenen Ventilatoren ist es üblich, unter Verwendung des Durchmessers D und der Umfangsgeschwindigkeit U des Laufrades die folgenden Kenngrößen einzuführen:

$$\text{Lieferzahl} \quad \varphi = \frac{\dot{V}}{\frac{\pi}{4} \cdot D^2 U} \qquad (21.63)$$

$$\text{Druckzahl} \quad \psi = \frac{\Delta p}{0{,}5\,\varrho U^2} \qquad (21.64)$$

ϱ Dichte des Strömungsmediums in kg/m³.

Abbildung 21.30 gibt eine Übersicht nach [21.102] über die verschiedenen Bauformen von Ventilatoren mit Angaben für φ und ψ. Aus Abb. 21.31 gehen typische Kennlinienfelder der Hauptbauformen der Ventilatoren hervor (vgl. [21.101, 21.102]).

21.3.2 Schallentstehung

Die Geräuschspektren von Ventilatoren setzen sich aus einem breitbandigen Rauschanteil und überlagerten Tönen zusammen. Für das breitbandige Rauschen sind im Wesentlichen Schallquellen mit Dipolcharakter verantwortlich, die zurückzuführen sind auf Wirbelablösung und turbulente Anströmung von festen Konstruktionsteilen. Einzeltöne im Spektrum werden hauptsäch-

Bauart		Schema	Lieferzahl φ	Druckzahl ψ	Anwendung
Axialventilatoren	Wandventilator	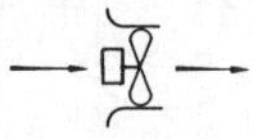	0,1…0,25	0,05…0,1	für Fenster und Wandeinbau
	ohne Leitrad	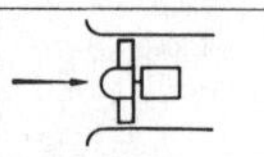	0,15…0,30	0,1…0,3	bei geringen Drücken
	mit Leitrad	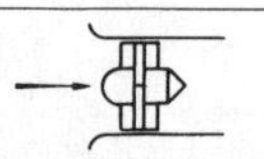	0,3…0,6	0,3…0,6	bei höheren Drücken
	Gegenläufer	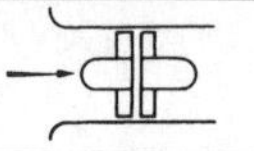	0,2…0,8	1,0…3,0	in Sonderfällen
Radialventilatoren	rückwärts gekrümmte Schaufeln	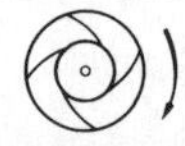	0,2…0,4	0,6…1,0	bei hohen Drücken und Wirkungsgraden
	gerade Schaufeln	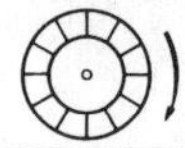	0,3…0,6	1,0…2,0	in Sonderfällen
	vorwärts gekrümmte Schaufeln	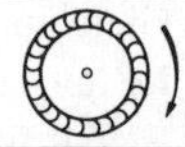	0,4…1,0	2,0…3,0	bei geringen Drücken und Wirkungsgraden
Querstromventilatoren		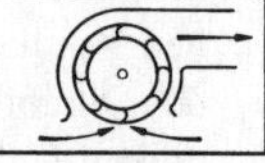	1,0…2,0	2,5…4,0	hohe Drücke bei geringem Platzverbrauch

Abb. 21.30 Übersicht über die verschiedenen Bauformen von Ventilatoren nach [21.102]

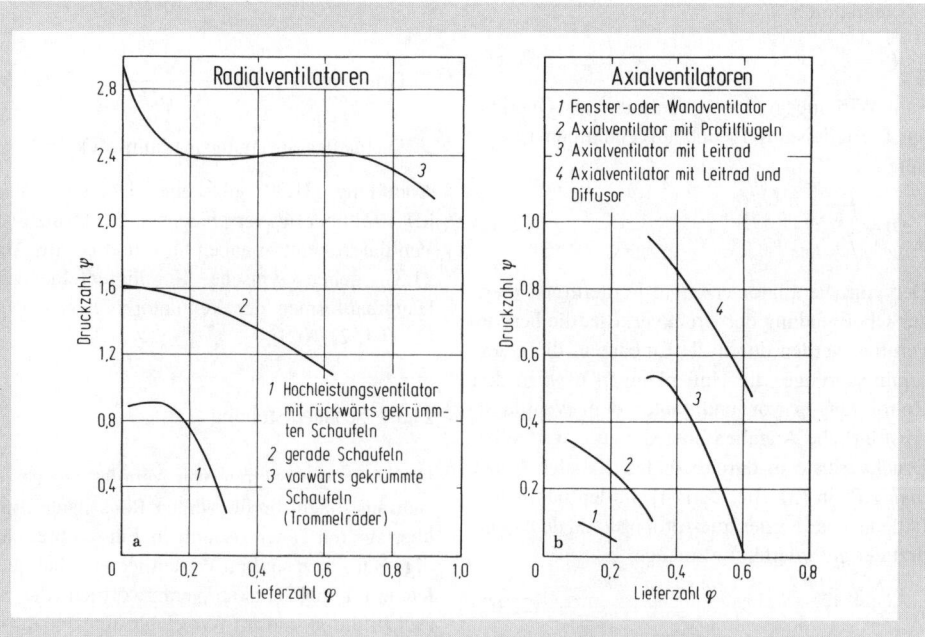

Abb. 21.31 Typische dimensionslose Kennlinien von Radial- und Axialventilatoren der Lüftungstechnik nach [21.102]

lich durch periodische Wechselkräfte hervorgerufen, die durch die Wechselwirkung von bewegten und unbewegten festen Konstruktionsteilen des Ventilators und die damit verbundene periodisch schwankende Anströmung dieser Teile entstehen.

In Tabelle 21.2 werden die wesentlichen Schallentstehungsmechanismen von Ventilatoren zusammengestellt. Außerdem wird skizziert, welchen Einfluss die wohl wichtigsten Größen auf den abgestrahlten Schall ausüben dürften (s. auch Abschn. 18.1.2–3). Dabei sind:

- u Relativgeschwindigkeit zwischen den Schaufeln und dem strömenden Gas,
- c Schallgeschwindigkeit im Strömungsmedium,
- $M = u/c$ Machzahl,
- b Laufradbreite,
- Tu Turbulenzgrad der Schaufelanströmung,
- Θ Projektion der Schaufel senkrecht zur Strömungsrichtung,
- S_L gesamte Fläche der Laufschaufeln,
- z Anzahl der Laufschaufeln,
- P abgestrahlte Schallleistung,
- R Radius des Ventilators,
- n Drehzahl des Ventilators.

21.3.3 Näherungsweise Berechnung der Schallabstrahlung

Basierend auf zahlreichen Messungen wurden verschiedene empirische Beziehungen für den Schallleistungspegel L_W von Ventilatoren aufgestellt [21.117–21.125].

Die Oktav-Schallleistungspegel $L_{W/Okt}$ (re 10^{-12} W) des in den angeschlossenen Druckkanal abgestrahlten breitbandigen Rauschens können mit nachstehender Beziehung abgeschätzt werden:

$$L_{W/Okt}(f) = \quad (21.65)$$
$$79 + 10 \lg \left\{ \frac{P_e \cdot (1-\eta) \cdot (U/c)^{1,5}}{1 + (St/St_0)^m} \right\} dB$$

mit

	St_0	m
Radialventilator	2,5	1,5
Trommelläufer	5	1,5
Axialventilator mit Nachleitrad (einstufig)	17	1,7

- P_e vom Ventilator aufgenommene Leistung in W,
- f_m Oktav-Mittenfrequenz in Hz,
- η Ventilator-Wirkungsgrad,
- U Umfangsgeschwindigkeit des Ventilators in m/s,
- c Schallgeschwindigkeit in der Druckleitung in m/s,
- $St = f_m \cdot D/U$,
- D Durchmesser der Laufschaufeln in m.

Saugt ein Radialventilator nicht aus einer langen Rohrleitung, sondern aus einer Saugtasche oder einem unmittelbar vorgeschalteten 90°-Krümmer an, so erhöht sich die tieffrequente Turbulenz der Anströmung des Ventilators. Hiermit ist eine Erhöhung der Oktav-Schallleistungspegel um ca. 3 dB verbunden. Pegelbestimmende Einzeltöne im Spektrum treten bei den Radialventilatoren durch Wechselwirkung zwischen den Schaufeln und der Zunge und bei den Axialventilatoren mit Nachleitrad durch Wechselwirkung zwischen den Lauf- und Leitschaufeln auf. Die Frequenzen der Einzeltöne sind gegeben durch:

$$f_\nu = (\nu + 1) \cdot z \cdot n \quad \text{mit } \nu = 0, 1, 2, \ldots \quad (21.66)$$

- z Anzahl der Laufschaufeln,
- n Drehzahl in 1/s.

Zur näherungsweisen Berücksichtigung dieser Einzeltöne auf die abgestrahlte Schallleistung werden für die Oktaven, die die Einzeltöne enthalten ($f_m > 0,7 \, f_0$), zu den mit Gl. (21.65) berechneten Oktav-Schallleistungspegeln $L_{W/Okt}$ folgende Pegelzuschläge ΔL gemacht (empirische Beziehungen):

Radialventilator

$$\Delta L = 10 \lg \left\{ 1 + 0,4 \left(\frac{f_0}{f_m}\right)^{2,5} \frac{(U/c)^{1,5}}{\Delta r/D} \right\} \quad (21.67)$$

Axialventilator mit Nachleitrad

$$\Delta L = 10 \lg \left\{ 1 + 4 \left/ \left(1 + \left(\frac{f_m}{8 f_0}\right)^2\right) \right. \right\} \quad (21.68)$$

- Δr minimaler Abstand zwischen Laufschaufeln und Zunge in m,
- $f_0 = z \, n$ in Hz (Gl. (21.66)).

Zur Abschätzung der Oktav-Schallleistungspegel der in den Saugkanal abgestrahlten Geräusche werden die mit den Gln. (21.65) bis (21.68) berechneten Pegel um 2 dB reduziert.

Die näherungsweise Berechnung der von der Saug- und Druckleitung nach außen abgestrahlten Luftschallleistung erfolgt unter Berücksichtigung der Beziehungen in Abschn. 21.2.

Tabelle 21.2 Wesentliche Geräuschursachen für Ventilatoren

Ursache für Schallentstehung	abgestrahlte Schallleistung	Eigenschaften des Spektrums
Radialventilator		
Schallentstehung durch Wechselkräfte auf den Schaufelflächen infolge der Wirbelablösung an der Schaufelhinterkante,	$P \sim \varrho u^3 M^{(2...3)} z b^{(1...2)}$, P wächst mit Tu und mit dem Kohärenzgrad der Wirbelablösung, dieser ist abhängig von b und der Art der Schaufelbegrenzung (vgl. Abb. 21.19),	breitbandiges Spektrum mit einem breiten Frequenzmaximum (Dopplereffekt [21.32, 21.40]) bei $f_{max} \approx 0{,}18 u/\Theta$ [21.40, 21.106], oberhalb dieses Maximums Abfall mit etwa 4 dB/Oktave (vgl. Abb. 21.18).
Schallentstehung durch Wechselkräfte auf den Schaufelflächen, hervorgerufen durch den turbulenten Nachlauf hinter Schaufeleintritt, Vorleitapparaten, Streben, Einlaufdüsen o. dgl.,	$P \sim \varrho u^3 M^3 S_L$ und $P \sim Tu^2$ [21.107],	breitbandiges Spektrum.
Schallentstehung durch Wechselkräfte auf der Oberfläche der Zunge infolge der mit der Wirbelablösung verbundenen starken turbulenten Anströmung,	$P \sim \varrho u^3 M^3$, P wächst bei Verringerung des Zungenabstandes [21.108], vgl. Abb. 21.32; kaum Einfluss des Zungenradius [21.108],	breitbandiges Spektrum.
Schallentstehung durch Wechselkräfte auf der Zunge (und den Schaufeln), die durch die Wechselwirkung zwischen den Schaufeln und der Zunge entstehen,	$P \sim u^3 M^3$ [21.108], P wächst sehr stark bei Verringerung des Zungenabstandes [21.108, 21.114, 21.115], vgl. Abb. 21.32; Einfluss des Zungenradius vorhanden [21.108].	Spektrum besteht aus Einzeltönen f_v ($v = 0, 1, 2,...$), bei z symmetrisch angeordneten Schaufeln gilt: $f_v = (v+1)zn$, mit wachsendem Zungenabstand verringert sich der Anteil der Obertöne [21.108], vgl. Abb. 21.32.

Tabelle 21.2 (Fortsetzung)

Ursache für Schallentstehung	abgestrahlte Schallleistung	Eigenschaften des Spektrums
Axialventilator		
Schallentstehung durch Wechselkräfte auf den Laufschaufeln, verursacht durch die Wirbelablösung an der Hinterkante,	$P \sim \varrho u^3 M^{(2\ldots3)} z R$, P wächst mit Tu und ist abhängig vom Anstellwinkel der Laufschaufeln,	breitbandiges Spektrum mit breitem Frequenzmaximum bei $f_{max} \approx 0{,}18 u/\Theta$ [21.40, 21.106], oberhalb dieses Maximums Abfall mit etwa 4 dB/Oktave (vgl. Abb. 21.18).
Schallentstehung durch Wechselkräfte auf den Laufschaufeln infolge des turbulenten Nachlaufs von Vorleitapparaten, Streben, Einlaufdüsen o. dgl.,	$P \sim \varrho u^3 M^3 S_L$ und $P \sim Tu^2$ [21.107, 21.110],	breitbandiges Spektrum.
Schallentstehung durch Wechselkräfte auf nachgeschalteten Leitschaufeln, hervorgerufen durch den turbulenten Nachlauf der Laufschaufeln,	$P \sim \varrho u^3 M^3$, P wächst bei Verringerung des Abstandes zwischen Rotor und Stator,	breitbandiges Spektrum.
Schallentstehung durch Wechselkräfte auf den Leit- und Laufschaufeln, die durch die Wechselwirkung zwischen den Lauf- und Leitschaufeln entstehen [21.107, 21.111, 21.112, 21.116],	$P \sim \varrho u^3 M^{(2\ldots3)}$ P wächst sehr stark bei Verringerung des Abstandes zwischen Rotor und Stator [21.107, 21.110], vgl. Abb. 21.33; P nimmt mit zunehmendem z ab [21.109] und ist abhängig vom Winkel zwischen Stator und Rotor [21.107],	Spektrum besteht aus Einzeltönen $f_v \sim n$, diese sind abhängig von der Zahl der Leit- und Laufschaufeln sowie deren Anordnung, mit wachsendem Abstand zwischen Stator und Rotor verringert sich der Anteil der Obertöne.

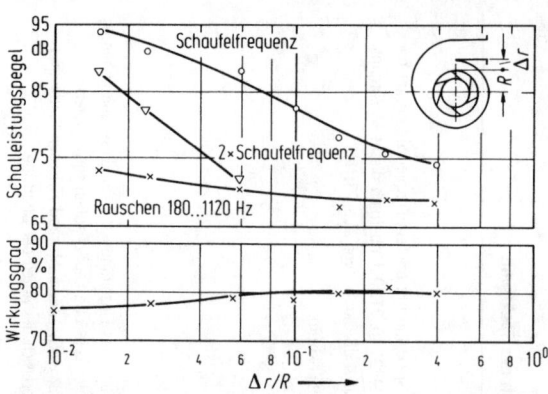

Abb. 21.32 Einfluss des Zungenabstandes Δr auf die wichtigsten Geräuschanteile und den Wirkungsgrad eines Radialventilators nach [21.108] bei optimaler Lieferzahl φ_{opt}

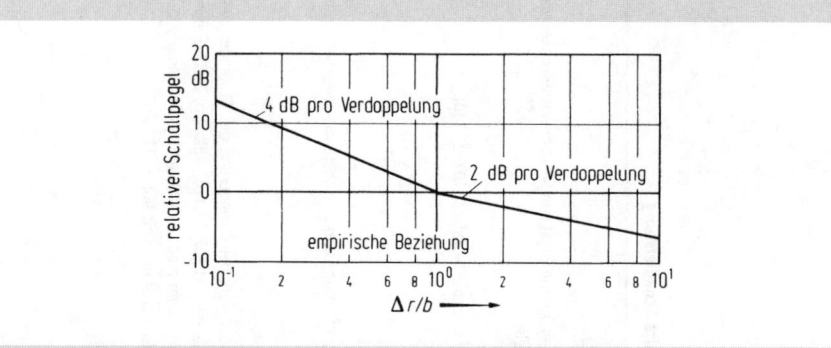

Abb. 21.33 Einfluss des Abstandes zwischen Rotor und Stator auf den Grundton, der durch die Wechselwirkung zwischen Lauf- und Leitschaufeln beim Axialventilator entsteht, nach [21.110]. Δr Abstand zwischen Rotor und Stator, b Länge der Leitschaufeln (= Länge der Laufschaufeln)

Hat die Saug- oder Druckleitung eine Öffnung ins Freie, so kann die von dieser Öffnung nach außen abgestrahlte Luftschallleistung unter Verwendung der Auslassdämpfung berechnet werden (s. auch [21.124]).

In **Luftkühlern und Ventilator-Kühltürmen** werden einstufige Axialventilatoren verwendet. Die Geräuschspektren sind i. Allg. breitbandig ohne hervortretende Einzeltöne [21.122]. Einzeltöne können dann auftreten,

– wenn sich feste Hindernisse in der Nähe der rotierenden Ventilatorflügel befinden und
– wenn vom Getriebe oder vom direkt antreibenden Motor Körperschall über die Antriebswelle auf die Nabe und die Flügel des Ventilators übertragen und von diesen Bauteilen dann als Luftschall abgestrahlt wird.

Nach [21.122] können die Oktav-Schallleistungspegel (re 10^{-12} W) der von einem solchen Axialventilator insgesamt saug- und druckseitig abgestrahlten Geräusche mit

$$L_{W/Okt}(f_m) = 87 + 10 \lg \left\{ \frac{P_e \cdot (U/c)^3}{1 + (St/17)^{1,5}} \right\} dB \quad (21.69)$$

näherungsweise berechnet werden.

Mit dieser Beziehung kann der gesamte A-Schallleistungspegel von Axialventilatoren für Luftkühler und Ventilator-Kühltürme mit einer Genauigkeit von +2/−4 dB(A) bestimmt werden.

Bei Axialventilatoren mit sehr breiten, profilierten und stark spitzenentlasteten Flügeln ergeben sich bis zu 5 dB niedrigere Schallpegel als mit Gl. (21.69) berechnet.

Mit guter Näherung kann Gl. (21.69) auch für andere einstufige Axialventilatoren ohne Leitrad verwendet werden, die ins Freifeld abstrahlen (z. B. für Wandventilatoren).

21.3.4 Geräuschminderung

Konstruktive Maßnahmen an den Ventilatoren sind nur dann interessant, wenn bei gleicher Förderleistung eine Verringerung der Schallabstrahlung möglich wird. Folgende Punkte sind dabei zu beachten (s. auch [21.103, 21.105, 21.125, 21.130, 21.131, 21.133]):

Radialventilator
- Die Relativgeschwindigkeit u zwischen den Schaufeln und dem Strömungsmedium soll bei gleicher Förderleistung – φ und ψ möglichst groß – möglichst klein sein; dies ist erreichbar durch:
  Erhöhung der Flügelzahl, damit Verringerung von u bei gleichem U,
  Vergrößerung der Ventilatordimensionen,
  strömungstechnisch günstige Ausbildung des Einlaufs zur Verringerung des Druckverlustes (Diffusor, mit Leitschaufeln Vorsicht!).
- Der Abstand zwischen Zunge und Laufrad soll stets so groß sein, wie das strömungstechnisch noch zulässig ist (vgl. Abb. 21.32, Wirkungsgrad!).
- Hindernisse und Störungen im Einlauf sind zu vermeiden [21.127].
- Beidseitige Schaufeleinspannungen sind zu vermeiden, vgl. Abb. 21.18.

Axialventilator
- Die Relativgeschwindigkeit u zwischen den Schaufeln und dem Strömungsmedium soll bei gleicher Förderleistung – φ und ψ möglichst groß – möglichst klein sein (s. Abb. 21.34); dies ist erreichbar durch:
  Erhöhung der Flügelzahl,
  Vergrößerung der Schaufelbreite,
  Vergrößerung des Flügeldurchmessers,
  profilierte Schaufeln,
  strömungstechnisch günstige Ausbildung des Einlaufs und Auslaufs zur Verringerung des Druckverlustes (Diffusor, Nabenkonus),
  große Anstellwinkel,
  kleiner Laufradspalt (nur zu empfehlen bei geringen Variationen des Laufradspaltes),
  nachgeschaltete Leitapparate (Vorsicht!).
- Der Laufradspalt soll klein sein (nur zu empfehlen, wenn gleichzeitig die Variationen des Laufradspaltes klein gehalten werden können) [21.128, 21.129, 21.134].
- Vorleitapparate sind zu vermeiden.
- Der Abstand zwischen Laufrad und Nachleitapparat soll mindestens 20 bis 30 Verdrängungsdicken betragen.
- Auf strömungstechnisch günstige Ausbildung des Einlaufs ist zu achten (Abb. 21.35), Hindernisse und Störungen im Einlauf sind zu vermeiden.

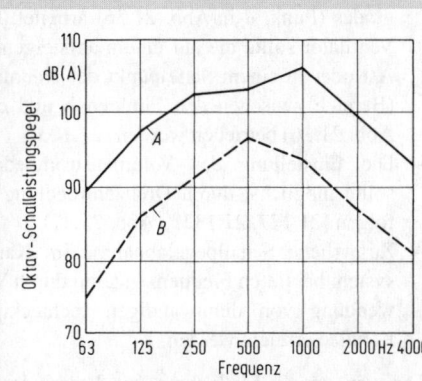

	Axialventilator A	B
Volumenfluss in m³/s	335	400
Förderdruck in Pa	162	157
Ventilatordurchmesser in mm	7100	7100
Schaufelzahl	5	6
Umfangsgeschwindigkeit in m/s	65	38
Flügelbreite	klein	groß
Schalleistungspegel in dB(A)	110	99,5

Abb. 21.34 Oktav-Schallleistungsspektren von zwei Axialventilatoren für Kühltürme bei vergleichbaren Betriebsbedingungen

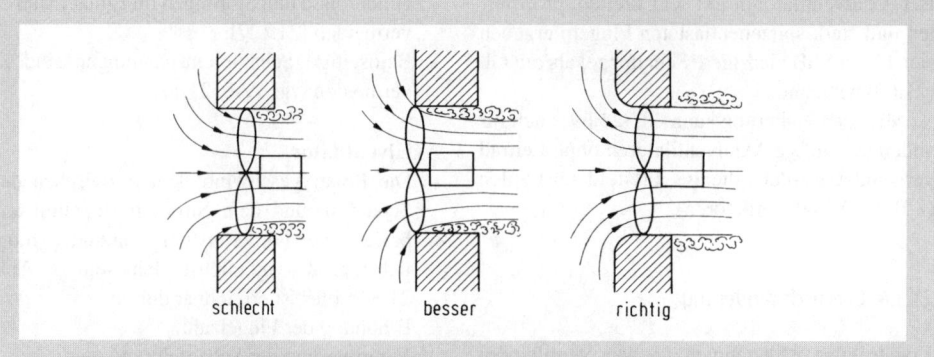

Abb. 21.35 Guter und schlechter Einbau von Axiallüftern aus [21.101]

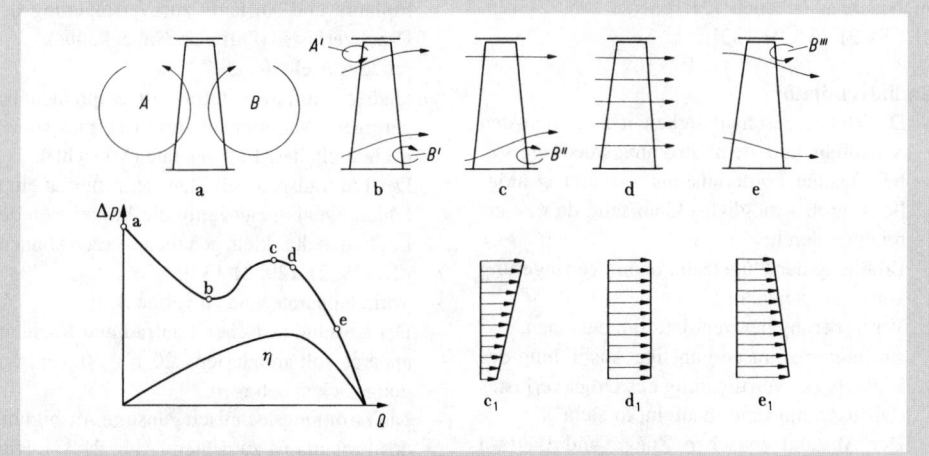

Abb. 21.36 Schematische Darstellung der verschiedenen Strömungszustände eines Axialläufers bei verschiedenen Drosselzuständen aus [21.101]

- Die Wirbelablösung an den Laufschaufeln kann durch Maßnahmen an deren Hinterkante beeinflusst werden.

Bei der Auswahl eines Ventilators und der Auslegung des angeschlossenen Kanalsystems sollten folgende Gesichtspunkte beachtet werden:

- Die Druckverluste im angeschlossenen Rohrleitungssystem sollen möglichst klein gehalten und unnötige Querschnittssprünge und Umlenkungen vermieden werden; eventuell kann Konvektion ausgenutzt werden.
- Es soll ein Ventilator ausgewählt werden, der bei vorgegebener Fördermenge und der erforderlichen Pressung (genaue Kenntnis der Kennlinie des Rohrleitungssystems notwendig!) im Bereich des maximalen Wirkungsgrades (Punkt d in Abb. 21.36) arbeitet. Der Ventilator sollte nie auf einem aufsteigenden Ast oder in einem Sattelpunkt der Kennlinie (Bereich zwischen den Punkten b und c in Abb. 21.36) betrieben werden [21.103].
- Die Einstellung des Volumenstrombedarfs sollte möglichst durch Drehzahlregelung erfolgen [21.127, 21.132], (Abb. 21.37).
- Zusätzliche Schallpegelabnahme im Kanalsystem bei tiefen Frequenzen kann durch Verwendung von dünnwandigen rechteckigen Kanälen erreicht werden.

Die wirksamste Maßnahme zur Verminderung des Ventilatorlärms ist der Einbau von Schalldämpfern (vgl. Kap. 12).

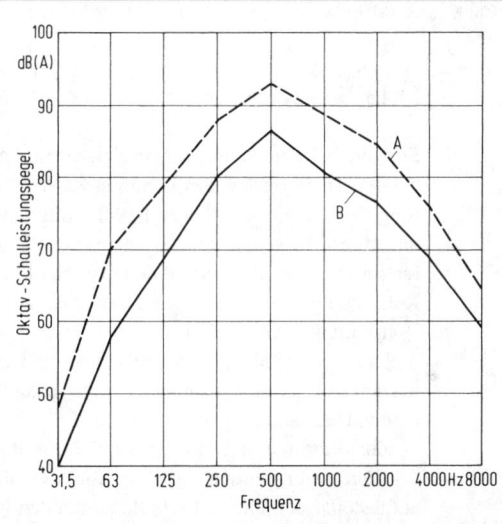

Abb. 21.37 Oktav-Schalldruckpegel in 1 m Abstand von einem Radialgebläse. Einstellung des Volumenstrombedarfs durch Drallklappenregelung bzw. durch Drehzahlregelung

21.4 Verdichter

In diesem Abschnitt wird auf zwei typische Verdichterbauarten eingegangen:

- **Schraubenverdichter;** diese werden für große Druckerhöhungen eingesetzt,
- **Axiale Turboverdichter;** diese werden für große Massenströme bei nicht zu großen Druckerhöhungen eingesetzt.

21.4.1 Schallentstehung

Schraubenverdichter. Die Verdichtergeräusche sind hauptsächlich auf die periodische Förderung des Gases sowie in geringerem Maße auf die Strömungs- und Entspannungsvorgänge beim Druckausgleich am Druckstutzen zurückzuführen. Die Spektren der in die angeschlossene Druckleitung übertragenen tonalen Geräuschanteile können mit guter Genauigkeit berechnet werden, wenn der zeitliche Volumenfluss aufgrund der Konstruktionsdaten des Verdichters bekannt ist. Die Geräuschspektren bestehen im Wesentlichen aus harmonisch liegenden Einzeltönen, und zwar mit der Grundfrequenz:

$$f_0 = z_H n_H \qquad (21.70)$$

z_H Hauptläuferzähnezahl,
n_H Drehzahl des Hauptläufers in 1/s.

Ist der Druck im Zahnlückenvolumen am Ende des Verdichtungsvorganges kleiner als der Druck in der Druckleitung, so erfolgt nach dem Öffnen des Zahnlückenvolumens zur Druckleitung zunächst eine Rückströmung von der Druckleitung in das Zahnlückenvolumen. Hierbei entstehen besonders hohe Schallpegel.

Axiale Turboverdichter. Die im Verdichter durch Strömungsvorgänge entstehenden Geräusche setzen sich aus einem breitbandigen Rauschanteil und überlagerten Tönen zusammen. Das breitbandige Rauschen wird hervorgerufen:

- durch Wechselkräfte auf den Laufschaufeln, verursacht durch die Wirbelablösung an der Hinterkante und durch den turbulenten Nachlauf von Vorleitapparaten, Streben sowie Einlaufdüsen und
- durch Wechselkräfte auf nachgeschalteten Leitschaufeln infolge des turbulenten Nachlaufs der Laufschaufeln.

Die Einzeltöne entstehen hauptsächlich durch periodische Wechselkräfte auf den Leit- und Laufschaufeln, die auf die Wechselwirkung zwischen den Lauf- und Leitschaufeln zurückzuführen sind [21.107, 21.111–21.113, 21.116].

Schallübertragungswege. Die bei beiden Verdichterbauarten erzeugten Geräusche werden nach außen abgestrahlt über:

- die Verdichtergehäuse,
- die angeschlossenen Rohrleitungen,
- die Kühler,
- die Ölabscheider (bei ölüberfluteten Schraubenverdichtern).

Ohne Schallschutzmaßnahmen werden die wesentlichen Geräusche über die angeschlossenen Rohrleitungen nach außen abgestrahlt.

21.4.2 Näherungsweise Berechnung der Schallabstrahlung

Schraubenverdichter. Eine Abschätzung der unbewerteten Oktav-Schallleistungspegel $L_{W/Okt}$ (re 10^{-12} W) der in die Saug- und Druckleitung übertragenen Geräusche gelingt mit folgender Beziehung:

$$L_{W/Okt} = 147 + 20 \lg(\dot{V}) + \Delta L_{Okt} \text{ dB} \quad (21.71)$$

mit

f_m/f_0	0,5	1	2	4	8	16
Druckleitung ΔL_{Okt}	−20	−4	−4,5	−10	−18	−21
Saugleitung ΔL_{Okt}	−31	−16	−17	−18	−19,5	−21

$\dot{V}$ ansaugseitiger Volumenfluss in m³/s,
f_m Oktav-Mittenfrequenz in Hz,
f_0 s. Gl. (21.70).

Die Abschätzung der von der Saug- und Druckleitung nach außen abgestrahlten Schallleistung erfolgt unter Berücksichtigung der Beziehungen in Abschn. 21.2.

Axiale Turboverdichter. Eine grobe Abschätzung der A-Schallleistungspegel L_{WA} der insgesamt über die verschiedenen Schallübertragungswege (ohne Schallschutzmaßnahmen) abgestrahlten Verdichtergeräusche gelingt mit nachstehender Beziehung (s. auch Abb. 21.38):

$$L_{WA/Okt} = 112 + 20 \lg(P_N/1 \text{ MW}) \text{ dB(A)} \quad (21.72)$$

P_N Antriebsnennleistung in MW.

Die A-Schallleistungspegel der Verdichtergehäuse sind i. d. R. 5 bis 35 dB(A) geringer als die der angeschlossenen Rohrleitungen (Abb. 21.38).

Zur Abschätzung des A-bewerteten Oktavspektrums $L_{WA/Okt}$ kann Abb. 21.39 dienen.

21.4.3 Geräuschminderung

Sowohl bei den Schraubenverdichtern als auch bei den Turboverdichtern kommen zur Verringerung der Luft- und Körperschallübertragung auf die angeschlossenen Rohrleitungen Schalldämpfer zum Einsatz, die sowohl den Gasschall in den Rohrleitungen als auch den Körperschall auf den Rohrleitungen verringern.

Die gebräuchlichste Schallschutzmaßnahme bei den Rohrleitungen sind allerdings schalldämmende Ummantelungen (s. Abschn. 21.2.9).

Zur Verringerung der Luftschallabstrahlung der Verdichter werden diese in einem Gebäude aufgestellt oder aber mit schalldämmenden Kapseln versehen.

21.5 Pumpen[3]

Im Folgenden werden zunächst die wichtigsten Pumpenarten beschrieben; nähere Angaben können [21.135–21.139] entnommen werden.

Die **hydrostatischen Pumpen** werden zur Erzeugung sehr hoher Drücke eingesetzt. Charakteristisch für die Pumpen ist der mechanische Abschluss zwischen Saug- und Druckseite; außerdem ist je nach Dichtigkeit dieses Abschlusses die Fördermenge nur wenig vom Gegendruck (Förderhöhe) abhängig. Die wichtigsten hydrostatischen Pumpen sind Flügelzellenpumpe, Zahnradpumpe, Axialkolbenpumpe und Spindelpumpe (Prinzipskizzen s. Abb. 21.40).

Bei den **hydrodynamischen Pumpen** (Kreiselpumpen, Prinzipskizze in Abb. 21.41) besteht zwischen dem Saug- und Druckstutzen kein mechanischer Abschluss. Der Druckunterschied zwischen beiden Stutzen muss durch hydrodynamische Kräfte aufrechterhalten werden. Die Schaufeln des rotierenden Laufrades erteilen der axial zuströmenden Flüssigkeit Geschwindigkeitsenergie, die zum großen Teil in Druckenergie umgesetzt wird. Die Förderung erfolgt kontinuierlich.

---

[3] Dieser Abschnitt basiert auf einer früheren Ausarbeitung von Ch. Mühle.

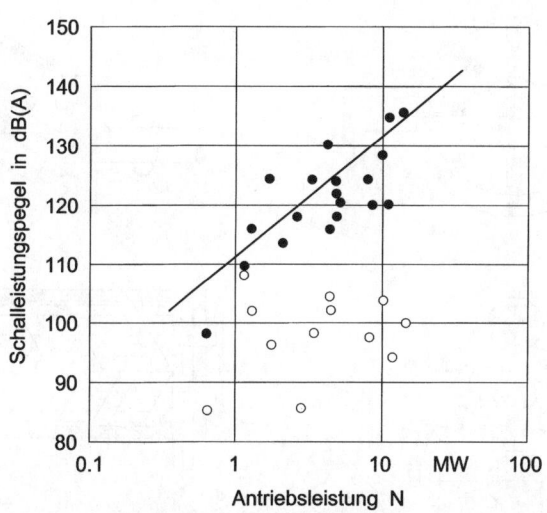

Abb. 21.38 A-Schallleistungspegel von axialen Turboverdichtern und den angeschlossenen Rohrleitungen [21.147].
● Schallabstrahlung vom Verdichtergehäuse und den angeschlossenen Rohrleitungen, ○ Schallabstrahlung nur vom Verdichtergehäuse

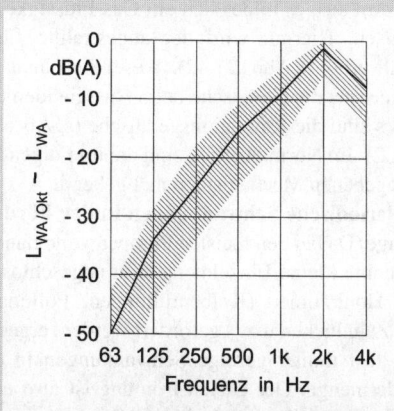

Abb. 21.39 Mittleres normiertes A-bewertetes Oktav-Schallleistungsspektrum von axialen Turboverdichtern einschließlich der angeschlossenen Rohrleitungen ohne sekundären Schallschutz. $L_{WA/Okt}$ A-bewerteter Oktav-Schallleistungspegel, L_{WA} gesamter A-Schallleistungspegel

21.5.1 Schallentstehung

Die Hauptursachen für die Geräuschabstrahlung einer Pumpe sind die beim Pumpvorgang erzeugten Wechseldrücke in der Flüssigkeit. Die durch die Bewegung mechanischer Übertragungselemente (Verzahnung, Lagerung, Antrieb u.a.) verursachten Körperschallpegel sind meist wesentlich geringer.

21.5.1.1 Hydrostatische Pumpen

Bei den hydrostatischen Pumpen kommen im Wesentlichen drei Mechanismen für die Geräuscherzeugung in Betracht:

– Kavitation und Ausscheidung von Gas beim Ansaugen,
– periodische Schwankungen der Fördermenge und damit verbundene Änderungen der Strömungsgeschwindigkeit und
– impulsartige Druckausgleichsvorgänge beim Zusammentreffen von Flüssigkeitsvolumina unterschiedlichen Druckes. Dieser Mechanismus tritt bei der Spindelpumpe nicht auf.

Ausscheidung von Gas und Kavitation beim Ansaugen. Mit abnehmendem Saugdruck scheidet sich das in der Flüssigkeit gelöste Gas in Bla-

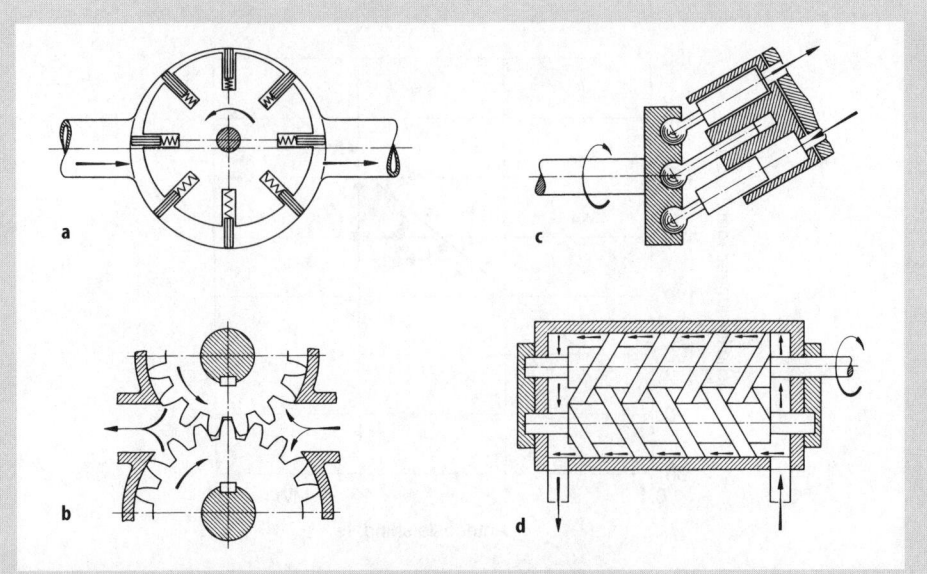

Abb. 21.40 Prinzipskizzen der wichtigsten hydrostatischen Pumpen. **a** Flügelzellenpumpe, **b** Zahnradpumpe, **c** Axialkolbenpumpe, **d** Spindelpumpe

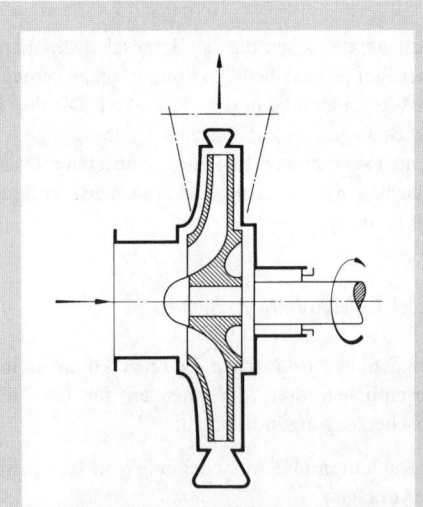

Abb. 21.41 Prinzipskizze einer Kreiselpumpe nach [21.135]

senform aus, es bildet sich ein Gas-Flüssigkeitsgemisch. Hiermit wird der abgestrahlte Luftschall erhöht (Abb. 21.42). Wesentlich unangenehmer als die Geräusche beim Ausscheiden des Gases sind die Kavitationsgeräusche (s. Abschn. 21.1.2). Im Normalbetrieb sind die im Folgenden angegebenen Mechanismen maßgebend.

Periodische Schwankungen in der Fördermenge. Da bei den meisten Pumpen voneinander getrennte kleine Einzelmengen in abgeschlossenen Hohlräumen (Kolbenfüllungen, Füllungen von Zahnlücken usw.) gefördert werden, ergeben sich fast immer geringe Schwankungen in der Fördermenge. Der Gleichströmung ist also eine Wechselschnelle $v(t)$ überlagert. Wenn man in einem Rohr mit dem Querschnitt S die Schwankungen des Volumenflusses mit

$$\dot{V}(t) = S \cdot v(t) \qquad (21.73)$$

bezeichnet, dann ergibt sich für die Druckschwankungen in engen Rohren (nur ebene Schallwellen) die Beziehung

$$p(t) = \varrho c\, v(t) \qquad (21.74)$$

bzw.

$$p(t) = \varrho c\, \frac{\dot{V}_0}{S}\, \varepsilon. \qquad (21.75)$$

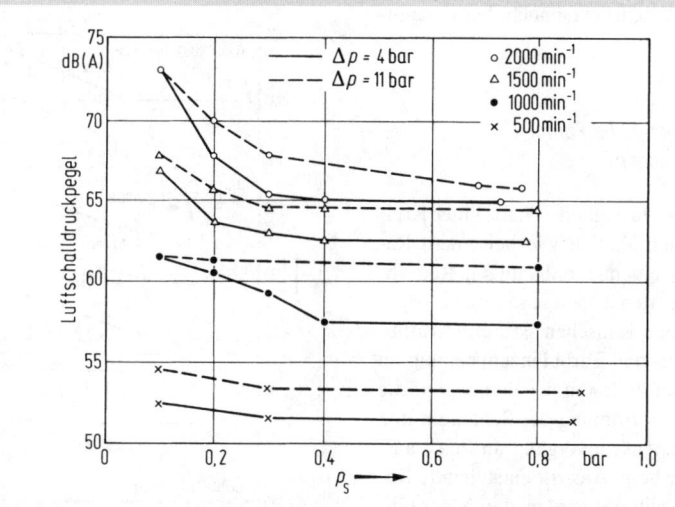

Abb. 21.42 Einfluss des Saugdrucks p_S auf den von einer Zahnradpumpe abgestrahlten Luftschallpegel nach [21.143]

ϱ Dichte der Flüssigkeit in kg/m³,
c Schallgeschwindigkeit in der Flüssigkeit in m/s,
$\dot{V}_0$ mittlerer Volumenfluss in m³/s,
S Rohr-Innenquerschnittsfläche in m².

Dabei ist ε die relative zeitliche Änderung des Volumenflusses

$$\varepsilon = \frac{\dot{V}(t)}{\dot{V}_0}, \qquad (21.76)$$

wobei ε abhängig von der Geometrie der Pumpe ist. Bei der Zahnradpumpe beträgt ε etwa 0,02, bei der Axialkolben- und Flügelzellenpumpe etwa 0,2 bis 0,005.

Impulsartige Druckausgleichsvorgänge. Dieser Mechanismus wird wirksam, wenn beim Betrieb der Pumpe auf der Saugseite ein kleines Flüssigkeitsvolumen V_0 (Hubvolumen) z.B. zwischen den Flügeln der Flügelzellenpumpe oder zwischen den Zähnen der Zahnradpumpe aufgenommen und dann zur Druckseite transportiert wird. Dort kommt es plötzlich mit der unter hohem Druck stehenden Flüssigkeitssäule in Verbindung, wobei die im Volumen V_0 befindliche Flüssigkeit komprimiert wird. Die dabei auftretende Volumenminderung ist

$$\Delta V = V_0 \frac{\Delta p}{\varrho c^2}. \qquad (21.77)$$

Δp ist der Unterschied des statischen Druckes im Volumen V_0 unmittelbar vor und nach der Verbindung mit der Druckseite. Wenn während des Pumpvorganges die Flüssigkeit nicht komprimiert wird, ist Δp auch der Druckunterschied zwischen der Druck- und der Saugseite (Förderdruck). Bei der Kompression des Hubvolumens um den Betrag ΔV muss etwas Flüssigkeit von der Druckseite zurückfließen. Die hiermit verbundene Schnelle der Flüssigkeit auf der Druckseite ist

$$v(t) = \frac{1}{\Delta t} \frac{\Delta V}{S}. \qquad (21.78)$$

Δt Zeitdauer der Kompression in s.

Für die Teiltonamplituden des Wechseldruckes $p(t)$ folgt mit Gl. (21.74):

$$p_\nu = \frac{\varrho c}{S} \frac{2}{T} \int_0^T \frac{\Delta V}{\Delta t} \cos(2\pi \nu t/T)\, dt \qquad (21.79)$$

mit $\nu = 0, 1, 2, \ldots$

$T = 1/(z n)$ Periodendauer in s,
z Zahl der Fördervolumina,
n Drehzahl der Pumpe in 1/s.

Berücksichtigt man, dass die Kompression des Hubvolumens sehr schnell erfolgt ($\Delta t \ll T$), so ergibt sich für die ersten Teiltöne mit $\dot{V}_0 = V_0/T$ und Gl. (21.77):

$$p_\nu = \varrho c \frac{2}{T} \frac{\Delta V}{S} = 2\dot{V}_0 \frac{\Delta p}{cS} \qquad (21.80)$$

mit $\nu = 0, 1, 2, 3, 4$.

Diese Beziehung gilt etwa für die ersten fünf Teiltöne, die im Wesentlichen auch den Gesamtpegel bestimmen.

21.5.1.2 Hydrodynamische Pumpen (Kreiselpumpen)

Das Spektrum des Flüssigkeitsschalls einer Kreiselpumpe setzt sich ähnlich wie bei einem Radialventilator aus einem breitbandigen Rauschanteil und überlagerten Tönen zusammen.

Das breitbandige Rauschen ist zurückzuführen auf die Wirbel- und Turbulenzentstehung an festen Konstruktionsteilen in der Pumpe, auf die ungleichförmige Anströmung der Schaufeln und ggf. auf die beim Ansaugvorgang an den Laufradschaufeln oder beim Austritt entstehende Kavitation. Die Einzeltöne werden durch periodische Wechselkräfte verursacht, die durch Wechselwirkung der bewegten Laufradschaufeln mit der Austrittskante entstehen. Die Einzeltöne bestimmen bei der nichtkavitierenden Pumpe den Gesamt-Schallleistungspegel in der Flüssigkeit.

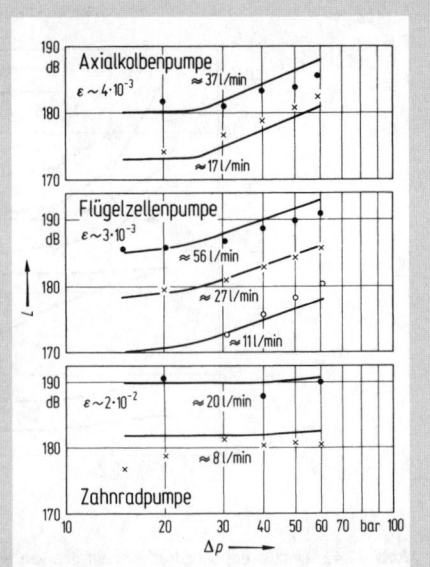

Abb. 21.43 Abhängigkeit des Gesamtschallpegels L im Öl vom Förderdruck Δp und vom Volumenfluss (Innendurchmesser des Rohrsystems 24 mm),
—— berechnet mit Gl. (21.81)

21.5.2 Näherungsweise Berechnung der Schallabstrahlung

21.5.2.1 Hydrostatische Pumpen

Für den Gesamt-Schallleistungspegel L_W (re 10^{-12} W) der von einer nichtkavitierenden hydrostatischen Pumpe in die Druckleitung übertragenen Geräusche resultiert aus den Gln. (21.75) und (21.80):

$$L_W = 117 + 10 \lg \left\{ \varrho c \frac{\dot{V}_0^2}{S} \left[\varepsilon^2 + 40 \left(\frac{\Delta p}{\varrho c^2} \right)^2 \right] \right\} \text{ dB} . \quad (21.81)$$

Der Schallleistungspegel für die Saugseite ist 10 bis 30 dB niedriger als der für die Druckseite.

In Abb. 21.43 ist der sich aus Gl. (21.81) ergebende Gesamt-Schalldruckpegel L (re $2 \cdot 10^{-5}$ Pa) in Abhängigkeit vom Förderdruck Δp und vom Fördervolumen $\dot{V}_0$ im Vergleich mit Messergebnissen wiedergegeben [21.152][4].

Die angegebene Formel (21.81) ist bei der **Spindelpumpe** nicht zu verwenden, weil die Lecköleverluste sehr viel größer als bei den vorher behandelten Pumpen sind und damit auch der impulsartige Druckausgleich zwischen zwei Flüssigkeitsvolumina nicht auftreten kann. Es erfolgt vielmehr ein allmählicher Druckaufbau auf dem Weg zur Druckseite; damit nimmt die Spindelpumpe eine gewisse Mittelstellung zwischen hydrostatischen und hydrodynamischen Pumpen ein. Andererseits ist vorstellbar, dass die Schwankungen des Volumenstroms verhältnismäßig groß sind und mit wachsendem Förderdruck zunehmen. Messungen ergaben, dass der Gesamtschallpegel in der Flüssigkeit ausschließlich vom Förderdruck abhängt. Abbildung 21.44 zeigt die gemessene Abhängigkeit des Gesamtschalldruckpegels in der Flüssigkeit einer Spindelpumpe.

In Abb. 21.45 sind schematische Oktavspektren in der Förderflüssigkeit auf der Druckseite einiger Pumpen wiedergegeben. Die Frequenz des bei allen Spektren zu beobachtenden Grundtones ist gegeben durch

$$f_0 = z \cdot n \quad (21.82)$$

z Zahl der Fördervolumina,
n Drehzahl der Pumpe in 1/s.

---

[4] Dabei wurde berücksichtigt, dass durch Reflexion am Belastungswiderstand (Ventil) und an der Pumpe eine Pegelerhöhung auf der Messstrecke von etwa 6 dB auftritt.

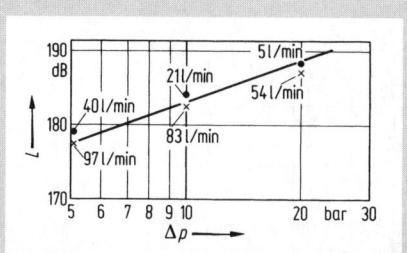

Abb. 21.44 Abhängigkeit des Gesamtschalldruckpegels im Öl vom Förderdruck und vom Volumenfluss bei einer Spindelpumpe auf der Druckseite (Innendurchmesser des Rohrsystems 24 mm)

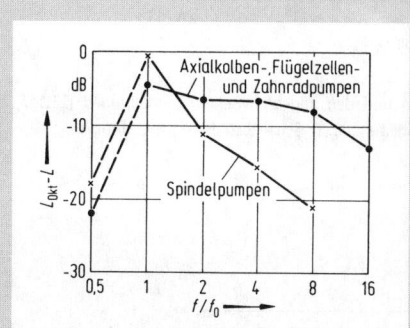

Abb. 21.45 Schematische Oktav-Schallpegel in der Druckleitung von hydrostatischen Pumpen

Die Geräusche von Flügelzellen-, Axialkolben- und Zahnradpumpen sind sehr obertonreich. Bei Schmalbandanalysen ergibt sich daher ein reines Linienspektrum, bei dem sich Linien bis zur 50. Ordnung nachweisen lassen. Wenn Kavitation die maßgebliche Geräuschursache ist, erhält man ein breitbandiges Spektrum, in dem sich die einzelnen Linien wesentlich weniger bemerkbar machen.

Die Abschätzung der von der Druckleitung nach außen abgestrahlten Schallleistung erfolgt unter Berücksichtigung der Beziehungen in Abschn. 21.2 aus dem Oktav-Schallleistungsspektrum in der Flüssigkeit.

Für die näherungsweise Berechnung des von den Pumpengehäusen abgestrahlten Luftschalls sei auf [21.141] verwiesen.

21.5.2.2 Hydrodynamische Pumpen (Kreiselpumpen)

In Industrieanlagen sind Kreiselpumpen in großer Anzahl vorhanden. Die von einer Kreiselpumpe erzeugten Geräusche werden vorwiegend über die mit der Pumpe verbundenen Rohrleitungen nach außen abgestrahlt und nicht über das Gehäuse. Der gesamte A-Schallleistungspegel einer Kreiselpumpe einschließlich der angeschlossenen Rohrleitungen lässt sich, wie Abb. 21.46 zeigt, aus der Motor-Nennleistung P_N in kW abschätzen [21.147]:

$$L_{WA} = 68 + 16 \lg(P_N/1\,\text{kW}) \begin{smallmatrix}+6\\-9\end{smallmatrix} \text{ dB(A)}. \qquad (21.83)$$

90 % aller Messwerte liegen im angegebenen Streubereich (Abb. 21.46). Nach Schmitt und Klein [21.151] lässt sich der A-Schallleistungspegel der von Chemie-Normpumpen (Baureihe CPK) für die über das Gehäuse abgestrahlten Geräusche mit

$$L_{WA} = 68 + 12 \lg(P_N/1\,\text{kW}) \text{ dB(A)} \qquad (21.84)$$

berechnen, und zwar für Nennleistungen zwischen 1 und 100 kW [21.149, 21.150]. Weitere Angaben für den von Pumpengehäusen abgestrahlten Luftschall finden sich in [21.140].

Zur Abschätzung des A-bewerteten Oktav-Schallleistungsspektrums $L_{WA/Okt}$ kann Abb. 21.47 dienen.

21.5.3 Geräuschminderung

21.5.3.1 Primäre Maßnahmen

Um bei **Hydrostatischen Pumpen** den Flüssigkeitsschall zu vermindern, kommt es, wie aus Abschn. 21.5.1 folgt, vor allem darauf an, die Förderschwankungen und die Druckdifferenzen beim Ankoppeln der geförderten Flüssigkeitsvolumina an die Druckseite möglichst klein zu halten und alle Vorgänge möglichst „weich" zu machen[5].

Bei einer **Zahnradpumpe** können die Druckunterschiede zwischen dem geförderten Flüssigkeitsvolumen und der Flüssigkeit, an die es ange-

---

[5] Unter „weich" versteht man hier, dass Unstetigkeiten in den Beschleunigungen und ihren Ableitungen soweit wie möglich vermieden werden [21.145].

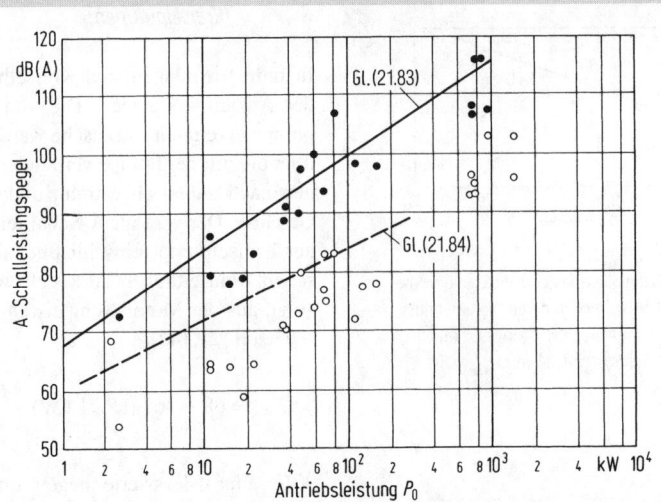

Abb. 21.46 A-bewertete Schallleistungspegel von Kreiselpumpen und den angeschlossenen Rohrleitungen [21.147]. ● Schallabstrahlung vom Gehäuse und den angeschlossenen Rohrleitungen, ○ Schallabstrahlung nur vom Pumpengehäuse

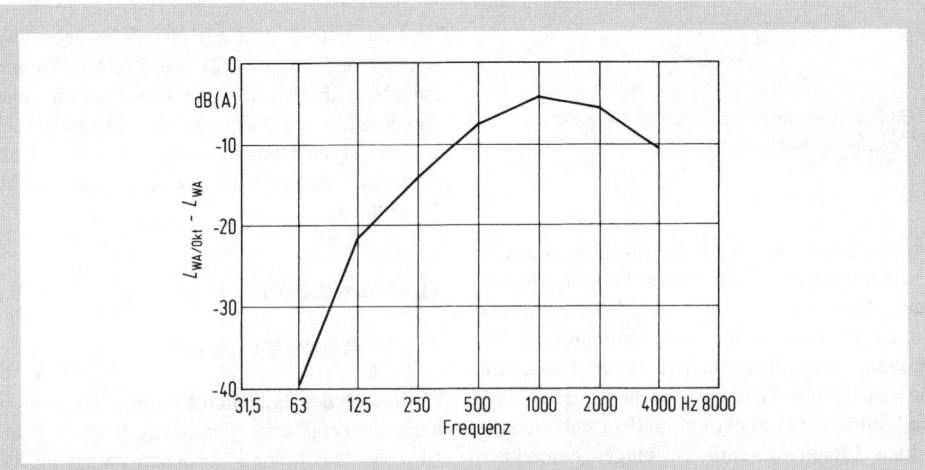

Abb. 21.47 Mittleres normiertes A-bewertetes Oktav-Schallleistungsspektrum von Kreiselpumpen einschließlich der angeschlossenen Rohrleitungen [21.147]

koppelt wird, durch Anbringung einer Vorsteuernut in der Räderplatte und einer Druckentlastungsnut wesentlich vermindert werden [21.142, 21.143]. Es lässt sich eine Verringerung des abgestrahlten Luftschallpegels um etwa 5 dB erreichen.

Bei einer **Axialkolbenpumpe** kann eine Verringerung der Druckdifferenz zwischen dem geförderten Volumen und der Druckseite durch Verdrehung des Steuerspiegels erreicht werden. Auf diese Weise kann der Druck im geförderten Volumen so eingestellt werden, dass der Druck im Zylindervolumen im Moment der Ankopplung an das Drucksystem gleich dem Systemdruck wird. Damit werden die Druckspitzen weitgehend abgebaut und der Schalldruckpegel gegenüber dem Betrieb ohne Vorkompression um etwa 5 dB abgesenkt. Natürlich muss der Vorkompressionsdruck jedem neuen Arbeitsdruck im System neu angepasst werden, um den gleichen Effekt zu erzielen.

Eine andere Lösung wird in [21.144] mit Hilfe eines Druckausgleichkanals angegeben. Hierbei werden z. B. beide Stege des Steuerbodens in der Stegmitte mit je einer Bohrung versehen und miteinander über eine Drosselstrecke verbunden. Damit wird eine schlagartige Entspannung sowie die Kompression des eingeschlossenen Flüssigkeitsvolumens am Totpunkt vermieden. Durch geeignete Auslegung des Druckausgleichkanals kann eine Verminderung des abgestrahlten Luftschalls von mehr als 10 dB erreicht werden.

Der tonale Geräuschanteil einer **Kreiselpumpe mit Leitschaufeln** kann vor allem durch geeignete Wahl der Lauf- und Leitschaufelzahl sowie durch Vergrößerung des Abstandes zwischen Lauf- und Leitschaufeln verringert werden [21.146].

Ein **kavitationsfreier Betrieb** der Pumpen muss unbedingt angestrebt werden.

21.5.3.2 Maßnahmen am Rohrleitungssystem

Eine sehr wirksame Maßnahme besteht darin, unmittelbar in der Nähe der Stelle, an der die Wechseldrücke erzeugt werden, eine nachgiebige Schicht anzubringen, die die Druckstöße ausgleicht, sie also auf eine längere Zeit (mindestens einige Millisekunden) verteilt. Derartige Pulsationsdämpfer sind umso wirksamer, je näher sie an der Schallquelle angeordnet und je „weicher" sie sind.

Wenn der Schall erst in der Rohrleitung gedämpft werden kann, werden normalerweise ebenfalls weiche Schichten verwendet, die den ankommenden Flüssigkeitsschall reflektieren, also an der Weiterleitung hindern. Da zwischen dem Flüssigkeitsschall und dem Körperschall in der Rohrwandung eine sehr enge Kopplung besteht, muss gleichzeitig die Ausbreitung des Körperschalls verhindert werden. Falls der herrschende Druck weniger als 5 bar beträgt, eignen sich hierfür z. B. weiche Gummikompensatoren.

Schwieriger ist die Konstruktion von Flüssigkeitsschalldämpfern, wenn die statischen Drücke mehr als 10 bar betragen und damit die weichen Schichten zu stark beansprucht werden. Die sog. armierten Druckschläuche sind ziemlich wirkungslos, da sie für akustische Zwecke bereits zu hart sind.

Wichtigste Schallschutzmaßnahmen bei Pumpen sind schalldämmende Kapselungen oder Ummantelungen des Pumpengehäuses sowie schalldämmende Ummantelungen der angeschlossenen Rohrleitungen (s. Abschn. 21.2.9).

21.6 Elektromotoren

Drehstrom-Niederspannungs-Motoren werden für Antriebsleistungen zwischen etwa 1 und 400 kW verwendet, Drehstrom-Hochspannungsmotoren für Antriebsleistungen ab etwa 160 kW.

In den letzten Jahrzehnten haben die Motorenhersteller mit großem Erfolg die Geräuschentwicklung ihrer Elektromotoren verringern können. Die wesentlichen Geräusche bei luftgekühlten Motoren entstehen durch die Lüfter. Die Geräuschanteile durch Magnetostriktion und durch die Lager sind i. d. R. vernachlässigbar. Nur bei drehzahlgeregelten Motoren am Frequenzumrichter können die magnetostriktiven Geräusche von besonderer Bedeutung sein.

Bei Niederspannungs-Motoren mit geräuscharmen Lüftern und bei Hochspannungs-Motoren mit einem integriertem Schallschutz können – bei sinusförmiger Ansteuerung – folgende A-bewertete Schallleistungspegel L_{WA} (re 10^{-12} W) eingehalten werden:

Niederspannungsmotor

$$L_{WA} = 60 + 10 \lg(P_N/1 \text{ kW}) \text{ dB(A)} \qquad (21.85)$$

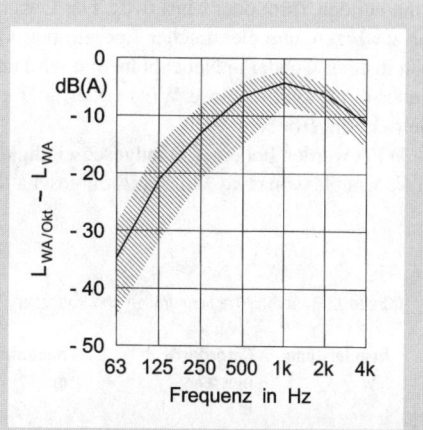

Abb. 21.48 Mittleres normiertes A-bewertetes Oktav-Schallleistungsspektrum von luft- und wassergekühlten Elektromotoren. $L_{WA/Okt}$ A-bewerteter Oktav-Schallleistungspegel; L_{WA} gesamter A-bewerteter Schallleistungspegel

Hochspannungsmotor

$$L_{WA} = 85 + 5 \lg(P_N/1\text{ kW}) \text{ dB(A)} \quad (21.86)$$

P_N Motor-Nennleistung in kW (1…3000 kW).

Bei wassergekühlten Hochspannungsmotoren werden die A-Schallleistungspegel nach Gl. (21.86) um etwa 5 dB(A) unterschritten.

Zur Abschätzung des A-bewerteten Oktavspektrums $L_{WA/Okt}$ kann Abb. 21.48 dienen.

Eine weitergehende Geräuschminderung ist durch eine schalldämmende Kapselung der Motoren möglich.

21.7 Windenergieanlagen (WEA)

Die erste deutsche, technisch hochperfektionierte Windenergieanlage wurde von Hütter in den Jahren 1955 bis 1957 entwickelt und bis 1968 auf der Schwäbischen Alb getestet. Die Energiekrise Anfang der 70er-Jahre hat dazu geführt, dass die Entwicklung von WEA öffentlich gefördert wurde. Als Ergebnis wurde die Großwindanlage Growian mit 3 MW Nennleistung gebaut.

21.7.1 Bauformen und Betrieb

Von den etwa 30 Antriebsprinzipien hat sich allein der schnelllaufende Axialläufer mit drei Rotorblättern durchgesetzt, die in Luv angeordnet sind, so dass der Wind erst auf die Flügel und dann auf den Turm oder Mast trifft. Der Generator zur Erzeugung elektrischer Energie befindet sich in einer Gondel in Nabenhöhe und wird entweder direkt (getriebelose WEA) oder über ein Getriebe angetrieben.

WEA werden bei einer Windgeschwindigkeit in Nabenhöhe von etwa 3 bis 4 m/s eingeschaltet, erreichen bei etwa 12 bis 14 m/s ihre Nennleistung und werden bei höherer Windgeschwindigkeit bis 25 m/s zum Schutz vor Überlastung auf Nennleistung geregelt. Zwei Regelungsmechanismen sind gebräuchlich, die **„Pitch"-Regelung** und die **„Stall"-Regelung**. Bei ersterer werden die Anstellwinkel der Rotorblätter dynamisch verstellt, sodass sie dem Wind bei hohen Geschwindigkeiten weniger Angriffsfläche bieten. Bei letzterer wird durch die Form der Rotorblätter erreicht, dass die Strömung an der Flügelhinterkante nach Erreichen der Nennleistung abreißt und damit der Widerstand an den Rotorblättern zunimmt.

Die erzeugbare elektrische Leistung P_e von WEA kann mit folgender Beziehung abgeschätzt werden [21.180]:

$$P_e = \eta \, c_p \, S \, \frac{\varrho}{2} \, v^3 \text{ W} \quad (21.87)$$

P_e erzeugbare elektrische Leistung in W,
η elektrischer Wirkungsgrad ($\eta \approx 0{,}75$),
c_p Leistungsbeiwert ($c_p \approx 0{,}45$),
S vom Rotor überstrichene Fläche in m²,
$\varrho \approx 1{,}2$ kg/m³, Dichte der Luft,
v Windgeschwindigkeit in Luv vor dem Rotor in m/s.

Daten für vier Windenergieanlagen sind in Tabelle 21.3 zusammengestellt.

21.7.2 Schallentstehung

Die von WEA abgestrahlten Geräusche setzen sich aus aerodynamisch und mechanisch erzeugten Geräuschen zusammen. Die meist pegelbestimmenden aerodynamischen Geräusche werden von den Rotorblättern durch Wirbelablösung an den Blattspitzen und an der Abströmkante ver-

Tabelle 21.3 Technische Kenngrößen von Windenergieanlagen

Nennleistung MW	Rotordurchmesser m	Nabenhöhe m	Drehzahl bei Nennleistung 1/min	Schallleistungspegel bei Nennleistung dB(A)
4,5	113	124	12	103
1,5	66	70	23	103
0,6	46	60	24	95
0,25	30	40	40	95

ursacht. Mechanische Geräusche entstehen im Getriebe (bei Getriebemaschinen), im Generator und durch Hilfsanlagen wie Lüfter, Drehantriebe und Stromrichter. Vor allem die Getriebegeräusche führen dazu, dass WEA auffällige Einzeltöne von der Gondel und vom Stahlturm abstrahlen können.

21.7.3 Näherungsweise Berechnung der Schallabstrahlung

Bei Nennleistungen von 0,5 bis 3 MW verursacht der Betrieb einer WEA, wie in Tabelle 21.2 angegeben, einen Schallleistungspegel von typisch 103 dB(A). Bei Anlagen unter 0,5 MW kann der Schallleistungspegel unter 100 dB(A) liegen. Einzelne Erfahrungswerte sind in Abb. 21.49 angegeben.

Die Geräuschemission von WEA hängt von der Windgeschwindigkeit ab. Bei der Einschalt-Windgeschwindigkeit ist die Geräuschemission am niedrigsten und steigt mit zunehmender Windgeschwindigkeit an. Beim Erreichen der Nennleistung bleibt die Geräuschemission bei WEA mit „Pitch"-Regelung nahezu konstant, während sie bei Anlagen mit „Stall"-Regelung weiter zunimmt. Die Zunahme des A-Schallleistungspegels mit der Windgeschwindigkeit bis zum Erreichen der Nennleistung beträgt etwa 1 bis 2,5 dB(A) pro Zunahme der Windgeschwindigkeit um 1 m/s [21.181, 21.182].

Eine Abschätzung des A-Schallleistungspegels für getriebelose und „pitch"-geregelte WEA ist nach der folgenden Beziehung möglich:

$$L_{WA} = -9 + 50 \lg \left(\frac{U}{1 \text{ m/s}}\right) + 10 \lg \left(\frac{D}{1 \text{ m}}\right) \text{dB(A)} \quad (21.88)$$

U Umfangsgeschwindigkeit in m/s,
D Rotordurchmesser in m.

21.7.4 Geräuschminderung

Wichtige Maßnahmen zur Verringerung der Schallemission von WEA sind:

- Drehzahlreduzierung.
  Eine Verringerung der Geräuschemission um 4 dB(A) bedeutet erfahrungsgemäß eine Halbierung der erzeugbaren elektrischen Leistung [21.183]. Diese Maßnahme wird z. B. angewendet, wenn in den Nachtstunden eine Minderung der Schallemission erforderlich ist.
- Einsatz von besonderen Planetengetrieben mit geringen Verzahnungsfehlern und hohem Überdeckungsgrad.
- Entkopplung des Rotors vom Getriebe.
- Entkopplung der Gondel vom Maschinenrahmen durch Federelemente.
- Verringerung der Schallabstrahlung des Turmes durch Ausführung in Stahlbetonbauweise.

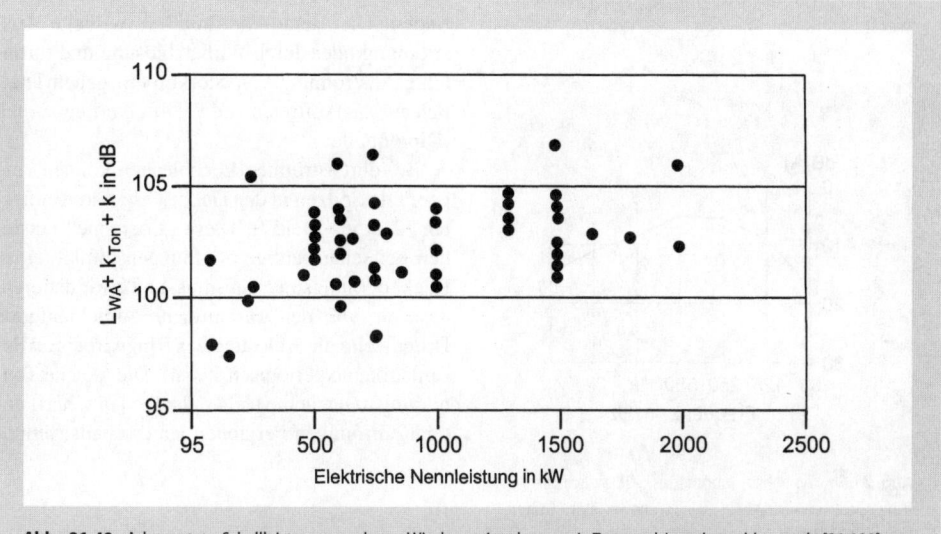

Abb. 21.49 A-bewertete Schallleistungspegel von Windenergieanlagen mit Ton- und Impulszuschlag nach [21.189]

- Einsatz von Zuluft- und Abluft-Schalldämpferstrecken im Bereich der Gondel.

21.7.5 Messung und Beurteilung der Geräusche

Die Geräuschemission von WEA wird nach der Norm [21.185] ermittelt. Abweichungen von dieser Norm bzw. zusätzliche Konkretisierungen sind in [21.186] angegeben. Sie dienen dazu, die Messunsicherheit zu minimieren und die Reproduzierbarkeit der Messergebnisse zu erhöhen.

Nach der Norm [21.185] sind Schallemissionsmessungen (und die Bestimmung der elektrischen Wirkleistung) bei Windgeschwindigkeiten zwischen 6 und 10 m/s (gemessen in 10 m Höhe) durchzuführen, höchstens jedoch bei einer standardisierten Windgeschwindigkeit, die bei 95 % der Nennleistung der WEA auftritt. Die während der Messung auftretenden Hintergrundgeräusche, hervorgerufen durch den Bewuchs oder die Bebauung, werden getrennt bestimmt und bei der Ermittlung des Schallleistungspegels mit Korrekturen bis zu 1,3 dB(A) berücksichtigt. Als akustische Kenngrößen werden im Wesentlichen ermittelt:

- der A-bewertete Schallleistungspegel und dessen Terzspektrum,
- der Tonzuschlag K_T nach DIN 45681 [21.187], falls das Geräusch der WEA Einzeltöne enthält,
- der Impulszuschlag K_I nach TA Lärm [21.184, 21.186] für den Fall, dass die Schallemission der WEA impulshaltigen Charakter aufweist.

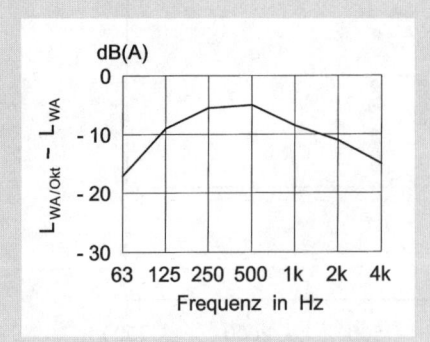

Abb. 21.50 Typisches normiertes Oktav-Schallleistungsspektrum von WEA. $L_{WA/Oktav}$ A-bewerteter Oktav-Schallleistungspegel; L_{WA} A-Schallleistungspegel

Die früher durchgeführten Infraschallmessungen haben gezeigt, dass der von den üblicherweise verwendeten Luv-Läufern unter 20 Hz erzeugte Schall weit unterhalb der Wahrnehmungsschwelle des Menschen liegt und deshalb bedeutungslos ist [21.188].

Die Lästigkeit der Töne von WEA ist vor allem darin begründet, dass durch die Böigkeit des Windes sehr störend empfundene Tonhöhenschwankungen verursacht werden.

Im Sinne des Bundes-Immissionsschutzgesetzes sind einzelne WEA nicht genehmigungsbedürftig; die Belange des Immissionsschutzes werden im Rahmen des Baugenehmigungsverfahrens behandelt. Die Windparks [21.183] sind genehmigungsbedürftige Anlagen, für die ein immissionsschutzrechtliches Genehmigungsverfahren durchgeführt werden muss. In beiden Fällen sind die Schallimmissionen nach der TA Lärm [21.184] zu beurteilen.

21.8 Verwirbelte Ausströmung und Umströmung

21.8.1 Schallentstehung

Wenn Luft oder ein anderes Gas in einer Rohrleitung strömt oder aus einer Rohrleitung ausströmt, treten bei allen technisch interessierenden Strömungsgeschwindigkeiten Wirbel auf, die zur Schallentstehung führen. Besonders viel Schall wird dann erzeugt, wenn sich Hindernisse (Blende, Umlenkung, Gitter usw.) in der Strömung befinden. Die Geräusche durch verwirbelte Ausströmung oder durch Wirbelablösung und turbulente Anströmung von Störkörpern gehen letztlich auf das Auftreten von Wechselkräften zurück (Dipolquellen).

Bei durchströmten Lochblechen können ausgeprägte Spitzen in den Geräuschspektren auftreten [21.155–21.157]. Diese „Lochtöne" entstehen bei scharfkantigen Öffnungen infolge eines Rückkopplungsmechanismus, und zwar dadurch, dass die von der Auslaufkante zurücklaufende Druckwelle die Ablösung des Ringwirbels an der Einlaufkante periodisch steuert. Die gleiche Tonbildung untersuchte Heller [21.158] in scharfkantigen Öffnungen bei hohen Unterschallströmungen.

Die Frequenzlage des Grundtones f_L ergibt sich näherungsweise zu:

$$f_L = \frac{1}{\dfrac{h}{\alpha u_L} + \dfrac{h}{c - \beta u_L}} \quad \text{mit} \quad \begin{array}{l} \alpha \approx 0{,}63 \\ \beta \approx 0{,}54 \end{array} \quad (21.89)$$

h Plattendicke (= Lochlänge) in m,
u_L mittlere Strömungsgeschwindigkeit im Loch in m/s,
c Schallgeschwindigkeit im ungestörten gasförmigen Medium in m/s.

21.8.2 Näherungsweise Berechnung der Schallabstrahlung

Der gesamte Schallleistungspegel L_W (re 10^{-12} W) der von einer gasdurchströmten einstufigen Drosselstelle abgestrahlten Geräusche kann mit folgender Beziehung abgeschätzt werden [21.87]:

$$L_W = 93 + 10 \lg\left(\frac{qc^2}{1\,\text{W}}\right) \quad (21.90)$$

$$- 10 \lg\left[1 + 6\left(\frac{p_2}{p_1 - p_2}\right)^{2{,}5}\right] \text{dB}.$$

q Durchsatz in kg/s,
c Schallgeschwindigkeit des Strömungsmediums in m/s,
p_1 Druck vor dem Hindernis in Pa,
p_2 Druck nach dem Hindernis in Pa.

In Abb. 21.51 sind die Schallleistungspegel von einstufigen Drosselstellen (Hindernisse, Ventilmodelle, Düsen und Ringdüsen in einer Rohrleitung sowie Lüftungsgitter, Lochplatten, Stabgitter, Strömungsgleichrichter und Drahtgewebe) in Abhängigkeit von $(p_1 - p_2)/p_2$ aufgetragen. Außerdem ist zum Vergleich Gl. (21.90) eingezeichnet.

In [21.155] wird gezeigt, dass sich bei Turbulenzerhöhung der Zuströmung die abgestrahlte Schallleistung deutlich erhöhen kann (über 10 dB).

Hinweise über Druckdifferenzen $p_1 - p_2$ können z. B. aus [21.102] entnommen werden. Angaben über die Geräuschspektren finden sich z. B. in [21.153–21.155].

Für Lüftungsgitter kann nach [21.155] – bei Abstrahlung ins Freifeld – etwa mit dem mittleren normierten Oktav-Schallleistungsspektrum in Abb. 21.52 gerechnet werden.

Werden die an einer einstufigen Drosselstelle entstehenden Geräusche über eine Ausströmöffnung ins Freie abgestrahlt, dann hat das Geräuschspektrum etwa den in Abb. 21.21 skizzierten Verlauf. Für die Schallabstrahlung in eine Rohrleitung muss die Änderung des Geräuschspektrums durch den Einfluss der Rohrleitung

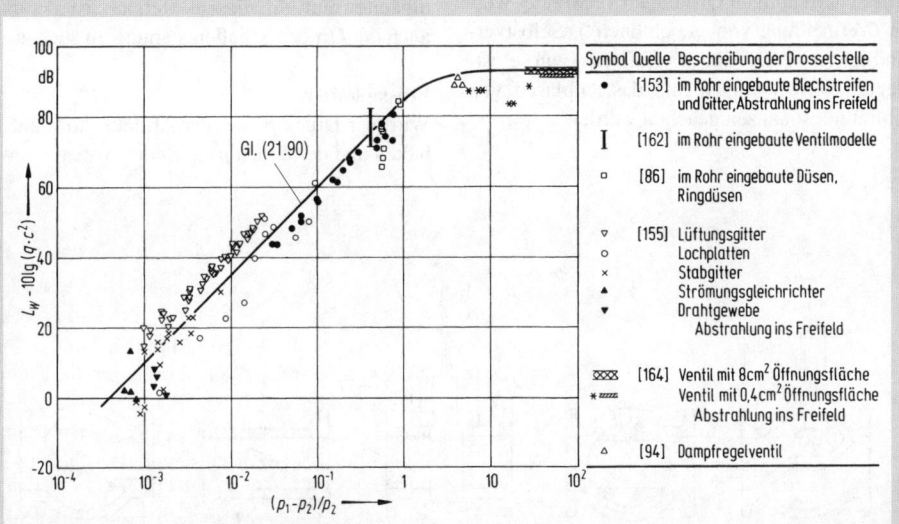

Abb. 21.51 Gesamt-Schallleistungspegel einer einstufigen Drosselstelle [21.86, 21.94, 21.153, 21.155, 21.162, 21.164]. L_W gesamter Schallleistungspegel in dB, q Durchsatz in kg/s, c Schallgeschwindigkeit im Strömungsmedium nach dem Hindernis in m/s, p_1 Druck vor dem Hindernis in Pa, p_2 Druck nach dem Hindernis in Pa

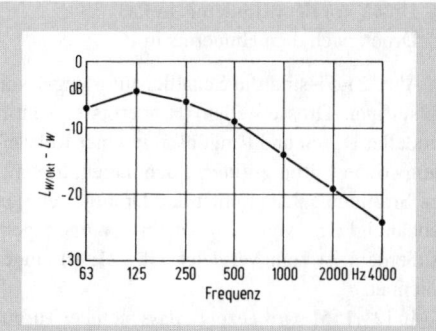

Abb. 21.52 Normiertes Oktav-Schallleistungsspektrum von Lüftungsgittern [21.155] bei Schallabstrahlung ins Freifeld

Befinden sich Lochscheiben in einer Rohrleitung, die mit relativ geringen Geschwindigkeiten durchströmt werden (Machzahl < 0,2), so können diese i. Allg. relativ leicht durch Variation der Strömungsgeschwindigkeiten zur Tonbildung gebracht werden. Diese Töne entstehen durch die Wirbelablösung an den Lochblechen, die durch Querresonanzen des hinter dem Lochblech liegenden Raumes synchronisiert werden. Sie können unterbunden werden, indem man die Kanalwände hinter den Lochscheiben schallabsorbierend auskleidet.

21.9 Armaturen (Ventile)

Zur Mengen- und Druckregelung von strömenden, gasförmigen und flüssigen Medien werden Armaturen (Stellglieder) verwendet, bei denen durch Änderung des Öffnungsquerschnitts der Strömungswiderstand variiert werden kann. Einige Ausführungsformen von Armaturen sind in Abb. 21.53 dargestellt.

entsprechend Abschn. 21.2.1 berücksichtigt werden.

21.8.3 Geräuschminderung

Da die Geräusche sehr schnell mit den Druckverlusten und damit mit der Strömungsgeschwindigkeit ansteigen, empfiehlt es sich, niedrige Geschwindigkeiten zu verwenden und strömungstechnisch ungünstige Formen (plötzliche Querschnittsänderung, scharfe Kanten usw.) zu vermeiden. Bei durchströmten Lochscheiben dürfen keine scharfkantigen Öffnungen verwendet werden (Vermeidung von „Lochtönen"). Selbstverständlich muss auch auf das Auftreten von selbsterregten Schwingungen und das Anblasen von Hohlraumresonanzen geachtet werden.

21.9.1 Schallentstehung

Abbildung 21.54 zeigt die typischen Druck- und Geschwindigkeitsverteilungen in einer Armatur. In der Nähe des engsten Querschnitts in der Armatur treten die höchsten Strömungsgeschwindigkeiten auf. In diesem Bereich ist demnach auch der Ort der Schallentstehung zu suchen.

Flüssigkeiten
Wird der Druck p_1 vor der Armatur konstant gehalten und der Druck p_2 nach der Armatur soweit

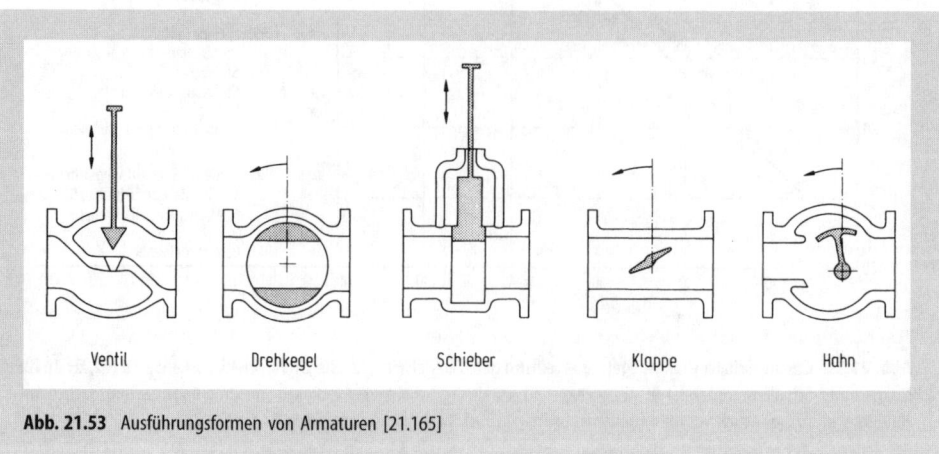

Abb. 21.53 Ausführungsformen von Armaturen [21.165]

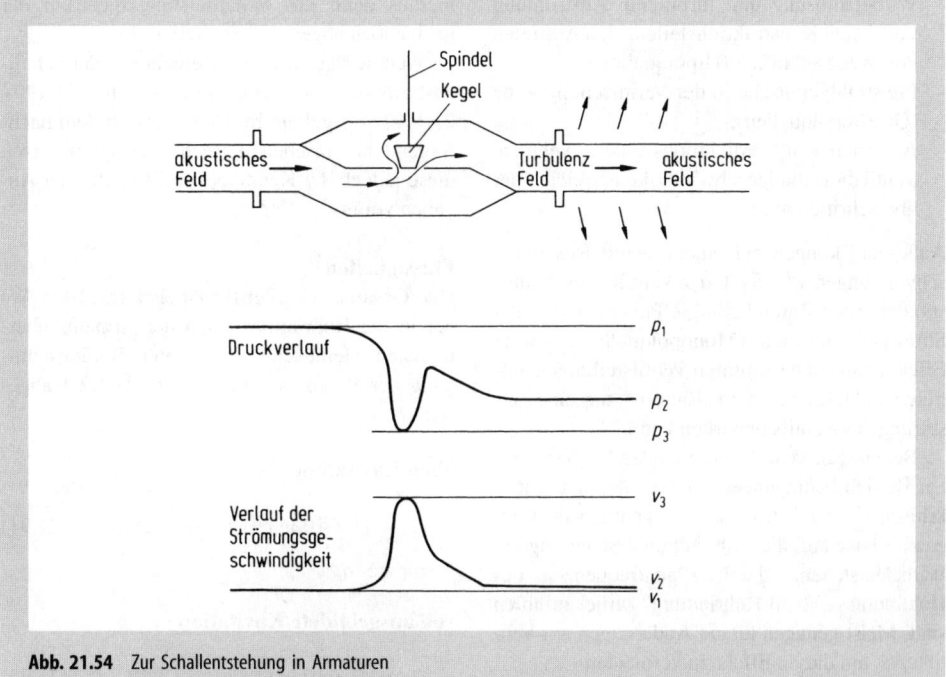

Abb. 21.54 Zur Schallentstehung in Armaturen

abgesenkt, dass der Druck p_3 auf einen Wert in die Nähe des Dampfdruckes p_D absinkt, so tritt Kavitation auf. Damit verbunden ist ein starkes Anwachsen der Geräusche. Wird der Druck p_2 weiter reduziert, so bleibt der Druck p_3 konstant, und zwar etwa gleich dem Dampfdruck p_D. Dies geschieht solange, bis die gesamte Flüssigkeit verdampft ist. Sobald auch p_2 den Dampfdruck erreicht hat, können die Kavitationsblasen nicht mehr zusammenfallen, da sich das Medium nach dem Ventil bereits im gasförmigen Zustand befindet („Ausdampfung"). Aus diesem Grund werden dann auch weniger Geräusche entstehen. Abbildung 21.55 zeigt den in der Nähe einer Flüssigkeitsarmatur gemessenen A-Schalldruckpegel in Abhängigkeit vom Druck p_2 nach dem Ventil bei konstant gehaltenem Druck p_1 vor dem Ventil.

In der Regel sind die Geräusche von Flüssigkeitsarmaturen vernachlässigbar, solange weder Kavitation noch Ausdampfung auftritt.

Gase
Überschreitet das Verhältnis p_1/p_2 bei einstufiger Entspannung einen Wert von ca. 2, so erreicht die Strömungsgeschwindigkeit im engsten Querschnitt Schallgeschwindigkeit. Nach dieser engsten Stelle können auch Überschallgeschwindig-

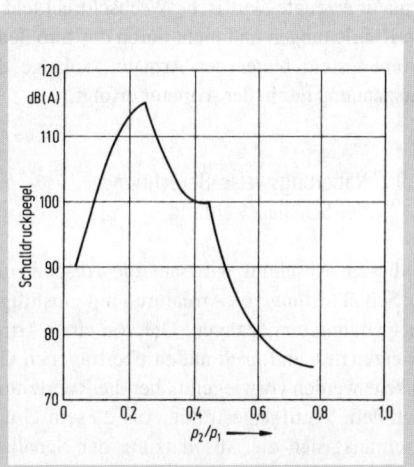

Abb. 21.55 Schalldruckpegel eines Flüssigkeitsventils nach [21.160]

keiten auftreten und damit Schockwellen entstehen. Die Strömung in der Armatur ist stark turbulent.

Bei gasdurchströmten Armaturen entstehen die Geräusche hauptsächlich durch das Strömungsfeld im Bereich des engsten Querschnitts, und zwar durch:

- Wirbelablösung und turbulente Anströmung von festen Konstruktionsteilen, also Auftreten von Wechselkräften (Dipolquellen),
- Freistrahlgeräusche in der Vermischungszone (Quadrupolquellen),
- Auftreten von Verdichtungsstößen, wenn im Ventil die Schallgeschwindigkeit erreicht oder überschritten wird.

Außerdem können bei einem Ventil Resonanzschwingungen des Systems Ventilkegel–Ventilspindel und dadurch bedingte Pulsationen in der Strömung auftreten (Monopolquellen). Dieser Effekt kann bei bestimmten Ventilstellungen auftreten und führt zu einem „Rattern", das eine Zerstörung des Ventils bewirken kann.

Bei einigen Ventilbauarten treten bei bestimmten Betriebsbedingungen und bei deutlich unterkritischer[6] Durchströmung gelegentlich hochfrequente Töne auf, die wohl auf eine Steuerung der Wirbelentstehung durch Eigenfrequenzen des Hohlraumes „Ventil-Rohrleitung" zurückzuführen sind. Meist genügen kleine Änderungen am Ventilkegel, um diesen Effekt zu vermeiden.

Nach [21.87, 21.161–21.163] erfolgt die Anregung der an eine Armatur angeschlossenen Rohrleitungen hauptsächlich durch das von der Armatur erzeugte akustische Wechseldruckfeld in den Rohrleitungen und nicht durch das turbulente Strömungsfeld hinter der Armatur, solange die Entspannung nur in der Armatur erfolgt.

21.9.2 Näherungsweise Berechnung der Schallabstrahlung

In diesem Abschnitt wird auf die Abschätzung der Schallleistung von Armaturen mit einstufiger Entspannung eingegangen. Die von einer Armatur erzeugten und nach außen übertragenen Geräusche werden vorwiegend über die Rohrleitung nach dem Ventil abgestrahlt. Aus diesem Grund beschränkt sich die Abschätzung der Schallabstrahlung auf die Rohrleitung nach der Armatur. Zunächst wird das Schallleistungsspektrum ermittelt, das die Armatur unter Freifeldbedingungen (Rohrdurchmesser nach Ventil sehr groß) abstrahlt. Unter Berücksichtigung der Ausführungen in Abschn. 21.2 kann dann das Schallleistungsspektrum in der Rohrleitung nach der Armatur näherungsweise berechnet werden und

---

[6] Strömungsgeschwindigkeit im Ventil kleiner als $1/2$-fache Schallgeschwindigkeit.

hieraus dann das Schallleistungsspektrum der nach außen abgestrahlten Geräusche.

Weitere Verfahren zur Berechnung der Schallabstrahlung von Armaturen sind in [21.190–21.192] angegeben; im Gegensatz zu dem nachfolgend beschriebenen Rechenverfahren setzen diese jedoch die Kenntnis ventilspezifischer Angaben voraus.

Flüssigkeiten

Der Gesamt-Schallleistungspegel (re 10^{-12} W) der in die Rohrleitung nach der Armatur übertragenen Geräusche wird unter Berücksichtigung der Ergebnisse in Abschn. 21.1.2.4 abgeschätzt.

ohne Kavitation

$$L_\text{W} = 41 + 10 \lg \left(\frac{q}{c_0} u^3 \frac{1}{1\,\text{W}} \right) \text{dB} \qquad (21.91)$$

für $\sigma > \sigma_k$

voll ausgebildete Kavitation

$$L_\text{W} = 88 + 10 \lg \left(\frac{q}{c_0} u^3 \frac{1}{1\,\text{W}} \right) \text{dB} \qquad (21.92)$$

für $0 < \sigma < 0{,}5\sigma_k$

Ausdampfung

$$L_\text{W} \approx 88 + 10 \lg \left(\frac{q}{c_0} u^3 \left[\frac{p_2}{p_\text{D}}\right]^3 \frac{1}{1\,\text{W}} \right) \text{dB}$$

für $\sigma < 0$ \qquad (21.93)

mit

$$\sigma = \frac{p_2 - p_\text{D}}{0{,}5 \varrho u^2}. \qquad (21.94)$$

u Strömungsgeschwindigkeit an der engsten Stelle der Armatur in m/s,
c_0 Schallgeschwindigkeit in der ungestörten Flüssigkeit in m/s,
q Durchflussmenge in kg/s,
σ Kavitationszahl,
σ_k kritische Kavitationszahl, bei der das jeweilige Ventil zu kavitieren beginnt,
p_1 Druck vor der Armatur in Pa,
p_2 Druck nach der Armatur in Pa,
p_D Dampfdruck der Flüssigkeit in Pa,
ϱ Dichte der Flüssigkeit in kg/m^3.

Im Bereich $\sigma_k > \sigma > 0{,}5\,\sigma_k$ steigt die Schallleistung sehr stark mit abnehmendem σ an (Abb. 21.7); eine verbindliche Schallleistungsangabe kann in diesem Bereich nicht gemacht werden. Der Schallleistungspegel bei Ausdampfung kann mit Gl. (21.93) nur grob geschätzt werden.

Eine näherungsweise Berechnung der Strömungsgeschwindigkeit u an der engsten Stelle in der Armatur gelingt mit

$$u = \sqrt{1{,}4 \cdot \frac{2}{\varrho}(p_1 - p_2)}. \qquad (21.95)$$

Das Schallleistungsspektrum kann mit Abb. 21.9 in Verbindung mit Gl. (21.21) und unter Berücksichtigung von Gl. (21.37) abgeschätzt werden, wenn gesetzt wird

$$d = \sqrt{\frac{4q}{\pi \varrho u}}. \qquad (21.96)$$

Gase

Der gesamte Schallleistungspegel L_W der in die Rohrleitung nach einer gasdurchströmten Armatur übertragenen Geräusche kann für ein Standard-Stellventil mit einstufiger Entspannung unter Verwendung von Gl. (21.90) abgeschätzt werden, wenn die Schallabstrahlung ins Freifeld erfolgt (Rohrdurchmesser sehr groß). In Abb. 21.56 sind die für verschiedene Standardventile gemessenen Gesamt-Schallleistungspegel L_w (re 10^{-12} W) – normiert mit qc^2 – in Abhängigkeit von $(p_1 - p_2)/p_2$ aufgetragen. Außerdem ist zum Vergleich Gl. (21.90) eingezeichnet.

Nach [21.87] ergibt sich das Terzspektrum in der Rohrleitung nach der gasdurchströmten Armatur näherungsweise zu:

$$L_{W/\text{Terz}} = L_W + \Delta L_1 - \Delta L_2 - 5 \text{ dB} \qquad (21.97)$$

mit (s. Gl. (21.37))

$$\Delta L_1 = 10 \lg (1 + (0{,}77 f_G/f)^2) \qquad (21.98)$$

mit f_G siehe Gl. (21.36)

und

$$\Delta L_2 = \begin{cases} 10 \lg (1 + (f_0/f)^{2{,}5}) & \text{für } f < f_0 \\ 10 \lg (1 + (f/f_0)) & \text{für } f \geq f_0 \end{cases} \qquad (21.99)$$

mit $f_0 = 0{,}4 \dfrac{u}{\sqrt{S_3}}$

Im engsten Querschnitt der Armatur können die Strömungsgeschwindigkeit u, die Dichte ϱ und die Fläche S_3 wie folgt abgeschätzt werden:

$$u/c = \begin{cases} \sqrt{(p_1 - p_2)/p_2} & \text{für } p_1 < 2p_2 \\ 1 & \text{für } p_1 \geq 2p_2 \end{cases} \qquad (21.100)$$

$$\varrho_3/\varrho_1 = \begin{cases} [1 - 0{,}47 (p_1 - p_2)/p_2]^{1/\kappa} & \text{für } p_1 < 2p_2 \\ [2/(\kappa+1)]^{1/(\kappa-1)} & \text{für } p_1 \geq 2p_2 \end{cases}$$

$$S_3 = \frac{q}{\varrho_3 u}$$

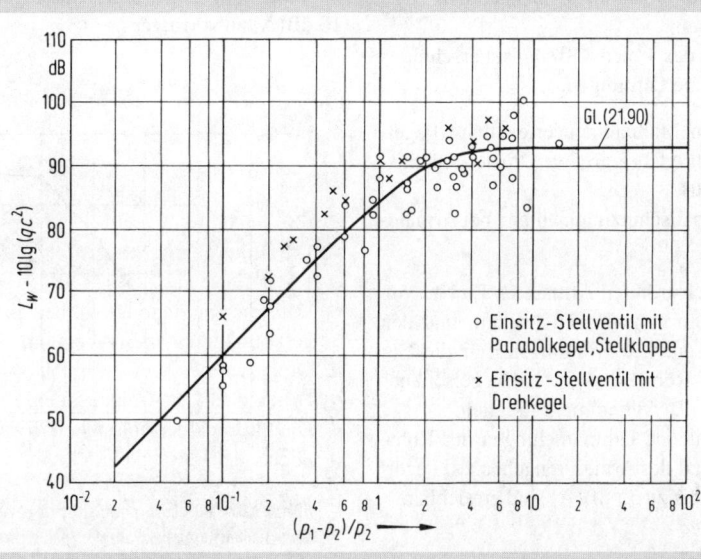

Abb. 21.56 Gesamt-Schallleistungspegel in der Rohrleitung nach einem einstufigen gasdurchströmten Standardventil [21.87] (Rohrdurchmesser sehr groß). ○ Einsitz-Stellventil mit Parabolkegel, Stellklappe, × Einsitz-Stellventil mit Drehkegel

ϱ_1 Dichte des Gases in der Rohrleitung vor der Armatur in kg/m³,
κ Isentropenexponent des Gases,
c Schallgeschwindigkeit in der Rohrleitung nach der Armatur in m/s.

21.9.3 Geräuschminderung

Bei **Armaturen für Flüssigkeiten** besteht die Hauptaufgabe darin, Kavitation zu vermeiden. Das kann geschehen durch:

- Wahl eines großen Gegendruckes, z.B. dadurch, dass man die Armatur möglichst tief legt;
- Verwendung einer Armatur mit kleinem Druckrückgewinn (Mehrstufenarmatur). Manchmal genügt es, dazu die Durchflussrichtung zu ändern oder zwei Armaturen in Reihe zu schalten.
- Einbau eines Strömungswiderstandes hinter der Armatur, z.B. Lochscheiben.

Bei den **Armaturen für Gase** besteht die Hauptaufgabe darin, die höchste Strömungsgeschwindigkeit in der Armatur möglichst gering zu halten und das Geräuschspektrum in einen sehr hohen Frequenzbereich zu verschieben. Das kann geschehen durch:

- Entspannung in mehren Stufen,
- Einbau von Strömungswiderständen, z.B. Lochscheiben,
- Aufteilung des freien Öffnungsquerschnittes in viele kleine Öffnungen.

Die mit diesen Maßnahmen erreichbare Pegelminderung beträgt bei großen Druckverhältnissen bis zu 25 dB.

Weitere Schallschutzmaßnahmen bei Armaturen sind:

- Bei gasdurchströmten Armaturen Einbau von Schalldämpfern[7] zwischen Armatur und den angeschlossenen Rohrleitungen. Für die Geräusche der Rohrleitungen sind Pegelsenkungen von 20 dB(A) und mehr möglich.
- Schalldämmende Ummantelungen der Rohrleitungen und des Armaturengehäuses. Pegelsenkungen bis zu 35 dB(A) sind erreichbar.

---

[7] Reduzierung des Gasschalls in den Rohren sowie auch des Körperschalls in den Rohrwandungen.

21.10 Wassergeräusche in Kühltürmen

Bei großen Kühltürmen (in Kraftwerken, Raffinerien und petrochemischen Werken) entstehen wesentliche Geräusche durch die aus einigen Metern Höhe frei herabfallenden Wassermassen [21.166–21.171]. Die abgestrahlte Schallleistung dürfte proportional dem Wasserdurchsatz und der Aufprallgeschwindigkeit der Tropfen sein.

Eine in der Praxis bewährte Abschätzung des A-Schallleistungspegels der Wassergeräusche von Kühltürmen gelingt mit nachstehender Beziehung zusammen mit Abb. 21.57:

$$L_{WA} = 33 + 10 \lg\left(\frac{q}{1 \text{ m}^3/\text{s}}\right) \pm 2 \text{ dB(A)} \quad (21.101)$$

q Wasserdurchsatz in m³/s.

Die entstehenden Geräuschspektren sind nach [21.169] stark abhängig von der Wassertiefe h des Wasserauffangbeckens des Kühlturmes, wie Abb. 21.58 verdeutlicht. Hieraus ergeben sich Möglichkeiten zur Minderung der Wassergeräusche in Kühltürmen:

- Konstruktive Maßnahmen am Wasserbecken, damit die Wassertropfen beim Aufprallen eine möglichst geringe Wassertiefe h vorfinden;
- Aufprallabschwächer, z.B. auf der Wasseroberfläche schwimmende dünnmaschige Gitter.

Mit solchen Maßnahmen ist es möglich, den Schallleistungspegel der Wassergeräusche um 10 dB(A) zu verringern.

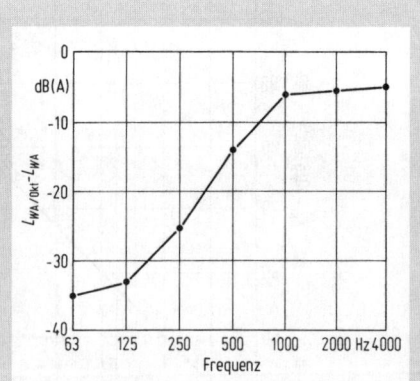

Abb. 21.57 Mittleres normiertes A-bewertetes Oktav-Schallleistungsspektrum für die Wassergeräusche eines Kühlturmes [21.171]. $L_{WA/Okt}$ A-bewerteter Oktav-Schallleistungspegel, L_{WA} gesamter A-Schallleistungspegel

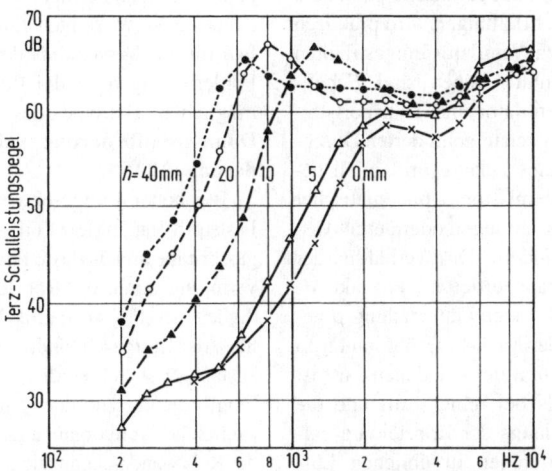

Abb. 21.58 Terz-Schallleistungsspektren von Geräuschen, die beim Aufprallen von Wassertropfen auf eine Wasserfläche unterschiedlicher Wassertiefe *h* abgestrahlt werden [21.169]

21.11 Pneumatische Feststoff-Transportleitungen

Der pneumatische Transport von – vor allem körnigen – Feststoffen durch Rohrleitungen ist aufgrund der hohen Effizienz, der flexibel gestaltbaren und wartungsarmen Transportstrecken (Rohrleitungen) und der möglichen Automatisier- und Vernetzbarkeit ein weit verbreitetes Standardverfahren. Obwohl alle Komponenten pneumatischer Transportsysteme (Transportlufterzeugung und -konditionierung, Produkt-Aufgabevorrichtung, Transportleitung sowie Produkt-Austragsvorrichtung) schalltechnisch bedeutsam sein können, sind häufig die Rohrleitungen aufgrund ihrer großen räumlichen Ausdehnung und exponierten Lage problematische Schallquellen.

Entscheidend für die Schallemission einer Förderanlage ist außer der Art des Förderverfahrens auch der Typ der zur Bereitstellung der Förderluft eingesetzten Strömungsmaschine. Aus schalltechnischer Sicht lassen sich daher zunächst zwei grundsätzlich verschiedene Arten pneumatischer Transportsysteme unterscheiden, und zwar hinsichtlich des Druckniveaus der verwendeten Transportluft.

21.11.1 Niederdruck-Förderanlagen

Niederdruck-Fördersysteme arbeiten i.d.R. mit Transport-Ventilatoren, die von der Förderluft und dem Fördergut durchströmt werden. Transport-Ventilatoren sind Radial-Ventilatoren mit speziell ausgebildeten Laufrädern; die Gesamtdruckdifferenz beträgt meist < 0,1 bar. Die Transportleitungen sind i.d.R. dünnwandige Blechrohre oder -kanäle mit einer Länge bis höchstens 100 m. Die Produkt-Einspeisung erfolgt meist durch direktes Ansaugen des in der Nähe der Ventilator-Saugöffnung anfallenden Fördergutes. Die Luftgeschwindigkeit liegt üblicherweise über 20 m/s. Beim Transport ist das gering konzentrierte Fördergut gleichmäßig über den Rohrleitungsquerschnitt verteilt, d.h. es liegt der Förderzustand der sog. Flugförderung [21.193, 21.194] vor. Der Produkt-Austrag erfolgt meist durch direktes Ausblasen von Förderluft und Fördergut in ein Vorratsgefäß oder einen Lagerraum, wobei die Förderluft ggf. über einen Textilfilter oder einen Zyklon abgeschieden werden kann.

Beispiele für solche pneumatischen Niederdruck-Fördersysteme sind die in der Landwirtschaft gebräuchlichen Gebläse für den Transport von Heu, Stroh oder Häckselgut sowie Absauganlagen für Holzspäne, Sägemehl, Stäube oder Papierschnitzel. Da es sich in aller Regel um spezifisch sehr leichtes Transportgut handelt, entstehen beim Durchgang durch die Transportleitungen nur geringe Kontaktgeräusche und die Schallemission der Rohrleitungen wird praktisch nur von der durch den Ventilator eingestrahlten Schallleistung bestimmt. Daher sind Schalldämpfer zwischen Ventilator und Transportstrecke, sofern ihre Bauart den ungehinderten Durchgang des Transportgutes zulässt, prinzipiell geeignet, die Schallemission pneumatischer Niederdruck-Transportleitungen oder deren Austragsöffnungen zu mindern. Das Verhältnis der Massenströme von transportiertem Produkt, $\dot{M}_P$ und der Förderluft, $\dot{M}_L$, auch Gutbeladung μ genannt, ist bei Niederdruck-Flugförderanlagen < 1; die Schallabsorption der beladenen Luft ist daher kaum höher als bei reiner Luft und die Schallpegelabnahme längs der Rohrleitung entspricht praktisch derjenigen in üblichen Lüftungskanälen. Insofern treten bei pneumatischen Niederdruck-Transportsystemen i. d. R. keine spezifischen akustischen Phänomene auf und die möglichen Schallminderungsmaßnahmen sind die gleichen wie bei Ventilator-Standardanwendungen.

21.11.2 Hochdruck-Förderanlagen

Bei pneumatischen Hochdruck-Fördersystemen wird die benötigte Förderluft von einem Drehkolbengebläse (Roots- oder Schraubenverdichter) erzeugt bzw. einem Druckluftnetz entnommen; die Förderdrücke liegen zwischen etwa 0,5 und 5 bar. Die Förderleitungen bestehen aus Stahl, Edelstahl oder Aluminium; Leitungslängen von mehreren 100 m bis etwa 2 km sind keine Seltenheit. Wegen des Überdrucks in der Förderluft muss das Fördergut mit Hilfe einer abdichtenden Aufgabe-Vorrichtung in die Transportleitung eingeschleust werden; bei körnigen Schüttgütern benutzt man hierzu z. B. Zellenradschleusen, bei staubförmigen Medien auch Schneckenpumpen. Der Produktaustrag am Ende der Förderleitung erfolgt entweder direkt oder über einen Zyklonabscheider in ein Lager- oder Transportgefäß bzw. am Verbrauchsort.

Für die Schallabstrahlung der pneumatischen Förderleitungen ist der Förderzustand, d. h. die Strömungsform in der Leitung, von entscheidender Bedeutung. In der Literatur sowie in der Praxis findet man zur Beschreibung des Förderzustands die unterschiedlichsten Begriffe wie z. B. Flug-, Schub-, Pfropfen-, Strähnen-, Dünen-, Ballen- oder Langsamförderung, die von den Herstellern pneumatischer Förderanlagen auch keineswegs einheitlich verwendet werden und daher zu Verwirrungen führen können. Wesentlich für das Verständnis der Schallentstehung in Förderleitungen ist die Betrachtung der beiden möglichen Extreme des Förderzustands, der **Dünnstromförderung** und der **Dichtstromförderung** [21.195].

Bei hoher Luftgeschwindigkeit und geringer Feststoffbeladung der Förderluft bewegen sich die gasförmige und die feste Phase nahezu vollständig vermischt durch die Rohrleitung, die Geschwindigkeit der Feststoffpartikel beträgt etwa 50 bis 80 % der Luftgeschwindigkeit. Dieser Strömungszustand lässt sich eindeutig der Dünnstrom- oder Flugförderung zuordnen und ist akustisch durch zahlreiche Stoßvorgänge der Feststoffpartikel mit der Rohrwand gekennzeichnet, welche eine erhebliche Körperschallanregung – und damit Schallemission – der Förderleitung verursachen (Abb. 21.59). Wesentliche Einflussparameter sind daher Partikelgeschwindigkeit und -masse sowie Rohrwanddicke und -material.

Bei niedrigen Luftgeschwindigkeiten und hoher Feststoffbeladung der Förderluft kommt es insbesondere bei grobkörnigen Schüttgütern zu einer fast vollkommen entmischten Gas/Feststoff-Strömung, bei der sich das Schüttgut in Form von Strähnen und Dünen am Rohrboden bewegt und die Luft darüber hinwegströmt. Die Feststoffgeschwindigkeit ist sehr viel geringer als

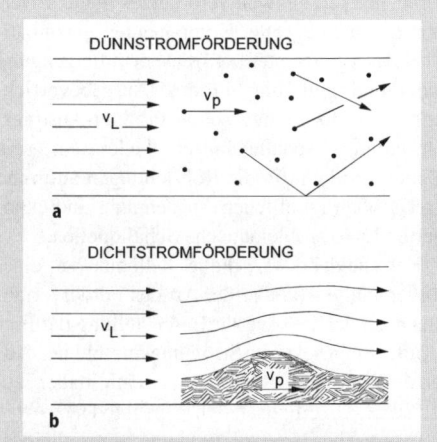

Abb. 21.59 Zustände der Gas-Feststoffströmung bei der Dünnstrom- oder Flugförderung und bei der Dichtstromförderung. **a** vollkommen gemischte Gas-Feststoffströmung, **b** vollkommen entmischte Gas-Feststoffströmung

die Luftgeschwindigkeit, es liegt eine reine Dichtstromförderung vor (Abb. 21.59). Infolge der langsamen Fortbewegung der Feststoffansammlungen und der damit verbundenen Reib- und Rollvorgänge wird die Förderleitung in wesentlich geringerem Maße zu Schwingungen angeregt als bei der Dünnstromförderung.

Zwischen den oben erläuterten Extremen Dünnstrom- und Dichtstromförderung gibt es bei technisch genutzten Fördersystemen einen fließenden Übergang. Bestimmend für die Schallemission der Förderleitungen ist dabei der als Dünnstrom- oder Flugförderungsanteil zu betrachtende Prozentsatz des Schüttgut-Massenstroms.

Abhängig von der Feststoff-Konzentration und der Art des Transportguts tritt in der Förderleitung eine erhöhte Schallreflexion und Schallabsorption auf. Daher sind i.d.R. die vom Fördergebläse bzw. der Sendevorrichtung in die Transportleitung eingestrahlten Geräusche nach einigen Metern Leitungslänge so stark reduziert, dass die Schallemission der Förderleitung praktisch nur noch von der Stoßanregung der Rohrwand durch die Feststoffpartikel bestimmt wird. Daher ist mit Schalldämpfern in Förderleitungen keine Schallminderung zu erreichen; hierzu benötigt man schalldämmende Rohrummantelungen. Dagegen kann ein Schalldämpfer am Ausgang des Fördergebläses wegen der oft erheblichen Länge der Luftleitung zwischen Gebläse und Feststoff-Aufgabestelle sinnvoll sein, falls die Schallemission der Luftleitung wesentlich und eine schalldämmende Ummantelung der Leitung nicht kostengünstiger ist.

Schallentstehung an Krümmern
Wegen der starken Impulsänderung, die das Fördergut an Hindernissen und Richtungsänderungen erfährt, sind Rohrbögen und Krümmer von Förderleitungen, insbesondere bei der Flugförderung, einem deutlichen Verschleiß unterworfen. In Rohrleitungen für besonders verschleißträchtiges Fördergut werden deshalb nicht selten anstelle einfacher Rohrkrümmer geschweißte Sonderkonstruktionen mit armierter Außenkurve, sog. Kastenkrümmer, eingesetzt.

Entsprechend der wesentlich stärkeren Stoßanregung der Rohrwand liegt die Schallemission von Krümmern um ein Vielfaches über der der geraden Förderleitung. Infolge der Körperschallanregung durch den Krümmer haben auch die unmittelbar angrenzenden Förderleitungsteile eine höhere Schallemission als die von den Krümmern weiter entfernten Rohrabschnitte; man kann davon ausgehen, dass die Schallemission auf etwa die doppelte Bogenlänge des Krümmers gegenüber der geraden Rohrleitung erhöht ist.

Als Kompromiss zwischen kleinstmöglichem Biegeradius und minimalem Materialverschleiß wird das Verhältnis von Krümmungsradius und Leitungsdurchmesser bei Förderleitungskrümmern meist zu $R/d_a = 6$ dimensioniert. In diesem Fall kann die „akustische" Länge $l_{ak,B}$ (in m) eines Krümmers, d.h. die Länge einer geraden Förderleitung gleicher Schallemission, abgeschätzt werden mit:

$$l_{ak,B} = n\, d_a \qquad (21.102)$$

mit

n = 0,08 für Rohrkrümmer in Flugförderleitungen,
  = 0,16 für Rohrkrümmer in Dichtstromförderleitungen,
  = 0,32 für Kastenkrümmer in Flugförderleitungen.
d_a Außendurchmesser der Förderleitung in mm.

Diese Richtwerte gelten für 90°-Bögen. Für Richtungsänderungen um 45° können die o.g. Werte für n halbiert werden.

Näherungsweise Berechnung der Schallabstrahlung
Der A-bewertete Schallleistungspegel L_{WA} (re 10^{-12} W) einer pneumatischen Hochdruckförderleitung ergibt sich näherungsweise zu:

$$L_{WA} = 10\,\lg(l_{ak,B} + l_{gL}) + L_{W'A} \qquad (21.103)$$

$l_{ak,B}$ „akustische Länge" der Krümmer, Rohrbögen und Weichen gemäß Gl. (21.102),
l_{gL} geometrische Länge der geraden Förderleitungs-Abschnitte.

$l_{W'A}$ ist der längenspezifische A-Schallleistungspegel je m Förderleitung, der für körniges Transportgut mit einem Elastizitätsmodul von 200 bis 2000 N/mm² und Förderleitungen aus Aluminium oder Stahl wie folgt abgeschätzt werden kann:

$$L_{W'A} = 89 + 13\,\lg\left(\frac{d_a}{1\,\text{mm}}\right) - 30\,\lg\left(\frac{h}{1\,\text{mm}}\right)$$
$$- 10\,\lg\left(\frac{\varrho_w}{1\,\text{kg/m}^3}\right) + 3{,}5\,\lg\left(\frac{\dot{M}_p}{1\,\text{t/h}}\right) \qquad (21.104)$$
$$+ 7\,\lg\left(\frac{m_p}{1\,\text{mg}}\right) + 10\,\lg\left(\frac{v_L}{1\,\text{m/s}}\right)$$

d_a Außendurchmesser der Förderleitung in mm,
h Wanddicke der Förderleitung in mm,

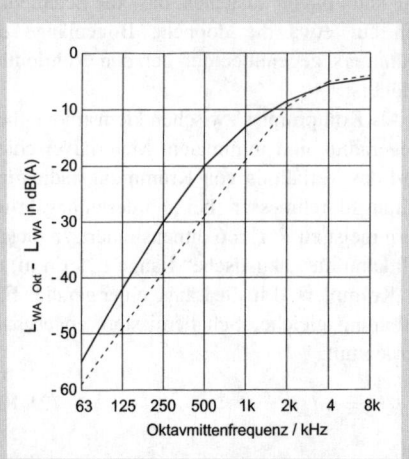

Abb. 21.60 Normiertes A-bewertetes Oktav-Schallleistungsspektrum von Hochdruck-Förderleitungen.
$L_{WA/Okt}$ A-bewerteter Oktav-Schallleistungspegel,
L_{WA} A-Schallleistungspegel, —— Dichtstromförderung,
······ Flugförderung

ϱ_w Dichte der Rohrwand in kg/m³,
v_L Luftgeschwindigkeit in der Förderleitung in m/s,
$\dot{M}_P$ Produkt-Massenstrom in der Förderleitung in t/h,
m_P Partikelmasse des Fördergutes in mg.

Bei Dichtstromförderung ist in Gl. (21.104) anstelle der Luftgeschwindigkeit v_L die maßgebliche Produktgeschwindigkeit v_P einzusetzen; für übliche Anwendungen ist $v_P \approx 1$ m/s.

Abbildung 21.60 zeigt das normierte Oktav-Schallleistungsspektrum von Förderleitungen mit Flugförderung und Dichtstromförderung.

21.12 Industrielle Brenner

Die Brenner in Prozessöfen, Dampfkesseln, Dampfüberhitzern und Fackeln gehören zu den wichtigen Schallquellen in Raffinerien, petrochemischen Anlagen und Kraftwerken [21.147, 21.196, 21.197].

Die Brennergeräusche entstehen bei der turbulenten Verbrennung von Gas und Heizöl [21.172–21.177] und beim turbulenten Ausströmen (s. Abschn. 21.8) der gasförmigen Brennstoffe aus den Brennerdüsen sowie beim Ausströmen des zur Verbesserung der Verbrennung zugegebenen Wasserdampfes. Wesentliche Einflussgrößen für die Verbrennungsgeräusche sind die unterfeuerte Wärmeleistung und der Turbulenzgrad in der Flamme.

Bei den Prozessöfen, Dampfkesseln, Dampfüberhitzern und Bodenfackeln sind die Brenner – akustisch gesehen – in einem Raum untergebracht. Die Geräusche bestehen aus einem breitbandigen Rauschen mit überlagerten Pegelspitzen, die auf Eigenfrequenzen des Brennraumes und ggf. der Zuleitungssysteme für den gasförmigen Brennstoff sowie der Verbrennungsluft zurückzuführen sind.

Wird der Verbrennungsvorgang durch Eigenschwingungen des Brennraumes gesteuert, so können Töne hoher Intensität auftreten (s. Abb. 21.63 und Abschn. 21.13).

21.12.1 Näherungsweise Berechnung der Schallabstrahlung

Die Schallabstrahlung von **Brennern von Prozessöfen, Dampfkesseln und Dampfüberhitzern** erfolgt zum einen in die Luftzuführungen und zum anderen in den Brennraum. Die in die Luftzuführungen eingetragenen Geräusche werden bei selbstansaugenden Brennern direkt ins Freie und bei zwangsbelüfteten Brennern zunächst in die angeschlossenen Verbrennungsluftkanäle abgestrahlt. Die in den Brennraum abgestrahlten Geräusche werden über die Umfassungsbauteile der Brennkammer, die Rauchgaskanäle und den Abgaskamin ins Freie übertragen.

Die Schallemission eines Brenners wird maßgeblich von Prozessdaten wie

– unterfeuerte Heizleistung,
– Zusammensetzung, Temperatur und Vordruck des Brennstoffes,
– Menge und Austrittsgeschwindigkeit des zugegebenen Wasserdampfes zur Verbesserung der Verbrennung sowie
– Temperatur und Vordruck der Verbrennungsluft

beeinflusst.

Die Verbrennungsgeräusche können durch Schallquellen im Gas- bzw. im Luftzuführungssystem (z. B. durch Armaturen oder Ventilatoren) verstärkt werden.

Allgemein gültige Berechnungsmodelle, mit denen die von Brennern abgestrahlten Schallleistungen unter Berücksichtigung der o.g. Prozessdaten zufriedenstellend prognostiziert werden können, sind noch Gegenstand von Untersuchungen.

Bei Prozessöfen, Dampfkesseln und Dampfüberhitzern kann mit gutem Schallschutz ein A-Schallleistungspegel L_{WA} (re 10^{-12} W) für die von Brennern erzeugten und nach außen ins Freie abgestrahlten Geräusche von

$$L_{WA} = 83 + 10 \lg \left(\frac{N_0}{1\,\mathrm{MW}} \right) \mathrm{dB(A)} \quad (2.105)$$

N_0 Nenn-Heizleistung des Brenners in MW; $0{,}1\,\mathrm{MW} < N_0 < 5\,\mathrm{MW}$

unterschritten werden.

Durch Hinzufügen des Terms $25 \lg(N/N_0)$ auf der rechten Seite von Gl. (21.105) kann der A-Schallleistungspegel bei der tatsächlichen Heizleistung N abgeschätzt werden.

Bei einer **Bodenfackel** werden die Geräusche über die Luftansaugöffnungen und die Fackelmündung (Abgasöffnung) abgestrahlt. Der immissionswirksame A-Schallleistungspegel der Ansaugseite einer Bodenfackel ohne sekundären Schallschutz ist etwa 6 dB(A) größer als der der Fackelmündung. Aus diesem Grund werden bei neuen Bodenfackeln i. d. R. an der Luftansaugseite innenseitig schallabsorbierende Abschirmwände vorgesehen.

Für eine Bodenfackel mit gutem sekundärem Schallschutz auf der Luftansaugseite können die A-Schallleistungspegel und das dazugehörige Oktavspektrum mit

$$L_{WA} = 100 + 15 \lg \left(\frac{q}{1\,\mathrm{t/h}} \right) {+3 \atop -5} \mathrm{dB(A)} \quad (2.106)$$

q Brenngas-Massenstrom in t/h (3…100 t/h)

in Verbindung mit Abb. 21.61 abgeschätzt werden [21.178].

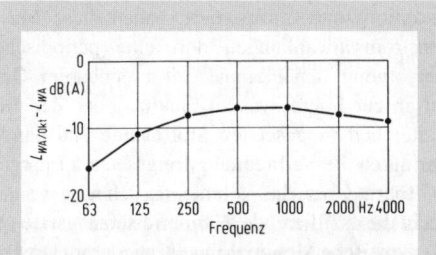

Abb. 21.61 Mittleres normiertes Oktav-Schallleistungsspektrum für eine Bodenfackel [21.147, 21.178].
$L_{WA/Okt}$ A-bewerteter Oktav-Schallleistungspegel,
L_{WA} gesamter A-Schallleistungspegel

Bodenfackeln werden gebaut für Gasmengen bis etwa 100 t/h und Hochfackeln bis etwa 1000 t/h. Eine **Hochfackel** ist bei gleichem Gasdurchsatz um etwa 10 bis 20 dB(A) lauter als eine Bodenfackel [21.196].

21.12.2 Geräuschminderung

Zur Verringerung der bei Prozessöfen, Dampfkesseln und Dampfüberhitzern ins Freie übertragenen Geräusche sind folgende Schallschutzmaßnahmen üblich:

- *bei selbstansaugenden Brennern:* Einbau von Schalldämpfern vor die Luftansaugöffnungen der Brenner;
- *bei zwangsbelüfteten Brennern:* Verwendung von Verbrennungsluftkanälen mit kreisförmigem Querschnitt (höhere Schalldämmung als Rechteckkanäle, s. Abschn. 21.2.7); schalldämmende Ummantelung der Verbrennungsluftkanäle (s. Abschn. 21.2.9) und/oder Einbau von Schalldämpfern zwischen Brenner und Verbrennungsluftkanal;
- Verminderung der Schallabstrahlung über die Brennergehäuse z. B. durch eine außenseitige schalldämmende Ummantelung;
- Berücksichtigung schalltechnischer Gesichtspunkte bei der Gestaltung der Ofenwände: Erhöhung der Schallabsorption im Ofeninnenraum durch Verwendung von Fasermaterial und Erhöhung der Schalldämmung der Ofenwände durch z. B. akustisch zweischalige Wandkonstruktionen [21.179];
- Einbau von Schalldämpfern in den Abgaskamin.

Bei den Fackeln kommen folgende Schallschutzmaßnahmen [21.178] in Frage:

- Verwendung von Brennern, bei denen der Gasaustritt auf eine Vielzahl von einzelnen Öffnungen verteilt ist;
- Begrenzung der Dampfzugabe und der Dampfaustrittsgeschwindigkeit auf das verbrennungstechnisch erforderliche Mindestmaß;
- Einbau von Absorptionsschalldämpfern in das Gasleitungssystem, und zwar möglichst in Brennernähe.

Bei den Bodenfackeln werden diese Maßnahmen ergänzt durch:

- schallabsorbierende Auskleidung des Fackelbodens (z. B. durch eine Kiesschüttung),

– Aufstellung innenseitig schallabsorbierender Schallschirme auf der Ansaugseite.

21.13 Selbsterregte Schwingungen in Feuerungen

In Verbrennungssystemen unterschiedlichster Art und Größe – von Hausheizungen bis zu Industrieöfen, Strahltriebwerken und stationären Gasturbinen – werden sog. selbsterregte Verbrennungsschwingungen beobachtet. Sie äußern sich durch laute Brumm- oder Pfeiftöne, die auch als Schwebungen ausgebildet sein können, und starke Vibrationen der betroffenen Anlage. Vom „normalen" Verbrennungsrauschen unterscheiden sich die dabei auftretenden Druckschwankungen vor allem dadurch, dass sie bei diskreten Frequenzen erfolgen und sehr große Amplituden aufweisen. Letztere erreichen deutlich höhere Werte als durch reine Resonanzeffekte hervorgerufen werden, wenn also durch das breitbandige Verbrennungsrauschen Eigenfrequenzen des Brennraumes angeregt werden. Die Schwingungen werden begleitet von einem intensivierten Wärmeübergang an die Wände des Systems. In vielen Fällen verschlechtern sich außerdem Flammenstabilität und Wirkungsgrad bei gleichzeitiger Zunahme des Schadstoffausstoßes. Neben inakzeptablen Schallemissionen führen die Schwingungen wegen der erhöhten mechanischen und thermischen Beanspruchung zu vorzeitigem Verschleiß und können im Extremfall die völlige Zerstörung des Brenners und/oder anhängender Komponenten nach sich ziehen.

Im Gegensatz zu den Geräuschemissionen, die allein durch das Rauschen turbulenter Flammen entstehen, ist es für selbsterregte Verbrennungsschwingungen charakteristisch, dass eine Rückkopplung zwischen den Schwingungen und der Verbrennungsreaktion (Flamme) besteht. Die Schwingungen werden aufrecht erhalten, weil ihnen durch die Verbrennung periodisch Energie zugeführt wird und zwar derart, dass die periodische Energiezufuhr durch die Schwingungen selbst verursacht und „getaktet" wird. Dadurch können sich die Oszillationen selbst anfachen.

Selbsterregte Verbrennungsschwingungen wurden vor mehr als 200 Jahren zum ersten Mal beschrieben [21.198], führten aber wesentlich später erstmals zu größeren Schwierigkeiten in technischen Anwendungen [21.199, 21.200]. Seitdem haben sie beständig an Bedeutung gewonnen. Auch in neuester Zeit verursachen selbsterregte Verbrennungsschwingungen immer häufiger Probleme in industriellen Verbrennungssystemen, unter anderem als Folge der kontinuierlich steigenden Leistungsdichten moderner Brenner und der zunehmenden Entwicklung zu magerer Vormischverbrennung. Beide Effekte erhöhen die Anfälligkeit für die Schwingungen.

Beträchtliche Schwierigkeiten bei der Bekämpfung bereitet die teilweise extrem hohe Sensitivität gegenüber kleinsten Einflüssen und Veränderungen einzelner Systemparameter, wie Leistung, Temperatur, Druck, Strömungsgeschwindigkeit, Verwirbelung, Geometrie, Brennstoff, Mischung. Häufig wird beobachtet, dass minimale Variationen dieser Parameter darüber entscheiden, ob selbsterregte Verbrennungsschwingungen auftreten oder nicht.

21.13.1 Entstehungsmechanismus

Der Mechanismus der Selbsterregung von Verbrennungsschwingungen kann sich in seinen Details von Fall zu Fall sehr stark unterscheiden. In den meisten technisch relevanten Fällen beruht er jedoch auf einer rückgekoppelten Wechselwirkung zwischen dem Schallfeld im System, der Strömung durch das System und der Energiezufuhr durch die exotherme Verbrennungsreaktion.

Ein Beispiel für eine solche Interaktion ist in Abb. 21.62 als vereinfachtes Blockschaltbild dargestellt. Druckschwankungen p' regen im Brennraum und den angeschlossenen Luft- und Gasleitungen ein charakteristisches Schallfeld an. Die damit verbundenen Wechseldrücke und -bewegungen können einen fluktuierenden Massenstrom $\dot{m}'$, der in den Brennraum eintretenden Gasströme hervorrufen. Von der Strömung zur Reaktionszone transportiert, haben diese Massenstromschwankungen dort eine periodische Versorgung der Flamme mit brennbarem Gemisch zur Folge, was zu Fluktuationen der pro Zeiteinheit umgesetzten Stoffmenge und damit der durch die Verbrennung freigesetzten Energie $\dot{Q}'$ führt. Über die Volumenausdehnung verursacht die oszillierende Wärmefreisetzungsrate $\dot{Q}'$ als akustische Monopol-Quelle wiederum Druckschwingungen p'. Unter geeigneten Umständen regen diese das Schallfeld im Brennraum zusätzlich an und eine positive Rückkopplung entsteht: die Schwingungsamplituden wachsen selbsterregt an.

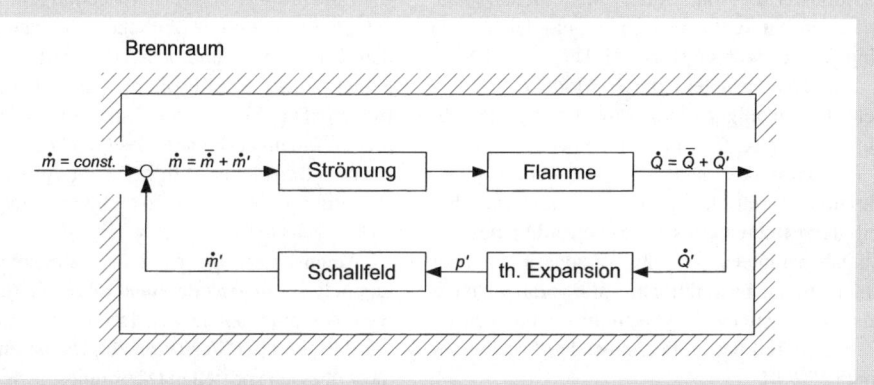

Abb. 21.62 Selbsterregte Verbrennungsschwingungen: Vereinfachtes Blockschaltbild eines möglichen Rückkopplungsmechanismus

Im Beispiel wird die periodische Energiefreisetzung in der Flamme durch Massenstromschwankungen hervorgerufen. Daneben kann dies jedoch auch über andere Mechanismen erfolgen, z.B. Schwankungen der Gemischzusammensetzung [21.201–21.203], instationäre Kraftstoffaufbereitung (z.B. [21.204]), periodische Ablösung und Abreaktion von Wirbeln (z.B. [21.205, 21.206]) und schwankenden Wärmetransport an Oberflächen [21.207, 21.208].

Damit die periodische Zufuhr von Wärme $\dot{Q}'$ anregend auf die Druckschwingungen p' in einem Gasvolumen wirkt, muss sie jeweils zum richtigen Zeitpunkt oder „im richtigen Takt" erfolgen. Eine genauere Formulierung dieses Sachverhaltes wurde bereits 1877 von Lord Rayleigh mit dem später nach ihm benannten Kriterium aufgestellt: demzufolge werden Druckschwingungen dann durch periodische Wärmezufuhr angeregt, wenn Druck- und Wärmeschwingung phasengleich verlaufen oder nicht mehr als eine 90°-Phasenverschiebung zueinander aufweisen [21.209, 21.210]. Das von Rayleigh zunächst nur auf harmonische Schwingungen angewandte Kriterium bildet nach wie vor die Basis für zahlreiche Abwandlungen und Ergänzungen, durch die sein Anwendungsbereich bedeutend erweitert und verallgemeinert werden konnte [21.211–21.213].

21.13.2 Berechnung

Zur Modellierung von selbsterregten Verbrennungsschwingungen existieren zahlreiche Methoden, die sich zum Teil sehr stark in ihrer Genauigkeit und in dem für die Berechnung erforderlichen Aufwand unterscheiden. Eine kurze Beschreibung der wichtigsten Ansätze sowie eine umfangreiche Literaturübersicht findet sich in [21.214].

Sehr viele Berechnungsansätze verwenden Formen der akustischen Wellengleichung, um das durch die Schwingungen angeregte Schallfeld zu beschreiben. Während dies meist gut gelingt, ist die zur Berechnung des Selbsterregungsmechanismus notwendige Modellierung des instationären Verhaltens der Flamme und dessen Einbindung in die Wellengleichung ein zentrales Problem.

Eine große Gruppe von Rechenmodellen verwendet hierzu sog. Verzugszeiten, die beschreiben, nach welcher Zeitspanne Fluktuationen des Druckes im Brenner entsprechende Fluktuationen der von der Flamme freigesetzten Wärme bewirken. Eingebunden in die akustischen Gleichungen können so Lösungen des resultierenden Gleichungssystems bestimmt werden, für die die Amplituden selbsterregt anwachsen (z.B. [21.199, 21.215, 21.216]). Die absolute Höhe der voll aufgeklungenen Amplituden (Grenzzyklus, limit cycle) kann so jedoch i.d.R. nicht berechnet werden.

Genauer kann das Verhalten der Flamme mit „Flammentransferfunktionen" berücksichtigt werden. Vereinfacht geben diese die frequenzabhängige Verstärkung und die Phasenverschiebung wieder, die eine Schallwelle erfährt, wenn sie auf die Flamme trifft, also das „akustische Übertragungsverhalten" der Flamme. Die Flammentransferfunktion kann als Schallquelle wiederum in die akustischen Feldgleichungen eingebunden werden (z. B. [21.217, 21.218]).

Das Hauptproblem dieser Modelle – sowie der meisten allgemeinen Modelle zur Berechnung selbsterregter Verbrennungsschwingungen – liegt darin, dass sie das System nicht in seiner Gesamtheit, mit allen an der Selbsterregung beteiligten Effekten erfassen. Sie erfordern deshalb Eingabeparameter – wie Verzugszeiten oder Flammentransferfunktionen – die vorab nicht bekannt und schwierig zu bestimmen sind, weil sie eigentlich Teil des zu berechnenden Ergebnisses sind [21.219].

Um hier Methoden zu entwickeln, die eine echte *Vorhersage* erlauben, wurden Simulationen durchgeführt, die auf einem sehr grundlegenden Gleichungssystem basieren, nämlich auf den instationären Erhaltungsgleichungen (Spezies, Masse, Impuls und Energie), einer thermodynamischen Zustandsgleichung und geeigneten Gleichungen für den chemischen Stoffumsatz durch die Verbrennung. Die Lösung dieses Gleichungssystems berücksichtigt das schwingungsfähige System weitestgehend in seiner Gesamtheit, so dass sich Wechselwirkungen von Verbrennung, Strömung und Schallfeld und damit der Mechanismus der Selbsterregung direkt ergeben.

Obwohl mit der numerischen Berechnung solcher Gleichungssysteme große Fortschritte gemacht wurden [21.214, 21.220–21.225], können diese Verfahren bisher nicht praktikabel zur Berechnung selbsterregter Verbrennungsschwingungen in industriellen Systemen eingesetzt werden. Wegen des dafür notwendigen enormen Rechenzeitaufwandes sind derartige Simulationen auch heute noch kaum wirtschaftlich durchzuführen.

21.13.3 Gegenmaßnahmen

Nach wie vor lassen sich selbsterregte Verbrennungsschwingungen in industriellen Feuerungen nicht zuverlässig vorhersagen. Sie treten daher meist unerwartet auf und müssen dann nachträglich beseitigt oder zumindest abgemindert werden. Die wichtigsten dabei verwendeten Prinzipien sind nachfolgend zusammengestellt, die angegebene Literatur kann aufgrund der Fülle existierender Arbeiten nur eine beispielhafte Auswahl bleiben.

Passive Maßnahmen dämpfen oder beeinflussen die Schwingungen, ohne zusätzliche Energiezufuhr von außen zu benötigen. Hierzu zählen vor allem gewöhnliche Schalldämpfer in den Gas-, Luft- und/oder Abgasleitungen des Systems oder Schallisolierungen und Ausfütterungen. Die Einbringung einer schallabsorbierenden Innenverkleidung des Ofenbodens führte bei dem Beispiel in Abb. 21.63 zur vollständigen Beseitigung der massiven Schwingungsprobleme.

Weitere wichtige passive Maßnahmen sind Doppelwandungen oder Innenrohre innerhalb der Brennkammer sowie der Helmholtz-Resonator [21.226] und der $\lambda/4$-Resonator. Da die Funktion dieser beiden speziellen Dämpfungselemente auf der Anregung ihrer Eigenresonanz beruht, wirken sie nur innerhalb eines sehr engen Frequenzbandes und müssen bei Auslegung für niedrige Frequenzen sehr groß gebaut werden. Ihr Einbau in bestehende Anlagen bereitet daher oft Platzprobleme.

Um die Schallausbreitung im System zu behindern und die Anzahl der möglichen akustischen Eigenmoden zu beschränken, können Schottwände eingebaut werden [21.227]. Sie bestehen aus Blechen, Platten, Scheiben und anderen Einbauten, die die Geometrie lokal stärker unterteilen und so weniger niederfrequente Eigenmoden zulassen. Durch eine Erhöhung des Druckabfalls in der Gaszufuhr, z. B. durch Blenden, kann die Rückkopplung mit dem Brennkammerdruck verringert werden. Durch die dissipativen Verluste an diesen Hindernissen steigern sie zusätzlich die Schallabsorption. Im Gegensatz zu den eingangs genannten Maßnahmen, welche größtenteils so ausgeführt werden können, dass sie die Strömung durch das System nur wenig behindern, bedeuten Einbauten stets auch deutliche zusätzliche Druck- und damit Leistungsverluste. Ein weiteres Problem bei Einbauten in der Brennkammer ist die hohe thermische Belastung und die damit verbundene Gefahr des Abbrennens der Bauteile.

Da für den Schwingungsmechanismus die Eigenfrequenzen des Verbrennungssystems eine wichtige Rolle spielen, kann es durch globale Geometrieänderungen akustisch verstimmt werden. Gelingt es, z. B. durch Modifikation der Länge der Ansaug- oder Abgasführung, die Resonanzfrequenzen so zu verändern, dass das Zusammenwirken von Energiezufuhr und Schallfeld gestört wird (Rayleigh-Kriterium), können selbsterregte Schwingungen verhindert werden. Besonders bei kleineren Systemen mit wenigen niederfrequenten Eigenmoden kann dieses Vor-

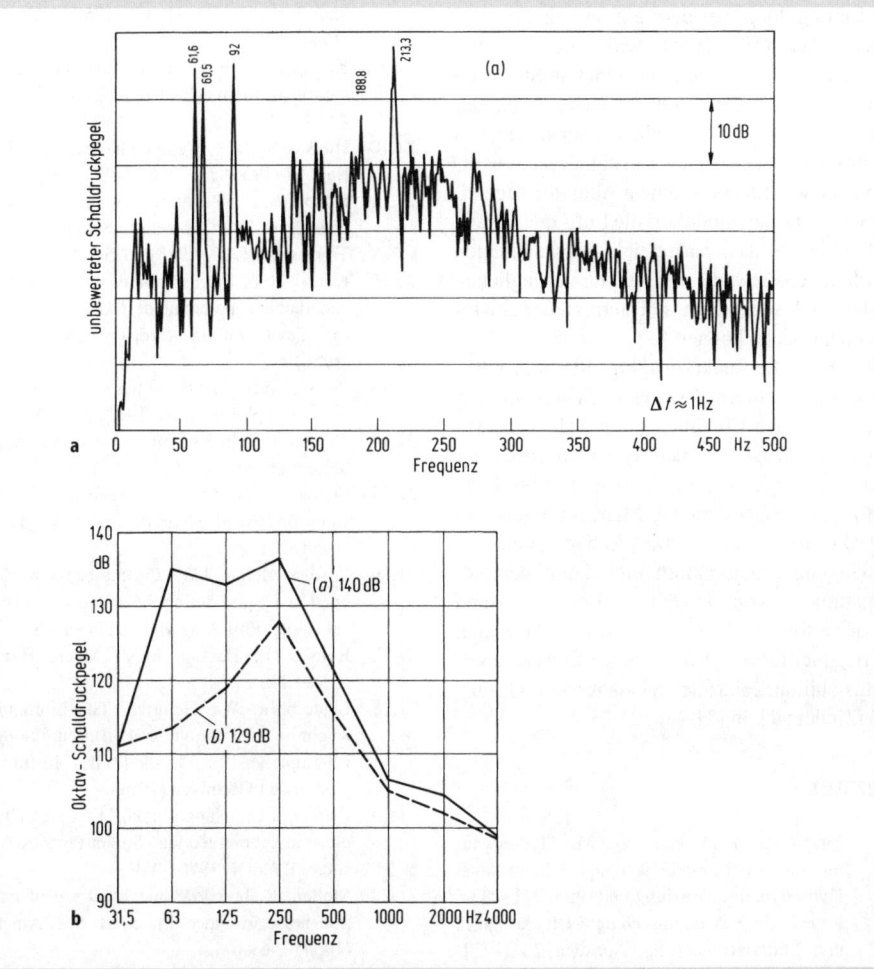

Abb. 21.63 Schalldruckpegel in einem Prozessofen. **a** Ofenboden nicht schallabsorbierend, durch Brennraumresonanzen gesteuerte Verbrennung; **b** Ofenboden schallabsorbierend

gehen sehr erfolgreich sein. Nachteil der Methode ist die Gefahr, die Schwingungen auf diese Weise nur auf eine andere Frequenz zu verlagern sowie der meist nicht zu rechtfertigende bauliche Aufwand für nachträgliche Geometrievariationen an fertiggestellten Anlagen. In Fällen, in denen die selbsterregten Schwingungsmoden starke Symmetrie aufweisen, konnten gute Erfolge mit Maßnahmen erzielt werden, die diese Symmetrie in irgendeiner Form stören oder abmindern [21.228], z.B. durch ungleichmäßige Anordnung der Brenner.

Ein weiterer Ansatzpunkt für passive Gegenmaßnahmen ist die Verbrennung selbst. Einfluss kann beispielsweise über Äquivalenzverhältnis und Leistung, die Flammenlänge („weiche" Flamme, s. auch Gln. (21.1a) und (21.1b)) oder die Art des Brenners ausgeübt werden (Axialstrahl-/Drallbrenner, gestufte Verbrennung etc.) sowie über den Weg des Brenngemischs zur Reaktionszone – z.B. durch Verlegung der Kraftstoffeindüsung [21.224]. Da Modifikationen der Verbrennungsführung – sofern sie überhaupt nachträglich durchgeführt werden können – meist unerwünschte Nebenerscheinungen nach sich ziehen (z.B. geringerer Wirkungsgrad, erhöhter Schadstoffausstoß), wird auch versucht, die Interaktion Flamme–Strömung–Schallfeld vorwiegend über das Strömungsfeld zu stören [21.229, 21.230].

Aktive Maßnahmen beruhen auf dem Prinzip der Regelung, bei dem auftretende Schwingungen durch gezieltes und automatisches Gegensteuern mit einem geeigneten Stellglied kompensiert werden. Beispielsweise kann der Brennkammerdruck von einem Sensor erfasst und das gemessene Signal – geeignet phasenverschoben und verstärkt – einem Aktuator zugeleitet werden. Dieser moduliert die Luft- oder Kraftstoffzufuhr so, dass auftretende Schwankungen der Flammen-Leistungsfreisetzung ausgeglichen werden und sich keine selbsterregten Schwingungen aufbauen können.

Während die Funktionsfähigkeit solcher Regelungen im Labormaßstab vielfach demonstriert wurde (für einen Überblick s. [21.231–21.233]), konnten sie in industriellen Systemen bisher nur vereinzelt implementiert werden. Hauptgründe hierfür sind der bestehende Mangel an geeigneten Aktuatoren, die starke Abhängigkeit der Schwingungseigenschaften und damit der Reglerparameter vom jeweiligen Betriebszustand und der erforderliche hohe technische Aufwand. Ein Beispiel für den erfolgreichen Einsatz „aktiver Instabilitätskontrolle" an stationären Gasturbinen findet sich in [21.228, 21.234].

Literatur

21.1 Fitzpatrick, H.M.; Stasberg, M.: Hydrodynamic sources of sound, 1st Symposium on Naval Hydrodynamics Washington (1956) 241–282

21.2 Radek, U.: Kavitationserzeugte Druckimpulse und Materialzerstörung. Acustica 26 (1972) 270

21.3 Erdmann, H.; Herrmann, D.; Morsbach, M.; Quinkert, R.; Sudhof, H.: Untersuchungen über die mit der Geräuscherzeugung durch den Propeller, insbesondere mit der Kavitation verbundenen akustischen Probleme. Arbeitsabschnitt II und III, Battelle-Insitut e.V. Frankfurt/Main (1969)

21.4 Jorgensen, D.W.: Noise from cavitating submerged water jets. J. Acoust. Soc. Amer. 33 (1961) 1334–1338

21.5 Baiter, H.J.: Anmerkungen zur Literatur über die Entstehung von Strömungskavitation, 2. Teil: Bericht der Forschungsgruppe Hydroakustik der Fraunhofer-Gesellschaft zur Förderung der angewandten Forschung e.V., München (1971)

21.6 Blake, W. K.: Mechanics of flow-induced sound and vibration, Academic Press Inc (1986)

21.7 Knapp, R.T.: Cavitation mechanics and its relation to the design of hydraulic equipment. Proc. Inst. Mech. Eng. (A) 166 (1952) 150

21.8 Eisenberg, P.: Kavitation, Schiffstechnik 1, Heft 3 (1953) 111; Heft 4 (1953) 155; Heft 5 (1954) 201

21.9 Knapp, R.T.; Hollander, A.: Laboratory investigations of the mechanism of cavitation. Trans. ASME 70 (1948) 419–435

21.10 Hunsaker, J.C.: Cavitation research. Mech. Eng. 57 (1935) 211–216

21.11 Knapp, R.T.: Recent investigations of the mechanics of cavitation and cavitation damage. Trans. ASME 77 (1955) 1045–1054

21.12 Knapp, R.T.: Further studies of the mechanics and damage potential of fixed type cavities. In: Cavitation in Hydrodynamics London (1956)

21.13 Plesset, M.S.: The dynamics of cavitation bubbles. J. Appl. Mech. 16 (1949) 277–282

21.14 Gallant, H.: Untersuchungen über Kavitationsblasen. Österr. Ing.-Z. 5 (1962) 74

21.15 Fitzpatrick, H.M.: Cavitation noise. 2nd Symposium on Naval Hydrodynamics Washington (1958) 201–205

21.16 Lord Rayleigh, J.W.: On the pressure developed in a liquid during the collapse of a spherical cavity. Phil. Mag. 34 (1917) 94–98

21.17 Rouse, H.; Hassan, M.M: Mech. Eng. 71 (1949) 213

21.18 Lauterborn, W.; Heinrich, G.: Literaturverzeichnis: Kavitation und Blasenbildung in Flüssigkeiten. 3. Physikalisches Institut der Universität Göttingen (1971)

21.19 Esipov, J.B.; Naugol'nykh, K.A.: Cavitation noise in submerged jets. Soviet Physics-Acoustics 21, No. 4 (1976) 404

21.20 Mellen, R.H.: Ultrasonic spectrum of cavitation noise in water. J. Acoust. Soc. Amer. 26 (1954) 356

21.21 Mellen, R.H.: An experimental study of the collapse of a spherical cavity in water. J. Acoust. Soc. Amer. 28 (1956) 447–454

21.22 Lesunovskii, V.P.; Khokha, Yu. V.: Characteristics of the noise spectrum of hydrodynamic cavitation on rotating bars in water. Soviet Physics-Acoustics 14 (1969) 474

21.23 Lyamshev, L.M.: On the theory of hydrodynamic cavitation noise. Soviet Physics-Acoustics 15 (1970) 494

21.24 Akulichev, V.A.: Experimental investigation of an elementay cavitation zone. Soviet Physics-Acoustics 14 (1969) 284

21.25 Crighton, D.G.; Ffowcs Williams, J.E.: Sound generation by turbulent two-phase flow. J. Fluid Mech. 36 (1969) 585–603

21.26 Boguslavskii, Yu.Ya.: Propagation of sound waves in a liquid during cavitation. Soviet Physics-Acoustics 14 (1968) 151

21.27 Boguslavskii, Yu.Ya.; Ioffe, A.I.; Naugol'nykh, K.A.: Sound radiation by a cavitation zone. Soviet Physics-Acoustics 16 (1970) 17

21.28 Oswatitsch, K.: Physikalische Grundlagen der Strömungslehre. Handbuch der Physik (ed. S. Flügge). Band VIII/1 Strömungsmechanik I. Berlin: Springer 1959

21.29 Baiter, H.J.: Geräusche der Strömungskavitation. Bericht 9/71 der Forschungsgruppe Hydroakustik der Fraunhofer-Gesellschaft zur Förderung der angewandten Forschung e.V., München (1971)

21.30 Branns, D.: Effekte der Strömungskavitation an rotierenden Förderorganen. Dissertation an der TH Aachen (1970)

21.31 Aleksandrov, I.A.: Physical nature of the "rotation noise" of ship propellers in the presence of cavitation. Soviet Physics-Acoustics 8 (1962) 23–28

21.32 Stüber, B.: Untersuchung aerodynamisch erzeugter Schallfelder mit Hilfe der Modellmethode. Dissertation TH München (1967)

21.33 Bloor, M.S.: The transition to turbulence in the wake of a circular cylinder. J. Fluid Mech. 19 (1964) 290–304

21.34 Hama, F.R.: Three-dimensional vortex pattern behind a circular cylinder. J. Aero. Sci. 24 (1957) 156–158

21.35 Kovasznay, L.S.G.: Hot-wire investigation of the wake behind cylinders at low Reynolds numbers. Proc. Roy. Soc. A 198 (1949) 174–190

21.36 Roshko, A.: On the development of turbulent wakes from vortex streets. NACA. Techn. Report 1191 (1954)

21.37 Roshko, A.: Experiments on the flow past a circular cylinder at very high Reynolds number. J. Fluid Mech. 10 (1961) 345–356

21.38 Delany, N.K.; Sorensen, N.E.: Low-speed drag of cylinders of various shapes. NACA. Techn. Note 3038 (1953)

21.39 Relf, E.F.; Simmons, L.F.G.: The frequency of the eddies generated by the motion of circular cylinders through a fluid. Phil. Mag. 49 (1925) 509

21.40 Holle, W.: Frequenz- und Schallstärkemessungen an Hiebtönen. Akust. Z. 3 (1938) 321–331

21.41 Strouhal, V.: Über eine besondere Art der Tonerregung. Annalen der Physik und Chemie 5 (1878) 216–251

21.42 Etkin, B.; Korbacher, G.K.; Keefe, R.T.: Acoustic radiation from a stationary cylinder in a fluid stream. Univ. of Toronto UTIA Report 39 (1956); J. Acoust. Soc. Amer. 29 (1957) 30–36

21.43 Lehnert, R.: Acoustic measurements of vortex streets behind cylinders and flat plates. Phys. Z. 38 (1937) 476–498

21.44 Surry, D.: The effect of high intensity turbulence on the aerodynamics of a rigid circular cylinder at subcritical Reynolds number. Univ. Toronto UTIA Report No. 142 (1969)

21.45 Bishop, R.E.D.; Hassan, A.Y.: The lift and drag forces on a circular cylinder in a flowing fluid. Proc. Roy. Soc., A 277 (1964) 32

21.46 Fung, Y.C.: Fluctuating lift and drag acting on a cylinder in a flow at supercritical Reynolds numbers. J. Aero. Sci. 27 (1960) 801–814

21.47 Gerrard, J.H.: An experimental investigation of the oscillation lift and drag of a circular cylinder shedding turbulent vortices. J. Fluid Mech. 11 (1961) 244–256

21.48 Jones, G.W.: Unsteady lift forces generated by vortex shedding about large stationary, and oscillating cylinder at high Reynolds number. ASME Symp. Unsteady Flow, Pap. 68 – FE-36 (1968)

21.49 Hamphreys, J.S.: On a circular cylinder in a steady wind at transition Reynolds numbers. J. Fluid Mech. 9 (1960) 603–612

21.50 Keefe, R.T.: Investigation of the fluctuating forces acting on a stationary circular cylinder in a subsonic stream and of the associated sound field. Univ. Toronto UTIA Report No. 76 (1961); J. Acoust. Soc. Amer. 34 (1962) 1711–1714

21.51 McGregor, D.M.: An experimental investigation of the oscillating pressures on a circular cylinder in a fluid. Univ. Toronto UTIA Report Note 14 (1957)

21.52 Gerrard, J.H.: A disturbance-sensitive Reynolds number range of the flow past a circular cylinder. J. Fluid Mech. 22 (1965) 187–196

21.53 Leehey, P.; Hanson, C.E.: Aeolian tones associated with resonant vibration. J. Sound Vib. 13 (1971) 465–483

21.54 Bloor, M.S.; Gerrrard, J.H.: Measurements on turbulent vortices in a cylinder wake. Proc. Roy. Soc. A 294 (1966) 319

21.55 Frank, P.: Untersuchungen an kavitierenden Düsen im Freifeld. DAGA Düsseldorf: VDI (1976) 441

21.56 Chen, S.S.: Flow-induced vibration of circular cylindrical structures. London: Hemisphere (1987), Distribution Berlin, Heidelberg, New York: Springer

21.57 Obermeier, F.: Berechnung aerodynamischer Schallfelder mittels der Methode der „Matched Asymptotic Expansions". Acustica 18 (1967) 238–240

21.58 Stüber, B.: Schallabstrahlung und Körperschallanregung durch Wirbel. Acustica 23 (1970) 82–92

21.59 Ffowcs Williams, J.E.: Hydrodynamic noise. Annual Review of Fluid Mechanics 1 (1969) 197–222

21.60 Ribner, H.S.: The generation of sound by turbulent jets. Advances appl. Mech. 48 (1964) 105–182

21.61 Crow, S.C.; Champagne, F.H.: Orderly structure in jet turbulence. J. Fluid Mech. 8 (1971) 547–591

21.62 Mollo-Christensen, F.: Jet noise and shear flow instabilities seen from an experimenters viewpoint. J. Appl. Mech. 89 (1970) 1–7

21.63 Michalke, A.: An expansion scheme for the noise from circular jets. Z. Flugwiss. 20 (1972) 229–237

21.64 Fuchs, H.V.: Eigenschaften der Druckschwankungen im subsonischen Freistrahl. Proc. 7th International Congress on Acoustics. Vol. 4, S. 449, Budapest 1971

21.65 Lighthill, M.J.: On sound generated aerodynamically. Proc. Roy. Soc. A 211 (1952) 564–587, A 222 (1954) 1–32

21.66 Ffowcs Williams, J.E.: The noise from turbulence convected at high speeds. Phil. Trans. Roy. Soc. Lond. A 225 (1963) 469–503

21.67 Böhnke, W.: Schallerzeugung durch einen gestörten Freistrahl. Gemeinschaftstagung Akustik und Schwingungstechnik Berlin 1970. Düsseldorf: VDI 237–240

21.68 Powell, A.: On the mechanism of choked jet noise. Proc. Phys. Soc. B 66 (1953) 1039–1056

21.69 Powell, A.: The reduction of choked jet noise. Proc. Phys. Soc. B 67 (1954) 313–327

21.70 Crighton, D.C.: Radiation from turbulence near a composite flexible boundary. Proc. Roy. Soc. A 314 (1970) 153–173

21.71 Heckl, M.: Körperschallanregung von elastischen Strukturen durch benachbarte Schallquellen. Acustica 21 (1969) 149–161

21.72 Bearman; P. W.: On vortex street wakes. J. Fluid Mech. 28 (1967) 625–641

21.73 Willmarth, W.W.; Wooldridge, C.W.: Measuremtns of the correlation between the fluctuating velocities and the fluctuating wall pressure in a thick boundary layer. J. Fluid Mech. 14 (1962) 187–210 and 22 (1965) 81–94

21.74 Schloemer, H.H.: Effects of pressure gradients on turbulent-boundary-layer wall pressure fluctuations. J. Acoust. Soc. Amer. 42 (1967) 93–113

21.75 Blake, W.K.: Turbulent boundary layer wall pressure fluctuations on smooth and rough walls. J. Fluid Mech. 44 (1970) 637–660

21.76 Corcos, G.M.: The structure of the turbulent pressure field in boundary layer flows. J. Fluid Mech. 18 (1964) 353–378

21.77 Wills, J.A.B.: Measurements of the wave number/phase velocity spectrum of wall pressure beneath a turbulent boundary layer. J. Fluid Mech. 45 (1970) 65–90

21.78 Kim, H.T.; Kline, S.J.; Reynolds, W.C.: The production of turbulence near a smooth wall in a turbulent boundary layer. J. Fluid Mech. 50 (1971), 133–160

21.79 Emmerling, R.: Die momentane Struktur des Wanddrucks einer turbulenten Grenzschichtströmung. Mitt. Max-Planck-Institut f. Strömungsforschung Nr. 56, Göttingen 1973

21.80 Kistler, A.L.; Chen, W.S.: The fluctuating pressure field in a supersonic turbulent boundary layer. Jet Propulsion Lab. Techn. Report No. 32–277, Aug. 1962

21.81 Ffowcs Williams, J.E.: Sound radiation from turbulent boundary layers formed on compliant surfaces. J. Fluid Mech. 22 (1965) 347–358

21.82 Ffowcs Williams, J.E.: The influence of simple supports on the radiation from turbulent flow near a plane compliant surface. J. Fluid Mech. 26 (1966) 641–649

21.83 Ahrens, C.; Ronneberger, D.: Luftschalldämmung in turbulent durchströmten schallharten Rohren bei verschiedenen Wandrauhigkeiten. Acustica 25 (1971), 150–157

21.84 Sebald, A.: Schallleistungsmessung in kreisförmigen Strömungskanälen mit wandbündig eingebauten Aufnehmern. Diplomarbeit Fachhochschule München, Fachbereich 03: Maschinenbau, Juli 1988

21.85 Michael, P.L.; Hogan, D.: Comparison of experimental and theoretical sound-attenuation values in a buried network of long pipes. J. Acoust. Soc. Amer. 41 (1967), 593–596

21.86 Sinambari, G.R.: Ausströmgeräusche von Düsen und Ringdüsen in angeschlossenen Rohrleitungen: ihre Entstehung, Fortpflanzung und Abstrahlung. Dissertation Universität Kaiserslautern, 1981

21.87 Stüber, B.; Fritz, K.R.; Lang, F.: Gasdurchströmte Stellventile, Näherungsweise Berechnung der Schallabstrahlung der angeschlossenen Rohrleitungen. Müller-BBM Bericht 11461 mit Anhang, gefördert durch das Ministerium für Umwelt, Raumordnung und Landwirtschaft des Landes Nordrhein-Westfalen, Oktober 1986

21.88 VDI-Richtlinie 3733, Juli 1996: Geräusche bei Rohrleitungen (Noise at pipes)

21.89 Stüber B.: Verlustfaktoren von gasgefüllten Rohrleitungen. DAGA 1980, Berlin: VDE, 439–442

21.90 Fritz, K.R.; Stüber, B.: Schalldämmung und Abstrahlgrad von gasgefüllten Stahlrohren. DAGA 1980, Berlin:VDE, 357–360

21.91 Cremer, L.: Theorie der Luftschalldämmung zylindrischer Schalen. Acustica 5 (1955), 245–256

21.92 Heckl, M.: Schallabstrahlung und Schalldämmung von Zylinderstrahlen. Dissertation TU Berlin (1957)

21.93 Heckl, M.: Experimentelle Untersuchungen zur Schalldämmung von Zylindern. Acustica 8 (1958), 259–265

21.94 Stüber, B.; Fritz, K.R.; Lang, F.: Schalldämmende Rohrleitungsummantelungen hoher Pegelsenkungen. Müller-BBM Bericht Nr. 5500 vom 10.05.1978, erarbeitet im Auftrag des Ministers für Arbeit, Gesundheit und Soziales des Landes Nordrhein-Westfalen, Gesch.-Zeich. III B 2-8824.3 RE

21.95 Kuhn, G.F.; Morfey, C.L.: Transmission of low-frequency internal sound through pipe walls. J. Sound Vibr. 47 (1976), 147

21.96 Kozlik, W.: Experimentelle Bestimmung der Schalldämmung und Schallabstrahlung von gasgefüllten Rechteckkanälen. Diplomarbeit aus der technischen Akustik an der Fachhochschule München, Jan. 1983

21.97 Heckl, M.: Schallabstrahlung von punktförmig angeregten Hohlzylindern, Acustica 9 (1959), 86–92

21.98 Stüber, B; Lang, F.: Abstrahlmaße verschiedener Bauteile in verfahrenstechnischen Anlagen. DGMK-Projekt 312, Dezember 1983

21.99 Michelsen, R.; Fritz, K.R.; v. Sazenhofen, C.: Wirksamkeit schalldämmender Ummantelungen von Rohren. DAGA 1980, Berlin: VDE, 301

21.100 Stüber, B.: Schallabstrahlung von Quellen in der Nachbarschaft von starren Körpern. Gemeinschaftstagung Akustik und Schwingungstechnik Berlin 1970, VDI-Verlag Düsseldorf 1971, 231

21.101 Eck, B.: Ventilatoren. Berlin: Springer 1962

21.102 Recknagel-Sprenger: Taschenbuch für Heizung, Lüftung und Klimatechnik. München: Oldenbourg. 1977

21.103 Muheim, J.A.: Rathé, E.J.: Geräuschverhalten von Ventilatoren, kritische Übersicht über bisherige Erfahrungen und Erkenntnisse. TH Zürich (1968)

21.104 Eck, B.: Technische Strömungslehre. Berlin: Springer 1961

21.105 Yudin, E.J.: Untersuchungen des Lärms von Lüfteranlagen und die Methode zu seiner Bekämpfung. ZAGI Bericht Nr. 713, Moskau 1958

21.106 Wolf, H.: Akustische Wirkung von Propellern, Stahltriebwerken und Freistrahlern. Maschinenbautechnik 7 (1958) 11, 573–580

21.107 Sharland, I.J.: Sources of noise in axial flow fans. J. Sound Vib. 1 (1964) 302–322

21.108 Leidel, W.: Einfluss von Zungenabstand und Zungenradius auf Kennlinie und Geräusch eines Radialventilators. Deutsche Versuchsanstalt für Luft- und Raumfahrt, Forschungsbericht 69–76 (1969)

21.109 Filleul, N. le S.: An investigation of axial flow fan noise. J. Sound Vib. 3 (1966) 147–165

21.110 Lowson, M.V.: Reduction of compressor noise radiation. J. Acoust. Soc. Amer. 43 (1968) 37–50

21.111 Kemp, N.H.; Sears, W.R.: Aerodynamic interference between moving blade rows. J. Aero. Sci. 20 (1953) 585–598

21.112 Kemp, N.H.; Sears, W.R.: The unsteady forces due to viscous wakes in turbomaschines. J. Aero. Sci. 22 (1955) 478–483

21.113 Lowson, M.V.; Potter, R.S.: Potential noise reduction methods for axial flow compressors. Wyle Lab. Res. Staff Rept. WR 66-9 (1966)

21.114 Embleton, T.W.: Experimental study of noise reduction in centrifugal blowers. J. Acoust. Soc. Amer. 35 (1963) 700–705

21.115 Simpson, H.C.; Macaskill, R.; Clark, T.A.: Generation of hydraulic noise in centrifugal pumps. Proc. Inst. Mech. Eng. 181, Part 3A (1966–1967)

21.116 Lowson, M.V.: Theoretical analysis of compressor noise. J. Acoust. Soc. Amer. 47 (1970) 371–385

21.117 Allen, C.H.: Noise from air conditioning fans. Noise control 3 (1957) 28–34; s. auch Noise Reduction (ed. L.L. Beranek) oder Handbook of Noise Control, Chap. 25 (ed. H.C. Harris), New York: McGraw-Hill 1957

21.118 Bommes, L.: Geräuschentwicklung bei Ventilatoren kleiner und mittlerer Umfangsgeschwindigkeit. Lärmbekämpfung 5 (1961) 69-75

21.119 Beranek, L.L.; Kampermann, G.W.; Allen, C.H.: Noise of centrifugal fans. J. Acoust. Soc. Amer. 27 (1955) 217–219

21.120 Zeller, W.; Stange, H.: Vorausbestimmung der Lautstärke von Axialventilatoren. Heiz. Lüft. Haustechn. 8 (1957) 322

21.121 Wickström, B.: Beitrag zur zweckmäßigen Bestimmung und Darstellung des Ventilatorgeräusches als Grundlage für akustische Berechnungen von Lüftungsanlagen. Diss. TU Berlin 1964

21.122 Stüber, B.; Ludewig, H.: Schallabstrahlung von Axialventilatoren für Luftkühler und Kühltürme. Z. Lärmbekämpfung 27, 104–108 (1980)

21.123 Fritz, K.R.; Ludewig, H.: Schallabstrahlung von Radialventilatoren hoher Förderleistung. Z. Lärmbekämpfung 32, 73–78 (1985)

21.124 VDI-Richtlinie 3731, Blatt 2: Emissionskennwerte technischer Schallquellen. Ventilatoren, Nov. 1990

21.125 VDI-Richtlinie 2081, Blatt 1: Geräuscherzeugung und Lärmminderung in Raumlufttechnischen Anlagen. Juli 2001

21.126 Sprenger, H.: Über thermische Effekte in Resonanzrohren. Mittelungen aus dem Institut für Aerodynamik der ETH Zürich 21 (1954) 18

21.127 Barsikow, B.; Neise, W.: Der Einfluss ungleichförmiger Zuströmung auf das Geräusch von Radialventilatoren. DAGA 1978, Berlin: VDE, 411–414

21.128 Longhouse, R.E.: Control of tip vortex noise of axial flow fans by rotating shrouds. J. Sound Vibr. 58 (1978)

21.129 Fukano, T.; Kodama, J.; Takamatsu, J.: The effects of tip clearance on the noise of low pressure and mixed-flow fans. J. Sound Vibr. 1986

21.130 Nemec, J.: Noise of axial fans and compressors: study of its radiation and reduction. J. Sound Vibr. 6 (1967) 230–236

21.131 Duncan, P.E.; Dawson, B.: Reduction of interaction tones from axial flow fans by suitable design of rotor configuration. J. Sound Vibr. 33 (1974), 143–154

21.132 Wieland, H.: Vergleich verschiedener Systeme zum Verändern der Förderleitung bei Radialventilatoren. VDI-Berichte 594 (1986), 267–281

21.133 Zeller, W.: Lärmabwehr bei Lüftungsanlagen. Forschungsbericht des Landes Nordrhein-Westfalen Nr. 1117, Köln: Westdeutscher Verlag (1967)

21.134 Marcinowski, H.: Der Einfluss des Laufradspaltes bei leitradlosen frei ausblasenden Axialventilatoren. Voith Forschung und Konstruktion 3 (1958)

21.135 Chaimowitch, E.M.: Ölhydraulik, 3. Aufl. Berlin: VEB Verlag Technik 1959

21.136 Schulz, H.: Die Pumpen, 13. Aufl. Berlin: Springer 1977

21.137 Leuschner, G.: Kleines Pumpenhandbuch für Chemie und Technik. Weinheim: Verlag Chemie 1967

21.138 Sulzer: Kreiselpumpen-Handbuch, 3. Aufl.: Vulkan-Verlag 1990

21.139 Autorenkollektiv: Technisches Handbuch Pumpen, 7. Aufl. Berlin: Verlag Technik 1987

21.140 VDI-Richtlinie 3743, Blatt 1 Entwurf (August 2000): Emissionskennwerte technischer Schallquellen, Pumpen, Kreiselpumpen

21.141 VDI-Richtlinie 3743, Blatt 2 (Juni 1989): Emissionskennwerte technischer Schallquellen, Pumpen, Verdrängerpumpen

21.142 Hagen, K.: Volumenverhältnisse, Wirkungsgrade und Druckschwankungen in Zahnradpumpen. Dissertation TH Stuttgart, 1958

21.143 Hübsch, H.G.: Untersuchung des Geräuschverhaltens und konstruktive Möglichkeiten zur Geräuschminderung an nicht druckkompensierten Zahnradpumpen. Dissertation Univ. Stuttgart, Mai 1969

21.144 Kahrs, M.: Die Verbesserung des Umsteuervorganges schlitzgesteuerter Hydro-Axialkolbenmaschinen mit Hilfe eines Druckausgleichskanals. Ölhydraulik und Pneumatik 12 (1968) 9–15

21.145 Föller, D.: Untersuchung der Anregung von Körperschall in Maschinen und der Möglichkeiten für eine primäre Lärmbekämpfung. Dissertation TH Darmstadt 1972

21.146 Domm, U.; Dernedde, R.: Über eine Auswahlregel für die Lauf- und Leitschaufelzahl von Kreiselpumpen. KSB Technische Berichte Nr. 9

21.147 Stüber, B.; Lang. F.: Stand der Technik bei der Lärmminderung in der Petrochemie. Umweltbundesamt Berlin 1979

21.148 Mühle, C.: Geräuschuntersuchungen an einer Kreiselpumpe. DAGA 1976, Düsseldorf VDI, 323–326

21.149 Saxena, S.V.; Wonsak, G.; Nagel, W.: Geräuschemission von Kreiselpumpen, Forschungsbericht Nr. 184 der Bundesanstalt für Arbeitsschutz und Unfallforschung. Dortmund 1978, Wirtschaftsverlag NW, Bremerhaven

21.150 Lehmann, W.; Melhorn, P.: Untersuchung der Geräuschemission von Kreiselpumpen in Abhängigkeit der konstruktiven Ausführungen und Betriebsbedingungen. Pumpentagung Karlsruhe 1978

21.151 Schmitt, A.; Klein, V.: Schallemission von Chemie-Normpumpen, Chemie-Anlagen und Verfahren, Heft 6/1979

21.152 Heckl, M.; Mühle, C.: Geräuscherzeugung durch Hydraulikanlagen. Müller-BBM GmbH, Bericht Nr. 2177 (1970)

21.153 Gordon, C.: Spoiler-generated flow noise. J. Acoust. Soc. Amer. 43 (1968) 1041-048 und 45 (1969) 214–223

21.154 Heller, H.; Widnall, S.E.: Sound radiation from rigid flow spoilers correlated with fluctuating forces. J. Acoust. Soc. Amer. 47 (1970) 934–936

21.155 Hubert, M.: Untersuchungen über die Geräusche durchströmter Gitter. Dissertation TU Berlin 1970

21.156 Sondhauss, C.F.J.: Über die Ausströmung der Luft entstehende Töne. Pogg. Ann. Phys. Chem. 91 (1854), 126–214

21.157 v. Gierke, H.: Über Schneidetöne an kreisrunden Gasstrahlern und ebenen Lamellen. Dissertation Karlsruhe (1944)

21.158 Heller, H.: Tonbildung bei der Durchströmung scharfkantiger Düsen mit hoher Unterschallgeschwindigkeit. Dissertation TU Berlin (1965)

21.159 Kerschen, E.J.; Johnston, J.P.: Modal contend of noise generated by a coaxial jet in a pipe. J. Sound Vib. 76 (1981) 95–115

21.160 Allen, E.E.: Valves can be quiet. Hydrocarbon Processing, Oct. 1972, 137–141

21.161 Izmit A.; McDaniel, O.H.; Reethof, G.: The nature of noise sources in control valves. Internoise 1977, B 183

21.162 Bach, M.: Strömungsbild, Wanddruck, Körperschallanregung und Luftschallabstrahlung bei einem Ventilmodell mit verschiedenen Drosselkörpern. Dissertation TU Berlin (1983)

21.163 Reethof, G.: Control valve and regulator noise generation, propagation and reduction. Noise Control Engineering, Sept.–Oct. 1977, 74–85

21.164 Michelsen, R.; Stüber, B.; Lang, F.; Werner, M.: Ventilgeräusche bei hohen Differenzdrücken, Kohleschleusenventile. Anhang zum Forschungsbericht 84-105-03-102/01 des Umweltbundesamtes, April 1984

21.165 VDI 3738, Emissionskennwerte technischer Schallquellen, Armaturen, Nov. 1994

21.166 Böhm, A.; Hubert, M.: Geräuschminderung an Kühltürmen. Gemeinschaftstagung Akustik und Schwingungstechnik Berlin 1970, Düsseldorf: VDI, 331–334

21.167 Bublitz, D.: Die Geräuschemission großer Rückkühlanlagen. Gemeinschaftstagung Akustik und Schwingungstechnik Berlin 1970, Düsseldorf: VDI, 325–329

21.168 Böhm, A.; Bublitz, D.; Hubert, M.: Geräuschprobleme bei Rückkühlanlagen. Mitteilungen der VGB 51 (1971) 235

21.169 Hubert, M.: Geräusche fallender Wassertropfen. Gemeinschaftstagung Akustik und Schwingungstechnik Stuttgart 1972, Berlin: VDE, 410–413

21.170 Riedel, E.: Geräusche aufprallender Wassertropfen. Dissertation TU-Berlin, 1976

21.171 Reinicke, W.: Über die Geräuschabstrahlung von Naturzug-Kühlern. TÜ 1975, Nr. 7/8

21.172 Briffa, F.E.J.; Clark, C.J.; Williams, G.T.: Combustion noise. J. Inst. Fuel, Mai 1973, 207 ff.

21.173 Beer, J.M.; Gupta, A.K.; Syred, N.: The reduction of noise emission from swirl combustors by staged combustion. Sheffield University Report 1973

21.174 Putnam, A.A.: Combustion roar of seven industrial gas burners. J. Inst. Fuel, Sept. 1976, 135 ff.

21.175 Bertrand, C.; Michelfelder, S.: Experimental investigation of noise generated by large turbulent diffusion flames. (results obtained during the Ap-5-trials) IFRF Doc. nr. K 20/a/87, 1976

21.176 Pauls, D; Günther, R.: The noise level of turbulent diffusion flames. 2. Symp. (Eur.) on Combustion, Orleans, 1975, 426 ff.

21.177 Pauls, D.: Geräuschentstehung turbulenter Diffusionsflammen. Dissertation TH Karlsruhe (1977)

21.178 Pauls, D.; Stüber, B.; Horns, H.; Pröpster, A.: Messung, Berechnung und Verminderung der Schallabstrahlung von Bodenfackeln. Forschungsbericht 82-105-03-407/01 des Umweltbundesamtes (Dezember 1982)

21.179 Stüber, B.; Lang, F.: Schalldämmmaße von Prozessofenwänden. DGMK-Projekt 313, Oktober 1983

21.180 Guglhör, M.: Problematik heutiger Windkraftanlagen. Diplomarbeit FH München (1986)

21.181 Sachinformation zu Geräuschemissionen und -immissionen von Windenergieanlagen, Landesumweltamt Nordrhein-Westfalen (2002)

21.182 Piorr, D.: Schallemissionen und -immissionen von Windkraftanlagen. Fortschritte der Akustik DAGA 1991

21.183 Gesetz zur Umsetzung der UVP-Änderungsrichtlinie, der IVU-Richtlinie und weiterer EG-Richtlinien zum Umweltschutz, BGBl. I, Nr. 40 vom 02.08.2001

21.184 Sechste Allgemeine Verwaltungsvorschrift zum Bundes-Immissionsschutzgesetz (Technische Anleitung zum Schutz gegen Lärm – TA Lärm) vom 26. August 1998, GMBl 1998, Nr. 26, 503

21.185 DIN EN 61400-11: Windenergieanlagen, Teil 11: Schallmessverfahren (IEC 61400-11:1998). Februar 2000

21.186 Technische Richtlinien für Windenergieanlagen, Teil 1: Bestimmung der Emissionswerte. Revision 13, Stand: 1.1.2000, Hg.: Fördergesellschaft für Windenergie e.V., Kiel.

21.187 DIN 45681: Bestimmung der Tonhaltigkeit von Geräuschen und Ermittlung eines Tonzuschlages für die Beurteilung von Geräuschimmissionen. Entwurf Februar 2002

21.188 Ising, H.; Markert, B.; Shenoda, F.; Schwarze, C.: Infraschallwirkungen auf den Menschen. VDI-Verlag (1982)

21.189 Information des Staatlichen Umweltamtes Bielefeld, März 2002

21.190 VDMA 24422: Armaturen; Richtlinie für die Geräuschberechnung; Regel- und Absperrarmaturen. Januar 1989

21.191 DIN EN 60534-8-3, Stellventile für die Prozessregelung – Teil 8-3: Geräuschbetrachtungen; Berechnungsverfahren zur Vorhersage der aerodynamischen Geräusche von Stellventilen. Dezember 2001

21.192 DIN EN 60534-8-4, Stellventile für die Prozessregelung – Teil 8: Geräuschemission; Hauptabschnitt 4: Vorausberechnung für flüssigkeitsdurchströmte Stellventile. April 1995

21.193 Wirth, K.E.: Pneumatische Förderung – Grundlagen. In: Preprints Technik der Gas/Feststoff-Strömung, VDI-Gesellschaft Verfahrenstechnik und Chemieingenieurwesen, 1986, S.157

21.194 Brauer, H.: Grundlagen der Einphasen- und Mehrphasenströmungen. In: Grundlagen der Chemischen Technik, Verlag Sauerländer, Aarau und Frankfurt am Main

21.195 Krambrock, W.: Dichtstromförderung, in: Preprints Technik der Gas/Feststoff-Strömung, VDI-Gesellschaft Verfahrenstechnik

21.196 VDI 3732, Emissionskennwerte technischer Schallquellen, Fackeln, Feb. 1999

21.197 VDI 3730, Emissionskennwerte technischer Schallquellen, Prozessöfen (Röhrenöfen), Aug. 1988

21.198 Higgins, B.: On the sound produced by a current of hydrogen gas passing through a tube. In: Journal of natural philosophy, chemistry and the arts 1 (1802), 129–131

21.199 Crocco, L.; Cheng, S.-I.: AGARDograph. Bd. 8: Theory of combustion instability in liquid propellant rocket motors. London: Butterworth's Scientific Publications, 1956

21.200 Putnam, A.A.: Combustion driven oscillations in industry. New York: American Elsevier, 1971

21.201 Richards, G.A.; Janus, M.C.: Characterization of oscillations during premix gas turbine combustion. In: Transactions of the ASME, J. Engineering for Gas Turbines and Power 120 (1998), April, 294–302

21.202 Lieuwen, T.; Zinn, B.T.: The role of equivalence ratio oscillations in driving combustion instabilities in low NO_x gas turbines. In: 27th Symp. (Int.) on Combustion, The Combustion Institute, 1998, 1809–1816

21.203 Sattelmayer, T.: Influence of the combustor aerodynamics on combustion instabilities from equivalence ratio fluctuations/The American Society of Mechanical Engineers. 2000 (2000-GT-0082). – ASME-paper

21.204 Dressler, J.L.: Atomization of liquid cylinders, cones, and sheets by acoustically-driven, amplitude-dependent instabilities. In: Int. Conference on Liquid Atomization and Spray Systems. Gaithersburg, MD, USA: Inst. for Liquid Atomization and Spray Systems, Juli 1991, 397–405

21.205 Schadow, K.C.; Gutmark, E.; Parr, T.P.; Parr, D.M.; Wilson, K.J.; Crump, J.E.: Large-scale coherent structures as drivers of combustion instability. In: Combust. Sci. and Tech. 64 (1989), 167–186

21.206 Büchner, H.; Külsheimer, C.: Untersuchungen zum frequenzabhängigen Mischungs- und Reaktionsverhalten pulsierender, vorgemischter Drallflammen. In: Gas Wärme International 46 (1997), 122–129

21.207 Schimmer, H.; Vortmeyer, D.: Acoustical oscillation in a combustion system with a flat flame. In: Combustion and Flame 28 (1977), 17–24

21.208 Schimmer, H.: Selbsterregte akustische Schwingungen in Brennräumen mit flacher Flamme, Technische Universität München, Dissertation, 1974

21.209 Baron Rayleigh, J.W.S.: The explanation of certain acoustical phenomena. In: Nature 18 (1878), Juli, 319–321

21.210 Baron Rayleigh, J.W.S.: Theory of sound. Bd. 2. 2. Auflage. New York: Dover Publications, 1945

21.211 Putnam, A.A.; Dennis, W.R.: Burner oscillations of the gauze-tone type. In: J. Acoust. Soc. Am. 26 (1954), Nr. 5, 716–725

21.212 Lawn, C.J.: Criteria for acoustic pressure oscillations to be driven by a diffusion flame. In: 19th Symp. (Int.) on Combustion, The Combustion Institute, 1982, 237–244

21.213 Lang, W.: Dynamik und Stabilität selbsterregter Verbrennungsschwingungen beim Auftreten mehrerer Frequenzen. Ein erweitertes Stabilitätskriterium, Technische Universität München, Dissertation, Juni 1986

21.214 Hantschk, C.-C.: Numerische Simulation selbsterregter thermoakustischer Schwingungen/VDI-Verlag. Düsseldorf, 2000 (441). – Fortschritt-Berichte, Reihe 6

21.215 Tsujimoto, Y.; Machii, N.: Numerical analysis of a pulse combustion burner. In: 21th Symp. (Int.) on Combustion, The Combustion Institute, 1986, 539–546

21.216 Lieuwen, T.; Torres, H.; Johnson, C.; Zinn, B. T.: A mechanism of combustion instability in lean premixed gas turbine combustors/The American Society of Mechanical Engineers. 1999 (99-GT-3). – ASME-paper

21.217 Krüger, U.; Hüren, J.; Hoffmann, S.; Krebs, W.; Bohn, D.: Prediction of thermoacoustic instabilities with focus on the dynamic flame behaviour for the 3A-series gas turbine of Siemens KWU/The American Society of Mechanical Engineers. 1999 (99-GT-111). – ASME-paper

21.218 Hobson, D.E.; Fackrell, J.E.; Hewitt, G.: Combustion instabilities in industrial gas turbines – measurements on operating plant and thermoacoustic modelling/The American Society of Mechanical Engineers. 1999 (99-GT-110). – ASME-paper

21.219 Dowling, A.P.: The calculation of thermoacoustic oscillations. In: Journal of Sound and Vibration 180 (1995), Nr. 4, 557–581

21.220 Hantschk, C.-C.; Vortmeyer, D.: Numerical simulation of self-excited combustion oscillations in a non-premixed burner. In: Combust. Sci. and Tech. 174 (2002), Nr. 1, 189–204

21.221 Hantschk, C.-C.; Vortmeyer, D.: Numerical simulation of self-excited thermoacoustic instabilities in a Rijke tube. In: Journal of Sound and Vibration 277 (1999), Nr. 3, 511–522

21.222 Menon, S.; Jou, W.-H.: Large-eddy simulations of combustion instability in an axisymmetric ramjet combustor. In: Combust. Sci. and Tech. 75 (1991), 53–72

21.223 Smith, C.E.; Leonard, A.D.: CFD modeling of combustion instability in premixed axisymmetric combustors/The American Society of Mechanical Engineers. 1997 (97-GT-305). – ASME-paper

21.224 Steele, R.C.; Cowell, L.H.; Cannon, S.M.; Smith, C. E.: Passive control of combustion instability in lean premixed combustors/The American Society of Mechanical Engineers. 1999 (99-GT-52). – ASME-paper

21.225 Murota, T.; Ohtsuka, M.: Large-eddy simulation of combustion oscillation in premixed combustor / The American Society of Mechanical Engineers. 1999 (99-GT-274). – ASME-paper

21.226 Gysling, D.L.; Copeland, G.S.; McCormick, D.C.; Proscia, W.M.: Combustion system damping augmentation with Helmholtz resonators/The American Society of Mechanical Engineers. 1998 (98-GT-268). – ASME-paper

21.227 Culick, F.E.C.: Combustion instabilities in liquid-fuelled propulsion systems – an overview.

In: AGARD Conference Proceedings No. 450, Combustion instabilities in liquid-fuelled propulsion systems, Advisory Group for Aerospace Research & Development, 1988, 1–1 – 1-73

21.228 Seume, J.R.; Vortmeyer, N.; Krause, W.; Hermann, J.; Hantschk, C.-C.; Zangl, P.; Gleis, S.; Vortmeyer, D.; Orthmann, A.: Application of active combustion instability control to a heavy duty gas turbine. In: Transactions of the ASME, J. Engineering for Gas Turbines and Power 120 (1998), Oktober, Nr. 4, 721–726

21.229 Straub, D.L.; Richards, G.A.: Effect of axial swirl vane location on combustion dynamics/ The American Society of Mechanical Engineers. 1999 (99-GT-109). – ASME-paper

21.230 DVGW Bonn; Büchner, H.; Leuckel, W.: Verfahren und Vorrichtung zur Unterdrückung von Flammen-/Druckschwingungen bei einer Feuerung. Deutsche und Europäische Patentanmeldungen. Offenlegungsschriften DE 195 26 369 A 1, DE 195 42 681 A 1 und 97100753.9. 1995, 1995, 1997

21.231 Hermann, J.: Anregungsmechanismen und aktive Dämpfung (AIC) selbsterregter Verbrennungsschwingungen in Flüssigkraftstoffsystemen/VDI-Verlag. Düsseldorf, 1997 (364). – Fortschritt-Berichte, Reihe 6

21.232 Candel, S.M.: Combustion instabilities coupled by pressure waves and their active control. In: 24th Symp. (Int.) on Combustion, The Combustion Institute, 1992, 1277–1296

21.233 McManus, K.R.; Poinsot, T.; Candel, S.M.: A review of active control of combustion instabilities. In: Prog. Energy Combust. Sci. 19 (1993), 1–29

21.234 Hermann, J.; Hantschk, C.-C.; Zangl, P.; Gleis, S.; Vortmeyer, D.; Orthmann, A.; Seume, J.R.; Vortmeyer, N.; Krause, W.: Aktive Instabilitätskontrolle an einer 170 MW Gasturbine. In: VDI Berichte 1313 (1997), 337–344. – 18. Deutsch-Niederländischer Flammentag

21.235 Cremer, L.; Heckl, M.: Körperschall. Springer-Verlag, 1995

21.236 Ho, C.M.; Nosseir, N.S.; Dynamics of an impinging jet. Part 1. The feedback phenomenon. J. Fluid Mech. (1981), vol. 105, 119–142

Ultraschall

H. Kuttruff

22.1 Einleitung

Schall mit Frequenzen oberhalb des Wahrnehmungsbereichs des menschlichen Gehörs bezeichnet man als *Ultraschall*. Zwar schwankt die Frequenzobergrenze des Hörvermögens von Person zu Person und verändert sich auch im Lauf des Lebens; meist wird ihr Mittelwert aber zu 20 kHz angegeben. Dementsprechend liegt das Ultraschallgebiet oberhalb von 20 kHz.

Die Ausbreitung von Ultraschall folgt grundsätzlich den gleichen Gesetzmäßigkeiten wie die von Schall aller anderen Frequenzen. Das gilt insbesondere für die Abstrahlung des Schalls von schwingenden Flächen, für seine Reflexion an Grenzflächen und die Brechung beim Übergang in ein anderes Medium. Auch die Beugung oder Streuung von Ultraschallwellen an Hindernissen gehorcht den allgemeinen Gesetzen. Allerdings treten die letztgenannten Erscheinungen namentlich bei etwas höheren Frequenzen etwas in den Hintergrund. Dafür macht sich die Dämpfung, die im Hörschallgebiet oft vernachlässigt wird, umso stärker bemerkbar. Auf sie wird in Abschn. 22.2 kurz eingegangen, ebenso wie auf die Reflexion und Brechung von Ultraschall, bei der auch die im Festkörper auftretenden Transversalwellen (s. Tabelle 10.1) einzubeziehen sind.

Bei den vielfältigen praktischen Anwendungen des Ultraschalls unterscheidet man zwischen Kleinsignalanwendungen und solchen Verfahren, bei denen es auf hohe Schallintensitäten oder große Schallschnellen, letztlich also auf hohe akustische Leistungen ankommt. Bei den ersteren dient der Ultraschall als Informationsträger, z.B. um Aufschluss über den Zustand im Inneren eines undurchsichtigen Körpers zu erhalten. Im Vordergrund steht hier die zerstörungsfreie Materialprüfung sowie die medizinische Diagnose mit Ultraschall. Bei den Leistungsanwendungen sucht man allgemein gewisse Änderungen eines mit Ultraschall behandelten Körpers zu erzielen. Besonders wichtig ist dabei die Reinigung mit Ultraschall sowie die Verbindungstechnik. Bestimmte Spezialgebiete, bei denen der Ultraschall ebenfalls eine wichtige Rolle spielt – wie etwa die Wasserschalltechnik oder die Technik der Oberflächenwellenfilter – werden hier nicht behandelt.

Da dieses Kapitel nur einen knappen Überblick über das Gebiet des Ultraschalls bieten kann, werden Originalarbeiten nur in einigen wenigen Fällen zitiert. Statt dessen wird überwiegend auf zusammenfassende Darstellungen des Gebiets [22.8, 22.12] sowie einzelner Teilgebiete verwiesen.

22.2 Ausbreitung und Abstrahlung

22.2.1 Dämpfung

Die *Ausbreitungsdämpfung* von Schall nimmt allgemein mit der Schallfrequenz stark zu und macht sich daher im Ultraschallbereich stärker bemerkbar als im Bereich des Hörschalls. In Gasen ist sie in aller Regel höher als in Flüssigkeiten und hier ist sie wiederum höher als in Festkörpern. Aus diesem Grund spielt in der praktischen Anwendung die Ultraschallausbreitung in Luft eine eher untergeordnete Rolle. Im Vordergrund steht vielmehr die Ausbreitung in Festkörpern und Flüssigkeiten.

Für die Ausbreitungsdämpfung von Ultraschall sind unterschiedlichste physikalische Vorgänge ursächlich, die in dieser Darstellung nicht

Tabelle 22.1 Akustische Dämpfung einiger Stoffe

Stoff	Frequenz MHz	Dämpfung dB/cm	Quelle	Bemerkungen
Luft (20°C, 1 at)	1	1,7	[22.1]	Bei 70% rel. Luftfeuchtigkeit
Wasser (20°C)	1	0,0022	[22.17]	quadratische Frequenzabhängigkeit der Dämpfung
Ethylalkohol (20°C)	1	0,0047	[22.17]	
Stahl	2	0,3	[22.3]	
Aluminium	2,5	0,02	[22.3]	
Polyethylen (20°C)	1,46	9,7	[22.3]	
Plexiglas (20°C)	1,46	2,3	[22.3]	
Weiche Gewebe	1	0,5–2	[22.5]	Frequenzabhängigkeit etwa linear
Knochen	1	4–10	[22.5]	

näher beschrieben werden können [22.11, 22.17]. Erwähnt seien hier lediglich die *Viskosität*, die *Wärmeleitung* sowie *thermische Relaxationsprozesse*, welche zusammen die Dämpfung in Gasen bestimmen. Bei flüssigen und festen Stoffen treten weitere Verlustprozesse hinzu, die meist durch die innere Struktur oder den molekularen Aufbau des Mediums bedingt sind. Die Beobachtung der Ultraschalldämpfung und ihrer Frequenzabhängigkeit ist daher ein wichtiges Werkzeug für die physikalische Untersuchung von Stoffen und Materialien. Praktisch wichtig ist, dass der polykristalline Aufbau metallischer Werkstoffe zu einer mit der Frequenz stark ansteigenden Dämpfung durch *Schallstreuung* an den Kristalliten führt [22.4], was diese Materialien oberhalb einer gewissen Frequenz praktisch undurchlässig für Ultraschall macht. Eine Orientierung über die Größe der Ultraschalldämpfung in verschiedenen Stoffen bietet Tabelle 22.1.

22.2.2 Reflexion und Brechung

Eine ebene Schallwelle, die auf die gleichfalls als eben vorausgesetzte Grenzfläche zwischen zwei verschiedenen, sonst unbegrenzten Medien fällt, wird an dieser zum einen Teil reflektiert, zum andern in das andere Medium durchgelassen (gebrochen) [22.11]. In Abb. 22.1 ist der allgemeinste Fall zweier fest miteinander verbundener Festkörper dargestellt. Aus dem Medium I fällt eine *Longitudinalwelle* unter dem Einfallswinkel ϑ_{1L} auf die Grenzfläche.

Sowohl der reflektierte als auch der in das Medium II übertragene Schall enthält i. Allg. eine longitudinale und eine durch *Wellentypumwandlung* an der Grenzfläche entstandene transversale Komponente; bei letzterer liegt die Schwingungsrichtung in der Zeichenebene. Die auftretenden Reflexions- und Brechungswinkel sind durch die Beziehungen

$$\frac{\sin\vartheta_{1L}}{c_{1L}} = \frac{\sin\vartheta'_{1L}}{c_{1L}} = \frac{\sin\vartheta'_{1T}}{c_{1T}} \quad (22.1)$$

$$= \frac{\sin\vartheta_{2L}}{c_{2L}} = \frac{\sin\vartheta_{2L}}{c_{2T}}$$

gegeben, die gestrichenen Größen beziehen sich auf die reflektierten Komponenten; c_{iL} und c_{iT} bezeichnen die Longitudinal- und Transversalwellengeschwindigkeiten in beiden Medien (Tabelle 22.2). Entsprechend liegen die Verhältnisse, wenn die einfallende Welle eine *Transversalwelle* mit Schwingungsrichtung in der Zeichenebene ist, der erste Bruch in Gl. (22.1) ist dann durch $\sin\vartheta_{1T}/c_{1T}$ zu ersetzen. Liegt die Schwingungsrichtung der primären Welle dagegen senkrecht zur Zeichenebene, dann tritt keine Wellentypumwandlung auf.

Es kann der Fall auftreten, dass eine oder mehrere der obigen Teilgleichungen nicht befriedigt werden können, da der Betrag der Sinusfunktion den Wert 1 nicht übersteigen kann. Dann verschwindet eine der Sekundärwellen. Ist z.B.

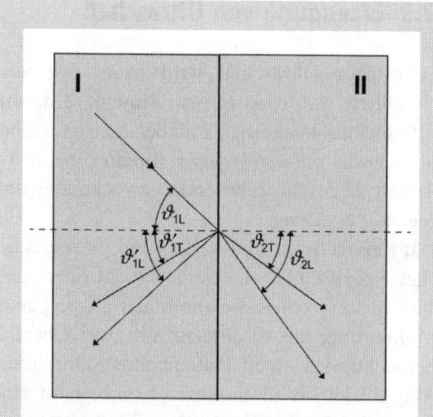

Abb. 22.1 Reflexion und Brechung an der ebenen Grenzfläche zweier Festkörper, die kraftschlüssig miteinander verbunden sind

tierte bzw. gebrochene Transversalwelle auftreten. Entsprechendes gilt, wenn beide Medien fluid sind. Der *Reflexionsfaktor R* und der *Transmissionfaktor T* sind dann durch die Gleichungen

$$R = \frac{Z_2 \cos\vartheta_{1L} - Z_1 \cos\vartheta_{2L}}{Z_2 \cos\vartheta_{1L} + Z_1 \cos\vartheta_{2L}} \quad (22.2)$$

$$T = 1 + R = \frac{2 Z_2 \cos\vartheta_{1L}}{Z_2 \cos\vartheta_{1L} + Z_1 \cos\vartheta_{2L}} \quad (22.3)$$

gegeben; beide sind als das Verhältnis des Schalldrucks der jeweiligen Welle zu dem der einfallenden Welle definiert. Z_1 und Z_2 sind die Wellenwiderstände $Z_i = \varrho_i c_{iL}$ der beiden Stoffe. Auch bei senkrechtem Schalleinfall auf die Grenzfläche gibt es keine Wellentypumwandlung; für den Reflexions- bzw. den Transmissionsfaktor gelten die obigen Gleichungen mit $\vartheta_{1L} = \vartheta_{2L} = 0$.

$c_{2L} > c_{1L}$, dann gibt es keine gebrochene Longitudinalwelle für Einfallswinkel $\vartheta_{1L} > \arcsin(c_{1L}/c_{2L})$, die Umwandlung in eine Transversalwelle ist dann vollständig. Ist weiter $c_{2T} > c_{1L}$, dann gibt es für $\vartheta_{1L} > \arcsin(c_{1L}/c_{2T})$ überhaupt keine gebrochene Welle (*Totalreflexion*).

Ist eines der beiden Medien fluid, d. h. flüssig oder gasförmig, dann kann in ihm keine reflek-

22.2.3 Abgestrahltes Schallfeld

Wir beschränken uns hier auf die *Abstrahlung* von Longitudinalwellen von einer ebenen schwingenden Platte, deren Querabmessungen groß gegen die Wellenlänge im umgebenden Medium sind. In diesem Fall hat man zwischen dem

Tabelle 22.2 Schallgeschwindigkeiten einiger Stoffe

Stoff	Dichte (kg/m³)	Schallgeschwindigkeit (longitudinal, m/s)	Schallgeschwindigkeit (transversal, m/s)
Sauerstoff	1,429	316	–
Wasserstoff	0,090	1284	–
Stickstoff	1,251	334	–
Kohlendioxid	1,977	259	–
Luft	1,293	331	–
Wasser	998	1483	–
Quecksilber	13500	1451	–
Benzol	878	1324	–
Tetrachlorkohlenstoff	1594	938	–
Aluminium (gewalzt)	2700	6420	3040
Eisen	7900	5950	3240
Messing (70 % Cu, 30 % Zn)	8600	4700	2110
Stahl (rostfrei)	7900	5790	3100
Flintglas	3880	3980	2380
Quarzglas	2200	5968	3764
Plexiglas	1180	2680	1100
Polyethylen	900	1950	540

Die Angaben für Gase beziehen sich auf eine Temperatur von 0 °C, die für Flüssigkeiten auf 20 °C.

22.3 Erzeugung von Ultraschall

Technischer Ultraschall wird heute fast ausschließlich mit elektrischen Mitteln, d.h. mit Hilfe elektroakustischer Wandler erzeugt. Dabei hat sich das *piezoelektrische Wandlerprinzip* (s. Abschn. 25.5.1.1) als besonders zweckmäßig und vielseitig erwiesen.

Im einfachsten Fall besteht ein piezoelektrischer Schallsender aus einer Schicht oder einer Platte aus piezoelektrischem Material geeigneter Orientierung, die zusammen mit zwei Oberflächenelektroden einen Plattenkondensator bildet (Abb. 22.3a). Wird an diesen Kondensator eine elektrische Spannung angelegt, so entsteht im Dielektrikum auf Grund des *piezoelektrischen Effekts* eine Dehnung, d.h. eine relative Dickenänderung, die bei kräftefreien Plattenoberflächen durch

$$s = d \cdot E \tag{22.5}$$

gegeben ist (E Feldstärke des als homogen angesehenen elektrischen Feldes). Der materialspezifische Proportionalitätsfaktor d ist der *piezoelektrische Modul*. – Alternativ kann man den Piezoeffekt auch durch die elastische Spannung beschreiben, die durch das elektrische Feld im Innern der nunmehr als festgeklemmt angenommenen Platte erzeugt wird:

$$\sigma = e \cdot E . \tag{22.6}$$

Die *piezoelektrische Konstante* e ist mit dem piezoelektrischen Modul d über die elastischen Eigenschaften des Stoffes verknüpft.

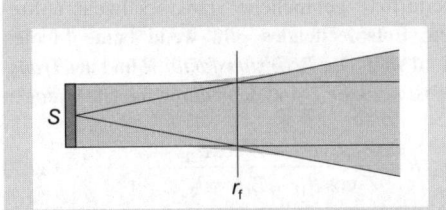

Abb. 22.2 Ungefähre Ausdehnung des von einem großflächigen, ebenen Strahler S erzeugten Schallfelds (r_f Fernfeldentfernung nach Gl. (22.4))

Nahfeld und dem *Fernfeld* zu unterscheiden; die Grenze ist näherungsweise durch

$$r_f \approx \frac{S}{\lambda} \tag{22.4}$$

gegeben (S Plattenfläche). Einen groben Überblick über die räumliche Ausdehnung des Schallfelds gibt Abb. 22.2. Im Nahfeld füllt das Schallfeld einen zylindrischen Schlauch der Querschnittsfläche S, in dem die Schallintensität allerdings nicht konstant ist, sondern starke räumliche Schwankungen aufweist. Jenseits des *Fernfeldabstands* r_f geht der Schlauch in einen konisch erweiterten Bereich über, dessen Öffnung umso kleiner ist, je kleiner die Wellenlänge, je höher also die Frequenz ist. Eine genauere Berechnung des Schallfelds kann mit Hilfe der Gl. (1.37) bzw. den Formeln der Tabelle 1.5 Ziff. 5 vorgenommen werden. Sie zeigt, dass sich der Schallstrahl im Nahfeldbereich sogar noch etwas einschnürt, was mitunter (fälschlicherweise) als „Fokussierung" bezeichnet wird.

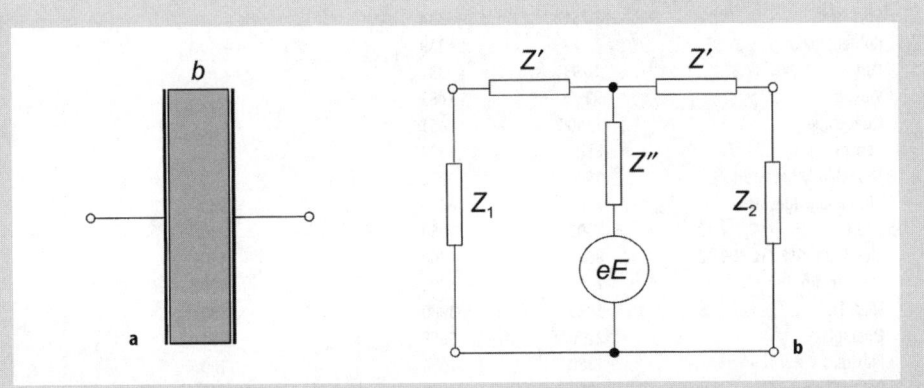

Abb. 22.3 a Piezoelektrischer Dickenschwinger, schematisch; **b** elektrisches Ersatzschaltbild des piezoelektrischen Dickenschwingers (nach Mason); $Z' = jZ_0\tan(\pi b/\lambda_L)$; $Z' = Z_0/j\sin(\pi b/\lambda_L)$, Z_0 Wellenwiderstand; λ_L Wellenlänge, beides für Longitudinalwellen im Piezomaterial

Neben dem hier beschriebenen longitudinalen Piezoeffekt gibt es auch einen transversalen Piezoeffekt, d.h. es tritt zugleich eine Änderung der Querabmessungen der Platte ein. Des Weiteren kann bei bestimmter Orientierung des elektrischen Feldes eine Scherdeformation bzw. eine Scherspannung entstehen. Wir beschränken uns im Folgenden auf den oben beschriebenen longitudinalen Effekt, der die größte praktische Bedeutung hat.

Ist die Plattendicke nicht klein im Vergleich zur Schallwellenlänge des Plattenmaterials, dann muss die Platte als Wellenleiter angesehen werden. Piezoelektrisch erzeugte elastische Zustandsänderungen breiten sich dann im Wesentlichen als Longitudinalwellen parallel zum elektrischen Feld aus. Diese können zwischen den Plattenoberflächen hin- und herreflektiert werden, so dass sich im stationären Fall eine stehende Welle ausbildet. Das hieraus resultierende dynamische Verhalten des Ultraschallwandlers kann z.B. an Hand des *elektrischen Ersatzschaltbilds* nach Mason [22.4] verstanden werden (s. Abb. 22.3b). Bei ihm entspricht die piezoelektrische Kraft (pro Flächeneinheit) einer elektrischen Spannung eE. Die angrenzenden Medien werden durch ihre Wellenwiderstände Z_1 und Z_2 repräsentiert. Die auf sie einwirkenden Kräfte können leicht an Hand des Ersatzschaltbilds berechnet werden, ebenso die nach beiden Seiten abgestrahlten Schallleistungen. In Abb. 22.4 ist die von einer symmetrisch belasteten Piezoplatte abgestrahlte Leistung als Funktion der Wellenlänge (und damit der Frequenz) dargestellt. Auffällig sind die Maxima, die umso ausgeprägter sind, je größer die Fehlanpassung zwischen dem Plattenmaterial und dem umgebenden Medium ist. Sie treten bei den Frequenzen

$$f_n = (2n + 1) \cdot \frac{c_L}{2b} \quad (n = 1, 2, \ldots) \quad (22.7)$$

auf und sind anschaulich als Dickenresonanzen der Platte zu verstehen. Bei Leistungsanwendungen des Ultraschalls sind diese Resonanzen durchaus erwünscht; sie stören dagegen, wenn man an der Erzeugung breitbandiger Schallsignale, z.B. kurzer Schallimpulse interessiert ist. Die Bandbreite kann deutlich erhöht werden, wenn man die Platte auf einer Seite mit einem „*Dämpfungskörper*" versieht, der im Idealfall an das Piezomaterial angepasst ist ($Z_2 = Z_0$) und zugleich eine hohe innere Dämpfung hat.

Der hier beschriebene Wandler ist der Grundtyp des piezoelektrischen Ultraschallsenders. Je nach den praktischen Bedürfnissen wird er in mannigfacher Weise abgewandelt. Zur Erzeugung hoher Leistungen bei relativ niedrigen Frequenzen verwendet man oft sogenannte *Verbundwandler* (Abb. 22.5a). Durch die metallischen Verlängerungen auf beiden Seiten der piezoelektrischen Scheiben werden die Resonanzfrequenzen entsprechend abgesenkt. Diese Verlängerungsstücke können passend geformt werden,

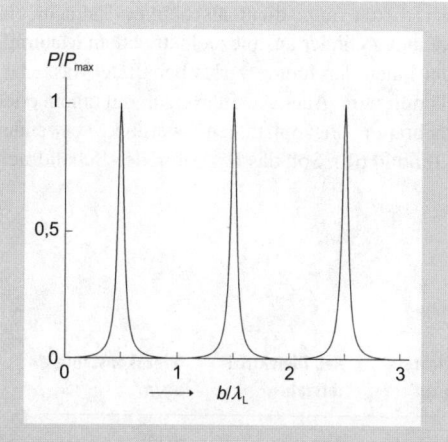

Abb. 22.4 Die von einer schwingenden, symmetrisch belasteten Piezoplatte abgegebene Strahlungsleistung als Funktion des Verhältnisses Dicke/Longitudinalwellenlänge im Piezomaterial, $Z_0/Z_1 = 10$

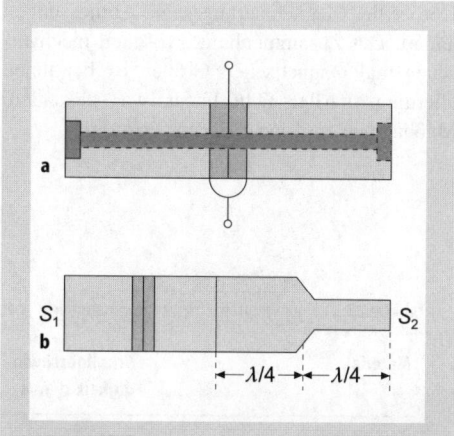

Abb. 22.5 a Piezoelektrischer Verbundwandler. Die beiden Piezoscheiben sind entgegengesetzt polarisiert; **b** piezoelektrischer Verbundwandler mit vorgesetztem Schnelletransformator (Stufentransformator)

z. B. um die Anpassung an den zu beschallenden Bereich zu verbessern (z. B. Abb. 22.11). Vielfach verbindet man den eigentlichen Wandler mit einem sogenannte *Schnelletransformator*, bestehend aus einem Stab von örtlich veränderlichem Querschnitt, auf dem der Wandler eine stehende Dehnwelle erregt. Die einfachste Ausführung ist der in Abb. 22.5 b dargestellte „Stufentransformator"; an seinem dünneren Ende tritt eine um den Faktor S_1/S_2 vergrößerte Schnelle auf. Beide Hälften haben jeweils die Länge einer viertel Dehnwellenlänge. Daneben werden auch Schnelletransformatoren mit konischem oder exponentiellem Querschnittsverlauf verwendet, für die andere Transformationsverhältnisse gelten [22.8, 22.12].

Das klassische Piezomaterial, nämlich Quarz, wird heute kaum noch benutzt. Praktische Piezowandler bestehen meistens aus keramischen Materialien wie Bariumtitanat, Bleizirkonattitanat (PZT) oder Bleimetaniobat. Sie können beliebig geformt werden, also auch z. B. als Kugelkalotten oder Zylinder, müssen aber vor ihrem Einsatz elektrisch polarisiert werden. Entsprechendes gilt für Folien aus *piezoelektrischen Hochpolymeren* wie Polyvinylidenfluorid (PVDF), die gelegentlich ebenfalls als Ultraschallwandler eingesetzt werden. Tabelle 22.3 orientiert über die Eigenschaften einiger Piezomaterialien.

Neben dem piezoelektrischen Wandler spielt der *magnetostriktive Wandler* auch heute noch eine gewisse Rolle für die Erzeugung von Leistungsultraschall bei Frequenzen bis ca. 50 kHz. Er beruht darauf, dass ein ferromagnetischer Körper bei Magnetisierung seine Abmessungen ändert. Der Zusammenhang zwischen mechanischen und magnetischen Größen ist bei ihnen allerdings i. Allg. nicht linear, was besondere Maßnahmen zur Linearisierung erfordert.

22.4 Nachweis und Empfang

Wie die meisten elektroakustischen Wandler ist auch der piezoelektrische Wandler reversibel, d. h. er kann nicht nur zur Erzeugung, sondern auch zum quantitativen Nachweis von Ultraschall und zum *Empfang von Ultraschallsignalen* benutzt werden. Davon macht man zum einen bei der Konstruktion von Ultraschallmikrofonen Gebrauch, die meist als *Hydrofone* bezeichnet werden. Zum anderen kann man ein und denselben Wandler dazu benutzen, einen Ultraschallimpuls zu erzeugen und danach das von ihm an einem Hindernis hervorgerufene Echo zu empfangen.

Wie oben gehen wir von einem plattenförmigen Wandler aus (s. Abb. 22.3 a). Die der Gl. (22.6) entsprechende Beziehung lautet $D = -e \cdot s$, wobei s eine von außen erzwungene Dehnung, d. h. eine relative Dickenänderung der Piezoplatte bedeutet und D die hierdurch bewirkte dielektrische Verschiebung bei kurzgeschlossenen Elektroden ist. Die praktisch interessantere Leerlaufspannung der Platte ergibt sich hiermit zu

$$U_e = -\frac{e}{\varepsilon_S}\delta b. \qquad (22.8)$$

Darin ist δb die Dickenänderung des piezoelektrischen Dielektrikums und ε_S seine Dielektrizitätskonstante, gemessen im festgeklemmten Zustand.

Abbildung 22.6 zeigt zwei Ausführungsformen von piezoelektrischen Hydrofonen. Auf der linken Seite dient als aktives Element ein kleiner Zylinder aus piezoelektrischem Material, der innen durch eine verlustbehaftete Masse bedämpft wird. Auch Ausführungen mit einem oder mehreren Piezoplättchen werden verwendet (Teilbild 6 b). Soll das Hydrofon den Schalldruck

Tabelle 22.3 Eigenschaften einiger Piezomaterialien (nach 22.14)

Material	Schallgeschwindigkeit c_L m/s	Dichte g/cm³	Rel. Dielektrizitätszahl	Piezokonstante e As/m²
Quarz (x-Schnitt)	5700	2,65	4,6	0,17
Bleizirkonattitanat (PZT-5A)	4350	7,75	1700	15,8
Bleimetaniobat	3300	6,0	225	3,2
Polyvinylidenfluorid (PVDF)	2200	1,78	10	0,14

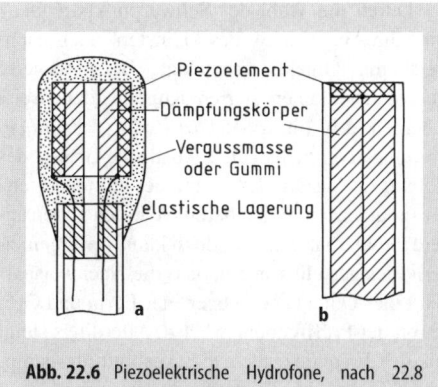

Abb. 22.6 Piezoelektrische Hydrofone, nach 22.8 (Quelle: S. Hirzel Verlag)

anzeigen, so muss es klein im Vergleich zu der jeweiligen Schallwellenlänge sein. Eine besonders hohe Frequenzbandbreite erreicht man mit dem *Nadelhydrofon* [22.15]; es besteht aus einer Metallnadel, deren Spitze mit *Polyvinylidenfluorid* (PVDF) überzogen ist.

Zum Nachweis von Ultraschall können auch mechanische, thermische oder optische Effekte herangezogen werden. So übt ein begrenzter Schallstrahl in einer sonst ruhenden Flüssigkeit einen Gleichdruck auf ein Hindernis aus, den so genannten *Schallstrahlungsdruck*. Besteht das Hindernis aus einer zur Strahlachse senkrechten, schallabsorbierenden Platte, so ist der Strahlungsdruck numerisch gleich der Energiedichte im Schallstrahl, bei einer reflektierenden Platte ist er doppelt so groß. Aus der auf den Probekörper wirkenden Strahlungskraft kann die Energiedichte und damit auch die Intensität absolut bestimmt werden. Die entsprechenden Geräte heißen *Strahlungsdruck- oder Strahlungskraftwaagen* [22.2]. – Bei thermischen Ultraschallsensoren wird die Schallintensität aus der Temperaturerhöhung eines schallabsorbierenden Probekörpers bestimmt, der sich im Schallfeld befindet [22.16]. Optische Verfahren beruhen darauf, dass eine harmonische (fortschreitende oder stehende) Ultraschallwelle in einem durchsichtigen Stoff auf Grund der von ihr erzeugten Dichteänderungen als optisches *Beugungsgitter* wirkt [22.9]. Durch Helligkeitsvergleich der einzelnen optischen Beugungsordnungen kann die Schallintensität absolut bestimmt werden. Schließlich kann ein ausgedehntes Wellenfeld auch *schlierenoptisch* sichtbar gemacht werden, da die Schallwellen mit Dichtegradienten im Medium verknüpft sind.

22.5 Kleinsignalanwendungen

22.5.1 Impulsechoverfahren

Bei den hier zu beschreibenden Anwendungen wird die Ultraschallwelle als Informationsträger benutzt. Die wichtigsten dieser Anwendungen sind diagnostischer Art, nämlich die *zerstörungsfreie Prüfung* von Werkstoffen und Werkstücken [22.3, 22.7] sowie die medizinische *Sonographie* [22.5, 22.13]. In beiden Fällen handelt es sich um die Untersuchung eines beschallten Mediums und seiner Inhomogenitäten.

Abgesehen von Sonderfällen, kommt hierfür heute fast ausschließlich das *Impulsechoverfahren* zum Einsatz. Dabei wird ein Ultraschallimpuls in das zu untersuchende Objekt gesandt. Dieser lässt an Inhomogenitäten des Mediums, also z.B. an Hohlräumen, Einschlüssen, Material- bzw. Gewebegrenzen u. dgl., durch Streuung oder Reflexion Sekundärwellen entstehen, die teilweise in Richtung des Sendewandlers zurückgeworfen und von diesem selbst oder einem zweiten Wandler empfangen werden.

Das Prinzip des Impulsechoverfahrens ist in Abb. 22.7a dargestellt. Der Wandler W wird von einem elektrischen Signalgenerator G über eine Trennschaltung T gespeist. Sofort nach Aussendung des Schallimpulses wird diese von Senden auf Empfang umgeschaltet, alle vom Wandler empfangenen Echosignale werden nun nach geeigneter Verstärkung und Gleichrichtung in VG einem Sichtgerät, d.h. einem Oszilloskop zugeführt. Die erste der dargestellten Signalspitzen entsteht durch elektrisches Übersprechen und markiert den Sendezeitpunkt, die weiteren Spitzen stellen Echos aus dem untersuchten Objektbereich dar. Der Abstand jedes Signalanteils von der Anfangsspitze ist der Laufzeit des zugehörigen Ultraschallsignals proportional, bei bekannter Schallgeschwindigkeit kann damit die Tiefe der angezeigten Inhomogenität bestimmt werden. Häufig wirft eine innere Grenzfläche nur einen Teil der primären Schallenergie zurück, daher zeigt ein Schallstrahl oft mehrere oder sogar viele hintereinander liegende Grenzen oder Hindernisse an. Ist das Prüfobjekt eine Platte, ein Rohr, ein Behälter usw., so wird von dessen Rückwand i. Allg. ein starkes Echo erzeugt; das Impulsechoverfahren eignet sich daher auch zur *Wanddickenmessung*.

Das hier skizzierte Verfahren ist die sogenannte *A-Darstellung*. Die anschaulichere *B-Darstellung* wird vor allem in der medizinischen

Durch die Wahl der Schwerpunktsfrequenz wird die Ausdehnung des kleinsten, noch nachweisbaren Objekts festgelegt. Beispielsweise wächst bei kleinen starren Kugeln oder Kreisscheiben, d.h. für $ka \ll 1$ (a Radius) der *Rückstreuquerschnitt*, also die „akustische Größe" des Objekts (s. Abschn. 1.5.2), mit der vierten Potenz der Frequenz an. Bei anderen Objekten gelten andere Gesetzmäßigkeiten, doch kann verallgemeinernd festgestellt werden, dass die Nachweisbarkeit eines Objekts von gegebener Form und Größe mit der Prüffrequenz wächst. Allerdings steigt mit der Frequenz auch die Ausbreitungsdämpfung des Ultraschalls an, die durch einen *elektronischen Tiefenausgleich* nur teilweise kompensiert werden kann. Jedenfalls muss in der Praxis ein passender Kompromiss hinsichtlich der Betriebsfrequenz gefunden werden. In der technischen Materialprüfung liegen die Prüffrequenzen meist zwischen 1 und 10 MHz. Ähnliches gilt für die medizinische *Sonographie*, obwohl bei wenig ausgedehnten Organen (Auge, Haut) auch noch weit höhere Frequenzen zum Einsatz kommen.

Das laterale *Auflösungsvermögen* ist durch die Ausdehnung des vom Sendewandler erzeugten Schallstrahls bestimmt (s. Abb. 22.2). Es kann in bestimmten Abstandsbereichen durch Verwendung von fokussierenden Wandlern verbessert werden. Dabei wird der Strahl Verwendung eines passend gekrümmten piezoelektrischen Elements oder durch eine vorgesetzte Sammellinse eingeengt. Das axiale Auflösungsvermögen hängt von der Kürze des erzeugten Ultraschallimpulses, d.h. auch wieder von seiner Schwerpunktsfrequenz ab.

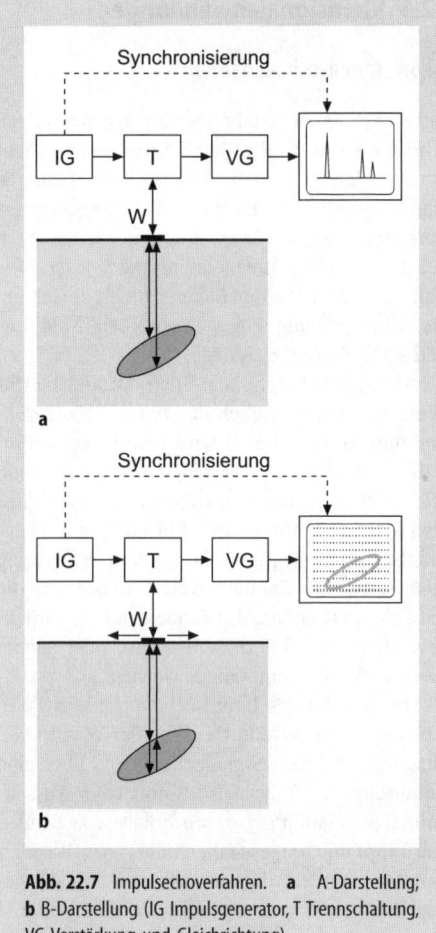

Abb. 22.7 Impulsechoverfahren. **a** A-Darstellung; **b** B-Darstellung (IG Impulsgenerator, T Trennschaltung, VG Verstärkung und Gleichrichtung)

Diagnostik verwendet („B-scan") und strebt eine 1:1-Abbildung eines Objektbereichs auf den Schirm des Sichtgeräts an (s. Abb. 22.7b): Synchron mit dem ausgesandten Schallimpuls wird der Elektronenstrahl mit konstanter Geschwindigkeit vertikal über den Schirm des Sichtgeräts ausgelenkt, seine Horizontallage entspricht der Position des Wandlers. Die Energie des Elektronenstrahls wird grundsätzlich so niedrig gehalten, dass der Schirm des Sichtgeräts dunkel bleibt. Erst durch ein empfangenes Signal wird der Strahl hellgetastet und erzeugt einen entsprechenden Leuchtfleck auf dem Schirm. Wird die Oberfläche des zu untersuchenden Objekts systematisch mit dem Wandler abgetastet, so entsteht auf dem Sichtgerät eine mehr oder weniger naturgetreue Abbildung der in ihm vorhandenen Hindernisse.

22.5.2 Zerstörungsfreie Materialprüfung

Abbildung 22.8a zeigt einen typischen „Prüfkopf" d.h. einen Ultraschallwandler für die Materialprüfung. Die piezoelektrische Scheibe ist auf der Seite des Objekts mit einer Schutzschicht versehen, die bei geeigneter Ausführung zugleich zur Anpassung an das zu beschallende Material dienen kann. Auf seiner Rückseite ist das Piezoelement zur Erhöhung der Bandbreite meist mit einem *Dämpfungskörper* versehen (s. Abschn. 2.3). Sollen oberflächennahe Fehler detektiert werden, so verwendet man Köpfe mit einer sogenannte Vorlaufstrecke, z.B. aus Plexiglas (s. Abb. 22.8b). Daneben gibt es Prüfköpfe, die je einen separaten Sende- und Empfangswandler (*SE-Prüfköpfe*) enthalten, sowie solche für Schrägein-

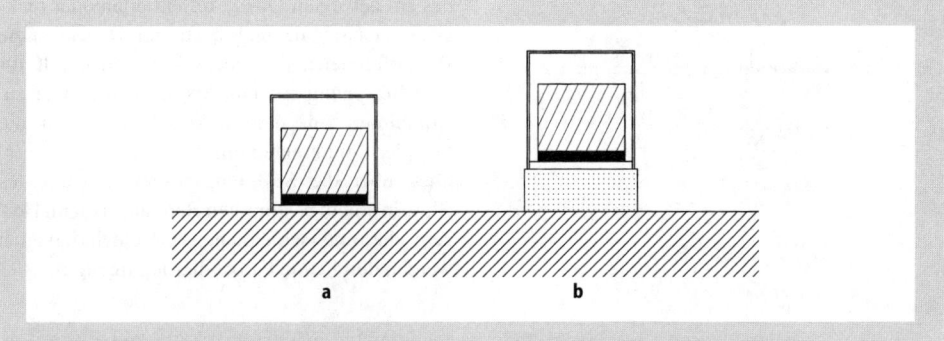

Abb. 22.8 Prüfköpfe für die zerstörungsfreie Materialprüfung. **a** Normalprüfkopf; **b** Prüfkopf mit Vorlaufstrecke

strahlung, die mit einem keilförmigen Vorsatzteil versehen sind. Bei ihrer Anwendung ist natürlich die Brechung und die Wellentypumwandlung an der Oberfläche zu berücksichtigen (s. Abschn. 22.2.2); bei hinreichend schräger Einstrahlung entsteht im Prüfling eine reine *Transversalwelle*. – Der Prüfkopf wird mittels eines Koppelmittels (z. B. Öl oder Wasser) auf das zu untersuchende Werkstück aufgesetzt. Alternativ kann der Prüfling in ein Wasserbad eingetaucht werden. Dabei dient das Wasser zugleich als Koppelmittel und als Vorlaufstrecke. Auch die Ankopplung über einen Wasserstrahl wird praktiziert. Die Durchmusterung der Oberfläche erfolgt entweder manuell oder automatisch.

Die Materialprüfung mit Ultraschall kann fast auf alle Werkstoffe angewandt werden, wenn auch mit unterschiedlichem Erfolg. Maßgebend ist der innere Aufbau der Werkstoffe: durch Streuung an Korngrenzen sowie an gewissen Einlagerungen (z. B. Kohlenstoff in Gusseisen) werden die Schallsignale geschwächt, zugleich wird der Störuntergrund verstärkt. Glücklicherweise lassen sich die meisten Stahlsorten gut mit Ultraschall prüfen, Ähnliches gilt für Leichtmetalle wie Aluminium und Magnesium und deren Legierungen. Schlecht prüfbar sind dagegen Kupferlegierungen wie Messing oder Bronze und besonders Gusseisen. Eine Ultraschallprüfung von Beton oder Kunststeinen ist wegen der grobkörnigen Struktur dieser Materialien nur bei sehr niedrigen Frequenzen möglich.

Die Ultraschallprüfung wird wie auf Rohlinge und Halbzeuge auch auf fertige Werkstücke angewandt, letzteres sowohl vor Inbetriebnahme als auch im Zuge von technischen Inspektionen. Im Vordergrund stehen dabei besonders wichtige oder hoch beanspruchte Maschinen- oder Anlagenteile. Als Beispiele seien hier Bleche, Stangen, Achsen und Rohre, Kessel und Behälter aller Art, Schweißnähte, Eisenbahnräder und -schienen genannt.

22.5.3 Medizinische Diagnostik

Die wichtigste medizinische Anwendung des Ultraschall ist die *Sonographie*, die der Untersuchung von Körperorganen und deren krankhaften Veränderungen dient. Sie bedient sich fast ausschließlich des *Impulsechoverfahrens*. Die Sonographie eignet sich besonders zur Untersuchung von Weichteilstrukturen, in denen sich die Wellenwiderstände einzelner Gewebe oder Organe nur wenig voneinander unterscheiden, so dass hier eine große Eindringtiefe des Ultraschalls möglich ist. Lufterfüllte Organe wie die Lunge und dahinterliegendes Gewebe können dagegen nicht mit Ultraschall untersucht werden, da an ihrer Oberfläche Totalreflexion auftritt. Entsprechendes gilt für Knochen. Ein besonderer Vorteil der Sonographie ist, dass sie nicht mit ionisierender Strahlung arbeitet und die eingestrahlte mittlere Intensität so gering gehalten werden kann, dass Schädigungen des Gewebes durch zu hohe mechanische Beanspruchung oder unzulässige Erwärmung ausgeschlossen werden können.

In der Sonographie werden meist bildgebende Verfahren angewandt, z. B. in Form des *B-Verfahrens (B-scan)*. Man benutzt dabei aus 60 bis 200 parallel angeordneten Einzelwandlern bestehende „*Wandler-Arrays*" (Abb. 22. 9), die unter Verwendung eines Koppelgels auf die betreffende Körperpartie aufgesetzt werden. Die einzelnen Wandlerelemente, deren Breite wenige Wellenlängen beträgt, werden gruppenweise eingeschaltet, wodurch ein dem wirksamen Wandlerbereich entsprechender Schallstrahl entsteht. Nach jedem

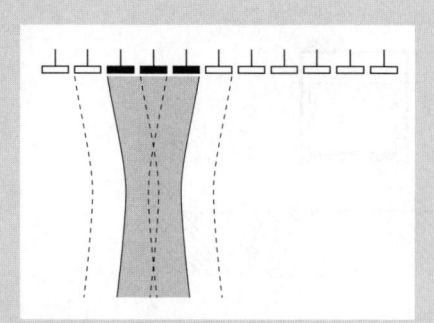

Abb. 22.9 Lineares Wandler-Array für B-Darstellung. Zur Verschiebung des aktiven Bereichs werden einzelne Elemente zu- und abgeschaltet

Sende-Empfangszyklus wird der aktive Bereich durch Zu- und Abschalten je eines Elements um eine Einheit versetzt. Vielfach werden auch rotierende Schallköpfe, sogenannte *Sektorscanner* verwendet, die einen Sektor des betreffenden Körperbereichs abtasten oder sogar ein Rundumbild erzeugen. In diesem Fall ist die erzielte Auflösung natürlich entfernungsabhängig. Die Bildfrequenz ist so hoch, dass auch veränderliche Vorgänge wie die Bewegungen der Herzklappen dargestellt werden können.

Bei der Durchschallung von biologischen Geweben im B-Verfahren stellt sich das Gewebe i. Allg. durch ein unregelmäßiges Fleckenmuster dar. Diese Flecken (*Speckles*) sind nicht etwa Abbilder der Gewebestruktur, sondern entstehen durch Interferenzen zwischen zahlreichen schwachen Echokomponenten. Die Struktur der Speckles kann selbst schon Aufschluss über ein Gewebe und seine Veränderungen geben, außerdem markiert sie die Grenzen verschiedener Gewebe oder Organe und ermöglicht die Beurteilung ihrer Lage und Größe.

Die Sonographie wird heute in fast allen Zweigen der Medizin angewandt, z.B. in der Inneren Medizin, der Gynäkologie und Geburtshilfe, der Kardiologie, der Augenheilkunde sowie der Urologie etc.

Die Geschwindigkeit V_0 von bewegten Strukturen, etwa von Herzklappen, besonders aber von Blutkörperchen in Blutgefäßen, kann mittels der *Doppler-Sonographie* gemessen werden. Sie wird aus durch den *Dopplereffekt* erzeugten Frequenzänderung

$$\delta f = \pm 2 \frac{V_0}{c} f \qquad (22.9)$$

des am bewegten Objekt reflektierten oder rückgestreuten Schallsignals bestimmt. Dabei ist f die Primärfrequenz, das obere Vorzeichen gilt für eine Bewegung des Objekts auf den Sender zu. Kombiniert mit dem B-Verfahren, liefert die Doppler-Sonographie einen flächenhaften Überblick über die Strömungsgeschwindigkeit des Bluts in einem bestimmten Bereich, etwa im Herzen; die unterschiedlichen Geschwindigkeiten werden durch eine Farbcodierung markiert.

22.5.4 Weitere Anwendungen

Zum Schluss dieses Abschnitts seien einige weitere Anwendungen von Ultraschall geringer Intensität zumindest beispielhaft erwähnt.

Wie schon in Abschn. 22.4 bemerkt, stellt eine Ultraschallwelle in einem durchsichtigen Stoff ein optisches Beugungsgitter dar und kann daher zur schnellen *Lichtablenkung* genutzt werden, darüber hinaus auch zur *Frequenzmodulation* von Licht, da sich das Gitter mit Schallgeschwindigkeit bewegt und daher durch Dopplereffekt Frequenzänderungen des gebeugten Lichts bewirkt. Diese Effekte sind im Zusammenhang mit der optischen Nachrichtenübermittlung über Glasfasern von einer gewissen Bedeutung.

Die Möglichkeit einer Informationsübermittlung mit Ultraschall wird zur *Fernsteuerung* z.B. von Fernsehgeräten, Garagentoren usw. genutzt. (Allerdings konkurriert hier der Ultraschall mit der Infrarot-Fernsteuerung.) Noch näher bei den oben beschriebenen Anwendungen liegt die *Abstandsmessung* mit Ultraschall. So wird bei Flüssigkeitsbehältern der Füllstand aus der Laufzeit eines ausgesandten und nach Reflexion an der Flüssigkeitsoberfläche wieder empfangenen Ultraschallimpulses bestimmt. Entsprechendes gilt für die Abstandsmessung zwischen Automobilen (Einparkhilfe, Auffahrwarnung im Stau). Die Frequenz des benutzten Ultraschalls liegt hier im Bereich 20 bis 100 kHz.

Mit sehr viel höheren Frequenzen, nämlich größenordnungsmäßig 1 GHz, arbeitet das *Ultraschall-Mikroskop* [22.6]. Abbildung 22.10 zeigt das Prinzip eines Ultraschall-Reflexionsmikroskops. Zur Erzeugung des Schallsignals und zum Nachweis seines Echos wird ein piezoelektrischer *Dünnschichtwandler* benutzt, meist aus Zinkoxid. Er erzeugt zunächst eine ebene Welle in einem festen, möglichst verlustarmen Substrat (Saphir). Die kalottenförmige Höhlung auf dessen unterer Austrittsseite wirkt als *Sammellinse* und

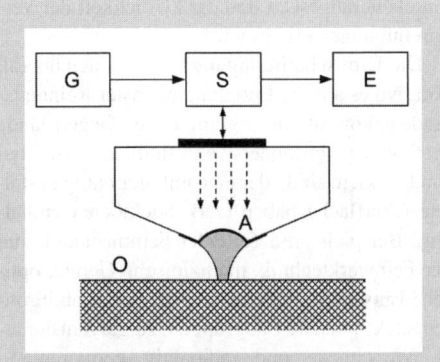

Abb. 22.10 Ultraschall-Reflexionsmikroskop (G Signalgenerator, S Trennschaltung, E Empfänger und Sichtgerät, A Anpassschicht, O Objekt)

konzentriert den in die Koppelflüssigkeit abgestrahlten Schall. Die Zwischenschicht A verbessert die Anpassung zwischen dem Kopfteil und der Koppelflüssigkeit. Der „Brennfleck" des Schallstrahls liegt auf oder unter der Oberfläche des Objekts O, sein Durchmesser ist von der Größenordnung einer Schallwellenlänge, bei 1 GHz und bei Wasser als Koppelflüssigkeit liegt er also bei ca. 1 µm. Die Trennung des zurückgeworfenen Empfangssignals vom Sendesignal erfolgt entweder mit einem Zirkulator oder einem schnellen elektronischen Schalter S. Ein Bild von dem Objekt wird durch „Abrastern" seiner Oberfläche erzeugt. Neben solchen Reflexionsmikroskopen gibt es auch Transmissionsmikroskope mit einem dem Sendeteil entsprechenden Empfangsteil, das spiegelbildlich auf der anderen Seite des schon aus Dämpfungsgründen sehr dünnen Objekts angeordnet ist.

22.6 Wirkungen und Anwendungen von Leistungsultraschall

22.6.1 Kavitation

Zu den bemerkenswertesten Wirkungen intensiver Ultraschallwellen in Flüssigkeiten gehört die *Kavitation* mit ihren Folgeerscheinungen [22.10, 22.18] (s. auch Abschn. 9.2.2). Man versteht hierunter die Bildung von kleinen Hohlräumen in der Unterdruckphase des Schallfelds. Im Gegensatz zu mehr oder weniger stabilen Gasblasen enthalten sie nur wenig Gas. Im Schallfeld führen sie entweder stark nichtlineare Pulsationsschwingungen aus oder sie kollabieren, sobald der Unterdruck verschwindet, durch den sie entstanden sind. Ein solcher Kollaps erfolgt erst langsam, in den Endphasen aber mir sehr hoher Geschwindigkeit.

An sich ist die Zerreißfestigkeit physikalisch reiner Flüssigkeiten zu hoch, als dass sie durch die in üblichen Ultraschallfeldern herrschenden Unterdrücke überwunden werden könnte. Allerdings enthalten reale Flüssigkeiten zahlreiche Schwebeteilchen, an denen sich Gasreste stabilisieren können und die als *Kavitationskeime* wirken. Dadurch wird die Kavitationsschwelle, d. h. die zur Erzeugung von Kavitation erforderliche Mindest-Schalldruckamplitude, stark abgesenkt. Bei Frequenzen unter 30 kHz liegt sie größenordnungsmäßig bei 1 bar (entsprechend einer Intensität von etwa 0,3 W/cm^2 in Wasser), bei höheren Frequenzen nimmt sie monoton mit der Frequenz zu.

In einer kollabierenden Kavitationsblase wird das vorhandene Restgas stark komprimiert und erhitzt sich dabei so stark, dass ein sehr kurzer Lichtblitz entsteht. Dies ist die Ursache für das schwache Leuchten, das von starken Ultraschallfeldern in Flüssigkeiten ausgeht. Die genauen Ursachen dieser als *Sonolumineszenz* bezeichneten Erscheinung sind allerdings noch nicht geklärt. Das gleiche gilt für die Auslösung oder Beschleunigung bestimmter chemischer Reaktionen in Kavitationsfeldern, welche die Grundlage der *Sonochemie* bilden. Besonders wichtig ist, dass bei jedem Blasenkollaps ein starker und kurzer Druckimpuls in die umgebende Flüssigkeit ausgesandt wird. Kavitationsblasen bewirken somit eine starke zeitliche und räumliche Energiekonzentration, die bei verschiedenen Anwendungen ausgenutzt wird.

22.6.2 Ultraschallreinigung

Bei der *Ultraschallreinigung* wird der zu behandelnde Gegenstand in ein mit einem flüssigen Reinigungsmittel gefülltes Gefäß getaucht und dort einem starken Ultraschallfeld ausgesetzt. Die Schallfrequenz liegt meist zwischen 20 und 50 kHz. Die Reinigungswirkung beruht darauf, dass auf der verschmutzten Oberfläche *Kavitation* entsteht; die erforderlichen Kavitationskeime befinden sich auf dem Reinigungsgut. Einerseits erzeugen die Kavitationsblasen bei ihrer Implosion starke Druckstöße, welche die Schmutzschicht angreifen oder an der Oberfläche haftende Schmutzpartikel lockern und abreißen. Andererseits entstehen in der direkten Umgebung der Kavitationsblasen starke lokale Flüssigkeitsströmungen, da die Blasen nicht gleichzeitig zusammenfallen. Diese Strömungen entfernen die Schmutzpartikel von der Oberfläche und sorgen für einen schnellen Austausch der Reinigungsflüssigkeit.

Die Ultraschallreinigung wird in *Reinigungswannen* unterschiedlicher Größe aus Edelstahl oder Kunststoff durchgeführt. Der Leistungsaufwand liegt größenordnungsmäßig bei 10 W/l. Das Schallfeld wird heute fast ausschließlich mit piezoelektrischen *Verbundschwingern* erzeugt (s. Abschn. 22.3), die vom Boden oder einer Wand der Wanne in die Flüssigkeit abstrahlen. (s. Abb. 22.11). Da sich in der Wanne durch Schallreflexion an den Wänden und der freien Oberfläche ein stehendes Wellenfeld ausbildet, ist die Stärke der Kavitation und damit die Reinigungswirkung nicht an allen Stellen gleich. Außerdem bedingen die stehenden Wellen namentlich bei kleineren Reinigungswannen mehr oder weniger ausgeprägte Resonanzeffekte. Eine gewisse Homogenisierung des Schallfelds kann durch Überlagerung mehrerer Frequenzen erzielt werden.

Die zu verwendende Reinigungsflüssigkeit richtet sich vor allem nach der Art der Verunreinigung. Sie kann entweder wässrig (basisch oder sauer) oder organisch sein. Beispiele für organische Reinigungsstoffe sind Alkohole sowie Chlor- und Fluorkohlenwasserstoffe wie Trichlorethylen oder Freon. Da die letzteren giftig oder umweltschädlich sind, unterliegt ihre Anwendung einschneidenden Vorschriften. Oft wird die Reinigung bei erhöhter Temperatur durchgeführt, wodurch sowohl die Oberflächenspannung als auch die Kavitationsschwelle des Reinigungsmittels herabgesetzt und die Löslichkeit der Verunreinigungen erhöht wird.

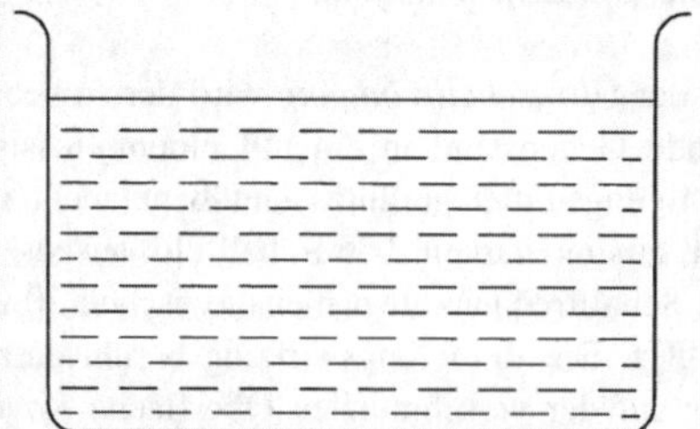

Die Ultraschallreinigung bewährt sich überall dort, wo es auf die Erzielung höchster Reinheitsgrade ankommt, die zu reinigenden Gegenstände mechanisch besonders empfindlich bzw. besonders klein sind oder eine unregelmäßig gestaltete Oberfläche haben (z. B. Sacklöcher enthalten). Beispiele sind Teile der Feinmechanik und der Feinwerktechnik, medizinische Geräte, optische Linsen, Schmuck aller Art, Fernsehbildröhren, elektronische Baugruppen, zu galvanisierende Werkstücke und radioaktiv kontaminierte Gegenstände.

22.6.3 Verbindungstechnik

Als weitere Anwendung von Ultraschall hoher Leistung hat sich das Verbinden, in erster Linie das *Schweißen* von Formteilen aus Kunststoff, einen festen Platz in der industriellen Fertigung erobern können. Hierbei wird der Schall dem zu behandelnden Objekt nicht über ein Zwischenmedium, sondern durch Direkteinwirkung eines schwingenden Werkzeugs zugeführt. Die Verschweißung erfolgt durch thermische Erweichung des Materials auf Grund der zugeführten Energie. Daher eignet sich diese Methode nur für die Bearbeitung von Thermoplasten, nicht aber für Duroplaste.

Zur Verschweißung werden die zu verbindenden Komponenten zwischen dem *Amboss* und dem eigentlichen Schweißwerkzeug, der *Sonotrode*, zusammengedrückt. Letztere dient zugleich der Einleitung der Schwingungsenergie. Diese wird mit einem leistungsfähigen Ultraschallschwinger, etwa einem Verbundschwinger der in Abb. 22.5a gezeigten Art, erzeugt und der Sonotrode über einen *Schnelletransformator* („Schweißrüssel") so zugeführt, dass diese senkrecht zur Fügestelle schwingt; die Frequenz beträgt etwa 20 kHz. Beim sogenannten „Nahfeldschweißen" (s. Abb 22.12 a) befindet sich die Sonotrode möglichst nah an der Fügestelle und ist deren Form angepasst; beim „Fernfeldschweißen" (Abb 22.12 b) breitet sich der Ultraschall über eine gewisse Distanz im zu verschweißenden Material aus. In jedem Fall wird die Verschweißung durch Kompressionsreibung an den isolierten Berührungsstellen eingeleitet. An ihnen erfolgt zunächst eine lokale Plastifizierung des Materials, da die Berührungstellen die gesamte Wechselkraft und damit den gesamten

Abb. 22.11 Ultraschall-Reinigungswanne

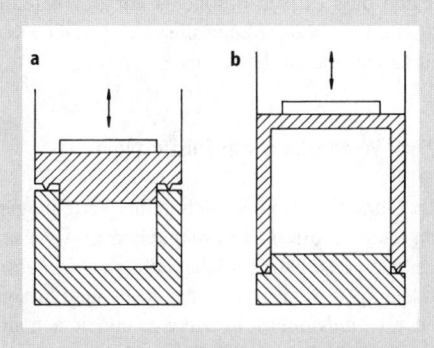

Abb. 22.12 Ultraschallschweißen. **a** Nahfeldschweißen, **b** Fernfeldschweißen, nach 22.8 (Quelle: S. Hirzel Verlag)

Energiefluss aufnehmen müssen. Da die Schallabsorption in Kunststoffen i. Allg. mit der Temperatur wächst, erwärmt sich das bereits erweichte Material immer schneller, der plastifizierte Bereich dehnt sich aus, bis sich schließlich beide Komponenten verbunden haben. Der ganze Schweißvorgang ist nach Bruchteilen einer Sekunde abgeschlossen. Damit die anfängliche Erweichung des Materials kontrolliert und gleichmäßig erfolgt, werden die zu verbindenden Teile oft schon bei ihrer Herstellung mit keilförmigen Schweißrippen (sogenannten „Energie-Richtungsgebern", s. Abb 22.12) versehen. Jedenfalls entsteht die Wärme genau da, wo sie gebraucht wird, nämlich an der Fügestelle, was ein besonderer Vorteil des Ultraschallschweißens ist.

Nicht alle Thermoplaste lassen sich gleich gut mit Ultraschall verschweißen. Besonders geeignet sind Polystyrol und seine Copolymerisate, Polykarbonat und Polymethylmetakrylat. Andere Materialien wie Polyolefine eignen sich auf Grund ihrer höheren Absorption nur für Nahfeldschweißen.

Die Ultraschall-Kunststoffschweißung wird heute in fast allen Zweigen der kunststoffverarbeitenden Industrie zur Herstellung verschiedenartigster Serienteile verwandt. Als Beispiele seien hier lediglich elektrischen Stecker, Schalter und Gehäuse, Kraftfahrzeugkomponenten wie Instrumententafeln und Rückleuchten genannt. Auch in der Verpackungsindustrie spielt die Ultraschallschweißung eine wichtige Rolle.

Auf einem ähnlichen Prinzip wie die eigentliche Kunststoffschweißung beruht die Herstellung von *Kunststoffnieten*. Hier wirkt die Sonotrode, die zweckmäßigerweise eine kalottenförmige Höhlung hat, direkt auf den Nietzapfen ein und bringt diesen zum Schmelzen. Zu erwähnen sind ferner das Verschließen von Hohlkörpern durch Umbördeln sowie die *Einbettung von Metallteilen* in Thermoplaste.

Mit Ultraschall lassen sich übrigens nicht nur Kunststoffe, sondern auch Metalle sowohl miteinander als auch mit Nichtmetallen verschweißen. Hierbei führt die Sonotrode in Bezug auf die Fügestelle keine senkrechten, sondern transversale Schwingungen aus und erzeugt zunächst eine tangentiale Relativbewegung der beiden Komponenten. Dabei wird die Fließgrenze des Materials überschritten; die Unebenheiten der Oberflächen werden soweit eingeebnet, dass diese sich durch molekulare Anziehungskräfte miteinander verbinden. Es handelt sich dabei also nicht oder nicht vorrangig um einen thermischen Prozess. Am Besten lassen sich mit Ultraschall Aluminium und seine Legierungen mit sich selbst und mit anderen Metallen verschweißen. Auch Verbindungen von Metallen mit Halbleitermaterialien, mit Glas oder mit keramischen Stoffen sind möglich.

22.6.4 Bohren und Schneiden

Ultraschall eignet sich auch zur Bearbeitung harter oder spröder Materialien. Obwohl man hier von Bohren oder Schneiden spricht, handelt es sich in Wirklichkeit um einen Schleifvorgang.

Beim *Ultraschallbohren* wird das der gewünschten Bohrung angepasste Werkzeug – ähnlich wie beim Kunststoffschweißen – in kräftige, zur Werkstoffoberfläche senkrechte Schwingungen versetzt. Man verwendet hierzu einen Leistungswandler in Verbindung mit einem meist konischen *Schnelletransformator* („Bohrrüssel"). Zwischen dem Werkzeug und dem Werkstück befindet sich, wie in Abb. 22.13 gezeigt, eine wässrige Suspension eines Schleifmittels (Siliziumkarbid, Borkarbid, Diamantpulver). Auf Grund der Schwingung stellt sich in der Flüssigkeit eine Verdrängungsströmung ein. Außerdem entsteht in ihr starke Kavitation. Beides führt zu einer schnellen Bewegung der Schleifmittelkörner, wodurch das Material unter dem Bohrwerkzeug zerspant und abgetragen wird. Das Nachführen des Werkzeugs muss so langsam erfolgen, dass eine kraftschlüssige Verbindung zwischen Werkzeug und Werkstück vermieden wird. Schließlich entsteht in dem Werkstück eine dem Werkzeug entsprechende Vertiefung. Mit einem hohlen Werkzeug kann man aus einer Platte kleine Ron-

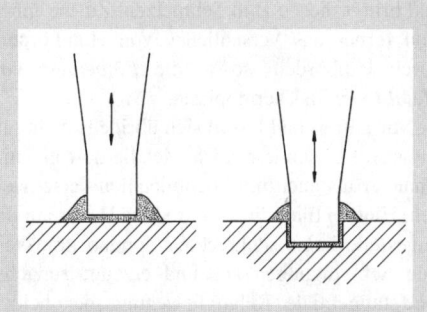

Abb. 22.13 Bohren mit Ultraschall, nach 22.8 (Quelle: S. Hirzel Verlag)

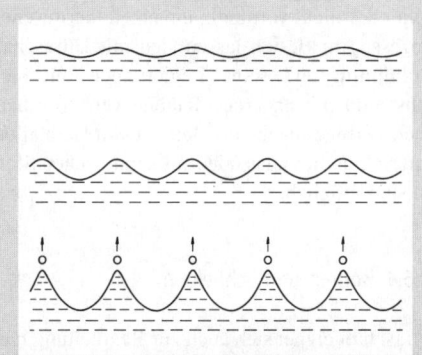

Abb. 22.14 Kapillarwellen verschiedener Amplitude auf einer von unten beschallten Flüssigkeitsoberfläche, nach 22.8 (Quelle: S. Hirzel Verlag)

den ausschneiden. Verwendet man als Werkzeug eine dünne Klinge, so kann man dünne Scheibchen von einem kompakten Material „abschneiden".

Das Werkzeug, das i. Allg. auf den Bohrrüssel aufgelötet wird, braucht keineswegs besonders hart zu sein, es kann z. B. aus Silberstahl oder Messing hergestellt werden. Bei größeren Löchern ist es zweckmäßig, mit hohlen Werkzeugen zu arbeiten, da die Menge des zu zerspanenden Materials dabei kleiner ist. Außerdem kann dann durch eine zentrale Bohrung des Bohrrüssels laufend frische Schleifsuspension zugeführt werden. Wichtig ist auch hier, dass der Bohrrüssel zusammen mit dem aufgelöteten Bohrwerkzeug genau auf die Betriebsfrequenz des Schallsenders abgestimmt ist.

Der Vorteil des Ultraschallbohrens ist, dass das Verfahren keineswegs auf die Herstellung kreisrunder Löcher oder Vertiefungen beschränkt ist und dass es sich besonders zur Bearbeitung harter oder spröder Materialien eignet (Glas, Keramik, Hartmetall, Edelsteine).

22.6.5 Vernebelung von Flüssigkeiten

Mit Ultraschall lassen sich feine Verteilungen von festen Stoffen in Flüssigkeiten (*Suspensionen* oder *Dispersionen*) herstellen und ebenso Mischungen nicht ineinander löslicher Flüssigkeiten (*Emulsionen*). Letztere zeichnen sich auf Grund der kleinen Tröpfchendurchmesser durch besondere Haltbarkeit aus. Für diese Aufgaben benutzt man ähnliche Geräte wie beim Ultraschallbohren, d. h. im Wesentlichen einen leistungsfähigen Schwinger mit vorgesetztem *Schnelletransformator* etwa nach Abb. 22.5b, dessen schmales Ende in die zu beschallende Flüssigkeit taucht. Es scheint, dass auch bei diesen Prozessen die *Kavitation* eine entscheidende Rolle spielt.

Besondere Bedeutung hat die *Herstellung von Aerosolen*, d. h. die *Vernebelung von Flüssigkeiten*. Dabei wirkt der Ultraschall von unten auf eine Flüssigkeitsoberfläche ein (Abb. 22.14). Bei einer bestimmten Schwingungsamplitude bilden sich auf der Oberfläche Kapillarwellen; bei weiterer Steigerung der Amplitude werden von den Wellenbergen Tröpfchen abgerissen und weggeschleudert. Es liegt auf der Hand, dass die Tröpfchengröße in einer bestimmten Relation zur Kapillarwellenlänge und damit zur Schallfrequenz steht. Bei Wasser gilt

$$D \approx 0{,}2 \cdot f^{-2/3}, \qquad (22.10)$$

wobei D der Tröpfchendurchmesser in mm und f die Frequenz in kHz ist.

Zur Herstellung der Aerosole kann man die Flüssigkeit kontinuierlich dem schmalen Ende eines zu Dehnwellen erregten *Schnelletransformators* zuführen, der zusätzlich mit einer zu Biegeschwingungen erregten Endplatte versehen sein kann. Die Betriebsfrequenz beträgt etwa 20 bis maximal 50 kHz, demgemäß liegen die Tröpfchengrößen im Bereich von etwa 10 bis 20 μm. Zur Erzielung feinerer Aerosole bringt man unter einer freien Flüssigkeitsoberfläche einen bei etwa 1 MHz betriebenen, fokussierenden Piezoschallsender an.

Flüssigkeitvernebler der beschriebenen Art werden hauptsächlich zur Luftbefeuchtung und zur Herstellung inhalierbarer Medikamente verwendet. Die Vernebelung von Brennstoffen wird zwar diskutiert, scheint indessen noch nicht über das Versuchsstadium hinausgekommen zu sein.

22.6.6 Medizinische Therapie

In der medizinischen Therapie wird Ultraschall schon seit langem zur Verbesserung der Durchblutung, zur Schmerzlinderung und Lösung von Krämpfen sowie zur Hemmung von Entzündungsprozessen eingesetzt. Der dabei maßgebliche Effekt ist die Absorption von Schallenergie im Gewebe und die damit verbundene lokale Erwärmung. Möglicherweise wirken sich auch die hohen Wechselbeschleunigungen in Ultraschallfeldern vorteilhaft aus, die eine erhöhte Durchlässigkeit der Zellmembranen zur Folge haben.

Die zur *Ultraschalltherapie* benutzten Schallsender sind ähnlich aufgebaut wie die zur Materialprüfung verwendeten Prüfköpfe (s. Abb. 22.8 a) mit dem Unterschied, dass auf den Dämpfungskörper hier verzichtet werden kann. Die Betriebsfrequenzen liegen typischerweise bei einigen hundert kHz bis zu etwa 1 MHz; Schall von noch höherer Frequenz ist wegen seiner verminderten Eindringtiefe weniger günstig. Der wirksame Flächeninhalt der Sendewandler beträgt einige Quadratzentimeter, die eingestrahlte Leistung liegt im Bereich weniger Watt/cm^2.

Literatur

22.1 Bass HE, Sutherland LC et al. (1995) Atmospheric absorption of sound: Further developments. J. Acoust. Soc. Amer. 97, 680
22.2 Beissner K (1985) Ultraschall-Leistungsmessung mit Hilfe der Schallstrahlungskraft. Acustica 58, 17
22.3 Deutsch V, Platte M, Vogt M (1997) Ultraschallprüfung – Grundlagen und industrielle Anwendungen. Springer, Berlin
22.4 Edmonds PD (Hrsg.) (1981) Methods of experimental physics, Vol 19: Ultrasonics. Academic Press, New York
22.5 Hill CR (Hrsg.) (1986) Physical principles of medical ultrasonics. Ellis Horwood, Chichester
22.6 Lemons RA, Quate CF (1979) Acoustic microscopy. In: Mason WP, Thurston RN (eds.) (1979) Physical acoustics – Principles and methods. Vol XIV. Academic Press New York
22.7 Krautkrämer J, Krautkrämer H (1986) Werkstoffprüfung mit Ultraschall. Springer, Berlin
22.8 Kuttruff H (1988) Physik und Technik des Ultraschalls. S. Hirzel Verlag, Stuttgart
22.9 Kwiek P, Reibold R (1992) Light diffraction by ultrasonic waves for normal and Bragg incidence. Acustica 77, 193
22.10 Leighton TG (1994) The acoustic bubble. Academic Press, London
22.11 Mason WP (1958) Physical acoustics and the properties of solids. Van Nostrand, New York
22.12 Millner R (Hrsg.) (1987) Ultraschalltechnik – Grundlagen und Anwendungen. Physik Verlag. Weinheim
22.13 Morneburg H (Hrsg.) (1995) Bildgebende Systeme für die medizinische Diagnostik. 3. Aufl. Publicis MCD Verlag, Erlangen
22.14 Platte M (1984) Ultraschallwandler aus dem piezoelektrischen Hochpolymer Polyvinylidenfluorid. Diss. Technische Hochschule Aachen.
22.15 Platte M (1985) A polyvinylidene fluoride needle hydrophone for ultrasonic applications. Ultrasonics 23, 113
22.16 Rinker M, Fay B (1994) Wärmeproduktion in Festkörpern durch Ultraschallabsorption als Grundlage für ortsauflösende Ultraschalleistungssensoren. Acustica 80, 300
22.17 Schaaffs W (1963) Molekularakustik. Springer, Berlin
22.18 Young, FR (1989) Cavitation. McGraw-Hill, London

23 Erschütterungen

J. GUGGENBERGER und G. MÜLLER

23.1 Allgemeines, Begriffsbestimmung

Mit Erschütterungen werden tieffrequente Schwingungen in Festkörpern mit belästigender oder potenziell schädigender Wirkung bezeichnet. Die Abgrenzung zwischen Erschütterungen und Körperschall ist fließend. Je nach Frequenzbereich werden zur Erfassung und Prognose verschiedene Verfahren eingesetzt. In weiten Bereichen können Entstehung, Übertragung und Ausbreitung von Erschütterungen wie Körperschall behandelt werden (vgl. Kap. 10).

Erschütterungen und Körperschall in Zusammenhang mit Schienenverkehr werden ausführlich in Kap. 17 behandelt. Zu Schwingungsproblemen bei Windanregung bzw. bei Erdbeben wird auf [23.1–23.4] bzw. die Normung [23.5–23.12] verwiesen. Glockenschwingungen und die daraus resultierenden dynamischen Kräfte werden ausführlich in DIN 4178 [23.13] behandelt, die Anwendung dieser Norm beschreibt z. B. [23.2].

Eine Übersicht zur Baudynamik erhält man z. B. in [23.14–23.17].

23.2 Anhaltswerte und Grenzwerte zur Beurteilung von Erschütterungen

23.2.1 Einwirkung von Erschütterungen auf den Menschen

23.2.1.1 Vorbemerkung

Zur Bewertung der Einwirkungen von Erschütterungen auf den Menschen werden die in Deutschland gebräuchlichen Normen und Richtlinien betrachtet [23.18]. Eine Zusammenstellung von grundlegenden Untersuchungen der Einwirkung von Erschütterungen auf den Menschen enthält [23.19].

23.2.1.2 Wahrnehmung von Erschütterungen

Das subjektive Empfinden von Erschütterungen hängt ab von individuellen Voraussetzungen (Alter, Geschlecht, Gesundheitszustand, Konstitution), von der Tätigkeit (Beruf, Schule, Freizeit) und der Umgebungssituation (Fahrzeuge, Wohnung, Arbeitsstätte, Schule, Krankenhaus). Allgemeingültige Grenzwerte, ab denen z. B. mit eingeschränkter Leitungsfähigkeit bzw. mit eingeschränktem Wohlbefinden zu rechnen ist, können daher nicht aufgestellt werden.

Das subjektive Empfinden von Erschütterungen lässt sich näherungsweise am besten, je nach Körperhaltung, im Frequenzbereich von 1 bis ca. 4 Hz anhand von Beschleunigungsamplituden und zwischen 10 bis 80 Hz anhand von Schwingschnelleamplituden einordnen. Oberhalb von 80 Hz geht die Empfindlichkeit des Menschen durch die innere Isolierwirkung des Körpers stark zurück. Unterhalb von etwa 0,6 Hz reagiert der Körper auf Schwingungen ab einer Beschleunigungsamplitude von $a = 1$ m/s^2 bei einer Einwirkdauer von ca. 30 Minuten häufig mit Übelkeit (Seekrankheit).

Im Zusammenhang mit Erschütterungen können Sekundäreffekte auftreten, die oft störender sind als die Erschütterungen selbst (z. B. Gläserklirren). Es ist allerdings nicht möglich, hieraus Rückschlüsse auf die Größenordnung der Erschütterungen zu ziehen, da diese Effekte bereits bei Erschütterungsimmissionen auftreten können, die noch unterhalb der Wahrnehmbarkeitsschwelle liegen.

23.2.1.3 Beurteilungsgrößen

Die Diskussionen in den letzten Jahren auf internationaler Basis haben zu einer Neufassung der VDI-Richtlinie 2057 [23.25] und veränderten Beschreibung der Wirkung von Erschütterungen auf den Menschen geführt. Da die internationalen und die europäischen Normen sowie die EG-Maschinenrichtlinie die Kennzeichnung der Schwingungseinwirkung durch die bewertete Schwingstärke K nicht verwenden, sondern vielmehr die frequenzbewertete Beschleunigung a_w zur Beschreibung heranziehen, war eine Anpassung an die entsprechenden internationalen Regelwerke erforderlich.

Nachdem jedoch im deutschen Normenwerk (z. B. Erschütterungen im Bauwesen) noch die bewertete Schwingstärke verwendet wird, werden im Folgenden beide Darstellungen erläutert.

Um die frequenzabhängige Wirkung von Erschütterungen auf den Menschen zu beurteilen, wurde bisher die „bewertete Schwingstärke" [23.22, 23.23] verwendet, die aus dem frequenzbewerteten Schwinggeschwindigkeitssignal gebildet wird. Die bewertete Schwingstärke $K_F(t)$ nach DIN 45669 [23.20, 23.21] ist als gleitender Effektivwert des frequenzbewerteten Erschütterungssignals $K(t)$ definiert (Zeitbewertung $\tau =$ 0,125 s, „FAST").

$$K_\tau(t) = \sqrt{\frac{1}{\tau} \int_{\xi=0}^{t} e^{\frac{t-\xi}{\tau}} \cdot K^2(\xi)\, d\xi}. \quad (23.1)$$

Als Beurteilungsgrundlage dient der energieäquivalente Mittelwert K_{eq}, der aus dem gleitenden Effektivwert $K_\tau(t)$, Gl. (23.1), durch nochmalige Effektivwertbildung über die Einwirkungsdauer T_e gewonnen wird.

$$K_{eq} = \sqrt{\frac{1}{T_e} \int_{0}^{T_e} K_\tau(t)\, dt} \quad (23.2)$$

Setzt sich die tägliche Schwingungsbelastung aus unterschiedlichen Belastungsabschnitten zusammen, so wird u. a. die Beurteilungsschwingstärke K_r als Beurteilungsgrundlage herangezogen.

$$K_r = \sqrt{\frac{1}{T_r} \sum_i K_{eq,i}^2 T_i} \quad (23.3)$$

(K_r ist der auf eine feste Beurteilungsdauer T energieäquivalent aus K_{eq} umgerechnete Mittelwert, T_i Einwirkdauer des Ereignisses i, T_r Beurteilungszeitraum).

In Tabelle 23.1 werden Zusammenhänge zwischen bewerteten Schwingstärken und subjektiver Wahrnehmung angegeben (nach VDI-Richtlinie 2057 [23.23, 23.25]).

Eine Zunahme der bewerteten Schwingstärke um den Faktor 1,6 ist deutlich wahrnehmbar.

23.2.1.4 Beurteilungsgrößen für Arbeitsplätze

Beurteilung in Bezug auf gesundheitliche Schäden

Grundlage für die Messung und Beurteilung von Ganzkörperschwingungen ist die VDI-Richtlinie 2057 [23.25] die im Wesentlichen den Vorgaben aus der internationalen Norm ISO 2631 [23.24] angepasst ist. Grundlage für Messung und Beurteilung von Hand-Arm-Schwingungen ist die DIN EN ISO 5349 [23.26] und VDI 2057 [23.27].

In der internationalen Normung ISO 2631 [23.24] und in der jüngsten Fassung der VDI-Richtlinie 2057 [23.25] wird die frequenzbewer-

Tabelle 23.1 Zusammenhang zwischen bewerteter Schwingstärke und subjektiver Wahrnehmung, nach [23.23, 23.25]

Beschreibung der Wahrnehmung	Bewertete Schwingstärke KX-, KY-, KZ-, KB-Werte	Effektivwert $\tilde{a}_w$ der frequenzbewerteten Beschleunigung $a_w(t)$ in m/s²
nicht spürbar	< 0,1	< 0,01
Fühlschwelle	0,1	0,01…0,015
gerade spürbar	0,1…0,4	0,015…0,02
gut spürbar	0,4…1,6	0,02…0,08
stark spürbar	1,6…6,3	0,08…0,315

tete Beschleunigung a_w herangezogen. Analog zur Vorgehensweise bei der bewerteten Schwingstärke $K_F(t)$ (vgl. Abschn. 23.2.1.3) gilt als Beurteilungsgrundlage der energieäquivalente Mittelwert $\tilde{a}_{we}$ der frequenzbewerteten Beschleunigung $a_w(t)$ und die Beurteilungsbeschleunigung $\tilde{a}_{w0}$. Zur Frequenzbewertung des Zeitsignals der Beschleunigung $a(t)$ in m/s^2 werden verschiedene Wichtungskurven in Abhängigkeit von der Raumrichtung eingeführt. Als Grenzwerte für gesundheitliche Schäden bei Einwirkung auf sitzende Personen wird die größte Komponente der Raumrichtungen herangezogen, wobei die horizontalen Komponenten mit dem Faktor 1,4 gewichtet werden. Für andere Körperhaltungen liegen in [23.25] Vorschläge für Anhaltswerte vor.

Bezogen auf die tägliche Einwirkungsdauer, erfolgt die Beurteilung in zwei Stufen. Bei Belastungen oberhalb der Richtwertkurve $\tilde{a}_{wz(8)} = 0{,}45$ m/s^2 ($T_e = 8$ h) ist mit einer möglichen Gefährdung, bei Belastungen oberhalb der Richtwertkurve mit $\tilde{a}_{wz(8)} = 0{,}8$ m/s^2 mit einer deutlichen Gefährdung der betroffenen Personen zu rechnen. Die Kurven gleicher frequenzbewerteter Beschleunigungen für die Richtwertkurven für einen Beurteilungszeitraum $T_e = 8$ h sind in Abb. 23.1 den Kurven gleicher bewerteter Schwingstärke gegenübergestellt.

In [23.28] werden Anhaltswerte für Hand-Arm-Vibrationen von 2,5 m/s^2 bzw. für Ganzkörpervibrationen von 0,5 m/s^2 genannt.

Das Landesamt für Arbeitsschutz und Arbeitsmedizin Potsdam hat einen Katalog repräsentativer Lärm- und Vibrationsdaten am Arbeitsplatz herausgegeben [23.29]. Hinweise zum Einfluss einer gleichzeitigen Einwirkung von Schall und Schwingungen auf einen möglichen Hörverlust findet man in [23.30].

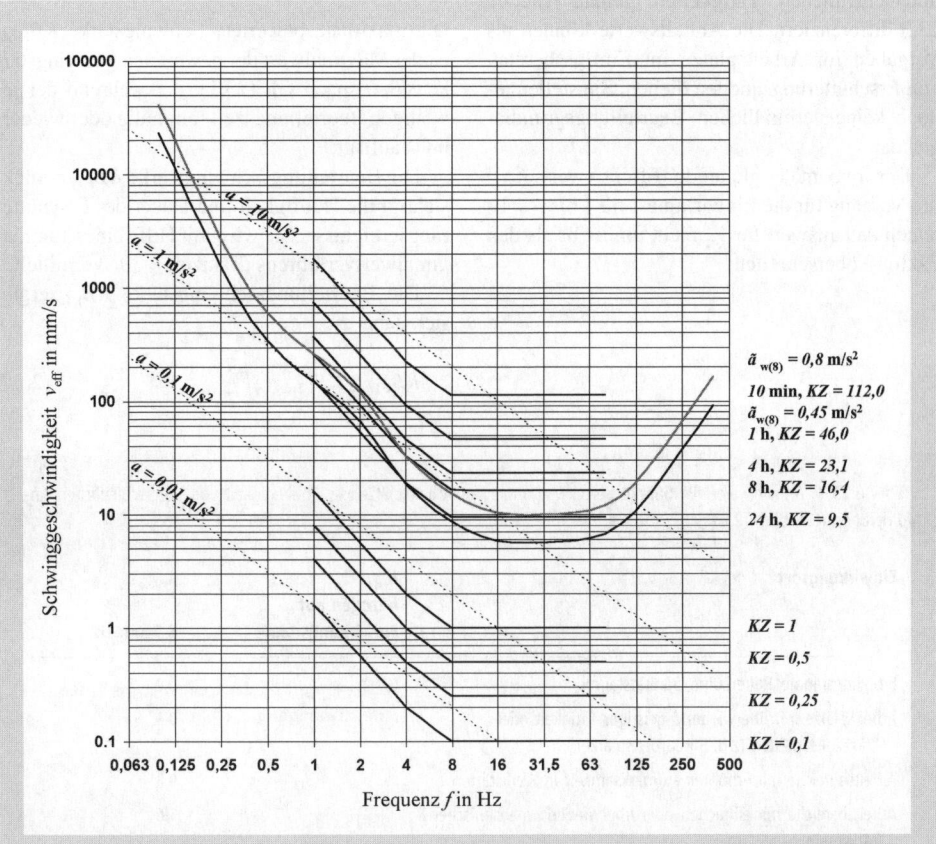

Abb. 23.1 Kurven gleicher Schwingstärke KZ nach [23.22], Kurven gleicher bewerteter Beschleunigung nach [23.25], Grenzwerte in Abhängigkeit von der Einwirkdauer nach [23.23, 23.25]

Tabelle 23.2 Zusammenhang zwischen frequenzbewerteter Beschleunigung und Komfortempfinden, nach [23.24]

Komfortstufe	Effektivwert $\tilde{a}_w$ der frequenzbewerteten Beschleunigung $a_w(t)$ in m/s²
komfortabel	< 0,315 m/s²
etwas unkomfortabel	0,315 m/s² ... 0,63 m/s²
ziemlich unkomfortabel	0,5 m/s² ... 1 m/s²
unkomfortabel	0,8 m/s² ... 1,6 m/s²
sehr unkomfortabel	1,25 m/s² ... 2,5 m/s²
extrem unkomfortabel	> 2 m/s²

Richtwerte in Bezug auf Komfort und Leistungsfähigkeit

ISO 2631, Teil 1 Anhang C [23.24] enthält einen Zusammenhang zwischen frequenzbewerteter Beschleunigung und Komfortkategorien (Tabelle 23.2). In [23.31] sind Richtwerte zum Komfort in Eisenbahnwagen verankert.

In VDI-Richtlinie 2057 [23.32] wird nach unterschiedlichen Tätigkeiten gemäß Tabelle 23.3 differenziert. Die Anhaltswerte können als Vorgaben für Arbeitsplätze im Einflussbereich von Erschütterungsquellen dienen. Sie stellen jedoch keine verbindlichen Beurteilungsgrundlagen dar.

Der maximale gleitende Effektivwert $K_r(t)$ pro Vorgang für die Einwirkungsorte 1 bis 3 sollte den Anhaltswert für K_r nicht um mehr als den Faktor 3 überschreiten.

23.2.1.5 Beurteilungskriterien für Wohnungen und vergleichbare Nutzungen

Die Beurteilung erfolgt nach DIN 4150/2 [23.33] anhand von zwei Beurteilungsgrößen:

- KB_{Fmax}, die maximale bewertete Schwingstärke,
- KB_{FTr}, die Beurteilungsschwingstärke.

Die maximale bewertete Schwingstärke KB_{Fmax} ist der Maximalwert der bewerteten Schwingstärke $KB_F(t)$ nach Gl. (23.1), der während der jeweiligen Beurteilungszeit (einmalig oder wiederholt) auftritt.

Die Beurteilungsschwingstärke KB_{FTr} berücksichtigt die Häufigkeit und Dauer der Erschütterungsereignisse. Sie wird mit Hilfe eines Taktmaximalwertverfahrens (Taktzeit = 30 s) ermittelt.

Die Beurteilungsschwingstärke KB_{FTr} ergibt sich dabei zu

$$KB_{FTr} = KB_{FTm} \cdot \sqrt{\frac{T_e}{T_r}} \qquad (23.4)$$

Tabelle 23.3 Anhaltswerte für Ganzkörperschwingungen an Arbeitsplätzen in Abhängigkeit von unterschiedlichen Anforderungsarten, nach [23.32]

Einwirkungsort	K_{eq} bezogen auf Einwirkungsdauer	K_r 8 Stunden
Erholungsräume, Ruheräume, Sanitätsräume	0,4	0,2
Arbeitsplätze mit überwiegend geistiger Tätigkeit oder Präzisionsarbeiten (z. B. Büroarbeitsplätze)		0,3
Arbeitsbereiche mit erhöhter Aufmerksamkeit in Werkstätten		0,8
Arbeitsbereiche mit einfachen oder überwiegend mechanischen Tätigkeiten		1,6
sonstige Arbeitsbereiche		3,0

(T_r Beurteilungszeit, tags 16 h, nachts 8 h; T_e = Einwirkzeit; KB_{FTm} Taktmaximal-Effektivwert, wobei der Taktmaximal-Effektivwert die Wurzel aus dem Mittelwert der quadrierten Taktmaximalwerte (KB_{Fmax}-Werte) der Einzelereignisse ist).

Bei der Beurteilung wird in Abhängigkeit der Gebietsausweisung und Tageszeit mit Anhaltswerten verglichen. Liegt KB_{Fmax} unterhalb eines (unteren) Anhaltswertes A_u, dann ist die Anforderung eingehalten, liegt KB_{Fmax} oberhalb eines (oberen) Anhaltswert A_o, dann ist die Anforderung nicht eingehalten, in beiden Fällen unabhängig von der Häufigkeit der Störung. Liegt KB_{Fmax} zwischen den Werten, so ist die Beurteilungsschwingstärke KB_{FTr} mit einem weiteren Anhaltswert A_r zu vergleichen, in dem die Häufigkeit der Störungen berücksichtigt ist.

Die in DIN 4150 [23.33] angegebenen Anhaltswerte für die Beurteilung von Erschütterungen in Wohnungen und vergleichbar genutzten Räumen sind in Tabelle 23.4 aufgelistet:

Die Größe KB_{Fmax} gibt einen Hinweis auf die Fühlbarkeit der Erschütterungseinwirkung. Sie liegt bei den meisten Menschen im Bereich zwischen $KB = 0,1$ und $KB = 0,2$. Einwirkungen um $KB = 0,3$ werden bei ruhigem Aufenthalt in Wohnungen in der Regel als gut spürbar und entsprechend störend wahrgenommen. Abweichende Sonderregelungen wurden für die Einwirkung aus Schienenverkehr, Sprengarbeiten sowie Baustellenerschütterungen erstellt. So gilt z.B. bei oberirdischem Schienenverkehr unabhängig von der Gebietsausweisung $A_o = 0,6$.

Die Grenze der Zumutbarkeit liegt bei kurzzeitigen Baustellenerschütterungen $A_o = 5$ (tags). Die Zumutbarkeitsschwelle liegt bei dauerhafter Einwirkung über den gesamten Beurteilungszeitraum je nach Dauer der Maßnahme zwischen $A_u = 0,8 \ldots 1,6$ (1 Tag...78 Tage). In der Norm wird besonderer Wert darauf gelegt, dass die Arbeiten bei den möglichen Betroffenen vorangekündigt werden. Erfahrungsgemäß muss mit Beschwerden aus der Nachbarschaft von $KB = 1$ bei länger andauernden Erschütterungen gerechnet werden. $KB = 0,5$ wird, auch mit kurzzeitig höheren Amplituden, noch toleriert [23.34].

23.2.1.6 Anhaltswerte bei Anregung durch Personen

Die in Abschn. 23.2.1.5 genannten Anhaltswerte können für eine Beurteilung bei Wohnnutzung oder vergleichbarer Nutzung für menscheninduzierte Schwingungen näherungsweise herangezogen werden.

Da in üblichen Gebäuden deutlich spürbare Schwingungen nicht erwartet werden, kann es, vor allem in geschlossenen Räumen mit weitgespannten Decken, schon bei verhältnismäßig geringen Amplituden zu Unbehagen bis zu panikartigen Reaktionen kommen. In Einzelfällen ist der Nachweis gegen Versagen unter Berücksichtigung der dynamischen Lasten zu führen. Die Schwelle, ab denen Beteiligte mit Unbehagen reagieren, liegt aber meist wesentlich unterhalb der festigkeitsrelevanten Grenzwerte.

Für Büronutzung sollte nach [23.2] eine maximale Beschleunigung von $a = 0,05$ m/s^2 und für Ruheräume, sensible Arbeitsplätze etc. $a = 0,02$ m/s^2 für wiederkehrende Ereignisse von 20 bis 30 Zyklen eingehalten werden.

Tabelle 23.4 Anhaltswerte für die Beurteilung von Erschütterungen in Wohnungen und vergleichbar genutzten Räumen, nach [23.33]

Einwirkungsort	tags			nachts		
	A_u	A_o	A_r	A_u	A_o	A_r
Industriegebiete	0,4	6	0,2	0,3	0,6	0,15
Gewerbegebiete	0,3	6	0,15	0,2	0,4	0,1
Kerngebiete, Mischgebiete, Dorfgebiete	0,2	5	0,1	0,15	0,3	0,07
reine Wohngebiete, allgemeine Wohngebiete, Kleinsiedlungsgebiete	0,15	3	0,07	0,1	0,2	0,05
besonders schutzbedürftige Einwirkungsorte in dafür ausgewiesenen Sondergebieten	0,1	3	0,05	0,1	0,15	0,05

Der Anhaltswert für Sportstätten und Veranstaltungssäle bei moderaten Veranstaltungen liegt etwa bei $a = 0{,}5$ m/s^2, wobei in euphorischer Atmosphäre bei Rockkonzerten schon $a = 3$ m/s^2 beobachtet wurden, ohne dass es zu Beschwerden kam. Unbeteiligte Zuschauer auf Sitzplätzen sollten nicht mit größeren Beschleunigungen als mit $a = 0{,}2$ m/s^2 belastet werden. Bei fester Bestuhlung liegt der Anhaltswert zwischen $a = 0{,}1$ und $a = 0{,}5$ m/s^2, je nach Art der Veranstaltung. Weitere Hinweise findet man in [23.35].

23.2.2 Einwirkung von Erschütterungen auf Gebäude

Anhaltswerte der Einwirkung von Erschütterungen auf Gebäude auf der Grundlage von Messungen als auch von Prognosen enthält DIN 4150, Teil 3 [23.36]. Grundsätzlich wird nach kurzzeitigen Einwirkungen und dauerhafter Einwirkung unterschieden. Eine Einwirkung gilt als kurzzeitig, wenn „deren Häufigkeit für Ermüdungserscheinungen und deren zeitlicher Abstand für Resonanzerscheinungen unerheblich ist". Umgekehrt ausgedrückt sind die Anhaltswerte zur Beurteilung stationärer Bauwerksschwingungen heranzuziehen, sobald sich eine resonante Anregung – auch kurzzeitig – nicht ausschließen lässt. Dagegen können mehrmalig impulshaltige Anregungen als kurzzeitig eingestuft werden, wenn die dadurch ausgelöste Impulsreaktion zwischen zwei Ereignissen nahezu vollständig abklingt und die Anzahl der Lastwechsel klein ist. Explizit werden beispielsweise kurzzeitige Anregungen durch Vibrationsrammen oder durch Rüttler als dauerhafte Einwirkung eingestuft, da Resonanzerscheinungen an Decken nicht ausgeschlossen werden können.

DIN 4150 [23.36] gibt Erfahrungswerte vor, bei deren Einhaltung nicht von Schäden im Sinne einer Verminderung des Gebrauchswertes auszugehen ist. Damit sind nicht nur Beeinträchtigungen der Standsicherheit bzw. Tragfähigkeit gemeint, sondern auch „leichte" Schäden wie das Auftreten bzw. die Vergrößerung von Putzrissen. Sollten die Anhaltswerte deutlich überschritten werden, so ist nicht zwangsläufig mit Schäden zu rechnen; es sollten jedoch weitergehende Untersuchungen zur Tragsicherheit angestellt werden. Als Beurteilungsgrundlage wird der Maximalwert der drei Einzelkomponenten der Schwinggeschwindigkeit am Fundament v_i herangezogen. Die Schwingungsantwort des Gebäudes auf die Fundamentanregung kann anhand zusätzlicher Messungen der horizontalen Schwingungen im obersten Vollgeschoss abgeschätzt und beurteilt werden. In vertikaler Messrichtung auf den Geschossdecken (i.Allg. Deckenmitte) ist nicht mit einer Verminderung des Gebrauchswertes zu rechnen, wenn die maximale Schwingschnelleamplitude im Zeitverlauf für kurzzeitige Erschütterungen $v \leq 20$ mm/s, für dauerhafte Erschütterungen $v \leq 10$ mm/s ist.

Die Anhaltswerte der maximalen Schwingschnelleamplituden werden in Abhängigkeit des Frequenzbereiches der Antwort und für verschiedene Gebäudearten angegeben [23.36] (Tabelle 23.5).

DIN 4150 [23.36] enthält ferner materialabhängige Anhaltswerte für die zulässige Schwinggeschwindigkeitsamplitude an erdverlegten Rohrleitungen (Tabelle 23.6).

23.2.2.1 Schadensursachen bei Einleitung von Erschütterungen über den Untergrund

Liegt die Erschütterungsquelle außerhalb der betreffenden baulichen Anlage (externe Erregung), so trägt der Untergrund entscheidend zur Auswirkung der Erschütterungen auf die bauliche Anlage bei [23.37]. Der Baugrund überträgt Erschütterungen durch Wellenausbreitung, er beeinflusst das Schwingungsverhalten von Gebäuden und Anlagen und er kann seine Eigenschaften aufgrund von Erschütterungseinwirkung ändern (Verdichtung, Verflüssigung).

Schäden an Gebäuden auf Grund von Erschütterungseinwirkung sind sowohl aus direkter Erschütterungseinwirkung möglich als auch aufgrund der Veränderung der Eigenschaften des Untergrundes. Ein Nachrutschen benachbarter Fundamente aufgrund von Bodenverdichtung kann sofort oder zeitverzögert stattfinden und zu Schäden im aufgehenden Bauwerk führen.

Des Weiteren können z. B. bei Verbaumaßnahmen, die Erschütterungen in benachbarten Bauwerken erzeugen, Schäden entstehen, die jedoch nicht unmittelbar auf die Erschütterungen zurückzuführen sind, sondern auf eine unsachgemäße Unterfangung, auf Lastverschiebungen aufgrund der Veränderung von Grundwasserverhältnissen oder auf Massenänderungen durch Aushub oder Aufschüttungen [23.34].

Ausschlaggebend für alle Schadensursachen ist der Zustand des betreffenden Gebäudes. Auch bei Neubauten können Erschütterungen bei star-

Tabelle 23.5 Anhaltswerte für die Schwinggeschwindigkeit v_i zur Beurteilung der Wirkung von Erschütterungen auf Bauwerke, nach [23.36]

	Gebäudeart	Anhaltswerte für die Schwinggeschwindigkeit v_i in mm/s				
		kurzzeitige Erschütterung				Dauererschütterung
		Fundament			oberste Deckenebene, horizontal	oberste Deckenebene, horizontal
		1…10 Hz	10…50 Hz	50…100 Hz[a]	alle Frequenzen	alle Frequenzen
1	Gewerbe-, Industriebauten u. ä.	20	20…40	40…50	40	10
2	Wohngebäude u. ä.	5	5…15	15…20	15	5
3	besonders erhaltenswerte Gebäude (nicht Zeile 1 und 2)	3	3…8	8…10	8	2,5

[a] Bei Schwingungen über 100 Hz dürfen mindestens die Anhaltswerte für 100 Hz angesetzt werden.

Tabelle 23.6 Anhaltswerte für die Schwinggeschwindigkeit v_i zur Beurteilung der Wirkung von kurzzeitigen Erschütterungen auf erdverlegte Leitungen, nach [23.36]

Leitungsbaustoffe	Anhaltswerte für die Schwinggeschwindigkeit v_i in mm/s auf der Rohrleitung
Stahl, geschweißt	100
Steinzeug, Beton, Stahlbeton, Spannbeton, Metall mit oder ohne Flansche	80
Mauerwerk, Kunststoff	50

ken inneren Spannungen an der Belastungsgrenze z. B. aufgrund von Lastumlagerungen eine Rissbildung auslösen, die im Lauf der Zeit auch ohne Erschütterungen entstanden wäre. Die tatsächliche Ursache für Schäden eindeutig zuzuordnen, ist nur schwer möglich. Durch Messungen können lediglich Schäden ausgeschlossen werden, die unmittelbar auf die Einwirkungen von Erschütterungen zurückzuführen sind.

Aus diesem Grund ist vor Arbeiten, bei denen mit Erschütterungen zu rechnen ist, ein Bodengutachten zu erstellen, das die Eignung des Bodens für die geplanten Maßnahmen beurteilt. Vor einer Maßnahme ist eine Beweissicherung an der Nachbarbebauung erforderlich sowie eine Protokollierung der Arbeiten an den jeweiligen Geräten (z.B. Rüttelprotokoll).

23.2.3 Einwirkung von Erschütterungen auf empfindliche Anlagen und Vorgänge

23.2.3.1 Klassifikation von erschütterungsempfindlichen Geräten

Die Anforderungen an die zulässigen Erschütterungen von Präzisionsanlagen oder von hochempfindlichen Analysegeräten kann um Größenordnungen unterhalb der menschlichen Spürbarkeitsgrenze liegen. Sie ergeben sich aus der Präzisionsanforderung bzw. der erforderlichen Auflösung.

Am häufigsten führen Erschütterungen an Geräten für Feinmesstechnik, Mikroskopie, Chipfertigung (Beamer, Stepper, Photolithographie etc.), an Massenspektrometern sowie bei laseroptischen Anwendungen zu Beeinträchtigungen. Für diese Art von Geräten wurden aufgrund von Untersuchungen zur Klassifizierung der Empfindlichkeit Grenzkurven (Abb. 23.2) in Verbindung mit Tabelle 23.7 erstellt [23.38].

Die Tabelle dient zu einer ersten geräteunabhängigen Beurteilung eines Standorts. Letztendlich sind die Herstellerspezifikationen, gezielte

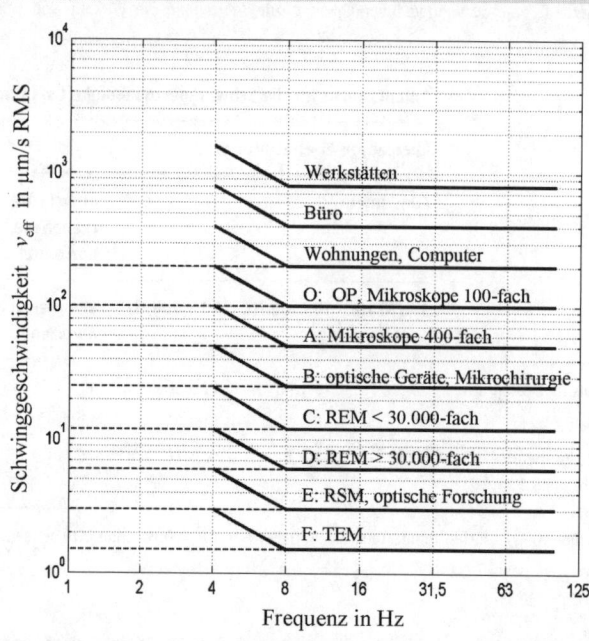

Abb. 23.2 Design-Grenzwerte von zulässigen Erschütterungen für hochempfindliche Anlagen nach BBN mit Ergänzungen [23.38]

Tabelle 23.7 Design-Grenzwerte von zulässigen Erschütterungen für hochempfindliche Anlagen z. T. nach [23.38]

Klasse	Schwinggeschwindigkeit	Nutzung/Gerät
	200 µm/s	EDV-Anlagen
0	100 µm/s	OP, Tischmikroskopie bis 100-fach, Laborroboter (Grenze der Wahrnehmbarkeit)
BBN-A	50 µm/s	Tischmikroskopie bis 400-fach, Feinwaagen Koordinatentaster
BBN-B	25 µm/s	optische Geräte, Mikrochirurgie (optisch, neuronal), Tischmikroskop > 400-fach, Photolithographie mit Auflösung > 3 µm (Stepper, Aligner etc.)
BBN-C	12 µm/s	Rasterelektronenmikroskopie < 30000-fach, Photolithographie mit Auflösung > 1 µm
BBN-D	6 µm/s	Rasterelektronenmikroskopie > 30000-fach, Massenspektrometer, Photolithographie mit Auflösung > 0,5 µm
BBN-E	3 µm/s	RSM, optische Forschung, Photolithographie mit Auflösung > 0,5 µm
BBN-F	1 µm/s	Transmissionselektronenmikroskopie

Messungen am Gerät sowie Erfahrungen der Nutzer mit den Geräten zu Grunde zu legen, da die Anforderungen nicht nur von den Genauigkeitsanforderungen bzw. der Auflösung, sondern auch von der Bauart des Gerätes und dessen Funktionsweise abhängen.

Datenspeichersysteme sind im Vergleich zu Präzisionsgeräten relativ unempfindlich. Eine Überwachung bzw. Maßnahmen sind hier i.d.R. nur erforderlich, wenn außergewöhnliche Erschütterungen z.B. in Folge von Bauarbeiten oder Sprengungen zu erwarten sind.

Die Einwirkung von Erschütterungen und die Erfordernis von Isoliermaßnahmen ist in Abhängigkeit des Schadenrisikos bei Überschreitung von Grenzwerten zu bewerten (z.B. lediglich Beeinträchtigung eines unkompliziert zu wiederholenden Versuchs, oder Anlagen zur Steuerung von Prozessen sowie die Beschädigung von Großrechenanlagen in Rechenzentren/Datenbanken).

Vorgaben zu Messungen am Aufstellort und der Klassifizierung enthält ISO 10811 [23.39].

23.2.3.2 Abbindeprozess von Beton

Umfangreiche Untersuchungen [23.40] haben ergeben, dass Erschütterungseinwirkungen auf frische und junge Betone bis zu einer Schwinggeschwindigkeitsamplitude in der Spitze von $v_p \approx 20$ mm/s keinen wesentlichen Einfluss auf die Druckfestigkeit haben.

23.3 Erschütterungsquellen und Isoliermaßnahmen

23.3.1 Allgemeines

In [23.41] sind relevante Erschütterungsquellen mit Angaben zu Entstehungsmechanismen und zur Übertragung von Erschütterungen mit Beispielen aus der Praxis, für die repräsentative Messergebnisse vorliegen, aufgeführt.

Eine detaillierte Beschreibung der Arbeitsweise von Großmaschinen, der Erregungsmechanismen sowie von Isoliermaßnahmen findet man in [23.42]. Der spezielle Fall des Vibrationsrammens von Spundbohlen sowie die Auswirkung der Erschütterungen auf die Nachbarschaft ist ausführlich in [23.34] behandelt.

DIN 45635-8 [23.43] enthält Vorgaben zu Messungen von Körperschallpegeln an Maschinen.

In der VDI-Richtlinie 2062 [23.44, 23.45] werden die Begriffe und Methoden der Schwingungsisolierung erläutert und Anforderungen und Einsatzmöglichkeiten von Isolierelementen beschrieben. Die Dimensionierung von Maschinenfundamente wird in [23.2, 23.46–23.48] behandelt. Die diesbezügliche Norm ist DIN 4024 [23.52, 23.53].

23.3.2 Maschinen

23.3.2.1 Maschinen mit periodischer Anregung

Ermittlung der Anregekräfte

Großmaschinen wie Kraftwerksaggregate, Wickelmaschinen, Zentrifugen, Sägegatter, Druckmaschinen, Turbinen, Stromaggregate, Förderrinnen, Drehmaschinen, Gebläse, Pumpen und Verdichter, also i. Allg. Maschinen mit rotierenden Massen, aber auch z.B. Transformatoren erzeugen periodische Anregungen. Die Anregung erfolgt i.d.R. durch nicht ausgeglichene Massenkräfte wie Unwuchten oder Kolben. Die dynamische Kraft nimmt mit der Drehzahl quadratisch zu. Die dynamische Anregung führt zu elastischen Verformungen (z.B. Durchbiegung der Welle) und damit zu einer weiteren Zunahme der Unwuchtkräfte.

Durch die harmonische Anregung ist es möglich, dass sich die übertragenen dynamischen Kräfte in der unmittelbaren Umgebung nicht bemerkbar machen, in weiterer Entfernung jedoch aufgrund einer resonanten Kopplung der Erregung, z.B. mit einer Decke, Erschütterungen spürbar werden. Ein Anfahrvorgang bzw. ein Auslaufen einer Maschine, während dessen ein breiter Frequenzbereich durchfahren und die dazwischen liegenden Resonanzen angeregt werden, wird u. a. dann relevant, wenn das Anfahren bzw. Auslaufen der Maschinen so langsam erfolgt, dass ein Einschwingen eines Bauteils in seiner Eigenschwingung möglich ist oder wenn Grenzwerte z.B. an empfindlichen Anlagen auch bei kurzer Einwirkzeit nicht überschritten werden dürfen.

Als Anhaltswerte für die übertragenen dynamischen Kräfte kann die VDI-Richtlinie 2060 [23.48] herangezogen werden, in der Auswuchtgütestufen für Maschinenklassen angegeben sind. Die Gütestufen reichen von langsam laufenden Schiffsdieseln mit einer Wuchtklasse Q 1600 bis zur Feinstwuchtung Q 0,4 von z.B. Präzisionsschleifmaschinen. Die Amplitude der dynamischen Unwuchtkräfte F_{max} bestimmen sich dabei vertikal und horizontal aus:

$$F_{max} = m\,e\,\Omega^2 = m\,Q\,\Omega = u \cdot \Omega^2 \qquad (23.5)$$

(m rotierende Masse, e statische Unwucht = Abstand Massenschwerpunkt zu Drehachse, Ω Kreisfrequenz der Rotation in min^{-1}, $Q = e\,\Omega$ Wuchtgüte in mm/s, $u = m \cdot e$ statische Unwucht in g · mm).

Gegenüber den Angaben zu neuwertigen Geräten ist wegen betriebsbedingten Verschleißes auf der sicheren Seite liegend die nächst höhere Unwuchtgüte anzunehmen.

In DIN ISO 10816 [23.49] werden allgemeine Bewertungskriterien für die Abnahmeprüfung und Betriebsüberwachung der Schwingungen an Maschinen durch Messungen an nicht-rotierenden Teilen vorgegeben. Je nach Maschinentyp und Aufstellart werden Grenzwerte für die frequenzbewertete effektive Schwingschnelle angegeben, die an Stellen gemessen werden, welche die Einwirkung von Wechselkräften signifikant widerspiegeln (z. B. Lagergehäuse).

Diese Kriterien dienen hauptsächlich der Sicherstellung eines zuverlässigen, sicheren Langzeitbetriebs der Maschine. Die Einhaltung dieser Grenzwerte bedeutet nicht automatisch, dass die auf die Umgebung einwirkenden Erschütterungen sich ebenfalls im Rahmen der jeweils zulässigen Grenzwerte bewegen. In den einzelnen Teilen der Norm wird die Bewertung der Schwingungen an Dampfturbinen und Generatoren über 50 MW, an industriellen Maschinen mit Nennleistungen über 15 kW, an Gasturbinen, Wasserkraft- und Pumpenanlagen sowie Hubkolbenmaschinen mit Leistungen über 100 kW behandelt.

Drehende elektrische Maschinen und Stromerzeugungsaggregate mit Hubkolben-Verbrennungsmotoren sind in DIN EN 60034-14 [23.50] bzw. DIN ISO 8528-9 [23.51] erfasst.

Sollten keine genaueren Angaben vorliegen, so kann zur Abschätzung der zu erwartenden Quellpegel Tabelle 23.8 verwendet werden.

Bei Kolbenmaschinen entstehen Kraftanteile in den Harmonischen systembedingt und lassen sich aus den Geräteparametern berechnen. Sägegatter erzeugen Erschütterungen mit Grundfrequenzen im Bereich zwischen 4 bis 8 Hz sowie in den oberen Harmonischen.

Bei gleichzeitigem Betrieb von zwei Maschinen, die mit annähernd gleichen Drehzahlen arbeiten, tritt eine Schwebung mit – gegenüber der einzelnen Maschine – doppelter Amplitude auf. Für eine größere Anzahl von N Maschinen in einem Maschinensaal kann der Maximalwert der Schwinggeschwindigkeit v_N auf dem Erdboden außerhalb des Maschinensaals im Beobachtungspunkt angenähert nach Gl. (23.6) (nach [23.41]) abgeschätzt werden.

$$v_N = v_B N^{0,5}(e^{-0,1N-1,9} + 0,103)\left(\frac{N_B}{100}\right)^{-0,284} \quad (23.6)$$

(v_B ist der bekannte Mess- oder Prognosewert bei Betrieb von N_B Maschinen ($N_B > 3$)).

Isoliermaßnahmen

Ist die Belastung der benachbarten Bereiche durch Erschütterungen zu hoch, sollte zunächst versucht werden, die dynamischen Kräfte an der Maschine selbst durch Auswuchten, Änderung der Betriebsdrehzahl, Beseitigung von Resonanzerscheinungen der Maschine, Ausrichten von Achskopplungen etc. zu reduzieren. Eine Minderung der entstehenden dynamischen Kräfte ist auch hinsichtlich der Lebensdauer der Maschine von Interesse.

In weiteren Schritten ist zu klären, inwieweit eine resonanznahe Aufstellung vermieden wird. Grundsätzlich kann eine Maschine hoch- bzw. tiefabgestimmt aufgestellt werden. Die Abstimmfrequenz bei der Aufstellung von Maschi-

Tabelle 23.8 Quellpegel für einzelne Maschinengruppen

Maschinengruppe	Gruppe K	Gruppe M	Gruppe G	Gruppe T
Quellpegel	0,71…1,8 mm/s	1,12…2,8 mm/s	1,8…4,5 mm/s	2,8…7,1 mm/s

Gruppe K: kleine Triebwerksteile, Elektromotoren bis 15 kW, starr aufgestellt;
Gruppe M: mittlere Maschinen bis 300 kW, Elektromotoren von 15 bis 75 kW, starr aufgestellt;
Gruppe G: größere Maschinen mit nur umlaufenden Massen, hoch abgestimmt aufgestellt;
Gruppe T: größere Maschinen auf tiefabgestimmten Fundamenten, im Besonderen nach Leichtbaurichtlinien gestaltete Fundamente.

nen wird üblicherweise nach dem Ein-Massen-Schwinger-Modell bestimmt:

$$2\pi \cdot f'_1 = \sqrt{\frac{k}{m}(1-\zeta^2)} \qquad (23.7)$$

(f'_1 Abstimmfrequenz des bedämpften Systems, k Federsteifigkeit, m Masse, ζ Dämpfungsgrad).

Hochabgestimmte Aufstellung („starre" Aufstellung [23.52]): Die Grundfrequenz der Betriebsdrehzahl liegt unter der Abstimmfrequenz der Aufstellung (unterkritische Abstimmung). Die dynamischen Kräfte wirken zwar ohne Verstärkung, aber auch ungemindert auf die Unterkonstruktion ein. Die an den Maschinenfüßen auftretenden Schwingschnellen sind proportional zur Eingangsimpedanz am Befestigungspunkt.

Anhand der mechanischen Impedanz am Aufstellort muss ein ausreichender Resonanzabstand gemäß Gl. (23.8) nachgewiesen werden [23.2].

$$f_1 \geq f_B \cdot n_h \cdot 2 \cdot s_f \qquad (23.8)$$

(f_1 Abstimmfrequenz, f_B Betriebsdrehzahl in min^{-1}, n_h Ordnungszahl in der noch mit maßgebenden dynamischen Kräften gerechnet werden muss, (Harmonische + 1), s_f 1,1…1,2 Faktor zur Erfassung von Unsicherheiten in der Aufstellimpedanz wie Streuung in der Bodenfeder oder der Konstruktionsparameter).

Speziell bei Tischfundamenten sind die Struktureigenfrequenzen der Konstruktion zu beachten, bei Blockfundamenten sind die Bodenfedern gemäß Abschn. 23.4.2 anzusetzen. Gegebenenfalls muss der Boden z. B. durch eine Pfahlgründung versteift werden, um eine weniger steife Bodenschicht zu überbrücken.

Tiefabgestimmte Aufstellung [23.53]. Die Abstimmfrequenz liegt ausreichend unterhalb der Betriebsfrequenz (überkritische Abstimmung). Die Abstimmfrequenz wird üblicherweise bei $f_1 < \frac{1}{4} f_B$ der Betriebsfrequenz gewählt. In der Regel ist für eine Isoliermaßnahme die Anregung in der Grundfrequenz maßgebend. Ist die Impedanz am Aufstellort sehr viel größer als die Federimpedanz, kann die Einfügungsdämmung anhand der Transmissibilität (Verhältnis der über Feder und Dämpferelement nach unten übertragenen dynamischen Kraft zur anregenden Kraft) abgeschätzt werden Gl. (23.9).

$$T(f_B) = \frac{\sqrt{1+(2\zeta\eta_f)^2}}{\sqrt{(1-\eta_f^2)^2+(2\zeta\eta_f)^2}} \qquad (23.9)$$

($f_1 = \sqrt{k/m}$ Abstimmfrequenz, f_B Frequenz der Anregung, $\eta_f = f_B/f_1$, ζ Dämpfungsgrad).

Abbildung 23.3 zeigt für verschiedene Dämpfungsgrade ζ die sich aus der Transmissibilität ergebende Pegeldifferenz der Kräfte. Bei geringer Dämpfung nimmt die Dämmwirkung im Idealfall mit 12 dB/Oktave zu.

Die Dämpfung wird so bemessen, dass beim Durchfahren der Resonanz keine maßgebenden Amplituden entstehen.

Die an den Maschinenfüßen auftretenden Schwingamplituden sind proportional zur mitschwingenden Masse der Maschine und des Schwingfundamentes. Die Masse des Schwingfundamentes muss daher so bemessen werden, dass die für die Maschine festgelegten zulässigen Schwingungen eingehalten werden. Aus Gl. (23.9) ist ersichtlich, dass die Masse eines Schwingfundamentes bei festgelegter Abstimmfrequenz keinen Einfluss auf die Transmissibilität hat.

Es ist zu klären, inwieweit resonante Quer- bzw. Kippschwingungen auftreten können. Bei üblichen fußpunktgelagerten Geräten sind Kippschwingformen und horizontale Schwingformen miteinander gekoppelt, so dass ein lineares Gleichungssystem mit mindestens zwei Freiheitsgraden zu lösen ist.

In [23.54] ist ein überschlägiges Stabilitätskriterium für den Abstand b der Federelemente in Relation des Schwerpunktsabstands h zum Sockelniveau bei bekannter statischer Einfederung δ_{stat} angegeben. Ist $b > \sqrt{40 \cdot h \cdot \delta_{stat}}$, so kann von einer stabilen Anordnung ausgegangen werden (Abb. 23.4), bei der im Wesentlichen die Vertikalschwingungen zu betrachten sind.

23.3.2.2 Großmaschinen mit Impulserregung

Maschinenarten

Zu Großmaschinen, die in der Umgebung Erschütterungen hervorrufen, zählen Schmiedehämmer, Fallwerke, Pressen, und Schlagscheren.

Pressen arbeiten im Vergleich zu Hämmern mit wesentlich höheren Massen und Kräften, jedoch mit geringeren Geschwindigkeiten. Schmiedepressen verursachen Erschütterungen beim Arbeitshub, bei dem der Stößel durch eine große impulshaltige Kraft beschleunigt wird. Bei unabgefederter Aufstellung wird eine Schwingung in der horizontalen Eigenfrequenz erzeugt (Pendeleigenfrequenz des Systems Maschine-Fundament-Baugrund), die in Abhängigkeit von der Pressengröße zwischen 5 und 15 Hz liegt. Spindelpressen erzeugen zusätzlich beim Abbremsen der Massen einen Drehstoß.

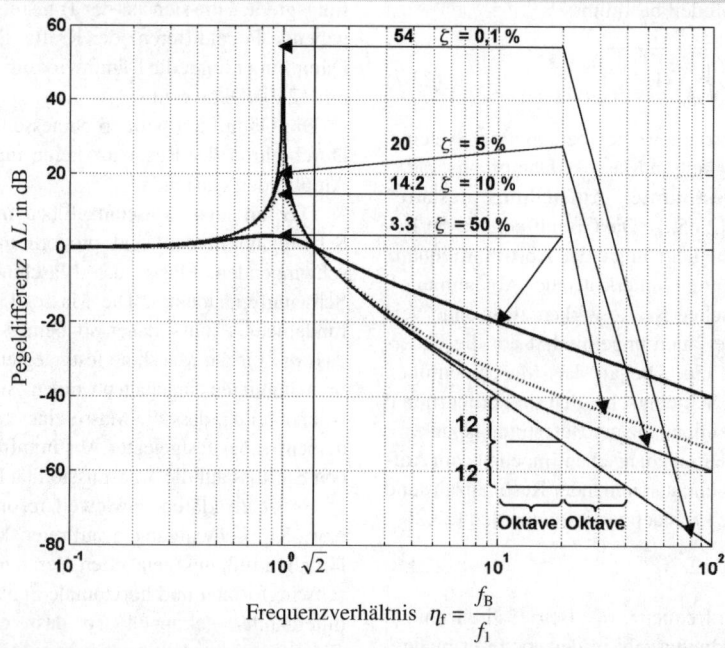

Abb. 23.3 Pegeldifferenz der Transmissibilität des krafterregten Ein-Massen-Schwingers in Abhängigkeit der auf die Resonanzfrequenz bezogenen Anregefrequenz

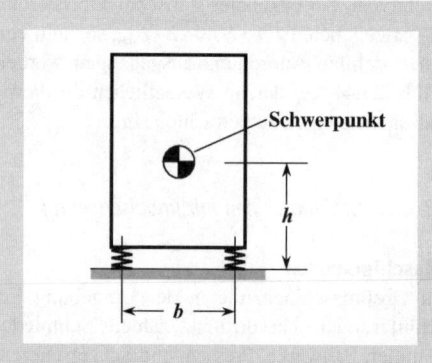

Abb. 23.4 Kippstabile Aufstellung einer Maschine

Isoliermaßnahmen
Elastische Aufstellung. Um die Umgebung zu schützen, werden die hohen dynamischen Kraftspitzen bei kurzer Einwirkzeit über Massenträgheitskräfte eines elastisch gelagerten Systems abgefangen. Das System schwingt dann in seinen Eigenschwingformen aus. Üblicherweise wird die Schabotte oder der Amboss über Isoliermatten auf einem Schwingfundament gelagert. Die elastische Zwischenlage dient zum Schutz des Betonfundamentes und filtert hochfrequente Anteile heraus, die zur Schädigung des Betons führen würden. Der Hauptanteil der Stoßenergie wird jedoch vom Schwingfundament aufgenommen.

Die nach unten übertragenen Restkräfte sind bei gleichbleibender Abstimmfrequenz weitgehend unabhängig von der Fundamentmasse (Beruhigungsmasse). Diese ergibt sich aus den zulässigen Amplituden des jeweiligen Arbeitsvorganges. Bei modernen Geräten wird dazu übergegangen, die Schabotte bzw. Hämmer ohne zusätzliche Beruhigungsmasse direkt zu lagern.

Kleinere Maschinen können auf Elastomermaterialien aufgestellt werden, während mittlere und größere Anlagen meist auf Stahlfedern mit einer Abstimmfrequenz $f < 4$ Hz aufgestellt werden.

Grundlage für die Berechnung der Reaktion auf eine kurzzeitig einwirkende Kraft $F(t)$ ist das Duhamel- oder Faltungsintegral für den Einmassenschwinger:

$$w(t) = \int_0^t F(\tau)\,\frac{1}{m\omega_D}\,\mathrm{e}^{-\delta(t-\tau)} \sin\omega_D(t-\tau)\,\mathrm{d}\tau$$

(23.10)

(mit $\omega_D = \omega \sqrt{1-\zeta^2}$ ungedämpfte Eigenkreisfrequenz $\omega = 2\pi f$, Dämpfungsgrad ζ, Fundamentmasse m).

Der Impuls I der Hammermasse m_0 bestimmt sich aus dem Energieerhaltungssatz zu:

$$I = m_0 v_0 = m_0 \sqrt{2h \frac{m_0 g + F_A}{m_0}} \qquad (23.11)$$

unter Berücksichtigung einer Antriebskraft F_A bei pneumatisch bzw. hydraulikgetriebenen Hämmern. Ist die Impulsdauer Δt und Impulsform (Halbsinus, Rechteck etc.) bekannt, so kann auf $F(t)$ in Gl. (23.10) rückgerechnet werden.

In Abb. 23.5 ist die maximale über das Fundament übertragene Kraft F_R, bezogen auf das Produkt aus einwirkenden Impuls und Kreisfrequenz bzw. der maximalen Impulskraft F_I, dargestellt.

Ist die Periodendauer der Eigenschwingung sehr viel größer als die Einwirkzeit des Impulses, strebt die Lösung gegen den Ausschwingvorgang nach einem Dirac-Impuls, wobei die Anfangsgeschwindigkeit v aus Gl. (23.12) bestimmt wird:

$$v = v_0 \frac{m_0}{m} (1 + \varepsilon). \qquad (23.12)$$

Im Wert ε wird der elastische Anteil des Stoßes berücksichtigt. Gegenüber einem rein plastischen Stoß ($\varepsilon = 0$) kann zur Bemessung eines Prellschlags $\varepsilon = 0,8$ angesetzt werden.

Ist die Impulsdauer unbekannt, kann auf der sicheren Seite liegend immer von einem Dirac-Impuls ausgegangen werden.

Bei einem Dämpfungsgrad $\zeta \ll 1$ kann dann die übertragene Restkraft aus Gl. (23.13) errechnet werden:

$$F_R = v m \omega = \sqrt{2h \frac{m_0 g + F_A}{m_0}} \cdot m_0 \omega (1 + \varepsilon). \qquad (23.13)$$

Dieser Wert liegt für $\zeta < 0,5$ auf der sicheren Seite. Die übertragene Restkraft ist also bei vorgegebener Anregung direkt proportional zur Abstimmfrequenz.

Für Gegenschlaghämmer, luftgetriebene Vorformhämmer bzw. Luftgesenkhämmer sind die Beziehungen (23.10) und (23.11) nicht unmittelbar anzuwenden.

Dämpfung. In der Regel werden viskose Dämpferelemente vorgesehen. Bei einem Dämpfungsgrad von $\zeta \cong 0,25$ kann die übertragene Restkraft auf ca. 80% gegenüber dem unbedämpften System abgemindert werden.

Zu beachten ist, dass der Ausschwingvorgang vor dem nächsten Schlag aufgrund der Dämpfung weitgehend abgeklungen sein soll.

23.3.2.3 Großmaschinen mit stochastischer Anregung

Zu Großmaschinen, die im Betrieb eine stochastische Anregung erzeugen, zählen Mühlen, Brecher, Kranbahnen u. ä. Als Grundlage für die Bewertung der Erschütterungsemissionen aus dem

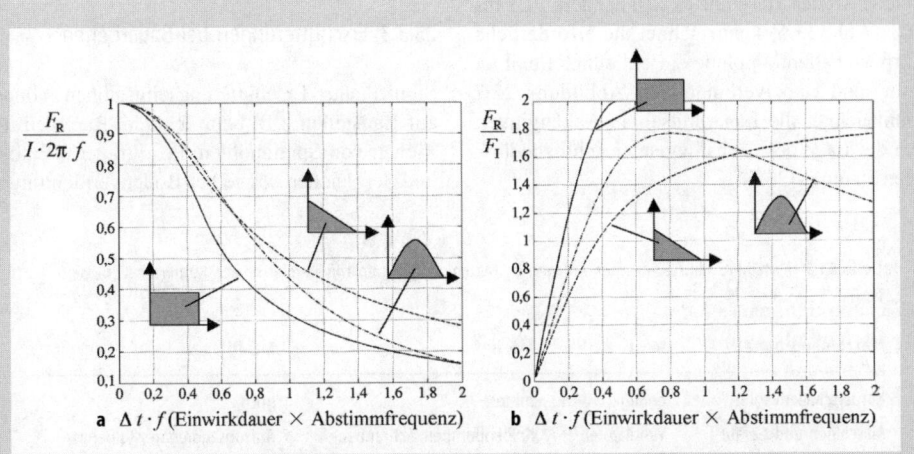

Abb. 23.5 Übertragene Restkraft F_R, bezogen auf die maximale Impulskraft F_I (Teilbild **b**), bezogen auf den Impuls, multipliziert mit der Kreisfrequenz der Abstimmung (Teilbild **a**), in Abhängigkeit von Abstimmfrequenz × Einwirkdauer

Betrieb dieser Maschinen wird die spektrale Leistungsdichtefunktion herangezogen. Eine einfache rechnerische Bestimmung der spektralen Leistungsdichtefunktion aufgrund von Maschinendaten ist in den meisten Fällen nicht möglich. Um eine geeignete Bemessungsgrundlage für Prognosen und eventuelle Isoliermaßnahmen zu erhalten, werden Erfahrungswerte aus Messergebnissen an vergleichbaren Geräten herangezogen. Aus den Messergebnissen kann auf die einwirkenden Lasten rückgerechnet werden, wenn ein validiertes Rechenmodell der Struktur vorliegt [23.55, 23.56].

Entsprechend der Auslegung von Isoliermaßnahmen an Maschinen mit periodischer Anregung wird auch hier die Abstimmfrequenz tief genug gewählt, um störende Frequenzanteile herauszufiltern. Da in der Regel auch in der Abstimmfrequenz Anteile der stochastischen Anregung wirksam sind, sollte stets eine Dämpfung vorgesehen werden, wobei der optimale Wert erfahrungsgemäß bei ca. $\zeta = 0{,}5$ liegt.

23.3.2.4 Haustechnische Anlagen

Eine Übersicht über haustechnischen Anlagen enthält [23.54]. Dort sind geeignete Isoliermaßnahmen in Bezug auf die Lage im Gebäude den Maschinentypen zugeordnet. Da in der Regel die Anforderungen an den Körperschall bei Büro- bzw. Wohnnutzung gegenüber den Erschütterungen maßgebend sind, genügen die Vorgaben in der Regel auch in Bezug auf Erschütterungen.

MG I bis MG III nach Tabelle 23.9 gibt an, um welche Art der Maschine es sich handelt, EL1 bis EL7 (Abb. 23.6) kennzeichnet die erforderliche Körperschallentkopplung einschließlich flexibler Rohr- und Kabelverbindungen. Abbildung 23.7 kennzeichnet die Lagerungsart in Abhängigkeit von der Lage des nächstliegenden schutzbedürftigen Raumes [23.54].

Die Abstimmfrequenz wird meist im Frequenzbereich zwischen 10 und 20 Hz projektiert, um die Anregung im für den Menschen hörbaren Frequenzbereich ab 16 Hz zu reduzieren, wobei Abstimmungen in den durch die Drehzahl bestimmten Anregefrequenzen vermieden werden müssen. Bei der Anordnung von Isolierelementen muss eine ausreichende Kippstabilität gewährleistet sein (vgl. Abb. 23.4).

23.3.2.5 Rohrleitungen und Nebenaggregate

Rohrleitungen und Nebenaggregate sind von der elastisch aufgestellten Anlage durch Kompensatoren zu entkoppeln. Weiterhin muss zusätzlichen Einfederungen aufgrund von Betriebslasten Rechnung getragen werden. Bei der Verwendung von Schlauchkompensatoren muss die Schlauchlänge so gewählt werden, dass durch die Pulsationen keine resonante Anregung des Schlauches auftritt.

Insbesondere schwere Hochdruckrohrleitungen z. B. von Hydraulikanlagen führen erfahrungsgemäß zu Körperschall- und Erschütterungsproblemen. Die Befestigungspunkte sollten an Stellen mit hoher Anschlussimpedanz, d. h. z. B. nicht in Feldmitte einer Decke gewählt werden.

Weiche Federabhänger für Rohrleitungen werden als Standardelemente angeboten.

In [23.57] werden Anhaltswerte für zulässige Schwingungen von Stahlrohren auf der Grundlage von Erfahrungswerten angegeben. Sie sind spektral in Abb. 23.8 dargestellt.

23.3.3 Erschütterungen bei Bauarbeiten

Signifikante Erschütterungsemissionen können auf Baustellen z. B. beim Rütteln, Rammen und Ziehen von Spundbohlen, Profilträgern, Pfählen und dergleichen sowie bei Bodenverdichtungen,

Tabelle 23.9 Einteilung haustechnischer Anlagen in Maschinengruppen mit vergleichbarer Körperschallemission, nach [23.54]

Maschinengruppe	MG I	MG II	MG III
Körperschallemission	gering	mittel	hoch
Maschinen und Geräte	Ventilatoren, RLT-Geräte	Kolbenpumpen, Schrauben-, Spiral-, Turboverdichter, Rückkühlwerke	Aufzugsaggregate, Kolbenverdichter, Notstromaggregate

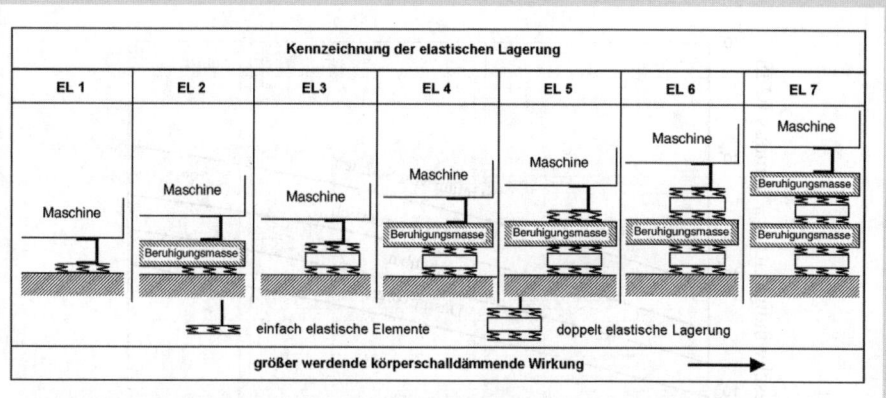

Abb. 23.6 Erforderliche elastische Lagerung in Abhängigkeit von der Lage eines schutzbedürftigen Raumes (L_{AFmax} = 30 dB) und der Maschinenart nach [23.54]

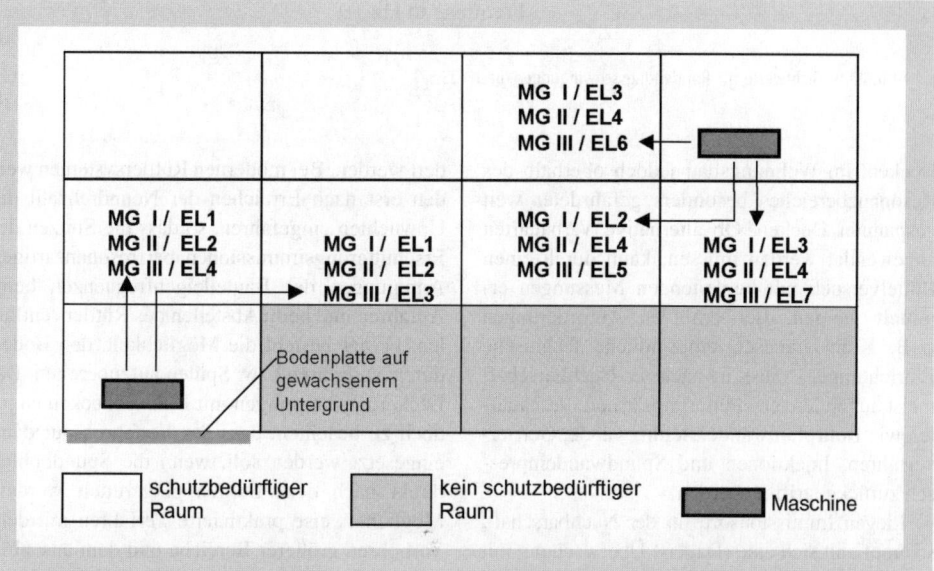

Abb. 23.7 Schematische Darstellung der körperschalldämmenden Maßnahmen an Maschinen, nach [23.54]

Abbrucharbeiten, Sprengungen und Baustellenverkehr auftreten.

Die häufigste Quelle, die zu maßgebenden Belastungen führt, ist das Einrütteln von Spundwänden zur Erstellung eines Baugrubenverbaus. Zu Entstehung, Auswirkungen und Maßnahmen wird ausführlich in [23.34] eingegangen. Die in das Erdreich übertragenen Erschütterungen hängen von der Untergrundbeschaffenheit, der Einbindetiefe, den Abmessungen der Spundbohlen und dem Rüttelgerät ab. Bei allen Rüttlern ist die Rüttelfrequenz einstellbar, die Unwucht kann bei modernen Geräten ebenfalls während des Rüttelns eingestellt werden (Typenkennung HFV oder HF-VAR). Üblicherweise sind die Erschütterungen beim Ziehen geringer und kürzer als beim Einrütteln. Sind die Bohlen jedoch wegen langer Verweildauer, Verschweißen der Schlösser, Anbetonieren etc. behindert, so können beim Ziehen wesentlich höhere Erschütterungen als beim Einbringen auftreten.

Die Arbeitsfrequenz von Rüttlern liegt bei den üblicherweise eingesetzten Vibrationsaggregaten zwischen 28 und 40 Hz im Resonanzbereich von

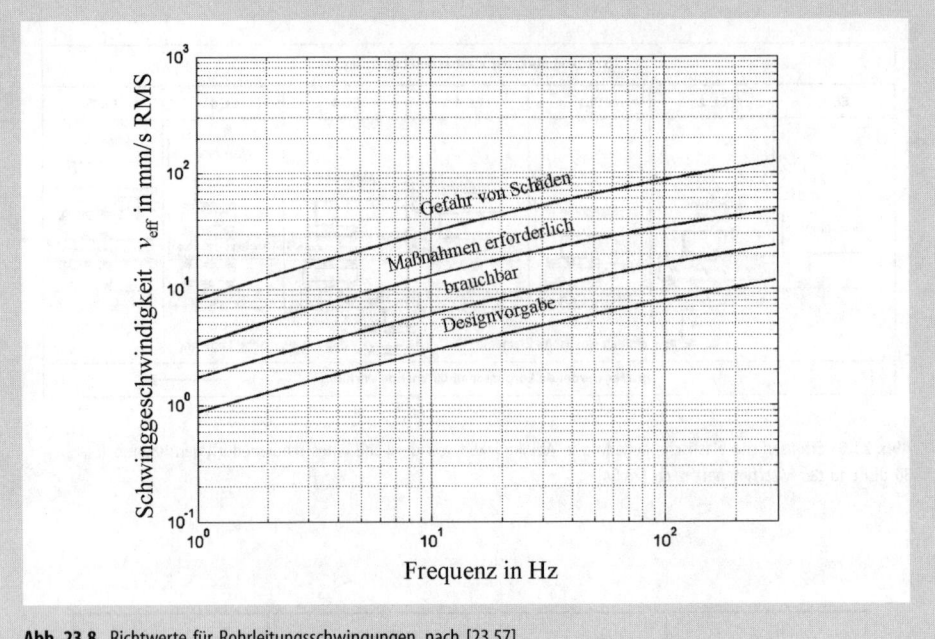

Abb. 23.8 Richtwerte für Rohrleitungsschwingungen, nach [23.57]

Decken, im Wohnungsbau jedoch oberhalb des Resonanzbereiches besonders gefährdeter weit gespannter Decken. Ob alternative Verbauarten angewendet werden müssen, kann durch einen Rüttelversuch mit begleitenden Messungen ermittelt werden. Bei erhöhten Anforderungen (z. B. Krankenhäuser, empfindliche technische Einrichtungen) muss in nächster Nachbarschaft meist auf andere erschütterungsärmere Verbauarten wie Bohrpfahlwände, Schlitzwände, Gefrierverfahren, Injektionen und Spundwandeinpressen zurückgegriffen werden.

Liegen Immissionsorte in der Nachbarschaft, so empfiehlt sich eine (Dauer-) Überwachung mit Alarmübertragung für den Rüttelführer. Bei Erreichen einer vordefinierten Alarmierungsschwelle erhält der Geräteführer per Funk ein Signal und kann entsprechend am Gerät reagieren. Derartige Überwachungssysteme bieten sich auch zur Beweissicherung bzw. zur Überwachung der Immissionen im Bereich empfindlicher Geräte an.

Abbildung 23.9 [23.34] zeigt exemplarisch ein Prognosediagramm für die Erschütterungsausbreitung im Freifeld für Rüttler der Unwuchtklasse 30 bis 50 kg m, Rüttelfrequenzen $f = 35$ bis 40 Hz, Doppelbohlen $l = 15$ m.

Werden die Grenzwerte überschritten, so kann im ersten Schritt die Unwucht, die Rüttelfrequenz und die Vorschubgeschwindigkeit verändert werden. Bei modernen Rüttlersystemen werden erst nach Erreichen der Nenndrehzahl die Unwuchten eingefahren, so dass die Spitzen der Erschütterungsimmissionen bei resonanzartigen Anregungen der Bauteileigenfrequenzen beim Anfahren und beim Abstellen des Rüttlers entfallen. Ferner besteht die Möglichkeit, den Boden durch Vorbohren bzw. Spülen aufzubereiten. Bei Lockerungsbohrungen mit Bohrschnecken ist jedoch zu beachten, dass das Verfahren nur dann eingesetzt werden soll, wenn die Spundbohlen direkt nach dem Bohren eingerüttelt werden. Möglicherweise praktizierte Verfahren mit dem Vorbohren größerer Bereiche und dem anschließenden Einrütteln sind nicht zielführend, da durch den Rüttelvorgang die vorgebohrten Bereiche wieder verdichtet werden und in ungünstigen Fällen sogar schlechtere Verhältnisse als ohne Vorbohren erzielt werden. Alternativ ist ein Vorbohren mit Bodenaustausch möglich, bei dem über verrohrte Bohrungen die nicht oder nur schwer rüttelfähigen Bodenschichten gegen rüttelfähiges Material ausgetauscht wird.

23.3.4 Sprengungen

Sprengerschütterungen von Gewinnungssprengungen sind nur sehr selten über eine Entfernung

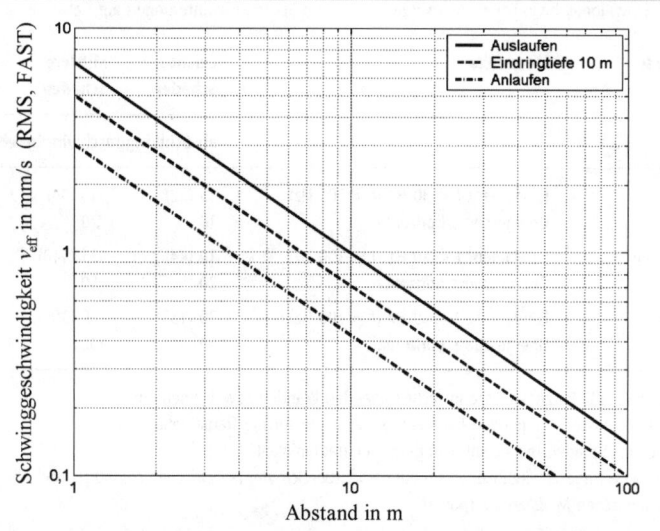

Abb. 23.9 Prognosediagramm der Ausbreitung von Erschütterungen bei Anregung durch Einrütteln von Doppelspundbohlen $l = 15$ m, Rüttelfrequenz $f = 35\ldots40$ Hz, Unwuchtklasse des Rüttlers 30 bis 50 kg m, nach [23.34]

von 1500 m um Steinbrüche oder 400 m bei Sprengungen während Baumaßnahmen hinaus von Bedeutung [23.41]. Die KDT-Richtlinie 046/86 [23.58] enthält Vorgaben für die Durchführung von Sprengungen zur Abwendung von Sprengschäden an Bauwerken in Form von zulässigen Fundamentschwingungen bzw. durch Abstand-Lademengen-Relationen. Die Beurteilung von Erschütterungen erfolgt gemäß DIN 4150 [23.36] in Verbindung mit Tabelle 23.10 aus [23.58, 23.60].

23.3.5 Straßenverkehr

23.3.5.1 Anregungsmechanismus

Die Prognose von Erschütterungen, die durch Lkw in Gebäuden hervorgerufen werden, hängt von einer Reihe schwer erfassbarer Einflussgrößen ab. Neben den Fahrzeugmassen und Fahrzeuggeschwindigkeiten ist vor allem die Beschaffenheit der Fahrbahn maßgebend. Unebenheiten und Schäden in der Fahrbahnoberfläche, Kanten, Kanaldeckel, Pflasterungen, Schlaglöcher etc. können die Erschütterungsemissionen deutlich erhöhen. Dadurch werden in den Untergrund sowohl impulsförmige als auch periodische Schwingungen durch den Ausschwingvorgang des Fahrzeuges und der nur über die Reifen abgefederten Massen (Felgen, Radaufhängungen, Achsen) eingeleitet.

Der messtechnische Befund in der Literatur streuen sehr stark. So zeigen umfangreiche Untersuchungen und Auswertungen [23.61, 23.62] Schwinggeschwindigkeiten auf Geschossdecken von benachbarten Gebäuden zwischen 0,1 und 1,0 mm/s. Bei sehr guten Straßenverhältnissen können die niedrigsten Werte auch deutlich unterschritten werden, bei ungünstigsten Verhältnissen sind in Einzelfällen Werte über 1 mm/s möglich.

Angaben zu Fahrbahnrauhigkeiten enthält [23.61]. Die spektrale Unebenheitsdichte wird in der Regel in Deutschland gemäß Gl. (23.14) als Funktion der Wegkreisfrequenz (Wellenzahl) angegeben. Das Spektrum der Wegkreisfrequenz umfasst den Bereich $\Omega = 0{,}06 - 30$ m^{-1} entsprechend etwa einer Wellenlänge von $\lambda = 2\pi/\Omega = 0{,}2$ bis 1,0 m.

$$\Phi_h(\Omega) = \Phi_h(\Omega_0) \left(\frac{\Omega}{\Omega_0}\right)^{-w} \; [\text{m}^3]. \qquad (23.14)$$

Die Bezugsgröße der Wegkreisfrequenz ist $\Omega_0 = 1$ [m^{-1}], die Welligkeit reicht von $w = 1{,}8$ (BAB, Betondecke)…2,4 (Nebenstrecken) und der Mittelwert des Unebenheitsmaßes variiert von $\Phi_h(\Omega_0) = 0{,}8\ldots9{,}8$ je nach Fahrbahngüte (gut –

Tabelle 23.10 Schwinggeschwindigkeiten zur Beurteilung von Sprengerschütterungen auf Gebäude nach [23.58, 23.60]

Gebäudeklasse	Messstelle	Leichte Schäden	Mittlere Schäden	Schwere Schäden
		ab Schwinggeschwindigkeit in mm/s		
A: Fachwerk	Fundament $f < 30$ Hz ($f = 100$ Hz)	5 (22)	10 (44)	25 (110)
	Obergeschoss horizontal	10	20	50
B: Wandscheiben	Fundament $f < 30$ Hz ($f = 100$ Hz)	10 (44)	25 (110)	50
	Obergeschoss horizontal	20	50	100
C: Skelettbau	Fundament $f < 30$ Hz ($f = 100$ Hz)	30 (135)	50 (205)	50
	Obergeschoss horizontal	60	100	

leichte Schäden: z.B. Putzrisse, Risse in nicht tragenden Wänden bzw. Elementen;
mittlere Schäden: Risse in tragenden Bauteilen ohne Gefahr für die Tragfähigkeit;
schwere Schäden: Schäden mit Beeinträchtigung der Tragfähigkeit.
Die zulässigen Schwinggeschwindigkeiten im Fundamentbereich werden zwischen $f = 30$ Hz und $f = 100$ Hz im doppelt logarithmischen Maßstab interpoliert.

schlecht). Bei vorgegebener Fahrgeschwindigkeit V kann die Anregefrequenz f einer Wegkreisfrequenz Ω zugeordnet werden: $f = V\Omega/2\pi = V/\lambda$.

Die spektrale Leistungsdichte der dynamischen Radkraft $S_{ff}(\omega)$ ergibt sich dann aus der Unebenheitsdichte und dem Quadrat der komplexen Übertragungsfunktion des Fahrzeugs $H_{fy}(\omega)$ gemäß

$$S_{FF}(\omega) = \frac{1}{V} |H_{fy}(\omega)|^2 \, \Phi_h(\Omega) \; [\text{N}^2\text{s}] \; . \quad (23.15)$$

Bei Vorbeifahrt vor allem schwerer Fahrzeuge wirkt die quasistatische Belastung des Untergrunds dynamisch auf die Umgebung ein. Bei periodisch veränderlicher Bettung der Fahrbahn z. B. auf Betonrippendecken kann eine resonante Anregung in Abhängigkeit von der Fahrgeschwindigkeit hervorgerufen werden (z. B. Gabelstaplerverkehr auf Hallendecken).

Überschlägig kann ein einfaches Modell als Schwinger mit zwei Freiheitsgraden (Abb. 23.10) für die Übertragung von dynamischen Lasten über einen Reifen eines Lkw aus den in Abb. 23.10 angegebenen Daten aufgebaut werden.

Ein validiertes Modell zur Prognose der Einleitung von Erschütterungen aus Fahrzeugüberfahrten in das Freifeld enthält z. B. [23.63].

23.3.5.2 Maßnahmen

In der Nähe sensibler Einrichtungen sollten Fahrbahnunebenheiten in Form von Versprüngen vermieden werden und eine Geschwindigkeitsbegrenzung auf Zufahrtstraßen angeordnet werden. Schließlich besteht auch die Möglichkeit einer Fahrbahnlagerung als Masse-Feder-System analog zum Gleisbau (vgl. Kap. 17).

23.3.6 Menscheninduzierte Schwingungen

23.3.6.1 Anregemechanismus

Umfangreiche Untersuchungen von menscheninduzierten Schwingungen wurden durch Bachmann [23.2] durchgeführt und dokumentiert. Die folgenden Erläuterungen stützen sich im Wesentlichen auf diese Arbeiten.

Gehen und insbesondere Tanzen und sportlichen Aktivitäten wie Springen, Laufen, Spinning (Ergonometertraining mit Musikanimation) stellen eine periodische Belastung dar, die in Resonanz mit Brücken- oder Deckeneigenfrequenzen zu erheblichen Amplituden führen können. Die Grundfrequenz der Schrittfolge liegt beim Gehen zu 95% bei ca. $f = 1{,}65\ldots2{,}35$ Hz, der Mittelwert liegt bei $f = 2$ Hz. Bei schnellem Laufen können Schrittfolgen mit einer Frequenz bis zu $f = 3{,}5$ Hz auftreten. Auch rhythmisches Klatschen und Füßetrampeln im Sitzen können – re-

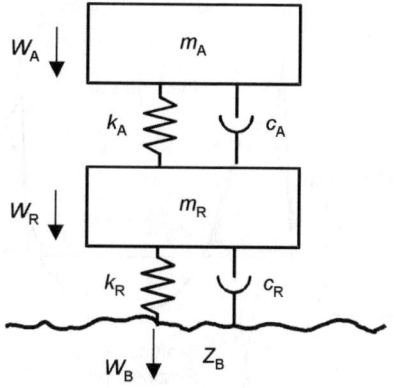

Fahrzeugmasse pro Rad: $m_A = 3500\ldots9000$ kg,

Federsteifigkeit k_A, Dämpfungsgrad ζ_A und Abstimmfrequenz f_A des abgefederten Aufbaus:
Luftfedern: $k_A = 0{,}15$ MN/m, $\zeta_A = 30\ldots40\%$, $f_A = 1\ldots2$ Hz,
Stufenfedern, Blattfedern: $k_A = 0{,}2 - 1{,}0$ MN/m, $\zeta_A = 8\ldots15\%$, $f_A = 1{,}5\ldots4$ Hz.

Bei geringfügiger Anregung wird die Haftreibung bei Blattfedern nicht überwunden. Die Federsteifigkeit kann dann mit $k_A = 6$ MN/m angesetzt werden.

Federsteifigkeit k_R, Dämpfungsgrad ζ_R der Reifen und Abstimmfrequenz f_R der Achsmassen:
Reifenfeder: $k_R = 1\ldots1{,}5$ MN/m, $\zeta_R = 5\ldots10\%$, $f_R = 8\ldots15$ Hz
Reifenmasse: $m_R = 200\ldots600$ kg
Achsabstände: $e = 4{,}8\ldots7{,}8$ m, Mehrfachachsen $e = 1{,}15\ldots3{,}2$ m

Abb. 23.10 Zwei-Massen-Schwinger-Modell für die Abschätzung des dynamischen Lasteintrags über einen Lkw-Reifen (Orientierungswerte)

sonanzbedingt – erhebliche Amplituden hervorrufen. Neben den vertikal eingetragenen dynamischen Kräften sind z.B. auf Tribünen oder auf Balkonen in Theatern auch horizontale Kräfte zu berücksichtigen. Da die Anregung keine reine Sinusform besitzt, sind in den Harmonischen zur Grundanregung dynamische Kraftanteile zu berücksichtigen (vgl. Abb. 23.11).

Die Überlagerung der Kräfte in der Schrittfolge (Abb. 23.11) kann sehr gut durch eine Fourier-Reihe 3. Grades nachgebildet werden. Ab der 3. Harmonischen (ab 8 bis 10 Hz) sind die Anteile so gering, dass eine maßgebende Anregung nur bei besonders leichten Konstruktionen zu erwarten ist. Abbildung 23.12 zeigt die spektralen Anteile.

23.3.6.2 Anhaltswerte für Struktureigenfrequenzen

Schlanke Bauwerke wie Fußgängerbrücken (s. auch [23.64, 23.65]), Sprungtürme, weitgespannte Deckenkonstruktionen für Veranstaltungs- und Sportsäle mit einer ersten Eigenfrequenz unterhalb von $f = 10$ Hz sind hinsichtlich der fußgängerinduzierten Schwingungen zu untersuchen. Als erstes Kriterium für eine Beurteilung der Schwingungsanfälligkeit dient die erste Eigenfrequenz des belasteten Bauteils (Tabelle 23.11).

Bei Anregung durch Gehen genügt eine Abstimmung oberhalb des Bereiches der Schrittfrequenz (1. Harmonische) ($f > 3$ Hz). Bei weit gespannten leichten Konstruktionen sowie bei geringer Dämpfung sollte auch die 2. Harmonische der Gehfrequenz unterhalb der ersten Eigenfrequenz des jeweiligen Bauteils liegen. Für Decken in Turnhallen und Tanzsälen, auf denen rhythmisch getanzt oder gesprungen wird, fordert EC III eine Mindesteigenfrequenz von $f = 5$ Hz. In [23.3] wird gemäß [23.66] eine höhere Eigenfrequenz zwischen $f = 6{,}5$ und $8{,}0$ Hz je nach Konstruktionsart (vgl. Tabelle 23.12) bzw. $f = 7{,}5$ und $9{,}0$ Hz empfohlen, um eine resonante Anregung auch durch die 3. Harmonische der Schrittfrequenz zu vermeiden. Diese Empfehlung wurde in die Schweizer Norm SIA 160 [23.67] übernommen.

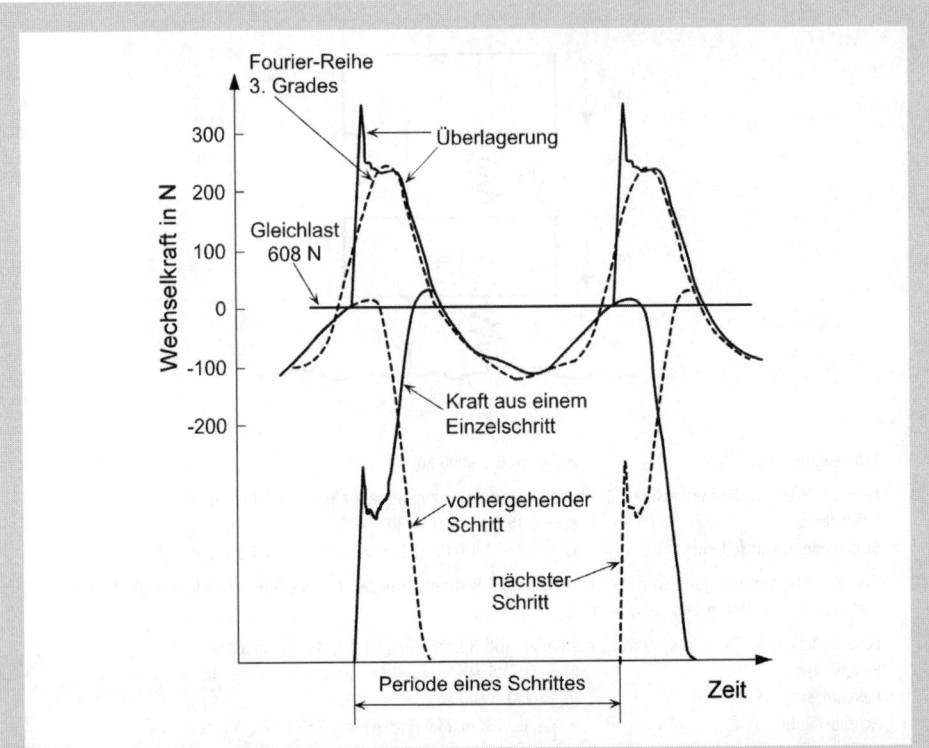

Abb. 23.11 Beispiel für die Überlagerung der Wechselkraft in der Schrittfolge im Zeitverlauf und Annäherung als Fourier-Reihe 3. Grades

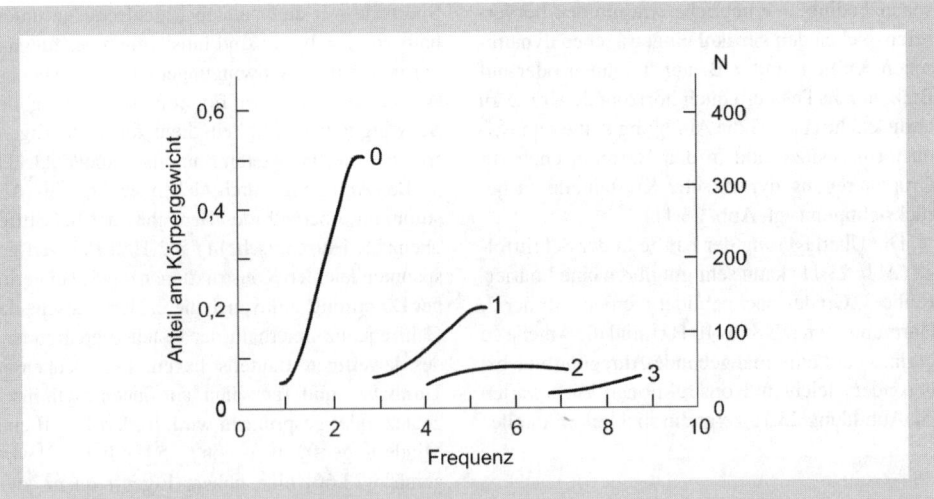

Abb. 23.12 Spektrale Anteile bei Anregung durch Fußgänger in Abhängigkeit von der Schrittfrequenz $f = 1{,}6\ldots2{,}4$ Hz, nach [23.2]

Tabelle 23.11 Anhaltswerte für kritische Bauteileigenfrequenzen in Abhängigkeit von der Nutzung, nach [23.2]

Fußgängerbrücken	$f_1 < 4{,}5$ Hz
Decken z.B. in Büros, Hotels etc.	$f_1 < 5$ Hz ($f_1 > 7{,}5$ Hz[a])
Sportsäle	$f_1 < 7{,}5$ Hz…9Hz [b]
Tanzsäle, Konzertsäle für Pop-/Rockkonzerte	$f_1 < 6{,}5$ Hz…8Hz [b]
Konzertsäle mit fester Bestuhlung, klassische Musik, gemäßigte Pop-Musik	$f_1 < 3{,}4$ Hz
Konzertsäle mit fester Bestuhlung, Popkonzerte	$f_1 < 6{,}5$ Hz
Konzertsäle mit fester Bestuhlung, horizontal	$f_1 < 2{,}5$ Hz

[a] Nur bei sehr leichten Konstruktionen (Holzdecke, Stahlroste) und höheren Anforderungen.
[b] In Abhängigkeit von der Dämpfung $\zeta = 0{,}025$ (Stahlbeton)…0,012 (Stahlkonstruktion).

Tabelle 23.12 Frequenzbereiche und Fourier-Koeffizienten in Abhängigkeit von der Bewegungsart, nach [23.2]

Bewegungsart	Frequenz in Hz	a_1	a_2	a_3	Personendichte in Pers./m²
Gehen	1,6…2,4	0,4…0,5	0,1 [a]		
Laufen	2,0…3,0	1,6	0,7 [b]	0,2 [b]	
Springen	2,0…3,0	1,7…1,9	1,1…1,6	0,5…1,1	0,25…0,5
Tanzen	2,0…3,0	0,5	0,15	0,1	4 (…6)
Applaudieren (ohne Bestuhlung)	1,6…2,4	0,17…0,38	0,01…0,05	0,01…0,04	4 (…6)
Applaudieren (mit Bestuhlung)	1,6…2,4	0,024…0,17			2…3

[a] $\Phi_2 = \dfrac{\pi}{2}$; [b] $\Phi_2 = \Phi_2 = \pi(1 - f_p \cdot t_{\text{Bodenkontakt}})$.

Oberhalb von $f = 10$ Hz werden Eigenschwingformen von Bauteilen durch den Auftrittsimpuls („heel strike") in Schwingungen versetzt, die jedoch in der Regel vor dem nächsten Auftreten abklingen. Die Anregbarkeit ist von der dynamisch wirksamen Masse des angeregten Bauteils abhängig.

Leichte Konstruktionen können zu störenden Schwingungen angeregt werden, auch wenn deren Eigenfrequenz oberhalb des jeweiligen Resonanzbereiches der periodischen Schrittanregung liegt.

23.3.6.3 Schwingungsantwort im Resonanzfall

Die dynamische Belastung durch eine Person (mittleres Personengewicht $G = 800$ N) wird

$$F_p(t) = G + \sum_i G\alpha_i \sin(2\pi i f_p t - \phi_i) \quad (23.16)$$

(G Personengewicht, α_i Fourier-Koeffizient in der i-ten Harmonischen, f_p Grundfrequenz der Aktivität, ϕ_i Phasenbeziehung zur Anregung in der Grundfrequenz).

Die dynamische Kraft ist entsprechend der Personendichte über die angeregte Fläche zu verteilen. Das Personengewicht ist der bewegten Masse hinzuzurechnen. Bei der Annahme der Anregefrequenz sind die Unsicherheit in der Angabe und die Streuung der Struktureigenfrequenz zu berücksichtigen, im Zweifelsfall muss vom Maximalwert gemäß Tabelle 23.12 [23.2] ausgegangen werden.

Die höchsten Amplituden treten im Resonanzfall auf, in dem eine Vielfache if_p der Grundfrequenz des Gehens, Laufens, Hüpfens etc. mit einer Bauteileigenfrequenz zusammenfällt. Die maximale Beschleunigung a_j in der Bauteilresonanz j kann aus Gl. (23.17) berechnet werden.

$$a_j = \frac{F_j^*}{m_j^*} \cdot \frac{1}{2\zeta}. \quad (23.17)$$

Tabelle 23.13 Integralwerte für generalisierte Kräfte und Massen (gelenkig gelagert)

	γ_i	m_j^*
Einseitig gespannt (z. B. Holzbalkendecke)	$2/\pi$	$0{,}5\ m''A$
Zweiseitig gespannt	$4/\pi^2$	$0{,}25\ m''A$

Die generalisierten (modalen) Kräfte F_j^* bei Belastung durch n_p Personen und Massen m_j^* der Eigenschwingform ψ_i werden nach den Gln. (23.18) bestimmt.

$$F_j^* = G\alpha_i\, n_p \int_A \Psi_j\, dA = G\alpha_i\, n_p\, \gamma_j$$

$$\text{und}\quad m_j^* = \int_A m''\, \Psi_j^2\, dA\,. \tag{23.18}$$

In der flächenverteilten Masse m'' ist das Eigengewicht der Decke zuzüglich der dynamisch wirksamen Verkehrslasten zu berücksichtigen. Die Integrale in Gl. (23.18) für gelenkig gelagerte Decken mit konstantem m'' ergeben sich für auf die maximale Auslenkung 1 normierte Eigenformen gemäß Tabelle 23.13.

Im Dämpfungsgrad ζ verbirgt sich die größte Unsicherheit in der Prognose der Schwingamplituden. In [23.2] sind die Mittelwerte in Abhängigkeit der Konstruktionsart für den ausgebauten Zustand angegeben.

Für eine Abschätzung genügt die Berücksichtigung der Anregung in der ersten Eigenfrequenz. Ein weiteres Verfahren, das speziell auf Deckensysteme in Stahlverbundbauweise mit Haupt- und Nebenträgern eingeht, enthält [23.68].

Für Fußgängerbrücken sind einfache Bemessungsregeln in den britischen [23.69] bzw. kanadischen Normen [23.66] enthalten, detaillierte Angaben enthält [23.70].

Ohne taktgebendes Signal findet eine Rückkopplung aus Bauteilschwingungen auf die Schrittfolge ab einer Amplitude von 10 bis 20 mm statt. Aber auch darunter kann es ab einer kritischen Menge von Personen zur Synchronisation kommen, die durch einen Synchronisationsfaktor berücksichtigt werden kann [23.71]. Durch Taktvorgabe (z. B. Musik) können die Aktivitäten einer größeren Anzahl von Personen künstlich synchronisiert werden. Mit zunehmender Dichte (> 2 Pers./m^2) wird die Bewegungsfreiheit und damit die Anregung eingeschränkt.

23.4 Übertragung von Erschütterungen und Erschütterungsschutz

23.4.1 Anregung und Übertragung von Erschütterungen im Erdreich

Zur Abschätzung der Erschütterungsausbreitung im Baugrund gibt es eine Vielzahl von Untersuchungen, die im Kap. 17 (vgl. 17.5.4.1 und 17.5.4.2) zusammengefasst sind. Ausbreitungsvorgänge werden in der Regel über die Lamésche Gl. (1.73) beschrieben. Der Boden wird dabei als linear-elastisch isotropes Kontinuum dargestellt. In der Bodendynamik werden zur Beschreibung dieses Kontinuums der Schubmodul G und die Poisson-Zahl ν benutzt. In einem unbegrenzten Vollraum existieren lediglich zwei Wellentypen: die Kompressions- (auch Longitudinal- oder P-Welle genannt) und die Scherwelle (auch Schub-, Transversal- oder S- bzw. T-Welle genannt). An freien Oberflächen bzw. an Schichtgrenzen bzw. bei kurzwelligen Anregungen treten weitere Wellenformen auf (vgl. Abschn. 1.8.1).

Eine besonders leicht anregbare Welle ist die Rayleigh-Welle, eine Oberflächenwelle, die an einer spannungsfreien, nicht gehaltenen Oberflä-

Tabelle 23.14 Dämpfungsgrad ζ in Abhängigkeit von der Konstruktionsart, nach [23.2]

Konstruktionsart	Rohbau	Ausbauzustand		
		Minimum	Mittel	Maximum
Stahlbeton	0,007...0,04	0,014	0,025	0,035
Spannbeton	0,004...0,012	0,010	0,020	0,030
Stahlverbundbauweise	0,002...0,003	0,008	0,016	0,025
Stahl	0,001...0,002	0,006	0,012	0,020

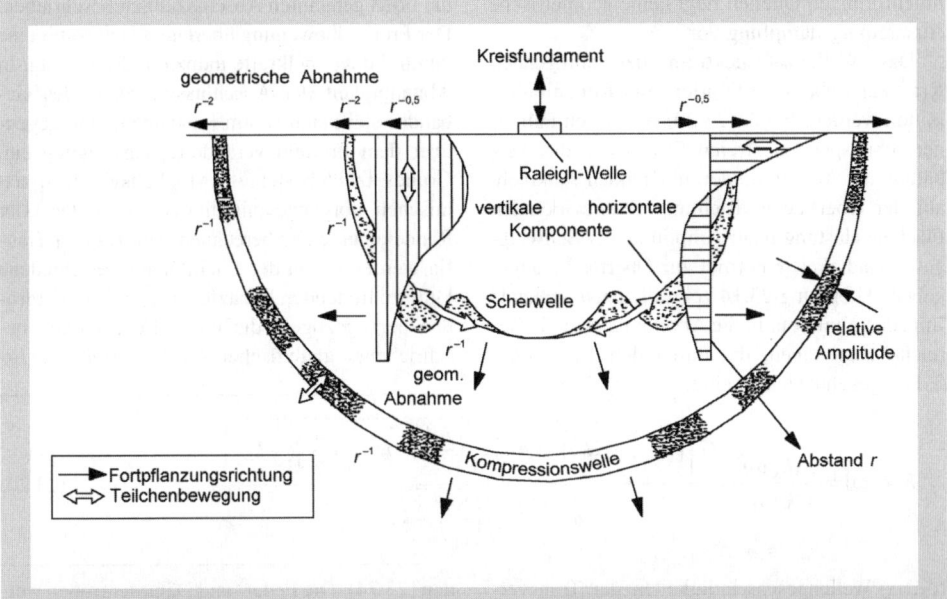

Abb. 23.13 Wellenausbreitung unterhalb eines dynamisch belasteten Kreisfundaments auf dem elastisch isotropen Halbraum

che in Form einer freien Schwingung auftritt (homogene Lösung). Abbildung 23.13 [23.72] zeigt die unter einem Kreisfundament auftretenden verschiedenen Wellentypen. Es handelt sich dabei um nach verschiedenen Richtungen abgestrahlte Kompressions- und Scherwellen sowie sich an der Oberfläche ausbreitende Oberflächenwellen, von denen die Rayleigh-Welle die dominierende ist. Mit Hilfe dieser Wellentypen können alle dynamischen Vorgänge in einem unendlich ausgedehnten und horizontal geschichteten elastisch-isotropen Kontinuum dargestellt werden.

Mit Hilfe einer Fourier-Transformation hinsichtlich der Koordinaten an der Oberfläche können geschlossene Admittanzfunktionen zwischen der auftretenden Oberflächenschnelle und angrenzender Kraft ermittelt werden [23.73–23.75]. Derartige Verfahren sind geeignet, die grundlegenden Zusammenhänge der Wellenausbreitung im Boden zu beschreiben (vgl. Abschn. 1.9.3).

Die Koordinaten im Bildraum sind die Wellenzahlen $k_x = 2\pi/\lambda_x$ und $k_y = 2\pi/\lambda_y$ und die Kreisfrequenz $\omega = 2\pi f$. Die resultierende Wellenzahl an der Oberfläche beträgt

$$k_o^2 = k_x^2 + k_y^2 = \left[\frac{2\pi}{\lambda_o}\right]^2. \quad (23.19)$$

Jede Kombination von Wellenzahlen kann einem in der horizontalen Ebene (x, y) „schräg" laufenden ebenen Zustand zugeordnet werden. Auf Grundlage des Lastansatzes kann prinzipiell abgeschätzt werden, welche Ausbreitungscharakteristik im Boden vorliegt:

1. Fall: Wellenlänge λ_o an der Oberfläche größer als Wellenlänge der Longitudinalwelle. In diesem Fall erzeugt die Anregung ausschließlich Raumwellen. Bei punktförmigen Anregungen nimmt das Quadrat der Schwingschnelle proportional mit dem Quadrat des Abstands von der Quelle ab. Bei linienförmigen Quellen nimmt das Quadrat der Schwingschnelle mit der ersten Potenz des Abstands von der Quelle ab.

2. Fall: Wellenlänge λ_o an der Oberfläche größer als die Wellenlänge der Transversalwelle, aber kleiner als die Longitudinalwellenlänge. In diesem Fall tritt im Boden eine Überlagerung aus einer Oberflächenwelle und einer Raumwelle auf. Die Ausbreitungsdämpfung ist geringer als im 1. Fall, aber größer als im 3. Fall.

3. Fall: Wellenlänge an der Oberfläche kleiner als die Wellenlänge der Transversalwelle und somit auch kleiner als die Longitudinalwellenlänge. In diesem Fall werden ausschließlich Oberflächenwellen abgestrahlt. Bei punktförmigen Quellen nimmt das Quadrat der Schwingschnelle linear mit dem Abstand ab. Bei linienförmigen Quellen liegt keine geometrische Ausbreitungsdämpfung vor.

Das Wellenzahlspektrum der anregenden Kraft kann über eine Fourier-Transformation ermittelt werden. In Gl. (23.20) ist für den Fall einer schubspannungsfreien Oberfläche das Verhältnis der Amplitude der anregenden senkrecht auf der Oberfläche (Richtung z) einwirkenden Flächenbelastung p zur Amplitude der Schwinggeschwindigkeit v normal zur Oberfläche angegeben. Abbildung 23.14 zeigt die entsprechende Impedanzfunktion. In die Abbildung sind die Bereiche eingetragen, die durch den 1., 2. oder 3. Fall gekennzeichnet sind.

die oben genannten Abschätzungen beschrieben. Der Freifeldbewegung überlagert sich somit eine durch die Koppelkräfte induzierte Bewegung. In Abhängigkeit der Anschlussimpedanz des Gebäudes stellt sich so am Fundament eine gegenüber dem Freifeld veränderte Schwingung ein. Grundsätzlich besteht die Möglichkeit, die dynamischen Vorgänge mit Finiten Elementen oder Randelementen zu berechnen (vgl. Kap. 3). Häufig werden die in der Literatur für verschiedene Fälle zu findenden Ersatzfeder- und Dämpfergrößen herangezogen, die mit Hilfe der oben beschriebenen analytischen Ansätze ermittelt wur-

$$Z(k_\mathrm{o},\omega) = \frac{p(k_\mathrm{o},\omega)}{v(k_\mathrm{o},\omega)} = \frac{G\left[\left(\left(\frac{\omega}{c_\mathrm{T}}\right)^2 - 2k_\mathrm{o}^2\right)^2 + 4k_\mathrm{o}^2\sqrt{\left(\frac{\omega}{c_\mathrm{T}}\right)^2 - k_\mathrm{o}^2}\sqrt{\left(\frac{\omega}{c_\mathrm{L}}\right)^2 - k_\mathrm{o}^2}\right]}{\omega\left(\frac{\omega}{c_\mathrm{T}}\right)^2\sqrt{\left(\frac{\omega}{c_\mathrm{L}}\right)^2 - k_\mathrm{o}^2}} \quad (23.20)$$

(c_T, c_L Wellengeschwindigkeiten der Transversal- bzw. Longitudinalwelle).

Mit Hilfe der Wellenzahlimpedanz kann in einfacher Form ein Vergleich mit typischen Gebäudeimpedanzen (z.B. Bodenplatte, abgeschätzt als Biegeplatte, vgl. Kap. 1, Gl. (1.100)) getroffen werden.

In Abb. 23.14 ist ferner für verschiedene Frequenzen der Betrag der Impedanz für eine 50 cm dicke Stahlbetonplatte im Vergleich zum Betrag der mit Gl. (23.20) berechneten Impedanz für einen Boden, dessen Wellengeschwindigkeit c_L 20% der Longitudinalwellengeschwindigkeit in Stahlbeton beträgt, ausgewertet. Derartige Impedanzvergleiche, dienen zur Bewertung der Wirkung von auf dem Baugrund aufliegenden plattenförmigen Strukturen.

Bei geschichteten Böden können mit Hilfe entsprechender Admittanzfunktionen Übergangsbedingungen einfach formuliert werden.

Insbesondere bei höherfrequenten Anregungen sind die dominierenden Oberflächenwellen an der Schichtgrenze bereits soweit abgeklungen, dass man sich bei dynamischen Untersuchungen auf die oberste Schicht beschränken kann. Das Abklingverhalten der Rayleigh-Welle ist in Abb. 23.15 dargestellt.

23.4.2 Einleitung von Erschütterungen in Gebäude

Die Erschütterungseinleitung ist i.Allg. durch Messungen der Freifeldverschiebung bzw. durch

den [23.74]. Die Feder- und Dämpfergrößen werden häufig näherungsweise für ein starres Kreisfundament auf homogenem Halbraum ermittelt [23.76]. In [23.77] findet man für verschiedene Geometrien eine Reihe von Ersatzfedern. In [23.78] sind einfache Ersatzmodelle für Rechteckfundamente auf elastischem Halbraum dargestellt. In [23.79] wird die Interaktion von Streifenfundamenten beschrieben. Die Interaktion von Einzelfundamenten bei der Übertragung von Schwingungen aus dem Untergrund findet man in [23.80, 23.81]. Eine Koppelung der Finite-Elemente-Methode mit der Randelemente-Methode zur numerischen Simulation des Schwingungsverhaltens von Hochhäusern unter Berücksichtigung der Boden-Bauwerk-Interaktion wird z.B. in [23.82] behandelt.

Die Boden-Bauwerk-Eigenfrequenz liegt für viele Gebäude im Bereich zwischen < 8 und 15 Hz (Abstimmfrequenz) [23.41].

In Abb. 23.16 sind Real- und Imaginärteil der dimensionslosen Federsteifigkeiten k_i und Dämpfungen c_i nach [23.76] für ein starres Kreisfundament mit dem Radius R angegeben. Die komplexe Steifigkeit ergibt sich für die verschiedenen Bewegungsrichtungen i zu

$$S_i = K_i(k_i + j\, a_0 c_i); \quad a_0 = \frac{\omega R}{c_\mathrm{T}}. \quad (23.21)$$

Es ist zu beachten, dass im erschütterungsrelevanten Bereich häufig der Imaginärteil dominiert, d.h. die komplexe Steifigkeit beschreibt im Wesentlichen eine Dämpfercharakteristik.

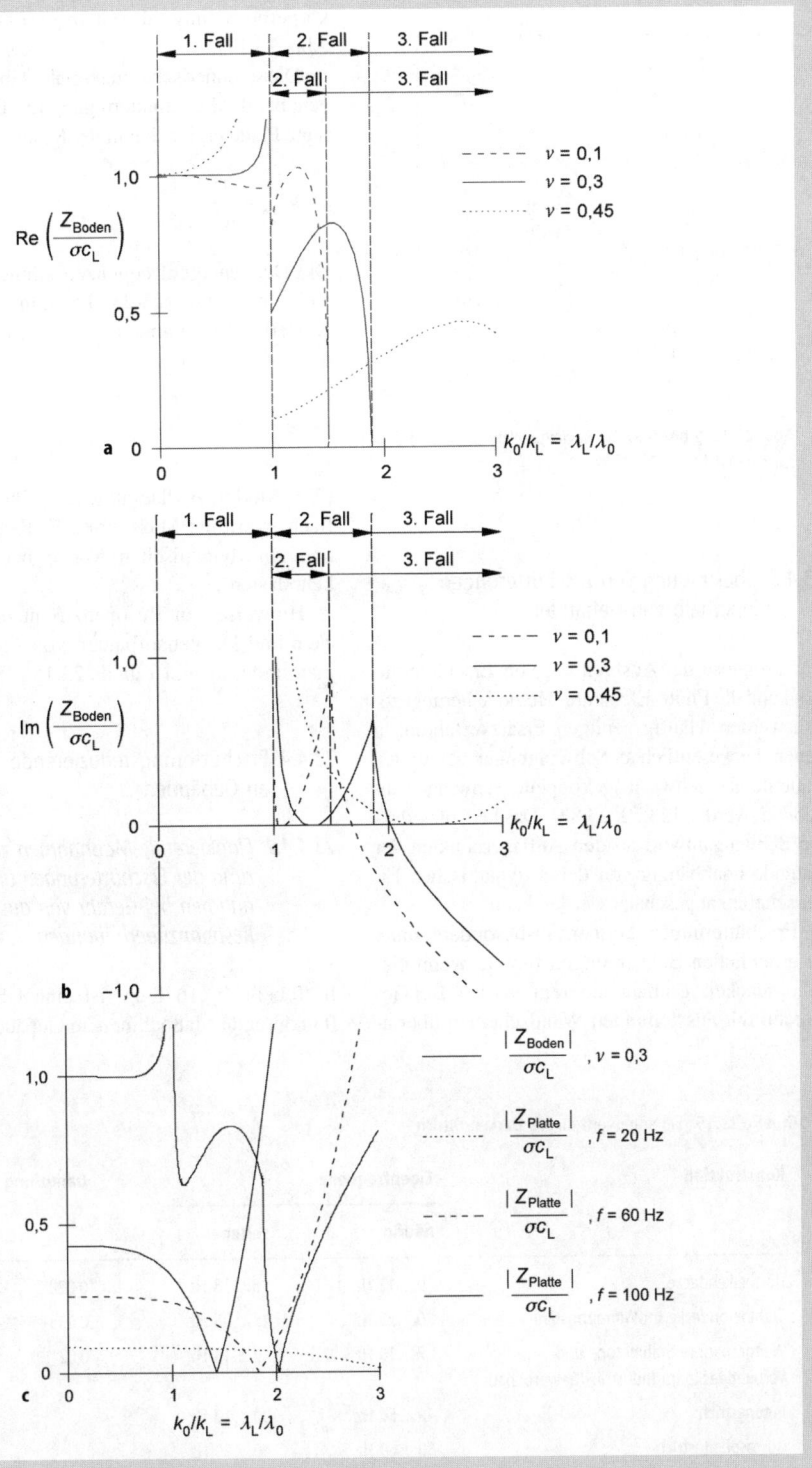

Abb. 23.14 **a** Real- und **b** Imaginärteil der Impedanzfunktion nach Gl. (23.20); **c** exemplarischer Vergleich mit einer Plattenimpedanz

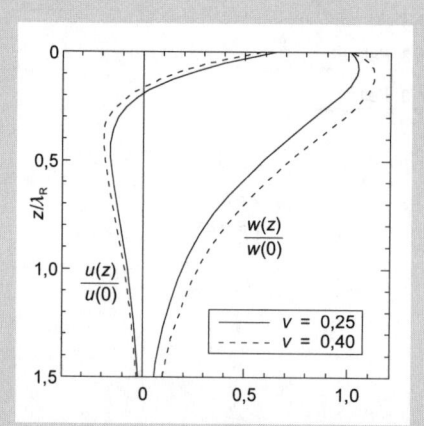

Abb. 23.15 Abnahme der Rayleigh-Welle senkrecht zur Oberfläche

23.4.3 Übertragung von Erschütterungen innerhalb von Gebäuden

Zur Prognose der Ausbreitung von Erschütterungen kann die Finite-Elemente-Methode herangezogen werden. Häufig genügen Ersatzverfahren, in denen die wesentlich an Schwingungen beteiligten Bauteile als (schwach-)gekoppelte Schwinger abgebildet werden [23.79, 23.83]. Das bedeutet, dass die Schwingantwort an den Auflagerpunkten der Bauteile unabhängig von deren dynamischen Eigenschaften abgeschätzt werden kann.

Erschütterungen können insbesondere dann zu erheblichen Belästigungen führen, wenn Geschossdecken resonant angeregt werden. Bei Gebäuden mit aussteifenden Wandscheiben überlagern sich die Plattenbewegungen w_D der Starrkörperbewegung als Ganzes (Ersatzmodell in Abb. 23.17).

Die rechnerische maximale Überhöhung gegenüber der Fußpunkterregung für die fußpunkterregte Platte ergibt sich in der Resonanzfrequenz zu

$$V_{max} \approx \frac{4^2}{\pi^2} \cdot \frac{1}{2\zeta}. \qquad (23.22)$$

Die Deckeneigenfrequenzen können näherungsweise nach Gl. (23.23) bestimmt werden. Der Koeffizient β ist abhängig von den Einspanngraden (Abb. 23.18).

$$\omega = 2\pi \frac{\beta}{a^2} \sqrt{\frac{Ed^3}{12(1-v^2)\mu}} \qquad (23.23)$$

(E E-Modul, d Plattendicke, v Poisson-Zahl, μ flächenverteilte Masse inkl. Fußbodenaufbauten und zur dynamischen Masse betragende Verkehrslasten).

Hinweise zu Resonanzfrequenzen von Decken und Deckenaufbauten von Aufenthaltsräumen findet man in Tabelle 23.15 [23.34]:

23.4.4 Erschütterungsreduzierende Maßnahmen an Gebäuden

23.4.4.1 Flankierende Maßnahmen zur Reduzierung der Erschütterungen und Maßnahmen bei Gefahr von ausgeprägten Resonanzüberhöhungen

In Tabelle 23.16 I–IV ist eine Übersicht über flankierende Maßnahmen an Gebäuden gegeben.

Tabelle 23.15 Eigenfrequenzen von Decken/Estrich

Konstruktion	Eigenfrequenz		Dämpfung ζ
	häufig	seltener	
Holzbalkendecke	9…12 Hz	8…15 Hz	0,028
Stahlbetondecke im Wohnungsbau	20…25 Hz	15…35 Hz	0,035
Weitgespannte Stahlbeton- und Verbunddecke im Industrie-/Gewerbebau	7…10 Hz	3…15 Hz	0,02
Betonestrich	40…50 Hz	30…70 Hz	
Gussasphaltestrich	50…60 Hz	40…80 Hz	
Trockenestrich	80…100 Hz	70–120 Hz	

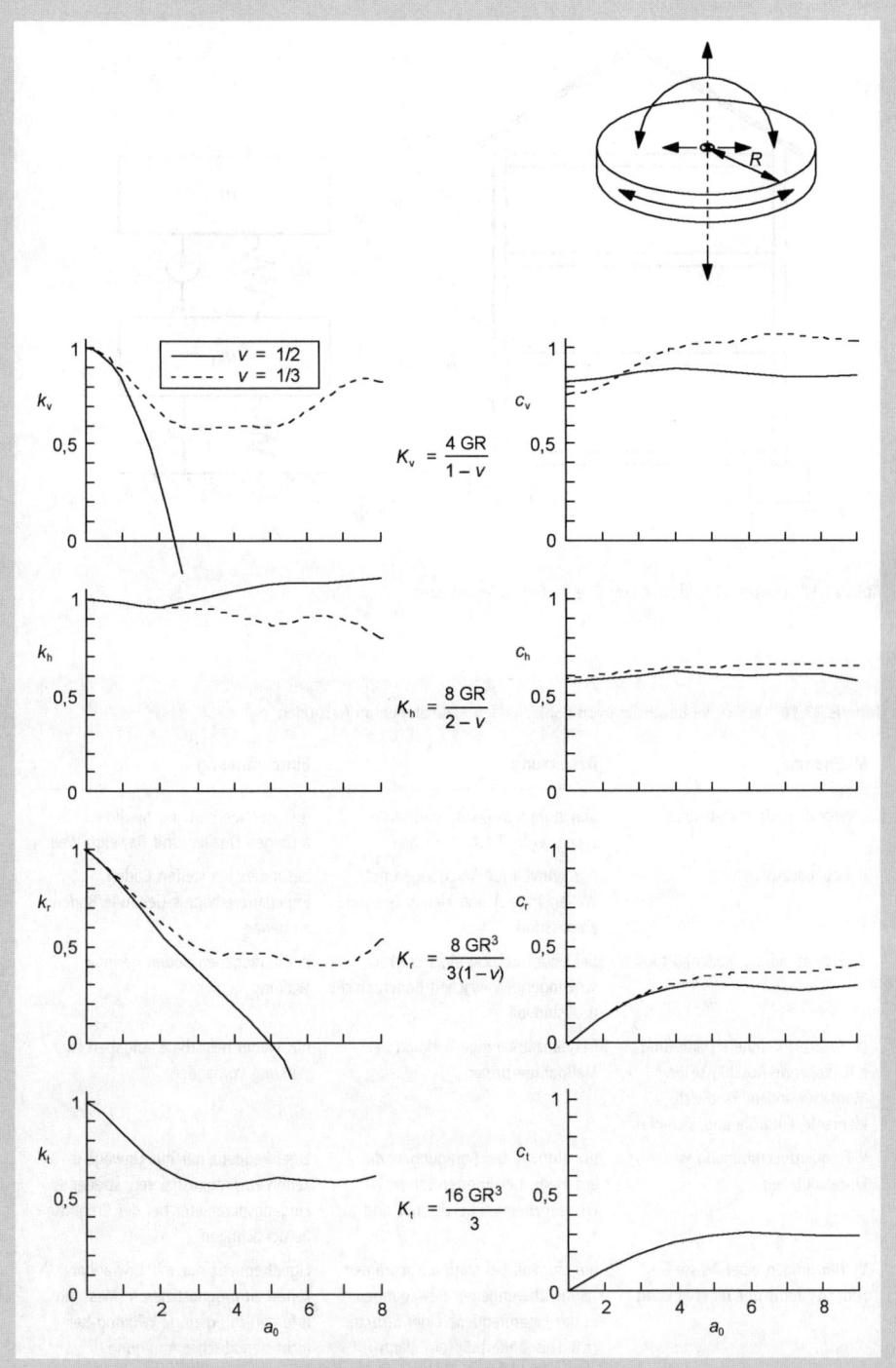

Abb. 23.16 Real- und Imaginärteil der dimensionslosen Federsteifigkeiten und Dämpfungen, nach [23.76]

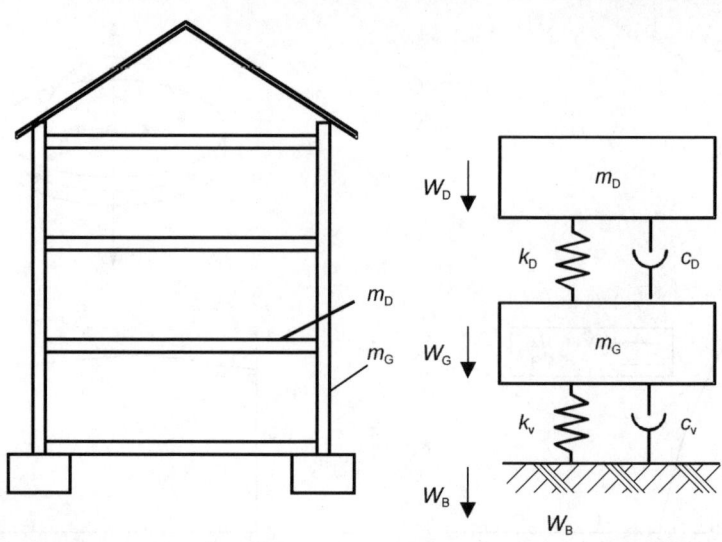

Abb. 23.17 Ersatzmodell für gut ausgesteifte Gebäudestrukturen

Tabelle 23.16 Qualitative Bewertung von flankierenden Maßnahmen an Gebäuden

Maßnahme	Bewertung	Einschränkung
I. Vergrößerung des Abstands	abhängig von Quelle und Wellentypen (vgl. 23.4.1)	u. U. geringe Wirkung bei linienförmigen Quellen und Rayleigh-Wellen
II. Gebäudeaussteifung	nur sinnvoll für Anregungen mit Wellenlänge λ und kleiner Gebäudeabmessung	besonders bei steifen Böden Impedanzverhältnis Gebäude/Boden zu gering
III. Pfahlgründung, Bodenaustausch	bei Überbrückung einer stärker schwingenden weichen Bodenschicht u. U. sinnvoll	bei homogenen Böden geringe Wirkung
IV. Zusätzliche innere Dämpfung, z. B. gleitende Anschlüsse bei Montagewänden, Sandwichelemente, Entdröhnung, Dämpfer	frequenzabhängige Wirkung der Maßnahme prüfen	nur wenig belastbare Angaben zur Wirkung vorhanden
V. Frequenzverstimmung von Einzelbauteilen	nur sinnvoll bei Anregungen, die auf einen bestimmten (engen) Frequenzbereich beschränkt sind	Eigenfrequenz nur mit Unwägbarkeiten zu prognostizieren, streuende Eingangsparameter bei der Prognose berücksichtigen
VI. Hinzufügen eines Masse-Feder-Systems mit Tilgerwirkung	nur sinnvoll bei stark ausgeprägten eingeschwungenen Bewegungen in der Eigenfrequenz einer Struktur (z. B. Fußgängerbrücken), dann aber u. U. wirksame (auch nachträgliche) Maßnahme	Eigenfrequenz nur mit Unwägbarkeiten zu prognostizieren (Messung erforderlich), geringe Wirkung bei nicht periodischer Anregung

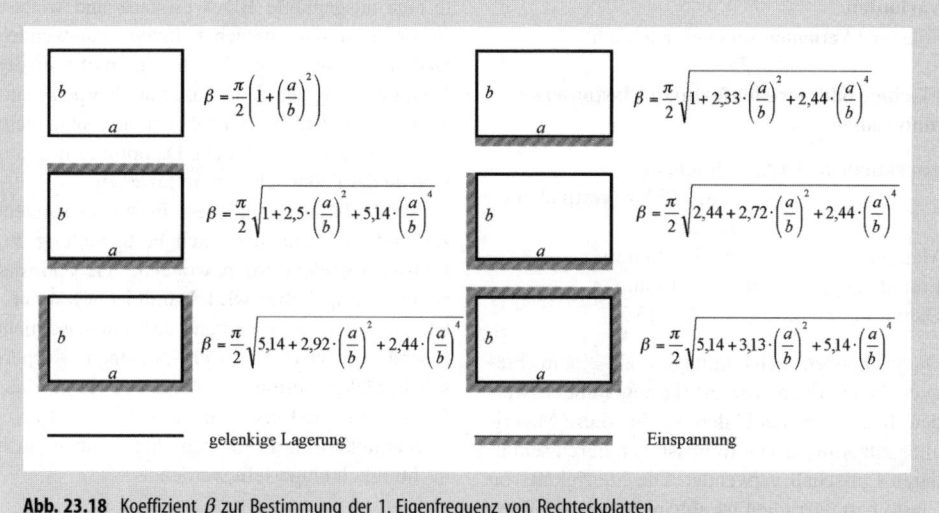

Abb. 23.18 Koeffizient β zur Bestimmung der 1. Eigenfrequenz von Rechteckplatten

Die Wirkung der Maßnahmen ist insbesondere bei breitbandiger Anregung, wie sie z. B. neben Bahnlinien auftritt, in der Regel begrenzt (< 5 dB) und schwer prognostizierbar.

Für schmalbandige Anregungen und schwach bedämpfte Strukturen (fußgängererregte Schwingungen) können die Maßnahmen V und VI in Betracht gezogen werden. Sie zielen auf die Reduzierung der resonanten Schwingungen im eingeschwungenen Zustand und setzen daher eine genaue – häufig nur messtechnisch zu erreichende – Kenntnis der Resonanzfrequenz voraus. Bei genauer Einstellung beträgt ihre Wirksamkeit zwischen 10 und 20 dB.

23.4.4.2 Elastische Entkoppelung, Gebäudelagerung

Prinzip

Eine elastische Gebäudelagerung stellt in der Regel den wirksamsten Schutz des Gebäudes vor dem Erschütterungseintrag dar. Bei ausreichend ausgesteiften Konstruktionen kann in kritischen Frequenzbereichen eine Minderung zwischen 10 bis 20 dB erreicht werden.

Schutzbedürftige Räume oder Teile eines Gebäudes können gegen Erschütterungsimmissionen geschützt werden, indem alle Flächen, die mit dem Untergrund oder mit angrenzenden nicht isolierten Bauteilen in Berührung stehen, durch ein genügend „weiches" Material abgeschirmt werden. Nachdem sich die Steifigkeit des Dämmmaterials, das auch die statischen Lasten abzutragen hat, aus den zulässigen Spannungen und statischen Verformungen ergibt und die Einfügungsdämmung einer elastischen Lagerung bei einer definierten Federsteifigkeit von der dynamischen Masse abhängt (vgl. Kap. 10), ist es Ziel, durch eine ausreichend steife Gebäudestruktur eine möglichst hohe dynamische Masse zu erreichen. Die Verteilung der abzutragenden Lasten auf die elastische Schicht sollte möglichst homogen sein. Dies gilt sowohl für den Endzustand als auch für den Baufortschritt.

Wie bei jedem tief abgestimmten System sollte die Abstimmfrequenz etwa 2 Oktaven unterhalb des Frequenzbereiches gewählt werden, der die maßgebenden spektralen Anteile der Erregung beinhaltet ($f < {}^1/_4 f_{\text{err}}$). Aufgrund von Unsicherheiten in der Masse (die Lastannahmen sind i. d. R. zu hoch) und in den Materialeigenschaften muss von einer realisierbaren Abstimmfrequenz f_1 von ca. 4/3 der theoretisch projektierten Eigenfrequenz f_d ausgegangen werden. Bei genauerer Eingrenzung der Parameter kann die realisierbare Isolierwirkung natürlich auch genauer berechnet werden.

Das Material muss so gewählt werden, dass die verschiedenen abzufedernden Lastzonen eine in etwa gleiche Einfederung aufweisen. Unvermeidliche unterschiedliche Pressungen sind in der aufgehenden Konstruktion durch ausreichende Aussteifungsmaßnahmen zu berücksichtigen.

Varianten
Folgende Varianten sind gebräuchlich:

Flächige oder streifenförmige Elastomermaterialien

projektierbare Abstimmfrequenz:
$f'_1 \approx 8\ldots25$ Hz (vertikal und horizontal)
Materialstärke: $d = 10\ldots75$ mm
Einfederung: $w = 3\ldots12$ mm
Dämpfungsgrad: $\zeta = 7\%\ldots15\%$

Damit können Schwingungen ab einem Frequenzbereich von etwa 30 Hz abgemindert werden. In den meisten Fällen werden diese Materialien zur Abwehr von Immissionen durch sekundären Luftschall verwendet. Die Steifigkeit von Elastomermaterialien ist abhängig von der Pressung, der Frequenz und Amplitude. Wird ein bestimmtes Lager gewählt, so sollten neben Kennlinien unter statischer Last und Belastbarkeit Daten über die dynamische Steifigkeit im Frequenzbereich und in Abhängigkeit von den zu erwartenden Lasten und Amplituden vorliegen.

Bewehrte Elastomerlager (Punktlager)
(z. B. Naturkautschuk):
projektierbare Abstimmfrequenz: $f'_1 \geqq 6$ Hz
Materialstärke: $d \approx 80$ mm
Einfederung: $w = 10\ldots15$ mm
Dämpfungsgrad: $\zeta = 7\%\ldots15\%$

Durch einvulkanisierte Stahlplatten wird die Stabilität erhöht. Im Verhältnis zur Pressung kann daher weicheres Material als bei unbewehrten Lagern verwendet werden. In [23.84] wird von einer punktförmigen Lagerung auf Elastomerelementen mit einer projektierten Abstimmfrequenz $f'_1 < 5$ Hz und einer realisierten Abstimmfrequenz $f'_1 = 6$ Hz berichtet.

Stahlfedern:
projektierbare Abstimmfrequenz: $f'_1 \approx 3\ldots5$ Hz (horizontal
$f_h = (1/3 \ldots 1/2)\, f_v$
Einfederung: $w = 10$ mm (5 Hz)$\ldots30$ mm (3 Hz)

Da Stahlfedern eine gegenüber Elastomerelementen geringe innere Dämpfung besitzen, werden parallele Dämpferelemente zur Vermeidung einer zu hohen Resonanzüberhöhung bei tieffrequenter Anregung z. B. aus Wind eingebaut. Aufgrund ihrer geringen Dämpfung haben Stahlfederelemente eine ausgeprägte Blockresonanz und weitere Resonanzen der massebehafteten Stahlwendel. Dadurch können signifikante Einbrüche in der Dämmwirkung gerade in Bezug auf Körperschallisolierung entstehen. Gegebenenfalls sind diese Einbrüche durch zusätzliche Dämpfungsmaßnahmen an der Feder selbst zu reduzieren.

Stahlfederpakete können in vorgespanntem Zustand eingebaut und nach Fertigstellung des Bauwerks gelöst werden, wobei das Gebäude dabei etwas angehoben wird. Damit ist gewährleistet, dass die Federn während der Bauphase nicht beschädigt werden, durch Anheben Körperschallbrücken vermieden werden sowie im Baufortschritt keine Einsenkung der Lager auftritt.

Stahlfedern mit Vorspannung können auch nachträglich eingestellt werden.

Lagerebenen
Die Lagerebene wird zwischen der Gründung und den schutzbedürftigen Räumen angeordnet.

Anschlüsse und Versorgungsleitungen müssen dynamisch entkoppelt werden.

Im Wohnbau werden Kellerräume selten als Aufenthaltsräume genutzt. Daher ist es in vielen Fällen möglich, die Lagerebene an der Unterkante der Kellerdecke anzuordnen.

Die Fuge darf dann nicht durch Treppenhäuser, Aufzugsschächte, Leitungen, Lichtschächte etc. überbrückt werden. Liegt die Fuge unterhalb Geländeoberkante, können daraus ebenfalls Probleme vor allem bei Abdichtung gegen Grundwasser entstehen.

Bei Lagerung in Fundamentebene muss besonders darauf geachtet werden, dass die Lager im Baufortschritt nicht überbrückt werden, da eine Kontrolle und eine Behebung von Mängeln nach Abschluss der Arbeiten kaum mehr möglich ist. Ein zusätzlicher Aufwand entsteht, da auch alle erdberührten Bauteile geeignet isoliert werden müssen.

23.4.5 Isoliermaßnahmen an empfindlichen Geräten

Isolierparameter und -elemente
Analog zur Quellenisolierung wird auch bei der Empfängerisolierung vom Modell des Ein-Massen-Schwingers ausgegangen (Abschn. 23.3.2.12). Die frequenzabhängige Vergrößerungsfunktion für die Amplitude am Empfänger gegenüber der Amplitude der Erregung am Fußpunkt ergibt sich analog Gl. (23.9).

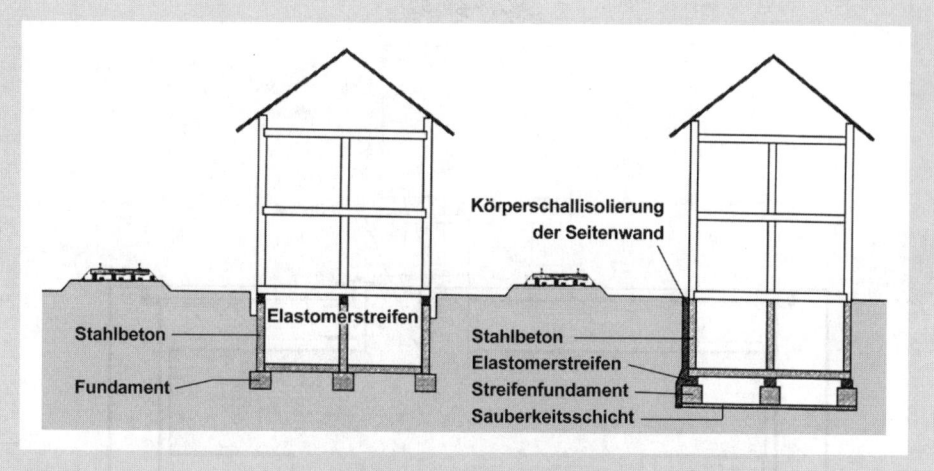

Abb. 23.19 Lagerebenen für elastische Gebäudelagerungen, Unterkante Kellerdecke, Fundamentbereich

In Einzelfällen sind auch gekoppelte Kippschwingungen mit horizontalen Schwingungen, die Impedanz am Aufstellort sowie weitere elastisch angekoppelte Massen in Mehr-Freiheitsgradsystemen zu berücksichtigen.

Sollen hochempfindliche Geräte z.B. ab der Kategorie BBN C (vgl. Tabelle 23.7) gegen Erschütterungseinflüsse am Aufstellort isoliert werden, wird die vertikale Abstimmfrequenz bei typischen Erregerquellen hausintern oder aus der Nachbarschaft zu $f = 0{,}6\ldots2$ Hz gewählt. Üblicherweise werden Luftfederelemente mit einer elektronischen oder mechanischen Niveauregulierung (semi-aktive Elemente) eingesetzt. Die horizontale Eigenfrequenz ist abhängig von der Bauart der Elemente, sie sollte nicht wesentlich höher liegen als die vertikale. Die Dämpfung sollte in einem Bereich von etwa $\zeta = 5\%\ldots20\%$ regelbar sein.

Prinzipiell nimmt die unmittelbare Anregbarkeit eines empfindlichen Gerätes durch die Isoliermaßnahme zu, da die steife Verankerung mit dem Untergrund unterbrochen ist. Die dynamische Anregung bei der Bedienung des Gerätes während des Betriebs bzw. mechanische Vorgänge, die im Gerät selbst ablaufen (z.B. Bewegung der Abtastvorrichtung, der Linse etc.), und Vibrationen, die über Versorgungsleitungen (Kühlmittel, Strom) oder von der Akustik übertragen werden, sind daher durch eine ausreichend hohe seismische Masse zu kompensieren.

Die Fundamente müssen durch die Anordnung der Federelemente eine ausreichende Kippstabilität erreichen. Der Schwerpunkt sollte möglichst niedrig, in Relation zur Ebene der Federelemente gehalten werden. Die erste Kipppresonanz sollte oberhalb der projektierten vertikalen Abstimmfrequenz liegen.

Durch eine innere Lagerung des Gerätes (Abstimmfrequenz) entsteht das System eines Zwei-Massen-Schwingers. Oftmals liegt die Abstimmfrequenz der inneren Lagerung im etwa selben Bereich wie die geplante Abstimmfrequenz des Schwingfundamentes. Je größer dann die Masse des Schwingfundamentes in Relation zur gelagerten Masse im Gerät gewählt wird, desto „geringer" ist die Koppelung der Schwingformen. Die hohe Fundamentmasse wird häufig durch eine aktive Regelung ersetzt. Aktive Lagerelemente bieten zudem den Vorteil einer Isolierwirkung bis zu quasistatischen Fußpunkterregungen tieffrequenter Einflüsse, die bei passiver Luftfederlagerung eine Resonanzüberhöhung bewirken. Für höchstauflösende Mikroskope werden standardmäßig Isolierplattformen angeboten.

Zu beachten ist, dass ein Schwingfundament oder eine Isolierplattform bei Betrieb der Geräte nicht betreten und möglichst nicht berührt werden darf. Abbildung 23.20 zeigt exemplarisch einen Querschnitt durch ein Schwingfundament, das mit einen bodenebenen Trägerrost ausgestattet ist, der das Fundament nicht berührt.

Wegen der Elastizitätseigenschaften des mehr oder weniger eingeschlossenen Luftpolsters unter dem Fundament, muss der Abstand zur Fundamentsohle in Abhängigkeit von den Abmessungen ausreichend groß (i.d.R. mindestens $d > 15$ cm) gewählt werden.

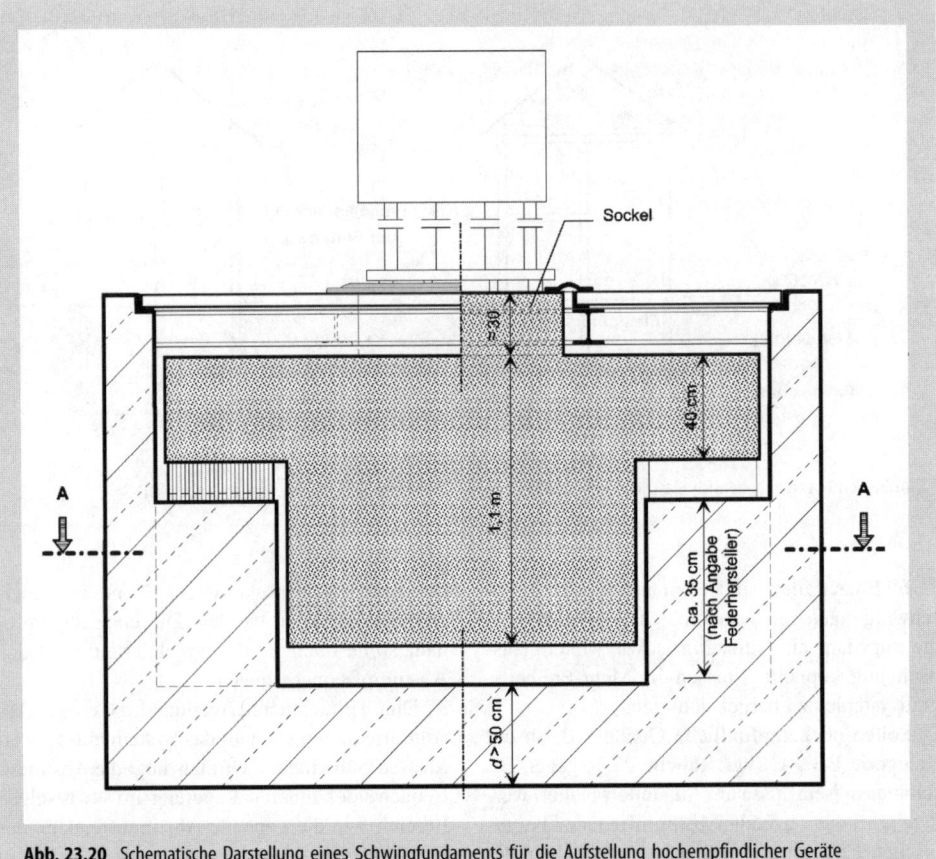

Abb. 23.20 Schematische Darstellung eines Schwingfundaments für die Aufstellung hochempfindlicher Geräte

Die Bedämpfung der Lagerung wird so bemessen, dass nach der Bedienung des Gerätes (Probenwechsel, Werkstückwechsel etc.) ein rasches Abklingen der Schwingungen erfolgt.

Anschlüsse und Versorgungsleitungen müssen dynamisch entkoppelt werden.

Maßnahmen zur Bauakustik
Präzisionsanlagen werden nicht nur durch Erschütterungen in ihrer Auflösung beeinträchtigt, sondern auch durch Druckschwankungen insbesondere im Infraschallbereich unterhalb von 50 Hz zu Schwingungen angeregt. In diesem Frequenzbereich sind die Geräte zum Teil wesentlich empfindlicher als das menschliche Gehör.

Da die Drehzahlen der Ventilatoren von Lüftungsgeräten üblicherweise in diesem Frequenzbereich liegen, die Schalldämmmasse der Wände, Fenster und Türen gegenüber dem hörbaren Frequenzbereich vergleichsweise gering und schallabsorbierenden Maßnahmen Grenzen gesetzt sind, werden in Laborräumen meist statische Kühl- und Heizsysteme eingebaut, die ohne Luftumwälzung arbeiten. Kann eine Luftzufuhr nicht vermieden werden, so ist eine möglichst laminare Strömung ohne Druckschwankungen anzustreben. Für den Zugang der sensiblen Bereiche empfehlen sich Schleusen, flankiert mit einer entsprechenden Grundrissplanung.

Literatur

23.1 Newmark NM, Rosenblueth E (1971) Fundamentals of earthquake engineering, Prentice Hall, Englewood Cliffs, NJ
23.2 Bachmann et al. (1995) Vibration problems in structures, Birkhäuser, Basel
23.3 Schueller G, Rackwitz R, Bachmann H (1997) Tragwerkszuverlässigkeit, Einwirkungen. In: Mehlhorn (Hrsg.) Der Ingenieurbau, Bd. 8. Ernst & Sohn, Berlin

23.4 Ruscheweyh H (1982) Dynamische Windwirkung an Bauwerken. Bauverlag, Wiesbaden

23.5 DIN 1055 Blatt 4: Lastannahmen für Bauten, Teil 1 (2001)

23.6 Vornorm DIN 1055-4: Einwirkung auf Tragwerke, Windlasten (2001)

23.7 DIN 1055 Teil 40: Lastannahme für Bauten, Windeinwirkung auf Bauwerke (1989)

23.8 DIN 4149: Bauten in deutschen Erdbebengebieten. Lastannahmen, Bemessung und Ausführung üblicher Hochbauten (1981)

23.9 DIN V ENV 1998-1 Eurocode 8: Auslegung von Bauwerken gegen Erdbeben, Teil 1-1: Grundlagen – Erdbebeneinwirkungen und allgemeine Anforderungen an Bauwerke, Teil 1-2: Grundlagen – Allgemeine Regeln für Hochbauten, Teil 1-3: Grundlagen – Baustoffspezifische Regeln für Hochbauten (1997)

23.10 DIN V ENV 1998-5 Eurocode 8: Auslegung von Bauwerken gegen Erdbeben. Teil 5: Gründungen und Stützbauwerke (1997)

23.11 ISO/DIS 4354: Wind actions on structures. Draft ISO/DIS 4354 (1991)

23.12 ISO/TC98/SC3/WG2: Wind loading (static and dynamic). Draft ISO/TC98/SC3/WG2 (1991)

23.13 DIN 4178: Glockentürme; Berechnung und Ausführung (1986)

23.14 Petersen C (1996) Dynamik der Baukonstruktionen. Vieweg, Braunschweig

23.15 Flesch R (1993 u. 1997) Baudynamik praxisgerecht. Bd. 1: Berechnungsgrundlagen, Bd. 2: Anwendungen und Beispiele. Bauverlag, Wiesbaden

23.16 Eibl J, Henseleit O, Schlüter F-H (1988) Baudynamik. Betonkalender Ernst & Sohn, Berlin

23.17 Natke HG (1989) Baudynamik. Einführung in die Dynamik mit Anwendungen aus dem Bauwesen. LAMM-Reihe, Bd. 66. Teubner, Stuttgart

23.18 Egger A, Rutishauser G (1998) Schutz vor Erschütterungen und sekundärem Luftschall vergleichender nationaler Normen und Richtlinien, Fortschritte der Akustik. DAGA 1998, 234–235

23.19 Griffin MJ, Griffin J (2001) Human response to vibrations. J Sound and Vibration 240 (5) 979–983

23.20 DIN 45669: Messung von Schwingungsimmissionen. Teil 1: Anforderungen an Schwingungsmesser (1981, 1993)

23.21 DIN 45669: Messung von Schwingungsimmissionen. Teil 2: Meßverfahren (1984)

23.22 VDI-Richtlinie 2057: Einwirkung mechanischer Schwingungen auf den Menschen, Blatt 2: Bewertung (1987)

23.23 VDI-Richtlinie 2057: Einwirkung mechanischer Schwingungen auf den Menschen, Blatt 3: Beurteilung (1987)

23.24 ISO 2631: Mechanical vibration and shock, evaluation of human exposure to whole body vibration, part 1 (1997), part 2 (E) (1989), part 3 (E) (1985)

23.25 VDI-Richtlinie 2057: Einwirkung mechanischer Schwingungen auf den Menschen, Blatt 1: Ganzkörperschwingungen (2002)

23.26 DIN EN ISO 5349: Messung und Bewertung der Einwirkung von Schwingungen auf das Hand-Arm-System des Menschen, Teile 1 und 2 (2001)

23.27 VDI-Richtlinie 2057: Einwirkung mechanischer Schwingungen auf den Menschen, Blatt 2: Hand-Arm-Schwingungen (2002)

23.28 Richtlinie 2002-44/EG vom 25. Juni 2002 über Mindestvorschriften zum Schutz von Sicherheit und Gesundheit der Arbeitnehmer vor der Gefährdung durch physikalische Einwirkung und Vibrationen

23.29 Mohr D: Katalog repräsentativer Lärm- und Vibrationsdaten am Arbeitsplatz. Landesinstitut für Arbeitsschutz und Arbeitsmedizin, Potsdam, www.liaa.de/karla

23.30 Schmidt M (1992) Die kombinierte Wirkung des Lärms und der Ganzkörpervibration auf das Gehör des Landmaschinenfahrers, Lärmbekämpfung 39, 43–51

23.31 UIC-Merkblatt 513: Richtlinien zur Bewertung des Schwingungskomforts des Reisenden in den Eisenbahnfahrzeugen (1994)

23.32 VDI-Richtlinie 2057: Einwirkung mechanischer Schwingungen auf den Menschen, Blatt 4.1: Messung und Beurteilung von Arbeitsplätzen in Gebäuden (1987)

23.33 DIN 4150: Erschütterungen im Bauwesen, Teil 2: Einwirkungen auf Menschen in Gebäuden (1999)

23.34 Müller-Boruttau FH (1996) Erschütterungen beim Spundwandbau: Einwirkungen auf Menschen, Bauwerke und technische Einrichtungen. Bauingenieur 71, 33–39

23.35 Kasperski M (2001) Menschenerregte Schwingungen in Sportstadien. Bauingenieur 76, 575–581

23.36 DIN 4150: Erschütterungen im Bauwesen, Teil 3: Einwirkungen auf bauliche Anlagen (1999)

23.37 Haupt W (1986) Bodendynamik, Vieweg, Braunschweig

23.38 Ungar EE, Sturz DH, Amick CH (1990) Vibration control design of high technology facilities, sound and vibration. Acoustical Publications Inc. Bay Village, Ohio, USA

23.39 ISO 10811: Mechanical vibration and shock – Vibration and shock in buildings with sensitive equipment (2000)

23.40 Bonzel J, Schmidt M (1980) Einfluß von Erschütterungen auf frischen und auf jungen Beton. Betontechnische Berichte 9/10, 333–337, 372–378

23.41 DIN 4150 Teil 1: Erschütterungen im Bauwesen, Teil 1: Vorermittlung von Schwingungsgrößen (2001)

23.42 GERB Schwingungsisolierungen GmbH & Co. KG (1992) GERB Schwingungsisolierungen, 9. Aufl. Woeste Druck + Verlag, Essen

23.43 DIN 45635 Blatt 8: Geräuschmessung an Maschinen; Luftschallemission, Körperschallmessung; Rahmenverfahren (1985)

23.44 VDI-Richtlinie 2062 Blatt 1: Schwingungsisolierung, Begriffe und Methoden (1976)

23.45 VDI-Richtlinie 2062 Blatt 2: Schwingungsisolierung, Isolierelemente (1976)

23.46 Rausch E (1959) Maschinenfundamente und andere dynamisch beanspruchte Baukonstruktionen. VDI-Verlag, Düsseldorf

23.47 Rausch E (1968) Maschinenfundamente. Ergänzungsband zu [23.47]. VDI-Verlag, Düsseldorf

23.48 VDI-Richtlinie 2060: Beurteilungsmaßstäbe für den Auswuchtzustand rotierender starrer Körper (1966)

23.49 DIN ISO 10816: Bewertung der Schwingungen von Maschinen durch Messungen an nicht rotierenden Teilen, Teile 1–6 (1997 bis 1998)

23.50 DIN EN 60034-14: Drehende elektrische Maschinen, Teil 14: Mechanische Schwingungen von bestimmten Maschinen mit einer Achshöhe von 56 mm und höher; Messung, Bewertung und Grenzwerte der Schwingstärke (1997)

23.51 DIN ISO 8528-9: Stromerzeugungsanlagen mit Hubkolben-Verbrennungsmaschinen, Messung und Bewertung der mechanischen Schwingungen (1999)

23.52 DIN 4024 Teil 2: Maschinenfundamente; Steife (starre) Stützkonstruktionen für Maschinen mit periodischer Erregung (1999)

23.53 DIN 4024 Teil 1: Maschinenfundamente; Elastische Stützkonstruktionen für Maschinen mit rotierenden Massen (1988)

23.54 Saalfeld M (1994) Körperschalldämmende Maßnahmen bei haustechnischen Anlagen. VDI-Berichte Nr. 1121

23.55 Meek JW (1990) Rekursive Berechnung baudynamischer Vorgänge. Bautechnik 67, 205–210

23.56 Dascotte E, Desanghere G (1991) Updating of force functions. Proc. 9th IMAC Conference, Florenz (Italien) April 1991

23.57 Daiminger W, Fritz K et al. (1995) Noise and Vibration in Ullmann's Encyclopedia of industrial chemistry, Bd. B7. VCH Verlagsgesellschaft, 383–401

23.58 KDT-Richtlinie 046/86: Sprengerschütterungen – Wirkung übertägiger Sprengungen auf Gebäude

23.59 Ontario Highway Bridge Design Code. Ontario Ministry of Transportation, Toronto (1983)

23.60 Heinze H (1987) Sprengtechnik, Anwendungsgebiete und Verfahren, 2. Aufl. Deutscher Verlag für Grundstoffindustrie, Leipzig, Stuttgart

23.61 Melke J (1995) Erschütterungen und Körperschall des landgebundenen Verkehrs. Prognose und Schutzmaßnahmen. Landesumweltamt Nordrhein-Westfalen. LUA-Materialien Nr. 22, Essen

23.62 Wots GR (1988/1990) Traffic induced vibrations in buildings. TRRL-Reports 156/246

23.63 Lombaert G, Degrande G (2000) The validation of a numerical prediction model for free field traffic induced vibrations by in situ experiments. Proc. ISMA25, International Conference on Noise and Vibration Engineering, Sept. 13–15, 2000, Leuven, Belgien

23.64 Kramer H (1998) Dynamische Belastung durch Fußgänger. Bauingenieur 73, 342–346

23.65 Grundmann H, Kreuzinger H, Schneider M (1993) Schwingungsuntersuchung von Fußgängerbrücken. Bauingenieur 68, 211–225

23.66 Serviceability criteria for deflections and vibrations. Commentary A. Supplement to the National Building Code of Canada. National Research Council Canada, Ottawa (Kanada) (1990)

23.67 SIA 160: Einwirkungen auf Tragwerke. Art. 3347. 1989

23.68 Wyatt TA (1989) Design guide on the vibration of floors. The Steel Construction Institute SCI Publication 076

23.69 British Standard BS 5400, Part 2, Appendix C. Steel, concrete and composite bridges, specification for loads (1978)

23.70 Rainer JJ, Pernica G, Allen DE (1988) Dynamic loading and response of footbridges. Canadian J Civil Engineering 15 (1) 66

23.71 Schneider M (1991) Ein Beitrag zu fußgängerinduzierten Brückenschwingungen. Berichte aus dem Konstruktiven Ingenieurbau, Technische Universität München

23.72 Woods, RD (1968) Screening of surface waves in soils. J. Soil Mech. Found. Div. ASCE 94, 951–979

23.73 Wolf JP (1985) Dynamic soil-structure interaction, Prentice Hall, Englewood Cliffs, NJ (USA)

23.74 Wolf JP (1994) Foundation vibration analysis using simple physical models, Englewood Cliffs, NJ, Prentice Hall

23.75 Cremer L, Heckl M (1995) Körperschall, Physikalische Grundlagen und technische Anwendungen, 2. Aufl. Springer, Berlin

23.76 Gazetas G (1983) Analysis of machine foundations: state of the art. Soil Dyn. Earthq. Eng. 2–42

23.77 Studer JA, Koller MG (1997) Bodendynamik, Grundlagen, Kennziffern, Probleme. Springer, Berlin

23.78 Knothe K, Wu Y (1999) Rechteckfundament auf elastischem Halbraum. Bauingenieur 74, 12

23.79 Breitsamter N (1996) Ersatzmodelle zur Bestimmung der Schwingungsantwort von Gebäuden unter Anregung durch Bodenerschütterungen. Dissertation, Berichte aus dem Konstruktiven Ingenieurbau, Technische Universität München

23.80 Kovacs I (1987) Zum Entwurf der Gründungen schwingungsempfindlicher Produktionsstätten,

Teil 1: Dynamische Wechselwirkung zwischen Baugrund und Fundamentgruppe. Bautechnik 5, 145–158

23.81 Kovacs I, Bertold R (1992) Teil II: Parameterstudien zu dynamisch gutmütigen eingeschossigen Gerätegründungen, Bautechnik H. 12

23.82 Lehmann L, Antes H (2001) Numerische Simulation des Schwingungsverhaltens von Hochhäusern unter Berücksichtigung der Boden-Bauwerk-Interaktion. Bauingenieur 76, 62–68

23.83 Grundmann H, Müller G. (1994) Erschütterungseinleitung in Bauwerke und Maßnahmen zur Reduzierung von Erschütterungen und sekundären Luftschallemissionen. Bauingenieur 69, 129–137

23.84 Wilson GP (1998) Vibration isolation design for Benaroya Hall. Proc. 16th International Congress on Acoustics and 135th Meeting of the Acoustical Society of America, Seattle, WA (USA), 20.–26. Juni 1998

Sachverzeichnis

8-m-Messpunkt 529
10 dB-down-time 618
16. BImSchV 527, 543, 565
16. Verordnung zur Durchführung des Bundes-Immissionsschutzgesetzes 518, 527
24. BImSchV 521, 543
24. BImSchV – Verkehrswege-Schallschutzmaßnahmenverordnung 521

Abbauhämmer 646
Abbindeprozess von Beton 775
Abbrucharbeiten 781
Abdeckungen 380
A-Bewertung 37, 113, 397
Abgaben 676
Abgasanlage 371, 372
Abgasöffnungen 182
Abgasschalldämpfer 376
Ablagerungen 381
Ablaufanlage 510
Abschirmmaß 196, 203
Abschirmung 196, 203, 654, 678
Abschirmwände, schwere 556
Abschläge 107
Abschlussadmittanz 554
Abschlussimpedanz 374, 545
absolute Wahrnehmbarkeitsschwelle 339
Absorber, aktive 411
–, mikroperforierte 187, 284, 285
–, passive 251
–, poröse 215
–, reaktive 255
–, schlitzförmige 271
Absorption
– klassische 197
– molekulare 197
Absorptionsfläche 249, 337
– äquivalente 337, 345

Absorptionsgrad 53, 248, 334
Absorptionsschalldämpfer 369, 370
Abstandsmessung 760
Abstandsverdopplung, Pegelabnahme 360
Abstimmfrequenz 306, 548–550, 563, 564
Abstimmung, überkritische 777
–, unterkritische 777
Abstrahlgrad 73, 154, 305, 705
Abstrahlprobleme 64
Abstrahlung 305, 753
– von Körperschall 326
Abwägungen 668
Abwinkelung 382
Abzweig 388
Abzweigresonator 279
Achsabstand 532
Achsabstands(Raddreh)-Frequenz 533
Achsabstandsfrequenz 534
Active Sound Design 401
adaptive Algorithmen 433
adaptiver Filter 416, 432
A-Darstellung 757
adiabatische Zustandsänderung 4
Admittanz 19, 391, 465
Admittanzfunktionen 789
Aerosole, Herstellung 764
Aggregatgeräusche 572
AIFF 497
Air-pumping 468, 677
Aktionspläne 143, 668
aktive
– Absorber 411
– Blattsteuerung 606
– Klanggestaltung 429
– Lagerelemente 797
– Lagerung 409
– Lärmminderungsmaßnahmen 606

– Reflektoren 412, 415
– Resonatoren 281, 282
– Schall- und Schwingungsbeeinflussung 402
– Schallschutzmaßnahmen 515
– Schwingungsisolierungen 409
– Stabilisierung 426
aktives Klangdesign 401, 429
Aktivitätsintensität 673
Aktoren 472
Akustisch Innovative Feste Fahrbahnen (AIFF) 500
akustische Analogie 588, 608
– Filter 226
– Gleispflege 494
– Grenzschicht 286
– Kopplung 450
– Schleifen 509
akustischer Wirkungsgrad 149, 689, 695, 697
akute Gehörschäden 138
Algorithmen, adaptive 433
allgemeine Gaskonstante 4
Allgemeine Verwaltungsvorschrift (AVwV) zum Schutz gegen Baulärm 641
Altglassammelbehälter 647
Amplitude, komplexe 3
Amtsblatt der Europäischen Union 644
An- und Abströmbleche 380
Analogie, akustische 588, 608
–, elektromechanische 466
Analyse einer größeren schalltechnischen Anlage 172
–, gekoppelte 67
analytische Verfahren 565
Änderungen, wesentliche 121, 665
Anfahrvorgang 775
angeströmter Kreiszylinder 692
Anhaltswerte 108

anisotroper Werkstoff 390
Ankerbohrgerät (Schlagbohrer) in Fels 653
Anlage, schalltechnische Analyse einer größeren 172
Anlagen für soziale Zwecke 131
Anlagen, genehmigungsbedürftige 131
–, haustechnische 138, 780
–, hochempfindliche 774
–, landwirtschaftliche 131
–, lüftungstechnische 138
–, nicht genehmigungsbedürftige 131
–, raumlufttechnische 272
–, raumlüftungstechnische 139
Anpassung 251
Anpassungsgesetz 248
Anregung
– bei der Bedienung des Gerätes 797
– durch Personen 771
Ansaugschalldämpfer 376
Anteil
– quellenfreier 13
– wirbelfreier 13
Antischall 282, 401
antisymmetrisch 381, 393
Antriebsgeräusch 666
Anwendungen, laseroptische 773
äolische Töne 470
äquivalente Absorptionsfläche 345
– Schallabsorptionsfläche 207, 226
– Dauerschallpegel 129, 621
Äquivalentparameter 129
Äquivalenzparameter 621, 622
Arbeit, äußere 61
–, virtuelle 62
Arbeitsplatz 135, 768
arbeitsplatzbezogener Emissionswert 156
Arbeitsräume 137, 359
Arbeitsstättenverordnung 640
Arbeitszyklus 647
Armaturen 240, 728
Artikulationsindex 116
A-Schallleistungspegel 150
Asymptotische Modal-Analyse 76
atmende Kugel 7, 8
atmosphärischer Druck 1
Aufbewahrungsfrist 650
Aufbruchhämmer 646
Auflösungsvermögen
– axiales 758
– laterales 758
Aufnehmer, Betriebstemperaturbereich 178
Aufnehmermasse, Bedämpfung durch die 180

Aufstellung
–, hochabgestimmte 777
–, starre 777
–, tiefabgestimmte 777
Auftriebswechselkraft 695
Aufzugsanlagen 311
Auralisation 350, 352
Ausblaseschalldämpfer 384
Ausblase-SD 370
Ausbreitungsdämpfung 336, 385, 537, 751, 789
Ausbreitungsdämpfungsmaß 385
Ausbreitungsfähigkeit 591, 592
Ausbreitungskoeffizienten 386
Ausbreitungskonstante 271
Ausbreitungsweg 668
Ausdampfung 729, 730
Ausfahrgruppe 510
Auslaufen 775
Aussagesicherheit 109
Ausschwingvorgang 779
Außengeräusch 572
Außenohr
– Trommelfell 81
Außenohr-Impulsantwort 352
Außenschallpegel, maßgeblicher 123
Außenwohnbereiche 121
äußere Arbeit 61
äußere Probleme 64
Ausstellungsverhältnisse 377
Ausstrahlungsbedingung, Sommerfeldsche 62
Ausströmung, verwirbelte 726
Auswuchtgütestufen 775
Autobahnüberbauung 679
autofreie Wohngebiete 673
automatisierte Datenverarbeitung 655
AVV Baulärm 131, 134
axiale Turboverdichter 715
axiales Auflösungsvermögen 758
Axialkolbenpumpe 718, 720–722
Axialventilatoren 706
AzB 619

Bad Reichenhaller Modell 676
Bagger 641, 646, 651, 653
Baggerlader 646
– auf Rädern 651
Bahnanlagen, großflächige 512
Bahnanregung 559
Bahnhofsbereich 512
Bahnübergänge 506
Balken 16
Balkengleisbremsen 510
Bandpassfilter
– Oktavfilter 38
– Terzfilter 38

Band-Schallleistungspegel 150
Bariumtitanat 756
Basaltwolle 373, 377
Bathe 60
Bauarbeiten, Erschütterungen 780
Bauaufzüge für den Materialtransport 646
– für den Materialtransport (mit Elektromotor) 647
Bauformen von Ventilatoren 707
Baugesetzbuch 670
Baugrubenverbau 781
Baugrund 772
Baulärm 134
Bauleitplanung 668
bauliche Nutzung 134
baulicher Schallschutz 122, 679
Baumaschinen 172
–, Geräuschemissionen 639
–, Lärmarme 657
Baunutzungsverordnung 666
Baustellen 131, 639
– Stilllegung 654
Baustellenbandsägemaschinen 647
Baustellenentwässerungspumpen 657
Baustellenerschütterungen 771
Baustellenfahrzeuge 655
Baustellenkreissägemaschinen 647
Baustoffe, geblähte 255
Bautätigkeiten 639
Bauteile, kompakte 465
–, Verhalten doppelschaliger 212
Bauteileigenfrequenzen, kritische 787
Bauwerksschwingungen, stationäre 772
Bauwinden 646
– mit Elektromotor 647
B-Bewertung 113
B-Darstellung 757
Be- und Entladeaggregate auf Tank- oder Silofahrzeugen 647
Bebauung 199
Bebauungsplan 670
Bedämpfung 473
Bedämpfung durch die Aufnehmermasse 178
Bedienerplätze 156
Bedienung des Gerätes, Anregung 797
bedingte Ergebnisunsicherheit 109
Beeinträchtigungen 137
–, gesundheitliche 91
Beläge, einseitige 321
Belästigung 663
– Dosis-Wirkungsbeziehungen 96
– erhebliche 97, 103
– stark gestörte 97

Belästigungsreaktionen 543
Belastungslärm 595, 602, 608
Benutzervorteil 645, 676
– für lärmarme Geräte und Maschinen 650
berechnete Lautheit 110
Berechnung des Rotorlärms 608
Berechnungsmethoden, vorläufige 144
Bereitschaftsräume 137
Berufskrankheit 639
berührungslose Bewegungs-Messverfahren 180
Beschaffung, öffentliche 669
–, umweltfreundliche 676
Beschallung
– dezentrale 442
– zentrale 442
Beschallungsanlage 359
Beschallungssystem 442
Beschleunigen 667
Beschleunigung 1
–, frequenzbewertete 768
Beschleunigungsaufnehmer 179
–, seismischer 178
Beschleunigungsmessung 177
Beschleunigungspegel 529
Beschleunigungsspektrum 529
Beschwerdelisten 639
Beschwerden über unzureichende Geräuschbegrenzung und Schallschutzmaßnahmen 654
besohlte Schwellen 505, 550, 553
besonders überwachtes Gleis – BüG 494, 508
Bessel-Funktionen 390
Bestrahlungsdichte 336
Beton- und Mörtelmischer 647
Beton- und Mörtelmischmaschinen 653
Beton, Abbindeprozess 775
Betonbrecher, handgeführt 653
Betondecke 539
Betonfahrbahnen 502
Betonpumpen 652, 653
Betonrüttler (Tauchrüttler, Flaschenrüttler) 653
Betonschneiden mit Wasserstrahlverfahren (Luftverdichter und Wasserstrahlgeräusche) 653
Betonschwellen 492
Betonschwellengleis 561
Betriebskosten 379
Betriebstemperaturbereich des Aufnehmers 180
Betroffenheit der Einwohner 542
Bettungsmodul 544, 546, 547, 551, 562
Bettungsschulter 554

Bettungssteife 534
Beugungsgitter 271
Beugungsgitter, optisches 760
Beugungskante 517
Beugungsprobleme 64
Beurteilung 103
– von Körperschall, Erschütterungen und sekundärem Luftschall 542
– von Normen 103 ff.
– von Richtlinien 103 ff.
– von Schallimmission 103 ff.
– von sekundärem Luftschall 543
– von Vorschriften 103 ff.
Beurteilungsbeschleunigung 769
Beurteilungsgrundlagen 103
Beurteilungskriterien für Wohnungen 770
Beurteilungspegel 106, 484, 641
Beurteilungsschwingstärke 542, 543, 768
Beurteilungsverfahren 103
Beurteilungszeit 106
Beurteilungszeiträume 641
Bewegungs-Messverfahren, berührungslose 180
bewehrte Elastomerlager 796
bewertete Schwingstärke 768
bewertetes Schalldämm-Maß 123
Bewertungsfaktoren 129
Bewetterungsanlage 371
Bewuchs 197
Biblockschwellen 564
Biegesteife der Schiene 545
Biegesteifigkeit 210
Biegewellengeschwindigkeit 17
Blasenkavitation 686
Blatt/Wirbel-Abstand 610
Blatt-/Wirbelinteraktions-Impulslärm 603, 605, 607
Blattanordnungen, unsymmetrische 598
Blattfolgefrequenz 591, 592, 595, 604
Blattkräfte, instationäre 598, 599
Blattspitzen-Machzahl 595, 597, 599, 602
Blattsteuerung
– aktive 606
– höherharmonische 607
– individuelle 607
Blauer Engel 676
Blechkassetten-Unterdecke 289
bleilegierte Schiene 511
Bleimetaniobat 756
Bleizirkonattitanat 756
Blockrandbebauung 680
Blockresonanz 796
Böden, geschichtete 790

Bodenaustausch 794
Boden-Bauwerk-Eigenfrequenz 790
Bodenbeschaffenheit 557
Bodendynamik 537
Bodeneffekt 203
Bodenfackel 737
Bodenschichtung 558
Bodenschlitze 556
Bodenstampfer 653
Bodenverbesserung 555
Bodenverdichtungen 780
Bohren 763
Bohrgeräte 647, 653
Bohrpfahlwände 657, 782
Bohrrüssel 763
Branchenmessvorschriften 158
Brandschutz 378
Brecher 779
– für Bauschuttzerkleinerung (mobil) 653
Brechung 752
Breitbandgeräusch 595
Breitband-Kompaktabsorber 295
Breitbandlärm 603
Breitbandstoßlärm 588
Bremsenkreischen 510
Brenner 736
Brennergeräusche 736
Brennkammer 586, 590
Brücken 500
–, Schallschutzwände 505
B-scan 859
BüG 494, 508
Bündelung 679
Bundes-Immissionsschutz-Gesetz 527, 641, 669
Büromaschinen 172
Bußgeldbescheide 654
Bußgelder 650
buzz-saw noise 591
B-Verfahren (B-scan) 759

CAA 615
Car-Sharing 674
C-Bewertung 113
CE-Konformitäts-Kennzeichnung 649
CE-Zeichen 649
CFD-Methoden 565
Chipfertigung 773
Chladnische Klangfiguren 19
CITAIR[3] 665
Computational Aeroacoustics 611
Computermodell 348
Computersimulation 347
Constant-Directivity 450
Containerkräne 511
Crackling 588, 589
Cut-off-Verhältnis 591

Dämmwirkung 313, 777
Dämpfergrößen 790
Dampfkessel 736
Dampfüberhitzer 736
Dämpfung 751
– an Kontaktflächen 323
–, Frequenzübergang 373
–, mittlere modale 69
Dämpfungsglieder 173
Dämpfungsgrad ζ 788
Dämpfungskonstante 336
Dämpfungskörper 755, 758
Dänemark 642
Datenverarbeitung, automatisierte 655
Dauer, effektive 618
dauerelastische Fuge 563
dauerhafte Erschütterungen 772
Dauerschallpegel, äquivalenter 129, 621
Day-Evening-Night Sound Level 621, 622
D-Bewertung 114
DB-TL Unterschottermatten 562
Decken und Deckenaufbauten, Resonanzfrequenzen 792
Deckenbauteile 557
Deckeneigenfrequenzen 792
Deckenspannweite 538
Deckenüberhöhungsfunktionen 539
Dehnwellen 18
detaillierte Prognose 132
Deutlichkeit 341
Deutlichkeitsmaß C_{50} 117
dezentrale Beschallung 442
Dezentralisation 674
Dezibel 1
Diagnostik, medizinische 759
Dichte 4, 85
–, mittlere modale 69
Dichtstromförderung 734
Dickenlärm 595, 597, 602, 608
Dickenresonanzen 755
Differential, semantisches
– Adjektivpaare 90
diffuse Reflexion 335
diffuser Schalleinfall 287
diffuses Schallfeld 336
Diffusfeld 258
Digitalisierung
– Abtastraten 40
– Abtastung 40
– Aliasing 40
– Analog-/Digital-Umsetzer 40
– Quantisierungsrauschen 40
Dilatation 13
Dilatationswellen 13
DIN 18005 665

Dipol 8, 460, 595, 609, 684
Dipolquellen 589, 683
Dirac-Impuls 779
direkte Methode 570
Direktschall 334, 353
Diskontinuitätsstellen 316
Diskretisierung des Kontinuums 615
Diskretisierungsschemata 615
Dispersionen 764
Dissipation 72, 197
Dissipations-Mechanismus 63
dissipativ 63
Distorsionswellen 13
Divergenz, Pegelabnahme 194
Dolph-Chebyschev-Wichtung 176
doppelschichtige Drainasphalte 678
doppelt elastische Lagerungen 306
Doppelwand 212
Dopplereffekt 760
Doppler-Sonographie 760
Drahtgewebe 379, 727
Drainasphalt 677
–, doppelschichtige 678
drehende elektrische Maschinen 776
Drehgeschwindigkeit, ungleich-
 förmige 601
Drehklang 595
Drehschwingungen 313
Drosseldämpfer 370
Drosseln 171
Drosselschalldämpfer 369, 372, 376
Drosselstellen, einstufige 727
DRP-Verfahren 615
Druck 4
–, atmosphärischer 1
– der Leitung 376
Druckaufnehmer, piezoelektrische 177
Druckempfänger 455
Druckgradientenempfänger 174, 456
Druckmesszellen 176
Druckpropelleranordnungen 599
Druckreduzierung 395
Druckschwankungen 798
Drucksignatur 622
Druckverlust 376, 398
Druckverlustkoeffizient 395, 397
Druckzahl 707
Duhamelintegral 778
dünne Platten 16
Dünnschichtwandler 760
Dünnstromförderung 734
Durchflussmenge 393
Durchgangsdämpfungsmaß 385, 388

Durchgangs-Schalldruckpegel-
 differenz 385
Durchsichtigkeit 341
Durchstrahlung 380
Durchstrahlungseffekt 377
Düse mit gezahnter Hinterkante 590
Düsen, kavitierende 688
dynamische Masse 311, 795
dynamische Steife 544, 545, 551
dynamische Viskosität 287

E 80 526
Early Decay Time, EDT 344
eben bleibende Querschnitte 16
Echo 339
Echokriterium 342
Echostörungen 342
Echtzeit-Frequenzanalysator 38
effective perceived noise level 592, 618
Effekt, piezoelektrischer 177, 754
effektive Dauer 618
Effektivwert 1
Eichgitter-Frequenzgang 173
Eigenfrequenz 19, 332
Eigenfunktionen 19, 332
Eigenrauschen 374, 376
Eigenwert 391
Eigenwertgleichung 391
Ein-/Mehrfamilienhäuser 540
Einfahrgruppe 510
Einfluss der Fluggeschwindigkeit 589
Einflussgrößen, nichtakustische
– Akzeptanz 99
– Lärmempfindlichkeit 98
– (Tages-)Zeitpunkt 97
– Vertrauen 99
Einfügungsdämmmaß 545–548, 554, 564
Einfügungsdämmung 313
Einfügungsdämpfung 376, 380, 398
Einfügungsdämpfungsmaß 385
Einfügungs-Schalldruckpegel-
 differenz 384
Eingangsimpedanz 18
Einhüllung (Listener Envelopment) 342
Einkreistriebwerke 585
Einleitung von Erschütterungen 790
Einrichtungen, sensible 784
Einsatztemperatur 180
Einschränkung, zeitliche 639
einseitige Beläge 321
einstufige Drosselstellen 727
einstweilige Verfügung der Gerichte 654

Einwirkung von Erschütterungen 767
- auf Gebäude 772
Einwohner, Betroffenheit 542
Einzelereignispegel 618
Einzelfundamente 790
Einzellager 557
Einzelschallquellen 179
Einzelton 107
Einzelvorhaben 671
Eisenbahnen 483, 528
Eisenbahnräder 461
Eisenbahnstrecke 529
-, oberirdische 550, 555
elastisch 555
elastisch gelagerte Gleistragplatte 562
elastische Entkoppelung 795
elastische Lagerung 305, 472
elastische Schwellenlager 504, 553
elastische Wellenkupplungen 311
elastische Zwischenplatten 497
elastische Zwischenschichten 305
elastischer Halbraum 554, 558
Elastomerlager 548
-, bewehrte 796
Elastomermaterialien 796
elektrische Schaltgeräte 172
elektrische Wechselfelder 173
elektrische Werkzeuge 172
elektromechanische Analogie 466
Elektromotoren 723
elektronischer Tiefenausgleich 757
elektrostatisch verursachter Störpegel 173
Element, infinites 62
-, nichtresonante 72
-, semi-aktive 797
Emissionsgrenzwerte 640
Emissionspegel 157
- L_{mE} 478
Emissionsschalldruckpegel 150
Emissionsspektrum 557
Emissionsstärke 328
Emissionswert, arbeitsplatzbezogener 156
Empfang von Ultraschallsignalen 756
Empfängerisolierung 796
empfindliche Geräte, Isoliermaßnahmen 796
empirische Modelle 574
empirische Verfahren 565
Emulsionen 764
Endkantengeräusch 613
Endlichkeitsfehler 165
Energie
- kinetische 7, 60
-, mittlere modale 69, 71

- potentielle 7, 60
Energieanalyse (SEA) 328
Energiedichte 336
-, stationäre 336, 337
Energiefluss 70
Energiegleichgewicht 69, 75
Energieimpulsantwort 334
enge Kurven 494
Engineering 158
Entdröhnung 320
Entfernungsabnahme 315
Entfernungspauschale 675
Entkoppelung, elastische 795
Entladungslampen 172
Entspannung 376, 663
- überkritische 393
- unterkritische 395
Entspannungsgeräusche 368, 471
Erdpflock 529
Erdschlitze, senkrechte 556
erdverlegte Leitungen 773
Ergebnisunsicherheit, bedingte 109
erhebliche Belästigung 103
Erholung 663
ERRI 570, 571, 574
Ersatzfeder- und Dämpfergrößen 790
Erschütterungen 483, 528, 559, 565, 767
- auf Gebäude, Einwirkungen 772
- auf die Nachbarschaft 775
- bei Bauarbeiten 780
- dauerhafte 772
-, Einleitung 790
-, Einwirkung 767
- in Wohnungen 771
- kurzzeitige 772
-, Übertragung 788, 792
Erschütterungsausbreitung 558
Erschütterungseinwirkung, Fühlbarkeit 771
erschütterungsempfindliche Geräte 773
Erschütterungsimmission 542, 557, 558
Erschütterungsprognosen 538
erschütterungsreduzierende Maßnahmen 792
Erzeugung 754
E-Schweißen 462
Estriche, schwimmende 232, 538
E-Summanden 519
EU-Kennzeichnung 645
EU-Konformitätsbewertung 647
Euler-Gleichungen, linearisierte 616
EU-Maschinen-Richtlinie 97/37/EC [19.18] 645
EU-Richtlinien 644

Europäische Kommission 644
- Regelung 143
- Umgebungslärm-Richtlinie 106
Expansionskammer 279
externe Kosten 674
Eyringsche Nachhallformel 337

Fackel 736
Fahrbahn, feste 493, 500, 522, 531, 532
- schallabsorbierende 493
Fahrbahnen, Akustisch Innovative Feste (AIFF) 497
Fahrbahngüte 783
Fahrbahnrauhigkeiten 783
Fahrbahnübergänge 468
Fahrerkabinen 640
Fahrflächenrauhigkeit 570
Fahrgeräusche in Fahrzeugen 521
Fahrleistungen 673
Fahrleitungsintensität 673
Fahrverbote 671
Fahrweg 498, 667
Fahrweise 667
-, niedertourige 678
Fahrwerke 611
Fahrwerksgeräusche 612
Fahrzeuge, Fahrgeräusche 521
Fahrzeugkühlaggregate 647
Fahrzeugparameter 572
Fahrzeugüberfahrten 784
Faktorenanalyse 338
Fallwerke 777
Faltung 3, 4
Faltungsintegral 3, 778
Faltungssatz 4
Fan 586, 590
Faserabsorber 390
Faserdurchmesser 396
Fasern 373
Federelemente 305
-, hochbelastete 308
Feder-Masse-Resonanz 264
Feder-Masse-System 466
Federresonanzen 314
Federstahlbänder 308
Federsteife 215, 307, 544
Federsteifigkeit des Oberbaues 534
Fehlersignal 432
Feinmesstechnik 773
Feld, halbhalliges 162
Feldbeeinflussung
- globale 418
- lokale 418
Feldindikatoren 170
Feldmessungen 399, 569
Feldnachbildung 408
Feldstudien 525
felsiger Untergrund 532

Fenster-Methode 186
Fensterstellgewohnheit 519, 525
Fenster-Verfahren 184
Fernbahn 542
Fernfeld 10, 451, 754
Fernfeldabstand 754
Fernfeldschweißen 762
Fernkalibrier-Einrichtung 174
Fernsteuerung 760
feste Fahrbahn 493, 500, 522, 531, 532
Festkörper 11
Feststoff-Transportleitungen 184
–, pneumatische 733
Ffowcs-Williams and Hawkings (FWH)-Gleichung 608
FFT 41
– -Blocklänge 42
– Fenstertechnik 42
– Zoom-FFT 42
Filter, adaptiver 416, 432
–, akustische 226
Flächenhafte Verkehrsberuhigung 673
Flächenmaß 151
Flächenrüttler 559
Flachraum 20, 334, 359
Flankendämm-Maß 218
flankierende Maßnahmen zur Reduzierung der Erschütterungen 792
Flaschenrüttler 653
Flatterecho 340, 355
flexible Rohr- und Kabelverbindungen 780
Flügelzellpumpe 718, 720, 721
Fluggeschwindigkeit, Einfluss 589
Fluglärm 128
–, Gesetz zum Schutz 621
Fluglärmbelastung 129
Fluglärmberechnungsverfahren 618
Fluglärmbewertung 621
Flugverkehrs-, Industrie- und Gewerbelärm sowie Schienenverkehrslärm 661
Flugzeuge mit Strahltriebwerken 585
Flugzeugfahrwerke 611
Fluid-Struktur-Interaktion 57
Flüssigkeiten, Vernebelung 764
Flüssigkeitspumpen 172
Flüssigkeitsschall 1
Folien 375, 378
–, mikroperforierte 262, 290
Folienabsorber 260, 262
Förder- und Spritzmaschinen für Beton und Mörtel 647
Förderbänder 647

Förderleistung eines Ventilators 707
Formabweichungen 530
Formatio reticularis 83
Formel, Pieningsche 299, 385
–, Sabinesche 296
Fourier-Transformation 15, 41
Fowlerklappen 613
Freianlagen, sehr leise 189
Freifeldbedingungen 150
Freifeld-Emissionspegel 157
Freifeldentzerrung 173
Freifeld-Frequenzgang 173
Freifeldqualifikation 164
Freifeldverschiebung 790
Freischneider 647
Freistrahl 587
–, turbulenter 696
Freizeitanlagen 131
Fremdanregung 559
Fremdgeräusche 127, 152
–, inkohärente 153
Fremdgeräuschkorrektur 161
Fremdschall 152
– -korrekturen 152
– -unterdrückung 152
frequenzbewertete Beschleunigung 768
Frequenzbewertung 104
Frequenzbewertungskurven 112
Frequenzgang der Dämpfung 373
Frequenzkurve 332
Frequenzmodulation 760
Frequenzübertragungsfunktion („Frequenzkurve") 332
Friedrich-Sonde 182
frühe Nachhallzeit (Early Decay Time, EDT) 344
Fuge, dauerelastische 563
Fugenschneider 647
– Asphalt 653
Fügestellen 323
Fühlbarkeit der Erschütterungseinwirkung 771
Führerraum 523
Funktionen, Greensche 66
Fußbodenaufbauten 557
fußgänger- und fahrradfreundliche Stadt 675
Fußgängerbereiche 671
fußpunkterregte Platte 792

Ganzkörperschwingung 768, 770
Ganzkörpervibrationen 769
Gaskonstante, allgemeine 4
Gas-Pumping 323
Gebäude, Körperschalleinleitung 538
–, Schutzmaßnahmen 556

–, sekundärer Luftschall 539
Gebäudefundamente 539
Gebäudelagerung 795
geblähte Baustoffe 255
Gebläse 706
Gebrauchswert 772
Gefrierverfahren 782
gegendrehende Koaxialpropeller 601
Gegengewichtsstapler mit Verbrennungsmotor 646
–, Tragfähigkeit <10 t 647
Gegenschlaghämmer 779
Gehen 784
Gehörschäden, akute 138
Gehörschutz, persönlicher 137
gekoppelte Analyse 67
Genauigkeitsklasse 2 154, 166
genehmigungsbedürftige Anlagen 131
geometrische Raumakustik 332
Geräte, erschütterungsempfindliche 773
–, hochempfindliche 797
Gerätedynamik 170
Gerätekriterium 170
Gerätesicherheitsgesetz (Maschinenlärminformations-Verordnung) 645
Geräuschemissionen 640
– ausgedehnter Schallquellen 184
– in situ, Messung von 172
– örtlich schwankende 154
– von Baumaschinen 639
– zeitlich schwankende 154
Geräuschemissionskennwerte 639
Geräuschemissionskennzeichnung 639
Geräuschemissionsmessverfahren 646
Geräuschemissionsvorschrift 672
Geräuschemissionswerte, vergleichbare 171
Geräuschentstehung 376
Geräuscherzeugung 372
Geräuschmessungen an Schienenfahrzeugen 527
Geräuschpegel, radius-bezogener 156
Geräuschquellen 514
Geräuschtrennung 134
Geräuschvorschriften 661
Gesamtdruckverlust-Koeffizienten 396
Gesamteinwirkung 135
Gesamtlautheit 111
Gesamtverlustfaktor 210
geschichtete Böden 790
geschichtete Kontinua 15

Geschossdecken 538, 539, 540, 541
Geschwindigkeitsbeschränkungen 671
Geschwindigkeitserregung 530
Gesetz der ersten Wellenfront 339
Gesetz zum Schutz gegen Fluglärm 621
Gesetz, Hookesches 13
–, Lambertsches 335
Gesetzesverstöße 654
gesetzliche Regelungen 526
Gestalt-Funktion 61
Gestörte, wesentlich 679
Gestricke 384, 395
Gesundheit
– Fingerpulsamplitude 92
– Hauttemperatur 92
– Hautwiderstand 92
– Herzschlagfrequenz 92
– Kreislauf 92
– Stress 93
gesundheitliche Beeinträchtigungen 91
gesundheitliche Schäden 768
Gesundheitsrisiken 661
Gewebe 374
Gewerbeanlagen 131
Gewerbelärm 661
Gewinn 338
Gipskartonplatten 216
gitterförmige Mikrofonanordnungen 528
Glasschaum 255
Glättung
– der Oberfläche 471
– des Kraftverlaufs 471
Gleichung, Lamésche 13, 788
Gleichungssystem für die Störungen 616
Gleis, besonders überwachtes – BüG 494, 508
Gleispflege, akustische 494
Gleisrost 493
Gleistragplatte, elastisch gelagerte 562
globale Feldbeeinflussung 418
globale Kompensation 408
Glockenschwingungen 767
Grabenfräser 647
Grader 641, 646, 651
Grastrimmer/Graskantenschneider 647
Graugussbremsklötze 490
Greensche Funktionen 66
Grenz-, Ziel-, Richt- oder Orientierungswerte 666
Grenzfrequenz 258, 558, 700
– von Platten 210, 213, 232

Grenzfrequenz f_g 327
Grenzschicht 255
–, akustische 286
–, thermische 287
–, turbulente 699
Grenzschichtdicke 699
Grenzschichtparameter 287
Grenzwerte 108
Grenzwertpflicht 650
Großbritannien 643
großflächige Bahnanlagen 512
großflächige Industrieanlagen 183
Großmaschinen mit Impulserregung 777
Großmaschinen mit stochastischer Anregung 779
Großraumfrequenz 332
Großraumwagen 522
Grünbuch „Zukünftige Lärmschutzpolitik" 644
Grundmode 392
Grundplatten 494
Grundwert 484
Gruppengeschwindigkeit 73
– c_g 326
Gummimetallelemente 308
Gummireifen 468
Güte der Schallleistungsbestimmung 158
Güte-Klasse 163
Güterbahnhöfe 512
Gütermengenintensität 673
Güterverkehrslogistik 675
Güterwagen 491

Haas-Effekt 339, 442
halbhalliges Feld 162
Halbraum, elastischer 554, 558
Hallabstand 338
Hallfeld 153
Hallplatte 328
Hallradius 249, 338
Hallraum 52, 166, 346
Hallraumbedingungen 153
Hallraumverfahren 157, 165
Haltestellen 561
Hamilton-Prinzip 60, 62
Hamiltonsches Prinzip 62
Hämmer
– hydraulikgetriebene 779
– pneumatischgetriebene 779
Hand-Arm-Schwingungen 768
handgeführte Betonbrecher 646
Hand-Hämmer (Masse) 641
Hankel-Transformation 15
Hauptanregefrequenzen 532
Haushaltsgeräte 172
haustechnische Anlagen 138, 780
Heckscheren 647

Heckrotorlärm 607
heel strike 787
Heißgassonde 182
helikale
– Blattspitzen-Machzahl 591
– Kanalmoden 591
Helmholtz, Satz von 13
Helmholtz-Resonator 269, 275, 280, 287
Helmholtz-Zahl 393
heranrückende Wohnbebauung 664
Herstellung von Aerosolen 764
Hertzsche Kontaktsteife 530
Herzinfarkt 663
Herz-Kreislauf-Krankheiten 97
– Arteriosklerose 97
– Bluthochdruck 97
– Herzinfarkt 97
Hiebton 693, 694
Hinterkantengeräusch 592, 611
hochabgestimmte Aufstellung 777
Hochauftriebsklappen 611
Hochauftriebssysteme 613
hochbelastete Federelemente 308
Hochdruck-Förderanlagen 734
Hochdruckspülfahrzeuge 647
Hochdruckwasserstrahlmaschinen 647
hochelastische Schienenbefestigungen 550
hochempfindliche Anlagen 774
hochempfindliche Geräte 797
Hochfackel 737
Hochgeschwindigkeits-Güterwagen 491
Hochgeschwindigkeits-Impulslärm 602, 604
Hochpolymeren, piezoelektrische 756
Hochspannungsmotor 724
höherharmonische Blattsteuerung 607
Hohlkammer-Resonatoren 280
Hohlkastenbrücke 500
Holz- oder Betonschwellen 493
Holzbalkendecke 234, 539
Hongkong 643
Hookesches Gesetz 13
Hörbahn
– afferente 82
– efferente 83
– Hörkerne 83
– Hörrinde 83
– Kniekörper 83
– Olive 83
– Schleifenbahn 83
– Vierhügelregion 83
Hörbereich 1

Hörschaden
- Arbeitslärm 92
- Diskotheken 92
- Feuerwerkskörper 92
- Freizeitlärm 92
- Hörverlust 92
- Lärmschwerhörigkeit 91
- Noise Induced Permanent Thresholf Shift: NIPTS 91
- Schreckschusswaffen 92
- Spielzeugpistolen 92
- Walkman 91
Hörschwelle 1
Hörschwellenpegel 119
Hubarbeitsbühnen mit Verbrennungsmotor 647
Hubert-Sonde 183
Hubschrauber 602
Hubwerk 652
Hüllfläche 66, 150, 679
Hüllflächenmessverfahren 151
Hüllflächen-Schalldruck-Messung 159
Hüllflächenschalldruckverfahren 157, 179
Hüllflächen-Schallintensitätsverfahren 157
Hydraulikaggregate 646
hydraulikgetriebene Hämmer 779
Hydraulikhämmer 647
hydraulische Schwingungserreger 558
hydrodynamische Pumpen 716
hydrodynamischer Kurzschluss 327
Hydrophone 756
hydrostatische Pumpen 716
Hygiene 378
Hypothalamus 83

im Freien betriebene Maschinen 661
Immissionsempfindlichkeitsplan 666
Immissionsempfindlichkeitspläne 140
Immissionsgrenzwerte 661
Immissionsort 668
-, maßgeblicher 127
Immissionsrichtwerte 639
Immissionswerte 108
Impedanz 53, 391, 465
Impedanzfehler 164
Impedanzformeln 313
Impedanzmodell 566
Impedanzsprünge 556
Impuls-/Tonzuschlag 525
Impulsantwort 2, 44, 341

Impulse 471
Impulsechoverfahren 757, 759
impulserregte Schwingungen 461
Impulserregung, Großmaschinen 777
Impulshaftigkeit 85, 90
impulshaltig 514
impulshaltige Schwankungen 155
Impulshaltigkeit 106
Impulsmesstechnik 46
- Dirac-Stoß 46
individuelle Blattsteuerung 607
Industrieanlagen 131
-, großflächige 184
Industrielärm 661
Industrieöfen 172
infinites Element 62
Informationshaltigkeit 107
Infraschallbereich 798
Injektionen 782
inkohärent 2
inkohärente Fremdgeräusche 153
Innen- und Außengeräusche, tonhaltige 487
Innengeräusche 572
Innenohr 81
- Basilarmembran 82
- Cortisches Organ 82
- Haarzellen 82
- Wanderwellen 82
Innenschallpegel 521
innere Probleme 64
instationäre Blattkräfte 598, 599
instationäre Strömung 278
Instrument 668
- marktwirtschaftliches 669
Intensität 1, 7
Intensitätssonden 33
interaurale Kohärenz 342
Interferenzdämpfer 278
Interferenzempfänger 456
Interferenz-Richtrohr 174
Interferenzschalldämpfer 279
Interferenzwände 516
Interimsverfahren 144
intermittierende Schallimmission 105
Interpolationsbasis 60
Intervallschallleistungspegel 155
I_n-Verfahren 169
ISO Schalldruck-Rahmendokumente 159
Isolierelemente 775
Isoliermaßnahmen 775, 776, 778
- an empfindlichen Geräten 796
Isolierplattform 797

Juxtapositionsmethode 168

Kalibrierung
- Eichgitter 31
- Pistonfone 31
- Primärkalibrierung 31
- Reziprozitätskalibrierung 32
- Schallkalibrator 31
Kanäle 181, 700
Kanalmoden, helikale 591
Kantenabsorber 258
Kanzerigonitätsindex 379
kapazitiver Spannungsteiler 173
Kapillarwellen 764
Kapselung 654
Kármánsche Wirbelstraße 692, 693
Karman-Wirbel 470
Kavitation 461, 685, 689, 717, 729, 730, 761, 763, 764
Kavitationsblase 761
Kavitationseinsatz 685
Kavitationsformen 685
Kavitationskeime 684, 761
Kavitationsschwelle 761
Kavitationszahl 684, 689
- kritische 689, 730
kavitierende Düsen 688
KB-Bewertung 542
KB-Wert 542, 543, 575
Kehrmaschinen 647
Kenngrößen 105
Kennimpedanz 1, 6, 386
Kennwiderstand 260
Kennzeichnungspflicht für den Schalldruckpegel am Arbeitsplatz 645
Kennzeichnungszeit 108
kettenbetriebene Maschinen (außer Bagger) 651
Kettenbruch 392
Kiestragschicht, zementverfestigte 550, 552, 553
kinematische Zähigkeit 692, 693
kinetische Energie 7
Kino 359
Kippstabilität 797
Kirchen 358
Kirchhoff-Fläche 611
Kirchhoff-Formulierungen 610
Kirchhoff-Helmholtz-Integralgleichung 64
Klangdesign, aktives 401, 429
Klangfärbung 340
Klangfiguren, Chladnische 19
Klanggestaltung, aktive 429
Klanghaftigkeit 88
- sensorischer Wohlklang 86
Klarheit 249
Klarheitsmaß 341
Klasse
- 1 158

- 2 158
- 3 158
klassische Absorption 197
Knallteppich 624
- sekundärer 626
Knotendrücke 61
Knotengewichtsfaktoren 63
Knotenwerte 60
Koaxialpropeller, gegendrehende 601
Kohärenz, interaurale 342
Kohärenzlänge 696
Kolbenmaschinen 776
Kombinationsgeräte aus Kraft- und Schweißstromerzeuger 652
kombinierte Hochdruckspül- und Saugfahrzeuge 647
kombinierter Verkehr 675
Komfort 770
Komfortempfinden 770
Komfortkategorie 770
Kommunikation 663
Kommunikationsstörung 91, 525
- Artikulationsindex 91
- Störgeräuschpegel 91
Kommunikationsstörungsindex 116
kompakte Bauteile 465
kompakte Stadt 674
Kompensation, globale 408
Kompensatoren 472
komplexe Amplitude 3
Kompressionswelle 13, 788
Kompressoren 653
Kondensator-Mikrofontyp 173
Konfliktplan 666
Konfliktpläne 140
Konformitätsbewertungsverfahren 644
Konsistenzordnung 616
Konstante, piezoelektrische 754
Konstantfahrt 667
Kontaktfeder 467, 567
Kontaktfläche 531
-, Dämpfung 323
Kontaktkräfte 531
Kontaktresonanzen 497
Kontaktsteife 309
-, Hertzsche 530
Kontinua, geschichtete 15
kontinuierlich (hoch)elastische Schienenlagerung 562
kontinuierliche Schallimmission 105
Kontinuum, Diskretisierung 615
-, linear-elastisch isotropes 13, 788
Konzertsaal 355
Koordinatensysteme, mitbewegte 22
kopfgehärtete Schienen 511

Kopplung 70
-, akustische 450
-, mittlere 69
-, schwache 74, 75
Kopplungsfunktionen 328
Kopplungsstärke 70
Kopplungsverlustfaktoren 71
Korbwindschutz 174
Körperschall 1, 12, 305, 483, 528, 559, 565
-, Abstrahlung 326
- -Erschütterungen 483
Körperschall- und Erschütterungsimmission 558
Körperschallanregung, parametrische 468
-, Schallpegelabnahme auf Rohrleitungen 703
Körperschallaufnehmer 29
- Beschleunigungsaufnehmer 30
- Laser-Doppler-Vibrometer 30
Körperschallausbreitung 537, 538, 558
- im Boden, Schutzmaßnahmen 555
Körperschalldämmung 315, 548
Körperschalldämpfung 305, 316
Körperschalleinleitung 550
- in Gebäude 538
Körperschallemission 557
Körperschallentkopplung 780
Körperschallentstehung 530
Körperschallimmissionen 557
Körperschallisolation 306
Körperschallmessung 177
Körperschallminderungsmaßnahmen 555
Körperschall-Schnellepegel 528
Körperschallübertragung 540
Korrektur, meteorologische 132, 203
Korrektursummanden 124
Korrelationsanalysen
- Autokorrelationsfunktion 43
- Cepstral-Analyse 43
- Cepstrum 43
- Kreuzleistungsspektrum 43
Korrelationsmesstechnik 46
- Autokorrelationsfunktion 46
- Hadamard-Transformation 48
- Kreuzkorrelationsfunktion 46
- Maximalfolgen 46
Kosten 377
-, externe 674
Kosten-/Nutzenanalysen für zusätzliche Schallschutzmaßnahmen 654
Kraft- und Schweißstromerzeuger, Kombinationsgeräte 652

krafterregte Schwingungen 461
Kraftfahrzeugauspuff 7
Kraftfahrzeugsteuer 674
Kraftimpedanz 18
Kraftstromerzeuger 652, 653
- > 400 kW 647
Kranbahnen 779
Kreiselpumpe 718, 720, 721
Kreislaufwirtschaft-Abfallgesetz 654
Kreisring 20
Kreissägeblätter 473
Kreissägemaschinen, Elektroantrieb 653
Kreissägengeräusch 591
Kreiszylinder 21
-, angeströmter 692
Kreuz-Transfer-Mobilität 64
Kriterium 739
kritische Bauteileigenfrequenzen 787
- Kavitationszahl 689
Kugeloberfläche 10
Kühl- und Heizsysteme, statische 798
Kühlturm 371, 732
Kulissen, Versetzen 387
Kulissendicke 380
Kulissenschalldämpfer 396
Kumulationsprinzip 135
kumulativer Lärmpegel 593
Kundtsches Rohr 54
- Impedanzrohr 55
Kunststoff-Bremsklotzsohlen 490
Kunststoffnieten 763
Kurven, enge 495
Kurvenquietschen 510, 511, 560, 561
Kurzschluss, hydrodynamischer 327
kurzzeitige Erschütterungen 772
Kurzzeit-Kreuzkorrelationsfunktion 342
k_v-Wert 395

L_A im Führerstand 524
Laborprüfungen 568
Laborstudie 543
Lader 646, 651
Ladungsverstärker 179
Lagerebenen 796
Lagerelemente, aktive 797
Lagerung
-, aktive 409
-, doppelt elastische 306
-, elastische 305, 472
- streifenförmige 557
- vollflächige 557
Lagrange-Funktional 61, 63

Lagrangesche-Gleichungen 63
Lambertsches Gesetz 335
Lamésche Gleichung 13, 788
Landeplatz-Fluglärmleitlinie 129
Landstraße, Rollende 511
landwirtschaftliche Anlagen 131
längenbezogener Strömungswiderstand 373
Langzeitbeurteilungspegel 133
Langzeitmittelungspegel 203
Laplace-Operator 6
Lärm 91
– von Nachbarn 661
lärmarme Baumaschinen 657
lärmarme Geräte und Maschinen, Benutzervorteile 650
lärmarmes Kfz 676
Lärmbelastung 661
Lärmigkeit 111
Lärmkarten, strategische 143, 666
Lärmmanagement 572
Lärmminderungsmaßnahmen 608
–, aktive 606
– passive 607
Lärmminderungspläne 140
Lärmminderungsplanung 139, 654, 661, 670
Lärmpegel, kumulativer 593
Lärmquelle 661
Lärmsanierung 504, 664
Lärmsanierungsprogramme 672
Lärmschutz 247
Lärmschutzbehörden 654
Lärmschutzbereiche 129
Lärmschutztürme 656
Lärmschutzwände 668
Lärmschwerhörigkeit 639
Lärmtelephon 669
Lärmvorsorge 664
Lärmwirkungen, soziale 664
Lärmwirkungsforschung 483, 663
Lärmzulassung von Strahlflugzeugen 592
laseroptische Anwendungen 773
Laser-Vibrometer 180
Lästigkeit 524
Lästigkeitsunterschiede 525
Lästigkeitszuschlag 641
Lastimpedanz 472
laterales Auflösungsvermögen 758
Laubsammler 647
Laufbläser 647
Laufen 784
Laufflächenrauhigkeiten 467
Laufwerke 487
Laufzeitverzögerung 442
Lautheit 84, 110
–, berechnete 110
Lautheitsempfinden 104

Lautsprecher 447
– Dodekaeder- 36
– Koaxial-Lautsprecher 35
– Messlautsprecher 34
Lautsprecherzeile 452
Lautstärke 84
– Drosselung 86
– Frequenzgruppen 86
– Kurven gleicher 84
– Lautstärkepegel 84
– Nachverdeckung 86
– Verdeckung 86
Lautstärkepegel 110
Lebensdauer 378
Leichtes Masse-Feder-System (LMFS) 549, 563, 564
Leistung 1
–, modale 11
Leistungsanpassung 466
Leistungsfähigkeit 770
Leistungsminderungen 663
Leistungsstörungen 95
– Konzentrationsbeeinträchtigungen 95
Leistungstransport 7
Leistungsultraschall 761
Leitlinie für Flughäfen 129
Leitung, Druck 376
–, erdverlegte 773
Leitungstheorie 387
$L_{eq(4)}$ 621
Leuchten und Entladungslampen 172
Lichtablenkung 760
Lieferzahl 707
Liegeräume 137
Lighthill-Tensor 609
linear 2
linear-elastisch isotropes Kontinuum 13, 788
linearisierte Euler-Gleichungen 616
Line-Array 453
linienförmige Quellen 14
Linienquelle 452
Listener Envelopment 342
Lkw
– für Zuschlagstoffe, Sattelzug 653
– Kiesschüttgeräusch 653
Lkw-Lärmschutzzonen 676
LL-Sohlen 491
LMFS 549, 563, 564
LMP 654
LMS-Algorithmus 432
Lochbleche 373, 374, 379
Lochflächenabsorber 270
Lochmembran 276
Lochplatten 727

Lochplattenabsorber 271
Lochplattenresonatoren 270
Lochtöne 726
Lockergestein 532
lokale Feldbeeinflussung 418
Lokalisation 83, 444
– Entfernungshören 90
– Gesetz der ersten Wellenfront 91
– Hörereignisort 90
– Richtungshören 90
Longitudinaldehnungen 12
longitudinaler Piezoeffekt 755
Longitudinalspannungen 12
Longitudinalwelle 13, 752, 788
Longitudinalwellengeschwindigkeit 13
Lord Rayleigh 739
LTI-System 44
– Linearität 44
– Zeitinvarianz 44
Luft- oder flüssigkeitsgefüllter Raum 21
Luftabsorption 203, 345
luftgekühlte Montageadapter 180
Luftgesenkhämmer 779
luftgetriebene Vorformhämmer 779
Luftkühler 172, 712
Luftmasse, mitbewegte 253
Luftschall 1, 559, 565
– bei Eisenbahnen 483
–, Beurteilung von sekundärem 543
Luftschalldämmung 124
Lüftungsgitter 727
Lüftungskanäle 471
lüftungstechnische Anlagen 138
Luftverkehr 128
Lyon 69

Machkegel 622
Machzahl 395, 684, 697
Maekawa 197
Magnetbahn 492
magnetostriktive Wandler 756
Magnetschwebebahn 464
Magnetschwebebahn-Lärmschutzverordnung 527
Mandelkern 83
Marktüberwachung 649
marktwirtschaftliches Instrument 669
Maschinen
–, drehende elektrische 776
–, im Freien betriebene 661
– mit periodischer Anregung 775
– mit rotierenden Massen 775
–, rotierende elektrische 171
Maschinenarten und Fahrzeuge, Messvorschriften für spezielle 171

Maschinensaal 776
Masse eines Schwingfundamentes 777
Masse, dynamische 311, 795
–, molare 4
Masse-Feder-System 306, 533, 534, 547–549
– Leichtes 549, 563, 564
Massegesetz 211, 229, 250
Massekurzschluss 7, 9, 11
Massenkrafterregung 531
Massen-Matrix 63
Massenspektrometer 773
maßgeblicher Außenschallpegel 123
maßgeblicher Immissionsort 127
Massivbrücken 506
Maßnahmen 668
–, erschütterungsreduzierende 792
Maßnahmenliste 655
Materialprüfung, zerstörungsfreie 758
Materialwechsel 316
Mauerwerk 248
Maximalpegel 105
Mean Value Method 76
mechanische Niveauregulierung 797
mechanischer Tiefpassfilter 178
medizinische Diagnostik 759
medizinische Therapie 765
Mehrzwecksäle 357
Melaminharz 378
Membran 21, 447
Membranabsorber 272, 275
Mengenstrom 376
Menschen 767
menscheninduzierte Schwingungen 784
Messfehler 165
– Nichtlinearitäten 50
– Signal-Rauschverhältnis 50
– Störgeräusche 49
– Zeitvarianzen 50
Messfläche 150
Messflächenmaß 154, 161
– L_S 152
Messflächenschalldruckpegel 151, 154, 159
Messorte an der Tunnelwand 529
Messpfade 647
Messung
– an leichten oder weichen Strukturen 178
–, raumakustische 360
–, reziproke 55
– von Geräuschemissionen in situ 172

Messvorschriften für spezielle Maschinenarten und Fahrzeuge 171
meteorologische Korrektur 132, 203
Meter-Pegel 157
Methode, direkte 570
MIA 652
Microphone-Arrays 528
Mikrofonanordnungen, gitterförmige 528
Mikrofon-Array 177
Mikrofone 25, 455
– Diffusionsempfindlichkeit 26
– Druckkammerempfindlichkeit 26
– Empfindlichkeit 27
– Freifeldempfindlichkeit 26
– Kondensatormikrofone 26
– Leerlauf-Empfangsspannung 27
–, wetterfeste (outdoor-) 173
Mikrofon-Eigenrauschen 173
Mikrofonpositionen 647
Mikrofonvorsatz 182
mikroperforierte
– Folien 290
– Platten 287, 289
mikroperforierte Absorber 187, 284, 285
mikroperforierte Folien 262, 290
mikroperforierte Platten 287, 289
Mikroskopie 773
Mikroslip 323
Minderungsmaßnahmen 640
Mindestabstände zwischen SSW und dem nächstliegenden Gleis 515
Mindestwerte des Schallabsorptionsgrades 516
Mineralfaser 215, 377
Mineralölsteuer 674
Mineralwolle 373
Miniaturkunstkopf 351
Minimierung 61
mitbewegte Koordinatensysteme 22
mitbewegte Luftmasse 253
Mithörschwelle 85
Mittelohr 81
Mittelungspegel 484, 641
Mittelungszeit 106
mittlere Kopplung 69
mittlere modale
– Dämpfung 69
– Dichte 69
– Energie 69, 71
Mobilität 64
Mobilkrane 641, 646
– auf Rädern, Raupen oder Gleisen 651

Modalanalyse 55
Modal-Analyse, asymptotische 76
modale Leistung 11
Mode 467
Modelle
– empirische 574
– physikalische 351, 575
Modellparameter 574
Modellversuche 6
Moden 19, 385, 393
Modendämpfung 166
Modenfilter 398
Modengruppen 70
Modenüberlappung 166
Modul, piezoelektrisches 754
Modulations-Übertragungsfunktion 341
molare Masse 4
molekulare Absorption 197
Momentenimpedanz 18
Monopol 8, 460, 595, 609, 683
Monopolquellen 683
Montageadapter, luftgekühlte 180
Motorhacken 646
Motorkettensägen, tragbar (Holzbrettschneiden) 653
Motorkompressoren 646, 652
Motorsägen, tragbare 647
Mühlen 779
Muldenfahrzeuge 646, 651
Muldenkipper 641
Müllrollbehälter 647
Müllsammelfahrzeuge 647
Müllverdichter 651
– mit Ladeschaufel 646
Mündungsknall 462
– von Handfeuerwaffen 462
Mündungskorrekturen 254, 280, 389

Nachbarn, Lärm 661
Nachbarschaft, Erschütterungen auf die 775
Nachhall 332, 336, 344
Nachhallformel, Eyringsche 337
–, Sabinesche 337, 345
Nachhalltest 162
Nachhallverlängerung 358
Nachhallzeit 332, 336, 337, 360
–, frühe 344
Nachhallzeitverlängerung 446
Nachtfahrverbot 676
Nadelhydrophon 757
Nahbesprechungseffekt 456
Nahfeld 451, 754
Nahfeldfehler 164
Nahfeldschweißen 762
Nahverkehr 544
Nahverkehrsbahnen 483, 559, 560, 561

NAT-Kriterien 128
Nebenstromtriebwerke 585
Nebenwege 371
negative z-Werte 516
Netto-Energiefluss 70
Newtonsches Trägheitsgesetz 5
nicht genehmigungsbedürftige Anlagen 131
nichtakustische Einflussgrößen
– Akzeptanz 99
– Lärmempfindlichkeit 98
– (Tages-)Zeitpunkt 97
– Vertrauen 99
Nichtlinearitäten 374
nichtresonante Elemente 72
nichtvibrierende Walzen 646
Niederdruck-Förderanlagen 733
Niederflurbahn 559, 561, 562
Niederlande 643
Niederspannungsmotor 723
niedertourige Fahrweise 678
niedrige SSW 516
Niveauregulierung, mechanische 797
Noise-Rating-Kurven 112
Norm-Hammerwerk 227
Norm-Schallpegeldifferenz 208
Norm-Trittschallpegel 226
numerische Verfahren 565
Nutzung, bauliche 134
Nutzungsmischung 674
N-Welle 623

Oberbau 492
–, Federsteifigkeit 534
Oberbauarten 531, 533
Oberbauformen, schotterlose 493
Oberbauparameter 572
Oberfläche, Glättung 471
Oberflächen, schallabsorbierende 592
Oberflächenkörperschall 153
Oberflächenwelle 14, 537, 788
oberirdische Eisenbahnstrecke 550, 551, 555
offenporige Schaumstoffe 254
Offenporigkeit 677
öffentliche Beschaffung 669
Öffentlicher Personennahverkehr 560, 669
offenzellige Schäume 251
Öffnungen und Schornsteine 181
Ohr 81
Ökosteuer 674
Oktavbandspektrum 397
Opernhaus 356
optisches Beugungsgitter 760
Ordnungsrecht 676
Orgelpfeife 463

Orientierungswerte 666
örtlich schwankende Geräuschemissionen 154
Ortsumgehungen 679
Ortung 249, 528
Österreich 642
Outdoor Noise Directive 2000/14/EG 640, 644

p^2-Verfahren 169
parametrische Körperschallanregung 468
parametrische Schwingungserregung 530
passive Absorber 251
– Lärmminderungsmaßnahmen 607
– Schallschutzmaßnahmen 518
Pausenräume 137
Pegelabnahme durch Divergenz 194
Pegelabnahme je Abstandsverdopplung 360
Pegeldifferenz 313
–, Wahrnehmung 526
Pegelminderung ΔL durch eine SSW 516
Perceived Noise Level 111, 618
Perforation 395
Perforationsgrad 271
perforierte Platten 269
periodische Anregung, Maschinen 775
periodisches Signal
– kohärente Mittelung 45
– Signaldauer 45
Personen, Anregung durch 771
–, sitzende 769
Personenbahnhöfe 561
Personendichte 787
Personennahverkehr, öffentlicher 669
persönlicher Gehörschutz 137
Perzentilpegel 106
Pfahlgründung 794
Pfeifgeräusche 473
Pflanzenbewuchs 679
Pflaster 677
Phasengeschwindigkeit 16, 73
physikalische Modelle 351, 575
Pieningsche Formel 299, 385
Piezoeffekt
– longitudinaler 755
– transversaler 755
piezoelektrische Druckaufnehmer 177
piezoelektrische Hochpolymeren 756
piezoelektrische Konstante 754

piezoelektrischer
– Effekt 177, 754
– Schallsender 754
piezoelektrisches
– Modul 754
– Wandlerprinzip 754
Pistenraupen 647
Planiermaschinen 651
– auf Rädern 646
Planierraupe 641, 646, 653
Planumsschutzschicht 551–554, 557
Planumsverbesserungen 550
Planung, städtebauliche 121
Planungszone der Siedlungsbeschränkung 131
Platten 15
–, dünne 16
–, fußpunkterregte 792
–, mikroperforierte 287, 289
–, perforierte 269
plattenförmige Strukturen 790
Plattenresonator 259, 260, 264, 269
Plattenrüttler 653
Plattenschwinger 262
Plattenstampfer 641
pneumatische Feststoff-Transportleitungen 733
pneumatische Werkzeuge und Maschinen 172
pneumatischgetriebene Hämmer 779
Poissonsche Zahl 13
Polyvinylidenfluorid (PVDF) 756, 757
Poren 373
poröse Absorber 215
Porosität 251
potentielle Energie 7
Präzisionsanlagen 773
Präzisionsmessungen 295
Präzisionsmethode
– Test für 166
Precision 158
Prellschlag 779
Pressen 777
Primärfeld 401, 405
Prinzip, Hamiltonsches 62
Probleme
– äußere 64
– innere 64
Prognose 109, 565, 654
– Körperschall- und Erschütterungsausbreitung 558
– von Körperschall und Erschütterungsimmissionen 557
–, detaillierte 132
–, überschlägige 132
Propellerantriebe 593

Propellergeräusch 595
Propellerlärmabschätzung 597
Propfans 598
Prozessofen 736, 741
Prüfkopf 758
Prüfschallquelle 158, 161
Prüfstandsmessungen 399, 568
Prüfung, zerstörungsfreie 757
Pseudoschall 182
Psychoakustik 85
Puffervolumen 372
Pulsationen 372
Pumpen 716
– hydrodynamische 716
– hydrostatische 716
punktförmige Quellen 14
Punktimpedanz 19, 313
PUR-Elastomer 549, 564
Putzklotz 490
Putzrisse 772
PVDF 756, 757
P-Welle 788
PZT 756

Q-Punkt 182
Quaderraum 257, 335
Quadrupol 8, 683, 684
Quadrupollärm 609
Quadrupolquellen 589
Qualitätssicherung 109
Qualitätssicherungssystem 649
Quarz 756
Quell- und Lastimpedanz 472
Quelldeskriptoren 328
Quellen
– linienförmige 14
– punktförmige 14
Quellenbreite, scheinbare 342
quellenfreier Anteil 13
Quellimpedanz 545
Quellnachbildung 408
Quellpegel 776
Quellstärke 64
Querempfindlichkeit 179
Querkontraktionszahl 13
Querschnitte, eben bleibende 16
Querschnittssprung 278, 279, 374
Querschnittssprünge 316

Rad/Schiene(R/S)-Kontaktpunkt 530
Rad/Schiene-Berührgeometrie 566
Rad-/Schiene-Impedanzmodelle (RIM) 497, 566, 568
Rad/Schiene-Resonanz 498, 533
Rad-/Schiene-Resonanzfrequenz 534, 536
Radblenden 491
Radialventilatoren 706

Radiosity 351
radius-bezogener Geräuschpegel 156
Radlader 641, 653
Radlaufflächen, unrunde 493
Radriffeln 491
Radsatzmasse, unabgefederte 531, 537, 546, 547
Radscheiben 467
Rahmenmessvorschriften 158
Rammausrüstungen 647
– Schlagrammen 653
– Vibrationsrammen 653
Randbedingungen 390
Randkulissen 378
Rangier- und Umschlagbahnhöfe 483
Rangierbahnhöfe 510
Rapid Speech Transmission Index 342
Rasengleis 561
Rasenkantenschneider 646
Rasenmäher 172, 646
Rasentrimmer 646
Rauchgaskanal 371
Rauhigkeit 84, 396
– amplitudenmodulierter Schall 88
Rauhigkeitsanregung 566
Rauhigkeitsmodelle 567
Raum
–, luft- oder flüssigkeitsgefüllter 21
– reflexionsfreier 50
– schalltoter Raum 51
Raumakustik 247, 331
– geometrische 333
– Wellentheorie der 332
Raumakustikmanipulation 446
raumakustische Messungen 360
Raumgewichte 387
Raumimpulsantworten 361
Räumlichkeitseindruck 342, 356
raumlufttechnische (RLT-) Anlagen 272, 368
raumlüftungstechnische Anlagen 139
Raummodelle 345
Raumordnungsgesetz 669
Raumpegel 250
Raumrückwirkung 161
Raumsteife 372
Raumwellen 14, 537
Raumwinkelmaß 203
Rauschen
– rosa 39
– weißes 39
Rayleigh-Integral 10
Rayleigh-Modell 287
Rayleigh-Welle 14, 557, 558, 788, 792

Ray-Tracing 349
Rbf-Schallquellen 510
reaktive Absorber 255
Rechenmodell 546, 572
Rechteckkulissen 378
Rechteckplatten 795
Reduzierung der Erschütterungen, flankierende Maßnahmen 792
Referenzsignale 404
Reflektor 249
–, aktiver 412, 415
Reflexion 194, 334, 678, 752
–, diffuse 335
Reflexionsdämpfer 278
Reflexionsfaktor 248, 753
reflexionsfreier Raum
– schalltoter Raum 52
Reflexionsgrad 334
Reflexionsschalldämpfer 369, 371
Regelung 405
–, gesetzliche 526
Regeneration von Schall 375
Regenschutzkappe 174
Regieräume 359
reiberregte Schwingungen 463
Reibung, trockene 323
Reibungsverlust 396
Reifen 667
Reihenmikrofon 176
Reihen-Richtmikrofon 176
Reinigung 379
Reisezugwagen 490
relative Spektren 654
relativer Vergleichstest 162
Relaxationsprozesse, thermische 752
Relaxationsverluste 373
Relaxationsvorgänge 22
Resonanzabsorber 539
Resonanzabstand 777
Resonanzeinbruch 552
Resonanzfrequenz
– akustischer Filter 226
– schwimmende Estriche 232
– zweischaliger Bauteile 213
Resonanzfrequenzen von Decken und Deckenaufbauten 792
Resonator 70, 375
Resonatoren 388
–, aktive 281, 282
Resonator-Kennwiderstand 260
Resonatorschalldämpfer 371
Restintensität 170
retardierte Zeit 8
Reynolds-Zahl 396, 692
reziproke Messung 55
Reziprozität 71
Reziprozitätsprinzip 22
Reziprozitätsrelation 71, 72

Richtcharakteristik 149
Richtfaktor 338
Richtlinie 2002/49/EG 143
Richtlinie zur Berechnung der Schallimmissionen von Schienenwegen 665
Richtlinien für den Lärmschutz an Straßen 665
Richtmaß 157
Richtmikrofone 174
Richtungsbezug 444
Richtungsgruppe 510
Richtverhältnisse 155
Richtwerte 108, 666
Richtwirkung 385
Richtwirkungskorrektur 202
Richtwirkungsmaß 202, 514
Rieselschutz 253
Riffeln 461
Rijke-Rohr 465
Rillenschienen 561
RIM 497, 571
Ringdehnfrequenz 703
Ringfrequenz, zweite 705
RLT-Anlage 371, 387
Road Pricing 674
Rohdecken 228
Rohr mit starren seitlichen Wänden 20
Rohr mit weichen seitlichen Wänden 20
Rohr- und Kabelverbindungen, flexible 780
Rohr, Kundtsches 54
– Impedanzrohr 56
Rohre, schalldämmende Ummantelung kreisförmiger 706
Rohrisolierung 241
Rohrleger 647
Rohrleitung 180, 388
– Kanäle 700
–, Schallabstrahlung 700
– Schalldämmung gasgefüllter 703
– Schalldämmungsmaß R_R für gasgefüllte 703
– Schallpegelabnahme in gasgefüllten 702
Rohrleitungsschalldämpfer 368
Rohrleitungsschwingungen 782
Rohrleitungs-SD 371
Rohr-Richtmikrofone 174
Rohrschalldämpfer 276, 280, 392
Rollende Landstraße 511
Rollgeräusch 565, 666
Rollgeräuschmodelle 566
Rollwiderstand 677
rosa Rauschen 39
Rotation 13

Rotationsträgheit 18
Rotationswellen 13
rotierende elektrische Maschinen 171
rotierende Massen, Maschinen 775
Rotordrehklang 602
Rotoren 692
Rotorlärm, Berechnung 608
Rotorlärmberechnungsverfahren 602
Rotorlärmentstehung 602
Rotorlärmminderung 602
Rotor-Stator-Wechselwirkung 591
Rotor-Stator-Wechselwirkungslärm 592
Rückkopplung 471, 788
Rückkopplungskompensation 432
Rückkopplungsmechanismus 698, 726
Rückstreuquerschnitt 757
Rückwurf 339
Rückwurffolgen 340
Rührflügel 166
Rundum-Methode 186
Rundum-Verfahren 184
Rüttelfrequenz 782
Rüttelgerät 781
Rüttelplatten 558, 646
Rüttelwerke 653
Rüttler 772

Sabinesche Formel 296
Sabinesche Nachhallformel 337, 345
Sägegatter 776
Saite 464
Saitenschwingungen 20
Sandwich 321
Sandwichblätter 657
Sanitärräume 137
Satz von Helmholtz 13
Saugfahrzeuge 647
S-Bahn 535, 537, 540, 542, 546–549, 562
S-Bahntunnel 544, 547, 548
Schäden an Gebäuden 773
Schäden, gesundheitliche 768
schädliche Umwelteinwirkungen 135, 671
Schall 03 483, 560–562
Schall- und Schwingungsbeeinflussung, aktive 402
Schall, Regeneration 375
schallabsorbierende feste Fahrbahnen 493
schallabsorbierende Oberflächen 592
Schallabsorption 247
Schallabsorptionsfläche, äquivalente 207, 226

Schallabsorptionsgrad, Mindestwerte 516
Schallabsorptionsgrade 345
Schallabstrahlung 7
– in die Rohrleitung 700
Schallausbreitungsbedingungen 127
Schallbelastung 109
Schallbrücken
– schwimmender Estrich 232
– zweischaliger Wände 215
schalldämmende Ummantelungen kreisförmiger Rohre 706
Schalldämm-Maß 207
–, bewertetes 123
– der SSW 515
– einschaliger Bauteile 209
– Fenster 217
– zweischaliger Bauteile 212
Schalldämmung 123
– gasgefüllter Rohrleitungen 703
Schalldämmungsmaß R_R für gasgefüllte Rohrleitungen 703
schalldämpfende Schornsteininnenzüge 298
Schalldämpfer 250
Schalldämpfereinbau 654
Schalldämpfermessungen 398
Schalldruckmessung, wandbündige 177
Schalldruckpegel 1, 36
– am Arbeitsplatz, Kennzeichnungspflicht 645
– Effektivwert 36
– Standardabweichung 39
Schalldruck-Rahmendokumente
– ISO 159
Schalleinfall, diffuser 288
Schallemissionen von Schienenfahrzeugen 484
Schallemissions-Grenzwerte für Kraftfahrzeuge 475
Schallenergie 7
Schallereignis 105
Schallexpositionspegel 105
Schallfeld, diffuses 336
Schallfeldgleichungen 390
Schallfortpflanzung durch allgemein strömende Medien 615
–, Strömungseffekte 615
Schallimmission, intermittierende 105
–, kontinuierliche 105
–, tieffrequente 113
Schallimmissionen 137
Schallimmissionsberechnung 202
Schallimmissionspläne 140, 665
Schallimmissionsprognosen 202, 665

Schallintensität 7, 151
Schallintensitätskomponente 170
Schallintensitätsmessung 168, 179
Schallkapseln 254, 257
Schallkennimpedanz 151
Schall-Längsleitung
– im Massivbau 218
– in Holzhäusern 234
Schallleistung 149
–, vergleichbare normierte 171
Schallleistungsbestimmung, Güte 158
Schallleistungsfluss 151
Schallleistungspegel 149
– im Inneren eines Kanals oder Rohrs 181
Schallmesswagen 509
Schallpegelabnahme
– auf Rohrleitungen bei Körperschallanregung 703
– in gasgefüllten Rohrleitungen 702
Schallpegeldifferenz 208
Schallpegelmesser 36, 109
– Präzisionsklassen 38
Schallquellen, Geräuschemission ausgedehnter 183
Schallrückwürfe 334
Schallschatten 196
Schallschnelle 1, 5
Schallschürzen 492
Schallschutz, baulicher 122, 679
Schallschutzfenster 519, 668
Schallschutzmaßnahmen, aktive 515
–, Kosten-/Nutzenanalysen für zusätzliche 654
–, passive 518
Schallschutzstufen 138, 139
Schallschutzwälle 515, 518
Schallschutzwände (SSW) 492, 515
– auf Brücken 506
Schallsender, piezoelektrischer 754
Schallstärke 103
Schallstrahl 333
Schallstrahlungsdruck 757
Schalltransmissionsgrad 703
Schalltrichter 468
Schallübertragung, Simulation 345
Schaltgeräte, elektrische 172
Schalungsarbeiten mit Hämmern (Flexen, Lkw, Zurufe, Schalungsphase) 653
Schärfe 84
Schattenwinkel 197
Schattenzone 200
Schäume, offenzellige 251
Schaumstoffe 378, 390

–, offenporige 254
scheinbare Quellenbreite (Apparent Source Width, ASW) 342
Scherwelle 13, 18, 788
Scherwellengeschwindigkeit 558
Schichtkavitation 686
Schiene, Biegesteife 545
–, bleilegiert 511
–, kopfgehärtet 511
Schienenbefestigung 569
–, hochelastisch 550
Schienenbonus 126, 514, 524
Schieneneinsenkungen 563
Schienenfahrflächen 535, 570
–, verriffelte 494
Schienenfahrflächenrauhigkeiten 569
Schienenfahrzeuge, Geräuschmessungen 527
Schienenkopfauslenkungen 563
Schienenlagerung, kontinuierlich (hoch)elastische 562
Schienenmalus 518, 525
Schienenschleifverfahren 494
Schienenstegdämpfer 560
Schienentypen 493
Schienenverkehr 126, 483, 538, 542, 543, 544, 558, 560
Schienenverkehrslärm 661
Schießplätze 131
Schirmwert 203, 479
Schlaf
– Aufwachreaktionen 94
– Deltaschlaf 94
– Elektroenzephalogramm (EEG) 93
– Elektromyogramm (EMG) 93
– Elektrookulogramm (EOG) 93
– fragmentierter Schlafverlauf 95
– Gewöhnung 95
– Hormonausschüttung 95
– Informationsgehalt 95
– Körperbewegungen 95
– oberflächlicher Schlaf 95
– Schlaferleben 95
– Schlafstadien 93
– Schlafstörungen 93
– Schlafzyklogramm 93
– Traumschlaf 94
Schlafstörungen 663
Schlagscheren 777
Schlauchkompensatoren 780
Schleifen, akustische 509
Schleifsuspension 764
Schlitzabsorber 272, 275
Schlitzdämmung 223
schlitzförmige Absorber 271
Schlitzwände 782
Schlupfwelle 535, 536, 554

Schmerzgrenze 1
Schmerzschwelle 104
Schmiedehämmer 777
Schmierfilmreibung 323
Schmierung der Schienenfahrflächen 511
Schneefräsen (selbstfahrend) 647
Schneiden 763
Schneideneffekt 278
Schnellemessung
– Gradientenmikrofone 27
– Schnellesensoren 27
Schnellepegel 528
Schnellespektrum 529
Schnelletransformator 756, 762, 763
Schornsteininnenzüge, schalldämpfende 298
Schornstein-Mündung 181
Schotter, seitliche Abstützung 555
Schotterbett, stabilisieren 554
schotterlose Oberbauformen 492
Schotteroberbau 492, 522, 531, 548, 550, 553, 568
Schotterrand, Verklebung 555
Schottersteife 545
Schraubenverdichter 715
Schrittfolge 784
Schrittfrequenz 785
Schroeder-Frequenz 332
Schubdehnungen 12
Schubmodul 557
Schubmodul G 13
Schubspannungen 12
Schubverformung 18
Schubwelle 788
Schüttungen 323
Schutzmaßnahmen 544, 550
– in Gebäuden 556
– der Körperschallausbreitung im Boden 555
Schutzziele 103
Schutzzonen 130
schwache Kopplung 74, 75
Schwankungen, impulshaltige 155
Schwankungsstärke 84
– Fluktuation 89
– Mithörschwellen-Periodenmuster 89
Schwebung 776
Schweden 642
Schweiß-/Kraftstromerzeuger 646
Schweißen 762
Schweißrippen 763
Schweißrüssel 762
Schweißstromerzeuger 652, 653
Schweiz 642
Schwellen, besohlte 504, 505, 550, 553

Sachverzeichnis | 817

Schwellenabstand 532
Schwellenabstandsfrequenz 533, 534
Schwellenbesohlung 553
Schwellenfachfrequenz 498, 562
Schwellenlager 555
–, elastische 504, 553
schwere Abschirmwände 556
Schwerpunktszeit 341
Schwerverkehrsabgabe 674
schwimmende Estriche 232, 538
Schwingbeschleunigung 528
Schwingfundament 778, 797
–, Masse 777
Schwingschnelle 528
Schwingspule 447
Schwingstärke, bewertete 768
Schwingungen
– impulserregte 461
– in Feuerungen, selbsterregte 738
– krafterregte 461
–, menscheninduzierte 784
–, reiberregte 463
– von Stahlrohren 780
– wegerregte 461
Schwingungserreger, hydraulische 558
Schwingungserregung, parametrische 530
Schwingungsisolierungen, aktive 409
Schwingungsrichtungen 539
Screech 588
SEA 325, 328
Seehafen-Umschlaganlagen 131
Seekrankheit 767
sehr leise Freianlagen 189
Seilwellen 18
seismischer Beschleunigungsaufnehmer 178
Seitenkantengeräusche 614
Seitenschallgrad 342
seitliche Abstützung des Schotters 555
Sektorscanner 760
Sekundäreffekte 118, 767
sekundärer Luftschall in Gebäuden 539
Sekundärfeld 401, 405
Sekundär-Luftschall 541
Sekundärmaßnahmen 654
Sekundärquellen 407
Selbstaufstellerkrane 641
selbsterregte Schwingungen in Feuerungen 738
Selbsterregung 305
semantisches Differential
– Adjektivpaare 90
semi-aktive Elemente 797

senkrechte Erdschlitze 556
sensible Einrichtungen 784
Shape-Funktionen 60
Shredder/Zerkleinerer 647
Sicherheitsventil 371, 372
Siedlungsbeschränkungsbereich 131
Signal 44
– chirps 46
– periodisches 45
– – kohärente Mittelung 45
– – Signaldauer 45
– sweeps 46
Simulation der Schallübertragung 345
Simulationsmodell 565, 571, 573
Sintermetall 373
Sirene 463
sitzende Personen 769
Sitzreihenüberhöhung 353
Slip-slip-Vorgänge 305
Sommerfeldsche Ausstrahlungsbedingung 62
Sonic Boom 507
Sonic boom, sonic bang 622
Sonochemie 761
Sonographie 757, 759
Sonolumineszenz 761
Sonotrode 762
soziale Lärmwirkungen 664
Spaltweite 380
Spannungsteiler, kapazitiver 173
Spatenhämmer 646
Speckles 760
specular reflection 195
Speech Transmission Index 342, 361
spektrale Unebenheitsdichte 783
Spektralgüte 616
Spektren, relative 654
Sperrmassen 305, 316
spezifische Wärme 4
Spiegelquellenmodell 336
Spiegelschallquelle 194, 333, 345
Spieß 529
spillover 419
Spindelpumpe 718
Spinning 784
Splittmastixasphalte 678
Sportanlagen 131
Sportanlagen-Lärmschutzverordnung 133, 136
Sportstätten und Veranstaltungssäle 772
Sprachspektrum 115
Sprachübertragungsindex 117
Sprachverständlichkeit 103, 114, 249, 341, 342, 353
Sprengarbeiten 771

Sprengerschütterungen 784
Sprengungen 781, 782
Springboard 565
Springen 784
Spundbohlen 775, 780
Spundwandbohlen 657
Spundwandeinpressen 782
Spuranpassungsfrequenz 705
Spurgeschwindigkeit 15
SSW 515
–, niedrige 516
–, Pegelminderung ΔL durch eine 516
–, Schalldämmmaß 516
Stabgitter 727
Stabilisierung, aktive 426
Stabilitätskriterium 777
Stadt
– fußgänger- und fahrradfreundliche 675
– kompakte 674
Stadt der kurzen Wege 674
Stadtbahn 559–562
städtebauliche Planung 121
Stahlbeton-Verbundbrücke 502
Stahlfedern 796
Stahlrohre, Schwingungen 780
Stand der Technik 639
Standardleistungsbuch für das Bauwesen 655
Standard-Schallpegeldifferenz 208
Standsicherheit 772
Stärkemaß 341
starre Aufstellung 777
stationäre Bauwerksschwingungen 772
stationäre Energiedichte 336, 337
Statische Energie-Analyse 67
statische Kühl- und Heizsysteme 798
Steife, dynamische 545, 551
Steifigkeit 232
Steifigkeits-Matrix 63
Steuerung 405
Steuervorteile 652
Stichprobenmessung 136
Stick-Slip-Effekt 494
Stilllegung der Baustelle 654
stochastische Anregung, Großmaschinen 779
Stofftapete 252
Störanregungsmodelle 616
Störgeräuschpegel 352, 353
Störpegel, elektrostatisch verursachter 173
Störschallquellen 172
Störschallspektrum 115
Störungen, Gleichungssystem 616
Stoßstelle 220

Stoßstellendämm-Maß K_{ij} 220
Stoßstellendämpfung 385
Stoßstellendämpfungsmaß 385, 386
Stoßstellenverlust 396
Stoßwellen 375
Strahl 387
Strahlflugzeuge, Lärmzulassung 592
Strahlgeräusche 585, 587
Strahllärmverstärkung 589
Strahltriebwerke 470
– Flugzeuge 585
Strahlungsadmittanz 467
Strahlungsdruckwagen 757
Strahlungsimpedanz 73
Strahlungskraftwaagen 757
Strahlungsverlustfaktor 705
Strahlverfolgung 349
Straßenbahn 483, 560–563
Straßenbeläge 468
Straßenfertiger 646, 652, 653
– mit Hochverdichtungsbohle 647
Straßenfräsen 647
Straßenraumgestaltung 668
Straßenverkehr 120, 475, 661, 783
Straßenverkehrsbehörde 668
Straßenverkehrsgeräusche 120
Straßenverkehrslärm 483, 661
Straßenverkehrs-Zulassungs-Ordnung 670
strategische Lärmkarten 143, 666
streifenförmige Lagerung 557
Streifenfundamente 790
Streugrad 348
Streuprobleme 64
Streuung 197
Stromabnehmer 486
Strömung 6, 387
Strömungsakustik 8
Strömungseffekte auf die Schallfortpflanzung 615
Strömungsgeräusche 374, 398, 459, 683
Strömungsgeschwindigkeit 6, 378
– des Bluts 760
Strömungsgleichrichter 727
Strömungskanäle 591
Strömungskavitation 685
Strömungsleistung 695
Strömungsprofil 387
Strömungswiderstand 251, 253, 254, 372–374
–, längenbezogener 373
Strouhal-Zahl 397, 459, 463, 694
Strukturabstrahlgrad 73
Struktureigenfrequenzen 785
Strukturen, Messungen an leichten oder weichen 178
Strukturfaktor 251

Stufentransformator 756
Stützlautsprecher 442
Stützpunktabstandsfrequenz 562
subjektive Wahrnehmung 765
Subsidiaritätsprinzip 640
Substitutionskanal 398
Substruktur 61
Subsysteme 69, 70
Subventionen 676
Superpositionsprinzip 2
Survey 158
Suspensionen 764
S-Welle 788
symmetrisch 381, 393
Synchronisation 788
Synchronisationsfaktor 788

TA Lärm 135, 641, 665
Tagebaue 131
Taktmaximalpegel-Verfahren 105
Taktmaximalverfahren 542
Tannenbaum-Schalldämpfer 381, 396
Tanzen 784
Tanzsäle 785
Tauchrüttler 653
Taumelscheibe 606
Technik, Stand 639
Teilstückverfahren 130
Temperatur 4, 377, 398
Temperaturgradient 201
Tempo-30-Zone 671
Temporary Threshold Shift 21
Teppich 252
Test für Präzisionsmethode 166
Therapie, medizinische 765
thermische Grenzschicht 287
thermische Relaxationsprozesse 752
thermische Ultraschallsensoren 757
tiefabgestimmte Aufstellung 777
Tiefenabsorber 250, 258, 261, 267
Tiefenausgleich, elektronischer 757
Tiefenschlucker 295
tieffrequente Schallimmission 113
Tiefpassfilter 372
–, mechanischer 179
Tilger 794
Tinnitus
– Ohrgeräusche 92
Tischfundamente 777
Töne, äolische 470
tonhaltig 514
tonhaltige Innen- und Außengeräusche 487
Tonhaltigkeit 107, 119, 157
Tonhöhe 84
– Ausgeprägtheit 86
– Verhältnistonhöhe 86

– Tonalität 86
– Tonhaltigkeit 86
– virtuelle 86
Tonzuschlag 157
Topologie-Matrix 63
Torsionswellen 18
Totalreflexion 753
tragbare Motorsägen 647
Tragfähigkeit 772
Trägheitsgesetz, Newtonsches 5
Tragschicht, zementverfestigte (ZVT) 553
Transfersteife 568
Transformatoren 171
Transmissibilität 777, 778
Transmissionsfaktor 316, 753
Transmissionsgrad 73, 316
Transportbeton-Mischer 641, 647, 652, 653
Transportintensität 673
Transrapid 07 492
transversaler Piezoeffekt 755
Transversalwelle 13, 752, 759, 788
Transversalwellengeschwindigkeit 13
Trassierung 536
Trennblech 381
Tribünen 785
Triebfahrzeug 485, 523, 524
Trittschallminderung 228
trockene Reibung 323
Tunnel 506
Tunnel Sonic Boom 506
Tunnelbauart 532
Tunnelbauwerk 544
Turbine 586, 590
Turbofans 585
Turbosätze 172
Turboverdichter, axiale 715
turbulente Grenzschicht 699
– Verbrennung 736
turbulenter Freistrahl 696
Turbulenzgeräusche 173
Turbulenzschirm 182
Turmdrehkran 641, 646, 652
Turnhallen 785
T-Welle 788
TWINS 565, 570, 572

U-Bahn 540, 561
Überdruckventile 7
überkritische Abstimmung 777
überkritische Entspannung 393
Überschallknall 460, 622
– Drucksignatur 622
– Energiespektrum 624
– Fokussierung 624
– Lautstärke 627
– Störwirkung 628

überschlägige Prognose 132
Übersprechkompensation 352
Übertragung von Erschütterungen 788, 792
Übertragungsfaktoren 559
Übertragungsfunktion 3, 4, 44, 559
Übertragungsmatrix 388
U-Bewertung 114
UIC 574
Ultraschall 751, 754
Ultraschallbohren 763
Ultraschallmikrofone 756
Ultraschall-Mikroskop 760
Ultraschallreinigung 761
Ultraschallsensoren, thermische 757
Ultraschallsignale, Empfang 756
Ultraschalltherapie 765
Umgebungseinflussfehler 165
Umgebungskorrektur 154, 161
Umgebungslärm 143, 666
Umlenkungen 316
Umschlagbahnhöfe 483, 511
Umströmung 726
Umströmungsgeräusch 611
Umwegleitung 279
Umwelteinwirkungen, schädliche 135, 671
umweltfreundliche Beschaffung 676
Umweltzeichen 640, 676
– „Blauer Engel" 650
– RAL-ZU 53 „Blauer Engel" 651
unabgefederte Radsatzmasse 531, 537, 546, 547
Unebenheitsdichte 784
–, spektrale 783
Unebenheitsmaß 783
Ungarn 643
ungleichförmige Drehgeschwindigkeit 601
unrunde Radlaufflächen 493
unsymmetrische Blattanordnungen 598
Untergrund, felsiger 532
unterkritische Abstimmung 777
unterkritische Entspannung 395
Unterrichtsräume 354
Unterschottermatten (USM) 505, 544–551, 553–555, 562
Untersuchungsbereich 665
Unwuchtkräfte 775
Unwuchtschwingungserreger 558
USM 505, 544, 548
UVV Lärm 640

VAMIL 651
Ventilator 463
– Bauformen 707

– Förderleistung 707
Ventilatordrehklang 386
Ventilatoren 470
Ventilatoren (Gebläse) 706
Ventilator-Kühltürme 712
Ventile 470, 728
Veranstaltungsräume 359
Veranstaltungssäle 772
Verbrennung, turbulente 736
Verbrennungsmotoren 171
Verbundbleche 320, 321
Verbundbrücken 506
Verbundplatten-Resonatoren 264
Verbundschwinger 762
Verbundwandler 755
Verdichter 171, 585, 586, 590, 715
Verdichtung 674
Verdichtungsmaschinen 646
– (nur Explosionsstampfer) 647
– (Plattenrüttler, Bodenstampfer) 653
– (Vibrationswalzen, Rüttelwerke) 651, 653
Verdrängungsdicke 699
Verfahren
– analytische 565
– empirische 565
– numerische 565
Verfahren BüG 509
Verfügung der Gerichte, einstweilige 654
Vergabekriterien 640
vergleichbare Geräuschemissionswerte 171
vergleichbare normierte Schallleistung 171
Vergleichsschallquelle 167
Vergleichstest, relativer 162
Vergleichsverfahren 158
Verhallung 338
Verhalten doppelschaliger Bauteile 212
Verkehr, Kombinierter 675
verkehrsberuhigte Zonen 671
Verkehrsberuhigung, Flächenhafte 673
Verkehrsbeschränkungen 675
Verkehrslärm 483
Verkehrslärmschutzgesetz-Entwurf (E 80) 526
Verkehrslärmschutz-Verordnung 127, 480, 670
Verkehrsleistung 673
Verkehrsverlagerung 669
Verkehrsvermeidung 668
Verkehrswege 661
Verkehrswege-Schallschutzmaßnahmenverordnung 670
Verklebung des Schotterrandes 555

Verkleidung der Laufwerke 487
Verkleidungen der Drehgestelle 491
Verlagerung 668
Verluste
– innere 72
– Strahlung 72
Verlustenergie 69
Verlustfaktor 72, 210, 220, 318, 319
Verlustfaktor-Matrix 75
Vernebelung von Flüssigkeiten 764
Verpflichtungsgrad 668
verriffelte Schienenfahrflächen 493
Versetzen von Kulissen 387
Vertikutierer 647
Verursacherprinzip 668
verwirbelte Ausströmung 726
Vibrationsrammen 772, 775
Vibrationsstampfer 646
Vibrationswalzen 558, 646, 651, 653
Viertelwellenlängen-Resonator 375, 381
virtuelle Arbeit 62
Viskosität 22, 752
–, dynamische 287
vollflächige Lagerung 557
Volumenbedarf 374
Volumenfluss 7
Volumenkennzahlen 353
Volumenlasten 12
Vorbeifahrpegel 485, 572
Vorbeifahrtpegel 569
Vorbohren 782
Vorflügelgeräusche 614
Vorformhämmer, luftgetriebene 779
vorläufige Berechnungsmethoden 144
Vorschubgeschwindigkeit 782

Wahrnehmbarkeitsschwelle, absolute 339
Wahrnehmung 84
– akustische Qualität 84
– Angenehmheit 84
– Hörereignis 84
– Klangfarbe 84
– product sound quality 84
– Sound-Design 84
–, subjektive 765
– von Pegeldifferenzen 526
– Warnsignale 84
Walzen, nichtvibrierende 646
Walzenzug 641
Wandadmittanz 386
Wandauskleidung 369, 374
wandbündige Schalldruckmessung 178

Wanddickenmessung 757
Wände, Rohr mit starren seitlichen 20
–, Rohr mit weichen seitlichen 20
Wandimpedanz 248
Wandler, magnetostriktive 756
Wandler-Array 759
Wandlerprinzip, piezoelektrisches 754
Wandschlitzsonde 183
Warenverkehrsfreigabe-Listen 650
Wärmedehnung 377
Wärmeleitung 752
Wärme, spezifische 4
Wärmetauscher 463
Warmlufterzeuger 172
Wassergeräusche 732
Wasserleitung 471
Wasserpumpen (nicht für den Betrieb unter Wasser) 647
Wasserschalldämpfer 278
Waterhouse-Term 153
WEA 724
Weber-Fechner-Gesetz 1
Wechselfelder, elektrische 173
wegerregte Schwingungen 461
Wegerregung 530
Wegkreisfrequenz 783
weißes Rauschen 39
Wellenarten 70
Wellenfront, Gesetz der ersten 339
Wellenimpedanz 18, 22, 251, 374
Wellenkupplungen, elastische 311
Wellenlänge 6
Wellentheorie der Raumakustik 332
Wellentypumwandlung 752, 759
Wellenwiderstand 6, 248, 271
Wellenzahl 6, 22, 73, 789
Wellenzahlimpedanz 790
Werkstoff, anisotroper 390

Werkzeuge und Maschinen, pneumatische 172
Werkzeuge, elektrische 172
Werkzeugmaschinen 172
wesentlich Gestörte 679
wesentliche Änderungen 121, 665
Wettbewerbsvorteile 656
wetterfeste (outdoor-)Mikrofone 173
Windball 173
Windenergieanlagen (WEA) 174, 724
Windkanal 371
Windschirm 174
Windschutz 173
Winkelfehler 164
WIPs (wave impedance blocks) 556
Wirbelablösung 692
wirbelfreier Anteil 13
Wirbelkerndurchmesser 610
Wirbelstärke 610
Wirkungsgrad, akustischer 149, 689, 695, 697
WIR-Umweltschutzprämie 651
Wohnbebauung, Heranrückende 664
Wohngebiete, autofreie 673
Wohnungen, Beurteilungskriterien 770
–, Erschütterungen 771
Wuchtklasse 775

Zähigkeit 374
–, kinematische 692, 693
Zahl, Poissonsche 13
Zahneingriff 463
Zahnfehler 469
Zahnräder 468
Zahnradpumpe 718–721

Zahnsteife 469
Zaunmessung 185
Z-Bewertung 114
Zeit, retardierte 8
Zeitbewertung 104
Zeitinvariant 2
Zeitkonstanten 105
– FAST 36
– SLOW 36
Zeitkonvention 3
zeitlich schwankende Geräuschemissionen 154
zeitliche Einschränkung 639
Zeitschrittschemas 616
zementverfestigte Kiestragschicht 550, 552, 553
zementverfestigte Tragschicht (ZVT) 553
zentrale Beschallung 442
zerstörungsfreie Materialprüfung 758
zerstörungsfreie Prüfung 757
Zielgrößen 404
Zielwerte 664, 666
Zienkiewicz 60
Zonen, verkehrsberuhigte 671
Zumutbarkeitsschwelle 771
Zuschläge 107
Zuständigkeiten 668
Zustandsänderung, adiabatische 4
ZVT 553
Zwei-Kanal-FFT-Analysator 45
Zweikreistriebwerke 585
Zwei-Mikrofon-Methode 54
zweite Ringfrequenz 705
z-Werte, negative 516
Zwischenplatten, elastische 497
Zwischenschichten, elastische 305
Zylinder 10
Zylinderwelle 453

Druck: Mercedes-Druck, Berlin
Verarbeitung: Stein+Lehmann, Berlin